Spezielle Zoologie

Teil 1: Einzeller und Wirbellose Tiere

Spezielle Zoologie

Begründet von Wilfried Westheide und Reinhard Rieger

Teil 1: Einzeller und Wirbellose Tiere

3. Auflage

Herausgegeben von Wilfried Westheide und Gunde Rieger

Mit Beiträgen von

Gerd Alberti
Thomas Bartolomaeus
Rolf G. Beutel
Wolfgang Dohle
Bernhard Egger
Peter Emschermann
Dirk Erpenbeck
Alfred Goldschmid
Hartmut Greven
Alexander Gruhl
Steffen Harzsch
Gerhard Haszprunar
Klaus Hausmann
Bert Hobmayer
Gerhard Jarms
Helga Kapp
Sievert Lorenzen
Carsten Lüter
Georg Mayer
Carsten H. G. Müller
Michael Nickel
Claus Nielsen

Hans Pohl
Günter Purschke
Renate Radek
Stefan Richter
†Reinhard Rieger
Hilke Ruhberg
†August Ruthmann
Luitfried von Salvini-Plawen
Wolfgang Schäfer
Bernd Schierwater
Andreas Schmidt-Rhaesa
Horst Kurt Schminke
Peter Schuchert
Martin Stein
Wolfgang Sterrer
Walter Sudhaus
Barbara Thaler-Knoflach
J. McClintock Turbeville
Andreas Wanninger
Wilfried Westheide
Christian Wirkner
Willi Xylander

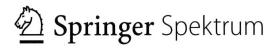 Springer Spektrum

Herausgeber
Prof. Dr. Wilfried Westheide
westheide@biologie.uni-osnabrueck.de

Dr. Gunde Rieger
gunde.rieger@uibk.ac.at

Russische Ausgabe 2008
Italienische Ausgabe 2011

ISBN 978-3-642-34695-8

Die Deutsche Nationalbibliothek verzeichnet diese Publikation in der Deutschen Nationalbibliografie; detaillierte bibliografische Daten sind im Internet über http://dnb.d-nb.de abrufbar.

Springer Spektrum

1. Aufl.: © Gustav Fischer Verlag Stuttgart 1996
2. Aufl.: © Spektrum Akademischer Verlag Heidelberg 2007
3. Aufl.: © Springer-Verlag Berlin Heidelberg 2013

Planung und Lektorat: Dr. Ulrich G. Moltmann, Martina Mechler

Titelbild: Speleonectes atlántida Koenemann et al., 2009 („Crustacea", Remipedia), aus einem submarinen Lavatunnel (Túnel de la Atlántida) auf der Kanaren-Insel Lanzarote. Adulttiere erreichen mit 24 Rumpfsegmenten eine Körperlänge von 20 mm; sie schwimmen mit dem Rücken nach unten. Remipedier sind eine der wichtigsten Entdeckungen aus den Arthropoden in den letzten 50 Jahren: Ihre stammesgeschichtliche Position und ihre mögliche enge Beziehung zu den Insekten ist aktueller Gegenstand vieler Diskussionen.
Original: Ulrike Strecker, Hamburg.

Einbandentwurf: deblik, Berlin
Bearbeitung der Abbildungen: Dr. Martin Lay, Breisach a. Rh.
Satz: klartext, Heidelberg

Gedruckt auf säurefreiem und chlorfrei gebleichtem Papier

Springer Spektrum ist eine Marke von Springer DE. Springer DE ist Teil der Fachverlagsgruppe Springer Science+Business Media.
www.springer-spektrum.de

Autoren

Prof. Dr. Gerd Alberti
(Chelicerata)
Zoologisches Institut und Museum der Universität
Greifswald
Johann-Sebastian-Bach-Straße 11–12,
17489 Greifswald
(alberti@uni-greifswald.de)

Prof. Dr. Thomas Bartolomaeus
(Lophophorata)
Institut für Evolutionsbiologie und Ökologie der
Universität Bonn
An der Immenburg 1
53121 Bonn
(tbartolomaeus@evolution.uni-bonn.de)

Prof. Dr. Rolf G. Beutel
(Insecta)
AG Entomologie
Institut für Spezielle Zoologie und Evolutionsbiologie
mit Phyletischem Museum
Universität Jena
Erbertstraße 1
07743 Jena
(rolf.beutel@uni-jena.de)

Prof. Dr. Wolfgang Dohle
(Spiralia, Myriapoda)
Schlettstadter Straße 58
14169 Berlin
(wdohle@zedat.fu.berlin.de)

Dr. Bernhard Egger
(Plathelminthes, Xenacoelomorpha)
Institut für Zoologie der Universität Innsbruck
Technikerstraße 25
A-6020 Innsbruck
(bernhard.egger@uibk.ac.at)

Dr. Peter Emschermann
(Kamptozoa)
Am Mühlebuck 3
79249 Merzhausen
(peter.emschermann@biologie.uni-freiburg.de)

Dr. Dirk Erpenbeck
(Porifera)
Department für Paläontologie und Umweltwissenschaften
der Universität München
Richard-Wagner-Straße 10
80333 München
(erpenbeck@lmu.de)

Prof. Dr. Alfred Goldschmid
(Deuterostomia, Hemichordata, Echinodermata, Chordata,
Tunicata, Acrania)
Zoologisches Institut der Universität Salzburg
Hellbrunnerstraße 34
A-5020 Salzburg
(alfred.goldschmid@sbg.ac.at)

Prof. Dr. Hartmut Greven
(Tardigrada)
Institut für Zoologie der Universität Düsseldorf
Universitätsstraße. I
40225 Düsseldorf
(grevenh@uni-duesseldorf.de)

Dr. Alexander Gruhl
(Bryozoa)
Natural History Museum
London SW7 5BD
(a.gruhl@nhrn.ac.uk)

Prof. Dr. Steffen Harzsch
(Chaetognatha)
Zoologisches Institut und Museum der Universität
Greifswald
Soldmannstraße 23
17487 Greifswald
(steffen.harzsch@uni-greifswald.de)

Prof. Dr. Gerhard Haszprunar
(Bilateria, Mollusca, Mesozoa)
Lehrstuhl für Systematische Zoologie der Universität
München
Münchhausenstraße 21
81247 München
(haszi@zsm.mwn.de)

Prof. Dr. Klaus Hausmann
(Einzellige Eukaryota)
Institut für Zoologie der Freien Universität Berlin
Königin-Luise-Straße 1–3
14195 Berlin
(hausmann@zedat.fu-berlin.de)

Prof. Dr. Bert Hobmayer
(Parazoa, Metazoa, Eumetazoa, Bilateria)
Institut für Zoologie der Universität Innsbruck
Technikerstraße 25
A-6020 Innsbruck
(bert.hobmayer@uibk.ac.at)

PD Dr. Gerhard Jarms
(Coelenterata, Cnidaria)
Zoologisches Institut und Museum der Universität Hamburg
Martin-Luther-King-Platz 3
20146 Hamburg
(gerhard.jarms@zoologie.uni-hamburg.de)

Dipl.-Biol. Helga Kapp
(Chaetognatha)
Renettenweg 10
22393 Hamburg

Prof. Dr. Sievert Lorenzen
(Gnathifera ohne Gnathostomulida, Nemathelminthes)
Zoologisches Institut der Universität Kiel
Olshausenstraße 40
24118 Kiel

PD Dr. Carsten Lüter
(Brachiopoda, Cycliophora)
Museum für Naturkunde der Humboldt-Universität
Invalidenstraße 43
10115 Berlin
(carsten.lueter@mfu-berlin.de)

Dr. Georg Mayer
(Onychophora, Fossile Panarthropoda)
Animal Evolution and Development
Institut für Biologie der Universität Leipzig
Talstraße 33
04103 Leipzig
(gmayer@onychophora.com)

Dr. Carsten H. G. Müller
(Chaetognatha)
Zoologisches Institut und Museum der Universität
Greifswald
Soldmannstraße 23
17487 Greifswald
(chg.mueller@uni-greifswald.de)

PD Dr. Michael Nickel
(Parazoa, Porifera)
Institut für Spezielle Zoologie und Evolutionsbiologie mit
Phyletischem Museum
Universität Jena
Erbertstraße 1
(m.nickel@uni-jena.de)

Prof. Dr. Claus Nielsen
(Protostomia)
Zoological Museum Copenhagen
Universitetsparken 15
2100 Copenhagen
(CNielsen@snm.ku.dk)

PD Dr. Hans Pohl
(Insecta)
AG Entomologie
Institut für SpezielleZoologie und Evolutionsbiologie mit
Phyletischem Museum
Universität Jena
Erbertstraße 1
07743 Jena
(hans.pohl@uni-jena.de)

Prof. Dr. Günter Purschke
(Annelida)
Fachbereich Biologie/Chemie der Universität Osnabrück
Barbarastraße 11
49069 Osnabrück
(purschke@biologie.uni-osnabrueck.de)

PD Dr. Renate Radek
(Einzellige Eukaryota)
Institut für Zoologie der Freien Universität Berlin
Königin-Luise-Straße 1–3
14195 Berlin
(rradek@zedat.fu-berlin.de)

Prof. Dr. Stefan Richter
(Panarthropoda, Arthropoda, Mandibulata)
Allgemeine und Spezielle Zoologie
Institut für Biowissenschaften der Universität Rostock
Universitätsplatz 2
18055 Rostock
(Stefan.richter@uni-rostock.de)

Dr. Gunde Rieger
(Herausgabe)
Institut für Zoologie der Universität Innsbruck
Technikerstraße 25
A-6020 Innsbruck
(gunde.rieger@uibk.ac.at)

†Prof. Dr. Reinhard Rieger
(Parazoa, Metazoa, Eumetazoa, Bilateria, Plathelminthes)

Prof. Dr. Hilke Ruhberg
(Onychophora)
Zoologisches Institut und Museum der Universität Hamburg
Martin-Luther-King-Platz 3
20146 Hamburg
(ruhberg@wtnet.de)

†Prof. Dr. August Ruthmann
(Placozoa)

Prof. Dr. Luitfried von Salvini-Plawen
(Mollusca)
Institut für Zoologie der Universität Wien
Althanstraße 14
A-1090 Wien
(luitfried.salvini-plawen@univie.ac.at)

PD Dr. Wolfgang Schäfer
(Coelenterata, Cnidaria, Ctenophora)
Danziger Straße 18
71069 Sindelfingen

Prof. Dr. Bernd Schierwater
(Placozoa)
Institut für Tierökologie und Zellbiologie der Tierärztlichen
Hochschule Hannover
Bünteweg 17d
30559 Hannover
(bernd.schierwater@ecolevol.de)

PD Dr. Andreas Schmidt-Rhaesa
*(Gnathifera ohne Gnathostomulida, Nemathelminthes,
Ecdysozoa)*
Zoologisches Institut und Museum der Universität Hamburg
Martin-Luther-King-Platz 3
20146 Hamburg
(andreas.schmidt-rhaesa@uni-hamburg.de)

Prof. Dr. Horst Kurt Schminke
(Crustacea, Mandibulata)
Fachbereich Biologie der Universität Oldenburg
Postfach 2503
26111 Oldenburg
(schminke@uni-oldenburg.de)

Dr. Peter Schuchert
(Coelenterata, Cnidaria, Ctenophora)
Museum d'Histoire Naturelle
Route de Malagnou I
CH-1208 Geneva
(Peter.schuchert@ville-ge.ch)

Dr. Martin Stein
(Fossile Panarthropoda, Trilobita)
Zoological Museum
Universitetsparken 15
DK-2100 Copenhagen
(martin.stein@snm.ku.dk)

Dr. Wolfgang Sterrer
(Gnathostomulida)
Bermuda Aquarium, Natural History Museum and Zoo
P.O. Box FL145, Flatts FL BX, Bermuda
(westerrer@gov.bm)

Prof. Dr. Walter Sudhaus
(Begriffe der Phylogenetischen Systematik)
Institut für Zoologie der Freien Universität Berlin
Königin-Luise-Straße 1–3
10195 Berlin
(Sudhaus@zedat.fu-berlin.de)

Dr. Barbara Thaler-Knoflach
(Chelicerata)
Institut für Ökologie der Universität Innsbruck
Technikerstraße 25
A-6020 Innsbruck
(barbara.knoflach@uibk.ac.at)

Prof. Dr. J. McClintock Turbeville
(Nemertini)
Department of Biology
Virginia Commonwealth University
1000 W. Cary Street
Richmond, VA 23284-2012, USA
(jmturbeville@vcu.edu)

Prof. Dr. Andreas Wanninger
(Kamptozoa)
Department of Integrative Zoology
Universität Wien
Althanstraße 14
A-1090 Wien
(Andreas.wanninger@univie.ac.at)

Prof. Dr. Wilfried Westheide
(Herausgabe, Annelida)
Gerhart-Hauptmann-Straße 3
49134 Wallenhorst
(Westheide@biologie.uni-osnabrück.de)

Dr. Christian Wirkner
(Myriapoda)
Allgemeine und Spezielle Zoologie
Institut für Biowissenschaften der Universität Rostock
Universitätsplatz 2
18055 Rostock
(christian.wirkner@uni-rostock.de)

Prof. Dr. Willi Xylander
(Neodermata)
Senckenberg Gesellschaft für Naturforschung
Staatliches Museum für Naturkunde Görlitz
Am Museum 1
02826 Görlitz
(Willi.xylander@senckenberg.de)

Vorwort zur 3. Auflage

Bei Erscheinen der 1. Auflage des Lehrbuchs der Speziellen Zoologie im Jahre 1996 – damals noch im Gustav Fischer Verlag, Stuttgart – hatten weder Herausgeber noch Autoren damit gerechnet, dass keine zwei Jahrzehnte später eine weitgehend veränderte 3. Auflage vorliegen würde. Niemand stellte sich damals vor, dass schon bald im traditionellen System der tierischen Organismen vertraute höhere Taxa fehlen, andere vollständig neue Positionen einnehmen oder ihre Schwestergruppen-Verhältnisse wechseln würden. Tatsächlich konnten neue molekular-genetische Methoden in nur wenigen Jahren eine Überprüfung der traditionellen Systematisierung der Stammesgeschichte durchführen, die zwar noch in keiner Weise abgeschlossen ist, es jedoch unumgänglich machte, manche Kapitel dieses Lehrbuchs völlig umzugestalten.

So erhalten besonders die einzelligen Eukaryota durch die molekularen Methoden ein weiteres Mal ein teilweise neues System, das jedoch vermutlich auch in Zukunft zusätzliche Änderungen erfahren wird. Dem gegenüber erstaunt, wie viel sich vom Morphologie-basierten System der Metazoa offensichtlich bestätigen lässt. Dazu gehören die Monophylie der Bilateria und die stufenweise auf sie zulaufende Evolution über Porifera, Placozoa und Coelenterata sowie ihre Aufteilung in Protostomia und Deuterostomia.

Eine wichtige Neuerung ist die notwendige Aufgabe der traditionellen Articulata (Annelida und Arthropoda), einer Gruppierung, die sich mit keiner der neuen Methoden mehr belegen lässt. Die Annelida werden nun völlig neu konzipiert, nicht nur mit der Aufnahme der Pogonophora als relativ niederes Taxon Siboglinida, sondern auch mit der Einbeziehung der nicht segmentierten Echiura und Sipuncula sowie den Verzicht auf ein Subtaxon Polychaeta. Dieses Konzept überzeugt auch deshalb, weil es nicht nur die frühere Aufteilung der Polychaeta in Errantia und Sedentaria nachvollzieht, sondern auch endgültig die Leserichtung der Annelidenevolution von borstenreichen, mit Anhängen ausgerüsteten Formen zu anhangs und borstenarmen bzw. borstenlosen Taxa bestätigt.

Mit der Etablierung der Ecdysozoa aus Panarthropoda und Teilen der Nemathelminthes, den Cycloneuralia, folgen wir dem aktuellen Trend in der phylogenetischen Systematik, ohne von dieser Gruppierung allerdings wirklich überzeugt zu sein – zu wenig stringent erscheinen die Homologien zwischen den segmentierten Gliedertieren und den unsegmentierten wurmförmigen Taxa der Ecdysozoa.

Neu für das Lehrbuch ist auch die Akzeptierung der Abtrennung der Acoelomorpha von den Plathelminthes und ihre Zusammenlegung mit *Xenoturbella*, auch wenn die Position dieser Xenacoelomorpha zur Zeit noch offen bleiben muss. Enttäuschend bleibt, dass die Chaetognatha sich auch mit den neuen Methoden nicht eindeutig in das System einarbeiten lassen. Offen haben wir schließlich das Schwestergruppenverhältnis der Craniota gelassen, bei dem morphologische und molekulare Phylogenien besonders deutlich differieren. Ebenso kann man davon ausgehen, dass die Reihenfolge der Taxa in den Protostomia noch nicht endgültig festgelegt ist.

An dieser neuen Auflage konte Reinhard Rieger nicht mehr mitarbeiten, und wir haben bei unserer Arbeit immer wieder nachdrücklich erfahren, wie sehr er dabei als kompetenter Autor wie als begeisternder Herausgeber gefehlt hat. Bei der Aufnahme neuer Fakten und bei allen Diskussionen war er häufig dennoch gegenwärtig, da wir uns lebhaft vorstellen konnten, wie er reagiert hätte – skeptisch, z. B. bei der Abtrennung der Acoelomorpha von den Plathelminthen oder der Einbeziehung der Sipunculiden in die Anneliden, oder begeistert, z.B bei der Positionierung der Oweniida an die Basis der Annelida.

Auch eine Reihe der Autoren aus den Vorgängerwerken ist – aus ganz unterschiedlichen Gründen – nicht mehr dabei; sie verdienen weiterhin unseren Dank für ihre engagierte Arbeit an den ersten beiden Auflagen. Wir können uns aber ebenso über neu gewonnene Autoren freuen, die entweder ihre Vorgängerkollegen ersetzt oder zusammen mit ihnen die Kapitel neu gestaltet haben mit viel neuer Dynamik und Gewinn an Aktualität für die Neuauflage. Es war schön für uns zu erfahren, mit welcher generellen Bereitwilligkeit diese neuen Autoren sich gewinnen ließen. Dies ließ uns erkennen, wie allgemein sich dieses Multiautorenbuch inzwischen wohl in der Lehre der systematischen Zoologie etabliert hat, im deutschsprachigen Raum, aber vielleicht durch die russische (2004, nun vergriffen) und die italienische (2011) Übersetzungen auch darüber hinaus.

Neben vielen Kolleginnen und Kollegen, die uns schon bei den ersten beiden Auflagen bei der Überarbeitung von Texten und Ausstattung geholfen haben, unterstützten und berieten uns diesmal besonders Dr. Johannes Achatz, Innsbruck, Prof. Dr. Otto Larink, Braunschweig, Prof. Dr. Günther Purschke, Osnabrück, Prof. Dr. Stefan Richter, Rostock, Ass. Prof. Dr. Ute Rotbächer, Innsbruck, Prof. Dr. Julian Smith III, Winthrope College, USA, PD Dr. Thomas Stach, Berlin und Dr. Torsten Struck, Bonn. Prof. Dr. Walter Sudhaus, Berlin, revidierte einen Teil des Textes über die Nematoden. Frau Mag. Sabine Gufler, Innsbruck, hat maßgeblich bei der Fertigstellung der Textdateien mitgearbeitet, Herr Dipl.-Analyt. Willi Salvenmoser und Herr Thomas Ostermann halfen in Innsbruck bei der Herstellung von Abbildungen bzw. bei dateitechnischen Problemen. Herr Dr. Martin Lay, Breisach hat wieder mit sehr viel Aufmerksamkeit und Geduld die Abbildungen verwaltet, neu beschriftet und teilweise verbessert.

Herr Lay war vor allem wieder verantwortlich für die dichte, gut lesbare Beschriftung der insgesamt über 125 neuen Abbildungen, die in die 3. Auflage eingeführt wurden. Zusammen mit der Gliederung des Schriftbildes durch Fettdruck und Sperrungen ist die Abbildungsausstattung ein von uns gepflegtes didaktisches Merkmal dieses Lehrbuchs. Auf die Einbeziehung farbiger Abbildungen – von einigen Kollegen immer wieder gewünscht – hat der Verlag auch dieses Mal verzichtet. Die vorliegenden ausschließlich schwarz-weißen Bilder erscheinen aber didaktisch und ästhetisch mitunter wirkungsvoller, vor allem informativer und richtiger als viele der meist dreidimensionalen im Trend liegenden Farbzeichnungen anderer Lehrbücher. Sie vermögen anatomische Einzelheiten teilweise klarer darzustellen und den Habitus lebensechter zu repräsentieren. Das gilt vor allem auch für viele REM-Aufnahmen, die etwa bei den Insekten in relativ großer Zahl in die neue Auflage aufgenommen wurden. Darüber hinaus vermitteln die schwarz-weißen Strichzeichnungen aus verschiedenen Epochen, vom 19. Jh. bis heute, ein durchaus authentisches Bild der Entdeckungs- und Forschungsgeschichte der verschiedenen Taxa.

Herr Dr. Ulrich G. Moltmann, Heidelberg hat auch diese 3. Auflage entscheidend gefördert. Er hat dieses Buchprojekt nun seit der Konzipierung vor mehr als 20 Jahren in wechselnden Verlagssituationen durchgehend betreut, immer mit großer Sorgfalt, vielen guten Ideen und der nötigen Vorausplanung. Zusammen mit Frau Martina Mechler und anderen Mitarbeitern des Spektrum Verlags ist die Drucklegung auch dieser Auflage wieder problemlos und in großem Einvernehmen möglich gewesen.

Allen diesen Personen möchten wir sehr herzlich für die freundliche, prompte und erfreulich interessierte Hilfe danken, die sie uns in allen Belangen entgegen gebracht haben.

Wilfried Westheide und Gunde Rieger
Mai 2013

Vorwort zur 1. Auflage

Die Beschreibung der Vielfalt tierischer Organismen und ihrer Lebensformen, die Erkennung ihrer Baupläne und Funktionsmechanismen und die Zuordnung zu Organisationsstufen und natürlichen Einheiten in einem evolutiven System – moderne Dokumentation der lebendigen Mannigfaltigkeit, also, und übersichtliche Ordnung von 1,2 Millionen Arten zugleich – sind kein leichtes Unterfangen für ein Lehrbuch, das seinen Stoff einerseits umfassend, aber doch noch überschaubar, lesbar und zumindest teilweise auch lernbar darstellen möchte. Willkommenes strukturelles Vorbild war uns da der Systematikband von ROLF SIEWINGS Bearbeitung des WURMBACHSchen Lehrbuchs der Zoologie von 1985, das durch den frühen Tod seines Herausgebers keine Neuauflage erfahren konnte und nun durch unser Buch seine Nachfolge finden soll. So haben wir das charakteristische Konzept des Siewings übernommen, die einzelnen Kapitel von kompetenten, vorwiegend deutschsprachigen Spezialisten schreiben zu lassen – sicher ein Wagnis für die Homogenität eines Lehrbuches bei 25 verschiedenen Autoren. Völlige Verhältnismäßigkeit im Umfang der Einzelkapitel, gleiche Schwerpunktbildungen im Inhalt und Einheitlichkeit im Stil der Texte und Abbildungen konnten durch unsere Überarbeitungen daher auch nicht durchgängig erreicht werden; z. T. haben wir aber auch mit Bedacht die individuellen Eigenheiten einzelner Kapitel belassen, tragen sie doch – nach unserer Meinung – zum besonderen Stil dieses Buches bei. Zu den Inhomogenitäten gehört freilich auch die unterschiedlich starke Berücksichtigung funktionsmorphologischer Gesichtspunkte in der Darstellung der Baupläne und Lebensäußerungen der einzelnen Taxa – eigentlich eines der Grundkonzepte unserer Lehrbuchidee. Daß dies nicht konsequent genug gelang, mag, wie wir meinen, auch im unterschiedlichen Stand der Forschung begründet sein. Ausdrücklich beabsichtigt – wie im Siewing – ist dagegen die unverhältnismäßig starke Berücksichtigung kleinerer Gruppen in Hinblick auf Seiten- und Abbildungszahl, ist doch ihre Bedeutung für das Verständnis des Systems meist nicht geringer als die der großen, artenreichen Taxa. Von letzteren, z. B. Ciliophora, Mollusca oder Insecta, konnte dagegen die Formenvielfalt nur im Überblick berücksichtigt und die ungeheure Informationsfülle über Morphologie und Biologie ihrer Arten nur in relativ geringem Maße vorgestellt werden. Wir halten dies bei der großen Zahl an wissenschaftlicher und populärer Spezialliteratur über diese Gruppen für gerechtfertigt.

Die formale Darstellung einer systematischen Gliederung nach konsequent phylogenetischen Gesichtspunkten ist wohl das schwierigste Problem, vor dem wir bei der Gestaltung dieses Buches standen – wahrscheinlich das Problem jedes systematischen Lehrbuches überhaupt. Mit der vollständigen Weglassung der klassischen Kategorien einer Linnéschen hierarchischen Ordnung haben wir einer schon lange erhobenen Forderung der Phylogenetischen Systematik entsprochen, deren Verwirklichung für die meisten Benutzer wahrscheinlich noch gewöhnungsbedürftig ist. Die wichtigsten Gründe dafür erscheinen uns jedoch überzeugend: (1) Die Belegung supraspezifischer Taxa mit Kategorie-Bezeichnungen ist willkürlich und unterliegt keiner Regel, so daß es in verschiedenen Systematisierungen eine Vielzahl sich z. T. weit unterscheidender Kategorien für dieselben Taxa gibt. (2) Gleiche Kategorien erzeugen den Anschein einer rangmäßigen Entsprechung, die zwischen den verschiedenen Gruppen aber nicht gegeben ist. (3) Die Zahl gängiger Kategorienamen würde nicht ausreichen, um selbst nur einen Teil der Organismen nach phylogenetischen Gesichtspunkten zu ordnen. Eine durchgängige Anwendung alternativer Darstellungsformen erwies sich jedoch als ebensowenig praktikabel. Dies gilt für die ausschließliche Benutzung eines numerischen Prinzips und auch für das Prinzip des „fortgesetzten Einrückens" ranggleicher Schwestergruppen: Eine ausschließliche numerische Kennzeichnung würde zu völlig unübersichtlichen, langen Zahlenreihen führen. Die Auszeichnung durch Einrücken ist zwar ein sehr anschauliches Prinzip und ermöglicht am einfachsten die konsequente, hierarchische Subordination. Übersichtlich anwendbar ist sie jedoch nur dann, wenn eine Gliederung nicht über das Bild einer Seite hinausgeht. Für ein Gesamtsystem oder für seine größeren Teile erscheint es uns ungeeignet. Auch läßt sich mit diesem Prinzip in den Überschriften innerhalb des Textes keine Gliederung sichtbar machen, und schließlich ist für seine konsequente Durchführung eine vollständige Aufgliederung der Organismen in Schwestertaxa notwendig, die bisher nicht in allen Bereichen des Systems erarbeitet werden konnte.

Diese Schwierigkeiten – zusammen mit der Tatsache, daß größere Teile des Systems im Augenblick noch kontrovers diskutiert werden – hat uns veranlaßt, die formale Gliederung nach unterschiedlichen Gesichtspunkten durchzuführen.

Für die Großgliederung haben wir die erkennbaren organisatorischen und funktionellen Stufen der Evolution zugrunde gelegt: (1) Einzellige Organisation (**„Einzellige Eukaryota"**) – Vielzellige Organisation (**Metazoa**); (2) innerhalb der Metazoa: **Parazoa – Diploblastische Organisation („Coelenterata") – Triploblastische Organisation (Bilateria)**; (3) letztere wurden von uns in **Spiralia – Nemathelminthes – Tentaculata – Deuterostomia** unterteilt. Innerhalb dieser Großgruppen wurden Subtaxa mit charakteristischen und deutlich eigenständigen Bauplänen – die „Stämme" vieler traditioneller Systeme – hintereinander abgehandelt. Erst für ihre Aufgliederung verwenden wir eine numerische Kennzeichnung, die aber nicht über die 4. Ebene hinausgeht und nur teilweise ein phylogenetisches Subordinationsprinzip widerspiegelt. Dort, wo in größeren Taxa eine weitere Untergliederung erforderlich war, wurde dies durch unterschiedliche Schrifttypen und Positionen der Taxa-Überschriften verdeutlicht. Damit die vermuteten phylogenetischen Beziehungen dennoch klar werden, wurden sie durch graphische Stammbäume mit den wichtigsten Apomorphien dargestellt und z. T. auch im Text diskutiert.

Weder in die Stammbäume noch in die numerische Gliederung aufgenommen wurden fossile Taxa. Überhaupt stellen wir nur solche fossilen Gruppen vor, die sich in wesentlichen Merkmalen von den rezenten Taxa unterscheiden, wichtig für phylogenetische Fragestellungen erscheinen und zudem als relativ gut bearbeitet gelten können; diese Auswahl erhebt nicht den Anspruch auf Vollständigkeit. Im Text werden die fossilen Gruppen durch Unterlegung mit einem grauen Raster optisch von den rezenten abgehoben.

Völlig neu und bisher wohl ohne Beispiel für ein Lehrbuch der Speziellen Zoologie werden die Einzeller geordnet. Es ist uns nicht leicht gefallen, hier die vertrauten Gruppierungen, z. B. der „Flagellaten", „Amöben" oder „Rhizopoden" aufzugeben oder anderen Taxa eine völlig andere phylogenetische Position zuzuordnen. Die Fülle neuer morphologischer – vor allem ultrastruktureller – und molekularer Daten erfordert hier jedoch ein völlig neues systematisches Konzept, das in Einzelheiten vermutlich noch in Zukunft Änderungen erfahren wird, grundsätzlich jedoch Bestand haben sollte. Dieses Konzept gibt auch eine traditionelle Unterteilung in pflanzliche und tierische Organismen auf der Ebene der Einzelligkeit auf. Wir haben daher weitgehend die Gesamtheit der einzelligen Eukaryota aufgeführt – auch Taxa, die nur photoautotrophe Arten enthalten und traditionell auf Lehrbücher der Botanik beschränkt bleiben; letztere wurden aber deutlich kürzer abgehandelt oder nur erwähnt. Zu der wahrscheinlich konsequentesten Behandlung dieses Problems, einer völligen Ausgliederung der Einzeller und der Beschränkung des Begriffs „Tier" ausschließlich auf die Metazoa, d.h. einen Beginn des Lehrbuches mit den Porifera, konnten wir uns jedoch aus vielerlei, auch aus Gründen enger traditioneller Zugehörigkeit der „Protozoologie" zur Speziellen Zoologie nicht entschließen.

Eine charakteristische Eigenheit des SIEWINGschen Lehrbuches war die Zusammenführung aller Bilateria in einem Phylum „Coelomata" und seine Aufteilung in die drei Subphyla Archicoelomata, Chordata und Spiralia. Die daraus sich ergebende Stellung der Chordaten mit den Wirbeltieren in einer mittleren Position des Systems (und auch des Lehrbuches) hatte dabei wenig Zustimmung gefunden. Zweifellos gehört die phylogenetische Großgliederung der Bilateria zu den schwierigsten und am kontroversesten diskutierten Problemen der phylogenetischen Forschung, für die auch wir hier keine überzeugende Lösung vorschlagen können. Wir haben daher die Reihung ihrer Subtaxa wieder nach sehr traditionellen Gepflogenheiten vorgenommen, die ja auch teilweise von modernen, wenn auch noch häufig unvollkommenen molekularen Untersuchungen gestützt werden: Spiralia – Nemathelminthes – Tentaculata – Deuterostomia. Damit geraten die Vertebrata (Craniota) wieder an das Ende des Systems. Allerdings haben uns eine Reihe von Gründen bewogen, die Wirbeltiere von den „Einzellern" und „Wirbellosen" zu trennen, eine Trennung, die z. B. für Lehrbücher aus dem anglo-amerikanischen Raum selbstverständlich ist und sich in der Praxis der Lehre an deutschsprachigen Universitäten oft ebenso ergibt. Die Vertebrata werden also in einem 2. Band dieses Lehrbuches zu einem späteren Zeitpunkt erscheinen. In einem Überblick sollen dort auch die Methoden der phylogenetischen Systematik dargestellt werden, für die gerade die Wirbeltiere besonders anschauliche Beispiele liefern können.

Seit jeher sind Monophylie und Stellung der Nemathelminthes im System problematisch. Abweichend von den meisten anderen Lehrbüchern ist die hier für sie gewählte Position hinter den Spiralia. Während sie traditionell bei den Bilateria in die Nähe von Plathelminthes und Nemertini eingeordnet werden, erscheint uns dies vor allem deshalb nicht angebracht, weil wir damit nahe legen würden, daß besonders zu diesen beiden Taxa eine engere Verwandtschaft besteht. Derartige Beziehungen sind jedoch gegenwärtig als völlig ungewiß anzusehen. Eine Ableitung der verschiedenen Furchungsmodi der Nemathelminthes von der Spiralfurchung erscheint uns ungelöst; auch für ein Schwestergruppen-Verhältnis einzelner Nemathelminthen-Taxa zu Spiraliern aufgrund morphologischer Merkmale gibt es keine starken Hinweise. Lediglich zwischen Gnathostomuliden und Rotatorien (S. 264) ist wegen Übereinstimmungen im Bau der Kauapparate eine engere Verwandtschaft nicht unwahrscheinlich. Die Herkunft von Spiralia und Nemathelminthes von einer nur ihnen gemeinsamen Stammart ist eine weitere in der Diskussion stehende Verwandtschaftshypothese.

Wie die Aufgliederung der Bilateria ist auch die Gruppierung der ursprünglicheren Metazoen (Porifera, Placozoa, „Mesozoa", Cnidaria und Ctenophora) nach streng phylogenetisch-systematischen Gesichtspunkten Gegenstand aktueller, kontroverser Diskussion. Ihre systematische Darstellung folgt hier besonders den Stufen ihrer organisatorischen und funktionellen Differenzierung. Letztere ergeben sich vor allem aus der Histologie und Cytologie ihrer Vertreter. Gerade die Forschung in Ultrastruktur und Molekularbiologie hat ja in den unmittelbar zurückliegenden Jahren eine Fülle von Daten geliefert, die uns ein immer realistischer werdendes Bild der Evolution tierischer Organismen von der Einzelligkeit über primitive Zellverbände, Organismen mit epithelartigen Strukturen bis hin zu Organisationsformen mit echten Epithelien und Organen vermitteln. Im Mittelpunkt dieser Überlegungen stehen die Bedeutung der extrazellulären Matrix und ihrer Strukturelemente sowie die Zell-Zell-Verbindungen für den Zellzusammenhalt und die Formenkonstanz vielzelliger Tiere.

Dort, wo die phylogenetische Systematik noch besonders kontrovers diskutiert wird und mehrere Hypothesen hinreichend begründbar erscheinen, wollen wir durch die Aufnahme von wenigstens zwei alternativen Stammbäumen dem interessierten studentischen Leser vor Augen führen, daß die phylogenetische Forschung in vielen Bereichen des Systems als offen gelten kann, und aufzeigen, wo besonderer Bedarf an modernen Untersuchungen besteht. Natürlich haben wir – wie unsere einzelnen Autorenkollegen auch – bestimmte Vorstellungen zu phylogenetischen Fragestellungen, die dieses Lehrbuch bzw. die einzelnen Kapitel prägen. Es ist uns jedoch ein Anliegen, für einige der großen Kontroversen der Zoologischen Systematik nicht apodiktisch und diskussionslos nur eine Hypothese zuzulassen. Morphologie und Systematik sollen nicht als abgeschlossene Disziplinen der Zoologie erscheinen, sondern als höchst lebendige, forschungsbedürftige Arbeitsgebiete. Welche überraschenden, aufregenden Entdeckungen die systematisch-morphologische Forschung immer noch bereit hält, zeigen z. B. die Funde der vielen neuen Arten aus den letzten Jahren bis hin zur kürzlich erfolgten Beschreibung von *Symbion pandora*, eine Art, die sich in keines der bestehenden höheren Taxa einordnen läßt und für die ihre Entdecker FUNCH und KRISTENSEN daher die **Cycliophora** errichtet haben (siehe Abbildung auf dem Einband). Ohnehin hatte uns der Verlag verpflichtet, kein „phylogenetisches Kampfbuch" zu verfassen und generell nur mäßige Veränderungen im traditionellen System aufzunehmen, u. a. auch um dem Studenten den Übergang von anderen Lehrbüchern der Zoologie ohne größere Schwierigkeiten zu ermöglichen. Aus diesem Grund haben wir auch darauf verzichtet, alle als Paraphyla erkannten Gruppierungen zu eliminieren. Vor allem dort, wo diese bisher nicht überzeugend aufgelöst werden können, wurden sie beibehalten und durch Anführungszeichen („") als solche gekennzeichnet. Nur innerhalb der einzelligen Eukaryota war es notwendig, auch vermutlich polyphyletische Gruppierungen bestehen zu lassen; hierbei handelt es sich um traditionelle Gruppen, die man bisher noch nicht aufteilen kann; sie werden durch einen Stern (*) gekennzeichnet.

Wir wollen mit dieser zusammenfassenden Darstellung von anatomischen, histologischen, mikroanatomischen und cytologischen Merkmalen deutlich machen, daß Strukturanalysen auf den verschiedensten Größenebenen – bis hinunter zu den organischen Makromolekülen – Teilgebiete der Morphologie sind. Diese morphologischen Details stehen in der phylogenetischen Systematik den Sequenzanalysen von RNA und DNA gegenüber. Erst die ausreichende Kenntnis dieser beiden Datenkomplexe und ein Verständnis der Unterschiede ihres Informationsgehalts werden in Zukunft eine befriedigendere Erstellung von Stammbäumen ermöglichen.

Schon der Umfang des Buches hebt es über ein reines Lernkompendium hinaus – es wird, so hoffen wir, auch als Nachschlagewerk den Studenten und vielleicht auch manchen gereifteren Zoologen begleiten und den einen oder anderen auch vor und nach einer Prüfungsphase zum Lesen aus Interesse anregen. Dies soll die reichhaltige Ausstattung mit Zeichnungen und Photos – viele davon Originale – bewirken, die wir, ebenso wie es die Verfasser in der 33. Auflage des STRASBURGERs (Lehrbuch der Botanik, Gustav Fischer Verlag, Stuttgart, Jena, New York, 1991) ausdrücken, als Einladung zum „Schmökern" verstehen, „dieser oft unterschätzten Methode, sich einem komplexen Stoff auf spielerische Weise zu nähern." Gerade in die Auswahl und Erstellung des Bildteils haben wir mit unseren Autorenkollegen viel Zeit und Überlegung investiert – das Auge ist nun einmal das wichtigste Fenster, durch das der Morphologe und Systematiker seine Informationen erhält. Neben klassischen Bauplan-Schemata und traditionellen Habitusbildern wurden auch wichtige in den letzten 25 Jahren durch elektronenmikroskopische Methoden erarbeitete Ergebnisse in Form entsprechender REM- und TEM-Ultrastrukturbilder aufgenommen.

Eine Spezielle Zoologie ist der Teil der wissenschaftlichen Zoologie, der sich besonders mit den „Spezies" beschäftigt. Ein entsprechendes Lehrbuch kann daher nicht nur den Bauplänen, der Stammesgeschichte und grundsätzlichen Phänomenen supraspezifischer Taxa gewidmet sein, sondern muß

auch den Blick auf einzelne Arten lenken. Wir haben dem mit der exemplarischen Erwähnung einzelner Arten am Ende der Besprechung der Taxa Rechnung getragen und hierbei vor allem auch heimische Arten genannt und kurz charakterisiert. Sie wurden vor dem Gattungsnamen mit einem * gekennzeichnet.

Elf der Autoren des Lehrbuches waren schon am WURMBACH/SIEWING beteiligt, vierzehn Autoren sind neu hinzugekommen. Allen Autorenkollegen gilt unser besonderer Dank, vor allem für ihre Bereitwilligkeit, mit der sie auf unsere Vorstellungen und Wünsche eingegangen sind. Eine außerordentlich große Zahl von Kollegen und Mitarbeitern haben sich bereitwillig und zum Teil mit großer Mühe am Zustandekommen dieses Lehrbuches beteiligt, und wir danken ihnen hier sehr herzlich für entscheidende Beiträge vielfältigster Art. So wurden Teile des Buches kritisch gelesen von:

Prof. Dr. F.G. Barth, Wien; Prof. Dr. B. Darnhofer-Demar, Regensburg; Prof. Dr. W. Dohle, Berlin; Prof. Dr. A. Fischer, Mainz; Prof. Dr. H. Flügel, Kiel; Dr. H. Forstner, Innsbruck; Prof. Dr. S. Gelder, Presque Isle; Prof. Dr. A. Goldschmid, Salzburg; Prof. Dr. W. Haas, Bonn; Prof. Dr. G. Haszprunar, München; Prof. Dr. T. Holstein, Frankfurt/Main; Dr. P. Kestler, Osnabrück; Dr. W. Koste, Quakenbrück; Prof. Dr. O. Kraus, Hamburg; Mag. P. Ladurner, Innsbruck; Prof. Dr. S. Lorenzen, Kiel; Prof. Dr. K. Märkel, Bochum; UD Dr. E. Meyer, Innsbruck; UD Dr. H. Moser, Innsbruck; Prof. Dr. Mostler, Innsbruck; Dr. B. Neuhaus, Berlin; Dr. C. Noreña-Janssen, Madrid; Dr. G. Purschke, Osnabrück; Prof. Dr. K. Rohde, Armidale; Prof. Dr. Schedl, Innsbruck; Prof. Dr. M. Schlegel, Leipzig; Prof. Dr. H.K. Schminke, Oldenburg; Dr. P. Schwendinger, Innsbruck; Prof. Dr. V. Storch, Heidelberg; Dr. A. Svoboda, Bochum; Prof. Dr. K. Thaler, Innsbruck; Dr. H. Ulrich, Bonn; Prof. Dr. D. Waloßek, Ulm; Dr. S. Weyrer, Innsbruck.

Abbildungen, besonders Photos, wurden uns dankenswerterweise u. a. zur Verfügung gestellt von: Prof. Dr. G. Alberti, Heidelberg; Dr. A. Antonius, Wien; Dr. W. Arens, Bayreuth; Prof. Dr. B. Baccetti, Siena; Prof. Dr. Bardele, Tübingen; PD Dr. T. Bartolomaeus, Göttingen; Prof. Dr. B. Bengtson, Uppsala; Dr. W. Böckeler, Kiel; Prof. Dr. R. Buchsbaum, Pacific Grove; Dr. M. Byrne, Sydney; Prof. Dr. S. Conway Morris, Cambridge; Dr. W. Cool, Lawrence; Dr. D. Desbruyères, Brest; Dr. S. Dominik, Bochum; Dr. M. Duvert, Bordeaux; Prof. Dr. G. Eisenbeis, Mainz; Dr. P. Emschermann, Freiburg; Prof. Dr. M. Fedonkin, Moskau; Dr. K. Fedra, Wien; Dr. A. Fiala, Banyuls-sur-Mer; G. Fiedler, Leipzig; Dr. D. Fiege, Frankfurt/Main; Prof. Dr. H. Flügel, Kiel; Prof. Dr. W. Foissner, Salzburg; Dr. H.D. Franke, Helgoland; Prof. Dr. Å. Franzén, Stockholm; Dr. S. Gardiner, Bryn Mawr; Prof. Dr. T.H.J. Gilmour, Saskatoon; Prof. Dr. W. Gnatzy, Frankfurt/Main; Prof. Dr. C.J.P. Grimmelikhuijzen, Kopenhagen; Dr. W. Greve, Hamburg; Dr. J. Gutt, Bremerhaven; Prof. Dr. A.K. Harris, Chapel Hill; Dr. W. Heimler, Erlangen; Prof. Dr. C. Hemleben, Tübingen; Dipl.-Biol. A. Hirschfelder, Osnabrück; Dr. I. Illich, Salzburg; Dr. H.D. Jones, Manchester; Dr. M. Jones, Friday Harbor; Dr. M. Klages, Bremerhaven; Prof. Dr. J. Klima, Innsbruck; Dr. B. Knoflach, Innsbruck; Dr. W. Koste, Quakenbrück; Prof. Dr. R.M. Kristensen, Kopenhagen; Dr. P. Ladurner, Innsbruck; Prof. Dr. H.A. Lowenstam, Pasadena; Mag. G. Mair, Belfast; Mag. O. Manylov, St. Petersburg; Prof. Dr. K. Märkel, Bochum; Prof. Dr. H. Mehlhorn, Düsseldorf; Dr. C.G. Messing, Fort Pierce; Dr. H. Moosleitner, Salzburg; Dr. B. Neuhaus, Berlin; Dr. C. Noreña-Janssen, Madrid; Prof. Dr. C. Nielsen, Kopenhagen; Prof. Dr. Dr. J. Patterson, Sydney; Dr. R. Patzner, Salzburg; Prof. Dr. H.M. Peters, Tübingen; Dr. H.-K. Pfau, Hünstetten-Wallbach; Prof. Dr. M. Reuter, Turku; Dr. A.L. Rice, Wormley; Dr. S. Ribgy, Leicester; Prof. Dr. R. Röttger, Kiel; Dr. K. Rützler, Washington; Prof. Dr. B. Runnegar, Los Angeles; W. Salvenmoser, Innsbruck; Dr. H. Schatz, Innsbruck; Dr. G.O. Schinner, Wien; A. Schrehardt, Erlangen; Prof. Dr. G. Slyusarev, St. Petersburg; Prof. Dr. H. Splechtna, Wien; Staatliches Museum für Naturkunde, Stuttgart; Dr. M. Stauber, Willich; Dr. G. Steiner, Wien; Dr. A. Svoboda, Bochum; Prof. Dr. H. Taraschewski, Karlsruhe; Prof. Dr. S. Tyler, Orono; Prof. Dr. U. Welsch, München; Prof. Dr. A. Wessing, Gießen; Dr. S. Weyrer, Innsbruck; Dr. K. Wittmann, Wien; Dr. D. Zissler, Freiburg.

Unabdingbar für das Zustandekommen des Buches war das stete Verständnis unserer Frauen, Alice Westheide und Dr. Gunde Rieger. Frau Rieger danken wir darüber hinaus für kritische Korrekturen und wertvolle Beiträge, die wesentlich die Gestaltung des Buches mitbestimmt haben.

Christiane Schöpfer-Sterrer, Wien, Anna Stein, Osnabrück, Giesbert Schmitz, Osnabrück und Dr. Manfred Klinkhardt, Rietberg, haben einen großen Teil der Abbildungen nach Vorlagen aus der Literatur oder nach Originalen neu gezeichnet, wofür wir ihnen, ebenso wie den Zeichnerinnen und Zeichnern einiger unserer Autoren, sehr danken. Besonderer Dank und Anerkennung gilt den Studenten und Mitarbeitern unserer beiden Arbeitsgruppen, ohne deren kritisches Interesse und persönlichen Einsatz wir diesen Band wohl nicht hätten fertigstellen können und von denen wir hier vor allem Andrea Noël, Osnabrück, Dietmar Reiter, Innsbruck, Monika C. Müller und Dr. G. Purschke, Osnabrück, Gertrud Matt, Elisabeth Pöder, Karl Schatz und Konrad Eller, Innsbruck, nennen.

Ein besonderes Anliegen ist es uns, dem Verlag und hier vor allem den Herren Dr. Wulf D. von Lucius und Bernd von Breitenbuch für stetes Interesse, Herrn Dr. Ulrich G. Moltmann und Frau Inga Eicken für sehr kompetente Unterstützung und die harmonische Atmosphäre der Zusammenarbeit zu danken.

Wilfried Westheide und Reinhard M. Rieger
Osnabrück und Innsbruck, Februar 1996

Inhaltsverzeichnis

„EINZELLIGE EUKARYOTA", EINZELLER   1

Metazoa, Tierische Vielzeller

METAZOA incertae sedis, VIELZELLER UNSICHERER POSITION IM SYSTEM 805

Begriffe der phylogenetischen Systematik

Ahnenlinie – Die Folge direkter Vorfahren eines → Taxons einschließlich seiner letzten Stammart, eingeschränkt auf den letzten Abschnitt, in dem seine → Apomorphien sukzessiv entstanden. Mit Bezug auf eine → Kronengruppe ist es die Kette aufeinander folgender Stammarten ab der Abzweigung des Schwestertaxons mit rezenten Vertretern.

Anagenese (= „Weiterentwicklung") – Evolutive Veränderungen, also Umbau, Aufbau und Abbau von Eigenschaften (→ Apomorphie) in der Evolution von Populationen und damit sowohl Komplexitätszunahme als auch Vereinfachungen. Anagenetische Veränderungen in → Ahnenlinien können zum Umbau und Aufbau von → Bauplänen führen.

Analogie – Begriff mit historisch vielfältiger Bedeutung. Er sollte Merkmale und Eigenschaften mit vergleichbarer biologischer Rolle oder Funktion bezeichnen, die nicht auf gemeinsamer genetischer Information beruhen (wie Bein, Flügel, Auge, Herz, Auge bei Insekt und Vogel). Bei struktureller Ähnlichkeit spricht man in einem solchen Fall von → Konvergenzen.

Apomorphie (= evolutive Neuheit, abgeleitetes Merkmal) – Ein durch Veränderung, Neuerwerb oder Verlust (auch das Fehlen kann eine „Neuheit" sein) einer Eigenschaft in der Evolution einer Ahnenlinie oder einer Art entstandene Abweichung gegenüber dem ursprünglichen (→ plesiomorphen) Zustand. Bei Neuerwerb (Eigenschaft fehlend in der → Außengruppe) und Verlust (in der Außengruppe einschließlich dem Schwestertaxon vorhanden) gibt es keine homologe Entsprechung zu Außengruppentaxa (→ Negativmerkmal). Apomorphe Merkmale sind entscheidend für die Rekonstruktion von → Cladogrammen (→ Synapomorphie), in denen die Stelle ihrer Entstehung markiert wird. Nach der nächsten Spaltung der Linie ist dasselbe Merkmal plesiomorph. Bei der Begründung eines → Monophylums wird an Stelle von Apomorphie oft auch von dessen → Autapomorphie gesprochen.

Art (= Spezies) – Eine biologische Art ist eine natürliche Klasse von Organismen mit großteils übereinstimmenden, sie kennzeichnenden Eigenschaften der Morphologie, des Verhaltens und der ökologischen Ansprüche. Sie lässt sich am besten über mehrere Aspekte als ökologische, zumeist auch als genetische sowie historische Einheit charakterisieren. Sie ist ultimat als Ökospezies durch die Realisierung einer ökologischen Nische bedingt: der Gesamtheit der Wechselbezüge zwischen ihren Individuen in allen ontogenetischen Stadien und deren Umwelt. Bei der in der Regel bei Tieren vorliegenden Fremdbefruchtung werden ihre Spezialanpassungen durch Partnererkennungs-Mechanismen aufrecht erhalten, die genetisch (reproduktiv) isolierend wirken (Biospezies). In Anpassung an Nische und Fortpflanzung besitzt eine Art eine übereinstimmende Merkmalsausstattung von der Molekül- bis zur Verhaltensebene (Morphospezies), die sie zu einer anderen Art unterscheidbar macht. Anfang und Ende der sich evolutiv ändernden Art in der Zeit (Chronospezies) führte zu ihrer Auffassung als Generationengeflecht zwischen zwei direkt aufeinander folgenden → Speziationsereignissen (Gabelpunkten im → Cladogramm) bzw. als unverzweigte Linie ab der Spaltung der letzten → Stammart bis zu ihrer heutigen Existenz oder ihrem Aussterben. Anfang und Ende einer Art sind somit keine willkürlichen Festlegungen.

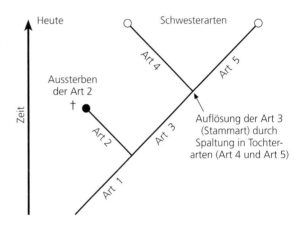

Außengruppe – Sie umfasst alle rezenten und fossil belegten Organismen, die nicht Mitglied der betrachteten Innengruppe sind. Einzelne Vertreter oder Außengruppentaxa sollten nicht „Außengruppe" genannt werden.

Außengruppenvergleich – Bei verschiedenen Vertretern der Innengruppe vorhandene Merkmalsalternativen werden zur Bestimmung der → Lesrichtung (ob ursprünglich oder abgeleitet) mit jenen von Vertretern der → Außengruppe (Außengruppentaxa) verglichen. Die auch in der Außengruppe vorkommende Variante wird als → plesiomorph angenommen, die auf die Innengruppe beschränkte als → apomorph. Vor allem in molekularen Analysen wird oft nur ein Repräsentant der Außengruppe untersucht, sofern dieser als aussagekräftig für die Lesrichtungshypothese erscheint.

Autapomorphie – → Apomorphie eines Monophylums, also in seiner letzten Stammart oder im Fall einer → Kronengruppe in ihrer → Ahnenlinie entstandene evolutive Neuheit.

Bauplan – Abstraktion der integralen Bestandteile der Konstruktion von Organismen aus Merkmalssätzen einer Vielzahl von Angehörigen eines → Taxons mit einem deutlichen morphologischen Abstand gegenüber vergleichbaren Taxa

Walter Sudhaus, Berlin

(→ Anagenese). Ein Bauplan beinhaltet komplexe und korreliert auftretende Strukturen, deren Teile jeweils zu Funktionseinheiten zusammengeschlossen sind. Ihm liegt das in der → Ahnenlinie entstandene → Grundmuster des Monophylums zugrunde.

Cladogenese – Dichotome Spaltung (Verzweigung) von Evolutionslinien durch aufeinanderfolgende → Speziationsereignisse. Die Abfolge der Artspaltungen wird in einem → Cladogramm (→ Stammbaum) wiedergegeben.

Cladogramm – Ein dichotom (zweiästig) verzweigter → Stammbaum, der die Folge der Spaltungsereignisse und damit die Verwandtschaftsbeziehungen der betrachteten Taxa graphisch wiedergeben soll und auf jedem Verbindungsast durch → Apomorphien begründet ist. Damit ist die Argumentation dieser Verwandtschaftshypothese nachvollziehbar und kritisierbar, anagenetische Änderungen sowie teilweise deren Reihenfolge sind ablesbar, und Kenntnislücken liegen offen. Der Verwandtschaftsgrad der Taxa ergibt sich aus der Lage der Verzweigungspunkte.

Clados (Zweig, *clade*) – Andere Bezeichnung für → Monophylum.

Geschlossene Abstammungsgemeinschaft – → Monophylum.

Grundmuster (= Grundplan) – Die Gesamtheit der plesio- und apomorphen Merkmale sämtlicher Stadien und Morphen (Holomorphe) der → Stammart eines → Monophylums zum Zeitpunkt ihrer Aufspaltung (deshalb auch Stammartmuster genannt). Nicht jedes Grundmuster entspricht ein → Bauplan.

Homologie – Eine Homologieaussage ist die Hypothese, dass hochgradige Übereinstimmungen (Strukturen, Muster, Prozesse, Verhaltensweisen) Kopien einer einmaligen Eigenschaft sind, also von den betrachteten Organismen aufgrund einer einmal entstandenen Information erstellt wurden. Unter der Voraussetzung, dass diese ausschließlich von den Eltern auf direkte Nachkommen weitergegeben wurde, es also nie einen horizontalen zwischenartlichen Transfer der Information gegeben hat, besagt eine bei zwei Arten festgestellte homologe Übereinstimmung, dass ihre letzte gemeinsame → Stammart eine entsprechende Information und Struktur besaß. Als homolog erkannte Merkmale können als → apomorph oder → plesiomorph „bewertet" werden.

Homoplasie – Nicht auf → Homologie beruhende Übereinstimmung durch unabhängige Entstehung oder unabhängigen Verlust (→ Konvergenz).

Innengruppenvergleich – Vergleich der Merkmale zwischen Taxa eines Monophylums (Innengruppe) zur Feststellung der Merkmalsausstattung ihrer letzten gemeinsamen Stammart (→ Grund- oder Stammartmuster).

Kategorie (systematische) – Entsprechend der abgestuften hierarchischen Ordnung ineinander geschachtelter ranghöherer und rangniedriger monophyletischer → Taxa wurde ihnen aus einer seit C. von Linné (1707–1778) entwickelten Skala (u.a. Gattung, Familie, Ordnung, Klasse, Stamm) ein bestimmter subjektiv empfundener kategorialer Rang zugeordnet. Oft erhielten mehr als zwei Taxa einer Verwandtschaftsgruppe dieselbe Rangstufe, doch nur → Schwestertaxa sind objektiv gleichrangig. Übereinstimmende Kategorien in verschiedenen Tiergruppen sind nicht vergleichbar. Die überkommene Praxis der Zuordnung von Kategorien wird von phylogenetischen Systematikern abgelehnt. Auch in diesem Buch werden Taxa generell ohne Rangbezeichnungen behandelt.

Konvergenz – Hochgradige Übereinstimmungen, die für → homolog gehalten werden könnten, was aber wegen der Verteilung anderer Merkmale aufwändige Zusatzannahmen bei der Aufstellung eines Verwandtschaftsdiagramms erfordern würde, so dass die Annahme einer mehrmaligen (konvergenten) Entstehung vergleichsweise sparsamer ist. Auch mehrfach unabhängig in der Evolution stattgefundene Verluste (vollständige Reduktionen) können als konvergent bezeichnet werden. (Beides wird in englischsprachiger Literatur unter dem Oberbegriff → Homoplasie zusammengefasst.) Eine auf Konvergenzen begründete Organismengruppe nennt man → polyphyletisch.

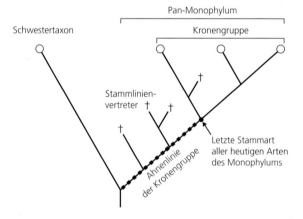

Kronengruppe –Dasjenige→ Monophylum, das alle rezenten Arten und die nur ihnen gemeinsame Stammart umfasst (und damit auch von ihr abstammende ausgestorbene Arten). Der Begriff ist nur sinnvoll, wenn es für dieses Monophylum eine fossil belegte → Stammlinie gibt und damit eine aus mehreren Arten bestehende → Ahnenlinie nachgewiesen wurde. Der Name des Taxons kann durch die Vorsilbe „Kronen-" präzisiert werden (vgl. → Pan-Monophylum).

Lesrichtung von Merkmalsalternativen (= Merkmalspolarität) – Bei unterschiedlichen Merkmalsausprägungen in Taxa einer (Innen-)Gruppe stellt sich die Frage, ob eine als die ursprüngliche (→ Plesiomorphie), eine andere als die abgeleitete Variante (→ Apomorphie) hypothetisiert werden kann. Eine solche Lesrichtungsentscheidung muss argumentativ erfolgen. Sie fällt ganz überwiegend nach dem → Außengruppenvergleich.

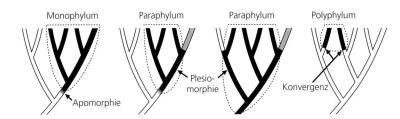

Monophylum   Paraphylum   Paraphylum   Polyphylum

Plesio-morphie   Konvergenz

Apomorphie

Merkmal (= Phän) – Beschreibbare, wiedererkennbare und kennzeichnende Eigenschaft (Struktur, Muster, Prozess, Verhalten) von Individuum, Morphe oder Taxon. Hier interessieren jene Merkmale, die evolutiver Veränderung unterliegen und auch völlig reduziert werden können (sekundäres → Negativmerkmal). Komplexe Merkmalsmosaiken bestehen aus → apo- und → plesiomorphen Anteilen.

Monophylum (= monophyletische Gruppe, geschlossene Abstammungsgemeinschaft) – Umfasst ausschließlich eine → Stammart und (nur) alle ihre Folgearten und ist durch wenigstens eine → Apomorphie ihrer Stammart bzw. ihrer → Ahnenlinie zu begründen. Das kleinste Monophylum besteht demnach aus drei Arten, den beiden → Schwesterarten und der nur ihnen gemeinsamen Stammart.

Negativmerkmal – Im Vergleich mit nah verwandten Taxa, die eine bestimmte Eigenschaft besitzen (Positivmerkmal), kann der Hinweis auf ihr primäres oder sekundäres Fehlen sinnvoll sein (z.B. fehlende Flügel bei bestimmten Insekten-Taxa) (→ Lesrichtung).

Pan-Monophylum – Dieses → Monophylum umfasst die → Kronengruppe sowie seine → Stammlinie (Ahnengruppe), bestehend der → Ahnenlinie aufeinander folgender Stammarten der Kronengruppe und sämtlichen ausgestorbenen Vertretern von Seitenästen. Das Pan-Monophylum trägt denselben Namen wie die Kronengruppe, nur versehen mit der Vorsilbe „Pan-".

Paraphylum (= paraphyletische Gruppe) – Es umfasst ausschließlich eine Stammart und nicht sämtliche Folgearten (im Gegensatz zum → Monophylum). Eine paraphyletische Gruppierung entsteht häufig, wenn aus einem Monophylum ein kleineres, durch markante Apomorphien gekennzeichnetes Taxon ausgegliedert wird. Die Mitglieder eines Paraphylums sind durch gemeinsame → Plesiomorphien (Symplesiomorphien) charakterisiert. Es hat sich bewährt, Namen von Paraphyla mittels Anführungszeichen kenntlich zu machen (z.B. „Adenophorea", „Nematocera").

Phylogenetische Rekonstruktion (im Sinne der Methode der phylogenetischen Systematik nach W. Hennig (1913–1976)) – Zu einem bestimmten Taxon (Art oder Monophylum) wird über die Suche nach → Synapomorphien das → Schwestertaxon gesucht. Der Prozess wiederholt sich jeweils mit dem aus den Schwestertaxa gebildeten Monophylum. Entgegen die Evolutionsrichtung wird so schrittweise ein durch → Apomorphien in jeder Linie zwischen

zwei Gabelpunkten begründetes Verwandtschaftsdiagramm (→ Cladogramm) rekonstruiert. Das gesamte verfügbare Datenmaterial über die Taxa sollte dabei berücksichtigt und in sich widerspruchsfrei interpretiert werden (Sparsamkeitsprinzip). Zugleich ergeben sich partielle Aussagen über die → Anagenese, die Reihenfolge der Entstehung dieser Merkmale und die → Grund- oder Stammartmuster an den Gabelpunkten.

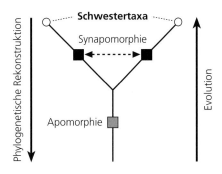

Schwestertaxa

Synapomorphie

Phylogenetische Rekonstruktion

Evolution

Apomorphie

Plesiomorphie – Ursprüngliches Merkmal, das in homologer Ausprägung oder primär fehlend (→ Negativmerkmal) auch außerhalb des betrachteten Taxon vorkommt. Jedes plesiomorphe Positivmerkmal war zum Zeitpunkt seiner evolutiven Entstehung eine Neuheit (→ Apomorphie), was die Relativität der beiden Begriffe apo- und plesiomorph zeigt. Die meisten Merkmale der Taxa sind unverändert aus ihren → Ahnenlinien übernommene Plesiomorphien. Übereinstimmende ursprüngliche Merkmale mehrerer Taxa werden auch Symplesiomorphien genannt.

Polyphyletische Gruppe (= Polyphylum) – Eine aufgrund von → konvergenten (zunächst für homolog gehaltenen) Übereinstimmungen zusammengestellte Gruppierung nicht unmittelbar verwandter Taxa. Als polyphyletisch erkannte Gruppen werden aufgelöst. Ihre Namen dienen aber oft noch zur Kennzeichnung bestimmter Lebensformen (z.B. Amöben, Würmer, Geier).

Radiation (= adaptive Radiation) – Die gemessen an Evolutionszeiträumen relativ schnelle Bildung eines → Monophylums und mehrfache Abwandlung seines → Grundmusters durch wiederholte → Speziationen sowie Entstehung morphologisch und ökologisch divergenter Arten (Typenauffächerung) in einem bestimmten Raum. Sie ging aus von einer Stammart, die entweder erfolgreich ein bisher nicht erreichbares Gebiet mit ungenutzten ökologischen Lizenzen kolonisierte, in einer durch vielfaches Aussterben stark verarmten

Lebensgemeinschaft überlebte oder durch tief greifenden Lebensweise-Wechsel und Schlüsselinnovationen eine neue ökologische Lebenszone erschloss.

Schwestertaxon (= Adelphotaxon) – Schwestertaxa sind entweder die beiden Tochterarten, die durch (dichotome) Spaltung der nur ihnen gemeinsamen Stammart entstanden, oder die darauf zurück gehenden Monophyla. Seltener ist eine Art das Schwestertaxon eines artenreichen Monophylums (z.B. S. 413, 577). Zur Formulierung einer Hypothese über Schwestertaxa (Schwesterarten, -gruppen) gehört die Nennung der sie begründenden → Synapomorphie(n).

Speziation – Artenbildung ist – bei Tieren zumeist – die sich in evolutiven Zeiträumen vollziehende Spaltung einer evolutiven Linie (→ Art) in zwei ökologisch, reproduktiv (genetisch) und historisch eigenständige, koexistenzfähige Tochterarten.

Stammart – Diejenige → Art (Linie ab dem letzten Speziationsereignis), die sich in zwei Tochterarten geteilt hat und so den Beginn eines → Monophylums markiert. Die → phylogenetische Rekonstruktion erlaubt die argumentativ begründete Rekonstruktion vieler Merkmale dieser ausgestorbenen Art (→ Grund- bzw. Stammartmuster).

Stammbaum – Partielles Abbild der (bei Tieren nahezu ausschließlich) dichotom aufgezweigten Stammesgeschichte (Phylogenese), d.h. der Abfolge aufgrund von Indizien rekonstruierbarer Artspaltungsvorgänge in der Zeit (→ phylogene-tische Rekonstruktion). Begründeter Stammbaum: → Cladogramm.

Stammlinie (= Ahnengruppe) – Sie ist → paraphyletisch und umfasst die Arten der → Ahnenlinie der → Kronengruppe sowie alle davon ausgehenden ausgestorbenen Seitenäste. Siehe auch → Pan-Monophylum.

Synapomorphie – Gemeinsames „abgeleitetes“ Merkmal ausschließlich zweier Taxa, die aufgrund dieser Übereinstimmung als → Schwestertaxa angesehen werden. Die „Suche nach Schwestertaxa“ (→ phylogenetische Rekonstruktion) erfordert die Suche nach Synapomorphien. Eine Synapomorphie-Hypothese ist zugleich eine Hypothese über Schwestertaxa und über die Entstehung dieses Merkmals als → Apomorphie bei deren letzter gemeinsamer → Stammart bzw. in der → Ahnenlinie.

Taxon (Mehrzahl: Taxa) – Eine aufgrund ihrer übereinstimmenden und von anderen Organismen unterscheidbaren → Merkmale abgrenzbare Einheit von Lebewesen, von der man annimmt, dass sie aus einer Wurzel stammt (Abstammungsgemeinschaft, → Monophylum, → Paraphylum). Taxa können jeden Rang in der natürlichen Hierarchie haben (→ Kategorie) und untergeordnete (subordinierte) Taxa enthalten. Gleichrangig sind nur → Schwestertaxa. Supraspezifische Taxa enthalten mehr als eine Art. Ein Taxon erhält einen wissenschaftlichen Namen (siehe: International Code of Zoological Nomenclature, 4. Auflage, 1999). Charakterisierende Merkmale werden in einer Diagnose festgehalten.

Bedeutungen häufiger lateinischer und griechischer Wortelemente in zoologischen Namen und Begriffen

(u. a. nach F.C. Werner, Die Benennung der Organismen und Organe nach Größe, Form und anderen Merkmalen, VEB Max Niemeyer Verlag, Halle, 1970).

ab+	von – weg
ad+	nahe, befindlich, neben
ante-	vor, vorder-(räumlich)
ana-	hinauf, wieder
apicalis, e	an der Spitze gelegen
apo-	von – weg
axo(n)	Achse
basalis, e	basal gelegen
brachy-	kurz
caudalis, e	zum Schwanz in Beziehung
centralis, e	zentral, in der Mitte gelegen
cephal-	Kopf, Spitze
cerc-	Schwanz
coel-	hohl, gewölbt
cycl-	Kreis, Bogen
cyto-	Zell-
de+	abwärts, nach unten, von-weg, ohne
desm-	Band
diplo	doppelt
distalis,e	entfernt gelegen
dorsalis, e	zum Rücken gehörig
ect(o)+	außer, außerhalb
en+	inner, inmitten von
end(o)+	innen, innerhalb
ep(i)+	darauf, darüber, auf, an, bei
eu+	normal, typisch
eury-	breit, geräumig, weit
ex	außen, nach außen gewendet
ex(o)+	außerhalb, oberflächlich gelegen
extra+	außerhalb
frontalis, e	zur Stirn gehörig
gnath-	Gebiß, Kiefer, Wange
gon	Erzeugung, Geburt, Nachkommenschaft
haplo-	einfach
heter(o)-	anders beschaffen
homo	gleich
hypo+	unter, unterhalb
infra+	unterhalb von
inter+	zwischen, inmitten von
internus,a,um	inner, im Inneren befindlich
intra+	innerhalb
lateralis,e	auf der Seite befindlich
lept-	dünn, zart, schmal
longi-	lang, weit
macro-	groß
medialis, medius, a,um, medianus, a,um	in der Mitte befindlich
mes-	Mitte, Mittelpunkt
meta+	mit, nach, hinter-
micro-	klein
morph-	Gestalt, Form, Erscheinung, Aussehen
my-	Muskel-
nem(at)	Faden, Garn
not-	(1) Rücken, Oberfläche, (2) Süden, (3) Zeichen, Merkmal
olig-	wenig
opisth-	hinten, hinterwärts
oralis, e	zum Mund gehörig
orth-	gerade, normal
par, paris	Paar, als Adj. = gleich
para+	neben, bei
paur-	klein, gering
per+	durch, hindurch
peri+	um-herum, über-hinaus
phago-	fremd
phyll-	Blatt, Kraut
phylo-	Gattung, Art
pleo	mehr
plesio-	nahe, ähnlich
pleur-	Seite des Körpers
pod-	Fuß, Bein
poly-	viel, häufig
post+	hinter, nach
prae+	vor, vorder
pro-	vor
pros-	vorher, nach-hin, bei, neben
proso-	nach vorn, weg, fern von
prot(er)	vorderer, früher, besser
proter-	vorderster
proximus,a,um	nahe der Körpermitte gelegen
pter(yg)	Feder, Flügel
pyg-, pyge	After, Steiß
retro	hinter-, rück-
rostralis,e	das Rostrum betreffend
som(at)	Körper, Person, Ding
sten(o)	eng, schmal
stom(at)	Mund
sub+	unter, unter der Oberfläche
supra+	über, oberhalb von
sym-, syn-	mit, zusammen
tel-	ein Ende betreffend oder an ihm befindlich
thrix, trich	Haar, Borste
transversus, a, um	quer (liegend)
troch-	Kreis, Rad
ur-	Schwanz
ventralis	zum Bauch gehörend

„EINZELLIGE EUKARYOTA", EINZELLER

Bei der Rekonstruktion der Phylogenese von tierischen und pflanzlichen Organismen geht man von der Prämisse aus, dass sich alle eukaryotischen Lebewesen auf eine Stammart zurückführen lassen und daher das monophyletische Taxon **Eukaryota** bilden. Eine Konsequenz dieser Prämisse ist die Feststellung, dass die rezenten Protisten systematisch ein Paraphylum darstellen, das nur durch ein plesiomorphes Merkmal, die E i n z e l l i g k e i t , gekennzeichnet ist. Nach phylogenetisch-systematischen Gesichtspunkten gibt es daher kein Taxon Protista. Auch bei den traditionellen Untergruppierungen einzelliger Organismen, den „tierischen Einzellern" oder Protozoa und den „pflanzlichen Einzellern" oder Protophyta, handelt es sich nicht um Monophyla, vielmehr um paraphyletische bzw. polyphyletische Gruppierungen höchst unterschiedlicher Taxa. Diese Bezeichnungen sollten daher in einem modernen System ebenfalls nicht mehr verwendet werden: Eine Aufteilung in tierische und pflanzliche Organismen auf der Ebene eukaryotischer Einzeller widerspricht dem Ablauf der Phylogenese, da die phototrophen, „pflanzlichen" Einzeller sich mehrmals unabhängig – also sekundär – aus heterotrophen, „tierischen" Zellen entwickelt haben.

Die allen rezenten einzellig und mehrzellig-geweblich organisierten Organismen gemeinsame Stammart war eines jener einzelligen Lebewesen, die – den Daten der Mikropaläontologie zufolge – bereits vor etwa 2 Milliarden Jahren lebten und mit einem Durchmesser von etwa 5–20 µm die Größe von Prokaryoten deutlich übertrafen. Zwischen diesem Zeitpunkt des Proterozoikums und dem ersten gesicherten Auftreten fossil überlieferter vielzelliger Tiere und vielzelliger Pflanzen im Paläozoikum (vor etwa 700 Millionen Jahren) liegt somit ein langer Zeitabschnitt, in dem sich die Evolution der Baupläne der rezenten ein- und mehrzelligen Organismen vollzogen haben muss. Da die fossilen Überlieferungen aus dem Proterozoikum meist sehr unsicher zu deuten sind, ist man bei der Rekonstruktion der Stammesgeschichte auf den Vergleich morphologischer, biochemischer und molekularbiologischer Charakteristika der rezenten Formen und auf die Aufdeckung ihrer Homologien angewiesen. Hierbei leisten die Daten der Geobiochemie wertvolle Hilfe; sie ermöglichen die Rekonstruktion der ökologischen Rahmenbedingungen des Erdaltertums.

Die Evolution der Urorganismen zu den rezenten und ausgestorbenen Taxa des Tier- und Pflanzenreichs wird nämlich von einer radikalen Veränderung der Atmo-, Hydro- und Geosphäre begleitet. Diese Veränderungen sind im Wesentlichen bedingt durch die Lebenstätigkeit photoautotropher Prokaryoten, vor allem Cyanobakterien, die als frei lebende Organismen (z. B. Stromatolithen) und später auch als endosymbiontische Partner eukaryotischer Lebewesen auftreten. Durch ihre photolytische H_2O-Spaltung stieg der O_2-Gehalt der Atmosphäre von nahe 0 % bis auf den heutigen Wert, der sich vor etwa 400 Mio. Jahren stabilisierte. Als Folge der Sauerstoff-Anreicherung in der Hydro- und Atmosphäre fanden Oxidationsvorgänge statt, die u. a. die Erdoberfläche verwittern ließen und Nährsalze freisetzten. Eine weitere Folgeerscheinung der Photosynthese war die Verringerung des CO_2-Gehalts in den Ozeanen und in der Atmosphäre, in deren Folge unter anderem mächtige Silikat- und Kalksedimente aus der Lebenstätigkeit der Einzeller entstehen konnten.

Renate Radek und Klaus Hausmann, Berlin

Für die Rekonstruktion der Stammesgeschichte ist als wichtiges Faktum festzuhalten, dass freier Sauerstoff ein Zellgift darstellt. Von rezenten Zellen ist bekannt, dass sie nur dann einer Vergiftung durch Sauerstoff entgehen, wenn sie Sauerstoff zehrende Prozesse beherrschen. Diese können entweder bestimmten Kompartimenten einer Zelle zugeordnet werden (Peroxisomen bzw. Glyoxisomen, Mitochondrien) oder unter Mithilfe bestimmter endosymbiontischer, atmungsaktiver Bakterien durchgeführt werden, die frei im Cytoplasma oder in einer Vakuole liegen. Es ist daher davon auszugehen, dass bei zunehmendem Sauerstoffgehalt der Atmosphäre auch frühe Eukaryoten, die mit aeroben Bakterien in enger Vergesellschaftung lebten, einen evolutiven Vorteil besaßen.

Sehr wahrscheinlich hat sich die Entstehung der M i t o c h o n d r i e n aus einer derartigen Symbiose mit Prokaryoten ergeben. Der dieser Entwicklung zugrunde liegende Sachverhalt wird durch die E n d o s y m b i o n t e n t h e o r i e beschrieben. Hierbei favorisiert man heute die Vorstellung, dass sich die Entstehung der Mitochondrien – wie wir sie heute kennen – nur ein einziges Mal vollzogen hat, und zwar in einem allen eukaryotischen Lebewesen gemeinsamen Vorfahren.

Mitochondrien oder ihre Vorläufer wurden in verschiedenen Protistenlinien zu anaerob arbeitenden Hydrogenosomen (Abb. 6) umgewandelt oder zu Mitosomen reduziert. Hydrogenosomen sind mehrfach entstanden, beispielsweise bei Pansenciliaten (S. 35) und Termitenflagellaten (Parabasalia) (S. 7). Der Verlust von Mitochondrien oder der Besitz von Hydrogenosomen ist ein abgeleitetes Merkmal, welches für die Bewertung monophyletischer Taxa herangezogen werden kann (z. B. Parabasalia, S. 7).

Mit einer entsprechenden Endosymbiontentheorie wird auch der Erwerb von P l a s t i d e n erklärt (Abb. 38). Dieser Schritt war jedoch an die Präsenz von Zellen mit bereits etablierten Mitochondrien geknüpft. Auch hier gingen dem dauernden Betrieb typischer Plastiden sicherlich zahlreiche Endosymbiosen zwischen eukaryotischen Wirtszellen und prokaryotischen Partnern voraus.

Die Plastiden-Endosymbionten sind mit rezenten Cyanobakterien verwandt. Offensichtlich haben sich in einer gemeinsamen Evolutionslinie (**Archaeplastida**) drei monophyletische Taxa mit echten Plastiden entfaltet: die **Rhodophyceae** (Rotalgen)**,** die **Glaucophyta** und die **Chloroplastida** (Grünalgen und Pflanzen) (Abb. 1). Diese Taxa verdanken ihre Fähigkeit zur Photosynthese einem gemeinsamen Vorfahren, der die Cyanobakterien und späteren Chloroplasten akquiriert hatte, und haben sich wahrscheinlich zunächst nur durch die Pigmente ihrer Symbionten voneinander unterschieden: Die Rotalgen besitzen neben akzessorischen Pigmenten die Chlorophylle a und c, die ursprünglichen „Grünalgen" und die aus ihnen hervorgegangenen höheren Pflanzen die Chlorophylle a und b. Andere heterotrophe Taxa erwarben die Fähigkeit zur Phototrophie durch Endosymbiose mit eukaryotischen Zellen, die bereits Plastiden besaßen, z. B. manche **Euglenozoa** (S. 10) und **Dinoflagellata** (S. 22).

Es sei daher nochmals wiederholt: Der Erwerb von Plastiden durch Endosymbiose mit pro- oder eukaryotischen Zellen hat sich mehrmals vollzogen, wobei die Endosymbionten durchaus auf einen gemeinsamen Vorfahren zurückführbar sind. Pflanzen – einzellig oder mehrzellig – bilden daher weder eine monophyletische noch eine paraphyletische Einheit; der Begriff kennzeichnet nur verschiedene eukaryotische Organismen mit phototropher Ernährungsweise. Häufig lässt sich auch der umgekehrte Vorgang nachweisen, der Verlust von Plastiden und somit die Rückkehr zur ausschließlich heterotrophen Lebensweise (z. B. Apicomplexa, S. 25).

Bei der Rekonstruktion der Stammesgeschichte der eukaryotischen Wirtszellen wird dem Besitz von typischen Geißeln (Flagellen) sowie den zugehörigen Wurzelapparaten ein hoher Aussagewert zugemessen. Auch wenn die Evolution dieses Bewegungsapparates noch kontrovers diskutiert wird (man geht entweder von einer anagenetischen Entwicklung aus einfachen Mikrotubuli-Assoziationen oder aber von einem Erwerb durch Endosymbionten-Einverleibung aus), ist die Begeißelung bei einzelligen Eukaryota als ein ursprüngliches Merkmal anzusehen. Das Fehlen von Geißeln muss daher ein abgeleitetes Merkmal sein, auch wenn es zusammen mit ursprünglichen Merkmalen gekoppelt auftritt. Sekundärer Verlust von Geißeln ist z. B. für zahlreiche der zu den Amoebozoa und Rhizaria gestellten Gruppen (S. 40, 48) anzunehmen, die deshalb auch nicht an die Basis des Systems der Eukaryota gestellt werden können.

Entsprechend verfährt man bei der Beurteilung von fehlenden oder vorhandenen Dictyosomen (Golgi-Apparat). Es ist auffällig, dass dieses System von Membranzisternen nur in Zellen gefunden wird, die auch mit Hydrogenosomen oder mit Mitochondrien ausgestattet sind. Dabei vermutet man, dass die Funktionen des Golgi-Apparats zum Zeitpunkt seiner evolutiven Entwicklung wohl im Wesentlichen von einem Wechsel in der Art des Nahrungserwerbs bedingt wurden: Osmotrophie und Phagocytose von organischen Partikeln wurden durch räuberische Lebensweisen innerhalb der Einzeller abgelöst. Hierdurch wurde die Evolution des GERL-Komplexes (Golgi-ER-Lysosomen) begünstigt. Weitere Aufgaben erhielten die Dictyosomen durch die Synthesen von Schalen- und Cysten-Strukturen sowie von Extrusomen in Einzellern, die mit derartigen Verteidigungs- und Angriffsstrukturen offensichtlich bessere Überlebensstrategien entwickeln konnten. Das Fehlen von typischen Dictyosomen, wie z. B. in den Microsporidia (S. 54), darf somit nicht als ein ursprüngliches Merkmal gewertet werden.

Die neuen ultrastrukturellen und molekularen Daten haben die Rekonstruktion eines phylogenetischen Systems vorangebracht, das sich auf dem Niveau der Einzeller von den traditionellen Systemen deutlich unterscheidet. In vielen Details ist es allerdings immer noch vorläufig (Abb. 1). Für die Stammart der Eukaryota muss heute eine Organisation angenommen werden, bei der unter anderem ein bereits hoch differenziertes Membransystem vorhanden war, das neben dem rauen und glatten ER vor allem die Kernhülle umfasste. Zu seinen Autapomorphien zählen vor allem:
(1) Cytoskelett assoziierte, Membran assoziierte und ribosomale Proteine, zu denen z. B. Tubuline (α-, β-, γ-Tubulin), Tubulin-assoziierte Proteine (Kinesine, Dyneine, Mikrotubuli-Bindungsproteine), Actin und Actin-konforme Proteine, Actin-assoziiertes Protein (Myosin), Clathrin und Clathrin-assoziierte Proteine, Dynamin, *vesicle-coat*-Komponenten und vakuoläre ATPasen gehören;
(2) Signal-Proteine wie Calmodulin, Ca-Bindungs-Protein, Ubiquitin und Ubiquitin-ähnliche Proteine, GTP-Bindungs-Proteine, B-Typ-Cycline, *Cell-cycle-checkpoint*-Proteine;
(3) Nucleus-assoziierte Proteine mit Histonen (H2A, H2B, H3, H4), Histon-assoziierten Proteinen, Transkriptionsfaktoren, Spliceosomen und Spliceosom-Komponenten, nucleoläre Proteine, RNP-Proteine, Kernporen-Proteine.

Das Vorhandensein von Chromosomen und eines mitotischen Verteilungsapparats aus Mikrotubuli ist somit bereits für diesen Organismus anzunehmen. Zum Inventar gehörten weiterhin Mikrofilamentsysteme (zur Durchführung von Zellteilungen und Zellbewegungen) sowie 80 S- und 70 S-Ribosomen.

Diese erst in den letzten Jahrzehnten ermittelten Erkenntnisse müssen nach den Vorstellungen einer konsequent phylogenetischen Systematik zur Auflösung vieler altbekannter Taxa führen. Dem ist bereits in der 1. Auflage Rechnung getragen worden. So sind z. B. die „Mastigophora" oder „Flagellata", die „Sarcomastigophora", „Zoomastigophora", „Phytomastigophora", „Sarcodina" und etliche ihrer Untergruppen (z. B. die „Heliozoa") als polyphyletische bzw. paraphyletische Gruppierungen erkannt worden. Vom vertrauten BÜTSCHLI-System (Sarcodina – Sporozoa – Mastigophora – Infusoria) musste ebenso Abschied genommen werden wie von der Systematik aus dem Jahre 1980 (LEVINE et al.). Bezeichnungen wie „Flagellaten" oder „Amöben" sollten daher höchstens noch zur Charakterisierung einer Bewegungsorganisation, aber nicht mehr zur Kennzeichnung einer taxonomischen Zugehörigkeit benutzt werden. Nach neueren Hypothesen (Adl et al. 2005, Lane und Archibald 2008) gibt es sechs hochrangige Taxa von Eukaryoten, nach der aktuellsten (Adl et al., 2012) nur noch fünf: **Excavata**, **SAR** (**S**tramenopila, **A**lveolata, **R**hizaria), **Archaeplastida**, **Amoebozoa** und **Opisthokonta** (Abb. 1). Amoebozoa und Opisthokonta gruppieren zusammen (vorgeschlagener Taxonname: Amorpha). In allen Taxa – teilweise sogar ausschließlich – lassen sich einzellige Vertreter wiederfinden. In vollem Umfang lässt sich das System allerdings noch nicht nach konsequent phylogenetischen Gesichtspunkten präsentieren: Einige Teilgruppen müssen noch als „Eukaryota incertae sedis" geführt werden. Entsprechendes gilt jedoch nicht mehr für die Myxozoa (S. 155), die sich infolge einer sekundären Vereinfachung von der Seite der Metazoa und hier speziell der Cnidaria morphologisch den Einzellern angenähert haben. Sicherlich werden vor allem weitere molekularbiologische Untersuchungen noch zu Veränderungen dieses Systems führen.

Das im Folgenden verwendete System lehnt sich eng an die 2012 von 25 Wissenschaftlern der International Society of Protistologists erarbeiteten „Revised classification of eukaryotes" an. Diese aktualisierte Systematik (Abb. 1) basiert neben morphologischen und ultrastrukturellen Befunden in wesentlichen Zügen auf molekularen Daten (rRNA- und Multigen-Phylogenien, phylogenomische Studien). In manchen Gruppen fällt es schwer oder ist es gar unmöglich, morphologische Autapomorphien zu finden. Auch konnte die Basis der Eukaryoten und die phylogenetische Beziehung der übergeordneten Taxa zueinander noch nicht aufgelöst werden. Die vorliegende Zusammenstellung erhebt keinen Anspruch auf Vollständigkeit, sondern umfasst die größeren und wichtig erscheinenden Taxa.

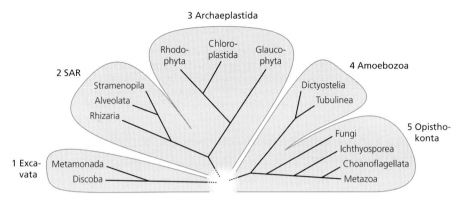

3 Archaeplastida

Rhodo-
phyta

Chloro-
plastida

Glauco-
phyta

2 SAR

4 Amoebozoa

Stramenopila

Alveolata

Rhizaria

Dictyostelia

Tubulinea

5 Opistho-
konta

Fungi

Ichthyosporea

1 Exca-
vata

Metamonada

Choanoflagellata

Discoba

Metazoa

Abb. 1 Die 5 hypothetischen Supergruppen der Eukaryoten: Excavata, „SAR"-Taxon, Archaeplastida, Amoebozoa und Opisthokonta. Weder die Basis der Eukaryota noch sämtliche Schwestergruppenverhältnisse der Taxa sind bisher geklärt. Einzellige Vertreter gibt es in allen 5 Taxa. Nach Adl, Simpson, Lane, Lukes, Bass, Bowser, Brown, Burki, Dunthorn, Hampl, Heiss, Hoppenrath, Lara, Le Gall, Lynn, McManus, Mitchell, Mozley-Stanridge, Parfrey, Pawlowski, Rueckert, Shadwick, Schoch, Smirnov und Spiegel (2012).

1 Excavata

Vertreter dieses Flagellen-tragenden Taxons besitzen typischerweise eine Fressgrube des excavaten („ausgehöhlten") Typs zur filtrierenden Ernährung, die aber in vielen zugehörenden Taxa sekundär verloren gegangen ist. Die in der Grube verlaufende, posteriore Geißel zieht einen Strom von Nahrungspartikeln heran. Spezielle Wurzelstrukturen aus Mikrotubuli und nicht-mikrotubulären Fasern der Basalkörper stützen die Grube. Neben den umfassenderen Taxa Metamonada und Discoba gehört auch die zweigeißlige Flagellatengattung *Malawimonas* zu den Excavata.

1.1 Metamonada

Anaerobe oder mikroaerophile Organismen mit modifizierten Mitochondrien ohne Cristae und ohne Genom; meist mit 4 Flagellen; einige frei lebend, viele endobiontisch.

1.1.1 Fornicata

Ein oder zwei Sätze von Kern-Geißel-Apparaten sind mit einer Fressgrube assoziiert. Die Monophylie dieses neuen Taxons wurde mit molekularphylogenetischen Studien bestätigt. Zu den Fornicata gehören die Diplomonaden, Retortamonaden und die Gattung *Carpediemonas*. Die meisten Vertreter leben parasitisch.

1.1.1.1 Retortamonadida

Die kleinen, meist nur 5–20 µm messenden Zellen besitzen 2 Kinetosomen-Paare, die am Vorderende in der Nähe des Zellkerns sowie eines großen ventralen Cytostoms liegen (Abb. 2). Von jedem Paar geht mindestens 1 Geißel aus (*Retortamonas*); bei *Chilomastix*-Arten sind es 2, so dass sie viergeißelig sind. Die posterior durch das Cytostom verlaufende Geißel ist durch saumartige Auswüchse des Geißelschafts in ihrer Schlagwirkung optimiert und dient zum Herbeistrudeln von Nahrungspartikeln. Das Cytostom (Mundgrube) besteht aus einer längs verlaufenden Körperfurche, die durch zwei Körperfalten (cytostomale Lippen)

nach außen hin überdacht werden kann. Es ist – ebenso wie die übrige Zelloberfläche – durch pelliculäre Mikrotubuli versteift. Die übrigen Geißeln ragen nach vorn und dienen zum Schwimmen. Komplex gebaute Rhizoplasten (Wurzelfasern der Basalkörper) kommen auch in dieser Gruppe vor. Mitochondrien und Dictyosomen fehlen allerdings.

Die parasitischen Retortamonaden durchlaufen ein Cystenstadium, das der Übertragung auf einen neuen Wirt dient. Die excystierten Fressformen (Trophozoiten) sind Darmbewohner von Evertebraten und Vertebraten und ernähren sich von Bakterien. Neben harmlosen Kommensalen wurden jedoch auch Arten beschrieben, die pathogen sein können: durch Diarrhöe *Chilomastix mesnili* beim Menschen; *C. gallinarum* beim Haushuhn.

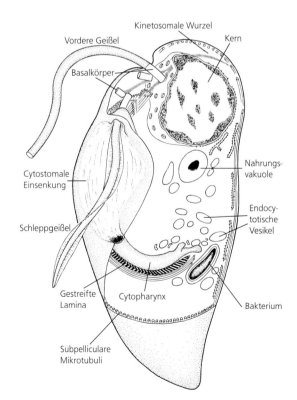

Kinetosomale Wurzel

Vordere Geißel

Kern

Basalkörper

Nahrungs-
vakuole

Cytostomale
Einsenkung

Endocy-
totische
Vesikel

Schleppgeißel

Gestreifte
Lamina

Cytopharynx

Bakterium

Subpelliculare
Mikrotubuli

Abb. 2 *Retortamonas* sp. (Fornicata, Retortamonadida). Organismus teilweise aufgeschnitten. Länge: 7 µm. Nach Margulis, McKhann und Olendzenski (1993).

1.1.1.2 Diplomonadida

Diplomonaden leben als aerotolerante Anaerobier fast alle parasitisch in Tier und Mensch. Es lässt sich nur ein Mitochondrienrelikt nachweisen, ein sog. Mitosom. Dictyosomen fehlen. Die typischen Doppelformen (diplozoische Formen) mit 2 Kern-Geißel-Apparaten und 2 Fressgruben scheinen auf den ersten Blick auf eine Verdoppelung der Strukturen einfach gebauter (monozoischer) Verwandte zurückzuführen zu sein. Jedoch lässt sich eine phylogenetisch basale Stellung der monozoischen Formen nicht belegen. Das traditionelle, monozoische Taxon Enteromonadida ist nach heutigen Erkenntnissen polyphyletisch. Der monozoische oder der diplozoische Zustand ist in der Evolution der Diplomonaden mehrfach entstanden – dies ist noch nicht nachweisbar. Diplomonaden evolvierten vermutlich früh im Stammbaum der Eukaryoten. Bei der diplozoischen Organisation (Abb. 3) liegen 2 dieser karyomastigonten Systeme vor. Die Zellen weisen also nicht nur 2 Cytostome, sondern auch 2 Zellkerne und insgesamt 8 Geißeln auf. Die Anordnung der Systeme ist rotationssymmetrisch; sie entspräche einer Verschmelzung der Dorsalseiten zweier monozoischer Einheiten. Dieser – einer siamesischen Zwillingsbildung analoge – Typus könnte durch das Unterbleiben einer vollständigen Zellteilung und deren genetischer Fixierung entstanden sein. Tatsächlich lassen sich verzögerte Teilungsabläufe bei monozoischen Arten beobachten. Ein weiteres Merkmal diplozoischer Formen ist der trichterförmige Bau der Cytostome, die bis zum Hinterende der Zelle reichen können. Im Verlauf der Evolution unterlagen die Cytostome jedoch offensichtlich einer weitgehenden Reduzierung (*Octomitus, Giardia*).

Die etwa 100 diplozoischen Arten kommen frei lebend in stark verschmutztem Süßwasser vor, endozoisch als Kommensalen oder ausschließlich parasitisch in Evertebraten und Vertebraten. Human- und tierpathogene Formen sind am Epithel bestimmter Darmabschnitte verankert. Sie blockieren hier die Nährstoffaufnahme des Wirts und können blutige Diarrhöen verursachen, wenn sie – z. B. durch Immundefizienz (AIDS) begünstigt – in Massen auftreten. In der wichtigsten Gattung *Giardia* (syn. *Lamblia*) (Abb. 3) mit ca. 50 Arten verlaufen die axonematischen Mikrotubulibündel zu einem großen Teil im Zellkörper, bevor sie in einen Flagellenschaft einmünden; ventral mit saugnapfartigem Diskus. Mit morphologischen Methoden sind die Arten kaum differenzierbar und offenbar nur durch ihre Wirtsspezifität zu charakterisieren. Die Übertragung erfolgt durch orale Aufnahme encystierter Stadien. – *Hexamita intestinalis*, 16 µm, im Darmtrakt von Fröschen. – *Giardia intestinalis* (syn. *G. lamblia*), 20 µm, im Darmtrakt des Menschen.

Eine monozoische Organisation besitzen die früher als Enteromonadida bezeichneten Formen, die nachweislich kein Monophylum sind. Einige sind enger mit diplozoischen Arten verwandt als mit anderen monozoischen. Sie besitzen maximal 4 Geißeln, von denen bis zu 3 frei schwingen, 1 aber stets an der ventralen Körperseite entlang nach hinten geführt wird (Abb. 4). Diese Konstellation erinnert an den Bau der Retortamonaden (s. o.). Die Mundgrube ist aber zunehmend rückgebildet, und die Nahrungsaufnahme erfolgt über die gesamte Körperoberfläche. Die Kinetosomen sowie die Gesamtheit aller von ihnen ausgehenden Mikrotubuli- und Fibrillensysteme bilden jedoch zusammen mit dem Zellkern einen morphologisch fest umrissenen Komplex (karyomastigontes System). Seine Merkmale sind unter anderem eine Einbuchtung des Zellkerns, in der die Kinetosomen liegen, sowie ausgedehnte Mikrotubuli-Bänder, die vom Kinetosom der nach hinten orientierten Geißel ausgehen und ein stabförmiges Organell ausbilden können.

Die etwa 15 bekannten monozoischen Arten leben als nichtpathogene Parasiten im Verdauungstrakt des Menschen (z. B. *Enteromonas hominis*, 4–10 µm) (Abb. 4) und anderer Wirbeltiere (z. B. *Trimitus ranae* in Amphibien und Schlangen. Cysten werden mit den Faeces ausgeschieden und auf andere Wirte übertragen. Innerhalb der Gruppe wurden die freien Geißeln zunehmend reduziert.

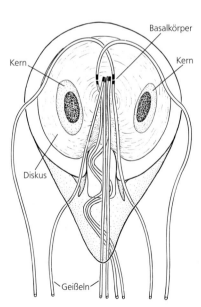

Abb. 3 *Giardia* sp. (Fornicata, Diplomonadida). Habitus, Ventralseite. Nach verschiedenen Autoren.

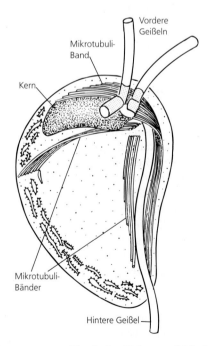

Abb. 4 *Enteromonas* sp. (Fornicata, Diplomonadida). Seitliche Ansicht. Nach Margulis, McKhann und Olendzenski (1993).

1.1.2 Praeaxostyla

Heterotrophe Zellen mit 4 Geißeln pro Kinetid; Mitochondrien sind nicht vorhanden. Vertreter sind die an Wirtstiere gebundenen Oxymonaden und die freilebende Gattung *Trimastix*.

1.1.2.1 Oxymonadida

Oxymonaden weisen im Allgemeinen 4 Geißeln auf, die in 2 Paaren am Vorderende entspringen und mit der Zelloberfläche verbunden sein können. Die beiden Basalkörperpaare sind durch ein parakristallines Band (Prae-Axostyl) miteinander verbunden. Vielgeißelige Vertreter besitzen mehrere Geißelapparate und entsprechend viele Kerne. Die Körperform ist recht unterschiedlich. Manche Vertreter haben einen langen vorderen Fortsatz, das Rostellum, mit dessen Hilfe sie sich an der Darmwand festheften können. Die Gattung *Pyrsonympha* weist ein kleines Festheftorganell auf und sieht aufgrund einer spiraligen Anheftung der Geißeln an der Körperoberfläche verdreht aus. Andere Vertreter ähneln kleinen frei lebenden Flagellaten. Ein mit den Flagellen assoziiertes Cytostom fehlt; Phagocytose findet an der Zelloberfläche statt. Ein oder mehrere Achsenstäbe (A x o s t y l e) aus quervernetzten Mikrotubuli-Bändern durchziehen den Zellkörper in Längsrichtung. Bei manchen Arten kann sich das Axostyl mithilfe Dynein-ähnlicher Querbrücken wellenförmig bewegen, wodurch die Fortbewegung des Flagellaten unterstützt wird. Je 4 Basalkörper und ihre Wurzelstrukturen, das Axostyl und der Kern bilden eine morphologische Einheit (Karyomastigot). Dictyosomen, Mitochondrien und Hydrogenosomen fehlen.

Die Zellen leben als obligate Anaerobier im Enddarm vieler Insekten, aber auch in Amphibien, Reptilien und Säugern. Sie treten häufig in großer Zahl auf und sind insbesondere bei Termiten Teil einer typischen intestinalen Lebensgemeinschaft, die außer ihnen noch Parabasalia, Pilze und Bakterien umfasst. – *Oxymonas grandis*, 180 µm, im Verdauungstrakt der Termiten *Neotermes* spp. – *Pyrsonympha vertens*, 100–150 µm, mit weiteren Arten der Gattung im Darm von *Reticulitermes*-Termiten (Abb. 1008).

1.1.3 Parabasalia

Das Taxon der überwiegend einkernigen Parabasalia erscheint heterogen, wenn man lediglich die Zahl der Geißeln berücksichtigt: Sie können vollständig fehlen oder bis zu mehreren 10 000 pro Zelle vorhanden sein. Als ursprünglich angesehen wird eine Ausstattung mit 4 Geißeln, von denen – wie bei den Oxymonaden – 3 nach vorne und 1 nach hinten schlagen. Im Verlauf der Evolution hat sich die Zahl der Flagellen teils vergrößert, teils verringert. Synapomorphien aller Vertreter sind sog. P a r a b a s a l a p p a r a t e, die Aggregate von z. T. sehr großen Dictyosomen mit Kinetosom assoziierten Fibrillensystemen (Parabasalfasern) darstellen (Abb. 5). Die morphologischen Besonderheiten hinsichtlich der Dictyosomen, insbesondere die äußerst hohe Zahl von bis zu etwa 30 Zisternen, werden als Ergebnis einer eigenständigen Entwicklung angesehen. Typisch ist ebenfalls ein – hier allerdings immer unbewegliches – A x o s t y l aus spiralig aufgewundenen Mikrotubuliplatten, das teils in Mehrzahl auftritt,

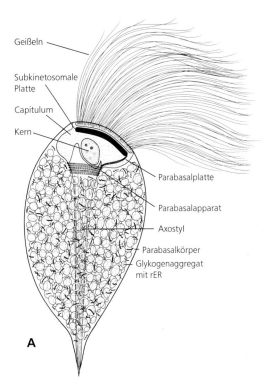

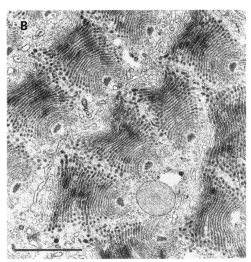

Abb. 5 Parabasalia, Cristamonadea. **A** *Placojoenia sinaica*. Mit Parabasalapparat. Länge: 200 µm. **B** *Joenia annectens*. Mehrere Parabasalkörper. Maßstab: 1 µm. Originale: R. Radek, Berlin.

teils reduziert ist. Anstelle von Mitochondrien sind Hydrogenosomen vorhanden (Abb. 6), Organellen, die über einen fermentativen Stoffwechselweg Pyruvat unter Energiegewinnung in Acetat, CO_2 und H_2 umwandeln. Bei der Kernteilung bleibt die Kernhülle erhalten, und die beiden Halbspindeln liegen der Kernhülle von außen in einem bestimmten Winkel an (geschlossene Pleuromitose). Die Parabasalia leben fast ausschließlich endozoisch. Phagocytose, z. B. von Darminhaltsstoffen wie Cellulosepartikel und Bakterien, findet an den unbegeißelten Regionen der Zelloberfläche statt. Einige Arten sind wichtige Parasiten; der Modus ihrer pathogenen Wirkung ist allerdings häufig noch unbekannt. Häufig intra-

Geißeln
Subkinetosomale Platte
Capitulum
Kern
Parabasalplatte
Parabasalapparat
Axostyl
Parabasalkörper
Glykogenaggregat mit rER

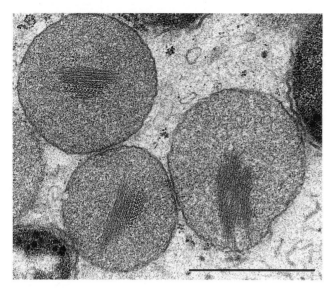

Abb. 6 Hydrogenosomen. *Placojoenia sinaica* (Parabasalia, Cristamonadea). Maßstab: 1 µm. Original: R. Radek, Berlin.

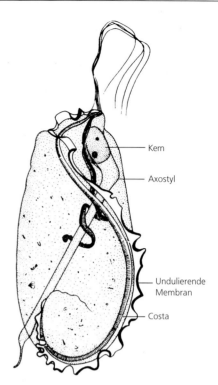

Abb. 7 *Trichomonas termopsidis* (Parabasalia, Trichomonadea). Länge: 150 µm. Aus Grell (1980).

und extrazellulär mit zahlreichen Bakterien ausgestattet, die wohl als Symbionten fungieren.

Die Verwandtschaftsbeziehungen innerhalb der Parabasalia sind noch nicht endgültig geklärt. Zurzeit zeichnen sich aufgrund molekularer Daten 6 Untergruppen ab, die morphologisch nicht immer einfach abzugrenzen sind.

1.1.3.1 Hypotrichomonadea

Kleinstes Taxon mit 4 Flagellen; eine bandförmige undulierende Membran, ein zweiästiger Parabasalkörper, eine Costa und eine kammähnliche Struktur. Zwei endobiontische Gattungen (*Trichomitus* und *Hypotrichomonas*).

1.1.3.2 Trichomonadea

Relativ klein, meist nur 5–25 µm, ein Karyomastigont, 4–6 Geißeln; mit oder ohne undulierende Membran und Costa (beweglicher, quergestreifter Proteinstab unterhalb der angehefteten Schleppgeißel; Abb. 7). Einzige Linie mit freilebenden Formen.

*Trichomonas vaginalis, 10–30 µm; im Urogenitalsystem des Menschen, kann Entzündungen mit schleimigem Ausfluss hervorrufen. – **T. hominis*, 5–20 µm; verursacht als wahrscheinlich einzige intestinale Art des Menschen anhaltende Diarrhöen.

1.1.3.3 Tritrichomonadea

Ein Karyomastigont (0–5 Geißeln), ein- oder zweikernig, eine kammartige Struktur, ein infrakinetosomaler Körper und ein kräftiges Axostyl charakterisieren diese Gruppe. Reduktion der Strukturen bei den amöboiden Dientamoebidae.

*Tritrichomonas foetus, 10–15 µm. Erreger der Deckseuche bei Rindern.

1.1.3.4 Cristamonadea

Diese artenreichste Klasse enthält Vertreter mit 1 oder vielen Karyomastigonten und solche, die auch kernfreie Mastigontsysteme (Akaryomastigonten) enthalten. Geißelsys-

teme grundsätzlich mit 3 anterioren und 1 nach hinten verlaufenden schnur- oder bandförmigen Geißel, die nicht als undulierende Membran ausgebildet ist. Statt einer Costa erstreckt sich eine mikrofibrilläre Struktur (Cresta) unterschiedlich weit unterhalb der zurücklaufenden Geißel. Bei einkernigen, vielgeißeligen Vertretern (*Projoenia*, *Joenia*, *Koruga*) sind die typischen Geißelwurzeln bei einem Satz sog. privilegierter Basalkörper neben den anderen Geißeln zu finden. Während der Zellteilung verschwinden die Geißeln und werden von den Tochterzellen neu gebildet. Vorkommen in Termitendärmen.

**Viergeißlige, einkernige *Devescovina*-Arten, 20–80 µm. – *Koruga bonita*, 300 µm; vielgeißelig, einkernig. – *Calonympha grassii*, 70–90 µm; vielgeißelig, vielkernig. – *Joenia annectens*, bis 250 µm; vielgeißelig, einkernig.

1.1.3.5 Trichonymphea

Mit einem Kern und sehr vielen Geißeln, die in longitudinalen Reihen am Vorderende oder entlang der Peripherie der Zellen entspringen und gewöhnlich in undulierender Wellenbewegung begriffen sind. Das anteriore Körperende (Rostrum) ist innerlich in zwei Halbrostren geteilt, wodurch eine Bilateral- oder Tetraradialsymmetrie entsteht. Bei der Zellteilung trennen sich die beiden Halbrostren mit den zugehörigen Geißeln und wandern in die Tochterzellen. Parabasalapparate in Vielzahl oder buschig verzweigt. Axostyle häufig nur noch in Einzahl oder miteinander verschmolzen; ragen nicht am Körperende vor.

Ausschließlich im Darm von holzfressenden Insekten (Schaben, Termiten) und dort zumeist in speziellen Gärkammern.– *Barbulanympha ufalula*, bis 350 µm. – *Trichonympha* spp., 50–360 µm.

1.1.3.6 Spirotrichonymphea

Alle Spirotrichonymphiden leben in Termitendärmen. Mehrere am Vorderende (mit einem privilegierten Basalkörper) beginnende Geißelreihen verlaufen im Gegenuhrzeigersinn spiralig nach hinten. Das Axostyl bildet meist einen den einzigen Kern umgebenden, zentralen Stab. Bei der Zellteilung trennen sich die Geißeln in zwei Gruppen, die in die Tochterzellen wandern.

Spirotrichonympha spp., 10–200 μm. – *Holomastigotoides* spp., 80–180 μm.

1.2 Discoba

Eine robuste multigen-phylogenetische Gruppierung aus Heterolobosea, Euglenozoa, Jakobida und der Gattung *Tsukubamonas*.

1.2.1 Discicristata

Organismen mit Mitochondrien des Crista-Typs.

1.2.1.1 Heterolobosea

In diesem Taxon geht ein Teil der ehemaligen „Amöben" (oder „Sarcodina") und der „azellulären Schleimpilze" auf, die vor allem durch den zeitweiligen Besitz von 2 oder 4 unbeflimmerten Geißeln gekennzeichnet sind, in der Praxis aber nicht immer leicht von den Amöben der Amoebozoa (S. 48) zu unterscheiden sind. Es wird hierdurch deutlich, dass der Organisationstypus „Amöbe" mehrfach unabhängig entstanden ist. Die Heterolobosea besitzen eruptive Pseudopodien (Bruchsackpseudopodien), eine geschlossene Mitose mit intranuklearer Spindel und Mitochondrien mit meist discoidalen Cristae. Typische Dictyosomen wurden nicht beobachtet. Taxon Tetramitia und Gattung *Pharyngomonas*.

1.2.1.1.1 Tetramitia (Vahlkampfiidae)

Die Vahlkampfiidae als größte Gruppe der Heterolobosea besitzen in der Regel sowohl einkernige begeißelte als auch amöboide Stadien (Abb. 8). Typischerweise im Boden, aber auch in marinen Sedimenten oder im Süßwasser. Bildung der 2 oder 4 unbeflimmerten Geißeln erfolgt bei plötzlichen Milieuänderungen wie Temperatursenkung oder Elektrolytmangel innerhalb kurzer Zeit. Bei Trockenheit und Nahrungsmangel Dauercysten. Harmlose Bakterienfresser oder Endobionten: z. B. *Vahlkampfia ustiana,* 30–65 μm, bislang keine Geißeln beobachtet – *V. gruberi,* 15–40 μm, mit 2 Geißeln. – *Tetramitus rostratus,* 16–30 μm, mit 4 Geißeln. Fakultativ pathogene Formen: *Naegleria fowleri* (vgl. Abb. 8), 12–25 μm, und mit Einschränkungen *N. australensis,* 14–30 μm, beide mit 2 Geißeln; als thermophile Organismen in natürlich oder künstlich erwärmten Gewässern (Badeanstalten); Temperaturoptimum bei etwa 40 °C. Gelangen maligne Formen – etwa beim Baden in verseuchtem Wasser – über die Nasenhöhle in das Gehirn, setzt dort eine Massenvermehrung ein, die innerhalb weniger Tage zum Tode des Betroffenen führt (Primäre Amöben-Meningo-

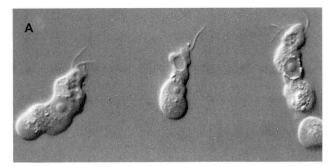

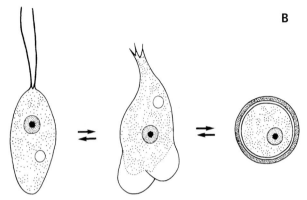

Abb. 8 *Naegleria* sp. (Discicristata, Heterolobosea). **A** Flagellatenform. Größe: 25 μm. **B** Flagellatenform kann in Amöbenform übergehen oder Cyste bilden. A Original: K. Hausmann, Berlin; B nach verschiedenen Autoren.

Encephalitis = PAME). Auch die acrasiden Schleimpilze gehören zu den Tetramitia. Diese Organismen bilden Fruchtkörper (Sorocarpe), die aus Pseudoplasmodien hervorgehen (Abb. 9). Im Stiel aufgehende Zellen bleiben überlebens- und keimfähig; Sorocarpe stellen somit lediglich eine besondere Vergesellschaftungsform von Einzelcysten dar. Trophische

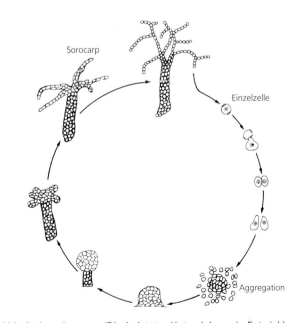

Abb. 9 *Acrasis rosea* (Discicristata, Heterolobosea). Entwicklungszyklus. Aus Olive et al. (1961).

Zellen zeigen aufgrund ihrer eruptiven Lobopodien und wegen diverser Charakteristika im Lebenskreislauf (z. B. teilweise Ausbildung zweigeißeliger Stadien) Übereinstimmungen mit den Schizopyrenida, die als Homologien betrachtet werden.

* *Pocheina flagellata* und *Acrasis rosea,* 25–65 μm (Abb. 9); mehrkernig. In Gartenerde, Dung oder auf toten Pflanzenteilen.

Stephanopogon-Arten wurden aufgrund äußerlicher Merkmale lange für Ciliaten gehalten und wegen Fehlens eines Kerndualismus als deren ursprünglichste Formen angesehen. Wichtigste Charakteristika der Ciliophora (Alveolen, Infraciliatur, Kerndualismus; S. 31) sind aber nicht nachweisbar, lediglich Lage des Zellmunds und Form der Begeißelung erinnern an die Verhältnisse bei holotrich bewimperten Ciliaten. Das Corticalsystem ist ähnlich dem Cortex der Kinetoplasta und Euglenida: zahlreiche, längsverlaufende Mikrotubuli unter der Zellmembran. Unbeflimmerte, glatte Geißeln entspringen trichterförmigen Vertiefungen der Zelloberfläche, die durch radiär verlaufende Mikrotubuli versteift sind (Abb. 10); 2–16 gleichartige (homokaryotische) Zellkerne. Zellteilung erfolgt während des Cystenstadiums. Sexuelle Vorgänge sind unbekannt.

Stephanopogon apogon, 20–50 μm (vgl. Abb. 10); Benthos mariner Habitate. Nahrung besteht aus Diatomeen, Flagellaten und Bakterien. Nur 5 weitere Arten.

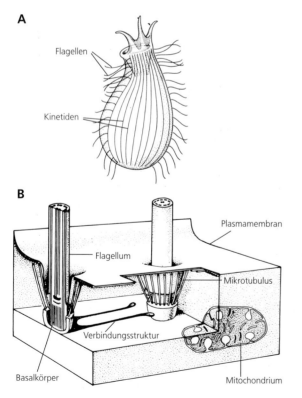

Abb. 10 *Stephanopogon colpoda* (Discicristata, Heterolobosea), Länge: ca. 60 μm. **A** Habitus. **B** Struktur des Cortex. A Aus Corliss (1979); B aus Lipscomb und Corliss (1982).

1.2.1.2 Euglenozoa

Zellen mit meist 2 (selten 1 oder mehr) Geißeln, die in einer apikalen oder subapikalen Flagellentasche entspringen. Die axonemalen Mikrotubuli der Flagellen werden gewöhnlich von Proteinkomplexen (Paraxialstäben, Abb. 11) begleitet, so dass der Durchmesser der Geißeln auf ein Mehrfaches anwächst. Die Mitochondrien der Euglenozoa weisen Cristae auf, die zum discoidalen Typus gehören oder von ihm hergeleitet werden können. Es sind corticale Mikrotubuli-Bänder vorhanden, welche die Zellperipherie versteifen und den Zellen eine konstante Form verleihen. Bei der Mitose bleibt der Nucleolus erhalten. Zu den Euglenozoa werden die Euglenida, Diplonemea, Symbiontida und Kinetoplastea gerechnet.

1.2.1.2.1 Euglenida

Die mit etwa 1 000 Arten vertretenen Eugleniden weisen im Grundbauplan 2 heterokonte Geißeln auf, von denen 1 jedoch meist so stark reduziert ist, dass ihr Nachweis nur elektronenmikroskopisch gelingt. Sie entspringen einer apikalen Einbuchtung, dem Geißelsäckchen (Ampulle, Reservoir) (Abb. 12). Das längere und schwimmaktive Flagellum ist gewöhnlich durch einen Paraxialstab (Abb. 11) stark verdickt, ein Merkmal, an dem sich die Zellen im Lichtmikroskop relativ leicht erkennen lassen. Diese Geißel trägt eine Reihe von zarten, Haar ähnlichen Anhängen (Mastigonemen) und besitzt bei den photoautotrophen Formen eine basale Anschwellung (Paraflagellarkörper), der im Zusammenhang mit dem extraplastidalen Stigma (Augenfleck als Beschattungsorganell) eine funktionelle Rolle bei der photosensorischen Orientierung zugesprochen wird. Das andere Flagellum wird, sofern es aus dem Geißelsäckchen herausragt, meist als Schleppgeißel eingesetzt und dient zum Beutefang oder zur Anheftung an das Substrat (Abb. 21A).

Unter der Zellmembran liegen in der Regel streifenförmige, sich dachziegelartig überdeckende, schraubig angeordnete Proteinkomplexe. Sie können sich, offensichtlich unter der Beteiligung von Mikrotubuli und Actomyosinen, gegen-

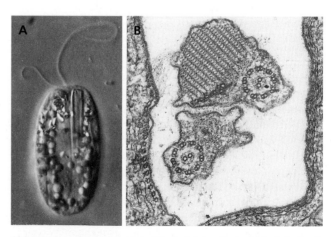

Abb. 11 *Entosiphon sulcatum* (Discicristata, Euglenida). **A** Lebendfoto, Reusenapparat. **B** Querschnitt der beiden Flagellen, davon eine mit Paraxialstab. Vergr.: A 1 000×, B 45 000×. Original: D.J. Patterson, Woods Hole.

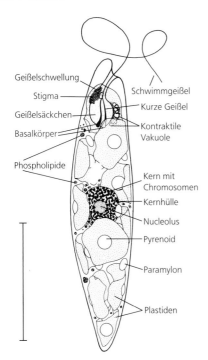

Abb. 12 *Euglena gracilis* (Discicristata, Euglenida). Ansicht von der Seite. Streifung der Pellicula wurde weggelassen. Maßstab: 20 μm. Aus Leedale (1967).

Labels in figure:
Geißelschwellung
Stigma
Geißelsäckchen
Basalkörper
Phospholipide
Schwimmgeißel
Kurze Geißel
Kontraktile Vakuole
Kern mit Chromosomen
Kernhülle
Nucleolus
Pyrenoid
Paramylon
Plastiden

oder scheibchenweise gelagert sind. Nur rund ein Drittel der Euglenen weist Plastiden auf. Diese sind von 3 Membranen umgrenzt und zeigen keinen Zusammenhang mit dem endoplasmatischen Reticulum und der Kernhülle (Abb. 13). Sie enthalten unter anderem die Chlorophylle a und b und stimmen insoweit mit den Chloroplasten der Chlorophyta überein. Man vermutet, dass das Plastidom das Relikt eines verkümmerten, symbiontischen Eukaryoten, möglicherweise einer Grünalge, ist. Eine derartige Endosymbiose zwischen zwei Eukaryoten konnte sich natürlich erst nach Etablierung der Grünalgen entwickeln. Die restlichen zwei Drittel des Taxons leben ausschließlich saprotroph oder heterotroph von Bakterien oder eukaryotischen Einzellern. Die „tierische" Ernährungsweise (Phagotrophie) wird als ursprünglich angesehen; gleichwohl gibt es auch Hinweise dafür, dass von den Formen, die im Laufe ihrer Evolution Chloroplasten erworben hatten und phototroph leben konnten, einige wieder sekundär zur heterotrophen Lebensweise zurückgekehrt sind.

Das Vorkommen der phototrophen Euglenen beschränkt sich auf Süß- und Brackwasserbiotope. Eine besonders hohe Artenzahl weist der Neusiedler-See (ein Soda-See in Österreich) auf. Massenvermehrung photoautotropher Formen beobachtet man häufig in organisch überdüngten Kleintümpeln. – Phototroph: *Euglena viridis*, 65 μm. – *Phacus testa*, 100 μm, mit verdrilltem Zellkörper. Heterotroph: *Anisonema truncatum*, 60 μm, mit schlitzartiger ventraler Furche. – *Peranema trichophorum*, 70 μm, räuberisch.

einander verschieben und sind verantwortlich für die sog. euglenoide (metabole) Bewegung der Zellen. Derartige Kriechbewegungen zeigen vor allem Formen, die ihre Geißeln abwerfen, in das Substrat einwandern oder als Räuber oder Parasiten leben können. Einige Arten sind jedoch völlig starr (*Phacus*) oder bilden extrazelluläre Zellwände (*Trachelomonas*), andere leben sessil und bilden Stiele (*Colacium*). Bei zellwandlosen Arten ist eine kontraktile Vakuole vorhanden, die sich in das Lumen der Ampulle öffnet.

Die Zellkerne zeigen auch in der Interphase kondensierte Chromosomen. Die Kernhülle bleibt während der Mitose erhalten, und die Chromatiden ordnen sich während der Metaphase parallel zur intranucleären Spindel an.

Als Reservestoffe werden im Cytoplasma neben Lipiden besondere Glucane (Paramylon) gespeichert, die körnchen-

1.2.1.2.2 Kinetoplastea

Die etwa 600 Arten der Kinetoplastea sind frei lebende Bakterienfresser, endobiontische Kommensalen oder Parasiten. Das charakteristische Merkmal der Gruppe ist der Kinetoplast, ein ungewöhnlich DNA-reicher Abschnitt des einzigen, meist körperlangen Mitochondriums (Abb. 14, 15). Er lässt sich mit der Feulgen-Färbung auch lichtmikroskopisch nachweisen – meist in der Nähe der Kinetosomen; daher rührt der etwas irreführende Name des Taxons. Die einkernigen Zellen besitzen ein apikales Geißelsäckchen mit primär 2 Geißeln, von denen 1 jedoch häufig reduziert ist. Im Regelfall sind beide Flagellen durch ein Paraxialbündel versteift und bilden häufig eine undulierende Membran. Hierdurch vor allem wird eine Schwimmbewegung in viskosen Medien (Blut, Milchsaft) stark begünstigt. Trotz dieser

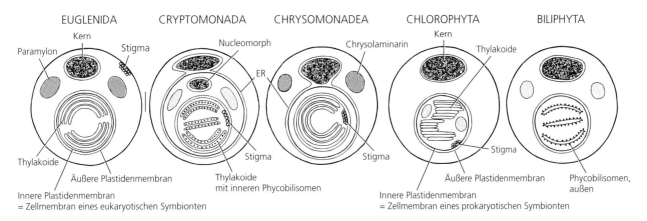

Abb. 13 Plastiden und Membransysteme in verschiedenen einzelligen, phototrophen Eukaryota. Nach Sleigh (1989).

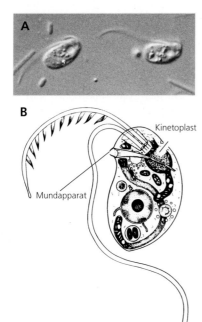

Abb. 14 Discicristata, Kinetoplastea. **A** *Bodo* sp., Lebendaufnahme. **B** Organisationsschema. Länge: 15 μm. A Original: K. Hausmann, Berlin; B aus Vickerman (1976).

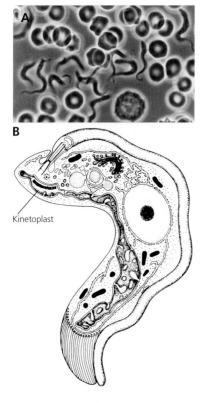

Abb. 15 Discicristata, Kinetoplastea. **A** Trypanosomen (Länge: 20 μm) zwischen Säugetier-Erythrocyten. Lebendfoto. **B** Struktur von *Trypanosoma congolense*. A Original: K. Hausmann, Berlin; B aus Vickerman (1969).

Übereinstimmungen sind die Flagellen – sofern noch in Zweizahl vorhanden – heterokont und heterodynamisch: Die aktive Vordergeißel der frei lebenden Bodonea trägt einreihig angeordnete Flimmerhaare (Abb. 14), die rückwärts gerichtete Geißel ist hingegen meistens glatt (Abb. 15, 16).

Die Pellicula des meist länglichen Zellkörpers ist durch ein mikrotubuläres Cytoskelett verfestigt. Auch die Ränder des Oralapparates (Cytostom) enthalten Mikrotubuli. Die aus den Aminosäuresequenzen der Cytochrome b und c sowie die aus den Nucleotidsequenzen der 18S RNA-Untereinheiten ermittelten Daten zeigen, dass die Kinetoplastea mehr als 1 Milliarde Jahre von den Euglenida getrennt sein müssen.

Das frühere Taxon Bodonea wird inzwischen in mehrere Taxa aufgeteilt, was hier nicht weiter berücksichtigt werden soll. Weit verbreitet, vor allem in nährstoffreichen und verunreinigten Gewässern (Bakterienfresser). Mit ursprünglicher, heterokonter Begeißelung; beide Geißeln entspringen einer Geißeltasche (Abb. 14).

Bodo saltans, nur ca. 15 μm, leicht an der tanzend-springenden Bewegungsweise zu identifizieren (Abb. 14A). – *Rhynchomonas nasuta*, 6 μm, mit einem rüsselähnlichen Zellfortsatz. – Histophage Ekto- und Endoparasiten von Fischen: *Ichthyobodo*- und *Cryptobia*-Arten.

Die Trypanosomatida sind ausschließlich endoparasitisch. Nur noch 1 glatte Geißel, die der beflimmerten Vordergeißel der Bodonea homolog ist, schwingt entweder frei oder steht über mehrere Haftpunkte mit der Zelloberfläche in Kontakt, die dadurch zu einer undulierenden Membran ausgezogen wird (Abb. 15, 16). Extrem polymorphe Arten: Je nach Form der Zelle sowie nach der relativen Position und Ausbildung des Kinetoplast-Kinetosomen-Geißeltaschen-Komplexes unterscheidet man verschiedene Modifikationsformen. Diese treten in bestimmten Gattungen bei gewissen Entwicklungsstadien auf, wovon hier folgende vorgestellt werden (Abb. 16, 17):

* amastigot (kryptomastigot, *Leishmania*-Form); das am Zellapex inserierende Flagellum tritt nicht aus dem Geißelsäckchen der abgerundeten Zellen hervor und bleibt lichtmikroskopisch unsichtbar;

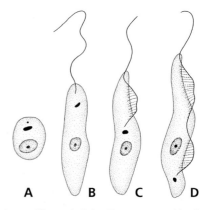

Abb. 16 Polymorphismus bei den Trypanosomatida. Amastigote (**A**), promastigote (**B**), epimastigote (**C**) und trypomastigote Zelle (**D**). Nach verschiedenen Autoren.

Tabelle 1 Wichtige Krankheitserreger in den Gattungen *Trypanosoma* und *Leishmania*. Nach Mehlhorn und Piekarski (1995).

Spezies	Wirte	Krankheit	Symptome	Überträger
T. brucei brucei	Equiden, Schweine, Nager, Ruminantia	Nagana	Fieber, Meningoencephalitis, Lähme	*Glossina*-Spezies (Tsetsefliegen, Muscidae, Echte Fliegen)
T. brucei gambiense	Mensch, Affen	Schlafkrankheit (schwach)	Nackenlymphdrüsenschwellungen, Ödeme	*Glossina*-Spezies
T. brucei rhodesiense	Mensch; Ratten, unter experimentellen Bedingungen	Schlafkrankheit (akut)	Meningoencephalitis, Fieber, Schlafsucht	*Glossina*-Spezies
T. congolense	Ruminantia, Raubtiere	Nagana	Anämie	*Glossina*-Spezies
T. cruzi	Mensch, Haustiere	Chagas	Ödeme, Myocarditis, ZNS-Schädigungen	*Triatoma*- und *Rhodnius*-Spezies (Reduviidae, Raubwanzen)
T. equinum	Equiden, Rinder, Wasserschweine	Mal de Caderas, Lähme	Fieber, Blutarmut	*Tabanus*-Spezies (Tabanidae, Bremsen)
T. equiperdum	Equiden	Beschälseuche, Dourine	Genitalschwellungen, Lähmungen	Mechanisch beim Coitus
T. evansi	Equiden, Ruminantia, Hunde	Surra	Fieber, Ödeme, Blutarmut	*Tabanus*- und *Stomyxys*-Spezies (Bremsen und Wadenstecher)
T. braziliensis	Mensch	Schleimhautleishmaniasis	Haut-, Schleimhaut-, Knorpelläsionen	*Phlebotomus*-Spezies (Psychodidae, Schmetterlingsmücken)
L. donovani	Mensch; Hamster unter experimentellen Bedingungen	Kala Azar, viscerale Leishmaniasis	Milz-, Leberschwellungen, Leukopenie	*Phlebotomus*-Spezies
L. tropica	Mensch	Hautleishmaniasis, Orientbeule	Begrenzte Hautläsionen	*Phlebotomus*-Spezies

- promastigot (*Leptomonas*-Form); Flagellum entspringt am Vorderende einer schlanken Zelle;
- epimastigot (*Crithidia*-Form); Flagellum inseriert in der Zellmitte einer schlanken Zelle;
- trypomastigot (*Trypanosoma*-Form); Flagellum inseriert am Hinterende einer schlanken Zelle.

Trypanosomen, verbreitet vor allem in den subtropischen und tropischen Regionen der Alten und Neuen Welt, befallen warm- und kaltblütige Vertebraten, Evertebraten, Einzeller und Pflanzen und rufen bei ihnen zum Teil gefährliche Erkrankungen hervor (Tabelle 1). Neben monoxenischen Formen, die einen einzigen Wirt befallen, gibt es auch heteroxenische Arten mit Wirtswechsel. Überträger und Zwischenwirte (Vektoren) der human- und veterinärmedizinisch wichtigen *Trypanosoma*- und *Leishmania*-Arten sind Blut saugende Insekten, aber auch Blut leckende Vampire (Desmodontidae) (Bd. II, Abb. 587).

Einige Arten (wie z. B. *Trypanosoma brucei*) (Abb. 17) durchlaufen innerhalb der Vektoren besondere Stadien mit tief greifenden morphologischen Veränderungen (Verlagerung der Geißelinsertion (Abb. 16), Umwandlung der mitochondrialen Cristae vom tubulären zum discoidalen Typ) und radikalen Umschaltungen der Stoffwechselwege. Darüber hinaus gibt es Hinweise auf in ihrer Ausprägung noch

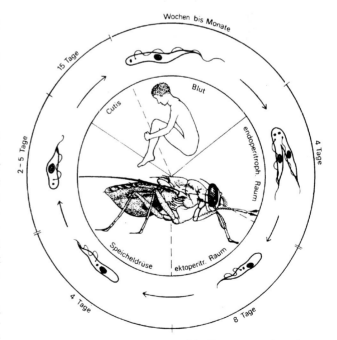

Abb. 17 Kinetoplastea, Trypanosomatida. *Trypanosoma brucei gambiense*. Länge: 15–30 µm. Erreger der afrikanischen Schlafkrankheit. Lebenszyklus. Aus Dönges (1980).

nicht verstandene Formen von Sexualität. Die Übertragung der Parasiten und die Infektion der Wirte erfolgt durch kontaminierten Speichel, erbrochenen Darminhalt während des Saugakts, orale Aufnahme von (teilweise encystierten) Stadien, die mit den Faeces abgegeben werden, durch Kontakt lädierter Hautpartien mit Faeces, durch geschlechtlichen Kontakt oder durch Bluttransfusion.

Die Zellmembran der meisten Trypanosomen besitzt eine ca. 15 nm dicke Glykokalyx (*glycoprotein surface coat*), deren chemische Zusammensetzung und Antigeneigenschaften nicht nur örtlich, sondern auch zeitlich variieren können (Antigenvarianz). Diese Variation wird durch einige hundert, möglicherweise mehr als tausend Gene gesteuert, die bis zu 40 % des Gesamtgenoms ausmachen können und durch Sexualprozesse neu kombiniert werden. Die Exprimierung einiger dieser Gene verläuft fest programmiert innerhalb des Entwicklungszyklus, so dass nach der Infektion und den ersten Teilungsschüben die Parasiten zunächst in einem relativ einheitlichen Antigen-Typ vorliegen. Sie werden daher durch das Immunsystem des Wirts mit einigem Erfolg bekämpft; da aber immer wieder andere Antigen-Varianten in den Teilpopulationen entstehen, verursachen diese einen neuerlichen Krankheitsschub (chronische Trypanosomiasis). Die Antikörper des Wirtes erlangen somit keine vollständige Kontrolle über die Parasiten und üben lediglich eine selektive Wirkung auf die Zusammensetzung ihrer Populationen aus.

Die pathogene Wirkung der Trypanosomen beruht nicht auf einem Entzug von Nährstoffen, sondern auf einer Vergiftung durch Stoffwechselprodukte (bei Blutparasiten) oder auf Zell- und Gewebeläsionen (bei intrazellulären Parasiten). Bei der besonders für Kinder oft tödlich verlaufenden Kala Azar befällt *Leishmania donovani* vor allem die Makrophagen in Leber, Gehirn und Knochenmark mit dem Ergebnis einer fatalen Anämie. Einige pflanzenparasitische (und auch phytophage Hemipteren attackierende) Arten der Gattung *Phytomonas* haben ökonomische Bedeutung durch pathogene Wirkung auf Kokospalmen und Kaffeepflanzen. Wichtige Arten: s. Tabelle 1; Abb. 17.

1.2.1.2.3 Diplonemea

Kleine Gruppe von heterotrophen Flagellaten mit zumeist inaktiven Geißeln, die sich während der trophischen Phase gleitend bewegen. Fressapparat vorhanden.

Diplonema ambulator, ca. 20 µm; in marinen Sedimenten. – *Rhynchopus amitus*, bis 25 µm; im Plankton.

2 SAR

Aufgrund molekularer Ergebnisse kann man die Gruppen der **S**tramenopila, **A**lveolata und **R**hizaria als übergeordnetes Taxon SAR zusammenfassen, was einem Akronym aus den drei Gruppen entspricht. Bisher wurden die Stramenopilen, Alveolaten, Haptophyten und Cryptomonaden im Taxon Chromalveolata vereinigt, doch ist die Stellung der Haptophyten und Cryptomonaden wieder ungewiss.

2.1 Stramenopila

Die motilen Zellen besitzen typischer Weise zwei heterokonte Geißeln, wobei die anteriore Geißel dreiteilige Mastigonemen (Flimmerhaare) in gegenüber liegenden Reihen besitzt und die hintere Geißel glatt ist. An den Basalkörpern inserieren 4 Wurzelfasern aus Mikrotubuli. Die Mitochondrien sind vom tubulären Typ.

Die in diesem Taxon zusammengefassten Arten spiegeln äußerst verschiedene Entwicklungstendenzen wider: (1) „pflanzlich" organisierte Vertreter wie die vielzelligen Braunalgen oder die einzelligen Diatomeen; (2) „pilzartige" Organismen (z. B. Oomyceten); (3) rhizopodiale Formen, die eindeutig „tierische" Verhaltens- und Ernährungsweisen zeigen. Der auf den ersten Blick sehr hohe Differenzierungsgrad erfährt eine Relativierung in der feinstrukturellen Uniformität, durch die sich die monadial (flagellat) organisierten Einzeller sowie die Zoosporen und Gameten der mehrzellig und teilweise geweblich organisierten Formen auszeichnen.

Herausragende, nicht an Plastiden gebundene Merkmale der hierher gezählten Subtaxa sind:
- bilateralsymmetrischer Bau der motilen einzelligen Formen und Entwicklungsstadien,
- heterokonte Begeißelung (Spiralkörper am Übergang Kinetosom – Geißelschaft; Mastigonemen bei der längeren, Basalschwellung bei der kürzeren Geißel),
- Bildung der Mastigonemen in Golgi-Vesikeln,
- ER-gebundene Lokalisation der Plastiden,
- gleich bleibende Lagebeziehungen zwischen Zellkern, Golgi-System und Geißelwurzeln.

Bei der Besprechung der einzelnen Subtaxa werden nur die jeweiligen einzelligen Vertreter berücksichtigt. Hinsichtlich der **Braunalgen** sei auf entsprechende botanische Lehrbücher verwiesen, z. B. Lehrbuch der Botanik für Hochschulen, begr. von E. Strasburger, 36. Aufl., 2008.

Innerhalb der einzelligen Stramenopila treten Organismen mit extrazellulären, dreiteiligen Mastigonemen auf, die mit Mikrotubuli unter der Zellmembran in Verbindung stehen (Abb. 22, 24). An der Vordergeißel nehmen diese ihren Ursprung an zwei gegenüberliegenden Mikrotubuli-Dupletts des Axonems und bilden somit zwei Reihen. Sie entstehen in Zisternen des ER oder Golgi-Apparats, werden exocytiert und gelangen auf der Außenseite der Zellmembran an ihren Bestimmungsort. Durch den Besitz von Mastigonemen wird der Wasserstrom an der Geißel umgekehrt, so dass die Zelle nach vorne gezogen wird. Der gleichartige Aufbau dieser Stramenopili und ihre identische ontogenetische Entstehung werden als synapomorphes Merkmal gewertet, das die unterschiedlichen Taxa vereint. Als weiteres gemeinsames Merkmal tritt eine sog. transitorische Helix (Spiralkörper) auf, die als osmiophiler Proteinkomplex den Übergang vom Kinetosom zum Geißelschaft markiert. Die Mitochondrien besitzen tubuläre Cristae.

Den Ausgangspunkt der Radiation bildeten wohl heterotrophe, flagellentragende Einzeller, die ihre Stramenopili nicht auf einer Geißel, sondern im hinteren Teil des Zellleibs ausbilden (Somatonemata). Von diesen lassen sich heterotrophe wie phototrophe Taxa ableiten.

2.1.1 Opalinata

Vielgeißlige Zellen mit doppelsträngiger Helix in der Übergangszone zwischen Flagelle und Basalkörper. Gleichförmige corticale Rippen gestützt durch Mikrotubuli. Cystenbildend.

2.1.1.1 Proteromonadea

Kosmopolitisch, als Endobionten im Verdauungstrakt von Amphibien, Reptilien und Mammalia. Übertragung erfolgt über Cysten, die mit Faeces ausgeschieden werden. Keine pathogenen Wirkungen bekannt. 2 Gattungen mit 1 (*Proteromonas*) (Abb. 18A) oder 2 Paaren (*Keratomorpha*) heterodynamischer Geißeln (Abb. 18B); entspringen am Vorderende der etwa 10–30 µm langen, einkernigen Zelle. Die verdickte Basis der langen Vordergeißel von *Proteromonas* enthält neben dem Axonem locker gebündelte Mikrofibrillen unbekannter chemischer Natur, die mit dem Basalabschnitt der Schleppgeißel über einen besonderen gap-junction-Komplex verknüpft sind. Mastigoneme fehlen. Kinetosomen wie bei den Chrysophyceen (s. u. S. 16) in der Übergangsregion zum Geißelschaft mit transitorischer Helix, über einen bandförmigen Rhizoplasten aus mikrotubulären und filamentösen Elementen mit der Oberfläche des einzigen Mitochondriums verbunden. Der Rhizoplast verläuft durch das ringförmige Dictyosom und den Zellkern. Weitere Bestandteile des Cytoskeletts sind Mikrotubuli, die – einzeln oder in Gruppen – unter der Zelloberfläche vorkommen und ihr eine typische Längs- oder Schrägstreifung verleihen. Der hintere Abschnitt des Zellkörpers von *Proteromonas* trägt haarförmige Anhänge (Somatonemata). Die deutliche Ausprägung des pelliculären Cytoskeletts aus Mikrotubuli-Reihen, das beispielsweise den Chrysomonaden fehlt, wird als ursprünglich angesehen.

Proteromonas lacertae-viridis, 10–30 µm (Abb. 18A); im Darmtrakt von Eidechsen.

2.1.1.2 Opalinea

Ausschließlich nichtpathogene Endokommensalen in den Endabschnitten des Verdauungstrakts kaltblütiger Cranioten. Übertragung durch Cysten.

Etwa 400 Arten in nur 4 Gattungen. Mehrkernig, z. T. abgeflacht (*Opalina, Zelleria*), teilweise bis etwa 3 mm. Früher zu den Ciliaten gerechnet, da auf der gesamten Oberfläche von tausenden, relativ kurzen, wimperartigen Flagellen bedeckt (Abb. 19); jedoch ohne Kerndualismus, Alveolen und typische Infraciliatur. Ähnlichkeiten im Aufbau des Cortex machen vielmehr eine enge Verwandtschaft mit den Proteromonaden wahrscheinlich, auch wenn an den Flagellen – vermutlich sekundär – Mastigonemen fehlen.

Flagellen in dicht stehenden, schraubig verlaufenden Reihen angeordnet und in metachronen Wellen schlagend. Zwischen den einzelnen Reihen mehrere Falten, die von zahlreichen Mikrotubuli gestützt werden. Kein Cytopharynx zur Aufnahme partikulärer Nahrung, nur Pinocytose. Teilungsebene verläuft zwischen den Flagellenreihen (interkinetal), also schräg zur Längsachse der Zelle; im Unterschied zu den Ciliaten, die sich vorwiegend quer zum Verlauf der Cilienreihen teilen.

Lebenszyklen relativ komplex (Abb. 20). Trophische Formen leben fast ständig in adulten Wirten.

Opalina ranarum vermehrt sich zur Paarungszeit der Frösche durch eine schnelle Folge von Teilungen – ohne eingeschobene Wachstumsphasen. Die daraus resultierenden kleinen Zellen besitzen somit nur noch wenige Kerne und nur geringe Reste der ursprünglich vorhandenen Flagellenreihen. Rapide Vermehrungsphase vermutlich durch Hormone des Wirtes induziert und kontrolliert. Mikroformen mit nur noch 3–6 Zellkernen encystieren sich und werden vom Wirt mit dem Darminhalt ausgeschieden. Cysten können einige Wochen im Wasser überdauern, werden von Kaulquappen mit der Nahrung aufgenommen und schlüpfen in deren Darm. Danach Folge von Teilungen, mit meiotischen Kernteilungen verknüpft, führt zu schlanken Mikrogameten und größeren Makrogameten. Diploide Zygote encystiert sich und wird ins Wasser ausgeschieden. Erneute Magen-Darm-Passage in einer Kaulquappe oder in einem ausgewachsenen Wirt, dann Bildung einer neuen Generation von Gameten oder Entwicklung zu den großen trophischen Formen (Abb. 19). Eine Generation von Cysten kann auch asexuell entstehen. Die verschiedenen Entwicklungsmöglichkeiten zu diesem Zeitpunkt des Lebenszyklus gewährleisten eine sehr effektive Infektion der Kaulquappen. – *Pro-

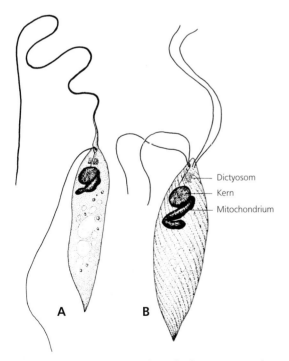

Abb. 18 Opalinata, Proteromonadea. **A** *Proteromonas lacertae-viridis*, mit dicker vorderer Geißel und dünner Schleppgeißel. Länge: ca. 20 µm. **B** *Kerotomorpha bufonis*, mit 2 Paar ungleichen Geißeln. A Aus Hausmann et al. (2003); B aus Brugerolle und Joyon (1975).

— Dictyosom
— Kern
— Mitochondrium

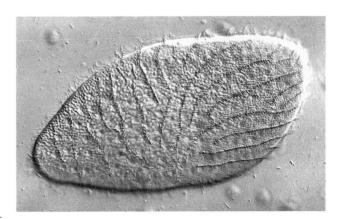

Abb. 19 *Opalina ranarum* (Opalinata, Opalinea). In Reihe stehende Flagellen mit metachronem Schlagmuster. Länge: ca. 600 µm. Original: D.J. Patterson, Woods Hole.

Abb. 20 Lebenszyklus von *Opalina ranarum* (Opalinata, Opalinea). Frosch scheidet Cysten (1) aus; nach Verschlucken schlüpft in Kaulquappe junger Gamont (2); Bildung von Mikro- und Makrogameten (3, 4); Fusion der Heterogameten (5); Encystierung der Zygote und Ausscheidung über Faeces (6); Excystierung in neuer Kaulquappe, Trophozoit wächst in Kloake (7, 8); kleine Trophozoiten können sich teilen, encystieren und neue Kaulquappen infizieren (8.1, 8.2) oder – wenn die Metamorphose der Kaulquappen zum Frosch abgeschlossen ist – zu großen, vielkernigen Trophonten (Agamonten) heranwachsen (9); diese vermehren sich durch Zweiteilung (10), aber während der Fortpflanzungszeit der Frösche bilden sich durch schnelle Teilungen kleine Stadien mit 2–12 Kernen (11, 12); diese kleinen Stadien encystieren (1), werden freigesetzt und sind wieder infektiös für Kaulquappen. Nach Mehlhorn (2001).

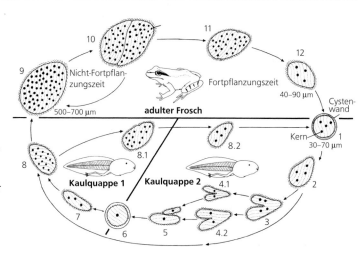

toopalina intestinalis, 330 µm, in *Bombina*-Arten. – *Cepedea obovoidea,* 310 µm, in *Bufo*-Arten.

2.1.2 Chrysomonadea (Chrysophyceae)

Etwa 1 000, meist im Süßwasser vorkommende, phototrophe oder heterotrophe Arten. Geringe Körpergröße (5–20 µm). Im typischen Fall 2 anisokonte, heterodynamische Flagellen am Vorderende des Zellkörpers; die längere nach vorn gerichtet als Zuggeißel und mit 2 Reihen steifer, dreifach untergliederter Mastigonemen (pleuronematische Geißel) (Abb. 21B). Zweites Flagellum – soweit vorhanden – deutlich kürzer, weitgehend glatt; verläuft am Zellkörper entlang nach hinten und trägt eine basale Anschwellung, die einer schwach konkaven Einwölbung des vorderen Zellkörpers gegenüberliegt. Hier, innerhalb eines Chloroplasten, gewöhnlich ein roter Augenfleck aus Lipidgranula (Abb. 22).

Nur 1 Zellkern; über eine quergestreifte Wurzelstruktur (Rhizoplast) mit dem Basalkörper der pleuronematischen Geißel verbunden. Seitlich vom Kern 1 oder 2 pulsierende Vakuolen sowie ein oder mehrere Dictyosomen, u. a. Bildungsorte für die Mastigonemen. Zellkörper normalerweise nackt; bei manchen Gattungen (*Synura, Mallomonas, Paraphysomonas*) auch mit anmutig geformten Kieselschuppen

auf der Zelloberfläche (Differenzierung in Vakuolen seitlich der Chloroplasten). Manche Formen wie *Dinobryon* (Abb. 23A) in Gehäusen (Loricae). Als Extrusome sind Discobolocysten bekannt. Bei einigen Gattungen (z. B. *Dinobryon*) sexuelle Vorgänge (Isogamie); hierbei verschmelzen jeweils zwei Einzelzellen ohne Gametenbildung zu einer Zygote, die sich innerhalb des Protoplasten (endogen) mit einer verkieselten Cystenhülle umgibt und zum Dauerstadium wird. Bildung endogener Dauercysten (Stomatocysten) auch auf ungeschlechtlichem Wege.

Chloroplasten der photosynthetisch aktiven Vertreter in Ein- oder Zweizahl, charakteristisch goldgelb bis goldbraun durch Fucoxanthin, das die Chlorophylle a und c überlagert. Das Polysaccharid Chrysolaminarin sowie Lipide werden als Reservestoffe in Vakuolen gespeichert. Die Chloroplasten umgeben den Zellkern mit 3 Membransystemen: Im Bereich der Kontaktzone mit dem Zellkern werden sie von der inneren Kernmembran, ansonsten von der äußeren Kernmembran begrenzt. Im Chloroplasten Stapel aus je 3 Thylakoiden, die peripher von einer Gürtellamelle (Abb. 13) umgeben sind.

Neben dem monadialen Typus (Einzelzellen oder koloniale Verbände) zahlreiche Übergänge zu höheren Organisationsstufen. Unverkennbar ist ein Trend zur Ausbildung rhizopodialer Baupläne, der von der Reduktion der Plastiden

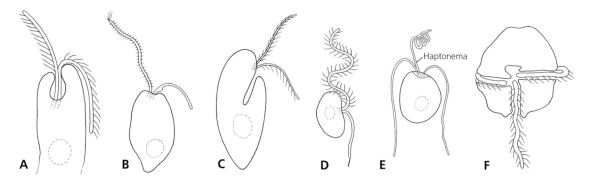

Abb. 21 Begeißelungstypen. **A** Euglenida. Biflagellat, isokont, mit Mastigonemen. **B** Chrysomonadea. Biflagellat, anisokont, heterodynamisch. Zuggeißel mit 2 Reihen Mastigonemen. **C** Cryptomonada. Biflagellat, anisokont, mit 2 bzw. 1 Reihe Mastigonemen. **D** Labyrinthulomycetes. Heterokont begeißelter Schwärmer. **E** Prymnesiomonada. Biflagellat, isokont, mit Haptonema. **F** Dinoflagellata. Biflagellat, anisokont. Nach Margulis, McKhann und Olendzenski (1993).

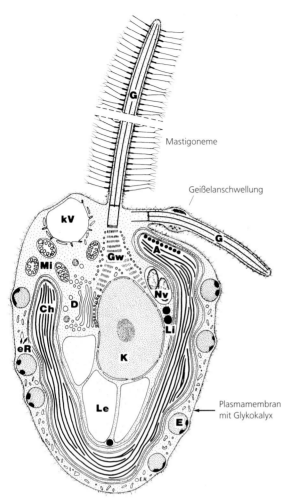

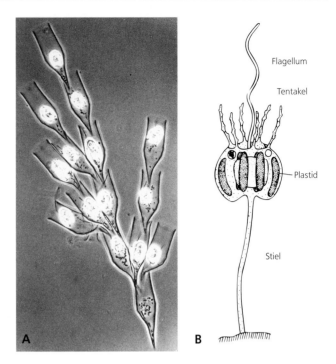

Abb. 23 Chrysomonadea. **A** *Dinobryon* sp.; Länge: Einzelzellen ca. 30 μm. **B** *Pedinella* sp.; Länge: ca. 10 μm. A Original: W. Herth, Heidelberg; B nach Swale (1969).

Abb. 22 Organisationsschema des photoautotrophen Eukaryoten, *Ochromonas tuberculatus* (Chrysomonadea). A = Augenfleck (Stigma), Ch = Chloroplast, D = Dictyosom, E = Extrusom, eR = endoplasmatisches Reticulum, G = Geißel, Gw = Geißelwurzel, K = Kern, kV = kontraktile Vakuole, Le = Leucosinvakuole, Li = Lipidtropfen, Mi = Mitochondrium, Nv = Nahrungsvakuole. Länge (ohne Geißeln): ca. 12 μm. Nach verschiedenen Autoren.

2.1.3 Bacillariophyta (Diatomea),
Diatomeen, Kieselalgen

Diatomeen sind vorwiegend (aber nicht ausschließlich) phototrophe Organismen, die – vor allem in den kälteren Teilen der Meere sowie in manchen Süßwasserseen – mit insgesamt über 100 000 benannten Arten den Hauptteil des Phytoplanktons stellen. Ihre Zugehörigkeit zum Taxon der Stramenopila basiert auf dem Bau der beflimmerten Flagellen, die von den Gameten einiger zentrischer Arten gebildet werden und die typischen dreiteiligen Flimmerhaare aufweisen (Stramenopili, Abb. 24).

Wesentliches Merkmal dieser einzelligen Organismen ist der Besitz einer Silikat-Schale (Frustel), deren Komponenten in Derivaten des Golgi-Systems erzeugt werden (*silica deposition vesicles*, SDV). Die Schale besteht aus zumindest 4 Teilen, von denen jeweils 2 als Epitheca und Hypotheca zusammengefasst werden (Abb. 25). Jede der Thecen enthält eine flache Valve und mindestens ein senkrecht dazu angeordnetes ringförmiges Band (Pleura, Gürtelband). Da Hypotheca und Epitheca wie bei einer Petrischale ineinander greifen und nur bedingt dehnungsfähig sind, verringert sich der Durchmesser der stets etwas kleineren Hypothecen von Teilung zu Teilung. Das Unterschreiten einer kritischen Größe wird durch die Ausbildung einer zum Größenwachstum befähigten zellwandlosen Auxospore (Zygote) verhindert.

Im Rahmen der CO$_2$-Fixierung und Primärproduktion spielen Diatomeen eine wesentliche Rolle.

und Geißeln sowie von der Ausformung verschiedener Pseudopodientypen begleitet wird und somit sekundär wieder zu „tierischen" Lebensweisen führt; neben Einzelzellen (*Chrysamoeba*) auch millimetergroße plasmodiale Verbände (*Chrysarachnion*).

Chrysomonaden sind ein wichtiger Teil des Nanoplanktons. Die Bedeutung der photoautotrophen Vertreter ergibt sich aus ihrer Funktion als Primärproduzenten. Massenauftreten während der kalten Jahreshälfte. Sie bereiten in der Fischzucht gelegentlich Probleme durch Stoffwechselprodukte (Ketone und Aldehyde). Sterben zu Beginn der wärmeren Jahreszeit ab und gefährden Trinkwasserreservoirs häufig durch übel riechende Abbauprodukte.

Monadiale Formen, freischwimmend oder sessil (*Ochromonas* (Abb. 22), *Dinobryon*, *Mallomonas*, *Synura*) sowie rhizopodial organisierte Typen (*Chrysamoeba*, *Chrysarachnion*).

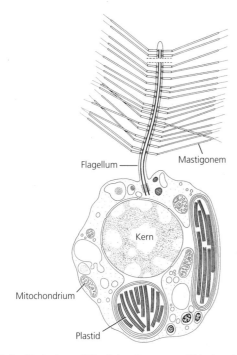

Abb. 24 Bacillariophyta. Männlicher Gamet von *Lithodesmium undulatum* (Centrales) mit den typischen Geißelstrukturen (Mastigonemen) der Stramenopilaten. Vergr.: 7 000×. Nach Manton und von Stosch (1966).

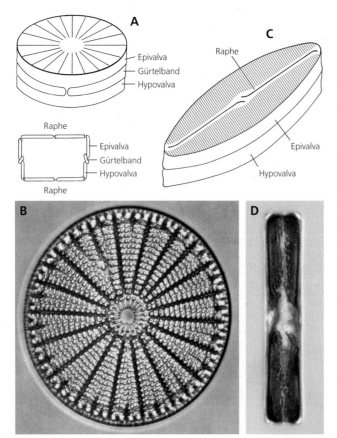

Abb. 25 A Organisationsschemata von zentrischen (**A**, **B**) und pennaten Diatomeen (**C**, **D**). Nach verschiedenen Autoren. **B** Zentrische Diatomee der Gattung *Arachnoidiscus*. **D** Pennate Diatomee der Gattung *Pinnularia*. Originale: K. Hausmann, Berlin.

2.1.4 Heteromonadea (Xanthophyceae)

Bilateralsymmetrisch und den Chrysomonaden insoweit ähnlich, als sie ebenfalls heterokont begeißelt sind und weitgehend gleiche ultrastrukturelle Merkmale aufweisen. Neben der langen pleuronematischen Zuggeißel besitzen sie eine kurze Schleppgeißel, die jedoch nackt ist und in einem Terminalfilament endet. Sie wird als akronematisches Flagellum bezeichnet und weist – in enger Lagebeziehung zu einem plastidalen Stigma – eine basale Schwellung auf. Unterschiede zu den Chrysomonaden bestehen vor allem durch das Fehlen von Fucoxanthin (daher und wegen der Anwesenheit von β-Carotin und Xanthophyllen eine mehr gelbgrünliche Färbung) sowie in der Morphologie der endogenen Cysten.

Neben bekannten Fadenalgen *(Tribonema, Vaucheria)* finden sich wenige begeißelte Formen *(Chloromeson)*. Derzeit am besten untersucht sind die rhizopodialen Vertreter *(Reticulosphaera)*. Ökologische Bedeutung angesichts der beschränkten Verbreitung gering.

2.1.5 Eustigmatales

Etwa 15 phototrophe Arten mit heterokonten Zoosporen, die bis etwa 15 μm Länge erreichen (Abb. 26). Charakteristisch ist eine T-förmige Schwellung an der Geißelbasis; typische Mastigonemen. Name geht auf die auffälligen, extraplastidalen Augenflecken zurück.

Eustigmatos vischeri, 10 μm, in feuchter Erde.

2.1.6 Labyrinthulomycetes

Wenig untersuchtes Taxon mit wenigen Arten. Zumeist in marinen Habitaten, seltener im Süßwasser an verrottendem Pflanzenmaterial.

Leben in ihrer trophischen Phase als wandernde Plasmodien (Abb. 27): Spindelförmige „Zellkörper", die starr oder formveränderlich sein können, gleiten innerhalb eines plasmatischen und formveränderlichen Schlauchwerks, das von einer Zellmembran begrenzt wird. „Zellkörper" von einer doppelten Membranhülle umgeben, Kommunikation über besondere Öffnungen (Bothrosomen, Sagenogenetosomen) mit dem Plasma der Schläuche. Es handelt es sich bei ihnen daher nicht um echte Zellen, sondern um eine besondere Form individueller, kernhaltiger Cytoplasma-Portionen innerhalb eines gemeinsamen plasmatischen Schlauchsystems.

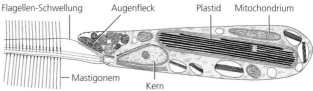

Abb. 26 Eustigmatales. Schematischer Längsschnitt einer Zoospore. Nach Margulis, McKhann und Olendzenski (1993).

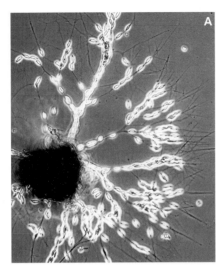

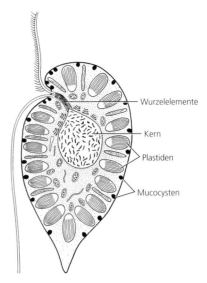

Wurzelelemente

Kern

Plastiden

Mucocysten

Abb. 28 *Chattonella* sp. (Raphidophyceae). Länge: 50 μm. Organisationsschema. Nach Margulis, McKhann und Olendzenski (1993).

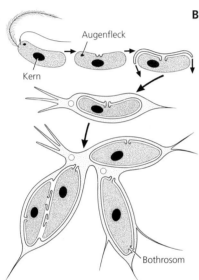

Augenfleck

Kern

Bothrosom

Abb. 27 Labyrinthulomycetes. **A** *Labyrinthula coenocystis*. Schlauchwerk. **B** Modellhafte Darstellung der Entwicklung der Membransysteme in sich differenzierenden Plasmodien. Länge eines Zellkörpers: ca. 10 μm. A Aus Stey (1969); B nach Hausmann und Hülsmann (1996).

Mechanismus der Bewegung unbekannt, wahrscheinlich Actin-Filamente innerhalb des Schlauchplasmas vorhanden. Vermehrung durch Zweiteilung der Zellkörper im Schlauchwerk sowie durch Zerfall des Schlauchwerks (Abb. 27B). Bei einigen Arten mehrzellige Cysten sowie heterokont begeißelte Schwärmer (Zoosporen). Bemerkenswert an den Zoosporen und mitentscheidend für die systematische Stellung innerhalb der Stramenopila ist das Auftreten von Augenflecken (Stigmata).

Die artenreichste Gattung ist *Labyrinthula,* in Atlantik und Ostsee z. B. **L. coenocystis;* im Süßwasser **L. cienkowskii. – Thraustochytrium-*Arten bilden keine Netzwerke aus, besitzen jedoch Bothrosomen.

2.1.7 Raphidophyceae

Nur wenige phototrophe, ausschließlich monadial organisierte Arten in 8 Gattungen, häufig dorsoventral abgeflacht. Die schalen- und

wandlosen Zellen erreichen die ungewöhnliche Größe von bis zu 90 μm. Zellform relativ konstant durch steife Pellicula (Abb. 28). Mucocysten sowie Varianten von Spindeltrichocysten mit unklarer funktioneller Bedeutung. Heterokonte Geißeln in ventraler Grube am Vorderende verankert; Kinetosomen mit der Kernoberfläche verknüpft. Die nach hinten weisende, längere und meist inaktive Geißel ist glatt und ohne basale Schwellung. Kürzere und äußerst schnell schlagende Zuggeißel mit steifen tubulären Mastigonemen. Augenflecken fehlen. Charakteristischerweise umgibt eine Scheibe aus Golgi-Elementen den apikalen Bereich des großen Zellkerns. Zumindest bei der Süßwassergattung *Vacuolaria* bilden sich kontinuierlich große Golgi-Vesikel zu einer kontraktilen Vakuole um.

Plastiden zahlreich, hellgrün, mit Chlorophyllen a und c sowie verschiedenen akzessorischen Pigmenten (Carotin, Xanthophyll oder Fucoxanthin). Dreierstapel von Thylakoiden und in der Regel eine Gürtellamelle. Lipidtröpfchen als Reservestoffe.

2.1.8 Bicosoecida

Etwa 40 Arten als Einzelzellen (ca. 5 μm) oder in Kolonien, an verschiedenen Substraten *(Bicosoeca)* oder freischwimmend im Plankton von Meer- und Süßwasser. Wichtiger Teil des heterotrophen Nanoplanktons und bedeutende Konsumenten limnischer Bakterien. Leben in vasenförmigen Loricae, die – anders als bei manchen Choanoflagellaten oder Chrysomonaden – aus Chitin bestehen. Einkernig, heterokont begeißelt. Mit einem in einer Körperrinne nach hinten verlaufenden, glatten Flagellum. Anheftung innerhalb des Gehäuses. Die zweite, längere Geißel weist nach vorn; mit 1 oder 2 Reihen steifer Mastigonemen zum Herbeistrudeln von Bakterien und ähnlichen Nahrungspartikeln. – *Bicosoeca* (syn. *Bicoeca*) *socialis,* 10 μm; häufig Kolonien bildend.

2.1.9 Hyphochytriales

Kleine Gruppe saprotropher oder parasitischer Organismen, die in allen Habitaten vorkommen. Vielkernige stationäre Thalli, die aus einkernigen Zoosporen hervorgehen (Abb. 29), deren rückwärtige Geißel bis auf das Kinetosom reduziert ist. Apomorphes Merkmal ist die auffällige Aggregation von Ribosomen, die von ER-Zisternen umgeben sind. – *Hyphochytrium catenoides,* als Parasit und Saprophyt in Trichomen und Parenchymzellen des Mais.

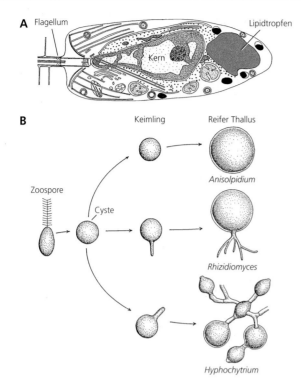

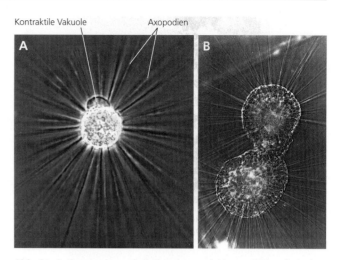

Abb. 31 Actinophryidae. **A** *Actinophrys sol.* Vergr.: 230×. **B** *Actinosphaerium eichhorni*, asexuelle Fortpflanzung durch Zweiteilung. Vergr.: 70 ×. A Original: K. Hausmann, Berlin; B Original: P. Emschermann, Freiburg.

Abb. 29 Hypochytriales. **A** Zoospore von *Hypochytrium* sp. Vergr.: 5 000×. **B** Variationsbreite der morphologischen Differenzierung in verschiedenen Gattungen. Nach verschiedenen Autoren.

sen darauf hin, dass die Oomyceten von Algen ähnlichen Vorfahren abstammen.

Phytophthora infestans, Erreger der Kraut- und Knollenfäule der Kartoffel. – *Plasmopara viticola*, Falscher Mehltau der Weinrebe. – *Saprolegnia ferax*, Wasserschimmel (vgl. Abb. 30), Erreger von Amphibienkrankheiten.

2.1.10 Peronosporomycetes (Oomycetes),
Ei-, Algen- oder Cellulosepilze

Mit über 800 bekannten Arten ein bedeutendes Taxon der Stramenopila. Sie kommen in allen aquatischen und terrestrischen Habitaten vor. Einige Vertreter sind wichtige Parasiten und von großer Bedeutung für die Landwirtschaft. Charakteristisch sind die begeißelten Zoosporen, die in zwei Formen auftreten (Abb. 30), als apikal begeißelte (Typ I) und ventral begeißelte Schwärmer (Typ II). Die Zellwände enthalten Glucane und Cellulose. Die Reservestoffe (Glycogen, Mycolaminarin) sowie molekulargenetische Analysen wei-

2.1.11 Actinophryidae

Dieses Taxon, nach der Gattung *Actinophrys* benannt (Abb. 31), ist eine Teilgruppe der ehemaligen Heliozoen (Sonnentierchen), deren restliche Vertreter neuerdings bei den Rhizaria (S. 40) eingeordnet werden. Axopodiale Mikrotubuli in Form von 2 ineinander greifenden Spiralen angeordnet (Abb. 32). Insertionsort der Mikrotubuli ist stets die Kernhülle (Abb. 33). – *Actinophrys sol* (einkernig) und *Actinosphaerium eichhorni* (mehrkernig) können sich encystieren. In der Cyste aus der Ausgangszelle Bildung von 2 Gameten, die wieder miteinander verschmelzen. Diese Form der Autogamie wird als Pädogamie bezeichnet. Marin oder im Süßwasser; in Torfmooren; auch terrestrische Formen.

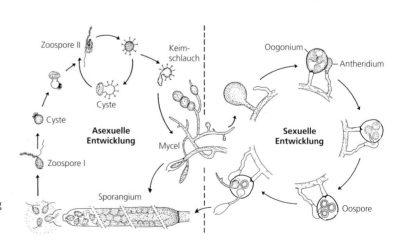

Abb. 30 Oomycetes. Asexueller und sexueller Entwicklungsgang bei *Saprolegnia*-Arten. Die für die Einordnung wichtigen Merkmale der Zoosporen treten in verschiedenen Morphen auf. Nach Fuller und Jaworski (1987).

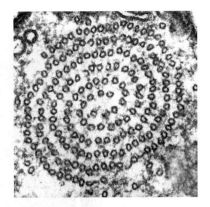

Abb. 32 Actinophryidae. Axopodiale Doppelspirale von Mikrotubuli bei *Actinophrys sol*. Vergr.: 90 000×. Original: K. Hausmann, Berlin.

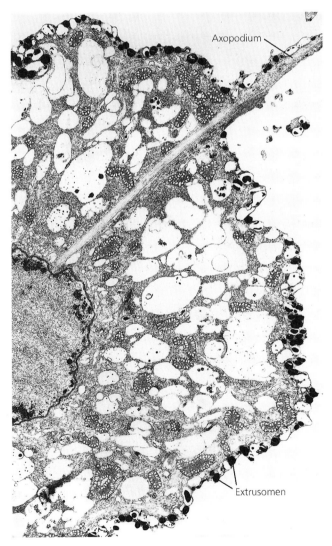

Abb. 33 *Actinophrys sol* (Actinophryidae). Ultrastrukturbild mit dem Ausgang der axopodialen Mikrotubuli-Bündel von der Kernhülle. Durchmesser: ca. 50 μm. Aus Patterson (1979).

2.2 Alveolata

Verschiedene rRNA-Sequenzierungen sowie Proteinsequenzen belegen, dass 3 sehr unterschiedliche Großgruppen der traditionellen Systeme (**Dinoflagellata**, **Apicomplexa**, **Ciliophora**), und die Protalveolaten (z. B. **Perkinsidae**, **Colpodellida**) das monophyletische Taxon Alveolata bilden (Abb. 1). Im Licht dieser molekularbiologischen Erkenntnisse präsentieren sich Strukturkomplexe, die bisher als unabhängig voneinander entstanden galten, als offensichtlich homolog. Die A m p h i e s m a t a der biflagellaten Dinoflagellaten, die i n n e r e n M e m b r a n k o m p l e x e der bis auf die männlichen Gameten geißellosen Apicomplexa sowie die A l v e o l e n der bewimperten Ciliophora sind homologe Strukturen, die auf einen rund 1 200 Mio. Jahre alten, zweigeißeligen *Perkinsus*-ähnlichen Organismus zurückgehen. Auch die parasomalen Säcke der Ciliophora, die *collared pits* der Dinoflagellaten und die Mikroporen der Apicomplexa, Colpodellida und Perkinsidae könnten homologe Strukturen mit der Funktion des Stoffaustauschs sein (Abb. 34). Die Geißeln der Stammart waren wahrscheinlich heterokont und teilweise beflimmert (Abb. 21F). Dieser Zustand blieb bei den Dinoflagellata, Perkinsidae und Colpodellida erhalten.

2.2.1 Protalveolata

Neben allgemeinen Alveolatenmerkmalen finden sich auch morphologische Synapomorphien einer oder mehrerer Vertreter der Dinoflagellaten, Ciliophora oder Apicomplexa. 5 Subtaxa.

2.2.1.1 Chromerida

Chromera velia, photosynthetisch aktiver Endosymbiont in Steinkorallen (sekundärer Plastid mit 4 Membranen), verwandt mit Apicomplexa.

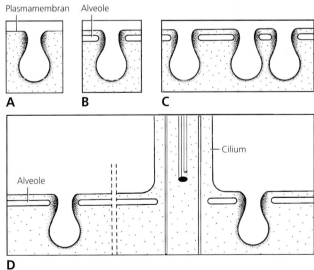

Abb. 34 Alveolata. Schematische Darstellung der Pinocytose-Vorgänge in den einzelnen Taxa. Mikroporen von *Perkinsus* sp. (**A**) und Apicomplexa (**B**). **C** *Collared pits* bei Dinoflagellaten. **D** Pellikuläre Pore (links) und parasomaler Sack (rechts) bei Ciliaten. Nach verschiedenen Autoren.

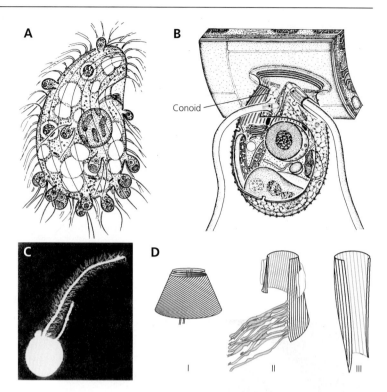

Abb. 35 A, B Protalveolata, Colpodellidae. **A** Mehrere Individuen von *Colpodella* (syn. *Spiromonas*) *gonderi* bei der Attackierung des Ciliaten *Colpoda*. **B** Räumliche Rekonstruktion der Parasitenzelle. **C** Zoospore von *Perkinsus* (Protalveolata, Perkinsidae). Totalpräparat, Vergr.: 3 100×. **D** Vergleich der mikrotubulären Strukturkomplexe (Apikalkomplexe) bei Apicomplexa (I), *Perkinsus* (II) und Dinoflagellata (III). A und B aus Foissner und Foissner (1984). C Original: F.O. Perkins, Gloucester Point; D Original: M.E. Siddall, New York.

2.2.1.2 Colpodellida

Mit Apikalcomplex und Rostrum, 2 Geißeln, tubuläre mitochondriale Cristae, fressen andere Protisten. Die frei lebenden *Colpodella*-Arten befallen andere Einzeller z. B. Ciliaten der Gattung *Colpoda* (Abb. 35A, B). Über ein Rostrum durchdringen sie die Plasmamembran und nehmen langsam, aber kontinuierlich deren Cytoplasma auf. – *Alphamonas, Colpodella, Voromonas.*

2.2.1.3 Perkinsidae

Die ausschließlich parasitischen Perkinsiden vereinigen Eigenschaften von Dinoflagellaten und Apicomplexa. So ist ihr vorderes Flagellum in seiner Ultrastruktur dem transversalen Flagellum der Dinoflagellaten sehr ähnlich. Details der an den Basalkörpern ansetzenden Wurzelstrukturen sind ebenfalls in beiden Gruppen vergleichbar. Schließlich findet sich bei ihnen auch die für Dinoflagellaten typische geschlossene Mitose. Eine Verbindung zu den Apicomplexa ist auch durch das Auftreten typischer Strukturen wie eines Apikalkomplexes (Abb. 35D), Alveolen, Mikroporen ein seitlich offenes Conoid und sackförmige Rhoptrien gegeben. Molekulare Analysen unterstützen ein Schwestergruppenverhältnis zu den Dinoflagellaten. Arten der Gattung *Perkinsus* resorbieren nach der Nahrungsaufnahme ihre Flagellen, runden sich ab, um sich dann zu encystieren und in den Cysten zu teilen. Perkinsiden befallen Mollusken (z. B. Austern) und schädigen einen Großteil der Organe ihrer Wirte; der Lebenszyklus dieser Parasiten wird noch nicht in allen Details verstanden. – *Parvilucifera, Perkinsus.*

2.2.2 Dinoflagellata

Dinoflagellaten besitzen gewöhnlich 2 heterokonte Geißeln mit unterschiedlicher Bewegungsdynamik. Bei ursprünglichen Formen inserieren sie apikal, bei höher evolvierten ventral; die eine verläuft in einer äquatorialen Rinne (Cingulum), die andere in einer longitudinalen Furche des Cortex (Sulcus) (Abb. 36). Die transversal schlagende Geißel ist mit einem Saum (paraxiales Band) versehen und trägt eine Reihe von feinen Flimmerhaaren. Die gewöhnlich über das Hinterende der Zellen hinaus verlängerte Schleppgeißel ist

entweder nackt oder mit 2 Reihen steifer Flimmerhaare versehen. Die Anordnung der Geißeln führt zu einer schraubigen Schwimmbewegung. Dieser sog. dinokonte Begeißelungstyp (Abb. 21F) wird auch in mehrkernigen und vielgeißeligen Formen gefunden.

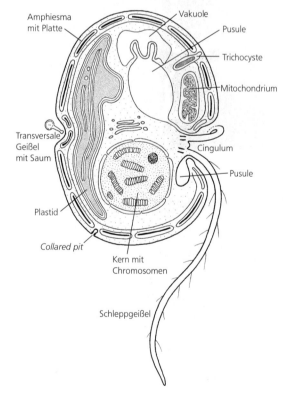

Abb. 36 Dinoflagellata. Organisationsschema. Nach Margulis, McKhann und Olendzenski (1993).

Die rund 2 500 rezenten und 4 000 fossilen Arten der Dinoflagellaten sind ungewöhnlich divers. So gibt es rundliche, stab- oder sternförmige und auch zylindrische Organismen, die bisweilen mehrkernig sind. In der Regel sind sie gepanzert; es gibt aber auch ungepanzerte (nackte) Formen. Die Panzerung besteht aus einzelnen oder miteinander verwachsenen Celluloseplatten, die unmittelbar unter der Zellmembran in abgeflachten Vakuolen (Alveolen, Amphiesmata) lagern (Abb. 36, 37). Häufig bilden diese intrazellulären Wandplatten Halbschalen (Thecae), die im Bereich des Cingulums aneinanderstoßen. Die rückwärtige Halbschale wird als Hypotheca, die vordere als Epitheca bezeichnet. Amphiesmata finden sich auch in ungepanzerten Zellen, enthalten dann aber keine Celluloseplatten. Der Cortex der Dinoflagellaten hat einen dementsprechend einheitlichen Bauplan.

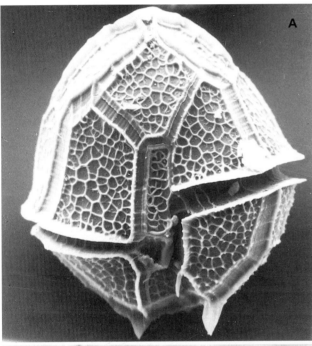

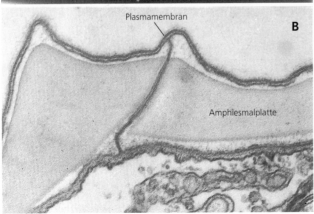

Plasmamembran

Amphiesmalplatte

Abb. 37 Dinoflagellata. **A** *Peridinium bipes*, Größe: ca. 50 × 70 µm.
B *Ceratium hirundinella*, Ultrastruktur der Oberfläche mit Amphiesmalplatten in flachen Vakuolen der Plasmamembran. Länge: 95–700 µm.
A Original: R.M. Crawford, Bristol; B aus Dodge und Crawford (1970).

Der fast immer haploide Zellkern (Dinokaryon) weist einige Besonderheiten auf, die in ihrer Gesamtheit früher als ursprünglich angesehen wurden, heute jedoch eher als stark abgeleitet gedeutet werden:

(1) Die Chromosomen sind auch während der Interphase kondensiert und treten lichtmikroskopisch deutlich in Erscheinung. Ultrastrukturell zeigen sie einen fibrillären Aufbau. (2) Sie enthalten zumeist – im Gegensatz zu den übrigen Eukaryota – keine oder nur sehr wenige akzessorische Proteine (Histone). (3) Während der Kernteilung treten sie nicht in direkten Kontakt mit Spindelmikrotubuli, sondern bleiben mit der persistierenden Kernhülle verbunden. Dies trifft allerdings nicht für alle Dinoflagellaten zu. Ausnahmen sind beispielsweise *Noctiluca scintillans* und *Oodinium*-Spezies.

Die meisten Dinoflagellaten leben phototroph. Die Chloroplasten sind von 3 Hüllmembranen umgeben, stehen nicht mit dem ER in Verbindung (wie beispielsweise bei den Cryptomonaden) und besitzen dreifach gestapelte Thylakoide. Sie werden als extrem reduzierte Reste eines eukaryotischen Endosymbionten gedeutet (Abb. 38B). Neben Chlorophyll a und c enthalten sie vor allem akzessorische Pigmente wie β-Carotin und Xanthophylle (Peridinin), denen die phototrophen Dinoflagellaten ihre meist gelbbraune oder braunrote Färbung verdanken. Neben primären und sekundären treten auch tertiäre Endosymbiosen auf (Abb. 38).

Reservestoffe – außerhalb der Plastiden lokalisiert – sind Stärke und Öl. Einige photosynthetisch aktive Formen leben als symbiotische, sog. Zooxanthellen, intrazellulär in Radiolarien, Foraminiferen, Mollusken (S. 296) und vor allem in Cnidariern (z. B. *Symbiodinium microadriaticum*, S. 136), auch in Ciliaten (*Maristentor dinoferus*) mit *Symbiodinium* sp. und sind für die bräunliche Färbung ihrer Wirte verantwortlich. Daneben existieren zahlreiche heterotrophe Formen, die entweder räuberisch leben, z. B. *Noctiluca scintillans* (Abb. 39A) sowie in oder an anderen Einzellern, grünen Fadenalgen, Copepoden- und Fischeiern parasitieren.

Kontraktile Vakuolen fehlen, aber Invaginationen (Pusulen) von zum Teil außerordentlicher Größe, die in der Nähe der Geißelbasis mit der Außenwelt in Verbindung stehen, besitzen möglicherweise osmoregulatorische Funktion. An Extrusomtypen kommen Trichocysten vor sowie bei einigen Vertretern sog. Nematocysten (nicht zu verwechseln mit den gleichnamigen Strukturen in Cnidaria, S. 122).

Dinoflagellaten haben eine enorme ökologische Bedeutung. Sie sind im Süßwasser, vor allem aber im Meer neben den Diatomeen die häufigsten Phytoplanktonorganismen und gehören daher als Ausgangsglieder aquatischer Nahrungsnetze zu den wichtigsten Primärproduzenten. Naturphänomene wie die kilometerlangen Bahnen sog. roter Tiden, die vor allem im afrikanischen Bereich des Atlantiks und vor den Küsten Amerikas und Japans regelmäßig vorkommen und im Sommer manchmal auch an europäischen Küsten beobachtet werden, beruhen häufig auf einer immensen Massenvermehrung einzelner Dinoflagellaten-Arten. Mit einem solchen Massenauftreten können fatale Folgen verknüpft sein: Manche Arten (z. B. *Protogonyaulax tamarensis*, *P. catenella*, *Gymnodinium veneficum*) produzieren Alkaloide (Saxitoxin- oder Brevetoxin-Komplexe), die sich in Fischen, Muscheln und Krebstieren anreichern und gelegent-

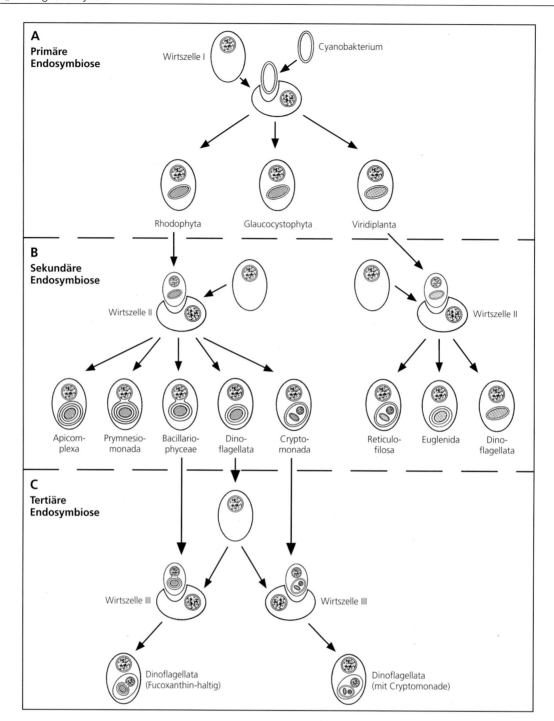

Abb. 38 Evolution der Eukaryota: Modell der Entstehung von Plastiden durch primäre, sekundäre und tertiäre Endosymbiose zwischen einer heterotrophen eukaryotischen Wirtszelle mit einem Cyanobakterium (oben), mit einer Rotalge oder einer Grünalge (Mitte) oder von Dinoflagellaten mit Diatomeen oder Cryptomonaden (unten). Die Abbildung umfasst nur einen Teil der möglichen Endosymbiosen. Nach Stoebe und Maier (2002).

lich auf diese Organismen und deren Konsumenten tödlich wirken können. Nach dem Verzehr von Miesmuscheln oder Austern, die in Gebieten des Massenauftretens große Mengen der Toxine gespeichert haben, kommt es beim Menschen häufig zu paralytischen Muschelvergiftungen begleitet von irreversiblen Atemlähmungen. Nicht alle roten Tiden sind todbringend; das Massenvorkommen der heterotrophen *Noctiluca scintillans* ruft z. B. ein in den Sommermonaten häufiges Meeresleuchten in der Nordsee hervor, das auf einem Luciferin-Luciferase-System beruht.

Ungünstige Umweltbedingungen können zahlreiche Dinoflagellaten durch die Bildung von Dauercysten (Hypnozygoten) überstehen; diese sind mindestens seit dem Silur (400 Mio. Jahre) als Mikrofossilien überliefert.

Ceratium hirundinella, 400 µm, mit 1 apikalen und 2 antapikalen Hörnern. Zahlreiche weitere *Ceratium*-Arten (Abb. 39B) im limni-

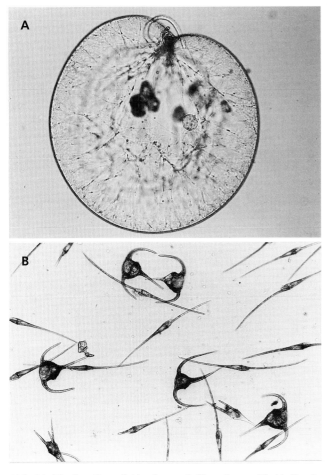

Abb. 39 Dinoflagellata. **A** *Noctiluca scintillans* (syn. *miliaris*). Durchmesser bis 1 mm. **B** *Ceratium*-Arten aus dem Plankton des Tyrrhenischen Meeres. Länge der Einzelindividuen: ca. 150 μm. Originale: W. Westheide, Osnabrück.

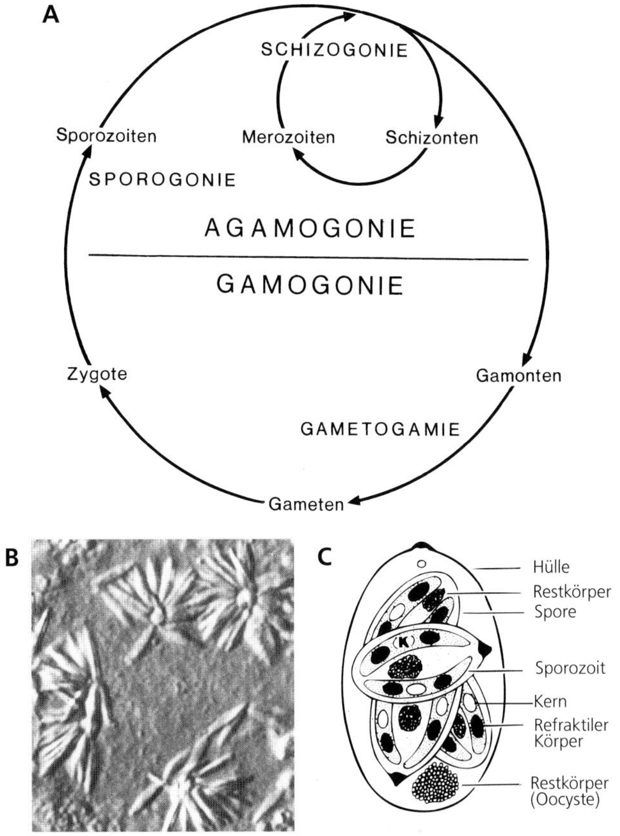

Abb. 40 Apicomplexa. **A** Schema der Generationswechsel der Apicomplexa. **B, C** Stadien aus den Lebenszyklen von *Eimeria*-Arten (Coccidia). **B** Schizontenbildung bei *Eimeria canadensis*. **C** Oocyste von *Eimeria maxima* mit 4 Sporen, die je 2 Sporozoiten enthalten. A Nach verschiedenen Autoren; B aus Müller et al. (1973); C nach Mehlhorn und Piekarski (1981).

schen und marinen Plankton. – *Noctiluca scintillans* (syn. *miliaris*), 1 mm, mit Tentakeln ausgestattet; räuberisch, marin, Meeresleuchten (Abb. 39A).

2.2.3 Apicomplexa

Die haploiden Apicomplexa sind wie alle Vertreter der ehemaligen Sporozoa obligatorische Endoparasiten und durchlaufen ein Sporenstadium (Abb. 40, 43, 44). Sie umfassen zurzeit mindestens 2 500 Arten, von denen viele pathogen sind und größte medizinische Bedeutung haben. Gekennzeichnet sind sie durch einen zwei- oder dreiphasigen Generationswechsel mit jeweils gattungstypischen Infektions-, Wachstums-, Vermehrungs- und Sexualstadien (Abb. 43, 44). Die Infektion erfolgt in der Regel durch die 2–20 μm langen, spindelförmigen Sporozoiten (Abb. 41, 42), die geschützt innerhalb einer Sporocyste oder Oocyste (Abb. 40C) oder direkt von einem Blut saugenden Vektor auf den neuen Wirt übertragen werden. Sie besitzen am Vorderende – ebenso wie die aus ihnen hervorgehenden Merozoiten – ein typisch angeordnetes und strukturiertes Organell, den sog. Apikalkomplex.

Der Apikalkomplex der Sporozoiten und Merozoiten (Abb. 41A) besteht im typischen Fall aus 3 Komponenten, (1) dem konusförmigen Conoid aus schraubig verlaufenden Mikrotubuli mit 2 vorgelagerten conoidalen Ringen (Abb. 41C), (2) dem räumlich nachfolgenden und als Mikrotubuli organisierendes Zentrum (MTOC) gedeuteten Polringkomplex mit den aus ihm hervorgehenden subpelliculären, längs nach hinten verlaufenden Mikrotubuli sowie gewöhnlich (3) 2 flaschenförmigen Sekretionsorganellen, den Rhoptrien, deren Ausführgänge durch Polring und Conoid hindurch zum Vorderende führen. Neben diesen Elementen lassen sich am Vorderende vermehrt auch Mikronemen nachweisen, die als enzymgefüllte Derivate des Golgi-Systems angesehen werden. Insgesamt wird dieses komplexe System als Penetrationapparat zur Erleichterung des Eindringens in die Wirtszellen gedeutet (Abb. 42).

Diese Strukturen treten jedoch nicht bei allen Apicomplexa gleichzeitig auf (das Conoid kann z. B. fehlen), und einige urtümliche Apicomplexa, die als extrazelluläre Parasiten leben, setzen den Apikalkomplex lediglich zur Anheftung an Geweboberflächen ein. In typischer Ausgestaltung tritt er nur während der Sporogonie und der Merogonie, also nur bei Sporozoiten und Merozoiten auf.

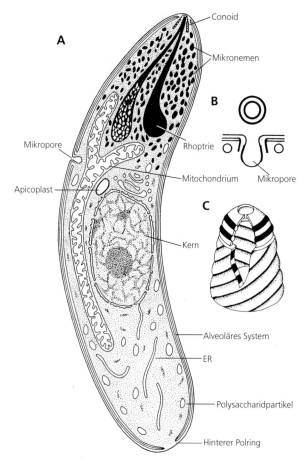

Abb. 41 Apicomplexa. **A** Organisationsschema eines Sporozoiten (Länge: 10 µm) mit dem am Vorderende liegenden Apikalkomplex. **B** Mikropore. **C** Conoid mit den conoidalen Ringen. Nach Scholtyseck und Mehlhorn (1970).

homolog den Amphiesmata der Dinoflagellata und den Alveolen der Ciliophora, ist lediglich am Vorder- und Hinterende der Zellen für exocytotische und seitlich für endocytotische Vorgänge unterbrochen. Die lateral sichtbaren, in Ein- oder Mehrzahl vorhandenen Invaginationen der Zelloberfläche (Mikroporen) dienen der Aufnahme von Nährstoffen. Die sog. Apicoplasten der Sporozoiten (Abb. 41A) einiger Arten konnten als DNA-haltige, reduzierte Plastiden identifiziert werden. Mithilfe eines kürzlich entdeckten, noch photosynthetisch aktiven Vertreters der Apicomplexa, *Chromera velia*, konnte der Plastid auf einen Rotalgenvorfahren zurückgeführt werden. Der Apicoplast ist nicht photosynthetisch aktiv, aber für das Überleben der entsprechenden Art essentiell. Es gibt Hinweise für eine Rolle bei der Fettsäure-, Isoprenoid- und Häm-Synthese sowie dem Fe-S-Cluster Assembly. Diese Erkenntnis ermöglicht die Entwicklung neuer Wirkstoffe gegen diese Parasitengruppe.

Acidocalcisomen, die auch in Trypanosomatiden und bestimmten Ascomycota gefunden wurden, sind Vesikel mit saurem Milieu, die hohe Konzentrationen von Calcium, Magnesium, Natrium, Zink und Polyphosphaten beinhalten. In der umhüllenden Membran finden sich molekulare Pumpen und andere Transportsysteme, darunter eine pflanzliche, Protonen translozierende Pyrophosphatase.

Die Lebenszyklen der Apicomplexa sind relativ komplex (Abb. 40A, 43, 44). Der generalisierte und vereinfachte Entwicklungsgang kann folgendermaßen umrissen werden: Die den Infektionsvorgang auslösenden einkernigen Sporozoiten entstehen im Verlauf einer mit meiotischen Reduktionsteilungen verknüpften Vermehrungsphase (Sporogonie); sie werden ins Freie entlassen. Im neuen Wirt schlüpfen sie aus den Sporocysten, dringen in Zellen ein und wachsen hier heran. Im einfachsten Fall entwickeln sie sich zu Gamonten, die sich mehrfach teilen, zu Gameten umdifferenzieren und sich schließlich zu Zygoten vereinigen (Gamogonie). Im Verlaufe dieses zweiphasigen Generationswechsels entstehen aus den Zygoten wieder zahlreiche Sporozoiten.

Bei den höher evolvierten Formen sind zwischen Sporogonie und Gamogonie eine oder mehrere weitere asexuelle Vermehrungsphasen geschaltet. Eingeleitet wird diese Phase durch die Umbildung von Sporozoiten zu Trophonten (Fresszellen), die in ihren Wirtsorganismen zu großen vielkernigen Plasmodien heranwachsen. Sie haben den Apikalkomplex

Allen Apicomplexa gemeinsam ist der übereinstimmende Aufbau des Cortex. Er umfasst neben dem längsverlaufenden Mikrotubulisystem des Polringkomplexes insgesamt 3 Membranen: die periphere Zellmembran sowie 2 darunter liegenden Membranen, die als innerer Membrankomplex bezeichnet werden und offensichtlich ein sehr flaches alveoläres System darstellen. Dieser Vakuolenkomplex,

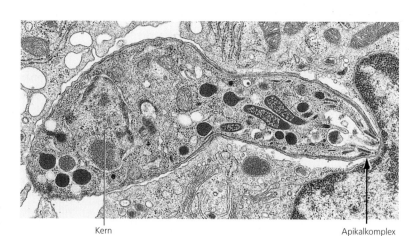

Abb. 42 *Toxoplasma gondii* (Apicomplexa, Coccidia). Sporozoit bei der Invasion einer Wirtszelle. Länge: ca. 6 µm. Aus Nichols und O'Connor (1981).

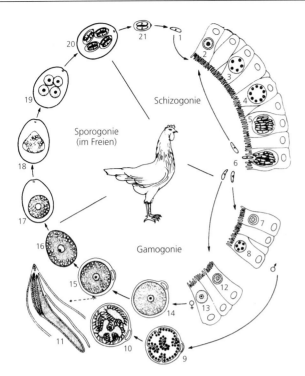

Abb. 43 *Eimeria maxima* (Apicomplexa, Coccidia). Lebenszyklus. 1–6 (Schizogonie) und 7–15 (Gamogonie) im Darmepithel des Huhns, 9–11 Mikrogametenbildung, 14 Makrogametenbildung, 15 Eindringen eines Mikrogameten in einen Makrogameten, 16 Zygote (Oocyste), 17–20 Sporogonie in der Oocystenhülle führt zur Bildung von Sporen (21) mit zwei Sporozoiten. Aus Grell (1980).

gewöhnlich stark rückgebildet und sind durch zusätzliche Mikroporen für die Nahrungsaufnahme umstrukturiert. Aus ihnen entstehen am Ende der Wachstumsphase Schizonten (Meronten), die im Rahmen einer Zerfallsteilung (S c h i z o g o n i e oder Merogonie, Abb. 40A, 43, 44) schließlich die Merozoiten freisetzen. Diese weisen wiederum einen Apikalkomplex auf, können andere Zellen befallen, sich zu Trophonten differenzieren und so zu einer Massenentwicklung der Parasiten im Wirt führen. Die Merozoiten sind aber auch befähigt – teilweise verbunden mit einem Wirtswechsel – die Gamogonie-Phase einzuleiten. Diese verläuft dann meist als Oogamie, wobei der Makrogamont sich direkt in einen Makrogameten umwandelt, die Mikrogamonten jedoch bis

zur Bildung der Mikrogameten noch eine Reihe weiterer Teilungen durchführen. Die im Zuge dieser Entwicklung entstehenden Einzelstadien sind jeweils durch besondere cytologische Merkmale gekennzeichnet.

Die Sporogonie dient der Wiederherstellung der haploiden Kernphase sowie – mit weiteren mitotischen Zellteilungen – zur effektiveren Etablierung innerhalb eines potenziellen neuen Wirts: Durch die Teilungen während der Schizogonie und Gamogonie wird die Zahl der Gameten und Zygoten und die Menge der Sporo- oder Oocysten erhöht und damit eine Neuinfektion wahrscheinlicher gemacht. Hierdurch sind die Apicomplexa zu den gefährlichsten Parasiten des Menschen und vieler Tiere geworden.

Die systematische Untergliederung der Apicomplexa in Conoidasida und Aconoidasidae bezieht sich auf das Vorhandensein oder Fehlen des Conoids.

2.2.3.1 Aconoidasida

Die Aconoidasida sind Blutparasiten von Wirbeltieren und werden daher auch als Hämatozoen bezeichnet. Der Apikalkomplex der Sporozoiten und Merozoiten von Hämatozoen ist reduziert; Conoid und manchmal auch conoidales Ringsystem fehlen. Aus den beweglichen Zygoten (Wanderzygoten, Kineten oder Ookineten) gehen keine Sporocysten, sondern direkt Sporozoiten hervor. Die encystierte Phase ist somit unterdrückt, und die Infektionsstadien können nur noch in einem flüssigen Milieu (z. B. Speichel) auf den Zwischenwirt übertragen werden. Hämatozoen sind Blutparasiten und unterliegen einem obligatorischen Wirtswechsel zwischen Wirbeltieren (Zwischenwirt) und Arthropoden (Endwirt). Bei der Klassifizierung in die Haemosporoidia und Piroplasmorida wird vor allem der unterschiedlichen systematischen Stellung von End- und Zwischenwirten Rechnung getragen.

2.2.3.1.1 Haemosporoidia

Übertragung der Sporozoiten durch Blut saugende Dipteren, mit dem Speichel in den Zwischenwirt injiziert. Bei M a l a r i a - Parasiten (*Plasmodium* spp.) Reptilien, Vögel und Säugetiere (vor allem Nagetiere und Primaten) als Zwischenwirte; Mücken (*Anopheles, Aedes, Culex*) als Endwirte und Vektoren, in denen Gamogonie und Sporogonie zur Vollendung kommen.

Sporozoiten von *Plasmodium vivax* attackieren zunächst Leberparenchymzellen (Abb. 44) und entwickeln sich in ihnen zu bis zu 1 mm großen Schizonten, die mehrere tausend Merozoiten bilden können

Tabelle 2 Charakteristika der humanpathogenen *Plasmodium*-Arten.

Plasmodium-Art	Mortalität	Krankheitsbezeichnung	Inkubationszeit	Fieberanfälle	andere Symptome
P. vivax	–	Malaria tertiana	8–16 Tage	alle 48 Stunden	Schüttelfrost, Mattigkeit, Leber- und Milzschwellungen
P. ovale	+/–	Malaria tertiana	ca. 15 Tage	alle 48 Stunden	
P. malariae	+/–	Malaria quartana	20–35 Tage	alle 72 Stunden	Nierenschädigungen
P. falciparum	+	Malaria tropica	7–12 Tage	unregelmäßig	Kapillarverstopfungen, vor allem im Gehirn

(primäre oder praeerythrocytäre Schizogonie). Merozoiten dringen in einer zweiten Phase der Erkrankung in Erythrocyten ein und vermehren sich auch hier durch Schizogonien, bei denen jedoch weniger Merozoiten freigesetzt werden (sekundäre oder erythrocytäre Schizogonie). Teilungsprozesse in den Blutzellen nach einigen Tagen synchron, so dass die Zwischenwirte von periodischen Parasitenschüben geschwächt werden. Merozoiten, die sich in den roten Blutkörperchen jeweils innerhalb einer parasitophoren Vakuole befinden, decken ihren Proteinbedarf durch Hämoglobin, das mithilfe von Mikroporen phagocytiert wird. Beim Zerfall der Erythrocyten treten Zellfragmente und unverdaute Restkörper (sog. Pigmente oder Hämozoine) auf, die für die charakteristischen Fieberanfälle (Wechselfieber) verantwortlich sind. Aus Merozoiten gehen nach ungefähr 10 Tagen erstmals männlich und weiblich determinierte Gamonten hervor, Weiterentwicklung erst im Darm einer Mücke bis zur Gameten-Freisetzung (8 begeißelte Mikrogameten bzw. 1 Makrogamet pro Gamont). Die befruchteten, amöboid beweglichen Makrogameten (Ookineten) setzen sich in der äußeren Darmwandung fest und werden durch eine von den Wirtszellen abgesonderte Hülle eingekapselt. Im Inneren einer solchen Quasi-Oocyste vollzieht sich die Entwicklung zahlreicher Sporozoiten, die nach dem Aufplatzen der Hülle über die Hämolymphe in die Speicheldrüsen gelangen und infektiös werden. Da Gamogonie und Sporogonie innerhalb der *Anopheles*-Mücken nur bei Temperaturen ab 16 °C zum Abschluss gelangen können, treten Malaria-Erkrankungen bevorzugt in wärmeren Regionen auf.

Von den rund 160 bekannten *Plasmodium*-Arten sind nur etwa 11 human- oder veterinärmedizinisch bedeutsam. Die 4 für den Menschen gefährlichen Spezies sind in Tabelle 2 zusammengefasst.

Die Malaria (nach dem Altitalienischen *mala aria* = schlechte Luft) ist nicht nur eine tropische, subtropische oder mediterrane Seuche, sondern erfasst auch die Bevölkerung gemäßigter Klimazonen. Die deutschen Bezeichnungen Kaltes Fieber, Wechselfieber, Sumpffieber, Marschenfieber oder Butjadinger Seuche legen hiervon Zeugnis ab. Besonders betroffen waren in Mitteleuropa die holländischen und ostfriesisch-oldenburgischen Marschen- und Küstenregionen. Die wahrscheinlich vor allem durch *P. vivax* verursachten Erkrankungen verliefen häufig epidemisch, so z. B. zwischen 1858 und 1869, als während der Erbauung Wilhelmshavens fast 18 000 Personen betroffen waren. Erst in diesem Jahrhundert konnte der Krankheit in unseren Breitengraden sowie im mediterranen Raum Einhalt geboten werden, vor allem durch Trockenlegung von Sümpfen. Doch flammten immer wieder endemische Malariaherde auf, die vermutlich durch die Rückkehr infizierter Personen aus typischen Malariagebieten ausgelöst wurden. Gegenwärtig werden nur vereinzelt Fälle registriert, die offenbar im Zusammenhang mit dem durch starken Luftverkehr bedingten Import von infizierten *Anopheles*-Mücken stehen. In den tropischen Küstenregionen spielt die Malaria tropica – begünstigt durch die Entstehung Therapie-resistenter Stämme von *P. falciparum* sowie die mangelnde Widerstandskraft der einheimischen Bevölkerung – nach wie vor eine verheerende Rolle. Man vermutet, dass derzeit noch immer mehr als ein Drittel der Erdbevölkerung an Malaria leidet. Nach neuesten Schätzungen der Weltgesundheitsorganisation (WHO) erkranken weltweit jährlich 300–500 Mio. Menschen; 2,3 Mio. dieser Erkrankungen verlaufen tödlich. Allein in Afrika sterben jährlich über 1 Mio. Kinder aufgrund von Malaria-Infektionen. – *Haemoproteus, Leucocytozoon, Plasmodium.*

Haemogregarina steppanovi mit Schizogonie-Stadien in der europäischen Sumpfschildkröte (*Emys orbicularis*) und Gamogonie-Stadien in Blutegeln (*Placobdella catinigera*). Einige *Haemogregarina*-Arten in Blutzellen von Fischen und Echsen verursachen wirtschaftliche Schäden. Übertragung durch Blut saugende Vektoren (Blutegel, Milben); mit Wirtswechsel zwischen Eidechsen und Milben: **Karyolysus lacertarum.*

2.2.3.1.2 Piroplasmorida

Weltweit verbreitete Parasiten in Lymphocyten, Erythrocyten und anderen Blut- und Blutbildungszellen von kalt- und warmblütigen Wirbeltieren. Conoid und teilweise auch Polringe, subpelliculäre Mikrotubuli, Mikronemen oder

Rhoptrien nur rudimentär vorhanden, bzw. fehlend. Neben Vielfachteilungen (Schizogonien) auch Zweiteilungen. Hinterlassen bei Teilungen kaum Pigmente. Während der Gamogonie nur noch geißellose Mikrogameten; an die Stelle der Flagellen treten Axopodien ähnliche Fortsätze.

Entwicklungsgang wie bei Haemosporida. Übertragung auf die Zwischenwirte jedoch – soweit bekannt – durch den Speichel von Zecken (Ixodidae) (S. 537), in deren Darmepithelien und Speicheldrüsen die Gamogonie- und Sporogonie-Stadien zum Abschluss gelangen.

Zygoten einiger *Babesia*-Arten können nicht nur in die Speicheldrüse, sondern auch in andere Organe von Zecken einwandern. Bei Invasion von Ovarien und Eiern eröffnet sich ein neuer, transovarieller Übertragungsweg auf die Nachkommenschaft. Somit können selbst junge Zecken-Nymphen, die nie zuvor an einem Wirbeltier Blut gesaugt haben, als Vektoren fungieren. Das sich hierdurch ergebende hohe Gefährdungspotenzial durch Zecken spiegelt sich in einer Vielzahl von veterinär- oder humanmedizinisch bedeutsamen Seuchen wider. Das durch *Babesia bigemina* bei Rindern verursachte Texas-Fieber geht beispielsweise mit einer Mortalitätsrate von bis zu 50 % einher. *Babesia bovis, B. divergens* und *B. microti* können neben Rindern und Nagetieren auch Menschen befallen und nicht nur bei Personen mit entfernter Milz oder erworbener Immundefizienz letal verlaufende Erkrankungen auslösen.

Man nimmt an, dass einige Piroplasmida bei Wiederkäuern, die von *Plasmodium*-Arten nicht befallen werden, die ökologische Nische der Malaria einnehmen. Dies gilt besonders für *Theileria*-Arten, die bei Rindern, Schafen und Ziegen gefürchtete und häufig letal verlaufende Erkrankungen auslösen (Theileriose, afrikanisches Ostküsten- und Mittelmeerküstenfieber).

2.2.3.2 Conoidasida

Vollständig ausgebildeter Apikalkomplex mit Conoid in allen oder den meisten asexuellen beweglichen Stadien. Wenn Flagellen vorhanden, dann nur in Mikrogameten.

2.2.3.2.1 Gregarinasina

Charakteristisches Merkmal dieser etwa 1 450 Arten umfassenden Gruppe (Abb. 45, 46) ist, dass weibliche und männliche Gamonten noch Vielfachteilungen durchführen und somit beide eine ähnlich hohe Anzahl von Gameten erzeugen. Die beiden Gametentypen können verschieden (anisogam) oder weitgehend gleich gebaut sein (isogam). Ursprünglich erfolgt die Entwicklung der Gameten separat und unabhängig voneinander; die Gamonten der höher evolvierten Taxa jedoch bilden bereits vor Beendigung ihrer Wachstumsphase Paare (Syzygien) (Abb. 46A) und encystieren sich später unter Ausscheidung einer gemeinsam gebildeten Gamontencyste, in der dann die Gameten- und Zygotenbildung örtlich und zeitlich koordiniert ablaufen (Gamontogamie). Aus den Zygoten entwickeln sich direkt Sporocysten, die meist 4–16 haploide Sporozoiten enthalten.

Die aus den Sporozoiten hervorgehenden trophischen Stadien wachsen zu großen, mitunter bis zu 10 mm langen Gamonten heran. Viele von ihnen sind zu einer typischen Gleitbewegung befähigt, die unter Mitwirkung zahlreicher, durch Mikrofilamente versteifter Längsfalten erfolgt (Abb. 46B). Die Gamonten sind gewöhnlich in zwei Abschnitte aufgegliedert, die durch eine ringförmige Furche voneinander getrennt sind, nämlich in einen vorderen Protomeriten und einen hinteren, größeren und kernhaltigen Deutomeriten (Abb. 46A). Protomeriten weisen gewöhnlich am Vorderende einen besonderen, vom Conoid gebildeten, artspezifischen Fortsatz (Epimerit) auf, wel-

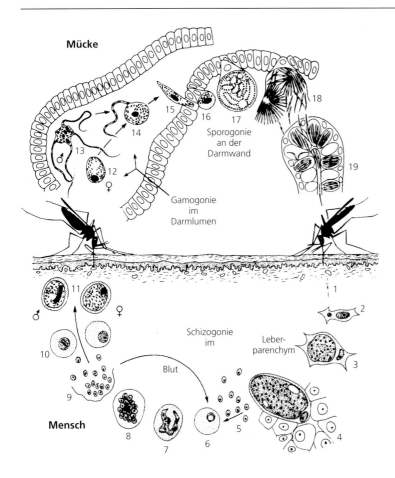

Abb. 44 *Plasmodium vivax* (Apicomplexa, Haemosporoidia). Lebenszyklus. 1 Infektion durch Mückenstich, 2–5 praeerythrocytäre Schizogonie in Leberparenchymzellen, 6–9 erythrocytäre Schizogonie in Roten Blutkörperchen, 10–11 Bildung der Gamonten noch im Blut des Menschen, 12–13 Bildung der Gameten aus den Gamonten, welche die Mücke mit Blut aufgenommen hat, 14 Befruchtung und Zygotenbildung, 15 Wanderzygote (Ookinet), 16–18 Sporogonie = Bildung der Sporozoiten im Epithel des Mückendarms, 19 Eindringen der Sporozoiten in die Speicheldrüse der Mücke. Aus Grell (1980).

cher der Verankerung in den Epithelzellen der Wirtsorganismen dient. Epimerite werden vor der Syzygienbildung, bei der sich der Protomerit der hinteren Zelle (Satellit) an den Deutomerit der Vorderzelle (Primit) heftet, abgeworfen.

Gregarinen leben – abgesehen von frühen Entwicklungsstadien – vorwiegend als extrazelluläre Parasiten im Darmtrakt oder in Körperhöhlen vor allem von Arthropoden, Anneliden, Mollusken, Echinodermen und Tunicaten. Ihre größte Verbreitung haben sie bei Arthropoden. Pathogen sind allerdings nur wenige Arten. Ein Wirtswechsel fehlt.

Die systematische Klassifikation führt Archi-, Eu- und Neogregarinida auf, wobei Vorhandensein oder Nichtvorhandensein von Gamontencysten und cytologische Details der Septierung sowie die Morphologie der Epimeriten eine Rolle spielen. Im Gegensatz zu den Eugregarinen entwickeln sich die Archi- und Neogregarinen vorwiegend intrazellulär über Schizogonien (Schizogregarinen).

In den Samenblasen mehrerer Regenwurm-Arten regelmäßig Schizonten von *Monocystis lumbrici*, ca. 200 µm (Abb. 45). – *Gregarina polymorpha*, 350 µm, im Darm der Mehlkäferlarve (vgl. Abb. 46A). – *Mattesia dispora*, 3–12 µm, im Fettgewebe der Mehlmotte *Ephestia kühniella*, mit eingeschalteten Schizogonie-Stadien.

2.2.3.2.2 *Cryptosporidium*

Oocysten und Meronten heften mit Fressorganell an Wirtszellen an. Unbegeißelte Mikrogameten, Oocysten mit 4 Sporozoiten (keine Sporocysten). *Cryptosporidium parvum* verursacht schwere Durchfallerkrankungen bei neugeborenen Tieren und beim Menschen. Kompletter Lebenszyklus in Eingeweiden von Mammaliern. Wegen der

Schnelligkeit des Lebenszyklus und autoinfektiösen Zyklen rasante Vermehrung in wenigen Tagen. Weltweites Auftreten in Flüssen und Seen. Dickwandige Oocysten resistent gegen Chlor-Desinfektion. Sehr gefährliche Parasiten für immundefiziente Personen.

2.2.3.2.3 Coccidia

Der Entwicklungsgang der Coccidien lässt sich von dem der Gregarinen klar abgrenzen. Die Makrogamonten durchlau-

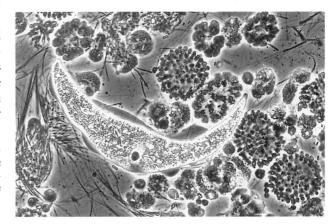

Abb. 45 *Monocystis* sp. (Apicomplexa, Gregarinea). Gamont in der Samenblasenflüssigkeit eines Regenwurms. Länge: ca. 200 µm. Die fädigen Strukturen sind fast reife Spermien, die verschiedenen Kugeln sind Spermatogenese-Stadien des Wirts, die an der Peripherie einer zentralen, kernlosen Cytoplasmamasse (Cytophor) heranreifen. Original: W. Westheide, Osnabrück.

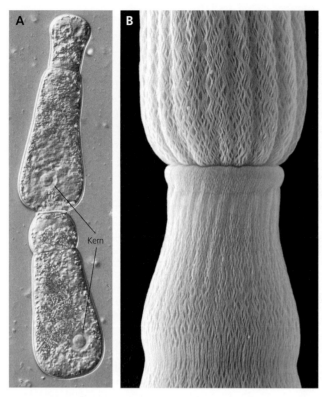

Abb. 46 *Gregarina* sp. (Apicomplexa, Gregarinasina). **A** Zwei Gamonten bilden eine Syzygie. Länge des Einzelindividuums: 500 μm. **B** *Gregarina* sp. Fältelung der Pellicula. A Original: K. Hausmann, Berlin; B Original: M. Malchow, Berlin.

fen – im Gegensatz zu den Mikrogamonten – keine Teilungsphase mehr, sondern entwickeln sich direkt zu je einem Makrogameten. Aus den Mikrogamonten gehen typischerweise dreigeißelige Mikrogameten hervor (Abb. 43). Die Zygote bildet eine Zygotocyste (Oocyste) und teilt sich während der Sporogonie in 4–32 (oder mehr) Sporoblasten, die sich gewöhnlich mit einer eigenen Hülle umgeben (Sporocyste) und durch mitotische Zellteilungen jeweils 2–8 (oder mehr) Sporozoiten hervorbringen können.

Coccidien leben in ihren Wirten intrazellulär. Die Unterscheidung der verschiedenen Taxa erfolgt aufgrund der Lebenszyklen. Hierbei wird – vor allem in den höher evolvierten Gruppen – die Zahl der Sporocysten pro Oocyste und die der Sporozoiten pro Sporocyste als systematisches Merkmal berücksichtigt.

2.2.3.2.3.1 Adeleorina

Entwicklung der Gamonten verläuft – ähnlich wie bei den Gregarinen – noch großteils in enger räumlicher Assoziation (Syzygien). Gamonten jedoch von unterschiedlicher Größe und deutlich als Makro- und Mikrogamonten voneinander unterscheidbar. Mikrogamonten, die sich den Makrogamonten seitlich anlegen, bilden meistens nur 2–4 Mikrogameten. Vor ihrer Differenzierung durchlaufen sie eine oder mehrere Schizogonien.

Adeleiden parasitieren vor allem Darmepithel-, Drüsen- und Fettzellen von Everteraten (Nematoda, Annelida, Panarthropoda, Mol-

lusca). – *Klossia*-Arten in den Nieren von Lungenschnecken (*K. helicina*).

2.2.3.2.3.2 Eimeriida

Der Entwicklungsgang ist gekennzeichnet durch unterschiedliche Differenzierung der Makro- und Mikrogamonten (Abb. 43). Mikrogamonten bilden stets eine hohe Anzahl von Mikrogameten, Makrogamonten werden zu je einem Makrogameten. Sporogonie in 2 Phasen: (1) Oocysten-Bildung mit Entstehung von Sporoblasten und (2) Sporocysten-Bildung mit Differenzierung von Sporozoiten. Formen mit und ohne Wirtswechsel.

Die rund 450 Arten der Gattungen *Eimeria* (4 Sporocysten pro Oocyste mit je 2 Sporozoiten, Abb. 43) und *Isospora* (2 Sporocysten mit je 4 Sporozoiten) entwickeln sich innerhalb eines Wirtes (monoxener Zyklus) und sind in der Regel streng wirtsspezifisch. Sie werden mit den Faeces übertragen und vom Folgewirt oral aufgenommen. Die doppelte Umhüllung durch Oocysten- und Sporocystenwand erlaubt nicht nur eine Sporogonie außerhalb des Wirts, sie stellt auch eine wirksame Schutzvorrichtung dar, so dass Oocysten über Monate hinweg infektiös bleiben können. Dies gilt auch für heteroxene Gattungen mit fakultativem oder obligatorischem Wirtswechsel (*Toxoplasma, Sarcocystis*).

Bei *Toxoplasma gondii* (Abb. 42) (2 Sporocysten mit je 4 Sporozoiten) sind Katzen die Endwirte, in deren Darmepithel alle drei Entwicklungsphasen ablaufen können. Durch orale Aufnahme von Oocysten ist die Infektion nicht nur weiterer Katzen, sondern auch omni- oder herbivorer Säuger (Beutetiere der Feliden, Mensch) möglich.

In diesen Zwischenwirten durchdringen Sporozoiten die Darmwand und befallen zunächst vor allem Zellen des lymphatischen Systems (Abb. 42). Hier eine Reihe fortgesetzter Zweiteilungen (Endodyogenie) und Bildung zahlreicher Parasitenzellen; sie sind in einer parasitophoren Vakuole (Pseudocyste) im Gewebe eingeschlossen. Im späteren Verlauf der Infektion im Gehirn oder im Muskelgewebe sog. Gewebecysten mit verdickter Wandung der parasitophoren Vakuole; enthalten zahlreiche sichelförmige Cystenmerozoiten (Bradyzoiten) als infektiöse Ruhe- oder Wartestadien bzw. rundliche, nicht-infektiöse Metrocyten, die sich durch Zweiteilung vermehren. Wird mit Gewebecysten infizierte Muskulatur von einem Zwischenwirt aufgenommen, beginnt ein neuer Zyklus von Zweiteilungen. Erst wenn Gewebecysten in den Endwirt Katze gelangen, vollendet sich der Entwicklungskreislauf durch Schizogonie und Gamogonie.

Im Zwischenwirt Mensch (= Fehlwirt), der sich als Kind oder Erwachsener sowohl über Katzenkot (Oocysten) als auch über rohes Fleisch von Schlachttieren (Gewebecysten) infizieren kann (Infektionswahrscheinlichkeit im fortgeschrittenen Alter etwa 75 %), werden mit Ausnahme von Lymphknoten-Erkrankungen nur selten diagnostizierbare pathologische Veränderungen beobachtet (Erwachsenen-Toxoplasmose). Die Infektion über einen potenziellen dritten Weg, bei dem *Toxoplasma* über die Placenta auf den Foetus übertragen wird, ruft beim Säugling ernsthafte Erkrankungen hervor: Diese sog. congenitale oder Säuglings-Toxoplasmose (mit Hydrocephalus, Gehirnverkalkung, Chorioretinitis) tritt jedoch vornehmlich auf, wenn sich Schwangere im ersten Drittel der Schwangerschaft erstmalig infiziert haben.

Obligatorischer Wirtswechsel liegt auch bei *Sarcocystis*- und *Aggregata*-Arten vor. Schizogonie in Beute- oder Schlachttieren (Zwischenwirte), häufig mit schweren oder tödlich verlaufenden Erkrankungen. Stadien der Gamogonie und Sporogonie ausschließlich in Fleischfressern (Mensch, Raubtiere, Raubvögel, Schlangen, Cephalopoden) und gewöhnlich nur mit leichteren pathologischen Begleiterscheinungen verbunden. Das jeweils zugrunde liegende Räuber-Beute-Verhältnis beziehungsweise die Zwischenwirt-Endwirt-Konstellation wird für die Bildung von Artnamen benutzt, z. B. *Sarcocystis suihominis*

(Schwein-Mensch), *S. equicanis* (Pferd-Hund) oder *S. bovifelis* (Rind-Katze). Während der Schizogonie entstehen durch die Zerfallsteilung von Trophonten mit jeweils einem einzigen, zuvor offenbar polyploid gewordenen Riesenzellkern normale Merozoiten, die zunächst eine weitere Schizogonie einleiten. Die aus der zweiten Generation entstehenden Merozoiten werden Metrocyten genannt; sie wandern in die Muskulatur ein und bilden hier innerhalb der Wirtszelle – durch Endodyogenie – vielzellige, makroskopisch deutlich erkennbare Gewebecysten.

Eimeria-Arten, z. B. *E. stiedae, Erreger der Kaninchen-Coccidiose und *E. tenella, Erreger der Geflügel-Coccidiose (vgl. Abb. 43). – *Isospora hominis*, ohne Wirtswechsel.

Incertae sedis Apicomplexa: Agamococcida

Keine Merogonie und Gametogonie. Nach der Infektion eines Wirtes Paarung der Sporozoiten und Fusion zu einer Zygote. Parasiten in marinen Anneliden und Cnidariern. – *Rhytidocystis, Gemmocystis*.

Incertae sedis Apicomplexa: Protococcida

Ohne Schizogonie. Trophonten wie Gamonten extrazellulär. Parasiten im Verdauungstrakt oder in Körperhöhlen vor allem mariner Anneliden. – *Grellia dinophili*, mit bis zu 170 µm langen Makrogameten und zweigeißeligen Mikrogameten, in Dorvilleiden (Annelida) (S. 383).

2.2.4 Ciliophora, Wimpertiere, Ciliaten

Wimpertiere sind die bekanntesten heterotrophen Einzeller. Einige sind durch den Erwerb von Mikroalgen als Symbionten zu einer mixotrophen Ernährungsweise befähigt. Insgesamt wurden etwa 8 000 Arten mit z. T. sehr heterogenen Morphen beschrieben, die aber alle in einem gemeinsamen Bauprinzip und einer identischen Fortpflanzung übereinstimmen: (1) Besitz meist zahlreicher, kurzer Cilien (Abb. 47), (2) spezifische Struktur des Cortex, (3) Kerndualismus, sowie (4) besondere Gamontogamie (Konjugation) bei der sexuellen Fortpflanzung. Es muss deutlich darauf hingewiesen werden, dass die Ciliophora nur in dieser Merkmalskombination als Taxon definierbar sind.

Der Cortex (Rindenschicht, Corticalplasma) (Abb. 47, 48) ist für die relativ hoch ausgebildete Formkonstanz der einzelnen Arten verantwortlich. Er besteht bei einer Gesamtdicke von etwa 1–4 µm im Wesentlichen aus zwei Komponenten: der Pellicula und den Wurzelstrukturen der Cilien, die in ihrer Gesamtheit die Infraciliatur bilden. Weitere Elemente können hinzutreten.

Zur Pellicula gehört die Zellmembran mit dem ihr in einigen Fällen aufgelagerten Perilemma. In unmittelbarer Nähe zu den Cilien finden sich Einsenkungen (parasomale Säcke), die Orte der Pinocytose sind (Abb. 34D). Unter dem Plasmalemma liegt ein System von abgeflachten Vakuolen (Alveolen). Sie sind mosaikartig aneinander gefügt und bilden häufig ein artcharakteristisches Muster.

In manchen Fällen sind Protein- (*Euplotes*) oder verkalkte Polysaccharidplatten (*Coleps*) innerhalb der Alveolen nachgewiesen worden, wodurch dem Corticalplasma eine zusätzliche Stabilität verliehen wird. Daneben gibt es Hinweise, dass die Alveolen eine Rolle als Calcium-Depot spielen. Zur Pellicula zählen auch eine proteinöse Schicht (das unmittelbar unter den Alveolen gelegene Epiplasma) sowie longitudinale Mikrotubuli-Bänder, die oberhalb oder unterhalb des Epiplasmas verlaufen (Abb. 48). Beiden Komponenten wird eine Stabilisierungsfunktion sowie eine Rolle bei der Morphogenese des Cortex zugeschrieben.

Die Kinetiden sind Basalkörper (Kinetosomen), die in Einzahl, Zweizahl oder Vielzahl mit einer Reihe assoziierter Wurzelelemente zu einem Strukturkomplex vereinigt sind (Abb. 47A, 49). Demzufolge, sowie nach ihrer Lage, spricht man von somatischen Mono- oder Dikinetiden bzw. von oralen Polykinetiden.

Für die typische Ausbildung einer Kinetide spielt es keine Rolle, ob jedes Kinetosom auch tatsächlich einen eigenen Cilienschaft trägt. Die assoziierten Wurzelstrukturen umfassen folgende Komponenten: 1 meist zum Vorderpol der Zelle hinweisende, kinetodesmale Fibrille,

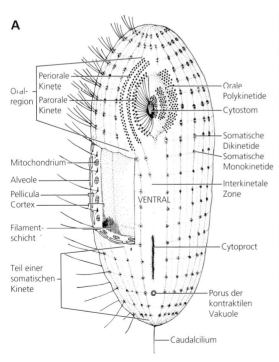

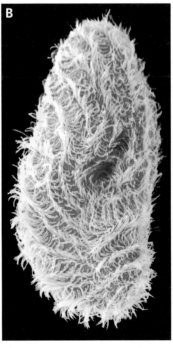

Abb. 47 Ciliophora. **A** Schema der Oberflächenstrukturen. **B** *Paramecium bursaria*. REM-Foto. Vergrößerung: 1 000×. A Nach Lee et al. (1985); B Original: K. Hausmann, Berlin.

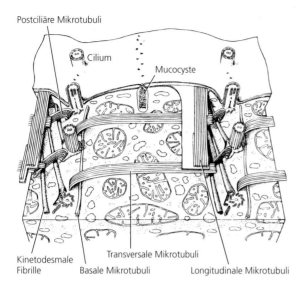

Abb. 48 *Tetrahymena* sp. (Ciliophora, Peniculia). Wurzelstrukturen an den Basalkörpern (Kinetosomen). Nach Allen (1969).

die aus filamentösen Untereinheiten besteht, sowie 2 Mikrotubuli-Bänder, die als sog. transversale Mikrotubuli zur Seite und als postciliäre Mikrotubuli nach hinten verlaufen. Die relative Größe, Ausformung und Orientierung der Einzelstrukturen der somatischen Kinetiden ist von hoher systematischer Bedeutung: Die einzelnen Taxa (s. u.) weisen jeweils typische Konfigurationen auf.

Die Kinetosomen sind in einigen Fällen untereinander durch basale (subkinetale) Mikrotubuli-Bänder verknüpft, die wie die postciliären und kinetodesmalen Fibrillen für eine longitudinale Ausrichtung verantwortlich sind (Abb. 48). Die somatischen, der Fortbewegung dienenden Cilien stehen dementsprechend in Längsreihen (K i n e t e n). Lediglich im Bereich der Mundregion wird dieses regelmäßige Muster durch sog. periorale Kineten unterbrochen (Abb. 47A). In Sonderfällen stehen die Cilien sehr dicht neben- oder beieinander, ohne jedoch miteinander verschmolzen zu sein: Sie können dann zu Büscheln (C i r r e n) (Abb. 54, 57, 60) oder zu flächigen Einheiten (M e m b r a n e l l e n) (Abb. 55) zusammentreten. Cirren dienen vornehmlich einer Art Laufen, Membranellen zum Herbeistrudeln von Nahrungspartikeln.

Im Cortex finden sich als weitere Organellen vor allem E x t r u s o m e n und kontraktile Fibrillen (M y o n e m e) sowie Mitochondrien, ER-Zisternen und verschiedene Vesikeltypen. Zwischen Cortex und Endoplasma erstreckt sich häufig eine Filamentschicht, die flächig oder netzförmig ausgebildet ist und gelegentlich auch quer gestreifte Filamentbündel enthalten kann.

Die fest gefügte, feinmaschige Strukturierung des corticalen Plasmas erschwert zwar nicht dessen Kontraktilität, beeinträchtigt aber den Stoffaustausch mit der Umwelt. Daher findet sich bei vielen Ciliaten auf derjenigen Körperseite, auf der Nahrung aufgenommen wird, und die deshalb vereinbarungsgemäß als Ventralseite festgelegt ist, eine längere Aussparung innerhalb des corticalen Gefüges, die Sutur. Hier liegt ein oft sehr tief nach innen reichender Mundtrichter (C y t o s t o m) (Abb. 47A), an dessen Grund Phagocytoseprozesse ablaufen und Nahrungsvakuolen gebildet werden.

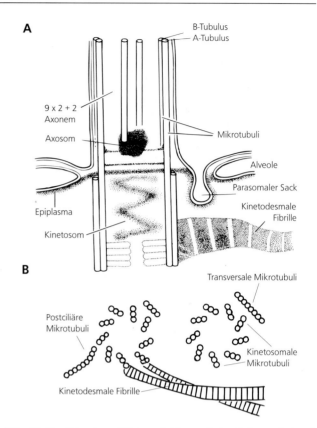

Abb. 49 Kinetide eines Ciliaten. **A** Längsschnitt. **B** Querschnitt. A Aus Margulis, McKhann und Olendzenski (1993); B nach Lynn (1995).

Für exocytotische Vorgänge stehen ebenfalls besondere Strukturkomplexe zur Verfügung, die eine Fusion der Exocytose-Vakuolen mit der Zellmembran ermöglichen: ein Zellafter (C y t o p y g e) für die Ausscheidung partikulärer Nahrungsreste sowie Poren für die Eliminierung wässriger Bestandteile durch die kontraktilen Vakuolen.

Die besondere Architektur des Cortex bedingt zugleich auch, dass sich Ciliaten bei der mitotischen Zweiteilung gewöhnlich q u e r zum Verlauf der Kineten teilen.

Einen gewissen Eindruck von der Komplexität des Ciliatencortex kann man mithilfe von verschiedenen Silberimprägnationstechniken bereits lichtmikroskopisch erhalten (Abb. 65B). Obgleich z. T. nicht ganz klar ist, welche pelliculären oder kinetidalen Strukturelemente mit dieser Färbung tatsächlich kontrastiert werden, ist das Ergebnis bei den jeweiligen Organismen sehr konstant und spezifisch. Für Artbestimmungen und morphogenetische Untersuchungen sowie für die Aufdeckung von systematischen Zusammenhängen ist die Analyse von argyrophilen Strukturen nach wie vor unverzichtbar. Die volle Komplexität des Cortex lässt sich jedoch nur durch die elektronenmikroskopische Untersuchung von Serienschnitten erfassen (Abb. 48).

Ciliaten besitzen unterschiedliche Zellkerne (K e r n d u a l i s - m u s): (1) ein bis mehrere somatische M a k r o n u c l e i und (2) ein bis mehrere generative M i k r o n u c l e i. Die Mikronuclei sind diploid und bleiben mit einem Durchmesser von etwa 2–5 µm relativ klein. Die Makronuclei – entsprechend ihres hochamplifizierten Genbestands – haben eine an das Zellvolumen gekoppelte, meist vielfach größere Dimension. Makronuclei übernehmen die Aufgaben des normalen Zellmetabolismus. Die Funktion der Mikronuclei liegt hingegen primär in der Speicherung und Neukombination der genetischen Information. Die Form der Makronuclei ist äußerst variabel und umfasst rundliche, verzweigte, perlschnurförmige und fragmentierte Bautypen. Von den beiden Kernarten führt lediglich der Mikronucleus geordnete mitotische oder meiotische Teilungen durch. Für die Karyokinese der Makronuclei ist hingegen ein in seinen Details noch nicht aufgeklärter Aufteilungsmechanismus verantwortlich, bei dem keine Spindeln auftreten. Während der sexuellen Fortpflanzung (Konjugation) (bei den meisten Karyorelictea auch während der gewöhnlichen Zellteilung) gehen Makronuclei normalerweise zugrunde. Ihre Neubildung erfolgt aus sich umdifferenzierenden Mikronuclei.

2.2.4.1 Postciliodesmatophora

Die Subtaxa der Postciliodesmatophora sind durch einen weitgehend gleichen Bau ihrer somatischen Dikinetiden gekennzeichnet. Die kinetodesmalen Fibrillen, die jeweils nur vom hinteren Kinetosom ausgehen, sind zumeist deutlich entwickelt und ziehen als Einzelstränge schräg nach vorn, teilweise auch nach hinten. Die postciliären Mikrotubuli ragen nach hinten und überlagern sich mit ihren Pendants, die von weiter vorn liegenden Kinetosomen der gleichen Kinete entspringen. Die miteinander vereinigten Mikrotubulibündel (Postciliodesmata), die eine bereits lichtmikroskopisch sichtbare Faser bilden, gelten als wichtigste Autapomorphie. Neben Kineten mit Dikinetiden können auch Felder mit monokinetidalen Cilienreihen auftreten. Parasomale Säcke und auch Alveolen sind mitunter nur gering entwickelt. Als Extrusomtypen treten Mucocysten, Pigmentocysten (Pigmentgranula, deren Inhalt vielfach toxisch ist) und Rhabdocysten auf. Entweder teilen sich die Makronuclei während der Karyokinese nicht (**Karyorelictea**), oder sie werden durch außerhalb der Kernhülle liegende Mikrotubuli geteilt (**Heterotrichea**).

2.2.4.1.1 Karyorelictea

Größtenteils gleichmäßig bewimpert und zumeist mit lang gestrecktem Zellkörper. Die Mehrzahl im Sandlückensystem mariner Küsten. Kernverhältnisse ursprünglich, Mikro- und Makronuclei in etwa noch mit gleichem diploiden DNA-Gehalt. Makronuclei, in der Regel in Zweizahl, nicht tei-

lungsfähig, werden daher bei jeder Zellteilung durch eine zusätzliche Teilung der Tochter-Mikronuclei gebildet.

Tracheloraphis phoenicopterus, 450 µm; in marinen Sandstränden, weit verbreitet. – *Loxodes rostrum*, 250 µm, mit sog. Müllerschen Körperchen; Süßwasser, Algen- und Bakterienfresser (Abb. 50).

2.2.4.1.2 Heterotrichea

Durch somatische Dikinetiden oder Polykinetiden und adorale, rechtsgewundene Membranellenbänder gekennzeichnet; typische heterotriche Bewimperung mit kurzen somatischen Wimpern und langen Wimpern am Mundapparat. Orale Polykinetiden besonders auf der vorderen linken Körperseite.

Stentor coeruleus, 900–2 000 µm, mit blauen Pigmenten, äußerst kontraktil (vgl. Abb. 51). – *Folliculina uhligi* (vgl. Abb. 52), mit 300 µm großer Lorica, marin. – *Spirostomum ambiguum* (Abb. 53), wurmförmig, 1–3 mm. – *Saprodinium dentatum*, 50–80 µm, abgeflacht und mit dornartigen Fortsätzen, im Faulschlamm.

2.2.4.2 Intramacronucleata

Dieses große Taxon, das alle verbleibenden Ciliatengruppen umfasst, wird in 9 Untertaxa aufgegliedert. Die Synapomorphie ist der spezielle Teilungsmodus des Makronucleus: Die Spindelmikrotubuli befinden sich innerhalb des Kerns, die Kernhülle bleibt erhalten.

2.2.4.2.1 Spirotrichea

Somatische Bewimperung in zwei Ausprägungen: (1) Kineten als linear angeordnete Di- oder Polykinetiden, deren Kinetosomen entweder alle bewimpert sind oder von denen nur das vordere ein Axonem trägt; (2) Cirren an der Ventral-

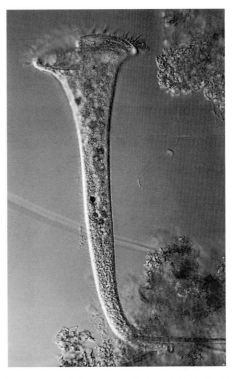

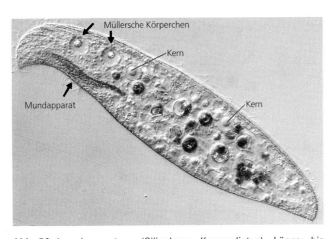

Abb. 50 *Loxodes rostrum* (Ciliophora, Karyorelictea). Länge: bis 250 µm. Original: D.J. Patterson, Woods Hole.

Abb. 51 *Stentor roeseli* (Ciliophora, Heterotrichea), Trompetentierchen. Original: K. Emschermann, Freiburg.

Abb. 52 *Folliculina* sp. (Ciliophora, Heterotrichea). Länge: ca. 700 µm. Original: W. Westheide, Osnabrück.

seite. Die Postciliodesmata, die in der älteren Literatur als sog. Km-Fibern geführt werden, sind zumeist deutlich entwickelt. Im Mundbereich serial angeordnete Polykinetiden, die im Uhrzeigersinn zum Cytostom ziehen (adorales Membranellenband); an diesem Merkmal kann die Gruppenzugehörigkeit bereits lichtmikroskopisch leicht erkannt werden.

Protocruziidia. – Eine Gattung: *Protocruzia*. Kernapparat besteht aus Mikronuclei, die von einer Reihe quasi-diploider Makronuclei umgeben sind.

Phacodiniidia. – Zellen mit Reihen dichtgepackter Kinetiden. – *Phacodinium*.

Licnophoria. – Zellen uhrglasförmig, beide Enden discoid, posteriore Scheibe adhäsiv, Ectosymbionten. – *Licnophora*.

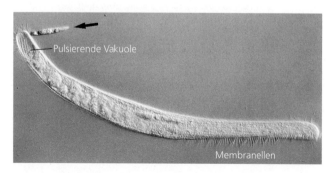

Abb. 53 *Spirostomum ambiguum* (Ciliophora, Heterotrichea). Länge: 1,5–3 mm; mit einer *Astasia* (Euglenida) (Länge: 50 µm) zum Größenvergleich (Pfeil). Original: D.J. Patterson, Woods Hole.

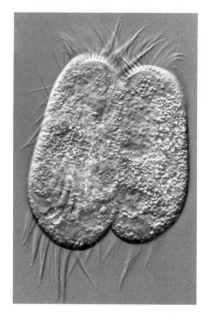

Abb. 54 *Euplotes vannus* (Ciliophora, Spirotrichea). Länge: ca. 90 µm. Mit Cirren. Konjugationspärchen. Original: H. Mikoleit, Osnabrück.

Protohypotrichia. – Somatische Bewimperung wenig ausdifferenziert, dorsale Ciliatur aus Kinetiden und Cirri. – *Caryotricha, Kiitricha*.

Euplotia. – Einzige Gruppe der Spirotrichea mit postciliären Mikrotubuli-Bändern und rudimentären Verbindungsstrukturen zwischen den Basalkörpern der Kinetiden; letztere ähneln daher denen der Nassophorea, mit denen sie auch bereits vorübergehend systematisch vereinigt wurden. Der übrige Bau gleicht weitgehend dem der Stichotrichia: ventral zu Gruppen angeordnete Cirren, dorsale Dikinetiden, mächtiges adorales Membranellenband des Mundapparats. An diesen Organismen wurden grundlegende Untersuchungen zur Konjugation (Abb. 54) durchgeführt. Vorwiegend Bakterienfresser, in Abwasserreinigungsanlagen in oft hoher Abundanz. – *Euplotes patella*, 80–150 µm, mit 9 Frontalcirren, häufig zwischen Wasserpflanzen. – *Aspidisca lynceus*, 30–55 µm, mit 7 Frontalcirren.

Oligotrichia. – Membranellen gut ausgebildet, umkränzen apikale Mundöffnung mehr oder weniger vollständig; nicht nur zum Herbeistrudeln von Nahrungspartikeln, sondern auch zum Schwimmen eingesetzt (Abb. 55). Somatische Cilien, die sonst die Lokomotionsfunktion innehaben, weitgehend oder völlig reduziert. Zellafter (Cytopyge)

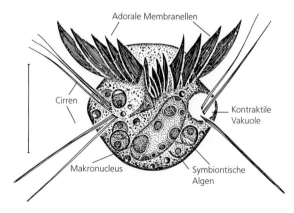

Abb. 55 *Pelagohalteria viridis* (Ciliophora, Oligotrichia). Ventralansicht. Maßstab: 20 µm. Aus Foissner et al. (1988).

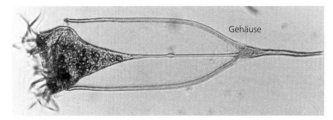

Abb. 56 *Favella ehrenbergii* (Ciliophora, Choreotrichia) mit Lorica. Länge des Tieres: bis 300 µm. Aus dem marinen Plankton. Aus Laval-Peuto (1981).

fehlt, häufig wohl deshalb, weil viele oligotriche Ciliaten isolierte, aus erbeuteten „Algen" stammende Chloroplasten („Kleptoplasten") für eine geraume Zeit in Vakuolen kultivieren und somit eine partiell phototrophe (mixotrophe) Lebensweise führen können. – *Strombidum*, ca. 50 meist marine Arten, Pellicula teilweise starr durch Vorkommen von Trichiten und Polysaccharidplatten.

Choreotrichia. – *Tintinnidium fluviatile*, mit 100–300 µm großer Lorica. – *Favella ehrenbergii*, 200–450 µm, im marinen Plankton (Abb. 56).

Hypotrichia. – Zumeist dorsoventral abgeflacht, mit zahlreichen Cirren (Abb. 57), im Bereich der ventralen somatischen Region in längsverlaufenden geraden oder zickzackförmigen Reihen. Dorsal Dikinetiden mit Postciliodesmata, deren kinetodesmale Fibrillen – wie gelegentlich auch bei den Oligotrichia, aber im Gegensatz zu den übrigen Spirotrichea – nicht nach vorn ziehen, sondern im Bogen nach hinten. Oralapparat auf der linken Seite des vorderen Zellkörpers. Mit zahlreichen Gattungen und Arten im Meer und Süßwasser sowie in terrestrischen Habitaten. – *Urostyla viridis*, 100–200 µm, mit Zoochlorellen, im Faulschlamm von Tümpeln. – *Stylonychia mytilus*, 100–300 µm, Bakterien- und Algenfresser (Abb. 57).

2.2.4.2.2 Armophorea

Bisher vor allem durch ribosomale Gensequenzen definiert, keine morphologischen Synapomorphien. Allerdings sind die Vertreter jedoch typischerweise von methanogenen Endosymbionten abhängig; mikroaerob freilebend oder endosymbiontisch; mit Hydrogenosomen. Zwei Taxa: Armophorida (*Caenomorpha*, *Metopus*) und Clevelandellida (*Clevelandella*, *Nyctotherus*). Die Clevelandellida kommen als Endosymbionten in Arthropoden und einigen Vertebraten vor.

Nyctotherus ovalis, im Enddarm der Schabe *Periplaneta americana*.

2.2.4.2.3 Litostomatea

Mit transversalen Mikrotubuli-Bändern, die in tangentialer Lagebeziehung zum Kinetosom stehen, sowie seitlich gerich-

Abb. 58 *Didinium nasutum* (Ciliophora, Haptoria). REM-Foto. Länge: ca. 150 µm. Aus Tröger und Hausmann (2005).

teten, kinetodesmalen Fibrillen und konvergierenden, postciliären Mikrotubuli-Bändern.

Haptoria. – Frei lebend, räuberisch (mit Toxicysten). Cytostom mit seitlicher, ventraler oder endständiger Lage. Mundregion ohne auffällige Zusatzsstrukturen, direkt an der Zelloberfläche. – *Loxophyllum meleagris*, 300–400 (700) µm, erbeutet v. a. Rotatorien. – *Didinium nasutum*, 80–150 µm (Abb. 58) und *Homalozoon vermiculare*, bis 800 µm (Abb. 59), beide Paramecien-Räuber. – *Myrionecta* (syn. *Mesodinium*) *rubra*, marin, gelegentlich Verursacher roter Tiden, mithilfe endosymbiontischer Cryptomonaden zur photoautotrophen Lebensweise übergegangen.

Trichostomatia. – Dicht bewimperte Oralregion charakteristisch. Körperciliatur in der Regel auf einzelne Zonen beschränkt und vielfach in Bändern oder Büscheln angeordnet. Ausgeprägte Schicht von Mikrofilamenten stabilisiert die häufig bizarren Körperformen (Abb. 60).

Als Endobionten im Verdauungstrakt zahlreicher Tiergruppen; regelmäßig im Pansen von Wiederkäuern. Ernährung durch Bakterien, Cellulosestückchen und andere Ciliaten, auch parasitisch (Histopha-

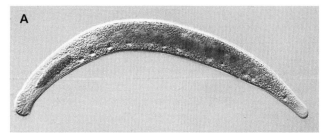

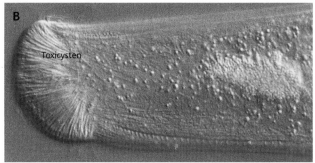

Abb. 59 *Homalozoon vermiculare* (Ciliophora, Haptoria). Länge: 600 µm. **A** Habitus. **B** Oralbereich mit Toxicysten. Originale: K. Hausmann, Berlin.

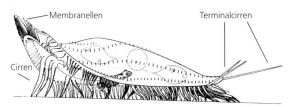

Abb. 57 *Stylonychia mytilus* (Ciliophora, Hypotrichia). Länge: bis 300 µm. Aus Grell (1968).

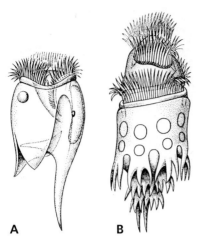

Abb. 60 Trichostomatia (Ciliophora). **A** *Entodinium caudatum*. Länge: bis 70 μm. **B** *Ophryoscolex purkinjei*. Länge: bis 190 μm. Im Pansen von Wiederkäuern. Aus Grell (1968).

gie). Abbau der Cellulose erfolgt hauptsächlich durch Bakterien. Ciliatenfauna des Pansens wird durch Regurgitieren des Mageninhalts und Belecken der Jungtiere der Wiederkäuer weitergegeben. Den anoxischen Bedingungen entsprechend weisen die Trichostomatia keine Mitochondrien, sondern Hydrogenosomen auf, die vermutlich aus Mitochondrien hervorgegangen sind. – *Entodinium caudatum*, 50–80 μm (Abb. 60A), und *Ophryoscolex bicoronatus*, 40–60 μm, in Rinder- und Schafsmägen (vgl. Abb. 60B). – *Balantidium coli*, 60–150 μm, im End- und Blinddarm von Schweinen und Primaten, Verursacher von chronischen Darmgeschwüren beim Menschen.

2.2.4.2.4 CONTHREEP (CON3P)

Dieses Taxon wurde aufgrund von SSU rRNA-Phylogenien identifiziert. Es stammt vom letzten gemeinsamen Vorfahren der Colpodea (**C**), Oligohymenophorea (**O**), Nassophorea (**N**), Phyllopharyngea (**P**), Prostomatea (**P**) und Plagiopylea (**P**) ab.

2.2.4.2.4.1 Phyllopharyngea

Gewöhnlich mit somatischen Monokinetiden. Transversale Mikrotubuli-Bänder – soweit überhaupt noch erkennbar – in stark rudimentärer Form. Die deutlich ausgebildeten kinetodesmalen Fibrillen strahlen zur Seite hin ab. Für die Ausbildung longitudinal verlaufender Kineten sind subkinetale Mikrotubuli-Bänder verantwortlich, die nach vorn oder nach hinten ziehen und benachbarte Kinetosomen miteinander verbinden. Im Bereich des Cytopharynx finden sich blattähnlich geformte mikrotubuläre Bänder. Bei manchen Gruppen werden diese von Nematodesmata umgeben, die von Kinetosomen ausgehen und das Gerüst eines korbähnlichen Reusenapparats (C y r t o s) darstellen.

Synhymenia. – Kleine Gruppe mit 7 Gattungen. Zellen mit auffälligem Synhymenium (Band aus Di- oder Polykinetiden). – *Synhymenia heterovesiculata*, bis 200 μm. – *Zosterodasys*.

Cyrtophoria. – Freischwimmende, sessile (und endobiontische) Organismen, hauptsächlich auf der Ventralseite bewimpert, mit echtem Cytostom. Häufig dorsoventral abgeflacht. – *Chilodonella cucullulus*, 100–150 μm, Brackwasser, im Aufwuchs. – *C. uncinata*, 50–90 μm, im Moos.

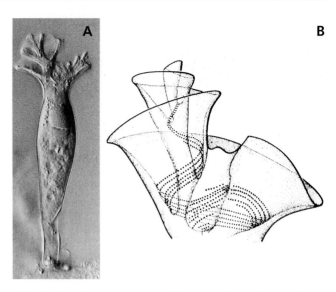

Abb. 61 *Spirochona gemmipara* (Ciliophora, Chonotrichia). Länge: 100 μm, auf Kiemen von Süßwasseramphipoden. **A** Habitus. **B** Kragen mit den Basalkörpern der Cilien. A Original: H.J. Fahrni, Genf; B aus Grell (1968).

Rhynchodia. – Mobile räuberische Ciliaten, teilweise ektobiontisch und parasitisch auf Mollusken oder Einzellern, mit einem Tentakel (s. Suctoria). – *Hypocomas acinetarum*, parasitisch auf dem Suctor *Ephelota*, marin.

Chonotrichia. – Die adulten, sessilen Individuen ohne Körperciliatur. Nur Schwärmer, die durch Knospung aus der Mutterzelle hervorgehen, vorübergehend vollständig bewimpert. Mit schraubig gewundenem, apikalen Kragen oder Trichter, der auf der Innenseite von einigen Cilienreihen ausgekleidet ist, die einen Wasserstrom erzeugen und so Nahrungspartikeln zur Mundöffnung führen. – *Spirochona gemmipara*, 80–120 μm, auf Kiemenplättchen von Süßwasser-Gammariden (Abb. 61).

Suctoria. – Die Zugehörigkeit der Suktorien zu den Ciliophora wurde zunächst nur aus ihren kurzzeitig bewimperten Entwicklungsstadien geschlossen. Diese werden von den sessilen Mutterzellen durch endogene oder exogene Knospung freigesetzt (Abb. 62, 63), schwärmen

Abb. 62 *Dendrocometes paradoxus* (Ciliophora, Suctoria), auf Kiemen von Süßwasseramphipoden. REM-Foto. Maßstab: 20 μm. Original: C. Bardele, Tübingen.

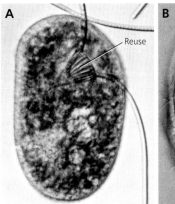

Abb. 64 Nassophorea (Ciliophora). **A** *Nassula ornata* bei der Ingestion von Blaualgen durch den Reusenapparat. Vergr.: 200×. Aus Hausmann et al. (2003). **B** *Pseudomicrothorax dubius* im differentiellen Interferenzkontrast. Vergr.: 650×. Aus Hausmann und Peck (1978).

Abb. 63 *Ephelota gemmipara* (Ciliophora, Suctoria): Bildung bewimperter Schwärmer durch Knospung, die sich loslösen und an anderer Stelle festsetzen. Länge des Zellkörpers: 40 µm. Original: P. Emschermann, Freiburg.

kurze Zeit im freien Wasser und setzen sich dann auf neuen, artspezifischen Substraten fest. Die charakteristischen cytologischen Ciliophora-Merkmale wie Infraciliatur (Kinetosomen und assoziierte Strukturen), Alveolen und Kerndualismus sind vorhanden.

Die adulten, festsitzenden Stadien sind vornehmlich Ciliaten-Räuber. Sie zeichnen sich durch den Besitz von Fang- und Fresstentakeln aus. Die zur Nahrungsaufnahme eingesetzten Tentakel sind an der Spitze häufig verdickt und besitzen hier Haptocysten, die den Kontakt zur Beute vermitteln und diese immobilisieren. In den Tentakeln finden sich rohrartige Anordnungen von Mikrotubuli, die mit den nematodesmalen Fibern von Reusenapparaten homologisiert werden. Mit ihrer Hilfe findet der Nahrungstransport statt, der – oberflächlich betrachtet – an einen Saugakt erinnert. Druckdifferenzen zwischen Räuber und Beute, die die Transportphänomene erklären könnten, sind jedoch angesichts der geringen Durchmesser der Tentakel auszuschließen; die Triebkraft muss vielmehr in den Tentakeln selbst erzeugt werden.

Vorwiegend im Süßwasser; 2 Arten im Verdauungstrakt von Warmblütern. – *Acineta tuberosa*, in 50–100 µm hoher Lorica. – *Dendrocometes paradoxus*, bis 100 µm, auf Süßwasser-Gammariden (Abb. 62). – *Ephelota gemmipara*, bis 250 µm, marin, auf Bryozoen etc. (Abb. 63).

2.2.4.2.4.2 Nassophorea

Körperciliatur aus Mono- oder Dikinetiden. Typisches Vorkommen von transversalen Mikrotubuli-Bändern, die tangential zu den Kinetosomen hin orientiert sind; bei Dikineti-

den jedoch nur in Verbindung mit dem jeweils vorderen Kinetosom. Kinetodesmale Fibrillen gewöhnlich gut entwickelt, überlagern sich parallel zum Verlauf der Kineten. Im Bereich des Mundapparates nematodesmale Fibrillen, die von den Kinetosomen des Mundfeldes ausgehen und um den Cytopharynx verlaufen. Nematodesmata können einen korbähnlichen Reusenapparat bilden. Trichocysten vorhanden.

Nassula ornata, 250 µm (Abb. 64A), mit deutlich entwickeltem Reusenapparat, Blaualgenfresser. – *Microthorax simulans*, 30–35 µm; unter faulenden Pflanzenteilen. – *Pseudomicrothorax dubius*, 50–60 µm (Abb. 64B); mit mächtigem Reusenapparat in der Vorderhälfte der Zelle.

2.2.4.2.4.3 Colpodea

Ungefähr 150 Arten, nur aufgrund feinstruktureller Merkmale zu einem Taxon zusammengefasst. Körperciliatur in spiralig verlaufenden Wimperreihen (Kineten), die aus Dikinetiden bestehen, sowie transversale Mikrotubuli, die vom hinteren Kinetosom der Dikinetiden aus nach hinten ziehen und sich zu einer so genannten Km-Fibrille (oder transversodesmalen Fibrille) vereinigen. Bei der Stomatogenese (Zellmundbildung) gehen die Wimpern der Oralapparate aus somatischen Cilien der Mutterzelle hervor. Zellteilung häufig innerhalb von Cysten.

Habitus der Colpodea meist nierenförmig und relativ gleich gestaltet (Abb. 65); Mundapparat hingegen äußerst heterogen. Einige Gattungen ähneln daher Vertretern anderer Ciliophora-Taxa, mit denen sie leicht verwechselt werden können, z. B. *Bursaria truncatella*, die lange Zeit als typischer Vertreter der Spirotrichea angesehen wurde.

Meist terrestrisch oder im Süßwasser. Als Nahrung dienen, je nach Körpergröße, entweder Bakterien, Sporen, andere Einzeller oder Rotatorien. – *Colpoda cucullus*, 50–120 µm, Bakterienfresser. – *Hausmanniella quinquecirrata*, 125 µm, rotierend-schraubende, blitzschnelle Bewegung – *Bursaria truncatella*, 2 mm, mit vom Vorder- bis fast zum Hinterende reichendem Peristomtrichter; Ciliaten- und Rotatorien-Räuber.

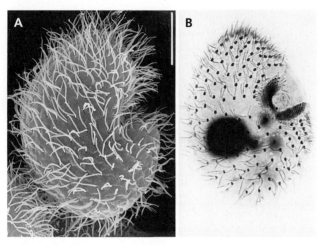

Abb. 65 *Colpoda inflata* (Ciliophora, Colpodea), häufige Bodenart. Maßstab: 10 µm. **A** REM-Foto. **B** Silberimprägnation; paarige Cilien und Oralfelder. Originale: W. Foissner, Salzburg.

2.2.4.2.4.4 Prostomatea

Mundöffnung am Vorderende der Zelle. Monokinetiden der somatischen Ciliatur mit transversalen Mikrotubuli-Bändern, deren Basalabschnitte radial zum Kinetosom orientiert sind.

Prorodon teres, 80–200 µm, in Süß- und Brackwasser. – *Coleps hirtus*, 55–65 µm, mit Panzerung aus verkalkten Polysaccharidplatten in den Alveolen.

2.2.4.2.4.5 Plagiopylea

Vertreter der Plagiopylea weisen somatische Monokinetiden mit divergierenden postciliären Mikrotubuli-Bändern auf. Cytostom mit 1 oder 2 Reihen von Dikinetiden.

Plagiopyla nasuta gehört zum Subtaxon Plagiopylida, bis 180 µm; Brackwasser. Bei den Odontostomatida ist die Körperbewimperung auf einzelne Zellregionen begrenzt. Zellkörper oft schmal, keilförmig und mit mehreren Fortsätzen versehen. Anaerob im Schlamm von Gewässern. – *Epalxella mirabilis*, bis 45 µm. – *Saprodinium dentatum*, bis 60 µm. – *Discomorpha pectinata*. Alle im Süßwasser.

2.2.4.2.4.6 Oligohymenophorea

Die wissenschaftliche Bezeichnung dieses artenreichsten und am weitesten verbreiteten Ciliophora-Taxons geht auf das Vorhandensein von wenigen (höchstens 3) oralen Polykinetiden zurück, die auf der linken Seite des Mundapparats ausgebildet sind und dort als häutige Segel einer undulierenden Membran gegenüberstehen (Abb. 66). Das Cytostom findet sich meist am Grunde einer mehr oder minder tiefen ventralen Einbuchtung der Zelloberfläche. Die somatischen Cilien stehen vorwiegend in Längsreihen; sie sind monokinetidalen oder dikinetidalen Ursprungs. Im Gegensatz zu den Verhältnissen bei den Nassophorea verlaufen die transversalen Mikrotubuli-Bänder nicht tangential, sondern radial zum Kinetosom. Die kinetodesmalen Fibrillen sind nach vorn gerichtet, die divergierenden postciliären Bänder weisen nach hinten. Vielfach findet sich ein Entwicklungsgang, der durch polymorphe Stadien gekennzeichnet ist. In zeitlicher Aufeinanderfolge treten beispielsweise auf: Trophonten

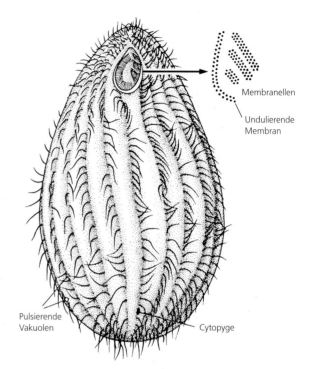

Abb. 66 *Tetrahymena pyriformis* (Ciliophora, Hymenostomatia). Rechts oben: Ciliatur des Mundfeldes mit 3 Membranellen und einer undulierenden Membran. Länge: 65 µm. Nach Grell (1980).

(Fresszellen), Tomonten (Cysten bildende Teilungsstadien), Tomiten (nichtfressende Teilungsprodukte) und Theronten (excystierte, vagile Verbreitungsformen, die wieder zu Trophonten werden).

Peniculia. – Oralapparat ist schmaler Schlitz, der von 3 oralen Polykinetiden (Peniculi) umgeben wird (ähnlich den Verhältnissen bei *Tetrahymena*, Abb. 66). – *Frontonia acuminata*, 120 µm, Diatomeen- und Ciliatenfresser. – *Paramecium caudatum*, 180–300 µm (Abb. 67); ohne Reusenapparat, aber mit nematodesmalen Fibrillen, die den Mundapparat und die Mundbucht stützen, Bakterienfresser; mixotroph. – *P. bursaria*, 90–150 µm (Abb. 47B).

Scuticociliatia. – Körperciliatur aus Dikinetiden, mit auffälliger undulierender Membran. – *Pleuronema crassum*, 70–120 µm, verbreitet in Tümpeln. *Cyclidium glaucoma*, 19–30 µm, Bakterienfresser, weit verbreitet und oft zahlreich in gering bis stark verschmutzten Gewässern.

Hymenostomatia. – Ciliatur des Mundapparates mit gewöhnlich 3 schräggestellten Membranellen, von einer ein- bis dreiteiligen oralen Dikinetide (undulierende Membran, endorale Membran oder parorale Kinete) einseitig umrahmt, Membranellen strudeln Nahrungspartikel heran, die von der undulierenden Membran in die Cytostomregion geleitet werden. Körperbewimperung vollständig. Charakteristische Merkmale: einsegmentige orale Dikinetiden sowie eine vorwiegend monokinetidale Körperciliatur. – *Tetrahymena pyriformis* (Abb. 66), 25–90 µm. – *Colpidium colpoda*, 90–150 µm; Bakterienfresser. – *Ophryoglena atra*, 300–500 µm; histophager Räuber mit zeitlich aufeinander folgenden Morphen (Trophonten, Protomonten, Tomonten, Tomiten). – *Ichthyophthirius multifiliis*, 100–1 000 µm; gefährlicher Ektoparasit bei Fischen.

Apostomatia. – Epi- und Endobionten von Cnidariern, Anneliden und Crustaceen. Cytostom-Cytopharynx-Apparat sehr stark reduziert, bei den Tomiten noch drei Polykinetiden. Mit „Rosette", einem

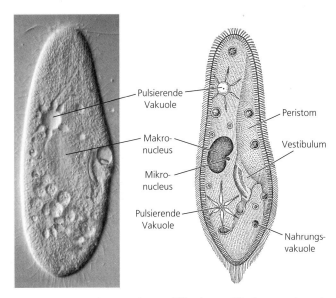

Abb. 67 *Paramecium caudatum.* (Ciliophora, Oligohymenophorea). **A** Habitus. Vergr.: 320×. **B** Schemazeichnung mit Organellen. A Aus Hausmann (1977); B aus Grell (1968).

ultrastrukturell komplexen Organell unbekannter Funktion. Körperciliatur in Schraubenbahnen. Im komplizierten Entwicklungsgang lösen sich endobiontisch lebende Trophonten, mehrere Tomonten- und Tomiten-Stadien mit epibiontisch lebenden Phoronten ab. – *Foettingeria actiniarum*, bis 1 mm, abwechselnd auf Crustaceen und Aktinien.

Peritrichia. – Die rund 1000 peritrichen Ciliaten-Arten besitzen einen adoralen Wimpernkranz, der in Form einer Polykinete ausge-

bildet ist. Er verläuft auf einer linksdrehenden Schraubenbahn vom Rande des Mundfeldes (Peristom) zum Cytostom und spaltet sich innerhalb des Mundtrichters in 3 Membranellen auf. Die Körperciliatur ist weitgehend reduziert und findet sich, wenn überhaupt, nur noch in Form eines aboralen Gürtels. Es existieren die beiden Subtaxa Sessilida und Mobilida.

Sessilida. – Die mit der Nahrungsaufnahme befassten Zellen (Trophonten) sind gewöhnlich sessil und leben auf verschiedenen Substraten. In vielen Fällen, wie bei *Vorticella* und *Carchesium* (Abb. 68, 69), werden kontraktile Stiele ausgebildet, mit denen sich diese Ciliaten blitzschnell ungünstigen Situationen entziehen können. Daneben existiert eine Anzahl von Formen mit starren Stielen, bei denen nur der Zellkörper kontraktil ist (*Epistylis*). Eine Reihe von sessilen Peritrichen lebt in Gehäusen (*Vaginicola, Cothurnia*) oder innerhalb einer gelatinösen Matrix (*Ophrydium*). Weit verbreitet ist das Auftreten von stockartigen Verbänden (Abb. 69). Unter ungünstigen Bedingungen sowie bei der Zellteilung oder der Konjugation wird ein basaler Wimpernkranz ausgebildet, der den Zellen nach Ablösung vom Stiel ein Umherschwimmen und die Besiedlung neuer Habitate ermöglicht.

Mobilida. – Mobile, aber selten freischwimmende Peritrichia; besitzen permanent einen basalen Wimpernkranz, der in Verbindung mit einem kompliziert gebauten, intrazellulären Haftapparat steht und den Zellen ein kurzzeitiges Anheften auf ihren Wirtsorganismen ermöglicht. – *Trichodina pediculus*, 60–100 μm; auf Hydrozoen, Bryozoen, Amphibienlarven und Fischen, lebt von Bakterien und verursacht Fischkrankheiten (Trichodiniasen).

Astomatia. – Mundlose Endobionten, als harmlose Kommensalen vornehmlich im Verdauungstrakt von Land- und Wassertieren

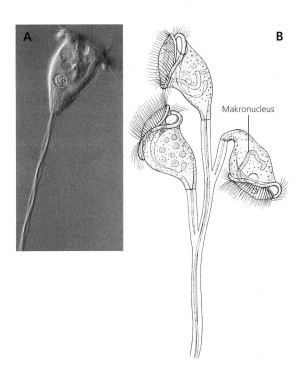

Abb. 68 Peritrichia (Ciliophora). **A** *Vorticella* sp. **B** *Carchesium polypinum.* Länge ohne Stiel: ca. 100 μm. A Original: D.J. Patterson, Woods Hole. B aus Grell (1968).

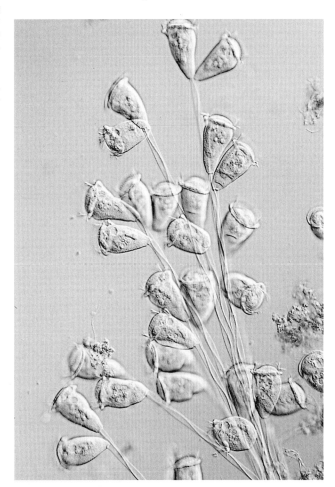

Abb. 69 *Carchesium polypinum* (Ciliophora, Peritrichia). Länge eines Einzelindividuums: ca. 100 μm. Teil einer Kolonie. Original: P. Emschermann, Freiburg.

(Anneliden, Plathelminthen, Gastropoden und Amphibien). Nährstoffe werden – in gelöster Form – über die gesamte Zelloberfläche aufgenommen. Einige mit komplexen Festhaltevorrichtungen. Teilung vielfach über eine Knospung, wobei es zur Kettenbildung von noch aneinander hängenden Zellen kommen kann. – *Haptophrya michiganensis*, 1,1–1,6 mm, in Salamandern.

2.3 Rhizaria

In der Gruppe der Rhizaria werden neuerdings zahlreiche (aber nicht alle!) Vertreter der ehemaligen Rhizopoda und Actinopoda zusammengefasst. Nach molekulargenetischen Untersuchungen handelt es sich um ein monophyletisches Taxon. Es umfasst neben den **Cercozoa** auch die **Foraminifera** sowie einige Subtaxa der ehemaligen Heliozoa und Radiolaria. Die meisten Vertreter besitzen feine Pseudopodien (Filopodien), die einfach, verzweigt oder anastomosierend sein können oder Mikrotubuli enthalten (Axopodien).

2.3.1 Cercozoa

Dieses neu etablierte Monophylum umfasst begeißelte und rhizopodiale Organismen.Es sind meist einzellige, phagocytierende, frei lebende, aerobe Organismen mit meist tubulären Mitochondrien, Dictyosomen und anisokonten Flagellen. Pseudopodien, wenn vorhanden, sind vom filiformen Typ. Häufig cystenbildend.

2.3.1.1 Cercomonadidae

Amöboflagellaten, 2 Geißeln, Pseudopodien für die Nahrungsaufnahme, einige mit komplizierten Lebenszyklen mit vielkernigen und vielgeißligen Plasmodien. Häufig gleitende Bewegung.

Cercobodo spp. (Abb. 70); *Cercomonas* spp. mit angehefteter posteriorer Geißel.

2.3.1.2 Imbricatea

Häufig mit Siliciumschuppen, tubuläre mitochondrielle Cristae. Subtaxa Spongomonadida, Nudifila, Marimonadida und Silicofilosea.

Die Silicofilosea bilden Schuppen aus Silizium auf der Oberfläche aus. Wegen der Kieselsäureskelette von paläontologischer Bedeutung, fossile Überreste seit der Kreidezeit; Zeitpunkt größter Entfaltung im Tertiär.

Thaumatomonas spp. sind heterotroph, können gleiten und schwimmen, besitzen Extrusome, bilden Filopodien und Cysten. – *Paulinella chromatophora* enthält primäre Endosymbionten, die den Cyanellen der Glaucystophyten ähneln. – In *Euglypha* spp. verbinden sich die Siliziumschuppen mit einem organischen Zement zu einer festen Schale.

2.3.1.3 Phytomyxea

Obligatorische, intrazelluläre Parasiten in Wurzeln von Pflanzen oder Stramenopilen, in denen sie Plasmodien ausbilden. Fruchtkörper und die in ihnen gebildeten Sporen gelangen nach dem Zerfall der Pflanze ins Freie. Plasmodien der nächsten Generation entstehen durch sexuelle Ver-

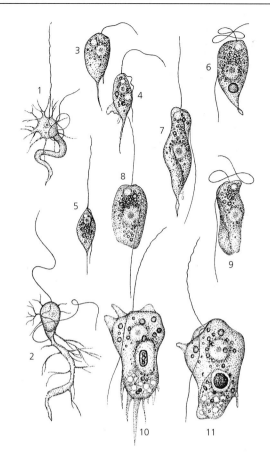

Abb. 70 Cercozoa, Cercomonadidae. Kriech- und Schwimmformen von *Cercobodo draco* (1-2), *C. varians* (3-5), *C. norrvicensis* (6-9) und *C. pyriformis* (10-11). Vergr.: 1 000×. Nach Skuja (1956).

schmelzung von frei lebenden Zoosporen. Diese besitzen 2 heterokonte Geißeln ohne Mastigonemen. Bei der Invasion der pflanzlichen Zellwände treten besondere Organellen in Aktion („Stachel" und „Rohr" als spezielle Differenzierungen des ER). Sowohl die Einzelzellen als auch die Plasmodien enthalten während der Kernteilungen ein charakteristisches intranucleäres Kreuz, das durch den polwärts auseinander gezogenen Nucleolus und die in der Metaphase angeordneten Chromatiden gebildet wird. Als Untertaxa Plasmodiophorida und Phagomyxida.

Plasmodiophora brassicae, Erreger der Kohlhernie bei verschiedenen Kohlsorten. – *Spongospora*-Arten erzeugen Erkrankungen bei Kartoffeln.

2.3.1.4 Chlorarachniophyta

Amöboid mit sekundären Plastiden, die Chlorophyll a und b, ein Nucleomorph und vier umhüllende Membranen besitzen. Der Plastid geht wahrscheinlich auf eine Grünalge zurück, doch wurden auch vermutlich über horizontalen Gentransfer übertragene Rotalgengene im Plastidengenom nachgewiesen. Die Pseudopodien sind in der Regel verzweigt (Filarplasmodium, Abb. 71) und enthalten Extrusome. Die Zellkörper verschiedener Zellen verschmelzen oft miteinander. Die Ausbreitungsstadien besitzen zwei Geißeln.

Bigelowiella, Chlorarachnion (Abb. 71). – *Cryptochlora*.

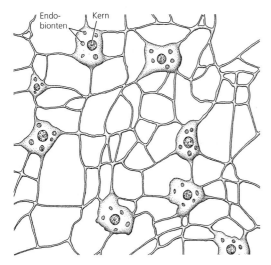

Abb. 71 Cercozoa, Chlorarachniophyta. Plasmatisches Netzwerk von *Chlorarachnion* sp. mit zellulären Domänen, die jeweils einen Kern und mehrere Endobionten aufweisen. Vergr.: 1 500×. Nach Hibberd und Norris (1984).

2.3.1.5 Thecofilosea

Im Gegensatz zu den meisten anderen Cercozoen mit kräftiger, organischer, extrazellulärer Theca, die Perforationen für Flagellen und Pseudopodien besitzt. Von ventraler Grube ziehen filose Pseudopodien ab. Meist zwei Flagellen; einige Vertreter gleiten auf dem posterioren Flagellum. Verschiedene Subtaxa wie z. B. die Phaeodarea.

Die größtenteils hohlen Skelettnadeln und Gehäuse der Phaeodarea bestehen aus amorphem Silizium mit Beimengungen von organischen Substanzen und Spuren von Magnesium, Calcium und Kupfer. Sie weisen eine Z e n t r a l k a p - s e l auf, die bei schalenlosen Arten durch eine Hülle aus Fremdmaterial ersetzt ist. Über die Biologie dieser Formen, die im Tiefseebereich leben, ist wenig bekannt. Die Zentralkapsel zeigt 3 Öffnungen: Eine als Cytostom fungierende Astropyle sowie 2 ihr gegenüberliegende Parapylen, aus denen die Axopodien austreten. Vor der Astropyle liegt eine gelbbraune Pigmentmasse, das P h a e o d i u m, welches aus unverdauten Zellresten besteht. Mitochondrien mit tubulären Cristac.

Aulacantha scolymantha, 500 µm, häufig im Mittelmeerplankton. – *Challengeron wyvillei*, 400 µm; ozeanisch.

2.3.1.6 Clathrulinidae

Die Pseudopodien (Axopodien) enthalten Mikrotubuli und Extrusome (Kinetocysten). Mitochondrien mit tubulären Cristae. Die Vertreter sind in der Regel sessil, von einer perforierten Kapsel umgeben (60–90 µm), die aus organischem Material oder Silizium besteht und in den meisten Fällen über einen hohlen oder massiven Stiel mit dem Substrat verbunden ist. Einige Gattungen bilden cytoplasmatische Stiele. Bei *Clathrulina elegans* aus dem Süßwasser bilden axopodiale Mikrotubuli ein unregelmäßiges Bündel, neben Axopodien auch Filopodien. Bei asexueller Fortpflanzung ein- oder zweigeißelige Schwärmer, die sich amöboid bewegen und ein neues Gehäuse ausbilden. Sekretion des Stielmaterials erfolgt

entlang eines besonders großen Pseudopodiums, das hunderte von Mikrotubuli enthält.

2.3.1.7 Ascetospora

2.3.1.7.1 Paramyxida

Die wenigen Arten (*Paramyxa paradoxa, Paramarteilia orchestiae,* und 4 *Marteilia*-Spezies) kennt man als Zell- und Gewebeparasiten aus Polychaeten, Crustaceen und kommerziell wichtigen Muscheln. An der französischen Atlantikküste kann es unter den Austern-Populationen durch *Marteilia*-Arten zu beträchtlichen ökonomischen Verlusten kommen.

Die Sporen sind stets mehrzellig. Sie entstehen innerhalb einer Stammzelle durch einen endogenen Knospungsprozess, der zu mehreren Generationen ineinander verschachtelter Zellen führt (Abb. 72). Die Verschachtelung beruht auf dem Phänomen, dass nach der Kernteilung der kleinere der beiden entstandenen Tochterzellkerne durch Vesikulation von ER-Zisternen vom Cytoplasma der weiter bestehenden Stammzelle abgetrennt wird und sich mitsamt eines Teils des Plasmas als intrazelluläre (intravakuoläre) Tochterzelle etabliert (interne Furchung). Eine so entstandene Tochter- oder Sekundärzelle kann sich bis zu zweimal identisch reduplizieren und somit bis zu vier, jeweils in einer eigenen Vakuole liegende Sekundärzellen erzeugen. In weiteren Teilungsprozessen wird dann – wiederum nach dem Schema der internen Furchung und unter weiter fortlaufendem Wachstum der Stammzelle – in den sekundären Zellen auch jeweils eine tertiäre Zelle angelegt, die sich wiederum identisch in zwei primäre (äußere) Sporenzellen teilt. Aus jeder Sporenzelle entsteht danach – wiederum intrazellulär – die eigentliche

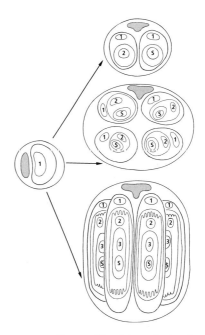

Abb. 72 Ascetospora, Paramyxida. Schematische Darstellung der Teilungsfolgen in den 3 Gattungen *Paramyxa, Paramarteilia* und *Marteilia*. Nummerierung bezeichnet Schicksal der primären Sporenzelle, deren Kern mit 1 gekennzeichnet ist; 2, 3 und S sind Kerne der sekundären und tertiären Sporenzellen bzw. des Sporoplasmas. Zellkern des Sporonten punktiert. Größe: 20 µm. Nach Desportes (1984).

Fortpflanzungseinheit, die innere Sporenzelle (Sporoplasma). Der für *Paramarteilia orchestiae* geschilderte Sachverhalt gibt nur die einfachste Situation wieder; bei den anderen Gattungen liegen noch komplexere Verschachtelungen – zum Teil verbunden mit meiotischen Teilungen – vor. Die reife Spore ist letztendlich zweizellig, wobei eine Sporenzelle das infektiöse Sporoplasma umgibt. Es gibt keine spezielle Sporenöffnung. Ansonsten ist ist das Vorkommen von Centriolen mit 9 x 1 + 0-Mikrotubuli-Muster ein auffälliges cytologisches Merkmal.

2.3.1.7.2 Haplosporida

Haplosporidien finden sich weltweit als Parasiten von marinen Tieren, seltener auch von Süßwassertieren, z. B. in Geweben von Anneliden, Crustaceen, Echinodermen und vor allem in Mollusken. In Austernkulturen können *Haplosporidium*-Arten beträchtlichen Schaden anrichten. Sie besitzen einzellige Sporen, die mit den Faeces ins Freie gelangen und von diesen Evertebraten mit der Nahrung aufgenommen werden. In deren Verdauungstrakt schlüpfen kleine amöboide Keime, die in das Binde- oder Epithelgewebe einwandern und zu vielkernigen Plasmodien heranwachsen. Diese zerfallen durch multiple Teilungen in kleinere Plasmodien. Der Zyklus wiederholt sich und dient zur Verbreitung der Zellen. Die Kerne liegen meist in Paaren vor. Im Laufe der Sporulation umgeben sich mehrkernige Plasmodien (Sporonten) mit einer Zellwand. Die Kerne der Kernpaare verschmelzen nun vermutlich miteinander und teilen sich anschließend meiotisch. Alle weiteren Lebensstadien wären nach dieser Ansicht daher haploid. Die Sporonten teilen sich später in einkernige Sporoblasten auf. Nach einigen Autoren fusionieren dann je zwei dieser Sporoblasten miteinander zu einer Zygote, die eine sanduhrförmige Gestalt annimmt. Die eine Hälfte (Episporoplasma) ist kernlos, umwächst die kernhaltige Hälfte (Sporoplasma) und schnürt sich von ihr ab. Dieser Prozess einer Autophagocytose führt dazu, dass zwei ineinander verschachtelte Zellen vorliegen: Die kernhaltige Zelle befindet sich innerhalb einer Vakuole der zellkernfreien Zelle. Von der Epispore wird vor ihrer Degeneration nach innen, das heißt, zur Vakuole hin, eine Sporenwand abgeschieden; dabei kommt es an der späteren Austrittsöffnung des Sporoplasmas zur Bildung einer lidförmigen Falte sowie von artcharakteristischen Wandfortsätzen und Ornamentierungen (Abb. 73). Weitere Details des Entwicklungsgangs sind nicht mit Sicherheit bekannt. Man vermutet jedoch eine Einschaltung von Zwischenwirten.

Im Cytoplasma von Sporonten und Sporoblasten finden sich die namensgebenden Haplosporosomen. Bei ihnen handelt es sich um rundliche, elektronendichte und membranumgrenzte Vesikel mit einem Durchmesser von etwa 70–250 nm, die im Innern eine membranöse Substruktur aufweisen und im Übrigen wohl hauptsächlich Glykoproteine enthalten. Ihre Funktion ist unklar. Neben einem Golgi-Derivat (Spherulosom) befinden sich im Cytoplasma u. a. tubulo-vesikuläre Mitochondrien. Die Mitose läuft als geschlossene, intranucleäre Kernteilung ab.

*Haplosporidium, Minchinia, Urosporidium.

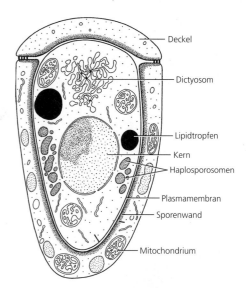

Abb. 73 Ascetospora, Haplosporida. Unreife Spore von *Minchinia nelsoni*, Vergr.: 11 000×. Nach Perkins (1968).

2.3.2 Retaria

Hauptsächlich marine, heterotrophe Organismen mit Reticulopodien oder Axopodien; häufig Skelettbildung.

2.3.2.1 Foraminifera

Foraminiferen bilden ein stark verzweigtes, anastomosierendes Netzwerk von Pseudopodien (Reticulopodien), deren Durchmesser zur Peripherie hin bis auf unter 1 µm abnimmt (Abb. 74). Versteifende Strukturen sind Mikrotubuli, die entweder einzeln oder in ungeordneten Gruppen vorliegen. Charakteristisch ist eine Bidirektionalströmung, der in der Regel alle Zellorganellen mit Ausnahme der Zellkerne unterworfen sind. Die Zellen besitzen einen bis zahlreiche Kerne, die entweder in dickere, zentral gelegene Plasmastränge integriert oder in einem Gehäuse liegen. Mitochondrien mit tubulären Cristae.

Ältere systematische Gliederungen orientierten sich am Vorhandensein und Aufbau von Schalen: Athalamea (ohne Schalen), Monothalamea (einkammerige organische Schalen), Foraminifera (hauptsächlich vielkammerige Schalen). Molekulargenetisch wird diese Unterteilung jedoch nicht gestützt. Die große, unbeschalte Süßwasseramöbe *Reticulomyxa filosa* beispielsweise lässt sich unter Anwendung molekularer Techniken dem meist einkammerigen Foraminiferentaxon Allogromiida zuordnen. Innerhalb der Allogromiiden findet sich die größte ökologische Diversität – marine, limnische und terrestrische Arten – während die restlichen Foraminiferen ausschließlich marin sind.

Man kennt in diesem großen Taxon etwa 4 000 rezente marine und 50 Süßwasserarten. Da die oft verkalkten Gehäuse leicht erhalten bleiben (Abb. 75), sind auch etwa 30 000 fossile Spezies bekannt, die zuverlässige Indikatoren bei stratigraphischen Untersuchungen, z. B. bei der Erdölsuche sind. Die meisten marinen Arten sind benthisch, wenige Formen pelagisch. Einzelne Individuen können ein für Ein-

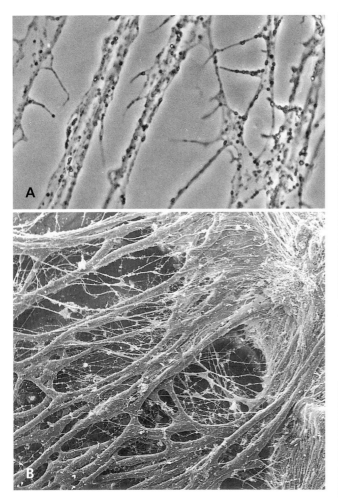

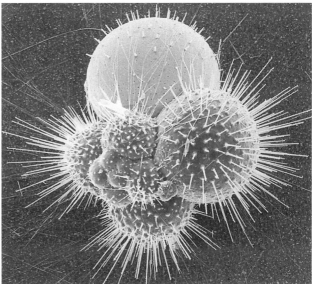

Abb. 75 *Globigerina bulloides* (Cercozoa, Foraminifera), aus dem marinen Pelagial. Durchmesser: 300 µm. REM-Foto. Original: C. Hemleben, Tübingen.

Abb. 74 Foraminifera (Cercozoa). Ausschnitt aus dem reticulopodialen Netzwerk einer marinen Foraminifere (**A**) und aus dem Zentralbereich von *Reticulomyxa filosa* (**B**), REM-Foto. Vergr.: A 1 000×, B 70×. Originale: A K. Hausmann, Berlin, B N. Hülsmann, Berlin.

Abb. 76 *Heterostegina depressa* (Cercozoa, Foraminifera). Großforaminifere (Größe: 4 mm) aus warmen Flachmeeren. Original: R. Röttger, Kiel.

zeller außergewöhnlich hohes Alter von mehreren Monaten oder gar Jahren erreichen. Dieses trifft insbesondere für die einige Millimeter bis Zentimeter messenden Großforaminiferen zu (Abb. 76).

Die meist feinstrukturierten Gehäuse sind einkammerig (unilocular) oder vielkammerig (multi- oder plurilocular); durch Foramina (= ehemalige Öffnungen) sind die Kammern untereinander verbunden, und durch die große Hauptöffnung treten die Pseudopodien aus. Die Schalen sind oft außerordentlich komplex gekammert, wobei zusätzlich noch die Wandungen von einem Labyrinth von Kanälen durchzogen sein können. Kammern und Kanäle sind von Protoplasma erfüllt.

Folgende Konstruktionsmerkmale der Gehäuse lassen sich unterscheiden: (1) proteinöse Schalen, manchmal mit einzelnen Fremdeinschlüssen (*Allogromia*); (2) Gehäuse aus verschiedenen anorganischen und organischen Partikeln (z. B. Skelettnadeln von Schwämmen), die in eine organische Matrix eingelagert werden. Die Grundsubstanz kann auch Eisen oder Silizium enthalten. (3) Kalkgehäuse aus Calciumcarbonat auf basaler organischer Schicht. In dieser Reihenfolge fand wahrscheinlich auch die Evolution der Schalen statt.

Die große Verschiedenheit der Foraminiferenschalen beruht hauptsächlich auf der unterschiedlichen Anordnung der Kammern. Beim N o d o s a r i a - Ty p sind sie in Längsrei-

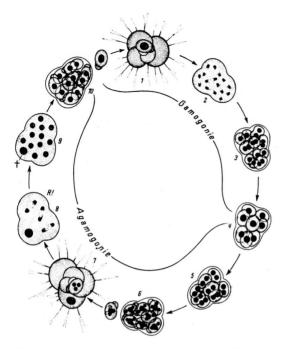

Abb. 77 *Rotaliella heterokaryotica* (Cercozoa, Foraminifera). Lebenszyklus mit heterophasischem Generationswechsel. 1 Erwachsener Gamont, 2 letzte Gamogoniemitose, 3 autogame Kopulation der Gameten, 4 Zygoten, 5 zweikernige Agamonten, 6 vierkernige Agamonten, 7 erwachsener Agamont, 8 erste meiotische Teilung, 9 Ende der zweiten meiotischen Teilung, 10 Agameten (junge Gamonten). – † Degenerierender Somakern. Nach Grell (1954).

hen angeordnet. In einer Spirale aufgewunden sind sie beim Rotalia-Typ (Abb. 76). Ist die Spirale in einer Ebene ausgebildet, handelt es sich um planspirale Gehäuse; bei einer helikalen Anordnung spricht man vom trochospiralen Aufbau. Beim Textularia-Typ sind die Kammern in zwei oder drei Reihen zopfartig arrangiert. Der Planorbula-Typ zeigt Kammern, die von innen nach außen in mehr oder minder konzentrischen Kreisen aneinander gefügt sind. Zur Klassifikation auf niedrigem systematischen Niveau lassen sich Schalenmerkmale, Habitate, protoplasmatische und genetische Merkmale verwenden.

In vielen Fällen kommen symbiontische Zoochlorellen (Grünalgen) oder Zooxanthellen (Rotalgen, Dinoflagellaten, Diatomeen) sowohl in den Pseudopodien als auch im zentralen Plasma vor. Die Gehäuse sind dann in der Regel transparent, und die Organismen leben oberflächennah in lichtdurchfluteten Arealen. Die photosynthetischen Symbionten tragen maßgeblich zur Kalkschalenbildung bei und beeinflussen dadurch auch die Sedimentakkumulation des Meeresbodens und der Strände (Globigerinensand). Symbiontenfreie Foraminiferen ernähren sich von Detritus, anderen Einzellern oder kleinen Metazoen.

Sexuelle und asexuelle Generationen kennzeichnen den Lebenszyklus einiger genauer untersuchter Arten. Obgleich der Einzelnachweis vielfach noch aussteht, wird vermutet, dass der heterophasische Generationswechsel (Abb. 77) zum Grundmuster der Foraminiferen gehört. Die Game-

ten sind in der Regel begeißelt. In bestimmten Phasen der Entwicklung kann Kerndualismus auftreten.

Amphicoryna scalaris, 700 μm; gezahnte Öffnung. – *Globigerina bulloides*, 300 μm im Durchmesser; Schale bestachelt (Abb. 75). – *Lagena sulcata*, 300 μm; kugelige, kräftig längsgerippte Schale. – **Lieberkühnia wagneri*, bis zu 150 μm; in Torfmoosrasen. – *Reticulomyxa filosa*; pseudopodiales Netzwerk bis 60 mm (Abb. 74B).

2.3.2.2 Acantharia

Früher wurden die Acantharia, Polycystinea und Phaeodarea (neu: Thecofilosea) als Radiolarien zusammengefasst. Alle Vertreter dieser Radiolarien besitzen Axopodien (mit hoch geordneten Mikrotubuli-Bündeln ausgesteifte Pseudopodien). Die Anordnungsweise der Mikrotubuli, die von einfachen bis zu geometrisch komplizierten Musterbildungen reicht, ist spezifisch für die einzelnen Teilgruppen (Abb. 78). Da die Genese der axopodialen Mikrotubuli von speziellen Zonen des Cytoplasmas, den Axoplasten, ausgeht, spricht man auch von einem Axopodien-Axoplasten-Komplex. Axopodien dienen als Lokomotionsorganellen, als Schwebefortsätze oder als Fangvorrichtungen beim Beuteerwerb. Alle Taxa der „Radiolarien" leben marin. Ein wichtiges Charakteristikum und Bestimmungsmerkmal sind die häufig ausgebildeten anorganischen Schalen, Skelette und Nadeln.

Die zwischen 50 μm und 1 mm großen Acantharia (Abb. 79) besitzen 10 oder 20 diametral angeordnete Stacheln (Spicula), die aus Celestit (Strontiumsulfat) bestehen. Dieses Mineral ist in Meerwasser sehr leicht löslich, so dass es keine Fossilien aus diesem Taxon gibt. Ein zentrales Endoplasma beherbergt die gewöhnlich zahlreichen Kerne und den größten Teil der Organellen. Eine perforierte extrazelluläre Kapsel aus vorwiegend fibrillärem Material umgibt das Endoplasma und die basalen Abschnitte der Spicula; durch Kapselporen ragen die Axopodien sowie einige Plasmastränge nach außen. Diese Plasmastränge stellen die Verbindung mit dem stark lakunisierten Ektoplasma her, das seinerseits von einem (zum Durchtritt der Axopodien ebenfalls perforierten) periplasmatischen Cortex umgeben ist. Über kontraktile Myophrisken (Myoneme) ist der extrazelluläre Cortex mit den von Cytoplasma umgebenen Bereichen der Spicula verknüpft. Die Axopodien sind durch ein hexagonales Verknüpfungsmuster der Mikrotubuli gekennzeichnet. Häufig ist das Endoplasma von Zooxanthellen besiedelt. Cysten und begeißelte Schwärmer sind 2 Stadien des im Übrigen nur unvollständig bekannten Lebenszyklus.

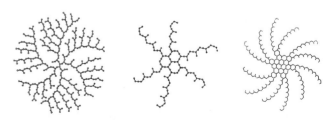

Abb. 78 Anordnung der Mikrotubuli in den Axopodien verschiedener Polycystineen. Nach Cachon und Cachon (1971).

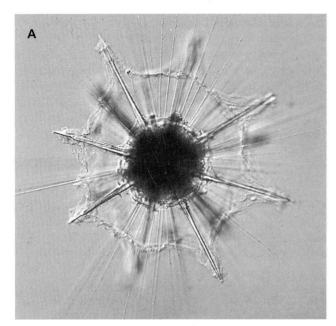

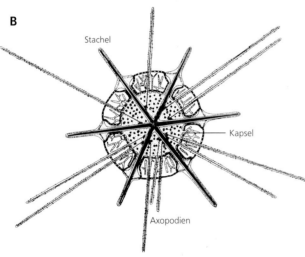

Stachel

Kapsel

Axopodien

Abb. 79 Cercozoa, Acantharia. **A** Habitus. Durchmesser: bis 400 µm. **B** Organisationsschema. A Original: M. Kage, Weißenstein; B nach verschiedenen Autoren.

Acanthocolla cruciata, mit 10 Spicula. – *Acantholithium dicopum*, mit 20 Spicula, beide im Hochseeplankton der Ozeane. – *Sticholonche zanklea*, 200 µm, bilateralsymmetrisch, mit mächtigen Silikatstacheln, die in Rosetten über die Zelloberfläche verteilt sind. Mikrotubuli der massiven Axopodien in hexagonalem Muster angeordnet. Pseudopodien können Ruderbewegungen ausführen. Im Mittelmeerplankton.

2.3.2.3 Polycystinea

Die von etwa 30 µm bis zu 2 mm messenden solitären Vertreter sowie die bis metergroßen Kolonien besitzen überaus „kunstvoll" (E. HAECKEL) (Abb. 80) gebaute Silicatskelette (Radiolarit) aus Nadeln und regelmäßig perforierten Schalen, die als Fossilien (seit dem Präkambrium) überdauern. Die beiden Plasmabereiche, das kernhaltige und optisch dichte Endo- sowie das periphere, stark vakuolisierte und häufig mit endosymbiontischen Algen durchsetzte Ektoplasma,

Abb. 80 Polycystineen-Skelette. Aus Haeckel (1887).

sind mehr oder weniger deutlich voneinander durch eine intrazelluläre Zentralkapsel aus Mucoproteinen getrennt. Sie besteht aus polygonalen Einzelplatten, die durch plasmatische Fissuren voneinander getrennt sind, über die wiederum Endo- und Ektoplasma miteinander kommunizieren. Die Platten der Zentralkapsel weisen komplexe Öffnungen (Fusulen) auf, in denen die Axoplasten liegen oder durch welche die Mikrotubulibündel der Axopodien vom Endoplasma zum Ektoplasma ziehen. Die axopodialen Mikrotubuli sind x-förmig oder schaufelradartig arrangiert bzw. hexagonal in Sechser- und Zwölfergruppen angeordnet; sie reichen oft tief in das Endoplasma, sogar bis in die invaginierte Kernhülle hinein. Neben den Axopodien treten Filopodien ohne Mikrotubuli auf. Die Elemente der Silikatskelette können mehrfach ineinander verschachtelt vorliegen (Abb. 80).

Cysten und zweigeißelige Schwärmer treten im Entwicklungsgang genauer untersuchter Arten auf; unbekannt ist hingegen, ob sexuelle Fortpflanzung vorkommt.

Die meisten Abbildungen zeigen die filigranen Skelette, deren Architektur früher als ausschließliche Grundlage für die Systematik diente. Lebende Exemplare, bei denen diese Skelette durch das Cytoplasma verdeckt sind, lassen dagegen nur wenig von der inneren Organisation erkennen. – *Arachnosphaera oligacantha*, mit mehreren corticalen Hüllen. – *Thalassolampe margarodes*, 15 mm, mit endosymbiontischen Grünalgen; ozeanisch.

3 Archaeplastida

Die Vertreter dieses ursprünglich heterotrophen Taxons sind in ihrer überwältigenden Mehrheit durch die wahrscheinlich nur ein einziges Mal erfolgreich verwirklichte Endosymbiose mit einem Cyanobakterium zur phototrophen Lebensweise übergegangen (Abb. 38A). Der Organisationstyp Alge, der von den ursprünglichen Taxa entwickelt wurde, hat im Laufe der Evolution aber auch wieder – mehrfach und unabhängig voneinander – sekundär zur heterotrophen Lebensweise zurückgefunden, so dass Organismen mit „tierisch" anmutenden Verhaltensweisen entstehen konnten. Dieses Lehrbuch über Tiere beschränkt sich auf die Besprechung derartiger Parasiten sowie auf diejenigen Formen, die als Einzeller und hier vor allem als Endosymbiose-Partner in heterotrophen Organismen auftreten. Im Allgemeinen besitzen die Zellen eine zellulosehaltige Zellwand, Mitochondrien mit flachen Cristae, Stärke als Reservestoff und bei den phototrophen Vertretern Chlorophyll a.

3.1 Rhodophyceae (Rhodophyta)

Die meisten der 6 000 Arten sind marin, einige limnisch oder terrestrisch. Sie sind meist phototroph (Plastiden mit Chlorophyll a und Phycobilisomen; Abb. 13), doch einige haben ihre Pigmente reduziert und leben mit hoher Wirtsspezifität parasitisch in oder auf anderen Rotalgen. Außer in amöboid beweglichen reproduktiven Stadien sind immer Zellwände vorhanden; Flagellen fehlen immer. Meist vielzellige Arten. Einzellige Vertreter kommen als Endosymbionten in Cryptomonaden, Prymnesiomonaden, Chrysomonaden und Dinoflagellaten vor, auch als Plastid ähnliche Reste (Apicoplast) in Apicomplexa (S. 25)

Porphyridium spp., frei lebend.

3.2 Glaucophyta (Glaucocystophyta)

Glaucocystophyten besitzen begeißelte, coccoide (mit Zellwand versehene) oder Palmella-Stadien (Dauerstadien) (Abb. 81). Cyanellen, hervorgegangen aus endosymbiontischen Cyanobakterien, fungieren als Plastiden. Besonderheiten: Chlorophyll a und Phycobiliproteine, Stärke als Reservematerial, flache Vesikel und Mikrotubuli unterhalb der Plasmamembran, zwei anisokonte Flimmergeißeln bei beweglichen Zellen. Wenige Arten in vier Gattungen.

Cyanophora paradoxa. – Glaucocystis nostochinearum.

3.3 Chloroplastida (Viridiplantae, Chlorobionta), Grüne Pflanzen

Zu den Chloroplastida gehören etwa 8 000 Algenarten und mehr als 250 000 Landpflanzen. Hierzu gehören auch einzellige, vorwiegend begeißelte Formen. Diese unterscheiden sich von den übrigen pflanzlichen, Flagellen tragenden Einzellern durch die sekundär isokonte und weitgehend flimmerlose Begeißelung sowie durch den Besitz von Chloroplasten, welche die Merkmale jener von höheren Landpflanzen aufweisen: 2 Hüllmembranen, Chlorophyll a und b, Thylakoide oder Thylakoid-Stapel (Grana) und Pyrenoide. Das Stigma liegt – wenn vorhanden – im Chloroplasten. Soweit echte Zellwände gebildet werden, bestehen sie im Wesentlichen aus Cellulose-Fibrillen, die in eine als Pectin bezeichnete Polysaccharid-Matrix eingelagert sind. Zellwandlose Süßwasserformen besitzen kontraktile Vakuolen. Sexuelle Fortpflanzung ist weit verbreitet. Mehrere Subtaxa.

3.3.1 Chlorophyta

Zu den Chlorophyten gehören zahlreiche einzellige Formen.

Innerhalb der meist vielzelligen **Ulvophyceae** sind die marinen Dasycladales einzellig, aber vielkernig. Sie besitzen zweigeißlige Gameten und viergeißlige Meiosporen.

Zu den **Trebouxiophyceae** gehören u. a. die coccoiden einzelligen *Chlorella*-Arten, die als Süßwasser- und terrestri-

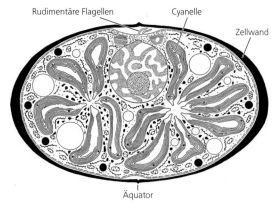

Abb. 81 Glaucocystophyta. Feinstruktureller Aufbau einer Zelle von *Glaucocystis nostochineanum* mit sternförmig angeordneten Cyanellen. Vergr.: 2 500×. Nach Schnepf et al. (1966).

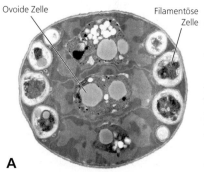 

Abb. 82 Trebouxiophyceae (Chlorophyta). Cysten von *Helicosporidium parasiticum*. **A** Querschnitt einer reifen Cyste. Vergr.: 2 000×. **B** Geschlüpfte Cyste mit abgerollter filamentöser Zelle. Vergr.: 2 150×. Aus Boucias et al. (2001).

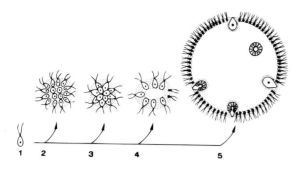

Abb. 83 Koloniebildung bei Volvociden. Ausgehend von einer *Chlamydomonas*-Zelle (1) bilden sich zunächst Kolonien steigender Individuenzahlen, in denen die Zellen alle gleichwertig sind: *Gonium* (2), *Pandorina* (3). Bei *Eudorina* (4) sind schon einige Zellen rein somatisch (schwarz). Bei *Volvox* (5) gibt es neben zahlreichen somatischen Zellen (schwarz) Mikro- und Makrogameten. Nach Pickett-Heaps (1975).

sche Algen omnipräsent sind; als sekundäre Endobionten können sie in Metazoen und anderen Einzellern vorkommen.

Molekulare Analysen deuten darauf hin, dass auch *Helicosporidium parasiticum* (Abb. 82) zu den Trebouxiophyceen gehört. Dieser Organismus infiziert ein weites Spektrum von Trematoden und Panarthropoden. Seine 5–9 µm großen Sporen sind mehrzellig und enthalten 3 Sporoplasma-Zellen und eine um sie herum gewundene filamentöse Zelle. Beim Schlüpfen streckt sich die spiralige Zelle und durchstößt die Sporenwand. Eine Infektion des Wirtes erfolgt über die orale Aufnahme von Sporen. Die filamentösen Zellen durchdringen die Darmwand und vermehren sich über rundliche Zellen, z. B. im Mixocoel. Möglicherweise gibt es frei lebende Stadien.

Die einzige begeißelte Gruppe innerhalb der **Chlorophyceae** sind die Volvociden. Typisch sind 2, 4 oder (selten) 8 unbeflimmerte Geißeln, die stets am Vorderpol entspringen. Der zumeist becherförmige Chloroplast weist fast immer eine seitliche Lage auf; er verleiht den Zellen eine charakteristische grasgrüne Färbung. Innerhalb der Gruppe gibt es neben einzelligen Vertretern (*Chlamydomonas*, *Chlorogonium*) deutliche Tendenzen zur Vielzelligkeit, wobei unterschiedliche Formen kolonialer Vebände mit steigender Zellzahl beobachtet werden können (z. B. *Gonium*, *Eudorina*, *Pleodorina*, *Volvox*, Abb. 83), die häufig als Modell zur Entstehung der mehrzelligen Organismen herangezogen werden. Die einzelnen Zellen befinden sich innerhalb einer gemeinsamen Gallerte und sind untereinander durch Zellausläufer (Plasmodesmen) verbunden. Die Mehrzahl der Arten, die vor allem im Süßwasser vorkommen, neigt zur Massenentwicklung. Einige Arten sind sekundär farblos geworden und leben heterotroph (z. B. *Polytoma*- und *Hyalogonium*-Arten). Bei den ebenfalls zu den Chlorophyceae gehörenden Chlorococcales sind nur die reproduktiven Zellen begeißelt.

Bei den **Prasinophytae** entspringen die 1 bis 8 (meist 4) isokonten Geißeln einer apikalen Einbuchtung des Zellkörpers. Sie sind charakteristischerweise zusätzlich von fein skulpturierten 40–60 nm großen Schuppen und Haaren (keine Mastigonemata) aus organischem Material bedeckt. Auch die übrige Zelloberfläche trägt derartige Schuppen in ein bis mehreren Schichten, die in Dictyosomen erzeugt werden und nur im Elektronenmikroskop darstellbar sind. In einigen Fällen (z. B. bei *Tetraselmis* spp.) verschmelzen diese

Strukturen zu einer kompakten Hülle (Theca). Manche Arten besitzen Extrusomen, die mit den Ejectisomen der Cryptophyceen (S. 56) vergleichbar sind. Der Schwerpunkt der Verbreitung der Prasinomonadinen liegt im marinen Bereich, nur wenige Arten kommen im Süßwasser vor.

Acetabularia acetabulum. 20–60 mm. Modellorganismus für Cytoplasmaströmung. – *Tetraselmis convolutae* ist ein Symbiont im Körpergewebe des marinen Acoels *Symsagittifera* (syn. *Convoluta*) *roscoffensis* (S. 822), der im Verlauf seiner frühen Entwicklung die Zellen aufnimmt und von ihnen stoffwechselphysiologisch abhängig wird. – *Trebouxia* spp., in Flechtensymbiosen.

3.3.2 Charophyta (Charophyceae)

Cytologische Besonderheiten dieses Taxons, von dem hier nur die einzelligen Formen erwähnt werden, sind die Synthese von Cellulosefibrillen mithilfe Rosetten-ähnlicher Multienzymkomplexe. Bei Zellteilungen ist meist ein Phycoplast involviert und bei einigen ein Phragmoplast. Es kommen sowohl unbewegliche, vegetative Stadien als auch begeißelte motile Zellen vor. Manche können sich sexuell vermehren. Die seltene *Chlorokybus atmosphiticus* (**Chlorokybophyceae**) bildet würfelförmige Zellhaufen in einer hyalinen, schleimigen Matrix (sarcinoide Organisation). Die beiden Geißeln der freigesetzten Zoosporen inserieren seitlich in einer Grube. Die etwa 15 Arten der **Klebsormidiophyceae** sind terrestrisch oder im Süßwasser lebende Algen, die unverzweigte Filamente ausbilden. Bei *Klebsormidium*-Arten kann sich jede Zelle in eine zweigeißlige Zoospore umformen, welche die alte Zellwand durch ein Operculum verlässt. Innerhalb der **Conjugatophyceae** (Zygnematophyceae) gibt es keine begeißelten Formen. Neben asexueller Vermehrung durch Zellteilung vegetativer haploider Zellen können amö-

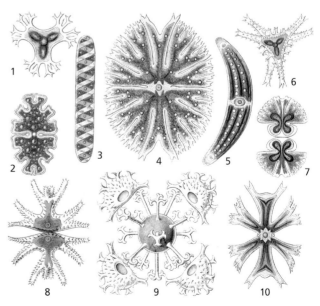

Abb. 84 Charophyta. Verschiedene Conjugatophyceen. **1** *Staurastrum furcatum*. **2** *Euastrum pecten*. **3** *Spirotaenia condensata*. **4** *Euastrum agalma*. **5** *Closterium costatum*. **6** *Staurastrum vestitum*. **7** *Micrasterias denticulata*. **8** *Micrasterias trigemina*. **9** *Staurastrum spinosum*. **10** *Micrasterias melitensis*. Aus Haeckel (1899–1904).

boide Gameten zu Zygoten verschmelzen. Einzellige Vertreter sind beispielsweise die *Closterium-* und *Micrasterias*-Arten (Abb. 84). Die Gattung *Mesostigma* hat asymmetrische Zellen mit einem Paar lateraler Geißeln, die in einer Grube entspringen. Plastiden mit 2 Membranen, Chlorophyll a und b sowie Stärke. Die Zellwand enthält Cellulose. Außerdem bedecken organische Schuppen Zellwand und Geißeln.

4 Amoebozoa

Die in dieser nunmehr als monophyletisch erachteten Gruppe vereinten phagotrophen Einzeller weisen Pseudopodien auf, die – nach dem derzeitigen Kenntnisstand – wohl nur in Ausnahmefällen Mikrotubuli als stabilisierende und bewegungsaktive Elemente enthalten. Geißeln und Centriolen sind häufig reduziert, in einigen Gruppen aber noch durchaus präsent (z. B. in *Acanthamoeba*, *Gocevia* und *Corallomyxa*). Manche Arten wie *Multicilia* oder *Phalansterium* bilden nur Flagellen. Die Pseudopodien werden relativ schnell (innerhalb von Sekunden oder Minuten) gebildet. Die Fortbewegung erfolgt durch abwechselnde Neubildung und Retraktion von Pseudopodien oder durch die fortlaufende Verlängerung eines einzigen Pseudopodiums. Sexuelle Fortpflanzung ist in einigen Fällen nachgewiesen. Die Vermehrung erfolgt durch Zweiteilung oder Vielfachteilung; ein-, zwei- oder mehrkernige Formen. Viele Taxa bilden entweder Sporocarpe (eine einzelne amöboide Zelle differenziert sich in eine meist gestielte Struktur mit Sporen) oder Sorocarpe (aggregierte Amöben bilden einen vielzelligen Fruchtkörper). Trotz ausgeprägter Formveränderlichkeit lassen sich morphologische Typen unterscheiden. Es gibt nackte und beschalte Vertreter. Häufig werden Cysten ausgebildet. Tubuläre mitochondriale Cristae.

4.1 Tubulinea

Diese Amöben haben lappen- oder fingerförmige (tubuläre) L o b o p o d i e n (Abb. 85), mitunter auch zugespitzte Pseudopodien, die in Einzahl (monopodial) oder in Mehrzahl (polypodial) auftreten. Monoaxialer Cytoplasmafluss in jedem Pseudopodium oder der ganzen Zelle. Tubulinea sind nackt oder besitzen ein Gehäuse. Bei manchen Formen wurden Cystenstadien nachgewiesen; begeißelte Stadien kommen nicht vor.

4.1.1 Euamoebida

Dies sind nackte Formen ohne besondere extrazelluläre Struktur, die alle aquatischen und terrestrischen Lebensräume besiedeln.

Die Fortbewegung der Nacktamöben erfolgt durch eine gerichtete Plasmaströmung oder über eine Rollbewegung ohne größere Formveränderung während der Fortbewegung. Das Uroid heftet sich nicht an. Die Größe der ein- bis vielker-

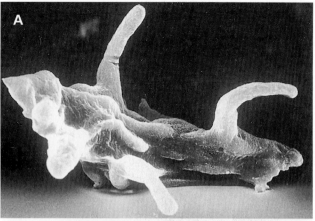

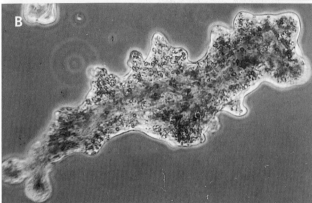

Abb. 85 *Amoeba proteus* (Tubulinea, Euamoebida). **A** Dreidimensionale Ausdehnung der Pseudopodien. Durchmesser eines Pseudopodiums: ca. 30 µm. **B** Plasmaströmung. Länge: bis 600 µm. Originale: K. Hausmann, Berlin.

nigen Zellen reicht von wenigen Mikrometern bis zu 5 mm (*Chaos carolinense*).

Amoeba proteus, bis 600 µm, bekannteste und besonders gut untersuchte Art (Abb. 85).

4.1.2 Leptomyxida

Die Bewegungsform ist meist deutlich abgeflacht mit einer netzförmigen oder stark verzweigten Struktur, wobei eine sehr aktive Form auch zylindrisch werden kann. Das Uroid ist adhäsiv. Häufig doppelwandige, porenlose Cysten.

Leptomyxa reticulata, bis 1 mm, terrestrisch.

4.1.3 Arcellinida (Testacealobosia)

Der Zellkörper dieser lobopodialen Amöben aus dem Süß- und Meerwasser ist partiell von einer Schale oder zumindest von komplexem Hüllmaterial umgeben. Schale oder Hülle bestehen aus organischem und oft auch zusätzlich aus anorganischem Material oder sind durch Fremdkörper (Sandkörnchen, Diatomeenschalen) (Abb. 86) maskiert. Aus der einzigen Öffnung (Pseudostom) treten ein einzelnes oder mehrere lappenförmige Pseudopodien aus. Zahlreiche Arten

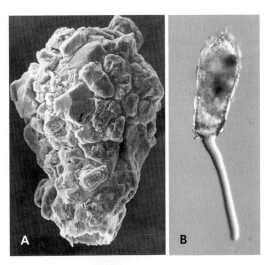

Abb. 86 *Difflugia* sp. (Tubulinea, Testacealobosia). **A** Schale aus Quarzstücken, REM-Foto. **B** Aus der Schale austretendes Lobopodium. Länge der Schale: ca. 200 µm. A Aus Hausmann (1973); B Original: W. Foissner, Salzburg.

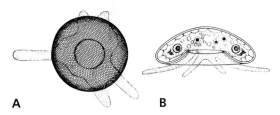

A **B**

Abb. 87 *Arcella vulgaris* (Tubulinea, Testacealobosia), in Aufsicht (**A**) und Seitenansicht (**B**). Durchmesser des Gehäuses: 65 µm. Aus Grell (1980).

leben in feuchten Böden; hier gewährleistet die Schale Schutz vor Austrocknung und mechanischer Verletzung.

Arcella vulgaris, 130 µm, organische Schale (Abb. 87). – *Difflugia acuminata,* 150–400 µm, Schale aus Quarzstücken (vgl. Abb. 86).

4.2 Discosea

Abgeflachte Amöben ohne zylindrische Pseudopodien. Die Zellform verändert sich während der Bewegung nicht. Bewegung und Cytoplasmaströmung beruhen auf einem Aktomyosin-Cytoskelett; polyachsialer Cytoplasmafluss oder keine Fließachsen. Subpseudopodien sind kurz oder fehlen; niemals gleichzeitig zugespitzt und verzweigt.

4.2.1 Flabellinia

Abgeflacht, meist fächerförmig, discoidal oder unregelmäßig dreieckig. Nie mit zugespitzten Subpseudopodien oder Centrosomen. Die Dactylopodida bilden fingerförmige Sub-Pseudopodien (Dactylopodien); bei den Vannelida kann bis zur Hälfte der Zelle aus einer flach-fächerförmigen Wanderungsfront bestehen

Vannella simplex, 60 µm, monopodial und mit zellulärer Rollbewegung.

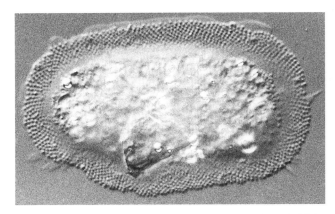

Abb. 88 *Cochliopodium* sp. (Discosea, Himatismenida), Aufsicht. Größe: 45 × 90 µm. Original: D.J. Patterson, Woods Hole.

4.2.2 Himatismenida

Dorsale Oberfläche mit festen Oberflächenstrukturen ohne spezielle Öffnung, ventrale Oberfläche nackt.

Cochliopodium bilimbosum, bis 100 µm, mit Belag aus Schuppen (vgl. Abb. 88).

4.2.3 Longamoebia

Abgeflachte, verlängerte Zellen mit zugespitzten Subpseudopodien und Centrosomen in einer Reihe. Bei den Thecamoebida besitzt die gestreckte Bewegungsform keine Sub-Pseudopodien. Acanthamoeben besitzen sehr feine, flexible Sub-Pseudopodien. Einige frei lebende oder obligatorisch parasitische Formen können – mangelnde Hygiene vorausgesetzt – dem Menschen gefährlich werden. Dies gilt für *Acanthamoeba*-Arten, die normalerweise als Bakterienfresser im Süßwasser oder in feuchtem Erdreich leben, unter Umständen aber auch als opportunistische (d. h. andere Erkrankungen oder ein defektes Immunsystem ausnutzende) Parasiten in Erscheinung treten und Hirnhautentzündungen auslösen (Granulomatöse Amöben-Encephalitis oder Acanthamoebiasis).

Mayorella viridis, 100 µm, mit Zoochlorellen. – *Acanthamoeba castellanii,* mit zugespitzten Pseudopodien.

4.3 Archamoebae

4.3.1 Entamoebidae

Bei dieser amöboiden Gruppe fehlen Geißeln, Centriolen und Peroxisomen, und auch der Golgi-Apparat ist reduziert. Mitosomen statt klassischer Mitochondrien. Geschlossene Mitose mit endonucleärem Centrosom und Spindel.

Entamoeba histolytica (Abb. 89), Erreger der Amöbenruhr, ist bei einem großen Teil der Bewohner und Besucher vorwiegend tropischer Regionen nachzuweisen; lebt als harmlose Minuta-Form im Dickdarm des Menschen, kann sich aber auch in die maligne Magna-Form umwandeln, die in das Darmgewebe eindringt und dort Geschwüre verursacht; Krankheitssymptome sind Durchfall mit Fie-

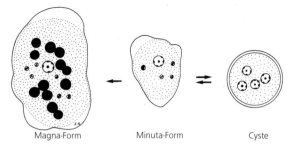

Magna-Form   Minuta-Form   Cyste

Abb. 89 *Entamoeba histolytica* (Archamoebae, Entamoebidae), verschiedene Formen. Nach verschiedenen Autoren.

ber und extremer Mattigkeit; Infektion erfolgt über Cysten, die mit verunreinigter Nahrung aufgenommen werden. – *E. coli*, nichtpathogener Darmbewohner in 30 % der Weltbevölkerung. – *E. gingivalis*, häufiger Bewohner des Mundes, besonders zwischen den Zähnen; Pathogenität umstritten.

4.3.2 Mastigamoebaea

Amöboide Zellen mit mehreren, manchmal steifen Pseudopodien und einem einzelnen Flagellum, was nach vorne gerichtet ist. Cystenbildend, ohne Mitochondrien. Vorkommen in mikroaerophilen bis anoxischen Habitaten, die reich an gelösten Nährstoffen sind. Ähnlich wie bei *Pelomyxa* (Pelobiontida) besitzen die Mastigamoeben einen Kern-Basalkörper-Komplex (Karyomastigont), der jeweils (1) das Kinetosom der Geißel, (2) die von einem MTOC ausgehenden Mikrotubuli sowie (3) einen Zellkern umfasst. Im typischen Fall wird der Zellkern durch dieses System becherförmig oder konisch umhüllt (Abb. 90). Der Geißelapparat (Mastigont), der in Ein- oder Mehrzahl vorhanden sein kann, besteht jeweils nur aus 1 Flagellum und 1 Basalkörper.

Mastigella vitrea, 150 µm; frei lebend mit mehreren Pseudopodien. – *Mastigamoeba spp.* – *Mastigina hylae*, 140 µm; im Darm von Kaulquappen (vgl. Abb. 90).

4.3.3 *Pelomyxa* (Pelobiontida)

Die Pelobiontida repräsentieren einen abgeleiteten Typus geißeltragender Einzeller, der durch ungepaarte Kinetosomen charakterisiert ist. Dass die Axonemata der Geißeln möglicherweise in Reduktion begriffen sind, könnte mit der sekundären Vervollkommnung einer amöboiden Bewegungsweise erklärt werden.

Pelomyxa palustris (Abb. 91) lebt im Schlamm eutrophierter Gewässer. Erst vor wenigen Jahren entdeckte man, dass das Hinterende der etwa 1–5 mm großen sackförmigen Zellen einige Flagellen aufweist. Diese besitzen typische Strukturmerkmale der Eukaryotengeißel, sind aber offensichtlich nicht bewegungsfähig. Die Lokomotion erfolgt substratgebunden und unter den Erscheinungen einer Endoplasmaströmung mit caudaler Ekto-Endoplasma- und apikaler Endo-Ektoplasma-Transformation. Den mit einigen 100 Zellkernen und etlichen einfach gebauten Karyomastigonten ausgestatteten Riesenzellen fehlen Mitochondrien, Hydrogenosomen und typische Dictyosomen. Das Cytoplasma enthält neben großen Glykogenkörpern zahlreiche endobiontische Bakterien, die zu drei verschiedenen – grampositiven, gramnegativen und gramvariablen – Formen gehören. Sie befinden sich häufig in Vakuolen um den Zellkern. Die Art weist

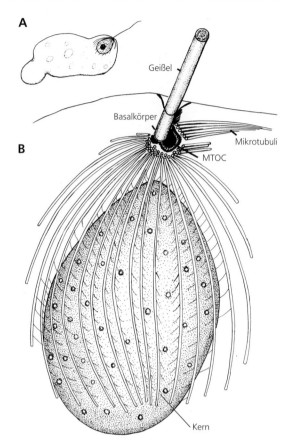

Abb. 90 *Mastigina* sp. (Archamoebae, Mastigamoebaea). **A** Habitus. **B** Karyomastigot mit Kern, Basalkörper (Kinetosom), Mikrotubuli-organisierendem Zentrum (MTOC) und den von dort ausgehenden Mikrotubuli. Aus Brugerolle (1991).

einen komplexen jahreszeitlichen Zyklus auf, innerhalb dessen durch mehrfache Teilung (Plasmotomie) auch zweikernige Individuen und vierkernige Cysten gebildet werden können. Gleichzeitig ändern sich die Durchmesser der Zellkerne, die Proportionen der Bakterienpopulationen sowie die Toleranz bzw. Intoleranz gegenüber O_2. Ausgewachsene Exemplare finden sich vom Hochsommer bis zum Spätherbst im sauerstoffarmen Schlamm von pflanzenreichen Süßgewässern.

4.4 Gracilipodida

Amöboid ohne Flagellen oder Centrosomen. Abgeflacht, fächerförmig oder unregelmäßig verzweigt mit kurzen konischen Subpseudopodien oder feinen, hyalinen, haar-ähnlichen Subpseudopodien. Cysten mit glatter, einschichtiger Wand.

Arachnula, Flamella.

4.5–4.10 „Mycetozoa", Schleimpilze

Eine Reihe von Amoebozoa hat man bisher als Mycetozoa (Schleimpilze) zusammengefasst: Cavosteliida, Dictyostelia, Fractovitelliida, Myxogastria, Protosporangiida, Protosteli-

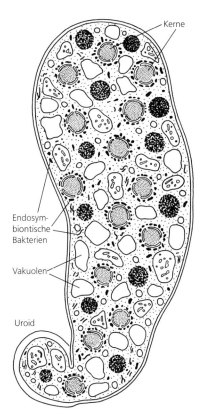

Abb. 91 *Pelomyxa palustris* (Archamoebae, Pelobiontida). Organisationsschema. Geißeln nicht eingezeichnet. Größe bis 5 mm. Nach Margulis, McKhann und Olendzenski (1993).

4.6 Myxogastria (Myxomycetes)

Die echten (azellulären) Plasmodien der in diesem Taxon zusammengefassten Arten leben meistens im Humus oder auf totem Holz. Sie sind gewöhnlich makroskopisch sichtbar und häufig leuchtend gelb oder rot gefärbt. Sie können Durchmesser von mehreren Dezimetern erreichen. Die zu einem Netzwerk vereinigten Protoplasma-Adern (Abb. 92), aus denen die Plasmodien bestehen, zeigen eine besondere Form der Plasmaströmung, die sog. Pendelströmung. Häufig werden sie für generelle Studien über amöboide Bewegung herangezogen. Die diploiden Plasmodien entstehen durch die Verschmelzung haploider Zellen, die entweder begeißelt sind oder sich amöboid bewegen. Unter fortlaufenden synchronen Kernteilungen wachsen sie zu plasmodialen Netzwerken heran. Bei Eintritt ungünstiger Lebensbedingungen werden gestielte S p o r a n g i e n gebildet, in denen unter Meiose die Sporenbildung erfolgt. Da sich sowohl die diploiden Plasmodien (durch Plasmotomie) als auch die haploiden Einzelzellen (durch Mitose) teilen können, liegt ein heterophasischer Generationswechsel vor. Bei schlechten Umweltbedingungen können sich die Plasmodien auch zu Sklerotien (trockenresistente Stadien) umwandeln.

Didymium nigripes, bis zu 5 cm große graue Plasmodien; regelmäßig auf Schoten und Blättern der Pferdebohne *Vicia faba*. – *Physarum polycephalum*, Plasmodien im Labor gelegentlich mehrere Quadratmeter groß; mit gelben Adern und grauen Sporangien (vgl. Abb. 92).

ida, Schizoplasmodiida. Nur 3 dieser Gruppen werden hier näher besprochen.

Aus den Sporen der Fruchtkörper schlüpfen amöboide Organismen mit feinen, zugespitzen Subpseudopodien. Die Lebenszyklen können einkernige Amöboflagellaten und unbegeißelte ein- oder vielkernige amöboide Stadien beinhalten. Bei den Protosteliden und Myxogastria bildet eine einzige amöboide Zelle einen Fruchtkörper (Sporocarp), während sich bei den Dictyosteliden aus einem Aggregat von Amöben ein Sorocarp bildet. Mitochondrien mit tubulären Cristae.

4.5 Protosteliida

Während der trophischen Phase treten – wie bei den Dictyostelia – amöboide Zellen mit Filopodien auf, die aber im Unterschied zu diesen auch 1–2 Geißeln tragen und zu netzförmigen echten Plasmodien verschmelzen können. Die Fruchtkörper bleiben relativ klein; sie entstehen aus Einzelamöben oder Plasmodien-Bruchstücken und weisen nur eine oder wenige Sporen auf.

Protostelium mycophaga, unbegeißelt und mit orangefarbigen Einzelzellen sowie Sporen bis 15 µm Durchmesser, in Moosen, Humus, Dung oder auf verrottenden Pflanzen.

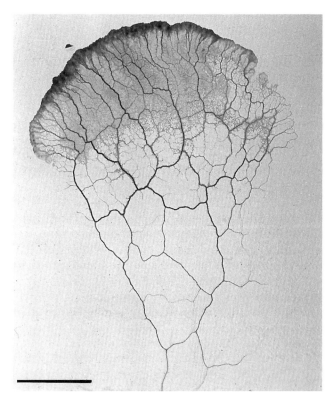

Abb. 92 *Physarum confertum* (Myxogastria). Plasmodium. Maßstab: 1 cm. Aus Stiemerling (1970).

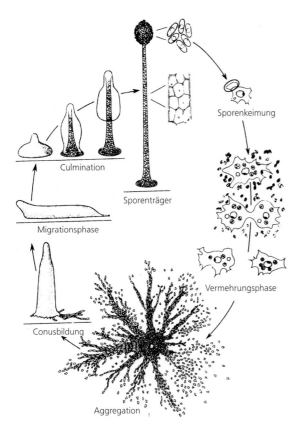

Abb. 93 *Dictyostelium discoideum* (Dictyostelia). Entwicklungszyklus. Nach Gerisch (1964).

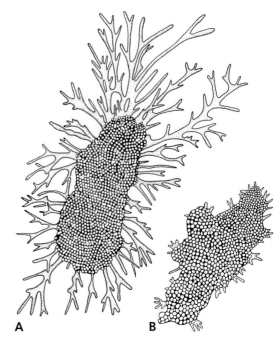

Abb. 94 *Corallomyxa mutabilis* (incertae sedis Amoebozoa, Stereomyxiden). **A** Aktiver Zustand, ausgebreitet. **B** Inaktiv, kontrahiert, Länge: ca. 200 µm. Nach Grell (1966).

4.7 Dictyostelia

Die Angehörigen dieser sog. zellulären Schleimpilze besitzen keine Flagellen. Sie weisen einen komplexen Entwicklungszyklus mit kurzer Generationszeit auf (Abb. 93). Als nackte, filopodiale Zellen (Myxamöben) leben sie von Bakterien in Humusböden oder in der Laubstreu. Im Anschluss an eine Massenvermehrung bilden sich Zellaggregate, die einen beachtlichen Differenzierungsgrad erreichen. Unter der Einwirkung von sog. A c r a s i n e n (verschiedene organische Verbindungen, z. B. cAMP), die von den Zellen produziert werden, entsteht ein migrationsfähiges, mit bloßem Auge sichtbares P s e u d o p l a s m o d i u m aus einigen tausend amöboiden Zellen. Es wandelt sich am Ende dieser Phase in einen vielzelligen, mehr oder weniger stark verzweigten und cellulosehaltigen F r u c h t k ö r p e r (Sorocarp, Sporangium) um. Bei seiner Bildung sterben die den Fuß und Stiel ausbildenden Zellen ab; die übrigen encystieren sich und bilden Sporen. Unter besonderen Umweltbedingungen entstehen unbegeißelte Gameten, die sich zu Zygoten vereinigen, u. a. durch Kannibalismus (Phagocytose von angelockten Myxamöben) zu Riesenzellen heranwachsen und sich encystieren. Die meiotischen Teilungen erfolgen innerhalb dieser M a k r o c y s t e n, aus denen dann haploide Zellen auskeimen.

Etwa 20 Arten. *Dictyostelium discoideum* (Abb. 93); Pseudoplasmodien bis etwa 2 mm. – *Polysphondylium violaceum*, mit violetten, im

Durchmesser bis 300 µm messenden Sorocarpen; lassen sich auf Nähragar züchten.

Incertae sedis Amoebozoa: Stereomyxiden

Die teils plasmodial organisierten Zellen erinnern durch ihre Gestalt an Schleimpilze. Sie sind stets stark verzweigt und dadurch äußerst vielgestaltig (Abb. 94). Die Bildung der Pseudopodien erfolgt sehr langsam, so dass nur über stundenlange Beobachtung Veränderungen der Körperform wahrgenommen werden können. Man hat weder Schalen noch Fruchtkörper beobachtet. Die Kenntnis ihrer Biologie ist äußerst lückenhaft.

Corallomyxa mutabilis, bis 3 mm (Abb. 94) und *Stereomyxa angulosa*, bis 1 mm, beide marin (Korallenriffe).

5 Opisthokonta

Im Taxon Opisthokonta lassen sich neben einigen kleineren Taxa die Tiere (**Metazoa**) und die höheren Pilze (**Fungi**) zusammenfassen (Abb. 1). Neben den vielzelligen Formen kommen auch primär oder sekundär einzellige Vertreter vor; nur auf diese wird hier näher eingegangen. Der Name des Taxons bezieht sich auf die Ansatzstelle der Mastigonemenfreien Geißel am hinteren Pol der frei schwimmenden Zelle, die in der Regel zumindest in einem Lebensstadium auftritt. Es ist ein Basalkörper- oder Centriolenpaar vorhanden. Einzellige Stadien haben Mitochondrien mit flachen Cristae.

5.1 Holozoa

Metazoa, Filasterea, Ichthyosporea, *Corallochytrium* und Choanoflagellata. Hier werden nur einige einzellige Formen behandelt.

5.1.1 Ichthyosporea (Mesomycetozoea)

Die meisten Vertreter sind Tierparasiten (häufig an Fischen und Krebsen); einige frei lebende und saprotrophe Arten. Zunächst wurden die Ichthyosporea provisorisch als DRIPs bezeichnet, nach den Anfangsbuchstaben der ersten bekannten Vertreter (*Dermocystidium, rosette agent, Ichthyophonus, Psorospermium*). Die meisten Lebenskreisläufe sind unbekannt. Zwischenwirte scheinen nicht zu existieren. *Psorospermium haeckeli* und *Dermocystidium* spp. können z. B. durch Füttern von Sporocysten enthaltendem Material auf Wirte übertragen werden. Auch frei lebende Stadien sind bekannt. Die Morphologie der Arten ist sehr unterschiedlich. Alle bisher entdeckten Stadien ernähren sich osmotroph. Einzellige trophische Organismen. Wenn vorhanden, nur 1 Flagellum.

Dermocystidium-Arten infizieren Haut oder Kiemen von Fischen, Molchen und Fröschen. Einige Arten bilden sowohl eingeißelige Zoosporen als auch septierte Hyphen. – *Ichthyophonus hoferi*-Infektionen führen zu Mortalität und ökonomischen Verlusten bei Süß- und Salzwasserfischen; begeißelte Stadien treten nicht auf. – *Psorospermium haeckeli* in Flusskrebsen (Abb. 95). Im Bindegewebe entstehen 100–200 µm große Sporocysten mit komplexer Hülle. Wenn das befallene Krebsfleisch vermodert, schlüpft ein sackförmiges Gebilde aus der Sporocyste, das Sporen freisetzt. Diese wandeln sich zu amöboid beweglichen einkernigen Stadien um, die möglicherweise neue Wirte befallen. – *Rhinosporidium seeberi*, welches Tumor-ähnliche Veränderungen der Nasenschleimhaut oder der Augenbindehaut von Menschen hervorruft; Gegenmittel unbekannt.

5.1.2 Choanoflagellata (Choanomonada), Kragengeißler

Die kleinen, einkernigen, nur selten mehr als 10 µm messenden, Flagellen tragenden Einzeller kommen sowohl sessil als auch in flottierenden kolonialen Verbänden im Meer- oder Süßwasser vor. Ihr hervorstechendes, apomorphes Charakteristikum ist eine am Vorderpol der Zelle liegende Reuse (Kragen) aus Mikrovilli (Abb. 96A). Es ist nur eine einzige Geißel vorhanden; auf eine völlig reduzierte zweite Geißel deutet ein weiteres Kinetosom hin. Die oft weit über den Rand des Kragens hinausragende Geißel erzeugt durch ihre Schlagtätigkeit einen Wasserstrom, durch den mitgeführte Nahrungspartikeln an die Außenseite des Kragens herangeführt und festgehalten werden. Die Phagocytose findet an der Basis der Mikrovilli oder dem Vorderpol des Zellkörpers statt. Flache Cristae in den Mitochondrien. Wegen der hohen Zellteilungsaktivität der Choanoflagellaten und dem damit verbundenen hohen Nahrungsbedarf werden sie als wichtiges Glied primärer Nahrungsketten betrachtet.

Viele sessile Arten leben solitär (*Monosiga*), andere in kolonialen Systemen (*Codonocladium*). Manche sind Bewohner von Gehäusen (Loricae) (*Salpingoeca*). Bei marinen Formen kann die Lorica aus miteinander verflochtenen Siliziumstäbchen (Costae) bestehen.

Durch die Ähnlichkeiten in Bau und Funktion des Kragens zwischen den Zellen der Choanoflagellaten und den Choanocyten der Schwämme (S. 81, Abb. 123B) steht das

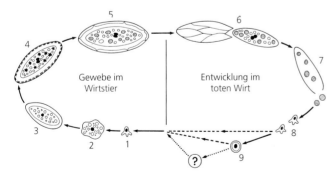

Abb. 95 Ichthyosporea. Vermuteter Lebenszyklus von *Psorospermium haeckeli*. 1 = Amöboides Stadium, 2 = dünnwandiges Stadium, 3 = sich differenzierende Sporocyste mit Schalenanlage, 4 = Sporocyste mit differenzierter Schale, 5 = reife Sporocyste im Ruhestadium, 6 = schlüpfbereites Stadium im Receptaculum, 7 = Freisetzung der Sporen vom geplatzten Receptaculum, 8 = motile Amöboidkeime, 9 = encystierte Amoeboidkeime, ? = weitere Stadien: –> verifiziert, - -> wahrscheinlich, ··> möglich. Aus Vogt und Rug (1999).

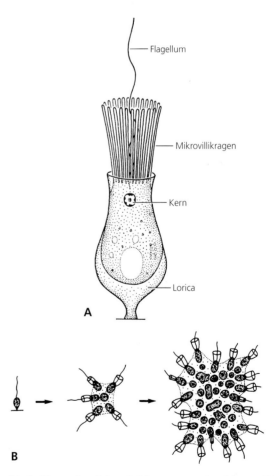

Abb. 96 A Choanoflagellata. *Salpingoeca amphoroideum*. Größe: 15 µm. **B** *Proterospongia haeckeli*. Ausgehend von einer einzelnen sessilen Zelle bilden sich Kolonien mit unterschiedlich differenzierten Individuen. A Aus Grell (1980), B nach Ettl (1981).

Taxon im Mittelpunkt der Diskussion um die Herkunft der Metazoa. Unterstützt wird die Hypothese einer engen Verwandtschaft zwischen Choanoflagellaten und Schwämmen auch durch die in beiden Tiergruppen vorhandene Fähigkeit, Kieselsäure metabolisieren und osmotisch eingedrungenes Wasser mithilfe von kontraktilen Vakuolen entfernen zu können. Ein weiteres Argument ist das Vorkommen sphärischer Kolonien (*Sphaeroeca volvox* [Durchmesser etwa 300–500 µm], *Proterospongia haeckeli*, Abb. 96B). Sie können als Modell für die erste Stufe bei der Entstehung der Mehrzelligkeit angesehen werden (S. 62). Hinsichtlich der Lesrichtung einer möglichen phylogenetischen Beziehung zu den Schwämmen sei jedoch darauf verwiesen, dass längerlebige Bruchstücke (Reduktien) von Schwämmen als Choanoflagellata beschrieben wurden und somit eine Herleitung rezenter Kragengeißler aus stark reduzierten Schwämmen ebenso möglich erscheint. Auch eine konvergente Entwicklung des Kragens im Zusammenhang mit sessiler Lebensweise und Filtrationsernährung kann nicht ausgeschlossen werden.

Codosiga utriculus, etwa 10 µm; an Wasserpflanzen. – *Salpingoeca fusiformis*, mit 16 µm langer Lorica. – *Proterospongia haeckeli*, Einzelzellen 8 µm; in Kolonien von bis zu 60 Zellen (Abb. 96B).

5.2 Nucletmycea (Holomycota)

Fungi, *Nuclearia* und *Fonticula*.

5.2.1 Fungi, Pilze

Dieses wenig überschaubare Taxon enthält wenigstens 100 000 Arten, 100 davon human- oder tierpathogen, 10 000 pflanzenparasitisch. Zu den Pilzmerkmalen gehören Glucan- und Chitin-haltige Zellwände, Glycogen als Speicherstoff und saprotrophe oder parasitische Lebensweise; keine Photosynthese; keine Phagotrophie. Flache mitochondrielle Cristae. Sexuelle und asexuelle Fortpflanzung kommen vor. Meist besteht ein Pilzkörper aus Fäden (Hyphen), die Mycelien aufbauen und Fruchtkörper mit Sporen bilden können. Der nicht reproduktive Teil wird Thallus genannt. Die Hyphen sind durchgängig (nicht septiert) oder in Zellen unterteilt (septiert). Manche Pilze bilden sowohl Hyphen als auch einzellige Hefestadien aus. Außer den rein einzelligen **Microsporidia** gibt es Taxa, die neben vielzelligen auch hefeartige Formen enthalten wie die **Chytridiomycota**, „**Zygomycota**", **Ascomycota** und **Basidiomycota**. Hier werden nur die Microsporidia ausführlich vorgestellt (s. auch Lehrbuch der Botanik für Hochschulen, begr. von E. Strasburger. 36. Aufl., 2008).

5.2.1.1 Microsporidia

Die stets flagellenlosen und meist sehr kleinen, im Sporenstadiums nur höchstens 20 µm messenden Microsporidia sind ausnahmslos intrazelluläre Parasiten, die in seltenen Fällen in einer parasitophoren Vakuole eingeschlossen sind, meist aber frei im Cytoplasma ihrer Wirtszelle vorkommen. Das Wirtsspektrum der etwa 1 200 bekannten Arten reicht von Einzellern (Apicomplexa, Ciliophora) über Coelenteraten,

Plathelminthen, Nematoden, Anneliden, Mollusken, Arthropoden und Bryozoen bis zu den Cranioten. Der Schwerpunkt ihrer Verbreitung liegt offensichtlich bei den Arthropoden und innerhalb der Cranioten bei den Teleostei. Unter den Mammalia treten vor allem Rodentia und Carnivora, daneben auch Primates als Wirte auf. Pflanzliche Organismen werden nicht befallen.

Lange wurden die Mikrosporidien als primitivste Eukaryotengruppe angesehen (s. 1. Auflage des Lehrbuchs, 1996), da z. B. ursprüngliche 70S-Ribosomen wie bei Prokaryoten vorkommen und Geißeln, Centriolen, echte Dictyosomen und Mitochondrien fehlen. Das Genom ist eines der kleinsten bei Eukaryoten (2,3 Mbp bei *Encephalitozoon intestinalis*). Phylogenetische Analysen verschiedener Proteine und Gene unterstützen jedoch eine systematische Stellung innerhalb der Fungi, so dass die Mikrosporidien eher sehr spezialisierte Organismen sind, die aufgrund ihrer parasitischen Lebensweise Strukturen verloren haben. Ein Mitochondrienrelikt (Mitosom) wurde inzwischen sogar nachgewiesen.

Charakteristisch sind ein besonders auffälliger Extrusionsapparat, die chitinhaltigen Sporenhüllen sowie bei vielen Arten diplokaryotische (gepaarte) Zellkerne (Abb. 97). Der Extrusionsapparat besteht in der ruhenden S p o r e aus einem aufgewundenen, tubulären und durch Proteinauflagerungen versteiften P o l f a d e n sowie einem häufig lamellierten P o l a r o p l a s t e n aus dicht gepackten oder vesikulären Membranstapeln. Morphologisch stellen diese Organellsysteme offenbar eine Einstülpung der Zellmembran dar. Die ein- oder zweikernige Zelle (A m ö b o i d k e i m, Amoebula oder Sporoplasma genannt) enthält daneben nur noch wenige Organellen, u. a. raues ER, freie Ribosomen, entfernt an Dictyosomen erinnernde flache Membranstapel und eine besondere Vakuole (Posterosom).

Der in seinen Einzelheiten nicht völlig aufgeklärte Infektionsvorgang lässt sich in Zellkulturen direkt beobachten. Er erfolgt in vivo normalerweise über Sporen, die mit der Nahrung vom Wirt aufgenommen werden. Im Verdauungstrakt ändert sich der Innendruck der Spore, wahrscheinlich durch das Anschwellen des Polaroplasten und des Posterosoms. Die osmotisch bedingte Turgeszenzerhöhung soll eine explosionsartig schnell ablaufende Ausstülpung des Polfadens hervorrufen (Abb. 97C). Die kinetische Energie des Extrusionsvorgangs reicht aus, Zellmembranen, selbst ganze Zellen und sogar Cystenwände zu perforieren. Durch das Lumen des bis zu einige 100 µm Länge erreichenden Polfadens wird der Amöboidkeim innerhalb von 5–30 Sekunden in eine Wirtszelle injiziert.

Innerhalb dieser Zelle – es handelt sich zumeist um eine Epithelzelle – wandeln sich die Parasitenkeime zu einfach differenzierten Meronten um und durchlaufen in der Regel mehrere asexuelle Schizogonie-Stadien. Die Kernteilungen erfolgen bei den Meronten als intranucleäre Mitosen. Im Verlaufe der Sporogonie entstehen Sporoblasten mit stärker strukturiertem Aufbau; aus ihnen gehen schließlich wieder infektiöse Sporen hervor (Abb. 97), die über Kot, Urin oder die Verwesung ihres Wirts ins Freie gelangen oder aber mitsamt ihrem Wirtsorganismus vom Folgewirt gefressen werden. Auch eine transovarielle Übertragung ist möglich. Kompliziertere Entwicklungsgänge besitzen heteromorphe Stadien; sie sind mit einem oder mehreren obligatorischen Wirtswechseln verbunden. Noch relativ unbekannt ist, auf welche Weise sich die Parasiten innerhalb des befallenen Organismus ausbreiten. Die Klassifikation innerhalb der Mikrosporidien ist noch immer ungeklärt. Beispielsweise wird basierend auf dem Habitat zwischen Aquasporidia, Marinosporidia und Terresporidia unterschieden, aufgrund des Vorhandensein oder Fehlens eines Diplokaryons im Lebenszyklus werden sie in Dihaplophasea und Haplophasea eingeteilt.

Als Erreger der Seidenraupen-Krankheit (*Nosema bombycis*), der Bienenruhr (*Nosema apis*) und einiger Fischkrankheiten (verschiedene *Glugea*-Arten) haben Microsporidia-Arten eine erhebliche wirtschaftliche Bedeutung. Bei AIDS-erkrankten Menschen kennt man inzwischen mehr als ein Dutzend opportunistische Arten wie *Encephalitozoon* sp. oder *Enterocytozoon* sp. Bestimmte Arten versucht man als Hyperparasiten einzusetzen, z. B. *Vairimorpha necatrix* gegen Schmetterlingsraupen oder *Nosema locustae* gegen die tropischen Heuschreckenplagen. In Gregarinen (Apicomplexa, S. 28), die in Anneliden parasitieren, kommen Mikrosporidien mit rudimentärem, d. h. sekundär vereinfachtem Extrusionsapparat ohne Polaroplast und ohne Posterosom vor, wie *Metchnikovella hovassei* (Sporen ca. 2 µm) in Gregarinen von *Perinereis* spp. (Nereididae). Die meisten Mikrosporidien besitzen einen komplexen Extrusionsapparat mit Polaroplast. Mehrschichtige Sporenwand mit Chitin. – *Vairimorpha necatrix,* Sporen 2–6 µm, im Fettkörper von Schmetterlingen. –

Encephalitozoon cuniculi, 2 µm, in Nieren und Bindegewebe verschiedener Säugetiere. – *Nosema bombycis,* 3–4 µm, in allen Geweben von Larven und Imagines des Seidenspinners *Bombyx mori.*

5.2.1.2 Chytridiomycota

Chytridiomyceten sind die einzigen echten Pilze mit begeißelten Zellen: Gameten und Zoosporen besitzen eine einzelne, zumeist posteriore Flagelle. Die Hauptzellwand-Polysaccharide sind Chitin und ß-1,3-1,6-Glucan.

Einzellige Arten: *Rhizophydium sphaerotheca* wächst auf Pollen und Pflanzenabfällen. – *Olpidium* spp. (Spizellomycetales) Zoosporen und Dauersporen sind Vektoren wichtiger pflanzenpathogener Viren.

5.2.1.3 Dikarya

Einzellige oder filamentöse Pilze ohne Flagellen; oft zweikerniger Zustand.

5.2.1.3.1 Ascomycota, Schlauchpilze
Schlauchpilze stellen 75 % aller Pilzarten. Die Bezeichnung Ascomycota geht auf den typischen sackförmigen Ascus zurück, in dem Karyogamie und Meiose stattfinden und in dem sich die (meist 8) sexuellen Ascosporen entwickeln. Neben Mycelien bildenden Formen gibt es einzellige, Hefe ähnliche Formen und gemischte Typen.

5.2.1.3.2 Basidiomycota, Ständerpilze
Einige Basidiomyceten besitzen einzellige Stadien. Bei Arten mit sexueller Entwicklung schnüren sich von den Basidiosporen (Meiosporen) durch Knospung Hefe-ähnliche Zellen ab. Zwei kompatible Zellen können konjugieren und dikaryotische Mycelien ausbilden.

5.2.2 *Nuclearia*

Rundliche Amöben mit langen Filopodien (Abb. 98) und scheibenförmigen mitochondrialen Cristae. Filopodien werden in der Regel sehr schnell (teilweise innerhalb von Sekunden) gebildet und ebenso schnell wieder retrahiert. Durch ihre Aktivität ziehen sie den Zellkörper vorwärts.

Nuclearia delicatula, radiärsymmetrisch, bis 60 µm (vgl. Abb. 98).

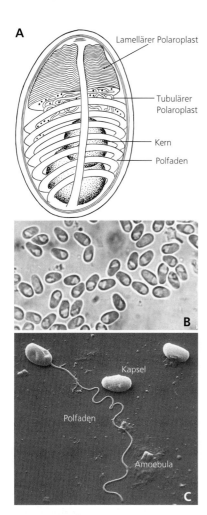

Abb. 97 Fungi, Microsporidia. **A** Ruhende Spore, Schema. **B** *Pleistophora typicalis.* Sporen. **C** *Nosema tractabile.* Sporen, davon eine mit ausgeschleudertem Polfaden. Vergr.: B 2 000×, C 3 000×. A Nach Lali und Owen (1988); B aus Canning (1977); C aus Larsson (1981).

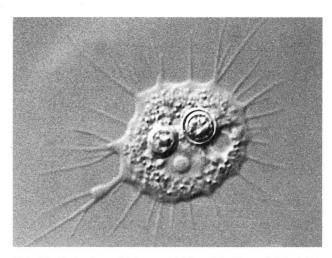

Abb. 98 *Nuclearia* sp. (Holomycota) Länge: bis 60 µm. Original. D.J. Patterson, Woods Hole.

6 Einzellige Eukaryota incertae sedis, Einzeller unbestimmter Zuordnung

Nicht alle einzelligen Organismen lassen sich bislang einem der bisher genannten Taxa mit Sicherheit zuordnen. Einige Taxa mit unklarer systematischer Stellung werden hier vorgestellt.

Centrohelida

Früher zu den Heliozoa (Sonnentierchen) gezählt. Die Mikrotubuli der zarten und langen Axopodien gehen von einem einzigen Mikrotubuli-organisierenden Zentrum (MTOC) aus, dem Centroplasten (Abb. 99) oder einem Axoplasten. Zellkern meist exzentrisch, er kann auch den Axoplasten

beherbergen. Kinetocysten und Mucocysten zum Beutefang. Axopodiale Mikrotubuli bilden meist hexagonale oder dreieckige Muster. Oft extrazelluläre silikathaltige Stacheln oder Schuppen.

Acanthocystis aculeata, 35–40 µm. – *Raphidiophrys pallida*, 50–60 µm, im Süßwasser.

Cryptophyceae (Cryptomonada)

Cryptomonaden (Abb. 100) besitzen 2 Geißeln, die sich in ihrer Länge und in ihrem Aufbau etwas voneinander unterscheiden: Die längere trägt 2 Reihen von etwa 1,5 µm langen Mastigonemen mit je 1 Terminalfilament, die kürzere weist 1 Reihe von Flimmerhaaren mit jeweils 2 Terminalfilamenten auf. Beide Geißeln entspringen der Flanke einer apikal gelegenen tiefen Einbuchtung des Zellkörpers (Vestibulum) (Abb. 21C). Die einkernigen Zellen sind ei- oder bohnenför-

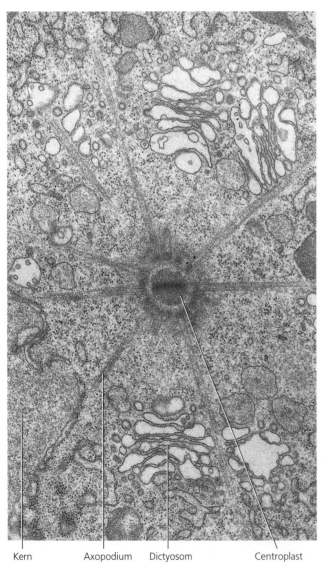

Abb. 99 *Heterophrys marina* (Eukaryota incertae sedis, Centrohelida). Zellzentrum. Vergr.: 60 000×. Aus Bardele (1975).

Kern   Axopodium   Dictyosom   Centroplast

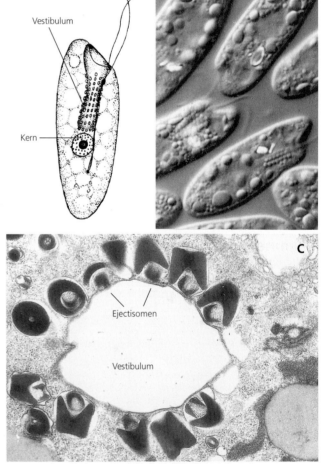

Abb. 100 *Chilomonas paramaecium* (Eukaryota incertae sedis, Cryptomonada). **A** Habitus; Vestibulum mit Ejectisomen. Länge einer Zelle: ca. 30 µm. **B** Lebendfoto. **C** Ultrastrukturquerschnitt durch das Vestibulum, um das Ejectisomen angeordnet sind. Vergr.: 10 000×. A Aus Grell (1980); B Original: K. Hausmann, Berlin; C Original: D.J. Patterson, Woods Hole.

mig mit einer leicht schrägen Abflachung in der Mündungsregion des Vestibulums. Die Starrheit des Zellkörpers rührt von einer nahezu lückenlosen Schicht aus proteinhaltigen Platten (Periplast), die der Zellmembran unter- und teilweise auch aufgelagert sind und die der Zelloberfläche eine hexagonale oder rechteckige Musterung verleihen. Als Extrusomen treten zwei weitgehend identische Ejectisom-Typen auf – kleinere an den Stoßstellen der Periplasten-Platten, größere im Bereich des Vestibulums (Abb. 100C). Süßwasserarten besitzen eine kontraktile Vakuole, die sich ins Vestibulum entleert.

Die Chromatophoren der Cryptomonaden enthalten die Chlorophylle a und c sowie als akzessorische Pigmente u. a. verschiedene Carotinoide, Alloxanthin, Phycocyanin und Phycoerythrin. Sie liegen in jeweils verschieden hohen Anteilen vor, so dass die Färbung der Zellen von olivgrünen zu braunroten oder gar bläulichen Nuancen reicht. Farblose Formen mit degenerierten Plastiden und heterotropher Lebensweise kommen ebenfalls vor. Die Plastiden liegen nicht – wie bei den Chloroplasten der Chlorophyta – frei im Cytoplasma, sondern sind zusammen mit anderen Organellen, wie Pyrenoiden, Vakuolen und dem Nucleomorph, von 2 weiteren Membranhüllen, also insgesamt 4 Membranen umgeben (Abb. 13). Der Komplex aus Chloroplast (mit 2 Hüllmembranen), extraplastidalem Pyrenoid, Vakuolen und Nucleomorph mitsamt der inneren, sie umhüllenden dritten Membran wird als Relikt eines stark reduzierten eukaryotischen Endosymbionten gedeutet. Das Nucleomorph lässt sich hierbei als ehemals autarker Zellkern, die dritte Membran als Zellmembran einer ehemals autarken Rotalge interpretieren. Die vierte (äußere) Membran ist demgemäß als ER-Membran (Vakuolenmembran) der Wirtszelle anzusehen.

Cryptomonas ovata, 15–20 µm, mit 2 Chloroplasten. – *Chilomonas paramaecium*, 30–40 µm, farblos (Abb. 100). Beide Arten im Süßwasser häufig.

Prymnesiomonada (Haptophyta)

Die etwa 500 vorwiegend marinen Vertreter sind in systematischer, paläontologischer und ökologischer Hinsicht von außerordentlicher Bedeutung. Die motilen Zellen tragen an ihrem Vorderpol 2 (selten 4) teils heterokonte, teils isokonte Flagellen, die meistens – wie die restliche Oberfläche – mit Cellulose, teilweise auch zusätzlich mit kalzifizierten Schuppen (Coccolithen) bedeckt sind. Die artspezifisch geformten Schuppen werden im ER gebildet. Flimmerhaare sind nicht vorhanden. Im Lebenszyklus können auch koloniale oder filamentöse Stadien auftreten.

Zwischen den beiden Geißeln inseriert ein drittes fadenförmiges Organell, das Haptonema (Abb. 21E, 101). Bei manchen Arten übertrifft es mit etwa 100 µm die Länge der Geißeln um ein Vielfaches, bei anderen ist es zu einem Stummel verkürzt oder vollständig reduziert. In seinem strukturellen Aufbau unterscheidet es sich deutlich von einem Flagellum: Es besitzt 6–8 einzelne Mikrotubuli, die von einer gefensterten Zisterne des endoplasmatischen Reticulums

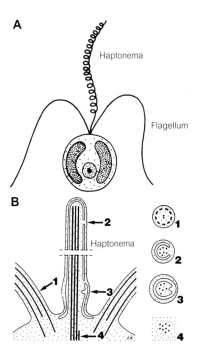

Abb. 101 Eukaryota incertae sedis, Prymnesiomonada. **A** Habitus. Größe: ca 8 µm. **B** Schema von Haptonema- und Flagellenanordnung mit Querschnitten. (1) Flagellum mit 9×2+2-Mikrotubuli-Muster, (2–4) Haptonema mit abweichender Mikrotubuli-Anordnung. Nach verschiedenen Autoren.

umhüllt werden. Das Haptonema kann sich langsam biegen, vor allem aber blitzschnell schraubig aufrollen. Der Mechanismus der Aufrollung und Streckung ist unbekannt. Die funktionelle Bedeutung ist nur teilweise bekannt, einige Spezies vermögen sich mit dem Haptonema am Substrat festzuheften oder aktiv über das Substrat zu gleiten, andere setzen es zum Nahrungserwerb ein.

Die meist in Ein- oder Zweizahl vorliegenden Plastiden werden – wie bei den Chrysomonaden – von einer ER-Membran umhüllt (Abb. 13), die auch den Zellkern umschließt. Eine Gürtellamelle fehlt. Chlorophylle a und c sind vorhanden, zusätzlich akzessorische Pigmente sind Fucoxanthin oder Diatoxanthin, die für die gelbbraune Färbung verantwortlich sind. Als Reservestoffe fungieren die Polysaccharide Paramylon und Chrysolaminarin, die außerhalb der Chloroplasten in Vakuolen gebildet werden. Einige wenige Vertreter sind farblos und ernähren sich phagotroph. Durch ihre hohe Präsenz im Nanoplankton der Weltmeere spielen vor allem die Coccolithophoriden eine wichtige Rolle in der Kohlenstofffixierung sowie – mindestens seit dem Jura – in der Sedimentbildung.

Phaeocystis pouchetii, Kolonien bis 8 mm, Zellen 8 µm; im Frühsommer häufig vor den Kanalküsten sowie in der Nordsee, erzeugen schleimig-schaumige Abfallprodukte, die für Fische toxisch sein können. – *Chrysochromulina polylepis* (Killeralge) wird häufig für Fisch-, Muschel- und Robbensterben verantwortlich gemacht – wie zuletzt im Frühsommer 1988 an den deutschen, dänischen und schwedischen Küsten. Verheerend wirken vor allem die nach außen abgegebenen Exotoxine und Schleimsubstanzen.

Spironemidae (Hemimastigophora)

Die rund 20 µm langen, farblosen Organismen haben 2
laterale Reihen von Flagellen (Abb. 102). Die Anordnung der
Corticalstrukturen erinnert stark an den Euglenen-Cortex
und besitzt im Querschnitt eine auffällige Diago-
nalsymmetrie. Auch die für einige Euglenen typische meta-
bolische Bewegung wurde für eine Art belegt. Die mit den
Kinetosomen vergesellschafteten Wurzelstrukturen erinnern dahingegen eher an Opaliniden (S. 15). Weitere Strukturen machen wahrscheinlich, dass sich die Hemimastigo-
phoren relativ früh von den Euglenozoa getrennt haben
könnten.

Hemimastix amphikineta, 15–20 µm; in australischen Böden (Abb.
102). – *Spironema terricola,* 15–20 µm; mit fein ausgezogenem
Schwanzende.

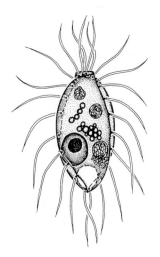

Abb. 102 Eukaryota incertae sedis, Hemimastigophora. *Hemimastix
amphikineta*, Vergr.: 2 200×. Aus Foissner et al. (1988).

Picozoa

Diese erst 2013 beschriebenen Planktonorganismen kommen
in allen Weltmeeren vor, wurden aber bisher aufgrund ihrer
geringen Größe (0,5–3,8 µm) übersehen. Sie können keiner
der übergeordneten Eukaryoten-Taxa zugeordnet werden.
Die einzige bisher bekannte Art, *Picomonas judraskeda*, ist
heterotroph und besitzt 2 Geißeln.

METAZOA, TIERISCHE VIELZELLER

Artenzahlen, Organisationsstufen

Von tierischen Vielzellern sind heute etwa 1,2 Millionen verschiedene Arten bekannt; man schätzt, daß tatsächlich 10–20 Millionen vorkommen. Die Zahl akzeptierter marin-aquatischer Arten (226 000, einschließlich eukaryotischer Einzeller) ist wesentlich geringer als die der terrestrischen Spezies. Die Verteilung der Arten auf die einzelnen Taxa ist sehr ungleichmäßig (Abb. 103). Die Gliedertiere oder Arthropoda machen allein 80 % aus, innerhalb dieser Gruppe stellen die Käfer und Schmetterlinge fast die Hälfte. Arthropoda und Weichtiere zusammen umfassen nahezu 90 % aller beschriebenen Arten, die Wirbel- oder Schädeltiere andererseits nur knapp 5 %. Die verschiedenen Baupläne (Abb. 103) werden also in sehr unterschiedlichen Artenzahlen in unserer heutigen Fauna repräsentiert – die Placozoa, und die erst 1995, bzw. 2000 beschriebenen Cycliophora und Micrognathozoa sogar nur mit 1 oder wenigen sicheren Arten!

Die Paläontologie macht deutlich, dass sich die Artenzahlen in den einzelnen Gruppen über die Zeit sehr stark geändert haben. Ein gutes Beispiel dafür sind die Cephalopoda, heute mit etwa 800 Vertretern, von Devon bis Kreide aber mit etwa 12 000 Arten bekannt. Viele, zu anderen Erdzeitaltern weit verbreitete und artenreiche Gruppen, z. B. die schwammähnlichen †Archeocyatha (S. 98), die †Trilobita (S. 488), verschiedene Echinodermentaxa (†Helicoplacoida, †Cystoida,

Bert Hobmayer und †Reinhard Rieger, Innsbruck

†Blastoida) (Abb. 1106) oder die Wirbeltiertaxa der fossilen Agnatha und †Placodermi (Bd. II, S. 189, 214) sind schon lange ausgestorben.

Im Vergleich zu kolonialen Formen einzelliger Eukaryota sind die Metazoa aus verschieden differenzierten Zelltypen aufgebaut, was zu einer Aufteilung von Funktionen im Organismus führte. Aufgrund cytologischer, histologischer und anatomischer Merkmale ordnet die Mehrzahl der Autoren die Metazoa in drei zunehmend komplexer werdende Organisationsstufen ein (Abb. 103, s. u.) – die der **Parazoa** (Schwämme), der **Coelenterata** (Nesseltiere und Rippenquallen) und der **Bilateria** (alle übrigen vielzelligen Tiere). Nach neueren, vornehmlich molekularen Daten kann man annehmen, dass die Trennung der Coelenterata (diploblastischer Bau, s. u.) und der Bilateria (triploblastischer Bau) vor etwa 800 Mio. Jahren vor sich ging (Abb. 106). Diese Daten stehen nach wie vor im Gegensatz zu paläontologischen Ergebnissen, nach denen der grösste Teil der Diversifikation der Metazoa erst in die Zeit vor etwa 600 Mio. Jahren datiert wird.

Für nahezu alle rezenten Metazoa ist ein dreischichtiger Bau mit zellhaltiger Mittelschicht zwischen zwei zelligen Begrenzungsschichten typisch. Dies gilt für das von Pinacoderm und Choanoderm umschlossene Mesohyl der Parazoa, für die von oberem und unterem „Epithel" umgebenen Faserzellen der Placozoa, für die von Epidermis und Gastrodermis umgrenzte Mesogloea verschiedener Coelenterata sowie für das zwischen Epithelien gelegene Bindegewebe der Bilateria.

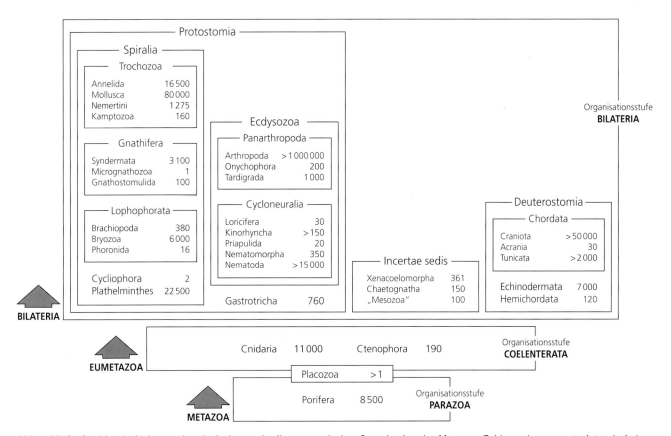

Abb. 103 Stufen histologischer, embryologischer und mikroanatomischer Organisation der Metazoa. Zahlen geben rezente Arten in jedem Taxon an. Original: R. Rieger und D. Reiter, Innsbruck.

Die ontogenetische Herkunft der Mittelschicht ist allerdings unterschiedlich und teilweise noch ungeklärt. Bei den Cnidaria z. B. führen Zelleinwanderungen aus dem Ektoderm (Ektomesenchym) zur zelligen Mesogloea. Die Fasermuskelzellen in der Mesogloea der Ctenophora sollen entodermaler Herkunft sein. Erst auf dem Organisationsniveau der Bilateria ist an der Bildung der Mittelschicht immer vom Entoderm abstammendes, mesodermales Gewebe beteiligt, das in verschiedener Weise durch ektomesenchymales Material ergänzt werden kann.

Grundsätzliche Möglichkeiten der Entstehung der Vielzelligkeit

Für die Frage nach dem Ursprung der Metazoa stehen zwei Gesichtspunkte im Vordergrund: 1. Von welchem eukaryoten Einzellertaxon stammen die Metazoa ab? Sehr wahrscheinlich war die Stammart ein flagellentragender Organismus (Abb. 1). Neuere ultrastrukturelle und molekulare Daten unterstützen das Schwestergruppenverhältnis mit den **Choanoflagellata** (Choanomonada). Sie gehören heute mit den Fungi zu den **Opisthokonta** (S. 52). Besonders Sequenzanalysen an Proteinen von Signaltransduktionskaskaden, Wachstumsfaktoren und chemischen Abwehrstoffen haben ergeben, dass Choanoflagellaten, Metazoen und Pilze (Fungi) sehr wahrscheinlich eine nur ihnen gemeinsame Stammart aufweisen (Abb. 1).

2. Auf welche Weise sind die ersten Metazoen-Zellkolonien entstanden? Obwohl es zahlreiche Modelle für die ersten Schritte der Metazoenevolution gibt, diskutiert man eigentlich nur drei grundsätzliche Möglichkeiten (Abb. 104): (1) Zellteilungskolonien (Zellklone) (Abb. 104A), in denen die sich teilenden Zellen mittels einer extrazellulären Matrix einen ersten vielzelligen „Organismus" bilden (Choanofla-

gellata, Volvocida, heterotrophe Flagellatenkolonien sowie Arten der Gattungen *Uroglena* oder *Spongomona*).

(2) Aggregationskolonien (Abb. 104B), in denen einzelne Zellen einer Art durch gerichtetes Zusammenwandern eine erste Vielzellerkolonie bilden (s. Schleimpilze, Abb. 92–94). „Erkennen" und physiologische Abstimmung zwischen den Einzelzellen wird bei Schleimpilzen durch Chemotaxis (z. B. durch cAMP, Folsäure oder Pterinderivate) über spezielle Zellmembranrezeptoren ermöglicht. Derartige Mechanismen entwickelten sich jedoch wahrscheinlich parallel zu den Vorgängen der Vielzelligwerdung der Metazoa.

Aggregationen von Zellen verschiedener Arten waren aber möglicherweise ein wichtiger Mechanismus bei der Entstehung symbiontischer Assoziationen von prokaryoten und eukaryoten Einzellern mit ursprünglichen Metazoen (z. B. mit Schwämmen, Nesseltieren oder Plattwürmern, S. 80, S. 120, S. 186).

(3) Zellbildung in einem vielkernigen Einzeller (Abb. 104C). Ein Modell hierfür ist die superfizielle Frühentwicklung der Arthropodeneier. Dieser theoretisch mögliche Weg konnte durch neuere ultrastrukturelle Daten nicht untermauert werden. Die syncytiale Struktur der meist als sehr ursprünglich angesehenen Hexactinellida (Abb. 134) zeigt aber, dass wahrscheinlich schon früh in den Metazoa vielkernige Gewebedifferenzierungen durch unvollständige Zellteilung entstanden sind.

Heute wird allgemein angenommen, dass die Metazoa aus Kolonien sich teilender Zellen (Zellklone) hervorgegangen sind (Abb. 104A). Die Aufdeckung der einheitlichen molekularen Struktur der extrazellulären Matrix bei allen Metazoa hat diese Annahme erhärtet (S. 67). Es ist durchaus möglich, dass in derartigen Metazoen-Zellklonen Einzelzellen nach unvollständiger Separierung durch spezielle Plasmabrücken verbunden blieben (wie bei Hexactinelliden, s. o.). Plasmabrücken erlauben die Kommunikation zwischen Zellen, wie z. B. die Weiterleitung von elektrischen Impulsen (Kontraktilität) im Falle der Hexactinellida.

In jedem Falle war eine frühzeitige Trennung von somatischen und generativen Zellen zum Aufbau des vielzelligen Organismus notwendig. Diese generativen Zellen, seit A. WEISMANN (1891, 1904) als Zellen der Keimbahn bekannt, sind – im Gegensatz zu den absterbenden somatischen Zellen – potenziell unsterblich (Keimbahn-Theorie). Besonders bei vielen ursprünglichen Metazoa gibt es neben den weiblichen und männlichen Geschlechtszellen aber auch asexuelle Stammzellen, die vegetative Vermehrung durch Teilung oder Knospung ermöglichen und so zur Bildung von Klonen führen können.

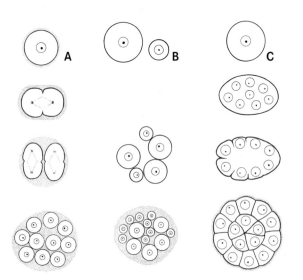

Abb. 104 Grundsätzliche Möglichkeiten der Entstehung tierischer Vielzeller aus einzelligen Eukaryoten. **A** Zellteilungskolonien, (z. B. Choanoflagellata, ursprüngliche Volvocida). **B** Aggregationskolonien, (z. B. Acrasea). **C** Zellbildung in vielkernigen Einzellern (z. B. Entwicklung des Insekteneies). Original: R. Rieger, Innsbruck und W. Westheide, Osnabrück.

Aussehen der ursprünglichsten rezenten und ältesten fossilen Vielzeller

Die ursprünglichsten heute lebenden Metazoen sind die Porifera, die Placozoa und die Coelenterata. Mit Ausnahme der nur 2–3 mm großen, scheibenförmigen Placozoa dominieren in diesen Gruppen makroskopische, sich nicht schnell fortbewegende Adultformen, die besonders bei den Cnidariern auch eine klonale (sich durch vegetative Vermehrung fortpflanzende) Organisation aufweisen. Diese Adultformen entstehen gewöhnlich aus einer kurzlebigen, mikroskopischen, freischwimmenden Larve (z. B. Amphiblastula, Parenchymula, Planula).

Als älteste Vorfahren der Metazoa werden oft Fossilien der weltweit verbreiteten E d i a c a r a - F a u n a (560–600 Mio. Jahre, Abb. 105, 106) angesehen. Zum Teil werden diese Fossilien auch als ausgestorbene Zweige einer möglicherweise mit den Metazoen nicht näher verwandten Organismengruppe (†Vendobionta) oder als Vertreter einer Cnidaria-ähnlichen Schwestergruppe der Metazoa interpretiert. Neuere paläontologische Untersuchungen legen nahe, dass die verschiedenen Vertreter dieser Ediacara-Fauna wahrscheinlich recht unterschiedliche Lebensformen (u. a. terrestrische Flechten [Lichenes]) mit sehr verschiedenen Bauplänen besaßen. Auffallend ist, dass es sich bei den Ediacara-Fossilien um makroskopische, sich nicht aktiv fortbewegende Organismen handelte. In diesen Charakteristika zeigt sich also eine Parallele zur Lebensform vieler ursprünglicher rezenter Metazoa.

Lebensspuren möglicher Vielzeller aus der Zeit der Ediacara-Fauna und davor (zwischen 600 Mio. und 1 Milliarde Jahre) deuten darauf hin, dass bereits auch andere Lebensformen (an der Oberfläche und in Sedimenten grabend) vorhanden waren. Wie erwähnt, ist in diesem Zeitraum die Entstehung der diploblastischen und triploblastischen Vorfahren rezenter Eumetazoa zu suchen (Abb. 106, s. u.). Eine so frühzeitige Aufspaltung wird, wie oben erwähnt, besonders nach rRNA- und DNA-Sequenzanalysen wahrscheinlich, nicht aber nach den meisten paläontologischen Untersuchungen, die den Zeitpunkt der Entstehung vielzelliger Tiere vor 600 Mio. Jahre annehmen. Aus dieser frühen, präkambrischen Zeit sind heute auch Mikrofossilien bekannt, die als Embryonen oder Sporen vielzelliger Tiere und Pflanzen gedeutet werden (Abb. 105C).

Fossilien, die eindeutig Vielzellern zuzuordnen sind, treten erst im Kambrium mit Formen auf, die bereits Bilateria-Baupläne aufweisen. Sie stammen aus weltweit verbreiteten Ablagerungen, z. B. dem Burgess-Schiefer in British Columbia (Abb. 107).

Ursprüngliche Körpersymmetrien

Bei den ursprünglichsten Formen (z. B. Porifera, Cnidaria) sind die Larven mehr oder weniger deutlich radiärsymmetrisch gebaut, d. h., man kann durch sie eine zentrale Hauptachse legen, die bei den Cnidaria-Larven durch Mund und apikalen Scheitel bestimmt wird. Die Placozoa sind 1 mm oder wenige Millimeter große, stark abgeplattete Scheiben ohne Symmetrie, jedoch mit Polarisierung der Ober- und Unterseite. Adulte Porifera sind zum Teil (z. B. Vasenwuchsform) radiärsymmetrisch oder (viele krustenbildende Arten) asymmetrisch gebaut. Bei den adulten Coelenteraten (medusoide oder polypoide Formen) herrschen wieder Radiärsymmetrie (Nesseltiere) oder Disymmetrie (Rippenquallen) vor. Biradialsymmetrie ist bei gewissen Blumentieren (Octocorallia, vereinzelte Hexacorallia) durch die Anordnung der Mesenterien in den Polypen bekannt. Von einigen Fossilien der Ediacara-Fauna kennt man außerdem eine dreistrahlige Symmetrie (Abb. 105B).

Größenspektrum adulter Tiere

Die Körperlänge rezenter vielzelliger Tiere kann unter 0,1 mm (z. B. einige Gastrotricha) und bis über 30 m (Blauwal) betragen, erstreckt sich also über 5 Zehnerpotenzen. Terrestrische Tiere variieren in ihrer Körpergröße zwischen 0,1 mm (einzelne Milben) bis zu 10 m (Elephanten). Im marinen Benthos trifft man auf eine zweigipfelige Kurve der Körpergrößen.

Zu den kleinsten Vielzellern gehören die erst 1983 entdeckten Loricifera (S. 448), bei denen die adulten Tiere etwa 250 µm, die Larven nur etwa 150 µm lang sind. Die wahrscheinlich kleinsten Vielzeller überhaupt (unter 100 µm) sind die parasitischen Orthonectida („Mesozoa") (Abb. 1185), das Zwergmännchen von *Dinophilus gyrociliatus* (Annelida, Abb. 544A), Männchen und Weibchen der Cycliophora (Abb. 378), einige Gastrotricha und „Rotatoria".

Millimetergroße Einzeltiere (Zooide) kommen auch bei vielen makroskopischen Tierstöcken (z. B. Hydroidstöcke, Korallen, Bryozoen, Synascidien) vor. Dieser Weg zur Ver-

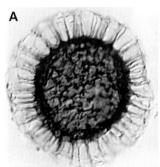

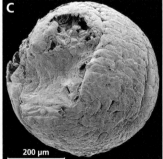
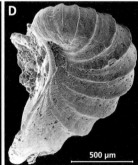

Abb. 105 Beispiele fossiler Eukaryota aus dem Präkambrium: **A** Acritarch (Endocyste eukaryotischer Phytoplankter), Größe 50 µm, Nordgrönland, Unterkambrium. Acritarche treten schon in 2 Milliarden Jahre alten Ablagerungen auf; auch koloniale bzw. multizelluläre Eukaryota erscheinen so frühzeitig. **B** †*Tribrachidium heraldicum*, eine triradiate medusoide Art aus der Ust-Pinega-Formation, Weißes Meer. Durchmesser: 1 cm. **C** Metazoen-Embryo aus dem Unteren Kambrium (Sibirien). **D** †*Archaeospira* sp., Stammlinienvertreter der Conchifera (Mollusca); Unteres Kambrium, China. A Nach Vidal in Bengtson (1994); B aus Fedonkin in Bengtson (1994); C, D Originale: S. Bengtson, Stockholm.

größerung eines „Organismus" ist eine Alternative zum Heranwachsen eines einzelnen Individuums. Sowohl in der Evolution der Landpflanzen als auch in der der Korallen zeigt die Fossilgeschichte, dass in phylogenetisch älteren Faunen klonale (Arten mit ausgeprägter vegetativer Vermehrung) bzw. Tierstock-Organisation häufig waren. In Gruppen einfach gebauter Metazoa gibt es zudem Beispiele, wie – durch Spezialisierung und Integrierung der Einzelzooide – Organismen höherer Komplexität entstehen können (z. B. Siphonophorae, S. 150; Bryozoa, S. 235).

Die größten rezenten Arten kennt man von den aquatischen Wirbeltieren (Walhai bis 18 m, Blauwal bis 30 m) (Bd. II,

S. 669) und den Kopffüßern (*Architheutis*-Arten etwa 18 m). In der Erdgeschichte wurden diese Größen nur von einigen Dinosaurierarten erreicht (*Diplodocus*-Arten bis 30 m) (Bd. II, S. 417). Besonders lange Formen findet man bei den Nemertinen (millimeterdünn, bis zu 30 m lang) (S. 283).

Innerhalb der höheren Taxa ist das Größenspektrum sehr unterschiedlich. Während bei „Rotatoria", Gastrotricha, Kinorhyncha, Gnathostomulida oder Kamptozoa alle Arten klein (selten größer als 1 mm) sind, weisen viele andere Taxa Größen von wenigen Millimetern bis mehreren Dezimetern oder Metern auf (z. B Mammalia: Etruskische Spitzmaus mit 2 cm, Blauwal 30 m; Mollusca: *Architeuthis princeps* mit 18 m

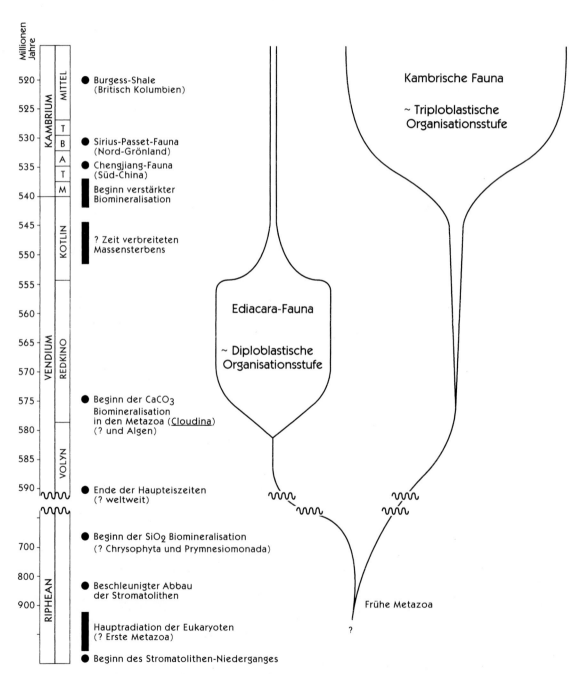

Abb. 106 Erste adaptive Radiationen der Vielzeller. Porifera und Placozoa mit Coelenterata hier als Diploblastische Organisationsstufe zusammengefasst. Vereinfacht nach Conway Morris (1993).

bis *Ammonicera minortalis* mit 0,4 mm; Plathelminthes: *Nemertoderma bathicola* mit 0,5 mm und *Diphyllobothrium latum* bis zu 20 m; Nemertini: *Arenonemertes minutum* 4 mm, *Prostoma graecense* 1 cm und *Lineus longissimus* bis über 30 m).

Größenspektrum von Larvenformen

Etwa 70 % der marinen Metazoa zeigen einen b i p h a s i s c h e n Lebenszyklus (Abb. 120, 264), in dem zuerst eine meist nur millimetergroße Larve gebildet wird. Aus der Larve entwickelt sich durch eine mehr oder weniger deutliche Metamorphose das vielfach makroskopische Adulttier. Die meisten Larven sind zwischen 100 µm und wenigen Millimetern groß, ihre Lebensdauer ist gewöhnlich kurz (Tage bis wenige Wochen), kann aber in einigen Fällen auch über ein Jahr betragen.

Zahl der Zellen und Zelltypen

Angaben über die Anzahl somatischer Zellen in den Metazoa sind – mit wenigen Ausnahmen (Zellkonstanz!) – selten; leider gibt es auch nur wenige gute Schätzungen. Sie reichen von

einigen hundert Zellen bei Dicyemida, 10^3 Zellen des Nematoden *Caenorhabditis elegans*, 10^4 Zellen des Mikroturbellars *Macrostomum hystricinum*, 10^5 Zellen bei *Hydra*, 10^6 Zellen in dem Makroturbellar *Dugesia mediterranea* bis zu 10^{14} Zellen beim Menschen. Es ist bemerkenswert, dass einfache Zellkolonien mit 10^3 Zellen (Arten von *Volvox*) bzw. 10^4 Zellen (Arten von *Proterospongia*) gleiche oder höhere Zellzahlen wie kleine Bilateria erreichen.

Kleine Metazoa müssen nicht immer sehr wenige Zellen aufweisen, für Loricifera z. B. ist die Zellzahl adulter Tiere auf 10^4 (!) geschätzt worden. *Haplognathia rosea* (Gnathostomulida, etwa 2 mm lang) besitzt allein mehr als 10^3 epidermale Zellen (Abb. 382A). Demgegenüber gibt es bei Turbellarien 1,5 mm lange Arten mit weniger als 10 Zellkernen in der wahrscheinlich syncytialen Epidermis.

Die hohe Zahl bei *Haplognathia rosea* erklärt sich daraus, dass bei diesen Tieren ausschließlich monociliäre Epidermiszellen vorkommen. Um die Ciliendichte für die Fortbewegung zu erhöhen, müssen die Zellen sehr dicht angeordnet sein. Alle Gruppen, die nur monociliäre Zellen aufweisen (s. u.), haben daher relativ hohe Zellzahlen, ein möglicherweise ursprüngliches Merkmal der ersten Metazoa.

Die Anzahl verschiedener Zelltypen nahm im Laufe der Evolution der vielzelligen Tiere zu – von *Trichoplax adhaerens*

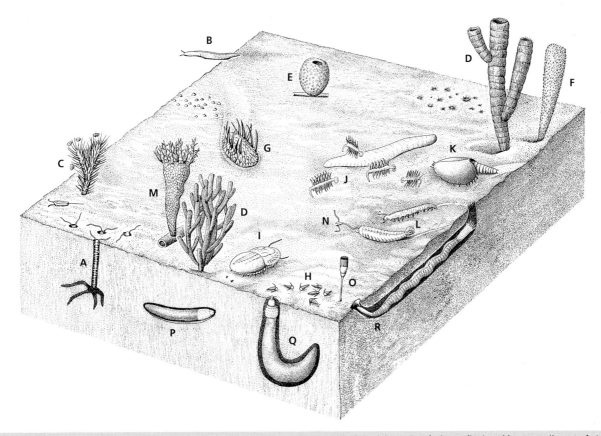

Abb. 107 Faunenelemente des Burgess-Schiefers (British Columbia, 530 Mio. Jahre) in und auf einem flachen Meeressediment. **A** †*Burgessochaeta setigera* (Annelida). **B** †*Pikaia gracileus* (Chordata). **C** †*Pirania muricata* (Porifera) mit aufsitzenden Brachiopoden. **D** †*Vauxia gracilenta* (Porifera). **E** †*Eiffelia globosa* (Porifera). **F** †*Chanceloria* sp. (Porifera). **G** †*Wiwaxia corrugata* (Verwandtschaft mit den Annelida umstritten). **H** †*Hyolithes carinatus (?)*. **I** †*Naroia compacta* (Arthropoda). **J** †*Hallucigenia sparsa* (Panarthropoda, S. 472). **K** †*Canadaspis perfecta* (Panarthropoda). **L** †*Aysheaia pedunculata* (Panarthropoda). **M** †*Echmatocrinus brachiatus* (Echinodermata). **N** †*Opabinia regalis (?)*. **O** †*Dinomischus isolatus* (Deuterostomia). **P** †*Aucalogon minor* (Priapulida). **Q** †*Ottoia prolifica* (Priapulida). **R** †*Louisella pedunculata* (Priapulida). Nach Conway Morris und Whittington (1979) aus Storch et al. (2001).

mit 5 Zelltypen zu den Primaten mit über 200. Der Nematode *Caenorhabditis elegans* besitzt 15–20, einige adulte Porifera und ein adultes Mikroturbellar der Gattung *Macrostomum* können über 30, höhere Evertebraten bis über 50 Zelltypen aufweisen.

Molekulare Grundstruktur der extrazellulären Matrix

Vergleichende Genomprojekte mit Vertretern von nahezu allen ursprünglichen vielzelligen Tieren deuten klar auf einen gemeinsamen molekularen Aufbau der **extrazellulären Matrix (ECM)** der Metazoa hin. ECM wird von Zellen sezerniert und gewährleistet Zusammenhalt und Kommunikation in den Vielzellern. Diese komplexe Matrix kann daher als Autapomorphie der Metazoa angesehen werden.

Die Matrix enthält fibrilläre Bestandteile, hauptsächlich verschiedene Faserkollagene, Elastine (nur in höheren Bilateria), Chitin (nur in der Cuticula) und selten auch Cellulosederivate sowie eine Grundsubstanz aus Proteoglykanen (Verbindungen von Proteinen mit Glykosaminglykanen) und Glykoproteinen (Proteine mit Oligosaccharidketten, z. B. Fibronectin, Laminin). Dazu kommt noch eine Reihe spezieller Matrix-Rezeptormoleküle in den Zellmembranen (z. B. die Integrine), die den Zusammenhang der extrazellulären Matrix z. B. mit dem Cytoskelett (Abb. 108) herstellen.

Die besondere Weiterdifferenzierung von Kollagen wird heute ebenfalls als Autapomorphie der Metazoa aufgefasst (Abb. 108E,F, 109). Von Wirbeltieren kennt man über 15 verschiedene Kollagene, bei einzelnen Evertebraten ist ihre Zahl ebenfalls groß. Kollagen ist inzwischen auch von extrazellulären Strukturen bei den Fungi nachgewiesen. In Vielzellerkolonien wurde es von Zellen nach außen wie nach innen sezerniert. Das ursprüngliche Kollagen war wahrscheinlich ein membrangebundenes Makromolekül. Bei Schwämmen wurden bisher nur zwei Gruppen dieser Faserproteine, fibrilläre (z. B. Spongin) und vernetzte, nachgewiesen.

Kollagenmoleküle bestehen aus 3 α-Helices. Sie sind unterschiedlich glykolysierte und hydroxylierte Polypeptide mit besonders hohen Anteilen an Glycin, Prolin, Hydroxyprolin. Sie können ihrer Länge nach mit ihresgleichen zu supramolekularen Fibrillen (z. B. Spongin, fibrilläre Kollagene I, II, III, V und andere Kollagene der Wirbeltiere) oder zu Netzen (z. B. Kollagen IV, häufig eine Komponente der basalen Matrix echter Epithelien) aggregieren.

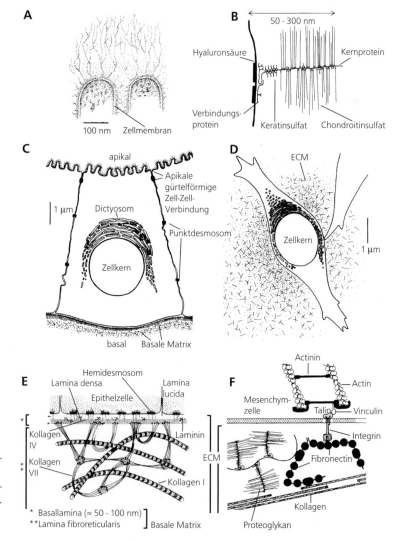

Abb. 108 Charakteristika der extrazellulären Matrix (ECM) in der epithelialen und mesenchymatischen (bindegewebigen) Organisation tierischer Gewebe. **A** Elektronenmikroskopisch sichtbare Makromolekularstruktur der ECM an der Apikalseite von Epithelzellen mit Glykokalyx (s. Cuticula-Evolution, S. 116). **B** Molekülstruktur eines Proteoglykans in der ECM von Knorpelgewebe bei Wirbeltieren. Proteoglykane bilden besonders große Makromoleküle (2 × 10⁸ DA!), da mehrere von ihnen durch ein Molekül Hyaluronsäure verbunden sind. **C, D** Epithelialer bzw. mesenchymatischer Zelltyp mit unterschiedlicher Lagebeziehung zur ECM. Erklärung im Text, S. 66, 67. **E** Elektronenoptisch erkennbare, makromolekulare Struktur der basalen Matrix unterhalb echter Epithelien. **F** Makromolekulares Schema des Zusammenhangs von Cytoskelett und ECM einer mesenchymatischen Zelle. A Nach Bennett (1969); B nach Darell et al. (1990); C,D nach Hay (1981) aus Edelmann (1989); E aus Fawcett (1994); F aus Morris (1993).

Nach ihren unterschiedlichen Funktionen werden sie in 4 Gruppen eingeteilt: fibrilläre (z. B. Kollagen I, II), fibrillen-assoziierte (Kollagen III), vernetzte (z. B. Kollagen IV in der basalen Matrix, Abb. 108E) und verschiedene kleine Kollagene (z. B. Minikollagene in der Kapselwand von Nesselzellen der Cnidaria). Die Bedeutung von Kollagenen für den Bauplan der tierischen Organismen wird deutlich, wenn man bedenkt dass ein Viertel aller Proteine im menschlichen Körper Kollagene sind.

Fibrilläre Kollagene zählen zu den wichtigsten Strukturelementen sehr vieler Skelettsysteme. Ihre Bildung ist besonders bei Wirbeltieren gut bekannt (Abb. 109). Ein Hinweis auf die offenbar ähnliche Entstehungsweise dieser Makromoleküle bei allen Metazoa ist z. B., dass das erste klonierte Kollagen-Gen der Porifera mit einem entsprechenden Gen der Echinodermen und Wirbeltiere nahe verwandt zu sein scheint. Kollagenfasern übertreffen in ihrer Zugfestigkeit sogar Stahl (beim Menschen bis zu 6 kg m^{-2}, maximale Dehnung 5 %).

Glykosaminglykane (GAG) sind Ketten aus Disacchariden mit jeweils einem Aminozucker, der auch Schwefelgruppen tragen kann (Abb. 108B,F). Daher sind Proteoglykane mit vielen Ladungen auf den einzelnen Glykosaminglykanen versehen, d. h. sie sind hydrophil und bilden hydratisierte Gele. Proteoglykane sind ein wichtiger Bestandteil verschiedener Bindegewebe, z. B. knorpelartiger Gewebe. GAGs sind auch schon von Schwämmen bekannt und ähneln dort jenen bei Wirbeltieren.

Proteoglykane sind Makromoleküle mit einem länglichen Kernprotein, an dem zahlreiche gleiche oder unterschiedliche GAGs mit speziellen Trisacchariden befestigt sind. Proteoglykane können als Membranproteine Bestandteil der Glykokalyx der Zelloberfläche sein, oder sie treten direkt in der ECM auf. Dort sind sie häufig in großer Zahl an ein Molekül Hyaluronsäure gekoppelt (Abb. 108B).

Glykoproteine sind meist globuläre Proteine, die Oligosaccharide kovalent gebunden mit sich führen (Abb. 108B,F). Das Glykoprotein Fibronektin in der extrazellulären Matrix der Porifera ist zu jenem der Wirbeltiere homolog. Auch Integrine und Laminin, Bestandteil der Basallamina echter Epithelgewebe (s. u.), kommt schon bei Porifera vor.

Biologische Bedeutung der ECM

Die extrazelluläre Matrix war für den Zellzusammenschluss, für die Entstehung des Informationstransfers zwischen den Einzelzellen und für die Energieverteilung bei der Entstehung der ersten Metazoen-Zellkolonien entscheidend.

Bei den Metazoa lässt die extrazelluläre Matrix drei räumlich getrennte Typen erkennen: (1) Cuticula-Abscheidungen an der apikalen Oberfläche der Epidermis, (2) die basale Matrix an der basalen Seite echter Epithelien und (3) die interzelluläre Substanz von „Bindegeweben". Die basale Matrix ist meist deutlich zweischichtig (Abb. 108E): Unmittelbar unter dem Epithel liegt die Basallamina (mit den Glykoproteinen Laminin, Fibronektin und Kollagen IV), darunter eine Schicht mit fibrillären Kollagenen (Lamina fibroreticularis). Letztere verbindet die basale Matrix mit den fibrillären Systemen der extrazellulären Matrix des Bindegewebes.

Biomechanische Eigenschaften (Stützfunktion, Zusammenspiel von intra- und extrazellulären Fasersystemen mit den intra- und interzellulären Flüssigkeitsräumen) gehen in erster Linie von Kollagenen und diversen Proteoglykanen aus

(Abb. 109). Da Kollagenfasern leicht biegbar, aber praktisch nicht dehnbar sind, können sie je nach Anordnung unterschiedliche Skelettfunktion ausüben. Im Tierreich wird außerdem das aus Aminozuckern aufgebaute Polysaccharid Chitin häufig für Stützfunktionen in cuticularen Strukturen verwendet (S. 423). Für die biomechanische Funktion sind auch die molekularen Querverbindungen zwischen den Fasermolekülen wichtig. Derartige Makromoleküle können bei der Bildung von anorganischen CaCO$_3$-Kristallen als Grundlage bzw. Matrizen für die Ablagerung von Kalkskeletten dienen. Als besondere Art einer temporären extrazellulären Matrix kann Schleim aufgefasst werden. Er wird von sehr vielen Tieren bei der ciliären Fortbewegung, bei der Encystierung, beim Festheften und als Schutz gegen Austrocknung, gegen Feinde und gegen Bakterien-Infektionen verwendet.

Die extrazelluläre Matrix hat aber nicht nur Skelettfunktion, sondern ist auch ein äußerst wichtiges **Kommunikationssystem** im Körper von Vielzellern. Mithilfe von verschiedenen Transmembranproteinen (z. B. Integrine) können auf diese Weise physiologische Prozesse und das Verhalten der Zelle gesteuert werden. Besonders wichtig sind derartige

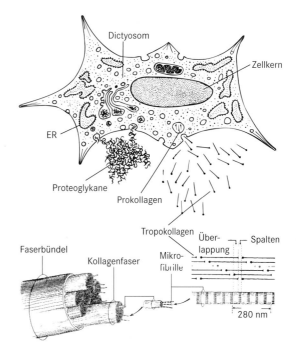

Abb. 109 Bau einer Bindegewebszelle. Sekretion von Faserkollagen (rechts) und Grundsubstanz (Proteoglykane, Glykoproteine, links) in der extrazellulären Matrix (ECM). Die aus 3 Helices bestehenden, polaren Prokollagenmoleküle werden im ER und im Golgiapparat erzeugt und durch Exocytose in die extrazelluläre Matrix sezerniert. Dort werden die nicht helicalen Endabschnitte der Prokollagenmoleküle größtenteils durch Peptidasen entfernt und damit in unlösliche Tropokollagenmoleküle umgewandelt, durch deren Aggregation schließlich die Mikrofibrillen entstehen (beim Menschen 20–200 nm dick). Mikrofibrillen können zu übergeordneten Fasersystemen zusammengefasst sein, diese wiederum zu Kollagenfasern (mit 1–20 μm Durchmesser beim Menschen) bzw. zu Faserbündeln. Die Mikrofibrillen sind dabei durch amorphe Schichten aus Mucopolysacchariden verbunden. Original: W. Maier, Tübingen, ergänzt aus Junqueira und Carneiro (1984).

Interaktionen für die Kontrolle der Zellteilung und während der Embryonalentwicklung, wenn die artspezifische Organisation des Körpers aufgebaut werden muss.

Gewebetypen

In Geweben der adulten Metazoa kennt man 2 Zelltypen, die sich auch in ihrem Verhalten zur extrazellulären Matrix grundsätzlich unterscheiden lassen, die sich aber dennoch ineinander umwandeln können (Abb. 108). Obwohl sie erst innerhalb der Eumetazoa ihre vollständige Charakterisierung erfahren, sollen sie hier besprochen werden, da man bei den Porifera und Placozoa bereits Vorstufen zu diesen beiden Zelltypen findet (S. 80, 103):

(1) **Schichtenbildende Epithelzellen,** die am apikalen Teil ihrer Zellmembran die Glykokalyx bzw. die Cuticula (S. 115), am basalen Teil der Zellmembran eine sog. basale Matrix abscheiden. Die basale Matrix besteht aus der Basallamina (Lamina lucida und Lamina densa) unmittelbar unter dem Epithel und einer darunter gelegenen Faserschicht (Lamina fibroreticularis). Gürtelförmige Zell-Zell-Verbindungen nahe der apikalen Epitheloberfläche bewirken den Zusammenschluss der Einzelzellen (Abb. 108C, 111, 113). Sie dienen der mechanischen Stabilität der Zellschicht und der Kontrolle des Stoffaustausches (*paracellular pathway*). Bei diesen gürtelförmigen Zell-Zell-Verbindungen spielen, wie auch bei Punktdesmosomen (s. u.), Proteine des Cadherin-Catenin-Komplexes eine besondere Rolle (s. u.). Epithelzellen zeigen apikal-basale Polarität, die sich in der Lage der Zellorganellen ausdrückt und sich bis in die molekulare Struktur der lateralen Zellmembranen verfolgen lässt. Sie bewirkt die unterschiedliche Abscheidung der extrazellulären Matrix sowie die Gradienten für die Stofftransporte durch die Zelle (z. B. Vesikelsysteme, *intracellular transport*).

(2) **Einzelzellen,** die sich **in der extrazellulären Matrix** befinden und bewegen, unterschiedliche Polarität aufweisen und untereinander nur punktförmige Verbindungen, einerseits kommunikative Nexus (*gap junctions*, Abb. 174B), andererseits mechanische Punktdesmosomen (Abb. 114) ausbil-

den. Bei Wirbeltieren produzieren sie faserbildende Kollagene (z. B. Kollagen I), Glykoproteine (z. B. Fibronektin) und andere ECM-Moleküle.

Aktuell wird davon ausgegangen, dass die epitheliale Anordnung von Zellen den ursprünglichen Gewebetyp der Metazoa darstellt, von dem ausgehend sich die Baupläne der einfach organisierten Vielzeller ableiten lassen. Die grundsätzlichen Unterschiede zwischen Epithelgewebe und Bindegewebe wurden bereits 1882 von OSKAR und RICHARD HERTWIG erkannt, dann jedoch weitgehend vergessen. Erst durch die elektronenmikroskopischen Untersuchungen an embryonalen und adulten Geweben sind die beiden grundlegenden Bauprinzipien tierischer Gewebe mit den oben beschriebenen Merkmalen wiedererkannt worden. Sie werden hier als Epithelgewebe und Bindegewebe im adulten bzw. als Epithelgewebe und Mesenchym im embryonalen Organismus gegenübergestellt. Aus ihnen differenzierte sich im Laufe der Evolution die Fülle der tierischen Gewebe. Diese werden gewöhnlich nach der Funktion ihrer Zellen in Epithel-, Binde-, Muskel-, Nerven- und Drüsengewebe eingeteilt. Besonders die Entstehung von Muskel- und Nervenzellen aus Vorläufern von Epithel- bzw. Bindegewebszellen ist eine für das Verständis der Evolution der Eumetazoa (= Histozoa) zentrale Frage (S. 108).

Zell-Zell-Kontakte in Vielzellern

Zusammenhalt und Kommunikation ermöglichen das aufeinander abgestimmte Verhalten der Einzelzellen in einer Zellkolonie und sind so entscheidend für deren Entwicklung und Funktion. Neben mechanischen Orientierungshilfen, die von Zellen auf ihre extrazelluläre Matrix ausgeübt werden können (Abb. 110, Zell-Matrix-Verbindungen, s. u.) sind u. a. folgende Strukturen in den Metazoen zu erkennen: (1) Zell-Zell-Verbindungen und (2) plasmatische Brücken in plasmodialen oder syncytialen Geweben.

(1) **Zell-Zell-Verbindungen** sind einerseits apikale gürtelförmige Strukturen um die Zellen herum, andererseits punktförmige Kontakte zwischen den Zellen. Erstere gibt es eigentlich nur bei Epithelzellen, punktförmige kommen

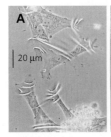
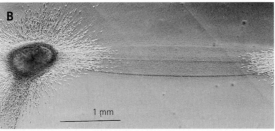

Abb. 110 Lebende Bindegewebszellen kultiviert auf dünnen Kollagen- bzw. Silikonschichten (Phasenkontrastaufnahme). **A** Sich bewegende Einzelzelle verfaltet durch lokales Anheften auf der Silikonschicht und durch Kontraktionen in der Zelle das Substrat. **B** Zugkräfte von Zellgruppen auf einem Gel mit Kollagenfibrillen (Analogon zur ECM) können die Fibrillen um die Zellgruppen radiär ausrichten oder zwischen 2 Zellgruppen parallel zueinander anordnen. Derartig erzeugte Falten spielen, zusätzlich zu morphogenetischen Gradienten in der ECM, eine Rolle in der Entwicklung von Bindegeweben: Einzelzellen verwenden die Muster der gespannten Faserzüge als „Schienen" zur Fortbewegung. Im Experiment stimmt die Längsachse sich differenzierender Röhrenknochen mit der Spannungsrichtung von Fasern der ECM überein. Original: A.K. Harris, Chapel Hill.

sowohl im Epithel als auch im Bindegewebe oder im embryonalen Mesenchym vor.

Der **apikale Zell-Zell-Verbindungskomplex** dient zur Kontrolle des Stofftransports zwischen den Zellen, zur mechanischen Festigung der Epithelschichten und als Grenzstelle zwischen apikalen und basolateralen Zellmembran-Abschnitten.

Bei Wirbeltieren, wo diese apikalen Zell-Zell-Verbindungskomplexe zuerst genauer identifiziert wurden, bestehen sie aus der äußeren Z o n u l a o c c l u d e n s (*tight junction*) und dem darunter liegenden Gürteldesmosom (sog. Z o n u l a a d h a e r e n s, Abb. 111). Erstere ist durch die Transmembranproteine der Claudine und Occludine, letzteres durch den Cadherin-Catenin-Komplex gekennzeichnet. Gürteldesmosomen sind mit F-Actin-Mikrofilamenten (6 nm-Filamente) assoziiert, die typischen Punktdesmosomen der Wirbeltiere hingegen mit intermediären Mikrofilamenten (10 nm-Filamente). Eine Zonula occludens ist auch bei Tunicaten nachgewiesen worden.

Bei fast allen übrigen Eumetazoen sind diese apikalen Zell-Zell-Verbindungen aus einer äußeren Z o n u l a a d h a e r e n s und einem sich darunter anschließenden s e p t i e r t e n D e s m o s o m aufgebaut (Abb. 113, 116).

Bei vielen Cnidariern fehlt eine elektronenoptisch sichtbare, äußere Zonula adhaerens. Molekulare Daten zeigen aber, dass Moleküle des Cadherin-Catenin Komplexes an der Bildung der septierten Desmosomen beteiligt sind. Eine weitere strukturelle Ausnahme sind die Epithelien der Ctenophoren mit anders gestalteten gürtelförmigen Zell-Zell-Verbindungen zwischen den Epithelzellen, die an die Zonulae occludentes der Wirbeltiere erinnern (Abb. 112). Funktionell dürften die septierten Desmosomen der Evertebaten als wichtige Kontroll-

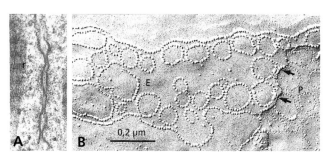

Abb. 112 Apikale, bandförmige Zell-Zell-Verbindung in der Epidermis von Ctenophora. **A** TEM-Querschnitt; **B** Gefrierbruchpräparat. Maßstab: 0,2 µm. Bei diesen ursprünglichen Metazoen erinnern die Zell-Zell-Verbindungen an die Zonulae occludentes von Wirbeltieren; bei Cnidariern schließen diese Verbindungen meist nur mit septierten Desmosomen nach außen ab. Aus Hernandez-Nicaise (1991).

stelle des Austausches zwischen den Zellen mit Zonulae occludentes der Cranioten weitgehend übereinstimmen.

Zellmembranständige Zell-Zell-Adhesionsmoleküle kommen schon bei Poriferen vor (z. B. membran-assoziierter Aggregationsrezeptor). Bei adulten zelligen Porifera sind in der epitheloiden Deckschicht (Pinacoderm) die Pinacocyten häufig mit sog. *parallel-membrane junctions* verbunden, die heute oft als Vorläufer der Zonulae adhaerentes gesehen werden. Bei einer Larve der Demospongiae gibt es zwischen den monociliären Zellen gürtelförmige, apikale Zell-Zell-Verbindungen, die ebenfalls an Zonulae adhaerentes erinnern. Im Genom von Schwämmen sind zudem alle Mitglieder des Cadherin-Catenin Komplexes kodiert. Eine typische basale

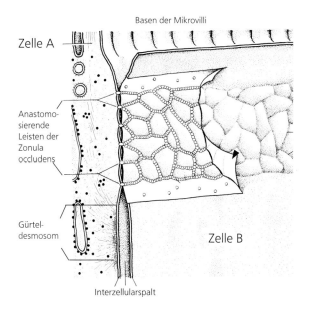

Abb. 111 Apikaler Haftkomplex, gürtelförmige Zell-Zell-Verbindung, am Beispiel eines Wirbeltierepithels; Längsschnitt-Schema des Zellmembranverlaufs zwischen 2 Epithelzellen nahe der Epitheloberfläche, kombiniert mit Seitenansicht; nach TEM- und Gefrierbruchverfahren. In dem Komplex liegt außerhalb die Zonula occludens (Regulation des parazellulären Stofftransports), unterhalb davon die Zonula adhaerens (mechanische Stabilisierung des apikalen Epithelverbandes). Aus Krstic (1976).

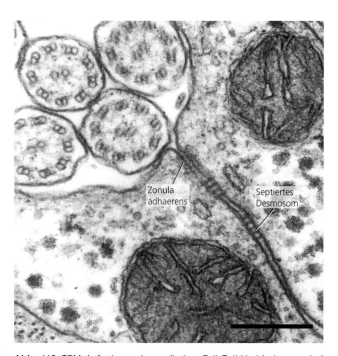

Abb. 113 TEM-Aufnahme der apikalen Zell-Zell-Verbindungen bei Wirbellosen (hier *Macrostomum hystricinum marinum*). Es liegt apikal fast immer (Ausnahme: Coelenterata) ein Gürteldesmosom (Zonula adhaerens) vor, innerhalb davon gewöhnlich ein septiertes Desmosom. Maßstab: 300 nm. Original: W. Salvenmoser, Innsbruck.

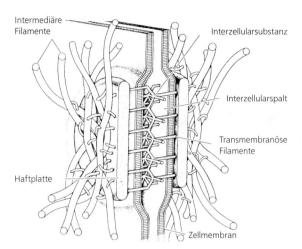

Intermediäre Filamente

Interzellularsubstanz

Interzellularspalt

Transmembranöse Filamente

Haftplatte

Zellmembran

Abb. 114 Grafische Rekonstruktion von Punktdesmosomen (Wirbeltierepidermis). Intermediäre Mikrofilamente (10 nm dick) und interzelluläre bzw. Transmembran-Mikrofilamente (1 nm dick) der beiden Haftscheiben sind aneinander verankert. Aus Junqueira und Carneiro (1984).

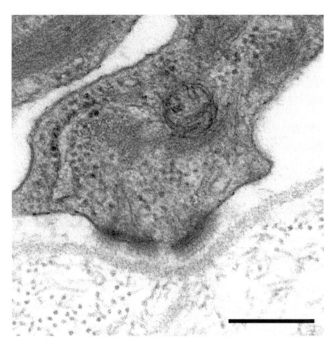

Abb. 115 Hemidesmosomen, asymmetrische Membranspezialisationen zur Anheftung des zellulären Cytoskeletts an der ECM (hier aus der Epidermis des Anneliden *Branchiobdella parasita*). Maßstab: 250 nm. Original: W. Salvenmoser und Ch. Berger, Innsbruck.

Matrix scheint zu fehlen, Kollagen IV ist aber an der Basis des Pinacoderms bei Homoscleromorpha (S. 102) nachgewiesen worden.

Von den Placozoa kennt man bisher keine extrazelluläre Matrix; allerdings hat man hier apikale Zell-Zell-Verbindungen nachgewiesen, die sehr an Zonulae adhaerentes erinnern (S. 104).

Die **punktförmigen Zell-Zell-Kontakte** sind entweder die mechanisch wirksamen P u n k t d e s m o s o m e n oder die der Zellkommunikation dienenden N e x u s (*gap junctions*) (Abb. 114, 174B). Diese Strukturen fehlen in voll ausdifferenzierter Weise den Porifera und den Placozoa (s. u.). Punktdesmosomen bei Evertebraten sind gewöhnlich mit F-Actin-Mikrofilamenten verbunden, bei Wirbeltieren wie erwähnt hingegen mit intermediären Mikrofilamenten. Als H e m i d e s m o s o m e n bezeichnet man punktförmige Kontakte zwischen Zellen und ihrer extrazellulären Matrix (Abb. 115). Auch hier scheinen bei Evertebraten diese Zell-Matrix-Verbindungen hauptsächlich über F-Actin-Mikrofilamente, bei Wirbeltieren aber sowohl durch diese als auch durch intermediäre Mikrofilamente mit dem Cytoskelett verbunden zu sein.

Ähnliche Strukturen können auch zur Verankerung der Cuticula an der apikalen Seite der Epithelzellen ausgebildet sein. Sie stehen einerseits mit den intrazellulären Mikrofilament-Systemen, andererseits mit dem Fibrillensystem der extrazellulären Matrix in Verbindung und können so die Kräfte zwischen Zellen (z. B. Myocyten) und äußerer extrazellulärer Matrix übertragen.

Adhäsion zwischen Zellen und dem makromolekularen Maschenwerk der extrazellulären Matrix spielt eine fundamentale Rolle in der Embryonalentwicklung sowie bei der Regulation der Genexpression im adulten Tier.

(2) Plasmabrücken in syncytialen Geweben: Solange Zellen in Vielzellern durch cytoplasmatische Brücken verbunden sind, kann die Erregungsleitung auch über diese Brücken erfolgen.

In den syncytial gebauten Hexactinellida (Abb. 134) kann z. B. über eine derartige Erregungsleitung die Flagellenbewegung der Choanocyten in 2,6 mm s^{-1} blockiert werden, d. h. ein Schwamm kann seine Pumptätigkeit innerhalb weniger Sekunden einstellen.

Vielkernige Gewebekomponenten (z. B. trabekuläre Syncytien) und auch wenige einkernige Komponenten (z. B. Archaeocyten, Choanoblasten bei Porifera) sind überwiegend durch Plasmabrücken mit speziellen, perforierten Platten aus elektronendichtem Material gekennzeichnet (Abb. 134). Ähnliche Strukturen scheinen zwischen Ausläufern der Faserzellen in *Trichoplax adhaerens* (Placozoa) und zwischen Einzelzellen bei einigen Choanoflagellata vorhanden zu sein.

Während Plasmabrücken und Zellwände sowohl bei höheren Pilzen wie auch bei den höheren Pflanzen immer erhalten bleiben, dürfte die Evolution zellwandfreier, nur mit Glykokalyx und kurzfristig lösbaren Zell-Zell-Kontakten versehener Zellen die entscheidende „Erfindung" der Eumetazoa gewesen sein. Sie ermöglichte die Entwicklung der so viel komplexeren Gewebe der höheren Tiere.

Organisation der ursprünglichen Metazoenzelltypen

Grundsätzlich lassen sich bei Vielzellern s o m a t i s c h e Z e l l e n von männlichen und weiblichen Gameten (g e n e r a t i v e Z e l l e n) unterscheiden sowie von asexuellen S t a m m z e l l e n, die entweder der Gewebserneuerung oder der vegetativen Fortpflanzung dienen können.

Unter den **somatischen Zellen** (wie auch den Geschlechtszellen) stellt die m o n o c i l i ä r e Z e l l e (Abb. 116, 118) mit großer Wahrscheinlichkeit die ursprüngliche Zellform der Metazoa dar. Sie besitzt nur e i n Cilium, das gewöhnlich in

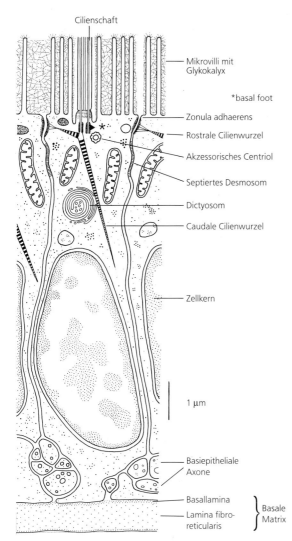

Abb. 116 Feinbau einer monociliären Zelle am Beispiel einer Epidermiszelle des Polychaeten *Owenia fusiformis*. Längsschnittschema. Nach Gardiner (1978).

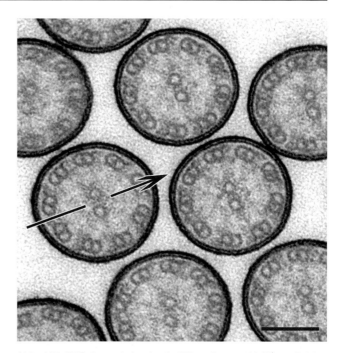

Abb. 117 TEM-Querschnitt durch Cilien einer multiciliären Epidermiszelle des Turbellars *Macrostomum lignano*. Der Pfeil gibt die Richtung des Cilienschlags an. Maßstab: 100 nm. Hochdruckgefrierpräparat. Original: W. Salvenmoser und M.W. Hess, Innsbruck.

einer Einsenkung der Zelloberfläche inseriert und von unterschiedlich vielen Mikrovilli umstellt ist (Abb. 118). Die Zahl der Mikrovilli schwankt zwischen 30–40 (Choanocyten der Schwämme) und etwa 8 (z. B. bei Gnathostomulida). Neben dem Basalkörper liegt ein akzessorisches Centriol, dessen Lage und Orientierung charakteristisch ist.

Bei Placozoa (Abb. 118) und Eumetazoa liegt das Centriol auf der Seite, in der der Ruderschlag des Ciliums erfolgt, meist deutlich rechtwinkelig zur Ebene des Ruderschlags. Eine quer gestreifte Cilienwurzel, oft in eine unter der Zellmembran annähernd horizontale und eine in die Zelle absinkende caudale Komponente geteilt, ist am Vorderrand des Basalkörpers befestigt. Wahrscheinlich reichte ursprünglich die Cilienwurzel bis zum Zellkern. Zwischen diesem und der Cilienbasis liegt der Golgi-Apparat. Am Basalkörper inseriert der *basal foot* (Abb. 116), und zwar an der Seite, die in Richtung des Ruderschlags weist. Die Orientierung der Cilien zueinander lässt sich anhand ihrer Querschnitte meist leicht feststellen (Abb. 117). In gewissen Sinneszellen (sog. Collarrezeptoren) (Abb. 178) und in den Terminalzellen der Protonephridien (Cyrtocyten) (Abb. 270) können die Merkmale abgewandelt sein (z. B. keine Cilienwurzel, Verlust des akzessorischen Centriols).

Bei den zellulären Porifera (Cellularia) fehlen in den Larven spezielle Mikrovillikränze um die Cilien; diese sind hingegen bei den Choanocyten der Adulti in besonderer Länge ausdifferenziert. Das akzessorische Centriol liegt hier – im Vergleich mit Eumetazoa und *Trichoplax adhaerens* – meist um 90° gedreht (Abb. 118), oder es fehlt. Die quer gestreifte Wurzelfaser (nachgewiesen bei Calcarea-Larven) kann fehlen oder auch durch entsprechende Mikrotubuli-Verankerungen ersetzt sein (Demospongiae).

Innerhalb der Metazoa findet man mehrmals Übergänge von einem monociliären zu einem multiciliären Epithel (Abb. 117, 118). Dabei ist zu bemerken, dass im gesamten Tierreich bewimperte Zellen nur selten biciliär, hingegen fast immer entweder monociliär oder aber multiciliär mit immer 10 oder mehr Cilien ausgebildet sind. Ausnahmen gibt es nur bei Sinneszellen, in denen 1 bis wenige Cilien pro Rezeptorzelle auftreten können. In fast allen multiciliären Epithelzellen sind auch die akzessorischen Centriolen an den Basalkörpern verloren gegangen (Ausnahmen: z. B. bei Cnidaria, Gastrotricha, Anneliden-Larven).

Nur mit monociliären Zellen ausgestattet sind die Placozoa, die Porifera (allerdings wurden kürzlich multiciliäre Zellen in einer Larve der Hexactinelliden entdeckt), die Gnathostomulida sowie sehr wahrscheinlich alle Phoronida, Brachiopoda, Pterobranchia, Echinodermata und Acrania. Überwiegend monociliär sind die Cnidaria; mono- und multiciliäre Epithelien sind bei verschiedenen Arten der Gastrotricha und in dem Annelidentaxon Oweniidae (s. S. 377) bekannt. Mono- und multiciliäre Zellen in Wimperepithelien ein und der selben Art sind selten, z. B. bei *Renilla* sp. (Anthozoa) oder Tornaria-Larven (Enteropneusta).

In der Embryonalentwicklung einiger Eumetazoa (*Owenia*, Pterobranchia, Echinodermata) lässt sich auch zeigen, dass der monociliäre Grundtypus das Ausgangsstadium für die Bildung von Bindegewebszellen, Myocyten und Neuronen ist.

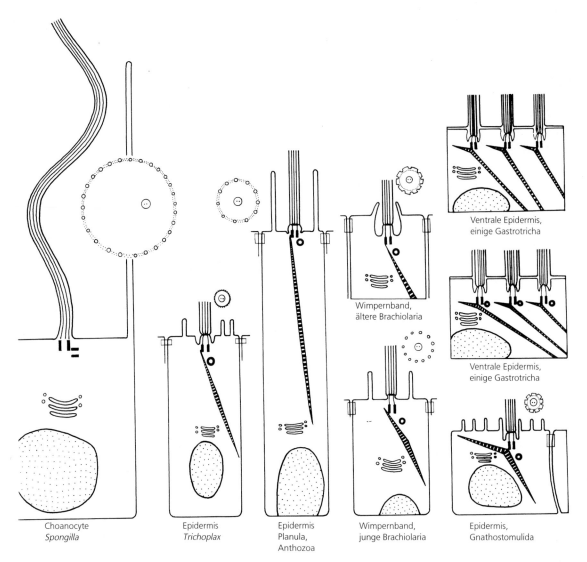

Ventrale Epidermis,
einige Gastrotricha

Ventrale Epidermis,
einige Gastrotricha

Wimpernband,
ältere Brachiolaria

Choanocyte
Spongilla

Epidermis
Trichoplax

Epidermis
Planula,
Anthozoa

Wimpernband,
junge Brachiolaria

Epidermis,
Gnathostomulida

Abb. 118 Vorkommen monociliärer Zellen im Tierreich und Entstehung multiciliärer Zellen am Beispiel der Gastrotricha. Die monociliären Zellen der Porifera sind meist durch fehlende oder speziell gebaute Cilienwurzeln gekennzeichnet sowie durch eine um 90° gedrehte Stellung des akzessorischen Centriols. Die Anzahl der das Cilium umgebenden Mikrovilli nimmt in monociliären Zellen deutlich von Porifera zu Cnidaria und zu Bilateria ab. Die Tafel zeigt auch die ursprüngliche Lage des Golgi-Apparats über dem Zellkern. Original: R. Rieger, Innsbruck.

Metazoa sind diploide Organismen, bei denen Meiose bei der Bildung der **Gameten** auftritt. Charakteristisch ist, dass in der Meiose der männlichen Keimzellen ursprünglich 4 Spermatozoen entstehen, bei den weiblichen hingegen immer nur eine Eizelle und 3 Polkörper. Die weiblichen Gameten bilden sich bei Porifera aus Choanocyten oder Archaeocyten (S. 91), die männlichen wahrscheinlich nur aus Choanocyten. Die Geschlechtszellen der Eumetazoa entstehen primär im Entoderm bzw. in dem sich davon ableitenden Entomesoderm. Bei Hydrozoa liegen sie sekundär immer in der Epidermis; bei einigen Arten konnte gezeigt werden, dass die Eizellen in der Gastrodermis gebildet und später in die Epidermis verlagert werden.

Generell nimmt man an, dass ursprünglich die Keimzellen keine Hüll- oder akzessorischen Zellen besaßen. Verbindungen mit somatischen Zellen oder mit während der Oogenese unterdrückten generativen Zellen, die Ernährung und Trennung der Keimzellen von den somatischen Geweben unterstützen, sind aber bereits von Porifera und ursprünglichen Bilateriern (z. B. Plathelminthes) bekannt. Die männlichen Gameten (Spermien) der Metazoa lassen sich auf einen ursprünglichen Typus zurückführen (Abb. 119A, B), der der monociliären Zelle sehr ähnlich ist. Für diesen ist ein kugeliger Kopfabschnitt mit dem Zellkern und einem davor gelegenen Akrosom charakteristisch. Dahinter befindet sich ein kleines Mittelstück mit den Mitochondrien. Zwischen Zellkern und Mitochondrien liegt der Basalkörper eines den Schwanzabschnitt ausfüllenden Ciliums mit Axonem. Ursprünglich ist neben dem Basalkörper – entsprechend der monociliären Bauweise – ein akzessorisches Centriol vorhanden.

Dieser Grundtypus ist in sehr mannigfaltiger Weise abgewandelt, insbesondere dort, wo innere Befruchtung vorliegt (Abb. 119C). Die männlichen Gameten sind der am stärksten diversifizierte Zelltyp innerhalb der Metazoa. Zur Übertragung auf den Partner werden Spermien oft bündelweise in extrazelluläre Hüllen verpackt (Spermatophoren).

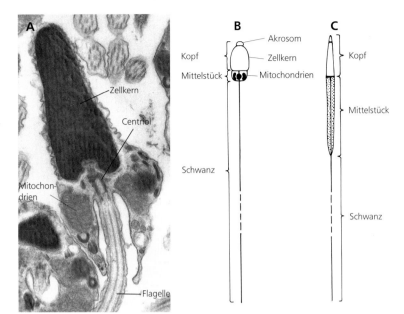

Abb. 119 Grundtypen der Metazoenspermien. **A** TEM-Aufnahme eines Spermiums von *Alcyonium palmatum* (Octocorallia). **B** Ursprünglicher Spermientyp der Metazoa mit kugeligem Kopfabschnitt, anschließendem Mittelstück mit Mitochondrien und freiem Flagellum als Spermienschwanz. **C** Häufige Modifizierung des Metazoenspermiums durch Streckung des Kopf- und Mittelstückabschnittes. A Original: H. Schmidt und D. Zissler, Freiburg; B,C aus Wirth (1981).

Die weiblichen Gameten (Eizellen), neuerdings auch als Abwandlungen des monociliären Zelltyps erkannt (Tunicaten, Acranier), bestimmen durch unterschiedlichen Dottergehalt (und Dotterverteilung) sowie durch ihre Polarität (z. B. durch asymmetrische Verteilung von sog. „maternalen Detrminanten") die Frühentwicklung bei den Metazoa. Dotter kann in der Eizelle selbst abgelagert werden (endolecithale Eier). Dieser Typus ist weit verbreitet. Bei verschiedenen Eizelltypen wird jedoch kein oder kaum mehr Dotter in der Oocyte selbst, sondern in eigenen Dotterzellen (Vitellocyten) gespeichert (ektolecithale Eier, z. B. bei Plathelminthes). Die Produktion des Dotters kann ganz auf die Eizelle beschränkt sein (autosynthetisch) oder ganz oder teilweise außerhalb der Eizelle erfolgen (heterosynthetisch).

Die Größe schwankt bei endolecithalen Eiern zwischen 50 µm (bei einigen Porifera, Cnidaria, etlichen Spiralia und Nemathelminthes) bis zu 10 cm (einige Knorpelfische, *Latimeria chalumnae*) oder einigen Dezimetern (Vögel). Eizellen, die mit unterschiedlich vielen Dotterzellen in der Hülle eingeschlossen sind (z. B. bestimmte Plathelminthen), sind wesentlich kleiner (10–20 µm). Der Dottergehalt ist mit der Ernährungsweise der aus dem Ei schlüpfenden Larven oder Jugendstadien gekoppelt (lecithotrophe Ernährung bei dotterreichen, planktotrophe bei dotterarmen Eiern im Pelagial).

Skelettstrukturen

Um die vielfältigen Gestalten und Größen tierischer Vielzeller als ein Produkt der Auslese durch Zwänge der Entwicklungsmechanik und der Umwelt verstehen zu können, ist auch die **Biomechanik** zu berücksichtigen. Die Einbeziehung funktionsanalytischer Überlegungen in die Methodik der Systematik verbessert außerdem die Abschätzung der Wahrscheinlichkeit von als apomorph oder plesiomorph zu bewertenden Merkmalen. Voraussetzung für biomechanische Betrachtungen ist die Kenntnis der wichtigsten Kräfte, die

auf Organismen in Wasser, Land und Luft einwirken. So spielen Größe, Oberfläche und Volumen für Biomechanik und Physiologie von Organismen eine große Rolle (Reynolds-Zahl, Bd. II, S. 62).

Nicht nur auf der Ebene der Organismen, sondern auch auf der von Geweben und Zellen kann die Kenntnis der Biomechanik wichtige Gesichtspunkte zur phylogenetischen und funktionellen Analyse beisteuern. Dabei sind Kräfte, die zwischen den einzelnen Zellen wirken (Abb. 110), von jenen in Geweben und Organen zu unterscheiden.

Gewöhnlich werden bei Stützelementen anorganische und organische Hartteile in oder um Organismen (**starre Skelette**) von Strukturen mit Skelettfunktion im Weichkörper (**biegsame Skelette**) unterschieden. Beide treten ziemlich gleichzeitig in der Evolution der Metazoa auf und sind auch heute bei vielen Metazoa zur Erhaltung von Form und Gestalt unabdingbar (z. B. Hexactinellida, Scleractinia, Mollusca, Bryozoa, Craniota). Ausschließlich mit biegsamen Skeletten ausgestatt sind hingegen Placozoa, Ctenophora, Plathelminthes, Annelida, Phoronida, Hemichordata und Acrania.

Ein wichtiger Vorteil der biegsamen Skelette oder Sekelettanteile ist, dass Muskelenergie, die zur Bewegung oder Formveränderung eingesetzt wird, wenigstens teilweise in den Fasersystemen gespeichert wird und in der Phase der Wiederherstellung der Ausgangssituation teilweise zurückgewonnen werden kann.

Entsprechende biomechanisch wirksame Konstruktionselemente in einem Weichkörper oder in Weichkörperteilen sind: (1) die fibrillären Anteile (fibrilläre Kollagene, Chitin oder Tunicin) in einer weichhäutigen Cuticula; (2) fibrilläre Anteile der extrazellulären Matrix des Bindegewebes (z. B. fibrilläre Kollagene, Elastinfasern); (3) das intrazelluläre **Cytoskelett** (*cell web*, Actin, Mikrotubuli und intermediäre Mikrofilamente), das über Membranproteine mit der extrazellulären Matrix und Cuticula gekoppelt ist; (4) Muskelzellen, die Skelett- und Bewegungsfunktionen vereinen (gut zu sehen an den Chordazellen der Acrania, Abb. 1175); (5) intrazelluläre (besonders Parenchym, Abb. 292C, Gastrodermiszellen, Abb. 292A) bzw. extrazelluläre Flüssigkeitsräume (z. B. Hohlräume zwischen Körperwand und Darm, wie die primäre oder sekundäre Leibeshöhle, Abb. 266B,C).

Der Druck in flüßigkeitsgefüllten Hohlraumsystemen kann durch Muskelaktivitäten lokal verändert werden, die daraus resultierenden Formveränderungen werden durch intrazelluläre und extrazelluläre Fibrillensysteme eingeschränkt (z. B. Nematoda, S. 427). Derartige „Skelette" nennt man **hydrostatische Skelette**. Beispiele **organischer Exoskelette** sind die Cuticularbildungen, z. B. schon bei ursprünglichen Metazoa das Periderm vieler Hydrozoa und einiger Octocorallia. **Organische Endoskelett-Elemente** sind z. B. das Sponginskelett im Mesohyl der Porifera oder hornähnliche Substanzen (Gorgonin bei Octocorallia) (Abb. 208).

Anorganische Skelettteile können entweder aus einzelnen, kleinen Skleriten (z. B. in der extrazellulären Matrix eingelagerte Kieselspicula bei Porifera, Kalkspicula der Octocorallia, Spicula im Mantel der Tunicata) oder aus mehr oder weniger soliden Abscheidungen (z. B. Kalkablagerungen einzelner Porifera, Panzerbildungen der Seeigel, Knochengewebe der Cranioten) bestehen. Auch Einzelspicula können miteinander zu mehr oder weniger soliden Hartteilen verbunden sein (z. B. Hexactinellida).

Spiculäre Skelette sind mit dem ersten gehäuften Auftreten tierischer Hartteile vor etwa 550 Mio. Jahren häufig (z. B. Porifera, Abb. 140–145).
Ein Spezialfall ist *Trichoplax adhaerens*, für den keine der typischen fibrillären, extrazellulären Matrixkomponenten nachgewiesen ist. Ähnliches gilt auch für die Acoela, bei denen mit Ausnahme der Statocystenwand eine extrazelluläre Matrix fehlt. Die Kraftübertragung von den Muskelzellen ist hier über Desmosomen auf intrazelluläre Filamentsysteme (intermediäre Filamente) oder Cilienwurzelsysteme beschränkt.

Vermehrung und Entwicklung

Die Metazoa sind diploide Organismen, das heißt Meiose tritt nur in der Keimbahn unmittelbar vor der Bildung der männlichen und weiblichen Gameten auf. Stammzellen, die für die asexuelle Vermehrung wichtig sind, sind immer diploid. In Metazoenlebenszyklen können sich asexuelle Vermehrungsmodi wie Knospung, Teilung, Bildung von asexuellen Schwärmern, Architomie, Paratomie mit der sexuellen Vermehrung abwechseln. Die Fähigkeit zur asexuellen Vermehrung tritt gerade bei ursprünglichen Metazoa häufig auf. Bei einem derartigen Wechsel von einer oder mehreren Generationen, die sich ungeschlechtlich fortpflanzen, mit einer sich geschlechtlich fortpflanzenden Generation spricht man von Metagenese (z. B. Cnidaria, S. 120; Thaliacea, S. 790).

Auch die Produktion von Nachkommen aus unbefruchteten Eizellen, die sog. Parthenogenese (Jungfernzeugung), ist im Tierreich weit verbreitet und kommt gelegentlich noch bei Cranioten vor (Knochenfische, Reptilien). Eine Vielzahl von unterschiedlichen Mechanismen zur Abänderung bzw. zum gänzlichen Verlust der Meiose sind dabei bekannt. Apomixis ist eine Parthenogenese, in der die Meiose in der Gametenentwicklung gänzlich unterdrückt wird. Einen Generationswechsel mit bisexuellen und parthenogenetischen Generationen bezeichnet man als Heterogonie (z. B. bei „Rotatoria", Cladocera, Aphidina).

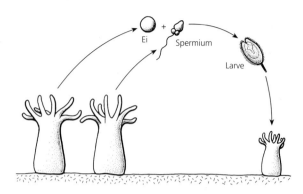

Abb. 120 Pelagobenthischer biphasischer Lebenszyklus. Beispiel: Anthozoa (Cnidaria). Aus Ruppert, Fox und Barnes (2004).

Asexuelle Vermehrung und Tierstockbildung nehmen bei höherentwickelten Formen an Häufigkeit ab. Die Parthenogenese stellt eine Alternative zur asexuellen Fortpflanzung durch Sprossung und Knospung dar. Durch sie können Populationen bei günstigen Umweltbedingungen eine rasche Zunahme gleicher oder sehr ähnlicher Genotypen erreichen.

Vielfach treten in Lebenszyklen auch morphologisch und in ihren Lebensformen distinkte Jugendstadien (Larven) auf, die sich mit einer deutlichen Gestaltsveränderung (Metamorphose) in die adulten Tiere umwandeln. Diese indirekte Entwicklung lässt sich der direkten mit morphologisch nur graduell von den Adulten unterscheidbaren Jugendstadien gegenüberstellen. Nahezu 70 % aller marinen Evertebraten zeigen einen Lebenszyklus mit einer planktischen, mikroskopischen Larve und einem makroskopischen, häufig benthischen Adulttier (biphasischer, häufig bentho-pelagischer Lebenszyklus, Abb. 120). Nur einige Autoren sehen heute eine indirekte Entwicklung für die Metazoa als primär an; überwiegend wird die direkte Entwicklung als ursprünglicher erachtet. Entscheiden lässt sich diese Frage jedoch bisher nicht.

Besonders bei Arthropoden führt die Häutung der Cuticula zu unterschiedlichen postembryonalen Larven, z. B. Nauplius- und Zoëa-Larve der Crustaceen, Larven der Insekten. Die Anzahl der Segmente kann sich dabei nach dem Schlüpfen aus dem Ei graduell der des Adulttiers (Imago) nähern (Anamorphose, z. B. Lithobiomorpha) oder ist schon zum Zeitpunkt des Schlüpfens gleich wie beim Adulttier (Epimorphose, z. B. Scolopendromorpha) (S. 550).

Evolutionsbiologisch interessant ist die Entstehung neuer Arten durch Vorverlegung der Geschlechtsreife auf Jugend- oder Larvenstadien, was man heute als Progenesis bezeichnet. Dieses Prinzip scheint für die Evolution einer Reihe kleiner Organismen, z. B. der Sandlückenfauna besonders typisch zu sein (Abb. 264). Dieses Phänomen wird auch mit dem allgemeineren Begriff Heterochronie bezeichnet, der sowohl Beschleunigung als auch Verzögerung einzelner Entwicklungsabläufe in einem Organismus gegenüber einem anderen bedeutet. Heterochronie wird von einigen Autoren als zentrales Gestaltungsprinzip für evolutionäre Abwandlungen in tierischen Bauplänen angesehen. Die Retardierung juveniler oder larvaler Merkmale, das heißt deren Vorkommen in späteren, subadulten und adulten Stadien, nennt man heute Neotenie.

Äußere Befruchtung und **Getrenntgeschlechtlichkeit** werden meist als ursprüngliche Merkmale angesehen. Mit diesen Merkmalen gekoppelt sind gewöhnlich Tiere in der Größenordung von Zentimetern mit hoher Gametenproduktion und verschiedene Mechanismen, die das Ausstoßen der Gameten der beiden Geschlechter zeitlich und örtlich korrelieren (s. Porifera S. 91, Annelida S. 373). Innere Befruchtung findet sich allerdings bereits bei den Schwämmen und tritt dann im gesamten Tierreich auf.

Zwittrigkeit (**Hermaphroditismus**) wird hingegen häufig als sekundäre Anpassung an niedrige Populationsgrößen, sessile Lebensweise und geringe Körpergröße gedeutet. Bemerkenswert ist aber, dass sowohl die Mehrzahl der Porifera als auch die in den Bilateria basal stehenden Plathelminthes mit ganz wenigen Ausnahmen zwittrig organisiert sind. Man unterscheidet zwischen simultan zwittrigen Organismen, bei denen männliche und weibliche Organe mehr oder weniger gleichzeitig innerhalb eines Individuums auftreten (z. B. Plathelminthes, viele Gastropoda, Hirudinea, Tunicata) und sukzedan (konsekutiv) zwittrigen Tieren. Bei letzteren wechseln die Individuen das Geschlecht, enthalten aber zu einem bestimmten Zeitpunkt immer nur Organe und Keimzellen eines Geschlechts (z. B. einige Gastropoden, der Annelide *Ophryotrocha puerilis*, viele Teleostei). Bei den meisten Hermaphroditen eilt die Entwicklung der männlichen Geschlechtszellen derjenigen der weiblichen voraus (Protandrie). Bei einigen Tunicaten, z. B., ist es jedoch umgekehrt (Protogynie).

Am häufigsten findet die **Befruchtung** bei Eumetazoen an der heranwachsenden primären Oocyte statt. Häufig markieren die Polkörper den animalen Pol der Zygote. Die Befruchtung kann zu einer radikalen Änderung der Verteilung des Ooplasmas führen. Die cytoplasmatischen Verlagerungen sind wichtig für die weitere Entwicklung, da die Neuverteilung der von der Eizelle gebildeten morphogenetischen Determinanten deren Aufteilung in unterschiedliche Blastomeren während der Furchung bedingt, und damit z. B. oftmals eine frühe Anlage der Körperachsen vermittelt.

Die befruchtete Eizelle (Zygote) der Metazoa ist in ihrem cytologischen Aufbau (Verteilung der verschiedenen Zellorganellen) eine deutlich polare Zelle mit einem animalen und einem vegetativen Pol. Die Zellteilungen während der Furchung beginnen gewöhnlich am animalen Pol und schreiten zum vegetativen Pol fort, der oft durch Dotteranreicherung gekennzeichnet ist.

Die ersten **Furchungsteilungen** (Abb. 280) können meridional (vom animalen zum vegetativen Pol) oder äquatorial (senkrecht zur Eiachse), total (holoblastisch) oder partiell (meroblastisch) ablaufen. In letzterem Fall werden die Blastomeren wegen des großen Dottergehalts der Zygote nicht vollständig voneinander getrennt. Bei totaler Furchung können wieder gleichgroße (durch äquale Teilung), bzw. ungleichgroße Blastomeren (Makromeren, Mikromeren, durch in-äquale Teilung) entstehen. Die partiellen Furchungen treten als diskoidale (z. B. Cephalopoda,

Sauropsida, einige Teleostei) oder superfizielle Furchungen (Arthropoda) auf.

Im Bezug auf die Rate der Mitosen während der Furchung unterscheidet man eine erste synchrone (alle Mitosen laufen gleichzeitig ab) von einer späteren asynchronen Phase. Die Zahl der synchron verlaufenden Teilungen variiert zwischen den einzelnen Taxa.

Die Eizelle wächst während der Furchung gewöhnlich nicht, die Zellen werden in diesem Ablauf zunehmend kleiner, die Furchung führt zu einer starken Vermehrung des Kernmaterials und schließlich zur Ausbildung einer **Blastula**. Letztere kann je nach Ausbildung des Blastocoels (primäre Leibeshöhle) eine Coeloblastula oder eine Sterroblastula sein. Spezialfälle sind die nur am animalen Pol bewimperten Amphiblastulae der Kalkschwämme (Abb. 150), die nach diskoidaler und superfizieller Furchung entstehenden Disko- bzw. Periblastulae oder die Blastocysten der Eutheria (Bd. II, S. 177).

Nach Stellung der Spindelachsen in dem sich furchenden Embryo unterscheidet man die radiäre Furchung (Spindelachsen parallel und senkrecht zur Eiachse) von der Spiralfurchung (Spindelachse wechselnd nach links oder rechts zur Eiachse gekippt). Nach der Symmetrie des sich entwickelnden Embryos werden eine disymmetrische (Ctenophora) und eine bilateralsymmetrische (ursprüngliche Chordata) Furchung unterschieden. Besondere Furchungstypen kennzeichnen die Nemathelminthes. Abänderungen der ursprünglichen Furchungsmuster treten im Zusammenhang mit unterschiedlichem Dottergehalt bei vielen Tiergruppen auf (z. B. innerhalb der Mollusca, Panarthropoda etc.).

Je nachdem, ob die während der Furchung entstehenden Blastomeren bereits sehr frühzeitig oder erst sehr spät in ihrem weiteren Entwicklungsschicksal festgelegt sind, wird ein determinierter (Mosaik-) und ein regulativer (Regulations-)Entwicklungsmodus unterschieden. Ersterer ist besonders von der disymmetrischen Furchung, von der Spiral- und der Bilateralfurchung bekannt. Von Keimen mit Spiralfurchung (z. B. Plathelminthes, Mollusca, Annelida, Abb. 281), mit Bilateralfurchung (Tunicata) und mit abgewandelter Bilateralfurchung (Nematoda) sind die Zellstammbäume der einzelnen Blastomeren verfolgt und beschrieben worden. Der Regulationstyp tritt häufig bei Radiärfurchung von Cnidaria, Lophophorata, Echinodermata und Mammalia auf.

Dabei ist aber zu beachten, dass frühzeitige Festlegung, sog. Determination, nur experimentell erkennbar ist. Der Begriff „Mosaikkeim" soll nicht den Eindruck erwecken, dass sich im frühdeterminierten Keim spätere Organe direkt auf bestimmten Arealen in der unbefruchteten Eizelle lokalisieren ließen. Die Festlegung des Entwicklungsschicksals im Raum erfolgt auch bei diesen Keimen erst während der Frühentwicklung, und zwar kaskadenartig komplexer werdend.

Bemerkenswert ist, dass schon bei einigen ursprünglichen Metazoa (einige Kalkschwämme, verschiedene Hydrozoa) abgeänderte Entwicklungsabläufe bekannt sind. Im ersten Fall ist die Entstehung einer Stomoblastula mit nach innen gerichteten Cilien und deren Umstülpung (Inversion) zur Amphiblastula besonders auffallend (Abb. 150), da ein derartiges Verhalten nicht bei anderen Metazoa, dafür aber bei der kolonialen Grünalge *Volvox* auftritt (s. u.).

Der für die Entwicklung der Eumetazoen entscheidende Abschnitt in der Embryonalentwicklung ist die **Gastrula-**

tion, durch die die Bildung der beiden primären Keimblätter (Ektoderm, Entoderm) erreicht wird (Abb. 121).

Bei der Gastrulation spielen morphogenetische Bewegungen (von Einzelzellen oder von ganzen Zellschichten) eine zentrale Rolle. Man unterscheidet durch E p i b o l i e (Umwachsung) oder Embolie (Einstülpung) gebildete I n v a g i - n a t i o n s g a s t r u l a e von I m m i g r a t i o n s g a s t r u l a e, in denen das Urdarmepithel sekundär aus einzelnen Zellen aufgebaut wird. Dabei kann die Einwanderung von einer Stelle oder von mehreren Orten der Blastula ausgehen.

Neuere Untersuchungen legen nahe, einige der Zellbewegungen auch während der Poriferenentwicklung zumindestens als Vorstufen von Gastrulationsvorgängen anzusehen. Zellbewegungen (z. B. in der Parenchymula) oder Zellschichtwanderungen (z. B. in der Amphiblastula) (Abb. 150), die erst mit dem Festsetzen der Larve beginnen und durch die die äußeren, monociliären Zellen nach innen und andere innere Zellen nach außen gelangen (Keimblattumkehr), werden mit Gastrulationsabläufen bei den Eumetazoa verglichen (Abb. 121). Allerdings geht bei der Amphiblastula-Metamorphose die Einstülpung (Umwachsung) der monociliären Zellen vom Pol der Anheftung an das Substrat aus, d. h. also von der gegenüberliegenden Seite – verglichen mit der Gastrulation der Cnidaria. Die Homologisierung der Gastrulationsvorgänge bei Eumetazoa mit morphogenetischen Bewegungen bei Porifera ist ein noch immer nicht gelöstes Problem (s. u.).

Eng gekoppelt mit den Vorgängen der Gastrulation ist die Ausbildung des dritten Keimblatts, des echten **Mesoderms** (Entomesoderm) der Bilateria sowie die Einwanderung von Zellen aus dem Ektoderm (ektomesenchymale Zellen) zwischen die beiden primären Keimblätter oder in die extrazelluläre Matrix des Blastocoels. Ektodermalen Ursprungs sind auch Zellen, die bei verschiedenen Cnidariern in die Mesogloea einwandern. Bei den Ctenophora bilden Mikromeren am vegetativen Pol unter anderem die in die Mesogloea versenkte Muskulatur, deren Herkunft von entodermalen Zelllinien nun gesichert zu sein scheint und deshalb auch als mesodermal bezeichnet wird.

Ganz allgemein leitet also die Gastrulation jenen Vorgang ein, der die Ausbildung von evolutiv stark konservierten Entwicklungsstadien (phylotypische Stadien) bewirkt, die für taxonomische Großgruppen allgemein charakteristisch sind (z. B. Pharyngula-Stadium der Craniota, Bd. II, S. 181, Abb. 172).

Symbiose mit Prokaryoten und einzelligen Eukaryoten

Ein weitverbreitetes Prinzip der Evolution der Metazoa ist die Symbiose mit prokaryoten und eukaryoten Einzellern oder

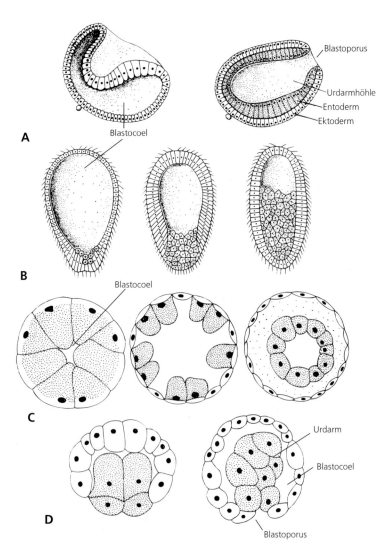

Abb. 121 Gastrulationstypen, Schnittbilder. **A** Invagination (Embolie). **B** Immigration. **C** Delamination. **D** Epibolie (Überwachsung) kombiniert mit Embolie. Leicht verändert nach Siewing aus Gruner (1980).

fadenförmigen Vielzellern. Beispiele dafür sind Schwämme und ihre Symbiosen mit Bakterien und Blaualgen (Abb. 138), Aktinien und Korallen mit Dinoflagellaten, Nematoden und Oligochaeten in anoxischen und hypoxischen Sandböden mit chemoautotrophen Bakterien. Bakterien finden sich auch in den Leuchtorganen der Cephalopoden und Pyrosomiden, chemoautotrophe Bakterien in Siboglinidae (Pogonophora) (Abb. 570) und anderen Tiefseeorganismen sowie im Verdauungskanal höherer Tiere einschließlich des Menschen. Bei derartigen obligatorischen Symbiosen gelangen die Symbionten entweder bereits mit der Eizelle oder erst durch spätere Aufnahme (Nahrung etc.) in die nächste Generation.

Die Bedeutung von symbiontischen Beziehungen ist besonders von der Entstehung der eukaryoten Zelle gut bekannt (Entstehung der Mitochondrien, Plastiden) (S. 3, 24, Abb. 38). Die Vielfältigkeit der Symbiosen zwischen Metazoen, Prokaryoten und Einzellern unterstreicht die Bedeutung dieses Phänomens in der organismischen Evolution.

Wichtige Gene in der anfänglichen Evolution der Metazoa

In den vergangenen 40 Jahren konnten zahlreiche neue Einsichten in die molekularen Zusammenhänge des Genoms der Vielzeller gewonnen werden. Besonders Sequenzanalysen haben zum einen viele morphologische Verwandtschaftsbeziehungen bestätigt, z. B. die Monophylie der meisten taxonomischen Großgruppen (Baupläne), die im LINNÉschen System traditionell als Phyla ausgewiesen wurden. Zum anderen haben sie grundlegende, neue Erkenntnisse für das Verständnis der Hauptevolutionslinien und der Phylogenie der Metazoa geliefert. Hervorgehoben seien hier die Sequenzanalysen der ribosomalen DNA (z. B. 18S rDNA, 28S rDNA), die den Anstoß zur Diskussion einer neuen systematischen Gliederung der Hauptmasse der Metazoa, also der Bilateria, gegeben haben (S. 164, 179).

Aufbauend auf der fortschreitenden Verbesserung von DNA-Sequenzierungstechnologien ist ein vorläufiger Höhepunkt die Erstellung von kompletten Genomsequenzen für nahezu alle (und vor allem basale) tierische Taxa innerhalb der letzten fünf Jahre. Aus diesen Daten lassen sich genetische Komplexe festlegen, die nur in den Genomen der Metazoa zu finden sind. Dazu zählen die genetischen Kontrollelemente von Zellteilung und Wachstum, programmiertem Zelltod, Zell-Zell- und Zell-Matrix-Kommunikation, Embryonalentwicklung sowie Selbst-Nichtselbst-Erkennung und Immunität. Sie untermauern die Monophylie der Metazoa, also die Evolution der Organisationsstufen von Parazoa, Coelenterata und Bilateria aus einer gemeinsamen Wurzel.

Systematik

DNA-Sequenzen sowie eine Reihe weiterer molekularer Daten und die ultrastrukturellen Merkmale der monociliären Zelle (S. 71) sprechen für die Monophylie aller Metazoa ebenso wie Entwicklung und Struktur der Gameten und der Lebenszyklus als Diplonten. Zudem ist die Monophylie der Metazoa aber wegen der großen Übereinstimmung in der molekularen Zusammensetzung der extrazellulären Matrix bei Porifera und Eumetazoa (S. 66, 115) sehr wahrscheinlich.

Dass die einzelligen Choanoflagellata (Choanomonadida) die Schwestergruppe der Metazoa darstellen, wird immer häufiger angenommen (Abb. 1). Die Feinstruktur der Choanocyte der Porifera mit den beiden fahnenartigen Anhängen am Flagellum (Abb. 123B) ähnelt zwar den entsprechenden Bildungen bei den Choanoflagellata (Abb. 96A), eine Homologie der speziellen Struktur ist jedoch nicht eindeutig gesichert.

Wegen des Fehlens von Nerven- und Muskelgewebe bzw. der unvollständigen Ausbildung des Epithelgewebes (S. 79, 103) werden Parazoa und Placozoa heute als die ursprünglichsten rezenten Metazoa betrachtet (Abb. 170).

Die Anatomie des adulten Schwammkörpers (S. 81) und z. T. auch die Entwicklungsvorgänge (S. 92–94) setzen die **Porifera** deutlich von den anderen Metazoa ab. Die Sonderstellung wird auch durch ultrastrukturelle Merkmale betont: Das Cilium der monociliären Zelle der Schwämme ist meist durch speziell angeordnete Mikrotubuli verankert, quer gestreifte Cilienwurzeln sind bisher nur bei Larven von Kalkschwämmen nachgewiesen. Zusätzlich ist das akzessorische Centriol meist anders gelagert oder kann auch fehlen (Abb. 118).

Das Auftreten apikaler Zell-Zell-Verbindungen, strukturell ähnlich den Gürteldesmosomen im „Epithel" der **Placozoa** (S. 103), legt ein Schwestergruppenverhältnis von *Trichoplax adhaerens* zu allen übrigen Eumetazoa nahe. Die Eingliederung der Placozoa in die Eumetazoa ist aber nicht möglich, solange weder eine typische extrazelluläre Matrix, noch echte Muskel- und Nervenzellen nachgewiesen sind.

Die „Mesozoa" sind wohl kein monophyletisches Taxon. Was die recht unterschiedlichen Orthonectida und Dicyemida zusammenbringt, ist der übereinstimmende Aufbau aus multiciliären Deckzellen um einen zellulären Innenraum, in dem Geschlechtszellen produziert werden. Die Stellung dieser „Mesozoa" innerhalb der Metazoa ist nach wie vor umstritten. Häufig werden sie als durch Parasitismus sekundär vereinfachte Plathelminthes aufgefasst. Die myocytenähnlichen Zellen der Orthonectida sind ein Merkmal (S. 896), das diese Vorstellung stützt; molekularbiologische und ultrastrukturelle Daten von den Dicyemida (S. 893) sind damit hingegen schwieriger in Einklang zu bringen. Starke Vereinfachungen eines Bauplans durch Verzwergung und Parasitismus lassen sich mit vielen Beispielen belegen (z. B. Myxozoa, S. 155).

Die Monophylie der **Eumetazoa** ist histologisch durch die echten Epithelgewebe (Epidermis und Gastrodermis) und durch Nerven- und Muskelzellen gegeben (S. 108); sie wird durch das Vorhandensein eines als homolog betrachteten Verdauungshohlraums mit einem Mund-After bekräftigt. Schließlich wird sie durch den Vorgang der Gastrulation und die Ausbildung der Keimblätter Ektoderm und Entoderm weiter gesichert.

I PARAZOA

Die Schwämme stellen die einzige rezente Gruppe der Organisationsstufe der Parazoa („Neben-Tiere") dar. Historisch stammt der Begriff der Parazoa aus einer Zeit, als noch umstritten war, ob die Schwämme innerhalb der Metazoa anzusiedeln seien. Inzwischen ist gesichert, dass die Schwämme in die Metazoa gehören und die Vielzelligkeit innerhalb der Tiere lediglich einmal entstanden ist. Daten über fossile, früh ausgestorbene Parazoa sind allerdings nur begrenzt verfügbar.

Bei den Parazoa ist das interne Milieu ihres Körpers vom äußeren, wässrigen Medium und vom Wasser ihres inneren Kanalsystems durch Deckschichten getrennt, die sich von den Epithelien der Eumetazoa in ultrastrukturellen Details unterscheiden. Jüngste Ergebnisse zeigen allerdings, dass die plattenförmigen Pinacocyten der Schwämme ein beachtliches trans-epitheliales, elektrochemisches Potential aufbauen und damit das innere vom äußeren Milieu isolieren können. Damit liegt funktionell schon ein Epithel vor. Apikal

Bert Hobmayer, Innsbruck und Michael Nickel, Jena

werden *septate junctions* und desmosomale Zell-Zell-Kontakte ausgeprägt. Gürtelförmige, apikale Zell-Zell-Verbindungssysteme, welche die echten Epithelien der Eumetazoa charakterisieren, sind aber noch nicht vollständig ausgebildet. Hemidesmosomale Kontakte mit der extrazellulären Matrix sind bislang ebenfalls nicht nachgewiesen (s. S. 68, 69, 109).

Muskelzellen sind in den Parazoen nicht vorhanden, auch wenn „Myocyten" im Mesohyl von Schwämmen postuliert und mit ihrem mitunter stark ausgeprägten Kontraktionsverhalten in Verbindung gebracht wurden. Neuere Ergebnisse zeigen, dass diese Kontraktionen durch Pinacocyten verursacht werden. Die Kontraktion breitet sich hier aber mit vergleichsweise geringen Geschwindigkeiten aus (maximal mit 1 mm min^{-1} über Distanzen von nur wenigen Zentimetern). Der Übertragungsmechanismus von einer auf die nächste Zelle ist nicht geklärt. Vorstellbar wäre ein Kontakt durch desmosomale Zell-Zell-Kontakte, indem durch Zug an der Membran der nächsten Zelle sich zugsensible Ionenkanäle öffnen und damit ein Ionenstrom in der Zelle erzeugt wird. Jedenfalls kann dieser Vorgang nicht mit den Vorgängen in Nervensystemen ursprünglicher Eumetazoa (Cnidaria, Ctenophora) in Übereinstimmung gebracht werden.

Ein Nervensystem und Synapsen fehlen bei den Parazoa. Die Genomsequenzierung eines ersten Vertreters der Demospongiae hat zudem gezeigt, dass die von den ursprünglichen Eumetazoa und Bilateria bekannten genetischen Elemente für neuronale Differenzierung und Reizweiterleitung nicht immer vorhanden sind. So sind praesynaptische Proteine, wie z. B. Synapsin, Neurexin und Ephrin, sowie postsynaptische AMPA- und NMDA-Rezeptoren nicht kodiert. Der Nachweis von Acetylcholinesterase, Catecholamin, Glutamat, Serotonin und anderen möglichen Botenstoffen bei Schwämmen, z. T. in besonderen Zellen, weist aber auf das Vorhandensein eines weitgehend auf parakriner Ausschüttung basierenden prä-nervösen Signalsystems hin.

Besonders unterscheiden sich die Parazoa von den Eumetazoa in der Nahrungsaufnahme. Ihre Organisation als „Durchfluß-Kolonie" (Abb. 125, 130) steht in Gegensatz zur Organisation der Eumetazoa (Cnidaria, Ctenophora, Plathelminthes) mit epithelialem Gastrovaskularsystem. Da sie kein solches spezialisiertes System besitzen, in denen größere Nahrungspartikel aufbereitet werden können, sind sie mit ihrem typischen komplexen, dreidimensionalen Fitrationsapparat (Kanalsystem und Choanoderm) auf die Aufnahme von bakteriellem Plankton bzw. organischen Parikeln (*particulate organic matter*, POM) und gelösten Stoffen (*dissolved organic matter*, DOM) angewiesen. POM wird über Phagocytose aufgenommen, DOM über Pinocytose. Diese Vorgänge sind bereits bei einzelligen Eukaryota etabliert und stellen auch die zelluläre Nahrungsaufnahme aller übrigen Metazoa dar. Die Verteilung der Nahrung wird überwiegend durch wandernde Einzelzellen vorgenommen, die Nahrungsteilchen aufnehmen, speichern und sie von Zelle zu Zelle weiter-

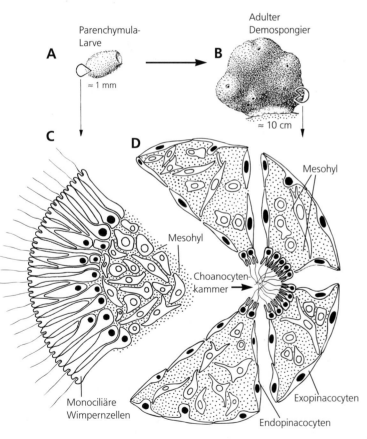

Abb. 122 Larvaler (**A**) und adulter Habitus (**B**) eines Schwamms mit Schemata ihres histologischen Baus: **C** larval, **D** adult (nur mit einer Choanocytenkammer dargestellt); Modell für die Organisation der Demospongiae. Zellkerne der epithelartig angeordneten Zellen schwarz. A, B Aus Riedl (1970); C Original: S. Weyrer, Innsbruck; D nach Bergquist (1978).

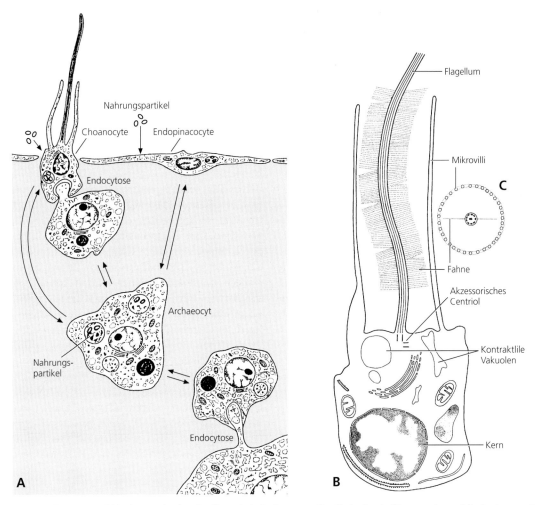

Abb. 123 Nahrungsaufnahme und Verdauung in den Porifera. **A** Aufnahme von Partikeln durch Choanocyte und Endopinacocyte, zellulärer Transport, Endocytose und intrazelluläre Verdauung. Pfeile zeigen den Weg der partikulären Nahrung. **B** Struktur einer Choanocyte. **C** Querschnitt durch die Kragenregion einer Choanocyte. A Nach Diaz (1979) von E. Hiemstra, Amsterdam; B, C nach Brill (1973) und anderen Autoren.

geben (Abb. 123A). Es kann bereits bei den Parazoa zu einer deutlichen Regionalisierung der Verteilung der Speicherzellen kommen, während die Eumetazoa dann eine Tendenz zur Evolution spezifischer Speichergewebe aufweisen.

Vor einigen Jahren wurde aus seichten Höhlen im Mittelmeer (nährstoffarmes Wasser!) eine neue Art der Demospongiae bekannt, die mit hakenförmigen Spicula Kleinkrebse fangen kann (Abb. 136). Dieser Übergang zu einer carnivoren Ernährung stellt eine Spezialisierung dar, die unabhängig vom Kanalsystem ist. Eine Autolyse der Beute im Mesohyl erlaubt diesen Schwämmen die Aufnahme der freigesetzten Nährstoffe.

Die Frühentwicklung der Schwämme lässt sich nur schwer mit der typischen Entwicklung der Eumetazoa vergleichen. Eine Homologisierung der Entwicklungsstadien der Schwämme mit denen der Eumetazoa ist umstritten. Es finden morphogenetische Bewegungen (Delamination,

Ingression, Invagination etc.) statt, die für Gastrulationsvorgänge typisch sind. Ob eines der Schwamm-Entwicklungsstadien einer Gastrula der Eumetazoa entspricht, muss aber als unsicher angesehen werden. Speziell bei den Kalkschwämmen kennt man zusätzliche Stadien in der Frühentwicklung, z. B. die Stomoblastula, deren Ähnlichkeit mit Stadien der Bildung von Tochterkolonien bei *Volvox* (Volvocida, Abb. 83) bis heute keine wirkliche Erklärung gefunden hat. Weitere ungeklärte Fragen sind die Homologisierbarkeit von Entoderm und Ektoderm der Eumetazoa mit dem Pinacoderm und Choanoderm der Schwämme sowie die phylogenetischen Beziehungen zwischen den Primärlarven der Porifera (Parenchymula, Amphiblastula) und den ursprünglichen Eumetazoen-Larven (z. B. der Planula). In näherer Zukunft werden molekulare Studien unter Einbeziehung von Genomdaten zu all diesen Fragekomplexen tiefere Einblicke liefern können.

Porifera, Schwämme

Die Schwämme gehören zu den ältesten rezenten mehrzelligen Organismen – mit einem Fossilbericht, der mindestens 700 Millionen Jahre bis ins Neoproterozoikum zurückreicht. Sie sind formenreiche (Abb. 124), ausschließlich aquatische Metazoa und heute in allen marinen und limnischen Lebensräumen verbreitet, von marinen Seichtwassergebieten bis in die tiefsten Ozeangräben wie in den meisten Fließ- und Stehgewässern aller Kontinente außer der Antarktis. Von den bisher mehr als 11 000 beschriebenen Arten werden 8 500 als gültig angesehen – vermutlich nur ein Bruchteil der prähistorischen Artenzahl. Schwämme sind auf vier Taxa verteilt, die größtenteils über ihre mineralischen Skelettelemente (Spicula, Abb. 140, 142, 143) klar charakterisiert sind: Die **Hexactinellida** (Glasschwämme), deren Silikatspicula dreiachsig und sechsstrahlig sind, die **Demospongiae** (Horn- oder Kieselschwämme) mit ein- oder vierachsigen Silikatspicula, die **Calcarea** (Kalkschwämme) mit kalkhaltigen Skelettelementen und die **Homoscleromorpha** mit durchweg einheitlichen, kleinen Silikatspicula, die teilweise fehlen können. Die Vertreter eines noch in älteren Lehrbüchern angeführten Taxons „Sclerospongia" erwiesen sich als Demospongien mit mehrfach unabhängig erworbenem basalen Kalkskelett.

Adulte Schwämme sind sessil und nehmen Wasser durch ein System zahlreicher mikroskopisch kleiner Öffnungen (Ostien) auf und filtern es über Subdermalräume, Kanäle und Kragengeißelkammern ab. Im Lebenszyklus wechselt ein derartig aufgebauter Adultus mit einer mikroskopischen Wimpernlarve ab (Abb. 122). Der gesamte adulte Schwammkörper wird durch die Filtrieraktivität bestimmt, was sich in einem hierarchisch verzweigten Kanalsystem ausdrückt. In seinem Zentrum stehen die Kragengeißelkammern als strömungserzeugende Einheit. Die Filtrieraktivität läuft über alle inneren und äußeren zellulären Oberflächen, dem Pinacoderm, und dient dem Gasaustausch und der Nahrungsaufnahme, wobei planktonische Kleinstorganismen (Pico- und Nanoplankton) und andere organische Kohlenstoffpartikel (POC, z. B. Detritus) von den Zellen phagocytiert werden. Gefiltertes Wasser verlässt den Schwamm schließlich durch eine oder mehrere größere Öffnungen (Osculum) (Abb. 125, 135). Ein Schwamm-Individuum, als solches eigentlich nur am kontinuierlichen Außengewebe erkennbar, ist außerordentlich plastisch. Es wächst im Lauf seines Lebens durch die Vervielfältigung seiner grundlegenden funktionellen Einheiten, die aus „Ostien – zuführenden Kanälen – Kragengeißelkammern – abführenden Kanälen – Osculum" bestehen und zusammen als funktionelles Modul bezeichnet werden können. Während des Wachstums werden insbesondere neue Ostien, Kragengeißelkammern sowie zu- und abführende Kanäle gebildet. Die Zahl der Oscula hingegen nimmt während des Wachstums artspezifisch nur gering oder in manchen Fällen überhaupt nicht zu. Die komplexesten Kanalsysteme werden als Leucon-Typ bezeichnet (Abb. 126): Hier liegen die Kragengeißelkammern als Strömungserzeuger in hoher Zahl parallel angeordnet, mit entsprechend komplexem zu- und abführenden Kanalsystem. Dieser Typus findet sich bei den meisten Schwämmen, u. a. bei nahezu allen Demospongien. Einfachere Bautypen sind der Ascon-Typ und der Sycon-Typ (Abb. 126), die jedoch nur bei einigen Calcarea verwirklicht sind.

Die endgültige Form der meisten Arten wird in hohem Maß von ökologischen Faktoren bestimmt, wobei in der Regel artspezifische Wuchsmuster (z. B. krustenförmig, globulär, becherförmig, kandelaberartig etc) entsprechend modifiziert werden. Schwämme bilden zwar keine Tierstöcke im eigentlichen Sinn, es gibt jedoch funktionelle Parallelen mit Korallen (S. 136) und Bryozoen (S. 235): Ein Schwamm-Individuum kann sich z. B. fragmentieren oder es können mehrere Schwamm-Individuen miteinander verschmelzen, sofern sie genetisch identisch sind.

Porifera besitzen keine Organe wie Gastralräume, Gonaden oder Blutgefäße. Ein Nervensystem mit chemischen Synap-

Dirk Erpenbeck, München und Michael Nickel, Jena

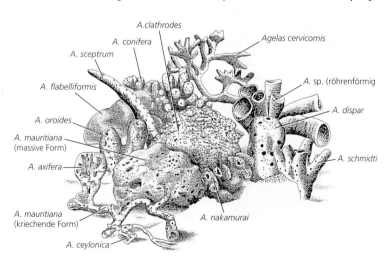

Abb. 124 Habitus-Bilder und Wuchsform-Diversität einer einzelnen Demospongiergattung (*Agelas*). Gezeichnet von F. Hiemstra, Amsterdam.

sen fehlt, die Erregbarkeit von Zellen durch Neurotransmitter und andere parakrine Botenstoffe ist hingegen nachgewiesen. Porifera besitzen lediglich relativ einfach gebaute Epithelien. Eine äußere, einlagige, epitheliale Schicht (Pinacoderm) setzt sich in die Kanäle fort, woran sich eine innere Lage von Kragengeißelzellen (Choanocyten) anschließt, die die Kragengeißelkammern bilden (Choanoderm). Beide Schichten ähneln funktionell zwar Gastrodermis und Epidermis der Eumetazoa, die Homologisierbarkeit ist jedoch nach wie vor umstritten. Die Epithelien der Schwämme besitzen keine Gürteldesmosomen im strengen Sinne, dennoch erlauben ihre Zell-Zell-Verbindungen Homöostase, wie an Süßwasserschwamm-Epithelien nachgewiesen wurde. Eine basale Matrix in Form einer prominenten *Lamina densa* ist lediglich bei den Homoscleromorpha deutlich ausgebildet. Dennoch besitzen die Pinacocyten der Schwämme eine Reihe epitheltypischer membrangebundener Linkerproteine und nehmen im Schwamm sowohl strukturelle als auch physiologische Kompartimentierungen vor. Auch wenn weitreichende funktionelle Untersuchungen noch ausstehen, weisen Genom- und Transkriptomdaten aus allen Schwammgruppen ein breites Spektrum an epitheltypischen Genen auf.

Zwischen den Zelllagen des Pinacoderms und des Choanoderms liegt die mehr oder weniger stark entwickelte extrazelluläre Matrix, in der sich Kollagenfasern, vor allem das organische und mineralische Stützskelett (Abb. 122D) und eine Reihe von meist mobilen Zelltypen befinden (Tabelle 3). Dieses sog. Mesohyl entspricht funktionell der Mesogloea

der Coelenteraten (S. 117) bzw. dem Bindegewebe bei Bilateria (S. 68). Einzelne differenzierte Zelltypen des Mesohyls sind auf bestimmte Funktionen spezialisiert, wie Nahrungstransport zwischen Teilen des Körpers, Skelettbildung, Gametenproduktion. Das kollagene oder mineralische Stützskelett ermöglicht das dreidimensionale Wachstum des Schwammes vom Substrat weg ins freie Wasser hinein. Das mineralische Skelett besteht meist aus diskreten Kiesel- oder Kalkelementen (Spicula, auch Skleren oder Nadeln genannt) (Abb. 127, 140, 142, 143), die funktionell durch Kollagenfasern zu großen Skleren-Netzwerken verknüpft sind und somit Stabilität und Elastizität vereinen. Massive Kalklagen können als Basalskelett abgeschieden werden (Abb. 145B,C).

Vor Räubern sind viele Schwammarten durch ihre Spicula und besonders durch bioaktive chemische Substanzen (Sekundärmetabolite) geschützt. Letztere sind organische, oft toxische Moleküle, die nicht selten von bakteriellen Symbionten produziert werden (s. u.). Im Allgemeinen sind Schwämme weitgehend photonegativ, rheophil, euryhalin sowie eurytherm und eurybath. Günstige Habitate für Schwämme sind mäßig bis stark durchströmte, eutrophe, dämmrige und oft etwas trübe Bereiche.

Bau und Leistung der Organe

Das **Pinacoderm** kleidet Außenseiten sowie Wände der größeren Kanäle der Calcarea und Demospongiae mit einer sehr dünnen (oft deutlich unter 1 μm) einlagigen epithelialen

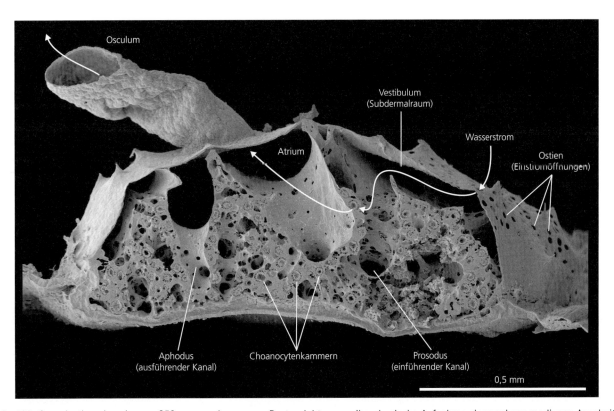

Abb. 125 Organisation eines jungen Süßwasserschwammes. Rasterelektronenmikroskopische Aufnahme eines nahezu medianen Anschnitts von *Spongilla lacustris* (Demospongiae, Spongillina). Pfeile bezeichnen die Richtung des Wasserstroms. Original: F. Wolf und M. Nickel, Jena.

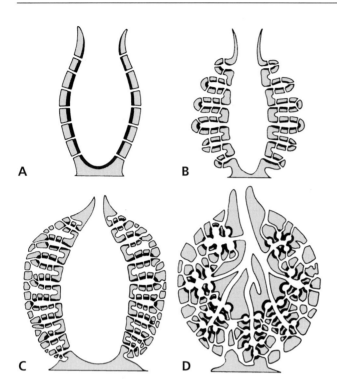

Abb. 126 Wichtigste Organisationstypen des Wasserleitungssystems der Schwämme. **A** Ascon-Typ. **B** Sycon-Typ. **C** Sycon-Typ mit Cortex. **D** Leucon-Typ. Die feinen Umrisslinien stellen das Pinacoderm dar, das Choanoderm ist als geschwärzter Bereich dargestellt, dazwischen grau gerastert das Mesohyl. Typ A-C sind ausschließlich bei Kalkschwämmen (Calcarea) zu finden. Nach Möhn (1984) aus Hofrichter (2003).

Schicht von Pinacocyten aus (Abb. 122D, 127). Je nach Lage im Schwammkörper werden 3 Typen unterschieden: Die manchmal begeißelten Exopinacocyten als Außenschicht, Basopinacocyten am Untergrund zur Substratverankerung und Endopinacocyten, die die Kanäle bilden. Letztere werden weiter unterteilt in Prosendopinacocyten (in zuführenden Kanälen) und Apendopinacocyten (in abführenden Kanälen). Letztere tragen in vielen Demospongien einzelne kurze Cilien, denen sensorische Funktionen zugesprochen werden. Die Exopinacocyten können plattenepithelartig mit spindelförmigem Schnitt vorliegen oder mit einem ins Mesohyl versenkten Zellkörper, so dass der Anschnitt T-förmig ausfällt (Abb. 122D). Bei Kalkschwämmen und Demospongien findet man intrazelluläre Ostien in Form perforierter Einzelzellen (Porocyten) (Abb. 128), zwischen Exopinacocyten. Bei vielen Demospongien liegen interzelluläre Ostien vor, d. h. die eigentliche Öffnung in das Kanalsystem wird von mehreren Zellen gebildet. Neben regelmäßig über die Oberfläche verstreuten Ostien finden sich kreisförmige Ostiengruppen (Porensiebe), die strömungsgünstig auf erhobenen Strukturen wie Papillen konzentriert sein können. Ostien messen bis zu 20 μm im Querschnitt, wobei intrazelluläre Ostien oft kleiner sind. Bei Hexactinelliden ist das Außenepithel ein Syncytium mit offenen Zell-Zell-Verbindungen durch perforierte Septen. Man spricht daher hier nicht von einem Pinacoderm, obwohl dieses Syncytium die gleiche Funktion hat.

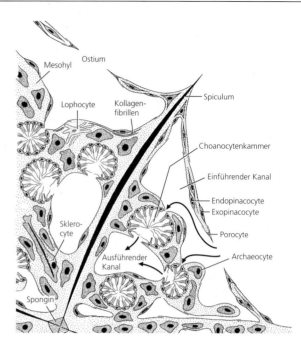

Abb. 127 Ausschnitt aus der Peripherie des Süsswasserschwammes *Ephydatia fluviatilis* (Demospongiae, Spongillina) zur Darstellung der Zelltypen im Schwammkörper. Pfeile zeigen die Wasserströmung. Nach Weissenfels (1989) aus Ax (1995).

Beim Leucon-Typ sammeln zuführende Kanäle das Wasser meist in einem Subdermalraum (Vestibulum), der größere Lakunen bildet (Abb. 126D, 129). Von hier aus führen zahlreiche, hierarchisch verzweigte Kanäle in das Innere des Schwammes, bzw. in das **Choanoderm** (Abb. 129). Die feinsten zuführenden Kanäle (Prosodi) münden über eine runde Öffnung (Prosopyle) in die Kragengeißelkammer. Diese (Abb. 130) sind von 20–1 400 (meist 50–100) runden, ovalen oder länglichen Kragengeißelzellen (Choanocyten) mit je einer langen Geißel ausgekleidet und bilden

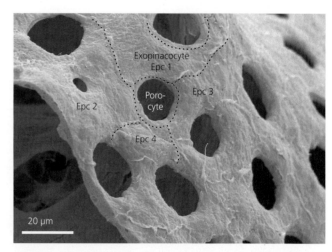

Abb. 128 Einstromöffnungen (Ostien) beim Süßwasserschwamm *Spongilla lacustris* (Demospongiae, Spongillina). Ostienfelder mit den Porocyten, die jeweils an mehrere Exopinacocyten angrenzen. Einzelne Porocyten bilden in dieser Art die in der Größe regulierbare Öffnung. Original: F. Wolf und M. Nickel, Jena.

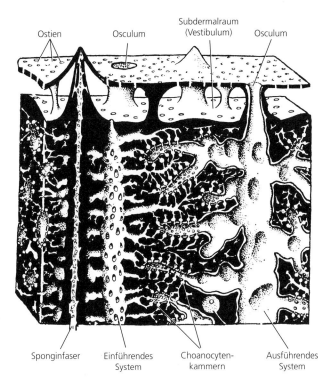

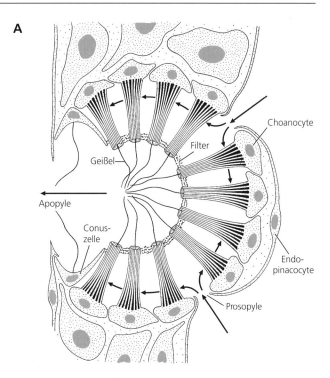

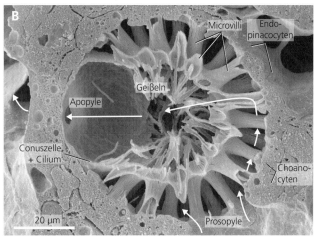

Abb. 129 Blockschema der oberflächennahen Organisation eines Leucon-Kanalsystems am Beispiel des Badeschwammes *Spongia officinalis* (Demospongiae, Dictyoceratida). Mesohyl schwarz, Kanalstrukturen weiß. Statt eines zentralen Atriums sind viele lokale Ausstromöffnungen (Oscula) vorhanden. Das einführende System ist durch einen ausgeprägten Subdermalraum gekennzeichnet, es verzweigt sich feiner als das ausströmende Kanalsystem, da die Choanocytenkammern mit ihren Ausstromöffnungen direkt größeren ausführenden Kanälen aufsitzen. Nach F.E. Schulze (1889) und Delage und Hérouard (1899) aus Gruner (1993).

ein prismatisches Epithel. Die Geißeln tragen bei vielen Arten aller vier Großgruppen zwei flügelartige Anhängsel (Fahnen) (Abb. 123B) und sind von einem Kragen aus meist 30–40 Mikrovilli umgeben, die oft untereinander quer vernetzt sind. Ihre perforierte röhrenartige Struktur stellt in erster Linie eine **hydrodynamisch wirksame Struktur** dar. Die durch die zentrale Geißel erzeugte Strömung wird so kanalisiert, dass ein gerichteter Wasserstrom von der Choanocytenbasis zum Zentrum der Choanocytenkammer hin entsteht (vgl. Abb. 131). Die koordinierten Schläge aller Geißeln bewirken damit den Aufbau eines Überdrucks im Zentrum der Geißelkammer, der sich nur über die Ausstromöffnung (Apopyle) abbauen kann, die zwischen den Choanocyten unmittelbar über dem zentralen Geißelkammerraum steht.

Die Mikrovilli-Röhren und spezialisierte Konuszellen am inneren Rand der Apopyle verhindern einen Rückfluß innerhalb der Kammer. Dadurch baut sich im basalen Bereich, rund um die perforierten Mikrovilli-Röhren ein Unterdruck auf. Der basale Raum zwischen den Mikrovilli-Röhren stellt ein Kontinuum dar, der unmittelbar mit der Prosopyle verbunden ist. Der von den Choanocytenkammern erzeugte Unterdruck in diesem Bereich führt also zu einem Zustrom von Wasser aus dem einführenden Kanal durch die Prosopyle. Die Mikrovilli-Kränze stellen also weniger eine Filterstruktur dar, wie es oft in Lehrbüchern genannt wird, als vielmehr ein strömungsmechanisch notwendiges Element, das in gleicher Weise auch bei den Choanoflagellaten (S. 53) die erzeugte Strömung vom Zellkörper weg

Abb. 130 Medianschnitt durch eine Choanocytenkammer (Kragengeißelkammer) des Süßwasserschwammes *Spongilla lacustris* (Demospongiae, Spongillina). **A** Schema. **B** REM-Aufnahme. Pfeile zeigen die Richtung der Wasserströmung. Die Conuszellen dichten den basalen Raum um die Microvilli-Krägen zur Ausstromöffnung (Apopyle) hin ab, verhindern dadurch einen Rückfluss des durch die Geißeln beschleunigten Wassers und erzeugen einen gerichteten Wasserstrom. A Schema nach Weissenfels (1992) aus Ax (1995). B REM-Aufnahme. Original: F. Wolf und M. Nickel, Jena.

kanalisiert. Lediglich die feinsten Nahrungspartikeln werden an den Microvilli-Krägen und im Basalbereich der Choanocyten selbst festgehalten. Die Aufnahme größerer Partikel sowie der **Gasaustausch** erfolgt über das gesamte Exopinacoderm und die Prosendopinacocyten. Die Gesamtstruktur des Kanalsystems stellt damit einen physikalischen, bzw. hydrodynamischen Filterapparat dar. Zahlreiche alternierende Erweiterungen und Verengungen der Querschnittsfläche im zuführenden System führen zu stark variierenden lokalen Strömungsgeschwindigkeiten (Abb. 131). Insbesondere an Stellen niedriger Strömungsgeschwindigkeit ist die Phagocytose von Nahrungspartikeln

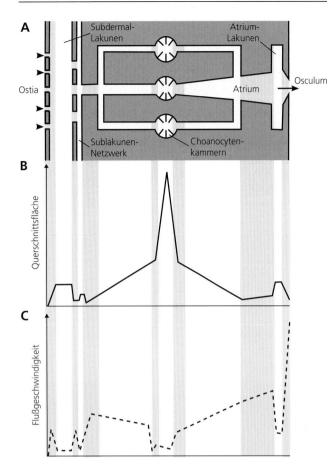

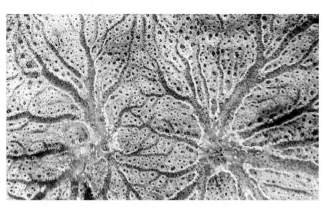

Abb. 132 Oberfläche des karibischen Flachschwamms *Clathria venosa* (Poecilosclerida). Die größeren Kanäle (in vivo noch durch ein Häutchen überdeckt) führen strahlenförmig zu den Oscula, um Wasser aus dem Schwamm abzuleiten. Dazwischen gibt es Hunderte von Ostien, durch die das Wasser über die gesamte Körperoberfläche einströmt. Durchmesser der Oscula: ca. 2 mm. Original: G. van Moorsel, Amsterdam.

Abb. 131 Funktionsweise eines Leucon-Kanalsystems, schematisch dargestellt anhand der Situation in *Tethya wilhelma* (Demospongiae). **A** Organisationsprinzip mit den funktionellen Elementen des Kanalsystems in linearer Anordnung, auf die sich die Graphen **B–C** beziehen. Abfolge der funktionellen Elemente abwechselnd grau und weiß gekennzeichnet. **B** Querschnittsfläche im Bezug auf die Funktionseinheiten. Starke Veränderungen der Querschnittsflächen ergeben sich an den Übergängen räumlich dominanter Strukturen, besonders am Subdermalraum und an den Choanocytenkammern, die durch ihre Parallelschaltung in der Summe die maximale Querschnittsfläche innerhalb des gesamten Systems ausmachen. **C** Die Fließgeschwindigkeit ist vor allem abhängig von der an den einzelnen Choanocytenkammern erzeugten Strömung; sie wird durch die geringere Querschnittsfläche vor und hinter den parallelen Choanocytenkammern und auch durch die Verengung im Oscularbereich stark erhöht. Original: J.U. Hammel und M. Nickel, Jena.

erleichtert. Die Strömungsgeschwindigkeit kann vermutlich lokal an den Choanocytenkammern reguliert werden, entweder durch die Apopylen selbst oder durch spezialisierte, unbegeißelte Zellen (Zentralzellen), die in unterschiedlichen Formen vorkommen können.

Das filtrierte Wasser wird durch feine Kanäle (Aphodi) in ausführende Sammelkanäle abgeführt. Mehrere Sammelkanäle münden dann in einen Zentralraum (A t r i u m) mit meist größerer Öffnung (O s c u l u m) nach außen (Abb. 125, 129).

Bei den Hexactinelliden (Abb. 133) ist das **Choanoderm** ein komplexes, weitverzweigtes netzförmiges S y n c y t i u m mit einzelnen kernlosen geißeltragenden Einheiten (C h o a - n o m e r e, *collar bodies*), die sich aus einem C h o a n o b l a s t e n entwickeln. Jedes dieser sog. C h o a n o s y n c y t i e n besitzt

einen Kern. Ein zweites, nicht begeißeltes syncytiales Netzwerk befindet sich zwischen den Choanocyten auf dem Niveau der Mikrovilli (Sekundäres Reticulum). Dieser Typus von Geißelkammern ist vermutlich ein evolutionär abgeleitetes Merkmal.

Bei einigen Kalkschwämmen ist das zu- und abführende Kanalsystem in Zusammenhang mit einer Vergrößerung der Kragengeißelkammern reduziert. Beim A s c o n - Typ (Abb. 126A, 135A,B), (nur bei wenigen Taxa, z. B. *Leucosolenia, Clathrina*), ist der Schwamm aus einem Rohr oder einem verzweigten Röhrensystem aufgebaut. Innen besteht er ausschließlich aus Choanocyten, die Ostien münden direkt in diese riesigen Choanocytenröhren. Beim S y c o n - Typ (Abb. 126B, 135C,D), (ebenfalls nur bei wenigen Gattungen, z. B. *Sycon, Grantia*), sind die Rohre dickwandig und die länglichen Kragengeißelkammern senkrecht zwischen dem Außenmedium und der wasserabführenden Zentralhöhle arrangiert. Das Kanalsystem der meisten übrigen Schwämme wird generell als L e u c o n - Typ (Abb. 126D, 129) bezeichnet, obwohl es große Unterschiede innerhalb dieses Typs gibt.

In früheren Lehrbüchern wurden, zurückgehend auf E. HAECKEL, die Ascon-, Sycon- und Leucon-Organisation als Stufen in der Evolution vom „Urschwamm" bis zum Badeschwamm angeführt. Hierfür gibt es jedoch heute keine Basis mehr.

Wie bei der **Ernährung** partikuläre, kolloidale oder gelöste Stoffe aufgenommen werden, ist nach wie vor unzureichend geklärt. Vermutlich nehmen alle oberflächenbildenden Zelltypen über den gesamten Schwammkörper daran teil. Von Süßwasserschwämmen weiß man z. B., dass Exopinacocyten Nahrung endocytotisch aufnehmen können (Abb. 123); dann werden die Substanzen in Vakuolen gelagert und oft durch Exocytose an umliegende, bewegliche Zellen weitergegeben. Wesentlich für die Effektivität der Nahrungsaufnahme sind also die extrem großen äußeren und inneren Pinacocytenflächen. Messungen an vollständigen 3D-Daten von Demospongien der Gattung *Tethya* ergaben ein Verhältnis von über 140 Quadratmillimeter Pinacoderm pro Kubikmillimeter Mesohyl, ein Oberflächen-zu-Volumen-Verhältnis, das über 5 mal höher ist als bei der menschlichen Lunge ist. Die Verdauung ist intrazellulär. A r c h a e o c y t e n haben eine wichtige Verdauungsfunktion, möglicherweise sind alle Zellen verdauungsfähig. Die Defäkation verläuft durch Exocytose an den Kanalwänden.

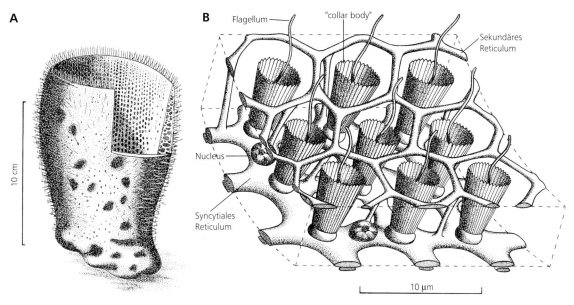

Abb. 133 Kanalsystem-Organisation bei Hexactinelliden. **A** Habitus von *Rhabdocalyptus dawsoni*; Anschnitt zeigt die Anordnung des Choanoderms. **B** Detail des syncytialen Choanoderms. A Verändert nach Schulze (1887), B nach Reiswig und Mackie (1983).

Vertreter der Cladorhizidae (Demospongiae) (Abb. 136) haben Kanalsystem und Choanocytenkammern weitgehend reduziert und leben räuberisch. Sie kommen hauptsächlich in nährstoffarmen Regionen der Tiefsee und strömungsarmen Höhlenhabitaten vor. Naupliuslarven oder kleine Krebse verfangen sich in klammerartigen Spicula (Chelae, Abb. 140 [17 und 18]), die aus dem Schwammgewebe ragen. Die lebende Beute wird innerhalb weniger Stunden von Schwammgewebe vollständig umwachsen und innerhalb weniger Tage in Partikel aufgelöst und phagocytiert.

Als Strudler feinster organischer Partikel (POM) haben Schwämme eine wichtige Stellung in vielen aquatischen Ökosystemen. Wie keine andere Tiergruppe sind sie fähig, auch gelöste organische Substanzen (DOM), wie Makromoleküle und Kolloide aufzunehmen.

Süßwasserschwämme lassen sich auf Monokulturen von einzelligen Grünalgen, Bäckerhefe oder Bakterien langfristig kultivieren.

Die Filtriereffizienz kann 30–98 % der durchströmenden Partikeln betragen. Der O_2-Verbrauch eines Schwamm-Individuums ist mit $0,7–12 \times 10^{-3}$ ml pro Milliliter Schwamm-Nassvolumen überraschend variabel: Zwischen 1–50 % des O_2 wird aufgenommen. Die Filtrationskapazität, ausgedrückt in Milliliter Wasser pro Sekunde pro Kubikzentimeter Schwammgewebe, ist ebenso variabel: $0,2–80 \times 10^{-2}$ ml s^{-1} cm^{-3}. Ein Schwamm von etwa einem Kubikdezimeter Volumen (entspricht 1 l) ist also fähig, einen Eimer Wasser in 10 s abzufiltrieren! Die Durchflussgeschwindigkeiten variieren deutlich innerhalb des Schwammes in Abhängigkeit vom Querschnitt der Kanalstrukturen (Abb. 131). Die Ausstromgeschwindigkeiten betragen in Demospongien 0,2–25 cm s^{-1}, in Hexactinelliden bis 9 cm s^{-1}. Diese Werte können durch externe Strömung über den Oscula (z. B. durch den Bernoulli-Effekt und andere hydrodynamische Effekte) noch wesentlich erhöht werden; bei Hexactinelliden wurden unter solchen Bedingungen Ausstromgeschwindigkeiten von über 50 cm s^{-1} gemessen. Insgesamt strudeln Schwämme effizienter als Tunikaten oder Muscheln.

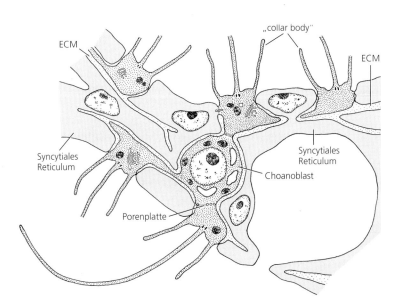

Abb. 134 Hexactinellida. Ausschnitt aus dem Choanoderm (Choanosyncytialer Komplex), mit geißeltragenden Einheiten (*collar bodies*), Choanoblasten und nicht begeißeltem Netzwerk. Nach Mackie und Singla (1983).

Tabelle 3 Schwammzellen und ihre Funktionen.

I. Pinacoderm:

Exopinacocyten (an der Schwamm-Peripherie)
  Basinopinacocyten (am Substrat)
  Porocyten (perforierte Exopinacocyten)

Endopinacocyten (Kanalwandbekleidung)
  Prosendopinacocyten (in einführenden Kanälen)
  Apendopinacocyten (in abführenden Kanälen)

II. Choanoderm:

Choanocyten (Choanocytenkammerbekleidung)
  Prosopylenzellen (am Eingang der Kragengeißelkammer)

  Konuszellen und Apopylenzellen (am Ausgang der Kragengeißelkammer)

  Zentralzellen (Wasserstromregelung innerhalb der Kragengeißelkammer nur bei wenigen Gruppen)

III. Mesohyl:

Archaeocyten (Stammform aller Schwammzellen, viele Funktionen, beweglich)

Trophocyten (Nahrungsspeicherung für Fortpflanzung)

Tesocyten (Dottergefüllte Zellen der Gemmulae)

Zellen des Stützskeletts
  Spongioblasten (dünne Kollagenfibrillen)
  Lophocyten (dicke Kollagenfibrillen)
  Skleroblasten (Spiculabildung)

Möglicherweise kontraktile Zellen
  Actinocyten bzw. „Myocyten" (kontrahieren ggf. das Mesohyl)
  Neuroid-Zellen (reizbare Zellen)

Zellen mit Einschlüssen (ca. 8 verschiedene Typen, Funktion meist unbekannt, wahrscheinlich beteiligt bei Speicherung der Nahrung, Verdauung und Hormonsekretion), z.B. Sphaerulocyten

IV. Keimzellen:

Oogonien

Spermatogonien

Die Pumpaktivität zeigt aperiodische und periodische (z. B. tageszeitabhängige) Schwankungen sowie Synchronisierung im Falle der Verschmelzung zweier Individuen. Die Wasseraufnahme kann durch Kontraktion der Ostien oder/und der Oscula unterbrochen werden. Auch die Pinacocyten der zu- und abführenden Kanäle sind kontraktionsfähig. Signifikante Körperkontraktionen können periodisch auftreten und die Kanalvolumina so weit reduziert werden, dass das Schwamm-Gesamtvolumen um über 70% abnimmt (Abb. 137).

Schwämme ernähren sich nicht allein durch Filtration. Mikrosymbionten tragen ebenfalls zur Ernährung bei (Abb. 138). Viele Arten, insbesondere unter den Demospongien, beherbergen in ihrem Gewebe eine beträchtliche Masse an Bakterien und einzelligen Algen, die vermutlich an der Speicherung organischer Moleküle und vielleicht auch an der Produktion sekundärer Metabolite (s. u.) beteiligt sind. Die Verteilung der Symbionten im Schwammkörper folgt häufig einem Muster: Die äußeren, lichtexponierten Teile beherbergen photosynthetisch aktive Algen und Cyanobakterien, während heterotrophe und autotrophe Symbionten weiter im Inneren anzutreffen sind. Meist liegen die Symbionten frei im Mesohyl vor. In einigen Arten befinden sich die Bakterien jedoch in Zellvakuolen und bilden bei hoher Anzahl die sog. Bakteriocyten. Es gibt Schwämme, deren Biomasse zu mehr als 50 % aus bakteriellen Mikrosymbionten besteht (sog. Bakteriospongien); das entspricht 10^8–10^9 Bakterien g^{-1} Schwammgewebe. Bakterien nehmen hauptsächlich gelöste Stoffe auf, während die Schwammzellen partikuläres Material phagocytieren können. Symbiontische photoautotrophe Cyanobacterien und vereinzelt auch Grünalgen liefern ihrem Wirt organische Stoffe ähnlich wie die Zooxanthellen der Korallen (S. 136).

Im Great Barrier Reef tragen die Symbionten-Populationen bestimmter Schwämme so viel zum Kohlenstoff-Budget ihrer Wirte bei, dass diese tatsächlich als „autotroph" betrachtet werden können. Derartige Schwämme haben durch ihre Abhängigkeit vom Licht eine ganz bestimmte Verbreitung in sedimentarmen Seichtwasserzonen und zeigen oft auch eine zur Lichtaufnahme angepasste Morphologie.

Zwischen den beiden epithelartigen Gewebsschichten des Pinacoderms und des Choanoderms liegt das mehr oder weniger stark entwickelte **Mesohyl** (Abb. 122, 127) mit Einzelzellen, extrazellulärer Matrix und meist einem anorganischen Stützskelett. Die Einzelzellen sind in Form und Funktion sehr verschieden und die entsprechenden Zelltypen z. T. noch unzureichend charakterisiert (Tabelle 3). Die folgende, vereinfachte Zusammenfassung basiert vornehmlich auf Untersuchungen an Süßwasserschwämmen: Die Larve enthält eine Masse undifferenzierter, ziemlich großer Zellen, die Archaeocyten. Sie besitzen einen großen Nucleus mit Nucleolus, gut entwickeltes endoplasmatisches Reticulum und Golgi-Apparat; sie sind bei Kalkschwämmen oft morphologisch modifiziert. Sie sind beweglich (sehr eingeschränkt bei Hexactinelliden), zur Phagocytose befähigt und totipotent. Erwachsene Schwämme besitzen immer eine große Population derartiger Zellen, die sich zu verschiedenen Zellen spezialisieren können, einschließlich der oben erwähnten Pinacocyten und Choanocyten. Neben Archaeocyten und von ihnen direkt abgeleiteten Zellformen, wie „Amoebocyten", unterscheidet man: (1) Zellen, die das Stützskelett produzieren, (2) möglicherweise kontraktile Zellen (nicht bei Hexactinellida) und (3) Zellen mit Einschlüssen (Tabelle 3).

Auch die Komponenten des Skeletts werden durch Einzelzellen des Mesohyls gebildet (Tabelle 3, Abb. 123, 127). Mikrofibrillen aus Kollagen werden von Spongioblasten produziert, dickere Fibrillen von Lophocyten. Skleroblasten sezernieren anorganische Skelettelemente intrazellulär aus mineralischem Siliciumoxid (SiO_2) oder extrazellulär aus Calciumcarbonat ($CaCO_3$ in Form von Aragonit oder Calcit). Ob im Mesohyl vorkommende Actinocyten (Tabelle 3), die in der Literatur auch unter dem irreführenden Namen „Myocyten" zu finden sind, wirklich kontraktil sind, ist umstritten. Gesichert ist jedoch die Kontraktionsfähigkeit der epithelialen Pinacocyten. Ob im Mesohyl kontraktile Antagonisten vorkommen, muss funktionell noch überprüft werden. Bei Hexactinelliden und Homoscleromorphen sind überhaupt keine Zelltypen im Mesohyl bekannt, die kontraktile Funktionen übernehmen könnten. Vertreter beider Gruppen zeigen jedoch deutliche Kontraktionen, die sich wohl ebenfalls auf die Epithelien zurückführen lassen. Zellen mit Einschlüssen, insbesondere Sphaerulocyten (Tabelle 3), sind in Struktur und wohl auch Funktion durchaus unterschiedlich, jedoch im Detail noch nicht funktionell charakterisiert. Möglicherweise sind diese Zellen an der Synthese der organischen, oft toxischen Moleküle (Terpene, Steroide, Carotinoide, Pyrrol-Derivate usw.) beteiligt, die als sekundäre Metabolite oder bioaktive Substanzen bezeichnet werden und z. B. der Abwehr von Räubern und auch der Arterkennung dienen.

Schwämme gehören unter den Meerestieren zu den Hauptproduzenten bioaktiver Stoffe. Jeder Schwamm hat wahrscheinlich seinen eigenen Substanzcocktail, aber verwandte Schwämme produzieren vermutlich verwandte Moleküle. Sie werden vom Schwamm-Individuum ständig ins Außenmedium abgegeben; ihre Konzentration nimmt zu, wenn man den Schwamm beschädigt. Sekundäre Metabolite können hoch bioaktiv sein und werden vom Schwamm insbesondere auch im Konkurrenzkampf um das Substrat eingesetzt. Andere Organismen (auch Korallen, Tunicaten) werden damit passiv am Überwachsen gehindert und aktiv vom Substrat zurückgedrängt. Oft sieht man z. B. einen Krustenschwamm und eine krustenförmige Koralle auf demsel-

ben Substrat durch eine scharfe Linie abgegrenzt (Abb. 139). Neben antibiotischen, antifungalen und antiviralen wurden auch tumorinhibierende Eigenschaften dieser Substanzen nachgewiesen. Diese pharmazeutisch potentiell wertvollen Stoffe werden daher intensiv untersucht.

Die extrazellulären Komponenten des Mesohyls sind Produkte seiner zellulären Komponenten: Die undifferenzierte Grundsubstanz aus organischen Molekülen (z. B. Glykoproteine), Nahrungspartikeln und Sekrete, freies fibrilläres Kollagen und das Skelett. Freies Kollagen findet man bei allen Schwämmen als wenig organisierte allgemeine Festigkeitssubstanz. Innerhalb der Demospongien gibt es davon zwei Formen: glatte und raue Fibrillen, beide quer gestreift, mit einem Durchmesser von 20–400 nm. Ein jodreiches Derivat des Kollagens ist das **Spongin** in den Demospongien. Spongin-Mikrofilamente (8 nm) werden von Spongioblasten gebildet. Bei manchen Gruppen der Demospongiae findet man sie zu dicken Spongifasern gebündelt, die ein rein organisches, reticuläres Skelett bilden, oder aber als verbindende Substanz von mineralischen Skelettelementen. Auch in den Gemmulae-Schalen der Süßwasserschwämme (Abb. 152) ist Spongin eingebaut.

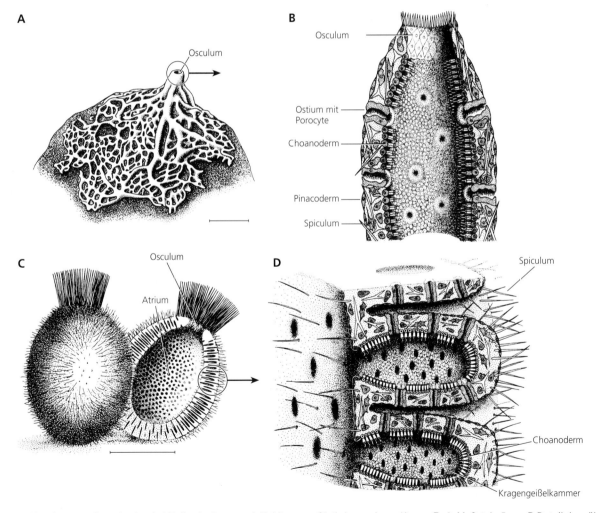

Abb. 135 Kanalsystem-Organisation bei Kalkschwämmen. **A** Habitus von *Clathrina coriacea* (Ascon-Typ). Maßstab: 5 cm. **B** Detail des röhrenförmigen Kanalsystems vom Ascon-Typ. **C** Habitus von *Sycon raphanus* mit Anschnitt, um die Anordnung der Kragengeißelkammern darzustellen. Maßstab: 1 cm. **D** Detail eines Kanalsystems vom Sycon-Typ. Nach Zenkevitsch (1968).

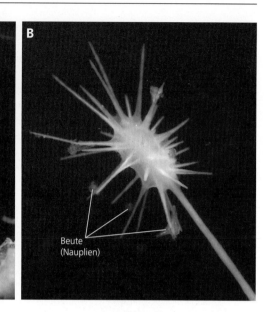

Abb. 136 Der räuberische Schwamm *Asbestopluma hypogaea* (Demospongiae, Poecilosclerida) besitzt kein Kanalsystem und lebt im Wesentlichen vom Fang lebender kleiner Crustaceen. **A** Gestieltes Exemplar mit ausgestreckten Filamenten, die dem Beutefang dienen. **B** Gefangene Nauplius-Larven an den Filamenten. A–B Mikrofotografien, Originale M. Nickel, Jena.

Das **Skelett** kann aus organischen und mineralischen Elementen bestehen. Neben einem mehr oder weniger gut entwickelten Kollagenskelett besitzen die meisten Schwämme noch ein mineralisches Stützskelett aus Kieselspicula (Hexactinellida und Demospongiae) (Abb. 140, 142), Kalkspicula (Calcarea) (Abb. 135, 143) und/oder massiven kalkigen Basalskeletten (Calcarea und Demospongiae) (Abb. 145). Einzelne Kieselspicula werden auch von den Homoscleromorpha produziert, die sich hingegen nicht zu einem Skelett verbinden. Kalkige Basalskelette werden extrazellulär in unterschiedlichen Vorgängen abgelagert. Das Kalkskelett von *Astrosclera willeyana* besteht aus runden bis ovalen Aragonit-Elementen (Spherulite), die erst durch Vesikelzellen im Ektosom abgelagert werden. Diese Spherulite werden im Verlauf der Entwicklung vergrößert und zu einem „hyperkalzifiziertem" Basalskelett verbunden. Kalkspicula werden ebenfalls extrazellulär von mehreren Sklero-

blasten sezerniert, deren Anzahl die Zahl der Strahlen des Spiculums bestimmt (Abb. 144). Kieselspicula dagegen werden primär intrazellulär von individuellen Skleroblasten auf einem intrazellulären organischen Filament (Axialfilament) abgeschieden (Abb. 146). Bei Hexactinelliden werden Spicula in vielkernigen Skleroblasten gebildet.

Im Querschnitt ist das Axialfilament der Demospongiae drei- oder sechseckig, das der Hexactinellida viereckig. Es ist von einer Membran (Silicalemma) umschlossen, innerhalb welcher der Silicifikationsprozess stattfindet. Das Spiculum besteht zu 90 % aus SiO_2, zu 10 % aus anderen Stoffen. Der Zuwachs eines Süßwasserschwamm-Spiculums beträgt bis zu 5 μm h^{-1}; ein Spiculum ist in ungefähr 40 h fertig. Durch Begleitzellen wird das fertige Spiculum zu einer bestimmten Stelle im Gerüst des Stützskeletts transportiert.

Die Kieselspicula werden nach Größe, Funktion und Lage im Schwammkörper in Megaskleren und Mikroskleren eingeteilt, aber diese Einteilung ist relativ.

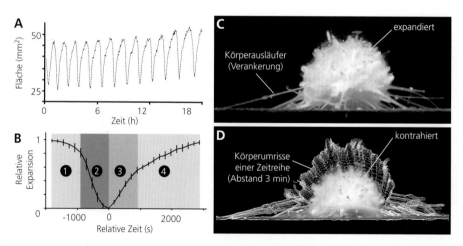

Abb. 137 Kontraktionsvermögen von Schwämmen, am Beispiel von *Tethya wilhelma*. **A** Regelmäßiger, rhythmischer Kontraktions-Expansionsverlauf eines Individuums über 18 Stunden (projizierte Fläche einer lateralen Körperansicht). **B** Graph eines gemittelten Kontraktionszyklus (dargestellt als relative Körperausdehnung) mit initialer Plateauphase (1), Kontraktionsphase (2), Expansionsphase (3) und abschließender Plateauphase (4). **C** Ansicht eines expandierten Individuums. **D** Dasselbe Individuum in kontrahiertem Zustand mit zusätzlichen Körperumrissen einer Expansionsphase. Modifiziert aus Nickel et al. (2011) und Ellwanger und Nickel (2006).

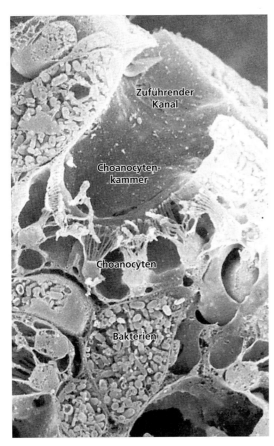

Abb. 138 *Xestospongia muta* (Haplosclerida). Bakterielle Symbionten im Mesohyl. Die Höhe der Abbildung entspricht in Wirklichkeit 30 µm. Original: K. Rützler, Washington, aus De Vos et al. (1991).

Abb. 139 Interaktion zwischen Schwamm und Korallen im Konkurrenzkampf um Substrat. Der Schwamm *Clathria venosa* (rechte Bildhälfte) versucht die Koralle *Montastraea cavernosa* (linke Bildhälfte) zu überwachsen. Die scharfe Trennungslinie zwischen den Organismen wird durch sekundäre Metabolite hervorgerufen. Original: L. Aerts, Amsterdam.

Nach ihrer Form unterscheidet man eine Vielfalt von Spiculatypen, die taxonomisch wichtig sind (Abb. 140, 142). Sie basieren auf der Anzahl von Achsen (mon-, tri-, tetr- oder polyaxon), der Anzahl von Strahlen (mon-, di-, tri-, tetr- oder polyactin), den Enden dieser Strahlen (scharf, stumpf, mit Knopf), der Form (gerade, gekrümmt, C-förmig, sternförmig, spiralförmig usw.) und der Ornamentierung (glatt, granuliert, bedornt, stachelig usw.).

Abgesehen von den Hexactinelliden, die teilweise rigide Skelette aus fusionierten Spicula besitzen, bestehen die mineralische Skelette, außer den kalkigen Basalskeletten, generell aus Einzelspicula, die durch Spongin oder Kollagen zu einem festen, aber elastischen Netzwerk verbunden sind (Abb. 141). Zusätzlich sind Einzelskleren verschiedenster Form in die extrazelluläre Matrix eingelagert.

Diese Skleren-ECM-Verbünde entsprechen funktionell dem Prinzip eines viskoelastischen partikelverstärkten Polymers (ähnlich technischen Werkstoffen, z. B. Autoreifen, die Carbonpartikel als steife Elemente im viskoelastischen Gummi enthalten). Dabei bestimmen die Form der Skleren und ihr Volumenverhältnis im Bezug auf die umgebende ECM die physikalischen Eigenschaften des Verbundes, vor allem Zähigkeit, Elastizität etc. Hierbei spielen insbesondere die vielfältigen Mikroskleren eine Rolle.

Skelettstrukturen und -formen kommen in großer Vielfalt vor und geben den Schwämmen ihre charakteristische Gestalt. Man kann dennoch drei Haupt-Bauarten unterscheiden: den radiären, den reticulaten und den dendritischen Bau (Abb. 141).

Die Vielfalt der Bauweisen stimmt mit den recht unterschiedlichen Wuchsformen bei Schwämmen überein: von dünnen Krusten bis zu Bechern von mehr als 1 m Durchmesser, von kleinen Strauchformen bis zu trompetenförmigen Gruppen (Abb. 124). Dennoch ist mit Computersimulationen gezeigt worden, dass diese Formdiversität auf einer einfachen Grundform mit einfachem Wachstumsvorgang basiert. Relativ kleine Änderungen in der Grundform und Variationen der Umströmung durch das Außenmedium sind für die relativ große Formvariation verantwortlich.

Neben einem tiefer liegenden Hauptskelett (Choanosomalskelett) besitzen viele Arten auch noch eine Art oberflächennahes Dermalskelett (Ektosomalskelett) als äußeren Schutz.

Im Dermalskelett können Kieselspicula einzeln oder in Bündeln parallel oder senkrecht zur Oberfläche angeordnet sein, oder es können dichtgepackte Mikroskleren eine Kruste bilden. Vielfach liegt unter dem Hautskelett eine Zone ohne Kragengeißelkammern, die teils mit Spicula und Kollagen-Einlagerungen verstärkt ist. Bei kontraktilen Arten kann dieser Cortex (Abb. 129) wie auch die Mikroskleren-Krusten dynamisch verdichtet und dadurch die Zähigkeit der Oberflächenschicht erhöht werden (besserer mechanischer Schutz).

Kieselspicula abgestorbener Hexactinelliden und Demospongier können auf dem Meeresboden dichte Schwammnadelfilze von bis zu 2 m Mächtigkeit bilden.

Kalkspicula sind auf die Calcarea beschränkt. Sie sind den Kieselspicula nicht homolog, da sie unterschiedlich gebildet werden (S. 88). Die Anzahl beteiligter Skleroblasten und die Strahlenanzahl korrelieren: Zwei Skleroblasten bilden ein einachsiges Spiculum, sechs ein dreiachsiges (Abb. 144) und sieben ein vierachsiges. Der Zuwachs von $CaCO_3$ erfolgt extrazellulär und beträgt etwa $2 \mu m\,h^{-1}$. Kalkspicula sind deutlich weniger formvariabel als Kieselspicula.

Triactine dominieren als Grundform, oft ergänzt durch Tetractine und Diactine. Obwohl eine gewisse Größenvariation vorhanden ist, werden keine Mega- und Mikroskleren unterschieden. Spezielle Formen sind z. B. „Stimmgabel"- und „Schalen"-Spicula. Kalkschwämme haben kein verkittendes Spongin, dies schränkt wahrscheinlich ihre Formvariation ein. Im Zusammenhang mit der geringen Mesohyl-

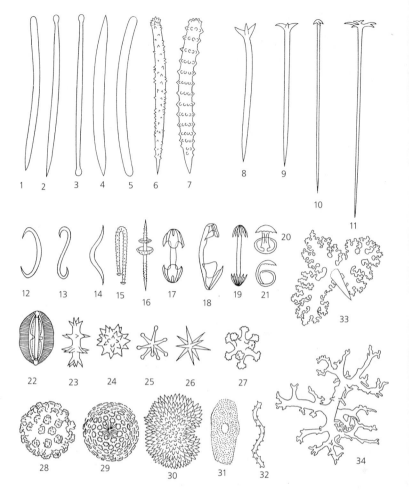

Abb. 140 Einige Spicula-Typen der Demospongiae (Kieselspicula). **1–11, 33, 34**: Megaskleren. **1** Styl. **2** Tylostyl. **3** Tylot. **4** Oxea. **5** Strongyl. **6** Acanthostyl. **7** Verticillates Acanthostyl. **8** Plagiotriän. **9** Orthotriän. **10** Anatriän. **11** Dichotriän. **33** Phyllotriän (Spiculum der Lithistiden). **34** Desma (Spiculum der Lithistiden). **12–32**: Mikroskleren. **12** C-förmiges Sigma. **13** S-förmiges Sigma. **14** Toxa. **15** Forceps. **16** Oxydiscorhabd. **17** Arcuates Isochela. **18** Palmates Anisochela. **19** Birotulate. **20** Bipocilium (Frontansicht). **21** Bipocilium (Seitenansicht). **22** Sphaerancora. **23** Verticillater (gleichmässig bedornter) Discorhabd. **24** Oxyspheraster. **25** Tylaster. **26** Oxyaster. **27** Anthaster. **28** Anthosperaster. **29** Sterraster. **30** Selenaster. **31** Aspidaster. **32** Bedornter Spiraster. Länge der Spicula in 1–7: 0,1–0,3 mm; 8–11: 0,5–1 mm; 12–32: 0,01–0,05 mm; 33–34: 0,15–0,3 mm. Verändert nach Wiedenmayer (1977) von F. Hiemstra, Amsterdam.

Ausprägung liegt vermutlich die Ursache für die eingeschränkten Körpergrößen der Kalkschwämme: Nur wenige Arten sind größer als 10 cm. Die Röhrenform ist am häufigsten, es kommen aber auch Krusten vor. Neben relativ steifen Skeletten, die immer aus sehr dicht gelagerten Spicula-Arrangements bestehen, finden sich auch kontraktile Arten, die im expandierten Zustand eine deutlich aufgelockerte Sklerendichte aufweisen (z. B. der Kalkgitterschwamm *Clathrina*). Auch hier führt die Kontraktion zu dynamischer Versteifung des Skeletts, bzw. des gesamten Schwammkörpers.

Kalkige Basalskelette werden nur von relativ wenigen rezenten Schwämmen gebildet, waren jedoch in der Stammesgeschichte sehr weit verbreitet. Ein auffälliger Unterschied zu den oben erwähnten Kalkspicula ist ihr kristalliner Aufbau aus radiär – nicht parallel – angeordneten nadelförmigen Kristallen. Die Kalkmasse ist in Etagen kleiner, mehr oder weniger regelmäßig angeordneter Kammern organisiert, wobei das Schwammgewebe über oder innerhalb der Kammern drapiert ist. Vereinzelt sind die gesamten Weichteile von der Kalkmasse eingeschlossen (Abb. 145).

Basalskelette in Kombination mit lockeren Kalkspicula sind von Kreide-Fossilien (sog. Pharetroniden) bekannt und wurden rezent in Arten aus submarinen Höhlen auch lebend gefunden. Sowohl die basale Kalkmasse als auch die lockeren diskreten Spicula sind calcitisch. Es gab also historisch gesehen keinen Grund, Kalkschwämme und Pharetroniden nicht in einer Gruppe zu vereinen. Dies änderte sich, als auch Schwämme mit kalkigen Basalskeletten und diskreten SiO_2-Spicula gefunden wurden. Noch vor einigen Jahren betrachtete man diese Schwämme als separates Taxon, die „Sclerospongiae", weil der Kalk einiger dieser Formen als Aragonit bestimmt wurde. Jedoch ist seitdem mehrfach klar gezeigt worden, dass die einzelnen „Sclerospongiae"-Arten hinsichtlich ihrer Weichteile und Kieselspicula ganz nahe mit verschiedenen Demospongiae verwandt sind, dass neben Aragonitskeletten auch Calcitskelette auftreten und schließlich, dass es viele fossile „Sclerospongiae" in fast allen Taxa der Demospongiae gibt. Heute wird allgemein akzeptiert, dass die basalen Kalkskelette mehrmals konvergent entstanden sind

Fortpflanzung und Entwicklung

Die Fortpflanzung ist überwiegend **sexuell**. Sie ist durchaus vergleichbar mit jener der übrigen Metazoen. Gonaden fehlen jedoch; die sich differenzierenden Geschlechtszellen liegen vielmehr einzeln oder in Gruppen im Mesohyl. Viele Arten sind hermaphroditisch (protandrisch oder protogyn); Getrenntgeschlechtlichkeit ist bei Süßwasserschwämmen die Regel. In einem Fall wurde sogar Geschlechtswechsel im Verlauf eines Jahres festgestellt. Spermatozoen entstehen durch Umwandlung von Choanocyten in zu Spermatocysten veränderten Kragengeißelkammern (Abb. 148). Bei Süßwasserschwämmen sind die Spermatozoen umgewandelte Choanocyten. Spermatozoen können unterschiedliche, sogar hakenartige Formen haben. Acrosome, oder acrosomähnliche Komplexe sind bisher nur bei wenigen

A Radiärer Bautyp: *Tribrachium*

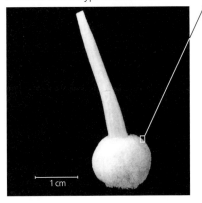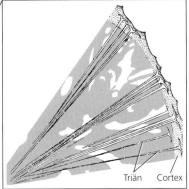

Triän   Cortex

B Retikulärer Bautyp: *Haliclona*

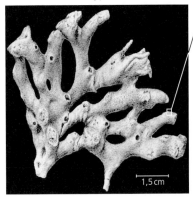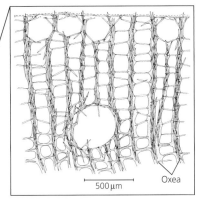

Oxea

C Dendritischer Bautyp: Dendroceratida

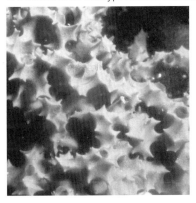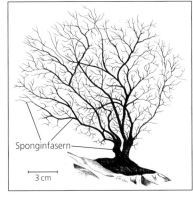

Sponginfasern

Abb. 141 Skelett-Architektur der Demospongiae.
A Radiärer Bau bei *Tribrachium schmidti* (Astrophorida). Links: Habitus, rechts: Schematischer Querschnitt. Unterhalb des Ektosoms befindet sich ein Cortex aus asterosen Mikroskleren. Das Hauptskelett besteht aus radiär angeordneten Triänen, die mit ihren Köpfen im Cortex verankert sind.
B Reticulater Bau beim Schlauchschwamm *Haliclona simulans* (Haplosclerida). Links: Habitus, rechts: schematischer Querschnitt. Ein Netzwerk aus Oxeas wird mit Spongin zusammengehalten. **C** Dendritischer Bau in der Ordnung Dendroceratida: Diesen „keratosen" Schwämmen fehlt ein mineralisches Skelett aus Spicula, dafür ist ein organisches Skelett aus Sponginfasern vorhanden. Links: Habitus von *Chelonaplysilla aurea*, rechts: Spongin-Skelett von *Dendrilla rosea*. A Foto aus Uriz (2002), Zeichnung verändert nach Sollas (1888) in Brien (1973); B nach W. de Weerdt, Amsterdam, C Foto: N. de Voogd, Amsterdam, Zeichnung aus Lendenfeld (1889).

Vertretern gefunden worden (Abb. 147). Spermatozoen werden ins freie Wasser ausgestoßen und im Falle der inneren Befruchtung (s. u.) in den Schwamm eingestrudelt. Hexactinellida, Homoscleromorpha und Calcarea sind vivipar, bei Demospongien werden vivipare und ovipare Gruppen angetroffen. Von den Calcarea weiß man, dass Spermatozoen unbeweglich sind und von Trägerzellen zu den weiblichen Geschlechtszellen (Oocyten) geleitet werden. Zu deren Ursprung liegen widersprüchliche Ergebnisse vor, was auf eine generelle Totipotenz einiger Schwammzelltypen hinweist. Hexactinellida und Süßwasserschwämme besitzen aus Archaeocyten entstandene Eizellen. Bei den marinen Demospongien ist der Ursprung der Oocyten aus Choanocyten wahrscheinlich. Auf jeden Fall bilden umgewandelte

Archaeocyten ein Follikelepithel um die Eizelle herum. Letztere wächst durch Aufnahme von Nahrung, z. T. auch durch Phagocytose von Trophocyten, Nachbarzellen verschiedener Herkunft. Bei vielen marinen Schwämmen wird sie in eine Gruppe von Trophocyten, die eine Art Dotter formen, eingebettet. Die reifen Eizell-Trophocyten-Pakete gelangen entweder ins freie Wasser (äußere Befruchtung) oder bleiben in peripheren Regionen innerhalb des Schwammkörpers und werden hier befruchtet. Im Falle der äußeren Befruchtung herrscht oft eine imposante Synchronisation des Gameten-Ausstoßes, das sog. „Rauchen" oder „Überkochen" von Schwämmen: Ganze Populationen von Individuen stoßen gleichzeitig ihre Spermatozoen („blasser Rauch") und Eizell-Trophocyten-Pakete („dichter Rauch"

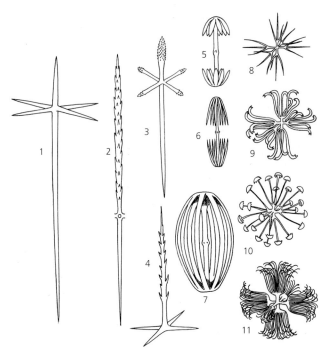

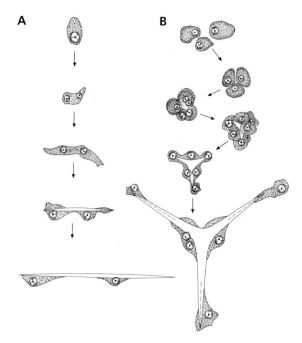

Abb. 142 Spicula-Typen der Hexactinellida (Kieselspicula): **1–4**: Megaskleren. **1** Hexactine. **2** Uncinate. **3** Pinnula. **4** Pentactine. **5–11**: Mikroskleren. **5–6** Amphidisk. **7** Stark modifizierter Amphidisk. **8** Oxyhexaster. **9** Floricoma. **10** Discohexaster. **11** Aspidoplumocoma. Länge der Spicula in 1–4: 0,2–1 mm; 5–11; 0,02–0,1 mm. Verändert nach Schulze (1887) von F. Hiemstra, Amsterdam.

Abb. 144 Extrazelluläre Spicula-Bildung bei Kalkschwämmen. **A** Monaxone, gebildet von zwei Skleroblasten. **B** Triaxone, gebildet von sechs Skleroblasten. Unterschiedliche Maßstäbe; Länge der Spicula zwischen 0,01-2 mm. Verändert nach Woodland (1906) von F. Hiemstra, Amsterdam.

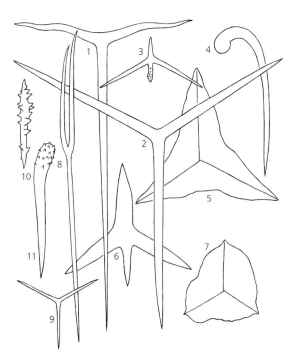

Abb. 143 Spicula-Typen der Calcarea (Kalkspicula). **1** Triactine mit ungleicheckigen Strahlen. **2** Gleicheckige Triactine. **3** Mikrotetractine. **4** Mikrodiactine. **5** Triactines „Ecaille". **6** Tetractine. **7** „Ecaille". **8** Stimmgabel. **9** Mikrotriactine. **10** Bedornte Mikrodiactine. **11** Apikalbedornte Mikrodiactine. Länge der Spicula: 0,05–0,5 mm. Verändert nach Haeckel (1872) und Vacelet (1961) von F. Hiemstra, Amsterdam.

oder eine schleimige Flüssigkeit) aus, um einen maximalen Erfolg bei der Befruchtung zu erreichen (Abb. 149).

Die Synchronisation geht im Fall des tropisches Riff-Schwammes *Neofibularia nolitangere* so weit, dass der einmal jährlich stattfindende, drei Tage dauernde „Rauch"-Vorgang genau vorausgesagt werden kann. Bei innerer Befruchtung gibt es meist keine eng beschränkte Fortpflanzungszeit, in tropischen Gebieten kann sie sogar ganzjährig stattfinden.

Die Embryonen werden im Fall einer inneren Befruchtung bis zur ausgereiften Larve – teilweise in Brutkammern – im Schwammkörper gehalten. Die **Furchung** ist total (Abb. 31); die Blastomeren sind im Allgemeinen gleich groß, eine Ausnahme bildet nur die Bildung der Amphiblastula einiger Kalkschwämme (siehe unten). Hier können eine solide Stereoblastula (bei den meisten Demospongien) oder eine hohle Coeloblastula (bei Calcarea, Homoscleromorpha und einigen Demospongiengruppen) entstehen. Bei Süßwasserschwämmen umfasst die Stereoblastula ungefähr 2 000 dotterreiche Zellen, die sich während der Bildung der Larve in bewimperte Zellen in der Außenschicht und Skleroblasten im Inneren differenzieren; viele der dotterreichen Zellen bleiben undifferenziert. Die **Larven** zeigen große Unterschiede in Form, Entwicklung und Lebensweise (Abb. 150), was auf eine sehr komplexe und lange Evolutionsgeschichte der Schwämme deutet. Einige Schwammtaxa (z. B. *Tetilla*) zeigen sogar direkte Entwicklung ohne Larvenbildung. In diesem Fall entsteht aus der Zygote eine Morula und durch Delamination ein Embryo, aus dem sich ein Jungschwamm entwickelt, ohne dass ein Larvenstadium durchlaufen wird.

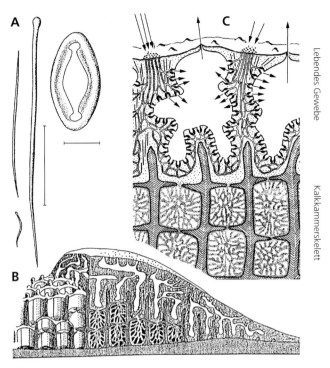

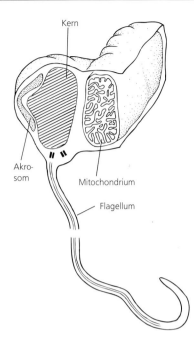

Abb. 147 Spermium von *Oscarella lobularis*. Nach Bacetti et al. (1986).

Abb. 145 *Merlia normani* (Demospongiae, Poecilosclerida) mit basalem Kalkkammer-Skelett. **A** Kieselspicula: Tylostyl, Clavidisc, Raphide und Komma. **B** Querschnitt; in der linken Hälfte ein totes Kalkskelett, rechts ein lebender Schwamm. **C** Detail des Schwamms mit lebendem Gewebe in der oberen und Kalkkammer-Skelett in der unteren Hälfte. Pfeile zeigen die Richtung des Wasserstromes an. Maßstäbe: A 25 μm, B und C sind ungefähr 3 mm hoch. A, B Verändert nach Kirkpatrick (1908) und Van Soest (1984) von F. Hiemstra, Amsterdam; C verändert nach Kirkpatrick (1911) und Graßhoff (1992).

Die Homologisierung der Entwicklungstadien der Schwämme mit denen der übrigen Metazoa ist umstritten. Früher wurde häufig die Blastula als Schwammlarve angesehen, während eventuelle Invaginationsvorgänge im unmittelbaren zeitlichen Zusammenhang mit der larvalen Metamorphose als Gastrulation interpretiert wurden (vgl. Abb. 129). Inzwischen ist bekannt, dass bei Schwämmen durch Hete-

rochronie-Effekte die Larvalentwicklung uneinheitlich abläuft. Für Gastrulationsvorgänge typische morphogenetische Bewegungen (z. B. Delamination, Ingression, Invagination) und für die Metamorphose typische zelluläre Reorganisation treten auch bei Porifera auf. Ob eines der Schwamm-Entwicklungsstadien als Gastrula angesehen werden kann, hängt von der Definition der Gastrulation ab: 1. Der Prozess, der in der Larvalentwicklung zwei oder drei Keimblätter und einen Gastralraum strukturiert (nach dieser Definition besitzen Schwämme keine Gastrula); 2. der Prozess, der in der Larvalentwicklung einen mehrschichtigen Organismus strukturiert (nach dieser Definition sind die Entwicklungsvorgänge als Gastrulation anzusehen). Tiefere Einblicke werden Gen-Expressionsstudien z. B. an *Amphimedon queenslandica* (Demospongiae) liefern.

Reifende Larven haben oft bereits Spicula (Abb. 150), Kollagenfibrillen und sogar Mikrosymbionten. Aus Stereoblastula-Typen entstehen die Larven vieler verschiedenen Demospongiengruppen, wie die Parenchymula-Larve, von der drei Typen unterschieden werden, und die pelagischen Hoplitomella-Larven (Abb. 150), die in größeren Tiefen gefunden werden. Die solide Parenchymula-Larve (Abb. 150) ist ungefähr 300–700 μm groß, frei beweglich, teilweise kriechend, häufiger jedoch schwimmfähig und negativ-geotrop.

Aus einer Coeloblastula entwickeln sich die Larven der Calcarea, Hexactinelliden, Homoscleromorpha und bestimmter Demospongien. Die vollbewimperte Dispherula der Gattung *Halisarca* (Demospongiae) entsteht durch die Bildung zweier getrennter, ausgekleideter Hohlräume (Abb. 150). Bei einigen Hexactinellidengruppen wird die Coeloblastula durch Delamination mit Zellen gefüllt (Trichimella) (Abb. 150), in der bereits einige Zelllagen zum Hexactinelliden typischen Syncytium verschmolzen sind. Nach äußerer Befruchtung bildet sich bei Demospongien häufig die hohle und bewimperte Clavablastula, die ebenfalls aus einer Coeloblastula entsteht (Abb. 150). Bei den

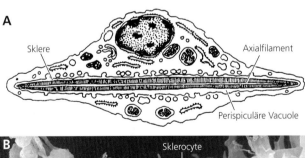

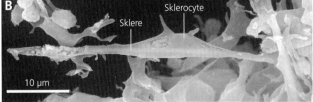

Abb. 146 Intrazelluläre Spicula-Bildung in Sklerocyten von Hornkieselschwämmen. **A** Schema einer Sklerocyte. **B** REM-Aufnahme einer Makrosklerocyte von *Haliclona aquaeductus* (Demospongiae, Haplosclerida). Originale: A. Ereskovsky, Marseille. Aus Ereskovsky (2010).

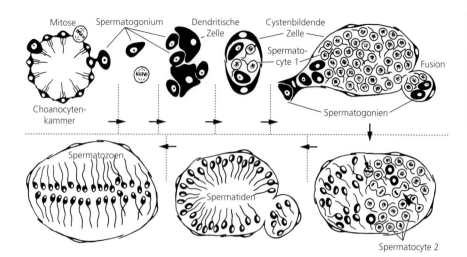

Abb. 148 Spermatogenese im Süß-wasserschwamm *Ephydatia fluviatilis* (Demospongiae, Spongillina). Schema-tischer Ablauf, ausgehend von einer Choanocytenkammer, bis zu einer abgeschlossenen Cyste, in der die Spermatozoen-Differenzierung erfolgt. Aus Weissenfels (1989), modifiziert von M. Nickel, Jena.

Kalkschwämmen liegen zweierlei Larven- und Entwick-lungstypen vor: Während die Calciblastula (Abb. 150) der Calcinea sich direkt aus einer Coeloblastula entwickelt, bildet sich bei einer anderen Kalkschwammgrupe, den Calcaronea, die Coeloblastula zu einer Amphiblastula um (Abb. 150). Diese besitzt im Gegensatz zur Calciblastula unterschiedlich große Zellen (Makro- und Mikromeren), Bewimperung an

der posterioren Seite und vier spezielle Kreuzzellen im äqua-torialen Teil. Die Bildung dieser Larve ist ein komplizierter Vorgang. Sie entwickelt sich aus einem Stomoblastula-Sta-dium, in dem die Zellen anfänglich ihre Cilien nach innen tragen, um sie nach einem Eversionsprozess an die Außen-seite zu verlagern. Eine derartige Larvenbildung ist einzigar-tig im Tierreich. Nach einigen Stunden bis drei Tagen setzt die Larve sich auf hartem Substrat durch Bildung kollagener Abscheidungen fest. Unmittelbar danach wird das Pinaco-derm gebildet und erst dann die Kragengeißelkammern (S. 81). Als ebenfalls von einer Coeloblastula abgeleitet gelten die selteneren hohlen Cinctoblastula-Larven (Abb. 150) der Homoscleromorpha, die wie die Parenchymula dicht bewim-pert sind.

Die meisten Schwammlarven können nur wenige Tage in der Wassersäule überleben, bevor die Metamorphose beginnt. Die Schwammlarve setzt sich mit dem Vorderende auf dem Substrat fest, deutlich anders als Cnidarierlarven. Die ante-rior-posteriore Achse der Larve wird zur baso-apikalen Achse des Jungschwammes.

Bei **asexueller Fortpflanzung** dominiert unspezifische Fragmentierung, oder sie erfolgt durch Bildung spezieller Knospen. In einigen Fällen schnüren Schwämme fast fer-tige Jungschwämme an ihrer Außenseite ab. Diese Abschnü-rungen enthalten alle Zelltypen, oft auch vollständige Ske-lette, teilweise sogar Kragengeißelkammern. In den meisten Fällen entwickeln sich letztere erst nach dem Festsetzen aus Archaeocyten.

Auffällige asexuelle Strukturen sind die kapselförmigen, 0,3–1 mm großen Dauerstadien (Gemmulae, Abb. 151), die bei den meisten Süßwasserschwämmen und einigen marinen Arten vorkommen. Sie sind durch eine dicke Spongin-Außenschicht – verstärkt mit speziellen Spicula (Gemmo-skleren) – charakterisiert und enthalten nur einen Zelltyp, die dotterreichen Thesocyten.

Gemmulae sind vor allem regelmäßige Dauerstadien im Lebenszyklus (Abb. 152), beispielsweise zur Überwinterung. Der Schwammkörper stirbt bis auf die Gemmulae und das Schwammskelett periodisch voll-

Abb. 149 *Neofibularia nolitangere*. „Rauchender" Schwamm (Breite: ca. 50 cm); massiver Ausstoß von Spermien in einem karibischen Riff. Original: M. Reichert, Amsterdam.

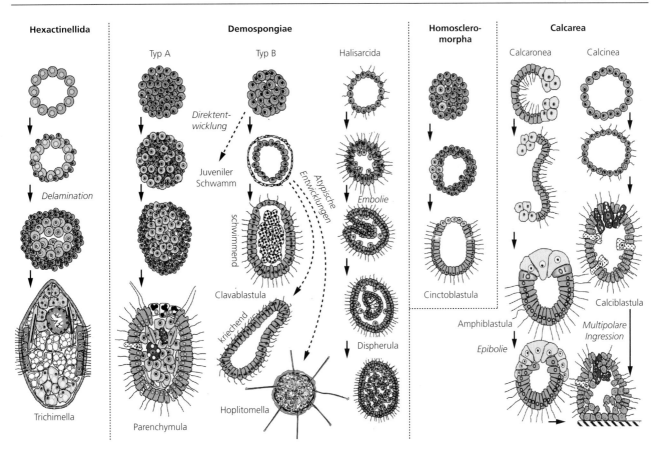

Hexactinellida	Demospongiae		Halisarcida	Homosclero-morpha	Calcarea	
	Typ A	Typ B			Calcaronea	Calcinea

Abb. 150 Wichtigste Larventypen der Porifera. Nach Maldonado (2004), modifiziert von M. Nickel, Jena.

ständig ab. Bei wieder günstigen Bedingungen wächst dann aus ihnen ein neuer Schwamm auf dem ursprünglichen Skelett des Mutterschwammes. Lediglich im Falle von stärkeren Störungen durch Strömung, andere Organismen etc. findet eine Verbreitung statt, die dann als asexuelle Reproduktion angesehen werden kann.

Aus Larven sowie aus Gemmulae entstandene Jungschwämme können mit anderen Jungschwämmen der selben Art fusionieren. Hieraus resultiert ein einziges, voll funktionsfähiges Schwamm-Individuum. Schwämme übertreffen in ihrer Regenerationsfähigkeit fast alle übrigen Metazoengruppen.

Diese Eigenschaft wurde schon früh bei der Badeschwamm-Kultur und zur Anlage von Schwammzuchten verwendet, um z. B. pharmazeutisch wertvolle sekundäre Schwammmetabolite in größeren Mengen zu erhalten: Man schneidet kleine Stückchen vom Schwamm-Individuum, befestigt diese horizontal oder vertikal an einem Seil und hängt sie ins Wasser. Nach einigen Monaten bis anderthalb Jahren hat sich eine große Anzahl von Schwamm-Individuen gebildet. Auch für die Untersuchung der Schwammphysiologie bringt man ein kleines Stück Schwammkörper auf ein Deckglas auf, wo der Schwamm auswächst. Bedeckt man das Schwammfragment mit einem zweiten Deckglas, so entsteht ein sehr dünnes, lebendes Gewebe (Sandwich-Kultur) für lichtmikroskopische Untersuchungen. Zum Studium des Verhaltens individueller Zellen kann Schwammgewebe chemisch oder mechanisch (man presst den Schwamm einfach durch Gaze) in Einzelzellen zerlegt werden, die sich im geeigneten Medium wieder zusammenlagern. Entgegen der weitverbreiteten Meinung lassen sich aus diesen Reaggregaten oder ‚Primmorphen' jedoch bisher keine voll funktionsfähigen Schwämme differenzieren. Die große Regenerationskapazität beruht insbesondere auf der Omnipotenz der Archaeocyten: Bei Beschädigungen des Schwammkörpers werden durch

Ansammlung und Umwandlung von Archaeocyten zu Pinacocyten und Choanocyten Pinacoderm und Choanoderm schnell repariert, was meist nicht länger als einige Tage dauert. Es ist hingegen noch nicht gelungen, eine sich kontinuierlich vermehrende Zelllinie zu kultivieren.

Wachstum und **Alter** sind sehr variabel und hängen von inneren oder äußeren Faktoren ab (ökologische Strategien, Temperaturschwankungen im Verlauf des Jahres, Trockenperioden). Die Spanne reicht von einjährigen Schwämmen (z. B. viele Kaltwasser-Kalkschwämme) bis zu 500-jährigen und älteren Formen, (z. B. tropische Riffschwämme, Tiefsee-Schwämme oder antarktische Hexactinelliden).

Messungen des Silikataustausches in Verhältnis zur Größe des Schwammes lassen ein Alter von mehreren tausend Jahren für einige Kaltwasser-Glasschwämme vermuten. Wachstumsgeschwindigkeiten schwanken von einigen Millimetern bis einigen Dezimetern pro Jahr. Junge Schwämme wachsen relativ schnell. Da Schwämme äußerst plastische Organismen sind, kann auch eine Größenabnahme oder Fragmentierung als ökologische Strategie vorkommen.

Trotz ihrer sessilen Lebensweise sind Schwämme zur Fortbewegung befähigt. Dies gilt für Juvenilstadien unmittelbar nach der Metamorphose, wurde aber auch bei einigen adulten Demospongien beobachtet. *Tethya wilhelma*, beispielsweise, zeigt eine Wanderbewegung auf dem Substrat von bis zu 2 mm h^{-1} (Abb. 153). Der genaue Mechanismus dieser Fortbewegung ist bisher nur unzureichend aufgeklärt. Es handelt sich nicht um Wachstumsvorgänge, vielmehr scheint die hohe Plastizität des Schwammgewebes und die zu

A

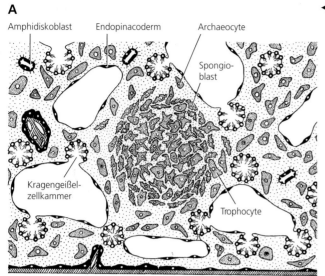

Amphidiskoblast　Endopinacoderm　Archaeocyte

Spongio-
blast

Kragengeißel-
zellkammer

Trophocyte

B

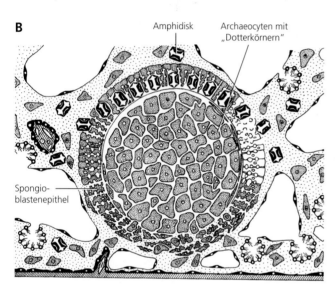

Amphidisk　Archaeocyten mit
„Dotterkörnern"

Spongio-
blastenepithel

C

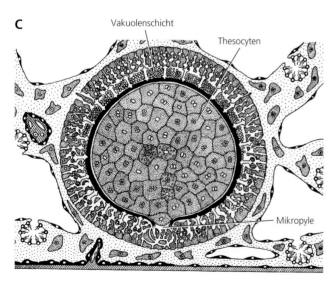

Vakuolenschicht

Thesocyten

Mikropyle

◀ **Abb. 151** Gemmula-Entwicklung des Süßwasserschwamms *Ephydatia fluviatilis*. Dauer etwa 12 Tage. **A** Ansammlung von Archaeocyten, Trophocyten und von aus Exopinacocyten abgeleiteten Spongioblasten. Archaeocyten werden durch Phagocytose von Trophocyten angereichert („Dotterkörner"), bis sich eine Masse von nährstoffreichen, zweikernigen Thesocyten (**C**) geformt hat. **B** 4 Tage alte Anlage. Beginn der Bildung des Spongioblasten-Epithels, das die Spongin-Schale formt und einer Anzahl von zu speziellen Skleroblasten umgewandelten Archaeocyten, welche die Gemmula-Spicula anfertigen und zu einem bestimmten Platz in der Spongin-Schale transportieren. **C** 7 Tage alte Gemmula-Anlage mit geschlossener Mikropyle, Vakuolenschicht und den zweikernigen Thesocyten. In der ungünstigen Jahreszeit gebildete Gemmulae können in ihrem Muttergewebe nicht wieder auskeimen, sondern müssen warten, bis nach dem Absterben wieder günstige Außenfaktoren auftreten. Ungefähr 40 Stunden nach Einsetzen derartiger Außenfaktoren (z. B. Temperatur über 10 °C) schlüpfen einkernige Pinacocyten-ähnliche Zellen (Histoblasten) aus der Gemmula und formen ein Pinacoderm. Einkernige, dotterarme Archaeocyten schlüpfen in den Zwischenraum zwischen Gemmula-schale und Pinacoderm; danach Bildung eines neuen Jungschwamms. Nach Langenbruch (1981).

Grunde liegende hohe Mobilität der Schwammzellen eine Rolle zu spielen. Durch massive Zellwanderbewegungen im basalen Bereich wird der Schwamm verschoben, wobei die Basopinacocyten im (in Wanderrichtung) „vorderen" Bereich dynamisch neue Anhaftung schaffen, während sie sich im „hinteren" Bereich ablösen.

Ortsveränderungen scheinen vor allem ökologisch eine Rolle zu spielen: (1) unmittelbar nach der Metamorphose der Larve, bzw. Auskeimen von Gemmulae, da das Festsetzen nicht immer an optimalen Punkten erfolgt; (2) bei Arten, die in sehr dynamischen Habitaten leben, z. B. Riffdächern, wo hohe Sedimentationsraten und wechselnde Strömungsbedingungen herrschen können.

Systematik

Neue morphologische und molekulagenetische Befunde haben zu umfassenden Änderungen in der phylogenetischen Systematik und Klassifikation der Porifera geführt.

Traditionell wurden die Schwämme in drei Gruppen zusammengefasst: Demospongiae (*sensu lato,* siehe unten) das weitaus größte Taxon, sowie Calcarea und Hexactinellida. Die Diskussion der Verwandtschaftsverhältnisse bezog sich vorwiegend auf die Frage, ob zelluläre (in Demospongiae und Calcarea, auch als **Cellularia** zusammengefasst) gegenüber syncytialer Organisation (in Hexactinellida, auch als „Symplasma" bezeichnet) oder Silicaspicula (in Hexactinellida und Demospongiae, auch als **Silicea** zusammengefasst) gegenüber Kalkspicula (in Calcarea) als diskriminierend angesehen wurden.

Neue cytologische und molekularbiologische (insbesondere phylogenomische) Studien zeigen, dass die traditionelle Einteilung der Schwämme in drei Schwammklassen Demospongiae, Calcarea und Hexactinellida nicht ausreicht, da die Homoscleromorpha, eine relativ kleine Schwammgruppe (< 100 beschriebene Arten), die wegen ihrer Silicaspicula und zellulärer Organisation den Demospongien zugeordnet waren, nicht unmittelbar mit diesen verwandt sind. Die Homoscleromorpha besitzen als einzige Schwammgruppe eine ausgeprägte Basalmembran mit Typ-IV Kollagen und Gürteldesmosomen-artige apikale Zell-Zell-Kontakte, die

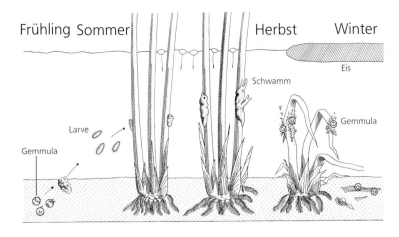

Frühling Sommer   Herbst   Winter

Eis

Schwamm

Gemmula

Larve

Gemmula

Abb. 152 Lebenszyklus eines Süßwasserschwammes im gemäßigten Klima. Verändert nach Koecke (1984) von F. Hiemstra, Amsterdam.

bisher als Autapomorphie der Eumetazoazoa angesehen wurden. Seit kurzem werden die Homoscleromorpha als vierte Schwammklasse geführt.

Eine Reihe phylogenetischer Studien, die auf unterschiedlichen molekularen Markern, Taxonkompositionen und Rekonstruktionsmethoden basieren, hatte in den letzten Jahren zu Kontroversen über die phylogenetische Stellung der Schwämme geführt und eine Vielzahl unterschiedlicher Verwandtschaftsverhältnisse der Schwammgruppen untereinander, aber auch zu anderen Eumetazoa hypothetisiert. Viele dieser Studien unterstützten die Paraphylie der Schwämme, z. B. durch ein Schwestergruppenverhältnis der Calcarea zu Ctenophora oder anderen Eumetazoa. Auch der Nachweis der Basalmembran in den Homoscleromorpha stellte die Monophylie der Schwämme infrage. Bei vielen dieser Studien lassen sich jedoch deutliche Schwachpunkte in Bezug auf Wahl von Taxonset, Außengruppen, phylogenetischen Markern, Rekonstruktionsmethode und DNA-Substitutionsmodell nachweisen.

Innerhalb der Porifera bilden Hexactinellida und Demospongiae *sensu stricto* die **Silicea** *sensu stricto*. Diese sind die Schwestergruppe zu den Calcarea und Homoscleromorpha (Abb. 154). Die Bildung von Silikatspicula in Demospongien,

Hexactinellida und Homoscleromorpha ist dann entweder eine bei den Calcarea verlorene Plesiomorphie oder mehrfach unabhängig in Silicea *sensu stricto* und den Homoscleromorpha entstanden.

Das unwahrscheinlichere Szenario einer Paraphylie der Schwämme würde bedeuten, dass das Wasserleitungssystem, eines der bedeutendsten Merkmale der Schwämme, zum Grundplan aller Metazoa gehören würde. Diesbezüglich würde der letzte gemeinsame Vorfahre aller Metazoa schwammähnliche Merkmale besitzen. Die Monophylie der Schwämme würde hingegen das Wasserleitungssystem als Apomorphie der Porifera bedingen (Abb. 170B). Zusätzlich bedeutet

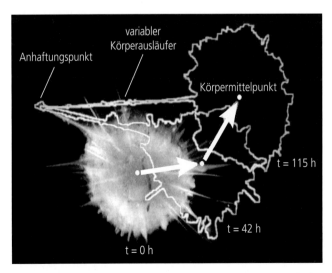

Abb. 153 Fortbewegung bei Schwämmen am Beispiel von *Tethya wilhelma* (Demospongiae, Hadromerida). Individuum festgewachsen auf Glasuntergrund. Aufsicht und schematische Umrisse zu verschiedenen Zeitpunkten, bei einer Fortbewegungsdistanz von 10 mm im Laufe von 115 h Körperhaftung am Untergrund wird dabei nicht gelöst. Original: M. Nickel, Jena.

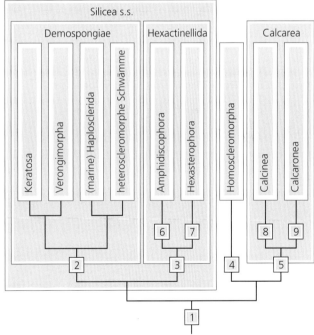

Abb. 154 Hypothese zur Phylogenie der höheren Schwamm-Taxa, vorwiegend nach phylogenomischen Apomorphien: [1] Wasserleitungssystem via Ostien, Kragengeißelkammern und Osculum. [2] Tetraxone (vierachsige) und monaxone (einachsige) Megaskleren aus Silikat; Spongin. [3] Triaxone (dreiachsige) Megaskleren aus Silikat; syncytiale Organisation. [5] Kalkspicula. [4] Cinctoblastula-Larve. [6] Amphidiskoide Spicula. [7] Hexaster Spicula. [8] Basale Position des Kragengeißelzellnukleus; erster Spiculatyp triaktin (dreistrahlig); Coeloblastula-Larve. [9] Apikale Position des Kragengeißelzellnukleus, erster Spiculatyp diaktin (zweistrahlig); Amphiblastula-Larve. Nach verschiedenen Autoren.

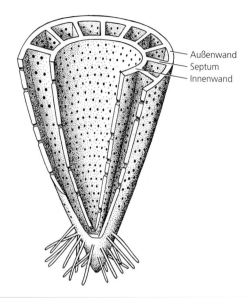

Außenwand
Septum
Innenwand

Abb. 155 †Archaeocyatha. Habitus von †*Ajacicyathus* sp. Original: F. Hiemstra, Amsterdam.

die Monophylie der Porifera, dass eine Basalmembran mit Gürteldesmosomen, d. h. echte Epithelien, entweder konvergent in Homoscleromorpha und Eumetazoa entstand oder schon Bestandteil des letzten gemeinsamen Vorfahren aller Metazoa war und in Demospongien, Kalk- und Glasschwämmen verloren wurde. Hierzu werden insbesondere genomische Daten wichtige Einblicke erlauben. Ebenso entscheidend für die Bewertung der Metazoenmerkmale ist die Frage der Vergleichbarkeit der zellulären Merkmale von Kragengeißelzellen und Choanoflagellata, die die Schwestergruppe der Metazoa bilden. Hier ist noch Unsicherheit, ob die großen Ähnlichkeiten beider Strukturen konvergent entstanden oder entsprechende Strukturen schon im letzten gemeinsamen Vorfahren aller Metazoa vorlagen.

> Die nur durch fossile Vertreter aus dem Kambrium bekannten † **Archaeocyatha** werden von einigen Autoren zu den Porifera gestellt. Hierfür spricht allerdings nur die Perforierung ihrer Kalkwände. Die meist becherförmigen Formen hatten eine doppelte Wand (Abb. 155), dazwischen befand sich ein Lumen, das durch regelmäßige Schotten zwischen den beiden Wänden unterteilt war.

1 Demospongiae, Horn- und Kieselschwämme

Mit mehr als 7 000 Arten (83 %) das bei weitem größte Taxon der Schwämme. Mit kieseligen, intrazellulär gebildeten, tetraxonen oder monaxonen Megaskleren und einer Vielfalt verschiedener Mikroskleren. Meist auch mit Spongin, das immer eine Rolle als Stützelement spielt. Mineralisches und organisches Skelett können auch völlig fehlen oder durch Kollagenfibrillen ersetzt werden. Kalkige Basalskelette in verschiedenen Subtaxa als Reliktskelett. Larven entweder von einer Coeloblastula abgeleitet (Clavablastula) oder häufiger vom Parenchymula-Typ (Abb. 150). Mit etwa 80–90 % der

Schwammarten und einer entsprechenden Formenvielfalt weitaus größte und wichtigste rezente Gruppe. In allen aquatischen Habitaten einschließlich Süßwasser und Tiefsee (tiefer als 8 000 m) verbreitet.

In molekulare Studien hat sich in den letzten Jahren ein System aus 4 Demospongien-Gruppen herauskristallisiert. Keratosa und Myxospongiae bestehen fast ausschließlich aus Arten ohne selbst produzierte mineralische Skelettkomponenten. Sie besitzen, wenn vorhanden, Skelette aus organischem Material und gegebenenfalls Sandkörnern oder fremden Skelettnadeln. Vermutlich sind sie die Schwestergruppe zu den Haplosclerida und den Heteroscleromorphen Schwämmen, die fast ausschließlich Arten mit selbst produzierten Mineralskelettelementen umfassen.

1.1 Keratosa, Echte Hornschwämme

Ohne autogene Spicula. Dictyoceratida mit anisotropem retikulärem Skelett aus Sponginfasern. Nach Orientierung, Dicke und oft auch nach Gehalt an Fremdkörpern wie Sandkörnchen oder Spicula-Fragmenten unterscheidet man primäre Hauptfasern und sekundäre Querfasern. Bei Dendroceratida ist die Retikulation geringer, und es sind dendritische Wuchsformen (Abb. 149C) möglich.

Spongia officinalis und *Hippospongia equina*, Badeschwämme, mit weichem, biegsamem Skelett, daher Verwendung im Badezimmer. Gute Badeschwämme können das 25-fache ihres Gewichts an Wasser aufnehmen. Schon im Altertum auch als Putzmittel, Toiletten-„Papier" oder als medizinisches Hilfsmittel verwendet. Im Mittelalter war ein Badeschwamm ein wichtiger liturgischer Gegenstand. Badeschwammfischerei und -zucht heute auf einige Orte im Mittelmeer (Griechenland, Türkei, Tunesien) und in Fernost (Philippinen) beschränkt. Wiederholte Ausbrüche von Schwammkrankheiten (zuletzt 1988–89 im Mittelmeer) machen diese Unternehmen unsicher.

Molekulare Daten haben gezeigt, dass *Vaceletia*, ein **koralliner** Schwamm (d. h. mit sekundärem hyperkalzifizierten Skelett), zu den keratosen Schwämmen gehört. *Vaceletia* war zuerst als fossil bekannt und wird mit seinem sphinktozoischen Bauplan, von dem es kaum rezente Vertreter mehr gibt, oft als „lebendes Fossil" beschrieben.

1.2 Verongimorpha (Myxospongiae)

Ohne selbst produzierte Spicula (mit Ausnahme einer Gattung) und gelegentlich auch ohne organisches Skelett, die durch cytologische Merkmale zusammengefasst werden: **Verongida** mit Skelett aus anastomosierenden, hohlen Sponginfasern und Mark aus Kollagenfasern, die im Durchlicht dunkel erscheinen. Fast alle Arten produzieren Bromotyrosine als Sekundärmetaboliten und zeigen starke Farbänderung bei Luftkontakt; sie werden in einer aerophoben Reaktion tiefschwarz. **Chondrosida** besitzen einen deutlichen kollagenösen Cortex und (in einer Gattung) asterose Mikroskleren.

Thymosiopis sp., ohne Skelett, Wasserleitungssystem stark reduziert, nur rudimentäre Kragengeißelzellkammern. *Halisarca* spp., ausschließlich mit Kollagenfasern. – *Aplysina* (syn. *Verongia*) *aerophoba*, Goldschwamm, Mittelmeer. Andere Arten in der Karibik, wo sie mit charakteristischen 1 m hohen gelben und violetten Röhren die Seichtwasserriffe dominieren (Abb. 156).

Abb. 156 *Aplysina archeri*, Neptunsschwamm (Demospongiae, Verongida). Original: F. Hiemstra, Amsterdam.

Abb. 157 *Xestospongia testudinaria*, Badewannenschwamm (Demospongiae, Haplosclerida). Korallenriff, Indonesien. Original: R. Roozendaal, Amsterdam.

1.3 Haplosclerida

Evolutiv sehr erfolgreiche und artenreiche Gruppe. Hier früher auch die Süsswasserschwämme (Spongillina), wogegen molekulargenetische Daten sprechen. Streng retikuläres Skelett aus kurzen Oxen. Meist außerdem ein ektosomales Netzwerk aus individuellen Spicula. Mikrosklaren, wenn vorhanden, sigmiform (Sigmata und Toxen, keine Chelae). Larven vom Parenchymella-Typ, klein, mit kahlem posteriorem Pol wie bei den Poecilosclerida; nur gibt es hier auch noch ein „Röckchen" aus längeren Geißeln.

*Haliclona oculata (Abb. 161), Geweihschwamm, bis 30 cm hoch. – *Callyspongia*, tropische Gattung mit vielen Arten. – *Xestospongia muta*, becherförmig (Durchmesser über 1 m, vgl. Abb. 157). Besondere Symbiosen durch Assoziationen mit Makroalgen. In extremen Fällen, z. B. bei der indopazifischen Schwamm-Alge *Haliclona cymaeformis* mit *Ceratodictyon spongiosum* ist die Verflechtung so eng, dass ein neuer Organismus ohne Ähnlichkeiten mit Schwamm oder Alge entstanden ist.

1.4 „Heteroscleromorphe" Schwämme

Schwestergruppe der Haplosclerida. Gruppierung mit den meisten spikulosen Demospongien. Bisher noch unbenannt: „Heteroscleromorpha" wird diskutiert. Bei weitem die größte Klade der Demospongien. Silikatspicula als Megaskleren, häufig auch Mikrosklaren. Manchmal auch mit aragonitischem oder kalzitischem Basalskelett. Viele Ordnungen und Familien wurden durch molekularphylogenetische Daten als para- oder polyphyletisch nachgewiesen, weshalb deren Klassifikation derzeit revidiert wird. Im Folgenden werden daher nur einige charakteristische Taxa vorgestellt:

Tetractinellida umfassen **Astrophorida** und **Spirophorida**. Astrophorida mit monaxonen (meist Oxen) und tetraxonen (meist Triaenen) Megaskleren und Aster-Mikrosklaren. Megaskleren in peripheren Teilen im Allgemeinen streng radiär angeordnet, Mikrosklaren oft in einer distinkten Außenschicht. Unterhalb dieses Ektosomalskeletts meist ein organischer Cortex, der von einer bestimmten Spicula-Anordnung gestützt wird. Viele **Spirophorida** ebenfalls mit Triaenen, aber zusätzlich mit sigmaspiren Mikrosklaren. Viele lithistide Schwämme werden den Tetractinellida zugeordnet. Lithistide Schwämme besitzen ein hartes Skelett aus ineinander verzahnten Desma-Spicula. Obwohl sie eine eindeutig polyphyletische Gruppierung darstellen, werden ihre Arten gelegentlich noch immer als „**Lithistida**" zusammengefasst.

Wichtige Gattungen der Tetractinellida sind *Geodia*, *Erylus*, *Stelletta* und *Pachastrella*, mit vielen Arten in allen marinen Gewässern.

Poecilosclerida sind das artenreichste Taxon der Demospongien. Mit monaxonen Megaskleren (meist Stylen, die oft spinös sind) und sigmiformen Mikrosklaren. Letztere hinsichtlich Form und Ornamentierung sehr unterschiedlich, mit Iso- und Anisochelae, aber auch glatte und bedornte Sigmata

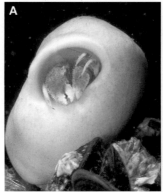

Abb. 158 Beispiele häufiger hadromerider Schwämme. **A** *Suberites suberia* mit Einsiedlerkrebs. **B** *Polymastia mammillaris*, Papillenschwamm. Originale: A: R. Ates; B: M. de Kluiver, Amsterdam.

oder Toxen. Hierher auch Cladorhizidae, die räuberischen Schwämme (siehe S. 88)

Myxilla incrustans, Esperiopsis fucorum, Mycale spp. mit über 150 Arten. – *Clathria* spp, mit über 200 Arten – *Tedania ignis*, Feuerschwamm. Irritation der Haut durch oft sehr komplexe Moleküle verursacht, die dauernd vom Schwamm abgegeben werden, zur Verteidigung gegen Räuber oder als Abwehrmittel gegen Raumkonkurrenten (Korallen, Algen).

Agelasida mit charakteristischen Megaskleren in Form von Stylen, verziert mit regelmäßigen Dornenkränzen (Abb. 140): Zwei morphologisch verschiedene Gruppen werden hier aufgrund dieser Synapomorphie in einem Taxon vereint: Agelasidae mit Skelett aus Sponginfasern und Astroscleridae mit kalkigem Basalskelett (früher eigene Unterklasse der Sclerospongiae neben den Demospongiae). Vermutlich eng verwandt mit den halichondriden Schwämmen.

Agelas spp. (Agelasidae), besonders häufig in den Korallenriffen der Karibik, verästelte oder massive Arten, z. B. *Agelas clathrodes* (Abb. 124). – *Ceratoporella nicholsoni* (Astroscleridae), in Tiefwasserhöhlen, sieht aus wie eine Koralle.

Spongillina (Süßwasserschwämme) ähneln im Skelettaufbau den Haplosclerida, aber ohne sigmiforme Mikroskleren und ohne Ektosomalskelett. Charakteristische Dauerstadien (Gemmulae) nicht bei jeder Gattung gebildet, mit eigenen Spiculatypen (Gemmoskleren).

*Spongilla lacustris, Stinkschwamm, kosmopolitisch in Binnengewässern (Abb. 125). – **Ephydatia fluviatilis*, Großer Süßwasserschwamm, bildet rasenartige Schwammkörper von bis zu 50 cm Durchmesser; im Flachwasser stehender und langsam fließender Binnen- und Brackgewässern (Abb. 153).

Hadromeride Schwämme besitzen nur monactine Megaskleren (Tylostylen, vereinzelt Stylen oder Oxen), an der Peripherie radiär, im Inneren oft ungeordnet oder reticulär orientiert. Mikroskleren sind Astern (fehlen vereinzelt). Larventyp häufig eine Clavablastula. Wie **halichondride** Schwämme (keine typische Mikroskleren; monaxone Megaskleren sind Oxen und Stylen, oft in ungeordnetem Muster) polyphyletisch.

*Halichondria panicea, Brotkrumenschwamm (Abb. 159), bis 15 cm, viele papilläre Wuchsformen. Meist Besiedler von Steinen, Felsen und Molluskenschalen oder (im Fall kleinerer Individuen) von Wasser-

Abb. 159 *Halichondria panicea*, Brotkrumenschwamm (Demospongiae). Größe: ca. 15 cm. Original: R. van Soest, Amsterdam.

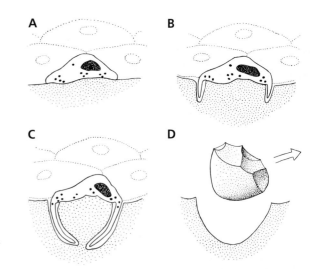

Abb. 160 Bohraktivität von *Cliona* sp. (Demospongiae). **A** Ätzende Schwammzellen auf dem Kalksubstrat. **B** Ätzzelle bildet Fortsätze aus. **C** Chip wird herausgeätzt. **D** Abführung des Chips durch das Kanalsystem des Bohrschwamms. Verändert nach Pomponi (1987) von F. Hiemstra, Amsterdam.

pflanzen, Holzstämmen, toten Blättern, fossilem Torf. – *Ciocalypta* spp. (z. B. der Pinselschwamm), auf weiche Böden spezialisiert (endopsammale Lebensweise). – **Tethya wilhelma*, (Abb. 137, 153) entdeckt im Stuttgarter Aquarium.

Cliona spp., (Abb. 160) Bohrschwämme, endolithisch, bohren Höhlen und Gänge in kalkige Substrate (tote und lebende Molluskenschalen, Korallen, Kalk- und Sandsteinfelsen) und formen zu- und abführende Papillen an der Außenseite des Substrats, z. B. **Cliona viridis* (Grüner Bohrschwamm). Bohren wird von Ätzzellen durchgeführt, die durch extrazelluläre Sekretion einer Säure viele flache, runde Stückchen Kalk (*chips*) mit ungefähr 50 µm Durchmesser vom Substrat ätzen. Freigeätzte Chips werden durch das abführende Kanalsystem nach außen transportiert (Abb. 160). Die Aktivität von Bohrschwämmen ist ein ökologisch wichtiger Vorgang z. B. in Korallenriffen. Bei zwei *Cliona*-Arten ist ein Umsatz von durchschnittlich 700 mg $CaCO_3$ pro cm^2 Schwammgewebe pro Jahr festgestellt worden. – **Suberites ficus*, Feigenschwamm, häufig auf Molluskenschalen, oft mit Einsiedlerkrebsen (Abb. 158A). – *Polymastia mammillaris*, Papillenschwamm (Abb. 158B).

2 **Hexactinellida,** Glasschwämme

Ungefähr 700 (8 %) der beschriebenen Schwammarten. Ausschließlich marin. Mit triaxonen (dreiachsigen) und meist hexactinen (sechsstrahligen) kieseligen, intrazellulär gebildeten Spicula. Gewebe syncytial. Im Choanosom findet sich ein sekundäres organisches Netzwerk zur Unterstützung der Kragengeißelkammern (Abb. 133). Larventyp ist die Trichimella mit stauractinen Spicula (Abb. 150). Schwerpunkt des Vorkommens in der Tiefsee, aber auch im Seichtwasser von Antarktis und British Columbia. Vereinzelt in sublitoralen Höhlen des Mittelmeers. Weite fossile Verbreitung im Gegensatz zu heute macht es wahrscheinlich, dass sie von modernen Demospongiern zurückgedrängt wurden. Viele Arten mit Basalstiel aus riesigen monaxonen (einstrahligen) Spi-

cula, mit dem sie im Schlammboden verankert sind. Die auf Morphologie basierte Klassifikation durch molekulare Methoden weitestgehend bestätigt. Hexactinellida umfassen zwei Unterklassen, die durch ihre charakteristischen Mikrosklerentypen unterschieden werden können: **Amphidiscophora** mit Amphidisken und **Hexasterophora** mit Hexastern (Abb. 142).

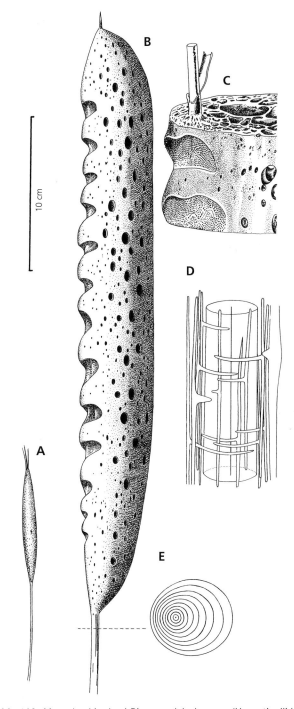

Abb. 162 *Monorhaphis chuni*, Riesennadelschwamm (Hexactinellida), **A** Jungschwamm. **B** Erwachsener Schwamm. **C** Querschnittdetail des Schwamms. **D** Detail der Einbettung der Riesennadel innerhalb des Schwamms. **E** Querschnitt der Riesennadel mit konzentrischen Wachstumsringen. Originale: F. Hiemstra, Amsterdam.

Abb. 161 *Haliclona oculata*, Geweihschwamm (Demospongiae, Haplosclerida). Maßstab: 3 cm. Original: W. de Weerdt, Amsterdam.

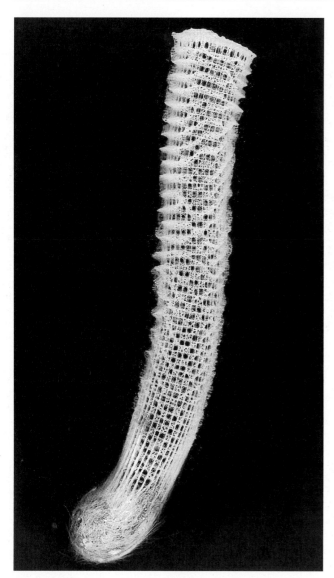

Abb. 163 *Euplectella aspergillum*, Gießkannenschwamm (Hexactinellida). Höhe ca. 40 cm. Original: W. Mangerich, Osnabrück.

Monorhaphis chuni, Indischer Ozean, 1600 m tief (Abb. 162), mit einem einzigen Basalspiculum, mit einer Länge von bis zu 3 m und einer Dicke von 1 cm. Soweit bekannt, wird dieser große Silizium-Monolith von einem Syncytium von Megasklerocyten angefertigt. – *Euplectella aspergillum* (Gießkannenschwamm oder *Venus-flower-basket*), ca. 30 cm (Abb. 163), war in Japan früher als Heiratsgeschenk beliebt, da häufig ein Paar symbiontischer Garnelen im röhrenförmigen Inneren lebt (Symbol vom „Gefängnis der Ehe": Einmal als Larve in den Schwamm gekommen, können sie ihn nach dem schnellen Wachstum zwischen den nächsten Häutungen nicht mehr verlassen).

– *Anoxycalyx* (syn. *Scolymastra*) *joubini*, becherförmiger Riesenschwamm der Antarktis, 2 m Höhe, 1,5 m Durchmesser. – *Hyalonema* spp., mehr als 100 Arten.

3 Homoscleromorpha

Weniger als 100 (< 1 %) aller beschriebenen Schwammarten. Ausschließlich marin, mit Silikatspicula in Form von Calthropen und Calthropen-Derivaten, die hingegen kein Skelett bilden und im Gegensatz zu den Demospongien nicht in Sklerocyten, sondern in den Pinacocyten gebildet werden. Homoscleromorpha besitzen weitere, cytologische wie entwicklungsbiologische Merkmale, die sie von den Demospongien unterscheiden, z. B. eine Cinctoblastula Larve (Abb. 150). Einzigartig innerhalb der Porifera die deutlich ausgeprägte Basalmembran mit Typ-IV Kollagen und Gürteldesmosomen-artige Zell-Zell-Verbindungen.

Oscarella lobularis, häufiger Vertreter im Mittelmeer, mit ausgeprägtem Kontraktionsvermögen.

4 Calcarea, Kalkschwämme

700 (8 %) der Schwammarten, vorwiegend im marinen Seichtwasser gemäßigter und wärmerer Regionen. Mit distinkten kalzitischen Kalkspicula, meist ganz frei oder zu massiven Strukturen verkittet. Spicula von mehreren Skleroblasten extrazellulär gebildet (Abb. 144). Grundform wahrscheinlich triactin (oder triradiat), aber auch tetractine und diactine Spicula (Abb. 143). Auch kalkige Basalskelette, vor allem bei fossilen Vertretern. Larve hohl (Coeloblastula und Amphiblastula, Abb. 150), wächst innerhalb des Muttertiers. Die beiden Untergruppen, **Calcinea** und **Calcaronea,** unterschieden durch cytologische Merkmale (basale bzw. apikale Position des Kragengeißelzellnucleus) und ontogenetische Merkmale (erster gebildeter Spiculatyp triactin bzw. diactin) sowie durch ihre Larvaltypen. Diese beiden Gruppen weitestgehend auch durch molekulargenetische Methoden bestätigt.

Clathrina spp., mit anastomosierendem Netzwerk von stark kontraktionsfähigen dünnen Röhren, kosmopolitisch; ähnlich dem in Oberflächengewässern in der Nordsee häufigen Röhrenkalkschwamm *Leucosolenia variabilis*. – *Sycon ciliatum,* 15–50 mm, rohrförmig, mit charakteristischem Kragen rings um die Öffnung (Sycon-Typ), Meere der nördlichen Hemisphäre (Abb. 135C).

II PLACOZOA, Plattentiere

Das Taxon Placozoa besteht formal nur aus einer einzigen gesicherten Art, *Trichoplax adhaerens* (Abb. 164A). Sie wurde Ende des 19. Jahrhunderts in Meeresaquarien entdeckt. Seither sind die abgeflachten, 2–3 mm großen, allseits begeißelten Organismen zunächst im Litoral tropischer und subtropischer Meere und neuerdings auch – an der nordfranzösischen Atlantikküste – in bis zu 20 m Tiefe nachgewiesen worden. Neuere Untersuchungen in marinen Lebensräumen weltweit haben große genetische Unterschiede zwischen Placozoen aufgezeigt. Sie sprechen dafür, dass die Placozoa ein komplexes Taxon darstellen, das aus mindestens 18 Arten besteht, die in verschiedene Gattungen und Familien zu gruppieren sind.

Organe und Symmetrie-Achsen fehlen, doch besteht eine ausgesprochene Polarität zwischen Ober- und Unterseite. Stets sucht der Organismus mit der Unterseite in Kontakt mit dem Substrat zu kommen. Dort zeigt *Trichoplax* zwei Bewegungsformen, ein langsames Gleiten mithilfe der Geißeln und rasche Veränderungen des äußeren Umrisses (Abb. 164), die an Bewegungen von Amöben erinnern.

Bau und Leistung der Gewebe

Mit nur fünf somatischen Zelltypen in drei Schichten, (Abb. 165), steht *Trichoplax* innerhalb der Metazoen auf einer relativ basalen Stufe der somatischen Differenzierung.

Die Zellschichten der Ober- und Unterseite besitzen Zell-Zell-Verbindungen in Form von Gürteldesmosomen (Zonulae adherentes), die mit einem Geflecht aus Mikrofilamenten (F-Aktin) innerhalb der Zellen in Verbindung stehen, und mit Zellkontakten, die septierten Desmosomen ähneln. Histologisch entsprechen sie daher den Epithelien der Eumetazoa mehr als die Deckgewebe der Schwämme (S. 82). Verschlusskontakte (*tight junctions*) und eine extrazelluläre Matrix sind allerdings nicht vorhanden. Auch eine Basallamina wurde bisher ultrastrukturell nicht nachgewiesen; Hinweise auf Kollagen IV konnten jedoch im Genom gefunden werden.

Das Epithel der Unterseite besteht aus hochprismatischen, begeißelten („monociliären") Zellen, zwischen denen vereinzelt unbegeißelte Drüsenzellen eingestreut sind (Abb. 165). Die feste Haftung auf der Unterlage (Artname! „*adhaere*", lat. „anheften") beruht auf leistenartigen Fortsätzen, die im Querschnitt Mikrovilli vortäuschen. Das untere Epithel dient der Ernährung und kann funktionell mit der Gastrodermis höherer Tiere verglichen werden. Die zur extrazellulären Verdauung abgeschiedenen Enzyme stammen vermutlich aus den mit Prosekret beladenen Drüsenzellen. Für die Resorption der Verdauungsprodukte kommen nur die begeißelten Zellen infrage, da sie Stoffe endocytotisch über *coated vesicles* aufnehmen können (Abb. 166A). Durch Hochwölben

von der Unterlage kann sich eine abgeschlossene Verdauungshöhle außerhalb des Körpers bilden, in der sich die Verdauungsvorgänge abspielen (Abb. 164B).

Dies soll an eine Art „temporäre" Gastrulation erinnern, wobei das Epithel der Unterseite der Gastrodermis der Coelenteraten funktionell entsprechen würde. Phylogene-

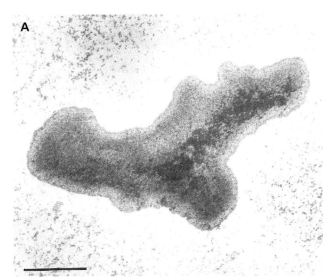

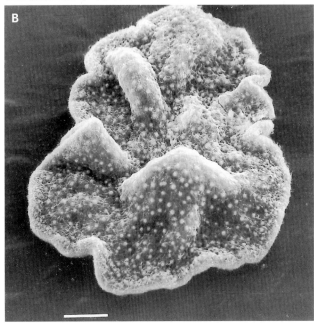

Abb. 164 *Trichoplax adhaerens*. **A** Lebendaufnahme, auf einem Rasen mit einzelligen Cryptomonaden, von denen sich zahlreiche in der Schleimschicht auf der Dorsalseite angesammelt haben. Maßstab: 0,5 mm. **B** REM-Aufnahme. Faltenartige Hochwölbungen von der Unterlage. Die Glanzkugeln erscheinen als helle Punkte. Maßstab: 50 µm. A Original: A. Ruthmann, Bochum; B aus Rassat und Ruthmann (1979).

Bernd Schierwater, Hannover und †August Ruthmann, Sprockhövel

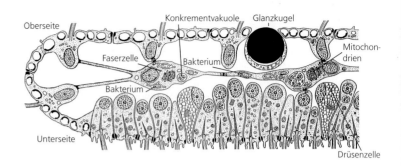

Abb. 165 *Trichoplax adhaerens*. Schema der histologischen Organisation. Original: A. Ruthmann, Bochum, nach Grell und Benwitz (1971).

tisch entspricht dieser Vorgang vielleicht den ersten Schritten der Placula-Hypothese, die eine Herkunft der Metazoen aus einer placozoenähnlichen Placula ableitet. Auch hier wird das Epithel der Unterseite der Placula zur Gastrodermis der höheren Metazoa.

Nur begeißelte Epithelzellen sind teilungsfähig (2 n = 12 Chromosomen), die Drüsenzellen leiten sich von ihnen ab.

Im Gegensatz zu den hohen, keulenförmigen Zellen des Epithels der Unterseite ist jenes der Oberseite ein dünnes Häutchen aus abgeflachten, an den Rändern miteinander verzahnten Zellen, deren kernhaltige Bereiche in die Tiefe ragen. Sie ähneln so den Exopinacocyten vieler Schwämme. Aus zahlreichen Vesikeln wird auf der Oberseite ein zähes Sekret abgegeben (Abb. 165). Bei den als Glanzkugeln bezeichneten lichtbrechenden Einschlüssen (Abb. 164B, 165) handelt es sich um lipidhaltige Reste degenerierter Zellen, vermutlich der Faserzellen (siehe unten), die in das Epithel einwandern. Da in beiden Epithelien jede Zelle nur eine Geißel trägt, die aus einer besonders strukturierten Vertiefung (Abb. 166A) entspringt, ist das aus schmalen, hohen Zellen bestehende Epithel der Unterseite viel dichter begeißelt als das der Oberseite. Vom Basalkörper jeder Geißel ziehen Mikrotubuli und Bündel quer gestreifter Wurzelfibrillen ins Cytoplasma (Abb. 166B), deren vermutlich tonische Kontraktion als Widerlager für die Geißelbewegung dient.

Vermutlich ist es die koordinierte Kontraktion dieser Terminalbereiche, welche das Hochwölben bei der extrazellulären Verdauung bewirkt. Diese terminalen Zellverbindungen sind eine weniger wirksame Abdichtung nach aussen als bei den übrigen niederen Eumetazoen, so dass die Zusammensetzung der die Faserzellen umspülenden interstitiellen Flüssigkeit der des Seewassers ähneln mag. Eine weitere Eigenschaft der epithelialen Zellverbindungen ist ihre Gleitfähigkeit, die nicht nur die stetigen Gestaltänderungen des Organismus, sondern auch die Resorption des langen Gewebefadens erlaubt, der häufig bei der Teilung auftritt (Abb. 168A). Experimente mit gefärbten Zellen dokumentieren die Wanderung von Epithelzellen innerhalb des Zellverbandes und veranschaulichen die enorme Plastizität innerhalb des oberen Epitheliums.

Die Epithelien der Ober- und Unterseite umschließen einen flüssigkeitserfüllten Raum mit mesenchymartigen Zellen, den Faserzellen. Diese Zwischenschichtzellen sind deutlich größer als die Epithelzellen und im Gegensatz zu diesen tetraploid. Sie bilden mit ihren sternförmig vom Zellkörper

abstrahlenden, oft verzweigten Fortsätzen (Abb. 167A) ein dreidimensionales, mesenchymartiges Maschenwerk. Die Fortsätze sind durch Mikrotubuli gestützt und von langen Aktinbündeln durchzogen. Nach Beobachtungen an isolierten Faserzellen können sie langsam ausgestreckt und schnell retrahiert werden. Ihre Kontraktilität ist die Basis für die raschen Veränderungen des äußeren Umrisses, die aber eine gewisse Koordination voraussetzen. Vermutlich kombinieren die Faserzellen auf primitiver Stufe die Funktionen von Muskel- und Nervenzellen. Die mutmaßliche Funktion als reizleitende Zellen passt zu dem Fund von synapsenartigen Enden der Faserzellausläufer. Auch sind im Genom von *Trichoplax adhaerens* Gene vorhanden, die für die Bildung und physiologische Funktion von Nervenzellen in höheren Tieren verantwortlich gemacht werden. Alle Mitochondrien der Faserzelle sind zusammen mit Vesikeln unbekannter Funktion in einem großen, in Nähe des Zellkerns gelegenen Komplex (Abb. 167) vereinigt. Eine weitere Besonderheit sind endosymbiontische Bakterien, die innerhalb von Vesikeln des rauen endoplasmatischen Reticulums liegen (Abb. 165). Im Gegensatz zu den Epithelzellen sind die Faserzellen zur Phagocytose befähigt.

Die sog. Konkrement-Vakuole, ein lysosomales Kompartiment, enthält Reste der Futterorganismen, gelegentlich sogar vollständige Zellen in allen Stadien der Verdauung. Die Faserzellen reichen bei einigen Placozoen, die allerdings

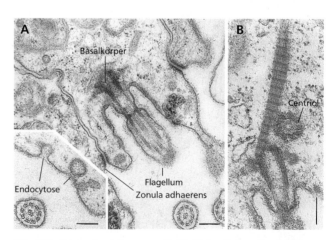

Abb. 166 *Trichoplax adhaerens*. „Epithel" der Unterseite. **A** Zellapex mit Flagellum und Banddesmosomen. Einsatz: Bildung von *coated vesicles*. **B** Basalkörper mit Wurzelfibrillen. Maßstäbe: 0,25 μm. A Aus Ruthmann et al. (1986); B Original: A. Ruthmann, Bochum aus Mehlhorn (1989).

noch nicht als Arten beschrieben wurden, durch das Epithel der Oberseite hindurch, um Futterorganismen oder Partikel phagocytieren zu können. Auch „unnatürliches" Futter (abgetötete Hefezellen) erscheint alsbald nach Zugabe in den Faserzellen.

Beim flächigen Wachstum finden Mitosen in allen drei Zellschichten statt, d. h. jeder Zelltyp geht (mit Ausnahme der Drüsenzellen) aus seinesgleichen hervor. Regenerations- und Transplantationsversuche zeigen ein Differenzierungsmuster, das der histologischen Differenzierung überlagert ist. Die etwas kleineren Zellen eines etwa 20 μm breiten Randstückes sind alleine ebenso unfähig zur Regeneration wie isolierte Mittelbereiche. Ein Kombinat beider Anteile stößt überschüssiges Material der einen oder anderen Sorte ab, was auf Wahrung eines ausgewogenen Rand/Mitte-Verhältnisses

hinweist. Seine Verschiebung im Laufe des Wachstums mag für die Auslösung der Teilung (Abb. 168) eine Rolle spielen. Störungen des koordinierten Wachstums in den Epithelien führen zu charakteristischen morphogenetischen Fehlleistungen. Fehlt das Epithel der Oberseite fast oder ganz, so entstehen große Hohlkugeln aus pinocytierenden Epithelzellen der Unterseite, denen innen Faserzellen anliegen. Bei fehlendem Epithel der Unterseite entstehen solide Zellkugeln, die vom Epithel der Oberseite begrenzt und von Faserzellen ausgefüllt sind. Wie sich herausstellte, exprimieren die kleineren Zellen der Randzone ein ursprüngliches Gen der *Antennapedia*-Klasse (*Para-Hox*-Gen), welches bei Cnidariern und Bilateriern an der axialen Musterbildung beteiligt ist. Wachstum und Vermehrung kommen nach Hemmung des *Trichoplax-Trox-2* Genes zum Stillstand. Von ähnlicher Verteilung sind Zellen, die mit Antikörpern gegen ein bei Wirbellosen gefundenes Neuropeptid, RFamid, reagieren. Ob diese kleinen Randzellen identisch mit jenen sind, die doppelbrechende Granula enthalten oder das „*Trox*-Gen" exprimieren, ist noch nicht bekannt. Zunächst offen bleibt auch die Antwort auf die Frage, ob die Polarität der symmetrie- und achsenlosen Placozoen eine Vorstufe zur Achsenbildung in den anderen Metazoengruppen darstellt.

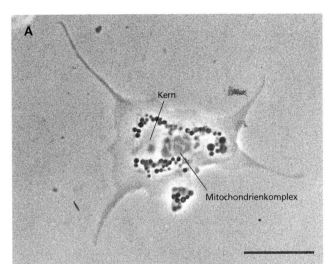

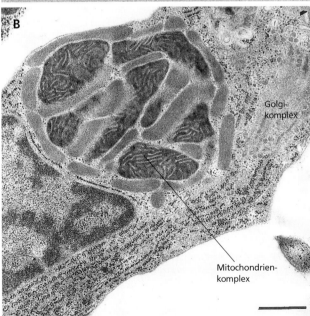

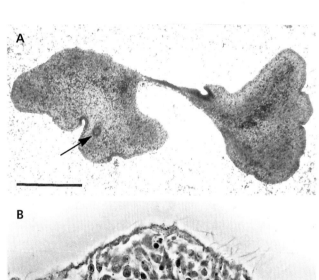

Abb. 167 *Trichoplax adhaerens*. **A** Isolierte, lebende Faserzelle mit 4 Ausläufern. Maßstab: 10 μm. **B** Teil einer Faserzelle; mit Mitochondrienkomplex, Golgisystem und Kern. Maßstab: 0,5 μm. Aus Thiemann und Ruthmann (1989).

Abb. 168 *Trichoplax adhaerens*. **A** In Teilung mit gleichzeitiger Schwärmerbildung (Pfeil). Lebendaufnahme. Maßstab: 1 mm. **B** Querschnitt durch ein Stadium der Schwärmerbildung. Im Hohlraum der Knospe schon Geißeln des künftigen Ventralepithels. Maßstab: 20 μm. Aus Thiemann und Ruthmann (1991).

Fortpflanzung und Entwicklung

Die vorherrschende Form der **ungeschlechtlichen** Fortpflanzung ist (1) eine Zweiteilung, bei welcher die Tochtertiere noch über Stunden durch einen dünnen, vielzelligen Strang verbunden bleiben können (Abb. 168A). Wenn er schließlich durchreißt, werden die freien Enden rasch eingezogen. Seltener, aber dennoch regelmäßig zu beobachten sind Mehrfachteilungen besonders großer Tiere. (2) Eine zweite Form der ungeschlechtlichen Fortpflanzung ist die Bildung hohler, kugeliger Schwärmer (40–60 µm).

Die erste Anlage der Schwärmer entsteht zwischen den Epithelien. Sie ist umsäumt von Zellen, die vom Epithel sowohl der Ober- als auch der Unterseite beigesteuert werden (Abb. 168B). Diese Zellen bilden das künftige Epithel der Unterseite. Ihre Geißeln werden bei der Ablösung von den Epithelien eingeschmolzen. Noch vor Ablösung der Knospe bilden sich neue, ins Innere des Hohlraums gerichtete Geißeln, so dass die Zellen eine vollständige Umkehr ihrer Polarität durchmachen. Mit wachsender Größe wölbt sich die Knospe nach oben vor und wird schließlich, vom Epithel der Oberseite umschlossen, abgeschnürt. Faserzellen werden dabei passiv mitgenommen. Die Schwärmer, deren Bildung etwa 24 h in Anspruch nimmt, treiben etwa 1 Woche mit steif ausgestreckten Geißeln im Seewasser und sinken dann zu Boden. Die Kugelform geht durch Öffnung an der dem Boden zugewendeten Seite verloren, und über tassenförmige Zwischenstufen gelangt das Epithel der Unterseite durch allmähliche Abflachung in Kontakt mit dem Substrat. Während die hohlen Schwärmer offenbar der Verbreitung der Art dienen, kann *Trichoplax* auch durch Zerfall vom Rand her kleine Kugeln von 18–50 µm abschnüren, die nicht schwebefähig sind. Sie sind je zur Hälfte vom Epithel der Ober- und Unterseite umkleidet, innen vollständig von Faserzellen erfüllt und erhalten durch allmähliche Abflachung die typische *Trichoplax*-Form.

Geschlechtliche Fortpflanzung tritt in den Kulturen sporadisch bei einer hohen Populationsdichte und/oder geringem Nahrungsangebot auf. Unbegeißelte „Spermien" und „Oocyten" können im gleichen Individuum vorkommen.

Die als Oocyten angesehenen Zellen stammen aus begeißelten Epithelzellen der Unterseite, die sich aus dem Gewebeverband lösen und in der Zwischenschicht heranwachsen. Die Faserzellen dienen als Nährzellen. Teile ihrer Ausläufer

werden zusammen mit den endosymbiontischen Bakterien phagocytotisch in die Eizelle aufgenommen. Nach der Ansammlung von Dotter und der Ausbildung einer „Befruchtungsmembran" setzen totale, äquale Furchungen ein. Die Embryonalentwicklung konnte bisher nur bis zum 128-Zell-Stadium verfolgt werden (Abb. 169), da der Embryo hernach unter Laborbedingungen aus noch unbekannten Gründen zerfällt.

Systematik

Der Name **Placozoa** wurde durch K. G. GRELL in Würdigung der Placula-Hypothese von O. BÜTSCHLI (1884) gewählt, der zu seiner Vorstellung über den Ursprung der Metazoen durch die kurz zuvor erfolgte Erstbeschreibung von *Trichoplax* angeregt wurde. Danach sollte bei einer primär benthischen und zunächst einschichtigen Zellkolonie durch Delamination ein zweischichtiges Stadium entstehen, wobei sich die untere Zellschicht zum Entoderm mit Ernährungsfunktion, die obere zum schützenden Ektoderm differenzierte. Durch Hochwölben vom Substrat wäre dann eine auf der Stufe einer Gastrula stehende Stammform weiterer Metazoen denkbar. Die Ernährungsfunktion des Epithels der Unterseite von *Trichoplax* steht im Einklang mit dieser Vorstellung. Andererseits ist aber die überraschende Fähigkeit der mesenchymartigen Faserzellen zur transepithelialen Phagocytose auch mit der hypothetischen Phagocytella in Einklang zu bringen, die I.I. METSCHNIKOFF (1886) als Stammform der Metazoa postulierte.

Mit 0,08 pg haben die diploiden Epithelzellen der Placozoa den niedrigsten DNA-Gehalt, der bisher bei Metazoen gemessen wurde. Schwämme enthalten mindestens 0,11 pg, stehen aber auch hinsichtlich der Zahl verschiedener Zelltypen insbesondere im Mesohyl auf einer deutlich höheren histolo-

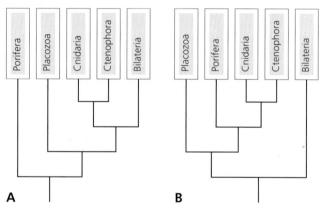

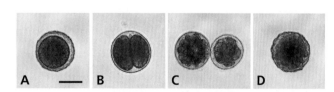

Abb. 169 Sexuelle Fortpflanzung in Placozoen. Tiere dieser noch nicht beschriebenen Placozoenspezies pflanzen sich – im Gegensatz zu der bekannten Art *Trichoplax adhaerens* – regelmäßig geschlechtlich fort. Die totale äquale Furchung der befruchteten Oocyte führt unter Laborbedingungen zu einem Morula-Stadium aus 128 Zellen innerhalb der Befruchtungsmembran. Hernach stirbt der Keim aus bisher unbekannten Gründen ab. Maßstab: 1 mm. Original: M. Eitel, Hannover.

Abb. 170 Zwei unterschiedliche phylogenetische Hypothesen zur Position der Placozoa und der anderen Nicht-Bilateria-Metazoa. **A** Hypothese von Philippe et al. (2009) nach phylogenomischen Analysen, deren Daten sich mit einigen traditionellen morphologischen Hypothesen decken. **B** Hypothese nach Schierwater et al. (2009), die eine basale Position der Placozoa betont und nach der die Bilateria die Schwestergruppe aller Nicht-Bilateria sind. Eine Reihe komplexer Merkmale, z. B. ein Nerven- und ein Verdauungssystem, müsste hiernach mehrfach entstanden sein, wobei die modulären Einheiten dafür vermutlich bereits in Placozoen ausgebildet waren.

gischen Differenzierungsstufe. Neue Genomsequenzierungen bestätigen die alten Messungen. Mit nur 98 Mbp besitzt *Trichoplax* das kleinste nicht sekundär reduzierte Genom aller Metazoen, was somit nur etwa halb so groß wie das Genom des Schwammes *Amphimedon queenslandica* ist. Bemerkenswerterweise besitzen Placozoen gleichzeitig die größten mitochondrialen Genome (> 43 Kb) aller Metazoen, inklusive der Schwämme. Ob DNA-Menge und Genomgröße phylogenetisch informative Merkmale sind, wird allerdings ebenso kontrovers diskutiert wie eine daraus abgeleitete Stellung der Placozoa an der Basis des Metazoenstammbaums. Verschiedene – und schwer zu beurteilende – molekularphylogenetische Analysen ebenso wie die Ultrastrukturanalysen der Epithelien (siehe oben) erkennen nicht in den Placozoa, sondern eher in den Porifera die Schwestergruppe aller anderen Metazoa (Abb. 170). Eine gelegentlich vermutete engere Verwandtschaft mit den Cnidariern ist auf Grund genetischer Daten auszuschliessen.

Kompliziert entwickelt sich die Taxonomie innerhalb der Placozoa. Genetische Daten belegen zweifelsfrei die Existenz von mindestens 18 isolierten Entwicklungslinien, die sich teilweise auch morphologisch deutlich unterscheiden. Da die morphologischen Unterschiede auf Grund der Merkmalsarmut insgesamt jedoch gering sind und nicht in jedem Fall mit den verschiedenen genetischen Entwicklungslinien korrelieren, bleibt die Beschreibung der neuen Arten und die Erstellung neuer taxonomischer Einheiten vorerst schwierig.

III EUMETAZOA

Alle folgenden Tiergruppen unterscheiden sich von Porifera und Placozoa durch **echte Epithelgewebe**. Wie auf S. 68, 78 definiert, sind dies Schichten von palisadenförmig angeordneten Epithelzellen, die mit ihren Nachbarzellen über apikale gürtelförmige Zell-Zell-Kontakte und mit einer extrazellulären Matrix über basale Zell-Matrix-Kontakte verbunden sind. Die molekularbiologischen und histologischen Grundlagen sind in Abb. 108 zusammengefasst.

Echte Epithelien können flüssigkeitsgefüllte Hohlraumsysteme (Darm, Coelom, Ausleitungsgänge von Nephridien und Gonaden) aufbauen und organisieren und die Ionenzusammensetzung in Geweben und Gewebsflüssigkeiten kontrollieren. Diese genaue Kontrolle des Abschlusses zwischen Außen- und Innenmilieu war die entscheidende Voraussetzung für die Evolution des Nerven- und des Muskelgewebes. Die Zelltypen „Neuron" und „Myocyte" evolvierten sicher parallel. Echte Epithelschichten verfügen auch über ein größeres Potential für kontrollierte, formbildende Gewebebewegungen. All dies bildete die Grundlage für die weitere Entwicklung der Baupläne der vielzelligen Tiere und ihrer vielfältigen Lebensäußerungen.

Der größte Teil an Informationen für das Verständnis des Epithelgewebes stammt aus ultrastrukturellen und molekularen Untersuchungen an Wirbeltieren und Insekten (Abb. 108, 111). Dies trifft besonders für die apikalen gürtelförmigen Zell-Zell-Verbindungen (Abb. 108C, 111–114) und die basale Matrix (Abb. 108C, E) zu.

Diploblastischer Bau, Entstehung des Darmsystems

Durch die Gastrulationsvorgänge in der Embryogenese entsteht ein zunächst zweischichtiger Keim (die Gastrula) mit den primären Keimblättern – äußeres Ektoderm und inneres Entoderm. Aus diesen beiden Schichten leiten sich alle Zelltypen der Coelenterata ab. Das Ektoderm liefert die Epidermis, das Schlundrohr, die in die Mesogloea einwandernden Zellen und möglicherweise auch das Nervensystem. Aus dem Entoderm gehen alle Strukturen der Gastrodermis hervor. Eumetazoa auf diesem zweischichtigen Organisationsniveau (Abb. 189) werden diploblastisch genannt (s. auch S. 61).

Der Hohlraum zwischen den beiden Keimblättern im Embryo ist das Blastocoel, aus dem die primäre Leibeshöhle hervorgeht. Die extrazellläre Mesogloea der Cnidaria entspricht lagemäßig dem Blastocoel. Die in sie einwandernden Zellen werden als Ektomesenchym bezeichnet, weil sie aus dem äußeren, primären Keimblatt hervorgehen. (s. auch S. 62).

Die Entstehung des dritten Keimblattes, des Mesoderms, als Derivat des Entoderms tritt erst bei den Bilateria auf, die man deswegen auch als triploblastische Eumetazoa bezeichnet (S. 165). Aber auch bei den Ctenophora hat man seit langem die Herkunft der sekundären

Bert Hobmayer und †Reinhard Rieger, Innsbruck

Mikromeren (Abb. 252) als mesodermal angesehen, da sie Muskulatur und Bindegewebe liefern.

Neben der epithelial organisierten Epidermis ist der epitheliale **Darm** (der von der Gastrodermis umkleidete Gastrovaskularraum) (Abb. 172) mit zunächst nur 1 Öffnung (Mund-After) eine wichtige neue Struktur der Cnidaria und Ctenophora. Dieser Verdauungstrakt bildet die Basis für die Differenzierung des fast immer mit getrennten Mund- und Afteröffnungen versehenen Darmsystems der Bilateria.

Beide Gruppen rezenter Coelenteraten haben vermutlich unabhängig voneinander komplexe Zellen (Nematocyten der Cnidaria (Abb. 191, 193), bzw. Colloblasten der Ctenophora (Abb. 250)) zum Beutefang entwickelt. Damit wurde es ihnen möglich, mindestens um eine Größenordnung größere Beuteobjekte (z. B. Einzeller, Mikrocrustaceen, Larven ursprünglicher Metazoen) zu fangen als die Porifera, die mit ihren Choanocyten überwiegend nur organische Partikel und Bakterien in der Größenordnung von wenigen Mikrometern aufnehmen. Ursprünglich für die diploblastischen Eumetazoen war wahrscheinlich das weitgehend passive Beutemachen, bei dem vorbeidriftende Nahrungsobjekte mit ihren Tentakeln „gefangen" wurden, um sie als Ganzes zu verschlingen.

Der geschlossene Verdauungsraum des Gastrovaskularsystems ermöglicht, zusätzlich zur intrazellulären Stoffaufnahme durch Einzelzellen (wie bei Porifera), die Entwicklung extrazellulärer Verdauungsvorgänge durch das Freisetzen von Enzymen in den Darmhohlraum. Extrazelluläre Vorverdauung in temporären Einstülpungen des Epithels der Unterseite ist auch schon von den Placozoa bekannt (S. 103).

Evolution von Nerven- und Muskelgewebe

Innerhalb der Prokaryoten und eukaryoten Einzeller gibt es bereits eine Vielzahl von membrangebundenen (z. B. Rezeptorproteine für Acetylcholin, Catecholamine und andere neuroaktive Substanzen, Ionenkanäle) oder cytoplasmatischen Proteinen (z. B. Actin, Myosine, Calmodulin), die wichtige Voraussetzungen für die Funktion von Nerven- und Muskelzellen der Eumetazoa darstellen. Bei den Eumetazoa können Rezeptoren für neuroaktive Substanzen sowie Actin und Myosin nicht nur in Nerven- und Muskelzellen, sondern auch in anderen Zelltypen vorkommen.

Weitverbreitet ist die Annahme, dass sowohl Myocyten als auch Neuronen ursprünglich innerhalb echter Epithelien entstanden sind (Neuroepithel, Myoepithel), da derartige Lagecharakteristika bei den Cnidariern vorherrschen (Abb. 171B).

Porifera haben keine echten Myocyten. Es gibt jedoch kontraktile Zellen im Mesohyl, die einfache Funktionen von Nerven- und Muskelzellen vereinen und wahrscheinlich parallele Entwicklungen zu den echten Muskel- und Nervenzellen darstellen (Abb. 171A).

Muskel- und Nervenzellen könnten demnach nicht nur in epithelialer Lage, sondern auch in der Mesogloea, subepithelial, entstanden sein. Auf die mehrfache Entstehung der Muskulatur deutet auch die Entstehung der larvalen Muskulatur der Spiralia-Larven und von Teilen der Muskulatur adulter Plathelminthen und Sipunculiden aus Ektomesenchym hin; sie ist hier also nicht entomesodermaler Herkunft.

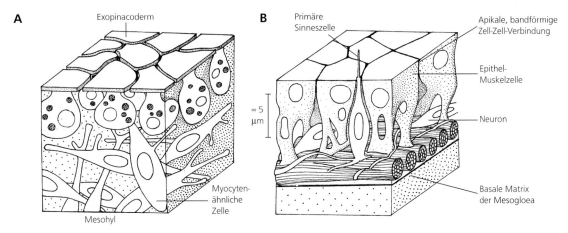

Abb. 171 Gegenüberstellung der histologischen Grundstruktur der Parazoa (**A**) und der ursprünglichen Eumetazoa (**B**). Wichtig ist der Verschluss durch gürtelförmige apikale Zell-Zell-Verbindungskomplexe im Epithel der Eumetazoa. Aus dem Pinacoderm der Porifera sind zwar epitheltypische Linkerproteine bekannt, Gürteldesmosomen fehlen jedoch. Außerdem unterscheiden sich die in der ECM eingebetteten myocytenähnlichen Zellen der Porifera von den Epithelmuskelzellen auf der basalen Matrix (Teil der Mesogloea) der Cnidaria. Verändert nach Bergquist (1978).

Nervensystem

Generell entwickeln sich Nervenzellen der Metazoa aus dem Ektoderm. Sie treten mit anderen Zellen (z. B. Sinneszellen, anderen Nervenzellen, Muskelzellen) an Synapsen zur Informationsweitergabe in Kontakt. Diese Weitergabe erfolgt auf elektrischem oder chemischem Weg, dementsprechend unterschiedlich sind die daran beteiligten Strukturen. Epithelmuskelzellen in der Epidermis von Cnidariern verwenden die Nexus (*gap junctions*), bzw. offene Cytoplasmabrücken (z. B. Riesenfasern der Medusen) bei der elektrischen Erregungsleitung für gewisse Koordinationen. Daneben enthalten Neuronen sekretorische Vesikel und tragen darüber hinaus am dendritischen Fortsatz ein Sinnescilium, das frei an der Epitheloberfläche (= primäre Sinneszelle) oder unterhalb der Epitheloberfläche im Epithel selbst liegen kann. Bei-

des sind Hinweise auf eine parallele Entwicklung (Koevolution) von elektrischen und chemischen Mechanismen der Erregungsleitung.

Teilweise war man der Meinung, dass Erregungsleitung, bei der sich ausbreitende elektrische Potenziale mit der Entfernung vom Auslösungsort an Intensität abnehmen (Dekrement), ursprünglicher ist als Erregungsleitung mittels regenerativer, wandernder Aktionspotenziale. Beide Leitungssysteme sind jedoch schon bei Einzellern nachgewiesen. Für die Metazoa kann man erwarten, dass die innerorganismische Selektion für Erregungsleitungssysteme über größere Distanzen proportional zur Größe und Zellzahl der Zellkolonie zugenommen hat. Zunehmend wurden auch Neuronen mit großem Durchmesser, hohem Membranpotenzial und/oder elektrischer Isolierung gegenüber der extrazellulären Matrix durch Gliazellen notwendig.

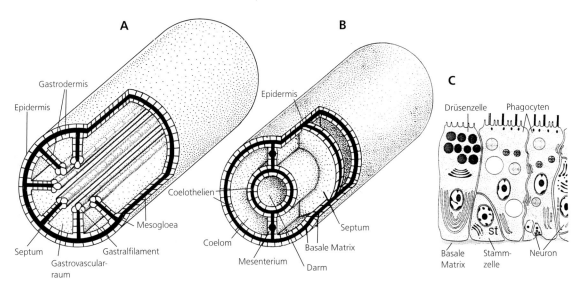

Abb. 172 Entstehung eines der extrazellulären Verdauung dienenden Darmsystems. **A** Anthozoa. **B** Bilateria. **C** Schema der Zelltypen im Darmsystem ursprünglicher Eumetazoa. A, B Nach Ruppert und Carle (1983); C nach Palmberg und Reuter (1987).

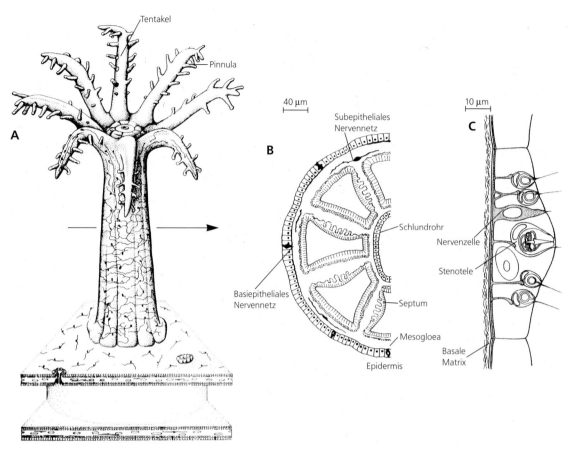

Abb. 173 Immuncytochemische Darstellung des Nervensystems bei Cnidaria. **A, B** Polyp. *Renilla koellikeri* (Pennatularia). **A** Serotonerges Nervennetz in einem Polypen. **B** Querschnittsschema des Polypen, Region des Schlundes. **C** *Hydra magnipapillata*, intraepitheliale Nervenzelle, die Nematocyten verbindet. A, B Verändert nach Umbriaco et al. (1990); C verändert nach Hobmayer et al. (1990).

In den Cnidariern (Abb. 173), Tentakulaten und Deuterostomiern liegen Nervenzellen überwiegend basiepithelial (in der Basis des Epithels, außerhalb der basalen Matrix) oder/und subepithelial (unter der basalen Matrix). Die basiepitheliale Lage ist besonders für die Evolutionslinie der

Deuterostomia charakteristisch, aber auch ursprünglich für protostome Taxa.

Die Nervennetze der Cnidaria zählen zu den ursprünglichsten Formen des Nervensystems bei Eumetazoa (Abb. 194). Aber schon innerhalb dieser Gruppe zeigen sich recht

Abb. 174 Synaptische Verbindungen. **A** Verschaltungsschemata bei ursprünglichen Eumetazoa (Cnidaria). In den räumlich getrennten Nervennetzen der Hydrozoa treten nur elektrische Synapsen auf, chemische Synapsen nur zwischen den Nervennetzen. **B** Strukturen elektrischer Synapsen (Nexus, *gap junction*) bei Säugern. **C** Chemische Synapsen. Von links nach rechts: Symmetrische Synapse von *Cyanea* (Scyphozoa); Erregungsleitung ist hier in beiden Richtungen möglich. Neuromuskuläre Synapse auf einem Muskelzellfortsatz bei *Metridium* (Anthozoa). Dyade auf zwei postsynaptischen Neuriten, mit „*electron lucent*" und „*dense core*" Vesikeln in der praesynaptischen Faser. A Aus Spencer und Satterlie (1987); B aus Junqueira und Quarneiro (1991); C aus Westfall (1987).

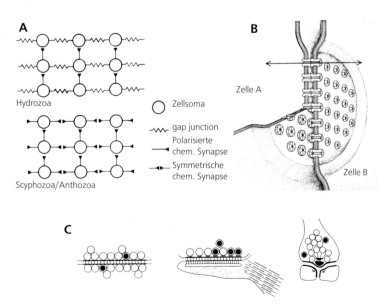

grundlegende Unterschiede. In den Nervennetzen der Hydrozoa sind z. B. gap junctions (Nexus, elektrische Synapsen) die wichtigsten Kommunikationsstrukturen, bei Anthozoa und Scyphozoa überwiegen die chemischen Synapsen (Abb. 174). Bei Anthozoa können gleichzeitig basiepitheliale (hauptsächlich sensorische) sowie subepitheliale (hauptsächlich motorische) Nervennetze ausgebildet sein (Abb. 173B).

Schon innerhalb der Coelenterata kommt es zu lokalen Verdichtungen der Nervennetze und damit zu ersten Ansätzen einer Trennung von peripheren und zentralen Abschnitten des Nervensystems (z. B. „Ringnerv" der Medusen, Nervenverdichtungen unter den Rippen der Ctenophoren). Doch ist hier noch nicht ein über das gesamte Nervensystem dominierendes Zentrum, ein Gehirn, entstanden, wie dies für die Bilateria kennzeichnend ist (Abb. 261).

Muskulatur

Grundsätzlich lassen sich bei echten Muskelzellen (Myocyten) zwei Ausbildungsextreme unterscheiden (Abb. 171B, 175, 176, 177): (1) Die Epithelmuskelzelle, bei der der kernhaltige Abschnitt mit apikalen, gürtelförmigen Zell-Zell-Verbindungen vollständig in den Epithelverband integriert ist; nur ihre basalen Fortsätze oberhalb der basalen Matrix enthalten die dünnen und dicken Myofilamente (Myosin) (Abb. 171). (2)

Die typische spindelförmige, langgestreckte Fasermuskelzelle, die entweder außerhalb der basalen Matrix im epithelialen Verband liegt (dann als Myoepithelzelle bezeichnet), oder in subepithelialer Lage vorkommt.

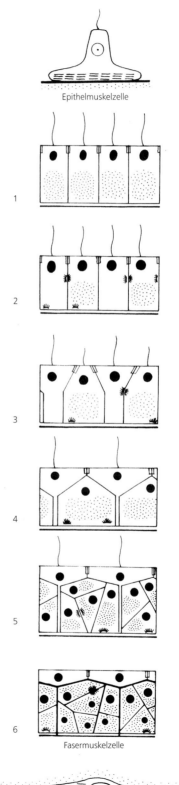

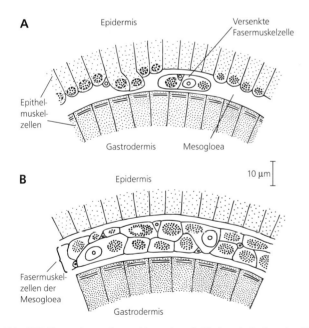

Abb. 175 Versenkung der epidermalen Epithelmuskelzellen in die Mesogloea bei Polypen der Cubozoa. Aus Werner (1984).

Abb. 176 Umbildung von Epithelmuskelzellen zu subperitonealen ▶ Fasermuskelzellen bei coelomaten Bilateria, dargestellt in Querschnittsbildern. Stadium 1 mit Epithelmuskelzellen, Stadium 2 und 3 mit alternierenden Epithelmuskelzellen und Peritoneocyten, Stadium 4 und 5 mit Myoepithelzellen, d. h. die Myocyten liegen oberhalb der basalen Matrix, können faserförmig sein, reichen aber apikal nicht mehr bis zur Oberfläche des Epithels. Stadium 6 mit subperitonealen Fasermuskelzellen, die unterhalb der basalen Matrix des nicht muskulösen Peritoneums liegen. Aus Rieger und Lombardi (1987).

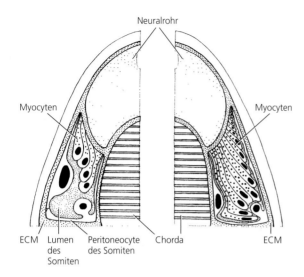

Abb. 177 Myoepithelialer Ursprung der somatischen Muskulatur (Larve von *Branchiostoma caribeum*). Links frühes, rechts späteres Stadium. Muskelzellen entstehen aus Myoepithelzellen, die im Laufe ihrer Entwicklung den coelomatischen Hohlraum der Somiten durch Zellvergrößerung ganz verdrängen. Diese Vorgänge sind für das Verständnis der Entstehung der somatischen Muskulatur der Cranioten von besonderer Bedeutung. Nach Ruppert (1992).

Vielfältige Myocytentypen gibt es bereits bei den Coelenteraten (S. 117): Bei Polypen der Anthozoa und Hydrozoa besteht die Muskulatur ausschließlich aus glatten Epithelmuskelzellen; Medusen haben auch quergestreifte Epithelmuskelzellen, Scyphomedusen ausschließlich. Spindelförmige glatte subepitheliale Fasermuskelzellen bilden Längsmuskelstränge bei Polypen der Cubozoa und Scyphozoa und kommen dort neben typischen Epithelmuskelzellen vor. Die ausschließlich glatte Muskulatur der Ctenophora besteht weitgehend aus großen, subepithelial (in der Mesogloea) liegenden mehrkernigen Myocyten und myoepithelialen Fasermuskelzellen in Epidermis und Gastrodermis. Wahrscheinlich ist es auf der Organisationsstufe der Coelenteraten mehrfach zu subepithelialer Organisation der Muskulatur gekommen.

Lediglich schräggestreifte Muskulatur, deren Kontraktion eine besonders effiziente Verkürzung der Sarkomeren ermöglicht (S. 363, Abb. 525), ist von Coelenteraten nicht bekannt. Innerhalb der Bilaterier tritt diese besonders bei den Spiralia und Nemathelminthes mit hydrostatischem Skelett auf (S. 363, 428). In einigen Bilateriagruppen können glatte, quergestreifte und schräggestreifte Myocyten nebeneinander vorkommen (z. B. Gastrotricha). Erstaunlicherweise legen neuere molekularbiologische Ergebnisse nahe, dass einkernige, quergestreifte Muskelfasern ursprünglich, schräggestreifte und glatte Fasern dagegen abgeleitet sind.

Erste Sinneszellen und Sinnesorgane

Mit dem ersten Auftreten von Nerven- und Muskelzellen bei Eumetazoen war auch die Differenzierung von Sinneszellen (Rezeptorzellen) korreliert, die dann, entsprechend den unterschiedlichen Funktionen, eine enorme Diversifikation

erfuhren und bereits bei basalen Eumetazoen eine überraschende Komplexität erreichen können (z. B. Linsenaugen bei den Cubozoa (Cnidaria). Durch die Elektronenmikroskopie kennt man besonders viele primäre (mit eigenem Axon versehene) Sinneszellen (Abb. 178). Sekundäre Sinneszellen (ohne eigenes ableitendes Axon) sind weit weniger häufig, treten aber auch schon bei recht ursprünglichen Formen auf (z. B. vereinzelt bei Larven frei lebender Plathelminthes). Die Mehrzahl der ciliären Rezeptorzellen leitet sich vom monociliären Zelltyp ab. Nur für wenige Rezeptorzelltypen kennt man allerdings Rezeptormodalität und Funktion. Einige Generalisierungen seien hier dennoch hervorgehoben:

(1) **Photorezeptorzellen** sind wahrscheinlich durch Einlagerungen von photosensitiven Pigmenten (z. B. Rhodopsin) in der apikalen Zellmembran epidermaler Zellen entstanden (Abb. 179). Charakteristisch ist stets eine Vergrößerung dieser Membranbereiche, um die Reaktion von Photonen mit den Farbstoffmolekülen – der Primärprozess des Sehens – zu erhöhen. Zwei Typen lassen sich unterscheiden: (a) Die Lichtwahrnehmung erfolgt an einer mehr oder weniger stark veränderten Cilienmembran (ciliäre Rezeptorzellen). Die Oberflächenvergrößerung geschieht hier meist durch Faltenbildungen an der Cilienmembran einer monociliären Zelle. (b) Die Lichtwahrnehmung erfolgt an Mikrovillimembranen (rhabdomere Rezeptorzellen). Ursprünglich haben diese monociliären Zellen das Cilium ganz rückgebildet, dafür aber die Mikrovilli an der Zelloberfläche besonders entwickelt. In diesem Fall wird die Oberflächenvergrößerung der Rhodopsin-haltigen Membranabschnitte durch die Dichte der Mikrovilli stark erhöht.

Augen erlauben zumindest Richtungssehen. Dieses erfordert abschirmende Pigmente (z. B. Melanine, Ommochrome, Sepiapterine), die verhindern, dass Licht aus allen Richtungen die photosensitiven Strukturen erreichen kann. Möglicherweise waren ursprünglich beide Funktionen in einem Zelltyp vereinigt (z. B. erkennbar in den Augen einer Brachiopoden-Larve), und erst später kam es zu einer Differenzierung in Pigmentzellen und Photorezeptorzellen. So bestehen die einfachsten Augen der Metazoa aus nur zwei Zellen – einer Pigment- und einer Rezeptorzelle. Derartige Augen kommen bei planktischen Larven vieler Bilateria vor und erlauben die Steuerung ihrer Phototaxis. Bei ursprünglichen Eumetazoa gibt es aber auch Lichtwahrnehmung an morphologisch undifferenzierten Zelloberflächen bei tiefliegenden Rezeptoren (z. B. bei Acoelomorpha). Bei einigen Metazoa sind dann auch ciliäre und rhabdomere Rezeptoren innerhalb eines Organismus nachweisbar, z. B. in den cerebralen bzw. epidermalen Augen der Müllerschen Larven der polycladen Plathelminthes (Abb. 301B).

Bei den als ursprünglich angesehenen Augen der Cubozoa können an bestimmten Stellen monociliäre Photorezeptorzellen und monociliäre Pigmentzellen in der Epidermis abwechseln (Abb. 179D). Die vielzelligen Pigmentbecher-Ocellen mit inversen oder eversen Photorezeptoranordnungen sind eine Weiterentwicklung dieses epidermalen Typs, beide erlauben eine bessere Wahrnehmung der Lichtrichtung (Abb. 179E,F).

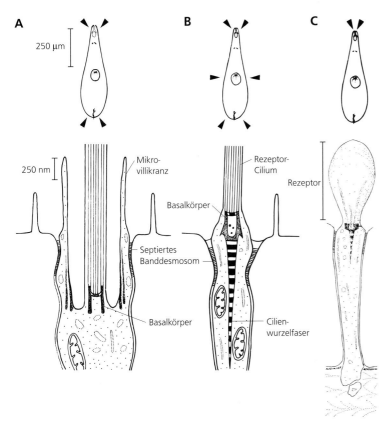

Abb. 178 Primäre Sinneszellen von *Gyratrix hermaphroditus* (Plathelminthes). **A** Monociliärer Collarrezeptor (Tastsinn und Rheotaxis). **B** Monociliärer Rezeptor ohne Mikrovillikranz. **C** Monociliäre Chemorezeptorzelle. Alle drei zeigen unterschiedliche Verteilung auf der Körperoberfläche. Nach Reuter (1977).

Molekularbiologische Untersuchungen haben die älteren ultrastrukturellen Daten dahingehend bestätigt, dass lichtempfindliche Rezeptoren in zwei unterschiedlichen Organellen der ursprünglichen monociliären Zelle (S. 70) angereichert wurden, einmal in der oberflächenvergrösserten Zellmembran des Ciliums (Abb 179A), zum anderen in der Membran der Mikrovilli, die dieses Cilium an der Basis umstellen (Abb. 179B, C). Danach ist es sehr wahrscheinlich, dass die beiden Photorezeptorzelltypen sich schon früh evolviert

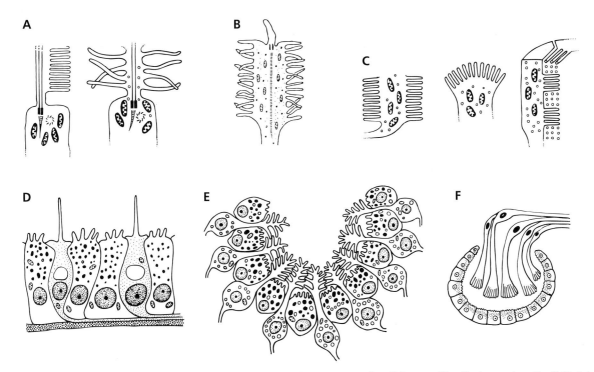

Abb. 179 Photorezeptoren und einfache Augenbildungen. **A** Ciliäre Photorezeptorzellen. **B** Intermediäre Photorezeptorzelle. **C** Rhabdomere Photorezeptorzellen. **D** Pigmentaugenfleck. **E** Everser Pigmentbecherocellus. **F** Inverser Pigmentbecherocellus. A,C,D,E,F Nach Ruppert und Barnes (1993); B nach Vanfleteren (1982).

A

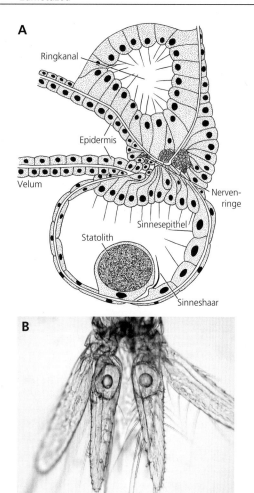

Ringkanal

Epidermis

Velum

Statolith

Nerven-
ringe

Sinnesepithel

Sinneshaar

B

Abb. 180 Statische Sinnesorgane. **A** Geschlossene Statocyste einer thecaten Hydromeduse; Statolith ektodermaler Herkunft. **B** Schwanz-fächer von *Praunus flexuosus* (Mysidacea, Mysida); Endopoditen der Uropoden mit Statocysten aus CaF_2. A Nach Singla (1975) aus Werner (1984); B Original: O. Larink, Braunschweig.

A

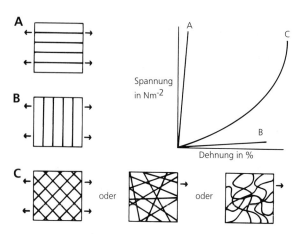

B

Spannung
in Nm^{-2}

Dehnung in %

C oder oder

Abb. 181 Ausrichtung von Fasersystemen in Cuticula bzw. basaler Matrix und biomechanische Konsequenzen, ausgedrückt in Stress/Strain-Kurven. **A** Sehnen haben wie pflanzliche Zellwände nahezu perfekt parallel ausgerichtete Fasern in Richtung der Zugkräfte; sie liefern die steilsten Stress/Strain-Kurven biologischer Polymere. **B** Die gleiche Faseranordnung um 90° zur Zugrichtung gedreht weist nahezu keine Resistenz auf. **C** Im Tierreich häufigste und für weiche Körper besonders geeignete Anordnungen führen zu einer J-förmigen Stress/Strain-Kurve, d. h. die Faserschichten versteifen sich bei Dehnung. Die Haut des Handrückens lässt sich z. B. zunächst leicht hochziehen, bei Erhöhung der Zugkraft wird das Bindegewebe jedoch immer weniger dehnbar, da sich die Bindegewebsfasern immer mehr parallel zur Zugkraft ausrichten. Nach Wainwright (1988).

haben und auf einen gemeinsamen Vorläuferzelltyp zurückgehen. Hierfür spricht auch, dass zwar beide Opsine verwenden, diese sich aber eindeutig einer rhabdomerischen oder einer ciliären Opsinfami-lie zuordnen lassen.

Die molekulargenetischen Untersuchungen der Augenentwicklung haben zudem gezeigt, dass – mit wenigen Ausnahmen – morpholo-gisch identifizierbare Strukturen zur Wahrnehmung von Licht zu Beginn ihrer Entwicklung durch ein sog. *master gene* (*Pax6/eyeless*) eingeleitet werden. Dies gilt für spezielle Abschnitte der Epidermis, in die Photorezeptorzellen eingelagert sind (Abb. 179D) und ebenso für Pigmentbecher-Ocellen (Abb. 179E,F) oder für komplizierte Lichtsin-nesorgane, wie die Komplexaugen der Arthropoden und die Linsen-augen der Cephalopoden und Cranioten. Struktur und Funktion die-ses *master gene* sind in der Evolution so stark konserviert, dass es möglich ist, durch Einschleusen des entsprechenden Gens einer Maus (*eyeless*) in verschiedene Körperbereiche eines Embryos der Frucht-fliege die gesamte Entwicklung von Komplexaugen an diesen (auch unnatürlichen) Positionen hervorzurufen.

(2) Bei **Collarrezeptorzellen** ist ein Cilium an seiner Basis von einem Kranz spezialisierter Mikrovilli (oft Stereocilien genannt) umstellt (Abb. 178A). Weitaus die meisten sind monociliär, doch gibt es auch solche mit mehreren Cilien (z. B. bei einigen Turbellarien). Die Cilien sind in ihrer Fein-

struktur gewöhnlich nicht oder nur wenig abgeändert. Ver-mutlich werden derartige Sinneszellen zur Bewegungs-, Vi-brations- und geotaktischen Wahrnehmung verwendet.

(3) **Statische Sinnesorgane** treten erstmals bei den Cnidaria auf (Abb. 180A). Die Feinstruktur dieser Organe bei frei lebenden Plathelminthes zeigt, dass sie wahrscheinlich schon in dieser Gruppe mehrfach entstanden sein könnten. Auf jeden Fall sind diese Sinnesorgane nur sehr schwer auf die Statocysten der Coelenterata rückführbar, da fast allen Cilien als charakteristische Rezeptorstrukturen fehlen.

(4) **Monociliäre Rezeptorzellen ohne Mikrovillikranz** (Abb. 178B,C), aber mit normal entwickelten Cilienwurzeln, treten auch auf. Ihre Funktion ist wie bei den meisten Rezep-torzellen ursprünglicher Evertebraten ungewiss.

(5) **Rezeptorzellen mit stark abgewandelter Struktur des Axonems**: Sie sind ebenfalls häufig monociliär, besitzen aber eine von der $9 \times 2 + 2$-Struktur stark abweichende Mikrotu-buli-Anordnung (z. B. mit peripheren Singlets oder fehlen-den Zentraltubuli). Die Cilien sind hinsichtlich Form und Länge deutlich verändert (Abb. 178C), es fehlt ihnen in der Regel eine Wurzelstruktur. Derartige Sinneszellen werden oft als Chemorezeptoren gedeutet.

(6) **Multiciliäre Rezeptorzellen** sind auch schon von ur-sprünglichen Metazoen bekannt (z. B. Sinneszellen im Pha-rynx ursprünglicher Plathelminthes), aber besonders bei Nemathelminthes und Panarthropoden verbreitet.

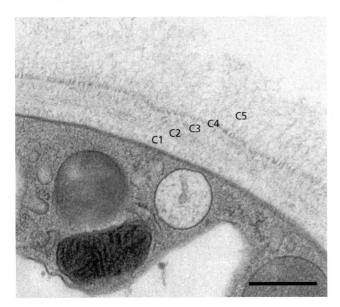

Abb. 182 Ursprüngliche „Cuticula", eine besonders stark entwickelte Glykokalyx, am Beispiel von *Hydra vulgaris* (Cnidaria). Deutlich zu erkennen ist die geschichtete räumliche Anordnung (C1–C5). Maßstab: 1 µm. Hochdruckgefrierpräparat. Original: W. Salvenmoser und M.W. Hess, Innsbruck.

Weiterentwicklung der Strukturen mit mechanischer Stützfunktion

Mit der Entstehung echten Epithelgewebes kommt es zur weiteren Ausdifferenzierung von extrazellulären, geschichteten Fasersystemen: An der Apikalseite entsteht die Cuticula, an der Epithelbasis die **basale Matrix** (früher „Basalmembran" oder „Basallamina") (S. 67). In beiden Schichten können Kollagenfasern mit speziellen Orientierungsmustern gegenüber der Körperachse der Tiere (Abb. 181) abgelagert

werden. In der Cuticula treten ferner Faserstrukturen (Mikrofilamente) aus Chitin (Arthropodencuticula) oder aus Cellulose (Tunica der Tunicaten) auf. Orthogonale und helicoidale Anordnung der Fasern sind am häufigsten. Das heißt, Fasern sind in übereinander liegenden Schichten im rechten Winkel zueinander angeordnet, bzw. sind in übereinander liegenden Faserlagen jeweils um einen Winkel von 10–20° gegeneinander versetzt (Abb. 181).

Bei den Coelenteraten gibt es Cuticularbildungen besonders stark ausgeprägt in Form des Periderms bei den Hydrozoa (S. 146); die basale Matrix (Basallamina und Lamina fibroreticularis) dieser Formen ist nicht immer deutlich von der Mesogloea getrennt. Die Trennung dieser Faserlage ist hingegen bei den meisten Bilateria vorhanden, häufig jedoch nicht genauer untersucht.

Cuticula und basale Matrix wurden in der Evolution besonders bei Tieren ohne Hartteile als die notwendigen Gegenspieler flüssigkeitserfüllter Hohlräume (Hydrostate) entwickelt. Als inkompressible, flüssigkeitserfüllte, biomechanisch wirkende Hohlraumsysteme spielen sie schon bei den rezenten ursprünglichsten Metazoen eine Rolle – sowohl für intrazelluläre Hydrostate (z. B. die turgeszenten Zellen der Gastrodermis in bestimmten Hydrozoententakeln) als auch für interzelluläre Hydrostate bei den Pumpbewegungen einzelner Süßwasserschwämme oder im Gastrovaskularraum bei der Elongation und Kontraktion der Seeanemonen. Beide Formen der Hydrostate sind dann auch besonders bei den Bilateriern vertreten und sollen dort besprochen werden (S. 173).

Bei der Diversifikation der Cuticula sind folgende Entwicklungen erkennbar: An der Außenseite von Einzellern lassen sich an Membranproteine oder Membranlipide gebundene Oligosaccharide, Glykoproteine oder Proteoglykane feststellen; diesen makromolekularen Belag aus Zuckerverbindungen und Proteinen nennt man Glykokalyx. In dem

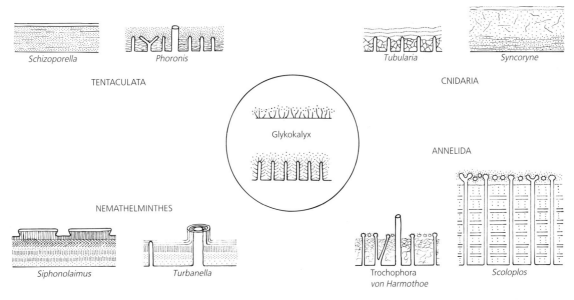

Abb. 183 Mehrfache Entstehung mechanisch wirksamer Cuticularstrukturen bei Eumetazoa. Ausgangspunkt ist eine Glykokalyx auf einer epidermalen Zellmembran oder zwischen epidermalen Mikrovilli. Die Einlagerung stärkerer Fasersysteme in die Cuticula sowie die Rückbildung der Mikrovilli sind mehrfach zu finden. Vereinfacht nach Rieger (1984).

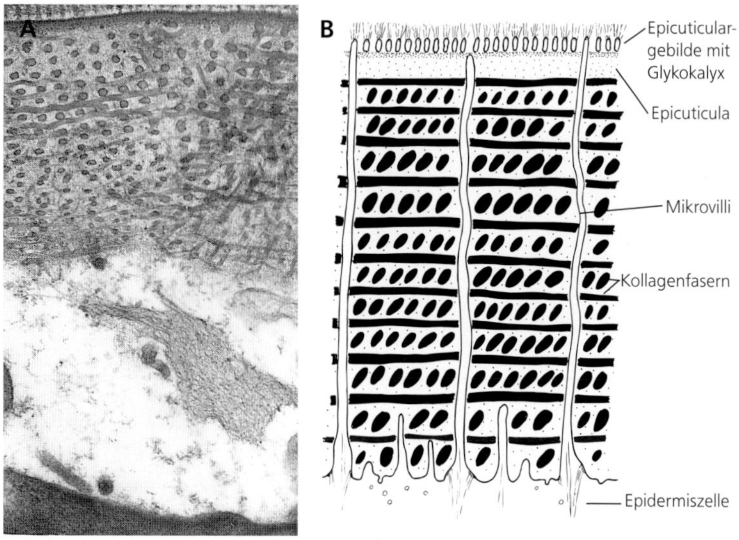

Abb. 184 Typische „Orthogonalfaser"-Cuticula höherer Spiralia (Annelida). Gezeigt sind Kollagenfasern, die schräg zur Körperlängsachse orientiert sind. Die beiden Faserrichtungen sind etwa senkrecht zueinander geschnitten, der Schnitt muss also schräg zur Körperlängsachse erfolgt sein. **A** *Stygocapitella subterranea* (Körperlänge 1,5 mm). **B** *Lumbricus terrestris*. A Original: G. Purschke, Osnabrück; B nach Rieger und Rieger (1976).

faserigen Belag können noch weitere Moleküle (z. B. Enzyme) eingeschlossen sein (Abb. 182, 183). Bei Vielzellern spricht man von einem an die Zellmembran gebundenen und einem freien Anteil der Glykokalyx.

Die Glykokalyx kann sehr unterschiedlich in Art und Umfang auftreten. Besonders gut ist sie zwischen den Mikrovilli von Epithelzellen ausgebildet. Derartige Glykokalyxbildungen mit Mikrovilli sind sehr wahrscheinlich die ursprünglichste Form tierischer Cuticularstrukturen. Sie können auch bei bewimperten Epithelien auftreten (Abb. 183), was besonders in der Cuticula-Evolution der Spiralia gut belegbar ist. Einmalig in den Metazoa ist die vollkommene Umkleidung der lokomotorischen Cilien mit den äußersten Schichten der Cuticula bei den Gastrotrichen (Abb. 606).

Derartige einfache Cuticuladifferenzierungen stehen wahrscheinlich ursprünglich im Zusammenhang mit der Stabilisierung der Epidermisoberfläche bei gleichzeitiger Ausnützung der verschiedenen geladenen Zucker und Proteine als Filtermembran. Verschiedene Evolutionslinien zeigen, dass mit der Einlagerung von Faserproteinen (Kollagenen) und/oder Mikrofibrillen (Chitin, Cellulosen) die mechanischen Funktionen immer mehr betont werden (Abb. 184). Bei diesen extrazellulären Abscheidungen kommt es häufig zu Spezialisierungen der Mikrovilli, die die gesamte Schicht durchdringen können

(Abb. 184). In der weiteren Entwicklung werden die Mikrovilli reduziert, und es entstehen dicke Cuticularschichten, die dann durch Sklerotisierung die harten Exoskelette der Arthropoden bilden (Abb. 615).

Die Differenzierung der Cuticula als mechanisches Exoskelett bei Arthropoden machte schließlich Unterschiede in ihrer Festigkeit (z. B. Gelenkhäute und Gelenkköpfe) sowie spezielle kraftübertragende Strukturen (Mikrofilamente oder Mikrotubuli) von Muskeln auf die Cuticula notwendig.

Systematik

Die ursprünglichen Eumetazoa, **Cnidaria** und **Ctenophora**, werden traditionell als **Coelenterata** zusammengefasst (Abb. 170), eine Gruppierung, deren Monophylie sich inzwischen begründen lässt (S. 118). Darüber hinaus unterstützen morphologische und jetzt auch molekulare Daten die Monophylie der **Bilateria**: Das Auftreten eines Entomesoderms, die Filtrationsnephridien, ein dem peripheren Nervensystem übergeordnetes Gehirn sowie die Bilateralsymmetrie sind sehr wahrscheinlich autapomorphe Merkmale dieses Taxons.

COELENTERATA, HOHLTIERE

Als Stammart der Bilateria wird heute noch von vielen Autoren ein millimetergroßer, bewimperter Organismus mit direkter Entwicklung angenommen (S. 177). Andere Autoren deuten jedoch das häufige Auftreten biphasischer Lebenszyklen bei marinen Bilateria als Hinweis auf die Ursprünglichkeit indirekter Entwicklung.

Bei Annahme einer Stammart mit monophasischem Lebenszyklus wird überwiegend ein den Plathelminthen ähnlicher Organismus, seit kurzem auch ein Vertreter der Acoelomorpha als ursprünglichster Bilaterier vermutet. Sowohl eine den höheren Plathelminthen als auch eine den Acoelomorphen ähnliche Stammart könnte durch Progenesis (S. 178) aus der Larve eines Coelenteraten mit biphasischem Lebenszyklus hervorgegangen sein.

Als Coelenterata werden traditionell die Taxa **Cnidaria** (Nesseltiere) und **Ctenophora** (Rippenquallen) zusammengefasst. Während die Monophylie jeder der beiden Gruppen unstrittig ist, wurde ihr Schwestergruppenverhältnis längere Zeit in Frage gestellt und für sie eine paraphyletische Gruppierung angenommen. Neuerdings zeigen auch molekulare Untersuchungen ein monophyletisches Taxon Coelenterata. Viele ihrer Gemeinsamkeiten sind Strukturen, die als plesiomorph bewertet werden müssen. So lassen sich sämtliche Gewebe und die wenigen Organe auf nur zwei Epithelien (Epidermis und Gastrodermis) und die dazwischenliegende, azelluläre oder meist mit nur wenigen Zellen versehene extrazelluläre Matrix (Mesogloea) zurückführen; der gesamte Körper geht nur aus den beiden Keimblättern Ekto- und Entoderm hervor und entspricht der Organisationsstufe der diploblastischen Eumetazoa.

Die für echtes Epithelgewebe charakteristischen apikalen gürtelförmigen Zell-Zell-Verbindungen (S. 69) und die basale Matrix sind bei Cnidariern und Ctenophoren teilweise anders ausgebildet als bei den Vertretern der Organisationsstufe Bilateria. So hat es den Anschein, als ob bei bestimmten Cnidariern (z. B. *Hydra*) apikale Zonula adhaerentes fehlen und bei Ctenophoren die apikalen Zell-Zell-Verbindungen, soweit bekannt, andersartig strukturiert sind (Abb. 112). Zumindest für die Cnidaria gibt es Hinweise, dass für die basale Matrix charakteristische Proteine wie Laminin, Kollagen IV und Fibronectin bereits vorhanden sind, so dass hier die vielleicht ursprünglichsten Stadien dieser extrazellulären Struktur innerhalb der Metazoa vorliegen.

Eine Cephalisation hat noch nicht stattgefunden. Die Grundgestalt eines Coelenteraten beider Taxa ist in erster Linie durch eine zentrale Hauptachse (oral-aboral) ausgezeichnet. Die Körperstrukturen sind symmetrisch – radiär, biradial (disymmetrisch) oder bilateral – zu ihr orientiert. Der Epidermis können unterschiedliche Zell- und Gewebetypen sowie einfache Organe schon einen hohen Differenzierungsgrad verleihen (S. 225).

Sowohl Cnidaria als auch Ctenophora zeichnen sich durch eine auffällige, aber wahrscheinlich konvergente Gemeinsamkeit aus, die Existenz einer mit Tentakeln ausgestatteten Schwimmform (**Meduse**, Qualle, Rippenqualle). Die Rippenquallen schwimmen allerdings mit Hilfe von Wimpern in Mundrichtung, während die Cnidariamedusen sich durch Rückstoss und mit dem Apikalpol voran bewegen.

Formgebendes Merkmal der Grundgestalt ist die gallertige Mesogloea. Sie wird von einem größtenteils entodermalen, meist röhrenförmigen Verdauungstrakt (Gastrovaskularsystem, Coelenteron) durchzogen, das nur eine äußere, gleichzeitig als Mund und After dienende Öffnung besitzt. Die Nahrung wird zumeist mit konvergent gebildeten Tentakeln zugeführt. Bei den Cnidaria sind diese aus Ektoderm, Mesogloea und Entoderm aufgebaut und dicht mit Nesselzellen (Nematocyten) besetzt. Diese enthalten Nesselkapseln (Nematocysten, Cniden) mit einem mehr oder weniger differenzierten Schlauch, der zum Beuteerwerb oder Verteidigung ausgeschleudert werden kann. Die Ctenophora haben komplexe, aus Haupt- und Nebenfäden bestehende Tentakel ohne Entoderm. Vor allem die Nebenfäden sind mit Klebzellen (Collocyten) bestückt, die mit klebrigen Sekretkörnchen ausgestattet sind. Collocyten und Nematocyten sind keine homologen Strukturen.

Es ist interessant, dass beide Gruppen rezenter Coeloenteraten derartige komplexe Fangzellen konvergent zum Beutefang entwickelten. Damit können sie wesentlich größere Beuteobjekte (z. B. große Einzeller, kleine Crustaceen, Larven ursprünglicher Metazoa) fangen als die Porifera, die mit ihren Choanocyten überwiegend Bakterien und organische Partikel in der Größenordnung von nur wenigen Mikrometern aufnehmen. Die meisten Cnidaria und Ctenophora bedienen sich aber noch eines weitgehend passiven Beutemachens, indem sie Wasserbewegungen ausnützen und mit ihren Fangtentakeln vorbeidriftende Nahrungsobjekte „herausfiltern" (‚Leimrutenfänger') und dann die Beute als Ganzes verschlingen.

Gemeinsame Merkmale sind die unilaterale Furchung (Abb. 185) sowie die Tendenz zu einer vierstrahligen Radiärsymmetrie (Tetramerie). Strenge Tetramerie ist bei den Medusen der Cubozoa vorhanden (Abb. 224). Die zentrale Tetramerie (auch der Polypen) der Scyphozoa ist oft mit einer marginalen Achtstrahligkeit kombiniert. Bei den Hydromedusen ist Vierstrahligkeit oft deutlich sichtbar in der Anordnung der Radiärkanäle und der Gonaden in den Medusen (Abb. 229). Die Ctenophoren hingegen haben adult eine biradiale Symmetrie (Disymmetrie), und eine Tetramerie kann nur für bestimmte Entwicklungsstadien (Cydippe-Larven

Gerhard Jarms, Hamburg, Peter Schuchert, Genf und Wolfgang Schäfer, Sindelfingen

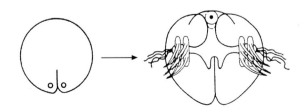

Abb. 185 Unilaterale Furchung bei *Pleurobrachia pileus* (Ctenophora). Nach Goldstein und Freeman (1987).

mit 4 Gastraltaschen, Abb. 252H, I) angenommen werden. Es ist aber nicht klar, ob diese Tetramerie wirklich ein ursprüngliches Merkmal ist.

Die andere adulte Erscheinungsform, der meist sessile oder halbsessile, selten aktiv oder passiv schwimmende **Polyp**, kommt nur bei den Cnidaria vor. Polyp und Meduse sind zwanglos voneinander abzuleiten (Abb. 187). Selbst das Kanalsystem der Medusen aus Ringkanal und mindestens 4 Radiärkanälen ist auch bei den basalen Coronatenpolypen zu finden (Abb. 220). Der gallertartigen Mesogloea der Medusen entspricht beim Hydroid-Polyp eine Stützlamelle zwischen Epidermis und Gastrodermis. Das Gastrovaskularsystem ist ein einfacher, allenfalls durch Scheidewände (Septen) aufgeteilter Darmsack, der in Tierstöcken durch Kanäle verbunden sein kann. Das artenreichste Taxon der Cnidaria, die Anthozoa (Blumen- oder Korallentiere), weist ausschließlich die Organisationsform des Polypen auf, der somit auch die Geschlechtszellen bildet (Abb. 201, 202). Bei allen anderen Coelenteraten wird die Fortpflanzung stets von schwimmenden Medusen bzw. sekundär von festsitzenden, stark reduzierten Medusoiden (Gonophoren) übernommen.

Wie bei allen Eumetazoa schirmt die Epidermis als echtes Epithel (S. 68) den subepidermalen Raum gegenüber dem umgebenden Medium ab, so dass sich nicht nur in der Epidermis, sondern auch dort, z. B. durch elektrische Isolation, ein **Nervensystem** entwickeln konnte (Abb. 189). Grundelement ist ein diffuser Plexus. Dieser kann in unmittelbarer Nähe von Organen (z. B. Statocysten) oder anderen funktionellen Einheiten (z. B. die Wimpernplattenreihen der Ctenophora, Abb. 248) lokale Konzentrationen und einen höheren Differenzierungsgrad erfahren. Nervenzellen sind untereinander und mit Ausläufern von Rezeptorzellen verschaltet; Synapsen sind nachgewiesen. Neurosekrete, die als Transmittersubstanzen oder Hormone bestimmte Funktionen (z. B. Steuerung der Morphogenese) erfüllen, sind ebenso bekannt wie Mechano-, Chemo-, Thermo- und Photorezeptorzellen. **Exkretion** und **Atmung** erfolgen an den Epithelien, die unmittelbaren Kontakt zum umgebenden Medium (Epidermis) oder zur Gastralflüssigkeit (Gastrodermis) haben. Spezialisierte Zellen (z. B. Rosettenzellen bei Ctenophora, S. 176) können unterstützend osmoregulatorisch fungieren. Die **Zirkulation** gewährleisten Cilien, überwiegend monociliär angeordnet, die in bestimmten Körperregionen (z. B. Schlundrinnen und Filamenten bei Anthozoa, S. 146) in großer Zahl vorhanden sind.

„Filamente" ist ein Sammelbegriff für komplexe funktionelle Einheiten bei Cnidariern, die die funktionelle Oberfläche vergrößern. Sie dienen vorwiegend der Zirkulation, aber verbessern auch die Verdauung innerhalb und außerhalb des Gastrovaskularsystems (S. 138). Gelegentlich beteiligen sie sich an der Festheftung der Nahrungspartikel. So sind beispielsweise die Gastralfilamente einiger Medusen zipfelige, drüsenreiche Anhänge der Magenwand (Abb. 216, 224). Bei manchen polyploiden Formen sind es tatsächlich „filamentöse" Gebilde am freien Rand der Septen (Abb. 201). Sie sind in 1-, 2- oder 3-Zahl vorhanden und können unterschiedliche Funktionen ausüben. Ciliarstreifen der Anthozoa (Abb. 204) dienen vorwiegend der Zirkulation; turgeszente Zellen halten sie straff, koordinierter Cilienschlag gewährleistet eine bestimmte Strömungsrichtung der Gastralflüssigkeit. Cnidoglandularstreifen mit Nesselkapseln und Drüsen unter-

stützen die Verdauung und das Festheften der Nahrungsteile bei Anthozoen. Bei Ctenophora ohne Tentakel (Atentaculata, S. 163) helfen möglicherweise Hakenwimpern beim Nahrungserwerb. Jedoch sind die Filamente der Cnidaria und Hakenwimpern der Ctenophora keine homologen Strukturen, auch wenn Cilien an deren Aufbau in der Regel maßgeblich beteiligt sind.

Die Gonaden sind entodermal. Nur bei den Hydrozoa liegen sie im Ektoderm, ein einmaliges Phänomen im Tierreich (Abb. 227, 228) (siehe auch *Rhynchoscolex simplex* (Plathelminthes), S. 192). Während die Ctenophora zwittrig sind und selten Brutpflege betreiben, kennzeichnet die Cnidaria eine außergewöhnliche Vielfalt an Fortpflanzungsmodi (Oviparie, Ovoviviparie, Larviparie). Neben der verbreiteten zweigeschlechtlichen Fortpflanzung ist auch Parthenogenese nachgewiesen. Simultane, protandrische oder protogyne Zwitter sind ebenso bekannt wie gynodiözische Populationen, die nur aus weiblichen Tieren und Zwittern bestehen. Asexuelle Vermehrung tritt bei Cnidariern häufig auf, während sie bei den Rippenquallen selten ist (Laceration bei benthischen Formen).

Enge Übereinstimmungen findet man dagegen in der frühen Furchung von Cnidariern und Ctenophoren: Die charakteristische unilaterale Furchung der Rippenquallen, bei der die Durchschnürung von Zygote und Blastomeren jeweils an einer Seite beginnt (Abb. 185), kommt auch bei vielen Nesseltieren vor. Die Furchung beginnt im Bereich des animalen Pols (in der Nähe der Polkörper); die anteroposteriore Achse wird durch die 1. Furchungsteilung festgelegt, ebenso die Lage des Urmundes durch die Gastrulation am animalen Pol. Außerordentlich vielfältig ist dagegen die Bildung von Ektoderm und Entoderm innerhalb der Cnidaria und stimmt nicht mit der Gastrulation der Ctenophora überein. Die große Ähnlichkeit zwischen den beiden Taxa beruht auf ihrer grundsätzlich diploblastischen Organisation, was mit hoher Wahrscheinlichkeit aber als Symplesiomorphie zu werten ist. Völlig unterschiedlich ist wiederum die Bildung von teilweise als „Mesoderm interpretierten Zellen" (vergl. Mesohyl [S. 81] und Mesenchym [S. 68]), die zwischen ektodermale Epidermis und entodermale Gastrodermis einwandern bzw. hier Strukturen bilden.

Bei Hydrozoa wird der Glockenkern (Entocodon) (S. 147, Abb. 186) der sich differenzierenden Medusen von einigen Spezialisten als Mesoderm-Äquivalent gedeutet, obwohl dieser eine rein ektodermale Bildung ist; er bildet quergestreifte Muskulatur; hier wirken mehrere mesodermale, myogene Gene, die man von Bilateria kennt. Die ebenfalls als mesodermale Struktur diskutierte Mesogloea enthält in einigen Cnidariern Zellen, die aus dem Ektoderm auswandern; bei Ctenophoren geht die gesamte Muskulatur in der Mesogloea dagegen direkt auf orale Mikromeren, also auf Entoderm des Embryos zurück.

Auch die Organisation der Gonaden, die Ultrastruktur der Spermien, die Larvalstrukturen und die Metamorphose sind verschieden. Die Ctenophora bilden anstelle von Cniden Colloblasten. (Bei den Nesselkapseln in einer *Haeckelia*-Art handelt es sich um sog. Kleptocniden von gefressenen Hydromedusen [S. 158].) Selbst Sinnesorgane mit prinzipiell ähnlicher Funktion (z. B. Statocysten) sind bei den beiden Taxa sehr unterschiedlich gebaut. Entsprechendes gilt, wie schon erwähnt, für die Fangtentakel und den Bewegungsapparat. Diese z. T. tiefgreifenden Unterschiede veranlassen viele Autoren

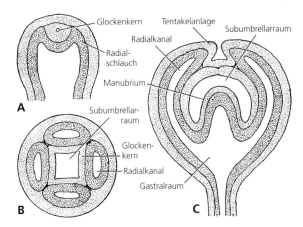

Glockenkern
Radial-
schlauch
Manubrium
Tentakelanlage
Radialkanal
Subumbrellarraum
Subumbrellar-
raum
Glocken-
kern
Radialkanal
Gastralraum
A
B
C

Abb. 186 Bildung einer Hydromeduse über den Glockenkern (Ento-codon), Derivat des Ektoderms. **A** Junges Stadium, Längsschnitt. **B** Stadium in C, Querschnitt. **C** Mittleres Stadium, Längsschnitt. Aus Werner (1984) nach Kühn (1913).

dazu, Cnidaria und Ctenophora ein gemeinsames Organisationsniveau, allenfalls eine paraphyletische Verwandtschaftsbeziehung, aber kein Schwestergruppenverhältnis einzuräumen und in den Übereinstimmungen des gallertigen Baus eher eine Anpassung an die pelagische Lebensweise zu sehen. Morphologisch sind es daher einzig die oben genannten Besonderheiten in der frühen Furchung, die ein Monophylum aus Cnidaria und Ctenophora begründen könnten (siehe aber neuere molekulare Analysen!).

Cnidaria, Nesseltiere

Von den Nesseltieren sind ca. 11 000 Arten bekannt. Unvollständig aufgeklärte Entwicklungszyklen und die alle anderen Eumetazoa übertreffende Vielgestaltigkeit von Individuen ein und derselben Art (Polymorphismus) führen allerdings oft zu unterschiedlichen Angaben über die Artenzahl. Cnidaria sind vorwiegend marine Organismen (alle Anthozoa, Cubozoa und Scyphozoa). Dies gilt auch für die Mehrzahl der Hydrozoa, von denen aber einige Arten (*Hydra* spp., *Craspedacusta sowerbii*) individuenreich im Süßwasser leben oder über brackige Gewässer limnische Lebensräume erobert haben (*Cordylophora caspia*). In der Arktis erreichen Quallen (*Cyanea capillata*) einen Schirmdurchmesser von über 2 m; im Sandlückensystem leben die kleinsten Arten mit einer Größe von unter 1 mm (*Halammohydra* spp.) (Abb. 244).

Die Cnidaria sind eine ungewöhnlich erfolgreiche Tiergruppe, was in erster Linie auf den Besitz von N e s s e l k a p -s e l n zurückzuführen ist. Sie ermöglichen ihnen einerseits die optimale Nutzung eines reichhaltigen Nahrungsangebots, andererseits beschränken sie die natürlichen Feinde auf wenige Spezialisten, hauptsächlich Gastropoda (Nudibranchia) (S. 340), Pantopoda (S. 495) sowie einige Fische, fast alle Meeresschildkröten und Seesterne. Die hohe Regenerationsfähigkeit, oftmals verbunden mit erstaunlichen Anpassungen der Fortpflanzungsmodi an bestimmte ökologische Gegebenheiten, und die häufige S y m b i o s e mit einzelligen Algen sind wahrscheinlich weitere Gründe, die die Cnidaria zu einer der verbreitetsten aquatischen Tiergruppen werden ließen.

Für drei der 4 Untergruppen (Scyphozoa, Cubozoa, Hydrozoa) ist im Lebenszyklus der Wechsel von asexueller zu sexueller Vermehrung zwischen Polyp und Meduse (M e t a g e n e s e) charakteristisch. Eine mit einer ursprünglich monociliären Epidermis ausgestattete Larve (P l a n u l a) ist bei allen vier Untergruppen nachgewiesen.

Bau und Leistung der Organe

Grundsätzlich sind die Körperstrukturen der Cnidaria vier- bis n-strahlig radiärsymmetrisch um eine z e n t r a l e H a u p t -a c h s e angeordnet, können aber in Teilen bilateralsymmetrisch sein. Diese monaxon-heteropolare Körperachse verläuft vom proximalen Pol (Fußscheibe, animaler Pol, larvale Scheitelplatte, Abb. 187) zum distalen Pol (Mundfeld, vegetativer Pol, embryonale Urmundregion). Das Grundmuster eines Cnidariers repräsentiert am anschaulichsten der **Polyp**: ein schlauch- oder sackförmiger Organismus (Abb. 187, 201, 220B, 235), der bei allen vier Cnidaria-Gruppen vorhanden ist. Polypen sitzen im Allgemeinen mit ihrer Fußscheibe am Substrat fest. Die einzige Körperöffnung, die von den ins freie Wasser hängenden Tentakeln umgeben wird, fungiert gleichermaßen als Mund und After. Der Polyp entspricht dem Lebensformtypus des sessilen Tentakelfängers (Schlingers), der die unverdauten Nahrungsreste durch den Mund-After wieder herauswürgt. Vom Polypen ist die ursprünglich pelagische **Meduse** (Qualle) abzuleiten (s. u.), deren glockenförmiger Bau sie zum Rückstoßschwimmen befähigt. Sie ist bei den metagenetischen Cnidaria (Scyphozoa, Cubozoa, Hydrozoa) Träger der Keimzellen.

Die Meduse entsteht in der Regel aus dem Polypen: bei den Scyphozoa durch spezielle Querteilung (Abb. 218) und terminale Abschnürung (Strobilation), bei den Cubozoa durch direkte Umwandlung (eine Metamorphose genannte abgeleitete Strobilation) (Abb. 226), und bei den Hydrozoa durch Knospung (Abb. 229). Der Polyp geht aus der geschlechtlichen Fortpflanzung der Medusen über eine Larve (Planula) (Abb. 187, 196, 197) hervor. Dieser bentho-pelagische Lebenszyklus ist also ein m e t a g e n e t i s c h e r Generationswechsel. Tierstockbildung, vielfach mit Arbeitsteilung und mit der Rückbildung pelagischer Medusen zu den am Polypen verbleibenden Medusoiden (sessile Gonophoren) (Abb. 228, 231, 234) verbunden, führt zu großer Formenmannigfaltig-

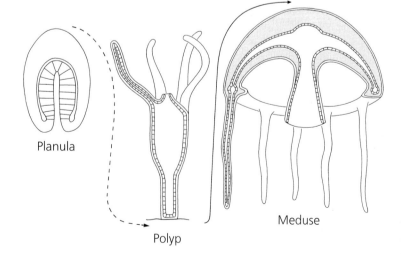

Abb. 187 Schema der Entwicklung und der Organisation der 3 wichtigsten Stadien im Lebenszyklus der Cnidaria. Die gestrichelte Linie gibt die Orientierung bei der Festheftung an. Die durchgehende Linie bezeichnet die morphologische Entsprechung zwischen Polyp und Meduse. Ektodermale Epidermis hell, entodermale Gastrodermis zellulär, Mesogloea punktiert. Nach verschiedenen Autoren.

Planula

Polyp

Meduse

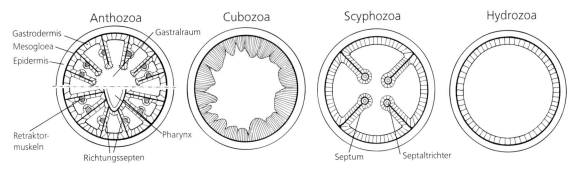

Abb. 188 Querschnittsschemata der Polypen von Anthozoa, Cubozoa, Scyphozoa und Hydrozoa. Anthozoen-Querschnitt oben durch Zentralmagen, unten durch die Schlundregion. Epidermis weiß, Mesogloea schwarz, Gastrodermis zellig. Nach verschiedenen Autoren.

keit. Den Anthozoa fehlt die Medusengeneration völlig, auch die geschlechtliche Fortpflanzung findet hier durch den Polypen statt (Abb. 202).

Die Gewebe der Cnidaria umfassen vor allem Epithelien. Die ektodermale E p i d e r m i s bildet die Körperdecke, die entodermale G a s t r o d e r m i s kleidet den Darmsack (Gastralraum, Gastrovaskularsystem) aus; Mesoderm fehlt (Abb. 189). Die Epithelzellen können überwiegend auf das monociliäre Grundmuster zurückgeführt werden. Die ontogenetisch spät gebildete Zwischenschicht (M e s o g l o e a) verbindet Epidermis und Gastrodermis und bildet auch die basale Matrix. Sie ist aus Kollagen, Glykoproteinen (z. B. Laminin, Fibronectin) und Glykosaminglykanen (z. B. Heparansulfat) aufgebaut und besteht bis zu 98 % aus Wasser. Bei Anthozoen sowie Cubo- und Scyphomedusen enthält sie aus dem Ektoderm eingewanderte Zellen, bei manchen Polypen Kalksklerite (z. B. Octocorallia, S. 131). Sie ist bei Hydropolypen und vielen anderen kleinen Formen sehr dünn und zellfrei und wird dort S t ü t z l a m e l l e genannt.

Der in der Regel auf Substrat festsitzende, sack- oder schlauchförmige P o l y p ist einfach organisiert. Er gliedert sich in 3 Hauptabschnitte: (1) das proximale (aborale) Körperende, meist als H a f t - (F u ß -) s c h e i b e ausgebildet, (2) das zylindrische Mauerblatt (S c a p u s), (3) das distale Mundfeld (P e r i s t o m) mit der einzigen Körperöffnung (M u n d - A f t e r) im Zentrum und den F a n g t e n t a k e l n an der Peripherie. Die Polypen der vier Cnidaria-Gruppen weisen charakteristische Unterschiede auf (Abb. 188). Die Anthozoen-Polypen haben ein ektodermal ausgekleidetes Schlundrohr (Pharynx) mit 1 oder 2 kräftig bewimperten Schlundrinnen (Siphonoglyphen) (Abb. 203, 204). Der Gastralraum wird durch 8, 6, 12 bzw. ein Vielfaches von 12, manchmal durch viele Hunderte von Gewebsfahnen (Mesenterien, Septen) in eine entsprechende Zahl von Gastraltaschen aufgeteilt. Die Mesenterien tragen Längsmuskulatur, teilweise Keimzellen und am freien Ende Gastralfilamente, die mit Nesselzellen, Drüsen und Cilien ausgestattet sind. Die Scyphopolypen haben dagegen konstant nur 4 derartige Gewebsfahnen (Septen, Taeniolen) und 4 Gastraltaschen (Abb. 188). Im Inneren dieser Septen verlaufen Septaltrichter; das sind mit Epidermis und Muskulatur ausgekleidete Einsenkungen der Mundscheibe. Die äußerst kleinen Polypen der Cubomedusen haben die innere Aufteilung wahrscheinlich sekundär verloren (Regressive Evolution). Vergleichsweise einfach sind die

sackförmigen Polypen der Cubozoa und Hydrozoa gebaut, denen Gewebsfahnen und Gastraltaschen fehlen (Abb. 188).

Die Organisation der schirm- oder glockenförmigen **Meduse** lässt sich zwanglos von der des Polypen ableiten (Abb. 187). Fußscheibe und Mauerblatt werden zur Oberseite (E x u m b r e l l a), das Mundfeld wird zur Unterseite (S u b - u m b r e l l a). Die Mesogloea ist vor allem im Bereich der Exumbrella als formgebendes und -erhaltendes Element mächtig entwickelt. Hierdurch verkleinert sich der Anteil des Gastrovaskularsystems am Gesamtvolumen des Organismus, wenn man Meduse und Polyp miteinander vergleicht. Am Rand der Umbrella tragen Medusen Fangtentakel und Sinnesorgane (Randorgane bzw. Rhopalien). Im Zentrum der Subumbrella liegt der Mund-After auf einem zum M a g e n - s t i e l (M a n u b r i u m) ausgezogenen Rohr, das in den Z e n - t r a l m a g e n führt (Abb. 216). Von hier gehen Magentaschen oder R a d i ä r k a n ä l e aus. Die Kanäle können sich komplex anastomosierend verzweigen (Abb. 217 C, D), und ein meist am Glockenrand verlaufender R i n g k a n a l kann sie miteinander verbinden.

Scypho- und Hydromedusen unterscheiden sich durch die Art ihrer vegetativen Entstehung am Polypen (S. 139, 146) sowie im Bauplan. Bei Hydromedusen wird die Öffnung des subumbrellaren Raumes irisblendenartig durch ein Velum (Abb. 227), eingeengt. Bei Cubomedusen wird diese Funktion durch ein Velarium (Abb. 224) übernommen. Während das Velum ausschließlich aus Epidermis und Mesogloea der Subumbrella gebildet wird, ist das Velarium z. T. auch von Gastrodermis durchzogen und geht wahrscheinlich auf verwachsene Randlappen der Scyphomedusenvorfahren zurück. Bei den Scyphomedusen (mit Ausnahme einiger der Coronamedusen), Cubomedusen und manchmal auch bei den Hydromedusen ist die Mund-Afteröffnung kreuz- bis karoförmig. Man bezeichnet die durch die 4 Ecken des Mundkreuzes gelegten Achsen als P e r r a d i e n, mit denen 4 I n t e r r a d i e n alternieren. Zwischen diesen Hauptradien liegen die 8 A d r a d i e n. Bei Cubo- und Scyphomedusen liegen Gastralfilamente interradial und die Gonaden adradial (8) oder interradial (4), Gastraltaschen perradial oder per- und interradial. Randorgane (Rhopalien, homolog zu den Polypententakeln) (Abb. 216) sind bei Scyphomedusen per- und interradial angeordnet, (bei einigen Stauromedusen die homologen Randanker) bei Cubomedusen nur perradial, interradial sitzen die neu gebildeten Medusententakel (Abb. 224).

Einige Polypen haben Techniken zur Ortsbewegung entwickelt: Kriechen auf der Fußscheibe (*Actinia*, *Metridium*), wurmartig peristaltische Kontraktionswellen des Mauerblatts (*Aiptasia*), Graben (*Edwardsia*), spannerraupenartige Fortbewegung (*Craterolophus*, *Hydra*), Flottieren mittels einer Gasblase (*Hydra*) oder Schwimmen (*Stomphia*).

Bildung von Tierstöcken (häufig „Kolonien" genannt) tritt im Gefolge der vegetativen Vermehrung auf, wobei sich die Tochterorganismen nicht vollständig trennen. Im einfachsten Fall stehen die Individuen eines Stockes durch schlauchartige Stolonen in Verbindung, die ein umfangreiches Geflecht bei vielen Hydrozoa (Hydrorhiza) (Abb. 231, 234) und wenigen Scyphozoa (Scyphorhiza) bilden. Sie verankern einen Stock am Substrat. Eine vom Ektoderm abgeschiedene Hülle (Periderm) kann dem Stock soviel Festigkeit verleihen, dass er in die Höhe wachsen kann: Hydrocaulus (Abb. 229) oder Exoskelett der Coronatenpolypen (Abb. 220). – Das kalkige Exoskelett der Scleractinia wird von den Epidermiszellen der Fußscheibe nach unten ausgeschieden (Abb. 213). – Bei den meisten Octocorallia-Kolonien sind die Polypen durch ein gemeinsames Gewebe (Coenenchym) untereinander verbunden (Abb. 205, 207, 208, 211); die Gastralräume der Polypen stehen durch Gastrodermiskanäle (Solenia) untereinander in Verbindung. In der dazwischen liegenden Mesogloea bilden eingewanderte Ektodermzellen intrazellulär Kalkkörper (Sklerite). Sie können miteinander verschmelzen und ein kompaktes Achsenskelett bilden (z. B. bei manchen Scleraxonia und Alcyonacea, Abb. 208). Der Stock bildet die Voraussetzung für Arbeitsteilung durch Vielgestaltigkeit von Individuen einer Art (Polymorphismus). Nicht zur selbstständigen Ernährung fähige Zooide werden vom Stock miternährt.

Im einfachsten Fall (Dimorphismus) treten bei den Octocorallia neben gewöhnlichen Nährpolypen (Autozooide, Trophozooide) auch Schlauchpolypen (Siphonozooide) ohne Tentakel und Filamente, aber mit kräftigem Pharynx und Siphonoglyphe auf. Sie regeln den Ein- und Ausstrom des Wassers in den Gastralraum. Besonders polymorph sind einige Hydrozoenkolonien (z. B. *Hydractinia echinata*, Abb. 231). Neben die funktionell begründete Vielfalt der Polypen tritt bei ihnen noch die Vielfalt der nicht abgelösten, zu Gonozooiden abgewandelten Medusen (Medusoide). Einen außergewöhnlichen Grad der individuellen Spezialisierung erreichen im Wasser treibende Hydrozoenkolonien (Velellina; Siphonophorae). Unterschiedliche Individuen, oft in Gemeinschaft mit hochspezialisierten Medusoiden, erfahren hier eine so hohe Integration des Tierstockes, dass in der Tat ein Organismus mit höherer Organisation entstanden zu sein scheint (Abb. 236, 237, 238, 239, 240).

Von den beiden Epithelien werden fast alle Funktionen des Körpers ausgeführt; daher existieren zahlreiche Zelltypen (Abb. 189). Alle Cnidaria besitzen Epithelmuskelzellen; sie haben an der Basis (Abb. 171B) Fortsätze, deren Myofilamente in der Epidermis zu einer Längs-, in der Gastrodermis zu einer Ringmuskelschicht angeordnet sein können und die eine Fülle von Bewegungsformen ermöglichen. In einigen Fällen sind Fasermuskelzellen in die Mesogloea eingesenkt (z. B. bei Polypen der Cubozoa, Abb. 175) (siehe auch S. 112).

Hauptorgane des Beuteerwerbs sind die Tentakel bei Polypen und Medusen. Hier finden sich in der Epidermis in großer Dichte die Nesselzellen (Cnidocyten, Nematocyten) (Abb. 189, 193), die den Cnidaria den Namen gegeben haben. Sie enthalten die Nesselkapseln (Cniden, Cnidocysten, Nematocysten); es sind Derivate des Golgi-Apparates, die als komplexeste Sekretionsprodukte einer Metazoen-Zelle angesehen werden (Abb. 191). Spezielle Klebkapseln (Spirocysten, Abb. 193A) kommen zusätzlich

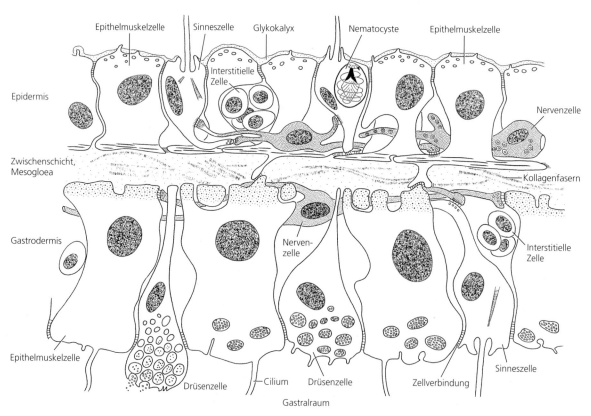

Abb. 189 Zellulärer Aufbau eines Cnidaria-Gewebes (*Hydra*), schematisiert. Nach Koecke (1982).

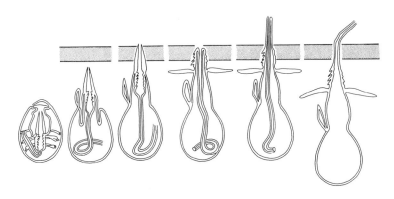

Abb. 190 Entladung einer Nesselkapsel (Stenotele) und Penetration der Körperwand eines Beutetieres. Nach Tardent, Honegger und Baenninger (1980).

innerhalb der Anthozoen bei Hexacorallia vor. Alle Cniden besitzen zwei Grundstrukturen: die zweischichtige, elastische, durch eine Lage von Kollagen verstärkte Kapselwand und den mehr oder weniger differenzierten Schlauch im Innern (Abb. 191, 192). Bei den Anthozoa sind Nesselzellen mit einer normalen Cilie ausgestattet, die von Mikrovilli umstellt ist. Hydrozoa, Cubozoa und Scyphozoa besitzen dagegen ein steifes Cnidocil; es besteht aus einem modifizierten Kinocilium, das von einem Mikrovillisaum (Stereocilien) umgeben ist (Abb. 191E). Innerhalb der Kapsel befindet sich eine Flüssigkeit mit hohen Konzentrationen von Ionen, Aminosäuren und Proteinen, wobei letztere für die Giftigkeit verantwortlich sind. Die hohe Ionenkonzentration ergibt einen hohen osmotischen Innendruck. Wird die Nesselzelle gereizt, öffnet sich der Kapseldeckel und der Nesselschlauch wird durch den Innendruck wie ein Handschuhfinger ausgestülpt (Abb. 190), einströmendes Wasser vergrössert weiter das Volumen des Inhalts und den Druck und spült zudem die Gifte aus der Kapsel in das Gewebe. Eine explodierte Nesselkapsel geht mit der Nesselzelle definitiv zugrunde.

Bei *Hydra*-Arten wird der Nesselschlauch in etwa 700 ns mit einer Beschleunigung von bis zu 5 410 000 g entladen. Die Stilettspitze durchläuft dabei eine Distanz von 13 µm mit einer Geschwindigkeit von 9,3–18,6 ms^{-1}. Durch die extreme Feinheit der Spitze (Radius 15 ± 8 nm) kann dabei der Druck des Stiletts beim Auftreffen auf die Cuticula eines Beutetieres auf mehr als 7 GPa geschätzt werden, was

der Kinetik einer Schusswaffenkugel entspricht. Der noch nicht vollständig aufgeklärte Entladungsprozess der Kapsel unterliegt wahrscheinlich einer nervösen Kontrolle, wobei wohl der hohe osmotische Binnendruck der Kapsel für Ausschleudern und Durchschlagskraft entscheidend ist. Die hohe Geschwindigkeit geht wahrscheinlich auf die Freisetzung der Energie zurück, die in der gestreckten Konfiguration der Kapselwand-Kollagene gespeichert ist.

Für den Ersatz von Nesselkapseln sorgen Zellen bestimmter Bildungsgewebe (Gastralregion bei Polypen, Tentakelbasis bei Polypen und Medusen). Bei *Hydra* erfolgt die Differenzierung zu Nesselkapsel-Bildungszellen (Nematoblasten) von einer Stammzelle (interstitielle Zelle) aus, die sich zu Gruppen von 2, 4, 8, 16 oder 32 Zellen teilt (Abb. 189); sie bilden alle denselben Kapseltyp. In den Nematoblasten ist das endoplasmatische Reticulum besonders reich entwickelt. Aus verschmelzenden Golgi-Vesikeln entsteht ein keulenförmiges Gebilde, unterteilbar in Kapselanlage und Außenschlauch (Abb. 191B, C). Letzterer gelangt durch Invagination ins Innere der Kapsel und entwickelt sich zu dem Hohlfaden. Dann differenzieren sich Dornen und Stilettapparat, die Inhaltsstoffe werden sezerniert und die Nesselzellen wandern zu ihrem Einsatzort (Abb. 191).

Die meisten Arten besitzen mehrere Nesselkapseltypen, deren Gesamtheit (Cnidom) von großer taxonomischer Wichtigkeit ist. Insgesamt unterscheidet man nach morphologischen und funktionellen Gesichtspunkten mehr als 30 verschiedene Formen, die sich nochmals unterteilen lassen, so dass 50–60 Kapseltypen beschrieben sind (Abb. 193).

Traditionell werden 3 Haupttypen unterschieden: Penetranten (Durchschlagskapseln), Glutinanten (Klebkapseln)

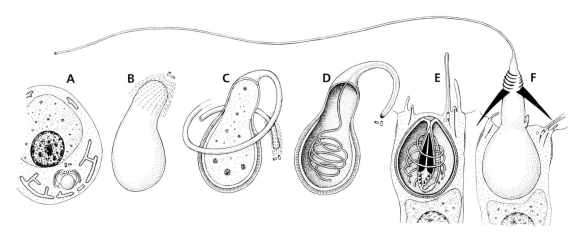

Abb. 191 Morphogenese einer Nematocyste. **A** Nematoblast. **B** Mikrotubuli umgeben Wachstumspol des sich differenzierenden „Außenschlauches". **C** Schlauchdifferenzierung. **D** Invagination des Schlauchs in die Kapsel. **E** Fertige Nematocyste mit Cnidocil im apikalen Bereich einer Nematocyte (Epidermis). **F** Explodierte Nematocyste. Aus Holstein (1981).

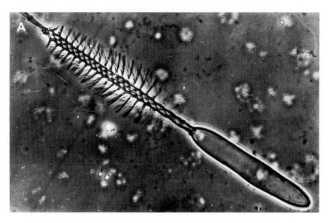
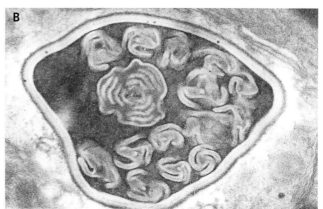

Abb. 192 Nesselkapseln. A Entladene Rhabdoide einer Steinkoralle. B Querschnitt durch eine Rhabdoide während der Differenzierung von Faden, Dornen und Schaft (elektronenoptisch). A Original: H. Jordan; B W. Schäfer, Sindelfingen.

und Volventen (Wickelkapseln). Generell unterteilt man die Nematocysten in solche mit terminal geschlossenem Schlauch (Astomocniden) und solche mit terminaler Öffnung (Stomocniden).

Beispiele für Astomocniden sind Rhopalonemen mit keulenförmigem Schlauch (Abb. 193B) und Desmonemen (früher Volventen) mit spiralig gewundenem Schlauch (Abb. 193C). Desmonemen umwickeln z. B. Borsten von Beutetieren.

Die Stomocniden unterteilen sich in Haplonemen mit einheitlichem Schlauch und Heteronemen, deren Schlauch in Schaft (meist bewaffnet) und Faden (meist mit Dornen) untergliedert werden kann (Abb. 193F–I). Nach der Form des Schlauchs werden isorhize (Schlauch isodiametrisch) und anisorhize (Schlauch anisodiametrisch) Haplonemen (Abb. 193E) unterschieden. Isorhizen unterstützen als Haftkapseln die Fortbewegung von Polypen auf dem Substrat. Die vielgestaltigen Heteronemen (Abb. 193F–I) haben stets einen deutlich abgesetzten Schaft (Rhabdoide oder Mastigophore: Schaft isodiametrisch; Eurytele: Schaft keulenförmig distal erweitert; Stenotele: Schaft keulenförmig basal erweitert, mit 3 Dornen als Stilettapparat; Birhopaloide: Schaft hantelförmig).

Die am höchsten differenzierten Heteronemen, die Stenotelen, durchschlagen mit ihrem Stilettapparat die Körperwand eines Beutetieres, wodurch der Faden in das Opfer eindringt (Abb. 190). Aus der distalen Öffnung des Nesselschlauches tritt der giftige Kapselinhalt

aus. Er lähmt die Beute und tötet sie schließlich. Das Herz einer von *Hydra* gefangenen *Daphnia* schlägt nur noch wenige Sekunden.

Die Nesselgifte der Cnidaria wirken hauptsächlich auf das Nervensystem (Neurotoxine). Sie unterbinden die Bildung von Aktionspotenzialen, indem sie die Depolarisation der Zellmembran durch Blockade des Na^+-Einstroms verhindern. Dies verursacht allgemeine Lähmungserscheinungen. Eine besondere Situation kann in Herzmuskelzellen (auch des Menschen) eintreten: Statt der Na^+-Ionen, deren Einstrom verhindert wird, werden Ca^{2+}-Ionen freigesetzt. In unphysiologisch hoher Konzentration sind Krämpfe, Herzstillstand bzw. Herz-Kreislaufversagen die Folge (Cardiotoxine). Da Ca^{2+}-Ionen zur Kontraktion der Muskulatur unbedingt erforderlich sind, wird z. Zt. untersucht, ob Cnidaria-Toxine als Pharmaka genutzt werden können. Insbesondere bei Menschen, die an einer Pumpschwäche des Herzens (Herzinsuffizienz) leiden, könnten diese Toxine eventuell für die Bereitstellung von Ca^{2+} sorgen und die Kontraktionskraft des Herzens erhöhen. Cnidaria-Toxine haben darüber hinaus oftmals auch proteo- und hämolytische Eigenschaften. Sie verätzen beim Menschen die Haut, verursachen schwer heilende Wunden und Nekrosen, wobei in der Regel tiefe Narben zurückbleiben.

Im Allgemeinen suchen Cnidaria nicht nach ihrer Nahrung, sondern fangen Organismen, die eher zufällig an ihre Tentakel gelangen und die sie dann unzerkleinert in den Darmsack schlingen. Eine Ausnahme stellen die Medusen der Gattung

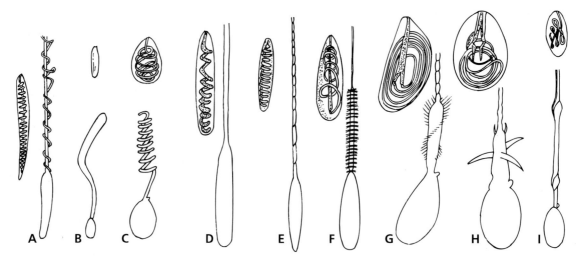

Abb. 193 Nesselkapseltypen. **A** Spirocyste. **B–I** Nematocysten: **B** Rhopalonemen, **C** Desmonemen, **D** Haplonemen (Isorhizen), **E** Haplonemen (Anisorhizen), **F** Heteronemen (Rhabdoiden, Mastigophoren), **G** Heteronemen (Eurytelen), **H** Heteronemen (Stenotelen), **I** Heteronemen (Birhopaloiden). Nach verschiedenen Autoren aus Siewing (1985).

Cassiopea dar, die mit der Exumbrella auf dem Untergrund liegend durch rhythmisches Schlagen des Schirmrandes einen Wasserstrom vorbei an ihren mit Tentillen umstandenen Mundöffnungen erzeugen. Gefressen werden z. B. Copepoden, Anneliden, Nematoden, Mollusken, viele Larven, gelegentlich sogar Fische. In diesem Zusammenhang sind der Mund-After und die Körperwand der Polypen äußerst dehnbar, so dass selbst unverhältnismäßig große Beute verschlungen werden kann. Die Tentakel führen die Nahrung der Körperöffnung zu. Bei Medusen kann sich ein Teil des Glockenrandes hieran beteiligen. Die Partikel werden am Mund abgestreift, verschlungen und gelangen so ins Gastrovaskularsystem, was durch Cilien unterstützt werden kann.

Die Fressreaktion wird u. a. durch Peptide und Aminosäuren (Prolin, Glutathion) ausgelöst, die aus dem verletzten Beutetier stammen. Bei einigen Anthozoen (z. B. Steinkorallen) findet extraintestinale Verdauung statt, indem die mit Nesselkapseln und Drüsenzellen bestückten Mesenterialfilamente durch den Pharynx ausgestülpt werden und außerhalb des Körpers große Beutestücke einhüllen können. Meist erfolgt die Verdauung im Gastrovaskularsystem, wobei insbesondere Drüsenzellen, die eiweißspaltende Enzyme absondern, mitwirken. Sie können in den Gastral- bzw. Mesenterialfilamenten bei den Cubozoa, Scyphozoa und Anthozoa besonders angehäuft sein. Die Beute wird zu einem Nahrungsbrei verarbeitet und bei Medusen durch die Kontraktionsbewegungen der Glocke während des Schwimmens bewegt sowie im Gastrovaskularsystem verteilt.

Die Resorption erfolgt durch spezialisierte Epithelmuskelzellen (Nährmuskelzellen) (Abb. 189). Speicherstoffe sind Fett, Eiweiß und Glykogen. Unverwertbare Nahrungsreste werden durch den Mund-After ausgeschieden. Wie bei anderen Wirbellosen können Cnidarier im Wasser gelöste organische Substanzen (Glucose, Aminosäuren) durch die Epidermis resorbieren. Eine Reihe von Arten lebt in Symbiose mit Zooxanthellen (S. 136).

Atmung und **Exkretion** erfolgen an den Körperepithelien. Kontraktionsbewegungen des Körpers und durch Wimpern erzeugte Strömungen unterstützen den ständigen Austausch des Wassers. Bei einigen stockbildenden Anthozoen erfolgt die Aufnahme und Abgabe des Wassers durch spezialisierte Polypen (Siphonozooide), die ein besonders kräftiges bzw. muskulöses Schlundrohr und eine besonders stark bewimperte Schlundrinne (Siphonoglyphe) aufweisen.

Das **Nervensystem** der Cnidaria besteht grundsätzlich aus (1) einzelnen Rezeptorzellen, die bis zur Epitheloberfläche reichen, und (2) Nervenzellen im engeren Sinne, die unterhalb der Epithelien liegen, lange Fortsätze aufweisen und netzartige Systeme, gelegentlich mit lokalen Konzentrationen (z. B. im Mundfeld oder den Rhopalien) bilden (Abb. 173, 189, 194).

Möglicherweise haben sich Nervenzellen aus speziellen, polaren Sekretzellen entwickelt, die einerseits Rezeptorfunktion haben und andererseits Sekrete abscheiden. Bei *Hydra* wurde nachgewiesen, dass Rezeptorzellen mit sensorischem Cilium basal mit Neuriten ausgestattet sind, die mit Effektorzellen (z. B. Muskulatur, Nesselzellen) oder anderen Nervenzellen synaptische Kontakte bilden und Neurosekrete enthalten.

Nicht selten sind 2 oder mehrere subepitheliale Nervennetze vorhanden. Eines besteht dann gewöhnlich aus multipolaren Neuronen, in dem die Erregung langsam und mit Dekrement fortschreitet, so dass nur lokale Reaktionen auftreten. Ein anderes Nervennetz setzt sich aus bipolaren Neuronen mit langen Fortsätzen zusammen, wodurch vergleichsweise schnelle Reaktionen ausgelöst werden (schnelle Kontraktion eines Polypen).

Prinzipiell können Nervenzellen über Synapsen, Cytoplasmabrücken oder gap junctions verbunden sein. Letztere sind bei Hydrozoen nachgewiesen. Nervenzellen sind an verschiedenen Stellen, nicht nur an den Enden wie bei den meisten Eumetazoa, durch Synapsen verbunden. Je nach Beschaffenheit der Synapse (Abb. 174) kann die Erregung in eine oder in beide Richtungen fließen. Synapsen treten ultrastrukturell als plattenförmige Kontaktzone in Erscheinung, in der beide Membranen verdichtet und parallel zueinander orientiert sind. Synaptische Vesikel liegen entweder auf beiden Seiten (unpolarisierte Synapse) oder nur auf einer Seite (polarisierte Synapse) des Spaltraumes zwischen den beiden Membranen.

Die Nervennetze kommunizieren untereinander meist durch polarisierte Synapsen. Dagegen stehen die Neurone eines Nervennetzes bei Anthozoen und Scyphomedusen über unpolarisierte Synapsen in Verbindung, während bei Hydrozoen oft gap junctions diesen Kontakt herstellen (Abb. 174).

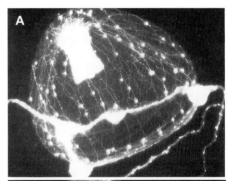

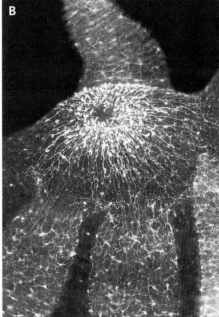

Abb. 194 Nervennetze der Cnidaria. **A** Junge Meduse von *Eirene* sp. (Hydrozoa, Leptothecata). **B** Mundregion und Tentakel von *Hydra vulgaris* (Hydrozoa, Aplanulata). Darstellung mit FMRFamid-Antiserum durch indirekte Immunfluoreszenz. Originale: C.J.P.G. Grimmelikhuijzen, Kopenhagen.

Das Nervensystem setzt sich bei stockbildenden Formen in die Stolonen fort und verbindet die Einzeltiere untereinander. Reizt man einen Polypen von *Hydractinia echinata* (Abb. 231), so kontrahieren sich auch die benachbarten Zooide. Die Erregung kann in beide Richtungen fließen. Nervenfortsätze können an Effektorzellen (Muskeln) enden, oder Rezeptor und Effektor sind in einer Zelle vereint. So liegen Photorezeptorstrukturen der Seenelke *Metridium senile* in Muskelzellen, die sich bei Lichteinfall kontrahieren. An den Nesselzellen sind spezifische Sinnescilien für die Reizaufnahme verantwortlich.

Das Nervensystem der Medusen (Abb. 194A) ist wesentlich komplexer als das der Polypen. Dies äußert sich in einer Zentralisierung am Glockenrand, wo Nervenringe (fehlen den meisten Scyphomedusen) sowie Sinnesorgane liegen. Bei den Hydromedusen verlaufen die Nervenringe in unmittelbarer Nähe der Ansatzstelle des Velums. Dort sind bei einigen Arten auch Schrittmacherneurone anzutreffen. Sie können unterschiedliche Impulse zur Muskulatur senden, wodurch wiederum verschiedene Verhaltensweisen beim Schwimmen hervorgerufen werden: langsames Schwimmen während der Nahrungsaufnahme und schnelles Schwimmen als Fluchtreaktion. Auch übergeordnete Systeme existieren. Sie stimulieren beispielsweise die Schrittmacherneurone oder sind für lokale Reaktionen mitverantwortlich (Krümmung des Manubriums oder des Velums, Biegen der Tentakel).

Die Meduse schwimmt durch Rückstoß, indem sie durch Kontraktion einer ausgeprägten, in der Regel quer gestreiften Ringmuskulatur, die peripher an der Umbrella verläuft, Wasser aus dem Subumbrellarraum auspresst. Somit wird die Meduse mit dem aboralen Pol, also der Exumbrella, vorangetrieben, wobei Velum (Hydromedusen) oder Velarium (Cubomedusen) zusätzlich wie eine Düse verstärkend und steuernd wirken können. Die elastische Mesogloea wirkt als Antagonist der Ringmuskulatur. Zur Orientierung beim Schwimmen dienen Sinnesorgane, in erster Linie Augen und Statocysten (Abb. 180, 225, 227). Sie liegen bei Hydromedusen am Glockenrand (Randkörper aus Magnesiumcalciumphosphat), oft in unmittelbarer Nähe der Tentakelbasen. Die Sinneskolben (Rhopalien) der Scyphomedusen liegen peripher am Schirm zwischen den Randlappen oft unter einer Deckschuppe (Abb. 216), die der Cubozoa in perradialen Nischen der Exumbrella (Abb. 224). Sie sind mit Statolithen aus Bassanit (Calciumsulfat-hemihydrat) und unterschiedlichen (Schwere-, Licht-) Rezeptorzellen ausgestattet; sie fungieren als komplexe Sinnesorgane. Vergleichbare Strukturen fehlen dem Polypen, dessen Sinnesleben durch einzelne Rezeptorzellen charakterisiert wird, die chemische, optische oder mechanische Reize aufnehmen können.

Fortpflanzung und Entwicklung

Die meisten Cnidaria sind getrenntgeschlechtlich. Einige können ihr Geschlecht wechseln. Echte Zwitter sind selten bei den Hydrozoa (*Eleutheria dichotoma*) und Scyphozoa (*Nausithoe eumedusoides*, *Chrysaora hysoscella*), bei den Anthozoa häufiger (wahrscheinlich alle Ceriantharia, viele Actiniaria). Zweigeschlechtliche Fortpflanzung mit äußerer oder innerer (im Gastrovaskularsystem) Befruchtung ist die Regel. Parthenogenese kommt bei *Margelopsis haeckeli* (Hydrozoa, Anthomedusae), *Thecoscyphus zibrowii* (Scyphozoa, Coronatae), *Cereus pedunculatus* und *Actinia equina* (Anthozoa, Actiniaria) vor. Die meisten Cnidaria sind ovipar. – Brutpflege im Gastrovaskularsystem (vivipare Anthozoa, einige Cubozoa), in Taschen der Manubrialarme (einige Scyphozoa) oder in Medusoiden (viele Hydrozoa, einige Coronatae) ist verbreitet.

Die Keimzellen der Anthozoa, Cubozoa und Scyphozoa entstehen typischerweise im Entoderm und wandern in die Mesogloea ein, wo sich der größte Teil ihrer Differenzierung vollzieht. Schließlich liegen, je nach Geschlecht, Eizellen oder Follikel, die zahlreiche Spermien enthalten, bisweilen dicht gepackt in der Mesogloea.

Besondere Verhältnisse liegen bei der mehrjährigen *Periphylla periphylla* (Coronatae) vor. Sowohl Spermien als auch Eizellen entwickeln sich in besonderen Follikeln, die ständig im Kontakt zum Genitalsinus bleiben. Sie entwickeln bei der Reifung einen speziellen Porus zur Abgabe der Gameten. Die Follikel werden anschließend resorbiert, und junge Follikel werden reif. Dadurch wird die Gonade nicht zerstört, bleibt produktiv, und ein kontinuierliches Ablaichen über mehrere Jahre wird möglich.

Bei den Hydrozoa lassen sich die Gameten auf interstitielle Zellen (Stammzellen) (Abb. 189) zurückführen. Die reifen Geschlechtszellen finden sich jeweils in bestimmten Regionen in der Epidermis bzw. zwischen Epidermis und Mesogloea. Die Freisetzung der Gameten erfolgt durch Ruptur der Epithelien.

Bei der **asexuellen Vermehrung** unterscheidet man prinzipiell (1) die Bildung von Medusen an bzw. aus Polypen bei metagenetischen Cnidariern (Generationswechsel, S. 120) (Abb. 218, 226, 229, 241), (2) mehrere Modi der Bildung neuer Polypen an bzw. aus Polypen, (3) die seltene Entstehung neuer Medusen an bzw. aus Medusen (Abb. 195). Vegetative Vermehrung führt entweder zur klonalen Vermehrung einzelner Individuen oder hat, wenn sich die Tochterindividuen nicht trennen, Stockbildung und -wachstum zur Folge. Knospung ist bei den Polypen aller Cnidaria-Taxa ver-

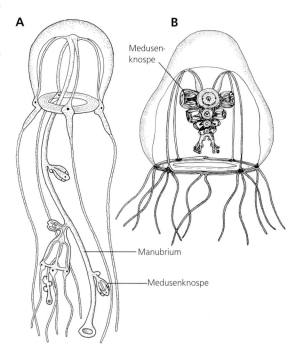

Abb. 195 Asexuelle Reproduktion bei Hydromedusen. **A** *Stauridiosarsia gemmifera*. (Anthoathecata, Capitata). Bildung von Tochtermedusen am Manubrium, die bereits ebenfalls knospen. **B** *Rathkea octopunctata* (Anthoathecata, Filifera). Knospung am Manubrium. A Nach Chun; B nach Werner (1984).

breitet. Die Tochterindividuen entstehen vorzugsweise an der Körperwand oder an den Stolonen. Bei einigen rhizostomen Scyphozoa entstehen bei der Knospung Planuloide (Schwimmknospen), die sich nach einer planktischen Phase festsetzen und zu Polypen auswachsen. Besonders mannigfaltig sind die Modi der vegetativen Vermehrung bei Anthozoa: Längsteilung ist häufig, ohne vollständige Trennung der Tochterindividuen (intratentakuläre Knospung) vor allem bei stockbildenden Scleractinia verbreitet (Abb. 213, 214). Querteilung ist seltener (*Gonactinia prolifera, Anthopleura stellula*). Die Seenelke *Metridium senile* und die Glasrose *Aiptasia diaphana* schnüren von der peripheren Fußscheibe kleinste Teile ab, die zu einem neuen Polypen regenerieren (L a c e r a t i o n). An der Basis von Scyphopolypen (z. B. *Aurelia aurita, Chrysaora hysoscella*) kann eine mit zunächst undifferenzierten Zellen gefüllte, cuticuläre Kapsel entstehen (P o d o c y s t e n b i l d u n g), aus der – nach Fortkriechen des Polypen – ein planulaähnliches Gebilde (P l a n u l o i d) schlüpft, das zu einem neuen Polypen metamorphosiert (Abb. 218). Bei Hydropolypen (z. B. *Craspedacusta sowerbii*, Abb. 241) entwickelt sich an der Polypenwand eine Frustel (spezieller Typ eines Planuloids), trennt sich ab, kriecht umher und metamorphosiert zum Polypen (F r u s t u l a t i o n).

Die interne Bildung von Planuloiden bei einigen *Actinia*-Arten ist ein Kuriosum. Sie entstehen asexuell im Gastrovaskularsystem – insbesondere auch von männlichen Tieren – und wachsen zu Jungtieren heran.

Für Medusen ist vegetative Vermehrung nur bei Hydromedusen bekannt. Sie sprossen am Manubrium (*Stauridiosarsia gemmifera, Rathkea octopunctata*, Abb. 195), an der Subumbrella in unmittelbarer Nähe der Gonaden (*Clytia mccradyi*), am Schirmrand (*Eleutheria dichotoma*) oder an Tentakelbasen (*Codonium proliferum, Niobia dendrotentacula*). Längsteilung bei *Cladonema radiatum* ist sehr selten, beginnt am Manubrium und greift auf die Umbrella über.

Die **Furchung** ist radiär, kann jedoch – vor allem bei den Hydrozoa – stark modifiziert sein bis hin zu superfizieller Furchung bei dotterreichen Eiern. Verbreitet entsteht eine Coeloblastula. Die Ablösung des Entoderms ist mannigfaltig und reicht von der Invagination bis zur uni- und multipolaren Immigration bzw. Delamination. Bemerkenswerterweise

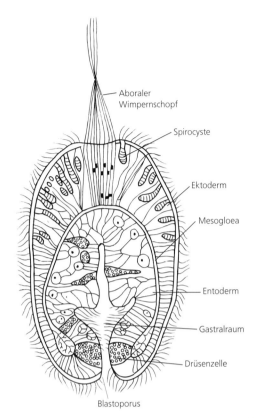

Abb. 197 *Aiptasia mutabilis* (Anthozoa, Actiniaria). Planula, Längsschnitt. Bewegung mit dem aboralen Wimpernschopf voran. Nach Widersten (1968).

können auch dotterreiche Keime eine Invaginationsgastrula aufweisen.

Die typische Larve der Cnidaria ist die P l a n u l a (Abb. 196, 197, 202), eine zweischichtige, an der Oberfläche bewimperte Larve, deren Grundgestalt von birnenförmig, länglich oval bis keulenförmig reicht. Sie schwimmt mit dem aboralen Pol voran. Je nach dem Verlauf der Entodermablösung ist

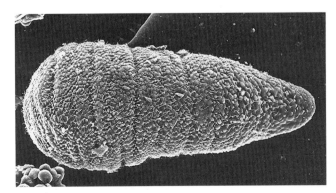

Abb. 196 Planula-Larve von *Hydractinia echinata* (Hydrozoa, Anthomedusae). Original: W. Schäfer, Sindelfingen.

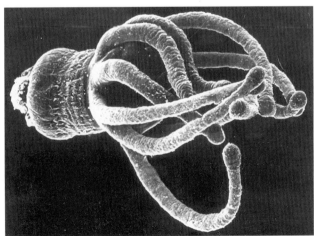

Abb. 198 Polypenähnliche Actinula-Larve einer *Tubularia*-Art (Hydrozoa, Aplanulata), die direkt aus den Eiern hervorgeht und sich nach kurzer pelagischer Phase am Boden festsetzt (s. Abb. 234). Länge ca. 2 mm. Original: W. Schäfer, Sindelfingen.

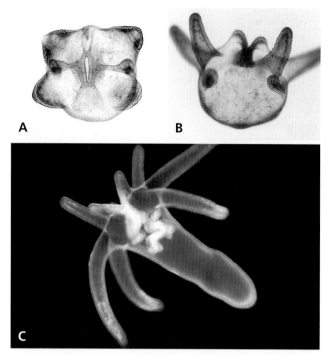

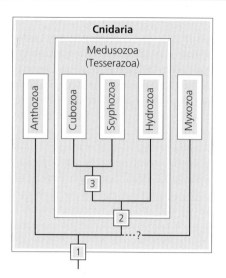

Abb. 200 Verwandtschaftshypothese der Cnidaria-Taxa. Synapomorphien: [1] Nesselkapseln; [2] lineare mtDNA, Nesselzellen mit modifiziertem Flagellum (Cnidocil); [3] groß dimensionierte Meduse mit Rhopalien, Statolithen aus Bassanit. Position der Myxozoa noch unbekannt. Nach verschiedenen Autoren.

Abb. 199 Entwicklungsstadien von *Cerianthus* sp. (Hexacorallia, Ceriantharia). **A** Frühe Antipathula-Larve. Blick auf die schlitzförmige Mund-After-Öffnung (Bilateralsymmetrie!). **B** Lateralansicht einer Antipathula-Larve. **C** Älteres Larvenstadium (Cerinula), vor dem Festsetzen. Länge 8 mm. Aus Larink und Westheide (2011).

entweder ein Gastrocoel (Abb. 197) vorhanden oder die Entodermzellen bilden im Inneren der Larve eine kompakte Zellmasse, die sich spätestens während der Metamorphose epithelial anordnet.

Die Mehrzahl der Cnidaria-Larven hat keinen äußerlich sichtbaren Blastoporus. Selbst wenn, wie bei vielen Scyphozoa, eine Invaginationsgastrula mit ausgeprägtem Blastoporus vorliegt, verwächst dieser schnell. Dagegen weisen einige Anthozoenlarven, besonders der Scleractinia und Actiniaria, einen persistierenden Blastoporus auf. Zusätzlich können viele Actiniaria-Planulae am aboralen Pol palisadenförmig angeordnete Sinneszellen tragen, deren überdimensionale Cilien einen Wimpernschopf bilden (Abb. 197), der wahrscheinlich Bedeutung für den Nahrungserwerb hat. Planulae mit Wimpernschopf sind räuberisch (planktotroph), während Planulae ohne Blastoporus und ohne Wimpernschopf von Dottervorräten (lecithotroph) leben. Auch die Aufnahme von DOM (*dissolved organic matter*) wurde beobachtet. Ferner wird diskutiert, ob der Wimpernschopf zum Prüfen des Substrates dient, bevor sich die Larve festsetzt und metamorphosiert. In der Regel heften sich Planulae zu Beginn der Metamorphose mit dem aboralen Pol am Substrat unter Absonderung eines klebrigen Sekrets fest. Falls der Blastoporus fehlt, bricht die definitive Mund-/Darmöffnung (Mund-After) jetzt durch; es entstehen die Tentakel, und der wichtigste Schritt hin zum Jungpolypen ist vollzogen. Weit entwickelte pelagische Larven mit polypenähnlichem Habitus sind die Actinula (Abb. 198, 234) (*Tubularia larynx*, Aplanulata, Hydrozoa) oder die Antipathula-Cerinula (Abb. 199) (viele Ceriantharia, Anthozoa), deren Metamorphose – Bildung erster Tentakel – schon weitgehend während der pelagischen Phase abläuft.

Systematik

Die Haeckelsche Gastraea-Hypothese (S. 177) ist auch heute noch eine Basis für Überlegungen zum Ursprung der Cnidaria sowie der Metazoa überhaupt. Sie postuliert die Existenz eines freischwimmenden, zweischichtigen Becherkeims (Gastraeade) als hypothetische Stammform aller Metazoa. Der Bauplan eines einfachen Cnidaria-Polypen, der Fußscheibe und Tentakel beim Übergang zum Leben am Substrat erworben hat, lässt sich nach dieser Hypothese von der einfachen Organisation einer Gastrula ableiten.

Die Diskussion der Cnidaria-Phylogenie konzentriert sich vorwiegend auf die Suche nach dem ursprünglichsten Taxon der rezenten Cnidaria-Taxa, wobei sowohl Hydrozoa, Scyphozoa und Anthozoa genannt worden sind. Für die Hydrozoa als basale Cnidaria sprach lange Zeit der einfache Bau der Polypen sowie die Tatsache, dass bestimmte Hydrozoen-Planulae für phylogenetische Überlegungen bedeutsam waren, z. B. für die Ableitung dieser Larven aus Ciliaten. Jedoch weist die Komplexität beispielsweise der Cniden, der Sinnesorgane, des Nervensystems oder der Entwicklungszyklen sowie die ektodermalen Gonaden (selten im Tierreich) die Hydrozoa eher als abgeleitete Organismen aus. Ihre Polypen müssen dann sekundär vereinfacht sein.

Für die basale Stellung der Scyphozoa spricht vor allem der tetraradiale Bau, den auch die †Conulata (Abb. 219) aufweisen. Deren Organisationsschema ist dem des Coronatenpolypen (Stephanoscyphistoma) sehr ähnlich (Abb. 220). Das einfache Cnidom, die im Vergleich zu Hydrozoa einfache Strukturierung von Geweben und Organen sowie der ursprüngliche Modus der Entodermbildung durch Invagination sprechen ebenfalls für eine eher basale Stellung der Scyphozoa.

Relativ einfache Organe und ursprüngliche Modi der Embryogenese haben jedoch auch die Anthozoa. Dies wird z. B. deutlich an den Rezeptorstrukturen der Cnidocyten, bei denen noch ein normales Cilium ausgebildet ist. Im Gegensatz zu allen anderen Cnidaria haben die Anthozoa keine medusoiden Stadien und daher keinen Generationswechsel, vermutlich ein ursprüngliches Merkmal (Abb. 202). Ob bei den Anthozoa die Radiärsymmetrie von einer Bilateralsymmetrie nur überlagert wird oder ob die Bilateralsymmetrie der Anthozoa ursprünglich ist, ist Gegenstand kontroverser Diskussionen. Äußerlich zeigt sich die Bilateralsymmetrie bei Anthozoen nur durch die schlitzförmige Mund-Afteröffnung (Abb. 199A, 203), an die sich ein Schlundrohr anschließt, das in einem oder beiden gegenüberliegenden Winkeln mit Siphonoglyphen versehen ist. Durch sie verläuft die Symmetrieebene (Richtungsebene, „Sagittalebene"). Die Mesenterien, welche die in der Richtungsebene liegenden Gastraltaschen begrenzen, weichen in ihrem Aufbau oft von den übrigen Gewebsfahnen ab. Dies äußert sich u. a. im Fehlen von Gonaden, in der Anordnung der Retraktoren oder im Auftreten höher differenzierter Filamente.

Hinsichtlich der Cnidaria-Systematik wird hier weiterhin einer Reihung Anthozoa – Scyphozoa – Cubozoa – Hydrozoa gefolgt (Abb. 200), in der sich die zunehmende Komplikation der Entwicklungszyklen und des Cnidoms widerspiegelt. Scyphozoa und Cubozoa sind nahe verwandt, was sich u. a. aus dem gemeinsamen Besitz der komplexen Rhopalien mit Statolithen aus Bassanit und aus den Gastralfilamenten ihrer Medusen ergibt. Untersuchungen des Lebenszyklus von Cubozoa lassen darüberhinaus erkennen, daß letztere sich leicht aus Scyphozoen entwickelt haben könnten: So kann man die Metamorphose der Cubozoen, bei der sich ein Polyp direkt in eine Meduse umwandelt, auch von der terminalen Querteilung (Strobilation) der Scyphozoen ableiten. Dennoch wird hier zunächst ein Taxon Cubozoa neben den Scyphozoa beibehalten. Scyphozoa, Cubozoa und Hydrozoa sind als Monophylum Medusozoa (Tesserazoa) durch den Besitz eines Cnidocils und die lineare Struktur der mtDNA charakterisiert. Sequenzanalysen haben dies bestätigt. Auch die Herauslösung der Stauromedusen als eigenes höheres Taxon wird kontrovers diskutiert. Da molekulargenetische Untersuchungen eine recht isolierte Position für sie erkennen lassen, wurden sie als Schwestergruppe aller übrigen Medusozoa etabliert und ihr systematischer Status zu Staurozoa erhöht – gleichwertig zu Scyphozoa und Cubozoa. Tatsächlich sind die Ergebnisse der molekularen Untersuchungen aber noch keineswegs abgesichert. Außerdem lässt sich die Organisation der sessilen Stauromedusen auch zwanglos als eine sich nicht ablösende monodiske Strobilation mit basalem polypoiden und terminalem medusoiden Teil interpretieren. Hier wird daher weiterhin die traditionelle Einordnung der Stauromedusa in die Scyphozoa verwendet.

Demgegenüber erscheint die laterale Knospung der Hydrozoa (Abb. 235) (oftmals verbunden mit Stockbildung, Polymorphismus oder Bildung sessiler Gonophoren, Abb. 228) als eindeutig abgeleitetes Merkmal gesichert. Auch das Velum der Medusen und das Biomineral Magnesiumcalciumphosphat in ihren Statolithen unterstützt die Monophylie der Hydrozoa nachhaltig.

1 Anthozoa, Blumentiere

Die bis auf wenige Brackwasser tolerierende Arten (z. B. *Haliplanella lineata* und *Nematostella vectensis*) rein marinen Anthozoa sind mit etwa 7 200 rezenten und vielen fossilen Spezies das artenreichste Cnidaria-Taxon. Die Medusengeneration fehlt vollständig, der Polyp bildet die Keimzellen (Abb. 202). Anthozoen leben solitär oder bilden z. T. riesige Tierstöcke.

Bau und Leistung der Organe

Der in erster Linie durch den Tentakelkranz bedingten äußeren Radiärsymmetrie des Körpers stehen bilateralsymmetrische Strukturen im Inneren des Anthozoen-Polypen entgegen. So haben sie eine schlitzförmige Mund-Afteröffnung, an die sich ein ektodermal ausgekleidetes Schlundrohr (Pharynx) anschließt. In einem oder beiden gegenüberliegenden Winkeln des Schlundrohrs liegen bewimperte Schlundrinnen (S i p h o n o g l y p h e n) (Abb. 203, 204). Sie erleichtern das Verschlingen der Nahrung und die Defäkation. Ferner dienen sie dem Wasseraustausch, regulieren den Druck der Gastralflüssigkeit und sorgen so für die Aufrechterhaltung eines hydrostatischen Skeletts. Bei den Octocorallia sind 8, bei den Hexacorallia 6, 12 bzw. meist eine Vielzahl von 12 Mesenterien und eine entsprechende Anzahl an Gastraltaschen vorhanden (Abb. 203).

Jeweils ein Tentakelhohlraum und eine Gastraltasche stehen miteinander in Verbindung. Die Symmetrieachse des Tieres verläuft durch die mit den Siphonoglyphen (s. o.) kommunizierenden Gastraltaschen (Richtungsfächer). Die zugehörigen Tentakel (Richtungstentakel) sind manchmal bei Hexacorallia größer und abweichend gefärbt. Den bilateralen Bau erkennt man insbesondere in der Anordnung der

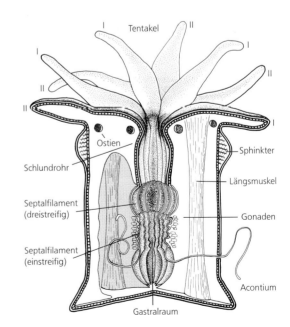

Abb. 201 Anthopolyp (Anthozoa). Organisationsschema einer Aktinie in ausgestrecktem Zustand. Links Schnitt vor einem unvollständigen Mesenterium, rechts vor einem vollständigen Mesenterium. Epidermis weiß, Gastrodermis zellig dargestellt. Nach verschiedenen Autoren.

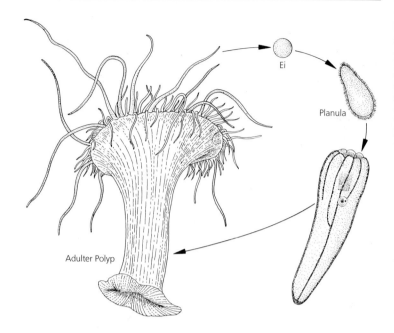

Ei

Planula

Adulter Polyp

Abb. 202 Anthozoa (Actiniaria). Lebenszyklus. Nach Hedgepeth (1954) aus Bayer und Owre (1965).

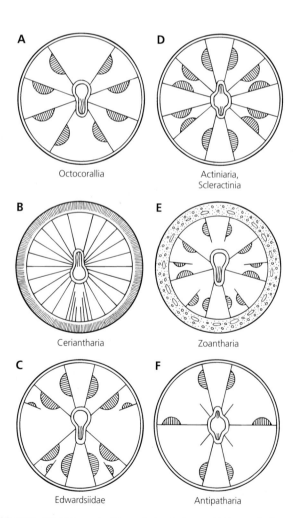

A

Octocorallia

D

Actiniaria, Scleractinia

B

Ceriantharia

E

Zoantharia

C

Edwardsiidae

F

Antipatharia

Abb. 203 Anordnung der Mesenterien bei verschiedenen Anthozoa-Gruppen. Schematische Querschnitte in Höhe des Schlundrohres. Verändert aus Hennig (1980), nach verschiedenen Autoren.

Retraktormuskeln an den Mesenterien (Abb. 203): Mindestens ein Richtungspaar hat bei vielen Hexacorallia voneinander abgewandte Muskelfahnen. Letztere setzen sich aus mesogloealen Lamellen zusammen, an denen die kontraktilen Filamente der Epithelmuskelzellen angebracht sind. Unter der Mundscheibe liegt ein ringförmiger Schließmuskel (Sphinkter) (Abb. 201), der auf lokal modifizierte entodermale Epithelringmuskulatur zurückzuführen ist.

Die Mesenterien tragen an ihrem freien Ende längsverlaufende Wülste (Mesenterial-, Septal- oder Gastralfilamente, Abb. 201, 204), die mit Nessel- und Drüsenzellen sowie Cilien ausgestattet sein können. Vor allem größere, dem Gastralraum zugeführte Nahrungsteile werden durch explodierte Nesselkapseln festgehalten und von den aus Drüsen abgeschiedenen Enzymen durch den unmittelbaren Kontakt wirkungsvoller verdaut. Die Cilien sorgen für eine ständige Zirkulation der nährstoffreichen Gastralflüssigkeit. Bei extraintestinaler Verdauung, die bei skelettbildenden Arten besonders bedeutsam ist, werden Gastralfilamente durch den Pharynx ausgestülpt und hüllen erbeutete Nahrung ein. Bei den Scleractinia (S. 136) werden von der Fußscheibe aus zwi-

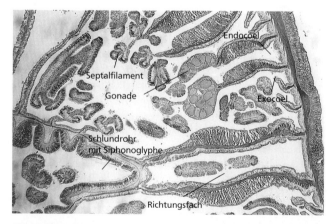

Endocoel

Septalfilament

Gonade

Exocoel

Schlundrohr mit Siphonoglyphe

Richtungsfach

Abb. 204 Anthozoa (Actiniaria). Querschnitt durch Polyp. Richtungssepten mit quergeschnittenen Längsmuskeln. Original: W. Schäfer, Sindelfingen.

schen den Mesenterien radiär verlaufende Kalkleisten (Sklerosepten, Abb. 213, 214, 215) abgeschieden. Das Anthozoengewebe und die Skelettelemente sind oft durch Einlagerung von Farbstoffen (meist Carotinoide) intensiv gefärbt. Die Nesselzellen besitzen noch ein normales Cilium und kein Cnidocil, die Nesselkapsel haben keinen oder einen dreiteiligen Deckel (andere Cnidaria: einteilig).

Systematik

Die rezenten Anthozoa gliedern sich in zwei leicht zu unterscheidende, sowie molekular und morphologisch gut abgesicherte monophyletische Taxa: die Octocorallia und die Hexacorallia.

Die Octocorallia mit ihren 8 gefiederten Tentakeln (Abb. 203A, 207, 208), 8 Septen und 8 Gastraltaschen sind ursprünglicher. Sie weisen nur einen Nesselkapseltyp auf (Rhabdoiden oder auch Mastigophoren genannt Abb. 193F). Zudem besitzen sie als einzige Gruppe im Tierreich ein spezielles Korrekturgen (*msh1*) in ihrem mitochondrialen Genom.

Alle Anthozoen, die keine Octocorallia sind, werden als Hexacorallia zusammengefasst. Wie der Name andeutet, besitzen sie 6, 12 oder häufiger ein Vielfaches von 12 Tentakeln, die ungefiedert sind (Abb. 203, 211, 214). Arten, die als Adulti 6 Tentakel und 6 Mesenterien haben, sind selten; meist ist diese Organisation nur in den Jungtieren verwirklicht, welche dann aber mit dem Wachstum auch die Anzahl der Tentakel und Mesenterien erhöhen. Wichtigstes autapomorphes Merkmal sind die Spirocysten (Klebkapseln) (Abb. 193A), die zusätzlich neben anderen Cniden auftreten.

Obwohl es zahlreiche Fossilienfunde von skelettbildenden Anthozoen gibt, tragen diese nicht zur Aufklärung der Stammesgeschichte bei; wahrscheinlich handelt es sich um Stammgruppenvertreter der Scleractinia: †**Tabulata** sind meist stockbildende Formen mit Querböden (Tabulae) in den röhrenförmigen Ektoskeletten. †**Rugosa** sind solitäre Formen mit röhrenförmigem Exoskelett und Septenbildung. Beide Gruppen sind durch zahlreiche Funde vom Ordovizium bis Perm dokumentiert. Der Muschelkalk der Trias ist dann bereits reich an fossilen Scleractinia mit basalem Exoskelett.

1.1 Octocorallia

Weder morphologische noch molekulare Daten haben es bisher erlaubt, eine verlässliche, auf monophyletischen Gruppen basierende Klassifikation der Octocorallia zu erstellen. Die hier verwendete, eher traditionelle Systematisierung basiert auf der zunehmenden Komplexität der Skelettentwicklung. Das wahrscheinlich ursprüngliche Stolonennetz der Stolonifera verdichtet sich bei den Helioporida zu einer Platte (Abb. 205), die basal ein kalkiges Außenskelett abscheidet. In anderen Linien entstand ein massiges Coenenchym, in das zunächst nur Sklerite (Alcyonacea) (Abb. 207) eingelagert werden. Diese Einzelsklerite können zu einer festen Achse verbacken (Scleraxonia) (Abb. 208B, C). Schließlich wurde ein kompaktes zentrales Achsenskelett ausgebildet (Holaxonia) (Abb. 208D). Entsprechend werden die ehemaligen Gorgonaria heute in diese beiden Taxa aufgeteilt. Ein Achsenskelett ist auch bei vielen Pennatularia im Zentrum des mächtig angeschwollenen Primärpolypen vorhanden (Abb. 209).

Alternativ zu diesem Konzept werden die Stolonifera in die Alcyonacea eingereiht. Vielfach unterteilt man die Octocorallia auch nur in die drei Taxa Helioporacea, Alcyonacea und Pennatulacea.

Mit wenigen Ausnahmen, z. B. *Taiaroa tauhou*, bilden Octocorallia fast immer Tierstöcke (häufig „Kolonien" genannt), deren Polypen entweder durch ein ausgeprägtes Stolonengeflecht oder ein Coenenchym verbunden sind. Die Polypen sind mit 8 Mesenterien und Gastraltaschen sowie 8 gefiederten Tentakeln ausgestattet; der Pharynx hat eine Siphonoglyphe (Abb. 203, 204). Octocorallia haben nur rhabdoide Nesselkapseln. Die Gonaden an der Basis der Gastrodermis hängen traubenförmig am freien Rand derjenigen 6 Mesenterien, die nicht mit der Siphonoglyphe kommunizieren. Getrenntgeschlechtlichkeit und Oviparie sind die Regel. Die Eier sind meist dotterreich. Die Furchungen sind total-äqual bis hin zu partiell-superfiziell; Entodermablösung durch Delamination ist verbreitet.

1.1.1 Stolonifera

Von einer chitinigen Hülle umgebene Polypen, durch strangförmige oder flächige Stolonen in Verbindung stehend.

Clavularia crassa (Clavulariidae) und *Cornularia cornucopiae* (Cornulariidae), häufig, oft rasenartige Stöcke (Einzelpolypen 0,5–1 cm), Mittelmeer.

1.1.2 Helioporida, Blaue Korallen

Einzige Art: *Heliopora coerulea*, Indopazifik. Stolonennetz der nur wenige Millimeter hohen, braunen Polypen (Durchmesser ca. 1 mm) zu einer Platte verdichtet. Basal fingerförmige Ausläufer (Divertikel) (Abb. 205), deren Epidermis ein kalkiges Außenskelett abscheidet, das

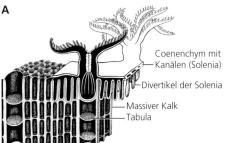

A

Coenenchym mit Kanälen (Solenia)

Divertikel der Solenia

Massiver Kalk
Tabula

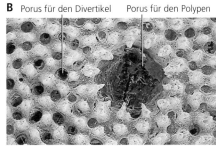

B Porus für den Divertikel   Porus für den Polypen

Abb. 205 *Heliopora coerulea* (Octocorallia, Helioporida). **A** Polyp mit Ausschnitt des plattenartigen Stolonengeflechtes. **B** Blick von oben auf das verkalkte Skelett. A Aus Grasshoff (1981) (Morphisto-Evolutionsforschung und Anwendung GmbH, URL); B Original: W. Schäfer, Sindelfingen.

Abb. 206 *Tubipora* sp., Orgelkorallen (Octocorallia, Alcyonacea). Rotgefärbtes Innenskelett; Röhren bis 20 cm, durch horizontale Querböden verbunden. Original: W. Schäfer, Sindelfingen.

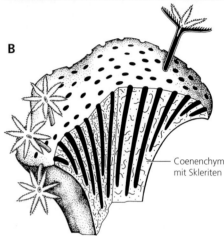

Coenenchym
mit Skleriten

zu massiven, verzweigten Blöcken (bis 50 cm) heranwachsen kann. Blaue Färbung durch Einlagerung von Eisensalzen. Wird zu Schmuck verarbeitet.

1.1.3 Alcyonacea, Lederkorallen

Stöcke in der Größe von Zentimetern und Dezimetern. Überwiegend mit massigem Coenenchym; eingelagerte Sklerite in einigen Arten dicht gepackt (Abb. 207B). Korallenstöcke können durch Wasseraufnahme erheblich expandieren und ihre Form stützen. Einige Taxa mit dimorphen Polypen: Autozooide und Siphonozooide.

*Alcyonium digitatum, Tote Mannshand (Alcyoniidae), in großen Mengen als Beifang der Nordseefischer, früher auf Grund ihres N-, K- und P-Gehalts getrocknet als Dünger („Meerhand-Guano"). *Alcyonium*-Stöcke können im Weichsubstrat stecken, mit basaler Platte auf Hartsubstraten siedeln oder flächig wachsen. – *Alcyonium coralloides,* Falsche Edelkoralle (Alcyoniidae), Mittelmeer, verbreitet, stark weinrot gefärbte, inkrustierendes Coenenchym, vor allem auf Gorgonien, deren Polypen dann absterben. – *Tubipora musica,* Orgelkoralle (Tubiporidae) (Abb. 206), stark rotgefärbte Sklerite verwachsen zu Kalkröhren; tropisch. – *Heteroxenia fuscescens* (Xeniidae), völlig autotroph durch symbiontische Zooxanthellen; Fressschutz durch Terpenoide. Indopazifik (Abb. 207A).

1.1.4 Scleraxonia, Kalkachsenkorallen

Stöcke mit festem Achsenskelett aus vielen Einzelskleriten, die entweder einzeln bleiben oder durch Kalkeinlagerung zu einer Masse verschmelzen (Abb. 208B, C). Polypen teilweise dimorph (Autozooide, Siphonozooide).

Paragorgia arborea (Paragorgiidae), Kaugummikoralle, bis 2 m hoch, bildet zusammen mit Steinkorallen und kalkabscheidenden Hydrozoa im Nordatlantik vor der norwegischen Küste ausgedehnte Bestände in tiefem Wasser. – *Corallium rubrum,* Edelkoralle (Coralliidae), Mittelmeer, vivipar; rotes, rosa oder weißes Achsenskelett wird von Coenenchym befreit und poliert zu Schmuck verarbeitet. Wegen Überfischung selten geworden; daher häufig durch pazifische Arten ersetzt.

Abb. 207 Alcyonacea (Octocorallia). **A** *Heteroxenia fuscescens*. Die je 8 gefiederten Tentakel krümmen sich rhythmisch im Abstand von wenigen Sekunden zum Mund. Mit Zooxanthellen. **B** Durch stetiges Wachstum wird bei vielen Arten ein mächtiges Coenenchym gebildet, das durch Sklerite gestützt wird. A Original: A. Svoboda, Bochum; B aus Grasshoff (1981) (Morphisto-Evolutionsforschung und Anwendung GmbH, URL).

1.1.5 Holaxonia, Hornkorallen

Stöcke mit einer flexiblen Skelettachse aus Gorgonin, oft auch mit kleinen Einlagerungen von Kalzit, Zentrum des Achsenskeletts hohl, gekammert. Viele Einzelsklerite im fleischigen Coenenchym, welches das Skelett umhüllt und aus dem die Polypen wachsen. Anordnung und Form der Sklerite arttypisch, wird zum Identifizieren der Arten genutzt; nur Autozooide.

Paramuricea clavata. Bis 1 m hohe meist in einer Ebene verzweigte Kolonien, violett mit gelben Enden, Polypen einziehbar und durch Operculum aus Skleriten geschützt; Mittelmeer. – *Gorgonia flabellum,* Venusfächer (Gorgoniidae), Äste verschmelzen zu einem flächigen, bis 2 m hohen Netzwerk; Karibik (Abb. 208A).

1.1.6 Pennatulacea, Seefedern

Der Polypenstock hat oft eine Stab- oder Federform. Er entwickelt sich aus einem axialen, primären Polyp, der sich am unteren Ende in einen anschwellbaren Grabfuss, im oberen Teil in den Stamm differenziert; dort sitzen Sekundärpolypen oft auf Seitenästen, wodurch sich eine Federform ergibt.

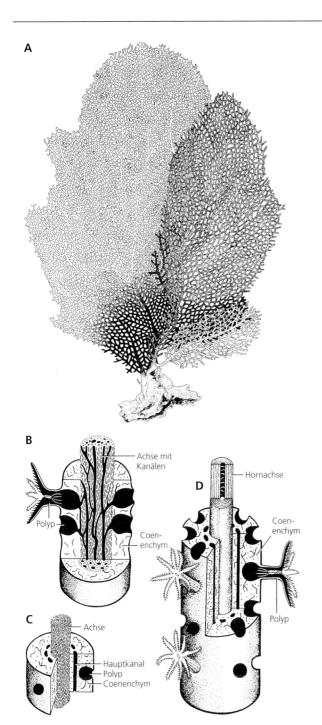

Abb. 209 *Pennatula rubra* (Octocorallia, Pennatularia). Tierstock mit großer Hauptachse aus Primärpolyp und seitlichen Sekundärpolypen; polypenfreier Stiel steckt im Sediment. Original: A. Svoboda, Bochum.

Abb. 208 Skelettbildungen (Octocorallia). **A** Stock von *Gorgonia* sp. (Venusfächer), bis 1,8 m hoch; bildet Maschennetz in der Strömung. **B, C** Scleraxonia. Coenenchym bildet im Zentrum des Stockes stark verdichtete Masse von Kalkskleriten; in B von Kanälen durchzogen, in C ohne Kanäle und daher besonders hart. **D** Holaxonia. Coenenchym scheidet Hornlamellen ab, die zentrale Achse bilden. A Aus Bayer und Owre (1968); B–D aus Grasshoff (1981) (Morphisto-Evolutionsforschung und Anwendung GmbH, URL).

Im Stamm ist oft horniges Achsenskelett vorhanden, zusätzlich auch Kalknadeln. Die sekundären Polypen sind polymorph, mit tentakeltragenden Nährpolypen und Siphonozooide mit keinen oder reduzierten Tentakeln. Die Siphonozooide sind im Coenenchym versenkt. Durch deren Was-

seraufnahme schwillt der Stock stark an. Viele Seefedern leuchten nach mechanischen oder chemischen Reizen (Luciferin-Luciferase-System).

Veretillum cynomorium, Gelbe Seefeder (Veretillidae), 30 cm, expandierte Sekundärpolypen bis 4 cm; Mittelmeer, Atlantik. Achsenskelett rudimentär, Stock ungefiedert. – *Renilla reniformis* (Renillidae), Seestiefmütterchen, bis 7 cm. Verschiedene Polypentypen nur auf der Oberseite einer nierenförmigen Platte, die dem Sediment aufliegt. N-Amerikanische Atlantikkuste (vgl. Abb. 173A). – Mit Achsenskelett und typisch gefiedert im Mittelmeer und Atlantik: *Pennatula rubra* (Pennatulidae), 40 cm (Abb. 209) und *Pteroeides spinosum* (Pteroeidae), 55 cm, mit Stacheln am Rand der Fiederblätter. – Langgestreckte Kolonien: *Funiculina quadrangularis,* Seepeitsche (Funiculinidae), bis 1,5 m lang, Mittelmeer, Atlantik.

1.2 Hexacorallia

Die Hexacorallia bilden oft große Polypen, die solitär, in Kolonien oder als Tierstöcke leben. Meist besitzen sie 6, 12 oder häufiger ein Vielfaches von 12 Tentakeln, die ungefiedert sind (Abb. 201, 213). Der Nesselkapseltyp der S p i r o c y s t e n (Klebkapseln) (Abb. 193A), die zusätzlich neben anderen Cniden auftreten, kommt nur in dieser Gruppe vor. Die Keimzellen liegen in den Mesenterien, die Richtungssepten können steril sein.

Nach molekularen Analysen sind die Subtaxa der Hexacorallia wahrscheinlich monophyletisch. Die Verwandtschaft untereinander ist aber unklar.

1.2.1 Ceriantharia, Zylinderrosen

Solitäre Polypen in einem Wohnzylinder (Abb. 210), fast ausschließlich aus abgeschossenen Nesselfäden aufgebaut, festes Skelett fehlt. Mesenterien ohne Retraktoren, dafür umfangreiche Längsmuskulatur in der Epidermis. Neue Mesenterien entstehen in einem der Siphonoglyphe gegenüberliegenden Bildungsfach (Abb. 203B). Tentakeldimorphismus: am Mundfeldrand lange Rand-, am Pharynx kleine Labialtentakel. Zwitter, die ihr Geschlecht wechseln können. Vegetative Fortpflanzung ist selten. Die im Nordseeplankton häufigen Antipathula-Larven (Abb. 199A, B) haben bereits in der pelagischen Phase einen Mund-After und entwickeln sich schon hier zu Cerinula-Larven mit Marginal- und wenigen Labialtentakeln (Abb. 199C). Die adulten Polypen leben im weichen Substrat eingegraben und können sich blitzschnell in ihre Wohnröhre zurückziehen.

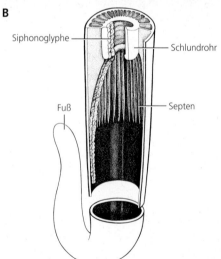

Abb. 210 Ceriantharia (Hexacorallia). **A** *Pachycerianthus multiplicatus*. Mundscheibe und außerhalb des Sediments stehender Röhrenabschnitt; kurze Mundtentakel und bis zu 170 lange Randtentakel. **B** Schema des Polypenscapus; Fuß steckt mit umgebender Röhre tief im Sediment. Alle Mesenterien (Septen) erreichen Schlundrohr. A Original: W. Westheide, Osnabrück; B aus Grasshoff (1981) (Morphisto-Evolutionsforschung und Anwendung GmbH, URL).

Pachycerianthus multiplicatus, Kattegat; mit 160–170 langen Tentakeln (Abb. 210A). – *Cerianthus lloydii*, bis 20 cm Länge, 60–70 Rand- und ebenso viele Labialtentakel, Nordsee.

1.2.2 Antipatharia, Dörnchenkorallen, Schwarze Korallen

Stockbildend, mit Achse aus dichter, dunkler, unverkalkter Hornsubstanz, mit Dörnchen besetzt; wurde zu Schmuck verarbeitet. Korallen mit oder ohne Verzweigung. Polypen klein mit 6 Tentakeln und 6 Mesenterien; nur 1 Mesenterienpaar mit Filamenten und Gonaden (Abb. 203F); Muskulatur schwach ausgebildet.

Antipathes dichotoma (Antipathidae), bis zu 2 m Höhe und Breite; dichotom reich verzweigt. Tropische und subtropische Meere, tiefer als 30 m. – *Leiopathes glaberrima* (Leiopathidae). Bis 1 m, Hornachse glatt, nur Endzweige mit winzigen Dörnchen. Mittelmeer in 90–250 m Tiefe.

1.2.3 Zoantharia, Krustenanemonen

Mit wenigen Ausnahmen stockbildend. Überwachsen krustenartig Felsen oder andere Organismen, z. B. Schwämme, Tunicaten oder inkrustierte Algen. Ohne eigenes Skelett, aber von der Epidermis abgeschiedener Schleim verklebt Sklerite von Schwämmen, Sand, Diatomeenschalen u. ä., die von der Epidermis überwuchert werden und schließlich in die Mesogloea gelangen, was den Polypen wie dem Coenenchym Zähigkeit verleiht (Abb. 211). Nur eine Siphonoglyphe, welche mit dem einzigen vollständigen Richtungsseptenpaar verbunden ist. Das gegenüberliegende Paar ist unvollständig, in den beiden nebenliegenden Gastraltaschen findet die Bildung neuer Mesenterien statt (Abb. 203E). Polypen mit randständigen Tentakeln in zwei dicht beieinander liegenden Tentakelwirteln.

Parazoanthus axinellae (Parazoanthidae). Die leuchtend gelb-orangefarbenen Kolonien überwachsen im Mittelmeer häufig Schwämme der Gattung *Axinella*, oft massenhaft ab 1 m Tiefe. Schattenliebend.

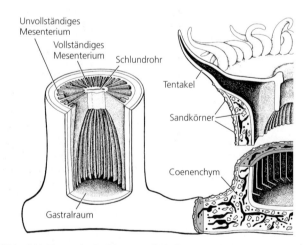

Abb. 211 Zooantharia (Hexacorallia). Schema. Mesogloea des Polypen von Kanälen durchzogen; mit auf- und eingelagerten Sandkörnern. Aus Grasshoff (1981) (Morphisto-Evolutionsforschung und Anwendung GmbH, URL).

1.2.4 **Actiniaria,** Seeanemonen

Solitäre Hexacorallia ohne Skelett, meist mit Siphonoglyphen und immer paarigen Mesenterien (Abb. 201). Muskelfahnen (Retraktoren) sind einander zugekehrt, nur die mit den 2 Siphonoglyphen kommunizierenden Mesenterien, die Richtungsseptenpaare, haben einander abgewandte Retraktoren (Abb. 203D). Außer den kräftigen Retraktoren können die Mesenterien parallel zur Fußscheibe Basilarmuskeln aufweisen, ferner bisweilen Parieto-Basilarmuskulatur, die proximal zunächst schräg von der Mitte der Fußscheibe und weiter distal parallel zum Scapus verläuft. Alle diese Muskeln bestehen aus Epithelmuskelzellen. Gastraltaschen abwechselnd als Binnenfach (Endocoel, Tasche zwischen den Mesenterien eines Paares) und Zwischenfach (Exocoel, Tasche zwischen 2 Mesenterienpaaren) (Abb. 204); Bildung neuer Mesenterienpaare erfolgt in den Zwischenfächern (Abb. 214A) (bei regelmäßigen Formen in Zyklen, z. B. der 1. Zyklus 6, der 2. Zyklus 6, der 3. Zyklus 12, der 4. Zyklus 24, der 5. Zyklus 48 Mesenterienpaare usw.). Meist bestehen nur die ersten Zyklen aus vollständigen, d.h. bis zum Schlundrohr reichenden Mesenterien (Makrosepten), im Gegensatz zu den unvollständigen Mikrosepten, die nicht bis zur Pharynxwand reichen. Manche Arten haben Nesselfäden (Acontien, Abb. 201), die im unteren Abschnitt des Polypen vom freien Rand der Mesenterien entspringen und durch die Mundöffnung oder Poren im Scapus (Cincliden) ausgeschleudert werden. Nesselsäcke (Acrorhagen) liegen ringförmig zwischen Tentakelkranz und Scapus angeordnet. Die Vielfalt an Fortpflanzungsmodi ist außergewöhnlich. Getrenntgeschlechtliche ovipare, aber auch zwittrige vivipare Arten und vivipare parthenogenetische Arten sind bekannt.

Actinia equina, Purpurrose, Pferdeaktinie (Actiniidae), Fußscheibendurchmesser bis 2–5 cm; in vielen Farbvariationen in der Gezeitenzone der europäischen Meere. – *Urticina felina,* Seedahlie (Actiniidae). – *Metridium senile,* Seenelke (Metridiidae), extrem gelappte Mundscheibe und viele kleine Tentakel (Abb. 212A). – *Anemonia viridis* (syn. *sulcata*), Wachsrose (Actiniidae), sehr häufig im Mittelmeer und Atlantik meist direkt unterhalb der Wasseroberfläche, Mundscheibendurchmesser 12 cm, leuchtend grüne 20 cm lange Tentakel mit violetten Spitzen, für den Menschen spürbar nesselnd. – *Scolanthus callimorphus* (Edwardsiidae), 10 cm, zeitlebens nur 8 vollständige Septen, ein Stadium, das auch von anderen Actiniaria während der Individualentwicklung durchlaufen wird (Abb. 203C). Im Weichboden, Ärmelkanal, Atlantik. – Einige Actiniaria leben mit Einsiedlerkrebsen in Symbiose: *Adamsia palliata,* Mantelaktinie (Hormathiidae), bis 2 cm; nach 2 Seiten ausgestreckte Fußscheibe 6 cm lang und 2,5 cm breit; lebt auf von *Pagurus prideauxi* (S. 617) bewohnten Schneckenschalen (*Natica, Nassa, Gibbula*), geht ohne Krebs zugrunde. – *Calliactis parasitica,* Einsiedlerrose (Hormathiidae), 5 cm hoch. Meist zu mehreren Individuen auf größeren Schneckenschalen (*Murex, Tonna*), die von *Paguristes eremita* oder *Dardanus arrosor* (Decapoda) bewohnt sind. – *Stomphia coccinea* (Actinostolidae), 6 cm, Atlantik ab 10 m Tiefe, auf Muschelschalen oder Steinen, kann sich durch rhythmisches Kontrahieren und Biegen des Mauerblattes

Abb. 212 Kontraktion einer Aktinie (*Metridium senile*). **A** Blick auf die Mundscheibe; Tentakel ausgestreckt. **B** Tier vollständig kontrahiert. Originale: R. Westholt, Osnabrück.

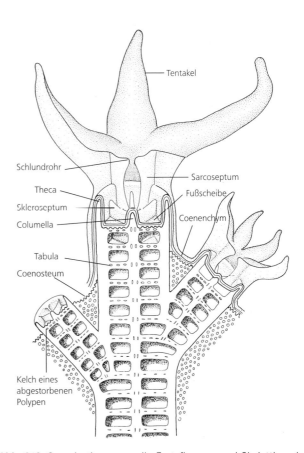

Abb. 213 Organisation, asexuelle Fortpflanzung und Skelettbau der Scleractinia (Hexacorallia). Nach verschiedenen Autoren.

vom Substrat lösen, fortbewegen und so vor ihren Feinden (Nackt-schnecken oder Seesternen) fliehen, welche die Muscheln fressen, auf deren Schalen sie siedelt. – *Stichodactyla mertensii*, tropische Riesen-aktinie, Mundscheibendurchmesser bis 1,5 m, gilt als größte Ane-mone. Symbiose mit Anemonenfischen, die nicht genesselt werden, da sie von Jugend an einen Schutzstoff/Schleim von den Tentakeln der Aktinien übernehmen, der die Entladung der Nesselkapseln verhin-dert (Bd. II, S. 301, Abb. 280).

1.2.5 Scleractinia, Steinkorallen

Solitäre oder stockbildende kalkabscheidende Hexacorallia. Die Epidermis der Fußscheibe scheidet ein Außenskelett aus Calciumcarbonat ab, das aus im Meerwasser gelöstem Calci-umhydrogencarbonat ($Ca(HCO_3)_2$) stammt und sich mit Calciumcarbonat ($CaCO_3$) und Kohlensäure (H_2CO_3) im Gleichgewicht befindet:

(1) $Ca^{2+} + 2HCO_3^- \leftrightarrow CaCO_3 \downarrow + H_2CO_3$

Die Spaltung der Kohlensäure in Kohlendioxid und Wasser

(2) $H_2CO_3 \leftrightarrow H_2O + CO_2$

wird durch das Enzym Carboanhydrase des Polypen herbei-geführt. Da die symbiontischen Algen (Zooxanthellen: Dinoflagellat *Symbiodinium microadriaticum*) bei ihrer Assi-milation ständig CO_2 aufnehmen, verringert sich die Kon-zentration an Kohlensäure entsprechend. Diese wird gemäß Formel (1) aus dem Hydrogencarbonat/Carbonat-Gleichge-wicht nachgeliefert, es fällt $CaCO_3$ aus und steht für den Skelettbau zur Verfügung (Abb. 213).

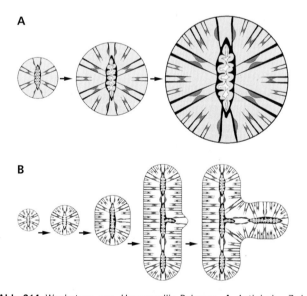

Abb. 214 Wachstum von Hexacorallia-Polypen. **A** Actiniaria. Zwi-schen 2 Septenpaaren entsteht 1 neues Paar. **B** Scleractinia. Wachs-tumsmodus, bei dem das Schlundrohr (Pharynx) in die Länge sowie in verschiedene Richtungen wächst und aufgeteilt werden kann: Polyp verliert Zylinderform und wird bandförmig (Mäander- oder Hirnko-rallen, siehe auch Abb. 215D). Verändert nach Grasshoff und Gudo (1998) (Morphisto-Evolutionsforschung und Anwendung GmbH, URL).

Zunächst wird eine Basalplatte abgesondert, dann bilden sich durch ungleichmäßige Kalkabscheidung radiär verlau-fende Leisten, die Sklerosepten, durch deren fortschrei-tendes Wachstum das über ihnen liegende Gewebe der Fuß-scheibe nach oben gedrängt wird. Sie verlaufen zwischen den fleischigen Sarcosepten. Meist wird unter dem Polypen peri-pher noch ein die Sklerosepten verbindender Ringwall (Theca) und eine zentrale Säule (Columella) (Abb. 213) abgeschieden. Da all diese Kalkbildungen in die Höhe wach-sen, wird der vom Polypen bewohnte Kelch immer tiefer. Von Zeit zu Zeit werden Querböden (Tabulae) gebildet. Der so abgetrennte untere Abschnitt des Polypen stirbt ab.

Tierstockbildung erfolgt durch zwei Modi ungeschlecht-licher Vermehrung. Bei extratentakulärer Knospung sprossen an der Basis der aus der Planula hervorgegangenen Primärpolypen Tochterpolypen 1. Ordnung. Diese wachsen heran; an ihrer Basis entstehen Tochterpolypen 2. Ordnung usw. Hierher gehören schnell wachsende Arten mit hoher Stoffwechselaktivität: Baumkorallen. Die intratentaku-läre Knospung entspricht eher einer Längsteilung (z. B. Sternkorallen, Abb. 215A, B), wobei aus einem Polypen zwei neue hervorgehen. Das Skelett folgt dem Wachstum der bei-den auseinanderstrebenden Polypen und kann sich so ver-zweigen. Bleiben solche Teilungen unvollständig, so werden keine getrennten Mundfelder gebildet, und es entsteht durch weitere unvollständige Teilungen nach und nach ein großer mäanderartig gewundener Stock mit einem entsprechenden Skelett; z. B. Hirn und Mäanderkorallen (Abb. 214B, 215D).

In den Tropen und Subtropen bilden die Scleractinia umfangreiche Riffe, die zu den produktivsten Lebensgemeinschaften der Erde zäh-len. Essentielle Faktoren für Entstehung und Wachstum tropischer Riffe sind: (1) relativ hohe Temperaturen, im Durchschnitt auch im Winter nicht unter 22 °C. Daher finden sich Korallenriffe vorwiegend an den Ostseiten der Kontinente (warme Meeresströmungen!). Zu hohe Temperaturen (langfristig über 30 °C) und vielleicht UV-Ein-strahlung führen zum Absterben (*coral bleaching*). (2) Licht; es wird für die symbiontischen photoautotrophen Zooxanthellen (s.o.) benö-tigt, die die Kalkbildung unterstützen (s. o.) und verschiedene Assimi-late an die Epithelien abgeben. Dies verdeutlicht ihre Bedeutung für das Gedeihen der Korallen, deren Wachstum zunächst ab 40 m Tiefe erheblich zurückgeht. Planktonreiches, trübes Wasser, Aussüßung oder hohe Sedimentation in unmittelbarer Nähe von Flussmündun-gen (z. B. Amazonas oder nördlich von Australien) sind begrenzende Faktoren. (3) Ausreichendes O_2- und Nahrungsangebot; günstige Bedingungen daher in Richtung offenes Meer. Deshalb wachsen Riffe meerwärts, ein in Küstennähe entstandener Korallengürtel erweitert sich zum Riffdach. An der dem Meer zugewandten, meist steil ins tiefe Wasser abfallenden Riffkante herrscht besonders üppiges Wachstum. Dagegen stirbt das Riffdach zur Küste hin ab (O_2-Mangel, durch Brandung aufgewirbelte Sedimente). Abgestorbene Korallenbruch-stücke zerfallen zu Korallensand. Wirtschaftlich wird der Korallen-kalk als Baumaterial (Beimengung für Zement, Kalkbrennen) sowie zur Düngung im indopazifischen Raum genutzt.

Vorwiegend im Hinblick auf ihre Lage zum Festland werden 4 Riff-typen unterschieden: (1) Saumriffe entstehen und verlaufen parallel und nahe der Küste. (2) Barriereriffe liegen weitab; das Festland ist abgesunken und der Wasserspiegel gestiegen, die Korallen mitge-wachsen, (z. B. Great Barrier Reef vor der australischen Küste, 2 000 km Länge). (3) Atolle entstehen, wie C. DARWIN bereits erkannt hatte, durch das Absinken von Vulkaninseln, deren ringförmige Saumriffe im Endzustand zentrale Lagunen umschließen, aber auch durch Regenerosion von Plattformriffen während eiszeitlicher See-spiegelsenkungen (Malediven). (4) Plattformriffe bilden sich typi-scherweise inmitten der Ozeane, teilweise weit vom Festland entfernt,

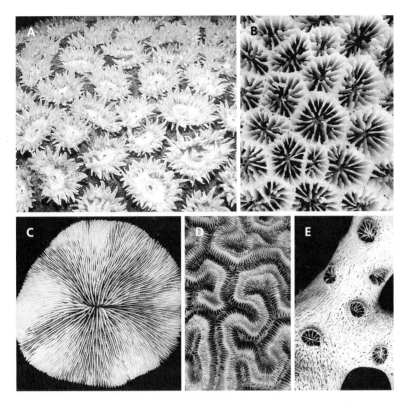

Abb. 215 Scleractinia (Hexacorallia). **A** *Favia* sp. (Faviidae). Polypen eines Stockes mit tagsüber eingezogenen Tentakeln. Durchmesser ca. 10 mm. **B** Skelett einer verwandten Art. Sklerosepten deutlich. **C** *Fungia* sp., Pilzkoralle, Skelett einzeln und nicht festgewachsen (ca. 20 cm Durchmesser). **D** *Diploria* sp., Neptunsgehirn (Faviidae), Skelettoberfläche, platten- oder blockförmige Stöcke, Polypen in mäanderartigen Furchen durch intratentakuläre unvollständige Knospung, bei der die Mundscheibe in ein langes Band mit zahlreichen Mundöffnungen ausgezogen wird. Tentakel stehen auf den seitlichen Graten. **E** *Lophelia* sp., Teil eines Skeletts. A Original: A. Svoboda, Bochum; B–E Originale: W. Schäfer, Sindelfingen.

wenn der Meeresgrund in Form einer „Plattform" soweit zur Meeresoberfläche hochragt, dass die ökologischen Voraussetzungen (vgl. oben) für Korallenwachstum erfüllt sind. Rezente Riffe können eine Mächtigkeit von 500 m, fossile Riffe von 2 km (Dachstein) haben.

Je intensiver der Stoffwechsel einer Koralle, um so erfolgreicher ist sie in der Besiedelung eines Riffs oder in der Verdrängung anderer Arten. So vergrößern Baumkorallen (*Acropora*) durch vielfache Verzweigung ihre stoffwechselaktive Oberfläche und wachsen durch extratentakuläre Knospung 10–25 cm pro Jahr.

Acropora palmata, Elchhornkoralle (Acroporidae), mit meterlangen Ästen. – *Platygyra*-Arten, Hirn- oder Neptunskorallen; bilden massive Blöcke von 1–2 m Durchmesser. – *Favia* spp., Sternkorallen (Faviidae) (Abb. 215A), Durchmesser der Corallite um 0,5 cm, vermehrt sich durch intratentakuläre Knospung, flächige Kolonien oder massive Blöcke. – *Fungia* spp. Pilzkorallen (Fungiidae) (Abb. 215C), solitär. – *Lophelia pertusa* (Caryophylliidae) (Abb. 215E), kosmopolitisch, bildet zusammen mit der Kaugummikoralle *Paragorgia* (s. S. 132) und hydroiden Korallen (S. 150) Korallenbänke in tiefem Wasser vor den skandinavischen (!) Küsten. – *Caryophyllia smithii*, Kreiselkoralle (Caryophylliidae), 3,5 cm, solitär; NO Atlantik und Mittelmeer. – *Balanophyllia europaea*, Warzenkoralle (Dendrophylliidae), und *Leptopsammia pruvoti* (Dendrophylliidae), die gelbe Nelkenkoralle, sind häufige solitäre, nicht riffbildende Scleractinia des Mittelmeeres, ab 1 m Tiefe. – *Cladocora caespitosa*, Rasenkoralle (Faviidae), bräunlich durch Zooxanthellen, bilden im Mittelmeer Korallenbänke von bis zu 4 Metern Durchmesser. – *Astroides calycularis*, Sternkoralle (Dendrophylliidae), Polypen kräftig gelborange bis orange; Mittelmeer, Höhlen, Überhänge und Steilwände bis in einer Tiefe von 30 Metern.

1.2.6 Corallimorpharia, Korallenanemonen

Nahe verwandt mit den Scleractinia, aber immer ohne Skelett. Solitäre oder basal durch Stolonen verbundene Einzelpolypen, zart und klein bis zu großen Polypen von 1 m Durchmesser. Tentakel meist am Ende verdickt. Mesenterien paarig, Siphonoglyphen schwach oder fehlend. Im Flachwasser meist stockbildend; in großen Tiefen aller Ozeane, meist solitär dem Boden aufliegend oder in den Weichboden eingesenkt. Flachwasserbewohner oft mit Zooxanthellen. Eine Untergruppe sind die Scheibenanemonen, welche keine oder nur reduzierte Tentakel besitzen.

Corynactis viridis, Juwelenanemone (Corallimorphidae); bis 15 mm Durchmesser, Polyp mit verdickten Enden, verschiedenste Farben, stark gefärbt; häufig im Mittelmeer und Ostatlantik. – *Discosoma* sp. (Discosomatidae), Scheibenanemone, 1 cm Durchmesser, oft sehr bunt, häufig in Meeresaquarien. – *Discosoma nummiforme*, Münzförmige Scheibenanemone, (Discosomatidae), kann bis zu 1 m Durchmesser erreichen, grösster Polyp der Corallimorpharia.

2 **Scyphozoa**, Kronen-, Scheiben- und Stielquallen

Die etwa 270 Arten dieser Gruppe gehören vor allem wegen der großen scheibenförmigen Medusen („Quallen") (Schirmdurchmesser 20–60 cm, selten bis 2 m) zu den bekanntesten Vertretern der Cnidaria. Die nur wenige Millimeter großen Scyphopolypen bleiben dagegen recht unscheinbar.

Bau und Leistung der Organe

Am Mundfeld der Polypen sitzt peripher eine nicht konstante Zahl Tentakel – meist 8–20, die mit nicht epithelial angeordneten Gastrodermiszellen ausgefüllt sind. Der Gastralraum ist durch 4 Septen in 4 Gastraltaschen untergliedert. Der Mund ist vierlippig oder eine einfache Pore (Coronatae). Die

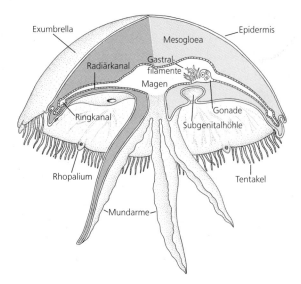

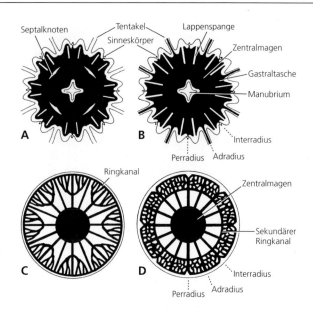

Abb. 216 Scyphomeduse (Scyphozoa). Organisationsschema. Epidermis weiß, Gastrodermis zellig, Mesogloea punktiert. Nach verschiedenen Autoren.

Abb. 217 Scyphozoa. Schemazeichnungen des Gastrovaskularsystems verschiedener Medusen. **A** Coronatae. **B** Semaeostomeae (Pelagiidae). **C** Semaestomeae (Ulmaridae). **D** Rhizostomeae. C, D ohne Schirmrand- und Mundansatzstrukturen. Aus Werner (1984).

Epidermis der Mundscheibe senkt sich bei Scheiben- und Stauromedusen trichterartig in die Septen (Taeniolen) und bildet so die 4 Septaltrichter. Unterhalb setzen die ektodermalen Septalmuskeln an, die bis zur Fußscheibe reichen. Scyphopolypen siedeln bevorzugt auf steinigem Untergrund, an Hafenmauern oder Holzpfählen, auf Muschelschalen oder Tang. Sie leben solitär; Stockbildung existiert nur bei Coronatae (S. 140).

Bei den glocken-, helm- oder scheibenförmigen **Scyphomedusen** (Abb. 216) sind Gastralsepten in Form von Lappenspangen bei Coronatae (peripher offen) und Pelagiidae (geschlossen mit echten Gastraltaschen) (Abb. 217A,B) vorhanden. Bei den übrigen Taxa sind sie reduziert, und bei ihnen setzt sich der Zentralmagen in zahlreiche Radiärkanäle fort, die ontogenetisch wie die Lappenspangen durch Verwachsen der oberen und unteren Wandung des einheitlichen Gastralraumes entstanden sind (Abb. 217C,D). Die Radiärkanäle können sich vielfach verzweigen. Ein peripherer Ringkanal kann vorhanden sein (Abb. 217C) oder fehlen. Die Gastralfilamente liegen oberhalb der aus den Septaltrichtern des Polypen hervorgegangenen ektodermalen Einsenkungen (Subgenitalhöhlen). Der Mund ist entweder kurz vierlippig (einige Coronatae, Stauromedusae), oder die Mundlippen sind fahnenartig lang ausgezogen oder stark verwachsen mit verschiedenen Anhängen. – Der Glockenrand, der an der Subumbrella eine mächtige Ringmuskulatur trägt, ist durch Einkerbungen in Randlappen untergliedert. Nervenringe kommen nur bei den Coronatae vor; für die Rhythmik der Kontraktion beim Schwimmen sind bei den anderen Scyphomedusen Nervenkomplexe nahe den Rhopalien (s. unten) verantwortlich. Das Schlagen der Randlappen charakterisiert die Schwimmbewegung.

Da eine irisblendenartige Verengung der Öffnung des Subumbrellarraumes fehlt, entfällt die damit verbundene Möglichkeit, den aus dem Subumbrellarraum ausgepressten Wasserstrahl zu lenken. Eine Richtungsänderung wird durch ungleichartiges Schlagen der Randlappen und asymmetrische Kontraktion der Glocke bewerkstelligt, wodurch das Schwimmen der Scyphomedusen im Vergleich zu Cubo- und Hydromedusen unbeholfener wirkt.

Die Randsinnesorgane (Rhopalien) (Abb. 216) liegen zwischen den Randlappen und haben die Form eines vom Glockenrand abstehenden Kolbens. Dieser ist entodermal ausgekleidet und von einer aus Epidermis und Mesogloea aufgebauten Haube abgedeckt. Durch Mineraleinlagerungen sind die distalen Gastrodermiszellen umgebildet: Die Spitze des Kolbenkanals birgt zahlreiche Kristalle aus Calciumsulfathemihydrat, deren Gesamtheit als Statolith fungiert. Dabei werden die Pendelbewegungen des Kolbens von Sinneszellen wahrgenommen. Bei *Aurelia aurita* ist außerdem je ein Flächen- und ein Becherauge vorhanden. Sinnesgruben, die in unmittelbarer Nähe des Randkörpers liegen, werden chemorezeptorische Funktionen zugeschrieben, womit das Rhopalium ein komplexes Licht-, Schwere- und Geschmackssinnesorgan darstellen würde. Trotz ihrer Komplexität sind die Rhopalien relativ ursprüngliche Sinnesorgane, da alle Sinneszellen nach außen gewandt sind.

Das Beutespektrum bei den Scyphomedusen reicht je nach Größe, Alter oder Taxon von kleinen Planktonorganismen bis zu ausgewachsenen Garnelen und kleinen Fischen. Viele Arten ernähren sich vorwiegend von anderen Medusen. Durch die Schwimmbewegungen kann das Wasser mithilfe der Tentakel abgefischt werden (bei *Aurelia aurita* 1 Liter in 7 ½ min). Die bei Partikelfressern (*Aurelia aurita*, S. 142) in Schleim gehüllte, durch Wimpernströme dem Gastralraum zugeführte Nahrung wird durch Enzyme aus den Gastralfilamenten aufgeschlossen und durch die Kontraktionsbewegungen gleichmäßig im Gastralraum verteilt.

Fortpflanzung und Entwicklung

Die Scyphozoa sind fast alle getrenntgeschlechtlich. Die **Keimzellen** entstehen aus Entodermzellen, die meist in die

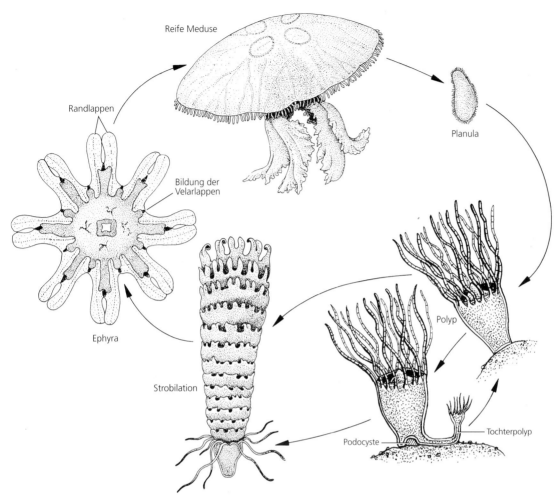

Abb. 218 *Aurelia aurita* (Scyphozoa, Semaeostomeae), Ohrenqualle. Metagenetischer Lebenszyklus. Meduse: Durchmesser bis 40 cm; Polyp: ca. 2 mm. Häufig in Nord- und Ostsee. Verändert nach Bayer und Owre (1968).

Mesogloea einwandern. Die Spermatozoen werden stets ins freie Wasser abgegeben, die Oocyten können im Gastrovaskularsystem befruchtet werden. Dort, in den Gonaden oder in Taschen der Mundarme erfolgt Brutpflege. Die Scyphozoa sind das Cnidaria-Taxon mit der einheitlichsten Embryonalentwicklung. Die total-radiäre **Furchung** führt über eine Coeloblastula zur Invaginationsgastrula, wobei Embolie mit polarer Immigration gekoppelt sein kann. Der Blastoporus wird meist wieder verschlossen; die mundlose Planula ist gleichmäßig bewimpert und metamorphosiert nach einer pelagischen Phase zum Polypen. Scyphopolypen vermehren sich asexuell durch stoloniale oder laterale Knospung oder Podocystenbildung (S. 127) (Abb. 218).

Dagegen führt eine spezielle Querteilung (terminale Abschnürung, Strobilation) zur Bildung von Medusen. Während des Überganges in das Teilungsstadium (Strobila) (Abb. 218) wird der Scyphopolyp durch Ringfurchen in kleine Scheibchen zerlegt. Bei Cubomedusen (s. u.) kann die Metamorphose von der Strobilation abgeleitet werden. Eine monodiske Strobila liegt vor, wenn nur eine Medusenanlage entsteht. Bei den Stauromedusae wird diese nicht abgelöst. Dabei wird aus dem Polypenmund der Medusenmund, die Mundscheibe zur Subumbrella und die per- und

interradialen Tentakel zu den Rhopalien der Meduse, während alle übrigen Tentakel resorbiert werden. Die Medusententakel werden später neu gebildet. Bei den meisten Arten werden mehrere Medusenanlagen gleichzeitig gebildet (polydiske Strobila, Abb. 218). Die jeweils terminale Scheibe löst sich ab und wird zur freischwimmenden Ephyra (Abb. 218).

Während die erste Ephyra den Mundkegel des Scyphopolypen übernimmt, bilden die folgenden Ephyren ihr Manubrium aus dem Verbindungsrohr, durch das die Medusenanlagen vor der Ablösung in Verbindung standen. Diese Verbindung besteht im Wesentlichen aus den vier reduzierten, aber noch funktionsfähigen Septalmuskeln, weshalb sich die gesamte Strobilationskette kontrahieren kann. Nach Ablösung aller Ephyren regeneriert der Restpolyp nach kurzer Zeit wieder ein Mundfeld mit Tentakelkranz und Septaltrichtern. Vom Scyphopolypen bleibt stets ein Restkörper übrig, der wieder vollständig regeneriert. Junge Ephyren schwimmen durch rhythmisches Schlagen der Stammlappen mit den je zwei Flügellappen. In der Weiterentwicklung wachsen bei den Discomedusae (semaeostomen und rhizostomen Medusen) zwischen den Stammlappen die Velarlappen aus, die sich stark verbreitern, bis ein mehr oder weniger geschlossener Schirm entstanden ist. Die Flügellappen bleiben meist als kleine Rhopalarlappen erhalten. Die Coronatae haben zeitlebens eine Ephyra-ähnliche Gestalt (Abb. 220F). Der typische Generationswechsel kann sowohl durch Reduktion als auch Verlust der Polypen- wie der Medusengeneration Abwandlungen erfahren.

Systematik

Die Coronatae werden als Scyphozoengruppe mit vielen ursprünglichen Merkmalen angesehen. Das mehrschichtige Peridermgehäuse ihrer Polypen (Abb. 220D) ähnelt dem der fossilen †Conulata (s. u.). Jene hatten einen vierklappigen Deckelapparat mit wahrscheinlich 4 Schließmuskeln, die bei den Coronatae erhalten sind. Hieraus kann die Vierstrahligkeit und die strangartige Längsmuskulatur der „modernen" Scyphopolypen abgeleitet werden.

Obwohl der Primärpolyp einem normalen Scyphistoma gleicht und der medusoide Teil Gastralfilamente sowie teilweise auch aus Polypententakeln entstandene Sinnesorgane hat, bleibt die Stellung der Stauromedusae vor allem durch Ergebnisse der Molekularbiologie umstritten (s. S. 129). Als abgeleitet sind die Spermien, die wimpernlosen Planulae und das Fehlen freischwimmender Medusen anzusehen, was aber als Anpassung an den Lebensraum im Litoral betrachtet werden kann. Das Claustrum (ein Ringwall, den auch die Cubozoa – weniger ausgeprägt – aufweisen) und die Ultrastruktur der Oocyten, die ähnliche Speicherstoffe wie die der Octocorallia enthalten, sind dagegen ursprüngliche Merkmale. Da es sich jedoch um Symplesiomorphien handelt, können diese Merkmale wenig zur Klärung der Stellung dieser Gruppe beitragen.

Unbestritten abgeleitet sind demgegenüber die jetzt hier als Discomedusae (Scheibenquallen) zusammengefassten Semaeostomeae, Cepheida und Rhizostomeae. Der Differenzierungsgrad des Gastrovaskularsystems bei den Rhizostomeae erreicht einen Höhepunkt innerhalb der Scyphozoa (Abb. 217C, D). Die Monophylie der Gruppe muss jedoch in Frage gestellt werden, da sie aus verschiedenen Taxa der Semaeostomeae abgeleitet werden können. So gelten die Cepheida und die Cyaneidae als Schwestergruppen ebenso wie Rhizostomida und Aurelinae. Das bedeutet, dass der Wurzelmund mit den Mundporen und die mikrophage Ernährung mehrfach entstanden sind.

Abb. 219 †Conulata. Gehäuse-Rekonstruktion einer †Conularia-Art, der obere Faltklappenverschluss teilweise geöffnet. Länge ca. 6 cm. Nach Werner (1971).

---

†Conulata

Fossile Cnidaria (Kambrium bis Trias) mit oft tetramerem Peridermgehäuse und Deckelapparat, bei viereckigen Formen aus 4 Verschlussklappen (Abb. 219); meist festsitzend; Außenseite des Periderms mit Längs- und Querstreifen, Innenwand glatt. Die festsitzende †*Archaeoconularia fecunda* (Conulariidae), Ordovizium, 8–9 cm hoch, in Ostdeutschland und Tschechien verbreitet.

2.1 Coronamedusae (Coronatae), Kronen- oder Kranzquallen

Die solitären oder koloniebildenden Polypen leben in einer Peridermröhre (Abb. 220A–C), deren Struktur an die der fossilen †Conulata (s. o.) erinnert, allerdings im Querschnitt rund ist. Polypen (Stephanoscyphistomae, nur bei Nausithoidae, Linuchidae und Atorellidae, alle anderen Gattungen ohne Polypengeneration) der Coronatae haben distal das Kanalsystem einer Meduse: 4 Radiärkanäle, 1 Ringkanal (Abb. 220C). Die Exumbrella der kuppel- bis kegelförmigen Medusen ist durch eine Ringfurche (Corona) (Abb. 220F) untergliedert. Die meist 16 Randlappen sind in gleichen Abständen oder paarweise genähert angeordnet. Zwischen den Randlappen sind alternierend die acht Rhopalien und acht Tentakel angeordnet (Nausithoidae, Linuchidae). Bei den Paraphyllinidae sind die vier interradialen, bei den Periphyllinidae die vier perradialen Rhopalien durch Tentakel ersetzt. Bei den Atollidae sind die Randlappen und Tentakel sekundär vermehrt, bei den Atorellidae auf 6 vermindert.

Nausithoe punctata (Nausithoidae), Meduse mit einem Schirmdurchmesser von 1–2 cm; Mittelmeer (Abb. 220F). – *Linuche unguiculata* koloniebildender Polyp, Karibik. Die Lebenszyklen vieler Arten waren lange unbekannt, daher wurden Polypen und dazugehörige Medusen oft mit unterschiedlichen Gattungsnamen belegt: Polypen der ehemaligen Gattung *Stephanoscyphus* (Abb. 220B) erzeugen Medusen der Gattung *Nausithoe* und der Gattung *Atorella*. – *Nausithoe eumedusoides*, in mediterranen Höhlen, Medusengeneration reduziert: Zwar strobiliert der Polyp, freie Ephyren werden jedoch nicht gebildet, sie bleiben als sessile Medusoide am Polypen und bilden reife Geschlechtsprodukte; zwittrig, Selbstbefruchtung möglich. Die befruchteten Eier entwickeln sich im Gastrovaskularsystem zu Planulae, die – nach einer pelagischen Phase – zu sessilen Polypen werden. – *Thecoscyphus zibrowii* (Abb. 220A), galt als „Urpolyp", da Meduse fehlt; inzwischen wurde eine rudimentäre Strobilation nachgewiesen. Parthenogenese. Mittelmeer. – *Periphylla periphylla*. Tiefseemeduse ohne Polypengeneration. Leuchtet.

Bau und Funktion der nahe verwandten Semaeostomeae und der wurzelmündigen Quallen entsprechen den auf S. 129, 138 beschriebenen Gegebenheiten, weshalb bei der Besprechung beider Gruppen jeweils nur auf deren Besonderheiten hingewiesen wird.

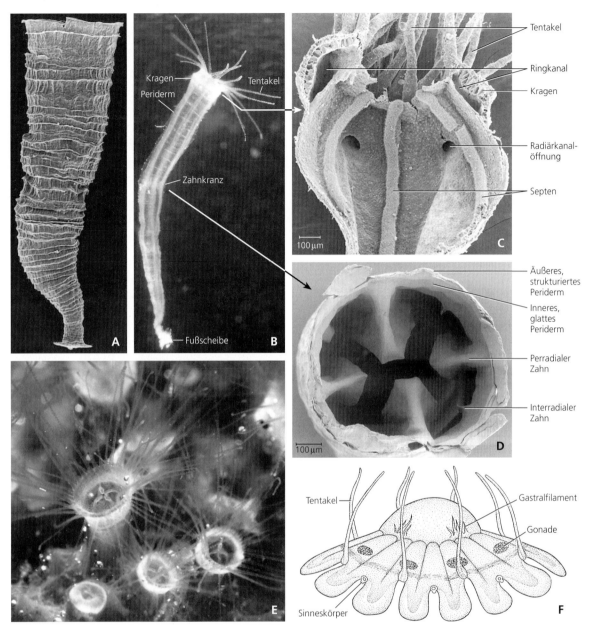

Abb. 220 Coronatae (Scyphomedusae). **A** Peridermröhre des Polypen von *Thecoscyphus zibrowii*. REM-Foto. Länge: 10 mm. **B** Polyp von *Nausithoe* sp. **C** Aufgeschnittener oberer Bereich eines Polypen (*Nausithoe* sp.). **D** Querschnitt durch den mittleren Bereich einer Peridermröhre. REM-Foto. **E** *Nausithoe punctata*. Polypenstock in einem Schwamm. Mundscheibendurchmesser ca. 1 mm. **F** Meduse von *Nausithoe* sp. Seitenansicht. A Original: W. Schäfer, Sindelfingen; B–D Originale: G. Jarms, Hamburg; E Original: A. Svoboda, Bochum; F nach Werner (1984).

2.2 Discomedusae, Scheibenquallen

Zu diesem Taxon gehören die häufigsten Quallen. Bei vielen Arten sind die Kanten ihres Manubriums in 4 lange, faltige Lappen (Mundfahnen) ausgezogen (Abb. 216, 221), weshalb sie traditionell als Semaeostomeae oder Fahnenquallen zusammengefasst wurden. Ihr Schirmrand ist gelappt und trägt die acht Rhopalien und manchmal meterlange Tentakeln. Bei den Cyaneidae sind die zahlreichen Tentakel mundwärts auf die Subumbrella gerückt. Polypen der Fahnenquallen vermehren sich asexuell durch laterale oder stoloniale Knospung und können Podocysten bilden.

In molekularen Analysen wurde inzwischen erkannt, dass auch die früher als getrennte Taxa mit ausschließlich microphager Lebensweise und einem entsprechend abgewandelten Bauplan – die Cepheida und die Rhizostomida – eng mit einzelnen Taxa dieser Fahnenquallen verwandt sind und deshalb mit ihnen in einer Gruppe vereint sein sollten. Ihnen fehlen Fangtentakel am Schirmrand, und die ursprüngliche Mundöffnung verwächst früh. So besteht das Manubrium aus einem Röhrensystem, das in den zentralen Teil des Gastrovaskularsystems mündet und durch Poren, die meist von kleinen Tentakeln umstanden sind, mit der Außenwelt in Verbindung steht (Abb. 222). Wimpern befördern kleinste

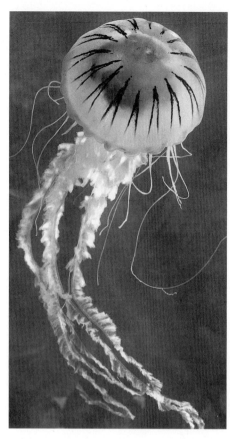

Abb. 221 *Chrysaora hysoscella* (Scyphozoa, Semaeostomeae), Kompassqualle. Mit brauner oder rötlicher Zeichnung. Vor allem im Spätsommer in der Nordsee. Durchmesser: 30 cm. Original: F. Schensky, Helgoland.

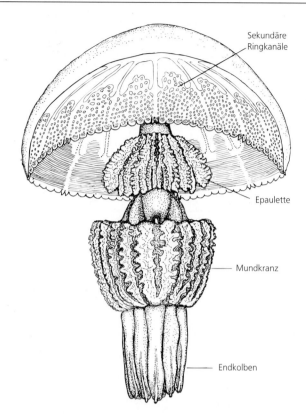

Abb. 222 *Rhizostoma octopus* (Scyphozoa, Rhizostomeae), Wurzelmundquallen. Bläulich-milchig-weiß, Mundarme blau. In der Nordsee häufig in Massen. Schirmbreite: 60 cm. Nach Russel (1979) aus Werner (1984).

Nahrungspartikel zu den Poren, die so in das weitverzweigte Magensystem aufgenommen werden. In diesem Bereich des Manubriums sind zierliche Fransen, Falten und Krausen ausgebildet. (Siehe früherer Name Rhizostomaeae!) Die Polypen des früheren Taxons Cepheida sind in der äußeren Morphologie oft abweichend von denen der Semaeostomeae. So besitzen sie häufig lange Stiele, die an der Basis von einem Periderm umgeben sein können (*Cassiopea*). Sie bilden keine Podocysten, aber so genannte Schwimmknospen (Planuloide). Diese werden einzeln oder zu mehreren in einer Kette lateral am Kelch gebildet. Sie schwimmen mit Wimpern mit dem Oralpol voran und setzen sich nach einer pelagischen Phase fest. Sie wachsen dann zum Polypen heran.

Cyanea capillata, Feuerqualle oder Gelbe Haarqualle (Cyaneidae), mit unter den Schirm verschobenen Büscheln von feinen, leicht abreißenden, meterlangen, stechend nesselnden Tentakeln, beeinträchtigen durch ihr zeitweilig massenhaftes Auftreten den Badebetrieb an der Nord- und Ostseeküste. Schirmdurchmesser oft über 30 cm, in der Arktis über 2 m(!). – *Cyanea lamarckii*, Blaue Haarqualle, ähnlich *C. capillata*, kleiner, Schirmdurchmesser meist nur bis 15 cm – *Pelagia noctiluca*, Leuchtqualle (Pelagiidae), Schirmdurchmesser bis 8 cm. In den letzten Jahren in der Adria immer häufiger, nesselt stark und verursacht großflächige Nekrosen; auf mechanische oder elektrische Reize emittiert sie bläuliches Licht (475 nm Wellenlänge). Ohne Polypen; Planulae wandeln sich direkt in Ephyren um. – *Chrysaora hysoscella*, Kompassqualle (Pelagiidae), 30 cm Schirmdurchmesser, bis 50 cm lange, faltige Mundarme; an eine Kompassrose erinnernde Zeichnung der Exumbrella (Abb. 221), die auch fehlen kann. Meduse

ist zunächst männlich, dann zwittrig, schließlich weiblich und beherbergt in den Gonaden unterschiedlich weit entwickelte Embryonen. – *Aurelia aurita*, Ohrenqualle (Ulmariidae), 40 cm Schirmdurchmesser; erkennbar an den violett durchschimmernden, hufeisenförmigen Gonaden („Ohren", Abb. 218). Nesselwirkung für Menschen harmlos, Kosmopolit, häufigste Qualle der Nord- und Ostsee. Frisst auch größere Organismen, sogar kleine Fische, generell jedoch mikrophag: Partikel werden durch Schleim und Cilien auf Mundarmen und Schirm festgehalten, dann zum Schirmrand transportiert, von wo sie von den Armen abgestreift werden und in das Gastralsystem gelangen.

Cassiopea xamachana, Mangrovenqualle (Cassiopeidae), Schirmdurchmesser bis 15 cm. Indem sie sich mit der Exumbrella am Substrat festsaugt und mit den Manubrialkrausen kleinste Nahrungspartikel fängt, geht sie quasi zum sessilen „Polypendasein" über, kann sich aber jederzeit vom Standort lösen und davonschwimmen. – *Mastigias papua* (Mastigiidae) mit vielen Varietäten im südostasiatischen Bereich unter anderem auch Medusen im Quallensee von Palau.

Rhizostoma octopus, Blumenkohlqualle (Rhizostomidae), Schirmdurchmesser 60 cm, „Mundarmkrausen" mit 8 Endzapfen und „Schulterkrausen" an der Basis der Arme; Nordsee (Abb. 222). – *Rhopilema esculenta* (Rhizostomidae), wird in Ostasien – wie auch andere Quallen – getrocknet oder nach Einlegen in Salz und Gewürzen gegessen.

2.3 Stauromedusae (Lucernariida),
Becher- oder Stielquallen

Diese halbsessilen, aberranten Scyphozoen mit polypoidem Habitus (Abb. 223) besitzen einen Stiel, der durch 4 Septen

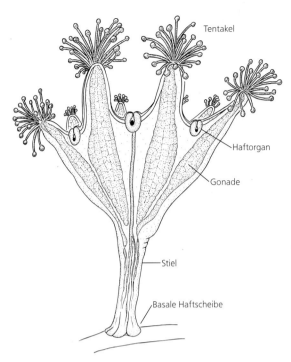

Abb. 223 *Haliclystus octoradiatus* (Scyphozoa, Stauromedusida). Seitenansicht. Polypenähnliche, festsitzende Meduse, die je nach Untergrund gelb, braun, grün oder rötlich gefärbt ist. Durchmesser 20–30 mm. Nach Clark (1878).

und die darin verlaufenden Septalmuskeln einem Scyphopolypen gleicht. Er endet in einer verbreiterten Fußscheibe, mit der das Tier am Untergrund (meist Makroalgen) haftet. Der distale Kelch trägt (wie eine Meduse) Gastralfilamente und Gonaden. Den Gastralraum unterteilen 4 Septen mit ausgeprägten Septaltrichtern. Jede der 4 Gastraltaschen kann durch ein Claustrum in eine äußere (exogone) und innere (mesogone) Tasche untergliedert sein. – Am Schirmrand können perradial und interradial den Rhopalien homologe Haftorgane (Randanker, Rhopaloide) liegen, die eine Klebsubstanz abscheiden. Sie werden auf polypoide Tentakel zurückgeführt, die in der Ontogenese umgewandelt wurden. Die subumbrellare Ringmuskulatur ist schwach entwickelt. Sinnesorgane fehlen; wie bei einem Polypen sind zerstreut Rezeptorzellen vorhanden. Adradial entspringen am Schirmrand büschelartig verzweigte Arme (Abb. 223), die jeweils in kugeligen Nesselkapselbatterien enden. Diese ergreifen die Nahrung, hauptsächlich kleine Krebse, Muscheln, Schnecken und Larven, und führen sie dem Mundrohr zu. Die Tentakelbüschel dienen auch der Lokomotion, indem sich das Tier abwechselnd mit ihnen und der Fußscheibe festheftet und so spannerraupenartig kriechen und Rad schlagen kann.

Becherquallen werden auf eine monodiske Strobila zurückgeführt, d. h. auf eine ungeschlechtlich entstandene Meduse, die sich nicht vom Polypen ablöste. Da sie Keimzellen trägt, kann sie als Medusoid (Gonophor) betrachtet werden.

Die Gonaden treten adradial als 8 bandförmige Streifen an der Innenwand der Subumbrella in Erscheinung. Die Tiere

sind ovipar. In der Entwicklung furchen sich die dotterarmen Eier radiär. Die Gastrulation führt durch unipolare Immigration zu einer cilienlosen Planula, die sich festheftet und bis zu 4 Planuloide bilden kann, die – wie die Mutterplanula – zu Becherquallen metamorphosieren.

Craterolophus tethys, 4 cm hoch, Schirmdurchmesser 2,5 cm, sehr farbvariabel, da sie über die Fußscheibe Pigmente der Algen, auf denen sie siedelt, aufgenommen werden. Nordsee. – *Lucernaria quadricornis*, bis 6 cm hoch; Arme deutlicher ausgezogen und paarweise angenähert. – *Haliclystus octoradiatus*, 3 cm hoch, mit eiförmigen Randankern. Nordsee (Abb. 223).

3 Cubozoa, Würfelquallen

Die etwa 40 Arten wurden früher zu den Scyphozoa gerechnet. Polyp und Lebenszyklus waren lange unbekannt. Erst in den 70ern des 20. Jahrhunderts gelang die Zucht von Cubopolypen aus Planulae der larviparen Medusen von *Tripedalia cystophora*. Die Polypen weisen gegenüber den Scyphozoa teilweise auf ihre Kleinheit zurückzuführende Unterschiede auf, während die Medusen viele Merkmale mit den Scyphomedusen teilen. Ihr spezieller, als Metamorphose gedeuteter Bildungsmodus lässt sich aus einer Strobilation ableiten. Cubomedusen bewohnen tropische und subtropische Meere mit ausgedehnten Schelfgebieten, z. B. die Ostküste Australiens, die Karibik und das Mittelmeer. Besonders häufig wer-

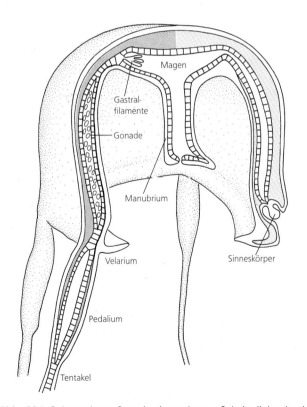

Abb. 224 Cubomeduse. Organisationsschema. Schnitt links durch Interradius, rechts durch Perradius geführt. Epidermis weiß, Gastrodermis zellig, Mesogloea punktiert. Vereinfacht nach Werner (1984).

den diese gefürchteten, manchmal tödlich nesselnden Quallen („Seewespen") in Häfen, Flussmündungen oder zwischen Mangrove-Inseln im flachen, bisweilen nährstoffreichen Wasser gefunden.

Bau und Leistung der Organe

Die bisher beschriebenen Polypen der Cubozoa leben solitär. Der proximale Abschnitt von *Tripedalia cystophora* steckt in einem von den basalen Epidermiszellen abgeschiedenen Peridermbecher (Abb. 226). Distal erhebt sich über den Tentakelkranz hinaus ein muskulöser Mundkegel, an dessen Basis ein ektodermaler und ein entodermaler Nervenring verlaufen. Ihn umstellen die Tentakel, deren verdicktes Ende viele parallel zur Längsachse angeordnete (*Tripedalia*) oder nur eine große Nesselkapsel (*Chironex, Carybdea*) trägt. Der stumpfkegelige bis flaschenförmige Cubopolyp hat ausserhalb der Metamorphose nicht die radiärsymmetrisch-tetrameren Strukturen der Scyphopolypen (Abb. 188): Gastralsepten und -taschen sowie Septalmuskeln fehlen, die Gastrodermis weist lediglich unregelmäßige Längsfalten auf. Bei den adulten Cubomedusen ist der Schirm mehr oder weniger würfelförmig (Abb. 224), außen sitzen an jeder der vier Ecken entweder 1–3 einzelne Tentakel oder ein ganzes Bündel. Die Tentakelbasen sind zu Pedalia verdickt. Der Subumbrellarraum ist tief ausgehöhlt, seine Öffnung wird durch ein Velarium irisblendenartig eingeengt. Im Gegensatz zum Velum der Hydromedusen ist das Velarium eine Bildung der Subumbrella und enthält Kanäle des Gastrovascularsystems. In der Epidermis der Subumbrella liegt zwischen Velarium und Schirmrand ein Nervenring. In unmittelbarer Nähe ist, teilweise in die Mesogloea eingebettet, eine breite Ringmuskulatur entwickelt. Viele Cubomedusen sind äußerst schnelle und gewandte Schwimmer.

Der durch Kontraktion der Ringmuskulatur aus dem Subumbrellarraum herausschießende Wasserstrahl kann durch asymmetrische Kontraktion des Velariums abgelenkt werden, was eine sofortige Änderung der Schwimmrichtung zur Folge hat. Zusätzlich wirken die Pedalia, die sich beim Schwimmen krümmen, als Steuer. Die hohe Manövrierfähigkeit resultiert aus den kurzen, nervösen Verbindungen von Sinnesorganen und Muskulatur. Einige Arten können bis zu 150 Kontraktionsbewegungen min^{-1} ausführen und über 6 m min^{-1} zurücklegen.

Die 4 Sinnesorgane (Rhopalien) liegen perradial in Vertiefungen der Exumbrella (Sinnesnischen), die von einer lidartigen Falte überdacht werden. Ein Rhopalium enthält distal einen Konkrementkörper aus Calciumsulfathemihydrat und trägt, der Schirmhöhle zugewandt, Becheraugen oder komplexe Linsenaugen (Abb. 225).

Allgemein zeigen Cubomedusen eine positive Phototaxis. Sie nehmen ein in 1,5 m Abstand entzündetes Streichholz wahr und schwimmen darauf zu. Möglicherweise erbeuten sie nachts leuchtende oder Licht (Mondschein) reflektierende Tiere. Andererseits können sie auch schwarze Plättchen von 1 cm² in der gleichen Entfernung wahrnehmen und dann ausweichen.

Cubomedusen ernähren sich je nach Größe hauptsächlich von kleinerem Zooplankton oder pelagischen Polychaeten, Garnelen oder kleineren Fischen. Die Beute wird mit den Tentakeln gefangen und, indem sich die Pedalia nach innen

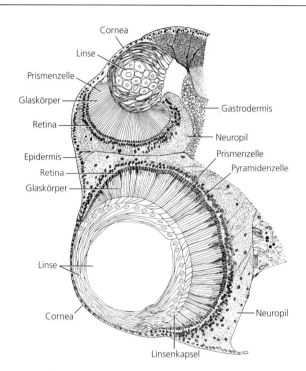

Abb. 225 Linsenaugen im Sinneskörper von *Carybdea marsupialis* (Cubozoa). Oben kleines Auge, unten größeres, höher organisiertes Auge. Nach Berger (1900) aus Werner (1984).

wölben, vom Manubrium ergriffen und dem Gastrovascularsystem zugeführt. Septen (4) unterteilen den Gastralraum in 4 Gastraltaschen. Ob es sich bei den in Richtung der Septen aufgewölbten zipfeligen Einsenkungen um Septaltrichter handelt, wird neuerdings bestritten (fehlende Septalmuskulatur!). Die Gastraltaschen sind durch je eine Öffnung mit dem Zentralmagen verbunden. Durch eine parallel zur Körperwand verlaufende Wandung, das Claustrum (neben den Suspensorien am oberen Teil der Septen eine der Stützstrukturen der Cubomedusen), wird jede Gastraltasche nochmals in eine innere und eine äußere Tasche unterteilt. An den 4 Septen entstehen die Gonaden, die beiderseits in die äusseren Taschen hineinwachsen und sie im reifen Zustand nahezu ausfüllen.

Fortpflanzung und Entwicklung

Die Cubozoa sind getrenntgeschlechtlich. Die Befruchtung bei *Chironex* und *Chiropsalmus* erfolgt außerhalb des Körpers, bei *Tripedalia* und *Carybdea* dagegen im Gastrovascularsystem. Adulte Cubopolypen pflanzen sich ungeschlechtlich durch Knospung fort. Anders als bei Hydrozoen wird die Knospe durch eine vertikale Abschnürung von der Körperwand gebildet. Sie entwickelt bereits am Mutterpolypen Tentakel – bei *Tripedalia* meist zwei kurze und einen sehr langen, bei *Carybdea* 6–8 gleich lange. Nach der Ablösung bewegen sich die Kriechpolypen mit den Tentakeln voran durch sehr langsame rhythmische Muskelkontraktionen fort und setzen sich schließlich fest. Die Embryonalentwicklung der Cubozoa ist nur lückenhaft bekannt, die Zygoten von *Carybdea marsupialis* furchen sich total-äqual, die Ablösung des Entoderms erfolgt durch multipolare Immigration. Die

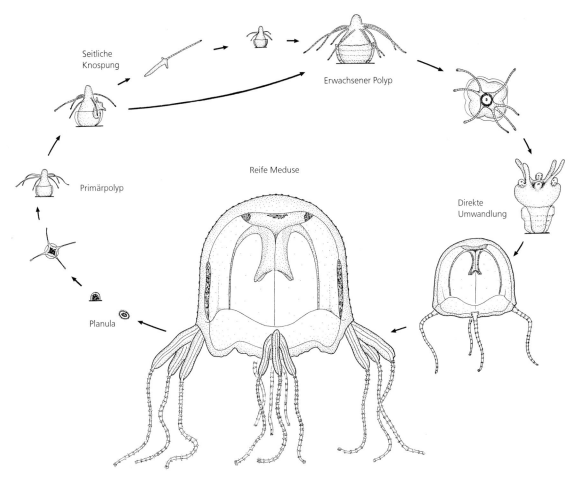

Seitliche
Knospung

Erwachsener Polyp

Primärpolyp

Reife Meduse

Direkte
Umwandlung

Planula

Abb. 226 *Tripedalia cystophora* (Cubozoa). Lebenszyklus mit Knospung, direkter Umwandlung von Polyp in Meduse und sexueller Fortpflanzung der Meduse. Nach Werner (1973), vereinfacht.

birnenförmigen Planulae sind stark bewimpert und metamorphosieren nach einigen Tagen zu Polypen.

Die adulten Cubopolypen wandeln sich meist vollständig in eine Meduse um, eine Vermehrung bei der Medusenbildung findet daher nur selten statt (Abb. 226). Allerdings konnte gezeigt werden, dass auch basale Restbildung stattfinden kann. Diese Reste regenerieren einen neuen Polypen.

Zu Beginn der Metamorphose wird der ursprünglich radiärsymmetrische Körper des Polypen durch Ausbildung von 4 Längsfalten tetramer. Die Tentakel werden zu 4 Gruppen zusammengefasst und anschließend bis auf die Basalteile, die sich in die Randsinnesorgane (perradial) umwandeln, reduziert. Zwischen den Sinnesorganen entstehen interradial die Tentakel der Meduse. Im Umkreis des Mundkegels senkt sich die Epidermis ein, was zur Bildung des Subumbrellarraumes führt. Nach der Metamorphose hinterlässt die junge Meduse von *Tripedalia cystophora* nur den Peridermbecher. Neuerdings wurde beobachtet, dass bei *Carybdea marsupialis* nach der Medusenbildung bei einigen Tieren regelhaft ein basaler Polypenrest bleibt, der wie bei den Scyphozoa wieder zum vollständigen Polypen regeneriert (!).

Systematik

Bevor der Entwicklungszyklus der Cubozoa aufgeklärt war, wurden sie als „Cubomedusae" in die Scyphozoa eingereiht.

Der Bau der Polypen ohne Septen, Septaltrichter und Septalmuskulatur kann durch die geringe Größe erklärt werden. Der Nervenring des Polypen ist eine Besonderheit. Auch die Medusen lassen sich durch den Bau des Gastralsystems, der Sinnesorgane, insbesondere der Augen, und durch das Cnidom (Haplonemen, Rhabdoide, Eurytelen und Stenotelen) von den Scyphozoa ableiten, die nur Haplonemen und Eurytelen aufweisen. Einige Autoren stellen sie in die Nähe der Stauromedusae an die Basis der metagenetischen Cnidaria, da die Bildung der Meduse durch direkte Metamorphose aus einem einzigen Polypen sehr ursprünglich erscheint. Andererseits kann die Metamorphose nach den jüngsten Beobachtungen an *Carybdea marsupialis* (s. o.) auch als abgeleitete Strobilation interpretiert werden. Bis zur weiteren Klärung auch mit Hilfe molekularbiologischer Methoden muss die Einordnung der Cubozoa in das System der Cnidaria offen bleiben. Die beiden Subtaxa, die Carybdeida und die Chirodropida, unterscheiden sich vor allem in der Anatomie der Pedalia, im Bau des Gastrovaskularsystems und im Cnidom. Diese Strukturen sind bei den Chirodropida komplexer.

3.1 Carybdeida

Immer nur 1 Tentakel pro Pedalium. Je nach Gattung vier mal 1, 2 oder 3 Pedalien. Gastrovaskularsystem ohne Blindsäcke; Cnidom aus Haplonemen, Eurytelen und Stenotelen.

Carybdea marsupialis (Carybdeidae), Schirmhöhe 8 cm; stark nesselnd; Mittelmeer. – *Tripedalia cystophora* (Carybdeidae), 10–12 mm hoch (Abb. 226); Nesselwirkung gering; überträgt nach einem für Medusen höchst außergewöhnlichen Paarungsspiel kugelige Spermatozoenpakete auf das Weibchen, dessen befruchtete Eier sich im Gastralraum zu Planulae entwickeln. Karibik.

3.2 Chirodropida

Medusen mit 4 handförmigen Pedalia, an deren fingerförmigen Fortsätzen je 1 Tentakel inseriert. Jede Gastraltasche mit 2 Blindsäcken, die in die Subumbrellarhöhle hängen. Cnidom aus Haplonemen, Rhabdoiden, Eurytelen und Stenotelen.

Chironex fleckeri, Seewespen (Chirodropidae) und *Chiropsalmus quadrigatus;* 10 cm; gehören zu den gefährlichsten Meerestieren, massenhaftes Auftreten erfordert Sperrung weiter Badestrände. Nesselgift, ein Cardiotoxin (Protein mit Molekulargewicht um 150 000), bewirkt schmerzhafte Hautreaktionen, Krämpfe, Fieber, in schweren Fällen Lähmungen des Atemzentrums und Tod durch Herz- und Kreislaufversagen. Durch Einreiben der Haut mit Alkohol (notfalls Parfum, Rasierwasser etc.) denaturiert ein Teil des Nesselgifts und wird unwirksam. An manchen Badestränden im Indopazifik werden Behälter mit Essig bereitgestellt, der bisweilen die schlimmsten Folgen mildern kann.

4 Hydrozoa

Die Hydrozoa sind mit etwa 3 500 Arten (davon einige auch im Süßwasser) die Cnidaria-Gruppe mit der auffälligsten Formenvielfalt. Durch Knospung entstehen polypoide oder medusoide Zooide, die sehr unterschiedlich große Stöcke bilden können. Nur bei etwa einem Drittel der Arten werden noch freie Medusen gebildet. Mit der sekundären Rückbildung der Medusen kann Brutpflege verbunden sein.

Bau und Leistung der Organe

Die **Polypen** sind mit wenigen Ausnahmen klein (meist 0,2–1 cm hoch). Ihnen fehlen vertikale Gastralsepten (Abb. 188), was wohl durch die geringe Körpergröße bedingt ist. Demgegenüber erfährt der Polymorphismus seine größte Diversität. Der Polypenkörper kann bei stockbildenden Formen distal keulenförmig zum Hydranthen erweitert sein und setzt sich proximal in den die einzelnen Hydranthen tragenden Hydrocaulus fort bzw. steht mit kriechenden Stolonen in Verbindung, die ein umfangreiches Geflecht (Hydrorhiza) bilden können (Abb. 231, 234). Hydrozoenstöcke werden meist von einer chitinösen Hülle (Periderm) umgeben, die ihnen Stabilität und Schutz verleiht.

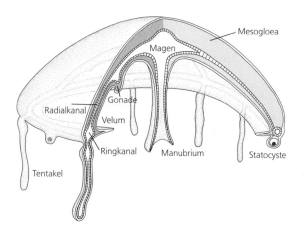

Abb. 227 Hydromeduse (Hydrozoa). Organisationsschema. Schnitt links durch Radialkanal, rechts durch Interradius geführt. Epidermis weiß, Gastrodermis zellig, Mesogloea punktiert. Vereinfacht nach verschiedenen Autoren.

Die Stockbildung erfolgt entweder durch Knospung neuer Polypen an den Stolonen der Hydrorhiza oder am Hydrocaulus. Bei monopodialer Verzweigung entstehen lateral an der weiterwachsenden Hauptachse neue Hydrocauli (1. Ordnung), die ihrerseits lateral weitere Zweige (2. Ordnung) bilden usw. Bei sympodialer Verzweigung (Abb. 229) erlischt das Wachstum des Gründungspolypen, die Sprossungszone liegt unterhalb seines Hydranthen, wo lateral die nächste Polypenknospe entsteht.

Hydromedusen erreichen im Gegensatz zu Scyphomedusen (S. 137) meist nur einen Schirmdurchmesser von wenigen Zentimetern (Ausnahmen: *Aequorea forskalea* bis 17 cm und *Rhacostoma atlanticum* bis 40 cm). Die Mesogloea ist zellfrei. Gonaden liegen zwischen der Epidermis und der Stützlamelle am Manubrium oder an den Radiärkanälen (Abb. 227, 229). Das Velum (Abb. 227), ein nach innen vorspringender Saum aus 2 Epidermislagen und Mesogloea, verengt den Subumbrellarraum. Es wirkt – entsprechend dem analogen Velarium bei den Cubozoa (Abb. 224) – beim Auspressen des Wassers aus der Glockenhöhle durch Kontraktion der Ringmuskulatur wie eine Düse, wodurch beim Schwimmen ein schnelleres Vorwärtskommen und rasche Richtungsänderungen erreicht werden. Nahe der Ansatzstelle des Velums verlaufen 2 Nervenringe (Abb. 194A); ein größerer liegt in der Exumbrella, ein kleinerer in der Subumbrella. In einigen Fällen wurden Ganglien nachgewiesen.

Die Sinnesorgane der Medusen liegen am Glockenrand (Abb. 180A). Die Ocellen der Anthomedusae befinden sich oft auf einer rundlichen Anschwellung an der Tentakelbasis. Die Statocysten der Leptomedusae enthalten im Unterschied zu denen der Scypho- und Cubomedusen Statolithen aus Calciummagnesiumphosphat. – Die Nahrung wird mit den Tentakeln erbeutet und, indem sich der Glockenrand und das oft lange Manubrium aufeinander zubiegen, dem Gastrovaskularsystem zugeführt und dort verdaut; Gastralfilamente fehlen. Vom Zentralmagen gehen 4 Radiärkanäle aus, bei einigen Arten sekundär auch mehr; sie münden in einen Ringkanal. Nur bei den Narcomedusen gibt es keine eigentlichen Radiärkanäle, diese sind zu breiten Taschen erweitert.

Fortpflanzung und Entwicklung

Der ursprüngliche Lebenszyklus der Hydrozoa (Abb. 229) umfasst einen benthischen Polypen sowie eine planktonische Meduse. Da das Medusenstadium aber vielfach reduziert worden ist, war es notwendig, einen allgemeinen Begriff für die Medusengeneration zu schaffen. Der Begriff G o n o - p h o r e wird hierzu verwendet und bedeutet „Gonadenträger". Gonophoren können somit voll ausgebildete Medusen, Medusen ohne Tentakel (Medusoide) oder vollständig redu- zierte Anhänge des Polypen sein (Sporosacs). Leider wurde in der Vergangenheit der Begriff Gonophore oft falsch als Syn- onym von Sporosac verwendet.

Ca. 1 000 Arten bilden noch freischwimmende Medusen oder Medusoide. Im Regelfall entstehen die Hydromedusen lateral durch Knospung am Hydrocaulus oder am Hydran- then als so genannte Glockenkernmedusen (Abweichungen bei reduzierter Metagenese). Zunächst wölben sich beide Epi- thelien vor (Abb. 186, 228). Durch Verdickung und Abspal- tung entsteht der Glockenkern (Entocodon) aus der Epider- mis. Später wird er hohl und seine Wände bilden im weiteren Verlauf unter anderem die quergestreifte Muskulatur der Subumbrella. Schließlich brechen die eingesunkene Velar- platte und der Mund durch.

Bei den anderen Arten verbleiben die verschieden weit rückgebildeten Medusen als s e s s i l e Gonophoren (Spo- r o s a c s) am Stock (Abb. 228, 234). Dabei bleiben die keim- zellentragenden Strukturen (Manubrium, Radiärkanäle) oft noch erhalten. Bei einigen Arten, wie etwa *Hydra*, sind kei- nerlei Reste der Medusengeneration mehr nachweisbar, die Gameten reifen in der Epidermis des Polypen (Abb. 235).

Die Gameten der Hydrozoa befinden sich meist in der Epi- dermis, die Oogonien lassen sich aber bei vielen Arten zuerst in der Gastrodermis nachweisen, entsprechend der Situation der anderen Cnidaria. Im Verlauf der Reifung treten die Oogonien dann auf die epidermale Seite über. Da sich die Frühstadien der Spermien nicht so leicht von den anderen Zellen abheben, konnte dies bisher nur richtig für die viel größeren Vorläufer der Eizellen beobachtet werde. Der Wech- sel der Gametenvorläufer von der Gastrodermis zur Epider- mis ist wahrscheinlich eine Autapomorphie der Hydrozoa. Die Gametenvorläufer werden durch intensive Teilung von I-Zellen gebildet und sammeln sich in Form kugeliger (an den Radiärkanälen) (Abb. 229) oder flächiger (am Manu- brium) Anhäufungen zwischen Epidermis und Mesogloea.

Die **Ontogenese** ist sehr unterschiedlich. Es gibt meist stark abgewandelte radiäre bis partiell-superfizielle Furchun- gen. Neben der Coeloblastula ist auch die mit einer kom- pakten Zellmasse ausgefüllte Sterroblastula verbreitet. Die Entodermablösung erfolgt durch uni- oder multipolare Immigration oder Delamination. Die birnen- oder keulen- förmige, bewimperte Planula (Abb. 196) hat während der pelagischen Phase keinen Blastoporus und ist lecithotroph. Die Mund-Afteröffnung bricht erst während der Metamor- phose durch. Die Bewimperung der Larve ist am aboralen Pol oft ausgeprägter (sensorische Cilien?), ein Wimpernschopf aber fehlt. Brutpflege ist bei Arten mit sessilen Gonophoren verbreitet. Bei pelagischen Medusen ist ebenfalls Brutpflege

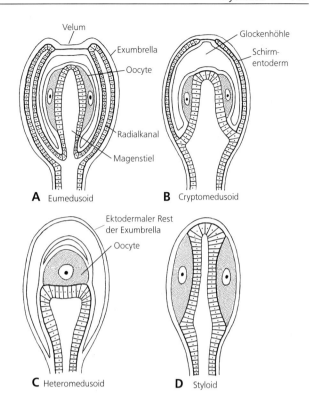

Abb. 228 Sessile, weibliche Gonophoren (Sporosacs) der Hydrozoa, Rückbildungsreihe der urspünglichen Meduse. Längsschnitte; Ekto- derm weiß; Entoderm zellig; dazwischen Mesogloea als dicke schwarze Linie; Geschlechtszellen punktiert. **A** Bei Eumedusoiden Schirm noch erhalten, Radiärkanäle, Glockenhöhle und Manubrium (mit Keimzellen) erkennbar. Velum bricht nicht durch, sodass Nahrungsaufnahme von außen nicht möglich ist. Eumedusoide werden nur in Ausnahmefällen frei. **B** Bei Cryptomedusoiden fehlen Radiärkanäle; Schirmentoderm nur als einschichtige Lamelle erhalten; Glockenhöhle und Manubrium noch vorhanden. **C** Bei Heteromedusoiden fehlt Schirmentoderm voll- ständig. Glockenhöhle wird durch einen kleinen, sekundär entstan- denen Raum ersetzt. **D** Bei Styloiden sind keine Medusenstrukturen mehr vorhanden: sackförmige Gebilde mit hohler entodermaler Achse und ektodermaler Hülle, dazwischen entwickeln sich die Keimzellen. Vielfach werden nicht Eier aus den weiblichen Gonophoren entlassen, sondern Planula-Larven. Nach Kühn (1913).

bekannt, die Keime entwickeln sich enweder in in speziellen Taschen oberhalb des Magens heran (*Eleutheria*) oder blei ben an der Magenwand angeheftet (z. B *Turritopsis rubra*, *Margelopsis haeckelii*).

Systematik

Entgegen früheren Annahmen ist heute klar, dass die Hydro- zoa innerhalb der Cnidaria stark abgeleitet sind und nicht einem ursprünglichen Typus entsprechen. Sowohl nach mor- phologischen als auch nach molekularen Studien lassen sie sich in zwei monophyletische Gruppen unterteilen, die **Tra- chylina** und die **Leptolina** (= Hydroidolina). Innerhalb die- ser beiden Linien sind die Verhältnisse aber noch nicht voll- ständig geklärt. Einige der unten aufgeführten Taxa sind eindeutig monophyletische Gruppen, während dies für andere sicher nicht der Fall ist.

Die Zuordnung einiger Gattungen zu übergeordneten Taxa ist deshalb oft unmöglich, weil ihre Entwicklungszyklen nicht bekannt sind. Aus diesem Grund haben Polyp- und Medusenstadium mancher Arten noch unterschiedliche wissenschaftliche Namen.

4.1 Leptolina (Hydroidolina)

In diesem artenreichsten Taxon der Hydrozoa (ca. 3 400 Spezies) sind die Polypen meist stockbildend, selten solitär. Die Medusen sind oft zu sessilen Gonophoren reduziert. Die Leptolina werden in die drei großen Subtaxa Leptothecata, Anthoathecata und in die stark abgeleiteten Siphonophorae unterteilt. Die Leptothecata sowie die Siphonophorae sind gut fundierte monophyletische Taxa, während die Anthoathecata möglicherweise aufgeteilt werden müssen.

4.1.1 Leptothecata (Leptomedusae, Thecata)

Die Polypen werden von einer festen, kelchförmigen Hülle des Periderms geschützt (Hydrothek, Abb. 229). Sporosacs oder Medusenknospen gruppenweise an speziellen Polypen (Blastostyle), die von einer flaschenförmigen Gonothek umhüllt sind (Abb. 229). Meist flache Medusen mit Gonaden an den Radiärkanälen; Statocysten oft vorhanden.

Sertularia cupressina, Zypressenmoos (Sertulariidae), bis 50 cm hohe Stöckchen, kommt getrocknet als „Seemoos" in den Handel (Kunstgewerbe). – *Kirchenpaueria pinnata* (Plumulariidae), 1–8 cm hohe, gefiederte Stöcke; auf Algen, an Pfählen, beschatteten Felswänden. – *Obelia geniculata*, Glockenpolyp (Campanulariidae), bildet 4 cm hohe, aufrechte Stöcke, die gradlinig kriechenden Stolonen entspringen. Häufig in Nord- und Ostsee, Mittelmeer, Atlantik. Meduse ohne Velum; wenige Millimeter (Abb. 229, 230A). – *Clytia hemisphaerica* (Campanulariidae), Schirm halbkugelig bis 2 cm Durchmesser, fast ganzjährig im Nordseeplankton. – Mit einem Durchmesser bis zu 17 cm ist *Aequorea forskalea* (Aequoreidae) eine der größten Hydro-

medusen, 60–100 Radiärkanäle und Tentakel; Biolumineszenz (Photoprotein Aequorin aus Entodermzellen). Atlantik, Mittelmeer, selten Nordsee.

4.1.2 Anthoathecata (Anthomedusae, Athecata)

An den Polypen umgibt das Periderm höchstens den Hydrocaulus, bildet somit keine feste Hydrotheka um den Hydranthen. Sessile Gonophoren oder Medusenknospen meist einzeln an den Stolonen, Hydrocaulus oder Polypenkörper, nicht in Gonotheken. Medusen häufig hochgewölbt mit Gonaden am Manubrium; Ocellen können vorhanden sein.

Molekulare Sequenzanalysen haben ergeben, dass die Anthoathecata wahrscheinlich eine polyphyletische Gruppierung sind. Sie umfassen die monophyletischen Aplanulata und Capitata sowie die noch nicht gut charakterisierten Filifera.

In früheren Klassifikationen waren die Aplanulata mit den Capitata vereint. Beim Gebrauch des letzteren Namens muss daher beachtet werden, im welchem Sinne er gebraucht wird. Die Nematocysten sind besonders hilfreich, um die Filifera zu identifizieren: stets ohne Stenotelen, während die Capitata und Aplanulata diese stets in großer Zahl besitzen.

4.1.2.1 Aplanulata

Die Aplanulata besitzen als Synapomorphie das Fehlen der Planula-Larve. Die Embryonen entwickeln sich entweder direkt in einen Jungpolypen oder ein ähnliches Stadium (Abb. 198), oder sie umgeben sich mit einer Peridermkapsel aus der später dann ein Jungpolyp schlüpft. Die Aplanulata besitzen Stenotelen (190, 193H), dies neben mehreren anderen Typen. Viele Polypen der Aplanulata besitzen zwei deutlich separierte Tentakelwirtel, wie dies sehr typisch bei den Tubulariidae zu sehen ist (Abb. 234). Die Süsswasserpolypen

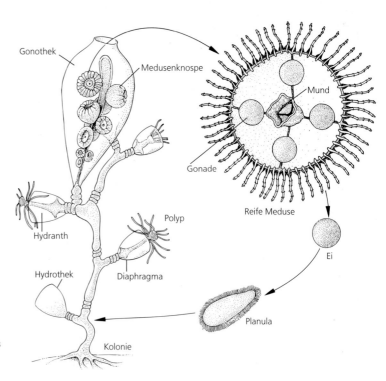

Abb. 229 *Obelia geniculata* (Leptothecata). Lebenszyklus einer metagenetischen Art. Nach Naumov (1960) aus Bayer und Owre (1968).

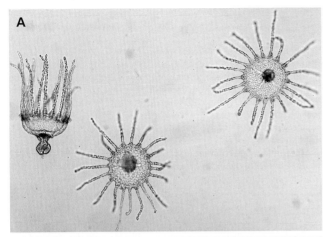

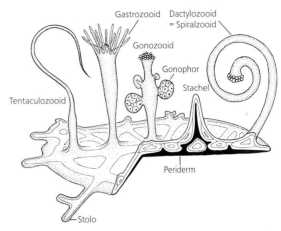

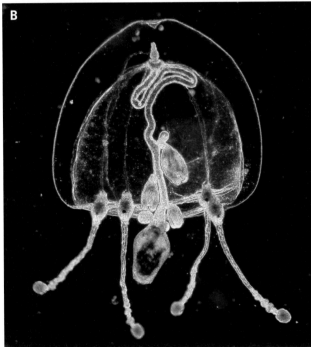

Abb. 230 Hydromedusen. **A** *Obelia geniculata* (Leptothecata). Durchmesser mit Tentakeln ca. 1 mm. **B** *Stauridiosarsia gemmifera* (Anthoathecata). Durchmesser 1,6 mm. Originale: O. Larink, Braunschweig.

Abb. 231 *Hydractinia echinata* (Anthoathecata). Ausschnitt aus einem jungen Tierstock mit polymorphen Polypen und der plattenförmigen Hydrorhiza. Periderm schwarz. Stöcke auf Schneckenhäusern, die von Einsiedlerkrebsen bewohnt werden. Nach Müller (1974).

durch Einlagerung von symbiontischen Algen (Zoochlorellen) grün gefärbte *H. viridissima* (Hydridae), in Deutschland weit verbreitet an Wasserpflanzen im Süßwasser. Hydren vermehren sich bei guter Ernährung durch Knospung. Bei Hunger bilden sie Geschlechtszellen, im Extremfall ein einziges, von einer Hülle (Oothek) (Abb. 235) umgebenes Ei (junge Eizellen haben benachbarte junge Eizellen phagocytiert und sind schließlich zu einer einzigen Oocyte verschmolzen). Entwicklung in der Oothek, bis ein kleiner Polyp schlüpft. Hydren als Labortiere von großer Bedeutung, vor allem für morphogenetische, befruchtungsphysiologische und funktionsmorphologische Experimente. – *Protohydra leuckarti* (Protohydridae), ohne Tentakel; vermehrt sich auch ungeschlechtlich durch Querteilung; marin, interstitiell, im Brackwasser, auch im Watt.

4.1.2.2 Capitata

Den Capitata im engeren Sinn (siehe oben) fehlt eine deutliche Synapomorphie (Ocellen?), nach molekularen Analysen monophyletisch. Fast alle Polypen der Capitata sind keulenförmig und besitzen Tentakel, welche in einem kugelförmigen „Köpfchen" enden, doch kommt dieser Tentakeltyp auch in anderen Gruppen vor, vor allem in den Aplanulata. Wie die Aplanulata besitzen die Capitata immer Stenotelen, aber der Polyp entwickelt sich über eine Planula Larve.

Die Aufklärung des kompletten Lebenszyklus von *Velella velella* hat gezeigt, dass die Segelquallen (Porpitidae) ebenfalls zu den Anthoathecata gehören, da ihre Stöcke zur sexuellen Fortpflanzung die für diese Gruppe typischen Anthomedusen mit Gonaden am Manubrium entwickeln: Polymorpher, metagenetischer (mit frei schwimmender Meduse), pelagischer Hydroiden-Stock; etwa scheibenförmig, aus 2 Etagen bestehend (Abb. 236); (1) Unterseite (oraler Pol, im Wasser) mit Zooiden (1 zentrales Gastrozooid, umgeben von Kränzen aus Gastrogonozooiden und Tentaculozooiden); (2) Oberseite (aboraler Pol) mit Schwimmfloß aus Periderm, mit zahlreichen mit Luft gefüllten konzentrischen Kammern; sie stehen untereinander und mit der Atmosphäre über Poren in Verbindung und entsenden tracheenartige Fortsätze in die Nähe der Zooide. *Velella*-Stöcke können sich nicht aktiv bewegen oder tauchen, sondern treiben an der Wasseroberfläche (Pleuston-Organismen).

der Gattung *Hydra* Arten gehören auch zu den Aplanulata. Ihre Morphologie ist allerdings stark abgeleitet (Abb. 235).

Tubularia indivisa (Tubulariidae), solitärer Polyp, der immer zu Kolonien gruppiert ist, Gonophoren sind Sporosacs, verbreitet an Bojen, Pontons und anderen festen Substraten, auch in der Ostsee. – *Ectopleura larynx*, Röhrenpolyp (Tubulariidae), 7 cm, mit endständigen Polypen; bildet Sporosacs, in deren Subumbrellarräumen die Eier besamt werden und sich unter Umgehung der freischwimmenden Planula zu Actinulae oder Jungpolypen (Abb. 234) entwickeln; Nordsee, Atlantik, Pazifik. – *Corymorpha nutans*, Polyp 2–10 cm hoch, solitär, im Weichboden verankert, mit freier Meduse (Abb. 233). – *Margelopsis haeckelii* Medusen (Margelopsidae) pflanzen sich im Frühjahr parthenogenetisch durch Subitaneier fort, die sich zu einem pelagischen Polypen entwickeln, der durch Knospung wieder Medusen erzeugt. Im Hochsommer werden größere Dauereier gebildet, die sich parthenogenetisch zu Sterroblastulae entwickeln, am Boden festheften und mit Periderm umgeben: Dauerstadien. Daraus entsteht wieder ein pelagischer Polyp. - *Hydra vulgaris* (Hydridae) und die

Abb. 232 *Coryne muscoides* (Anthoathecata). Monopodialer Polyp. Länge ca. 2 mm. Original: O. Larink, Braunschweig.

Sarsia tubulosa, Kölbchenpolyp (Corynidae), Nord- und Ostsee, mit geknöpften, über den länglichen Hydranthen zerstreut liegenden Tentakeln (vgl. Abb. 323). Meduse mit langem, aus der Glocke herausragendem Manubrium, Größe der Glocke 6–10 mm (vgl. Abb. 230B). – Häufig als Polyp in Seewasseraquarien eingeschleppt: *Cladonema radiatum* (Cladonematidae), Meduse bis 2,5 mm hoch; mit verzweigten Tentakeln, die z. T. zum Festhalten dienen. – *Millepora*-Arten, Feuerkorallen (Milleporidae), die von einem dichten Stolonengeflecht (Coenosark) abgeschiedenen Kalkrinden verschmelzen zu einer ein-

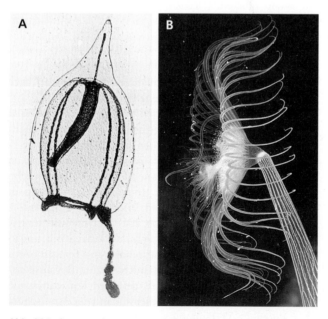

Abb. 233 *Corymorpha nutans* (Anthoathecata, Aplanulata). **A** Meduse, ca. 5 mm. **B** Polyp, 15 cm, solitär, mit reduziertem Periderm, in weichem Sediment verankert; mit oralem und aboralem Tentakelkranz. Originale: A. Svoboda, Bochum.

heitlichen, von Epidermis überzogenen Kruste (Coenosteum), wobei Fresspolypen (Gastrozooide) und Wehrpolypen (Dactylozooide) jeweils aus einem eigenen Porus (Unterschied zu *Stylaster*, s. u.) hervorragen. Kurzlebige Meduse; Coenosark mit Zooxanthellen, Stöcke in tropischen Riffen, stark nesselnd. *Millepora* und *Stylaster* wurden irrtümlich als „Hydrocorallina" in einem Taxon vereint. – *Velella velella* (Porpitidae), bis 8 cm Durchmesser, hat ein in Seitenansicht dreieckiges „Segel" als Windfang (Abb. 236). Bisweilen im Mittelmeer, häufiger im Atlantik, wo ein Schwarm von 160 km Länge beobachtet worden sein soll. Bei anhaltenden Winden können sie in großer Zahl an die Küsten gespült werden. *Velella*-Schwärme werden oft von Schildkröten, Albatrossen und Veilchenschnecken (*Janthina janthina*, Abb. 489), die sich von ihnen ernähren, begleitet und verfolgt. Tiefblaue Färbung vielleicht Sichtschutz gegen Vögel?

4.1.2.3 Filifera

Anthoathecata ohne Stenotelen, Tentakel fast immer ohne endständige Schwellung (filiform, Ausnahme Ptilocodidae).

Hydractinia echinata (Hydractiniidae), dichte polymorphe Stöcke, deren Stolonennetz zu einer Kruste verwächst, die von Peridermstacheln durchsetzt wird (Abb. 231). Polypen polymorph, mit Gastrozooiden, tentakellosen Gonozooiden sowie manchmal tentakelartige Wehrpolypen. Gonophoren sind Sporosacs. Oft auf Schneckenhäusern; wenn von Einsiedlerkrebs bewohnt, bilden sie spiralig einrollbare Wehrpolypen (Spiralzooide). – *Clava multicornis*, Keulenpolyp (Hydractiniidae), bis zu 2,5 cm; Tentakel über den länglich ovalen Hydranthen zerstreut; Nord- und Ostsee. – *Eudendrium* spp., Bäumchenpolyp (Eudendriidae), bis 15 cm hohe, verzweigte Stöcke, mit Sporosacs; verschiedene sehr ähnliche Arten, die sich nur anhand der Nesselkapsel unterscheiden lassen; Nordsee, Mittelmeer, Atlantik. – *Cordylophora caspia* (Bougainvilliidae), monopodial verzweigte Kolonien bis 8 cm, mit Sporosacs; Nord-Ostseekanal und Ostsee bis ins Brack- und Süßwasser (Umgebung von Berlin, Main-Donau-Kanal) – *Bougainvillia britannica* (Bougainvilliidae), Meduse mit 5–8 mm hohem Schirm und am Manubrium entspringenden Mundtentakeln; Nordsee. – *Stylaster* spp. Filigrankorallen, (Stylasteridae), stockbildende Hydrozoa mit Kalkskelett, das von der Epidermis der Stolonen ausgeschieden wird, ähnlich den Hydractiniidae, violett, orange oder rötlich gefärbt. Aus dem Coenosark knospen stark reduzierte Medusen, die Keimzellen bilden. Ein Fresspolyp (Gastrozooid) und mehrere Wehrpolypen (Dactylozooide) sitzen oft in einer gemeinsamen Vertiefung (Unterschied zu *Millepora*, s. o.), weltweit, vorwiegend in Tiefen ab 50 Meter.

4.1.3 **Siphonophorae,** Staatsquallen

Mobile Hydrozoenstöcke ohne freischwimmende Medusen mit dem ausgeprägtesten P o l y m o p h i s m u s unter den Cnidaria überhaupt (Abb. 237, 238, 239, 240). Polypoide und medusoide Zooide sind so hochspezialisiert, dass sie als „Organe" einer überindividuellen Einheit aufzufassen sind. Der Tierstock ist also einem neu entstandenen Organismus gleichzusetzen; sein Grundelement ist der unverzweigte, schlauchförmige Stamm; die Polarität entspricht derjenigen der Planula-Achse. Von aboral nach oral können folgende „Organe" unterschieden werden (Abb. 237): Das P n e u m a t o p h o r (Schwimmboje, bisweilen Gasblase mit Gasdrüse als Differenzierung des aboralen Stammpols); N e c t o p h o r e n (medusoide Schwimmglocken); P h y l l o z o o i d e (Deckstücke mit Schutzfunktion für die unterhalb von ihnen ansetzenden Zooide); D a c t y l o z o o i d e (zu „Verdauungsorganen" umgestaltete Wehrpolypen mit Nesselfäden, bisweilen mit „Exkretionsporus"); G a s t r o z o o i d e / A u t o z o o i d e (Fresspolypen), an deren Basis Tentakel ansetzen, die manchmal mit Nesselkapseln bestückte Seitenzweige (T e n t i l l e n) auf-

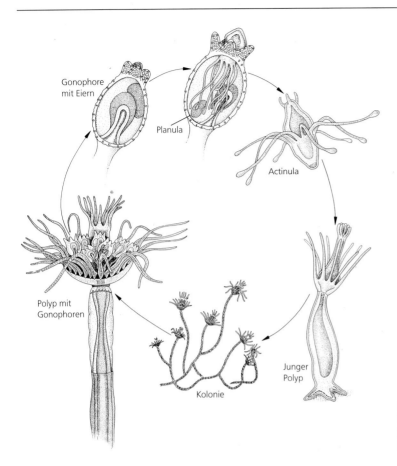

Gonophore
mit Eiern

Planula

Actinula

Polyp mit
Gonophoren

Kolonie

Junger
Polyp

Abb. 234 Tubularidae (Anthoathecata, Aplanulata).
Schema eines Lebenszyklus mit fehlender Medusengeneration und sessilen Sporosacs. Nach Allman (1872)
aus Bayer und Owre (1968).

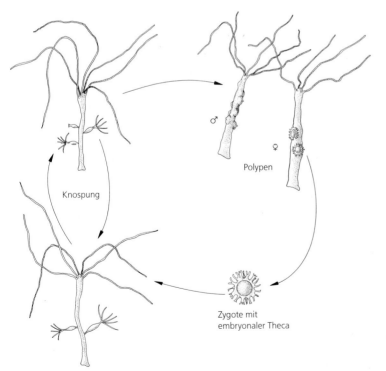

Polypen

Knospung

Zygote mit
embryonaler Theca

Abb. 235 *Hydra* sp. (Anthoathecata, Aplanulata).
Lebenszyklus. Nach Naumov (1960) aus Bayer
und Owre (1968).

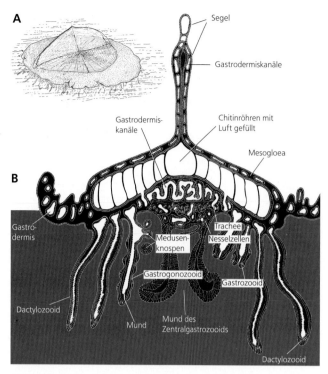

A

Segel

Gastrodermiskanäle

B

Gastrodermis-
kanäle

Chitinröhren mit
Luft gefüllt

Mesogloea

Gastro-
dermis

Medusen-
knospen

Trachee

Nesselzellen

Gastrogonozooid

Gastrozooid

Dactylozooid

Mund

Mund des
Zentralgastrozooids

Dactylozooid

Abb. 236 *Velella velella* (Anthoathecata, Capitata), Segelqualle. **A** Floßförmiger Tierstock an der Meeresoberfläche. **B** Schematischer Schnitt durch den Stock. Schwimmfloß aus luftgefüllten Chitinringen geht aus Polyp hervor; andere Polypen auf der Unterseite des Floßes. Meduse freischwimmend. Aus Bayer und Owre (1968).

weisen; Gonozooide (Geschlechtspolypen, mit knospenden, medusoiden Gonophoren). Die Serie aus Phyllozooide bis Gonozooid (Cormidium) ist oft vielfach nacheinander repetiert und kann sich auch als Verbreitungseinheit ablösen. Die Tierstöcke sind meist zwittrig, männliche und weibliche Gonophoren treten in einer spezifischen Anordnung auf. Siphonophora sind ovipar, die Befruchtung erfolgt im freien Wasser, die Entwicklung führt über eine Sterrogastrula zu Planulae, an denen, je nach Taxon, spezifische Knospungsvorgänge ablaufen, wodurch die Siphonophoren durch eine besondere Vielfalt an Larvenformen gekennzeichnet sind (exemplarisch: Calyconula, s. u.).

Die Siphonophorae gliedern sich in drei gut zu unterscheidende Untergruppen, wobei aber wahrscheinlich nur die Cystonectae und Calycophorae monophyletisch sind; die Physonectae sind wahrscheinlich paraphyletisch. Die Cystonectae ohne Schwimmglocken und Deckstücke gelten gegenüber den Physonectae und Calycophorae als ursprünglich.

4.1.3.1 Cystonectae

Siphonophoren ohne Nectophoren und Phyllozooide, aber z. T. mit großem, hochdifferenziertem Pneumatophor.

Physalia physalis, Portugiesische Galeere (Abb. 238) (Physaliidae). Das über die Wasseroberfläche hinausragende Pneumatophor beson-

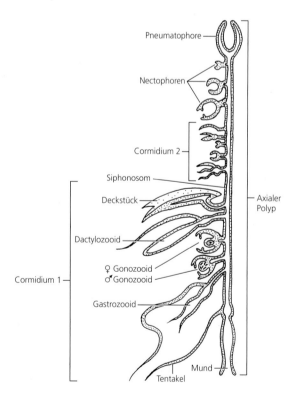

Pneumatophore

Nectophoren

Cormidium 2

Siphonosom

Deckstück

Axialer
Polyp

Dactylozooid

♀ Gonozooid
♂ Gonozooid

Cormidium 1

Gastrozooid

Mund

Tentakel

Abb. 237 Siphonophorae (Physophorida): Schema des Tierstockes, der einen umgedrehten axialen Polypen mit seitlichen Knospen darstellt. Nach Delage und Hérouard (1901) aus Ruppert, Fox und Barnes (2004).

Abb. 238 *Physalia physalis* (Cystonectae), Portugiesische Galeere. Floß an der Wasseroberfläche aus einem Pneumatophor mit Gas; richtet sich bei Wind auf und wird dann unter einem Winkel von 40° zur Windrichtung vorangetrieben. Unter dem Floß zahlreiche Stämme mit Cormidien, sowie Tentakel mit Nesselkapseln die mehr als 10 Meter lang werden können. Nach Totton (1960) aus Werner (1984).

ders groß (Länge bis zu 30 cm, meist viel kleiner), mit einem als Segel dienenden Längskamm sowie Tentakeln, die sich mehrere Meter ausstrecken können. Nesselgift für den Menschen gefährlich, Badeunfälle mit tödlichem Ausgang sind bekannt, wobei die eigentliche Todesursache (Ertrinken, Krämpfe, Schmerzen, Panik oder aber das Nesselgift per se) nicht immer geklärt ist. Beim Beuteerwerb (Fische) verkürzen sich die Fangfäden spiralig und führen die Nahrung in den Bereich der Fresspolypen. Es sind Fische und Krebse bekannt, die in enger Assoziation mit *Physalia* leben und am Stock fressen, bisweilen aber auch selbst gefressen werden. Sie locken wahrscheinlich Beuteorganismen in die Nähe der Fangtentakel.

4.1.3.2 „Physonectae"

Siphonophora mit relativ kleinem Pneumatophor am apicalen Pol (Abb. 239), gefolgt von einer Serie von Nectophoren, welche nur bei einigen Tiefseeformen fehlen. Einige Arten sehr lang, z. B. *Apolemia uvaria* (Mittelmeer, Atlantik), mit bis zu 20 m eine der größten Arten der Wirbellosen überhaupt. Viele Physonectae zerfallen aufgrund ihres zarten Baus beim Fang oft in Stücke.

Physophora hydrostatica (Physophoridae), trägt an der Spitze des 6 cm langen Stammpolypen ein kleines Pneumatophor und seitlich 2 Reihen mit Schwimmglocken. Gastro- und Gonozooide können sich synchron kontrahieren und im Zusammenspiel mit Dactylozooiden einen Rückstoß erzeugen, der die Nectophoren beim Schwimmen unterstützt; Atlantik, Mittelmeer, Nordsee (selten). – *Nanomia cara* (Forskaliidae) (Abb. 239).

4.1.3.3 Calycophorae

Siphonophoren ohne Pneumatophor, Anzahl der Schwimmglocken oft nur 1–2 (Abb. 240); mit Gruppen von Zooiden gleicher Zusammensetzung (Cormidien), die sich vom Siphonophor lösen und so zu selbständigen, gametentragenden Verbreitungseinheiten, den Eudoxien, werden.

Sphaeronectes gracilis (Sphaeronectidae), 8 cm Glockendurchmesser, kugelige Schwimmglocke mit dicker Mesogloea; im Mittelmeer, auch in Küstengewässern, bisweilen häufig. – *Chelophyes appendiculata* (Diphyidae, 2 cm), hat 2 Schwimmglocken, die Spitze der unteren in eine Vertiefung der oberen eingesetzt, zählt zu den am schnellsten schwimmenden Siphonophoren. – *Muggiaea kochii* (Diphyidae) (Abb. 240), Atlantik und Mittelmeer, zusammen mit *C. appendiculata* die häufigste Art im Mittelmeer.

4.2 Trachylina

Umfassen etwa 160 Arten. Bis auf die Limnomedusae sowie einige Narcomedusae rein medusoide Hydrozoa. In Arten ohne Polypenstadium erfolgt die Entwicklung direkt zu einer Meduse, manchmal auch über polypenähnliche Zwischenstadien (Narcomedusae). Das Fehlen des Polypenstadiums kann als Anpassung an das Leben weit ab vom Land angese-

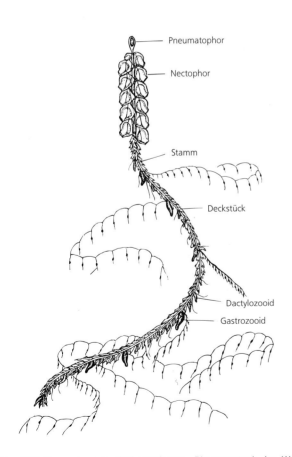

Abb. 239 *Nanomia cara* (Siphonophorae, Physonectae). Im Wasser schwebender Tierstock mit Schwimmboje (Pneumatophor) und Schwimmglocken (Nectophoren). Nach Mackie (1964) aus Werner (1984).

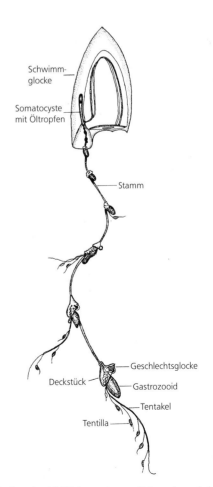

Abb. 240 *Muggiaea kochii* (Siphonophorae, Calycophorae). Im Wasser schwebende Schwimmglocke mit Stamm, von dem gleichartige Cormidien abzweigen. Aus Werner (1984).

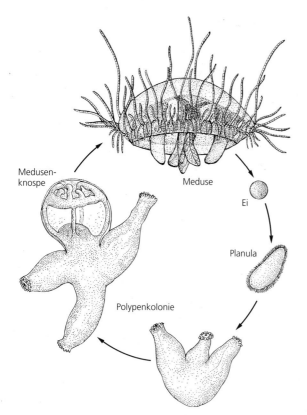

Abb. 241 *Craspedacusta sowerbii* (Trachylina, Limnomedusae). Lebenszyklus. Süßwasserart mit Polypen- und Medusengeneration. Verändert nach Bayer und Owre (1968).

hen werden. Ocellen fehlen; an der Bildung der Statocysten sind nicht nur Ektoderm und Mesogloea, sondern auch das Entoderm beteiligt.

Die Narcomedusae sind eine gut abgesichert monophyletische Gruppe, während dies für die Trachymedusae und Limnomedusae nicht gilt. Ein Teil der Trachymedusae (Geryoniidae) gehört wahrscheinlich zu den Limnomedusae. Änderungen des Systems wahrscheinlich.

4.2.1 Limnomedusae

Metagenetische Trachylina, 4 Radiärkanale. Im Süß- und Brackwasser sowie marin in Schelfgebieten. Polyp sehr klein, vermehrt sich asexuell durch Frustelbildung.

Gonionemus vertens (Olindiasidae). Polyp klein mit sehr langen auf dem Boden aufliegenden Tentakeln, Meduse mit Haftpolstern an den Tentakeln, hemisessil. Wurde aus dem Pazifik mit Saat-Austern ins europäische Wattenmeer eingeschleppt. – *Craspedacusta sowerbii*, Süßwassermeduse, in Altarmen von Flüssen, klaren Teichen, Gewächshäusern; im Sommer oft massenhaft, weltweit verbreitet, auch in Mitteleuropa (Abb. 241); Polyp noch häufiger vorhanden als Meduse, manchmal durch Knospung kleine Stöcke bildend, Medusen knospen lateral an den 0,5–2 mm hohen, tentakellosen Polypen, einzige heimische Art mit Generationswechsel und freischwimmender Meduse im Süßwasser. Die Medusenknospung ist erst möglich, wenn die Wassertemperatur ein paar Wochen um 26°C beträgt. Polyp auch mit encystierten Dauerformen, die von Wasservögeln verbreitet werden.

4.2.2 Trachymedusae

Mit direkter Entwicklung. Vorwiegend mit 8 Radiärkanalen (ausser Geryoniidae), Schirmrand ganzrandig, Mund-After

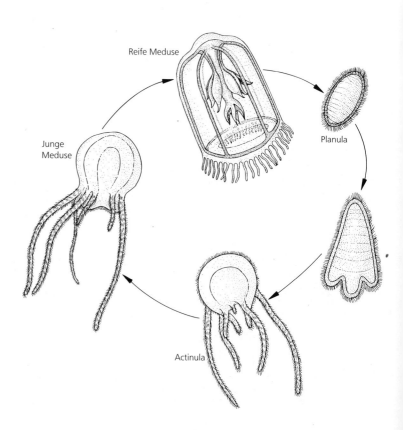

Abb. 242 *Aglaura hemistoma* (Trachylina, Trachymedusae). Lebenszyklus einer Hochseeart mit fehlender Polypengeneration. Nach verschiedenen Autoren aus Bayer und Owre (1968).

an einem kurzen Manubrium liegt oft an einem langen Magenstiel, der weit aus dem Schirm heraushängen kann. Vorwiegend Hochseeformen des Epi-, Bathy- und Abyssopelagials, einige Formen auch sekundär bodenbewohnend. Tiefenformen braun oder rot gefärbt.

Aglantha digitale (Rhopalonematidae), Glocke fingerhutartig, 1–4 cm hoch; als Leitform für nordatlantisches Wasser, auch Nordsee. – *Aglaura hemistoma*, Durchmesser 4 mm (Abb. 242). – *Liriope tetraphylla* (Geryoniidae), 10–30 mm Durchmesser, langer Magenstil; häufigste Trachymeduse; weltweit im Oberflächenplankton.

4.2.3 Narcomedusae

Schirm meist abgeflacht mit linsenförmiger Gallerte und dünner Seitenwand; nur selten mit Radiärkanälen, diese erweitert zu breiten Taschen, oder reduziert. Tentakelansätze nach aboral verschoben und mit dickem, ektodermalem Gewebsstreifen (Peronium) mit Schirmrand verbunden. Durch den Ursprung der Tentakel auf halber Schirmhöhe wirkt der Schirmrand gelappt. Am Schirmrand oft radiäre Streifen (Otoporpae). Mund-After lippenlose lochblendenartige Öffnung im Subumbrellarraum, kein eigentliches Manubrium vorhanden.

Cunina octonaria (Cuninidae), 5–7 mm, Zahl der Magentaschen entspricht der Zahl der Tentakeln (normal 8), zwischen 2 Tentakeln 1 Randlappen mit 2–5 Randsinnesorganen. Aus Eiern entwickeln sich polypenähnliche, tentakellose Stadien, die als Parasiten im Magen anderer Hydromedusen leben, aboral vegetativ Medusen erzeugen und schließlich selbst zur Meduse metamorphosieren; auch die junge Meduse parasitiert oft anderer Medusen, indem sie ihren zu einem Schlauch verlängerten Magen in den Magen des Wirtes steckt. Weit verbreitet in temperierten und warmen Meeren. – *Solmundella bitentaculata* (Aeginidae). Durchmesser 3 mm. Mit 2 langen, fadenförmigen Tentakeln, ebenso wie bei ihrer so genannten Actinula-Larve. Weit verbreitet in warmen Meeren; Mittelmeer (Abb. 243).

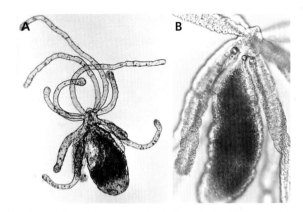

Abb. 244 *Halammohydra* sp. (Trachylina, Actinulida), ca. 400 µm, aus dem Sandlückensystem. **A** Habitus. **B** Aboraler Teil mit apikalem Haftorgan und Statocysten. Originale: A R. Rieger, Innsbruck, B W. Westheide, Osnabrück.

4.2.4 Actinulida

Stark abgewandelte, wahrscheinlich progenetisch entstandene Medusen im marinen Sandlückensystem; ohne Polypengeneration (Abb. 244).

Halammohydra octopodides (Halammohydridae), ohne Tentakel 0,3–0,4 mm, vollständig bewimpert. Manubrium, an dem sich die Gonaden bilden, und Tentakel machen den Hauptteil des Körpers aus; zwischen Sandkörnern. Sylt, Helgoland, Kieler Bucht.

5 Myxozoa

Die mehr als 2 100 Arten dieser Gewebs- und Zellparasiten sind aus limnischen und marinen Fischen und – seltener – Plathelminthen, Anneliden, Reptilien, Amphibien und Säugern (Maulwurf) bekannt. Früher innerhalb der Sporozoen bei den Einzellern eingeordnet, wurden sie in den letzten Jahrzehnten als reduzierte Metazoen mit komplexem Lebenszyklus erkannt. Die mehrzelligen Sporen mit verschiedenen Zelltypen (Abb. 246), sowie das Vorhandensein von Kollagen, *tight junctions* und *Hox*-Genen identifizieren sie eindeutig als Metazoa. DNA-Sequenzanalysen waren bisher nicht ganz eindeutig, lassen aber nur zwei Möglichkeiten offen: Entweder sind es basale Bilateria oder Verwandte der Cnidaria. Die weitgehende Übereinstimmung der Polkapseln mit Cnidocyten der Cnidaria sowie das Vorhandensein des für Cnidaria typischen Minikollagens lassen aber kaum daran zweifeln, dass die Myxozoa stark abgewandelte Cnidaria sind. Die Verwandtschaft innerhalb der Cnidaria ist aber gegenwärtig ungeklärt. Auch *Polypodium hydriforme* könnte zu den Myxozoa gehören, da es ebenfalls ein intrazelluläres Parasitenstadium besitzt. Die Entwicklung bis zur Planula findet in den Oocyten verschiedener Störe (Chondrostei) statt; nach dem Ablaichen der Fischeier entwickeln sich frei polypoide Stadien, die sich geschlechtlich fortpflanzen.

Die frühere Aufteilung in Myxosporea und Actinosporea wurde obsolet, nachdem einige vollständige Lebenszyklen

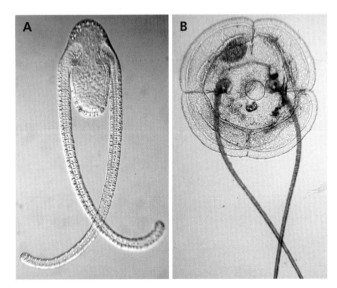

Abb. 243 *Solmundella bitentaculata* (Trachylina, Narcomedusae). Mittelmeer. **A** Actinula-ähnliche Larve. Länge ca. 230 µm. **B** Junge Meduse. Durchmesser 2,7 mm. Originale: W. Westheide.

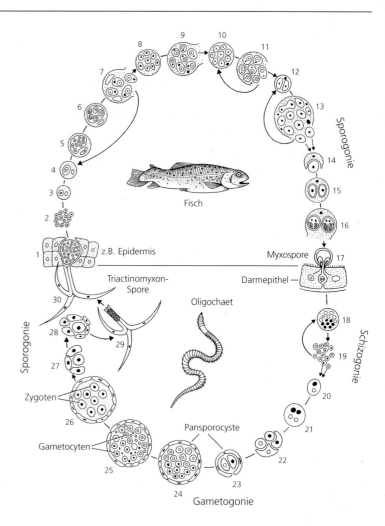

Abb. 245 Myxozoa. Genereller Lebenszyklus, weitgehend nach dem Zyklus von *Myxobolus cerebralis*. **1–16** Entwicklung im Fischwirt. **17–30** Entwicklung im Oligochaetenwirt. Leicht verändert aus Hausmann, Hülsmann und Radek (2003) nach Kent et al. (2001).

(s. u.) aufgeklärt worden waren und es sich herausstellte, dass es sich um alternierende Stadien in 2 Wirten von jeweils einer Art handelte (Abb. 245).

Die Infektion eines Fischwirtes (z. B. Forelle bei *Myxobolus cerebralis*) erfolgt durch die Triactinomyxon-Sporen (Actinosporen) (s. u.). Sie verankern sich mit den ausgeschleuderten Polfäden an Epithelzellen oder werden mit infizierten Anneliden-Wirten aufgenommen. Ihr Sporoplasma dringt in das Gewebe ein und entlässt so genannte innere Zellen, die in Wirtszellen eindringen. Die parasitierenden Zellen teilen sich mehrfach bis zur Bildung von Zelldoubletten, die aus einer Hüllzelle und einer inneren Zelle bestehen. Wenn diese in den extrazellulären Raum gelangen, können sie neue Wirtszellen befallen und so innerhalb weniger Tage verschiedene Gewebe einschließlich des zentralen Nervensystems infizieren. Darauf erfolgt die Sporulation (Sporogonie): Aus den Zelldoubletten differenzieren sich nach komplexen Teilungen vielzellige Myxosporen (Abb. 246) mit einem amöboiden haploiden zweikernigen Keim (Sporoblast, infektiöse Zelle); daneben enthalten die Sporen zwei Polkapselzellen, die je 1 Polkapsel mit spiralig aufgerollten Fäden entwickelt haben (entspricht einer Cnidocyte mit Nematocyste). Die Spore wird von einer zweiteiligen Schale – wie bei einer Muschel – umgeben, die von 2 valvogenen Zellen gebildet wurde.

Mit diesen Myxosporen infizieren sich aquatische Anneliden (bei *M. cerebralis*: *Tubifex* sp.) bei der Nahrungsaufnahme. Hierbei werden die Polfäden durch Löcher in der Spore ausgeschleudert und die Zelle damit am Darmepithel

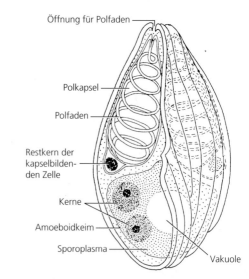

Abb. 246 Fast reife Myxospore. Größe 10 µm. Nach Margulis, McKhann und Olendzenski (1993)

verankert. Die Schalen der Spore öffnen sich entlang einer
Naht. Der Sporoblast wird entlassen und dringt zwischen
die Epithelzellen ein. In der nun folgenden S c h i z o g o n i e -
P h a s e entstehen daraus einkernige Zellen, die sich im
Gewebe ausbreiten, teilweise zu zweikernigen Zellen verschmelzen und sich dann zu vierkernigen Zellen differenzieren. Hieraus bilden sich die vierzelligen P a n s p o r o c y s t e n
mit je 2 vegetativen und 2 generativen Zellen (α- und β-Zel-
len). In der G a m e t o g o n i e gehen aus letzteren nach 3 mitotischen und 1 meiotischen Teilung 16 haploide Gametocyten
und 16 Polkörper hervor. Dann verschmelzen die Gametocyten aus den α- und β-Linien zu insgesamt 8 Zygoten; sie werden von 8 Hüllzellen umgeben.

In der S p o r o g o n i e - P h a s e differenzieren sich hieraus
die charakteristischen mehrzelligen T r i a c t i n o m y x o n -
S p o r e n (Abb. 245). Sie bestehen aus 3 Kammern, die
einen Stiel mit 3 Fortsätzen bilden. Darin eingeschlossen sind
das vielkernige Sporoplasma mit inneren Zellen und 3 Polkapseln am Ende des Stiels. Diese Sporen infizieren die Fischwirte (s. o.).

Myxobolus pfeifferi, Erreger der Beulenkrankheit bei Barben
(Abb. 247); erzeugt Geschwülste mit einem Durchmesser von bis zu
7 cm. – *M. cerebralis* verursacht bei Forellen Drehkrankheit (*whirling
disease*); Wirtswechsel mit *Tubifex* spp. (Clitellata, S. 406).

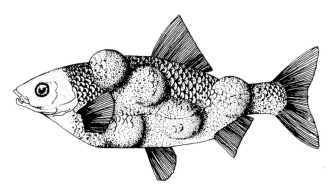

Abb. 247 Plötze mit *Myxobulus pfeifferi*-Infektion (Myxozoa). Aus
Grell (1980).

Neuerdings wird auch ein rätselhafter Bryozoen-Parasit zu
den Myxozoa gestellt, dessen Einordnung seit fast 100 Jahren
offen geblieben war: *Buddenbrockia plumatella* (3 mm lang,
wurm- bis sackförmig, in *Plumatella repens* und anderen
Süßwasser-Arten). Eine erst kürzlich entdeckte nah verwandte Art, *Tetracapsuloides bryosalmonae*, findet sich in
Süßwasser-Salmoniden und verursacht PKD (*proliferative
kidney disease*).

Ctenophora, Rippenquallen

Mit ca. 190 Arten sind die Ctenophora eine kleine, ausschließlich marine Gruppe. Sie weisen bei klar erkennbar einheitlicher Grundorganisation dennoch eine bemerkenswerte Formenmannigfaltigkeit auf. Die Tiere sind stets skelettlos und solitär. Einige Arten treten massenhaft im Plankton auf (z. B. die heimische *Pleurobrachia pileus)* und sind wichtige Konsumenten im Nahrungsnetz des Pelagials.

Bau und Leistung der Organe

Die Körpergrundgestalt wird durch eine Achse bestimmt, die vom oralen (Mund embryonal: vegetativer Pol) zum aboralen Pol (Statocyste, embryonal: animaler Pol) verläuft. Die auffälligsten Körperstrukturen sind um diese Hauptachse meist in 8-Zahl angeordnet (Abb. 248). In der Körperachse stehen zwei Symmetrieebenen senkrecht aufeinander, die jeweils spiegelbildlich gleiche Hälften trennen (Disymmetrie, biradialer Bau). Eine Ebene verläuft durch die beiden Tentakel (Tentakelebene), die andere durch den größten Durchmesser der im Querschnitt elliptisch bis schlitzförmigen Mund-Afteröffnung (Schlundebene, Sagittalebene) (Abb. 249).

Die Darstellung der Grundorganisation erfolgt am Beispiel von *Pleurobrachia* (Abb. 248). Auch bei in Eidonomie und Anatomie stark abweichenden Ctenophoren wird postembryonal eine dieser Organisation sehr ähnliche Phase (Cydippe-Stadium) durchlaufen. Der Bewegungsapparat besteht aus 8 meridional angeordneten Reihen („Rippen") von Wimpernplatten (Membranellen). Jede Wimpernplatte besteht aus vielen in einer Zeile kammartig nebeneinander liegenden Cilien, die durch Viskosität funktionell miteinander verbunden sind. Die Wimpernplatten wirken wie kleine Flossen, und Wellen von Schlagbewegungen durchlaufen die einzelnen Reihen. Durch diesen metachronen Schlag wird das Tier mit dem oralen Pol vorangetrieben. Zum aboralen Pol hin vereinen sich je 2 Wimpernplattenreihen zu einer Wimpernschnur.

In der Statocyste endet jede Wimpernschnur als aufgerichteter Cirrus (langes Cilienbündel). Ein Konkrementkörper (Statolith) aus Calciumsulfat wird durch die 4 Cirren in der Höhe gehalten und wirkt durch Zug. Zu den Bauelementen dieser Statocyste gehört ferner eine durchsichtige Kuppel, die ebenfalls ein Derivat von Wimpern darstellt. Als Polfelder werden 2 in der Sagittalebene an die Statocyste anschließende stark bewimperte Flecken unbekannter Funktion bezeichnet (Abb. 248A).

Die Statocyste dient vor allem zur Wahrnehmung der Schwerkraft, wobei die Tiere eine Gleichgewichtslage mit vertikaler Ausrichtung ihrer Körperachse anstreben. Bei ungleicher mechanischer Einwirkung des Statolithen auf die 4 mit ihm verbundenen Cirren, z. B., wenn sich das Tier außerhalb der Gleichgewichtslage befindet, kann diese Information (wahrscheinlich von Zelle zu Zelle durch elektrische Depolarisation) bis zu den Wimpernplattenreihen weitergeleitet

Peter Schuchert, Genf und Wolfgang Schäfer, Sindelfingen

werden. Gegebenenfalls schlagen manche Wimpernplattenreihen dann schneller, die anderen langsamer, wodurch das Einbalancieren in die augenblicklich bevorzugte Haltung möglich wird.

Weiterhin gibt es Chemo- und Thermorezeptoren, die über die gesamte Körperfläche zerstreut und um die Mundöffnung konzentriert sind. Das **Nervensystem** ist ein unterhalb der Epidermis liegender diffuser Plexus. Unter jeder der 8 Wimpernplattenreihen liegen 2 durch Querbrücken verbundene Stränge. Nervenfasern und die Zellen der Wimpernplatten kommunizieren über Synapsen. Die Bewegung der Wimpernplatten stoppt schlagartig, wenn ein starker äußerer Reiz auf das Tier einwirkt.

Dem Nahrungserwerb dienen 2 äußerst dehn- bzw. kontrahierbare Tentakel, die vollständig in Tentakeltaschen (Abb. 248) zurückgezogen werden können. Die Tentakel bestehen aus Epidermis, Mesogloea sowie Muskel- und Nervenfasern. Beim Abfischen des umgebenden Wassers werden sie ausgefahren, ihre zahlreichen Nebenfäden (Tentillen) ordnen sich zu einem netzähnlich schwebenden Gebilde (Abb. 253). Die Tentillen sind mit Klebzellen (Colloblasten, Collocyten) besetzt, die ein klebriges Sekret und zum Teil auch Gifte enthalten. Ein Colloblast (Abb. 250) ist eine umgebildete Epidermiszelle.

Die Collocyten gehören zu den komplexesten Zellen im Tierreich. Sie bestehen aus: (1) dem mehr oder weniger halbkugeligen Kopf, bestückt mit Klebkörnchen an der Oberfläche; im Zellinnern liegen weitere Sekretgrana, die über radial verlaufende Stränge mit einem zentralen „Sternkörper" verbunden sind; (2) der stielförmigen Ankerfibrille, deren Oberteil den Zellkern birgt und basal in der Mesogloea der Tentillen verankert ist; (3) einem Spiralfaden, der an der Basis der Ankerfibrille entspringt, sich spiralig um sie windet und wieder in den Kopf einmündet. Ein Beutetier wird von Klebkörnchen festgehalten, Befreiungsversuche führen zum Herauslösen der Colloblastenköpfe aus dem Zellverband. Hierbei wird die Ankerfibrille gestreckt, und der Spiralfaden weist weniger Windungen auf. Wenn die Beute ermüdet – Extremitäten oder andere äußere Körperstrukturen sind mittlerweile verklebt – zieht sich der Spiralfaden wieder zusammen. Die Beute wird vom Tentakel zum Mund geführt und verschlungen.

Ctenophoren besitzen keine eigenen Cniden. *Haeckelia rubra* hat einfach gebaute Tentakel ohne Tentillen und ohne Colloblasten. Sie frisst Hydrozoenmedusen und baut deren Cniden in ihre Tentakel ein („Kleptocniden", vgl. Nudibranchia S. 340, Plathelminthes S. 201), wo sie funktionsfähig in zwei Reihen geordnet zum Nahrungserwerb benutzt werden.

Die in der Sagittal- („Schlund"-)ebene gestreckte Körperöffnung führt über ein ektodermales Schlundrohr in das bewimperte **Gastrovaskularsystem** (Abb. 248, 249). Es besteht aus Meridional- („Rippen"-), Tentakel- und Schlundkanälen, die über den zentralen Magen miteinander verbunden sind. Vom Magen führt ein weiterer Kanal zum apikalen Pol, wo er in 4 Röhren ausläuft, von denen häufig 2 nach außen münden (Exkretionsporen, kein After). In der Gastrodermis finden sich kranzförmig angeordnete Rosettenzellen, die – bewimpert und in der Mitte durchbrochen – möglicherweise der **Exkretion** und dem Flüssigkeitsaustauch zwischen dem Gastralsystem und der Mesogloea dienen.

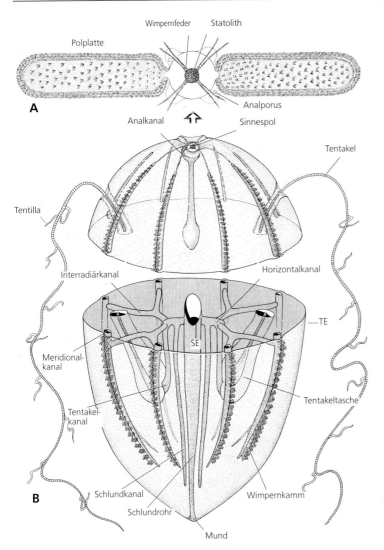

Abb. 248 Schema der Ctenophora (*Pleurobrachia*). Organisation. **A** Sinnespol. **B** Anatomie. Tier in der Mitte aufgeschnitten. SE Schlundebene, TE Tentakelebene. Aus Bayer und Owre (1968).

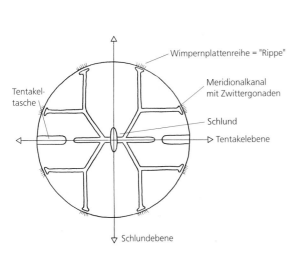

Abb. 249 Symmetrieverhältnisse der Ctenophora. Blick auf die Oralseite. Verändert nach Brusca und Brusca (1990).

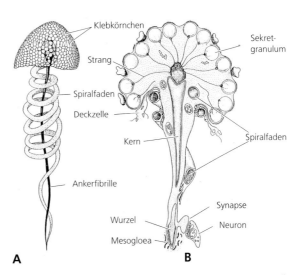

Abb. 250 Ctenophora. Colloblasten. **A** Lichtmikroskopisches Übersichtsbild. **B** Längsschnitt nach Ultrastrukturaufnahmen. Nach verschiedenen Autoren aus Brusca und Brusca (1990).

Die meist transparente Mesogloea ist in erster Linie ein Stützapparat zwischen den inneren Systemen und der Körperoberfläche. Ihre Grundsubstanz (Matrix) besteht bis zu 99 % aus Wasser sowie aus feinsten filamentösen Elementen. Sie enthält bindegewebige Fasern (Kollagen), freie Einzelzellen und glatte syncytiale Fasermuskelzellen ektodermaler Herkunft (orale Mikromeren). Auch die Fasermuskelzellen in Epidermis und Gastroderm sind ausschließlich glatt.

Fortpflanzung und Entwicklung

Die Ctenophora sind in der Regel Zwitter; Selbstbefruchtung ist möglich. Die Keimzellen sind entodermal und entstehen in der Wand der 8 Meridionalkanäle des Gastrovaskularsystems. Meist hat jeder Kanal, voneinander separiert, männliche und weibliche Gameten (Abb. 251). Zwei benachbarte Kanäle weisen auf den einander zugewandten Seiten Gonaden des gleichen Geschlechts auf. In weiblichen Gonaden ist bisweilen ein Komplex aus Nährzellen und Oocyten anzutreffen.

Einige Ctenophora zeigen das Phänomen der Dissogonie: Im Individualzyklus werden die Tiere zweimal geschlechtsreif, (1) in der juvenilen Phase (z. B. auf dem Cydippe-Stadium) und (2) als Adultus, der meist doppelt so große Oocyten entwickelt.

Die Geschlechtsprodukte gelangen durch Ruptur der Gastrodermis meist über das Gastrovaskularsystem nach außen, Ausführgänge werden selten angelegt (benthische Formen, z. B. *Coeloplana*). Oviparie ist verbreitet, Larviparie und Brutpflege (z. B. *Tjalfiella*, Entwicklung der Eier in Bruttaschen) sind eher selten.

Vegetative Vermehrung ist ebenfalls die Ausnahme und kommt bei benthischen, kriechenden Formen (*Ctenoplana, Coeloplana*) vor. Teile der basalen Körperregionen lösen sich ab und regenerieren zu einem vollständigen Tier. Körperteile mit Statocyste regenerieren schneller als Körperteile ohne dieses Organ.

In den Zygoten liegt der Dotter zentral (Endoplasma), weniger dotterreiches Plasma mit Kern peripher (Ektoplasma). Die ersten drei totalen Furchungen sind unilateral (Durchschnürung erfolgt von einer Seite) (Abb. 185) und führen zu einem Stadium mit 8 Zellen, wobei bereits Tentakel- und

Schlundebene festliegen (Abb. 252A). Diese hochdeterminative, **disymmetrische Furchung** ist einmalig im Tierreich. Die weitere Entwicklung führt über eine Sterroblastula (Abb. 252D) zur epibolischen Gastrula (Abb. 252E–G). Die Gastrulation erfolgt vom animalen Pol aus. In der Gastrula treten spät und am vegetativen Pol nochmals Mikromeren auf. Sie gelangen über den Urdarm ins Blastocoel und liefern Bindegewebs- und glatte Fasermuskelzellen in der Mesogloea. Aus dem sich allmählich erweiternden Urdarm geht das Gastrovaskularsystem hervor. Ctenophora haben vorübergehend in der frühen juvenilen Phase 4 Gastraltaschen. Eine typische Larve mit Metamorphose fehlt. Die Cydippe-Phase ist eher als Juvenilstadium (Abb. 254) aufzufassen; sie wird auch von Organisationstypen durchlaufen, die als Adultus stark abgewandelt sind, z. B. den Platyctenida.

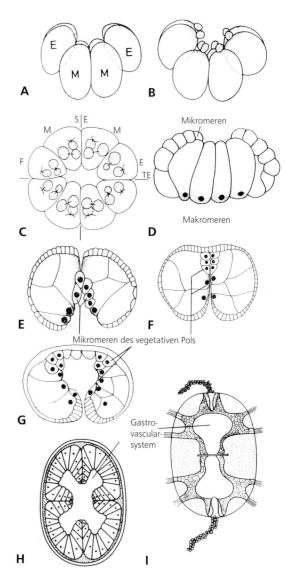

Abb. 252 Ctenophora. Disymmetrische Furchung. **A–C** Inäquale Furchung; von der Seite (**A–B**), Blick auf den animalen Pol (**C**). **D** Sterroblastula. **E–G** Gastrulation durch Epibolie; von der Seite. **H, J** Entstehung des Gastrovaskularsystems. SE = Schlundebene, TE = Tentakelebene. Nach Metschnikoff und anderen Autoren, aus Siewing (1985).

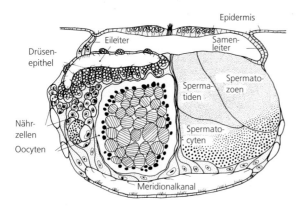

Abb. 251 Ctenophora. Zwittergonaden in einem Meridionalkanal. Aus Siewing (1985).

Systematik

Die Organisation der Ctenophora und der Cnidaria-Medusen steht auf etwa gleichem Niveau: pelagische Eumetazoa ohne Cephalisation, Gastrovaskularsystem ohne After, Sinnesorgane vorhanden, z. B. sehr unterschiedlich aufgebaute Statocysten, gallertige Mesogloea als Hauptmasse des Körpers, Lebensformtypus „Tentakelfänger". Das Für und Wider, die Ctenophora und die Cnidaria in einem übergeordneten monophyletischen Taxon Coelenterata zusammenzufassen, wurde schon besprochen (S. 117). Ein Schwestergruppen-Verhältnis Ctenophora-Bilateria (Acrosomata) ist nicht weniger umstritten. So ist der als synapomorphes Merkmal angesehene große akrosomale Vesikel in den Spermien schon bei Porifera (Abb. 147) und einigen Cnidaria vorhanden. Allerdings stützen neuerdings auch molekulare Analysen ein Schwestergruppen-Verhältnis Cnidaria-Ctenophora. Molekulare Ergebnisse sind jedoch nicht vollständig genug, um daraus eine vollständige Klassifizierung der Ctenophora-Untergruppen abzuleiten. Die Cydippida sind aber danach ziemlich sicher eine polyphyletische Gruppe. Änderungen in System sind in den nächsten Jahren zu erwarten.

Trotz ihrer ausserordentlichen Fragilität sind einige fossilisierte Reste von Ctenophoren bekannt.

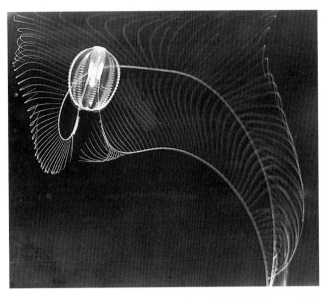

Abb. 253 *Pleurobrachia pileus* (Tentaculata, Cydippida) mit ausgefahrenem Tentakelnetz. Mund oben. Original: W. Greve, Hamburg.

deckt und geschützt werden oder die Eier entwickeln sich in Bruttaschen.

Ctenoplana kowalevskii (Ctenoplanidae), kann durch flossenartige Bewegung des Körperrandes langsam schwimmen, bis 8 mm lang; Schelfmeerbewohner, Neuguinea. – *Coeloplana*-Arten sitzen oft auf Korallen und behindern Expansion der Polypen (Abb. 255D), *Coeloplana bocki* (Coeloplanidae), 6 cm; Ostküste Japans. – *Tjalfiella tristoma* (Tjalfiellidae), Tiefseeform (500 m), mit Brutpflege, 7 mm, auf *Umbellula* (Pennatularia, S. 132), Nordmeer/Westgrönland.

1 Tentaculata (Tentaculifera)

Ctenophora mit 2 Tentakeln. Hier sind nur die wichtigsten Ordnungen aufgeführt. Es fehlen die je nur eine oder zwei Arten umfassenden, wenig bekannten Ganeshida, Cambojiida und Cryptolobiferida.

1.1 Cydippida

Pelagisch lebend. Mit annähernd kreisrundem Querschnitt; bewegen sich mit Wimpernplattenreihen fort. Am ehesten dem Grundmuster der Ctenophora (Abb. 248) entsprechend.

Pleurobrachia pileus, Meeresstachelbeere (Pleurobrachiidae), bis zu 3 cm hoch, 1 cm Durchmesser. Mit sich netzartig entfaltenden Tentakeln (über 70 cm lang); Biolumineszenz, insbesondere an den Meridionalkanälen; kosmopolitisch, Massenauftreten in der Deutschen Bucht (Nordsee) im Frühjahr und Sommer; können Küstenfischerei durch Verstopfen der Netze behindern (Abb. 253). – *Haeckelia rubra* (Euchloridae), bis 10 cm hoch, Körperepithelien grünlich, Tentakeltaschen rot/orange (Name!), Tentakel ohne Tentillen und Colloblasten, aber mit Kleptocniden (S. 118); Mittelmeer, japanische Ostküste.

1.2 Platyctenida

Fakultativ planktonische (*Ctenoplana*), sonst aber benthische Ctenophora, entweder auf der Mundseite kriechend oder sessil (Oralseite zu Haftscheibe umgebildet), in der Tentakelebene gestreckt. Platyctenida betreiben Brutpflege, indem in Schleim gehüllte Eier von der Kriechsohle abge-

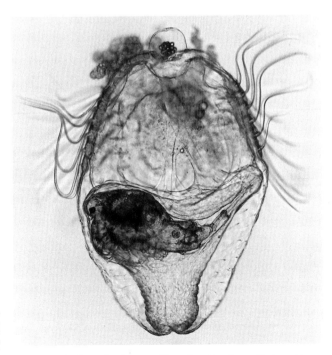

Abb. 254 Cydippe-Stadium von *Pleurobrachia pileus* mit einem Copepoden im Zentralmagen. Original: W. Westheide, Osnabrück.

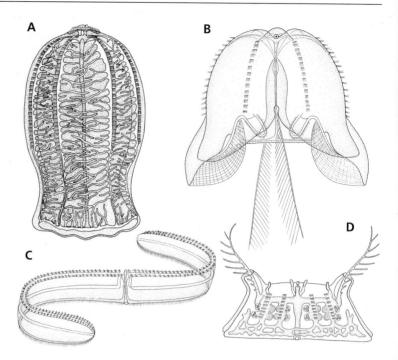

Abb. 255 Ctenophora. Habitus-Bilder. **A** *Beroe* sp. (Nuda, Beroida) **B** *Bolinopsis* sp. (Lobata), Jungtier. **C** *Cestus veneris* (Cestida). **D** *Coeloplana* sp. (Platyctenida). Nach verschiedenen Autoren.

1.3 Thalassocalycida

Pelagisch lebende Tentaculifera mit medusoidem Habitus, allerdings mit der Mundöffnung voran schwimmend, ohne Tentakeltaschen, mit einem Mundkonus, der dem Manubrium der Hydromedusen ähnelt.

Einzige Art: *Thalassocalyce inconstans* (Thalassocalycidae). 1978 in der Sargassosee entdeckt. Bis 15 cm Durchmesser, wahrscheinlich vorwiegend in tieferen Gewässern.

1.4 Lobata

Pelagisch lebende Tentaculifera mit muskulösen Mundlappen, die längsseitig parallel zur Schlund-ebene orientiert sind; bewegliche, mehr oder weniger gelappte Körperanhänge (Aurikeln) sitzen an den Mundwinkeln, unterstützen die Nahrungsaufnahme; Tentakel nur bei juvenilen Individuen gut ausgebildet, bei adulten verkürzt, bisweilen ohne Hauptstamm oder fehlend.

Bolinopsis infundibulum, 15 cm (Abb. 255B, 256); kann sich – außer mit den Wimpernplattenreihen – auch durch Rückstoß (Schlagen der Mundlappen) voranbewegen; Planktonfresser, adult mit kurzen Tentakeln und wenig erweiterungsfähigem Mund; Statocyste tief versenkt; Dissogonie (erste Fortpflanzungsperiode bei Tieren von 1 mm); Nordsee, westliche Ostsee. – *Mnemiopsis leidyi,* bis 10 cm; toleriert ein weites Spektrum von Umweltbedingungen, auch reduzierte Salinität. Ursprünglich in Gewässern an der Atlantikküste von Nordamerika; Mit Ballastwasser in das Schwarze Meer eingeschleppt; vermehrte sich explosionsartig mit katastophalen Folgen für die Fischerei; das Erscheinen des Freßfeindes *Beroe* (s. u.) verringerte dann die Bestände. Inzwischen unabhängig auch in Nord- und Ostsee eingewandert.

1.5 Cestida

Pelagische Tentaculifera, die bandartig extrem in der Schlund-ebene gestreckt sind; der „Mund" nimmt die gesamte Länge des Bandes ein, entsprechend sind 4 Wimpernplattenreihen extrem lang, die übrigen 4 sehr kurz, die Kanäle des Gastrovaskularsystems sind entsprechend angepasst.

Cestus veneris, Venusgürtel (Cestidae) (Abb. 255C), in Ruhestellung steif und wie ein senkrecht stehendes Lineal aufgerichtet im freien Wasser, die Tentakeltaschen sind beidseitig zu langen Rinnen aufgezogen, die Tentillen hängen aus diesen Rinnen je nach Kontraktionszustand als mehr oder weniger lange Fangfäden heraus; Lokomotion durch Schlängelbewegung; pseudometamer angeordnete Gonaden; Biolumineszenz; bis 1,5 m lang; tropisch und subtropisch, bisweilen auch im Mittelmeer.

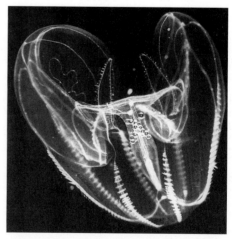

Abb. 256 *Bolinopsis infundibulum* (Tentaculata, Lobata). Aus dem Nordseeplankton. Durchmesser einige Zentimeter. Original: W. Greve, Hamburg.

2 Nuda (Beroida, Atentaculata)

Artenarme Gruppe tentakelloser Ctenophora, die stets pelagisch leben. Ein großer, stark erweiterungsfähiger Schlund führt in ein komplexes, reich verzweigtes Gastrovaskularsystem mit vielen blind endenden Kanälen. Ohne Tentakel und Colloblasten; Schlundrohr nimmt den größten Teil des Körpers ein und hat „Hakenwimpern" nahe der Mundöffnung (Widerhakenprinzip zum Festhalten der Beute?). Der dehnbare, muskulöse Körper ist einem Sack vergleichbar, der beim Schwimmen mit der Mundöffnung voran Beutetiere verschlingt, die die eigene Körpergröße erreichen, manchmal sogar übertreffen. Bevorzugt wird Makroplankton, besonders Organismen mit Gallerte (Salpen, Hydromedusen, tentakeltragende Ctenophoren) gefressen.

Weltweit verbreitet sind die *Beroe*-Arten (Melonenquallen) (Abb. 255A). – **B. cucumis* (Beroidae), 16 cm, kosmopolitisch. – **B. gracilis* (Beroidea), 3,5 cm, in der Deutschen Bucht endemisch. Bemerkenswerte Räuber-Beute-Beziehungen zu anderen Ctenophoren: *B. gracilis* frisst *Pleurobrachia pileus*, während *B. cucumis* sich vorwiegend von *Bolinopsis infundibulum* (Abb. 256) ernährt.

IV BILATERIA

Lebensweise und Cephalisation, Fortbewegung und Symmetrie

Die rezenten Bilateria sind als adulte Organismen überwiegend solitäre, freibewegliche Tiere, die aktiv Nahrung suchen. Dabei spielt die Entwicklung eines eigenen Kopfabschnittes mit einem übergeordneten Bereich des Nervensystems (Cerebralganglion, Gehirn, Sinnesorgane) eine besondere Rolle. Diese Entwicklung ist ein zentrales Ereignis in der Evolution, wird als Cephalisation beschrieben und ist in verschiedenen Linien, insbesondere bei Panarthropoda, Mollusca, Annelida und Chordata zu verfolgen.

Tierstöcke bzw. klonale Organisation sind auf einige wenige Gruppen sessiler Bilateria beschränkt (z. B. Kamptozoa, Bryozoa, Pterobranchia, Ascidiacea). Sie sind meist mit mikrophager, filtrierender Lebensweise verbunden.

Die Bilateria zeigen zumindest in ihren Larven- bzw. Jugendformen Bilateralsymmetrie, d. h. außer der linken und rechten sind keine weiteren Körperhälften spiegelbildlich zueinander (Abb. 257). Die einzige Symmetrieebene verläuft median durch Vorder- und Hinterende. Damit werden neben vorn (anterior) und hinten (posterior) auch dorsal und ventral (primär definiert durch die Lage der Mundöffnung) bzw. links und rechts definierbar. Bei vagilen Formen liegt die Körperhauptachse meist in der Fortbewegungsrichtung der Tiere. Bei der Bewegung ist außerdem meist eine bestimmte Körperseite zur Unterlage hin gerichtet, die als Bauch- oder Ventralseite bezeichnet wird und sehr häufig durch Lokomotionsstrukturen (Kriechsohle, Extremitäten) ausgezeichnet ist. Die Rücken- oder Dorsalseite ist der Ventralseite entgegengesetzt. Insgesamt sind bei den Bilateria also 3 senkrecht zueinander stehende Körperebenen zu erkennen: Die Sagittalebene trennt zwischen rechts und links, die Transversalebene (Querschnittsebene) in vorn und hinten, die Horizontalebene in dorsal und ventral.

In einigen Gruppen wird diese ursprüngliche Bilateralsymmetrie der adulten Tiere abgewandelt. So schwimmen z. B. Tintenfische in der morphologischen Dorsoventral-Achse nach hinten oder nach vorne (S. 345), adulte Stachelhäuter sind sekundär radiärsymmetrisch gebaut (S. 729).

Protostomie und Deuterostomie

Interessanterweise entsteht in der Ontogenie die Mundöffnung der Bilateria auf unterschiedliche Weise. Bereits 1908 hat K. GROBBEN formuliert, dass der Blastoporus (Urmund) der Gastrula einmal zum definitiven Mund wird (Protostomie), ein andermal aber zum endgültigen After (Deuterostomie). Dieser Sachverhalt hat zur Gliederung der Bilateria in Protostomia und Deuterostomia geführt (S. 180), eine

Einteilung, die durch molekulare Daten weitgehend bestätigt wird (s. u.).

Die tatsächlichen Vorgänge der Mund- und Afterbildung sind allerdings vielfältiger und komplexer als ihre Darstellung in einführenden Lehrbüchern. Bei Protostomiern können Mund und After z. B. durch medianen Verschluss aus dem schlitzförmigen Urmund als vordere und hintere Öffnung hervorgehen (Abb. 277); dies ist z. B. bei *Polygordius* (Annelida) der Fall (Abb. 1065A). Bei *Turbanella* (Gastrotricha) schließt sich der schlitzförmige Blastoporus von hinten nach vorne, wodurch die Mundöffnung nach vorne verlagert wird. Ähnliche Vorgänge kennt man von Phoroniden, einigen Polychaeten (Annelida) und Nemertinen. Ebenso kann ein kreisförmiger Urmund einfach nach vorne verlagert werden und sich dort zum definitiven Mund differenzieren, während der Anus etwa an jener Stelle durchbricht, wo der Urmund ursprünglich gelegen hatte (Abb. 1064E).

Im Gegensatz dazu entstehen Mund und After bei den Deuterostomia einheitlicher. Der Urmund wird zum Anus, und der definitive Mund bricht meist sekundär an der vorderen Ventralseite des Embryos durch. Sowohl bei Protostomie als auch bei Deuterostomie kann es in der Entwicklung zum kurzfristigen Verschluss des Blastoporus kommen; an derselben Stelle oder aber später an anderer Stelle erfolgt der

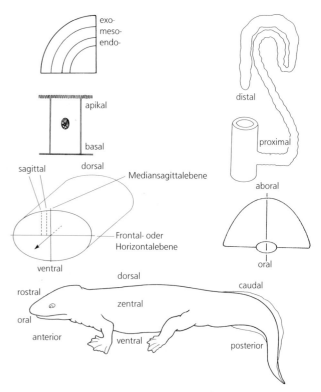

Abb. 257 Begriffe zu den Lagebeziehungen in bilateralsymmetrischen Organismen und deren Strukturen.

†Reinhard Rieger, Innsbruck, Gerhard Haszprunar, München und Bert Hobmayer, Innsbruck

Durchbruch von Mund- oder Afteröffnung. Gelegentlich tritt Deuterostomie auch bei einigen Formen auf, die den protostomen Taxa zuzurechnen sind (z. B. bei Decapoda-Penaeidae, bei der Gastropoden-Gattung *Viviparus*). Für die Deuterostomier gibt es eine Reihe weiterer charakteristischer Merkmale, die ihre Monophylie unterstreichen (S. 714).

Neuerdings wird wieder – unterstützt durch eine Reihe molekularer und morphologischer Hinweise – die alte Idee zur Entstehungsgeschichte der Chordata diskutiert, nach der dieses Taxon durch Umkehr der Dorsoventralachse oder aufgrund einer neuen Mundöffnung (wobei sich *per definitionem* die Körperachsen ändern) aus einem basalen Protostomier entstanden sei (siehe Diskussion S. 715, Abb. 1065).

Triploblastischer Bau

Für alle Bilateria charakteristisch ist ihr triploblastischer Bau. Beim Gastrulationsvorgang wird ein 3. K e i m b l a t t (M e s o d e r m, „echtes" Mesoderm oder Entomesoderm) angelegt, das zwischen den beiden primären Keimblättern Ektoderm und Entoderm liegt (Abb. 258). Es ist in der Regel mesentodermal, bildet sich also aus dem Entoderm. Bei den Bilateriern ersetzt dieses echte Mesoderm zumindest teilweise ein schon bei Coelenteraten vorkommendes Ektomesenchym (S. 108, 118), das durch Einwanderung von Zellen aus dem Ektoderm entsteht.

Durch das Entomesoderm kann das Blastocoel stark eingeengt oder ganz verdrängt werden (Abb. 259). Es bildet bei den Bilateria ausschließlich – oder unter Beteiligung des Ektomesenchyms – die Muskulatur, das Bindegewebe (Par-

enchym) und das Epithel um die sekundäre Leibeshöhle. In engem Zusammenhang mit dem Mesoderm entwickeln sich die Nephridialorgane sowie die Gonaden.

Das Mesoderm entsteht meist durch Immigration bzw. durch Abfaltung aus der Urdarmwand (Abb. 258E, F). In den Lophotrochozoa mit Spiralquartettfurchung (daher auch traditionell Spiralia genannt) lässt sich das Mesoderm auf zwei Urmesodermzellen zurückverfolgen, die aus dem Urmesoblasten (4d) hervorgehen (Abb. 259A, B, S. 166).

Besonders bei Protostomia kann Ektomesenchym auch größere Gewebsabschnitte zwischen Epidermis und Gastrodermis liefern; so soll z. B. die pharyngeale Muskulatur bei Polycladen (Plathelminthes), die Ringmuskulatur der Sipuncula und ein Teil der Muskelzellen der Nematoda ektomesenchymaler Herkunft sein. Eine Homologisierung des Ektomesenchyms dieser Bilateria mit jenem bei Coelenterata (S. 118) ist zur Zeit aber nicht möglich.

Diese Beobachtungen und der Umstand, dass die Grenzen zwischen ektomesenchymalem und entomesodermalem Ursprung vielfach nicht ganz eindeutig geklärt sind, haben in der Literatur erneut zu einer rein topografischen Definition des Mesoderms geführt, bei der alle Zellen und Gewebe zwischen Epidermis und Gastrodermis als mesodermal bezeichnet werden. Eine derartige Definition wurde bereits um 1880 von Entwicklungsbiologen (E. KORSCHELT, K. HEIDER) vorgeschlagen. Man kann heute aber sicherlich nicht, wie dies früher oft üblich war, an einer starren Keimblattableitung der verschiedenen Gewebe der Bilateria festhalten. Daher sollte auf die Verwendung eines rein topografisch definierten Mesoderms verzichtet werden, da damit für phylogenetische Fragestellungen wichtige ontogenetische Unterschiede übersehen werden könnten.

Das Entomesoderm kann sich in verschiedener Weise differenzieren. Die embryonalen Mesodermzellen entwickeln sich

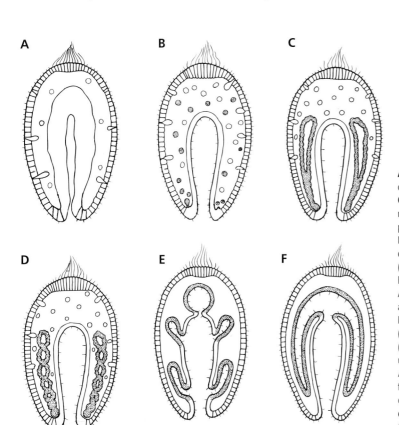

Abb. 258 Schemata der unterschiedlichen Entstehung des 3. Keimblatts (Entomesoderm) im Stadium der Gastrula. **A** Diploblastisches Ausgangsstadium mit multipolarer Einwanderung ektodermaler Zellen in die primäre Leibeshöhle (Ektomesenchym, weiße Zellen). **B–F** Triploblastische Organisation, **B–D** mit Ektomesenchym (z. B. Spiralia), **E, F** ohne Ektomesenchym (Deuterostomia). **B** Unipolare Einwanderung des Entomesoderms (gepunktete Zellen); von einigen Autoren bei Plathelminthes, Nemertini und Mollusca als ursprünglich angesehen. **C, D** Bildung paariger Entomesodermstreifen und der sekundären Leibeshöhle (Coelom) durch Auseinanderweichen von Zellen (Schizocoelie) in den Mesodermstreifen, **C** bei Echiura und Sipuncula (Annelida), **D** bei den segmentierten Annelida; **E, F** Entomesodermentstehung durch Abfaltung vom Urdarm (Enterocoelie), **E** bei einigen Hemichordata und Echinodermata. Verändert nach Salvini-Plawen und Splechtna (1979).

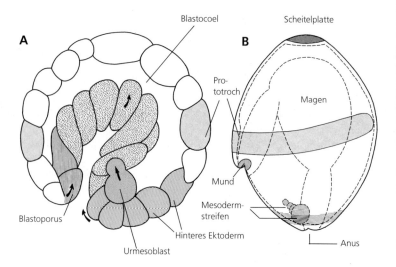

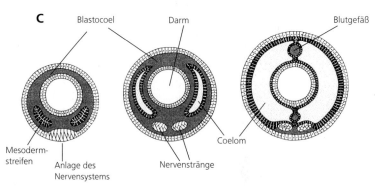

Abb. 259 Entstehung des Mesoderms und des Coeloms wurmförmiger, coelomater Annelida. **A** Längsschnitt durch eine Gastrula von *Hydroides* (Serpulidae). **B** Schema einer Trochophora von *Podarke* (Hesionidae). **C** Diagramme von Querschnitten durch den jungen Wurmkörper, die die Verdrängung der primären Leibeshöhle (dunkel punktiert) durch die schizocoel entstehende sekundäre Leibeshöhle (hell punktiert) in der Polychaeten-Entwicklung darstellen. Von ersterer leiten sich im adulten Tier die Bindegewebsflüssigkeit, das Blutgefäßsystem und die basale Matrix der Epithelien ab. A,B Nach Anderson (1973) aus Siewing (1985); C nach Gruner (1980).

als Einzelzellen oder Zellhaufen, die die primäre Leibeshöhle mehr oder weniger ausfüllen bzw. umgeben (acoelomate und pseudocoelomate Organismen, Abb. 266A, B). Bei coelomaten Organismen treten hauptsächlich zwei Wege der Mesodermentwicklung auf: (1) Die embryonalen Mesodermzellen entwickeln sich zu links und rechts des Urdarms gelegenen Gewebesträngen, den sog. Mesodermstreifen (Abb. 258C, D, 259C). In ihnen entstehen die späteren sekundären Körperhöhlen (s. u.) durch Spaltbildungen. Diese Schizocoelie tritt besonders bei Nemertinen, Mollusken und Anneliden auf (Abb. 258C, D, 532). Bei Mollusken lösen sich die Mesodermstreifen frühzeitig in ein mesenchymatisches Gewebe auf. (2) Das Mesoderm wird als Blase vom Urdarm abgefaltet. Bei dieser sog. Enterocoelie führt die Entwicklung des epithelialen Sacks direkt zur sekundären Leibeshöhle. Dieser Modus ist häufig in den Deuterostomiern anzutreffen (Abb. 258E, F, 1077, 1087). Besonders bei Formen mit direkter Entwicklung kommt es zu vielfältigen Veränderungen und Kombinationen dieser beiden Mechanismen (z. B. bei Craniota). Aber auch bei Entwicklung über Wimpernlarven ist zwischen schizocoeler und enterocoeler Differenzierung häufig schwer zu unterscheiden (z. B. Bryozoa).

Grundformen des Nervensystems

Wie eingangs erwähnt, war die Differenzierung eines übergeordneten Teils des Nervensystems mit einem Gehirn wohl entscheidend für die Evolution der Bilateria. Ein Gehirn ent-

stand mehrfach parallel als Konzentration von Nervenzellen am Vorderende. Zusätzlich wurden aus den ursprünglich einheitlichen peripheren Nervennetzen (Nervenplexus) durch Zusammenziehen des Verlaufs von Nervenfasern und deren Zellkörpern längsorientierte Hauptstränge (sog. Markstränge) mit häufigen Querverbindungen. Derartige Konzentrationen sind bei nicht-bilateralen Metazoen nur ansatzweise vorhanden, z. B. in Form von Ringnerven bei Medusen der Cnidaria.

Das Grundmuster des Bilateria-Nervensystems einschließlich des Gehirns ist durch seine basi-epitheliale Lage gekennzeichnet (Abb. 260). Das periphere Nervensystem könnte sich aus mehreren Nervennetzen entwickelt haben (sensorisch und motorisch, basiepithelial und subepithelial). Teilweise kommt es schon bei ursprünglichen Bilateria zur räumlichen Trennung von Nervenzellkörpern und dichteren Fasergeflechten. Derartige basiepitheliale Nervensysteme mit gering entwickeltem Gehirn und unregelmäßigen, peripheren Nervennetzen sind in verschiedenen Larvenformen und einigen adulten Acoelomorpha (Abb. 261) sowie *Xenoturbella,* vor allem bei basalen Deuterostomia realisiert.

Ausgehend von diesem Grundmuster kann man zwei unterschiedliche, wenn auch nicht scharf getrennte evolutive Wege aufzeigen: (1) Das sich entwickelnde Nervensystem der Deuterostomia verbleibt in seiner basiepithelialen Lage (Abb. 260, 1076) und wird mehrfach parallel durch Abfaltung ganzer Epidermisabschnitte rohrförmig in die Tiefe verlagert. Besonders deutlich ist dieser Vorgang bei den Chordata

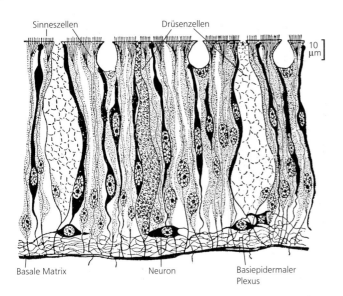

Abb. 260 Basiepitheliales Nervensystem von *Saccoglossus* sp. (Hemichordata). Nach Bullock und Horridge (1965).

(Bd. II, Abb. 7A). Analoges gilt auch für Echinodermata (S. 732) und Hemichordata (Abb. 1076). (2) Demgegenüber entsteht bei Protostomiern ein so genanntes „orthogonales Nervensystem", das durch paarige Cerebralganglien („Gehirn"), einen von dort ausgehenden Ring um den Vorderdarm („Schlundring") und dort inserierende zwei oder mehrere durch serielle Kommissuren und Konnektive verbundene Nervenlängsstränge („Orthogon" sensu stricto) gekennzeichnet ist (Abb. 262, 263). Es bildet sich (häufig induziert durch ein larvales Apikalorgan bzw. dessen Nervenzentrum) durch Einwanderung einzelner Blastemzellen oder Zellgruppen unter die Epidermis, wo weiteres Wachstum und Ausdifferenzierung stattfinden. Der funktionelle Hintergrund für diese Entwicklung wird im primär orthogonalen Muster der Muskulatur der wurmförmigen Spiralia gesehen.

Bei Cycloneuralia (Nematoda und verwandte Phyla) formen Cerebralganglien und Schlundring einen undifferenzierten Ring (Abb. 618A). Gelegentlich verbleiben Gehirn und Nervenlängsstränge in basiepithelialer Lage (z. B. Nematomorpha, einige polychaete Annelida).

Während in typisch orthogonalen Zentralnervensystemen der Protostomia die meisten Zellsomata (Perikaryen) der Neuronen als Rinde um das zentrale Nervenfasergeflecht (Neuropil) angeordnet sind, finden sich Zellen und Faseranteile bei den Deuterostomia meist viel stärker durchmischt.

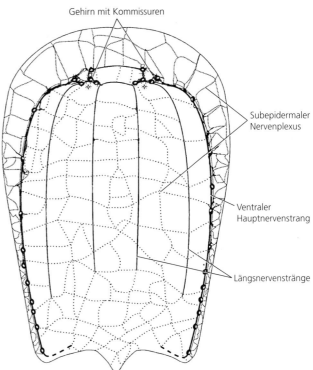

Abb. 261 Nervensystem von *Convolutriloba longifissura* (Acoela) basierend auf einer immunhistochemischen Färbung von Serotonin; nicht alle Nervenzellen und -fasern sind dadurch dargestellt. Länge des Tieres 4 mm. Verändert nach Gärber et al. (2007)

Immuncytochemie und Elektronenmikroskopie haben gezeigt, dass die meisten Neurone durch polarisierte, chemische Synapsen untereinander bzw. mit Effektororganen (z. B. Muskulatur, Drüsen) verbunden sind. Häufig findet man schon in ursprünglichen Nervensystemen (z. B. der Plathelminthes) mehrere Neurotransmitter oder Neuromodulatoren in einem Neuron und sogar in ein- und demselben neurosekretorischen Vesikel. Neben direkter synaptischer Verbindung von Neuronen und ihren Effektorstrukturen gibt es auch zahlreiche Fälle so genannter parakriner Sekretion. Hier werden Transmittersubstanzen nicht unmittelbar an die Effektorzellmembran herangebracht, sondern in die extrazelluläre Matrix in der Nähe der Effektorzellen freigesetzt. Solche Vorgänge könnten evolutive Vorstufen in der Differenzierung von Neuronen zu neurosekretorischen und möglicherweise auch endokrinen Zellen sein.

Bisher konnte man mit immuncytochemischen Methoden viele von Wirbeltieren bekannte neuroaktive Substanzen (Neurotransmitter, Neuromodulatoren u. a.) auch bei ursprünglichen Bilateriern nachweisen. Man nimmt an, dass

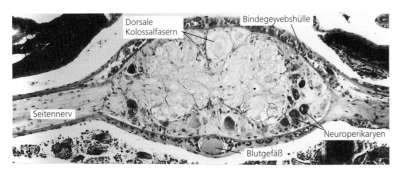

Abb. 262 Querschnitt durch das versenkte Bauchmark mit Seitennerven von *Lumbricus* (Annelida). Die beiden Konnektive des ursprünglich paarigen Strickleiternervensystems sind weitgehend miteinander verschmolzen, die Versenkung ins Körperinnere erfolgte nicht durch Abfaltung. Original: W. Westheide, Osnabrück.

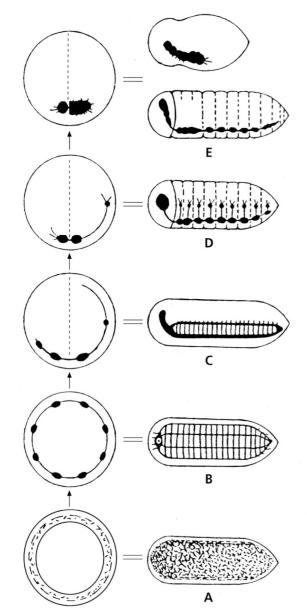

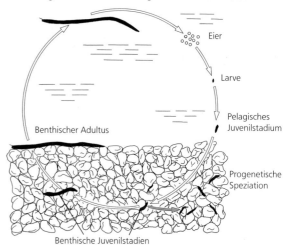

Abb. 264 Der biphasische Lebenszyklus am Beispiel wurmförmiger Spiralia und die Etablierung neuer Taxa durch Progenesis der ursprünglich temporär im Sediment lebenden Juvenilstadien. Nach Westheide (1987).

Abb. 263 Entstehung des Orthogons der Spiralia aus einem basiepithelialen Plexus der Coelenteratenorganisation in Querschnittschemata bzw. Seitenansichten. **A** Basiepithelialer Plexus der Coelenteraten. **B** Verdichtung des Plexus zu Längsnervensträngen und Ausbildung eines Orthogons mit Gehirn. **C** Verlagerung des Nervensystems nach innen bzw. Konzentration der Längsnervenstämme des Orthogons an der Ventralseite zum tetraneuralen Nervenstrangsystem der ursprünglichen Mollusca. **D** Konzentration zum segmentierten Nervensystem der Annelida. **E** Weitere Konzentration des Orthogons an der Ventralseite bei bestimmten Arthropoda. Vereinfacht nach Reisinger (1972).

sie auch bedeutend z. B. für die Regulation von Zellteilung und Zelldifferenzierung in der Embryonalentwicklung und für das postembryonale Wachstum sind.

Larventypen

Weit verbreitet unter marinen Bilateria ist ein biphasischer Lebenszyklus mit mikroskopisch kleiner Larve und mak-

roskopischem Adulttier (Abb. 120, 264). Zwei Organisationstypen von Larvenstadien sind besonders häufig, die sich vor allem durch Fortbewegung und Nahrungsaufnahme unterscheiden (Abb. 265): (1) Der **Trochus-Larventyp** vieler Lophotrochozoa besitzt ein oder mehrere Wimpernkränze von multiciliären Zellen, die je nach Lage als Prototroch (praeoral), Metatroch (postoral) oder Telotroch (terminal) bezeichnet werden. (Abb. 265A, 516). Bei planktotrophen Varianten (Trochophora *sensu stricto*) schlagen die Cilien von Proto- und Metatroch gegeneinander und sammeln so Nahrungspartikel, die zusätzlich von bewimperten Zellen zwischen den Bändern zur Mundöffnung weitergeleitet werden (*downstream-collecting-system*). Hinter dem Mundrand beginnt häufig ein ebenfalls aus multiciliären Zellen bestehendes Wimpernband (Neurotroch), das bis zum terminal gelegenen Anus ziehen kann und dort mit einem Telotroch in Verbindung steht. (2) Der **Tornaria-** oder **Dipleurula-Larventyp** der Ambulacraria (Abb. 1078, 1105) besitzt ein geschlossenes, um die Mundöffnung meandrierendes Band aus monociliären Zellen, mit dessen Hilfe neben der Fortbewegung auch Nahrungspartikel aus dem Wasser sortiert werden. Letzteres geschieht aber durch Cilienschlagumkehr, wenn entsprechende Nahrungspartikel die Cilien berühren (*upstream-collecting-system*, Abb. 265B). Die Tornaria-Larve trägt zusätzlich einen dem Telotroch der Trochuslarven ähnlichen Wimpernkranz aus multiciliären Zellen. Ein solcher fehlt den Dipleurula-Larven. Bei ihnen kann das um das Mundfeld ziehende Wimpernband vielfältig gestaltet und in verschiedene Bänder aufgeteilt sein; auch getrennte monociliäre Wimpernringe kommen vor.

Verdaungssystem und Ernährungstypen

Mit der freien Beweglichkeit der Bilateria geht eine entscheidende Diversifikation der Ernährungsweisen und damit des Verdauungstrakts einher. So treten in mehreren Evolutions-

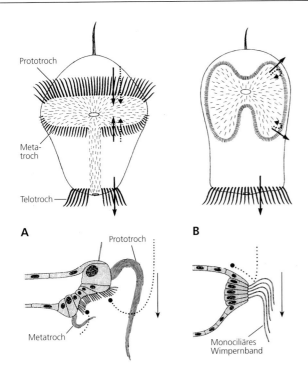

Abb. 265 Schema zweier häufiger Larventypen der Bilateria. **A** Trochophora (Spiralia). **B** Dipleurula (Deuterostomia). Die Schnittbildschemata der Wimpernbänder zeigen unterschiedlichen Bau: Die bewimperten Zellen der Trochophora-Larven sind bis auf wenige Ausnahmen (einige Mitraria-Larven, S. 377) multiciliär. Bei Dipleurula-Larven herrschen monociliäre Zellen vor (Ausnahme: Telotroch der Tornaria-Larven von Enteropneusta). Bei der Trochophora werden Nahrungspartikel in der Schlagrichtung der Cilien zwischen den beiden Wimpernbändern Proto- und Metatroch gesammelt und zur Mundöffnung transportiert (*downstream-collecting-system*). Bei Dipleurula-Larven werden durch Umkehr der Schlagrichtung der Cilien Nahrungspartikeln in zur Fortbewegung entgegengesetzter Richtung aufgesammelt (*upstream-collecting-system*). Nach Nielsen (1987).

linien im Mundraum und im ektodermalen Vorderdarm Strukturen zum Nahrungserwerb auf. Dazu gehören muskulöse Zungen oder Saugpumpen mit oder ohne Stilette (bei vielen Cycloneuralia, Tardigrada, Insecta, Annelida und höheren Plathelminthes), cuticulare chitinös-sklerotisierte Hartteile (Kiefer und Radula der Mollusca, diverse Kieferspangenapparate der freilebenden Gnathifera, Kieferbildungen bei polychaeten Annelida) (Abb. 380, 479, 519) sowie die Kieferbildungen der gnathostomen Craniota (Bd. II, Abb. 200).

Viele aquatische Bilateria ernähren sich durch das Filtrieren von Nahrungspartikeln aus dem Wasser. Sie alle müssen einer Wasserströmung ausgesetzt sein, die Nahrungspartikel herbei- und Abfälle fortschafft. Die Bilateria fangen Nahrungspartikel aus dem Wasser durch Wimpernbewegung, Schleimbildung oder durch Muskelkraft. Die wasserstromerzeugenden Wimpern sitzen entweder auf Tentakeln (z. B. Lophophorata, Pterobranchia, sedentäre Annelida) oder auf Kiemen (z. B. viele Muscheln, einige Schnecken, Ascidien). Bei Muskelkraft werden stets Seiapparate eingesetzt, z. B. Extremitäten bei Cirripediern (Abb. 889), Kiemenkörbe einiger Knochenfische (Bd. II, S. 278).

Wenn die Tiere dabei einen Wasserstrom selbst erzeugen, spricht man von aktiven Suspensionsfressern (z. B. Kamptozoen, Bivalvier, sedentäre Anneliden, viele Crustaceen und Insekten). Wenn sie nur Wasserströmungen ausnützen, indem sie Tentakelapparate in die Strömung halten, nennt man sie passive Filtrierer (z. B. viele sedentäre Annelida) (Abb. 564). Passives und aktives Fressverhalten tritt häufig kombiniert auf (z. B. viele Cirripedia, S. 600). Andere Tiere ernähren sich von den mobilen Substraten (Schlamm und Sand), auf oder in denen sie leben – so genannte Detritusfresser.

Mit wenigen Ausnahmen (Acoelomorpha, Plathelminthes, Gnathostomulida, teilweise Brachiopoda) ist der Verdauungstrakt der Bilateria mit einem getrennten After (Anus) versehen. Damit sind ein gerichteter Nahrungstransport im Darm und die Abgabe unverdaulicher Nahrungsreste getrennt von der Mundöffnung möglich. Typisch ist die funktionelle Spezialisierung hintereinander liegender Abschnitte in diesem Einwegdarm.

Bei Plathelminthes und Gnathostomulida wird das Fehlen einer Analöffnung – wie bei den Coelenterata – meist als ursprüngliches Merkmal, gelegentlich auftretende Analporen als sekundäre Bildungen gewertet. Obwohl echte Hinweise auf einen Verlust des Anus bei Plathelminthen fehlen, wird aber auch diese Möglichkeit diskutiert. Bei vielen – möglicherweise allen – Gnathostomulida ist jedoch eine Gewebsverbindung des Darmendes mit der dorsalen Epidermis vorhanden, die unterschiedlich interpretiert wird. Verlust der Analöffnung ist in anderen Bilateriagruppen nachgewiesen (z. B. bei verschiedenen Vertretern der Brachiopoda und der Echinodermata).

Darmanhangsdrüsen, die der Erleichterung der extrazellulären (z. B. Pankreas und Leber der Cranioten) bzw. intrazellulären (z. B. Mitteldarmdrüse der Mollusken) Weiterverarbeitung dienen, gehören zum Bauplan verschiedener Taxa.

Grundtypen der Körperhöhlen

Bei Bilateria können zwischen Darm und Epidermis 2 Typen von flüssigkeitserfüllten Hohlraumsystemen auftreten: (1) eine primäre Leibeshöhle (Hämo- oder Pseudocoel), die in der Art ihrer Begrenzung dem embryonalen Blastocoel entspricht und die häufig zu Blutbahnen reduziert ist, (2) sekundäre Leibeshöhlen bzw. coelomatische Organe (Abb. 266C).

In primären Leibeshöhlen sind die flüssigkeits- oder gallerterfüllten Hohlräume samt den darin sich befindenden Zellen ursprünglich immer von der Basis eines Epithels und seiner basalen Matrix umgeben, bei sekundären Leibeshöhlen (coelomatischen Organen) die Flüssigkeit und ggf. Coelomocyten der Lumina dagegen immer von der apikalen Seite eines Epithels (Abb. 266). Da apikale und basolaterale Zellmembranabschnitte in Epithelzellen sich molekular unterscheiden, z. B. mit unterschiedlichen Membranproteinen und Ionenpumpen besetzt sind, hat dieser Unterschied funktionelle Konsequenzen (s. S. 68).

Nach dem Fehlen oder Vorhandensein von sekundären Leibeshöhlen unterscheidet man bei den Bilateria drei Bauplantypen, die als (1) acoelomate/pseudocoelomate, (2) coelomate oder (3) mixocoele Konstruktionsformen bekannt sind. Diese drei Typen sind für das Verständ-

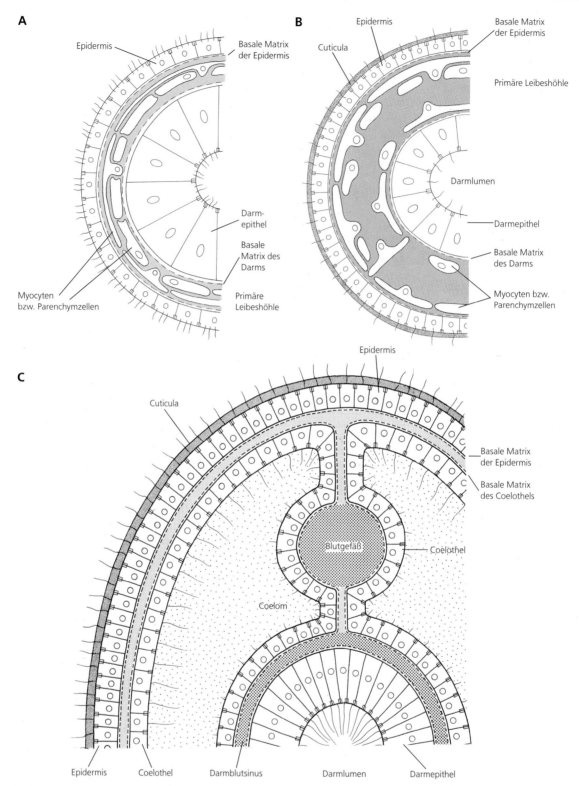

A

Epidermis

Basale Matrix
der Epidermis

Darm-
epithel

Basale
Matrix des
Darms

Primäre
Leibeshöhle

Myocyten
bzw. Parenchymzellen

B

Epidermis

Cuticula

Basale Matrix
der Epidermis

Primäre Leibeshöhle

Darmlumen

Darmepithel

Basale Matrix
des Darms

Myocyten bzw.
Parenchymzellen

C

Epidermis

Cuticula

Basale Matrix
der Epidermis

Basale Matrix
des Coelothels

Blutgefäß

Coelothel

Coelom

Epidermis   Coelothel   Darmblutsinus   Darmlumen   Darmepithel

Abb. 266 Grundmuster der histologischen Organisation wurmförmiger Bilateria: **A** Acoelomat. **B** Pseudocoelomat. **C** Coelomat. Teile von Quer-schnittsschemata – Die primäre Leibeshöhle (Raum zwischen der basalen Matrix der Epidermis und jener der Gastrodermis) ist im acoelomaten Bau (**A**) auf die extrazelluläre Matrix (ECM) zwischen den mesodermalen – und bei Spiralia auch ektomesenchymalen – Zellen beschränkt. Bei den coelomaten Organismen (**C**) wird die primäre Leibeshöhle durch die sekundäre Leibeshöhle auf den Raum zwischen den Coelothelien bzw. zwischen Coelothelien und Körper- oder Darmwand eingeengt. Die Blutgefäße entwickeln sich ursprünglich in der coelomaten Organisation in der ECM als Hohlraumsysteme. Bei pseudocoelomater Organisation ist die primäre Leibeshöhle als flüßigkeitsgefüllter Raum zwischen Kör-perwand und Darm ausgedehnt. Ursprünglich sind Zellen in der primären Leibeshöhle bei Acoelomaten und Pseudocoelomaten überwiegend Myocyten. Insbesondere in der acoelomaten Organisation können Bindegewebszellen auch ein umfangreiches Parenchym ausbilden (s. Abb. 292C); in einigen wenigen Fällen ist die gesamte ECM zugunsten eines rein zellulären Bindegewebes verdrängt (Acoelomorpha). A und B Origi-nale: O. Manylov und R. Rieger, Innsbruck, C Original: W. Westheide und R. Rieger, Osnabrück und Innsbruck.

nis der Evolution der unterschiedlichen Baupläne der verschiedenen Bilateria von großer Bedeutung.

(1) Acoelomate bzw. pseudocoelomate Bauweisen lassen sich aufgrund ihrer Histologie vom Grundmuster des embryonalen Blastocoels ableiten (Abb. 267A, B, 268A). Der Unterschied zwischen ihnen liegt im Fehlen (acoelomat) oder Vorhandensein (pseudocoelomat) eines größeren flüssigkeitserfüllten Raums in der extrazellulären Matrix zwischen Darm und Körperwand. Bei der pseudocoelomaten Bauweise können durch diesen flüssigkeitserfüllten Raum, der auch sehr schmal sein kann (z. B. bei freilebenden Nematoden), Darm und Körperwand bei Bewegung aneinander vorbei gleiten.

Im **acoelomaten** Bau gibt es, wie der Name sagt, eigentlich keinen einheitlichen extrazellulären, flüssigkeitsgefüllten Hohlraum außer dem Darmlumen und ggf. Protonephridien oder Gonaden. Zwischen der basalen Matrix der Epidermis und jener des Darmes und der inneren Organe ist der Körper hier mit Bindegewebe und bindegewebiger Muskulatur (s. u.) ausgefüllt (Abb. 266A, 267A, B). Dieses Gewebe entsteht aus in der Embryonalentwicklung frühzeitig mesenchymatisch angelegtem Entomesoderm, das sich in den Spiraliern außerdem mit dem Ektomesenchym vermischt (Abb. 258B, C). Extrazelluläre flüssigkeitserfüllte Spalträume können im Bindegewebe auftreten. Die Muskulatur und das Bindegewebe (Parenchym) stellen, im Gegensatz zum pseudocoelomaten Bau, Gewebeverbindungen entlang des Körpers her. Im **pseudocoelomaten** Bau ist – zusätzlich zum flüssigkeitserfüllten Darm – ein flüssigkeitserfüllter Hohlraum zwischen Epidermis und Darm vorhanden, der nicht von einem eigenen Epithel begrenzt ist (Abb. 266B, 267B, 292) und die freie Beweglichkeit des Darms gegenüber der Körperwand sicherstellt.

Die Larven der Bilateria sind acoelomat oder pseudocoelomat gebaut, coelomatische Räume können jedoch bereits angelegt sein (z. B. ältere Larvenstadien polychaeter Annelida, der Phoronida, Hemichordata, Echinodermata) (Abb. 545B, 1087). Das heißt, auch coelomat gebaute Adulttiere durchlaufen in ihren Larven häufig acoelomate bzw- pseudocoelomate Stadien.

(2) Die coelomate Bauweise geht dagegen auf mesodermale Anlagen zurück (Abb. 266, 267C,D, 268B). Coelomatische

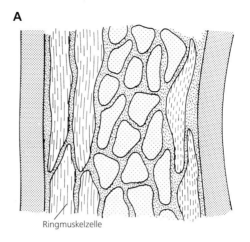

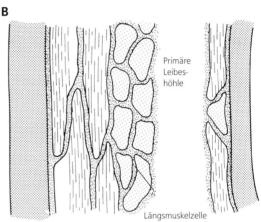

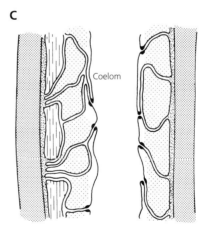

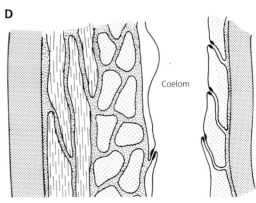

Abb. 267 Schema des histologischen Grundmusters der mesodermalen Muskulatur bei wurmförmigen Bilateria. **A** Bei acoelomater, **B** bei pseudocoelomater, **C, D** bei coelomater Leibeshöhlenorganisation. Im acoelomaten Bau kann der Anteil an extrazellulärer Matrix zwischen den Muskelzellen stark variieren. Rein zelliger Bau ist selten, kommt aber bei Acoelomorpha vor. Zusätzlich können nichtmuskuläre Parenchymzellen auftreten. Das Zellwachstum erfolgte ursprünglich durch Stammzellen (Neoblasten). Bei anderen ursprünglichen Bilateria kann die extrazelluläre Matrix auf die basale Matrix der Epidermis und des Darmes beschränkt sein. Die sekundäre Leibeshöhle (Coelom) kann von unterschiedlichen Typen von Myoepithelien (C) oder von einem Plattenepithel aus Nicht-Muskelzellen (Peritoneum, D) ausgekleidet sein. Nach Bartolomaeus (1994).

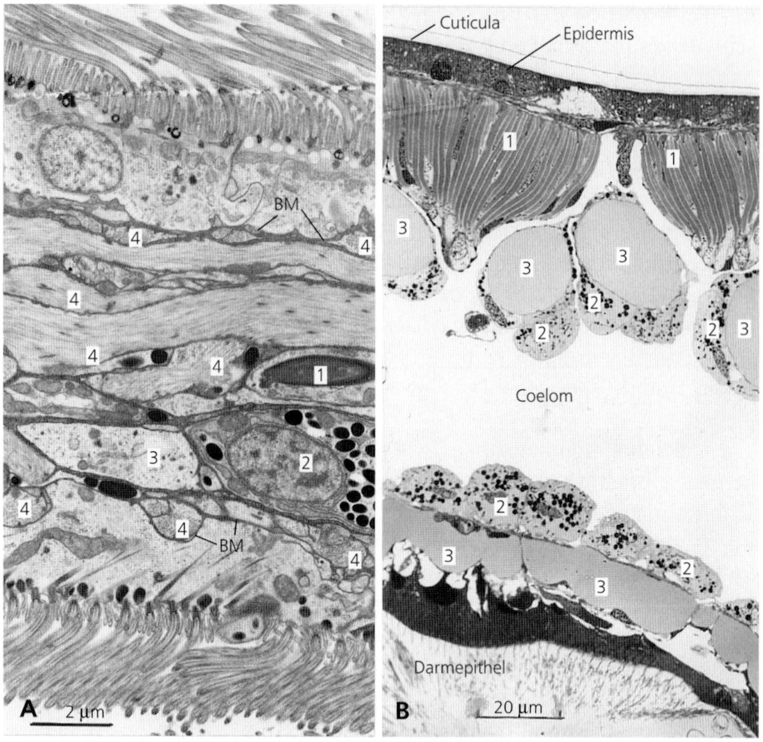

Abb. 268 Gegensätzliche histologische Konstruktionstypen adulter, triploblastischer Metazoa.
A Acoelomater Bau. (EM-Längsschnitt im Vorderdarmbereich von *Paromalostomum* sp., Rhabditophora). Hier liegen zwischen den beiden bewimperten Epithelien von Vorderdarm (unten) und Epidermis (oben), durch eine basale Matrix (BM) getrennt, versenkte epidermale Drüsenzellen (1,2,3) und Fasermuskelzellen (4). Stammzellen, Geschlechtszellen und das Protonephridialsystem finden sich ebenfalls in dieser Lage. Der pseudocoelomate Bau entspricht im histologischen Aufbau der acoelomaten Organisation.
B Im coelomaten Bau (Teil eines lichthistologischen Querschnittes von *Lumbriculus variegatus* (Annelida) liegt zwischen cuticularisierter Epidermis (oben) und teilweise bewimpertem Darmepithel (unten) eine von mesodermalem Epithel (2) ausgekleidete, sekundäre Leibeshöhle (Coelom). Längsmuskulatur (1), Blutgefäßsystem (3). Eine eigene epitheliale Auskleidung des Blutgefäßsystems – charakteristisch z. B. für Wirbeltiere – ist nicht vorhanden. A Original: D. Doe, Westfield, USA; B Original: J. Klima und W. Salvenmoser, Innsbruck.

Räume sind daher ursprünglich vollständig von mesodermalem (teilweise auch ektomesenchymalem) Epithel umgrenzt (Abb. 266, 267C, D, 268B, 532B). Bei massiver Ausprägung (Körpercoelom) wird in der Entwicklung das Blastocoel (Abb. 259C) verdrängt. Von diesem bleiben – bei ursprünglichen Coelomaten – nur Blutgefäße und Gewebsflüssigkeit in der extrazellulären Matrix des Bindegewebes zwischen den Epithelien der Epidermis, der Gastrodermis und der Coelomauskleidung (Coelothel) erhalten (Abb. 266, 268B).

Der funktionelle Ursprung von großlumigen Körpercoelomen ist umstritten. Die Nephrocoeltheorie besagt, dass zunächst ein coelomater Raum zur Ultrafiltration (wie z. B. das Perikard der Mollusca) vorhanden war, der sich erweitert hat. Alternativ ist das Coelothel ursprünglich ein Myoepithel aus monociliären Epithelmuskelzellen, wie sie schon bei den Cnidariern auftreten. Solche einfachen Myoepithelien können Ausgangspunkt für die Entwicklung von mehrschichtigen Myoepithelien sein. Ein weiterer evolutiver Schritt war dann die Trennung in nicht-muskulöse Peritonealzellen und Fasermuskelzellen und schließlich – durch Versenkung der Muskulatur unter das Coelothel – die Ausbildung eines myofibrillenfreien Coelothels (Peritoneum, Abb. 176). Diese Entwicklung ist besonders deutlich in den Deuterostomia zu verfolgen und bei Anneliden an der Längsmuskulatur gut zu demonstrieren.

In einzelnen Coelomaten-Taxa kann das Coelothel teilweise seine epithelialen Merkmale verlieren (z. B. Verlust der apikalen, bandförmigen Zell-Zell-Verbindungen) und damit sekundär einen Übergang zu einem acoelomaten oder pseudocoelomaten Zustand schaffen (z. B. bei kleinen im Sandlückenraum lebenden Anneliden). Umbau und Reduktion der Coelomräume sind auch von Egeln gut bekannt (S. 411). In allen diesen Taxa kennt man Übergänge vom rein coelomaten zum pseudocoelomaten/acoelomaten histologischen Bau.

Das Coelom entsteht entweder aus Mesenchym oder aber aus Zellsträngen bzw. epithelial umgrenzten Mesodermsäcken (S. 367). Sie liefern in adulten Tieren das Coelothel, die darin gelegene epitheliale oder die darunter liegende, subepitheliale Muskulatur und das Bindegewebe. Außerdem entwickeln sich aus ihnen die der Darmaufhängung und -versorgung dienenden Mesenterien (meist ein dorsales und ein ventrales) und die Dissepimente (Septen) mit den eingeschlossenen Blutgefäßen oder Blutlakunen (Abb. 266, 269). Vom Coelothel können Zellen apikal aus dem Epithelverband auswandern und zu im Coelom flottierenden Coelomocyten werden oder aber basal aus dem Epithelverband in die Blutgefäße als Blutzellen einwandern. Bei höherentwickelten Formen, wie z. B. den Cranioten, können die Blutgefäße auch von sekundär eingewanderten Zellen mit einem sekundären Epithel (Endothel) umgeben werden (Abb. 269B).

Coelomräume sind bei Bilateria unterschiedlich angeordnet. Es können 1–3 Paare hintereinander beiderseits des Darmtrakts auftreten (oligomer: Echiurida (Annelida), S. 398, Sipunculida (Annelida), S. 378, Lophophorata, S. 229, Chaetognatha, S. 815, Echinodermata, S. 734); der vorderste dieser Abschnitte kann im adulten Tier unpaar sein (Hemichordata, S. 720). Bei echter Segmentierung liegen dagegen viele Coelomsackpaare hintereinander (polymer: Annelida, S. 367, Acrania, S. 801, Craniota, Bd. II, Abb. 5).

Bei Nemertini tritt zusätzlich zum Blutgefäßsystem ein dorsaler, unpaarer coelomatischer Raum (Rhynchocoel) um den Rüsselapparat auf. Bei Mollusca sind coelomatische Räume auf Gonaden, Perikard und Exkretionsorgane beschränkt (Gonoperikardial-System, S. 299). Die Morphogenese coelomatischer Räume unterscheidet sich beträchtlich (s. o.), so dass viele Autoren eine unabhängige, mehrfache evolutive Entwicklung annehmen.

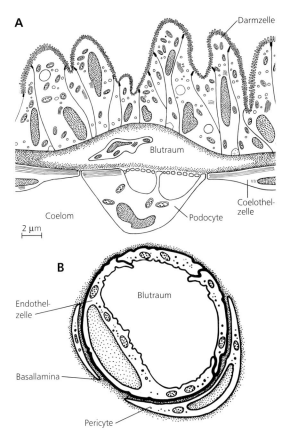

Abb. 269 Bau der Blutgefäße von Bilateria. **A** Ursprünglicher Bau eines Blutgefäßes am Beispiel der Enteropneusta, ohne endotheliale Auskleidung, mit Blutzellen und mit Podocyten des metanephridialen Exkretionssystems. **B** Querschnitt durch eine mit Endothel ausgekleidete Blutkapillare bei Wirbeltieren. A Nach Benito et al. (1993); B nach Ruppert und Barnes (1993).

Die coelomatischen Räume sind häufig mit dem Exkretionssystem (metanephridiale Systeme) und dem Genitalsystem offen verbunden (Abb. 270, 275, 536).

(3) Ein mixocoeler Hohlraum entsteht durch Vereinigung der primären und sekundären Leibeshöhle während der Embryonalentwicklung bei Arthropoden (der ebenfalls gebrauchte Begriff Hämocoel ist missverständlich, s.o.). Histologisch können Pseudocoel und Mixocoel in Adultstadien allerdings nicht unterschieden werden; in beiden wird der flüssigkeitserfüllte Hohlraum von der basalen Matrix der Epidermis, des Darmes und verschiedener Organe (z. B. Metanephridien, Gonaden und Gonodukte) begrenzt. Beim Mixocoel können aber noch Rudimente coelomatischer Räume erhalten sein (z. B. der Sacculus der Nephridien).

Weiterentwicklung des Stützapparates

Im Kapitel Eumetazoa (S. 115) wurde bereits auf die Skelettfunktionen von extrazellulärer Matrix, Muskulatur sowie von intrazellulären bzw. interzellulären Hohlraumsystemen hingewiesen. Da für die Bilateria allgemein kleine, wurmförmige Organismen als Ausgangsformen angenommen werden (S. 177), soll hier gezeigt werden, wie Schichten der extrazel-

lulären Matrix (in der Cuticula und der basalen Matrix) mit Muskulatur und Hydroskelett in wurmförmigen Organismen eine Funktionseinheit bilden (s. auch Nematoda, S. 429).

Eine zentrale Rolle spielt dabei die spezifische Anordnung von nichtelastischen Fasern in Schichten, die den gesamten Körper oder einzelne Organe einhüllen, z. B. die extrazellulären Kollagenfasern oder die intrazellulären Mikrofilamente des Cytoskeletts. Die Faseranordnung führt zu unterschiedlicher mechanischer Beanspruchbarkeit.

Orthogonale bzw. helicoidale Faseranordnungen sind als Verbundwerkstoffe in Matrixschichten am häufigsten. Flüssigkeitserfüllte Hohlräume allein – gewöhnlich intrazellulär in acoelomat, interzellulär in pseudocoelomat und coelomat gebauten Tieren – können kein hydrostatisches Skelett bilden. Da Flüssigkeiten nicht komprimierbar sind, führen die durch Muskulatur (z. B. in einem wurmförmigen Körper durch Ring- und Längsmuskulatur) erzeugten Druckveränderungen zu Formveränderungen. Dies geschieht durch die spezielle Anordnung der biegbaren, jedoch nicht dehnbaren Fasern (z. B. Kollagen) (Abb. 109, 181).

Für einen wurmförmigen Organismus sind besonders Verlängerung, Verkürzung und Biegbarkeit des Körpers wichtig. Die Fasernetze in der Cuticula oder der basalen Matrix müssen dafür schräg zur Körperlängsachse angeordnet sein. Theoretisch lässt sich sogar zeigen, dass bei derartig angeordneten Fasernetzen eine Verlängerung bzw. Verkürzung des Wurmkörpers nur bei einem Faserwinkel, der größer oder kleiner als 55° ist, möglich wird (Abb. 622).

Diese biomechanischen Überlegungen gelten nicht nur für gänzlich wurmförmig gebaute Organismen, sondern auch für mehr oder weniger zylindrische Körperteile (Tentakel, Blutgefäße, Chorda, Ambulacralfüßchen). Sie sind grundsätzlich auch für das Verständnis der Funktion von komplex gestalteten acoelomaten Körperteilen gültig, z. B. im dreidimensionalen Geflecht der Muskulatur des Molluskenfußes.

Echinodermata können den Vernetzungsgrad und damit die Festigkeit der Kollagenfasern ihrer Dermis nervös steuern. Dieses veränderliche kollagene Bindegewebe (MCT = *mutable collagene tissue*) kann fest und steif werden, so dass eine durch Muskelkraft erreichte Stellung von Stacheln oder Tentakel ohne weiteren Energieaufwand über lange Zeit aufrecht erhalten werden kann. Andererseits können die Fasern extrem locker und weich werden und schon bei geringster Krafteinwirkung ganze Körperteile (Arme bei See- und Schlangensternen) abtrennen (Autotomie).

Zirkulationssysteme

Bei den adulten Coelenterata ist nur der Darm, das sog. Gastrovaskularsystem, als extrazelluläres, flüssigkeitsgefülltes Transport- und Hydrostatsystem ausgebildet (Abb. 201, 227). Dies trifft auch noch für große Plathelminthes zu. Bei Bilateria treten zusätzlich 3 weitere Systeme auf: Die durch Herkunft und Histologie eng verwandten Kompartimente von (1) Blutgefäßsystem, (2) Pseudocoel bzw. Mixocoel sowie (3) Coelom. Blutgefäße und Pseudocoel sind „flüssigkeitserfüllte Kompartimente" in der extrazellulären Matrix und dienen besonders der Verteilung der Nährstoffe, dem Gastransport und dem Transport von Exkretstoffen.

Jene Bilateria, denen man eine ursprünglich acoelomate oder pseudocoelomate Bauweise zuschreibt (Acoelomorpha,

Plathelminthes, Gnathifera, Cycloneuralia, Kamptozoa) haben entweder keines der drei Systeme oder nur ein mehr (z. B. Syndermata) oder weniger (z. B. die meisten frei lebenden Nematoda) großräumiges Pseudocoel entwickelt. Eine Ausnahme bilden einige parasitische Plathelminthes, bei denen eine flüssigkeitserfüllte Leibeshöhle, teilweise mit Zellen ausgekleidet (S. 187), entwickelt sein kann.

Das Blutgefäßsystem und die Coelomräume entwickelten sich in der Evolution häufig gekoppelt. Das B l u t g e f ä ß s y s t e m leitet sich histologisch von der primären Leibeshöhle ab, ist also immer von den basalen Teilen eines Epithels begrenzt und kann im Lauf der Evolution räumlich sehr komplexe Kanalsysteme bilden. Die begrenzenden Epithelien der Blutgefäße sind oder leiten sich von Coelothelien ab. Vom Pseudocoel unterscheidet es sich auch topografisch: Während das Pseudocoel als einheitlicher, flüssigkeitserfüllter, extrazellulärer Raum zwischen Körperwand und Darm liegt, ist das Blutgefäßsystem auf extrazelluläre Lakunen, Sinus und Gefäße beschränkt. Je nach Ausdifferenzierung spricht man von o f f e n e n oder g e s c h l o s s e n e n Blutgefäßsystemen. In geschlossenen fließt die Blutflüssigkeit in deutlich erkennbaren zuführenden und abführenden, durch Kapillaren verbundenen Kanälen. In offenen Systemen sind die zuführenden oder abführenden Bahnen durch schwer abgrenzbare Lakunensysteme in der extrazellulären Matrix des Bindegewebes verbunden.

Blutgefäßsystem und coelomatische Räume in Form von Kanälen haben in den verschiedenen Gruppen der Bilateria unterschiedliche Ausdehnungen. So kennt man besonders von den Stachelhäutern umfangreiche coelomatische Kanalsysteme, die den Organismus parallel zu den Blutgefäßen durchziehen (z. B. Abb. 1095). Nemertini haben wie stylommatophore Gastropoda und Cephalopoda echte, endotheliale Blutgefäße entwickelt. Bei Hirudinida hingegen ist das Körpercoelom sekundär auf ein Kanalsystem reduziert worden und ersetzt bei Gnathobdelliformes und Pharyngobdelliformes das Blutgefäßsystem gänzlich (Abb. 535C–E). Bei den meisten coelomaten Taxa dagegen sind beide Systeme nebeneinander gut ausgebildet und besonders in ihrer Gastransportfunktion aufeinander abgestimmt. In den Panarthropoden, bei denen in der Entwicklung primäre und sekundäre Leibeshöhle verschmelzen, kommt es zur Vereinigung von Blutgefäßsystem und Leibeshöhle. Wie schon erwähnt, spricht man hier von einem Mixocoel.

Respirationsorgane

Bewegungen – des gesamten Körpers oder besonderer Organe – transportieren Gase (O_2 und CO_2) im Außenmedium (Wasser/Luft) zu möglichst dünnen Membranen, die dem Gasaustausch mit der Blutflüssigkeit dienen. Auch bei der Weitergabe der gelösten Atemgase zwischen Austauscher und Gewebe durch das Zirkulationssystem findet sich das gleiche physikalische Prinzip: Der Gastransport erfolgt im bewegten Medium, der Gasaustausch findet aufgrund eines Konzentrationsgefälles durch Membranen statt, die durch ihre Großflächigkeit und geringe Dicke die Diffusion begünstigen (Bd. II, S. 127).

Bei Wachstum der Organismen muss die Gasaustauschfläche zusätzlich vergrößert werden, da die zu versorgenden Volumina mit der dritten Potenz, Diffusionsflächen (wie z. B. die Körperoberfläche) aber nur mit der zweiten Potenz wachsen. Bei größeren Metazoa sind daher vielfach spezielle Respirationsorgane entstanden. Oft sind Gastransport (z. B. Cilienbewegung, Kiemendeckelbewegung, Lungenventilation) und Gasaustausch (z. B. Kiemenblätter, Alveolarmembran, Tracheolen) strukturell distinkt getrennt.

Umgekehrt ist das Oberflächen/Volumen-Verhältnis der Gasaustauschfläche für kleine Bilaterier vorteilhafter und ermöglicht einfachere Respirationsorgane oder den Austausch von O_2 und CO_2 allein durch die Körperoberfläche. Allerdings wirkt sich dieses Verhältnis belastend für die Osmoregulation kleiner wasserlebender und für den Wasserverlust durch Transpiration kleiner terrestrischer Bilateria aus.

Durch extreme Abflachung und/oder ein verzweigtes Darmsystem kann z. B. bei größeren Plathelminthes die Diffusionsstrecke kurz gehalten werden; durch aktive Fortbewegung (z. B. Schlängeln des Körpers) werden zusätzlich Außen- und Innenmedium gleichzeitig bewegt und damit der Austausch weiter begünstigt.

Grundform der Exkretionsorgane

Zur Regulation des Wasserhaushaltes, des Ionenmilieus der Körperflüssigkeiten und des Abtransportes verschiedener Stoffwechselendprodukte sind Exkretions- und Osmoregulationsorgane für alle Bilateria notwendig. Ihre Ausbildung steht in engem Zusammenhang mit der Körpergröße und der Organisation der Leibeshöhlen.

Die einfachste Form der Entsorgung von Stoffwechselendprodukten ist wahrscheinlich die Speicherung von Stoffen in einzelnen Zellen (z. B. Konkrementablagerungen bei Acoelomorpha) oder Gewebsabschnitten (z. B. bei Webspinnen). Möglicherweise sind auch die einzelligen „Dermonephridien" oder die merkwürdigen *pulsatile bodies* bei Xenacoelomorpha (S. 818), ein ursprünglicher Typ von Exkretionszellen.

Grundsätzlich lassen sich 2 Typen von Exkretionsorganen unterscheiden: (1) S e k r e t i o n s n i e r e n wie die Exkretionsorgane der Nematoda oder wie die Malpighi-Gefäße der Arachniden, Myriapoden und Insekten, die Anhänge des Verdauungstrakts sind (Abb. 271, 957). (2) Filtrationsnieren, die in mehreren Bau- und Funktionstypen vorkommen (Protonephridialsysteme und Metanephridialsysteme, Abb. 270, 272, 273); F i l t r a t i o n s n i e r e n benötigen gewöhnlich größere Flüssigkeitsmengen. In ihnen wird in der Regel ein Primärharn in einem ausleitenden Kanalsystem durch Reabsorption und Sekretion vor der endgültigen Ausscheidung verändert (Bd. II, S. 152).

Die Primärharnbildung erfolgt hier durch Druckfiltration. Diese kann über die extrazelluläre Matrix spezialisierter Zellen (Podocyten) der Coelomwand (Abb. 270C, D) vom Blutgefäßsystem in einen coelomatischen Raum verlaufen (Metanephridial-System). Ein Überdruck entsteht in diesem Fall in entsprechenden Abschnitten des Blutgefäßsystems, z. B. durch Kontraktion der Muskulatur der Blutgefäße. Die Filtration kann aber auch an der extrazellulären Matrix spezieller Zellen des ableitenden Kanalsystems direkt von der

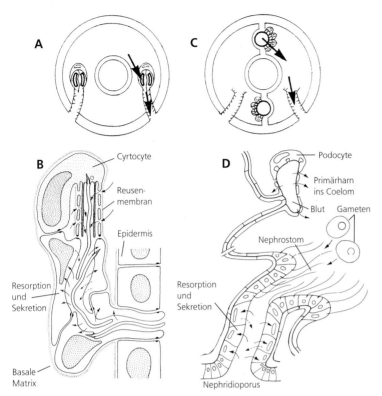

A

C

B
Cyrtocyte
Reusen-
membran
Epidermis
Resorption
und
Sekretion
Basale
Matrix

D
Podocyte
Primärharn
ins Coelom
Blut   Gameten
Nephrostom
Resorption
und
Sekretion
Nephridioporus

Abb. 270 Organisation der Nephridialorgane.
A, B Protonephridialsystem. **C, D** Metanephridialsystem.
Ultrafiltration bei Protonephriphidien durch die ECM der
Cyrtocytenreuse in das protonephridiale Kanalsystem,
bei Metanephridien vom Blutgefäßsystem durch die
Reusenspalten der Podocyten des Coelomepithels in
das Coelom. Resorption und Sekretion erfolgen einer-
seits im Protonephridium, andererseits im ausleitenden
Kanalsystem des Metanephridiums. A, C Verändert nach
Ruppert und Smith (1988); B, D verändert nach Bartolo-
maeus und Ax (1992).

Gewebs- oder Leibeshöhlenflüssigkeit in den Ableitungskanal ablaufen (Protonephridialsystem, Abb. 270A, B, 273). Hierbei nimmt man
an, dass der Unterdruck im Kanalsystem durch den Cilienschlag der
terminalen Reusengeißelzelle (Cyrtocyte) entsteht. Man unterscheidet Solenocyten (mit nur einem Cilium) (Abb. 273C) von multiciliären Cyrtocyten (Abb. 272B, 294). Schließlich kann Ultrafiltration
auch durch Endocytose der beteiligten Ultrafiltrationszellen erreicht
werden, wie dies bei den Nierenorganen vieler Arthropoden und den
Rhogocyten der Mollusca der Fall ist. Auch Mischformen wie die Cyrtopodocyten von *Branchiostoma* kommen vor.

Der Ort der Ultrafiltration des Primärharns liegt also beim Metanephridial-System ursprünglich getrennt von den Ausleitungsorga-
nen (Abb. 270C, D). Der Primärharn wird dabei zunächst direkt in
die Flüssigkeit des Coeloms abgegeben. Das Metanephridium nimmt
durch seinen im Coelom offenen Wimperntrichter die Coelomflüssigkeit als Primärharn auf und verändert diese Flüssigkeit vor der
Abgabe durch Resorption und Sekretion in seinem Ausleitungskanal. Meist ist daher der Metanephridialkanal von Blutgefäßen umgeben.

In den von Metanephridien abgeleiteten Nephronen der Craniota (Wirbel- oder Schädeltiere) und in den segmentalen
Nierenorganen der meisten Arthropoden liegen der Ort der
Ultrafiltration und die Öffnung des Nephridiums in das
Coelom nahe beieinander. So beginnen die Wimperntrichter
der Nephridien der Onychophora und der Antennen-, Maxil-
len-, oder Coxaldrüsen vieler Arthropoda in einem stark verkleinerten Coelomraum (Sacculus, S. 461), dessen Wand vollständig aus Podocyten besteht.

Metanephridial-Systeme sind also für coelomat gebaute
oder sich von solchen ableitenden, makroskopischen Bilateria
mit Blutgefäßsystem charakteristisch. Protonephridien
treten hingegen vorwiegend in Larven und in acoelomaten
oder pseudocoelomaten adulten Bilateria auf, die überwiegend millimetergroße Organismen sind.

Ausnahmen hiervon sind z. B. einige Acanthocephala, einige Nemertini, die großen Priapuliden und einige Annelida, die als makroskopische Tiere Protonephridien besitzen. Bei letzteren handelt es sich –
mit einer Ausnahme – um Formen, in denen ein Blutgefäßsystem fehlt
(S. 357).

Protonephridien werden für die ursprünglichste Form der
filtrierenden Nephridialorgane gehalten (Abb. 273). Bei

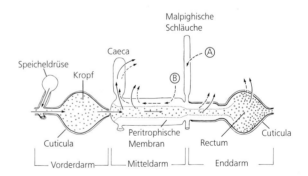

Malpighische
Schläuche
Caeca
Speicheldrüse
Kropf
Ⓐ
Ⓑ
Cuticula
Peritrophische
Membran
Rectum
Cuticula
Vorderdarm   Mitteldarm   Enddarm

Abb. 271 Darstellung der beiden Zyklen von Flüssigkeitsbewegungen
(unterbrochene Pfeile) zwischen Darm und Mixocoel bei Insekten.
Rechts (Beginn bei A) Exkretionsfunktion der Malpighischen Schläuche, links (Beginn bei B) Aufnahme gelöster Nährstoffe in das Mixocoel. Volle Pfeile zeigen Flüssigkeitsaufnahme mit Nahrung und deren
Absorption ins Mixocoel. Im Nährstoffzyklus gelangt Flüssigkeit aus
dem Mixocoel zuerst in den caudalen Teil des Mitteldarms und von
dort außerhalb der peritrophischen Membran nach vorne. Zusammen
mit Nährstoffen gelangt sie vor allem in die Caeca wieder in das Mixocoel zurück. Auch Flüssigkeit mit Nährstoffen aus dem Nahrungsbrei
wird hier in das Mixocoel aufgenommen. Der Exkretionszyklus beginnt
mit der Sekretion des Primärharns in die Malpighischen Schläuche
(Gefäße). Dies geschieht durch aktiven Membrantransport. Die Rückresorption von Flüssigkeit in diesem Zyklus findet im Enddarm statt.
Nach Berridge in Neville (1970).

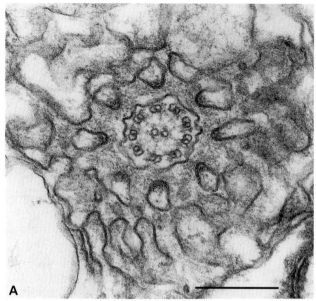

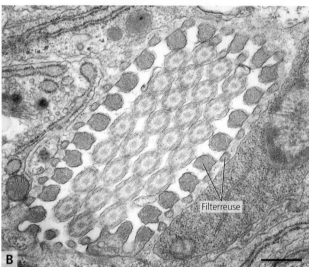

Filterreuse

Abb. 272 TEM-Querschnitte durch Reusengeißelzellen. **A** Reusenregion der Solenocyte mit nur einem Cilium bei *Turbanella ocellata* (Gastrotricha). **B** Reusenregion der multiciliären Cyrtocyte von *Macrostomum hystricinum marinum* (Plathelminthes). Originale: G.E. Rieger und W. Salvenmoser, Innsbruck.

Annelida und Mollusca durchlaufen die Metanephridien in ihrer Ontogenese häufig ein protonephridiales Stadium. Daher können Protonephridien auch sekundär durch Paedomorphose entstehen, wie Untersuchungen bei progenetischen Anneliden und beim Zwergmännchen von *Bonellia viridis* zeigen. Es ist also wahrscheinlich, dass Metanephridien und Protonephridien dieselben zellulären Module haben.

Gonaden und Gametenausleitung

Bei den Bilateria reifen die Geschlechtszellen selten (wie bei vielen Cnidariern) einfach innerhalb der Gastrodermis heran (Abb. 274A). Meist werden Gonaden - besondere Hohlräume für die Differenzierung der Geschlechtszellen – in mesodermalen Geweben angelegt (Abb. 274B,C).

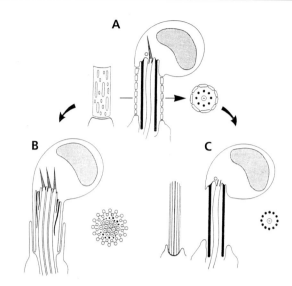

Abb. 273 Evolution der Cyrtocyten. **A** Ursprüngliche Form einer Terminalzelle mit Reusenstruktur im rohrförmigen Abschnitt der Cyrtocyte. **B** Terminalzelle mit Reusenstruktur aus fingerförmigen Fortsätzen der Terminalzelle und der ersten Kanalzelle. **C** Monociliäre Cyrtocyte (Solenocyte), bei verschiedenen adulten Anneliden am Nephridialkanal angeschlossen. Aus Bartolomaeus (1994).

Bei jenen Bilateria, die als adulte Tiere einen coelomaten Bau aufweisen, liegen die Geschlechtszellen zunächst meist retroperitoneal (unmittelbar unter dem Coelothel, in so genannten Retroperitonealgonaden, Abb. 275). Die Gameten gelangen hier durch Ruptur des Coelothels in das Coelom, wo sie ihre Entwicklung fortsetzen und durch eigene Ausleitungskanäle (Gonodukte) nach außen gelangen.

Bei äußerer Besamung und Befruchtung, die oft als ursprünglich gelten, werden große Mengen männlicher und weiblicher Keimzellen in das freie Wasser entlassen. Bei innerer Besamung und Befruchtung sind immer im männlichen Geschlecht Kopulationsorgane, im weiblichen Geschlecht meist unterschiedliche Strukturen wie z. B. Vaginalorgane, Bursalorgane oder Receptacula zur Aufnahme, Kontrolle und Weiterleitung des Fremdspermas ausgebildet.

Hingegen treten bei acoelomat oder pseudocoelomat gebauten Bilateria die Gonaden als frei im Parenchym liegende Keimzellen oder als so genannte Sackgonaden auf (Abb. 274B,C). Hier entwickeln sich um die Keimzellen aus dem Mesoderm stammende Hüllzellen. Eier und Spermien können durch Kanäle und paarige (coelomate Taxa) oder unpaare (acoelomate und pseudocoelomate Taxa) ausgeleitet werden; die Gonodukte entstammen zumindest teilweise dem Ektoderm.

Alte und neue Konzepte in der Großphylogenie der Bilateria

In der Entwicklung phylogenetischer Vorstellungen über den Ursprung der Bilateria waren Annahmen über die Stammform der Metazoa immer maßgebend. Hier werden 3 derartige Hypothesen vorgestellt. Zwei von ihnen wurden bereits im späten 19. und am Anfang des 20. Jh. entwickelt. Beide

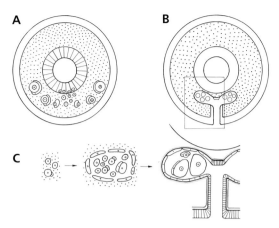

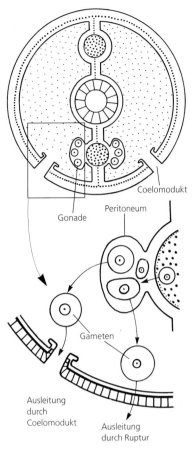

Coelomodukt

Gonade   Peritoneum

Gameten

Ausleitung
durch
Coelomodukt   Ausleitung
durch Ruptur

Abb. 274 Schematische Darstellung der Gonaden und der Ausleitung der Geschlechtszellen am Beispiel der weiblichen Wege der acoelomaten Organisation. Prinzipiell gilt dasselbe für männliche Organe. **A** Geschlechtszellen reifen an der Basis der Gastrodermis (einige Nemertodermatida, einige Plathelminthes) oder im mesodermalen Bindegewebe (z.B. Acoela, einige Prolecithophora). Ursprünglich wurden die weiblichen Geschlechtszellen wahrscheinlich durch Ruptur der Körperwand ausgeleitet; auch Ausleitung über den Darmkanal ist möglich. **B** Die Geschlechtszellen liegen in Sackgonaden, deren Auskleidung sich aus mesodermalen Zellen (im Zuge der postembryonalen Entwicklung) bildet und die dann Anschluss an die ektodermalen Abschnitte der Ausleitungsorgane nehmen. Die Genitalöffnung ist überwiegend unpaar, ventromedian gelegen. Original: R. Rieger, Innsbruck.

Abb. 275 Schematische Darstellung der Gonaden und der Ausleitung der Geschlechtzellen am Beispiel der weiblichen Wege in der coelomaten Organisation. Prinzipiell gilt dasselbe auch für männliche Organe. Geschlechtszellen liegen ursprünglich retroperitoneal, häufig an Blutgefäßen der Mesenterien. Sie durchbrechen in unterschiedlichen Entwicklungsstadien das Coelothel und entwickeln sich im Coelom zu reifen Gameten. Ausleitung erfolgt gewöhnlich durch Coelomodukte bzw. die metanephridialen Ausleitungskanäle, seltener durch Ruptur der Körperwand. Original: R. Rieger, Innsbruck.

gehen von mikroskopisch kleinen Organismen aus. Die **Phagocytella-Hypothese**, von I. I. Metschnikoff begründet und von V. N. Beklemischev und L. H. Hyman weiter ausgearbeitet, rekonstruierte als Stammform der Metazoa einen kleinen wurmförmigen Organismus, bei dem eine epitheliale Lage monociliärer Zellen verschiedene eingewanderte Zellen und Geschlechtszellen umhüllte. Das Füllgewebe entsprach weitgehend dem oben definierten Bindegewebe, aus dem sich später das 2. Keimblatt (Entoderm) entwickeln sollte, während aus der bewimperten Deckschicht das 1. Keimblatt (Ektoderm) hervorgehen sollte. Die **Gastraea-Hypothese** von E. Haeckel ging hingegen von der Vorstellung aus, dass die Stammform der Metazoa die Form einer Gastrula hatte, wie sie in der Ontogenie rezenter Metazoen vielfach auftritt (S. 128, Abb. 121). Nicht nur das Ektoderm, sondern auch das Entoderm wären danach primär epithelartige Verbände.

In der Mitte des 20. Jh. wurden diese Vorstellungen durch das Konzept des bentho-pelagischen Lebenszyklus von G. Jägersten erweitert. Darin galt als ursprünglich für Metazoa eine mikroskopische, bewimperte pelagische Larve, die sich zu einem kleinen, bewimperten benthischen Adulttier entwickelte. In einer Variante dieser Annahme wurde später auch in Erwägung gezogen, dass ein makroskopisches Adulttier mit einer mikroskopischen Larve in einem biphasischen Lebenszyklus (S. 74) verknüpft war. Die weiteren histologischen Differenzierungen der Metazoa hätten sich in Anpassung an zwei unterschiedliche Körpergrößen und Lebensweisen (Larve – Adultus) entwickelt. Diese Hypothesen lassen sich als **Lebenszyklus-Konzepte** zusammenfassen.

Hypothesen über Verwandtschaftsbeziehungen, das Grundmuster und den ursprünglichen Lebenszyklus der Bilateria sind nach wie vor umstritten. Hier werden einige Hypothesen kurz dargestellt, die historische Bedeutung haben oder in der rezenten Literatur vertreten werden.

Das fast gleichzeitige Auftreten nahezu aller triploblastischen Baupläne in Fossilfunden des frühen Kambriums (Abb. 110) führte in den letzten Jahrzehnten zur Annahme eines explosionsartigen Entstehens der Bilateria durch wenige, knapp aufeinander folgende adaptive Radiationen (*Cambrian explosion*). Diese Vorstellungen sind in der Literatur als „**Aphylie-Konzepte**" bekannt geworden. Sequenzvergleiche verschiedener Proteine ergaben aber überraschenderweise auch für die Entstehungsphase der Bilateria graduelle Verzweigungsmuster in einem Zeitraum, der vor 1 Milliarde Jahren begann und bis vor 500 Mio. Jahren dauerte. Diese Diskrepanz ist noch immer Gegenstand intensiver Diskussionen.

Als Weiterentwicklung der Gastraea-Hypothese (s. o.) wird heute von einigen Autoren die „**Trochaea-Hypothese**" vertreten, die als Basisorganisation der Bilateria einen mikroskopisch kleinen, pelagischen Organismus annimmt. Dabei wurden von A. Nørrevang und C. Nielsen die Trochophora- und Dipleurula-Larven (Abb. 277) auf eine gemeinsame Stammform zurückgeführt. Die Hypothese stützt sich vor allem auf ultrastrukturelle Ähnlichkeiten und setzt als Konsequenz primär eine planktotrophe Larvalphase bei allen rezenten Stämmen der Bilateria voraus. Letzteres wird allerdings kontrovers diskutiert.

Ab 1980 wurde vermehrt darauf hingewiesen, dass die Vorverlagerung der Gonadenreife in Larven oder Jungtiere für die Evolution der Bilateria maßgebend gewesen sein könnte (**Progenesis-Konzept**). Acoelomate und pseudocoelomate Baupläne können damit von coelomaten Adulttieren abgeleitet werden. Eindrucksvolle Beispiele für Artbildung durch Progenesis zeigen interstitielle Annelida oder Panarthropoda (Abb. 264).

Schon gegen Ende des 19. Jh. hatte L. v. Graff im Bauplan der Planula-Larve der Cnidaria (S. 127, Abb. 197) die Organisationsform der „Urbilateria" gesehen (**Planula-Hypothese**). Bei der Weiterentwicklung dieser Hypothese (z. B. von V. N. Beklemischev und L. H. Hyman) blieb die Vorstellung des Bauplans der acoelomaten Turbellarien bzw. der Acoelomorpha als der Bilateria-Stammart sehr nahestehend erhalten. Varianten dieser Hypothese machen das in ihrem Namen deutlich (z. B. Acoeloid-Hypothese). Die Ableitung der Bilateria von acoeloiden Vorfahren (z. B. Weiterentwicklung der Phagocytella-Hypothese von I.I. Metschnikoff durch A. V. Ivanov) war eine besonders beachtete Form dieser phylogenetischen Vorstellung. Auch die Planula-Hypothese kann im Zusammenhang mit progenetischer Entwicklung gesehen werden, da bei rezenten diploblastischen Eumetazoen dieser Bauplan nur von der Planula-Larve der Cnidaria bekannt ist.

Eine weitere, bereits im ausgehenden 19. Jahrhundert konzipierte Hypothese zur Entstehung der Bilateria stammt von R. E. Lankester und A. T. Masterman (**Archicoelomaten-Konzept**); sie wurde im 20. Jh. vornehmlich von W. Ulrich, A. Remane, E. Marcus, G. Jägersten und R. Siewing weiterentwickelt. Dieses Konzept stützt sich vor allem auf Ähnlichkeiten der Coelenteraten-Organisation (Ausbildung von Darmtaschen) mit dem dreigliedrigen Coelom, das durch Abfaltung vom Urdarm bei den ebenfalls meist sessilen, filtrierenden Tentaculaten und Deuterostomiern entsteht (**Enterocoel-Hypothese**). Obwohl sich diese „Urformen" auch mit einer bewimperten Epidermis fortbewegt haben sollen, wurden sie als etwas größere Würmer angesehen. Gestützt werden diese Überlegungen auch durch ähnliche histologisch-cytologische Merkmale dieser Gruppen, z. B. monociliäre Epithelzellen mit zusätzlichem Centriol (Abb. 118), Epithelmuskelzellen und den intraepithelialen Nervenplexus. Neuere ultrastrukturelle Untersuchungen haben allerdings bei allen drei Taxa der Tentaculaten (Brachiopoda, Phoronida, Bryozoa) stets nur 2 und nicht wie vom Archicoelomaten-Konzept vorausgesetzt 3 Coelomräume beschrieben: Ein echtes Protocoel konnte nicht gefunden werden (S. 238).

Ausgehend vom Archicoelomaten-Konzept hat A. Remane Mitte des vergangenen Jahrhunderts postuliert, die segmentierten Coelomaten (Articulata (= Annelida + Arthropoda) und

Craniota) seien durch Sprossung zusätzlicher Coelomsackpaare am Hinterende oligomerer Coelomaten entstanden (**Tritomerie-Hypothese**). Ebenso hatte G. Jägersten zu dieser Zeit, ausgehend von einer abgeflachten Blastula (**Placula-Konzept** von O. Bütschli und K. G. Grell) (S. 106) und dem Archicoelomaten-Konzept seine **Bilaterogastrea-Hypothese** entwickelt. Diese unterscheidet sich vom Archicoelomaten-Konzept vornehmlich durch das Postulat, dass nicht nur die Bilateria, sondern auch Cnidaria, Ctenophora und Porifera von einem oligomeren Coelomaten abzuleiten seien. Die angenommene Stammform war ein bewimperter Wurm mit ventraler längsschlitzförmiger Mundöffnung, einfachem sackförmigen Darm ohne Anus und 3 Paar Darmtaschen. Neue molekulare und entwicklungsbiologische Arbeiten schließen nicht aus, dass die bei einer Reihe von Cnidariern beobachtete Biradialsymmetrie auf eine bilateralsymmetrische Stammart zurückgeht.

Fast alle diese Versuche, die Stammart der Bilateria zu rekonstruieren, gehen also von einem kleinen, bilateralsymmetrischen Organismus aus. Diese Vorstellung wurde in letzter Zeit vermehrt von Entwicklungsbiologen (Evo-Devo-Forschung) aufgegriffen. Es wird dabei versucht, die Evolution der genetischen Netzwerke, die die unterschiedlichen Baupläne in der Individualentwicklung steuern, zu klären. Die Charakterisierung des Bauplans der Bilateria im Genotyp wird seit 15 Jahren durch die Entdeckung von zahlreichen Entwicklungsgenen ergänzt, die besonders in der Ausbildung der anterior-posterioren (*Hox/Parahox*-Gene und Wnt-Signalkaskaden) und der dorsoventralen (Gene der Bmp/Chordin-Signalkaskaden) Körperachsen eine wichtige Rolle spielen. Das Auftreten von in der Körperhauptachse streng seriell angeordneten, homologen *Hox/ParaHox*-Genen (sog. Hox/ParaHox-Cluster) ist sehr wahrscheinlich durch mehrfache Duplikation von Genen (Paralogie) in der Stammlinie der Bilateria entstanden. Die serielle Anordung von homologen *Hox/ParaHox*-Genen im Genom und die entsprechende serielle Aktivierung dieser Gene entlang der Körperhauptachse ist heute als entwicklungsgenetische Charakterisierung des Bilateria-Bauplanes anerkannt.

Ursprünglich wurden diese *Hox*-Gene bei Insekten und Wirbeltieren entdeckt; sie sind jetzt für nahezu alle Bilateria-Gruppen nachgewiesen worden. In der gegenwärtigen Diskussion der Evolution der segmentierten Baupläne der Annelida, Panarthropoda und Craniota spielt dieser Hox/ParaHox-Cluster eine besondere Rolle.

Derzeit nimmt man an, dass der ursprüngliche Hox/ParaHox-Cluster der Bilateria einen vorderen, einen mittleren und einen hinteren Cluster von *Hox*- und *ParaHox*-Genen umfasste, die an der Ausbildung der anterioren, mittleren und posterioren Körperteile beteiligt waren. Vertreter (Orthologe) der Hox/ParaHox-Cluster sind bereits bei basalen Eumetazoen (Cnidaria und Ctenophora) nachgewiesen worden. Es wird diskutiert, ob diese *Hox/ParaHox*-Gene an der Ausbildung der oral-aboralen Achse der Cnidaria beteiligt sind. Unabhängig davon konnte gezeigt werden, dass Wnt-Signalkaskaden die Entstehung der oralen-aboralen Achse in Planula-Larven und Polypen der Cnidaria steuern. Bilateria scheinen diesen Signalmechanismus in der Entwicklung ihrer anterior-posterioren Körperachse einzusetzen.

Systematik

Die traditionelle phylogenetische Großgliederung der Bilateria ist durch einige neue morphologische Erkenntnisse, vor allem aber durch die Einbeziehung oder völlig eigenständige Auswertung von Ergebnissen molekularer Analysen außerordentlich in Fluss geraten, wobei die Diskussion noch nicht abgeschlossen ist (und wohl niemals sein wird). Letztlich ist jeder Stammbaum immer noch ein durch Wahrscheinlichkeitsabwägungen getragenes Hypothesengebäude von nur aktueller Gültigkeit, das aufgrund neuer Befunde immer wieder bestätigt oder umgebaut wird. Einige grundsätzliche Tendenzen mit hoher Akzeptanz sind aber durchaus erkennbar.

Die klassische Stellung der **Acoelomorpha** und der damit wahrscheinlich assoziierten *Xenoturbella* als Teilgruppe der Plathelminthes ist nicht mehr zu halten. Sie werden hier als **Xenacoelomorpha** zusammengefasst. Ob sie eine ursprünglichere Schwestergruppe aller anderen Bilateria oder aber nur der Deuterostomia bilden, wird hier offen gelassen (incertae sedis). Auch die Position der Chaetognatha und der als „Mesozoa" zusammengefassten Dicyemida und Orthonectida lässt sich nicht bestimmen.

Die übrigen Bilateria sind primär über Filtrationsnephridien gekennzeichnet und werden daher auch als N e p h r o z o a zusammengefasst. Sämtliche molekularen Studien bestätigen die klassische Einteilung in jeweils monophyletische **Protostomia** und **Deuterostomia**. Grundlage der Protostomia ist die Trochaea-Theorie (S. 180), nach der sich Mund und Anus durch den mediolateralen Verschluss des Blastoporus und der Differenzierung eines larvalen periblastoralen Cilienbandes in Prototroch, Metatroch und Telotroch entwickelten. Autapomorphie der Protostomia ist ein aus paarigen ventralen Nervensträngen bestehendes Ventralnervensystem – auch wenn dieses in einigen ihrer Taxa nicht mehr zu erkennen ist (Abb. 277). Die Deuterostomia sind eindeutig durch ihre Afterbildung aus dem Blastoporus (Deuterostomie) charakterisiert (Abb. 276).

Die Protostomia teilen sich sehr klar in die **Spiralia** und die **Ecdysozoa** (Nemathelminthes = (Cycloneuralia + Gastrotricha) und Panarthropoda). Letztere sind (mit Ausnahme der Gastrotricha) durch ihre Chitincuticula, die über ein Ecdyson-Hormonsystem gehäutet wird, auch phänotypisch definiert. Das traditionelle Taxon Articulata (Annelida und Arthropoda) wird aufgegeben: Molekulare Analysen können es nicht bestätigen, und die Segmentbildung bei Annelida und Panarthropoda wird molekular unterschiedlich markiert. Die Spiralia, zu denen auch die 3 Taxa der Lophophorata gehören, werden heute zumeist **Lophotrochozoa** genannt: Ihre wichtigste Gruppe sind die T r o c h o z o a (Kamptozoa, Mollusca, Annelida, Nemertini), die sich durch sehr ähnliche Larven vom T r o c h o p h o r a -Typ auszeichnen. Sie sind fast identisch mit den durch schizocoele Coelombildung (s. o.) gekennzeichneten S c h i z o c o e l i a (Nemertini, Mollusca, Annelida, letztere mit Einschluss der Sipunculida und Echiurida).

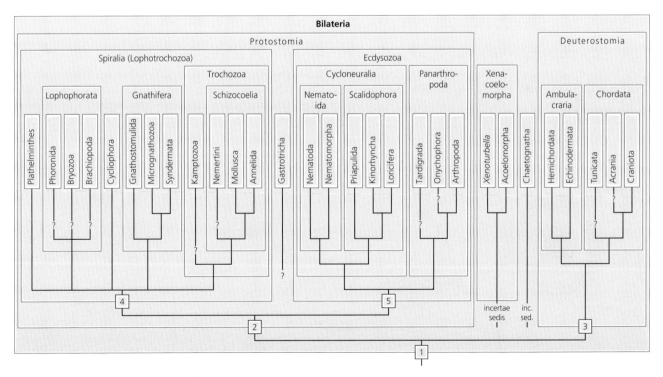

Abb. 276 Stammbaumhypothese der Bilateria, nach molekularen und morphologischen Analysen, in Anlehnung an verschiedene Autoren. [1] **Bilateria**: Körper in Vorder- und Hinterpol organisiert; Sagittalebene durch beide Pole teilt Körper in rechte und linke Hälfte, die spiegelbildlich zueinander sind; Differenzierung eines übergeordneten Bereichs des Nervensystems (Gehirn) am Vorderende; Anlage eines „echten" 3. Keimblatts (Entomesoderm). [2] **Protostomia**. Längsnervenstrang mit Ringbildungen um Mund und After [3] **Deuterostomia**: Deuterostomie; mesodermales Skelett; Kiemenspalten. [4] **Spiralia** (**Lophotrochozoa**): Spiral-Quartett-4d-Furchung. [5] **Ecdysozoa**: Mehrschichtige Cuticula, die unter dem Einfluss eines ecdysteroiden Hormons gehäutet wird; Verlust von Bewegungscilien; keine primären Larven. Original: W. Westheide, Osnabrück.

PROTOSTOMIA

Als Protostomia werden Bilateria-Taxa zusammengefasst, für die eine Reihe ontogenetischer und morphologischer Merkmale charakteristisch sind, die allerdings nur in wenigen der Taxa gemeinsam auftreten. Generell finden sie sich gemeinsam nur in Anneliden-Arten. Dennoch weisen phylogenomische Untersuchungen die Protostomia fast ausnahmslos als Monophylum aus.

Als ursprünglich gelten folgende Merkmale: 1. Aus dem Blastoporus gehen auf unterschiedliche Weise (s. Abb. 1064) Mund und After hervor, z. B. nur der definitive Mund (*protostom* = Mund zuerst), oder definitive Mund-und Afteröffnung entstehen aus Vorder- bzw. Hinterende eines schlitzförmigen Blastoporus (s. Abb. 277). 2. Spiralfurchung und Trochophora. 3. Protonephridien.

Die typische Form des Zentralnervensystems aus einem Gehirn, das bei Spiraliern meist aus dem 1. Mikromerenquartett hervorgeht, und einem paarigen (oder verschmolzenen) ventralen Längsnervenstrang mit Ringbildungen um Mund und After kommt bei nahezu allen Protostomiergruppen vor und wird als Apomorphie des Taxons angesehen. Keiner dieser Merkmalskomplexe tritt bei Deuterostomiern (S. 714) auf.

Das Taxon umfasst die beiden Schwestergruppen **Spiralia** (Lophotrochozoa) und **Ecdysozoa**. Letztere sind u. a. durch den Verlust von Cilien tragenden Epithelien gekennzeichnet und besitzen daher auch keine bewimperten Primärlarven.

Die Trochaea-Hypothese (Abb. 277) veranschaulicht, in welcher Weise die Stammart der Protostomia mit pelagischer Trochophora-Larve und einem benthischen Adultus aus

Claus Nielsen, Kopenhagen

holopelagischen Vorfahren, die einer Gastrula ähnelten, entstanden sein könnte.

(1) Um den Blastoporus einer pelagischen Gastrula entsteht ein Wimpernband mit speziellen Wimpernbündeln (Archaeotroch, mit Cilienbündeln, sog. *compound cilia*), das zum Schwimmen sowie für den Transport von Nahrungspartikeln zur Mundöffnung verwendet wird (*downstream-collecting-system*).

(2) Bei den benthischen Adulttieren dieses Stadiums sind *compound cilia* zurückgebildet, ein Wimpernband aus monociliären Zellen dient der Nahrungsaufnahme von Partikeln aus dem Sediment.

(3) Im Adulttier entwickelt sich im Zusammenhang mit dem gerichteten Kriechen auf dem Untergrund eine neue Körperachse. Entlang dieser Achse wird der Blastoporus schlitzförmig, durch den medianen Verschluss der lateralen Blastoporuslippen entstehen Mund und After als vordere und hintere Öffnung.

(4) Auch der Archaeotroch der Larve teilt sich durch die verlängerten und verschmolzenen Blastoporuslippen: Um die Mundöffnung bildet sich ein praeoraler Prototroch und ein postoraler Metatroch, um den After ein ringförmiger Telotroch. Die funktionslosen Wimpernbänder entlang der Blastoporuslippen gehen verloren.

(5) Das ursprüngliche Apikalganglion der Larve wird im benthischen Adulttier rückgebildet, es entsteht das paarige Cerebralganglion in der neuen Kopfregion. Der Nervenring um den Blastoporus verändert sich entsprechend der Umformung des Archaeotrochs, er bildet nun am Hinterende des Cerebralganglions einen Ring um den Mund, den paarigen oder verschmolzenen Längsnervenstrang und einen kleinen Ring um den After.

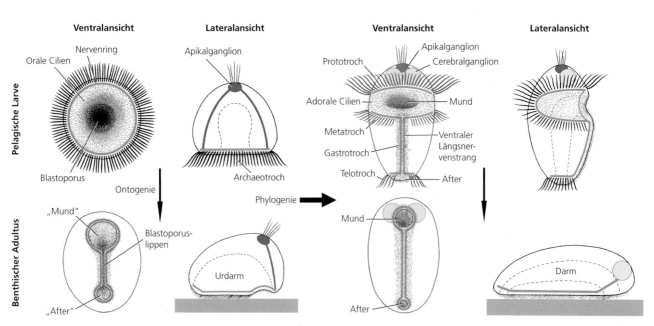

Abb. 277 Die Trochaea-Hypothese. Aus Nielsen (2012)

SPIRALIA (LOPHOTROCHOZOA)

Als Spiralia werden eine Reihe von Bilateria-Gruppen zusammengefasst, die eine ihnen eigentümliche Form der Furchung, die Spiralfurchung, aufweisen. Die spezifischen Merkmale dieses Furchungsmodus, nämlich die Bildung von Zellquar-

Wolfgang Dohle, Berlin

tetten, welche durch schräg zur Eiachse stehende Spindelstellungen gegeneinander versetzt sind, die Ausbildung eines Paares von Urmesodermzellen und ein festgelegtes Schicksal der meisten Blastomeren, sind in minutiöser Weise besonders an Mollusken und Anneliden erarbeitet worden. Bei Plathelminthes und Nemertini ist ebenfalls Spiralfurchung beschrieben

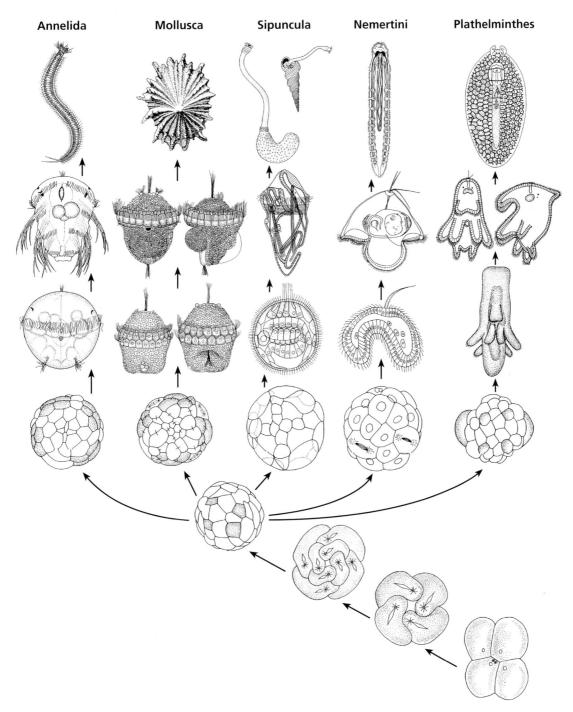

Abb. 278 Tiergruppen, die in ihrer Frühentwicklung Spiralfurchung aufweisen. Pfeile verknüpfen die Ontogenese-Stadien. Aus Siewing (1985).

worden, bei weiteren Taxa hat man „Anklänge" an die Spiralfurchung festgestellt. In neuerer Zeit sind manche der klassischen Objekte mit neuentwickelten Methoden nachuntersucht worden. Diese Untersuchungen haben große Bedeutung für die Klärung von Fragen nach der Determination, Induktion und Regulation einzelner Blastomeren.

Exemplarisch wird hier die Spiralfurchung am Beispiel der Napfschnecke *Patella vulgata* (S. 334) dargestellt (Abb. 279). Vermutlich entspricht sie weitgehend dem ursprünglichen Furchungsmodus der Mollusken.

Die befruchtete Eizelle teilt sich – dem Grundmuster der Metazoenentwicklung entsprechend (S. 75) – zweimal meridional, d. h. mit Teilungsfurchen, die vom animalen zum vegetativen Pol verlaufen. Die daraus resultierenden, in einer Ebene liegenden 4 Zellen werden mit den Großbuchstaben A, B, C und D bezeichnet. Die 3. Teilung ist äquatorial; nach der Teilung bilden die insgesamt 8 Zellen zwei Ebenen, die jeweils 4 Zellen, die Quartette, umfassen (Abb. 279A). Vegetativ liegen 4 größere Zellen, die Makromeren, die mit 1A, 1 B, 1C und 1D bezeichnet werden. Animal liegen 4 kleinere Zellen, die Mikromeren 1a, 1b, 1c und 1d. Wenn man auf den animalen Pol sieht, sind die Mikromeren gegenüber den Makromeren um etwa 45° nach rechts (dexiotrop) verdreht, und sie liegen in den Furchen zwischen den Makromeren. Danach teilt sich das Makromerenquartett wieder äquatorial und leicht inäqual, so dass ein 2. Mikromerenquartett (Zellen 2a–2d) gebildet wird, das nun um 45° nach links (läotrop) gegenüber den Makromeren (2A–2D) verdreht ist. Das 1. Mikromerenquartett teilt sich in ähnlicher Weise, also läotrop, in 2 Quartette. Hier erhalten die Zellen, die am animalen Pol liegen, jeweils den hochgestellten Index 1 ($1a^1$–$1d^1$), die Zellen, die näher zum vegetativen Pol liegen, den Index 2 ($1a^2$–$1d^2$) (Abb. 279B). Die letzteren 4 Zellen sind bemerkenswert, weil aus ihnen die primären Trochoblasten, das sind bewimperte Zellen des Prototrochs, des vorderen Wimpernrings der Larve, entstehen. Nach der 4. Teilung sind 16 Blastomeren vorhanden.

Alternierend dexiotrop und läotrop werden 2 weitere Mikromerenquartette abgegeben, und zwar in der 5. Teilung 3a-3d und in der 6. Teilung 4a–4d. Die 6. Teilung läuft nicht mehr synchron ab; als erste Zellen teilen sich die Trochoblastenmutterzellen, als letzte teilt sich 3D in 4D und 4d. Danach besteht der Keim aus 64 Zellen. Sie sind in Hinblick auf ihr späteres Schicksal bereits eindeutig charakterisierbar (Abb. 281). Die bekannteste und formativ vielleicht wichtigste Zelle ist 4d, der Urmesoblast, aus dem fast das gesamte Mesoderm entsteht: 4d teilt sich äqual in eine rechte und linke Urmesodermzelle ($4d^1$ und $4d^2$), von denen durch intensive Teilungen die paarigen Mesodermstreifen der Larve gebildet werden. Eine ähnlich bedeutende Zelle ist 2d, aus der ein erheblicher Teil des Rumpfektoderms der Larve hervorgeht. Genau zu verfolgen ist das Schicksal der Trochoblasten, der Wimpern tragenden Zellen des Prototrochs. Zu den primären kommen akzessorische und sekundäre Trochoblasten hinzu (Abb. 279F); einige verlieren ihre Bewimperung wieder und werden zu Stützzellen des Prototrochs.

Bei *Patella vulgata* und vielen anderen Mollusken sind alle 4 Makromeren anfangs gleich groß, die Teilungen sind syn-

chron und die Quadranten sind nicht zu unterscheiden (homoquadrantisch). Experimentell wurde gezeigt, dass die Quadranten auch äquipotent sind; erst nach der Abgabe des 3. Mikromerenquartetts wird eine Makromere zur Zelle 3D determiniert. Es ist diejenige Zelle, die als erste mit der Mikromerenkappe in Kontakt kommt. Die Determination erfolgt also durch Zell-Zell-Interaktion. Demgegenüber gibt es unter einigen Mollusken und besonders unter den Polychaeten (Annelida) Arten, bei denen bereits die ersten 2 Teilungen inäqual sind (Abb. 280) Der Keim ist heteroquadrantisch. Fast immer ist die D-Zelle die größte Makromere. Sie wird dadurch determiniert, dass cytoplasmatische Bestandteile, welche für die Bildung der 2d-Zelle und der 4d-Zelle von Bedeutung sind, vorrangig in die D-Zelle gelangen.

Die Details der Spiralfurchung beanspruchen so viel Aufmerksamkeit, weil Übereinstimmungen zwischen verschiedenen Taxa auch Indizien für nahe Verwandtschaft sein können. Besonders weitgehend sind die Übereinstimmungen zwischen vielen Mollusken und Polychaeten (Abb. 281). Es lassen sich Ähnlichkeiten in den Zellteilungen und Zellmustern feststellen, bis hin zur Bildung der Trochoblasten und des Prototrochs, die eindeutig auf einen gemeinsamen Ursprung hinweisen. Dieser Ursprung liegt aber weit zurück, und es müssen daher die folgenden Überlegungen berücksichtigt werden.

- Einerseits haben sich bei vielen Tiergruppen, deren Adultanatomie sich im Laufe der Evolution stark verändert hat, Merkmale der Spiralfurchung bis in Details erhalten. Daher lässt sich eine nahe Verwandtschaft, etwa zwischen den Mollusken und Anneliden, Nemertinen und Plathelminthen, ausschließlich auf dem gemeinsamen Auftreten der Spiralfurchung begründen; in der Anatomie und Feinstruktur sind dagegen die Übereinstimmungen weniger spezifisch.

- Andererseits ist in Tiergruppen, die über sehr lange Zeiträume die Spiralfurchung konserviert hatten, später in Teilgruppen der Furchungsmodus radikal verändert worden. Eklatante Beispiele sind innerhalb der Mollusca die Cephalopoda, die eine diskoidale Furchung (S. 352) entwickelt haben, und innerhalb der Plathelminthes die Neoophora und besonders die Tricladida, bei denen es statt der strikt determinativen Furchung zu einer „Blastomerenanarchie" kommt (S. 196). Es lässt sich daher nicht ausschließen, dass es manche Tiergruppen ohne Anzeichen von Spiralfurchung gibt, die eigentlich den Spiralia zugeordnet werden müssten. Es ist sogar die sehr spekulative Vermutung ausgesprochen worden, dass die Spiralfurchung die ursprüngliche Furchung der Bilateria war und alle anderen Furchungsarten davon abzuleiten sind.

- Außerdem gibt es aber einige Tiergruppen, bei denen man „Anklänge" an die Spiralfurchung erkannt haben will, bei denen aber nicht auszuschließen ist, dass in ihrer Entwicklung einzelne dieser Merkmale, wie z. B. schräg gestellte Spindelrichtungen, konvergent erworben wurden.

- Schließlich sind keineswegs alle Beschreibungen in der Literatur, ältere wie neuere, in gleichem Maße zuverlässig. In neuerer Zeit hat die Spiralfurchung wieder Interesse im Rahmen von Fragen der Zelldifferenzierung bekommen, und es werden zur Nachuntersuchung Methoden wie Zellmarkierungen durch Injektion von Farbstoffen, immuncytologische Charakterisierungen durch Antikörper oder 4D-Mikroskopie eingesetzt. Dadurch wird zukünftig die Vergleichsbasis breiter und sicherer werden.

Für die folgenden Taxa wird eine Zugehörigkeit zu den Spiralia postuliert:

Die Mollusca sind die Tiergruppe, bei der die Spiralfurchung deskriptiv und experimentell am intensivsten untersucht worden ist. Die Übereinstimmungen in der prospekti-

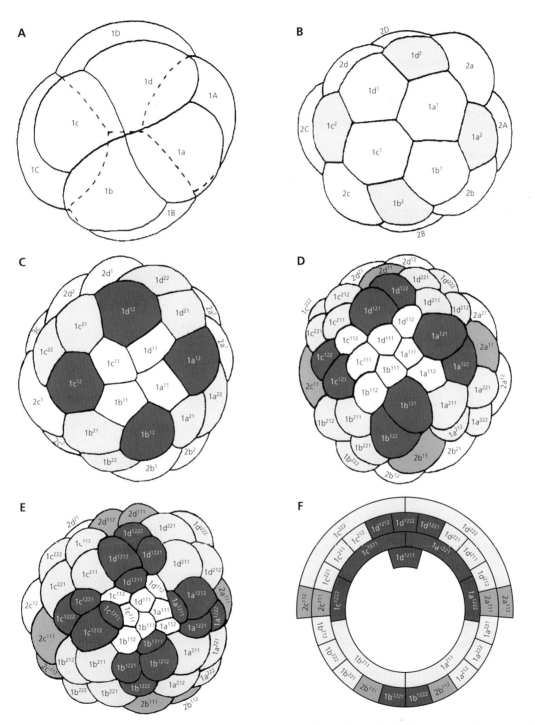

Abb. 279 Frühentwicklung von *Patella vulgata*. Blick jeweils auf den animalen Pol des Keims. Trochoblasten besonders hervorgehoben: primäre Trochoblasten hellgrau, sekundäre Trochoblasten mittelgrau, akzessorische Trochoblasten dunkelgrau. **A** 8-Zellen-Stadium. Die kleineren Mikromeren (1a–1d) gegenüber den größeren Makromeren (1A–1D) nach rechts (dexiotrop) versetzt. **B** 16-Zellen-Stadium. Die Stammzellen der primären Trochoblasten (1a²–1d², hellgrau) sind gebildet. **C** 32-Zellen-Stadium. Vom 3. Mikromerenquartett ist nur 3c zu sehen. **D** 64-Zellen-Stadium. **E** 88-Zellen-Stadium. Alle Trochoblasten sind gebildet und teilen sich nicht mehr. **F** Prototroch der Larve. Die Trochoblasten haben sich zu 2 Ringen und einem Halbring arrangiert. Nur der mittlere Ring behält die Bewimperung. Die Zellen der Episphäre sind nicht eingezeichnet. Nach Damen und Dictus (1994).

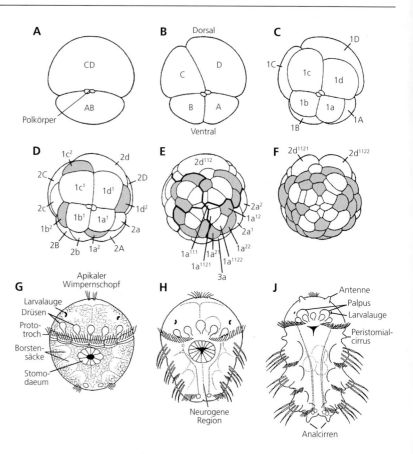

Abb. 280 Furchung und Larve von *Platynereis dumerilii* (Annelida). **A, B** Zwei senkrecht zueinander verlaufende meridionale Furchungen vom animalen zum vegetativen Pol teilen das Ei in 4 ungleichgroße Blastomeren (Quadranten). Dorsoventral-Achse des Embryos bereits determiniert: Dorsalseite geht aus den Tochterzellen der CD-Quadranten hervor. **C–F** Spiralförmige Bildung übereinanderliegender Blastomeren-Quartette, von denen die animalen (Mikromeren) kleiner als die vegetativen (Makromeren) sind. **C** 8-Zellen-Stadium. **D** 16-Zellen-Stadium. **E** 49-Zellen-Stadium. **F** 66-Zellen-Stadium. Jede Blastomere wird nach einem standardisierten System von Buchstaben und Zahlen bezeichnet. **G** 1 Tag alte lecithotrophe Trochophora-Larve. Ventralansicht. **H** 2 Tage alte Metatrochophora-Larve. **K** Juveniles 3-segmentiges Stadium (Nectochaeta) mit Anlagen von 3 Paar Parapodien mit Borsten. Nach Fischer und Dorresteijn (2004).

ven Bedeutung der einzelnen Blastomeren bei Mollusken und Polychaeten (Annelida) (Abb. 281), besonders die Rolle der Zelle **4d** als Urmesoblast, die Bildung eines Großteils des Rumpfektoderms aus der Zelle 2d und die Bildung und Differenzierung der Trochoblasten deuten darauf hin, dass ein gemeinsamer Vorfahre genau diese Merkmale in der Furchung besessen haben muss. Hinzu kommt die Ähnlichkeit zwischen der Trochophora der Polychaeten und den Larven vieler Mollusken. Diese Feststellung schließt natürlich nicht aus, dass es in beiden Gruppen zu erheblichen Veränderungen der Frühentwicklung gekommen ist. Am extremsten sind sie bei den dotterreichen Eiern der Cephalopoden (Abb. 510), die eine diskoidale, partielle Furchung auf einer von Beginn an bilateralsymmetrischen Keimscheibe haben; sämtliche Merkmale der Spiralfurchung sind bei ihnen verschwunden.

Die Annelida sind ebenfalls klassische Spiralia. Es gibt eine Reihe von Untersuchungen, die nahe legen, dass die Teilungen der Mikromerenquartette und die Bildung der Urmesodermzellen aus der äqualen Teilung von 4d genau mit der bei vielen Mollusken übereinstimmen (Abb. 281). Darüber hinaus wird der Prototroch aus den gleichen Zellen wie bei den Mollusken gebildet. Man kann daher davon ausgehen, dass eine gemeinsame Ahnart der Mollusken und Anneliden die für *Patella* dargestellte Teilungsfolge und dieselbe Differenzierung des Prototrochs gehabt hat. Annelida und Mollusca bilden also den „Kern" der Spiralia und sind möglicherweise als Schwestergruppen zu betrachten.

Mit der Auflösung des Taxons Articulata und des Schwesterngruppenverhältnisses von Anneliden und Arthropoden sowie der Akzeptanz der Ecdysozoa (S. 357) können die Gliedertiere aber nicht mehr zu den Spiraliern gerechnet werden: Die Stammart der Panarthropoden hatte mit hoher Wahrscheinlichkeit keine Spiralfurchung. Damit sind auch alle Versuche gescheitert, Reste von Spiralfurchung bei Arthropoden entdecken zu wollen, z. B. bei den Cirripedia.

An Mollusca und Annelida schließen sich in abgestufter Folge weitere Gruppen an, die mehr oder weniger deutlich Merkmale der Spiralfurchung aufweisen. So ist die Furchung der Nemertini (S. 283) eine Spiralfurchung, soweit dies die Bildung von schräg gegeneinander versetzten Quartetten betrifft. Allerdings sind meistens die animal liegenden Zellen größer als die vegetativ liegenden und teilen sich auch schneller. Die Bildung zweier Urmesodermzellen aus der Zelle 4d ist nicht gesichert.

Die Plathelminthes (S. 186) werden stets zu den Spiralia gestellt. Hier weisen aber nur die Gruppen mit ursprünglicher, endolecithaler Eibildung („Archoophora") deutliche Spiralfurchung auf, und genauere Untersuchungen gibt es nur über die Polycladida. Nach einigen Untersuchungen soll sich 4d in die beiden Urmesodermzellen teilen, nach den meisten Autoren geht aber aus 4d außer Mesoderm auch das gesamte Entoderm hervor. Die Acoela haben eine Furchung, bei der schon die 2. Teilung äquatorial ist, so dass statt Quartetten Duette entstehen (Abb. 1204B). Diese so genannte „Spiral-Duett-Furchung" wurde ebenfalls als abgewandelte

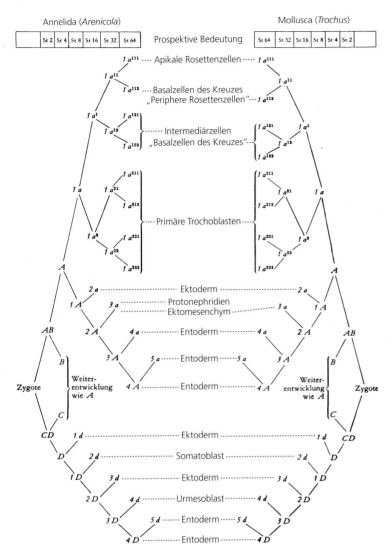

Abb. 281 Übereinstimmungen in der prospektiven Bedeutung von Zellen bei der Spiralfurchung eines Anneliden (*Arenicola*) und eines Gastropoden (*Trochus*). Aus Siewing (1969).

Spiralfurchung angesehen, zumal die Acoela lange Zeit zu den Plathelminthes gerechnet wurden. Da sie nach neueren Systemvorschlägen (S. 179) weder zu den Spiraliern noch zu den Protostomiern gehören, sind auch diese Vorstellungen überholt.

Für die Gnathostomulida (S. 256) gibt es in der Literatur eine kurze Notiz, dass sie Spiralfurchung haben. Allein hierauf beruht die Einordnung der gesamten Gnathifera (S. 255) in die Spiralia, da die Syndermata keine Spiralfurchung aufweisen und die Entwicklung der Micrognathozoa unbekannt ist.

Aufgrund morphologischer und vor allem molekularer Analysen werden noch weitere Tiergruppen zu den Spiralia gestellt, die aber keine Merkmale der Spiralfurchung aufweisen. Das betrifft die Gastrotricha, die Bryozoa und die Brachiopoda. Anders ist es bei den Phoronida (siehe Lophophorata, S. 231), deren Furchungsmuster lange umstritten war, die aber deutliche Quartette mit abwechselnd dexiotroper und läotroper Spindelrichtung bilden.

Plathelminthes, Plattwürmer

Die Plathelminthes oder Platyhelminthes umfassen über 36 000 beschriebene Arten, von denen etwa sechs Siebtel parasitisch leben. Die frei lebenden Formen mit etwa 5 000 Arten sind unsegmentierte (amere) wurmförmige Organismen, die sich durch die Bewimperung der Körperoberfläche meist sehr charakteristisch fortbewegen. Der darauf bezugnehmende Name „Turbellaria" erscheint aber inzwischen nicht mehr in der Systematik, da die Gruppierung als paraphyletisch anzusehen ist. Es bleibt jedoch sinnvoll, den so treffenden Begriff Turbellarien (Strudelwürmer) weiterhin für diese in wichtigen Merkmalskomplexen übereinstimmenden frei lebenden Plathelminthes zu verwenden. Lange Zeit standen die Turbellarien ihres einfachen Bauplans wegen an zentraler Stelle in den Diskussionen um den Ursprung der Bilateria.

Nach phänotypischen Merkmalen und molekularen Analysen kann man im Taxon Plathelminthes 2 monophyletische Gruppen unterscheiden – (1) die überwiegend in Süßwasserbiotopen lebenden **Catenulida** (Abb. 304) und (2) die **Rhabditophora** (Abb. 305), welche die überwiegende Zahl der Plathelminthes, auch die parasitischen Vertreter, einschließen. Traditionell gehörten bis vor kurzem auch die A c o e l o - m o r p h a zu den Plathelminthen, denen sie morphologisch sehr ähnlich sind und mit denen sie teilweise (Rhabditophora) ein einzigartiges Stammzell-System (Neoblasten) teilen (s. S. 191). Molekulare Phylogenien geben den Acoelomorpha jedoch völlig andere unterschiedliche Positionen im System, vornehmlich zusammen mit *Xenoturbella* (X e n a - c o e l o m o r p h a, S. 818) als Schwestergruppe aller anderen Bilateria oder aber innerhalb der Deuterostomia. Sie müssen daher vorläufig als *incertae sedis* behandelt werden.

Bei frei lebenden Plathelminthes und bei Acoelomorphen treten noch folgende gemeinsame Merkmale auf: der acoelomate, nur millimetergroße Körperbau; die dicht bewimperte multiciliäre Epidermis; der daraus resultierende typische Habitus; der hermaphroditische Fortpflanzungsmodus. Außerdem sind in beiden Gruppen nahezu ausnahmslos biflagelläre Spermien vorhanden; ein ektodermaler Enddarm ist nicht ausgebildet, ein Anus fehlt fast ausnahmslos. Die Kombination dieser Strukturmerkmale mit ihren oft detailreichen Übereinstimmungen ist möglicherweise ein Fall konvergenter Bildungen und vor allem Reduktionen, die als Anpassung an den oft überlappenden Lebensraum entstanden sein könnten.

Die Turbellarien finden sich vorwiegend in benthischen Meer- und Süßwasserhabitaten (Sand, Schlamm, Algenaufwuchs); etliche sind kleine und – besonders in den Tropen und Subtropen – auch größere Bodenbewohner. Bekannt ist die Gruppe vor allem durch die große Zahl parasitischer Formen. Besonders Saugwürmer (Trematoden, mit 18 000 beschriebenen Arten, wie der Große Leberegel, *Fasciola hepatica*, und der Pärchenegel, *Schistosoma mansoni*) und Bandwürmer (Cestoden, mit etwa 5 000 beschriebenen Arten, wie Hunde-, Schweine-, Fisch- und Fuchsbandwurm) haben überwiegend Cranioten, auch den Menschen oder des-

Bernhard Egger und †Reinhard Rieger, Innsbruck

sen Haustiere, als End- bzw. Zwischenwirt. Parasitische bzw. kommensalische Arten gibt es aber auch innerhalb der Turbellarien; die Beziehungen reichen hier vom einfachen Kommensalismus bis zu reinem Endoparasitismus. L a r v e n - s t a d i e n sind bei Turbellarien nur von Polycladen bekannt (z. B die Müllersche Larve), bei Parasiten jedoch die Regel (z. B. Miracidium oder Cercarie bei Trematoden, Oncosphaera oder Oncomiracidium bei Cestoden und Monogenea). Direkte Entwicklung wird vielfach als ursprünglich für die Gruppe angesehen. Eine mögliche Homologie der Polycladen-Larven mit der für Anneliden und Mollusken typischen Trochophora-Larve muß noch geprüft werden.

Körperlängen von etwa unter einem halben Millimeter (z. B. bodenbewohnende Mikroturbellarien oder Formen im Sandlückensystem, Abb. 305D) bis 0,5 m sind bekannt (z. B. Süßwassertricladen des Baikalsees oder die Landtriclade *Bipalium kewense*, als „Doko" in China schon im 9. Jhdt. erwähnt). Parasitische Formen, z. B. der Große Leberegel *Fasciola hepatica* (Abb. 321) werden einige Zentimeter, die größten 25 m lang (der Fischbandwurm *Diphyllobothrium latum*, Abb. 343).

Bei Turbellarien sind nur in zwei Untergruppen größere Formen („Makroturbellarien") häufig – die überwiegend im Süßwasser lebenden Tricladida (Planarien) (Abb. 285, 289A, 290C, 300) und die fast ausschließlich marinen, besonders von tropischen Riffen, aber auch aus dem Mittelmeer bekannten Polycladen (Abb. 290D, 305A). Letztere sind oft auffällig gefärbt und werden deshalb häufig mit Nudibranchiern (S. 340) oder bodenlebenden Ctenophoren (S. 161) verwechselt.

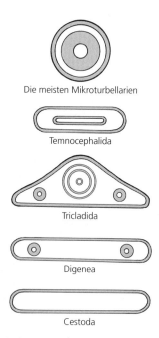

Die meisten Mikroturbellarien

Temnocephalida

Tricladida

Digenea

Cestoda

Abb. 282 Querschnittschemata verschiedener Plathelminthes. Epithelien in grau. Bei Tricladida von innen nach außen: Pharynxlumen, Pharynxepithel innen, Pharynxgewebe, Pharynxepithel außen, Pharynxtaschenlumen und das Pharynxtaschenepithel; Darmäste seitlich. Original: R. Rieger und B. Egger, Innsbruck.

Große Formen sind durchwegs stark abgeplattet (Name!, Abb. 282), in der Dorsoventralachse ist so die Diffusionsstrecke zur O_2-Aufnahme auf einen oder wenige Millimeter reduziert. Kleine frei lebende Formen sind dagegen im Querschnitt (50–500 µm) häufig rund. Respirationsorgane bzw. Zirkulationsorgane fehlen. Nur bei einigen Saugwürmern tritt ein endothelial ausgekleidetes Kanalsystem zwischen Darm und Protonephridialkanälchen auf (sog. lymphatische Gefäße), vermutlich zur weiteren Verteilung der Nahrung.

Bau und Leistung der Organe

Die **Epidermis** der Plathelminthes (Abb. 283, 293, 312) ist ursprünglich multiciliär, einschichtig oder (selten) mehrreihig und immer drüsenreich. Die Zellkörper der Drüsenzellen sind überwiegend unter die basale Matrix versenkt; die dünnen Ausfuhrkanäle der Drüsenzellen durchstoßen letztere oder münden zwischen ihnen aus. Für alle Plathelminten sind stäbchenförmige Drüsensekrete (Rhabdoide) typisch. Die **Rhabditen** der Rhabditophora sind spezielle Rhabdoide (S. 200, Abb. 306); sie fehlen bei den parasitischen Formen. Bei vielen Rhabditophora ist am Vorderende ein Frontaldrüsenkomplex ausgebildet.

Unter der Epidermis liegt der **Hautmuskelschlauch** aus äußerer Ringmuskulatur, innerer Längsmuskulatur und gewöhnlich dazwischen zwei Lagen sich kreuzender Diagonalmuskelfasern (Abb. 284). Bei Polycladen findet sich oft eine zusätzliche Längsmuskellage unmittelbar unter der Epidermis. Bei Trematoden liegen die Diagonalmuskeln innerhalb der Längsmuskulatur. Die Muskelfasern sind einkernig und vom glatten Evertebraten-Typ. Der Hautmuskelschlauch ist in die basale Matrix eingebettet oder mit dieser eng verbunden. Häufig liegen die zellkernhaltigen Teile der Epidermiszellen tief unter der basalen Matrix. Diese Organisation begründet sich wohl darin, dass das Wachstum der Epidermis durch Einwandern von Stammzellen (Neoblasten) aus mesodermalen Geweben (bei manchen Catenulida auch über Stammzellen in der Epidermis selbst) erfolgt. Besonders bei den Neodermata ist die Entstehung der „eingesenkten Epidermis" durch Verbleib der Zellkörper der nach außen wandernden Stammzellen unterhalb des Hautmuskelschlauches auffallend (Abb. 293B, 310, 312). Bei parasitischen Formen kann das Integument gemeinsam mit der darunter liegenden **parenchymalen Muskulatur** Saugnäpfe bilden.

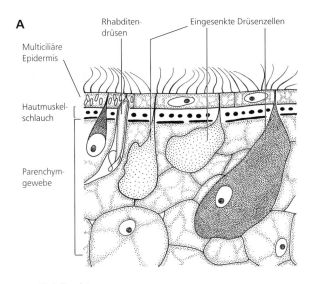

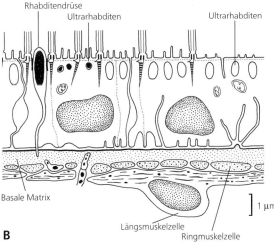

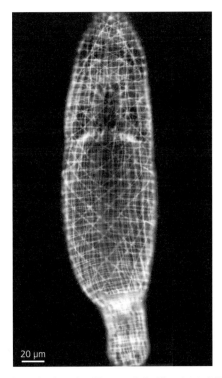

Abb. 283 A Lichtoptischer Querschnitt durch die Körperdecke (Epidermis, Hautmuskelschlauch und das darunter liegende Parenchym) von *Mesostoma ehrenbergi* (Rhabdocoela). **B** Körperdecke mit Hautmuskelschlauch bei neoophoren Plathelminthes; meist sehr gut entwickelte basale Matrix. Die Epidermis zellulär (links) oder syncytial (rechts). Bei syncytialer Epidermis liegen die Zellkörper mit Kernen häufig unter der basalen Matrix. A Verändert nach Göltenboth und Heitkamp (1977); B Original: S. Tyler, Orono.

Abb. 284 Organisation des Hautmuskelschlauchs bei Plathelminthes mit äußerer Ring-, innerer Längs- und dazwischenliegender Diagonalmuskulatur; Fluoreszenzfärbung von F-Actin mit Phalloidin/Rhodamin. Totalpräparat eines frisch geschlüpften *Macrostomum hystricinum marinum* (Macrostomorpha). Original: W. Salvenmoser, Innsbruck.

Zur Fortbewegung dienen bei Mikroturbellarien (und einigen Larvenstadien der parasitischen Gruppen) ausschließlich die Cilien der multiciliären Epidermis (Abb. 283A). Die Tiere schwimmen frei im Wasser – meist unter Rotieren des Körpers – oder gleiten auf einer selbst produzierten Schleimspur auf dem Substrat. Schleim stammt nicht nur von zahlreichen einzelligen Drüsen, auch Epidermiszellen lagern zwischen *cell web* und apikaler Zellmembran kleine Vesikel („Ultrarhabditen") ab, die nach außen ein mucusähnliches Produkt abscheiden. Die Bewegungsgeschwindigkeit hängt wahrscheinlich mit der Ciliendichte (etwa 2–6 µm^{-2}, meistens 4 µm^{-2}, das ergibt für einen 1 mm langen, 100 µm breiten und 30 µm dicken Plattwurm mehr als 1 Million Cilien), sowie deren Länge (5–10 µm) zusammen. Die Muskulatur dient hier der Kontraktion oder Streckung bzw. den Verformungen des Körpers zur Änderung der Bewegungsrichtung. Außerdem unterstützt die Muskulatur das wichtigste formgebende Element, die extrazelluläre Matrix, vor allem unter der Epidermis. Diese Matrix bildet – analog der echten Cuticula – einen das Tier umhüllenden Stützstrumpf, meist in mehreren Lagen aus spiralig zur Längsachse ausgerichteten kollagenartigen Fasern (Abb. 283B).

Besonders bei Makroturbellarien kommt es als Ergänzung des Ciliengleitens bei vielen Formen zu wellenförmigen Muskelkontraktionen, besonders an den Körperrändern (Abb. 305A), oder zu schnellen egelartigen Bewegungen (z. B. die marine Triclade *Procerodes littoralis*). Fortbewegung ausschließlich mit Muskeln ist bei adulten parasitischen Formen häufig. Bewegung mit einem muskulösen Schwanz tritt nur bei den Schwimmlarven (Cercarien, Abb. 319) der Trematoden auf.

Wie erwähnt erfolgt die Zellerneuerung in der Epidermis (auch die der Drüsenzellen) wie in allen anderen Geweben durch undifferenzierte Stammzellen (Neoblasten s. u.), die aus mesodermalem Gewebe einwandern. Dies ist für Rhabditophora typisch (und ist auch für einige Acoela belegt, die nun nicht mehr als Plathelminthes angesehen werden, S. 821); nur bei Catenuliden können sich teilende Neoblasten auch direkt in der Epidermis liegen. Dieser einzigartige Mechanis-

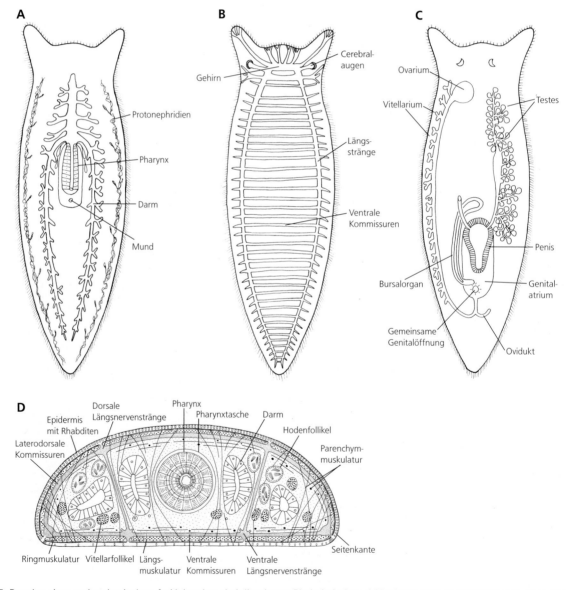

Abb. 285 Bauplan eines makroskopischen, frei lebenden, rhabditophoren Plathelminthen. **A** Verdauungskanal und Protonephridien. **B** Zentralnervensystem. **C** Genitalsystem mit geteilter weiblicher Gonade. **D** Querschnitt durch die mittlere Körperregion. Die dorsoventralen Nervenbrücken sind nur von einigen marinen Tricladen bekannt. Verändert nach Bresslau (1928–33), Wurmbach (1962), Siewing (1985) und Salvini-Plawen aus Grzimek (1980).

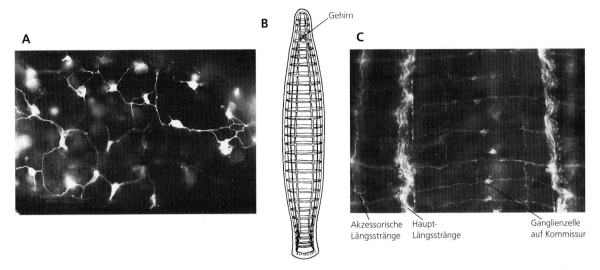

Abb. 286 Bau des Nervensystems. **A** Peripherer sensorischer Plexus an der Basis der Epidermis bei *Macrostomum pusillum* (Macrostomorpha) als Beispiel eines ursprünglichen, netzartig gebauten Plexus, wie er auch bei „Coelenterata" auftritt. **B** Orthogonales Nervensystem bei Proseriaten. **C** Ausschnitt eines „Orthogons" auf der Ventralseite von *Bothriomolus balticus* (Proseriata). **A, C** Immuncytochemische Färbung der serotonergen Nervenzellen. A Original: W. Salvenmoser und P. Ladurner, Innsbruck; B nach Reisinger (1972); C nach Joffe and Reuter (1993).

mus der (epidermalen) Zellerneuerung ist auch grundlegend für die Bildung einer neuen Körperdecke (Neodermis) nach dem Verlust der ursprünglichen Epidermis in der Entwicklung der parasitischen Plathelminthes (Abb. 312). Für letztere wurde daher der Name Neodermata geschaffen (S. 205).

Harte Cuticularbildungen sind bei den Plathelminthes sehr selten zu finden (z. B. Temnocephaliden, Abb. 309). Sklerotisierte Hartteile treten aber sowohl in der Epidermis als auch in den Reproduktionsorganen häufig auf. Sie sind dann entweder intrazelluläre Bildungen („falsche Cuticula", siehe auch Lorica der „Rotatoria", S. 262, bzw. Rüsselhaken der Acanthocephala, S. 270) oder Versteifungen der basalen Matrix.

Das **Nervensystem** besteht aus einem unter den Hautmuskelschlauch versenkten Gehirn (Abb. 285B, 286B, 287), von dem eine wechselnde Anzahl markhaltiger Längsstränge

ausgeht. Letztere sind häufig durch Kommissuren so verbunden, dass ein charakteristisches orthogonales (regelmäßig rechtwinkelig verbundenes) Muster entsteht (Abb. 285B, 286B). Dieses Orthogon ist ein lokal verdichteter Teil des sub- bzw. intermuskulären Plexus. Häufig treten zusätzlich ein epidermaler und ein subepidermaler Plexus auf. Diese Plexusbildungen sind netz- oder filzartig angeordnete Nervenfasern, die von einer unterschiedlichen Anzahl von Neuronen ausgehen (Abb. 286A). Sie bilden das periphere Nervensystem und stehen mit dem Gehirn und den Längssträngen bzw. dem Orthogon (zentrales Nervensystem) in Verbindung.

Die meisten Plathelminthes, auch parasitische, zeigen eine Vielzahl von **Sinnesorganen** und ciliären Rezeptorzellen (Collarrezeptoren, Tasthaare) unterschiedlichster

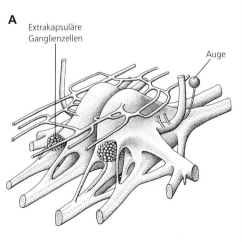

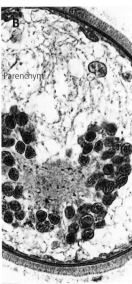

Abb. 287 A Rekonstruktion des Gehirns und der ventralen (dick) und dorsalen (dünner) Längsnervenstränge von *Notocomplana acticola* (Polycladida). Gehirn einige Millimeter groß. **B** Querschnitt durch das Gehirn von *Kytorhynchus oculatus* (Rhabdocoela), periphere Lage der Zellkörper der Neuronen im Gehirn. A Nach Keenan et al. (1981); B Original: G. Rieger, Innsbruck.

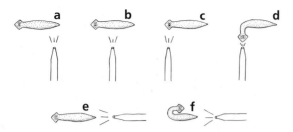

Abb. 288 Verhalten von Tricladen gegenüber Strömungsreizen (Wasserstrahl aus einer Pipette) (**a**) Reizung des Hinterendes, (**b**) der Körpermitte: bei (**a**) und (**b**) bleibt Reizung erfolglos; (**c**) Reizung der Aurikel („Ohren"), (**d**) Reaktion auf (**c**); (**e**) Reizung von hinten in der Längsachse des Tieres, (**f**) Reaktion auf (**e**), da Strömung die „Ohren" erreicht. Nach Doflein (1925) aus Bresslau (1928–33).

Feinstruktur (Abb. 178). Mehrere Typen von Pigmentbecherocellen (Abb. 289) und Statocysten ohne ciliäre Rezeptorstrukturen sind weit verbreitet.

Bei einigen parasitischen Gruppen ist das gesamte **Darmsystem** reduziert (z. B. Cestoda; Fecampiida, S. 204); die Nahrung wird hier über eine spezialisierte Körperoberfläche, also „parenteral" aufgenommen. Besondere Ernährungsformen zeigen auch Arten mit symbiontischen Einzellern, z. B. Zooxanthellen, Zoochlorellen und Sulfidbakterien. Normalerweise gelangt die Nahrung jedoch mithilfe eines muskulösen und drüsenreichen Pharynx in den Darm. Ein Enddarm ist nicht ausgebildet. Ein After fehlt fast immer (Ausnahme: Haplopharyngida; vermutlich als sekundäre Neubildung). Neben dem Verzweigungsmuster des Darms liefern die verschiedenen Typen des ektodermalen Pharynx (einfache Mundöffnung, Pharynx simplex, Pharynx plicatus, Pharynx bulbosus, Abb. 291) wichtige diagnostische Merkmale für die Turbellarien. Ein Pharynx bulbosus tritt auch bei parasitischen Formen auf, sofern nicht Mund-

öffnung und Darmkanal überhaupt fehlen. Bei der Verdauung spielen intrazelluläre und extrazelluläre Vorgänge eine Rolle. Phagocytose-Zellen wechseln sich mit exokrinen Drüsen ab (Abb. 172C). Der Darm ist – ähnlich dem Gastrovaskularraum der Coelenteraten – auch für die Verteilung der Nahrung wichtig (Abb. 280). Einige Untersuchungen legen nahe, dass die weitere Nahrungsverteilung möglicherweise über wandernde Neoblasten erfolgt.

Die Mehrzahl der frei lebenden Formen lebt räuberisch, viele Mikroturbellarien und einige Polycladen sind auf das Abweiden von Algen (vor allem Diatomeen) spezialisiert.

Einige Arten mit symbiontischen Algen fressen anscheinend als adulte Tiere nicht mehr. Die meisten dieser in Symbiose mit autotrophen Einzellern lebenden Formen dürften aber mixotrophisch leben. Weit verbreitet ist die Fähigkeit, lange Hungerperioden durch zum Teil extreme Körperverkleinerung (*degrowth*) zu überleben.

In histologischer Hinsicht lässt sich der Raum zwischen Darm und Integument von der primären Leibeshöhle ableiten. Bei Mikroturbellarien kann sie fast ganz durch den Darm verdrängt sein, oder es kann vereinzelt sogar ein geräumiges Pseudocoel auftreten (bei einigen Catenulida, Abb. 292B).

Fast alle Plathelminthes sind jedoch **acoelomat** organisiert, d.h. zwischen der basalen Matrix der Gastrodermis und jener der Epidermis sind die Exkretions- bzw. Osmoregulationsorgane und die Reproduktionsorgane in bindegewebigem Parenchym eingebettet (Abb. 292C). Es besteht meist aus extrazellulärer Matrix und verschiedenen Zelltypen (Neoblasten, Muskelzellen, Parenchymzellen). Auch versenkte Zellsomata der Epidermis (der Neodermis bei Neodermata) und des Hautmuskelschlauches können den Raum zwischen Epidermis und Gastrodermis ausfüllen.

Mit Ausnahme der proliferierenden Neoblasten dient das Cytoplasma aller dieser Zelltypen auch als intrazelluläres hydrostatisches Skelett (Abb. 292C). Gemeinsam mit dem Darmsystem und der extrazellulären Matrix (insbesondere der basalen Matrix der Epidermis) wirken

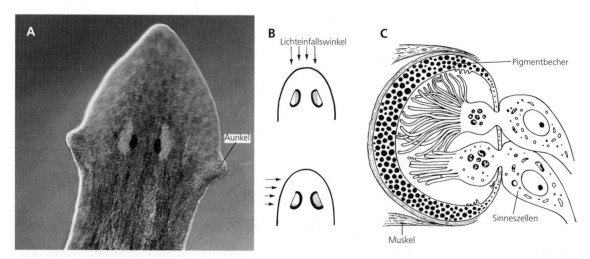

Abb. 289 A Vorderende von *Girardia tigrina* (Tricladida). Stellung der Augen schräg zur Körperachse; paarige Anlage des Gehirns (helle Abschnitte). Die chemosensorischen Aurikel können wie „Ohren" bewegt werden. **B** Ausleuchtung der Augenbecher bei unterschiedlichem Lichteinfall: Wahrnehmung der Lichtrichtung möglich. **C** Ultrastruktureller Aufbau eines inversen Pigmentbecherocellus von *Notocomplana acticola* (Polycladida), des rhabdomeren Grundtypus. Pigmentbecher durch Muskeln beweglich. Bei Helligkeit Mikrovilli der Sinneszelle geordnet (unten), bei Dunkelheit ungeordnet (oben). A Original: R. Buchsbaum, Pacific Grove; B nach Pearse et al. (1987); C nach MacRae (1967).

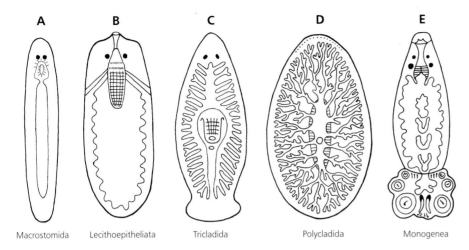

Abb. 290 Darmformen bei Plathelminthes. **A** Macrostomida. **B** Lecithoepitheliata. **C** Tricladida (*Bdellura*). **D** Polycladida. **E** Monogenea (*Polystoma*). Nach verschiedenen Autoren.

die Zellen als Antagonist zur Muskulatur und machen die arttypische Körperform und deren Veränderung erst möglich.

Die **Neoblasten** sind Stammzellen, aus denen offensichtlich alle differenzierten Zelltypen hervorgehen (Abb. 293), auch die Geschlechtszellen. Zellteilung ist nur von Neoblasten bekannt. Sie liegen einerseits zwischen Muskel- und Parenchymzellen und andererseits an der Basis der Gastrodermis. Im rhabditophoren Modellplattwurm *Macrostomum lignano* wurde gezeigt, daß Keimzellen der weiblichen und männlichen Gonade frühzeitig in der Postembryonalentwicklung bzw. wahrscheinlich schon embryonal angelegt werden, aber in adulten Tieren nach experimenteller vollständiger Entfernung der Gonaden von somatischen Neoblasten regeneriert werden können. Nur bei Catenuliden wurden bisher Neoblasten auch in der Epidermis gefunden.

Als osmoregulatorisches bzw. **Exkretionssystem** fungieren Protonephridien und Paranephrocyten (Abb. 285A, 294, 333). Cyrtocyten und Kanalzellen der Protonephridien sind mannigfaltig gebaut. Besonders häufig bilden fingerförmig ineinandergreifende Zellausläufer der Cyrtocyte und der ersten Kanalzelle die Reuse (Abb. 294C), teilweise auch feine Schlitze nur in der Cyrtocyte. Paranephrocyten sind Zellen mit ausgedehnten Lakunensystemen, die an Protonephridialkanäle angeschlossen sein können. Sie sind nur von wenigen Taxa bekannt, z. B. von *Xenoprorhynchus steinböcki*.

Plathelminthes sind meist protandrische Zwitter. Die **Reproduktionsorgane** sind räumlich wie strukturell erstaunlich variabel (Abb. 285C, 295, 296, 315, 340) und bei parasitischen wie bei frei lebenden Formen öfter äußerst komplex. In allen Fällen erfolgt innere Befruchtung. Ein Penis zur Übertragung der Spermien (selten von Spermatophoren) ist immer vorhanden, im einfachsten Fall in Form eines von speziellen Muskeln umstellten Porus in der Epidermis. Die Geschlechtsöffnungen können getrennt sein oder in ein gemeinsames Atrium münden. Geschlechtszellen liegen entweder zusammen mit speziellen somatischen Zellen (z. B. accessorischen Zellen) frei im Parenchym bzw. in der Darmbasis (z. B. einige Catenulida) oder in durch somatische Hüllzellen gebildeten Sackgonaden (Abb. 274B). Bei größeren Formen und Parasiten sind Sackgonaden meist in viele kleine Abschnitte unterteilt (follikulär) (Abb. 285C, 315, 327A, B, 340).

Nach Genitalstrukturen lassen sich zwei Organisationsniveaus unterscheiden: (1) Ursprünglich ist der Zustand (Catenulida), bei dem die Gonaden Ansammlungen von Geschlechtszellen an der Basis der Gastrodermis oder im

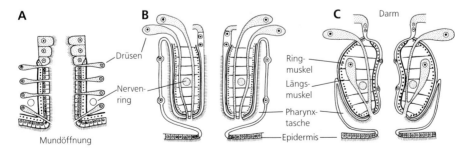

Abb. 291 Längsschnittschemata. Die 3 Organisationstypen des muskulösen Pharynx (A,B,C) bei Plathelminthes. **A** Pharynx simplex (einfaches Rohr mit Ring-, Längs- und Radiärmuskulatur) der Catenulida und ursprünglichen Rhabditophora, die Homologie ist nicht gesichert. **B** Falten- oder Krausenpharynx (Pharynx plicatus), z. B. bei Tricladida und Polycladida. Finger- oder krausenförmiges, vorstülpbares muskulöses Rohr, das zurückgezogen in einer Pharynxtasche getragen wird; ausgestoßen beweglich und als Pharynxpumpe funktionierend durch Kontraktion der radialen Muskulatur. Beutetiere, z. B. kleine Crustaceen, werden ausgesaugt, ohne ganz verschlungen zu werden. **C** Pharynx bulbosus, z. B. bei Rhabdocoela und Neodermata. Vom Parenchym durch ein Septum getrennter Muskelapparat, erzeugt mit seinen Radiärmuskeln ebenfalls Saugwirkung. Nach Ax (1961).

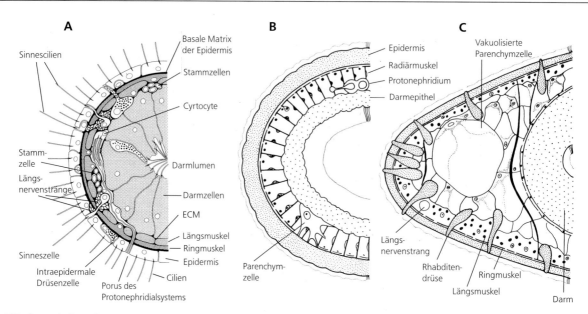

Abb. 292 Querschnittsschemata von Mikroturbellarien. **A** Hypothetische Stammform der Plathelminthes. **B, C** Catenulida und Rhabditophora. Pseudocoel in *Stenostomum sthenum* (**B**) mit extrazellulärer Flüssigkeit und Radiärmuskeln zwischen Darm und Hautmuskelschlauch. *Myozonaria bistylifera* (Macrostomorpha) (**C**) mit sog. chordoidem Gewebe aus Parenchymzellen. Als flüssigkeitserfüllter Teil des hydrostatischen Skeletts funktioniert also im ersten Fall die extrazelluläre Flüssigkeit zwischen Darm und Hautmuskelschlauch, im zweiten Fall die intrazelluläre Flüssigkeit der vakuolisierten Parenchymzellen. A Aus Ehlers (1995); B nach Borkott (1970); C nach Rieger (1971).

Parenchym sind. Bei der Süßwassercatenulide *Rhynchoscolex simplex* sollen die Geschlechtszellen sogar aus Stammzellen der Epidermis in das Parenchym einwandern. Die befruchteten Eier werden durch Ruptur der Körperwand bzw. durch die Mundöffnung ausgeleitet. Spezielle weibliche Ausleitungskanäle fehlen. Die Spermien wandern durch das Parenchym zum männlichen Kopulationsorgan.

(2) Abgeleitet (fast alle Rhabditophora – Ausnahme z. B. einige Prolecithophora, S. 204) sind sackförmige Gonaden. Sie sind mit einer mesodermalen Hülle (Tunica) versehen. Diese Wand setzt sich in die Gonodukte (Ovidukt oder Eileiter, Vas deferens oder Samenleiter) fort (Abb. 295C, 296). Sie stehen mit den ektodermalen weiblichen und männlichen Ausleitungsabschnitten in Verbindung. In etlichen Fällen

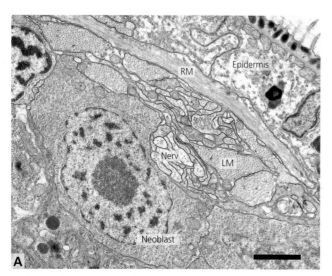

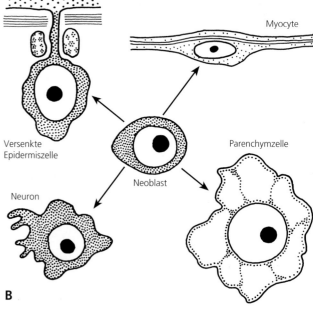

Abb. 293 Stammzellen (Neoblasten) der Plathelminthen. **A** Elektronenoptischer Querschnitt des Hautmuskelschlauchs (Epidermis, RM = Ringmuskeln, LM = Längsmuskeln) mit darunterliegendem Neoblast bei *Macrostomum lignano* (Macrostomorpha). Typisch für Neoblasten ist ein niedriges Verhältnis von Cytoplasma zum Kern mit großem Nukleolus. Maßstab: 1,2 µm. **B** Differenzierung verschiedener somatischer Zelltypen aus Neoblasten am Beispiel der Cestoda. A Aus Ladurner et al. (2008), B verändert nach Gustafsson und Reuter (1990).

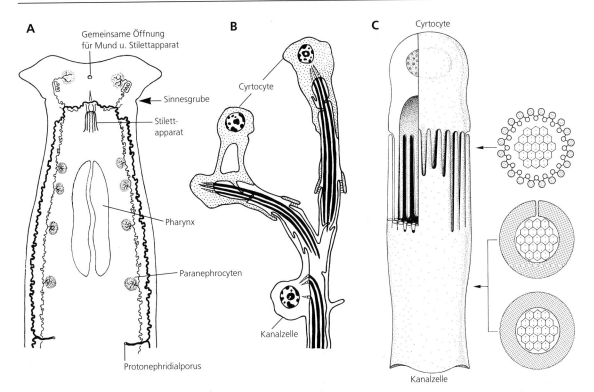

Abb. 294 Protonephridien. **A** Paariges Protonephridialsystem im Vorderkörper von *Xenoprorhynchus* sp. (Rhabditophora). **B** *Microstomum* sp. Multiciliäre Terminalorgane (Cyrtocyten) und Treibwimperflammen, die den Flüssigkeitsstrom in den Protonephridialkanälen verstärken. **C** Aufbau der Terminalzelle und Reusenstruktur z.B. bei Neodermata. Links: Rekonstruktion der Terminalzelle und der Filterreuse, die aus Ausläufern der Terminalzelle (innerer Kranz) und der ersten Kanalzelle (äußerer Kranz) gebildet wird. Rechts oben: Querschnitt durch die Filterregion. Darunter: Distale Bereiche der ersten Kanalzelle; oberhalb mit Zellspalt und Desmosom (bei frei lebenden Plathelminthes, Digenea, Aspidobothrii und Monogenea), unterhalb ohne Zellspalt (bei Cestoda). A Nach Reisinger (1968); B nach Rohde und Watson (1991); C nach Ehlers (1985), ergänzt.

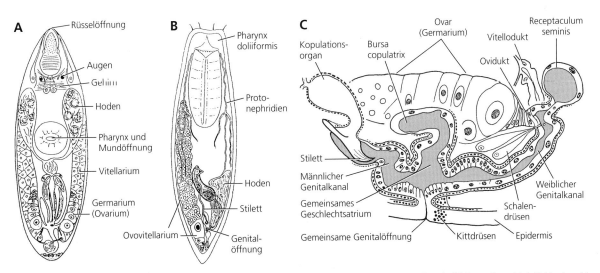

Abb. 295 Reproduktionsorgane und Pharynxbau bei kleinen Rhabdocoela. **A** *Nannorhynchus herdlensis* (Kalyptorhynchia), **B** *Haplovejdovskya subterranea* („Dalyellioida"). **C** Typischer Bau der Genitalausleitungssysteme und der weiblichen Gonade bei rhabditophoren Turbellarien am Beispiel einer Art der „Dalyellioida" (Rhabdocoela), Lumina grau, rostral = links. Die Hartteile des Penisstiletts sind bei allen Plathelminthes – im Gegensatz zu den meisten anderen Bilateria – keine echten Cuticularstrukturen, sondern intrazelluläre Hartgebilde. Bis auf ganz wenige Ausnahmen (Temnocephalida: *Themnocephalus* sp., Polycladida: *Enantia spinosa*) fehlen echte Cuticularbildungen. A Nach Karling (1956); B nach Ax in Luther (1962); C nach Luther (1955).

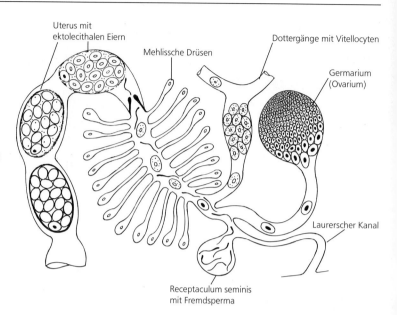

Abb. 296 Aufbau der sog. Befruchtungskammer (Ootyp) und Bildung ektolecithaler Eier bei Neodermata, am Beispiel digenetischer Trematoden. Der Ootyp ist die Region des weiblichen Genitalkanales unmittelbar nach der Mündung des eigentlichen Ovidukts (auch Germodukt genannt) in den gemeinsamen Abschnitt der Dottergänge (Vitellodukte). In oder vor dieser Region mündet auch ein Receptaculum seminis, das Fremdsperma speichert. Nach der Befruchtung einer Oocyte (schwarzer Zellkern) wird diese zusammen mit einer artspezifischen Zahl von Vitellocyten in einer Eischale eingeschlossen. Die Eischale wird durch Zusammenwirken von Sekret der Mehlisschen Drüse und speziellen Schalenvesikeln aus den Vitellocyten erzeugt. Bei endolecithaler Eibildung werden Teile der Schalen- und alle Dottervesikel in der Oocyte selbst abgelagert. Nach Mehlhorn (1977).

fehlen (sekundär) aber weibliche Ausleitungskanäle. Verbindungen mit dem Darmkanal (Abtransport überschüssigen Spermas) oder der Neodermis (Laurerscher Kanal, S. 195) sind möglich.

Der Dotter wird ursprünglich in den Eizellen selbst angereichert (endolecithale Eier). Gruppen mit diesem Merkmal (Catenulida, Macrostomida und Polycladida) werden als die paraphyletische Gruppe „Archoophora" zusammengefasst.

Bei den übrigen Turbellarien und bei den Neodermata wird der Dotter jedoch in speziellen Zellen der weiblichen Gonade (in den Vitellocyten) gebildet (ektolecithale Eier, Abb. 301A). Die Rhabditophora mit Ausnahme der Macrostomorpha und Polycladida bilden wegen dieses synapomorphen Kennzeichens das Taxon Neoophora. Dotterzellen und Keimzellen (Oocyten, Germocyten) entstehen dann meist sogar in räumlich getrennten Abschnitten (Abb. 285C, 295A, 296), im sog. Dotterstock (Vitellarium) bzw. im Keimstock (Ovarium, Germarium). Bei der Eiablage werden unterschiedlich viele Dotterzellen als Ernährungsgrundlage für den sich entwickelnden Embryo in der Eihülle mit eingeschlossen. Vitellarium und Germarium sind meist mit eigenen Ausleitungskanälen (Vitellodukten, Ovidukten) versehen. Bei einigen Mikroturbellarien (z. B. vielen Prolecithophora, Lecithoepitheliata, etlichen Rhabdocoela) ist die Gonade jedoch nicht in zwei Bereiche gegliedert (Ovovitellarium) (Abb. 295B), und die Ovidukte leiten Eizelle wie Vitellocyten aus. Formen mit derart geteilten weiblichen Gonaden sind im Tierreich selten (einige Rotatorien, S. 266).

Die Dottersubstanz ist in Schalendotter und Nährdotter gegliedert. Ersterer bildet zusammen mit den Schalendrüsensekreten die Eischale. Zusätzlich zu den Schalendrüsen münden in die ektodermalen Endabschnitte der weiblichen Ausleitungswege häufig Kittdrüsen mit Sekreten zum Festheften der Eier (Abb. 295C).

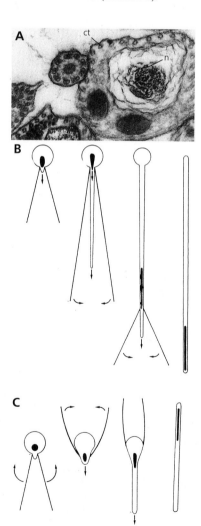

Abb. 297 Spermien bei Plathelminthes. **A** Querschnitt durch eines ▶ der beiden 9×2+1-Axoneme von *Mesostoma lingua* (Rhabdocoela). Corticale Mikrotubuli sehr regelmäßig angeordnet (ct), Zellkern noch unvollständig kondensiert (n). **B, C** Längsschnittschemata von Spermatogenesestadien; bei Neodermata (**B**) werden die beiden Geißeln des Spermiums in proximo-distaler Richtung seitlich in den Zellkörper inkorporiert; bei den meisten „Turbellaria" (**C**) verläuft die Inkorporation in entgegengesetzter Richtung. A Original: J. Klima, Innsbruck; B, C nach Justine (1991).

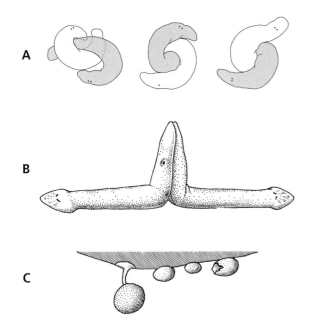

Abb. 298 Kopulation (**A, B**) und abgelegte Eier (**C**). **A** Kopulationssequenz (15 sec) bei *Macrostomum lignano* (Macrostomorpha). **B** Kopulationsstellung bei *Schmidtea polychroa* (Tricladida). **C** Gestielte Eier bei Tricladen. A Nach Schärer, Joss und Sander 2004; B, C nach Ball und Reynoldson (1981).

Bei den parasitischen Formen laufen Vitellodukte, Ovidukt, Receptaculum seminis und Schalendrüsen (Mehlissche Drüsen) im sog. Ootyp zusammen (Abb. 296); hier werden die Spermien mit Eizelle und Vitellocyten von der Eischale eingeschlossen. Hinter dem Ootyp beginnt der Uterus.

Spermien der Plathelminthes haben – in Zusammenhang mit der inneren Befruchtung – eine abgeleitete Form: Sie sind meistens biflagellär (biciliär). Mono- und aflagelläre Spermien sind ebenfalls bekannt

Die beiden Flagellen können entweder frei oder im Cytoplasma des Spermiums inkorporiert sein, ein Flagellum ist manchmal reduziert (Abb. 297). Bei allen Rhabditophora (Ausnahme: Macrostomorpha) zeigt zudem das Axonem der Spermienflagellen nicht das übliche $9 \times 2 + 2$-Muster, sondern ein $9 \times 2 + 1$-Muster (Abb. 297, 311, 329).

Eine Besonderheit ist ferner das Fehlen eines typischen Akrosoms bei allen Plathelminthes. Bei vielen Turbellarien finden

sich sog. acrosinoide Grana (möglicherweise mit Akrosom-Funktion) in der Region der Axonemata.

Bursalorgane sind besonders mannigfaltig und werden vielfach uneinheitlich bezeichnet (Abb. 295). Sie können der Aufnahme, Speicherung und Zuleitung des Fremdspermas (Receptaculum seminis), der Verdauung überschüssigen Spermas (Bursa resorbiens) oder der Aufnahme des Kopulationsorgans während der Copula (Bursa copulatrix) dienen. Ein Organ kann auch mehrere dieser Funktionen übernehmen. Bursalorgane sind an unterschiedlichen Stellen an das weibliche Ausleitungssystem angeschlossen, bei einigen Rhabdocoelen sogar an den männlichen Ausleitungskanal. Möglicherweise erlauben viele eine Aussortierung von Fremdspermien.

Die Verdauung überschüssigen Fremdspermas scheint auch über einen Verbindungskanal zwischen Darm und weiblichen Geschlechtswegen (Ductus genito-intestinalis) möglich zu sein. Für einen bei Saugwürmern ausgebildeten ektodermalen Gang, der den Ovidukt mit der Dorsalseite verbindet (Laurerscher Kanal) (Abb. 296), wurde eine Funktion als Vagina postuliert. Derartige Bildungen wurden für Überlegungen zur Evolution der Bilateria als Rudimente eines Anus-Enddarmsystems oder als sekundäre Bildungen eines von den Vorfahren der Coelenteraten abgeleiteten Darmsystems gewertet.

Fortpflanzung und Entwicklung

Bei den Catenuliden, Macrostomiden, Tricladiden und den verschiedenen Generationen (z. B. Sporocysten, Redien) der parasitischen Neodermata ist die Fähigkeit zur Regeneration und **asexuellen** Vermehrung hoch entwickelt. Bei den frei lebenden Plathelminthen herrschen einfacher Zerfall durch Querteilung (Architomie) oder Paratomie (Querteilung nach Differenzierung der neuen Organsysteme) vor (Abb. 299). Paratomie führt sehr häufig zu Kettenbildungen mit bis zu mehreren hundert Zooiden, die dann eine Gesamtlänge von 15 cm erreichen können (*Africatenula riuruae*). Knospung ist für einige Cestoden charakteristisch (z. B. in der Hydatide) (Abb. 342G). Als Spezialfall der asexuellen Vermehrung kann die multiple Entstehung von neuen Generationen, wahrscheinlich aus Neoblasten, innerhalb des Körpers der Vorgängergeneration bei Digenea und Cestoda angesehen werden (S. 209).

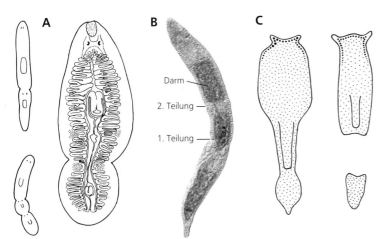

Darm
2. Teilung
1. Teilung

Abb. 299 Beispiele asexueller Vermehrung. **A, B** Paratomie. **A** *Planaria fissipara* (Tricladida). **B** *Stenostomum sthenum* (Catenulida). **C** Architomie. *Polycelis cornuta* (Tricladida). A Nach Marcus (1948); B Original: B. Egger, Innsbruck; C nach Vandel (1922).

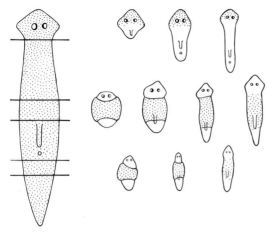

Abb. 300 Regenerationsexperimente an Bachtricladen. Bei Quertei-lung regeneriert jedes Stück das Kopfende bzw. das Hinterende ent-sprechend der anterior-posterioren Hauptachse. Derartige Versuche wurden von T.H. Morgan vor mehr als 100 Jahren durchgeführt. Nach Morgan (1902).

Wechselseitige **Begattung** ist bei diesen hermaphroditi-schen Tieren häufig; in etlichen Fällen kommt es jedoch nur zu einseitiger Begattung. Selbstbefruchtung und Par-thenogenese treten auch im Wechsel mit bisexueller und asexueller Vermehrung auf, was besonders bei parasitischen Gruppen zu komplizierten Lebenszyklen führen kann (Abb. 321, 322, 323, 343, 345, 346, 347). Die innere Befruchtung fin-det häufig im Ovar bzw. beim Austritt reifer Eizellen aus dem Ovidukt statt.

Die **Entwicklung** verläuft bei einigen ursprünglichen Gruppen mit endolecithalen Eiern, wie den Macrostomida und Polycladida, nach der Spiral-Quartett-Furchung (Abb.

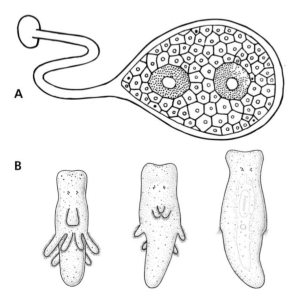

Abb. 301 A Gestieltes, ektolecithales Ei von *Macrorhynchus croceus* (Rhabdocoela), in dem zwei germative Zellen (eigentliche Eizellen) und mehrere Dotterzellen (Vitellocyten) in einer Eikapsel eingeschlossen sind. **B** Müllersche Larve von *Yungia aurantiaca* und Jungtier von *Thy-sanozoon brocchi* (Polycladida). A Aus Korschelt und Heider (1936); B nach Ruppert (1978).

302C). Von Formen mit ektolecithalen Eiern (Neoophora), bei denen 20–40 Eizellen mit bis zu 1 000 Vitellocyten in einem Kokon eingeschlossen sein können (Abb. 301A), zei-gen besonders einzelne Lecithoepitheliata noch ursprüngli-che Spiralfurchungsmuster. Bei vielen Rhabditophora sind die Entwicklungsmuster jedoch zu unterschiedlich, um die Embryonalentwicklung als Autapomorphie für diese Gruppe heranziehen zu können. Innerhalb der Rhabditophora ver-läuft der Übergang zwischen Formen mit endolecithalen und ektolecithalen Eiern (s. S. 201), und entsprechend breit ist das Spektrum der Entwicklungsmodi: Es reicht von der kompak-ten und übersichtlichen Spiral-Quartett-Furchung der Poly-claden bis hin zur scheinbar chaotischen Anordnung der Blastomeren bei Tricladen, Prolecithophoren und Bothrio-planiden („Blastomerenanarchie").

Im Gegensatz zu den Polycladida kommt bei den Macrostomorpha mit noch endolecithalen Eiern der ursprüngliche Spiralfurchungstyp nur noch bis zum 8-Zell-Stadium zum Ausdruck. Innerhalb der Neoophora läßt sich andererseits die Spiralfurchung bei einigen Leci-thoepitheliata sogar bis zum 20-Zell-Stadium verfolgen und bei man-chen Proseriata immerhin noch bis zum 8-Zell-Stadium, während sich bei den übrigen neoophoren Turbellarien keine Anklänge an die Spiralfurchung finden.

Bis auf ganz wenige Ausnahmen fehlen bei frei lebenden For-men Larven, die Entwicklung verläuft direkt. Die Müller-sche Larve (Abb. 301B), die Goettesche Larve und die Katosche Larve der Polycladen werden meistens als sekundäre Entwicklungen (die der Stammart der Plathel-minthes noch fehlen) aufgefasst, während die so genannte Luthersche Larve einer einzigen Gattung der Catenuliden als direkt entwickelndes Jungtier bezeichnet werden kann.

Bei Neodermata sind Larvenstadien die Regel (Miraci-dium, Cercarie, Oncomiracidium, Lycophora, Oncosphaera, Coracidium). In der Entwicklung der digenetischen Saug-würmer können dem Miracidium eine Reihe weiterer Generationen folgen (Sporocyste, Redie, Cercarie), die aus Neoblasten (vielleicht auch parthenogenetisch aus Ge-schlechtszellen) hervorgehen und zu einer erheblichen Steige-rung der Reproduktionsleistung pro Zygote führen können. Im Lebenszyklus der Cestoden kommt es manchmal auch zur asexuellen Vervielfältigung durch Knospung.

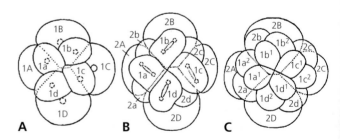

Abb. 302 Frühe Furchungsstadien, Ansicht vom animalen Pol. Poly-cladida (Spiral-Quartett-Furchung). **A** 8-Zellstadium. **B** 12-Zellsta-dium. **C** 16-Zellstadium. Von den in der Spiralfurchung entstehenden Blastomeren werden die Makromeren mit Großbuchstaben, die am animalen Pol gelegenen Mikromeren mit Kleinbuchstaben numme-riert. Die Neigung zwischen Eiachse und Spindelachse ist abwech-selnd nach links (läotrope Furchung) und nach rechts (dexiotrope Furchung) gerichtet. Aus Bresslau (1928–1933).

Systematik

Nach embryologischen (z. B. fehlende Hinweise auf Trocho-blasten) und morphologischen Merkmalen sind die Plathel-minthes entweder ursprüngliche oder in vielen Merkmalen reduzierte Spiralia. Folgt man der Annahme der Ursprüng-lichkeit, folgt daraus, dass auch der acoelomate/pseudocoe-lomate Bau adulter Bilateria ein ursprüngliches Merkmal ist. Es ist aber ebenso möglich anzunehmen, dass die heutigen Plathelminthes durch Progenesis aus acoelomaten/pseudo-

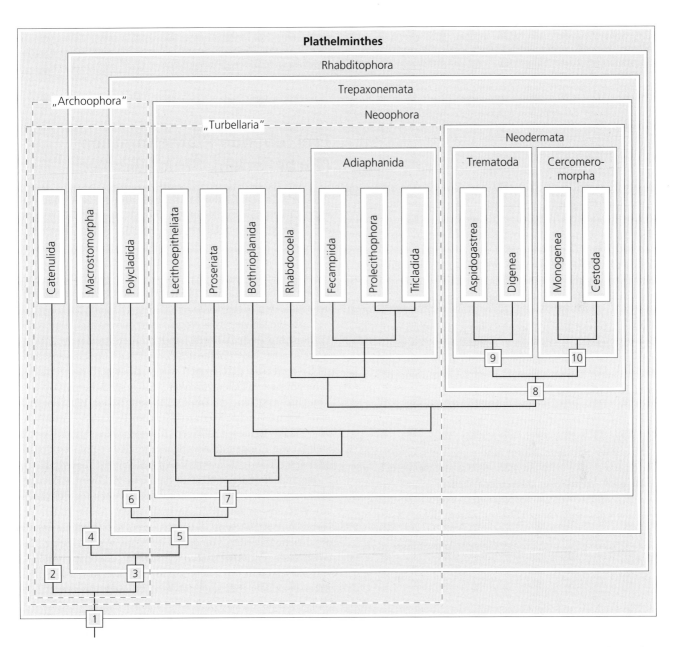

Abb. 303 Stammbaum-Hypothese der Plathelminthes nach morphologischen und entwicklungsgeschichtlichen Merkmalen sowie moleku-laren Analysen. „Turbellaria" und „Archoophora" sind basale paraphyletische Gruppierungen. Apomorphien: [1] Ersatz von Geweben während Entwicklung, Wachstum und Regeneration durch Stammzellen (Neoblasten), die im Parenchym liegen. [2] Dorsales, unpaares Protonephridial-system, bestehend aus einem am Hinterende beginnenden und dort ausmündenden Protonephridialkanal, der bis über das Gehirn nach vorne reicht und seitlich Terminalorgane mit einer zweigeißeligen Cyrtocyte und einer Kanalzelle trägt. [3] Echte Rhabditen und ein Zweidrüsen-Kleborgan (Abb. 306). [4] Aflagelläre Spermien. [5] Flagellen-Axonem in den zweigeißligen Spermien mit 9 × 2 + 1 Muster (Abb. 297A). [6] Stei-gerung der Körpergröße in den Zentimeter-Bereich, stark dorsoventral abgeflacht; Zergliederung des Darms durch Seitenverzweigungen, die zu einem Netzwerk verschmelzen können. Verschiedene frei lebende Larvenformen. [7] Ektolecithale Eier und heterozelluläre weibliche Gonade (Germarium und Vitellarium oder Ovovitellarium). [8] Abwurf der larvalen, bewimperten Epidermis beim Eindringen in den ersten Wirt. Aufbau einer sekundären Neodermis durch Neoblasten aus dem Parenchym (Abb. 310). Axonemata der Spermatozoen intrazellulär, mit proximo-distal fortschreitender Inkorporation (Abb. 297). Reuse der Protonephridien aus Terminalzelle und einer Kanalzelle. [9] Mollusk als 1. Wirt. Andere überzeugende Apomorphien nicht bekannt. [10] Sichelförmige Häckchen an Hinterende. Nach Karling (1974), Ehlers (1984), Ax (1984), Smith, Tyler und Rieger (1986), Tyler (2001) und Martín-Durán und Egger (2012).

coelomaten Larven und Jugendstadien ancestraler Bilateria mit einem biphasischen Lebenszyklus entstanden sind.

Die Plathelminthes sind von wenigen Autoren als Schwestergruppe der Gnathostomulida aufgefasst und diese beiden Gruppen als Plathelminthomorpha allen übrigen Bilateriern (Eubilateria) gegenübergestellt worden; andere fassen sie mit den Gnathostomulida, Cycliophora, Syndermata und Gastrotricha und teilweise den Nemertini als Platyzoa zusammen. Eindeutige Synapomorphien, die diese Gruppierung wahrscheinlicher als andere machen, sind allerdings nicht bekannt. Vielmehr zeigen Gnathostomuliden (S. 256) deutliche Übereinstimmungen zu den übrigen Gnathifera im Bau des Kieferapparates und zu den Gastrotricha in den serial angeordneten Paaren getrennt ausmündender Protonephridien mit Solenocyten.

　　Früher galten die Nemertinen als Schwestergruppe der Plathelminthes. Besonders das epithelial ausgekleidete Blutgefäßsystem sowie Unterschiede in den 18S rRNA-Sequenzen und der Nachweis von Trochoblasten-Zelllinien bei einer Art rücken die beiden Gruppen jedoch voneinander ab.

Die Plathelminthes werden in die zwei molekular wie morphologisch eindeutig monophyletischen Taxa **Catenulida** und **Rhabditophora** gegliedert. Die parasitischen **Neodermata** sind eine Teilgruppe innerhalb der Rhabditophora. Die früher den Plathelminthes zugerechneten Acoelomorpha sind nach molekularen Daten ein getrenntes Taxon (s. S. 819). Damit bezeichnen „Turbellaria" (Strudelwürmer) und „Archoophora" (Plattwürmer ohne Vitellarien) nicht nur paraphyletische, sondern sogar polyphyletische Gruppierungen, solange die Acoelomorpha dazugerechnet werden. Catenulida und Rhabditophora bilden in diesem neuen System ein Taxon innerhalb der Lophotrochozoa (Abb. 276). Für Catenulida und Rhabditophora kann bisher vor allem das Stammzell-System als morphologische Synapomorphie aufgezeigt werden (s. u., Abb. 303).

　　Autapomorphien der Catenulida umfassen ein u n p a a r e s d o r s a l e s P r o t o n e p h r i d i u m mit biciliären Cyrtocyten, die Lage der männlichen Geschlechtsöffnung dorsal knapp hinter oder vor dem Mund und Hauptvermehrungsmodi durch Paratomie oder Parthenogenese aus weiblichen (vielleicht auch männlichen) Geschlechtszellen.

Gut begründete Autapomorphien des Taxons Rhabditophora sind die stäbchenförmigen Drüsensekrete (R h a b d i t e n) mit charakteristischer Feinstruktur (Abb. 306), das Z w e i - D r ü s e n - K l e b o r g a n und an das Gehirn angeschlossene rhabdomere Pigmentbecherocellen. Die Gonaden sind fast immer von einer epithelialen Tunica umkleidet, die sich in die Ausleitungsgänge fortsetzt (s. S. 177).

　　Die phylogenetische Abgrenzung der Neodermata stützt sich besonders auf Ultrastrukturuntersuchungen der speziellen Organisation der Epidermis (N e o d e r m i s) und deren Entstehung aus Stammzellen des Parenchyms (Abb. 310). Dieser Prozess der Epidermisbildung ist allerdings auch von den übrigen Rhabditophora bekannt.

Wie erwähnt (S. 186) könnte eine Synapomorphie für Catenulida und Rhabditophora das Wachstum der Epidermis durch Einwanderung von Neoblasten aus dem Parenchym sein. Die Stammzellen vieler anderer Bilaterier sind jedoch noch ungenügend bekannt, was die Bewertung dieses Merkmals als Autapomorphie der Plathelminthen erschwert. Ebenso ist es noch immer schwierig, die acoelomate Organisation der beiden Gruppen zwingend als Grundmuster aller Bilateria anzusehen.

　　Auch heute gibt es noch unterschiedliche Annahmen über die Stellung der Neodermata. Die Auffassung, die Neodermata stellten einen

Seitenzweig der rhabdocoelen Turbellarien dar, wurde einmal wegen des unterschiedlichen Feinbaues der Cyrtocytenreuse bei den Rhabdocoela und den Neodermata infrage gestellt. Außerdem soll der Pharynx bulbosus der Neodermata mit jenem der Rhabdocoela-„Dalyellioida" nicht homolog sein. Nun treten jedoch parasitische Turbellariengruppen gerade in den Rhabdocoela-„Dalyellioida" besonders häufig auf (s. S. 205). Heute wird oft ein Schwesterngruppenverhältnis der Neodermata mit einer Gruppe aus Rhabdocoela, Fecampiida, Prolecithophora und Tricladida angenommen. Die ultrastrukturellen Ähnlichkeiten im Reusenapparat der Cyrtocyte von Proseriata und Neodermata müssen dann als Konvergenz oder als Symplesiomorphie gesehen werden.

Frei lebende Plathelminthes (Turbellarien), Strudelwürmer

Als Turbellarien werden traditionell alle frei lebenden Plathelminthen zusammengefasst; die Gruppe schließt jedoch auch verschiedene kommensalische oder parasitische Taxa mit ein (s. S. 205), die nicht zu den Neodermata gehören. Dazu zählen Arten aus 35 Familien-Taxa, z. B. die ektokommensalischen Temnocephaliden oder die endoparasitischen Umagiliden.Insgesamt wurden etwa 5 000 verschiedene Turbellarienarten beschrieben.

　　Turbellarien zeigen ökologisch wie geografisch eine weite Verbreitung. Bodenlebende Landtricladen wurden in 4 000 m Höhe in einer Geröllhalde des Himalaya gefunden; sonst sind sie besonders in den Tropen weit verbreitet. Einige Polycladen kommen in Tiefen von über 3 000 m im Atlantik vor. Nur wenig bekannt sind die in unseren heimischen Wäldern und Almböden lebenden Kleinturbellarien. Tricladen kommen in den Flusssystemen und Seen Mitteleuropas überall unter Steinen vor. Einige sind Anzeiger guter (z. B. *Crenobia alpina*) oder schlechter (z. B. *Dendrocoelum lacteum*) Wasserqualität.

　　Besonders überraschend ist die große Zahl von Mikroturbellarien, sowohl im marinen Benthal als auch im Süßwasser auf Wasserpflanzen, Moosen und Algen. An Stränden der Nordseeinsel Sylt sind z. B. etwa 250 verschiedene Arten beschrieben worden, von denen einzelne, wie die kleine Macrostomide *Paromalostomum fusculum*, Individuendichten von bis zu 1 000 pro 10 cm^3 Sand erreichen können. Einige Arten besiedeln aber auch das Pelagial und können in Planktonproben häufig sein (z. B. *Alaurina*-Arten). Es gibt Biotope, deren Artbestand noch weitgehend unbeschrieben ist, z. B. Phytalregionen des seichten Sublitorals, in denen die Prolecithophora dominieren können (s. S. 202).

1 Catenulida

Diese wohl eigentümlichsten frei lebenden Plathelminthen mit nur wenig mehr als 100 beschriebenen Arten besitzen eine spärlich bewimperte, multiciliäre Epidermis mit schwach ausgeprägter extrazellulärer Matrix (oft nur in Form einer

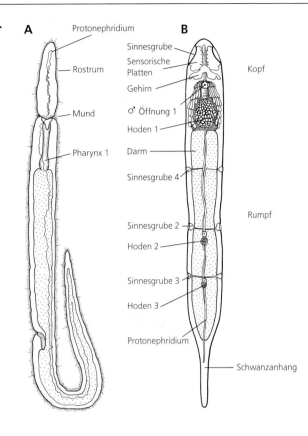

Abb. 304 Catenulida. **A** Habitusbild einer Süßwasserart der Gattung ▶ *Dasyhormus*, etwa 1 mm lang, mit zwei Zooiden. **B** Organisationsschema von *Stenostomum sthenum*, etwa 1 mm lang, mit 4 in Bildung begriffenen Zooiden. A Nach Schwank (1978); B nach Borkott (1970).

unter 100 nm dünnen basalen Matrix) und ein einzigartiges protonephridiales Exkretionsorgan. Alle Süßwasser- und einige marine Formen zeigen ausgeprägte asexuelle Vermehrung durch Paratomie, nicht so Formen der einzig überwiegend marinen Familie Retronectidae. Die sexuelle Fortpflanzung, meist Parthenogenese, ist kaum untersucht; in einigen Merkmalen (z. B. mögliche Trennung der weiblichen und männlichen Gameten erst nach der ersten meiotischen Teilung) weicht sie vielleicht von anderen Metazoa ab.

Das **Nervensystem** ist großteils eingesenkt mit deutlich differenziertem Gehirn (Abb. 304B), an dessen Rückseite mit Ausnahme der Stenostomidae oft eine Statocyste mit meist einem oder mehreren Statolithen liegt. Die Kopfränder können komplexe Sinnesgruben aufweisen, ciliäre Sinneszellen sind immer monociliär. Rhabdomere Pigmentbecherocellen fehlen auch hier.

Der zarte **Hautmuskelschlauch** nur aus Ring- und Längsfasern und die parenchymale Muskulatur (insbesondere Radiärfasern zwischen Darmtrakt und Hautmuskelschlauch) können extrazelluläre, flüssigkeitsgefüllte Hohlräume einschließen, einem Pseudocoel entsprechend (Abb. 292B). Auch intrazelluläre flüssigkeitsgefüllte Hohlräume (Vakuolen) in Parenchymzellen können als Hydrostate dienen (Abb. 292C).

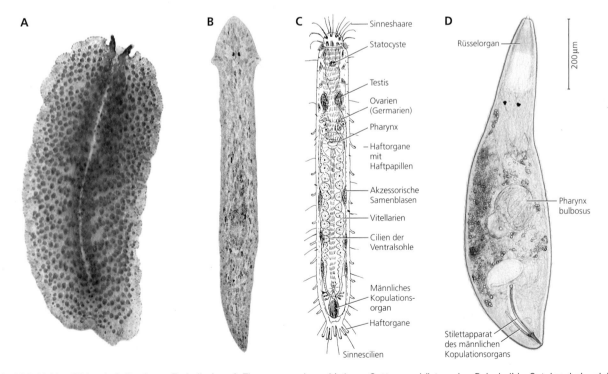

Abb. 305 Habitusbilder rhabditophorer Turbellarien. **A** *Thysanozoon brocchi*, 4 cm. Gattung gehört zu den Polycladida-Cotylea, bei welchen Larvenformen auftreten (Müllersche Larve). Das Ciliengleiten dieser großen adulten Turbellarien wird durch Muskelbewegung unterstützt (gewellter Körperrand). **B** *Girardia tigrina* (Tricladida), etwa 1 cm. **C** *Philosyrtis eumeca* (Proseriata, Otoplanidae), etwa 1 mm. Wie bei Tricladen kann bei diesen Tieren die Bewimperung auf eine ventrale Kriechsohle beschränkt sein. Die Otoplanidae leben in der Gezeitenzone und im Sublittoral der Sandstrände, weltweit. **D** *Gyratrix hermaphroditus* (Rhabdocoela, Eukalyptorhynchia), 1 mm, Kosmopolit. A, D Original: B. Egger, Innsbruck; B Original: R. Buchsbaum, Pacific Grove; C nach Marcus (1950).

Für Metazoa einzigartig ist das **Protonephridialsystem**: Biciliäre Cyrtocyten sind an einen unpaaren, dorsalen Nephridialkanal angeschlossen (Abb. 304). Der Kanal zieht vom Hinterende bis vor das Gehirn und wieder caudal zur Ausmündung.

Der **Darmkanal** ist bewimpert, mit muskulösem Pharynx simplex. Viele Arten sind räuberisch; Kannibalismus ist von einigen bekannt.

Die männliche Geschlechtsöffnung liegt immer dorsal im Vorderkörper (Abb. 304B). Weibliche und männliche **Gonaden** sind zumindest in der Germativzone nicht vollständig durch Hüllzellen von mesodermalen Geweben (Muskulatur, Parenchym) getrennt. Spermatozoen sind aflagellär (Spermatiden können allerdings transitiv ein kurzes Cilium aufweisen), meist klein und rundlich; die Gestalt des Kerns ist ein wichtiges taxonomisches Merkmal.

Die **Entwicklung** läuft zumindestens anfangs über eine Spiral-Quartett-Furchung.

Heute in 3 Taxa gegliedert (Catenulidae und Stenostomidae: im Süßwasser; Retronectidae: hauptsächlich marin).

Stenostomum sthenum (Stenostomidae) im Süßwasser, Tierketten mit bis zu 8 Zooiden, 1–4 mm. In Nord- und Zentraleuropa eine der häufigsten Süßwasserturbellarien (Abb. 304B). – *Catenula lemnae* (Catenulidae), im Süßwasser, bis zu 8 Zooide, 1–5 mm, in Europa weit verbreitet. Massenauftreten gemeinsam mit Ciliaten in verunreinigten Wasserstellen. Auch mit freiem Auge als weiße, sich periodisch kontrahierende Striche im Wasser zu sehen (Unterschied zu Ciliaten).

– *Paracatenula erato* (Retronectidae), 1–2 mm. Im anoxischen interstitiellen Bereich, marin. Mund- und darmlos, mit symbiontischen Schwefelbakterien. – *Retronectes sterreri* (Retronectidae), 1 mm, marin, mesopsammal. Gattung weltweit in anoxischen Sanden unterhalb der Redoxdiskontinuität häufig, gemeinsam mit Gnathostomuliden.

2 Rhabditophora

Diese Gruppe umfasst alle weiteren Taxa der Plathelminthes, auch die großen parasitischen Gruppen der Saug- und Bandwürmer.

Die **Körperwand** zeigt überwiegend eine bis zu mehreren Mikrometern dicke, meist zweischichtige basale Matrix, an der die Muskeln des meist dreischichtigen Hautmuskelschlauchs ansetzen. Vielfach, besonders bei Trematoda und Cestoda, tendiert die Epidermis zur Syncytialisierung; zumindest in ursprünglichen Gruppen sind das Zwei-Drüsen-Kleborgansystem und echte Rhabditen gut ausgebildet (Abb. 306).

Soweit mit modernen Methoden untersucht (z. B. Macrostomorpha, Polycladida, Tricladida, Neodermata) erfolgt das postembryonale Wachstum der (eigentlich ektodermalen) Epidermis durch Einwandern von Neoblasten (Stammzellen) aus dem mesodermalen Gewebe (Abb. 293).

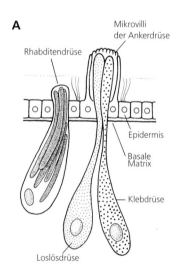
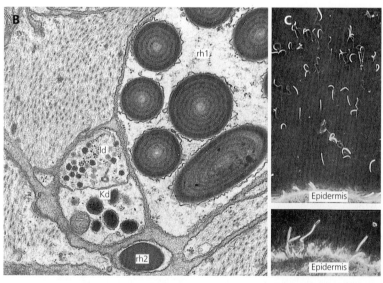

Abb. 306 Bau der Rhabditendrüsenzelle und des Zwei-Drüsen-Kleborgans. **A** Lichtoptisches Schema; 3 Zelltypen bauen das Zwei-Drüsen-Kleborgan der Rhabditophora auf: (1) Ankerzelle mit verlängerten Mikrovilli (hier absichtlich hervorgehoben!) rund um die über die Epidermis hinausragenden, schlanken Kanäle der (2) Loslösdrüsen-Zelle und der (3) Klebdrüsen-Zelle. Häufig münden Rhabditendrüsen-Zellen (links im Schema) nahe der Ankerzelle (modifizierte Epidermiszellen). Letztere übertragen die Spannung zwischen Haftorganspitze und basaler Matrix. Nach Anordnung und Anzahl der beiden Drüsenzellen sind mehrere Typen unterscheidbar. **B** Flächenschnitt knapp unter der Epidermisoberfläche. Profile der Ausführgänge von Kleb- und Loslösdrüsen-Zellen (Kd, ld) und von 2 Rhabditendrüsen-Zellen (rh₁, rh₂) samt umgebenden Muskelzellen sind sichtbar. – Echte Rhabditen sind stäbchenförmige Sekretvesikel (Rhabdoide) unterschiedlicher Länge (bis über 50 μm) und etwa 1 μm Durchmesser, sie werden meist von im Parenchym liegenden Drüsenzellen gebildet. Die Stäbchen sind acidophil, deutlich lichtbrechend und membrangebunden. Ihre äußere Schicht besteht aus einer oder mehreren Lamellen, die sich bis ins Zentrum fortsetzen oder einen zentralen Medullarraum umschließen. Nur in ihrer Bildungsphase sind sie von einem Mantel aus längsgerichteten Mikrotubuli umgeben. **C** Phasenkontrastbild abgeschleuderter Rhabditen von *Promacrostomum paradoxum*. Frontal ausmündende Rhamnitendrüsen und spezielle Drüsen im Pharynxdrüsenkranz und um die weibliche Öffnung (Abb. 295C) gelten als modifizierte Rhabditen. A Original: R. Rieger, Innsbruck; B Original: S. Tyler, Orono; C aus Reisinger und Kelbetz (1964).

Im **Nervensystem** sind besonders bei größeren Formen die 3 Plexus (epidermal, subepidermal, inter- bzw. submuskulär) deutlich, Konzentrationen zu G e h i r n und Längsstämmen treten im submuskulären Plexus auf. Teilweise sind die Neuronen in und um das bilateralsymmetrische G e h i r n sehr stark konzentriert.

Fast immer sind rhabdomere Pigmentbecherocellen, sowie ciliäre, pigmentlose Becherocellen vorhanden (Abb. 289C). Sinneszellen sind entweder mono- oder multiciliär.

Mit wenigen Ausnahmen (z. B. einige Macrostomida) bilden **Parenchymzellen** ein Füllgewebe zwischen Darm und Hautmuskelschlauch; dementsprechend ist bei Makroturbellarien und Parasiten auch die parenchymale Muskulatur (dorsoventral, longitudinal) vermehrt. Der Aufbau der Körperhöhle entspricht also hier der generell in Lehrbüchern dargestellten acoelomaten Organisation (Abb. 285D).

Im **Protonephridialsystem** wird der Reusenapparat der Cyrtocyte häufig entweder durch ineinander greifende fingerförmige Zellfortsätze der Cyrtocyte bzw. der ersten Kanalzelle gebildet (Abb. 294C) oder aber durch schlitzförmige Öffnungen in den Seitenwänden des distalen Abschnitts der Cyrtocyte (Tricladida). In einigen Fällen formt eine Cyrtocytenzelle viele Filtrations- bzw. Wimpernflammen. Auch Zellen mit innerem Lakunensystem (Paranephrocyten) können an das Kanalsystem angeschlossen sein (Abb. 294A); nach Farbstoffaufnahme zu schließen sind diese Zellen wahrscheinlich die eigentlichen Exkretionszellen.

Der ursprünglich zellige (resorbierende Zellen, bewimperte Zellen mit intrazellulärer Verdauung, Drüsenzellen zur extrazellulären Verdauung und Ersatzzellen) sackförmige **Darm** kann syncytial organisiert sein. Immer verbindet ein ektodermaler Pharynx Darm und Mundöffnung, ein Enddarm fehlt.

Nur bei einigen langgestreckten Formen (besonders den Haplopharyngida) tritt zusätzlich ein Anus (bei Polycladida auch mehrere Analporen) ohne jegliche Enddarmdifferenzierung auf (vgl. Nemertini, S. 285). Diese Bildungen werden meist als sekundäre Strukturen und nicht als Rudimente eines Afters gedeutet.

Viele Formen sind hochspezialisierte Räuber; bei ihnen liegt zum Beutefang an der Vorderspitze zusätzlich ein konisches oder pinzettenförmiges muskulöses Rüsselorgan (Abb. 295A, 305D), oft mit intrazellulär gebildeten Haken. Kleine Organismen (z. B. Nematoden) werden damit gefangen und durch Krümmen an die oft weit hinten gelegene Mundöffnung gebracht. Spezielle **Pharynxbildungen** sind typisch für Untergruppen.

Die beiden Gruppen von Makroturbellarien – Tricladida und Polycladida – haben als Darmsystem ein verzweigtes Hohlraumsystem (Abb. 285A, 290C, D), sicherlich im Zusammenhang mit der Größe der Tiere. Weniger verzweigte Darmsysteme findet man bereits in verschiedenen Mikroturbellarien-Gruppen (z. B. Macrostomida, Proseriata, Lecithoepitheliata).

Mit wenigen Ausnahmen sind die **Gonaden** sackförmig und vom umgebenden Parenchym vollständig abgesetzt. Männliche und weibliche Gonodukte sind direkt an die Gonaden angeschlossen, gehen jedoch aus Mesoderm und Ektoderm hervor (S. 176).

Mit Ausnahme der aflagellären **Spermien** der Macrostomorpha sind – zumindest ursprünglich in den anderen Taxa der Rhabditophora – biflagelläre Spermien mit einem charakteristischen $9 \times 2 + 1$-Axonem als Autapomorphie eines Taxons **Trepaxonemata** bekannt (Abb. 297, 311).

Es kann nicht ausgeschlossen werden, dass auch die Macrostomorpha von Formen mit diesem speziellen Axonema-Muster abstammen, das Taxon Trepaxonemata würde dann auch die Macrostomorpha miteinschließen.

Die **Entwicklung** verläuft in den ursprünglichen Gruppen (Macrostomida, Polycladida) mit endolecithalen Eiern nach der Spiral-Quartett-Furchung (Abb. 302). Von Formen mit ektolecithalen Eiern, bei denen 20–40 Eizellen mit bis zu 1 000 Vitellocyten in einem Kokon eingeschlossen sein können (Tricladida), zeigen besonders einzelne Lecithoepitheliata noch ursprüngliche Spiralfurchungsmuster.

2.1 Macrostomorpha

Kleine Gruppe mit etwa 230 Arten. Mit Pharynx simplex und meist sackförmigem, bewimperten Darm. Eiausleitungskanal mündet getrennt aus oder von vorn in das männliche Genitalatrium, fungiert teils auch als Bursalorgan und Zuleitungsweg der Fremdspermien zur Eizelle.

Heute mit 4 Subtaxa (marin: Haplopharyngidae und Dolichomacrostomidae; marin und im Süßwasser: Microstomidae und Macrostomidae)

Haplopharynx rostratus (Haplopharyngida-Haplopharyngidae), über 5 mm, lang gestreckt, mit Afteröffnung, aber ohne Enddarm, Nordatlantik und Nebenmeere, psammobiont, selten. Anders als sonst im Taxon: männliche Organe vor den weiblichen gelegen. – *Microstomum lineare* (Macrostomida-Microstomidae), 0,8 mm, mit asexueller Vermehrung durch Paratomie: Ketten der Zooide erreichen Größen von Chironomidenlarven (8 mm), die sie neben Rotatorien und anderen Kleintieren auch fressen. Euryök innerhalb Eurasiens weit verbreitet, in der Vegetationszone von oligotrophen Seen und in Flüssen, auch auf Schlammböden; hypoxisch tolerant. Modellorganismus für das Studium asexueller Vermehrung durch pluripotente Stammzellen, deren Teilungsaktivität offensichtlich von Neuropeptiden gesteuert wird. Marine Arten der Gattung weiden an Hydrozoenstöcken, deren Nematocysten vom Darm des Wurms in die Epidermis gelangen („Kleptocniden"). – *Myomacrostomum unichaeta* (Macrostomida-Macrostomidae), 1 mm, in sublitoralen Sanden, nordamerikanische Ostküste, Bermuda. Einzelne Tiere können nachweislich Paratomie fast gänzlich unterdrücken – *Macrostomum hystricinum* (Macrostomida-Macrostomidae), 1 mm; wahrscheinlich kosmopolitische marine Artengruppe; nahe verwandte Arten auch im Süßwasser, leicht züchtbar. – *M. lignano* (Macrostomidae), 1–2 mm, leicht auf Diatomeenkulturen züchtbare neue Art, nördliche Adria und östliches Mittelmeer; als Modellorganismus für entwicklungs- und evolutionsbiologische Studien verwendbar. – *Myozona stylifera* (derzeit Macrostomidae), 1 mm; Verbindung des weiblichen Antrums mit caudalem Darmabschnitt, Darm durch Sphinkter (zum Zerquetschen von Diatomeen) in vordere und hintere Hälfte geteilt. Weltweit, in supra- oder sublitoralen Sanden – *Paromalostomum fusculum* (Macrostomida – Dolichomacrostomidae), 1 mm, kann an Sandstränden der Nordsee in großen Zahlen auftreten.

2.2 Polycladida

Marine (bis auf eine Gattung aus Assam und Borneo), überwiegend benthische Makroturbellarien mit etwa 800 beschriebenen Arten. Vielschichtiger Hautmuskelschlauch (vielfach mit äußerer Längsmuskelschicht), stark verzweigtes Darmsystem mit Pharynx plicatus. Häufig mit drüsigen Reizorganen (Adenodactylen) zusätzlich zum Kopulationsorgan; endolecithale Eier. Bei vielen größeren Formen Gonaden follikulär, sackförmig.

Entwicklung direkt, oder indirekt über Müllersche Larve (Abb. 301B), Goettesche Larve oder Katosche Larve. Über 100 000 Eier pro Gelege bekannt (Mikroturbellarien dagegen mit meist nur wenigen oder 1 Ei pro Gelege). Mit typischer Spiral-Quartett-Furchung, homolog zu jener der Anneliden und Mollusken, mit prominenter Stellung der 4d-Blastomere als Vorläufer des gesamten Entoderms und Teilen des Mesoderms. Gelegentlich (z. B. *Graffizoon*) wird die Anlage der männlichen Geschlechtsorgane in die Larve vorverlagert, postembryonal abgebaut und im adulten Tier erneut aufgebaut (Dissogonie, auch bei Ctenophora S. 160). Nach Vorhandensein oder Fehlen eines Haftorgans hinter der weiblichen Genitalöffnung (Vertiefung, Stempel oder Saugnapf) in die Subtaxa Cotylea und Acotylea eingeteilt.

Einige Arten (z. B. *Pseudoceros imitatus*) sind wegen charakteristischer Färbung und tentakelförmigen Anhängen am Vorderende Nudibranchiern zum Verwechseln ähnlich (Mimikry?). Einige Polycladen sind selbst giftig und warnen Räuber mit intensiven Signalfarben. Daneben gibt es unauffällig gefärbte Tiere, oft auf der Unterseite von Steinen, die nahezu perfekt getarnt sind.

Bei pseudocerotiden Arten (Cotylea) auf Korallenriffen wurde ein Paarungsverhalten beobachtet, bei dem die hermaphroditischen Tiere mit aufgerichtetem Stilett (Penis) versuchen, dem Partner Spermien zu injizieren (*penis fencing*).

Hoploplana inquilina (Acotylea – Hoploplanidae), 5–10 mm, kommensalisch in der Mantelhöhle von *Busycon* (Abb. 490), ein bis mehrere Tiere pro Wirt. Solche Assoziationen sind von etlichen Polycladen bekannt; häufige Wirtstiere sind Schnecken, Muscheln, Einsiedlerkrebse (hier teils Ernährung von Eiern des Wirtes). – *Stylochoplana maculata* (Acotylea – Leptoplanidae), 12 mm, Nord- und Ostsee, in Seegraswiesen und Algenaufwuchs. – *Notoplana humilis* (Acotylea – Leptoplanidae), 30 mm, Japanisches Meer, Felsküste,

Abb. 307 *Rhynchodemus sylvaticus* (Terricola), terrestrische Triclade, 1 cm, England. Vorderende links; von einem zweiten Tier gefolgt. Am Schatten des vorderen Tieres wellenförmige Kontraktionen der Muskulatur zu erkennen. Andere terricole Turbellarien, wie *Bipalium kewense*, werden einige Dezimeter lang. *Arthurodendyus triangulatus* aus Neuseeland wurde in den 60er-Jahren in Nord-Irland eingeschleppt und hat dort gebietsweise zu einer verheerenden Dezimierung der Regenwurmpopulationen beigetragen. Original: H.D. Jones, Manchester.

direkte Entwicklung. – *Stylochus pilidium* (Acotylea – Stylochidae), 35 mm, Mittelmeer. – *Imogine mcgrathi* (Acotylea – Stylochidae), 40 mm, Tasmanische See. Wie *S. pilidium* indirekte Entwicklung über Goettesche Larve. Räuber an Austern- und Miesmuschelbänken. – *Thysanozoon brocchii* (Cotylea – Pseudocerotidae) (Abb. 305A), 50 mm, Müllersche Larve. Gattung in warmen Meeren (auch Mittelmeer) häufig, oft mit (unterschiedlichen) Rückenanhängen. Einzelne Individuen über 10 cm lang. – *Eurylepta cornuta* (Cotylea – Euryleptidae), 25 mm, Nordsee, in Algen, Geröll und Austernbänken.

Alle folgenden Subtaxa sind im Monophylum **Neoophora** zusammengefasst. Der Name bezieht sich auf eine anatomische Besonderheit: Die im Ovar (Germarium) produzierten Oocyten bilden Eier gemeinsam mit den im Vitellar entstandenen Vitellocyten. Morphologische Untersuchungen z. B. der weiblichen Gonade und der Spermien-Ultrastruktur, vor allem aber molekulare Analysen (z. B. von 18S rDNA) haben zu sehr unterschiedlichen Gruppierungen in den Neoophora geführt; besonders die Stellung der Neodermata und ihrer Subtaxa variiert in molekularen Stammbäumen; ein Konsensusstammbaum wird in Abb. 303 gezeigt. Die dargestellte Reihung der Subtaxa der Neoophora folgt verschiedenen Autoren und berücksichtigt traditionelle morphologische ebenso wie molekulare Untersuchungen.

2.3 Lecithoepitheliata

Etwa 40 Arten, bis 1 cm lang; mit ektolecithalen Eiern; reifende Oocyte mit einschichtiger Hülle von Follikelzellen (Vitellocyten). Mit speziellem Pharynx bulbosus. Untersuchungen an *Geocentrophora sphyrocephala* und *Xenoprorhynchus steinböcki* zeigen, dass trotz ektolecithalen Eiern die ersten Furchungsstadien einem typischen Spiral-Quartett-Muster folgen.

Prorhynchus stagnalis (Prorhynchida – Prorhynchidae), bis über 5 mm, im Schlamm von Seen, häufig. Systematische Stellung der Prorhynchida in den Rhabditophora ungewiss. – *Gnosonesima arctica* (Gnosonesimida – Gnosonesimidae), 1 mm, erstmals in sublittoralen Schlammen vor Grönland gefunden. Andere Arten dieser phylogenetisch wichtigen Gattung in marinen sublittoralen Sandböden. Der einzellige Bau der epidermalen Augen (napfförmige Epidermiszelle mit Pigmentgranula) ist in den Plathelminthes einmalig (siehe aber Phaosomen bei Anneliden, Abb. 594). Arten oft mit Eukalyptorhynchia (s. u.) verwechselt, da der tonnenförmige Pharynx dem zapfenförmigen Rüsselorgan ähnelt.

Wegen des deutlich serialen Baus der Gonaden wurden die folgenden Taxa **Tricladida** und **Proseriata** früher als Schwestergruppen in einem Taxon **Seriata** zusammengefasst. Neuere molekulare und morphologische Untersuchungen stellen dies in Frage und unterstützen stattdessen das Taxon **Adiaphanida** (siehe S. 197).

2.4 Proseriata

Fast rein marine Gruppe mit ca. 440 Arten, besonders häufig in Sandböden (Abb. 305C). Die artenreichen Otoplanidae sind charakteristisch für die Brandungszone vieler Sandstrände („Otoplanidenzone"). Bemerkenswert hohe Variabilität der komplexen Genitalgänge, deren evolutionsbiologische und funktionelle Erklärung noch aussteht.

Parotoplanina geminoducta (Otoplanidae), 15 mm; in der Nordsee, Kieler Bucht. – *Monocelis lineata* (Monocelididae), 1,5 mm, mit 1 Paar quergestellter, verschmolzener Augen (Name!), ohne Stilett am männlichen Kopulationsapparat; häufig im Bewuchs der Gezeitenlinie. – *Boreocelis filicauda* (Monocelididae), 1,5 mm, Kopf und Schwanz abgesetzt, mit Rhabditenpaketen, augenlos. Marin, auf tieferen Schlammböden. – *Nematoplana coelogynoporoides* (Nematoplanidae), 10 mm, häufige marine psammobionte Art.

2.5 Bothrioplanida

Sytematische Stellung der einzigen Art noch weitgehend ungeklärt, auch wenn aufgrund entwicklungsbiologischer und anatomischer Daten eine nahe Verwandtschaft zu Tricladida oder Proseriata bestehen könnte. Röhrenförmiger Pharynx, mündet wie bei den Tricladida in einen dreilappigen Darm, dessen caudolaterale Äste hinter dem Pharynx verschmelzen.

Bothrioplana semperi 5 mm, weltweites Vorkommen in von Grundwasser abhängigen Gewässern, mit geringer morphologischer Varianz.

Die drei folgenden Taxa werden aufgrund molekularer Analysen als **Adiaphanida** zusammengefasst. Der Name bezieht sich auf die weitgehende Undurchsichtigkeit des Körpers dieser Tiere; eine überzeugende morphologische Synapomorphie fehlt.

2.6 Tricladida

Tricladen, vielfach als Planarien bezeichnet, sind die am längsten bekannten Turbellarienarten (ca. 1 300 beschrieben). In der angelsächsischen Literatur findet sich die Bezeichnung *planarians* hin und wieder auch für Polycladen (*marine planarians*) oder sogar für alle Turbellarien. Charakterisiert durch dreischenkligen Darmkanal (Name!) mit 1 rostralem und 2 caudolateralen Ästen (Abb. 285A, 290C). Überwiegend Makroturbellarien (endemische Arten des Baikalsees bis zu 0,5 m lang). Gonaden deutlich serial gebaut. Drei Untergruppen: M a r i c o l a , mit überwiegend marinen Vertretern; C a v e r n i c o l a (eine kleine Gruppe höhlenbewohnender Arten); C o n t i n e n t i c o l a (Süßwasser- und Landtricladen, früher Paludicola und Terricola). Ultrastrukturelle und molekulare Untersuchungen legten nahe, dass von den 3 Subtaxa der Paludicola (Dendrocoelididae, Planariidae, Dugesiidae) letztere mit den Terricola ein eigenes, monophyletisches Taxon bilden, die „Paludicola" also paraphyletisch wären. Wie Polycladen werden Tricladen wegen ihrer Größe für sinnesphysiologische und neurobiologische Untersuchungen herangezogen (Abb. 288D).

Der Bau der Reproduktionsorgane variiert stärker bei Maricola und Terricola, kaum bei den meisten „Paludicola" (Abb. 285C). Komplexe Bewegungsmuster sind typisch für das Kopulationsverhalten (Abb. 298B), Spermien werden meist reziprok in das Bursalorgan abgegeben, Eier im Ovidukt befruchtet und gemeinsam mit Vitellocyten in mehrere Millimeter großen Kokons abgelegt (2–8 Embryonen/Kokon), die mit Kittdrüsensekret am Substrat angeheftet sein können (Abb. 298C). Schlüpflinge sind 2–4 mm lang.

Polycelis tenuis lebt wahrscheinlich 2–3 Jahre. *Dendrocoelum lacteum* ist einjährig mit nur einer Reproduktionsphase. Viele Arten vermehren sich auch asexuell durch Architomie bzw. seltener durch Paratomie (Abb. 299), im Zusammenhang mit ausgeprägtem R e g e n e r a t i o n s v e r m ö g e n . Gewebewachstum, asexuelle Vermehrung und Regeneration fußen auf Differenzierung von Stammzellen (Neoblasten). Dabei ist eine anterior-posteriore Polarität auch bei sehr kleinen Querschnittsregionen gegeben. Solche Regenerate können in 1–2 Wochen zur normalen Adultgröße heranwachsen. Homeobox-Gene (z. B. *Hox/ParaHox*-Gene), die eine wichtige Rolle in der Formation embryonaler und regenerativer Zellmuster spielen, wurden innerhalb der Turbellarien bei Tricladen zuerst entdeckt.

Die Entwicklung ist durch frühzeitige Verteilung der einzelnen Blastomeren zwischen den Vitellocyten („B l a s t o m e r e n a n a r c h i e") und durch Ausbildung eines transitorischen Embryonalpharynx (zur Dotterverarbeitung) stark modifiziert.

Procerodes littoralis (Maricola – Procerodidae), 7 mm, Atlantik, widersteht großen Salinitätsschwankungen von reinem Süß- bis Salzwasser. – *Bdellura candida* (Maricola – Bdelluridae), 15 mm lang, mit caudalem Saugnapf, ektokommensalisch auf Kiemenblättern von *Limulus*. – *Bdellasimilis congruenta* (Maricola – Procerodidae), auf Oligochaeten; extrazelluläre Verdauung vor allem im ektodermalen Pharynx. – *Dendrocoelum lacteum* („Paludicola" – Dendrocoelidae) 2,5 cm, mit abgestutztem Vorderende und 1 Paar Augen knapp dahinter; in Europa weit verbreitete Süßwasserform. – *Polycelis tenuis* („Paludicola" – Planariidae), über 1 cm, mit zahlreichen Pigmentbecherocellen entlang des Vorderrands; in Europa in Seen, Flüssen und warmen Bächen häufig. – *Crenobia alpina* („Paludicola" – Planariidae), dunkelgrau bis schwarz, bis über 15 mm lang. Stenotherm (6°–8°) in Quellgebieten mitteleuropäischer Bäche. – *Planaria torva* („Paludicola" – Planariidae) bis 13 mm, dunkelbraun; Bauchseite heller als Rückenseite. In stehenden oder langsam fließenden Gewässern, auch im Brackwasser der Ostsee. – *Girardia* (syn. *Dugesia*) *tigrina* („Paludicola" – Dugesiidae), fast 2 cm, mit 1 Paar Augen, dreieckiger Kopfabschnitt, der während des Gleitkriechens auffällig hin und bewegt wird; nordamerikanische Art, nach Europa eingeschleppt. Normalerweise asexuelle Vermehrung, häufig mit sexueller Vermehrung alternierend. Häufig in Praktika gezeigt (Abb. 289, 305B). – *Dugesia gonocephala* – große, bis zu 2 cm lange europäische Art mit dreieckigem Kopf, in Bächen häufig. – *Microplana termitica* (Terricola – Rhynchodemidae), 15 cm, terricole Triclade, auf das Erbeuten von Termiten spezialisiert. Tiere hängen tief in den Lüftungsschächten der Termitenhügel. Mit einem Adhäsionsorgan an der Vorderspitze fangen sie bevorzugt Arbeiter. Nach sekundenschnellem Rückziehen wird die Beute umwickelt und zu dem weit im Hinterkörper gelegenen Pharynx gebracht. – *Arthurdendyus* (syn. *Atrioposthia*) *triangulatus* (Terricola – Geoplanidae) 15 cm, Landtriclade; in den 60er-Jahren von Neuseeland nach Nordirland eingeschleppt. Erbeutet vor allem Regenwürmer, daher echte Gefahr für bestimmte Regenwurmpopulationen (Abb. 307).

2.7 Prolecithophora

Überwiegend marine Mikroturbellarien (200 Arten) mit ektolecithalen Eiern, häufig in Makroalgen- und Seegrasbeständen. Geschlechtszellen zum Teil frei im Parenchym, meist aber in typischer Sackgonade. Genitalöffnung separat oder mit der Mundöffnung gemeinsam ausmündend. Darm sackförmig, teilweise syncytial mit Pharynx plicatus oder Pharynx bulbosus.

Plagiostomum girardi (Plagiostomidae), 1 mm. Mundöffnung subterminal am Vorderende. Zusammen mit anderen Vertretern dieser Gruppe besonders häufig im marinen Phytal. – *P. lemani* (Plagiostomidae), 15 mm, Süßwasser. – *Allostoma pallidum* (Cylindrostomidae), 15 mm lang. Mundöffnung mit Genitalöffnung gemeinsam am Hinterkörper. Phytal, Nordatlantik, Adria.

2.8 Fecampiida

Die systematische Stellung ist noch nicht restlos geklärt; die Gruppe mit etwa 20 Arten wird entweder als Schwestergruppe der Tricladida oder als Schwestergruppe der Tricladida+Prolecithophora (siehe Abb. 303) gewertet. Para-

sitisch im Mixocoel von peracariden und decapoden Krebsen sowie in Anneliden (Myzostomida). Gleichen als Jungtiere rhabdocoelen Turbellarien (z. B. *Fecampia erythrocephala*), verlieren aber rasch nach dem Eindringen in die Körperhöhle des Wirts Mundöffnung und Pharynx. Darm bleibt als geschlossener Sack erhalten, Tiere müssen Nahrung durch die bewimperte Epidermis aufnehmen. Wirtstiere zeigen meist keine Schädigungen, was auf eine sehr alte parasitische Beziehung schließen lässt. Bei anderen Arten (*Kronborgia amphipodicola*) ist der gesamte Verdauungstrakt schon bei Jungtieren reduziert und Dichte und Länge der Mikrovilli der Körperoberfläche erhöht.

2.9 Rhabdocoela

Artenreichste Gruppe (ca. 1 700 Arten) der Mikroturbellarien, mit ektolecithalen Eiern, sackförmigem Darm und Pharynx bulbosus. Letzterer entweder senkrecht orientiert (Pha-

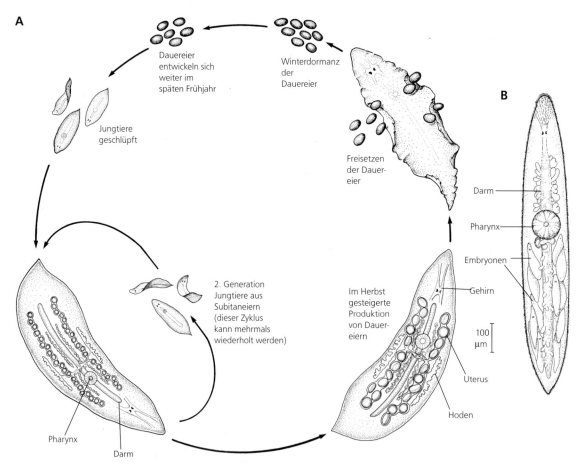

Abb. 308 A Lebenszyklus von *Mesostoma ehrenbergi* (Rhabdocoela). Adulte Tiere werden 10–12 mm lang. Ein ähnlicher Entwicklungszyklus tritt bei verschiedenen Süßwasserformen und einigen marinen Arten auf. Durch Selbstbefruchtung produzieren nicht voll ausgewachsene Tiere (4–6 mm) Subitaneier. Diese Art der Fortpflanzung erlaubt bei günstigen Umweltbedingungen ein rasches Anwachsen der Population, jedoch mit sehr ähnlichen Genotypen. Adulte Tiere produzieren eine Substanz, die die Bildung von Subitaneiern hemmt. Temperatur und andere Umweltfaktoren bestimmen die Bildung der Eitypen. Die Produktion von Dauereiern mit festen Eischalen dient dem Überdauern schlechter Umweltbedingungen; auch im Sommer werden hin und wieder Dauereier produziert (sog. Sommerdormanz). Dauereier entwickeln sich sowohl nach Selbstbefruchtung als auch nach Fremdbefruchtung nach komplexem Begattungsspiel. **B** Bei anderen Arten (z. B. *Mesostoma appinum*) schlüpfen die Embryonen im Muttertier. A Nach Domenici und Gremigni (1977), Gölthenboth und Heitkamp (1977) und Siewing (1985) kombiniert; B aus Norena-Janssen (1991).

rynx rosulatus) oder tönnchenförmig, dann meist schräg ventral gerichtet (Pharynx doliiformis). Fast immer mit einer gemeinsamen, meist im Hinterkörper gelegenen Genitalöffnung. Unterschiedliche Bursalorgane, die mit dem gemeinsamen Genitalatrium, dem weiblichen oder dem männlichen Ausleitungskanal assoziiert sein können (Abb. 295C). Ovarien und Hoden ursprünglich in 1 Paar, bei kommensalischen und parasitischen Formen oft stark vergrößert.

Fünf Untergruppen: „**Typhloplanoida**", **Kalyptorhynchia** mit Pharynx rosulatus, „**Dalyellioida**", **Temnocephalida** mit Pharynx doliiformis; die beiden ersteren wahrscheinlich Paraphyla. Innerhalb der im Süßwasser wie in marinen Biotopen häufigen „Typhloplanoida" entwickelte sich mehrfach an der Vorderspitze ein Rüsselorgan. Autapomorphes Merkmal der überwiegend in marinen Sanden lebenden Kalyptorhynchia ist ein terminales, muskulöses und drüsiges Rüsselorgan, das entweder als zapfenförmiges (Eukalyptorhynchia) (Abb. 295A) oder als zweiklappiges, muskulöses Greiforgan (Schizorhynchia) ausgebildet ist.

Mesostoma ehrenbergi („Typhloplanoida", Mesostomidae), 1 cm, in der Vegetationszone von Süßwassertümpeln, in ganz Eurasien häufig. Lebenszyklus (Abb. 308). – *Gyratrix hermaphroditus* (Polycistidae), bis 2 mm, transparent. Weltweit im Süß- und Meerwasser, in Vegetation und in Sanden (Abb. 305D). – *Carcharodorhynchus* spp. (Schizorhynchidae), Muskelzangen mit sklerotisierten Zähnchen, sehr häufig in sublitoralen Sanden. – *Dalyellia viridis* (Dalyellidae), bis

5 mm. Grün durch symbiontische Zoochlorellen; auf Wasserpflanzen in stehenden Gewässern. Die im Süßwasser häufigen „Dalyellioida" umschließen neben rein frei lebenden auch kommensalische bzw. parasitische Formen in Echinodermen (Umagillidae) und Mollusken (Graffillidae).

Das folgende Taxon wird in der Fachliteratur gewöhnlich getrennt neben die Rhabdocoela gestellt.

Temnocephalida sind Ektokommensalen in Kiementaschen decapoder Krebse und ernähren sich von Zooplankton. Dafür können lange Kopfanhänge ausgebildet sein.

Notodactylus handschini (Temnocephalidae), auf der dorsalen Körperseite mit 100 µm langen Stacheln, gebaut nach demselben Prinzip wie Borsten bei Annelida, Brachiopoda. Einzige echte Cuticularbildungen bei Plathelminthen (Abb. 309).

Eine parasitische Gruppe mit ganz ungeklärter phylogenetischer Stellung sind die **Acholadida**.

Acholades asteris (Acholadidae), im Bindegewebe von Ambulacralfüßchen eines Seesternes. Ebenfalls totale Reduktion des Verdauungstrakts; von der Gregarinengattung *Monocystella* parasitiert (sonst typischer Darmparasit der Turbellarien). Tasmanien.

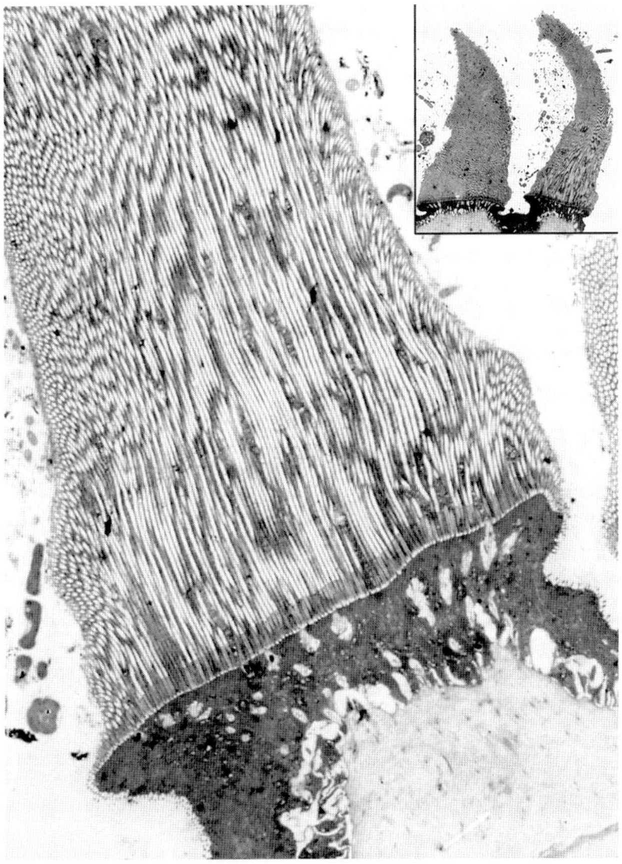

Abb. 309 Borstenartige Strukturen (*scales*) auf der dorsalen Epidermis des Temnocephaliden *Notodactylus handschini*; 50–100 µm hoch. Über der Epidermis grauer Saum aus dicht angeordneten Microvilli (1 µm). Rechts oben Übersicht mit 2 *scales*. Original: J.B. Jennings, Leeds, aus Rieger (1998), Ausschnitt aus Jennings, Cannon und Hick (1992).

3 Neodermata

Alle parasitisch lebenden Plathelminthen, die beim Übergang in den Wirtskörper ihre Epidermis verlieren und eine neue, syncytiale Körperbedeckung ausbilden, werden als Neodermata zusammengefasst. Zu ihnen gehören Digenea, Aspidobothrii, Monogenea und Cestoda. In älteren Lehrbüchern werden die ersten 3 Gruppen als Saugwürmer (**Trematoda**) den Bandwürmern (**Cestoda**) gegenübergestellt; hier werden nur Digenea und Aspidobothrii als Trematoden bezeichnet (Abb. 303).

Entwicklung der Neodermis: Bei oder unmittelbar nach der Infektion des ersten Wirts wirft die Erstlarve der Neodermata ihre bewimperte Epidermis ab (Abb. 310). In den darauf folgenden ca. 24 h entsteht eine sekundäre, stets unbewimperte Körperbedeckung (Neodermis), deren Anlage in der Larve bereits vorhanden war. Sie wird aus mesodermalen Zellen gebildet, deren Zellkörper mit dem Kern unterhalb der basalen Matrix liegen bleiben und die mehrere Ausläufer zur Körperoberfläche entsenden. Die Ausläufer verschmelzen miteinander an der Körperoberfläche zu einem Syncytium (Abb. 310, 312).

Die Neodermis der parasitischen Plathelminthen hat verschiedene Aufgaben, u. a. Nahrungsaufnahme, Exkretion und Osmoregulation, Schutz vor der Immunabwehr bzw. den Verdauungsenzymen des Wirts. Durch die Ausläufer zwischen Zellkörpern und Körperbedeckung werden an der Körperoberfläche resorbierte Nährstoffe ins Innere bzw. Stoffwechselprodukte nach außen transportiert. Die Struktur der Neodermis (z. B. Dicke, Ausbildung und Form der Mikrovilli) variiert zwischen den einzelnen Taxa, Stadien und Körperabschnitten (Abb. 314, 316, 317, 328, 332, 336, 338).

Das **Nervensystem** ist im Grundmuster so aufgebaut wie das der frei lebenden Plathelminthen (S. 189); allerdings treten

Willi Xylander, Görlitz

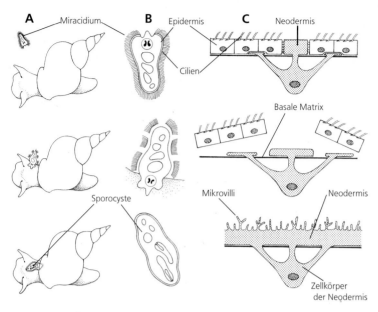

Abb. 310 Ausbildung der Neodermis beim Übergang zur parasitischen Lebensweise am Beispiel von *Fasciola hepatica*. **A** Eindringen des Miracidiums in den Zwischenwirt. **B** Umwandlung des Miracidiums in die Sporocyste. **C** Veränderungen der Epidermis zur Neodermis während dieses Vorgangs. Obere Reihe: Das freischwimmende Miracidium nähert sich seinem Zwischenwirt, einer Schnecke der Gattung *Galba*. Seine Körperbedeckung besteht aus Platten bewimperter Epidermiszellen mit schmalen Streifen von Neodermis, die die Epidermisbereiche voneinander abgrenzen. Mittlere Reihe: Während des Eindringvorgangs in die Schnecke (unmittelbar nach der Kontaktaufnahme) lösen sich die Epidermiszellen ab und schwimmen durch die weiterhin aktiv schlagenden Cilien fort. Die Neodermisbereiche breiten sich langsam an der Körperoberfläche aus; der größte Teil der Körperoberfläche ist allerdings in diesem Stadium nur von der basalen Matrix bedeckt. Untere Reihe: Nach ca. 48 h hat sich die Sporocyste ausdifferenziert (**B**), die in der Nähe der Eindringstelle liegen geblieben ist. Sie besitzt eine die gesamte Körperoberfläche bedeckende Neodermis mit unregelmäßig geformten Mikrovilli (**C**). Originale: W. Xylander, Görlitz.

Umbildungen in verschiedenen Taxa auf. So gibt es z. B. im Bereich der Anheftungsstrukturen besondere Nervenzentren und Rezeptorzellen. Alle Sinneszellen weisen elektronendichte Ringe an der Peripherie ihrer distalen Abschnitte auf, die vermutlich zur Versteifung dienen.

Das **Protonephridialsystem** ist meist bilateralsymmetrisch und besteht aus mehreren bewimperten Terminalzellen und ableitenden Kanälen. Die Cilien der Terminalzellen sind fest miteinander verbunden (Abb. 294). Die Terminalzelle und die erste Kanalzelle eines Protonephridiums bilden gemeinsam den Reusenapparat: Beide senden Fortsätze aus, die „auf Lücke stehen". Zwischen den Fortsätzen ist die Filtermembran gespannt. (Ähnliche Filterreusen bei einigen frei lebenden Plathelminthen sind offenbar konvergent entstanden) (S. 191).

Die ableitenden Nephridialkanäle enthalten meist Cilienbündel, die das Filtrat weitertransportieren. Die Kanäle vereinigen sich distal und münden in zwei Nephropori aus, in abgeleiteten Fällen auch in einem Porus. Das Protonephridialsystem ist bei Larven einfacher gebaut als bei adulten Stadien. Im Verlauf der Entwicklung treten weitere Terminalzellen und Kanalabschnitte hinzu.

Das **Verdauungssystem** ist sehr unterschiedlich ausgebildet: Der Darm kann stabförmig, gegabelt, verzweigt oder – bei sehr großen Formen – stark verästelt sein; Enddarm und After fehlen. Bei den Cestoda und den Miracidien und Sporocysten der Digenea ist der Darmkanal völlig reduziert.

Die Neodermata sind fast immer zwittrig (Ausnahme z. B. *Schistosoma*-Arten); bis auf wenige Ausnahmen werden die männlichen **Gonaden** zuerst ausgebildet (protandrische

Zwitter). Aufbau des Genitalsystems sowie Lage und Größe der Organe sind oft gruppen- oder artspezifisch und dienen als Bestimmungsmerkmal.

Die weibliche Gonade ist – wie bei allen Neoophora – in ein Germarium und ein Vitellarium untergliedert. Die Neodermata besitzen meist 2 Hoden, in denen simultan unterschiedliche Stadien der Spermatogenese vorhanden sind; oft tritt eine Vervielfachung der Hoden (z. B. Cestoda) oder gelegentlich nur 1 Hoden (z. B. viele Aspidobothrii) auf.

Die **Spermatozoen** haben ursprünglich 2 Axonemata vom $9 \times 2 + 1$-Typ (biflagellär). Sie zeigen zwei Autapomorphien: Die beiden Flagellen sind in den Spermienkörper inkorporiert und nicht frei (Abb. 311, 329, 339). Außerdem fehlen die so genannten acrosinoiden Grana. Zwischen den Axonemata liegen unmittelbar unter der Zellmembran zwei Reihen von Mikrotubuli. Innerhalb der Neodermata wurde dieses Grundmuster mehrfach modifiziert.

Spermien werden direkt übertragen (häufig über eine „Vagina") und im Receptaculum seminis gespeichert. Von dort werden sie bei Bedarf in kleinen Mengen freigesetzt und im **Ootyp** oder distal davon zusammen mit Eizelle und Vitellocyten von einer Eischale eingeschlossen (es entstehen zusammengesetzte ektolecithale Eier). Vorher erfolgte im Ootyp oder im Uterus die Befruchtung (Abb. 296). Ein fadenförmiges Spermium mit seinem langen Kern wickelt sich vor dem Befruchtungsvorgang mehrfach um die Eizelle und verschmilzt dann mit seiner Oberfläche mit der Germocyte. Die Embryonalentwicklung kann – artspezifisch – entweder im Uterus oder außerhalb des elterlichen Körpers erfolgen.

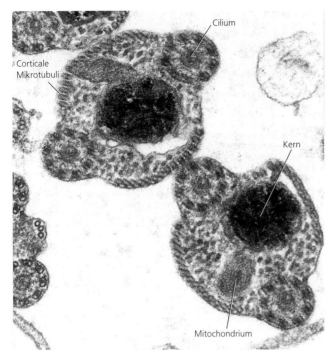

Abb. 311 Spermatozoen von *Amphilina foliacea* (Cestoda). Man erkennt die beiden Axonemata vom 9 × 2 + 1 Typ, die in den Körper des Spermatozoons einbezogen sind, den Kern, das Mitochondrium und die zwischen den Axonemata gelegenen Reihen von „corticalen" Mikrotubuli. Original: W. Xylander, Görlitz.

An der Bildung der sklerotisierten Eischale vieler Neodermata sind sowohl bestimmte Grana aus den Vitellocyten als auch Drüsensekrete aus der Umgebung des Ootyps (aus den Mehlisschen Drüsen) beteiligt (Abb. 296). Die Eiform entsteht als „Abdruck" des Ootyps; im Bereich von mikrovilliartigen Ausläufern der Eizelle wird oft eine dünnere Schale angelegt: Es entsteht ein Eideckel (Operculum).

Aus den Eiern schlüpfen gewöhnlich bewimperte **Larven:** Miracidium (Digenea) (Abb. 315B), Cotylocidium (Aspidobothrii) (Abb. 313B), Oncomiracidium (Monogenea) (Abb. 327C), Lycophora-Larven (Gyrocotylidea, Amphilinidea), Coracidium (viele Cestoidea) (Abb. 334). Sie finden und infizieren entweder innerhalb von ca. 24–48 h einen Wirt oder sterben ab.

Die bewimperte Epidermis der Erstlarven der Neodermata besitzt im Gegensatz zu der der frei lebenden Plathelminthen nur rostrad gerichtete Cilienwurzeln (Abb. 312). Zwischen die Epidermiszellen können schon Neodermisbereiche eingeschoben sein (z. B. bei Miracidien, Cotylocidien und Oncomiracidien), oder die Neodermisanlage liegt unter der Epidermis und erreicht die Körperoberfläche im Larvenstadium noch nicht (bei Lycophora-Larven und Coracidien).

Die Larven besitzen meist ein Gehirn und verschiedene Sinnesorgane bzw. Sinneszellen (Photo-, Tango- und Rheorezeptoren); den Erstlarven der Cestoidea (Coracidien, Oncosphaeren) fehlt ein komplexeres Nervensystem. Die weitere Entwicklung der Erstlarven ist stets an den Übergang auf einen Wirt gebunden. Die postlarvalen Stadien können bei einigen Taxa schon auf dem ersten Wirt zur Geschlechtsreife heranreifen (z. B. die meisten Monogenea und Aspidobothrii). Bei der Mehrzahl der Neodermata erfolgt jedoch (mindestens) ein Wirtswechsel; die Stadien, die einen weiteren Wirt befallen, haben oft besondere Strukturen (z. B. Penetrationsstacheln, Drüsen), die das Eindringen ermöglichen. Die Gonaden der Neodermata entwickeln sich – von wenigen Ausnahmen abgesehen – erst im Endwirt.

Bei den Neodermata treten häufig frei lebende Larvenstadien auf. Zwischen den Larven und den adulten Stadien können zusätzlich durch **ungeschlechtliche** Vermehrung (in Einzelfällen möglicherweise auch durch Heterogonie) weitere **Generationen** eingeschoben sein, z. B. bei den Digenea Tochtersporocysten oder Redien (Abb. 318) bzw. weitere Scolices in der Hydatide von *Echinococcus granulosus* (Abb. 342F, G). In diesen Fällen liegt ein Generationswechsel vor (Metagenese bei einem Wechsel zwischen geschlechtlicher und ungeschlechtlicher Vermehrung, Heterogonie bei Parthenogenese).

In nahezu allen neueren molekularbiologischen Untersuchungen erweisen sich die Neodermata sowie ihre Subtaxa Digenea und Cestoda als monophyletisch. Die SSU-Sequenzen der Neodermata sind durchweg länger (ca. 1 950 bp, bis 2 900 bp) als die der freilebenden Plathelminthen (ca. 1 800 bp). Auch die Aspidobothrii sind offenbar monophyletisch, und ihr Schwestergruppenverhältnis zu den Digenea wird unterstützt. Die Monophylie der Monogenea und der Cercomeromorpha wurde dagegen häufig nicht bestätigt. Der Schwestergruppenstatus der Gyrocotylidea zu den übri-

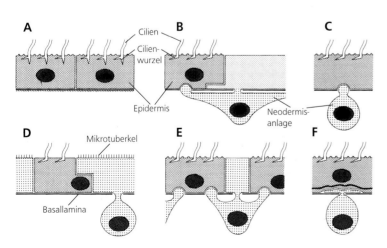

Abb. 312 Anordnung der Epidermis und Neodermis in den Erstlarven der verschiedenen Gruppen der Neodermata und einem frei lebenden Plathelminthen. Schema. **A** „Dalyellioidea" (frei lebend). **B** Monogenea. **C** Gyrocotylidea (Cestoda). **D** Aspidobothrii. **E** Digenea. **F** Cestoidea (Cestoda). Verändert nach Xylander (1987).

gen Cestoda und der Amphilinidea zu den Cestoidea (Eucestoda) wird meist unterstützt. Innerhalb der Cestoidea erscheinen die Caryophyllidea nach molekularbiologischen Untersuchungen als Schwestergruppe aller übrigen Bandwürmer.

3.1 Trematoda, Saugwürmer i.e.S.

Die Saugwürmer sind endoparasitische Neodermata, die in der Regel als ersten Wirt einen Gastropoden – seltener eine Muschel – befallen. Die Anheftungsorgane besitzen keine Hartstrukturen (Häkchen). Zu ihnen gehören die Aspidobothrii und Digenea.

3.1.1 Aspidobothrii

Die meist kleinen Aspidobothrii (selten über 5 mm) sind in der Mehrzahl Endoparasiten in marinen oder limnischen Schnecken, Muscheln, Krebsen, Fischen und Schildkröten. Ein Generationswechsel ist nicht vorhanden, bei wenigen Arten gibt es fakultativen oder obligatorischen Wirtswechsel. Nur ca. 30 Arten.

Das auffälligste Merkmal der adulten Aspidobothrii ist ihr großes, ventrocaudales Saugorgan (Saugscheibe, Baersche Scheibe; Abb. 313A). Es dehnt sich im Verlauf der postlarvalen Entwicklung vom Hinterende auf die Ventralseite aus (bei einigen Arten fast bis zum Vorderende) und ist in zahlreiche, in Längsreihen angeordnete Sauggrübchen (Alveoli, Loculi) unterteilt. Im lateralen Bereich des Saugnapfes liegen bei vielen Aspidobothrii die sog. Randorgane, stark

muskulöse Einstülpungen der Körperoberfläche, in die verschiedene Drüsen münden.

Die **Neodermis** der Adulten (Abb. 314) trägt im Unterschied zu der der Monogenea und Digenea auf der Außenseite kleine, charakteristische mikrovilliartige Fortsätze, sog. Mikrotuberkel (Länge: 0,08 μm). Unmittelbar unter der apikalen Neodermismembran liegt eine elektronendichtere Schicht.

Das **Nervensystem** soll im Vergleich zu den Monogenea und Digenea gut entwickelt sein. Besonders ausgeprägt sind die Ventralnerven, die die Saugnäpfe und ihre Muskulatur innervieren. Das **Exkretionssystem** der Adulten besteht aus einer großen Zahl von Terminalzellen (über 400) und einem sich anschließenden bilateral angeordneten Kanalsystem, das über eine kleine Harnblase (bei Larven 2 Blasen) in der Nähe des Hinterendes und einen meist unpaaren dorso-caudalen Nephroporus ausmündet. Die Nephridialkanäle besitzen zum Lumen Mikrovilli bzw. Lamellen. Vereinzelt treten Treibwimpernflammen auf. Der **Verdauungstrakt** beginnt mit einer Mundhöhle oder einem Mundsaugnapf. Darauf folgt ein Pharynx bulbosus. Der Darmkanal ist bei fast allen Arten ungegabelt und sackförmig (nur bei den Rugogastridae tritt ein zweischenkliger Darm auf).

Das **Reproduktionssystem** zeigt große Ähnlichkeit mit dem der Digenea. Die Germarien sind meist kompakt, selten gelappt; sie entlassen die Eier über einen Ovidukt, der durch Septen untergliedert ist (Autapomorphie der Aspidobothrii). Der Ovidukt vereinigt sich etwa auf halbem Weg zwischen Germarium und Ootyp mit dem Laurerschen Kanal, der sich auf der Dorsalseite nach außen öffnet, funktionslos blind im Parenchym endet oder mit dem Exkretionssystem in Verbindung stehen kann. Der Vitellodukt mündet unmittelbar vor dem Ootyp ein. Die zusammengesetzten Eier werden über den oft kurzen Uterus und ein Genitalatrium ausgeleitet; der Genitalporus liegt meist vor der Haftscheibe. Im männlichen Geschlechtssystem ist häufig nur ein Hoden vorhanden; bei einigen Arten treten mehrere Hodenfollikel auf. Der Vas deferens erweitert sich terminal zur Vesicula seminalis, der männliche Genitaltrakt mündet ebenfalls im Genitalatrium. Die Spermatozoen ähneln denen der meisten anderen Neodermata (vgl. Abb. 311).

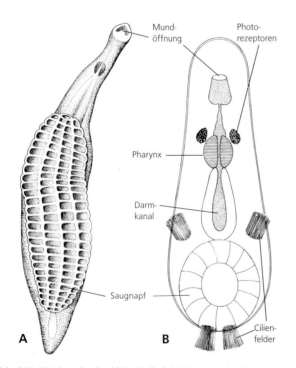

Abb. 313 Habitus der Aspidobothrii. **A** Adultus von *Aspidogaster conchicola* mit ausgeprägtem, unterteiltem Saugnapf. **B** Cotylocidium-Larve von *Multicotyle purvisi*. A Aus Odening (1984); B nach Rohde (1973).

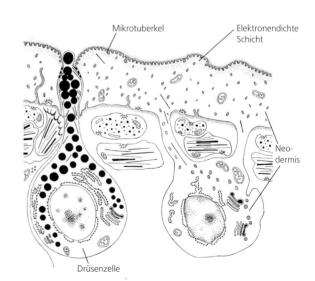

Abb. 314 Neodermis von *Aspidogaster conchicola* (Aspidobothrii). Verändert nach Smyth und Halton (1983).

Die bedeckelten Eier werden ins freie Wasser abgegeben. Die Entwicklung bis zum Schlüpfen der **Larven** dauert je nach Art und Umweltbedingungen wenige Stunden bis mehrere Wochen. Die 0,1–0,2 mm großen Larven (Abb. 313B) besitzen einen einfachen ventro-caudalen Saugnapf. Die Larven bestimmter Arten, die sog. Aspidocidien, sind völlig unbewimpert; die Larven der meisten Arten (Cotylocidium-Larven) tragen jedoch bewimperte Epidermiszellen in abgegrenzten Bereichen der Körperoberfläche: in der Körpermitte und am Hinterende.

Larven mit vollständiger oder nahezu vollständiger Bewimperung gibt es bei den Aspidobothrii – wie auch bei den Monogenea – nicht. Der Rest der Körperoberfläche der Larven (zwischen den bewimperten Epidermiszellen) ist von Neodermis bedeckt (Abb. 312D). Sie trägt Mikrotuberkeln mit fadenförmigen Anhängen (Mikrofila) auf ihrer Außenseite. Der Darmkanal der Larven ist unverzweigt. Ihr Protonephridialsystem besteht aus 3 Paar Terminalzellen sowie 2 getrennten Harnblasen und Nephroporen.

Die **Entwicklung** verläuft teilweise ohne Wirts- und stets ohne Generationswechsel. Die Wirtsspezifität ist meist gering; so werden z. B. von *Aspidogaster conchicola* Muscheln der Familien Unionidae, Mutelidae, Sphaeriidae und Corbiculidae, aber auch prosobranche Schnecken befallen.

Die bewimperten Larven sind recht gute Schwimmer, die unbewimperten kriechen egelartig. Die Larven der Aspidobothrii gelangen passiv (oral bei der Nahrungsaufnahme oder mit dem Atemwasser) in ihre ersten Wirte, bei denen es sich, von wenigen Ausnahmen abgesehen, stets um Muscheln oder Schnecken handelt. Sie parasitieren dort u. a. im Perikard, in der Niere, der Mantelhöhle oder im Pallialkomplex. – *Stichocotyle nephropis* parasitiert nicht in Mollusken, sondern im Darmkanal der decapoden Krebse *Nephrops norvegicus* oder *Homarus americanus* als erstem Wirt.

Viele Arten können im ersten Wirt geschlechtsreif werden, andere benötigen obligatorisch ein Wirbeltier als Endwirt, z. B. muss *Lobatostoma manteri* zur Erlangung der Geschlechtsreife in einen Schnecken fressenden Fisch der Gattung *Trachinotus* gelangen.

Die fakultative Einbeziehung eines 2. Wirts (Fisch oder Schildkröte) ist für eine ganze Anzahl von Aspidobothrii nachgewiesen. Werden die parasitierten Mollusken vom Wirbeltierwirt gefressen, können sich die Aspidobothrii in diesem etablieren und nehmen ihn als zweiten Wirt. Sie leben hier in Darmtrakt, Gallengang, Gallenblase oder Rektaldrüsen. Direkter Befall eines Wirbeltiers durch eine Larve (ohne Einschaltung eines Stadiums in einem Zwischenwirt) ist offenbar nicht möglich.

3.1.2 Digenea

Die Digenea sind das artenreichste Taxon der parasitischen Plathelminthes. Sie sind stets Endoparasiten mit obligatorischem Wirts- und Generationswechsel. Erste Zwischenwirte sind meist Gastropoden, gnathostome Wirbeltiere (häufig auch der Mensch und seine Nutztiere) dienen als Endwirte; weitere Zwischenwirte (oft Arthropoden) können auftreten. Nur selten fehlt das Stadium des Wirbeltierparasiten. In den Mollusken-Zwischenwirten findet eine rege Vermehrung statt. Adulte Stadien (und Cercarien) besitzen häufig 2 Saugnäpfe (Mund- und Bauchsaugnapf). Die Körpergröße ist sehr

unterschiedlich; die größte Art wird 12 cm lang. Das System der Digenea ist stark umstritten. Es wurden etwa 18 000 Arten beschrieben.

Die Stadien eines **Entwicklungszyklus** (freischwimmendes Miracidium, Sporocyste, Redie, meist freischwimmende Cercarie, Metacercarie und Adultus) unterscheiden sich sehr stark bezüglich ihrer Morphologie, Physiologie und Lebensweise. Ei, Miracidium, Sporocyste, Cercarie und adulte „Egel" treten bei nahezu allen Digenea auf; ob Mutter- und Tochtersporocysten oder Redien bzw. Mutter- und Tochterredien sowie Metacercarien vorhanden sind, hängt von der jeweiligen Art bzw. vom supraspezifischen Taxon ab. Vermutlich handelt es sich bei dem Generationswechsel nicht um Heterogonie (also einer parthenogenetischen Entstehung der Tochtersporocysten, Redien und Cercarien aus Eizellen), sondern um Metagenese (Entstehung dieser Stadien aus undifferenzierten, somatischen „Neoblasten") (Abb. 293). Mit Ausnahme des Miracidiums besitzen alle Stadien zum Zeitpunkt der Freisetzung aus dem Körper des vorherigen Stadiums eine Neodermis. Allerdings kann in der Entwicklung der neodermen Stadien eine äußere unbewimperte Zelllage angelegt werden, die wahrscheinlich der bewimperten Epidermis des Miracidiums homolog ist; diese „Epidermisanlage" geht vor Abschluss der Entwicklung verloren.

Bau und Leistung der Organe

Distomum (= Adultus) („eigentlicher" Saugwurm): Der Körper ist im Querschnitt meist abgeflacht und in der Aufsicht blattförmig; gelegentlich ist das Vorderende etwas vom übrigen Körper abgesetzt. Meist sind je ein muskulöser Mund- und Bauchsaugnapf vorhanden (Abb. 315); man spricht dann von „distomen" Digenea. Der Bauchsaugnapf liegt oft in der Körpermitte, selten am Hinterende. Er kann auch völlig fehlen („monostome" Digenea).

Die **Neodermis** der adulten Digenea (Abb. 316) besitzt an der Außenseite, die von einer auffälligen Glykokalyx bedeckt ist, kurze, häufig unregelmäßig geformte Mikrovilli, aber auch andere Strukturen zur Oberflächenvergrößerung. Die Neodermis der verschiedenen Körperabschnitte ist unterschiedlich dick, und so entstehen artspezifische Muster von Falten und Kanälen auf der Körperoberfläche. Eine Besonderheit der Neodermis vieler adulter Digenea sind die Neodermis-Dornen. Sie sind vollkommen von Cytoplasma umgeben, scheinbar an der basalen Matrix verankert und wölben die Körperoberfläche distal vor (Abb. 316, 317); sie fehlen bei einigen Arten (z. B. *Dicrocoelium dendriticum*). Die Zellkörper des Neodermis-Syncytiums sind besonders stoffwechselaktiv.

Das **Nervensystem** besteht aus einem großen Cerebralganglion und oktogonal angeordneten peripheren Nerven. Sensorische Strukturen findet man auf der gesamten Körperoberfläche, konzentriert jedoch am Vorderende in der Umgebung des Mundes und am Bauchsaugnapf.

Der **Darmkanal** beginnt mit der Mundöffnung, die fast immer am Vorderende, selten auf der Ventralseite lokalisiert ist; die Mundöffnung wird oft von einem Mundsaugnapf umgeben, der mit Stacheln bewehrt sein kann; es folgt häufig ein Praepharynx. Der Praepharynx geht in einen muskulösen Pharynx mit anschließendem Oesophagus über. Der Darmkanal ist bei den meisten Arten zweischenklig, bei einigen größeren Formen (Abb. 315D) kann er stark verästelt sein; bei den gasterostomen Digenea ist der Darm unverzweigt und sackförmig. Als Nahrung werden u. a. Blut, Schleim, Darminhalt und Wirtsgewebe aufgenommen.

Das **Protonephridialsystem** besteht oftmals aus einer artspezifischen Zahl von Terminalzellen. Es ist bilateralsymmetrisch angeordnet und mündet in einem unpaaren Nephroporus am Hinterende (Abb. 315C), der durch den Abwurf des Cercarienschwanzes (s. u.) aus den ursprünglich paarigen Nephropori hervorgegangen ist; dem Nephroporus vorgelagert ist meist eine Harnblase.

Bei einigen Taxa sind weitere Kanalsysteme ausgebildet, das so genannte „Lymphsystem" und der „paranephridiale Plexus". Das Lymphsystem ist meist nicht epithelial begrenzt und dient vermutlich dem Transport von Nährstoffen vom Darm zu den Geweben, der paranephridiale Plexus dem Metabolismus oder der Exkretion.

Die Lage der **Gonaden** im Körper ist taxonspezifisch und sehr variabel (Abb. 315D). Die weitaus meisten Digenea sind zwittrig. Eine Ausnahme sind die Pärchenegel (*Schistosoma, Bilharzia*), bei denen es zur Differenzierung von Männchen und Weibchen kommt (Abb. 324). Die Männchen zeigen jedoch noch Anlagen weiblicher Geschlechtsorgane (Vitellarien).

Die männlichen Keimdrüsen entwickeln sich meist etwas früher als die weiblichen und bestehen in der Regel aus paarigen Hoden (Abb. 315A); seltener können ein einziger Hoden oder viele Hodenfollikel (oft bei den größeren Arten) auftreten. Die Spermien werden über die Vasa efferentia und einen Vas deferens abgeleitet und in einer Vesicula seminalis gesammelt. Das Sperma wird mit einem Cirrus

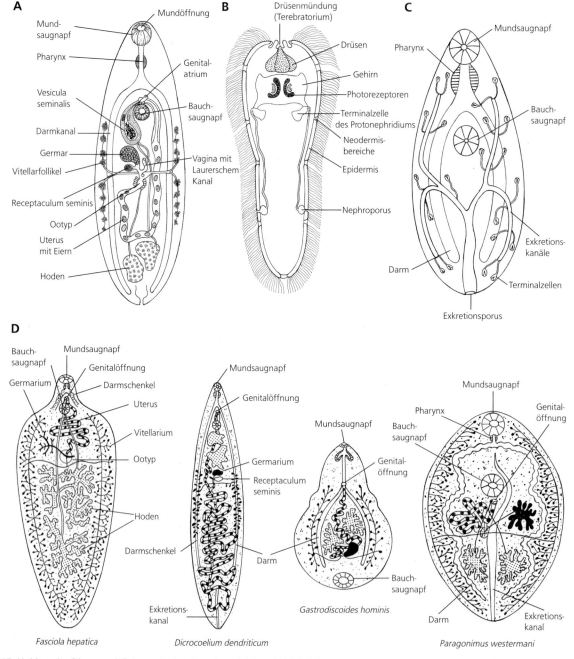

Abb. 315 Habitus der Digenea. **A** Schematischer Bau eines Adultus. **B** Miracidium von *Fasciola hepatica*. **C** Darm und Exkretionssystem. **D** Verschiedene Digenea. A Verändert nach Smyth und Halton (1983); B nach Odening (1984); C aus Siewing (1985); D nach verschiedenen Autoren.

(in einem Cirrusbeutel) oder mittels einer Genitalpapille auf den Geschlechtspartner übertragen.

Die weiblichen Geschlechtsorgane entsprechen meist dem Grundmuster der Neodermata (Abb. 315A). Es treten bei vielen Arten zahlreiche, lateral gelegene Dotterfollikel auf. Das Germarium ist meist rundlich und begrenzt, nur selten (z. B. bei *Fasciola*) ist es verästelt. Die Eier werden im Ootyp gebildet und über einen oft artspezifisch geformten bzw. gewundenen Uterus ausgeleitet. Der Uterus mündet nahe des Körpervorderendes – häufig mit den männlichen Begattungsstrukturen in einem gemeinsamen Genitalatrium. Die Begattung erfolgt durch Einführung des Cirrus in die Öffnung des Laurerschen Kanals oder in die Uterusöffnung; das Fremdsperma wird im Receptaculum seminis gesammelt und den Eiern im Ootyp zugefügt (Abb. 296).

Während der Passage durch den Uterus entwickelt sich der Embryo in der Eischale. Je nach Art werden teilembryonierte oder voll embryonierte Eier, in denen die Miracidien schon sehr weit entwickelt sind (sehr selten auch ausdifferenzierte Miracidien) über die Uterusöffnung freigesetzt. Sie verlassen den Endwirt (je nach dem Lebensraum des adulten Parasiten) mit dem Kot, Urin oder Speichel und müssen bei den meisten Arten ins Wasser gelangen, wo die Miracidien ihre Entwicklung beenden.

Miracidium: Bis auf einige Ausnahmen ist das Miracidium der Digenea ein freischwimmendes bewimpertes Larvenstadium (Abb. 315B). Die Körperoberfläche ist meist von Platten cilienbesetzter Epidermiszellen bedeckt, zwischen die schmale Neodermisausläufer eingeschoben sind (Abb. 312). Bei Miracidien, die vom 1. Zwischenwirt oral aufgenommen werden, können die Wimpern weitgehend fehlen (z. B. bei *Dicrocoelium*).

Die Miracidien besitzen ein gut ausgebildetes Nervensystem mit einem Cerebralganglion und verschiedene Typen von Mechano- und Chemorezeptoren. Viele haben auch rhabdomerische Photorezeptorzellen, die dorsal vom Gehirn liegen (Abb. 313B); daneben treten ciliäre Photorezeptorzellen auf. Im ersten Körperdrittel liegen Drüsenzellen, die ihre Produkte durch Ausläufer nach vorn transportieren, wo sie im so genannten Terebratorium ausmünden, dem mit Mechano- und Chemorezeptorzellen gut ausgestatteten Vorderende; hier können auch Hartstrukturen (Stachel, Sklerite) zur Penetration des 1. Wirtes vorhanden sein.

Die Larven besitzen ein Protonephridialsystem mit 1 bis 2 Paar Terminalzellen; die ableitenden Kanäle münden in einem Nephroporus im hinteren Körperdrittel aus (Abb. 315B).

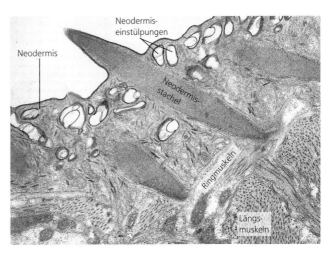

Abb. 317 Schnitt durch die Neodermis einer männlichen *Schistosoma mansoni* (Digenea). Original: H. Mehlhorn, Düsseldorf.

In der caudalen Körperhälfte liegen undifferenzierte Zellen, die sich nach der Infektion des Molluskenzwischenwirts zu den verschiedenen Körpergeweben bzw. der nächsten Generation (Tochtersporocysten bzw. Redien) entwickeln. Ob es sich bei diesen Zellen um Neoblasten oder Keimzellen handelt, ist unklar. Ein Darmkanal existiert nicht. Das Miracidium der meisten Arten schwimmt, nachdem es das Ei verlassen hat, frei im Wasser, dringt aktiv in die Schnecken ein und wirft während des Eindringens (in seltenen Fällen auch kurz danach) die bewimperte Epidermis ab (Abb. 310).

Sporocyste und Redie: Aus dem Miracidium entsteht durch den Abwurf der Epidermis und der Ausbildung der Neodermis die Sporocyste, die oft in der Nähe der Eindringstelle im Wirt verbleibt (Abb. 310). Das Miracidium und diese Muttersporocyste sind also dasselbe Individuum.

Die **Neodermis** der Sporocysten besitzt relativ kleine, unregelmäßig geformte mikrovilliartige Ausläufer, die teilweise an der Spitze verzweigt sind (Abb. 310). Das Nervensystem einschließlich der Rezeptoren unterliegt einer auffälligen Modifikation, so verschwinden z. B. die Photorezeptoren. Das Protonephridialsystem ist gut entwickelt. Einen Darmkanal besitzt auch die Sporocyste nicht, sodass die Nahrungsaufnahme über die Neodermis erfolgt. Als Nahrung dienen

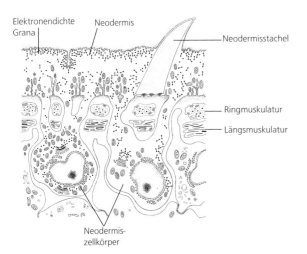

Abb. 316 Neodermis der Digenea (Längsschnitt; Schema). Verändert nach Smyth und Halton (1983).

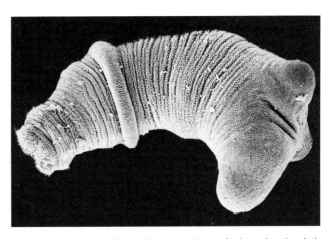

Abb. 318 Redie von *Mesorchis denticulatus* mit dem charakteristischen „Kragen". REM-Foto. Aus Køie (1987).

Gewebe des Wirts, die durch von der Sporocyste ausgeschiedene Substanzen angedaut oder aufgelöst werden.

Im Inneren der Sporocyste entstehen – wahrscheinlich aus somatischen Neoblasten – neue Tochterindividuen. Ein Darmkanal kann artabhängig bei diesen Individuen vorhanden sein oder fehlen. Besitzen sie keinen Darmkanal, spricht man bei dieser „2. Generation" von Tochtersporocysten (z. B. *Dicrocoelium, Schistosoma*, Abb. 322, 323). Sind ein Darm und eventuell andere spezifische Strukturen (z. B. Stummelfüßchen, Abb. 318) ausgebildet, nennt man diese Generation Redie.

Diese Generationen dienen – wie die Muttersporocyste – der Vermehrung des Parasiten im Mollusken-Zwischenwirt. Mutter- und Tochtersporocysten sind bei den meisten Digenea morphologisch (Protonephridialsystem, Größe) und durch ihre Lage im Wirt unterscheidbar. Das Protonephridialsystem bei den Tochtersporocysten und Redien ist gut ausgebildet, es gibt paarige Nephropori. Beide Generationen weisen bei vielen Arten Körperöffnungen auf, durch die die nachfolgenden Stadien den Körper verlassen können (Geburtsöffnungen). Erst diese „2. Generation" wandert im Körper der Schnecke umher und siedelt sich meist in der Mitteldarmdrüse an, da hier die Ernährungsbedingungen besonders gut sind.

In den Tochtersporocysten bzw. den Redien entstehen entweder Individuen mit gleicher Morphologie (also eine weitere Generation von Sporocysten oder Redien: Tochtersporocysten II. Ordnung bzw. Tochterredien) oder Larven mit einem mehr oder weniger stark ausgebildeten Ruderschwanz, die Cercarien (Schwanzlarven).

Cercarie (Abb. 319, 320): Sie ist durch einen Ruderschwanz charakterisiert, der bei einigen Arten jedoch stark reduziert sein kann. Bei der Encystierung (im Freien) bzw. beim Eindringen in den nächsten Wirt geht er verloren.

Die Neodermis der Cercarien besitzt bereits große Ähnlichkeit mit der der Adulten. Das Nervensystem ist relativ gut ausgebildet. Häufig sind von pigmenthaltigen Zellen umgebene rhabdomerische Photorezeptorzellen vorhanden (Abb. 319). Am Vorderende sitzen oft Rezeptoren mit langen sensorischen Cilien. Dort ist auch ein Penetrationsapparat ausgebildet, der bei den meisten Arten aus einer Vielzahl verschiedener Drüsen mit vermutlich proteolytischer Funktion besteht; in einigen Fällen sind auch intrazelluläre Hartstrukturen (Stacheln) vorhanden (Abb. 319C).

Der meist zweischenklige Darmkanal beginnt gewöhnlich mit einem Mundsaugnapf. Ein Bauchsaugnapf ist meist vorhanden (Abb. 319, 320). Das Protonephridialsystem besteht aus sehr vielen Terminalzellen, die sich fast immer zu einem großen Gang vereinigen, der sich häufig im Schwanz in zwei Kanäle aufspaltet. Die paarigen Nephropori können an verschiedenen Stellen des meist kräftigen Ruderschwanzes liegen, z. B. an seiner Basis oder an den Schwanzspitzen (Schistosomatidae). Wird der Schwanz beim Übergang zum nächsten Stadium abgeworfen, entsteht an der Schwanzwurzel sekundär ein neuer unpaarer Nephroporus, wie man ihn bei den adulten Stadien findet.

Der Ruderschwanz ermöglicht eine aktive Suche nach einem Wirt bzw. einem zur Encystierung geeigneten Substrat. Er besitzt meist eine sehr kräftige, quergestreifte Muskulatur (nur sehr wenige Plathelminthen-Taxa haben quergestreifte Muskeln).

Cercarienschwänze können sehr unterschiedlich ausgebildet sein, mit einfacher (z. B. *Fasciola*, Abb. 321) oder gegabelter Spitze (Gabelschwanzcercarie, z. B. *Schistosoma*, Abb. 326), sehr kurz (kaum erkennbar, z. B. *Paragonimus westermani*) oder sehr groß (mehrfache Länge des eigentlichen Cercarienkörpers, z. B. *Clonorchis sinensis*). Außerdem können Membranen oder fadenförmige Ausläufer zur Verbreiterung der Ruderfläche auftreten.

Die Cercarien verlassen in den meisten Fällen aktiv den Molluskenwirt. Der weitere Entwicklungsweg (z. B. direkter Befall des Endwirts, zunächst Befall eines weiteren Zwi-

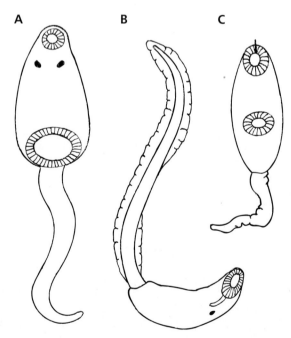

Abb. 319 Cercarien-Typen. **A** Echinostomatidae. **B** Pleurolophocere Opisthorchiidae, Heterophyidae. **C** Xiphidio-Cercarie (mit Bohrstachel). Verändert nach Dönges (1980).

Abb. 320 Cercarie von *Mesorchis denticulatus* mit langem Schwanz und Bauchsaugnapf. REM-Foto. Aus Køie (1987).

schenwirts bzw. Encystierung außerhalb eines Wirts) ist artabhängig. Die *Schistosoma*-Cercarie sucht ihren Endwirt auf, dessen Haut sie penetriert, um in die Blutbahn zu gelangen (Abb. 323). Andere Arten schieben ein – entweder freies oder in einem zweiten Zwischenwirt parasitierendes – Ruhestadium ein, die Metacercarie (Abb. 321, 322).

Die meisten Arten der Digenea, z. B. der Kleine Leberegel (*Dicrocoelium dendriticum*) und der Leberegel des Menschen (*Clonorchis sinensis*) benötigen 2. Zwischenwirte, in denen sie als Metacercarien leben und die für die Weiterentwicklung und die Erlangung der Geschlechtsreife vom Wirbeltierendwirt gefressen werden müssen. Arten wie *Fasciola hepatica* oder *Fasciolopsis buski* encystieren sich als Metacercarien im Freien (z. B. an bestimmten Pflanzen) und werden vom Endwirt ebenfalls mit der Nahrung aufgenommen.

Ausgewählte Taxa der Digenea

Echinostomatida

Digenea mit flachem, distomem Adultus mit paranephridialem Plexus, bei einigen Arten mit einem Hakenkranz um die Mundöffnung; Metacercarie vorhanden; Cercarien mit ungeteiltem Schwanz, Redien mit Kragen, Miracidien mit 1 Paar protonephridiale Terminalzellen. 2–3-Wirte-Zyklus.

Fasciola hepatica, Großer Leberegel, 3 cm (Abb. 310, 315D, 321). Adultus in den Gallengängen der Leber verschiedener Wiederkäuer, seltener bei anderen Säugetieren, einschließlich Mensch. Eier werden mit der Gallenflüssigkeit über den Gallengang in den Darm befördert und gelangen von dort mit den Faeces ins Freie. In den Eiern entwickeln sich die Miracidien, wenn die Weiden ihrer Wirte – z. B. bei Überschwemmungen – unter Wasser stehen. Miracidien schwimmen im Wasser und suchen aktiv nach ihren Zwischenwirten, pulmonaten Wasserschnecken der Gattungen *Galba* oder *Fossaria*, bohren sich ein und verlieren dabei ihre Epidermis: das Miracidium wird so zur Sporo-

cyste (Abb. 321). In der Sporocyste entwickeln sich zahlreiche Redien (2. Generation), die weitere Rediengenerationen hervorbringen können. Im Inneren der letzten Rediengeneration entstehen Cercarien (3. oder weitere Generation), die sich durch den Schneckenkörper entlang eines Sauerstoffgradienten in Richtung Atemhöhle der Schnecke bohren und dort den Schneckenkörper verlassen. Cercarien schwimmen aktiv im Wasser, kriechen an Pflanzen empor, encystieren sich oberhalb des Wasserspiegels und werden zu Metacercarien. Wird die Cyste durch einen potenziellen Endwirt aufgenommen, wird ihre Wand von der Metacercarie selbst aufgelöst. Der subadulte Saugwurm durchdringt die Darmwand und wandert von der Bauchhöhle aus durch das Leberparenchym in die Gallengänge ein. Gelegentlich subadulte Stadien auch in anderen Geweben. Seltener Befall des Menschen durch den Genuss ungekochter Wasserpflanzen (z. B. Wasserkresse).

Fasciolopsis buski, 7 cm, Darmegel im Dünndarm des Menschen. Häufige humanparasitische Art in Südostasien. Miracidien befallen Schnecken u. a. der Gattungen *Planorbis* und *Gyraulus*. Entwicklung über Sporocysten, Mutter- und Tochterredien und Cercarien, die sich an Wasserpflanzen (*Trapa natans*, *Eleocharis*) als Metacercarien encystieren. Infektion des Menschen durch Abschälen der Pflanzen mit den Zähnen.

Plagiorchiida

Adultus distom; Metacercarie vorhanden; Cercarien ohne Exkretionssystem im Schwanz, häufig mit Stilett am Mundsaugnapf; Miracidien mit 1 Paar Protonephridien.

Dicrocoelium dendriticum, Kleiner Leberegel, 1 cm (Abb. 315D, 322). Leberparasit, der vornehmlich bei Wiederkäuern in trockeneren Gebieten vorkommt (Schafe, Ziegen). Adultus ebenfalls in Gallengängen, Eier werden wie für *Fasciola hepatica* beschrieben freigesetzt, aber von Landschnecken (*Zebrina*, *Cionella*, *Helicella*) gefressen. Hier schlüpfen die nur am Vorderende bewimperten Miracidien, durchdringen das Darmepithel und werden zu Muttersporocysten. In diesen entwickeln sich Tochtersporocysten (2. Generation; es gibt keine Redien), die Cercarien (3. Generation) hervorbringen. Cerca-

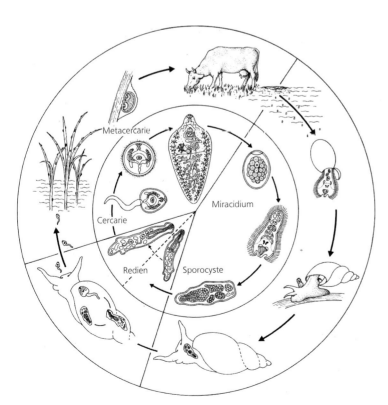

Abb. 321 Lebenszyklus von *Fasciola hepatica*, Großer Leberegel. Erläuterungen s. Text. Original: W. Ehlert, Gießen.

Labels in figure: Metacercarie, Cercarie, Redien, Sporocyste, Miracidium

Abb. 322 Lebenszyklus von *Dicrocoelium dendriticum*,
Kleiner Leberegel. Erläuterungen s. Text. Original:
W. Ehlert, Gießen.

rien suchen die Atemhöhle der Schnecke auf und penetrieren sie. Reizung des Lungenepithels der Schnecke sorgt für Bildung von Schleimballen, die ausgeschieden werden und in deren Feuchtigkeit die Cercarien einige Zeit lebensfähig bleiben. Diese Schleimballen werden von Ameisen (z. B. *Formica fusca*) gefressen, die der Kleine Leberegel als 2. Zwischenwirt nutzt. Die meisten Cercarien durchdringen das Darmepithel der Ameise und encystieren sich im Mixocoel zu

Metacercarien; eine jedoch wandert ins Vorderende und dringt in das Unterschlundganglion ein. Dieses Individuum, der sog. „Hirnwurm", bewirkt Verhaltensanomalien bei Wirtsameisen: Anstatt bei Einbruch der Dunkelheit in ihren Bau zurückzukehren, verbeißen sich infizierte Ameisen nachts bei niedrigen Temperaturen mit ihren Mandibeln an Pflanzen und werden von den weidenden Schafen gefressen. Die Wirtsameise wird im Darmtrakt des Wiederkäuers ver-

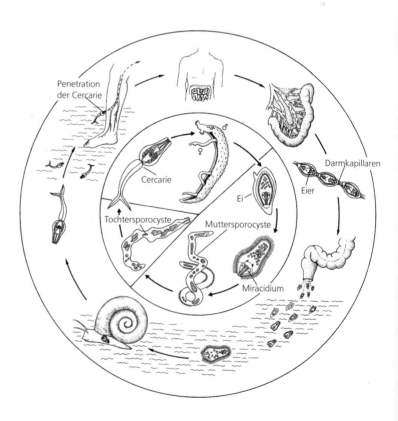

Abb. 323 Lebenszyklus von *Schistosoma mansoni*,
Pärchenegel. Erläuterungen s. Text. Original: W. Ehlert,
Gießen.

daut, und Metacercarien werden freigesetzt, die über den Gallengang in die Leber einwandern und sich dort in ca. 50 Tagen zum geschlechtsreifen Tier entwickeln.

Paragonimus westermani, Lungenegel, 3 cm (Abb. 315D) (und zwei verwandte Arten), vornehmlich in der Lunge des Menschen in Ostasien, Afrika und Südamerika. Eier gelangen über Sputum ins Freie. Entwicklung des Miracidiums in ca. 3 Wochen, dringt aktiv in Schnecken ein. Aus der Sporocyste entstehen mehrere Reidengenerationen, daraus Cercarien mit charakteristischem Stummelschwanz. Cercarien suchen aktiv Krebse (z. B. Wollhandkrabbe) als 2. Zwischenwirt auf, penetrieren die Cuticula mit Bohrstachel und setzen sich in Muskulatur (oder Herzregion) fest. Befall der Krebse durch orale Aufnahme der Cercarien möglich. Isst der Mensch infizierte, ungekochte Krebse, wird die Metacercarie freigesetzt und durchbohrt die Dünndarmwand, das Diaphragma und die Lunge, wo der Wurm in einer vom Wirt gebildeten Bindegewebscyste lebt und geschlechtsreif wird.

Opisthorchiida

Clonorchis sinensis, Chinesischer Leberegel, 3,5 cm, verbreiteter Humanparasit in Südostasien. Aus der Leber gelangen

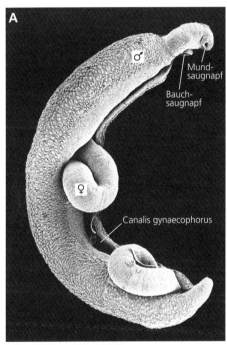

Abb. 324 *Schistosoma mansoni*. **A** Pärchen. Männchen hält Weibchen in seiner Bauchfalte. REM-Foto. **B** Histologischer Schnitt durch Blutgefäß mit mehreren angeschnittenen Pärchen. A Original: H. Mehlhorn, Düsseldorf; B nach einem Dia der Fa. Lieder, Ludwigsburg.

Eier mit Gallenflüssigkeit und Kot ins Freie; Schnecken (*Bulimus* u. a.) fressen die Eier. Aus dem Miracidium wird die Sporocyste, daraus werden Redien freigesetzt. In diesen bilden sich Cercarien, die die Schnecke verlassen, sich in die Haut von Süßwasserfischen einbohren und in der Muskulatur als Metacercarien encystieren. Der Mensch infiziert sich durch Genuss von rohem Fisch.

Schistosomatida

Adultus ohne oder mit schwach entwickelten Saugnäpfen, oft getrenntgeschlechtlich mit ausgeprägtem Sexualdimorphismus. Keine Metacercarien; Cercarien gabelschwänzig, mit Bohrdrüsen (Abb. 323, 326); Miracidien mit 2 Paar protonephridialer Terminalzellen.

Schistosoma mansoni, 6–10 mm, Pärchenegel, Erreger der Darm- und Leber-Bilharziose; lebt im Pfortadersystem und in den Mesenterialvenen des Menschen in Zentral- und Südost-Afrika sowie im östlichen und zentralen Südamerika; ernährt sich ausschließlich von Blut. Die etwas kürzeren, abgeflachten Männchen bilden durch ventrolaterale Einkrümmung ihrer Körperseiten eine Bauchtasche (Canalis gynaecophorus), in der die längeren, fast drehrunden Weibchen liegen (Abb. 324). Die Eier haben einen subterminalen scharfen Stachel (Abb. 325); sie dehnen das Endothel der Blutgefäße (Abb. 324B) – insbesondere im Dickdarmbereich – und ritzen es an; darüber hinaus sondern die bereits entwickelten Miracidien Substanzen ab, die die Eischale durch feine Poren durchdringen und die Gefäßwand schwächen. So gelangen Eier in das Lumen des Enddarms und werden mit Kot ausgeschieden. Gelangen Eier mit Kot ins Wasser, schlüpft nach wenigen Minuten bis Stunden das Miracidium, befällt Wasserschnecken (*Biomphalaria*), in denen über Mutter- und Tochtersporocysten Gabelschwanzcercarien heranwachsen (Abb. 323). Sie verlassen die Schnecken durch die Atemhöhle und suchen direkt ihren Endwirt auf; chemische und Lichtreize spielen bei der Wirtsfindung eine Rolle. Die Cercarien penetrieren die Haut, der Schwanz wird dabei abgeworfen. Subadulte Würmer (Schistosomula) dringen in subcutane Blutgefäße ein, durchlaufen Wachstumsphasen in Haut und Lunge und finden sich im Pfortadersystem zu Paaren zusammen. Weibchen erreichen erst nach der Paarbildung ihre Geschlechtsreife.

Schistosoma haematobium, Erreger der Blasen-Bilharziose, in Blutgefäßen der Blasenwand und des Urogenitalsystems des Menschen im

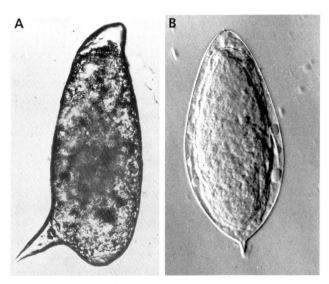

Abb. 325 Eier von Schistosomatiden. **A** *Schistosoma mansoni*. **B** *S. haematobium*. A Original: W. Ehlert, Gießen; B Original: H. Mehlhorn, Düsseldorf.

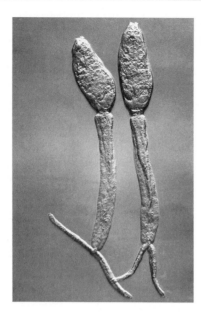

Abb. 326 Gabelschwanzcercarien von *Schistosoma mansoni*. Original: H. Mehlhorn, Düsseldorf.

tropischen Afrika und in einigen arabischen Ländern. Entwicklung ähnlich wie bei *S. mansoni* über Schnecken (*Biomphalaria* und *Bulinus*) als Zwischenwirte und den Menschen als Endwirt. Mischinfektionen mit *S. mansoni* in Gebieten möglich, in denen beide Arten vorkommen.

Andere Pärchenegel treten in Blutgefäßen des Darms auf (*Schistosoma japonicum* – in Südostasien, *S. intercalatum* – in Zentralafrika). Auch ihre Eier gelangen durch eine Gefäßruptur in das Lumen des Darms und verlassen den Körper des Endwirts mit dem Kot.

3.2 Cercomeromorpha

Als Cercomeromorpha fasst man alle Neodermata zusammen, deren Larven am Hinterende einen differenzierten Abschnitt mit einer größeren Zahl typisch geformter Larvalhäkchen (Cercomer) besitzen (Abb. 327C). Zu ihnen gehören die **Monogenea** und die **Cestoda**.

3.2.1 Monogenea

Ektoparasiten auf Fischen, Amphibien und anderen aquatischen Cranioten, selten auf Wirbellosen, gelegentlich als Parasiten in nach außen offenen Körperhöhlen (z. B. Mundhöhle, Pharynx, Harnblase, Augenhöhlen), ausnahmsweise auch echte Endoparasiten (z. B. in der Leber). Ohne Generationswechsel, sehr selten mit Wirtswechsel. Adulti mit meist sehr auffälligem Saugnapf am Hinterende (Opisthaptor), in dem sehr oft Anheftungssklerite unterschiedlicher Größe und Form auftreten, und 1–3 vorderen Saugnäpfen (Prohaptor), die den Mund umgeben. Ca. 8 000 Arten. Die Monophylie der Monogenea ist umstritten. Auch jüngere molekularbiologische Untersuchungen haben nicht zu einer befriedigenden Klärung geführt.

Die Tiere sind meist leicht abgeflacht. Form und Ausstattung des Opisthaptors (Abb. 327) mit Skleriten und Saugnäpfen sind an die Wirte angepasst und grenzen das Wirtspek-

trum auf wenige bis eine Art ein, gleichzeitig oft auf bestimmte Körperteile der Wirte. Bei Monogeneen, die an Wirten mit sehr harter Haut parasitieren, können Klebdrüsen zur Anheftung ausgebildet sein. Die Muskulatur im Opisthaptor ist sehr stark und bildet ein Geflecht mit der übrigen Körpermuskulatur.

Die **Neodermis** der Monogenea weist an der Oberfläche unregelmäßig geformte Mikrovilli (die in ihrer Ultrastruktur nicht mit denen der Cestoda übereinstimmen) oder Falten auf, die die Körperoberfläche vergrößern (Abb. 328); das Vorkommen beider Strukturen kann auf bestimmte Körperabschnitte beschränkt sein. Die Neodermis dient wie bei anderen Neodermata u. a. der Nahrungsaufnahme (z. B. freie Aminosäuren), der Exkretion, Osmoregulation und Sauerstoffaufnahme. Das **Nervensystem** besteht aus einem paarigen Cerebralganglion und meist 6 Hauptnervensträngen, die durch eine große Anzahl von Kommissuren miteinander verbunden sind und von denen die ventralen am besten ausgebildet sind. Weitere Nervenzentren liegen im Bereich des Haptors und der Mundöffnung. In die Neodermis hinein reichen viele ciliäre Rezeptorzellen, die vor allem am Vorderende in sehr großer Zahl auftreten können. Auch bei den adulten Formen sind häufig 2 Paar rhabdomerische Photorezeptorzellen mit Pigmentkappen ausgebildet.

Die Mundöffnung liegt bei den Monogenea fast immer unmittelbar am Vorderende oder subterminal auf der Ventralseite. In diesem Bereich mündet bei vielen Arten eine große Anzahl von Drüsen aus, die u. a. der temporären Anheftung am Wirt dienen. Der Pharynx bulbosus geht oft in einen Oesophagus über. Der **Darmkanal** ist meist zweischenklig (Abb. 327), vor allem bei größeren Formen auch verästelt (z. B. bei *Diplozoon* oder *Polystoma*) (Abb. 290E, 330); bei einigen Arten vereinigen sich die beiden Schenkel des Darms caudal (Abb. 327A).

Das Darmepithel besteht bei den Monopisthocotylea aus nur einem Zelltyp (Säulenzellen mit sehr vielen Nahrungsvakuolen), bei den Polyopisthocotylea hingegen vielfach aus pigmentierten Verdauungszellen und einem sie umgebenden Syncytium. Adulte Monogenea ernähren sich von Schleim, Zellen oder vom Blut ihrer Wirtstiere. *Entobdella soleae*, ein gut untersuchter Hautparasit der Seezunge, heftet sich dazu mit seinem Pharynx an der Haut seines Wirtes fest, löst sie durch Sekrete seiner Pharynx- und Oesophagus-Drüsen auf und saugt sie ein. Diese Form der extraintestinalen (Vor-)Verdauung findet man auch bei anderen Monogenea, während einige Arten ganze Zellen aus dem Epithelverbund herausreißen und aufnehmen. Bei diesen Arten erfolgt die Nahrungsaufschlüsselung ausschließlich im Darmkanal.

Das **Protonephridialsystem** der adulten Formen weist eine große Zahl von Terminalzellen auf. Die ableitenden Kanäle vereinigen sich zu größeren Sammelkanälen mit Treibwimpernflammen; die luminale Seite des Kanalepithels ist durch starke Auffaltung vergrößert. Die Exkrete werden in 2 Harnblasen gesammelt und durch 2 lateral im vorderen Körperdrittel gelegene Nephroporen ausgeschieden.

Die männliche **Gonade** besteht bei den meisten Monogenea aus 1 Hoden (seltener 2 oder mehr als 2), meist in der hinteren Körperregion (Abb. 327). Die Spermatozoen werden über einen Vas deferens abgeleitet, in einer Samenblase gesammelt und über das Kopulationsorgan übertragen, das im gemeinsamen Genitalatrium mündet. Die Spermatozoen der Monopisthocotylea und der Polyopisthocotylea zeigen

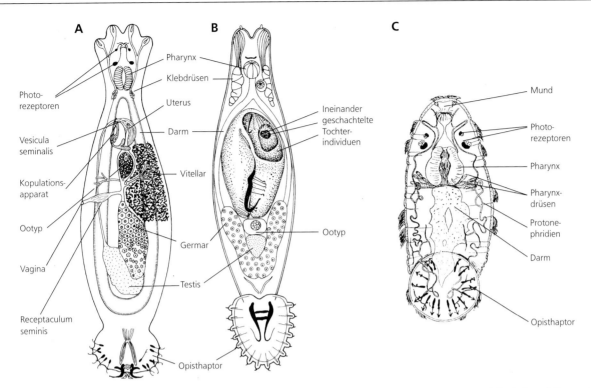

Abb. 327 **A** *Dactylogyrus* sp. **B** *Gyrodactylus* sp. **C** Oncomiracidium von *Polystoma*. A, B Verändert nach Odening (1984); C nach Hyman (1951).

jeweils spezifische Abwandlungen vom Grundmuster der Neodermata: Bei den Monopisthocotylea fehlen die corticalen Mikrotubuli (Abb. 329A), bei den Polyopisthocotylea schließen sie neben Kern und Mitochondrien auch die Axonemata ein (Abb. 329B). Als männliche Begattungsstrukturen treten je nach Taxon ein – oft mit Stacheln bewaffneter – Cirrus oder ein Stilett auf.

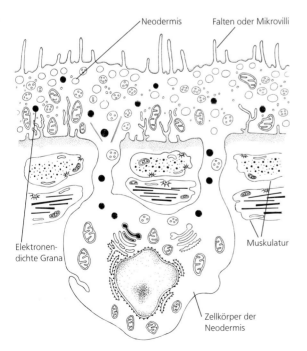

Abb. 328 Neodermis der Monogenea (Schema). Verändert nach Smyth und Halton (1983).

Die weibliche Gonade besteht aus dem unpaaren Germarium und den vorwiegend paarigen, in der Nähe des Darms gelegenen Vitellarien (nur bei *Gyrodactylus* fehlen Vitellarien), die oft viele Follikel enthalten. Das Germarium liegt meist vor den Hoden. Die zusammengesetzten Eier werden im Ootyp unter Einbeziehung von Sekreten der Mehlisschen Drüsen gebildet und über den Uterus ausgeleitet. Bei den meisten Polyopisthocotylea gibt es einen Verbindungsgang zwischen dem Ootyp und einem (meist dem rechts liegenden) Darmschenkel, den Genito-Intestinal-Kanal; die Funktion dieses Gangs ist unklar, möglicherweise dient er dem „Recycling" von überschüssigem Schalen- und Dottermaterial über den Darm. Der übrige Aufbau (ableitende Kanäle, Ootyp, Drüsen, bei vielen Arten auch der Uterus) entspricht weitgehend dem Grundmuster der Neodermata; bei bestimmten Taxa fehlt die Vagina bzw. ein echter Uterus. Die männliche Geschlechtsöffnung und der Uterus münden meist in ein gemeinsames Atrium (Abb. 327).

Die Besamung erfolgt entweder über die Vagina, das Genitalatrium oder percutan. Bei einigen Arten (z. B. *Entobdella diadema*, *E. soleae*) werden Spermatophoren gebildet. Eine Ausnahme in der Reproduktionsbiologie stellt die Gattung *Diplozoon* dar, bei der zwei Tiere miteinander verschmelzen, die Vaginae jeweils in den Körper des Partners einwachsen und sich mit dem Vas deferens vereinigen (Abb. 331).

Die weitaus meisten Monogenea sind ovipar; die Gyrodactyliden sind vivipar. Die **Eier** der Monogenea besitzen häufig einen Deckel; ihre Form ist sehr variabel. Die Eischale kann glatt sein oder eine skulpturierte Oberfläche aufweisen.

Oncomiracidium: Das bewimperte Larvenstadium der Monogenea, die Oncomiracidien („Miracidien mit Häk-

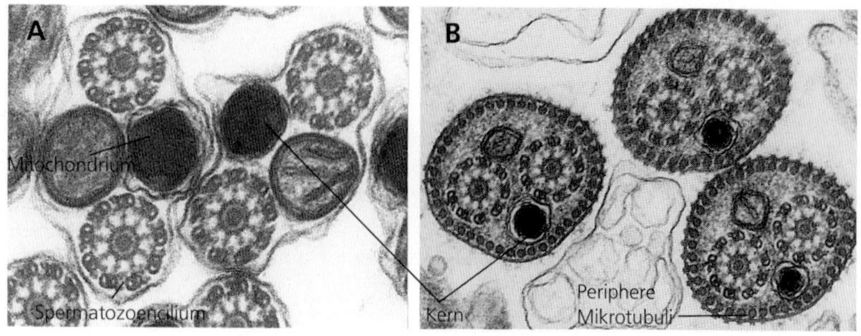

Abb. 329 Spermatozoen von Monogenea. **A** *Dionchus remorae* (Monopisthocotylea). **B** *Pseudomazocraes* sp. (Polyopisthocotylea). Aus Justine und Mattei (1985, 1987).

chen"), sind 100–300 µm lang und 30–100 µm breit. Ihre Körperoberfläche besteht aus bewimperten Epidermiszellen und dazwischenliegenden Neodermisbereichen (Abb. 312B, 327C). Es lassen sich häufig drei bewimperte Epidermisbereiche am Vorderkörper, in der Körpermitte und am Hinterende unterscheiden. Ein gut ausgeprägtes Cerebralganglion liegt im ersten Körperdrittel. Dorsal über diesem Gehirn sitzen 2 Paar rhabdomerische Photorezeptorzellen, die von pigmenthaltigen Zellen umgeben sein können und das Rhabdomer tassenförmig umschließen.

Die Pigmentbecher des vorderen Paares öffnen sich in vielen Fällen nach vorn, die des hinteren nach hinten, so dass Licht, das aus unterschiedlichen Richtungen einfällt, differenziert wahrgenommen werden kann (Lichtreaktionen spielen eine wichtige Rolle beim Schlüpfen und bei der Wirtsfindung). Auch ciliäre Photorezeptorzellen kommen bei Oncomiracidien vor. Am Vorderende sitzt eine Vielzahl unterschiedlicher Rezeptorzellen mit oder ohne sensorische Cilien, die als Tango-, Chemo- oder Rheorezeptoren wirken sollen.

Der Darmkanal ist meist ungegabelt und sackförmig (Abb. 327C). Die Mundöffnung liegt im vorderen Körperdrittel. Das Protonephridialsystem besteht aus 3 Paar oder mehr Terminalzellen und den ableitenden Kanälen, die in eine Harnblase münden können; die Nephropori liegen in der vorderen Körperhälfte.

Die Anheftungsorgane der Oncomiracidien liegen am Hinterende. Sie enthalten 10–16 typische Larvalhäkchen sowie häufig zusätzlich Sklerite und Saugnapfstrukturen (Abb. 327C).

Monopisthocotylea
Monogeneen, deren Opisthaptor aus einem ungegliederten Saugnapf besteht; mit 1–2, selten 3 Paar großen Anheftungsskleriten (Hamuli), die durch Querstreben miteinander verbunden sein können, und z. T. 12–16 randständigen Häkchen. Hamuli und Randhäkchen dienen der Verankerung in der Haut des Wirts. Ohne Ductus genito-intestinalis. Spermatozoen in der Kernregion ohne submembranöse (sog. corticale) Mikrotubuli (Abb. 329A).

Gyrodactylus sp. (Abb. 327B); ca. 1 mm, Parasiten auf der Haut, gelegentlich auch auf Kiemen und in Nasenhöhlen von Fischen, mit zwei auffälligen, mit Rezeptorzellen besetzten Zipfeln am Vorderende. Im Unterschied zu den anderen Monogenea lebend gebärend. Im Uterus liegt eine „Larve" vor, die in sich weitere Larven enthält. Wird die große Larve, die unbewimpert ist, freigesetzt, heftet sie sich am selben Wirt fest; eine Eizelle rückt daraufhin im Uterus des Muttertiers nach und entwickelt sich zu einer großen Larve mit eingeschachtelten kleineren Larven.

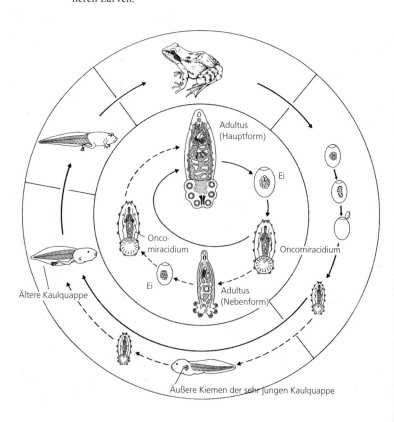

Abb. 330 Lebenszyklus von *Polystoma integerrimum*. Verändert nach Mehlhorn und Piekarski (1994).

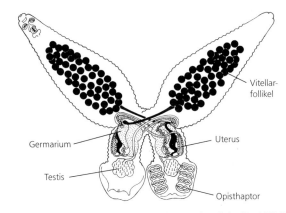

Abb. 331 Habitus von *Diplozoon paradoxum*. Aus Odening (1984).

Dactylogyrus sp. (Abb. 327A). Häufige Kiemenparasiten unterschiedlicher Fischarten, 0,5–2mm. Mit vierzipfeligem Vorderende und auch als Adultus mit 4 gut sichtbaren Pigmentbecherocellen. Opisthaptor mit 14 randständigen Häkchen und 2 großen miteinander verbundenen Skleriten. Tiere heften sich mit dem Opisthaptor an Kiemen (häufig an deren Spitzen) fest. Eier werden frei abgegeben und fallen auf den Gewässerboden. Nach der Eiablage sterben die Adulti. Oncomiracidien befallen ihre Fischwirte direkt.

Polyopisthocotylea

Monogeneen, deren Opisthaptor aus mehreren kleineren Saugnäpfen aufgebaut ist, die jeweils zusätzlich mit Häkchen bewehrt sein können. Häufig mit Ductus genito-intestinalis. Spermatozoen mit komplettem Ring submembranöser Microtubuli (Abb. 329B).

Polystoma integerrimum (Abb. 330). 10mm, Endoparasit in der Harnblase von Fröschen; enge Anpassung an den Lebenszyklus des Wirts: Eiablage während deren Laichzeit im Frühjahr, Eier gelangen über Kloake des Wirts ins Freie, wo Oncomiracidien nach 4–6 Wochen zeitgleich mit den Kaulquappen der Wirte schlüpfen. Eibildung und -ablage des Parasiten wird durch Sexualhormone der Frösche initiiert; so erfolgt die Koordination der Entwicklungszyklen von Wirt und Parasit. Die geschlüpften Oncomiracidien dringen in die Kiemenkammern der Kaulquappen ein und setzen sich an den inneren Kiemen fest. Wenn sich während der Metamorphose der Kaulquappen die Kiemen zurückbilden, wandern die jungen Würmer nachts über die Bauchseite in die Kloake und schließlich in die Harnblase. Entwicklung bis zum Adultus: 3 Jahre (genauso lang wie bei den Fröschen). Eiablagephase der adulten *Polystoma* streng korreliert mit dem Aufenthalt des Frosches im Wasser während der Laichzeit. – Neben

diesem „normalen" Entwicklungsmodus kann bei *Polystoma* ein verkürzter Zyklus auftreten. Trifft ein früh geschlüpftes Oncomiracidium auf eine sehr junge Kaulquappe (noch mit äußeren Kiemen), entwickeln sich aus diesen Oncomiracidien in 3–4 Wochen neotene Zwergadulti, die ca. 400 Eier produzieren und bei der Metamorphose der Kaulquappen sterben. Die Oncomiracidien aus diesen Eiern infizieren die inneren Kiemen älterer Kaulquappen derselben Generation (kurz vor der Metamorphose); ihre Entwicklung verläuft wie oben beschrieben.

Diplozoon paradoxum (Abb. 331). Häufiger Kiemenparasit bei karpfenartigen Fischen, 6–10mm. Jeweils 2 Individuen kreuzweise verwachsen. Adulti setzen im Frühjahr Eier ab, die sich in ca. 10 Tagen zu schlüpfbereiten Oncomiracidien (mit 2 Saugscheiben und dazwischen 2 großen Larvalhaken) entwickeln. Larven befallen Kiemen meist jüngerer Karpfenfische, verlieren zu Beginn der Infektion ihr Wimpernkleid und wandeln sich in ein subadultes Stadium um, die Diporpa. Diese besitzt einen neu gebildeten Saugnapf am Bauch und einen Zapfen am Rücken. Treffen zwei Diporpa-Stadien zusammen, biegen sie ihren Körper so, dass jeweils der Saugnapf den Rückenzapfen des Partners erreicht; die beiden Tiere verschmelzen miteinander. Nach Aufnahme von Wirtsblut und einer Wachstumsphase, in der die Opisthaptoren sich so ausformen und gegeneinander versetzen, dass sie die Kiemenblättchen des Wirts optimal greifen können, entwickeln sich die Gonaden. Der Samenleiter wächst aus, so dass er mit der Vagina des Partners lebenslang verschmilzt. Besamung erfolgt gegenseitig. Eiablage im darauf folgenden Frühjahr.

3.2.2 Cestoda, Bandwürmer

Bandwürmer sind extrem an eine endoparasitische Lebensweise angepasste Cercomeromorpha. Die Entwicklung verläuft fast immer mit Wirtswechsel, sehr selten mit Generationswechsel. In allen Stadien fehlt ihnen ein Darm, die Resorption der Nahrung erfolgt ausschließlich über die Körperoberfläche. Geschlechtsreife Tiere sind stark abgeplattet (Name!) und leben in der Regel im Darmtrakt, selten in der Leibeshöhle von Wirbeltieren (Endwirt). Halteapparate am Vorderende, selten am Hinterende (Gyrocotylidea). Ca. 5 000 Arten.

Die z. T. sehr dicke **Neodermis** besitzt bei den postlarvalen Stadien spezifische Mikrovilli (mit elektronendichtem Hohlzylinder und häufig elektronendichter Spitze, Abb. 332). Bei diesen darmlosen Organismen ist die Neodermis u. a. verantwortlich für die Aufnahme von Nahrung sowie für den Schutz vor dem Immunsystem (bei den praeadulten Formen) bzw. vor Verdauungsenzymen der Wirte (bei adulten Formen).

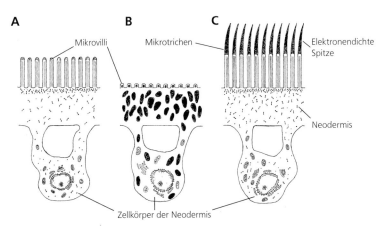

Abb. 332 Neodermis der Cestoda (Schema). **A** Gyrocotylidea. **B** Amphilinidea. **C** Cestoidea. Original: W. Xylander, Görlitz.

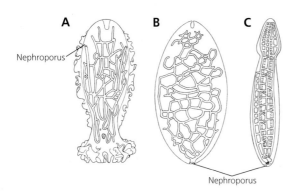

Abb. 333 Bau des Protonephridialsystems und Lage der Nephropori bei den Cestoden. **A** *Gyrocotyle urna*. **B** *Amphilina foliacea*. **C** Plerocercoid von *Diphyllobothrium dendriticum*. Nach Xylander (1992).

Das **Protonephridialsystem** ist netzförmig (Abb. 333). Die ersten Kanalzellen des Protonephridialsystems sind nicht manschettenförmig (wie bei den anderen Plathelminthen), sondern bilden einen soliden Hohlzylinder (Abb. 294C, 334). Die Zellkörper mit den Kernen des Syncytiums, das die Nephridialkanäle auskleidet, sind versenkt. Nicht-terminale Treibwimpernflammen fehlen meist (Ausnahme: Gyrocotylidea).

Die meisten Cestoden sind zwittrig und besitzen als besonderes Charakteristikum eine große Zahl gleichartiger **Geschlechtsorgane**. Jeweils ein Satz dieser zwittrigen Geschlechtsorgane (seltener 2 Sätze) liegt in einem abgesetzten Körperabschnitt, einer Proglottis, sodass der Körper gegliedert erscheint. Nach der Befruchtung bzw. nach der Eireifung werden die Proglottiden einzeln oder in Gruppen abgeschnürt und vom Wirt ausgeschieden.

Wenige Gruppen der Cestoda besitzen nur einen Satz Geschlechtsorgane (sog. monozoische Bandwürmer: Gyrocotylidea, Amphilinidea, Caryophyllida; Abb. 335); bei diesen Formen bilden sich Spermien und weibliche Geschlechtsprodukte gleichzeitig. Sie sind als ursprünglich anzusehen. Bei einigen Gruppen, z. B. den Spathebothriidae und Ligulidae, sind zwar mehrere Sätze von Geschlechtsorganen in einem Körper vorhanden, aber eine Untergliederung des Körpers in Proglottiden bzw. eine Abschnürung dieser Teile er-

folgt nicht. Cestoden mit Proglottiden-Bildung sind fast immer protandrisch.

Die ersten **Larvenstadien** der Cestoden (Coracidien, Lycophora-Larven; Abb. 334A, B, C) besitzen eine syncytiale Epidermis; in abgeleiteten Taxa (z. B. den Cyclophyllidea) treten unbewimperte Larven auf, die Oncosphaeren (Abb. 334D, 341B). Allen Larven fehlt ein Darmkanal. Sie weisen (ursprünglich) 10 Larvalhäkchen und im Höchstfall 6 Terminalzellen im Protonephridialsystem auf. Die Zahl der Larvalhäkchen ist bei den Cestoidea (S. 222) auf 6, die der Terminalzellen auf maximal 2 reduziert.

Gyrocotylidea

Monozoische Bandwürmer von 2–20 cm Länge mit einem gut ausgebildeten caudalen Festheftungsorgan (Rosettenorgan). Adulti sind Darmparasiten von Chimaeren (Holocephali). Lycophora-Larven. Lebenszyklus ungeklärt, vermutlich sind Crustaceen als Zwischenwirte eingeschaltet. Es gibt ca. 10 Arten.

Am Vorderende liegt eine Einsenkung, die vollständig von Neodermis ausgekleidet ist. Die Körperseiten der Gyrocotyliden sind auffällig geschwungene Säume (Abb. 335A). Am Hinterende sitzt ein kräftiger, rosettenförmiger Saugnapf, mit dessen Falten sie die Mikrovilli im Spiraldarm ihrer Wirte umfassen und sich so fixieren.

Die **Neodermis** der Gyrocotylidea trägt typische Cestoden-Mikrovilli, die nur eine elektronendichte Kappe, aber keine ausgezogene Spitze wie bei den Cestoida besitzen (Abb. 336). Die Mikrovilliform variiert in Abhängigkeit vom Körperabschnitt. In der Neodermis liegen sog. „Stacheln", die unter der Neodermis inserieren und meist eine artspezifische Form besitzen; ihre Funktion ist unbekannt.

Das **Zentralnervensystem** besteht aus 2 Zentren, dem Gehirn und einem größeren Ganglion, das das Rosettenorgan innerviert, sowie 2 Hauptnerven. Es treten zahlreiche ciliäre und nichtciliäre Rezeptoren auf, insbesondere am Vorderende und im Anheftungsorgan. Das **Protonephridialsystem** besitzt nicht-terminale Treibwimpernflammen, die bei den Amphilinidea und Cestoida fehlen. Die Nephroporen

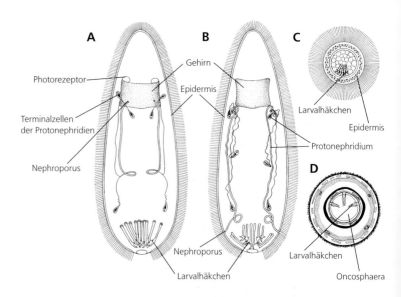

Abb. 334 Erstlarven der Cestoda. **A** Lycophora-Larve von *Gyrocotyle urna*. **B** Lycophora-Larven von *Austramphilina elongata*. **C** Coracidium. **D** Oncosphaera in den Eihüllen. A Verändert nach Malmberg (1974) und nach Xylander (1990); B verändert nach Rohde (1990); C, D nach Hyman (1951).

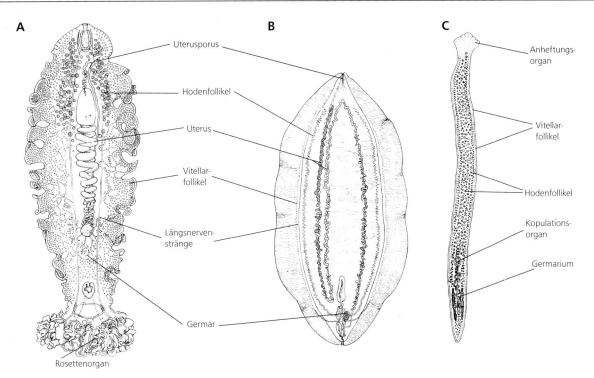

Abb. 335 Habitus monozoischer Cestoden. **A** *Gyrocotyle fimbriata*. **B** *Nesolecithus africanus*. **C** Caryophyllidea. A Nach Lynch (1945); B verändert nach Dönges und Harder (1966); C nach Hyman (1951).

sind paarig und liegen im vorderen Körperdrittel (Abb. 333A).

Das männliche **Reproduktionssystem** besteht aus einer größeren Anzahl von Hodenfollikeln, die im vorderen Körperdrittel lokalisiert sind. Die sehr zahlreichen Vitellarfollikel liegen an den Körperseiten (Abb. 335A). Die Vitellocyten

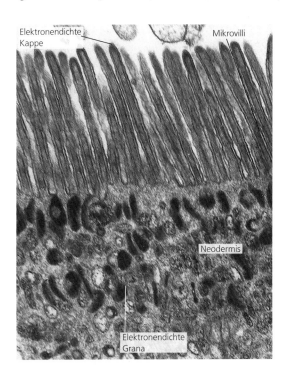

Abb. 336 Neodermis von *Gyrocotyle urna*. Original: W. Xylander, Görlitz.

werden durch bewimperte Vitellodukte zum Ootyp transportiert. Das Germarium befindet sich im hinteren Körperviertel. Die befruchteten Eier gelangen in einen sackförmigen Uterus in der vorderen Körperhälfte. Hier können mehrere Tausend Eier gespeichert werden, die im Darm des Wirts freigesetzt werden und mit dem Kot ins Wasser gelangen.

Die Lycophora-Larve der Gyrocotylidea (Abb. 334A) ist ca. 100 µm lang; sie besitzt 10 gleichförmige Haken, 3 Paar Terminalzellen und 4 Paar Drüsen. Der bewimperten Epidermis fehlen Kerne bei der freischwimmenden Larve. Das Nervensystem ist gut ausgebildet; es treten verschiedene Rezeptortypen auf (u. a. ein ciliärer Photorezeptorzelltyp).

Nephroposticophora
Cestoden mit nur unpaarem caudalen Nephroporus bei den Adulti (Abb. 333B, C); Bewimperung der Nephridiodukte reduziert; Larven ohne ciliäre Photorezeptorzellen; larvale Nephropori im hinteren Körperdrittel. Das Taxon Nephroposticophora umfasst die **Amphilinidea** und die **Cestoidea**.

Amphilinidea
Monozoische Bandwürmer mit 1 bis 20 cm Länge, die in der Leibeshöhle ursprünglicher Fische (in einem Fall in einer Schildkröte) parasitieren. Blattförmiger Habitus, ohne auffälliges Anheftungsorgan; dreiästiger Uterus mit Mündung am Vorderende, Hoden- und Vitellarfollikel in lateralen Längsreihen. Lycophora-Larve mit 2 unterschiedlichen Larvalhäkchen-Typen. 2-Wirte-Zyklus mit malacostraken Krebsen (Amphipoden, Decapoden) als Zwischenwirten. Es gibt ca. 10 Arten.

Der Körper der Amphiliniden ist blattförmig bis lang gestreckt (Abb. 335B). Am Vorderende liegt eine Einstülpung, die von Muskelwülsten umgeben ist und die vorgestreckt und retrahiert werden kann. In diese Einsenkung münden eine Vielzahl von Drüsen. Ein Festheftungsorgan am Hinterende (ähnlich dem Rosettenorgan der Gyrocotylidea) wird angelegt, ist aber nicht mehr funktionsfähig; dies hängt vermutlich mit der Lebensweise als Coelomparasiten zusammen: Die Amphiliniden sind nicht der Gefahr ausgesetzt, durch die Darmperistaltik aus ihrem Lebensraum entfernt zu werden.

Die **Neodermis** der Körperoberfläche besitzt sehr kurze Mikrovilli ohne elektronendichte Spitzen (Abb. 332B); nur am Vorderende treten typische Mikrovilli auf. Das netzförmige **Protonephridialsystem** besitzt keine Treibwimpernflammen mehr und endet (bei den Adulten) in einem unpaaren Nephroporus am Hinterende (Abb. 333B) (beide Merkmale stimmen mit den Verhältnissen bei den Cestoida überein). Das Nervensystem besteht aus einem Zentralganglion am Vorderende; Rezeptorzellen sind offenbar im Vergleich zu anderen postlarvalen Neodermata nur in geringer Zahl vorhanden.

Die Hodenfollikel liegen in zwei Reihen seitlich des Uterus, das Vitellar lateral der Reihe der Hodenfollikel. Die beiden Hauptvitellodukte vereinigen sich vor dem Beginn des Ootyps. Das Germarium ist stark gelappt. In den Bereich des Ovidukts unmittelbar vor dem Ootyp mündet auch der ableitende Gang des Receptaculum seminis ein, das mit der Kopulationsöffnung (Vagina; selten treten 2 Vaginae auf) in Verbindung steht. Die Eier werden in dem dreischenkligen Uterus nach vorn transportiert und über die Uterusöffnung, die am Vorderende in der Nähe der Einsenkung liegt, ins freie Wasser abgesetzt; dazu wird das Vorderende entweder durch die Abdominalporen des Wirtsfisches herausgestreckt oder seine Körperwand wird von dem Parasiten mithilfe von Drüsen am Vorderende aufgelöst.

Die Lycophoralarve der Amphilinidea trägt zwei unterschiedliche Larvalhäkchentypen: 6 sind geformt wie die typischen Cercomeromorphen-Häkchen, 4 sind stark abgewandelt (Abb. 334B). Die syncytiale Epidermis enthält Kerne. Das Nervensystem mit einem Cerebralganglion ist gut ausgebildet, es treten viele unterschiedliche Rezeptoren auf. Das Protonephridialsystem weist 6 Terminalzellen auf, und die beiden Nephropori liegen im caudalen Körperdrittel.

Amphilina foliacea, bis 40 mm. Eier werden oral von Amphipoden (seltener von Mysidaceen) aufgenommen, Larven schlüpfen im Wirt. Die Krebse werden vom Endwirt, dem Sterlet (*Acipenser ruthenus*, Chondrostei), gefressen. – *Austramphilina elongata*, 12 cm. Lycophora-Larven suchen ihren Wirt, den decapoden Krebs *Cherax destructor*, aktiv auf und penetrieren seine Cuticula im Bereich der Intersegmentalhäute. Endwirt ist die Schildkröte *Chelodina longicollis*; hier penetriert der Parasit die Speiseröhre und gelangt so in die Leibeshöhle. – *Nesolecithus africanus* (Abb. 335B), 30 mm, befällt als Zwischenwirt die Süßwassergarnele *Desmocaris trispinosa*; Endwirt ist der Nilhecht *Gymnarchus niloticus* (Bd. II, S. 282).

Cestoidea
Artenreichste Gruppe der Cestoda. Anheftungsorgane am Vorderende; fast alle Arten mit einer Vervielfachung der Geschlechtsorgane; Neodermis der adulten Stadien mit Mikrotrichen (spezielle Mikrovilli mit großen elektronendichten Spitzen) (Abb. 332C, 338); Spermien ohne Mitochondrien.

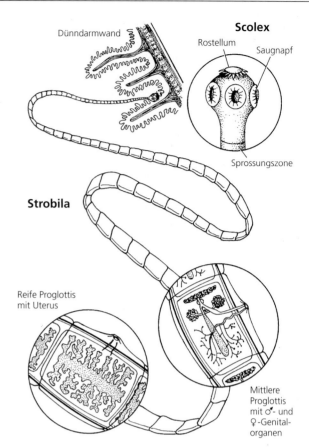

Abb. 337 Cestoidea. Organisation verschiedener Abschnitte bei Eucestoden. Nach Barnes (1982).

Erste Larvenstadien mit nur 6 Larvalhäkchen, maximal 2 Paar Drüsen und 1 Paar Terminalzellen, ohne Zentralnervensystem und differenzierte Sinneszellen.

Die meisten Cestoidea zeigen eine **Körpergliederung** (Abb. 337) in einen kleinen Kopfabschnitt (S c o l e x, meist nur 1 mm) (Abb. 344) mit Anheftungsorganen, einen mehr oder weniger undifferenzierten Halsabschnitt, die Sprossungszone (Collum, Strobilationszone), und eine gegliederte, meist sehr lange Strobila aus Proglottiden (oft mehrere Meter). Eine Ausnahme sind die Caryophyllidea, eine Gruppe der Cestoidea, die nur 1 Satz Geschlechtsorgane aufweisen (Abb. 335C).

Die Anheftungsorgane am Scolex sind art- bzw. gruppenspezifisch sehr unterschiedlich ausgebildet. Es können u. a. längliche Sauggruben oder -lappen (B o t h r i e n, B o t h r i d i e n, z. B. bei den Pseudophyllidea), rundliche, stark muskulöse Saugnäpfe (A c e t a b u l a, bei den Cyclophyllidea) (Abb. 337, 344) in unterschiedlicher Zahl und Hakenkränze (R o s t e l l u m, bei einigen Cyclophyllidea) auftreten.

Die Abschnitte der Strobila, die einzelnen **Proglottiden**, sind nicht durch Epithelien oder Trennwände voneinander separiert; durch Einschnürungen bzw. durch Verbreiterungen oder Falten, die die nachfolgende Proglottis seitlich überragen, entsteht der falsche Eindruck von isolierten Gliedern oder Segmenten.

Es können je nach Art unterschiedlich viele Proglottiden vorkommen – nur wenige (z. B. 3 bei *Echinococcus granulosus*) oder sehr viele (z. B.

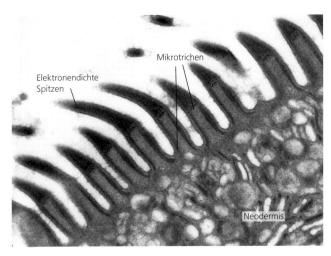

Abb. 338 Neodermis (Cestoidea) mit typischen Mikrotrichen. Original: W.H. Coil, Lawrence.

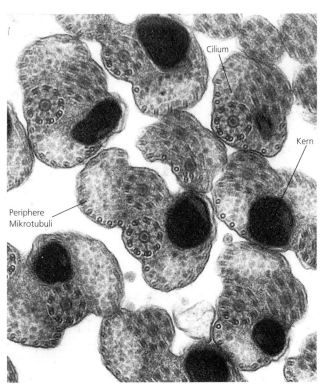

Abb. 339 Spermatozoon von *Duthiersia fimbriata* (Pseudophyllidea, Cestoidea). Aus Justine (1986).

bis 4 000 bei *Diphyllobothrium latum*). In jeder Proglottis befindet sich meist 1 Satz zwittriger Geschlechtsorgane (Abb. 340). In seltenen Fällen treten auch rein männliche bzw. weibliche Proglottiden auf; häufiger sind 2 komplette Sätze von Geschlechtsorganen je Proglottis (*Moniezia, Dipylidium*).

Die Proglottiden reifen von vorn nach hinten: Es werden in den meisten Arten zunächst die männlichen Geschlechtsorgane ausgebildet (Protandrie); später werden die weiblichen angelegt; es erfolgen Befruchtung und Eibildung, dann werden die Proglottiden einzeln oder in Gruppen abgestoßen (Apolyse). Dieser Vorgang erfolgt durch Einschnürung bzw. Abreißen der caudalen Proglottiden, z. B. im Bereich der großen, querverlaufenden Nephridialkanäle unter Beteiligung der Ring- und Transversalmuskeln.

Die **Neodermis** weist neben Mikrovilli, wie sie bereits bei den Gyrocotyliden vorkommen, spezialisierte Mikrovilli mit elektronendichten Spitzen auf, sog. Mikrotrichen (Abb. 332C, 338). Die Form der Mikrotrichen kann bei verschiedenen Arten, Stadien bzw. Körperabschnitten stark variieren.

Das **Nervensystem** besteht aus paarigen Cerebralganglien und 6 caudal ziehenden Längsnerven. Ciliäre und aciliäre Rezeptoren treten an der gesamten Körperoberfläche auf.

Das **Protonephridialsystem** besteht aus sehr vielen Terminalzellen, unbewimperten ableitenden Nephridialkanälen und ursprünglich einem unpaaren Nephroporus. Im Bereich des Scolex und der Sprossungszone ist das Kanalsystem noch netzartig ausgebildet. Mit der Bildung der Proglottiden entstehen meist 2 Paar lateral liegende Hauptkanäle, die durch Querkanäle in Verbindung stehen. Das Kanalsystem der Proglottis wird somit sekundär mehr oder weniger bilateralsymmetrisch. Der unpaare Nephroporus, der ursprünglich auch bei den Cestoida vorhanden ist (Abb. 333C), geht bei den Formen, die Proglottiden abschnüren, mit der ersten Proglottis verloren. Es entstehen bei diesen Formen sekundär paarige funktionelle „Nephropori" an den Bruchstellen der Proglottiden aus den Mündungsabschnitten der Nephridialkanäle.

In jeder Proglottis liegt eine größere Zahl (bis zu 800) **Hodenfollikel** (bzw. 3 kompakte Hoden bei *Hymenolepis*). Die reifen Spermatozoen werden über Vasa efferentia und einen großen Vas deferens abgeleitet, in einer Vesicula seminalis gespeichert und über einen häufig mit Dornen (modifizierte Mikrotrichen) bewehrten Cirrus übertragen, der in ein Atrium genitale ausgestülpt werden kann. Die Spermatozoen enthalten generell keine Mitochondrien (Abb. 339). Bei einigen Tetraphyllidea und den Cyclophyllidea haben sie nur ein Axonem.

Die **weiblichen Geschlechtsorgane** entsprechen bei den ursprünglichen Arten weitgehend dem Grundmuster der Neodermata (Abb. 340). Das Germarium ist unpaar, häufig jedoch zweilappig. Ursprünglich treten 2 follikuläre Dotterstöcke auf (z. B. bei den Pseudophyllidea); bei den Taeniiden ist nur 1 mehr oder weniger kompaktes Vitellar vorhanden (Abb. 340B), und bei einigen Taxa (*Stilesia, Avitellina*) fehlen sekundär Vitellarien. Der Ootyp liegt meist caudal vom Germarium. In den Ootyp mündet auch die Vagina, die vom Genitalatrium ins Innere zieht und sich bei vielen Arten in der Nähe des Ootyps zu einem Receptaculum seminis erweitert.

Die Lage des Atriums ist variabel: Bei vielen Gruppen (z. B. *Taenia, Echinococcus, Hymenolepis*) liegt das Atrium lateral. Die Körperseite der Ausmündung bei aufeinander folgenden Proglottiden wechselt regelmäßig, unregelmäßig oder ist stets gleich (*Vampirolepis nana*). Bei Arten mit zwei Sätzen von Geschlechtsorganen liegen die Atrien spiegelbildlich zueinander. Bei *Diphyllobothrium* liegt das Atrium ventral in der Mitte der Proglottis (Abb. 340A).

Die Übertragung von Spermien kann erfolgen (1) in die Vagina der gleichen Proglottis, (2) in die einer entfernteren (älteren) Proglottis desselben, in mehreren Schlingen gefalteten Individuums oder (3) in die Geschlechtsöffnung eines anderen Cestoden derselben Art im gleichen Wirt.

Autoradiographische Untersuchungen zeigen, dass Selbstbefruchtung die Ausnahme ist, wenn mehrere Cestoden in einem Wirt vorkommen.

Die Spermatozoen werden im Receptaculum seminis gespeichert und über einen Sphinkter gezielt zur Eizelle gegeben. Die Eizellen werden im Ootyp befruchtet. Die Eier verbleiben nach der Ausbildung der Eischalen im Uterus. Bei den Pseudophyllidea werden viele Vitellocyten (ca. 20) in einem zusammengesetzten Ei mit einer befruchteten Eizelle vereinigt; bei stärker abgeleiteten Formen ist nur noch 1 Vitellocyte je Ei vorhanden (Cyclophyllidea, Proteocephalidea), bei wenigen Formen fehlen die Vitellocyten völlig (*Avitellina*). Die Eier werden entweder über einen Uterusporus (z. B. bei den Pseudophyllidea) oder beim Zerfallen der Proglottiden im Freien (bei vielen Cyclophyllidea) freigesetzt; bei den letztgenannten Formen fehlen daher normalerweise die Uterusporen (Abb. 340B).

Der Uterus ist bei den jüngeren, weiter vorn gelegenen Proglottiden schlauchförmig; erst wenn sich der Uterus mit Eiern füllt, verzweigt er sich bei vielen Arten, und es entsteht seine artspezifische Form. Der Uterus der terminalen graviden Proglottiden ist prall mit Eiern angefüllt; ihre Zahl variiert zwischen 200 je Proglottis bei *Echinococcus granulosus* und ca. 100 000 bei *Taenia saginata*.

Die **Eier** (eigentlich Eikapseln), die sich im Uterus entwickeln, können zwei Formen zugeordnet werden. Stark sklerotisierte Eier entstehen als Gemeinschaftsprodukt von Vitellocyten und Mehlisscher Drüse und sind mit einer Sollbruchstelle und einem Deckel versehen (z. B. Pseudophyllidea, Abb. 341A); dies ist der ursprüngliche Zustand wie bei den anderen Neodermata. Aus Eiern dieses Typs entstehen normalerweise Coracidien, die im Wasser schlüpfen und einige Stunden frei leben können. Die Hülle des anderen

Eityps ist zwar dick, aber nur schwach bis gar nicht sklerotisiert (z. B. Cyclophyllidea, Abb. 341B); die daraus entstehenden Larven (Oncosphaeren) sind unbewimpert, haben sich im Uterus schon weit entwickelt und werden erst nach der oralen Aufnahme durch den Zwischenwirt frei.

Die **Larven** (Coracidien und Oncosphaeren) sind deutlich kleiner als die Lycophora-Larven und kugelig (Abb. 334C, D). Sie besitzen eine bewimperte syncytiale Epidermis mit Kernen (nur die Coracidien), ein Protonephridialsystem mit maximal 1 Paar Terminalzellen (die bei marinen Formen häufig fehlen), maximal 1 Paar Larvaldrüsen und 6 Larvalhäkchen. Gehirn und Rezeptorzellen fehlen; es treten nur wenige Nervenzellen auf.

Diese Retardation des Nervensystems ist darauf zurückzuführen, dass die Larven der Cestoida ihren Wirt nicht aktiv aufsuchen, sondern von ihm gefressen werden („passive" Larven). Sie benötigen daher keine komplexen neuronalen Strukturen für die Wirtsfindung.

Nach der Aufnahme in den Zwischenwirt entwickeln sich aus den beiden ursprünglichen Larventypen (Coracidium und Oncosphaera) taxonspezifische präadulte (postlarvale) Stadien, die Metacestoden (Abb. 342). Sie besitzen stets eine Neodermis.

Das Coracidium wird vom Zwischenwirt, einem Krebs, gefressen. Es penetriert mithilfe seiner Larvalhäkchen und Drüsen das Darmepithel des Krebses und wirft dabei seine bewimperte Epidermis ab. Die so entstandene Oncosphaera (hier: Coracidium ohne Epidermis) wandelt sich in der Leibeshöhle in eine lang gestreckte Postlarve um (Procercoid), die an ihrem abgesetzten Hinterende (Cercomer) noch die 6 Larvalhäkchen trägt (Abb. 342A); aus den Procercoiden werden z. B. bei *Diphyllobothrium* im nächsten Wirt (Fisch) Plerocercoide, die bereits Anlagen von (noch unreifen) Proglottiden und einem Scolex besitzen können (Abb. 342B).

Aus den Oncosphaeren (z. B. der Cyclophylliden) entwickelt sich im Zwischenwirt eine andere Metacestoden-Form (Cysticercoid, Cysticercus, Strobilocercus, Polycercus, Hydatide, alveoläre Cyste).

Ein Cysticercoid (Abb. 342D) tritt bei Cestoidea (*Hymenolepis diminuta*, *Dipylidium caninum*) auf, die terrestrische Arthropoden (Mehlkäfer, Hundefloh) als Zwischenwirte haben. Es besitzt einen Scolex, der durch eine nach vorn offene Blase geschützt ist, und einen Schwanzanhang, der blasig sein kann.

Ein Cysticercus (Abb. 342C) (auch Blasenwurm oder Finne genannt) findet man nur bei Bandwürmern, die Wirbeltiere als

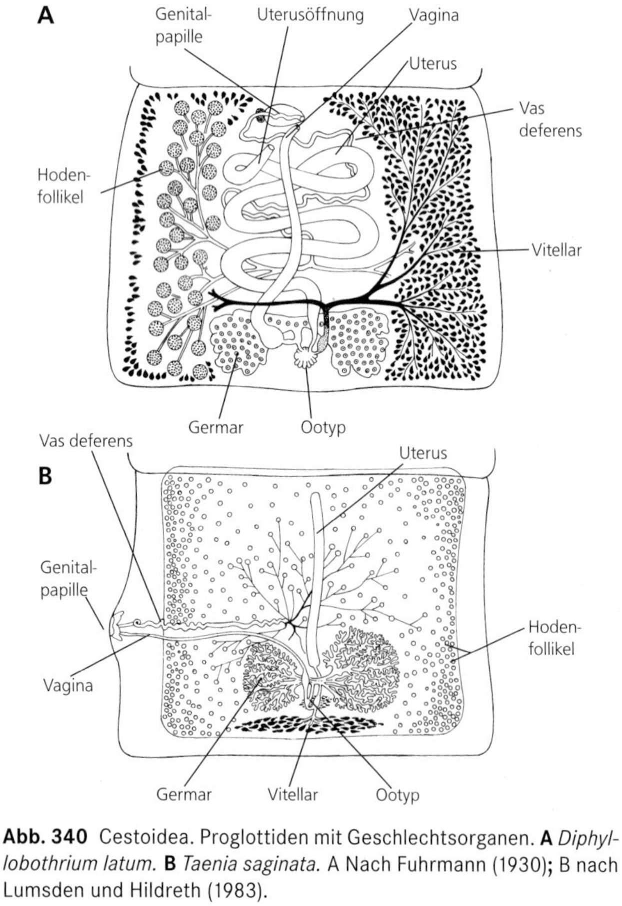

Abb. 340 Cestoidea. Proglottiden mit Geschlechtsorganen. **A** *Diphyllobothrium latum*. **B** *Taenia saginata*. A Nach Fuhrmann (1930); B nach Lumsden und Hildreth (1983).

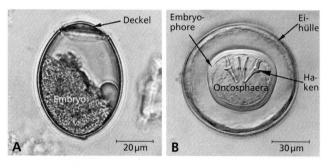

Abb. 341 Eier von Cestoidea. **A** *Diphyllobothrium latum*. **B** *Vampirolepis nana*. Originale: H. Mehlhorn, Düsseldorf.

1. Zwischenwirte haben (z. B. *Taenia solium*). Zumindest 1 Scolex liegt handschuhfingerartig eingestülpt in einer großen, oft mit Flüssigkeit gefüllten Blase.

Bei einigen Cestoidea (*Taenia taeniaeformis*) ähnelt das Metacestodenstadium einem kleinen, gegliederten Bandwurm mit bereits sehr vielen Proglottiden und einer Blase am Hinterende: Strobilocercus (Abb. 342E).

Bei Cestoden kann es zu ungeschlechtlicher Vermehrung und Generationswechsel durch Metacestoden kommen. Aus omnipotenten Zellen bilden sich zusätzliche Scolices, die beim Übergang zum Endwirt zu eigenständigen Individuen auswachsen können. So ist die Hydatide (Abb. 342G) des Hundebandwurms (*Echinococcus granulosus*) eine prall mit Flüssigkeit gefüllte Blase, in der Tochterblasen entstehen; sie wird vom Zwischen- bzw. Fehlwirt (z. B. Mensch) bindegewebig eingekapselt. In den Brutkapseln werden sehr kleine Scolices (Protoscolices) gebildet, die vom Endwirt (Hunde oder andere canide Carnivoren) aufgenommen werden müssen, um zu einem adulten Bandwurm zu werden. Es handelt sich somit um einen Wechsel zwischen sich geschlechtlich und ungeschlechtlich fortpflanzenden Generationen (Metagenese).

Die alveoläre (multiloculäre) Cyste ist das Zwischenwirtstadium des Kleinen Fuchsbandwurms (*Echinococcus multilocularis*) (Abb. 347). Sie ist nicht glatt wie bei *E. granulosus*, sondern wächst wie

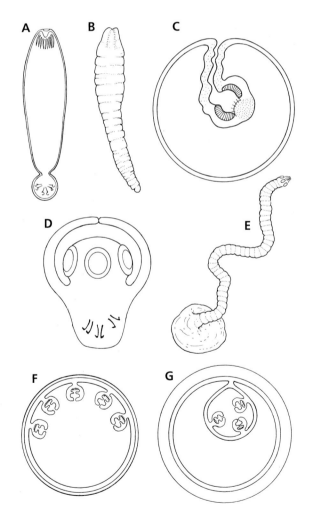

Abb. 342 Verschiedene Formen der Metacestoden bei den Cestoidea. **A** Procercoid von *Diphyllobothrium latum*. **B** Plerocercoid von *D. latum*. **C** Cysticercus. **D** Cysticercoid. **E** Strobilocercus von *Taenia taeniaeformis*. **F** Coenurus von *Multiceps* (syn. *Taenia*) *multiceps*. **G** Hydatide von *Echinococcus granulosus*. A–G Verändert nach Siewing (1985).

ein Schlauchgeflecht in das Zielgewebe ein (z. B. Leber, in sehr seltenen Fällen auch Gehirn des Menschen). In die inneren Hohlräume der Schläuche sprossen Protoscolices.

Caryophyllidea.– Einzige Gruppe monozoischer Bandwürmer innerhalb der Cestoida; Darmparasiten vorwiegend bei Fischen. Einfaches Anheftungsorgan mit Drüsen am Vorderende (Abb. 335C, 344B). Ei wird vom Zwischenwirt oral aufgenommen. Zwischenwirte sind aquatische Oligochaeten, in deren Leibeshöhle sich der Parasit gelegentlich bereits bis zur Geschlechtsreife entwickeln kann. Larve unbewimpert, durchdringt die Darmwand des Zwischenwirtes und entwickelt sich im Coelom weiter. Wird der Zwischenwirt vom Endwirt gefressen, wächst der Parasit zum adulten Tier heran.

Pseudophyllidea.– Bandwürmer ohne komplizierte Anheftungsstrukturen am Scolex. Zur Verankerung im Darm des Endwirts ein Saugorgan mit meist 2 lateralen Sauggruben (Bothrien oder Bothridien). Hartschalige, bedeckelte Eier, die den Uterus über einen Porus noch im Endwirt verlassen und erst im Freien embryonieren. Larven (Coracidien) freischwimmend, bewimpert. Erste Zwischenwirte oft Arthropoden (Krebse), zweite häufig Fische; weitere Zwischenwirte (Raubfische) können fakultativ eingeschoben sein; Endwirte Fische, Vögel oder Säuger.

Die Ligulidae (z. B. *Ligula*) besitzen zwar eine ganze Anzahl von Geschlechtsorganen, aber es tritt keine echte Proglottidenbildung auf. Die Coracidien befallen Copepoden, die von Fischen als 2. Zwischenwirten gefressen werden; in diesen wachsen die Metacestoden zu beachtlicher Größe heran und legen bereits die Geschlechtsorgane an. Werden die 2. Zwischenwirte von Wasservögeln gefressen, werden Eier gebildet. Der Wurm verlässt den Endwirt bereits nach wenigen Tagen und setzt die Eier im freien Wasser ab.

Diphyllobothrium latum, Fischbandwurm, bis 20 m lang (Abb. 343). Im Darm des Menschen und fischfressender Säugetiere. Eier werden über den Uterus freigesetzt, gelangen mit Kot nach außen; zeitgleich werden meist die weitgehend eifreien Proglottiden ausgeschieden. Das bewimpertes Coracidium schlüpft nach einigen Tagen; es wird vom 1. Zwischenwirt, einem Copepoden, gefressen, penetriert mit Larvalhäkchen und Drüsen den Darmkanal des Zwischenwirts, verliert dabei Wimpernkleid, gelangt ins Mixocoel und wird so zum Procercoid. Das Procercoid hat einen caudalen Anhang (Cercomer) mit 6 Larvalhäkchen. Wird der Copepode von einem Fisch (z. B. Cyprinide) gefressen, durchdringt der Parasit, vermutlich mit Drüsen am Vorderende, den Darmkanal dieses 2. Zwischenwirts und entwickelt sich in der Muskulatur oder Leber zum Plerocercoid. Weitere Wirte (z. B. räuberische Fische) können als Stapelwirte (paratenische Wirte) in den Zyklus einbezogen sein; auch hier durchdringt der Bandwurm den Darm und parasitiert in Wirtsgeweben (Muskulatur). Wird der befallene Fisch roh von einem Säuger verzehrt, entwickelt sich im Dünndarm dieses Endwirts der geschlechtsreife Wurm.

Cyclophyllidea. – Mit kräftigen Anheftungsstrukturen am Scolex, häufig Saugnäpfe (Acetabula); z. T. zusätzlich mit Rostellarhaken (z. B. bei *Taenia solium*, *Echinococcus granulosus*, *E. multilocularis*, *Dipylidium caninum*, *Multiceps multiceps*), gelegentlich doppelte Hakenkränze (Abb. 344). Bei einigen Arten fehlen Hakenkränze, z. B. bei *Taenia saginata*, *Hymenolepis diminuta*, *Mesocestoides* sp. Mehrere Proglottiden (3 bis mehrere Hundert). Uterus ohne Porus. Entwicklung der Eier wird im Uterus nahezu vollendet und sie werden durch Ruptur der ausgeschiedenen Proglottiden freigesetzt. Als Zwischenwirte dienen Arthropoden oder Säuger. Endwirte stets Amniota. Spermatozoa mit nur 1 Axonem.

Erste Larvalstadien unbewimpert (Oncosphaeren); verbleiben nach dem Freisetzen in den sklerotisierten Embryophoren (s. u.) und werden von den Zwischenwirten oral aufgenommen; schlüpfen erst in deren Darmkanal.

Taenia saginata, Rinderbandwurm, 4 bis 6 m lang (Abb. 345), im Darm des Menschen und Fleisch fressender Säugetiere. Proglottiden werden mit Kot ausgeschieden und sind durch Kontraktionen der

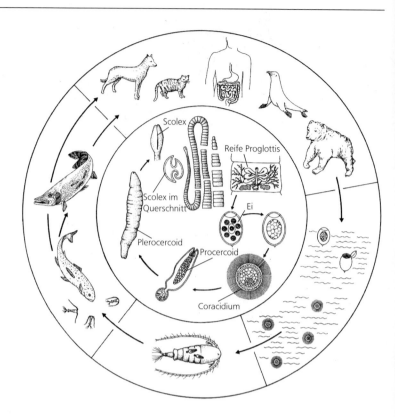

Abb. 343 Lebenszyklus von *Diphyllobothrium latum*, Fischbandwurm. Original: W. Ehlert, Gießen.

Muskulatur eigenbeweglich. Durch ihre Bewegungsfähigkeit können sie auch den Anussphinkter überwinden und aktiv den Darm verlassen. Sie können selbst „laufen" und so z. B. auf nahe gelegene Rinderweiden gelangen; ein Fernhalten menschlicher Fäkalien von den Weiden unterbindet den Kreislauf also nicht zwangsläufig. Bei längerer Exposition an der Luft trocknen die Proglottiden ein oder mazerieren, Eier werden frei und vom Rind aufgenommen. Unbewimperte Oncosphaeren schlüpfen im Dünndarm, penetrieren das Darmepithel und gelangen in die Blutbahn, von wo aus sie sich in der Muskulatur festsetzen und zur Finne (Cysticercus bovis) entwickeln (Abb. 342C). Nachweis der Finnen durch Untersuchung der Kau- bzw. Zungenmuskulatur. Wird das Fleisch eines infizierten Zwischenwirts roh oder unzureichend gegart durch den Endwirt gefressen, stülpt in dessen Dünndarm der Cysticercus seinen Scolex um. Der Bandwurm setzt sich mit seinem Scolex am Darmepithel fest, während die Halsregion anfängt, Proglottiden auszubilden. Der adulte Bandwurm beginnt nach 2–3 Monaten gravide Proglottiden abzuschnüren. – Einen sehr ähnlichen Entwicklungszyklus zeigt der Schweinebandwurm (*Taenia solium*), dessen Proglottiden nach der Freisetzung allerdings nicht eigenbeweglich sind und der als Zwischenwirt das Schwein befällt. Auch der Mensch und andere Säuger können Zwischenwirte sein; da die Finne sich auch in Nervengewebe etabliert, ist ein Befall für den Menschen gefährlich (Cysticercose). Der Schweinebandwurm besitzt im Gegensatz zum Rinderbandwurm ein Rostellum.

Echinococcus granulosus, Hundebandwurm, geschlechtsreifes Tier im Darmkanal des Hundes (und anderer canider Säugetiere), ca. 3,5 mm, nur 3–4 Proglottiden, Scolex mit 4 Saugnäpfen und doppeltem Hakenkranz. Oft in sehr großen Zahlen im Endwirt. Zwischenwirte verschiedene Huftiere, Nager und Hasenartige, aber auch der Mensch. Über Proglottiden im Kot oder über larvenhaltige Eier gelangen die Oncosphaeren in den Zwischenwirt. Sie schlüpfen im Duodenum, durchdringen die Darmwand, gelangen über das Pfortadersystem in die Leber und entwickeln sich dort im Gewebe in den meisten Fällen zur typischen blasigen Finne (Hydatide, Abb. 342G); seltener gelangen sie über das Blutgefäßsystem in andere Organe (Lunge, Gehirn), in denen sie bindegewebig eingekapselt werden. Die Finne bildet in ihrem Zentrum einen flüssigkeitsgefüllten Hohlraum, dessen Volumen ständig zunimmt und die Größe eines Handballs erreichen kann. Aus dem dem Lumen zugewandten Gewebe entwickeln sich Tochter- oder Sekundärblasen („kleine Hydatiden"), in denen Anlagen der späteren Scolices (Protoscolices) entstehen, die zunächst noch mit der Wand der Tochterblasen verbunden sind. Die glatte Oberfläche der Hydatide ermöglicht eine operative Entfernung; allerdings wachsen Brutkapseln, die z. B. durch versehentliches Anritzen während eines chirurgischen Eingriffs aus der Blase freigesetzt werden, zu neuen großen Hydatiden aus. Dies überlebt ein Patient normalerweise nicht. Frisst ein potenzieller Endwirt hydatidenhaltiges Fleisch, entwickeln sich aus den im Dünndarm freigesetzten Pro-

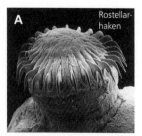
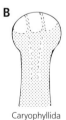
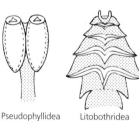

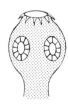

Caryophyllida Pseudophyllidea Litobothridea Tetraphyllidea Cyclophyllidea

Abb. 344 A Scolex mit Rostellarhaken von *Schistotaenia* sp. **B** Verschiedene Scolex-Formen. A Aus Coil (1991); B aus Siewing (1985).

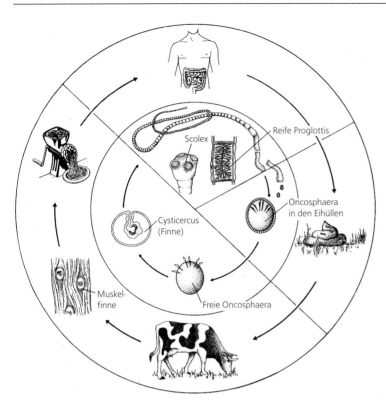

Abb. 345 Lebenszyklus von *Taenia saginata*, Rinderbandwurm. Original: W. Ehlert, Gießen.

toscolices neue Bandwürmer. – *Echinococcus multilocularis,* Fuchsbandwurm (Abb. 346). Kann wie *E. granulosus* ein relativ breites Spektrum carnivorer Endwirte befallen (auch Katzen). Kleiner Adultus, mit 4–5 Proglottiden. Entwicklung und potenzielle Zwischenwirte (vor allem Wühlmäuse, aber auch der Mensch) ähnlich wie bei *E. granulosus*; der Mensch infiziert sich z. B. bei der Fuchsjagd (Ausnehmen oder Abhäuten des Fuchses) oder durch den Verzehr von Waldfrüchten mit Fuchskot. Aus der Oncosphaera entsteht als Finne in der Leber keine Hydatide, sondern ein krebsartig-infiltrativ wach-

sendes Stadium („alveoläre Cyste") mit einem schwammigen Labyrinth aus Lakunen, aus dessen Wänden Protoscolices sprossen. Da die Flüssigkeit auch bei der alveolären Cyste Brutkapseln enthält, die beim Eröffnen der Cyste frei werden und heranwachsen, und wegen des unregelmäßigen Wachstums der Cyste ist sie praktisch nicht operabel. Auch eine Chemotherapie ist sehr schwierig. Daher endet eine Infektion mit *E. multilocularis* für den Menschen häufig tödlich. Der Fuchs als Hauptwirt infiziert sich vorwiegend über den Verzehr von Wühlmäusen.

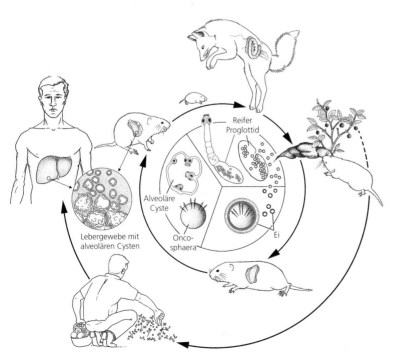

Abb. 346 Lebenszyklus von *Echinococcus multilocularis,* Fuchsbandwurm. Original: W. Xylander, Görlitz.

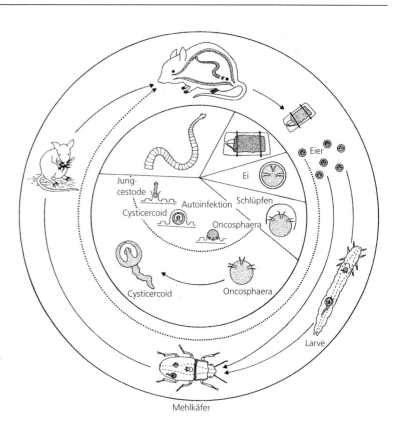

Abb. 347 *Vampirolepis nana.* Lebenszyklus. Reife Proglottiden werden von der Ratte mit dem Kot abgegeben. Werden die Eier vom Zwischenwirt (Mehlkäfer, seine Larve oder eine Flohlarve) gefressen, werden die Oncosphaeren frei, penetrieren das Darmepithel und entwickeln sich im Mixocoel zu Cysticercoiden. Frisst die Ratte (Endwirt) das infizierte Insekt, wird aus dem Metacestoden wieder ein Bandwurm. Aus direkt von der Ratte gefressenen Eiern (Autoinfektion, gepunktete Linie), bohren sich die Oncosphaeren in Darmzotten ein und entwickeln sich dort ohne Zwischenwirt zu Cysticercoiden; diese brechen anschließend ins Darmlumen durch, heften sich an die Darmwand und reifen zu adulten Cestoden. Nach Schmidt et al. (1978).

Hymenolepis diminuta, Zwergbandwurm, 2–4 cm. Wichtiges Labortier der Bandwurmforschung. Endwirt sind verschiedene Nager, insbesondere die Ratte; der Mensch wird selten befallen. Als Zwischenwirte dienen verschiedene Insekten, z. B. Flöhe, Haarläuse oder Käfer (*Tenebrio*). – *Vampirolepis (syn. Hymenolepis) nana*, 5 cm, weltweit verbreiteter Dünndarmparasit im Menschen, auch in Nagern (Abb. 347).

Lophophorata (Tentaculata), Tentakulaten

Als Tentakulaten werden drei Gruppen filtrierender, sessiler Organismen zusammengefasst, die einen sehr ähnlichen Tentakelapparat (Lophophor) besitzen: **Phoronida, Brachiopoda** und **Bryozoa**. Während sich die Monophylie jeder dieser Gruppen sehr gut begründen lässt, sprechen nur wenige Merkmale für die Lophophorata als geschlossene Abstammungsgemeinschaft. Zudem hängt die Bewertung der Merkmale sehr stark von der Stellung der Tentakulaten im System der Tiere ab. Phoroniden sind eine aus nur 16 Arten bestehende Gruppe, deren Vertreter generell als Einzeltiere in selbstgebauten Chitinröhren leben, mitunter aber auch klonale Kolonien bilden. Auch die Brachiopoden (ca. 380 rezente Arten) leben solitär; sie besitzen Muschel-ähnliche, zweiklappige Schalen, die allerdings die ventrale und dorsale Körperseite bedecken. Die Bryozoen sind rezent das artenreichste Tentakulaten-Taxon (ca. 6 000 Arten). Sie bilden ausnahmslos Tierstöcke aus meist zahlreichen Individuen, die teilweise miteinander verbunden bleiben und von gelatinösen oder chitinigen, häufig auch stark verkalkten Gehäusen umgeben sind. Bryozoen und Brachiopoden haben umfangreiche fossile Belege. Tentakulaten sind ausschließlich aquatische, vorwiegend marine Tiere; nur unter den Bryozoen gibt es Süßwasserformen.

Bau und Leistung der Organe

Alle Tentakulaten sind Suspensionsfresser, die sich von partikulärem (> 1 µm) organischen Material aus der Wassersäule ernähren, das sie mit an den Seitenflächen ihrer Tentakel befindlichen Cilien heranstrudeln. Diese erzeugen einen auswärts gerichteten Wasserstrom, wobei die Filtration der Nahrungspartikel auf der Innenseite der Tentakel stattfindet, (Abb. 265B) (*upstream-collecting-system*). Die Tentakel enthalten ein Coelom, das als Hydroskelett fungiert und durch eine verdickte basale Matrix versteift ist. Die Coelomauskleidung besteht aus einem Myoepithel, das zugleich die Tentakelmuskulatur bildet. Die Coelomräume der Tentakel sind an der Basis ringförmig miteinander verbunden. Die durch diese ringförmige Verbindung entstehende gemeinsame Basis aller Tentakel wird als **Lophophor** (Tentakelträger) bezeichnet. Der Lophophor ist ursprünglich halbmondförmig und umgibt die Mundöffnung. Innerhalb der drei Tentakulatengruppen kommt es zur Vergrößerung des Lophophors, so dass er eine Hufeisenform annimmt (Abb. 349), die einen noch effektiveren Nahrungserwerb ermöglicht. In einigen Formen drückt eine muskulöse Klappe, die mundwärts dem Lophophor entspringt, die von den Tentakeln herantransportierte Nahrung in den Vorderdarm. Diese Klappe wird Epistom genannt (Abb. 349, 350).

Die Afteröffnung befindet sich am gleichen Körperpol wie die Mundöffnung, jedoch immer außerhalb des Tentakelkranzes. Der **Darmkanal** ist daher U-förmig, durchzieht den Rumpf und ist bei Brachiopoden und Phoroniden an Mesen-

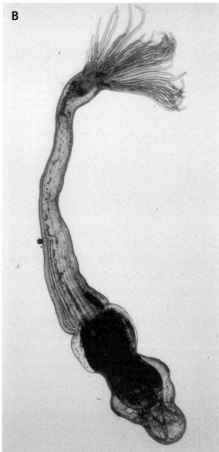

Abb. 348 *Phoronis muelleri* (Phoronida). Lebendfotos. **A** Vorderende ragt über das Sediment aus der Chitinröhre. **B** Individuum ohne Röhre, etwa 3 Wochen nach Metamorphose. Ampulle durch Coelomdruck und Muskulatur peristaltisch bewegbar. Länge 4 mm. Originale: K. Herrmann, Erlangen.

Carsten Lüter, Berlin, Alexander Gruhl, London und Thomas Bartolomaeus, Bonn

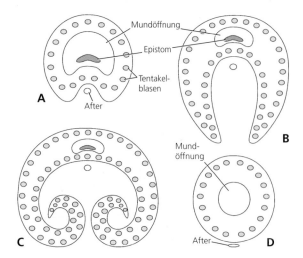

Abb. 349 Formen des Lophophors als Querschnitt durch die Tentakelbasis. Brachiopoda bis auf Linguliformea und Craniiformea ohne Afteröffnung. **A** Ursprüngliche Form (*Phoronis ovalis*, Phoronida; *Fredericella sultana*, Bryozoa). **B** Hufeisenförmig (Phoronis sp.; Phylactolaemata, Bryozoa; einige Brachiopoda). **C** Spiralig (*Phoronopsis* sp.; die meisten Brachiopoda). **D** Kreisrund. Gymnolaemata, Bryozoa. Originale: T. Bartolomaeus, Berlin.

terien aufgehängt, die teilweise nicht bilateralsymmetrisch angeordnet sind (Abb. 351). Rumpf und Tentakelapparat führen zu einer zweiteiligen Körpergliederung, die sich in der Organisation der sekundären Leibeshöhle in Tentakelcoelom und Rumpfcoelom widerspiegelt (Abb. 350A, 355).

Das **Nervensystem** ist bei allen drei Tentakulatengruppen als basiepidermales Netz ausgebildet. Zwischen Tentakelkranz und Rumpf kommt es zu einer epidermalen und subepidermalen Konzentration von Nerven und gruppenspezifisch zu unterschiedlichen Verdichtungen des Nervennetzes; ein kleines Gehirnganglion kann vorhanden sein (Abb. 350B, 355, 371).

Die Auskleidung des Rumpfcoeloms ist zugleich die somatische und die viscerale Muskulatur der Tiere und besteht aus Epithelmuskelzellen, die auch die Mesenterien bilden. Nur bei den Phoroniden und phylactolaematen Bryozoen bilden Epidermis und somatische Muskulatur einen **Hautmuskelschlauch**, der durch netzförmig angeordnete, äußere Ringmuskeln und innere Längsmuskelbänder gekennzeichnet ist. Mit der Ausbildung von Schalen bei Brachiopoden und festen Gehäusen innerhalb der Bryozoen wird dieser Hautmuskelschlauch zu Einzelmuskeln modifiziert. Das Rumpfcoelom dient als Hydroskelett. Es wird bei Phoroniden und fast allen Brachiopoden von 1 Paar Metanephridien entwässert (Abb. 350B). Die Metanephridien münden mit Exkretionsporen jederseits des Afters außerhalb des Tentakelkranzes (Abb. 350D). Der Mund und After tragende Körperpol wird als anterior, der gegenüberliegende als posterior bezeichnet. Die traditionellen Achsenbezeichnungen (dorsal-ventral, frontal-caudal) lassen sich nur bei den Larven verwenden.

Die Tentakel dienen nicht nur der Ernährung, sondern auch der Respiration. Neben dem Coelomraum enthalten sie bei Phoroniden und Brachiopoden in ihrem Inneren jeweils ein **Gefäß**, das als primäre Leibeshöhle eine Erweiterung in

der extrazellulären Matrix ist. Die Tentakelgefäße sind zwischen dem Tentakelcoelom und dem Rumpfcoelom ringförmig miteinander verbunden. Von hier aus ziehen Längsgefäße in den Mesenterien des Darmkanals nach posterior. Hier sind sie besonders reich verzweigt, um das generative Coelomepithel (Gonaden) zu versorgen.

Die **Gameten** werden dementsprechend von Zellen in der Coelomauskleidung gebildet und gelangen von dort in das Rumpfcoelom. Von hier werden sie bei Phoroniden und Brachiopoden über die Metanephridien in das freie Wasser abgegeben. Bei Bryozoen kommt innere Befruchtung vor; Spermien sowie die befruchteten Eier werden über einfache Coelomporen bzw. das Intertentacularorgan abgegeben. Die Brachiopoden sind in der Mehrzahl getrenntgeschlechtlich, Bryozoen und Phoroniden zumeist zwittrig.

Fortpflanzung und Entwicklung

Die befruchtete Eizelle teilt sich radiärsymmetrisch, wobei Abweichungen innerhalb der Bryozoen vorkommen und auch bei einigen Phoroniden andere Furchungsmuster berichtet wurden. Die Gastrula entsteht durch Invagination. Aus dem Blastoporus geht die definitive Mundöffnung hervor (Protostomie). Die Entwicklung führt bei den meisten Arten zu pelagischen Larven. Die Mehrzahl ist lecithotroph und geht aus dotterreichen Eiern hervor; die Larvalphase ist bei diesen Arten sehr kurz. Innerhalb der einzelnen Gruppen kommen planktotrophe Larven, wie etwa die Actinotrocha-Larve bei Phoroniden (Abb. 352) oder die Cyphonautes-Larve bei Bryozoen (Abb. 359) vor. Die Metamorphose wird artspezifisch durch einen substratinduzierten Stimulus ausgelöst. Zahlreiche Arten, darunter fast alle Bryozoen, betreiben Brutpflege. Neben den Larven sind von Brachiopoden und Bryozoen freischwimmende Juvenilstadien bekannt, die sich später am Substrat festsetzen. Asexuelle Vermehrung führt zu Tierstöcken bei den Bryozoen; sie ist jedoch auch von Phoroniden bekannt.

Systematik

Die systematische Stellung der Tentakulaten-Taxa wurde sehr lange kontrovers diskutiert. Viele morphologische und furchungsbezogene Daten schienen früher die Hypothese eines gemeinsamen Vorfahren von Brachiopoden, Bryozoen, Phoroniden und Deuterostomiern zu stützen und ein Taxon Radialia zu begründen. Diese **Radialia-Hypothese** interpretiert das Archicoelomaten-Konzept (S. 178) neu. Sie lehnt die einmalige Evolution der Coelomräume der Bilateria aus Gastraltaschen der Cnidaria ab, homologisiert aber die Coelomräume, die Metanephridien, den U-förmigen Darmkanal und den durch ein coelomatisches Hydroskelett gestützten Tentakelapparat der Tentakulaten und Deuterostomia. Einige dieser Merkmale können aber auch ebenso gut als konvergente Entwicklungen im Zuge des Übergangs zu sessiler, filtrierender Lebensweise erklärt werden. Letzteres wird beispielsweise durch inkongruente Lagebeziehungen der einzelne Coelomabschnitte und der Exkretionsorgane gestützt.

Alle bisherigen molekularen Untersuchungen unterstützten eine gemeinsame Abstammungsgemeinschaft der Lophophoratengruppen und der Trochozoa (Mollusca, Annelida, Nemertini, Kamptozoa), welche als **Lophotrochozoa-Hypothese** Eingang in die Literatur gefunden hat und auch von einigen morphologischen Merkmalen gestützt wird. Die verwandtschaftlichen Beziehungen innerhalb der Lophotrochozoa werden momentan noch diskutiert. Es gibt aber gute Hinweise, dass die Tentakulaten monophyletisch sind und eine Teilgruppe der Spiralia bilden. Körpergliederung, Coelomorganisation, U-förmiger Darmkanal, Sessilität und Ernährung durch suspendiertes Material mittels *upstream-collecting*-Filtration, Lophophor und Epistom sind dabei die wichtigsten morphologischen Merkmale, die die Monophylie der Tentakulaten stützen. Alternative Hypothesen wie die durch einige molekulare Untersuchungen sowie Ähnlichkeiten in der Metamorphose gestützte, nähere Verwandtschaft der Bryozoa zu den Kamptozoa würden dagegen weitreichende Konvergenzen und Reduktionen, z. B. in der Coelomorganisation und den Exkretionsorganen erfordern.

Da allen Tentakulaten eine Spiralfurchung fehlt, dieser Furchungsmodus aber in das Grundmuster der Spiralia gehört, muss diese Form der Furchung sekundär in einen radiären Furchungstyp transformiert worden sein. Es ist zu erwarten, dass Nachuntersuchungen Reste spiraliger Muster aufzeigen werden (z. B. bei Phoronida). Ob mit dem Verlust der Spiralfurchung auch die strikte Determination der Zellen verlorenging, kann nicht beantworten werden, da die hierfür notwendige Individualisierung der Blastomere bei einer Radiärfurchung zurzeit nicht möglich ist.

Morphologische Merkmale, die dafür sprechen, dass die Tentakulaten eine Teilgruppe der Spiralia sind, ist die bei Anneliden und den drei Tentakulatentaxa übereinstimmende Auskleidung des Coeloms, die zugleich die somatische und die viscerale Muskulatur ist. Ein weiteres morphologisches Argument, das möglicherweise für die Lophotrochozoa spricht, sind die Borsten der Brachiopoden, die in ihrem ultrastrukturellen Aufbau z. B. mit den Borsten der Anneliden (Abb. 523) vollständig übereinstimmen. Sollte es sich hierbei um ein ursprüngliches Merkmal der Tentakulaten handeln, so müssten die Borsten bei Phoroniden verloren gegangen sein. Bei einigen Bryozoen treten ultrastrukturell den Borsten vergleichbare chitinöse Kauplatten im Magen auf. Klare Hinweise auf eine Metamerie bei Brachiopoden und Phoroniden fehlen bisher; sie lassen sich nur durch weitreichende Uminterpretation von Originalbefunden vermuten.

Die verwandtschaftlichen Beziehungen zwischen den drei Tentakulatengruppen sind umstritten. Die Ausstülpung einer im Laufe der Ontogenese entstandenen ventralen Invagination mit Beginn der Metamorphose finden wir nur bei Phoroniden (Metasoma-Schlauch) und Bryozoen (Ventralsack). Sie besitzt als Synapomorphie daher nur für eine Schwestergruppenbeziehung zwischen Phoroniden und Bryozoen hohe Wahrscheinlichkeit.

1 Phoronida, Hufeisenwürmer

Die Phoroniden bilden eine monophyletische Gruppe von bis zu 16 ausschließlich marin lebenden Arten mit einem biphasischen Lebenszyklus. Obwohl die Larve der Phoroniden schon von J. MÜLLER 1846 vor Helgoland als zu den Plathelminthen gehörende Adultform mit dem Namen *Actinotrocha branchiata* beschrieben wurde, gelang es erst A. KOWALEWSKY 1867 den Zusammenhang zwischen Larve und Adultus herzustellen (Abb. 352, 354). Phoroniden teilen sich in 9 bis 10 *Phoronis*- und 5 bis 6 *Phoronopsis*-Arten auf. Die Unsicherheit bei den Artenzahlen beruht darauf, dass von den ursprünglich 26 beschriebenen Arten viele als Synonyme erkannt wurden, von einzelnen der Status jedoch immer noch unsicher ist. Ungeachtet dessen sind in den vergangenen Jahren neue Phoroniden-Arten beschrieben worden. Fossilisierte Phoroniden-Röhren sind aus der Trias bekannt (†*Talpina ramosa*).

Die Phoroniden sind weltweit von flachen Küstengewässern bis in Tiefen von 400 m verbreitet. Sie leben solitär in Röhren, entweder eingegraben im Sand oder bohrend in der Schale von Muscheln oder Kalkgestein. Häufig kommen sie in größeren kolonieartigen Individuendichten vor. So bildet *Phoronis vancouverensis* krustenförmige Ballen aus ineinander verwundenen Röhren. Diese bestehen aus Chitin; bei in Weichsubstrat lebenden Arten, wie bei der vor Helgoland vorkommenden *Phoronis muelleri*, werden sie durch Anheften von Sandkörnern verfestigt und schützen so den lang gestreckten Rumpf. Das Vorderende trägt einen symmetrischen, bei *Phoronis ovalis* halbmondförmigen, bei anderen Arten einen mehrfach aufgewundenen Tentakelkranz, der die zentrale Mundöffnung umgibt (Abb. 348, 350) und aktiv Nahrungspartikel aus der Wassersäule filtriert.

Bau und Leistung der Organe

Phoroniden sind dünn und lang gestreckt. Sie werden 2–25 cm lang, aber nur 0,5–2 mm dick. Der Körper weist bis auf die Tentakelkrone und eine anschwellbare Ampulle am Ende des Rumpfes keine äußeren Spezialisierungen auf (Abb. 348B). Die Achsenorientierung ist schwierig, da während der Metamorphose durch Ausstülpung der Ventralseite larvales Vorder- und Hinterende nahe zusammen gebracht werden, so dass die Dorsalseite auf das kurze Stück zwischen Mundöffnung und After reduziert wird. Die Ventralseite ist dadurch stark gestreckt und bildet den gesamten Rumpf. Beim adulten Tier wird daher der Tentakel-tragende Körperpol als das Vorderende und der Rumpfteil mit der Ampulle als das Hinterende bezeichnet; die Mundöffnung markiert die Oralseite, der After die Analseite (Abb. 350A).

Die Körperwand der Phoroniden besteht aus einer monociliären Epidermis. Im Rumpfbereich enthält sie viele Drüsenzellen, die für den Schleimfilm im Inneren der Röhre absondern. Bisher ist unbekannt, welche Rumpfepidermiszellen das Chitin zum Bau der Röhre sezernieren. Die Tentakel und besondere Strukturen an deren Basis, wie die Nidamentaldrüse zur Brutpflege oder die Lophophoralorgane zum Bau von Spermatophoren, besitzen viele sekretorische Zellen.

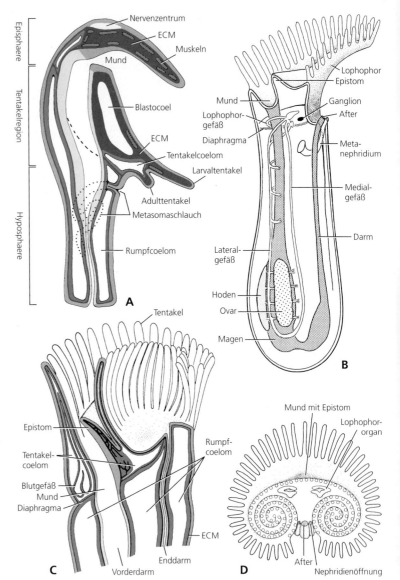

Abb. 350 Organisation der Phoroniden. **A** Längsschnitt der Actinotrocha-Larve von *Phoronis muelleri*. Unterhalb der Larvaltentakel Anlagen der Adultentakel. ECM umfangreich. Blastocoel in der Tentakelregion; Tentakelcoelom angelegt; Rumpfcoelom ausgedehnt. Episphäre oberhalb der Mundöffnung. **B–D** Adultorganisation. **B** Längsschnitt. **C** Vorderende. Epistom ragt klappenförmig über die Mundöffnung. Im Inneren Muskulatur, die vom Tentakelcoelom ausgeht. Mundöffnung innerhalb des Tentakelkranzes, Afteröffnung außerhalb. **D** Dorsalansicht mit den Körperöffnungen. Innere Reihe des spiraligen Lophophors nur angedeutet. B, D Nach verschiedenen Autoren aus Pearse und Buchsbaum (1987); A, C Originale: T. Bartolomaeus, Berlin.

Der **Lophophor** der Phoroniden umgibt ursprünglich kreisförmig die Mundöffnung und das Epistom, welches über den Mund ragt. Er trägt eine körpergrößenabhängige Anzahl von 28–1 600 Tentakeln, welche der Ernährung und dem Gasaustausch dienen. Der After mündet außerhalb des Lophophors. Bei kleineren Tieren wird der kreisförmige Tentakelkranz zum After hin nierenförmig eingedellt. Die Enden des Lophophors können bei größeren Tieren zu Armen erweitert und helicoidal aufgerollt sein (Abb. 350D).

Die Cilien der Tentakel erzeugen einen Nahrungswasserstrom, aus dem die Nahrungspartikel (> 5 μm) herausgefiltert und auf einer medianen Nahrungsrinne auf der Innenseite der Tentakel zur Mundöffnung gestrudelt werden. Die Cilienbänder bilden ein *upstream-collecting-system* (S. 168) mit laterofrontal angeordneten Wimpern; alle bewimperten Zellen sind monociliär. Das **Verdauungssystem** beginnt hinter der Mundöffnung mit dem absteigenden Ast, der über einen großlumigen Oesophagus und einen langen Vormagen in den Magen mündet; letzterer liegt in der Ampulle. Hinter dem Magen beginnt mit dem Pylorus der aufsteigende Ast des Verdauungssystems, der außerhalb des Lophophors auf einem Analhügel über den After nach außen mündet. (Abb. 350B–D).

Das **Coelom** besteht aus dem Tentakelcoelom und dem Rumpfcoelom; durch ein in Höhe des Oesophagus verlaufendes Diaphragma sind beide getrennt. Das Tentakelcoelom bildet einen Ring an der Basis des Lophophors und erstreckt sich in jeden Tentakel. Das Rumpfcoelom wird durch längs verlaufende Mesenterien in vier Kompartimente geteilt, in ein orales mit dem Vorderdarm und Magen, in ein anales mit dem Enddarm, sowie in zwei laterale Abschnitte. Mesenterien befestigen den Darm an der Körperwand und enthalten in ihrer basalen Matrix die Blutgefäße (Abb. 351).

Die **Muskulatur** besteht aus Epithelmuskelzellen, die eine dünne Ring- und eine starke Längsmuskulatur bilden. Die Tiere bewegen sich peristaltisch in der Röhre. Im Rumpf ist die Längsmuskulatur gebündelt und zu Fahnen ausgezogen. Mit Hilfe dieser Längsmuskelfahnen können sich die Adulten schnell in die Röhre zurückziehen.

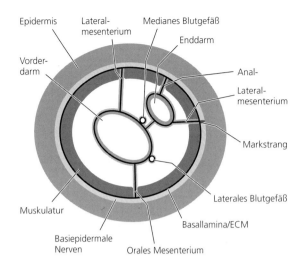

Abb. 351 Querschnitt durch einen Phoroniden. Mesenterien unterteilen Rumpfcoelom in 4 Kompartimente. Original: P. Grobe, Berlin.

Die Längsmuskulatur ist taxonspezifisch differenziert, so hat z. B. *Phoronis hippocrepia* die „Muskelformel":

$$\frac{12\,|\,13}{6\,|\,7} = 38$$

Dies bedeutet, es finden sich 12 Längsmuskelbündel in der linken, 13 in der rechten oralen Kammer, sowie 6 in der linken und 7 in der rechten analen Kammer – eine eigenartige Abweichung von der Bilateralsymmetrie.

Das **Kreislaufsystem** der Phoroniden ist ein sehr gut entwickeltes Blutgefäßsystem, das in der Matrix der Mesenterien und des Tentakelcoeloms verläuft. Von einer Matrix ausgekleidet besteht es aus einem medianen und ein bis zwei im Rumpf verlaufenden lateralen sowie zwei der Basis des Lophophors folgenden Ringgefäßen. Jedes dieser Ringgefäße entsendet je einen Ausläufer in die Tentakel, die sich an der Basis des Tentakels vereinigen und an der Spitze blind enden. Dem medianen Längsgefäß sitzen im vorderen Teil coelomseitig Epithelmuskelzellen auf, so dass es durch rhythmische Kontraktionen das Blut im Körper verteilt. Das Blut fließt vom Mediangefäß in das zuführende Ringgefäß des Lophophors und von dort in die Tentakel, wo es Sauerstoff aufnimmt. Von hier gelangt es in das rückführende Ringgefäß des Lophophors und weiter in die entlang des Rumpfes absteigenden Lateralgefäße, die über ein feines Kapillarnetz den Darm und die Gonaden versorgen (Abb. 350B). Das Kapillarnetz geht in das aufsteigende Mediangefäß über und schließt so den Kreislauf. Phoroniden besitzen Blutzellen (Hämocyten) mit Hämoglobin als respiratorisches Pigment.

Bei einigen Phoroniden läuft das rechte Lateralgefäß nicht durch den gesamten Rumpf, sondern ist auf der Höhe des Oesophagus im Rumpf mit dem linken Lateralgefäß verschmolzen. *P. ovalis* ist die einzige Art, in der das linke Lateralgefäß vollständig fehlt.

Zwei **Metanephridien** entwässern das Rumpfcoelom und wirken gleichzeitig als Gonodukte. Jedes Metanephridium beginnt im Rumpfcoelom mit einem Wimperntrichter und

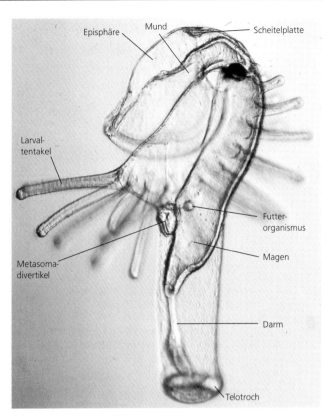

Abb. 352 Actinotrocha-Larve von *Phoronis muelleri*. 22-Tentakelstadium mit Beginn der Anlage des Metasomadivertikels. Länge 1,2 mm. Im Darmtrakt eingestrudelter Einzeller aus dem Plankton. Original: K. Herrmann, Erlangen.

geht in einen Kanal über, der bei einigen Arten eine U-förmige Schleife bilden kann und in Höhe des Afters über einen Nephroporus nach außen mündet (Abb. 350B, 353B). Die Wimperntrichter können eine artspezifische Komplexität aufweisen.

Das **Nervensystem** besteht aus einem subepidermalen Plexus, der den gesamten Körper umspannt und mit sensorischen Nervenzellen an der Körperoberfläche kommuniziert. Entlang des Lophophors ist der Nervenplexus zu einem Ring verdichtet, der zwischen Mundöffnung und After ein epidermal gelegenes Zentrum bildet. Vom Ring verläuft je ein Nerv in jeden Tentakel. Bei Phoroniden befinden sich laterale Markstränge mit Riesenaxonen in der Epidermis des Rumpfes. Die Riesenaxone sind jeweils von einer Gliazellhülle umgeben.

Viele Arten besitzen nur einen linken lateralen Markstrang, einige wenige zusätzlich auch einen rechten. Der linke innerviert rechts im Hauptnervenzentrum, verläuft im Nervenplexus zunächst zur linken Seite, tritt dann in das Coelom ein, um entlang des linken Nephridiums zu verlaufen und dahinter erneut durch die basale Matrix unter die Zellen der Epidermis zu treten, wo er bis in die Ampulle zieht. Mit lateralen Ästen, die von Marksträngen durch die Matrix in die Rumpfmuskulatur ziehen, wird eine schnelle Erregungsleitung zur Längsmuskulatur gewährleistet. Ist ein rechter Markstrang ausgebildet, entspringt er contralateral links im Zentrum und zieht dann entsprechend nach rechts.

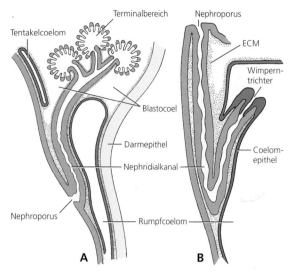

Abb. 353 Umwandlung von Proto- (**A**) zu Metanephridien (**B**) bei Phoroniden. Terminalbereiche der Protonephridien ragen in das Blastocoel; sie werden während der Metamorphose abgestoßen. Der Restkanal gewinnt Anschluss an das Rumpfcoelom, so dass Metanephridien aus einem ektodermalen Protonephridialkanal und einem coelothelialen (mesodermalen) Trichter bestehen. Original: T. Bartolomaeus, Berlin.

Fortpflanzung und Entwicklung

Phoroniden sind getrenntgeschlechtlich oder protandrischzwittrig. Die Geschlechtsprodukte reifen in den vom Coelomepithel um das Kapillarnetz des Magens gebildeten Gonaden heran. Sie werden über die Metanephridien ausgeleitet. Die Befruchtung erfolgt im freien Wasser; eine innere Befruchtung kommt nur bei wenigen Arten vor. Die Furchung ist total und äqual; sie führt zur Ausbildung einer Blastula mit gelartiger Matrix, die zur Gastrula invaginiert. Deren zunächst weiter Urmund schließt sich von hinten nach vorne zu einem kleinen Blastoporus. Die folgenden Lagebezeichnungen beziehen sich auf diesen Blastoporus. Im Laufe der weiteren Entwicklung setzt ein allometrisches Wachstum ein, das zunächst den vor dem Blastoporus liegenden Abschnitt vergrößert. Mesodermale Zellen, die mit Beginn der Gastrulation aus dem Ektoderm neben dem Blastoporus in die voluminöse Matrix eingewandert sind, differenzieren sich hier zu Muskelzellen. Distal des Blastoporus fusioniert der bisher sackförmige Darmkanal mit einer ektodermalen Einstülpung, die den After bildet. Die larvalen Achsen sind nun festgelegt. Links und rechts des Afters haben sich ektodermale Einsenkungen gebildet, die sich nach vorn verlängern und im Laufe der weiteren Ontogenese zu Protonephridien differenzieren. Dorsal gliedert sich vom Urdarm Zellmaterial ab, aus dem später das Rumpfcoelom hervorgeht. Zu diesem Zeitpunkt hat sich frontal der Mundöffnung die larvale Episphäre (Epistom) gebildet, die die Mundöffnung überdacht und in der ein apikales Nervenzentrum liegt. Von diesem ziehen subepidermal Nerven zum Episphärenrand und zum Rumpf. Im Inneren der Episphäre befindet sich eine gelartige, von Fasermuskelzellen verspannte Matrix.

Bei *Phoronis ovalis* werden Embryonen in der Röhre des Adultus ausgebrütet. Die sich daraus entwickelnden Larven bilden auf der Ventralseite eine bewimperte Kriechsohle aus, mit der sie sich – wie eine Nacktschnecke – über das Substrat (meistens Schalen von abgestorbenen Muscheln) bewegen. Der Vorgang der Metamorphose wurde noch nie beobachtet.

Die übrigen Phoroniden besitzen dagegen eine pelagische Larve von besonderer Größe (1–2 mm) und Struktur, die Actinotrocha (Abb. 352, 354). Sie trägt hinter der Mundöffnung ventrale Tentakel, deren Anzahl im Laufe der Ontogenese zunimmt.

Die Ausrichtung der Larve im Raum verändert sich; die fronto-caudale Achse wird zur Vertikalachse der Tiere. Die Larven bewegen sich mit den Cilien der Tentakel und eines perianalen Ringes im Wasser. Im Laufe der weiteren Entwicklung dehnt sich das einheitliche Rumpfcoelom beiderseits des Darmes von dorsal nach ventral aus und bildet ein ventrales Mesenterium. Dorso-frontal gelangt das Rumpfcoelom bis in die Höhe der Mundöffnung, ventral nur bis zu den Tentakeln. Das Rumpfcoelom ist von Myoepithelzellen ausgekleidet, die Teil des larvalen Muskelsystems sind. Das sich rasch vergrößernde Rumpfcoelom verlängert die Larve nach hinten und bildet so einen stielförmigen Körperabschnitt, die Hyposphäre (Abb. 354B, C). Durch diesen Vorgang werden die lateral der Afteröffnung liegenden Poren der Protonephridien nach vorn verschoben. Zugleich nimmt die Anzahl der Tentakel zu, bis sie schließlich auch dorsolateral der Mundöffnung als kurze Fortsätze zu erkennen sind. An der Basis der Tentakel befindet sich eine Doppelschicht aus Myoepithelzellen. Zwischen der Mundöffnung und dieser Myoepitheldoppelschicht entsteht in der Matrix ein umfangreicher Spaltraum (larvales Blastocoel). In diesen ragen die terminalen Abschnitte der Protonephridien hinein (Abb. 353A). Außerdem liegen hier die zu Zellmassen agglutinierten prospektiven Blutzellen.

Während dieser Vorgänge hat sich bei der Actinotrocha in Höhe des ventralen Mesenteriums zwischen den Poren der Protonephridien eine ektodermale Invagination ausgebildet, der Metasoma-Schlauch oder -Divertikel. Bis zur Metamorphose wächst diese Struktur in die Länge und dehnt sich im gesamten Rumpfcoelom aus. Der Metasoma-Schlauch besteht aus einer zentralen epidermalen und einer peripheren myoepithelialen Schicht. Letztere wird vom Rumpfcoelom gebildet und beginnt noch in der Larvalphase die für die Adulten charakteristische, gefiederte Längsmuskulatur zu differenzieren. Der Metasomadivertikel ist über das Mesenterium mit dem Darm verbunden (Abb. 350A, 354C).

Externe Faktoren (vor allem spezifische Bakterienpopulationen) stimulieren die **Metamorphose** der Larven. Dazu wird der Metasoma-Schlauch ausgestülpt und zieht den Darmkanal mit sich, wodurch dieser in eine U-Form gezwungen wird. Die larvale Dorsalseite verkürzt sich extrem, und Mund und After rücken dicht zusammen (Abb. 354D–F).

Die Blutzellen lösen sich voneinander und beginnen zu flottieren. In der Matrix entstehen weitere Spalträume und bilden die Gefäße des adulten Kreislaufsystems. Während sich das Blastocoel zum Ringgefäß verkleinert, vergrößert sich die basitentakuläre Myoepitheldoppelschicht zum Tentakelcoelom.

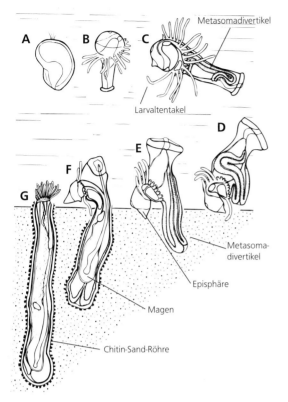

Entwicklung, ist die Schwestergruppe aller übrigen Arten, die sämtlich eine planktotrophe Actinotrocha-Larve besitzen.

Phoronis ovalis. Kleinste Art: 6 mm. Kreisrunder Lophophor (Abb. 349A) mit 28 Tentakeln; keine lateralen Riesenfasern; asexuelle Vermehrung durch Knospung; getrenntgeschlechtlich. Brutpflege in der Röhre des Adultus, Larve lecithotroph. Bohrend in Kalkstein oder in Muschelschalen von *Pecten*- oder *Glycymeris*-Arten. Kosmopolit. – *P. hippocrepia.* 40 mm. Lophophor hufeisenförmig, bis zu 190 Tentakel. Brutpflege in der Lophophoralhöhle, Zwitter, bohrend in Schalen von Austern oder in Kalkstein, im Ärmelkanal vor Roscoff im Felswatt – *P. australis:* 50–200 mm. Bis zu 1 600 Tentakel. Tentakelarme mit 3,5 Windungen. Brutpflege in der Lophophoralhöhle. Mit *Cerianthus maua* (Anthozoa) assoziiert. Mittelmeer, Madagaskar, Australien. – *P. muelleri.* 120 mm (Abb. 348). Lophophor hufeisenförmig, bis zu 100 Tentakel; getrenntgeschlechtlich, intern befruchtete Eier werden direkt ins Wasser abgegeben. In Sandröhren, bis 400 m Tiefe, weltweit, in der Nordsee vor Helgoland; bis zu 2 Ind. cm^{-2}. – *Phoronopsis harmeri.* 180 mm. Lophophorarme mehrfach aufgewunden (Abb. 349C), bis zu 400 Tentakel, getrenntgeschlechtlich, im Flachwasser zwischen Seegras, Pazifikküste der USA, bis in 90 m Tiefe.

Abb. 354 *Phoronis muelleri.* Metamorphose. **A–C** Freischwimmende Larvenstadien. **A** Junge Larve noch ohne Tentakel, aber mit Scheitelplatte und Darmtrakt. **B** Larve im mittleren Entwicklungsstadium. **C** Larve vor der Metamorphose; mit Metasomadivertikel(-schlauch). **D–F** Festsetzen der Larve im weichen Sediment. **D, E** Ausstülpen des Divertikels, der den Darm U-förmig nach sich zieht (**F**). Vordere Bereiche der Larve (Episphäre mit den Nervenzentren und Larvaltentakeln) werden gefressen. **G** Jungtier mit Chitin-Sand-Röhre. Original: K. Herrmann, Erlangen.

Die terminalen Abschnitte der Protonephridien werden abgeworfen. Der persistierende Protonephridialkanal gewinnt Anschluss an das Rumpfcoelom, dessen Myoepithelzellen den Wimperntrichter des so entstandenen Metanephridiums bilden (Abb. 353). Die Episphäre autotomiert bis auf einen kleinen Rest, der als Epistom im Adultus erhalten bleibt. Das Jungtier produziert eine Röhre und wird sessil. Es wird den Ort, an dem die Metamorphose stattfand, zeitlebens nicht mehr verlassen (Abb. 354G).

Bei einigen Phoroniden-Arten findet **Brutpflege** statt; sie kleben die Eier mit Sekret einer Nidamentaldrüse zwischen den Tentakeln fest, und die Larven verlassen das Elterntier erst im fortgeschrittenen Stadium. **Asexuelle Vermehrung** durch Knospung kommt bei *Phoronis ovalis* vor; dabei entsteht ein Netzwerk von Röhren, in denen die zunächst noch verbundenen, sich später aber trennenden Individuen leben. Es bleibt zu diskutieren, ob diese Situation im Vergleich mit den echten Tierstöcken der Bryozoen (s. u.) als ursprünglich oder abgeleitet zu betrachten ist.

Systematik

Von den beiden Gattungen *Phoronis* und *Phoronopsis* ist nur letztere monophyletisch. *Phoronis ovalis*, mit lecithotropher

2 Bryozoa (Ectoprocta), Moostiere

Bryozoa sind sessile Organismen, die sich als Suspensionsfresser von Plankton und anderem organischen Material aus der Wassersäule ernähren. Die Mehrzahl der derzeit etwa 6 000 beschriebenen rezenten Arten lebt marin; nur etwa 90 Arten besiedeln stehende und fließende Süßgewässer. Die meisten Arten kommen in gemäßigten bis tropischen Küstenbereichen vor; Lebensräume wie die Tiefsee, die Polarregionen, aber auch tropische Süßgewässer sind allerdings nur unzureichend auf Bryozoen untersucht, weswegen die genannten Artenzahlen wahrscheinlich deutlich zu gering geschätzt sind. Alle Bryozoen bilden Tierstöcke (**Kolonien**) aus zusammenhängenden, genetisch identischen, Einzeltieren, so genannten **Zooiden**, welche durch ungeschlechtliche Knospung entstehen. Während die Einzeltiere nur Millimetergröße aufweisen, können die Kolonien durchaus stattliche Dimensionen erreichen. Kolonien der im Mittelmeer vorkommenden *Pentapora fascialis* werden ca. 1 m groß mit Wachstumsraten von bis zu 10 cm/Jahr. Das limnische Moostier *Pectinatella magnifica* (*water brain*) bildet in Nordamerika kugelige Gallertkolonien bis 0,5 m Durchmesser. Bryozoen besiedeln diverse Hartsubstrate, wie Steine und Holz, kommen aber auch als Epizoen auf Makroalgen oder hartschaligen Tieren (Krebse, Mollusken, andere Bryozoen) vor. Sie bilden entweder zweidimensionale Überzüge oder aufrechte Gebilde unterschiedlicher Wuchsform, welche dann in der Regel mit der Basalseite am Substrat befestigt sind. Einige Arten haben wurzelähnliche Haltestrukturen entwickelt, die eine Verankerung in Weichsedimenten ermöglichen (z. B. *Flustra foliacea*). Nur wenige Arten sind nicht dauerhaft am Sediment verwachsen, wie z. B. die Süßwasserart *Cristatella mucedo*, deren Kolonien sich auf einer Kriechsohle langsam fortbewegen können (~ 1cm/Tag), das im Sandlückensystem lebende *Monobryozoon ambulans* oder die Familie der Cupu-

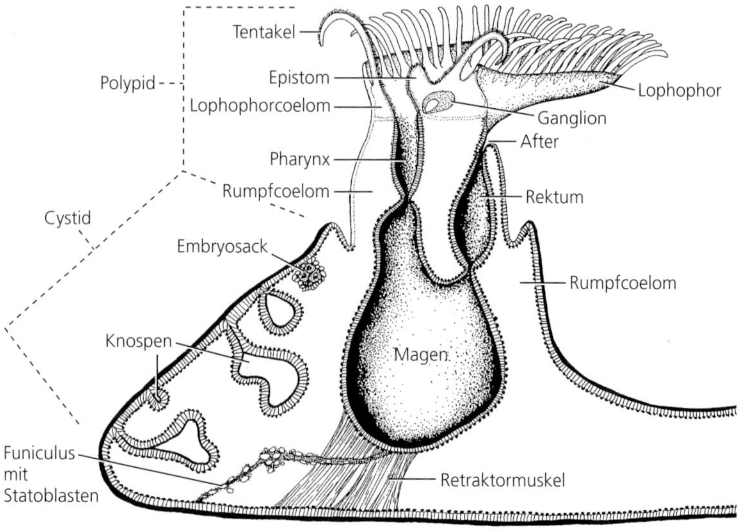

Abb. 355 Bryozoa, Phylactolaemata. Organisation eines Zooids. Polypid mit hufeisenförmigem Lophophor; kann schnell durch Retraktormuskeln (die nicht am Magen, sondern an der Basis des Lophophors ansetzen!), in das Cystid eingezogen werden. Ausstülpen erfolgt langsam durch Hautmuskelschlauch, der den Flüssigkeitsdruck im Rumpfcoelom erhöht. Nach Kaestner (1963) und anderen Autoren.

ladriidae, deren hütchenförmige Kolonien auf Weichböden vorkommen und sich mit Hilfe spezieller Zooide (Vibracularien s. u.) fortbewegen.

Viele Bryozoen bilden verkalkte Außenskelette und sind daher fossil sehr gut überliefert. Die ältesten der derzeit ca. 15 000 beschriebenen Fossilformen gehören zur Teilgruppe der Stenolaemata und stammen aus dem Unteren Ordovizium (ca. 480 Mio. Jahre). Im Perm bildeten Bryozoen umfangreiche Riffe. Da Bildungsweise, Struktur und chemische Zusammensetzung des Kalkexoskelettes von Bryozoen durch Faktoren wie Temperatur, pH-Wert oder Salzgehalt des Meeres beeinflusst werden, können fossile Bryozoen sehr gut für die Paläaoklimatologie herangezogen werden. Auch rezente Bryozoen sind dadurch wichtige Bioindikatoren, etwa für den Klimawandel und die fortschreitende Versauerung der Ozeane durch vermehrten CO_2-Eintrag. Bryozoen können als *fouling*-Organismen auch künstliche Substrate wie Schiffsrümpfe, Hafenanlagen und Wasserleitungen besiedeln und dadurch Schaden anrichten. Süßwasserbryozoen der Gruppe der Phylactolaemata beherbergen parasitische Myxozoen (z. B. *Tetracapsuloides bryosalmonae*), welche Forellen und Lachse als Zwischenwirte haben, bei denen sie schwere Erkrankungen verursachen können (S. 157). Bryozoen haben als sessile Organismen ein reichhaltiges Repertoire an sekundären Stoffwechselprodukten zur Feindabwehr, die zum Teil von ihnen selbst, zum Teil von symbiontischen Bakterien hergestellt werden und aufgrund ihrer antimikrobiellen und tumorhemmenden Wirkung (Bryostatine) von Interesse für die pharmazeutische Forschung sind.

Bau und Leistungen der Organe

Aufgrund der noch zu besprechenden komplizierten Ontogenese können die Körperachsenverhältnisse der Bryozoa nicht eindeutig mit denen anderer Metazoen verglichen werden. Per definitionem wird aber die dem Substrat zugewandte Seite als ventral, die zwischen Mund- und Afteröffnung gelegene Seite als dorsal bezeichnet. Die Seite der Afteröffnung wird anal, die gegenüberliegende Seite oral genannt. Der

Körper eines Zooides wird üblicherweise in das festsitzende Cystid und das flexible Polypid, welches in das Cystid hineingezogen werden kann, unterteilt (Abb. 355, 356, 357). Das **Cystid** besteht im Wesentlichen aus Körperwand, bei der zwei Schichten, die äußere Ectocyste (oder Zooecium) sowie die innere Endocyste unterschieden werden. Die Ectocyste besteht aus einer Proteinmatrix, die in unterschiedlichem Ausmaß durch Chitin- oder Kalkeinlagerungen verstärkt sein kann. Die Endocyste entspricht der eigentlichen Körperwand, bestehend aus der äußeren Epidermis, welche die Ectocyste sekretiert, einer inneren Schicht Coelomepithel sowie einer Schicht extrazellulärer Matrix zwischen den beiden Epithelien. Im Innern des Cystids findet sich eine geräumige flüssigkeitsgefüllte sekundäre Leibeshöhle.

Bei Phylactolaemata ist die Ectocyste entweder dünn, bräunlich und stark chitinisiert (z. B. *Fredericella*, *Plumatella*) oder dick, transparent und gelartig mit Einlagerungen von Polysacchariden und Glykoproteinen (z. B. *Lophopus*, *Pectinatella*). Cystide der Cyclostomata sind bis auf einige wenige Bereiche (z. B. Gelenke in verzweigten Kolonien) stark kalzifiziert (organischer Anteil der Ectocyste < 25 %). „Ctenostomata" haben eine flexible Chitin-Protein-Ectocyste. Cheilostomata sind immer, jedoch in unterschiedlichem Ausmaße kalzifiziert. Bei vielen Arten sind nur die seitlichen Cystidwände verkalkt. Sowohl bei Cyclostomata als auch bei Cheilostomata erfolgt die Kalkeinlagerung in mehreren Schichten (1–3) die sich jeweils durch unterschiedliche chemische Komposition sowie Kristallstruktur unterscheiden und durch organische Schichten getrennt sind. Kalk ($CaCO_3$) wird artspezifisch und durch abiotische Faktoren beeinflusst zu unterschiedlichen Anteilen in Form von Kalzit (mit Anteilen von Magnesium) und Aragonit (mit Anteilen von Strontium) eingelagert.

Das **Polypid** ist im Gegensatz zum Cystid weichhäutig und allenfalls mit einer Glycocalyx überzogen. Es umfasst den Lophophor, einen Tentakelschaft genannten Teil der Leibeswand, welcher die Verbindung zum Cystid darstellt, den Verdauungstrakt sowie mehrere zugehörige Gruppen von Muskulatur. Die wichtigste Rolle spielen die großen Polypid-

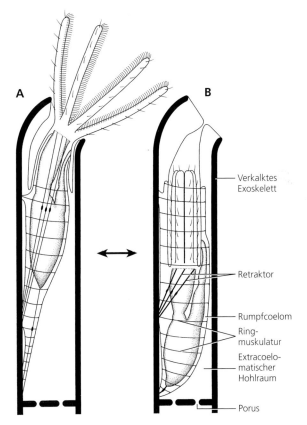

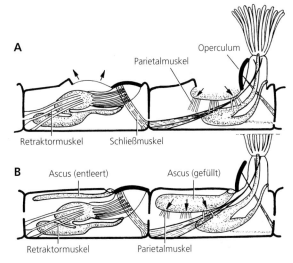

Abb. 356 Bryozoa, Stenolaemata. Organisation (**A**) und Retraktion (**B**) eines Zooids. Rumpfcoelom durch Membran von umgebender Kammer getrennt. Kontraktion der Ringmuskulatur erhöht Binnendruck im Rumpfcoelom und treibt Polypid aus. Retraktion erfolgt über Retraktormuskel. Original: C. Nielsen, Kopenhagen.

Abb. 357 Bryozoa, Cheilostomata. Ein- und Ausstülpen des Polypids durch Druckänderungen im Rumpfcoelom. **A** Durch ein unverkalktes Areal auf der Oberseite (Ventralseite) kann Volumen im Gehäuse (Zooecium) verändert werden. Retraktormuskeln ziehen Polypid sehr schnell zurück; unverkalktes Areal wölbt sich nach außen. Antagonisten sind Parietalmuskeln, die weichhäutiges Areal nach innen ziehen: Erhöhung des Flüssigkeitsdruckes im Rumpfcoelom, dadurch wird Polypid nach außen gedrückt. **B** „Ascophora". Zooecium weitgehend verkalkt. Funktion des häutigen Areals wird durch einen nach innen geführten Kompensationssack (Ascus) wahrgenommen. Als Antagonisten dienen wieder Retraktor- und Parietalmuskeln. Verändert nach verschiedenen Autoren.

retraktoren, welche von der Innenseite der Lophophorbasis sowie dem oberen Teil des Verdauungstraktes zur ventralen Innenseite des Cystides ziehen. Eine Kontraktion dieser Muskeln bewirkt ein schnelles Einziehen des gesamten Polypids in das Cystid und somit vor allem den Schutz des empfindlichen Tentakelapparates vor Fressfeinden oder mechanischen Belastungen (z. B. durch Wasserströmungen). Die im retrahierten Zustand im Cystid verbleibende Öffnung wird Orificium genannt. Sie wird bei Phylactolaemata und Cyclostomata mit Schließmuskeln verschlossen, bei „Ctenostomata" mit manschettenförmigen Cuticulazähnen und bei vielen Cheilostomata mit einem sklerotisierten Deckel (Operculum) (Abb. 357). Das Ausstülpen des Polypids wird durch eine Erhöhung des Binnendruckes in der Leibeshöhle des Cystids bewirkt; allerdings werden in den verschiedenen Bryozoengruppen unterschiedliche Mechanismen hierfür verwendet.

Bei den unkalzifizierten Phylactolaemata ist die Wand des Cystids mit Ring- und Längsmuskulatur ausgestattet, die bei Kontraktion das Volumen des Cystids verringern können. Bei Stenolaemata kontrahiert nicht die gesamte Körperwand des Cystids, sondern nur das Coelothel, welches durch eine primäre Leibeshöhle (extracoelomatischer Hohlraum) von Epidermis und Ectocyste entkoppelt ist (Abb. 356). Bei Gymnolaemata bewirken „dorsoventral" verlaufende Bündel von

Parietalmuskeln ein Zusammenpressen der Cystide (Abb. 357A). Bei den Cheilostomata mit vollständig kalzifizierter Frontalseite („Ascophora") ist ein weichhäutiger Kompensationsbeutel (Ascus) vorhanden, der über eine Öffnung in der Frontalseite mit dem umgebenden Meerwasser kommuniziert und an welchem die Parietalmuskeln ansetzen (Abb. 357B). Bei allen Bryozoen sind die Retraktormuskeln spezialisierte Coelothelzellen, die auf beiden Seiten in den Epithelverband der Coelomwand integriert sind. Alle Muskeln sind entweder glatt oder schräg gestreift.

Der **Lophophor** ist das wichtigste Organ für die **Nahrungsaufnahme** der Bryozoen. Er trägt durch seine große nicht cuticularisierte Oberfläche allerdings auch wesentlich zum Austausch von Gasen und gelösten Stoffen mit dem Umgebungsmedium bei. Die Tentakel sind (außer bei Phylactolaemata) kreisförmig um die Mundöffnung herum angeordnet. Die Lophophorbasis sowie die Tentakel sind in ihrem Inneren von Coelomausläufern durchzogen, welche den gesamten Tentakelapparat in Form eines Hydroskelettes stabilisieren. Es besteht eine Verbindung zu der großen Körperleibeshöhle, so dass Druckveränderungen bis an die Tentakel weitergegeben werden können. Die Tentakelepidermis besteht aus unterschiedlichen multiciliären Zellen, welche in Längsreihen angeordnet sind. Lange laterale Cilien erzeugen einen Wasserstrom zwischen den Tentakeln, der aus dem Innenraum des Lophophortrichters hinaus gerichtet ist. Durch den resultierenden Unterdruck strömt Umgebungswasser durch die Öffnung des Lophophortrichters auf die Mundöffnung zu. Vermutlich tragen mehrere Mechanismen zum Herausfiltern von Nahrungspartikeln bei: (1) Partikel, die sich im Zentrum des Wasserstromes befinden gelangen häufig direkt in die Mundöffnung. (2) Bei der Passage des Wassers durch die Tentakelzwischenräume bleiben kleinere Partikel an steifen laterofrontalen Cilien hängen oder gelangen durch eine lokale Schlagumkehr der lateralen Cilien auf die Frontalseite der Tentakel, wo sie von einem Band kurzer Cilien zur Mundöffnung hingestrudelt werden. (3) Größere Partikel können aber auch bei Berührung mit den Tentakeln durch schnelle Einwärtsbewegung eines oder mehrerer benachbarter Tentakel in das Zentrum des auf die Mundöffnung gerichteten Wasserstromes gestoßen werden. Diese *tentacle flicking* genannte Verhaltensweise kann vor allem bei marinen Bryozoen häufig beobachtet werden. Zu große oder unverdauliche Partikel werden durch schnelle auswärts gerichtete Bewegungen der Tentakel oder ein Einziehen des Tentakelapparates bei gleichzeitiger Schlagumkehr aller lateraler Cilien beseitigt. Bei den Phylactolaemata befindet sich vor der Mundöffnung das Epistom, ein deckelartiges Organ, welches bewimpert und mit Muskulatur ausgestattet ist. Es kann die Mundöffnung verschließen und spielt vermutlich bei der Selektion der Nahrung sowie bei Schluckbewegungen eine Rolle.

Das Filtrierverhalten erfordert in vielen Fällen auch kolonieweite Koordination. Da die aufgespannten Lophophore oft die Kolonieoberfläche nahezu geschlossen bedecken, sammelt sich das filtrierte Wasser unter ihnen und muss abgeführt werden, ohne die entgegen gerichtete hereinkommende Wasserströmung zu behindern. Hierfür bilden sich oft spezielle isolierte erhabene Koloniebereiche („Schornsteine") mit Lücken zwischen den Einzelzooiden. In vielen Arten können sich auch Gruppen aus benachbarten Zooiden so zueinander ausrichten, dass sie einen gemeinsamen Zustrom erzeugen.

Der **Verdauungstrakt** ist U- bzw. Y- förmig (Abb. 355). Er beginnt hinter der Mundöffnung mit einem muskulösen Schlund (Pharynx), dessen Lumen durch Dilatorenmuskeln erweitert werden kann, was zum Einsaugen der Nahrung führt. Der sich anschließende Magen ist dreigeteilt: Der absteigende, spärlich bewimperte Vormagen (C a r d i a) zieht zu einem nach caudal abzweigenden Magenblindsack (Caecum). Der aufsteigende Teil des Magens (P y l o r u s) führt zum Enddarm (R e c t u m), in welchem Kotpellets geformt werden, die durch den außerhalb des Tentakelkranzes liegenden After (daher der Name Ectoprocta!) abgegeben werden. Zwischen Pharynx und Cardia sowie zwischen Pylorus und Rectum befinden sich jeweils verdickte, mit Schließmuskeln (Sphinktern) versehene Klappen. Die Zellen von Cardia, Caecum und Rectum sind mit Mikrovilli versehen. Die Innenwand des Pylorus ist reich bewimpert; bei lebenden Bryozoen lassen sich dort oft rotierende Nahrungsballen beobachten.

Die Nahrung wird zunächst extrazellulär im Magen verdaut. Hier herrscht ein leicht saures Milieu, in dem vor allem Enzyme zum Abbau von Proteinen und Polysacchariden nachgewiesen wurden. Die Resorption von Nährstoffen und die intrazelluläre Verdauung geschehen hauptsächlich im Epithel des Caecum, das somit auch die Funktion einer Leber übernimmt. Die genauen Nahrungspräferenzen sind bei den meisten Bryozoenarten nur unzureichend untersucht. Obwohl sich im Verdauungstrakt oft große Mengen Algen befinden, werden diese manchmal unverdaut wieder ausgeschieden. Es verdichten sich Hinweise, dass Bakterien und Cyanobakterien ebenfalls eine wichtige Nahrungsgrundlage darstellen können. Auch die Aufnahme von gelösten organischen Stoffen wird berichtet. Vor allem bei Süßwasserbryozoen korreliert das Wachstum oft nicht mit der saisonalen Verfügbarkeit von pflanzlichem Plankton. Bei einigen marinen Bryozoen, vorwiegend „Ctenostomata" (Vesiculariidae) ist der Cardia-Teil des Magens zu einem muskulösen Kaumagen ausgebildet. Das Magenepithel sekretiert hier chitinöse Zähne, die eine ähnliche Ultrastruktur wie Anneliden- und Brachiopodenborsten aufweisen und zur Zerkleinerung von Kieselalgen dienen.

Das **Nervensystem** ist wie bei den meisten sessilen Organismen eher einfach aufgebaut, aber deutlich zentralisiert. Zwischen Pharynx und Afteröffnung befindet sich ein Cerebralganglion, welches große seitliche Nervenstränge um den Pharynx herum entsendet. Von diesen zweigen an den Tentakelbasen jeweils einzelne Fasern ab, die als Längsnerven die Tentakel sowohl an ihrer Frontal- als auch an ihrer Abfrontalseite durchziehen. Ein Teil der Nervenfasern ist motorisch und innerviert die Cilienreihen, während andere, sensorische Fasern Signale von den zahlreichen auf der Außenseite der Tentakel befindlichen Sinneszellen (vor allem Mechanorezeptoren) ans Ganglion leiten. An den Tentakelbasen finden sich jeweils ein bis mehrere Interneuronen. Das Cerebralganglion innerviert weiterhin den Verdauungstrakt, die Retraktormuskeln sowie ein diffuses basiepitheliales Nervengeflecht in der Cystidepidermis, welches zum Teil auch benachbarte Zooide miteinander verknüpft. Das Ausmaß der neuronalen Integration innerhalb der Kolonie ist zwar nur ansatzweise geklärt, eine Erregungsleitung zwischen Zooiden konnte aber eindeutig nachgewiesen werden. Dies erklärt auch Verhaltensweisen wie z. B. das kolonieweite Einziehen aller Polypide auf einen massiven Störungsreiz hin, oder synchrone Bewegungen benachbarter Avicularien und Vibracularien (s. u.).

Das Cerebralganglion der Phylactolaemata ist ein epitheliales Bläschen, das sich während der Polypidentwicklung von der analseitigen Pharynxwand ins Tentakelcoelom hinein abschnürt. Dieser Prozess ähnelt der Neurulation bei Wirbeltieren, ist wohl aber konvergent entstanden. Bei Gymnolaemata findet sich ein kompaktes Ganglion; hier ist die Entstehung nicht genau bekannt.

Alle Bryozoen verfügen über eine geräumige, flüssigkeitsgefüllte sekundäre Leibeshöhle (**Coelom**). Das große Körpercoelom im Cystid ist über offene Verbindungskanäle nahe des Ganglions mit einem ringförmigen Lophophorcoelom in der Lophophorbasis verbunden. Von diesem aus ziehen einzelne Kanäle in die Tentakel hinein. Bei den Phylactolaemata ist ein zusätzlicher Coelomausläufer im Epistom vorhanden, der unabhängig vom Lophophorcoelom mit dem Körpercoelom kommuniziert. Das Coelom hat verschiedene Funktionen. Zum einen fungiert es als Hydroskelett, welches mit Hilfe seines Binnendruckes den Tentakelapparat stützt sowie Kräfte zwischen antagonistischen Muskelgruppen vermittelt und somit Bewegungen, z. B. des Epistoms oder der Tentakel ermöglicht.

Eine früher vermutete und als phylogenetisch bedeutsam interpretierte Dreigliedrigkeit (Trimerie) des Coeloms konnte durch neuere Untersuchungen widerlegt werden.

In einigen Gruppen übernimmt das Coelom die Funktion eines **Kreislaufsystems**. Bei Phylactolaemata stehen die

Coelome der Einzeltiere einer Kolonie in offener Verbindung. Cilien in der Coelomwand sorgen für eine kontinuierliche Strömung der Leibeshöhlenflüssigkeit. Diese transportiert sowohl gelöste Stoffe wie Gase, Nährstoffe und Stoffwechselendprodukte als auch eine Vielzahl unterschiedlicher Coelomocyten und zur Fortpflanzungszeit Spermien (s. u.). Die Cyclostomata haben relativ komplizierte Leibeshöhlenverhältnisse. Bei ihnen ist die extrazelluläre Matrix zwischen Cystidepidermis und Coelothel in einigen Bereichen zu einer flüssigkeitsgefüllten primären Leibeshöhle erweitert, so dass das Coelothel einen muskulösen, frei aufgehängten Sack bildet. Es befinden sich kleine offene Poren in den Cystidwänden zwischen den Einzeltieren, durch welche die primären Leibeshöhlen (ectosaccal cavities) kommunizieren; es ist aber unklar, ob dies zum Stoffaustausch genutzt wird. Gymnolaemata hingegen nutzen den Funiculus, welcher hier außerordentlich weit verzweigt sein kann, zum Transport von Stoffen zwischen den Zooiden. Bei ihnen treten ebenfalls Kommunikationsporen auf, diese sind allerdings durch spezialisierte Zellkomplexe, so genannte Rosetten verschlossen. Diese sind beidseitig mit Zweigen der Funiculi der benachbarten Zooide verbunden. Das Innere des Funiculus ist eine matrixgefüllte primäre Leibeshöhle, welche mit der den Darmtrakt umgebenden ECM kontinuierlich ist. Daher wird vermutet, dass Nährstoffe durch dieses Kompartiment transportiert werden können.

Weder bei adulten noch bei larvalen Stadien der Bryozoen konnten bisher spezifische **Exkretionsorgane** nachgewiesen werden. Die Exkretion findet somit vermutlich auf zellulärer Ebene bzw. über die Körperoberfläche statt. Bei *Lophopodella carteri* (Phylactolaemata) wurde der Ausstoß von Coelomocyten über einen Coelomporus beobachtet. Ein weiterer Exkretionsmechanismus könnte sich in der periodischen Polypiderneuerung verbergen: In vielen Bryozoen lässt sich beobachten, dass sich im Laufe der Lebenszeit eines Polypids (meist wenige Tage bis wenige Wochen) Zelleinschlüsse im Epithel des Magenblindsackes anhäufen. Wird der Zooid seneszent, bilden sich Lophophor und Verdauungstrakt zurück und werden zum so genannten Braunen Körper. Der Zooid stirbt anschließend entweder vollständig ab, oder aber, es bildet sich eine neue Polypidknospe. Im letzteren Fall wird der Braune Körper entweder in der Leibeshöhle eingelagert oder vom entstehenden Verdauungstrakt ummantelt und als Kot ausgeschieden.

Während bei den Phylactolaemata alle Zooide einer Kolonie gleichartig gestaltet sind, kommt es bei Stenolaemata und vor allem bei Cheilostomata zu Spezialisierungen und damit z. T. drastisch abweichenden Morphologien der Einzeltiere (**Polymorphismus**). Zooide, die wie vorstehend beschrieben mit Lophophor, Darmkanal usw. versehen und somit zu selbstständiger Ernährung befähigt sind, werden Autozooide genannt. Daneben kommen verschiedene Typen von Heterozooiden vor, welche durch die Kolonie mit Nährstoffen versorgt werden müssen: Kenozooide bestehen nur aus dem Cystid und bilden entweder Verbindungsglieder zwischen einzelnen oder Gruppen von Autozooiden oder aber haben spezifische Funktionen wie die Ausbildung von Verankerungsstrukturen oder die Bildung von Gelenken

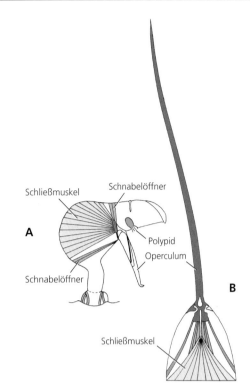

Abb. 358 Bryozoa, Cheilostomata. Heterozooide. **A** Avicularium. **B** Vibracularium. Bei Avicularien bildet das Operculum eines modifiziertes Zooids den Unterschnabel, bei Vibracularien ist es peitschenartig verändert. Originale: T. Bartolomaeus, Bonn nach verschiedenen Autoren.

zwischen Kolonieteilen. Gonozooide übernehmen Aufgaben im Zusammenhang mit Fortpflanzung und Brutpflege. Spezifische Heterozooide sind auch die Avicularien und Vibracularien (Abb. 358). Diese sind meist viel kleiner als normale Zooide und zeichnen sich durch einen bis auf wenige Sinneszellen reduzierten Lophophor und ein stark modifiziertes Operculum aus. Dieses hat bei Avicularien die Form eines Schnabels, der zangenartig gegen eine ähnlich gestaltete Bildung des Cystids bewegt werden kann. Bei Vibracularien ist das Operculum zu einer langen Borste ausgezogen, die senkrecht zur Kolonieoberfläche steht und meist rhythmisch hin- und herbewegt wird. Die Muskulatur der Avicularien und Vibracularien kann mit der normaler Autozooide homologisiert werden. Ihre Funktion ist nicht vollständig geklärt, vermutlich dienen sie hauptsächlich der Abwehr von Fressfeinden und verhindern eine Verschmutzung der Kolonieoberfläche mit Sedimenten sowie das Ansiedeln von Aufwuchsorganismen (Epifauna bzw. -flora).

Fortpflanzung und Entwicklung

Die Geschlechtszellen werden bei allen Bryozoen in spezialisierten Bereichen des Coelothels gebildet. Die Spermiogenese findet an der Wand des Funiculus statt, jenes Gewebestranges, welcher von der Spitze des Caecums zur Cystidwand führt. Eizellen werden meist an der Innenseite der oralen Cystidwand gebildet. Bryozoenkolonien sind in der Regel monözisch, d. h., es kommen beide Geschlechter in einer

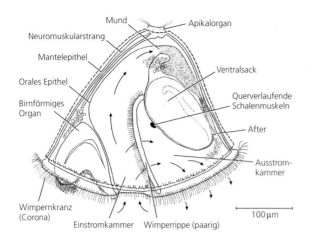

Abb. 359 Bryozoa. Cyphonautes-Larve von *Membranipora membranacea* (Cheilostomata). Lateralansicht. Larvenkörper liegt zwischen 2 flachen Schalenklappen; Umrisse der zweiten Klappe gestrichelt. Die Cilien der paarigen Rippen erzeugen einen Wasserstrom (Pfeile!), der Nahrungspartikel in die Einstromkammer hineinzieht; Wasser verlässt die Larve durch die Ausstromkammer. Leicht verändert nach R.L. Zimmer aus Young (2002).

Kolonie vor. Meist sind die Zooide protandrische Zwitter, in einigen Fällen allerdings auch getrenntgeschlechtlich. Die **Befruchtung** ist bisher nur bei wenigen Arten untersucht, findet dort aber immer im Körperinnern, d.h. in der Leibeshöhle statt. Reife Spermien werden über Coelomporen an den Tentakelspitzen ins freie Wasser abgegeben, meist in Form von Bündeln, so genannten Spermatozeugmata. Bei diesen sind die Cilien mehrerer (~ 10) Spermatocyten miteinander verdrillt, was dazu führt, dass sie sich wie ein einziges großes Spermium und damit energetisch günstiger fortbewegen können. Die Spermien werden von rezeptiven Zooiden in den Lophophor eingestrudelt und gelangen über den weiblichen Gonoporus an der Lophophorbasis ins Coelom. Nur bei wenigen Arten der Gymnolaemata werden die Zygoten direkt ins freie Wasser abgegeben, wo sie sich in eine planktotrophe Cyphonautes-Larve (Abb. 359) entwickeln, die mehre Monate im Plankton überleben kann. Die überwiegende Zahl der Bryozoen betreibt entweder Brutpflege, die jedoch unterschiedlich ausgestaltet sein kann und vermutlich mehrfach unabhängig evolviert ist, oder ist lebendgebärend (vivipar). Diese Entwicklungsgänge führen zu einer in der Regel nur kurzlebigen lecithotrophen Larve. Vielfach werden die Embryonen über plazentaähnliche Strukturen mit Nährstoffen versorgt.

Die meisten Arten der Gymnolaemata betreiben B r u t - p f l e g e, entweder (1) außen am Zooid; die Embryonen sind mit ihrer Eihülle an der Körperwand verklebt, (2) im Vestibulum, hierbei degeneriert der mütterliche Zooid meist, (3) in eingesenkten Epidermistaschen oder (4) in spezifischen Brutbehältern (Ooecien, nur bei Cheilostomata) (Abb. 363), die entweder vom mütterlichen Zooid, vom distal benachbarten oder beiden zusammen gebildet werden. Hier findet in der Regel extraembryonale Ernährung über einen in den Brutbehälter reichenden Coelomausläufer statt. Bei wenigen Arten erfolgt die Entwicklung im Coelom (Viviparie). Sowohl Phylactolaemata als auch Stenolaemata haben eine stark

abgeleitete Entwicklung. Beide Gruppen sind durchweg vivipar. Bei Stenolaemata (Cyclostomata) kommt es zu P o l y e m - b r y o n i e: Im Coelom eines spezialisierten Gonozooiden (Abb. 362) wächst ein großer Primärembryo heran. Dieser schnürt kleinere Embryonen ab, welche sich entweder wiederum teilen oder in lecithotrophe, bewimperte und morphologisch stark vereinfachte Larven entwickeln. Bei Phylactolaemata wandert die Zygote in einen langgestreckten, aus Zellen des Coelomepithels gebildeten Embryosack an der Oralseite des Cystids. In diesem wächst durch irreguläre Furchungen ein langgestreckter, vollständig bewimperter, zweischichtiger Embryo heran, welcher über eine ringförmige Placenta ernährt wird. Der mütterliche Zooid degeneriert dabei meist, und die Larve wird durch Aufreißen (Ruptur) der Körperwand freigesetzt. Die Larven der Phylactolaemata sind gegenüber denen der Gymnolaemata stark abgewandelt. Sie haben bei der Geburt bereits ein bis mehrere vollständig entwickelte, aber eingezogene Polypide, welche beim Festsetzen der Larve auf dem Substrat evaginiert werden (Abb. 361A). Die bewimperte Körperwand der Larven wird durch Histolyse abgebaut und ein adultes Cystid neu gebildet.

Die Furchung bei Gymnolaemata kann als biradialsymmetrisch bezeichnet werden. Die ersten beiden Teilungen verlaufen meridional und senkrecht zueinander, die dritte Teilung ist äquatorial (je nach Dottergehalt äqual). Beim vierten Teilungsschritt entsteht ein biradialsymmetrischer Embryo (zwei senkrecht zueinander stehende Symmetrieebenen). Bei den weiteren Teilungen entsteht eine Blastula mit einem meist sehr begrenzten oder nicht vorhandenen Lumen. Bei planktotrophen Larven findet eine Gastrulation am vegetativen Pol statt. Die Entstehung des Mesoderms ist nicht vollständig geklärt; zumindest ein Teil ist ektodermaler Herkunft. Bei lecithotrophen Formen wird ein Quartett aus sehr dotterreichen Zellen am vegetativen Pol internalisiert und bildet vermutlich Endoderm und Mesoderm.

Die **Larven** der Gymnolaemata können trotz einiger Unterschiede auf einen gemeinsamen Grundtyp zurückgeführt werden, welcher über einen festen Satz an Organen verfügt(e). Vermutlich ursprünglich innerhalb der Gymnolaemata ist die planktotrophe C y p h o n a u t e s - L a r v e (Abb. 359). Diese sehr charakteristische Larvenform ist gekennzeichnet durch zwei laterale +/- dreieckige, vermutlich chitinöse Schalenklappen. Diese umschließen eine ventrale Filtrationskammer (Atrium), in der sich erhabene Epidermisleisten befinden, die eine ähnliche Bewimperung wie die Tentakel adulter Bryozoen aufweisen und damit Plankton filtern können. Alle Larven haben einen Kranz lokomotorischer Cilien (Corona), der bei der Cyphonautes die Öffnung des Atriums umrandet. Bei den meist kugeligen lecithotrophen („Coronaten")-Larven (Abb. 360) bildet die Corona den Großteil der Körperoberfläche. Zusätzlich sind ein apikales und ein frontales bewimpertes Sinnesorgan (birnförmiges Organ) sowie der Ventralsack vorhanden. Viele lecithotrophe Larven besitzen Lichtsinnesorgane und sind positiv oder negativ phototaktisch.

Bei allen Bryozoen beginnt die **Metamorphose** der Larven damit, dass diese Kontakt zum Sediment aufnehmen, sich dort fortbewegen und mit Hilfe von Sinneszellen nach einem geeigneten Ort zur Metamorphose suchen. Larven der Gymnolaemata setzen dabei ihr birnenförmiges Organ ein. Die Metamorphose der Gymnolaemata läuft in zwei Phasen ab.

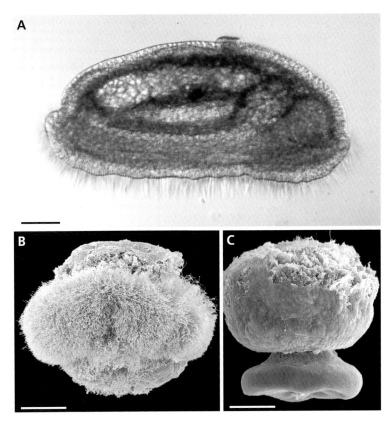

Abb. 360 Bryozoa. **A** Pseudocyphonautes-Larve von *Flustrellida hispida* („Ctenostomata"). Maßstab: 100 µm. **B, C** Larve von *Triphyllozoon mucronatum* (Phidoloporidae). REM-Fotos. Festheftung nach Ausstülpen des Ventral-(Metasoma-)sackes (**C**). Maßstäbe: A 100 µm; B, C 50 µm. A Original: A. Gruhl, London; B, C Originale: A. Wanninger, Kopenhagen.

Zunächst wird der Ventralsack ausgestülpt (Abb. 360C) und mit Hilfe von Sekreten am Sediment verklebt. Durch Muskelkontraktionen und starkes Flimmern der Cilien wird die Corona invaginiert und eine neue Cystidoberfläche ausgebreitet. Dieser Vorgang ist nach wenigen Minuten abgeschlossen. In der zweiten, meist einige Tage dauernden Phase werden nicht mehr benötigte larvale Gewebe histolytisch abgebaut und das neue Polypid des ersten, **Ancestrula** genannten Zooids aus bereits in der Larve vorhandenen Blastemgeweben gebildet.

Die weitere Entwicklung der Kolonie wird **Astogenie** genannt und geschieht durch ungeschlechtliche **Knospung**. Die genaue Art der Knospung bedingt die entstehende Wuchsform der Kolonie. Bei Phylactolaemata wird zunächst das Polypid des neuen Zooids durch Einstülpung der Endocyste eines Bereiches der Oralseite des elterlichen Cystids gebildet. Das neue Cystid wächst anschließend heran (Abb. 366). Bei Cyclostomata gibt es einen dünnhäutigen kolonialen Sprossungsbereich, in dem neue Polypide gebildet werden. Bei Gymnolaemata wird immer zuerst ein neues Cystid gebildet und erst nach Ausbildung einer Trennwand zum elterlichen Cystid entsteht die neue Polypidknospe (Abb. 368).

Eine besondere Form der asexuellen Vermehrung stellt die Ausbildung von **Statoblasten** der Phylactolaemata dar. Diese sind Dauerstadien, die am Funiculus der älteren, innen liegenden Zooide eines Stockes aus epidermalen und coelothelialen Zellen gebildet werden und nährstoffreiches Material einschließen. Die Zellen sezernieren außerdem eine Statoblasten-Hülle aus Chitin, in der das Gewebe vor Austrock-

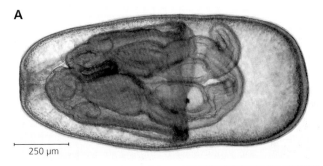

250 µm

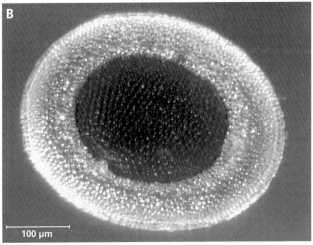

100 µm

Abb. 361 Bryozoa, Phylactolaemata. Entwicklungsstadien von *Plumatella repens*. **A** Bewimperte freischwimmende Larve; im Inneren Anlagen von 2 Zooiden. **B** Statoblast mit gasgefülltem Schwimmring. Originale: A. Gruhl, London.

nung geschützt und extrem kälte- und hitzeresistent verpackt ist (Abb. 361B, 366).

Für die Süßwasser-Bryozoen, die im Gegensatz zu ihren marinen Verwandten in unseren Breiten starken saisonalen Einflüssen unterliegen, ist die Ausbildung von Statoblasten gleichzeitig eine Überwinterungsstrategie. Zwar können auch bereits während des Sommers in den Kolonien Statoblasten heranreifen und freigesetzt werden, der überwiegende Teil dieser Dauerstadien wird allerdings zum Herbst gebildet. Die Statoblasten gelangen durch das winterliche Absterben der Bryozoenstöcke ins Wasser. Hier sinken sie entweder auf den Grund oder treiben mittels eines gasgefüllten Schwimmrings auf der Oberfläche. Einige Arten bilden Statoblasten mit chitinigen Haken, die sich im Gefieder von Wasservögeln verfangen und dadurch eine weite Verbreitung erfahren können. Sobald die Temperaturen im Frühjahr ansteigen, platzt die Chitinkapsel durch Ausbildung eines neuen Zooids auf, und die Bildung von Knospen kann von neuem beginnen. Die Form der Statoblasten ist artspezifisch.

Auch in marinen und limnischen ctenostomaten Gymnolaemata können zur Überbrückung ungünstiger Witterungsbedingungen Winterstadien, so genannte Hibernacula, ausgebildet werden. Diese Dauerknospen entsprechen stark reduzierten Zooiden und verbleiben am elterlichen Stock.

Systematik

Die Systematik der Bryozoa ist erst ansatzweise geklärt. Die drei höheren Teilgruppen Phylactolaemata, Stenolaemata und Gymnolaemata sind sowohl durch morphologische als auch molekulare Daten gut als Monophyla begründbar. Für die basalen Verzweigungen gibt es im Moment zwei in etwa gleich gut gestützte Hypothesen: (1) Phylactolaemata bilden die Schwestergruppe eines Taxon aus Stenolaemata und Gymnolaemata. (2) Gymnolaemata sind die Schwestergruppe zu einem Taxon aus Phylactolaemata und Stenolaemata. Innerhalb der Gymnolaemata wurden klassischerweise die chitinösen ctenostomaten Bryozoen den verkalkten Cheilostomata gegenübergestellt. Neuere Daten hingegen zeigen, dass die Cheilostomata eine monophyletische Teilgruppe innerhalb der „Ctenostomata" sind, womit letztere als paraphyletisch auszuweisen sind. Die Phylactolaemata sind phylogenetisch von großer Bedeutung, da sie einige Merkmale

aufweisen, die Ähnlichkeiten mit Phoroniden und Brachiopoden zeigen.

Die Cyphonauteslarve kann mit einiger Sicherheit als ursprünglich für die Gymnolaemata betrachtet werden; die stark abweichenden Larvenformen der Phylactolaemata und Stenolaemata machen es allerdings schwierig, diese Larve auch für das Grundmuster der Bryozoa anzunehmen. Brutpflege und Lecithotrophie sind innerhalb der Gruppe, dies lässt sich auch durch Fossilien sehr gut belegen, mit Sicherheit mehrfach unabhängig entstanden.

2.1 Phylactolaemata

Ausschließlich im Süßwasser in stehenden und langsam fließenden Gewässern. Tentakelapparat mit hufeisenförmigem Lophophor und Epistom (Abb. 355, 366). Kein Polymorphismus der Zooide; Cystidwände weitgehend aufgelöst. Statoblasten als Dauerstadien. Etwa 70 rezente Arten. Seit dem Tertiär nachgewiesen.

Cristatella mucedo (Cristatellidae). Durchsichtiger Nacktschneckenförmiger Stock von halbrunder Form, ca. 1 cm breit und bis zu 20 cm lang. Statoblasten mit Schwimmring und doppeltem Hakenkranz in den mittig liegenden, älteren Zooiden. Auf Wasserpflanzen.– *Lophopus crystallinus* (Lophopodidae). Durchsichtiger, kleiner Stock mit wenigen, sehr großen Lophophoren und sackförmigem Koloniekörper. Selten. – *Plumatella repens* (Plumatellidae) (Abb. 366). Großer, verzweigter Stock (bis 25 cm Durchmesser) mit röhrenförmigen Cystiden; Cystidwände chitinverstärkt, häufig mit Sediment und Detritus verklebt, Röhren auf einer Seite mit dem Substrat fest verbunden. Massenproduktion von Statoblasten. Häufig, auch in stark eutrophierten Gewässern. *Plumatella*-Arten können als „Leitungsmoos" Rohrleitungen verstopfen und dadurch erheblichen wirtschaftlichen Schaden anrichten. – *Fredericella sultana* (Fredericellidae). Geweihartig verzweigte dunkelbraune Stöcke bis 15 cm, bis auf eine kleine Eindellung fast kreisförmiger, winziger Lophophor mit etwa 16–24 Tentakelcirren. Nierenförmige Statoblasten ohne Schwimmring. Häufig auf Steinen und Wurzeln. In Alpenseen bis in 200 m Tiefe.

2.2 Stenolaemata

Ausschließlich marin. Mit zylinderförmigen Zooiden (Abb. 263, 364), deren Orificium lediglich durch häutige Membran verschlossen werden kann; kreisförmiger Tentakelapparat ohne Epistom, kleiner Lophophor mit bis zu 14 Tentakeln; Cystid-Wände mit Kalkeinlagerungen; Kommunikation der Cystide durch einfache Poren in den Seitenwänden der primären Leibeshöhle. Polymorphismus mit Gonozooiden und verschiedenen Heterozooiden, etwa 500 rezente Arten. Ordovizium bis rezent. Cyclostomata einzige rezente Gruppe.

Crisia eburnea (Crisiidae). Strauchförmige Stöcke, bis 3 cm lang, auffällig elfenbeinfarben; einzelne Äste des Stockes häufig nach innen gebogen; Zooecien in Gruppen zu 5–7 Individuen. Zwischen Januar und Juni etwa 1 Zooid in einer Gruppe von 5 bis 100 Individuen zu einem birnenförmigen Gonozooid umgebaut. Weltweit verbreitet bis in 300 m Tiefe, aber auch im Brackwasser, bisweilen sogar in Flußmündungen. – *Lichenopora radiata* (Lichenoporidae). Stock scheibenförmig, krustenartig, bis 1 cm Durchmesser; Zooide radiär angeordnet, auch mit rein männlichen oder rein weiblichen Zooiden. Nordsee. – *Tubulipora phalangea* (Tubuliporidae). Stock gelappt, bis

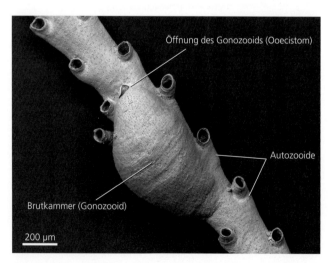

Abb. 362 Bryozoa, Stenolaemata. Teil einer Kolonie von *Crisia denticulata* mit Brutkammer (Gonozooid). REM-Aufnahme. Original: A. Waeschenbach, London.

Bildbeschriftungen: Öffnung des Gonozooids (Ooecistom) · Autozooide · Brutkammer (Gonozooid) · 200 µm

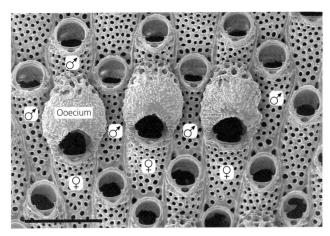

Abb. 363 Bryozoa. *Hippodiploria insculpta* (Cheilostomata). Ausschnitt aus der Oberfläche des Tierstocks mit den verkalkten ventralen Wänden der Cystide männlicher (♂) und weiblicher (♀) Zooide sowie 3 Ooecien (Brutkammern). Maßstab: 500 μm. REM-Foto. Original: C. Nielsen, Kopenhagen.

15 mm. Zooide in Querreihen. Auf Steinen und Muschelschalen, im Flachwasser. Häufig in Nordsee und Atlantik (Abb. 364).

2.3 Gymnolaemata

Vorwiegend marine Arten. Mit kreisförmiger Anordnung der Tentakel (Abb. 365, 357, 368); ohne Epistom. Ausgeprägter Polymorphismus der Zooide; Cystide häufig kastenförmig, bei vielen Formen verkalkt; Coelomräume der einzelnen

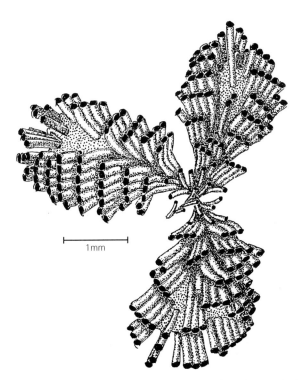

Abb. 364 *Tubulipora phalangea* (Cyclostomata, Stenolaemata). Auf Hartsubstrat festgewachsener Tierstock. Original: C. Nielsen, Kopenhagen.

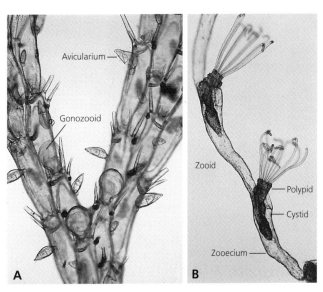

Abb. 365 Bryozoa. Gymnolaemata (Cheilostomata). Bäumchenartige Wuchsformen. **A** *Bugula* sp., Ausschnitt aus einem Stock mit ausgeprägtem Polymorphismus (Avicularien, Ooecien). **B** *Bugula flabellata*. Ausschnitt aus einem weitverzweigten Stock. Originale: K. Herrmann, Erlangen.

Zooide voneinander getrennt; Verbindung über Rosettenplatten mit Gewebestopfen. Mit ca. 5 500 Arten größte Gruppe der rezenten Bryozoen. Bereits im Ordovizium.

2.3.1 „Ctenostomata"

Zylindrische oder kastenförmige Zooecien; bei manchen Arten Zooide durch Stolonen miteinander verbunden (Stolonifera, Abb. 367); Cystidwände durch Chitin verstärkt, ohne Kalkeinlagerung; Orificium ohne Operculum, Verschluß der Öffnung mit einem durch Chitin verstärkten Kragen (Name!), bei Entfaltung des Polypids Kragen trichterförmig um die Lophophorbasis angeordnet, keine Ooecien, keine Avicularien.

Alcyonidium diaphanum (Alcyoniidae). Bis 100 cm, wächst auch in die Höhe, gelatinöser Koloniekörper, bräunlich. Mit coronater, lecithotropher Larve. Auf Hartsubstraten, häufig im Atlantik und in Nord- und Ostsee. – *Paludicella articulata* (Paludicellidae). Im Brack- und Süßwasser, mit rankenförmiger Kolonie, mit Hibernacula. Weltweit verbreitet, kann als „Leitungsmoos" Wasserrohre verstopfen. – *Bowerbankia imbricata* (Vesiculariidae). Strauchförmig verzweigte Kolonien, aufrecht stehend bis 8 cm Höhe. Zooide in Gruppen, Cystide zylindrisch. Auch im Brackwasser, eine der häufigsten Arten an deutschen Küsten. – *Zoobotryon verticillatum* (Vesiculariidae). Weißliche Kolonien, ähneln fadenförmigen Algen. Schnelles Wachstum innerhalb von 6–8 Monaten zu Größen von über 100 cm. Produzieren Alkaloide als Abwehrstoffe. Sehr häufig im Mittelmeer. – *Monobryozoon ambulans* (Monobryozoontidae). Stöcke aus 1 sackförmigen Autozooid und Zooidknospen oder Kenozooid-artige Ausläufer. Knospen lösen sich vom Muttertier. Stock bewegt sich langsam durch das Sandlückensystem, Festheftung mit Drüsensekret an Sandkörnern, z. B. vor Helgoland.

2.3.2 Cheilostomata

Zooecien mit vielfältiger Form, häufig mit starker Verkalkung der Cystidwände; Orificium bei einigen Teilgruppen

Abb. 366 Bryozoa. Phylactolaemata. Teil einer Kolonie von *Plumatella repens*. In den Cystiden befinden sich verschiedene Entwicklungsstadien von Statoblasten. Die Größenunterschiede zwischen den Polypiden spiegeln die Reihenfolge der Knospung wider. Jüngster Zooid an der Spitze des Koloniezweiges. Original: A. Gruhl, London.

mit Operculum; Polymorphismus mit Avicularien und Vibracularien (Abb. 358, 365A); Cystide häufig mit kalkigen oder chitinigen Dornen und Fortsätzen; Stöcke festgewachsen oder aufrecht. Meist Brutpflege im Coelom oder in Ooe-

Abb. 367 Bryozoa, Gymnolaemata (Stolonifera). Bäumchenartig verzweigte chitinöse Kolonie von *Bowerbankia citrina*. Gruppen von Autozooiden sind über lange, aus Kenozooiden bestehende Stolonen verbunden. Einzelne Zooide mit Embryonen (Brutpflege im eingestülpten Lophophor). Original: A. Waeschenbach, London.

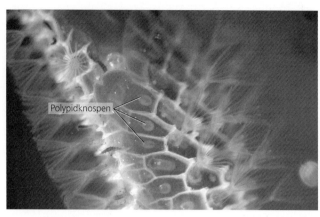

Abb. 368 Bryozoa, Gymnolaemata (Cheilostomata). Tierstock von *Membranipora membranacea* auf Braunalge. Nur die Seitenwände der Zooide sind kalzifiziert. Wachstumszone am Rand der Kolonie mit Knospung von Cystiden und Polypiden. Original: A. Gruhl, London.

cien (Abb. 363). Häufig als Krusten auf Hartsubstraten. Malm bis rezent.

Cheilostomata mit unverkalkter Oberseite. Austrieb des Polypids über dorso-ventrale Muskulatur:

*Membranipora membranacea (Membraniporidae) (Abb. 368). Rosettenförmige bis flächige Stöcke, bis 30 cm. Cystidseitenwände verkalkt, Oberseite unverkalkt und durchsichtig, Cystide am Rand mit langen Kalkdornen. Lophophor kreisförmig mit 25–30 Tentakeln; mit Cyphonautes-Larve. Sehr häufig auf großen Braunalgen (z. B. *Laminaria*); weltweit. – **Electra pilosa* (Electridae). Streifenförmige bis fleckige oder sternförmige Krusten auf Hartsubstrat, häufig auf Phylloiden großer Braunalgen. Bis auf Orificium vollständig verkalkte Cystidwände, Stock durch Chitinfortsätze mit pelzigem Aussehen. Mit Cyphonautes-Larve. Weltweit. – **Flustra foliacea* (Flustridae). Blättermoostierchen. Lappige, algenartige Stöcke, grau-braun, Oberfläche samtartig durch 5 kurze Chitinfortsätze pro Cystid; Lophophor mit 13–14 Tentakeln. Auf Steinen mit kreisförmiger Scheibe festgeheftet. Durch Wachstumsstop in den Wintermonaten mit deutlichen Jahresringen. Häufig im Spülsaum der Nord- und Ostseeküsten. –

Abb. 369 Bryozoa, Gymnolaemata (Cheilostomata), *Reteporella beaniana* (Neptunsschleier). Breite ca. 8 cm. Lebend lachsfarben; flächenförmige Ausbildung des Stockes in Trichterform mit netzartigen Lücken für den Wasserdurchstrom. Mittelmeer. Original: W. Westheide, Osnabrück.

Bugula neritina (Bugulidae). Buschig-verzweigte Stöcke auf Hartsubstrat (Abb. 365). Ausgeprägter Polymorphismus mit Avicularien und weißlichen Ooecien zur Larvenaufzucht. Häufig in Fouling-Gemeinschaften, z. B. auf Schiffsrümpfen. Aus *Bugula*-Arten wird Bryostatin, ein Anti-Krebswirkstoff, isoliert. Weltweit.

Cheilostomata mit vollständig verkalkten Cystidwänden, mit Kompensationssack (Ascus) zum Austrieb des Polypids (Abb. 357B).

Reteporella beaniana (Neptunsschleier) (Phidoloporidae) (Abb. 369). Netzartig durchbrochener, lachsfarbener, trichterförmiger Stock; bis zu 10 cm. Zooecien zylindrisch, Zooide nur auf der Innenseite des Trichters. In küstennahen, schattigen Bereichen. Vor allem im Mittelmeer. – *Celleporella hyalina* (Celleporidae). Kleine rundliche Krusten auf Algen, Seegras oder *Flustra foliacea*, Ectocyste silbrig, glasartig durchscheinend, große Ooecien mit blaßgelben Embryonen, keine Avicularien. Häufig. Europäische Küsten. – *Cryptosula pallasiana* (Hippoporinidae). Blaßrosa Krusten auf Steinen und anderen Hartsubstraten, stark kalzifizierte Oberfläche, hexagonale Zooide, sehr kleine Avicularien, keine Ooecien, orangefarbene Embryonen werden in Autozooiden bebrütet. Gezeitenzonen und Sublitoral, weltweit.

Abb. 370 Brachiopoda, Rhynchonelliformea. *Macandrevia* sp., Länge ca. 25 mm. In natürlicher Lage mit Stiel festgeheftet, mit der kleineren Dorsalschale unten und der größeren Ventralschale (mit Ausbuchtung für den Stiel) oben. Pazifikküste British Columbia. Original: W. Westheide, Osnabrück.

3 Brachiopoda, Armfüßer

Brachiopoden sind ausschließlich marin vorkommende sessile Organismen, die mit ihrer zweiteiligen Schale auf den ersten Blick an Muscheln erinnern; allerdings bedecken die Schalen nicht die lateralen Körperseiten, sondern Ventral- und Dorsalseite (Abb. 370, 371). Ihre ca. 380 rezenten Arten sind weltweit verbreitet und kommen von der Gezeitenzone bis in die Tiefsee vor. Die heutige Brachiopodenfauna ist nur ein kleiner Überrest einer ehemals hochdiversen Gruppe, die mit über 30 000 fossil beschriebenen Arten seit dem frühesten Kambrium, möglicherweise sogar seit dem Präkambrium existierte. Einige rezente Formen, z. B. die *Lingula*-Arten sehen ihren frühkambrischen Vorfahren zum Verwechseln ähnlich und haben sich im Laufe der vergangenen 550 Mio. Jahre morphologisch kaum verändert.

Die kleinste rezente Art (*Gwynia capsula*) misst 600 µm, die größte (*Magellania venosa*) hat eine Schalenlänge von ca. 8 cm. †*Gigantoproductus giganteus*, die zur Karbonzeit vor etwa 330 Mio. Jahren lebte, war mit ca. 20 cm Schalenbreite der größte bekannte Vertreter der Brachiopoden.

Bau und Leistung der Organe

Auffälligstes Merkmal ist die doppelklappige **Schale**. Im Unterschied zu den Bivalvia, die eine rechte und eine linke Schalenklappe besitzen (S. 314), findet man bei den Brachiopoden die Schalenklappen als Rücken-(Dorsal-) und Bauch-(Ventral-)klappe. Sie sind nicht gleichförmig, zumeist ist die Dorsalklappe kleiner. Die Ventralklappe weist häufig ein spitz ausgezogenes Hinterende (S c h n a b e l oder U m b o) auf, welches perforiert sein kann, um dem Anheftungsorgan der Tiere, dem Stiel, einen Durchtritt zu ermöglichen (Abb. 371). Entsprechend verläuft die Symmetrieachse der Brachiopoden im Gegensatz zu den Bivalvia nicht entlang der Schalenrandlinie, sondern durch die Schalenmitte.

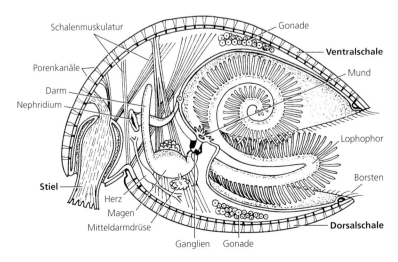

Abb. 371 Brachiopoda, Rhynchonelliformea. Organisationsschema. Physiologisch orientiert: Ventralschale oben, Dorsalschale unten. Verändert nach verschiedenen Autoren.

Nicht nur äußerlich, sondern auch in ihrem mehrschichtigen Aufbau zeigen Muschel- und Brachiopodenschalen bemerkenswerte Konvergenzen (s. a. S. 313). Die äußerste Schalenschicht bildet ein aus organischem Material bestehendes Periostracum, das die übrigen Bestandteile der Schale vor chemischer Auflösung schützt. Der darunterliegende, biomineralische Teil des Außenskeletts besteht aus einer äußeren, feinkörnigen Primär- und einer inneren, faser- oder lamellenartigen Sekundärschicht.

Als Matrix für die Einbindung der anorganischen Bestandteile fungieren organische Substanzen wie Proteine, Chitin und Glucosaminglykane (GAG). Als Baumaterial für die Primär- und Sekundärschicht verwenden die meisten Brachiopoden Calciumcarbonat (Calcit). Als Ausnahme gelten hier die Linguliformea (z. B. *Lingula*, *Discinisca*), deren Primärschicht überwiegend aus Calciumphosphat (Apatit) und GAG besteht, während die Sekundärschicht aus granulärem Apatit, lamellären Chitinfasern, Kollagenfibrillen und GAG aufgebaut ist. Diese organophosphatischen Schalen sind relativ weich und verformen sich z. B. beim Trocknen.

Die kalzitischen Schalen sind häufig mit unzähligen Porenkanälen versehen, durch die Ausläufer des Mantelepithels bis unmittelbar unter das Periostracum ziehen. Die Porenkanäle können distal verzweigt sein. Über die Bedeutung dieser Kanäle herrscht Unklarheit, sowohl Speicherfunktion der die Kanäle auskleidenden Zellen als auch Sinnesfunktion der darin morphologisch nachgewiesenen Rezeptorzellen ist bisher vermutet worden.

Eine Ausnahme unter den rhynchonelliformen Brachiopoden stellen hier die Rhynchonellida dar, deren Schalen massiv sind und keine Porenkanäle aufweisen, woran Vertreter dieser Gruppe sehr leicht zu erkennen sind.

Von den 3 rezenten Subtaxa (s. u.) werden bei Linguliformea und Craniiformea Dorsal- und Ventralklappen lediglich durch Muskulatur zusammengehalten; hier sind 7 dorsoventrale Muskelpaare ausgebildet, die sowohl Öffnen

und Schließen der Schale als auch seitliche Verschiebungen der Schalenklappen gegeneinander ermöglichen. Letzteres ist insbesondere für die Weichboden-bewohnenden *Lingula*- und *Glottidia*-Arten von Bedeutung, da wechselseitige Scherbewegungen der Schalenklappen zum Eingraben in das Substrat genutzt werden (Abb. 372A, 376). Bei den Rhynchonelliformea findet sich dagegen ein Schalenschloss, das die beiden Klappen fest miteinander verbindet und die Öffnung der Schale in nur einer Richtung zulässt. Entsprechend sind hier lediglich 2 antagonistisch arbeitende Muskelpaare ausgebildet, die Schalenöffner und Schalenschließer (Abb. 372B, C). Im Gegensatz zu den Bivalvia ist bei den Brachiopoden demnach auch das Öffnen der Schale ein aktiver, energieverbrauchender Prozeß. Die Muskelansatzstellen hinterlassen auf den Innenseiten der Schalen häufig charakteristische Muster in Form callusartiger Erhebungen oder deutlich abgegrenzter Felder, die in der Brachiopodentaxonomie wichtige Merkmale darstellen.

Die Schaleninnenseiten der rhynchonelliformen Brachiopoden zeigen neben den Muskelansatzstellen weitere Skulpturierungen und z. T. komplizierte, einem Innenskelett gleichkommende Bildungen. Die auffälligste Struktur ist dabei das Lophophorskelett oder Brachidium (Abb. 373). Es stützt den als Filter- und Atmungsorgan fungierenden Tentakelapparat der Brachiopoden (siehe unten).

Das Brachidium beginnt an der Rückseite der Dorsalklappe mit zwei basalen Stützen, den sogenannten Crura. Bei den Rhynchonellida sind dies die einzigen ausgebildeten Stützelemente für den Lophophor. Bei den übrigen Formen schließen sich an die Crura die absteigenden und aufsteigenden Äste des Armskeletts an, die als schleifenförmige Gebilde bis an den vorderen Schalenrand heranreichen können, manchmal durch stabilisierende Querbrücken verbunden sind und z. T. durch zusätzliche Kalksepten, die vom Schalenboden entspringen, unterstützt werden (Abb. 373B). Das Brachidium ist wohl das wichtigste taxonomische Merkmal. Allerdings werden im Verlauf der Entwicklung verschiedene charakteristische Stadien der Brachidium-Entwicklung durchlaufen, mit denen umfangreiche Neubildungs- und Resorptionsprozesse des Armskeletts einhergehen. Insbesondere bei der Bestimmung von fossilen Brachiopoden hat diese mögliche Formenvielfalt während der Individualentwicklung vermutlich zu einer Inflation beschriebener Arten geführt.

Weiterhin auffällig sind die ebenfalls kalzitischen Bestandteile des Schalenschlosses. Auf der Innenseite der Ventral-

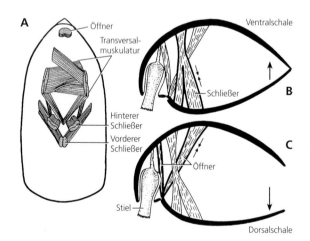

Abb. 372 Schalenmuskulatur. **A** Linguliformea. Verschiedene Muskelsysteme bewegen beide Schalenhälften gegeneinander. **B, C** Rhynchonelliformea. Schalenbewegung erfolgt über 2 antagonistische Muskelsysteme. Schließbewegung der zum Boden weisenden Dorsalschale allein durch Schließmuskel (**B**). Öffnungsbewegung der Dorsalschale durch 2 Muskelsysteme, wobei Schließmuskel als Widerlager dient (**C**). A Nach Williams et al. (1997) aus Bulman (1939); B, C verändert nach verschiedenen Autoren.

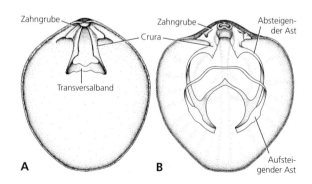

Abb. 373 Brachiopoda. Armskelett (Brachidium). **A** *Liothyrella neozelanica* (Terebratulidae). Einfache Verbindung der Crura über ein transversales Band (*short loop*). **B** *Terebratalia coreanica* (Lacqueidae). Komplexes Brachidium (*long loop*). Originale: P. Adam, Berlin, nach Originalpräparaten.

klappe finden sich an der Scharnierlinie zwei als Z ä h n e bezeichnete Auswüchse. Auf der Gegenseite in der Dorsalklappe unmittelbar distal der Crura sind zu diesen Zähnen passende Z a h n f ä c h e r angelegt. Zähne und Zahnfächer bilden eine gelenkige Verbindung, vergleichbar einem Kugelgelenk in einer Pfanne. Weitere Bestandteile der Schaleninnenskulptur können mediane Kalksepten in beiden Schalenklappen und kalkige Tuberkel und Papillen auf den Schalenböden sein.

Einen wichtigen Bestandteil des kalzitischen Innenskeletts stellen auch die so genannten K a l k s p i c u l a dar. Es sind dies komplex verzweigte, filigrane Kalkplättchen, die in das Bindegewebe eingelagert sein können.

Sie finden sich vor allem in der ECM des Mantels und des Lophophors. Bei *Eucalathis*–Arten sind die Spicula der Lophophor-ECM stabil miteinander verzahnt und bleiben auch nach Auflösung des Weichkörpers als dreifache Ringstruktur erhalten. Ein Ring umsteht dabei die Mundöffnung, die beiden anderen Ringe verlaufen entlang der Lophophorarme.

Als sessile Organismen sind die meisten Brachiopoda mit einem Stiel, der am hinteren Ende des Tieres sitzt, am Untergrund festgeheftet (Abb. 371, 372B, C). Er tritt entweder zwischen den Schalenklappen aus (Linguloidea), wird durch einen Schlitz in der Ventralklappe nach außen geführt (Discinoidea) oder tritt durch ein Foramen am hinteren Ende der Ventralklappe hindurch (Rhynchonellida, Terebratulida). Dieses Foramen kann unterschiedlich gestaltet sein und ist dadurch taxonomisch wichtig. Der Stiel ist bei den Lingulida innen mit einem Ausläufer des Rumpfcoeloms versehen und durch Muskulatur stark kontrahierbar. Alle übrigen Brachiopoden haben einen Stiel, der überwiegend aus Bindegewebe besteht, in das einzelne Muskelzellen eingelagert sein können. Bei Craniida und Thecideida fehlt ein Anheftungsorgan. Die Tiere sind direkt mit ihrer Ventralklappe auf dem Substrat festzementiert.

Die Brachiopoda besitzen einen **Mantel**, eine die inneren Organe umgebende Körperhülle mit zwei lappenartigen frontalen Fortsätzen, auf deren Außenseiten die Schalenklappen gebildet werden. Der Mantel lässt zwischen den Schalenklappen eine Mantelhöhle frei, in welcher der Lophophor seine Tentakel entfaltet und der Tentakelapparat durch Schließen der Schale verborgen werden kann. Distal hat der Mantel eine umlaufende Rinne, den Periostracumschlitz. Während des Schalenwachstums wird hier neues Periostracum-Material von spezialisierten Zellen nach außen abgege-

ben und läuft anschließend wie ein Fließband zunächst noch auf den Zellen des äußeren Mantelepithels nach außen und wird dort auf die sich verlängernde und dicker werdende Schale gezogen. Am Mantelrand finden sich bei den meisten Brachiopoden in regelmäßigen Abständen epidermale Borstenfollikel, in denen B o r s t e n aus β-Chitin gebildet werden (Abb. 371, 375C). Sie haben Verteidigungs- und Schmutzabweiserfunktion und übertreffen bei manchen Arten die Schale an Länge (z. B. *Pelagodiscus atlanticus*).

Diese Mantelrandborsten stimmen in Bildung und Ultrastruktur mit Kapillarborsten der Annelida vollständig überein (S. 361, Abb. 523) und wurden daher häufig zur Begründung einer nahen Verwandtschaft beider Gruppen herangezogen.

Der **Lophophor** ist das auffälligste Organ der Brachiopoda. Dieser in die Mantelhöhle hineinragende Filter- und Respirationsapparat besteht im Allgemeinen aus 2 Armen, die mit einer Vielzahl von Tentakeln besetzt sind. Die Lophophorarme können jeweils halbmondfömig gebogen, schleifenförmig vorgewölbt oder spiralig aufgerollt sein (Abb. 374B, C); weitere strukturelle Ausprägungen sind möglich. Bei allen craniiformen, linguliformen und rhynchonelliden Brachiopoden findet man die spiralig aufgerollten Lophophorarme, die frei beweglich sind und nicht durch innenliegende Skelettelemente gestützt werden (Abb. 374C). Die bereits im Jura vor ca. 90 Mio. Jahren ausgestorbenen †Spiriferida hatten sogar ein Brachidium, das sämtlichen Spiralwindungen der Lophophorarme folgte und damit das komplexeste Armskelett der Brachiopoda. Die Aufrollung der Lophophorarme führt zu einer enormen Vergrößerung der Respirations- und Filtrierfläche.

Theoretisch sind die Tiere in der Lage, bei voller Entfaltung den Lophophor weit aus der Mantelhöhle in das umgebende Wasser vorzustrecken. Dies wurde bisher aber nur bei kleineren Formen beobachtet (z. B. bei *Eucalathis*- und *Thecidellina*-Arten). Zumeist verbleibt der Lophophor auch bei geöffneter Schale in der Mantelhöhle. Die Entfaltung sämtlicher Tentakel innerhalb dieses begrenzten Raumes erhöht dabei die Effektivität des wie eine Reuse funktionierenden Filterapparates. Das nahrungshaltige Wasser wird durch Schlagbewegungen der auf dem gesamten Lophophor befindlichen Cilien seitlich in die Mantelhöhle hineingezogen. Nahrungspartikel, bevorzugt Kieselalgen, verfangen sich in der Reuse, werden in der auf der Oberseite beider Lophophorarme befindlichen Nahrungsrinne eingeschleimt und darin ebenfalls durch Cilienschlag zur Mundöffnung befördert (*upstream-collecting-system* (S. 169) mit laterofrontalen Cilien). Das gefilterte Wasser verlässt die Mantelhöhle am Vorderende des Tieres.

Eine Besonderheit der Ein- und Ausstromtechnik findet sich bei den im Boden lebenden Formen (z. B. *Lingula*). Eingegraben im Sediment ist ein Wassereinstrom zu den Seiten der Schalenöffnung nicht

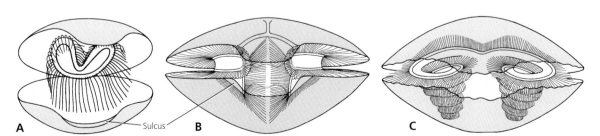

A　Sulcus　B　C

Abb. 374 Brachiopoda. Lophophoren. **A** Ursprüngliche hufeisenförmige Struktur, bei der die Tentakel in die Mantelhöhle ragen. **B, C** Vergrößerung der Oberfläche durch Verlängerung und unterschiedliche Art der Aufrollung der Lophophorarme. **B** Plectolopher Lophophor. **C** Spirolopher Lophophor. Nach Williams, James, Emig, MacKay und Rhodes (1997).

möglich. Stattdessen wird das Wasser am Vorderende angesaugt. Hier stehen die Mantelrandborsten in drei köcherartigen Röhren zusammen, die die Sedimentoberfläche durchbrechen und den Einstrom von Sedimentpartikeln verhindern. Der Wassereinstrom erfolgt durch die beiden äußeren, der Ausstrom durch die mittlere dieser Borstenröhren (Abb. 376C).

Der **Verdauungstrakt** führt hinter der Mundöffnung über einen röhrenförmigen Schlund in einen sackförmigen Magen (Abb. 371). Der gesamte Innenraum des Verdauungstraktes ist mit langen Cilien ausgekleidet, die das Schleimband mit den innenliegenden Nahrungspartikeln in ständige Rotation versetzen. Dabei kommt es zu einer enzymatischen Zersetzung der Nahrung. Die so vorverdauten Partikel werden anschließend aus dem Magensack in die hier angeschlossenen, mehrteiligen Divertikel der paarigen Mitteldarmdrüse transportiert und intrazellulär endverdaut.

Die Ausscheidung von Nahrungsresten erfolgt innerhalb der Brachiopoda auf unterschiedliche Weise: Die craniiformen und linguliformen Brachiopoden besitzen einen aus dem Magenbereich führenden Enddarm und eine Afteröffnung, die bei den Linguliformea an der rechten Körperseite, bei den Craniiformea durch eine zusätzliche Enddarmschleife am Hinterende des Tieres liegt. Alle übrigen Brachiopoden haben am hinteren Ende des Magensacks einen kurzen, blind geschlossenen Enddarm ohne After (Abb. 371) und müssen entsprechend die Nahrungsreste wieder zur Mundöffnung herausbefördern.

Das **Nervensystem** der Brachiopoda liegt basiepidermal. Es besteht aus einem umfangreichen Plexus und basiepithelialen ganglienartigen Verdichtungen oberhalb und unterhalb des postoralen Darmabschnitts. Adulte Brachiopoda verfügen nur über einfache ciliäre Rezeptorzellen, die z. B. bei Berührung der Borsten angesprochen werden und zum blitzartigen Verschließen der Schale führen. Desweiteren ist für *Lingula*-Arten ein Lichtsinn beschrieben worden: Die Tiere ziehen sich bei Beschattung sofort in das Sediment zurück. Lichtsinnesorgane kennt man bisher aber nur von Larven rhynchonelliformer Brachiopoden in Form einfacher Linsenaugen, die aus zwei Photorezeptor-Zellen zusammengesetzt sind. Interessanterweise ist die lichtperzipierende Struktur dieser Rezeptorzellen jeweils ein Cilium mit vergrößerter Membranoberfläche und entsprechend einem ciliären Opsin als photosensitivem Protein. Pelagische Entwicklungsstadien der Linguliformea besitzen zudem ein paar Statocysten auf der Dorsalseite, die bei *Lingula*-Arten auch in den Adulti zu finden sind.

Das **Coelom** ist entgegen früherer Annahmen nicht trimer, sondern besteht zunächst in den Entwicklungsstadien (siehe unten) aus einer einheitlichen Coelomanlage. Die mesodermalen Zellen der Coelomanlage entstehen durch Proliferation von Urdarmzellen während der Gastrulation.

Alle mesodermal abgeleiteten Zellen stehen in der Frühentwicklung miteinander in Verbindung und sind nicht durch bindegewebige Barrieren in einzelne Kompartimente getrennt. Dies gilt sowohl für die Coelomanlage im Mantellobus lecithotropher Larven der Rhynchonelliformea, für diejenige im Rumpf craniiformer Larven als auch für die Coelomanlage des noch wenig entwickelten Lophophors pelagischer Juvenilstadien der Linguliformea einschließlich des nur hier beobachtbaren Mediantentakels. Erst im Verlauf der postlarvalen Entwicklung trennen sich Rumpfcoelom und Tentakelcoelom, und

nur bei den Craniiformea ist diese Trennung vollständig. Das Epistom oberhalb der Mundöffnung enthält ebenfalls mesodermal abgeleitete Muskelzellen. Diese sind locker in das Bindewebe des Epistoms eingestreut und stehen sowohl untereinander als auch mit dem Coelothel des Tentakelapparates über Zellausläufer in Verbindung.

Ein eigenständiges Coelomkompartiment existiert im Epistom zu keinem Zeitpunkt der Entwicklung, wobei für *Hemithiris psittacea* ein so genanntes circumösophageales Coelom beschrieben wird. Das Coelom wird im Adultus von zahlreichen Gewebsbändern (Mesenterien) durchzogen: paarige Gastroparietalbänder, die in Höhe des Vordermagens von diesem zur seitlichen Körperinnenwand laufen und paarige Ileoparietalbänder, die im hinteren Magenbereich ansetzen und den Darmkanal mit der Körperseitenwand verbinden. Zusätzlich existieren in der Medianebene verlaufende Gewebsbänder, die den Verdauungstrakt auch in der Dorsoventralebene in der Leibeshöhle verankern. Alle diese Gewebsbänder sind nicht durchgehend von vorne nach hinten in der Leibeshöhle aufgespannt, so dass es entgegen früherer Angaben keine Trennung des Rumpfcoeloms in Einzelkompartimente gibt. Einzige Ausnahme ist hier die so genannte Analkammer bei craniiformen Brachiopoden, die den terminal mündenden After umgibt.

Das Rumpfcoelom entsendet sich verzweigende Ausläufer in den Mantel, die als Coelomkanäle oder Pallialsinus bezeichnet werden. Bei Craniiformea und Rhynchonelliformea reifen in diesen Coelomkanälen die Gonaden heran. Die Coelomkanäle können auf der Innenseite der Schale charakteristische Abdrücke, vergleichbar den Muskelansatzstellen, hinterlassen und sind vor allem bei Fossilien taxonomisch wichtig.

Das **Kreislaufsystem** der Brachiopoda besteht aus über weite Strecken geschlossenen Blutgefäßen, die insbesondere in den genannten Mesenterien und hier vor allem auf der Dorsalseite des Magens auffällig sind. Jeder einzelne Tentakel des Lophophors wird ebenfalls von einem Ausläufer des Blutgefäßsystems durchzogen. Durch die große Oberfläche und die Nähe der Blutflüssigkeit zum umgebenden Wasser in den Tentakeln (nur die Basallamina und die Epidermis trennen hier Außenmedium und Blutflüssigkeit), wird eine effektive Sauerstoffaufnahme gewährleistet. Die Blutgefäße sind einfache Spalträume oder Lakunen in der ECM ohne zelluläre Auskleidung. Im Bereich des ebenfalls auf der Dorsalseite des Magens befindlichen, mehrteiligen Herzens zeigen die coelomseitig auf der ECM befindlichen Coelothelzellen eine verstärkte Ausstattung mit kontraktilen Filamenten.

Im circumoesophagealen Coelom von *Hemithiris psittacea* wurden erstmals Coelothel-Zellen endeckt, die Podocyten ähneln und ensprechend als Ort der Ultrafiltration gelten können. Die Tiere verfügen über 1 Paar **Exkretionsorgane** in Form von Metanephridien (Abb. 371), deren Ultrastruktur auf eine rege Exkretions- und Resorptionstätigkeit schließen lässt. Diese Nierenorgane beginnen im Coelom mit je 1 coelothelialen Wimperntrichter, der von den Ileoparietalbändern aufgespannt wird. Die ausleitenden ektodermalen Kanäle münden jeweils über einen Nephroporus ventrolateral der Mundöffnung in die Mantelhöhle.

Rhynchonellida besitzen ein kleineres, zweites Paar Metanephridien, das über die Gastroparietalbänder in der Leibeshöhle aufgehängt ist.

Die meisten Arten sind getrenntgeschlechtlich; einige Arten wurden als protandrische Zwitter beschrieben. Bei den Linguliformea entwickeln sich die Gonaden im Coelothel der Ileo- und Gastroparietalbänder. Bei allen anderen Formen differenzieren sie sich in den Coelomkanälen der beiden Mantellappen.

Fortpflanzung und Entwicklung

Die **Befruchtung** findet im Wasser statt, nachdem Spermien und Eizellen über die auch als Gonodukte fungierenden Metanephridien ausgeleitet wurden. Einige Arten betreiben Brutpflege, wobei die befruchtungsfähigen Eier in der Mantelhöhle zurückgehalten und durch mit dem Nahrungswasserstrom eingestrudelte Fremdspermien befruchtet werden. Bei einigen Arten ist auch Selbstbefruchtung wahrscheinlich, aber wohl nicht die Regel. Je nach Brutpflegemechanismus werden die heranwachsenden Larven entweder in den Tentakeln des Lophophors zurückgehalten (z. B. bei *Notosaria nigricans*), in Aussackungen der Mantelhöhle untergebracht (z. B. *Joania cordata*) oder wachsen bis zur Metamorphose-Reife in speziellen vom Lophophorgewebe abgeleiteten Brutbeuteln heran (Thecideida).

Die **Furchung** ist total und äqual. Bei Linguliformea ähnelt das 16-Zell-Stadium in der Form einem Ziegelstein; bei allen anderen Brachiopoden bilden die 16 Zellen einen Doppelring, der an einen Doughnut erinnert. Die weitere Entwicklung führt über eine Blastula durch Invagination am vegetativen Pol zur Gastrula. Spätestens die Gastrula ist vollständig bewimpert und schlüpft bei Craniiformea und Rhynchonelliformea aus der Eihülle. Im Laufe der weiteren Entwicklung verschiebt sich der sich langsam schließende Blastoporus auf der Ventralseite nach vorne und verschwindet schließlich vollständig.

Craniiformea bilden eine äußerlich zweiteilige lecithotrophe Larve mit 3 Paaren larvaler Borstenbündel auf der Dorsalseite (Abb. 375C). Sie ist bewimpert und schwimmt mit Hilfe verlängerter Cilien am Apikallobus wenige Tage im Wasser. Zur **Metamorphose** krümmt sich die Larve zur Ventralseite hin und bringt dadurch eine am Hinterende befindliche Drüsenregion in Richtung Substrat. Die Drüsen scheiden ein Sekret aus, mit dessen Hilfe sich die Larve am Untergrund festheftet. Auf der Ventralseite bildet sich als relativ dünne Kalklamelle die Ventralklappe; auf der Dorsalseite verdrängt die sich bildende, hutförmige Dorsalklappe die larvalen Borsten, die schließlich ausfallen und nicht durch Adultborsten ersetzt werden.

Bei den Rhynchonelliformea kommt es zur Ausbildung einer äußerlich dreigeteilten, lecithotrophen Larve, mit einem Apikal-, einem Mantel- und einem Stiellobus (Abb. 375A). Insbesondere verlängerte Cilien am Apikallobus ermöglichen der Larve das Schwimmen. Der Mantellobus trägt 2 Paar larvale Borstenbündel, die zur Verteidigung durch Längskontraktion des Larvenkörpers in alle Richtungen gestreckt werden können.

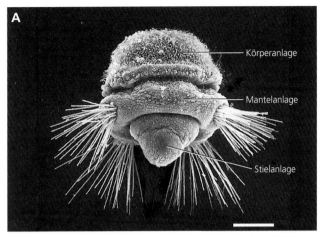

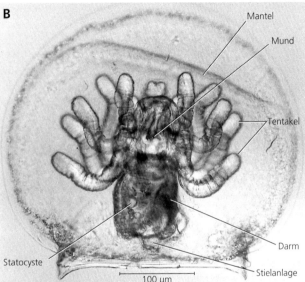

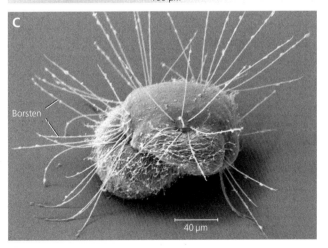

Abb. 375 Brachiopoda. Entwicklungsstadien. **A** *Laqueus californeanus* (Rhynchonelliformea). Larve kurz vor Metamorphose. Festsetzung mit Stielanlage auf Hartsubstrat; Mantelanlage umwächst dabei Vorderende, das sich zur Körperanlage umbildet. Maßstab: 50 µm. **B** *Glottidia albida* (Linguliformea). Aus dotterarmen Eiern entwickelt sich freischwimmendes Juvenilstadium, bereits mit Schale und Tentakeln. Festsetzung nach Wachstum des Stiels im weichen Substrat. Breite: 350 µm. **C** *Novocrania anomala* (Craniiformea). Larve kurz vor der Metamorphose. Maßstab: 40 µm. A, B Originale: W. Heimler, Erlangen; C Original: P. Grobe, Berlin.

Nach wenigen Tagen im Plankton klebt sich die Larve zur Metamorphose mit dem Stiellobus auf dem Untergrund fest, eine Kontraktion in Längsrichtung führt zum Umkrempeln des schürzenartigen Mantellobus nach oben, wodurch der Apikallobus eingehüllt wird. Aus letzterem wächst in der Folge der Lophophor, während die jetzt außen befindliche ehemalige Innenseite des Mantellobus das erste Schalenmaterial sezerniert. Die larvalen Borsten fallen aus und werden durch die Mantelrandborsten der Adulti ersetzt.

Bei den Linguliformea verläuft die Entwicklung anders: Bei Discinoidea schlüpft ein vollständig bewimpertes und mit 1 Paar larvaler Borstenbündel ausgestattetes Stadium aus der Eihülle. Dieses bekommt alsbald einen Mediantentakel und bis zu 4 Paar lateraler Tentakel. Dann bildet sich bereits die erste Schale, die larvalen Borsten fallen aus, es bilden sich Adultborsten. Das an eine Miniaturausgabe eines Adultus erinnernde Tier (Abb. 375B) ist planktotroph und kann mehrere Wochen im Pelagial verbringen, bevor es niedersinkt und sich mit Hilfe der Stielanlage auf einem harten Substrat festsetzt. Bei den Linguloidea schlüpft ein bereits beschaltes Stadium ohne larvale Borsten aus dem Ei. Dieses ist ebenfalls planktotroph und kann sich Wochen im Pelagial aufhalten, bevor es zum Bodenleben im Sediment übergeht.

Die beschalten, pelagischen Stadien der Linguliformea sind entgegen üblicher Darstellungen nicht als Larven, sondern als Juvenilstadien aufzufassen, vergleichbar den postlarvalen, bereits sessilen Stadien der Rhynchonelliformea.

Systematik

Die Brachiopoda sind ein Monophylum, was durch morphologische ebenso wie durch DNA-Untersuchungen eindeutig gezeigt werden konnte. Wenige molekulare Analysen integrieren die Phoronida in die Brachiopoda, lassen sich zur Zeit aber noch nicht bewerten. Die ursprünglichsten Brachiopoden waren sicherlich solche ohne Schalenschloss. Wenn eine Schale überhaupt in das Grundmuster gehört, wird diese wahrscheinlich aus organischem Material (Chitin), möglicherweise mit Calciumkarbonat oder -phosphateinlagerungen bestanden haben. Im Gegensatz zu den Rhynchonellifor-

mea (Articulata oder Testicardines) stellt die traditionelle Gruppierung „Inarticulata" oder Ecardines mit Linguliformea und Craniiformea keine geschlossene Abstammungsgemeinschaft dar. Linguloidea und Discinoidea innerhalb der Linguliformea sind Schwestergruppen, was sich allein aufgrund der Morphologie der pelagischen Juvenilstadien gut begründen lässt. Darüber, welche der rezenten Gruppen innerhalb der Brachiopoda basal steht, herrscht Uneinigkeit. Die folgende systematische Gliederung erfolgt in Übereinstimmung mit der revidierten Fassung des *Treatise on Invertebrate Paleontology, part H: Brachiopoda* (2000).

3.1 Linguliformea

Brachiopoden mit organophosphatischer Schale, ohne Schalenschloss. Kontraktiler Stiel mit Ausläufern des Rumpfcoeloms. Verdauungstrakt mit Afteröffnung auf der rechten Körperseite. Pelagische, planktotrophe Juvenilstadien mit Mediantentakel. Unteres Kambrium (Tommotium) bis rezent.

3.1.1 Linguloidea

Bräunlich-grünliche Schale, länglich oval bis zungenförmig. Langer, kontraktiler Stiel tritt zwischen den Schalenklappen aus; beide Schalenklappen am hinteren Ende mit einem kleinen Schabel. Lebt in Röhre. Unteres Kambrium bis rezent.

Lingula anatina (Lingulidae). Schwach biconvexe, zungenförmige Schalen bis 5 cm Länge; muskulöser Stiel bis zu 30 cm streckbar. Indopazifisch verbreitet, von der Gezeitenzone bis ins obere Sublitoral, bevorzugt in sandigem Sediment (Abb. 376). – *Glottidia pyramidata* (Lingulidae). Spatelförmige, deutlich längsgestreckte, hellbraune bis weißliche Schale (2,5 cm lang), im flachen Wasser; gräbt sich nach Störung auch als Adultus schnell wieder ein. Atlantik und Karibik.

3.1.2 Discinoidea

Organophosphatschalige Hartsubstratbewohner. Bräunliche, runde Schale mit konvexer, hutförmiger Dorsal- und flacher

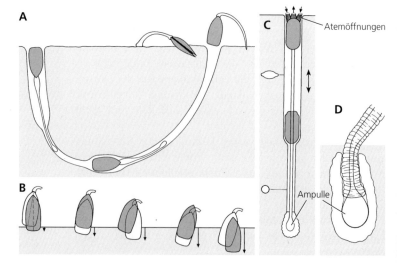

Abb. 376 Brachiopoda, Lingulidae. **A** *Glottidia*-Arten leben in U-förmigem Bau, den sie durch scherenartige Schalenbewegungen (**B**) in das Sediment graben. **C** *Lingula anatina* lebt in vertikaler Röhre, an deren Ende sie sich mithilfe einer schwellbaren Ampulle festhält (**D**) und in den sie sich zurückziehen kann (Doppelpfeil!). Mantelrandborsten halten 3 Atemöffnungen frei, durch die Wasser in die Mantelhöhle ein- und ausströmt (kleine Pfeile!). Nach Emig (1997).

Ventralklappe, letztere mit kreis- oder schlitzförmiger Öffnung zum Stieldurchtritt; kurzer, muskulöser Stiel. Häufig in großen Gruppen unterschiedlichen Alters aufeinander festgewachsen. Von der Gezeitenzone bis in die Tiefsee, weltweit. Ordovizium bis rezent.

Pelagodiscus atlanticus (Discinidae). Tiefseebewohner ab 2 000 m. Schale (ca. 1 cm), mit sehr langen Mantelrandborsten. In allen Ozeanen. -*Discinisca* cf. *tenuis* (Discinidae). Ovale, durchscheinende, bis 3 cm große Schale mit konzentrischen Wachstumsringen. Im Gezeitenbereich der südafrikanischen Atlantikküste; mitunter Massenvorkommen im oberen Sublitoral. – *Discina striata* (Discinidae). Dicke, hutförmige Dorsalschale (ca. 1–1,5 cm), deutliche Radiärstreifung. Im Gezeitenbereich der west- bis südwestafrikanischen Küste.

3.2 Craniiformea

Schlosslose Hartsubstratbewohner, mit kalzitischer Schale, Sekundärschicht der Schale laminär aufgebaut; ohne Stiel, zumeist dünne, ventrale Schalenklappe direkt auf das Substrat zementiert. Spiralig aufgerollte Lophophorarme. Verdauungstrakt mit terminal liegendem After. Lecithotrophe Larven. Unteres Kambrium (Craniida ab Ordovizium) bis rezent.

Novocrania anomala (Craniidae). Dunkelrotbraune Dorsalklappe mit irregulärer Oberfläche, Wachstumsringe schwach erkennbar, Außenrand der Dorsalklappe an Untergrundform angepasst, Innenseite der Dorsalklappe mit callusartigen Narben der Muskelansatzstellen, erinnert an einen Totenkopf (alter Name: Totenkopfmuschel!); Ventralklappe als weißliche Kalklamelle direkt auf dem Substrat. Adulti ohne Mantelrandborsten. Nordsee, Atlantik und Mittelmeer in 3–400 m Tiefe. – *Neoancistrocrania norfolki* (Craniidae). Erst 1997 beschrieben, radiär gestreifte, rotbraun-weiße Schale, mit becherförmiger, dicker Ventral- und deckelartiger Dorsalklappe. Dorsalklappe mit medianem Y-förmigen Septum als Muskelansatzstelle, nächstverwandt mit †*Ancistrocrania* (Craniidae) aus der Kreide. Pazifik.

3.3 Rhynchonelliformea

Größte Gruppe der Brachiopoda. Mit kalzitischen Schalen; Schloss aus 1 Paar ventraler Zähne und 1 Paar dorsaler Zahnfächer. Stiel mit Bindegewebe gefüllt. Verdauungstrakt ohne After. Lophophor durch Brachidium gestützt. Lecithotrophe Larven. Unteres Kambrium bis rezent.

3.3.1 Rhynchonellida

Schale häufig deutlich gerippt, mit Schnabel am Hinterende, vorderer Schalenrand nicht gradlinig, sondern mit einer dorsalen Falte und einem ventralen Sulcus (Abb. 374A, B). Ohne Porenkanäle, Brachidium nur mit basalen Stützen (Crura). Spiralig aufgerollte Lophophorarme. Unteres Ordovizium bis rezent.

Hemithiris psittacea (Hemithirididae). Graubraune bis schwarze, stark biconvexe Schale, spitzer papageienartiger Schnabel (Name!),

mit dreieckigem zur Dorsalklappe hin offenen Foramen. Stiel sehr dünn. Arktische Meere vom Gezeitenbereich bis in ca. 2 000 m Tiefe. – *Notosaria nigricans* (Notosariidae). Stark gerippte, schwarze Schale (ca. 1–2 cm breit) mit deutlicher Dorsalfalte und ventralem Sulcus. Dreieckiges, zur Dorsalschale hin offenes Foramen mit kurzem Stiel. Brutpflege im Lophophor. Häufig im Gezeitenbereich der neuseeländischen Küsten, bis in 800 m Tiefe. – *Tethyrhynchia mediterranea* (Tethyrhynchiidae). Kleinster bekannter Rhynchonellide mit durchsichtiger Schale (um 1 mm). Crura mit halbmondförmigen Enden. Brutpflege in der Mantelhöhle. Einziger Vertreter der Rhynchonellida im Mittelmeer; endemisch in Meereshöhlen der Adria und des westlichen Mittelmeeres, in 3–60 m Tiefe.

3.3.2 Thecideida

Kleine, inkrustierende Arten tropischer und subtropischer Regionen (bis max. 1 cm Länge, meist um 4 mm). Ohne Stiel; napfförmige Ventralklappe am Untergrund festzementiert, Dorsalklappe rund, deckelartig, mit reichhaltiger Skulptur auf der Innenseite und breitem, gelappten Kardinalprozess am Hinterende. Einige Formen mit Geschlechtsdimorphismus. Brutpflege. Jura bis rezent.

Lacazella mediterranea (Thecideidae). Weibchen mit Brutsack in der Mitte des ventralen Mantels, Larven heften an den Enden zweier Spezialtentakel, die in den Brutsack hineinreichen, Lophophor verläuft entlang großer und kleiner Brachialloben der Dorsalklappe. Einziger Vertreter der Thecideida im Mittelmeer, bis in 110 m Tiefe. – *Thecidellina barretti* (Thecidellinidae). Mit einfachen Brachialloben und einem medianen Septum in der Dorsalklappe, Brutpflege in 2 Brutsäcken rechts und links des medianen Septums der Dorsalklappe. Karibik bis in 130 m Tiefe.

3.3.3 Terebratulida

Artenreichste rezente Teilgruppe. Zumeist auf Hartsubstrat mit Stiel festgeheftet. Brachidium in Schleifen- oder Ringform oder Abwandlungen davon. Schale mit Porenkanälen; deutliche Mantelkanäle, häufig baumartig verzweigt. Oberes Silur bis rezent.

Terebratulina retusa (Cancellothyrididae). Häufige Art mit weißlich-gelblicher, fein gerippter Schale (ca. 2 cm Länge). Brachidium kurz, ringförmig. Nordsee, NO-Atlantik und Mittelmeer, als einzige Brachiopoden-Art auch auf Helgoland gefunden; in 18–2 150 m Tiefe. – *Magellania venosa* (Terebratellidae). Größte rezente Art, Schale weißlich bis leicht rosa (bis 8 cm Länge), Temperaturspektrum von 3°–12 °C. Küsten des südlichen Südamerika, Massenvorkommen vor Chile, in 2–1 900 m Tiefe. – *Terebratella sanguinea* (Terebratellidae). Stark gerippte, rote Schale (bis 4 cm Länge), mit deutlichem Sulcus der ventralen Klappe. Fjorde der Südinsel Neuseelands in 9–140 m Tiefe. – *Platidia anomioides* (Platidiidae). Braune Schale (bis 5 mm Breite), rund; Dorsalklappe flach, zum Substrat ausgerichtet, mit medianem Septum, halbkreisförmiges Foramen für den sehr kurzen Stiel, Ventralklappe konvex, mit schwachen Wachstumsringen, oft mit unregelmäßiger Oberfläche. Weltweit, in 8–2 190 m. – *Joania cordata* (Megathyrididae). Herzfömige Schale (Name!), durchsichtig (2–4 mm Länge), mit relativ großem, zur Dorsalklappe hin offenen Foramen; Dorsalklappe innen mit medianem Septum und einer Reihe kalkiger Tuberkel entlang des Schaleninnenrandes. Häufig im Mittelmeer, besonders in Meereshöhlen, in 3–600 m Tiefe.

Cycliophora

Die erst 1995 von P. FUNCH und R.M. KRISTENSEN beschriebene *Symbion pandora* war die erste entdeckte Art dieses neuen höheren Taxons. Die nur etwa 350 µm großen Tiere leben oft zu tausenden festgeheftet auf der Cuticula der Mundwerkzeuge des Decapoden *Nephrops norvegicus* (Abb. 378) und ernähren sich hier als kommensale Suspensionsfresser. Stirbt der Wirtsorganismus oder wird dessen alte Cuticula gehäutet und abgeworfen, müssen sich die angehefteten Tiere einen neuen Wirt suchen. Dies geschieht über die Ausbildung freischwimmender Larven. Eine zweite Art, *Symbion americanus*, ist deutlich von der europäischen Form verschieden und stellt möglicherweise einen bisher nicht aufgelösten Artenkomplex dar (Abb. 377). Die Stellung der Cycliophora im System der Metazoa ist umstritten, wobei eine verwandtschaftliche Nähe zu Gnathifera oder Entoprocta favorisiert wird.

Bau und Leistung der Organe

Auffälligstes Stadium im komplexen Lebenszyklus der Cycliophora (Abb. 379) ist ein sessiles, asexuelles Nähr- oder Fressstadium. Sein Körper gliedert sich in 3 äußerlich abgrenzbare Regionen. Das Vorderende ist ein radiärsymmetrischer Buccaltrichter, der durch eine Einschnürung vom sackförmigen, bilateralsymmetrischen Rumpf getrennt ist. Daran schließt sich ein nicht zellulärer Stiel an, der in eine als Anheftungsorgan fungierende Scheibe ausläuft (Abb. 378). Der Buccaltrichter wird im Laufe des Lebens mehrfach ersetzt. Dazu wächst im Inneren des Fressstadiums aus einer Knospe ein neuer heran, während der alte Trichter atrophiert und abgestoßen wird.

Carsten Lüter, Berlin

Der Buccaltrichter ist von kreisförmig angeordneten multiciliären Zellen umstanden (Mundring), deren Cilien durch beständiges Schlagen die Nahrungspartikel in den Verdauungstrakt befördern (*downstream-collecting*). Alternierend zu den multiciliären Zellen finden sich im Mundring Myoepithelzellen, die die Mundöffnung verschließen können. Am Übergang von Buccaltrichter zum Rumpf befindet sich ein S-förmiger Oesophagus; daran schließt sich im Rumpfbereich ein U-förmiger Verdauungstrakt an, der mit multiciliären Zellen ausgekleidet ist und unterhalb des Buccaltrichters mit einem Anus nach außen mündet.

Die Tiere sind acoelomat, d. h. eine sekundäre Leibeshöhle fehlt vollständig. Auch Nephridien sind im Fressstadium nicht ausgebildet, dagegen besitzen die aus geschlechtlicher Fortpflanzung hervorgehenden Chordoid-Larven (siehe unten) 1 Paar Protonephridien mit multiciliären Terminalzellen. Vom Nervensystem ist bisher nur ein Ganglion bekannt, welches sich in unmittelbarer Nähe des Oesophagus befindet. Die Epidermis der Cycliophora sezerniert eine charakteristische, mehrschichtige Cuticula, die eine pentagonale oder hexagonale Strukturierung aufweist.

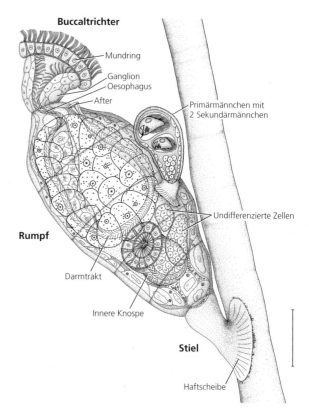

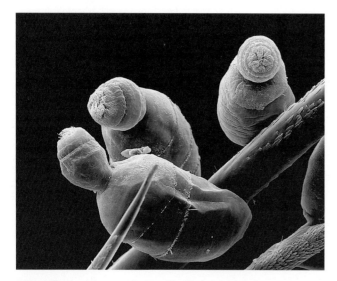

Abb. 377 *Symbion americanus* (Cycliophora). Auf Borsten an den Mundwerkzeugen eines Amerikanischen Hummers. REM-Foto. Original: M. Obst, Aarhus.

Abb. 378 *Symbion pandora* (Cycliophora). Innere und äußere Organisation eines Fressstadiums mit Prometheus-Larve. Maßstab: 50 µm. Aus Funch und Kristensen (1997).

Fortpflanzung und Entwicklung

Symbion pandora hat einen komplexen metagenetischen Generationswechsel mit verschiedenen festsitzenden und freischwimmenden Stadien (Abb. 379). Bei jüngeren Nähr- oder Fressstadien ist mit dem Heranwachsen neuer Buccaltrichter aus einer inneren Knospe auch die Ausbildung einer Pandora-Larve gekoppelt. Diese wächst in einer Brut-

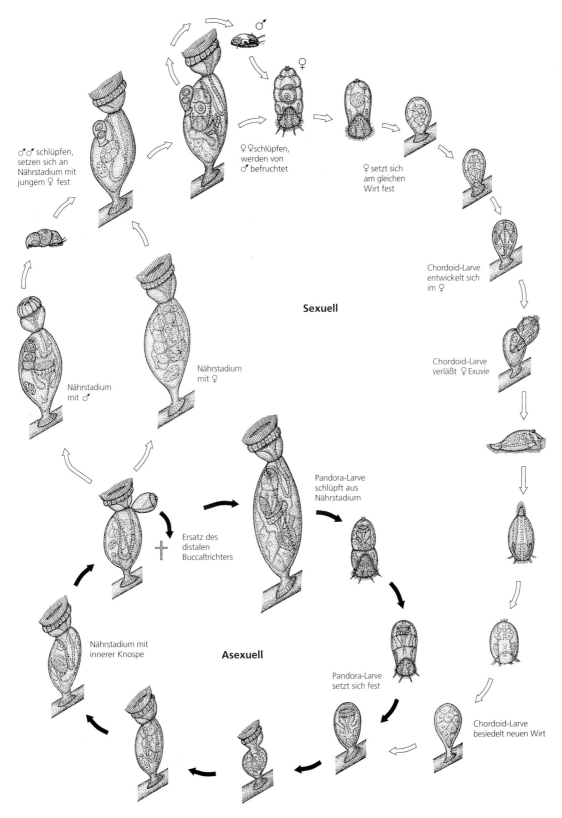

Sexuell

♂♂ schlüpfen, setzen sich an Nährstadium mit jungem ♀ fest

♀♀ schlüpfen, werden von ♂ befruchtet

♀ setzt sich am gleichen Wirt fest

Chordoid-Larve entwickelt sich im ♀

Chordoid-Larve verläßt ♀ Exuvie

Nährstadium mit ♂

Nährstadium mit ♀

Pandora-Larve schlüpft aus Nährstadium

Ersatz des distalen Buccaltrichters

Chordoid-Larve besiedelt neuen Wirt

Pandora-Larve setzt sich fest

Nährstadium mit innerer Knospe

Asexuell

Abb. 379 Vermuteter Lebenszyklus von *Symbion pandora* (Cycliophora). Aus Funch und Kristensen (1995).

kammer (Marsupium) heran und bildet bereits wieder einen Buccaltrichter aus. Die Pandora-Larve verlässt das Fressstadium über den After, siedelt sofort in der Nähe des Muttertieres mithilfe eines Drüsensekrets, das am Vorderende ausgeschieden wird, stülpt den Buccaltrichter nach außen und wächst zu einem neuen Fressstadium heran. Durch diese **asexuelle Vermehrung** ist die Art in der Lage, in kürzester Zeit einen neuen Wirt mit tausenden von Einzelindividuen zu besiedeln.

Kurz bevor sich der Wirtsorganismus häutet, kommt es zur **sexuellen Fortpflanzung** von *S. pandora*. Viele Fressstadien stellen die Ernährung ein und bilden – vergleichbar zur Pandora-Larve – in ihrem Inneren jeweils ein männliches Tier aus einer Knospe heran. Dieses so genannte Primärmännchen (Prometheus-Larve) verfügt zunächst noch über keine Penialstrukturen oder reife Spermien. Es verlässt das Muttertier und heftet sich außen an ein in der Nähe sitzendes, noch Nahrung aufnehmendes Fressstadium (Abb. 378). Letzteres beginnt daraufhin im Innern mit der Ausbildung einer weiblichen Knospe. Das heranwachsende Weibchen bildet eine einzige Oocyte, während das außen angeheftete Primärmännchen bis zu drei Sekundärmännchen durch innere Knospung ausbildet. Die Sekundärmännchen haben einen cuticularisierten Penis und einen gefüllten Spermienbehälter. Wann genau die Befruchtung der Oocyte stattfindet, ist unklar; wahrscheinlich geschieht dies unmittelbar nach dem Austritt des Weibchens aus dem Marsupium noch im Inneren des mütterlichen Fressstadiums. Das Weibchen verlässt nach der Befruchtung das Muttertier und heftet sich – wiederum ähnlich der Pandora-Larve – mithilfe eines Kopfdrüsensekrets auf der Cuticula des Wirtes fest, bevorzugt auf den distalen Bereichen der Mundwerkzeuge. Das Vorderende wandelt sich zu einer Haftscheibe um, während der restliche Körper degeneriert und zu einer Cyste wird. Diese Cyste differenziert sich zu einem zweiten Larven-Typ, die Chordoid-Larve. Dabei handelt es sich wahrscheinlich um das eigentliche Ausbreitungsstadium, das vielleicht eine modifizierte Trochophora darstellt. Mithilfe ihrer starken Bewimperung am Vorderende schwimmt die Chordoid-Larve aktiv im freien Wasser und sucht nach einem neuen Wirt. Ist dieser gefunden, setzt sie sich mit dem Vorderende voran auf den Mundwerkzeugen des Krebses fest und bildet durch Knospung einen Buccaltrichter aus. Dann beginnt eine neue asexuelle Fortpflanzungsphase, und es folgt die schnelle Besiedlung des Wirtstieres.

Systematik

Die Cycliophora sind ein eigenständiges höheres Taxon innerhalb der Bilateria; ihre Monophylie ist über die Morphologie der einzelnen Lebenszyklus-Stadien und über molekulare Merkmale gut begründet. Die phylogenetische Einordnung ist jedoch offen. Zunächst wurde auf der Basis morphologischer Merkmale (pilzförmige Ausbuchtungen der Basallamina in die Epidermis) ein Schwestergruppenverhältnis zu den Entoprocta (S. 275) hypothetisiert. Molekulare Daten verweisen eher auf enge Beziehungen zu den Gnathifera (S. 255), wobei großgruppenphylogenetische Analysen von *expressed sequence tags* (EST)-Datensätzen ebenfalls ein Schwestergruppenverhältnis von Entoprocta und Cycliophora postulieren. Dies widerspricht den Analysen einzelner Markersequenzen (18S, 28S, Histon H3, COI) bzw. unterschiedlichen Kombinationen derselben; hier ergeben sich Schwestergruppenverhältnisse mit dem Taxon Gnathifera oder auch zu dessen Teilgruppen. Insgesamt muss die phylogenetische Stellung der Cycliophora innerhalb der Bilateria als ungelöst gelten.

Symbion pandora. Auf Mundwerkzeugen des Kaisergranats (*Nephrops norvegicus*) und des Europäischen Hummers (*Homarus gammarus*). Größe der Fressstadien ca. 350 μm. Mehrere tausend Individuen pro Wirtstier. – *S. americanus* (Abb. 377). Auf den Mundwerkzeugen des amerikanischen Hummers (*Homarus americanus*). Unterscheidet sich von *S. pandora* durch paarige, retrahierbare Zehen am Hinterende der Prometheus-Larve. Hohe morphologische Variabilität der Fressstadien. Nach molekularen Analysen möglicherweise Komplex aus mindestens drei kryptischen Arten.

Gnathifera

Jahrzehntelang bildeten Taxa der Gnathifera und der Nemathelminthes im engeren Sinne (S. 416) die Nemathelminthes (syn. Aschelminthes, Pseudocoelomata); die Monophylie dieser Gruppierung und ihre Position innerhalb des Systems der Metazoa waren allerdings nie unbestritten. Nach morphologischen und molekularbiologischen Befunden wurden die „Rotatoria" und Acanthocephala aus den bisherigen Nemathelminthes herausgelöst und mit dem Taxon Gnathostomulida 1995 als Gnathifera vereinigt. Später wurden die erst 2000 entdeckten Micrognathozoa hinzugefügt. Charakteristisch für die Gnathifera ist ein als homolog erkannter Kieferapparat (griech. *gnathos*, lat. *ferre* – Kiefer, tragen), der allerdings bei den Acanthocephala in Anpassung an ihre endoparasitische Lebensweise völlig rückgebildet ist.

Alle freilebenden Arten der Gnathifera sind mikroskopisch klein, nur bei den Acanthocephalen gibt es auch große Arten. Die Kleinheit hat zur Folge, dass Spermien nur

Andreas Schmidt-Rhaesa, Hamburg (Überarbeitung) und Sievert Lorenzen, Kiel

durch Kopulation übertragen werden und die Entwicklung stets direkt ist, also nicht über ein Larvenstadium führt. Parthenogenese ist häufig; vegetative Vermehrung fehlt offenbar stets.

Der bei den freilebenden Arten vorkommende Kieferapparat (Abb. 380) liegt innerhalb einer ventralen Aussackung der vorderen Pharynxregion. Seine Skelettelemente bestehen zumindest teilweise aus verkitteten Stäbchen, die innen elektronendicht und außen elektronendurchlässig sind; einige der Skelettelementen begrenzen das Pharynxlumen, andere ragen in das Pharynxgewebe hinein (Abb. 397A). Dieses Strukturmerkmal ist einzigartig und bildet die Autapomorphie der Gnathifera.

Innerhalb der Gnathifera sind die Syndermata („Rotatoria" + Acanthocephala) durch die syncytiale Epidermis gekennzeichnet. Daneben ist Eutelie (Konstanz in Zahl und Anordnung von Körperzellen in allen oder einigen Geweben) ein mögliches gemeinsames Merkmal.

Zu den Spiralia werden die Gnathifera aus zwei Gründen gestellt: (1) Innerhalb der Gnathostomuliden wurde Spiralfurchung beobachtet. Da diese als nur einmal in der Evolution entstanden beurteilt wird, müssen die andersartigen

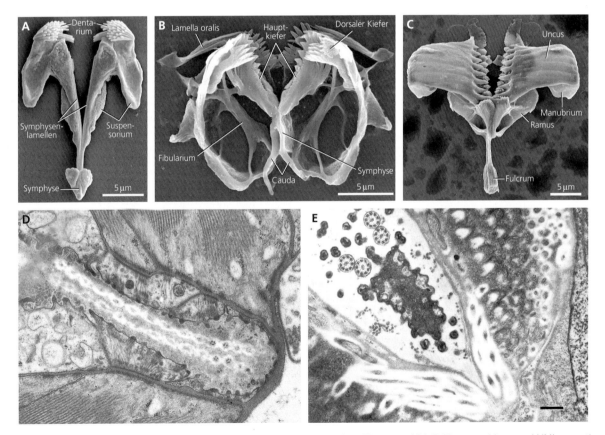

Abb. 380 Gnathifera. Kieferapparate. **A** *Haplognathia ruberrima* (Gnathostomulida, Filospermoida). **B** *Limnognathia maerski* (Micrognathozoa). **C** *Microcodides chlaena* („Rotatoria", Monogononta). A–C REM-Fotos. **D** *Gnathostomula paradoxa* (Gnathostomulida, Bursovaginoida). Schnitt durch Symphyse. **E** *Philodina acuticornis* („Rotatoria", Bdelloida). Schnitt durch Fulcrum. Maßstab in D,E: 400 nm; TEM-Fotos. A–C Originale: M.V. Sørensen, Kopenhagen; D Original: R. Rieger, Innsbruck; E aus Koehler und Hayes (1969).

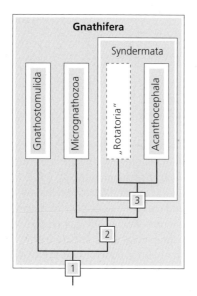

Abb. 381 Hypothetisches Verwandtschaftsschema der Gnathifera. Synapomorphien: [1] Cuticularer Kieferapparat mit einer Feinstruktur aus elektronenhellen, tubulären Strukturen mit dunklem Zentrum in einem zangenförmigen Element mit unpaarem caudalen Stiel (Symphyse). [2] Differenzierung und Struktur spezifischer Kieferelemente. [3] Syndermata: Syncytiale Epidermis mit peripherer Verdichtung und Einstülpungen der äußeren Plasmamembran. Nach Ahlrichs (1995) und Sørensen (2001).

Furchungstypen der „Rotatoria" und Acanthocephala als abgeleitet von der Spiralfurchung gelten.

(2) Anders als bei den Nemathelminthes i.e.S. (S. 416) und ganz wie bei den Spiralia liegt die Mundöffnung nicht terminal, sondern ventral hinter dem Vorderende, und entsprechend liegt das Gehirn nicht hinter, sondern vor der Mundöffnung. Als gut gesichert gilt die Auffassung, die „Rotatoria" und Acanthocephala zum Taxon der Syndermata zu vereinigen, denn der Bau ihrer syncytialen Epidermis mit den vielen Einstülpungen des Plasmalemms und dem intrasyncytialen, faserigen Skelett (Abb. 395, 405) ist einzigartig im Tierreich.

1 Gnathostomulida, Kiefermäulchen

Mit etwa 100 Arten gehört diese ausschließlich marine Gruppe frei lebender, mikroskopisch kleiner Würmer zu den kleineren Tierstämmen. Durch ihre weltweite Verbreitung, Massenauftreten in sulfidreichen Sanden und Besonderhei-

Wolfgang Sterrer, Bermuda

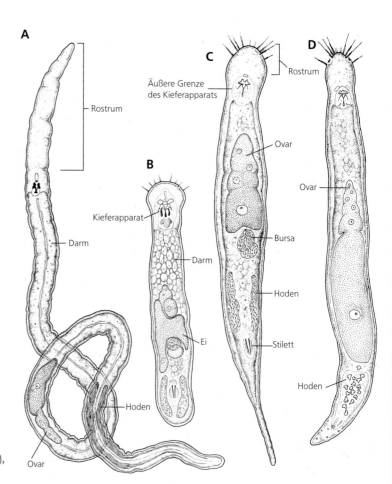

Abb. 382 Gnathostomulida. Habitus von Arten unterschiedlicher Taxa, schematisiert. **A** *Haplognathia rosea* (Filospermoida), Länge: 2 mm. **B** *Problognathia minima*, Länge: 0,3 mm und **C** *Gnathostomula peregrina*, Länge: 0,6 mm, beide Bursovaginoida, Scleroperalia). **D** *Austrognatharia microconulifera* (Bursovaginoida, Conophoralia), Länge: 0,7 mm. Nach Sterrer (1986).

ten der Organisation sind sie jedoch eine tiergeografisch, ökologisch und phylogenetisch viel diskutierte Gruppe. Die beiden Subtaxa **Filospermoida** und **Bursovaginoida** sind aufgrund von Körperform, Sinnesorganen und Geschlechtsorganen gut zu unterscheiden. Alle Vertreter haben eine direkte Entwicklung ohne Larve.

Die meisten Arten sind aus dem Eulitoral und Sublitoral (bis zu 25 m) bekannt, aber vereinzelte Funde stammen aus bis zu 400 m Tiefe.

Gnathostomuliden finden sich fast ausschließlich, oft massenhaft und als dominierende Komponente der Meiofauna in detritusreichen Sanden. Solche von starker Wasserbewegung abgeschirmten Biotope existieren in Sandwatten, Lagunen und Strandteichen, im Schutz tropischer Korallenriffe, in Mangrovebeständen und in submarinen Salzlaken. Die hier sehr dünne oxische Sedimentoberfläche ist vom darunter liegenden mikro- oder anoxischen Bereich durch eine Chemokline, die sog. Redoxpotenzial-Diskontinuität (RPD), getrennt. Das Mikroklima dieses Sulfidsystems (Thiobios) ist durch niedrige Sauerstoffwerte und hohe Konzentrationen von H_2S gekennzeichnet. Die hier lebende Meiofauna (neben Gnathostomuliden sind es Turbellarien (Solenofilomorphidae und Retronectidae), Gastrotricha, Nematoda u. a.) scheint nicht nur extrem niedrige Respirationsraten zu haben, sondern vermutlich auch Mechanismen zur Sulfid-Detoxifizierung. Die Vorteile dieses Extrembiotops dürften in seinem hohen Nahrungsangebot (Bakterien) und der relativen Armut an Konkurrenten liegen.

Bau und Leistung der Organe

Die drehrunden Tiere sind gewöhnlich nur etwa 1 mm (seltener bis 4 mm) lang und messen 40–100 µm im Durchmesser. Die meisten Arten sind farblos-durchscheinend oder gelblich-opak; einige Filospermoida sind durch Hautpigment auffallend rot gefärbt. Die praeorale Körperregion (Rostrum) erscheint bei den Filospermoida spitz-fadenförmig, bei den Bursovaginoida hingegen abgerundet-köpfchenförmig (Abb. 382). Der Körper nimmt postoral meist etwas an Umfang zu und endet entweder abgerundet oder in einem mehr oder weniger distinkten Schwanzfaden.

Die einschichtige **Epidermis** ist rundum bewimpert und ausnahmslos monociliär, d. h. jede Zelle trägt nur ein (!), allerdings bis zu 25 µm langes Cilium (Abb. 118, 386, 388). Mithilfe ihrer Bewimperung gleiten die Tiere träge durch die Interstitialräume der Sedimente.

Jedes Cilium entspringt in einer Grube, die von 8 Mikrovilli umringt ist. Der diplosomale Basalapparat besteht aus einem Basalkörper,

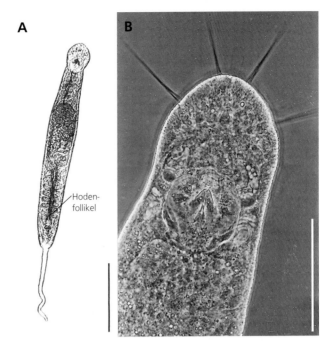

Abb. 383 A *Gnathostomula axi*. Körpergliederung: Rostrum, Körper, Schwanzanhang. Männliche Gonade im hinteren Drittel des Körpers mit hintereinander liegenden paarigen Follikeln. Hellfeldaufnahme. Maßstab: 200 µm. **B** Rostrum und Kieferapparat von *Gnathostomula jenneri*. Kiefer in Ruheposition geschlossen, zu beiden Seiten Drüsen im sonst vornehmlich muskulösen Kieferbulbus. Vom Sensorium des Rostrums sind (von hinten nach vorne) die Lateralia, Frontalia (beides aus mehreren Cilien monociliärer Zellen zusammengesetzte Tastcirren) und die monociliären Apicalia gut zu erkennen. Maßstab: 50 µm. Originale: G. und R. Rieger, Innsbruck.

einem dazu rechtwinklig stehenden Centriol und besitzt eine kurze rostrale und eine längere caudale, in die Tiefe der Zelle ziehende Wurzel.

Die basale Matrix ist dünn und homogen. Epidermale Drüsenzellen fehlen in den Filospermoida. In höheren Bursovaginoida (Onychognathiidae und Gnathostomulidae) gibt es streifenartig angeordnete Schleimdrüsen und auch einzeln über die Ventralseite verstreute Drüsenzellen, die vermutlich eine Haftfunktion ausüben.

An **Sinnesorganen** sind Tastcilien und -cirren, Ciliengruben, Spiralcilium-Organe, Puschel- und Kolbencilien und diverse Rezeptoren der Mund- und Genitalepidermis

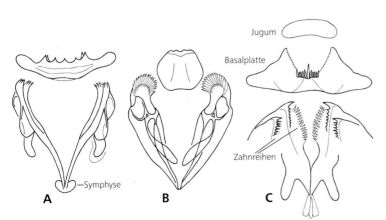

Abb. 384 Cuticularteile des Kieferapparates von **A** *Pterognathia swedmarki* (Filospermoida), **B** *Mesognatharia remanei* (Scleroperalia) und **C** *Gnathostomula mediterranea* (Scleroperalia). Zähne von unterschiedlicher Anordnung und Größe. Welche Bedeutung den verschiedenen Zahnstellungen zukommt ist ungeklärt. Möglicherweise zeigen diese Merkmale – ähnlich wie bei den in ostafrikanischen Seen weitverbreiteten Cichliden (Knochenfischen) – spezielle Anpassungen an unterschiedliche Nahrungsaufnahmen. Diese Gebilde dienen wahrscheinlich nicht als räuberische Greifwerkzeuge, sondern – bei der Größe von nur wenigen Mikrometern – dem Abstreifen von Pilzen oder Bakterien von Sandkörnern. Basalplatte in B 10 µm. Nach Sterrer (1972).

beschrieben worden. Alle Rezeptoren sind bilateralsymmetrisch angeordnet.

Am Rostrum der Bursovaginoida (Abb. 382B, C, D, 385) stehen im typischen Fall 1–2 Paar steife Tastcilien (Apicalia), eine dorsomediane Reihe von steifen Tastcilien (Occipitalia) und 4 Paar Tastcirren (Frontalia, Ventralia, Dorsalia und Lateralia). Tastcirren setzen sich aus etwa 16, bis zu 75 µm langen (!) Cilien zusammen; sie werden meist abgespreizt getragen, können sich aber auch am lokomotorischen Cilienschlag beteiligen. In Filospermoida (Abb. 382A) fehlen zusammengesetzte Tastcirren; hier dürfte das lang gestreckte, mit Rezeptoren besetzte Rostrum als taktiles Organ fungieren. Spiralcilium-Organe – hantelförmige Zellen mit einem Lumen, in dem ein überlanges Cilium spiralig eingerollt liegt – finden sich paarig an der Spitze des Rostrums; sie werden als Licht- oder Schweresinnesorgane gedeutet.

Das **Nervensystem** besteht aus einem unpaaren Gehirn (Frontalganglion), einem unpaaren Buccalganglion und paarigen Buccal- und Längsnerven, die letzteren mit je einer Querverbindung am Vorderrand des Penis und im kaudalen Bereich (Abb. 389). Während in Filospermoida nur 1 Paar von ventrolateral verlaufenden Längsnerven vorhanden ist, sind es deren 2–5 in den bisher untersuchten Bursovaginoida (Abb. 390). Das Nervensystem verläuft zum größten Teil basiepithelial (d. h. es liegt außerhalb der epidermalen basalen Matrix) und ist nur stellenweise eingesenkt; so ist das sehr

lang gestreckte Gehirn der Filospermoida röhrenartig von einer basalen Matrix umgeben, während das kurzkappenförmige Gehirn der Bursovaginoida außen der basalen Matrix aufliegt.

Die **Körpermuskulatur** besteht aus einer schwachen äußeren Ring- und einer etwas kräftigeren, in etwa 3–5 paarige Stränge gegliederten inneren Längsfaserschicht (Abb. 386, 387). Eine Dorsoventralmuskulatur fehlt. Alle Muskulatur ist quer gestreift und subepithelial, d.h. gegen die Epithelien der Epidermis und der Mundhöhle durch eine basale Matrix abgegrenzt, nicht jedoch gegen das Darmepithel.

Paarige Gruppen von **Protonephridien** finden sich, unmittelbar unter der epidermalen basalen Matrix, in 3 Körperregionen: hinter dem Pharynx und lateral der weiblichen und männlichen Organe (Abb. 388).

Jedes Protonephridium besteht aus 3 ektodermalen Zellen: einer Terminalzelle mit einem Cilium, das von 8 Mikrovilli umstellt ist, einer lang gestreckten Kanalzelle, in die Cilium und Mikrovilli hineinragen, und einer Ausleitungszelle. Ein ableitender Fortsatz der Kanalzelle perforiert die Basallamina und ist von der epidermal liegenden Ausleitungszelle umgeben. Ein permanenter Nephroporus fehlt.

Respirations- und Kreislauforgane sind nicht vorhanden.

Mit seinem bilateralen, cuticular bewehrten Pharynx liefert der **Verdauungstrakt** einen für die Definition des Taxons und seiner Arten wesentlichen Merkmalskomplex. Die subterminal-ventrale Mundöffnung erweitert sich zu einer spaltförmigen Mundhöhle, an die ventrocaudal ein muskulöser Pharynxbulbus anschließt (Abb. 385, 387, 389). Der einschichtige Darm durchzieht den ganzen Körper und endet ohne permanenten Anus; eine an vielen Arten nachgewiesene dorsomediane Perforierung der basalen Matrix und

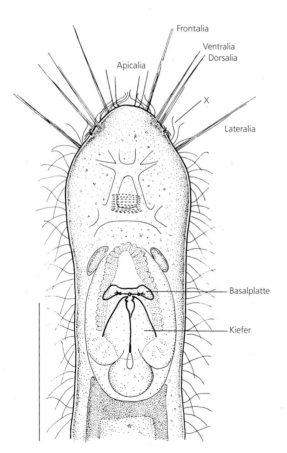

Abb. 385 Rostrum und Kieferapparat von *Austrognatharia kirsteueri*. Die Basalplatte wird in Ruhestellung so gehalten, dass die Zähne an ihrem Hinterrand senkrecht zur Bildebene stehen. X: bezeichnet jene Stelle, an der sich die paarigen Spiralcilien-Organe öffnen. Maßstab: 50 µm. Aus Sterrer (1970).

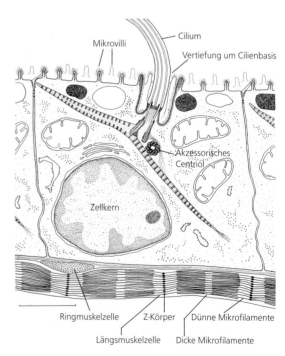

Abb. 386 Gnathostomulida. Monociliäre Epidermiszelle, basale Matrix und Körperwandmuskulatur. Kombiniert aus verschiedenen Arten. Maßstab: 1 µm. Nach Rieger und Mainitz (1976).

„Verzahnung" der epidermalen und gastrodermalen Zellen wurde allerdings als funktioneller Anus gedeutet. Artspezifisch sind mit wenigen Ausnahmen in allen Gnathostomuliden zu finden – eine unpaare, der Unterlippe innen aufliegende Basalplatte und paarige, vom Pharynxbulbus in die Mundhöhle hineinragende Kiefer (Abb. 380A, 384, 385, 387). Die Familie Gnathostomulidae zeichnet sich zusätzlich durch ein die Oberlippe jochartig versteifendes Jugum aus. Alle Mundwerkzeuge sind cuticulare Bildungen der Mundhöhlenepidermis, die in situ von spezialisierten, zu Schablonen gefalteten Zellen abgeschieden werden.

Die Basalplatte ist äußerst vielfältig in Gestalt und Bezahnung: Flachschildförmig und dorsal oder rostral mit Dörnchen besetzt (in einigen Arten von *Haplognathia* und den meisten niederen Scleroperalia); quer balkenförmig, mit einer Reihe von rostralen Zähnen (*Pterognathia*); hufeisenförmig, mit flügelförmigen Lateralfortsätzen (*Gnathostomula*, *Semaeognathia*); oder querhantelförmig, mit einer regelmäßigen dorsocaudalen Zahnreihe (*Austrognathia*). Die Kiefer sind im einfachsten Fall (Filospermoida und niedere Bursovaginoida) solid-pinzettenförmig, mit einer caudalen Symphyse im Pharynxbulbus verankert und mit flügelförmigen rostralen Apophysen versehen, an denen die meisten Pharynxmuskeln inserieren. Rostral sind die Kiefer meist mit Dörnchen oder Zähnen besetzt, die im einfachsten Fall (z. B. *Haplognathia rosea*) ein Nadelpolster (Abb. 380A) bilden, in komplizierten Kiefern aber (*Gnathostomula*, *Triplignathia*) in bis zu drei Längsreihen angeordnet sind. Komplizierte Kiefer erscheinen konisch und hohl, und die Kiefermuskulatur inseriert, von hinten her kommend, an der Innenseite des Konus. Der Feinstruktur aller Kiefer

ist gemeinsam, dass die medianen Kanten durch vertical übereinander getürmte parallele Längsröhren mit einem elektronendichten Zentralstab versteift sind. Einigen Genera der Scleroperalia fehlt die Basalplatte; einem Genus (*Agnathiella*) fehlen auch die Kiefer.

Die Ernährungsweise der Gnathostomuliden ist noch kaum bekannt. Man nimmt an, dass sie mithilfe der Kiefer den auf Sandkörnern wachsenden Bakterien- und Pilzrasen abschaben, wobei der Basalplatte die Funktion der Kieferreinigung zukommen dürfte.

Gnathostomulida sind ausnahmslos Zwitter. Die schlauchförmigen oder follikulären Hoden liegen im caudalen Körperbereich (Abb. 382, 389); sie sind paarig in *Haplognathia* und allen Scleroperalia-Arten; in Conophoralia-Arten (und wahrscheinlich *Pterognathia*) ist nur ein dorsocaudal gelegener Hoden ausgebildet, der aus paarigen Anlagen hervorgeht. Drei Typen von Spermien werden unterschieden (Abb. 391): (1) filiforme (Filospermoida), (2) runde bis tropfenförmige, aflagellate Zwergspermien und (3) sog. Conuli (Conophoralia), große, kegelförmige aflagellate Spermien. Während die filiformen Spermien sich korkenzieherartig fortbewegen, sind die beiden anderen Spermientypen unbeweglich. Filospermoida (und wahrscheinlich auch Conophoralia) besitzen einen einfach rosettenförmigen Penis, der subterminalventral durch ein Fenster in der basalen Matrix mündet. Ein muskulöser Penisbulbus, der ein tubuläres, aus 8–10 stabförmigen Zellfortsätzen gebildetes Penisstilett umschließt, kennzeichnet hingegen die Scleroperalia (Abb. 382, 389). Männliche Kopulationsorgane sind wahrscheinlich spezialisierte Derivate der Körperwand.

Das unpaare, birnförmige Ovar (Abb. 382, 389) erstreckt sich dorsal, ohne eigene Tunica, zwischen epidermaler basaler Matrix und Darm von der Pharynxregion bis hinter die halbe Körperlänge. Die Eizellen reifen einzeln posterior; in kleinen Arten erreicht das jeweils reifste Ei bis zu einem Viertel der Körperlänge.

Fortpflanzung und Entwicklung

Die Spermienübertragung erfolgt durch Kopulation. Filospermoida besitzen weder Vagina noch Bursa; Spermien wer-

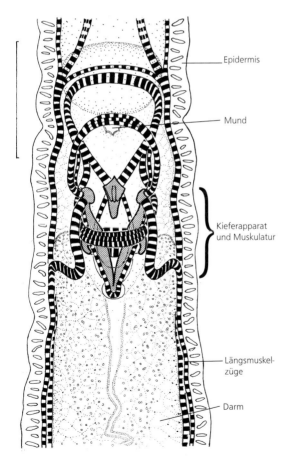

Abb. 387 Muskulatur des Kieferapparates von *Haplognathia simplex*. Dorsalansicht, nach einer histologischen Querschnittserie. Maßstab: 30 μm. Aus Sterrer (1969).

Epidermis

Mund

Kieferapparat und Muskulatur

Längsmuskelzüge

Darm

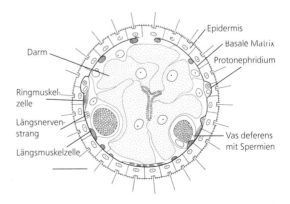

Darm

Ringmuskelzelle

Längsnervenstrang

Längsmuskelzelle

Epidermis

Basale Matrix

Protonephridium

Vas deferens mit Spermien

Abb. 388 Querschnittsschema in der Region des hinteren Darmbereichs von *Haplognathia rosea*. Der mit einem zentralen Lumen versehene Darm wird von einer Lage von Zellen (Parenchymzellen?, spezialisierte Darmzellen?) umgeben. Das weitgehende Fehlen von echten Parenchymzellen ist auch in der rezenten Literatur immer wieder betont worden. Maßstab: 10 μm. Original: Nach TEM-Bild von E.B. Knauss und R. Rieger, Innsbruck.

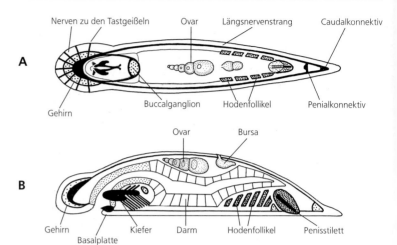

A

Nerven zu den Tastgeißeln   Ovar   Längsnervenstrang   Caudalkonnektiv

Gehirn   Buccalganglion   Hodenfollikel   Penialkonnektiv

B

Ovar   Bursa

Gehirn   Kiefer   Darm   Hodenfollikel   Penisstilett
Basalplatte

Abb. 389 *Gnathostomula paradoxa* (Gnathostomulida, Bursovaginoida). **A** Schema des Nervensystems und der Genitalorgane. Dorsalansicht. **B** Organisationsschema, Lateralansicht. Verändert nach Lammert (1986).

den anscheinend in den Partner injiziert und dann im gesamten Körper zwischen Haut und Darm aufbewahrt. Die Conophoralia haben eine mehr oder minder permanente, dorsal hinter dem Ovar gelegene Vagina, die in eine beutelartige Bursa führt. Für Scleroperalia hingegen ist ein Bursasystem kennzeichnend (Abb. 382C, 389), das typisch aus einer mehr oder minder runden caudalen Praebursa und einer davor anschließenden, meist konischen Bursa besteht; als Vagina wird eine dorsale Perforation der basalen Matrix gedeutet. Die Bursawand, die intra- und extrazellulär versteift ist, besteht aus laminierten Zellen, die sich in longitudinalen Kammern (Cristae) treffen und vorne zu einem Mundstück verlängern, durch dessen zentralen Kanal die gespeicherten Spermien zum unmittelbar davor liegenden reifen Ei gelangen. Weibliche Ausleitungskanäle fehlen durchwegs; zumindest in Scleroperalia-Arten erfolgt die Eiablage durch Ruptur der dorsalen Epidermis, an etwa derselben Stelle, die auch als temporäre Vagina gedeutet wird.

Die noch ungenügend bekannte **Entwicklung** ist direkt und folgt dem Spiraltyp. Sie erfolgt in einer Eihülle, die bei der Eiablage an einem Sandkorn festklebt. Das schlüpfende Jungtier ist bewimpert; von seiner inneren Organisation ist wahrscheinlich nur die Bezahnung der Mundwerkzeuge voll ausgebildet. Ungeschlechtliche Fortpflanzung wurde nicht beobachtet.

Systematik

Der erste Vertreter der Gruppe (*Gnathostomula paradoxa*) wurde 1928 von A. REMANE, dem Entdecker der interstitiellen Sandfauna, gefunden und 1956 von P. AX als Vertreter des neuen, provisorisch bei den Turbellarien eingereihten Taxon Gnathostomulida beschrieben. Eine Fülle neuer Artbeschrei-

bungen von W. STERRER und R. RIEDL erbrachte für die Gruppe den Status als höheres Taxon, dessen Eigenständigkeit und Monophylie seither auch durch DNA-Analysen bestätigt wurde.

Seit ihrer Entdeckung werden die Gnathostomulida sowohl mit Plathelminthes wie mit Nemathelminthes in Verbindung gebracht. Nach wie vor werden sie als ursprüngliche Bilateria ausgewiesen. Sie gehören zu den wenigen wurmförmigen Bilateria mit monociliärer Epidermis im adulten Organismus. Ein echtes Parenchymgewebe zwischen Darm und Körperwand fehlt offensichtlich bei den meisten Vertretern der Gruppe. Vielmehr erstreckt sich die Gastrodermis meist bis zum Hautmuskelschlauch – ein Merkmal, das heute allgemein als ursprünglich angesehen wird.

Die bisher einzigen Beobachtungen zur Embryonalentwicklung bei *Gnathostomula jenneri* sprechen dafür, dass die Gruppe zu den Spiraliern gehört. Nach P. AX sind sie die Schwestergruppe der Plathelminthes, mit denen sie als Taxon Plathelminthomorpha zusammengefasst werden. Eine andere Auffassung wurde von R. RIEGER vertreten, weil: (1) Kieferbildungen aus echter Cuticula bisher im Vorderdarm der Plathelminthes nicht bekannt sind, wohl aber innerhalb der Nemathelminthes („Rotatoria") und höheren Spiraliern (Mollusca, Annelida), (2) Protonephridien, die in mehreren serial angeordneten paarigen Gruppen auftreten und ausmünden ebenfalls bei Plathelminthes unbekannt sind, jedoch in sehr ähnlichen Strukturen bei Gastrotrichen nachgewiesen wurden (S. 420).

Aufgrund der übereinstimmenden Feinstruktur (Abb. 380D, E) werden inzwischen die Kiefer der Gnathostomulida, die Trophi der Rotatoria (S. 266) und die Kieferstrukturen der neu entdeckten Micrognathozoa (S. 261) als homolog betrachtet. Danach bilden diese 3 Taxa das Monophylum

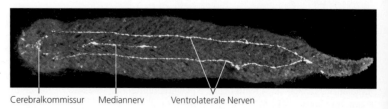

Abb. 390 *Gnathostomula peregrina*. Immunhistochemische (FMRFamid) Darstellung des Nervensystems. Weitere dorsolaterale und dorsale Längsnerven vorhanden. Original: M.C.M Müller, Osnabrück.

Cerebralkommissur   Mediannerv   Ventrolaterale Nerven

Gnathifera (Abb. 381). Molekulare Analysen zeigen engere Verwandtschaftsbeziehungen von Gnathostomuliden mit Plathelminthen oder Gastrotrichen auf.

1.1 Filospermoida

Körper fadenförmig, mit spitzem Rostrum. Paarige Tastcirren fehlen. Spermien filiform, mit einem Flagellum. Bursasystem und Vagina fehlen (Abb. 382A).

Haplognathia simplex, 2,5 mm, besitzt einfach-pinzettenförmige, zahnlose Kiefer, die in älteren Tieren oft körnig-degeneriert erscheinen. Nordsee. – *Pterognathia swedmarki,* 3 mm. Sowohl Kiefer wie Basalplatte kräftig bezahnt. Nordsee.

1.2 Bursovaginoida

Körper mehr oder weniger gedrungen, meist mit rundköpfchenartigem Rostrum mit paarigen Tastcirren. Spermien nicht filiform, aflagellat. Bursasystem meist, Vagina manchmal vorhanden (Abb. 349B,C,D).

1.2.1 Scleroperalia

Spermien klein (3–8 µm), rund oder tropfenförmig. Bursasystem und Penis meist mit verhärteten Strukturen. Hierher gehören einige Genera, denen eine Basalplatte obligat fehlt (*Clausognathia, Tenuignathia* und *Rastrognathia*) und *Agnathiella,* der sowohl Kiefer wie Basalplatte fehlen. – *Gnathostomula paradoxa,* 0,8 mm, relativ eurytop, sowohl in reinem Sand wie auf Schlammböden. Nordsee- und Ostseeküste (Abb. 389). – *Gnathostomaria lutheri,* 1 mm, bisher einzige Art aus dem brackigen Küstengrundwasser. Französische Mittelmeerküste.

1.2.2 Conophoralia

Spermien groß (8–70 µm), konisch („Conuli") Abb. 391D. Bursasystem und Penis ohne verhärtete Strukturen. Manche Arten können sich encystieren. – *Austrognathia riedli,* 1 mm; in heterogenen, detritusreichen Sanden. Mittelmeer (vgl. Abb. 382D).

2 Micrognathozoa

Das Taxon Micrognathozoa wurde erst 2000 zur systematischen Einordnung der neuen Art *Limnognathia maerski* errichtet (Abb. 392). Die winzigen Tiere werden nur 100–150 µm lang und leben in Grönland rund 1 km von der Küste entfernt in Polstern von Wassermoosen, die in homothermischen Quellen wachsen.

Bau und Leistung der Organe

Die Körpergewebe sind zellig und nicht – wie bei den Syndermata – syncytial. Die dorsalen und lateralen Epidermiszellen weisen intrazelluläre faserige Verdichtungen auf, die lichtmikroskopisch als Platten wahrgenommen werden. Je nach Lage am Körper wird eine Platte von einer oder wenigen Epidermiszellen gebildet. Die ventralen Epidermiszellen bilden keine Platten aus, sondern sind in verschiedener Weise bewimpert und von einer relativ dicken Glykokalyx bedeckt. Die Wimpern der Kopfregion sind länger als die des Rump-

Andreas Schmidt-Rhaesa, Hamburg (Überarbeitung) und Sievert Lorenzen, Kiel

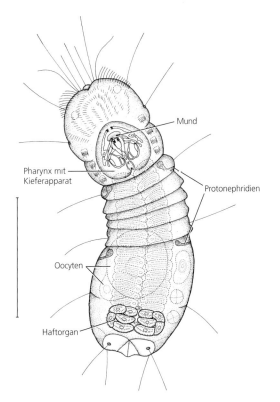

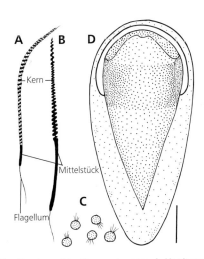

Abb. 391 Gnathostomulida, Spermatozoen. **A** *Haplognathia simplex.* **B** *Pterognathia swedmarki* (Filospermoida). **C** *Gnathostomula jenneri* (Scleroperalia). **D** *Austrognathia riedli* (Conophoralia). Maßstab (10 µm) gilt für alle Abbildungen. Nach Sterrer (1972).

Abb. 392 *Limnognathia maerski* (Micrognathozoa). Ventralansicht. Maßstab: 50 µm. Aus Kristensen und Funch (2000).

fes. Erstere ermöglichen ein langsames Schwimmen im freien Wasser, letztere ein Gleiten auf festem Untergrund. Ventral vor dem Hinterende liegt ein bewimpertes paariges Drüsenfeld, dessen Wimpern jedoch nicht der Fortbewegung, sondern vermutlich nur dem Verteilen des Sekrets dienen, das eine überraschend starke, reversible Anheftung an den Untergrund erlaubt. Häutungen während des Wachstums finden nicht statt.

Am Darmtrakt fällt vor allem der mächtige **Kieferapparat** (Abb. 380B) auf, der von einer ventral gelegenen Aussackung des Pharynx gebildet wird und aus einem unpaaren und mehreren paarigen Cuticularteilen besteht; sie können durch quergestreifte Muskelfibrillen bewegt werden. Einige der paarigen Cuticularteile werden aus dem ventral gelegenen Mund bei der Nahrungsaufnahme ausgestreckt. Der Pharynx ist über einen sehr kurzen Oesophagus mit dem Mitteldarm verbunden. Ein Rektum und ein permanenter After fehlen; der Mitteldarm scheint sich am Hinterende vielmehr periodisch nach außen zu öffnen. Ein Paar Speicheldrüsen mündet vorn in den Mitteldarm.

Die Körpermuskulatur besteht aus spindelförmigen Muskelzellen, deren schräggestreifte Fibrillen dorsoventral oder von vorn nach hinten verlaufen.

Es sind 2 Paar von Protonephridien ausgebildet, die seitlich getrennt ausmünden (Abb. 392).

Das **Nervensystem** besteht aus einem Cerebralganglion, das frontal vom Kieferapparat liegt, rund 175 Nervenzellen enthält und sich nach hinten in ein Paar sublateraler Nervenstränge fortsetzt. Sinnesborsten kommen auf allen äußeren Körperteilen vor.

Fortpflanzung und Entwicklung

Es sind nur Weibchen bekannt. Sie besitzen ein paariges Ovar, in dem nur 1 Eizelle pro Zeiteinheit heranreift. Es werden zwei unterschiedlich große Eitypen gebildet, die als Subitan- und Dauereier gedeutet werden und 40 bzw. 60 µm lang sind. Letztere haben eine derbe Eihülle. Die Entwicklung ist direkt.

Systematik

Der Kieferapparat der Micrognathozoa weist in Zusammensetzung und ultrastrukturellem Feinbau Übereinstimmungen mit dem der monogononten Rotatorien und Gnathostomulida auf.

Limnognathia maerski. Geschlechtsreife Weibchen 100–150 µm lang. Männchen unbekannt; homothermisch, in küstennahen Quellen Grönlands. Sehr ähnliche Individuen auch von den Crozet-Inseln (Sub-Antarktis).

3 Syndermata

Charakteristisch für die Syndermata ist die syncytiale Epidermis, in die zahlreiche Einstülpungen des Plasmalemms hineinragen (Abb. 395B, C, 405). Die meisten Arten sind mikroskopisch klein, nur einige Arten der Acanthocephala sind in Anpassung an die endoparasitische Lebensweise wahrscheinlich sekundär vergrößert.

3.1 „Rotatoria" („Rotifera"), Rädertiere

Bei den Rädertieren herrschen die Weibchen. Bei den Bdelloida fehlen Männchen stets, bei den Monogononta treten sie – wenn überhaupt – nur als Zwergmännchen auf, und nur bei den seltenen Seisonida sind sie gleich häufig und gleich groß wie die Weibchen. Der Weibchen-Überschuss bewirkt, dass Rotatorien unter günstigen Lebensbedingungen zur schnellen Massenvermehrung durch Parthenogenese fähig sind. Genutzt wird diese Fähigkeit vor allem in kleinen Süßgewässern und in Wasserfilmen feuchter Böden und Moose, also in Lebensräumen, die nur kurzfristig für Massenvermehrungen geeignet sind. Relativ wenige Arten leben im marinen Pelagial und im Sandlückensystem. Die Rädertiere – ca. 2 000 Arten – übertreffen an Formenreichtum bei weitem die anderen Gruppen der Gnathifera (Abb. 393). Sie sind mikroskopisch klein, meist weniger als 1 mm lang und somit ungefähr so groß wie größere Ciliaten. Die größten Arten werden bis zu 3 mm lang (z. B. *Seison nebaliae* Abb. 399, Riesenweibchen von *Asplanchna brightwelli*, Abb. 393B); Zwergmännchen mancher Arten zählen mit 40 µm zu den kleinsten

Andreas Schmidt-Rhaesa, Hamburg (Überarbeitung) und Sievert Lorenzen, Kiel

Abb. 393 „Rotatoria", Monogononta. **A** *Brachionus* sp., Weibchen, planktisch; die Bedornung am Rumpfende wird im Embryonalstadium vom kurzlebigen, wasserlöslichen *Asplanchna*-Stoff induziert, den der Fressfeind *Asplanchna* sp. (**B**) ausscheidet; andernfalls fehlen die Dornen (A2). **B** *Asplanchna* sp., Weibchen, räuberisch; der After ist bei allen *Asplanchna*-Arten vollständig rückgebildet. **C** *Filinia longiseta*, Weibchen (C1) und Zwergmännchen (C2), planktisch. **D** *Trochosphaera aequatorialis*, planktisch in Süßgewässern warmer Regionen; Ähnlichkeit mit Polychaetenlarven führte zur nicht mehr vertretenen Hypothese, Rotatorien seien durch Progenesis aus geschlechtsreif gewordenen Trophophoren entstanden. **E** *Cupelopagis vorax*, Weibchen, aus Süßgewässern warmer Regionen. Weibchen verliert im Lauf des Lebens vollständig das Räderorgan und erbeutet mit seiner Fangglocke Beutetiere wie Protozoen, Rotatorien (wie im Bild), Fadenwürmer und Muschelkrebse. Auffällig die ventrale Lage des Afters und die Haftscheibe. **F** *Lindia truncata*, Weibchen, mit dem sohlenförmigen Räderorgan auf dem Untergrund gleitend. **G** *Collotheca coronetta*, Weibchen, benthisch; die Tiere können sich ruckartig in ihre selbstgebauten, gallertartigen Gehäuse zurückziehen (G1), sie entfalten sich anschließend nur langsam (G2). Abgelegte Eier basal am Körper im Gehäuse. **H** *Floscularia ringens*, Weibchen, benthisch. Wohnröhre aus herbeigestrudeltem, zu Pillen geformtem Detritus gebaut. **J** *Stephanoceros fimbriatus*, benthisch, postembryonale Stadien eines Weibchen (J1–J4) und geschlechtsreifes Zwergmännchen (J5). Weibchen leben in selbstgebauten gallertigen Gehäusen. Maßstäbe: 100 µm. Originale: W. Koste, Quakenbrück.

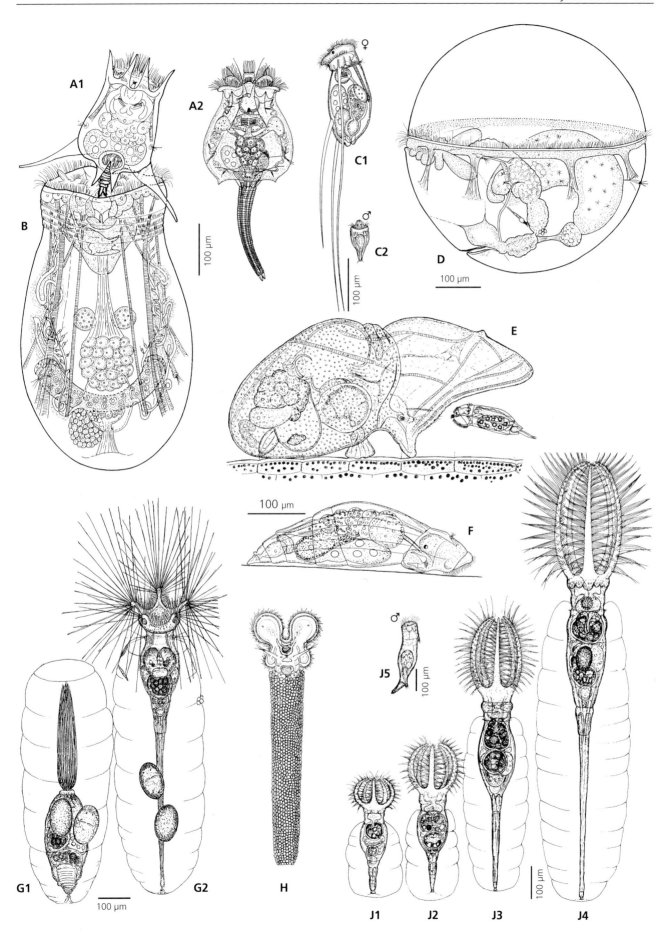

Metazoen. Rotatorien leben frei, nur wenige Arten epibiotisch oder parasitisch auf anderen Tieren, z. B. *Seison nebaliae* auf dem Krebs *Nebalia bipes* (Leptostraca) (S. 607). *Proales parasitica* und *Ascomorphella volvocicola* parasitieren in *Volvox*-Kugeln (Grünalgen).

Trotz ihrer Kleinheit sind Weibchen aus rund 1 000 Zellen aufgebaut, deren Zahl und Lagebeziehung innerartlich weitgehend konstant sind (Zellkonstanz = Eutelie); kleine Variationen können lediglich in den Magendrüsen und im Vitellar (Nährteil des Ovars) auftreten. Anders als bei den zellkonstanten Nematoden (S. 426) finden nach der Gastrulation und somit ab dem Lebensabschnitts, in dem die Zellkerne RNA zu bilden beginnen, lebenslang keine Mitosen mehr statt, auch nicht im Ovar. Jede weitere DNA-Vermehrung im Leben führt bei den Bdelloida und Monogononta vielmehr zur Polyploidisierung von Zellkernen in den Magendrüsen und im Vitellar. Die Zellen der meisten Gewebe verschmelzen zu Syncytien.

Bau und Leistung der Organe

Der Körper gliedert sich in Vorderende, Rumpf und Fuß (Abb. 394). Am Vorderende befindet sich das Räderorgan, das von zentraler Bedeutung für den Nahrungserwerb und für die gleitende und schwimmende Fortbewegung ist. Die Bdelloida haben zusätzlich einen Rüssel (Rostrum), der

eine egelartige Fortbewegung auf dem Untergrund erlaubt. Der Rüssel ist kein Introvert, weil er nicht den Mund trägt. Der Rumpf enthält eine geräumige Leibeshöhle, die Flüssigkeit und die inneren Organe enthält. Der Fuß ist beweglich und endet meist in 2 Zehen (Abb. 401B), an deren Ende Klebdrüsen münden; er dient beim Schwimmen als Steuer, auf festem Substrat als Organ zur vorübergehenden oder ständigen Festheftung, bei einigen Arten sogar als Springorgan.

Die **Epidermis** ist syncytial. Peripher ist sie zu einem dicken, intracytoplasmatischen Panzer verdichtet, der weich und biegsam oder hart und starr sein kann und beim Wachstum nie gehäutet wird. Durch Auf- und Abbauprozesse wird er der jeweiligen Körpergröße angepasst. Er ist von schlauchförmigen Einstülpungen des äußeren Plasmalemms durchzogen (Abb. 395B, C). Außen ist die Epidermis von einer Glykokalyx bedeckt, die meist faserig oder gallertig ist. In den peripheren Teilen des Kauapparats ist sie sogar zu einer echten Cuticula verhärtet. Im Bereich des Räderorgans ist die Epidermis wulstartig verdickt und kann im Extremfall zu 2 oder mehreren zapfenartigen Auswüchsen verlängert sein, die in die Leibeshöhle hineinragen (Abb. 395A, 396E, F). Sie werden als **Lemnisci** bezeichnet, weil sie in Struktur und Lage mit denen der Acanthocephalen (S. 270) übereinstimmen.

Das **Räderorgan** – namengebend für die Tiergruppe – ist ein vielgestaltiges Wimpernfeld am Vorderende des Körpers, das auf Gattungsniveau aber einheitlich ist. Seine Bezeich-

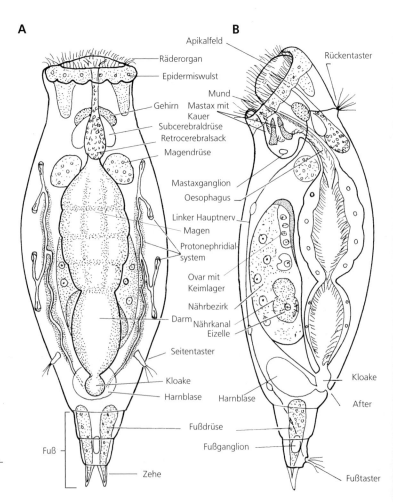

A — Apikalfeld, Räderorgan, Epidermiswulst, Gehirn, Subcerebraldrüse, Retrocerebralsack, Magendrüse, Linker Hauptnerv, Magen, Protonephridialsystem, Darm, Seitentaster, Kloake, Harnblase, Fuß, Zehe

B — Rückentaster, Mund, Mastax mit Kauer, Mastaxganglion, Oesophagus, Ovar mit Keimlager, Nährbezirk, Nährkanal, Eizelle, Kloake, Harnblase, After, Fußdrüse, Fußganglion, Fußtaster

Abb. 394 „Rotatoria", Monogononta. Organisationsschema der Weibchen: nur 1 Gonade vorhanden, 2 mehrkernige Fußdrüsen. **A**: Dorsalansicht; **B**: linke Lateralansicht. Nach Remane (1932).

nung geht auf einen optischen Effekt zurück, den seine randständigen langen Wimpern durch metachrone Schlagfolge bei vielen Arten erzeugen.

In seiner vermutlich ursprünglichen Form ist das Räderorgan ein homogenes Wimpernfeld (Buccalfeld) der ventralen vorderen Körperhälfte (Abb. 396A, B), das den Mund umgibt. Es ermöglicht ein langsames Gleiten auf dem Untergrund und das Auffegen von Nahrungspartikeln, ist zum Schwimmen aber ungeeignet (z. B. *Proales fallaciosa*, S. 269). Zum Schwimmen eignet es sich erst, wenn die vorderen, randständigen Cilien verlängert sind. Bei *Notommata pseudocerberus* (Abb. 396B) liegen sie auf einziehbaren Ausstülpungen des Vorderendes, den Wimpernohren; mit ausgestreckten Ohren schwimmen diese Tiere, mit eingezogenen gleiten sie auf dem Untergrund.

In einer weiteren Etappe ist das Räderorgan nach vorn gerückt und hat sich so weit zur Dorsalseite ausgedehnt, dass es ringförmig wurde (Abb. 396C) und ein terminales, wimpernfreies Apikalfeld umgibt. Die beiden Ränder des Wimpernfeldes werden von verlängerten Cilien eingefasst; die des vorderen, praeoralen Kranzes bilden den Trochus, die des hinteren, postoralen das Cingulum. Diese neue Form des Räderorgans führte zu einer Funktionserweiterung: Mit den langen Randcilien werden Wasser und Nahrungspartikel herbeigestrudelt (vorwiegend Bakterien und einzellige Algen) und auf das Feld mit den kurzen Cilien geschlagen; letztere transportieren die Nahrung zum Mund (Abb. 396C–E). Diese Arbeitsweise ist besonders gut geeignet für Rädertiere, die vorübergehend (viele Bdelloida) oder dauerhaft (z. B. *Floscularia*, Abb. 393H) am Grunde festsitzen und sich strudelnd ernähren. Bei planktischen Rädertieren (z. B. *Brachionus*) sind die Cilien des Feldes zwischen Trochus und Cingulum oft zu Cirren oder Membranellen verklebt, die in Gruppen angeordnet sind und zusammenfassend als Pseudotrochus bezeichnet werden, oder das Räderorgan besteht fast nur noch aus dem Cingulum, das allein dem Schwimmen dient (z. B. *Asplanchna*, *Trochosphaera*, Abb. 393D); einige Ciliengruppen in Mundnähe erinnern an den Rest des Räderorgans. Bei einigen sessilen, räuberischen Arten sind die Cilien des Trochus zu starren Borsten verklebt, die auf Körperfortsätzen stehen und einen Fangkorb für kleine Beutetiere bilden, z. B. bei *Collotheca* und *Stephanoceros* (Abb. 393G, I). Nur selten fehlt das Räderorgan völlig, so bei adulten Weibchen der räuberischen Art *Cupelopagis vorax* (Abb. 393E), nicht aber bei deren Männchen und jungen Weibchen.

Bedeutende Drüsen, die auf der Körperoberfläche münden, sind das Retrocerebralorgan und die Fußdrüsen. Das Retrocerebralorgan (Abb. 394) ist eine mehrkernige Drüse, die hinter dem Cerebralganglion liegt (Name!) und im Apikalfeld ausmündet. Es ist besonders gut bei jenen Rotatorien ausgebildet, die mit ihrem Räderorgan Nahrungspartikel einfangen und zum Mund führen. Bei ihnen gibt das Retrocerebralorgan einen Schleim ab, den die kurzen Cilien des Räderorgans teppichartig ausbreiten und zusammen mit eingefangenen Nahrungspartikeln zum Mund flimmern; dort werden sie verzehrt oder abgelehnt und dann nach hinten abgegeben. Der ganze Vorgang erinnert an den Nahrungserwerb der Muscheln (S. 316). Das Retrocerebralorgan ist bei den Monogononta gegliedert in den Retrocerebralsack mit der beschriebenen Funktion und 1 Paar seitlicher Subcerebraldrüsen, die vermutlich Neurosekrete erzeugen. Die Fußdrüsen bestehen aus bis zu 30 einkernigen Zellen verschiedener Typen bei den Seisonida, aus 1–15 einkernigen Zellen eines einheitlichen Typs bei den Bdelloida und aus zwei mehrkernigen Syncytien bei den Monogononta. Sie liegen im Hinterkörper und münden durch die Zehen aus. Ihr Sekret dient der vorübergehenden oder dauernden Festheftung am Untergrund; im zweiten Fall sind die Drüsen kleiner als im ersten.

Sinnesorgane sind einfach gebaute Sensillen. In den meisten von ihnen dienen Cilien als Rezeptoren, so in den Sensillen des Räderorgans, des Mastax, am unpaaren Rücken- und Fußtaster und an den beiden Seitentastern. Diese Sensillen dienen wahrscheinlich der Mechano- und Chemorezeption. Pigmentbecherocellen kommen bei vielen Arten vor, sie liegen dem Gehirn direkt auf und gehören zum ciliären oder zum rhabdomeren Augentyp.

Das Zentralnervensystem besteht aus einem dorsal vom Pharynx gelegenen Cerebralganglion (Abb. 394), das je nach Art aus 150–200 Nervenzellen besteht, aus 2 ventrolateralen Hauptmarksträngen, die vom Cerebralganglion aus subventral nach hinten ziehen, sowie aus kleineren Ganglien, zu denen das Fuß- und das Mastaxganglion gehören. Rund ein Fünftel aller Körperzellen sind Nervenzellen.

Der reich bewimperte Darmtrakt (Abb. 394) ist gegliedert in den subterminal ventral gelegenen Mund, den muskulösen Pharynx, den schlanken Oesophagus, den Magen mit

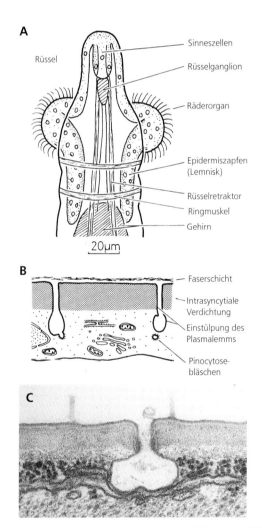

A

Rüssel

Sinneszellen

Rüsselganglion

Räderorgan

Epidermiszapfen (Lemnisk)

Rüsselretraktor

Ringmuskel

Gehirn

20µm

B

Faserschicht

Intrasyncytiale Verdichtung

Einstülpung des Plasmalemms

Pinocytosebläschen

C

Abb. 395 „Rotatoria". Syncytiale Epidermis. **A** Rüssel und Räderorgan von *Mniobia symbiotica* (Bdelloidea), von dorsal; im Leben ist entweder der Rüssel ausgestreckt und das Räderorgan eingezogen oder umgekehrt, im Tod können beide Organe ausgestreckt sein. **B** und **C** Ultrastruktur der syncytialen Epidermis mit distaler Verdichtung und äußeren Plasmalemma-Einstülpungen. A Nach Zelinka (1886); B nach Remane, Storch und Welsch (1972); C Original: W. Westheide, Osnabrück.

zwei oder mehreren anliegenden Magendrüsen und den Darm, der gemeinsam mit den Protonephridien und Gonaden in die dorsal gelegene Kloake mündet. Bei manchen Arten endet der Darm blind (z. B. *Asplanchna*, Abb. 393B); in diesen Fällen werden unverdaute Nahrungsreste durch den Mund ausgeschieden.

Der vordere ventrale Abschnitt des Pharynx ist zum Kaumagen (Mastax) differenziert (Abb. 397A). Er ist aus einem Pharynxabschnitt mit dreistrahligem Lumen entstanden und weist charakteristische Hartteile (Trophi) auf (Abb. 380C, 397B), die zumindest peripher aus Cuticula mit Chitin bestehen und von spezialisierten, antagonistischen Systemen quer gestreifter Pharynxmuskeln bewegt werden. Die hohe Bedeutung des Mastax für die Rädertiere wird durch seine vielen Umgestaltungen verdeutlicht, die ihn zum Pump-, Quetsch- oder sogar zangenartigen Greiforgan werden ließen (Abb. 393B). Bei den Zwergmännchen ist er zusammen mit dem Darmtrakt reduziert. Der hinter dem Mastax gelegene Teil des Pharynx wird oft als Oesophagus bezeichnet.

Rotatorien verfolgen Beutetiere oder Nahrungspartikel nicht, sondern fressen das, was dem Mundfeld begegnet und als Nahrung erkannt wird. Die Nahrung wird im Darm teils extrazellulär mit dem Sekret der Magendrüsen verdaut, teils intrazellulär von den Darmzellen. Die Darmpassage kann unter günstigen Bedingungen nur 20 min dauern.

Die **Leibeshöhle** stellt kein Coelom dar, denn sie ist nicht von Coelothel ausgekleidet, sondern wird außen von der basalen Matrix der Epidermis und innen von der der inneren Organe begrenzt. Sie erfüllt also die Kennzeichen einer primären Leibeshöhle. Ob dies einen stammesgeschichtlich primären oder sekundären Zustand repräsentiert, wird kontrovers diskutiert.

Exkretionsorgane sind paarige Protonephridien. Ihre Kanäle vereinigen sich zu einem Paar Sammelkanäle, die in die Harnblase und von dort in die Kloake münden (Abb. 394).

Die **Rumpfmuskulatur** zeichnet sich durch eine seltene Reichhaltigkeit an Muskeltypen aus: Es gibt glatte, schräg und quergestreifte Muskeln, die alle ein- oder zweizellig sind. Viele ziehen quer durch die Leibeshöhle, andere liegen der Epidermis an. Quergestreifte Kopf- und Fußretraktoren können das Vorderende bzw. den Fuß in den Rumpf hineinziehen, ihre Antagonisten sind glatte Ringmuskeln, die z. T. nicht mehr der Körperwand anliegen und dann als Transversalmuskeln bezeichnet werden. Die vordersten Ringmuskeln des Rumpfes dienen als Sphinkter, der den Rumpf bei eingezogenem Vorderende nach außen verschließt.

Muskeln spielen bei den Monogononta kaum eine Rolle bei der Fortbewegung. Bei den Bdelloida und Seisonida ermöglichen sie die „egelartige" Fortbewegung, bei der Vorder- und Hinterende abwechselnd am Substrat festgeheftet und wieder gelöst werden. Ausscheidungen des Retrocerebralorgans und der Fußdrüsen unterstützen diese Bewegung.

Rotatorien sind stets getrenntgeschlechtlich, ihre Gonaden sind syncytial. Die Seisonida und Bdelloida haben ein Paar Gonaden, die lateral bis dorsolateral liegen, während die Monogononta („die mit einer Gonade") nur eine unpaare Gonade haben, die ventral liegt und vermutlich ein Ver-

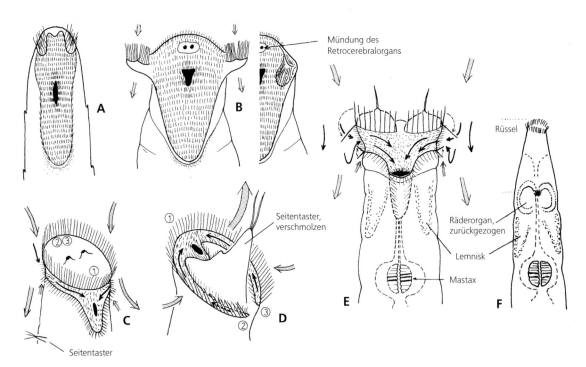

Abb. 396 „Rotatoria". Räderorgane, Weibchen. Das Feld der kurzen Wimpern dient bei *Dicranophorus forcipatus* (**A**) und *Notommata pseudocerberus* (**B**) zum Gleiten auf dem Untergrund und zum Auffegen von Nahrungspartikeln, bei vielen anderen Rotatorien zum Transport herbeigestrudelter Nahrungspartikel zum Mund. Die langen Cilien dienen nur zum Schwimmen (**B**) und zum Herbeistrudeln von Nahrung (**C–E**). Bei *Conochilus* (**D**), meist in kugeligen Kolonien lebend, wird der Wasserstrom anders herum als bei den übrigen Rotatorien erzeugt, was durch Verlagerung des Mundes nach vorn möglich ist. Bei *Macrotrachela ehrenbergi* (**E**) und anderen Bdelloida ist im Leben entweder das Räderorgan (**E**) oder der Rüssel austreckt (**F**). Dicke graue Pfeile geben Wasserströme an, dünne schwarze Pfeile Partikelströme. Nach verschiedenen Autoren.

schmelzungsprodukt von ursprünglich 2 Gonaden darstellt. In jedem Fall münden die Gonaden in die dorsal gelegene Kloake. Bei den Bdelloida und Monogononta ist jedes Ovar unterteilt in ein Vitellogermar mit großem syncytialen Vitellar und ein randständiges, kleines syncytiales Germar mit wenigen kleinen Eizellen (Abb. 394B). Die Zellkerne des

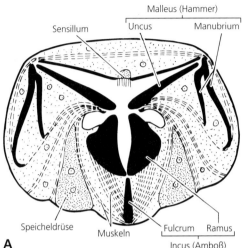

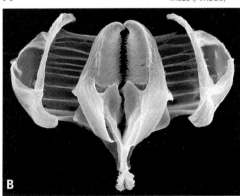

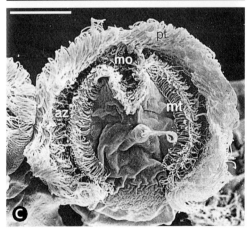

Abb. 397 „Rotatoria", Monogononta. **A** Schema eines einfachen Mastax im Querschnitt. **B** Trophi von *Floscularia ringens*, Männchen. REM-Foto. Durchmesser ca. 45 μm. **C** Blick auf das Räderorgan von *Conochilus unicornis*. az = adorale Cilien, mo = Mundöffnung, mt = innerer Cilienring, pt = äußerer Cilienring. Einige Autoren interpretieren die Cilienringe als Äquivalent des Prototrochs (pt) und des Metatrochs (mt) in einer Trochophora-Larve. A Nach De Beauchamp (1965); B Original: G. Melone, Mailand; C Original: C. Nielsen, Kopenhagen.

Vitellars sind polyploid. Umhüllt wird das Ovar bei vielen Arten von einer dünnen syncytialen Follikelschicht, die sich in den Eileiter fortsetzt. Über cytoplasmatische Brücken versorgt das Vitellar eine Eizelle nach der anderen mit RNA, Dotter, Mitochondrien, Ribosomen, endoplasmatischem Reticulum und anderen Produkten, so dass eine Eizelle erheblich an Volumen zunimmt und in der anschließenden Furchung sehr schnell alle Mitosen des Lebens durchführen kann, ohne zwischendurch RNA bilden zu müssen. Bei den Seisonida ist kein Vitellar ausgebildet. Viviparie kommt vor (z. B. *Asplanchna* spp.).

Fortpflanzung und Entwicklung

Bei den Seisonida bündeln die Männchen ihre Spermien zu Spermatophoren. Ob diese auf Weibchen oder auf abgelegte Eier abgelegt werden, ist noch unbekannt; in einem Fall befand sich eine Spermatophorenhülle auf dem Ei eines Geleges. Bei den Bdelloida fehlen Männchen stets. Bei den Monogononta können deutlich kleinere Männchen auftreten. Diese Zwergmännchen übertragen ihr Sperma durch Kopulation in die Leibeshöhle der Weibchen. Sie haben zwei Typen von Spermien, von denen der eine die weibliche Epidermis durchlöchert und der andere die Eier befruchtet. Die abgelegten Eier werden außen am Körper befestigt. Die Fortpflanzungsweise der Seisonida, Monogononta und Bdelloida hängt eng mit deren Lebensweise zusammen:

(1) Bei den rein marinen Seisonida sind Weibchen und Männchen etwa gleich groß und gleich häufig; die Fortpflanzung ist stets bisexuell. Die Weibchen befestigen ihre Eier in Gelegen auf ihrem Wirt, dem malacostraken Krebs *Nebalia bipes* (S. 608).

(2) Alle Arten der Bdelloida pflanzen sich nur parthenogenetisch fort.

Ihre Eizellen führen keine vollständige Meiose durch, denn homologe Chromosomen paaren sich nicht; stattdessen entstehen bei zwei inäqualen mitotischen Teilungen eine diploide, entwicklungsfähige Eizelle und zwei Polkörperchen. Alle Nachkommen einer Mutter bilden also einen Klon. Dauereier werden nicht gebildet. Unter widrigen Lebensbedingungen schrumpfen die Weibchen unter Abgabe von Wasser zu Dauerstadien (Anabiose, ähnlich bei Tardigraden, S. 465), die robust gegenüber Trockenheit sind (Abb. 400B). Bei Befeuchtung erwachen die Tiere zu neuem Leben.

(3) Bei vielen Arten der Monogononta kommt Heterogonie vor, ein Wechsel von zwei- und eingeschlechtlicher Fortpflanzung (Abb. 365).

Bei günstigen Lebensbedingungen besteht die Population allein aus amiktischen Weibchen, die sich über mehrere Generationen rein parthenogenetisch vermehren. Dadurch entstehen pro Generation doppelt so viele Weibchen wie bei zweigeschlechtlicher Fortpflanzung, wenn Männchen und Weibchen als gleich häufig angenommen werden. In der 10. Generation entstehen bei Parthenogenese also 2^{10} (= 1 024) mal mehr Weibchen als bei bisexueller Fortpflanzung. In den Eizellen der amiktischen Weibchen findet keine Meiose statt, denn die homologen Chromosomen paaren sich nicht. Stattdessen entstehen in einer inäqualen mitotischen Teilung eine diploide Eizelle, die zum Subitanei heranreift, und ein diploides Polkörperchen. Wie bei den Bdelloida entstehen also Klone. Wird die Populationsdichte relativ zum bewohnten Milieu zu hoch, entsteht ein Mixisstimulus, der die Embryonalentwicklung in eine andere Bahn lenkt: Aus

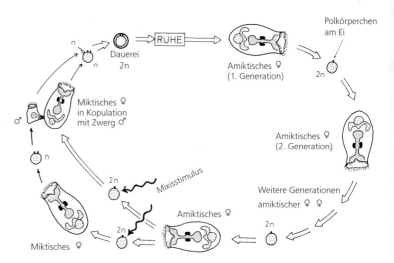

Abb. 398 Heterogonie bei *Asplanchna*. Unter guten Lebensbedingungen entstehen durch ameiotische Parthenogenese nur amiktische Weibchen. Bei Übervölkerung entsteht unspezifischer Mixisstimulus, sodass aus Eiern amiktischer Weibchen miktische Töchter entstehen. Nur bei ihnen vollständige Meiose der Eizellen. Unbefruchtet entwickeln sich diese zu haploiden, sofort geschlechtsreifen Zwergmännchen, die junge miktische Weibchen begatten. Die befruchteten Eier werden zu diploiden Dauereiern, die überdauern und verbreitet werden können. Aus ihnen schlüpfen später amiktische Weibchen. Nach Birky und Gilbert (1971).

den Subitaneiern schlüpfen miktische Weibchen, die sich genetisch nicht und äußerlich kaum von ihren Müttern unterscheiden, bei denen aber durch vollständige Meiose haploide Eizellen entstehen. Werden sie nicht befruchtet, entwickeln sie sich zu haploiden Männchen. Nur bei wenigen Arten werden diese fast so groß wie die Weibchen und haben einen funktionstüchtigen Darm (z. B. *Rhinoglena*); bei den meisten Arten sind sie viel kleiner als die Weibchen, besitzen keinen funktionstüchtigen Darm, sind von Geburt an geschlechtsreif und leben nur kurze Zeit. Sie werden von chemischen Reizen junger miktischer Weibchen angelockt, heften sich an dünne Hautpartien von ihnen fest, durchlöchern diese mit Stiften der degenerierten Spermien und ergießen die befruchtungsfähigen Spermien in die weibliche Leibeshöhle, von wo sie aktiv zum Ovar wandern und die haploiden Eizellen befruchten. Die Zygoten werden vom Vitellar mit mehr Dotter und anderen Syntheseprodukten versorgt als die unbefruchteten Männcheneier und erhalten eine doppelte Schale. Sie sind dann Dauereier, die ungünstige Lebensbedingungen wie Trockenheit, Kälte und Wärme überstehen und leicht durch Winde oder andere Ereignisse verbreitet werden können. Werden die Lebensbedingungen wieder günstig, schlüpfen aus ihnen amiktische Weibchen, mit denen ein neuer Generationenzyklus beginnt.

Gelegentlich können auch amiktische Weibchen nach einer Phase der parthenogenetischen Fortpflanzung miktisch werden. Sie werden dann als amphoterische Weibchen bezeichnet.

Die **Embryonalentwicklung** verläuft schnell, sie dauert bei *Asplanchna brightwelli* (Monogononta) bei 23 °C nur rund 30 Stunden, wobei alle Mitosen des Lebens in den ersten 5 Stunden stattfinden. Da der Körper aus rund 1 000 Zellen aufgebaut ist, müssen in nur 5 Stunden 10 Mitosezyklen ablaufen ($2^{10} = 1\,024$), also rund alle 30 Minuten einer. Dies ist nur möglich, weil die Zellkerne in der gesamten mitotischen Phase nur DNA und keine RNA produzieren (Nachweis mit H^3-Thymidin und H^3-Uridin). Zur intensiven Proteinsynthese wird in dieser Zeit RNA eingesetzt, die noch vom mütterlichen Vitellar stammt (Nachweise mit H^3-Leucin). Auf die fünfstündige mitotische folgt die rund 20-stündige postmitotische Phase, in der die Gastrulation vollendet wird, die körpereigene RNA-Produktion beginnt, Zellen zu Syncytien verschmelzen und die Organe differenziert werden.

Systematik

Die „Rotatoria" bilden vermutlich ein Paraphylum, weil die Acanthocephala sehr wahrscheinlich mit einer ihrer Teil-

gruppen näher verwandt sind. Nur unter Einschluss der Acanthocephalen würde der Name Rotatoria eine monophyletische Gruppe bezeichnen.

Innerhalb der Rotatoria lassen sich 3 jeweils monophyletische Taxa unterscheiden, deren verwandtschaftliche Beziehungen umstritten sind. Unwahrscheinlich ist, dass Seisonida und Bdelloida ein Monophylum **Digononta** bilden, weil die namensgebende Paarigkeit der Ovarien eine Plesiomorphie ist. Vor allem molekular-systematische Befunde favorisieren eine Schwestergruppenbeziehung von Bdelloidea und Acanthocephala. Der Besitz von Faserbündeln in der syncytialen Epidermis sowie übereinstimmende Spermien sprechen hingegen für Seisonida und Acanthocephala als Schwestergruppen. Einige molekular-systematische Analysen unterstützen dies auch. Bdelloida und Monogononta werden dann als **Eurotatoria** zusammengefasst (Ovar mit Vitellar, primär limnische Lebensweise, Fehlen bzw. Verzwergung von Männchen).

Neuerdings wird vorgeschlagen, die Seisonida aus den Rotatorien herauszunehmen und als Schwestergruppe der Bdelloida + Monogononta + Acanthocephala oder nur der Acanthocephala aufzufassen. Diesem Vorschlag wird hier nicht gefolgt.

3.1.1 Seisonida

Nur 2 Arten.

Seison nebaliae, 2–3 mm, epibiotisch auf marinen Krebsen der Gattung *Nebalia* (Leptostraca, S. 608). Männchen etwa gleich groß und gleich häufig wie Weibchen; 2 Gonaden; Ovar nicht in Keimlager und Vitellar gegliedert; Fortpflanzung rein bisexuell; Spermatophoren (Abb. 399).

3.1.2 Bdelloida

Mit egelartiger Fortbewegungsweise (Name!), bei der abwechselnd die Spitze des Rüssels und die Zehen am Untergrund festgeheftet werden. Bei entfaltetem Rüssel ist das Räderorgan fast immer eingezogen, bei entfaltetem Räderorgan dagegen der Rüssel (Abb. 396E, F). Bis zu 30 einkernige Fußdrüsen. Nur Weibchen bekannt; 2 syncytiale Ovarien,

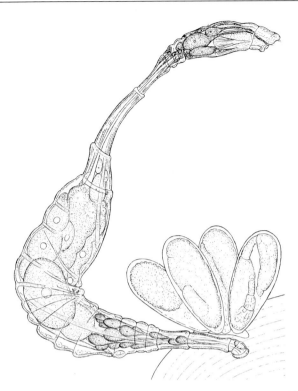

Abb. 399 *Seison annulatus*, Weibchen, mit Eigelege, marin, epibiotisch auf leptostraken Krebsen (S. 607) der Gattung *Nebalia*. Weibchen und Männchen etwa gleich groß. Bewegung spannerraupenartig auf dem Wirt; kein Schwimmvermögen. Der Wirt verträgt Sauerstoffarmut und kann z. B. an der bretonischen Gezeitenküste gefunden werden. Original: W. Koste, Quakenbrück.

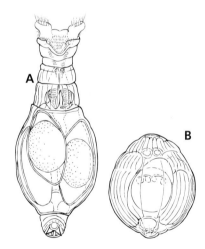

Abb. 400 *Macrotrachela quadricornifera* (Bdelloida). **A** Weibchen mit Eiern; Räderorgan beim Fressen entfaltet. Ventralansicht. **B** Tier in Anabiose, die das Überdauern extremer Umweltbedingungen erlaubt. Originale: W. Koste, Quakenbrück.

beide gegliedert in Germar und Vitellar. Bei unvollständiger Meiose entstehen 2 Polkörperchen pro diploider Eizelle. Verbreitet in Süßgewässern, massenhaft in überdüngten Kleingewässern und Kläranlagen, in feuchter Erde und feuchten Moosen. Fähigkeit zur Anabiose (Abb. 400).

Rotaria neptunia (Philodinidae), 700–1 600 µm, Charakterart stark verunreinigter Süßgewässer. – *R. mento*, 700 µm, lebt in selbstgebau-

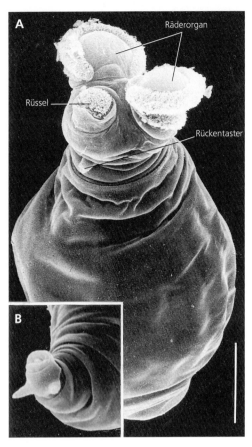

Abb. 401 *Mniobia magna* (Bdelloida). **A** Blick von vorn dorsal; Räderorgan ausgestreckt, Rüssel fast zurückgezogen. **B** Kriechfuß mit Haftplatte und 2 dorsalen Sporen. Maßstab: 50 µm. Originale: A. Hirschfelder, Osnabrück.

ten Wohnröhren. – *Mniobia symbiotica* (Philodinidae) (vgl. Abb. 401), 300 µm, einzeln in den Wassersäcken des Lebermooses *Frullania dilatata*. – *Habrotrocha angusticollis* (Habrotrochidae), 270 µm, in selbstgefertigten Gehäusen aus Gallerte und Fremdpartikeln, moosbewohnend.

3.1.3 Monogononta

Nur 1 Gonade (Name!); syncytiales Ovar gegliedert in Germar und Vitellar. Bei amiktischen Weibchen nur ein Polkörperchen pro Eizelle, bei miktischen Weibchen zwei. Zwei vielkernige Fußdrüsen. Männchen von vielen Arten bekannt, meist kleiner als Weibchen; sporadisch in großen Mengen anwesend, meist ohne funktionierenden Darm (Abb. 393J5).

3.1.3.1 Ploimida

Hierher die meisten Arten der Monogononta. Alle Arten frei beweglich; viele im Plankton, die meisten auf Wasserpflanzen. Bei Formen, die auf dem Untergrund gleiten, ist das Räderorgan noch weitgehend sohlenförmig, z. B. *Proales fallaciosa*, Weibchen 300 µm, Kosmopolit. – Bei planktischen Arten Räderorgan zum Schwimmen und Heranstrudeln von Nahrung differenziert. Bei *Brachionus calyciflorus*, Weibchen bis 600 µm, wird die Bildung von Dornen am Rumpfende durch einen kurzlebigen, wasserlöslichen Stoff des Fressfeindes *Asplanchna brightwelli* induziert (Abb. 393A), andernfalls fehlen die Dornen. *Brachionus*-Arten oft massenhaft im Plankton stehender Gewässer. – *Keratella cochlearis*, Weibchen 80–320 µm, Süßwasser. – *Synchaeta baltica*, Weibchen 200–500 µm, im marinen Plankton.

– Bei *Asplanchna brightwelli*, Weibchen 500–1 500 µm, ist das Räderorgan zum reinen Schwimmorgan differenziert; Beute wird mit Zangen des Mastax gegriffen (Abb. 393B). – *Rhinoglena frontalis*, Weibchen und Männchen 160–360 µm, vivipar, Männchen noch mit funktionstüchtigem Darm, kaltstenotherm.

3.1.3.2 Gnesiotrocha

Viele Arten sessil mit Wohnröhre, andere planktisch. *Floscularia ringens* (Flosculariidae), Weibchen bis 1,9mm; in festen Röhren, die aus herbeigestrudelten, zu Pillen geformten Detritusteilchen und Faeces gebaut werden. – *Trochosphaera aequatorialis* (Trochosphaeridae) (Abb. 393D), Weibchen 320–1 100 µm, kugelförmig, lebt im Plankton tropischer Süßgewässer von Bakterien. – *Colloteca coronetta*, Weibchen 180–1 200 µm und *Stephanoceros fimbriatus* (Collothecidae) (Abb. 393I), Weibchen bis 2,5 mm, leben in selbstgefertigten, gallertigen Gehäusen und fressen Beutetiere, die sich im reusenartig differenzierten Räderorgan verfangen. – *Cupelopagis vorax* (Atrochidae), Weibchen 600–1 100 µm (Abb. 393E), Räderorgan adulter, räuberischer Weibchen völlig reduziert.

3.2 Acanthocephala, Kratzer

Kratzer sind ausschließlich **Darmparasiten** mit obligatorischem **Wirtswechsel**, aber ohne Generationswechsel. Als Endwirte dienen wasser- und landlebende Wirbeltiere, als Zwischenwirte Krebse und Insekten. In vielen Fällen ist ein Wartewirt zwischengeschaltet, in dem keine Weiterentwicklung, sondern nur Überdauerung stattfindet. Die Kratzer – man kennt etwa 1 100 Arten – werden als Adulti 2 mm bis 70 cm, meisten wenige cm lang; Weibchen sind stets größer als Männchen. Generell sind die Endwirte der kleineren Arten Fische, die der größeren Arten Vögel oder Säugetiere. Neuerdings gewinnen fischparasitische Acanthocephalen Bedeutung als Anzeiger für Schwermetalle im Wasser, weil sie z. B. Blei und Cadmium viel intensiver im Geweben akkumulieren als ihre Wirte.

Bau und Leistung der Organe

Der Körper (Abb. 404) ist gegliedert in Rüssel (Rostrum), kurzen Hals und Rumpf. Der Rüssel ist ein- und ausstülpbar und wird mit dem gleichnamigen Abschnitt der bdelloiden Rotatorien (S. 266) homologisiert, stellt also ebenfalls kein Introvert dar, wie früher fälschlich vermutet wurde. Seine nach hinten gerichteten Haken führten zum Namen Acanthocephala = „Dornenköpfe" (Abb. 406). Die Haken werden intrasyncytial von der Epidermis gebildet und inserieren an deren Basallamina; sie bleiben bei den Eo- und Palaeacanthocephalen zeitlebens innerhalb des epidermalen Syncytiums liegen, während sie bei den Archiacanthocephalen die Epidermis durchbrechen. Die Haken haben mehrere wichtige Funktionen: (1) Beim Aus- und Einstülpen des Rüssels werden sie bei allen Acanthocephalen zum Eindringen in die Darmwand und zur Verankerung in ihr benutzt. (2) Bei den Eo- und Palaeacanthocephalen verursachen sie – vermutlich durch Abscheidung von Substanzen – beim Wirt ein Freisetzen von Fett-Tröpfchen an der Festheftungsstelle. (3) Diese Fette werden nicht nur vom Körper, sondern auch von der syncytialen Oberfläche der Haken aufgenommen, wie Versuche mit markierten Fetten zeigten.

Der lang gestreckte **Rumpf** ist bei vielen Arten der Eo- und Palaeacanthocephala mit ebenfalls intrasyncytialen Dornen besetzt, die jedoch nicht bis zur Basallamina reichen. Der Rumpf ist selten pseudosegmentiert, z. B bei *Mediorhynchus taeniatus*. Ein Darmtrakt fehlt zeitlebens, so dass die Tiere auf parenterale Ernährung im Wirt angewiesen sind. Zahl und Anordnung der Körperzellen sind weitgehend konstant (Eutelie), während Geschlechtszellen zeitlebens neu gebildet werden. Die Zellen der meisten Gewebe sind wie bei Rotatorien schon während der Embryonalentwicklung zu Syncytien verschmolzen. Kinocilien kommen nur vor in den Protonephridien (vorhanden nur bei den Oligacanthorhynchidae) und an den Spermien. Auffällig sind die Hohlraumsysteme der Acanthocephalen: Außer der Leibes-

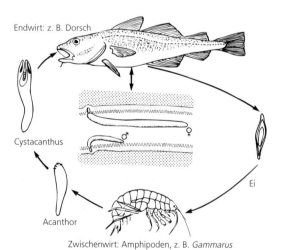

Abb. 402 *Echinorhynchus gadi* (Palaeacanthocephala). Lebenszyklus. Endwirte sind vor allem Dorsche (Gadidae), aber auch andere Bodenfische wie z. B. Schollen; Zwischenwirte sind benthische marine Amphipoden. Nach verschiedenen Autoren.

In figure (Abb. 402) labels:
Endwirt: z. B. Dorsch
Cystacanthus
Acanthor
Zwischenwirt: Amphipoden, z. B. *Gammarus*
Ei

Abb. 403 Massenbefall einer Regenbogenforelle mit *Acanthocephalus anguillae*. (Palaeacanthocephala). Aufgeschnittener Darmtrakt. Original: H. Taraschewski, Karlsruhe.

höhle gibt es ursprünglich 2 Ligamentsäcke und ein umfangreiches Lakunensystem in der Epidermis.

Bauch- und Rückenseite der Acanthocephalen wurden lange Zeit miteinander verwechselt. Da mit dem Darmtrakt auch Mund und After fehlen und da die Gonaden terminal münden, fallen die wichtigsten Indizien für die sonst übliche Bestimmung fort. Willkürlich wurde die stärker bedornte Körperseite, zu der hin der Rüssel oft geneigt ist, als Ventralseite bezeichnet. Diese Auffassung erstarrte zur Konvention, obwohl sie sich schon 1950 als falsch erwies. Bei den Bdelloida liegt das Gehirn dorsal vom eingestülpten Rüssel, so dass dies auch für die nahe verwandten Acanthocephala gelten muss (Abb. 404). Diese Auffassung wird gestützt durch die Beobachtung, dass ventral gelegene Gehirne nicht bekannt sind.

Die Epidermis (Abb. 405) ist ein syncytiales Epithel, das bei jungen Tieren je nach Art 6–20 konstant angeordnete Zellkerne enthält. Diese werden im Laufe des Lebens hochgradig polyploid; bei kleinen Arten verästeln sie sich, erreichen bis 2 mm Durchmesser und treten äußerlich als Beulen an der Körperwand hervor; bei vielen großen Arten zerfallen sie im Lauf des Lebens amitotisch in Fragmente – ein untrügliches Indiz für die Abstammung dieser Arten von mikroskopisch kleinen Vorfahren. Wegen parenteraler Ernährung übernimmt die Epidermis (einschließlich ihrer Rüsseldornen bei Eo- und Palaeacanthocephalen) Darmfunktion.

Die Epidermis ist außen von einer rund 1 µm dicken Glykokalyx umgeben, die für die Selektivität von Austauschvorgängen zwischen Körper und Umwelt zuständig ist. Ähnlich wie bei Rotatorien ist der periphere Teil der Epidermis intrasyncytial zu einer filzartigen Faserschicht verdichtet, die jedoch keinen Panzer bildet, sondern nur lokal zu Dornen verfestigt werden kann und von zahlreichen Einstülpungen des äußeren Plasmalemms durchzogen ist, die sich verzweigen können und durch einen dünnen Hals nach außen münden (Abb. 405). Diese Einstülpungen wirken als extracytoplasmatische Verdauungsorganellen, sie nehmen Stoffe aus dem Darminhalt des Wirts auf, verdauen sie mit eingefangenen Enzymen des Wirts und transportieren die Produkte in die Epidermis. Von dort gelangen sie in das umfangreiche intrasyncytiale Lakunensystem mit längs- und ringförmig verlaufenden Haupt- und vielen anastomisierenden Nebenkanälen. Basal der Epidermis liegt die faserreiche, stark gefaltete Basallamina. Das Lakunensystem des Vorderkörpers (Rüssel, Hals und Lemnisci) und das des Rumpfes sind voneinander getrennt, was für die mechanische Funktionstüchtigkeit des Rüssels wichtig ist (siehe Legende zu Abb. 407).

Von der Halsepidermis entspringen 2 (selten 6) zapfenartige Auswüchse (Lemnisci), die in den Rumpf hineinragen und von Halsretraktoren eingefasst sind, was für die mechanische Funktion des Rüssels ebenfalls wichtig ist (Abb. 407).

Die Epidermis bildet zusammen mit der äußeren Ring- und der inneren Längsmuskelschicht einen Hautmuskelschlauch. Die Muskeln dieser Schichten sind dünn und syncytial und speichern im cytoplasmatischen Teil Glycogen. Die Rüsselscheide enthält kreuzweise verlaufende Muskelfasern, die antagonistisch mit den beiden Halsretraktoren, den Rüsselscheiden- und Rüsselretraktoren zusammenarbeiten (Abb. 407). Der Antagonismus wird ermöglicht durch das Hydroskelett der Leibeshöhle, das bei Muskelkontraktionen unter Druck gerät und solche Körperpartien streckt, die wegen entspannter Muskulatur dem Körperbinnendruck den geringsten Widerstand entgegensetzen.

Sinnesorgane sind entsprechend der endoparasitischen Lebensweise kaum ausgebildet. Sensillen kommen terminal an der Rüsselspitze, lateral am Hals und in der Genitalregion vor.

Die geräumige **Leibeshöhle** ist durch die Rüsselscheide unterteilt in das **Coelom** des Rüssels und das Pseudocoelom des Rumpfes. Innerhalb des letzteren bilden der dorsale und ventrale Ligamentsack geräumige Höhlen, die von der Rüsselscheide bis zum Ausführgang der Gonaden

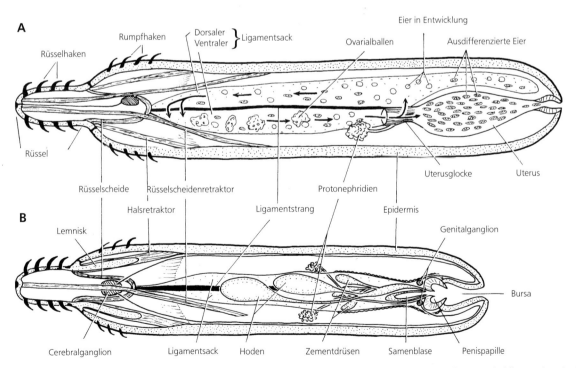

Abb. 404 Acanthocephala, speziell Archiacanthocephala (dorsaler und ventraler Ligamentsack erhalten, Protonephridien vorhanden), Organisationsschema. Dorsalseite wurde früher irrtümlich als Ventralseite bezeichnet. **A** Weibchen; Ansicht von links; die Uterusglocke erzeugt durch Pumptätigkeit Zirkulation der Flüssigkeit und Eier (siehe Pfeile) und sortiert ablagebereite, embryonierte Eier in den Uterus. **B** Männchen, kleiner, Ansicht von ventral mit Blick auf die beiden ventralen Hoden. Original: S. Lorenzen, Kiel, nach Angaben verschiedener Autoren.

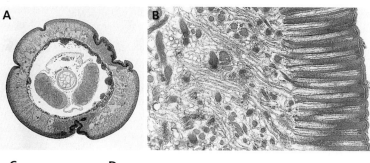

Abb. 405 Syncytiale Epidermis von Acanthocephala.
A Querschnitt durch den Rumpf von *Acanthocephalus anguillae*; (Palaeacanthocephala), auffällig die Mächtigkeit der Epidermis und ihres Lakunensystems.
B Peripherer Bereich der Rumpfepidermis von *Acanthocephalus lucii* mit intrasyncytialer Verdichtung und vielen Plasmalemmeinstülpungen. **C** An der Basis des Rüssels ist die Epidermis zu 2, selten 6 Lemnisken differenziert, deren Lakunensystem mit dem der Rüsselepidermis kommuniziert und von dem der Rumpfepidermis getrennt ist. **D** Aufbau der Rumpfepidermis.
E Ausschnitt des peripheren Bereichs der Epidermis.
A–B Originale: H. Taraschewski, Karlsruhe; C–E nach verschiedenen Autoren.

reichen und durch den sagittalen Ligamentstrang weitgehend, aber nicht vollständig getrennt sind. Bei den Palaeacanthocephala löst sich die Wand der Ligamentsäcke weitgehend auf, sodass sich diese mit der Leibeshöhle vereinigen. Der Ligamentstrang wird als D a r m r u d i m e n t gedeutet; er entspricht in Verlauf und Struktur dem Darmrudiment männlicher monogononter Rotatorien.

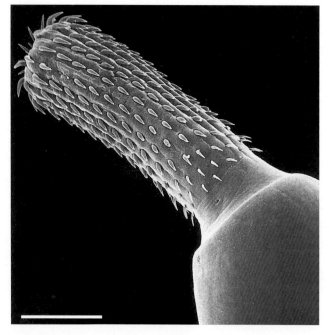

Abb. 406 Ausgestülpter Rüssel von *Echinorhynchus gadi* (Palaeacanthocephala). Maßstab: 100 µm. Original: W. Böckeler und P. Dreyer, Kiel.

Das **Cerebralganglion** liegt dorsal innerhalb der Rüsselscheide. Es enthält nur sehr wenige Nervenzellen (73–86 bei vielen Arten). Von ihm entspringen u. a. 1 Paar lateraler Hauptnerven, die in den Rumpf ziehen. Dort besitzen die Männchen 1 Paar Ganglien mit insgesamt ca. 30 Nervenzellen in der Penispapille; den Weibchen fehlt ein entsprechendes Ganglion.

Besondere **Exkretionsorgane** fehlen bei jenen Acanthocephalen, deren Endwirte Fische oder wasserbewohnende Tetrapoden sind. Protonephridien kommen nur bei den Oligacanthorhynchidae vor, deren Endwirte Landwirbeltiere sind, sitzen in 2 Büscheln am distalen Teil des Reproduktionssystems und münden über dessen Ausführgang in die K l o a k e.

Die Geschlechter sind getrennt. Die Gonaden liegen in beiden Fällen dem Ligamentstrang ventral an. Die Männchen besitzen 2 Hoden, die gemeinsam mit sog. Zementdrüsen durch die Penispapille in die Bursa münden (Abb. 404B). Die 1 oder 2 Ovarien lösen sich frühzeitig in O v a r i a l b a l l e n auf, die frei im ventralen Ligamentsack (Archi- und Eoacanthocephala) bzw. in der Leibeshöhle (Palaeacanthocephala) flottieren. Ovarialballen bestehen aus einem äußeren und einem innerem Syncytium; das äußere ist vegetativ und schafft aus der Flüssigkeit des Ligamentsacks über zahlreiche Mikrovilli Nährstoffe für die Eizellen heran; das innere Syncytium ist generativ und enthält die zunächst diploiden Eizellkerne, die erst nach Eintritt in Vakuolen des äußeren Syncytiums zu Eizellen werden und Dotter erhalten.

Fortpflanzung und Entwicklung

Zur Kopulation ergreift das Männchen mit der ausgestülpten Bursa das weibliche Hinterende, zieht es durch Einstülpen der Bursa in diese hinein, presst die Genitalpapille in die

Vagina und ergießt in sie Sperma, das aktiv zu den Ovarialballen wandert. Männchen und Weibchen können mehrfach kopulieren.

Erst nach Eintritt der Spermien in die Eizellen finden Meiose und Kernverschmelzung statt. In den rundlichen Zygoten beginnt sofort die Entwicklung, die Anklänge an die Spiralfurchung zeigt. Da die Furchungszellen schon früh zu Syncytien verschmelzen, ist ihr weiteres Schicksal nicht mehr verfolgbar. Die Embryonalentwicklung im mütterlichen Körper führt bis zur schlüpffähigen Acanthor-Larve; in dieser Zeitspanne bilden sich durch Anlagerung von innen und unter Verbrauch von Substanzen aus der mütterlichen Flüssigkeit 4–5 Eischalen mit dazwischen liegenden Hohlräumen, die den Acanthor klein erscheinen lassen (Abb. 375). Bei den Archiacanthocephalen ist für die innerste Eihülle Chitin nachgewiesen worden.

Die Eischalen und die Hohlräume zwischen ihnen haben mehrere Funktionen. Sie machen die embryonierten Eier zu Dauereiern, die im Freien bis zu drei Jahre überdauern können; sie scheiden bei den Eoacanthocephalen Zucker aus, so dass sie als Nahrung für Zwischenwirte attraktiv werden, und sie fördern den Schlupf des Acanthors im richtigen Milieu, wobei der Acanthor der Archiacanthocephalen die innere Chitinhülle durch Abgabe von Chitinase auflöst.

Die fertig embryonierten und mit voller Schalengarnitur versehenen Eier werden von der Uterusglocke, einem einzigartigen Sortiermechanismus, zur Ablage heraussortiert.

Die Glocke liegt im ventralen Ligamentsack am Eingang zum Uterus, saugt rhythmisch Eier aller Entwicklungsstadien an und drückt sie in die Sortierabteilung. Die ablagereifen Eier werden in den Uterus befördert, die nicht ablagereife Eier in den dorsalen Ligamentsack (Abb. 404). Durch fortgesetzte Tätigkeit der Glocke entsteht eine Zirkulation, die dorsal nach vorn und ventral nach hinten führt und Eier so lange im Kreislauf führt, bis sie ablagereif sind. Zusätzlich fördert die Zirkulation den Stoffaustausch im Körper. Bei den Palaeacanthocephala, deren Ligamentsackwände weitgehend aufgelöst sind, erstreckt sich die Zirkulation auf die gesamte Leibeshöhle des Rumpfes. Eier aus dem Uterus gelangen mit dem Kot des Wirts ins Freie; sie sind sehr resistent gegen widrige Umweltbedingungen.

Entsprechend der parasitischen Lebensweise ist die Eiproduktion sehr hoch. So können Weibchen des Riesenkratzers (*Macracanthorhynchus hirudinaceus*, bis 70 cm lang) in ihren beiden Ligamentsäcken Millionen von Eiern enthalten, von denen täglich rund 80 000 abgelegt werden.

Im Zwischenwirt (stets ein Arthropode) schlüpft die Larve (Acanthor), dringt aktiv in dessen Darmwand (Abb. 402) und nach wenigen Wochen weiter in die Leibeshöhle ein. Zur Abwehr bilden Hämocyten des Wirts eine dünne Cystenhülle um den Eindringling. In ihr entwickelt sich der Acanthor zur Acanthella mit ein- und ausstülpbarem Rüssel und anderen Adulteigenschaften. Er verharrt mit eingezogenem Rüssel als infektiöser Cystacanthus, der weiterhin im Stoffaustausch mit seinem Zwischenwirt steht, aber seine Entwicklung nur im Endwirt fortsetzen kann. Hierzu muss der Zwischenwirt vom Endwirt gefressen werden. Dieser Vorgang wird dadurch begünstigt, dass sich befallene Zwischenwirte auffälliger verhalten als nicht befallene. Im Darm

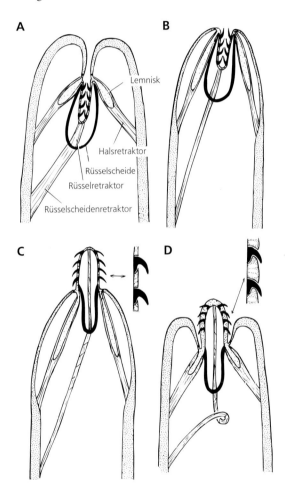

Abb. 407 Arbeitsweise des Rüssels und assoziierter Strukturen bei Acanthocephalen. **A** Retraktoren haben den Rüssel in die Rüsselscheide und diese in den Körper eingezogen. **B** Durch Kontraktion der Muskeln des Hautmuskelschlauchs entsteht ein Körperbinnendruck, der die Rüsselscheide nach vorne drängt. **C** Durch Kontraktion der Muskelfasern der Rüsselscheidenwand entsteht in der Rüsselscheide ein Druck, der zum Ausstülpen des Rüssels führt; zuerst erscheinen die basalen, dann die distalen Rüsseldornen. **D** Die Halsretraktoren pressen durch ihre Kontraktion Flüssigkeit aus den Lemnisci in die Rüsselwand und ziehen den Rüssel mit eingeklemmtem Darmgewebe des Wirtes etwas zurück. In dieser Phase verharrt der Rüssel die meiste Zeit. Nach Hammond (1966).

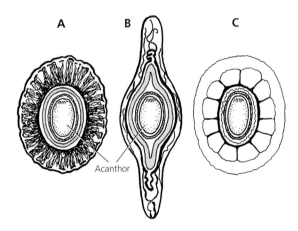

Abb. 408 Embryonierte Eier von Eoacanthocephala (**A**), Palaeacanthocephala (**B**) und Archiacanthocephala (**C**), schematisch. Die innerste Eischale enthält Chitin bei Palae- und Archiacanthocephala. Der schlupffähige Acanthor innerhalb der 4–5 Eihüllen wirkt klein gegenüber den Eischalen, die den Acanthor schützen und seinen passiven Weg in einen Zwischenwirt ebnen. Nach Taraschewski (2000).

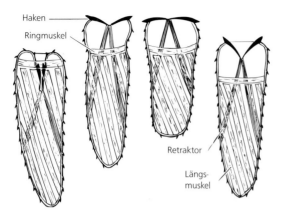

Haken

Ringmuskel

Retraktor

Längsmuskel

Abb. 409 Acanthor (Juvenilstadium) im Zwischenwirt. Fortbewegung durch Aus- und Einstülpen des hakenbewehrten Vorderendes, wobei Längsmuskeln des Hautmuskelschlauchs und Retraktoren des Vorderendes antagonistisch zueinander arbeiten. Nach Whitfield (1971).

des Endwirts schlüpft der Cystacanthus aus seiner Cyste und heftet sich mit dem Rüssel an die Darmwand. Wird der Zwischenwirt von einem Wartewirt gefressen, schlüpft der Cystacanthus ebenfalls, bohrt sich durch die Darmwand und encystiert sich in der Leibeshöhle aufs neue (Abb. 403).

Bei durchschnittlicher Befallsdichte sind Schädigungen durch Acanthocephalen gering. Als Humanparasiten spielen sie selten eine Rolle; theoretisch könnte der Verzehr von ungegarten oder zu schwach gerösteten Larven der Maikäfern oder anderer Lamellicornia zum Befall mit dem Riesenkratzer führen – im fernen Osten durchaus ein humanparasitisches Problem.

Systematik

Die Monophylie der Acanthocephala ist gut begründet durch die folgenden, einzigartigen Merkmale: (1) Epidermis mit umfangreichem Lakunensystem, (2) ausstülpbarer Rüssel mit dornenförmigen Haken, (3) Ligamentsäcke, (4) Uterusglocke der Weibchen. Aus der somatischen Eutelie wird geschlossen, dass die Acanthocephala von mikroskopisch kleinen Vorfahren mit strenger Eutelie abstammen.

Für eine Verwandtschaft von Acanthocephalen und Rotatorien sprechen der Feinbau der Epidermis (syncytial mit intrasyncytialen Verdichtungen) und die Einstülpungen des äußeren Plasmalemms. Vermutlich differenzierte sich die Acanthocephalenstammart aus Rotatorien, wobei sich strukturelle Unterschiede, z. B. die völlige Reduktion des Darmkanals, durch den Übergang zur parasitischen Lebensweise evolvierten.

Zwei Konzepte zur Verwandtschaft der Acanthocephalen mit Rotatorien-Teilgruppen existieren: Für die Verwandtschaft mit Bdelloidea spricht, dass die Lemnisci möglicherweise mit Strukturen einiger Bdelloida (z. B. *Mniobia*) homolog sind. Ebenso wird der ein- und ausstülpbare Rüssel der beiden Gruppen als homolog betrachtet. Für eine Verwandtschaft von Acanthocephala und Seisonida sprechen hingegen der Feinbau der Epidermis (intrasyncytiale Faserbündel) und der der Spermien (bei beiden Gruppen geldrollenartig angeordnete Strukturen). Für beide Hypothesen gibt es molekulare Unterstützung.

Wie die Namengebung der 3 Subtaxa der Acanthocephala andeutet, wurde jedes von ihnen einmal als ursprünglichste Gruppe angesehen (griech. *palaios, eos, archaios* = alt, Morgenröte, ursprünglich). Aus der nahen Verwandtschaft mit den Rotatorien wird geschlossen, dass innerhalb der Acanthocephala kleine Körperdimensionen und Vorkommen in aquatischen End- und Zwischenwirten ursprünglicher sind als große Körperdimensionen und Vorkommen in terrestrischen End- und Zwischenwirten. Dieser Gesichtspunkt liegt der folgenden Reihung zugrunde.

3.2.1 Eoacanthocephala

Kleine Arten. Endwirte fast nur Fische. Weibchen mit ventralem und dorsalem Ligamentsack, die nicht zerfallen. Keine Protonephridien.

Neoechinorhynchus rutili, Weibchen 5–10 mm im Darm von Süßwasserfischen; Zwischenwirte: Ostracoden (Crustacea) und Larven der Schlammfliege *Sialis* (S. 700).

3.2.2 Palaeacanthocephala

Kleine bis mittelgroße Arten. Endwirte sind Fische, Amphibien, Wasservögel und andere Wirbeltiere, die ans Wasser gebunden sind. Hauptstämme des epidermalen Lakunensystems lateral. Weibchen mit nur 1 Ligamentsack, der als Verschmelzungsprodukt eines dorsalen und ventralen Ligamentsacks angesehen wird. Wände des Ligamentsacks lösen sich auf, so dass die Eier frei in der Leibeshöhle des Rumpfes zirkulieren. Keine Protonephridien.

Echinorhynchus gadi (Abb. 402), Weibchen 4–8 cm, häufig im Darm von Dorschen; Zwischenwirte: Amphipoden. – *E. truttae*, Weibchen 2 cm, häufig im Darm von Forellen; Zwischenwirte: *Gammarus*-Arten (Amphipoda) (S. 625). – *Acanthocephalus anguillae* (Abb. 403), Weibchen 1–3,5 cm, im Darm verschiedener Süßwasserfische, Zwischenwirt: Wasserassel *Asellus aquaticus*. – *Profilicollis botulus* und *P. minutus*, Weibchen bis 2,2 cm, häufig im Darm von Eiderenten. Zwischenwirt in Europa: Strandkrabbe *Carcinus maenas*. Eiderenten scheiden Eier und ganze Tiere von *Profilicollis* aus. Vermutlich werden vor allem letztere von Strandkrabben gefressen, die so zu Zwischenwirten des Parasiten werden. In der Deutschen Bucht können nahezu 100 % aller Eiderenten von *P. botulus* befallen sein, wobei in jugendlichen Eiderenten (unter 2 Jahre alt) durchschnittlich 1 000 *P. filicollis* gefunden werden, in erwachsene Eiderenten dagegen nur 40 (bei Männchen) oder 80 (bei Weibchen) Beide Arten führen nur zusammen mit anderen Stressfaktoren zu Massensterben von Eiderenten.

3.2.3 Archiacanthocephala

Mittelgroße bis große Arten. Endwirte sind Landwirbeltiere. Hauptstämme des epidermalen Lakunensystems dorsal und ventral. Weibchen mit dorsalem und ventralem Ligamentsack, die nicht zerfallen. Protonephridien nur innerhalb der Oligacanthorhynchidae vorhanden, deren Arten besonders groß werden.

Macracanthorhynchus hirudinaceus, Riesenkratzer (Oligoacanthorhynchidae), Weibchen bis 70 cm, im Darm von Schweinen und Menschen, die den Zwischenwirt verzehren: Larven von Lamellicornia wie Mai-, Juni- und Rosenkäfer.

Trochozoa

Neuere entwicklungsbiologische Daten zeigen, dass wohl auch dem Grundmuster der Nemertinen eine Trochophora-ähnliche Larve zuzuschreiben ist. Dementsprechend besteht die Gruppierung Trochozoa zumindest aus Kamptozoa, Mollusca, Annelida und Nemertini. Weitere Übereinstimmungen dieser Taxa finden sich in der Bildung des Mesoderms aus einer 4d-Zelle sowie in einem biphasischen Lebenszyklus und einer Wimpernlarve mit Prototroch, Ocellen und (?) Apikalorgan („Trochophora"). Die genauen Verwandtschaftsverhältnisse der vier Taxa untereinander sind allerdings noch offen, und es ist nicht auszuschließen, dass weitere Tierstämme wie Plathelminthes oder Cycliophora ebenfalls innerhalb der Trochozoa beheimatet sind.

Kamptozoa (Entoprocta), Kelchwürmer

Die Kamptozoa sind eine morphologisch einheitliche Gruppe durchweg festsitzender Tiere und bis auf zwei beschriebene Süßwasserarten (*Urnatella gracilis*, weltweit verbreitet, und *Loxosomatoides sirindhornae*, Thailand) ausschließlich Meeresbewohner. Als Filtrierer ernähren sie sich von Nano- und Mikroplankton. Ihre Verbreitung reicht weltweit von den Polargebieten bis in die Tropen. Man findet sie vor allem im Sublitoral aller atlantischen und pazifischen Küsten, in geringerer Artenvielfalt auch in der Tiefsee. Ursprüngliche Arten leben s o l i t ä r und fast ausnahmslos als Epizoen auf anderen Evertebraten (Poriferen, Anneliden [Abb. 415], Ophiuriden, Bryozoen, Crustaceen), von deren Atem- oder Ernährungswasserstrom sie profitieren. Abgeleitete Formen bilden T i e r s t ö c k e auf verschiedensten, vor allem strömungsexponierten Festsubstraten (Hydroiden-, Korallen- und Bryozoenstöcke, Muschelschalen, Tunicaten, Seegras und Tange).

Der Name Kelchwürmer beschreibt treffend die Gestalt der Einzeltiere (Z o o i d e), in etwa von der Form eines schlankstieligen Weinglases. Der becherförmige Körper (K a l y x , K e l c h) birgt alle lebenswichtigen Organe und trägt am Rand einen Kranz bewimperter Tentakel (Abb. 410A). An seiner Basis geht er in einen muskulösen Stiel über (Abb. 413A, B), mit dem er am Substrat haftet. Bis auf den je nach Nahrung grün oder rot gefärbten Darminhalt und zuweilen vornehmlich in der Epidermis gespeicherte, aus der Nahrung aufgenommene Pigmente, sind die Zooide farblos, glasklar durchsichtig und kaum länger als 1 mm (kleinste Art: *Loxomespilon perezi* ca. 0,1 mm; größte Art: *Barentsia*

robusta mit ca. 7 mm langen Zooiden bei einer Kelchlänge von 0,8 mm). Die Vermehrung erfolgt überwiegend ungeschlechtlich durch Bildung von Knospen (Abb. 414) an der Körperwand. Bei solitären Arten lösen sich diese vom Stammtier ab und können so binnen Tagen strömungsbegünstigte Körperpartien ihrer Wirte (z. B. auf marinen Schwämmen oder unter den Elytren von polynoiden Polychaeten), sowie Algen, Wasserpflanzen und anorganische Hartsubstrate dicht besiedeln. Bei stockbildenden Formen bleibt die Verbindung zwischen Mutter- und Tochterzooiden zeitlebens als S t o l o erhalten. So entstehen flächige Tierstöcke oder aufrecht verzweigte Bäumchen von manchmal beträchtlicher Größe (25 cm und mehr bei *Pedicellinopsis fruticosa*) mit bis zu mehreren tausend Zooiden.

Einzelne Zooide, und mehr noch ganze Tierstöcke, sind auf den ersten Blick leicht mit Hydroiden zu verwechseln; sie unterscheiden sich von jenen aber deutlich durch ihre heftigen Nick- und Pendelbewegungen (Name: griech. *kamptesthai* – sich verbeugen, nicken, „Nicktiere"), durch ihre nicht kontraktilen, sondern über dem Kelch einrollbaren Tentakel und ihren bilateralsymmetrischen Körperbau.

Bisher sind etwa 260 großenteils noch nicht eindeutig abgrenzbare Arten beschrieben, in der Mehrzahl solitäre, zu einem Drittel stockbildende Formen.

Bau und Leistung der Organe

Der **Kelch** (Abb. 410) wird fast vollständig vom U-förmigen Darmtrakt ausgefüllt. Dieser besteht aus einem engen Oesophagus, der am Kelchgrund in den weiten Magen mündet, einem kurzen, aufsteigenden Mitteldarm und einem in den tentakelumgebenen Kelchraum (A t r i u m) vorragenden tonnenförmigen Enddarm. Der Darm ist in seiner ganzen Länge mit Cilien besetzt und entbehrt dementsprechend eines durchgehenden Muskelmantels. Seine Eigenmuskulatur beschränkt sich auf kräftige Schlundschnürmuskeln am Oesophagus und auf feine zirkuläre und diagonale Muskelfasern im Enddarm, sowie Schlund- und Aftersphinkteren. Mund (O r a l s e i t e) und After (A b o r a l s e i t e) öffnen sich ins Atrium, ebenso 1 Paar (bei Süsswasserarten viele) Protonephridien und die sackförmigen, beidseits des Magens gelegenen G o n a d e n. Median in der Darmkrümmung liegt ein hantelförmiges, der sessilen Lebensweise entsprechend kleines Ganglion (Abb. 410A, 413C).

Auf die Lage des Afters innerhalb der Tentakelkrone weist der vornehmlich im Englischen übliche Name Entoprocta hin, ein wesentlicher Unterschied zu den Bryozoa (Ectoprocta), mit denen die Kamptozoen aufgrund einer Reihe äußerlicher Ähnlichkeiten früher oft vereint wurden. Deren After mündet jedoch außerhalb des Tentakelkranzes (Abb. 355).

Die T e n t a k e l k r o n e umgibt das ganze Atrium. Ihre Arme stoßen hinter dem Enddarm zusammen (Zuwachszone). Außerhalb des Tentakelrings umzieht eine breite Epi-

Peter Emschermann, Freiburg und Andreas Wanninger, Wien

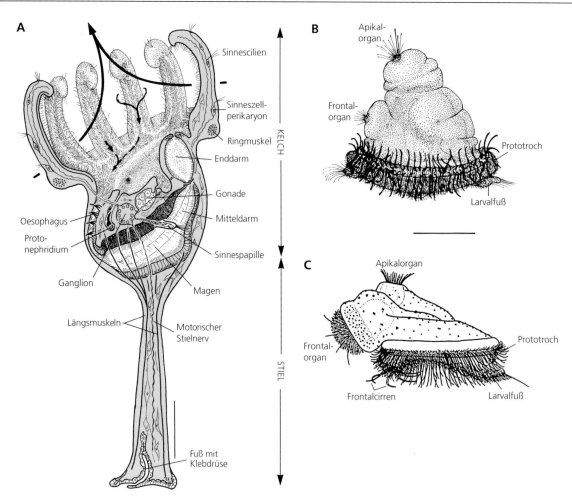

Abb. 410 A Längsschnitt durch ein solitäres Kamptozoon, halbschematisch. Primäre Leibeshöhle gerastert, Magendach dunkel hervorgehoben. Pfeile zeigen die Richtung des Filtrationsstroms und den Transport der Nahrungspartikel zum Mund an. Gonade, Protonephridien und laterale Sinnespapille sind in die Mediane projiziert. Maßstab: 500 µm. **B** Planktotrophe Schwimmlarve von *Barentsia matsushimana*. **C** Lecithotrophe Kriechlarve von *Loxosomella murmanica*. Maßstab (B, C): 50 µm. A, B: Originale: P. Emschermann, Freiburg; C Original: C. Nielsen, Kopenhagen.

dermisfalte (Tentakelmembran) den Kelchrand; in ihrem Innern befindet sich ein Ringmuskel. Wie ein Tabaksbeutelverschluss kann sie sich über den völlig eingerollten Tentakeln zuziehen und das Atrium nach außen verschließen.

Die Tentakel sind Ausstülpungen des Kelchrandes von etwa dreieckigem Querschnitt (Abb. 411). Atrialseitig besitzt jeder Tentakel in der Regel 5 Längsreihen von Flimmerepithelzellen, beiderseits die äußeren mit längeren, die 3 mittleren mit kürzeren Cilien. Die Tentakelmuskulatur besteht jeweils aus zwei exzentrisch angeordneten Längsmuskelsystemen: (1) Eingebettet zwischen laterale Flimmerzellen und Körperepithel verläuft beiderseits je ein Längsstrang schräggestreifter Muskelzellen; (2) zusätzlich haben die beiden paramedianen Flimmerzellreihen Myoepithelcharakter; sie sind von Längsbündeln quergestreifter Myofibrillen durchzogen. Bei dieser Muskelanordnung sind die Tentakel nicht rückziehbar, sondern können nur einwärts gekrümmt werden. Die Kontraktion jedes dieser beiden Muskelsysteme rollt den Tentakel gegen den Binnenturgor und der elastischen Spannung der äußeren Cuticula atrialwärts ein, anders als bei den

Bryozoen, bei denen der Lophophor insgesamt mit gestreckten Tentakeln ins Cystid eingezogen wird.

Die lateralen Ciliensäume der einzelnen Tentakel erzeugen in synchronem Schlag einen Wasserstrom von außen nach innen zum Atrium (Abb. 410, vgl. dagegen Bryozoen, S. 235). Kleine Partikel (Bakterien, Flagellaten, Diatomeen) werden um die einzelnen Tentakel herumgewirbelt und von den kürzeren frontalen Cilien erfasst. Diese schlagen tentakelabwärts in metachronen Längswellen und strudeln so die eingefangenen Nahrungspartikel zum Atriumrand hinab, wo sie beidseits entlang je einer adoralen Wimpernrinne in Schleimbändern zur schlitzförmigen Mundöffnung befördert werden. Größere Nahrungsteilchen werden aufgrund ihrer Trägheit von den kurzen medianen Cilienreihen nicht erfasst, sondern mit dem Hauptwasserstrom wieder ausgestoßen.

Bei den im gleichen Lebensraum ebenfalls als Planktonfiltrierer lebenden Bryozoen (S. 238) ist die Richtung des Filtrationsstroms umgekehrt, nämlich tentakelauswärts; insbesondere größere Nahrungspartikel werden so geradewegs in die

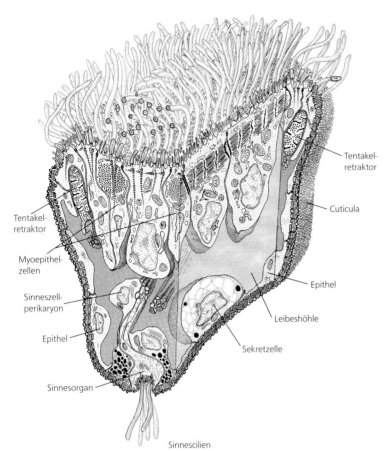

Im Bild beschriftet:
Tentakel-
retraktor

Cuticula

Tentakel-
retraktor

Myoepithel-
zellen

Sinneszell-
perikaryon

Epithel

Sinnesorgan

Sinnescilien

Epithel

Leibeshöhle

Sekretzelle

Abb. 411 Blockdiagramm eines Kamptozoententakels in kombiniertem Quer- und Längsschnitt, nach elektronen-mikroskopischen Aufnahmen. Original: P. Emschermann, Freiburg.

zentrale Mundöffnung geschleudert, während Kleinstpartikel dem Wasserstrom folgend wieder nach außen gespült werden.

Durch den engen Oesophagus gelangen die schleimverklebten Nahrungspartikel portionsweise in den Magen (Abb. 410). Durch die Magencilien in ständiger Rotation gehalten, werden sie dort verdaut. Dabei fungieren die großen Zellen des Magendachs gleichzeitig als Verdauungsdrüsen, Hauptstoffwechselorgan („Leber") und Exkretionsorgan. Die Sekretion von Verdauungsenzymen, Resorption und Exkretion wechseln phasenweise ab.
Unverdaute Nahrungsreste werden, zusammen mit exocytierten Exkreten, zu Kotballen gepresst, durch den schornsteinförmig aus dem Atrium hervorragenden Enddarm ausgestoßen und mit dem Tentakelwasserstrom entfernt.

Der Stiel ist bei solitären Formen am Grunde oft zu einer Haftscheibe (Fuß) verbreitert und mit einer Klebdrüse (*Loxosomella*) oder einem Saugnapf (*Loxosoma*) ausgestattet (Abb. 410, 414). Beides fehlt bei stockbildenden Arten. Bei ihnen sind die Stiele zur Kelchregeneration, bei Barentsiiden auch zu anhaltendem Längenwachstum fähig und gewöhnlich in starre muskelfreie und kurze muskulöse Abschnitte gegliedert (s. unten).

Die **Körperwand** besteht aus einer einschichtigen, zellulären Epidermis, bedeckt von einer Cuticula. Im Atrium und an den bewimperten Atrialseiten der Tentakel geht diese in eine faserarme Gallertschicht über.

Im Elektronenmikroskop erweist sich die Cuticula als räumliches Geflecht aus Proteinfibrillen, ähnlich der von Anneliden, allerdings ohne Beteiligung von Kollagen. Dieses Maschenwerk ist eingebettet in eine Polysaccharidmatrix mit geringem Gehalt an Chitin (5 %). Mikrovilli der Epithelzellen durchziehen die ganze Cuticula dicht an dicht und enden frei an deren Oberfläche (Gasaustausch?).

Die Epidermis ist, bis auf die Fußdrüse vieler Loxosomatiden und die schleimsezernierenden Epithelien des Atriums, überwiegend drüsenlos. Nur bei einzelnen Loxosomatiden, besonders solchen, die bevorzugt auf Schwämmen leben, findet man zudem in der Epidermis der Tentakelmembran Aggregate perlförmig vergrößerter, von großen Mucopolysaccharid-Vesikeln erfüllte Epithelzellen bisher unbekannter Funktion. Sie besitzen keinen Sekretionspol wie etwa Schleimbecherzellen, können aber unter Ruptur der Cuticula aufplatzen und ihren Inhalt nach außen abgeben (Abwehrfunktion?, Schutzschleim?). Eine erstaunlich spezialisierte Form solcher Schleimzellen bei einer vornehmlich innerhalb von Bryozoenröhren (*Porella spec.*) gefundenen Loxosomatide (*Loxosomella brochobola*) sind Klebkapseln aus eingesenkten Epidermiszellen, jeweils zu zweien beidseits des Mundes. Ähnlich den Nesselzellen der Cnidaria explodieren sie auf Reize hin und stülpen einen gewundenen Klebfaden aus. Sie dienen vermutlich dem Beutefang unter ungewöhnlichen Lebensbedingungen.

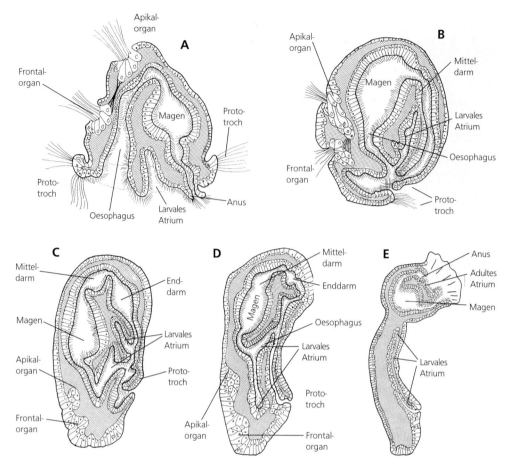

Abb. 412 Larve und Metamorphose von *Barentsia matsushimana*. **A** Schematischer Längsschnitt durch die expandierte Larve. **B–E** Längs-schnitte in verschiedenen Metamorphosestadien: **B** Zwei Tage nach dem Ablösen und etwa 2 h nach dem Festsetzen, **C** etwa 24 h, **D** etwa 33 h und **E** etwa 48 h nach Festsetzen. Originale: P. Emschermann, Freiburg.

Unter der Epidermis folgt auf eine basale Matrix eine ein-fache Lage schräggestreifter M u s k u l a t u r, die im Stiel einen geschlossenen Muskelschlauch bilden kann, sich im Kelch aber gewöhnlich in einzelne an Kelchwand und Atrialboden ansetzende Stränge auffiedert (Abb. 413A, B). Diese oft inei-nander verschränkten Stielmuskeln führen zu einer Verstei-fung des Stiels und verleihen den Tieren Stabilität gegenüber Strömung und anderen mechanischen Reizen (Abb. 413B). Funktionell übernehmen sie daher die Funktion eines Endo-skeletts.

Im Gegensatz zu Teilen der Darmmuskulatur, dem Ring-muskel in der Tentakelmembran (Abb. 413A) und der bei soli-tären Formen bisweilen komplexen Fußmuskulatur besteht die Muskulatur der Körperwand ausschließlich aus einer sub-epidermalen Schicht ineinander verschränkter Längs- und Schrägmuskelzellen (Abb. 413A, B). Bei solitären Formen strahlen diese vom Stiel ohne Unterbrechung in den Kelch aus und verleihen den Zooiden eine begrenzte Kontraktilität. Mithilfe dieser Muskulatur können sie Nick-, Pendel- und Drehbewegungen ausführen und so z. B. die Tentakelkrone äußeren Wasserströmungen entgegen stellen oder auf äußere Reize hin sich oralwärts einrollen. Starre Stiele stockbilden-der Arten (statischer Vorteil bei kontinuierlichem Längen-wachstum der Barentsiiden, Abb. 414A) bewahren ihre

Beweglichkeit durch eingefügte Muskelgelenke. Bei allen höheren, stockbildenden Formen sind Stiel- und Kelchmus-kulatur durch eine ringförmige Einschnürung zwischen Kelch und Stiel voneinander getrennt. Dieser „Stielhals" stellt eine prospektive Bruchstelle dar (Kelchregenerations- und Zuwachszone, S. 280). Der Engpass behindert allerdings auch den Stoffaustausch zwischen Kelch und Stiel. Dies wird kom-pensiert durch ein muskulöses Pumporgan, ein Septum aus 2–10 sternförmig verzweigten Muskelzellen („Sternzellap-parat"), welches in rhythmischen Kontraktionen eine Pen-delströmung zwischen Kelch und Stiel unterhält. Das Sternzellorgan ist aus der Längsmuskulatur des Stielhalses hervorgegangen.

Die M u s k e l z e l l e n entsprechen in ihrer Ultrastruktur dem bei Nematoden und einigen anderen Evertebraten ver-breiteten Typus der „Fahnenmuskeln". Sie gliedern sich in einen spindelförmigen, kontraktilen Anteil (helicoidal ange-ordnete Myofilamente mit Z-Stäben, S. 363) und einen plas-mareichen, weit in die Leibeshöhle ragenden Zellkörper, wel-cher lange Plasmaausläufer (myoneurale Verbindungen) zu motorischen Nerven entsendet.

Die **Leibeshöhle** durchzieht als einheitlicher Raum ohne Anzeichen einer epithelialen Auskleidung Kelch, Stiel, Tenta-kel und gegebenenfalls die Stolone, nur erfüllt von einem

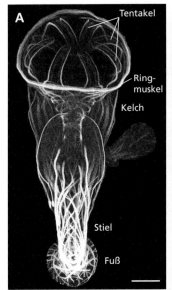

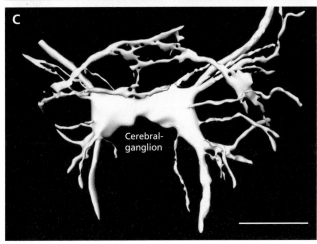

Abb. 413 A Muskulatur der solitären Kamptozoenart *Loxosoma nielseni*. Maßstab: 50 μm. **B** 3D-Rekonstruktion der Fuß- und Stielmuskulatur von *Loxosoma nielseni*. Maßstab: 25 μm. **C** 3D-Rekonstruktion des Zentralnervensystems der Süßwasserkamptozoenart *Loxosomatoides sirindhornae*. Maßstab: 50 μm. A,B Originale: A. Wanninger, Wien. C: Original: T. Schwaha, Wien.

lockeren Netzwerk von Mesenchymzellen (Pseudocoel, S. 171).

Die Existenz freier Amoebocyten, sog. Athrocyten, wie oft beschrieben, konnte nicht bestätigt werden. Ein Gefäßsystem fehlt. Osmo- und Ionenregulation, in geringerem Maße vielleicht auch eine Exkretion, erfolgen im typischen Fall durch 2 **Protonephridien,** die im Kelch unmittelbar vor dem Ganglion liegen und getrennt ins Atrium münden (Abb. 410). Sie bestehen aus je 2 Kanalzellen, welche lumenseitig mit vereinzelten Cilien besetzt sein können, und 2 gegeneinander versetzten Terminalzellen, die in zahlreichen Ausläufern miteinander verschränkt eine Filterreuse bilden und eine gemeinsame „Wimpernflamme" umschließen.

Nur die Süßwasserarten *Urnatella gracilis* und *Loxosomatoides sirindhornae* besitzen im Kelch ein komplexeres Pro-

tonephridialsystem aus zahlreichen Terminalorganen mit hochdifferenzierten Ausleitungskanälen und beiderseits je einem gemeinsamen Nephrodukt. Beide Arten besitzen zusätzlich mehrere Protonephridien. In den Stielen vieler stockbildender, mariner Arten findet man stattdessen über die ganze Länge verteilte, vermutlich der Ionenregulation dienende Porenorgane („Chloridzellen"). Dies sind spezialisierte Epithelzellen unter feinen Cuticulaporen. Ihrer Ultrastruktur nach – sie enthalten Cilienrudimente – können sie als rudimentäre Protonephridien gedeutet werden.

Das **Nervensystem** adulter Zooide ist einfach gebaut: Ein hantelförmiges Ganglion liegt in der U-Krümmung des Darms (Postoralganglion) (Abb. 413C). Sein Ursprung ist unbekannt und eine Ableitung von einer eventuell paarigen larvalen Ganglienanlage ist bis jetzt nicht gelungen. Von diesem Ganglion ausgehend innervieren motorische Nerven ohne zwischengeschaltete Tentakelganglien die einzelnen Tentakel. Zudem zieht beiderseits je ein Lateralnerv aus jeweils etwa 50 Axonen bis in die Stielbasis. Serotonin und FMRFamid wurden als immunreaktive Substanzen in weiten Teilen des Nervensystems nachgewiesen.

Ein von manchen Autoren vermuteter subepithelialer Nervenplexus konnte in neueren Untersuchungen ebensowenig bestätigt werden wie nervöse Verbindungen zwischen den Zooiden eines Stockes (Gegensatz zum kolonialen Plexus bei Bryozoen).

Sinnesorgane, die wohl überwiegend aus Mechanorezeptorzellen bestehen, finden sich auf der ganzen Kelchoberfläche, vor allem an den Tentakelaußenseiten und -spitzen. Gewöhnlich erkennt man sie an Büscheln steifer Sinnescilien, welche von intraepithelialen primären Sinneszellen ausgehen (Abb. 410A).

Die Perikaryen der Rezeptorzellen liegen einzeln oder in Gruppen im Körperhohlraum und entsenden je ein Axon zum Zentralganglion.

Zusätzlich besitzen manche Arten beiderseits am Kelch zwei größere, ebenfalls mit Sinnescilien ausgestattete Sinnespapillen, und junge Zooide an beiden Stielseiten je eine Reihe serial angeordneter Sinnesborsten (siehe oben), die nach dem Festsetzen degenerieren. Spezielle Lichtsinnesorgane fehlen bei adulten Tieren generell (vgl. Larven; s. u.), wenngleich manche Litoralarten intensiv auf Licht- (Wärme-?)reize reagieren.

Fortpflanzung und Entwicklung

Die **vegetative Vermehrung** verläuft als e k t o d e r m a l e K n o s p u n g oralseitig an der Kelchwand bzw. der Stielbasis ohne Beteiligung des Entoderms. Aus eingewanderten Mesenchymzellen des Muttertieres bilden sich Bindegewebe und Muskulatur.

Die Knospenbildung beginnt als lokale Epithelvorwölbung. In diese stülpt sich eine Blase ein, das spätere Atrium, von dem sich die Darmanlage abschnürt. Am Invaginationsrand differenzieren sich die Tentakel, und gleichzeitig bricht die Atrialöffnung nach außen durch. Protonephridien, später die Gonaden und anscheinend auch das Ganglion falten sich vom Atrialbodenepithel ab.

Die Stolone stockbildender Arten entstehen – anders als z. B. bei Hydrozoen – durch nachträgliches Streckungswachstum der Verbindung zwischen Stammtier und auswachsender Knospe, grenzen sich schließlich durch Septen von den Zooiden ab und vermögen – ebenfalls anders als bei Hydrozoen – selbst keine weiteren Knospen zu bilden. Verzweigungen erfolgen also nur im Zuge der Zooidknospung oralseitig an der Basis der Zooidstiele. Die Regenerationsfähigkeit von Kamptozoenkelchen solitärer Arten ist auf das Nachwachsen verletzter Tentakel beschränkt. In Kultur erreichen solitäre Kamptozoen ebenso wie die Kelche stockbildender Arten ein Alter von etwa 6 Wochen. Bei Letzteren können aber Kelche aus dem Blastem des oberen Stielendes regeneriert werden. Der Fähigkeit des Stiels zur Regeneration entspricht es, dass Stiele stockbildender Formen die Funktion von Überdauerungsorganen übernehmen können (Nährstoffspeicherung im Mesenchym, besonders bei Barentsiiden). Zusätzlich bilden manche Arten an Kurzstolonen retardierte und speicherstofferfüllte Ruheknospen aus, die erst nach Absterben des Stockes, bzw. nach ihrer Abtrennung von diesem, auskeimen. Die Keimung wird gewöhnlich durch eine vorausgehende Kältephase begünstigt (Vernalisation).

Die **Geschlechtsbestimmung** erfolgt wahrscheinlich generell phänotypisch. Loxosomatiden sind allgemein protandrische Zwitter, die meisten Pedicelliniden simultan zwittrig, während bei Barentsiiden das Geschlecht des einzelnen Kelchs für seine Lebensdauer zwar irreversibel festgelegt wird, der Stock insgesamt aber sexuell undifferenziert bleibt.

Bei *Barentsia discreta* erfolgt die Gonadenausbildung temperaturgesteuert auf die Überschreitung einer Schwellentemperatur. Erste reifende Kelche eines Tierstockes entwickeln in jedem Fall Hoden, während weiblich differenzierte Kelche nur unter dem Einfluss reifer Männchen zu entstehen scheinen. Nach jeder Kelchregeneration wird das Geschlecht des Zooids neu festgelegt. Vereinzelt wurden Halbseitenzwitter beobachtet. In langjährigen Kulturexperimenten an fünf weiteren Barentsiidenarten wurden jedoch nur in der ersten Phase der Geschlechtsreife junger Zooide Kelche beiderlei Geschlechts gefunden, danach ausschließlich männliche Kelche. An Freilanduntersuchungen gewonnene Angaben über eine genotypische Geschlechtsbestimmung bei einzelnen anderen Barentsiiden ließen sich bisher an Laborkulturen nicht bestätigen.

Kamptozoen betreiben B r u t p f l e g e . Die dotterreichen Eier werden bereits im Ovar befruchtet und entwickeln sich bis zur schlupfreifen Larve im mütterlichen Atrium in paarigen Bruttaschen zu beiden Seiten des Enddarms. Mithilfe einer in den Ovidukten sezernierten Schleimhülle werden die Embryonen am Bruttaschenepithel festgeheftet.

Im Verlauf einer **Spiralfurchung**, bei der die Makromeren kaum größer sind als die Mikromeren, entstehen 2 Telomesoblasten (4d-Zellen). Aus ihnen gehen kurze Zellketten hervor, die sich dann zu Mesenchym auflösen.

Der Embryo entwickelt sich meist zu einer frei lebenden, planktotrophen T r o c h o p h o r a -artigen Larve mit Scheitelplatte (Apikalorgan), U-förmigem Darm, Protonephridien und als Fortbewegungsorgan einem Wimpernkranz (Prototroch) am freien Unterrand der helmartigen Episphäre (planktische Schwimmlarve) (Abb. 410B). Obwohl der bekannteste Larventyp der Kamptozoen, stellt wohl nicht diese Schwimmlarve, sondern die so genannte Kriechlarve (Abb. 410C) solitärer Arten die ursprüngliche Larvenform dar. Bei der Schwimmlarve ist die Hyposphäre tief eingestülpt, bei der Kriechlarve bildet hingegen in der Regel eine Ausstülpung der Hyposphäre eine mit Schleimdrüsen ausgestattete Kriechsohle. Beide Larventypen besitzen zwar einen Darmtrakt, die Kriechlarve scheint jedoch keine Nahrung aufzunehmen.

Außer dem A p i k a l o r g a n ist am Vorderpol der Larve ein weiteres Sinnesorgan ausgebildet, das F r o n t a l o r g a n (Abb. 410B, C); bei der Kriechlarve solitärer Formen ist dieses paarig und mit zwei Ocellen ausgestattet, bei der Schwimmlarve stockbildender Formen unpaar und ohne Ocellen.

Die Muskulatur der Schwimmlarve ist hochkomplex und beinhaltet eine aus äusseren Ring- und inneren Längsmuskeln bestehende Prototrochmuskulatur. Die Episphäre ist ebenfalls ausgekleidet mit einem an einen Hautmuskelschlauch erinnernden Netzwerk aus Ring-, Längs- und Diagonalmuskeln.

Die cilienbesetzte Fußsohle der Kriechlarve der Loxosomatiden wird häufig zu einer gleitenden Fortbewegung in Richtung des Frontalorgans benutzt. Phasen des Kriechens werden dabei unterbrochen durch kurze Schwimmphasen. Da die Schwimmrichtung der Kriechrichtung entspricht – mit dem Frontalorgan und nicht mit dem Apikalorgan voraus – ist bei der Kriechlarve die Achse Apikalorgan (Episphäre)–Fuß (Hyposphäre) also um 90° im Verhältnis zur Bewegungsrichtung gedreht.

Bei der Schwimmlarve zieht von dem einfach gebauten Apikalorgan beiderseits je ein Neuritenbündel zum Prototrochrand, und beide vereinigen sich zu einem Nervenring unterhalb des Prototrochs. Die Kriechlarve dagegen besitzt ein komplexeres Apikalorgan ähnlich dem larvaler polyplacophorer Mollusken. Zudem besitzen Kriechlarven ein Paar ventrale und ein paar laterale Längsnerven, welches dem tetraneuralen Bauplan der Mollusken entspricht. Elektronenmikroskopische Untersuchungen haben weitere gemeinsame Merkmale der Kriechlarve mit basalen Mollusken ergeben, so z. B. spezielle Fußdrüsen, am Fuß sitzende Frontalcirren und eine sich ventral überkreuzende Dorsoventralmuskulatur, weshalb aus morphologischer Sicht ein Schwestergruppenverhältnis zu den Mollusken nahegelegt werden kann (s. u.).

Nach Verlassen des mütterlichen Kelchs und einem – zumindest bei in Kultur gehaltenen Tieren – nur wenige Tage oder gar Stunden dauernden planktischen oder benthischen Leben setzt sich die Larve mit dem vorderen Prototrochrand auf einem passenden Untergrund fest und beginnt die 1–2 Tage dauernde Metamorphose (Abb. 412). Dabei kontrahiert sich der Episphärenrand über der völlig eingezogenen Hyposphäre und das larvale Atrium sowie der Darmtrakt drehen sich durch allometrisches Streckungswachstum der Festheftungszone am Episphärenvorderpol um ca. 120° nach oben. Die Haftzone wächst zum Stiel aus, und am schlitzförmigen, fast verschlossenen Rand des larvalen Atriums differenzieren sich die Tentakel.

Aus sekretorischen Zellen des oralen Episphärenrandes entstehen die spätere Fußdrüse der ursprünglicheren, solitären

Formen; somit müsste das untere Stielende des erwachsenen Tieres dem Vorderpol der Larve, seine Längsachse der larvalen Mund-After-Achse entsprechen.

Ob das larvale Atrium während der Metamorphose völlig verschlossen wird und später im Zuge der Tentakeldifferenzierung die adulte Atrialöffnung unabhängig davon neu durchbricht – wie in den meisten Darstellungen angegeben – oder ob der Prototrochrand sich nur zu einem Schlitz zusammenzieht und im Verlaufe der Längsstreckung nur teilweise verwächst (Abb. 412), ist ungewiss. Reste des ursprünglichen Episphärenrandes bleiben aber an der Fußdrüsenöffnung, am adulten Atriumrand (Tentakelkranz), bei manchen Loxosomatiden auch als Reihen großer Epithelzellen im Stielinnern, erhalten. Apikal- und Frontalorgan sowie die larvalen Cilienbänder und wahrscheinlich auch die meisten Teile der larvalen Muskulatur und des Nervensystems, degenerieren; andere Organe der Larve werden eventuell in den Adultus übernommen. Eine Neuentstehung des adulten Ganglions (Abb. 413C) nach der Metamorphose erscheint aufgrund der großen morphologischen Unterschiede zwischen larvalem und adultem Nervensystem als wahrscheinlich.

Systematik

Kamptozoen sind eine monophyletische Gruppe. Sie scheinen von einem solitären Vorfahren abzustammen, wobei die „Solitaria" wahrscheinlich paraphyletisch sind. Die abgeleiteten Coloniales hingegen bilden nach bisherigen Erkenntnissen einen monophyletischen Zweig. Einzige bisher sicher beschriebene Fossilzeugnisse, bereits eine rezenten Arten gleichende Barentsiide, stammen aus spätjurassischen Ablagerungen Mittelenglands.

Eine nahe Beziehung der Kamptozoen zu den Bryozoen (Bryozoa entoprocta – Bryozoa ectoprocta NITSCHE, 1870, S. 235), wie früher vielfach angenommen, wird heute angesichts der tiefgreifenden Unterschiede zwischen beiden Taxa überwiegend abgelehnt.

Befürworter dieser „Bryozoen-Hypothese" stützen sich vor allem auf die Ontogenese: So durchlaufen die Larven einzelner Loxosomatiden nicht die übliche Metamorphose, sondern erzeugen die ersten Adultindividuen durch neotene Knospung, während der Larvenkörper degeneriert. Dieser Entwicklungsmodus ist bei Bryozoen die Regel. Zudem wird auf eine in beiden Gruppen sehr ähnliche Art der adulten Knospung hingewiesen (keine Entodermbeteiligung). Einer engen Verwandtschaft mit den Bryozoen stehen jedoch der unterschiedliche Furchungstyp (hier Spiralfurchung, dort meist Radiärfurchung), die nicht vergleichbare Larvenorganisation, der reguläre Metamorphoseablauf der Kamptozoen und deren Adultbauplan (Kamptozoen: acoelomat, After innerhalb der Tentakelkrone liegend; Bryozoa: coelomat, After ausserhalb der Tentakelkrone liegend) entgegen.

Kamptozoen sind Spiralia. Nur in einem Fall wurden jenseits des 8-Zell-Stadiums Anklänge an eine Radiärfurchung beschrieben. Ihre systematische Stellung innerhalb der Spiralia ist jedoch nach wie vor umstritten. Als coelomlose, unsegmentierte Spiralia gehen sie eventuell auf progenetische

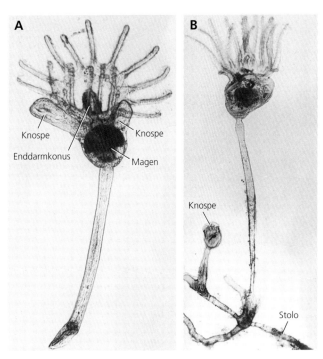

Abb. 414 Kamptozoentypen. **A** *Loxosomella vivipara* (Loxosomatidae). Solitäre Form mit 2 Knospen. Größe etwa 1 mm. **B** *Barentsia matsushimana* (Barentsiidae). Zooid mit Stolonen und älterer Knospe. Größe etwa 2 mm. Lebendaufnahmen. Originale: P. Emschermann, Freiburg.

Trochophorae zurück. Aufgrund einiger larvaler Gemeinsamkeiten (Kriechfuß, Fußdrüsen, Fußcirren, tetraneurales Nervensystem mit je einem ventralen und einem lateralen und weiter dorsal gelegenem Längsnervenpaar, komplexes Apikalorgan ähnlich jenem polyplacophorer Mollusken; Abb. 484D) wird eine nähere Verwandtschaft zu den Mollusken vermutet und dementsprechend ein Taxon Lacunifera bzw. Tetraneuralia aus Kamptozoa und Mollusca vorgeschlagen.

1 „Solitaria"

Solitär; mit durchgehender Längsmuskulatur, ohne deutliche Trennung von Kelch und Stiel, Knospung am Kelch. Einzeltiere meist unter 1 mm (Abb. 414). Nur Loxosomatidae.

Loxosomella claviformis, häufig in den Falten der Ventralseite von Polychaeten, z. B. *Aphrodita aculeata* (Abb. 415); in ebenso typischer Einnischung *L. atkinsae* auf Parapodien und unter Elytren sowie *L. obesa* auf der Dorsalseite; auch auf anderen sog. Schuppenwürmern.

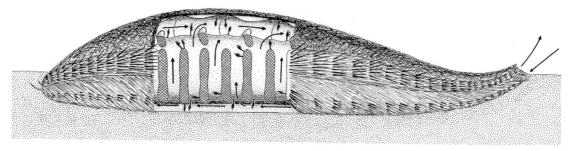

Abb. 415 *Aphrodita aculeata* (Annelida, S. 386; Länge: 20 cm) mit *Loxosomella*-Arten auf Ventralseite, Parapodien und Elytren. Aus Nielsen (1964).

2 Coloniales

Stockbildend; Kelch und Stiel durch Einschnürung deutlich getrennt; mit Zirkulationsorgan (Sternzellen) im Stielhals (Ausnahme: Loxokalypodidae); Knospung am Stiel, anschliessende Stolobildung durch Längsstreckung; Fähigkeit zur Kelchregeneration. Loxokalypodidae, Pedicellinidae, Barentsiidae.

Pedicellina cernua (Pedicellinidae), Zooide 1 mm; euryhalin, häufig auf Rotalgen. – *Barentsia matsushimana* und *B. benedeni* (Barentsiidae), Zooide 0,5–5 mm, kriechende stoloniale Kolonien häufig auf Muschelschalen; Dauerknospen; Nord- und Ostsee, euryhalin (Abb. 414). – Nur zwei Süßwasserarten, *Urnatella gracilis* (Barentsiidae, weltweit verbreitet, wahrscheinlich aus Nordamerika in europäische Flusssysteme eingeschleppt, Dauerpopulationen nur in Südeuropa, sowie *Loxosomatoides sirindhornae* (Pedicellinidae, Thailand).

Nemertini, Schnurwürmer

Die Nemertini umfassen etwa 1 275 Arten schnur- oder bandförmiger Würmer (Abb. 416, 417). Die meisten sind einige Millimeter bis wenige Zentimeter lang, einige erreichen jedoch bei nur geringer Breite von wenigen Millimetern außerordentliche Längen (*Lineus longissimus* über 30 m). Nur pelagische und kommensalische Arten haben diesen schnurförmigen Habitus verloren und sind breit und kurz (Abb. 416B, C, 433). Viele Nemertinen sind lebhaft gefärbt, manche besitzen auffallende Farbmuster. Der Körper ist unsegmentiert, bei wenigen Arten (e. g., *Ramphogordius sanguineus*, die interstitiellen *Annulonemertes*-Arten) treten jedoch regelmäßige Einschnürungen auf. Körperanhänge fehlen bis auf Tentakel und Penisbildungen bei einigen pelagischen Formen. Die Kopfregion kann durch schräggestellte Dellen oder durch Gruben abgesetzt sein (manche Hoplonemertinen); seitliche Schlitze in der Kopfregion sind von einigen Heteronemertinen bekannt. Das auffälligste Merkmal dieser fast ausschließlich räuberischen Tiere ist der ausstülpbare Rüssel, mit dem sie ihre Beute festhalten (Abb. 423).

Nemertinen leben als Teil der Epi- und Endofauna vornehmlich in litoralen und sublitoralen marinen Böden, darunter einige im Sandlückensystem. Arten der Epifauna finden sich meist unter Steinen und Muschelschalen oder zwischen Algen; *Tubulanus*-Arten bauen pergamentartige Röhren. Wenige Arten gehören zum Plankton der Tiefsee (Bathypelagial). Auch im Süßwasser gibt es Nemertinen (*Prostoma graecense*), und in den Tropen findet man sogar terrestrische Formen. Es gibt auch mehrere kommensalische Nemertinen – *Malacobdella grossa* im Mantelraum großer Muscheln (Abb. 433), *Gononemertes parasita* im Atrium von Tunicaten, *Cryptonemertes actinophila* auf Pedalscheiben von Seeanemonen. *Carcinonemertes carcinophila* lebt auf Kiemen von Decapoden; dieser Ei-Räuber kann die Krabbenfischerei entlang der US-Pazifikküste beeinträchtigen.

J. McClintock Turbeville, Richmond, VA

Der Lebenszyklus ist primär zweiphasig (Pilidium-Larve); es gibt jedoch vielfache Übergänge zu direkter Entwicklung.

Bau und Leistung der Organe

Die **Epidermis** besteht aus zylindrischen oder kuboiden, multiciliären Zellen, Sinneszellen, verschiedenen Drüsenzellen, Pigmentzellen und granulierten „Basalzellen" (Abb. 419, 420, 421). Sie liegen auf einer extrazellulären Matrix, die meist in eine basale Matrix und eine Faserschicht mit Zellen gegliedert ist. Bei einigen Arten ist eine pseudo-stratifizierte Epidermis ausgebildet. Bei Heteronemertinen reichen die Zellkörper verschiedener Drüsenzellen bis unter die basale Matrix und formen – zusammen mit Bindegewebe und manchmal auch mit Ausläufern der Körperlängsmuskulatur – die sog. Cutis (Abb. 419, 420). In dieser Cutis kann das Bindegewebe auch fehlen; es ist dann durch Muskulatur ersetzt.

Die **Körpermuskulatur** ist bei Nemertinen auffallend kräftig entwickelt. Sie besteht hauptsächlich aus Längs- und Ringsmuskellagen; Diagonalmuskeln zwischen diesen beiden Muskellagen kommen bei vielen Arten dazu. Bei Palaeo- und Hoplonemertinen liegen die Ringmuskeln außen, die Längsmuskeln innen (Abb. 422A, B, D); bei einigen Palaeonemertinen ist eine zusätzliche innere Ringmuskelschicht entwickelt. Heteronemertinen besitzen meist eine dünne äußere Ring- oder Diagonalmuskelschicht, darunter äußere Längs-, mittlere Ring- und innere Längsmuskeln (Abb. 422C). Bei einigen Heteronemertinen folgt auf eine zarte äußere Ring- oder Diagonalmuskelschicht unmittelbar die äußere starke Längsmuskellage mit eingebetteten Drüsenzellkörpern (Cutis, Abb. 420A); bei anderen Arten trennt die Cutis die äußere Ring- oder Diagonalmuskulatur und eine dünne Lage Längsmuskeln von der äußeren Längsmuskulatur (Abb. 420B). Auch Dorsoventralmuskeln, bzw. radiär angeordnete Muskeln treten manchmal auf. Bei einigen

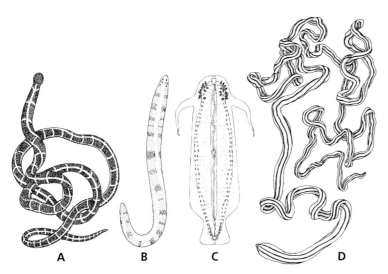

Abb. 416 Nemertini. Habitusformen. **A** *Tubulanus capistratus* (Palaeonemertini), schnurförmig. **B** *Oerstedia dorsalis* (Hoplonemertini), plathelminthenförmig. **C** *Nectonemertes mirabilis* (Hoplonemertini), pelagische Art. **D** *Baseodiscus quinquelineatus* (Heteronemertini), bandförmig. Aus Gibson in Palmer (1982).

Palaeonemertinen (*Carinoma*) dringen Muskelfasern durch die basale Matrix nach außen, verzweigen sich in der Epidermis und bilden eine intraepidermale Muskellage. Auch bei Heteronemertinen reichen Muskelfasern manchmal bis in die Epidermis (*Lineus*), ohne jedoch eine deutliche Muskellage zu formen.

Meist ist die Muskulatur aus den für Evertebraten typischen glatten Muskelfasern aufgebaut, eine Variante von schräggestreifter Muskulatur kennt man von 3 Palaeonemertinen-Arten und mehreren pelagischen Hoplonemertinen. Quergestreifte Muskeln wurden in der Pilidium-Larve eines Heteronemertinen gefunden.

Das **Bindegewebe** besteht aus der Faserschicht der extrazellulären Matrix (siehe oben) und verschiedenartigen Zellen, darunter „Fibroblasten" und vakuolisierte Zellen mit unbekannter Funktion (Abb. 419). Die Proteinfasern der extrazellulären Matrix sind oft gekreuzt-spiralig angeordnet. Die Matrix ist zwischen Darm und Körpermuskulatur bei einigen Arten sehr dick. Daneben gibt es ein System g r a n u l i e r - t e r Z e l l e n, das mit der extrazellulären Matrix und dem Nervensystem in Verbindung steht – es ist möglicherweise dem gliointerstitiellen System der Anneliden und Mollusken homolog.

Kleine Arten und Jungtiere gleiten üblicherweise mittels Cilienschlag auf einer Schleimspur. Werden die Tiere dabei gestört, setzt rasch eine – schnellere – Kontraktionsbewegung ein; dies wird als Fluchtreaktion angesehen. Größere Epifauna-Arten bewegen sich durch Ciliengleiten oder durch eine Peristaltik, bei der Ring- und Längsmuskulatur alternierende Kontraktionswellen bilden. Viele Nemertinen können

sehr wirksam im Sediment bohren, manchmal mit Hilfe des Rüssels (*Cerebratulus*-Arten), oft jedoch ausschließlich durch nach hinten verlaufende peristaltische Wellen. Bei *Carinoma* ist die Peristaltik hauptsächlich auf den Vorderkörper beschränkt, also den Bereich, in dem der Durchmesser des Rhynchocoels am größten (Abb. 418) und die Körpermusku-

Abb. 417 Zahlreiche Nemertinen findet man am Meeresstrand als lange, dünne fadenförmige Organismen, die leicht zerreißen. Original: W. Westheide, Osnabrück.

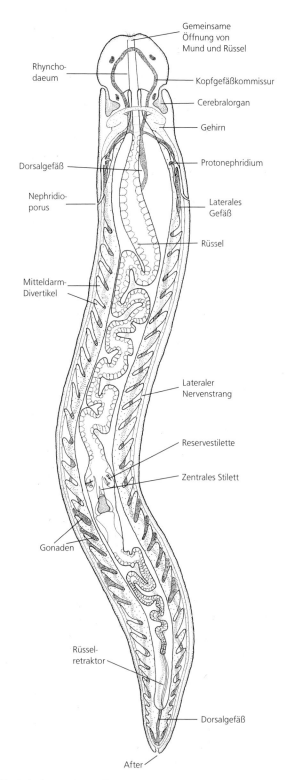

Abb. 418 Anatomie von *Tetrastemma* sp. (Hoplonemertini). Nach Bürger (1897–1907).

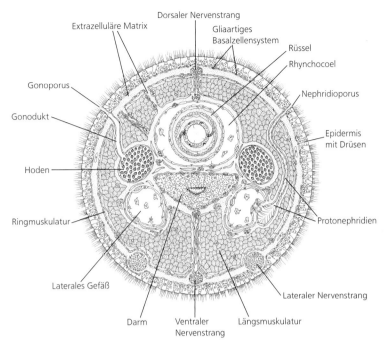

Abb. 419 Querschnitt durch einen Vertreter der Palaeonemertini, nach elektronenmikroskopischen Aufnahmen.
Aus Turbeville und Ruppert (1985).

latur am stärksten ausgebildet ist. Das Rhynchocoel (s. u.)
fungiert bei der Bohrtätigkeit als wichtiges hydrostatisches
Skelett.

Bestimmte bathypelagische Arten und *Cerebratulus* spp. können mit
undulierenden Bewegungen schwimmen. Sie besitzen starke Dorsoventralmuskeln, deren Kontraktion die hintere Körperhälfte dafür
stark abflacht.

Der **Verdauungstrakt** besteht aus subterminalem Mund,
Vorderdarm, Mitteldarm und terminalem Anus (Abb. 418).
Mund und Rüssel können getrennt ausmünden oder besitzen
eine gemeinsame äußere Öffnung (Abb. 432). Oft ist der Vorderdarm in Mundhöhle, Oesophagus und Magen gegliedert;
der Mitteldarm trägt – außer bei einigen anoplen Arten (s. u.)
– laterale Divertikel. Ähnlich wie die Epidermis wird der
Vorderdarm (beide stammen vom Ektoderm) von bewimperten Zellen und Drüsenzellen aufgebaut. Auch der Mitteldarm besteht aus diesen beiden Zelltypen; die Zahl der Cilien
auf den bewimperten Zellen ist hier jedoch geringer. Die
Drüsenzellen im Vorderdarm produzieren sowohl Schleim
zur Erleichterung des Transports als auch Säure zur Immobilisierung der Beute. Im Darm wird die Nahrung durch Peristaltik der Körpermuskulatur transportiert.

Die extrazelluläre Verdauung geht sehr rasch vor sich. Die intrazelluläre Verdauung wird dadurch eingeleitet, daß Darmzellfortsätze die
partikuläre Nahrung zunächst umschließen.

Der ausstülpbare **Rüssel**, der das Taxon charakterisiert, ist
eine zylindrische Invagination der Körperwand (Abb. 418,
423, 424, 432), nur bei zwei Gattungen ist er verzweigt. Er
erstreckt sich von einem epithelialen Rohr am Körpervor-
derende (Rhynchodaeum) bis an die Hinterwand der
Coelomhöhle für den Rüssel (Rhynchocoel). Die Länge
des Rüssels schwankt beträchtlich, er kann kürzer oder länger als der Wurmkörper sein. Meist verankert ihn ein Retraktormuskel an der Hinterwand des Rhynchocoels (Abb. 418,
423). Aufgebaut wird er zumeist von einem äußeren kuboiden oder zylindrischen Drüsenepithel, mit darunterliegender
basaler Matrix, Muskellagen, Nervensträngen und -netzen
einer weiteren extrazellulären Matrixschicht, subperitonea-
ler Ringmuskulatur und schließlich einem schwammigen
Epithel (Peritoneum) auf der Seite der Rhynchocoel-Flüssig-
keit (Abb. 419). Die Anordnung der Muskelschichten und die
Lage der Nervenstränge und -netze variiert.

Das äußere Drüsenepithel – es liegt bei ausgestülptem
Rüssel an der Außenseite – besteht aus monociliären Sinnes-

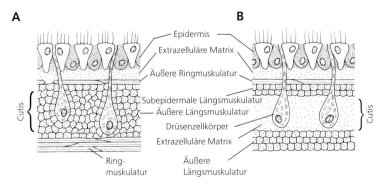

Abb. 420 Aufbau der Körperwand bei Heteronemertinen.
A *Ramphogordius sanguineus, Zygeupolia rubens*-Arten.
B Andere Taxa. Original: J.M. Turbeville, Richmond.

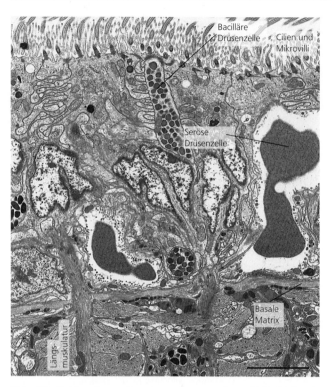

Abb. 421 Epidermis von *Ramphogordius sanguineus*. TEM. Maßstab: 4 µm. Aus Turbeville (1991).

zellen, Zellen mit apikalen cytoplasmatischen Fortsätzen und verschiedenen Drüsenzellen, die auch Gifte zur Immobilisierung der Beute produzieren. Bei einigen Palaeo- und Heteronemertinen formen Drüsenzellen Stäbchen mit komplexer Substruktur (Kapseln mit eingeschlossenem Stift). Diese „Pseudocniden" oder „Rhabdoide" haben wahrscheinlich eine Funktion beim Beutefang, sind aber den Rhabditen der Turbellarien oder den Cniden der Cnidaria wohl nicht homolog.

Den enoplen Hoplonemertinen hilft ein Stilettapparat in der mittleren Rüsselregion (Abb. 418, 424) bei der Immobilisierung der Beute. In diesem Apparat sind zentral an einer sog. Basis ein mineralisiertes nagelförmiges Stilett (bei Monostylifera) oder mehrere derartige Bildungen (bei Polystylifera) befestigt; außerdem sind zwei oder mehrere Reservesäcke mit sich bildenden Stiletten als Ersatz für verlorene oder beschädigte zentrale Stilette vorhanden. Das Stilett wird vornehmlich zur Verletzung der Beute verwendet, so dass Toxine aus den Drüsenzellen des Rüsselepithels in die Beute eindringen können und sie betäuben.

Die meisten Nemertinen sind Räuber. Sie ernähren sich von verschiedenen Evertebraten (z. B. Polychaeten, Mollusken, Crustaceen). Während einige (z. B. *Cephalothrix simula*, *Ramphogordius sanguineus*) ihre Beute im ganzen schlucken nachdem sie mit ihrem Rüssel z. B. Anneliden gänzlich oder teilweise immobilisiert haben, betäuben andere (z. B. die monostyliferen Hoplonemertinen *Amphiporus lacti-*

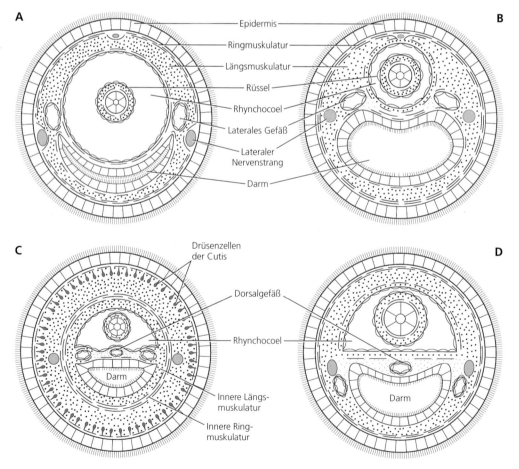

Abb. 422 Schematische Querschnitte durch verschiedene Nemertinen. **A, B** Palaeonemertini. **C** Heteronemertini. **D** Hoplonemertini und Bdellonemertini. Nach verschiedenen Autoren.

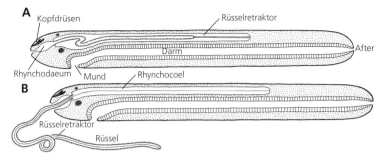

Abb. 423 Nemertine (Anopla) mit ruhendem (**A**) und ausgestoßenem Rüssel (**B**). Nach verschiedenen Autoren.

floreus und *Oerstedia dorsalis*) Amphipoden mit dem Stilett, dringen mit dem Kopf durch deren Exoskelett, stülpen ihren Magen in das Hämocoel und saugen Hämolymphe und Organe auf.

Malacobdella-Arten leben als Kommensalen in der Mantelhöhle von Muscheln (Abb. 433) und filtern Plankton mit bewimperten Papillen des Vorderdarms aus dem Atemwasserstrom ihrer Wirte. Räuberische Nemertinen der Endofauna beeinflussen die Zusammensetzung von Biozönosen oft entscheidend, wie z. B. *Lineus viridis* als Polychaeten-Räuber in Wattenmeer-Ökosystemen. Berichtet wird auch, dass durch *Cerebratulus lacteus* die wirtschaftlich genutzten Bestände der Sandklaffmuschel (*Mya arenaria*) an der Atlantikküste Canadas beeinträchtigt werden. Nemertinen sind selbst offensichtlich selten Beute anderer Evertebraten. Dies ist zum Teil vermutlich auf die toxischen Substanzen in ihrer drüsenreichen Epidermis zurückzuführen.

Nicht ausgestülpt liegt der Rüssel im **Rhynchocoel**. Es ist dies ein mesodermal ausgekleideter, flüssigkeitsgefüllter Hohlraum dorsal des Darms (Abb. 418, 419, 422, 423). Seine Auskleidung ist ein Plattenepithel auf einer basalen Matrix. Bei *Carinoma tremaphoros* sind die Zellen dort, wo Blutgefäße zum Rhynchocoel vordringen, zu Podocyten verändert. Durch diese „durchlöcherten" Epithelbereiche könnte ein Zu- oder Abtransport von Stoffen gegenüber dem Rhynchocoel erfolgen; sie könnten aber auch die Wiederauffüllung des Rhynchocoels nach Flüssigkeitsverlust beim Ausstülpen oder Graben gewährleisten. Rhynchocoel-Muskulatur aus Ring- und Längsmuskelzellen liegt umgeben von extrazellulärer Matrix unterhalb des Epithels.

Das Ausstülpen des Rüssels erfolgt durch Zunahme des Flüssigkeitsdrucks im Rhynchocoel, was durch Kontraktion der Ringmuskeln in der Rhynchocoel- und in der Körperwand hervorgerufen wird. Zurückgezogen wird der Rüssel durch einen Retraktormuskel (Abb. 423). Das Rhynchocoel bildet also ein hydrostatisches Organ für das Ausstülpen des Rüssels und beim Bohren. Daneben könnte es auch bei der Verteilung von Metaboliten und Abfallprodukten eine Rolle spielen. Seine Flüssigkeit enthält auch zirkulierende Zellen.

Da das Rhynchocoel anatomisch einem Coelom entspricht und ähnlich diesem sich aus einem Spalt in einer mesodermalen Zellmasse entwickelt, wird es als modifiziertes Coelom-Homologon angesehen.

Nemertinen besitzen ein besonderes **Blutgefäßsystem**. Im einfachsten Fall besteht es aus 2 l a t e r a l e n Gefäßen, die vorn und hinten verbunden sind (Abb. 418, 425). Zusätzlich können ein d o r s a l e s Längsgefäß, das oft mit den lateralen Verbindungen hat (bei Hoplo- und einigen Heteronemertinen), und weitere laterale Längsgefäße auftreten (z. B. das Rhynchocoelgefäß bei manchen Palaeonemertinen). Abweichend von Blutgefäßen anderer wirbelloser Tiere – aber ähn-

lich dem sekundären, coelomatischen Blutgefäßsystem vieler Hirudineen (S. 411) – besitzen sie eine vollständige Epithelauskleidung (Abb. 426). Diese Endothelzellen sind durch bandförmige Zell-Zellkontakte verbunden und liegen auf einer basalen Matrix. Bei Palaeonemertinen können sie je ein Cilium tragen; bei einer basalen Art (*Cephalothrix* sp.) sind Myofilamente in diesen Zellen vorhanden. Außen sind die Gefäße vornehmlich von Ringmuskulatur umgeben.

Dieses Blutgefäßsystem entsteht durch Spaltbildung (Schizocoelie) in einem mesodermalen Zellband. Darin, wie auch in Lage, Histologie und Cytologie stimmt es mit Coelomräumen überein (S. 169) und kann wahrscheinlich wie das Rhynchocoel, mit diesen homologisiert werden.

Die Blutflüssigkeit führt Zellen. Ihre Zirkulation wird durch Kontraktion von Muskeln der Körperwand und der Gefäßwände bewirkt. Hämoglobin findet sich bei manchen Arten (z. B. *Amphiporus cruentatus*) in den Blutzellen, bei der Süßwasserform *Prostoma graecense* im Plasma.

Zwei oder mehrere **Protonephridien** sind für Nemertinen charakteristisch. Sie bestehen aus multiciliären Terminalzellen, einem Ausfuhrkanal und einem Nephroporus in der Epi-

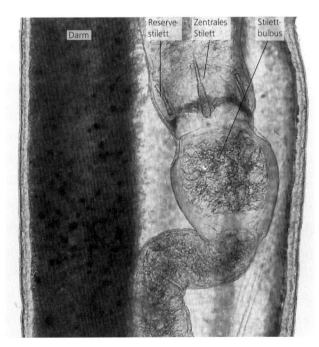

Abb. 424 Stilettbulbus einer Hoplonemertine. Original: W. Westheide, Osnabrück.

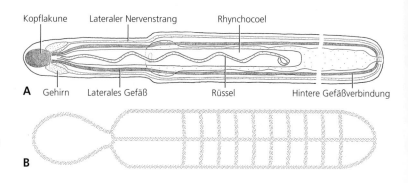

Kopflakune   Lateraler Nervenstrang   Rhynchocoel

A   Gehirn   Laterales Gefäß   Rüssel   Hintere Gefäßverbindung

B

Abb. 425 Schema des Blutgefäß- und Nervensystems von **A** *Cephalotrix* sp. (Palaeonemertini) und **B** einer Hoplonemertine. Original: J.M. Turbeville, Richmond.

dermis (Abb. 418, 419). Sie finden sich in der Oesophagealregion und der Hirnregion, oder sie sind über den ganzen Körper verteilt. Die Terminalzellen (Abb. 427) liegen in der extrazellulären Matrix der Körperwand, in der Körpermuskulatur oder nahe der extrazellulären Matrix der Blutgefäße (Abb. 419). In letzterem Fall sind sie vom Gefäßlumen durch extrazelluläre Matrix und Gefäßwandzellen, zumindest jedoch durch die Matrix getrennt (s. o. Podocyten). Direkte Kontakte zwischen Terminalzellen und Gefäßlumen, die bei einigen Palaeonemertinen früher beschrieben worden sind, existieren nicht.

Das **Nervensystem** besteht aus einem Cerebralganglion (Gehirn), Längssträngen, die durch Kommissuren verbunden sind, und peripheren Plexus (Abb. 418, 425A). Das Gehirn zeigt 2 dorsale und 2 ventrale Lappen, verbunden jeweils durch eine dorsale bzw. ventrale Kommissur. Gehirn und Kommissuren umgeben das Rhynchocoel und Kanäle des Blutgefäßsystems. Die Hauptlängsnervenstränge entspringen den ventralen Gehirnlappen, sie erstrecken sich durch den gesamten Körper und sind am Körperhinterende durch eine anale Kommissur verbunden. Die relative Lage der Längsstränge zueinander in der Körperwand ist ein Kriterium für die systematische Gliederung des Taxons (Abb. 422). Zusätzlich können Längsnervenpaare auftreten; außerdem gehen vom Gehirn manchmal besondere Nerven aus:

Rüsselnerven von den ventralen Lappen, dorsale und ventrale Längsnerven von den entsprechenden Kommissuren.

In Gehirn und Nervensträngen einiger Nemertinen (z. B. *Cerebratulus lacteus*) wurden spezielle Mini-Hämoglobine gefunden, die bei niedrigen Sauerstoffspannungen möglicherweise als Sauerstoffspeicher fungieren.

Sinnesorgane der Nemertinen sind Cerebralorgane, Frontalorgane, verschieden geformte Gruben in der Kopfregion, Pigmentbecherocellen, Statocysten und einige andere Strukturen, die für Sinnesorgane gehalten werden. Die Cerebralorgane (Abb. 428) der Hetero- und Hoplonemertinen bestehen aus bewimperten Stützzellen, Sinneszellen und zahlreichen Drüsenzellen, die einen blinden Kanal mit einer Öffnung nach außen bilden. Die Organe liegen entweder direkt am Hinterrand des Gehirns (Heteronemertini) oder davor und sind dann mit den Ganglien durch einen eigenen Nerv verbunden (Hoplonemertini) (Abb. 428B). Es sind chemorezeptorische, neuroendokrine Strukturen, die dem Auffinden von Beute und der Volumenregulation dienen.

Die Frontalorgane sind stark innervierte, bewimperte ausstülpbare Gruben an der Körperspitze. Eine Gruppe von Drüsenzellen (Kopfdrüsen) mündet in oder neben ihnen nach außen (Abb. 423, 432). Wahrscheinlich sind die Frontal-

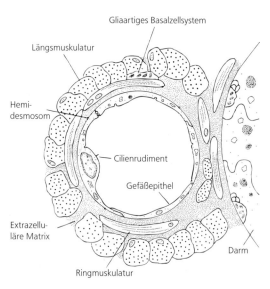

Gliaartiges Basalzellsystem

Längsmuskulatur

Hemidesmosom

Cilienrudiment

Gefäßepithel

Extrazelluläre Matrix

Ringmuskulatur

Darm

Abb. 426 Palaeonemertini. Blutgefäß, Querschnitt. Aus Turbeville (1991).

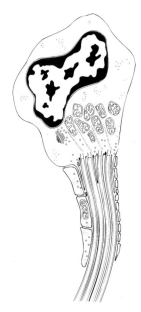

Abb. 427 *Lineus viridis*, juvenil. Schnitt durch die multiciliäre Terminalzelle eines Protonephridiums. Aus Bartolomaeus (1985).

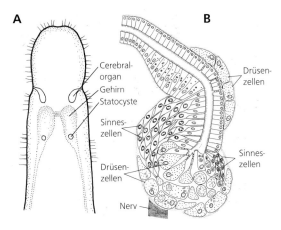

Abb. 428 Cerebralorgane. **A** *Ototyphlonemertes erneba*. Vorderende mit Cerebralorganen, Gehirn und Statocysten. **B** Schnitt durch das Cerebralorgan einer Hoplonemertine. A Nach Kirsteuer (1977); B nach Amerongen und Chia (1987) aus Turbeville (1991).

organe chemorezeptorisch tätig, wie auch andere grubenförmige Organe in der Kopfregion. Nemertinen besitzen häufig 2 oder mehrere einfache Pigmentbecherocellen mit rhabdomerischen Rezeptorzellen. Bei *Lineus viridis* werden die Ocellen unter der Epidermis gebildet. Ein wahrscheinlich ciliärer cerebraler Photorezeptor wurde von *Lineus ruber* beschrieben. Statocysten treten nur bei den interstitiellen *Otonemertes*- und *Ototyphlonemertes*-Arten auf (Abb. 428A).

Die **Reproduktionsorgane** sind außerordentlich einfach und besitzen keine besonderen Einrichtungen für Aufbewahrung und Übertragung der Gameten. Nur bei den pelagischen Taxa *Phallonemertes* und *Nectonemertes* sind Penes ausgebildet. Die Gonaden sind sackförmig; oft sind sie serial beiderseits des Darms angeordnet (Abb. 418, 419). Die Zellauskleidung der Säcke besteht aus Keimzellen, somatischen Zellen und – zumindest bei Hoplonemertinen – aus Muskelzellen; reife Gameten liegen im Sacklumen. Bei reifen Gonaden ist ein Ausleitungskanal ausgebildet, der mit einem Gonoporus nach außen mündet (Abb. 419).

Fortpflanzung und Entwicklung

Die meisten Nemertinen können Körperteile regenerieren; *Ramphogordius sanguineus* vermehrt sich auch asexuell durch Fragmentierung und anschließende Regeneration. Nemertinen sind generell getrenntgeschlechtlich; nur wenige sind Hermaphroditen, z. B. *Prosorhochmus claparedii* und *Pantinonemertes agricola*. Äußere Befruchtung kommt häufig vor; dabei werden die Gameten entweder in das umgebende Wasser ausgestoßen oder gelangen in eine Schleimhülle, die zwei aneinanderliegende Tiere umschließt. Von einigen Arten ist innere Befruchtung bekannt.

Die Weibchen von *Lineus viridis* produzieren eine Schleimhülle (*mating envelope*) um sich und eines oder mehrere der kleineren Männchen. Diese kriechen zur Dorsalseite des Weibchens, geben Spermien ab und verlassen dann die Schleimhülle. Anschliessend scheidet das Weibchen eine innere gallertige Schicht ab, die zusammen mit der Schleimhülle ein Kokon bildet, in das die in den Ovarien befruchteten Oocyten abgelegt werden. Das Weibchen kriecht schliesslich aus dem Kokon.

Nemertinen sind typische Spiralia. Die Gastrulation kann sowohl durch Invagination als auch durch Epibolie oder Einwanderung erfolgen. Der Mund entsteht sekundär am oder in der Nähe des Blastoporus. Die Herkunft des Mesoderms ist nicht endgültig geklärt. Für die Heteronemertine *Cerebratulus lacteus* wurde jedoch mit Fluoreszenz-Markierung gezeigt, dass sich das Ektomesoderm wie bei Anneliden und Mollusken aus den Mikromeren 3a und 3b herleitet und das Endomesoderm wie bei allen Spialiern aus der 4d-Zelle. Auch Mesodermstreifen werden bei *C. lacteus* ausgebildet. Bei Palaeo-, Hoplo- und Bdellonemertinen ist die Entwicklung direkt, bei Heteronemertinen indirekt. Während der „Larval"-Entwicklung der Hoplonemertine *Tetrastemma candidum* wird allerdings die larvale Epidermis durch eine definitive Epidermis ersetzt und die Apikalplatte zurückgebildet, was auf indirekte Entwicklung hinweist. Neueste Untersuchungen legen nahe, daß ein Ersatz der larvalen Epidermis typisch für Hoplonemertinen ist; sie bestätigen auch die Bildung paariger Epidermiseinstülpungen am Vorderende, aus denen bei einigen Arten das Cerebralorgan hervorgeht.

Juvenile Tiere von sich direkt entwickelnden Formen (meist auch „Larven" genannt) (Abb. 429A, D) können zuerst lecithotroph, später planktotroph (Palaeonemertinen der Gattungen *Cephalothrix* und *Tubulanus*) oder aber gänzlich lecithotroph sein (Hoplonemertinen der Gattungen *Amphiporus* und *Carcinonemertes*). Von den meisten marinen Arten leben derartige juvenile Stadien pelagisch; nicht pelagisch hingegen sind z. B. die Entwicklungsstadien der limnischen *Prostoma graecense* und der viviparen Formen (z. B., *Prosorhochmus claparedii*, *Pantinonemertes agricola*).

Daten über Zellposition und *cell lineage* von *Carinoma tremaphoros* unterstützen die Annahme, dass bei den „Larven" dieser sich direkt entwickelnden ursprünglichen Art ein rudimentärer Prototroch ausgebildet wird. Dies kann als Hinweis auf eine Trochophora-ähnliche Larve im Grundmuster der Nemertinen gelten.

Bei den Heteronemertinen tritt eine sehr typische planktotrophe **Larve** auf (Pilidium-Larve), von der es mehrere Typen gibt. Von der Seite gesehen ist sie helm- oder kappenförmig mit zwei seitlichen Lappen, über die ein Cilienband verläuft; apikal ist ein Wimpernschopf vorhanden (Abb. 429B, C, 430); Protonephridien fehlen, der Darm ist ohne Anus ausgebildet.

„Iwatas Larve" ist die pelagische, lecithotrophe Larve von *Micrura akkeshiensis* (Abb. 429E). Die „Schmidtsche Larve" von *Lineus ruber* ist nicht pelagisch, entwickelt sich in einer Eikapsel und ernährt sich von abortiven Oocyten. Auch die „Desorsche Larve" von *Lineus viridis* entwickelt sich lecithotroph in einer Eikapsel (Abb. 429F).

Alle Larventypen durchlaufen eine komplizierte Metamorphose, während der sich larvale Epidermis mehrfach einstülpt und zu Imaginalscheiben abschnürt (Abb. 431). In der Pilidium-Larve bilden sich gewisse Organanlagen (z. B. die Dorsalscheibe, die Rüsselanlage) nicht aus derartigen Einstülpungen bzw. einer Delamination, sondern sie sind offensichtlich mesenchymatischen Ursprungs. Die Imaginalscheiben wachsen zusammen und bilden die endgültige Epidermis und andere ektodermale Organe. Die mesodermalen Zellen vermehren sich und organisieren sich zu verschiede-

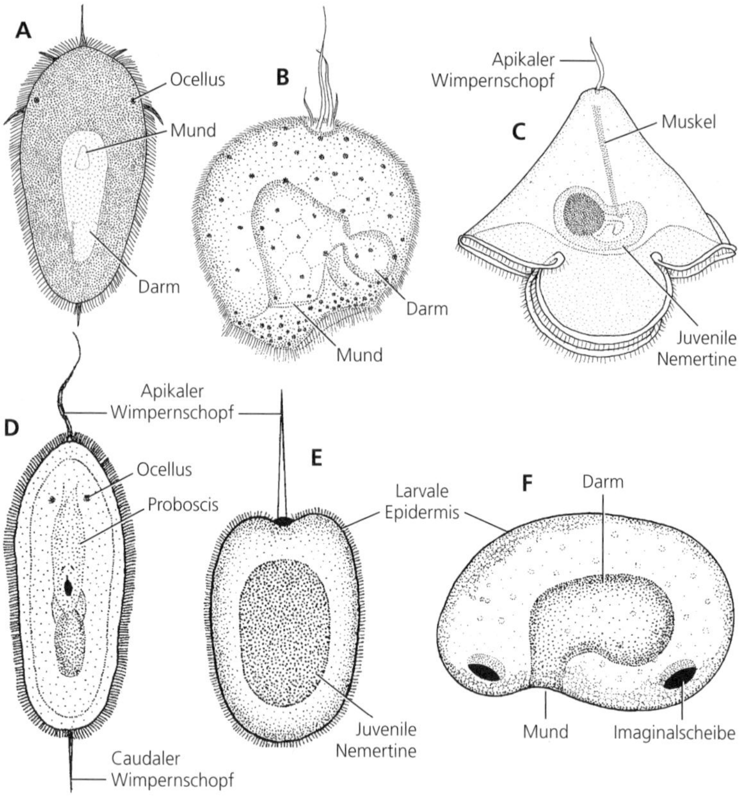

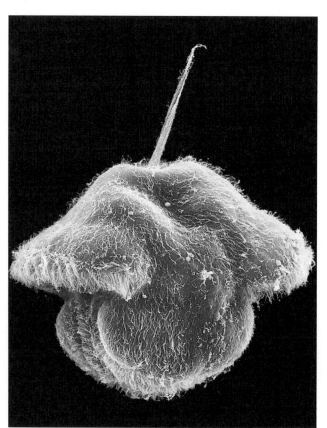

Abb. 429 Larven der Nemertinen. **A** Juveniles Stadium einer Art mit direkter Entwicklung (*Procephalotrix simulus*). Breite: 200 µm. **B** Frühe Pilidium-Larve (*Micrura caeca*), Praemetamorphose. Breite: 100 µm. **C** Späte Pilidium-Larve mit juvenilem Individuum, Postmetamorphose. Breite: 1,5 mm. **D** Juveniles Stadium einer Art (*Emplectonema gracile*) mit direkter Entwicklung. Breite: 100 µm. **E** Iwatas Larve (*Micrura akkesheinsis*). Breite: 200 µm. **F** Desorsche Larve von *Lineus viridis*. Breite: 200 µm. A Aus Iwata (1960) und Friedrich (1979); B nach Coe (1899); C nach Bürger (1897–1907); D nach Iwata (1960); E nach Iwata (1958); F nach Barrois (1877).

Abb. 430 Pilidium-Larve von *Lineus bilineatus*. Original: C.-E. Cantell, A. Franzén und T. Sensenbaugh, Stockholm.

nen mesodermalen Strukturen; der larvale Darm wird zum endgültigen Darm. Schließlich verlässt das fertige Jungtier die larvale Epidermis, die als Embryonalhülle zurückbleibt. Bei manchen Arten wird sie von Jungtieren gefressen.

Anders als die Epidermis der Pilidium-Larve, die zuerst zur Fortbewegung und zur Nahrungsaufnahme verwendet wird, dient die dotterreiche larvale Epidermis der benthischen Desorschen Larve, die nach der Metamorphose vom Jungtier gefressen wird, ausschliesslich als Nahrung.

Entwicklungen mit Pilidium-Larve oder mit ähnlicher Metamorphose sind ein abgeleitetes Merkmal innerhalb des Taxons; sie stellen eine Synapomorphie der Taxa *Hubrechtella* und Heteronemertini dar.

Systematik

Traditionell stellte man die Nemertinen in die Nähe der Plathelminthes. Diese Hypothese gründet sich auf mehrere gemeinsame Merkmale: multiciliäre Epidermis, Rhabditen, Frontalorgane, Protonephridien, acoelomater „parenchymatischer" Körperbau. Protonephridien und eine multiciliäre Epidermis treten jedoch auch bei anderen Taxa auf und müssen als Symplesiomorphien interpretiert werden. Die Homologie der Frontalorgane ist zweifelhaft, und die stäbchenförmigen Sekrete in Epidermiszellen und Drüsenzellen des Rüssels sind den Rhabditen der Turbellarien nicht homolog. Auch die Organisation des Raums zwischen Darm und Epidermis von Nemertinen und Plathelminthen ähnelt einander nicht (Abb. 292). Keines dieser Merkmale kann als Synapomorphie von Nemertini und Plathelminthes gedeutet werden. Hingegen besitzen Nemertinen und coelomate Spiralia

(Annelida [inkl. Sipunculida], Mollusca) gemeinsame apomorphe Merkmale: (1) die Coelomräume (Blutgefäßsystem und Rhynchocoel bei den Nemertinen), (2) die Bildung des Ektomesoderms aus den Mikromeren 3a und 3b. Danach könnten die Nemertinen die Schwestergruppe der coelomaten Spiralier (Trochozoa) oder einer ihrer Teilgruppen bilden. Hierfür spricht auch die Trochophora-Larve in einer basalen Nemertine (siehe oben). Die Analyse molekularer Daten unterstützt die Stellung der Nemertinen innerhalb der coelomaten Lophotrochozoa; allerdings variiert die Einordnung in dieser Gruppe abhängig von Datensets und der jeweils verwendeten Methode.

Die genaue Bewertung der stammesgeschichtlichen Beziehungen innerhalb der Nemertinen anhand morphologischer und molekularer Kriterien ist noch im Fluss. Vorläufige Stammbäume nach molekularen Daten unterstützen eine Monophylie von Heteronemertini und Hoplonemertini einschließlich der Bdellonemertini. Eine Monophylie von Anopla und Palaeonemertini wird hingegen nicht unterstützt.

Die folgende, traditionelle Klassifikation beruht nicht auf einer streng phylogenetisch-systematischen Analyse.

1 „Anopla"

Rüssel ohne Stilett; Öffnung des Rüssels getrennt von der Mundöffnung, letztere hinter oder ventral des Gehirnganglions gelegen (Abb. 432A).

1.1 Palaeonemertini (Palaeonemertea)

Körpermuskulatur in 2 oder 3 Lagen; äußere Ring- und innere Längsmuskulatur, manchmal zusätzlich innere Ringmuskulatur oder Diagonalmuskeln zwischen äußerer Ring- und Längsmuskulatur. Nervenlängsstränge innerhalb oder außerhalb der Muskulatur gelegen. Nur marin und benthisch (Abb. 416A, 419, 422A,B).

Cephalothrix rufifrons (Cephalothricidae), 40 mm, im Bereich des Nordatlantiks. – *Carinoma armandi* (Carinomidae), 200 mm, Europa, ohne Augen und Cerebralorgane. – *Tubulanus annulatus* (Tubulanidae), 80 mm–1 m, Europa, Südafrika, Grönland, Alaska; mit durch schräge Furchen abgesetzter Kopfregion. Körper rot, mit 1 dorsalen und 2 lateralen weißen Längsstreifen und mehreren weißen Ringen.

1.2 Heteronemertini (Heteronemertea)

Körpermuskulatur in 3 Lagen: äußere Längs-, mittlere Ring- und innere Längsmuskulatur, unter der Epidermis jedoch dünne Ring- oder Diagonalmuskulatur (Abb. 420, 422C).

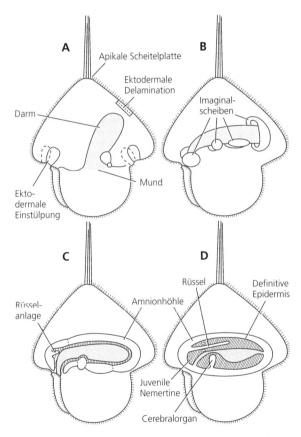

Abb. 431 Metamorphose bei Heteronemertini. **A** Beginn der Metamorphose durch 6 hohle Einstülpungen der larvalen Epidermis in das Blastocoel. **B** Eingestülpte Vesikel und delaminierte Dorsalscheiben (Imaginalscheiben) legen sich um den larvalen Darm. **C** Verschmelzung der Vesikel und Bildung einer kontinuierlichen doppelwandigen Hülle um den larvalen Darm (Amnionhöhle); innere Wand dieser Höhle wird zur definitiven Epidermis des Adultus. **D** Juvenile Nemertine mit Anlagen von Rüssel und Cerebralorganen, die das Amnion und den Larvenkörper durchbrechen wird; die larvale Epidermis bleibt zurück oder wird vom juvenilen Tier aufgenommen. Verändert aus Barnes und Ruppert (1993) und Turbeville (1999) nach Salensky (1912).

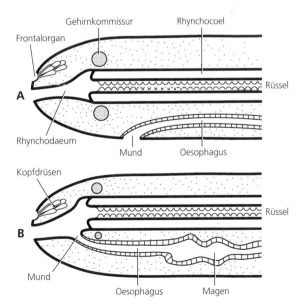

Abb. 432 Nemertini. Vorderenden schematisiert. **A** Anopla. Mundöffnung von Rüsselöffnung getrennt. **B** Enopla mit gemeinsamer äußerer Öffnung von Mund und Rüssel. Nach verschiedenen Autoren.

Nervenlängsstränge zwischen äußerer Längs- und mittlerer Ringmuskulatur. Indirekte Entwicklung. Meist marin und benthisch.

Micrura fasciolata (Lineidae), Kopf mit gelber Querbinde, 15 mm. – *Lineus viridis* (Lineidae), 40–200 mm, grün. Kopf mit seitlichen Schlitzen und beiderseits 2–8 Ocellen. – *L. ruber*, 70–200 mm, rot. Häufige Art in den Wattenmeergebieten. – *L. longissimus*, 30 m und länger. – *Ramphogordius sanguineus* (Lineidae), 30–200 mm, am Kopf beiderseits 3–7 Ocellen, ungeschlechtliche Vermehrung; weit verbreitet im Litoral und Sublitoral vor allem der gemäßigten Breiten, häufig in *fouling communities*.

2 Enopla

Mit wenigen Ausnahmen Öffnung des Rüssels mit der Mundöffnung vor dem Gehirn gelegen (Abb. 432B). Körpermuskulatur in 2 Lagen: äußere Ring- und innere Längsmuskeln; dazwischen zusätzlich bei vielen Arten Diagonalmuskeln. Längsnervenstämme innerhalb der Muskulatur. Marin, benthisch oder pelagisch; auch im Süßwasser und terrestrisch.

2.1 Hoplonemertini (Hoplonemertea)

Rüssel bewaffnet (1 oder mehrere Stilette) (Abb. 418, 422D, 424).

Amphiporus lactifloreus (Amphiporidae), 12 cm, weit verbreitet in der nördlichen Hemisphäre; im Litoral, auch in größeren Tiefen. – *Carcinonemertes carcinophila* (Carcinonemertidae), 15–40 mm; auf 8 Krabben-Arten, Europa und US-Atlantikküste. – *Ototyphlonemertes*-Arten (Ototyphlonemertidae), 3–50 mm, im Sandlückensystem von Brandungsstränden, weltweit. Mit 2 Statocysten (Abb. 428A). – *Prosorhochmus claparedi* (Prosorhochmidae), 40 mm, vivipar; Mittelmeer, Britische Inseln, im Litoral; – *Leptonemertes chalicophora* (Prosorhochmidae), 3–15 mm, Azoren, Kanarische Inseln, Madeira, terrestrisch, auch in europäischen Gewächshäusern. – *Geonemertes pelaensis* (Prosorhochmidae), 25–75 mm, Indopazifische Inseln, Westindische Inseln, terrestrisch. – *Oerstedia dorsalis* (Prosorhochmidae), 10 mm, weitverbreitet in der nördlichen Hemisphäre, Gezeitenbereich und tiefer, variable Färbung, meist mit dorsalen Streifen, gedrungener Kopf mit 4 Ocellen (Abb. 416B). – *Tetrastemma candi-*

Abb. 433 Kommensalische Art *Malacobdella grossa* (Bdellonemertini), im Mantelraum der Muschel *Arctica islandica*; mit Saugscheibe auf der Ventralseite; ca 3 cm lang. Original: W. Westheide, Osnabrück.

dum (Tetrastemmatidae), 10 mm, circumpolar in der nördlichen Hemisphäre. – *Prostoma graecense* (Tetrastemmatidae), 20 mm, im Süßwasser. – *Annulonemertes minisculus* 3 -4 mm, Körperwand und Darm mit regelmäßigen Einschnürungen; im Sandlückensystem in 8–90 m Tiefe, an der Westküste Norwegens und Schwedens. – *Nectonemertes mirabilis* (Nectonemertidae), 30 mm, eine der häufigsten pelagischen Arten; in 500–4 000 m Tiefe, Atlantik und Pazifik. Breiter abgeflachter Körper, Männchen mit 1 Paar seitlicher vorderer Tentakel (Abb. 416C).

2.2 Bdellonemertini (Bdellonemertea)

Rüssel ohne Stilett. Egelförmiger Körper mit Saugnapf am Hinterende. Vorderdarm mit bewimperten Papillen. Molekulare Daten sprechen für eine Eingliederung dieses Taxons in die Hoplonemerti.

Malacobdella grossa, 40 mm, nördliche Hemisphäre (Abb. 433) in der Mantelhöhle mariner Muscheln, z. B. *Arctica islandica, Modiolus modiolus*, fast immer nur 1 Individuum; mikrophag, daher Nahrungsparasit der Muschelwirte.

Mollusca, Weichtiere

Mollusken (lat. *mollis*, weich) sind ein überaus artenreiches und ökologisch vielfältiges Taxon. Mit etwa 80 000 rezenten und seit dem Kambrium belegten, circa 70 000 fossilen Arten bilden sie nach den Arthropoden die formenreichste Tiergruppe. Jährlich werden zudem 350–500 Arten neu beschrieben. Diese Vielfalt gliedert die **Malako(zoo)logie** in acht rezente Untergruppen, worunter die Schnecken (Gastropoda, 80 %) und die Muscheln (Bivalvia, 15 %) vorherrschen. Die sensorisch und physiologisch höchstorganisierten Kopffüßer (Cephalopoda) weisen mit der Gattung *Architeuthis* auch die größten lebenden wirbellose Tiere auf (bis 6,6 m Rumpflänge, mit Fangarmen bis 18 m Gesamtlänge; bis 900 kg). Doch auch die Riesenmuschel *Tridacna gigas* kann 1,35 m Durchmesser erreichen mit einem Gewicht von 230 kg; der Schwarze Seehase *Aplysia vaccaria* und die „Spanische Tänzerin", die Sternkiemen-Schnecke *Hexabranchus sanguineus*, wachsen bis zu 75 cm Länge heran. Die meisten Weichtiere sind weniger als 10 cm groß, und eine nicht geringe Anzahl misst nur bis 5 mm; die kleinsten Arten (Gastropoda-Omalogyridae) erreichen kaum 0,5 mm Länge.

Die Mollusken sind primär marin und umfassen auch überwiegend Meeresbewohner; sie nutzen ökologische Bereiche bis in die größten Tiefen. Viele Larven und einige Adultformen sind im Pelagial vertreten, auch stellen sie wesentliche Faunenelemente in sauerstoffarmen Habitaten wie Hydrothermalschloten (Abb. 567) oder Faulschlammen. Besonders artenreich bewohnen sie die Litoralzonen sowie die tropischen Korallenriffe. Dementsprechend finden wir die ciliengleitende, kriechende, bohrende, schwimmende, festsitzende und auch parasitische Lebensweise (ca. 6 %) vertreten.

Während die meisten höheren Taxa nur marine Arten umfassen, kommen Muscheln und Schnecken aber ebenso in Süßgewässern vor. Gastropoden haben zudem mehrfach parallel auch den terrestrischen Bereich erobert, wo sie die unterschiedlichsten Lebensräume besiedeln. Sie erreichen hier ihre höchste Diversität in stark gegliederten, kalkreichen Böden warm-gemäßigten Breiten, einige Lungenschnecken (Stylommatophora) können sogar in Wüstengebieten existieren. Mollusken fehlen nur in den vom Dauereis bedeckten Hochgebirgs- und Polarzonen sowie im Luftraum.

Mollusken sind Nahrungsanteil/Beute zahlreicher anderer Tiere wie von Krebsen, Stachelhäutern, Fischen, Vögeln und Säugetieren; Bartenwale ernähren sich von den in großen Mengen vorkommenden pelagischen Flügelschnecken („Walaat"). Küstenbevölkerungen in aller Welt decken in steigendem Maße einen Teil ihres Eiweißbedarfes durch marine Mollusken. Muschelzuchten (z. B. Miesmuscheln, Austern) gehören zu den ältesten Marikulturen und ersetzen zunehmend die dezimierten natürlichen Bestände. Als Teil der „Meeresfrüchte" dienen aber auch Cephalopoden (*cala-mari*, *pulpo*), Seeohr-Schnecken (*Haliotis*, *abalone*) und verschiedenste marine Bivalvia (z. B. Herz-, Venus- und Pilgermuscheln) zum menschlichen Verzehr, so wie auch Weinbergschnecken (*Helix*) und verwandte Arten geschätzt werden.

Die oft gemusterten und strukturierten Schalen vieler Mollusken sind seit alters her Objekte menschlichen Interesses. Seltene Schalen fungierten als Geld-Ersatz im Warentausch; so besonders die Kaurischnecken in China, Südostasien, Indien, Zentralafrika und auf den Pazifik-Inseln; „Wampun" (Quahog-Muschel *Mercenaria mercenaria*) in NO-Amerika; *Dentalium*-Geld (Scaphopoda) an der Pazifikküste von N-Kalifornien bis Vancouver und bei den Maori in Neuseeland. Andere Schalen hatten eine hohe kultische Bedeutung (z. B. die Stachelauster *Spondylus* bei den Maya; der stenoglosse Neogastropode *Turbinella* (syn. *Xancus*) *pyrum* (Volutoidea) als Symbol für die indische Gottheit Vishnu; die Kamm- oder Jakobsmuschel *Pecten* als Pilgermuschel). Als Handwerks- und Gebrauchsgegenstände (z. B. Schaber, Löffel, Messer, Angelhaken, Zangen; Scheibenmuschel *Placuna* als Fensterscheiben), als Schmuck, als Ornamente in der Kunst (z. B. Kammmuschel *Pecten* im Barock), als Blasinstrumente (z. B. Tritonshorn-Schnecken *Charonia*) oder auch in der Volksmedizin nahmen Schalen im sozialen Leben eine wichtige Rolle ein. Aus der Perlmutterschicht von Schalen werden Knöpfe, Gefäße und Kult- wie Kunstgegenstände hergestellt. Großen Handelswert haben die Perlen, wobei der Anteil der vom Menschen induzierten marinen Zuchtperlen stetig zunimmt (Hauptproduzent Japan mit Export im Wert von mehreren Hundert Millionen Dollar pro Jahr). Die Verarbeitung von „Muschelseide", dem Byssus der Steckmuscheln (*Pinna*), zu Matten wie Handschuhen, der Gebrauch von Sepia-Tinte und der in Mittelmeer-Ländern wie in Mittelamerika aus dem Sekret der Hypobranchialdrüse von Purpurschnecken (Muricidae) gewonnene Farbstoff haben hingegen keine praktische Bedeutung mehr.

Bau und Leistung der Organe

Keiner der Merkmalskomplexe in der Organisation der Weichtiere ist bei allen Gruppen durchgehend einsichtig oder erhalten, so dass sich die diagnostische Abgrenzung auf eine Kombination grundlegender Charakteristika stützen muss (**Grundmuster**, Abb. 434). Sie betreffen die Differenzierung des durch Muskulatur dorsoventral verspannten, abgeflachten Körpers in ein ventrales Lokomotionsorgan (Fuß) mit dorsaler Körperbedeckung (Mantel) sowie den Bereich zwischen Mantel und Fuß (Mantelraum) mit ausführenden Körperöffnungen, Atembereich (samt Kiemen oder Lunge), paariger Drüsenzone (Schleimkrausen) und paarig assoziiertem chemo-rezeptiven (osphradialen) Sinnesorgan, den Vorderdarm mit der Radula, das Gonoperikard-System, das tetraneurale Nervensystem und die Spiralfurchung mit indirekter Entwicklung über eine lecithotrophe Wimperkranz-Larve.

Der **Körperaufbau** der primär bilateralsymmetrischen Mollusken ist durch eine acoelomat-mesenchymatische bis pseudocoelomate Organisation gekennzeichnet, welche zudem ein Gonoperikard-System als coelomatischen Raum aufweist. Die Epidermis ist stets einschichtig. Die inneren Organe sind in einer extrazellulären Matrix (ECM) und in aus Mesenchym hervorgegangenem Bindegewebe, Kollagen-

Luitfried v. Salvini-Plawen, Wien und Gerhard Haszprunar, München

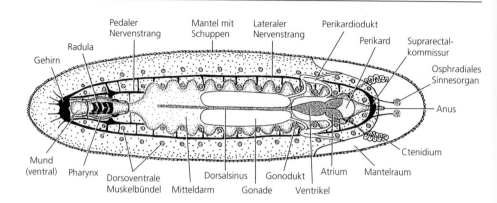

Abb. 434 Hypothetisches Grundmuster der Mollusca. Aufsicht. Nach Salvini-Plawen (1990) aus Haszprunar (1992).

Fasern und Muskelzellen eingebettet, samt ausgesparten Blutlakunen bzw. Sinusräumen der primären Leibeshöhle. Innere, harte Stützelemente fehlen; der Körper wird insgesamt durch partielle Druckveränderungen (Flüssigkeit – Muskulatur, antagonistische Muskel-Muskel Kontraktionen) stabilisiert und verformt (daher Weichtiere). Die periphere Stabilisierung des Körpers erfolgt primär durch eine Körperwandmuskulatur, die durch die cuticuläre Mantelbedeckung und die Dorsoventral-Muskulatur unterstützt wird. Mit flächiger Kalkabscheidung von Schalenplatten bzw. Concha durch das Mantelepithel (Testaria) wird die Körperwandmuskulatur jedoch um- bzw. abgebaut.

Im Zusammenhang mit der Schalenbildung ist bei höheren Weichtieren ein Kopfbereich mit Anhängen (Tentakel, Palpen, Captacula, Fangarme) differenziert, welcher bei einem Großteil der Kopffüßer und Schnecken zusammen mit dem Fuß (als „Cephalopodium") gegen den Eingeweidesack („Visceropallial-Komplex") abgesetzt ist. Zahlreiche Mollusken zeigen eine ausgeprägte Tendenz zur Asymmetrie (Abb. 435). Bei den Gastropoda umfasst sie den Visceropallial-Komplex (vgl. Torsion); bei anderen Gruppen ist sie auf die gesamte innere Organisation bezogen (z. B. Kammmuscheln und Austern) oder aber häufig nur durch den Verlauf des Mitteldarmes (Intestinum) auffällig (Testaria; vgl. Abb. 438).

Im **Vorderkörper** sind stets die zentralen Teile des orthogonal-gastroneuralen Nervensystems ausgeprägt: Die Cerebralganglien innervieren die vielfältigen frontalen Mechano- und Chemorezeptorzellen und die Region der Mundöffnung, sie versorgen gesondert den Buccalapparat (bei Bivalvia reduziert) und von ihnen ziehen die ursprünglich tetraneuren Nervenstränge in den hinteren Körper (2 ventrale für den Fußbereich, 2 laterale für die weiteren Organe). Bei Conchifera sind um den Oralbereich cerebral innervierte Tentakelbildungen ausgebildet (Fühler, Palpen, Captacula, Fangarme), und der vordere Körperbereich ist dann bei Gastropoden und Cephalopoden als freier Kopf abgesetzt und mit Augen versehen.

Der **Fuß** besteht entsprechend seiner lokomotorischen Funktion primär aus bewimperter und drüsenreicher Epidermis (muco-ciliäre Gleitsohle), an der dorsoventrale (Schalen-)Muskulatur verankert ist. Im Vorderbereich liegt ein mächtiger Drüsenkomplex (Fußdrüse; fehlt bei Caudofoveata, adulten Polyplacophora, Tryblidia und Scaphopoda). Bei größeren, schwereren Formen übernimmt die ansetzende Dorsoventral-Muskulatur durch Kontraktionswellen die

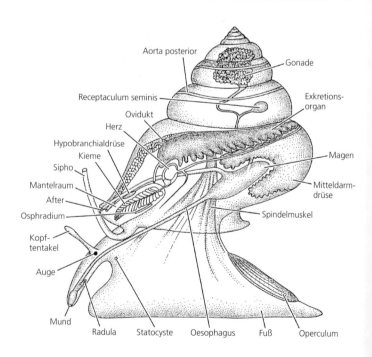

Abb. 435 Organisationsschema einer großen beschalten Schnecke (Neogastropoda). Aus Brusca und Brusca (2003).

kriechende oder gar schreitende Fortbewegung. Die entsprechend der jeweiligen Lebensweise erfolgte spezielle Umgestaltung des Fußes z. B. zu einem Grab- oder Schwimmorgan wird durch die Verflechtung der Muskelfasern in dreidimensionaler Anordnung und eingelagerte flüssigkeitserfüllten Lakunen erreicht. Bei Cephalopoden ist der Fuß zu einem Rückstoß-Trichter (Siphon) samt Trichterdrüse umgewandelt (Abb. 504, 506). Bei einigen festsitzenden Conchifera ist der Fuß in Rückbildung oder fehlt adult ganz.

Die **Dorsoventral-Muskulatur** verstrebt mit paarigen Bündeln den Mantel mit dem Fuß, wobei die dorsal äußeren Paare sich ventromedian überkreuzen. Im Zuge der Höherdifferenzierung der Mollusken erfolgt eine zunehmende Konzentration der serialen Bündelpaare bis zu den Schalenmuskeln bzw. Fußretraktoren.

Die **Lokomotion** erfolgt primär mit dem Fuß und ermöglicht das Gleiten, Kriechen, Graben oder Schwimmen mit den unterschiedlichsten Mechanismen. Kleine und leichte Arten gleiten mit den Wimpern ihrer Fußsohle, z. B. der Furchenfüßer *Wirenia argentea* von 5 mm Körperlänge bewegt sich mit seinem extrem schmalen Organ 5 mm/min^{-1}, die mit breitem Fuß und einer 15–20 mm hohen Schale versehene Schlammschnecke *Radix labiata* hingegen mit einer Geschwindigkeit von circa 17,5 cm min^{-1}. Bei größeren Vertretern erfolgt das Kriechen mittels Kontraktionswellen der Muskulatur entweder durch direkte Wellen von hinten nach vorne oder durch retrograde Wellen von vorne nach hinten. Bei grabenden Arten ist der Fuß beil-, kolben- zungen- oder stempelartig umgeformt mit schwellbarer Spitze, die teilweise Seitenlappen aufweisen (Bivalvia, Scaphopoda). Die in etlichen Schnecken-Gruppen zum Schwimmen ausgebildeten, lateralen, lappigen Verbreiterungen des Kopfes oder des Fußes (Abb. 494, Parapodien) oder der Körperflanken (Abb. 495) werden in ihren wellenförmigen Bewegungen oft durch Einkrümmen des ganzen Körpers unterstützt (z.B. Seeschmetterlinge, Seehasen *Aplysia*). Rückstoß-Schwimmen ist für die Cephalopoden charakteristisch, wird aber auch z. B. von den Kamm- und Feilenmuscheln (Pectinidae, Limidae) durchgeführt. In stark bewegtem Wasser lebende Polyplacophora und etliche Gastropoda halten sich mit ihrer breiten Fußsohle am Hartsubstrat durch Adhäsion (Schleim) und durch Saugwirkung der Dorsoventral-Muskulatur auf einzelne Sohlenbereiche fest.

Das dorsale Epithel der Mollusken ist als so genannter **Mantel** (Pallium) durch eine ein- bis vierteilige, teils mit Sinnesstrukturen versehene Randfalte gegen die Ventralfläche bzw. gegen den Mantelraum abgegrenzt. Er bildet die schützende Körperdecke, wobei aufsteigend drei Differenzierungsstadien unterschieden werden: (1) Im aplacophoren Stadium (Solenogastres, Caudofoveata) produziert das Mantelepithel ganzflächig eine chitinöse, aber nicht zu häutende Cuticula sowie in diese eingebettete, einzellig gebildete Sklerite aus Aragonit (Schuppen, Stacheln, Hohlnadeln). Die mehrzellig-flächige Abscheidung von Kalk (Testaria) erfolgt (2) im

polyplacophoren Stadium in Form von generell acht serialen, dorsomedianen Schalenplatten, die von einem Mantelbereich mit Cuticula- und Skleritenbildung umgeben sind. (3) Im (monoplacophoren) Stadium der Conchifera wird vom Mantel eine einheitliche oder bivalve Schale (Concha) gebildet, welche besonders bei Gastropoda die gestaltliche Ausprägung der bedeckten inneren Organisation (Visceralkomplex) widerspiegelt.

Die Randfalte des Mantels gegen den Fuß überdacht den sehr unterschiedlich ausgeprägten **Mantelraum** (Pallialhöhle; Abb. 435). In diesen münden terminal der Enddarm (Anus), lateral die Perikardgänge (spätere Nephridialorgane) und, wenn getrennt vorhanden, die Genitalgänge aus. Das Epithel ist sehr flach, mit Blutlakunen unterlegt (Gasaustausch) und teilweise bewimpert (Wasserströmung bzw. Ventilation). Wieweit diesem Atembereich auch die Ctenidien (Kammkiemen) bereits im Grundmuster angehörten, ist unklar (vgl. unten). Die seitlichen Anteile des Mantelraumes sind häufig durch je eine längsgestreckte Drüsenzone gekennzeichnet, den Schleimkrausen, welche sich von hinten bis vor die lateralen Körperöffnungen ausdehnen. Sie haben zum Teil reinigende Funktion, indem sie eingespülte Partikel binden und aus dem Mantelraum befördern. Sie sind vornehmlich bei ursprünglicheren Vertretern erhalten; Bei Solenogastres als Epithel der Laichgänge nach innen verlagert, werden sie bei Gastropoda sowie Bivalvia als Hypobranchialdrüsen und bei Cephalopoda als Nidamentaldrüsen bezeichnet; den Tryblidia (?) und Scaphopoda fehlen sie. Der Mantelraum der Solenogastres, Caudofoveata und Cephalopoda liegt hinten, wogegen Polyplacophora, Tryblidia (Monoplacophora) sowie Bivalvia eine um den gesamten Fuß verlaufende Rinne aufweisen.

Die Ctenidien dienen primär der Durchströmung des Mantelraumes; bei größeren Formen sind sie das wichtigste Atmungsorgan und fungieren als Kiemen. Bei einigen aquatischen Gastropodengruppen und der Mehrzahl der Bivalvia kommt als weitere Hauptaufgabe der Ctenidien hinzu, Nahrung aus dem Atemwasserstrom zu filtern. Ctenidien bestehen aus einer stützenden muskulösen Achse mit afferenter wie efferenter Blutbahn, sowie aus auf beiden Seiten alternierend ausgebildeten Kiemenlamellen (Abb. 445, 475). Diese sind im typischen Fall durch ein breites Band langer Cilien strukturiert, welches die respiratorischen Bereiche ausspart; bei Cephalopoden sind sie unbewimpert Die ursprüngliche Ausstattung mit nur 1 Paar Ctenidien findet sich rezent bei Caudofoveata, Bivalvia, zeugobranchen Gastropoda und Coleoida (Abb. 446, 449, 472, 504, 505). Bei Polyplacophora, Tryblidia und Nautiloida liegen sie vervielfacht vor; mehr-

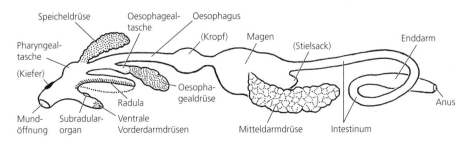

Abb. 436 Organisationsschema zur Ausprägung des Darmtrakts bei Mollusca, Testaria. Merkmale in Klammer nur bei Conchifera. Aus Mizzaro-Wimmer und Salvini-Plawen (2001).

fach und unabhängig voneinander sind die Ctenidien abgewandelt, teils mit Skelettelementen versehen. Ctenidien fehlen generell bei Solenogastres, Scaphopoda und Gastropoda-Heterobranchia, sind jedoch teilweise durch sekundäre Kiemen ersetzt worden (z. B. Plicatidium bei opisthobranchen Gruppen).

Mit dem Mantelraum ist primär auch das paarige o s - p h r a d i a l e S i n n e s o r g a n assoziiert (vgl. unten).

Es ist derzeit unklar, ob bei Solenogastres mit der Abschnürung der Schleimkrausen-Bereiche in das Körperinnere (Körperverschmälerung) die Ctenidien reduziert wurden, oder aber im Grundmuster der Mollusken noch nicht vorhanden waren.

Der **Verdauungstrakt** der Mollusca besteht basal aus V o r - d e r d a r m mit Buccalapparat, M i t t e l d a r m und E n d - d a r m (Abb. 434). Bei Polyplacophora und Conchifera (Testaria) ist der Mitteldarm in vorderen Oesophagus mit Futterrinne und paariger drüsiger Tasche, in hinteren Oesophagus, in Magen mit seitlich-paariger Mitteldarmdrüse und in ein stark verengtes, in Schlingen gewundenes Intestinum untergliedert (Abb. 436, 437). Der Anus liegt generell terminal, wird aber mit Aufwölbung des Eingeweidebereiches (Eingeweidesack, Visceralkomplex) in die Nähe des Kopfes verlagert (Scaphopoda, Gastropoda, Cephalopoda).

Die Mollusca haben sich die verschiedensten Nahrungsquellen erschlossen und verdanken dieser Anpassung wohl vor allem ihre weite Verbreitung und hohe Artenzahl. Wichtigste Spezialeinrichtung zum Erwerb, zum Verschlingen und oft auch zum Zerkleinern der Nahrung ist die **Radula** (Raspel- oder Reibzunge). Sie wird von speziellen Bildungszellen, den Odontoblasten, in einer Radulascheide ventral im Pharynx gebildet (Abb. 434). Meist besteht sie aus der cuticularen bandförmigen Radulamembran, in der die durch Chitin, Conchiolin oder Mineralsalzen (Ferritin) gehärteten „Zähne" verankert sind. Bei Solenogastres liegt hierbei teilweise noch ein rein monoseriales Organ ohne Auftrennung

von Membran und Zähnen vor. Die Radulazähne oder -platten sind allgemein streng in Längs- und Querreihen angeordnet (Abb. 479, 480), liegen aber insgesamt in überaus vielfältiger Gestalt vor und weisen auch je Querreihe meist sehr unterschiedliche, oft taxonspezifische Formen auf. Die Radula kann mit der zugeordneten Muskulatur über ein oft gut entwickeltes, muskulöses oder knorpeliges Radulapolster (Odontophor) oder auch mit diesem zusammen so bewegt werden (Buccalapparat), dass bei gleichzeitigem Vordrücken aus der Mundöffnung Bewuchs vom Substrat abgeweidet werden kann. Die Radulabewegung erfolgt hierbei bei fast allen Testaria allein in der Längsachse (stereoglossater Typus); bei Gastropoda weisen jedoch nur die Patellogastropoda diesen Modus auf (= docoglossat), wogegen alle übrigen Schnecken die Radula auch lateral spreizen können (flexoglossater Typus). In dem Maße, in dem die Zähne vorne abgenutzt werden, wachsen neue Zahnreihen von hinten aus der Scheide nach.

Bivalvia besitzen keinen Buccalapparat mehr und gewinnen ihre Nahrung meist durch Filtration. Auch manchen Solenogastres und Schnecken, die sich saugend oder schlingend ernähren, fehlt eine Radula.

Die aufgenommene Nahrung wird bereits im Buccalraum durch das Sekret von Drüsen vermischt. Für die Conchifera (ausgenommen Bivalvia) ist zudem ein **Kiefer** charakteristisch, der als einheitliche Struktur oder paarig am vorderen Pharynxdach differenziert ist und der Radula als Widerlager dient. Nur Solenogastres zeigen noch einen homogenen Mitteldarm. Für Conchifera ursprünglich ist ein S t i e l s a c k - M a g e n (Gallertstiel, enzymhältiger Protostyl, K r i s t a l l - s t i e l) mit cuticulärem Magenschild, ciliären Sortierfeldern und Transportrinnen (Typhlosolen/Septen) (Abb. 461). Hauptzentren der Resorption sind die Drüsenorgane des Mitteldarmes, die oft einen großen Teil des Eingeweidebereiches einnehmen, sowie der Mitteldarm selbst.

Ernährungssymbiosen: Einige Schnecken (z. B. Elysioidea, einige Aeolidioidea) und Muscheln (z. B. Riesenmuscheln) beherbergen symbiontische Algen oder Chloroplasten, deren Assimilationsprodukte sie nutzen (Abb. 466). So können sich diese „von Sonnenenergie angetriebenen" Mollusken zusätzliche Kohlenhydrat- und Aminosäurequellen erschließen. Die Schiffsbohrer (Bivalvia: Teredinidae) (Abb. 467) ernähren sich von Aminosäure-armem Holz und produzieren vermutlich Cellulase, wobei symbiontische Bakterien in den Kiemen durch Stickstofffixierung den Aminosäuren-Mangel ausgleichen; bei Pulmonaten wird die Cellulase von symbiontischen Bakterien des Darmtraktes geliefert. In methan- oder sulfidreichen Habitaten, z. B. um Hydrothermalschlote, können Muschel- und Schneckenarten in speziellen Bacteriocyten ihrer Kiemen oder Mantelepithelien chemoautotrophe Bakterien enthalten. Diese nutzen die Energie der wasserstoffreichen Verbindungen dieser Lebensräume (besonders Sulfide) mittels oxidativer Reaktionen.

Das **Nervensystem** der Mollusken ist ursprünglich als t e t - r a n e u r e s O r t h o g o n ausgebildet, das durch ein paariges Cerebralganglion oder einen Cerebralstrang, mit davon ausgehend 4 körperlangen Nervensträngen charakterisiert ist (Abb. 434, 438): 2 Ventral- oder Pedalstränge und 2 Lateral- oder Visceralstränge, welche ursprünglich durch unregelmäßige Ventralkommissuren und Lateroventralkonnektive untereinander vernetzt sind. Innerhalb der Mollusken treten alle Stadien einer zunehmenden strukturellen wie funktionellen Höherdifferenzierung auf. Das Nervensystem wird

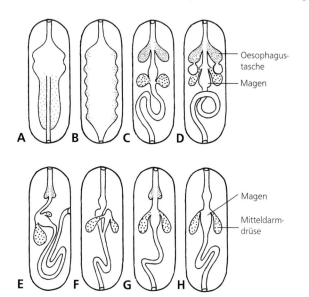

Abb. 437 Schema des Darmtraktes bei verschiedenen Mollusken-Taxa, Aufsicht. **A** Caudofoveata. **B** Solenogastres. **C** Polyplacophora. **D** Tryblidia. **E** Gastropoda. **F** Cephalopoda. **G** Scaphopoda. **H** Bivalvia. Verändert nach Salvini-Plawen (1988).

dementsprechend zunehmend komplexer und konzentrierter. Cerebralganglien, deren Pedalkonnektive und die Pedalganglien mit Kommissur bilden hierbei meist einen Schlundring. Bei allen basalen Gruppen treten Markstränge auf (d. h. Nervenbahnen mit eingestreuten Perikaryen). Demgegenüber kommt es auch bei fast allen Mollusken (ohne Polyplacophora und Tryblidia) zumindest in bestimmten Bereichen des Körpers zur Bildung echter Ganglien (d. h. die Perikaryen sind zu Nervenknoten konzentriert). Die Lateralstränge verlaufen primär außerhalb der Dorsoventral-Muskulatur, bei Gastropoda und Cephalopoda innerhalb. Sie vereinigen sich terminal ursprünglich mittels einer Suprarektalkommissur über dem Darm; demgegenüber sind sie bei den Conchifera als Subrektalkommissur unterhalb des Enddarms verbunden, welche zumeist als Kommissur der Visceralganglien vorliegt. Der Buccalapparat (wenn vorhanden) ist stets durch ein eigenes System innerviert, welches in der Regel auch 1 Paar Buccalganglien ausbildet.

Neben den meist uni-, seltener bi- oder multipolaren Nervenzellen gibt es bei den meisten Heterobranchia (Gastropoda) auch hochgradig polyploide Riesenzellen bis zu 2 mm Durchmesser. Die Axone sind bis 40 μm dick, die Riesenfasern der Cephalopoda sogar über 700 μm. Die Axone können von mehreren Schichten von Gliazellen umschlossen werden, große Fasern sind tief längsgefaltet. Neurosekretorische Zellen liegen vor allem in den Cerebral-, Pleural- und Visceralganglien.

Sinnesorgane sind in mannigfaltiger Weise ausgebildet. Ein circumorales Feld von Chemo- und Mechanorezeptoren sowie das paarige, primär von den terminalen Lateralsträngen innervierte, chemorezeptive osphradiale Sinnesorgan gehören zum Grundmuster der Mollusca. Letzteres ist als Dorsoterminales Sinnesorgan bei Solenogastres und bei Caudofoveata zumeist zwar paarig innerviert, aber ver-

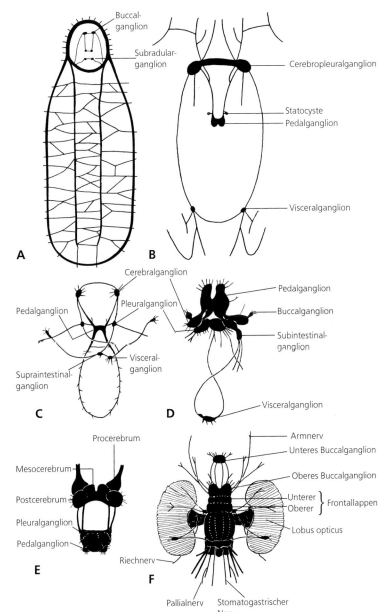

Abb. 438 Nervensysteme von Mollusca (Testaria) unterschiedlicher Entwicklungsstufen. **A** Polyplacophora (*Chiton*). **B** Bivalvia (*Nucula*). **C** Patellogastropoda (*Patella*). **D** Neogastropoda (*Buccinum*). **E** Eupulmonata (*Helix*). **F** Cephalopoda (*Octopus*). Verändert nach verschiedenen Autoren aus Götting (1974).

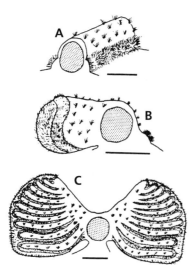

Abb. 439 Verschiedene Osphradien-Typen bei Gastropoda. **A** Einfach leistenförmig bei einem Weidegänger (*Littorina littorea*). Maßstab: 0,1 mm. **B** Ausbildung eines lateralen Blättchens bei einem Filtrierer (*Crepidula fornicata*). Maßstab: 0,1 mm. **C** Doppelfiedriges Osphradium-Blättchen bei einem Carnivoren (*Conus striatus*). Maßstab: 0,3 mm. Die ursprünglich paarigen Osphradien sind chemorezeptive, dem terminalen Bereich des Mantelraumes zugeordnete Sinnesorgane von wasserlebenden Mollusken. Bei Schnecken wird das rechte Osphradium fortschreitend reduziert; das bei den Neogastropoda einzige verbleibende ist durch Ausbildung beidseitig der Achse angeordneter Blättchen vergrößert (**C**). Verändert nach Taylor und Miller (1989). Zur Lage des Osphradiums im Mantelraum vgl. Abb. 435.

schmolzen-unpaar am dorsalen Mantelraum-Rand oder darüber differenziert (Abb. 443, 445); bei den Testaria hingegen liegt das paarige Osphradium im Mantelraum (Abb. 435, 439, 449, 475, 504). Es fehlt bei Tryblidia, Scaphopoda und Coleoida; bei Gastropoden wird es zusammen mit der rechten Kieme rechts rückgebildet und fehlt bei Nudibranchia und Stylommatophora. Die primäre Funktion könnte der Ablaichkoordination bzw. der Geschlechterfindung dienen, wogegen bei Gastropoden (durch die Torsion bedingt) eine Überprüfung des einströmenden Wassers erfolgt.

P h o t o r e z e p t o r e n (Ocellen, Augen) fehlen völlig bei Solenogastres, Caudofoveata, Tryblidia und Scaphopoda. Sie sind dagegen parallel in mehr als 10 Linien zu Organen differenziert, worunter die mehrfache Konvergenz am Mantelrand bei Bivalvia besonders auffällt (Abb. 459). Sehr eigenartig sind die Photorezeptoren in den Ästheten der Polyplacophora, die in das Tegmentum der Schalenplatten eingeschlossen sind (Abb. 451). Reine Larvalocellen treten nur bei Polyplacophora und Bivalvia-Pteriomorpha auf. Lediglich Gastropoda und Cephalopoda haben Kopfaugen in den unterschiedlichsten Entwicklungsstufen (Abb. 478, 507). Phaosomzellen sind an den Siphonen bei Bivalvia-Myidae und in vielen Gastropoda ausgeprägt.

Die meisten Molluskenaugen lassen eine Reizaufnahme von hell und dunkel oder nur Schattenreflexe zu. Formensehen wird aber für viele Gastropoda vermutet. Sicherlich bildtauglich sind die hochentwickelten Teleskopaugen der räuberischen Heteropoda (Gastropoda). Die größten und leistungsfähigsten (z. B. Polarisationssehen) Augen der Mollusken liegen bei Coleoida vor (Abb. 506, 507).

Als Kontakt-Chemorezeptor ist das S u b r a d u l a r o r g a n der Polyplacophora und Tryblidia sowie der altertümlichen Gastropoda und der Scaphopoda einzustufen (das gleichnamige, jedoch nicht homologe Organ bei Cephalopoden dient der Auflösung der Radulazähne). Einzellige C h e m o r e z e p t o r z e l l e n finden sich häufig direkt neben den epidermalen Mechanorezeptorzellen. Sie bestehen aus Nervenfortsätzen oder aus bewimperten Sinneszellen. Auch das A p i k a l o r g a n der Larven ist chemorezeptiv.

Paarige S t a t o c y s t e n sind nur bei Conchifera ausgebildet und entstehen als Ektoderm-Einstülpungen, die sich zu kleinen Blasen schließen. Sie werden von den Cerebralganglien innerviert, obwohl sie nahe an den Pedalsträngen/-ganglien liegen. Innen tragen sie ein Rezeptorepithel, im flüssigkeitserfüllten Lumen liegen konzentrisch strukturierte, kalkige Statolithen oder zahlreiche, kleine Statoconien. Zudem finden sich epidermale M e c h a n o r e z e p t o r z e l l e n besonders häufig an den Kopftentakeln und Rhinophoren der Gastropoda, an der mittleren Mantelrandfalte der Bivalvia und an den Saugnäpfen der Cephalopoda.

Das **Kreislaufsystem** der Mollusca ist prinzipiell offen, d. h. die Zirkulation erfolgt in Lakunen oder in bestimmten Bahnen (Sinus) ohne epitheliale Gefäßwände. Entsprechend der Lage der Respirationsflächen (Mantelraum, Kiemen) im Hinterkörper wird das Blut von hier nach dorsal und weiter nach vorne geleitet. Der Motor für die Bewegung der Körperflüssigkeit ist ein H e r z aus muskulösem Ventrikel und zwei zuführenden Atrien (Aurikeln) im P e r i k a r d . Dieses wird meist posterodorsal über dem Endabschnitt des Mitteldarmes gebildet und fungiert als hydrostatisches Skelett. Das Herz stellt hierbei eine bei Solenogastres, teils auch bei Caudofoveata und in Resten bei Scaphopoda vielfach adult erhaltene Einsenkung des Perikard-Daches dar; dementsprechend ist sein Lumen von der Basalmembran des mesodermalen, perikardialen Epithels begrenzt, und die Muskulatur befindet sich primär im Inneren des Ventrikels. Dem Ventrikel schließt sich nach vorne ein Dorsalsinus (Solenogastres und Scaphopoda) oder eine Aorta anterior an, vielfach auch von letzterer abgezweigt eine Aorta posterior nach hinten; das Lumen dieser „Gefäße" ist ebenfalls von der nach vorne verlängerten Basalmembran des Perikards begrenzt. Diese Bahnen (Dorsalsinus oder Aorta) öffnen sich in Lakunen; das Blut sammelt sich dann in einem ventral oder mehreren ventral und lateral verlaufenden Sinusbahnen, fließt zumindest teilweise durch die Respirationsflächen (Mantelraum, Kiemen) und wird von hier nach dorsal über die beiden Herzatrien zum pumpenden Ventrikel geleitet. In mehreren Gruppen gibt es jedoch eine ausgeprägte Tendenz zu einem geschlossenen System, wo dann ein vergleichsweise hoher Blutdruck aufgebaut werden kann (Cephalopoda, Stylommatophora). Bei Cephalopoda ist die Effizienz der Leistung erhöht: bei *Nautilus* durch Verdoppelung der Stoffwechselorgane (Ctenidien, Herzatrien, Emunktorien) und bei Coleoida durch eigene, den Ctenidien vorgeschaltete K i e m e n h e r z e n (Abb. 508).

Demgegenüber spielt der Kreislauf für die O$_2$-Verteilung im Körper bei vielen Muscheln nur eine geringe Rolle (bei *Placopecten* sp. wird nur etwa 1/3 des Sauerstoffbedarfs über das Blut, ansonsten durch direkte Diffussion über das Mantelepithel gedeckt).

Das Blut ist eine Hämolymphe, die oft Atmungspigmente (Hämocyanin, seltener Hämoglobin), aber selten echte Erythrocyten enthält. Sie macht etwa 60–80 % des Nassgewichtes bei Gastropoda und 50–60 % bei Bivalvia aus.

Der Blutdruck wird zusätzlich zur Ventrikelpumpe durch Körperbewegungen beeinflusst: Ausstrecken von Körper(teilen) aus der Schale, Bewegungen von Fuß, Radularapparat und Siphonen und die Ausstülpung von Kopulationsstrukturen führen zu lokalen Druckschwankungen, deren Ausbreitung im Körper teilweise durch Ventile begrenzt wird. Frei beweglich treten Amoebocyten (Infektionsabwehr), Rhogocyten (Blutfarbstoffbildung und generell Schwermetallstoffwechsel) und diverse Hämocyten bzw. Granulocyten verschiedenster (und häufig nicht bekannter) Funktionen auf.

Mit dem **Gonoperikard-System** sind innerhalb der ansonst acoelomat-mesenchymatischen Organisation der Mollusca (primäre Leibeshöhle mit offenem Kreislauf) auch coelomatische Räume ausgebildet: Das generell dorsal im Hinterkörper durch Schizocoelie gebildete mesodermale P e r i k a r d mit seinen Ausführgängen und die sich davor erstreckenden G o n a d e n r ä u m e stellen ontogenetisch eine Einheit dar (Abb. 434). Bei einigen Gruppen bleiben sie auch adult erhalten (höhere Caenogastropoda, Bivalvia-*Anodonta*, Cephalopoda). Bei Solenogastres und Caudofoveata gelangen die Keimzellen jeweils über das Perikard, sonst aber über eigenständige Gonodukte (teils unter Einbezug von Anteilen der Exkretionsgänge) aus dem Körper. Nicht selten und vielfach parallel sind komplexe Genitalhilfsapparate und Kopulationsstrukturen entwickelt.

Das **Exkretionssystem** ist bei Mollusken nicht einheitlich differenziert. Larven besitzen allgemein 1 Paar Protonephridien mit multiciliärer Terminalzelle (Wimperflamme), die später vollständig reduziert werden. In adulten Tieren erfolgt aufgrund des Druckes der Herzmuskulatur über Podocyten Ultrafiltration der Hämolymphe aus dem Herz (zumeist den Atrien) in das Perikard, seltener über die Perikardwand selbst (Perikardialdrüsen). Bei Coleoida übernimmt ein Anhang der Kiemenherzen diese Filtrationsfunktion in das Perikard (Abb. 508). Das der Perikardflüssigkeit beigemengte Filtrat (Primärharn) wird über die Perikardiodukte ausgeleitet. Wenn diese Perikardgänge durch Rückresorption und Sekretion den Sekundärharn bilden, handelt es sich um N e p h r i d i a l o r g a n e , die bisher nur für T e s t a r i a nachgewiesen sind (E m u n k t o r i e n , meist fälschlich als „Nieren" bezeichnet). Dies entspricht in der Funktion insgesamt einem „metanephridialen System" der Anneliden und auch der Wirbeltiere.

Beginnend mit einer Öffnung führt je ein mehr oder weniger langer, bewimperter Gang (Renoperikardialgang) vom Perikard zum eigentlichen Exkretionsorgan, welches reich mit Hämolyphe versorgt ist. Die Ausleitung des gebildeten Sekundärharnes erfolgt direkt oder über einen Gang (Ureter) in den Mantelraum (Abb. 434, 508). Bei Süßwasser- und Landformen ist dieser Teil besonders stark entwickelt, um die Osmoregulation bzw. Wasser-Rückresorption zu gewährleisten. Es ist derzeit unklar, wie bei Fehlen einer Perikard-Verbindung (z. B. Tryblidia, Scaphopoda, rechtes Exkretionsorgan vieler basaler Gastropoda) das Ultrafiltrat ausgeleitet wird.

Die **Genitalorgane** sind mit den Gonaden primär dorsal des Darmes ausgebildet, bei Conchifera teils ventral gelagert (z. B. Tryblidia; Abb 476) und werden bei Aufwölbung des Eingeweidebereiches dorsal in diesen einbezogen; Kopulationsstrukturen können aber überall auftreten. Mollusken pflanzen sich ausschließlich sexuell fort, wobei die Mehrheit der Mollusken getrenntgeschlechtlich ist; die ca. 40 % Zwitter sind hauptsächlich durch Solenogastres, einige Bivalvia, einige prosobranche sowie fast alle euthyneuren Gastropoda vertreten. Zum Teil sind echte Zwittergonaden vorhanden (Abb. 481C), nicht selten liegt Proterandrie vor. Vereinzelt ist Parthenogenese bekannt.

Die Anzahl der Eier hängt von der Größe der Tiere sowie vom Dottergehalt ab. Teilweise wird die Eizelle noch im Ovar von Follikelzellen eingeschlossen, die sie ernähren und sekundäre Hüllen bilden können. Während des Wachstums schiebt sich die Eizelle in das Lumen der Keimdrüse vor, bleibt zunächst noch durch einen stielartigen Gewebsstrang mit der Ovarwand verbunden und platzt schließlich als reife Oocyte aus dem Follikel heraus. Der Abschluss der Reifung erfolgt im Lumen des Ovars. Bei Süßwasser-Neritidae (*Theodoxus*) und einigen Caenogastropoda wird ein Teil der Eizellen zu Nähreiern. Die Spermiogenese ist gruppentypisch. Bei Caenogastropoda treten oft auch neben den typischen, haploiden Spermatozoen atypische („apyrene") Samenzellen mit abweichendem Chromatingehalt auf (S p e r m i e n d i m o r phismus), die Trägerfunktion haben.

Fortpflanzung und Entwicklung

Bei der äußeren Befruchtung werden zahlreiche Keimzellen ins Wasser entleert (Caudofoveata, die meisten Polyplacophora, ursprüngliche Gastropoda und die meisten Bivalvia und Scaphopoda). Nicht selten kommt es zur Befruchtung im Mantelraum, die mit Brutpflege korreliert sein kann. Bei den Solenogastres, den meisten Gastropoda und allen Cephalopoda ist innere Befruchtung mittels mannigfaltiger Kopulationsstrukturen und/oder Spermatophorenbildung die Regel. Die Zygote wird dann bei der Passage durch die ausleitenden Gonodukte der Conchiferen (Abb. 481) mit weiteren (tertiären) Hüllschichten umkleidet.

Kopulationsvorspiele sind von Gastropoda und Cephalopoda bekannt. Bei den Stylommatophora kann das gesamte Liebesspiel über 6 Stunden dauern, bei opisthobranchen Gastropoda bis zu 5 Tagen. Zwittrige Gastropoda bilden manchmal Fortpflanzungsketten, in denen jedes Tier als Männchen für das daruntersitzende fungiert (*Aplysia*, *Lymnaea*). Besonders komplex sind die Paarungsspiele der Cephalopoda (Abb. 509, 514). Paarungsbereitschaft, Partnererkennung und Erregungsgrad spiegeln sich bei ihnen in unterschiedlicher und schnell wechselnder Färbung und Musterung der Haut wider.

Fortpflanzungs- und Laichzeit werden durch Hormone und Neurosekrete, aber auch durch äußere Faktoren (insbesondere die Temperatur und die Tageslänge, aber auch Mondphasen) gesteuert. Dadurch können in verschiedenen geographischen Arealen physiologisch unterschiedliche Gruppen leben, deren Fortpflanzungsrhythmen gegeneinander verschoben sind.

Die frühe **Ontogenese** ist durch eine regelmäßige, ab dem 4-Zellstadium obligat pendelnde Schrägfurchung („Spiralfurchung") mit Determinierung gekennzeichnet. Eine Ausnahme machen nur die Cephalopoda, deren extrem dotterreiche Eier sich diskoidal furchen (Abb. 510). Der Dottergehalt der Eier korreliert negativ mit der Weite des Blastocoels; bei

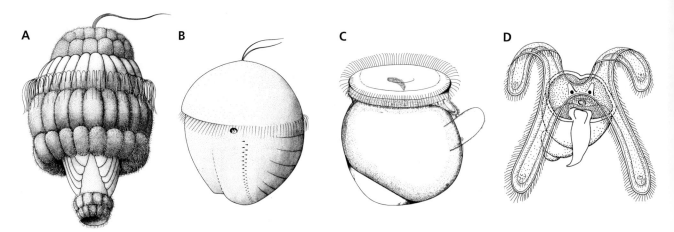

Abb. 440 Grundtypen planktischer Trochus-Larven der Mollusca. **A** Pericalymma (Hüllglockenlarve; lecithotroph), Solenogastres (*Nematomenia*). **B** Einfache Trochus-Larve („Pseudo-Trochophora"; lecithotroph), Polyplacophora (*Ischnochiton*) **C** Rotiger (planktotroph) mit Embryonalwie Larvalschale und vorgestrecktem Fuß, Bivalvia-Autobranchia (*Lyrodus*). **D** Vierlappiger Veliger (planktotroph) mit Larvalschale, Caenogastropoda (unbestimmt). Aus Götting (1974), Kilias (1982), Turner und Boyle (1975).

minimalem Volumen wird von einer Sterroblastula gesprochen. Die Gastrulae entstehen durch Invagination aus der Coeloblastula oder durch Epibolie aus der Sterroblastula.

In allen Mollusken-Eiern ist eine animal-vegetative Achse ausgebildet, deren Lage schon durch die Position der Oocyte im Ovar beeinflusst wird. Dieser Achse folgt die erste Furchungsebene mit Festlegen der Symmetrieebene. Während der 1. Furchung stülpt sich bei vielen Mollusken vorrübefehend ein „Pollappen" aus Nach der Spiralquartettfurchung (Einzelheiten: S. 183, Abb. 279, 281) bilden im 6. Furchungsschritt die größeren Zellen in der (radialen) Achse der apikalen Rosettenzellen ein optisch hervortretendes sog. Mollusken-Kreuz.

Das Mesoblastem der Mollusken besteht wie bei vielen anderen Spiralia aus zwei Anteilen: Dem Ektomesoblastem aus dem 3. und/oder 2. Mikromerenquartett, welches sich z. B. in die Vorderdarmmuskulatur und Mesenchym (Bindegewebe) differenziert, und dem Entomesoblastem aus der „Urmesodermzelle" 4d; deren Tochterzellen bilden 1 Paar kurze Mesoblastem-Streifen, welche jedoch ebenfalls zu Mesenchym, Myocyten, etc. desintegrieren. In der Organogenese häuft sich dann erst spät, meist postlarval, allgemein eine paarige mesenchymale Zellmasse am Mitteldarm-Ende (Polyplacophora) oder Enddarm an und bildet durch Schizocoelie M e s o d e r m , das dorsomedian verschmolzene Perikard; bei manchen Mollusken bleibt das Perikard jedoch paarig oder es umschließt das terminale Intestinum bzw. das Rectum. Soweit bekannt, lagern sich die Urgeschlechtszellen an das Perikard an, um anschließend retroperitoneal eingebettet zu werden und das Auswachsen der Gonadenräume zu bewirken (Gonoperikard).

Die Entwicklung ist bei marinen Mollusken (mit Ausnahme der Cephalopoden) im typischen Falle indirekt und führt primär zu einer lecithotrophen Wimperkranz-Larve (Trochus-Larve) mit ein- bis mehrreihigem praeoralem Wimpernring (Prototroch), 1 Paar Protonephridien und Apikalorgan. Sie entspricht in dieser Charakterisierung der lecithotrophen **Trochophora** (i. w. S.) vieler anderer Spiralia (S. 280, 375).

Lecithotrophe **Trochus-Larven** der Mollusken sind in mehreren, teils ineinander übergehenden Differenzierungstypen ausgeprägt, die sich vor allem durch die Ausprägung des Prototrochs unterscheiden: (1) P e r i c a l y m m a (Hüllglockenlarve; Abb. 440A) mit großzelliger, bewimperter Larvalhülle (Calymma), welche den heranwachsenden Körper umgibt (etliche Solenogastres, protobranche Bivalvia).

(2) Stenocalymma (Abb. 470) mit sehr breitem Trochus (einige Solenogastres, einige Caudofoveata, Scaphopoda). (3) Trochuslarve mit nur schmalem praeoralen Trochus (Abb. 440B, 482A–D); sie differenziert sich bei Solenogastres-*Epimenia* und Scaphopoda aus einer Stenocalymma, bei Caudofoveata-*Chaetoderma*, Polyplacophora und basalen Gastropoda entsteht sie aber direkt

Planktotrophe Trochus-Larven haben sich sekundär mehrfach entwickelt: (4) Bei Gastropoda kann eine Trochuslarve (dann als Praeveliger bezeichnet; Abb. 482E–F) weiter zur planktotrophen V e l i g e r -Larve umgebildet werden (Neritopsina; Caenogastropoda und marine Heterobranchia; Abb. 440D, 482G,I). (5) Bei Bivalvia-Autobranchia ist eine analog planktotrophe R o t i g e r -Larve differenziert (fälschlich auch „Muschel-Veliger"; Abb. 440C). Beide, Veliger und Rotiger, sind durch das Auftreten von Oberflächenvergrößerungen des Wimperkranz-Bereiches gekennzeichnet (2–12 „Segellappen" bei Veliger, annähernd radförmiger bis zweilappiger Wulst bei Rotiger); sie dienen neben der „schwebenden" Lokomotion (Prototroch) durch einen neu gebildeten, 2. Wimperkranz (in Analogie zum Metatroch der Trochophora einiger Annelida und anderer Spiralia) auch der Ernährung (*downstream-collecting-system*). Späte planktotrophe Larven mit bereits deutlicher Fußbildung werden als Pediveliger bzw. Pedirotiger bezeichnet (Abb. 482H).

Bei vielen (vor allem limnischen und terrestrischen) Gastropoden, einigen (vor allem limnischen) Bivalvia und generell bei Cephalopoda wird die indirekte Entwicklung jedoch abgewandelt und stark verkürzt, insbesondere bei Arten mit so genannter direkter Entwicklung (in der Eikapsel), wo bereits adultähnliche Stadien schlüpfen. Bei Gastropoden und Bivalvia treten aber selbst dann ein (reduziertes) Apikalorgan und Protonephridien auf. Die Entwicklung der extrem dotterreichen Eier der Cephalopoden verläuft über eine discoidale Furchung, ist direkt und weitgehend abgewandelt (vgl. S. 352); der Dotterabbau erfolgt hierbei nicht über den Mitteldarm, sondern durch einen eigenen Dotterkreislauf.

Systematik

Die Mollusca sind eine phylogenetisch sehr alte Gruppe, deren Ursprung praekambrisch ist. Bereits im frühesten Kambrium tritt anhand von Schalen (Conchae) eine große Vielfalt von Formen auf (Abb. 105D).

Die Zugehörigkeit der Mollusca zu den Spiralia bzw. Trochozoa ist unbestritten. Molekular-genetische Daten liefern bezüglich der Verwandtschaftverhältnisse zu anderen Spiralia bislang keine genauen Hinweise und erweisen sich bei der Feststellung der Beziehungen der Mollusken-Großgruppen untereinander zur Zeit als noch sehr widersprüchlich bis

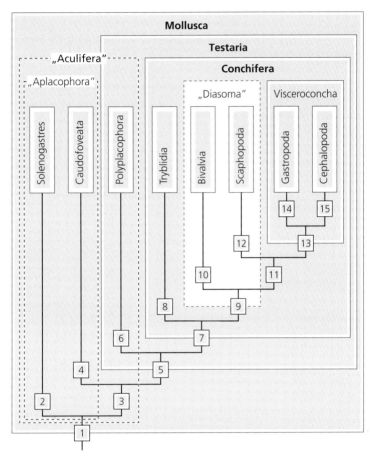

Abb. 441 Hypothetisches Cladogramm der Mollusca. Apomorphien (Auswahl): **[1] Grundmuster** (Abb. 434): Dorsales Epithel (Mantel) mit chitinöser Cuticula und Aragonitschuppen oder –skleriten. Mantelpapillen; hinterer Mantelraum mit Anus und Öffnung der paarigen Perikardgänge (einschließlich oder getrennter Genitalgänge) , mit Schleimkrausen und mit zugeordnetem, paarigem chemorezeptiven (osphradialen) Sinnesorgan; ventrale, muco-ciliäre Gleitsohle (Fuß); seriale Dorsoventral-Muskulatur, z.T. sich ventral überkreuzend; paariger, ventrolateraler Einrollmuskel; Tetraneurie; Vorderdarm mit Radula; Mitteldarm ungegliedert; Gonoperikard-System (autapomorphes Coelom); Herz mit paarigem Atrium und Ventrikel; getrenntgeschlechtlich. **[2] Solenogastres:** Verschmalerung des Körpers, mit Fußfurche; Hermaphroditismus; innere Befruchtung. **[3]** Paarige Ctenidien. **[4] Caudofoveata:** Postorale Region als Grabschild; Praecerebralganglien; Fuß und (weitgehend) Dorsoventral-Muskulatur reduziert; Mantelraum terminal; hinterer Mitteldarm längsgeteilt mit unpaar-ventralem Drüsensack. **[5] Testaria:** Mantel mit dorsaler, mehrzellig-flächiger Kalk-Abscheidung als 8 Platten; Dorsoventral-Muskulatur in 2 × 8 Bündeln; Mantelraum circumpedal; Darmtrakt in Pharynx, vorderem Oesophagus samt Futterrinne und paarig-drüsiger Tasche, hinterem Oesophagus, Magen mit paariger Mitteldarmdrüse und Intestinum gegliedert; Radulaapparat stereoglossat; chemorezeptives Subradulaorgan; Perikardgänge als Exkretionsorgane. **[6] Polyplacophora:** 8 dachziegelartig angeordnete Schalenplatten, von Gürtel mit Cuticula und Skleriten umgeben; Aestheten; paarig-lateraler Einrollmuskel; freie Gonodukte. **[7] Conchifera:** Einheitliche, napfförmige Schale; chitinöse Kieferbildung; Stielsack-Magen; Statocysten; Subrektal-Kommissur; palliale Nephridialorgane; cerebral innervierte Kopfanhänge. **[8] Tryblidia:** Sekundäre Vermehrung von Ctenidien (3–6 Paar), Nephridialorganen (3–7 Paar) und Gonaden (1–3 Paar); keine proximalen Perikardgänge, keine Osphradien; mit lateralen Lippen (Velum). **[9]** Buccalknorpel massiv (?). **[10] Bivalvia:** Körper lateral abgeflacht; zweiteilige Schale mit Schloss und Ligament; 2 Schließmuskeln; völlige Reduktion des Buccalapparates (nicht des Kopfes!); sensorische Mundlappen; Pedalganglion. **[11]** Nur noch 1–3 Paar dorsoventrale Schalenmuskeln, davon (zumindestens ontogenetisch) 1 Paar echter Kopfretraktoren; hydrostatisches Muskelsystem im Fuß. **[12] Scaphopoda:** Röhrenförmige Schale durch ventrale Verschmelzung; kegelförmiger Grabfuß; Captacula; Verlust der Ctenidien; Herz reduziert; nur rechte Gonade. **[13] Visceroconcha:** Bildung eines echten, abgesetzten Kopfes mit cerebralen Augen; Mantel auf Visceralregion beschränkt; Mantelraum nur hinten (bzw. nach Torsion vorne); Visceralschlinge innerhalb der Schalenmuskeln. **[14] Gastropoda:** Streptoneurie durch Torsion mit vorderem Mantelraum, gedrehter Oesophagus, stark asymmetrische Herz-Atrien und Exkretionsorgane; nur 1 Paar Schalenmuskeln, nur rechte Gonade; 1 Paar Kopftentakel; Epipodialtentakel. **[15] Cephalopoda:** Schale gekammert mit Siphunculus; Kopfanhänge als Fangarme; Fuß als Trichter für Düsenfunktion; Kiefer mit ventralem Gegenstück (Schnabel); interne Befruchtung; Diskoidalfurchung bzw. Keimscheibenentwicklung mit äußerem und innerem Dottersack. Nach Salvini-Plawen und Steiner (1996) und Haszprunar (2000).

unhaltbar. Feinstrukturelle und immuncytochemische Daten lassen die **Kamptozoa** (Entoprocta) (S. 275) als wahrscheinlichste Schwestergruppe vermuten: Neben der chitinösen Cuticula zeigen die Kriechlarven von *Loxosomella* eine Reihe von (synapomorphen?) Merkmalen (Gleitsohle mit vorderer Drüse, tetraneurales Nervensystem, ventral gekreuzte Muskelbündel), die sie mit den Weichtieren gemeinsam aufweisen. Detaillierte Übereinstimmungen im Spiralfurchungsmuster (S. 185) weisen auf engere Beziehungen der Mollusca zu den Annelida hin, jedoch ohne deren Differenzierung von Körpercoelom (sekundäre Leibeshöhle) und Segmentierung.

Die Stammart der Mollusca (vgl. Abb. 434) war vermutlich ein kleines Tier (1–5 mm) mit dorsaler, durch Chitincuticula mit eingelagerten Aragonit-Skleriten(-Schuppen) geschützter Episphäre und ventraler bewimperter Gleitsohle (Hyposphäre) samt Fußdrüse. Die neuesten kladistischen Analysen (Abb. 441) lassen die **Solenogastres** als ersten Seitenzweig (noch ohne Magenbildung) erkennen, gefolgt von den in der Lebensweise und adaptiven Umbildung konträren **Caudofoveata**. Diese beiden aplacophoren Gruppen werden nicht selten noch als ein monophyletisches Taxon „Aplacophora" bzw. zusammen mit den Polyplacophora als „Aculifera" geführt. Aus dem gleichen Organisationsstadium (mit 7 Querreihen dorsaler Mantel-Sklerite) lassen sich die **Polyplacophora** ableiten, welche durch eine auf den peripheren Bereich (Gürtel) beschränkte dickere Cuticula mit Skleriten und 7 + 1 dorsale Schalenplatten sowie durch den Ausbau des Darmtraktes ausgezeichnet sind. Sie lassen sich anhand dieser mit den Conchifera synapomorphen Merkmale als monophyletische **Testaria** zusammenfassen (gegliederter Mitteldarm mit Intestinalschlingen, stereoglossater Radulaapparat, Subradularorgan, Exkretionsorgane). Alle höheren Mollusken werden aufgrund einer ursprünglich einheitlichen, in Bildung und Aufbau gleichartigen Schale von allen Autoren als Monophylum **Conchifera** angesehen; sie zeigen darüber hinaus im Bau des Mantelrandes, in der Differenzierung von Statocysten und in der Ausprägung des Stielsack-Magens zahlreiche Gemeinsamkeiten. Die internen Verwandtschaftsverhältnisse sind aber in den aktuellen molekularen Analysen noch sehr widersprüchlich, so dass wir hier einer morphologisch begründeten Interpretation den Vorrang geben: Nach Abspaltung der **Tryblidia** erscheinen die **Bivalvia** als folgender Seitenzweig. Die **Scaphopoda** stehen den **Gastropoda** und **Cephalopoda** deutlich näher als den Bivalvia; das so genannte „Diasoma"/ "Loboconcha"-Konzept (Bivalvia + Scaphopoda) wird heute daher kaum mehr vertreten. Während die morphologischen Gegebenheiten (vor allem die Kopfbildung mit Cerebralaugen sowie die Reduktion des Mantelraumes) ein Schwestergruppenverhältnis von Gastropoda + Cephalopoda (Cyrtosoma/Visceroconcha) befürworten, sprechen ribosomale Gene eher für die Nähe von Scaphopoda + Cephalopoda gegenüber den Gastropoda. Alle drei Gruppen zeigen jedenfalls eine Streckung der Dorsoventralachse, echte Kopfretraktoren und antagonistische Muskel-Muskel Systeme.

1 Solenogastres (Neomeniomorpha), Furchenfüßer

Die Furchenfüßer (gut 275 Arten) sind rein marine, meist auf Sediment gleitende Mollusca, die sich vorwiegend von Nesseltieren (Cnidaria) ernähren. Viele Arten (ca. 15 %) leben daher unmittelbar auf Anthozoen und Hydrozoen (Abb. 442); vereinzelt sind sie grabende Tiere, einige Kleinformen leben auch interstitiell. Sie kommen in allen Weltmeeren vom ruhigen Flachwasser bis nahezu 7 000 m Tiefe vor.

Der **Körper** ist meist länglich und im Querschnitt weitgehend circulär(Abb. 443), mit Größen zwischen 1 mm und 30 cm, meist jedoch zwischen 3 mm und 30 mm. Er ist weitgehend vom Mantel mit chitinöser Cuticula und dicht eingebetteten Skleriten bedeckt; nur ventral ist hinter der Mundöffnung eine Längsfurche mit dem stark verschmälerten Fuß ausgespart, mit dessen Bewimperung sie sich auf einer Schleimspur der Fuß- und Sohlendrüsen langsam bewegen (5 mm große *Wirenia argentea* 5 mm min⁻¹). Die für die Systematik wichtigen Sklerite sind ein- oder mehrschichtig gelagert und in unterschiedlicher Form ausgebildet, vorwiegend aber als Schuppen oder Hohlnadeln; häufig durchziehen auch epidermale Papillen die Cuticula. Unter dem Mantel liegt eine äußere Quer- („Ring-") und eine innere Längsmuskelschicht, dazwischen oft Diagonalfasern; die Längsmuskulatur ist meist beiderseits ventral am Mantelrand zu einem Einrollmuskel verstärkt. In gesamter Körperausdehnung sind serial doppelpaarige Dorsoventralmuskeln vorhanden, deren äußere Bündel sich ventral überkreuzen (Abb. 444). Der **Mantelraum** liegt subterminal bis terminal und enthält keine Ctenidien, bildet aber oft respiratorische Lamellen oder Papillen aus; seine seitlichen Schenkel mit den Schleimkrausen sind als drüsige Laichgänge in das Körperinnere verlagert.

Vor der Mundöffnung liegt ein mit Papillen versehener Raum, das Atrium (Vestibulum), das als Sinnesorgan zur Nahrungsprüfung vorgestülpt werden kann. Vielfach sind hierbei atrialer und oraler Bereich äußerlich nicht getrennt, so dass eine gemeinsame Atriobuccal-Öffnung vorliegt. Der **Verdauungstrakt** ist im Vorderdarm meist mit glatter Muskulatur versehen, wodurch der Pharynx als Pumpsystem zur Nahrungsaufnahme fungieren kann. Die taxonomisch wichtige Radula ist einreihig (monoserial), zweireihig (biserial/distich) oder vielreihig (polyserial/polystich) ausgeprägt (Abb. 444), wobei der zweireihige Typus gelegentlich mit Symphyse (dadurch also ebenso monoserial) vorliegt. Soweit untersucht, werden das basale Material („Membran") und die Zähne/Platten noch nicht gesondert gebildet, sondern als Einheit. Bei einigen Solenogastres bleiben die abgenutzten Zähne in einem ventralen Radulasack erhalten; bei etwa 30 % der Spezies ist die Radula reduziert. Von den verschiedenen Drüsenbildungen des Vorderdarms sind ein Paar Drüsenorgane mit Mündung lateroventral der Radula hervorzuheben, da ihr Aufbau für die Systematik (Familien) von Bedeutung ist. Der gerade, einheitliche Mitteldarm durchzieht (unterhalb der Gonaden) großräumig den Körper (Plesiomorphie; Abb. 437B) und zeigt als Strukturierung

Abb. 442 Solenogastres. Habitusbild. Während die Mehrzahl der Vertreter dieser Gruppe frei auf Sediment gleitet, wird hier eine epizoische, von kolonialen Nesseltieren lebende Art gezeigt. Nach Salvini-Plawen aus Edlinger (1991).

lediglich ein dorsomedianes Wimperband zum Nahrungstransport sowie vielfach seriale, durch die dorsoventrale Muskulatur bedingte Einschnürungen. Der Enddarm mit Anus mündet dorsofrontal in den Mantelraum.

Soweit untersucht (*Wirenia, Epimenia*), durchlaufen die Verdauungszellen einen Zyklus: Die Nahrung wird zunächst extracellulär aufbereitet, phagocytotisch aufgenommen und danach intracellulär verdaut, wobei die Nesselkapseln jedoch vielfach ausgespart und explosionsfähig bleiben. Absterbende Verdauungszellen sammeln in einer Vakuole u. a. Harnsäure, deren Kristalle in den abgestoßenen Zellen oder Zellfragmenten durch den Darm ausgeführt werden.

Das **Nervensystem** besteht aus dem über dem Vorderdarm gelegenen, meist verschmolzen-unpaaren Cerebralganglion, dem Buccalsystem und 2 Paar M a r k s t r ä n g e n (ventral, lateral), die durch weitgehend seriale Kommissuren und Kon-

nektive verbunden sind. Am Beginn der Stränge ist jedoch jeweils ein deutliches Ganglion ausgeprägt, und auch an den Verbindungstellen mit den Kommissuren und Konnektiven treten meist gangliöse Verdichtungen auf. Das B u c c a l s y s - t e m aus langen Cerebralkonnektiven und paarigem Buccalganglion im Radula-Bereich weist verschiedentlich weitere Kommissuren und auch kleinere Ganglien auf. Die lateralen Stränge sind durch eine über den Enddarm führende S u p r a - r e k t a l k o m m i s s u r verbunden, von welcher aus das chemorezeptive Dorsoterminale (osphradiale) S i n n e s o r g a n am Außendach des Mantelraumes vielfach paarig innerviert wird. Nicht selten sind zusätzlich peri-atriale sensorische Stereocirren („Sinnesborsten") vorhanden; auch spezielle Rezeptoren im Bereich der so genannten Flimmergrube am Fußbeginn sind festgestellt worden (*Wirenia*). Bei einigen Arten wurde ein zusätzliches frontales Sinnesorgan bekannt.

Das **Kreislaufsystem** ist einfach. Das Herz stellt eine Einfaltung des Herzbeutel-Daches dar und besteht aus dem Ventrikel und zwei dahinter liegenden Atrien. Bei einem Teil der Arten zieht das Herz jedoch vollständig eingesenkt und losgelöst frei durch das P e r i k a r d. Die mehrheitlich verschmolzen-unpaaren Atrien nehmen die Hämolymphe aus den Lakunen um den Mantelraum auf; der Ventrikel pumpt es in den sich frontal anschließenden Dorsalsinus (z. B. bei *Wirenia argentea* mit 37 Bewegungen pro Minute). Eine Aorta ist nicht ausgebildet, die Rückführung erfolgt vornehmlich in einem Ventralsinus. Die zum Teil rötliche Hämolyphe enthält generell zumindest 2 Zelltypen, einerseits Hämocyten, für welche vereinzelt Hämoglobin-Bindung nachgewiesen ist (Erythrocyten), andererseits Amoebocyten, die nach Aufnahme von Exkretstoffen als Granulocyten in das Darmlumen gelangen und abgeführt werden; auch Rhogocyten sind vorhanden. Die **Exkretion** (Ultrafiltration) erfolgt atrial ins Perikard mit Ausscheidung über die Perikardiodukte; spezifische Zellen zur Rückresorption wurden bisher aber nicht gefunden.

Das **Gonoperikard-System** der Solenogastres ist Gruppen-intern mitunter stark differenziert. Die Furchenfüßer sind Z w i t t e r mit paariger, dorsomedianer Gonade (Abb. 443). Die Keimzellen werden (mit zwei Ausnahmen) nicht über eigene Gonodukte abgeführt, sondern über kurze paarige Gänge in das Perikard weitergeleitet. Über die Perikardiodukte gelangen sie in die drüsigen L a i c h g ä n g e -(Schleimkrausen-Abschnitte des Mantelraumes). Protandrie kommt vor. Es erfolgt wohl immer eine innere Befruchtung durch Spermien von abgeleitetem Bau. Bei der großen Mehrzahl der Arten sind S a m e n b l a s e n ausgebildet (Receptacula seminis

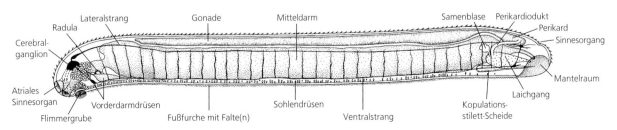

Abb. 443 Solenogastres. Innere Organisation, Lateralansicht. Kombiniert nach Salvini-Plawen (1969, 1985).

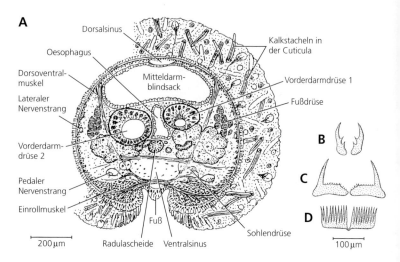

Abb. 444 Solenogastres. **A** Querschnitt durch den Vorderkörper von *Anamenia gorgonophila*. **B–D** Radula-Zähne verschiedener Arten. Aus Salvini-Plawen (1985, 1988).

für das Fremdsperma, vielfach auch Vesiculae seminales für Eigenspermien). Die Laichgänge sind meist zumindest im Mündungsabschnitt verschmolzen-unpaar und können vorgestülpt von den funktionellen Männchen als Penes benutzt werden. Etwa 40% der Solenogastres weisen Kopulationsstilette unterhalb der Laichgänge auf, die wie ähnliche Genitalhilfsorgane im vorderen Mantelraumbereich als Stimulationsorgane bei der Begattung fungieren dürften. Sie sind meist mit Protraktoren und Retraktoren in verschiedener Ausprägung versehen und in der Regel aus Kalk aufgebaut. Soweit bekannt, werden die Eier schubweise in unterschiedlicher Zahl paarig abgelegt.

Die **Entwicklung** ist durchwegs lecithotroph. Auf die Spiralfurchung mit Pollappen folgt die Gastrulation durch Immigration. Der Embryo wird in eine Hülle aus großen Deckzellen eingeschlossen und bildet eine Pericalymma-Larve (Hüllglockenlarve, Abb. 440A; vgl. protobranche Bivalvia). Sie besitzen nur einen praeoralen Wimpernkranz und am Körperende einen Telotroch. Während der Metamorphose streckt sich die Larve entlang der Hauptachse, die Calymma wird apikal integriert, Mund und After gelangen in ihre subterminalen Positionen. Soweit bekannt, erfolgt auch ein Skleritenwechsel (bei *Nematomenia banyulensis* gehen die in 7 Querreihen angeordneten Kalkkörper verloren). Einige Arten zeigen Brutpflege in Taschen des Mantelraumes, was auch zu einer abgekürzten, direkten Entwicklung führen kann (einige Pruvotinidae).

Systematik

Fossile Solenogastres sind bisher nicht bekannt geworden. Molekulare Daten zur internen Systematik fehlen noch völlig, sie erfolgt daher morphologisch nach der Ausprägung der Mantelabscheidungen in 4 Taxa; die derzeit 23 Familien-Taxa sind vornehmlich durch Radula, Skleritenformen und Bau der lateroventralen Vorderdarm-Drüsenorgane charakterisiert.

1.1 Pholidoskepia

Basale Solenogastres mit dünner Mantelcuticula und Skleriten vorwiegend als Schuppen in einer Lage; mit Pericalymma-Larve.

Nematomenia banyulensis (Dondersiidae), bis 30 mm, rosa bis rot mit Schuppen-Kiel. Epizoisch auf Hydrozoen, im Litoral europäischer Küsten von Norwegen bis Dalmatien. – *Wirenia argentea* (Gymnomeniidae), bis 9 mm, zart rötlich, distiche Radula mit Symphyse. Auf schlammigen Böden, NO-Atlantik bis Adria und Ägäis.

1.2 Neomeniamorpha

Mit Skleriten als Schuppen, soliden Nadeln und/oder Speerrinnen in einer Lage; ohne ventrolaterale Drüsenorgane; mit komplexem Genital-Hilfsapparat und Pericalymma-Larve.

Neomenia carinata (Neomeniidae), bis 40 mm, rötlich, gedrungen mit Rückenkiel. Auf/in sandigen Böden und Schlammen, Europäisches Nordmeer bis Adria.

1.3 Sterrofustia

Mit Skleriten als solide Nadeln, teils kombiniert mit Paddelschuppen oder Haken.

Phyllomenia austrina (Phyllomeniidae), bis 10 mm, mit abstehenden Paddelschuppen, mit eigenen Gonodukten. Auf Schlamm in antarktischen Meeren.

1.4 Cavibelonia

Zumeist mit dicker Mantelcuticula, Epidermispapillen und Skleriten als Hohlnadeln in einer oder mehreren Lagen; oder mit soliden Skleriten kombiniert mit biserialer Radula und Vorderdarm-Drüsenorganen ohne sammelnde Ausführungsgänge.

Pruvotina uniperata (Pruvotinidae), bis 4 mm, Brutpflege mit direkter Entwicklung; antarktisch. – *Rhopalomenia aglaopheniae* (Rhopalomeniidae), bis 35 mm, gelblich-grau; mit Pericalymma-Larve. Epizoisch auf der Hydrozoe *Lytocarpia myriophyllum* im Litoral von den Hebriden bis Griechenland. – *Anamenia gorgonophila* (Strophomeniidae), bis 65 mm, gelblich. Epizoisch auf Gorgonien im W-Mittelmeer und O-Atlantik von den Azoren bis Galizien. – *Biserramenia psammobionta* (Simrothiellidae), bis 3 mm, weißlich. Interstitiell in sauberen Grobsanden und im Schalenbruch von der Irischen See bis Galizien. – *Dorymenia sarsii* (Proneomeniidae), bis 53 mm, mit dorsal fingerförmigem Körperende. Auf schlammigen Böden im O-Atlantik vom Trondheimfjord bis zur Gorringe-Bank vor Cap Sao Vicente/S-Portugal.– *Epimenia babai* (Epimeniidae), größte Art bis 30 cm, orange-gelb mit färbigen Flecken. Entwicklung über Stenocalymma und lecithotrophe Trochus-Larve. Auf Weichkorallen-Böden, vor S.-Japan.

2 Caudofoveata (Chaetodermomorpha), Schildfüßer

Die ca. 130 Arten sind rein marine, wurmförmige Mollusca, die im Sediment graben. Sie liegen mit dem Vorderende voran meist schräg (Abb. 446), manche Arten auch waagrecht (z. B. *Limifossor*) in der obersten Schicht von Weichböden und ernähren sich dort vorwiegend mikro-omnivor (Detritus, Foraminiferen, Diatomeen). Caudofoveaten kommen in allen Weltmeeren vom ruhigen Flachwasser bis in 9 000 m Tiefe vor.

Die 1,5–140 mm, mit einer Art bis 40 cm langen Schildfüßer sind drehrund, nicht selten aber regional verschieden dick; so weisen etliche Arten (*Falcidens* partim) einen stark verschmälerten („schwanzfömigen") Hinterkörper auf. Der gesamte Körper ist vom Mantel mit chitinöser Cuticula und einschichtig dachziegelartig gelagerten Aragonit-Schuppen bedeckt, die am Köperende zumeist als Stachel-Sklerite ausgebildet sind. Allein am Vorderende ist eine gattungstypisch ausgeprägte Grab- und Sinnesplatte, der cerebral innervierte Fußschild (Buccalschild, Mundschild), vom Mantel ausgespart (Abb. 445). Er liegt hinter bis neben oder geteilt lateral der Mundöffnung. Der Fuß selbst ist völlig reduziert und nur selten lässt sich noch eine ventrale Verschmelzungsnaht der Mantelränder erkennen (*Scutopus* partim; Abb. 447A). Die meist dreischichtige Körperwand-Muskulatur bildet einen geschlossenen Hautmuskelschlauch mit häufiger Verstärkung der inneren Längsmuskulatur zu Paketen. Sie bewirkt im Wechselspiel mit der Hämolyphe (hydrostatisches Skelett) die hydraulische Fortbewegung (Graben). Die Dorsoventral-Muskulatur ist weitgehend rückgebildet oder nur in Resten vorhanden (*Scutopus*; Abb. 447A).

Der **Mantelraum** liegt glockenförmig terminal und erreicht in Ruhestellung meist die Sedimentoberfläche. Er enthält das paarige Ctenidium mit beidseitig wenigen bis zu 30 bewimperten Lamellen (Abb. 445, 446). Ins Wasser vorgestreckt werden diese Kiemen ständig rhythmisch bewegt. Zwei meist nur bei weiblichen Tieren ausgebildete Schleimkrausen befinden sich als laterale Rinnen am Mantelraumboden. In ihrem vorderen Bereich öffnen sich lateroventral die Schleimgänge (siehe unten), und zwischen den Kiemenbasen mündet ventral der Enddarm aus.

Der **Verdauungstrakt** hat im Vorderdarmbereich verschiedene, teils paarige Drüsen. Die Prochaetodermatidae besitzen im Pharynx ein Paar chitinöse, spatelförmige Spangen mit basaler Muskelansatz-Platte. Die Radula besteht ursprünglich aus einer Serie von teils mit Dentikeln versehenen aufragenden Zahnpaaren (Zangen), die einer zusammen mit den Zähnen gebildeten, dann jedoch getrennten Membran aufsitzen und durch ein umfangreiches paariges, glattes Muskelpolster gestützt werden. Bei höheren Taxa wird die Radula selbst eingeschränkt, aber durch cuticulare Elemente ergänzt; schließlich kann nur ein Zahnpaar in Pinzettenform (Abb. 447B) oder als Dentikel vorhanden sein. Der gelegentlich durch eine Sphinkterbildung abgesetzte, durchwegs gestreckte Mitteldarm weist eine charakteristische Konfiguration auf (Abb. 437A, 445): Nach einem kürzeren vorderen Abschnitt (Magenbereich; bei Chaetodermatidae mit cuticularem „Magenschild" und Zahn, sowie enzymhältigem Protostyl) teilt sich der Darm in einen dorsomedian abgeschnürten, bewimperten Mitteldarmgang und einen umfangreichen ventralen Mitteldarmsack. Unter dem Perikard geht der Mitteldarmgang in den absteigenden Enddarm über, der medioventral im Mantelraum ausmündet. Die Faeces werden mit peritrophischer Membran umgeben.

Das **Nervensystem** besteht aus einem mehrheitlich verschmolzenen, paarigen Cerebralganglion, von dem jederseits ein Paar Konnektive zu gangliösen Anschwellungen führen. Von diesen ziehen die 2 Paar Markstränge nach hinten, welche im vorderen Körperdrittel durch einige Kommissuren und Konnektive verbunden sind. Dem Cerebralganglion sind unmittelbar 3–6 Paar voluminöse Praecerebral-Ganglien vorgelagert, die bei *Chaetoderma* zu einer Masse verschmelzen; sie innervieren den Fußschild. Der Vorderdarm wird von einem eigenen Buccalsystem versorgt. Im Hinterkörper vereinen sich beidseitig die absinkenden Lateralstränge mit den Ventralsträngen und bilden unter dem hinteren Perikard eine überaus kräftige, gangliöse Suprarektal-Kommissur, welche paarig die Ctenidien und das

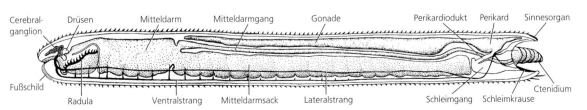

Abb. 445 Caudofoveata. Innere Organisation (Limifossoridae), Lateralansicht. Original: L. von Salvini-Plawen, Wien.

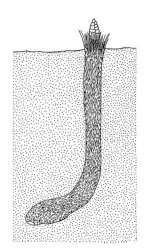

Abb. 446 Caudofoveata. Habitusbild einer Chaetodermatide in Lebensstellung (*Falcidens sagittiferus*, 15 mm); Vorderende (Fußschild) im marinen Weichsediment; Hinterende mit den Kiemen hervorgestreckt. Aus Kilias in Kaestner (1982) nach Salvini-Plawen (1971).

unpaare terminale, chemorezeptive (osphradiale) Sinnesorgan am Außenrand des Mantelraumes innerviert.

Das **Zirkulationssystem** ist offen. Das Herz besteht aus dem meist frei das Perikard durchziehenden Ventrikel und dem vielfach noch paarigen Atrium als offene Einstülpung des Perikarddaches. Die gelblich-rötliche Hämolymphe fließt durch zwei Kiemensinus zum Herz, das bei *Falcidens crossotus* und *F. sagittiferus* eine Frequenz von 27–30 Stößen pro Minute aufweist, bei *Scutopus ventrolineatus* 19–25/min. Nach vorne setzt sich der Ventrikel in einer Aorta zum Vorderkörper fort, die – soweit untersucht (*Scutopus*, Chaetodermatidae) – mit einem noch intra-perikardialen Sphinkter beginnt, der zumindest bei *Chaetoderma* zu einem ausgeprägten Aortenbulbus differenziert ist. Die Hämolymphe

fließt durch Lakunen nach ventral und dort in einem Sinus nach hinten zu den Kiemen. Die **Exkretion** erfolgt durch Ultrafiltration von den Atrien in das Perikard; eine Rückresorption zu Sekundärharn könnte möglicherweise in den sog. Schleimgängen erfolgen.

Die Caudofoveata sind getrenntgeschlechtlich. Das **Gonoperikard-System** ist durch die dorsale, meist verschmolzen-unpaare Gonade, durch ein über zwei bewimperte Gonoperikardialgänge verbundenes, geräumiges Perikard und durch die ausführenden Perikardiodukte gekennzeichnet (Abb. 445). Das Perikard setzt sich hinter dem Herz meist paarig fort, spart Kiemenretraktoren aus und ist dahinter mitunter wieder zu einem unpaaren Raum verschmolzen. Die einfach bewimperten, sehr kurzen Perikardiodukte münden deutlich abgesetzt in entsprechende, weiträumige und mit drüsigem Epithel versehene so genannte Schleimgänge, deren morphologische Bedeutung unklar ist (Homologie mit ehemaligem Gonodukt-Abschnitt? Abgeschnürter rostraler Mantelraum-Bereich? Möglicherweise exkretorische Eigenschaften?). Sie münden mit einem Sphinkter jeweils in den Schleimkrausen-Bereich des Mantelraumes. Die Keimzellen werden ins freie Wasser entleert, wo auch die äußere Befruchtung stattfindet. Die in eine Gallerte eingehüllten Eier werden einzeln abgegeben (*Scutopus robustus*, *Chaetoderma nitidulum*).

Die lecithotrophe **Entwicklung** über Pollappenbildung und Spiralfurchung führt zu einer lecithotrophen Trochuslarve. Die 10 Tage-Larve von *Scutopus* weist hierbei nur einen breiten Prototroch auf. Die Larve von *Chaetoderma* bildet drei praeorale Wimperkränze und einen Telotroch und zeigt dann äußerlich ein medioventrales Längsfeld, das durch den sich ventral verschmelzenden Mantel verdrängt wird; dieser formiert sieben Querreihen von Skleriten und diese begrenzende Kalkkörper, die nach der Metamorphose durch die Adultschuppen ersetzt werden.

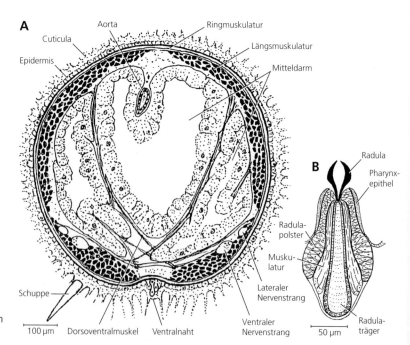

Abb. 447 Caudofoveata. **A** Querschnitt durch die vordere Körperregion von *Scutopus ventrolineatus* (entkalkt, nur 1 Sklerit = Schuppe zu sehen). **B** Radula-Apparat von *Falcidens gutturosus*; nur 1 Zahnpaar. Aus Mizzaro-Wimmer und Salvini-Plawen (2001).

Systematik

Die innere Systematik folgt dem Bau des Radula-Apparates in 3 Familien-Taxa mit insgesamt 8 Gattungen. Molekulare Daten hierzu fehlen noch völlig.

Scutopus ventrolineatus (Limifossoridae, mit mehrreihiger Radula), bis 20 mm. Körper homogen schlank, mit ventraler Mantel-Verschmelzungsnaht am Vorderkörper, paarigem Einrollmuskel und Resten der Dorsoventral-Muskulatur (Abb. 447A). In Schlammböden im NO-Atlantik bis W-Mittelmeer. – *Prochaetoderma* (syn. *Spathoderma) alleni* (Prochaetodermatidae, mit mehrreihiger Radula und Begleitschuppen, mit Pharynx-Spangen), bis 4 mm. Hinterkörper kurz und verjüngt. Von S-Island bis Ägäis. – *Falcidens crossotus* (Chaetodermatidae, mit einreihiger Radulazange oder Dentikelpaar oder fehlend, dann mit Basalplatte sowie cuticularen Seitenplatten), bis 25 mm. Hinterkörper stark verjüngt mit Endquaste. In sandigen Schlammen im NO-Atlantik vor norwegischen und schottischen Küsten. – *F. sagittiferus*, bis 20 mm (Abb. 446). NO-Atlantik – *Chaetoderma nitidulum*, bis 80 mm. Körper gestreckt mit abgesetztem Vorderende und Mantelraum-Abschnitt. In sandigen Schlammen im NO-Atlantik von Kattegat und der Nordsee bis zum Europäischen Eismeer, im östlichen Kattegat vergesellschaftet mit dem Schlangenstern *Amphiura filiformis* (S. 761).

Alle folgenden 6 Taxa werden als **Testaria** zusammengefasst (Abb. 441). Zu ihrem Grundmuster gehören als Synapomorphien die flächige Abscheidung von Kalk des Mantelepithels (Schalenplatten, Schale), ein Verdauungstrakt aus Pharynx, Oesophagus mit Futterrinne und paarig-drüsiger Tasche, Magen mit paariger Mitteldarmdrüse und langem, gewundenem Intestinum (Abb. 436), der stereoglossate Radulaapparat, das chemorezeptive Subradulaorgan sowie die Umbildung der Perikardialgänge zu Exkretionsorganen (Emunktorien).

3 Polyplacophora (Placophora, Loricata), Käferschnecken, Chitonen

Die etwa 900 rezenten Arten der ausschließlich marinen Käferschnecken leben vor allem im Flachwasser felsiger Küsten und sind vorwiegend herbivor. Einige kommen jedoch in großen Tiefen vor (bis 7 657 m). Die meisten Arten findet man im Australischen Raum. Tagsüber sitzen die Tiere an ihren meist lichtgeschützten Ruheplätzen (Abb. 448) und werden erst in der Dämmerung aktiv. Mit ihrem großen Fuß halten sie sich auf hartem Substrat so fest angesaugt, dass sie auch starker Brandung widerstehen. Das Kriechen mittels retrograder Kontraktionswellen auf der breiten Fußsohle wird durch Schleimabsonderung erleichtert.

Der **Körper** der 2 mm–43 cm großen Tiere ist meist abgeflacht und in Aufsicht oval bis gestreckt-oval. Dorsal ist er durch die 8 Schalenplatten und die umgebende Schuppenbedeckung gekennzeichnet; ventral werden sie durch die nach unten reichende Schuppenbedeckung, durch die anschließende Mantelrinne sowie durch die Kopfscheibe und den

Abb. 448 *Lepidochitona cinerea,* Käferschnecke (Polyplacophora), 2,5 cm, häufig auf Hartböden des Eulitorals der Nordseeküsten. Original: W. Westheide, Osnabrück.

großflächigen Fuß charakterisiert. Der den gesamten Körper bedeckende M a n t e l ist daher in einen medianen Bereich der Schalenplatten und den peripheren G ü r t e l (Perinotum) unterteilt, der als muskulöse Mantelfalte nach ventral reicht. Das Epithel scheidet eine chitinöse Cuticula ab, die durch meist einzellig gebildete Aragonit-Sklerite durchbrochen wird. Letztere bilden vorwiegend dachziegelartig gelagerte Schuppen, können aber ebenso auch als Stacheln geformt sein (z. B. *Acanthochitona*). Auch borstenartige Strukturen von hypertrophierten organischen Skleriten-Basen können vorkommen. Cuticula-Abscheidung (nicht aber jene von Skleriten) erfolgt auch zwischen den Platten. Die 8, meist dachförmig abgeschrägten S c h a l e n p l a t t e n (Abb. 448, 449B) dienen als Ansatz für Muskulatur, besonders für je 2 d o r s o v e n t r a l e M u s k e l p a a r e, die im Fuß verankert sind und dort ein dichtes Netzwerk bilden (Abb. 450). Durch weitere Muskulatur sind die Platten beweglich miteinander verbunden und überlappen sich seriell. Sie sind artspezifisch gefeldert und strukturiert, median nicht selten gekielt mit hinterem Apex oder Mukro (Jugalfeld, Apikalfeld), oft auch intensiv pigmentiert; bei manchen Arten werden sie teilweise oder völlig vom Gürtel überdeckt oder sind weitgehend reduziert. Sie bestehen bei den rezenten Arten aus 2 mineralisierten Schichten: dem o b e r e n, vom G ü r telepithel gebildeten Tegmentum und dem flächig vom Mantelepithel abgeschiedenen H y p o s t r a c u m; letzteres ist an Muskelansatzstellen zum M y o s t r a c u m modifiziert, an den Randbereichen zum A r t i c u l a m e n t u m. Zudem werden die Platten von einer dünnen organischen Schicht, dem (P r o -) P e r i o s t r a c u m, bedeckt. Das Tegmentum wird zunächst organisch gebildet und verkalkt sekundär. Es wird von Ausläufern des Mantelepithels mit Nerven des lateralen Markstranges durchzogen, die sensorische und sekretorische Zellen aufweisen, den Ä s t h e t e n (Abb. 451). Stets ist dabei ein aus mehreren Zellen bestehender Makroästhet von 6–30 einzelligen Mikroästheten umgeben; distal sind sie durch eine perforierte Kappe abgeschlossen. In den Makroästheten sind stets ciliäre Chemorezeptoren und Speicherzellen vorhanden. In vielen Makroästheten sind

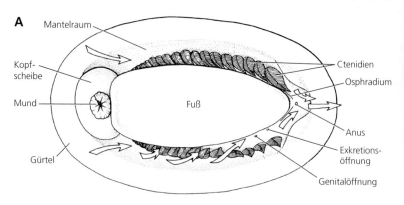

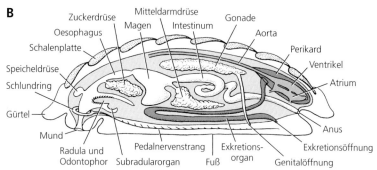

Abb. 449 Polyplacophora (*Lepidochitona cinerea*). **A** Ventralseite. Pfeile geben die Richtung des respiratorischen Wasserstroms durch die Mantelrinne an. **B** Sagittalschnitt mit der Seitenansicht der wichtigsten Organe. Verändert nach Ruppert, Fox und Barnes (2004).

Photorezeptoren differenziert und bei einigen tropischen Arten zu echten Schalenaugen mit Linse und Retina umgebildet (bei *Acanthopleura granulata* mit Aragonit-Linsen), die in regelmäßigen Mustern und großer Anzahl auftreten können. Die Funktion der Mikroästheten ist hingegen völlig unbekannt.

Das Articulamentum bildet an den Platten II–VIII unter anderem die flügelartig vorspringenden, unter die davor liegende Platte greifenden Apophysen. Seitlich sind die Platten im Gürtel verankert (Insertionsplatten). Einige Gattungen (z. B. *Mopalia*) bilden chitinöse, gebogene „Haare" (Borsten) aus, die durch Dendriten mit Hautnerven in Verbindung stehen.

Die dorsoventralen Muskelpaare zwischen Schalenplatten und Fuß sind dreigeteilt; die äußeren Bündel überkreuzen sich ventromedian; sie sind für die Ansaugfähigkeit der Kriechsohle wichtig. Ein paariger lateraler Längsmuskel im Gürtel gibt vielen Käferschnecken die Fähigkeit, sich asselartig einzurollen, wenn sie vom Substrat abgelöst wurden; als Antagonisten fungieren der Hämolyphdruck und ein paariger Musculus rectus unmittelbar unter den Schalenplatten.

Die Region der Mundöffnung auf der Ventralseite ist als Kopfscheibe durch eine Furche vom Fuß abgesetzt (Abb. 449A). Der Fuß selbst ist im Gegensatz zur Kopfscheibe teilweise bewimpert und enthält Drüsenzellen (Sohlendrüsen); eine Fußdrüse ist nur larval ausgebildet und wird nach der Metamorphose weitgehend abgebaut. Ventrolateral umzieht eine tiefe Rinne Kopfscheibe und Fuß, so dass ein circumpedaler **Mantelraum** (Pallialrinne) vorliegt. Er ist großteils bewimpert und enthält im hinteren Abschnitt 6–88 Paar doppelfiedriger Ctenidien (Abb. 449A). Die Anzahl der Kiemen kann rechts und links verschieden sein und ist auch vom Alter abhängig.

Das größte Paar liegt unmittelbar hinter den Exkretionsöffnungen; die Kiemen werden von dort im Zuge des Wachstums nach vorne (abanal) und/oder von der Maximalkieme nach hinten (adanal) ver-

mehrt und nehmen auch an Größe ab. Sie sind bewimpert, weisen ein breites Band langer Cilien auf und erzeugen einen kräftigen Wasserstrom, welcher vorne unter dem leicht angehobenen Gürtel lateral in den Mantelraum eintritt und ihn hinten median verlässt. Hierbei streicht er an den Genital- und Exkretionsöffnungen vorbei und nimmt die (teils mit peritrophischer Membran versehenen) Fäcesballen mit. Im Hauptbereich der Ctenidien sind zumeist auch die in bis zu vier Epithelstreifen aufgeteilten Drüsen (Schleimkrausen) ausgebildet.

Am Ende des Mantelraumdaches befinden sich beiderseits des Anus ein chemorezeptives osphradiales Sinnesorgan (Osphradien), das daher im Wasser-Ausstrom liegt.

Der **Verdauungtrakt** ist, wie für alle Testaria charakteristisch (Abb. 436), in Pharynx, drei Mitteldarm-Abschnitte und Rectum gegliedert. Die Mundöffnung liegt ventral inmitten der Kopfscheibe vor der Kriechsohle; im Pharynx münden dorsal paarige Buccaldrüsen (Speicheldrüsen) (Abb. 449B), und ventral ist das chemorezeptorische Subradularorgan am Dach einer terminal teils drüsigen Aussackung (Subradulartasche) ausgebildet. Die Radula ist kräftig und ihre Scheide erreicht etwa 1/3 der Körperlänge (oft mehr als 40 Querreihen). In ihrer basalen Membran sind fast stets 17 Längsreihen von Zähnen verankert, unter welchen der jeweils 2. Lateralzahn als Haken stark ausgebildet ist und vor allem im Spitzenbereich sklerotisiert sowie durch eingelagerten Magnetit gehärtet ist. Der mächtige Stützapparat schließt ein Paar flüssigkeitserfüllter, von einer Knorpelschicht umgebenen Blasen und eine dicke, quergestreifte und durch Myoglobin rot gefärbte Muskulatur ein. Unter letzterer ist ein unpaarer Quermuskel zwischen den beiden medianen „Knorpeln" für die Arbeitsweise der Radula ausschlaggebend. Der anschließende Oesophagus ist mit paariger dorsaler Längsfalte (Futterrinne) und 1 Paar großer drüsiger Taschen versehen (Zuckerdrüsen; Abb. 449B), die meh-

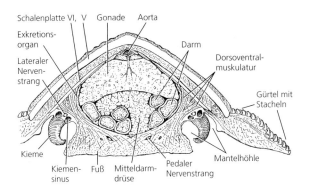

Abb. 450 Polyplacophora. Querschnitt durch die Körpermitte von *Chiton olivaceus*. Aus Mizzaro-Wimmer und Salvini-Plawen (2001).

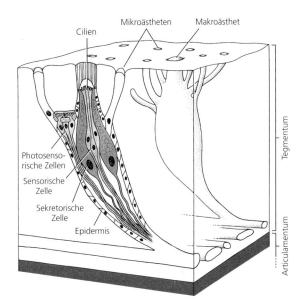

Abb. 451 Polyplacophora. Ausschnitt aus einer Schalenplatte mit Sinnesorganen (Mikro- und Makroästheten). Nach Boyle (1974) aus Ruppert, Fox und Barnes (2004).

rere Enzyme abgeben. Es folgt ein schlauch- oder birnenförmiger Magen, in den die ungleich großen Mitteldarmdrüsen einmünden; in ihnen werden auch Nährstoffe gespeichert. Das Intestinum ist lang und in mehrere Schlingen gelegt. Der Enddarm mit Anus mündet auf einer Papille dorsal in den terminalen Mantelraum.

Die Polyplacophora ernähren sich zumeist von pflanzlichem, zusätzlich auch von tierischem Aufwuchs (Hydrozoen, Moostiere, Seepocken). Wieweit Tiefsee-Käferschnecken (viele Lepidopleurida) nur von Detritus bzw. vom organischem Film auf härteren Substraten und abgesunkenem Treibgut abhängig sind oder auch tierische Nahrung aufnehmen, ist nicht bekannt.

Das zentrale **Nervensystem** besteht aus einem Cerebralstrang (keine Cerebralganglien), der durch eine subcerebrale Kommissur am Beginn der Ventralstränge zu einem cerebropedalen Ring geschlossen ist, sowie aus 2 Paar Marksträngen, die durch unregelmäßige Kommissuren und Konnektive verbunden sind (Abb. 438A). Die Lateralstränge sind terminal durch eine Suprarektal-Kommissur verbunden. Echte Ganglien treten nur im Pharynxbereich auf. Neben den Ästheten, dem Subradularorgan, den osphradialen Sinnesorganen und serialen Sinneshügeln im Mantelraum (Lepidopleurida) finden sich vielfach im Gürtel Papillen mit sensorischen Zellen, bei *Acanthochitona* sogar Photorezeptoren.

Das **Zirkulationssystem** ist offen und besteht aus Herz, dorsaler Aorta mit zahlreichen lateralen Abgängen, einigen beständigen Sinus sowie unregelmäßigen Lakunen. Die Körperhöhle ist hierbei meist unter der Platte II durch ein vertikales Septum aus Bindegewebe in einen cerebrobuccalen Abschnitt und den übrigen Bereich unterteilt. Das Herz liegt frei im abgeflachten Perikard dorsal unter den Platten VII und VIII (Abb. 449B). Es besteht aus einem röhrenförmigen, medianen Ventrikel und 1 Paar lateraler, terminal vereinter Atrien; untereinander sind sie durch 1–4 Paar Atrioventricular-Öffnungen (Ostia) verbunden. Die Hämolymphe macht etwa 40 % des Weichkörpergewichtes aus und enthält frei gelöstes Hämocyanin, Granulocyten, Amöbocyten und Rhogocyten; sie fließt ventral zu den Kiemen und von dort in zumindest 1 Paar Sinus zu den Atrien.

Die primäre **Exkretion** erfolgt als Ultrafiltration durch Podocyten über die Atrienwände in das Perikard, von des-

sen anterolateralen Taschen die beiden Perikardgänge abführen. Diese weisen einen kurzen, bewimperten Anfangsabschnitt auf („Renoperikardialgänge") und gehen jeweils in einen langen, seitlich nach vorne gestreckten und stark verzweigten Blindkanal über, das Nephridialorgan (Emunktorium). Der jedseitige Ausleitungsabschnitt („Ureter") mündet mit einem Exkretionsporus in den hinteren Mantelraum (Abb. 449).

Das **Gonoperikard-System** der getrenntgeschlechtlichen Polyplacophora ist einfach (nur zwei *Lepidochitona* Arten sind als Zwitter bekannt). Die vor dem Perikard gelegene, ursprünglich paarige, dorsale Gonade verschmilzt meist zu einem unpaaren Organ, das unterhalb der Platten III bis VI liegt (Abb. 449B). Ein paariger, bewimperter Gonodukt leitet die Gameten zu den Genitalöffnungen vor den Exkretionspori in den Mantelraum. Die Eier werden noch im Ovar von Follikelzellen mit 3 Hüllschichten umgeben. Die Spermien haben ein Akrosom mit langer Spitze.

Fortpflanzung und Entwicklung

Die Eier werden in Laichschnüren, in Haufen oder auch einzeln abgelegt. Meist erfolgt eine äußere Befruchtung, selten tritt Ovoviviparie auf. Etliche Arten betreiben eine einfache Brutpflege im Mantelraum. In der Regel entwickeln sich die Eier im freien Wasser über eine Spiralfurchung zu einer lecithotrophen Trochuslarve mit 1–2 praeoralen Wimperkränzen. Eine eigenständige Larvalmuskulatur tritt als Muskelgitter nur im Apikalbereich auf; Myogenese und Neurogenese lassen keinerlei Spuren von Segmentierung erkennen. Das Dorsalepithel (Mantel) bildet nur sieben posttrochale, zusammengesetzte Schalenplatten. Die lateral innervierten, posttrochalen Larvalocellen und die Protonephridien bleiben noch mehrere Wochen über die Metamorphose hinaus erhalten; dann wird auch die Fußdrüse rückgebildet.

Exkretionsorgane, Herz, Perikard und die VIII. Schalenplatte werden erst danach angelegt. Die Lebensdauer beträgt 5–16 Jahre.

Systematik

Eindeutige Polyplacophora mit 8 Platten sind seit dem späten Kambrium bekannt; frühkambrische Funde sind derzeit umstritten. Die fossilen Vertreter umfassen ca. 100 Arten; darunter werden die frühen Formen anhand der fehlenden Articulamentum-Bildungen (Apophysen, Insertionsplatten) als †Palaeoloricata (†Chelodida) den höher differenzierten Neoloricata gegenübergestellt. Daneben stehen Fossilien mit Plattenbildungen in 7-teiliger Anordnung (+Multiplacophora, +Heptaplacota).

Die interne Systematik der rezenten Polyplacophora (Neoloricata) hat durch neue morphologische Ergebnisse (Spermienbau, Eihüllen, Ästheten-Verteilung, Kiemen-Anordnung) und durch molekulare Datensätze deutliche Veränderungen in der Familiengruppierung erfahren. Hierbei wird aber die traditionelle Einteilung in Lepidopleurida und Chitonida weitgehend gefestigt. Auch die Unterteilung der Chitonida in Ischnochitonina (Chitonina) und (erweiterte) Acanthochitonina erweist sich als berechtigt.

3.1 Lepidopleurida

Polyplacophora mit Schalenplatten II–VII ohne Insertionsplatten und/oder ohne deren Zähnelung. Ctenidien meist adanal angelegt, das osphradiale Sinnesorgan durch serielle Sinneshügel ersetzt. Die meisten Arten leben in tieferen Gewässern und fressen organischen Aufwuchs auf Treibgut oder Detritus.

Leptochiton asellus (Leptochitonidae), bis 20 mm. Europäisches Eismeer bis Golf von Biscaya, im Sublitoral besonders auf Muschelschalen. – *Lepidopleurus cajetanus*, bis 27 mm, mit stark gerippten Platten. Westeuropäischer Atlantik und Mittelmeer, im Litoral an der Unterseits von Steinen, etc. – * *Hanleya hanleyi* (Hanleyidae), bis 22 mm. N-Atlantik bis Mittelmeer im Litoral, ernährt sich von Schwämmen.

3.2 Chitonida

Schalenplatten weisen komplexe Insertionsplatten auf. Osphradiale Sinnesorgane stets vorhanden, Ctenidien vorwiegend abanal. Mehrfach parallele Carnivorie und Reduktion der Schalenplatten.

Ischnochitonina (Chitonina). Ctenidien auch adanal; Eihüllen mit schmalen, fädigen Fortsätzen. – *Chiton olivaceus* (Chitonidae), bis 50 mm, verschiedenfärbig, meist bräunlich bis grünlich, Gürtel mit Querbanden, Platten schwach gekielt. An schattigen Stellen im Litoral des Mittelmeeres und anschließenden Atlantik. – *Acanthopleura granulata*, bis 70 mm, massige Schalenplatten mit Schalenaugen. In der Gezeitenzone, Karibik.

Acanthochitonina. Ctenidien nur abanal; Eihüllen mit breiten, kurzen Fortsätzen. – *Lepidochitona cinerea* (Tonicellidae) (Abb. 418), bis 22 mm, meist grau mit Flecken, Platten II–VI deutlich gekielt mit Apex. Im Eulitoral von NO-Atlantik und Mittelmeer, auf Hartböden und Muschelschalen; häufigste Käferschnecke der Nordseeküsten, auf Helgoländer Buntsandstein. Geht auch tagsüber auf Nahrungssuche. – *Acanthochitona fascicularis* (= A. communis) (Acanthochitonidae), bis 60 mm, meist grau, Gürtel an den Plattengrenzen mit Büscheln von Tast- und Wehrstacheln. Nordsee bis Mittelmeer. – *Cryptochiton stelleri*, mit 40 cm die größte Käferschnecke. Platten völlig vom Gürtel überwachsen. N-Pazifik. Objekt für physiologische Versuche.

Die folgenden **5** Taxa werden als **Conchifera** zusammengefasst (Abb. 441, 452). Zum Grundmuster gehören als Synapomorphien die einheitlich gebildete Schale (Concha), die chitinöse Kieferbildung, der Stielsack-Magen, die Statocysten, die Subrektal-Kommissur, pallial gelegene Nephridialorgane und cerebral innervierte Kopfanhänge. Sie umfassen neben den 5 rezenten Gruppen auch einige rein fossile Taxa, z. B. die †Rostroconchia (ca. 375 Arten) als mögliche Schwestergruppe der Scaphopoda.

Die **Schale** der Conchifera wird als Einheit von einem speziellen dorsalen Drüsenbereich (Schalendrüse) angelegt. Bei Bivalvia wird diese Anlage schon in der Ontogenese zweiteilig verkalkt (Abb. 463B). Die Zweiklappigkeit der Schale von einigen saccoglossen Gastropoda (Juliidae) beruht hingegen auf einem Abknicken des erweiterten Schalenmündungs-Anteils nach der Metamorphose. Schalen haben extrem mannigfaltige Formen, sind aber auch mehrfach parallel ins Körperinnere verlagert, rückgebildet oder völlig reduziert worden (einige Bivalvia, viele Gastropoda, Coleoidea). Sie schützen den Weichkörper, dienen als Ansatzstellen für Muskulatur, werden bei manchen Bivalvia zu einem Raspel- oder Bohrwerkzeug umgebildet und bei Cephalopoda primär durch Septen-Einzug zu einem gekammerten hydrostatischen Organ differenziert.

Die Anlage aus der dorsalen Schalendrüse der Larve erfolgt aus verdickten Ektodermzellen unter Exprimierung des *engrailed* Gens. Sie sezernieren eine Schicht Ca⁺-bindender Glykoproteide (Conchiolin), das Periostracum, das die schützende Oberfläche der Schale bildet. Das Zellmuster

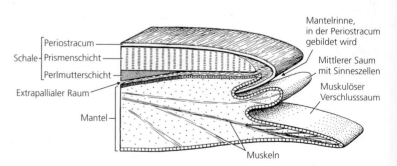

Abb. 452 Conchifera. Querschnitt durch Mantel- und Schalenrand einer Muschel. Schema. Verändert aus Kaestner (1969).

bestimmt hierbei die Lage der Kristallisationszentren bei der anschließenden Abscheidung von CaCO₃ (Aragonit, Calcit) unter dieser organischen Schicht. Es entsteht zunächst simultan eine E m b r y o n a l s c h a l e (Protoconch I, Prodissoconch I), die sich strukturell von der durch Randzuwachs gebildeten A d u l t s c h a l e (Teleoconch, Dissoconch) unterscheidet. Bei planktotrophen Larven wird während des ja längeren pelagialen Aufenthaltes durch Randzuwachs eine L a r v a l s c h a l e gebildet (Protoconch II, Prodissoconch II), die zwischen Embryonal- und Adultschale eingeschoben

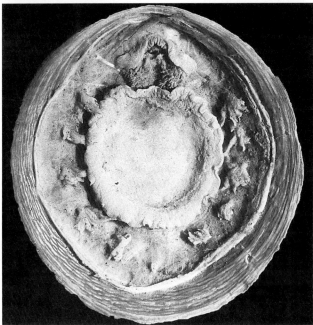

Abb. 453 *Neopilina galatheae.* Tryblidia (Monoplacophora). **A** Aufsicht, Vorderende oben. **B** Ventralansicht mit Mundfeld, Fuß und Mantelrinne mit Kiemen. Aus Lemche und Wingstrand (1959).

ist. Das vielfach periodische und durch Wachstumsstreifen gekennzeichnete Flächenwachstum der Adultschale geht vom Mantelrand aus und bildet hier häufig senkrechte Prismen (Prismenschicht, Ostracum; Abb. 452), die Dicken-Zunahme erfolgt hingegen durch Abscheidung von der Mantelfläche in horizontalen Lamellen (Perlmutterschicht, Hypostracum). Viele Bivalvia und Gastropoda zeigen aber einen gruppenspezifischen, modifizierten Schalenaufbau: Das Periostracum wird von den nun an der Basis der äußeren Mantel(rand)falte gelegenen drüsig modifizierten Epithelzellen („Perostracumgrube" „-rinne", oder „-falte") abgeschieden. Hochgewölbte bis getürmte Schalen werden verschiedentlich nach oben-vorne (exogastrisch) oder nach unten-hinten (endogastrisch) eingerollt. Bei Scaphopoda und bei etlichen Gastropoden-Arten wird die Schalenspitze (Protoconch oder mehr) später abgestoßen (Decollation) und die Öffnung bei den Schnecken durch eine verkalkende Platte verschlossen (z. B. *Patella, Rumina, Caecum*). Bei einigen Mollusken treten auch sekundäre Schalenbildungen auf (z. B. Gießkannenmuscheln *Brechites*, Flügelschnecken Cymbuliidae/*Cymbulia*, Papierboot *Argonauta* Abb. 515).

Bei der Verkalkung werden in der Regel aus dem extrapallialen Raum zwischen Epithel und Periostracum Kristalle in Conchiolintaschen abgelagert. Bei Tryblidia, Bivalvia und Nautiloidea entsteht das Hypostracum meist aus Aragonit in kleinen rhombisch-pseudohexagonalen Lamellen, die in vielen Schichten weitgehend parallel zur Körperoberfläche liegen und zumindest in der untersten Schicht durch ihre Struktur einen irisierenden Glanz bewirken können (Perlmutter). Bei den Vetigastropoda zeigt sich ein abweichender, säulenartig aufgebauter Perlmutter-Typus. Wenn nicht gerade Schalenzuwachs erfolgt, wird der extrapalliale Raum nach außen durch ein Sekret verschlossen; andernfalls können sowohl Parasiten wie auch Fremdkörper in den Spalt gelangen und als Abwehrreaktion um diese herum eine P e r l b i l d u n g induzieren (was künstlich zur Perlenzucht genutzt wird).

Die Schalen sind vielfach farbig und gemustert. Die Pigmente hierzu liegen in einer so genannten Musterkalkschicht, die sich in der Prismenschicht unter dem Periostracum befindet und daher oft von letzterem überdeckt wird. Je nach Aktivität dieser Zellen entstehen entsprechende Muster als flächige Färbung, radiale Linien und Bänder bei gleichmäßiger Absonderung oder als radiale Punkte, konzentrische Linien und Bänder bei periodischer Sekretion. Artspezifisch kombinierte Muster oder auch individuelle Schalenfärbungen sind hierbei nicht selten (z. B. bei marinen Gastropoden oder als Farbpolymorphismus bei Bänderschnecken *Cepaea*).

4 Tryblidia (Monoplacophora, Tergomya), Napfschaler

Die erst in den 1950er-Jahren bekannt gewordenen, ca. 30 rezenten Arten der Napfschaler leben in allen Weltmeeren auf Weich- und Hartböden in Tiefen von etwa 175–6 500 m. Die Mehrzahl ist nur aus Einmalfunden beschrieben, die tatsächliche Verbreitung der Arten daher ungewiss. Fünf Arten sind aus europäischen Meeren von Island bis Italien erfasst.

Der **Körper** der Tryblidia wird vollständig von der 0,9–40 mm langen S c h a l e bedeckt, die napfförmig mit einer exogastrischen, nach vorne gerichteten Spitze ausgebildet ist

(Abb. 453A). Das Periostracum wird hierzu in einer Rinne des kalkfreien Mantelrandes abgeschieden. An der Schale setzt innen Muskulatur an, die in zwei Systemen vorliegt: (1) Die dominante Dorsoventral-Muskulatur mit serial 8 paarigen in den Fuß ziehenden Bündeln (Schalenmuskeln, Fußretraktoren), wobei in kleineren Arten die vordersten Paare im Schalenansatz verschmolzen sind. (2) Schwächere Muskelbündel setzen außerhalb der dorsoventralen Bündel an der Schale an. Sie ziehen schräg nach vorne bzw. nach hinten zum Fuß, wo sie am Rand ein Ringmuskelsystem aufbauen.

Ventral ist der Körper deutlich in Kopfbereich und Fuß unterteilt. Die Mundöffnung weist Ober- und Unterlippe auf; die Oberlippe geht seitlich in eine dicht bewimperte Falte über, das Velum. Bei einigen Arten sind kurze praeorale Tentakel ausgebildet; die in Zahl (0–30) und Anordnung verschiedenen postoralen Tentakel sind diagnostisch. Der Fuß ist als Saugscheibe ausgeprägt und weist Wimpernzellen und Drüsenzellen auf (Sohlendrüsen).

Kopf und Fuß sind vom **Mantelraum** umgeben (Abb. 453B), der adult von hinten nach vorne 3–6 Paar Ctenidien aufweist. Abhängig von der Körpergröße sind je Kieme, von hinten nach vorne abnehmend, 8-1 blatt- bis fingerförmige Lamellen vorhanden. Bewimperung und dickes Epithel weisen auf eine reine Ventilationsfunktion hin; die Atmung erfolgt offenbar über das Epithel des Mantelraumes.

Der **Verdauungstrakt** beginnt mit einem Buccalraum, dessen hinterer Bereich eine teilweise drüsige Subradulartasche mit dem vorschiebbaren Subradularorgan aufweist. Der Pharynx hat einen unpaaren Kiefer und bildet frontale, teils paarige Drüsenlappen (Speicheldrüsen). Die Radula weist einheitlich 11 Zähne pro Querreihe auf, worunter der Mittelzahn schwach und der jeweils vierte Lateralzahn kammartig ausgebildet ist. Die Radulascheide ist lang und mehrfach gewunden.Der Stützapparat besteht aus einem Paar von einer Knorpelschicht umgebenen flüssigkeitserfüllten Blasen (samt unpaarem Quermuskel Musculus impar); der gesamte Buccalapparat mit der zugeordneten umfangreichen, quergestreiften und roten Muskulatur (Myoglobin) ist jenem der Polyplacophora sehr ähnlich. Der Oesophagus weist paarige Taschen auf (Abb. 437D).Vom vorderen Bereich des Magens geht die paarige und meist verzweigte Mitteldarmdrüse ab. Dorsal ist eine Blindtasche ausgeprägt (Stielsack), in der ein kompakter Schleimstrang festgestellt wurde (Protostyl/Gallertstiel); ein cuticularer Magenschild ist nicht vorhanden. Das anschließende, dicht bewimperte Intestinum bildet Schlingen, zieht durch das Pericard und mündet in den terminalen Pallialraum.

Die Napfschaler leben in kalten Meeresbereichen auf tonigen bis schlammigen Böden, die oft Mangan-oder Phosphorit-Knollen enthalten. Die Ernährung erfolgt offenbar unselektiv von abgelagertem organischen Material und von unspezifischem Detritus. Die zu verdauende Nahrung gelangt hierbei auch in die Mitteldarmdrüsen. Für *Laevipilina antarctica* konnte eine Bakterien-Endosymbiose im Mantelraumdach und in den postoralen Tentakeln festgestellt werden.

Das zentrale **Nervensystem** besteht aus Cerebralganglien mit cerebraler und postoraler Kommissur (perioraler Ring), aus Buccalsystem mit paarigem Ganglion und Subradularkonnektiven mit unpaarem Ganglion, sowie aus je 1 Paar ventra-

ler und lateraler Markstränge (Abb. 454). Die Ventralstränge weisen nur je eine Kommissur am Beginn und am Ende des Fußes auf (pedaler Ring); 10 Lateropedal-Konnektive verbinden jederseits die Stränge, wovon die sieben hinteren zwischen den dorsoventralen Muskelbündeln verlaufen; 1–2 zusätzliche, unvollständige Konnektive sind dahinter vorhanden. Von den Lateralsträngen ziehen je zwei Nerven zu den Ctenidien. Als Sinnesorgane sind nur die paarige Statocyste (mit Statokonien und offenem Gang in die Mantelrinne) und das Subradularorgan nachgewiesen; osphradiale Sinnesorgane fehlen.

Das **Zirkulationssystem** ist offen. Das flache, paarige Perikard ist weitgehend getrennt und nur im hintersten Bereich vereint; es schließt beiderseits des Darms einen Ventrikel und 2 Atrien ein (Abb. 454). Die Ventrikel verlängern sich nach vorne zu einer dorsomedianen Aorta. Über Sinus und afferente Kiemengefäße gelangt das Blut über den Mantelraum und die Ctenidien zu den Atrien zurück. Bei den kleinen (0,9–1,5 mm) *Micropilina*-Arten fehlt das Herz (Progenesis). Das Perikard weist im Bereich der Herzatrien Podocyten auf, was auf Ultrafiltration hinweist. Es konnten bisher jedoch keine Verbindungen zwischen Perikard und Exkretionsorganen festgestellt werden. Die **Exkretion** erfolgt daher durch 3–7 Paar Nephridialorgane, die außerhalb der dorsoventralen Muskulatur liegen (vgl. Bivalvia). Sie stellen kompakte bis gelappte Organe dar mit Öffnung in den Mantelraum jeweils an einer Kiemenbasis (Abb. 454). Die mittleren Organe dienen auch der Ausleitung der Gameten.

Neben dem weitgehend paarigen Perikard sind **Gonaden** vorhanden, die ventral des Mitteldarms liegen. Bei den getrennt-geschlechtlichen Neopilinidae sind zudem 2 Paar Gonaden ausgebildet, die mit je einem Gonodukt in ein

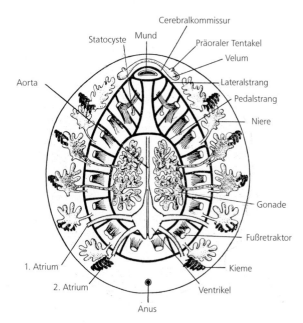

Abb. 454 Tryblidia (Monoplacophora). *Neopilina galatheae*. Schema der inneren Organisation. Verdauungssystem weggelassen. Verändert nach Lemche und Wingstrand (1959) und Salvini-Plawen (1981). Nach Wingstrand (1985), Haszprunar und Schaefer (1997) sind die langen Exkretionsgänge eine Fehlbeobachtung.

Exkretionsorgan münden; die vorderen Testes weisen teilweise einen zweiten Gonodukt auf. Die ursprünglichen Spermien deuten auf Befruchtung im freien Wasser hin. *Micropilina* hat hingegen 1 Paar Zwittergonaden (bei *M. minuta* mit 2 Paar Gonodukten) und besitzt etwas abgewandelte Spermien. *M. arntzi* betreibt Brutpflege im Mantelraum. Die Eier sind stets dotterreich. Die Entwicklung ist offenbar lecithotroph, die Larven sind unbekannt; *Micropilina arntzi* entwickelt sich direkt.

Systematik

Molekulare Daten zur Systematik fehlen völlig. Morphologisch werden die rezenten Tryblidia in 2 Familien-Taxa gegliedert. Dazu gehören 50 fossile Arten seit dem mittleren Kambrium. Zusätzlich sind rein fossile Taxa aus der weiteren Verwandtschaft bekannt (u. a. †Cyrtonellida, †Sinuitopsida, †Helcionellida), die mit großer Formenfülle im Kambrium bis Devon und im Pleistozän auftraten. Teilweise werden sie mit den Tryblidiida im paraphyletischen Sammeltaxon „Monoplacophora" zusammengefasst.

Neopilina galatheae (Neopilinidae) (Abb. 453), bis 37 mm. 1952 erster Fund einer rezenten Art. O-Pazifik vor der Küste Mittelamerikas, 1830–3720 m. – *Laevipilina antarctica*, bis 3 mm. Vordere Testes mit zwei Gonodukten; mit Bakterien-Endosymbiose. Weddell-Meer/Antarktis, 210–3100 m. – **Micropilina minuta* (Micropilinidae), bis 1,5 mm. Von Island bis Färöer-Inseln, 770–926 m. – *M. arntzi*, bis 0,91 mm. Mit Brutpflege im Mantelraum und direkter Entwicklung. Lazarev Meer/Antarktis, 191–765 m.

5 Bivalvia (Lamellibranchia, Pelecypoda, Acephala), Muscheln

Die Muscheln mit etwa 15 000 rezenten Arten sind aquatische, kiemenatmende Conchifera mit völlig rückgebildetem Buccalapparat und einer durch ein Schloss verbundenen zweiklappigen Schale. Sie leben auf oder in Substraten im Meer, Brackwasser und mit rund 2 000 Arten auch im Süßwasser. Sie haben sich aus im Weichsediment pflügendgrabenden Formen entwickelt, deren gesamter Körper in Anpassung an diese Lebensweise von einer zweiklappigen Schale umfasst wird. Die Umstellung auf detritovore (Protobranchia) oder filtrierende Ernährung (Autobranchia) ging einher mit einer vollständigen Reduktion des gesamten Buccalapparates (einschließlich der Buccalganglien). Aus grabend-kriechenden Formen sind vielfach unabhängig voneinander Formen entstanden, die durch Festheftung mittels Byssus oder Zementdrüsen Hartsubstrate besiedeln. Einige Gruppen bohren mit Hilfe von Kohlensäure in Kalk oder mittels Schalenderivaten in Sandstein oder Holz (Abb. 427). Der Schwerpunkt ihrer Verbreitung liegt in Flachwassergebieten, etliche kommen auch in Tiefenbereichen vor, sogar bis über 10 000 m (*Sarepta hadalis*, Nuculanidae).

Bau und Leistung der Organe

Der **Mantel** bildet zwei laterale Lappen, die den gesamten Weichkörper umschließen (Abb. 455). Sein Rand weist meistens 3 Falten auf (Abb. 452), in dem zahlreiche Sinneszellen lokalisiert sind und auch Tentakel und/oder Lichtsinnesorgane gebildet sein können (Abb. 459): Neben der begrenzenden, muskulösen Innenfalte und der die Schale abscheidenden Außenfalte findet sich noch eine unterteilende Mittelfalte. Ursprünglich sind die Mantelränder frei; sie verwachsen

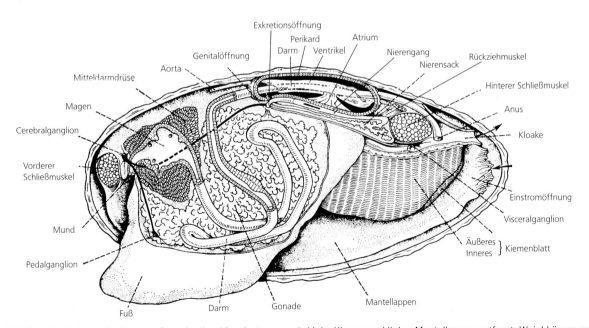

Abb. 455 Bivalvia. Schema der inneren Organisation (*Anodonta cygnea*). Linke Klappe und linker Mantellappen entfernt; Weichkörper median durchschnitten. Verändert nach Kükenthal, Matthes und Renner (1967).

jedoch bei vielen Muscheln weitgehend, so dass ventral nur noch eine Öffnung für den Durchtritt des Fußes erhalten bleiben kann. Am Hinterende sind jedoch stets 2 Öffnungen für den Wasserstrom vorhanden – eine ventrale E i n s t r o m - öffnung (I n g e s t i o n s öffnung) und eine dorsale A u s - s t r o m öffnung (E g e s t i o n s öffnung). Oft bilden die Mantellappen hierzu röhrenförmige Verlängerungen, die S i p h o n e n (Abb. 457D–F, 465B).

Die Siphonen können miteinander verwachsen (*Mya arenaria*). Antagonistisch arbeitende zirkuläre und longitudinale Muskeln ermöglichen es, sie zu bewegen, insbesondere sie vorzustrecken und zurückzuziehen. Die Länge der ausgestreckten Siphonen bestimmt bei den im Sediment eingegraben lebenden Tieren die mögliche Eingrabtiefe (Verbindung zum freien Wasser) und damit ihren Schutz vor Feinden. Die muskulöse Innenfalte des Mantelrandes ermöglicht den Wasserausstoß aus dem Mantelraum; dabei werden Fremdkörper und die Pseudofaeces (s. u.) mit ausgespült.

Der Mantel sezerniert die Anlage der **Schale** zunächst einheitlich, dann erfolgt die Verkalkung als zwei vielfach verschieden skulpturierte Klappen mit ihren gruppentypischen Schichten (Abb. 452). Dorsomedian bleibt zwischen den beiden Klappen eine kalkfreie Epithelbrücke erhalten, der Mantelisthmus. Er ist ebenfalls vom Periostracum bedeckt und scheidet darunter ein die Klappen verbindendes, zweischichtiges L i g a m e n t (S c h a r n i e r b a n d) ab, dessen innere Schicht oft in den Scharnierbereich hineinzieht und dort zu einem R e s i l i u m (S c h l i e ß k n o r p e l) verdickt ist. Das Ligament besteht aus Conchiolin, bleibt daher elastisch und fungiert als Antagonist zu den Schließmuskeln. Es kann sich hierbei vor und hinter den sog. Wirbeln (Umbonen) erstrecken, oder es liegt (vorwiegend) nur dahinter. Diese Wirbel sind die ältesten, vielfach erhabenen Teile der Schalenklappen; um jeden Umbo schließen sich konzentrische Zuwachsstreifen an. Die Klappen selbst sind dorsomedian durch zahn- und leistenartige Vorsprünge ineinander gelenkt. Die Gesamtheit dieses Scharniergelenks, das ein paralleles Versetzen der Klappen verhindert, wird als S c h l o s s bezeichnet und ist gruppentypisch ausgeprägt.

Wichtige S c h l o s s t y p e n sind (Abb. 458): (1) primär oder sekundär t a x o d o n t: viele kleine, gleichartige Zähne senkrecht zum Schlossrand (ctenodont: *Nucula*) oder parallel angeordnet (neotaxodont: *Arca*); (2) h e t e r o d o n t: geringe Anzahl unterschiedlich geformter Zähne (*Cerastoderma, Venus*); (3) desmodont: 2 Zähne einer Klappe sind löffelartig verschmolzen (*Mya*); (4) dysodont: ohne Zähne (*Ostrea*); (5) isodont: wenige, symmetrische Zähne (*Spondylus*); (6) hemidapedont: wenig ausgeprägte Zähne (*Tellina*). – Zusätzliche Hartteile: akzessorische Schalenstücke schützen den dorsad verlagerten Schließmuskel von Bohrmuscheln (*Pholas, Teredo*); Siphonen werden von manchen Muscheln in Kalkröhren eingeschlossen (Pholadidae); bei Schiffsbohrern (*Teredo*) können die Öffnungen der Siphonen durch Schutzplättchen (Paletten) verschlossen werden, der Bohrgang wird mit einer Kalkschicht ausgekleidet; andere Muscheln bauen kalkige Wohnröhren (*Gastrochaena*) oder gießkannenähnliche Vorfilter (*Brechites*).

Der vielgestaltige **Fuß** (Abb. 456) ist bei vielen pteriomorphen Muscheln noch mit einer Gleitsohle versehen und als Grab-Kriechfuß ausgebildet. Er ist bei Protobranchia fast scheibenförmig mit Randpapillen, bei der großen Mehrheit der Arten aber ein beilförmiges (pelecypod) oder stempelförmiges Graborgan. Er kann jedoch auch zum Springen ver-

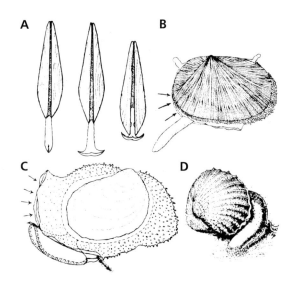

Abb. 456 Bivalvia. Fußtypen. **A** Ankerfuß (*Portlandia* sp.), in 3 Phasen der Bewegung. **B** Kriechfuß (*Galeomma turtoni*). **C** Saugfuß (*Devonia perrieri*). **D** Stempelfuß (*Acanthocardia echinata*), mit dem sich die Muschel kraftvoll abstoßen kann. Sehr häufig ist ein Beilfuß ausgebildet, s. *Anodonta* (Abb. 455). Verändert nach Yonge und Thompson (1976).

wendet werden (z. B. Cardiidae) oder wird (bei Teredinidae) saugnapfartig. Bei vielen Siedlern auf Hartsubstrat bildet der Fuß den Byssus zur Verankerung, und er selbst wird als Reinigungsorgan des Mantelraumes eingesetzt. Bei völlig sessilen Arten (*Ostrea* spp.) wird der Fuß stark reduziert. Neben Muskulatur und Hämolymphräumen nehmen Drüsen einen großen Bereich des Fußes ein, von denen die B y s s u s d r ü s e zum Anheften dient.

Diese Drüse besteht aus mehreren Anteilen, die unterschiedliche Sekrete produzieren: phenolische Proteide mit hohem Glycin-Gehalt, Polyphenoloxidase u. a., die zusammen ein erhärtendes Sekret bilden, das einen Ausguss der Byssushöhle darstellt. Diesem Byssusstamm werden Haftfäden hinzugefügt, die von der Fußspitze an die Unterlage gepresst werden. Die Fäden enthalten bis 75 (Gew.-)% Kollagen, die Haftscheiben auf dem Substrat bis 26%. Die Fähigkeit zur Byssusbildung ist oft auf die Jungmuscheln beschränkt.

Der seitlich verschmälerte Körper erleichtert das Pflügen und Eindringen in das Sediment. Dem Fuß kommt hierzu bei der Lokomotion die Hauptfunktion zu. Beim Graben wird er pfriemförmig zugespitzt vorgetrieben, schwillt an und verankert damit die Muschel, die den übrigen Körper durch Kontraktion der Fußretraktoren nachzieht. Muskulatur und Verlagerung von Körperflüssigkeit wirken dabei zusammen. Gleichzeitiges Ausstoßen von Wasser aus dem Mantelraum erleichtert das Graben, da mit dem Wasserstrahl Sediment gelockert oder weggespült werden kann.

Die Bivalvia sind durch drei verschiedene Gruppen von **Muskulatur** gekennzeichnet, die Fuß-, die Mantelrand- und die Schließ-Muskeln. Die von den Schalenklappen (Mantel) in den Fuß ziehenden Stränge sind die D o r s o v e n t r a l - M u s - k u l a t u r, gewöhnlich mit einem vorderen und einem hinteren Paar Fußretraktoren. Oft sind jedoch noch mehr Paare erhalten, die dann funktionell in Rückzieher (Retraktoren), Vorzieher (Protraktoren) und Heber (Levatoren) aufgeteilt sind. Die M a n t e l r a n d - Muskulatur der inneren Mantelfalte verankert den Weichkörper peripher an der Schale und hinterlässt dort eine Mantellinie, die vielfach parallel zum Scha-

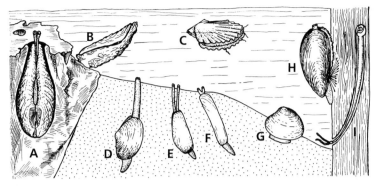

Abb. 457 Bivalvia. Marine Lebensformtypen. **A** Bohrmuscheln (*Pholas*). Oberfläche der Schalen konzentrisch und radiär gerippt, durch Muskeln verbunden, Ligament und Scharnier rückgebildet. Dorsaler vorderer Klappenrand umgeschlagen, dient als Ansatzstelle für den nach außen verlagerten, vorderen Schließmuskel, der dorsal durch 4 zusätzliche Schalenstücke bedeckt wird. Bohren in Hartsubstraten durch (geringfügiges) Spreizen der Schalen und Drehungen des ganzen Körpers um die Längsachse. **B** Epibenthische Hartbodenbewohner (*Ostrea*). Larven setzen sich auf festem Untergrund fest, indem sie die linke Klappe mit einem Sekret der Fußdrüsen auf dem Untergrund ankitten; sie sind damit ortsfest. **C** Vagile epibenthische Formen. Kammmuscheln (*Pecten*). Mantelränder nicht verwachsen. Durch Auf- und Zuklappen der Schalen und Auspressen von Wasser aus der Mantelhöhle ist (Rückstoß-)Schwimmen über kürzere Strecken möglich (Flucht!). **D–F** Sessile endobenthische Weichbodenbewohner. Mantelränder verwachsen bis auf die zu Röhren ausgezogenen Ein- und Ausströmöffnungen (Siphonen); Länge der Siphonen und Eingrabtiefe der Arten in das Substrat bedingen einander. **D** Klaffmuscheln (*Mya*), Siphonen in einer gemeinsamen lang gestreckten Hülle; Tiere in 20 cm Tiefe. **E** Sägezahnmuscheln (*Donax*), mit 2 getrennten Siphonen. **F** Scheidenmuscheln (*Ensis*), Schalenklappen messerscheidenförmig, mit kurzen Siphonen, daher Hinterende dicht unter der Oberfläche. **G** Epibenthische Weichbodenbewohner, graben sich nur oberflächlich oder teilweise ein. Venusmuscheln (*Chamelea, Venus*). **H** Sessile epibenthische Hartbodenbewohner (*Mytilus*). Mit Byssusfäden festgeheftet auf Hartsubstraten oder auf Muschelschalen (Muschel-„Bänke"). **I** Schiffsbohrer (*Teredo*). Schalenklappen klein, zum Bohrapparat umgewandelt. Körper wurmähnlich, von röhrenförmigem Mantel umgeben; bohren in Holz, kleiden die Gänge mit Kalk aus. Verändert nach Storer, Usinger, Stebbins und Nybakken (1972).

lenrand verläuft; bei Ausbildung von rückziehbaren Siphonen ist diese Palliallinie im Hinterkörper oft weit eingebuchtet (Mantelbucht, Pallialsinus). Aus dieser Mantelrand-Muskulatur leiten sich die beiden Schließmuskeln (Adduktoren) ab, die vorne und hinten quer durch den Körper ziehen und die beiden Schalenklappen verbinden (Abb. 458). Sie wirken antagonistisch gegen die Spannung des elastischen Ligaments (s. o.), das oft durch das Resilium in seiner Zugkraft unterstützt wird.

Die Schließmuskeln sind gleich stark (isomyar), oder der vordere Schließmuskel ist in vielen Gruppen rückgebildet (anisomyar, heteromyar: z. B. *Mytilus*) oder geht ganz verloren (monomyar: z. B. *Pecten*,

Ostrea,). Die Schließmuskeln enthalten zwei Anteile: träge Sperrmuskeln, die die Schale mit geringem Energieaufwand lange geschlossen halten können (Sperrtonus), und schnellarbeitende Schließer mit phasischer Kontraktion. Die Ansatzstellen der Adduktoren sind auf der Innenfläche der Schale deutlich erkennbar, da in ihrem Bereich die Kristallstruktur abgewandelt ist.

Bei den Pectinidae und Limidae erlaubt die Schalenform mit den charakteristischen Ohren zusammen mit dem Schließmuskel schwimmende Fortbewegung nach dem Rückstoßprinzip. Die Innenfalte kontrolliert dabei die Ausstoßrichtung des Wassers. *Pecten*-Arten schwimmen horizontal, mit der flachen linken Klappe oben (Abb. 457C). Die obere Mantelfalte übergreift die untere so, dass beim Wasserausstoß ein Aufwärtsvektor erzeugt wird. Diese Fortbewegungsweise wird als wirkungsvolle Fluchtreaktion auf Räuber (z. B. Seesterne) eingesetzt.

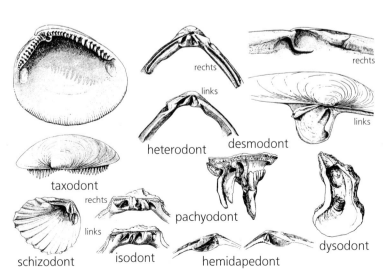

Abb. 458 Bivalvia. Die wichtigsten Scharnier-(Schloss-)Typen. Aus Götting (1974).

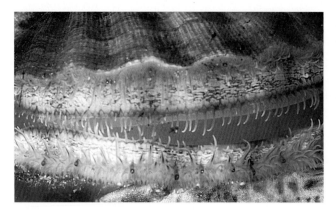

Abb. 459 *Pecten jacobaeus*, Jakobsmuschel. Blick in den geöffneten Mantelraum; Mantelsaum mit Sinnestentakeln und Linsenaugen. Original: W. Westheide, Osnabrück.

Der geräumige **Mantelraum** erstreckt sich beiderseits zwischen Fuß und innerer Oberfläche des Mantels; in ihr dominieren meist die verschieden gebauten Ctenidien. Diese haben vor allem Ventilationsfunktion und dienen nur zu einem kleinen Teil (max. 20 %) der Atmung, welche vor allem durch das Mantelinnenepithel durchgeführt wird. Bei den protobranchen Nuculida sind die Ctenidien generell gering, bei Kleinformen sogar oft nur als Wülste ausgeprägt. Die Mehrzahl der höheren Muscheln hat sich auf das Abfiltrieren der im Wasserstrom enthaltenen Nahrungspartikeln umgestellt; dadurch hat der primär nur der Respiration dienende Wasserstrom bei ihnen eine Doppelfunktion – außerdem dient er der Reinigung des Mantelraumes, dem Abtransport von Exkreten, Exkrementen und Gameten. Die Ctenidien sind in diesem Zusammenhang umgebildet und nur bei Nuculida sind sie noch Kammkiemen mit bi-lamellärem Aufbau (mit Skelettelementen). Bereits bei *Solemya* sind sie zum Abfangen von Nahrung blattartig in die Fläche gedreht, und bei den höheren Muscheln (Autobranchia, Lamellibranchia) sind die Kiemenflächen dann vergrößert (Abb. 460C). Bei der Umbildung zu (filibranchen) Fadenkiemen ziehen von der verlängerten Kiemenbasis jeweils 2 fadenförmige Lamellen (Filamente) ventrad (Mytilidae, Anomiacea), biegen meist haarnadelförmig um und verlaufen dorsad zur Körper- bzw. zur Mantelwand. Ciliäre Brücken zwischen den hintereinander liegenden Fäden sowie Gewebsbrücken zwischen den ab- und aufsteigenden Ästen stabilisieren die Filibranchie. Sagittale Ciliengruppen können die hintereinander liegenden Fäden zu (pseudolamellibranchen) Scheinblatt-Kiemen vereinigen. Diese Tendenz zur Bildung von Kiemenblättern führt schließlich zur Entstehung der echten (eulamellibranchen) Blattkiemen (Abb. 460D). Bei ihnen machen massive quer- und längsverlaufende Gewebsbrücken die Kiemen zu vier Blättern mit doppelwandigen Lamellen. In den Brücken verlaufen Blutbahnen; oberhalb der Kiemenblätter verbleibt jeweils ein Suprabranchialraum.

Bei etlichen Nuculida und einigen anderen Muscheln ist das Mantelraumdach im Bereich der Ctenidien mit hohem Schleimkrausen-Epithel versehen, der paarigen Hypobranchialdrüse.

Die Wasserströmung im Mantelraum erfolgt nur bei den protobranchen Nuculidae s.l. und Solemyidae s.l. noch ursprünglich von vorne nach hinten vor (Abb. 460A). Bei *Arca* (Arcoidea) erfolgt der Einstrom vorne wie hinten und bei Galeommatoidea (z. B. *Montacuta*) sowie *Crassinella* (Carditoidea) sekundär wiederum vorne. Sonst strömt das Atemwasser durch den hinten-unteren Mantelspalt oder die Ingestionsöffnung in den Mantelraum, durchfließt die Kiemenblätter (mit Abfiltrieren der Nahrungspartikel) und gelangt in die Suprabranchialräume. Von dort fließt es zur Egestionsöffnung nach außen ab.

Völlig abweichend und nicht vergleichbar sind jedoch die Organe der septibranchiaten Bivalvia ausgebildet, bei denen die eigentlichen Ctenidien rückgebildet sind. Hier ist der Mantelraum durch ein horizontales, muskulöses Querband (Septum) jederseits des Fußes in eine obere und untere Kammer unterteilt, die durch Schlitze verbunden sind. Durch diese tritt mittels Pumpbewegungen Wasser hindurch (Abb. 460B), wodurch auch die carnivore Ernährung ermöglicht wird.

Der **Verdauungstrakt** (Abb. 437H) ist durch die völlige Reduktion des gesamten Buccalapparates charakterisiert. Entsprechend der Ernährung von Kleinstpartikeln, die zumeist durch Filtrieren erfolgt, sind daher einige Organe speziell differenziert.

Die große, aber einfache Mundöffnung ist vorne und hinten von je einem Paar Mundlappen (Labialpalpen) begrenzt und führt direkt in den Oesophagus. Bei den protobranchen Nuculidae und Nuculanidae weist er noch zwei Abschnitte auf, einen vorderen mit Futterrinne sowie paariger, kleinerer Tasche und den rohrartigen hinteren Abschnitt. Bei den übrigen Muscheln ist nur der hintere Oesophagus-Abschnitt vorhanden. Der anschließende Stielsack-Magen ist mit ciliären Sortierfeldern, zwei Typhlosolen (Septen) als Leitschienen für das zu verdauende Material, cuticularem Magenschild und einer Tasche mit enzymhältigem Protostyl (Nuculida) oder einem Blindsack mit Kristallstiel (Gallertstiel) ausgestattet.

Durch Cilienantrieb rotiert der Stiel, womit die Enzyme durch Abrieb gegen den Magenschild frei werden und größere Partikel aufbrechen können.

Bei den carnivoren septibranchen Muscheln ist der Magen zu einem Muskelorgan umgebildet, welcher die Nahrung mechanisch aufbricht.

In den Magen münden zumindest drei Verbindungsgänge der Mitteldarmdrüsen (Abb. 455), welche zumeist mit sich verzweigenden Ästen zu den verdauenden Divertikeln führen und zwischen Bindegewebe, Magen, Muskulatur und Gonaden eingeschoben sind. Die Bivalvia verdauen zunächst extrazellulär und (nicht bei Nuculidae) in den Divertikeln der Mitteldarmdrüse, dann intrazellulär durch Phagocytose. Das in Schlingen verlaufende Intestinum durchzieht bei vielen Arten das Herz und endet hinter dem Adduktor mit dem auf einer Papille gelegenen Anus im Mantelraum.

Ein Teil der protobranchen Muscheln (Nuculacea, nicht Nuculanacea) sind Sammler, die mit Hilfe langer Fortsätze, der Mundlappen, Detritus aus der Umgebung unmittelbar der Mundöffnung zuführen.

Demgegenüber ernähren sich die meisten Muscheln als Suspensions-Filtrierer von suspendierten Partikeln. An den Kiemen sitzen verschiedene Gruppen von Cilien, die die Wasserströmung und den Partikeltransport bewirken. So pumpt die Auster *Crassostrea virginica* 4–15 l, die Miesmuschel *Mytilus edulis* 0,16–1,9 l pro Stunde (h^{-1}) durch die Kiemen. Abfiltrierte Partikel werden vorsortiert, bevor die

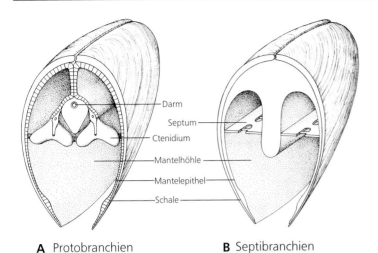

A Protobranchien   **B** Septibranchien

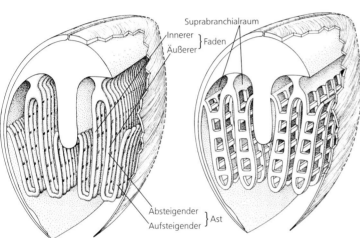

C Filibranchien   **D** Eulamellibranchien

Abb. 460 Bivalvia. Kiemen-Typen. **A** Protobranchien: 1 Paar Ctenidien, die so im Mantelraum angeordnet sind, dass das durch die Bewimperung hereingetriebene Wasser die Kiemen passieren muss, um in den oberen Teil des Mantelraumes und von da zur Austrittsöffnung zu gelangen. **B** Septibranchien: ein horizontales Septum unterteilt den Mantelraum; durch Öffnungen im Septum strömt das Wasser in den dorsalen Teil des Mantelraumes und wieder nach außen. **C** Filibranchien: zahlreiche Kiemenfäden hängen vom Dach des Mantelraumes und wenden haarnadelartig auf der ventralen Seite; untereinander zumindest durch Ciliengruppen verbunden und stabilisiert. **D** Eulamellibranchien: Fäden sind durch Gewebsbrücken zu jederseits 2 Kiemenblättern verschmolzen, aktive Oberfläche der Kieme ist so stark vergrößert. Verändert nach verschiedenen Autoren.

Mundlappen die endgültige Trennung vornehmen. Unbrauchbare Anteile werden mit Schleim der zahlreichen Drüsenzellen im Mantelraum zu wurstförmigen Strängen gerollt und als „Pseudofaeces" ausgeschwemmt. Die Kiemencilien sind meist zu Cirren zusammengefasst, die einen Abstand von ca. 3 µm haben und die größere Partikel abfangen; Schleimnetze halten Partikel bis zu ca. 1 µm Durchmesser zurück.

Daneben gibt es die Pipettierer (z. B. *Scrobicularia plana*), die mit ihrem langen Einströmsipho die benachbarte Sedimentoberfläche abpipettieren und dabei Detritus, Diatomeen, Foraminiferen und Objekte ähnlicher Größe aufsaugen. Zudem gibt es Arten mit speziellen Anpassungen: Holzverwerter (*Teredo*) (S. 322, Abb. 467), Algenzüchter (*Tridacna*) (Abb. 466) oder Carnivoren; letztere als Räuber und/oder Aasverzehrer besonders in großen Wassertiefen ohne ausreichende Phytoplanktonversorgung, wo sie ihre Beute mit einem langen Einströmsipho (einige Anomalodesmata) oder durch kräftiges Senken des Kiemenseptums (Septibranchia) einsaugen. Muscheln an Hydrothermalschloten (z. B. *Bathymodiolus*) nutzen hingegen symbiontische Bakterien, welche mittels oxidativer Reaktionen die Energie des aus dem Erdinnern stammenden Sulfids gewinnen und in speziellen Bacteriocyten in den vergrößerten Kiemen leben (vgl. auch Siboglinidae, S. 393); ähnlich gewinnen Muscheln in reduzierenden Sedimenten ihre Energie (Lucinoidea), was auch zum völligen Verlust des Verdauungstrakes führen kann (Solemyidae).

Mit der Nahrung aufgenommene Schadstoffe werden in den Mitteldarmdivertikeln und den Gonaden angereichert und können, wenn diese gegessen werden, schwere Erkrankungen hervorrufen (Muschelvergiftung durch Dinoflagellaten-Toxine bei sog. Roten Fluten („Rote Tiden"; S. 23); Minamata-Krankheit in Japan durch Hg-Verseuchung), Auch infektiöses Material (Cholera-Erreger) wird von den Muscheln gesammelt und auf den Menschen übertragen. Dieses Akkumulationsvermögen bietet aber auch die Möglichkeit, Bivalvia zur Überwachung und eventuellen Verbesserung der Wasserqualität einzusetzen: Muscheln können (wie Schnecken) aufgrund ihrer definierten Umweltansprüche als Indikatoren verwendet werden.

Das relativ einfache **Nervensystem** (Abb. 438B) entspricht dem gering ausgebildeten Bewegungsverhalten der Muscheln. Es sind 3 Paar Hauptganglien ausgebildet, die weitgehend autonom sind. Die Cerebralganglien sind meist mit dem jedseitigen Lateralganglion verschmolzen (Cerebropleuralganglien) und innervieren gemeinsam die vorderen Körperabschnitte (vorderer Teil des Mantels, vorderer Adduktor, Mundöffnung und Mundlappen, Statocysten), die Pedalganglien, den Fuß und gegebenenfalls den Byssusretraktor, die Visceralganglien, die hinteren Körperteile mit Kiemen, Gonaden, Osphradien, Herz und Darm (Abb. 455). Bei etlichen Protobranchia sind noch getrennte cerebro- und lateropedale Konnektive vorhanden, und die Lateralstränge haben manchmal noch Markstrang-Charakter (z. B. *Nucula*).

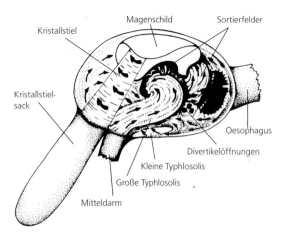

Kristallstiel

Magenschild

Sortierfelder

Kristallstiel-
sack

Oesophagus

Divertikelöffnungen

Kleine Typhlosolis

Große Typhlosolis

Mitteldarm

Abb. 461 Bivalvia (*Lepirodes takii*, Galeommatidae). Stielsack-Magen mit Sortierfeldern, Magenschild und dem enzymhaltigen Kristallstiel. Die aus dem Oesophagus (rechts) in den Magen eintretenden Nahrungspartikel werden durch bewimperte Felder sortiert. Cilienfelder versetzen den Kristallstiel in Rotation; er wird dabei an die gegenüberliegende Magenwand gedrückt, die durch den Magenschild mechanisch geschützt ist. Durch die Drehbewegung wird der Kristallstiel am Magenschild abgerieben, die Enzyme werden freigesetzt und dem Nahrungsbrei zugemischt, der dann in die Mitteldarmdrüsen-Divertikel weitergeleitet wird. Gegenläufige Strömungen am Magengrund sortieren unverdauliche Partikel aus und transportieren sie zum Mittel- (links unten) und Enddarm weiter, über den sie schließlich als Faeces ausgeschieden werden. Dünne Pfeile: Verlauf der Wimpernströmungen; dicke Pfeile: Rotationsrichtung des Kristallstiels. Verändert nach Morton (1973).

Eine Tendenz zur Konzentration der Ganglien (z. B. bei Pectinoidea) erfolgt in Richtung des häufig dominierenden Visceralganglions.

Über den Weichkörper und insbesondere am Mantelrand und den Mundlappen sind zahlreiche, meist einzellige Mechano-, Chemo- und Photo-Rezeptorzellen verteilt, die an manchen Stellen zu Feldern zusammengefasst sind. Echte **Sinnesorgane** bei allen Bivalvia sind die Statocysten im Fuß sowie die Osphradien im Ausströmkanal des Mantelraumes an der Unterseite des hinteren Adduktors. Die Abdominalen Sinnesorgane der Pteriomorpha sind Strömungsrezeptoren nahe der Analöffnung. Weitere, gruppenbezogene Differenzierungen sind das chemorezeptive Adorale Sinnesorgan der Protobranchia und das mechanorezeptive Stempels Organ der Nuculida, das vordere Mantelrand-Sinnesorgan der Nuculanida und das für Faulwasser chemorezeptive Kreuzmuskel-(Spangenmuskel-)Sinnesorgan an den Siphonen bei Tellinoidea. Eine Besonderheit sind Photoreceptoren (Ocellen, Augen), die in zumindest sechs voneinander unabhängigen Linien entwickelt sind, darunter fünfmal am visceral innervierten Mantelrand (Abb. 459). Nur bei Pteriomorpha ist ein Paar larvaler Ocellen differenziert, welche unterschiedlich lange auch in den Adulttieren (meist am ersten vorderen Kiemenfaden) bestehen bleiben können.

So sind bei den Arcoidea neben persistierenden Larvalocellen am Mantelrand einfache Pigmentbecherocellen und bis zu 200 zusammengesetzte Augen ausgebildet. Letztere bestehen aus bis zu 250 Einzelommatidien. Die Mantelrandaugen der Pectinoidea wiederum

haben 2 Retinae, eine inverse proximale und eine everse distale Retina, die durch die Argentea (Tapetum) von der Pigmentschicht getrennt sind. Bei *Pecten maximus* weisen die etwa 60 Augen (Abb. 459) hierbei einen Öffnungswinkel zwischen 90° und 130° auf. Auch die Siphonalaugen von *Laternula truncata* (Pandoridae) sind mit zwei Retinae versehen.

Das **Zirkulationssystem** besteht aus dem Herzen mit 2 lateralen Atrien und dem Ventrikel, der das Intestinum-Ende oder den Enddarm umschließt. Aus der Kammer entspringen eine anteriore und eine posteriore Aorta, in denen Klappen die Richtung des Blutstromes steuern. Ein Großteil des Blutes umgeht die Kiemen und wird im Mantel mit Sauerstoff versorgt. Es fließt dann zu den Exkretionsorganen, wo es mit dem sauerstoffarmen Blut aus den Eingeweiden gemischt wird, und gelangt schließlich durch Lakunen und Sinus zu den Vorhöfen zurück.

Der O_2-Transport des Blutes spielt eine geringe Rolle: Bei *Placopecten magellanicus* wird nur 1/3 des Bedarfs über das Blut gedeckt. Dennoch macht der Anteil der Hämolymphe bis zu 63 % des Weichkörper-Nassgewichtes aus. Die Hauptfunktion des Blutes ist die antagonistische Wirkung zur Muskulatur und dadurch mögliche Bewegungen insbesondere des Fußes und der Siphonen. Ventile sorgen dafür, dass lokale Druckveränderungen nicht zu starke Rückwirkungen auf die zentralen Teile des Kreislaufs haben. Ein am Grund ruhender *Placopecten magellanicus* hat ein Schlagvolumen von 0,153 ml bei einer Frequenz von 7 Schlägen min^{-1}; unmittelbar nach dem Schwimmen erhöhen sich diese Werte auf 0,39 ml und 14 Schläge min^{-1}.

Das **Exkretionssystem** übernimmt den aus den Atrien und/oder speziellen Bereichen des Perikards (Perikardialdrüsen, Kebersche Organe) in das Perikard durch Ultrafiltration der Podocyten gewonnenen Primärharn und leitet ihn über die paarigen bewimperten Perikardiodukte (Renoperikardialgänge) aus. Diese führen zu Nephridialsäcken (Bojanussche Organe, Emunktorien), wo vor allem durch Anreicherung mit Stickstoff-Verbindungen eine starke Veränderung erfolgt (Sekundärharn); die ausleitenden Gänge (Ureter) münden durch zwei Exkretionsöffnungen (Nephroporen) in den Mantelraum.

Das **Gonoperikard-System** der Bivalvia ist einfach. Die Muscheln sind überwiegend getrenntgeschlechtlich; vereinzelt kommt Sexualdimorphismus mit Zwergmännchen vor (z. B. *Montacuta compressa*). Die gelegentlich (manche Protobranchia, Teichmuscheln *Anodonta*) noch mit dem Pericard in Verbindung bleibenden Testes und Ovarien stellen einfache paarige Säcke dar, die zwischen den Divertikeln der Mitteldarmdrüse eingebettet sind (Abb. 455). Bei ursprünglichen Vertretern gelangen die Gameten über die Exkretionsgänge (Gononephrodukte) in den Mantelraum. Höhere Bivalvia bilden eigene Gonodukte und Gonoporen, wobei die kurzen Gonodukte in die Suprabranchialräume führen. Gonochoristen und Hermaphroditen kommen in engen Verwandtschaftsgruppen nebeneinander vor. Zwitter erzeugen die Gameten meist in Zwittergonaden, seltener sind Ovarien und Testes getrennt.

Ein Wechsel des Geschlechts ist häufig; hierbei gibt es verschiedene Möglichkeiten: (1) Konsekutiver Hermaphroditismus: Das Geschlecht wird einmal im Leben gewechselt, meist von männlich zu weiblich (Protandrie); Protogynie ist selten. (2) Rhythmisch-konsekutiver Hermaphroditismus: Mehrfacher Wechsel des Geschlechts (juvenile *Ostrea edulis* werden als Männchen geschlechtsreif, in der nächsten Fortpflanzungsperiode fungieren sie als Weibchen, in der übernächsten wieder als Männchen etc.). (3) Alternative Sexualität: In Populationen mit normalerweise getrenntgeschlechtlichen Individuen tritt bei einzelnen Geschlechtsumkehr auf, die nicht vorhersagbar ist (Austern ohne Brutpflege wie *Crassostrea virginica*: 70 % der Juvenilen werden zunächst funktionelle Männchen, in der 2. Laichperiode sind etwa gleichviele Männchen wie Weibchen vorhanden).

Fortpflanzung und Entwicklung

Die Reifung der Keimzellen wird exogen beeinflusst (vor allem durch die Temperatur, aber auch durch Tageslängen oder Mondphasen) und durch Neurosekrete gesteuert. Intensiver Parasitenbefall kann zu Sterilität führen. Eier und Spermien werden meist ins freie Wasser ausgestoßen, wo die Befruchtung stattfindet. Interne Befruchtung mittels Spermatophoren ist sehr selten.

Bei zahlreichen Arten erfolgt die Befruchtung im Mantelraum und erlaubt anschließende Brutpflege, entweder im Lumen des Mantelraumes (z. B. larvipare Austern) oder in zu Brutsäcken umgestalteten Teilen der Kiemenblätter (Süßwassermuscheln *Unio, Margaritifera*).

Im Verlauf der **Ontogenese** entsteht bei marinen Muscheln eine Trochuslarve. Die protobranchen Bivalvia bilden eine lecithotrophe Hüllglockenlarve (Pericalymma) aus, die teils 3 Wimperkränze aufweist, teils ganz mit Cilien bedeckt ist. Bei Bivalvia-Autobranchia differenziert sich meist zunächst eine lecithotrophe Trochuslarve mit zweiteiliger Embryonalschale (Prodissoconch I), deren Wimperkranzbereich sich radförmig erweitert und mit einem zusätzlichen postoralen Wimpernkranz zu einer planktotrophen Rotiger-Larve führt (fälschlich auch als „Muschel-Veliger" bezeichnet; Abb. 462). Durch medianes Abknicken entsteht eine funktionell zweiklappige Schale (Prodissoconch II, Lar-

valschale), die sich durch Zuwachs am Rand vergrößert (Veliconcha-Stadium). Späte planktotrophe Larven mit bereits deutlicher Fußbildung werden als Pedirotiger („Pediveliger") bezeichnet und führen zur bodenlebenden Jungmuschel. Bei einigen Süßwassermuscheln gibt es sekundäre, parasitische Larven: Glochidien (Unionidae, Margaritiferidae; Abb. 463), Haustorien (Mutelidae part.), und Lasidien (Mutelidae: *Anodontites*).

Systematik

Die Bivalvia sind fossil seit dem Unteren Kambrium mit ca. 15 000 Arten erhalten. Die ältesten Formen zeigen neben den Ansatzstellen der Schließmuskeln ebenso Ansatzstellen der paarigen dorsoventralen Muskelbündel, welche meist in 7–2 Paaren vorliegen (Fußretraktoren).

Erst neueste molekulare Datensätze konnten die Bivalvia als monophyletische Gruppe bestätigen. Die Monophylie der Autobranchia, nicht aber die der Protobranchia wird molekular gestützt. Insbesondere die Subtaxa der höheren Bivalvia (Heterodonta einschließlich Anomalodesmata) sind aufgrund molekularer Daten weitgehend neu gefasst worden.

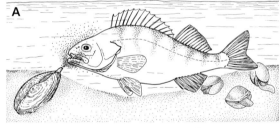

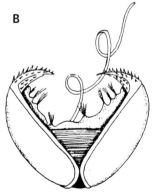

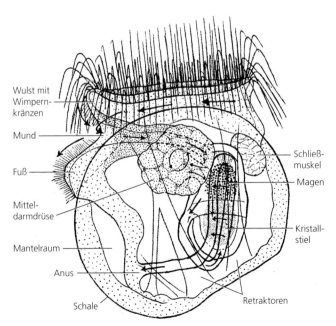

Abb. 462 Bivalvia. Frühe Rotiger-Larve (*Ostrea adulis*, 0,3 mm) mit Darstellung des Nahrungsweges (Pfeile). Aus Yonge (1926).

Abb. 463 Entwicklung einer Süßwassermuschel. **A** Lebenszyklus. Larven (Glochidien) zunächst in den äußeren Kiemen der weiblichen Muscheln, die als Brutsack dienen. Glochidien gelangen über die Ausstromöffnung in das freie Wasser und setzen sich dann bevorzugt in den Epithelien der Kiemenblätter (*Unio, Margaritifera*) oder der Flossen (*Anodonta*) eines Fisches fest (juvenil-parasitische Phase); nach Freiwerden fallen sie auf den Gewässergrund und wachsen innerhalb mehrerer Jahre zu adulten Muscheln heran. Verändert aus Storer, Usinger, Stebbins und Nybakken (1972). **B** Glochidium. Nach verschiedenen Autoren.

5.1 Protobranchia, Fiederkiemer

Einfache Ctenidien entlang der Achse mit einer jedseitigen Reihe von Lamellen (bipectinat) und chitinösen Skelettelementen, nur zur Ventilation und Atmung; Schale mit ctenodont-taxodontem oder ungezähntem Schloss häufig mit innerer Perlmutter- oder Porzellanschicht. Entwicklung mit Pericalymma-Larven.

Nuculida. Wasser-Einstrom vorne; mit adoralem Sinnesorgan. – *Nucula* spp., 10 mm. Nussmuscheln (Nuculidae); große Mundlappen, die Nahrung auftupfen; wichtige Beute für Plattfische; verbreitet, auch in der Nordsee. – *Solemya* spp. (Solemyidae), 30–60 mm; Darmtrakt vereinfacht oder fehlend, mit endosymbiontischen Bakterien in den Epithelzellen der Kiemenblättchen; in Schlick und Sand; Pazifik, Atlantik, Mittelmeer. – *Nucinella serrei* (Nucinellidae), bis 3 mm; nur mit vorderem Adduktor. W-Atlantik.

Nuculanida. Wasser-Einstrom hinten, teils mit Siphonen; mit vorderem Mantel-Sinnesorgan. – *Portlandia* (syn. *Yoldia*) *arctica* (Nuculanidae); 25 mm; wichtige Kaltwasser-Tiefen-Leitform, N-Atlantik, Nordmeer. Kennzeichnet ein Stadium der erdgeschichtlichen Entwicklung der Ostsee. – *Nuculana* (syn. *Leda*) *fragilis*, bis 10 mm; auf Sedimentböden unter 10 m, N-Atlantik & Mittelmeer.

5.2 Autobranchia, Echtkiemer

Stark vergrößerte Ctenidien mit 2 Reihen Kiemenfäden oder Blattkiemen.

5.2.1 Pteriomorpha

Schale vielgestaltig, oft mit innerer Perlmutterschicht oder ungleichen Klappen. Die meisten Arten siedeln mittels Byssus oder Zementdrüsen auf Hartsubstrat. Häufig ungleiche Schließmuskeln (anisomyar). Mantelränder selten verschmolzen, ohne Siphonen; filibranche oder pseudolamellibranche Kiemen; stets mit Abdominalen Sinnesorganen. 8–10 Familien-Taxa.

Mytiloidea. – *Mytilus edulis.* – Miesmuschel (Mytilidae) (Abb. 457), bis 9, selten 16 cm; Schale innen teilweise perlmuttrig; vorderer Schließmuskel klein; auf Bänken im Bereich der Niedrigwasserlinie; heftet sich mit Byssus auf Hartsubstrat und Artgenossen; spielt wegen der hohen Filtrationsleistung (bei Helgoland 1–21 h⁻¹) eine wichtige Rolle als Wasserreiniger und beim Erhöhen der Wattfläche; wichtige Speisemuschel (2002 kamen 450 000 t in den Handel). Auch verwandte Arten als Speisemuscheln. – *Lithophaga lithophaga*, See- oder Steindattel, 5–8 cm; bohrt chemisch und mechanisch in Kalk des oberen Litorals; mediterran. – *Bathymodiolus* spp, bis 15 cm, in Symbiose mit chemoautotrophen Bakterien; endemisch nahe Hydrothermalschloten.

Arcoidea. – *Arca* spp., Archenmuscheln (Arcidae), neo-taxodont; mit Augenbildungen; einige Arten heften sich mit Byssus an Steinen und Schalen an; wird roh gegessen; im Mittelmeer und Atlantik.

Pterioidea. – *Pinctada* spp., Perlmuscheln (Pteriidae); mit geradem Schlossrand; mittelständiger Schließmuskel; gefaltete Kiemenblätter; Fuß mit Byssus; in warmen Meeren. Eingedrungene Fremdkörper werden in konzentrische Aragonitlagen eingeschlossen, so dass eine Naturperle von oft hohem Handelswert entsteht. Zur Erzeugung von Zuchtperlen werden (meist aus Schalen anderer Muscheln gefertigte) kugelige Kerne in das die Gonade umgebende Bindegewebe ein-

gepflanzt; die Perlmuschel umgibt den Fremdkörper im Verlaufe eines bis mehrerer Jahre mit Perlmutterschichten (ca. 0,3 mm Auflagerung pro Jahr). Zucht- sind von Naturperlen, nur anhand von Röntgen-Aufnahmen zu unterscheiden. Wichtiger Wirtschaftszweig, vor allem in Japan, China, Australien, Sri Lanka und der Südsee. – *Pinna nobilis*, Steckmuschel (Pinnidae), bis 80 cm lang; steckt mit dem stark zugespitzten Vorderende im Sand; wird gegessen; mediterran.

Ostreoidea. – *Ostrea* spp., *Crassostrea* spp., Austern (Ostreidae); Pediveliger pressen beim Ansetzen (Abb. 427B) ein erhärtendes Sekret aus den Fußdrüsen und kitten damit ihre linke Klappe an das Substrat. Geschätzte Delikatessen, die auf Muschelbänken gehegt werden: Den Pediveligern werden Ansatzmöglichkeiten (Rutenbündel, Dachziegel, Schalen) geboten und die Juvenilen werden in Aufzuchtgestelle, später auf Bänke oder in Mastteiche, überführt. Dort werden sie vor Nahrungskonkurrenten (*Crepidula fornicata*) und Feinden (Seesterne, Krabben, Schnecken) geschützt; marktfähig nach etwa 4 Jahren (5–6 cm lang). – *Ostrea edulis*, Europäische Auster, bis 20 cm; NO-Atlantik und Mittelmeer. – *Crassostrea virginica*. Amerikanische Auster, bis 38 cm; NW-Atlantik.

Limoidea. – *Lima lima* (Limidae) Schuppige Feilenmuschel, bis 5 cm; durch Rückstoss schwimmfähig; Mittelmeer bis Karibik.

Pectinoidea. – *Pecten* spp., Kammmuscheln (Pectinidae); mit dünnen, rechts und links verschiedenen Klappen; Mantelränder mit Augen und Tentakeln (Abb. 459); einige Arten können schwimmen. – *Pecten maximus*, Große Kammuschel, bis 13 cm; NO-Atlantik bis W-Mittelmeer (Abb. 457C). – *Placopecten magellanicus*, bis 17 cm; NW-Atlantik. – *Chlamys varia*, 65 mm; häufig im NO-Atlantik einschließlich Nordsee und im Mittelmeer. – *Spondylus* spp. (Spondylidae), Stachelaustern.

5.2.2 Palaeoheterodonta (Schizodonta)

Meist gleichartige, dicht verschließbare Klappen; oft mit Perlmutterstrukturen; 2 Adduktoren; Mantelränder nicht verwachsen, formen aber hinten Ein- und Ausströmöffnungen; meist echte Blattkiemen. Nur wenige *Neotrigonia* spp. (Neotrigonioidea) marin, sonst (Unioidea) durchwegs Süßwasserbewohner mit aberranten, häufig parasitischen Larven.

Abb. 464 Teichmuscheln (*Anodonta cygnea*). 20 cm; mit dem Hinterende aus dem Substrat ragend. Original: K.J. Götting, Gießen.

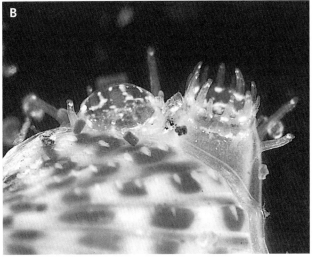

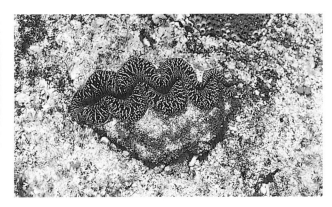

Abb. 466 *Tridacna crocea*. Blick auf den leicht geöffneten Schalenspalt. In dieser Stellung werden die Zooxanthellen des Mantelrandgewebes dem Licht ausgesetzt, sodass sie assimilieren können. Original: K.J. Götting, Gießen.

Abb. 465 Herzmuscheln (*Cerastoderma edule*). **A** Im natürlichen Substrat, zum Teil mit ausgestreckten Siphonen (Bildmitte); bis 4 cm. **B** Hinterende mit den kurzen Siphonen. **A** Originale: K.J. Götting, Gießen; **B** W. Westheide, Osnabrück.

Abb. 467 Durchschnittener Baumstamm, der am Strand angespült wurde, mit Bohrgängen von *Teredo* sp., Schiffsbohrer. Original: W. Westheide, Osnabrück.

Unio spp., Flussmuscheln (Unionidae); die 3 mitteleuropäischen Arten mit zahlreichen Rassen bis 10 cm; Brutpflege in Taschen der äußeren Kiemenblätter; Glochidien an Fischkiemen (Abb. 463); geschützt. – *Anodonta cygnea*, Große Teichmuschel (Abb. 455, 464), bis 20 cm; mehrere Rassen in Mitteleuropa, in ruhigem Wasser; Glochidien entwickeln sich in der Flossenhaut von Fischen (Abb. 463); geschützt. – *Margaritifera margaritifera*, Flussperlmuschel (Margaritiferidae), 14 cm; in kalkarmen Bächen mit reinem Wasser; Brutpflege in Kiemenblättern, aus denen hakenlose Glochidien mit gezähntem Schalenrand entlassen werden, die sich in den Kiemen von Fischen (z. B. Bachforelle) einnisten; Schale mit mittlerer und innerer Perlmutterschicht; bildet langsam wachsende Perlen von hohem Handelswert; holarktisch, vom Aussterben bedroht. – *Anodontites* spp. (Mutelidae) (in Südamerika) und andere, afrikanische Mutelidae entwickeln sich über parasitische Larven (Lasidien, Haustorien) an Fischen.

5.2.3 (Eu-)Heterodonta (inkl. Anomalodesmata)

Schalen sehr verschieden, ohne Perlmutter; kleine (mm) bis sehr große (> 1 m) Muscheln. Schloss und Adduktoren sehr unterschiedlich; Mantelränder zumindest hinten verwachsen, mit Ein- und Ausströmöffnungen, oft mit Siphonen; Blattkiemen. Interne Gliederung der 26–28 Familiengruppen derzeit stark im Fluss. Die meist zwittrigen Anomalodes-

mata, die auch die carnivoren, septibranchen Formen beinhalten, werden nach molekularen Daten als spezialisierter Seitenzweig innerhalb der Heterodonta charakterisiert.

Galeommatoidea (Leptonoidea, Erycinoidea) – *Galeomma turtoni* (Galeommatidae), bis 15 mm. Ostatlantik und Mittelmeer (Abb. 456)

Gastrochaenoidea. – *Gastrochaena (Roscellaria) dubia* Flaschenmuschel (Gastrochaenidae), bis 25 mm; in Kalk bohrend; Schale und Siphonen von einer Kalkhülle umgeben; Irische See bis St. Helena und Schwarzes Meer.

Tellinoidea. – *Tellina (Angulus) tenuis* (Tellinidae), bis 25 mm. NO-Atlantik und Mittelmeer. – *Macoma balthica*, Baltische Plattmuschel, bis 25 mm; gerundet-dreieckig mit zugespitztem Hinterende; Leitform einer Zönose auf sandigem bis schlicksandigem Boden bis 15 m Wassertiefe; wichtige Nahrung für Plattfische; leere Schalen zeigen oft die kreisrunden Bohrlöcher von Bohrschnecken (S. 338). – *Scrobicularia plana*, Große Pfeffermuschel (Semelidae), bis 6 cm; N-Atlantik und Mittelmeer, häufig im Schlickwatt, 10 cm tief; Pipettierer.

Solenoidea. –*Ensis siliqua*, 20 cm, Große Schwertmuschel (Pharidae) (Abb. 457F); schmal und lang gestreckt mit fast parallelen Dorsal- und Ventralrändern; gräbt sich in Sand ein; mit dem Fuß und durch

Ausstoßen von Wasser aus dem Mantelraum gut beweglich. Nordatlantik ohne Mittelmeer.

Corbiculoidea. – *Pisidium* spp., Erbsenmuscheln (Pisidiidae); etwa 50 Arten meist unter 10 mm Länge, in Bächen, Flüssen, Seen Europas, weitere in der übrigen Holarktis, zum Teil in extremen Biotopen; Brutpflege in Taschen an den inneren Kiemenblättern.

Veneroidea. – *Venus verrucosa*, Rauhe Venusmuschel (Veneridae), bis 6 cm; häufig auf Fischmärkten; O-Atlantik und Mittelmeer. – *Chamelea gallina*, bis 5 cm, auf Fischmärkten. Europäische Meere (Abb. 457). – *Petricola pholadiformis*, Amerikanische Bohrmuschel (Petricolidae), bis 65 mm; bohrt in weichen Substraten; von der amerikanischen NO-Küste nach Europa eingeschleppt. – *Devonia perrieri* (Monacutidae), bis 5 mm; epizoisch auf Holothurien *Leptosynapta* spp. NO-Atlantik (Abb. 456).

Cardioidea. – *Cerastoderma edule*, Essbare Herzmuschel (Cardiidae) (Abb. 465), 5 cm; Größe und Rippung der Schalen milieuabhängig; Siphonen kurz, Tiere oberflächlich in Sand und Weichboden eingegraben; kann mit dem Fuß springen; N-Atlantik und Nebenmeere; wird in W- und S-Europa gegessen. – *Acanthocardia echinata* Stachelige Herzmuschel, bis 7 cm. Europäische Meere (Abb. 456). – *Tridacna gigas*, Riesenmuschel (Tridacnidae) (Abb. 466), bis 1,3 m lang und 200 kg schwer; dickschalig; der Weichkörper ist innerhalb der Schale um etwa 180° gedreht, so dass dorsales Mantelgewebe mit Zooxanthellen dem Licht zugewandt wird. Tropischer W-Pazifik (Indonesien, Melanesien). – *T. crocea*, bis 15 cm. Indopazifik (Abb. 465).

Dreissenoidea. – *Dreissena polymorpha*, Wandermuschel (Dreisseniidae), 30 mm; in Süß- und Brackwasser, mit Byssus angesponnen; getrenntgeschlechtlich mit freischwimmender Larve; aus dem Schwarzmeergebiet seit Beginn des 19. Jh. weltweit verschleppt; schädlich durch Verstopfen von Wasserrohren, Kühlleitungen etc.

Myoidea. – *Mya arenaria*, Sandklaffmuschel (Myidae), 12 cm; linke Klappe mit löffelartiger Platte; kräftige, verwachsene Siphonen; in sandigen und schlicksandigen Sedimenten tief eingegraben; Nordatlantik, circumboreal, im Schwarzen Meer eingeschleppt.

Pholadoidea (Adesmoidea). – *Pholas dactylus*, Dattelmuschel (Pholadidae) (Abb. 427A), 10 cm; bohrt nur in submariner Kreide. Wie auch bei anderen Vertretern der Familie wird in bestimmten Mantelbereichen Leuchtsekret nach dem Luciferin-Luciferase-Prinzip hergestellt. O-Atlantik, Mittelmeer. – *Barnea candida*, Weiße Bohrmuschel, Engelsflügel, 5 cm; in submarinem Torf, Ton und Holz; O-Atlantik bis Ostsee. – *Zirfaea crispata*, Raue Bohrmuschel, 10 cm; bohrt in Torf, Holz und Kreide; N-Atlantik, Nord- und Ostsee. – *Teredo* spp., *Lyrodus* spp. Schiffsbohrmuscheln (Teredinidae), z. B. *Teredo navalis*, *Lyrodus pedicellatus*; weltweit, gefürchtete Schädlinge an hölzernen Schiffswänden und Unterwasserbauten (Abb. 457I, 467). Juvenile haben den typischen Muschelhabitus (Abb. 436C); durch starkes Längenwachstum entsteht ein wurmförmiger Körper, dessen Mantel zu einem langen Rohr verwächst; die kleine Schale, am Vor-

derende gelegen, dient als Bohrwerkzeug (8 mm hoch bei 20 cm Körperlänge); der Bohrgang wird vom Mantel mit Kalk ausgekleidet; die Bohrgangöffnung kann so dicht verschlossen werden, dass auch mehrwöchiger Aufenthalt im Süßwasser überlebt wird. In den Mitteldarmdivertikeln werden Cellulase und Glucosidasen produziert, so dass ca. 80 % der aufgenommenen Zellulose und 15–56 % der Hemizellulosen verdaut werden können. Stickstoffmangel wird durch endosymbiontische Bakterien an der Kiemenbasis ausgeglichen. Ab 1730 durch Segelschiffe der holländischen Ostindienfahrer eingeschleppt, zerfraßen sie die holzbewehrten Deiche, Siele und Hafenanlagen an der niederländischen und deutschen Küste, die von da an durch Erdbauten oder Steinwände ersetzt werden mussten.

Anomalodesmata-Thracioidea. – *Laternula truncata* (Laternulidae), bis 9 cm; Siphonal-Augen mit zwei Retinae; Indik und W-Pazifik. – *Penicillus* spp. und *Brechites* spp. Gießkannenmuscheln (Clavagellidae); sehr kleine Klappen, die ganz in eine Kalkröhre (20 cm) eingebaut werden, deren Vorderende siebartig durchbrochen und von einem Kragen feiner Röhrchen umgeben ist; in Sand und Schlick an der Niedrigwasserlinie; Entwicklung über planktische Larven, sonst unbekannt; Rotes Meer, Indopazifik.

Anomalodesmata-Poromyoidea. – *Cuspidaria cuspidata* (Cuspidariidae), 15 mm; dünne Schalen, hinten zugespitzt; septibrancher Kleinräuber auf Schlammböden; Atlantik, Mittelmeer.

6 Scaphopoda (Solenoconcha), Kahnfüßer, Grabfüßer

Die rezent etwa 520 rein marinen Arten sind meist langgestreckte, äußerlich bilateralsymmetrische Conchifera. Sie leben in der oberen Sedimentschicht als grabende Tiere und sind in allen Weltmeeren vom Eulitoral bis in 7 000 m Tiefe verbreitet. Die Lebensstellung der Tiere ist vorwiegend senkrecht oder schräg im sandigen bis schlammigen Sediment. Die Ernährung erfolgt mit Hilfe von Fangtentakel vorwiegend von Foraminiferen.

Bau und Leistung der Organe

Der Körper ist einerseits durch eine starke Streckung der Dorsoventralachse mit dadurch ∩-förmigem Mitteldarm gekennzeichnet. Hierbei erfolgt durch ein muskulöses Septum (Diaphragma) (Abb. 469) eine Unterteilung der Leibeshöhle zwischen Intestinalschlingen und posteriorem

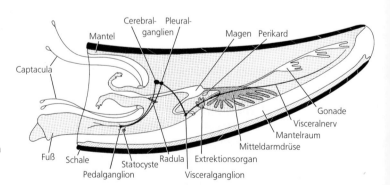

Abb. 468 Scaphopoda. Allgemeines Schema der inneren Organisation, Seitenansicht. Nach Götting (1974), verändert.

Magen sowie Exkretionsorganen. Andererseits ist die Organisation durch das posterio-ventrale Verwachsen der Mantelfalten charakterisiert, was zu einer röhrenförmigen Ausbildung der 2–150 mm großen **Schale** führt, die an beiden Enden offen ist (Abb. 468); bei einigen Arten bleibt im hinteren Abschnitt ein Schlitz offen (z. B. *Fissidentalium, Fustiaria*). Die größere Schalenöffnung kennzeichnet hierbei meist das Vorderende, wo Teile des Kopfbereichs und der Fuß herausgestreckt werden. Die glatte oder mit längs verlaufenden Rippen versehene Schale ist meist weißlich, langgestreckt, konisch und leicht gekrümmt mit konkavem oberen (anterio-dorsalen) Rand (bei Gadilinae aber, z. B. *Cadulus*, gestaucht-bauchig). Ihr Aufbau ist zweischichtig (Ostracum, Hypostracum) aus prismatischen und gekreuzt-lamellären $CaCO_3$-Lagen, ohne Perlmutterschicht. Obwohl am vorderen Mantelrand eine ringförmige Periostracumfalte vorliegt, ist ein Periostracum postlarval nicht erhalten.

Im Zuge des Wachstums werden Embryonalschale und mehrmals das anschließende Hinterende der Juvenilschale abgestoßen (Decollation). Andererseits kann der Hinterkörper nach Beschädigung regeneriert werden, wobei der neue Schalenanteil jedoch sehr zerbrechlich und von anderer Struktur ist. Der Mantel ist an beiden Enden des Rohres durch Ringmuskulatur (Sphinkter) wulstig verdickt. Am Körperende bildet er hinter dem Sphinkter einen unbeschalten, ventral nicht verwachsenen, kontraktilen Fortsatz, den Pavillon, mit schräg nach hinten-dorsal verlaufenden, abschließenden Mantelrand.

Der Weichkörper ist durch die dorsoventrale **Muskulatur** verankert, die von dem hinteren Schalenabschnitt in der Kopfbereich und Fuß zieht. Die meisten Dentaliida weisen 2 Paar auf, die bei Dentaliidae direkt als je 1 Paar Kopf- und Fußretraktoren angelegt werden; Gadilida besitzen nur 1 einheitliches Paar. In der weiteren Organogenese erfolgt vom Diaphragma-Bereich nach vorne eine Aufspaltung mit gruppentypischer Anordnung der Fußretraktoren.

Der vollständig rückziehbare **Kopfbereich** besteht aus dem Mundkegel und rosettenartig angeordneten Hautlappen. Am Grunde des Mundkegels liegt 1 Paar plattenförmiger Hautfalten („Schilde"), von denen Büschel der cerebral innervierten, lang ausstreckbaren, fädigen und teils bewimperten Fangtentakel ausgehen, die Captacula. Sie weisen am Ende eine keulenförmige, bewimperte Verdickung und löffelartiger Auskehlung auf (Abb. 468, 469). Die Captacula,

jedseitig zwischen 5 und 135, werden häufig autotomiert und wieder ersetzt. Sie sind mit 5–10 Längsmuskeln, eigenen kleinen Nervenknoten, Sinnes- sowie Drüsenzellen versehen. Die Endkolben bewegen sich mit Hilfe ihrer Bewimperung zum Aufspüren von Nahrung durch das umgebende Sediment. Die Beute wird durch die Sekrete zweier Drüsen an der Endkeule festgeklebt und durch Kontraktion der Captaculum-Retraktoren zur Mundöffnung gezogen.

Der **Fuß** ist zylindrisch und dient als Grabfuß. Er ist distal entweder kegelig zugespitzt und weist teilweise einen Epipodialkragen mit paarigem Lappen auf (Dentaliida) (Abb. 468), oder er ist am Ende scheibenförmig abgeflacht mit Randpapillen und gelegentlich 1–3 zentralen Fortsätzen (Gadilida). Die larval angelegte Fußdrüse wird rückgebildet und fehlt im adulten Zustand. Beim Graben wird der vordere Fußanteil zunächst verankert, anschließend der Körper samt Schale nachgezogen.

Zum Eingraben wird der Fuß durch Muskelkontraktion verschmälert und zugespitzt, die seitlichen Lappen (so vorhanden) werden dabei angelegt. Durch Einpressen von Hämolymphe (Gadilida) oder über ein antagonistisch Muskel-Muskel-System (Dentaliida) streckt er sich tief ins Sediment. Dann verdickt er sich distal (und spreizt die lateralen Lappen oder die Endscheibe) durch Einpressen von Hämolymphe bei gleichzeitiger Erschlaffung der zirkulären Muskulatur, wodurch der Fuß verankert wird. Durch Kontraktion der Fuß-Retraktoren wird der übrige Körper mit der Schale nachgezogen. Der Fuß bewirkt von Zeit zu Zeit auch einen kräftigen Wasserausstoß aus dem Mantelraum (Defaekation, Reinigung).

Der **Mantelraum** dehnt sich in ganzer Länge der Tiere als Halbröhre unterhalb des Weichkörpers aus. Im vorderen Bereich mit der größeren Schalenöffnung füllt der Fuß einen Großteil des Raumes; die (kleinere) Öffnung im hinteren Bereich ermöglicht den Kontakt zur Sedimentoberfläche, von der Wasser durch den Mantelraum hindurchgezogen wird; die Wasserströmung wird hierbei durch Cilien auf praeanalen, quer angeordneten Epithelleisten erzeugt. Bei Gadilida liegt zudem am Ende des Mantelraumes ein ringförmiges Cilienorgan. Die Atmung erfolgt über das Mantelepithel; Ctenidien oder Ersatzkiemen, Schleimkrausen/ Hypobranchialdrüsen sowie Osphradien sind nicht vorhanden.

Der **Verdauungstrakt** (Abb. 468, 469) beginnt mit einer quer schlitzförmigen Mundöffnung auf dem kontraktilen

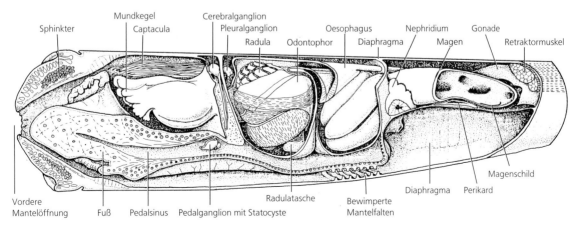

Abb. 469 Scaphopoda. Schema der inneren Organisation von *Fissidentalium megathyrsis* in zurückgezogenem Zustand. Schale, Mantel und Muskulatur teilweise entfernt; Fuß längsgeschnitten. Original: G. Steiner, Wien.

Mundkegel und ist vielfach mit bewimperten Lippenlappen versehen. Sie führt über den Buccalraum (kurzer Gang mit paariger Drüsentasche) in den Pharynx mit unpaarem K i e - f e r, kräftigen Radulaapparat, Subradularorgan und paarigen subradularen Drüsenzellen. Die R a d u l a besteht generell aus 5 (gelegentlich 7) stark mineralisierten Zähnen je Querreihe, von denen der jeweils erste dominiert. Bei Dentaliida weist sie einen breiten, plattenartigen Mittel-(Rachis-)zahn auf; bei Gadilida ist dieser klein und schmal, häufig zugespitzt. Die Radula wird samt Radulamembran von einem zweiteiligen Polster mit medianer Brücke aus mehreren großen turgeszenten Zellen, umgeben von kleineren knopelartigen Zellen, gestützt; zugeordnet ist eine umfangreiche, quergestreifte Muskulatur. Pharyngeale (Speichel-)Drüsen fehlen. Der vordere O e s o p h a g u s weist durch bewimperte Längsfalten eine Futterrinne auf und bildet lateral ein Paar kurzer drüsiger Oesophagealtaschen. Die Mündung des hinteren Oesophagus ist als Ringfalte (Sphinkter) ausgebildet. Der muskulöse M a g e n zeigt mit cuticularem Magenschild und Sortierfeld noch Merkmale eines abgewandelten Stielsackmagens. Die Mitteldarmdrüsen (bei Gadilida unpaar nur links) sind stark gelappt und besitzen vielfach eine nach hinten gerichtete Aussackung. Die Vorverdauung erfolgt extracellulär im Magen, die Resorption in den Mitteldarmdrüsen. Das Intestinum bildet 2–4 Schlingen. Der Enddarm steht durch einen kurzen Gang mit einem Organ aus fingerförmigen Schläuchen, der R e c t a l d r ü s e, in Verbindung und mündet mit dem Anus vor der Fußbasis in den Mantelraum (Abb. 469).

In der Mehrzahl sind Scaphopoden selektive Microcarnivoren, die sich von Foraminiferen ernähren. Etliche Arten zeigen ein breiteres Nahrunsspektrum, die auch andere interstitielle Organismen aufnehmen. Doch gibt es auch Generalisten, welche sich wahllos räuberisch und unselektiv von abgelagertem organischem Material ernähren.

Scaphopoden dienen auch verschiedenen Räubern (Raubschnecken, Seesterne, Fische) als Nahrung.

Das bilateralsymmetrische **Nervensystem** zentriert sich in den Cerebralganglien mit kurzer, breiter Kommissur (Abb. 469). Von ihnen gehen 3 paarige Konnektive aus, sowie jeweils ein dorsaler Mantelnerv, der Statocystennerv und der Nerv zum entsprechenden Captacula-Schild. Jedes Captaculum wird von dort mit einem eigenen Nerv mit terminal kleinem Ganglion versorgt. Die ventral abgehenden Pedalkonnektive enden, begleitet von den Statocystennerven, an der Fußbasis in den großen Pedalganglien mit doppelter Kommissur (Abb. 468). Die Konnektive des Visceralsystems entspringen hinten und sind kurz und, ähnlich wie bei Bivalvia und Gastropoda, liegen auch hier (analoge) Ganglienbildungen vor. Als **Sinnesorgane** liegen im Fuß 1 Paar S t a t o c y s - t e n mit k l e i n e n S t a t o l i t h e n den Pedalganglien an. Das chemorezeptive S u b r a d u l a r o r g a n wird von den Buccal-Konnektiven versorgt und liegt ventral am Beginn des Pharynx, ist jedoch (ebenso wie die Radula) nicht vorstülpbar. Osphradien fehlen und Photorezeptoren sind nicht ausgebildet. Sinneszellen sind vor allem in den Captacula und an den Mantelrändern lokalisiert.

Das **Zirkulationssystem** ist sehr einfach und offen. Das Herz ist weitgehend rückgebildet und nur als eine Ventrikeleinsenkung des Perikarddaches vorhanden. Die Leibeshöhle

ist durch große Sinusräume gekennzeichnet, worunter der perianale Sinus und intestinale Sinus durch das Diaphragma abgegrenzt vorliegen, wie auch der intestinale Sinus gegen den Buccalapparat und gegen den Fuß durch je ein Septum getrennt ist. Wie der Ventrikel, so führt auch der perianale Sinus rhytmische Kontraktionen durch, welche die Hämolyphe mit ihren Zellen in 2–3 verschiedenen Typen bewegen. Der funktionelle Ablauf im **Exkretionssystem** ist unklar. Die Exkretionsorgane (Emunktorien) sind gelappte Säcke ohne gesicherte (Reno-)Perikardiodukte und münden über kurze Gänge mit weiter Öffnung neben dem Anus in den Mantelraum (Abb. 469).

Das **Gonoperikard-System** ist einfach. Das P e r i k a r d liegt physiologisch ventral unter dem Magen (morphologisch aber über dem Intestinum) ohne Verbindung zur G o n a d e. Die Scaphopoda sind meist getrenntgeschlechtlich, vereinzelt zwittrig und besitzen offenbar nur eine unpaare (rechte) Gonade im oberen Bereich hinter dem Magen bzw. den Mitteldarmdrüsen (Abb. 468). Der einzige Gonodukt verbindet sich saisonal mit dem rechten Exkretionsorgan und die Gameten werden über den Exkretionsporus ausgeleitet.

Fortpflanzung und Entwicklung

Das Ausstoßen der Gameten aus dem Mantelraum erfolgt offenbar taxonbezogen entweder durch die hintere oder durch die vordere Öffnung. Nach der Befruchtung im freien Wasser folgt eine Spiralfurchung mit Pollappen-Bildung. Die **Entwicklung** ist nur für *Antalis* (Dentalidae) bekannt und verläuft lecithotroph. Die Gastrulation findet durch Invagination statt; der Blastoporus wird nach ventral verlagert und bleibt offen. Es entsteht eine Trochus-Larve mit zunächst sehr breitem Prototroch-Wulst aus drei praeoralen Wimpernkränzen (Stenocalymma) und mit einem prominenten Apikalorgan (Abb. 470). Im Laufe der Entwicklung schränkt sich der Trochusbereich ein und das Apikalorgan beginnt

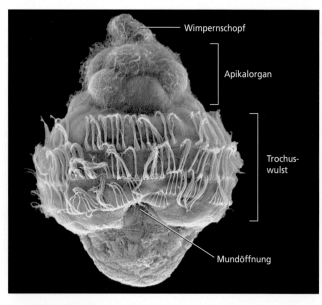

Abb. 470 Scaphopoda. Larve von *Antalis entalis* im Stenocalymma-Stadium. Original: A. Wanninger, Wien.

sich zurückzubilden, wogegen der posttrochale Anteil stetig größer wird. Ventral ist die Fußanlage erkennbar, dorsal liegt das nach ventral vergrößerte Schalenfeld mit (im Gegensatz zu den Bivalvia) einheitlich verkalkter Embryonalschale (homolog Protoconch I), die den Larvalkörper in Folge lateral umwächst. Ein Paar Protonephridien aus nur 2 Zellen entsteht relativ spät, etwa zugleich mit der Anlage der zwei dorsoventralen Muskelbündel und der Fußdrüse.

Kurz vor der Metamorphose legen sich die Mantellappen medioventral aneinander, nur durch eine Sutur getrennt. Das Hinterende ist verjüngt („Fumarium") und bildet den Pavillon. Nach dem Verlust des Trochus differenzieren sich der Fuß, die Captacula, der Anus und die bereits röhrenförmige, durch Wachstumsstreifen annulierte Adultschale (Teleoconch). Die Embryonalschale sowie das anschließende Hinterende der Juvenilschale werden sukzessiv abgestoßen (Decollation). Soweit bekannt, haben Scaphopoda eine mehrjährige Lebensdauer mit kontinuierlichem Wachstum.

Systematik

Die Scaphopoda sind fossil sicher seit dem Karbon mit ca. 800 beschriebenen Arten nachgewiesen, frühere Funde sind fraglich. Die Systematik ist in den letzten 20 Jahren anhand umfangreicher, vergleichend-anatomischer und molekularer Untersuchungen wesentlich erweitert worden. Heute werden generell zwei Ordnungstaxa, Dentaliida und Gadilida, unterschieden, letztere morphologisch in Entalimorpha und Gadilimorpha unterteilt.

6.1 Dentaliida, Elefantenzähne

Scaphopoden mit paariger Mitteldarmdrüse und 2 Paar Dorsoventral-Muskelbündeln; Fuß mit paarigem Epipodiallappen und nicht einstülpbarer, kegeliger Spitze. Rachiszahn der Radula breit, plattenartig (Abb. 469).

Antalis entalis (Dentaliidae), bis 4 cm; Schale weiß, leicht gebogen, ohne Rippen; hintere Schalenöffnung schräg-oval meist mit Kerbe auf der konvexen Seite. Sandige Böden im N-Atlantik mit Nordsee und W-Mittelmeer. – *Antalis dentalis*, bis über 2 cm; Schale gebogen, mit 10 Rippen gegen die vordere Öffnung sich verdoppelnd, weiß mit rosa Tönungen am Hinterende. Mittelmeer und anschließender Atlantik. – *Fissidentalium megathyrsis*, bis über 2 cm (Abb. 469); Schale leicht gebogen, am Ende mit langem Ventralschlitz. O-Pazifik vor Galapagos-I. – *Fustiaria rubescens* (Fustiariidae), 35 mm; Schale deutlich gebogen, glatt, ohne Rippen, grau bis purpurfarben, Hinterende zumindest bei jüngeren Tieren mit Längsschlitz. Sandböden, Mittelmeer.

6.2 Gadilida

Scaphopoden mit unpaarer (linker) Mitteldarmdrüse; 1 Paar Dorsoventral-Muskelbündel; Fußende scheibenförmig mit Randpapillen, einstülpbar; Rachiszahn der Radula schmal.

Entalimorpha. Schale mit Längsrippen; 4–6 zentrale Fußretraktoren. – *Entalina tetragona* (syn. *Siphonodentalium quinquangularis*) (Entalinidae), 15–90 mm; Schale rosa bis bläulich getönt, deutlich gekrümmt, im Querschnitt mit 4–5 Kanten, größere Schalen mit Nebenrippen. NO-Atlantik und Mittelmeer

Gadilimorpha. Schale ohne Rippen; 2 zentrale, mächtige Fußretraktoren. – *Pulsellum lofotense* (Pulsellidae), bis 6 mm; Schale weiß, gebogen, elefantenzahnähnlich, im Querschnitt rund, transparent und zerbrechlich. N-Atlantik und Mittelmeer. – *Cadulus jeffreysi* (Gadilidae), bis 4 mm; Schale weiß-gänzend und durchscheinend, gestreckt, in der Mitte bauchig mit sich verengenden Enden; meist auf tieferen Böden im Mittelmeer, N- & W-Atlantik.

7 Gastropoda, Schnecken

Mit etwa 100 000 rezenten Arten sind die Gastropoda die gegenwärtig dominierende Gruppe innerhalb der Mollusken (> 80 % aller rezenten Molluskenarten). Fossil kennt man sie seit dem frühen Kambrium. Sie besiedeln alle Lebensräume in großer Formenmannigfaltigkeit mit Ausnahme der Eisregionen und dem Luftraum.

Bau und Funktion der Organe

Das Charakteristikum der Gastropoda ist die Asymmetrie ihres Körpers (Abb. 471, 474). Diese Besonderheit des Bauplans lässt sich durch die Annahme einer **Torsion** erklären, wobei sich vergleichend-anatomisch der Eingeweidesack (Visceropallium) im Gegenuhrzeigersinn gegen die Längsachse des Kopf-Fußbereiches (Cephalopodium) gedreht hat. Bei ursprünglichen Formen (Patellogastropoda, Vetigastropoda) wird diese Torsion ontogenetisch nachvollzogen: Hier dreht sich aber funktionell das Cephalopodium im Uhrzeigersinn um das Visceropallium (mit den fixierten Ansätzen der Larvalmuskulatur). Der exakte Mechanismus dieser ontogenetischen Torsion beruht dabei auf asymmetrischen Muskelkontraktionen einer eigenen Larvalmuskulatur und auf Differenzierungswachstum, ist aber in den verschiedenen Gruppen variabel. Die funktionsmorphologischen Folgen der Torsion sind: (1) Durch die Drehung des Mantelraumes nach vorn liegen zunächst die Respirationsorgane vor dem Herzen (prosobranche oder pulmonate Situation); eine sekundäre Rückdrehung des Mantelraumes durch Differenzierungswachstum verlagert die Kiemen seitlich oder hinter das Herz (opisthobranche Situation, Abb. 471, 472). (2) Die Osphradien gelangen in den Einstromkanal des Wassers und entwickeln sich vor allem bei den Caenogastropoda zu teilweise mächtigen, kiemenartigen Organen. (3) Die Konnektive zwischen Pleural- und Oesophagealganglien überkreuzen sich (Chiastoneurie, Streptoneurie); durch die Rückdrehung des Mantelraumes oder durch eine Verkürzung der Konnektive kann die Überkreuzung sekundär aufgehoben werden (Euthyneurie) (Abb. 471). (4) Der vordere Oesophagus verdreht sich in der Längsachse um 180°. (5) Die Embryonalschale bekommt eine relativ enge Öffnung (Apertur). Ein spiraliger Deckel (Operculum) wird am Fußrücken angelegt und dient als Verschlussapparat der Schalenmündung (Abb. 435). (6) Es kommt zu einer starken Asymmetrie von larvalen und adulten Schalenmuskeln, Herzatrien, Nephridialorganen, Ctenidien, Hypobranchialdrüsen und Osphradien. Alle diese Organe sind ursprünglich einfach paarig; vielfach parallel und unabhängig voneinander wird jeweils das posttorsional rechte Organ reduziert bzw. geht völlig verloren. Demgegenüber ist unklar, ob die Torsion mit der Asymmetrie der Gonade (stets ist nur die adult rechte ausgeprägt) und der spiraligen Schale in direktem Zusammenhang gebracht werden kann. Der evolutive Vorteil der Torsion dürfte vor allem in der Larvalphase (Verschlussapparat durch Operculum) liegen (Abb. 482), ist aber immer noch umstritten.

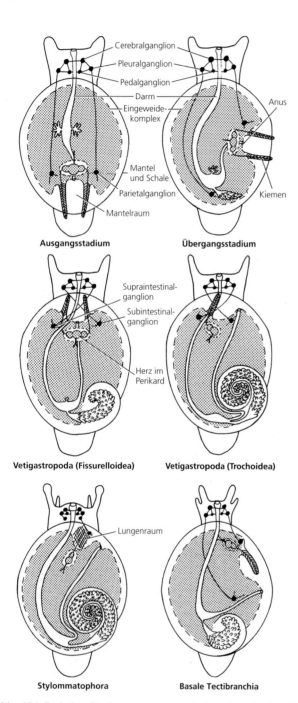

Abb. 471 Evolutive Stadien zur asymmetrischen Organisation der rezenten Gastropoda. Torsion des Eingeweidesacks und Spiralisierung entstanden wahrscheinlich auf der Ebene der Larven. Das bilateralsymmetrische Ausgangsstadium ist hypothetisch, das Übergangsstadium dient nur der besseren Anschaulichkeit. (Siehe auch Text S. 325). Modifiziert nach Götting (1974).

Die vom Mantel erzeugte **Schale** der Gastropoda ist fast immer einteilig, nur wenige Vertreter der Saccoglossa (Juliidae) haben adult eine zweiklappige, muschelähnliche Schale (Abb. 493). Die meisten Taxa haben spiralige (helicoide) Schalen; Napfformen sind aber häufig, und auch röhren- (z. B. Vermetidae) oder tütenförmige Typen (z. B. *Creseis* spp.) (Abb. 494A) treten auf. Vielfach parallel zeigt sich eine Tendenz zur Reduktion der Schale ("Nacktschnecken"). Hierbei nimmt das Epithel des Kopfbereiches Anschluss an die schalenfreie Dorsalfläche und bildet ein durchgehendes, unbewimpertes Notum ("Rücken"). Der Schalenverlust ermöglicht eine bessere Beweglichkeit des Tieres (vor allem in Spalträume hinein) und erlaubt erhöhte Lokomotionsgeschwindigkeit (Futtersuche, Flucht).

Die meisten Schalen sind rechtsgewunden (Ausnahmen: Triphoridae, Clausiliidae, Physidae, Ancyloplanorboidea). Die Windungsrichtung ist durch den Genotyp der Mutter praedeterminiert. Bei den wenigen untersuchten Arten ist „rechtsgewunden" dominant über „linksgewunden". Die Umkehr der Windungsrichtung führt zu spiegelbildlicher Anordnung der inneren Organe (Situs inversus: „Schneckenkönig" bei *Helix pomatia*). Einheitlich rechts- oder linksgewundene Schalen mit der selben Windungrichtung des Weichkörpers

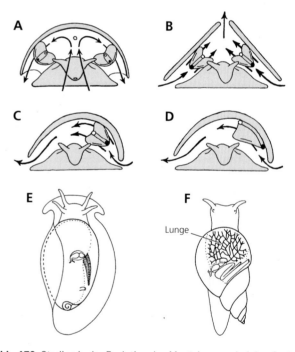

Abb. 472 Stadien in der Evolution des Mantelraumes bei den Gastropoda. **A** Möglichkeit eines ursprünglich symmetrischen Wasserstroms in einem Mantelraum mit 2 gleichgroßen Ctenidien: Wasserstrom tritt median über den Kopf ein, fließt über den After hinweg und transportiert die Faeces zu den Kiemen. **B** Vetigastropoda (Fissurelloidea). Wasserstrom tritt rechts und links ein und passiert die beiden Kiemen, bevor er über den After streicht und die Faeces über ein oder mehrere Poren oder Schlitze in der Schale hinaustransportiert. **C** Vetigastropoda (Trochoidea). Wasserstrom tritt links ein und fließt über nur eine linke Kieme, bevor er auf der rechten Seite die Mantelhöhle verlässt. **D** Caenogastropoda. Nur 1 monopectinate Kieme und schräger Wasserstrom. **E** Tectibranchia. Unterschiedliche Stadien der Reduktion der einen Kieme und des Mantelraumes. **F** Eupulmonata. Kiemen durch Lunge ersetzt. Verändert aus Ruppert, Fox und Barnes (2004).

werden als orthostroph bezeichnet, gegensätzlich gewundene Schalen als hyperstroph (z. B. *Lanistes*, *Planorbarius*); findet wie bei den meisten marinen Heterobranchia ein Wechsel der Windungsrichtung statt (planktische Entwicklung mit hyperstrophen Larvalschalen und orthostrophen Adultschalen), sind die Schalen insgesamt heterostroph.

Wie bei Scaphopoda und Cephalopoda wird zunächst Conchifera-typisch (S. 310) durch die Schalendrüse eine einheitliche Embryonalschale (Protoconch I) angelegt. Basale Gruppen mit lecithotrophen Larven (Patellogastropoda, Vetigastropoda) bilden anschließend direkt die Adultschale (Teleoconch). Bei Gruppen mit planktotropher Entwicklung (Neritimorpha, Caenogastropoda, Heterobranchia) folgt auf die Embryonalschale eine sukzessiv verkalkende Larvalschale (Protoconch II), die eine spezifische Skulptur aufweist (Abb. 473). Bei sekundär nicht-planktischer (intrakapsulärer oder direkter) Entwicklung geht diese Skulptur verloren, und ein einheitlicher, meist glatter Protoconch liegt vor. Nach der Metamorphose wird der Teleoconch (Adultschale) gebildet, welcher meist den typischen Aufbau aus äußerem, organischen Periostracum und inneren, mineralisierten Schichten (Ostracum, Hypostracum) aufweist. Das Periostracum kann verschiedentlich sehr auffällig strukturiert sein („Haare", „Pelz"); das Hypostracum ist bei vielen Patello- und Vetigastropoda lamellig-irisierend (Perlmutter).

Fast alle Taxa mit planktischer Entwicklung bilden schon als Larve auf dem Hinterfuß ein aus Conchin und Kalk bestehendes **Operculum** (Abb. 482), das wie ein Deckel die Schalenmündung verschließt, wenn der Weichkörper zurückgezogen worden ist. Es schützt gegen Feinde und (bei Landformen) gegen Austrocknung. Die terrestrischen Clausiliidae (Schließmundschnecken) besitzen einen komplexen, sekundären Verschlussapparat (Clausilium); *Helix pomatia* baut mit der Fußsohle einen kalkigen Winterdeckel.

Der Weichkörper ist durch Kopfretraktoren und Schalenmuskeln (= dorsoventrale **Muskulatur)** fest mit der Schale bzw. dem Operculum verbunden (Abb. 435); bei spiraligen Formen sind dies die Spindel- oder Columellarmuskeln.

Bei ursprünglichen prosobranchen Gruppen agieren diese Muskeln direkt als Antagonisten, bei den Euthyneura wird meist Hämolymph-

hydraulik eingesetzt. Die Ansatzstellen dieser Muskeln werden mit fortschreitendem Wachstum permanent verlagert. Der größer werdende Körper vieler Schnecken zieht sich aus den ältesten (engsten) Umgängen zurück. Diese unbewohnten Bereiche können zum Teil durch Einlagern von $CaCO_3$ verengt oder verschlossen werden (Abb. 474). Einige Arten stoßen den Apex komplett ab und verschließen die offene Stelle mit einer Kalkschicht (Decollation: *Caecum*, *Rumina*), andere lösen die Spindel auf (Neritimorpha).

In der Regel ist ein deutlicher **Kopf** ausgeprägt. Während er nach hinten in ganzer Breite in den Fuß übergeht, ist er bei spiraligen Formen mit dem Eingeweidesack durch eine Engstelle, den „Hals", verbunden. Er wird von den inneren Organen sowie von Columellar- und Retraktormuskeln durchzogen und stellt die Region dar, in welcher der Eingeweidesack mit Mantel und Schale durch die Torsion gegen das Cephalopodium gedreht ist (Abb. 435). Der Kopf trägt 1 Paar **Fühler (Kopftentakel)**, oft aber auch zusätzlich Labialtentakel (viele opisthobranche Arten); die bei vielen opisthobranchen Taxa zusätzlich ausgebildeten paarigen „hintere Tentakel" sind ebenfalls chemo- und mechanorezeptive Sinnesorgane (**Rhinophoren**). Augen sitzen an oder neben der Fühlerbasis oder auf eigenen Stielen (Nudibranchia, Stylommatophora) (Abb. 478).

Kleine Arten gleiten mithilfe der Sohlenbewimperung; größere Arten kriechen meist durch Muskelwellen. Der **Fuß** ist ein flexibles, vielseitiges Organ (Abb. 477). Er wird nicht nur zum Anheften und Kriechen, oft zum Schwimmen, sondern auch bei der Abwehr von Angreifern, zum Schutz und zur Reinigung der Schale, zum Ergreifen und Festhalten der Beute, zur Formung und Ablage von Eikapseln und für den Kontakt der Partner vor und während der Kopulation herangezogen. Die notwendige Beweglichkeit wird durch flüssigkeitserfüllte Lakunen und dreidimensional verflochtene Muskulatur gewährleistet; dadurch sind feste Stützelemente unnötig. Die

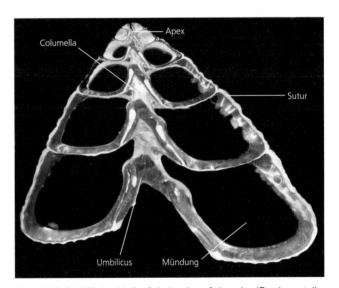

Abb. 474 Schliff durch die Schale einer Schnecke (*Trochus stellatus*, Vetigastropoda). Mit zunehmender Größe des Weichkörpers der Schnecke dienen ihr nur noch die jüngeren, weiteren Umgänge als Wohnraum, während sie das Ende des Eingeweidesackes aus der Schalenspitze, dem Apex, herauszieht. Die dann unbewohnten, ältesten Teile der Schale im Apex-Bereich werden innen mit $CaCO_3$ völlig ausgefüllt. Original: K.J. Götting, Gießen.

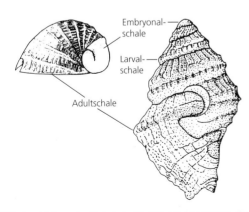

Abb. 473 Ausbildung der Schale bei lecithotropher (links, *Emarginula tuberculosa*, Vetigastropoda) und bei planktotropher Entwicklung (rechts, *Thais haemastoma*, Caenogastropoda). Nach Salvini-Plawen (1990).

Muskulatur der Fußsohle kann die adhäsive Wirkung des Schleims aus Fußdrüsen durch Bildung saugnapfartiger Hohlräume im Mittelteil der Fußsohle wesentlich verstärken (s. u.).

Besonders verbreitet sind folgende Bewegungstypen: (1) Bei monotaxisch-direkten Bewegungen laufen die Kontraktionswellen über die ganze Fußbreite von hinten nach vorn; (2) bei monotaxisch-retrograden Wellen laufen sie über die ganze Fußbreite von vorn nach hinten; (3) bei ditaxisch-direkten Bewegungen laufen die Wellen von hinten nach vorn, aber rechts und links alternierend, bipedes „Schrittgehen" (*Pomatias*). Neben zahlreichen anderen Bewegungsmodi ist (4) auch der Zweiphasen-Typ verbreitet, bei dem die Schnecke zunächst nur den Kopf-Fuß-Bereich vorschiebt und dann die Schale ruckartig nachzieht (z. B. *Conus*, *Cerithium*).

Das Kriechen wird durch die Sekrete zahlreicher Drüsen erleichtert (vordere Fußdrüse und/oder Sohlendrüsen). Die physikalischen Eigenschaften des Schleims wechseln in kürzester Zeit (ca. 0,15 s) von viskös zu flüssig. Die Kontraktionswellen gleiten über die flüssige Schleimphase, wo der Widerstand geringer ist als beim zähen Schleim der Anheftungsstellen am Substrat. Außerdem ermöglicht der Schleim das Festheften am Untergrund, wird auch als Nahrungsfilter benutzt (Vermetidae), ist an Bildung und Ankleben von Eikapseln beteiligt und kann zur Umhüllung von Luftblasen gebraucht werden, aus denen ein „Schaumfloß" entsteht (*Janthina janthina*) (Abb. 489).

Der **Mantelraum** liegt aufgrund der Torsion ursprünglich über dem Kopf. Die Wasserströmung wird durch die Bewimperung der (des) Ctenidien(ums) oder durch longitudinale Cilienstreifen (Heterobranchia) erzeugt. Die Respiration erfolgt dabei vor allem durch das Mantelraumepithel, bei aquatischen Großformen auch durch Ctenidien oder Sekundärkiemen (Patellidae, Heterobranchia). Der Einstrombereich ist insbesondere bei Caenogastropoda häufig als Sipho gestaltet, der Mechanorezeptorzellen trägt und somit die Strömungsverhältnisse feststellen kann (Abb. 435, 477). Vetigastropoda hingegen bilden häufig einen Ausströmsipho. Die Ctenidien sind ursprünglich paarig und ähnlich jenen der Polyplacophora gebaut (Acmaeoidea, Neritimorpha), sonst sind in der Achse und in den Lamellen chitinöse Skelettstäbe differenziert (Vetigastropoda, Neomphalida, Caenogastropoda).

Einige Taxa (*Neomphalus*, *Crepidula*) zeigen stark verlängerte Kiemenfilamente und nutzen das Ctenidium analog zu den Bivalvia als Filtrierorgan. Während basale Gruppen bipectinate Ctenidien mit Doppelreihen von Lamellen aufweisen, zeigen die Caenogastropoda durchwegs monopectinate Verhältnisse. Bei Schnecken mit paarigen Mantelorganen wird mit dem Mantelraum auch der Anus nach vorn verlagert und die Exkremente ergießen sich über den Kopf. Dies wird dadurch behoben, dass der Anus in einem Mantelschlitz nach hinten verschoben ist oder dass – bei den höher evolvierten Formen – der Mantelraum etwas nach rechts verlagert und die Schale so nach rechts gekippt wurde, wodurch der Anus Abstand vom Kopf bekommt (Abb. 472).

Heterobranchia haben neben dem im Manteldach (pallial) gelegenem Nephridialorgan grundsätzlich (so überhaupt vorhanden) meist rein respiratorisch fungierende Sekundärkiemen. Acteonoidea (Architectibranchia) und basalere Euthyneura-Taxa besitzen anstelle des Ctenidiums eine sekundäre Kieme, ein Plicatidium (Faltenkieme).

Bei landlebenden Formen werden die Kiemen durch ein stark mit Blutlakunen unterlegte Manteldachepithel („Lunge") ersetzt; bei *Lymnaea* und allen Eupulmonaten (Actophila, Stylommatophora) kann der Mantelraum durch ein kontraktiles Pneumostom verschlossen werden.

Viele Gastropoda besitzen große Drüsen im Mantelraum, die bei basalen, prosobranchen Gruppen (paarig oder unpaar ausgebildet, vgl. Schleimkrausen, S. 295) als Hypobranchialdrüsen bezeichnet werden. Bei den Heterobranchia ist die Homologisierung unklar, so dass von Pallialdrüsen gesprochen wird. In den meist rechts gelegenen Ausstromkanal münden die Exkretions- und Genitalöffnung(en) sowie der Anus. Etliche Taxa der Heterobranchia u. a. *Acteon*, *Siphonaria*, *Trimusculus*, einige Bullomorpha, Gymnomorpha, Ellobiidae weisen an der Mantelkante oder lateral im Fuß komplexe Wehrdrüsen auf.

Der **Verdauungstrakt** (Abb. 437E) ist durch die Torsion so umgestaltet, dass das Rectum vorne, hinter dem Kopf am Ausgang des Mantelraumes mündet (Abb. 471). An die Mundöffnung schließt der Buccalraum an, der oft cuticularisiert und meist mit einem oder paarigen Kiefern ausgestattet ist. Die vielseitige Ausgestaltung der Radula (Abb. 479, 480) erlaubt die Erschließung sehr unterschiedlicher Nahrungsquellen, – eine wesentliche Voraussetzung für die Diversität der Gastropoda. Schnecken ernähren sich detritovor, herbivor, carnivor, filtrierend oder parasitisch.

Die wichtigsten Radulatypen prosobrancher Taxa sind: (1) Balkenzunge (docoglossater Typ) (Patellogastropoda; Abb. 480B): neben dem Mittelzahn stehen in jeder Hälfte der Querreihe einige (oft 3) Zwischen- und einige (oft 3) Seitenplatten. Besonders die Mittel- und Zwischenplatten sind gehärtet durch die Einlagerung von Opal ($SiO_2 \cdot nH_2O$) und Goethit ($\alpha FeO \cdot OH$); die Zähne sind selbstschärfend, doch auch spröde und brechen daher oft ab. (2) Fächerzunge (rhipidoglossater Typ) (Cocculinida, Vetigastropoda, Neomphalida, Neritimorpha; Abb. 480A): ein kräftiger Mittelzahn (Mittelplatte) wird jederseits von 1–10 Zwischenplatten und mehreren Seitenplatten umgeben. (3) Bandzunge (taenioglossater Typ) (viele Caenogastropoda, basale Heterobranchia; Abb. 480C): auf jeder Seite der Mittelplatte stehen eine Zwischenplatte und 2 Seitenzähne. (4) Schmalzunge (rhachi- oder stenoglossater Typ) (Neogastropoda; Abb. 480D): meist nur 1 Mittel- und jederseits 1 Seitenplatte. (5) Pfeil- oder Giftzunge (toxoglosser Typ) (Conoidea: Abb. 480E,F): Radulamembran reduziert, wenige Einzelzähne in Pfeilform, die wie Kanülen giftige Sekrete in das Opfer injizieren können. Der benutzte Zahn kann in wenigen Sekunden durch einen neuen aus einem Reservesack ersetzt werden. Bei den Giften handelt es sich um Peptidmischungen, welche die Nerv-Muskelkontakte der Opfer (Polychaeten, Mollusken, Fische) mehrfach parallel unterbrechen und damit Lähmung, Atem- und Herzstillstand bewirken. Dieser Typ ist bei den Kegelschnecken (*Conus*) und Verwandten ausgebildet, von denen mehrere Arten auch für Menschen lebensgefährlich sind. (6) Kammzunge (ctenoglossater oder ptenoglossater Typ) (*Kaiparapelta*, Triphoroidea und Epitonioidea), meist kombiniert mit Ernährung von Schwämmen oder Nesseltieren.

Die Radulae der Heterobranchia sind nur in Ausnahmefällen (z. B. als saccoglossat) typisierbar. Sie sind häufig wesentlich einförmiger und umfassen oft sehr viele gleichartige Zähne (bis über 550 000; bei Achatinellidae bis 361 Zähne je Querreihe).

Der unterschiedlichen Konstruktion der Radula entsprechend ist auch die Funktionsweise sehr verschieden. Grundsätzlich kann die Radula über den Stützapparat (Odontophor) (Abb. 476, 479) vor- und zurückgezogen sowie aus der Mundöffnung herausgedrückt und gegen eine Unterlage gepresst werden, von der Material abgeraspelt wird. Dies erfolgt nur noch bei Patellogastropoda allein in der Längsachse (docoglossater = stereoglossater Typus); alle übrigen Schnecken können die Radula auch lateral spreizen (flexoglossater Typus). Die Radula sitzt einer Membran auf und

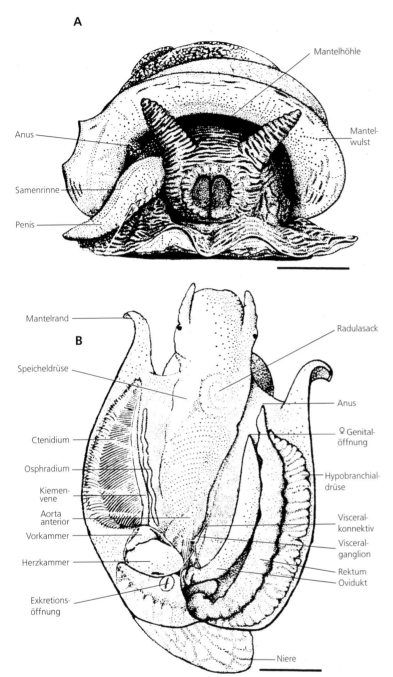

A

Mantelhöhle

Anus

Samenrinne

Penis

Mantel-
wulst

Mantelrand

B

Radulasack

Speicheldrüse

Anus

♀ Genital-
öffnung

Ctenidium

Osphradium

Hypobranchial-
drüse

Kiemen-
vene

Aorta
anterior

Visceral-
konnektiv

Vorkammer

Visceral-
ganglion

Herzkammer

Rektum
Ovidukt

Exkretions-
öffnung

Niere

Abb. 475 Strandschnecke (*Littorina littorea*). **A** Männchen von vorn gesehen, mit Blick in den geöffneten
Mund. Maßstab: 4 mm. **B** Aufpräparierter Mantelraum
eines Weibchens, von dorsal gesehen, mit den Pallial
organen und dem Perikard. Maßstab: 3 mm.
Verändert nach Fretter und Graham (1962).

wächst aus einer Radulascheide heraus, so dass die vorderen, abgenutzten Zähne durch neue ersetzt werden. Dadurch
erfolgt z. B. bei *Cepaea* in 30–35 Tagen, bei *Lymnaea* in ca. 24
Tagen eine vollständige Erneuerung der Radula. Der Radula-
Apparat wird ursprünglich durch quergestreifte Muskulatur
mit knorpeligem Stützpolster als Widerlager bewegt; Heterobranchia haben einen rein muskulären Apparat aus glatter
Muskulatur. Höhere Caenogastropoda und einige Gruppen
der Heterobranchia (z. B. Pyramidelloidea) besitzen (vielfach
parallel evolvierte) Rüsselbildungen, die oft überkörper-
lang ausgestreckt werden können.

Der vordere Oesophagus ist bei ursprünglichen Formen
mit einer dorsalen, bewimperten Futterrinne und lateralen

Drüsentaschen ausgestattet, die bei höher entwickelten Formen zu eigenständigen Oesophagealdrüsen differenzieren
(Caenogastropoda) oder aber reduziert wurden (Heterobranchia). Viele opisthobranche Tectibranchia (z. B. *Aplysia*)
haben einen Kaumagen mit Chitin- oder Kalkplatten entwickelt.

Der Magen (Abb. 435, 476) ist bei ursprünglichen Formen (meist mikroherbi- oder detritovor) mit Magenschild,
Protostyl (bei Strudlern Kristallstiel), Diverticulum, Septen
(Typhlosolen), bewimperten Sortierfeldern und -falten ausgestattet (Stielsack-Magen). Hier mündet die (ursprünglich
paarige) Mitteldarmdrüse ein. Sie bildet in ihren
zahlreichen, verzweigten und blind endenden Tubuli die Ver-

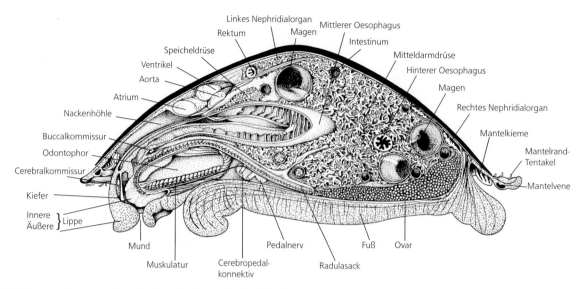

Abb. 476 Gastropoda. Innere Organisation. *Patella* sp., Sagittalschnitt. Verändert nach Fretter und Graham (1962).

dauungsenzyme und resorbiert die Nährstoffe. Im Epithel eingestreute Kalkzellen enthalten eine Calcium-Reserve für Schalenwachstum und -reparatur und regulieren den pH-Wert im Darm. Der Endabschnitt des Intestinum ist bei basalen Taxa vom Herzventrikel umwachsen.

Das **Nervensystem** (Abb. 438C–E) hat bei ursprünglichen Taxa (Patellogastropoda und Vetigastropoda, teilweise Neritimorpha) noch Markstrangcharakter. Die meisten Caenogastropoda und alle Heterobranchia besitzen distinkte Ganglien. Aus den Cerebral-, Pleural- und Pedalganglien samt Kommissuren und Konnektiven wird hierbei ein Schlundring gebildet, worunter eine epiathroide (Cerebropleural-Komplex) oder eine hypoathroide (Pleuropedal-Komplex) Situation unterschieden wird.

Die Cerebralganglien innervieren die Mundöffnung und die Kopfsinnesorgane, häufig auch Kopulationsstrukturen; die Pleuralganglien versorgen die Schalenmuskulatur und den Mantelrand, die Pedalganglien innervieren den Fuß samt Derivaten (Epipodialtentakel, Operculum). Ausgehend vom Cerebralganglion versorgen die Buccal- und Subradularganglien (so vorhanden) den Buccalapparat. Die Visceralschlinge zeigt primär ein Supra- und ein Suboesophagealganglion, welche die Mantelraumorgane, insbesondere Ctenidien und Osphradien versorgen; deren Konnektive bilden die Streptoneurie. Am Hinterende des Mantelraumes liegt das unpaare Visceral/Abdominal-Genitalganglion, das Eingeweide und Genitalsystem innerviert. Bei vielen Heterobranchia tritt hinter den Pleuralganglien noch jeweils ein Parietalganglion auf (pentaganglionate Situation der Visceralschlinge); zugleich kommt es aber zu mannigfaltigen Fusionen der einzelnen Ganglien auf der Visceralschlinge. Generell ist eine Tendenz zur Konzentration der genannten Hauptganglien zu einem Schlundring ausgeprägt.

Euthyneura sind durch Riesennervenzellen (bis zu 2 mm Durchmesser) gekennzeichnet, die sich über Großgruppen hinweg homologisieren lassen. Dort liegen auch distinkte neurosekretorische Zentren: Auf den Cerebralganglien finden sich so genannte „Dorsalkörper" und an der Tentakelnervbasis ein „Procerebrum" (homolog dem Rhinophoralganglion); pulmonate Taxa haben darüber hinaus eine „Cerebraldrüse" lateral am Cerebralganglion. Alle genannten Zentren stehen im Zusammenhang mit Vitalrhythmik und Reproduktionsverhalten.

Die Verhaltensmuster der Gastropoda werden von den Cerebralganglien gesteuert. Das gilt für die Bewegung, besonders die Koordination von Angriffs- und Fluchtreaktionen, für das Heimfindevermögen, das Aufsuchen eines Überwinterungsplatzes und die Beuteerkennung. Schnecken lernen und ändern ihr Verhalten aufgrund von Erfahrungen, die sie über längere Zeit im Gedächtnis speichern können (*Achatina fulica* bis zu 4 Monate).

Die **Sinnesorgane** der Gastropoda erreichen unterschiedliche Entwicklungsstufen. Mechano-, chemo- und photorezeptive Sinneszellen, einzeln oder in Gruppen, liegen im Körperepithel insbesondere des Kopfes und seiner Anhänge

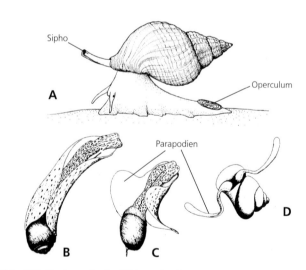

Abb. 477 Gastropoda. Ausbildung des Fußes. **A** Typischer Kriechfuß, über dessen Sohle wellenförmige Muskelkontraktionen verlaufen, sodass die Schnecke gleichmäßig „gleitend"-kriechend vorangetrieben wird; Wellhornschnecke (*Buccinum undatum*). **B, C** Vielseitig einsetzbarer Fuß mit ausladenden, seitlichen Lappen (Parapodien), die beim Kriechen (**B**) dem Körper lateral angelegt, zum Schwimmen (**C**) wellenförmig auf- und abgeschwungen werden; Kleiner Seehase (*Akera bullata*). **D** Fuß auf lappenförmige Schwimmorgane (Parapodien) reduziert, die ein taumelndes Schwimmen ermöglichen, gleichzeitig aber durch Wimpernfelder Phytoplanktonten zum Mund befördern; Seeschmetterling (*Spiratella retroversa*). Verändert nach Yonge und Thompson (1976).

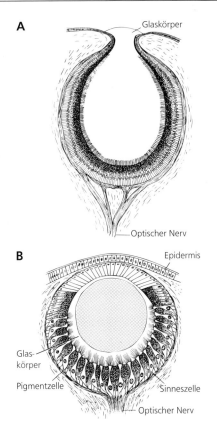

A
Glaskörper

Optischer Nerv

B
Epidermis

Glas-
körper

Pigmentzelle
Sinneszelle
Optischer Nerv

Abb. 478 Gastropoda. Zwei Typen cerebral innervierter Augen (Kopfaugen). **A** Offenes Blasenauge mit Glaskörper (*Haliotis* sp.). **B** Geschlossenes Blasenauge mit Linse, Glaskörper und Cornea (*Helix pomatia*). Nach Hesse (1908) aus Bullock und Horridge (1965).

(Fühler), bei Vetigastropoda auch in Fußtentakeln (Epipodium). Der Sipho (so vorhanden) ist ein mechanorezeptorisches Organ zur Strömungsmessung. Unter den chemorezeptorischen Organen sind die Osphradien der aquatischen Schnecken hervorzuheben, die im Mantelraum neben oder an den Kiemen liegen und den Atemwasserstrom bzw. den Sauerstoffgehalt des Wassers überprüfen. Kiemen-Sinnestaschen finden sich an den Kiemenlamellen der Vetigastropoda und einiger Neomphalina; sie dienen der Rezeption von Räuberfeinden (Seesterne). Die bei vielen opisthobranchen Taxa vorhandenen Rhinophoren sind wie das paarige Hancocksche Sinnesorgan der Tectibranchia

chemo- und mechanorezeptiv. Paarige Statocysten sind stets vorhanden und liegen im Fuß in der Nähe der Pedalganglien, werden aber stets von den Cerebralganglien innerviert. Pro Sinnesblase sind entweder viele kleine Statokonien oder aber ein konzentrischer Statolith zu finden. Licht wird über die gesamte Körperoberfläche wahrgenommen; vereinzelt wurden Phaosomzellen nachgewiesen. Die meisten Schnecken haben darüber hinaus jedoch stets cerebral innervierte, everse Kopf-Augen in sehr unterschiedlichen Entwicklungshöhen; bei Tiefsee- und Höhlenformen sind diese reduziert oder verloren gegangen. Die Augen der Veliger-Larven sind vorgezogene Adultorgane.

Von einfachen Grubenaugen bzw. Pigmentbecherocellen (*Patella*) erfolgt die Höherentwicklung vielfach parallel über offene Blasenaugen mit Glaskörper (*Haliotis*) (Abb. 478) oder mit linsenähnlichem Körper (*Cantharidus*) bis zu geschlossenen Blasenaugen mit Glaskörper und Cornea (Fissurellidae) oder mit Glaskörper, Linse und Cornea (die meisten Arten). Die höchste Entwicklungsstufe ist das Teleskopauge der Heteropoda (Caenogastropoda). *Helix* hat Linsenaugen (Abb. 478B) mit einer Trennschärfe von 4,5°. Die schalenlosen Onchidiidae (Gymnomorpha) zeigen auch hochentwickelte inverse Notum-Augen; der Caenogastropode *Cerithidea scalariformis* besitzt Pallialaugen.

Das **Zirkulationssystem** der Gastropoda ist meist offen, nur bei Stylommatophora ist es durch Kapillarisierung weitgehend geschlossen. Das **Herz** liegt im Perikard und besteht aus dem Ventrikel und ursprünglich 2 Atrien (Aurikeln) (zweiohrig = diotocard), von denen in der weiteren Entwicklung das rechte Atrium mehrfach parallel reduziert wurde (einohrig = monotocard). Die Aorta anterior versorgt den Kopf, die vorderen Abschnitte des Verdauungstraktes und den Mantel, die Aorta posterior den Eingeweidesack. Ein großer Teil des Blutes fließt durch Lakunen und passiert das (linke) Exkretionsorgan, bevor er zum Mantelraum (Kieme, Lunge) und dann wieder ins Herz gelangt. Die **Hämolymphe** enthält meist gelöstes Hämocyanin, nur selten (einige Neritoidea, Planorbidae) sind Erythrocyten mit Hämoglobin anzutreffen. Alle für Mollusken beschriebenen Hämocyten sind bei Gastropoda nachgewiesen worden; häufig sind Kalkzellen (spezialisierte Rhogocyten) im Bindegewebe anzutreffen. Während ursprüngliche Gastropoda meist ein geringes Blutvolumen aufweisen, ist dieses bei Euthyneura sehr hoch, da die Hämolymphe als hydraulisches System zur Bewegung des Körpers und seiner Anhänge eingesetzt wird (S. 299, 327).

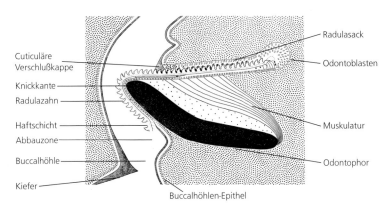

Cuticuläre
Verschlußkappe

Knickkante
Radulazahn

Haftschicht
Abbauzone

Buccalhöhle

Kiefer

Buccalhöhlen-Epithel

Radulasack
Odontoblasten

Muskulatur

Odontophor

Abb. 479 Gastropoda. Radula. Sagittalschnitt durch den Mundraumbereich der Spitzhorn-Schlammschnecke (*Lymnaea stagnalis*). Die Radula wird unter wesentlicher Beteiligung der Odontoblasten Querreihe für Querreihe in der Radulascheide gebildet und schiebt sich durch ihr Wachstum mundwärts vor. Über dem stützenden Odontophor bildet sie eine beim „Biss" wichtige Knickkante; angrenzende Muskeln bewegen Radula und Odontophor. Kiefer können auch paarig auftreten. Nach Mackenstedt und Märkel (1987).

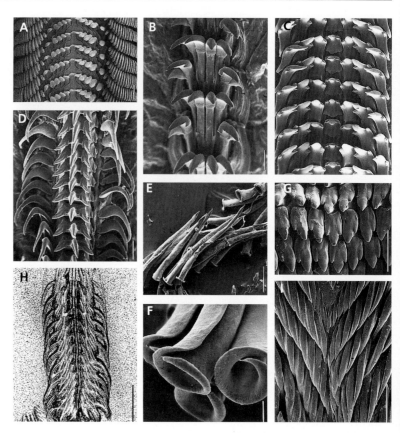

Abb. 480 Radulatypen und Bissspur von Gastropoden. **A** *Diloma subrostrata* (Vetigastropoda, Trochidae), rhipidogloss. Maßstab: 0,1 mm. **B** *Patella vulgata* (Patellogastropoda, Patellidae), docogloss. Maßstab: 0,1 mm. **C** *Cypraea caputdraconis* (Caenogastropoda, Cypraeidae), taeniogloss. Maßstab: 0,2 mm. **D** *Concholepas concholepas* (Neogastropoda, Muricidae), steno-(rhachi-)gloss. Maßstab: 0,1 mm. **E, F** *Acuminia venosa* (Neogastropoda, Terebridae), toxogloss. **E** Einzelzähne aus dem Schlundsackbereich, Spitzen mundwärts gerichtet. Maßstab: 0,1 mm. **F** Basis der hohlen Einzelzähne, die durch Einrollen entstehen. Maßstab: 20 µm. **G** *Aegopis verticillus* (Stylommatophora, Zonitidae), isodont. Zentraler Ausschnitt aus der typischen Radula eines terrestrischen Herbivoren. Maßstab: 0,1 mm. **H** *Littorina littorea* (Caenogastropoda, Littorinidae), taeniogloss. Bissspur. Maßstab: 0,4 mm. **I** *Daudebardia rufa* (Stylommatophora, Daudebardiidae), isodont. Zentraler Ausschnitt aus der typischen Radula eines terrestrischen Carnivoren mit sichelförmigen Zähnen. A–G, J Originale: K.J. Götting, Gießen; H Original: K. Märkel, Bochum.

Bewimperte Perikardiodukte (Renoperikardialgänge) führen zu ursprünglich paarigen, aber stark asymmetrischen **Exkretionsorganen** (Nephridialorgane, Emunktorien); das rechte wurde bei den höher entwickelten Schnecken mehrfach parallel reduziert bzw. in den Genitalapparat integriert. Die oft erhalten bleibende linke Verbindung („Gonoperikardialgang") mündet direkt oder über einen eigenen Ausführgang (Ureter) in den Mantelraum (Abb. 435).

Die Stickstoff-haltigen Exkrete werden als Ammoniak oder als Harnsäure je nach Verfügbarkeit von Wasser entweder schnell abgegeben oder gespeichert („Speichernieren", Konkrementdrüsen). Geringe Mengen Stickstoff gelangen als Ammoniak direkt an die Luft. Das pro Minute und Gramm Körpergewicht gebildete Harnvolumen ist sehr unterschiedlich: *Haliotis* sp. 0,2 µl, *Helix pomatia* 4,7 µl.

Im **Gonoperikard-System** der Gastropoda besteht bei einigen Vertretern (Neritimorpha, weibliche Neogastropoda-Columbellidae) noch eine Verbindung vom Perikard zur Gonade. Letztere ist stets nur als posttorsional rechtes Organ erhalten und liegt meist eingebettet oder neben/hinter der Mitteldarmdrüse (Abb. 435, 476). Eigene Gonodukte, oft kombiniert mit Resten des (posttorsional) rechten Exkretionsorgans (daher oft als eine „gonoperikardiale" Verbindung bezeichnet), und zusätzliche palliale und cephalopedale Gänge leiten die Gameten aus. Die kleinsten Eier sind etwa 80 µm groß, die größten erreichen 51 mm Länge bei 35 mm Durchmesser (*Strophocheilus*).

Ursprüngliche Gastropoda sind meist getrenntgeschlechtlich. Zwittertum (Cocculinida, Lepetelloidea, Calyptraeoidea) und parthenogenetische Fortpflanzung (z. B. *Melanoides tuberculata*, *Potamogyrus antipodarum*) sind hier selten; demgegenüber sind die Heterobranchia fast ausnahmslos Zwitter. Wenige, sehr ursprüngliche Arten geben die Spermien über das noch vorhandene rechte Exkretionsorgan ab, wobei die Befruchtung im freien Wasser oder im Mantelraum erfolgt. Wesentlich häufiger ist interne Befruchtung im weiblichen Genitaltrakt. Vielfach unabhängig ist der Samenleiter zu Vesiculae seminales erweitert und mit Drüsen ausgerüstet (Abb. 481B). Kopulationsorgane (Penes) können aus Kopftentakel, Mantelrand oder als Fußderivat gebildet sein und übertragen Sperma oder Spermatophoren.

Neben den typischen haploiden (eupyrenen) Spermien gibt es bei Caenogastropoda atypische (apyrene) mit einer abweichenden DNA-Menge, die nicht befruchtungsfähig sind, sondern Trägerfunktion haben. Beide Typen sind jeweils taxontypisch ausgeprägt: Ptenoglossa bilden stark abgewandelte apyrene Spermien (Spermatozeugmata), Heterobranchia haben fast immer spiralig aufgebaute eupyrene Spermien.

Auch das weibliche Genitalsystem wird im Zusammenhang mit der inneren Befruchtung sehr viel komplexer (Abb. 481A). Die weiblichen Genitalwege sind mit mehreren Zusatzdrüsen ausgestattet: Eiweißdrüse zur Nährstoffversorgung der Eizelle, Kapseldrüsen zur Bildung der Eikapselwand, Laichdrüsen zur Bildung einer Matrix, in der die Eier eingebettet sind. Die Spermatophore des Partners wird zunächst in einer Kopulationstasche (Bursa copulatrix) gelagert, ihre Wand dort aufgelöst, so dass die Spermatozoen freigesetzt werden. Dazu kommen Spermataschen (Receptacula seminis) zur Aufbewahrung und Ernährung des

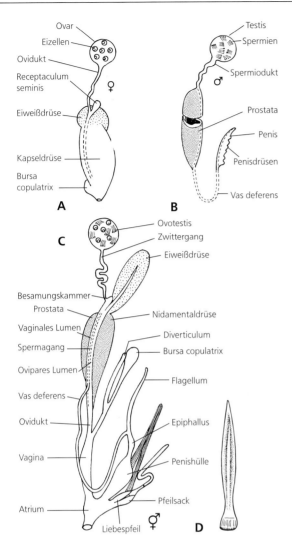

Ovar
Eizellen
Ovidukt
Receptaculum
seminis
Eiweißdrüse
Kapseldrüse
Bursa
copulatrix

A

Testis
Spermien
Spermiodukt
Prostata
Penis
Penisdrüsen
Vas deferens

♂

B

C

Ovotestis
Zwittergang
Eiweißdrüse
Besamungskammer
Prostata
Nidamentaldrüse
Vaginales Lumen
Diverticulum
Spermagang
Bursa copulatrix
Ovipares Lumen
Flagellum
Vas deferens
Oviduct
Epiphallus
Vagina
Penishülle
Atrium
Pfeilsack
Liebespfeil ♂

D

Abb. 481 Gastropoda. Genitalsysteme. **A, B** Männliche und weibliche Organe einer getrenntgeschlechtlichen Art (*Littorina littorea*, Caenogastropoda). **C** Zwittrige Art (Stylommatophora). Die Genitalsysteme sind außergewöhnlich vielfältig ausgebildet und liefern wichtige taxonomische und systematische Merkmale. Hier sind nur Grundtypen dargestellt. **D** Liebespfeil (*Cepaea nemoralis*, Stylommatophora), ca. 9 mm lang; charakteristisch für die Helicidae, bei denen er während des Kopulationsvorspiels in den Fuß des Partners gestoßen wird. Verändert nach verschiedenen Autoren.

Fremdspermas, bis die eigenen Oocyten befruchtungsbereit sind, dann werden die Fremdspermien aufgelöst. Funktionell sind bei innerer Befruchtung (Ausnahme: hypodermale Injektionsbefruchtung oder bei Lyse der Körperwand durch Enzyme einer Spermatophore wie z. B. bei *Rhodope*) ein vaginaler Gang zur Aufnahme der Fremdspermien bzw. des Penis und ein eiausleitender Gang (Ovidukt) vorhanden.

Besonders bei den Caenogastropoda gibt es neben den fertilen Eizellen auch sterile „Näheier", die quantitativ überwiegen und der Ernährung der sich entwickelnden Embryonen dienen.

Bei den fast ausnahmslos zwittrigen Heterobranchia mit stets interner Befruchtung ist das Genitalsystem durch die Kombination von männlichem und weiblichem Anteil in einem Individuum sehr komplex (Abb. 481C). Die Gameten werden in Acini der Z w i t t e r d r ü s e (O v o t e s t i s) erzeugt, Protan-

drie kommt gelegentlich vor. Selbstbefruchtung wird in der Regel vermieden, ist aber möglich. Zum vaginalen Gang und dem Ovidukt kommt der Samenleiter hinzu, so dass funktionell drei, morphologisch ein (Monaulie), zwei (Diaulie) oder drei (Triaulie) Gänge vorliegen können.

Fortpflanzung und Entwicklung

Auch bei Zwittern fungiert bei vielen Arten jeweils nur einer der Partner als Männchen, der andere als Weibchen, doch gibt es auch reziproke Begattungen (z. B. *Limax, Helix*). Bei Helicidae (*Helix, Cepaea*) wird im Genitalbereich ein „L i e - b e s p f e i l" aus Kalk (Abb. 481D) gebildet, der während der Praecopula in den lateralen Fuß des Partners gestoßen wird und dort über Pheromone die Eliminierung von Vorgängerspermien auslöst.

Gelegentlich tritt B r u t p f l e g e auf: Eier und/oder Larven entwickeln sich im Mantelraum, unter dem Fuß, am Schalen-Nabel, in Spiralfurchen der Schale oder an einem selbstgebauten Floß aus Luftblasen (Abb. 489).

Die Umweltbedingungen sowie der sehr unterschiedliche Dottergehalt der Eier wirkt sich auf den Verlauf der **Embryogenese** aus. Bei marinen Arten entwickelt sich zunächst eine lecithotrophe Trochus- bzw. P r a e v e l i g e r - L a r v e (Abb. 482A), die durch das Fehlen eines Metatrochs und die frühe Anlage von Statocysten, Radulatasche, Fuß und Schalenanlage gekennzeichnet ist. Bei Patellogastropoda und Vetigastropoda verlässt dieser Larventyp die Eihülle, ansonsten wird die Entwicklung in der Eikapsel durchlaufen. Nach der Torsion geht bei Neritimorpha, Caenogastropoda und Heterobranchia aus dem Praeveliger die planktotrophe V e l i - g e r - L a r v e h e r v o r (Abb. 440D, 482), typischerweise charakterisiert durch eine 2- bis 12-lappige Vergrößerung des Trochus-Bereiches (Vela) zur Lokomotion und Ernährung durch zusätzliche Bewimperung. Solche planktotrophen Larven können viele Wochen bis Monate im Pelagial verbringen und dabei riesige Entfernungen (z. B. transatlantisch mit dem Golfstrom) zurücklegen. Bei der Metamorphose geht die Larve vom Schwimmen zum Kriechen auf dem Substrat über, auch die Schalenmorphologie wird hierbei umgestaltet.

Viele marine Arten sowie alle limnischen und terrestrischen Formen entwickeln sich intrakapsular bis zum Kriechstadium, wobei das Larvenstadium mehr oder minder reduziert wird.

Systematik

Das phylogenetische System der Gastropoda ist in den letzten 25–30 Jahren völlig neu gefasst worden und noch nicht abgeschlossen. Die traditionelle Klassifikation von J. THIELE (1929–1931) hat nur noch in der Praxis (Sammlungen, Bestimmungsbücher) größere Bedeutung. Im Folgenden wird eine pragmatische Unterteilung vorgenommen, die nur monophyletische Taxa zulässt. Nicht mehr gültige Taxa sind: „Prosobranchia" oder „Streptoneura" (paraphyletisch). Die Kieme liegt vor dem Herzen, die Visceralschlinge zeigt Streptoneurie: Patellogastropoda, Cocculinida, Neritimorpha, Vetigastropoda, Neomphalida, Caenogastropoda, basale (allogastropode) Heterobranchia.

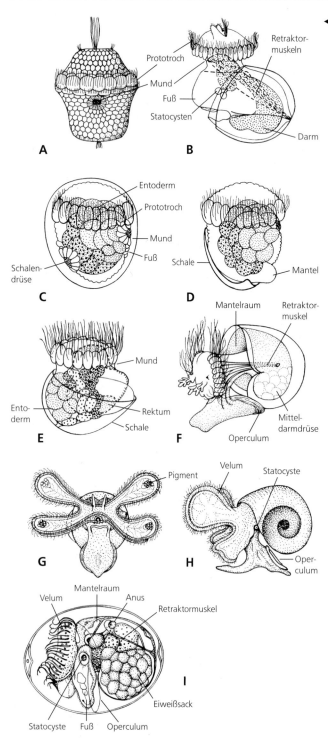

◄ **Abb. 482** Gastropoda. Larventypen. **A–B** *Patella vulgata* (Patellogastropoda) einfache lecithotrophe Trochuslarve („Pseudo-Trochophora") beim Schlüpfen (**A**) und mit Embryonalschale sowie Tentakelanlagen (**B**; ca. 0,2 mm). **C–F** *Haliotis tuberculata* (Vetigastropoda): Lecithotrophe Trochuslarve vor dem Schlüpfen (Durchmesser 0,13 mm) (**C**); etwas ältere Larve, ca. 16 h nach Befruchtung (**D**); lecithotrophe Larve ca. 19 h nach Befruchtung (Durchmesser 0,17 mm) (**E**); Larve („Praeveliger") beim Übergang zum Bodenleben (4,5 Tage alt, Durchmesser 0,3 mm), Mantelraum um etwa 90° auf die rechte Seite gedreht (**F**); planktotropher Pediveliger mit vollentwickelten Velarlappen (1,6 mm breit), *Nassarius incrassatus* (Caenogastropoda) (**G**); Pediveliger (Durchmesser 1,4 mm) beim Übergang zum Bodenleben, *Nassarius reticulatus* (**H**); Schlüpfreifer Praeveliger in der Eikapsel, *Siphonaria japonica* (Euthyneura, Siphonariida) (**I**). A Nach Smith (1935); B–F nach Crofts (1929, 1955); G–H nach Fretter und Graham (1962); I nach Abe (1940).

„Opisthobranchia". Untergruppe der monophyletischen Euthyneura mit dem Außenast des Labiotentakular-Nerven als diagnostischem Merkmal (vorderer Bereich des Hancockschen Sinnesorganes resp. Oraltentakel). Nach jüngsten molekularen Analysen sind die „Opisthobranchia" eine polyphyletische Gruppierung (vgl. unten).

„Pulmonata". Traditionelle Untergruppe der Euthyneura mit zur Luftatmung adaptiertem Mantelraumdach (Lunge). Neue molekulare Analysen weisen jedoch darauf hin, dass sie polyphyletisch sind.

„Basommatophora" sind ebenfalls polyphyletisch. Sie zerfallen in drei unabhängige Gruppen: Siphonariida, Amphiboloidea und die süßwasserbewohnenden Hygrophila.

7.1 Patellogastropoda (Docoglossa), Balkenzüngler

Napfschalige Formen (Abb. 476) mit 1 (linken) bipectinatem Ctenidium oder Sekundärkiemen oder ohne Kiemen. Mantelraum klein, Schalenmuskel hufeisenförmig aus Einzelbündeln zusammengesetzt; großer Saugfuß zum Festheften am Hartsubstrat. Radula docoglossat, Subradularorgan vorhanden; Magen reduziert, funktionell durch einen erweiterten Darmanteil ersetzt. Großes, monotocardes Herz, 2 sehr ungleiche Exkretionsorgane, deren rechtes die Gameten ausleitet. Meist äußere Befruchtung; lecithotrophe Entwicklung, keine Larvalschale. Ca. 500 rein marine Arten in allen Weltmeeren, häufig im Litoral, aber auch im Tiefwasser. Patellogastropoda erscheinen morphologisch als Schwestergruppe aller übrigen Gastropoden (flexoglossate **Orthogastropoda**), was molekular aber bislang nicht bestätigt wurde.

Patella spp., Napfschnecken (Patellidae) (Abb. 485); bis 50 mm, sekundäre Kiemen; weltweit in der Brandungszone der Felsküsten; ortstreue Weidegänger mit einem Aktivitätsradius von etwa 1 m (Heimfindevermögen); Schalenmaterial wird am Schalenrand so angelagert, dass dieser sich genau in die Unebenheiten des Ruheplatzes einfügt. – *Lottia gigantea* (Lottiidae) ist die bislang einzige Weichtierart, deren Gesamtgenom sequenziert wurde.

7.2 Cocculiformia

Napfschalige Formen mit 1 (linken) bandförmigen Ctenidium oder Sekundärkiemen. Mantelraum klein, Schalen-

„Archaeogastropoda" (paraphyletisch). Alle docoglossaten und (fast alle) rhipidoglossaten Taxa: Patellogastropoda, Cocculinida, Neritimorpha, Neomphalida, Vetigastropoda.

„Mesogastropoda" (polyphyletisch). Meist mit taenioglossater Radula: Caenogastropoda (ohne Neogastropoda) und mehrere Gruppen basaler (allogastropoder) Heterobranchia.

„Allogastropoda" oder „Heterostropha" (paraphyletisch): Basale (allogastropode) Heterobranchia (nicht-euthyneure Heterobranchia).

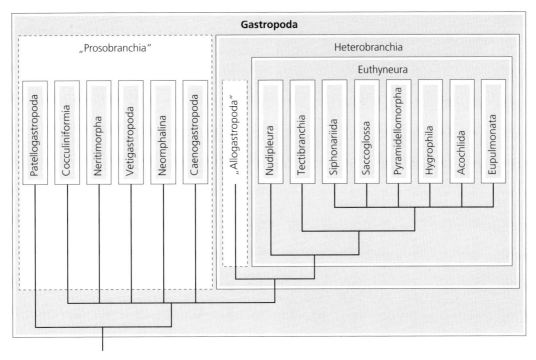

Abb. 483 Derzeit wahrscheinlichster, stark vereinfachter Stammbaum der Gastropoden, der sowohl morphologische Merkmale als auch molekulare Daten berücksichtigt. Die Abzweigungsdetails bzw. die jeweiligen Synapomorphien der benannten Äste sind im Systematik-Teil detailliert ausgeführt, für unbenannte Verzweigunspunkte sind vor allem molekulare Daten anzuführen.

muskel hufeisenförmig, großer Saugfuß. Radula rhipidoglossat oder gruppentypisch. Großes monotocardes Herz, nur linkes Exkretionsorgan. Innere Befruchtung über Penis am Kopf oder Fuß; lecithotrophe Entwicklung, keine Larvalschale. Ca. 80 rein marine Arten in allen Weltmeeren, meist im Tiefwasser.

Cocculina spp. (Cocculinidae); bis 10 mm, rhipidoglossate Radula; auf Treibholz. – *Bathysciadium* spp. (Bathysciadiidae); 1–12 mm, auf Kiefern toter Cephalopoden; Spezialradula, riesiger Magen, keine Mitteldarmdrüse.

7.3 Neritimorpha (Neritopsina)

Extrem heterogene Gruppe, die parallel zu den übrigen Gastropoda sämtliche Lebensräume (marin, limnisch, terrestrisch) erobert hat. Spiralige oder napfförmige Schale (1 Art als Nacktschnecke) mit meist aufgelöster Spindel, häufig mit Operculum(-rest), paarigem Schalenmuskel; tiefer Mantelraum mit linkem, bipectinaten Ctenidium oder Lunge. Radula rhipidoglossat; meist herbi- oder detritovor. Großes, meist monotocardes Herz, nur linkes Exkretionsorgan. Interne Befruchtung mit Penis am Kopf, typische mineralisierte Gelege. Marine Arten planktotroph mit typischer Larvalschale; Süßwasser- und Landformen haben intrakapsuläre Entwicklung. Ca. 500 Arten weltweit.

Theodoxus fluviatilis, Flussnixenschnecke (Neritidae); kugelig gerundete Schale, 1 cm Durchmesser mit kalkigem Operculum; lebt von Algenaufwuchs und Schwämmen in Flüssen und Seen; etwa 1mm große Eikapseln mit bis zu 90 Eiern, von denen sich nur eins entwickelt, die übrigen dienen als Nähreier. – Zahlreiche Konvergenzen zu

den Lungenschnecken zeigen die verwandten, terrestrischen Helicinidae (tropisch).

7.4 Vetigastropoda

Sehr heterogene Gruppe, rein marin. Schale spiralig oder napfförmig, teilweise mit innerer (sekundärer) Perlmutterschicht. Paariger, linker oder hufeisenförmiger Schalenmuskel, tiefer Mantelraum mit 1 oder 2 (zeugobranch) Ctenidien, meist mit speziellen Sinnestaschen (*bursicles*). Radula rhipidoglossat oder gruppentypisch; nahezu alle marinen Nahrungsquellen. 2 Exkretionsorgane, das rechte bildet mit Gonodukt meist eine gemeinsame Urinogenitalöffnung. Lecithotrophe Entwicklung ohne Larvalschale. Interne Systematik derzeit im Umbruch. Ca. 4 000 Arten weltweit.

Lepetelloidea. – Meist kleine Napfschnecken. Meist im Tiefwasser auf biogenen Substraten.

Fissurelloidea, Loch-Napfschnecken. – Symmetrische Schale meist mit Schlitz oder terminalem Loch sowie mit Caeca (Mantelfortsätze). – *Diodora graeca*, bis 3 cm, im O-Atlantik und Mittelmeer. – *Emarginula tuberculosa*, bis 18 mm, hochschalig. Atlantik und Mittelmeer.

Haliotidae. – *Haliotis* spp., Seeohr, Abalone, bis 30 cm, Schale flachspiral, auf dem letzten Umgang eine Lochreihe, inneres Perlmutt; kein Operculum; 2 Kiemen, 2 Atrien, äußere Befruchtung. Marin, weltweit geschätzte Speiseschnecke (oftmals geschützt). – *Haliotis tuberculata* (Abb. 482)

Pleurotomariidae, Millionärsschnecken (weil selten und daher unter Liebhabern wertvoll). – Kegelige Schale mit Schalenschlitz und Perlmutterschicht; Operculum; 2 Kiemen. In Tiefen unter 400 m im Indo-

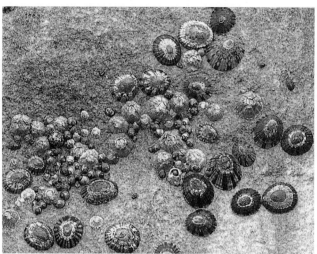

Abb. 485 Napfschnecken *Patella* (Patellidae). Im Felslitoral der Gezeitenzone, zusammen mit Seepocken (Balaniden) und *Littorina*-Arten (Caenogastropoda). Die Napfschnecken haben Ruheplätze, deren Relief dem Schalenrand angepasst ist; als Weidegänger verlassen sie den Ruheplatz zur Nahrungsaufnahme, kehren aber immer wieder zu ihm zurück (Heimfindevermögen!). Original: W. Westheide, Osnabrück.

Abb. 484 *Mikadotrochus beyrichi* (Vetigastropoda, Pleurotomariidae), mit Schalenschlitz. Schale etwa 8 cm hoch; in größeren Meerestiefen bei Japan. Original: National Science Museum, Tokio

pazifik. Schwammfresser mit spezialisierter (hystrichoglossater) Radula. –*Mikadotrochus beyrichi* (Abb. 484)

Trochoidea und **Seguenzioidea**. Kreiselschnecken. – Meist spiralig, häufig mit Perlmutterschicht und Operculum. Nur 1 Kieme, aber teilweise noch mit 2 Atrien; sehr artenreich. – *Trochus stellatus* (Abb. 474).– *Diloma subrostrata* (Abb. 480)

7.5 Neomphalina

Spiralig oder napfförmig, 2 mm bis 5 cm. Nur 1 linkes Ctenidium, teilweise mit Sinnestaschen („*bursicles*"); Herz monotocard, nur linkes Exkretionsorgan. Interne Befruchtung mit Penis.

Melanodrymiidae besiedeln Treibholz oder Tiefwasser-Hydrothermalquellen, spiralige, detritovore Kleinformen (2–3 mm). – **Peltospiridae** und **Neomphalidae** filtrieren Bakterien mit verlängerten Kiemenfilamenten. Größere Arten in Tiefwasser-Hydrothermalquellen, so auch der offiziell noch unbeschriebene *Crysomallon squamiferum*, Schuppenfuß-Schnecke, bis 5 cm; mit Einbau von Eisensulfiden am Fußrücken (Pyritschuppen) und in der Schale. Kairei Hydrothermalfeld, Indik.

7.6 Caenogastropoda
(inkl. **Neogastropoda**), Neuschnecken

Schale meist spiralig rechtsgewunden, mützen- oder röhrenförmig, selten fehlend; meist mit hornigem Operculum. Bei den höherentwickelten Gruppen Mündungsrand der Schale mit Siphonalrinne, Osphradium dann stark lamellat (als „falsche Kieme") entwickelt. Mantelraum stark asymmetrisch, stets nur 1 (linkes) monopectinates Ctenidium, 1 Osphradium und 1 Exkretionsorgan. Herz monotocard. Buccalapparat häufig mit (mehrfach parallel evolviertem) Rüssel (Proboscis). Radula taenioglass, ptenogloss, rhachiglass oder toxogloss. Nahrungserwerb vielfältig. Stets interne Befruchtung durch Penis und/oder Spermatophoren; Entwicklung planktotroph oder intrakapsulär, aber stets mit Larvalschale. Meist im Meer, mehrfach parallel wurde Süßwasser und Land erobert.

7.6.1 Architaenioglossa

Ursprüngliche Caenogastropoda. Limnisch oder terrestrisch.

*Viviparus spp., Sumpfdeckelschnecken (Viviparidae); 3–4 cm, rechter Fühler des Männchens fungiert als Penis; lebend gebärend; Ernährung herbivor oder als fakultativer Filtrierer in ruhigem oder wenig bewegtem Süßwasser Mittel- und Osteuropas. – Ampullariidae, Apfelschnecken: bis 6 cm. Können auch atmosphärische Luft atmen. Eierlegend. Herbivor in tropischen Überschwemmungsgebieten, beliebte Aquarienschnecken. – Aciculidae, Nadelschnecken: 2 mm. Fressen Eier von Schnecken oder Regenwürmern im Boden Mittel- und Südeuropas.

7.6.2 Sorbeoconcha

Durch molekulare Daten und Feinstruktur des Osphradiums gut charakterisierbar.

Cerithioidea. – **Bittium reticulatum*, Mäusedreck (Cerithiidae); detritovor oft in Massen im marinen Flachwasser. – *Melanoides tuberculata*, Turmdeckelschnecke (Thiaridae); detritovor im Bodengrund tropischer Süßgewässer, beliebte Aquarienschnecke. Meist partheno-

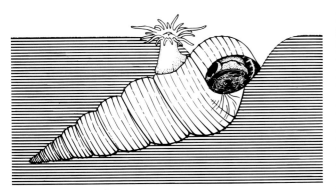

Abb. 486 *Turritella communis*, Turmschnecke (Caenogastropoda). In typischer Lage im Schlamm eingegraben, beim Filtrieren; mit Aktinie. Länge der Schale etwa 4 cm. Aus Ankel (1971).

genetisch und lebendgebärend. – *Turritella communis*, Turmschnecken (Turritellidae) (Abb. 486); schlank turmförmig; gräbt sich tief in den Schlamm; ernährt sich strudelnd. Deutsche Bucht, O-Atlantik, Mittelmeer. – *Cerithidea scalariformis*, bis 25 mm, mit Pallialaugen. In Lagunen, SO-USA.

Vermetoidea. – *Vermetus* spp., Wurmschnecken. Gewundene, am Substrat dauerhaft zementierte Schale, deren letzte Umgänge einer Serpulidenröhre (Annelida) ähneln. Filtrieren mithilfe eines Schleimnetzes der Fußdrüse, in gemäßigten und warmen Meeren. Bei Massenvorkommen Riffbildung (Ostmittelmeer).

Littorinoidea. – *Littorina littorea*, Gemeine Strandschnecke (Littorinidae) (Abb. 475). Bis 3 cm hoch, häufigste Art im Eulitoral der südlichen Nordseeküste; lebt von Algen und *Balanus*-Arten. Wird gegessen. – *L. saxatilis* Arten-Komplex. Felsstrandschnecke, bis 12 mm, im Supralitoral bis 2 m über Hochwasserlinie, ovovivipar. – *Melaraphe neritoides*, Kleine Strandschnecke, 6–8 mm; häufig im Supralitoral des Mittelmeeres, wo sie mithilfe der weit überkörperlangen Radula in Kalkgestein inkrustierende Cyanobakterien frisst. – *Pomatias elegans* (Pomatiasidae); terrestrisch mit Lunge und Osphradium, im Mittelmeergebiet.

Rissoidea. – *Hydrobia ulvae*, Wattschnecke (Hydrobiidae); bis 6 mm hohe, eikegelförmige Schale; in dichten Populationen auf Sand- und Schlickböden der Meeresküsten, lebt von Kleinalgen. – *Caecum glabrum* (Caecidae); interstitiell in Grobsanden. - Die artenreichen Rissoidae und verwandte Familien meist herbivor, bevorzugt im marinen Phytal aller Meere.

Heteropoda. – *Atlanta* sp. (Atlantidae); pelagisch mit zarter, spiraliger Schale bis zu 13 mm; vorderer Teil des Fußes mit großem Saugnapf zum Festhalten an Tieren und bei der Kopula; schwimmen in warmen Meeren mit dem Fuß nach oben. – *Pterotrachea* sp. (Pterotracheidae) (Abb. 488); Schale völlig reduziert, Körper bis 30 cm lang, Fuß zu einer Ruderflosse umgestaltet; im Plankton warmer Meere.

Ptenoglossa. – *Janthina janthina*, Veilchenschnecke (Janthinidae) (Abb. 489); purpurn; baut Floß aus Luftblasen, die von erhärtendem Fußschleim gebildet werden; treibt am Floß und legt ihre Eikapseln daran ab; Jungtiere weiden an der Segelqualle *Velella velella* (Abb. 236). Adulte auch an anderen Planktonten; in warmen Meeren. – Epitoniidae (Wendeltreppenschnecken). Spiralige Schalen oft mit deutlichen Querrippen, teilweise mit deutlichem Sexualdimorphismus; semi-parasitisch an Cnidaria.

Eulimoidea (Aglossa). – *Eulima* spp. (Eulimidae), mit kleiner, spitzer, sehr glatter Schale. Ohne Radula (agloss); ektoparasitisch an Echinodermata. – *Entoconcha* spp., Eingeweideschnecken (Entoconchidae); stark umgestaltete, schlauchförmige Parasiten in Holothurien. Schale und ein großer Teil der inneren Organe völlig rückgebildet; die Zwerg-Männchen leben in einem Scheinmantelraum der Weibchen, in die sie als bewimperte Larven aus dem Oesophagus des Wirtes durch einen Gang gelangen, der nur bei jungen Weibchen offen ist; Mittelmeer, Atlantik, Pazifik.

Stromboidea. – *Aporrhais pespelecani*, Pelikansfuß (Aporrhaidae) (Abb. 487); Mündungsrand der Adulten mit bis zu 5 fingerförmigen Fortsätzen; nahezu ortsfest; ernährt sich strudelnd; Nordsee, Atlantik, Mittelmeer. – *Strombus gigas*, Große Fechterschnecke (Strombidae); bis 35 cm hohe, schwere Schale mit flügelartig erweitertem Mündungsrand; das lange, spitze Operculum wird als Waffe benutzt (deutscher Name!); ernährt sich von Pflanzen und Detritus; Laichschnüre von 2 m Länge mit 460 000 Eiern; auf Korallensand der Karibik.

Calyptraeoidea. – *Crepidula fornicata*, Pantoffelschnecke (Calyptraeidae); pantoffelähnliche Schale bis 5 cm Durchmesser; mit Austernbrut von der O-Küste Nordamerikas eingeschleppt; als Planktonfiltrierer Nahrungskonkurrent der Austern. Protandrische Zwitter, große Tiere sind weiblich.

Cypraeoidea, Kaurischnecken (Cypraeidae). – Zahlreiche Arten mit eiförmiger, dicker Schale, deren Endwindung die älteren Umgänge völlig oder überwiegend umschließt; die Schale umfassende Mantellappen überziehen sie mit einer glatten Schmelzschicht; Mündung schlitzförmig, die Ränder gefältelt oder gezähnelt; einige Arten früher

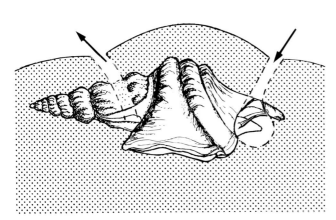

Abb. 487 *Aporrhais pespelecani*, Pelikansfuß (Caenogastropoda). Eingegraben, Pfeile geben Wasserströmung an. Verändert nach Yonge und Thompson (1976).

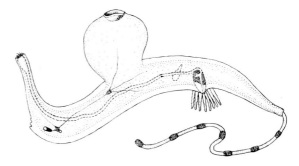

Abb. 488 *Pterotrachea* sp. (Caenogastropoda). Pelagische, bis 30 cm lange Schnecke mit völlig reduziertem Mantel samt Schale. Der langwalzenförmige Körper ist transparent; ventral ist eine blattförmige Flosse ausgebildet, an der beim Männchen ein Saugnapf sitzt. Diese „Kielfüßer" treiben mit nach oben gewendeter Flosse in den oberen 100 m wärmerer Meere; sie ernähren sich von Rippenquallen, Salpen, Flohkrebsen und kleinen pelagischen Schnecken. Verändert nach Ankel (1962).

Abb. 489 *Janthina janthina*, Veilchenschnecke (Caenogastropoda). Schale 4 cm Durchmesser. Baut an der Meeresoberfläche ein Floß aus erhärtenden Sekretblasen und treibt zeitlebens als Teil des Pleustons an diesem Floß, an das sie auch ihre Eikapseln heftet. Kosmopolit in allen wärmeren Meeren, der sich vor allem von Segelquallen ernährt, mit denen dieser Lebensraum geteilt wird. Der Name „Veilchenschnecke" geht auf das violette Sekret der Hypobranchialdrüse zurück. Original: P. Emschermann, Freiburg.

als Zahlungsmittel genutzt; verbreitet vor allem in Korallenriffen des Indo-Westpazifik.

Naticoidea, Mond-, Nabel- oder Bohrschnecken. – *Euspira pulchella* (=*Lunatia nitida* aucct.), (Naticidae), bis 18 mm; in Weichböden, die mit dem pflugscharartigen Vorderfuß auf der Suche nach kleinen Muscheln durchpflügt werden, deren Schale mit der Radula und mittels eines Sekrets des am Rüssel gelegenen Bohrorgans durchbohrt werden; Opfer werden mit dem Rüssel durch kreisrundes Bohrloch ausgefressen; Weibchen erzeugen pro Jahr etwa 19 Laichringe aus Sand und Sekret mit je 8 000 Eiern. Nordsee bis Mittelmeer.

Tonnoidea. – *Tonna galea*, Tonnenschnecke (Tonnidae); bis 25 cm hohe, dünnwandige Schale mit kurzem Gewinde, ohne Operculum; carnivor, Mundöffnung am Ende eines weit ausstreckbaren Rüssels; Speichel enthält 4 % H_2SO_4 und dient der Zersetzung der Kalkteile von Muscheln und Stachelhäutern und der Lähmung der Opfer; Indopazifik, Atlantik, westl. Mittelmeer.

Abb. 490 *Busycon perversum* (Neogastropoda). Besonders dickschalige linksgewundene Art mit Siphonalrinne und Operculum im Eulitoral der US-Ostküste. Schale 45 cm. Original: W. Westheide, Osnabrück.

Abb. 491 *Conus textile*, Kegelschnecke (Neogastropoda). Kriechend, mit aufwärts gerichtetem Sipho; Rüssel kann in dem umstrichelten Umfang vorgeschnellt werden; Schalenhöhe 8 cm. Diese und verwandte Kegelschnecken gehen nachts auf Beutefang im Litoral oder Korallenriff; sie packen die Beute (Würmer, Fische, etc.) mit dem Rüssel und injizieren ihr mithilfe der pfeilartigen Radulazähne Toxine, die sie lähmt. Nach Yonge und Thompson (1976).

Neogastropoda, Muricoidea (Rhachiglossa). – *Bolinus brandaris*, Herkuleskeule, Brandhorn (Muricidae); eine Purpurschnecke; mit Stacheln und Höckern, die während der Wachstumspausen gebildet werden und daher die früheren Positionen des Mündungsrandes anzeigen. Sekret der Hypobranchialdrüsen färbt sich unter dem Einfluss von UV-Strahlen über Zwischenstufen purpurn; die Art wurde, neben anderen, bis ins Mittelalter zur Herstellung des Purpurs benutzt; im Mittelmeer bis in etwa 80 m Tiefe. – *Nucella lapillus*, Nordische Purpurschnecke. Mit kurzem Siphonalkanal; an Felsküsten des N-Atlantik und der Nordsee, Helgoland; ernährt sich von Seepocken und Miesmuscheln, die sie anbohrt; Sekret wird ebenfalls purpurn; in gestielten Eikapseln entwickeln sich etwa 25 von 500 Eiern. – *Thais* (syn. *Stramonita*) *haemastoma*, bis 12 cm. Mittel- und S-Atlantik, W-Mittelmeer. – *Buccinum undatum*, Wellhornschnecke (Buccinidae), 12 cm (Abb. 477A); Mantelraum mit bipectinatem Osphradium und monopectinater Kieme; Fleisch- und Aasfresser auf Weich- und Hartböden des Sublitorals; Weibchen erzeugen Ballen mit bis zu 2 000 Eikapseln (Eier und Näheier), häufig im Angespül; N-Atlantik und Nordsee. – *Nassarius reticulatus*, Netzreusenschnecke (Nassariidae), 25 mm. Gräbt sich so tief in Weichböden ein, dass nur der Sipho ins freie Wasser ragt; mit ihm ortet sie ihre Beute: Polychaeten, Mollusken, Aas; europäische Küsten. *N. incrassatus*, 15 mm (Abb. 482). – *Busycon perversum* (Melongenidae) (Abb. 490).

Conoidea (Toxoglossa, Kegelschnecken). – *Conus* spp. (Conidae). Zahlreiche Arten, z. T. mit prächtig gezeichneter Schale; toxogloss; viele Arten injizieren mit einem nur einmal verwendbaren, dolchartigen Einzelzahn hochgiftige Enzymmischungen in die Beute (Annelida, Mollusca, Fische), bei der es zu Lähmung und Atemstillstand kommt; in warmen und gemäßigten Meeren. Einige Arten auch für den Menschen lebensgefährlich.

7.7 Heterobranchia

Schale variabel, bei marinen Formen mit pelagischer Entwicklung fast immer heterostroph. Die (sekundären) Kiemen sehr variabel (Name!); Wasserströmung des Mantelraumes meist durch Cilienstreifen verursacht. Radulaknorpel durch Muskelmasse ersetzt. Nur 1 (linkes) Exkretionsorgan, das bei Formen mit erhaltenem Mantelraum im Manteldach liegt und auch Atmungsfunktion übernimmt. Zwitter mit innerer Befruchtung durch Penis und/oder Spermatophoren: Bei aquatischen Formen Eier im meist gelatinösem Gelege durch Eischnüre (Chalazae) verbunden; Spermien spiralförmig. Veligerlarven häufig mit dunkel pigmentierter Manteldrüse (fälschlich als „Larvalniere" bezeichnet). Mitochondriales Genom gegenüber prosobranchen Taxa stark modifiziert.

Obwohl erst in den 1980er-Jahren vorgeschlagen, besteht an der Monophylie der Heterobranchia kein Zweifel mehr;

das Schwestergruppenverhältnis zu den Caenogastropoda (als Apogastropoda) ist allerdings nicht gesichert, da basale Formen noch eine rhipidoglossate Radula aufweisen. Neben einer Reihe von basalen Gruppen (allogastropode Heterobranchia) werden die opisthobranchen und pulmonaten Gruppen der Heterobranchia als **Euthyneura** zusammengefasst. Obwohl Euthyneurie selbst ein Konvergenzphänomen aufgrund unterschiedlicher Prozesse ist, haben sich die Euthyneura (nicht aber Opisthobranchia und Pulmonata!) als monophyletisches Taxon erwiesen (Abb. 483). Da die Phylogenie vor allem der basalen Heterobranchia noch der Klärung bedarf, wird hier durch die Adjektivierung des (paraphyletischen) Taxons „Allogastropoda" die Umbruchsituation angezeigt.

Fossil lassen sich die Heterobranchia bis ins Devon zurückverfolgen, aber erst im frühen Mesozoikum (Trias) zeigt sich eine größere Formenmannigfaltigkeit.

„Allogastropode (heterostrophe) Heterobranchia"

Paraphyletische Gruppierung mit einer Reihe ursprünglicher, meist eher artenarmer Gruppen von Kleinformen (1–5 mm), nur Architectonicoidea erreichen Größe von mehreren cm. Meist marin, nur Valvatidae haben Süßwasser erobert. Während die basale Stellung der Ectobranchia gut abgesichert erscheint, ist die übrige interne Phylogenie noch sehr unsicher.

Ectobranchia (Valvatoidea). – Marine oder limnische Kleinformen (2–5 mm) mit vorstreckbarer, bipectinater Sekundärkieme und rechtsseitigen Pallialtentakeln, Radula familientypisch sehr heterogen. *Xenoskenea pellucida* (Hyalogyrinidae) mit rhipidoglossater Radula; im Flachwasser europäischer Meere. – **Valvata piscinalis* (Valvatidae, Federkiemenschnecken). Mit taenioglossater Radula; in schwach bewegten Süßgewässern.

Architectonicoidea. – Architectonicidae, Sonnenschnecken. – Fressen mit taenioglossater oder ptenoglossater Radula mits langem Rüssel an Cnidariern; in warmen Meeren.

Abb. 492 *Hydatina physis* (Acteonoidea), Heterobranchier mit Schale und Operculum. Aus Gosliner (1987).

Rhodopemorpha – Rhodopidae. – Artenarm, extrem abgewandelt, im marinen Schattenphytal oder interstitiell. Schale, Mantelraum, Herz und Radula fehlen, mit subepidermalen Spikeln und sekundärem Protonephridialsystem; Riesennervenzellen. Aufsetzen von Spermatophoren und enzymatischer Lyse der Körperwand, ohne planktisches Larvenstadium.

Acteonoidea (früher Cephalaspidea partim oder Architectibranchia). – Kräftige Schale teilweise (Acteonidae) noch mit Operculum. Nach vorne orientierter Mantelraum trägt ein gefaltetes Kiemenblatt (Plicatidium). Der Oesophagus ist aber ohne Kaumagen. Vorderbereich des Kopfes lappenartig verbreitert ohne echte Tentakel, ein Hancocksches Sinnesorgan ist nur vorne entwickelt. Nervensystem zeigt noch Streptoneurie, aber bereits Riesennervenzellen und Parietalganglien. – *Acteon tornatilis* (Acteonidae). 25 mm hoch; mit Wehrdrüsen; pflügt sich durch sandiges Sediment, frisst vor allem Polychaeten. W-Küsten Europas. – *Hydatina physis* (Hydatinidae) (Abb. 492).

Euthyneura

Zusammenfassung aller übrigen Heterobranchia (obwohl Euthyneurie mehrfach parallel entstanden ist) und Aufteilung in mehrere opisthobranche und/oder pulmonate Gruppen. Die Euthyneura sind durch Riesennervenzellen und mehrere distinkte neurosekretorische Zentren (s.o.) gekennzeichnet. Dennoch deuten jüngste molekulare Analysen an, dass die traditionellen Opisthobranchia und Pulmonata jeweils polyphyletische Gruppierungen darstellen. Abb. 483 demonstriert den augenblicklichen Stand der phylogenetischen Diskussion dieses Teils des Gastropodensystems.

7.7.1 Nudipleura (Eleutherobranchia emend.)

Opisthobranche, meist epibenthische, selten pelagische oder interstitielle Schnecken des marinen Litorals, die in neueren Analysen als basale Euthyneura aufscheinen (etwa 4 000 rezente Arten). Mantelraum der meisten Formen durch Rückdrehung nach rechts hinten, die Kieme damit hinter das Herz verlagert (opisthobranche Situation). Adultschale stark reduziert oder fehlend. Kiemen zeigen gruppentypische Variationen. Kopf meist mit Rhinophoren. **Radula** meistens mit vielen kleinen, spitzen Zähnen; fokussiert auf Porifera, Cnidaria, Bryozoa und Ascidia. **Nervensystem** immer euthyneur und hochgradig zu einem Schlundring konzentriert. Auffällig sind die gruppentypisch ausgeprägten R h i n o p h o - r e n, tentakelartige Anhänge, die der Chemorezeption, aber vor allem der Strömungswahrnehmung dienen. Meist einfache everse L i n s e n a u g e n. Atrium meist wie die Kieme (so vorhanden) nach rechts oder nach hinten gerichtet. Genitalsystem zwittrig, interne Befruchtung meist mit Penis, gelegentlich durch hypodermale Injektion. Entwicklung entweder über einen planktischen Veliger mit (linksgewundener oder eiförmiger) Schale und Operculum oder (selten) intrakapsulär bis zum Kriechstadium.

Die Monophylie der Gesamtgruppe sowie der 2 Subtaxa gelten als gut abgesichert.

7.7.1.1 Pleurobranchomorpha (Notaspidea partim), Seitenkiemer

Mantel bedeckt dünne, längliche Schale; letztere kann auch oft völlig reduziert sein. Kopf mit Mundsegel und -tentakel sowie eingerollten, blättrigen Rhinophoren; 1 bipectinate Kieme mit „Praebranchialsack" frei rechts am Körper. Säuredrüse öffnet sich in die Schlundhöhle, auch im Mantel gelegene Schleimdrüsen produzieren schweflige Säure (pH 1), die bei Verletzung frei wird und gegen angreifende Fische schützt. Kompakte Blutdrüse (plesiomorph für Nudipleura).

Pleurobranchus californicus (Pleurobranchidae); 30 cm; mit weißer, dünner, gerundet-eckiger Schale; schwimmt gelegentlich; nimmt große Mengen Wasser auf, das bei Belästigung ausgestoßen wird; ernährt sich vorwiegend von Ascidien und Poriferen. Kalifornische Küste.

7.7.1.2 Nudibranchia (sensu lato), Nacktkiemer

Larvalschale und Operculum werden während der Metamorphose abgestoßen; meist äußerlich symmetrisch. Mantelraum und Osphradium reduziert. Typisch sind „Spezialvakuolenzellen" in der Epidermis, wo in vielen kleinen Vakuolen chitinöse, diskusförmige Einschlüsse vorkommen. Viele Nudibranchia tragen auffällig gefärbte, symmetrisch angeordnete, kolbenförmige Rückenanhänge (Cerata) (Abb. 493), denen respiratorische Funktion zugeschrieben wird und in die auch Ausläufer der Mitteldarmdrüsen hineinziehen können (Aeolidioidea). Vielgestaltig und oft extrem farbenprächtig. Die Monophylie der Nudibranchia sowie der 2 Subtaxa gelten als gut abgesichert.

7.7.1.2.1 Anthobranchia (Holohepatica), Sternschnecken

Mantelraum-Bereich posterio-dorsal durch Anus, Exkretionsöffnung und (bei Doridoidea) fast stets sternförmig gefiederte Kieme gekennzeichnet. Osphradium fehlt; mit kompakter Mitteldarmdrüse und Bursa copulatrix. Vielfach mit Kalkspicula und/oder sauren Sekreten zur Abwehr. Mimikry mit polycladen Plattwürmern bei tropischen Arten. Kompakte Blutdrüse.

Archidoris pseudoargus, Meerzitrone (Archidorididae), 12 cm; Rücken mit dichtstehenden Papillen; 9 dreifach gefiederte Kiemen-

blätter; ernährt sich von Schwämmen; Mittelmeer, W-Küsten Europas, Helgoland. – *Chromodoris luteorosea*, gefleckte Sternschnecke, bis 3 cm; Mittelmeer (Abb. 494). – Phyllidiidae: keine Sternkiemen, sondern mit sekundären Kiemenlamellen unterhalb des Notumrandes; oft sehr kryptisch gefärbt; warme Meere.

7.7.1.2.2 Dexiarchia (Doridoxida plus Cladohepatica)

Kryptische Färbung und Gestalt. Aeolidioidea, die sich von Cnidariern ernähren, können Nesselkapseln der Beutetiere durch die Mitteldarmdrüse in die Cerata hineinverlagern, dort speichern und sich im Falle der Gefahr damit wehren (Kleptocniden); einige Arten nutzen auch von Korallen aufgenommene Dinoflagellata (Kleptoplastiden).

Basale Stellung von *Doridoxa* (noch mit kompakter Blutdrüse) gegenüber den mit stark verästelter (cladohepatischer) Mitteldarmdrüse gekennzeichneten Arten (mit aufgelöster Blutdrüse) gilt als gesichert, interne Gliederung dieser Cladohepatica mit den weitgehend monophyletischen Aeolidioidea (= Nudibranchia sensu stricto, Fadenschnecken; Abb. 493) noch nicht abgeschlossen.

Doridoxa spp. (Doridoxidae): Ohne Kiemen und Cerata, mit glatten Rhinophoren, dreiästiger Mitteldarmdrüse. Sehr seltene Tiefwasserformen. – *Dendronotus frondosus*, Bäumchenschnecke (Dendronotidae); auf dem Rücken 2 Reihen verzweigter Anhänge; ernährt sich von Hydropolypen; Küsten des nördlichen Atlantiks, Helgoland. – *Phyllirhoe bucephala* (Phyllirhoidae); seitlich abgeflacht, transparent; Fuß, Augen und Radula reduziert. Juvenile heften sich an innere Glockenwand von *Zanclea costata*, von der sie sich ernähren; Adulte treiben pelagisch und verzehren Hydrozoen, besonders Staatsquallen; bei Beunruhigung wird ein leuchtendes Sekret sezerniert; mediterranatlantisch. – *Facelina auriculata*, Fadenschnecke (Aeolidioidea, Facelinidae) (Abb. 493); auf dem Rücken zahlreiche Cerata mit Ausläufern der Mitteldarmdrüse; Nahrung vor allem Hydropolypen; Mittelmeer, Nordsee. – *Aeolidia papillosa*, Breitwarzige Fadenschnecke (Aeolidiidae), 12 cm; Cerata länglich-abgeflacht, mit weißen Spitzen, in mindestens 25 Querreihen angeordnet; ernährt sich von Actinien, aus denen sie Stücke herausbeißt; weltweit. – *Glaucus atlanticus* (Glaucidae); pelagisch, transparent, an der nach oben gewandten Bauchseite blauschimmernd; jederseits mit 2 großen, stielartigen Verbreiterungen, auf denen büschelige Papillen sitzen; Gasblasen oder schwimmende Algen werden als Transportmittel benutzt; ernährt sich von *Porpita porpita* und *Velella velella* (S. 150), deren Nematocysten in die Endabschnitte der Mitteldarmdrüsen eingelagert werden. In warmen Meeren.

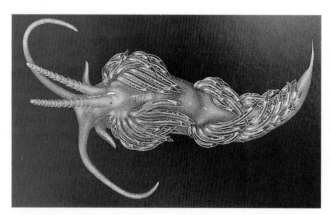

Abb. 493 *Facelina auriculata* (Nudibranchia, Aeolidioidea), 9 mm. Mit Labialtentakeln, Rhinophoren und zahlreichen Rückenanhängen (Cerata). Aus Schmekel und Portmann (1982).

Abb. 494 *Chromodoris luteorosea*, Gefleckte Sternschnecke (Nudipleura, Anthobranchia, Doridoidea). 50 mm. Weiß-gelbe Flecken und gelber Mantelrand in purpurnem Feld. Rhinophoren; Kiemenkrone im hinteren Körperdrittel. Ernährt sich von bestimmten Schwämmen. Westliches Mittelmeer. Original: W. Westheide, Osnabrück.

7.7.2 Tectibranchia (Euopisthobranchia)

Meist epibenthisch oder grabend, seltener pelagisch oder interstitiell; etwa 2000 Arten. Mantelraum meist durch Rückdrehung nach rechts hinten, die Kieme damit hinter das Herz verlagert. Ausgeprägte, vielfach parallel evolvierte Tendenz zur Rückbildung von Schale, Operculum, Mantelraum und Kieme mit Osphradium. Nur wenige ursprüngliche Arten (z. B. *Retusa operculata*) noch mit spiralig gewundener **Schale** und Operculum. Sekundäre Kiemen (so vorhanden) einfach leisten- oder lamellenförmig (Plicatidium). Radula vielgestaltig. Benthische Arten ernähren sich teils herbivor, teils carnivor, die pelagischen fressen Kleinstplankton oder sind Räuber. Nervensystem zeigt nur bei einigen ursprünglichen Vertretern noch Streptoneurie, sonst führt die Rückdrehung des Eingeweidesackes zum euthyneuren Nervensystem. Cephalaspidea und basale Anaspidea (*Akera*) mit **Hancockschem Organ** zwischen Kopfschild und Fuß. Meist einfache everse **Linsenaugen**. Zwittrig, interne Befruchtung durch Penis, gelegentlich durch hypodermale Injektion. Entwicklung entweder über einen planktischen Veliger mit (linksgewundener oder eiförmiger) Schale und Operculum.

Beziehungen zwischen den Subtaxa sind auf der Basis molekularer Daten weitgehend geklärt.

7.7.2.1 Umbraculomorpha, Schirmschnecken

Napfförmige Schale mit zentralem Apex, die das Tier nur teilweise bedeckt. Bipectinate Kieme rechts zwischen Mantelrand und sehr großem Kriechfuß. Seitlich eingerollte Rhinophoren, dazwischen die Augen.

Tylodina perversa (Umbraculidae); 5 cm, im Litoral des Mittelmeeres; ernährt sich vom Schwamm *Aplysina aerophoba*, dessen Pigmente aufgenommen und im Bindegewebe als Tarnung und Fraßschutz eingelagert werden.

7.7.2.2 Cephalaspidea (sensu stricto; **Bullomorpha**), Kopfschildschnecken

Schale häufig reduziert, teilweise vom Mantel umschlossen (Abb. 492) oder fehlt vollständig; Operculum nur ausnahmsweise erhalten. Mantelraum zeigt meist gefaltetes Kiemenblatt (Plicatidium). Kopf bei Diaphanidae mit eingerollten Tentakeln, sonst als Kopfschild schildartig verbreitert und ohne Tentakel, aber mit paarigem Hancockschem Sinnesorgan. Sehr variabel in Form, Farbe und Nahrungsbiologie.

Diaphanidae: bis 6 mm; zarte Schale, eingerollte Kopftentakel, ohne Operculum; kein Kaumagen. – *Scaphander lignarius* (Scaphandridae), bis 50 mm; walzige Schale ohne Operculum; ernährt sich von Foraminiferen; Mittelmeer, O-Atlantik, Nord- und Ostsee. – *Retusa operculata* (Retusiidae): noch mit Operculum. – *Philinoglossa* spp. (Philinoglossidae); 2–4 mm ohne Schale, ohne Mantelraum, Kieme und Kaumagen, gestreckt-wurmförmig; weltweit im Interstitial.

7.7.2.3 Runcinacea

Schale stark reduziert, vom Mantel umschlossen oder vollständig fehlend; häufig auffällig gefärbt.

Runcina adriatica (Runcinidae), 1–2 mm; schwarz-weiß gepunktet, ohne Schale und Operculum; herbivor im Flachwasser; Mittelmeer und O-Atlantik.

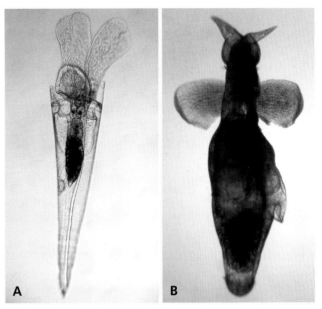

Abb. 495 Pteropoda (Pelagische Flügelschnecken). **A** *Creseis acicula* (Thecosomata). Kopflappen flügelartig. Conusartige Schale, Länge 5 mm Mittelmeer. **B** *Pneumodermopsis* sp. (Gymnosomata). Fuß dreigeteilt in 1 mediane und 2 laterale flügelartige Flossen (Parapodien), mit denen die Bewegung im Wasser erfolgt. Ohne Schale und Mantelraum. Mit Saugnäpfen wird die Beute (pelagische, thecosomate Schnecken) festgehalten; Rüssel und Kiefer dringen durch die Schale, und schließlich wird der Weichkörper verschlungen. Mittelmeer. Länge 4,5 mm. Aus Larink und Westheide (2011).

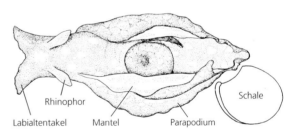

Abb. 496 *Aplysia fasciata,* Seehase (Tectibranchia, Anaspidea), 30 cm. Habitusbild mit zurückgeschlagenem Mantellappen; rechts unten die stark reduzierte, innere Schale. Aus Salvini-Plawen in Riedl (1983).

7.7.2.4 Anaspidea (Aplysiomorpha), Seehasen

Meist sehr große Arten. Kleine, vom Mantel nahezu bedeckte oder gänzlich fehlende Schale und gefaltetes Kiemenblatt (Plicatidium). Epipodialer Bereich des Fußes meist lateral zu Lappen (Parapodien) verbreitert, die nach oben geschlagen werden können (Abb. 477B, C) und schwimmende Fortbewegung ermöglichen. Stets mit Kaumagen, herbivor.

Akera bullata (Akeridae) 2–3 cm, mit Kopfschild und Hancockschem Organ, blasenförmiger Schale und Parapodien, die Schwimmfähigkeit verleihen (Fluchtreaktion). – *Aplysia* spp., Seehasen (Aplysiidae) (Abb. 496); mit ohrförmigen Tentakeln (Name!); breite Parapodien, die auf dem Rücken zu einem Rohr zusammengelegt werden können, aus dem durch fortschreitende Kontraktion Wasser ausgestoßen und damit das Tier vorangetrieben wird. Bei Belästigung wird violettes Sekret ausgestoßen, das attackierenden Großkrebsen Sättigung suggeriert. Im Frühjahr oft massenhaft in litoralen Algenbeständen, von

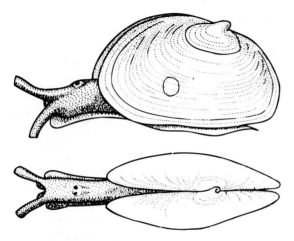

Abb. 497 *Berthelinia* sp. (Saccoglossa). Gastropoda mit zwei (!), ca. 1 cm langen Schalenklappen. Aus Kawaguti und Baba (1959).

denen sich die Tiere ernähren; weltweit in warmen Meeren. Wegen ihrer Riesenaxone und Riesenzellen im Nervensystem ein wichtiges neurophysiologisches Modellsystem. – *A. vaccaria* ist mit 75 cm Länge und 16 kg Gewicht die größte rezente Schnecke; Kalifornien.

7.7.2.5 Pteropoda, Flügelschnecken

Die beiden pelagischen Gruppen sind nach jüngsten molekularen Daten nahe verwandt.

Thecosomata (Seeschmetterlinge) mit zarter, oftmals modifizierter oder sekundärer Schale, stets mit Mantelraum; Parapodien Kopfteile zu Schwimmlappen verbreitert (Abb. 477D). Leben in großen Schwärmen und filtrieren Mikroplankton mithilfe eines Schleimnetzes ihrer Manteldrüse; tägliche Vertikalwanderungen. Sie selbst dienen Fischen, den Gymnosomata und seihenden Walen als Nahrung („Walaat"). Häufigste Gastropoden überhaupt; Schalen bedecken große Teile des Meeresbodens (*pteropod ooze*).

Creseis acicula (Cavoliniidae), 5 mm, Schale schlank konisch; schwimmt durch flügelartiges Schlagen der parapodialen Lappen; Mittelmeer (Abb. 495A). – *Spiratella retroversa* (Abb. 477D). – *Limacina* spp. (Limacinidae). Aufgerollte Schale.

Gymnosomata (Ruderschnecken) haben weder Schale noch Mantelraum. Körper in Kopf und Rumpf gegliedert, Fuß mit Flossen (Abb. 495B). Schlund rüsselartig vorstreckbar und mit Saugarmen und Hakensäcken ausgestattet. Räuberisch, in großen Schwärmen oberflächennah in allen Weltmeeren, Nahrung vor allem Thecosomata. Aberrante Larve hat weder Schale noch Velum, sondern zeigt 3 Wimpernringe.

Clione limacina (Clionidae); 2 cm. Weltweit. – *Pneumodermopsis paucidens* (Pneumodermatidae) (Abb. 495B).

7.7.3 Siphonariida (früher Basommatophora partim)

Opisthobranche/pulmonate Napfschnecken. Mit noch großer Sekundärkieme, aber schon mit Lungendach und pallialem Exkretionsorgan als Atmungsorgane in dem nach rechts offenen Mantelraum; am Fußrand Wehrdrüsen. Ökologie

ähnlich wie bei *Patella* (S. 334); in der Gezeitenzone warmer, vor allem südhemisphärischer Meere. Entwicklung über intrakapsuläre Veligerlarve mit Operculum.

Siphonaria japonica (Siphonariidae) (Abb. 482).

7.7.4 Saccoglossa (Ascoglossa), Schlundsackschnecken

Beschalte Formen, zart spiralig oder zweiklappig und mit nach rechts offenem Mantelraum. Meist schalenlos mit sehr variabler äußerer Form und Farbe, teils mit Parapodien oder Rückenanhängen. Meist mit 1 Paar eingerollter „Rhinotentakeln" (vordere Tentakel plus Rhinophoren), selten ohne Kopfanhänge oder mit Kopfschild. Ohne Kiefer. Vorderende der Radula (mit 1 Zahn pro Querreihe) geht in einen ventralen Blindsack (Ascus) über, der mitunter abgenützte Zähne auflöst und mineralisch wieder verwertet. Meist an Grünalgen, die mit Radula angeritzt und dann ausgesaugt werden. Aufgenommene Chloroplasten (Kleptoplasten) verbleiben oft wochenlang in der Mitteldarmdrüse und liefern Photosyntheseprodukte, so dass solche Tiere physiologisch „wandelnde Blätter" sind.

Berthelinia sp. (Juliidae) (Abb. 497). Mit zweiklappiger, 1 cm langer Schale; die an ihrem Apex (links) den helicoiden, hyperstrophen Protoconch trägt. Indopazifik, Atlantik, Karibik. – *Elysia* spp. (Samtschnecken): ohne Schale, mit Parapodien, sehr vielgestaltig und oft kryptisch; alle Meere. In Darmzellen Chloroplasten fädiger oder blättriger Grünalgen. – *Limapontia capitata* (Lanzettschnecken, Limapontiidae). Ohne Schale, Parapodien und Rückenanhänge. Bräunlich-schwarz, 4–8 mm, ohne Kopfanhänge. Europäische Küsten, auch brackisch.

7.7.5 Pyramidellida (emend.)

Diese teils opisthobranche, teils pulmonate, monophyletische (?) Gruppe kann derzeit vor allem molekular charakterisiert werden, aber auch Merkmale der Spermienultrastruktur stützen die Monophylie. Formen mit napfförmigen oder helicoiden Schalen, letztere mit Operculum.

Pyramidelloidea, Pyramidenschnecken (opisthobranch). Napfschnecken (Amathinidae) oder helicoide Formen (Pyramidellidae). 1 mm – 4 cm, planispirale bis hochgetürmte Schalen; keine Radula, Kiemen nur bei großen Formen; saugen mit sehr langem Rüssel und Stilettapparat an Schnecken, Muscheln und Polychaeten; freie Veligerlarven; sehr artenreich, alle Meere.

Amphiboloidea (früher Basommatophora partim), pulmonat. – Größere (1–3 cm) helicoide Formen mit Operculum (galten früher als die ursprünglichsten Pulmonata); keine Kopftentakel, keine Kieme; intrakapsuläre Entwicklung; detritovor im Brackwasser der Südhemisphäre.

Glacidorboidea (pulmonat). – Sehr kleine (2–3 mm), spiralig-tellerförmige Formen mit Operculum; keine Kieme; Brutpflege im Mantelraum; herbivor im Süßwasser der Südhemisphäre.

7.7.6 Hygrophila (früher Basommatophora partim)

Schale turm-, napf- oder tellerförmig, Augen an der Fühlerbasis. Aquapulmonat, Respiration allgemein aquatisch (Ausnahme *Lymnaea stagnalis* als Luftatmer) durch Hautatmung sowie ein Gefäßnetz ("Lunge") im Mantelraumdach (Abb. 472F), viele Arten mit Sekundärkiemen; Osphradium stets vorhanden. Einheitlicher Kiefer und Radula mit zahlreichen, meist recht gleichförmigen Zähnen. Euthyneures Nervensystem (Abb. 438E) tendiert zur Konzentration der Ganglien im Schlundring; partielle Streptoneurie nur in Ausnahmefällen (*Chilina* spp.) erhalten. Im Herz liegt Atrium vor Ventrikel oder rechts davon. Palliales Exkretionsorgan häufig mit langem Ureter zur Osmoregulation. Komplexes zwittriges Genitalsystem; Penis rückgebildet und funktionell durch Penishülle ersetzt. Meist direkte Entwicklung in von mehreren Hüllschichten umgebenen Eiern. Süßwasser.

Chilina spp. (Chilinidae). Mit kleinen bis mittelgroßen, länglich-eiförmigen Schalen. Südamerika. – **Acroloxus lacustris*, Teichnapfschnecke (Acroloxidae); 8 mm; mützenförmig, Mantelraum rückgebildet, Sekundärkieme rechts am Körper; an Wasserpflanzen ruhiger Gewässer; Mitteleuropa. – **Lymnaea stagnalis*, Spitzhorn-Schlammschnecke (Lymnaeidae), 6 cm; Ökomorphen; bevorzugt pflanzenreiche, ruhige Gewässer; manchmal Selbstbefruchtung; Zwischenwirt von Trematoden (S. 208); holarktisch. Wichtiges Modelltier der Neurobiologie. – **Galba truncatula*, Kleine Schlammschnecke, 1 cm hohes, länglich-eiförmige Schale; lebt in kleinsten Gewässern Mitteleuropas, Zwischenwirt des Großen Leberegels (S. 213). – **Planorbarius corneus*, Große Posthornschnecke (Planorbidae); scheibenförmige, linksgewundene Schale bis 33 mm Durchmesser; in pflanzenreichen Gewässern Eurasiens. Hämolymphe mit Hämoglobin. – *Biomphalaria* spp., Nabel-Tellerschnecken; in kleinsten Süßgewässern Afrikas und Südamerikas; Zwischenwirt für Bilharziose-Erreger (S. 215). – **Ancylus fluviatilis*, Flussmützenschnecke (Ancylidae); napfförmig; Mantelraum rückgebildet, Atmung über die Haut; nahezu ortsfeste Tiere an Steinen in kühlen, fließenden Gewässern Europas.

7.7.7 Acochlidia (Acochlidiomorpha)

Wenige opisthobranche Arten. In Morphologie und Biologie sehr divers. Die größeren (1–3 cm) tropischen Süßwasserarten (ursprünglich?) sowie die viel kleineren (1–5 mm), weltweit verbreiteten marinen (abgeleiteten?), interstitiellen Formen haben keine Schale, häufig aber subepidermale Spikel. Mantelraum (meist) und Kieme (immer) reduziert, der Kopf meist mit Rhinophoren und häufig in den Visceralsack eingezogen werden. Neben Zwittern auch getrennt geschlechtliche Arten. Spermienübertragung durch hypodermale Injektion oder angeheftete Spermatophoren mit Epidermislyse. Systematische Stellung erst jüngst durch molekulare Daten aufgeklärt.

Acochlidium spp. (Acochlidiidae). Im tropischen Süßgewässern, bis 2 cm. – **Microhedyle glandulifera* (syn. *lactea*) (Microhedylidae), 2 mm; wurmförmig; im Interstitial von Mittelmeer, Marmara-Meer, O-Atlantik und Nordsee.

7.7.8 Eupulmonata (Aeropneusta), Echte Lungenschnecken

Schale spiralig, selten napfförmig, mehrfach parallel teilweise oder völlig reduziert. Respiration stets an der Luft, meist durch ein Sinusnetz (Lunge) im Mantelraumdach (Name!) (Abb. 472F), aber auch wesentlich durch die feuchte Haut. Pneumostom (Atemöffnung des Mantelraumes) kontraktil. Kiemen und Osphradium nie ausgeprägt, letzteres wird ontogenetisch aber noch angelegt. Einheitlicher Kiefer und Radula; letztere mit zahlreichen, meist gleichförmigen Zähnen (*Helix pomatia*: etwa 27 000) (Abb. 480G), bei räuberischen Arten sichelförmig (Abb. 480J). Hypoathroides (mit Pleuropedalkomplexen), euthyneures Nervensystem (Abb. 438E), tendiert stark zur Konzentration der Ganglien im Schlundring; Procerebrum stets mit vielen kleinen "Globineuronen". Pallial gelegenes Exkretionsorgan häufig mit langem Ureter zur Osmoregulation und Wasserrückresorption. Zwittriges Genitalsystem; die Befruchtung durch Penis, nicht selten über Spermatophoren. Weibliche Geschlechtsöffnung meist außerhalb des Mantelraumbereiches. Einige Gymnomorpha (Onchidiidae) und alle Actophila zeigen freie oder intrakapsuläre Veligerlarven, Stylommatophora haben direkte Entwicklung in den von mehreren Hüllschichten umgebenen Eiern. Viele Onchidiidae und Actophila meist in marin-terrestrischen Lebensräumen; Stylommatophora überwiegend rein terrestrische Tiere, die meist Feuchthabitate bevorzugen und/oder nachtaktiv sind. Unter den Stylommatophora auch zahlreiche xerophile Arten, die sogar in Wüstengebiete vordringen und durch ihre kalkig-weiße, dicke Schale und Ruhephasen während des Tages der Hitze standhalten.

Ruheperioden treten auch bei mitteleuropäischen Landschnecken im Sommer und Winter auf. Da kein Operculum vorhanden ist, wird in solchen Ruhephasen die Schalenmündung bis auf eine Atemöffnung durch ein Schleimhäutchen verschlossen. Durch Einlagerung von Kalk entsteht daraus bei manchen Arten das feste Epiphragma (Helicidae). Bei länger anhaltenden Trockenperioden verliert der Weichkörper an Volumen, zieht sich dadurch tiefer in die Schale zurück und kann weitere Epiphragmen erzeugen. Der saure Schleim der Körperoberfläche schützt auch die Nacktschnecken vor ihren Feinden, zumal im Schleim oft schwefelhaltige Verbindungen vorkommen.

Die etwa 35 000 rezenten Arten werden auf 3 Subtaxa verteilt, deren exakte Beziehung zueinander aber noch unsicher ist. Stylommatophora sind seit der Kreidezeit (100 Mio. Jahre) fossil nachgewiesen.

7.7.8.1 Actophila (Archaeopulmonata), Salzliebende Lungenschnecken

Mit vielen plesiomorphen Merkmalen: häufig mit heterostropher Schale, adult aber stets ohne Operculum. Generell mit Veligerentwicklung. Muskulöser Kaumagen im Vorderdarm. Überwiegend amphibische Bewohner des Meeresstrandes und der Mangrovenwälder.

Trimusculoidea, Dreimuskelschnecken. – Napfschalig. In der Gezeitenzone warmer und gemäßigter Meere auf Hartsubstrat. Schalenmuskulatur aus drei Anteilen (Name). Kopftentakel reduziert, laterale Wehrdrüsen am Fuß; kein Kiefer.

Otinoidea. –*Otina otis* (Otinidae); 2 mm. Eiförmige Schale; amphibisch in der oberen Gezeitenzone, kurze Augenstiele; stark detortiert; beiderseits des Ärmelkanals.

Ellobioidea. – **Ovatella myosotis*, Mausohrschnecke (Ellobiidae); 6 mm; erträgt auf Außendeichswiesen starke Schwankungen des Salzgehalts; ernährt sich von Diatomeen und Detritus; zwittrig, doch nur einseitige Begattung. Mediterran-atlantisch. – **Carychium* spp., Zwergschnecken (Carychiidae); 2 mm; im Binnenland der nördlichen Hemisphäre unter Laub und Holz und zwischen Moos; Moderfresser. – *Zospaeum* sp., blind, häufig im Grundwasser und in Karsthöhlen.

7.7.8.2 Gymnomorpha (Systellommatophora)

Schalenlos, Mantel überdeckt Kopf und Körperseiten. 0–2 Paar Tentakel (Augenstiele halb einziehbar); Atemöffnung und Anus rechts oder hinten, im Herz liegt Atrium hinter Ventrikel, die weibliche Geschlechtsöffnung sitzt im Mantelraum-Bereich, Mantelraum mehr oder minder stark reduziert. Nervensystem meist stark konzentriert. Männliche Genitalöffnung vorne rechts am Kopf, weibliche in der Mitte der rechten Seite oder hinten. Onchidiidae teils mit Notum-Augen und Sekundärkiemen, noch mit (meist intrakapsulären) Veligern mit hyperstropher Larvalschale. Knapp 200 Arten in 3 Familien-Taxa.

*Onchidella celtica (Onchidiidae), bis 25 mm; dunkel olivgrün, 1 Paar Tentakel; amphibisch in der Gezeitenzone, Ärmelkanal bis Sizilien.

7.7.8.3 Stylommatophora,
Stielaugenschnecken, Landlungenschnecken

Fast immer rein terrestrisch, Augen an den Enden des vorderen der beiden einstülpbaren Fühlerpaare (Kopftentakel und Augenstiele). Gegen übermäßige Verdunstung schützen Schleimabgabe und die Schale (Strahlenreflektor). *Helix*-Arten können bis 50 %, Nacktschnecken bis 80 % Wasserverlust für einige Tage überleben. Körper kann in die Schale zurückgezogen werden. Operculum fehlt; die sehr artenreichen Clausiliidae besitzen aber einen sekundären Verschlussapparat (Clausilium). In längerdauernden Kälte- oder Trockenperioden wird ein Epiphragma als Schalenverschluss gebildet (S. 327, 345). (Halb-)Nacktschnecken sind äußerlich weitgehend symmetrisch, doch Atem- und Genitalöffnung

stets nur rechts. Eier häufig mit Kalkschale. Frühstadien mit Fußblase (Podocyste), mit der Bodenfeuchtigkeit aufgenommen werden kann.

Einteilung nach den Verhältnissen der Exkretionsorgane (Orthurethra, Mesurethra, Heterurethra, Sigmurethra) nach jüngsten molekularen Daten weitgehend überholt (Aufspaltung der Mesurethra und Sigmurethra), eine umfassende Neufassung steht aber noch aus. Als stabil erweist sich in molekularen Analysen Zweiteilung in einen Zweig Achatinoidea und einen „non-achatinoid" Zweig mit allen übrigen Gruppen.

Achatinoidea. – *Achatina fulica*, Große Achatschnecke (Achatinidae); im tropischen Afrika beheimatet, doch weltweit verschleppt, gefürchteter Schädling in Pflanzungen. – *Rumina decollata*, Stumpfschnecke (Ruminidae); wirft Schalenapex ab und verschließt die Öffnung mit sekundärem Septum, frisst Eier oder andere Stylommatophora; im Mittelmeerraum, sekundär nach Südamerika verschleppt.

Elasmognatha (Heterurethra). – **Succinea putris*, Bernsteinschnecke (Succineidae) (Abb. 498), 22 mm; amphibisch; bei der Paarung fungiert jeweils ein Partner nur als Männchen, der andere nur als Weibchen; Zwischenwirt von *Leucochloridium macrostomum* (Digenea); N- und Mitteleuropa.

Orthuretra. – **Vertigo* spp., Windelschnecken (Vertiginidae), kleine (2–3 mm) Arten mit tonnenförmigen Schalen und bezahnter Mündung, nur 1 Paar Tentakel (Augenstiele); leben in Niedermooren, in Europa durch Biotopzerstörung stark gefährdet (FFH-Arten).

Clausiloidea (bisher Mesurethra). – **Clausiliidae, Schließmundschnecken. Spindelförmige, linksgewundene Schale; Mündung mit komplizierter Armatur und einer Schließplatte (Clausilium); weltweit sehr zahlreiche, bis 30 mm hohe Arten an Felsen, Mauern und Bäumen; sapro- und mykophag.

Acavoidea (bisher Mesurethra). – *Strophocheilus oblongus* (Strophocheilidae), Schale bis über 20 cm, Eier bis 5 cm. Südamerika.

Limacoidea (bisher Sigmurethra). – **Limax maximus*, Großer Schnegel (Limacidae), bis 20 cm, Schalenrest als Kalkplättchen unter dem Mantelschild; Atemöffnung hinter der Mitte des Schildes; blassbraun bis grau mit 1–3 Längsbinden oder Fleckenreihen, manchmal auch schwarz; bei der Kopulation hängen die Partner an einem Schleimfaden und umschlingen sich spiralig; das Genitale kann bis 10 cm, bei verwandten Arten bis 90 cm (!) ausgestreckt werden. S- und W-Europa.

Abb. 498 *Succinea putris*, Bernsteinschnecke (Stylommatophora). Schalenhöhe 2 cm; parasitiert von *Leucochloridium*-Sporocyste (Plathelminthes, Digenea), die in die Fühler eingedrungen ist. Original: K.J. Götting, Gießen.

Abb. 499 *Arion ater,* Große Schwarze Wegschnecke (Stylommatophora), bis 13 cm lang; eine durch die aus Spanien eingeschleppte *Arion vulgaris* (= *A. lusitanicus*) in Deutschland zunehmend verdrängte Art. Original: K.J. Götting, Gießen.

Abb. 500 *Helix pomatia,* Weinbergschnecke (Stylommatophora). Schalenhöhe bis 5 cm. Original: K.J. Götting, Gießen.

in Europa mykovor, sekundär in fast alle Kontinente verschleppt und dort ein Agrarschädling. – *Aegopis verticillus,* (Zonitidae) (Abb. 480). – *Daudebardia rufa,* (Daudebardiidae); 3–4 cm, räuberische Halbnacktschnecke; Nordafrika, Europa, Kleinasien.

Arionoidea (bisher Sigmurethra). – *Arion vulgaris,* (fälschlich oft als *A. lusitanicus* bezeichnet) Spanische Wegschnecke (Arionidae), – *A. ater,* (Abb. 499); bis 15 cm lange Nacktschnecke, deren Schale bis auf Kalkkörner unter dem Mantelschild zurückgebildet ist; Atemöffnung vor der Mitte des Schildes; Farbe variabel: schwarz, rot, orange oder grau. Penis und Penishülle reduziert, Kopulation durch Aneinanderpressen der Genitalatrien; Einwanderer aus der iberischen Halbinsel, heute in ganz Europa weit verbreiteter Gartenschädling.

Helicoidea (bisher Sigmurethra). – *Helicella itala,* Westliche Heideschnecke (Helicellidae,); Schale mit braunen Spiralbändern; an trockenen, grasigen Hängen; Zwischenwirt des Kleinen Leberegels (S. 213); W-Europa. – *Cepaea* spp., Schnirkel- oder Bänderschnecken (Helicidae). Proportionen, Farb- und Bänderungsmuster variabel; ernähren sich von Blättern. Europa. (Abb. 481). – *Helix pomatia,* Weinbergschnecke (Helicidae) (Abb. 500), bis 5 cm hohe, kugelige, gelblich-braune Schale mit bis zu 5 oft verschmolzenen Spiralbändern; kalk- und wärmeliebend, in Gebüschen, Hecken, lichten Wäldern und Weingärten. Kopulation meist mit wechselseitiger Begattung; etwa 50–60 Eier von 5–6 mm Durchmesser, mit Kalkschale, werden in eine selbstgegrabene Erdhöhle gelegt. Während sommerlicher Trockenperioden und im Winter wird die Mündung durch ein Epiphragma verschlossen. Als Delikatesse geschätzt, daher während der Fortpflanzungszeit (31.3. bis 31.7.) unter Schutz gestellt; mit Lizenz außerhalb dieser Zeit gesammelte Tiere müssen mindestens 3 cm Schalen-Durchmesser haben und in Schneckenfarmen gemästet. In den letzten Jahren wurden zur Deckung des Bedarfs zunehmend süd- und südosteuropäische Arten importiert, vor allem die große *H. lucorum.*

8 Cephalopoda (Siphonopoda), Kopffüßer, Trichterfüßer

Den annähernd 800 rezenten Cephalopoden-Species stehen 15 000 fossile Arten gegenüber. Die heutige Biodiversität reflektiert daher das Bild einer relativ kleinen Restgruppe, die zudem nur in der Linie der Coleoida evolutiv erfolgreich aufscheint. Diese sind jedoch besonders hoch organisierte Conchifera, deren Sinnesleistungen die aller anderen wirbel-

losen Tiere übertreffen können. Cephalopoden leben fast ausschließlich marin (nur *Lolliguncula brevis* im Brackwasser). Sie sind vereinzelt aus Tiefen bis zu 8 100 m bekannt (Octopodidae). Neben Kopffüßern, die im Benthal leben, gibt es zahlreiche hoch-pelagische Arten, wobei manche kosmopolitisch vorkommen; viele Arten machen tägliche Vertikalwanderungen oder legen – saisonbedingt – oft weite Laich- und Nahrungswanderungen zurück. Cephalopoden sind überwiegend karnivor.

Bau und Leistung der Organe

Die Cephalopoda sind weitgehend bilateralsymmetrisch gebaut und durch die Betonung der gestreckten dorsoventralen Achse mit einem dadurch ∩-förmigem Darm gekennzeichnet. Der vom Kopf-Fuß (Cephalopodium) abgesetzte, vom Mantel umschlossene dorsale Körperbereich (Eingeweidesack, Visceropallium) ist hierbei funktionell in seiner Achse um fast 90° nach hinten-unten gekippt und horizontal ausgerichtet. Die morphologische Vorderfläche des Visceralsackes wurde daher zur physiologischen Oberseite der Tiere, die hintere Fläche zur Unterseite. Die vom Mantel abgeschiedene, primär gestreckt-konische **Schale** wird in der Ontogenese durch innere Quersepten periodisch abgeteilt, wodurch im Anschluss an den Weichkörper Kammern ausgebildet sind. Die gekammerte Schale (Phragmocon) ist hierbei entweder geradegestreckt (orthocon), nach oben (exogastrisch) oder nach unten (endogastrisch) spiralig eingerollt. Im Gegensatz zu gekammerten Schalen anderer Mollusca bleibt das Hinterende des Eingeweidesackes durch einen rohrartigen Fortsatz (Siphunculus) mit der Embryonalschale in Verbindung, so dass dieser die Kammern durchzieht (s. u.). Dieses für die Cephalopoda charakteristische Merkmal ist rezent jedoch nur bei *Nautilus* und bei *Spirula* erhalten, wobei allein die *Nautilus*-Arten noch eine äußere Schale aufweisen (exogastrisch; Abb. 501, 504). Bei *Spirula* ist die Schale (endogastrisch; Abb. 505F, 512) bereits weitgehend in das Körperinnere verlagert. Die Schale (oder deren Rest) ist bei den Coleoida von einer nach oben/vorne gerichteten Mantelduplikatur überwachsen und dann völlig in den Körper eingebettet, in verschiedenem Grad reduziert oder ganz ver-

Abb. 501 *Nautilus* sp. (Cephalopoda, Nautiloida). Lebendfoto. Original: W. Westheide, Osnabrück.

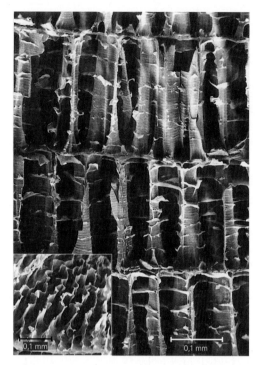

Abb. 502 Schulp von *Sepia officinalis* (Cephalopoda, Coleoida). Querbruch, der den Aufbau des Schulps aus Kammern zeigt, die in horizontalen Etagen (bezogen auf Lebendstellung) angeordnet und durch mäanderförmige Zwischenwände voneinander getrennt sind. Die Kammern werden durch die darunter gelegene Siphuncularmembran mit Flüssigkeit oder Gas gefüllt, deren Verteilung in den Kammern den Tierkörper ausbalanciert und den Auftrieb regelt. Einsatzbild links unten stellt die Aufsicht auf die Kammerwände bei abgehobener Etagendecke dar. Original: K.J. Götting, Gießen.

schwunden (Abb. 503). Bei *Sepia* besteht die von der Duplikatur umgebene Schale (der so genannte S c h u l p) aus zahlreichen, schräg übereinander liegenden, engen Kammern, die nur die Anteile oberhalb des Siphunculus umfassen sowie aus einem Rest des Rostrums (Abb. 502, 503C, 506). Letzteres ist eine (besonders von Fossilien bekannte) beim Überwachsen der Schale von der Mantelduplikatur auf das Schalenende aufgelagerte Kalkabscheidung. Bei den Kalmaren (Loliginida und Oegopsida) ist die Schale bis auf eine conchinös-chitinige, schwertförmige Lamelle, den G l a d i u s,

reduziert (Abb. 503D, E). Bei Octobrachia sind vielfach nur zwei Stützstäbe (Bacula, „Dorsal-Stilette") als Muskelansatzstellen erhalten, oder ein Schalenrest fehlt gänzlich. Weibliche *Argonauta* bilden mit Verbreiterungen der beiden Dorsalarme spiralige, sekundäre Schalenklappen als Brutbehälter aus (Abb. 515A).

Der **Mantel** umgrenzt bei Cephalopoda den Eingeweidesack: Sein Epithel verlängert sich am Hinterende zu einem engen Schlauch, dem Siphunculus (Siphunkel) (s. o.), der die Schalenkammern durchzieht und mit der Embryonalschale verbunden bleibt (Abb. 504). Dieses nur teilweise von Kalk bedeckte Rohr ermöglicht einen direkten Stoff-Austausch mit den von Gas und/oder Flüssigkeit erfüllten Schalenkammern. Durch seine Abscheidungen kann in den Kammern eine Umverteilung von Gas und Flüssigkeit erfolgen, wodurch eine ausbalancierte Schwebvorrichtung erreicht wird. Unter den rezenten Cephalopoden ist diese Auftriebsfunktion für *Nautilus* und *Spirula* charakteristisch, trifft dies aber auch noch für den Schulp der Sepiidae zu. Mit der Rückbildung der Schale wird der Mantel mehrschichtig.

Bei den *Nautilus*-Arten sind die älteren Kammern mit Gas gefüllt, und die Schale dient hier als hydrostatisches Organ: Der schwerere Weichkörper hängt an den gasgefüllten Kammern wie an einer Boje, deren Auftrieb durch Stoff-Austausch aus dem Siphunculus reguliert wird. *Spirula* schwimmt meist kopfabwärts und durch die Kammerfüllungen ist ein Gleichgewicht mit dem umgebenden Wasser gegeben. Bei den *Sepia*-Arten bewirkt das dem Schulp anliegende Epithel des Siphunculus durch Flüssigkeitstransport und Gasabscheidung (90 % N_2) eine mitunter kurzfristige Umverteilung der Kammerinhalte und dient damit ebenfalls der Hydrostatik.

Die dorsoventrale **Muskulatur** verankert bei schalentragenden Arten den Weichkörper in der Wohnkammer und inseriert mit einem kräftigen Muskelpaar im Kopfbereich (*Nautilus*). Bei den Coleoida ist sie proximal noch mit 2–3 paarigen Bündeln vertreten, die in den Fußbereich (Trichter-Retraktoren) und in den Kopfbereich ziehen. Der so genannte „M u s k e l m a n t e l" der Coleoida (ohne *Spirula*) ist eine nach oben/vorne gerichtete Mantelduplikatur und funktionell verschieden differenziert; er weist gegen den Kopf einen Verschluss (Nackenhafte) auf oder geht fließend in diesen über und setzt sich auch in die Fangarme fort. Zur Stabilisierung des Körpers und zum langsamen und ausdauernden Schwimmen dienen laterale, muskulöse S ä u m e (*Sepia*) oder Flossen

Abb. 503 Coleoida. Reduktionsreihe der Schalen. **A** Schale eines Belemniten (fossil) im schematischen Längsschnitt; das Rostrum ist als „Donnerkeil" häufig erhalten. (†-Belemnitida, deren Fangarme mit Haken und daher wohl zur Stammlinie der Coleoida gehörend. Von Trias bis Kreide häufig.) **B, C** Entwicklung zum Schulp der Sepiidae. **B** †*Belosepia* (Eozän). **C** *Sepia*. **D, E** Entwicklung zum Gladius der Loliginidae. **D** †*Conoteuthis* (Kreide). **E** *Loligo*. **F** *Spirula*. Nach Spaeth aus Lehmann und Hillmer (1980); B–F nach Morton und Yonge (1964).

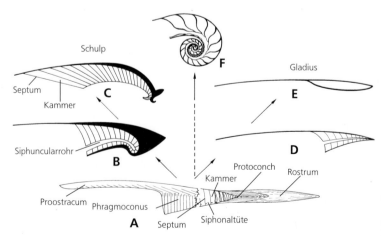

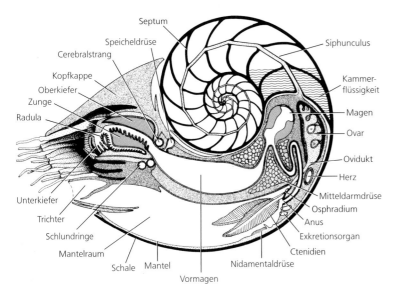

Septum
Speicheldrüse
Cerebralstrang
Kopfkappe
Oberkiefer
Zunge
Radula
Unterkiefer
Trichter
Schlundringe
Mantelraum
Schale   Mantel
Vormagen
Nidamentaldrüse
Ctenidien
Exkretionsorgan
Anus
Osphradium
Mitteldarmdrüse
Herz
Ovidukt
Ovar
Magen
Kammer-
flüssigkeit
Siphunculus

Abb. 504 Nautiloida. Schema der inneren Organisation. Der Mantel bildet eine spiralig gewundene, äußere Schale. Das Tier bewohnt den jüngsten Teil (Wohnkammer), die nicht mehr bewohnten Abschnitte werden durch Septen verschlossen. Der Sipho (Siphunculus) durchzieht die älteren Kammern, gleicht durch wechselnde Abgabe von Gas oder Flüssigkeit den hydrostatischen Druck aus und regelt den Auftrieb. Dadurch wird die Schale zum hydrostatischen Organ. Verändert nach Ward und Greenwald (1980).

(*Loligo*). Bei den guten Schwimmern der Hochsee ist der Muskelmantel ein kräftiges, vielschichtiges Organ. Unter dem einschichtigen Mantelepithel aus Säulen-, Drüsen- und Sinneszellen ist eine mesodermale Cutis ausgebildet mit darunter liegedem Bindegewebe und eingebetteten Muskelfasern. Deren Wechselwirken ermöglicht im Mantelraum hohe Drucke für den Rückstoß (bis zu ca. 50 kPa für 150–200 ms Dauer). In der Cutis sind oft mehrere Schichten von Chromatophor-Organen und darunter liegenden Iridocyten (Flitterzellen) eingelagert. Das Zusammenspiel von Chromatophoren-Ausdehnung und der Reflexion der Iridocyten bewirkt den Farb- und Musterwechsel der subepidermalen Oberfläche.

Jedes Chromatophor-Organ setzt sich aus dem elastischen, pigmenthaltigen Sacculus und radiär daran ansetzenden Muskelfasern zusammen, die das Pigment bei Kontraktion ausbreiten. Das Organ wird zentralnervös gesteuert. Die Iridocyten enthalten Stapel von Guaninplättchen, die das Licht reflektieren. Im Farb- und Musterwechsel drücken sich „Stimmungen" des Tieres aus: Kopulationsbereite Männchen von *Sepia officinalis* zeigen ein Zebramuster aus dunkelpurpurnen und weißen Streifen, das sich beim Anblick von Artgenossen intensiviert.

In die Haut vieler Cephalopoda sind Leuchtorgane von verschiedenem Bau eingelassen, die unterschiedliche Farben aussenden (Wellenlänge meist um 496 nm). Anordnung und Farbe der Leuchtorgane sind artcharakteristisch. Da insbesondere Tiefsee-Arten zahlreiche Leuchtorgane aufweisen, spielen diese wahrscheinlich eine Rolle bei der Geschlechtererkennung und beim Anlocken größerer Beutetiere.

Die einfachsten Leuchtorgane haben die Form offener Taschen, die mit Leuchtbakterien gefüllt sind (Symbiose). Komplexere Leuchtorgane sind geschlossen, zum Körper hin durch einen Reflektor aus Iridocyten abgeschirmt und nach außen mit einer Linse ausgestattet. Bei den Uniductia ist das Innere der am Rektum gelegenen, paarigen Leuchtorgane (Akzessorische Nidamentaldrüsen) mit permanent leuchtenden Bakterien gefüllt. Tiefseeformen (wie *Heteroteuthis*-Arten) produzieren ein durch Bakterien leuchtendes Sekret, das bei Belästigung ausgestoßen wird. Das komplexe Leuchtorgan der Oegopsida enthält hingegen in seinem Zentrum photogene Zellen, in denen das Licht nach dem Luciferin-Luciferase-Prinzip erzeugt wird; Reflektor und Linse erhöhen die Ausbeute an Licht und richten es. Bei

einigen Arten kann die Farbe durch als Filter wirkende Schichten modifiziert werden (*Lycoteuthis diadema*).

Der **Kopfbereich** mit Augen und Tentakel oder Fangarmen um die Mundöffnung ist vom übrigen Körper deutlich abgesetzt und bildet zusammen mit dem Fuß /Trichter eine Funktionseinheit (Cephalopodium) zur Lokomotion und zum Beutefang. Hierbei ist eine hohe Tendenz zur Cerebralisation ausgeprägt (vgl. Arthropoda und Craniota). Bei den *Nautilus*-Arten sind in 2 Kreisen 82–90 Tentakel angeordnet, welche an der Innenfläche Furchen aus körnig-klebrigem Epithel besitzen und in eine scheidenförmige Basis rückziehbar sind (Abb. 504). Die vier oberen Scheiden bilden durch Verbreiterung und Verschmelzung eine Kopfkappe, mit der die Schalenmündung verschlossen werden kann; bei männlichen Tieren dienen vier ventrale, verschmolzene Tentakel (Spadix) des Innenkreises der Spermatophoren-Übertragung (s. u.).

Die Coleoida weisen 10 oder 8 muskulöse, stark differenzierte Fangarme auf, wobei sich der Muskelmantel in die Arme fortsetzt. Die nach allen Richtungen ermöglichte Bewegung erfolgt hierbei durch Verschiebungen des antagonistischen Muskel-Muskel-Systems, was bei Octobrachia auch das Kriechen erlaubt. Vielfach sind die Fangarme untereinander durch eine Schirmhaut verbunden. Die Decabrachia haben 10 Arme, von denen die 2. ventralen besonders lang sind und als Tentakelarme fungieren. Bei Uniductia sind sie teilweise oder ganz in Taschen unter den Augen rückziehbar. Die Octobrachia besitzen 8 Arme, die Vampyromorpha zudem ein Paar fingerförmige Rudimente zwischen den 1. und 2. Dorsalarmen. Bei der Mehrzahl der männlichen Coleoida ist ein Arm (1. Ventralarm, selten mehr) zur Übertragung von Spermatophoren umgestaltet (Hektokotylus; Abb. 509B) Auf der Mundseite der Fangarme inserieren in der Regel Saugnäpfe in 1, 2 oder 4 Reihen, die bei Octobrachia mit breiter Basis dem Arm aufsitzen. Bei den Decabrachia sind sie gestielt und am Rande mit gezähnten Chitinringen bewehrt, die bei einigen zu Greifhaken geworden sind; an den beiden Tentakelarmen sind die Saugnäpfe zumeist auf

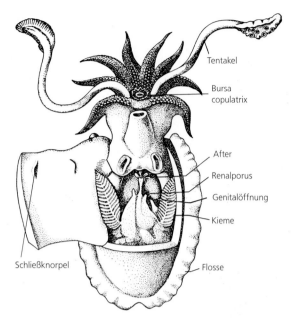

Tentakel

Bursa
copulatrix

After

Renalporus

Genitalöffnung

Kieme

Schließknorpel

Flosse

Abb. 505 Coleoida (*Sepia officinalis*), Weibchen. Von der physiologischen Unterseite, Mantelraum geöffnet. Aus Kilias (1982) in Kaestner.

das distale, keulenförmige Ende beschränkt. Vielfach ist bei Deacabrachia eine 6–10-zipfelige Buccalmembran ausgebildet, die ebenfalls mit kleinen Saugnäpfen versehen ist.

Mit der Differenzierung der Schale zu einem Schweborgan verlor der **Fuß** seine Gleit- oder Kriechfunktion und wurde zu einem Trichter-Rohr (Sipho) umgestaltet; bei *Nautilus* besteht es noch aus zwei ventral nicht verwachsenen Lappen. Eine epitheliale, oft artspezifisch ausgestaltete Schleimdrüse (Trichterorgan) findet sich am hinteren Dach des Rohres (Fußdrüse?). Der Trichter bildet hierbei hinter dem Armkranz eine Verbindung zwischen dem geräumigen Mantelraum und dem Außenmedium, wobei der Vorderabschnitt des kopfwärts gerichteten Trichters nach allen Seiten beweglich ist; nach ventral-hinten umgebogen ermöglicht er so eine schnelle Vorwärtsbewegung und zusammen mit den Armen ein vielseitiges Manövrieren. Eine vom Dach ausgehende Trichterklappe (fehlt bei incirraten Octobrachia) dient als Rückschlagventil gegen ein Einströmen des Wassers in den Trichter von außen. Für die Auspressfunktion des Wassers durch den Trichter ist der Mantelspalt oft durch einen druckknopfartigen Verschlussmechanismus (Trichterhafte, Trichterknorpel) abgedichtet; ein gleichartiger Verschlussapparat ist auch nahe dem vorderen/dorsalen Mantelrand ausgebildet (Nackenhafte, Nackenknorpel), und bei einigen Arten sind seine Ränder sogar verwachsen. Kräftige Kontraktion des Muskelmantels der Decabrachia presst daher Wasser aus dem Mantelraum durch den Trichter und bewegt den Körper mit dem physiologischen Hinterende (Eingeweidesack) voran nach dem Rückstoßprinzip durch das Wasser (Abb. 504, 505, 506).

Bei *Nautilus* bewirkt der durch die Fußlappen erzeugte Rückstoß nur Drucke von ca. 4 kPa; dies führt zu einer wippenden Bewegung mit einer Geschwindigkeit von etwa 0,12–0,2 m s^{-1}. Der Wasserausstoß aus dem Trichter der Coleoida kann hingegen so heftig sein, dass gute Schwimmer wie die

Kalmare (Loliginida, Oegopsida) Geschwindigkeiten von 2 m s^{-1} erreichen, einige Arten können sogar aus dem Wasser heraus- und durch die Luft schnellen („Fliegende" Kalmare, Ommastrephidae, *Onychoteuthis* spp. und *Dosidicus* spp.: 7 m s^{-1}). Dieser extreme Rückstoß-Antrieb ist allerdings energetisch sehr aufwändig und nur für kurze Strecken (Flucht oder Attacke) einsetzbar.

Der geräumige **Mantelraum** ist an die muskulär bedingte Ventilation sowie die Rückstoß-Lokomotion und den entsprechenden Wasserfluss angepasst. Die Ctenidien sind in ihrer Lage abgeändert, stets unbewimpert und haben reine Atemfunktion. Die Kiemenlamellen sind zweifach gefaltet. Die Nautiloida besitzen 2 Paar Ctenidien, die frei in den Mantelraum ragen (Abb. 504); die Coleoida haben 1 Paar (Abb. 505), das durch je ein Aufhängeband (Kiemenmembran) mit eingeschlossenem Branchialganglion an der Wand des Eingeweidesackes befestigt ist. Am hinteren Mantelraum münden Enddarm, Exkretionsorgane und Gonodukte. Die *Nautilus*-Arten weisen auch 1 Paar Osphradien auf; zudem ist bei den Weibchen noch ein paariges, hohes Drüsenepithel ausgebildet, das vermutlich den Schleimkrausen entspricht (vgl. S. 295). Bei den meisten weiblichen Decabrachia ist dieses Epithel zu den sackförmigen, mit Lamellen versehenen Nidamentaldrüsen differenziert. Viele Decabrachia (Uniductia) besitzen darüberhinaus so genannte Akzessorische Nidamentaldrüsen, die offenbar Bakterien-Organe (u. a. für Leuchtbakterien) darstellen.

Das **Nervensystem** (Abb. 438F) ist das leistungsfähigste innerhalb der Mollusca, ja sogar aller Evertebrata. Es zeigt eine Unterteilung in einen zentralen und peripheren Anteil. Nur bei den *Nautilus*–Arten hat das Nervenzentrum des Kopfes noch den Charakter von drei Marksträngen, an deren lateraler Vereinigung jedoch jeweils schon eine Zellkonzentration (Magnocellular-Lobus) vorliegt. Bei den Coleoida sind die Hauptganglien zu einem komplexen „Gehirn" verschmolzen, das in Loben gruppiert ist; es wird zudem von einer knorpeligen Kapsel geschützt (Abb. 506). Da sich die Coleoida nicht in eine schützende Schale zurückziehen können und oft von gutbeweglicher Beute leben, müssen sie schnell reagieren (höchste Entwicklung bei den Octobrachia). Die Gehirn-Loben unterscheiden sich entsprechend ihrer Funktion in der relativen Größe und der internen Struktur. Oft sind die optischen Loben besonders groß und komplex strukturiert. Ausgehend vom Cerebralganglion werden durch Nerven, die das Pedalganglion passieren, über Brachialganglien und Axialstränge die Arme besonders reich versorgt; ihre Brachialganglien arbeiten hierbei relativ autonom. Zu jedem Saugnapf gehört zudem ein eigenes Ganglion. Im peripheren Bereich ist das paarige Stellarganglion als Schaltzentrum für die Mantelmuskulatur besonders wichtig. Die Decabrachia haben ein Riesenfasersystem zur schnellen Erregungsleitung. Es ermöglicht auch die simultanen Kontraktionen des Muskelmantels.

Die Annahme, dass die Fangarme Anteile des Molluskenfußes darstellen, führte zum Namen Cephalopoda = Kopffüßer. Die brachialen Nervenbahnen haben aber großteils ihren Ursprung in den cerebralen Ganglien, und die Fasern durchziehen lediglich die Pedalganglien. Der Fuß ist jedoch zum Trichter umgebildet, so dass die Taxon-

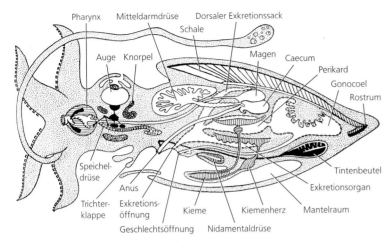

Pharynx   Mitteldarmdrüse   Dorsaler Exkretionssack
Schale
Auge   Knorpel   Magen   Caecum
Perikard
Gonocoel
Rostrum
Speichel-
drüse   Tintenbeutel
Anus   Exkretionsorgan
Trichter-   Exkretions-
klappe   öffnung   Kieme   Kiemenherz   Mantelraum
Geschlechtsöffnung   Nidamentaldrüse

Abb. 506 Coleoida. Schema der Organisation einer weiblichen *Sepia* (*S. officinalis*) im Längsschnitt. Das linke Auge ist um ca. 90° nach oben gedreht; wichtigste Blutbahnen schraffiert, Gonoperikard (Coelom) und Exkretionsorgane mit schematisiertem Wandepithel. Nach Stempell (1929) aus Kilias (1982) in Kaestner.

Bezeichnung Siphonopoda (Trichterfüßer) den Verhältnissen besser entsprechen würde.

Die **Sinnesorgane** sind vor allem bei Coleoidea hoch entwickelt: Bei den benthischen Kopffüßern ist der Tastsinn von Bedeutung; hier liegen in der Haut Mechano- und Chemorezeptorzellen, besonders an den Rändern der Saugnäpfe. Zum Teil sehr komplexe Statocysten sind bei Coleoida in die knorpelige Kopfkapsel eingebettet.Über der Basis der unteren Kiemen von Nautiloida liegen die Osphradien, die den Coleoida fehlen.

Besonders auffällig sind die sehr großen Augen.Während die *Nautilus*-Arten noch einfache Lochkamera-Augen besitzen (Abb. 507A), sind die Linsenaugen der Coleoida neben denen der Craniota die höchstentwickelten im Tierreich; sie können auch beachtliche Größe erreichen (bei Riesenkalmaren bis 40 cm Durchmesser) (Abb. 507B–D). Sie sind als blasige Einstülpungen der Epidermis everse Organe mit der Lichtquelle zugewendeten Retinazellen. Weitere Photorezeptorzellen sind über die ganze Körperoberfläche verteilt.

Bei den Coleoida schließt sich die embryonale Blase zur Augenkammer und im Zentrum der Pupille entsteht eine Linse. Durch eine ringartige Hautfalte wird der Raum vor der Linse zu einer zusätzlichen „vorderen" Augenkammer verengt (*Illex*), bleibt aber offen (oegopsid). Diese vordere Kammer wird durch eine weitere Hautfalte als „Primärlid" entweder bis auf einen Porus (*Loligo*) oder bei dem höchstentwickelten Augentyp vollständig geschlossen (myopsid); sie fungiert als Cornea, welcher zudem eine weitere Hautfalte als „Sekundärlid" vorgelagert sein kann (*Sepia, Octopus*). Hell-Dunkel-Adaptation kann durch Pigmentverschiebung und Verlängerung (im Dunkeln) oder Verkürzung der Rhabdome erfolgen. Die Pupille ist bei pelagischen Arten rund (*Loligo, Argonauta*), bei *Sepia* w-förmig und bei anderen (*Octopus, Ozaena*) rechteckig. Größe und Entfernung der Beute können abgeschätzt werden, Unterscheiden von Form-Einzelheiten ist möglich, und polarisiertes Licht kann verwertet werden. Farbensehen ist nicht gesichert. Bei *Cirrothauma* (Octobrachia) sind die Augen rückgebildet.

Hinsichtlich der Gehirn- und Sinnesleistungen sind besonders die Octobrachia hoch organisiert. So kann *Octopus vulgaris* bis zur Zahl 4 abstrahieren, was dem Leistungsvermögen eines Hundes entspricht. Er lernt auch, Figuren anhand ihrer horizontalen und vertikalen Ausdehnung zu unterscheiden und behält das Gelernte etwa 4 Wochen (Erinnerungsvermögen). Durch Beobachtung von Aufgabenlösungen kann er diese nachmachen und öffnet Drehverschlüsse. Zum Erlangen einer Beute werden, solange Sichtkontakt besteht, auch Umwege einbezogen und Hindernisse (Glasscheiben) umgangen.

Der Darm des **Verdauungstrakts** (Abb. 437F) verläuft ∩-förmig. Die Mundöffnung inmitten der Fangarme führt in den großen Buccalraum (Pharynx), der stark muskulös und beweglich in einem Blutsinus gelagert ist. Hier sind die mit kräftiger Spitze versehenen Kiefer und die Radula ausgebildet. Der als Neubildung anzusehende Unterkiefer übergreift hierbei den Oberkiefer (er ist den Kieferbildungen der weiteren Conchifera homolog) („verkehrter Papageienschnabel"). Die Radula weist bei *Nautilus* 13 Zähne pro Querreihe auf, bei den Coleoida meist 9 oder 7 Zähne; sie ist bei den Spirulidae sowie Cirriteuthidae rückgebildet. In den Pharynx münden verschiedene Drüsen, worunter bei den meisten Coleoida hintere Speicheldrüsen als Giftdrüsen vorliegen. Der ventrale Radulasack (häufig als „Subradularorgan" bezeichnet) dient der Auflösung der abgenutzten Zähne. Es schließt der zweigeteilte Oesophagus an, dessen vorderer Abschnitt mitten durch das Gehirn führt. Der entodermale hintere Abschnitt ist bei Nautilidae und Octobrachia zu einem Kropf (Vormagen) erweitert. Ausgehend vom Stielsack-Magen (vgl. S. 296, 312, 316, 324, 329) erweist sich der

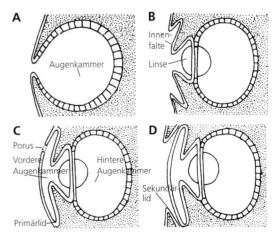

A Augenkammer

B Innenfalte   Linse

C Porus   Vordere Augenkammer   Hintere Augenkammer   Primärlid

D Sekundärlid

Abb. 507 Cephalopoda. Augentypen. **A** Lochkamera-Auge von *Nautilus*. **B** Oegopsides Auge (vordere Augenkammer offen) von *Illex*. **C** Myopsides Auge (vordere Augenkammer bis auf einen Porus oder ganz geschlossen) von *Loligo*. **D** Myopsides Auge mit Sekundärlid von *Sepia* oder *Octopus*. Nach Mangold-Wirz und Fioroni (1970).

Magen der Cephalopoden durch Längsteilung stark abgewandelt. Der vordere/obere Magen ist kutikularisiert und
muskulös mit Kaumagen-Funktion. Der Sortierfeld-Bereich
mit Mündung der Mitteldarmdrüsen ist weitgehend abgetrennt und als Blindsack nach hinten/unten gelagert sowie
(mit Ausnahme bei Kalmaren) spiralig gewunden (Spiral-
Caecum). Die Mitteldarmdrüsen sind in die eigentlichen
Mitteldarmdrüsen („Leber") und in Drüsenanhänge („Pankreas") unterteilt; sie münden nur mit einer Öffnung in das
Caecum. Beide, Magen und Caecum, münden in das Intestinum. Der lange Enddarm der Coleoida weist als Anhang die
Tintendrüse (Tintenbeutel) auf (Abb. 506). Ihr Sekret
(Tinte, Sepia) enthält in einer farblosen Flüssigkeit Melanin-
Grana und wird bei Gefahr über Enddarm und Anus ent-
leert. Bei Nautiloida und bei einigen Tiefsee-Arten fehlt die
Tintendrüse; bei einigen Sepiida (*Sepiolina, Heteroteuthis*)
fungiert der Beutel jedoch nur als Pigmentschild für Leuchtorgane. Der Anus liegt bei *Nautilus* am Ende des Mantelraumes, bei den Coleoida direkt hinter dem Trichter.

Mit der Tintenabgabe wird zugleich die Trichterdrüse
aktiviert, welche verstärkt Schleim sezerniert. Dadurch bildet sich im Wasser ein „Phantom", das den Angreifer ablenkt,
während der Angegriffene das Weite sucht. Bei einigen Arten
enthält das Sekret Stoffe, die den Angreifer vorübergehend
lähmen oder seine chemischen Sinnesorgane blockieren.

Die Cephalopoda sind zumeist Räuber, die ihre Beute mit
den Armen packen und zum Mund führen (ausgenommen
wenige pelagische Oegopsida und abyssale Octobrachia).
Nautilus-Arten leben vor allem von Einsiedlerkrebsen (Paguridae). Die Coleoida können auch schnellbewegliche Beute
(Krebse, kleinere Cephalopoden, Fische) erjagen. Da das hinter dem Buccalapparat ausgeprägte Gehirn von einer Knor-
pelkapsel umgeben ist, müssen die Kiefer und die kleine, aber
sehr leistungsfähige Radula die Nahrungsbrocken in kleinste
Stücke zerlegen, um die enge Oesophagus-Passage durch das
Gehirn zu ermöglichen (Abb. 506).

Der Schlunddurchgang oberhalb der Radula wird durch Laterallappen eingeengt. Diese sind bei den Nautiloida drüsig, bei den Coleoida
mit einer Chitinmembran ausgekleidet, die unregelmäßig mit Zähnchen besetzt ist. *Octopus*-Arten haben zusätzliche Zähnchen unter der
Radula und im hinteren Speicheldrüsengang, mit denen Löcher in
Molluskenschalen gebohrt werden können. Dabei gelangt giftiges
Sekret der hinteren Speicheldrüsen in das Opfer. Die toxische Wirkung entsteht durch die Kombination von Aminen, Enzymen und
dem Cephalotoxin (Glykoproteid), das die Synapsen blockiert.
Das Tetrodotoxin der kleinen (20 cm) Blauringel-Kraken (*Hapalochlaena*-Arten, Australien) ist auch für den Menschen letal.

Viele Kopffüßer können große Beute extraintestinal vorverdauen.
Allgemein beginnt der Verdauungsprozess im Kropf (Vormagen)
sowie Magen und wird im Caecum vollendet. Die Verdauung erfolgt
extrazellulär mit Enzymen der Mitteldarmdrüse, deren beide funktionell verschiedenen Abschnitte, die „Leber" und die „Pankreas"-An-
hänge, aber weder funktionell noch evolutiv etwas mit den entsprechenden Organen der Craniota zu tun haben. In der Mitteldarmdrüse
werden, wie im Caecum und Intestinum, Nährstoffe resorbiert; im
Magensack erfolgt hingegen keine Absorption.

Das **Zirkulationssystem** (Abb. 508) ist das leistungsfähigste
innerhalb der Mollusca und durch Verzweigungen von der
Aorta (Arterien) sowie durch festgelegte Sinus nahezu oder
völlig geschlossen. Hierzu sind die Lumina durch die Basal-

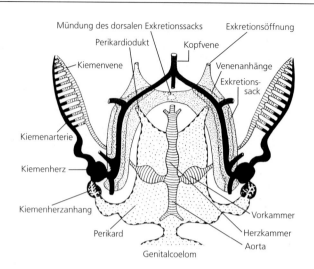

Abb. 508 Coleoida (*Sepia*). Schema der Blut-, Exkretions- und
Atmungsorgane. Von der physiologischen Oberseite gesehen. Coe-
lomräume weit, Exkretionsräume eng punktiert. Nach Stempell aus
Kilias (1982) in Kaestner.

membran der Mesodermzellen begrenzt (Pericyten; vgl. Abb.
269B); doch findet sich bei Coleoida auch eine unvollständige
bis geschlossene Auskleidung durch Endothel-Zellen (echte
Gefäße). Der arterielle Anteil ist sehr einheitlich gebaut, der
venöse variiert in den Gruppen. Die Stoffwechsel-Effizienz
ist bei *Nautilus* durch Verdoppelung der betroffenen Organe
(Ctenidien, Herzatrien, Exkretionsorgane), bei Coleoida
durch die Kiemenherzen erhöht. Entsprechend der Kiemen-
zahl haben die Nautiloida 4, die Coleoida 2 Herz-Atrien.
Von diesen ist der Ventrikel durch Klappen getrennt, die ein
Zurückströmen der Hämolymphe verhindern. Die 3 Haupt-
arterien versorgen den Kopf- und Trichterbereich, den Mantel mit Siphunculus und Darm und schließlich die Gonade.
Das arterielle Herz wird bei Coleoida in seiner Tätigkeit von
den Kiemenherzen an den Kiemenbasen unterstützt.
Herz-Ventrikel und Kiemenherzen weisen quergestreifte
Muskulatur auf. Kontraktile Gefäßabschnitte sind auch in
den Armen sowie im Mantel ausgebildet. Die Hämolymphe
sammelt sich schließlich ventral in der als Vena cava bezeichneten Bahn, die sich vor den Kiemen im Bereich der Exkretionsorgane in ein Paar gelappte Schenkel aufteilt (Venenschenkel) und bei Coleoida jeweils an der Kiemenbasis das
muskulöse Kiemenherz samt Anhang bildet.

Die Hämolymphe enthält Hämocyanin, und wird sowohl in den
Rhogocyten als auch in den Perikardialanhängen gebildet; Kapillaren
brauchen daher keine Minimaldurchmesser zu haben. Die Transport-
kapazität des Hämocyanins für O_2 ist gering: 2 (Vol.-) % bei *Nautilus*,
4,5 % bei *Loligo*. Da das Blut nicht gerinnen kann, werden kleine Verletzungen durch Muskelkontraktionen geschlossen. Anschließend
verstopfen Hämocyten, später Fibrocyten die Wunde.

Das **Exkretionssystem** (Abb. 508) weist einige Besonderheiten
auf, da an der Exkretspeicherung und -abgabe mehrere Organe
beteiligt sind, die damit gleichzeitig die osmotischen Verhältnisse im Körper regulieren. Bei *Nautilus* bilden die vier Venenschenkel Aussackungen, dorsal mit dem Perikard-Epithel
(Ultrafiltration), ventral mit den Exkretionsorganen (Exkret-
speicher). Beide Komplexe stehen jedoch untereinander nicht

in Verbindung, denn die 2 Paar Exkretionsorgane (Emunktorien) münden getrennt an der Basis der Kiemen in den Mantelraum aus, und auch das Perikard führt direkt nach außen.

Bei Coleoida weisen die im Anschluss an die Venenschenkel gebildeten Kiemenherzen spezielle, gefaltete Anhänge auf (so genannte „Perikardialdrüsen", „Perikardialanhänge"), die jeweils mit einem Herzbeutelfortsatz verzahnt sind; hier erfolgt die Ultrafiltration in das Perikard. Die beiden Perikardiodukte (Renoperikardialgänge) leiten das Filtrat zu den entsprechenden, sackartigen Nephridialorganen (Emunktorien); in diese ragen die gelappten Fortsätze der Venenschenkel und bilden eine intensive Verschränkung mi dem Exkretionsepithel (Venenanhänge, „Nierenanhänge"; Abb. 508). Die Emunktorien münden mit je einem Gang (Ureter) neben dem Anus in den Mantelraum aus.

Die Ultrafiltration erfolgt generell durch Podocyten in das Perikard-Lumen. Dieses Ultrafiltrat wird in den anschließenden Exkretionsorganen weiterverarbeitet, wo vor allem Calcium- und Magnesiumphosphat-Konkremente gespeichert werden. Alle Cephalopoda geben Ammoniak direkt ins Wasser ab (ammonotelisch); ihre Körperflüssigkeiten sind annähernd isosmotisch zum Seewasser, enthalten aber im Unterschied zu diesem mehr Ca^{2+} und K^+ und weniger Mg^{2+} und SO_4^{2-}.

Das **Gonoperikard-System** ist morphologisch noch als Einheit erhalten, wenn auch funktionell in Perikard (Herzbeutel) und in den Genitalraum (Gonocoel mit Gonade) unterteilt. Die gono-perikardiale Verbindung bleibt durchwegs offen und ist bei Nautiloida wie Decabrachia durch eine Einschnürung gekennzeichnet. In den Octobrachia ist das Perikardlumen stark eingeschränkt; die Verbindungen zur Gonade, wie auch zu den Kiemenherzen sind gangartig. In *Nautilus* führt das Perikard mit 2 Paar kurzen trichterförmigen Gängen direkt in den Mantelraum bzw. über den jedseitigen Endabschnitt des Exkretionsganges aus. Bei den Coleoida verläuft jedseitig ein bewimperter Perikardiodukt über eine Herzbeutel-Aussackung zum entsprechenden Exkretionsorgan (Renoperikardialgang) und weiter zum Mantelraum.

Im Perikard von *Nautilus* wurden endosymbiontische Bakterien gefunden, die wahrscheinlich eine ähnliche Funktion haben (Ansäuerung) wie die symbiontischen Dicyemida (S. 807) in den Exkretionsorganen der Coleoida.

Die Cephalopoda sind getrenntgeschlechtlich. Oft ist deutlicher Sexualdimorphismus vorhanden, der sich in verschiedener Körpergröße (Zwergmännchen), sowie beim Männchen durch Spezialisierung von Armen zur Begattung (Hektokotylus) ausdrückt. Die Gonade ist verschmolzen-unpaar; das weitere Genitalsystem ist meist asymmetrisch: Die Eileiter (Ovidukte) mit drüsigem Endabschnitt und bei *Nautilus* wie Decabrachia ergänzt durch die Nidamentaldrüsen sind nur bei Octobrachia (ohne Cirroteuthidae), Vampyromorpha und Oegopsida paarig; bei Nautilidae leitet nur der rechte Ovidukt aus, bei Uniductia nur der linke. Der Samenleiter (Vas deferens) ist fast immer nur einseitig vorhanden, bei Nautiloida rechts, bei Coleoida links; stets sind eine Spermatophorendrüse und ein Spermatophorensack ausgebildet. Die Übertragung der Spermatophoren erfolgt immer durch eine Kopula.

Bei Weibchen weist der Gonodukt der Nautilidae keine Besonderheiten auf. Die großen (3 cm), birnförmigen Eier der

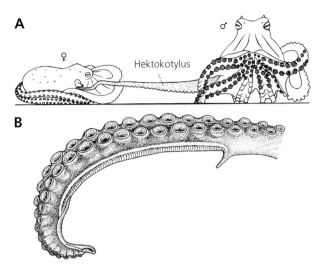

Abb. 509 Octobrachia. **A** Paarung von *Octopus vulgaris*. Hektokotylus des Männchens greift in den Mantelraum des Weibchens und überträgt Spermatophore. **B** *Octopus* sp., Hektokotylus. A Nach Racovitza (1894) aus Meisenheimer (1921); B nach Jatta aus Meisenheimer (1921).

Nautiloida werden nach der Befruchtung einzeln oder zu mehreren am Boden festgeheftet. Bei den Coleoida fungieren taschenartige Erweiterungen des kurzen Oviduktes als Receptacula seminis und der drüsige Endabschnitt des Eileiters ist meist zweiteilig. Er öffnet sich durch einen Spalt in den Mantelraum und über den Trichter nach außen.

Die Männchen der Nautilidae haben einen terminal gelegenen Hoden, der durch Ligamente an den anderen Organen befestigt ist. Er öffnet sich zwar durch Schlitze direkt ins Coelom, doch gelangen die Spermien nicht dorthin, sondern in den anfangs trichterförmigen Samenleiter, der eine Samenblase (Vesicula seminalis) aufweist. Nach Einschluß in Spermatophoren und deren Aufbewahrung in einem dickwandigen Speichersack (Spermatophoren-Tasche) werden sie in den medianen Penis und durch den Trichter aus dem Mantelraum herausbefördert; nach Aufbewahrung in einer durch die Lippenwülste begrenzten drüsigen Vertiefung (Van der Hoevensches Organ) werden sie schließlich durch die zum Spadix verscholzenen Tentakel zum Weibchen übertragen. Bei Coleoida liegen nur relativ geringe Abweichungen vor: Die Spermatophorendrüse des unteren Samenleiters ist dreiteilig und führt in einen drüsigen Blindsack (Akzessorische Drüse, Rangierdrüse, „Prostata"). Über den Spermatophorensack (Needhamsche Tasche) gelangen die Samenpakete in den Mantelraum. Zur Begattung sind meist 1 oder 2 Arme zu je einem Hektokotylus mit teilweise kleineren Saugnäpfen spezialisiert (Abb. 509), oder ein Arm bildet während der Fortpflanzungszeit eine Rinne, in der die Spermatophore bei der Übertragung gleitet. Bei *Chiroteuthis* spp. (Oegopsida) erfolgt direkte Penis-Begattung.

Fortpflanzung und Entwicklung

Über den Einsatz eines spezialisierten Begattungs-Fangarms (Hektokotylus) wurde schon durch Aristoteles (384–322 v. u. Z.) berichtet. Zur Übertragung der Spermatophoren sind hierbei unterschiedliche Positionen möglich: (1) Kopf gegen Kopf; dabei werden die Spermatophoren bei Coleoida mit dem Hektokotylus in die Receptacula seminis des Weibchens übertragen (z. B. *Sepia, Loligo*); (2) Seite an Seite; die Partner schwimmen parallel zueinander, das Männchen umgreift mit einigen Armen den Mantel des Weibchens, holt mit dem Hektokotylus aus seinem Mantelraum einige S p e r - m a t o p h o r e n , führt ihn schnell in den Mantelraum des Weibchens ein und heftet die Spermatophoren dort an (z. B. *Octopus*, Abb. 509); (3) Fernkopulation; der Hektokotylus trennt sich vom (Zwerg-)Männchen ab und schwimmt chemotaktisch selbständig in den Mantelraum des Weibchens (Argonautidae; Abb. 515).

Der dünnere Endabschnitt der Spermatophore enthält einen „ejakulatorischen Apparat", der bei der nun einsetzenden „Spermatophoren-Reaktion" die Spermien aus der Spermatophore herausdrückt. Bei einigen Arten dringen die Spermatophoren in den Ovidukt und sogar ins Ovar vor. Sie werden bei manchen Arten etwa 1 m lang (Spermien 0,5 mm).

Brutpflege ist bei den Cephalopoda selten. Bei den Octobrachia bewacht das Weibchen sein Gelege und versorgt es mit frischem Wasser. Die Lebenserwartung der Coleoida beträgt 1–2 Jahre, selten mehr als 3 Jahre (z. B. *Nautilus*); die meisten Männchen sterben nach der Kopulation, die Weibchen nach der Eiablage (*Octopus vulgaris* nach 3½ Jahren und 6 Wochen Brutzeit). Dieser Tod erfolgt zumindest bei Weibchen von *Octopus* durch physischen Verfall (Nahrungsverweigerung), ausgelöst von der den Gonadenzyklus steuernden Hormondrüse am Lobus opticus des Gehirns (Augendrüse, „Sterbedrüse").

Die Eier werden selten einzeln (z. B. *Nautilus, Sepiola, Vampyroteuthis*), meist hingegen in Paketen, Trauben, Schnüren oder Ballen abgegeben. Zumeist (Nautiloida, Uniductia, Octobrachia) erfolgt hierbei ein Anheften an ein benthisches Substrat; bei den Hochsee-Kalmaren (Oegopsida) hingegen werden die Eier in mitunter unfangreiche (bis über 1 m × Ø 0,2 m) Gallertwülste eingeschlossen, die an der Wasseroberfläche treiben. Nur bei *Ocythoe tuberculata* (Octobrachia) ist Viviparie bekannt.

Die sehr großen und extrem dotterreichen Eier furchen sich p a r t i e l l - d i s k o i d a l (ähnlich Teleostei, Bd. II, S. 281). Die erste, mediane Furche entspricht der prospektiven Mund-After-Achse. Das zentrale Plasma der Furchungszone umschließt seitlich den sich nicht furchenden Dotter. Die 2. Teilung führt zu 4 Blastomeren, die paarweise verschieden groß sind. Im 16-Zellstadium sondern sich Mikro- und Makromeren. Die Keimscheibe mit dem Embryo umwächst die Dottermasse weiter; diese wird schließlich in einen kleinen inneren und (oft) einen viel größeren äußeren D o t t e r s a c k eingeschlossen, die durch einen Gang verbunden sind (Abb. 510). In der Folge hebt sich der Embryo immer stärker entlang der morphologischen Dorsoventral-Achse vom sich verkleinernden Dottersack ab, fast kreisförmig begrenzt durch die Anlagen der Fangarme. Hierbei ist darauf hinzuweisen, dass auch bei *Nautilus* zunächst nur ca. 10 primäre Armanlagen formiert werden und sich die hohe Zahl erst anschließend entwickelt (daher möglicherweise eine Autapomorphie der Nautilidae).

Die epitheliale Auskleidung des inneren Dottersackes (transitorisches Dotter-Entoderm) vermittelt den Übertritt der Nährstoffe in das Blastoderm, später übernimmt ein eigener, transitorischer D o t t e r k r e i s - l a u f (ohne Verbindung zum Verdauungstrakt) den Transport der Nährstoffe. Entlang der animal-vegetativen Achse werden die zentral gelegene Schalendrüse, die Augen-, Ganglien-, Trichter- und Anus-Anlagen differenziert (Abb. 510F–G). Die Augen gelangen an die Sei-

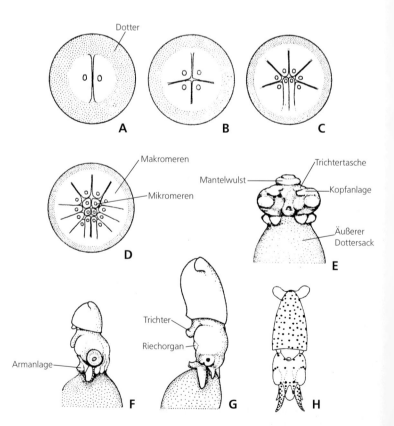

Abb. 510 Cephalopoda (*Loligo vulgaris*). Frühe Ontogenese durch diskoidale Furchung und Bildung der Körpergrundgestalt. **A** 2-Zell-Stadium. **B** 4-Zell-Stadium. **C** 8-Zell-Stadium. **D** 16-Zell-Stadium (Mikromerenbildung). **E** Beginnendes Abheben des Embryos vom äußeren Dottersack (Mundseite). **F–G** Weitere Differenzierungsschritte, von rechts gesehen. **H** Schlüpfzustand. Nach Fioroni und Meister (1974).

tenwand, Anus und Trichter an die Hinterfläche. Die auf dem Dotter verbleibende periorale Region bildet u. a. die Arme. Der Mantelwulst schiebt sich als Duplikatur über den Körper, hinten entsteht dadurch der Mantelraum.

Der Dottergehalt der Eier bestimmt die 2 Haupttypen der Entwicklung: (1) Aus großen dotterreichen Eiern entsteht ein benthisch lebendes Jugendstadium (z. B. *Nautilus, Sepia, Octopus*) mit einem „Schlüpfkleid", in dem die Chromatophoren artcharakteristisch angeordnet sind. Das Schlüpfen wird bei Coleoida durch ein Schlüpforgan (Schlüpfdrüse, Hoylesches Organ) erleichtert, dessen Sekrete die Eihüllen lokal auflösen. (2) Aus kleineren Eiern geht ein planktisches Stadium hervor (z. B. *Loligo, Argonauta, Octopus*). Bei Octobrachia sorgen chitinöse, epidermale Borstenbündel (Köllikersche Büschel) (s. S. 362) für eine erhöhte Reibung in der Wassersäule und erleichtern somit das Schweben.

Abgesehen von den transitorischen Bildungen zur Schlüpfzeit treten bei einigen Hochsee-Arten (Oegopsida) mit dotterarmen Eiern Entwicklungsstadien auf, die durch ihr abweichendes Aussehen L a r v e n darstellen, z. B. die Doratopsis-Larve von *Chiroteuthis veranyi* mit schmalem Schalen-Rostrum und vorgezogener Ausprägung der beiden Ventralarme, die Rhynchoteuthion-Larve von Ommastrephidae mit einem rüsselartigen Rohr und zu terminalen Saugnäpfen verwachsenen Tentakelarmen.

Systematik

Die ältesten fossilen Cephalopoden aus dem Oberen Kambrium (†*Plectronoceras*, †Ellesmerocerida) hatten eine gekammerte, gerade Schale. Die weitere Entwicklung zeigte eine Variation in verschiedene Linien, die früher irreführend unter den *Nautiloida s.l.* einbezogen wurden. Besser grenzt man sie als (1) Stammgruppe †***Orthoceratoida*** ab (†Ellesmerocerida, †Orthocerida, †Oncocerida, †Discosorida, †Endoceratida, †Actinoceratida). Nach derzeitiger Kenntnis folgte eine Aufspaltung in wahrscheinlich drei Hauptlinien: (2) ausgehend von den †Ellesmerocerida über die †Oncocerida oder †Orthocerida zu den eigentlichen **Nautiloida;** (3) ausgehend von den †Orthocerida über die †Bactritida zu den †**Ammonoida** einerseits und (4) über die †Bactritida und †Belemnitida zu den **Coleoida** andererseits. Damit wird gegenüber den Nautiloida ein Schwestergruppen-Verhältnis von †Ammonoida und Coleoida angenommen, das durch Befunde an Radula und Fangarmen gestützt wird (Taxon Angusteradulata). Im späten Paläozoikum und im Mesozoikum wurden die Nautiloida weitgehend von den A m m o n i t e n verdrängt (Schalen-Durchmesser bis über 1,8 m) (Abb. 511), die eine Fülle von Formen hervorbrachten. Hierbei bildete sich um den Siphunculus eine teilweise verkalkende Hülle, die Siphonaltüte, und die Kammerwände wurden dünner (weniger Gewicht); möglicherweise wurden die Wände daher aus Gründen der Stabilität komplexer gefaltet, wobei sich ihr Ansatz an der Schalenwand als Lobenlinie abzeichnete. Die Ammoniten starben in der Oberen Kreide aus. Die seit dem Lias nachgewiesenen Belemniten überlebten noch für einige Zeit. Sie besaßen eine geradegestreckte (orthocone) Schale (Abb. 503), deren unbewohnte Kammern am Hinterende (Phragmoconus) vermittels des Siphunculus als Schwebvorrichtung dienten; das anschließende Rostrum

Abb. 511 †*Stephanoceras* sp. (Ammonoida). Braunjura, Ipf bei Bopfingen. Durchmesser: 10 cm. Lebendstellung wie *Nautilus*. Die Ammoniten waren marine Cephalopoden mit Schalendurchmessern von bis zu 1,8 m. Ab Devon; in der Kreidezeit (vor ca. 70 Mill. Jahren) ausgestorben. Diese häufig zu findenden Schalen sind Leitfossilien, auf denen die erdgeschichtliche Gliederung der Jura- und z. T. Kreidezeit beruht. Weichteile sind weitgehend unbekannt. Neben den Formen mit in einer Ebene aufgerollter Schale gab es sog. heteromorphe Formen, die „entrollt" sind und eine teilweise oder vollständig gestreckte Schale besaßen. Original: H. Lumpe, Staatl. Museum für Naturkunde, Stuttgart.

(im Volksmund „Donnerkeil") diente der Balance. Schalen fossiler Nautiloida gleichen denen rezenter *Nautilus* so sehr, dass für die Weichkörper entsprechende Übereinstimmungen angenommen werden können.

8.1 Nautiloida (Tetrabranchiata), Perlbootartige

Äußere, stets gekammerte, spiralig-exogastrische Schale. Offene Blasenaugen, Trichter-Ränder ventral nicht verwachsen.Seit dem Oberen Silur. Rezent nur 1 Familien-Taxon und 1 Gattung.

Nautilus spp., Perlboote (Nautilidae; Abb. 501); Schale bis zu 27 cm Durchmesser, durch einfache Wände gekammert. Kopf mit Lochkamera-Augen und etwa 90, in 2 Kränzen geordneten Tentakeln mit Cirren, die in Scheiden zurückgezogen werden können; dorsal eine Kopfkappe aus vier verschmolzenen Scheiden, mit der die Schalenmündung verschlossen werden kann. Je 2 Paar Ctenidien, Osphradien, Atrien und Exkretionsorgane, aber nur 1 Paar verschmolzener Gonaden; nur rechter Gonodukt (Eileiter, Samenleiter). Nachtaktiv in Tiefen zwischen 50–650 m, ernähren sich von Crustaceen, deren Exuvien und auch von Aas. 5 Arten im Indopazifik. (Manche Autoren trennen eine zweite Gattung *Allonautilus* ab.)

8.2 Coleoida (Dibranchiata),
Tintenfische, Tintenschnecken

Schale ins Körperinnere verlagert, selten vollständig erhalten und spiralig gewunden (*Spirula*) (Abb. 512), meist reduziert. Hochentwickelte Linsenaugen. Die 8 oder 8 + 2 Arme mit Saugnäpfen oder Fanghaken bewehrt; 2 Ctenidien, 2 Atrien; 1 Paar Kiemenherzen. Zirkulationssystem nahezu geschlossen und teils mit Endothel. Samenleiter meist nur links. Die Reduktion der Schale erlaubt die Ausbildung eines meist kräftigen Muskelmantels; da die Trichterlappen zu einem Rohr verwachsen sind, können die Coleoida durch das Zusammenwirken von Muskelmantel und Trichter effektiv schwimmen. Haut mit Chromatophororganen, Iridocyten und oft Leuchtorganen. Hoch entwickeltes Nervensystem ermöglicht schnelle Reaktionen.

8.2.1 Decabrachia (Decapoda),
Zehnarmige Tintenfische/Tintenschnecken

Mit 5 Armpaaren, davon das vierte zum Beutefang stark verlängert (Tentakelarme). Saugnäpfe gestielt und mit gezähntem Ring. Nervensystem mit Riesenfasern; Exkretionsorgane verschmolzen. Die interne Systematik ist aufgrund der neuesten molekularen Daten stark in Bewegung geraten, die Neufassung aber noch nicht abgeschlossen. Die ältere Gruppierung der Kalmare in myopside und oegopside Formen ist jedoch nicht mehr aufrecht zu erhalten.

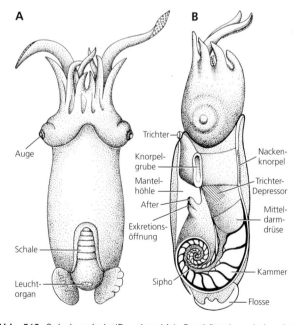

Abb. 512 *Spirula spirula* (Decabrachia), Posthörnchen. Lebendstellung Kopf unten. **A** Weibchen von oben, etwa 5 cm lang. **B** Schema der Organisation. Lebt in Schwärmen im Mesopelagial des tropischen Atlantik und Indopazifik, Lebenserwartung 1–1,5 Jahre. **A** Nach Chun (1915) aus Nesis (1987); **B** nach verschiedenen Autoren kombiniert aus Götting (1974), verändert.

8.2.1.1 Uniductia. Rechter Ovidukt reduziert; Weibchen mit akzessorischen Nidamentaldrüsen; Tentakelarme in Taschen rückziehbar.

8.2.1.1.1 Spirulida. Gekammerte Schale, endogastrisch.

*Spirula spirula, Posthörnchen (Spirulidae) (Abb. 512), 6 cm; Schale bis 35 mm Durchmesser im hinteren Teil des Körpers und nur die Mitteldarmdrüsen einfassend; Fangarme mit 4 Reihen kleiner Saugnäpfe; Radula rückgebildet; hinten ein gelbgrünes Leuchtorgan. Mesopelagisch, in tropischen und subtropischen Meeren auch vor SW-Spanien, oft in größeren Schwärmen.

8.2.1.1.2 Myopsida (s.l.). Vordere Augenkammern fast oder ganz durch eine Cornea geschlossen; mit Muskelmantel; Saugnäpfe mit Ringmuskel; verschmolzenes Exkretionsorgan mit dorsaler Sackbildung.

Sepiida. **Sepia officinalis*, Gemeine Tintenschnecke (Sepiidae), bis 65 cm lang, davon entfallen 30 cm auf die Fangarme; undulierender Flossensaum, Schale zum kalkigen Schulp reduziert; Arme mit 4 Reihen von Saugnäpfen (Abb. 505); Oberseite graubraun, je nach Stimmungslage schnell veränderlich. Lauert oberflächlich in Sand eingegraben vor allem auf Krebse, die mit den Kiefern aufgebissen werden; bei Belästigung (Fische, Vögel, Meeressäuger) stößt sie den Inhalt ihres großen Tintenbeutels aus. Die Partner leben oft längere Zeit zusammen; das Weibchen setzt im Frühjahr etwa 550 Eier in einer traubigen Laichmasse ab; weit verbreitet in O-Atlantik, Mittelmeer und Nordsee; als Nahrung vom Menschen geschätzt. – *Sepiolina* spp. und *Heteroteuthis* spp. (Sepiolidae). In tieferen Wasserschichten mit Tintenbeutel als Pigmentschild für Organe mit Leuchtbakterien.

Loliginida (Myopsida s.str.) Küsten-Kalmare. **Loligo forbesi*, Nordischer Kalmar (Loliginidae) (Abb. 513). 45–95 cm lang (mit Fangarmen bis 1,5 m); Schale zum elastischen, federförmigen Gladius reduziert (Abb. 503E); Körper pfriemförmig mit großen, dreieckigen, endständigen Flossen; guter Schwimmer der Hochsee; jagt in Schwärmen mit koordinierten Bewegungen Fische; Mittelmeer und O-Atlantik, dringt im Spätsommer und Herbst in Nord- und westliche Ostsee ein. Als Nahrung vom Menschen geschätzt. – **L. vulgaris*, Gemeiner Kalmar. Ohne Fangarme 30–55 cm lang. Mittelmeer, NO-Afrika bis Nordsee; auf Fischmärkten. – *Lollinguncula brevis*, bis 12 cm. W-Atlantik, auch im Brackwasser.

8.2.1.2 Oegopsida, Hochsee-Kalmare. Vordere Augenkammer weit offen; oft mit Leuchtorganen. Schalenrest als dünner Gladius erhalten; Stellarganglien durch Kommissur verbunden.

Architeuthis princeps, Riesenkalmar (Architeuthidae); Körper bis 7 m, mit Tentakeln bis etwa 18 m lang, Gewicht bis knapp 1 t und damit größtes wirbelloses Tier; schlank mit endständigen Flossen; Arme mit 2, Endkeule der Tentakel mit 4 Reihen von Saugnäpfen; im N-Atlantik in größeren Tiefen; Reste wurden mehrfach in Mägen von Pottwalen

Abb. 513 *Loligo* sp. (Decabrachia). Lebendfoto eines schwimmenden Tieres. Original: K.J. Götting, Gießen.

gefunden, auf deren Haut sich manchmal die Narben der Saugnäpfe finden. – *Todarodes sagittatus*, Pfeilkalmar (Ommastrephidae); bis 1,5 m groß, Flossen zu einer rhombischen Platte verwachsen, Tentakelarme kurz und zu ¾ der Länge mit Saugnäpfen; Oberseite violett bis hellbraun, mit umrandeten Punkten. Hochseeform mit Rhynchoteuthis-Larve. O-Atlantik und Mittelmeer; auf Fischmärkten. – *Onychoteuthis banksii*, Krallenkalmar, Hakenkalmar (Onychoteuthidae), bis über 40 cm; Saugnäpfe der Tentakelarme zu Haken umgewandelt, Oberseite mit durchscheinendem Gladius (mit kurzem Rostrum) als mediane Linie. Hochseeform, kosmopolitisch. – *Chiroteuthis veranyi* (Chiroteuthidae), mit Armen bis 30 cm, semitransparent, mit bis über 1 m langen Tentakelarmen mit Kleborganen; Saugnäpfe in Rückbildung. Leimrutenfänger von Plankton; Tiefenform des Mittelmeeres und Atlantiks, mit Leuchtorgan. – *Lycoteuthis diadema*, Wunderlampe (Lycoteuthidae), 8 cm Rumpflänge; bisher nur Weibchen bekannt; mit 22 Leuchtorganen in 10 Typen. In südlichen Meeren bis zu 3 000 m Tiefe.

8.2.2 Octopodiformes

Körper gedrungen-sackförmig, zweites Paar der 10 Fangarme abgewandelt oder rückgebildet, Arme durch Velarhäute verbunden; ohne Buccalmembran; Statocysten zweikammrig; Buccalganglien verschmolzen; Nidamentaldrüsen rückgebildet.

8.2.2.1 Vampyromorpha

Mantel weit offen; ohne Schließapparat; 8 Fangarme mit je einem retraktilen Filament (rückgebildeter Arm) zwischen 1. uns 2. Paar, Velarhaut zwischen den Armen deutlich abgesetzt; Saugnäpfe in 1 Reihe ohne Verstärkungsringe; Gladius breit-löffelartig, durchsichtig; Tintenbeutel rückgebildet.

Vampyroteuthis infernalis (Vampyroteuthidae). Bis 25 cm; schwarz, 1 Paar Schwimmflossen, 8 Fangarme durch Velarhäute verbunden mit leuchtenden Spitzen sowie Saugnäpfen in 1 Reihe und mit paarigen Zirren; 2 Arme als lange Taster mit Cilien spezialisiert; ohne Hektokotylus; die dotterarmen Eier werden einzeln abgegeben und schweben im Wasser; mit zwei Paar hoch entwickelter Leuchtorgane und verstreut-zahlreichen Einzelorganen. Bathypelagisch in tropischen und subtropischen Meeren.

Abb. 514 *Eledone* sp. (Octobrachia). Paarung. Original: P. Emschermann, Freiburg.

8.2.2.2 Octobrachia (Octopoda), Kraken

Körper gedrungen-sackförmig, mit oder ohne Flossen; nur 8 Fangarme mit meist 2 Reihen von Saugnäpfen, die ungestielt und nicht durch Ringe verstärkt sind; daneben teilweise Cirren. Integument des Kopfes setzt sich in die Velarhäute fort. Tintenbeutel in die Mitteldarmdrüse eingebettet. Ohne Leuchtorgane.

Incirrata: Ohne Flossen und Trichterklappe; teils benthisch, teils als Hochseeformen mit durch Einlagerung von Ammonium gallertigem

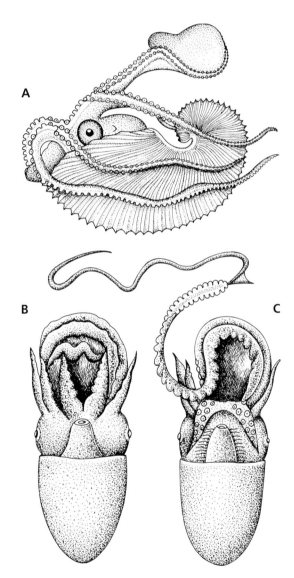

Abb. 515 *Argonauta argo* (Octobrachia), Papierboot. **A** Weibchen von links, bis 45 cm lang, in seiner Sekundärschale. Diese einkammerige Schale wird von den lappenartig verbreiterten Enden des 1. Armpaares sezerniert und geformt. Das Weibchen sitzt in der Kammer, die von den übrigen Armen von innen gehalten wird, während die Endlappen der Vorderarme die Schale von außen bedecken. Innerhalb der Schale entwickeln sich auch die Eier bis zum Ausschlüpfen der Larven. B, **C** Männchen von unten, etwa 2 cm lang, mit eingerolltem (**B**) bzw. ausgestrecktem 3. linken Arm (**C**), der hektokotylisiert ist; er trennt sich bei der Kopulation von seinem Träger und dringt in die Mantelhöhle des Weibchens ein, wobei er die einzige gebildete Spermatophore überträgt. A Nach Voss und Williamson (1972); B nach Naef (1927); C nach Sowerby in Reeve (1861); alle verändert aus Nesis (1987).

Körper. – *Octopus vulgaris*, Gemeiner Krake (Octopodidae); in der Nordsee bis 1 m, im Mittelmeer bis 3 m (Abb. 509A). Fangarme mit zwei Reihen von Saugnäpfen.. Bevorzugt felsigen Grund, wo er in Höhlen oder innerhalb selbstgebauter Steinwälle lebt; ernährt sich vorwiegend von Muscheln und Krebsen; vom Menschen als Nahrung geschätzt; höchstentwickeltes Nervensystem der Evertebraten. Vorwiegend im oberen Felslitoral, kosmopolitisch. – *Eledone* (syn. *Ozaena*) *cirrhosa*, Zirrenkrake, bis 40 cm. Fangarme mit einer Reihe von Saugnäpfen, Visceralkörper mit peripherem Mantelwulst, Hektokotylus distal mit Querleisten und seitlichen Zirren. Auf Schlammböden und Geröll, NO-Atlantik und Mittelmeer bis Adria. – *Hapalochlaena* spp. Blauringelkraken (Octopodidae). Mehrere 10–20 cm große Arten mit extrem giftigem Sekret, auch für den Menschen lebensgefährlich; an australischen Küsten. – *Argonauta argo* Papierboot (Argonautidae) (Abb. 515). Weibchen leben in einer bis 20 cm langen Sekundärschale, die von den oberen Armen gebildet wird und auch als Eibehälter dient; mit Zwerg-Männchen, bis 1 cm lang. Warme Meere, kosmopolitisch. – *Ocythoë tuberculata*, Weibchen mit Armen bis 80 cm, vivipar. Zwergmännchen mit Armen bis 12 cm; Hektokotylus mit ca. 100 Saugnäpfen; leben in Salpen-Tonnen. Hochsee im Atlantik und Mittelmeer. Die Hektokotyli der Argonautidae lösen sich bei der Copula ab und dringen selbständig zum Mantelraum des Weibchens vor; sie wurden ursprünglich als dort parasitierende Würmer beschrieben: von 1825 bei *Argonauta* als „*Trichocephalus acetabularis*" (Nematoda) und 1829 bei dem „*Poulpe granuleux*" = *Ocythoë tuberculata* als „*Hectocotylus octopodis*" (Trematoda). Der aufklärende, wahre Sachverhalt erfolgte dann 1853; die Bezeichnung Hektokotylus („Hundert-Saugnapf") für einen Begattungs-Fangarm blieb jedoch erhalten.

Cirrata (Cirroctopoda): Fast durchwegs die Tiefsee bewohnende Formen mit Flossen, ohne Tintenbeutel, Radula rudimentär; pelagisch bis bodenpelagisch. – *Cirrothauma murrayi* (Cirroteuthidae); bis 20 cm. Velarhäute bis zu den Fangarm-Spitzen, Augen rückgebildet. Pelagisch in 2 000–3 000 m Tiefe, Nordatlantik.

Annelida, Ringelwürmer

Nichtzoologen, die unbestimmt von „Würmern" sprechen, haben zumeist jene lang gestreckten, sich schlängelnden und windenden Tiere vor Augen, deren Vorbilder am ehesten unter den Anneliden als Regenwürmer im Erdboden oder als Wattwürmer am Meer zu finden sind. Neben marinen und terrestrischen Lebensräumen besiedeln Anneliden auch alle limnischen Bereiche. An ihrer marinen Herkunft besteht aber kein Zweifel, und im Meer liegt auch heute noch ihr Verbreitungsschwerpunkt. Ihr Lebenszyklus ist primär zweiphasisch; viele marine Arten besitzen eine Trochophora-Larve.

Das charakteristische Merkmal des Annelidenkörpers ist seine Unterteilung in primär gleichwertige, sich wiederholende (homonome) Abschnitte, den S e g m e n t e n oder M e t a m e r e n. Sie bilden sich in einer Wachstumszone am Hinterende vor dem After in Richtung von hinten nach vorn. Äußerlich werden sie deutlich durch (1) Segmentgrenzen, die durch lokale Veränderungen im Hautmuskelschlauch entstehen, und (2) durch paarige seitliche Segmentanhänge (Parapodien) mit cuticularen chitinigen Borsten. Zur inneren Organisation eines Segments gehören (1) ein Paar ventraler Ganglien mit Kommissuren, Konnektiven und Seitennerven, deren Gesamtheit ein Strickleiternervensystem bilden, (2) ein Paar Coelomsäckchen und (3) ein Paar Nephridien. Zahl, Form und Anordnung der Borsten waren die Grundlage für die traditionelle systematische Aufteilung der Anneliden in Polychaeta (Borstenwürmer, mit borstenreichen zweiästigen Parapodien) und Clitellata aus Oligochaeta (Wenigborster, mit nur einfachen Borsten) und die generell borstenlosen Hirudinea (Egel). Diese Systematisierung hat heute nur noch eingeschränkte phylogenetische Bedeutung, die populären Namen werden jedoch weiterhin zur generellen Differenzierung innerhalb der Gruppe verwendet.

Schon früh hatte man die Segmentierung von Körper und Nervensystem bei den Arthropoda (S. 477) mit der sehr ähnlichen Annelidenmetamerie in Übereinstimmung gebracht und beide Gruppen als **Articulata** zusammengefasst (G. Cuvier, 1817). Nun erfordern die Ergebnisse molekularer Verwandtschaftsforschung, diese vertraute und über lange Jahre als besonders gesichert angesehene Gruppierung im zoologischen System aufzugeben. Keine der zahlreichen Gen- und Genomuntersuchungen der letzten Jahre ließ eine nähere Verwandtschaft zueinander und schon gar kein Schwestergruppenverhältnis der beiden Taxa erkennen. Vielmehr erscheinen nach diesen Ergebnissen die Arthropoda als nächstverwandt mit Cycloneuralia, was zur Errichtung eines neuen Großtaxons aus Nematoda, Nematomorpha, Priapulida, Kinorhyncha, Loricifera und Panarthropoda führte. Diese neue Einheit wurde Ecdysozoa genannt in Hinblick auf die generelle Körperbedeckung ihrer Vertreter mit einer zu häutenden Cuticula (siehe auch, S. 423). Die Anneliden behalten ihren – nun allerdings von den Arthropoden weit ent-

fernten – Platz im System zusammen mit den Mollusken und anderen Spiraliern innerhalb der Trochozoa bzw. Schizocoelia (Abb. 276). Mit der Akzeptanz der Ecdysozoa-Hypothese können Parapodien und Arthropodenextremitäten (Arthropodien) (S. 476) nicht mehr homologisiert werden. Hiergegen spricht auch die unterschiedliche Expression des Segmentpolaritätsgens *engrailed* bei Anneliden und Arthropoden: Die Parapodien entwickeln sich an einem Segment, die Arthropodien, dagegen, gehen aus der hinteren Zellreihe eines Parasegments und Zellen des nachfolgenden Segments hervor (Abb. 655). Andere entwicklungsbiologische Untersuchungen, z. B. an den pair-rule Genen, bestätigen diese Befunde. Auch die zumindest theoretische Möglichkeit, die Segmentierung der beiden Taxa als sehr altes homologes Merkmal zu betrachten, erscheint damit extrem unrealistisch. So ist die Segmentierung bei Anneliden und Panarthropoden sehr wahrscheinlich konvergent entstanden, und das Segment der Anneliden lässt sich damit als eindeutige Autapomorphie für ein monophyletisches Taxon Annelida werten.

Die überwiegende Zahl der Anneliden ist von mäßiger Größe – um wenige Zentimeter lang. Die größten Arten sind ein Polychaet mit über 3 m Länge und über 1 000 Segmenten (*Eunice aphroditois*) (vgl. Abb. 517) sowie einige in tropischen Böden lebende Oligochaeten, z. B. *Megascolides australis* mit 2,1 m und bis zu 450 g Gewicht, *Tonoscolex birmanicus* mit über 3 m Länge. Zahlreiche Arten gehören zur permanenten Meiofauna und haben eine Länge von unter 2 mm, z. B. einige *Nerillidium*-Arten mit einer Länge von nur etwa 300 µm. Die kleinsten Anneliden sind die Zwergmännchen von *Neotenotrocha sterreri* (Dorvilleidae) (140 µm) und *Dinophilus gyrociliatus* (Dinophilidae) (50 µm; nur ca. 330 Zellen! Abb. 544A).

Ihre große Artenzahl – etwa 16 500 – und häufig hohe Individuendichten (z. B. mehrere hunderttausend Enchytraeiden unter 1 m² Waldboden) machen die Anneliden ebenso zu einer bedeutenden Tiergruppe wie ihr charakteristischer Bauplan, der Ausgangspunkt für eine vielfältige adaptive Radiation war. Charakteristisch ist auch ihr breites Spektrum an Lebensräumen, Reproduktionsweisen und Nahrungsnischen, vor allem im marinen Bereich. Sie selbst bilden die Nahrung für viele Meeresbewohner – vor allem Knochenfische –, und einige ihrer terrestrischen Vertreter sind die unverzichtbare Nahrung für eine große Zahl von Wirbel- oder Schädeltieren. Die meisten Arten sind Feinpartikelfresser oder leben räuberisch. Es gibt unter den Anneliden eine Reihe von obligatorischen Kommensalen, Endoparasiten sowie zahlreiche Ectoparasiten. Das stammesgeschichtliches Alter der Anneliden muss hoch sein; tatsächlich kennt man typische errante Polychaeten-Fossilien (z. B. †*Canadia spinosa*) schon aus den kambrischen Schiefern von Burgess (ca. 500 Mill. Jahre) (Abb. 107); Scolecodonten aus dem Ordovizium und Silur sind häufige fossile Kieferelemente von Eunicida, Glyceridae und Goniadidae.

Wilfried Westheide und Günter Purschke, Osnabrück

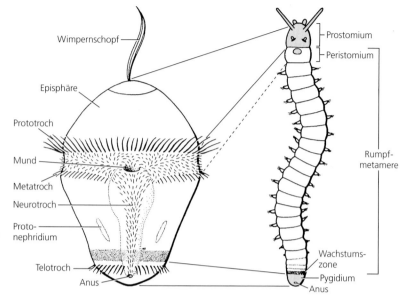

Abb. 516 Annelidenorganisation: Trochophora und Adultus. Herkunft von Prostomium, Peristomium und Pygidium. Teloblastische Bildung der Metamere aus der Sprossungszone vor dem Pygidium. Verändert nach Nielsen (2001) und Ruppert, Fox und Barnes (2004).

Bau und Leistung der Organe

Die Grundstruktur des Annelidenkörpers ergibt sich aus der teloblastischen Bildung der ursprünglich gleichförmigen Segmente (Metamere) zwischen einem Vorderende, dem Prostomium, und einem Körperhinterende, dem Pygidium. Die Segmente werden – mit Ausnahme der ersten larvalen Abschnitte – nacheinander in der praeanalen Sprossungszone (Wachstumszone) vor dem Pygidium gebildet (Abb. 516).

Taxonspezifisch schwankt die Zahl der Segmente um einen bestimmten Wert, oder sie ist konstant, z. B. bei *Nerilla antennata* (9) (Nerillidae) und *Maldane sarsi* (19) (Maldanidae) sowie unter den Clitellata bei den Branchiobdellida (15), Acanthobdellida (30) und Hirudinida (33).

Jedes Segment besitzt primär je 1 Paar lateraler, zweiteiliger, beweglicher Anhänge (Parapodien) – Ausstülpungen der Körperwand, in die sich die Leibeshöhle ausdehnt, in die Muskeln hineinziehen und in denen Borsten befestigt sind (Abb. 518, 520).

Das Prostomium entsteht aus dem frontalen Abschnitt (Episphäre) der Trochophora-Larve. Es ist mit Licht-, Mechano- und Chemorezeptororganen ausgerüstet. Besonders auffällig sind seine beweglichen Palpen und Antennen mit einzelnen oder in Gruppen stehenden Sinneszellen (Grundmuster der Annelida).

Vor allem die generell paarigen Palpen sind in Form, Anheftung und Funktion sehr variable und häufig auffallende Annelidenstrukturen. Man unterscheidet Sinnespalpen (meist kürzere Anhänge mit ausschließlich sensorischer Aufgabe und ventraler Anheftung am Prostomium) (Abb. 519, 530) von Ernährungspalpen (*grooved palps*) (häufig längere, teilweise verzweigte Anhänge mit vorwiegend dorsolateraler Position am oder nahe dem Peristomium), die eine bewimperte Rinne zur mikrophagen Nahrungsaufnahme besitzen (Abb. 521), aber auch sensorisch sind. Beide Palpentypen gelten auf Grund ihrer übereinstimmenden Innervierung als homolog. Viele der besonders auffallenden Kopf-

strukturen sedentärer Anneliden, z. B. die Buccaltentakel der Alvinellidae und Pectinariidae (Abb. 573, 574) sowie die Tentakel- oder Kiemenkronen der Sabellidae und Serpulidae (Abb. 563) gehen aus Palpenanlagen hervor.

Abb. 517 *Eunice sebastiani* (Eunicidae). Gezeitenzone von Südbrasilien. Länge: ca. 2 m, ca. 450 Segmente, Körperbreite ca. 2 cm. Original: W. Westheide, Osnabrück.

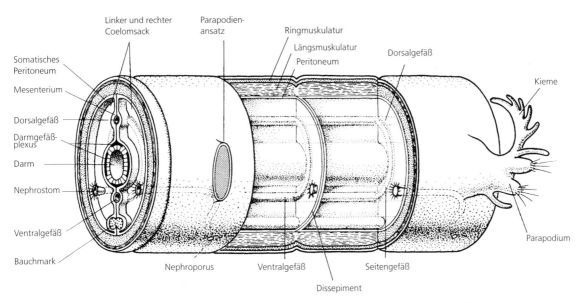

Abb. 518 Schema der Annelidensegmente. Mittlerer Bereich seitlich aufgeschnitten und hier die Nephridialkanäle entfernt. Nach verschiedenen Autoren.

Das Gehirn (Oberschlundganglion) wird ursprünglich vom Prostomium umschlossen, wandert aber in der Entwicklung vor allem bei den Clitellaten in eine nachfolgende Region (Abb. 528). Das Prostomium selbst erfährt vielfache Reduktionen und ist häufig in adulten Tieren kaum noch zu erkennen.

Das nachfolgende Peristomium bildet sich aus einem vorwiegend ventrolateralen Bereich der Larve hinter dem Prototroch, der die Mundöffnung umfasst (Abb. 516). Es ist im Adultus mehr oder weniger deutlich und enthält hier ventral das Stomodaeum. Seitlich besitzt das Peristomium der Errantia ein oder mehrere Paare von Anhängen (Peristomial- oder Tentakelcirren) (Abb. 519, 559); sie fehlen häufig sekundär bei vielen anderen Anneliden, z.B. immer bei den Clitellaten (Abb. 589, 591).

Früher wurde das Peristomium zumeist als eigener praesegmentaler Abschnitt des Annelidenkörpers gedeutet. Tatsächlich trägt es aber in wenigen Taxa (z.B. Nerillidae, Capitellidae) noch Parapodien mit Borsten und kann dieselben entwicklungsgeschichtlichen Potenzen (z.B. zur Verdopplung von Anhängen) besitzen wie nachfolgende Segmente. Eindeutig zeigen Zellstammbaum-Untersuchungen bei *Platynereis dumerilii*, dass es sich beim Peristomium um ein modifiziertes erstes Segment handelt. Auch das zugehörige Bauchganglienpaar dieses Segments kann zumeist – nach hinten verschoben – nachgewiesen werden.

Nachfolgende Segmente können mit diesem ersten Segment verschmelzen (Cephalisation). Auch dann wird diese Region als „Peristomium" bezeichnet. Zum Beispiel schließt sich das erste Borstentragende Segment bei den Nereididen während der Juvenilentwicklung dem Peristomium an (Abb. 280), verliert seine Borsten und bildet seine Parapodien zu 2 Paar Cirren um. Von den insgesamt 4 Paar Cirren des so genannten *Nereis*-Peristomiums stammen also die beiden vorderen vom eigentlichen Peristomium, die hinteren 2 Paare dagegen von einem umgewandelten Borstensegment (Abb. 218, 519) und entsprechen daher umgewandelten Parapodien.

Das Pygidium geht aus dem hinteren Bereich der Larve hervor. Im Grundmuster ist es ebenfalls mit Anhängen

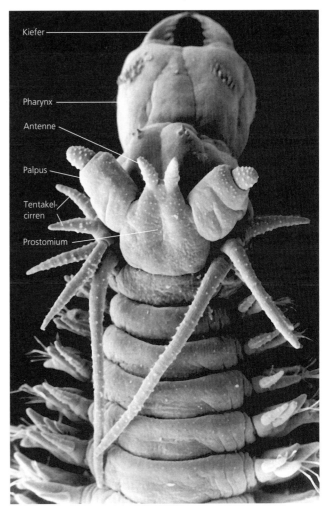

Abb. 519 *Nereis diversicolor* (Nereididae). Vorderende dorsal mit ausgestülptem Pharynx und Kiefer (s. a. Abb. 538C). REM. Original: G. Purschke, Osnabrück.

(Analcirren) versehen, auf denen sich zahlreiche Rezeptorzellen befinden (Abb. 540, 544B).

Diese klare Gliederung des Annelidenkörpers in Kopfregion (Prostomium und Peristomium), gegliederter Rumpf (gleichartige Segmente) und Hinterende (Pygidium) wird bei stark abgeleiteten Taxa verwischt: Bei vielen Polychaeten gestalten sich einzelne Abschnitte des Rumpfes völlig unterschiedlich und bilden ausgeprägte Tagmata (Abb. 520B, 538A, 540A, 552A); bei den Hirudinea (S. 409) lassen sich ein Prostomium und ein Pygidium nicht mehr vom Rumpf abgrenzen. Bei den Sipunculida (S. 378) und den Echiurida (S. 398) ist die Segmentierung vollständig verloren gegangen.

Vor allem in den sedentären Familien-Taxa gibt es zahlreiche Arten, die sich in selbstgebauten **Röhren** schützen. Alle festen Röhren enthalten Proteinfibrillen, z. T. in einer Matrix aus phosphorylierten Kohlenhydraten; einige sind durch Kalk (vorwiegend Aragonit) verfestigt. Sehr häufig werden Fremdmaterialien – Sand, Schill, Kotpartikel, Schlick – mit eingebaut oder durch Zement in kunstvoller, für die einzelnen Taxa charakeristischer Weise verklebt (Abb. 564, 574). Die Sekrete stammen vor allem aus Drüsenkomplexen der Ventralseite vorderer Segmente. Unterschiedliche lappen- oder lippenförmige Bildungen am Vorderende übernehmen die Ausführung der Röhrenwand. Röhren können vergänglich sein und regelmäßig oder nach Zerstörung neugebaut werden; nur relativ wenige sessile Arten sind nicht in der Lage, eine zweite Röhre zu konstruieren (z. B. einige Serpulidae). Einige Arten schleppen sie wie Köcher mit sich herum (z. B. *Hyalinoecia tubicola* (Onuphidae), *Pectinaria koreni* (Pectinariidae) (Abb. 574)). An den Ort gebunden sind Terebellidae und Sabellidae, deren Röhren tief senkrecht im Substrat stehen, oder Serpulidae und Spirorbidae, die sehr feste Röhren an Hartsubstrate kleben. Sabellariidae (Abb. 564) bilden Riffe aus großen Blöcken Tausender Individuen, die mit ihren Sandröhren verkittet sind ("Sandkorallen"). Die Röhren der ebenfalls ortsgebundenen Siboglinidae (Abb. 566) bestehen aus β-Chitin und sklerotisierten Proteinen.

Anneliden sind weichhäutige Tiere. Ihre **Epidermis** enthält zahlreiche Drüsen, die z. B. Schleime zum Schutz des Körpers und zur Unterstützung der Fortbewegung sowie Sekrete zum Bau von Röhren (s. u.), zur Auskleidung von Wohngängen und zum Schutz von Eigelegen oder Leuchtsekrete abscheiden. Außen besitzt die Epidermis eine Cuticula, die einen elastischen Mantel um den Körper bildet und nur bei den Hirudineen gelegentlich gehäutet wird. Sie enthält zumeist kreuzweise angeordnete Lagen paralleler Kollagenfasern in einer feinfibrillären Matrix (Abb. 183, 184).

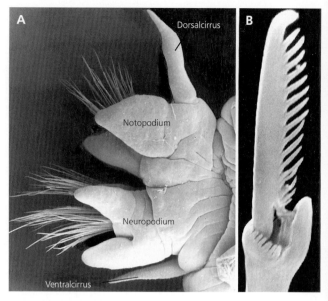

Abb. 520 *Nereis diversicolor* (Nereididae). REM. **A** Birames Parapodium. **B** Zusammengesetzte, heterogomphe Borste. Originale: G. Purschke, Osnabrück.

Verzweigte Mikrovilli der Epidermiszellen mit peripher angelagerter Glykokalyx ragen zumeist nach außen über die Epicuticula hinaus – wahrscheinlich sind sie bevorzugte Orte für die Aufnahme gelöster organischer Substanzen bei den im Meer lebenden Arten. Epicuticuläre Fortsätze sind aus Mikrovilli entstanden; sie bilden z. B. eine dichte Schicht über der Epicuticula von Oligochaeten (Abb. 184B). Häufig treten in bestimmten Bereichen epidermale Kinocilien auf. Sie dienen bei Larven und kleinen Arten der Fortbewegung; bei strudelnden Organismen stehen sie im Dienst der Nahrungsaufnahme, oder sie erzeugen einen Atemwasserstrom über der Körperoberfläche. Da Gase leicht durch die Cuticula diffundieren können, sind spezielle Kiemen nur bei größeren Arten in Form von bewimperten Filamenten, Lappen oder Büscheln meist an Parapodien ausgebildet (Abb. 518, 562A, 564A, 573, 575); auch die Tentakelapparate ("Kiemenkronen") mancher Polychaeten (s. u.) haben Respirationsfunktion (Abb. 563A). In diesen Regionen ist die Cuticula besonders dünn. Generell ist sie für viele gelöste Stoffe sehr viel durchlässiger als die der Nematoden und Arthropoden.

Die Tentakelapparate mit ihren häufig kranzförmig angeordneten Tentakeln – zumeist Palpen homolog (s. o.) – führen zu verfeinerten Mechanismen der Aufnahme von Detritus und Kleinorganismen. Sie filtrieren und strudeln sie

Abb. 521 Ernährungspalpen bei Sedentaria, Spionidae. **A** Querschnitt durch Palpus mit dicht bewimperter Nahrungsrinne (*Prionospio fallax*). Maßstab: 30 µm. **B** Habitus von *Pygospio elegans*. Maßstab: 500 µm. A Aus Worsaae (1999); B Original: G. Purschke, Osnabrück.

aus dem freien Wasser heran. Der Transport geschieht erfolgreich meist aus jeder Richtung, so dass tentakeltragende Formen häufig eine fast radiär erscheinende Symmetrie aufweisen. Derartige Tentakel sind unvereinbar mit schneller kriechender oder schwimmender Fortbewegung; sie bedürfen auch eines besonderen Schutzes. Die meisten Tentakelträger halten sich daher in selbstgebauten mehr oder weniger festen Röhren (s. o.) auf.

Epidermale Abscheidungen sind auch die für Anneliden so charakteristischen B o r s t e n (Abb. 520, 522). Sie sind segmental angeordnet und stehen in tiefen Epidermistaschen (Borstenfollikeln) (Abb. 523A, 540B, C); sie können durch Muskelantagonisten an ihrer Basis bewegt werden und haben vielfältige Aufgaben bei der Fortbewegung, beim Verankern im Substrat, als Schutzstrukturen oder bei der Fortpflanzung. Jeweils eine Borstenbildungszelle (C h a e t o b l a s t) differenziert auf kreisförmiger Fläche eine verschiedene größere Zahl paralleler Mikrovilli; um sie herum kommt es zur Abscheidung von chinongegerbten Proteinen, anorganischen Komponenten und Chitin; letzteres polymerisiert zu feinen β-Chitin-Fibrillen. Die Borste setzt sich somit aus feinen parallelen Röhren zusammen und sieht auf Querschnitten siebförmig aus (Abb. 523). Die zumeist in den distalen Abschnitten charakterisierten Borstenstrukturen differenzieren sich durch entsprechend unterschiedliche Ausbildung und Aktivitäten der Mikrovilli. Einige Familien-Taxa der Phyllodo-

cida besitzen Borsten mit einer großen zentralen, durch Querwände gekammerten Röhre über einem besonders dicken Mikrovillus. Häufig ist das Röhrenbündel außen von einem dichten Cortex umgeben.

Zahl und Form der Borsten sind artspezifisch sehr konstant. Da sie bei den Polychaeten darüberhinaus zwischen den Arten mehr oder weniger deutliche Unterschiede zeigen, gehören sie in dieser Gruppe zu den taxonomisch wichtigsten Merkmalen. Von den sog. einfachen Borsten (Kapillaren, Stifte, Haken etc.) unterscheidet man zusammengesetzte, bei denen eine lokale Verdünnung eine Art Gelenk für einen beweglichen distalen Teil bildet (Abb. 520B, 522C, F, K). U n c i n i sind kurze, hakenförmige, meist in Querreihen angeordnete Borsten, die z. B. Terebellida und Sabellida – einschließlich der Siboglinidae (Pogonophora) – charakterisieren (Abb. 568, 575A); mit diesen Haken können sich diese Röhrenbewohner effektiv in ihren Röhren festhalten. Paleen nennt man breite, flache, häufig metallisch schimmernde Borsten; bei Pectinariidae bilden sie Verschlussstrukturen für die Röhrenöffnung (Abb. 574).

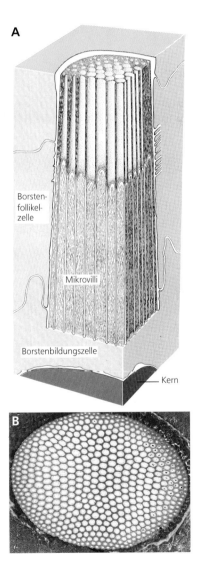

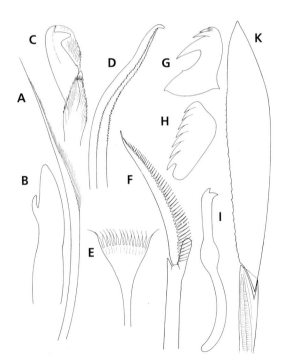

Abb. 522 Borstentypen bei Annelida. **A** Haarborste von *Synelmis albini* (Hesionidae). **B** Hakenborste aus dem 5. Borstensegment von *Polydora ciliata* (Spionidae). **C** Zusammengesetzte Borste von *Eunice* sp. (Eunicidae). **D** Penialborste von *Stuhlmannia variabilis* (Eudrilidae). **F** Zusammengesetzte Borste von *Pisione galapagoensis* (Pisionidae). **G** Thorax-Uncinus (Hakenborste) von *Lanice conchilega* (Terebellidae). **H** Thorax-Uncinus von *Hydroides norvegica* (Serpulidae). **I** Sigmoide Borste von *Aktedrilus monospermathecus* (Naididae). **K** Epitoke Schwimmborste von *Ceratonereis monronis* (Nereididae). Nach verschiedenen Autoren.

Abb. 523 Borstenstruktur der Annelida. **A** Blockdiagramm eines aufgeschnittenen Borstenfollikels. Unterschiedliche Strukturen einer Borste kommen durch wechselnde Aktivitäten der Mikrovilli des Chaetoblasten zustande. **B** TEM-Querschnittsbild einer Borste (*Pisione remota*). A Verändert nach Bouligand (1967) und anderen Autoren; B Original: W. Westheide, Osnabrück.

Obwohl namengebend (gr. *chaet-* = langes Haar, Borste oder gr. *acanth-* = Dorn, Borste) für einzelne traditionelle Subtaxa („Polychaeta", „Oligochaeta", Acanthobdellida) sind Borsten-Strukturen nicht auf die Annelida beschränkt. Man findet sie bei Plathelminthen (Abb. 309), Cephalopoden (Kölliker'sche Büschel, S. 353) und – in besonders ähnlicher Ultrastruktur – bei Brachiopoda (Mantelrandstacheln, S. 247). Möglicherweise repräsentieren sie ein sehr altes, plesiomorphes Merkmal, das in das Grundmuster nur der Annelida übernommen wurde.

Ob die Borsten vielleicht aus Schutz- und Abwehrstrukturen epibenthischer Vorfahren der Anneliden hervorgegangen sind, lässt sich bisher nicht belegen. In den meisten Anneliden-Taxa – und entsprechend kann man dies auch für das Grundmuster annehmen – sind die **Parapodien** zweiästig (biram) mit einem dorsolateralen (Notopodium) und einem ventrolateralen Ast (Neuropodium). In einer Reihe von Familientaxa werden beide Äste durch kräftige, nicht aus ihren Follikeln heraustretende Borsten gestützt, die man A c i c u l a e nennt (Abb. 540B, C). Noto- und Neuropodien können sich mehr oder weniger stark in ihrer Differenzierung, Beborstung und in ihren Anhangsstrukturen (Lappen, Kiemen, Cirren) unterscheiden und haben daher große taxonomische Bedeutung. Parapodien und Borsten sind Zeugnisse einer außerordentlichen adaptativen Radiation, die zu den unterschiedlichsten Lauf-, Schwimm-, Grab- und Festhalteorganen und damit zu einer hohen Diversität innerhalb der Anneliden führte.

Vielfach unabhängig wurden sowohl Parapodien als auch Borsten teilweise oder vollständig reduziert. So besitzen innerhalb der Clitellaten die „Oligochaeta" primär nur noch je 1 Paar dorsolateraler und ventrolateraler Bündel einfacher Borsten in den Körperflanken, in denen man reduzierte Noto- und Neuropodien vermuten kann (Abb. 535B). Bei den Hirudinea (Ausnahme: *Acanthobdella peledina*, Abb. 599) und Sipunculida sind auch sie verloren gegangen.

Es gibt eine Reihe weiterer Annelidentaxa mit fehlenden Parapodialästen und wenigen Borsten (z. B. Capitellidae). Selten fehlen auch letztere vollständig (z. B. *Dinophilus gyrociliatus*, Abb. 544A; *Histriobdella homari*, Abb. 557A; *Protodrilus*-Arten, Abb. 561D); dies wird teilweise als progenetisches Merkmal gedeutet.

Unter der Epidermis liegt ein **Hautmuskelschlauch** aus meist dünnen äußeren Ring- und kräftigen inneren Längsmuskeln (Abb. 524), dazwischen können noch diagonale Fasern verlaufen (Hirudinea, Abb. 592). Dazu kommen u. a. Parapodialmuskeln, Borstentraktoren, von ventromedian zu den Körperflanken ziehende Schrägmuskeln (Abb. 531) (nur bei Polychaeten), Dissepimentmuskeln und Dorsoventralmuskeln.

Struktur und Anordnung der Muskelfasern sind unterschiedlich und bestimmen das anatomische Bild und die Bewegungsmöglichkeiten

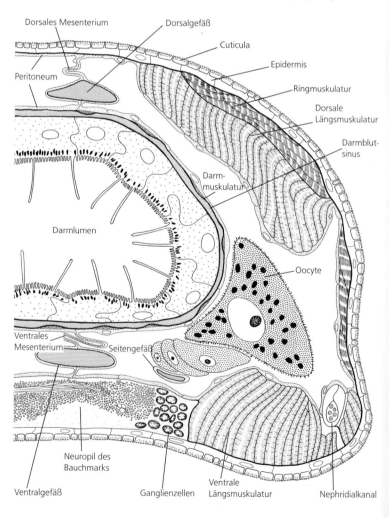

Abb. 524 Innere Organisation der Annelida. Leicht schematisierter Querschnitt durch den Rumpf einer lang gestreckten, kriechenden Art der Phyllodocida. Dicke, schwarze Linien = extrazelluläre Matrix. Original: W. Westheide, Osnabrück.

der einzelnen Taxa. Nur bei den Clitellaten, nicht bei den meisten Polychaeten, gibt es einen typischen Hautmuskelschlauch. Zum Beispiel besitzen die kriechenden und schwimmenden Nereididae nur wenige dünne Ringmuskelfasern; die Längsmuskulatur besteht dagegen aus je 2 mächtigen dorsalen und ventralen Bündeln (Abb. 531), die die Undulationen des Rumpfes bewirken (Abb. 558). In den röhrenbewohnenden und stark kontraktionsfähigen Serpulidae und Sabellidae dominieren die 4 Längsmuskelbündel derart, dass bei einzelnen Arten nur noch ein enger Raum für Darmkanal, Bauchmark und Blutgefäße verbleibt. In den grabenden Arenicolidae sind die Längsmuskelbündel dorsal und ventral in zahlreiche das Coelom fast gleichmäßig umgebende Einzelbündel aufgelöst (Abb. 575A). Eine Reihe von Polychaeten-Taxa besitzt keine typische Ringmuskulatur; es sind dies vor allem epibenthische Formen ohne peristaltische Anteile am Bewegungsmuster.

Erforderliche Kräfte zur antagonistischen Dehnung von Ring- und Längsmuskelfasern werden durch Flüssigkeitspolster der Coelomräume (s. u.) übertragen, die als Widerlager dienen und zusammen mit den gekreuzten Kollagenfasern der Cuticula als hydrostatisches Skelett fungieren.

Die einkernigen Muskelzellen gehören überwiegend zum Typ der schräggestreiften Muskulatur, die charakteristisch für Organismen mit Hydroskelett ist (s. a. Nematoda, S. 428). In ihnen sind die Z-Elemente stabförmig und die dadurch schmalen, bandförmigen Sarkomere in einer Richtung schräg zur Längsachse des Myofilamentverlaufs versetzt (Abb. 525). Dies ermöglicht bei Kontraktion eine effektive Arbeitsleistung auch noch über große Längenbereiche hinweg und eine besonders starke Verkürzung der Zellen, wie sie bei peristaltischen Bewegungen erforderlich ist.

Isolierte Längsmuskeln von *Lumbricus terrestris* kontrahieren sich auf 25 % ihrer Ausgangslänge; dies entspricht der Verkürzung eines Segments bei der peristaltischen Vorwärtsbewegung (S. 408). Quergestreifte Muskeln kontrahieren dagegen nur auf 70 %!

Innerhalb der Anneliden treten verschiedene Typen schräggestreifter Muskelzellen auf. Besonders lange, röhrenförmige circomyarische Zellen mit zentralem, myofilamentfreiem Sarkoplasma (Abb. 525A) sind ein autapomorphes Merkmal der Hirudinea (S. 409).

Den **Nervensystemen** aller Annelida liegt das Strickleitermuster zugrunde (Abb. 526, 528): (1) Paarige Oberschlundganglien (Gehirn), (2) Schlundkonnektive, (3) ventrale, primär getrennte Nervenstränge mit segmentalen Kommissuren und Ganglien, und (4) Seitennervenpaare, die in jedem Segment zur Körperperipherie ziehen (Abb. 531). Letztere enthalten sensorische und motorische Axone. Ein stomatogastrisches System versorgt den Darmkanal. – Neben den paarigen ventralen Hauptnervensträngen gibt es bei allen Taxa dünnere Längsnervenstränge, die median, lateral oder dorsal verlaufen.

Das Gehirn liegt primär im Prostomium; Verkleinerung bzw. Verlust des Prostomiums bei den Clitellata und wenigen anderen Taxa erfordert eine teilweise oder vollständige Verlagerung des Gehirns in nachfolgende Segmente (Abb. 528C). Es zeigt bei einigen erranten Anneliden eine hohe Komplexität durch den Besitz hoch entwickelter Assoziationszentren, z. B. die Pilzkörper (Corpora pedunculata) (Abb. 530); den Sedentaria fehlen derartige Zentren.

Die paarigen Pilzkörper, deren genaue Funktion man nicht kennt, sind Neuropile mit Kappen aus globulären Neuronen-Zellkörpern. Sie enthalten vorwiegend Projektionen aus den Sinnespalpen. Da man sie außer in Anneliden auch in Onychophoren, Cheliceraten, Myriapoden und Insekten findet, diskutierte man sie als morphologische Synapomorphie der Articulaten. Im Lichte des Ecdysozoa-Konzepts deutet man sie jetzt eher als plesiomorphe Strukturen basaler Protostomia.

Die Schlundkonnektive sind im Grundmuster der Anneliden wahrscheinlich 2 parallel laufende ringförmige Wurzeln, die mit je 2 Kommissuren das Gehirn durchziehen (Abb. 528). Bei den meisten Arten liegen vordere (dorsale) und hintere (ventrale) Wurzeln noch deutlich getrennt und sind typischerweise nur im hinteren Bereich verschmolzen. Bei wenigen Arten und generell bei den Clitellata ist

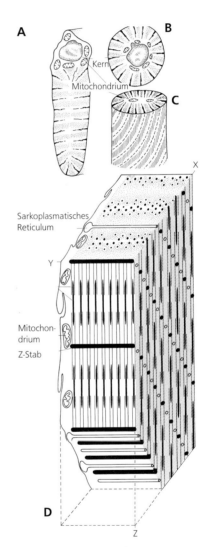

Abb. 525 Schräggestreifte Muskulatur der Annelida. **A** Querschnitt durch eine typische, abgeflacht circomyarische Muskelzelle. Die blattförmigen Sarkomere laufen spiralig um die Zelle; Kern und Mitochondrien befinden sich in einer Sarcoplasmakuppe. **B, C** Querschnitt und räumliche Darstellung der typischen runden circomyarischen Muskelzelle eines Egels (Hirudinea). Kern und Mitochondrien liegen im Zentrum der Zelle. **D** Blockausschnitt einer Muskelzelle. In der xy-Ebene sind dicke und dünne Filamente quergeschnitten. Die yz-Ebene zeigt 2 übereinander liegende Sarcomere; sie verläuft senkrecht zu den Z-Stäben und den Kanälen des sarcoplasmatischen Reticulums. Winkel der Schrägstreifung übertrieben dargestellt. A–C Nach Lanzavecchia und Camatini (1979); D nach Mill und Knapp (1970).

Abb. 526 Strickleiternervensystem eines Anneliden, *Ophryotrocha* ▶ *gracilis* (Eunicida, Dorvilleidae). Vorder- und Hinterende. Invertierte immunhistochemische Darstellung der Fasern mit Anti-acetyliertem-α-Tubulin. Original: M.C.M. Müller, Osnabrück.

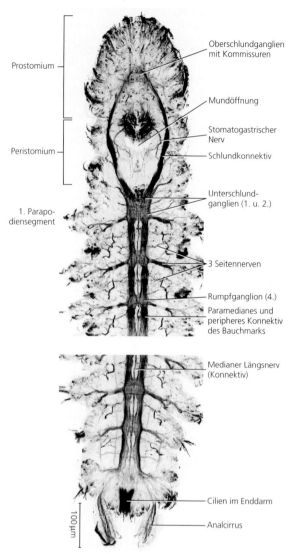

die Verschmelzung zu einem einheitlichen Ring vollständig. Von den Schlundkonnektiven und ihren cerebralen Kommissuren aus werden bei Polychaeten die Prostomialanhänge in einem bestimmten Muster innerviert, was ihre Homologisierung als Antennen oder Palpen ermöglicht. So ziehen in einen Palpus 2 oder mehrere Nerven, die jeweils von beiden Wurzeln oder ihren Kommissuren ausgehen (Abb. 530).

Das ventrale Nervensystem zeigt innerhalb der Anneliden alle Übergänge einer noch basiepithelialen oder intraepidermalen Lage (bei den meisten Errantia, Abb. 524) zu einer subepidermalen Position (besonders deutlich bei allen Clitellaten, Abb. 262, 592). Im Grundmuster laufen 5 etwa gleich große Konnektive deutlich getrennt voneinander durch die Segmente. Durch Verlust des medianen Konnektivs und/oder Verschmelzung der Konnektive entstehen unterschiedliche Muster: So sind bei Oligochaeten alle Konnektive zu einem einzigen umfangreichen Bauchmark verschmolzen (Abb. 262, 528C); während bei Hirudineen das mediane Konnektiv deutlich getrennt von den seitlichen Strängen ist.

Segmentale Ganglien sind fast immer erkennbar. Sie sind besonders ausgeprägt bei den Hirudineen (Abb. 592). Bei Oligochaeten (Abb. 528C, 589B) liegen die beiden Ganglien eines Segments eng nebeneinander, und die Kommissuren sind hier stark verkürzt, so dass ein typisches Strickleiterbild nicht mehr vorhanden ist. Ringförmige Seitennerven sind in unterschiedlicher Zahl bei den einzelnen Taxa vorhanden – meist 3–5 Paar in jedem Segment (Abb. 526).

Ganglien der ersten Metamere sind häufig zu einem umfangreichen Unterschlundganglion vereinigt (einige Polychaeten, alle Clitellaten) (Abb. 527C). Bei den Hirudinea verschmelzen auch die Ganglien im Bereich des hinteren Saugnapfes (Abb. 591B). Besonders extrem ist die Verschmelzung aller Ganglien zu einer einheitlichen Masse bei den Myzostomida (Abb. 556D).

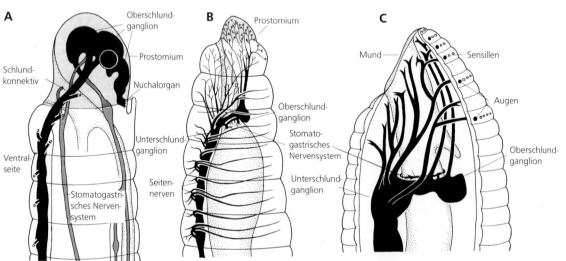

Abb. 527 Nervensytem im Vorderende verschiedener Anneliden. Seitenansichten. Region des Prostomiums gerastert. **A** *Eunice* sp. (Eunicidae). Oberschlundganglion im Prostomium. Vordere Region mit Assoziationszentren, Palpennerven und stomatogastrischen Nerven; mittlere Region mit Augennerven, Antennennerven und Abgängen der Schlundkonnektive zur Bauchganglienkette; hintere Region mit Nerven zu den Nuchalorganen. **B** *Lumbricus* sp. (Clitellata, Lumbricidae). Oberschlundganglion im 2. Borstensegment. **C** *Haemopis sanguisuga* (Clitellata, Hirudinea). Oberschlundganglion noch weiter nach hinten verlagert; Unterschlundganglion besteht aus den Ganglien von 4 Segmenten. Bauchmark liegt in einer Coelomlakune. A Nach Heider (1925); B nach Hess (1925); C nach Mann (1955).

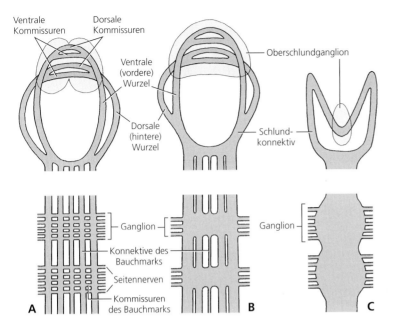

Bei vielen Arten gehören zum Bauchmark Neurone, deren Axone einen besonders großen Durchmesser haben und unizelluläre oder multizelluläre Riesen- oder Kolossalfasern bilden. Sie ermöglichen durch hohe Leitungsgeschwindigkeit (*Myxicola* sp. 21 m s^{-1}; *Lumbricus* sp. ca. 30 m s^{-1}) wirkungsvolle Fluchtreaktionen. Neurohormone spielen bei den Anneliden eine wichtige Rolle, z. B. bei der Fortpflanzung und Regeneration (S. 370).

Neben einzelnen primären, bipolaren Sinneszellen (S. 112) gibt es auch eine Vielzahl von **Sinnesorganen**. Hierzu gehören die verschiedenen Anhänge von Kopf (Palpen, Antennen, Tentakelcirren), Rumpf (Parapodialcirren) und Pygidium (Analcirren) ebenso wie Augen, Nuchal-, Dorsal- und Lateralorgane, Statocysten und Sinnesstrukturen an der Pharynxöffnung. Ihre Rezeptorzellen sind bipolar, mono- oder multiciliär. Wie das Gehirn haben die Sinnesorgane eine gewisse Komplexität nur innerhalb der Polychaeten.

Am häufigsten sind cerebrale Augen, die im Prostomium im oder nahe beim Gehirn auftreten. Einzelne Taxa besitzen zusätzliche Augen auf den Segmenten oder dem Pygidium; bei Sabellidae und Serpulidae finden sie sich sogar auf den Kiemenkronen.

In den meisten Trochophora-Larven und vielen kleinen Formen sind es winzige Ocellen, die oft nur aus 1 Pigment-

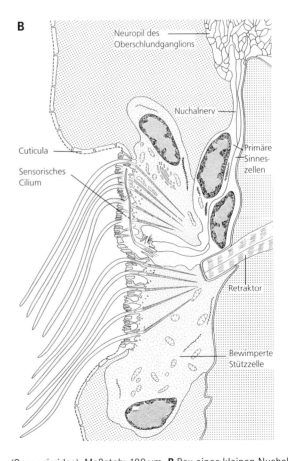

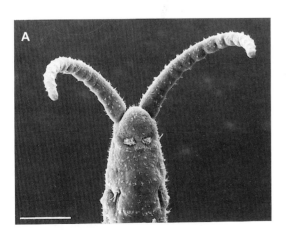

Abb. 529 Nuchalorgane. **A** Dorsal auf dem Prostomium von *Saccocirrus* sp. (Saccocirridae). Maßstab: 100 μm. **B** Bau eines kleinen Nuchalorgans von *Protodrilus adhaerens* (Protodrilidae); schematisiert. Originale: G. Purschke, Osnabrück.

zelle und 1 Sinneszelle bestehen. Größere Arten haben in der Regel mehrzellige Augen, oft mit Linsenstrukturen, die von den Pigmentzellen gebildet werden. Räuberische Arten aus dem Hochseeplankton, z. B. *Vanadis formosa*, haben die komplexesten Augen von 1 mm Durchmesser mit Linsen und Retinae aus Tausenden von Photorezeptorzellen. Bei Polychaeten gibt es rhabdomere und ciliäre Photorezeptorzellen (S. 112). Bei Clitellaten kommt nur ein besonderer Photorezeptor-Zelltyp vor, der ein Phaosom darstellt; er ist wahrscheinlich aus einer rhabdomeren Photorezeptorzelle eines Adultauges entstanden und wohl ein autapomorphes Merkmal der Clitellata (S. 410, Abb. 594).

In der Entwicklung (Abb. 280G–J) tritt sehr früh bereits 1 Paar einfacher Larvalaugen auf, das für die Phototaxis der Trochophorae große Bedeutung hat. Wenig später wird es von den Adultaugen ersetzt, meist 2 Paar bei erranten Polychaeten. Sie sind unterschiedlich ausgerichtet, vielzellig und besitzen Retinae, in denen Photorezeptor- und Pigmentzellen alternieren (everser Augentyp). Neben den pigmentierten, äußerlich sichtbaren Augen mit rhabdomerischen Lichtsinneszellen gehören sehr wahrscheinlich einfache cerebrale Lichtsinnesorgane ohne abschirmende Pigmente zum Grundmuster der Anneliden; diese Organe sind mit ciliären Photorezeptorzellen ausgestattet. Die Rhodopsine gehören zwei verschiedenen Proteinfamilien an, die deutlich durch unterschiedliche Sequenzen charakterisiert sind.

Nuchalorgane (Abb. 529) sind generell als paarige bewimperte Strukturen am Hinterrand des Prostomiums sichtbar. Sie sind die typischen Sinnesorgane der Annelida und wahrscheinlich eine Autapomorphie des Taxons. Ihr ausnahmsloses Fehlen bei den Clitellata ist als sekundärer Verlust zu werten.

Nur in einigen Fällen haben sie andere Positionen, z. B. bei Amphinomidae (Abb. 556) in Form von über mehrere Segmente vom Prosto-

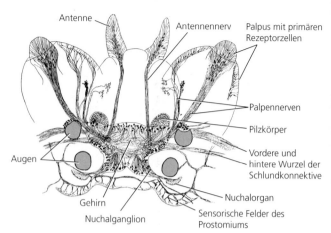

Abb. 530 *Nereis diversicolor* (Nereididae). Prostomium mit Gehirn und den wichtigsten Sinnesorganen. Gehirn besteht aus zentralem Neuropil und Gruppen peripherer Ganglienzellkörper; auffällig sind die Globulizellen der Pilzkörper (Corpora pedunculata); vor den vorderen Augen liegen die kommissuralen Ganglien. Sensorische Felder der Palpophoren und des Prostomiums nur ausschnittsweise dargestellt. Zellkörper der primären Sinneszellen der Nuchalorgane bilden „Nuchalganglion". Nach Retzius (1895).

mium nach hinten ziehenden Cilienbändern neben der unpaaren Karunkel, einer wulstförmigen Verlängerung des Prostomiums.

Die Funktion der Nuchalorgane wurde bisher nicht experimentell geklärt, doch gelten sie als Chemorezeptororgane, deren spezifische Funktion nur im Wasser gegeben ist: Ihre äußere Bedeckung besteht aus epidermalen Stützzellen mit modifizierter Cuticula, deren sehr bewegliche Cilien für einen starken Austausch von Wasser und chemischen Stimuli sorgen. Darunter liegt eine Kammer, in die bis zu mehrere hundert monociläre dendritische Fortsätze bipolarer Sinneszellen hineinragen; deren Zellkörper bilden das Nuchalganglion, die Axone den zum Gehirn ziehenden Nuchalnerv (Abb. 529).

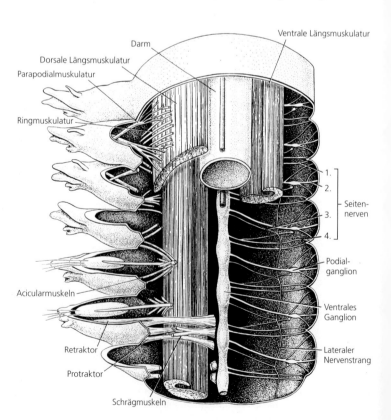

Abb. 531 Rumpfabschnitt eines erranten Anneliden (Nereididae) mit Muskulatur und Nervensystem; einige Segmente von dorsal aufgeschnitten. Nach Smith (1957).

Andere Sinnesorgane sind Dorsalorgane (segmental angeordnete Nuchalorgane bei Spionida, S. 388) und Lateralorgane. Letztere finden sich zwischen Noto- und Neuropodien als Bänder monociliärer Sinneszellen. Sie kommen bei den sedentären Annelidentaxa (außer Sabellida) und den Eunicida vor (Mechanorezeption?).

Zum Grundmuster der Annelida gehören 1 Paar **Coelomsäcke** pro Segment, die durch Spaltenbildung (Schizocoelie) in mesodermalen Zellbändern entstehen (S. 166; Abb. 518, 532). Diese mit Flüssigkeit gefüllten Kompartimente werden dann von mesodermalen Epithelien (Mesothel, Coelothel) umgrenzt; letztere sind primär epithelial organisierte Muskelzellen (Myoepithel) oder bilden ein Plattenepithel (mit darunter liegenden Muskelzellen), das Peritoneum genannt wird (S. 172, Abb. 266C, 267).

Die innenliegenden Wände des Coelothels (viscerales, splanchnisches Blatt) umschließen den Darmkanal und bilden dorsal und ventral davon dessen Aufhängung, die dorsalen und ventralen Mesenterien. Das viscerale Coelothel ist stets als Myoepithel differenziert. Die äußeren Coelothelien (somatisches Blatt) liegen dem Hautmuskelschlauch an, bzw. sind Teil der Längsmuskulatur. Aus den vorne und hinten aneinander stoßenden Coelomwänden benachbarter Segmente entstehen die Dissepimente (Septen), die primär den Körperstamm im Inneren in ganzer Länge aufteilen (Abb. 266C, 518). Im Einzelnen erfährt dieses Grundmuster der coelomatischen Gliederung innerhalb der Anneliden zahlreiche Veränderungen bis hin zu seiner vollständigen Auflösung (Abb. 535).

Dissepimente und Mesenterien werden oft zu Bändern reduziert oder völlig rückgebildet; es entstehen dann großräumige Leibeshöhlenabschnitte, z. B. im Thorax-Abdomen von *Arenicola* (Abb. 575A). – Besonders in kleineren Polychaeten, bei denen die funktionelle Rolle der Coelomräume als Hydroskelett verloren geht, vergrößern sich die peritonealen Zellen sehr stark zu sog. Coelenchymzellen, verdrängen vollständig das Coelom und verleihen den Tieren eine sekundär acoelomate Organisation. Bei den Hirudinida bilden die zunächst segmentalen Coelomräume postembryonal ein den gesamten Körper durchziehendes Netz aus Quer- und Längskanälen mit zahlreichen kapillaren Verzweigungen (Abb. 535D,E); gleichzeitig wird bei ihnen das Blutgefäßsystem reduziert.

Aus Teilen der peritonealen Auskleidung geht das stoffwechselaktive Chloragoggewebe hervor. Es hat Speicher- und Exkretionsfunktion (Glykogen, Fette, N-Verbindungen) und kann als eine Art „Leber" betrachtet werden. Bei *Arenicola* und *Lumbricus* umgibt es in Form dichter, gelbbrauner oder grünlicher Beläge aus keulenförmigen Zellen Darmkanal und Gefäße (Abb. 533). Bei den Hirudinea wird es Botryoidgewebe (S. 411) genannt und liegt in und an den engen Kanälchen des Coelomsystems.

Ähnliche Gewebe mit vielleicht hämatopoetischer Funktion, der sog. Herzkörper, dringen bei vielen Arten besonders in das dorsale Längsgefäß ein. Ebenfalls peritonealer Herkunft sind verschiedene Typen frei in der Coelomflüssigkeit flottierender Zellen (Coelomocyten), die vielfältige Aufgaben haben, z. B. Phagocytose von Mikroorganismen, Wundverschluss, Immunreaktionen, Einschluss von Fremdkörpern, Dottersynthese für die Oogenese, Transport von Hämoglobin (u. a. bei Capitellidae und Glyceridae, denen ein Gefäßsystem fehlt).

Das geschlossene **Blutgefäßsystem** der Anneliden ist das typische Spaltraumsystem in der extrazellulären Matrix zwischen aneinander grenzenden Coelothelien (Abb. 266C) und gehört somit zur primären Leibeshöhle; es besitzt kein Endothel. Die wichtigsten Elemente des Blutgefäßsystems (Abb.

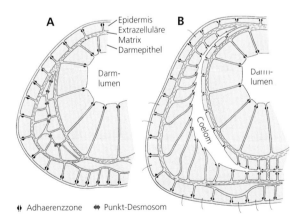

⬦ Adhaerenzzone   ⬌ Punkt-Desmosom

Abb. 532 Differenzierungsablauf der schizocoelen Coelombildung am Beispiel der Annelida. **A** Frühes Stadium. Prospektive Coelomepithelzellen befinden sich inmitten der extrazellulären Matrix (gestrichelt) unter Epidermis und Darmepithel; durch Spot-Desmosomen apikal verbunden. **B** Im Laufe der weiteren Entwicklung dehnt sich dieser Zellverband nach ventral und dorsal aus und umwächst den Darm. Spot-Desmosomen werden aufgelöst; stattdessen werden apikale Adhaerenzzonen ausgebildet, die die Coelomepithelzellen verbinden. Original: T. Bartolomaeus, Berlin, nach Rieger (1986).

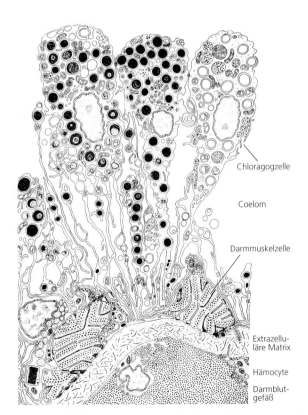

Abb. 533 Darmblutlakune mit basaler Matrix und Hämocyten; darüber Muskelzellen und ein zu Chloragogzellen (Chloragocyten) differenziertes Coelothel bei *Lumbricus* sp. (Clitellata). Nach Lindner (1965).

534) sind (1) ein ventrales, sog. Bauchgefäß innerhalb des ventralen Mesenteriums, das den gesamten Körper durchzieht und das Blut von vorne nach hinten führt. (2) Das dorsale, so genannte Rückengefäß oberhalb des Darms im dorsalen Mesenterium ist das größte Längsgefäß; bei Formen mit Darmblutsinus beginnt es vor diesem und ist dann auf den Vorderkörper beschränkt. In einigen Fällen ist das Rückengefäß ganz oder teilweise verdoppelt. Meist ist es kontraktil und treibt das Blut von hinten nach vorne. Das Dorsalgefäß gabelt sich nach vorn in 2 Äste, die um den Oesophagus herumlaufen und sich auf der Ventralseite im Bauchgefäß vereinigen. Bei den meisten Arten werden die Längsgefäße zusätzlich durch (3) segmentale, dorsoventral in den Dissepimenten verlaufende Seitengefäße verbunden. Wo Kiemen vorkommen, ziehen die Seitengefäße in diese hinein. (4) Spalten in der extrazellulären Matrix zwischen Darmepithel und Darmmuskulatur bzw. visceralem Coelothel bilden ein netzförmiges Kanalsystem (Darmgefäßplexus), das in verschiedenen Taxa zu einem Darmblutsinus aufgelöst sein kann (Abb. 534). Entsprechende Gefäßnetze finden sich auch zwischen Epidermis und somatischem Coelothel, z. B. in den Tentakeln.

Dazu kommen bei einzelnen Taxa noch verschiedene Spezialgefäße, z. B. das Subintestinal- und das Subneuralgefäß (Abb. 534B). Verschiedene Kapillarsysteme liegen in Hautmuskelschlauch, Parapodien, Kiemen und Nephridien (Abb. 534A). Charakteristisch für Polychaeten sind viele blind endende Gefäße. Ein Blutgefäßsystem kann auch vollständig fehlen, z. B. bei den Polychaetentaxa Glyceridae, Capitellidae (Arten ohne Coelome) und einigen sehr kleinen Arten. Verschiedene Abschnitte des Blutgefäßsystems können kontraktil sein, vor allem das Dorsalgefäß oder einige Seitenschlingen, z. B. die 5 Paar „Lateralherzen" bei *Lumbricus* oder die beiden zweiteiligen Herzen zwischen Darmplexus und Ventralgefäß bei *Arenicola*. Der Blutfluss wird häufig durch die Körperperistaltik unterstützt.

Als Atmungspigmente wurden Chlorocruorin (grünes (!) Blut, z. B. Sabellidae, Serpulidae), Hämerythrin und am häu-figsten Hämoglobine nachgewiesen. Letztere sind im Plasma der Blut- und Coelomflüssigkeit gelöst oder an Blutkörperchen in den Gefäßen – selten im Coelom – gebunden. Das Vorkommen der verschiedenen Pigmente lässt keine Beziehung zur systematischen Stellung der Träger erkennen.

Die **Exkretions**- und **Osmoregulationsorgane** der Trochophora-Larven sind 1 Paar Protonephridien (Abb. 537). Die postlarvalen und adulten Stadien besitzen segmental angeordnete Nephridien, von denen ursprünglich je 1 Paar aus jedem Segment ausleitet (Abb. 536). Am häufigsten sind Metanephridien (S. 175), die zum Grundmuster der Annelida gehören; verschiedene Polychaeten-Taxa besitzen jedoch auch als Adulte segmentale Protonephridien.

Das Vorkommen von Meta- oder Protonephridien (S. 175) ist funktionell bedingt: Protonephridien treten in der Regel bei kleineren Arten ohne Blutgefäßsystem auf oder bei Arten, an deren Blutgefäßen Podocyten als Filtrationsstrukturen fehlen. Beide Strukturen sowie verschiedene Übergänge kommen bei Syllidae in nahverwandten Arten vor.

Die segmentalen Proto- und Metanephridien der Annelida sind daher homologe Strukturen: Beide entwickeln sich identisch aus einer vermutlich mesodermalen Anlage, die zwischen den Coelothelzellen des zukünftigen Dissepiments liegt (Abb. 536). Wimperntrichter (Nephrostome) der Metanephridien bzw. Terminalzellen (Cyrtocyten, Reusengeißelzellen) der Protonephridien ragen jeweils in den Coelomraum eines vorhergehenden Segments hinein, der Nephroporus befindet sich in der Epidermis des nachfolgenden Segments; dazwischen liegt ein mehr oder weniger langer gewundener Kanal, z. T. mit Harnblase.

Je nach Größe der Tiere besitzt das einzelne Protonephridium 1 bis über 100 terminale Reusenzellen. Sie enthalten entweder nur 1 Flagellum („monociliär", Solenocyten) (Abb. 537D) oder mehrere (Abb. 537A), die dann zumeist eine Wimpernflamme bilden.

Bei Riesenregenwürmern (z. B. Megascoleciden, die in heißen, trockenen Böden leben, münden Nephridialkanäle auch in den Darm-

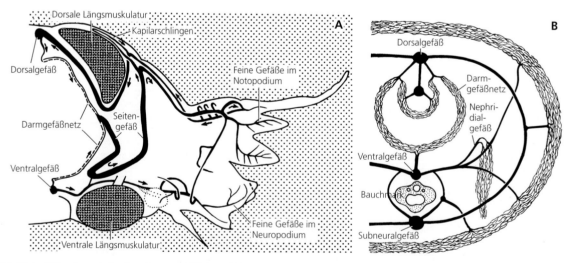

Abb. 534 Blutgefäßsystem. **A** Rechte Segmenthälfte von *Platynereis dumerilii* (Nereididae) (Querschnitt). Pfeile geben die Strömungsrichtungen an. Dorsal fließt das Blut nach vorn, ventral nach hinten. Parapodialgefäße zumeist blind endend und rhythmisch pulsierend. **B** Schema des Gefäßsystems eines Regenwurms (Clitellata, Lumbricidae) (Querschnitt). Kontraktiles Dorsalgefäß pumpt Blut in die segmentalen Gefäße; das Integument wird von Kapillaren unterlagert (Hautatmung!); von hier aus direkte Versorgung der Bauchganglienkette mit O$_2$-reichem Blut. A Nach Hauenschild und Fischer (1969); B nach Meglitsch (1972).

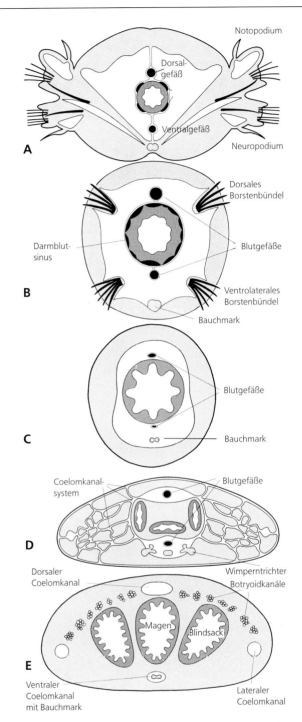

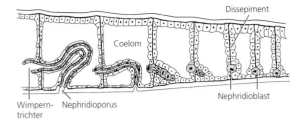

Abb. 536 Entwicklung eines Metanephridiums in einem Anneliden (Clitellata) aus einem intersegmentalen Nephridioblasten. Nach Goodrich (1945) aus Bartolomaeus (1999).

Abb. 535 Coelom und seine Umbildung bei Anneliden. **A** Errantia (Phyllodocida) und **B** Clitellata, Naididae, mit weiträumiger sekundärer Leibeshöhle und gut ausgebildetem primären Blutgefäßsystem. **C** Clitellata, Hirudinea (Acanthobdellida), beginnende Einengung der sekundären Leibeshöhle durch Muskulatur und Bindegewebe; primäres Blutgefäßsystem noch nicht vorhanden. **D** Clitellata, Hirudinea (Rhynchobdelliformes), Auflösung der paarigen segmentalen Coelomhöhlen zu einem System aus längs- und querverlaufenden Kanälen. **E** Clitellata, Hirudinea (Gnathobdelliformes). Das Coelomkanalsystem aus großen, z. T. kontraktilen Lakunen und feinen Botryoidkanälchen ist zu einem sekundären Blutgefäßsystem geworden. Nach verschiedenen Autoren.

trakt (Enteronephridien) und verhindern so die Wasserabgabe; jedes Segment kann eine große Zahl von Wimperntrichtern besitzen, die einzeln oder in einem gemeinsamen Kanal ausleiten. Enteronephridien als schlauchförmig eingestülpte Darmzellen gibt es auch bei verschiedenen interstitiellen Formen (z. B. Abb. 602B). – Bei einigen röhrenbewohnenden Polychaeten (Terebellidae, Sabellidae) sowie Sipunculida und Echiurida sind nur wenige, besonders große funktionsfähige Metanephridien im Vorderkörper vorhanden. – Charakteristisch für Hirudinea sind Nephrostome mit rundlicher Kapsel, die keine offene Verbindung mehr zu dem eigentlichen Exkretionskanal besitzt (S. 412).

Der **Darmtrakt** der Anneliden ist primär ein einfaches, gerades, in 3 Abschnitte gegliedertes Rohr mit einschichtigem Epithel, das mit einer ventral auf dem Peristomium liegenden Mundöffnung beginnt und mit einem terminalen After auf dem Pygidium endet. Vorder- und Enddarm sind ektodermal. Der entodermale Mitteldarm ist zwischen den Mesenterien und Dissepimenten des Rumpfs aufgehängt und von Muskulatur des splanchnischen Blattes umgeben (Abb. 518). Ursprünglich war der Vorderdarm vielleicht eine einfache bewimperte Höhle, wie sie bei wenigen kleinen Polychaeten (z. B. Polygordiidae) vorhanden ist. Diese hat dann eine außerordentlich unterschiedliche Gestaltung erfahren (Abb. 538), die sich aus der Vielfalt der Lebens- und Ernährungsweisen erklärt. Vor allem kam es mehrmals unabhängig zur Ausbildung muskulöser, z. T. ausstülpbarer Abschnitte, die Pharynx genannt werden (Abb. 538C, E, 519). Sie können mit cuticularen Kiefern bewaffnet sein (Abb. 519).

Bei einer Reihe von Polychaeten kommt es zur Zeit der Geschlechtsreife zur Ausbildung von Wimperntrichtern an den Nephridialkanälen oder zu Modifikationen der Kanäle (Abb. 537); sie ermöglichen die Ausleitung der Geschlechtszellen ohne Ruptur der Körperwand. Traditionell werden diese veränderten Organe Proto- bzw. Metanephromixien genannt; sie sind auf die Geschlechtsphase beschränkte Urogenitalorgane.

Daneben gibt es bei einigen Polychaeten und generell bei den Clitellaten (Abb. 583) spezifische paarige, auf ein oder wenige Segmente beschränkte **Gonodukte**, die teilweise neben den Nephridien vorkommen und ausschließlich dem Transport der Gameten dienen. Zumindest bei Cirratulidae, Capitellidae, Tomopteridae und Clitellata gehen sie aus dem Peritoneum der entsprechenden Segmente hervor. Vermutlich sind sie mehrmals unabhängig entstanden und gehören nicht zum Grundmuster der Annelida.

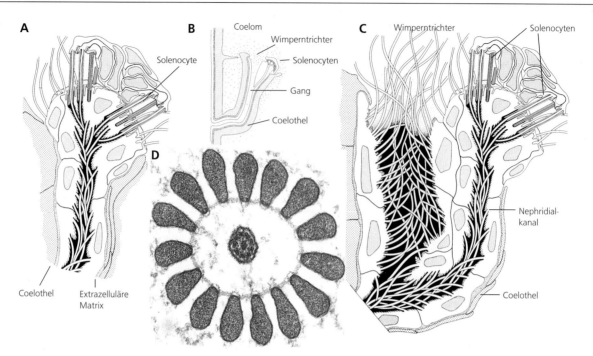

Abb. 537 Protonephridien und Gonodukte des Polychaeten *Anaitides mucosa* (Phyllodocidae). **A** Protonephridium mit mehreren monocilären Terminalzellen (Solenocyten). **B** Schema eines umgewandelten Protonephridiums (= Protonephromixium) in einem geschlechtsreifen Individuum mit neu gebildetem Wimperntrichter und Gang zur Ausleitung der Geschlechtszellen. **C** Terminaler Abschnitt eines derartigen Protonephromixiums. D Querschnitt durch eine Solenocytenreuse. TEM-Bild. Innerer Ring ist die ECM als Filtrationsbarriere. A–C Originale: T. Bartolomaeus, Berlin; D Original: K. Hausmann, Berlin.

Fortpflanzung und Entwicklung

Reparative **Regeneration** ist bei Anneliden hoch entwickelt. Nach Segmentamputation bildet sich bei vielen Arten sofort eine neue Sprossungszone, in der neue Segmente, z. T. entsprechend der Zahl der verlorenen Segmente, gebildet werden (Abb. 539).

Bei *Clymenella torquata* (Maldanidae), die eine konstante Zahl von 22 Segmenten besitzt, ergänzen Teilstücke aus 13 Segmenten, die aber aus verschiedenen Regionen der Körpermitte geschnitten wurden, die unterschiedlichen fehlenden Segmente am Vorder- und Hinterende jeweils genau entsprechend ihrer ursprünglichen Lage. Noch ein einziges Segment von *Chaetopterus variopedatus* (Chaetopteridae) vermag nach vorne und hinten die fehlenden Teile zu einem vollständigen Tier zu ergänzen (vgl. Abb. 539B). Dagegen regeneriert eine *Sabella* sp. (Sabellidae) nie mehr als 3 vordere Segmente; sind mehr als 3 verloren gegangen, werden hintere Segmente in vordere Thoraxsegmente umgewandelt. Hierdurch wird eine besonders schnelle Regeneration der komplexen Tentakelkrone gewährleistet, die häufig von Fischen abgebissen wird, aber zur Nahrungsfiltration unerlässlich ist.

Bei Regenwürmern (S. 408) wird die Regeneration wahrscheinlich von Neurosekreten vorderer Ganglien kontrolliert. So kann ein Vorderende nur dann neu gebildet werden, wenn einige dieser Ganglien noch vorhanden sind. Hinterenden werden generell regeneriert, allerdings zumeist ohne die Wiederherstellung der ursprünglichen Zahl der Segmente. Regenerierende Tiere fallen in eine Art Körperstarre; Maulwürfe sollen sich dieses Verhalten zu Nutze machen: Sie beißen in die vordersten Segmente und lagern die dann unbeweglichen Regenwürmer in Kammern ihres Gangsystems ein.

Die hohe Fähigkeit des Annelidenkörpers zur reparativen Regeneration wird in vielfältiger Weise für die **ungeschlechtliche Fortpflanzung** herangezogen. Autotomie und nachfolgende Regeneration gehören zum Lebenszyklus einiger

Regenwürmer. Fragmentierung in mehr oder weniger große Körperabschnitte mit nachfolgender Regeneration (A r c h i t o m i e) findet man als ausschließlichen Fortpflanzungsmodus z. B. bei dem Oligochaeten *Enchytraeus fragmentosus*. Aber selbst Einzelsegmente können sich ablösen und neue Individuen differenzieren, z. B. bei *Dodecaceria caulleryi* (Cirratulidae) (Abb. 539A). Verbreitet ist auch P a r a t o m i e: Hierbei bilden sich – meist am Hinterende – bündelförmige Knospen (selten bei Syllidae) oder verschieden lange Tierketten (Stolone, Zooide), von denen sich dann die schon fertig differenzierten Individuen ablösen, z. B. bei den Ctenodrilidae, Aeolosomatidae (Abb. 582), Naididae (Abb. 590). Derartig entstandene Tiere werden bei einigen Syllidae (Phyllodocida) zu den Trägern der Geschlechtszellen; ungeschlechtliche und geschlechtliche Fortpflanzung sind bei diesen Arten daher obligat miteinander verbunden (S. 385).

Die **geschlechtliche Fortpflanzung** ist außerordentlich vielfältig. In der Regel sind die Geschlechter getrennt. Zwittrigkeit in sehr verschiedener Ausprägung hat sich aber unabhängig in mindestens 18 Familien-Taxa der Polychaeten herausgebildet; bei den Clitellata ist simultaner Hermaphroditismus obligat und gehört zum Grundmuster.

Die kleine *Ophryotrocha puerilis* (Dorvilleidae) ist ein protandrischer k o n s e k u t i v e r Zwitter. Zuerst durchlaufen die Tiere eine männliche Phase, um dann mit zunehmender Länge und Segmentzahl weiblich zu werden und nur Oocyten zu produzieren. Hungerbedingungen oder Amputation der hinteren Segmente lässt sie wieder Spermien bilden. Hält man „Weibchen" in Paaren, so wandelt sich eines von ihnen in ein *funktionelles* Männchen um („Paar-Kultur-Effekt"). – S i m u l t a n e r Hermaphroditismus kommt z. B. bei allen *Microphthalmus-*

Abb. 538 Beispiele typischer Vorderdarmausbildungen bei Anne- ▶
liden. Schematisierte Sagittalschnitte. **A** Einfacher bewimperter
Vorderdarm ohne Muskelverstärkung. Feinpartikelaufnahme durch
Cilien, z. B. einige Protodrilidae, Aeolosomatida. **B** Vorstreckbarer,
ventraler Pharynxbulbus mit cuticularen Kieferelementen (1 Paar sog.
Mandibeln und zahlreiche komplexe sog. Maxillen) bei Eunicidae: vor-
wiegend carnivor, teilweise auch herbivor (Rotalgen usw.). **C** Axiales
Pharynxrohr, mit vor allem radiär zum Lumen angeordneter Musku-
latur; kann teilweise aus der Mundöffnung vorgestreckt werden; bei
Hesionidae: je nach Körpergröße werden Einzeller oder kleinere Wirbellose eingesaugt. (Axialer Pharynx mit Kiefer, Abb. 519). **D** Dorsaler
Pharynx (Schlundkopf) mit hohem Epithel und zahlreichen Drüsenöff-
nungen, der aus der Mundöffnung ausgestülpt und wie ein Kissen auf
Nahrungspartikeln gedrückt und mit ihnen wieder eingezogen wird;
bei Enchytraeidae (Clitellata): Aufnahme von totem organischem
Material, Pilzen und Bakterien vorwiegend unselektiv. **E** Axiales Pharynxrohr („Rüssel"), in einer tiefen Rüsselscheide; bei Rhynchobdelliformes (Hirudinea): ektoparasitisch oder räuberisch, Pharynx wird
stilettartig durch die Haut der Beute gestoßen und dient zum Aufsaugen von Gewebe und Körperflüssigkeiten. Original: W. Westheide,
Osnabrück, nach Heider, Purschke u. a. Autoren.

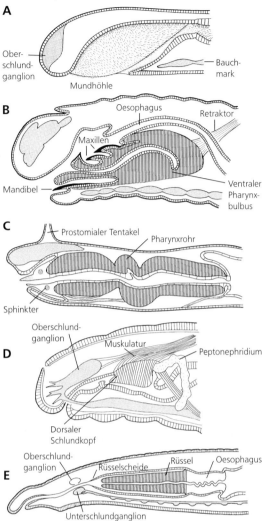

Arten (Phyllodocida) vor. Männliche Kopulationsorgane und Spermien befinden sich bei ihnen immer in der vorderen Körperhälfte,
weibliche Gameten und Receptacula in den hinteren Segmenten.

Die Arten lassen sich unterteilen (1) in solche, die nur einmal
zu einem bestimmten Zeitpunkt während ihres Lebens
geschlechtsreif werden (z. B. Nereididae), (2) in Arten, die
mehrmals in deutlichen Abständen Geschlechtszellen ausbilden (z. B. Eunicidae), und (3) in Arten, die über einen längeren Zeitraum Gameten produzieren (z. B. einige kleine Meiofauna-Arten).

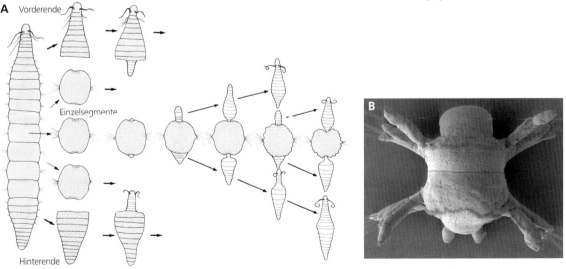

Abb. 539 Ungeschlechtliche Fortpflanzung bei Anneliden. **A** *Dodecaceria caulleryi* (Cirratulidae). Schema der Fragmentierung und Regeneration. Tiere mit mehr als 40 Segmenten teilen sich, und vom hinteren Körperabschnitt schnüren sich nacheinander 14–18 einzelne Segmente
ab. Vorderende und Hinterende regenerieren zu vollständigen Individuen. Wenn die Einzelsegmente an beiden Seiten etwa 7 neue Segmente
angelegt haben, lösen sich die Regenerate und ergänzen jeweils ein Hinterende bzw. einen Vorderkörper. Das ursprüngliche Einzelsegment
bildet in der Folge in gleicher Weise 2 weitere Individuen aus. Regenerate hell; alle Teile des primären Individuums gepunktet. Die Art vermehrt
sich auch auf geschlechtlichem Wege. **B** *Dorvillea bermudensis* (Dorvilleidae). Zwei-Segment-Stück aus dem Rumpf, das vorn (oben) ein neues
Vorderende, hinten (unten) ein neues Hinterende mit Analcirren bildet. Regenerat 3 Tage alt. A Nach Dehorne (1933) und Gibson und Clark
(1976); B Original: M.C.M. Müller, Osnabrück.

Ursprünglich ist wohl eine Differenzierung von Geschlechtszellen in fast allen Metameren eines Individuums. Bei abgeleiteten Taxa, z. B. den Clitellata (S. 403, Abb. 583) werden die Gameten dagegen nur in ganz bestimmten Segmenten gebildet. Es gibt alle Übergänge zwischen **Gonaden** ohne jede Abgrenzung bis hin zu diskreten, sackförmigen, von Coelothelien umkleideten Hoden und Ovarien. Auch der Ablauf der Gametogenese zeigt große Unterschiede: Die Spermatogenese kann im Coelom an der Peripherie großer kugeliger, kernloser Cytoplasmamassen (Cytophoren) (Abb. 45) ablaufen; in anderen Taxa reifen die Spermien in der Coelomflüssigkeit als einzelne Zellen oder in Gruppen aus 4 Zellen heran, selten auch innerhalb von Cysten. Alle Phasen der Gametogenese können unter der Kontrolle von Hormonen und äußeren Faktoren stehen.

Bei Nereididae bewirkt die Abnahme des Titers eines Gehirnhormons (Nereidin) den Eintritt der Keimzellen in die Meiose. Bei Syllidae hat der Proventriculus (s. Abb. 559) endokrine, die Geschlechtsreife beeinflussende Funktionen. Bei *Harmothoe imbricata* (Polynoidae) wird die Ausschüttung eines gonadotropen Hormons des Gehirns durch Kurztagsbedingungen induziert: Oocyten kommen nur dann erfolgreich zur Ausdifferenzierung, wenn die Individuen 42–55 Tage lang weniger als 13 h Tageslicht ausgesetzt waren; anderenfalls werden die Keimzellen rückgebildet. Auch höhere Temperaturen können Dotterbildungsprozesse positiv, z. T. synergistisch mit anderen Faktoren beeinflussen oder sie sogar erst ermöglichen.

Primär werden die Gameten in das freie Wasser entlassen, und die Besamung erfolgt außerhalb des Körpers – ein Vorgang, der wohl bei den meisten Anneliden stattfindet und zu ihrem Grundmuster gehört. Mehrmals unabhängig innerhalb verschiedener Taxa und ausschließlich bei den Clitellata (S. 403) sind Mechanismen einer direkten Übertragung der Spermien auf den Geschlechtspartner entstanden. Die Gameten werden meistens durch normale oder umgewandelte Nephridialorgane (Nephromixien) abgegeben (S. 369, Abb. 537). Seltener gelangen sie durch besondere Gonodukte, über Enddarm und Anus, durch Abstoßen von Segmenten oder durch Aufbrechen der Körperwand nach außen. Die Abgabe über verhärtende Schleimkokons bei den Clitellaten ist Teil eines hoch spezialisierten Fortpflanzungsmodus (S. 403, Abb. 584), der die gesamte Gruppe auszeichnet.

Bei äußerer Besamung im freien Wasser sammeln sich eine Reihe von Arten an der Meeresoberfläche zu Paaren

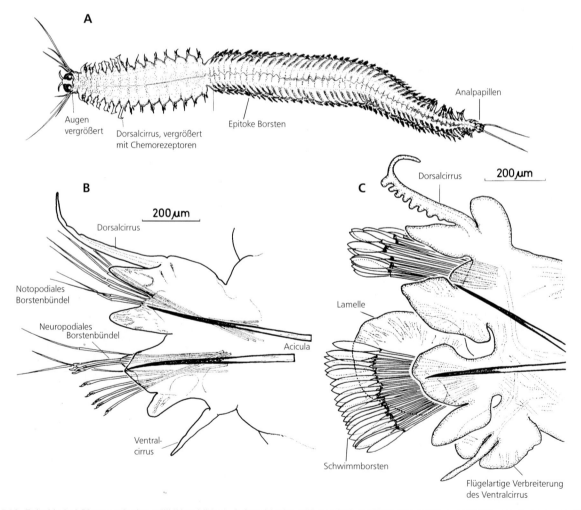

Abb. 540 Epitokie bei *Platynereis dumerilii* (Nereididae). **A** Geschlechtsreifes epitokes Männchen mit u. a. vergrößerten Augen, vergrößerten Dorsalcirren in den vorderen Segmenten, die Chemorezeptorzellen tragen, epitoken Schwimmborsten im hinteren Körperabschnitt und Analpapillen zur Ausleitung der Spermien. **B** Birames Parapodium des 30. Segments eines atoken Tieres. **C** Parapodium des 30. Segments eines epitoken Männchens mit zusätzlicher Lamelle, veränderten Dorsal- und Ventralcirren und anderen Borsten (Schwimmborsten). Originale: A. Fischer, Mainz.

oder in Schwärmen. Hierzu notwendige Umstellungen in der Bewegung (schnelles Dauerschwimmen) und Veränderungen im Verhalten (positive Phototaxis, Reaktionen auf Sexualpheromone, Einstellen der Nahrungsaufnahme) beruhen auf charakteristischen Umwandlungen in der Organisation der geschlechtsreifen Tiere, die **Epitokie** genannt werden (Abb. 540, 541).

Epitoke Umwandlungen können Teile oder den gesamten Körper erfassen (Abb. 541). Nimmt das vollständig epitok gewordene Tier an der Fortpflanzung teil, so spricht man von Epigamie. (Bei vielen Arten geht es nach Abgabe der Geschlechtszellen zugrunde, z. B. bei Nereididae. Epitokie kann jedoch auch reversibel sein.) Bei einigen Eunicidae wird nur der hintere Körperteil mit mehreren 100 Segmenten epitok; er trennt sich vom atoken sterilen Vorderende und schwärmt selbständig im freien Wasser (Schizogamie): Der vordere Körperabschnitt bleibt im Boden, beteiligt sich nicht an der Fortpflanzung und regeneriert bis zum nächsten Schwärmen ein neues epitokes, fertiles Hinterende (z. B. der Palolo-Wurm *Eunice viridis*, Abb. 542). Schizogame Fortpflanzungsmuster sind häufig innerhalb der Syllidae (S. 385, Abb. 543).

Bei der äußeren Besamung im freien Wasser werden von den einzelnen Tieren große Mengen Spermien und Eier gleichzeitig abgegeben – bei großen Arten mehrere 100 000 Eizellen und eine noch wesentlich größere Zahl von Spermien. Ihre synchrone Reife wurde zuvor hormonell gesteuert (siehe unten). Die gleichzeitige Gametendifferenzierung im einzelnen Individuum reicht für den Befruchtungserfolg einer Art, die ihre Geschlechtsprodukte ins freie Wasser entlässt, jedoch nicht aus. Epitokie, Reifung der Gameten und das Schwärmen müssen in der gesamten Population synchron verlaufen, so dass möglichst viele Männchen und Weibchen gleichzeitig ablaichen können, um die besten Voraussetzungen für eine hohe Befruchtungsrate zu schaffen. Dies geschieht durch Kopplung eines endokrinen Systems an eine innere Uhr (endogener Rhythmus), die durch exogene Faktoren („Zeitgeber", z. B. Belichtung oder Wassertemperatur) synchronisiert wird. Bei *Platynereis dumerilii* (Abb. 540) werden durch die abnehmende Lichtintensität nach Vollmond Eireifung und Epitokie in Gang gesetzt, so dass jeweils bei Neumond – 16–20 Tage später – zahlreiche geschlechtsreife Individuen einer Population gemeinsam schwärmen und ablaichen (Lunarperiodizität).

Innerhalb des Schwarms finden sich die Geschlechter bei vielen Arten durch Pheromone, die auch die unmittelbare Ausstoßung der Geschlechtszellen auslösen können. Bei *Platynereis dumerilii* wird Schwimmen während des Schwärmens durch 5-Methyl-3-heptanon induziert. Dessen Geschlechtsspezifität ist dadurch gewährleistet, dass es von den Männchen als S(+)Isomer, von den Weibchen als S(-)Isomer produziert wird: Männchen bzw. Weibchen reagieren nur jeweils auf das Isomer des anderen Geschlechts. Von den Weibchen wird dann Harnsäure abgegeben, die die Männchen zur Abgabe der Spermien veranlasst.

Lunarperiodisch beeinflusst ist auch die Fortpflanzung von *Typosyllis prolifera* (Syllidae) (Abb. 543): Die Bildung der Stolone wird hier durch den Antogonismus zweier Hormone kontrolliert, (1) einem

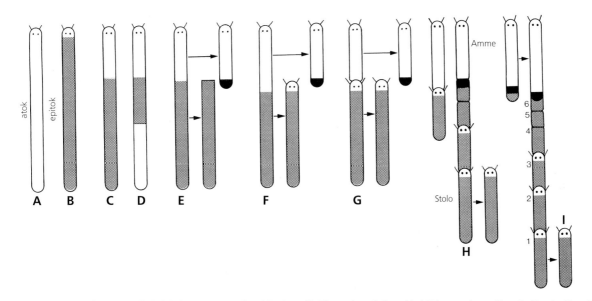

Abb. 541 Epigamie und Schizogamie bei Polychaeten. **A** Geschlechtsreife Tiere ohne äußere Umbildungen (= atok), z. B. *Nereis diversicolor*. **B–D** Epigamie. Geschlechtsreife Tiere mit äußeren Umbildungen (= Epitokie). **B** Äußere Veränderungen erfassen den gesamten Rumpf, z. B. einige Arten der Syllidae. **C** Umbildungen vor allem im hinteren Rumpfbereich, z. B. *Platynereis dumerilii*. **D** Umbildungen vor allem in der Rumpfmitte, z. B. *Perinereis marioni*. **E–J** Schizogamie. (S. 373). Indirekte Fortpflanzung durch Abtrennung von Körperregionen, die die Geschlechtszellen tragen und abgeben. **E** Nur das Hinterende schwärmt; das Vorderende regeneriert ein neues Hinterende, z. B. *Eunice viridis* (Pazifischer Palolo, S. 374). **F** Das Hinterende bildet nach der Abtrennung einen Kopf, z. B. *Syllis gracilis*. **G** Der Kopf bildet sich bereits vor der Abtrennung, z. B. *Syllis amica*. **H** Ausbildung eines neuen Individuums mit Kopf, zusätzlich Sprossung neuer Geschlechtsindividuen zunächst ohne Kopf am Hinterende der Amme, z. B. *Myrianida* sp. **I** Sprossung von Zooiden (Stolonen) am Hinterende der Amme. Ältestes Geschlechtstier am Ende der Tierkette, z. B. *Myrianida fasciata*. – Gerastert = umgebildete (epitoke) oder sich ablösende Körperbereiche mit Geschlechtszellen. Nach Schiedges (1979) und anderen Autoren.

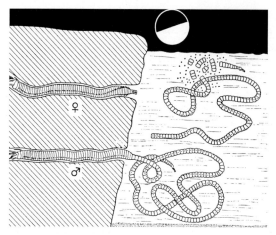

Abb. 542 Fortpflanzung von *Eunice viridis* (Pazifischer Palolo). Das mit Geschlechtszellen gefüllte epitoke Hinterende der Männchen und Weibchen löst sich vom Vorderende und schwimmt an die Meeresoberfläche, wo es nach kurzem Schwärmen unter Freisetzung der Eier bzw. Spermien zerfällt. Das Vorderende verbleibt im Korallenriff und regeneriert ein neues Hinterende für eine weitere Fortpflanzung. Dieser Vorgang vollzieht sich gleichzeitig bei allen geschlechtsreifen Tieren einer Population einmal im Jahr (siehe Text, S. 383). Aus Hauenschild (1975).

Hormon aus dem Prostomium, das die Stolonisatiin fördert, und (2) einem Hormon aus dem Proventriculus, das diesen Vorgang hemmt. Lange Photoperioden und auch höhere Temperaturen im Sommer stimulieren die endokrine Aktivität des Prostomiums. Die rhythmische Reproduktion während der Fortpflanzungssaison wird durch einen

endogenen circalunaren Oszillator determiniert, der über den Mondlichtzyklus als Zeitgeber mit dem Mondmonat synchronisiert wird. Das eigentliche Ablösen und nachfolgende Schwärmen der Geschlechtstiere wird dann durch die einsetzende morgendliche Belichtung bei Sonnenaufgang ausgelöst.

Der „Pazifische Palolo" *Eunice viridis* (S. 383, Abb. 542) ist das bekannteste Beispiel für eine durch den Faktor Mondlicht synchronisierte Fortpflanzung, die außerdem wahrscheinlich noch einer Jahres- und Tagesperiodik unterliegt. Die Art schwärmt vor Inseln im Südpazifik nur einmal im Jahr, immer innerhalb weniger Stunden in 1, 2 oder 3 Nächten während des letzten Mondviertels, das zwischen Mitte Oktober und Mitte November liegt. Die Inselbewohner kennen diesen Zeitpunkt seit altersher, schöpfen die schwärmenden Hinterenden von der Meeresoberfläche und verzehren sie roh oder gedünstet als Leckerbissen.

Polychaeten, die das Sediment bei der Fortpflanzung nicht verlassen, z. B. viele Sandlückenbewohner, besitzen in der Regel Kopulationsorgane für eine direkte Übertragung der Spermien: Diese innere Besamung erlaubt den Tieren, mit relativ wenigen weiblichen Gameten auszukommen (Abb. 544), eine entscheidende Voraussetzung für die Existenz dieser nur millimetergroßen Organismen. Viele, auch größere Arten legen die Eier nicht frei ab, sondern umhüllen sie mit Schleimkokons oder treiben Brutpflege (Abb. 557C); auch in diesen Fällen ist die Zahl weiblicher Geschlechtszellen wesentlich geringer. Eikokons sind das charakeristische Merkmal aller Clitellaten (S. 403).

Ursprünglich ist die **Embryonalentwicklung** indirekt und führt über eine freischwimmende Trochophora-Larve zum Adultus. Die Furchung ist eine Spiral-Quartett-Fur-

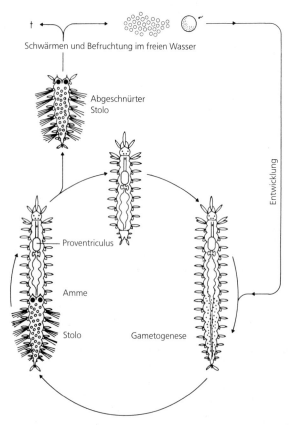

Abb. 543 Fortpflanzungszyklus eines schizogamen Anneliden (*Typosyllis prolifera*, Syllidae), siehe Text. Original: H.-D. Franke, Helgoland.

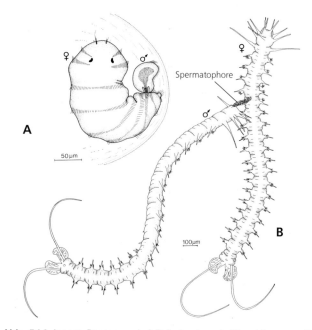

Abb. 544 Innere Besamung bei Polychaeten. **A** *Dinophilus gyrociliatus* (Dinophilidae). Hypodermale Injektion des Spermas durch das Zwergmännchen in das juvenile Weibchen noch innerhalb des Eikokons. Weitere Kopulationen können außerhalb des Kokons erfolgen. **B** *Hesionides arenaria* (Phyllodocida). Übertragung des Spermas mithilfe einer Doppelspermatophore, die vom Männchen aus paarigen Geschlechtsöffnungen am Prostomium herausgepresst und an beliebiger Stelle auf die Körperoberfläche des Weibchens geklebt wird. Von hier aus gelangen die Spermien dann durch die Haut in die Leibeshöhle. Aus Westheide (1984).

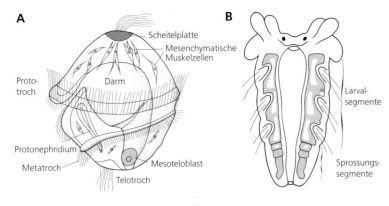

A
Scheitelplatte
Mesenchymatische
Muskelzellen
Proto-
troch
Darm
Protonephridium
Metatroch
Mesoteloblast
Telotroch

B
Larval-
segmente
Sprossungs-
segmente

Abb. 545 Entwicklungsgeschichte Annelida. **A** Trochophora von *Polygordius* sp. (Polygordiidae). **B** Schema
einer Serpuliden-Larve mit 3 simultan entstandenen,
primären Segmenten und teloblastischer sukzedaner Bildung weiterer Segmente in der praeanalen Sprossungszone. A Nach Siewing (1969); B nach Anderson (1973).

chung. Nach 6 Schritten entsteht eine Blastula mit 66 Blastomeren, z. B. bei *Platynereis dumerilii* (Abb. 280). An ihr
lässt sich ein Muster praesumptiver Keimblatt- und Organ-
arealen feststellen, deren relative Lage zueinander bei allen
Arten weitgehend gleich ist. – Die Gastrulation erfolgt z. T.
durch Invagination (Abb. 259A), meist aber, bei größerem
Dotterreichtum, durch Epibolie. Aus dem vorderen Blasto-
porusschlitz geht der Mund, aus dem hinteren der Anus hervor, oder letzterer bildet sich an dieser Stelle neu.

Die meist kugelförmige Protrochophora wird durch
einen Wimpernring (Prototroch) bewegt; er unterteilt sie in
eine obere Episphäre und eine untere Hyposphäre. Die weitere Differenzierung führt in den einzelnen Taxa zu sehr
unterschiedlich gestalteten Trochophorae. Diese meist
planktotrophen Larven besitzen einen Darmtrakt mit After,
1 Paar Protonephridien, eine apikale bewimperte Scheitelplatte, 1 Paar zweizellige Pigmentbecherocellen und sind
noch acoelomat; zusätzliche bewimperte Strukturen sind
hinter dem Mund ein Metatroch, ein Längsband auf der
Ventralseite (Neurotroch) und ein praeanaler Telotroch
(Abb. 259A, 265A, 516, 545A, 546A, C).

Alle ciliären Strukturen dienen der Fortbewegung, Prototroch und Metatroch zusätzlich dem Sammeln von Nahrung
nach dem *downstream-collecting-system* (Abb. 265A): Nahrungspartikel werden vom Schlag der Cilien des praeoralen
Prototrochs erfasst und gelangen von dort auf die kürzeren
Cilien des parallel angeordneten Metatrochs. Zwischen den
beiden Wimperringen befindet sich eine bewimperte Nahrungsrinne, die die Partikel dann zum Mund transportiert.

Die gesamte Entwicklung ist hochdeterminiert; die Blas-
tomeren können einzeln homologisiert werden (Abb. 280,
281). Aus der Blastomere **4d** des 4.Quartetts gehen zu beiden
Seiten des Darms paarige teloblastische mesodermale Zellbänder und dann durch Spaltenbildung (Schizocoelie)
(Abb. 545B) die Coelomsäckchen häufig der 3 ersten Segmente (Larvalsegmente) hervor. Die Hyposphäre streckt sich,
Larvalborsten und Anlagen der Kopfanhänge erscheinen;
Schlundanhänge und Bauchmark differenzieren sich. Die
Metamorphose ist durch die Tätigkeit einer praeanalen
Sprossungszone (Wachstumszone) gekennzeichnet. Dies
ist die Region, in der das hintere Ende der beiden Mesodermstreifen liegt. Hier erfolgt die Bildung neuer Segmente in
antero-posteriorer Richtung, bei der also die Differenzierung
neuer Segmente von hinten nach vorne voranschreitet. Dabei

wird zwischen Mundregion und analer Region der Larve,
dem Pygidium, der metamer gegliederte Rumpf gebildet
(Abb. 545B). Eine Larve mit bereits erkennbarer Segmentierung nennt man Metatrochophora (Abb. 546B, D). Nur

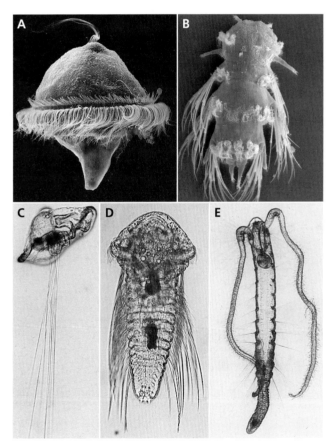

Abb. 546 Entwicklungsstadien von Anneliden. **A** *Serpula columbiana*
(Sedentaria, Serpulidae). Trochophora, 3 Tage alt. Durchmesser ca.
100 µm. **B** *Platynereis dumerilii* (Errantia, Nereididae). Nectochaeta
mit 3 Borstensegmenten. Länge 250 µm. **C** *Owenia fusiformis* (Oweniidae). Mitraria-Larve, eine Trochophora mit helmartiger Episphäre,
lappenartigen Aussackungen des Prototrochs und besonders langen
Schwebborsten. Durchmesser ca. 450 µm. **D** Ältere Nectochaeta
(Sedentaria, Sabellariidae). Länge ca. 400 µm. **E** *Magelona* sp. (Magelonidae). Plankotrophe Larve mit langen ventrolateralen Palpen mit adhe-
siven Papillen. Körperlänge ca. 1,5 mm. A Original: C. Nielsen, Kopenhagen; B G. Purschke, Osnabrück; C–E W. Westheide, Osnabrück.

die aus dotterarmen Eiern entstehenden Trochophorae sind planktotroph, d.h. sie ernähren sich von Beginn an von kleinsten Planktonorganismen. Aus dotterreichen Eiern gehen lecithotrophe Larven hervor, die von ihrem Dottervorrat leben. Die Entwicklung kann auch direkt ohne Ausbildung einer Larve verlaufen.

Larven, die sich besonders lange im freien Wasser aufhalten, sind häufig durch zusätzliche Larvalstrukturen ausgezeichnet: Nectochaeta-Larven mit Parapodien, die zum Schwimmen benutzt werden (Abb. 546B, D); Nectosoma-Larven, die vor allem durch undulatorische Bewegungen schwimmen. Aulophorae sind Juvenilstadien der Terebellidae, die nach der Metamorphose in das freie Wasser zurückkehren und in einer durchsichtigen Röhre treiben.

Systematik

Erst mit der Auflösung des Taxons Articulata lassen sich die Annelida eindeutig als Monophylum charakterisieren: Das Anneliden-Segment mit einem Paar zweiästiger, Borstentragender Parapodien ist danach ein eigenständig evolviertes, apomorphes Merkmal dieser Gruppe. Weitere Autapo-

morphien sind wahrscheinlich die Nuchalorgane und die Palpen am Prostomium, während die Antennen vielleicht erst später entstanden sind. Auch die beiden Augengenerationen mit rhabdomeren Photorezeptorzellen sind wahrscheinlich Autapomorphien der Annelida. Schließlich liefert die Entwicklungsgeschichte noch eine gesichert erscheinende Autapomorphie: Die Blastomere 2d bildet in der Spiralfurchung jeweils 3 kleine Tochterzellen, aus denen das Adultektoderm hervorgeht.

Traditionell wurden die Annelida in Polychaeta (Vielborster) und Clitellata (Gürtelwürmer) unterteilt. Aber schon auf Grund funktionsmorphologischer Überlegungen konnten die Clitellata als hochevolvierte, stark abgeleitete Untergruppe und die „Polychaeta" damit als Paraphylum erkannt werden. Molekulare Analysen haben diese Auffassung bestätigt und geben den Clitellaten nicht mehr den Rang einer Schwestergruppe aller Polychaeten, sondern nur eines ihrer relativ niederen Subtaxa (Abb. 547). Phylogenetisch-systematisch betrachtet sind Polychaeten und Anneliden daher synonyme Bezeichnungen für ein und dieselbe Tiergruppe, die **Annelida** heißen sollte. Dennoch wird sich vermutlich der Name „Polychaeten" für die marinen Nicht-Clitellaten unter

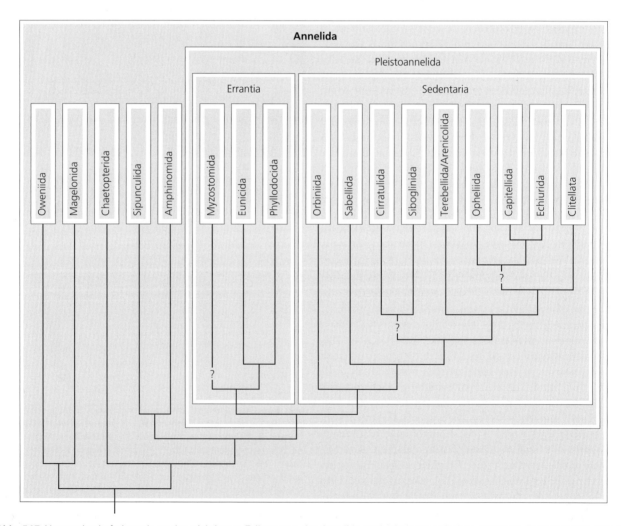

Abb. 547 Verwandtschaftshypothese der wichtigsten Teilgruppen der Annelida nach phylogenomischen Analysen. Zurzeit lassen sich nur für einige Subtaxa morphologische Autapomorphien nennen. Nach Struck et al (2011), Struck (2011) und anderen Daten von T. Struck, Bonn.

den Borsten-tragenden Anneliden im Sprachgebrauch der Zoologen halten, so wie er auch hier gelegentlich noch in diesem Sinne gebraucht wird.

Eine umfangreiche phylogenomische Analyse hat überraschenderweise die aus der Mitte des 19. Jahrhunderts stammende morphologisch-funktionelle Zweiteilung dieser traditionellen Polychaeten weitgehend und deutlich abgesichert bestätigen können – jetzt allerdings unter Einbeziehung auch der Clitellata und der Echiurida (Abb. 547). Danach gruppieren sich die meisten der etwa 80 (meist monophyletischen) Familientaxa zu zwei großen Schwesterncladen, die wieder **Errantia** und **Sedentaria** heißen. Sie werden als **Pleistoannelida** zusammengefasst. Die Errantia sind vorwiegend freibewegliche (schwimmend, kriechend), räuberische Organismen mit meist gleichartigen (homonomen) Segmenten. Für ihre Stammart wird vermutet, dass sie ein gut ausgebildetes Prostomium mit lateralen Antennen, Palpen mit ausschließlich sensorischer Funktion, Nuchalorganen und 2 Paar multizellulären Augen besaß. Die zweiästigen Parapodien sind durch reiche äußere Beborstung und die innen liegenden Aciculae ausgezeichnet. Der Körper der Sedentaria zeigt dagegen häufig eine Aufteilung in Tagmata mit unterschiedlichen (heteronomen) Segmenten. Es sind überwiegend grabende, örtlich gebundene oder sogar festsitzende Arten mit vorwiegend mikrophager Ernährung; allerdings gehören in diesen Cladus jetzt auch die relativ beweglichen Clitellaten, die vor allem in limnischen und terrestrischen Lebensräumen vorkommen.

Diese molekulare Analyse (Abb. 547) stellt – allerdings ohne 100%ige Absicherung – eine Reihe von Taxa in eine paraphyletische Gruppierung an die Basis ihres Anneliden-Stammbaums (s. u.). Hierzu gehören die bisher eher nicht als Anneliden betrachteten ungegliederten **Sipunculida** sowie mehrere Polychaeten-Taxa, die frühere Systeme an unterschiedlichen Stellen innerhalb der Errantia und Sedentaria eingeordnet hatten.

Einige Taxa, die man früher als Archiannelida zusammenfasste und in denen man die ursprünglichsten Anneliden vermutete, werden zusammen mit weiteren Familien-Taxa mit ebenfalls ungesicherter Position innerhalb des neuen Systems hier vorläufig als Annelida incertae sedis an das Ende der systematischen Zusammenstellung gruppiert.

Viele dieser stammesgeschichtlichen Beziehungen lassen sich bisher jedoch nicht durch morphologische Synapomorphien stützen.

Von den etwa 80 Familien-Taxa, die man traditionell als Polychaeten betrachtet, sind ca. 45 in der heimischen Fauna der Nord- und Ostsee vertreten, sogar über 65 im Mittelmeer. Generell haben viele Arten eine weite Verbreitung, auch wenn die Zahl echter Kosmopoliten durch molekulare Untersuchungen zunehmend eingeschränkt wird.

1 Basale Radiation der Annelida

1.1 Oweniida

Das Taxon besteht nur aus den Oweniidae, die sich morphologisch bisher nur schwer anderen Anneliden zuordnen ließen. Zumeist innerhalb der Sedentaria untergebracht, da die Arten sessil in Röhren leben. Mit relativ großen, unterschiedlich langen Segmenten und nur einfachen Borsten und Haken. Prostomium und Peristomium verschmolzen und mit 2 Tentakeln oder einer Kiemenkrone, deren Bewimperung zur Nahrungsaufnahme dient. Einzigartig sind (1) die Mitraria-Larve (Abb. 546C) mit ihrem umfangreich gewundenen Prototroch und den langen Schwebborsten sowie (2) die ausschließlich monociliäre Bewimperung der larvalen und adulten Epidermiszellen bei *Owenia fusiformis* und zumindest des Vorderdarms in anderen Arten. Diese Bewimperung kommt innerhalb der gesamten Spiralia nur noch bei den kleindimensionierten Gnathostomulida (Abb. 256) vor. Sie ist für makroskopische Formen nach dem augenblicklichen Wissensstand einmalig und wurde von R. RIEGER bereits als ursprüngliches Merkmal gedeutet.

Owenia fusiformis (Oweniidae), 100 mm (Abb. 548). Zylindrischer Körper mit bis zu 30 undeutlich abgesetzten Segmenten. In membra-

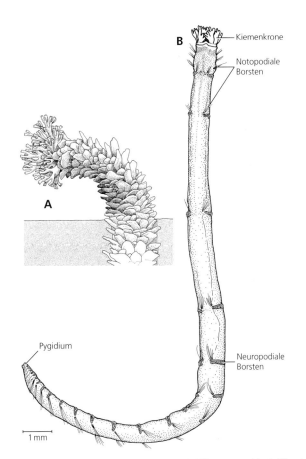

Abb. 548 *Owenia fusiformis* (Oweniidae). **A** Röhre aus schindelförmig angeordneten Partikeln im Sediment mit Kiemenkrone eines Tieres. **B** Habitus. A Aus Ruppert und Fox (1988); B aus P. Hutchings in Beesley, Roos und Glasby (2000).

nöser Röhre mit ziegelförmig geschichteten Sand- und Schillpartikeln, die beim Standortwechsel wie ein Köcher mitgeschleppt wird.

1.2 Magelonida

Etwa 50 Arten der **Magelonidae:** Langgestreckte Tiere mit zahlreichen Segmenten, die im Vorderkörper (8 Segmente) und Hinterkörper unterschiedlich sind. Großes dorsoventral abgeplattetes Prostomium mit 2 langen Palpen, die keine bewimperte Rinne, sondern Längsreihen von Papillen besitzen. Strudler. Auffällige planktotrophe Larven mit bis zu 4 mm Länge und zahlreichen Segmenten (Abb. 546E).

Magelona filiformis, bis 100 mm. Häufig in litoralen Sedimenten.

1.3 Chaetopterida

Die relativ basale Position des Taxons im molekular erstellten System der Anneliden verwundert, da die Tiere morphologisch stark abgeleitet erscheinen: Körper ist in 3 Tagmata mit sehr unterschiedlichen Parapodien und Borsten sowie entsprechend verschiedenen Funktionen unterteilt. Leben in einer pergamentartigen Röhre aus keratin-artigem Protein, in der sie periodisch (alle 15 min) ein Schleimbeutel-Netz aufspannen. Mit spezialisierten Parapodien ziehen sie einen Wasserstrom durch den Beutel, filtrieren daraus Plankton und Detritus, das sie anschließend mit dem Beutel auffressen.

Chaetopterus variopedatus (Chaetopteridae), 250 mm (Abb. 549). In U-förmiger Röhre, häufig im Litoral. Intensive Biolumineszenz: leuchtender Schleim auf verschiedenen Körperregionen.

1.4 Sipunculida (Sipuncula), Spritzwürmer

Etwa 150 ausschließlich marine Arten. Sie kommen von den polarregionen bis in die Tropen und von den Gezeitenbereichen bis in die Tiefsee vor. Die hemisessilen Organismen besiedeln von schlickigen bis zu steinigen Sedimenten alle Substrate; in den Tropen graben Sipunculiden ihre Wohngänge auch häufig zwischen Korallen. Einige Arten bewohnen leere Gastropoden- oder Scaphopodenschalen, z.B. *Phascolion strombus* (Abb. 554A) Rumpflänge zwischen 3 mm (*Onchnesoma steenstruppii*) und über 50 cm (*Siphonomecus multicinctus*). In den tropischen Regionen des Pazifiks und in Südostasien werden einige der größeren Arten auch gegessen. Noch bis vor kurzem wurden die Sipunculida als eigener „Tierstamm" an verschiedenen Stellen im System geführt. Nach phylogenomischen Studien ist man dagegen heute überzeugt, dass es sich um eine Teilgruppe der Anneliden handelt, in der die Segmentierung und die Chitinborsten aus dem Anneliden-Grundmuster verloren gegangen sind (Abb. 547).

Am Körper der unsegmentierten, schlauchförmigen Tiere lassen sich ein zylindrischer Rumpf und ein dünnerer vorderer Abschnitt, Introvert, unterscheiden (Abb. 550A, 554). Der Introvert kann vollständig in den Rumpf eingezogen werden und endet in der Regel in einer Gruppe von Tentakeln, die um die Mundöffnung oder dorsal von ihr angeordnet sind (Abb. 550A, 551, 553). Ob die Tentakel den Palpen aus dem Grundmuster der Anneliden homolog sind, ist nicht geklärt.

Die relativ dicke, typische Annelidencuticula ist häufig zu papillen-, warzen- oder dornförmigen Strukturen differenziert und bildet bei manchen Arten Anal- und Caudalschilder (Abb. 554C).

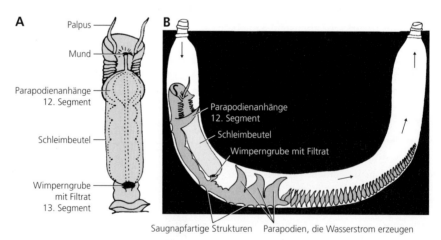

Abb. 549 *Chaetopterus variopedatus* (Chaetopterida). **A** Vorderende von der Ventralseite. **B** Tier von der Seite gesehen; beim Filtrieren von Plankton in seiner Röhre, an die es sich mit der Ventralseite der Segmente 14 bis 16 angesaugt hat. Länge der U-förmigen Röhre bis zu 50 cm; mit verengten Öffnungen an beiden Enden, die leicht aus dem Sediment ragen. Der Körper ist in 3 deutliche Abschnitte unterteilt: Die vorderen 11 Segmente haben vorwiegend unirame Parapodien; die folgende Filtrierregion beginnt mit einem Paar großer, durch Borsten versteifter, flügelförmiger Notopodien des 12. Segments, die einen Schleimbeutel abscheiden, der von einer dorsalen Wimpernrinne kontinuierlich zu einem Wimpernbecher des nachfolgenden Segments transportiert wird. Die 3 großen verschmolzenen Parapodienpaare der Segmente 14 bis 16 ziehen einen Wasserstrom durch den Beutel; er wird mit dem aufgefangenen Filtrat in Abständen von etwa 15 min abgerissen und zum Mund befördert. Verändert aus Fauvel (1959) nach MacGinitie (1939).

Auf dem distalen Abschnitt des Introverts können Haken vorkommen, die nicht mit Hakenborsten (Uncini) zu homologisieren sind. Die Tentakel sind Organe der Nahrungsaufnahme und Respiration und besitzen ein dichtes Band beweglicher Cilien. Unterhalb der Epidermis liegt eine mehr oder weniger dicke extracelluläre Matrix (Bindegewebe, Dermis, Cutis), die kräftige Kollagenfasern enthält und in die Nerven-, Bindegewebe- und Muskelzellen eingebettet sind. Daran schließt sich der aus Ring- und Längsmuskulatur bestehende prominente Hautmuskelschlauch an.

Der größte Teil des Introverts und der Rumpf werden von einem einheitlichen **Coelom** ausgefüllt, lediglich durchzogen von den Retraktormuskeln des Introverts und von unvoll-

ständigen Mesenterien und einigen kleineren Muskelsträngen (Spindelmuskel, Anheftungsmuskeln, Flügelmuskeln), die an den inneren Organen inserieren (Abb. 551). Anzahl und Position der Retraktormuskeln (maximal 4) sind wichtige taxonomische Merkmale. Ein teilweise bewimpertes Peritoneum, das am Darmkanal zu Chloragocyten differenziert sein kann, umhüllt die inneren Organe und begrenzt den Hautmuskelschlauch.

Peristaltische Wellen, hervorgerufen durch abwechselnde Kontraktionen der Ring- und Längsmuskulatur, laufen beim Graben über den Körper. Der Introvert lockert dabei zunächst durch Streckung das Sediment auf, seine anschließende Verdickung im vorderen Bereich verankert das Tier und erlaubt das Nachziehen des Rumpfes Einpressen der Coelomflüssigkeit ins Vorderende führt zum Ausstülpen des Introverts; die kräftigen Retraktormuskeln, die in der Nähe der Mundöffnung und am Rumpf inserieren, ziehen den Introvert zurück (Abb. 551).

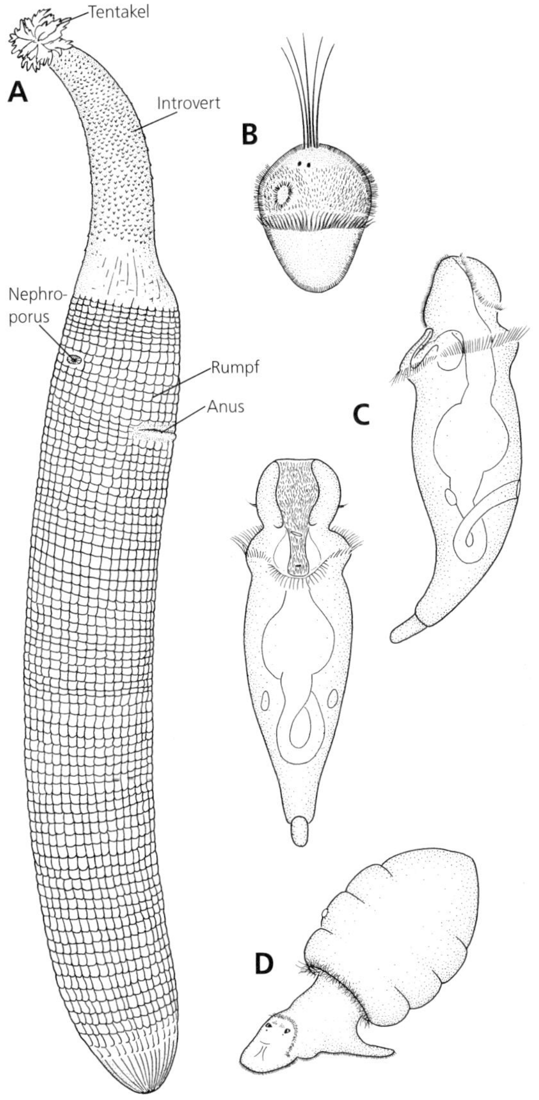

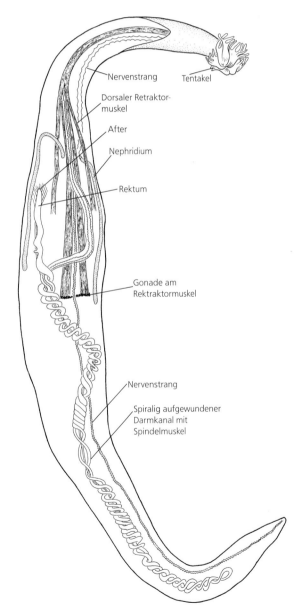

Abb. 550 A *Sipunculus nudus.* Adultes Tier mit ausgestülptem Introvert und entfalteten Tentakeln. **B–D** Aufeinanderfolgende Entwicklungsstadien. **B** Trochophora von *Golfingia vulgaris.* **C** Lateral- und Ventralansicht einer Pelagosphaera von *Phascolosoma perlucens.* Von den inneren Organen sind der Darmkanal und die Nephridien eingezeichnet. **D** Am Boden kriechende Pelagosphaera einer nicht bekannten Sipunculiden-Art. A Nach Stephen und Edmonds (1972); B nach Gerould (1907); C nach Rice (1975); D nach Jägersten (1963).

Abb. 551 *Phascolopsis gouldii* (Sipunculida). Innere Organisation. Nach Andrews (1890)

Daneben gibt es ein getrenntes Tentakelcoelom, bestehend aus einem Ringkanal, Tentakelkanälen und 1 oder 2 Kompensationssäckchen (Polische Schläuche). Einige Arten besitzen Coelomkanäle innerhalb der Epidermis. Kontraktion der Kompensationssäcke bei ausgestülptem Introvert treibt Coelomflüssigkeit in die Tentakelkanäle und führt so zur Entfaltung der Tentakel. In der Flüssigkeit flottieren Granulocyten, Hyalocyten und Erytrocyten mit Hämerythrin.

Eigenartige Organe sind die freibeweglichen mehrzelligen Wimpernurnen, die unteranderem der Sammlung und Speicherung von Konkrementen aus der Coelomflüssigkeit dienen sollen (Abb. 552A).

Die Urnen gehen aus bestimmten Arealen des Peritoneums hervor und lösen sich dann ab. Der Verbleib der durch die Urnen akkumulierten Stoffe ist nicht bekannt, ihe Abgabe über die Nephridien wird vermutet.

Meist sind 1 Paar sackförmige Metanephridien vorhanden, die etwa in Höhe des Afters ausmünden (Abb. 552B). Sie dienen auch der Ausleitung der Gameten, die eine Zeit lang in den Nephridien gespeichert werden können.

Charakteristisch für den Verdauungstrakt ist der spiralig um den Spindelmuskel gewundene Mitteldarm. Sipunculiden sind vorwiegend Detritusfresser: Die Weichböden bewohnenden Arten nehmen dabei mehr oder weniger unselektiv Sediment auf. Hartsubstrate bewohnende Arten filtrieren mithilfe der Tentakel überwiegend Nahrungspartikel aus dem freien Wasser.

Das **Nervensystem** besteht aus einem zweiteiligen, dorsal hinter dem Mund liegenden Gehirn (Oberschlundganglion) und einem unpaaren ventralen Nervenstrang (Abb. 551), die über paarige Schlundkonnektive verbunden sind. Vom Nervenstrang zweigen zahlreiche, meist nicht paarig angeordnete Seitennerven ab (Abb. 531). Segmentale Ganglien kommen nicht vor; die Perikarien liegen auf ganzer Länge ventral, das Neuropil dorsal. Hinweise auf eine ursprünglich strickleiterähnliche Ausbildung des ventralen Nervenstrangs gibt seine ontogenetische Entstehung aus einer paarigen Anlage und Spuren repetitiver Muster. Die

Mehrzahl der Tentakelnerven und die pharyngealen Nerven entstammen den Schlundkonnektiven.

Von den **Sinnesorganen** sind am auffallendsten die Nuchalorgane (Abb. 553), dicht bewimperte Areale dorsal zwischen den Tentakeln, die direkt vom Gehirn innerviert werden. Ob sie den gleichnamigen Strukturen der Polychaeten (S. 366) homolog sind, ist nicht völlig gesichert. Darüber hinaus können 1 Paar vielzelliger Adultaugen sowie so genannte Cerebralorgane (Frontalorgane) vorkommen – paarige oder unpaare Sinnesorgane, die von der Dorsalseite der Tentakelregion nach innen ziehen und sich zu einer schüsselförmigen Höhle über dem Gehirn erweitern. Derartig strukturierte Sinnesorgane sind auch bei wenigen anderen Polychaeten beschrieben worden.

Die **Gonaden** befinden sich an oder in der Nähe der ventralen Retraktormuskeln, wo sie sich als schmales Querband vom einen bis zum anderen Muskel erstrecken (Abb. 551). Oocyten und Spermatocyten fallen in zusammmenhängenden Gruppen ins Coelom, wo sie die Gametogenese durchlaufen.

Bis auf den protandrischen Zwitter *Nephasoma minutum* sind alle Sipunculiden **getrenntgeschlechtlich**. Bei *Aspidosiphon elegans* und *Sipunculus robustus* ist asexuelle Fortpflanzung durch Querteilung oder Knospung im Rumpfbereich beobachtet worden, Viele Sipunculiden zeigen große Regenerationsfähigkeit, die zu einer Neubildung der Tentakel, des Introverts oder gar des gesamten vorderen Teils des Körpers führen kann.

Die Furchung ist eine typische Spiralfurchung. Die **Entwicklung** kann direkt (z. B. *Nephasoma minutum*) oder indirekt über 1 oder 2 Larvenstadien verlaufen. Am Beginn der indirekten Entwicklung steht immer eine lecithotrophe Trochophora (Abb. 550B). Der weitere Ablauf kann 3 unterschiedliche Wege nehmen: (1) Metamorphose der Trochophora zum juvenilen Tier (z. B. *Phascolion strombi*); (2) Umwandlung der Trochophora zu einer als lecithotrophe Pelagosphaera bezeichneten Sekundärlarve (z. B. *Golfingia elongata*); (3) ebenfalls Übergang zu einer Sekundärlarve,

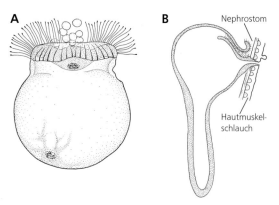

Abb. 552 A Frei schwimmende Wimpernurne aus der Coelomflüssigkeit von *Sipunculus nudus*; an der Wimpernscheibe hängt Material aus der Coelomflüssigkeit. **B** Längsschnitt durch ein Nephridium von *Phascolosoma nigrescens*. A Nach Selensky (1908); B nach Shipley aus Hyman (1959).

Abb. 553 Nuchalorgan und Tentakelkranz von *Phascolosoma* sp (Sipunculida). Maßstab: 0,5 mm. Original: F. Wolfrath, Osnabrück.

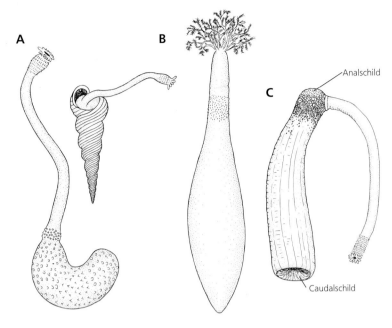

Abb. 554 Habitus verschiedener Sipunculiden.
A *Phascolion strombus*, isoliertes Tier bzw. in der Schale einer *Turitella*. **B** *Themiste pyroides*, mit baumförmig verzweigten Tentakeln. **C** *Aspidosiphon steenstrupii*.
A Nach Cuenot aus Tetry (1959); B nach Fisher (1952); C nach Selenka et al. aus Stephen und Edmonds (1972).

die jedoch hier eine planktotrophe Pelagosphaera darstellt (z. B. *Sipunculus nudus*) (Abb. 550C, D). Die meisten der bekannten Entwicklungszyklen enthalten eine Pelagosphaera. Das bei diesen Larven vorkommende ventrale Muskelkissen wird heute meist als homolog zu dem bei vielen Polychaeten vorhandenen ventralen Pharynx angesehen.

Die Gattungen werden in bis zu 6 Familien-Taxa zusammengefasst. Nach der hier zugrunde gelegten systematischen Gliederung sind die Sipunculidae sehr wahrscheinlich die Schwestergruppe aller übrigen Sipunculiden, die in 2 Familien gruppiert werden.

Sipunculidae. – Tentakel umgeben die zentral auf der Mundscheibe legende Mundöffnung. Introverthaken einfach und meist unregelmäßig verteilt; Spindelmuskeln in der Regel posterior nicht befestigt.

*Sipunculus nudus, bis 35 cm lang. Vermutlich monotypisch. Längsmuskulatur in Bündeln; Rumpf mit Coelomkanälen im Hautmuskelschlauch. Vorwiegend in Sandböden bis etwa 700 m Tiefe; weltweit in gemäßigten und tropischen Meeren, auch südliche Nordsee (Abb. 550).

Golfingiidae. – Muskeln des Hautmuskelschlauchs bilden einheitliche Schicht, nicht zu Bündeln aufgelöst.

*Phasolion strombus, 50 mm, meist in leeren Molluskenschalen, oft in *Dentalium*. Eine der häufigsten Arten europäischer Gewässer, schlickige und sandige Böden von 4–3800 m Tiefe (Abb. 554A). – **Nephasoma* (syn. *Golfingia*) *minutum*, 15 mm. Einzige bekannte zwittrige Art. In europäischen Gewässern weit verbreitet.

Phascolosomatidae. – Tentakelbasen in einem Bogen angeordnet, der das Nuchalorgan einschließt. Periphere (orale) Tentakel fehlen, Introverthaken komplex (recurv) geformt und in deutlichen Reihen angeordnet.

*Aspidosiphon muelleri, 8 cm. Mit cuticulärem Anal- und Caudalschild und exzentrisch am Rumpf ansitzendem Introvert. In der Nordsee meist in Molluskenschalen oder Serpulidenröhren, sonst auch in Spalten von Hartböden, zwischen Kalkalgen und Korallen, die Wohnröhre wird mit dem Analschild verschlossen. Bis in etwa 1 000 m Tiefe, weit verbreitet, in Ost- und Westatlantik sowie Mittel-

meer. – *Phascolosoma granulatum*, 10 cm. Tentakel umschließen das Nuchalorgan dorsal der Mundöffnung. Von Norwegen bis Azoren, schlickige Sande und Grobsande, unter Steinen, in Spalten und zwischen krustenförmigen Rotalgen (Lithothamnion).

1.5 Amphinomida

Vorwiegend tropische Arten, die reichhaltig strukturiert sind; können eine Länge von 50 cm erreichen. Prostomium mit 3 Antennen, Palpen, 2 Paar großen Augen und auffällig großen Nuchalorganen, die sich um eine wulstförmige Karunkel anordnen. Meist mit zahlreichen gleichartigen Segmenten mit vollständigen biramen Parapodien und verzweigten notopodialen Kiemen. Charakteristisch sind zahlreiche Aciculae und ausschließlich einfache, kalzifizierte und daher besonders brüchige Borsten.

Eurythoe complanata (Amphinomidae), 140 mm (Abb. 555). In den Tropen als *fireworms* bekannt, da sie Hautentzündungen verursachen

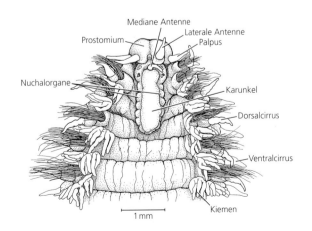

Abb. 555 *Eurythoe* sp. (Amphinomida). Vorderende. Dorsalansicht. Aus P. Hutchings in Beesley, Ross und Glasby (2000).

durch die pfeil- oder harpunenförmigen Borsten, die ausgestoßen werden können und möglicherweise ein Neurotoxin enthalten. Muskulöser ventraler Pharynx; räuberisch. Ungeschlechtliche Vermehrung durch Architomie häufig. – *Hermodice carunculata* (Amphinomidae), 300 mm.

Pleistoannelida

Unter diesem erst kürzlich eingeführten Namen werden die beiden Schwestergruppen Errantia und Sedentaria zusammengefasst, deren Gruppierungen eine lange Tradition in der Polychaeten-Systematik fortsetzen. Sie ergeben sich nun in nur wenig veränderter Zusammensetzung auch aus modernen phylogenomischen Analysen (Abb. 547). Die Pleistoanneliden enthalten die überwiegende Zahl aller Anneliden, einschließlich auch der Clitellaten und der Echiuriden. Mit morphologischen Autapomorphien kann dieses Taxon bisher jedoch nicht überzeugend gestützt werden.

2 Errantia

Wie bei den traditionellen Polychaeten-Errantia enthält das Taxon ausschließlich vagile Anneliden mit zahlreichen gleichförmigen Segmenten und biramen oder subbiramen Parapodien. Ihr meist deutlich strukturiertes Prostomium ist mit Antennen und Sinnespalpen ausgerüstet. Generell hat der Vorderdarm einen axialen muskulösen Pharynx, der oft mit Kiefern bewaffnet ist. Die Arten sind vor allem Grobpartikelfresser; viele sind Räuber.

2.1 Myzostomida

Die etwa 180 Arten leben als Ectokommensalen oder Parasiten fast ausschließlich auf Echinodermen, die meisten (80 %) auf Crinoiden (Abb. 1112), sonst auf Asteroiden und Ophiuriden, vor allem auf Arten, die tiefer als 200 m vorkommen. Parasitische Myzostomiden deformieren entweder die Skelettelemente ihrer Wirte in der Weise, dass sich gallenartige Strukturen bilden, oder sie induzieren die Bildung kleiner

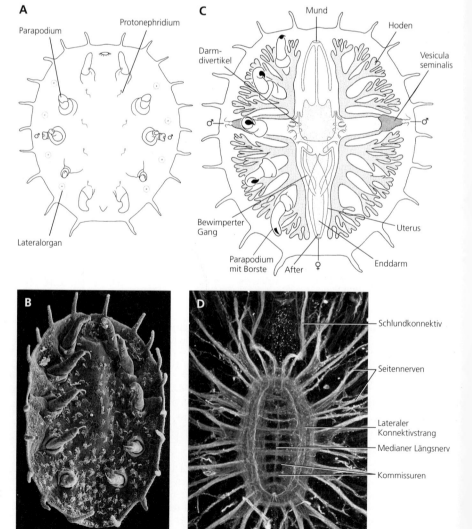

Abb. 556 *Myzostoma cirriferum* (Myzostomida). **A** Strukturen der Ventralseite und Lage der Protonephridien; ein weiteres Paar existiert im Vorderende. **B** REM-Bild der Ventralseite. **C** Darmtrakt und Geschlechtsorgane. **D** Nervensystem. Zentrale Bauchmarkmasse. Immunhistochemische Darstellung mit Anti-acetyliertem-α-Tubulin. A Nach Pietsch und Westheide (1987); B Original: A. Pietsch, Osnabrück; C verändert nach Jägersten (1940) und anderen Autoren; D Original: M.C.M. Müller, Osnabrück.

Skelettplatten, die dann zu cystenartigen Schutzstrukturen auswachsen. Entsprechende Spuren sind bereits von Stachelhäutern des Karbons bekannt. Wenige Arten parasitieren auch im Darmtrakt, Coelom und Gonaden. Es gibt alle Übergänge zwischen streng wirtsspezifischen Arten bis zu solchen, die viele Wirte bewohnen. Die Ectokommensalen laufen geschickt auf der Oberfläche ihrer Wirte; durch ihre scheibenartige Körperform, starke Dorsoventralmuskulatur und die hakenförmigen, beweglichen, ventrad gerichteten Borsten sind sie hervorragend an diese Lebensweise angepasst (Abb. 1112B).

Die Segmentierung ist nur an den metamer angeordneten Parapodien, Seitennerven und Nephridien zu erkennen. Lappenförmige Körperduplikaturen umwachsen das Vorderende mit Prostomium. Dieses ist nicht abgegliedert und wird bei den Proboscidea wie ein Introvert mit dem stark muskulösen Pharynx vorgestülpt und zurückgezogen (Abb. 556C). Die Pharyngidea besitzen kein Introvert, ihr sehr beweglicher Pharynx ist jedoch bei einigen Arten ausstreckbar. Zur Nahrungsaufnahme wird er in die Futterrinne einer Ambulacralfurche eines Wirtes gehalten (Abb. 1112B) und daraus Feinpartikel aufgenommen. Ein Pygidium ist äußerlich nicht erkennbar.

Die weiblichen Gonaden werden von einem Epithel begrenzt und stellen wohl die einzigen Coelomräume dar. Alle Organe liegen in Parenchym eingebettet. Das Nervensystem bildet eine einheitliche Masse und konzentriert sich in der Körpermitte mit modifizierter Strickleiterstruktur: Es besteht aus 2 kleinen Oberschlundganglien, Schlundkonnektiven, ventralem Bauchmark aus Längsnerven, 12 Kommissuren und paarigen Seitennerven, die insgesamt auf 6 Segmente schließen lassen (Abb. 556D). Der Darm hat deutliche Blindsäcke. Die meisten Arten sind Simultanzwitter. Aus der Spiralfurchung geht eine kugelförmige Trochophora-ähnliche Larve mit Prototroch hervor; daraus entwickelt sich eine Nectochaeta mit Schwanzanhang, larvalen Borsten, strickleiterartigem Nervensystem und massiven Mesodermstreifen.

Myzostoma cirriferum (Myzostomidae), 2,4 mm (Abb. 556) Läuft mithilfe der 5 Paar lateroventralen Parapodien auf den Armen von *Antedon*-Arten (Crinoida, Abb. 1112B). Bis zu 2 000 Individuen auf einer *A. bifida*. Je Parapodium 1 kräftige Hakenborste und 1 Acicula, beide mit der typischen Borstenfeinstruktur aus feinen Röhrchen. 10 Paar nach unten hängende Cirren und 4 Paar einziehbare, bewimperte Lateralorgane (Mechanorezeptoren?, Haftorgane?) zwischen den Parapodien. 6 Paar Protonephridien. Bildung und Lagerung der weiblichen Geschlechtszellen in epithelumgrenzten Räumen. Männliche Organe paarig: 2 Hoden auf jeder Körperseite, 2 Vesiculae seminales, 2 Penes in Höhe der 3. Parapodien. In den Vesiculae Bildung komplexer Spermatophoren aus 5 verschiedenen Zelltypen, die nach ihrer Übertragung auf den Partner in einzigartiger Weise als wurzelartig verzweigtes Syncytium den Körper durchdringen und die Spermien zu den Oocyten transportieren. Fortpflanzung während des gesamten Jahres.

2.2 Eunicida

Sehr große bis sehr kleine, meist frei bewegliche Arten aus wahrscheinlich 7 Familientaxa; einige bauen Röhren. Gut entwickeltes Prostomium mit oder ohne Anhänge; deutliches Peristomium aus 1 oder 2 Ringen, mit oder ohne Cirren.

Homonome Segmente mit reduzierten oder fehlenden Notopodien; mit Aciculae und vorwiegend einfachen, auch zusammengesetzten Borsten, z. T. mit Kiemen. Ventraler Pharynx mit charakteristischem komplexem cuticularen Kieferapparat (Abb. 557B) aus z. T. kalzifizierten ventralen („Mandibeln") und dorsalen Elementen („Maxillen"), die auch zahlreich fossil vorliegen (Scolecodonten).

Eunice viridis (Eunicidae), Pazifischer Palolo, 50 cm: Atokes Vorderende mit ca. 500, epitokes Hinterende mit über 700 Segmenten. Schizogamie (Abb. 542); exakte Jahres-, Lunar- und Tagesperiodik des Schwärmens in Polynesien. Nahrung meist Algen. – Zahlreiche weitere, sehr große Euniciden, besonders in wärmeren Meeren (Abb. 517). – *Hyalinoecia tubicola* (Onuphidae), 10 mm. Mit durchsichtiger Röhre, die herumgeschleppt wird; Ventilklappen an beiden Enden, die Feinde am Eindringen hindern. – *Ophryotrocha puerilis* (Dorvilleidae), 10 mm. Konsekutiver Zwitter mit phänotypischer Geschlechtsbestimmung (S. 370). – *Histriobdella homari* (Histriobdellidae) (Abb. 557A), 1,5 mm. Ohne Borsten. Parasitiert auf den Kiemen des Hummers.

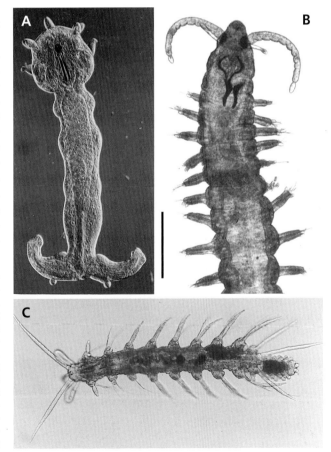

Abb. 557 Habitustypen von Meiofauna-Polychaeten. **A** *Histriobdella homari* (Eunicida, Histriobdellidae). Parasit auf den Kiemen des Hummers; mit Kieferapparat, Borsten fehlen, am Hinterende stark modifizierte Parapodien mit Haftdrüsen. Länge: 1,5 mm. **B** *Protodorvillea kefersteini* (Eunicida, Dorvilleidae). Vorderende, mit Kieferapparat. Maßstab: 500 μm; Gesamtlänge ca. 10 mm. **C** *Mesonerilla intermedia* (Nerillidae), Weibchen, Sandlückenbewohner; treibt Brutpflege: Eier und Embryonen am Hinterende unter einer Hautfalte befestigt. Länge: 1,2 mm. Originale: A, C W. Westheide, Osnabrück; B G. Purschke, Osnabrück.

2.3 Phyllodocida

Größtes und morphologisch relativ einheitliches Taxon der Anneliden mit etwa 28 Familien-Taxa. Vermutlich monophyletisch, obwohl morphologische Synapomorphien schwierig zu erkennen sind. Vorstülpbarer Saugpharynx mit radialer Muskulatur. Viele andere Merkmale gehören wahrscheinlich schon zum Grundmuster der Annelida.

Nereididae gelten als besonders typische Polychaeten mit ihren langgestreckten, zahlreichen, weitgehend gleichartigen (homonomen) Segmenten (Abb. 540, 558). Das gut entwickelte Prostomium trägt 1 Paar Antennen und 1 Paar ventraler zweigliedriger Sinnespalpen mit zahlreichen Rezeptorzellen (Abb. 519), 4 Augen und 2 Nuchalorgane. Das anschließende Peristomium mit 4 Paar langer Tentakel-(Peristomial-)cirren setzt sich aus dem eigentlichen Peristomium und einem nachfolgenden Segment zusammen (S. 359). Ein Teil des Vorderdarms ist als axiales, stark muskulöses Rohr (Pharynx, Rüssel) differenziert und mit 2 cuticularen, nicht-chitinigen zangenförmigen Kiefern bewaffnet. Durch Protraktormuskeln wird sein vorderer Abschnitt rüsselförmig ausgestülpt. Viele Arten dieser Familie sind omnivor.

Nereis (syn. *Hediste*) *diversicolor* lebt im Wattboden in Schleimgespinstgängen, die von parapodialen Spinndrüsen gebildet werden. Je nach Nahrungsangebot weiden die Tiere die Substratoberfläche ab oder verschlingen kleine Wirbellose, Aas und Algenstücke, die sie mit den Kieferzangen ergreifen. Sie filtrieren zusätzlich Feinmaterial: Hierzu scheiden sie einen Schleimtrichter im oberen Gangabschnitt ab, ziehen mit Irrigationsbewegungen (Schlängeln auf der Stelle durch abwechselnde Kontraktion der ventralen und dorsalen Längsmuskulatur) einen Wasserstrom hindurch und verschlingen nach einiger Zeit den Schleimfilter mitsamt anhaftenden Partikeln.

Die Art besitzt an den Segmentflanken je 1 Paar viellappiger, biramer Parapodien. Noto- und Neuropodium mit je 1 Stütz-(Führungs-)borste (Acicula), zahlreichen zusammengesetzten Borsten sowie Dorsal- und Ventralcirrus (Abb. 531, 538). Jedes Segment enthält ein vielteiliges System segmentaler Muskeln: Schrägmuskeln vom Bauchmark zur vorderen und hinteren Parapodienbasis, diagonalverlaufende Muskeln vor der Parapodienöffnung, verschiedene Muskeln im Innern der Parapodien, Pro- und Retraktoren der Aciculae und Borstensäcke (Abb. 531). Diese Muskeln drücken die Parapodien bei der Fortbewegung – mit vorgezogenen Borsten – wie Hebel kräftig und schnell auf das Substrat und führen sie dann langsam – mit eingezogenen Borsten – vom Boden abgehoben wieder nach vorn. Dieses koordinierte, langsame Schreiten führt zu einem Muster metachroner Wellen, die vom Hinterende zum Kopf in Richtung der Fortbewegung direkt an den Seiten des Körpers vorbeiziehen. – Beim schnellen Kriechen unduliert der Körper zusätzlich durch abwechselnde Kontraktion der mächtigen linken und rechten Längsmuskelstränge (Abb. 558). Peristaltik spielt hierbei kaum eine Rolle – die Ringmuskulatur ist nur gering ausgebildet. – Auch beim Schwimmen schwingt der Körper schnell in der horizontalen Ebene; durch Rückschlag der nun als Ruder wirkenden Parapodien erfolgt dabei die Vorwärtsbewegung.

Viele geschlechtsreife Nereididae werden epitok, z. B. *Platynereis dumerilii,* und ihr Schwärmen wird lunarperiodisch gesteuert (S. 372, Abb. 540). Sie bilden dazu ihre Parapodien zu großflächigen Rudern um; die Borsten fallen aus und werden durch breitere ersetzt (Abb. 540C), die – fächerförmig angeordnet – eine zusätzliche Ruderfläche beim Schwimmen bilden; einzelne Parapodialcirren vergrößern sich und enthalten spezifische Chemorezeptorzellen; die Augen hypertrophieren durch Vergrößerung ihrer Zellen; der Darm wird teilweise rückgebildet, die Muskulatur weitreichend umgestaltet durch Histolyse vor allem der Längsstränge, während die Schrägmuskeln im Bereich der Parapodien verstärkt werden und die Feinstruktur der Muskelzellen sich verändert (Zunahme der Mitochondrien); das Netz der Gefäße wird besonders in den Parapodien erweitert; Männchen bilden am Pygidium zusätzliche Papillen zur Ausleitung der Spermien. Diese Geschlechtstiere sind so sehr verändert, dass sie zuerst aus Unkenntnis der Zusammenhänge als besondere Gattung *Heteronereis* beschrieben wurden. – *Platynereis dumerilii* ist ein Modellorganismus und wird als Labortier gezüchtet. Sein Genom wurde entschlüsselt.

Nereis (syn. *Neanthes*) *virens,* mit bis zu 80 cm Länge und 200 Segmenten größter Annelide in der Fauna Deutschlands. In sandigen Sedimenten des Litorals. – *N. fucata,* 200 mm. Mietet sich in Schneckenhäusern ein, die vom Einsiedler *Eupagurus bernhardus* (S. 614, Abb. 905) bewohnt werden, und frisst von dessen Beute.

Syllidae sind wohl das artenreichste Familien-Taxon, mit einer allerdings recht einheitlichen Organisation. Generell nur millimetergroß; mit schlankem, deutlich segmentierten Körper und generell uniramen Parapodien. Eindeutige Autapomorphie ist der mehrteilige axiale Vorderdarm, der

Abb. 558 *Nereis diversicolor* (Nereididae). Bewegung. Übergang zwischen langsamem und schnellem Schlängelkriechen. Im hinteren Körperbereich kontrahieren sich die Längsmuskelbündel alternativ auf der linken und rechten Seite und legen den Körper so in horizontale Wellen. Diese verlaufen in Richtung der Fortbewegung (Pfeil!) – direkt – von hinten nach vorn. Auf der Vorderseite eines Wellenkamms werden die Parapodien auf das Substrat gesetzt und beim Abrollen der Welle nach hinten geschlagen, so dass sie den Körper nach vorn drücken. Im nachfolgenden Wellental ist die Längsmuskulatur maximal kontrahiert; die entsprechenden Parapodien werden stark verkürzt, vom Boden abgehoben und wieder nach vorn geführt. Die dunkle Linie auf dem Rücken des Tieres ist das Dorsalgefäß. Körperlänge ca. 5 cm. Original: W. Westheide, Osnabrück.

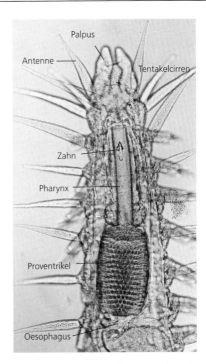

Abb. 559 *Grubeosyllis neapolitana* (syn. *Brania subterranea*) (Syllidae), 2,5 mm. Sandlückenform in Stränden. Vorstülpbarer axialer Vorderdarm aus Pharynxrohr und muskulösem Proventrikel. Original: W. Westheide, Osnabrück.

als Saugorgan dient; sein muskulöser Proventriculus (Abb. 559) besteht aus Muskelzellen mit meist nur aus 1 oder 2 Sarkomeren, die mit einer Länge von bis zu 60 µm die längsten im Tierreich sind. Charakteristisch für viele Sylliden ist s c h i z o g a m e Fortpflanzung (S. 373, Abb. 551, 543, 560), die mit Lunarperiodik verbunden sein kann. Durch Teilung – Architomie oder Paratomie – entstehen meist mehrere Individuen (Stolone, Zooide) an einem Muttertier (Amme), die sich ablösen, umherschwimmen und die Abgabe der Geschlechtszellen übernehmen. Ein echter Generationswechsel (Metagenese) liegt jedoch nicht in jedem Fall vor, da die weiblichen Geschlechtszellen vielfach noch im Muttertier gebildet werden und vor der Abschnürung in den Stolo gelangen.

Exogone naidina, 4 mm. Brutpflege durch Tragen von Eiern und dann Embryonen. – *Odontosyllis enopla*, 20 mm. Mit tages- und lunarperiodischem Fortpflanzungsrhythmus: schwärmt vor Bermuda 55 min nach Sonnenuntergang vor allem an Abenden nach Vollmond; geschlechtsspezifische blau-grüne Lichtsignale von hoher Intensität dienen zum Finden der Geschlechter. – *Myrianida* (syn. *Autolytus*) *prolifera*, 20 mm. Mit Vorderdarm werden Hydroidpolypen angestochen und ausgesaugt. Schizogamie; Zooide sind häufige Formen im Meroplankton (Abb. 560).

Phyllodocidae sind eine ebenfalls artenreiche Familie mit meist benthischen, aber auch wenigen holoplanktischen Arten. Charakteristisch sind die blattartigen (Name!) Dorsalcirren und die Cephalisation der vorderen Segmente

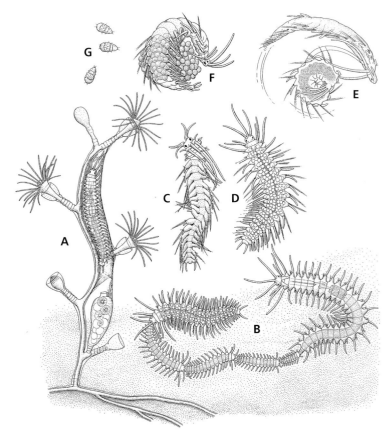

Abb. 560 Schizogame Epitokie bei *Myrianida* (syn. *Autolytus*) *prolifera* (Syllidae). Lebenszyklus. **A** Nichtgeschlechtsreifes Tier in Schleimhülle auf einem *Obelia*-Hydroidenstock (Cnidaria, S. 148). **B** Weibchen (Amme) mit Stolonen; letztes Tier in der Kette ist ältester Stolo, der sich als erster ablöst. **C** Männlicher Stolo im freien Wasser (Polybostrichus). Länge 4,5 mm. **D** Weiblicher Stolo im freien Wasser (Sacconereis). Männliche und weibliche Stolonen unterscheiden sich untereinander und auch von der Amme. **E** Hochzeitstanz: Männlicher Stolo schwimmt rasend schnell um weiblichen Stolo herum und belegt diesen dabei mit Spermien. **F** Weiblicher Stolo entlässt Eier in eine Bruttasche aus Schleim, in der sie zu Larven (**G**) heranreifen. Aus Fischer (1999).

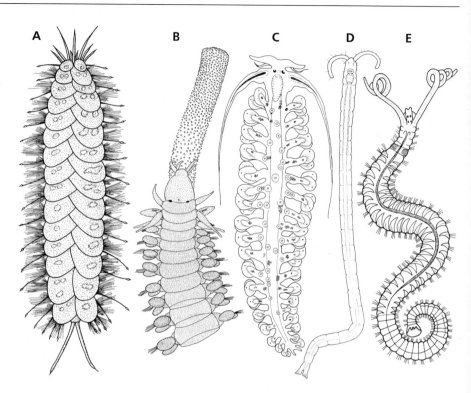

Abb. 561 Verschiedene Habitusformen von Anneliden. **A** *Harmothoe* sp. (Polynoidae), epibenthischer „Schuppenwurm", bei dem Dorsalcirren der Parapodien zu plattenförmigen Strukturen (Elytren) umgewandelt sind. Länge: ca. 40 mm. **B** *Eulalia mustela* (Phyllodocidae).Vorderende mit ausgestültem Pharynx. Länge des gesamten Tieres ca. 25 mm. **C** *Tomopteris* sp. (Tomopteridae), holopelagische, völlig durchsichtige Art aus dem Plankton, mit flossenförmigen Parapodialästen, Borsten nur noch in den Tentakelcirren. Länge: ca. 80 mm. **D** *Protodrilus adhaerens* (Protodrilidae), Sandlückenbewohner; ohne Parapodien und Borsten. Länge: ca. 3 mm. **E** *Polydora* sp. (Spionidae), hemi-sessile Form, die mit Hakenborsten des 5. Borstensegments in Hartsubstraten bohren kann. Länge: ca. 25 mm. Nach Pleijel (1991) und verschiedenen anderen Quellen.

mit bis zu 4 Paar Tentakelcirren. Prostomium mit je 1 Paar gleichaussehender Palpen und Antennen, teilweise noch 1 mediane Antenne. Meist intensiv gefärbt und mit segmentalen Mustern. Häufig Abscheidung transparenter Schleime bei der Fortbewegung. Räuber und Aasfresser, mit langem vorstülpbarem Pharynx (Abb. 561B).

Phyllodoce mucosa, 150 mm, 275 Segmente. Häufig an der Nordseeküste; im Frühjahr liegen die grünen Schleimkapsel-Gelege auf den Wattflächen. – *Eulalia viridis*, bis zu 200 Segmente.Deutsche Bucht, Skagerak, Ostsee. – *Vanadis formosa*, 180 mm, 200 Segmente und *Alciopa* spp., holopelagisch; durchsichtig mit hochdifferenzierten Linsenaugen von 1 mm Durchmesser.

Nephtyidae sind relativ große räuberische Polychaeten, die sich mithilfe ihres ausstülpbaren Pharynx durch sandige Sedimente graben und von wirbellosen Tieren leben.

Nephtys hombergii, 200 mm, 135 Segmente. Häufig an der Nordseeküste.

Die ausschließlich im Plankton lebenden räuberischen **Tomopteridae** (Abb. 561C) zeigen eine Vielfalt typischer Anpassungen an die holopelagische Lebensweise: Dauerschwimmen, Parapodien mit flossenförmigen Anhängen, fehlende Borsten bis auf lange Aciculae in den Tentakelcirren, glasklare Transparenz und Fehlen von Pigmenten, Augen mit Linsen (allerdings wesentlich kleiner als die der planktonischen Alciopidae mit ihren Tausenden von Lichtsinneszellen).

Tomopteris helgolandica, bis 90 mm, mit bis zu 21 Parapodiensegmenten.

Glyceridae und **Goniadidae** sind eng verwandte Schwestergruppen (Glyceriformia). Die langgestreckten, vielsegmentigen Sedimentbewohner können bis zu 1 m lang werden. Charakteristisch ist ihr kegelförmig verlängertes Prostomium mit 4 kleinen Anhängen, das als Verschmelzungsprodukt aus Antennen oder Palpen gedeutet wird. Ein axialer stark muskulöser Pharynx wird rüsselförmig weit aus der Mundöffnung vorgestreckt; er dient zum Graben im Substrat ebenso wie zum Ergreifen wirbelloser Beutetiere. Der Rüssel ist mit artspezifisch unterschiedlichen Papillen besetzt, deren Feinstruktur von hohem taxonomischem Wert ist. Terminal sind auf dem Rüssel Kieferelemente angeordnet: 4 symmetrisch liegende aus mineralisierten Proteinen bestehende Haken (Glyceridae) oder ein Kreis von 2 macrognathen und zahlreichen micrognathen Elementen (Goniadidae). Fossilisierte Kiefer gehören zu den Scolecodonten aus Ordovizium und Silur. Glyceridae geben mit den Kiefern Gift ab, das auch beim Menschen zu schmerzhaften Entzündungen führen kann.

Glycera alba (Glyceridae), 75 mm, 125 Segmente. Sublitoral. – *Goniada maculata* (Goniadidae), 200 mm, 270 Segmente.Weltweit verbreitet.

Eine Reihe von erranten Familien-Taxa, so genannte Schuppenwürmer, besitzt an einer bestimmten Anzahl von Segmenten paarige Dorsalcirren in Form schuppenförmiger Elytren, die die Dorsalseite mehr oder weniger vollständig bedecken.

Aphroditidae: *Aphrodita aculeata*, Seemaus, mit 200 mm Länge und 40 mm Breite einer der größten Polychaeten in Europa. Mit sich überlappenden Elytren, darüber Filz aus stark irisierenden Haarborsten. (Abb. 415). – **Polynoidae**: *Lepidonotus squamatus*. 50 mm. – *Harmothoe impar*, 25 mm. Häufig in Gängen und Röhren anderer Polychaeten (vgl. Abb. 561A). – **Sigalionidae**: *Sthenelais boa* 200 mm, über 200 Segmente. Weltweit verbreitet.

3 Sedentaria

Schon traditionell fasste man unter diesem Namen grabende und festsitzende Polychaeten zusammen, deren Körper häufig in Tagmata untergliedert ist und verschiedenartige (heteronome) Parapodien besitzt. Die meisten der hier eingeordneten Arten sind Mikrophagen. Einige sind weitgehend anhangslose Formen, die sich durch nahrungsreiche Substrate fressen.

Ein anderer häufiger Lebensformtyp besitzt am Vorderende unterschiedlichste bewimperte tentakelartige Strukturen, mit denen feinpartikuläre Nahrung erfolgreich aus allen Richtungen aus dem freien Wasser herantransportiert wird; die Tiere erhalten damit eine fast radiär erscheinende Symmetrie. Derartige tentakeltragende Formen sind meist sessil, viele leben in Röhren. Die Tentakel sind meist mit einer Wimpernrinne versehene Ernährungspalpen (*grooved palps*) (Abb. 521) oder aus solchen hervorgegangen (Ausnahme Terebellidae). Die Noto- und Neuropodialäste der Parapodien sind häufig stark umgestaltet zu (1) schmalen Höckern mit Haarborsten, die für Raum zwischen Körper- und Röhrenwand sorgen (Abb. 564, 574) und den Körper in der Röhre verankern helfen, wenn Peristaltikwellen Atemwasser hindurchpumpen, und (2) gürtelförmige Wülste mit kurzen, sehr beweglichen Hakenborsten (Uncini) (Abb. 568) bilden, die dem Drehen oder dem Auf- und Absteigen in der Röhre dienen. Diese Bewegungen werden vor allem von Parapodien des Vorderkörpers ausgeführt, die deshalb meist größer sind als die der hinteren Segmente.

Molekulare Analysen stellen jetzt eindeutig auch die Clitellata in dieses Taxon ebenso wie die unsegmentierten Echiurida.

3.1 Orbiniida

Substrat fressende Tiere mit langgestrecktem Körper und meist zahlreichen Segmenten; kleinere Arten nehmen ihre Nahrung von der Oberfläche einzelner Sandkörner. An grabende Lebensweise durch spitzes oder rundes anhangsloses Prostomium gut angepasst. Unterschiedliche Parapodien lassen den Körper in Thorax und Abdomen unterteilen.

Scoloplos armiger (Orbiniidae), 120 mm, 200 Segmente (Abb. 562A). Häufig im Litoral der Nordseeküste. Rötliche Schleimkokons mit bis zu 5 000 Eiern auf der Sedimentoberfläche. Mehrere eu- und sublitorale Arten, die sich nicht morphologisch, aber in ihrer Fortpflanzung deutlich unterscheiden. – Hierher auch *Parergodrilus heideri* (Parergodrilidae), 1 mm, weißlich, transparent; eines der seltenen Beispiele für einen nicht zu den Clitellaten gehörenden terrestrischen (Laubstreu von Buchenwäldern) Anneliden.

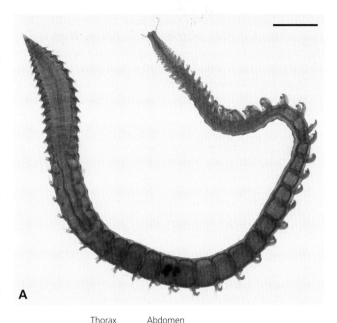

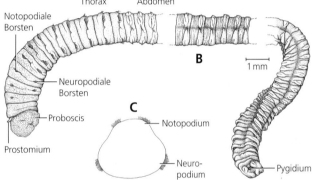

Abb. 562 Habitusbilder Sediment-bewohnender Sedentaria. **A** *Scoloplos armiger* (Orbiniidae). Juveniles Tier, Maßstab: 1 mm; adult bis 120 mm lang und mit bis zu 200 Segmenten. Abdomen mit Kiemenlappen. **B, C** *Notomastus torquatus* (Capitellidae). Vordere, mittlere und hintere Körperregion (B); 10. Borstensegment, Querschnitt (C). **D** *Travisia* sp. (Scalibregmatidae), Länge ca. 2 cm. A Original: G. Purschke, Osnabrück; B, C aus P. Hutchings in Beesley, Ross und Glasby (2000); D Original: W. Westheide, Osnabrück.

3.2 Sabellida

Molekular hoch gesicherte Gruppierung aus mindestens 4 Familien-Taxa mit morphologisch zahlreichen Übereinstimmungen, auch wenn eindeutige morphologische Synapomorphien noch nicht bekannt sind. Sessile oder hemisessile, in Röhren oder Grabgängen lebende Suspensionsfiltrierer. Durch unterschiedliche Parapodien und andere strukturelle Besonderheiten Körper meist deutlich in Tagmata unterteilt.

Serpulidae und **Sabellidae** mit umfangreicher auffallender zweiteiliger Tentakel-(Kiemen-)krone, die meist trichterförmig aus der Röhre herausgestreckt wird. Jeder der beiden federförmigen Tentakel (Radiolus) hat 2 Reihen stark bewimperter Pinnulae, die einen kontinuierlichen Wasserstrom durch die Tentakelkrone hindurchtreiben, aus dem Feinpartikel abgefangen und an der Basis der Tentakel in komplizierter Weise sortiert werden (Abb. 563A, B) (Filtrierleistung z. B. 1,4 ml h^{-1} mg^{-1} Feuchtgewicht bei *Pomatoceros triqueter*).

Bei der Nahrungsaufnahme wird das Vorderende mit den Anhängen vorgestreckt, auf bestimmte Reize aber blitzschnell in die Röhre zurückgezogen. Dieser Rückzugsreflex beruht auf Riesennervenfasern (Kolossalfasern) des Bauchmarks. Bei *Myxicola infundibulum* (Sabellidae) ermöglicht ein derartiges Axon (Durchmesser ca.1 mm) durch Erregungsleitung von 21 m s^{-1} und durch direkte Innervierung eine fast synchrone, sehr schnelle Kontraktion der gesamten Längsmuskulatur, die sehr stark ausgebildet ist. Teilweise mit Augen auf den Tentakeln, die aus zahlreichen Einzelaugen zusammengesetzt sind.

Vorderes Nephridienpaar mit unpaarer Öffnung. Eine Anpassung an die sessile Lebensweise ist die invertierte Kotrinne, die auf dem Abdomen ventral verläuft, am Thorax auf die mundabgewandte Dorsalseite zieht und die Faeces aus der Röhre herausbefördert.

Mit den **Sabellariidae** haben die beiden genannten Taxa Haken (Uncini) gemeinsam, die nicht wie bei anderen Polychaeten in den Neuropodien, sondern in den Notopodien des Abdomens (Borsteninversion) liegen.

Die hemi-sessilen **Spionidae** (und einige weitere nahverwandte Familien) bilden eines der größten Polychaeten-Taxa (ca. 400 Arten); wurden bisher außerhalb der drei anderen Familien geführt. Charakteristisch sind die beiden langen Ernährungspalpen (Abb. 521), die blattförmigen Lappen an Noto- und Neuropodien und die hakenförmigen einfachen Borsten mit terminaler häutiger Scheide.

Pomatoceros triqueter, Dreikantwurm (Serpulidae), 30 mm. In dreikantiger, blindgeschlossener, tütenförmiger Röhre, die zumeist in ganzer Länge auf Hartsubstraten – auch lebenden Muscheln – befestigt ist und nicht verlassen wird. Schleimsekrete und Kalkabscheidungen aus 2 Drüsenkomplexen werden von einer kragenartigen Falte des Peristomiums zur Röhrenwand ausgeformt (Zuwachsrate bis 11,4 mm pro Monat. Große zweiteilige, prachtvoll farbige Krone aus federartigen Tentakeln; ein Tentakel zu einem gestielten Operculum mit Kalkplatte und -dornen umgewandelt (Abb. 563A). – *Ficopomatus* (syn. *Mercierella*) *enigmaticus* (Serpulidae), 25 mm, häufige koloniebildende Brackwasserart warmer Meere, in Europa eingeschleppt. – *Hydroides norvegica* (Serpulidae) (Abb. 563A, B), 30 mm. Wie eine Reihe weiterer Serpuliden wichtiger Fouling-Organismus auf Schiffswänden und Hafenanlagen. – *Spirorbis spirorbis*, Posthörnchenwurm (Serpulidae), 6,5 mm. Mit kalkiger, linksgewundener Röhre, häufig auf Großalgen. Brutpflege: Eischnüre werden in die Röhre abgelaicht, hier 20–40 Embryonen; lunarperiodische Entlassung der Larven nach 3–14 Tagen.

Sabella penicillus (Sabellidae), 250 mm, 600 Segmente. In nicht kalkiger, membranöser Röhre, die nicht verlassen wird. – *Spirographis spallanzani* (Sabellidae), 300 mm. Einer der Tentakelträger lang und spiralig gewunden. – *Fabricia sabella* (Sabellidae), 4 mm. Kriecht mit dem Hinterende voran; Peristomium und Pygidium mit je 2 Augen. Röhre mit Detritus belegt.

Sabellaria spinulosa, Pümpwurm, Sandkoralle (Sabellariidae), 30 mm; in miteinander verkitteten Sandröhren auch im Wattenmeer, Nordsee. – *S. alveolata* (Abb. 564). Bildet Riffe an der Nordwestküste Frankreichs, bis zu 4 km². Alter 4–5 Jahre.

Polydora ciliata (Spionidae) (Abb. 561E), 30 mm. Bohrt Vertiefungen in Molluskenschalen und andere feste Substrate – wahrscheinlich mit Hakenborsten des 5. Segments und sauren Sekreten – und baut darin

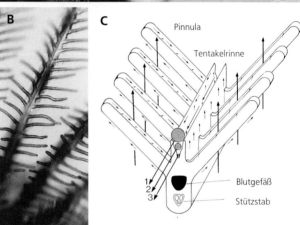

Abb. 563 Sedentaria. **A**, **B** *Hydroides norvegica* (Serpulidae). **A** Tentakelkrone aus 2 Stämmen, jeder mit mehreren halbkreisförmig angeordneten Tentakeln (Radioli); Kalkröhre. Gesamtlänge ca. 30 mm. **B** Radioli mit 2 Reihen bewimperter Filamente (Pinnulae). **C** *Sabella penicillus* (Sabellidae). Teil eines Radiolus. Schema der Wasserströmung und des Transports von Partikeln. Große Pfeile = Strömung des Wassers an den Pinnulae vorbei; kleine Pfeile = Richtung des Transports der Partikel durch die Cilien auf den Pinnulae und in der Rinne des Radiolus. Der unterschiedliche Rinnendurchmesser führt zur Sortierung in 3 Fraktionen: Die groben Teile (1) gelangen durch eine Wasserströmung am Grund der Tentakelkrone aus dem Trichter hinaus; Partikel mittlerer Größe (2) werden in Taschen am Vorderende des Tieres als Baumaterial zurückgehalten; nur das feine Filtrat (3) gelangt als Nahrung zum Mund. Die Tentakelkrone dient auch dem Gasaustausch. A, B Originale: W. Westheide, Osnabrück; C nach Nicol (1979).

U-förmige Röhren aus Mucoproteinen und Sandkörnern. – *Pygospio elegans* (Spionidae), 25 mm, in mit Detritus umkleideten Röhren. Bis zu 100 000 Individuen m^{-2} Wattfläche (Abb. 521B) – *Marenzelleria viridis* (Spionidae), 40 mm. Nordamerikanische Brackwasserart, die sich innerhalb der letzten 25 Jahre an der Nordseeküste und in der Ostsee bis Finnland ausgebreitet hat. Siedelt auf feinsandigen Sedimenten mit bis zu 130 000 Individuen und bildet dort bereits bis zu 20 % des Mageninhalts von Plattfischen.

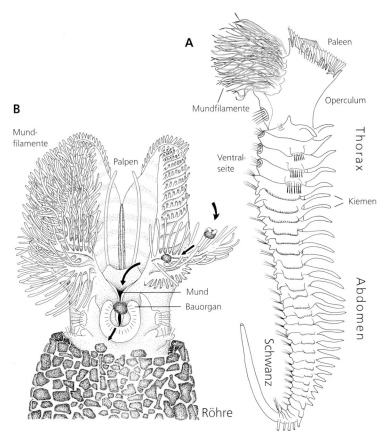

Abb. 564 *Sabellaria* sp. (Sabellariidae). **A** Totalansicht von der Seite (Länge: 2–5 cm) mit Gliederung in 3 Tagmata: (1) Thorax: 2 Segmente (mit Operculum) und 3 Parathoraxsegmente mit paddelartigen Borsten zur Bewegung in der Röhre. Die beiden muskulösen Opercularlappen tragen am Ende je 1 halbmondförmige, dicht mit dicken Borsten (Paleen) besetzte Scheibe, mit denen die Röhrenöffnung stopfenartig gegen Feinde und Austrocknung verschlossen wird. Die Paleen entsprechen den Notopodien der beiden ersten Segmente, die durch je 1 Paar neuropodiale Haarborstenbündel zu erkennen sind. Mundfilamente auf der Ventralseite. Prostomium nicht abgesetzt. (2) Abdomen: etwa 30 Segmente, davon die ersten 15–20 mit Kiemen. (3) Schwanzregion: röhrenförmiger, nach vorn gerichteter Abschnitt, After am Ende. Wachstumszone zwischen Abdomen und Schwanzregion. **B** Vorderende (ventral) eines Tieres beim Bau seiner Röhre. Mundfilamente teilweise abgeschnitten. Partikel werden aus dem Wasser mit den Filamenten abgefangen, auf Cilienbänder zum Mund transportiert und hier sortiert: (1) Nahrungspartikel, die in den Darmtrakt aufgenommen werden, (2) Partikel, die abgestoßen werden, und (3) Baupartikel (Sandkörner und Molluskenschalen-Bruchstücke bestimmter Größe); letztere gelangen zum Bauorgan, ein lippenförmiges Gebilde, das jeden einzelnen Partikel mit Zement bestreicht und ihn auf dem Röhrenrand festmauert. Nach verschiedenen Autoren.

3.3 Cirratulida

Neben den **Cirratulidae** umfasst die Gruppe wahrscheinlich auch die **Acrocirridae** und **Flabelligeridae**, eventuell noch die **Ctenodrilidae** und **Fauveliopsidae**, die generell benthische Taxa mit kleinen oder mäßig großen, selten häufigen Arten enthalten, für die keine eindeutigen morphologischen Synapomorphien bekannt sind. Die häufig rötlichen oder gelblichen Cirratulidae besitzen ein anhangloses Prostomium, meist ein oder mehrere Paare peristomialer Tentakel und häufig fadenförmige Kiemen an zahlreichen folgenden Segmenten (Abb. 565).

Chaetozone setosa (Cirratulidae), 25 mm. Langgestreckter Körper mit bis zu 90 Segmenten. – *Cirratulus cirratus* (Cirratulidae) (Abb. 565), 30 cm, über 150 Segmente. Weltweit, auch in Nord- und Ostsee. – *Dodecaceria caulleryi* (Cirratulidae), 60 mm. Besondere ungeschlechtliche Fortpflanzung (Abb. 539), Generationswechsel. – *Flabelligera affinis* (Flabelligeridae), 60 mm. Körper in transparenter Schleimhülle, durch die epidermale Papillen und Borsten ragen. Vorderende retraktil. Häufig auf der Oberfläche von Seeigeln.

3.4 Siboglinida (Pogonophora),
Bartwürmer

Die Siboglinidae wurden früher als eigener Tierstamm Pogonophora geführt. Lange Zeit blieben ihre Verwandtschaftsbeziehungen ungeklärt – nicht einmal die Zuordnung zu Protostomiern oder Deuterostomiern war unstrittig. Heute besteht aber kein Zweifel mehr daran, dass sie zu den Anneliden gehören: Sie werden als Familientaxon bei den Polychaeten unter dem älteren Namen Siboglinidae eingereiht. Wegen ihrer einzigartigen Organisation und Lebensweise erfahren sie hier eine besonders ausführliche Beachtung.

Die erste Art wurde erst 1914 beschrieben. Heute sind ca. 150 Arten bekannt. Von den fadenförmigen Tieren sind die meisten dünner als 1 mm (0,1–3 mm) bei einer Länge von 5–75 cm (!). *Riftia pachyptila* erreicht die außergewöhnliche Größe von 1,5 m bei 4 cm Durchmesser. Alle Arten sind Röhrenbewohner (Abb. 566G); die meisten siedeln in größeren Meerestiefen (25 m bis über 10 000 m). Die verhältnismäßig

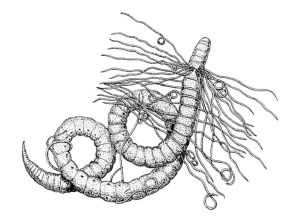

Abb. 565 *Cirratulus* sp. (Cirratulidae). Habitus eines erwachsenen Tieres mit ca. 100 Segmenten und 20 cm Länge. Nach Fauvel (1959).

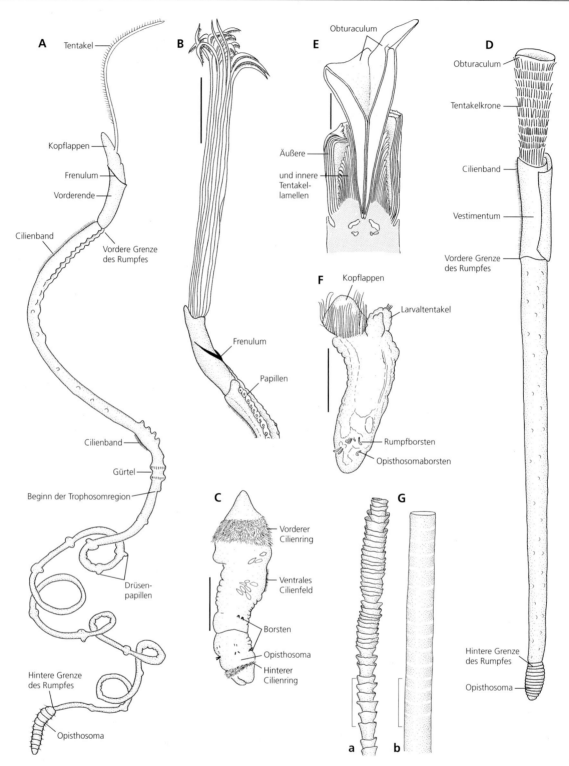

Abb. 566 Siboglinidae. **A–C** Perviata. **A** Körpergliederung von *Siboglinum fiordicum*, stark verkürzt, schematisiert. **B** *Lamellisabella johanssoni*, Vorderende und Kopflappen mit Tentakeln eines Weibchens. Maßstab: 2 mm. **C** Erstes benthisches Stadium von *Siboglinum fiordicum*. Maßstab: 0,2 mm. **D–F** Obturata. **D** Körpergliederung von *Riftia pachyptila*, stark verkürzt, schematisiert. **E** *Lamellibrachia columna*, Längsschnitt durch vordere Körperregion. Maßstab: 5 mm. **F** Erstes benthisches Stadium von *Ridgeia* sp. Maßstab: 0,05 mm. **G** Röhren. **a** *Polybrachia gorbunovi*, **b** *Diplobrachia southwardae*. Maßstäbe: 2 mm. A Kombiniert nach Southward (1980) und Southward und Southward (1987); B nach Ivanov (1963); C nach Bakke (1974); D nach Southward (1982); E nach Southward (1991); F nach Southward (1988); G nach Iwanov (1963).

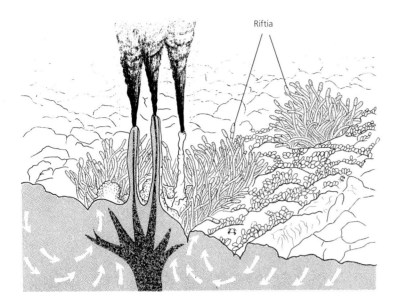

Riftia

Abb. 567 Schema einer Tiefseehydrothermalquelle: Auf etwa 350 °C erwärmtes und mit gelösten Mineralien angereichertes Wasser tritt unter hohem Druck aus. Bei Kontakt mit 2 °C warmem Tiefenwasser fallen viele Stoffe aus und bilden „Schornsteine", so genannte *black smokers* und – hier nicht dargestellte – *white smokers*. In der näheren Umgebung betragen die Wassertemperaturen um 20 °C, und reiches Wachstum chemoautotropher Bakterien bildet die Ernährungsgrundlage für diese Tiefseeoasen. Die wichtigsten Tiere sind unmittelbar an den Schornsteinen siedelnde Polychaeten (z. B. *Alvinella pompejana*, Abb. 573), umgeben von *Riftia pachyptila*, die schließlich von in den Spalten der Kissenlava siedelnden Muscheln (*Calyptogena magnifica*, *Bathymodiolus thermophilus*) abgelöst werden. Dazwischen verschiedene decapode Krebse. Nach Ballard und Grassle (1979).

großen Obturata (*tube worms*) sind charakteristische Vertreter der erst Ende der 70er-Jahre des 20. Jh. entdeckten, spektakulären Lebensgemeinschaften um unterseeische Hydrothermalquellen (*hydrothermal vents*) (Abb. 567) in ozeanischen Spaltungszonen – einem Ökosystem, das unabhängig von der Nahrungskette existiert, die von den photoautotrophen Primärproduzenten der Meeresoberfläche ausgeht. Die adulten Tiere besitzen weder Mund noch After. Der Darmkanal ist auf bestimmte Körperregionen beschränkt und geht teilweise in einem als Trophosom bezeichneten Organ auf. Seine Zellen beherbergen prokaryotische Symbionten. Höchstwahrscheinlich leben alle Arten in Symbiose mit diesen chemolithoautotrophen oder methylotrophen Bakterien.

Die Frage der morphologischen Orientierung war lange umstritten; in älteren Arbeiten wurden die Tiere deshalb oft mit der Ventralseite nach oben abgebildet. Die beiden ranghöchsten Untergruppen, traditionell als **Perviata** und **Obturata** (**Vestimentifera**) bezeichnet, zeigen eine etwas unterschiedliche Körpergliederung (Abb. 566A, D). Die Perviata bestehen aus dem Kopflappen, der einen oder mehr als 200 dorsale Tentakel trägt, dem Vorderende mit schrägverlaufender Leiste (Frenulum), dem Rumpf mit zahlreichen Papillen, Annuli mit Hakenborsten und Cilienbändern sowie dem segmentierten, borstentragenden Opisthosoma (Abdomen). Bei den Obturata lassen sich folgende Abschnitte unterscheiden: das Obturaculum, die Tentakelregion (auch als kiementragende Region bezeichnet) mit bis zu mehreren tausend Tentakeln, das Vestimentum (ein Abschnitt mit flügelartigen Verbreiterungen), der Rumpf und das segmentierte Opisthosoma mit Borsten. In beiden Taxa bildet der Rumpf den weitaus größten Abschnitt. Die Tentakel können ein- oder mehrzellige Pinnulae tragen, wodurch ihre Oberfläche stark vergrößert wird.

Die **Röhren** bestehen aus β-Chitin und sklerotisierten Proteinen und werden von epidermalen Drüsenzellen sezerniert (Abb. 566G). Bei den Frenulata ragen die Röhren nur wenig aus dem Sediment ins freie Wasser oder sind vollständig im Sediment verborgen. Die Röhren der Vestimentifera sind dagegen auf Hartsubstraten befestigt.

Die Borsten sind entweder stiftförmig (Opisthosoma, Perviata) oder hakenförmig (Uncini) (Abb. 568); letztere dienen der Verankerung in den Röhren.

Das **Nervensystem** liegt basiepithelial und ist relativ einfach organisiert. Es besteht aus einem Gehirn, dicht an den Tentakelbasen gelegen, und einem größtenteils unpaaren, ventralen Nervenstrang. Im Bereich der serialen Papillen der Perviata und im Vestimentum der Obturata ist der Nervenstrang paarig. Distinkte Ganglien kommen außerhalb des Gehirns nur im Opisthosoma der Perviata vor. Eigentliche Sinnesorgane sind nicht beschrieben worden. Im Kopflappen von *Siboglinum fiordicum* und *Oligobrachia gracilis* sind allerdings Phaosome (s. o.) gefunden worden.

Lange war als sicher angenommen worden, dass bei adulten Sibogliniden der Darmkanal vollständig fehlt. Dies führte zu verschiedenen Spekulationen über ihre **Ernährungsweise**. Das sog. Trophosom, ein bei allen Arten vorhandenes, fragiles, hochspezialisiertes Gewebe ist entodermalen Ursprungs und geht aus dem in frühen Entwicklungsstadien noch vorhandenen Darmkanal hervor (Abb. 569). Bei den Obturata ist es sehr umfangreich, in einzelne Lappen aufgelöst und wohl auch mit mesodermalen Anteilen versehen. Bei den Perviata ist es zylindrisch und auf die postannuläre Region des Rumpfes beschränkt. Bei manchen Arten sind Lumen und Cilien vorhanden – ein deutlicher Hinweis auf seine Herkunft aus dem Darmkanal (Abb. 569). Nachdem lebende Bakterien im Trophosom gefunden wurden, konnte schließlich nachgewiesen werden, dass diese chemolithoautotrophen Bakterien die wichtigste oder einzige Nahrungsquelle wahrscheinlich aller Sibogliniden darstellen. Das Gewebe des Trophosoms wird von zahlreichen Blutgefäßen durchzogen und entsprechend gut mit O_2, CO_2 und H_2S, die von den Symbionten benötigt werden, versorgt. Die Aufnahme gelöster organischer Substanzen aus dem umgebenden Wasser spielt für die Ernährung eine eher untergeordnete Rolle.

Den vor wenigen Jahren auf Walkadavern entdeckten *Osedax*-Arten fehlt ein Trophosom im eigentlichen Sinne. Bei ihnen kommt ein so genanntes grünes Gewebe mit Bakteriocyten vor, das sich bis in das in den Kadaver hineinziehende Wurzelgewebe ausdehnt. Diese Tiere ernähren sich von den in Walknochen enthaltenen komplexen organischen Verbindungen, die von den Symbionten abgebaut werden.

Das Trophosom macht bei *Riftia pachyptila* bis zu 50 % des Frischgewichtes aus; 15–30 % des Trophosomvolumens nehmen die Bakterien ein ($3{,}7$–10×10^9 Bakterien g^{-1} Trophosomgewebe). Das Bakterienvolumen der Perviata wird auf weniger als 1 % der Tiere geschätzt. Dass jedoch auch bei ihnen die Bakterien von entscheidender Bedeutung sind, geht beispielsweise daraus hervor, dass bei juvenilen Tieren der post-annuläre Abschnitt des Rumpfes im Wachstum den übrigen Körperregionen vorauseilt. Das Trophosom besteht aus 2 Zelltypen: zentral liegende Bakteriocyten sind von bakterienfreien Zellen (der Trophotheca oder äußeres Epithel) umgeben (Abb. 569D). Letztere dienen möglicherweise als Speicherorgan, da sie Glykogen und Lipide (bei Perviata) enthalten. In Lage und Funktion ist dieses Gewebe somit dem Chloragog (S. 367) vergleichbar.

In der Regel ist die von den Symbionten genutzte Energiequelle für die CO_2-Fixierung Sulfid (Abb. 570), bei *Siboglinum poseidoni* jedoch Methan. Schwefelwasserstoff (H_2S) geothermischen Ursprungs ist in der Nähe der Hydrothermalquellen im Wasser in geringer Konzentration vorhanden. Die nicht an schwefelhaltige Quellen gebundenen Pogonophoren machen sich für ihre Symbionten das in der Reduktionsschicht vorhandene Sulfid zu Nutze. Da H_2S toxisch ist und in Gegenwart von Sauerstoff sofort oxidiert wird, ist die Versorgung der Symbionten komplex: Das Hämoglobin bindet Sulfid und Sauerstoff mit hoher Affinität und reversibel. Interessanterweise hat Schwefelwasserstoff bei *Riftia pachyptila* (und anderen Sibogliniden?) keinen Effekt auf die O_2-Affinität des Hämoglobins – ein Hinweis auf das Fehlen einer Interaktion von Sulfid mit den Hämgruppen. Im Blut wird Sulfid etwa 10-fach konzentriert, so dass eine sehr hohe Rate chemoautotropher CO_2-Fixierung möglich ist. Der Transfer der organischen Substanz aus den Bakterien ist nicht vollständig geklärt, sie wird entweder von den Zellen abgegeben, oder die Bakterien werden intrazellulär verdaut.

Für die Übertragung der Symbionten auf die nächste Generation wird eine Aufnahme über den Darmkanal der juvenilen Tiere vermutet.

Alle Körperabschnitte enthalten mehr oder weniger umfangreiche **Coelomsäcke**. Im Kopflappen der Perviata befindet sich ein unpaarer Coelomraum, der sich in die Tentakel fortsetzt und wahrscheinlich mit 1 Paar Coelomodukte nach außen mündet. Vorderende und Rumpf enthalten jeweils 1 Paar Coelomräume, die median ein Mesenterium bilden. Im segmentierten Opisthosoma ist dagegen in jedem Segment 1 unpaarer Coelomraum ausgebildet. Das Vorhandensein eines sog. Perikards ist umstritten (Abb. 571). Bei den Obturata ist das Coelom ähnlich gegliedert.

Die Deutung der Körpergliederung, der Coelomräume und ihrer Ontogenese ist nur im Zusammenhang zu sehen; sie wird kontrovers diskutiert. Nach E. Southward entsprechen bei beiden Untergruppen die Tentakelregionen (mit Kopflappen) einem 1. Segment, Vorderende und Rumpf bzw. Obturaculum, Vestimentum und Rumpf einem sehr langen, sekundär geteilten 2. Segment sowie das Opisthosoma dem 3. und folgenden Segmenten. Aus der Ontogenie ist tatsächlich ersichtlich, dass das Obturaculum eine vordere Verlängerung des 2. Segmentes ist und kein eigenes Segment darstellt.

Das **Blutgefäßsystem** ist geschlossen und gut entwickelt. Im Kopflappen und Vestimentum ist das Dorsalgefäß muskulös und dient als Herz. (Abb. 571). Das Blut enthält verschiedene Zellen und freies Hämoglobin in relativ hoher

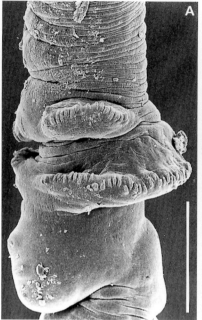

Abb. 568 Borsten. *Siboglinum poseidoni*. **A** Gürtel mit Hakenborsten. Maßstab: 100 µm. **B** Hakenborste aus A, vergrößert. Maßstab: 5 µm. Originale: H.J. Flügel, Kiel.

Konzentration. Dieses hat die Fähigkeit, O_2 und HS$^-$ zu binden sowie Sulfid vor spontaner Oxidation zu schützen (s. o.).

Im Blut finden sich drei unterschiedliche Hämoglobine, von denen zwei, V1 und V2, im Blut und eines, C1, in der Coelomflüssigkeit vorkommen. Alle drei Hämoglobine binden HS$^-$ an freien HS-Gruppen von Cystein-Resten unter Ausbildung von Disulfid, jedoch mit unterschiedlicher Affinität. Das V1 Hämoglobin ist ein multimeres, komplexes Molekül, dass aus 144 Globinketten unterschiedlicher Globine und strukturell nicht verwandten Linker-Proteinen aufgebaut ist. Dieses Hämoglobin findet sich auch in anderen Anneliden und besitzt beispielsweise auch bei *Arenicola marina* die Fähigkeit, Schwefelwasserstoff zu binden. Die Hämoglobin-Synthese erfolgt im Herzkörper. (s. o.). Die Affinität des Hämoglobins gegenüber Sauerstoff ist bei den Obturata über einen breiten Temperaturbereich nahezu konstant – eine offensichtliche Anpassung an das besondere Habitat dieser Organismen, in dem die Temperaturen über einen Bereich von 20 °C schwanken können.

Über **Exkretionsorgane** und Osmoregulation ist wenig bekannt. Die im Vorderende liegenden Coelomodukte wurden als Metanephridien gedeutet. In neueren Arbeiten werden sie bei den Perviata jedoch für Protonephridien gehalten; eine Klärung bleibt abzuwarten.

Sibogliniden sind generell getrenntgeschlechtlich (Ausnahme: *Siboglinum poseidoni*). Die paarigen schlauchförmigen **Gonaden** liegen im Rumpf und münden über paarige Gonodukte in der Rumpfregion, dicht an der Grenze zum Vorderende bzw. Vestimentum, nach außen. Die fadenförmigen Spermien werden entweder in Spermatophoren verpackt und im distalen Abschnitt der Spermiodukte gespeichert oder legen sich zu Bündeln (Spermatozeugmata) zusammen. Die Ovarien sind ebenfalls lange Schläuche. Sie münden bei den Perviata viel weiter hinten als die Spermiodukte. Bei den Obturata werden die Öffnungen vom hinteren Teil des Vestimentums bedeckt.

Die Befruchtung findet wahrscheinlich in den Röhren der Weibchen oder bereits in den Ovidukten statt. Die Spermato-

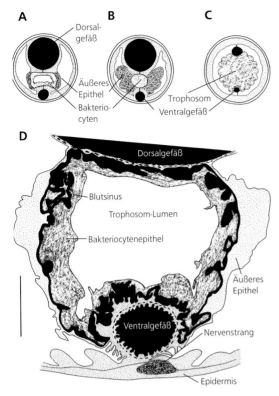

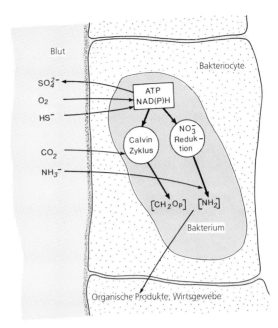

Abb. 569 A–C Anordnung des Trophosomgewebes in schematisierten Rumpf-Querschnitten. **A** *Siboglinum fiordicum*. **B** *Siboglinum angustum*. **C** *Riftia pachyptila*. **D** Teil eines Querschnittes durch die postannuläre Region von *S. fiordicum*, Bakteriocytenepithel durch Blutsinus vom äußeren Epithel getrennt. Maßstab: 10 μm. A,B,D Nach Southward (1982); C nach Southward und Southward (1987).

Abb. 570 Schematische Darstellung der metabolischen Prozesse in prokaryotischen Symbionten von Siboglinidae. Die Enzyme des Calvin-Zyklus sowie ATP-Sulfurylase und Nitrat-Reduktase sind in verschiedenen Sibogliniden nachgewiesen worden. Umgezeichnet für Trophosomgewebe in Anlehnung an Jannasch (1985) und Felbeck et al. (1984).

phoren oder Spermienbündel sollen entweder mithilfe der Tentakel in die Röhren der Weibchen gebracht werden oder passiv verdriftet.

Bei den Walknochen abbauenden *Osedax*-Arten sind die makroskopisch sichtbaren Indiviuduen ausnahmslos Weibchen, die in ihren Röhren jeweils bis über 100 Zwergmännchen beherbergen. Das Geschlechterverhältnis beträgt 1 : 17 (Weibchen : Männchen). Die Männchen zeigen klare progenetische/pädomorphe Züge und entsprechen in ihrer Organisation äußerlich den bewimperten Jugendstadien von *Siboglinum*-Arten.

Bei den Obturata sind Ort (freies Wasser?) und Ablauf der **Furchung** und Entwicklung bis zu den ersten bodenlebenden Stadien unbekannt. Bei den Perviata verläuft die Entwicklung bis zu einem bewimperten Stadium in den Röhren, und die pelagische Phase ist kurz. Die Furchung der meist langgestreckten Eier beginnt in der Regel wie eine typische S p i r a l - f u r c h u n g mit Mikro- und Makromeren.

Das Coelom differenziert sich zu 3 Abschnitten: (1) der vordere bildet das unpaare Coelom des Kopflappens und der Tentakel, (2) der mittlere paarige wird erst später durch ein sekundäres Septum in Vorderenden- und Rumpfcoelom gegliedert, und (3) das letzte Paar verschmilzt zum Coelom des 1. Opisthosomasegments. In diesem Stadium gehen die Tiere zum Bodenleben über; neben Cilienbändern und Tentakelknospen sind die ersten Rumpf- und Opisthosomaborsten vorhanden, die 2 Segmenten angehören (Abb. 566C, F). Weitere Opisthosomasegmente entstehen aus hinteren, bogenförmig angeordneten Zellgruppen. Nach den Septen werden zunächst kleine paarige Coelomräume gebildet, die sich später vergrößern und ver-

schmelzen. Die jüngsten bekannten Stadien der Obturata entsprechen dem ersten bodenlebenden Stadium der Perviata (Abb. 566C, F); sie besitzen jedoch noch einen funktionierenden Darmkanal mit Mund und After, während bei den Perviata-Jugendstadien nur eine temporäre Mundöffnung gefunden wurde.

Dieses bewimperte Stadium der Obturata besteht aus dem Kopflappen (später Sipho) mit 2 dorsalen Tentakeln, dem Rumpf mit Borsten sowie einem Opisthosomasegment mit Borsten. Das Vestimentum wird erst in einem späteren Stadium sichtbar, und schließlich entwickelt sich aus einer Knospe zwischen den Tentakelbasen und dem Sipho das Obturaculum. Dieses enthält 2 zunächst solide Mesodermstreifen, die mit dem Mesoderm der Vestimentum-Region verbunden sind. Später werden der Sipho und die Rumpfborsten völlig reduziert. Der Darmkanal mit Mund bleibt noch lange offen, auch nachdem bereits Symbionten vorhanden sind und der Darm zum Trophosom differenziert worden ist.

Seit ihrer Entdeckung und Erstbeschreibung durch M. Caullery (1914) haben die anatomischen Besonderheiten der Siboglinidae die Zoologen über viele Jahre zu widersprüchlichen Deutungen der Verwandtschaft geführt. Hierzu hat vor allem beigetragen, dass lange Zeit nur unvollständige Tiere ohne Opisthosoma bekannt waren, ihnen Mund und After fehlen, das Trophosom und seine Herkunft aus dem Darmkanal lange Zeit unbekannt und der Modus der Mesodermbildung umstritten waren. Da also lediglich drei, teilweise paarige Coelomräume bekannt waren und die Mesodermbildung als Enterocoelie gedeutet wurde, hatte man die Sibogliniden als trimere (archimere) Organismen in die Echinodermen-Chordaten-Verwandtschaft (Deuterostomia) (S. 714) eingeordnet. In diesen älteren Arbeiten wurden die Tiere dementsprechend so orientiert, dass das Nervensystem dorsal und die Tentakel ventral lagen (Pogonophora = Bartträger!). Erst die Entdeckung und Beschreibung der segmentierten Hinterenden machte die Übereinstimmungen mit den Anneliden offensichtlich. Die Entdeckung der spektakulären *Riftia pachyptila* hat dann noch einmal einen bis heute andauernden Anstoß zu weiteren Untersuchungen gegeben. Neben zahlreichen morphologischen Übereinstimmungen gibt es auch biochemische Daten, die eine Zugehörigkeit zu den Anneliden sehr wahrscheinlich machen. Inzwischen belegen zahlreiche molekular-systematische Analysen eine Position der Siboglinidae innerhalb der Sedentaria (Abb. 547).

Perviata (Frenulata) – Körper besteht aus Vorderende, Rumpf und segmentiertem Opisthosoma. Kopflappen mit 1 bis zahlreichen dorsalen Tentakeln und Frenulum (Bändchen). Rumpf mit zahlreichen Papillen; Gürtel mit zwei oder mehr Reihen von Hakenborsten (Uncini) teilt Rumpf in prae- und postannuläre Region. Trophosom meist auf postannuläre Region beschränkt. Opisthosoma als Graborgan aus durchschnittlich 20 Segmenten mit 4 Borstenreihen, Tentakel mit einzelligen Pinnulae. Meist Spermatophoren. Röhren an beiden Enden offen, über das Substrat hinausragend oder vollständig verborgen. In der Regel in reduzierenden (H_2S-reichen) Weichsubstraten. Weltweit: Fjorde, Kontinentalschelf und Tiefsee von 25–10 700 m Tiefe; meist in kalten Tiefenwassern, in Küstennähe auch bis zu 18 °C; ein Vertreter von Hydrothermalquellen: *Siphonobrachia lauensis*. Mehr als 100 Arten. Ähnliche Röhren fossil aus dem Unteren Kambrium.

Siboglinum ekmani, 40–100 mm; wie alle Arten der Gattung nur 1 Tentakel, spiralig aufgerollt, mit 2 Reihen Pinnulae; Skagerrak, Nordatlantik, 300–1 250 m Tiefe. – *S. fiordicum*, ca. 80 mm; Skagerrak, Norwegen, 25–560 m Tiefe (Abb. 566A). – *Lamellisabella zachsi*, 18 cm; 29–31 Tentakel mit Pinnulae, basal verwachsen; 220 mm; Ochotskisches Meer, Beringsee, 2 900–3 500 m Tiefe. Zunächst für Art der Sabellidae gehalten (vgl. Abb. 566B).

Osedax. – An Walknochen gebundene Taxa, die erst kürzlich gefunden wurden. Nach molekularen Untersuchungen die Schwestergruppe von Monilifera + Obturata. – *O. frankpressi* und *O. rubiplumus*, ca. 6 cm. Zwergmännchen in den transparenten, basal geschlossenen Röhren der Weibchen (s. a. S. 393).

Monilifera. – *Sclerolinum brattstroemi* (Sclerolinidae), ca. 100 mm. 2 Tentakel ohne Pinnulae; Norwegen, 90–1 300 m Tiefe; in vermodernem Holz und ähnlichen Substraten.

Obturata (Vestimentifera). – Körper aus Obturaculum, Tentakel- bzw. Kiemenlamellen, Vestimentum, Rumpf und Opisthosoma (Abdomen). Obturaculum, verschließt bei Gefahr die Röhre. Vestimentum – seitliche Falten – umhüllt zweiten Körperabschnitt und bildet meist Kragen um die Basis der Tentakellamellen. Rumpf mit voluminösem Trophosom, ohne Borsten. Abgesetztes Opisthosoma aus bis zu 100 Segmenten, diese mit paarigen Coelomsäckchen; 2 Borstenreihen. Kiemenfilamente mit multizellulären Pinnulae. Auf Hartsubstraten. Keine Spermatophoren. Kiemenlamellen entweder in aufsteigenden Reihen an den Seiten des Obturaculums und von ihm abstehend sowie im Vorderende axial angeordnetes Dorsalgefäß oder Kiemenlamellen in auswärts gerichteten Reihen um die Basis des Obturaculums und parallel dazu ausgerichtet; im Vorderende basal liegendes Dorsalgefäß. Mit Ausnahme der Gattungen *Lamellibrachia* und *Escarpia* an Thermalquellen ozeanischer Spaltungszonen gebunden. Etwa 10 Arten. Nach molekularen Untersuchungen sind die an Hydrothermalquellen gebunden Arten eine relativ junge, monphyletische Gruppe, deren Ursprung weniger als 100 Millionen Jahre zurückliegt.

Lamellibrachia barhami (Lamellibrachiidae), 48 cm lang und 5 mm Durchmesser; an kalten sulfid- und kohlenwasserstoffhaltigen Sicker-

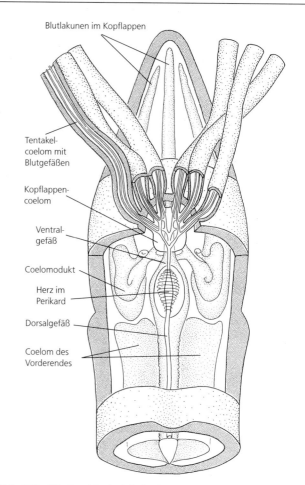

Blutlakunen im Kopflappen

Tentakel-coelom mit Blutgefäßen

Kopflappen-coelom

Ventral-gefäß

Coelomodukt

Herz im Perikard

Dorsalgefäß

Coelom des Vorderendes

Abb. 571 *Oligobrachia dogieli*. Coelom und Blutgefäße des Kopflappens. Nach Ivanov (1963).

quellen am Kontinentalsockel; Ostpazifik, 1 100–2 000 m Tiefe. – *L. luymesi*, 55 cm; Atlantik (vgl. Abb. 566E). – *Ridgeia piscesae* (Ridgeiidae), 65 cm; Pazifik. – *Riftia pachyptila*, 1,5 m lang, 4 cm Durchmesser; Pazifik: Galapagos Graben, East Pacific Rise, 2 500 m Tiefe; über 300 Paar Kiemenlamellen mit jeweils bis zu 340 Tentakeln; größte Art der Siboglinidae und der Tiefsee-Thermalquellen-Fauna (Abb. 566D).

3.5 Terebellida

Die Gruppierung umfasst wahrscheinlich 5 Familien-Taxa mit generell hemi-sessilen Arten: **Terebellidae**, **Trichobranchidae**, **Pectinariidae**, **Alvinellidae** und **Ampharetidae**. Morphologische Synapomorphien für alle Taxa sehr spezifisch: ein so genannter Herzkörper im Blutgefäßsystem und ein oder mehrere Gularmembranen (muskulöse Diaphragmen zwischen bestimmten vorderen Segmenten).

Lanice conchilega, Bäumchenröhrenwurm (Terebellidae), 300 mm. In 30–40 cm langen Sandröhren mit bäumchenförmiger Krone (Stellfächer), die senkrecht im Substrat stehen. Das mit dem Peristomium verschmolzene Prostomium hat einen Schopf langer Tentakel, die von einem einheitlichen Coelom durchzogen werden und Drüsen und Chemorezeptorzellen besitzen; mit Cilien vermögen sie über das Substrat zu „kriechen" und dabei Nahrungspartikel oder Baumaterial für die Röhre auf dem rinnenförmigen Wimpernband zu befördern; oder

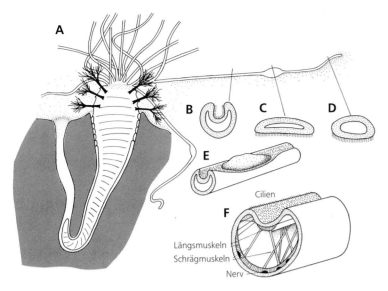

Abb. 572 Nahrungssuche und Tentakelstruktur bei *Neoamphitrite* sp. (Terebellidae). Körperlänge ca. 200 mm. **A** Tier in normaler Lage unter einem Stein. Die prostomialen Tentakel wandern mithilfe ihrer Ciliensohle über das Substrat. **B–D** Tentakelquerschnitte durch verschiedene Regionen. **E** Transport eines Nahrungsbrockens auf der ciliären Rinne. **F** Blick in das Innere eines Tentakels. Nach Dales (1963).

das Material wird durch Kontraktion der Tentakel zum Vorderende gebracht (Ernährungstyp des Tasters) (Abb. 572). Beim Röhrenbau ergreift eine besondere kupuzenförmige Oberlippe jeweils ein Sandkörnchen und setzt es auf den oberen Rand der Röhre. Dann steigt das Tier etwas aus der Röhre, streicht mit den drüsigen Bauchschildern am Sandkorn entlang und kittet es dabei mit dem sofort erhärtenden Sekret in die Röhrenwandung. – Nach der Metamorphose zur Meta

trochophora beginnt diese eine zweite planktonische Phase als besonderes Juvenilstadium in einer konischen durchsichtigen Röhre (Aulophora), die als Schwimmorgan dient. – *Pectinaria koreni*, (Pectinariidae) (Abb. 574), 50 mm. Mit sehr regelmäßig geformter, zigarettenspitzenförmiger Sandröhre, Körper mit 3 Tagmata: Thorax mit einem Segment mit besonders großen kammförmig nach vorn gerichteten Borsten, den P a l e e n (zum Graben im Substrat und zum Verschluss der Röhre), aus borstenlosen Kiemensegmenten und einigen Borstensegmenten ohne ventrale Haken; Abdomen mit nur Haarborsten-tragenden Notopodien und Neuropodien mit Haken; Schwanzregion, die zu einer schaufelförmigen, parapodienlosen Scaphe spezialisiert ist, mit wenigen Haken, die zum Festhalten in der Sandröhre dienen. – *Alvinella pompejana*, Pompeji-Wurm (Alvinellidae), 100 mm, ca. 200 Segmente. 2 Tagmata. Mit zahlreichen Mundtentakeln und 4 Paar großen federförmigen Kiemen. In pergamentartigen Proteinröhren unmittelbar neben hydrothermalen Quellen (Abb. 573). Tiefsee, Pazifik.Bis zu 1 cm dicke Schicht von coccoiden und fadenförmigen Bakterien auf der Körperoberfläche, deren Bedeutung vielleicht im Schutz gegen die hohen Wassertemperaturen von bis zu 80 °C besteht. – *Ampharete finmarchica* (Ampharetidae), 50 mm. Röhre außen mit dicker Schicht aus Schlick. Vom Sublitoral bis 5 000 m Tiefe. Thorax mit 12, Abdomen mit 13–14 Segmenten. Mit zahlreichen Tentakeln, die in den Mund einziehbar sind. 4 Paar prominente dicht nebeneinander stehende Kiemen.

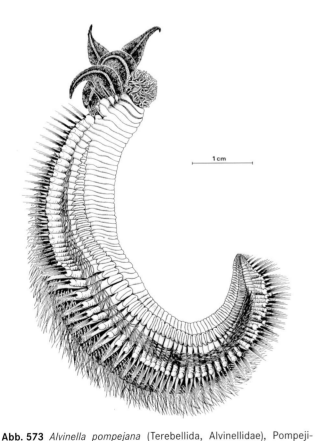

Abb. 573 *Alvinella pompejana* (Terebellida, Alvinellidae), Pompeji-Wurm. Etwa 10 cm lang. Lateralansicht; mit ausgestreckten Oraltentakeln und 4 Paar federförmigen Kiemen am 1. Segment. Charakteristische hitzetolerante Art in der Nähe von Hydrothermalquellen im Ostpazifik, 2 500 m Tiefe (Abb. 567). Aus Desbruyères und Laubier (1980).

3.6 Arenicolida

Maldanidae sind microphage Sedimentfresser ohne Kopfanhänge und Kiemen, die in mit Schleim verfestigten Röhren leben. Zu ihnen gehören die wenigen größeren Polychaeten mit einer konstanten Zahl von 16–24 Segmenten. In der Regel länger als breit und durch deutliche Einschnürungen getrennt, was zu dem Trivialnamen „Bambuswürmer" führte. Prostomium mit dem Peristomium verschmolzen und bildet eine schräge Platte mit langen schlitzförmigen Nuchalorganen. Pygidium oft platten-oder trichterförmig.

Maldane sarsi. 19 Borstensegmente, 110 mm lang. In sublitoralen Weichböden. Weltweit (?).

Arenicolidae sind typische hemi-sessile Substratfresser (Abb. 575, 576), die die an Detritus, Bakterien, Mikrofauna und Diatomeen reichen Oberflächensedimente des Watten-

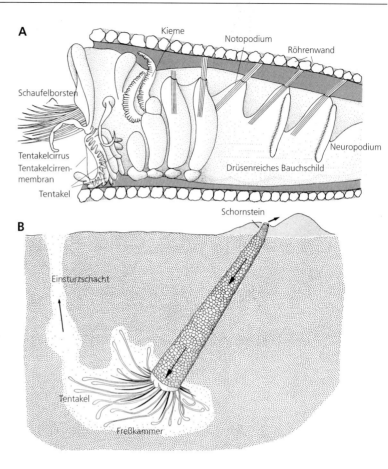

Abb. 574 *Pectinaria koreni* (Pectinariidae). **A** Vorderende. **B** Gangsystem. Das Tier bewegt sich kopfabwärts im Substrat. Röhre aus äußerer einschichtiger
Lage verkitteter, regelmäßiger Sandkörner, unterlagert
von mehreren dünnen Mucinschichten. Am Hinterende
kurzer Schornstein aus Detritus, der aus der Oberfläche herausragt; spitze, messingfarbene Borsten
(Paleen) bilden vor dem Kopf 2 große Schaufeln zum
Verschluss der Röhre, zur Fortbewegung und zur
Auflockerung des Sandes; in das gelockerte Substrat
schieben sich die Tentakel, die Detritus und kleinste
Organismen zum Mund transportieren. Ein von Zeit
zu Zeit erzeugter Wasserstrom treibt Sandkörner und
andere nicht verwertbare Partikel aus der Röhre, sie
werden um den Schornstein herum abgelagert. Hierdurch entsteht vor dem Vorderende der Röhre eine
Art Fresskammer. Sie wird durch die Tentakel ständig
vergrößert, bis es zur Bildung eines Einsturzschachtes
kommt, durch den weiteres Nahrungsmaterial an die
Tentakel gelangt. Peristaltische Bewegungen erzeugen
einen Atemwasserstrom, der an der engen Öffnung in
die Röhre eintritt (lange Pfeile!) und durch den Schacht
das Gangsystem verlässt. A Nach Fretter und Graham
(1966); B nach Wilcke (1952).

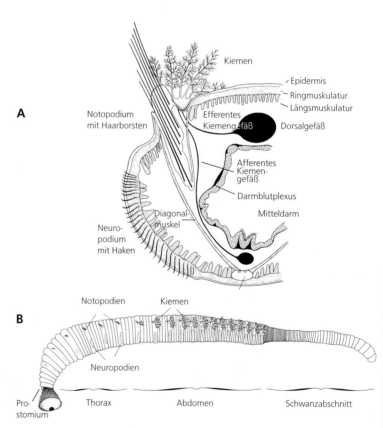

Abb. 575 *Arenicola marina* (Arenicolidae). **A** Querschnitt
durch ein Abdominalsegment. Leicht schematisiert.
B Habitus mit ausgestülptem Vorderdarm, ein nicht-mus-
kulöser, axialer Pharynx. Nach Ashworth (1904).

meeres nutzen. Sie besitzen ein sehr kleines Prostomium, dem Antennen und Palpen fehlen. Das Gehirn ist winzig; Augen, Nuchalorgane und 2 Statocysten sind vorhanden – letztere als sackförmige, offene Einstülpungen der Epidermis in der Nähe der Schlundkonnektive, mit Sandkörnchen als Statolithen. Der schlauchförmige, geringelte („drilomorphe") Körper hat 3 Regionen mit unterschiedlich differenzierten Segmenten, die 3 Regionen (Tagmata) bilden: 6 vordere Borstensegmente ohne Kiemen (Thorax), 13 Segmente mit paarigen mehrästigen Kiemenbüscheln (Abdomen) und ein deutlich schlankeres, parapodien- und borstenloses Hinterende (Schwanzabschnitt). Die Notopodien sind höckerförmig mit 2 Reihen langer Haarborsten ohne Aciculae, die Neuropodien wulstartig mit kurzen Haken in Reihe; ihre Muskulatur ist stark vereinfacht (Abb. 575A).

Arenicola marina, Watt- oder Pierwurm, bis 200 mm. Typischer Bewohner des Sandwatts. Liegen in einem mit Schleim austapezierten L-förmigen Bau in etwa 20–40 cm Tiefe (Abb. 576). Vorderdarm wird zu einem ballonförmigen, papillenbesetzten Rüssel ausgestülpt und mit anhaftenden Sand- und Nahrungspartikeln wieder eingezogen. Beim Graben eines neuen Baus ist der Rüssel ebenfalls beteiligt und lockert das vor dem Kopf liegende Substrat. Vortrieb besorgt dann die antagonistische Kontraktion der Ring- und Längsmuskulatur. Da Thorax und Abdomen bis auf 3 vordere Dissepimente alle Unterteilungen des Flüssigkeitsskeletts fehlen, kann dieser Körperabschnitt als einheitlicher, elastischer Zylinder arbeiten, der sich abwechselnd verkürzt und verlängert. Peristaltische Wellen, die über den Körper hinweglaufen, sind auch Irrigationsbewegungen, die Wasser in den Gang pumpen. Gelegentlich verlässt A. marina seinen Bau und schwimmt mit schwerfälligen, schraubenförmigen Verwindungen des gesamten Körpers. Häufig als Köder für Fischfang genutzt.

Als Schwestergruppe der Arenicolidae gelten neuerdings die keulen- oder spindelförmigen **Scalibregmatidae** mit ihrer häufig runzligen und sekundär geringelten Körperoberfläche. Sie leben als Substratfresser in Sand- und Weichböden, teilweise in großer Zahl, etwa in nordeuropäischen Gewässern.

Scalibregma inflatum, etwa 25 mm. Vorderkörper angeschwollen, Hinterkörper lang und dünn. – *Travisia forbesi*, 26 Segmente, 32 mm. Bis auf Kiemen keine Körperanhänge, Parapodien bis auf Haarborsten reduziert (Abb. 562D).

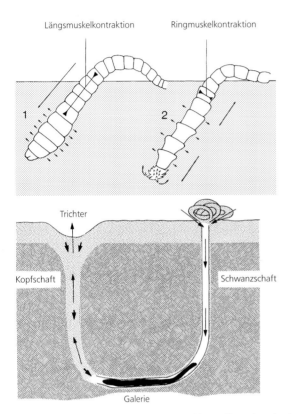

Abb. 576 *Arenicola marina* (Arenicolidae). **Oben**: Eingraben in das Substrat: (1) verkürzter Vorderkörper angeschwollen (Kontraktion der Längsmuskulatur und Einpressen von Coelomflüssigkeit aus der Körpermitte), dient so als Verankerung, wenn das Hinterende in das Substrat gezogen wird. (2) Der ausgestülpte Pharynx lockert den Sand vor dem Kopf; der nun gestreckte Vorderkörper ist dabei durch ringförmige Flanschen der vorderen Segmente verankert. Danach wird der Pharynx zurückgezogen und dabei Sand nach hinten gedrückt. In die so entstandene Höhlung dringt Wasser ein. Durch Streckung des gesamten Körpers (Kontraktion der Ringmuskulatur) stößt das Tier nun in das derart aufgelockerte Sediment vor. **Unten**: Schnitt durch den Bau. Das Tier liegt im horizontalen Abschnitt (Galerie) eines L-förmigen, mit wenig Schleim verfestigten Ganges. Peristaltische Verdickungswellen, die von hinten nach vorn über den Körper laufen, erzeugen einen Wasserstrom, der durch die Öffnung des Schwanzschachts in den Bau gepumpt wird (ca. 190 ml h⁻¹). Das Wasser verlässt den Bau durch einen senkrechten, mit Sand gefüllten Schacht (dünne Pfeile!) über dem Kopf des Tieres. An seiner Basis frisst der Wurm kontinuierlich Substrat, das von oben her nachrutscht (dicke Pfeile!). Auf der Wattoberfläche bildet sich so ein Einsturztrichter, in dem sich besonders viel organisches Material sammelt und nach und nach in die Tiefe gelangt. Gleichzeitig wird suspendiertes Material aus dem Atemwasserstrom im Sand vor dem Tier abfiltriert und steht so ebenfalls als Nahrung zur Verfügung. In Abständen (etwa alle 40 min) steigt das Tier rückwärts an die Oberfläche und scheidet unverdauten Sand als Kotschnur ab. Sauerstoff wird durch bäumchenförmige Kiemen aufgenommen, die über den dorsalen Borstenbündeln in der Körpermitte stehen (Abb. 575A). A Nach Trueman (1966); B nach verschiedenen Autoren.

In der Abbildung: Längsmuskelkontraktion   Ringmuskelkontraktion   1   2   Trichter   Kopfschaft   Schwanzschaft   Galerie

3.7 Opheliida

Gruppierung besteht nur aus den **Opheliidae,** die sich mit ihrem länglichen, keulen- oder spindelförmigen Körper und dem zugespitzten anhanglosen Prostomium durch sandige Sedimente graben.

Ophelia rathkei, 8 mm, 22–25 Segmente, birame stark reduzierte Parapodien mit Haarborsten. Häufig in litoralen Grobsänden der Nordseeküste. – *Polyophthalmus pictus*, 10–25 mm. Mit segmentalen Augen entlang des Körpers.

3.8 Capitellida

Es ist zurzeit relativ schwierig zu entscheiden, ob außer den **Capitellidae** noch andere Familientaxa in diese Gruppierung gehören. Capitelliden sind ein weiteres Taxon innerhalb der Sedentaria, das durch Reduktionen oder Fehlen von Anhängen an Prostomium, Peristomium und Parapodien gekennzeichnet ist, was als Anpassung an die grabende Lebensweise gedeutet werden kann. Körper in ein vorderes Tagma mit Haarborsten und ein hinteres Tagma mit langstieligen Haken

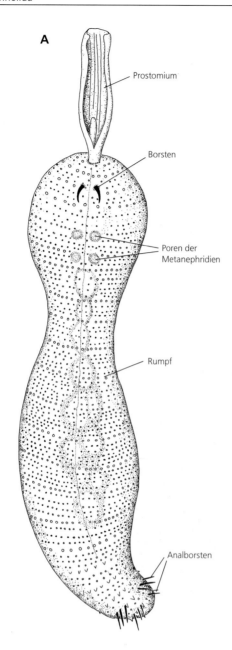

A

Prostomium

Borsten

Poren der
Metanephridien

Rumpf

Analborsten

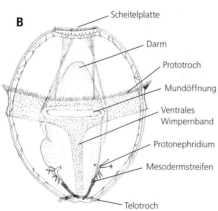

B

Scheitelplatte

Darm

Prototroch

Mundöffnung

Ventrales
Wimpernband

Protonephridium

Mesodermstreifen

Telotroch

Abb. 577 A *Echiurus echiurus*. Habitus; von den inneren Organen
ist nur der Darmkanal sichtbar. Länge: 15 cm. **B** Trochophora von
Echiurus abyssalis, Ventralansicht. A Nach Greeff aus Stephen und
Edmonds (1972); B vereinfacht nach Hatschek (1880).

untergliedert; die wenig entwickelten Noto- und Neuropodien gleichartig und wenig differenziert (Abb. 562B, C). Charakteristische Bewohner mariner Feinsedimente; Partikelfresser.

Capitella capitata (Capitellidae), 120 mm. Weltweit vorkommender
Komplex aus zahlreichen sehr ähnlichen Arten. Regenwurmartiger
Habitus. Kopulationsorgane im 8. und 9. Segment mit Genitalborsten.
Grabend, Substratfresser in nährstoffreichen, sauerstoffarmen, sulfi-
dischen Sedimenten; Indikatoren für organisch belastete und ökolo-
gisch gestörte benthische marine Lebensräume.

3.9 Echiurida (Echiura), Igelwürmer

Echiuriden (ca. 150 Arten) sind weltweit verbreitete hemi-
sessile Makrofauna-Organismen (bis zu 200 cm lang). Sie
kommen vom Gezeitenbereich bis in die Tiefsee (10 000 m)
vor, vorwiegend in Weichböden, aber auch in Spalten und
Höhlen von Hartsubstraten.

Traditionell wurden die Echiuriden meist vor die Anneliden gestellt, da sie zwar mit ihnen zahlreiche Übereinstimmungen in ihrer Adultorganisation, aber keinerlei Hinweise
auf Segmentierung zeigen. Erst nachdem in ihren Entwicklungsstadien ein annelidenartiges Nervensystem gefunden
wurde (Abb. 579) und molekulare Untersuchungen eine Position innerhalb der Polychaeten bestätigten, werden sie als
Anneliden betrachtet, die sekundär ihre Segmentierung verloren haben. Sie sind nahe mit den Capitellidae verwandt.

In Japan, China und Korea sowie in Chile (Chiloé Insel) wird *Urechis
unicinctus* als Nahrung genutzt oder auch als Fischköder verwendet.

An den unsegmentierten Tieren lassen sich ein vorderer,
praeoraler Abschnitt, das Prostomium (Proboscis, Rüssel), und ein hinterer Abschnitt, der Rumpf, unterscheiden
(Abb. 577A). Das Prostomium kann den zylindrischen bis
sackförmigen Rumpf um ein Vielfaches an Länge übertreffen: Die größte Art, *Ikeda taenioides*, misst bis zu 2 m, wovon
nur etwa 40 cm auf den Rumpf entfallen. Das Prostomium ist
sehr beweglich und muskulös, kann aber nicht in den Rumpf
eingezogen werden.

Die **Epidermis** ist bis auf die Ventralseite des Prostomiums unbewimpert. Charakteristisch sind 1 Paar Borsten
vorne auf der Ventralseite des Rumpfes, und manche Arten
besitzen darüber hinaus 1 oder 2 Ringe von Analborsten
(Abb. 577A). In der Rumpfregion bildet die Epidermis zahlreiche Papillen, die den Tieren z. T. ein pseudometamer
geringeltes Aussehen verleihen (Abb. 577A). In eine mächtige
extrazelluläre Matrix sind Kollagenfasern, Nervenzellen, Pigmentzellen und Drüsenzellkörper eingebettet. Dieses
Bindegewebe (Cutis) füllt das Prostomium nahezu vollständig aus und enthält dessen komplexe Muskulatur. Die
Rumpfmuskulatur liegt unter der Matrix und besteht aus
8 Schichten von Ring-, Längs- und Diagonalmuskulatur.

Bei *Bonellia viridis* enthalten Pigmentzellen das grüne Bonellin, ein
Chlorin. Untypisch für porphinoide Naturstoffe (wie z. B. Chlorophyll) enthält es kein Metallzentralatom. Das Pigment kann nach
außen abgegeben werden, wirkt toxisch auf eu- und prokaryotische
Organismen und dient neben der Tarnung auch als Abwehrstoff. Dass
es darüber hinaus auch den „Maskulinisierungsfaktor" (s. u.) bei der

phänotypischen Geschlechtsbestimmung der Larven darstellt, wird heute angezweifelt.

Der Rumpf enthält eine einheitliche **Coelomhöhle** (Abb. 578), in deren Flüssigkeit verschiedene Typen von Coelomocyten zu finden sind. Das geschlossene **Blutgefäßsystem** ist einfach. Im vorderen Rumpfbereich sind meistens 1–2 Paar Metanephridien vorhanden, die die reifen Gameten aus der Coelomflüssigkeit aufnehmen und in ihrem sackförmigen Abschnitt speichern (Abb. 578). Bei den sexualdimorphen Arten halten sich die Männchen in einem als Androecium bezeichneten Abschnitt der Nephridien auf (Abb. 580E). Der **Exkretion** dienen die mit zahlreichen Wimperntrichtern besetzten Analschläuche, die in den Enddarm münden.

Der **Darmkanal** führt vom Vorderdarm über Pharynx, Oesophagus und evtl. einen Kropf in den stark aufgewundenen Mitteldarm, dieser ist mit einer Wimpernrinne ausgestattet und besitzt im mittleren Abschnitt einen Nebendarm.

Alle Echiuriden sind mikrophag. Zur Nahrungsaufnahme wird nur das Prostomium aus dem Wohngang herausgestreckt und mit der unbewimperten Dorsalseite über das Substrat geführt. Die Nahrungspartikel (Detritus, Mikroorganismen etc.) werden mithilfe der Cilien oder Muskulatur auf die bewimperte, dem Substrat abgewandte Seite gebracht, sortiert und in der medianen Wimpernrinne zur Mundöffnung transportiert oder seitlich wieder abgegeben. So entstehen charakteristische sternförmige Fraßspuren auf der Sedimentoberfläche. – *Urechis caupo* baut mithilfe der prostomialen Drüsen ein Schleimnetz in seinem Wohngang; durch Pumpbewegungen hinter diesem Netz werden aus dem Wasser, das den Gang durchströmt, die Nahrungspartikeln herausgefiltert. Von Zeit zu Zeit frisst das Tier das Schleimnetz mit der darin befindlichen Nahrung.

Das **Nervensystem** besteht aus einem Schlundring, der sich bis in die Spitze des Prostomiums erstreckt, und einem unpaaren Bauchmark (Abb. 578). Ganglien oder ein abgegrenztes Gehirn kommen nicht vor. In der Ontogenese von *Bonellia viridis* und *Urechis caupo* wird das Nervensystem jedoch mit deutlich metameren Strukturen angelegt (Abb. 579). Diese repetitiven Muster entsprechen Befunden, wie man sie von anderen Anneliden kennt. Sich wiederholende Strukturen findet man auch im Coelom und in der Muskulatur der Körperwand beim Zwergmännchen von *Bonellia viridis* (Abb. 580D).

Komplexe **Sinnesorgane** fehlen, wahrscheinlich auch die für Polychaeten so typischen Nuchalorgane. Die zahlreichen epidermalen Sinneszellen sind jedoch oft zu Sinnespapillen zusammengefasst, die besonders dicht auf dem Prostomium stehen.

Alle Echiuridenarten sind getrenntgeschlechtlich. Es ist nur sexuelle Fortpflanzung bekannt. Mit Ausnahme der extrem dimorphen Bonelliidae (s. u.) sind die Geschlechter äußerlich gleich. Die unpaaren **Gonaden** liegen am ventralen Mesenterium im hinteren Rumpfbereich (Abb. 578). In der Regel erfolgt die Befruchtung im freien Wasser. Die anschließende Spiralfurchung führt zu einer freischwimmenden, typischen Trochophora-Larve (Abb. 577B).

Alle Bonellidae zeigen einen ausgeprägten Sexualdimorphismus, der durch Zwergmännchen und phänotypische Geschlechtsbestimmung gekennzeichnet ist.

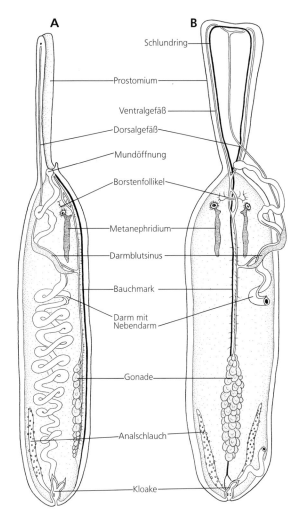

Abb. 578 Echiurida. Schema der inneren Organisation. **A** Lateralansicht. **B** Dorsalansicht. Nach Délage und Hérouard (1897).

Bei *Bonellia viridis* sind die Weibchen bis zu 1,5 m lang, bei 15–18 cm Rumpflänge (Abb. 580A). Die Männchen werden dagegen nur 1–3 mm (!) groß; sie weichen in ihrem Bau so stark ab, dass sie zuerst für parasitische Plathelminthen gehalten wurden (Abb. 580D). Der Körper des Männchens ist schlauch- bis sackförmig, ungegliedert, dicht bewimpert und borstenlos. Der Darmkanal ist blind geschlossen. Es sind 2 Paar Protonephridien vorhanden. Die Spermien entwickeln sich im Coelom, werden in einem Samenschlauch gespeichert und über dessen Porus nach außen abgegeben. Die Männchen leben auf oder in den Weibchen (Rumpf, Prostomium, Vorderdarm, zuletzt in den Nephridien; Abb. 580E) und werden höchstwahrscheinlich auch von ihnen ernährt („Männchen-Parasitismus"). Die Besamung der Eier erfolgt in den Nephridien der Weibchen. Aus den Eiern entwickeln sich lecithotrophe Larven (Abb. 580B). *Bonellia viridis* ist das klassische Beispiel für phänotypische (modifikatorische) Geschlechtsbestimmung. Der Mechanismus ist auch heute noch nicht vollständig geklärt und enthält in jedem Fall auch eine genetische Komponente: Larven, die in einer kritischen Phase ohne Kontakt zu Weibchen bleiben, entwickeln sich überwiegend zu Weibchen (ca. 78 % Weibchen, 1,5–3 % Männchen, der Rest wird zu Intersexen oder stirbt ab). Können die Larven sich jedoch in dieser kritischen Phase auf dem Prostomium eines Weibchens für mindestens 4 Tage festsetzen, entstehen überwiegend Männchen (ca. 75 % Männchen, 15 % Weibchen, die übrigen werden zu Intersexen oder sterben). Die Ursache dieser dramatischen Veränderung des Geschlechtsverhältnisses liegt in einem von den Weibchen abgegebenen „Maskulinisierungsfaktor", dessen Natur noch unbekannt ist. Das jeweilige Auftreten von

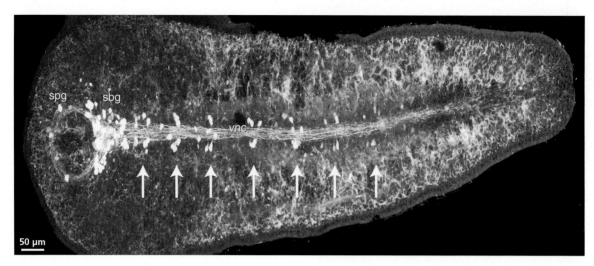

Abb. 579 Männchen-Larve von *Bonellia viridis*, festgesetzt am Prostomium eines adulten Weibchens. Ventralansicht. Darstellung des Nervensystems mit Anti-Serotonin-Immunfluoreszenzreaktion: Gehirn (spg) mit paarigen Perikarya, Schlundkommissur, zahlreiche Perikaryen im Unterschlundganglion (sbg), ventrales Bauchmark (vnc) mit einem repetitiven Muster serotinerger Perikarya (Pfeile). Original: R. Hessling, Osnabrück.

Männchen und Weibchen, unabhängig von der Anwesenheit dieses Faktors, wird als das Ergebnis genetisch bedingter Geschlechtsbestimmung gedeutet.

Echiurus echiurus (Echiuridae), Quappe, 10–15 mm Durchmesser, 30 cm lang, davon Prostomium 4 cm, 1 Paar vordere Borsten und 2 Borstenkränze am Hinterende, Weichböden, Nordhalbkugel circumpolar bis zum 50. Breitengrad, auch Nordsee, flache Küstenge-

wässer bis ins Eulitoral (Abb. 577A). – *Bonellia viridis* (Bonelliidae), ausgeprägter Sexualdimorphismus: Weibchen bis zu 150 cm (Abb. 580, 581), Männchen 1–3 mm; phänotypische Geschlechtsbestimmung. Weibchen in Höhlen und Spalten von Hartsubstraten, Männchen nie frei lebend, sondern auf oder in Weibchen. Mittelmeer bis Norwegen, bis 100 m Tiefe. – *Urechis caupo* (Urechidae), 15–18 cm, Filtrierer, in Weichböden des Flachwassers. Kalifornien. – *Ikeda taenioides* (Ikedaidae), größter Echiuride, bis 2 m lang. Japan.

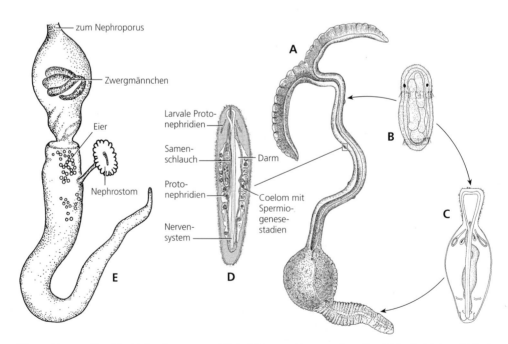

Abb. 580 Sexualdimorphismus, Geschlechtsbestimmung und Entwicklungszyklus von *Bonellia viridis*. **A** Adultes Weibchen. **B** Indifferente lecithotrophe Larve. **C** Juveniles Weibchen. **D** Adultes Männchen. **E** Metanephridium eines geschlechtsreifen Weibchens von *Acanthobonellia rollandoe* mit Zwergmännchen und Eiern. Kombiniert nach Dawydoff (1959), Lacaze-Duthiers aus Stephen und Edmonds (1972), Baltzer (1974); E nach Menon et al. aus Stephen und Edmonds (1972).

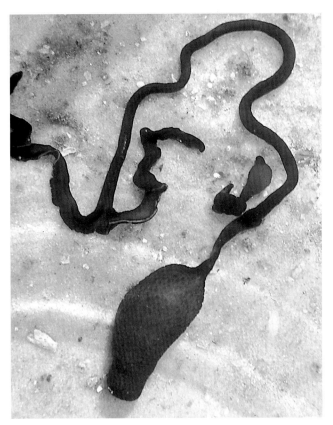

Abb. 581 *Bonellia viridis* (Echiurida). Weibchen, aus dem Felslitoral herausgeholt. Grün gefärbt. Original: R. Hessling, Osnabrück.

3.10 Annelida incertae sedis

Eine Reihe von Taxa – die meisten mit nur einer geringen Zahl von Arten – lassen sich zurzeit noch nicht genau in das vorliegende Anneliden-System einordnen; es ist offen, ob sie zu den Pleistoannelida gehören oder in der basalen Radiation der Anneliden stehen.

Die folgenden fünf Familientaxa wurden früher zu den „Archiannelida" gerechnet, eine Gruppierung kleindimensionierter Anneliden, die als sehr einfach organisiert und daher ürsprünglich angesehen wurde. Heute gelten sie nicht als monophyletische Einheit.

Polygordiidae. – *Polygordius appendiculatus*, 4,5 cm. Mit glatter dicker Cuticula, ohne äußere Segmentierung, Parapodien und Borsten; Prostomium mit 2 kurzen steifen V-förmig angeordneten Tentakeln (Palpen). Charakteristisch für grobe Sande und Schillsedimente („*Polygordius*-Schill").

Nerillidae. – Meiofauna-Polychaeten mit konstanter Zahl von 7 bis 9 Segmenten, auch Peristomium mit Borsten; Prostomium mit Palpen und Antennen (Abb. 557C).

Nerilla antennata, 1,5–1,7 mm, 9 Borstensegmente. – *Troglochaetus beranecki*, 350 um. Weitverbreit in europäischen und nordamerikanischen kontinentalen Grundgewässern.

Protodrilidae. – Fadenförmige Meiofauna-Organismen ohne Parapodien, meist auch ohne Borsten, mit 2 Sinnespalpen.

Protodrilus adhaerens, 3–4 mm, bis 45 Segmente. Europäische Sandstrände (Abb. 561D).

Saccocirridae. – Langgestreckte, sehr bewegliche littorale Grobsandbewohner, mit 2 prostomialen Tentakeln und zahlreichen Segmenten.

Saccocirrus papillocercus, 30 mm, bis 150 Segmente, mit kleinen retraktilen Parapodien. Atlantikküsten.

Dinophilidae. – Winzige, wahrscheinlich progenetische (Evolution aus geschlechtsreif gewordenen Juvenilstadien.) Anneliden ohne prostomiale Anhänge, Parapodien oder Borsten. Bewegung durch Cilien. Männchen mit Kopulationsorganen, die Spermien durch die Haut injizieren (Abb. 544A).

Dinophilus gyrociliatus. Extrem sexualdimorph: Weibchen bis 1,3 mm, Männchen 50 µm. Meist im Aufwuchs von Aquarien. – *Trilobodrilus axi*, 1 mm. Nur lokal häufig (300 Ind. in 100 cm³), im sandigen Eulitoral auf Sylt, Amrum, Arcachon.

Hrabeiella. – *H. periglandulata*, 2 mm, 14 oder 15 Borstensegmente. Terrestrischer Annelide, der wie eine Enchytraeiden-Art aussieht; mit dorsalem Pharynx, aber ohne Clitellum und mit Nuchalorganen. Wird als mögliche Schwestergruppe der Clitellata diskutiert!

Diurodrilus. – Sehr kleine (300–500 µm) Sandlückenbewohner mit nicht erkennbarer Segmentierung. Zugehörigkeit zu Annelida angezweifelt, aber molekular kürzlich bestätigt. *D. subterraneus*, 500 µm, in Sandstränden.

Aeolosomatida

Kleine, fast ausschließlich limnische (Phytal, Bodensedimente von Gewässern) oder terrestrische (feuchte Laubstreu in Wäldern) Anneliden, die früher als Aphanoneura zu den Clitellaten gerechnet wurden. Sie besitzen keine Parapodien, aber einfache Borsten. Auffällige, gefärbte Epidermiseinschlüsse. Prostomium ventral bewimpert, dient zur Fortbewegung. Die meisten Arten vermehren sich ausschließlich ungeschlechtlich durch Paratomie: Tierkettenbildung (Abb. 582). Zwittrige Genitalorgane wurden nur in wenigen Arten beobachtet; Gonaden können in nahezu allen Segmenten auftreten; Metanephridien dienen als Gonodukte. „Clitellare" Epidermisdrüsen und paarige Receptacula nicht homolog zu entsprechenden Organen der „Oligochaeta". Nuchalorgane (Abb. 582B) und Struktur des Nervensystems ebenso wie molekulare Marker schließen die Zugehörigkeit zu den Clitelllaten aus.

Aeolosoma hemprichi (Aeolosomatidae), Kette aus bis zu 6 Zooiden, 2 mm; rote Hautdrüsen (Abb. 582C). Weltweit verbreitet. – *A. maritima*, einzige marine Art, im litoralen Sandlückensystem; z. B. Mittelmeer. – *Rheomorpha neizvestnovae* (Aeolosomatidae), 1,2 mm, ohne Borsten. In sandigen Sedimenten von Flüssen und Seen. – *Potamodrilus fluviatilis* (Potamodrilidae) 1,3 mm, 6 Borstensegmente mit je 2 Paar Haarborstenbündel; kurzer Schwanzanhang zum Festheften. Im Sandlückensystem am Boden von Flüssen und Hartwasser-Seen (Stechlin).

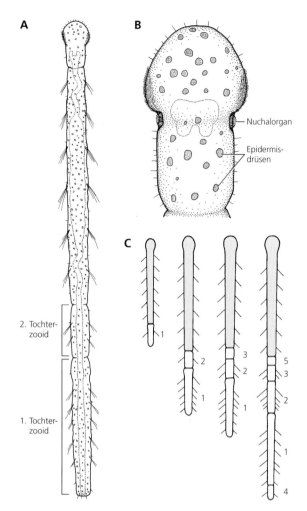

Abb. 582 *Aeolosoma hemprichi* (Aeolosomatida). **A** Individuum mit Zooiden. Länge ca. 1,5 mm. **B** Vorderende. Dorsalansicht. **C** Ungeschlechtliche Vermehrung durch Paratomie. Zahlen geben Reihenfolge der Entstehung der Zooide an. A, B Nach Bunke (1967) aus Beesly, Ross und Glasby (2000); C nach Herlant-Meevis (1945).

3.11 Clitellata, Gürtelwürmer

Die Clitellaten bilden ein gut definiertes monophyletisches Taxon mit relativ niederem Rang im System der Anneliden. Die etwa 7 000 Arten sind vorwiegend limnische und terrestrische Organismen; marine Arten leben vor allem im litoralen Bereich. Mit den Regenwürmern enthält die Gruppe die bekanntesten wurmförmigen Evertebraten überhaupt. Neben den meist kleinen, aquatischen Arten in Millimeter-Größe gibt es zahlreiche terrestrische von mittlerer Größe und eine Reihe von tropischen Arten in Australien, Indien, Südafrika, Südamerika und Südostasien, die 1 m und darüber lang werden, z. B. *Rhinodrilus fafner* (Glossoscolecidae) bis zu 2,1 m (Südamerika) (s. a. S. 409). Primäre Ektoparasiten an Wirbeltieren sind die Hirudinea; zu ihnen gehören die Blutegel, von denen einige auch am Menschen Blut saugen; der Medizinische Blutegel *Hirudo medicinalis* war zeitweilig in Europa für die vorwissenschaftliche Medizin von außerordentlicher Bedeutung.

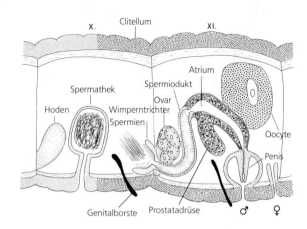

Abb. 583 Genitalorgane der Clitellata. Plesiopore Anordnung der Spermiodukte bei Naididae, Tubificinae; die Organe liegen nur in 2 Segmenten. Seitenansicht. Verändert nach Erséus (1980).

Namengebende Struktur ist das Clitellum (Gürtel), eine durch zahlreiche Drüsen deutlich erhöhte Epidermisregion (Abb. 583, 587A, B, 589A, 591A). Sie umgibt bei geschlechtsreifen Tieren den Körper sattel- oder gürtelförmig in wenigen, hintereinander liegenden Segmenten meist im vorderen Körperdrittel. Das Clitellum ist ohne Ausnahme bei allen Clitellaten vorhanden. Seine Funktionen (s. u.) bestimmen die einzigartige Fortpflanzungsbiologie, die Organisation der Geschlechtsorgane und auch die äußere Gestalt dieser Anneliden.

Bau und Leistung der Organe

Die Körperform der Clitellaten ist relativ einheitlich und wird durch eine deutliche, homonome Segmentierung geprägt. Parapodien fehlen; die Borsten sind einfach – meist kurze Stiftchen oder Haarborsten (Abb. 535B); einzelne Taxa sind borstenlos, z. B. die *Achaeta*-Arten (Enchytraeidae), die Branchiobdellida und alle Hirudinida (Euhirudinea). Epidermale lokomotorische Cilien fehlen vielleicht wegen der relativ dicken Cuticula.

Das Prostomium ist meist zu einem kleinen Lappen ohne Anhänge reduziert, oder es fehlt (Branchiobdellida, Acanthobdellida). Das Gehirn ist aus Raummangel aus dem Prostomium nach hinten in das Peristomium oder nachfolgende Segmente verlagert. Ganglien aus vorderen Metameren bilden ein ventrales Unterschlundganglion (Abb. 527B, C). Bei den Oligochaeten schließt sich daran ein Markstrang ohne deutliche Ganglien und Konnektive an; dagegen sind die Zellkörper der Neurone bei den Hirudineen zu je 6 Paketen zusammengefasst und bilden eine auffällige Ganglienkette mit getrennten Konnektiven.

Die Tiere sind primär augenlos, Photorezeptorzellen ohne abschirmende Pigmente sind jedoch weit verbreitet. Einfache Augen finden sich als Pigmentbecherocellen bei Hirudineen und prostomialen Augen bei limnischen Tubificiden (Naididae). Die Lichtsinneszellen sind ausschließlich Phaosome, ein Photorezeptor-Zelltyp, bei dem die sensitiven Mikrovilli in eine von der apikalen Zellmembran eingefaltete Höhlung

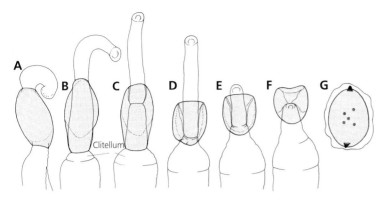

Abb. 584 Kokonablage der Clitellata. *Erpobdella octoculata* (Hirudinea). **A** Clitellum mit glattem Sekretmantel (dunkle Region); darunter bereits Nährflüssigkeit und Eier. **B–E** Egel zieht Clitellum und Vorderende aus den Sekreten heraus, die nun als Kokon am Boden festgeklebt sind. **F** Zusätzliche Formung des Kokons mit dem Mundsaugnapf. **G** Fertiger Kokon, Länge 3–6 mm; die flache Unterseite ist festgeklebt, die Oberseite flachgewölbt. Mit dotterarmen Eiern, die in der Nährflüssigkeit flottieren. Entwicklung über eine besondere, sekundäre Larve (Abb. 585H). Nach Westheide (1980).

hineinragen (Abb. 594C). Einzelne Phaosome liegen verstreut in der Epidermis oder im Nervensystem, vor allem im Vorderende vieler Arten (Autapomorphie). Die für Anneliden so charakteristischen Nuchalorgane fehlen.

Das Pygidium ist klein, hat meist keine Anhänge und trägt den After. Bei Hirudineen lässt es sich nicht mehr erkennen, da es in den hinteren Saugnapf einbezogen wurde.

Als **Exkretionsorgane** fungieren Metanephridien. Sie sind bei den Hirudineen aufgrund der Umgestaltungen des Coeloms stark umgestaltet, und ihre Wimperntrichter besitzen keine offene Verbindung zum Nephridialkanal oder fehlen vollständig.

Alle Clitellaten sind Simultanzwitter. Ihre **Geschlechtsorgane** sind auf wenige Segmente beschränkt. Als ursprünglich gilt eine Ausstattung mit 2 Hoden- und 2 darauf folgenden Ovariensegmenten, die je 1 Paar Gonaden enthalten (octogonade Situation, z. B. bei Haplotaxidae). Die bei den Hirudinida in mehreren Segmenten liegenden paarigen Hodenbläschen (Abb. 593B) werden als sekundäre Umbildung eines vom 10. Segment ausgehenden, einheitlichen Hodensackpaares gedeutet, das in dieser Form noch bei *Acanthobdella* auftritt (Abb. 593A).

Bei den „Oligochaeta" gelangen die Gameten durch jeweils paarige Wimperntrichter und anschließende Gonodukte (Spermiodukte bzw. Ovidukte) nach außen. Die unterschiedliche Lage der äußeren Geschlechtsöffnungen hat hohe taxonomische Bedeutung. Bei den Naididae (Tubificinae) (Abb. 583) und Haplotaxidae liegen die männlichen Poren (bei Tubificinae z. T. mit Penisbildungen) im auf das Hodensegment folgenden Metamer (plesiopore Situation). Bei den Lumbriculidae münden Spermiodukte noch innerhalb der Hodensegmente (prosopore Situation). Für die Lumbricidae (und allen anderen Crassiclitellata mit Ausnahme der Moniligastridae) sind Samenleiter charakteristisch, deren äußere Öffnungen weit nach hinten verlagert sind und hinter den weiblichen Organen ausmünden (opisthopore Situation) (Abb. 589). Bei den Hirudinea vereinigen sich die beiden männlichen Gangsysteme vor der Ausmündung zu einem unpaaren männlichen Porus, der meist auf der Ventralseite des 9. Segments liegt; die ebenfalls unpaare weibliche Geschlechtsöffnung befindet sich auf dem 10. Segment. Nur bei den Hirudineen haben die Hoden eine sekundäre Verlagerung hinter die Ovarien erfahren (Abb. 593). Zu den weiblichen Organen gehören bei den Oligochaeten 1 oder mehrere

Paare von Spermatheken (Receptacula semines) (Abb. 583, 587, 589B); dies sind Epidermistaschen zur Aufnahme des Fremdspermas, die primär zum Körperinneren geschlossen sind. Nur bei kleinen Oligochaeten kann überschüssiges Sperma über einen Gang aus den Spermatheken in den Darm gelangen; bei größeren Arten kann das Epithel der Spermathek den Abbau der Spermien übernehmen. Die Clitellaten-Spermien sind fadenförmig; Akrosom, Kern und Mittelstück sind charakteristisch gestaltet (Abb. 587D).

Fortpflanzung und Entwicklung

Bei den Oligochaeten legen sich zwei Individuen während der Kopulation gegenseitig so nebeneinander, dass das Clitellum jeweils eines Tieres den Spermatheken des anderen gegenüberliegt. Wechselseitig werden dann die Spermatheken mit Fremdspermien gefüllt (Abb. 587A, B).

Bei den Hirudinea fehlen derartige Speicherorgane: Spermien werden direkt durch Spermatophoren (Abb. 598A, B) in den Partner injiziert oder durch einen Penis (Abb. 591A) über den weiblichen Porus übertragen; es erfolgt also innere Besamung.

Die spezifische Funktion des Clitellums erfordert, dass die Spermathekenöffnungen ebenso wie die weiblichen Geschlechtsmündungen (die Öffnungen der Ovidukte) vor oder auf dem Clitellum liegen. Bei der Fortpflanzung scheidet das Clitellum eine Flüssigkeit unter einem erhärtenden Sekretmantel ab, in die sie ihre Eier abgegeben haben und aus dem die Tiere dann ihr Vorderende herausziehen. (Abb. 584). Bei den Oligochaeten erfolgt in diesem Kokon auch die äußere Befruchtung, und immer läuft hier die gesamte Embryonalentwicklung ab.

Das Clitellum ist ursprünglich einschichtig, bei Regenwürmern (Crassiclitellata) mehrreihig, z. B. bei den Lumbricidae 3–4 mal höher als die normale Epidermis. Es enthält (1) neben den normalen Stützzellen noch besonders viele und große Drüsenzellen: (2) Schleimdrüsenzellen, die eine dünne Matrix für den Kokon abscheiden, (3) Zellen, von denen die Kokonwand produziert wird, und (4) meist mehrere Typen von Drüsenzellen, aus deren Sekreten sich die Flüssigkeit zusammensetzt, in der die Eier flottieren. In Arten mit mehrschichtigem Clitellum sind die Sekrete besonders reich an Proteinen und Lipiden, die Eier entsprechend dotterarm, aber zahlreicher. An der Basis des Clitellums liegt ein stark entwickelter Nervenplexus.

Der Ablauf der Entwicklung ist eine weitere charakteristische Autapomorphie der Clitellata. Die Frühentwicklung der

primär dotterreichen Eier ist eine stark abgewandelte Spiralfurchung. Bei *Tubifex* („Oligochaeta") und *Glossiphonia*
(Hirudinea) gelangen die mit Dotter beladenen, prospektiven
Mitteldarmzellen durch Epibolie der animalen Mikromeren
in das Innere des Embryos (Abb. 585). Aus der Blastomere 2 d
gehen durch eine festgelegte Folge von Teilungen 8 große
E k t o t e l o b l a s t e n hervor, von denen je 4 an jeder Seite des

Keims ein aus 4 Zellreihen bestehendes Band bilden (Abb.
585C). Zusammen mit der Mikromerenkappe (provisorisches oder Dottersack-Ektoderm) bilden diese Zellbänder
zunächst die ektodermale Umhüllung des Keims. Sie wachsen
im weiteren Verlauf aufeinander zu und vereinigen sich zu
einer ventral schüsselförmigen Keimplatte, die schließlich den
gesamten Embryo außen umwächst (Abb. 585F). Unter zu-

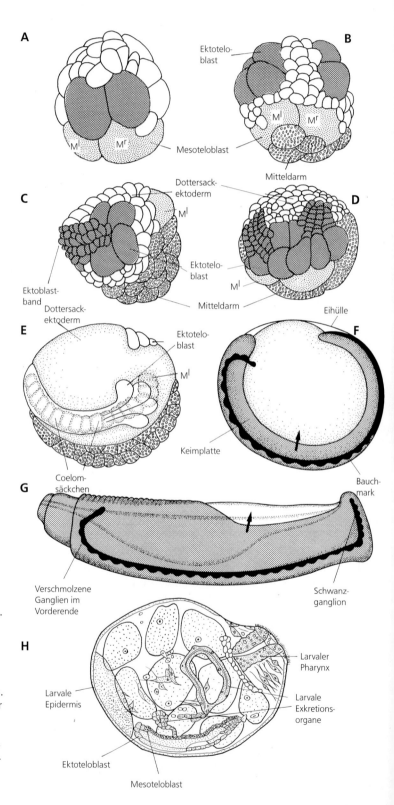

Abb. 585 Embryonalentwicklung der Clitellata.
A, B *Tubifex* sp. (Naididae, Tubificinae). Bildung der
Ekto- und Mesoteloblasten (**M^l**, **M^r**) (schräg von oben).
C Bildung der 4 Ektodermbänder (linke Seite des Keims).
D *Glossiphonia* sp. (Rhynchobdelliformes). Ektoderm-
bänder auf beiden Seiten (schräg von oben). **E** *Tubifex*
sp.. Embryo mit Coelomsäcken, die unter den 4 Ekto-
dermbändern liegen (linke Seite). **F** *Helobdella triserialis*
(Rhynchobdelliformes). Ektodermbänder zur künftigen
Bauchseite gewandert und zur Keimplatte verschmolzen.
G Streckung des Keims und Segmentbildung; die Ränder
der Keimplatte sind über die Flanken des Embryos zum
Rücken gewachsen und schließen dort die Körperwand
(Pfeil!). **H** *Erpobdella* sp. (Pharyngobdelliformes). Sekundärlarve, mit larvalem Pharynx zum Schlucken der Nährflüssigkeit im Kokon. Nach Anderson (1973) und Stent
und Weisblat (1982).

nehmender Streckung des Keims differenzieren sich hieraus u. a. die Ganglien des Nervensystems, das Epithel der Körperoberfläche und die Borstensäcke. Aus der 4d-Zelle sind die Mesoteloblasten (M^l, M^r) entstanden; sie bilden 2 mesodermale Zellbänder im Inneren des Keimes, in denen sich typische, paarig angeordnete Coelomhöhlen differenzieren. Das junge Tier verlässt den Kokon mit dem Habitus des Adultus.

Bei Taxa mit sekundär dotterärmeren Eiern (s. o.), z. B. *Lumbricus* („Oligochaeta"), *Piscicola* (Hirudinida), entwickelt sich innerhalb des Kokons eine so genannte Sekundäre Larve (nicht homolog zur Trochophora!), die mit einem embryonalen Pharynx die Nährflüssigkeit schluckt (Abb. 585H).

Systematik

Die Monophylie der Clitellata ist durch zahlreiche abgeleitete Merkmale fest begründet (Abb. 586): u. a. Clitellum und Kokonbildung, spezifische Ontogenese, Verlagerung des Gehirns aus dem Prostomium in nachfolgende Segmente, Hermaphroditismus, Beschränkung der Gonaden auf wenige Segmente, spezifische Struktur der Spermien (Abb. 587D, E). Auch alle molekularen Analysen weisen die Clitellaten als monophyletische Einheit innerhalb der Anneliden aus. Die gängige Untergliederung in „**Oligochaeta**" und **Hirudinea** wird hier beibehalten. Für die Taxa der „Oligochaeta" ist jedoch keine Synapomorphie bekannt, sie bilden daher nur eine paraphyletische Gruppierung. Welche Oligochaeten die Schwestergruppe der Hirudinea darstellen, ist nicht sicher.

Häufig wurden die Lumbriculidae (s. u.) dafür gehalten, da sie mit Egeln Übereinstimmungen in Lage und Organisation der männlichen Gonodukte zeigen. Diese Verwandtschaftshypothese wird nun auch durch molekulare Analysen gestützt.

3.11.1 „Oligochaeta", Wenigborster

Die etwa 6 700 Oligochaeten-Arten sind überwiegend limnische und terrestrische Substratbewohner. Marine Arten (ca. 600) gibt es nur in Taxa mit kleinen („mikrodrilen") Formen, vor allem unter den Enchytraeidae und Naidiidae, die vorwiegend litorale Sedimente besiedeln. Auch unten diesen Taxa ist nur ein geringerer Teil weltweit verbreitet; vor allem viele terrestrische Oligochaetengruppen mit größeren („megadrilen") Arten haben geografisch beschränkte Vorkommen oder sind erst durch den Menschen weit verbreitet worden.

Charakteristisch für Oligochaeten ist der weitgehend gleichförmige Habitus mit gleichartigen, deutlich gegeneinander abgesetzten, ringförmigen Segmenten ohne Anhänge. Die Zahl der B o r s t e n ist meist gering (Name!) (z. B. *Lumbricus terrestris* 8 pro Segment); ihre Form ist einfach – vorwiegend lange kapillare Haarborsten oder einfache Stiftborsten, die nur wenig über den Körper hinausragen.

U r s p r ü n g l i c h ist eine Anordung in je 1 Paar latero-dorsaler und latero-ventraler Borstensäcke pro Segment (Abb. 535B), die durch Muskeln bewegt werden. Bei vielen Megascoleciden ist dagegen jedes Segment von einem fast

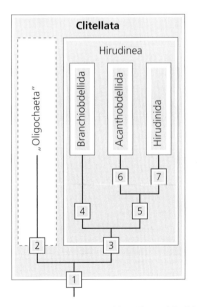

Abb. 586 Verwandtschaftsverhältnisse innerhalb der Clitellata. Apomorphien (Auswahl): (1) Clitellum und Kokonbildung; Besonderheiten der Ontogenese; Verlagerung des Gehirns aus dem Prostomium; Hermaphroditismus; Beschränkung der Gonaden auf wenige Segmente; Struktur der Spermien (Abb. 587 D,E) etc. (2) Autapomorphien der „Oligochaeta" sind nicht bekannt, die Gruppe ist paraphyletisch (S. 405). (3) Segmentkonstanz; circomyarische röhrenförmige Muskelzellen; Ganglien des Bauchmarks mit zu Paketen geordneten Perikaryen; unpaare männliche Geschlechtsöffnung; hintere drüsige Haftscheibe bzw. Saugnapf; dorsale Lage des Afters vor Saugnapf; fehlendes Pygidium. (4) Konstante Zahl von 15 Segmenten; Verlust der Borsten; Verlust des Prostomiums; vorn liegendes Anheftungsorgan; 2 Kiefer; verschmolzene, sich dorsal öffnende Nephridiodukte; besondere Spermiodukte. (5) Konstante Anzahl von 33 Segmenten einschließlich Peristomium; stark ausgebildete Diagonalschicht im Hautmuskelschlauch; parenchymatisches Bindegewebe; Reduzierung von Mesenterien und Coelom; besondere Nephridien; verschmolzene weibliche Geschlechtsöffnungen. (6) Männliche Geschlechtsöffnung im Segment XI; weibliche Geschlechtsöffnung im Segment XII; hinterer Saugnapf aus 4 Segmenten. (7) Verlust der Borsten; vorderer Saugnapf aus 4 Segmenten; Coelom auf ein System von Kanälen reduziert. Nach Purschke, Rohde, Westheide und Brinkhurst (1993) und Marotta et al. (2008).

vollständigen Ring aus 50 bis über 100 Borsten umgeben. Genitalborsten finden sich in verschiedenen Familien-Taxa (Abb. 522D). Borsten fehlen z. B. bei *Achaeta*-Arten (Enchytraeidae).

Auch die innere Segmentierung ist deutlich und regelmäßig. Muskulöse und weitgehend vollständige Dissepimente gelten als Voraussetzung für die grabende Lebensweise vor allem der terrestrischen Formen, ebenso wie das muskulöse, konische, meist anhanglose Prostomium und der mächtig ausgebildete, geschlossene Hautmuskelschlauch. Darunter liegt das Bauchmark außerhalb der Epidermis in der Leibeshöhle (Abb. 262, 535B).

Bei der Fortbewegung der Lumbricidae kontrahiert sich zunächst die Ringmuskulatur (Abb. 588). Der dabei auf die Coelomflüssigkeit ausgeübte hohe Druck streckt und versteift nun den Körper und schiebt ihn mit eingezogenen Borsten nach vorn. Hinter diesem Abschnitt wird durch Kontraktion der Längsmuskeln eine kurze, stark verdickte Zone gebildet. Mit den jetzt nach außen gespreizten, kurzen Borsten dient sie als Widerlager. Die langen Zonen mit kontrahierter Ringmuskulatur und die kurzen Bereiche mit kontrahierten Längsmuskeln laufen in peristaltischen Wellen von vorn nach hinten („retrograd") über das Tier hinweg. Jedes Segment dient so in einem bestimmten Rhythmus als Verankerung für den sich nach vorn streckenden Körperabschnitt. Durch die völlig schließenden Dissepimente arbeiten die Coelomräume jedes Metamers dabei als weitgehend unabhängige, hydraulische Kompartimente. Das Vorderende wird beim Bohren zunächst in Erdlücken geschoben, die dann durch Aufblähung der ersten Segmente erweitert werden.

Charakteristisch ist ein dorsaler Pharynx (Schlundkopf) aus kissenartig verdickten hohen Drüsen- und Epithelzellen (Abb. 538D), mit dem die Nahrung aufgetupft wird. Eine komplexe Muskulatur bewegt und verbindet den Pharynx mit der Körperwand. Bei der Mehrzahl der limnisch-terrestrischen Arten besteht diese aus Substraten, die reich an organischem Detritus, Pilzen, Diatomeen, Bakterien oder anderen Mikroorganismen sind. Viele fressen zusätzlich oder ausschließlich Pflanzenteile, häufig allerdings erst in einem gewissen Grad der Zersetzung (Saprobionten), so dass sie entscheidend zur Streuzersetzung beitragen. Nur wenige Arten sind Filtrierer, z. B. *Ripistes parasita* (Naididae), Räuber, z. B. *Chaetogaster*-Arten (Naididae) oder Aasfresser, z. B. wenige Enchytraeidae.

Das phylogenetische System der „Oligochaeta" ist noch nicht eindeutig geklärt. Hier werden nur die bekanntesten der über 30 Familien-Taxa genannt; ihre Reihung erfolgt weitgehend nach Ergebnissen von 18S rDNA-Analysen. Als ursprünglichste Formen gelten die seltenen Capilloventridae und Randiellidae, deren Beborstung an Polychaeten erinnert.

Naididae. – Mit 800 marinen und limnischen Arten größtes Familien-Taxon der Oligochaeten. Tubificinae und weitere Unterfamilien-Taxa früher als separate Familie **Tubificidae**. Generell zwischen 4–20 mm lang. Mit 1 Paar Hoden in Segment X[*], 1 Paar Ovarien in Segment XI und 1 Paar Spermatheken im Hodensegment; Gonodukte plesiopor mit Aus-

mündung auf Segment XI (Abb. 583). Borsten generell zweispitzig (Abb. 522J), auch kapillar. – Geschlechtsorgane der überwiegend limnischen Naidinae (180 Arten) und Pristininae (30 Arten) sind 3–6 Segmente vorverlagert: Charakteristisch für sie ist die Bildung von Tierketten (Abb. 590A) und asexuelle Fortpflanzung durch Paratomie. Phytal-bewohnende Naidinae besitzen als einzige Oligochaeten Augen.

*Stylaria lacustris, 10 mm (Abb. 590A). Völlig durchsichtig; Prostomium mit langem, unpaaren Tentakel. Vor allem in der Vegetationszone von Seen und Teichen, weidet den Algenaufwuchs von Wasserpflanzen ab. Paratomie, Tierkettenbildung. – **Chaetogaster limnaei*, 5 mm. Auf Süßwasserlungenschnecken, auch in der Mantelhöhle; frisst u. a. Cladoceren, Rotatorien, Trematoden-Cercarien und Kiemenepithel von Süßwassermuscheln. – **Nais elinguis*, 10 mm, in Süß- und Brackwasser. – **Tubifex tubifex*, 80 mm; im Boden auch stark verunreinigter, O_2-armer Gewässer in senkrechten Gängen, aus denen das hin- und herschwingende Hinterende herausgestreckt wird; Sedimentfresser. – **Limnodrilus hoffmeisteri*, 50 mm; dominant in detritusreichen Sedimenten. – **Tubificoides* (syn. *Peloscolex*) *benedii*, 50 mm; in schlickigen Sedimenten der Nordseeküste, mit besonderer papillöser Oberfläche. – *Inanidrilus leukodermatus*, 20 mm; in sulfidischen Sedimenten („Thiobios") des marinen Litorals; Bermuda. Mundlos und ohne funktionierenden Darm, in Symbiose mit chemoautotrophen Bakterien, die die Ernährung übernommen haben (vgl. Siboglinidae, S. 392); auch Nephridien fehlen. Zahlreiche weitere Arten mit funktionslosem Darmtrakt in marinen tropischen Sedimenten.

Haplotaxidae. – Etwa 30 nicht häufige Arten; Regenwurmähnlicher Habitus. Meist mit 3 Paar Spermatheken und octogonader Organisation (2 Paar Hoden, 2 Paar Ovarien) Limnisch, häufig im Grundwasser, in alten Seen und Eiszeitrefugien; viele Endemiten.

*Haplotaxis gordioides, 180–400 mm, fadenförmig dünn. Häufig, vor allem in kontinentalen Grundwasserbiotopen.

Enchytraeidae. – Mindestens 650 teilweise außerordentlich individuenreiche Arten mit teilweise über 100 000 Ind. m^{-2} in Moor- und Waldböden, wo sie zu den wichtigsten Vertretern der Zersetzerlebensgemeinschaften gehören. Überwiegend terrestrisch, aber auch in unterschiedlichsten limnischen und marinen Habitaten lebend. Generell pigmentlos, 5–30 mm lang (Abb. 590B). Hoden im XI., Ovarien im XII. Segment, plesiopor; Spermatheken weit davor in Segment V; paarige Penes-artige Kopulationsorgane. Stiftförmige Borsten.

*Enchytraeus albidus (Abb. 590B), 35 mm; häufig in der Litoralzone des Meeres unter angespültem Algen, in Düngerhaufen und limnischen Sedimenten. – **Cognettia sphagnetorum*, 25 mm; bis zu ca. 750 000 Ind. unter 1 m² saurem Waldboden, Fortpflanzung vorwiegend durch Fragmentierung. – **Achaeta*- und **Fridericia*-Arten häufig in der Bodenlösung von u. a. Waldböden. – **Lumbricillus lineatus*, 15 mm; im marinen Eulitoral.

Parvidrilidae. – Relativ neues Taxon aus kleinen Arten im Millimeterbereich. Reliktformen, die ausschließlich in Grundwasserbiotopen des südlichen Europas und der USA vorkommen. Haarborsten in den ventralen Bündeln. Clitellum lateral. Einzelner männlicher Porus in Segment XII.

Parvidrilus meyssonnierei. 1,3 mm, 30 Segmente. Südost-Frankreich.

Eine Reihe von Familien-Taxa mit vorwiegend großen bodenlebenden Arten werden als Regenwürmer (*earthworms*) bezeichnet. Sie besitzen ein mehrreihiges Clitellum, das als

---

[*] Bei Zählung und Bezeichnung der Segmente mit römischen Zahlen – verbreitet in der Oligochaeten-Taxonomie – ist das stets borstenlose Peristomium eingeschlossen.

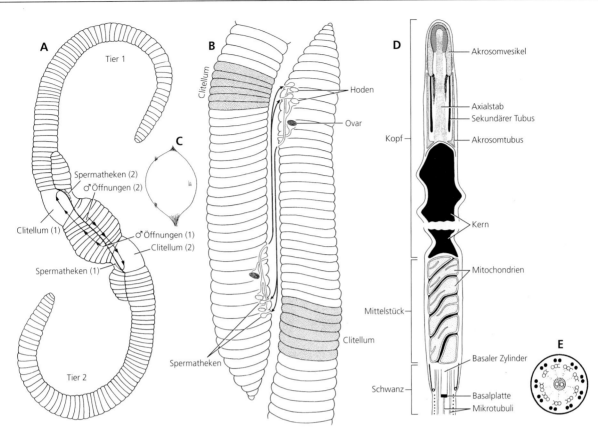

Abb. 587 Fortpflanzung der Clitellata. **A–C** Lumbricidae. **A** Geschlechtspartner während der Kopulation; Pfeile geben den Weg des Spermas von den männlichen Geschlechtsöffnungen in die Spermathecae des Partners an. **B** Schema der Lage der Geschlechtsorgane und Weg des Spermas bei der Kopulation. **C** Kokon von *Lumbricus terrestris*. 7 × 3,5 mm. **D** Fadenförmiges typisches Clitellaten-Spermium (*Enchytraeus* sp.). Vorderer Bereich, Längsschnitt. Länge des Akrosoms ca. 1 µm. **E** Querschnitt durch ein Clitellaten-Spermium im Schwanzbereich; Schema. Akrosomtubus, Bildung des Mittelstücks ausschließlich aus den Mitochondrien zwischen Kern und Schwanz sowie die zentrale Hülle um die beiden zentralen Tubuli im Axonema des Schwanzes sind Synapomorphien aller Clitellatentaxa. A Verändert nach Grove und Cowley (1926); B verändert nach Schaller (1962); C nach Sims und Gerard (1985); D aus Westheide, Purschke und Middendorf (1991); E aus Ferraguti und Erséus (1999).

synapomorphes Merkmal angesehen wird, so dass sie als **Crassiclitellata** zusammengefasst werden. Nach molekularen Analysen sind sie mit den Enchytraeidae eng verwandt. Hier wird nur eine Auswahl weniger Familien-Taxa genannt. Ihre Arten kommen auf allen Kontinenten mit Ausnahme der Antarktis vor; wahrscheinlich wurden die meisten erst vom Menschen weit, auch auf andere Kontinente verschleppt – so genannte peregrine Arten. Einige werden gezüchtet (*vermiculture*) als Köder, als Eiweißquelle zur Ernährung von Mensch und Haustieren sowie zur Produktion pharmakologisch verwertbarer Substanzen – letzteres allerdings mit nur geringem Erfolg. Ihre Gonodukte sind opisthopor, durchziehen also mehr als 1 Segment, so dass die männlichen Öffnungen relativ weit hinter den Hoden und dem Ovariensegment liegen.

Lumbricidae. – Etwa 600 Arten. Meist terrestrische, wenige limnische Arten. Ursprünglich in gemäßigten und kälteren Regionen der Nordhalbkugel; einige bekannte Arten heute weltweit.

Lumbricus terrestris, Tauwurm (Abb. 587, 589), 30 cm. Häufige Art dieser vor allem in gemäßigten und kälteren Regionen verbreiteten, ökologisch außerordentlich bedeutenden Familie, über die C. Darwin (1881) sein letztes Buch schrieb: „*The formation of vegetable mould through the action of worms, with observations of their habits*". Wichtiger Bodenverbesserer: frisst Erde, Kot von Streuzersetzern und Pflanzenreste (mit Bakterien und Pilzen), die von der Oberfläche in Gänge gezogen werden; bis zu 25 t Material können so auf 1 ha innerhalb eines Jahres in den Boden verlagert werden. Gänge führen mehrere Meter tief bis zum Grundwasserhorizont. Kälte und Trockenheit werden aufgerollt, in Art einer Körperstarre überwunden. Bildung von Ton-Humus-Komplexen im Darm. Kot wird als Auskleidung der Gänge, in den oberen Schichten des Bodens (A-Horizont) und in großer Menge an der Oberfläche abgelagert; daher von hoher Bedeutung für Streuzersetzung, Humusbildung, Struktur, Durchmischung, Durchlüftung und Durchfeuchtung der Böden. Durchschnittlich 50–100 Ind. m^{-3} in Ackerböden, 200–250 Ind. m^{-3} in Wiesen. Durch große Biomasse (bis 1 000 kg ha^{-1}) und hohe Produktion – zusammen mit anderen Lumbriciden – wichtige Nahrungsquelle für eine Vielzahl von Amphibien, Echsen, Vögeln und Säugetieren. – Der **Darmtrakt** besteht aus Mundhöhle, Pharynx, Oesophagus mit Kropf und Muskelmagen, Mitteldarm und Enddarm. Durch eine Serie von Kontraktionen pumpt der Pharynx die Nahrungsteile nach innen, unterstützt durch die Saugwirkung der Mundhöhlenwand. Charakteristische Kalkdrüsen – durch Falten gekammerte und von Gefäßen reich versorgte Divertikel des Oesophagus – scheiden kristallines Calcit ab bei Überschuss von Ca^{2+} in der Nahrung. Speicheldrüsen sezernieren eine Protease und Schleim, der die Passage der Nahrung in den Magen erleichtert; dort wird sie mithilfe von Sand zerrieben. – Charakteristische **Fortpflanzung**: Äußere männliche Öffnungen an der Ventralseite von Segment XV (Abb. 587, 589). Die Sper-

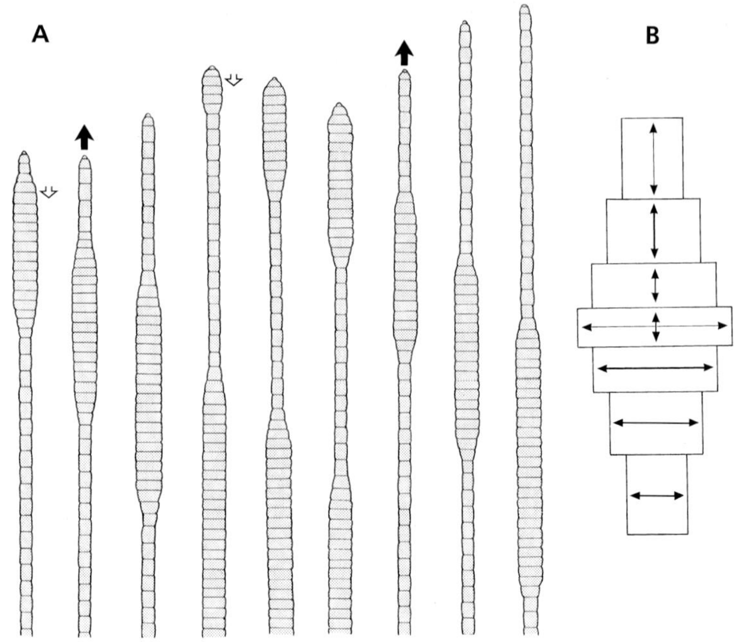

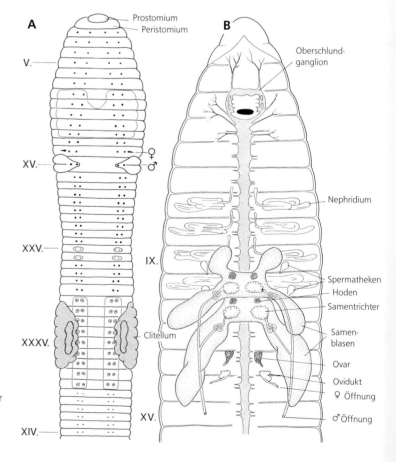

Abb. 588 Peristaltische Bewegung bei Regenwürmern (Clitellata, Lumbricidae). **A** Stadien in der Vorwärtsbewegung. Schwarzer Pfeil: Bewegungsrichtung; unterbrochener Pfeil: Richtung der peristaltischen Kontraktionswellen. **B** Schema der peristaltischen Bewegung. Vertikale Pfeile in den Segmenten geben Richtung und Ausmaß der Längsmuskelkontraktion an, horizontale Pfeile bezeichnen Richtung und Ausmaß der nachfolgenden Kontraktion der Ringmuskulatur. Das mittlere kürzeste Segment dient zur Verankerung im Substrat. A Verändert nach Gray und Lissman (1938); B verändert nach Clark (1964).

miodukte beginnen in den Segmenten X und XI mit je 2 Wimperntrichtern (Samentrichter); hier liegen auch die paarigen Hoden. Entwicklung und Reifung der Spermien erfolgen in großen Coelomaussackungen (Hodensäcke), von denen ausgedehnte Samenblasen als Spermienspeicher in die umliegenden Segmente eindringen. Die beiden Ovarien im Segment XIII; zugehörige Ovidukte münden im folgenden Segment. 2 Paar Receptacula seminis (Spermatheken)

sind epidermale Taschen der Segmente IX und X. Das Clitellum (XXXII.–XXXVII. Segment) jedes Tieres bildet bei der Spermaübertragung einen die Geschlechtspartner gemeinsam umschließenden Schleimmantel (Abb. 587A); zusätzlich verhaken sie sich gegenseitig mit einigen Borsten. Das Sperma gelangt wechselseitig in äußeren Samenrinnen (Abb. 587B) durch Kontraktion der unterliegenden Muskeln in die Receptacula des Partners. Die Besamung erfolgt erst

Abb. 589 *Lumbricus terrestris* (Lumbricidae). **A** Äußere Organisation. Vorderende, Ventralseite mit Lage der Geschlechtsöffnungen und des Clitellums. **B** Innere Organisation. Vorderende von dorsal, leicht schematisiert, Darmtrakt weggelassen; Nephridien nur in 4 Segmenten eingezeichnet. Römische Ziffern entsprechen der Segmentzählung der Taxonomen, die das Peristomium als erstes Segment (I) zählen. A Nach Sims und Gerard (1985); B verändert nach Sedgewick und Wilson (1913).

beim Abstreifen eines Eikokons außerhalb des Körpers. – Regeneration (S. 370).

Weitere in Kulturböden dominante Arten: *Allolobophora chlorotica, *Aporrectodea caliginosa und *A. longa. – *Eisenia fetida, Mistwurm, 130 mm, leicht züchtbar; wird als Testorganismus in der Ökotoxikologie und zur Kompostierung eingesetzt.

Glossoscolecidae. – Terrestrisch, auch littorale marine und limnische Arten. Nord- und Südamerika, Karibik, Südeuropa; Südafrika. Kürzlich in 2 Familien aufgespalten.

Pontoscolex corethrurus, 7 cm. Ursprünglich Südamerika, heute pantropisch; erfolgreichster Einwanderer in gestörte Habitate; weltweit häufigste Regenwurmart. – *Martiodrilus ischuros*, Durchmesser 2–3 cm, bis 1,1 m lang, Kokons 7 cm. Ecuador.

Megascolecidae. – Meist terrestrisch. Weit verbreitet in der gesamten südlichen Hemisphäre und im südlichen Bereich der Nordhalbkugel; hierzu gehören auch alle einheimischen australischen Regenwürmer. Häufig mit Enteronephridien, die in den Darmtrakt münden und so ein Überleben auch in trockenen Böden ermöglichen. Teilweise mit schlangenartigen Bewegungen und glänzend-schillernden orangen, grünen oder blauen Farben. Einige Arten kriechen auf Bäumen und Sträuchern.

Pheretima hupiensis, 22 cm. – *Megascolides australis*, Australischer Riesenregenwurm, 2,1 m lang, 450 g Gewicht.

Lumbriculidae. – Etwa 200 Arten. Vorwiegend limnische holarktische Formen; überwiegend Endemiten, zahlreiche Arten auf den Baikalsee beschränkt. 2 Hoden (Segmente X und XI) und 1 oder 2 Ovariensegmente (Segmente XII und XIII); prosopore Gonodukte. Nach traditioneller Meinung und jetzt auch nach 18S rDNA-Analysen wahrscheinlich die Schwestergruppe der Hirudinea.

Lumbriculus variegatus (Lumbriculidae), 80 mm. Undurchsichtig, dunkelrot-grünlich irisierend. Im Schlamm oder zwischen Pflanzen stehender Gewässer. Regelmäßig ungeschlechtliche Fortpflanzung durch Querteilung ohne Kettenbildung (Architomie). – *Stylodrilus heringianus* (Lumbriculidae), 40 mm; in sandigen Fließgewässer-Sedimenten. Mit paarigen, nicht-retraktilen Penes. – Beide Arten mit weltweiter Verbreitung.

3.11.2 Hirudinea, Egel

Innerhalb der Clitellata bilden die Hirudinea ein morphologisch und molekular gut begründetes Monophylum. Primär sind sie Ektoparasiten auf Süßwasser-Wirbeltieren. Nur etwa ein Fünftel der etwa 300 Arten lebt im Brackwasser und im Meer. Landegel findet man vor allem in tropischen Wäldern (Abb. 601). *Haementeria ghilianii* erreicht 50 cm Länge. Am bekanntesten ist der Medizinische Blutegel *Hirudo medicinalis*.

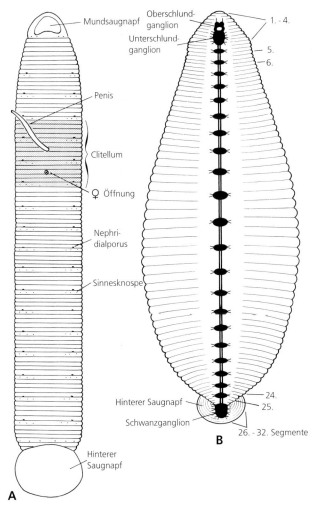

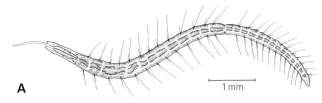

Abb. 590 Microdrile Oligochaeten. **A** *Stylaria lacustris* (Naididae). Tierkette. Limnisch; meist in stehenden Gewässern. **B** *Enchytraeus albidus* (Enchytraeidae). Limnische Sedimente, marines Litoral und andere Lebensräume. Länge ca. 30 mm. A Aus Engelhardt (1959); B Original: W. Mangerich, Osnabrück

Abb. 591 Organisation der Hirudinea. **A** *Haemopis sanguisuga* (Gnathobdelliformes). Ventralseite, mit ausgestülptem Penis. **B** *Haementeria ghilianii* (Rhynchobdelliformes). Nervensystem. Zahlen bezeichnen die Segmente. Jeweils 3 Annuli gehören zu einem Segment. A Nach Mann (1954); B nach Stent und Weisblat (1982).

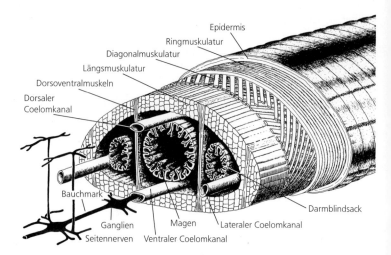

Abb. 592 *Hirudo medicinalis* (Hirudinida). Hautmuskel-schlauch, Coelomkanäle, Darmtrakt und Nervensystem; das zwischen diesen Organen liegende Parenchym mit Botryoidgewebe hier nicht eingezeichnet. Nach Nicholls und Van Essen (1974).

Bau und Leistung der Organe

Äußere Form und Anatomie der Egel stehen in engem Zusammenhang mit der Bewegung der Tiere und der dabei notwendigen hohen Kontraktionsfähigkeit ihres Körpers und lassen sich aus der ektoparasitischen Lebensweise erklä-ren. Die Zahl der Segmente ist konstant: *Acanthobdella* 30,

Branchiobdellida 15, Hirudinida 33 (jeweils bei Mitzählung eines äußerlich wenig oder nicht sichtbaren Peristomiums). Diese Segmentkonstanz beruht wohl auf der Existenz eines aus mehreren Segmenten bestehenden hinteren Saug-napfs (s. u.), der die Ausbildung neuer Segmente in einer hin-teren Sprossungszone nicht mehr zulässt. Die Segmentierung ist in der Anatomie deutlich, äußerlich dagegen verwischt:

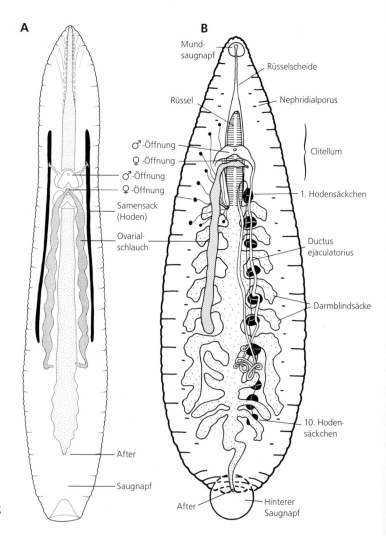

Abb. 593 Organisation der Hirudinea. **A** *Acanthobdella peledina* (Acanthobdellida). Darmtrakt und Geschlechts-organe. Länge ca. 35 mm. **B** *Glossiphonia complanata* (Hirudinida, Rhynchobdelliformes). Darmtrakt und Geschlechtsorgane. Länge ca. 30 mm. A Nach Purschke, Westheide, Rohde und Brinkhurst (1993); B nach Harding und Moore (1927).

Schmale Annuli (2–14 pro Segment) zerlegen die Körperoberfläche in ein Ziehharmonika-artiges Faltensystem, das von Art zu Art variabel, bei ein und derselben Art aber konstant ist: sekundäre Ringelung. Das Clitellum ist nur während der Fortpflanzung erkennbar.

Die Annuli tragen in einer Reihe angeordnete Sensillen, die auf einem der mittleren Ringe meist besonders groß ausgebildet sind (Mechano- und Chemorezeptoren). Über den Körper verstreut sind einzelne Photorezeptorzellen (Phaosome ohne Pigmentzellen, gehäuft auf den beiden Saugnäpfen); paarige Pigmentbecherocellen mit phaosomalen Zellen finden sich in unterschiedlicher Anzahl und Komplexität auf vorderen Annuli (Abb. 594).

Borsten sind noch bei *Acanthobdella peledina* an 5 vorderen Segmenten ausgebildet (Abb. 599); alle anderen Egel sind borstenlos.

Alle Egel besitzen einen hinteren stark muskulösen Saugnapf mit drüsenreicher Haftscheibe. Bei den Hirudinida ist auch ein vorderer Saugnapf vorhanden, der aus den Resten von Prostomium, Peristomium und 4 Segmenten besteht, die ventral grubenförmig die Mundöffnung umschließen; die letzten 7 Segmente formen bei ihnen den hinteren Saugnapf. Beide Organe ermöglichen die Festheftung auf den Wirtstieren und das charakteristische egelartige Schreiten.

Vorder- und Hintersaugnapf werden hierbei abwechselnd abgehoben und aufgesetzt, während sich der gesamte Rumpf durch Kontraktion der Ringmuskulatur lang ausstreckt und anschließend durch Kontraktion der Längsmuskulatur verkürzt (Abb. 595A).

Zwischen den äußeren, vorwiegend ringförmig verlaufenden **Muskeln** und der mächtigen inneren Längsmuskulatur liegt eine doppelte Schicht Diagonalmuskeln, deren Fibrillen sich etwa rechtwinklig kreuzen (Abb. 592).

Sie unterstützen Streckung und Kontraktion des Körpers. Außerdem bewirken sie durch Druck auf das Flüssigkeitspolster in den Coelomkanälen (s. u.) eine gewisse Versteifung, die es einigen Egeln ermöglicht, aufrecht auf dem hinteren Saugnapf zu stehen oder schwingende Suchbewegungen mit dem versteiften Vorderkörper durchzuführen (Abb. 595B).

Ein gut entwickeltes System von Dorsoventralmuskeln kann den Körper bandartig abflachen. Wenn sich gleichzeitig abschnittsweise die dorsale Längsmuskulatur rhythmisch kontrahiert und die ventrale Längsmuskulatur erschlafft – und umgekehrt –, laufen vertikale Sinusschwingungen von vorn nach hinten über den Körper und ermöglichen ein schnelles Schwimmen (Abb. 595C, D). Derartige Körperundulationen bei festgehefetem Hinter- oder Vordersaugnapf dienen als Atembewegungen in O_2-armem Wasser.

Durch diese besondere Lokomotion der Hirudinea wird die annelidentypische Leibeshöhlen-Organisation offenbar funktionslos. Die **Coelomsäckchen** werden zwar embryonal noch segmental angelegt (S. 404), nach Auflösung der Dissepimente jedoch zu einem durchgängigen weitverzweigten System von Längs- und Querkanälen eingeengt. Chloragogzellen, hier Botryoidzellen genannt (Exkretion, Speicherung), ein ausgedehntes Bindegewebe und besonders die Muskulatur umgeben diese Kanäle parenchymartig (Abb. 535D,E). Nur bei *Acanthobdella* (Abb. 535C) ist das Coelom noch ausgedehnt und durch unvollständige Dissepimente gekammert. Bei den Rhynchobdelliden (S. 413) wird der Körper in Längsrichtung von 2 coelomatischen Seitenkanälen, je 1 Ventral- und Dorsalkanal, dazwischen liegenden Resten von Coelomhöhlen und querverlaufenden Verbindungskanälen durchzogen, die in ihrer Gesamtheit als sekundäres Blutgefäßsystem dienen. Daneben ist bei *Acanthobdella* und den Rhynchobdelliden ein primäres Blutgefäßsystem

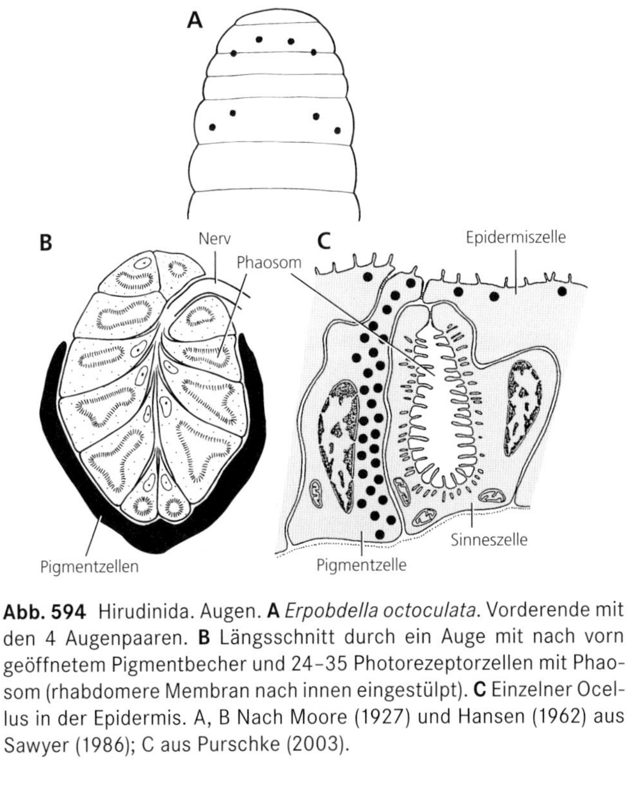

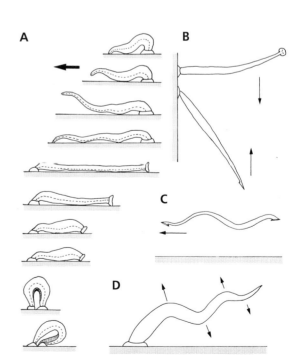

Abb. 594 Hirudinida. Augen. **A** *Erpobdella octoculata*. Vorderende mit den 4 Augenpaaren. **B** Längsschnitt durch ein Auge mit nach vorn geöffnetem Pigmentbecher und 24–35 Photorezeptorzellen mit Phaosom (rhabdomere Membran nach innen eingestülpt). **C** Einzelner Ocellus in der Epidermis. A, B Nach Moore (1927) und Hansen (1962) aus Sawyer (1986); C aus Purschke (2003).

Abb. 595 Bewegungsweisen der Hirudinea. **A** „Egelartige" Kriechbewegung (*Hirudo medicinalis*) (S. 414). **B** Ruhestellung und Suchbewegung mit ausgestrecktem Körper (*Piscicola geometra*). **C** Schwimmbewegung (*Piscicola geometra*). **D** Wellenförmige Atembewegung (*Erpobdella octoculata*). Nach Herter (1968).

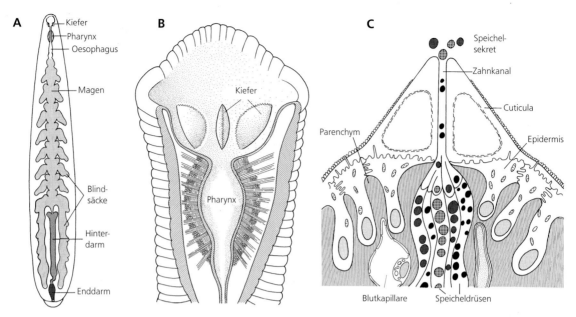

Abb. 596 *Hirudo medicinalis.* **A** Darmtrakt. Körperlänge ca. 120 mm. **B** Vorderende, geöffnet mit vorderem Saugnapf, Mundhöhle, Kiefer und Saugpharynx. **C** Schema der Feinstruktur des äußeren Kieferbereichs mit Ausleitungskanal der Speicheldrüsen innerhalb eines Kieferzahns. A, B Nach verschiedenen Autoren; C nach Damas (1972).

noch in Resten vorhanden (Abb. 535C,D); es besteht im Wesentlichen aus einem dorsalen und einem ventralen Längsgefäß mit Querverbindungen an den Körperenden. – Bei Gnathobdelliformes und Pharyngobdelliformes erfolgt eine noch stärkere Aufteilung des sekundären Gefäßsystems bis hin zu feinen Kapillaren, die unter die Körperoberfläche ziehen (Atmung!). Das primäre Blutgefäßsystem wird damit überflüssig und geht vollständig verloren, seine Aufgaben werden vom sekundären (coelomatischen) Blutgefäßsystem übernommen. Einzelne Abschnittte – vor allem die Seitenkanäle – sind durch eine Muskelmanschette kontraktil und sorgen für einen Kreislauf der Coelomflüssigkeit. Sie enthält gelöstes Hämoglobin als Respirationspigment.

Die **Exkretionsorgane** sind Metanephridien, die segmental (bis zu 17 Paare) angeordnet sind und in den Coelomräumen mit einem oder zahlreichen Wimperntrichtern beginnen. Letztere stehen nicht mit dem mehrfach gewundenen Nephridialkanal in offener Verbindung, sondern sitzen einer kugelförmigen Nephridialkapsel auf, in der Coelomocyten gesammelt und abgebaut (?) werden. Der Trichter kann auch fehlen. Diese Veränderungen stehen wohl in einem funktionellen Zusammenhang mit der Umbildung des Coeloms zu einem Blutgefäßsystems.

Nur wenige Egel besitzen spezifische **Respirationsorgane**: dünnwandige Aussackungen von Coelomkanälen (z. B. *Piscicola geometra*) oder segmentale Kiemenanhänge (z. B. *Branchellion torpedinis*).

Unterschiedliche Ernährung prägt die Organisation des **Darmsystems**. Acanthobdellida und Rhynchobdelliformes sind Ektoparasiten; ihr Vorderdarm ist ein muskulöses Rohr (Abb. 538E). Bei den Rhynchobdelliden wird es wie ein S t i l e t t in die Haut eines Wirtstieres gebohrt. Pharyngobdelliformes leben räuberisch von kleinen Wirbellosen; sie besit-

zen einen langen, nicht ausstülpbaren, muskulösen Pharynx, der die Beuteorganismen verschlingt und zerdrückt. Gnathobdelliformes – hierunter auch viele tropische Landegel – saugen Blut. Ihr kurzer kräftiger Saugpharynx trägt in der Mundhöhle 3 halblinsenförmige, muskulöse Kiefer (Abb. 596) mit distal 1 oder 2 Reihen von Cuticularzähnchen. Mit ihnen wird die Wirbeltierhaut durchsägt und Speichelsekrete in die dreistrahlige Wunde gebracht (s. u.).

Alle parasitischen Arten besitzen Magenblindsäcke (Abb. 596A), in denen die flüssige Nahrung (bei *Hirudo medicinalis* bis zum 10-fachen Körpergewicht) über einen langen Zeitraum gespeichert werden kann, da Antibiotika symbiontischer Bakterien ihre Zersetzung verhindern. Auch nach Erschöpfung der Vorräte können diese Egel noch lange hungern, *Glossiphonia complanata* über 10 Monate, *Hirudo medicinalis* etwa 24 Monate.

Der After mündet wegen des hinteren Saugnapfs dorsal vor dem Körperende.

Männliche und weibliche Gonaden entwickeln sich in jeweils einem von 2 (Ausnahme Branchiobdellida) aufeinander folgenden Segmenten – die Hoden vor den Ovarien. Ovarialschläuche und Spermiensäcke, in denen sich die Geschlechtszellen differenzieren, ziehen (anders als bei Oligochaeten) weit nach hinten durch den Körper (Abb. 593A); z. T. sind die Spermiensäcke zu segmental liegenden „Hodensäckchen" untergliedert (Abb. 593B). Die Gonodukte münden nicht mehr paarig aus, sondern in jeweils einem ventralen männlichen und weiblichen Porus (bei Branchiobdellida nur unpaare männliche Öffnung). Teilweise ist ein Penis ausgebildet (Abb. 591A). Spermatheken fehlen (Ausnahme Branchiobdellida): Die Besamung erfolgt dann direkt über den weiblichen Porus oder bei Arten ohne Penis mit Hilfe von S p e r m a t o p h o r e n (Abb. 598A, B), die in die Haut injiziert werden; hier wandern die fadenförmigen Spermien dann durch Körpergewebe bis zu den weiblichen Gameten.

Systematik

Die Monophylie der Hirudinea wird durch eine Reihe von Autapomorphien belegt, u. a. durch die circomyarische Struktur der Muskelzellen (Abb. 525B, C), bei denen die kontraktilen Elemente ringförmig um den zentralen Sarkolemmabereich angeordnet sind. Bauchganglien mit Perikaryen-Paketen, Umbildung des Coeloms, einer hinteren Saugscheibe bzw. -napf und dem dorsal davor ausmündenden After, die Verschmelzung zumindest der männlichen Geschlechtsöffnungen, innere Besamung, Segmentkonstanz. Auch die 3 Subtaxa sind zweifelsfrei Monophyla. Nachdem es lange Zeit offen war, ob die morphologischen Übereinstimmungen der **Branchiobdellida** mit den eigentlichen Egeln Konvergenzen aufgrund ektoparasitischer Lebensweise oder Homologien darstellen, stützen molekulare Analysen nun ihre Einbeziehung in die Hirudinea. Danach stehen ihnen als Schwesterngruppe der einzige noch mit Borsten ausgestattete Egel, *Acanthobdella peledina* (**Acanthobdellida**) und alle borstenlosen Egel (**Hirudinida**) gegenüber (Abb. 586). Innerhalb der Hirudinida bilden die Rhynchobdelliformes die Schwestergruppe der rüssellosen Egel (Gnathobdelliformes und Pharyngobdelliformes). Jedes dieser drei letztgenannten Taxa lässt sich durch die Struktur des Vorderdarms (s. o.) charakterisieren.

3.11.2.1 Branchiobdellida

Etwa 150 Arten spezialisierter Egel (0,8–10 mm), die auf der Körperoberfläche und den Kiemen von Süßwasserdekapoden leben; in Europa, Asien, Nord- und Mittelamerika. Nur wenige Arten parasitisch, die meisten ernähren sich wahrscheinlich von Mikroalgen und kleinen Tieren, die sie auf der Oberfläche ihrer Wirte finden. Konstante Zahl von Segmenten (15), von denen Peristomium und 3 vordere einen Kopf und das letzte Segment eine Scheibe zum Festhalten („Saugnapf") bilden (Abb. 597); Festheftung durch Drüsensekrete auch mit einer ventralen Region am Vorderende möglich. Segmente 1–10 in 2 Annuli unterteilt; Borsten fehlen. Muskulöser Pharynx mit 2 kräftigen, dorsal und ventral liegenden Kiefern. Zwittrige Geschlechtsorgane u. a. mit 2 Paar Hoden, 1 Penis, 1 Spermathek und 1 Paar Ovarien.

*Branchiobdella parasita (Branchiobdellidae), 10 mm; auf Flusskrebsen.

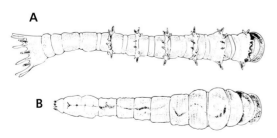

Abb. 597 Branchiobdellida. **A** *Cirrodrilus megalodentatus*, in der Kiemenkammer und **B** *C. cirratus* leben auf der Oberfläche des Süßwasser-Decapoden *Cambaroides japonicus* (Japan); Länge: 2–3 mm. Nach Yamaguchi (1934) aus Grassé (1959).

3.11.2.2 Acanthobdellida, Borstenegel

Haftscheibe aus 4 Segmenten nur am Hinterende. Haftstrukturen am Vorderende sind insgesamt 40 Hakenborsten an den 5 vorderen Segmenten, die ventral um die Mundöffnung herumstehen (Abb. 599). Coelom noch weiträumig (Abb. 535C), Dissepimente vorhanden, aber unvollständig; Mesenterien fehlen weitgehend; gut differenziertes primäres Blutgefäßsystem. Je 1 Paar ungegliederte, durch zahlreiche Segmente ziehende Ovarien- und Hodenschläuche; 1 Paar Samentrichter mit anschließendem Gang und Vesicula seminalis leiten die Spermien in ein Atrium und von dort über 1 unpaaren Porus auf dem 10. Segment nach außen (Abb. 593A). Unpaare weibliche Geschlechtsöffnung auf dem 11. Segment.

Wahrscheinlich einzige Art: *Acanthobdella peledina*, 3 mm. Drehrund, 30 Segmente (einschließlich Peristomium) mit je 4 Annuli. Parasitiert im Süßwasser vor allem auf Salmoniden (Nordskandinavien, Russland, Alaska).

3.11.2.3 Hirudinida (Euhirudinea)

Körper gegliedert in konstant 33 Segmente (einschließlich Peristomium). Mit vorderem (4 Segmente) und hinterem Saug-

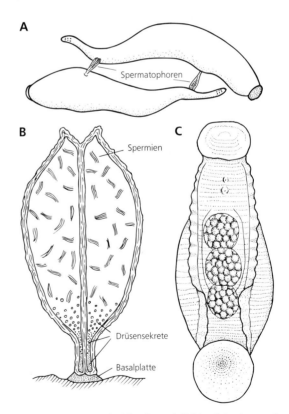

Abb. 598 Fortpflanzung der Hirudinea. **A, B** *Glossiphonia complanata.* **A** Kopulation mit gegenseitiger Injektion von Doppelspermatophoren. **B** Schematischer Längsschnitt durch eine Doppelspermatophore (Länge unter 1 mm) auf der Körperoberfläche eines Geschlechtspartners. Lytische Drüsensekrete im basalen Bereich der Spermatophore öffnen die Körperwand, so dass Spermien einwandern können. **C** *Theromyzon tessulatum.* Blick auf die Ventralseite mit 3 Eikokons. Länge ca. 60 mm. A Nach Brumpt (1900); B nach Damas (1968); C nach Herter (1968).

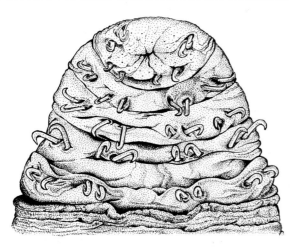

Abb. 599 *Acanthobdella peledina* (Acanthobdellida). Vorderende, ventral, mit Borsten in den vordersten 5 Segmenten. Körperbreite ca. 1,5 mm. Original: Nach einer REM-Aufnahme von B. Rohde, Osnabrück.

napf (7 Segmente). Coelom bildet durchgehendes Kanalsystem. Geschlechtsöffnungen im 9. (männlich) und 10. Segment (weiblich).

Rhynchobdelliformes, Rüsselegel

Primäre Blutgefäße noch vorhanden. Vorderdarm mit langem, ausstoßbaren muskulösen Rüssel.

Glossiphonia complanata, Schneckenegel (Glossiphoniidae), 30 mm. Mit 10 Paar segmental angeordneten Hodenblasen. Von ihnen führen kurze Gänge zu den Vasa deferentia, die sich zunächst zu je einer Samenblase und dann zu einem muskulösen und drüsenreichen Gangabschnitt (Ductus ejaculatorius) erweitern. Hier werden Doppelspermatophoren gebildet, die sich die Geschlechtspartner gegenseitig in die Haut injizieren: direkte Spermatophorenübertragung (Abb. 593B, 598A, B). Die weiblichen Gonaden liegen in 1 Paar breiter Ovarialschläuche. Nach der Eiablage bedeckt *Glossiphonia* zunächst die Kokons mit der Bauchseite (Abb. 598C); später heften

sich die Jungtiere mit dem Hintersaugnapf am Mutteregel fest und lassen sich herumtragen: Brutpflege. Räuberisch oder parasitisch vor allem an Süßwasserschnecken und -muscheln. Kein Schwimmvermögen. – *Theromyzon tessulatum* (Glossiphoniidae), Entenegel, 50 mm. Temporärer Parasit in Nase, Mundraum, Pharynx und Trachea von Wasservögeln; 3 Blutmahlzeiten bis zur Fortpflanzung mit jeweils darauf folgender deutlicher Größenzunahme. – *Haementeria ghilianii* (Glossiphoniidae) (Abb. 591B), mit ca. 50 cm und 80 g größter Egel, Amazonasregion. Saugt Blut an Wirbeltieren, wenige Tiere können z. B. ein Rind töten. Blutgerinnung wird durch Protease Hementin verhindert, die direkt Fibrinogen und Fibrin abbaut (Vergleiche: *Hirudo medicinalis!*) – *Piscicola geometra*, Fischegel (Piscicolidae) (Abb. 600), 70 mm. Drehrund, mit deutlich abgesetzten Saugnäpfen. Temporär auf Süßwasserfischen; gelegentlich in der Ostsee. Nimmt in 48 h ca. 150 mm³ Blut auf; starker Befall führt zum Tod der Fische, daher von wirtschaftlicher Bedeutung. Die Spermatophore wird auf eine bestimmte Körperregion, die Area copulatrix, gesetzt, von der aus die Spermien über ein bindegewebiges Leitgewebe die Ovarien erreichen. Physiologischer Farbwechsel durch 4 Typen von Chromatophoren mit weißen, gelblichen, braunen und schwarzen Pigmenten. – *Branchellion torpedinis* (Piscicolidae), 50 mm. Auf Meeresrochen; Nordatlantik, Mittelmeer, Nordsee; selten. Mit blattförmigen Kiemenanhängen.

Gnathobdelliformes, Kieferegel

Primäres Blutgefäßsystem fehlt. Vorderdarm mit muskulösen Kiefern, die Cuticularzähnchen tragen. Direkte Spermaübertragung mit Penis.

Hirudo medicinalis, Medizinischer Blutegel (Hirudinidae) (Abb. 596), 150 mm; saugt Blut vor allem von Säugetieren. In der Medizin zum Blutschröpfen verwendeter Egel, der besonders im 19. Jahrhundert in Europa in großen Mengen gefangen, gezüchtet und appliziert wurde: 44,6 Mio. allein in Frankreich eingeführte Blutegel

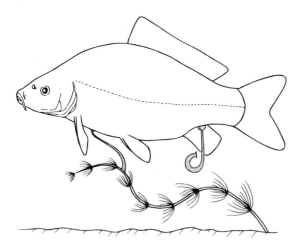

Abb. 600 *Piscicola geometra* (Rhynchobdelliformes). Fischegel (Länge ca. 60 mm) auf Wasserpflanzen lauernd; die Parasiten werden durch den Schatten des Fisches oder durch seine Bewegungen alarmiert und heften sich mit dem vorderen Saugnapf an beliebiger Stelle auf dem Fisch fest. Nach Herter (1937).

Abb. 601 *Haemadipsa* sp. (Gnathobdelliformes). Tropischer Landegel, auf Pflanzen lauernd, mit hinterem Saugnapf festgeheftet. Länge ca. 50 mm. Original: W. Mangerich, Osnabrück.

im Jahr 1829. Die Hirudotherapie (gerinnungshemmend, antithrombotisch, blutreinigend, blutdrucksenkend, entzündungshemmend) beruht auf der Blutentziehung (ca. 15 cm³ Blut nimmt der Egel auf, ca. 50 cm³ fließen zusätzlich aus der Wunde) und auf den Eigenschaften der Speicheldrüsensekrete, die von der Spitze der 3 Kiefer in die Bisswunde sezerniert werden. Dazu gehören Substanzen, die lokal betäuben, die Gefäße erweitern, die Durchlässigkeit der Haut erhöhen (Hyaluronidase) und besonders die Blutgerinnung verhindern. Für letzteres ist Hirudin verantwortlich, ein nichtenzymatisches Polypeptid, das spezifisch Thrombin durch die Blockierung seiner substratbindenden Gruppen hemmt. Anwendungen von *Hirudo* noch heute, z. B. in der plastischen Chirurgie. Art in Deutschland fast ausgestorben. – *Haemopis sanguisuga*, Vielfraßegel (Hirudinidae), 100 mm. Räuber; schlingt Amphibien- und Fischlaich, Schnecken, Arthropoden und vor allem Regenwürmer; auch in feuchten Uferzonen außerhalb des Wassers. Spermaübertragung mit einem langen, ausstülpbaren Penis (Abb. 591A) direkt in den weiblichen Porus. – *Haemadipsa zeylanica* (Haemadipsidae), mehrere Zentimeter (Abb. 601); weit verbreiteter Landegel im tropischen Asien, Australien und Ozeanien. Lebt auf feuchten Waldböden; berüchtigt, da er häufig in Massen auf Haustiere und Menschen übergeht und Sekundärinfektionen der Bisswunden zu Verkrüppelungen und Todesfällen führen können. Vektor für Trypanosomen. Neuerdings untersucht man das aufgenommene Blut aus derartigen Egeln auf der Suche nach seltenen oder neuen Säugetierarten. – *Xerobdella lecomtei* (Xerobdellidae), 40 mm. Einziger Landegel Mitteleuropas (Alpenregion); räuberisch.

Pharyngobdelliformes, Schlundegel

Primäres Blutgefäßsystem fehlt. Langer, nicht ausstülpbarer, muskulöser Pharynx. Wahrscheinlich Schwestergruppe der Gnathobdelliformes.

Erpobdella octoculata, Hundeegel (Erpobdellidae), 60 mm. Häufigster einheimischer Egel, da auch in verschmutzten Gewässern (Abb. 584). Räuber, schlingt Insektenlarven, kleine Oligochaeten, kleinere Artgenossen. Gegenseitige Injektion von Spermatophoren an beliebigen Körperregionen, Spermien wandern durch das Parenchym zu den weiblichen Geschlechtszellen.

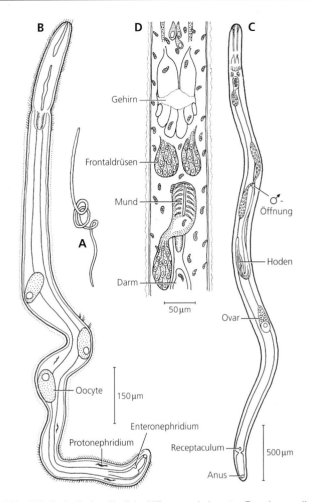

Abb. 602 Turbellarien-ähnliche Würmer unbekannter Zuordnung, die sich möglicherweise durch Progenese (Vorverlegung der Geschlechtsreife) und Verzwergung aus Anneliden-Vorfahren im marinen Sandlückensystem entwickelt haben. **A, B** *Jennaria pulchra*. Habitus und leicht gequetsches Tier. Aus dem Küstengrundwasser der US-Atlantikküste. Mit Enteronephridien, ähnlich denen der Nerillidae (Abb. 557C). **C, D** *Lobatocerebrum psammicola*. Habitus (**C**) und Region aus dem Vorderkörper (**D**). Weltweit in sublitoralen Grobsanden. Bau der Cuticula und Ausführgänge der männlichen Organe sprechen für eine Einordnung in die Spiralia, Bau des Receptaculum seminis und der Spermien für eine Verwandtschaft mit Annelida. Nach Rieger (1980, 1991).

„NEMATHELMINTHES i.e.S."

Über lange Zeit wurden Gastrotricha, Nematoda, Nematomorpha, „Rotatoria", Acanthocephala, Priapulida und Kinorhyncha als Taxon Nemathelminthes (syn. Aschelminthes oder Pseudocoelomata) zusammengefasst; in den 80er Jahren des letzten Jahrhunderts kamen die neuentdeckten Loricifera dazu. Nachdem „Rotatoria" und Acanthocephala (Syndermata) als nahe verwandt mit Gnathostomulida und den ebenfalls neu entdeckten Micrognathozoa erkannt und als Gnathifera zu den Spiralia gestellt wurden (S. 261), beschränken sich die Nemathelminthes jetzt auf die **Gastrotricha** und das 1995 errichtete Taxon **Cycloneuralia** (Nematoda, Nematomorpha, Priapulida, Loricifera und Kinorhyncha). In letzter Zeit sind Zweifel aufgekommen, ob die Gastrotricha tatsächlich die Schwestergruppe der Cycloneuralia darstellen. In Ermangelung überzeugender Alternativhypothesen werden beide Taxa aber hier weiterhin als Nemathelminthes im engeren Sinne (i.e.S.) vorgestellt, eine Gruppierung, die allerdings kein Monophylum bildet.

Für eine Verwandtschaft der Gastrotricha mit den Cycloneuralia sprechen beispielsweise die frontale (terminale) Position der Mundöffnung (bei einigen Gastrotrichen leicht subterminad). Während die Cuticula der Gastrotricha zweischichtig ist, haben die Cycloneuralia eine dreischichtige Cuticula. Zwei Schichten lassen sich homologisieren, so dass bei den Cycloneuralia eine dritte, chitinhaltige Schicht hinzu gekommen sein muss. Weiterhin gibt es Übereinstimmungen im Furchungsmuster von Gastrotrichen und Nematoden. Schließlich sind ein röhrenförmiger Pharynx mit einer radialen Anordnung von Muskelzellen um ein dreischenkeliges Lumen bei den Gastrotricha und innerhalb der Cycloneuralia verbreitet. Unterschiede zu den Gastrotricha bestehen vor allem in der Struktur des Nervensystems, insbesondere des Gehirns, im Fehlen einer Häutung bei den Gastrotrichen sowie im Vorhandensein von lokomotorischen Cilien bei den Gastrotrichen. Vor allem sind es aber molekulare Untersuchungen, die die Gastrotricha stets in die Nähe der Plathelminthes, und damit weit entfernt von den Taxa der Cycloneuralia, stellen.

Die Cycloneuralia zeichnen sich durch ein Gehirn aus, das den Pharynx ringförmig umgreift (Name!). Charakteristisch ist auch die Anordnung der zum Gehirn gehörigen Zellkerne: Sie sind vor und hinter einem nur aus Nervenfasern (Neuropil) bestehenden Ring angeordnet. Lediglich bei den Nematomorpha ist das Gehirn anders gebaut. Das Vorhandensein einer chitinhaltigen Schicht in der Cuticula sowie die Häutung der Cuticula sprechen für eine Verwandtschaft der Cycloneuralia mit den Panarthropoda, was die Ecdysozoa-Hypothese (S. 423) auch morphologisch unterstützt.

Innerhalb der Cycloneuralia sind in den **Nematoida** die beiden gut charakterisierten Schwestergruppen Nematoda und Nematomorpha zusammengefasst. Sie stimmen in einer Reihe von Strukturen überein: Stark wurmförmiger Habitus, eine dorsale und eine ventrale Epidermisleiste, unpaare dorsale und ventrale Längsnervenstränge, die Reduktion von Ringmuskulatur, fehlende Protonephridien, eine Kloake bei den Männchen sowie aciliäre Spermien. Diese Merkmale sind als potentielle Synapomorphien überzeugender als die Ähnlichkeit der Nematomorphenlarve mit den Scalidophora und die darauf basierenden Vorstellungen einer näheren Verwandtschaft mit diesen Taxa (siehe unten).

Die Schwestergruppe der Nematoida, die **Scalidophora**, umfasst die Priapulida, Kinorhyncha und Loricifera. Alle drei Taxa besitzen einen ausstülpbaren vorderen Körperabschnitt, der Introvert genannt wird. Hier sind cuticulare Fortsätze (Skaliden) ringförmig angeordnet. Sie können als auffällige Haken und Stacheln ausgebildet sein, die in der Regel Sinnesstrukturen enthalten. Die Verwandtschaftsbeziehungen der drei Scalidophora-Taxa sind noch nicht überzeugend geklärt.

Es ist mehrfach versucht worden, das Introvert der Scalidophora mit Strukturen bei den Nematomorpha und den Nematoda zu homologisieren und die Cycloneuralia demnach als Introverta zu bezeichnen. Nematomorphen-Larven haben ebenfalls einen ein- und ausstülpbaren vorderen Körperabschnitt mit hakenartigen Strukturen. Allerdings weichen die Symmetrieverhältnisse (sechsstrahlig bei den Nematomorpha, fünfstrahlig bei den Scalidophora) und die Feinstruktur der Haken (solide bei den Nematomorpha, mit Sinnesstrukturen bei den Scalidophora) voneinander ab, so dass die Entstehung als konvergente Anpassung an eine parasitische (Nematomorpha) oder grabende (Scalidophora) Lebensweise wahrscheinlicher erscheint. Bei den Nematoden soll insbesondere *Kinonchulus sattleri* ein Introvert besitzen. Hier sind die Mundhöhle und der vordere Teil des Pharynx ausstülpbar, so dass cuticulare zahnartige Strukturen nach außen treten (Abb. 637).

Die Cycloneuralia waren lange Zeit phylogenetisch nicht sicher einzuordnen. Durch das Vorhandensein eines dominanten ventralen Längsnervenstranges gehören sie aber sicher zu den Protostomia. Da bei ihnen keine Spiralfurchung auftritt, stellen sie wohl die Schwestergruppe der Spiralia dar. Diese Vorstellung wird auch durch molekulare Befunde unterstützt.

Innerhalb der Cycloneuralia lassen sich Körpergröße und Fortpflanzungsmodus in engen evolutiven Zusammenhang bringen. Äußere Befruchtung im freien Wasser und der damit verbundene rundköpfige Spermientyp (Abb. 119B) werden als ursprünglich für Metazoen angesehen. Nur bei Priapuliden gibt es große Individuen mit einer derartigen Fortpflanzung. Bei den ebenfalls groß dimensionierten parasitischen Nematoden und Nematomorphen kommt dagegen nur Kopulation oder „Pseudokopulation" mit innerer Befruchtung vor. Kinorhynchen und Loricifera haben nur kleine Vertreter. Rundköpfige Spermien treten bei ihnen ebenso wenig auf wie bei Priapuliden mit geringer Körpergröße. Eine Möglichkeit ist, dass die makroskopischen Priapuliden in dieser Beziehung ursprüngliche Merkmale bewahrt haben, während die anderen Gruppen, teilweise

Andreas Schmidt-Rhaesa, Hamburg (Überarbeitung) und
Sievert Lorenzen, Kiel

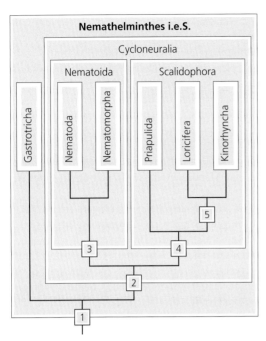

Abb. 603 Hypothese über die Verwandtschaft der Taxa der Nemathelminthes i.e.S. Die Schwestergruppenbeziehung zwischen Gastrotricha und Cycloneuralia wird nicht durch molekulare Befunde gestützt. [1] Körper von zweischichtiger Cuticula bedeckt. [2] Verlust lokomotorischer Cilien in allen Organen und Lebensstadien; dreischichtige Cuticula mit Chitin; mindestens eine Häutung im Leben; ringförmiges Gehirn mit vorder- und hinterständigen Perikaryen und mittiger Konzentration von Nervenfasern. [3] Fadenförmiger Körperbau; mehrschichtige Cuticula basal mit schraubig verlaufenden Kollagenfasern; runder Körperquerschnitt; nur Längs-, keine Ringmuskeln; vom ventralen Markstrang entspringt dorsaler Nervenstrang; keine besonderen Exkretionsorgane. [4] Introvert mit sensorischen Skaliden, die innere Sinnescilien beinhalten. [5] Verzwergtheit; Kopulation und innere Befruchtung; vorstreckbarer Mundkegel frontal auf ausstülpbarem Introvert. Verändert nach Ahlrichs (1995) und Schmidt-Rhaesa (1995).

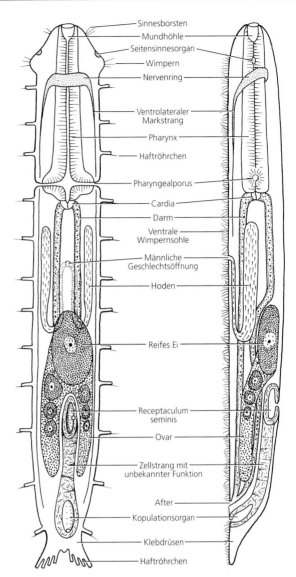

Abb. 604 Gastrotricha (*Turbanella* sp., Macrodasyida). Dorsal- und Lateralansicht (Schema). Beim Nervenring und den ventrolateralen Marksträngen sind die zugehörigen Perikaryen nicht eingezeichnet. Ovar ohne permanente Öffnung nach außen. Bei der Kopulation nimmt das Individuum in der männlichen Phase sein eigenes Sperma ins Kopulationsorgan auf und überträgt es von dort ins Receptaculum seminis des Partners, der sich in weiblicher Phase befindet. Spermien wandern aktiv zu den Eizellen und befruchten diese. Irrtümlich wurde Kopulationsorgan als Receptaculum seminis gedeutet und der Zellstrang unbekannter Funktion als Ovidukt. Original: S. Lorenzen, Kiel, nach Angaben von A. Remane, E.E. Ruppert, G. Teuchert.

unabhängig voneinander, zu kleiner Körpergröße und innerer Befruchtung mit entsprechender Modifikation der Spermien übergegangen sind. Dafür würde beispielsweise sprechen, dass von Priapuliden eine Anzahl fossiler Vertreter, vor allem aus dem Kambrium, bekannt sind. Die andere Möglichkeit ist, dass geringe Körpergröße für die Cycloneuralia primär ist, so dass die makroskopische Köpergröße der Priapuliden sekundär entstanden sein müsste. Beide Interpretationen sind stark von der Rekonstruktion der Körpergröße für die Stammart der Bilateria abhängig.

Gastrotricha, Bauchhärlinge

Jahrzehntelang galten die mikroskopisch kleinen Gastrotrichen als einförmige Süßwasserbewohner, die sich – ähnlich wie die Bdelloida unter den Rotatorien – ausschließlich parthenogenetisch fortpflanzen. Diese Vorstellung hat sich als falsch erwiesen. So entdeckte der Kieler Zoologe A. REMANE

in den 1920er-Jahren nicht nur das marine Sandlückensystem als artenreichen Lebensraum, sondern fand dort auch eine arten- und formenreiche Fülle mariner Gastrotrichen-Arten, die sich als Zwitter bisexuell fortpflanzen. Seit 2001 schließlich steht fest, dass bei Gastrotrichen des Süßwassers Heterogonie verbreitet ist und die fremdbefruchteten Eier zu Dauereiern werden. Die meisten der etwa 760 bekannten Arten gehören zu den Macrodasyida, die nur im Meer vorkommen, die übrigen zu den Chaetonotida, die größtenteils im Süßwasser, doch mit einigen Arten auch im Meer leben.

Hauptnahrung sind Bakterien und andere Kleinstorganismen, doch einige marine Arten können auch Diatomeen und andere größere Nahrungsbrocken verschlingen.

Bau und Leistung der Organe

Gastrotrichen sind selten länger als 0,1–1 mm. Sie sind schlank und dorsoventral leicht abgeplattet (Abb. 604), bewegen sich mit ihrer ventralen Wimpernsohle auf Substrat fort, können sich mit Muskelkraft krümmen und strecken und mit Haftröhrchen blitzschnell und reversibel an Substrat festheften. Die Wimpernsohle stand Pate nicht nur für den deutschen und wissenschaftlichen Namen des Taxons (griech. *gaster, trichos* = Bauch, Haar), sondern auch für den Wortbestandteil -*dasys* vieler Gattungsnamen (griech. *dasys* = dicht behaart).

Sofern zusätzliche, verlängerte Cilien seitlich am Vorderende vorkommen, sind die Gastrotrichen sogar zum Schwimmen fähig, ähnlich wie Rotatorien mit sohlenförmigem Räderorgan und Wimpernohren (S. 265). Bei Arten der Chaetonotida wurde beobachtet, dass die Wimpernsohle auch dem Herbeistrudeln und Auffegen von Nahrungspartikeln dient. Die Wimpern kommen einzeln (monociliär) oder zu mehreren (multiciliär) auf den Epidermiszellen vor.

Wimpern können im Kopfbereich zu Membranellen (z. B. *Xenotrichula, Pleurodasys*) und am Bauch zu Cirren (z. B. *Xenotrichula*) vereinigt sein (Abb. 605). Letztere werden ähnlich wie bei hypotrichen Ciliaten zur ruckartig laufende Fortbewegung eingesetzt.

Die **Cuticula** bedeckt den gesamten Körper und – einzigartig im Tierreich – mit ihren äußeren Schichten auch die lokomotorischen Cilien (Abb. 606). Sie enthält kein Chitin und wird beim Wachstum ohne Häutung größer und dicker, allein durch Auf- und Abbauvorgänge.

Obwohl lichtmikroskopisch sehr vielfältig, ist die Cuticula ultrastrukturell recht einheitlich gebaut. Sie ist in eine sehr dünne Exo- und eine viel dickere Endocuticula gegliedert. Die Exocuticula besteht aus 1–25 lamellenartigen, 7–12 nm dicken Schichten, deren Zahl im Leben zuzunehmen scheint und die überraschend ähnlich wie Zellmembranen gebaut sind (Abb. 606); nur sie umhüllen auch die Cilien. Die 0,1–4 µm dicke Endocuticula enthält mehrere Schichten, ist z. T. von vielen Fasern durchzogen und bei vielen Arten der Chaetonotida differenziert zu Höckern, Schuppen, Schuppenstacheln, Stacheln (ohne schuppenartiger Sockel) und – nur bei den Thaumastodermatidae – Vier- und Fünfhakern (Abb. 610, 612). Die meisten dieser Gebilde sitzen starr am Körper, doch die langen Stacheln planktischer Arten des Süßwassers können durch eigene Muskeln bewegt werden. Je dicker und skulpturierter die Cuticula, desto weniger sind die betreffenden Arten zu Körperkontraktionen fähig. Umgekehrt geht hohe Kontraktionsfähigkeit, wie sie bei vielen Gastrotrichenarten des Sandlückensystems zu beobachten ist, mit relativ dünner und weicher Cuticula einher.

Die einschichtige **Epidermis** ist bei den Macrodasyida am ganzen Körper zellig; lateral und ventral ist sie teilweise viel dicker als in anderen Körperregionen. Die basale Matrix ist nur schwach oder gar nicht ausgebildet. Bei den meisten Arten der Chaetonotida ist die Epidermis dagegen nur im bewimperten Körperbereich zellig, sonst syncytial.

Besondere Differenzierungen der Epidermis sind Schleim- und Klebdrüsen. Die einzelligen, getrennt mündenden Schleimdrüsen kommen dorsal und lateral bei vielen

Arten der Macrodasyida vor und fehlen bei den Chaetonotida. Die meist zweizelligen Klebdrüsen sind nach dem Zweikomponenten-Prinzip (*duo gland adhesive system*) gebaut, d. h. eine Zelle produziert ein Sekret für die Anheftung am Substrat, die andere Zelle ein Sekret für die Lösung der Haftung. Beide Zellen münden gemeinsam durch ein cuticulares Röhrchen aus, das mit einer monociliären Sinnesnervenzelle assoziiert sein kann (Abb. 604). Diese Haftröhrchen sind eine auffallende Autapomorphie der Gastrotrichen. Sie finden sich, oft auf paarigen „Füßchen", am Hinterende und bei den Macrodasyida zusätzlich entlang des gesamten Körpers.

Wie bei weichhäutigen, wurmartigen Tieren üblich, liegt im Hautmuskelschlauch die **Ringmuskulatur** weiter außen als die **Längsmuskulatur**. Die Muskeln bilden jedoch keine zusammenhängenden Schichten, wie dies oft für einen Hautmuskelschlauch der Fall ist, sondern sind in Strängen angeordnet. Unter ihnen sind die beiden ventrolateralen Längsmuskelstränge am mächtigsten entwickelt. Die Ringmuskelstränge bilden zusätzlich schmale Dorsoventralmuskeln aus, die zwischen dem zentralen Darm und den seitlichen Gonaden liegen (Abb. 607).

Die Muskeln sind meist schräg gestreift, seltener (z. B. *Dactylopodola, Xenodasys*) auch quer gestreift und dann zu ruckartigen Kontraktionen fähig. Intermediäre Filamente in der Epidermis verbinden die Muskeln sehnenartig mit der Cuticula.

Sofern die Cuticula weich ist und längsverlaufende turgeszente Stützzonen im Körper fehlen, kann der Körper durch Kontraktion der Längsmuskeln verkürzt und durch Kontraktion der Ringmuskeln verlängert werden. Ist die Cuticula jedoch dick oder gibt es längsverlaufende turgeszente Stützzonen im Körper (z. B. turgeszente Ausbildung von dorsalen Epidermiszellen bei *Macrodasys*; turgeszente Zellen des Y-Organs beiderseits des Darmes bei *Turbanella*), kann die Kontraktion von Längsmuskeln zu kraftvollen Krümmungen des Körpers führen, wobei – wie bei Nematoden – die ventralen und dorsalen Längsmuskelzüge antagonistisch zueinander arbeiten. Auf diese Weise verlieren Ringmuskeln als Antagonisten zu Längsmuskeln an Bedeutung und sind mehrfach innerhalb der Gastrotrichen nur schwach entwickelt; innerhalb der Chaetonotida fehlen sie sogar bei

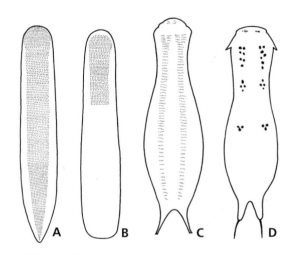

Abb. 605 Gastrotricha: Verschiedene Ausprägungen der ventralen Wimpernsohle bei Macrodasyida (**A–B**) und Chaetonotida (**C–D**). **A** *Macrodasys* sp.; **B** *Hemidasys* sp.; **C** *Chaetonotus* sp.; **D** *Xenotrichula* sp. Wimpern zu Cirren verklebt, die ruckartiges Laufen ermöglichen. Nach Remane (1936).

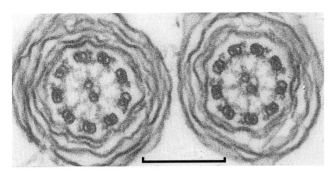

Abb. 606 *Turbanella ocellata* (Macrodasyida). Querschnitt durch Kinocilien; diese von Exocuticula umgeben. Maßstab: 200 nm. Aus Rieger und Rieger (1977).

solchen Arten, deren Cuticula besonders dick ist. Bei *Xenodasys* kommt am Hinterende ein axialer Stützstab aus spezialisierten Muskelzellen vor.

Die **Sinnesorgane** sind meist monociliäre einfache Sensillen, die mechanische, chemische oder optische Reize aufnehmen. Gehäuft treten sie am Vorderende auf. Sie enthalten eine oder mehrere monociliäre Sinnesnervenzellen: Nur eine kommt pro Mechanorezeptor wie einem Sinneshaar vor; je 1–2 sind es in den paarigen Ocellen, die nur bei einigen Arten existieren, und bis über 20 in den beiden Seitensinnesorganen am Vorderende, die sehr vielgestaltig sind und bei einigen Arten auffallend ähnlich wie die Seitenorgane der Nematoden gebaut sind.

Das zentrale **Nervensystem** ist insgesamt basiepithelial. Es besteht aus einem dorsal und lateral des Pharynx gelegenen Gehirn (Cerebralganglion), und einem Paar ventrolateraler Markstränge. Das Gehirn besteht aus einem kommissurartigen Neuropil, das dem Pharynx dorsal aufliegt.

Die dazugehörigen Somata der Nervenzellen sind lateral der Kommissur konzentriert. Dadurch bekommt das Gehirn in seiner Gesamtstruktur ein hantelförmiges Aussehen. Eine feine ventrale Kommissur am Gehirn ist in der Regel zusätzlich vorhanden, wenige weitere Kommissuren verbinden die Längsnervenstränge.

Der **Darmtrakt** beginnt mit dem frontal gelegenen, oft subventrad gerichteten Mund mit anschließender Mundhöhle. Es folgen der muskulöse P h a r y n x , der Darm und der terminal gelegene After. Mundhöhle, Pharynx und – wenn vorhanden – Rektum sind innen mit Cuticula ausgekleidet.

Die Mundhöhle ist bei vielen Arten eng, bei einigen Macrodasyiden kann sie aber sehr breit sein und sich über fast das gesamte Vorderende öffnen. Zahnartige Strukturen in der Mundhöhle sind sehr selten, so dass sich die meisten Arten wohl von Bakterien, Algen oder Detritus ernähren.

Der myoepitheliale P h a r y n x hat ein dreistrahliges Lumen (Abb. 608), dessen Querschnitt umgekehrt Y-förmig bei den Macrodasyida ist und Y-förmig – wie bei Nematoda, Loricifera, Tardigrada und Bryozoa – bei den Chaetonotida.

Die Dreistrahligkeit erlaubt eine Lumenerweiterung bei der Nahrungsaufnahme. Der Pharynx wird von Epithelmuskelzellen aufgebaut, die zum Lumen hin Cuticula und zur Leibeshöhle hin eine basale Matrix abscheiden. Die Muskelfilamente sind radiär angeordnet und bestehen bei größeren Arten aus 2–12 Sarcomeren, bei kleinen Arten – wie bei Nematoden – aus nur einem. Interzellulär enthält der Pharynx Sinnesnervenzellen und Nerven. Die Arbeitsweise des Pharynx ist trotz angelagerter Ring- und Längsmuskelstränge ähnlich wie bei Nematoden (S. 432). Nach elektronenmikroskopischen Befunden nimmt der Pharynx auch einen Teil der Nahrung durch Endocytose auf.

Eine Besonderheit der Macrodasyida sind 1 Paar P h a r y n g e a l p o r e n , die das Pharynxlumen seitlich durch die Körperwand mit der Außenwelt verbinden (Abb. 604, 608). Beim Schluckvorgang entfernen die Tiere durch diese Poren Wasser, das mit der Nahrung in den Pharynx gelangt ist. Solche Verbindungen kommen im Tierreich

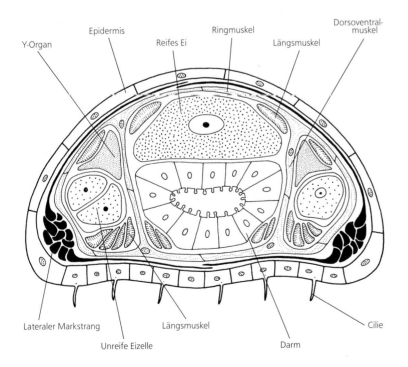

Abb. 607 Gastrotricha, Macrodasyida. Querschnittsschema. Reifes Ei liegt der dorsalen Darmwand direkt auf und wird so mit Nährstoffen für die Dotterbildung versorgt. Ringmuskeln und Dorsoventralmuskeln bilden ein Zellsystem, das das Körperinnere in drei längsverlaufende Abteilungen gliedert. Original: S. Lorenzen, Kiel, nach Angaben von A. Remane, R. Rieger, E.E. Ruppert, G. Teuchert.

sonst nur als Kiemenspalten bei Hemichordaten und Chordaten vor. Bei einigen Macrodasyiden (z. B. Gattung *Lepidodasys*) fehlen die Pharyngealporen.

Der Mitteldarm ist ein schlauchförmiges, einschichtiges Epithel, in dem u. a. drüsige Sekrete produziert werden. Besondere Anhänge fehlen. Nach den vorliegenden Beobachtungen wird die Nahrung extra- und intrazellulär verdaut. Ein mit Cuticula ausgekleideter Enddarm ist entweder sehr kurz (Chaetonotida) oder fehlt (Macrodasyida).

Außer Interzellularräumen gibt es keine flüssigkeitserfüllte Leibeshöhle; auch Blutgefäße fehlen, wie bei mikroskopisch kleinen Tieren üblich.

Als **Exkretionsorgane** kommen Protonephridien vor. Die Macrodasyida besitzen 1–6 Paare, die Chaetonotida nur 1 Paar, die alle getrennt ausmünden. Jedes Protonephridium besteht aus einer oder mehreren Terminalzellen (Cyrtocyten), je mit einer einzelnen Geißel ausgerüstet, und aus einer gemeinsamen Ausleitungszelle, die gleichzeitig der Rückresorption dient. Bei den Chaetonotida kommen Terminalzellen mit 2 Geißeln vor.

Die Gastrotrichen sind im Gegensatz zu den Cycloneuralia Zwitter. Die Macrodasyida sind protrandrisch, also erst als Männchen reif und dann als Weibchen. Die **Gonaden** sind meist paarig. Bei den Macrodasyida ist das Hodenpaar nach vorn gerichtet (Keimzone weiter vorn als Zone der reifen Spermien) und liegt weiter vorn als das nach hinten gerichteten Ovarienpaar (Abb. 604). Zusätzlich können weitere Strukturen vorkommen, deren Funktionen nicht immer sicher bekannt sind.

Allgemein werden die neben Hoden und Ovar vorhandenen Strukturen des Reproduktionssystems nach ihrer Lage als Frontal- und Caudalorgan bezeichnet. Gastrotrichen reproduzieren sich auf vielfältige Weise, so dass Frontal- und Caudalorgan unterschiedliche Aufgaben übernehmen können und dementsprechend auch eine unterschiedliche Feinstruktur aufweisen. Das Frontalorgan kann als Spermaspeicherorgan dienen. Das Caudalorgan kann als Kopulationsorgan ausgebildet sein, in einigen Fällen nimmt es Eigensperma auf. Vertreter der Macrodasyiden-ähnlichen Gattung *Neodasys* besitzen ein Fronto-Caudalorgan mit zwei strukturell voneinander getrennten Bereichen, möglicherweise ist

ein solches Organ ursprünglich und die Trennung in Frontal- und Caudalorgan sekundär.

Reifende und reife Eizellen befinden sich stets in der mittleren Körperregion; dort haben sie engen Kontakt zum Darm, erhalten von ihm Nährstoffe, die sie zu Dotter umwandeln, und werden befruchtet. Bei den Chaetonotida ist oft nur das weibliche und selten – später im Leben – auch das sehr kleine, männliche Gonadenpaar ausgebildet. Nur bei wenigen Arten wurde eine weibliche Geschlechtsöffnung nachgewiesen, bei den meisten Arten scheinen die Eier durch eine Ruptur der Körperwand freigesetzt zu werden.

Fortpflanzung und Entwicklung

Die Arten der Macrodasyida pflanzen sich ausschließlich zweigeschlechtlich fort. Bei den Chaetonotida herrschen Heterogonie oder sogar rein parthenogenetische Fortpflanzung vor.

Die strukturelle und funktionelle Deutung der Fortpflanzungsorgane ist schwierig.

Die Art und Weise, wie bei Macrodasyida Spermien auf Kopulationspartner übertragen werden, ist sehr vielfältig und erst für wenige Arten verstanden. Je nach Art münden die männlichen Geschlechtsorgane auf dem Kopulationsorgan oder getrennt von ihm. Im zweiten Fall muss das Kopulationsorgan das eigene Sperma außen vom eigenen Körper aufnehmen und kann es erst dann auf den Partner übertragen (indirekte Spermienübertragung wie z. B. bei Arachniden). Je nach Art werden Spermien in den Körper des Partners injiziert oder zu Spermatophoren gebündelt und außen auf den Partner geheftet (Abb. 609).

Bei den marinen Chaetonotida (außer *Neodasys*) ist noch keine Kopulation beobachtet worden, auch nicht bei Arten, für die Spermien bekannt sind. Sie besitzen Hoden, während diese bei den limnischen Arten fehlen. Dennoch wurden Spermien bei verschiedenen Arten nachgewiesen; ob diese allerdings funktionsfähig sind, ist unsicher. Bevor bei diesen Arten die ersten Spermien sichtbar werden, geben die Tiere mehrere dünnschalige, diploide Subitaneier ab (ameiotische Parthenogenese). Erst die letzten 1–2 Eier werden durch Fremdsperma befruchtet und als dickschalige Dauereier abgelegt. Die Fremdbefruchtung wird aus der Beobachtung abgeleitet, dass nur in Gruppen gehaltene Tiere entwicklungsfähige Dauereier bilden.

Die **Entwicklung** ist direkt. Die Furchung ist total und bilateral. Bei Süßwassergastrotrichen finden wahrscheinlich sämtliche Mitosen des Lebens während der Embryonalentwicklung statt. Bei den Macrodasyida gibt es Mitosen auch noch nach dem Schlüpfen aus dem Ei, z. B. kann die gut untersuchte Art *Turbanella cornuta* nach dem Schlüpfen aus dem Ei von 150 auf bis zu 750 µm wachsen und vermehrt hierbei die Zahl der Haftröhrchen am Körper von 16 auf 210 und die Zahl der Protonephridien-Gruppen von 1 auf 4. Es ist zu erwarten, dass auch die Zahl der Epidermis-, Muskel- und Darmzellen wächst. Die Kopfregion einschließlich zentralem Nervensystem und der Pharynx wachsen bei *T. cornuta* nach dem Schlupf kaum oder nur wenig, was die Schlussfolgerung nahelegt, dass in diesen Organen postembryonal keine Mitosen stattfinden. Die Embryonalentwicklung dauert unter günstigen Umständen 1–2 Wochen bei den Macrodasyida und 1–2 Tage bei den limnischen Chaetonotida.

Experimentell wurde ermittelt, dass Regeneration nach schwerer Verletzung möglich ist: Bei *Turbanella* sp. wurde das amputierte Hinterende einschließlich seiner Haftröhrchen durch Zellteilungen und anschließende Zelldifferenzierungen weitgehend neu gebildet.

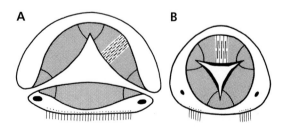

Abb. 608 Gastrotricha. Querschnitte durch Pharynxregion. **A** Macrodasyida. **B** Chaetonotida. Pharyngeallumen stets umgekehrt Y-förmig bei den Macrodasyida und Y-förmig (wie bei Nematoda) bei den Chaetonotida; Pharyngealporen kommen nur bei ersteren vor. Bei Arten der Macrodasyida ist die Zahl der Sarkomere pro radiärem Muskelfilament größer als bei den meist sehr kleinen Arten der Chaetonotida. Zellgrenzen nur für die Apikalzellen eingezeichnet. Original: S. Lorenzen, Kiel, nach Angaben von A. Remane, E.E. Ruppert.

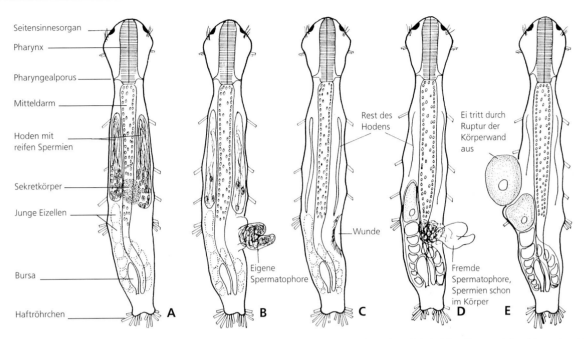

Seitensinnesorgan
Pharynx
Pharyngealporus
Mitteldarm
Hoden mit reifen Spermien
Sekretkörper
Junge Eizellen
Bursa
Haftröhrchen

A

B   Eigene Spermatophore

C   Rest des Hodens — Wunde

D   Ei tritt durch Ruptur der Körperwand aus — Fremde Spermatophore, Spermien schon im Körper

E

Abb. 609 Geschlechtsumwandlung und Fortpflanzung beim protandrischen Zwitter *Dactylopodola baltica* (Gastrotricha, Macrodasyida) aus dem marinen Sandlückensystem des Litorals. **A** Bei erwachsenen Tieren reifen erst die Spermien; Eizellen noch unreif. **B** Vermutlich aus Material des Sekretkörpers wird auf der rechten Körperseite eine Spermatophorenhülle gebildet, in die die eigenen Spermien hineinwandern. **C, D** Durch Kopulation wird die Spermatophore an die rechte Körperseite eines Partners geheftet, der sich in der weiblichen Phase befindet; normalerweise wird die fremde Spermatophore dort empfangen, wo vorher die eigene war; die Spermien der fremden Spermatophore wandern zu den Eizellen. **E** Ablage befruchteter Eier durch Ruptur der linken Körperwand. Funktion der Bursa unbekannt. (Bei vielen anderen marinen Gastrotrichen, z. B. *Turbanella*, wird das Sperma zwar gebündelt, doch Spermatophorenbildung unterbleibt). Aus Teuchert (1968).

Systematik

Als Autapomorphien der Gastrotrichen gelten die Haftröhrchen und die Bedeckung auch der Cilien der Körperwand durch die Exocuticula. Morphologisch gibt es einige Ähnlichkeiten zwischen den Gastrotrichen und den Nematoden: Übereinstimmungen im Bau der Seitensinnesorgane (bei Nematoden als Seitenorgane bezeichnet), Übereinstimmungen in der frühen Embryonalentwicklung und des nur geringfügigen postembryonalen Wachstums des Pharynx. Innerhalb der Gastrotricha stimmen nur die Chaetonotida mit den Nematoden im Besitz eines Y-förmigen (statt umgekehrt Y-förmigen) Pharynxlumens überein. Es wurde vorgeschlagen, die Gastrotrichen als Schwestergruppe zu den sich häutenden Cycloneuralia (Abb. 603) oder sogar zur gesamten Gruppe der Ecdysozoa aufzufassen. Gegen diese Hypothesen sprechen molekulare Befunde, nach denen die Gastrotrichen eher zu den Spiralia, möglicherweise in die Nähe der Plathelminthes oder Gnathifera, gehören.

1 Macrodasyida

Pharynx mit umgekehrt Y-förmigem Lumen und 1 Paar Pharyngealporen (fehlen bei *Lepidodasys*); zahlreiche Klebröhrchen lateral am Körper; Fortpflanzung zweigeschlechtlich; marin.

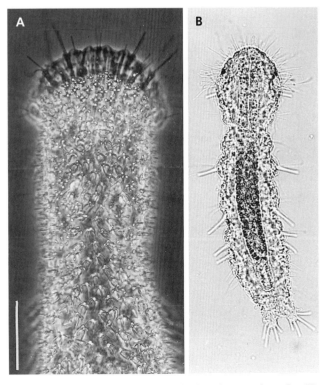

Abb. 610 Gastrotricha (Macrodasyida). Aus dem marinen Sandlückensystem. **A** *Tetranchyroderma* sp., Vorderende. Maßstab: 25 μm. **B** *Dactylopodola baltica*, Jungtier. Länge: ca. 200 μm. Originale: W. Westheide, Osnabrück.

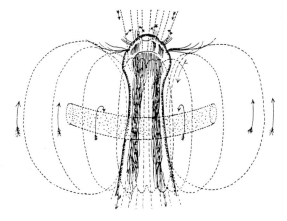

Abb. 611 Vorderende von *Chaetonotus maximus* (Gastrotricha, Chaetonotida). Ventralansicht. Am Grunde vieler Süßgewässer. Ventrale Wimpernsohle für Fortbewegung und Herbeistrudeln und Auffegen von Nahrung; Richtung der erzeugten Wasserströme durch Pfeile angezeigt. Zentrum der Wirbel nicht in Mundnähe (wie bei Rotatorien), sondern weiter hinten (gepunkteter Bereich). Nach Zelinka aus Remane (1936).

Dactylopodola baltica (Dactylopodolidae), 300 µm; marines Sandlückensystem (Abb. 609, 610B). – *Turbanella hyalina* (Turbanellidae), 750 µm, im Lückensystem litoraler Feinsande. – *Urodasys mirabilis* (Macrodasyidae), Rumpf 500 µm; mit 2 mm langem Schwanzfaden, marines Sandlückensystem. – Besonders artenreich sind die Thaumastodermatidae, oft mit skulpturierter Cuticula, z. B. *Tetranchyroderma*-Arten (Abb. 610A).

2 Chaetonotida

Pharynx mit Y-förmigem Lumen und ohne Pharyngealporen, Körper flaschenförmig (außer *Neodasys*); nur 1 Paar Klebröhrchen hinten am Körper. Fortpflanzung rein zweigeschlechtlich (*Neodasys* spp. und Xenotrichulidae im Meer) oder – bei allen Arten der Familie Chaetonotidae – durch Heterogonie oder allein durch Parthenogenese (Abb. 612).

Neodasys chaetonotoides (Neodasyidae). 600 µm; im Habitus wie Macrodasyida (daher heute auch als Chaetonotida-Multitubulatina allen übrigen Chaetonotida gegenüber gestellt); marin, in O_2-armen Sanden. – *Xenotrichula velox* (Xenotrichulidae), 250 µm, mit verklebten Cilien (Cirren), die ruckartiges Laufen auf Sandkörnern ermöglichen; marin. – Besonders artenreich sind die limnisch und an Meeresstränden vorkommenden Chaetonotidae: *Chaetonotus maximus*, 220 µm, limnisch, zwischen Pflanzen am Gewässergrund, in Ufersanden und in Mooren (Abb. 611). – *Lepidodermella squamata*, 200 µm, limnisch, zwischen Wasserpflanzen und Torfmoosen. – *Aspidiophorus mediterraneus*, 180 µm, marin, in Sandstränden. – *Stylochaeta fusiformis* (Dasydytidae), 150 µm, planktisch im Süßwasser, mit langen, aktiv beweglichen Stacheln (Abb. 613).

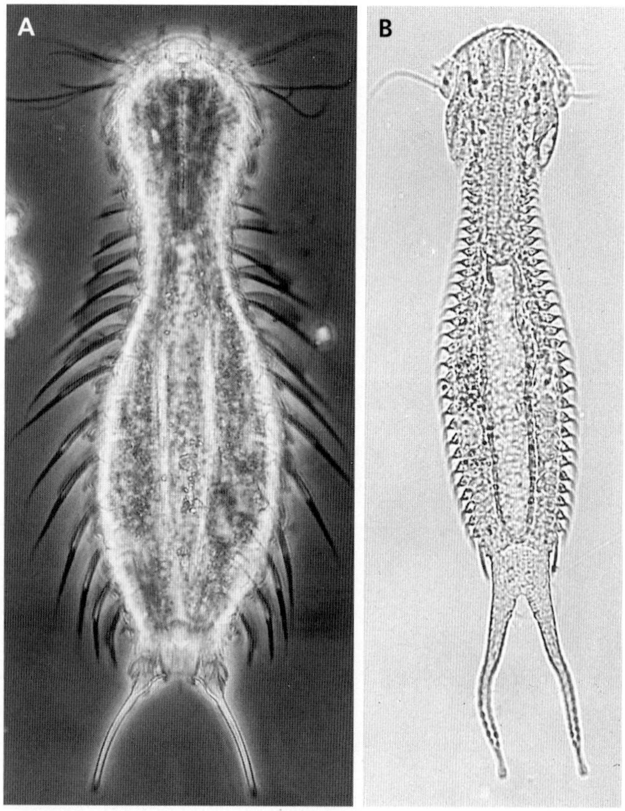

Abb. 612 Gastrotricha (Chaetonotida), aus dem marinen Sandlückensystem. **A** *Halichaetonotus* sp. Länge: ca. 200 µm. **B** *Draculiciteria* sp. Länge: ca. 250 µm. Originale: W. Westheide, Osnabrück.

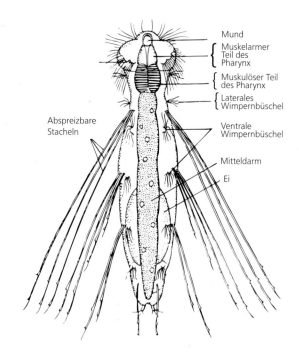

Abb. 613 *Stylochaeta fusiformis* (Gastrotricha, Chaetonotida), Ventralansicht. In kleinen, fauligen Süßwassertümpeln; kann schwimmen und durch Muskeln die langen Stacheln abspreizen und anlegen. Aus Remane (1936).

Mund
Muskelarmer Teil des Pharynx
Muskulöser Teil des Pharynx
Laterales Wimpernbüschel
Abspreizbare Stacheln
Ventrale Wimpernbüschel
Mitteldarm
Ei

ECDYSOZOA, Häutungstiere

Das Taxon Ecdysozoa umfasst alle Tiere, die eine Cuticula besitzen, die während des Wachstums gehäutet wird. Sie umfassen die folgenden rezenten Taxa: Arthropoda, Onychophora, Tardigrada, Nematoda, Nematomorpha, Priapulida, Kinorhyncha and Loricifera. Die ersten drei Taxa werden als Panarthropoda zusammengefasst, die letzten fünf als Cycloneuralia.

Der Vorschlag, dass es sich bei den Ecdysozoa um ein monophyletisches Taxon handelt, geht auf eine vergleichende Analyse der Sequenz der 18S ribosomalen DNA zurück. Dadurch wurde das Taxon Articulata aus Annelida und den Arthropoda obsolet, und der unterstützende Merkmalskomplex, der segmentierte Körperbau, musste als konvergent erklärt werden (S. 357). Seitdem sind die Ecdysozoa durch eine erdrückende Anzahl von molekularen Analysen immer wieder bestätigt worden. Dabei handelt es sich um Analysen der Sequenzen verschiedener einzelner Gene, mehrerer Gene, partieller Genome (ESTs) oder ganzer Genome. Keine einzige molekulare Analyse deutet auf eine Monophylie der Articulata hin.

Als morphologische Autapomorphien der Ecdysozoa lassen sich Merkmale nennen, die mit dem Besitz einer **Cuticula** zusammenhängen. Die Cuticula enthält **α-Chitin** und Proteine, was sie von den Annelida unterscheidet, deren Cuticula – mit Ausnahme der Borsten – kein Chitin enthält. Die Protein-Chitin-Cuticula ist ursprünglich eine dünne (wenige μm), relativ weiche, geschlossene Decke (so bei den Priapulida oder den Onychophora) (S. 445, 457). Sie kann aber auch eine stärkere Schicht darstellen, die als Antagonist für Muskelkontraktionen oder einen erhöhten Binnendruck wirkt wie bei den Nematoden, oder sie ist ein Plattenskelett mit harten, dicken Skleriten und biegsamen Zwischenabschnitten wie bei den Arthropoden oder den Kinorhynchen.

Chitin ist ein lineares, stickstoffhaltiges Polysaccharid, das aus Poly-(N-Acetyl-D-Glucosamin)Ketten besteht, die parallel (β-Chitin) oder antiparallel (α-Chitin) angeordnet sind (Summenformel: $(C_8H_{13}O_5N)_x$) (Abb. 614). Es ist der Cellulose sehr ähnlich, ebenfalls schwer abbaubar und das zweithäufigste Polysaccharid in der Natur. Chitin kommt nicht nur bei den Ecdysozoa als extrazelluläre Gerüstsubstanz vor, sondern findet sich meist in geringem Maß auch bei Cnidaria, Mollusca, Annelida, Lophophorata sowie bei Pilzen und einigen Algen.

In der Arthropodencuticula bilden die Kettenmoleküle des Chitins Mikrofibrillen, die zu „Balken" gebündelt sind. In Teilen der Cuticula sind diese in eine Matrix aus Proteinen eingebettet. Hier nehmen die Fibrillen eine hoch geordnete Vorzugsrichtung ein, die sich schichtweise ändert, so dass spiralig gegeneinander versetzte Fibrillenlamellen aufeinanderliegen („Sperrholzprinzip" oder so genannte helicoidale Fibrillenanordnung). Diese Proteine der Matrix („Arthropodin") sind primär wasserlöslich, werden aber durch o-Chi-

Andreas Schmidt-Rhaesa, Hamburg

none irreversibel zu dem wasserunlöslichen, gelbbraunen Sklerotin vernetzt („gegerbt", „sklerotisiert"). Hieraus resultiert die bei geringem spezifischen Gewicht hohe Stabilität (Zug- und Druckfestigkeit) und Widerstandsfähigkeit dieser Cuticula gegen chemische und mechanische Einwirkungen, die sie zu einer idealen Schutz- und Skelettstruktur macht. Der Chitin-Protein-Cuticula kommt so auch eine entscheidende Bedeutung für die Eroberung des Landes durch die Arthropoden zu.

Die Cuticula wird von der unterliegenden Epidermis (fälschlich „Hypodermis") abgeschieden und ist mit ihr über Hemidesmosomen fest verbunden (z. B. Abb. 615). Sie überzieht daher den gesamten Körper und auch alle ektodermalen Einstülpungen wie Vorderdarm (Stomodaeum), Enddarm (Proctodaeum), Atmungsorgane (Tracheen, Fächerlungen), Ausleitungen von Drüsen oder ectodermal ausgekleidete Geschlechtsorgane (z. B. Receptacula der Webspinnen, Abb. 749).

Die spezifische Struktur der Cuticula kann zwischen den Taxa der Ecdysozoa sehr stark variieren, dennoch tritt eine bestimmte dreischichtige Struktur immer wieder auf. Da sie sich sowohl bei den Panarthropoda als auch bei den Cycloneuralia findet, ist die Dreischichtigkeit möglicherweise die ursprüngliche Ausformung der Cuticula. Sie besteht aus einer inneren Schicht, die α-Chitin enthält, einer mittleren Schicht ohne Chitin und einer äußeren, sehr dünnen trilaminaten Schicht. Diese Schichten können als Endo-, Exo- und Epicuticula bezeichnet werden (Abb. 615), eine Benennung, die allerdings nicht einheitlich angewendet wird. Die Epicuticula ist frei von Chitin. Bei den Arthropoden setzt sie sich aus mehreren Lagen zusammen: (1) Eine äußere Zementschicht aus gegerbten Proteinen und Lipiden wird von Epidermisdrüsenzellen über einen bis zur Oberfläche reichenden Ausführungsgang abgeschieden; sie bedeckt und schützt (2) die Wachsschicht (hochmolekulare Alkohole, Paraffine, Fettsäuren). Aus dieser Chemie rekrutieren sich bei Landarthropoden oft Bouquets für eine Duftkommunikation. Darunter liegen im Normalfall bei Arthropoden (3) die Cuticulinschicht (aus Lipiden, gegerbten Proteinen (Cuticulin) und Polyphenolen) und (4) die sog. dichte Schicht (*dense layer*).

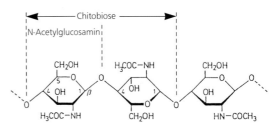

Abb. 614 Chitin. Chemische Struktur. Das Polymer setzt sich aus Ketten 1,4-α-glykosidisch verknüpfter N-Acetylglucosamin-Einheiten zusammen, bis zu 8 000 Monomere in den Makromolekülen, die die Chitin-Mikrofibrillen aufbauen. Aus Müller und Löffler (1977).

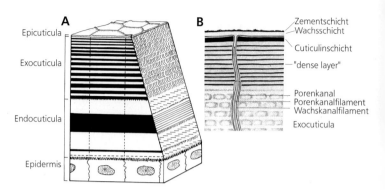

Abb. 615 Cuticula der Arthropoda. **A** Blockdiagramm von Epidermis und Cuticula von *Tenebrio* sp. (Insecta, Coleoptera). **B** Bau der Epicuticula von *Pyrrhocoris* sp. (Insecta, Heteroptera). Nach Gluud (1968).

Während die gegerbten Proteine in der Epicuticula besonders die mechanische Abnützung verhindern, erniedrigen die Lipide die Wasserdurchlässigkeit der Cuticula. Vor allem die Wachsschicht setzt die Verdunstung stark herab, so dass einige Arthropoden auch in sehr trockene Lebensräume vordringen konnten. Wüstenskorpione, Schaben (*Periplaneta*) und Schwarzkäfer (Tenebrionidae) besitzen die Cuticula mit der geringsten Wasserdurchlässigkeit. Bei landlebenden Crustaceen, Chilopoden, Progoneaten und wohl auch bei den Onychophoren fehlt eine Wachsschicht; sie leben daher vorwiegend in Biotopen mit hoher Luftfeuchtigkeit.

Die Cuticula der Arthropoda kann – je nach Funktion – hart, biegsam oder gummiartig elastisch sein. Harte Bereiche entstehen durch Sklerotisierung in der äußeren Procuticula und werden Exocuticula genannt. Sie liegen der inneren, mächtigeren, biegsam bleibenden Schicht der alten Procuticula auf, der E n d o c u t i c u l a (Abb. 615). Die Exocuticula besteht also aus Chitin und gegerbter Proteinmatrix (s. o.), die Endocuticula aus Chitin und ungegerbten Proteinen. Außerdem können bei Crustaceen, chilognathen Diplopoden und einigen Insekten Mineralien, besonders $CaCO_3$ und $Ca(PO_4)_2$ für eine zusätzliche Härtung des cuticulären Exoskeletts eingelagert werden. Cuticularschichten, in denen der Sklerotisierungsprozess nicht abgeschlossen ist, werden Mesocuticula genannt.

Endo-, Exo- und Mesocuticula werden von zahlreichen Porenkanälen durchzogen, die von der Epidermis zur Oberfläche ziehen. Sie leiten Komponenten der Wachsschicht an die Oberfläche.

Die Sklerotisierung im Bereich der Exocuticula erlaubt eine im Tierreich einmalige Skulpturierung der Körperoberfläche. Meist entstehen gekörnte oder schuppige Strukturen oder Felderungen, die dem darunter liegenden Muster der Epidermiszellen entsprechen. Dazu können haarartige Auswüchse kommen, auch Sinnesstrukturen enthalten oft cuticulare Strukturen. Die Funktionen dieser Cuticulaauswüchse sind sehr vielfältig. Oft dienen sie der Schmutzabwehr und der Wasserabweisung; nicht selten fungieren sie als Haftstrukturen.

Das namensgebende Merkmal der Ecdysozoa ist die H ä u t u n g (Ecdysis) der Cuticula (Abb. 616, 617, 800). Soweit bisher untersucht, wird sie durch Ecdysteroidhormone, vor allem 20-Hydroxy-Ecdyson, induziert. Dies gilt gleichermaßen für Arthropoden wie für Nematoden; allerdings sind bei Nematoden nur wenige Fälle untersucht worden, und für die übrigen Cycloneuralia fehlen Daten gänzlich.

Während die Monophylie der Ecdysozoa recht gut unterstützt wird, ist die interne Phylogenie noch nicht klar. Aus morphologischer Sicht bestehen sie aus den Schwestergruppen Panarthropoda und Cycloneuralia. Charakteristisch für die Panarthropoda ist beispielsweise die Existenz von metameren Beinpaaren, die Cycloneuralia zeichnen sich durch ihr ringförmiges Gehirn aus. In molekularen Analysen lassen sich diese beiden Taxa aber nicht immer als monophyletisch begründen. Eine wichtige Rolle nehmen hier beispielsweise die Tardigrada ein, die vor allem in ihrer Körpergröße, dem Fehlen von Coelomräumen und dem muskulären Saugpharynx starke Ähnlichkeit mit den Cycloneuralia besitzen, durch ihre vier Beinpaare aber Merkmale der Arthropoden zeigen. Ob es sich um recht ursprüngliche Arthropoden handelt, oder um sekundär verzwergte Formen, ist ungesichert.

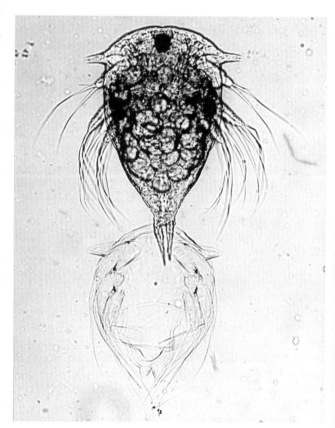

Abb. 616 *Sacculina carcini* (Crustacea, Cirripedia). Nauplius-Larve mit ihrer Exuvie. Original: W. Westheide, Osnabrück.

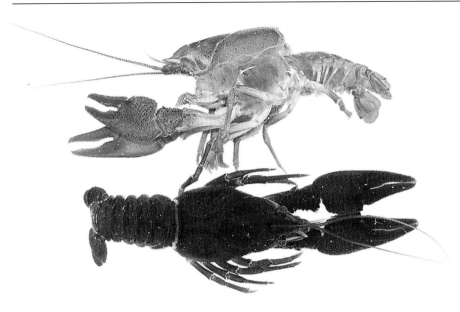

Abb. 617 *Astacus astacus* (Crustacea, Decapoda). Frisch gehäutetes Tier (unten) und Exuvie. Länge des Tieres ca. 10 cm. Original: R. Franke, Göttingen.

Es gibt eine Reihe von Fossilien, die als Stammlinienvertreter der Arthropoden gedeutet werden oder die in die Verwandtschaft der Cycloneuralia, besonders der Priapulida, gehören. Hier sind beispielsweise die †Palaeoscolecida zu nennen.

Auch wenn die Monophylie der Ecdysozoa heute weitgehend akzeptiert erscheint, wirft sie doch Fragen auf und hat weitreichende Konsequenzen für unsere Vorstellungen der Evolution von Körperbauplänen. Bisher ist der Aufbau des Körpers aus gleichen oder ähnlichen Kompartmenten, den Segmenten, für ein starkes Argument verwandtschaftlicher Beziehungen zwischen den Arthropoden und den Anneliden gehalten worden. Durch die Ecdysozoa-Hypothese sind diese beiden Taxa nun im Stammbaum weit voneinander getrennt. Die Entstehung einer segmentalen Körperorganisation lässt sich nun entweder durch Konvergenz erklären oder dadurch, dass ein segmentaler Körperbau ein ursprüngliches Merkmal darstellt, das bei den meisten Gruppen verloren gegangen ist und nur bei Arthropoden und Anneliden erhalten blieb. Auch eine Kompromiss-Lösung ist denkbar, wenn man annimmt, dass die anteroposteriore Längsachse ursprünglich aus sich wiederholenden Bereichen aufgebaut ist, die aber zunächst nicht deutlich im Phänotyp zutage traten. Sie könnten damit aber die Basis für eine, auch konvergente, weitergehende Bildung von Segmenten darstellen.

Cycloneuralia

Characteristisch und namensgebend für die Cycloneuralia ist ein bestimmter Bau des Gehirns (Abb. 618). Es umfasst ringförmig den Pharynx oder andere Teile des vorderen Verdauungssystems. An den zentralen Faserring (Neuropil) schließen vorne und hinten die Somata der beteiligten Nervenzellen an, so dass eine charakteristische Abfolge von Somata – Neuropil – Somata entsteht. Aus dem ventralen Bereich des Rings gehen ein unpaarer oder ein Paar ventraler Nervenstränge hervor. Zu den Cycloneuralia gehören die **Nematoida** (Nematoda und Nematomorpha) und die **Scalidophora** (Priapulida, Loricifera und Kinorhyncha).

1 Nematoida

Als Nematoida werden die Nematoda und Nematomorpha zusammengefasst, Vertreter beider Gruppen haben einen langen, dünnen Körper. Mindestens eine ventrale und eine dorsale Epidermisleiste mit darin liegendem Nervenstrang sind vorhanden (bei den Nematomorpha zumindest bei den marinen *Nectonema*-Arten). Protonephridien sind nicht vorhanden, die Körper-Ringmuskulatur ist komplett reduziert; zumindest bei den Männchen liegt eine Kloake vor.

1.1 Nematoda, Fadenwürmer

Die Nematoden sind wahrscheinlich die i n d i v i d u e n r e i c h s t e , wenn auch nicht artenreichste Metazoengruppe der Welt. Mit bloßem Auge ist diese Individuenfülle jedoch kaum wahrnehmbar, weil sie in erster Linie aus mikroskopisch kleinen Lebewesen besteht. Diese konnten daher erst nach der Erfindung des Mikroskops entdeckt werden. Vorher waren nur die endoparasitischen Nematoden bekannt, die erstens sehr lästig und damit bemerkbar und zweitens in vielen Fällen mit bloßem Auge gut erkennbar sind.

Endoparasitische Würmer wurden in früheren Jahrhunderten pauschal als „Eingeweidewürmer" („Helminthes") bezeichnet und in die Plathelminthes und Nemathelminthes (syn. Aschelminthes) unterteilt (griech. *nema; ascos; platys* = Faden; Sack; platt; die Trennstriche in den Namen wurden zur Verdeutlichung der Wortstämme gesetzt, wobei der Wortstamm *nemat* – vollständig enthalten im Wort Nematoda – erst im Genitiv *nematos* erkennbar ist).

Mit vielen Arten und hohen Individuendichten leben die Nematoden im Sediment des Meeresbodens von der Tiefsee bis zur Küste, am Grunde von Süßgewässern aller Größe, in Moospolstern und im Boden. Auf Wiesen können bis zu 20 Mio. Nematoden pro m² leben, das sind bis zu 500 000 pro Fußtritt. Es ist kaum möglich, aus den genannten Lebensräu-

Sievert Lorenzen, Kiel und Andreas Schmidt-Rhaesa, Hamburg (Überarbeitung)

men Proben zu entnehmen, die wohl Metazoen, aber keine Nematoden enthalten. Sogar in nahezu anoxischen Lebensräumen können Nematoden zahlreich vorkommen. Nur im Pelagial können sie nicht leben; in die Wassersäule können sie allenfalls verdriftet und dann Hunderte von Kilometern vertrieben werden, doch sinken sie in ruhigem Wasser wieder ab. Auch als Endoparasiten von Mensch und Tier und als Endo- und Ektoparasiten von Höheren Pflanzen sind Nematoden überaus erfolgreich. So werden rund 90 % aller Menschen mindestens einmal im Leben von parasitischen Nematoden befallen. Der Medinawurm unter ihnen ist schon seit über 3 000 Jahren bekannt. Phytoparasitische Nematoden können gewaltige wirtschaftliche Schäden verursachen. Rund 15 000 Nematodenarten sind beschrieben worden, doch jährlich werden neue Arten entdeckt.

Bau und Leistung der Organe

Die frei lebenden Nematoden sind 0,2–50 mm, meist jedoch nur 1–3 mm lang. Ähnlich klein sind die meisten phyto- und zooparasitischen Arten. Allein unter letzteren gibt es auch ansehnlich große Vertreter: Der Spulwurm *Ascaris lumbricoides* wird bis 40 cm lang, und die größte Art, *Placentonema gigantissimum* aus der Placenta trächtiger Pottwale, wird im weiblichen Geschlecht 8,4 m lang und 2,5 cm dick, also so groß wie ein Schiffstau, während die Männchen mit 4 m Länge und 0,9 cm Durchmesser deutlich kleiner bleiben.

In allen Lebensstadien und in allen Körperstrukturen fehlen – wie bei den Euarthropoda – motorische Cilien, auch an den Spermien. Unbewegliche Cilien dagegen sind Bestandteil aller Sensillen (einfachen Sinnesorganen) außer Ocellen. Bei kleinen Nematoden ist **Zellkonstanz** (E u t e l i e) nachgewiesen, also Konstanz in Zahl und Anordnung von Körperzellen.

Im Gegensatz zu den ebenfalls zellkonstanten Rotatorien, die alle Mitosen ihres Lebens in der frühen Embryonalentwicklung abschließen, weisen Nematoden auch noch nach dem Schlüpfen aus dem Ei Mitosen auf, auch im Nervensystem. Selbst Zelltod erfolgt in konstanter Weise. So sterben bei zwittrigen Individuen von *Caenorhabditis*

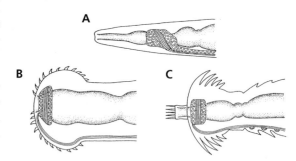

Abb. 618 Cycloneurale Nervensysteme im Vorderende von **A** Nematoda (*Caenorhabditis elegans*), **B** Priapulida (*Tubiluchus philippinensis*), **C** Kinorhyncha. Kleine Kreise = Perikarya; feine Linien = Neuropil. Aus Nielsen (1995).

elegans, einer der bestuntersuchten Tierarten der Welt (Abb. 628), 131 (= 12 %) aller im Leben gebildeten 1090 somatischen Zellen noch vor Erreichen des Adultstadiums ab. Bei adulten Nematoden großer Arten, z. B. *Ascaris*, gilt die Eutelie nur für das Nervensystem, den Pharynx und die Ventraldrüse, nicht aber für die Epidermis, die Muskulatur der Körperwand und die Darmzellen, deren Zellenzahl beim Körperwachstum zunimmt und viele zehntausend erreichen kann.

Unabhängig von der Körpergröße und der Vielfalt der bewohnten Lebensräume ist der Körper einheitlich fadenförmig, nahezu drehrund (aber dennoch von bilateraler Symmetrie!) und besitzt außer Borsten und Papillen keine Körperanhänge (Abb. 619). Für dieses hohe Maß an Einheitlichkeit ist das besonders erfolgreiche Organ der Nematoden verantwortlich, der Hautmuskelschlauch, der eine kräftige schlängelnde Fortbewegung erlaubt. Bei der Schlängelbewegung wird der Körper nach dorsal und ventral gebogen, nicht nach rechts und links wie bei Schlangen (Abb. 1003A). Auf einer Unterlage bewegen sich Nematoden also auf der Seite liegend fort, wobei meistens keine der beiden Seiten als Unterseite bevorzugt wird. Die meisten Nematoden können sich vorwärts und rückwärts gleich gut und gleich kräftig fortbewegen. Einige schaffen es nur vorwärts, so die Epsilonematidae (Abb. 623B) und Draconematidae, die sich egelartig mit der Bauchseite zum Substrat fortbewegen, die Desmoscolecidae (Abb. 623C), die auf ihren subdorsalen, haftfähigen Körperborsten stelzen, und viele Arten des marinen Sandlückensystems, die sich springend fortbewegen und hierbei stets die linke Körperseite zum Substrat richten.

Der **Hautmuskelschlauch** (Abb. 621) ist aus Cuticula, Epidermis und Längsmukulatur aufgebaut. Die **Cuticula** – sie nimmt etwa 5–10 % des Körperdurchmessers und 10–20 % des Körpervolumens ein – wird von allen ektodermalen Epithelien gebildet, sie bedeckt also den gesamten Körper einschließlich der Sinnesborsten, die Innenfläche des Pharynx, des Rektums, der Kloake (nur bei Männchen vorhanden) und der Vagina; bei Männchen ist sie außerdem wesentliches Bauelement des Spicularapparats (Kopulationsapparat) (Abb. 529) und der Praeanalpapillen. Alle Cuticularstrukturen, die mit der Fortpflanzung zu tun haben (Vagina, Spicularapparat und Praeanalpapillen), werden erst bei der letzten der insgesamt vier Häutungen gebildet.

Je nach Funktion ist die Cuticula (Abb. 620) in verschiedenen Körperregionen chemisch und strukturell verschieden aufgebaut. Sie ist biegsam auf der Körperwand, elastisch wie ein starkes Gummiband im Pharynx und hart und starr in den Zähnen der Mundhöhle und im Spicularapparat. Die Cuticula der Körperwand enthält kein Chitin.

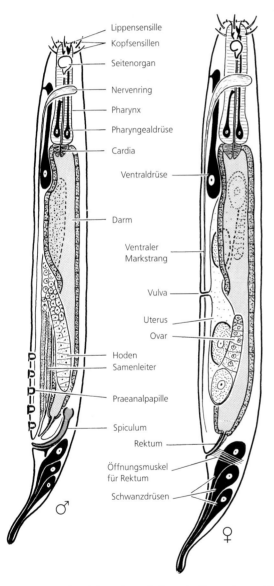

Abb. 619 Nematoda, „Adenophorea". Organisationsschema. Unterschiede zu Secernentea sind Vorhandensein von Schwanzdrüsen, borstenförmige Ausprägung der hinteren 6 + 4 Kopfsensillen, relativ große Seitenorgane, Vorhandensein von oft zwei statt nur einem Hoden und Vorkommen von Praekloakalpapillen. Keines der genannten Merkmale gilt für jeweils alle Arten der „Adenophorea". Nicht eingezeichnet sind Drüsenzellen der lateralen Epidermisleisten und Muskelzellen des Hautmuskelschlauches. Original: S. Lorenzen, Kiel.

Labels in figure: Lippensensille, Kopfsensillen, Seitenorgan, Nervenring, Pharynx, Pharyngealdrüse, Cardia, Ventraldrüse, Darm, Ventraler Markstrang, Vulva, Uterus, Ovar, Hoden, Samenleiter, Praeanalpapille, Spiculum, Rektum, Öffnungsmuskel für Rektum, Schwanzdrüsen

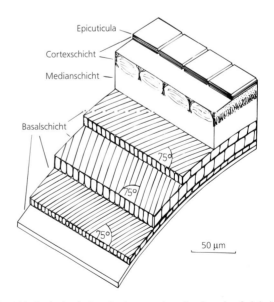

Abb. 620 Cuticula beim Spulwurm *Ascaris*. Der Laufwinkel von 75° zwischen den schraubig verlaufenden Fasern der Cuticula und der Längsachse des Körpers erlaubt einen effektiven Antagonismus zwischen den ventralen und dorsalen Längsmuskeln des Hautmuskelschlauchs und macht Ringmuskeln überflüssig. Maßstab: 50 µm. Nach Crofton (1966) und Bird (1971).

Labels in figure: Epicuticula, Cortexschicht, Medianschicht, Basalschicht, 50 µm

Nur für den Pharynx und die Eischale wurde Chitin nachgewiesen. Ob die cuticularisierten Genitalstrukturen Chitin enthalten, ist ungeklärt. Nematoden sind in der Lage, das Enzym Chitinase zu bilden, mit der sie z. B. die chitinisierte Eischale beim Schlupf auflösen können. Ob die Chitinase auch beim Wachstum der Pharynx-Cuticula eine Rolle spielt, ist ungeklärt.

Die Cuticula der Körperwand ist kein totes, unveränderliches Gebilde, sondern ein Ort lebhafter biochemischer Aktivität und kann daher bei allen Arten auch ohne Häutung wachsen. Diese Fähigkeit fällt besonders bei großen parasitischen Arten auf: Der Spulwurm *Ascaris lumbricoides* wächst nach seiner letzten Häutung von einigen Millimetern auf 25–40 cm heran, und der Medinawurm *Dracunculus medinensis* schafft es im gleichen Lebensabschnitt von 4–5 cm auf 100–120 cm. Die Cuticula wird hierbei nicht nur größerflächig, sondern auch dicker und veranschaulicht so das Zusammenspiel von Auf- und Abbau beim Wachstum. Warum sich alle Nematoden unabhängig von Lebensweise und endgültiger Körpergröße dennoch genau viermal im Leben häuten, ist noch unverstanden. In mehreren untersuchten Fällen ging eine Häutung mit einer irreversiblen Veränderung des Stoffwechselmusters einher.

Die Cuticula der Körperwand ist oberflächlich glatt, geringelt oder stark skulpturiert. Lateral ist sie oft zu Seitenfeldern differenziert. Grob lassen sich im Aufbau der Cuticula von außen nach innen vier Schichten unterscheiden: Epicuticula, Cortex-, Median- und Basalschicht.

Die Epicuticula ist nur 40–60 nm dick, sie spielt wahrscheinlich für die Selektivität von Austauschvorgängen zwischen Außenmedium und Körperinnerem eine wichtige Rolle. Cortex- und Medianschicht können große Unterschiede von Art zu Art und von einem Lebensstadium zum anderen aufweisen. Allgemein sind beide Schichten aus elastisch verformbarem Material aufgebaut, das keine tangentialen, sondern höchstens radiäre Fasern aufweist. Die Basalschicht schließlich enthält bei den meisten Arten zwei oder mehr Schichten tangentialer Fasern, die pro Schicht parallel und von Schicht zu Schicht spiegelbildlich zueinander schraubig um den Körper verlaufen, nicht dehnbar, sondern nur biegsam sind und mit der Längsrichtung des Körpers einen Winkel von etwa etwa 70–75° bilden (Abb. 620; zur funktionellen Bedeutung s. u.).

Die **Epidermis** (wegen ihrer Lage unterhalb der Cuticula auch Hypodermis genannt) ist zellulär bei juvenilen und vielen Adulti kleiner Arten, teilweise syncytial bei vielen kleinen bis mittelgroßen und vollständig syncytial bei großen Nematoden. Funktionell wichtig ist, dass sie in längsverlaufende Zonen gegliedert ist: Lateral, wo die Körperwand bei schlängelnder Fortbewegung am geringsten gestreckt und gestaucht wird und wo daher auch Längsmuskeln fehlen, ist die Epidermis zu breiten lateralen Epidermisleisten differenziert, die relativ weit ins Körperinnere ragen (Abb. 621). In ihnen liegen die meisten Zellkerne der Epidermis, von ihnen wird die Cuticula gebildet und unterhalten, und zwischen ihnen liegen bei den meisten Arten der „Adenophorea" einzellige Drüsen, die jede für sich ein schleimiges Sekret nach außen absondern können. Bei vielen Arten der Secernentea erstreckt sich je ein lateraler Schenkel der Ventraldrüse in den Interzellularraum der lateralen Epidermisleisten. Dorsal und ventral, wo die Körperwand bei der schlängelnden Fortbewegung am meisten gestreckt und gestaucht wird, ist die Epidermis zu sehr schmalen Epidermisleisten differenziert, die ebenfalls relativ weit ins Körperinnere ragen und Zellkerne enthalten können. In ihrem apikalen Teil sind sie rinnenartig vertieft und umfassen ventral die Nervenfasern des ventralen Markstangs und dorsal die des dorsalen Nervenstrangs. In den Feldern zwischen den Epidermisleisten ist die Epidermis extrem dünn (bei frei

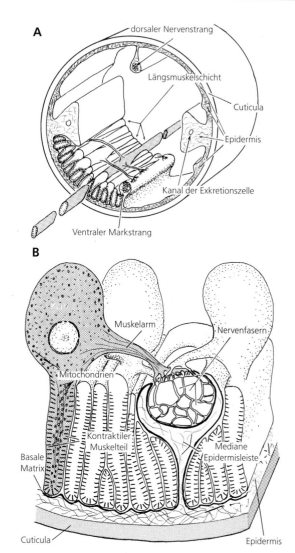

Abb. 621 Hautmuskelschlauch. Spulwurm *Ascaris* sp. **A** Teilstück aus dem mittleren Körperbereich. Darm entfernt. **B** Region um den ventralen Nervenstrang. Die Zahl aller Muskelzellen wächst postembryonal von 83 auf rund 40 000 an, die Zahl aller Nervenzellen bleibt zeitlebens unter 300. Pro Muskelzelle der Ventral- und Dorsalseite führen 1–5 Fortsätze (meist vom cytoplasmatischen, seltener vom kontraktilen Zellbereich aus) zum ventralen Markstrang bzw. dorsalen Nervenstrang. Nur ein kleiner Teil der Fortsätze tritt in direkten Kontakt zu Nervenfasern, die übrigen sind untereinander durch elektrische Synapsen verbunden. Basale Matrix des Muskelepithels zur Epidermis hin gewandt. A Nach Stretton (1976); B nach Rosenbluth (1965).

lebenden Arten nur 1–3 µm), stellt mit ihren vielen Fasern eine sehnenartige Verbindung zwischen Längsmuskelzellen und Cuticula her und lässt die Mitochondrien der Muskelzellen außerordentlich nahe am Außenmedium liegen, was ihren Gasaustausch mit dem Außenmedium begünstigt.

Unabhängig von der Körpergröße ist die **Muskulatur** der Körperwand immer einschichtig und auf die Felder zwischen den Epidermisleisten beschränkt (Abb. 621). Der kontraktile und mitochondrienreiche Teil der Muskelzellen liegt bei kleinen Nematoden vollständig und bei großen Nematoden nur teilweise der Epidermis an und enthält nur längsverlaufende Muskelfilamente. Der nicht-kontraktile, mitochondrienarme Teil der Muskelzellen enthält den Zellkern und ragt ballonförmig ins Körperinnere bei großen Nematoden (Abb. 621B). Die Muskelfilamente sind – wie bei vielen Taxa mit Hydroskelett üblich (s. Annelida, S. 363) – schräggestreift, d. h. die Z-Strukturen schließen mit den Myofilamenten einen spitzen Winkel ein (keinen rechten wie bei quer gestreifter Muskulatur). Der Winkel beträgt 4–6° im entspannten und 10–12° in der kontrahierten Zustand. Der nichtkontraktile Teil jeder Muskelzelle entsendet einen oder mehrere Ausläufer zum Nervensystem, spaltet sich in Nervennähe büschelartig auf und lässt sich auf diese Weise von verschiedenen Nervenzellen innervieren; benachbarte Fortsätze verschiedener Muskelzellen sind durch gap junctions miteinander elektrisch gekoppelt. Längsmuskelzellen der ventralen Körperhälfte werden vom ventralen Markstrang innerviert, die der dorsalen Körperhälfte vom dorsalen Nervenstrang. Nur die Längsmuskelzellen der Kopfregion werden zusätzlich oder ausschließlich von Nervenzellen des Gehirns innerviert. Die Folge: Der Körper kann nur in der Kopfregion kreisende Bewegungen ausführen und sonst nur Schlängelbewegungen in der dorsoventralen Körperebene. Stets sind die dorsalen Muskelfibrillen Antagonisten der ventralen und umgekehrt. Peristaltische Körperbewegungen kommen bei Nematoden nicht vor. Spezialisierte Muskeln ziehen von der Körperwand zu einzelnen Organen, etwa zum Rektum, zum Spicularapparat der Männchen und zur Vulva der Weibchen.

Falsch ist die Vorstellung, Antagonisten der Muskelfibrillen seien der Körperbinnendruck oder die elastische Körperwand-Cuticula. Richtig ist: (1) Der Körperbinnendruck wirkt ausschließlich als Hydroskelett, das – wie jedes andere Skelett auch – Muskelkontraktionen in Körperbewegungen umsetzt und die jeweils entspannten Antagonisten streckt. (2) Die Körperwand-Cuticula ist nicht elastisch, sondern reißfest und biegsam. (3) Das Körperinnere ist – ganz wie Wasser – praktisch inkompressibel.

Entscheidend wichtig für Körperbau und schlängelnde Fortbewegung ist der Winkel von 70–75°, den die schraubig verlaufenden Fasern der Körperwand-Cuticula mit der Längsrichtung des Körpers einnehmen. Mit ihrem praktisch kreisrunden Körperquerschnitt können Nematoden also nur durch Verringerung dieses Winkels in Richtung auf 55° an Körpervolumen zunehmen, etwa bei der Nahrungsaufnahme (s. Kurvendiskussion in Abb. 622). Kontrahieren sich Längsmuskelfibrillen auf einer Körperseite, vergrößern sie dort den Winkel und erzeugen Überdruck im Körper, der auf der gegenüberliegenden Körperseite zu einer Streckung der Körperwand und somit zu einer Verringerung des dortigen Winkels führt. Der Körper krümmt sich also. Durch dieses Wechselspiel von Kontraktionen und Streckungen beim Schlängeln entsteht die kraftvolle Fortbewegung, die selbst stärkere Widerstände der Umgebung überwindet. Ringmuskelfibrillen würden nur stören. Erregende und hemmende Nerven des ventralen Markstrangs und des dorsalen Nervenstrangs koordinieren das Zusammenspiel der antagonistischen Muskelgruppen.

Die Drucke im Nematodenkörper können sehr hoch werden, beim Spulwurm erreichen sie 10–20 kN m^{-2} = ca. 75–150 mm Hg während der Fortbewegung. Nach theoretischen Überlegungen beträgt der Körperbinnendruck bei mikroskopisch kleinen Nematoden (1–3 mm lang und entsprechend schlank) nur rund 1 % der beim Spulwurm gemessenen Werte.

Bedingt durch das Auftreten hoher Körperbinnendrucke sind Darm und Geschlechtstrakt durch Klappenventile vor unkontrollierten Entleerungen geschützt. Bei gewollten Entleerungen werden die Klappenventile durch spezielle Muskeln geöffnet. Das völlige Fehlen von beweglichen Cilien und Flagellen in allen Geweben und in allen Lebensstadien wird ebenfalls auf die hohen Körperbinnendrucke zurückgeführt.

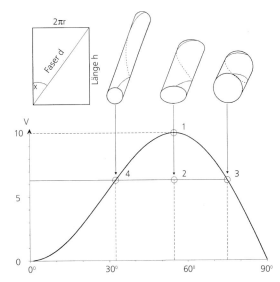

Abb. 622 Funktionelle Deutung der Cuticula. Verbreitet bei niederen und höheren Würmern sind schraubig verlaufende, nicht dehnbare, doch biegsame Fasern in der Körperwand. Sie verlaufen pro Schicht parallel und von Schicht zu Schicht kreuzweise zueinander. Zum funktionellen Verständnis der schraubigen Laufrichtung stellte man sich einen Faserabschnitt mit der Länge d vor, der einen Zylinderabschnitt mit Radius r und Höhe h genau einmal schraubig umwindet und mit der Längsachse des Zylinders den Winkel x einschließt. Für verschiedenen x zwischen 0° und 90° ist das Volumen des Zylinders durch die mathematische Kurve angegeben. V ist maximal bei x = 55° (genau: bei tan x = $\sqrt{2}$), was folgendermaßen berechnet wird: Man denke sich den Mantel des Zylinderabschnitts ausgerollt (oben links), sodass die Faser eine Diagonale im entstandenen Rechteck bildet und die Seiten die Längen h und 2 πr haben. Dann gilt:

(1) h   = d cos x,
(2) 2 πr = d sin x, also r = (d / 2 π) sin x.
(3) V   = π r² h = π [(d / 2 π) sin x]² d cos x
          = (d³ / 4 π) sin² x cos x

Durch Extremalwertberechnung wird der angegebene Wert x für maximales V errechnet. Funktionelle Konsequenz für Würmer: Runder Querschnitt und x = 55° sind ideal für einen Gartenschlauch, der trotz nachdrückenden Wassers nicht an Volumen, Dicke und Länge zunehmen soll, doch fatal für Würmer, die ihr Körpervolumen durch Nahrungsaufnahme und Abgabe von Kot und Geschlechtszellen immer wieder verändern müssen. Würmer mit x = 55° müssen also platt sein, sodass sie ihr Volumen durch Abrundung der Körperquerschnitts vergrößern können (Punkt 2 im Bild, realisiert bei größeren Plathelminthes und Nemertini); Längs- und Ringmuskeln im Hautmuskelschlauch sind in diesem Fall möglich und nötig. Bei rundem Körperquerschnitt wie bei Nematoda und Nematomorpha muss x größer als 55° sein; z. B. 75° (Punkt 3 im Bild). Das Körpervolumen kann dann durch Annäherung von x an 55° um bis zu 60 % zunehmen, Längsmuskeln im Hautmuskelschlauch reichen für die schlängelnde Fortbewegung aus, Ringmuskeln würden nur stören. Würmer mit x < 55° im Ruhezustand (Punkt 4) gibt es nicht; ihnen würden für die Fortbewegung Ringmuskeln reichen, doch sie könnten sich nicht aktiv krümmen. Verändert nach Clark (1967).

Die **Leibeshöhle** ist peripher vom Hautmuskelschlauch und zentral vom Darm begrenzt, ist also eine primäre Leibeshöhle (S. 169, Abb. 266B). Groß und flüssigkeitserfüllt ist sie nur beim Spulwurm und anderen voluminösen Nematoden. Bei kleinen Arten grenzen die einzelnen Organe wie Darmtrakt, Gonaden, Drüsen und Epidermis direkt aneinander.

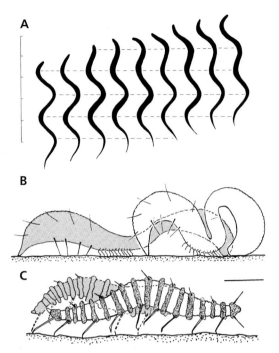

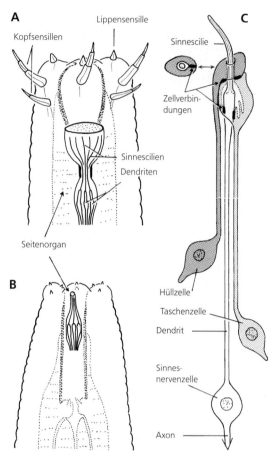

Abb. 623 Fortbewegung. Alle Nematoden bewegen sich durch Körperkrümmungen in der Dorsoventralebene fort. **A** Am häufigsten ist das Stemmschlängeln bei frei lebenden und parasitischen Nematoden: *Haemonchus contortus* (Zooparasit) beim Kriechen auf Agar. Nachzeichnung von Serienfotos, die 1/3 auseinander liegen. Maßstab: 0,5 mm. **B** *Metepsilonema* sp. (Epsilonematidae, Chromadorida), marine Art; kriecht spannerraupenartig über das Hartsubstrat und heftet sich abwechseln mit dem Vorder- und Hinterende fest, die abgespreizten Stelzborsten der Ventralseite verhindern ein seitliches Umkippen. **C** *Desmoscolex* sp. (Desmoscolecida) meist marin, stelzt auf ihren 9 Paar Rückenborsten, an deren Spitze je eine Klebdrüse ausmündet; der Rumpf der Adulti ist meist mit 17 Ringen aus selbst produziertem Schleim mit eingelagerten Fremdkörpern bedeckt; die Ringe, deren Funktion unbekannt sind, fehlen in allen Jugendstadien. Maßstab in B und C: 50 μm. A Nach Gray und Lissmann (1963); B, C nach Lorenzen (1986).

Abb. 624 6 + 6 + 4 Kopfsensillen und 1 Paar Seitenorgane am Vorderende gehören zum Grundmuster der Nematoden. **A** Vertreter der „Adenophorea". **B** Vertreter der Secernentea. **C** Schema einer Sensille, die nur ein Neuron enthält; jede Sensille ist mit einer Hüll- und einer Taschenzelle assoziiert. A, B Originale: S. Lorenzen, Kiel; C nach Ward et al. (1975).

Sinnesorgane sind einfache Sensillen (Abb. 624). Am Vorderende befinden sich in 3 dicht hintereinander stehenden Kreisen 6+6+4 borsten- oder papillenförmige Kopfsensillen, die teils als Mechano- und teils als Chemorezeptoren wirken. Dahinter liegt 1 Paar Seitenorgane (Amphiden, Chemorezeptororgane) in je einer seitlichen, taschenförmigen Einsenkung der Körperwand. Einige Arten aus überwiegend terrestrischen Taxa besitzen zusätzlich 1 Paar papillenförmiger Deiriden lateral hinter den Seitenorganen. Einige Nematoden aus flachen Meeres- und Süßwasserzonen besitzen hinter den Seitenorganen 1 Paar Ocellen, die bei wenigen Arten sogar mit Linse ausgestattet sind. Entlang des Körpers besitzen die meisten Arten der Adenophorea 8 Reihen borsten- bis papillenförmige Sensillen (Mechanorezeptoren). Viele Erdnematoden und viele parasitische Arten der Unterklasse Secernentea weisen am Schwanz 1 Paar Phasmiden auf, die ähnlich wie die Seitenorgane seitlich taschenförmig in den Körper eingesenkt sind. Bei den vorwiegend marinen und limnischen Arten der Ordnung Enoplida kommen an den Rändern der lateralen Epidermisleisten Metaneme vor, die fadenförmig gebaut und serial angeordnet sind und kei-

nen Kontakt zur Außenwelt haben, also Propriorezeptoren sind und als Strecksinnesorgane gedeutet werden. Die Männchen aller Nematoden besitzen am Hinterkörper zusätzliche Sinnesnervenzellen, die beim Erkennen der Weibchen, dem Auffinden von deren Vulva und der Kopulation eine Rolle spielen.

In allen genannten Sensillen (außer den meisten Ocellen) kommen Sinnesnervenzellen mit unbeweglichen Sinnescilien vor, denen die beiden zentralen Tubuli fehlen. In den Seitenorganen kommen 3–30 Sinnescilien vor, in den übrigen Sensillen 1–5. In jeder Sensille wird die Gesamtheit aller Sinnescilien von zwei spezialisierten Epidermiszellen umfasst, einer distalen Hüll- und einer proximalen Taschenzelle (Abb. 624C); letztere scheidet eine Gallerte ab, in die die Sinnescilien hineinragen. Bei den Seitenorganen hat diese Gallerte Kontakt mit der Außenwelt.

Das gesamte Nervensystem liegt intraepithelial. Das **Zentralnervensystem** besteht aus dem Gehirn, dem ventralen Markstrang und dem dorsalen Nervenstrang (Abb. 626). Das Gehirn liegt auf Höhe des Pharynx in der Basallamina des Körperwandepithels und besteht aus einer vorderen und einer hinteren Gruppe von Nervenzellen, deren Nervenfa-

Die Nervenzellen des ventralen Markstrangs sind bei *Ascaris* und *Rhabditis* serial in 5 gleichartigen Gruppen mit je 11 Nervenzellen angeordnet, die teils erregend und teils hemmend wirken. Nur in den ventralen Markstrang hinein ziehen auch Nervenfasern von Interneuronen, die ihren Sitz im Gehirn haben und die schlängelnde Fortbewegung koordinieren. Insgesamt haben Nematoden unabhängig von ihrer Körpergröße nur wenige 100 Nervenzellen; bei Männchen sind es einige mehr als bei Weibchen. *Ascaris* spp. (bis 40 cm) und *Caenorhabditis elegans* (ca. 2 mm) haben trotz ihrer gewaltigen Größenunterschiede je rund 300 Nervenzellen, die in streng festgelegter Weise in der Embryonal- und Postembryonalentwicklung entstehen und nicht Opfer des programmierten Zelltods werden. Die wenige Zentimeter langen, frei lebenden Nematoden der Enoplida haben vermutlich wesentlich mehr als nur 300 Nervenzellen, denn sie haben wesentlich mehr Sensillen als *Rhabditis*- und *Ascaris*-Arten.

Drüsen sind besonders zahlreich bei den „Adenophorea" (griech. *adén, phoreo* = Drüse, tragen), denn nur bei ihnen gibt es einzellige Drüsen in den lateralen Epidermisleisten, die getrennt nach außen münden, und 3 meist große, einzellige, terminal mündende **Schwanzdrüsen**, mit denen sich die Adenophorea blitzschnell an Substrat anheften und sich genau so schnell wieder lösen können (Abb. 623). So können sie selbst stark turbulente Gewässer besiedeln. Bei den meisten Nematoden kommt eine ein- oder wenigzellige **Ventraldrüse** vor, die ventral in der Region des Pharynx ausmündet (Abb. 619). Sie darf nicht pauschal als Exkretionsorgan bezeichnet werden, denn innerhalb der „Adenophorea" unterscheidet sie sich nicht von einer normalen Drüsenzelle.

Bei mehreren frei lebenden marinen Nematoden (z. B. *Ptycholaimellus* sp.) liefert die Ventraldrüse ein Sekret für den Bau von Wohnröhren, bei einigen zooparasitischen Arten (z. B. *Nippostrongylus* sp.) liefert sie Enzyme für die extraintestinale Verdauung, bei einigen phytoparasitischen Nematoden (z. B. *Tylenchulus*-Arten) wird mit ihrem Sekret eine gelatinöse Schutzhülle für abgelegte Eier gebildet, und bei vielen Nematoden fehlt sie, z. B. bei den Xyalidae (frei lebende Meeresnematoden) und bei vielen Erd und Süßwassernematoden. Nur bei vielen saprobiotischen und endoparasitischen Arten der Secernentea (z. B. *Rhabditis* spp., *Ascaris* spp.) entsendet die Ventraldrüse je

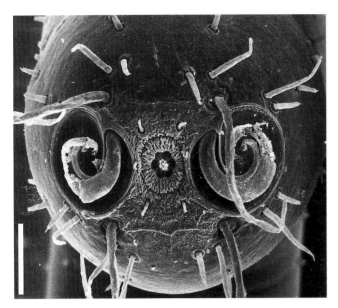

Abb. 625 Vorderende, Frontalansicht von *Laxus oneistus* (Desmodoridae). Neben der Mundöffnung im Zentrum liegen links und rechts die beiden großen Seitenorgane, die spiegelbildlich zueinander gebaut sind und sich je am mundnahen Ende der Spirale ins Körperinnere fortsetzen. Zahlreiche Sinnesborsten. Lebt auf dem Meeresboden in Symbiose mit anhaftenden chemoautotrophen Bakterien. Maßstab: 10 μm. Original: W. Urbancik, Wien.

sern zwischen beiden Gruppen einen Ring um den Pharynx bilden und sich in den unpaaren **ventralen Markstrang** fortsetzen. Der **dorsale Nervenstrang** entspringt nicht dem Gehirn, wie früher angenommen wurde, sondern dem ventralen Markstrang. Jede dorsale Nervenfaser ist halbkreisfömig entlang der Körperwand mit einer ventral liegenden Nervenzelle verbunden (Abb. 626C).

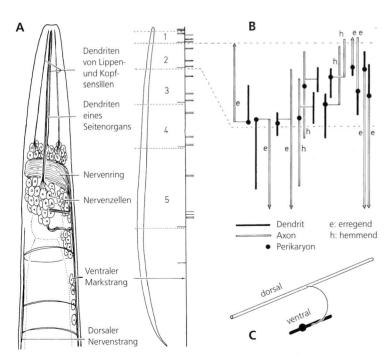

Abb. 626 Zentrales Nervensystem der Nematoden. **A** Nervenzellen und zugehörige Nervenfasern, die den Nervenring bilden und sich in den ventralen Markstrang fortsetzen, bei *Rhabditis*. **B** Seriale Anordnung von 5 Gruppen von je 11 Motoneuronen im ventralen Markstrang und dem von ihm gebildeten dorsalen Nervenstrang bei *Ascaris*; waagerechte Linien stellen die Verbindungen von ventralen Neuronen zu ihren dorsal verlaufenden Nervenfasern dar. **C** Schema eines Motoneurons mit seiner ventralen und dorsalen Nervenfaser. Nach Ward et al. (1975) und Johnson und Stretton (1980).

einen Kanal in die lateralen Epidermisleisten (Abb. 621A) und wird dadurch umgekehrt U- oder H-förmig; bei *Ascaris*-Arten besteht die H-förmige Ventraldrüse nur aus einer Zelle, die die größte im ganzen Körper ist.

Spezielle Drüsen kommen im Pharynx und an der weiblichen Geschlechtsöffnung vor. Letztere erzeugen ein Sekret, von dem arteigene Männchen angelockt und zur Kopulation stimuliert werden.

Der **Darmkanal** ist sehr einfach gebaut. Die terminal gelegenen Mundhöhle führt in den lang gestreckten muskulösen Pharynx, der Nahrung durch ein Klappenventil in den gleichförmig gebauten Darm hineindrückt (Abb. 627). In den Darm münden keine speziellen Drüsen. Durch ein Klappenventil mündet er ventral in das Rektum der Weibchen und Jungtiere bzw. in die Kloake erwachsener Männchen. Bei endoparasitischen Nematoden ist der Darmtrakt in mehreren Fällen weitestgehend zurückgebildet worden; diese ernähren sich parenteral (durch die Körperwand hindurch).

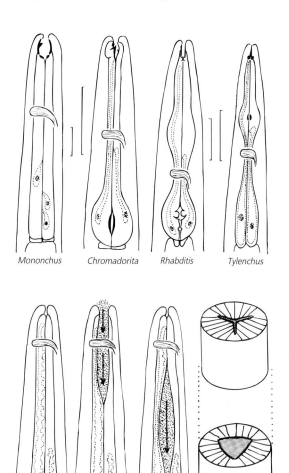

Mononchus   Chromadorita   Rhabditis   Tylenchus

Ascaris

Abb. 627 Bau und Funktion des Pharynx. Arten der „Adenophorea" (*Mononchus, Chromadorita*) und Secernentea (*Rhabditis, Tylenchus, Ascaris*). Durch Kontraktion der radiären Muskelfasern wird die Innenwand des Pharnyx nach außen gezogen (rechts unten im Bild), nicht die Außenwand nach innen (Erklärung hierfür im Text). Dorsalseite in allen Fällen links; von den beiden subventralen Pharyngealdrüsen ist jeweils nur die rechte eingezeichnet. Maßstäbe: jeweils 50 μm. Original: S. Lorenzen, Kiel.

Die Mundhöhle der Nematoden ist vielgestaltig und spiegelt grob die Vielfalt der Ernährung wider. Wer Bakterien frisst, hat eine sehr enge Mundhöhle; wer Diatomeen, Beutetiere oder andere größere Brocken als Ganzes verschlingt, hat eine geräumige, trichterförmige Mundhöhle; wer Diatomeen knackt, Aufwuchs abschabt oder Beutetiere verletzt und aussaugt, hat mehr oder weniger kräftige Zähne in der Mundhöhle. Mehrfach unabhängig wurden 1 oder 3 Zähne der Mundhöhle zu einem einzelnen, hohlen Stachel umgebildet, mit dem Pflanzenzellen oder Tiere angestochen und nach Verflüssigung ihrer Gewebe ausgesogen werden (Abb. 637, 638).

Der leistungsfähige Pharynx ist ein einschichtiges Rohr aus Epithelmuskelzellen, die zum Lumen hin Cuticula und zur Körperhöhle hin eine basale Matrix besitzen. Die Muskelfilamente verlaufen radiär und sind quer gestreift, sie bestehen jedoch aus nur einem einzigen Sarcomer, d. h. die Z-Schichten sind gleichzeitig die Anheftungsstellen an die basalen Matrix und die zentrale Cuticula. Zwischen den Epithelmuskelzellen liegen mehrere Nervenzellen, die die Aktivität des Pharynx steuern, und 3–5 (selten mehr) Drüsenzellen, die ihr Sekret in die Mundhöhle oder in das Pharynxlumen abgeben. Letzteres ist im Querschnitt Y-förmig (Abb. 627) wie bei den Chaetonoida unter den Gastrotrichen (Abb. 608B).

Der Pharynx ist mit der umgebenden Körperwand weder durch Bänder noch durch Muskeln verbunden. Es war daher lange Zeit unklar, wie er Nahrung aufsaugen und selbst gegen hohen Körperbinnendruck in den Darm drücken kann. Zur Antwort stelle man sich den Pharynx als eine hohle Säule vor, deren Außenwand die elastische basale Matrix und deren Innenwand die stark elastische Cuticula ist. Durch Kontraktion der radiären Muskelfibrillen könnte die äußere Pharynxwand nach innen oder die innere Pharynxwand nach außen gezogen werden. Im ersten Fall würde die Säule schlanker und länger werden, im zweiten Fall müssten Länge und Querschnittsfläche ungefähr gleich bleiben, was nur durch Erweiterung des Säulenumfangs möglich wäre. Beide Möglichkeiten werden simultan verwirklicht, doch das Schwergewicht liegt bei der zweiten, weil die hochelastische Pharynx-Cuticula die Längsstreckung des Pharynx zwar weitgehend, aber nicht vollständig verhindert. Also erweitern die radiären Muskelfibrillen durch ihre Kontraktion das Pharynxlumen und setzen die Pharynx-Cuticula und der Basallamina unter elastische Spannung. Entspannen sich die Muskelfibrillen von vorn nach hinten im Pharynx, wird dieser durch die frei werdende Elastizitätsenergie in den Ausgangszustand zurückversetzt. Dabei wird die aufgesogene Nahrung in den Darm gedrückt. Bei großen Nematoden (z. B. *Ascaris*-Arten) unterstützen längsverlaufende elastische Fasern im Pharynxgewebe den Vorgang. Ein Klappenventil am Darmeingang erzwingt, dass Nahrung nur in den Darm, aber nicht zurück in den Pharynx gelangen kann. Ist ein Pharynx durch einen muskulösen Bulbus ausgezeichnet, wird das geschilderte Arbeitsprinzip modifiziert. Obwohl der Pharynx bei *Ascaris* nur 8–11 mm lang ist bei einem Durchmesser von nur 1,2–1,8 mm, kann er mit etwa 4 Pumpzyklen s^{-1} den Darm in etwa 3 min füllen.

Der schlauchförmige **Darm** besteht aus einem einschichtigen Epithel, dessen basale Matrix in direktem Kontakt mit der Leibeshöhle steht. Bei kleinen Nematoden umfassen je 2 Darmzellen das Darmlumen, bei großen sind es mehrere. Das Darmepithel sezerniert Enzyme ins Darmlumen, resorbiert Nahrungsmoleküle oder phagocytiert kleine Partikel, speichert Reservestoffe, verarbeitet sie und gibt Exkrete ins Darmlumen ab. Der Nematodendarm arbeitet also gleichzeitig als Darm, Leber und Exkretionsorgan.

Der Darminhalt wird entleert, indem spezielle Muskeln das Klappenventil des Enddarms öffnen und sich die dorsalen und ventralen

Längsmuskeln der Körperwand simultan kontrahieren. *Ascaris*-Arten können dann ihren Darminhalt 50 cm hoch spritzen.

Die Geschlechter sind bei den meisten Nematoden getrennt. Saprobiotische und zooparasitische Rhabditidae können auch Zwitter sein, die äußerlich wie Weibchen aussehen und sich selbst besamen. Arten mit rein parthenogenetischer Fortpflanzung sind aus dem Süßwasser und dem Boden bekannt.

Die meisten Nematoden haben in mindestens einem Geschlecht paarige **Gonaden**; die Paarigkeit wird als ursprünglich angesehen. Fast immer ist eine Gonade nach vorn und die andere nach hinten gerichtet (Abb. 619). Bei riesigen Nematoden (z. B. *Placentonema gigantissimum*) wird die Zahl der Gonadenäste sekundär vermehrt. Die Ovarien münden durch eine gemeinsame Vulva aus, die bis auf seltene Ausnahmen getrennt vom After ist, während die Hoden durch einen gemeinsamen Samenleiter gemeinsam mit dem Enddarm in die Kloake ausmünden, in der sich auch der Spicularapparat als Kopulationsapparat befindet.

Fortpflanzung und Entwicklung

Die Befruchtung der Eizellen ist innerlich und wird – außer bei Selbstbesamung – durch Kopulation eingeleitet. Die Weibchen scheiden durch ihre Vulvadrüsen artspezifische Lockstoffe aus und locken so die Männchen an. Diese nehmen die Lockstoffe mit den Seitenorganen (S. 430) wahr, bewegen sich auf die Weibchen zu und nehmen mit dem Hinterkörper Kontakt zu ihnen auf. Ist dies gelungen, gleitet das Männchen an der Bauchseite des Weibchens entlang (z. B. *Rhabditis*-Arten) oder windet sich um das Weibchen herum (fast alle frei lebenden Meeresnematoden), bis es mit seiner Kloake die Vulva gefunden hat. Mit den beiden stachelförmigen Spicula (Abb. 619, 629, lat. *spiculum* = kleiner Stachel) verankert es sich an der Vulva, öffnet diese und presst durch simultane Kontraktionen der ventralen und dorsalen Körperlängsmuskeln die geißellosen Spermien in den weiblichen Geschlechtstrakt hinein. Dort verändern sich die Spermien in vielen Fällen und wandern mit amöboiden Bewegungen zu den Eizellen.

Bei vielen frei lebenden Nematoden werden pro Kopulation nur 10–30 Spermien übertragen, die meist nur einige Tage lebensfähig sind und zur Befruchtung aller Eizellen nicht ausreichen. Die Weibchen müssen also mehrfach kopulieren, um alle Eier befruchten zu können. Bei manchen zooparasitischen Arten, die nur als junge Adulti kopulieren können, sind die Spermien winzig und können im Weibchen jahrelang am Leben erhalten werden.

Bei frei lebenden Nematoden erzeugen die Weibchen wenige bis zu einigen Dutzend Eier, bei saprobiotischen und hoch entwickelten phytoparasitischen Arten einige hundert, bei zooparasitischen Arten je nach Körpergröße einige hundert bis zu vielen Millionen oder – bei der 8 m langen Art *Placentonema gigantissimum* – gar Milliarden von Eiern. Unabhängig von der Körpergröße sind die Eier fast immer nur 50–100 µm lang und 20–50 µm breit. In der vom Ei erzeugten Hülle wurde Chitin nachgewiesen; in vielen Fällen bildet die Uteruswand eine zusätzliche Eihülle. Meist findet die Embryonalentwicklung in den Eiern außerhalb des mütterlichen Körpers statt.

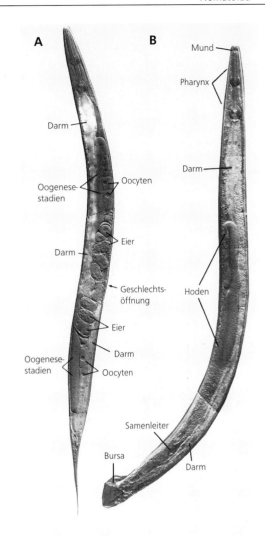

Abb. 628 *Caenorhabditis elegans* (Rhabditida). **A** Selbstbefruchtender Hermaphrodit (Zwitter), der wie ein Weibchen aussieht und nur während einer kurzen Phase Spermien statt Eier bildet. Länge 1,3 mm. **B** Männchen. Länge 0,9 mm. Bei vielen Arten der Rhabditida sind die Geschlechter getrennt. Originale: E. Schierenberg, Köln.

Mehrfach ist Viviparie entstanden, z. B. bei *Anoplostoma viviparum* unter den frei lebenden und bei *Trichinella spiralis* und *Dracunculus medinensis* unter den zooparasitischen Nematoden. Doch Viviparie kann bei Nematoden auch als Alterserscheinung auftreten. Dann ernähren sich die Jungnematoden von der sterbenden Mutter und verlassen schließlich deren sterbliche Hülle.

Embryonal- und Postembryonalentwicklung sind determiniert. Die **Furchung** ist wie bei den Gastrotrichen bilateral. Bei der sehr gut untersuchten saprobiotischen *Caenorhabditis elegans* (Abb. 628) beginnt die Gastrulation im 102-Zellstadium mit der Einwanderung der prospektiven Entoderm-, Mesoderm- und den beiden Urkeimzellen ins Innere des Keims.

Insgesamt entstehen im Embryo zwittriger Individuen von *C. elegans* 671 Zellen, von denen jedoch 113 noch vor der Geburt den programmierten Zelltod sterben (Apoptose). Dieses Schicksal ereilt vor allem nahe Angehörige von Nervenzellen. Der schlüpfende Wurm enthält auf diese Weise nur 558 Zellen, von denen die meisten, aber nicht alle, keimblattabhängig differenziert sind. So stammen nicht alle Nerven-

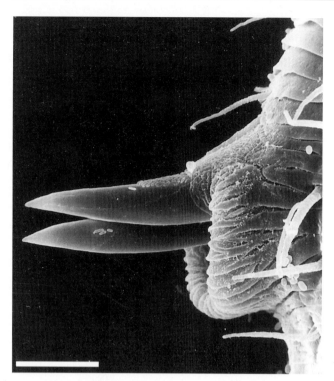

Abb. 629 Die beiden Spicula von *Laxus oneistus* (Desmodoridae) liegen normalerweise in der Kloake und werden bei der Kopulation in die Vagina eingeführt. Maßstab: 10 μm. Original: W. Urbancik, Wien.

zellen vom Ektoderm ab, sondern einige vom Mesoderm, und umgekehrt gehen nicht alle Muskelzellen aus dem Mesoderm hervor, sondern einige aus dem Ektoderm. Der Darm ist jedoch rein entodermal.

Die Entwicklung ist bei allen Nematoden direkt, sodass die jungen Würmer ähnlich wie die Erwachsenen aussehen und leben. In den 4 Juvenilstadien entstehen bei *C. elegans* weitere 419 somatische Zellen, von denen 18 programmiert absterben. Nach der letzten Häutung entstehen bei *C. elegans* keine somatischen Zellen mehr, sondern nur noch Geschlechtszellen. Bei großen Nematoden wie *Ascaris*–Arten findet eine intensive mitotische Vermehrung von Epidermis-, Muskel- und Darmzellen auch noch nach der letzten Häutung statt.

Schon um 1900 hat T. Boveri die sog. Chromatindiminution beim Pferdespulwurm *Parascaris equorum* entdeckt. Bei diesem Vorgang verlieren die somatischen Zellen, nicht aber die Urgeschlechtszellen, im 3. Furchungsschritt rund 85 % ihrer DNA. Da auch *Ascaris lumbricoides* dieses Phänomen zeigt, wurde es zunächst als typisch für alle Nematoden vermutet. Zwar gibt es eine Chromatindiminution auch im männlichen Geschlecht der kleinen, zooparasitischen *Strongyloides*-Arten, doch fehlt sie nachweislich bei *C. elegans* und wurde niemals bei frei lebenden, phytoparasitischen und den meisten zooparasitischen Nematoden beobachtet.

Innerhalb der zooparasitischen Nematoden *Strongyloides stercoralis* (Rhabditida) und *Deladenus siricidicola* (Tylenchida) sind in der Ontogenese je 2 Entwicklungswege möglich, wobei der eine mit frei lebender und der andere mit zooparasitischer Lebensweise gekoppelt ist (Abb. 630, genauere Darstellung im Text auf S. 435 und 437). In beiden Fällen sehen die beiden Generationen so verschieden aus wie Angehörige verschiedener Familien. Die Entscheidung für den einen oder den anderen Entwicklungsgang wird nach vorliegenden Beobachtungen allein durch Umweltfaktoren gefällt. Diese Beispiele zeigen eindringlich, dass der Übergang von einem Organisationstyp zum anderen nicht über viele phänotypische Zwischenstufen führen muss, sondern auch sprunghaft sein kann.

Entwicklung von Zoo- und Phytoparasitismus bei Nematoden

Besser als in jeder anderen Tiergruppe läßt sich an Nematoden erkennen, wie vielfältig und z. T. etappenreich die Wege von freier zu zoo- und phytoparasitischer Lebensweise sein können. Die zugehörigen Stammeslinien verlaufen vor allem innerhalb der Secernentea, weniger innerhalb der „Adenophorea", und haben immer limnisch/terrestrische Vorfahren als Ursprung. Beispiele für die Etappen innerhalb solcher Linien gibt es noch heute, wie im folgenden gezeigt wird.

Etappen von saprobiotischer Lebensweise zu Darm- und Gewebeparasitismus in Säugetieren (Abb. 631)

I. Viele Arten der Rhabditida (wichtigste Gattung: *Rhabditis*) leben saprobiotisch in Zersetzungsherden wie Kot, Tierleichen und Pflanzenresten und ernähren sich dort von Bakterien oder deren Produkten. Auf dem Höhepunkt der Zersetzung besteht zwar ein reiches Nahrungsangebot, doch gleichzeitig prägen O_2-Armut, Verdauungsenzyme von Mikroben, erhöhte Temperaturen und erhöhte osmotische Werte das Milieu, das dem im Darmtrakt größerer Tiere ähnlich ist. Zersetzungsherde sind überdies kleinräumige Lebensräume, die zeitlich und örtlich unregelmäßig auftreten und einer raschen Folge von Verwesungsetappen unterliegen. Saprobiotische Nematoden sind also mit Problemen konfrontiert, die denen von zooparasitischen Nematoden ähneln. Das Problem der Ausbreitung lösen sie auf folgende Weise: (1) Die Weibchen erzeugen mehr Nachkommen (einige 100), als dies für frei lebende Nematoden typisch ist. (2) Sobald sich die Lebensbedingungen im Zersetzungsherd verschlechtern, führt die Ontogenese zu einem andersartigen 3. Juvenilstadium, das als Dauerlarve bezeichnet wird, beweglich bleibt, lange hungern und ungünstige abiotische Faktoren ertragen kann. Dauerlarven dienen also der Überdauerung und der Verbreitung. Sie können sich bei einigen Arten senkrecht aufrichten, winkende Bewegungen ausführen und sich bei Kontakt mit kotbesuchenden Insekten an diesen festhalten und zu neuen Zersetzungsherden tragen lassen (Phoresie).

II. Bei Zwergfadenwürmern der Gattung ***Strongyloides*** (Rhabditida) wechseln saprobiotische und darmparasitische Generationen im Rahmen eines Generationswechsels ab. Beide Generationen unterscheiden sich bedeutend in Aussehen (Abb. 630), Verhalten, Stoffwechsel und Entwicklung. *S. stercoralis* ist ein wichtiger Humanparasit tropischer Regionen. Die parasitischen, filariformen (wie Filariidae aussehende) Weibchen leben im Menschen eingebohrt in die Mucosa des Dünndarms und erzeugen durch mitotische Parthenogenese einige 100 diploide Eier, die in die Mucosa abgelegt werden. Bei den schlüpfenden rhabditiformen (wie *Rhabditis* aussehenden) Juvenilen des Stadiums I entscheiden allein Umweltbedingungen, ob sie sich zu frei lebenden Weibchen, zu frei lebenden Männchen oder zu parasitischen Weibchen entwickeln. Im Normalfall werden die Jungwürmer mit dem Kot ausgeschieden und entwickeln sich im Kot zu frei lebenden, rhabditiformen Weibchen und Männchen. Trotz Paarung kommt es nur gelegentlich zur Zygotenbildung. Meistens regen die Spermienkerne nach dem Eindringen in

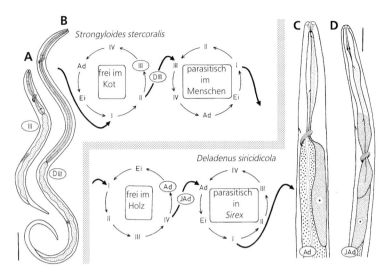

Abb. 630 Generationswechsel bei *Strongyloides stercoralis* (Rhabditida) (**A, B**) und *Deladenus siricidicola* (Tylenchida) (**C, D**). Bei beiden Arten gibt es eine sensible Lebensphase, in der allein Umweltbedingungen über die Ausbildung einer der beiden sehr verschieden aussehenden Generationen entscheiden. Alle im Bild dargestellten Individuen werden im Freien gefunden, doch nur die in **A** und **C** dargestellten können ihren Lebenszyklus im Freien vollenden, während die in **B** und **D** dargestellten Individuen dies nur als Parasiten im Menschen (*S. stercoralis*) bzw. in Larven von *Sirex*-Arten (Holzwespen) können.
I–IV: Juvenilstadien. D III = Dauerlarve. I Ad = Infektiöser Adultus. Ventralseite je links; die gezeichneten Stadien sind in den Zyklen eingerahmt. Maßstab für A, B: 50 µm, für C, D: 20 µm. A, B Nach Looss aus Belding (1952); C, D nach Bedding (1968).

eine Eizellen nur die Furchung an und degenerieren dann, während der haploide Polzellkern der 2. Reifeteilung mit dem ebenfalls haploiden Eizellkern zu einer Zygote verschmilzt, wie eingehende Beobachtungen an *S. ransomi* und *S. papillosus* zeigten. Unter günstigen Umweltbedingungen (Wärme, Feuchtigkeit, pH, Nahrung, geringe Populationsdichte) kann die frei lebende Phase über einige Generationen anhalten. Verschlechtern sich die Umweltbedingungen, entwickeln sich die frisch geschlüpften rhabditiformen Jungtiere zu filariformen Dauerlarven, die ihren Lebenszyklus nur als Parasiten vollenden können. Sie führen an der Oberfläche des alten Kothaufens winkende Bewegungen aus und bohren sich bei Kontakt mit einem Wirt aktiv in diesen hinein, vor allem über die Haarwurzeln. Über die Blutbahnen und die rechte Herzkammer gelangen sie zur Lunge, häuten sich zum Juvenilstadium IV und z. T. zum Adultus, gelangen in die Alveolen, werden vom Flimmerepithel der Bronchien zum Rachen geflimmert und verschluckt. Spätestens im Darmlumen findet die letzte Häutung statt. Alle parasitischen Adulti sind filariforme Weibchen. Ist es draußen im Kot zu kalt oder leidet der Mensch an Verstopfung, kann sich keine freilebende Generation entwickeln, sondern die schlüpfenden Juvenilen entwickeln sich sofort zu filariformen Dauerlarven.

III. Bei den Hakenwürmern der Gattungen **Ancylostoma** und **Necator** (Strongylida) ist der Lebenszyklus ähnlich wie bei *Strongyloides*, nur dass Eier statt junger Nematoden mit dem Kot ausgeschieden werden und die Entwicklung im Kothaufen von rhabditiformen Juvenilen der Stadien I und II direkt zu filariformen, infektionsfähigen Dauerlarven (III) führt. Diese leben oft in Gruppen und winken synchron. Der Weg in den Wirt und die Stationen im Wirt sind wie bei *Strongyloides*. Die Weibchen bohren sich in die Darmschleimhaut ein, saugen nahezu ununterbrochen Blut, verhindern durch ein Antigerinnungsmittel das Gerinnen des Blutes und verursachen auf diese Weise schwere innere Blutungen im Wirt.

IV. Beim Spulwurm **Ascaris lumbricoides** (Ascaridida) findet im Freien nur noch die Entwicklung des Eies zum

schlüpffähigen Juvenilstadium II statt, das passiv – etwa durch Verzehr verunreinigten Gemüses – in den Darm des Wirts gelangt (Abb. 632). Dort schlüpft der junge Nematode und bohrt sich unverzüglich durch die Darmwand, gelangt über die gleichen Stationen wie bei *Strongyloides* in den Dünndarm, wo er ohne weitere Häutung von einigen Millimetern auf 25–40 cm Körperlänge heranwächst und sich fortpflanzt.

V. Bei **Draschia megastoma** (Spirurida) findet im Freien keine Entwicklung mehr statt; die Nachkommen gelangen durch einen Zwischenwirt auf neue Wirte. Die adulten Würmer leben in der Magenschleimhaut von Pferden und erzeugen dort Geschwüre. Die Weibchen legen Eier, die sich noch im Darm zur Schlupfreife entwickeln und mit dem Kot ausgeschieden werden. Die embryonierten Eier werden von Maden der Stubenfliege (*Musca domestica*) gefressen. In deren Darm schlüpfen die Juvenilen (I), wandern durch die Leibeshöhle zu den Malpighischen Schläuchen und zerstören deren Inneres bei der Entwicklung zum Juvenilstadium II. Schlüpft die fertige Stubenfliege aus dem Puparium, häuten sich die jungen Nematoden zur infektiösen Dauerlarve (III) und wandern zum Labium der Fliege. Setzt sich diese auf warmes feuchtes Substrat wie Nüstern, Lippen oder Wunden von Pferden, verlassen die Dauerlarven die Fliege. Nur verschluckte Dauerlarven können den Lebenszyklus vollenden. Die übrigen können sich in die Lunge oder das Unterhautbindegewebe des Pferdes einbohren und monatelang am Leben bleiben, ohne Nachkommen zu zeugen. Der Gedanke liegt nahe, dass sich aus solchen Irrläufern Gewebeparasiten entwickelt haben könnten, wie sie unter den übrigen Spirurida häufig sind.

VI. Beim Medinawurm **Dracunculus medinensis** (Camallanida), einem Humanparasiten warmer Erdregionen, dient der Darm nur noch als Eingangspforte in die Leibeshöhle. Im Unterhautbindegewebe leben die erwachsenen, 50–120 cm langen Weibchen. Sie bevorzugen Körperpartien, die häufig mit Wasser in Berührung kommen, und induzieren dort im reifen Alter die Bildung blasiger, stark juckender Geschwüre, die bei Berührung mit Wasser oder durch Kratzen aufreißen. Bei Berührung mit Wasser streckt das Weibchen sein Vorderende ins Freie und entlässt durch seine weit vorn liegende Geschlechtsöffnung tausende winziger (600 µm) Juveniler (I) ins Wasser. Werden diese beim Herabsinken von Cyclopoiden (Copepoda, S. 591) gefressen, entwickeln sie sich in deren Leibeshöhle zur infektiösen Dauerlarve (III). Wird der Copepode mit Trinkwasser verschluckt, bohren sich die Jungnematoden durch die Darmwand des Menschen in die Lymphbahnen, gelangen in die Brust- und Leibeshöhle, häuten sich dort zweimal und kopulieren als nur wenige Zentimeter große Adulte. Die Männchen sterben dann, die Weibchen wandern ins Unterhautbindegewebe und wachsen dort ohne weitere Häutung zur endgültigen Körpergröße heran.

VII. Bei den Arten der Filarioidea (Spirurida) schließlich muss kein einziges Lebensstadium mehr ins Freie oder in den Darm des Endwirts gelangen, um den Lebenszyklus zu vollenden. Nachkommen werden allein durch blutsaugende Insekten auf neue Wirte übertagen. Hygiene schützt nicht mehr vor Befall. Humanparasitische Arten der Filarioida kommen in warmen Erdregionen vor. Unter ihnen sind der

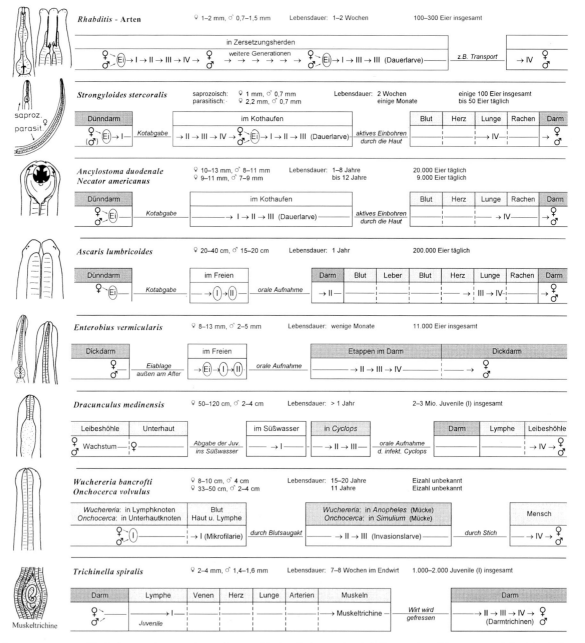

Abb. 631 Etappen von saprobiotischer zu darm- und gewebeparasitischer Lebensweise bei Nematoden. Die ersten 5 Beispiele sind nach abnehmender Bedeutung der saprobiontischen und zunehmender Bedeutung der darmparasitischen Lebensweise geordnet, die Beispiele 6 und 7 nach abnehmender Bedeutung des Lebens im Darm und zunehmender Bedeutung des Lebens im Gewebe. Bei *Trichinella* (8. Beispiel) wird jeder Endwirt zum Zwischenwirt der neuen Trichinengeneration. Die ersten 7 Arten gehören zu den Secernentea, *T. spiralis* zu den „Adenophorea". Original: S. Lorenzen, Kiel, nach Angaben verschiedener Autoren.

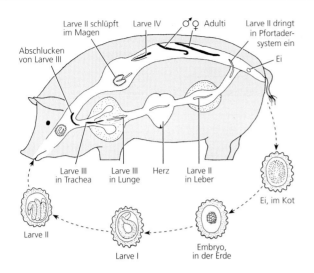

Abb. 632 *Ascaris suum*, Schweinespulwurm. Lebenszyklus (ähnlich beim Spulwurm des Menschen, *A. lumbricoides*). Verändert aus Meyer und Olsen (1975).

Haarwurm **Wuchereria bancrofti** und der Knotenwurm **Onchocerca volvulus** Geißeln der dort lebenden Menschen. Sie verursachen die Elephantiasis bzw. Flussblindheit. Die Adulti von *W. bancrofti* leben in Lymphknoten. Nach der Kopulation legen die Weibchen Eier, aus denen sofort Juvenile des Stadiums I schlüpfen. Sie werden als Mikrofilarien bezeichnet und wandern tagesperiodisch immer dann in die Hautkapillaren, wenn die Stechmücken (vor allem *Culex*) ihre Aktivitätsphase haben. Nur innerhalb der Mücke können sich die Jungnematoden zum infektiösen Juvenilstadium III entwickeln, das bei einem erneuten Saugakt durch den Stichkanal in den Menschen eindringt. Viele Menschen zeigen keine Krankheitssymptome bei Befall mit *W. bancrofti*, bei anderen können die befallenen Lymphgefäße verstopfen, was zu starken und unförmigen Anschwellungen der betreffenden Körperpartien führen kann, die zum Namen Elephantiasis führten.

Abb. 633 *Trichinella spiralis*. Muskeltrichine (J_1-Larve), eingekapselt in Muskulatur. Länge: ca. 1,2 mm. Quetschpräparat, wie es der Fleischbeschauer bei der Prüfung von Fleischproben sieht (S. 440).

Der Lebenszyklus von *Onchocerca volvulus* verläuft ähnlich. Die adulten Würmer leben im Unterhautbindegewebe. Mikrofilarien, die ins Auge gelangen, bewirken Erblindung. Zwischenwirte sind Kriebelmücken (*Simulium* spp.), deren Larven in schnellfließendem, sauberen Wasser leben. Folglich kommt die Krankheit vor allem in Flussnähe vor (daher der Name Flussblindheit).

Außer den Filarioidea werden keine weiteren parasitischen Metazoen durch Blut saugende Wirbellose übertragen. Nur bei Viren, Bakterien und Protozoen ist dies ebenfalls möglich. Es sei betont, dass die aufgeführten Beispiele nur verdeutlichen, welche phylogenetischen Etappen die bekannten Stammeslinien durchlaufen haben könnten.

Von saprobiotischer Lebensweise zu Insektenparasitismus

I. Die verschiedenen Arten von Regenwurmnematoden (*Rhabditis pellio,* andere **Rhabditis**-Arten) gelangen aktiv oder passiv als Dauerlarven (III) in den Regenwurm und harren dort aus, bis der Wirt stirbt und von Bakterien zersetzt wird; letztere und deren Produkte dienen den Regenwurmnematoden dann als Nahrung. Diese reicht für nur wenige Fortpflanzungszyklen. Wenn sich die Lebensbedingungen verschlechtern, entstehen wieder Dauerlarven.

II. Eine weitergehende Etappe ist von insektenparasitischen Nematoden der Gattungen **Steinernema** (syn. *Neoaplectana*) und **Heterorhabditis** (Rhabditida) erreicht worden. Sie gelangen aktiv oder passiv in eine Insektenlarve, warten aber nicht auf deren Tod, sondern führen ihn aktiv herbei. Sie würgen Bakterien der Gattung *Xenorhabdus* aus, die die Insektenlarve töten und versuppen. Von dieser Suppe leben die Nematoden und vermehren sich über wenige Generationen. Bei zu hoher Individuendichte entwickeln sich wieder Dauerlarven, die einen Vorrat von *Xenorhabdus* in ihre Darmtasche einlagern.

Von Mycetophagie zu Insektenparasitismus

I. Bei den Tylenchida mit ihrem rohrförmigen Mundhöhlenstachel hat das Anstechen und Aussaugen von Pilzzellen zu Endoparasitismus an Insektenlarven geführt. Die gut untersuchte Art **Deladenus siricidicola** kann über beliebig viele Generationen von jungen Pilzen der für Kiefern tödlichen Art *Amylostereum areolatum* leben und sich bisexuell vermehren; die Weibchen werden bis 2,7 mm lang, die Spermien der Männchen messen 10–12 µm im Durchmesser. Veraltet die Pilzkultur, führt die Ontogenese von *D. siricidicola* zu einer völlig anders gestaltete Generation. Deren zunächst frei lebenden Weibchen werden nur bis 1,5 mm lang, ihr Mundhöhlenstachel ist vergrößert, statt der dorsalen Pharyngealdrüse dominieren die subventralen, und bei den ebenfalls frei lebenden, kleineren Männchen messen die Spermien nur noch 1–2 µm im Durchmesser. Unter Laborbedingungen wurde nur sortengleiche Paarung beobachtet. Zur Fortsetzung des Lebenszyklus müssen die begatteten Weibchen aktiv oder passiv in Larven von Holzwespen (*Sirex* spp.)

gelangen, die ebenfalls den Pilz *A. areolatum* als Nahrung brauchen. Im Inneren des Wirts verlieren die *Deladenus*-Weibchen ihre Cuticula, bilden Mikrovilli auf der Epidermis aus, ernähren sich vorwiegend parenteral und werden bis zu 25 mm lang. Erst in der *Sirex*-Puppe werden sie geschlechtsreif. Dann verschmelzen ihre Eizellen mit den gespeicherten Spermien und entwickeln sich sofort zu Jungnematoden. Wenn aus der *Sirex*-Puppe die adulte Holzwespe schlüpft, kann sie bis zu 50 000 Jungnematoden enthalten. Letztere streben vor allem zu den Gonaden ihres Wirts. Ist die Holzwespe weiblich, dringen die Jungnematoden in deren Eier ein und zerstören diese im Innern. Die so zerstörten Eier mit Jungnematoden im Innern werden wie gesunde Eier in Nadelbäume abgelegt. Dort wachsen die Jungnematoden normalerweise zur frei lebenden Generation heran, doch auch der parasitische Zyklus kann beliebig oft wiederholt werden ohne Einschaltung des freilebenden Zyklus.

II. Reiner Insektenparasitismus ohne frei lebende Generation ist beim Hummelnematoden **Sphaerularia bombi** (Tylenchida) erreicht worden, einer seit 1742 bekannten Art, deren Weibchen endoparasitisch in Hummelköniginnen leben, diese sterilisieren und vorzeitig töten. Die 1,5 mm langen Weibchen stülpen im Wirt ihren Uterus zu einem bis zu 2 cm langen und 1,3 mm dicken Schlauch aus, der das Weibchen schließlich nur noch als kleines Anhängsel trägt und die parenterale Ernährung übernimmt; in ihn hinein wuchert das Ovar. Die abgelegten, befruchteten Eier entwickeln sich bis zum Juvenilstadium III, dringen in das Rektum der Hummel ein und verlassen es in Scharen, so oft sich die Hummel am Boden niederlässt und kleine Löcher gräbt. Im Freien entwickeln sich die Nematoden zu adulten Weibchen und Männchen und kopulieren. Suchen junge Hummelkönigin-nen im Herbst ein Winterquartier, werden sie von begatteten Nematodenweibchen befallen und verbringen mit ihnen den Winter, bevor ein neuer Zyklus startet.

Phytoparasitismus bei Nematoden

Auch die phytoparasitsche Lebensweise ist mehrfach unabhängig innerhalb der Nematoden entstanden, und dies mehrfach innerhalb der Tylenchida und Dorylaimina, die alle mit einem kräftigen Mundhöhlenstachel bewehrt sind. Mit ihm stechen sie Pflanzenzellen oder Tiere an, verflüssigen enzymatisch deren Inhalt und saugen ihn auf. Gefürchtet in der Landwirtschaft sind vor allem Tylenchida der Heteroideroidea (**Heterodera**, **Globodera**, **Meloidogyne**). Als Jungtiere des Stadiums II schlüpfen sie unter günstigen Bedingungen aus ihren Eiern, dringen in Pflanzenwurzeln ein, induzieren dort die Bildung von Riesenzellen, leben für den Rest ihres Lebens von deren Inhalt, werden erwachsen und erzeugen bisexuell (*Heterodera*, *Globodera*) oder parthenogenetisch (*Meloidogyne*) Eier. Diese bleiben innerhalb der beiden erstgenannten Taxa im weiblichen Körper, der zitronenförmig anschwillt und nach dem Tod des Weibchens zu einer sehr resistente Cystenhülle für die Dauereier wird. Bei *Meloidogyne* werden die Eier in eine Schleimhülle abgelegt, die von der Ventraldrüse gebildet und nach Erhärtung resistent wie eine Cystenhülle wird. In beiden Gattungen werden pro Weibchen einige 100 Eier erzeugt, die sich bis zum schlupffähigen Juvenilstadium II entwickeln und innerhalb von Eischale und Cyste jahrelang latent am Leben bleiben können (Abb. 634).

Da fast alle phytoparasitischen Nematoden im Boden leben, sind sie mit chemischen Mitteln kaum zu bekämpfen. Der Rübennematoden *Heterodera schachtii* (Abb. 634) kann biologisch bekämpft werden

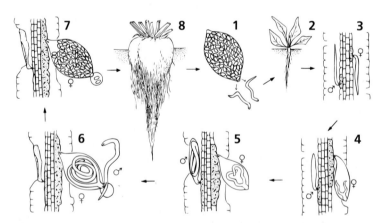

Abb. 634 Lebenszyklus vom Rüben-Nematoden *Heterodera schachtii* (Heteroderidae, Tylenchida). (1) Wurzelexsudate junger Rüben regen die Jungnematoden (II) an, innerhalb der Cyste (= Hülle der toten Mutter) aus den Eiern zu schlüpfen und zur Streckungszone junger Rübenwurzeln zu kriechen (2). Dort dringen sie mit Stößen ihres Mundhöhlenstachels und Speichelabgabe bis in den Bereich des Zentralzylinders vor und bewirken dort die Bildung eines nährstoffreichen Syncytiums (3 und 4), von dem sie fortan leben und hierbei sessil und plump werden. Männchen (jeweils links am Zentralzylinder dargestellt) entwickeln sich schneller als Weibchen, lösen nach vorletzter Häutung den Kopf von der Wurzel, entwickeln sich in der Exuvie zu schlanken Adulti (5), werden von Sexuallockstoffen des adulten sessilen Weibchens angelockt, kopulieren mit diesen (6) und sterben. Die Weibchen fressen weiter und bilden bis zu 500 Eier (7), von denen wenige in Gallerte abgegeben werden und sofort einen neuen Zyklus beginnen; die weitaus meisten bleiben im Körper der Mutter und entwickeln sich zum schlupfreifen Juvenilstadium II. Nach dem Tod der Mutter wird deren Hülle zur schützenden Cystenhülle für die embryonierten Eier. Die Cysten können durch Wind und Wasser verbreitet werden. Befallene Rübenpflanzen kümmern dahin und bilden einen Überschuss an Sekundärwurzeln (8). Verändert nach einer Vorlage von Grundler (1984).

durch Aussaat von Ölrettich (*Raphanus sativus*), dessen Keimlinge die jungen Rübennematoden zum Schlüpfen aus dem Ei anregen. Da der Ölrettich als Ersatzwirt ungeeignet ist, sterben die Jungnematoden ohne Nachkommen. Alle Versuche, Kartoffelnematoden (*Globodera*-Arten) auf ähnliche Weise zu bekämpfen, sind bisher gescheitert. Vierjähriger Fruchtwechsel oder der Anbau resistenter Kartoffelsorten können ihn vertreiben. *Meloidogyne*-Arten richten große Schäden vor allem in tropischen Regionen an. Für die weit verbreitete *M. hapla*, die auch in Mitteleuropa heimisch ist, sind 550 Wirtsarten bekannt, unter ihnen Tomate, Rote Beete, Möhre und Salat. Bei so vielen Wirtsarten ist der Schädling besonders schwer zu bekämpfen.

Systematik

Die Nematoden sind als monophyletisches Taxon durch mehrere Autapomorphien sehr gut begründet: (1) 6 + 6 + 4 papillen- oder borstenförmige Sensillen am Vorderende; (2) wenn 2 Ovarien vorhanden, sind diese entgegengesetzt zueinander orientiert; (3) adulte Männchen mit cuticularem Spicularapparat für die Kopulation; (4) Postembryonalentwicklung mit genau 4 Häutungen. Die verwandtschaftlichen Beziehungen innerhalb der Nematoden sind keineswegs geklärt, auch wenn die Monophylie vieler ihrer Subtaxa von Familien- bis Ordnungsniveau bestens begründet ist. Einigkeit besteht nicht einmal darin, ob die Nematoden von marinen oder limnisch/terrestrischen Vorfahren abstammen, denn Arten mit besonders ursprünglichen Zügen im Körperbau leben in beiden Lebensräumen. Innerhalb der frei lebenden Nematoden besteht die größte Artenvielfalt in marinen Sedimenten.

Das folgende morphologisch begründete System ist provisorisch. Die traditionelle Unterteilung in „**Adenophorea**" und **Secernentea** ist nicht gut begründet und hat immer wieder Anlass zu Gegenvorschlägen gegeben, die aber ebenfalls nicht gut begründet sind.

Inzwischen existieren aber DNA-Sequenz-Daten für eine ganze Reihe von Nematoden-Arten. Aus den Analysen kristallisiert sich ein Bild heraus, das in etwa einem Vorschlag von DE LEY und BLAXTER (2002) entspricht. Hier werden die Nematoden unterteilt in die Enoplea (einem Teil der „Adenophorea") und Chromadorea (die übrigen „Adenophorea" und alle Secernentea). Zu den Enoplea gehören überwiegend freilebende Gruppen, darunter die Enoplida und Dorylaimida, sowie einige kleinere parasitische Gruppen wie die Trichinellida und Mermithida. Zu den Chromadorea gehören die freilebenden Taxa Chromadorida, Desmodorida, Monhysterida, Araeolaimida und Plectida sowie das Taxon Rhabditida, das in etwa den traditionellen Secernentea entspricht.

1.1.1 „Adenophorea" („Aphasmidia")

Nicht-monophyletisch, da gegenüber den Secernentea vor allem durch die Beibehaltung ursprünglicher Merkmale gekennzeichnet: (1) Schwanz- und Epidermaldrüsen bei den meisten Arten vorhanden, (2) Seitenorgane meist deutlich erkennbar, (3) meist Sinnesborsten statt winziger Sinnespapillen vorhanden, (4) Männchen oft mit 2 statt nur mit 1 Hoden.

Die meisten Arten leben frei in marinen Sedimenten, andere frei in limnischen Sedimenten, in der Erde oder als Zoo- oder Phytoparasiten. Viele der frei lebenden Arten ernähren sich von Bakterien oder deren Produkten und beschleunigen auf diese Weise die Zersetzung organischer Substanzen, die wohl von Bakterien, aber nicht von Einzellern und Metazoen als Nahrungsquelle genutzt werden können. Es findet eine regelrechte Kooperation statt: Die Nematoden geben Schleim, Exkrete und Kot ab, die die Bakterien als wichtige zusätzliche Ressourcen für den Abbau der organischen Substanz brauchen, und umgekehrt liefern die Bakterien den Nematoden Nahrung. Diese Kooperation ist mehrfach zur engen Symbiose verfeinert worden. Am auffälligsten ist sie bei den Stilbonematinen (Chromadorida), die in sauerstoffarmen Böden des Meeres leben und deren Körperoberfläche in allen Lebensstadien praktisch lückenlos von symbiotischen Bakterien bedeckt ist.

Wenn Fische und Vertreter der benthischen Makrofauna noch sehr klein sind, fressen viele von ihnen Nematoden und andere Meiofauna-Organismen (mikroskopisch kleine Vielzeller am Meeresboden) und erreichen erst auf diese Weise eine Körpergröße, die nötig ist für die Bewältigung größerer Nahrungsbrocken. Ohne Meiofauna hätten viele Makrofauna-Arten Probleme, die postlarvale Phase zu überleben.

1.1.1.1 „Trefusiida"

Nicht-monophyletisch, früher zu Enoplida, später wegen primären Fehlens von Metanemen als eigenes, provisorisches Taxon ausgegliedert. Frei lebend, marin und limnisch.

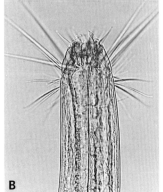

Abb. 635 Freilebende Nematoden aus dem marinen Sandlückensystem. **A** *Tricoma* sp. (Desmoscolecida), Körper mit Ringen aus selbsterzeugtem Sekret, in das Fremdkörperchen eingelagert sind. **B** *Enoplolaimus* sp. (Enoplida). **C** *Metepsilonema hagmeieri* (Chromadorida). Originale: W. Westheide, Osnabrück.

Bei Onchulidae (limnisch, z. B. *Onchulus* spp., *Kinonchulus* spp.) liegt der 3. Kreis von Kopfsensillen viel weiter hinter dem 2. Kreis als bei fast allen übrigen Nematoden; *Kinonchulus sattleri* (Abb. 1017) aus dem Amazonasgebiet kann außerdem sein Vorderende wie ein Introvert ausstülpen. Beides gilt als sehr ursprünglich innerhalb der Nematoden.

1.1.1.2 Enoplida

Monophyletisch wegen Besitzes von Metanemen (fadenförmigen, serial angeordneten Propriorezeptoren in den lateralen Epidermisleisten).

Frei lebend, überwiegend marin, seltener (z. B. Tripylidae, Tobrilidae, *Ironus*) limnisch. Häufig mit zahnartigen Strukturen in der Mundhöhle. Räuberisch, fressen auch andere Nematoden. Einige Arten spielen als Aasfresser eine wichtige Rolle (Abb. 635, 636).

1.1.1.3 Dorylaimida

Monophyletisch wegen der Mündung aller Pharyngealdrüsen nur ins hintere Pharynxlumen. Frei lebende Arten meist räuberisch, andere Arten phytoparasitisch. Limnisch und terrestrisch, selten an Meeresküsten.

Mononchina. – Mundhöhle geräumig und zahnbewehrt, Schwanzdrüsen vorhanden. Räuberisch, Beute sind Nematoden oder ähnlich kleine Organismen.

Dorylaimina. – Mundhöhle meist mit speerartigem Zahn, mit dem Pflanzenzellen oder Tiere angestochen und ausgesogen werden können (Abb. 1018). Schwanzdrüsen fehlen. Arten von *Trichodorus* (Trichodoridae) und *Xiphinema* (Longidoridae) phytoparasitisch, gefürchtet weniger wegen der verursachten Fraßschäden, sondern vor allem wegen der Übertragung pflanzenschädlicher Viren, die an der Pharynxwand zwischen Mündung der Pharynxdrüsen und Zahn haften und durch den Speichelfluss in die Pflanze gespült werden. – *Labronema*-Arten (Qudsianematidae) (Abb. 638) stechen kleine Tiere an und saugen sie aus.

Abb. 636 *Pontonema vulgare* (Oncholaimidae, Enoplida). Tausende von Individuen dieses aasfressenden Nematoden (1,5 cm Länge) auf einem toten Seestern. Original: C. Valentin, Kiel, aus Lorenzen et al. (1986).

1.1.1.4 Trichosyringida (Trichocephalida)

Monophyletisch wegen einer Serie sekundärer Pharyngealdrüsen (Stichocyten), die in die Leibeshöhle ragen und ins Pharynxlumen münden. Mundhöhlenstachel – sofern vorhanden – nur im Juvenilstadium I, wird zum Durchbohren von Wirtsgewebe benutzt und geht bei der ersten Häutung verloren. Alle Arten zooparasitisch. Im Lebenszyklus spielt das Juvenilstadium III keine Rolle als Dauer- oder Übertragungsstadium (Gegensatz zu zooparasitischen Arten der Secernentea). Übertragung auf neue Wirt entweder direkt oder über Zwischenwirt. Im ersten Fall dringt das Juvenilstadium I aktiv in den Wirt ein (viele Mermithoidea), oder der Wirt nimmt embryonierte Eier auf (viele Trichuroidea). In ungeeigneten Wirten findet höchstens Encystierung statt, sodass diese Wirte zu Warte- oder Stapelwirten werden.

Mermithoidea. – Einige Arten mit Phasmiden, die innerhalb der Nematoden sonst nur innerhalb der Secernentea vorkommen. Juvenile stets endoparasitisch, meist in Insekten, seltener in terrestrischen und marinen Wirbellosen. Ernährung im parasitischen Stadium parenteral. Reife Adulti lassen Wirt zum Wasser streben, verlassen ihn dort, leben frei, fressen nichts und pflanzen sich durch Kopulation fort. Das Juvenilstadium I bohrt sich mit seinem Stachel in einen neuen Wirt ein. Lebenszyklen und morphologische Details auffällig ähnlich wie bei Nematomorpha (S. 442).

Trichuroidea. – Darmparasiten von Wirbeltieren, vor allem Vögel und Säugetiere, einschließlich Mensch. Bei vielen, aber nicht allen Arten Lebenszyklus über Zwischenwirt. Ungewöhnlich ist der Lebenszyklus der Trichine (*Trichinella spiralis*, Trichinellidae, Abb. 1011), weil jeder Endwirt zwangsläufig zum Zwischenwirt wird. Natürlicherweise also nur Carnivore infizierbar, bei experimenteller Fütterung auch Herbivore. Adulti (Darmtrichinen) im Dünndarm carnivorer Säugetiere und Menschen. Nach der Kopulation bohren sich die 2–4 mm langen Weibchen mit ihrem Vorderende tief in die Darmzotten ein und gebären durch ihre weit vorne liegende Geschlechtsöffnung 1 000–2 000 lebende Junge des Juvenilstadiums I, die über die Lymph- und Blutströmung im Körper verteilt werden. Nur wenn sie in gut durchblutete, quer gestreifte Muskulatur gelangen (z. B. Zwerchfell, Kaumuskulatur), entwickeln sie sich weiter, bohren sich mit ihrem Mundhöhlenstachel in das Muskelgewebe, zersetzen es im näheren Umkreis, induzieren die Bildung einer zitronenförmigen Kapsel und werden so zur gefürchteten Muskeltrichine (Abb. 633), die trotz Verkalkung der Kapselwand im Stoffaustausch mit dem Wirt bleibt, viele Jahre alt werden kann und erst durch Verzehr trichinösen Fleisches in einen neuen Wirt gelangt. In dessen Dünndarm-Schleimhaut finden innerhalb weniger Tage alle 4 Häutungen statt; Kopulation im Darmlumen. Masseninfektion führt beim Menschen zum Tod. Durch Fleischbeschau ist Mitteleuropa selten im Menschen geworden. – *Trichuris trichiura*, Peitschenwurm (Trichuridae) phylogenetisch bemerkenswert wegen ausstülpbarem, terminal gelegenem Cirrus beim Männchen (wie bei Nematomorpha), das zur Führung des einzigen Spiculums dient (dieses fehlt bei Nematomorpha). Humanparasit vor allem in feuchtwarmen Gebieten. Die 5–8 cm langen Adulti sind mit dem schlanken Vorderkörper in die Schleimhaut des Blind-, seltener des Dickdarms eingebohrt und ernähren sich von enzymatisch gelösten Zellen des umgebenden Gewebes. Weibchen legen nach Kopulation täglich 3 000–4 000 Eier ab, die mit dem Stuhl nach außen gelangen und sich auffällig langsam (je nach Temperatur in einigen Wochen bis Monaten) zur Schlupfreife entwickeln. Infektion durch Verzehr verunreinigter Nahrung. Im Dünndarm schlüpft das Juvenilstadium I, das ca. 10 Tage zwischen den Zotten lebt und dann zum Dickdarm wandert. Dort die weitere Entwicklung in der Schleimhaut. Keine Organwanderung wie bei *Ascaris*-Arten. Bei starkem Befall Beschwerden, die einer Blinddarmentzündung ähneln.

1.1.1.5 Dioctophymatida

Artenarmes Taxon. Phylogenetisch interessant wegen reich bestacheltem, etwas ausstülpbarem Vorderende in der Gattung *Hystrichis* (Dioctophymatidae); der 4 cm lange Parasit lebt im Drüsenmagen von Entenvögeln.

1.1.1.6 „Chromadorida"

Nicht-monophyletisch, da gegenüber dem Monhysterida hauptsächlich durch Beibehaltung ursprünglicher Merkmale gekennzeichnet: Seitenorgane meist gewunden, Ovarien meist umgeklappt. Innerhalb der Chromadorida stimmen limnisch/terrestrischen Plectidae auffällig gut mit Rhabditidae (Secernentea) überein in Bau von Mundhöhle und Pharynx und im Vorkommen von Deiriden (papillenförmige Halssinnesorgane). Plectidae werden daher schon lange als die nächsten Verwandten der Secernentea vermutet. Diese Vermutung liegt auch dem genannten Vorschlag von DE LEY und BLAXTER (s. o.) zugrunde.

Meist marin, auch limnisch oder terrestrisch. Meist Bakterien- oder Diatomeenfresser. Chromadoridae (z. B. *Chromadora*, *Chromadorita*) im Flachwasser der Meere und des Süßwassers, stellenweise sehr häufig. Einige knacken mit ihren Zähnen ein Loch in Diatomeen und saugen sie aus. – Plectidae (z. B. *Plectus*, *Anaplectus*) limnisch und terrestrisch, Kleinstpartikelfresser. Epsilonematidae (z. B. *Epsilonema*) vor allem im marinen Sandlückensystem, bewegen sich spannerraupenartig fort mit der Bauchseite zum Untergrund (Abb. 988C, vgl. 1009C). – Desmodoridae (z. B. *Desmodora*, *Stilbonema*) artenreich im Meer; Arten der Stilbonematinae in Symbiose mit chemoautotrophen Bakterien (s. o.) (Abb. 1005).

1.1.1.7 Monhysterida

Monophyletisch wegen ausgestreckter Ovarien.

Frei lebend, vor allem marin, seltener limnisch/terrestrisch. Arten der Comesomatidae (z. B. *Sabatieria*) als Bakterienfresser besonders häufig in der bakterienreichen Grenzschicht zwischen oxischer und anoxischer Schicht von sinkstoffreichen Meeresböden, können wochenlang ohne O_2 leben. – Xyalidae (z. B. *Theristus*) artenreich in Meeresböden, weniger im Süßwasser. Mundhöhle trichterförmig, Diatomeen und Bakterien als Nahrung bevorzugt. – Monhysteridae (z. B. *Monhystera*) vor allem in der Tiefsee und im Süßwasser, kaum in flachen Meeresgebieten. Wenige Arten terrestrisch; eine von ihnen zur Massenvermehrung innerhalb lebender, geschwächter Nadelbäume fähig. Arten von *Gammarinema*, *Monhystrium* und *Tripy-*

lium epibiotisch auf marinen Krebsen (Peracarida und Decapoda); *Odontobius ceti* auf den Barten von Bartenwalen Da die 4 Gattungen nächstverwandt miteinander sind, wurde geschlossen, dass *O. ceti* von krebsbewohnenden Monhysteriden abstammt.

1.1.1.8 Desmoscolecida

Erwachsene, nicht aber junge Tiere bei den meisten Arten von reifenartigen Ringen aus Sekret und Fremdkörpern umgeben, deren Funktion unbekannt ist.

Frei lebend, vor allem marin, sehr selten limnisch oder terrestrisch. *Desmoscolex* spp. (Abb. 623C) weit verbreitet von Tiefsee bis zum Land. *Tricoma* spp. weit verbreitet, nur marin (Abb. 635A).

1.1.2 Secernentea (Phasmidia)

Monophyletisch wegen folgender Autapomorphie: Phasmiden (Schwanzsensillen) vorhanden, bei einigen Arten vermutlich sekundär reduziert. Ob diese Phasmiden unabhängig von denen der Mermithidae („Adenophorea") (S. 440) entstanden sind, ist ungeklärt. Abgeleitet gegenüber den meisten „Adenophorea" außerdem: Schwanz- und Epidermaldrüsen fehlen; Ventraldrüse mit lateralen Schenkeln in lateralen Epidermisleisten; Männchen mit nur 1 Hoden. Secernentea leben frei (saprobiotisch, diatomeenfressend oder räuberisch), phyto- oder zooparasitisch. Frei lebende Arten limnisch oder terrestrisch, selten eingewandert an Meeresküsten.

Zu den verwandtschaftlichen Beziehungen innerhalb der Secernentea existieren unterschiedliche Vorstellungen. Nach W. SUDHAUS bestehen zwei Schwestergruppen, die Rhabditylenchida und die Spiroascarida. Zum ersten Taxon, Rhabditylenchida, gehören die Taxa Tylenchida und Rhabditida, wobei letztere unter anderem die paraphyletischen „Rhabditidae", die Diplogastridae und die Strongylida umfassen. Die Spiroascarida umfassen verschiedene parasitische Teilgruppen, darunter die hier nicht weiter behandelten Gnathostomatida und Rhigonematida sowie die Oxyurida, Spirurida und Ascaridida.

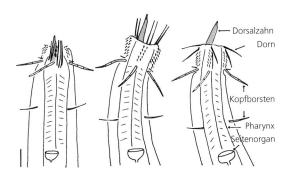

Abb. 637 *Kinonchulus sattleri* aus dem limnischen Sandlückensystem des Amazonas kann die Mundhöhle introvertartig ausstülpen, was als Indiz für die Abstammung der Nematoden von Vorfahren mit Introvert gedeutet wird. Auch der weite Abstand der hinteren 4 von den weiter vorn liegenden 6 + 6 Kopfsensillen ist ein ursprüngliches Merkmal dieser Art. Maßstab: 10 µm. Nach Riemann (1972) und Lorenzen (1985).

Dorsalzahn
Dorn
Kopfborsten
Pharynx
Seitenorgan

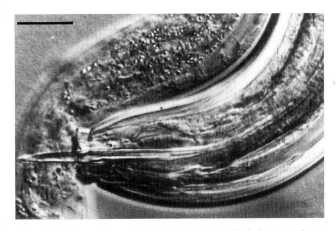

Abb. 638 *Labronema* sp. (Dorylaimida) lebt räuberisch von anderen Nematoden, stößt den speerartigen, hohlen Mundhöhlenstachel an beliebiger Stelle in deren Körper, injiziert durch den Stachel Speichel in das Opfer, verflüssigt so dessen Inneres und saugt die flüssige Nahrung durch den Stachel auf. Maßstab: 20 µm. Original: U. Wyss, Kiel.

Vermutlich bereits in das Grundmuster der Secernentea gehört, dass das Juvenilstadium III unter besonderen Lebensumständen zur Dauerlarve wird, deren Stoffwechsel weitgehend reduziert ist und die erst bei Eintritt geeigneter Lebensbedingungen die Entwicklung fortsetzen kann. Bei zooparasitischen Arten tritt die Dauerlarve immer dann auf, wenn der Schlupf von Jungnematoden aus dem Ei im Freien oder im Zwischenwirt stattfindet. Findet er im definitiven Wirt statt, tritt keine Dauerlarve auf; dann ist das Ei besonders derbschalig (z. B. *Ascaris*).

1.1.2.1 Rhabditida

Heterogene Gruppe mit primär freilebenden, oft saprobiotischen und seltener fakultativ oder obligatorisch zooparasitisch lebenden Arten. Die früher als „Rhabditidae" zusammengefassten Arten sind paraphyletisch. Zu den Rhabditida gehören als Teilgruppen auch die **Diplogastridae**, deren Pharynx stets in einen vorderen, muskulösen Teil mit Bulbus am Ende und einen hinteren, drüsigen Teil gegliedert ist. Die meisten Arten sind saprobiotisch, andere verzehren Diatomeen oder sind carnivor. Eine weitere Teilgruppe sind die **Strongylida**. Adulte Tiere parasitisch im Darm von Wirbeltieren, Juvenilstadium I–III saprobiotisch oder parasitisch in Mollusken oder Anneliden.

Rhabditis spp., *Heterorhabditis* spp. (Heterorhabditidae), *Pellioditis pellio*, *Ancylostoma duodenale*, *Necator americanus* (Ancylostomatidae, Hakenwürmer), S. 435, Abb. 631. – *Nippostrongylus brasiliensis* (Heligmosomatidae) Darmparasit von Mäusen und Ratten, raspelt mit den scharfen Längskanten seines Körpers Schleimhaut von den Darmzotten ab, verdaut sie extracorporal und saugt die so verflüssigte Nahrung auf.

1.1.2.2 Tylenchida

Monophyletisch, hohler Stachel in der Mundhöhle, der von allen 3 Mundhöhlenwänden gebildet wird und nicht nur von einem Subventralzahn wie bei anderen stacheltragenden Nematoden; dient zum Anstechen von Pilz- und Pflanzenzellen oder von Tieren, zum Injizieren von Speichel; verflüssigte Nahrung wird aufgesaugt. Im Gegensatz zu phytoparasitischen Dorylaimina als Überträger von Viren bedeutungslos, weil Pharyngealdrüsen unmittelbar hinter dem Stachel münden und daher keine Viren in Pflanzenzellen spülen können. Phytoparasitische Arten fast ausschließlich im Wurzelbereich von Pflanzen, meist frei beweglich, in einigen Fällen stationär an Pflanzenwurzeln.

Rübennematode (*Heterodera schachtii*) (Abb. 634) und Kartoffelnematode (*Globodera rostochiensis*) (Heteroderidae) stationär an Pflanzenwurzeln, Lebensweise S. 438. – *Meloidogyne hapla* (Meloidogynidae) stationär an Wurzeln von 550 Arten Höherer Pflanzen, Lebensweise S. 438. *Deladenus* spp. und *Sphaerularia* spp. (Sphaerulariidae), insektenparasitisch (S. 437).

1.1.2.3 Oxyurida

Pharynx mit Endbulbus und drei Klappen. Juvenile häuten sich noch im Ei zweimal. Parasiten im Darm von Wirbeltieren.

Enterobius vermicularis, Madenwurm (Oxyuridae), im Blind- und Enddarm des Menschen. Die begatteten Weibchen kriechen zur Eiablage aus dem After heraus, was Jucken erzeugt. Beim Kratzen geraten die Eier leicht unter die Fingernägel. Nach kurzer Entwicklungszeit im Freien sind sie infektiös. Werden sie verschluckt, schlüpfen die

Jungnematoden im Dünndarm und wandern zum Blind- oder Dickdarm. Schlüpfen die Jungnematoden am After, können sie direkt zurück in den Darm kriechen. – Nahe verwandt mit *Enterobius* ist *Leidynema appendiculata* (Thelastomatidae), häufiger Parasit im Enddarm von Schaben. Es ist unklar, ob er sich dort von verdauter Nahrung oder von Darmbakterien ernährt. Die Infektion erfolgt durch den Fraß embryonierter Eier.

1.1.2.4 Spirurida

Adulte parasitisch in verschiedenen Organen von Wirbellosen und Wirbeltieren. Im zweiten Fall können sich die Juvenilen nur in einem blutsaugenden Zwischenwirt (meist Arthropoden) entwickeln, in dem sie das infektiöse Juvenilstadium III erreichen und dann beim Saugakt auf neue Wirte übertragen werden. Hygiene schützt nicht vor Befall. Eine Teilgruppe der Spirurida sind die **Camallanina**, zu denen der Medinawurm gehört. Adulte Tiere parasitieren in aquatischen und terrestrischen Wirbeltieren. Die Entwicklung zum infektiösen Juvenilstadium III findet stets in einem Copepoden statt.

Draschia megastoma (Habronematidae). – *Wuchereria bancrofti*. – *Onchocerca volvulus* (Filariidae), S. 437 (Abb. 631). – *Dracunculus medinensis*, Medinawurm (Dracunculidae), S. 435 und Abb. 631. – *Anguillicola crassus* (Anguillicolidae), Weibchen bis 7 cm, Parasit in der Schwimmblase von Aalen, in den 1980er-Jahren aus dem Fernen Osten nach Europa eingeschleppt. Zwischenwirte sind Copepoden und Cladoceren.

1.1.2.5 Ascaridida

Adulte Tiere parasitisch im Darm von Wirbeltieren, Landarthropoden oder Landschnecken. Keine saprobiotischen Stadien. Eier gelangen mit dem Kot nach außen, entwickeln sich dort bei vielen Arten bis zur Schlupfreife; bei vielen Arten schlüpfen die Jungnematoden in einem Zwischenwirt und entwickeln sich dort bis zur Dauerlarve (III), während bei anderen Taxa (z. B. *Ascaris*) kein Zwischenwirt vorkommt und sich der Lebenszyklus im Endwirt auf eine sehr eigenartige Weise vollendet, so als wäre der Wirt erst Zwischen- und dann Endwirt.

Ascaris lumbricoides und *A. suum* (Spulwurm, Ascarididae), in Mensch (Abb. 631, 632, S. 435) bzw. Schwein. Selbst die moderne Schweinehaltung vermochte diesen Parasiten nicht zu vertreiben. Standardobjekt zoologischer Forschung, hat in dieser Hinsicht den Pferdespulwurm *Parascaris equorum* abgelöst.

1.2 Nematomorpha, Saitenwürmer

Saitenwürmer sind wie die Saiten eines Musikinstruments – lang, dünn, biegsam und reißfest. Zur Fortpflanzung im Freien können sie sich zu Dutzenden derart ineinander verknäueln, dass sie zusammen einem „gordischen Knoten" gleichen; – die artenreichste Gattung heißt aus diesem Grund *Gordius* (Abb. 639). Nematomorphen sind 10–50 cm, im Extrem über 200 cm lang und nur 1–2 mm dick. Trotz ihrer Größe und der Kenntnis von rund 350 Arten werden sie nur selten gesehen, weil sie die längste Zeit ihres Lebens – in der

Andreas Schmidt-Rhaesa, Hamburg

Postlarvalzeit bis hin zum frühen Adultus – e n d o p a r a s i - t i s c h in der Leibeshöhle von aquatischen und terrestrischen Arthropoden verbringen (J u v e n i l p a r a s i t i s m u s !). Im Freien leben für jeweils nur kurze Zeit die geschlechtsreifen Adulti und das Millionenheer der winzigen sekundären Larven (0,1–0,2 mm). Die Larven gelangen aktiv oder passiv in neue Wirte und bohren sich aktiv in deren Leibeshöhle hinein, in der sie sich p a r e n t e r a l (durch die Körperwand hindurch) ernähren. Generationswechsel kommt nicht vor. Lebensweise, Lebenszyklen und strukturelle Anpassungen an die freilebende- und endoparasitische Lebensweise stimmen auffällig gut mit denen der Mermithoidea (Nematoda) überein (S. 440).

Die meisten Arten gehören zu den Gordioida und leben in Süßwasser- und Landinsekten (Abb. 642); nur 5 Arten (Nectonematoida) kommen in decapoden Krebsen des Meeres vor. Die Adulten der Gordioida leben benthisch an Seeufern, in Bächen oder im Feuchten, die Adulti der Nectonematoida leben im marinen Pelagial.

Bau und Leistung der Organe

Wie bei Nematoden ist der fadenförmige Körper trotz erkennbarer bilateraler Symmetrie im Querschnitt drehrund (Abb. 640); der Hautmuskelschlauch besteht aus Cuticula, Epidermis und einer Längsmuskelschicht; Ringmuskeln fehlen.

Die **Cuticula** ist bei den endoparasitischen Juvenilen dünn und kann ohne Häutung, allein durch Auf- und Abbau, vergrößert werden. Beim Erreichen des Adultstadiums wird

diese juvenile Cuticula gehäutet und durch eine neue, bis zu 45 Schichten enthaltende Adult-Cuticula ersetzt. Innerhalb jeder Schicht verlaufen Fasern parallel und von Schicht zu Schicht spiegelbildlich zueinander schraubig um den Körper. Der Winkel zwischen Laufrichtung der Fasern und Längsachse des Körpers beträgt 55°–65°, ist also geringer als bei Nematoden (rund 75°) und kann dies auch sein, weil adulte Saitenwürmer nichts fressen und daher nicht an kurzfristige Zunahmen des Körpervolumens angepasst sein müssen. Warum der Winkel größer als 55° sein muß und warum aus diesem Grunde Ringmuskeln nur stören würden, ist in Abb. 622 erklärt. Anders als bei Nematoden verlaufen zusätzliche Fasern radiär durch alle Faserschichten hindurch. Adulte Nectonematoida sind entlang der Dorsal- und Ventrallinie des Körpers mit Doppelreihen von Schwimmborsten besetzt.

Bei *Nectonema*-Arten und den Gordioida scheint es nur eine einzige **Häutung** im Leben zu geben, die unmittelbar vor oder nach dem Verlassen des Wirts erfolgt.

Die einschichtige, zellige **Epidermis** ragt mit vielen kurzen Hemidesmosomen in die Bildungsschicht der Cuticula hinein. Anders als bei Nematoden fehlen laterale Epidermisleisten, so dass die Zellkerne der Epidermiszellen im gesamten Körperquerschnitt liegen. Bei den Nectonematoida ist dorsal und ventral, an der Basis der Schwimmborstenreihen, je eine breite zellige Epidermisleiste ausgebildet. Bei den Gordioida ist nur die ventrale Leiste ausgebildet, die an der Basis sehr schmal und distal verdickt ist, den Markstrang einschließt und von einer kollagenen Matrix mit höchstens wenigen Zellen umgeben ist.

Die **Muskulatur** besteht ausschließlich aus Längsmuskelzellen. Diese sind im Körperquerschnitt in radialer Richtung abgeflacht, so dass eine große Anzahl von Zellen vorhanden sein kann. Die Myofilamente sind in Gruppen an der Peripherie der Muskelzellen angeordnet, im zentralen Bereich liegen Zellkern und Mitochondrien. Bei den Nectonematoida ist ein ballonförmiger cytoplasmatischer Teil vorhanden, der ins Körperinnere ragt und den Kern enthält.

Das **Nervensystem** liegt innerhalb der Epidermis, vor allem in deren basalen Bereich. Es besteht aus einem G e h i r n

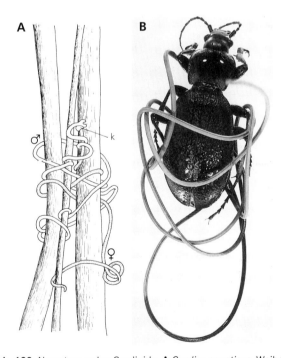

Abb. 639 Nematomorpha: Gordioida. **A** *Gordius aquaticus*, Weibchen (getönt) und Männchen (hell) bei der Kopulation (k). Befruchtete Eier werden später in körperdicken Laichschnüren um Wasserpflanzen geschlungen. **B** *Gordionius* sp. beim Verlassen seines Wirts, eines Laufkäfers (Carabidae). A Kombiniert nach Wesenberg-Lund (1910) und Dorier (1930); B Original: J. Bresciani, Kopenhagen.

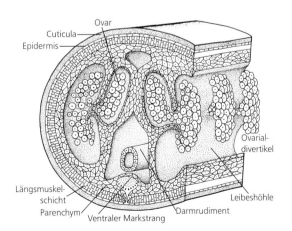

Abb. 640 Nematomorpha: Gordioida. Innere Organisation der hinteren Körperregion eines Weibchens von *Parachordodes* sp. Nach Kaestner (1969).

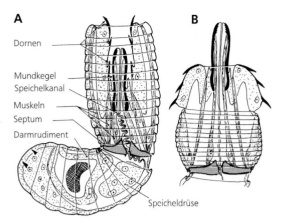

Abb. 641 Sekundäre Larve von *Chordodes* sp. (Gordioida, Nematomorpha). Vordere und hintere Leibeshöhle der *Chordodes*-Larve durch Septum getrennt; Introvert und Mundkegel werden durch Retraktoren zurückgezogen (**A**) und durch Kontraktion des Hautmuskelschlauchs ausgestülpt bzw. vorgestreckt (**B**). A, B Kombiniert nach Inoue (1958) und Zapotosky (1974).

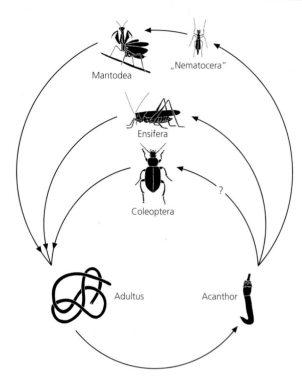

Abb. 642 Lebenszyklen der Gordioida (Nematomorpha). Mit Wirtswechsel, z. B. bei *Chordodes japonensis* (Japan) (oben), ohne Wirtswechsel bei *Gordius robustus* (Nordamerika) und bisher ungeklärt bei mitteleuropäischen Arten (unten). Aus Schmidt-Rhaesa (1995).

nahe am Vorderende, von dessen voluminösem, ventralen Teil der ventrale Markstrang entspringt, der im verdickten Teil der ventralen Epidermisleiste nach hinten zieht. Bei *Nectonema*, nicht aber bei den Gordioida, gibt es zusätzlich einen kleineren, dorsalen Nervenstrang in der dorsalen Epidermisleiste, der wie bei Nematoden keine Verbindung zum Gehirn, sondern nur zum ventralen Markstrang hat. Ob *Nectonema*-Individuen die Schwimmbewegungen wie bei Nematoden in der Dorsoventralebene ausführen, ist unbekannt. Der Markstrang der Gordioida enthält Riesenneurone, was ungewöhnlich innerhalb der Nemathelminthes i. e. S. ist. Einfache Sensillen kommen vor allem am Vorder- und Hinterende vor.

Pharynx und **Darm** sind in allen Lebensstadien zwar weitgehend zurückgebildet, bei Jungwürmern verschiedener Arten jedoch zur Aufnahme von Nahrung fähig. Hauptsächlich aber ernähren sich die Jungwürmer parenteral in ihrem Wirt. Die Adulten leben nur von ihren Reserven. Bei adulten Nectonematoida endet der Darm blind. **Exkretionsorgane** wurden nicht gefunden.

Eine **Leibeshöhle** ist vorhanden, sie stellt eine primäre Leibeshöhle dar. Bei juvenilen Gordioida ist sie besonders voluminös, bei den Adulten wird sie durch die Gonaden bis auf kleinere Räume eingeschränkt. Eine Ausnahme sind die Weibchen, bei denen sich möglicherweise die Ovarien in die Leibeshöhle öffnen und diese mit Oocyten erfüllen. Bei *Nectonema*-Arten ist die Leibeshöhlein einen Kopf- und einen Rumpfabschnitt untergliedert, die durch ein muskulöses Septum getrennt sind (Abb. 641).

Neben Muskulatur, Darm und Gonaden ist im Körperinneren der Gordioida **Parenchym** vorhanden. Es ist besonders bei den Männchen stark ausgebildet. Vermutlich handelt es sich um Speicherzellen, die die in der Juvenilphase aufgenommenen Nährstofffe speichern und an die reifenden Gameten weitergeben. Das Parenchym der Gordioida ist lateral pseudosegmentiert in viele Taschen, in die die Gonaden hineinreichen (Abb. 640).

Die Geschlechter sind getrennt. Die **Gonaden** sind paarig bei den Gordioida und unpaar bei den Nectonematoida; in beiden Geschlechtern münden sie in die endständige Kloake. Spicula, die typischen Kopulationsorgane der Nematoden, fehlen.

Fortpflanzung und Entwicklung

Die geißellosen Spermien werden bei den Gordioida durch Pseudokopulation übertragen und vom Weibchen im geräumigen Receptaculum seminis aufgenommen. Bei den Nectonematoida kommt eine echte Kopulation vor. Die Weibchen der Gordioida legen zehntausende bis Millionen kleiner Eier (Durchmesser 40–50 μm) in Laichschnüren an Pflanzen oder Gegenständen im Wasser ab (Abb. 639). Entgegen früheren Darstellungen wird der Laich nicht behütet. Die marinen Nectonematoida geben ihre Eier einzeln ins freie Wasser ab.

Aus den Eiern schlüpfen 50–150 μm lange, wimperlose Larven, die ihr Vorderende aus- und einstülpen können und hierbei ihren Mundkegel vorstoßen und zurückziehen (Abb. 641). Bei dem viel einfacher gebauten Vorderende der *Nectonema*-Larven fehlt ein Mundkegel. Ein lang gezogener, enger cuticularisierter Pharynx durchzieht den Vorderkörper und dient als Ausführgang der Speicheldrüse.

Die Larven gelangen in der Regel passiv mit Nahrung in ihre Zwischenwirte, bohren sich durch die Darmwand in deren Leibeshöhle und encystieren sich dort. Möglicherweise kann auch die Haut von beispielsweise Schnecken durchbohrt werden. Nach vereinzelten Beobachtungen ist auch ein

Encystieren der Larven auf Pflanzen und anderen Gegenständen im Wasser möglich. Als Zwischenwirte können verschiedenste aquatische Tiere dienen, vermutlich spielen im Wasser lebende Insektenlarven, die sich zu terrestrischen Adulti weiterentwickeln, eine wichtige Rolle, da die Endwirte ganz überwiegend terrestrisch sind. Nimmt ein Endwirt einen Zwischenwirt mit Gordioidencysten auf, schlüpfen die Larven und wachsen ohne Häutung heran. Hierbei wird vor allem der Fettkörper des Wirts aufgebraucht. Die häufigsten Endwirte sind Langfühlerschrecken (S. 675) und Laufkäfer (S. 696) in gemäßigten Breiten sowie Gottesanbeterinnen (S. 671) und Schaben (S. 672) in den Tropen und Subtropen. Am Ende der parasitischen Phase suchen die Wirte in zwanghafter Weise Wasser auf und werden dort von ihrem Parasiten über die Gelenkhäute verlassen (Abb. 639, 642). Der Wirt kann anschließend weiterleben, oft jedoch geht er zugrunde.

Systematik

Nematomorpha und Nematoda werden als Schwestergruppen betrachtet und als Nematoida zusammengefasst. Sie stimmen überein in der Körperform, einer mehrschichtigen Cuticula, dem Fehlen von Ringmuskeln und dem Fehlen von Kinocilien in allen Organen und Lebensstadien. Von den Nematoden zeigen die Mermithoidea (S. 440) mit den Nematomorpha auffällige Übereinstimmungen in allen Etappen des ungewöhnlichen Lebenszyklus, der dünnen Cuticula im parasitischen Stadium, der dicken mehrschichtigen Cuticula bei Adulten, im langen, cuticularisierten Speichelkanal, der innerhalb der Nematomorpha nur bei den sekundären Larven vorkommt, und im Ursprung des dorsalen Nervenstrangs (nur bei *Nectonema*-Arten vorhanden) aus dem ventralen Markstrang. Diese Übereinstimmungen müssen jedoch als konvergente Anpassungen an einen ähnlichen Lebenszyklus gedeutet werden, da den Nematomorpha die zahlreichen Autapomorphien der Nematoda fehlen und es keinen Hinweis gibt, dass sie zu diesem Taxon gehören.

Nectonematoida. – *Nectonema* spp., 4–100 cm, als Juvenile endoparasitisch in der Leibeshöhle decapoder Krebse (z. B. *Palaemon, Pandalus, Munida*, verschiedene Arten von Einsiedlerkrebsen).

Gordioida. – *Gordius aquaticus*, 50 cm, als Juvenile endoparasitisch in der Leibeshöhle aquatischer und terrestrischer Insekten, selten auch Myriapoden und Spinnentiere; Adulte frei, fressen nicht, pflanzen sich nur fort. Geschlüpfte Jungtiere gelangen aktiv oder passiv in neue Wirte (Abb. 639).

2 Scalidophora

Kennzeichnend für die Scalidophora ist der lebenslange Besitz eines Introverts, das mit einzigartigen Skaliden besetzt ist (Abb. 645, 648, 653). Das Taxon umfasst die **Priapulida**, **Loricifera** und **Kinorhyncha**, die allesamt nur im Meer vorkommen.

Andreas Schmidt-Rhaesa, Hamburg (Überarbeitung) und Sievert Lorenzen, Kiel

2.1 Priapulida, Priapswürmer

Mit nur rund 20 bekannten rezenten Arten sind die Priapuliden eine artenarme, aber dennoch vielgestaltige Gruppe. Sie werden zwischen 0,2 und 40 cm lang und leben in so unterschiedlichen marinen Lebensräumen wie dem Lückensystem tropischer Korallensande und den Schlickböden gemäßigter und kalter Meere. Für den Kontrast zwischen Artenarmut und Vielgestaltigkeit gibt es wohl nur eine Erklärung – die rezenten Arten repräsentieren den überlebenden Rest eines einstmals viel artenreicheren Taxons. Fossile Funde (Burgess-Schiefer, British Columbia) belegen diese Vorstellung: Im Mittelkambrium gehörten die Priapuliden wahrscheinlich zu den dominanten weichhäutigen Wirbellosen der Meeresböden (Abb. 107).

Schon C. von Linné hat 1754 die erste Priapulidenart beschrieben und sie nach dem griechischen Fruchtbarkeitsgott Priapos als *Priapus humanus* bezeichnet. Priapos wurde im klassischen Altertum mit übergroßem Phallus dargestellt, und an den fühlte sich Linné bei seiner Beschreibung von *Priapus* erinnert. 1816 ersetzte J.-B. de Lamarck *Priapus* durch die Verkleinerungsform *Priapulus* und nannte die Linnésche Art *Priapulus caudatus* (Abb. 644).

Bau und Leistung der Organe

Der walzenförmige **Körper** setzt sich aus dem ein- und ausstülpbaren Vorderkörper (Introvert) und dem längeren Rumpf zusammen (Abb. 643). In beiden Körperteilen besteht die Körperwand aus einem kräftigen **Hautmuskelschlauch**, der von außen nach innen aus Cuticula, Epidermis, Ring- und Längsmuskeln besteht. Bei manchen Arten schließt sich ein zylindrischer oder büschelförmiger Schwanz an, dessen Epithel sehr dünn ist und daher dem Gasaustauch mit dem umgebenden Medium und der Abgabe von Ammoniak dient.

Die Cuticula bedeckt die Körperwand und die Innenwand des Pharynx samt Zähnen und das Rektum. Sie wird von einer einschichtigen, zelligen **Epidermis** gebildet und enthält außen Chitin und innen Protein. Wegen des Gehalts an Chitin muss der äußere Teil der Cuticula während des Wachstums mehrfach gehäutet werden. Die zuvor innere Schicht rückt dann nach außen, erhält Chitin und wird von einer neuen inneren Schicht ersetzt. Schraubig verlaufende Fasern in der Cuticula fehlen.

Auch bei den Larven wird die Cuticula mehrfach gehäutet. Bei *Halicryptus spinulosus*, der u. a. sauerstoffarme Meeresböden in der Kieler Bucht bewohnt, ist die Cuticula von einer lückenlosen Schicht verschiedener epibiotischer Bakterienarten besetzt, die in Symbiose mit dem Wurm leben. Sie schützen ihn vor H_2S des umgebenden Sediments und stehen mit ihm im Stoffaustausch.

Bei ausgestülptem **Introvert** werden die lokomotorischen und sensorischen Skaliden erkennbar, die rund um das Introvert in vielen Längsreihen stehen, bei ausgestülptem Introvert nach hinten gerichtet sind und dann wie Widerhaken wirken, mit denen sich das Introvert im Sediment verankern kann.

Bei der **Fortbewegung** im Sediment (Abb. 644) zieht sich der Rumpf an diesem Anker ein Stück nach vorn. Schon vor Vollendung dieses Vorgangs ziehen die Retraktoren das Introvert zurück und bewirken so zweierlei: Der Rumpf schwillt an und wird zum Widerlager im

Sediment, und das sich zurückziehende Introvert erzeugt frontal einen Sog, der das Sediment auflockert und so den Beginn des nächsten Bewegungszyklus erleichtert. Funktionsmorphologisch gleicht das Introvert dem aus- und einstülpbaren Pharynx grabender Polychaeten (z. B. *Arenicola marina*, Abb. 576) und der Eichel der Enteropneusten (Abb. 1067).

Der geschilderte Bewegungsablauf ist nur möglich, weil die Leibeshöhle – ein Pseudocoel – geräumig ist und vor allem bei größeren Arten viel Flüssigkeit enthält. Diese ist nährstoffreich und enthält zahlreiche Coelomocyten, von denen einige den roten Blutfarbstoff Hämerythrin enthalten und andere zur Phagocytose fähig sind und exkretorische

Funktion haben. Bei *Meiopriapulus*–Arten ist der Pharynx von einem schmalen gekammerten Coelom umgeben

Der **Darmtrakt** beginnt terminal am Introvert mit dem Mund, der in den Pharynx führt (Abb. 643). Dessen Cutticularzähne sind bei makrobenthischen Arten in fünfstrahligen Kreisen angeordnet, die auf Lücke zueinander stehen. Der Pharynxwand ist mehrschichtig mit Ring- und Radiärmuskeln ausgestattet. Auf den Pharynx folgen der entodermale Darm und das mit Cuticula ausgekleidete ektodermale Rektum, das durch den hinten liegenden After nach außen mündet. Bei eingezogenem Introvert sind Pharynx, Darm und Rektum Z-förmig gekrümmt, bei ausgestülptem Introvert gerade gestreckt, sodass der Darmtrakt nicht reißen kann bei der Arbeit des Introverts. In den Darmtrakt münden keine eigene Drüsen. Das Darmepithel ist auf ganzer Länge etwa gleichartig und wird von einem dünnen Schlauch aus Ring- und Längsmuskeln umgeben.

Die makrobenthischen Arten leben räuberisch.

Priapulus caudatus stößt zum Beutefang durch den weit geöffneten Mund einen braunen, basischen Verdauungssaft aus, der Beutetiere betäubt, so dass sie mit dem ausgestülpten Pharynx ergriffen und durch Einziehen von Pharynx und Introvert in den Darm befördert werden können. Die darmeinwärts gerichteten Pharynxzähne verhindern ein Entweichen der Beute. Die meiobenthischen Arten sind Kleinpartikelfresser.

Das zentrale **Nervensystem** liegt in urtümlicher Weise intraepidermal und besteht aus einem ringförmigen Gehirn (Cerebralganglion) an der Grenze zwischen Introvert und Pharynx, einem ventralen Markstrang und einem Caudalganglion. Weitere feine Längsnervenstränge und Ringfasern sind im Rumpf vorhanden. Einfache **Sinnesorgane** kommen als Sensillen am ganzen Körper vor. Besonders häufig sind sie am Introvert, dessen sensorische Skaliden mit je einer Sinnescilie ausgestattet sind.

Das paarige **Urogenitalsystem** (Abb. 643) liegt innerhalb der basalem Matrix der beiden doppelschichtigen Mesenterien der hinteren Rumpfregion. Es besteht aus Büscheln von Protonephridien und aus vielen Gonadendivertikeln, die mit ihrer Ummantelung durch das Mesenterium büschelförmig in die Leibeshöhle hineinragen und auf diese Weise nicht nur mit Nährstoffen versorgt werden, sondern auch genug Platz haben für die Volumenvergrößerung durch Speicherung von Geschlechtszellen. In jedem Mesenterium führt ein bewimperter Urogenitaldukt die Produkte getrennt vom After aus.

Fortpflanzung und Entwicklung

Die Geschlechter sind getrennt. Bei den makrobenthischen Arten findet äußere Befruchtung statt, indem Weibchen und Männchen einer Population ihre Geschlechtszellen nahezu gleichzeitig ins freie Wasser abgeben; bei *Priapulus caudatus* messen die Eizellen 60–80 μm im Durchmesser. Bei den meiobenthischen Arten liegt sehr wahrscheinlich innere Befruchtung vor. Die **Furchung** ist total und in den ersten drei Teilungsschritten äqual. Das Mesoderm leitet sich von zwei Zellstreifen ab. Aus dem Ei schlüpft bei *Priapulus caudatus* keine Wimpernlarve, sondern – einzigartig für Arten

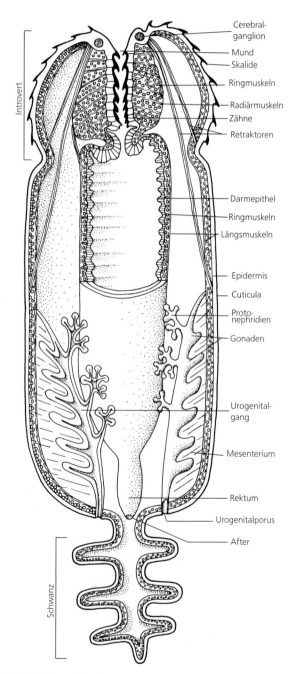

Cerebral-
ganglion

Mund

Skalide

Ringmuskeln

Radiärmuskeln

Zähne

Retraktoren

Darmepithel

Ringmuskeln

Längsmuskeln

Epidermis

Cuticula

Proto-
nephridien

Gonaden

Urogenital-
gang

Mesenterium

Rektum

Urogenitalporus

After

Introvert

Schwanz

Abb. 643 Priapulida. Organisationsschema. Ansicht von dorsal. Kombiniert nach verschiedenen Autoren.

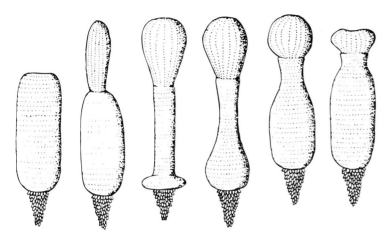

Abb. 644 Peristaltische Fortbewegung von *Priapulus caudatus* durch das Substrat. Abwechseln verankern sich das Introvert und der Rumpf im Sediment. Nach Clark (1967).

mit äußerer Befruchtung – eine undifferenzierte kleine Larve ohne Cilien auf der Außenwand mit zylindrischem Rumpf und einigen Skaliden am Introvert. Mundöffnung, Pharynxzähne und Lorica bilden sich bei den darauffolgenden Larvenstadien aus.

Die **Lorica** (lat. *lorica* = Brustpanzer) ist charakteristisch für die Larven, mit Ausnahme der frühesten Stadien. Sie besteht aus stark cutikularisierten Platten (Abb. 645). Bei den meiobenthischen Tubiluchidae ist die Larve drehrund, bei den übrigen Arten dorsoventral abgeplattet. Eine große Dorsal- und eine Ventralplatte sind vorhanden. Seitliche Falten ermöglichen, dass das dorsoventrale Zusammenziehen der Lorica einen Binnendruck erzeugt, der das Introvert ausstülpt. Die Cuticula der Lorica hat eine völlig andere Struktur als die der adulten Tiere, denn zahllose feinste, blind endende und parallel verlaufende Kanäle dringen in die innere Cuticulaschicht ein. Die larvale Cuticula und die der Jungwür-

mer wird beim Wachstum mehrfach gehäutet. Terminal liegt der larvale After. Nach den bisherigen Erkenntnissen können die Larven 1–2 oder noch mehr Jahre alt werden, leben ähnlich wie die Adulti und wandeln sich im Zuge einer Häutung zu Tieren mit adulter Organisation um. Bei *Meiopriapulus*-Arten ist die Entwicklung direkt.

Systematik

C. VON LINNÉ stellte die Priapulida zunächst zu den Seeanemonen (Actiniaria) (S. 135) und später zu den Seegurken (Holothuroidea, S. 771). Im 19. Jahrhundert vereinigte man sie mit den Sipunculiden (S. 378) und Echiuriden (S. 398) zu den Gephyrea, die man für Brückentiere zwischen „Würmern" und Stachelhäutern (Echinodermata) hielt (griech. *gephyra* = Brücke).

Wahrscheinlich anders als große Nematoden und große Acanthocephalen stammen die makrobenthischen Priapuliden wegen ihrer äußeren Befruchtung und des ursprünglichen Baues ihrer Spermien von makrobenthischen Vorfahren ab.

Priapulidae. – Nur makrobenthische Arten, überwiegend in kälteren Meeren. Äußere Befruchtung.

Priapulus caudatus, ca. 18 cm, u. a. im Gullmarfjord an der schwedischen Westküste, selten in der Kieler Bucht. – *Halicryptus spinulosus,* 15–50 mm, u. a. in sauerstoffarmen Weichböden der Kieler Bucht. – *H. higginsi,* bis 40 cm, Nord-Alaska, bisher nur angeschwemmt oder im Magen von Walrossen gefunden.

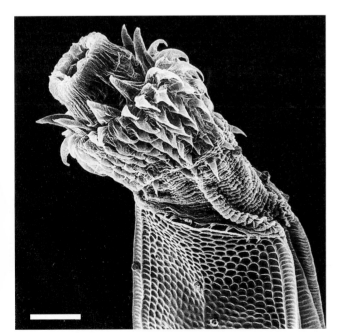

Abb. 645 Vorderende einer Larve von *Halicryptus spinulosus* mit ausgestülptem Introvert; aus Schlamm der Kieler Bucht. Vorderende. Maßstab: 100 µm. Original: S. Lorenzen, Kiel.

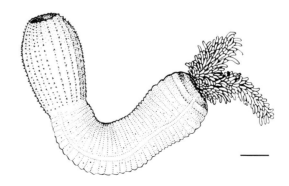

Abb. 646 *Priapulopsis bicaudatus.* Maßstab: 1 cm. Nach verschiedenen Autoren.

Abb. 647 *Meiopriapulus fijiensis,* im marinen Sandlückensystem der Fiji-Inseln und der Andamanen. REM-Foto. Original: W. Westheide und W. Mangerich, Osnabrück.

Tubiluchidae. – *Tubiluchus corallicola,* ca. 3 mm, Korallensande der Karibik, mit langem Schwanz. – *Meiopriapulus fijiensis,* 1,7 mm, Fidschi-Inseln und Andamanen, Korallensande (Abb. 1027).

Chaetostephanidae. – *Maccabeus tentaculatus,* ca 3 mm, in 60–55 m Tiefe des Mittelmeeres, sandig-schlickige Sedimente.

2.2 Loricifera, Korsetttierchen

Die vermutlich rätselhafteste, d. h. am wenigsten verstandene Tiergruppe im Meer sind die Loricifera, die nach ihrer Entdeckung durch R.M. KRISTENSEN erstmals 1983 vorgestellt wurden. Sie sind so spät entdeckt worden, weil sie sehr klein sind, sehr selten gefunden werden und sich fest an Sandkörner und andere kleine Gegenständen festheften und dann kaum aus einer Probe herausgespült werden können. Erst bei Schockbehandlung mit Süßwasser lösen sich die Tierchen vom Hartsubstrat und können durch Spülen, Dekantieren und Sieben angereichert werden. Die Loricifera werden als Adulte nur 180–380 µm lang. Bisher wurden knapp 30 Arten aus sandigen und schlickigen Meeresböden vom flachen Sublitoral bis in die Tiefsee beschrieben. Darunter befanden sich verschiedenste Entwicklungsstadien, aus denen z. T. komplexe Lebenszyklen einzelner Arten rekonstruiert werden konnten. Dennoch bleibt noch vieles aus dem Leben und dem Bau der Tiere rätselhaft, denn lebend konnten sie bisher nie eingehend beobachtet werden. In den Artnamen der bekanntesten Vertreter, *Nanaloricus mysticus* und *Pliciloricus enigmaticus* (lat. *mysticus* = geheimnisvoll, griech. *ainigma* = Rätsel), wird die Rätselhaftigkeit der Gruppe treffend zum Ausdruck gebracht. Loricifera fehlen im Süßwasser und in der Erde.

Bau und Leistung der Organe

Der Körper erwachsener Tiere ist in Mundkegel, Introvert (hintere Abschnitte auch als Thorax und Nacken bezeichnet) und Rumpf oder Abdomen gegliedert (Abb. 648B). Der frontal gelegene, radiärsymmetrische Mundkegel kann vorgestreckt und zurückgezogen werden. Das **Introvert** ist ausstülpbar und kann vollständig in den Rumpf eingestülpt werden, es trägt 9 bis 10 Kränze von **Skaliden** (Kopfstacheln), deren Zahl 234 bei adulten Pliciloricidae beträgt. Von ihnen sind die Clavoskaliden des vordersten Kranzes besonders auffällig. Alle Skaliden haben an ihrer Basis Muskeln, die kräftigsten der vordersten Kränze werden zur Fortbewegung benutzt. Den letzten Kranz bilden die Trichoskaliden (22 bei *N. mysticus*); sie sind oft kürzer, abgeplattet und besitzen

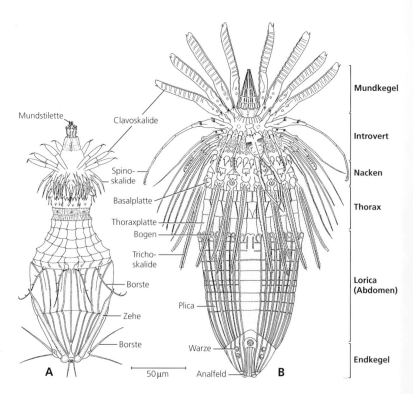

Abb. 648 *Pliciloricus enigmaticus* (Loricifera, Pliciloricidae). **A** Higgins-Larve. **B** Adultes Weibchen. Verändert aus Gad (2005).

gesägte Kanten. Clavoskaliden und Trichoskaliden können bei Nanaloricidae sexualdimorph sein und z. B. bei Männchen Klammerorgane (Klasper) bilden (s. u.). Ein Teil der Skaliden enthält Sinnesrezeptoren. Der sackförmige Rumpf ist von der **Lorica** (Korsett) umgeben, die namengebend für die Gruppe ist (lat. *lorica* = Brustpanzer). Bei *Nanaloricus*-Arten besteht sie aus 6 verdickten Cuticula-Platten; ihr vorderer Rand läuft in Stacheln aus, auf denen Drüsen münden. Auch auf den Flächen der Platten gibt es zahlreiche Drüsenporen. Die relativ dünne Lorica der *Pliciloricus*-Arten ist in 20–22 Felder durch Falten (Plicae) mit bogenförmigem vorderen Rand unterteilt; bei diesen Arten ist ein Endkegel abgegrenzt, auf dem warzenförmige Sinnesorgane liegen. Die Procuticula der Loricifera enthält Chitin-Fasern.

Das **Nervensystem** besteht aus einem großen Gehirn (Abb. 649), das im Introvert den Darmtrakt umfasst. Es wird in charakteristischer Weise von den 8 Retraktoren des Introverts durchzogen und dadurch in ebenso viele Einheiten unterteilt. Von ihnen gehen nach hinten verlaufende Nervenstränge aus; die beiden ventral liegenden Hauptnervenstränge haben Ganglien, die unter anderem Skaliden innervieren. Ein größeres Ganglion im Abdomen innerviert die Sinneszellen der Flosculi, die sich am Hinterende konzentrieren und deren rosettenförmiger Teil sich auf der Cuticula befindet.

Der **Verdauungstrakt** beginnt mit einer engen terminalen Mundöffnung auf dem Mundkegel, die 4 (Pliciloricidae) oder 6 (Nanaloricidae) Stilette besitzt. Daran schließt sich ein langes flexibles Schlundrohr an. Es führt zum runden Pharynx, der aus Epithelmuskelzellen besteht und ein y-förmiges Lumen mit 3 (Pliciloricidae) oder 5 (Nanaloricidae) Reihen cuticulärer Plättchen (Placoide) besitzt. Er wird von großen Speicheldrüsen umgeben, die sich in der Nähe des Mundes öffnen. Ein sackartiger Magen-Darm-Trakt zieht über einen kurzen Enddarm in eine Kloake; bei Männchen liegen hier – wie bei den Nematoden – zwei Spicula.

Nanaloricidae und Larven der Pliciloricidae sollen acoelomat sein, die adulten Pliciloricidae haben eine kleine primäre Leibeshöhle.

Die **Gonaden** sind voluminös: Bei den Männchen liegen Hoden zu beiden Seiten des Magen-Darm-Trakts, bei den Weibchen die Ovarien mit einem oder nur wenigen sich entwickelnden Eiern. In den Gonaden liegen Protonephridien und bilden mit ihnen ein Urogenitalsystem (Abb. 649). Exkrete und Gameten werden durch gemeinsame Gänge ausgeleitet.

Trotz ihrer Winzigkeit sollen die Loricifera aus über 10 000 winzigen Zellen bestehen. Das wären zehnmal so viele wie bei ähnlich kleinen anderen Vielzellern; jede Zelle müsste deutlich kleiner als 2 µm im Durchmesser sein, ein Widerspruch zur herkömmlichen Lehrmeinung über die Größe von Metazoen-Zellen.

Fortpflanzung und Entwicklung

Aus dem Vorkommen von Klammerorganen und Spicula bei den Männchen (s. o.) wird auf direkte Spermaübertragung und innere Befruchtung geschlossen; hierfür spricht auch, dass immer nur ein oder wenige Eier in den Ovarien heranreifen und gelegentlich dort Spermien gefunden werden.

Die Furchung ist nicht bekannt. Die Entwicklung verläuft über **Larven**, die in vermutlich 5 (Nanaloricidae) bis 7 (Pliciloricidae) Größenstadien aufeinander folgen und durch Häutungen auseinander hervorgehen (Abb. 648A). Diese Higgins-Larven sind ähnlich wie die Adulten gegliedert, unterscheiden sich jedoch unter anderem durch einen anderen Mundkegel, deutlich weniger und anders geformte Skaliden, besondere Sinnesborsten und vor allem durch 2 kräftige Zehen. Letztere können vor und zurück bewegt werden und sind von langen Drüsengängen durchzogen, dienen also wahrscheinlich der Fortbewegung und der Anheftung. Nach Häutung des letzten Larvalstadiums entsteht nur bei den Nanaloricidae und *Rugiloricus caulicus* eine so genannte Postlarve (Abb. 650), die bei den Nanaloricidae dem Adultus schon weitgehend gleicht. Bei mehreren *Rugiloricus*-Arten fehlt die Postlarve, doch es können cystenartige Dauerstadien auftreten, in denen sich parthenogenetisch Higgins-Larven entwickeln. Es liegt hier also ein Generationswechsel (Heterogonie) vor, was ganz ungewöhnlich für Meeres-

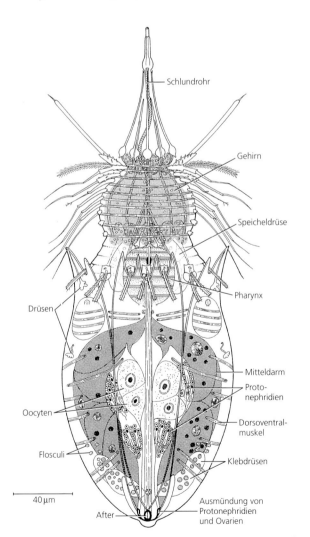

Abb. 649 *Nanaloricus mysticus* (Loricifera, Nanaloricidae). Äußere Organisation und anatomische Einzelheiten eines Weibchens. Aus Kristensen (1991).

tiere ist, die nicht aus dem Süßwasser stammen. Bei den Pliciloricidae werden die Larven eigenartigerweise größer als die Erwachsenen.

Bei einem Teil der *Rugiloricus*-Arten kommen pädogenetische Larven vor, die sich vermutlich mehrfach hintereinander parthenogenetisch fortpflanzen, was den hohen Anteil an Larven (s. o.) in der Population erklären könnte.

Systematik

Die besondere Struktur des Mundkegels, der Skaliden, des Gehirns und des Urogenitalsystems lassen die Monophylie der Loricifera unstrittig erscheinen.

Das Introvert mit Skaliden der Loricifera deutet auf eine enge Verwandtschaft mit den Priapuliden (S. 445) und Kinorhyncha (S. 450) hin. Die drei Taxa werden daher als **Scalidophora** zusammengefasst. Die Ähnlichkeit mit den Larven der Priapuliden hat zur Vermutung geführt, dass die Loricifera durch Progenesis (Artbildung durch Geschlechts-

reifwerden im Juvenilstadium) aus Priapulidenlarven entstanden sein könnten. Gegen diese Vermutung sprechen die größere statt kleinere Zahl von Lebensetappen und der vorstreckbare Mundkegel, der eher für eine nahe Verwandtschaft mit den Kinorhynchen spricht.

Die bisher beschriebenen Arten werden **Nanaloricidae** (Lorica aus dicken Platten; im Lückensystem kalkiger Sedimente vorwiegend in Küstennähe) oder den **Pliciloricidae** (dünne Lorica mit Längsfeldern, in litoralen Sanden und im Tiefseeschlamm) zugeordnet.

Nanaloricus mysticus (Nanaloricidae), 230 µm lang, 70 µm breit, erstentdeckte Loricifera-Art, aus sublitoralem Schill, Bretagne (Abb. 649). – *Pliciloricus enigmaticus* (Pliciloricidae) (Abb. 648), 220 µm, aus 440 m Tiefe, Atlantikküste USA, *Titaniloricus inexpectatovus* (Pliciloricidae), Adulti 230 µm, Postlarve bis 880 µm, aus 5 500 m Tiefe, Atlantik Angola. – *Rugiloricus* spp. (Pliciloricidae).

2.3 Kinorhyncha, Stachelrüssler

Zu den unverkennbaren Tieren des Meeresbodens gehören die Kinorhynchen, die nur 0,2–1 mm lang werden. Ihr Körper ist arthropodenartig gegliedert, doch Gliederextremitäten fehlen (Abb. 651, 652). So müssen sich die Kinorhynchen anders als Arthropoden fortbewegen. Sie tun es ähnlich wie Priapuliden (S. 445) mit dem aus- und einstülpbaren Introvert, dem sie auch ihren wissenschaftlichen Namen verdanken (griech. *kineo, rhynchos* = bewegen, Rüssel). Kinorhynchen kommen von der Tiefsee bis zur Küste vor, bewohnen Schlickböden und das Lückensystem in Sand und Aufwuchs, sind aber nie sehr häufig. Sie fehlen im limnischen und terrestrischen Milieu. Die ersten Kinorhynchen wurden schon 1841 beschrieben, mittlerweile sind über 150 Arten bekannt. Die meisten von ihnen fressen Kleinstpartikel, manche verschlingen Diatomeen; räuberische Arten sind unbekannt. Nahrung kann nur bei ausgestülptem Introvert aufgenommen werden.

Bau und Leistung der Organe

Der Körper ist gegliedert in Mundkegel, Introvert und Rumpf mit 11 segmentartigen Z o n i t e n (Abb. 651). Die Gliederung in Zonite erfasst die Cuticula, die Epidermis, die Markstränge und die Längs- und Dorsoventralmuskulatur, nicht aber – wie bei den Panarthropoden (S. 454) – die Leibeshöhle, die Gonaden und das Exkretionssystem.

Introvert und Hals sind völlig anders als die Zonite gebaut, sodass sie nicht mehr – wie früher üblich – als Zonite gezählt werden.

Die **Cuticula** enthält C h i t i n, kann also nicht wachsen, sondern wird genau sechsmal im Leben g e h ä u t e t. Sie bedeckt nicht nur den Körper und seine lokomotorischen und sensorischen Anhänge, sondern kleidet auch den Pharynx, das Rektum und den Ausführgang der Protonephridien aus. Die Cuticula wird von der zelligen **Epidermis** gebildet.

Bei vielen Arten ist die Cuticula der Körperoberfläche stark hydrophob. Werden Proben mit solchen Tieren kräftig geschüttelt, bleiben diese an den Luftblasen hängen und geraten so an die Wasseroberfläche, von der sie abgesammelt werden können.

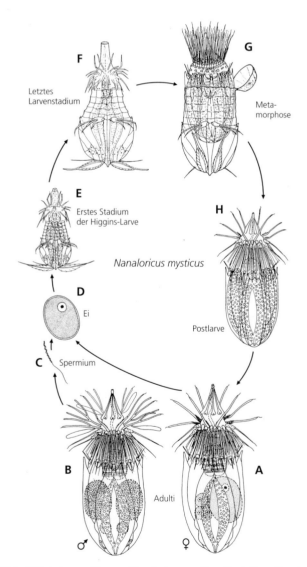

F Letztes Larvenstadium
G Metamorphose
E Erstes Stadium der Higgins-Larve
Nanaloricus mysticus
H Postlarve
D Ei
C Spermium
B **A** Adulti ♂ ♀

Abb. 650 Lebenszyklus von *Nanaloricus mysticus* (Loricifera, Nanaloricidae). Aus Kristensen (1991).

Frontal befindet sich der Mundkegel, der vor- und zurückge- schoben, aber nicht aus- und eingestülpt werden kann. Er ist mit mehreren nach vorn gerichteten, sensorischen Mundstyli besetzt. Das anschließende Introvert ist aus- und einstülpbar, mit weicher Cuticula bedeckt und trägt 5–7 Ringe schlanker Körperauswüchse, die Skaliden. Sie zeigen beim ausge- stülpten Introvert nach hinten und wirken dann wie Anker, doch gleichzeitig sind sie Sensillen. Die vordersten Skali- den sind länger und dünnerwandig als die folgenden (Abb. 653).

Unmittelbar hinter dem Introvert liegt bei den Cyclorha- gida der Hals, dessen Cuticula aufgeteilt ist in bis zu 16 Plat- ten, die den Körper bei eingestülptem Introvert nach vorn verschließen. Bei den Homalorhagida übernimmt das 1. Zonit diese Aufgabe.

Am Rumpf verläuft die Cuticula der Zonite entweder in gleichmäßiger Dicke um den Körper herum wie bei der ursprünglichen Art *Zelinkaderes floridensis* (Abb. 652), oder sie ist bei den höher entwickelten Arten zu gelenkig verbun- denen Platten differenziert (Abb. 651).

Die Ausbildung von Zoniten hat zu den folgenden Analo- gien zwischen Kinorhynchen und Arthropoden geführt: (1) Die Platten benachbarter Zonite sind durch dünne, weiche Cuticularhäute gelenkig verbunden, so dass sich die Cuticu- larringe überlappen können. Auf diese Weise kann der Kör- per gestreckt, gestaucht oder gebogen werden. (2) Jeder Cuti- cularring ist am Vorderrand nach innen verdickt, so dass die Längsmuskeln dort ansetzen und zum Vorderrand des fol- genden Zonits ziehen können. (3) Die lokomotorisch wirk- same Muskulatur ist quer gestreift und heftet an die Cuticula über sehnenartig umgestaltete Epidermiszellen an, wie dies bei Bilateria mit hartem Exoskelett üblich ist.

Die quergestreifte **Rumpfmuskulatur** besteht aus Dorso- ventralmuskeln, aus dorsalen und ventralen (bei *Zelinkade- res* auch lateralen) Längsmuskeln, die von Zonit zu Zonit ziehen, und aus Retraktoren des Introverts und des Mundke- gels, die nach hinten bis zum 7. Zonit reichen. Die Halsmus- kulatur besteht aus Protraktoren des Pharynx und aus Ring- muskeln (Ab. 651A).

Die Fortbewegung geschieht ähnlich wie bei Priapuliden, nur dass der Druck zum Ausstülpen des Introverts durch die Kontraktion der Dorsoventralmuskeln (und nicht von Ringmuskeln) des Rumpfes erzeugt wird. Die Skaliden des Introverts wirken beim Ausstülpen des Introverts als Ruder und bei ausgestülptem Introvert als Anker, an dem der Rumpf durch Kontraktion der Längsmuskeln nach vorn gezogen wird. Die Zonite 2–10 sind oft mit passiv beweglichen Sta- cheln besetzt, das Zonit 11 mit muskulär beweglichen Stacheln. Die Stacheln wirken als Widerlager beim Ausstülpen des Introverts.

Der **Darmtrakt** ist gegenüber den übrigen Strukturen der Leibeshöhle frei beweglich und kann auf diese Weise den Arbeitsgängen des Introverts folgen, ohne zu zerreißen, ganz wie bei den Priapuliden. Die Leibeshöhle besteht aus einem nur schwach entwickelten Interzellularsystem. Es enthält wie bei Priapuliden Amöbocyten.

Der Mund liegt frontal. Er führt in den muskulösen zwei- schichtigen Pharynx, dessen muskelfreies Hinterende als Oesophagus bezeichnet wird. Er besteht aus einem inne- ren, einschichtigen Epithel, das zum Lumen hin Cuticula bil- det, und einer äußeren Muskelschicht mit ringförmig und radiär verlaufenden Muskelfilamenten. Im Pharynxepithel liegen Drüsenzellen, die ins Pharynxlumen münden und mit je 1–2 monociliären Sinneszellen assoziiert sind. Der stets gerade Mitteldarm ist zellig, von vorn bis hinten gleichför- mig gebaut und enthält Drüsenzellen und einige vermutlich sensomotorische Zellen. Er ist von einem Netz von Längs- und Ringmuskelzellen umgeben.

Das **Nervensystem** liegt in Interzellularräumen der Epi- dermis und ist wegen dieser intraepithelialen Lage lichtmik- roskopisch nur schwer zu erkennen. Das ringförmige Gehirn (Cerebralganglion) innerviert den Mundkonus, Pharynx, Oesophagus und die vorderen Sensillen des Introverts und entsendet in den Rumpf 8–12 intraepidermale Markstränge,

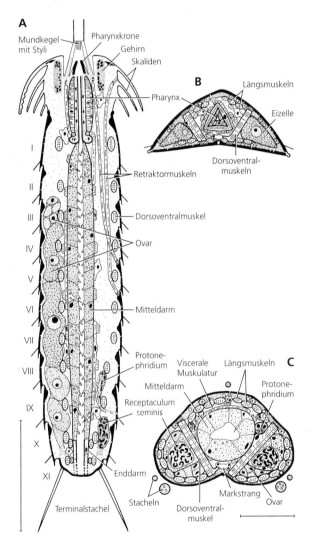

Abb. 651 Kinorhyncha. **A** Transversalschnitt durch *Pycnophyes dentatus* (Homalorhagida) mit ausgestülptem Introvert und vorge- strecktem Mundkegel; die Zonite sind durch dünne Cuticula gelenkig miteinander verbunden. Maßstab: 100 μm. **B** Querschnitt durch den Vorderkörper von *Pycnophyes dentatus*. Cuticula relativ dick, durch dünne, längsverlaufende Zonen in eine große Dorsal- und zwei neben- einander liegende Ventralplatten gegliedert. **C** Querschnitt durch den Hinterkörper von *Zelinkaderes floridensis* (Cyclorhagida). Cuticula relativ dünn, daher rundherum von einheitlicher Dicke; Tonofibrillen der Epidermis verbinden die Dorsoventralmuskeln mit der Cuticula. Maßstab: 25 μm. Originale: B. Neuhaus, Berlin.

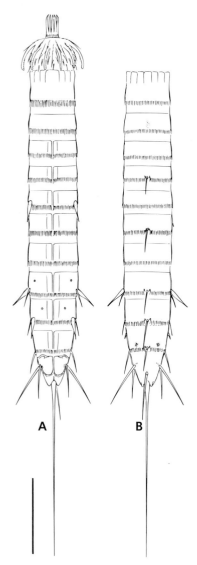

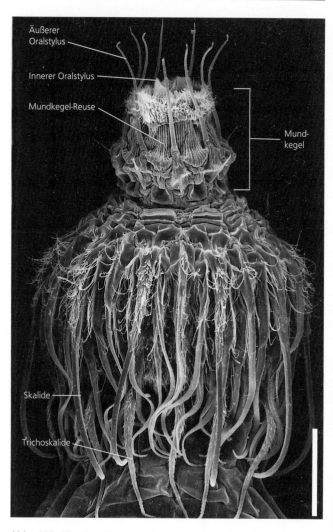

Abb. 653 *Kinorhynchus* sp. (Homalorhagida), Weibchen mit ausgestülptem Introvert und vorgestrecktem Mundkegel, Ventralansicht. Maßstab: 40 µm. Original: B. Neuhaus, Berlin.

Abb. 652 *Zelinkaderes floridensis* (Cyclorhagida). Weibchen. **A** Introvert ausgestülpt. Ventralansicht. **B** Introvert eingezogen. Hals mit seinen Längsplättchen bildet Verschlussapparat. Dorsalansicht. Maßstab: 100 µm. Aus Higgins (1990).

von denen die beiden ventralen am größten sind und miteinander verschmelzen können.

Zahlreiche Sensillen kommen am ganzen Körper vor. Zu ihnen gehören die Skaliden am Introvert, die Mundstacheln, Sinnesborsten und Sinnesflecken auf den Rumpfzoniten und in einigen Fällen auch einfache Ocellen im Vorderkörper. Die meisten Sensillen enthalten eine oder mehrere Sinnescilien, und jedes Sensillum wird im sensorischen Bereich vom Ausläufer einer Hüllzelle umhüllt.

Die **Exkretion** wird von einem Paar Protonephridien besorgt, die im 8./9. Rumpf-Zonit liegen, terminal je 3–22 Endzellen mit je 2 Cilien enthalten und lateral am 9. Rumpf-Zonit in cuticularen Siebplatten ausmünden. Die Endzellen bilden gemeinsam einen Filter.

Die Geschlechter sind getrennt. Das Paar **Gonaden** ist nicht – wie bei Priapuliden – mit den Protonephridien assoziiert, sondern von ihnen getrennt. Jede Gonade liegt seitlich vom Darm und mündet lateral zwischen dem 10. und 11. Zonit aus. In den Ovarien versorgen Dotterzellen jeweils eine Eizelle mit Nährstoffen. Die wurstförmigen Spermien messen rund 1/5 der Körperlänge.

Fortpflanzung und Entwicklung

Die Kopulation wurde bisher nur einmal bei *Pycnophyes kielensis* beobachtet: Entgegengesetzt zueinander orientiert legen sich die Partner mit ihren Hinterenden bauchseitig zusammen. Es wird eine braune, schleimige Masse gebildet, die im Innern wenige Spermien enthält. Wie die anschließende Befruchtung stattfindet, ist unbekannt. Die Eier werden einzeln im Sediment abgelegt und sind im Detritus kaum auffindbar. Die Frühentwicklung wurde dementsprechend nur äußerst selten beobachtet. Erst in der postlarvalen Juvenilphase sind die Tiere häufiger zugänglich.

Die postlarvale Entwicklung verläuft direkt über 5 Jugendstadien. Bereits die jüngsten Tiere haben 9 Zonite. Die Zahl der Zonite, der Rumpfsinnesorgane und der Kopfskaliden erhöht sich mit jeder Häutung; neue Skaliden entstehen zunächst als Anlagen (Protoskaliden).

Systematik

Durch den gegliederten Rumpf, der einzigartig außerhalb der Panarthropoden ist, wird die Monophylie der Kinorhynchen zuverlässig begründet.

2.3.1 Cyclorhagida

Nur Introvert aus- und einstülpbar. Hals longitudinal in 14–16 Plättchen unterteilt, die nach Retraktion des Introverts einen Verschluss bilden. Rumpfsomite dorsal und lateral rund; Dorsalplatte schließt ventral an die Ventralplatten an.

Zelinkaderes submersus, 720 µm, Nordsee, sandige Sedimente des Sublitorals. Cuticula dünn und kaum in Dorsal- und Ventralplatten differenziert. Meist zahlreiche laterale und dorsale Stacheln am Rumpf; Zonit 11 in der Regel mit 2 Paar Lateralstacheln und unpaarem Endstachel. – *Cateria styx,* 450 µm, Brasilien, Feuchtzone in Sandstränden. – *Echinoderes dujardinii,* 370 µm, Nordsee, Mittelmeer. Cuticula stark verdickt, auf den Zoniten 3–10 deutlich in 1 dorsale und 2 subventrale Platten gegliedert; in Schlick oder auf Algen des Sublitorals.

2.3.2 Homalorhagida

Introvert und Hals einstülpbar. Hals longitudinal in höchstens 8 Plättchen unterteilt. 1. Zonit bildet Verschluss nach Retraktion des Introverts. Dorsalplatte jedes Zonits schließt lateral an die beiden Ventralplatten an (Abb. 651, 653).

Paracentrophyes praedictus, 400 µm, Karibik. In sublitoralem Schlick. Cuticula dünn und nur undeutlich in Platten differenziert. – *Kinorhynchus giganteus,* bis 800 µm, Ostsee. Cuticula stark verdickt, mit Platten. – *Pycnophyes dentatus,* bis 700 µm, und *P. kielensis,* bis 500 µm, in sublitoralem Schlick der Ostsee.

Panarthropoda

Die Panarthropoda umfassen drei Gruppen mit recht unterschiedlichen Artenzahlen: die **Onychophora** mit ca. 200, die **Tardigrada** mit etwa 1 000 und die **Arthropoda** mit vielen Millionen Arten (siehe S. 474). Es sind nur die Arthropoda, die echte Gliederbeine (= Arthropodien) besitzen (siehe S. 476).

In früheren Auflagen wurden die Panarthropoda als Arthropoda bezeichnet, denen dann neben Onychophora und Tardigrada die Euarthropoda untergeordnet wurden. In Angleichung an die angelsächsischen Lehrbücher wird hier nun davon abgewichen, obwohl vielen Fachleuten der Begriff Panarthropoda unglücklich erscheint, da die Vorsilbe Pan- oft dafür verwendet wird, eine Kronengruppe mitsamt ihren Stammlinienvertretern zu bezeichnen. Pan-Arthropoda hieße dann: Arthropoda plus ihre ausgestorbenen Vorfahren und Seitenzweige, also gerade unter Ausschluss der Onychophora und Tardigrada. Alternativ zu dem Namen Panarthropoda, wie er hier gebraucht wird, wurde auch Aiolopoda vorgeschlagen, ein Begriff der aber bisher kaum Verwendung findet.

Die Panarthropoda sind höchstwahrscheinlich monophyletisch und stellen wohl die Schwestergruppe der Cycloneuralia dar (Ecdysozoa-Konzept, S. 423). Dies hat erhebliche Auswirkungen auf unser Verständnis der Evolution der Panarthropoda, da alle früheren Szenarien von einer Schwestergruppenbeziehung zu den Annelida ausgingen (Articulata-Konzept) (S. 357). Allerdings ist eine Ableitung der Panarthropoda von unsegmentierten wurmförmigen Vorfahren, die den Nematoden oder anderen Cycloneuralia ähnlich waren, zurzeit nur sehr unbefriedigend möglich. Auf jeden Fall sind die Panarthropoda marinen Ursprungs und waren mit Sicherheit bereits im Kambrium in die drei Hauptgruppen differenziert.

Folgende Merkmale lassen sich für das **Grundmuster** der Panarthropoda rekonstruieren:

(1) Ein für alle Ecdysozoa kennzeichnendes Merkmal ist eine dreischichtige Cuticula mit einer Procuticula, die α-Chitin enthält. Sie ist ebenso für das Grundmuster der Panarthropoda anzunehmen wie eine durch Ecdysteroidhormone (20-Hydroxy-Ecdyson) regulierte Häutung. Die Cuticula dürfte zunächst nur eine dünne (wenige μm), relativ weiche und geschlossene Decke gewesen sein, wie sie bei den Onychophora zu finden ist; eine Wachsschicht fehlt noch im Grundmuster. Aufgrund der festen Cuticula besitzen die Panarthropoden, wie auch die Cycloneuralia, keine lokomotorischen Cilien; abgewandelte Cilien sind allerdings in den Sinneszellen vorhanden. Die angegebenen Merkmale sind aus dem Grundmuster der Ecdysozoa übernommen; abgeleitet dürfte der im Vergleich zu den Cycloneuralia deutlich höhere α-Chitin-Anteil der Endocuticula sein (siehe Abb. 615).

(2) Zum Grundmuster der Panarthropoda gehörten wahrscheinlich auch ein einheitlicher Rumpf und ein nur wenig vom Körper abgegliederter Kopf. Für die Arthropoda lassen

sich wohl ursprünglich mindestens 2 Paar umgewandelter Kopfextremitäten vermuten. Die Zugehörigkeit dieser Kopfanhänge zu bestimmten Segmenten erscheint weitgehend gesichert (Abb. 654).

Den Antennen der Onychophora ist keines der beiden Antennenpaare innerhalb der Arthropoda homolog; sie könnten aber in den Frontalfilamenten einiger Crustaceen (Remipedia, Cirripedia, Branchiopoda) ihre Entsprechung finden. Kennzeichnend für die Panarthropoda sind auch Extremitäten zur Fortbewegung, die bei Onychophora und Tardigrada allerdings nicht gegliedert sind. Eine früher angenommene Homologie zu den Parapodien der Polychaeta lässt sich aufgrund der neueren Verwandtschaftsannahmen nicht mehr aufrecht halten. Die Extremitäten der Onychophoren werden Lobopodien genannt, ein Begriff, der auch auf das Grundmuster der Panarthropoda ausgedehnt werden kann.

(3) Eine homonome Segmentierung des Rumpfes erscheint für das Grundmuster der Panarthropoda wahrscheinlich. Die Segmente der Panarthropoda sind im Grundmuster durch paarig angelegte Coelomräume, paarige Metanephridien sowie äußerlich durch Extremitäten gekennzeichnet. Segmentale Ganglien gehören wahrscheinlich nicht zur Grundausstattung der ursprünglichen Segmente (siehe unter 9). Die Bildung der Segmente (ausgenommen eine variable Zahl anterior gelegener Segmente) erfolgt bei Arthropoda in einer praeanalen Sprossungszone sukzessive, so dass die später weiter vorn liegenden Segmente die früher gebildeten darstellen. Bemerkenswert dabei ist, dass die Segmente adulter Tiere gegenüber den ontogenetisch angelegten so genannten Parasegmenten um etwa ein halbes Segment verschoben sind (Abb. 655). Die morphologisch noch nicht differenzierten Segmente sind bereits durch die Expression charakteristischer Segmentpolaritätsgene (z. B. *engrailed*) erkennbar. Dadurch unterscheidet sich die Segmentbildung grundlegend von der der Anneliden, bei denen die Segmentanlagen auch den bei den Adulti auftretenden Segmenten entsprechen (siehe S. 357).

(4) Bei den Onychophora lassen sich die Anlagen von segmentalen paarigen Coelomsäckchen nachweisen, die sich im Laufe der weiteren Entwicklung auflösen. Die Leibeshöhle entsteht damit aus einer Vermischung der primären Leibeshöhle mit den Coelomräumen und wird als Mixocoel bezeichnet. Die Coelomepithelien sind an der Bildung visceraler und somatischer Muskulatur sowie des Sacculus der Metanephridien und der Gonaden beteiligt. Diese Verhältnisse lassen sich auch für das Grundmuster der Panarthropoda annehmen. Bei Chelicerata existieren ebenfalls transitorische Coelomräume, deren Epithelien aber nicht an der Bildung des Sacculus beteiligt sind. Bei Crustacea konnten frühere Nachweise transitorischer Coelomräume und damit auch eines Mixocoels nicht eindeutig bestätigt werden.

Stefan Richter, Rostock

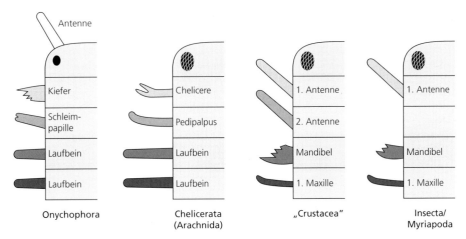

Abb. 654 Kopfanhänge der Taxa der Panarthropoda. Nach Mayer et al. (2010).

Die vermeintlichen Coelomräume bei Tardigrada benötigen ebenfalls einer Bestätigung.

(5) Im Körperquerschnitt wird die Unterteilung der Leibeshöhle in einen kleineren dorsalen Perikardialsinus und einen deutlich größeren ventralen Perivisceralsinus deutlich. Beide sind durch ein waagerecht gespanntes, teilweise muskulöses Diaphragma, das Perikardialseptum voneinander getrennt (Abb. 656).

(6) Die Panarthropoda sind durch ein offenes Kreislaufsystem gekennzeichnet. Es gibt daher nur eine einheitliche Körperflüssigkeit, die Hämolymphe. Da den Cycloneuralia ein Gefäßsystem fehlt, ist die Ableitung der Verhältnisse bei den Panarthropoda schwierig. Zum Grundmuster gehört wohl mindestens ein fast den ganzen Körper durchziehendes, röhrenförmiges dorsales muskulöses Herz mit segmentalen, paarigen Ostien, durch die die Hämolymphe in das Herz gelangt. Durch den Körper wird die Hämolymphe in Lakunen geleitet. Den Tardigrada fehlt ein Kreislaufsystem wohl sekundär aufgrund ihrer geringen Größe.

(7) Segmentale Metanephridien gehören ebenfalls zum Grundmuster der Panarthropoda. Bei den Onychophoren gibt es Anlagen in jedem Körpersegment; bei Arthropoden

sind sie auf wenige Segmente beschränkt (siehe S. 484). Der Sacculus mit Wimperntrichter bei den Onychophoren entspricht wohl dem Grundmuster der Panarthropoda; bei Arthropoden fehlen dagegen die Cilien des Trichters. Die Wand des Sacculus besteht aus Podocyten, zwischen denen die Ultrafiltration und damit die Bildung des Primärharns stattfinden. Die Bildung des Sekundärharns geschieht entlang des Nephridialkanals durch Sekretion von Exkreten und Resorption von Salzen und Wasser. Den Tardigrada fehlen Metanephridien.

(8) Zum Grundmuster der Panarthropoda gehört ein zusammengesetztes Gehirn, ein Syncerebrum. Bei den Onychophora ist es nur zweiteilig und besteht aus Proto- und Deutocerebrum, die ein einheitliches Ganglion darstellen. Der Abschnitt des Nervensystems, der dem Tritocerebrum entspricht, ist bei den Onychophora nicht-ganglionär und liegt vom Deutocereberum deutlich getrennt (Abb. 657). Seine Angliederung ist innerhalb der Arthropoda wohl mehrfach

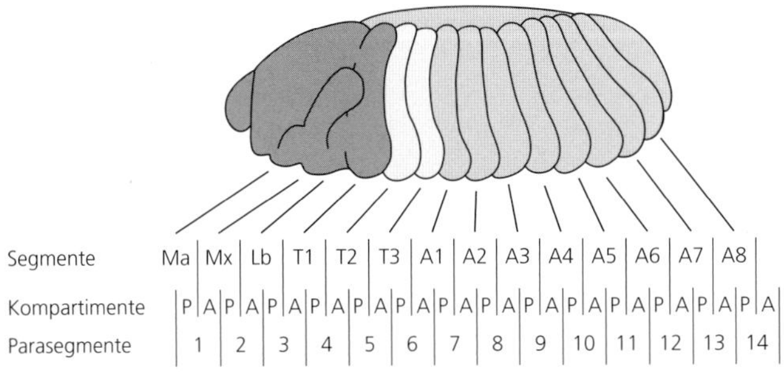

Segmente	Ma	Mx	Lb	T1	T2	T3	A1	A2	A3	A4	A5	A6	A7	A8
Kompartimente	P|A	P|A	P|A	P|A	P|A	P|A	P|A	P|A	P|A	P|A	P|A	P|A	P|A	P|A
Parasegmente	1	2	3	4	5	6	7	8	9	10	11	12	13	14

Abb. 655 Segmente (Mandibel, Maxille, Labium, Thorax 1–3 sowie Abdomen I–VIII) und Parasegmente bei einem *Drosophila*-Embryo. Jedes Segment besteht aus einem anterioren (A) und posterioren (P) Kompartiment. Verändert nach Deutsch (2004).

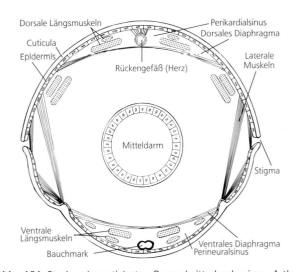

Abb. 656 Stark schematisierter Querschnitt durch einen Arthropodenrumpf (Insekten-Abdomen) mit den horizontal verlaufenden Septen, die das Mixocoel unterteilen. Fettkörper weggelassen. Nach verschiedenen Autoren.

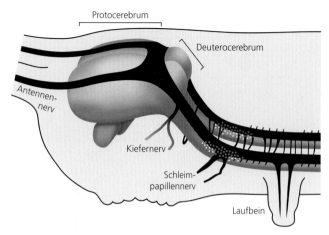

Abb. 657 Schema des Kopfes eines Onychophoren. Zweiteiliges Gehirn (Protocerebrum, Deutocerebrum) mit abgehenden Antennen- und Kiefernerven sowie Bauchmark mit Schleimpapillennerv und Nerven des 1. Laufbeines. Original: G. Mayer, Leipzig.

konvergent erfolgt. Das Tardigradengehirn ist ursprünglich als dreiteilig beschrieben worden, ein Befund, der allerdings immer wieder angezweifelt wurde. Neueste Untersuchungen sprechen für ein einteiliges Gehirn.

(9) Das ventrale Nervensystem der Arthropoda und auch das der Tardigrada ist mit Ganglien ausgestattet. Bei vielen Arthropoda findet sich ein typisches Strickleiternervensystem, bei dem die paarigen Ganglien eines Segmentes durch querverlaufende Kommissuren und die Ganglien auf einander folgender Segmente durch längsverlaufende Konnektive miteinander verbunden sind (Abb. 687). Auch die 4 Bauchganglien der Tardigrada sind jeweils durch Konnektive miteinander verbunden. Die Onychophora besitzen zwei längs verlaufende Markstränge ohne Hinweis auf ehemals existierende Ganglien (Abb. 664). Die beiden weit voneinander getrennten Markstränge sind durch eine Vielzahl von Mediankommissuren verbunden. Zusammen mit den peripheren Ringkommissuren und zusätzlichen Längskonnektiven erinnert das ventrale Nervensystem somit stark an ein Orthogon. Diese Verhältnisse werden als ursprünglich interpretiert und damit auch für das Grundmuster der Panarthropoda angenommen.

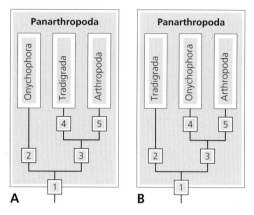

Abb. 658 Alternative Verwandtschaftsbeziehungen innerhalb der Panarthropoda. **A** Tardigrada und Arthropoda als Schwestergruppen. Apomorphien (Auswahl): [1] Homonome Segmentierung mit paarigen lokomotorischen Extremitäten; ein Paar Ocellenaugen; Cephalisation und Syncerebrum; Mixocoel und offenes Hämolymphgefäßsystem; Nephridien mit Sacculus. [2] Büscheltracheen; Schleimpapillen und Wehrdrüsen. [3] Ganglionäres Nervensystem mit Konnektiven und Kommissuren. [4] Reduktion von Kreislaufsystem und Metanephridien. [5] Plattenskelett; Arthropodien; 1 Paar Komplexaugen. **B** Onychophora und Arthropoda als Schwestergruppen. [1] Homonome Segmentierung mit paarigen lokomotorischen Extremitäten; ein Paar Ocellenaugen; Cephalisation und Syncerebrum; Ganglionäres Nervensystem mit Konnektiven und Kommissuren. [2] Verzwergung; 4 Paar Laufbeine [3] Mixocoel und offenes Blutgefäßsystem; Nephridien mit Sacculus. [4] Büscheltracheen; Schleimpapillen und Wehrdrüsen; Markstränge (Reduktion segmetaler Ganglien). [5] Plattenskelett; Arthropodien; 1 Paar Komplexaugen.

Systematik

Die Monophylie der Panarthropoda erscheint morphologisch gut begründet. Molekularsystematische Analysen unterstützen die nähere Verwandtschaft der Onychophora und Arthropoda. Hier bleibt die Position der Tardigrada aber unsicher. Das Fehlen von Gefäßsystem und Metanephridien könnte als Folge einer Verzwergung interpretiert werden. Die Existenz von Ganglien bei Tardigraden und ihr Fehlen im ventralen Nervensystem der Onychophoren deuten auf eine Schwestergruppenbeziehung von Tardigrada und Arthropoda. Beide Alternativen (Abb. 658) sind vertretbar.

1 Onychophora, Stummelfüßer

Die Onychophoren repräsentieren mit bisher ca. 200 äußerlich ähnliche Arten eine zahlenmäßig zwar kleine, phylogenetisch und zoogeografisch aber bedeutende Tiergruppe. Der wissenschaftliche Name (gr. *onyx, onychos*: Kralle und gr. *phorein*: tragen) nimmt Bezug auf die mit Krallen besetzten Extremitäten. Im Gegensatz zu den Arthropoden haben die Onychophoren ungegliederte Extremitäten wie die fossilen Lobopodier aus dem Kambrium (S. 472). Im Gegensatz zu den marinen Lobopodiern sind die Onychophoren jedoch terrestrisch.

Onychophoren sind räuberisch und kommen in tropischen, subtropischen und gemäßigten Gebieten, vor allem auf der Südhalbkugel, vor. Sie sind nachtaktiv und leben verborgen im Mull und Moder sowie in und unter morschen Baumstämmen, aber auch unter flachen Steinen, im Falllaub, Moos oder im Erdreich von Uferböschungen. Die Onychophoren verfügen nur über einen mangelhaften Verdunstungsschutz, da die Taschen ihrer Tracheen nicht verschließbar sind und ihre Cuticula keine Wachsschicht aufweist. Sie sind daher auf feuchte Habitate angewiesen.

Bau und Leistung der Organe

Der homonom gegliederte, wurmförmige Körper ist dorsal hochgewölbt und ventral abgeflacht. Die Segmentierung ist äußerlich nur durch die Abfolge der Extremitäten erkennbar (Abb. 659A). Der Anus liegt terminal, die Geschlechtsöffnung ventral und praeanal. Der Kopf ist nicht deutlich abgesetzt. Er trägt 1 Paar kleiner Augen und 3 Paar modifizierter **Extremitäten**: (1) Antennen, (2) Kiefer als einzige Mund-

Hilke Ruhberg, Hamburg und Georg Mayer, Leipzig

werkzeuge und (3) laterale Schleimpapillen, auf denen die mächtigen, fast körperlangen Wehr- oder Schleimdrüsen ausmünden. Darauf folgen in regelmäßigen Abständen die übrigen segmentalen Extremitäten: 13–43 Paar Laufbeine (Stummelfüße, Lobopodien oder auch Oncopodien).

Die **Beine** setzen ventrolateral am Körper an und tragen einen distalen Fuß (Abb. 660). Auf der Unterseite des Beines befinden sich 3–6 stachelige Sohlenwülste, auf denen die Tiere laufen. Der mit einem Krallenpaar besetzte Fuß unterstützt das Laufen, insbesondere in schwierigem Terrain. An der Beinbasis befinden sich ventral die Mündungsporen der Nephridien (die Beinpaare des 4., 5. und des Genitalsegments ausgenommen) und, bei manchen Arten, die ausstülpbaren Coxalbläschen. Bei den Männchen, selten aber auch bei Weibchen, können dort noch zusätzlich Cruralpapillen liegen.

Die Körperoberfläche ist eng geringelt und erscheint makroskopisch samtartig (daher der englische Name *velvet worms*). Sie ist dicht mit beschuppten Dermalpapillen besetzt. Diese können sich in Färbung, Form und Größe unterscheiden und sind meist mit einer Sinnesborste ausgestattet, die berührungsempfindlich ist (Abb. 662B). Auf den Sohlenwülsten, der Zunge, den Lippen und den Antennen treten statt der Dermalpapillen lediglich die Sinnesborsten auf, die als Mechanorezeptoren dienen. Zusätzlich befinden sich an den Ringfurchen der Antennenspitzen Chemorezeptoren, die eine zarte, uhrglasförmig gewölbte Cuticula aufweisen (Abb. 661A). Darüber hinaus vermutet man Hygro- und Thermorezeptoren. Onychophoren reagieren auch auf Luftbewegungen.

Die flexible, dehnungsfähige Cuticula ist wasserabweisend und wird zeitlebens alle 2–3 Wochen gehäutet. Sie wird von den Epidermiszellen gebildet und besteht aus einer äußeren dünnen Epicuticula, einer mittleren Exocuticula und einer inneren dicken Procuticula mit einem α-Chitin-Pro-

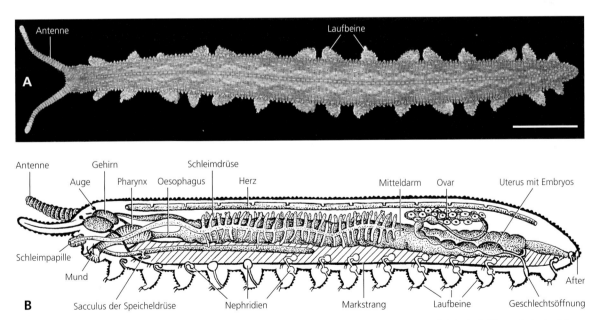

Abb. 659 Anatomie der Onychophoren. **A** Dorsalansicht von *Ooperipatus hispidus*. Maßstab: 5 mm. Original: G. Mayer, Leipzig. **B** Innere Anatomie eines Weibchens; schematische Lateralansicht. Verändert nach Pearse et al. (1987).

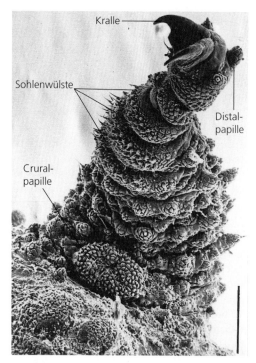

Abb. 660 Laufbein von *Opisthopatus cinctipes*, mit Cruralpapille. REM-Aufnahme. Maßstab: 100 µm. Original: H. Ruhberg, Hamburg.

Die **Muskulatur** des Körpers besteht aus einer äußeren Ring- und einer darunterliegenden Diagonalmuskelschicht sowie aus 7 mächtigen Bündeln Längsmuskulatur (Abb. 663). Außerdem befindet sich im Inneren des Körpers die schräg verlaufende Transversalmuskulatur. Alle diese Muskelschichten sind nicht metamer gegliedert. Lediglich die Muskeln der Beine sind segmental angeordnet.

Nach elektronenmikroskopischen Befunden unterscheiden sich die Muskelfasern der Onychophoren-Körperwand deutlich von den quergestreiften Fasern der Arthropoden: sie lassen eine spezifische Form von Querstreifung erkennen, die eine größere Längenänderung als die der quergestreiften Fasern erlaubt.

Die **Leibeshöhle** ist ein Hämocoel, das beim Embryo durch die Verschmelzung der segmental angeordneten, paarigen Coelomräume mit der primären Leibeshöhle entsteht (Mixocoelie). Lediglich Teile der Coelomwände bleiben epithelial und tragen zur Bildung der Speicheldrüsen, des Genitaltraktes sowie der Nephridialkanäle und deren Sacculi bei. Im Körperquerschnitt der adulten Tiere ist eine typische Unterteilung zu erkennen: der Onychophorenkörper ist durch seine seitliche Transversalmuskulatur in einen größeren Medianraum (Visceralsinus) und paarige kleinere Seitenkammern (Lateralsinus) unterteilt. Dorsal trennt das Perikardialseptum den Perikardialsinus vom Visceralsinus.

Das zentrale **Nervensystem** der Onychophoren zeigt einige Ähnlichkeiten zu dem Nervensystem der Arthropoden. Es besteht aus einem im Kopf gelegenen Gehirn mit einer komplexen Organisation in Neuropile und einem Paar ventraler Markstränge, die vom Gehirn bis zum Hinterende des Körpers ziehen (Abb. 659B). Im Gegensatz zu den Arthropoden und Tardigraden liegen die beiden Markstränge der Onychophoren weit voneinander entfernt und zeigen keine segmentalen Ganglien. Stattdessen sind die neuronalen Zellkörper über ihre Gesamtlänge verteilt, so dass die Somata-freien Konnektive fehlen. Außerdem sind die beiden Markstränge durch zahlreiche Mediankommissuren miteinander verbunden, die nicht metamer, sondern seriell entlang des gesamten Körpers angeordnet sind. Außer den beiden

tein-Komplex. Subepidermal liegt eine mächtige (bis zu 50 µm) basale Matrix mit Kollagenfasern. Sie ist ein Bestandteil des Hautmuskelschlauchs und im Wesentlichen für die äußere Form und Festigkeit der Tiere verantwortlich. Während bei den Arthropoden die starke Sklerotisierung der Exocuticula Veränderungen der Körperdimensionen stark einschränkt, erlaubt die dünne Cuticula, zusammen mit der elastischen basalen Matrix, eine starke Verformung des Onychophorenkörpers.

So wird ein in Ruhestellung 3 cm langer *Euperipatoides rowelli* beim Laufen doppelt so lang und dementsprechend schmaler, so dass das Tier mühelos durch ein 2 mm kleines Loch schlüpfen kann.

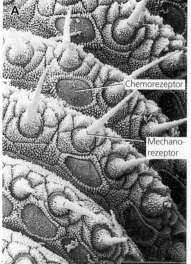
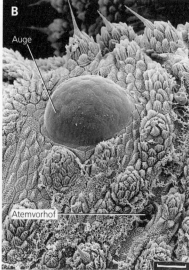

Abb. 661 Onychophora. Sinnesorgane. **A** Ausschnitt der Antennenspitze mit Rezeptoren (Peripatopsidae). **B** Auge einer australischen Art. REM-Aufnahme. Maßstäbe: 30 µm. Originale: H. Ruhberg, Hamburg.

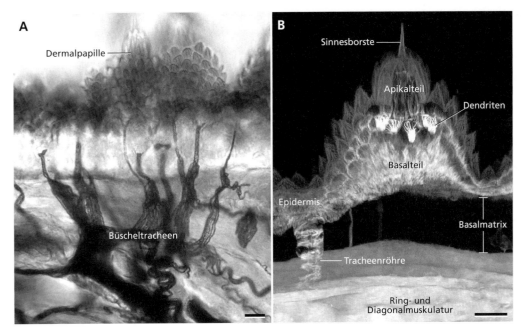

A

Dermalpapille

Büscheltracheen

B

Sinnesborste

Apikalteil

Dendriten

Basalteil

Epidermis

Basalmatrix

Tracheenröhre

Ring- und
Diagonalmuskulatur

Abb. 662 Vibratomschnitte durch die Körperwand von *Principapillatus hitoyensis*. **A** Lichtmikroskopische Aufnahme aus der Augenregion mit Details der Tracheen. **B** Phalloidin-Rhodamin-gefärbter Schnitt mit Details einer Dermalpapille; konfokale Aufnahme. Maßstäbe: 20 μm. Originale: A I. S. Oliveira, Leipzig. B G. Mayer, Leipzig.

Marksträngen existieren drei weitere Längsnervenbahnen: die beiden Dorsolateralnerven und der dorsale Herznerv. Diese sind durch seriell angeordnete, interpedale Ringkommissuren mit den beiden ventralen Marksträngen verbunden (Abb. 664). In den Beinregionen treten aus den Marksträngen statt der Ringkommissuren die Beinnerven aus. Wie bei den Tardigraden werden die Lobopodien der Onychophoren durch jeweils zwei Nerven innerviert.

Das Gehirn besteht lediglich aus 2 Abschnitten, dem Proto- und dem Deutocerebrum (Abb. 657). Das Protocerebrum innerviert die Antennen und Augen (1. Körpersegment), während das Deutocerebrum die Kiefer (2. Körperseg-

ment) versorgt. Die Oral- oder Schleimpapillen (3. Körpersegment) werden im Gegensatz dazu von den vorderen Abschnitten der Markstränge innerviert, die nicht zum Gehirn gehören. Das Protocerebrum nimmt den größten Teil des Gehirns ein und umfasst den Zentralkörper, die Antennalglomeruli und die Pilzkörper.

Es gibt Hinweise darauf, dass der Zentralkörper und die Pilzkörper der Onychophoren mit den gleichnamigen Gehirnstrukturen der Arthropoden homolog sind. Die strukturell ähnlichen Antennalglomeruli liegen bei den Arthropoden und Onychophoren hingegen in verschiedenen Körpersegmenten und können daher nicht homolog sein.

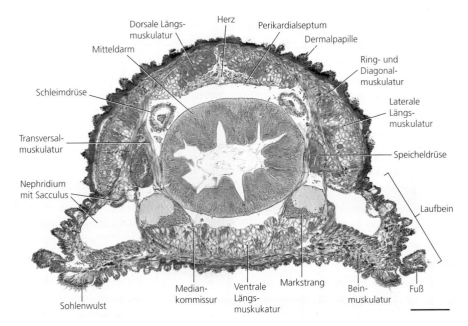

Dorsale Längs-
muskulatur

Herz

Perikardialseptum

Mitteldarm

Dermalpapille

Schleimdrüse

Ring- und
Diagonal-
muskulatur

Laterale
Längs-
muskulatur

Transversal-
muskulatur

Speicheldrüse

Nephridium
mit Sacculus

Laufbein

Sohlenwulst

Median-
kommissur

Ventrale
Längs-
muskukatur

Markstrang

Bein-
muskulatur

Fuß

Abb. 663 Histologischer Querschnitt durch die Körpermitte von *Metaperipatus blainvillei*. Maßstab: 250 μm. Original: G. Mayer, Leipzig.

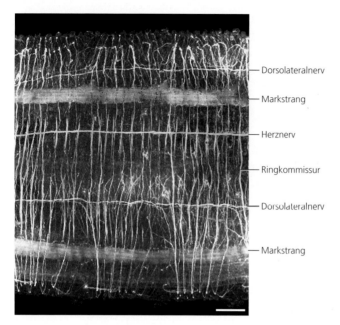

Abb. 664 Orthogonaler Aufbau des Nervensystems von *Principapilla-tus hitoyensis*. Immunomarkierung (anti-acetyliertes α-Tubulin); konfokale Aufnahme. Maßstab: 100 μm. Original: G. Mayer, Leipzig.

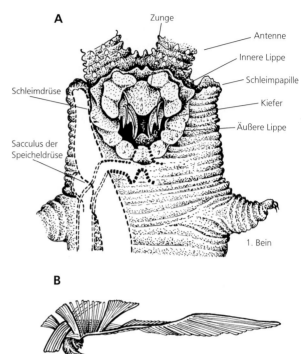

Abb. 665 Kopfstrukturen und Mundwerkzeuge der Onychophoren. **A** *Peripatopsis capensis*. Kopf von ventral. **B** Kiefer mit Apodem und Muskulatur. Verändert nach Balfour (1883) und Purcell (1900).

Dem Protocerebrum sind ventral die paarigen Hypocerebralorgane angehängt, für die eine neurosekretorische Funktion angenommen wird. Ontogenetisch entstehen die Hypocerebralorgane aus den Ventralorganen des 1. Körpersegments, die sich im Verlauf der Embryonalentwicklung nach innen einstülpen und als Bläschen vom Ektoderm abschnüren.

Die Ventralorgane der Onychophoren sind nicht mit den gleichnamigen Strukturen der Cheliceraten- und Myriapodenembryos homolog, da sie nicht an der Entwicklung des Nervensystems beteiligt sind. Die Ventralorgane der Onychophoren entstehen erst, nachdem das Nervensystem fast vollständig ausgebildet ist und verbleiben bei den adulten Tieren als kleine Rudimente auf der ventralen Körperoberfläche. Ihre Funktion ist bislang ungeklärt.

Die beiden Blasenaugen (Durchmesser 0,2–0,3 mm) mit einem zentralen Gallertkörper liegen dorsal an der Antennenbasis (Abb. 661B). Sie werden ebenfalls vom vordersten Gehirnabschnitt innerviert und haben eine direkte Nervenverbindung zum Zentralkörper, wie auch die Medianocellen der Arthropoden. Sie werden daher mit diesen homologisiert. Ontogenetisch entstehen die Onychophorenaugen durch Einstülpung und Abschnürung aus dem Ektoderm.

Onychophoren können offenbar keine Farben unterscheiden, da sie nur über einen Sehpigmenttyp (Onychopsin) verfügen. Ihre Augen dienen im Wesentlichen der Wahrnehmung von Richtung und Intensität des Lichtes, das von den nachtaktiven Tieren gemieden wird (negative Phototaxis). *Typhloperipatus williamsoni* und *Tasmanipatus anophthalmus* sind blind, ebenso wie die in Höhlen lebenden Arten *Speleoperipatus spelaeus* und *Peripatopsis alba*.

Das **Verdauungssystem** ist einfach strukturiert. Der in der Leibeshöhle liegende Darmkanal durchzieht den Körper geradlinig. Der ventral liegende Mund führt in einen mit Cuticula ausgekleideten muskulösen Pharynx. Darauf folgen der Oesophagus, der entodermale Mitteldarm und der ekto-

dermale Enddarm. In der Mundhöhle sitzen die paarigen, sichelförmigen, sklerotisierten Kiefer auf je einem kurzen Sockel (Abb. 665A, B). Sie zeigen eine stark ausgebildete Muskulatur und arbeiten in der Körperlängsachse, d.h. sie werden vor und zurück bewegt. In die Mundhöhle münden durch einen gemeinsamen Ausführgang paarige Speicheldrüsen, die oberhalb der beiden Markstränge liegen und sich weit in den Körper erstrecken (Abb. 663). Sie entstehen aus den Nephridialanlagen des Schleimpapillensegments und besitzen, wie die Nephridien, Cilien in ihrem Lumen sowie einen Sacculus aus Podocyten. In den Speicheldrüsen werden Sekrete und Enzyme für die extraintestinale Verdauung gebildet.

Die Onychophoren zeichnen sich durch ein besonderes Jagdverhalten aus. Ihre Beutetiere (z. B. Asseln, Grillen, Schaben, Termiten, Spinnen, Käferlarven) werden zunächst mit dem klebrigen Wehrsekret der Schleimdrüsen am Untergrund fixiert (Abb. 666A). Dabei kann das Sekret bis zu 50 cm weit aus den Schleimpapillen herausgestoßen werden. Je nach Größe des Beutetieres wird unterschiedlich viel Sekret verspritzt. Das Sekret enthält Proteine, die in einem wässrigen Glycin-Glutaminsäure-Puffer gespeichert sind. Erst an der Luft wird das Sekret klebrig, verliert aber nach etwa 10 min seine Klebrigkeit und wird brüchig. Nachdem die Beute mit Hilfe des ausgestoßenen Sekrets immobilisiert wurde, pressen die Onychophoren ihren Mund an das Beutetier und schlitzen seine Cuticula mit den Kiefern auf (Abb. 666B). In die entstandene Wunde ergießen sich dann die Enzyme der Speicheldrüsen (extraintestinale Verdauung). Der Nahrungsbrei – das Innere des Beutetieres – wird mit dem muskulösen Pharynx in den Darmkanal gepumpt und im Mitteldarm resorbiert bzw. gespeichert. Offensichtlich kann auch feste Nahrung aufgenommen werden, da vollständige Spinnenexuvien und angedaute Körperteile anderer Onychophoren im Darm gefunden wurden. Kannibalismus kommt vor.

A

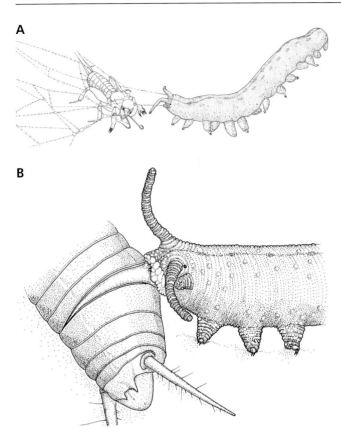

B

Abb. 666 Jagd- und Fressverhalten der Onychophoren. **A** Eine Grille wird mit dem klebrigen Wehrsekret auf dem Untergrund festgeleimt. Verändert nach einem Foto von K. Atkinson von C. Brockmann, Hamburg. **B** Fressender Onychophor. Original: C. Brockmann, Hamburg, in Anlehnung an Manton (1977).

Das Epithel des Mitteldarms erfüllt Funktionen, die bei Arthropoden auf verschiedene Organe verteilt sind: Sekretion, Resorption, Speicherung und Exkretion. Sie werden bei den Onychophoren von nur 2 Zelltypen wahrgenommen.

Manche Onychophoren-Arten vermögen mehrere Monate lang zu hungern, nehmen aber bei ausreichendem Angebot große Nahrungsmengen auf. Unverdauliche Reste werden in einer peritrophischen Membran ausgeschieden.

Die inneren Organe werden über zahlreiche **Tracheen** direkt mit Sauerstoff versorgt (Abb. 662A). So kann das **Blutgefäßsystem** entsprechend einfach strukturiert sein. Arterien und Venen fehlen, mit Ausnahme eines größeren Gefäßes, das die Antennen versorgt. Die Hämolymphe durchströmt die Leibeshöhle. Das H e r z ist ein fast körperlanges, muskulöses Rohr, das dorsal am Hautmuskelschlauch aufgehängt und ventral mit dem Perikardialseptum verbunden ist (Abb. 663). Der Perikardialsinus ist perforiert und steht so mit dem restlichen Leibeshöhlenraum in Verbindung. Das Herz besitzt paarige, spaltförmige Ostien, die segmental angeordnet sind.

Die Hämolymphe enthält verschiedene, mindestens jedoch 5 Hämocytentypen (Prohämocyten, Hyalocyten, Makrophagen, Spherulocyten, Granulocyten). Sie unterscheiden sich vor allem durch ihre Größe und die stark variierende Granulierung.

Im Gegensatz zu den Arthropoden liegen die Tracheenöffnungen (Abb. 662A) der Onychophoren unregelmäßig über den Körper verteilt: pro Segment 20–30. Am Kopf gibt es jedoch eine höhere Anzahl an Tracheenöffnungen, die in Tracheenfeldern (z. B. in Augennähe) konzentriert sind.

Die Tracheen der Stummelfüßer entstehen postembryonal. Ihre Öffnungen befinden sich bei juvenilen Tieren noch an der Körperoberfläche und werden später eingestülpt, so dass Tracheentaschen (Stigmen) entstehen. Vom Grund dieser Stigmen gehen dann die zahlreichen dünnen Atmungsröhren als Büschel ab. Sie sind unverzweigt und können sehr lang sein. Da die Tracheen der Onychophoren nicht aktiv verschließbar sind – dies ist nur passiv durch die Verformung der Körpergestalt möglich – ist der Wasserverlust bei niedriger Luftfeuchtigkeit groß. Die Tiere sind daher auf Feuchtluftbiotope angewiesen.

Die typischen **Nephridien** der Onychophoren treten vom 6. Laufbeinsegment bis zum Praegenitalsegment auf (Abb. 659B). Sie besitzen – wie bei den Arthropoden – einen S a c c u l u s, dessen Podocyten als Blutfilter fungieren. Ein bewimperter Kanal führt vom Sacculus über eine Endblase in einen mit dünner Cuticula ausgekleideten Ausführgang, der ventral an der Beinbasis ausmündet. Die Nephridien der ersten 3 Laufbeinsegmente sind kleiner und ohne Endblase. Die Nephridien des 4. und 5. Beinsegments (Labyrinthorgane) sind dagegen stark vergrößert, besitzen einen geräumigem Sacculus, einen langen Nephridialkanal und einen distal zwischen die Sohlenwülste verlagerten Mündungsporus.

Während der Embryonalentwicklung treten die paarigen Anlagen der Nephridien in jedem Körpersegment auf. Die Nephridialanlagen des ersten (Antennen-) und des zweiten (Kiefer-)Segments werden jedoch im Verlauf der Ontogenese reduziert. Die Nephridialanlagen des dritten (Schleimpapillen-)Segments entwickeln sich zu den Speicheldrüsen, die des Genitalsegments tragen zur Bildung des Genitaltraktes bei, während die des Analsegments zu den hinteren akzessorischen Genitaldrüsen (Analdrüsen) der Männchen werden, die bei den Weibchen reduziert sind.

Mächtige W e h r - oder S c h l e i m d r ü s e n gehören zu den auffälligen Besonderheiten der Onychophoren. Reich verzweigt durchziehen sie den zentralen Rumpfbereich seitlich des Darms (Abb. 659B). Entwicklungsgeschichtlich sind es ektodermale Einstülpungen. Der sekretproduzierende Teil liegt in der hinteren Körperhälfte und besteht aus einem langen, röhrenförmigen Teil mit zahlreichen Verästelungen. Er setzt sich nach vorn in ein muskulöses Reservoir fort, das als Sekretspeicher fungiert. Die Mündung der paarigen Wehrdrüsen liegt auf den O r a l - o d e r S c h l e i m p a p i l l e n. Dies sind kurze, modifizierte Beinstummel ohne Krallen, die neben dem Mund lokalisiert sind.

Onychophoren sind g e t r e n n t g e s c h l e c h t l i c h. Es gibt aber eine parthenogenetische Population von *Epiperipatus imthurni* auf Trinidad. Weibchen sind größer, breiter und schwerer als gleichartige Männchen; sie können auch mehr Laufbeine besitzen (Geschlechtsdimorphismus). Die **Gonaden** entstehen durch die Verschmelzung dorsaler, paariger Coelomabschnitte mehrerer Segmente zu einem einheitlichen Gonadensack. Der vordere weibliche Genitaltrakt (Abb. 667A) besteht ursprünglich aus paarigen O v a r i e n, die ganz oder teilweise verwachsen sein können. Sie sind bei den meisten Arten über ein Ligament am Perikardialseptum aufgehängt. Die Eier können über einen Follikelstiel traubig in

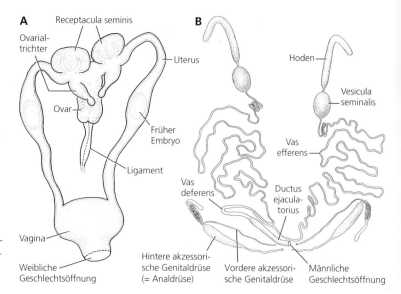

Abb. 667 Geschlechtsorgane der Onychophoren.
A Geschlechtstrakt eines jungen Weibchens von *Epiperipatus biolleyi*. Original: C. Brockmann, Hamburg. **B** Genitaltrakt eines adulten Männchens von *Opisthopatus cinctipes*. Verändert nach Purcell (1900).

die Körperhöhle ragen („exogen") oder im Ovar verbleiben („endogen" sowie „pseudoendogen"). Vom Eierstock ausgehend durchziehen lange paarige Ovidukte in einer Schlinge einen Großteil des weiblichen Körpers. Sie bilden in Ovarnähe meist bewimperte Receptacula seminis, bisweilen einen Ovarialtrichter (Receptaculum ovorum) und auch akzessorische Taschen (*accessory pouches*) mit bislang ungeklärter Funktion. Im hinteren Bereich fungieren die Ovidukte bei viviparen Arten als Uteri, die dann in knotenförmigen Anschwellungen unterschiedlich weit entwickelte Embryonalstadien enthalten. Sie münden ventral in eine unpaare, muskulöse Vagina mit praeanaler Geschlechtsöffnung.

Ovipare Arten (z. B. *Ooperipatus hispidus*: Abb. 659A), aber auch eine ovovivipare Art (*Austroperipatus eridelos*), besitzen einen Ovipositor, der Beinlänge erreichen kann.

Bei den Männchen liegen die stets paarigen Hoden im vorderen Rumpfbereich (Abb. 667B). Nach hinten folgen die Vesiculae seminales, in denen die Spermiogenese stattfindet. In den schlauchförmigen Abschnitten, den dünnen aufgeknäuelten Vasa efferentia und dem unpaaren Vas deferens, werden die Spermatophoren gebildet. Der dickwandige Endteil bildet meist einen muskulösen Ductus ejaculatorius.

Onychophoren-Männchen besitzen in der Regel je 1 Paar ektodermaler und mesodermaler akzessorischer Geschlechtsdrüsen im Genitalbereich sowie oft ektodermale Cruraldrüsen in vielen Körpersegmenten, die dann ventral am Bein auf charakteristischen Papillen (Cruralpapillen) ausmünden (Abb. 660). Über die Funktion dieser Drüsen ist wenig bekannt. Es wird angenommen, dass sie Lockstoffe (Pheromone) produzieren.

Fortpflanzung und Entwicklung

Die **Begattung** kennt man nur von wenigen Arten genau: Männchen der Gattung *Peripatopsis* und *Metaperipatus* heften ihre Spermatophoren (ca. 1 mm groß, rund, rhomboid oder ovoid) wahllos auf die Körperoberfläche der Weibchen. An den Anheftungsstellen wird die Haut im Verlauf von einigen Tagen perforiert, und die aus den Spermatophoren heraustretenden Spermatozoen gelangen durch die Leibeshöhle zu den Ovarien, wo sie die Eier befruchten.

Für einige neotropische Arten wird dagegen eine direkte Übertragung von Spermatophoren oder Spermien in die Geschlechtsöffnung angenommen. So findet die Begattung von *Epiperipatus acacioi*-Weibchen im Alter von 5–9 Monaten, die von *Macroperipatus torquatus* schon im 3. Lebensmonat statt. Im letzten Falle produzieren die Männchen große, ovale Spermatophoren, die an der weiblichen Geschlechtsöffnung appliziert werden. Zu diesem Zeitpunkt beträgt die Länge des noch juvenilen weiblichen Geschlechtstrakts nur 4–5 mm. Über den kurzen Uterus erreichen die Spermien aus der

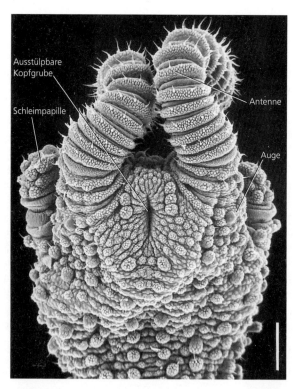

Abb. 668 *Cephalofovea tomahmontis*. Aufsicht (dorsal) auf das Kopforgan eines Männchens. REM-Aufnahme. Maßstab: 30 µm. Original: H. Ruhberg, Hamburg.

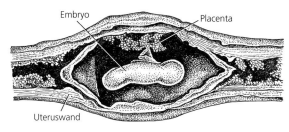

Abb. 669 Placentale Entwicklung eines frühen Embryos von *Epiperipatus edwardsii*. Nach von Kennel (1885).

Spermatophore die Receptacula seminis, wo sie mindestens 9 Monate lang lebensfähig gespeichert werden können.

Die Männchen einer Reihe australischer Arten sind durch auffällige Organe auf dem Kopf gekennzeichnet (Abb. 668). Hierbei kann es sich um Papillenfelder, um ausstülpbare Gruben oder um komplexere Strukturen handeln, bei denen Haken oder Kanülen aus einer Kopfgrube herausgeklappt werden können. Mit Hilfe dieser Kopforgane übertragen die Männchen ihre Spermien in die Geschlechtsöffnung eines Weibchens. Da nur einige wenige Weibchen in Form einfacher Dellen Kopforgane aufweisen, sind diese Strukturen deutlicher Ausdruck eines Sexualdimorphismus. Dieser ist bei Männchen darüberhinaus noch durch die Präsenz von Crural- und Analdrüsen ausgeprägt.

So ähnlich die Anatomie der verschiedenen Onychophoren-Arten auch ist, so überraschend vielfältig sind ihre Reproduktionsstrategien. Während die Weibchen der oviparen Arten große, dotterreiche Eier legen (z. B. *Ooperipatellus insignis*), produzieren diejenigen der viviparen Arten kleine, dotterarme Eier, die sich in die Uteruswand einnisten und während der Embryonalentwicklung über eine Placenta versorgt werden (z. B. *Epiperipatus edwardsii*: Abb. 669). Es gibt aber auch ovovivipare Arten, die weder Eier legen noch plazentale Strukturen besitzen. Die Embryos dieser Arten sind stets von einer oder zwei Eihüllen umgeben. Bei einigen ovoviviparen Arten treten große embryonale Nackenblasen (*trophic vesicles*) auf, die wahrscheinlich der Nährstoffaufnahme dienen (z. B. *Peripatopsis sedgwicki* und *Metaperipatus inae*).

Bei den Arten mit großen, dotterreichen Eiern erfolgt die **Furchung** superfiziell (*Peripatoides novaezealandiae*),

während sich die Eier der viviparen Arten total äqual furchen (*Epiperipatus edwardsii*). Nach der Bildung der Blastula setzt die Gastrulation ein. Dabei streckt sich der Blastoporus nach und nach in die Länge, bis er spaltförmig erscheint. Anschließend entstehen durch Amphistomie (mediane Verschmelzung der Blastoporusränder) die Mund- und die Afteröffnung. Noch vor Beginn der Amphistomie setzt die Bildung der paarigen, segmentalen Coelomräume ein. Das große Coelompaar des Antennensegments entsteht in der Nähe des künftigen Afters, wandert nach vorne und kommt schließlich vor/neben dem Mund zu liegen. Darauf folgen die Coelome des Kiefer- und des Schleimpapillensegments sowie die Coelome der Laufbeinsegmente. Obwohl die Coelome nach und nach am posterioren Ende des Körpers entstehen, sind die Zellteilungen während der Entwicklung des Embryos über die gesamte Körperlänge verteilt und nicht, wie bei den Anneliden, hauptsächlich auf die posteriore Sprossungs- oder Proliferationszone beschränkt. Teloblasten (wie bei Malacostraca oder Hirudinea) treten bei den Onychophoren nicht auf.

Die Embryonalentwicklung dauert bei viviparen und ovoviviparen Arten etwa 6–12 Monate. Die Geburten erfolgen, je nach Art, entweder innerhalb einer kurzen Zeitspanne zu bestimmten Jahreszeiten (in wenigen Wochen bis zu 100 Junge, wie bei einigen *Euperipatoides*-Arten) oder über das ganze Jahr verteilt (1–4 Junge alle 2–6 Wochen, wie z. B. bei *Epiperipatus*-Arten). Bei oviparen Arten (*Ooperipatellus decoratus*) legen die Weibchen ihre derbschaligen Eier im Substrat ab, wo die Jungen bis zu 7 Monate benötigen, um zu schlüpfen.

Die Onychophoren-Jungen werden mit voller Segmentzahl geboren (Epimorphose). Bei der Geburt gleichen sie dem Muttertier, sind aber zarter gebaut und heller pigmentiert.

Systematik

Seit ihrer Entdeckung ist die systematische Stellung der Onychophora kontrovers diskutiert worden. In der Originalbeschreibung von Guilding (1826) wurde die zuerst beschrie-

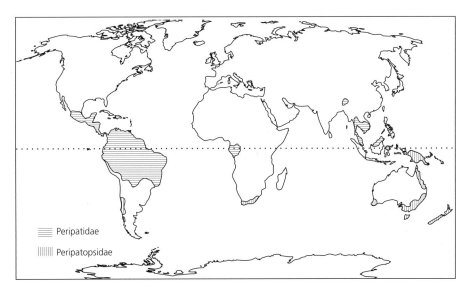

Peripatidae

Peripatopsidae

Abb. 670 Verbreitung der Onychophora. Funde auch auf Inseln, wie z. B. Galapagos und den Großen und Kleinen Antillen. Original: I. S. Oliveira, Leipzig.

bene Art, *Peripatus juliformis*, den Mollusken zugeordnet. Im Laufe der Jahre sind Onychophoren dann entweder als Anneliden oder Arthropoden, aber auch als Schmetterlingsraupen oder Plathelminthen angesehen worden. Mittlerweile herrscht überwiegend Konsens über die Zugehörigkeit der Onychophora zu den Panarthropoda (Onychophora, Tardigrada und Arthropoda). Je nach der phylogenetischen Stellung der Tardigrada, die kontrovers diskutiert wird, bilden die Onychophora entweder die Schwestergruppe der Arthropoda, der Tardigrada oder der Arthropoda plus Tardigrada. Als S y n a p o m o r p h i e n dieser drei Taxa gelten das Auftreten der Körpersegmentierung, der Extremitäten sowie der Mixocoelie während der Ontogenese.

Die Monophylie der Onychophora wird sowohl durch morphologische als auch molekulare Daten gestützt. Auffallende A u t a p o m o r p h i e n sind u. a. die körperlangen Wehrdrüsen mit Schleimpapillen, die Kiefer, die unregelmäßig lokalisierten Büscheltracheen und die unterschiedlich differenzierten Nephridialorgane (S. 461).

Die rezenten Onychophora werden in zwei Großgruppen unterteilt: die meist in Äquatornähe lebenden Peripatidae und die hauptsächlich auf den Südspitzen der Kontinente vorkommenden Peripatopsidae (Abb. 670). Die Onychophoren verschiedener Kontinente sind somit zum Teil näher miteinander verwandt als diejenigen von demselben Kontinent. Dieses Verbreitungsmuster geht auf die Existenz eines Superkontinents, des Gondwanalands, zurück. Dennoch gilt weder die Monophylie der Peripatidae noch der Peripatopsidae als gesichert, da umfangreiche phylogenetische Analysen bislang fehlen.

Peripatidae. – Überwiegend braun oder rötlich, uni oder gemustert; 19–43 Beinpaare, Anzahl variiert intraspezifisch stark. Geschlechtsöffnung ventral zwischen dem vorletzten Beinpaar. Sämtliche Weibchen lebendgebärend (vivipar oder ovovivipar); Embryos der neotropischen Vertreter werden über eine Placenta ernährt. Die Verbreitungszone dieses Taxon liegt lückenhaft (disjunkt) innerhalb eines Gürtels rund um den Äquator, vorwiegend in der Neotropis: Mittel- und Südamerika, ferner in Westafrika, Assam, Malaysia, Borneo. Eine fossile Art (†*Cretoperipatus burmiticus*) im Bernstein aus Myanmar. – *Epiperipatus biolleyi*, ca. 7 cm, Costa Rica. – *Principapillatus hitoyensis*, ca. 10 cm, Costa Rica. – *Peripatus solorzanoi*, größte Art bis ca. 22 cm, Costa Rica.

Peripatopsidae. – Vielfarbig, mit blauen, grünen, gelben, orangen, braunen, roten und schwarzen Pigmenten, oftmals mit komplexen Mustern, dennoch im Feld gut getarnt. Anzahl der Beine 13–29. Bei Arten mit bis zu 17 Beinpaaren ist diese Zahl intraspezifisch konstant. Bei Arten mit mehr Beinpaaren kann die Anzahl intraspezifisch variieren. Geschlechtsöffnung ventral zwischen oder hinter dem letzten Beinpaar. Ovovivipare und ovipare Arten. Die Verbreitungszone dieses Taxon liegt ausschließlich in der Südhemisphäre: Chile, Südafrika, Australien mit Tasmanien, Neuseeland und Neuguinea. –*Peripatoides novaezealandiae*, ca. 6 cm, Neuseeland. – *Euperipatoides rowelli*, ca. 5 cm, Australien, NSW. Besonders gut untersuchte Art, von der das Genom sequenziert wird. – *Ooperipatellus nanus*, kleinste Art bis ca. 1 cm, Neuseeland.

2 Tardigrada, Bärtierchen

Tardigraden sind kleine, meist nicht über 1mm lange aquatische Metazoen mit direkter Entwicklung. Sie besiedeln dauerfeuchte (im Meer, im Brack- und Süßwasser) sowie temporär wasserhaltige Lückensysteme (auf dem Land) in oft beträchtlichen Zahlen. Marine Tardigraden leben in Sedimenten von Sandstränden (Mesopsammon) bis in die Tiefsee, auf Algen oder auf anderen Wirbellosen, hier manchmal sogar als Parasiten (z. B. *Tetrakentron synaptae*, Arthrotardigrada). Süßwassertardigraden findet man in der Strandzone von Seen, auf verrottendem Laub, an Pflanzenstängeln und in Moosen. „Terrestrische" bzw. „limnoterrestrische" Tardigraden sind charakteristisch für Moospolster, Flechten und Böden, hier vor allem auch für die Laubstreu, also Lebensräume, die periodisch austrocknen und gut belüftet sind. Die Populationsdichten, z. B. in Moosen, schwanken außerordentlich stark (> 200 Ind. cm^{-2}; > 800 Ind. g^{-1}) und sind mit klimatischen Bedingungen, vor allem mit der Feuchtigkeit, der Temperatur, dem Nahrungsangebot, aber auch mit der Luftverschmutzung zu korrelieren. Die Diversität der Tardigradenzönosen hängt u. a. vom Untergrund, der Höhe über dem Meeresspiegel und der Jahreszeit ab. Bisher sind weltweit an die 1 000 Arten bekannt, von denen viele der euryöken Arten Kosmopoliten sind, die z. B. von Vögeln, Insekten oder dem Wind als Eier oder in einem Zustand der Cryptobiose über weite Distanzen verschleppt werden. Während einer Cryptobiose, zu der die „terrestrische" Arten befähigt sind, können Tardigraden ihren Stoffwechsel bei Austrocknung (Anhydrobiose) und tiefen Temperaturen (Cryobiose) extrem reduzieren. Tardigraden sind unzweifelhaft Ecdysozoa (s. S. 423); ihre verwandtschaftlichen Beziehungen innerhalb dieses Taxons werden jedoch nach wie vor diskutiert (s. u.).

Bau und Leistung der Organe

Den walzenförmigen Körper, der aus einem meist nicht deutlich abgesetzten Kopf und 4 Rumpfsegmenten besteht (Abb. 672), bedeckt eine **Cuticula** (Abb. 676), die nach jeder Häutung von der einschichtigen Epidermis abgeschieden wird. Die Cuticula ist manchmal zonenweise verdickt, oft artspezifisch stark skulpturiert und mit faden- oder flügelförmigen Anhängen und Stacheln versehen (Abb. 673, 674A, C).

Bei dem marinen *Tanarctus bulubulus* (Arthrotardigrada, Halechiniscidae) befindet sich an der Basis der beiden Hinterbeine je ein langer Fortsatz mit zahlreichen Verzweigungen. Jeder Ast endet in einer Ampulle, die der Anheftung, vielleicht auch dem Auftrieb dient.

Die für Wasser permeable Cuticula besteht aus teilweise gegerbten Proteinen und Lipiden. Sie ist von außen nach innen in eine strukturell sehr variable Epicuticula, eine darunter liegende eigentümliche Lage aus drei dünnen Schichten sowie eine chitinhaltige Pro- oder Endocuticula gegliedert, deren oberster Teil oft noch als abweichend strukturierte „Intracuticula" erscheint (Abb. 676). Bei *Florarctus*- und *Wingstrandarctus*-Arten (Arthrotardigrada, Halechi-

Hartmut Greven, Düsseldorf

niscidae) bildet die Epicuticula am Kopf taschenförmige Einsenkungen, die (symbiontische?) Bakterien enthalten.

Die 8 paarigen **Laufbeine** lassen äußerlich meist keine Gliederung erkennen. Die ersten drei Paare dienen im Wesentlichen der Fortbewegung („Laufen"). Das vierte Paar erscheint um 180° gedreht, so dass die Krallen nach hinten stehen (Abb. 672, 673, 674C). Es wird vor allem dazu benutzt, sich am Substrat festzukrallen. Die Beine tragen an ihren Enden Zehen (Abb. 675) mit gleich- oder verschiedenartig gestalteten Krallen (Abb. 675B–E), Haftplättchen (Abb. 673C, 675A) oder Krallen, die fast unmittelbar am Extremitätenstamm ansetzen (Abb. 675B) und von epidermalen Verdickungen (so genannten Krallen„drüsen") gebildet werden. Bei der Fortbewegung kontrahieren sich zuerst die Extremitätenmuskeln; anschließend werden die Beine durch den hohen Binnendruck des Körpers wieder gestreckt. Bei den Heterotardigraden kann der distale Abschnitt der Beine eingezogen werden.

Bei *Hexapodius*-Arten (Eutardigrada, Calohypsibiidae) sind die Hinterbeine zu kleinen, z. T. noch mit winzigen Krallen versehenen Stummeln reduziert, oder sie fehlen vollständig.

Die somatische **Muskulatur** besteht aus metamer in Gruppen angeordneten Fasern, die keine eindeutige Streifung aufweisen. Die Stilettmuskeln (s. u.) und manche Längs- und Extremitätenmuskeln der Heterotardigraden sind jedoch quergestreift.

Der **Darmtrakt** beginnt mit einer terminalen oder subterminalen, häufig von cuticularen Lamellen umgebenen Mundöffnung (Abb. 671). In die sich anschließende Mundröhre mündet jederseits eine große Drüse, die ein kalkhaltiges, bei einigen Arten hohles S t i l e t t bildet (Abb. 672, 677). Die beiden Stilette dienen dem Anstechen pflanzlicher (z. B. Algen, Moosblättchen) und tierischer Nahrung (z. B. Rotatorien, Nematoden, Artgenossen, Enchytraeiden). Ob die Drüsen Verdauungsenzyme und/oder Substanzen sezernieren, die die Beute immobilisieren, ist nicht geklärt. Kleinere Beute-

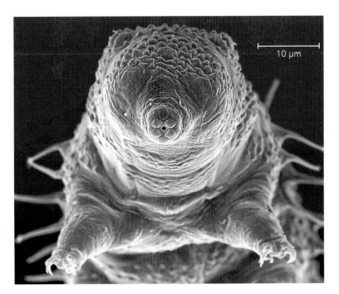

Abb. 671 Blick auf das Vorderende von *Calohypsibius ornatus* (Hypsibiidae), REM. Original: H. Dastych und R. Walter, Hamburg.

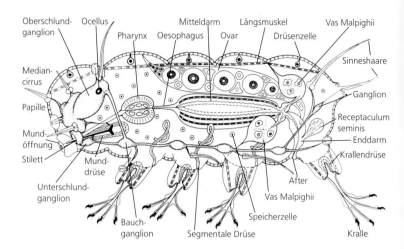

Abb. 672 Organisation eines Tardigraden. Schema mit Merkmalen mehrerer Taxa. Original: R.M. Kristensen, Kopenhagen.

tiere werden *in toto* eingesogen. Eine Reihe spezialisierter Muskeln gewährleistet die Beweglichkeit der Stilette. Die Ableitung der Munddrüsen von Krallendrüsen und der Stilette von Krallen einer rückgebildeten Extremität wird diskutiert, ist bisher aber nicht eindeutig bewiesen.

Der muskulöse P h a r y n x dient als Saugpumpe. Er besteht aus ektodermalen Myoepithelzellen (auf ein Sarcomer reduzierter Muskel!) und Zellen, die nicht als Myoepithelzellen anzusehen sind. Beide Zelltypen scheiden eine

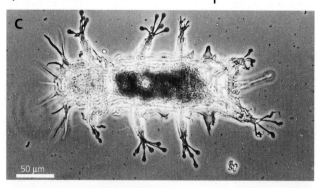

Abb. 673 Heterotardigrada. **A** *Tanarctus velatus*, Meopsammon, Galapagos. **B** *Stygarctus abornatus*, Mesopsammon, häufig. C *Batilipes* sp., Mesopsammon, US-Ostküste. Dorsalansichten. A, B Nach verschiedenen Autoren aus Greven (1980); C Original: R.M. Rieger, Innsbruck.

cuticulare Auskleidung ab, die durch Leisten oder Verdickungen, sog. P l a c o i d e, verstärkt ist (Abb. 677). Der dünne ebenfalls mit einer Cuticula ausgekleidete Oesophagus leitet zum Mitteldarm über. An seinem Übergang zum ektodermalen Enddarm münden bei den Meso- und Eutardigraden drei gegliederte „Drüsen" (zwei laterale und eine dorsale) mit transportaktiven Zellen (zahlreiche Mitochondrien, vergrößerte Oberflächen), die als V a s a M a l p i g h i i (Malpighische Schläuche) bezeichnet werden und offenbar der Osmoregulation und Exkretion dienen. Für die Beseitigung anorganischer Anionen ist aber wohl in erster Linie der Darm verantwortlich. Bei terrestrischen Heterotardigraden (Echiniscidae) erfüllen wahrscheinlich serial angeordnete epidermale Organe diese Aufgabe. Das mit einer Cuticula bedeckte Enddarmepithel ist stellenweise verdickt und bildet zumindest bei den Eutardigraden Rektalpapillen. Bei Heterotardigraden ist das Lumen des Enddarms nur während der Defäkation durchgängig. Diese ist stets an eine Häutung gekoppelt.

Die Tiere sind durchsichtig farblos, gelb, braun, ziegelrot oder auch grün. Die Färbung wird im Wesentlichen durch den gefüllten Darm und Pigmente, u. a. Carotinoide, die aus der Nahrung stammen, in der Epidermis und in der Leibeshöhle bestimmt.

Das **Nervensystem** besteht aus einem je nach Subtaxon unterschiedlich differenzierten G e h i r n (ein aus mehreren paarigen Ganglien bestehendes Oberschlund„ganglion") und einem ebenfalls aus mehreren paarigen Ganglien bestehenden Unterschlund„ganglion", dem sich eine strickleiterförmige Bauchkette mit 4 Ganglienpaaren anschließt (Abb. 672). Oberschlundganglion, Unterschlundganglion und ihre circumoesophagealen Konnektive (Schlundring) vereinen wahrscheinlich die nervösen Elemente von 3½ Segmenten (Abb. 678). Das gesamte Gehirn wäre dann dem Protocerebrum der Arthropoden homolog. Die paarigen dorsalen Ganglien des 4. Segments haben Verbindung mit den paarigen ersten Bauchganglien. Von jedem Bauchganglienpaar gehen jederseits mindestens 3 Seitennerven ab. Der jeweils caudale Nerv bildet an der zugehörigen Extremität ein Nebenganglion, der mittlere innerviert ventrale, der rostrale dorsale Muskelgruppen. Die Konnektive der Bauchkette enden jenseits des 4. Bauchganglienpaares in 2 nahe des Afters gelegenen Nebenganglien – ein möglicher Hinweis auf ein weiteres, reduziertes Segment.

Bei den Heterotardigraden finden sich vom Oberschlundganglion innervierte „Kopfanhänge" – meist beidseitig vorhandene Cirren, Papillen und keulenförmige Gebilde (Abb. 672, 673, 674A, C). Die Eutardigraden besitzen mindestens 4 Sinnesfelder am Kopf (Chemo- und Mechanorezeptorzellen?), die von praecerebralen Ganglien innerviert werden. Die Mechanorezeptorzellen weisen Tubularkörper auf, wie sie bisher nur von Arthropoden bekannt sind. Die Sinnesfelder der Eutardigraden sind z. T. mit den Kopfanhängen der Heterotardigraden zu homologisieren.

Im Oberschlundganglion liegt jederseits häufig ein Auge; dieses besteht aus einer Pigmentzelle, die Rezeptorzellen vom Ciliar- und Rhabdomertyp umschließt.

Frei in der Leibeshöhle flottierende Zellen (Hämocyten) dienen der Reservestoffspeicherung (Lipide, Glykogen), offenbar aber auch der Phagocytose, u. a. eingedrungener Fremdstoffe. Ihre Anzahl und Größe nimmt z. B. während Hungerperioden oder in einer Periode der Anhydrobiose ab (s. u.). Zirkulations- und Atmungsorgane fehlen – wohl im Zusammenhang mit der geringen Körpergröße. Ungeklärt ist, ob die geringe Körpergröße ursprünglich oder ein sekundäres Merkmal ist.

Die Männchen – meist kleiner als die Weibchen – besitzen an den Vorderbeinen besonders gestaltete, z. B. bei den Eutardigraden *Pseudobiotus megalonyx* (Isohypsibiidae) und *Milnesium tardigradum* (Milnesiidae) oder längere, z. B. manche *Echiniscus*-Arten (Arthrotardigrada, Echiniscidae) Krallen, wahrscheinlich zum Festklammern am Weibchen, haben einen rosettenförmigen Gonoporus (Heterotardigrada) und stets paarige Gonodukte. Bei manchen Eutardi-

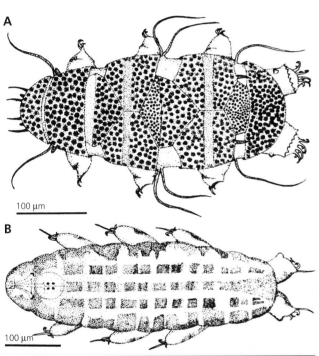

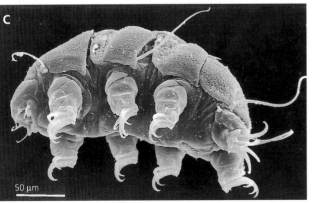

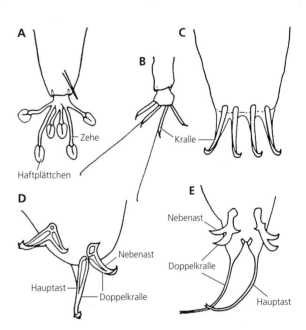

Abb. 675 Haftplättchen und Krallentypen bei verschiedenen Tardigraden. **A** *Batillipes* sp. **B** *Stygarctus* sp. **C** *Echiniscus* sp. **D** *Hypsibius* sp. **E** *Milnesium* sp. Nach Marcus (1929) aus Pennak (1953).

Abb. 674 Häufige Tardigraden in Moosen und Flechten. **A** *Echiniscus trisetosus* (Heterotardigrada). **B** *Ramazzottius oberhaeuseri* (Eutardigrada). **C** *Echiniscus testudo* (Heterotardigrada), xerophil, REM. A, B Nach verschiedenen Autoren aus Greven (1980); C Original: H. Greven, Düsseldorf.

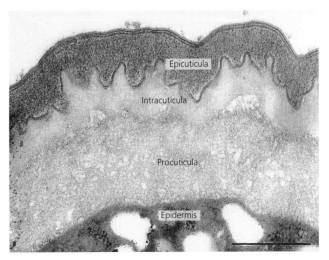

Abb. 676 Dorsale Cuticula von *Macrobiotus hufelandi*. TEM-Foto. Maßstab: 0,5 µm. Original: H. Greven, Düsseldorf.

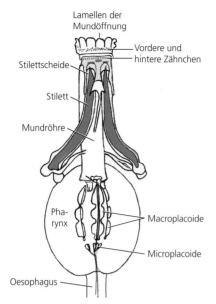

Abb. 677 Mundöffnung, Mundröhre, Stilette und Pharynx (Buccalapparat) eines Eutardigraden (*Macrobiotus hufelandi*). Aus Guidetti et al. (2012).

graden (*Hypsibius-* und *Macrobiotus*-Arten) sowie bei vielen marinen Heterotardigraden sind Receptacula seminis vorhanden.

Die **Gonaden**, dorsal gelegene unpaare Säcke (Reste der sekundären Leibeshöhle?), münden vor dem After in einen

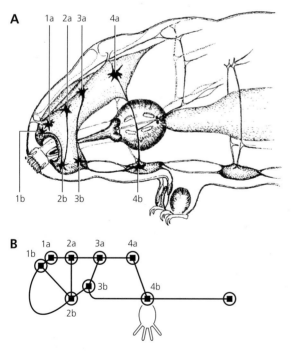

Abb. 678 Hypothetische Umbildung ursprünglich orthogonal und segmental angeordneter Ganglien (**B**) zum Gehirn eines Tardigraden (**A**); Kopfganglien und Gehirn stammen von 3½ Segmenten (nach Untersuchungen an *Echiniscus viridissimus*). Arabische Zahlen = Metamere; a = dorsale Ganglien; b = ventrale Ganglien. Striche in B = Neuropile und Kommissuren. Verändert nach Marcus (1929) und Dewel und Dewel (1996); Zeichnung: S. Dashdamirov, Düsseldorf.

Gonoporus (Heterotardigrada) oder in den Enddarm (Eutardigrada).

Das Ovar ist im Aufbau dem meroistisch-polytrophen Typ der Insekten (Abb. 966B) ähnlich. Die Eier werden während einer Häutung in die abgestreifte Cuticula oder frei abgelegt. Erstere sind glatt, letztere meist mit besonderen Chorionfortsätzen ausgestattet, die taxonomisch genutzt werden (Abb. 679). In der relativ widerstandsfähigen Eihülle ist eine Mikropyle bisher nicht nachgewiesen worden, so dass Besamung und Befruchtung wohl schon im Ovar erfolgen. Von einigen Eutardigraden, z. B. *Paramacrobiotus richtersi* (Macrobiotidae) sind Dauereier bekannt, deren Diapause unterschiedlich lange sein kann.

Viele Eutardigraden lassen sich mittlerweile erfolgreich auf Agar kultivieren. Als Nahrung dienen Bakterien, verschiedene Algen, für räuberische Arten Einzeller, Rotatorien und Nematoden.

Fortpflanzung und Entwicklung

Die Geschlechter sind mit Ausnahme einiger Eutardigraden (z. B. *Isohypsibius*-Arten mit simultanem Hermaphroditismus) getrennt. Meiotische, vor allem aber ameiotische, mit Polyploidie assoziierte P a r t h e n o g e n e s e ist bei limnischen und „terrestrischen" Arten verbreitet.

So können sowohl bisexuell-diploide als auch parthenogenetisch-triploide oder -polyploide Populationen nebeneinander auftreten. Derartige sich morphologisch weitgehend ähnelnde Cytotypen finden sich z. B. innerhalb der Eutardigraden Gattungen *Ramazzottius* und *Macrobiotus*. Von vielen Echiniscidae (Arthrotardigrada) sind Männchen nicht bekannt. Das Vorkommen von Parthenogenese scheint eng mit der Fähigkeit zur Anhydrobiose (s. u.) gekoppelt zu sein.

Nach neueren embryologische Untersuchungen an zwei Eutardigraden-Arten, *Thulinius stephaniae* und *Hypsibius dujardini* (Hypsibiidae), **furchen** sich die holoblastischen Eier total-äqual. Der frühe Embryo von *T. stephaniae* zeich-

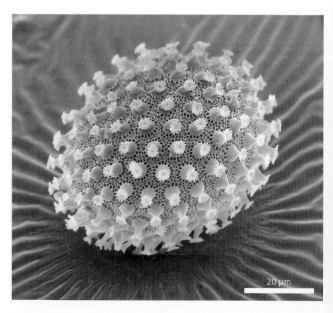

Abb. 679 Ei von *Macrobiotus hufelandi* mit Chorionfortsätzen, REM-Foto. Original: D. Nelson, Johnson City.

net sich durch ein für Protostomier ungewöhnlich hohes Regulationsvermögen aus; Zellen in *H. dujardini*-Embryonen scheinen früher determiniert zu sein. Bei *T. stephaniae* ähnelt die Mesodermbildung der von Euarthropoden und Onychophoren, d.h. mesodermale Vorläuferzellen wandern ins Blastocoel und bilden Bänder, aus denen später die Somiten hervorgehen. Damit wäre die lange vertretene Auffassung, die Ablösung des Mesoderms erfolge durch Abfaltung fünf paariger Divertikeln vom Darm (Enterocoelie), widerlegt. Für *H. dujardini* wird allerdings ein der Enterocoelie ähnlicher Vorgang beschrieben.

Die Dauer der Embryonalentwicklung hängt von Temperatur und Austrocknungsperioden (s. u.) ab. In dauerfeuchten Kulturen beträgt sie je nach Art 4 bis 16 Tage oder länger. Juvenile Heterotardigraden werden oft als Larven bezeichnet, jedoch fehlen ihnen echte Larvalorgane. Das Wachstum der offenbar weitgehend zellkonstanten Tiere erfolgt im Wesentlichen durch Vergrößerung von Zellen. Diese Eutelie ist wahrscheinlich durch die geringe Körpergröße bedingt. Mitosen in verschiedenen somatischen Geweben sprechen für physiologische Regeneration der ansonsten regenerationsunfähigen Tiere. Häutungen erfolgen periodisch während des ganzen Lebens.

Bei Austrocknung ihrer Lebensräume (s. o.) kontrahieren sich die Tiere und bilden ein Tönnchen (Abb. 680), wodurch ihre Oberfläche beträchtlich verkleinert wird. Zusätzlich wird die Permeabilität der Cuticula drastisch verringert. Das Austrocknen muss jedoch relativ langsam vonstatten gehen.

Bei 25 % relativer Luftfeuchtigkeit veratmen Tönnchen von *Macrobiotus hufelandi* etwa 0,4 µl × 10^{-6} O$_2$, aktive Tiere etwa 1130 µl × 10^{-6}.

Im Zustand einer extremen Anhydrobiose ertragen manche Arten Bedingungen, wie sie im natürlichen Lebensraum nicht vorkommen, z. B. einen Aufenthalt von 30 min bei +96 °C, von 21 Monaten in flüssiger Luft (–190° bis –200 °C), von 7 Monate bei –272 °C sowie hohe Röntgendosen (D50 bei etwa 570 000 Röntgen) und sehr hohe Drücke (6 000 Atmosphären) Daher ist es nicht verwunderlich, dass anhydrobiotische Tardigraden für eine gewisse Zeit auch im Weltraum (Vacuum, UV-Strahlung) überleben. Unter diesen extremen Bedingungen sowie bei einem Wasserentzug bis auf 2 % und weniger dürfte bei anhydrobiotischen Tardigra-

den ein enzymgesteuerter Stoffwechsel nicht mehr möglich sein.

Während des Übergangs zur Anhydrobiose werden zahlreiche, z. T. noch nicht näher identifizierte Proteine gebildet oder stärker exprimiert, deren Bedeutung für die Tolerierung einer Austrocknung nicht immer klar ist, so z. B. verschiedene Isoformen von Hitzeschockproteinen und LEA Proteine (*late embryogenesis abundant proteins*). Austrocknung bedeutet auch immer oxidativen Stress und Bildung reaktiver Sauerstoffspecies (ROS). Daher steigt in anhydrobiotischen Tardigraden auch die Aktivität antioxidativ wirkender Enyzme (z. B. Catalase, Superoxiddismutase). Antoxidativ wirken wohl auch die bei manchen Heterotardigraden (Echiniscoidea) vorhandenen Carotinoide. Zudem nimmt beim Eintritt in die Anhydrobiose auch die Expression von Faktoren ab, die von Bedeutung für die DNA-Replikation und Zellteilung sind. Trehalose, die u. a. Biomembranen stabilisiert, spielt bei Tardigraden wohl nicht eine so wesentliche Rolle wie bei vielen anderen zur Anhydrobiose befähigten Organismen

Die Geschwindigkeit, mit der Tardigraden aus der Anhydrobiose zum aktiven Leben zurückkehren, ist von der Dauer der Trockenruhe, dem O$_2$-Gehalt des Wassers und der körperlichen Verfassung der Tiere abhängig. Die Fähigkeit, eine Austrocknung zu überleben, ist zudem altersabhängig sowie art- und sogar populationsspezifisch. Mit zunehmender Dauer der Anhydrobiose geht auch die Überlebensrate zurück, möglicherweise bedingt durch eine Anhäufung von DNA-Schäden (Strangbrüchen) im Organismus, die erst dann wieder repariert werden können, wenn die Tiere rehydriert sind.

Im Labor sind *Macrobiotus*-Arten in ausgetrockneten Moospolstern über 6 Jahre, *Ramazzottius oberhaeuseri* in Flechten bis zu 1 600 und *Echiniscus* sp. 1 085 Tage lebensfähig geblieben. Auch Eier und Entwicklungsstadien von Tardigraden können eine Austrocknung überleben.

Die marinen Arthrotardigraden sowie obligate Süßwasserbewohner sind nicht zur Anhydrobiose befähigt; letztere, aber auch manche boden- und moosbewohnenden Tardigraden sind zu einer Diapause befähigt, in der sie ungünstige Perioden (z. B. Absenkung des pH-Wertes in Kulturen) in Cysten überdauern. Bei Cystenbildung wird nach einer Häutung die alte Cuticula nicht verlassen; die neu gebildete ist relativ widerstandsfähig, und unter ihr wird eine weitere Cuticula gebildet (im Hinblick auf die Anzahl der Cuticulalagen gibt es verschiedene Cystentypen), mit der die Tiere später die Cyste verlassen. Cysten sind bei weitem nicht so widerstandsfähig und trockenresistent wie Tönnchen, doch können sie je nach Menge der gespeicherten Nährstoffe mehr als ein Jahr überdauern.

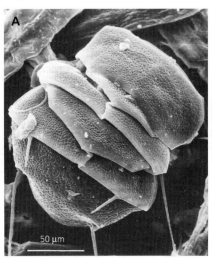
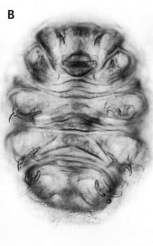

Abb. 680 Tönnchen. **A** *Echiniscus testudo* auf Filterpapier eingetrocknet **B** *Macrobiotus* sp. Länge ca. 200 µm. A Original: H. Greven, Düsseldorf; B Original: W. Westheide, Osnabrück.

Tardigraden überwintern als kälteresistente Tönnchen, also anhydrobiotisch, oder in gefrorenem Zustand (Cryobiose), wobei sie mittels spezieller Proteine extrazelluläre Eisbildung ertragen. Für den Eintritt in die Cryobiose ist die Tönnchenbildung nicht notwendig.

Systematik

Die Monophylie der Tardigrada ist nie angezweifelt worden und wird auch durch molekulare Analysen gestützt. Allerdings gibt es nur wenige morphologische Merkmale, die als Autapomorphien gelten können: Die Verbindung des Oberschlundganglions mit dem ersten Bauchganglion, der Stilettapparat, die komplexe Cuticula und die teleskopartig einziehbaren Beine der Arthrotardigraden.

Wenn Tardigraden Ecdysozoa sind – und daran scheint heute niemand mehr zu zweifeln - käme innerhalb dieses Taxons eine nähere Verwandtschaft (Schwestergruppenverhältnis) mit den Cycloneuralia (s. S. 426), namentlich den Nematoida (Nematoda + Nematomorpha) in Frage. Oder Tardigraden sind Panarthropoda (s. S. 454), deren Monophylie gesichert erscheint.

Die morphologischen Übereinstimmungen, vor allem mit Nematoden, wie z. B. der dreistrahlige myo-epitheliale Pharynx, die Stilette, der Bau der Cuticula (besonders bei Heterotardigrada), die Eutelie und die geringe Größe (die basalen Cycloneuralia waren wohl eher klein, während Kleinformen bei den Arthropoda vermutlich sekundär entstanden sind) können jedoch als Konvergenzbildungen, zum Teil aber als Apomorphien der Ecdysozoa insgesamt angesehen werden. Molekulara Befunde, die für die Beziehungen zu den Cycloneuralia gesprochen haben, sind zudem in die Kritik geraten.

Dagegen wird die Ansicht, Tardigraden seien Panarthropoda, wie schon seit jeher, durch morphologische Merkmale einschließlich der Embryonalentwicklung und von neueren molekularen Analysen (u. a. Analysen von ESTs und microRNAs) gestützt. Zu den morphologischen Apomorphien der Panarthropoda zählen u. a. das Strickleiternervensystem, die Segmentierung des Mesoderms, die paarigen Gliedmaßen sowie wahrscheinlich die chitinfreie Epicuticula mit der darunterliegenden chitinhaltigen Procuticula.

Die Beziehungen der drei Taxa der Panarthropoda (Arthropoda, Onychophora, Tardigrada) sind weniger klar (Abb. 658). Es gibt eine Reihe von Hinweisen für ein Schwestergruppenverhältnis der Tardigrada + Arthropoda mit den Onychophoren; für die nähere Verwandschaft der Tardigraden mit den Arthropoden sprechen u. a. *Hox*-Gene sowie Genom-Sequenzen. Allerdings wird auch ein Schwestergruppenverhältnis der Tardigraden mit den Onychophora + Arthropoda diskutiert (obgleich Arthropoden und Tardigraden im Gegensatz zu Onychophoren im Strickleiternervensystem segmental angeordnete Ganglien besitzen).

Fossile Belege aus Bernstein (s. u.) sind eindeutig rezenten Tardigraden-Taxa zuzuordnen (s. u.). Tonnenförmige Organismen (250–350 µm) aus dem Mittelkambrium (vor ca. 530 Mio. Jahren) mit 3 (!) Beinpaaren (ein 4. Paar scheint angelegt), Krallen vom *Stygarctus*-Typ (s. o.), einer Cuticula-Feinstruktur, die der mancher Heterotardigraden ähnelt,

und Spuren von Sinnesorganen (?) um die Mundöffnung werden ebenfalls als Tardigraden angesehen.

Die Ausbildung von Kopfanhängen, vor allem das Fehlen oder Vorhandensein eines unpaaren Cirrus medianus in der Mitte des Kopfes, unterschiedlich gebaute Extremitätenendigungen und der Besitz von Vasa Malpighii erlauben die Unterscheidung von Hetero-, Meso- und Eutardigraden. Die **Heterotardigrada**, namentlich die marinen Arthrotardigraden mit ihren zahlreichen plesiomorphen Merkmalen, gelten als die ursprünglichsten Formen. Die Monophylie dieses Taxons ist gut gesichert. Das gilt wohl auch für die **Eutardigrada**, die sehr viel einheitlicher gebaut sind. 18S rDNA-Gensequenzen stützen die bei diesen nach morphologischen Merkmalen vorgenommene Gruppierung Parachela und Apochela (s. u.) und belegen zudem die basale Stellung der Heterotardigrada. Molekulare Analysen (18S rRNA, 28S rRNA, COI = Cytochromoxidase I-Gen) verschiedener Gruppierungen innerhalb der Hetero- und Eutardigraden stimmen dagegen zurzeit erstaunlich wenig mit der herkömmlichen Klassifikation überein. Sogar eine Paraphylie der Eutardigraden wird für möglich gehalten, da nach diesen Untersuchungen einiges für ein Schwestergruppenverhältnis von Apochela und Heterotardigrada zu sprechen scheint.

Traditionell werden zur Gattungs- und Artdiagnose Merkmale des Buccalapparates (Mundöffnung, Mundhöhle, Mundröhre und Schlundkopf), die Skulpturierung der Cuticula, der Bau der Krallen sowie die Skulpturierung der Eier herangezogen. Darüber hinaus liegen mittlerweile auch für einige Tardigraden „bar codes" vor.

2.1 Heterotardigrada

Sehr vielgestaltig (Abb. 673, 674A); unterschiedliche Zahl von Kopfanhängen (bis 11); Schlundkopf mit oder ohne Leisten; Beine mit Zehen oder mehr oder weniger unmittelbar am Bein ansetzende, bis zur Basis getrennte Krallen; distaler Beinabschnitt einziehbar; keine Vasa Malpighii; Gonoporus vor dem Anus.

2.1.1 Arthrotardigrada

Unpaarer Cirrus medianus vorhanden. Beine mit oder ohne Zehen, dann aber mit Krallen, die direkt am Bein ansetzen. Mit einer Ausnahme, *Styraconyx hallasi* (Stygarctidae), marin.

Tetrakentron synaptae (Halechiniscidae), 230 µm; Ektoparasit; nur an der bretonischen Küste in hoher Individuenzahl (> 300) auf der Seewalze *Leptosynapta galliennei*, deren Zellen mithilfe der Stilette angestochen und ausgesaugt werden. In Anpassung an die epizoische Lebensweise abgeflachter Körper mit lateralen Beinen; lange Krallenhaken, fast auf dem Rücken liegender After, klebrige, vergrößerte Cuticula; Weibchen und Zwergmännchen weitgehend sessil; daneben auch größere, vagile Männchen mit eng anliegender Cuticula. – *Batillipes mirus* (Batillipedidae) (Abb. 673C), 720 µm; zwischen Sandkörnchen im Litoral (Mesopsammal), 6 Zehen mit schaufelförmigen Enden. Einige *Batillipes*-Arten zeigen möglicherweise eine Art Paarungsverhalten. *Batillipes* ist die artenreichste und weitverbreitetste Arthrotardigraden-Gattung. Salzgehalt des Wassers und Sandkorngröße bestimmen die Verbreitung der Arten. Oft werden je nach Art ganz bestimmte Areale besiedelt, so dass horizontal entlang der Oberfläche, aber auch vertikal im Sand bis zu einer Tiefe von 1,50 m ein spezifisches Verteilungsmuster der verschiedenen Arten entsteht. – *Stygarctus bradypus* (Stygarctidae), bis 150 µm; Mesopsammon; Beine mit unmittelbar am Extremitätenstamm ansetzenden Krallen. Cuticula in dorsale Platten unterteilt; abgesetzter Kopf (Abb. 673B, 675B).

2.1.2 Echiniscoidea

Ohne Cirrus medianus; meist 10 kurze Kopfanhänge; Krallen inserieren auf kleinen Aussackungen der Extremitäten.

Echiniscoides sigismundi (Echiniscoididae), 340 µm; Kosmopolit; mehrere Unterarten. In der Gezeitenzone auf Balaniden oder in Polstern der Grünalge *Enteromorpha*; bis zu 11 Krallen pro Bein; verträgt Aussüßung des Biotops durch Regenwasser (Osmobiose) und ist bedingt zur Anhydrobiose befähigt. – *Echiniscus testudo* (Echiniscidae), 360 µm; Kosmopolit; „terrestrische" Form in Moosen und Flechten (Abb. 674C). *Echiniscus*-Arten sind mit auffälligen, dorsalen, gelegentlich auch ventralen, cuticularen Platten versehen (Abb. 674A, C) und meist durch Carotinoide rot gefärbt. Länge und Anzahl der Lateralcirren variieren je nach Alter und Population. Die cuticularen Platten besitzen ein ausgeprägtes Hohlraumsystem, möglicherweise ein Flüssigkeitsreservoir, das den Wasserverlust während des Austrocknens verlangsamt.

2.2 Mesotardigrada

Mit seitlichen kopfständigen Cirren und Papillen um die Mundöffnung; Schlundkopf mit Placoiden; Krallen untereinander gleich; Vasa Malpighii vorhanden.

Thermozodium esakii (Thermozodiidae), 490 µm. Steht morphologisch zwischen Hetero- und Eutardigraden. In Algenpolstern am Rande heißer (ca. 40 °C) Quellen in Japan. Seit seiner Endeckung im Jahre 1937 nicht mehr wieder gefunden: die Typuslokalität wurde durch ein Erdbeben zerstört. Die Existenz dieser Art wird mittlerweile immer häufiger angezweifelt.

2.3 Eutardigrada

Ziemlich einheitlich; ohne Kopfanhänge (die Apochela besitzen circumorale Papillen); Vasa Malpighii vorhanden; Kloake; an jedem Bein zwei Doppelkrallen aus Haupt- und Nebenast; Schlundkopf meist mit Placoiden.

2.3.1 Parachela

Ohne Kopfanhänge; Haupt- und Nebenast der Krallen verbunden (Abb. 675D).

Macrobiotus hufelandi (Macrobiotidae), bis 1,2 mm; euryöker Kosmopolit; zu Ehren des Arztes C.W. HUFELAND benannt, der ein Standardwerk der Makrobiotik mit dem Titel „Die Kunst das menschliche Leben zu verlängern" (1797) verfasste. Männchen tragen an der Außenseite des 4. Beinpaares einen abgeplatteten Zipfel. Wie bei der Mehrzahl der *Macrobiotus*-Arten stark skulpturierte, einzeln abgelegte Eier (Abb. 679). Hinter dem Namen verbirgt sich eine Gruppe verschiedener, schwer zu identifizierender Arten. – *Pseudobiotus megalonyx* (Hypsibiidae), 900 µm; weit verbreiteter obligater Süßwasserbewohner; in großer Individuenzahl im Frühjahr und Herbst; legt bis zu 60 Eier in die abgestreifte Exuvie, die längere Zeit mitgeschleppt wird (Brutpflege?) – *Hypsibius klebelsbergi* (Hypsibiidae), 550 µm; in Kryokonitlöchern (von dunklen Mineralien aufgrund der Sonneneinstrahlung gebildete, wassergefüllte Vertiefungen auf Gletschern); nahezu vollständig schwarz gefärbt; zur Cryobiose befähigt. – *Ramazzottius oberhaeuseri* (Hypsibiidae), 500 µm; sehr häufig in Dachmoosen; auffällig durch neun braune Querbinden (Abb. 674A); Männchen tragen an der Außenseite des 4. Beinpaares abgeplattete Zipfel. – *Halobiotus crispae* (Hypsibiidae), 665 µm; marin (!) auf Braunalgen in der Gezeitenzone der Insel Disko (Grönland); ausgeprägte Zyklomorphose in Abhängigkeit von der Jahreszeit. Diese sekundär ins Meer gewanderten Eutardigraden zeichnen sich durch extrem vergrößerte Vasa Malpighii aus, was als Anpassung an die schwankenden Salinitäten gedeutet wird.

Fossiler Vertreter: †*Beorn leggi* (Beornidae), 300 µm; einzige gut erhaltene vor 60 Mio. Jahren in Kanadischem Bernstein eingeschlossene Tardigradenart; ähnelt weitgehend rezenten *Hypsibius*-Arten.

2.3.2 Apochela

Innervierte Papillen um die Mundöffnung, wahrscheinlich z. T. nicht homolog den Kopfanhängen der Heterotardigraden; Schlundkopf ohne Placoide; Haupt- und Nebenast der Krallen getrennt (Abb. 675E).

Milnesium tardigradum (Milnesiidae), bis 1 mm; euryöker Kosmopolit; oft rein parthenognetische Populationen; wenn Männchen vorhanden, dann stets in der Minderzahl. Lebt räuberisch von animalischer Kost; auf Agar mit entsprechender Nahrung (Bakterien aus einem Heuaufguss, Rotatorien, Nematoden) relativ leicht zu kultivieren. Unter Kulturbedingungen Embryonalentwicklung 5–16 Tage; ab dem 12. Tag nach dem Schlüpfen können Weibchen Eier ablegen; maximale Lebensdauer unter Kulturbedingungen 58 Tage.

Fossiler Vertreter: †*Milnesium swolenskyi* (Milnesiidae), 350 µm. Vor etwa 90 Mio. Jahren in Bernstein (USA, New Jersey) eingeschlossen; bis auf geringfügig längere Krallen in allen erkennbaren Merkmalen mit *M. tardigradum* übereinstimmend.

Fossile Panarthropoda

Durch intensive Studien von Fossillagerstätten aus dem Frühen Paläozoikum wurden viele Taxa bekannt, die den Panarthropoda zugerechnet werden. Hierunter finden sich Fossilien mit wurmförmigem Körper und langen, röhrenförmigen segmentalen Extremitätenpaaren. Diese Taxa werden häufig informell als „Lobopodier" zusammengefasst. Manche Formen trugen lateral plattenartige, perforierte Sklerite (z. B. †Microdictyon sinicum), die bereits vor den ersten Funden der Körperfossilien aus Säurerückständen kambrischer Sedimente bekannt waren. Aufgrund des fehlenden Plattenskeletts wurden viele dieser Arten ursprünglich mit den Onychophora verglichen und fälschlicherweise als deren Stammlinienvertreter betrachtet. Es sind jedoch keine Synapomorphien bekannt, die diese Fossilien mit den rezenten Onychophoren teilen würden. Vielmehr stellen die auffälligen Ähnlichkeiten Symplesiomorphien dar, die von den Onychophoren aus dem Grundmuster der Panarthropoda übernommen wurden. Dazu gehören beispielsweise die homonome Körpersegmentierung, die ungegliederten Extremitäten, das fehlende Exoskelett sowie die Ringelung des Integuments. Höchstwahrscheinlich sind die Lobopodier eine paraphyletische Gruppierung, die diverse Stammlinienvertreter der Onychophora, Tardigrada, Arthropoda und/oder Panarthropoda mit einschließt. Eine genaue Zuordnung ist meist schwer, bedingt durch die oft unzureichende Erhaltung morphologischer Details.

Zu den bekanntesten Vertretern zählen z. B. †Aysheaia pedunculata und †Hallucigenia sparsa aus dem Burgess-Schiefer (Westkanada), †Onychodictyon ferox (Abb. 681) aus der Chengjiang-Fauna (Südchina) sowie †Xenusion auerswaldae aus Geschieben von Norddeutschland und †Orstenotubulus evamuellerae aus Schweden. Diese Arten stammen sämtlich aus marinen Sedimenten. Dagegen lässt sich das Ursprungshabitat der besonders Onychophoren-ähnlichen Art †Helenodora inopinata (Mazon-Creek, Chicago, USA) nicht genau bestimmen, da die Mazon-Creek-Fauna eine Mischung aus marinen, terrestrischen und Süßwasserorganismen darstellt.

Martin Stein, Kopenhagen, und Georg Mayer, Leipzig

Stammlinienvertreter der Arthropoda

Die Interpretation der Fossilfunde früher Stammlinienvertreter der Arthropoda wird oftmals durch deren unvollständige Erhaltung erschwert. Insbesondere ist die genaue phylogenetische Stellung mehrerer Taxa aus dem Kambrium und Ordovizium mit einem auffällig großen Paar frontaler Extremitäten (*frontal appendages*) und einer homonomen Reihe segmentaler Laterallappen kontrovers. Während einige dieser Arten den Lobopodiern ähneln, besitzen andere ein Kopfschild, Komplexaugen sowie gegliederte Frontalextremitäten. Einige Autoren sehen diese Taxa daher als Stammlinienvertreter der Arthropoda an, während andere zumindest die Anomalocarididen als Stammlinienvertreter der Chelicerata interpretieren. Auch die Morphologie dieser Tiere ist Gegenstand kontroverser Diskussionen. Beispielsweise werden die oftmals großen Frontalextremitäten einerseits als ein modifiziertes Extremitätenpaar des Okularsegments interpretiert, das zu den Onychophoren-Antennen homolog ist und das in der Stammlinie der Arthropoda entweder komplett verlorenging oder zum so genannten Labrum oder aber zu den kleinen Frontalfilamenten mancher Crustaceen reduziert wurde. Andererseits wird dieses Extremitätenpaar als deuterocerebral interpretiert, also dem Segment der ersten Antennen bzw. der Cheliceren der rezenten Arthropoden zugeordnet. Die Laterallappen werden entweder als Homologe der Arthropoden-Tergite oder aber als Derivate der äußeren Extremitätenäste (Exopodite) gedeutet. Funktionelle Interpretationen der Laterallappen als Kiemen sind rein spekulativ.

†Kerygmachela kierkegaardi aus dem Frühen Kambrium ist eine Lobopodier-ähnliche Art mit endständiger Mundöffnung, großen Frontalextremitäten und segmentalen Laterallappen. Dieser Art sehr ähnlich ist †Pambdelurion whittingtoni, ebenfalls aus dem Frühen Kambrium, von der Lobopoden-artige segmentale Extremitäten unterhalb den Laterallappen sowie ein sklerotisierter Mundring (*Peytoia*-Mund) bekannt sind. †Anomalocaris canaden-

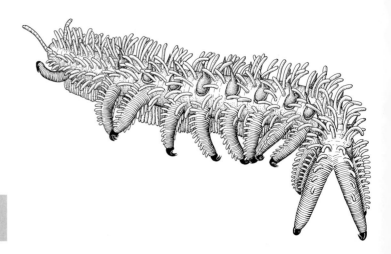

Abb. 681 †Onychodictyon ferox. Rekonstruktion. Chengjiang (Südchina) (Länge 60–70 mm). Frühes Kambrium. Original: J. Bergström, Stockholm.

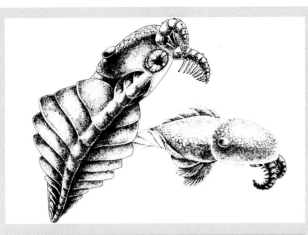

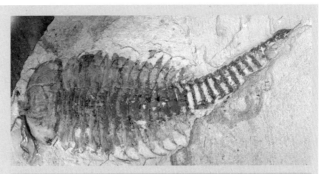

Abb. 683 †*Fuxianhuia protensa*. Chengjiang (Südchina). Frühes Kambrium. Original: J. Bergström, Stockholm.

Abb. 682 †*Anomalocaris canadensis*. Rekonstruktion; aus Gould (1989). Burgess-Schiefer (British Columbia). Mittelkambrium. Länge der Tiere ca. 60 cm.

sis (Abb. 682) ist ein Vertreter der Anomalocarididen aus dem Mittelkambrium mit einem Paar gegliederter Frontalextremitäten sowie einem stark sklerotisierten *Peytoia*-Mund. Abgesehen von den Frontalextremitäten und möglicherweise den Laterallappen fehlen bislang gesicherte Informationen über die Extremitäten der Anomalocarididen. Unter den Anomalocarididen gibt es besonders große Arten (bis über 1 m).

Über die späteren Stammlinienvertreter der Arthropoden herrscht mehr Einstimmigkeit. Aus dem Frühen Kambrium von China gibt es eine Reihe von Taxa mit ausgebildetem Plattenskelett. Die Tergite sind, wie bei den †Trilobita, die selbst aber Vertreter der Kronengruppe der Arthropoda sind (S. 488), entlang der Längsachse in einen erhabenen Axialbereich und lateral in ausladende Tergopleuren unterteilt. Sternite sind von diesen Taxa nicht bekannt, was aber erhaltungsbedingte Ursachen haben könnte. Die segmentalen Gliederextremitäten sind Spaltbeine und bestehen aus einem röhrenfömigen Hauptast mit 15–20 weitgehend gleichförmigen Gliedern. Eine Differen-

zierung in Basi- und Endopodit gibt es nicht, allerdings befindet sich lateroproximal ein paddelförmiger Exopodit. Der Kopf ist zweiteilig und besteht aus der Okularregion, die anterodorsal von einem Tergit bedeckt ist, und dem Segment der Antennen mit einem stark vergrößerten, nach hinten ausladenden Tergit, das die vorderen Rumpfsegmente überdeckt. Das Okularsegment trägt anteroventral ein Paar gestielter Augen. Die Antennen sind einästig und bestehen aus ca. 15 gleichförmigen Gliedern, ähnlich denen des Hauptastes der Rumpfextremitäten. Auf der Ventralseite befindet sich das Hypostom als sklerotisierte Platte mit der nach caudad gerichteten Mundöffnung am Hinterrand.

†*Fuxianhuia protensa* (Abb. 683) ist eine relativ gut bekannte Art (Länge 60–70 mm). Der Kopf ist Gegenstand beträchtlicher Kontroversen. Ursprünglich wurde außer den Antennen ein weiteres Extremitätenpaar beschrieben, das als subchelates Mundwerkzeug spezialisiert ist. Neuere Studien haben diese Struktur jedoch als ungegliedert und komplett von der Cuticula des Kopfschildes umschlossen beschrieben und als Darmdivertikel gedeutet. Der Rumpf ist in einen vorderen, beintragenden und einen hinteren, beinlosen Abschnitt unterteilt. Bei den ähnlichen Arten †*Shankouia zhenghei* und †*Chengjiangocaris longiformis* ist der Rumpf homonom gegliedert.

Arthropoda, Gliederfüßer

Die Arthropoda bilden das artenreichste Taxon innerhalb der Metazoa. Beschrieben sind ca. 1 Million Arten, Schätzungen gehen jedoch weit darüber hinaus. So sollen allein die Insekten 10–30 Millionen Arten umfassen. Neben den tatsächlich völlig unentdeckten Arten sind es auch molekularsystematische Befunde, die zeigen, dass viele bekannte ,Arten' tatsächlich Artenkomplexe darstellen. Neben den Insekten sind es insbesondere die Krebstiere, die eine außerordentliche Vielgestaltigkeit (Disparität), z. B. in der Körpergliederung, aufweisen. Der Ursprung der Arthropoden liegt im Meer, und bereits im Kambrium lag eine große Disparität vor. Der Landgang erfolgte mehrfach unabhängig, ebenso der Übergang in das Süßwasser. Heute haben Arthropoden fast alle Lebensräume erobert, einschließlich der Luft. Die kleinsten Arten bleiben unter einem Millimeter (Tantulocarida, Mystacocarida), auch die größten Vertreter finden sich innerhalb der Krebstiere; so können Hummer (*Homarus gammarus*) 60 cm Länge erreichen, und die Japanische Riesenkrabbe (*Macrocheira kaempferi*) mit einer Carapaxbreite von 45 cm kommt auf eine Beinspannweite von fast 4 m. Die größten fossilen Formen sind die †Eurypterida (Chelicerata) mit 1,80 m Körperlänge und die †Arthropleurida (Diplopoda) mit bis zu 2,60 m. Die karbonische Riesenlibelle †*Meganeura monyi* erreichte eine Flügelspannweite von 70 cm.

Zu den Arthropoda gehören die **Chelicerata, Myriapoda**, „**Crustacea**" und **Insecta**. Obwohl die Crustacea anhand ihrer 2 Paar Antennen leicht zu diagnostizieren sind, stellen sie vermutlich eine paraphyletische Einheit dar. „Crustacea" und Insecta werden heute als Tetraconata zusammengefasst; zusammen mit den Myriapoda bilden sie unserer Meinung nach die Mandibulata, denen die Chelicerata als Schwestergruppe gegenüber stehen (siehe S. 698A). Zu den Arthropoda gehören auch die ausschließlich paläozoischen †**Trilobita** sowie eine Reihe von krebsähnlichen Formen (vermutlich Stammlinienvertreter der Mandibulata) aus dem Kambrium Schwedens (Orsten Fauna).

Die Arthropoda sind ohne Zweifel monophyletisch. Einige Merkmale lassen sich relativ einfach aus dem Grundmuster der Panarthropoda ableiten (S. 454–456), andere stellen evolutive Neuerungen dar, für die es bei Onychophora und Tardigrada keine Entsprechungen zu geben scheint.

1. Die Cuticula gewinnt den Charakter eines **Exoskeletts**. Es gibt wenig, stark oder nicht sklerotisierte Bereiche, so dass ein Skelett aus einzelnen Platten entsteht. Hier lassen sich in jedem Segment eine dorsale Platte (Tergum, Tergit), eine ventrale Platte (Sternum, Sternit) und an den Seiten meist wenig skelerotisierte Pleura, in die feste Pleurite eingelagert sein können, unterscheiden. Zwischen den Segmenten befinden sich die Intersegmentalhäute, nicht sklerotisierte Abschnitte der Cuticula, die die Beweglichkeit der Segmente

gegeneinander ermöglichen bei Krümmung oder Ausdehnung des Körpers, z. B. bei der Nahrungsaufnahme. An den Extremitäten sind meist Gelenke mit Gelenkköpfen und Gelenkpfannen ausgebildet, die die Bewegungsrichtung ihrer Glieder bestimmen. Einstülpungen von Epidermis und Cuticula werden als Apodeme oder Endapophysen bezeichnet und dienen als Ansatzstellen der Muskulatur. Oftmals entsteht so ein regelrechtes Innenskelett, welches ektodermalen Ursprungs ist. Nur das Endoskelett der Chelicerata ist wahrscheinlich mesodermalen Ursprungs. An sehr beweglichen und stark beanspruchten Körperstellen ist die Cuticula durch ein gummiartiges Protein, das Resilin, gekennzeichnet. Es ist dem Naturkautschuk an Elastizität deutlich überlegen. Resilin gibt es wohl nur bei den Arthropoda und stellt damit möglicherweise eine Autapomorphie dieses Taxons dar. Insbesondere bei „Crustacea", aber auch bei Diplopoda und einigen Insekten können Kalkeinlagerungen (Calciumcarbonat, Calciumphosphat) auftreten. Durch den Kalk wird die Cuticula versteift und verstärkt, verliert aber an Elastizität. Vor der Häutung wird zumindest ein Teil des Kalkes resorbiert und für den Aufbau der nächsten Cuticula gespeichert.

2. Der **Kopf (Cephalon)** ist eines der bemerkenswerten Charakteristika der Arthropoda. Deutlich abgegrenzt ist er bei den Mandibulata. Bei vielen „Crustacea" kann er mit einer unterschiedlichen Anzahl von Rumpfsegmenten verschmolzen sein. Bei Chelicerata liegt, höchstwahrscheinlich sekundär, kein abgegrenzter Kopf vor. Der Kopf der Arthropoda ist offensichtlich durch einen Cephalisationsprozess entstanden, bei dem ursprüngliche Rumpfsegmente an den wohl schon bei dem Panarthropoda-Ahnen vorhandenen Kopf angeschlossen wurden. Die genaue Zusammensetzung ist bis heute umstritten (Tabelle 4). Unstrittig (besonders bei Mandibulata) ist die Existenz von (mindestens) 5 Segmenten, denen bei den „Crustacea" 1. und 2. Antennen, Mandibeln, sowie 1. und 2. Maxillen zugeordnet werden können; bei Myriapoda und Insecta fehlen die 2. Antennen (Abb. 654). Die 1. Antennen und ihr Neuromer (Deutocerebrum) liegen bei manchen Arten in frühen Entwicklungsstadien hinter dem sich einstülpenden Mund; erst im Laufe der weiteren Entwicklung verschieben sich der Mund und die Anlagen der 1. Antennen gegeneinander (auf die Auswirkungen für das Nervensystem wird weiter unten eingegangen). Aus diesen Beobachtungen ergibt sich, dass es sich bei den 1. Antennen um echte segmentale Anhänge handelt. Die Expression spezifischer Hoxgene erlaubt die Homologisierung des Chelicerensegments mit dem der 1. Antennen und des Pedipalpussegments mit dem der 2. Antennen. Die Segmente der Laufbeine 1–3 der Chelicerata werden damit denen der Mandibeln und der beiden Maxillen der Mandibulata homologisierbar. Dies ist früher anders gesehen worden. Zum Kopf gehört auch eine so genannte Okularregion, die wohl nicht segmentalen Charakter hat und vielfach auch als Acron

Stefan Richter, Rostock

Tabelle 4 Homologisierung der Kopfabschnitte, Gehirnteile und Extremitäten der Arthropoda. Wegen Praeantennalsegment und Labrum siehe Text, S. 475.

Kopfabschnitt	Gehirnteile	Extremitäten	Extremitäten	Extremitäten	Extremitäten	Extremitäten
		Chelicerata	†Trilobita	Myriapoda	„Crustacea"	Insecta
Acron - Okularregion	Protocerebrum					
Praeantennalsegment?		*Labrum?*	*Hypostom?*	*Labrum?*	*Labrum?*	*Labrum?*
	Deutocerebrum	Cheliceren	1. Antennen	1. Antennen	1. Antennen	1. Antennen
2. Kopfsegment	Tritocerebrum	Pedipalpen	1. Laufbeine	–	2. Antennen	–
3. Kopfsegment	Unterschlundganglion	1. Laufbeine	2. Laufbeine	Mandibeln	Mandibeln	Mandibeln
4. Kopfsegment	Unterschlundganglion	2. Laufbeine	3. Laufbeine	1. Maxillen	1. Maxillen	(1.) Maxillen
5. Kopfsegment	Unterschlundganglion	3. Laufbeine	4. Laufbeine	2. Maxillen (Labium)	2. Maxillen	Labium

bezeichnet wird. Bei den Onychophora trägt diese Region die Antennen, die damit nicht denen der Arthropoda homolog sind. Homologa der Onychophoren-Antennen sind möglicherweise die Frontalfilamente, die bei einigen „Crustacea" (Remipedia, Cirripedia, Branchiopoda) auftreten. Die Existenz eines so genannten Praeantennalsegments und damit 6. Kopfsegments zwischen Acron und 1. Antennensegment ist umstritten. Das Labrum (Oberlippe) stellt wohl eher eine Ausstülpung des Mundbodens dar und ist – trotz häufig paariger Anlage – keine verschmolzene Extremität dieses vermeintlichen Segments.

3. Es muss derzeit offen bleiben, ob die mehr oder weniger **homonome Segmentierung** des Rumpfes (wie z. B. bei Chilopoda und Remipedia) auch für das Grundmuster der Arthropoda angenommen werden kann. Bei den meisten Arthropoden sind mehrere Segmente zu **Tagmata** (Singular: Tagma) vereint, die jeweils größere Funktionseinheiten darstellen. Bei der Tagmabildung innerhalb der Arthropoda handelt es sich aber um einen offensichtlich komplexen und vielfach unabhängigen Prozess, der wesentlich von der Hoxgenaktivität bestimmt wird (Abb. 684). Relative Klarheit herrscht über die Tagmata der Chelicerata. Bei ihnen unterscheidet man

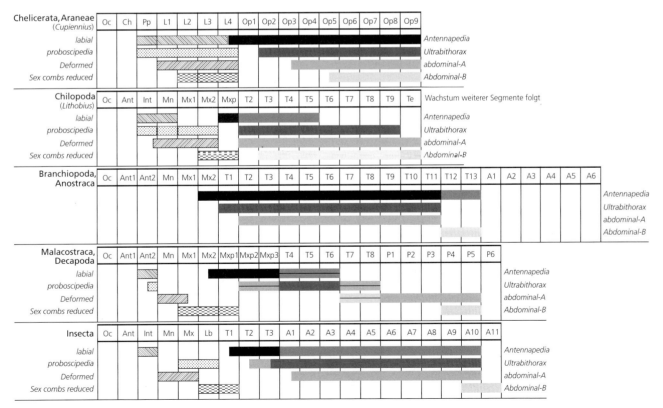

Abb. 684 *Hox*-Genexpression in den Körpersegmenten und Tagmata verschiedener Arthropoda. Nach verschiedenen Autoren.

Prosoma, das auch die Segmente des Kopfes beinhaltet, und Opisthosoma, die wohl bei allen Chelicerata homolog sind, aber nicht direkt mit Tagmata der Mandibulata verglichen werden können. Ebenso eindeutig stellt der 3-segmentige und Extremitäten tragende Thorax der Insecta, der bei allen Vertretern vorhanden ist, eine Autapomorphie dieses Taxons dar. Das Abdomen der Insecta besteht ursprünglich aus 11 Segmenten; diese Zahl ist aber bei vielen Insektengruppen reduziert bzw. Segmente sind verschmolzen. Am Abdomen befinden sich keine Laufbeine, wohl aber Extremitätenderivate, wie z. B. die Styli der Diplura und Archaeognatha, oder die Furcula der Collembola. Die Tagmatisierung bei den „Crustacea" ist vielgestaltig. Bei vielen so genannten „Entomostraca" (eine wahrscheinlich nicht-monophyletische Gruppierung verschiedener ‚niederer' Krebstiere) ist der Körper in Kopf (Cephalon), Thorax und Abdomen gegliedert. Der Thorax kann bei den „Crustacea" eine ganz unterschiedliche Anzahl von Segmenten umfassen (Abb. 824), einzelne können mit dem Kopf zu einem Cephalothorax verschmolzen sein. Die Thoraxsegmente tragen stets Extremitäten, während die des Abdomens stets extremitätenlos sind. Sofern an einzelnen Segmenten Derivate von Extremitäten zu finden sind (so an den Geschlechtssegmenten der Anostraca; S. 572), wären diese dann *per definitionem* dem Thorax zuzuordnen. Bei den Malacostraca ist der Thorax funktionell zweigeteilt, d. h. auch mit zwei unterschiedlichen Typen von Extremitäten versehen. Die Abschnitte können als Thorax I und Thorax II bezeichnet werden; Thorax II wird häufig auch Pleon genannt, oder aber das Pleon schließt das Telson mit ein (Abb. 824). Da der hintere Abschnitt ebenfalls beintragend ist, sollte der Begriff Abdomen, der in der taxonomischen Literatur auch bei Malacostraca noch häufig verwendet wird, besser vermieden werden. Diskutiert wird, ob das siebte, extremitätenlose Segment der Leptostraca (Malacostraca) (Abb. 896), den Rest eines Abdomens darstellt; weitere Segmente werden in der Entwicklung angelegt.

Die Ausbildung der Tagmata wird durch die Wirkung spezifischer Hoxgene bestimmt. Während *Antennapedia*, *Ultrabithorax* und *abdominal A* bei Anostraca gleichermaßen über den sich entwickelnden Thorax exprimiert werden, ist die Expression bei Insecta und Malacostraca regionalisiert. Das Abdomen der entomostracen Krebse weist keinerlei Hoxgenexpression auf und ist sicher nicht mit dem der Insekten zu homologisieren. In diesem Zusammenhang muss noch einmal betont werden, dass Segmentbildung und Ausbildung der Tagmata zwei unabhängige Prozesse sind. Der Zeitpunkt der Bildung (und damit die Position) eines bestimmten Segmentes determiniert nicht zwingend die Zugehörigkeit zu einem bestimmten Tagma. So gibt es bei den Anostraca neben den Arten mit 11 beintragenden (+ 2 Genitalsegmente) auch Arten mit 17 oder 19 beintragenden Segmenten (Abb. 840). Unabhängig von dieser unterschiedlichen Segmentzahl des Thorax schließt bei allen Anostraca das extremitätenlose und stets 6-segmentige Abdomen an. Das Abdomen ist damit höchstwahrscheinlich eine homologe Bildung, obwohl die an seiner Bildung beteiligten Segmente in der Zählung andere sind. Eine vergleichbare Trennung von Somitogenese (Segmentbildung) auf der einen und Differenzierung auf der anderen Seite ist bei den Craniota für die praesacrale Wirbelsäule, d. h. Hals-, Brust-, und Lendenwirbelsäule, beschrieben worden (Bd. II, S. 56).

4. Die **Gliederextremitäten** (**Arthropodien**) sind eines der

entscheidenden Schlüsselmerkmale der Arthropoden und dürften wesentlich zum evolutiven Erfolg dieser Gruppe bei-

getragen haben. Im Zusammenhang mit der Tagmabildung erfolgte eine vielfältige Spezialisierung der Extremitäten. Die Glieder (Podomere) werden aus festen sklerotisierten Röhren gebildet. Das proximale Glied ist in der Regel gelenkig mit dem Körper, die einzelnen Glieder miteinander durch weiche, nicht-sklerotisierte Bereiche der Cuticula verbunden. In der Regel ist die Bewegungsebene zwischen zwei Gliedern festgelegt, indem zwei gegenüberliegende Gelenkköpfe in die Gelenkpfannen des folgenden Gliedes eingreifen (dikondyles Gelenk). In den aufeinander folgenden Gelenken sind die Achsen aber meist gegeneinander versetzt, so dass die Beinspitzen sich in verschiedene Richtungen bewegen können. Die Glieder werden durch Muskeln bewegt: Beuger und Strecker, die im Körper oder in den proximalen Teilen der Glieder beginnen und deren Sehnen direkt hinter dem jeweiligen Gelenk ansetzen. Bei vielen Arachnida fehlen Strecker für bestimmte Beinglieder; hier erfolgt die Streckung durch einen erhöhten Hämolymphdruck. Die Zahl der Extremitätenglieder kann durch die Bildung unechter Gelenke vermehrt werden: Sie besitzen keine eigenen Muskelansätze, und die Muskeln ziehen durch diese Gelenke bis zum nächsten echten Gelenk (z. B. Untergliederung der Tarsen vieler Insekten oder der Exopoditen vieler Crustaceen).

Die Arthropodien lassen sich möglicherweise von den Lobopodien, wie sie rezent noch bei den Onychophora ausgeprägt sind, ableiten. Übereinstimmend ist die ventrolaterade Ausrichtung und dass nur die Spitzen der Beine den Boden berühren. Neben der Lokomotion war wohl auch eine respiratorische/osmoregulatorische Funktion bereits im Grundmuster der Arthropoden vorhanden. Wahrscheinlich gehört auch bereits eine Unterstützung der Nahrungsaufnahme zu den ursprünglichen Funktionen der Arthropodien.

Es wird angenommen, dass das ursprüngliche Arthropodium ein **Spaltbein** war und aus einem proximalen Protopoditen bestand, an dem distal ein äußerer Exopodit und ein innerer Endopodit ansetzte. Der Spaltbeincharacter ist deutlich erkennbar bei den Opisthosoma-Extremitäten der Xiphosura (Abb. 713) und den Extremitäten der meisten Crustaceen und Trilobiten. Bei Arachnida, Myriapoda und den Insekten wäre der Exopodit verloren gegangen. Bei Archaeognatha (Insecta) befinden sich an den Thoracopoden so genannte Styli, die den Exopoditen entsprechen sollen. Die Untergliederung der Extremitäten, inklusive die Benennung der Glieder, ist bei den Gruppen sehr verschieden (Abb. 685). Nur jeweils innerhalb engerer Verwandtschaftsgruppen, wie Insekten oder Malacostraca, sind sie sicher homologisierbar. Nach ihrer Form werden schließlich noch Stabbeine (Arachnida, Myriapoda, Insecta, viele „Crustacea") mit mehr oder weniger rundem Querschnitt sowie deutlich abgeflachte Blattbeine (Branchiopoda, Leptostraca, Cephalocarida) unterschieden; letztere sind Turgorextremitäten, d. h. die Streckung erfolgt durch Hämolymphdruck.

Eine weitere wichtige Frage ist die der seriellen Homologie (Homonomie) der Bestandteile der Extremitäten. Aus der Reihe der seriell homologen Extremitäten der Arthropoden fällt die 1. Antenne der Mandibulata heraus, da sie sich wohl bereits im Grundmuster der Arthropoda von den übri-

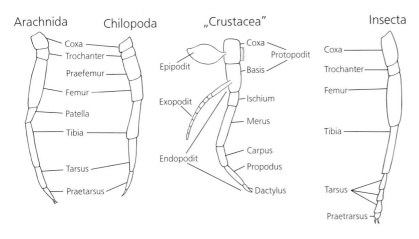

Arachnida   Chilopoda   „Crustacea"   Insecta

Coxa
Trochanter
Praefemur
Femur
Patella
Tibia
Tarsus
Praetarsus

Epipodit
Exopodit
Endopodit

Coxa
Protopodit
Basis
Ischium
Merus
Carpus
Propodus
Dactylus

Coxa
Trochanter
Femur
Tibia
Tarsus
Praetrarsus

Abb. 685 Schematisierte Stabbeine und ihre Untergliederung bei den wichtigsten Arthropoden-Taxa. Traditionelle, übereinstimmende Bezeichnungen der Beinglieder implizieren keine Homologie. Nach verschiedenen Autoren.

gen Extremitäten strukturell und funktionell unterschied. Eine Homologisierung ihrer Glieder mit denen der nachfolgenden Segmente erscheint nicht möglich, so dass sich alle weiteren Überlegungen auf die hinter der 1. Antenne liegenden Extremitäten beziehen.

Die früheren Vorstellungen beruhten auf der Annahme eines dreiteiligen Protopoditen aus Praecoxa, Coxa und Basis; jedes der drei Glieder soll einen Anhang getragen haben: Praeepipodit, Epipodit und Exopodit. Heute erscheint es wahrscheinlicher, dass der „Praeepipodit" mancher Malacostraca sich sekundär von dem ursprünglich einheitlichen Epipoditen (wie er z. B. bei der Leptostraca (Abb. 896) zu finden ist), abgespalten hat. Auch sonst gibt es keine überzeugenden Argumente für die ursprüngliche Existenz einer Praecoxa; dort, wo vergleichbare Strukturen vorhanden sind (einige Beine der Copepoda, Mystacocarida), lassen sie sich als sekundäre Erscheinungen deuten. Heute wird überwiegend ein einheitlicher Protopodit als ursprünglich angenommen (Abb. 686). Dies lässt sich aus den Beinen der †Trilobita (die aber vermutlich keine Stammlinienvertreter der Arthropoda, sondern der Mandibulata sind, (S. 488), aber auch aus der der Xiphosura (S. 498) ableiten. In der Stammlinie der Mandibulata bildete sich dann proximal dieses einheitlichen Protopoditen ein so genannter „Proximalendit", der sich bei verschiedenen Extremitäten zur Coxa differenzierte. Die Stammart der Kronengruppe der Mandi-

bulata soll lediglich an der 2. Antenne sowie der Mandibel eine ausgeprägte Coxa besessen haben. Das heißt, die Coxa an den postmandibulären Extremitäten wäre mehrfach konvergent innerhalb der „Crustacea" entstanden. So findet sich eine deutlich abgegliederte Coxa z. B. an den Thoracopoden der Eumalacostraca (Abb. 896). Dagegen besitzen z. B. die Branchiopoda einen Proximalenditen am ungegliederten Protopoditen (Abb. 846), der wahrscheinlich der Coxa von 2. Antenne und Mandibel seriell homolog ist. Die Interpretation der Extremitäten der Myriapoda und Insecta ist ungleich schwerer, da ein Exopodit fehlt. Zumindest für die Mandibel ist eine Homologie der Kaulade beider Taxa mit der der „Crustacea" jedoch sehr wahrscheinlich (siehe S. 542). Damit bestünde die Mandibel von Myriapoda und Insecta ausschließlich aus der Coxa, die zu der der Crustacea als homolog anzusehen wäre. Die 2. Antenne fehlt Insecta und Myriapoda vollständig, so dass ein Vergleich nicht möglich ist. Die Expression des Gens *dachshund* in der Beinentwicklung der Insekten und Vertretern der Malacostraca unterstützt die Existenz einer Coxa auch an den drei Beinpaaren der Insekten.

5. Das Nervensystem der Arthropoda besteht aus einem **Syncerebrum** (Gehirn) und einer ventralen Ganglienkette (Abb. 687). Das ursprüngliche Arthropoden-Syncerebrum bestand wohl aus zwei Anteilen, dem P r o t o c e r e b r u m und dem D e u t o c e r e b r u m; die frühere Annahme, dass ersteres aus

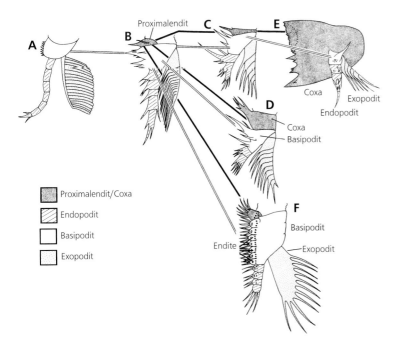

Proximalendit/Coxa
Endopodit
Basipodit
Exopodit

Proximalendit C E
B
A
D
Coxa
Exopodit
Endopodit
Coxa
Basipodit
F
Basipodit
Endite
Exopodit

Abb. 686 Hypothetische Evolution der Arthropoden-Spaltbeine nach Waloßek. **A** Grundmuster der Spaltbeine der Trilobita, mit Basipodit (früher „Coxa"), Endopodit und Exopodit (früher „Praeepipodit"). **B** Extremität eines Vertreters der Stammlinie der Crustacea aus dem Oberkambrium († *Martinssonia elongata*), mit Basipodit, Endo- und Exopodit und zusätzlichen, kleinen „Proximalenditen" an der Innenseite des Basipoditen. **C, D** 2. Antenne und Mandibel der Nauplius-Larve einer Seepocke (Cirripedia). Beide Extremitäten weitgehend gleich in Form und Größe von Coxa und Basipodit. **E** Adult-Mandibel als Beispiel einer Extremität, bei der der Proximalendit ladenartig ausgezogen und zu einem selbstständigen Glied, der Coxa, entwickelt ist. Basipodit, Endo- und Exopodit z. B. bei adulten Branchiopoda reduziert, bei Malacostraca als dreigliedrige Struktur erhalten. **F** Blattbein der Branchiopoda, mit stark verlängertem Basipodit, aber wie im Grundmuster mit kleinem Proximalendit. Original: D. Waloßek, Ulm.

einem dem Acron zugehörigen Archicerebrum und einem praeantennalen Prosocerebrum verschmolzen sein soll, bezieht sich auf die vermeintliche Existenz eines Praeantennalsegmentes (siehe oben). Unklar ist mit Blick auf die Onychophora auch, ob das Syncerebrum wirklich eine Verschmelzung zweier Ganglienpaare darstellt, oder eher nichtganglionärer Neuromere, was erklären könnte, warum eine exakte Trennung der vermeintlichen Gehirnganglien bisher in keinem Fall möglich ist. Sicher ist, dass bei Mandibulaten das Deutocerebrum dem Neuromer der 1. Antennen entspricht. Entgegen früheren Annahmen ist auch bei den Chelicerata ein Deutocerebrum vorhanden, das die Cheliceren innerviert (S. 493). Das Tritocerebrum, das Neuromer der 2. Antennen (bzw. der Pedipalpen der Chelicerata oder des Interkalarsegmentes der Myriapoda und Insecta), mag im Grundmuster der Arthropoda noch nicht Teil des Syncerebrums gewesen sein; bei Onychophora ist es nicht ganglionär, wohl aber bei Arthropoda. Bei einigen Crustaceen, wie den Branchiopoda, liegt es deutlich vom Proto- und Deutocerebrum getrennt. Die deutocerebrale Kommissur liegt zumindest mit ihren Hauptbestandteilen vor dem Oesophagus, die Kommissur des Tritocerebrums stets dahinter, auch dann, wenn das Tritocerebrum mit dem Proto- und Deutocerebrum eine feste Einheit bildet. Innerhalb der Chelicerata liegt nur bei Xiphosura das Tritocerebrum vor (bzw. oberhalb) dem Oesophagus. Beachtenswert ist in diesem Zusammenhang, dass der Prozess der Cephalisation und der Bildung eines dreiteiligen Syncerebrums keineswegs parallel verlaufen. Die 2. Antennen der Crustaceen sind zweifelsfrei Extremitäten des Kopfes, auch in den Fällen, in denen das Tritocerebrum nicht mit Deutocerebrum und Protocerebrum verschmolzen ist.

Das Gehirn vieler Arthropoda ist in verschiedene voneinander abgesetzte Assoziationszentren (Neuropile) untergliedert, denen sich eine oder mehrere spezifische Funktionen zuordnen lassen (Abb. 688, 689). Bei Mandibulata besitzt das Deutocerebrum ausgeprägte olfaktorische Loben, die aus zahlreichen, meist rundlichen Kompartimenten, den olfaktorischen Glomeruli oder Antennalglomeruli, zusammengesetzt sind. Diese stellen die primären Zentren des olfaktorischen Signalwegs dar, welche für die Verschaltung der chemosensorischen Nerven zuständig sind, die von olfaktorischen Sensillen der 1. Antennen kommen. Auch bei vielen Chelicerata treten olfaktorische Glomeruli auf, allerdings nicht immer im Deutocerebrum, sondern jeweils in dem Segment, das die olfaktorischen Sensillen trägt (Fühlerbeinsegment der Amblypygi, Malleolarsegment der Solifuga, Pektinalsegment der Skorpione). Des Weiteren finden sich im Deutocerebrum Zentren, die mechanosensorische Afferenzen der 1. Antennen empfangen. Bei den Crustaceen innervieren die 2. Antennen das Tritocerebrum, oftmals sowohl mit chemo- als auch meachosensorischen Eingängen. Überwiegen mechanosensorische Sinnesorgane (z. B. bei vielen Amphipoden und Isopoden), können auch im Tritocerebrum Neuropil-Kompartimente auftreten, die durch ihre geschichtete Anordnung jedoch von den olfaktorischen Glomeruli abweichen. Noch stärker als Deutocerebrum und Tritocerebrum ist jedoch das Protocerebrum kompartimentiert. Hierzu gehört zunächst das sekundäre Zentrum des olfaktorischen Signalwegs, das überwiegend die Weiterverarbeitung der von den olfaktorischen Glomeruli kommenden Reize übernimmt, jedoch oftmals auch visuelle und mechanosensorische (Sekundär-)Information erhält. Das sekundäre olfaktorische Zentrum der Chelicerata, Myriapoda und Insekten sind die so genannten **Pilzkörper**. Innerhalb der „Crustacea" sind es zum einen die etwas anders gestalteten Hemiellipsoidkörper der Remipedia und Malacostraca sowie zum anderen der ‚Multilobate Komplex' der Cephalocarida, der deutliche Übereinstimmungen zu den Pilzkörpern der zuvor genannten Arthropoda aufweist. Da eine Homologie dieser Strukturen (oder zumindest einiger ihrer Teile) wahrscheinlich erscheint, gehört ein sekundäres olfaktorisches Zentrum wohl in das Grundmuster der Arthropoda. Ob die Pilzkörper homolog zu sehr ähnlichen Strukturen im Gehirn der Annelida sind, wird diskutiert (Abb. 530, S. 363). Ebenfalls im Protocerebrum findet sich bei vielen Vertretern der Insecta und „Crustacea" der dreiteilige Zentralkomplex (Abb. 689), bestehend aus den beiden unpaaren Neuropilen Protocerebralbrücke und Zentralkörper sowie den paarigen ‚Lateralen Akzessorischen Loben', die auch bei Vertretern der Chilopoda zu finden sind. In das Grundmuster der Arthropoda (und wohl auch noch der Mandibulata) gehört wahrscheinlich nur ein einheitliches unpaares Neuropil (wie es z. B. bei Chelicerata oder Myriapoda vorkommt), aus welchem sich die o. g. Bestandteile differenziert haben mögen. Funktionell wird der Zentralkomplex als Kontrollzentrum für Lokomotion und Navigation angesehen sowie im Zusammenhang mit der Analyse von Polarisationsrichtung des Lichtes diskutiert. Zum Protocerebrum der Pterygota und Malacostraca gehört schließlich noch ein optischer Lobus mit bis zu vier Sehganglien, die von außen nach innen als *Lamina*, *Medulla* und *Lobula* und Lobula-Platte bezeichnet werden. In die beiden äußeren Neuropilen münden bei den genannten Taxa die Axone der Retinulazellen der Komplexaugen.

An das Syncerebrum (bzw. das Tritocerebrum, wenn dieses nicht mit Proto- und Deutocerebrum verschmolzen ist) schließen sich die Ganglien der Mandibeln und der beiden Maxillenpaare an, die oft ein einheitliches Unterschlundganglion bilden. Ein derartiges kompaktes Unterschlundganglion fehlt aber z. B. den Mystacocarida und Branchiopoda. Bei den Chelicerata besteht das Unterschlundganglion aus den Ganglien des Pedipalpen (Ausnahme Xiphosura), der

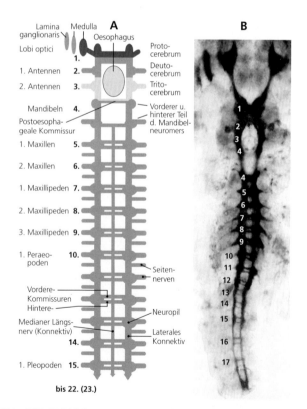

Abb. 687 Strickleiternervensystem eines Arthropoden **A** Schema („Crustacea", Malacostraca). **B** Immunhistochemische Darstellung mit Anti-Synapsin in einem Embryo der Garnele *Palaemonetes argentinus* (Crustacea, Decapoda). Verändert aus Harzsch (2003).

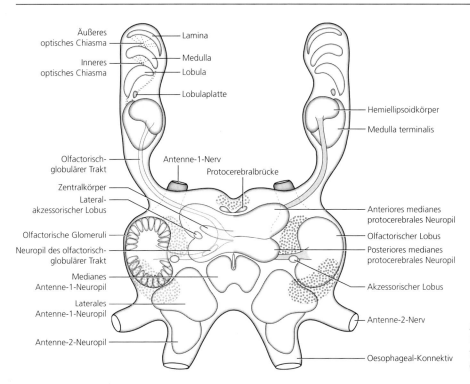

Abb. 688 Gehirn eines decapoden Krebses mit den verschiedenen Funktionszentren. Original: M. Kenning, Greifswald.

vier Laufbeine und einer unterschiedlichen Anzahl von Opisthosoma-Neuromeren. Bei Araneae, Amblypygi, Pseudoscorpiones und Acari sind alle Neuromere an der Bildung des Unterschlundganglions beteiligt. Bei den Mandibulata

schließt sich die ventrale Nervenkette an, das Strickleiternervensystem (Abb. 687). Dabei befinden sich in jedem Segment ein Paar Ganglien, die durch quer verlaufende Kommissuren (meist zwei) miteinander verbunden sind. Die

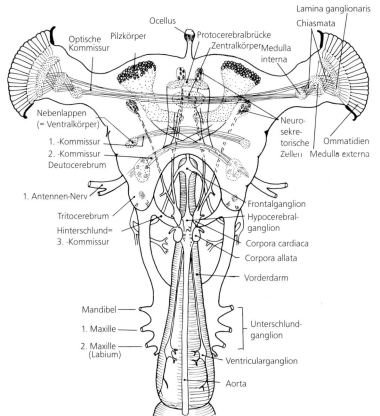

Abb. 689 Zentralnervensystem der Insekten mit Komplexaugen. Dorsalansicht mit den wichtigsten Verschaltungszentren der Gehirnabschnitte. Nach Weber (1933).

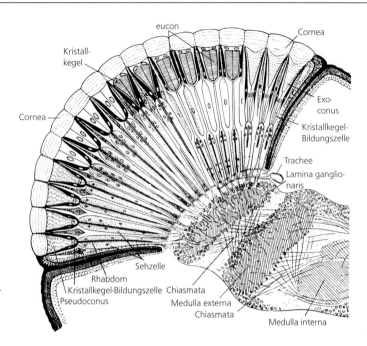

Abb. 690 Komplexauge der Insekten. Längsschnitt. In den verschiedenen Augenregionen sind die verbreiteten Kristallkegeltypen eingezeichnst. Obere Ommatidienreihe zeigt Superpositionsaugen, die untere Appositionsaugen. Verändert nach Weber (1933).

Ganglien benachbarter Segmente werden durch längsverlaufende Konnektive verbunden.

Von diesem Muster finden sich regelmäßig Abweichungen, so sind die Ganglien eines Segmentes häufig miteinander verschmolzen, jedes der ursprünglichen Ganglien wird dann als Hemiganglion bezeichnet. Kommissuren zwischen den Hemiganglien können fehlen. Neben den beiden Hauptsträngen der ventralen Nervenkette können weitere längsverlaufende Neuritenbündel treten, so ein medianes bei den Insekten zur Versorgung der Stigmen (Abb. 963A), aber auch bei Crustaceen mit noch unbekannter Funktion. Bei Mystacocarida treten sogar drei weitere Neuritenbündel auf, neben dem unpaaren medianen auch zwei dorsolateral gelegene, die den gesamten Rumpf durchziehen. Solche Vielzahl von anterior-posterior ziehende Stränge lassen die Herkunft des Strickleiternervensystems von einem Orthogon noch deutlich erkennen.

6. In das Grundmuster der Arthropoda gehören als Lichtsinnesorgane 1 Paar laterale **Komplexaugen** (Facettenaugen) sowie 2 bis 4 **Medianaugen**. Komplexaugen bestehen aus zahlreichen Einzelaugen (Ommatidien), besitzen aber eine gemeinsame basale Matrix (Abb. 690). Meist befinden sich interommatidiale Pigmentzellen zwischen den Ommatidien. Die Ommatidienzahl reicht von einigen wenigen bis zu vielen Tausend, bei einigen Libellen sogar bis zu 30 000. Die langgestreckten, kegelförmigen Ommatidien bilden in ihrer Gesamtheit eine einheitliche, konvexe Oberfläche. Da die Ommatidien in unterschiedliche Richtungen weisen, ergibt sich auch ohne Bewegung des Kopfes ein großes Sichtfeld (Abb. 691); bei vielen „Crustacea" stehen die Komplexaugen zusätzlich auf beweglichen Stielen. Wasserflöhe besitzen ein durch sechs Muskeln bewegliches verschmolzenes Komplexauge (Abb. 850). Typische Komplexaugen finden sich bei Insecta, „Crustacea", Xiphosura, Scutigeromorpha (Chilopoda) sowie den †Trilobita (Abb. 715, 717) und †Eurypterida. Die Annahme, dass es sich bei Lateralaugen der Scutigeromorpha um sekundäre Bildungen, so genannte Pseudofacettenaugen, handelt, kann heute nicht mehr aufrecht erhalten werden. Am plausibelsten ist die Annahme, dass Komplexau-

gen vom Grundmuster der Arthropoda in das Grundmuster der Chelicerata und Mandibulata übernommen wurden. Innerhalb der rezenten Chelicerata besitzen nur die marinen Xiphosura Komplexaugen; bei den terrestrischen Arachnida sind diese zu maximal 5 Einzelaugen aufgelöst. „Crustacea" und Insecta besitzen in den meisten Fällen Komplexaugen, sie fehlen aber vielen Gruppen, z. B. Mystacocarida, Copepoda, Cephalocarida und Remipedia innerhalb der „Crustacea" sowie Protura und Diplura innerhalb der Insekten.

Eine häufig zu beobachtende Abwandlung stellt der Zerfall der Komplexaugen in Gruppen von Ommatidien mit anschließender Fusionierung oder anderweitigen strukturellen Modifikationen dar (Arachnida, Diplopoda, Chilopoda, Collembola, Lepismatidae (Zygentoma), Siphonaptera, Mallophaga, Anoplura, Coccina, einige Psocoptera sowie die meisten Larvalaugen der holometabolen Insekten). Bei Insektenlarven werden diese Augen Stemmata genannt; bei holometabolen Insekten werden sie stets in der Puppenphase abgebaut und in der Imaginalphase durch echte Komplexaugen ersetzt. Nur bei eini-

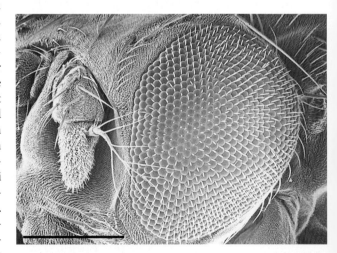

Abb. 691 Diptera, Brachycera, *Drosophila* sp. (Drosophilidae), Komplexauge und Antenne. Maßstab 200 µm. Original: W. Arens, Bayreuth.

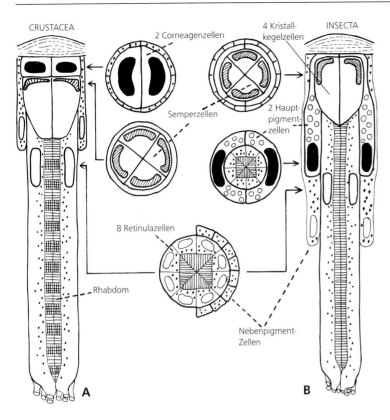

Abb. 692 Schematisierte Ommatidien, Längsschnitte mit Querschnitten aus verschiedenen Ebenen. **A** „Crustacea". **B** Insecta. Beide Typen lassen sich Zelle für Zelle homologisieren: 2 Corneagenzellen (Kerne schwarz) bei Crustaceen entsprechen 2 Hauptpigmentzellen bei den Insekten; Kristallkegel aus 4 Semperzellen; primär 8 Retinulazellen bei beiden Taxa, die bei Crustaceen ein sog. geschichtetes Rhabdom bilden. Letzteres findet sich auch bei einigen Insekten. Original: H. Paulus, Wien.

gen hemimetabolen Insekten (Blattläuse) bestehen beide Augentypen nebeneinander.

Die in den Komplexaugen zusammengefassten Ommatidien haben eine eigene evolutive Entwicklung genommen. Diese zeigen zwischen Crustaceen und Insekten eine Vielzahl von Übereinstimmungen (Abb. 692), während die Ommatidien von Scutigeromorpha und Xiphosura sich von den ersten beiden Gruppen unterscheiden. Allen gemeinsam sind rhabdomere Photorezeptorzellen (Retinulazellen), Cornea-sezernierende Epithelzellen und interommatidiale Pigmentzellen. Crustacea und Insecta besitzen (in ihrem jeweiligen Grundmuster) Ommatidien, die in vielen Details übereinstimmen und wie folgt zusammen gesetzt sind: (1) zwei Cornea-sezernierende Zellen, die bei Crustacea pigmentfrei sind (Corneagenzellen), bei Insekten aber Pigmente enthalten (Hauptpigmentzellen); (2) ein Kristallkegel, der von vier Semperzellen sezerniert wird (Tetraconus), deren Zellkerne distal, d. h. direkt unterhalb der Cornea liegen und deren proximale Ausläufer zwischen den Retinulazellen zur basalen Matrix hinab ziehen; Cornea und Kristallkegel bilden meist den lichtbrechenden dioptrischen Apparat; (3) acht Retinulazellen, die in ihrem Zentrum ein meist einheitliches R h a b d o m, die eigentlich lichtleitende Struktur, bilden. Das Rhabdom wird aus regelmäßig gepackten und senkrecht zum Lichteinfall verlaufenden Mikrovillisäumen (Rhabdomere) gebildet. Das Rhabdom ist meist aus mindestens zwei (bei vielen Malacostraca und Archaeognatha aus mehreren) orthogonal gegeneinander versetzten Schichten aufgebaut („Bänderrhabdom"). Die Ommatidien sind durch Schirmpigmente in den Retinulazellen, aber auch durch interommatidiale Pigmentzellen optisch voneinander isoliert.

Von diesem ursprünglichen Muster gibt es innerhalb der beiden Taxa zahlreiche Abwandlungen. Branchiura und Cirripedia-Larven besitzen an der Position der pigmentlosen Corneagenzellen zwei pigmenttragende Zellen, während Ostracoda neben diesen auch noch ‚echte' Corneagenzellen besitzen, die Homologieverhältnisse zu den Hauptpigmentzellen der Insekten also unklar bleiben. Der Kristallkegel kann auch aus 2 (Ostracoda), 3 (Cirripedia-Larven, Larven der Trichoptera und Lepidoptera) oder 5 (Spinicaudata, Cyclestherida, Cladocera) Kristallkegelzellen gebildet sein. Bei Anaspidacea, Euphausiacea und Peracarida sind 2 große und 2 kleine Kristallkegelzellen vorhanden, meist bilden nur die beiden großen den Kegel. Bei Insekten bezeichnet man den Kristallkegel in Abhängigkeit von seiner Ausbildung als eucon (Kegelsubstanz innerhalb der Zellen, wie bei den „Crustacea"), pseudocon (Substanz außerhalb der Zellen) oder acon (ohne echten Kristallkegel). Bei einigen Käfern übernimmt eine zapfenartige Verlängerung der Cornea die Funktion des Kristallkegels (exocon). Bei einigen Insekten (z. B. Heteroptera, Diptera) gibt es so genannte offene Rhabdome, bei denen die Rhabdomere isoliert stehen; die Zahl der Retinulazellen kann abgewandelt sein, bei einigen Käfern können bis zu 22 Retinulazellen vorhanden sein.

Bei Scutigeromorpha (Abb. 795) sind die Verhältnisse abweichend; so variieren die Anzahl der einzelnen Bestandteile innerhalb des Komplexauges. Jedes Ommatidium enthält 8–10 Cornea-sezernierende Hauptpigmentzellen. Das Rhabdom ist zweischichtig und besteht aus 9–12 distalen und 4 proximalen Retinulazellen. Die Ommatidien werden von 14–16 interommatidialen Pigmentzellen voneinander getrennt. Am bemerkenswerten ist der Kristallkegel, dessen genauer Aufbau erst in jüngster Zeit aufgeklärt werden konnte. Im Zentrum des Auges werden die Kristallkegel von vier Kristallkegelzellen gebildet, an der Peripherie auch von einer abweichenden Anzahl von Kegelzellen. Die Somata mit ihren Zellkernen befinden sich proximal statt distal wie bei den meisten „Crustacea", was früher dazu geführt hat, sie als Stützzellen zu missdeuten. Eine besonders auffällige Besonderheit der Kegelzellen von *Scutigera* ist, dass sie sich nach distal gabelig verzweigen (2 pro Kegelzelle), so dass die Kegel aus insgesamt acht Kompartimenten zusammengesetzt sind. Ob der Kristallkegel auch bei Scutigeromorpha eine lichtbrechende Funktion hat, ist umstritten, für eine Homologisierung mit dem der „Crustacea" und Insecta aber nachrangig. Auch bei den Penicillata (Diplopoda) finden sich Reste von (dreiteiligen) Kristallkegeln.

Den Xiphosura (Abb. 715) fehlt ein Kristallkegel, hier erfolgt die Lichtbrechung allein durch die zapfenartig nach innen verlängerte Cornea. Die Anzahl der Pigmentzellen und der Retinulazellen (4–20) ist variabel. Die Existenz eines Kristallkegels unterstützt deutlich die Monophylie der Mandibulata; darüber hinaus kann die weitgehende Konstanz der Zellzusammensetzung der Ommatidien als Argument für die Monophylie der Tetraconata angeführt werden.

Komplexaugen stellen sehr leistungsfähige Lichtsinnesorgane dar. Ihr Auflösungsvermögen hängt insbesondere von der Anzahl der Ommatidien und deren Öffnungswinkel ab. Grundsätzlich können zwei Funktionstypen des Komplexauges unterschieden werden: Appositionsauge und Superpositionsauge. Bei Appositionsaugen grenzen die Rhabdome unmittelbar an die Kristallkegel, durch einen Pigmentschild kommt es zur vollständigen Isolierung der einzelnen Ommatidien. Das Rhabdom jedes Ommatidiums erhält also nur das Licht, welches durch den eigenen Kristallkegel gesammelt wurde. Der von einem bestimmten Punkt ausgehende Lichtreiz wird also nur von einem Ommatidium wahrgenommen. Aus den Einzelbildern wird vermutlich erst im optischen Lobus ein Gesamtbild zusammengesetzt. Das Problem der geringen Bildhelligkeit ist bei Superpositionsaugen gelöst. Hier ist lokal der Schirmpigmentmantel zwischen den Retinulazellen benachbarter Ommatidien weitgehend aufgelöst, es entsteht eine so genannte Klarzone. Jedes Rhabdom kann so die Lichtstrahlen weiterer benachbarter Ommatidien empfangen. Superpositionsaugen finden sich insbesondere bei nachtaktiven Insekten und bei Malacostraca des Pelagials (Euphausiacea, Garnelen, Mysida). Bei vielen Decapoda (Garnelen, Langusten, Hummer, Flusskrebse) tritt eine weitere Besonderheit hinzu: Sie besitzen eine Spiegelsuperpositionsoptik; die Kristallkegel sind wie auch die Corneafacetten quadratisch. An den geraden Innenseiten der Kristallkegel erfolgt dann eine mehrfache Spiegelung des Lichts (im Gegensatz zur Lichtbrechung bei den meisten Kristallkegeln) und an der proximalen Kegelspitze schlussendlich eine Streuung auf benachbarte Ommatidien. Superpositionsaugen haben sich mehrfach unabhängig voneinander evolviert, auch die Rückevolution zu Appositionsaugen ist wahrscheinlich.

Der zweite Augentyp der Arthropoden sind die **Medianaugen**. Sie projizieren in den anterior-medianen Teil des Protocerebrums (bei Crustaceen Naupliusaugenzentrum genannt). Bei den Araneae werden sie zu Hauptaugen. Bei Crustaceen bilden sie ein meist einheitliches Naupliusauge, bei den Insekten werden die Medianaugen Stirnocellen genannt. Myriapoden fehlen die Medianaugen vollständig. Die ursprüngliche Anzahl ist umstritten. Für die Zahl 4 spricht das Vorkommen bei Xiphosura, wobei zwei allerdings weit-

gehend reduziert sind, und Pantopoda sowie bei Collembola. Innerhalb der Crustacea sind es lediglich die Phyllopoda, bei denen 4 Medianaugen das Naupliusauge bilden. Deren Schwestergruppe, die Anostraca, besitzen wie die übrigen Crustacea nur ein Naupliusauge aus 3 Medianaugen. Alternativ werden 3 Medianaugen als ursprünglich diskutiert, wie sie nicht nur bei den meisten Crustacea, sondern auch bei Archaeognatha, Zygentoma und Pterygota auftreten. Neuerdings werden die beiden Lateralaugen der Onychophora mit den Medianaugen der Arthropoda homologisiert und damit nicht als Vorläufer der Komplexaugen angesehen, was für das Grundmuster der Arthropoda nur 2 Medianaugen vermuten ließe. Darauf könnte auch die Existenz von nur 2 Medianaugennerven bei Xiphosura und Pantopoda hinweisen. Eventuell sind 4 Medianaugen für das Grundmuster der Chelicerata und 3 Medianaugen für das Grundmuster der Tetraconata (oder Mandibulata) anzusetzen.

Das Naupliusauge der Crustaceen stellt eine Funktionseinheit dar (Abb. 693). Entweder 3 oder 4 Medianaugen sind (bis auf wenige Ausnahmen) aneinandergerückt, voneinander aber durch Pigmente getrennt. Bei Branchiopoda und Maxillopoda tritt zusätzlich ein Tapetum auf, welches sich zwischen beiden Gruppen aber deutlich unterscheidet. Vereinzelt treten cuticuläre Linsen hinzu. Das Naupliusauge tritt bereits bei den Naupliuslarven auf (Abb. 834) und stellt dort das einzige Lichtsinnesorgan dar. Adult ist es das einzige Auge der Copepoda, Cirripedia und der podocopinen Ostracoda. Vollständig fehlt das Naupliusauge den Mystacocarida, Cephalocarida, Remipedia sowie einigen Malacostraca. Die Trennung der Medianaugen durch eine Pigmentschicht ermöglicht einfaches Richtungssehen. Die Existenz von Linsen bei einigen Arten spricht dafür, dass dort auch einfache Formenerkennung möglich sein sollte. Viele Crustaceen besitzen weitere lichtempfindliche Strukturen, die meist als Frontalorgane bezeichnet werden. Ihre Zusammenfassung mit den Naupliusaugen als Frontalaugen erscheint nicht gerechtfertigt, da die Frontalorgane im engeren Sinne keine Augen darstellen, da ihnen Pigmente fehlen. Bei vielen Crustacea (z. B. Branchiopoda, Malacostraca) kommen dorsale und/oder ventrale Frontalorgane vor, die gemeinsam mit dem Naupliusauge in das Naupliusaugenzentrum projizieren.

7. Auch spezifische **Sensillen** sind eine Besonderheit (Autapomorphie) der Arthropoda (Abb. 694). Der terminale dendritische Fortsatz ihrer Sinneszellen stellt eine modifizierte Cilie (Stereocilie) dar, in der stets die beiden zentralen Tubuli fehlen ($9 \times 2 + 0$-Muster). Sie erfüllen unterschiedliche Funktionen als Chemo-, Thermo-, Hygro- und Mechanorezeptoren. Dabei können Sensillen entweder nur eine Sin-

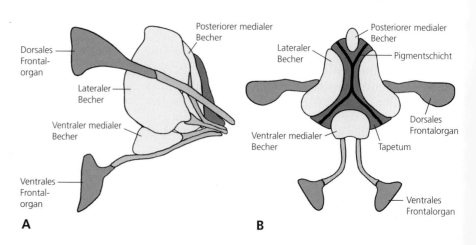

Abb. 693 Naupliusauge und Frontalorgane des Muschelschalers (Laevicaudata) *Lynceus tatei*. **A** Lateralansicht. **B** Frontalansicht. Verändert nach Reimann und Richter (2007).

Dorsales Frontalorgan

Posteriorer medialer Becher

Lateraler Becher

Ventraler medialer Becher

Ventrales Frontalorgan

A

Posteriorer medialer Becher

Lateraler Becher

Pigmentschicht

Ventraler medialer Becher

Dorsales Frontalorgan

Tapetum

Ventrales Frontalorgan

B

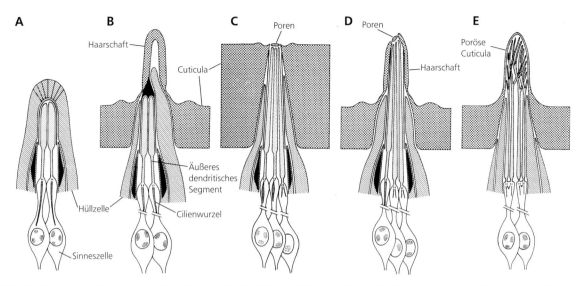

Abb. 694 Epitheliale Sensillen-Typen bei Crustacea. Primäre (bipolare) Sinneszellen mit ciliären Rezeptoren. Stark schematisiert. Cuticula dicht punktiert, äußere dendritische Segmente wenig punktiert, Hüllzellen schräg schraffiert. Entsprechende Sinnesorgane kommen auch bei Arachniden und Antennaten vor. **A** Scolopidium, in die Tiefe versenkte Haarsensille. **B** Haarsensille mit beweglichem Haarschaft und mechanorezeptorischen Sinneszellen. **C** Trichterkanal-Sensille innerhalb der Cuticula; bimodal, mit mechano- und chemorezeptorischen Sinneszellen. **D** Bimodale Haarsensille mit beweglichem Haarschaft, mechano- und chemorezeptorischen Sinneszellen und terminalen Poren. **E** Aesthetask, Haarsensille mit poröser Cuticula; Schaft unbeweglich; äußere, dendritische, chemorezeptorische Segmente verzweigt. Originale: M. Schmidt und W. Gnatzy, Frankfurt.

nesleistung erbringen (unimodal) oder häufig auch zwei verschiedene Sinnesmodalitäten verarbeiten (bimodal). Chemorezeptorische Sensillen besitzen meist eine dünne, häufig von feinen Poren durchbrochene Wand, an deren Innenseite die ciliären Außenglieder der Rezeptorzellen als feine dendritische Schläuche verlaufen (Abb. 694). Solche *sensilla basiconica* (bei Krebsen auch als Aesthetasken bezeichnet) finden sich z. B. in besonderer Konzentration auf den vom Deutocerebrum innervierten 1. Antennen der Mandibulata. Mechanorezeptoren sind meist einfache, beweglich in der Cuticula verankerte Borsten. Spezielle Bildungen stellen die Trichobothrien dar, deren sehr leicht bewegliche Borsten in becherförmigen cuticulären Einsenkungen stehen (Abb. 722E–G). Ihre Funktion liegt in der Wahrnehmung feinster Luftbewegungen. Sie sind bei Arachnida, Progoneata und Insecta sicher unabhängig im Zusammenhang mit der Besiedlung des Landes entstanden. Eine weitere Umbildung stellen die Scolopidien dar (Abb. 694A, 964). Hier stehen die Rezeptorzellen in Verbindung mit versenkten Epidermiszellen; ihr apikaler Teil wird von der cuticulären Kappe einer Stiftzelle (Stift = Scolops) umgeben. In dieser spezifischen Form sind sie nur bei „Crustacea" und Insecta verbreitet. Scolopidien liegen oft in Körperregionen mit beweglichen Teilen (zwischen Rumpfsegmenten, Extremitätengliedern). Gelegentlich treten sie zu komplexen Chordotonalorganen zusammen (Abb. 1011B), die Druck-Zug-Spannungen und Vibrationen wahrnehmen. Stiftsinneszellen sind auch bei den Gehörorganen der Insekten (Tympanalorgane) vertreten, bei denen die an einem Trommelfell (Tympanum) anliegenden Stifte Vibrationen wahrnehmen können. Tympanalorgane treten nur bei Insekten an verschiedenen Körperregionen auf. Auf die Arachnida beschränkt sind die Spaltsinnesor-

gane, in die Cuticula versenkte längliche Spalten mit Sinneszellbesatz (Abb. 722A). Sie treten in Gruppen von Einzelspalten (nur Scorpiones) oder als funktionelle Gruppierungen (Lyraförmige Organe) (Abb. 722B, D) auf (alle übrigen Arachnida).

8. Das **Kreislaufsystem** der Arthropoda ist offen, d. h. es gibt keine Trennung von Körperflüssigkeiten, so dass nur eine

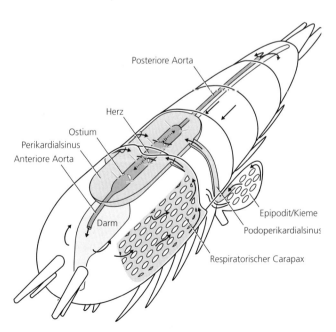

Abb. 695 Schema des Kreislauf- und Respirationssystems eines Krebses der Malacostraca. Original: C.S. Wirkner, Rostock.

einheitliche Hämolymphe existiert (Abb. 695). Es besteht aus dem vaskulären Gefäßsystem und dem in Spalten zwischen den Organen und der Muskulatur verlaufenden Lakunensystem. Zum Gefäßsystem gehören ein dorsales Herz sowie vom Herzen wegführende Arterien. Das lakunäre System ergänzt vereinzelt das arterielle System, kanalisiert aber wesentlich die Hämolymphe beim Rückfluss zum Herzen, zunächst in einen das Herz umgebenden Perikardialsinus. Echte Venen fehlen. Die Hämolymphe gelangt aus dem Perikardialsinus durch ursprünglich segmentale Spalten, die Ostien, wieder in das Herz. Die Ausdehnung des Gefäßsystems im Grundmuster der Arthropoda ist schwer zu beurteilen. Die Onychophora besitzen nur ein einfaches dorsales Ostienherz ohne weitere Gefäße. Möglicherweise sind komplexe arterielle Systeme innerhalb der Arthropoda mehrfach konvergent entstanden.

Das **dorsale Herz** durchzieht ursprünglich wohl den gesamten Rumpf, wie bei den Myriapoda und Stomatopoda, wird aber bei verschiedenen Gruppen auf bestimmte Körperregionen verkürzt. Bei den Chelicerata ist es meist auf das Opisthosoma beschränkt (Ausnahme Xiphosura), bei den Insecta auf das Abdomen, bei den meisten Malacostraca (mit Ausnahme der Stomatopoda und der meisten Isopoda) auf den Thorax. Kompakt und globulär ist das Herz bei Decapoda und Euphausiacea. Das Herz ist ventral mit dem Perikardialseptum und dorsal mit der Körperwand elastisch verbunden. Durch Kontraktion der aufgrund ihrer Form so genannten seitlichen Flügelmuskeln weitet sich bei der Diastole das Lumen des Herzens, durch Unterdruck gelangt damit die Hämolymphe aus dem Perikardialsinus in das Herz (Abb. 962A). Durch neuronale Kontrolle werden dann die Ostien geschlossen und die Systole beginnt durch Kontraktion des Herzens. Sobald der Druck innerhalb des Herzes den in den abgehenden Gefäßen übersteigt, öffnen sich die Herzklappen zwischen Herz und angrenzenden Gefäßen und die Hämolymphe gelangt in die Gefäße. Die Klappen verhindern bei der Diastole den Rückfluss der Hämolymphe in das Herz.

Das **Gefäßsystem** ist unterschiedlich differenziert. Bei den meisten Gruppen existiert zumindest eine anterior vom Herzen abgehende Aorta, oft auch eine posteriore Aorta. Bei Stomatopoda existieren weitere vom Herzen abgehende Seitengefäße, die das dorsale Herz mit einem ventralen, unterhalb des Nervensystems liegenden Ventralgefäß verbinden. Bei Anaspidacea, Mysidacea, Euphausiacea und Decapoda (alle Malacostraca) ist es eine meist unpaare *Arteria descendens*, die die Verbindung herstellt. Das Ventralgefäß versorgt nicht nur das Nervensystem, sondern häufig auch die Extremitäten. Seitengefäße zur Versorgung innerer Organe, wie Gonaden und Darm existieren aber auch bei verschiedenen Crustacea ohne Ventralgefäß. Bei Chilopoda verbindet ein Mandibulargefäßring das Herz mit einem oberhalb des Nervensystems liegenden Ventralgefäß. Viele Chelicerata besitzen ein sehr differenziertes arterielles Gefäßsystem im Prosoma zur Versorgung der Extremitäten und des Nervensystems. Verschiedentlich, insbesondere bei Insecta und Malacostraca, treten akzessorische Herzen auf.

Die Hämolymphe kann mindestens 7 verschiedene Typen von Hämocyten enthalten, die jedoch im wechselnden Umfang bei verschiedenen Taxa vorhanden sind. Die respiratorischen Farbstoffe sind nicht an Blutzellen gebunden. Es treten insbesondere Hämocyanin, Hexamerin (vor allem Insecta) und selten Hämoglobin (rote Chironominden-Larven, viele entomostrace „Crustacea") auf. Hämocyanin bindet Sauerstoff stärker als Hämoglobin.

9. Bei den ursprünglichen, marinen Arthropoda ist das Kreislaufsystem eng mit dem **Respirationssystem** gekoppelt. Das Hämolymphgefäßsystem transportiert die respiratorischen Gase, Sauerstoff und Kohlendioxid, zu den Zielorganen bzw. von diesen zu den Atemorganen. Spezifische Atemorgane sind bei Xiphosura die Buchkiemen an den Außenästen der Opisthosoma-Extremitäten (Abb. 714C) sowie bei Crustacea überwiegend Anhänge der Extremitäten (Epipodite bei Malacostraca und Branchiopoda). Aber auch der Carapax vieler Crustacea stellt ein bedeutendes Atemorgan dar. Häufig findet auch Osmoregulation an den gleichen Organen wie die Atmung statt. Da Osmoregulation und Respiration unterschiedlicher Epithelien bedürfen, findet regelmäßig auch eine Regionalisierung beider Funktionen statt; so dient z. B. bei Anaspidacea einer der beiden Epipoditen der Respiration, der andere der Osmoregulation. Mit dem Übergang zum Landleben bilden sich in der Regel neue Atmungsorgane. Bei den Arachnida sind dies Fächerlungen, die von den Buchkiemen abgeleitet werden können (Abb. 724), oder Tracheen, röhrenförmige Einstülpungen der Körperoberfläche. Bei ersteren übernimmt weiterhin die Hämolymphe den Sauerstofftransport, bei letzteren wird der Sauerstoff direkt an die Organe gebracht. Es kommt zu einer Entkopplung von Zirkulations- und Respirationssystem. Röhrentracheen sind mehrfach unabhängig entstanden. Außer bei einigen Arachnida findet man sie bei mehreren landlebenden Mandibulaten-Gruppen, so bei Insecta, Diplopoda und den meisten Chilopoda.

Scutigeromorpha (Notostigmophora) besitzen allerdings lokalisierte dorsale Tracheenlungen, die nicht geeignet sind, die Organe direkt mit Sauerstoff zu versorgen. Gebunden an Hämocyanin erfolgt der Sauerstofftransport durch die Hämolymphe. Die übrigen Chilopoda (Pleurostigmophora) besitzen neben einem ausgeprägten Röhrentracheensystem wie die Notostigmophora ein sehr differenziertes arterielles System, das nun funktionell auf den Nährstofftransport beschränkt ist.

10. Als **Exkretionsorgane** treten primär Nephridien auf, die wohl denen der Onychophora homolog sind. Auffällig bei allen Arthropoden ist deren Beschränkung auf wenige Segmente. Bei den Chelicerata werden sie als Coxaldrüsen bezeichnet, bei Xiphosura finden sie sich maximal an vier Segmenten (Extremitäten 2–5), bei Arachnida sind sie maximal auf 2 Segmente (3. und 5. Extremitätensegment) beschränkt. Crustacea besitzen Antennen- (2. Antennen) oder Maxillendrüsen (2. Maxillen), nur selten beide zur gleichen Zeit. Bei Myriapoda und Insecta kommen Maxillar- bzw. Labialdrüsen vor. Bei Myriapoda und Insecta münden die Malpighi-Gefäße in den Enddarm, während diese bei den Arachnida Ausbildungen des Mitteldarms sind. Die Bildungen sind nicht homolog. Neben der Exkretion dienen sie auch der Osmoregulation. Da der Hämolymphdruck im Körper nicht groß genug ist, findet die Primärharnbildung nicht durch Ultrafiltration, sondern durch Sekretion statt.

11. Das **Verdauungssystem** verläuft annähernd gerade durch den gesamten Körper. Es besteht aus einem entodermalen Mitteldarm sowie aus Vorderdarm (Stomodaeum) und Enddarm (Proctodaeum), die beide als ektodermale Einstülpungen entstehen und daher mit einer Cuticula ausgekleidet sind. Vorder- und Enddarm werden gehäutet. Der Mund liegt ventral und etwas nach hinten verlagert. Im Grundmuster der Arthropoda dürfte die Nahrungsaufnahme mit Hilfe der Gliedmaßen von hinten nach vorne erfolgt sein; auch das Labrum als vordere Begrenzung des Mundraums spricht für diese Deutung. Der Vorderdarm kann weiter untergliedert sein. Bei Malacostraca schließt sich an den Oesophagus ein umfangreicher K a u m a g e n an, der der Zerkleinerung und Filterung der Nahrung dient; besonders differenziert ist er bei den Decapoda (Abb. 832). Ein ähnlicher Proventriculus findet sich auch bei vielen Insekten (Grundmuster der Dicondylia) (Abb. 955). Bei Arten, die flüssige Nahrung aufnehmen (die meisten Arachnida, Pflanzensaft oder Blut saugende Insekten) ist der Vorderdarm zu einer S a u g p u m p e umgebildet. Im Mitteldarm findet die eigentliche Verdauung und Resorption der Nahrung statt. Bei Crustacea und Chelicerata gehen von ihm oft paarige Divertikel aus, die reich verzweigt als M i t t e l d a r m d r ü s e n oder Hepatopankreas bezeichnet werden. Sie sind Sekretions-, Resorptions- und Speicherorgane. Verschiedentlich innerhalb der Arthropoda wird eine so genannte p e r i t r o p h i s c h e M e m b r a n ausgebildet, eine Bildung des Mitteldarmepithels, die den Nahrungsbrei einhüllt und so das Epithel schützt, gleichzeitig aber für Sekretions- und Resorptionsprodukte durchlässig ist. Der Enddarm bildet in der Regel nur ein kurzes muskulöses Endstück des Darms und den After.

12. **Geschlechtsorgane**: Die Arthropoda sind in der Regel (und wahrscheinlich auch im Grundmuster) getrenntgeschlechtlich. Zwitter und parthenogenetische Arten kommen nur vereinzelt vor. Die Gonaden sind mesodermalen Ursprungs und ursprünglich paarig. Die überwiegend mesodermalen Ausführgänge (Gonoducte) werden durch einen kurzen ektodermalen Abschnitt abgeschlossen. Im Grundmuster der Arthropoda dürfte eine ä u ß e r e B e s a m u n g stattgefunden haben (Pantopoda, Xiphosura, viele „Crustacea").

13. Die **Furchung** der Arthropoda ist bei vielen Gruppen superfiziell – ein meroblastischer Furchungsmodus bei dotterreichen Eiern (Abb. 970, 971). Dabei teilt sich der zentral liegende Kern mehrfach ohne Bildung von Zellmembranen. Die Kerne wandern schließlich an die Peripherie, wo erst dann ein zelliges Blastoderm gebildet wird. Innerhalb der Chelicerata (Pantopoda), der Myriapoda (Symphyla, Pauropoda), bei vielen Crustacea (Branchiopoda, Ostracoda, Copepoda, Cirripedia, manche Decapoda) und einigen Insecta (Collembolen) findet man aber dotterarme Eier und holoblastische Furchungen. Es existieren auch Übergänge zwischen holoblastischer und superfizieller Furchung, so dass die Furchung zunächst holoblastisch beginnt und dann von einer superfiziellen Furchung abgelöst wird. In einigen Fällen kann eine eindeutige Zelllinie, also ein determiniertes

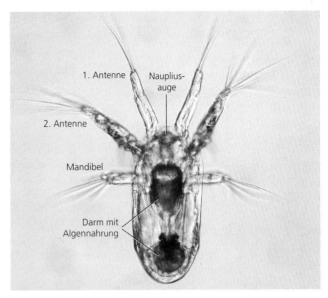

Abb. 696 Naupliuslarve eines Krebses (Copepoda, Cyclopoida, Oncaeidae) aus dem Mittelmeer-Plankton. Länge 280 µm. Aus Larink und Westheide (2011).

Schicksal bestimmter Blastomere, nachgewiesen werden. Die vermeintlichen Anklänge an Spiralfurchung bei den holoblastischen Furchungen der Cirripedia existieren aber nicht.

Arthropoda schlüpfen mit einer sehr unterschiedlichen Segmentzahl. Ursprünglich dürfte eine indirekte Entwicklung mit einer typischen Larve und einer Metamorphose sein. Bei vielen Crustacea tritt eine Naupliuslarve mit nur 3 Extremitäten tragenden Segmenten (1. und 2. Antennen, Mandibeln) auf (Abb. 696). Weitere Segmente werden im Laufe der Entwicklung in einer praeanalen Sprossungszone gebildet. Eine solche Entwicklung wird als A n a m e r i e bezeichnet. Bei vielen Crustacea kommt es zu einer Verkürzung der Entwicklung, indem die ersten Larvenstadien noch im Ei durchlaufen werden. Dies kann bis zum völligen Verlust freier Larven und damit zu einer direkten Entwicklung führen (Amphipoda, Isopoda). Bei anderen Peracarida (Mysidacea), aber auch bei einigen Branchiopoda (Cyclestherida, Cladocera) ist die Entwicklung noch indirekt, die weitgehend unbeweglichen Larvenstadien werden aber im Marsupium bzw. unter dem Carapax geschützt getragen, so dass sie wie Embryonen aussehen (Abb. 931). Pantopoda besitzen wenigsegmentige Larven (Protonymphon), bei denen die weiteren Segmente gleichfalls nach dem Schlupf gebildet werden. Die Larven der Xiphosuren besitzen bereits die charakteristische Körpergliederung in Pro- und Opisthosoma, jedoch ist am Opisthosoma zunächst nur das vorderste Beinpaar ausgebildet (Abb. 713C, D). Bei Protura (Insecta), Progoneata sowie Scutigeromorpha und Lithobiomorpha (Chilopoda) erfolgt der Schlupf mit nur wenigen Segmenten, die volle Segmentzahl wird erst im Laufe der weiteren Entwicklung erreicht. Dieses wird als H e m i a n a m o r p h o s e bezeichnet, unterscheidet sich aber im Grundsatz nicht von der Anamorphose der Crustacea. Sie kann sicher für das Grundmuster der Myriapoda angenommen werden und erscheint auch wahrscheinlich für das der Insecta. Bei den übrigen Insecta sowie den epimorphen Chilopoda schlüpfen die Juvenilstadien aus dem Ei mit voller Segmentzahl (Epimerie). Die hier auftretenden postembryonalen Stadien sind keine Larven im eigentlichen Sinne, da sie in ihrer Lebensweise im Wesentlichen denen der Adulten entsprechen. Die Larven der holometabolen Insekten schlüpfen zwar mit voller Segmentzahl, sind aber aufgrund ihrer von den Imagines abweichenden Lebensweise als echte Larven zu charakterisieren. Auch tritt eine tiefgreifende Metamorphose auf.

Systematik

Die phylogenetischen Beziehungen der Arthropoda werden heute anders gesehen als noch vor gut einem Jahrzehnt. Hierzu haben insbesondere molekularsystematische Untersuchungen beigetragen, die in vielen Aspekten jetzt ein übereinstimmendes Bild liefern. Befriedigend sind solche Ergebnisse allerdings erst, wenn auch überzeugende morphologische Merkmale diese entsprechenden Verwandtschaftsbeziehungen unterstützen. Von den höheren Taxa können heute wie früher die Insecta sowie die Myriapoda als monophyletisch angesehen werden. An der Monophylie der Chelicerata gab es im vergangenen Jahrzehnt immer wieder Zweifel, da die Pantopoda sich in manchen molekularsystematischen Analysen als Schwestergruppe aller übrigen Arthropoda erwiesen. Auch an der Homologie von Cheliceren und Cheliforen wurde gezweifelt, da diese angeblich zu unterschiedlichen Kopfregionen gehören sollten. Heute ist man wieder von der Homologie der Chelicere-Chelifore und der Monophylie der Chelicerata überzeugt.

Die „Crustacea" sind dagegen wahrscheinlich paraphyletisch, da einige Gruppen wohl näher mit den Insecta verwandt sind. Die früher genannten Autapomorphien (Naupliusauge, Beschränkung der segmentalen Nephridien auf die Segmente der 2. Antenne und 2. Maxille, drüsenreiches Labrum) waren aufgrund ihrer nicht eindeutigen Verteilung über die einzelnen Gruppen nie restlos überzeugend. Es muss aber eingeräumt werden, dass, obwohl alle molekularsystematischen Untersuchungen eine Paraphylie der „Crustacea" zum Ergebnis haben, die Verwandtschaftsbeziehungen der Analysen sich einander widersprechen und derzeit als ungeklärt gelten müssen. Einzig eine mögliche Schwestergruppenbeziehung der Remipedia zu den Insecta scheint eine bessere Unterstützung zu haben.

Insgesamt spricht heute sehr viel für ein Monophylum aus Insecta und allen Taxa der „Crustacea", wobei die Insecta mit einer der Crustaceen-Gruppen näher verwandt sind. Dieses Monophylum ist als **Tetraconata** oder Pancrustacea bezeichnet worden (Abb. 698C). (Hier wird der Name Tetraconata bevorzugt, da Pancrustacea leicht mit dem den Crustacea zuzuordnenden Pan-Monophylum verwechselt werden kann.) Für die Tetraconata kann der spezifische Ommatidienaufbau (siehe oben) als Autapomorphie genannt werden. Dass auch die Scutigeromorpha einen Kristallkegel, der von vier Kegelzellen gebildet wird, besitzen, mindert nicht die Bedeutung der darüber hinausgehenden spezifischen Übereinstimmungen bei „Crustacea" und Insecta (determinierte Anzahl von Corneagenzellen/Hauptpigmentzellen sowie

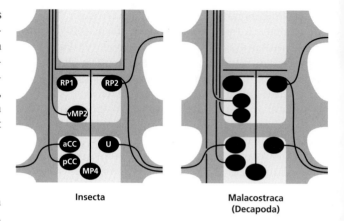

Abb. 697 Pionierneurone im sich entwickelnden Bauchmark der Insekten und Malacostraca. Verändert nach Whitington (1997).

Retinulazellen mit übereinstimmender Bildungsweise). Auch spricht es nicht gegen den Namen Tetraconata, da dieser sich ja auf die Vierteiligkeit des Kegels (also des Sekretionsproduktes) bezieht, der bei Scutigeromorpha eben in der Regel achtteilig ist. Detaillierte Übereinstimmungen zwischen Insecta und zumindest den Malacostraca gibt es auch in der Bildung des Nervensystems (Neurogenese): Spezifische Stammzellen (Neuroblasten) bilden Ganglienmutterzellen, die sich nur einmal teilen und Neurone und Gliazellen bilden. Einige der Neurone spielen eine besondere Rolle bei der Bildung von Kommissuren und Konnektiven. Sie werden als Pionierneurone bezeichnet und treten in übereinstimmender Weise bei Insecta und Malacostraca auf (Abb. 697). Inzwischen ist gezeigt worden, dass zwischen Insekten und Malacostraca homologe Neuroblasten tatsächlich auch homologe Pionierneurone bilden. Ein monophyletisches Taxon Tetraconata ist das übereinstimmende Ergebnis aller molekularsystematischen Analysen des letzten Jahrzehnts; auch die Anordnung der Gene des mitochondrialen Genoms unterstützt diese Annahme.

Damit hat die Alternative, ein Monophylum Antennata (auch Monantennata, Tracheata, Atelocerata) bestehend aus Myriapoda und Insecta nur noch historische Bedeutung. Eine Gemeinsamkeit dieser beiden Gruppen stellt das Fehlen der Extremität am Segment der Tritocerebrums (Interkalarsegment) dar. Eine einfache Erklärung für diese Reduktion, die bei Anerkennung des Tetraconata-Konzeptes ja bei Myriapoda und Insecta unabhängig vonstattengegangen sein muss, gibt es nicht, allerdings fällt auf, dass es bei (semi-)terrestrischen „Crustacea" im Zusammenhang mit dem Landgang zu erheblichen Umgestaltungen der Antennen kommt. Auch zwei weitere Merkmale, die als potenzielle Autapomorphien der Antennata genannt werden, das Tracheensystem und die ektodermalen Malpighi-Gefäße, können als Anpassungen an den Landgang gedeutet werden. Ihre mögliche Konvergenz wurde bereits früher im Rahmen des Antennata-Konzeptes immer wieder diskutiert. Schließlich wurden spezifische anteriore Tentorialapodeme des Kopfes als potentielle Übereinstimmung von Myriapoda und Insecta genannt. Im Rahmen des Antennata-Konzeptes ist verschiedentlich auch eine Paraphylie der Myriapoda vorgeschlagen worden, mit den gesamten Progoneata oder nur den Symphyla als Schwestergruppe der Insecta. Die Paraphylie der Myriapoda wird aber durch molekularsystematische Analysen ebenso wenig unterstützt wie die Monophylie der Antennata. Diese Alternativen zum Konzept der Tetraconata werden daher hier aufgegeben.

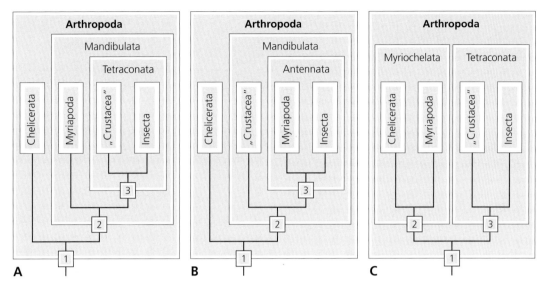

Abb. 698 Konkurrierende Hypothesen der Verwandtschaftsbeziehungen innerhalb der Arthropoda. **A** Tetraconata-Konzept. „Crustacea" wahrscheinlich paraphyletisch in Bezug auf Insecta. [1] Cephalon mit 5 Segmenten; Plattenskelett; Gliederextremitäten; 1 Paar Komplexaugen; Medianaugen. [2] Mandibeln mit coxaler Kauffläche; Ommatidien mit Kristallkegel aus (überwiegend) vier Zellen. [3] Ommatidien mit 2 Corneagenzellen, 4 distal liegenden Kristallkegelzellen und 8 Retinulazellen; Neuroblasten; Pionierneurone. **B** Antennata-Konzept. [1] siehe **A**; [2] siehe **A**. [3] Verlust der 2. Antennen (Interkalarsegment); anteriore Tentorialarme; Malpighi-Gefäße (?); Tracheen (?). **C** Myriochelata-Konzept. [1] siehe **A**. [2] Neuronale Immigrationszentren der Ganglien. [3] siehe **A**. Verändert nach Richter und Wirkner (2004).

Für die phylogenetische Position der Myriapoden gibt es heute zwei Alternativen (Abb. 698). Zum einen werden sie als Schwestergruppe der Tetraconata betrachtet, was zur traditionellen Zusammenfassung der Myriapoda mit Insecta und Crustacea als Mandibulata führt (S. 542). Zum anderen wird eine Schwestergruppenbeziehung von Myriapoda und Chelicerata diskutiert, die zusammen als Myriochelata (oder Paradoxopoda) bezeichnet werden. Hier lassen sich derzeit die überzeugenderen Argumente für die Mandibulata anführen. Da ist zunächst die Mandibel als Extremität des posttritocerebralen Segmentes, welche bei allen drei Taxa einen übereinstimmenden Aufbau ihres basalen Anteils, der Kaulade, aufweist. Diese ist regelmäßig in einen distalen Teil (*pars incisiva*) und einen proximalen Teil (*pars molaris*) unterteilt (Abb. 788). Ebenso kann die Existenz eines Ommatidiums mit einem Kristallkegel als Sekretionsprodukt von vier spezifischen Kristallkegelzellen (Semperzellen) als Autapomorphie der Mandibulata angeführt werden. Als Unter-

stützung für das alternative Myriochelata-Konzept lässt sich eine vergleichbare Ganglienbildung aus in Zahl und Anordnung übereinstimmenden Immigrationszentren nennen. Die zwar ähnlichen, aber doch abweichenden Verhältnisse bei Onychophora erlauben nicht, diese Übereinstimmungen als einfache Plesiomorphie zu deuten. Während im Verlauf der letzten Dekade molekularsystematische Analysen mal die eine, mal die andere Hypothese unterstützten, geben die jüngsten Untersuchungen jedoch deutlichere Unterstützung für das Mandibulata-Konzept.

Neben den rezenten Vertretern gibt es eine wachsende Anzahl von Neufunden fossiler Arthropoda. Viele von ihnen lassen sich rezenten Taxa oder ihren Stammlinien zuordnen (Abb. 681, 682, 683, 704). Andere gehören zu ausgestorbenen Gruppen, von denen hier nur die zahlenmäßig große und besonders gut untersuchte Gruppe der †Trilobita (S. 488) vorgestellt wird.

†Trilobita, Dreilapper

Trilobiten waren marine Arthropoden, die aufgrund der guten Fossilisierung ihrer stark kalzifizierten dorsalen Cuticula zu den am besten bekannten Wirbellosen-Fossilien gehören. Sie bevölkerten verschiedene Regionen der Meere des Paläozoikums in einem Zeitraum von etwa 290 Mio. Jahren. Besonders zahlreich waren sie im Kambrium (vor 542–488 Mio. Jahren); am Ende des Perms (vor 251 Mio. Jahren) starben ihre wenigen bis dahin verbliebenen Vertreter aus. Paläontologen haben mehrere Tausend Arten beschrieben; zahlreiche Trilobitentaxa dienen als Leitfossilien. Bemerkenswert ist die relativ große Formkonstanz über den langen Zeitraum ihrer Existenz. Die Körperlänge betrug in der Regel 3–6 cm, daneben gab es millimetergroße Formen und Riesen mit bis zu 75 cm Länge. Die meisten Arten lebten wohl als Räuber und Aasfresser auf dem Meeresboden; für andere wird filtrierende Nahrungsaufnahme vermutet, was jedoch aufgrund mangelnder Kenntnis über den Extremitätenbau nie schlüssig belegt werden konnte. Auch Rückschlüsse auf mutmaßlich aktives Schwimmen zahlreicher Trilobiten bzw. Leben im Pelagial beruhen vor allem auf Analogien zu rezenten Planktoncrustaceen (z. B. sehr große Augen) und auf geologischen Hinweisen aus den Lagerstätten.

Bau

Die als charakteristisch angesehene Gliederung des Körpers in Kopf (Cephalon), Rumpf (Thorax) und

Martin Stein, Kopenhagen

Schwanz (Pygidium) (Abb. 699A) findet nur auf der Dorsalseite Ausdruck. Ventral, besonders im Extremitätenbau ist die Differenzierung in Tagmata dagegen kaum ausgeprägt. Auf der Dorsalseite war die Cuticula durch Einlagerung von Kalk verstärkt.

Die durchschnittliche Stärke der Cuticula liegt hier bei 100–150 µm, bei †Phacops wurde eine Dicke von 1 mm gemessen. Arten mit relativ dicker Cuticula lebten wahrscheinlich eher in Küstennähe. Die Cuticula bestand vermutlich aus 3 Schichten, von denen die beiden inneren kalzifiziert waren (Niedrigmagnesium-Calcit). Kalzifizierung kommt unter den Arthropoden nur noch bei wenigen Diplopoden und bei Ostracoda, Cirripedia und Eumalacostraca unter den Crustaceen vor.

In Aufsicht erscheint der meist vielsegmentige Körper oval oder subelliptisch mit nach hinten abnehmender Breite. Namensgebend ist die Dreigliederung entlang der Längsachse in einen erhabenen Axialbereich und durch je eine Längsfurche abgesetzte laterale Bereiche (Pleurotergite). Während diese Gliederung im Bereich des Körpers innerhalb fossiler Arthropoda weit verbreitet ist (z. B. †Fuxianhuia protensa, Abb. 683), kann deren Fortsetzung auch im Bereich des Kopfschildes möglicherweise als Autapomorphie des Taxons †Trilobita angesehen werden. Im Querschnitt waren die Tiere zumeist deutlich dorsoventral abgeflacht (Abb. 699).

Der Kopf (**Cephalon**) bestand aus dem Augensegment und 4 Extremitäten-tragenden Segmenten, überdacht von einem seitlich ausladenden Kopfschild. Entlang des Schildrandes bildete die verkalkte Cuticula eine scharfe Randzone (Duplikatur) zur unverkalkten Cuticula der Ventralseite. Vor dem Mund lag auf der Ventralseite vorn mittig eine verkalkte Platte, das Hypostom (Abb. 699B). Segmentale Sternite wurden bislang nur bei †Placoparia cambriensis (Ordovizium) beobachtet, sie waren vermut-

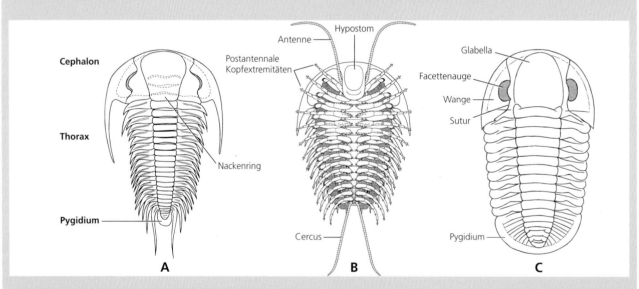

Abb. 699 †Trilobita. **A** †*Paradoxides gracilis* (†Redlichiida). Dorsalansicht. Länge: ca. 50 mm. Mittleres Kambrium, Böhmen. Vertreter eines wahrscheinlich ursprünglichen, schon sehr früh ausgestorbenen Taxons. **B** †*Olenoides serratus* (†Corynexochida). Rekonstruktion der Ventralseite. Länge 10 cm. **C** †*Proetus bohemicus* (†Proetida). Dorsalansicht. Länge: ca. 30 mm. Unteres Devon, Böhmen. Vertreter des jenigen Trilobiten-Taxons, das zuletzt ausstarb. A Nach Levi-Setti (1975); B Original: S.M. Gon III, Hawaii (© 2005 A Guide to the Orders of Trilobites); C nach verschiedenen Autoren.

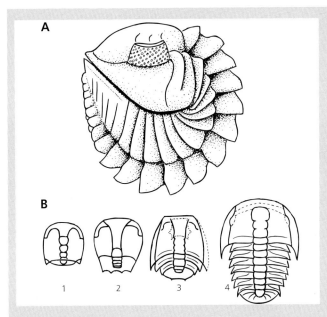

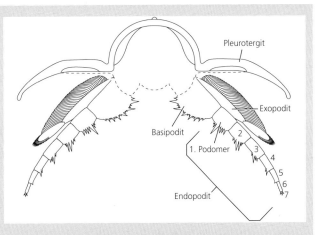

Abb. 701 †Trilobita. Thoraxextremitäten. †*Olenoides serratus* (†Corynexochida). Querschnitt durch den hinteren Thorax. Blick von vorn. Original: M. Stein, Kopenhagen.

Abb. 700 †Trilobita. **A** †*Acaste downingiae* (†Phacopida). Silur, England. Seitenansicht eines eingerollten Exemplars. **B** †*Sao hirsuta* (†Solenopleuridae). Entwicklungsstadien: 1–2 Protaspis, 3–4 Meraspis. A Nach Clarkson (1993); B nach Barrande (1852).

lich nicht verkalkt. Seitlich am Hypostom, zwischen dessen Vorder- und Hinterflügeln inserierten vielgliedrige, geißelförmige Antennen (wahrscheinlich sensorisch). Die 3 paarigen postantennalen Kopfextremitäten entsprachen – abgesehen von Größe, Bestachelung oder Beborstung – morphologisch den Rumpfextremitäten. Die **Komplexaugen** lagen auf der Dorsalseite des Kopfschildes (Abb. 699A, C). Fast immer dorsal vom Vorderrand des Kopfschildes über die Augen hin zur Seite, zum Hinterrand oder den Hinterecken verliefen die Facialsuturen (Häutungsnähte) (Abb. 699C). An ihnen brach während der Häutung die Cuticula auf (bei Crustaceen geschieht das am Kopfhinterrand). Diese Suturen teilten das Cephalon in 1 Paar laterale Freiwangen und einen Mittelteil, das Cranidium, das den axialen Teil des Schildes, die Glabella, sowie die Festwangen umfasste. Die Freiwangen waren vorn an der Duplikatur häufig durch eine Rostralplatte getrennt.

Furchen und Muskeleindrücke auf der aufgewölbten Glabella deuten auf die im Kopf verschmolzenen Segmente hin. Hinter der Glabella lag ein Nackenring, dessen Breite dem Axialbereich des ersten Thoraxsegments entsprach und der mittig einen dornartigen Fortsatz tragen konnte. Die Wangen waren häufig zu langen, nach hinten verlaufenden Stacheln ausgezogen.

Bei vielen kambrischen Formen war die Augenoberfläche von einer Sutur umgeben, die eine separate Häutung ermöglichte; bei postkambrischen Formen stand sie in der Regel mit den Freiwangen in fester Verbindung. Ursprünglich bestanden die Komplexaugen aus einer Vielzahl hexagonal dicht gepackter Linsen, die von einer Cornea aus Calcit bedeckt waren (holochroaler Typ). Eine Besonderheit der †Phacopina (Frühes Ordovizium

bis Ende Devon) waren schizochroale Augen mit wenigen, großen Linsen – biconvexe Sphäroide, die auf der visuellen Oberfläche von den benachbarten Linsen durch cuticulares Material getrennt waren (Abb. 702).

Besondere Anpassungen waren z. B. gestielte Augen (†*Asaphus kowalewskii*, Ordovizium von Russland), subsphärische Augen mit nahezu 360°-Sicht (†*Opipeuter inconnivus*, Ordovizium von Spitzbergen) oder fusionierte Augen (†*Symphysops subarmatus*).

Der Rumpf (**Thorax**) umfasste 3 (†*Eodiscina*, Unterkambrium bis Mittelkambrium) bis 61 (†*Balcoracania dailyi*, †Emuellidae, Unterkambrium) meist gleichförmige Segmente. Die Tergite waren dreiteilig. Die lateralen Bereiche werden als Pleurotergite bezeichnet und waren über Scharniergelenke miteinander verbunden. Bei einigen Formen waren einige der Pleurotergite vergrößert und nach hinten zu Stacheln ausgezogen (so genannte Makropleuren) (z. B. †*Balcoracania dailyi*, †*Olenellus thompsoni*) (Abb. 699A). Die meisten Arten konnten sich einrollen und so die Ventralseite schützen (Abb. 700A).

Jedes der Segmente trug ventral ein Beinpaar. Nur von etwa 20 Arten sind diese bekannt. Sie waren grundsätzlich zweiästig (Abb. 701). Alle Extremitäten inserierten quer zur Längsachse und bestanden aus einem abgeflachten Basipoditen, der den 7-segmentigen Endopoditen und den meist 2-teiligen, flächigen Exopoditen trug. Der Endopodit war vermutlich zum Laufen geeignet und endete distal in einem klauenartigen Segment mit flankierenden Stacheln. Die 4 proximalen Podomere des Endopoditen trugen Endite. Der Exopodit bestand im Grundmuster aus einem proximalen und einem distalen Lobus, wobei der Distallobus reduziert sein konnte. Der proximale Lobus war über ein scharnierähnliches Gelenk mit dem Basipoditen und möglicherweise auch dem ersten Podomer des Endopoditen verbunden. Er trug einen Fächer von langen, lamellaren Auswüchsen, während der kleinere Distallobus von kurzen Borsten gesäumt war. Die Extremitäten am Kopf und vorderen Rumpfbereich standen stärker lateral vom Körper ab, während die des

Abb. 702 †Trilobita. †*Eophacops trapeziceps* (†Phacopidae). Schizochroales Facettenauge. Original: E.N.K. Clarkson, Edingburgh.

hinteren Rumpfbereiches nach ventral standen. Der Übergang war graduell. Auch waren die Endite an den Endopoditen der hinteren Rumpfextremitäten stärker ausgeprägt.

Die häufig angenommene respiratorische Funktion des Exopoditen basiert wohl auf einer Fehlinterpretation des gesamten Extremitätenaufbaus. Es ist ungeklärt, ob sich die schmalen, dicht gepackten Lamellen für den Gasaustausch eigneten.

Die Basipoditen der Extremitäten waren median mit Stacheln armiert, daher wird häufig für sie eine gnathobasische, also kauende Funktion angenommen. Stacheln und Endite finden sich aber auch an der Innenseite zumindest der 4 oder 5 proximalen Podomere des Endopoditen, für die eine kauende Funktion auszuschließen ist; eine eigenständige Bewegung der Basipoditen konnte ebenfalls nicht stattfinden.

Das Körperende bestand aus einer unterschiedlichen Zahl verschmolzener Segmente, deren Tergite einen einheitlichen Schwanzschild (**Pygidium**) bildeten. Er trug eine entsprechende Anzahl Beinpaare und, bisher nur bei †*Olenoides serratus* nachgewiesen, paarige hintere Anhänge, die Cerci (Abb. 699B).

Entwicklung

Von zahlreichen Arten sind Serien von Entwicklungsstadien gefunden worden. Das früheste ist die Protaspis. Dies ist eine abgeflachte bis ovoide Larve von unter 1 mm Durchmesser, mit segmentierter dorsaler Aufwölbung, aus der die Glabella hervorging, häufig mit stachelförmigen Fortsätzen und winzigen Augen (Abb. 700B). Mit vermutlich 1 Antennenpaar und 3 Beinpaaren hatte sie den Segmentbestand des Kopfes adulter Trilobiten und unterscheidet sich damit deutlich von der Nauplius-Larve der Crustaceen (nur 3 Segmente) (Abb. 696).

Im Meraspis-Stadium war der Kopfschild vom Rumpfbereich bzw. dem Pygidium schon getrennt, die volle Anzahl von Rumpfsegmenten jedoch noch nicht ausgebildet. Dies war erst in den Holaspis-Stadien der Fall, in denen mit den Häutungen nur noch ein Größenzuwachs erfolgte. Die Morphologie der Ventralseite einschließlich des Extremitätenbaus ist bisher ausschließlich von Holaspis-Stadien bekannt.

Systematik

Die weitgehend homonome Segmentierung gibt den Trilobiten ein innerhalb der Arthropoden sehr ursprüngliches Aussehen, auch wenn das Pygidium schon zu einer Tagma-Bildung geführt hat. Die massive Plattenskelett-Cuticula, die als feste Exuvie hinterlassen wurde, die beiden Komplex- oder Facettenaugen, die als Spaltbeine differenzierten Gliederextremitäten und die Bildung eines durch den einheitlichen Kopfschild deutlichen Cephalons weisen sie jedoch als typische Arthropoden aus.

Die †Trilobita gehören zu einer Gruppe fossiler Arthropoden deren übrige Vertreter nur aus wenigen paläozoischen Fossillagerstätten (z. B. Burgess-Schiefer, mittleres Kambrium, British Columbia oder Chengjiang, frühes Kambrium, China) bekannt sind. Eine mögliche Autapomorphie für diese Gruppe ist der 2-teiligen Exopodit mit lamellaren Auswüchsen am proximalen Segment. Diskutiert wird neuerdings auch die geißelförmige Antenne: Bei frühen Stammlinien-Vertretern der Arthropoda, z. B. †*Fuxianhuia protensa* (Abb. 683), sind die Extremitäten des Antennensegments nämlich noch beinförmig; die Antennengeißel müsste danach eine abgeleitete Struktur sein. Der Name †Artiopoda wurde für das Taxon von †Trilobita und verwandter fossiler Formen vorgeschlagen. Mit Ausnahme einiger weniger Vertreter wie z. B. †*Emeraldella brocki* (Abb. 704) hatten die meisten Formen inklusive der †Trilobita ein Pygidium. In einigen Formen, wie den †Naroiidae war der gesamte Rumpf vom Pygidium eingenommen. Aufgrund äußerer Übereinstimmungen zu den Xiphosura (S. 498), z. B. in der starken Erweiterung des Vorderkörpers, wurde traditionell eine nähere Verwandtschaft zu den Chelicerata angenommen. Chelicerata und die verschiedenen Gruppen der †Artiopoda nebst weiterer fossiler Taxa wurden als **Arachnomorpha** zusammengeschlossen. Einige der fossilen Arten, wie z. B. †*Leanchoilia superlata* aus dem Burgess-Schiefer, werden auch nach neueren Hypothesen in die Stammlinie der Chelicerata gestellt, nicht jedoch die Vertreter der †Artiopoda, deren phylogenetische Stellung umstritten bleibt. Neben der traditionell angenommenen nahen Verwandtschaft zu Chelicerata wird in jüngerer Zeit auch wieder eine Stellung in der Stammlinie der Mandibulata (S. 542) diskutiert.

Die Monophylie der †Trilobita innerhalb der †Artiopoda ergibt sich vielleicht aus der Fortsetzung der Dreiteilung der Dorsalseite auch in das Cephalon hinein (s. o.) sowie aus der Kalzifizierung der dorsalen Cuticula und des Hypostoms in den Meraspis- und Holaspis-Stadien. Eine phylogenetische Systematisierung der Trilobiten gibt es bisher nicht, so dass hier nur einige gut rekonstruierte Arten genannt werden:

†*Olenellus thompsoni* (†Redlichiida), 10 cm; Unterkambrium, z. B. Schottland. Großes halbkreisförmiges Cephalon mit langen Wangenstacheln, Glabella deutlich segmentiert, keine dorsalen Gesichtsnähte. Stachlige Pleurotergite; 15. Thoraxsegment mit langem axialen Stachel. Sehr kleines Pygidium ohne Beine. – †*Olenoides serratus* (†Corynexochida), 10 cm, Mittelkambrium,

Burgess-Schiefer, Kanada (Abb. 699B, 701). – †*Acaste downingiae* (†Phacopida), 3 cm; Silur, Wales (Abb. 700A). Mit zahlreichen stark abgeleiteten Merkmalen. Cephalon mit vorn stark aufgeblähter Glabella; schizochroale Augen mit je etwa 100 Linsen, deutliche dorsale Gesichtsnähte. Thorax mit 11 Segmenten; Pygidium aus mehreren Segmenten. Einrollvermögen zu einer Kugel, wobei das Cephalon und der pygidiale Bereich aufeinander gepresst wurden. – †*Triarthrus eatoni* (†Ptychopariida), 3 cm; Unteres Ordovizium. Das Pygidium umfasst wenige Segmente und ist im Vergleich zum Thorax entsprechend klein. Auch diese Art war zur Einrollung fähig, jedoch wurden hier Thorax und Pygidium spiralförmig eingerollt, wobei das Pygidium unter das Cephalon geschoben wurde.

Fossile Arthropoden, die den Trilobiten nahe stehen

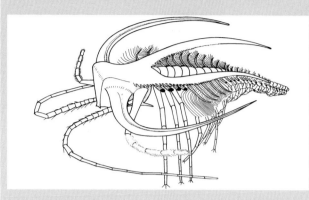

Abb. 703 †*Marrella splendens*. Arthropode aus dem Paläozoikum mit unbekannter phylogenetischer Position, aufgrund lamellarer Auswüchse an den Exopoditen oft als Verwandter der †Trilobita diskutiert. Rekonstruktion in Seitenansicht, Exopoditen 1–4 und 10–26 abgeschnitten. Keilförmiger Kopfschild mit 4 langen, nach hinten gerichteten Dornen. Ventral mit zweispitzigem Hypostom neben 2 Paar vielgliedrigen Antennen. Rumpf mit 25 Segmenten, jedes mit 1 Paar zweiästiger Anhänge (Endo- und Exopodit). Länge: 2,5–19 mm. Burgess-Schiefer, British Columbia, Mittleres Kambrium, ca. 550 Mio. Jahre. Nach Whittington (1971).

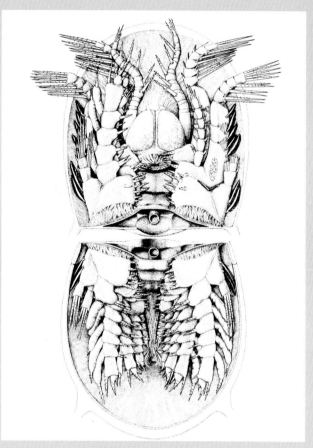

Abb. 705 †*Agnostus pisiformis*. Fossiler Arthropode; Verwandtschaft zu den Trilobiten umstritten. Länge 1,5 mm. Oberes Kambrium Schweden. Rekonstruktion der Ventralseite einer späten Meraspis-Larve; Kopf und Rumpf von nahezu gleicher Form und Größe getrennt gezeichnet. Hypostom mit paarigen „Loben", dahinter Mundöffnung. 1. Antennen einästig, seitlich am Hypostom: wahrscheinlich keine Sinnesorgane, sondern nur zum Einsammeln von Nahrung geeignet. 3 weitere Kopfextremitäten, wovon besonders die beiden vorderen von den Rumpfextremitäten differenziert sind. Rumpfextremitäten wie letzte Kopfextremität jedoch mit nur 2 Exopodit-Podomeren und 7 (wie Trilobiten) Endopodit-Podomeren. Aus Müller und Walossek (1987).

Abb. 704 †*Emeraldella brocki*. Arthropode aus dem Paläozoikum, der mit den †Trilobita verwandt war. Dorsalseite mit 12 plattenförmigen Tergiten, von denen das 12. als einziges keine Pleurotergite trägt; den Abschluss bildet ein langes, wahrscheinlich gegliedertes Telson. Im Kopf ventral 1 Paar Antennen und 3 zweiästige Extremitätenpaare; Rumpf mit 11 undifferenzierten zweiästigen Extremitätenpaaren, der äußere Ast mit lamellären Auswüchsen. Vor dem Telson ein Paar paddelförmige Extremitäten. Länge bis 6,5 cm. Burgess-Schiefer, British Columbia, Mittleres Kambrium, ca. 550 Mio. Jahre. Original: M. Stein, Kopenhagen.

3 Chelicerata

Die Chelicerata umfassen über 111 000 bekannte, rezente Arten, die traditionell auf 13 große Gruppen verteilt werden (Abb. 706). Darüberhinaus sind mehrere fossile Gruppen bekannt. Ihr Ursprung liegt im Meer, doch zeigen nur Xiphosura und Pantopoda noch die ursprüngliche aquatische Lebensweise; die Arachnida sind Landtiere, die nur ausnahmsweise ins Süß- oder Meerwasser eingewandert sind. Der größte fossile Chelicerat war der Eurypteride †*Pterygotus rhenaniae* (1,80 m Länge); die größten rezenten Formen sind Xiphosuren (*Tachypleus tridentatus*, 85 cm) und Skorpione (*Hadogenes troglodytes*, 21 cm). Die kleinsten Arten findet man unter den Milben, von denen einige kaum 0,1 mm erreichen. Cheliceraten sind generell Räuber; nur unter den Milben und Weberknechten findet man auch Zersetzer, zahlreiche Milben sind Tier- oder Pflanzenparasiten.

Bau und Leistung der Organe

Der Cheliceraten-Körper ist gegliedert in Vorderkörper (Prosoma) und Hinterkörper (Opisthosoma). Das Prosoma enthält 7 oder 8 Segmente und hat 6 Extremitätenpaare. Die traditionelle Interpretation, dass das Deutocerebrum bzw. das entsprechende Segment vollkommen reduziert sei, wird neuerdings aufgrund von molekularbiologischen und morphologischen einschließlich paläontologischen Ergebnissen angezweifelt. Das Opisthosoma besteht aus ursprünglich 12 oder 13 Segmenten (Abb. 718). Daran schließt sich bei Xiphosuren und Skorpionen ein Schwanzstachel (Abb. 713, 726, 727), bei den Uropygi und Palpigradi ein Schwanzfaden an (Abb. 730, 759). Schwanzstachel und -faden werden oft mit einem Telson homologisiert. Nach einer anderen Interpretation entsprechen sie eher einem Tergaldorn eines reduzierten 13. Segments.

Das Prosoma trägt zahlreiche Sinnesorgane, die Mundwerkzeuge und die Laufbeine. Seine Segmente sind miteinander verschmolzen und meist von einer einheitlichen Platte, dem Peltidium bedeckt. Bei den Schizomida, Palpigradi, Solifugae ist dieses in Pro-, Meso- und Metapeltidium untergliedert (Abb. 731, 759, 764). Das Propeltidium reicht bis in die Region des 4. Extremitätenpaares und markiert so die hintere Begrenzung des ursprünglichen Arthropodenkopfes. Ähnliche Verhältnisse finden sich bei actinotrichen Acari. Es ist fraglich, ob es sich hierbei um eine ursprüngliche Organisation handelt oder ob diese Körpergliederung eher eine sekundäre, die Beweglichkeit des Vorderkörpers erhöhende Neuerwerbung ist. Das Opisthosoma enthält die Verdauungs-, Kreislauf-, Respirations- und Geschlechtsorgane (Abb. 735).

Die vordersten **Extremitäten** des Prosomas sind die Cheliceren, ursprünglich dreigliedrig und mit Scheren versehen (Abb. 726B). Sie arbeiten primär alternierend und

Gerd Alberti, Greifswald und Barbara Thaler-Knoflach, Innsbruck

unabhängig voneinander. Die Cheliceren werden postoral angelegt, inserieren im fertigen Zustand jedoch vor dem Mund. Ihre Innervation vom Tritocerebrum zeigt, dass sie den 2. Antennen der Mandibulata homolog sind (S. 474). (Nach neueren Vorstellungen (S. 475) sollen sie allerdings vom erhalten gebliebenen Deutocerebrum innerviert werden. Sie wären dann den 1. Antennen der Mandibulata homolog.) Bei vielen Arachniden werden sie zu zweigliedrigen Scheren (Pseudoscorpiones, Solifugae) oder zu klappmesserartigen Subchelae mit einem Basalglied und einer nach ventral einschlagbaren Klaue (Uropygi, Amblypygi, Araneae). Die 2. Extremitäten sind bei den Xiphosuren grundsätzlich wie Laufbeine gebaut (Abb. 713B). Bei den erwachsenen Männchen stellen die 2. und meist auch die 3. Extremitäten Klammerbeine dar. Bei den Arachniden übernehmen sie als Pedipalpen andere Aufgaben: Sie tragen Sinnesorgane, können als Greif- oder Fangapparate bei der Nahrungsaufnahme mitwirken oder als Gonopoden dienen. Die 4 darauf folgenden Extremitätenpaare sind ursprünglich Laufbeine.

Pedipalpen und Laufbeine sind in Coxa, Trochanter, Femur, Patella, Tibia, Tarsus (bzw. Metatarsus) und Praetarsus (bzw. Tarsus) gegliedert (Abb. 685, 734). Häufig ist die Zahl der Glieder sekundär erhöht oder reduziert. So fehlt die Patella bei Pseudoscorpiones und Solifugae. Ursprünglich sind die Extremitäten wohl Spaltbeine, worauf die Opisthosoma-Extremitäten der rezenten Xiphosuren noch hinweisen.

Die Extremitäten des Opisthosomas haben andere Funktionen. Die des 1. Segments begrenzen bei den Xiphosuren als Chilaria die Nahrungsrinne nach hinten; bei den Arachniden fehlen sie, vielleicht ist das Metastom (= Metasternum) der Eurypterida und Skorpione aus ihnen hervorgegangen (Abb. 717).

Extremitäten des 2. Opisthosomasegments bilden das Genitaloperculum. Die darauf folgenden sind ursprünglich Schwimmbeine mit Buchkiemen (Xiphosura). Ihre Homologa bilden bei den Arachniden Lungen, bestimmte Tracheen oder Spinnwarzen. Inwieweit zarthäutige, vorstreckbare Hautsäckchen (Ventralsäckchen, Genitalpapillen) bei Amblypygi, Palpigradi, Opilioacarida und actinotrichen Milben Extremitätenbezug haben, ist umstritten. Sie dienen vermutlich der Atmung und/oder der Wasser- bzw. Ionenregulation. Die bei frühen Jugendstadien von Amblypygen, Solifugen und actinotrichen Milben auftetenden Lateralorgane (Urstigmen, Claparèdesche Organe bei den Actinotrichida) sind vermutlich serial homologe Strukturen. Ihr Extremitätenbezug ist bei den Actinotrichida belegt.

Cheliceraten besitzen (Ausnahme Solifugae) ein mesodermales Endoskelett. Es bildet eine V-förmige Platte im Prosoma, deren beide Schenkel vorn neben dem Oberschlundganglion beginnen und hinter dem Gehirn zusammenlaufen. Es ist durch dorsale und ventrale Muskeln (Suspensoren) verankert, die den Dorsoventralmuskeln des Hinterkörpers entsprechen. Das Endoskelett dient einer Reihe von Extremitätenmuskeln als Ansatz. Reste segmentaler Endoskelettspangen gibt es im Opisthosoma von Xiphosuren und Skorpionen.

Der Orientierung dienen Lateral- und Medianaugen sowie zahlreiche Mechano- und Chemorezeptoren. Die Lateralaugen sind ursprünglich und noch bei den Xiphosuren Komplexaugen, ähnlich denen der fossilen Trilobiten. Bei den Arachniden sind sie in mehrere, maximal 5 Paar Einzelaugen zerfallen. Für die Stammart der Cheliceraten werden 4 Medianaugen angenommen (s. Pantopoda, S. 496), Arach-

niden besitzen maximal 2 funktionsfähige Medianaugen. Die Augen können auch vollständig rückgebildet sein.

Der **Exkretion** und Osmoregulation dienen Coxaldrüsen (umgewandelte Nephridien, die im Prosoma liegen und an den Coxen der Laufbeine münden), Nephrocyten sowie bei

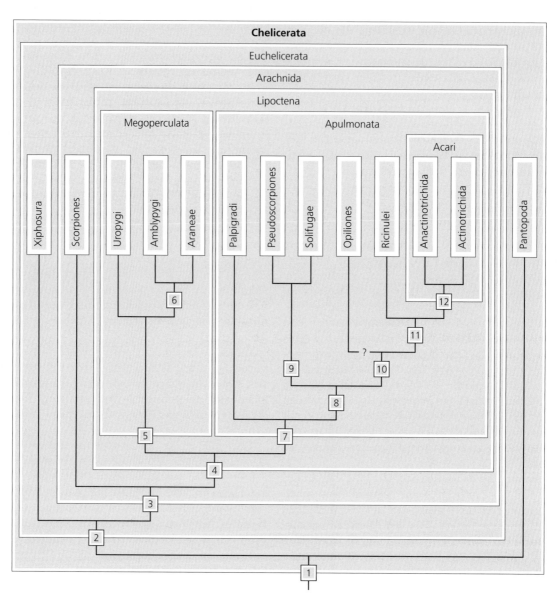

Abb. 706 Verwandtschaftsverhältnisse innerhalb der rezenten Chelicerata. Synapomorphien: [1] 1. Extremitäten primär scherenförmig und dreigliedrig (Cheliceren); 2 Tagmata: Prosoma, Opisthosoma. [2] 19 Körpersegmente (Zählung beginnend mit dem Chelicerensegment, letztes Segment rudimentär und mit Telson verschmolzen); Opisthosomaextremitäten nie laufbeinähnlich; Geschlechtsöffnungen im 8. Segment; epimere Entwicklung. [3] Mundöffnung nach vorn verlagert; extraintestinale Verdauung; Saugpharynx; Pedipalpus; unpaare Geschlechtsöffnung; Aufgabe der Facettenaugen; nur 1 Paar Medianaugen; paarige Klauen an den Beinenden; Fächerlungen oder Röhrentracheen; entodermale Malpighische Schläuche; innere Befruchtung. [4] Rhabdomere der Seitenaugen in abgeleiteter Anordnung (keine Ommatidienähnlichkeiten mehr); Lyraförmige Organe; Spermatozoen aufgerollt. [5] Großes Genitaloperculum mit seitlich davon gelegenen Fächerlungen; Cheliceren subchelat; Geißel der Spermatozoen mit $9 \times 2 + 3$ Axonema. [6] 7. Segment bildet Opisthosoma-Stiel (Petiolus); postcerebrale Saugpumpe kräftig entwickelt; prosomale Blindschläuche ziehen in Laufbeincoxen; Opisthosoma hinten abgerundet (kein Metasoma, kein Flagellum mehr); Spermienkerne bilden einen postcentriolären Fortsatz. [7] Reduktion der Körpergröße mit Aufgabe der Lungen. [8] Röhrentracheen; Reduktion der Schwanzgeißel. [9] Cheliceren nach vorn gerichtet, mit besonderer Eingelenkung am Peltidium; Tracheenstigmen im 3. und 4. Opisthosoma-Segment; Patella fehlend (Apatellata). [10] Tiere tasten mit dem 2. Beinpaar (Ricinulei; einige Opiliones). [11] Sechsbeinige Larve; drei Nymphenstadien; Pedipalpencoxen zu Trog verwachsen, der gegen den Restkörper bewegt werden kann. [12] Körper in komplexes Gnathosoma und Idiosoma gegliedert. Die Gruppierungen sind z. T. noch sehr unsicher, besonders bei den Apulmonaten. Die Zuordnung der Opiliones muss als nur sehr schwach begründet bzw. provisorisch angesehen werden. Acari sind sehr wahrscheinlich diphyletisch. Leicht verändert nach Weygoldt und Paulus (1979) und Paulus (2004).

einigen Gruppen der hintere Mitteldarmabschnitt und Malpighische Schläuche.

Der **Kreislauf** ist offen. Die Atmung erfolgt bei den primär wasserlebenden Xiphosuren durch dicht stehende Kiemenblättchen (Buchkiemen) an den Außenästen der Opisthosomaextremitäten; bei den terrestrischen Arachniden werden daraus Buchlungen (Fächerlungen), gelegentlich Tracheen. In vielen Arachnidengruppen entwickelten sich auch konvergent Röhrentracheen an anderen Körperregionen (Abb. 748). Kleinformen fehlen vielfach spezielle Atemorgane. Als respiratorische Pigmente dienen häufig Hämocyanine (Xiphosura, Scorpiones, Uropygi, Amblypygi, Araneae).

Die **Gonaden** sind primär paarig und münden im 2. Opisthosomasegment aus. Die bei den Xiphosuren noch paarigen, sonst unpaaren Geschlechtsöffnungen werden primär von einem Genitaloperculum bedeckt. Bei Pantopoden münden die Gonaden auf basalen Beingliedern. Die primär wasserlebenden Cheliceraten hatten eine äußere Besamung, die noch bei den marinen Xiphosuren erhalten geblieben ist (Abb. 712). Der Modus der Spermaübertragung der Pantopoda ist unbekannt. Sie erfolgt im Zuge einer Kopula.

Systematik

Die Chelicerata wurden als Schwestergruppe der †Trilobita (s. aber S. 490) diskutiert. Für diese Auffassung werden folgende Argumente aufgeführt: (1) Verlust der Antennen und des entsprechenden Segments, (2) Umwandlung des folgenden, nun 1. Kopfextremitätenpaares zu den Cheliceren, (3) Verschmelzen der beiden ersten Thorakalsegmente mit dem ursprünglichen Kopf zum Prosoma und (4) Reduktion des letzten Opisthosomasegments, von dem zunächst noch ein Tergaldorn als Schwanzstachel erhalten bleibt (der nach dieser Vorstellung also kein Telson ist). Alle diese Neuerwerbungen traten in der frühen Evolution der Chelicerata auf. (1) und (2) müssen nach neueren Erkenntnissen über die Kopfmorphologie jedoch neu überdacht werden (s. a. S. 474).

Die ersten, noch trilobitenähnlichen Cheliceraten sind aus dem späten Kambrium bekannt. Ihre Evolution ist gekennzeichnet durch die Entstehung effizienter Räuber. Die Entfaltung erfolgte zunächst im Meer, wo heute noch die **Xiphosura** und **Pantopoda** leben, dann im Brack- und Süßwasser mit den Skorpion ähnlichen †Eurypterida (Abb. 717). Diese und die Xiphosura wurden früher aufgrund zahlreicher Plesiomorphien auch als „Merostomata" zusammengefasst. Die **Arachnida** – nach der hier vertretenen Auffassung die Schwestergruppe der ausgestorbenen †Eurypterida – wurden zu formenreichen Landtieren. Milben, Skorpione, Webspinnen, Pseudoskorpione und Weberknechte existierten sicher schon im Silur und Devon; die zeitliche Zuordnung einer Moosmilbe aus Ordovizium-Sedimenten von Öland (Schweden) wird meist als unsicher angesehen. Im Karbon waren alle rezenten Großgruppen der Arachnida bereits in ihrer heutigen Gestalt ausgebildet. Neben den rezenten Gruppen sind 5 größere fossile Taxa bekannt. Xiphosura, †Eurypterida und Arachnida werden als **Euchelicerata** den **Pantopoda** als Schwestergruppe gegenübergestellt. Neuere Vorstellungen, denen hier nicht gefolgt wird, erwägen auch, die Pantopoda aus den Cheliceraten auszugliedern und allen anderen Arthropoden als Schwestergruppe gegenüberzustellen.

Das System der Arachnida wird noch kontrovers diskutiert. Nach dem hier aufgeführten Stammbaum (Abb. 706) werden sie als Monophylum betrachtet. Danach sind die **Scorpiones** mit ihren 4 Paar Lungen, anderen ursprünglichen Merkmalen, den so charakteristischen Kämmen und ihrer Ähnlichkeit mit den †Eurypterida (z. B. Gliederung des Opisthosomas in ein Meso- und Metasoma; Bildung eines Metastoms) die Schwestergruppe der kammlosen Arachnida (**Lipoctena**). Diese spalten sich auf in die **Megoperculata** (Araneae, Amblypygi und Uropygi) mit 2 Paar Lungen (deshalb auch Tetrapulmonata genannt) und zahlreichen anderen Synapomorphien und in die lungenlosen **Apulmonata**, denen so unterschiedliche Taxa angehören wie die Pseudoscorpiones, Solifugae, Opiliones, Acari u. a. Andere Autoren kommen zu sehr divergierenden Systemen, die besonders hinsichtlich der Verwandtschaftsverhältnisse innerhalb der apulmonaten Spinnentiere abweichen.

3.1 Pantopoda (Pycnogonida), Asselspinnen

Asselspinnen sind bizarre marine Tiere, die nur aus Beinen zu bestehen scheinen. Von den etwa 1 300 Arten sind die meisten klein (1–10 mm); Tiefseearten können größer werden (*Dodecolopoda mawsoni* erreicht eine Länge von mehr als 6 cm und eine Spannweite der Beine von fast 75 cm). Pantopoden entwickeln sich über eine Protonymphon genannte Larve mit 3 Extremitätenpaaren (Cheliceren, Pedipalpen und 1. Beinpaar, ein 2. Beinpaar angelegt). Alle Arten leben im Meer, von der Gezeitenzone bis in fast 7 000 m Tiefe; einzelne findet man im Brackwasser. Die größte Artenvielfalt gibt es in kalten Meeren.

Bau und Leistung der Organe

Der Körper der Asselspinnen ist zugunsten der Extremitäten stark reduziert (Abb. 707–709). Er besteht aus einem geglie-

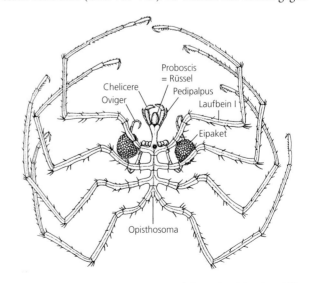

Abb. 707 *Nymphon rubrum* (Pantopoda). Dorsalansicht eines Männchens. Nach Sars aus Moritz (1993).

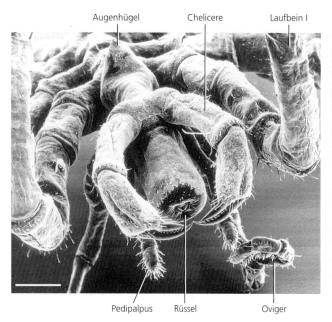

Augenhügel Chelicere Laufbein I

Pedipalpus Rüssel Oviger

Abb. 708 *Nymphon* sp. (Pantopoda). Frontalansicht. Maßstab: 250 µm. Original: G. Alberti, Greifswald.

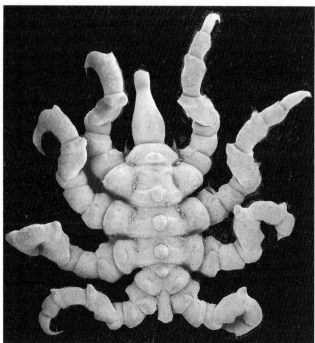

Abb. 709 *Pycnogonum littorale* (Pantopoda). Mit kurzen Beinen, ohne Cheliceren, Pedipalpen und Ovigera. Original: R. Siewing, Erlangen.

derten Prosoma und einem winzigen Opisthosoma. Der vorder Abschnitt des Prosomas ist ungegliedert. Er trägt vorn einen bei vielen Arten großen Rüssel (Proboscis) (Abb. 707–710) und dorsal einen Augenhügel mit 4 Medianaugen (Abb. 708–710), außerdem 4 Extremitätenpaare: (1) 1 Paar dreigliedriger Cheliceren mit Scheren (Cheliforen), (2) schlanke, beinartige Pedipalpen ohne Endite, (3) beinartige Eierträger (O v i g e r a), (4) das 1. Laufbeinpaar. Ovigere und Laufbeine entspringen an seitlichen Körperfortsätzen. Die meisten Arten haben 4 Laufbeinpaare und damit insgesamt 7 Extremitätenpaare. Die Laufbeine bestehen meist aus 9 Gliedern, von denen das letzte „hakenförmig" ist und gegen das vorletzte eingeschlagen werden kann. Zusätzlich können 1–2 weitere Extremitätenpaare vorhanden sein.

Bei adulten Pantopoda sind nicht immer alle Extremitäten ausgebildet. Den Weibchen vieler Arten fehlen die Ovigere. Manche Arten reduzieren die Cheliceren, andere die Pedipalpen; den Pycnogonidae fehlen beide.

Die Bewegungen sind langsam. Viele Arten klettern auf Hydrozoenkolonien, wo sie sich mit den einschlagbaren Endgliedern der Beine festhalten. Manche Arten können unbeholfen schwimmen, indem sie die Extremitäten synchron nach unten schlagen. Die Ovigere, die beim Männchen als Eiträger dienen, werden auch als Putzbeine benutzt.

Die **Nahrung** besteht aus Hydrozoen und anderen Cnidariern, Bryozoen, Mollusken, seltener Holothurien; einige kleine Arten weiden wohl Aufwuchs von Hydrozoenstöcken und Algen ab oder fressen Algen. Andere reißen Polypenköpfchen mit den Cheliceren ab und führen sie an den Mund; Pycnogonidae pressen den Rüssel gegen die Körperwand von Actinien und anderen Anthozoen und saugen Gewebe ein. Ähnlich machen es einige Arten mit Bryozoen.

Der R ü s s e l (Abb. 707–710) ist eine Besonderheit der Pantopoden. Er beginnt vorn mit 3 Zähnchen und führt dann in einen Saugpharynx mit dreikantigem Lumen, das durch

radiär zur Außenwand ziehende Muskeln erweitert werden kann. Hinten geht das Lumen in eine Filterkammer mit Borsten über, die über den kurzen Oesophagus in den Mitteldarm führt. Der Rüssel ist in der Ruhe nach vorn gestreckt oder, bei anderen Arten, ventrad abgebogen (Abb. 710). Vom dünnen, kurzen Mitteldarm gehen seitliche Blindsäcke bis weit in die Laufbeine, z. T. auch in die anderen Extremitäten hinein. Hinten schließt sich ein kurzer Enddarm an, der am Ende des Opisthosomas mündet.

Sinnesorgane sind 4 einfache, invertierte Linsenaugen auf dem Augenhügel (Abb. 708, 710) sowie zahlreiche Sinnesborsten auf Körper und Extremitäten. Der **Exkretion** dienen Exkretzellen des Mitteldarms, die sich aus dem Epithelverband lösen und mit dem Kot abgeschieden werden. Respirationsorgane fehlen. Ein Herz mit 2 Ostienpaaren erstreckt sich fast über die gesamte Körperlänge; bei den Pycnogonidae ist es rudimentär. Das **Zentralnervensystem** ist segmentiert und besteht aus dem Gehirn, dem das Neuromer des Chelicerensegments angeschlossen ist und von dem ein kräftiger Nerv zum Rüssel zieht, einem Unterschlundganglion für die Pedipalpen und die Ovigere sowie einer Kette von 4 oder 5 Ganglienpaaren (Abb. 710).

Paarige **Gonaden** liegen neben dem Herzen und senden Blindsäcke weit in die Laufbeine. Geschlechtsöffnungen liegen ventral am 2. Glied jedes Beines.

Fortpflanzung und Entwicklung

Bei der Paarung, die nur bei sehr wenigen Arten beobachtet wurde, fängt das Männchen die aus den Geschlechtsöffnungen des Weibchens austretenden Eier mit seinen Ovigeren auf und klebt sie mit dem Sekret zahlreicher, dorsal auf den

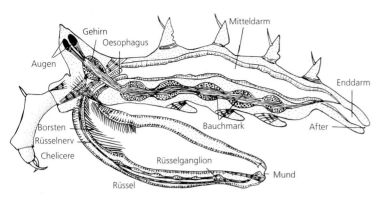

Abb. 710 Pantopoda. Schematischer Längsschnitt durch *Ascorhynchus castelli*. Nach Dohrn aus Kaestner (1968).

Femora gelegener Drüsen zusammen. Bis zu 1 000 Eier können von einem Männchen getragen werden. Die Spermien sind flagellat oder aflagellat. Spermaübertragung und Befruchtung sind nicht bekannt.

Arten mit dotterarmen Eiern haben eine total-äquale, solche mit dotterreichen Eiern eine total-inäquale **Furchung**. Daran schließt sich eine epibolische Gastrulation an. Bei den meisten Arten schlüpft eine Protonymphon-Larve, die den Rüssel, 3 Extremitätenpaare (Cheliceren, Pedipalpen, Ovigere) und die Anlagen des 1. Laufbeinpaares besitzt (Abb. 711). Die Protonymphon-Larven von Arten mit dotterarmen Eiern verlassen das Männchen und leben parasitisch an Hydroiden und anderen Cnidariern, wo sie sich mit den Cheliceren festhalten und manchmal Gallbildungen erzeugen (Larvalparasitismus). Einige Larven parasitieren an Mollusken. Bei Arten mit dotterreichen Eiern bleiben die Larven bis nach der Metamorphose auf dem Männchen. Im Verlauf der Entwicklung können die 2. und 3. Extremitäten vorübergehend verschwinden und später wieder auftreten.

Systematik

Einige Autoren bestreiten eine engere Verwandtschaft der Pantopoden mit den übrigen Chelicerata und stellen sie allen anderen Euarthropoden als Schwestergruppe gegenüber. Cheliceren und Pedipalpen sind jedoch wahrscheinlich synapomorphe Merkmale und können ein Schwestergruppen-

verhältnis der Pantopoda und aller anderen rezenten Taxa der Chelicerata (die dann als Euchelicerata zusammengefaßt werden) begründen. Der einzigartige Rüssel ist vielleicht aus der Verwachsung von Laden der Pedipalpencoxen mit der Oberlippe hervorgegangen. Fossile Arten sind seit dem Devon bekannt; †*Palaeopantopus mancheri* besaß noch ein lang gestrecktes, segmentiertes Opisthosoma.

Abb. 712 *Limulus polyphemus* bei der Paarung auf einem Sandstrand an der nordamerikanischen Atlantikküste. Aus McCracken Peck (1992).

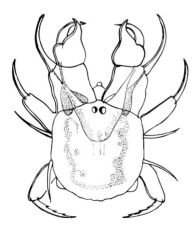

Abb. 711 Protonymphon-Larve eines Pantopoden. Nach Dohrn aus Kaestner (1968).

Nymphon grossipes (Nymphonidae), 9 mm; mit sehr langen dünnen Beinen; vordere 3 Extremitätenpaare vorhanden, 4 Laufbeinpaare; Rüssel kurz und breit. Ca. 150 weitere *Nymphon*-Arten im Atlantik (vgl. Abb. 707). – *Phoxichilidium femoratum* (Phoxichilidae), 3 mm; Beine lang, Pedipalpen stummelförmig oder fehlend; Nordsee und Atlantik. – *Collossendeis proboscidea* (Collossendeidae), 50 mm, Beine bis 200 mm. – *Pycnogonum littorale* (Pycnogonidae), 18 mm; Beine kurz und gedrungen, die vorderen 3 Extremitätenpaare fehlen (Abb. 709); parasitisch an Actinien.

Die folgenden Gruppen, also die Xiphosura, †Eurypterida und Arachnida werden als **Euchelicerata** zusammengefaßt. Sie sind u. a. gekennzeichnet durch die ausgeprägte Körpergliederung in ein Prosoma und Opisthosoma, wobei das Opisthosoma bei den aquatischen Xiphosura und Eurypterida primär Buchkiemen trug, welche bei einigen der terrestrischen Arachnida (Scorpiones, Megoperculata) zu Buchlungen wurden. Der Mund wird von den Coxalladen umstellt, die einen mehr oder minder ausgeprägten Mundvorraum bilden.

3.2 Xiphosura, Schwertschwänze

Von diesen großen (bis 85 cm) marinen Cheliceraten haben nur 4 Arten als „lebende Fossilien" überdauert (Abb. 713); fast identische Formen kennt man bereits aus dem Meso-zoikum (z. B. †*Mesolimulus walchi* aus den Solnhofer Plattenkalken).

Bau und Leistung der Organe

Der Habitus der Xiphosuren wird beherrscht durch das mit einer breiten Duplikatur versehene, hufeisenförmige Prosoma und das kleinere Opisthosoma (Abb. 713). Dieses ist untergliedert in das Mesosoma aus 7 verschmolzenen, mit Pleurotergiten versehenen Segmenten und das Metasoma aus nur 3 Segmenten mit dem namengebenden, beweglichen Schwanzstachel. Das Gelenk zwischen Vorder- und Hinterkörper entspricht nicht der Grenze zwischen Pro- und Opisthosoma wie bei den Arachniden, denn das 1. und Teile des 2. Opisthosomasegments sind in den Vorderkörper inkorporiert worden.

Die dicke, feste, dunkel-rotbraun bis schwarzbraun gefärbte Cuticula ist frei von Kalkeinlagerungen. Im Inneren befindet sich ein umfangreiches mesodermales Endoskelett. Lokomotionsorgane sind 5 Paar Prosomabeine, die unter der Prosomaduplikatur verborgen sind. Die ersten 4 tragen an ihren Enden kleine Scheren, das 5. Paar flache Borsten, die sich beim Laufen auf weichem Sediment skistocktellerartig ausbreiten (Abb. 714B). Nur dieses letzte Paar besitzt noch einen Außenast (Epipodit), das Flabellum

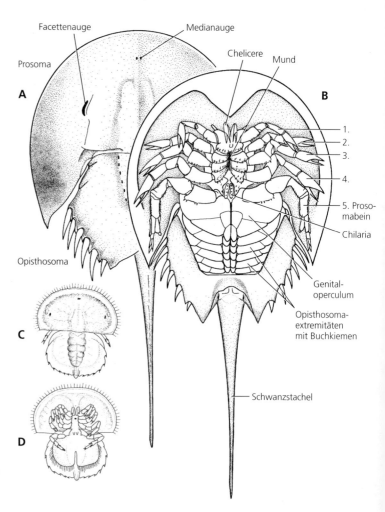

Abb. 713 (Xiphosura). **A** Dorsalansicht. **B** Ventralansicht. **C** Larve von dorsal. **D** Larve von ventral. Nach verschiedenen Autoren.

(Abb. 714B). Es soll eine Rolle bei der Lenkung des Wasserstromes in den Kiemenraum haben und auch das Eindringen von Partikeln verhindern. Ihm werden auch sensorische Funktionen zugeschrieben. Bei den adulten Männchen sind die Scheren des ersten (*Limulus*) und des zweiten Beinpaares (*Tachypleus, Carcinoscorpius*) vergrößert und zu Klammerorganen umgewandelt, mit denen sich das Männchen bei der Paarung am Weibchen festhält. Die Coxen der Laufbeine tragen nach innen gerichtete bestachelte Coxalladen (Enditen), die die mit den Scheren der Laufbeine in den Mundvorraum gebrachten Nahrungsteile zum Mund befördern.

Beim Laufen werden die Beine eines Paares alternierend bewegt; beim schwerfälligen Schwimmen mit der Ventralseite nach oben schlagen sie und auch die Opisthosomaextremitäten synchron. Bei der Fortbewegung unter der Sand- oder Sedimentoberfläche wirkt der scharfe Vorderrand der Prosomaduplikatur wie eine Pflugschar. Der bewegliche Schwanzstachel dient als Steuer und hilft beim Umdrehen, wenn das Tier auf den Rücken gefallen ist.

Die **Komplex-** oder **Facettenaugen** (Abb. 723) sind einfacher gebaut als die der Mandibulata; die Kristallkegel fehlen. Die Cornealinsen bilden innen einen tiefen Zapfen und sind wie beim schizochroalen Trilobitenauge (Abb. 702) kreisrund. Das im Querschnitt sternförmige Rhabdom wird von 8–20 Retinulazellen gebildet (Abb. 715).

In das Zentrum des Rhabdoms schiebt sich der Fortsatz einer bipolaren, exzentrischen Sinneszelle (Abb. 715). Die Axone der Sinneszellen eines Ommatidiums sind gleich unterhalb des Auges durch quer verlaufende Axone mit benachbarten Ommatidien verschaltet. Einige dieser Axone wirken inhibierend auf benachbarte Ommatidien; sie sind so für die laterale Inhibition und damit für die Kontrastverstärkung verantwortlich. Am caudalen Rand jedes Komplexauges befindet sich ein von außen nicht sichtbares, rudimentäres Auge, das vielleicht neurosekretorische Funktion hat.

Die beiden mitten auf dem Prosoma liegenden dorsalen Medianaugen (Abb. 713A) bestehen aus je einer Linse, an die sich eine wenig geordnete Retina anschließt. Guanophoren und Gliazellen schirmen die Sinneszellgruppen voneinander ab.

Die Medianaugen entstehen an der Spitze einer Invagination, die sich von ventral her einstülpt und bis an die Dorsalseite emporwächst. Ihre Spitze bildet die Retina mit eversen Sinneszellen, die Epidermis die Linse.

Unterhalb der Medianaugen, von außen nicht sichtbar, liegt das Endoparietalauge, ein reduziertes zweites Medianaugenpaar. Ein drittes, ventrales Medianaugenpaar liegt an der Basis der Oberlippe, dicht vor dem Gehirn. Bei Larven und Jungtieren ist es gut entwickelt; später verschmilzt es mit dem als Chemorezeptor gedeuteten Frontalorgan.

Cuticulare Sinnesorgane, Tastborsten und in Gruben versenkte Borsten unbekannter Funktion stehen auf dem ganzen Körper, besonders dicht an den Seitenrändern der Prosomaduplikatur sowie auf dem Schwanzstachel.

Das **Gehirn**, das infolge der Rückverlagerung des Mundes vor, nicht über dem Oesophagus liegt, besitzt große Corpora pedunculata (fast 80 % der Gehirnmasse) und einen kräftigen Zentralkörper. Die genaue Abgrenzung von Trito- bzw. Deutocerebrum sowie der zugehörigen Kommissuren muß nach den neueren Befunden (s. o.) noch abgeklärt werden. Das Unterschlundganglion enthält auch die Neuromeren des 1. und 2. Opisthosomasegments.

Der Mund liegt in der Mitte der Ventralseite des Vorderkörpers, umgeben von den kräftigen Coxalladen der Laufbeine.

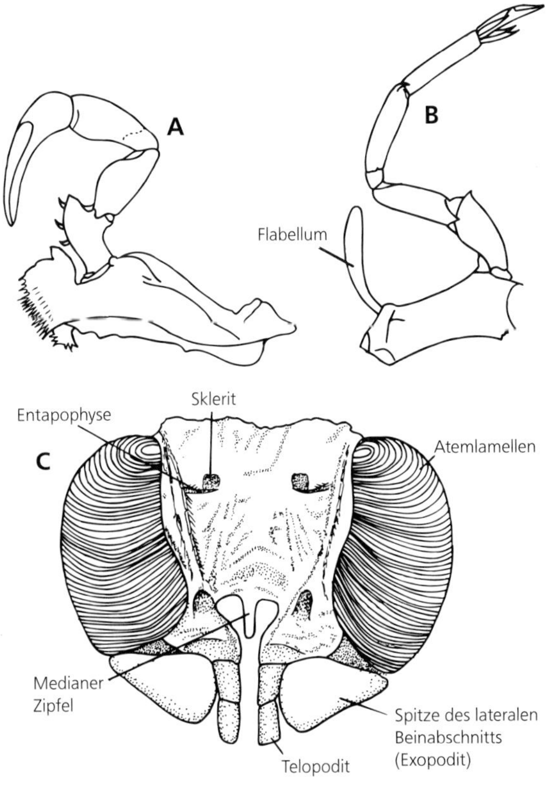

Abb. 714 *Limulus polyphemus.* **A** 2. Extremität. **B** 5. Bein. **C** Rückseite eines Opisthosoma-Beinpaares mit den Buchkiemen. Nach Ray-Lankester und Hansen aus Fage (1949) und Kaestner (1968).

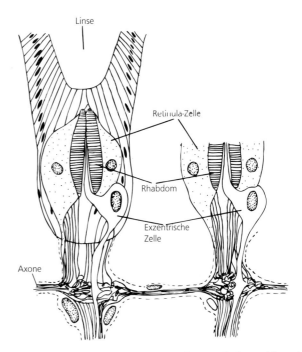

Abb. 715 *Limulus polyphemus.* Ausschnitt aus 2 Ommatidien der Komplexaugen. Nach MacNichol aus Barnes (1974).

Die **Nahrung** (Kleinkrebse, Würmer, Muscheln und Aas) wird mit Mechano- und Chemorezeptoren auf den Extremitäten wahrgenommen und mit den dreigliedrigen Cheliceren oder den scherentragenden Laufbeinen in den Mundvorraum gebracht. Dieser ist der vorderste Bereich der von den Beincoxen begrenzten Nahrungsrinne und wird vorn von der Oberlippe begrenzt. Die caudale Begrenzung der Nahrungsrinne bilden die Chilaria, modifizierte Extremitäten des 1. Opisthosomasegments (Abb. 713B). Die Nahrung wird im Kaumagen weiter zerkleinert. Harte Teile werden über den Mund ausgeschieden. Ein Ventil führt in den Mitteldarm, der vorn zum Magen erweitert ist und die Mündungen von 2 Paar umfangreichen, verzweigten Mitteldarmdrüsen empfängt. In ihnen finden Sekretion von Enzymen und Resorption statt. Die Verdauung ist nicht völlig extrazellulär; Dipeptide werden intrazellulär gespalten. Der Mitteldarm mündet hinten in das kurze Proctodaeum, der After liegt unter der Basis des Schwanzstachels.

Respirationsorgane sind 5 Paar Buchkiemen, die aus je bis zu 150 dicht übereinander liegenden Lamellen an den plattenartigen Außenästen der Extremitäten der Opisthosomasegmente 3–7 bestehen (Abb. 714C). Die kleinen, dreigliedrigen Telopoditen dieser Extremitäten dienen zum Reinigen der Kiemen.

Exkretionsorgane sind 1 Paar Coxaldrüsen im Prosoma, an deren Bau die coelomatischen Sacculi der 2.–5. Segmente beteiligt sind (Abb. 716). Sie münden zwischen dem 5. und 6. Beinpaar aus. Sacculi des 1. und 6. Segments werden embryonal angelegt, verschwinden aber später. Vom lang gestreckten Herz mit 8 Ostienpaaren gehen 3 vordere Aorten und 4 laterale Arterien aus.

Die **Gonaden** liegen im Prosoma und münden paarig an der Hinterseite des Genitaloperculums (Abb. 713B), der verschmolzenen Extremitäten des 2. Opisthosomasegments. Entsprechend der ursprünglichen äußeren Befruchtung (s. u.) besitzen die Xiphosura Spermien, die zu den ursprünglichsten Arthropodenspermien zählen.

Fortpflanzung und Entwicklung

Im Frühsommer sammeln sich die sonst in 10–40 m Tiefe lebenden Tiere in der Gezeitenzone flacher Küsten (Abb. 712). Die Männchen halten sich auf den Weibchen mit den modifizierten Vorderbeinen fest; 200–1 000 Eier werden in flache Mulden gelegt, anschließend besamt und mit Sand überdeckt. Bei *Carcinoscorpius rotundicaudatus* erfolgen Paarung und Eiablage im Brack- oder sogar im Süßwasser.

Die **Furchung** der 2–4 mm großen Eier ist total. Es folgt eine Immigrationsgastrulation. Das erste frei lebende Stadium, die sogenannte Trilobitenlarve, lebt vom Dottervorrat. Sie hat schon alle Segmente, aber nur 9 Extremitätenpaare (Abb. 713C,D). Die volle Extremitätengarnitur und der lange Schwanzstachel erscheinen nach der ersten postembryonalen Häutung. Erst nach 9–12 Jahren sind die Tiere geschlechtsreif.

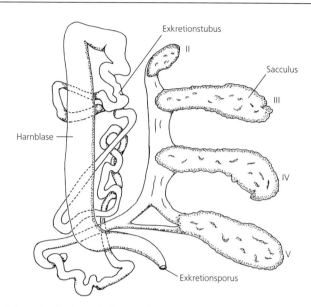

Abb. 716 *Limulus polyphemus*. Coxaldrüse, II–V: die vier Sacculi, die in den gemeinsamen Exkretionsstubus münden. Nach Patten und Hazen aus Barnes (1974).

Systematik

Die Xiphosura besiedelten bereits im Silur die frühpaläozoischen Meere in großer Formenfülle. Sowohl die ursprünglichen †Synxiphosura als auch die Limulina, zu denen die rezenten Limulidae gehören, hatten zunächst einen segmentierten Hinterleib. Die Limulidae blieben seit dem Tertiär unverändert. Mit 3 Gattungen und 4 Arten bewohnen sie heute ein diskontinuierliches Verbreitungsgebiet: *Limulus* an der amerikanischen Atlantikküste, *Carcinoscorpius* und *Tachypleus* in Südostasien.

Limulus polyphemus, bis 60 cm, häufig an der amerikanischen Atlantikküste von New York bis Florida in 5–40 m Tiefe (Abb. 712, 713). Intensiv genutzte Art für sinnes- und stoffwechselphysiologische Forschung. – Die südostasiatischen Arten (*Tachypleus gigas, T. tridentatus, Carcinoscorpius rotundicaudatus*) werden auch gegessen.

†Eurypterida (Gigantostraca), Seeskorpione

Diese fossilen Cheliceraten gehören mit einer Körperlänge von bis zu 1,80 m zu den größten bekannten Arthropoden. In ihrer Körpergliederung erinnern sie z. T. sehr an Skorpione (Abb. 717). Ihr Opisthosoma ist wie bei diesen untergliedert in ein Mesosoma aus 7 und ein Metasoma aus 5 Segmenten und besitzt einen (manchmal flossenartig verbreiterten) Schwanzstachel. Die Prosomabeine sind mit Dornen bewehrte Schreitbeine, die vorderen bei manchen Arten zu Fangbeinen spezialisiert. Das letzte Beinpaar ist meist paddelartig verbreitert.

Lichtsinnesorgane sind je 1 Paar Komplexaugen und Medianaugen. Atmungsorgane waren wohl Buchkiemen an den plattenartigen Opisthosoma-Extremitäten oder weichhäutige Stellen, die von diesen Extremitäten überdeckt wurden.

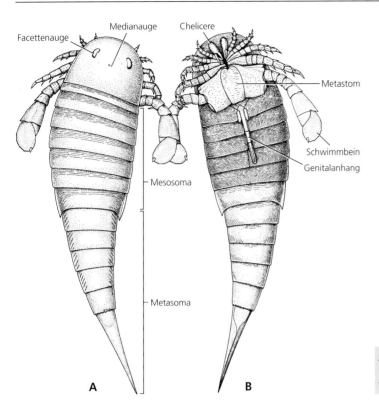

Abb. 717 †*Parahughmilleria hefteri (†Eurypterida).* Unteres Devon, Eifel. **A** Dorsalansicht. **B** Ventralansicht mit Genitalanhang. Nach Størmer (1973) aus Müller (1994).

Das Genitaloperculum, zuweilen auch die folgenden Extremitäten, trugen zu Gonopoden verlängerte Telopodite. Neuere Befunde legen nahe, dass die Männchen der Eurypterida Spermatophoren produzierten. Die frühesten bekannten Stadien sind 2–3 mm lange Larven mit unvollständiger Segmentzahl.

Die Ausbildung einer großen, unpaaren Platte hinter dem Mund, die Untergliederung des Opisthosomas sowie die wahrscheinliche Ausbildung von Spermatophoren können als Synapomorphien der Eurypterida und Arachnida angeführt werden, die dann beide das Taxon **Metastomata** (auch Sclerophorata) bilden.

Seeskorpione traten seit dem Ordovizium (520 Mio. Jahre) mit ca. 240 Arten im küstennahen Brackwasser und vor allem im Süßwasser auf. Einige konnten wohl kurzfristig über Land wandern. Fundstellen liegen in Europa, Nordamerika und Australien. Im Perm verschwanden sie.

†*Hughmilleria norvegica*, 30 cm, im Unteren Devon Norwegens, wahrscheinlich guter Schwimmer, mit zum Steuern abgeplattetem Schwanzstachel. – †*Mixopterus kiaeri*, 1 m, aus dem Unteren Devon Norwegens.

3.3 Arachnida, Spinnentiere

Die überwiegende Zahl der über 110 000 Cheliceraten-Arten gehört zu den landlebenden Arachniden. Darunter sind so unterschiedliche Formen wie große Skorpione und winzige Milben. Die terrestrische Lebensweise hat zu tiefgreifenden Veränderungen geführt: Reduktion, Umwandlung oder Verlust der Opisthosomaextremitäten, Umbau der Buchkiemen zu Buchlungen (Fächerlungen), extraintestinale Verdauung und die dazugehörigen Strukturen, Ausbildung von Röhrentracheen, entodermale Malpighische Schläuche zur Exkretion von Guanin u. ä. wassersparenden Exkreten, Auflösung der Komplexaugen zu Einzelaugen, Ausbildung cuticularer Sinnesorgane wie Trichobothrien und Spaltsinnesorgane und die Entwicklung einer meist indirekten, inneren Besamung. Nur relativ wenige Arten (die Wasserspinne *Argyroneta aquatica* und verschiedene actinotriche Milben-Gruppen) sind erneut zu dauerhaftem Wasserleben übergegangen, wobei nur die Milben von der Luft als Atemmedium unabhängig wurden.

Bau und Leistung der Organe

Der lang gestreckte Habitus der Skorpione erinnert noch am meisten an ursprüngliche wasserlebende Cheliceratenformen; bei den anderen Arachnida wird der Körper in unterschiedlicher Weise zunehmend verändert (Abb. 718): (1) Durch Reduktion hinterer Opisthosomasegmente und zunehmende Verwachsungen wird der Körper verkürzt und kompakt – am extremsten bei Opiliones und Acari. (2) Das 1. Opisthosomasegment wird zunehmend reduziert; ein Tergit ist noch bei den meisten Gruppen vorhanden, ein Sternit nur noch bei den Uropygi. Bei Amblypygi, Araneae und Ricinulei wird das 1. Opisthosomasegment zu einem stielartigen Abschnitt (Petiolus) verengt, was dem gesamten Hinterkörper eine erhöhte Beweglichkeit verleiht und z. B. auch eine wesentliche Voraussetzung für die wirkungsvolle Arbeitsweise der Spinnwarzen bei den Opisthothelae unter den Webspinnen ist.

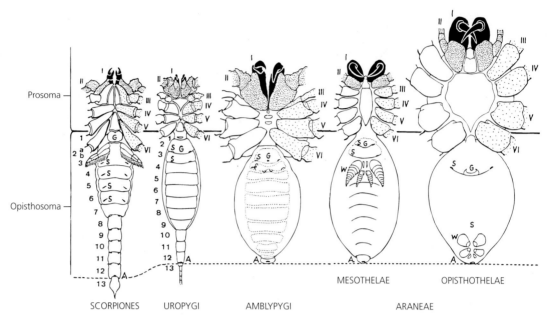

Prosoma

Opisthosoma

MESOTHELAE   OPISTHOTHELAE

SCORPIONES   UROPYGI   AMBLYPYGI   ARANEAE

Abb. 718 Arachnida. Schematische Ventralansichten verschiedener Taxa. Vergleich der Segmente und ihrer Anhänge. Römische Ziffern kennzeichnen die Prosoma-Extremitäten, arabische Nummern die Opisthosoma-Segmente. A = After, G = Genitaloperculum, S = Stigmen, Lungen- oder Tracheenöffnungen, W = Spinnwarzen. Original: W. Marinelli, Wien, ergänzt nach Kaestner (1965) und Hammen (1989), Zeichnung: M. Mizzaro-Wimmer, Wien.

Der Petiolus hat weiterhin die gleiche Funktion wie das Diaphragma bei den Scorpiones (S. 510) und den Solifugae (S. 529). Diese Strukturen verhindern einen raschen Hämolymph-Druckausgleich zwischen Pro- und Opisthosoma, was für die Lokomotion wichtig ist. Die Beine besitzen nicht in allen Gelenken Strecker; die Streckung erfolgt durch Erhöhung des Hämolymphdrucks. Bei der Lokomotion kann dann im Prosoma ein hoher Hämolymphdruck erzeugt werden, ohne das Opisthosoma anschwellen zu lassen.

Der Lokomotion dienen ursprünglich 4 **Laufbeinpaare** (Abb. 718), doch kann das 1. (Uropygi, Amblypygi, Solifugae und manche Acari) oder das 2. (bei manchen Opiliones und allen Ricinulei) zu Fühlerbeinen spezialisiert sein, so dass diese Arachniden nur auf 3 Beinpaaren laufen. Bei den Palpigradi, bei denen ebenfalls das 1. Beinpaar als Fühlerbein ausgebildet ist, werden die eigentlichen Fühlerextremitäten (Pedipalpen) zum Laufen benutzt (Name!).

Große Veränderungen hat die Ventralseite des Prosomas erfahren. Der Mund ist nach vorn verlagert. Die Coxen der Laufbeine und Pedipalpen sind kaum beweglich und können nicht als Beißwerkzeuge eingesetzt werden. Sie bedecken die Ventralseite des Prosomas oder lassen Platz frei für ein oder mehrere Sternite (Abb. 718). Coxalladen (Coxalendite, Gnathocoxen) der Pedipalpen oder der beiden ersten Beinpaare bilden einen kahnförmigen Mundvorraum. Nur bei den Palpigradi und Solifugen liegt der Mund terminal frei zwischen Ober- und Unterlippe. Er ist bei allen Arachniden so eng, dass fast immer nur flüssige Nahrung aufgenommen werden kann: Die meisten Arachniden verdauen extraintestinal. Diesbezügliche Ausnahmen finden sich bei manchen Opiliones und Acari. Der Vorderdarm bildet hinter dem Mund eine Saugpumpe (Pharynx). Ein Kaumagen fehlt immer. Bei Amblypygi, Thelyphonida, Araneae und Ricinulei gibt es zusätzlich noch eine postcerebrale Saugpumpe.

Bei der **Nahrungsaufnahme** wird die Beute vor dem Mundvorraum gehalten. Die Cheliceren reißen ein Loch, in das sich Speicheldrüsensekrete und/oder regurgitierte Verdauungsenzyme aus den Mitteldarmdrüsen ergießen und die Nahrung extraintestinal verdauen. Beim Aufsaugen filtrieren mundständige Haare und feine Rinnen zwischen Oberlippe und Unterlippe kleinere Partikel ab. Die Beute wird völlig mazeriert oder, bei Arten mit sehr kleinen Cheliceren (manche Pseudoskorpione, Spinnen und Milben), ausgesogen. Viele Milben sind als Pflanzen- oder Tierparasiten in der Lage, mit umgewandelten Cheliceren das Wirtsgewebe anzustechen und Wirtsflüssigkeit aufzunehmen. Nur bei manchen Opiliones und Acari kann auch partikuläre Nahrung aufgenommen werden.

Die Nahrung wird in den Mitteldarm mit seinen Blindsäcken, die eine umfangreiche Mitteldarmdrüse bilden können, gepumpt und resorbiert. Diese Drüsen münden in den vorderen Teil des Mitteldarms. Sie enthalten vielfach Sekretzellen, die Verdauungsenzyme sezernieren, Resorptionszellen, die die verdaute Nahrung in große Vakuolen aufnehmen, und Guanocyten, die Guaninkristalle bilden, speichern oder in das Lumen abgeben. Die verdaute Nahrung wird in den Mitteldarmdrüsen gespeichert oder an den mesodermalen Fettkörper weitergegeben. Viele Arachniden können nach einer reichen Mahlzeit lange ohne Nahrung leben. – Der hintere Mitteldarmabschnitt nimmt die Malpighischen Schläuche, so vorhanden, auf, erweitert sich am Ende zur Rektalblase und vereinigt sich dann mit dem muskulösen Enddarm, der am letzten Körpersegment mündet (Abb. 735). Die Malpighischen Schläuche der Arachnida (sie fehlen bei Pseudoscorpiones, Palpigradi, Opiliones und vielen Acari) sind, im Gegensatz zu denjenigen der Insekten, entodermal. Ihre Zellen können, wie die des hinteren Mitteldarms und der Rektalblase, Guanin, Adenin, Hypoxanthin und Harnsäure bilden, die in kristalliner Form an das Lumen abgegeben und in der Rektalblase vorüberge-

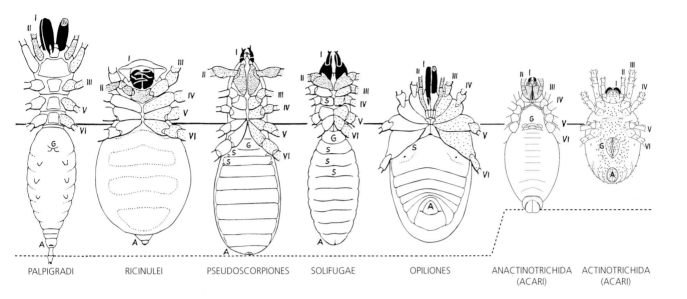

| PALPIGRADI | RICINULEI | PSEUDOSCORPIONES | SOLIFUGAE | OPILIONES | ANACTINOTRICHIDA (ACARI) | ACTINOTRICHIDA (ACARI) |

hend gespeichert werden. Als ursprünglich segmentale **Exkretionsorgane** sind nur 1 oder 2 Paar Coxaldrüsen erhalten, die sich im 1. und/oder 3. Laufbeinsegment entwickeln. Nephrocyten sind große Exkretspeicherzellen, die sich während der Embryonalentwicklung von den Coelomwänden der vorderen Prosomasegmente lösen.

Das **Zentralnervensystem** ist stark konzentriert. In Zusammenhang mit der Vorverlagerung des Mundes sind die Vorderkopfstrukturen während der Entwicklung auf- und sogar nach hinten umgeklappt worden. Infolgedessen liegt das Oberschlundganglion im Gegensatz zu den Xiphosuren jetzt über dem Unterschlundganglion (Abb. 719, 720, 721). Letzteres bildet eine kompakte Masse aus den Ganglien des Prosomas, an der intersegmentale Blutgefäße die segmentale Natur der Neuromeren noch zeigen können. Stets sind hier auch einige, in vielen Taxa alle opisthosomalen Ganglien

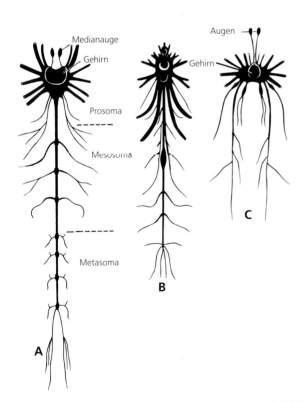

Abb. 719 Nervensysteme von Cheliceraten. **A** Scorpiones. **B** Solifugae. **C** Opiliones. Aus Millot (1949).

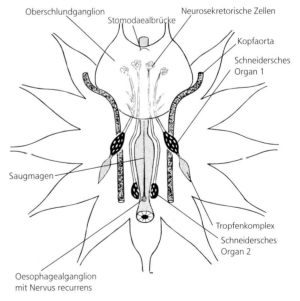

Abb. 720 Araneae. Schema von Ober- und Unterschlundganglion mit den wichtigsten Teilen des neuroendokrinen Systems. Dorsalansicht. Neurosekrete werden im Ober- und Unterschlundganglion produziert und in retrocerebralen Neurohämalorganen, den 1. Schneiderschen Organen und dem Tropfenkomplex gespeichert und an die Hämolymphe abgegeben. Die 2. Schneiderschen Organe sind kleine Ganglien neben dem Saugmagen, die zum stomatogastrischen Nervensystem gehören und ebenfalls sekretorisch tätig sind. Verändert nach Foelix (1979).

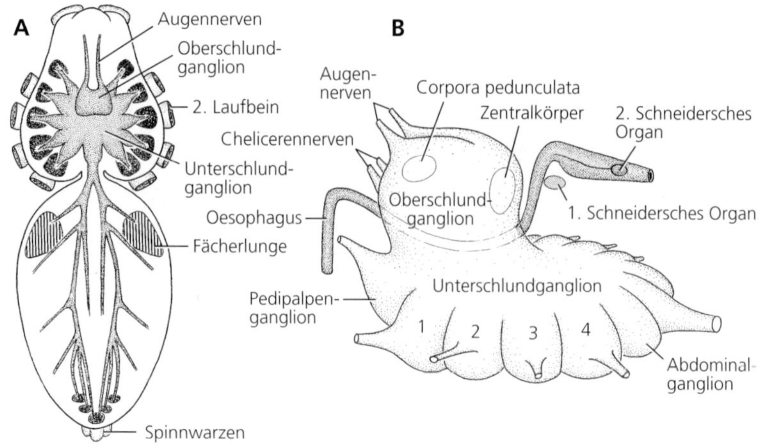

Abb. 721 Schema des Zentralnervensystems von *Tegenaria* sp. (Araneae). **A** Dorsalansicht. Alle Ganglien sind im Vorderkörper konzentriert und senden Nervenbündel in die Extremitäten und die Organe des Opisthosomas. **B** Seitenansicht von Ober- und Unterschlundganglion, mit Vorderdarm. Verändert nach Foelix (1979).

angeschlossen. Das Oberschlundganglion birgt in seiner Organisation noch manche Unklarheiten. Es besteht aus dem Protocerebrum und den weitgehend inkorporierten Deuto- und Tritocerebri (s. o.). Das Gehirn empfängt die Nerven der Median- und Lateralaugen (Abb. 721), die sich zu je 2 Sehmassen erweitern. Assoziationszentren sind die Corpora pedunculata (Pilzkörper), deren untere Enden eine Querbrücke (Balken) bilden. Sie empfangen Nervenbahnen von den Seitenaugen und sind besonders stark entwickelt bei sich optisch orientierenden und bei gut beweglichen Arten (z. B. Amblypygi und jagende Spinnen), dagegen fehlen sie bei Netzspinnen, Pseudoskorpionen und vielen Milben. Ein weiteres Assoziationszentrum, der Zentralkörper, liegt nicht wie bei Insekten zentral im Gehirn sondern an seinem Hinterrand. Er empfängt Fasern von den Median- und Seitenaugen und ist, z. B. bei Netzspinnen, stärker entwickelt als bei jagenden Spinnen. Das Tritocerebrum (oder Deutocerebrum?) ist das Cheliceren-Neuromer. Ihm entspringt die Stomodaealbrücke, die – homolog dem Frontalganglion der Mandibulata – Mund, Oberlippe und Vorderdarm innerviert. Bei einer Reihe von Arachniden ist auch die Tritocerebralkommissur (oder Deutocerebralkommissur?) in das Oberschlundganglion inkorporiert.

Das Zentralnervensystem bildet Neurosekrete, die sich in retrocerebralen Neurohämalorganen hinter dem Gehirn sammeln. Am besten untersucht sind die Schneiderschen Organe und der Tropfenkomplex bei den Araneae (Abb. 720) sowie das endokrine System der Zecken. Über ihre genaue Funktion wie überhaupt über die hormonelle Steuerung bei Chelicerata ist noch kaum etwas bekannt.

Wichtige **Sinnesorgane** der meist nachtaktiven Arachniden sind Mechano- und Chemorezeptororgane. Charakteristisch sind vielfach Trichobothrien (fehlen bei Solifugae, Opiliones, Ricinulei und fast allen anactinotrichen Acari) und Spaltsinnesorgane (fehlen bei Palpigradi und Ricinulei) (Abb. 722).

Trichobothrien (Becherhaare) sind meist lange, in einer tiefen Einsenkung der Cuticula leicht beweglich eingelenkte Borsten, die durch schwache Luftbewegungen abgelenkt werden (Abb. 722G). Sie stehen auf Extremitäten oder anderen Körperstellen. Da nur Ablenkungen in eine oder wenige Richtungen gemeldet werden, kann durch die Anordnung von Trichobothrien mit unterschiedlichen Richtcharakteristiken die Richtung und Entfernung eines sich bewegenden Objek-

tes präzise festgestellt werden. Bei actinotrichen Acari sind Trichobothrien sehr vielgestaltig (Abb. 785). – Spaltsinnesorgane (Abb. 722A,D) perzipieren Kräfte, die durch Eigenbewegungen des Tieres, durch die Schwerkraft oder durch Vibrationen des Untergrundes auf die Cuticula wirken. Ein Organ besteht aus einer spaltförmigen Verdünnung der Procuticula von 8–200 µm Länge, die von verdickten Lippen umgeben und nach außen durch eine dünne Membran abgeschlossen ist. An ihr endet der Dendrit einer Sinneszelle. Jede Verengung des Spalts erzeugt Nervenimpulse. Mehrere Einzelspalten können zu Gruppen zusammentreten. Besondere Gruppen sind die Lyraförmigen Organe, bei denen Spalten (sogenannte Lyrifissuren) zunehmender Länge in gleicher Richtung gruppiert sind (Abb. 722B). Ursprünglich sind die Spaltsinnesorgane wohl Propriorezeptoren. Spinnen können damit aber auch feinste Schwingungen der Unterlage, sogar akustische Reize perzipieren, z. B. eine summende Fliege. Sie verlieren die Fähigkeit zur kinästhetischen Orientierung, wenn bestimmte Lyraförmige Organe zerstört werden. Weitere Propriorezeptoren sind die Gelenksinnesorgane, Gruppen von Sinneszellen in den Gelenken von Beinen und Pedipalpen, deren Dendrite in die Epidermis unter der Gelenkmembran ziehen.

Die Seitenaugen (Lateralaugen) der Arachniden sind Linsenaugen, die durch Zerfall der Komplexaugen in mehrere Teile entstanden, wobei deren Ommatidien miteinander verschmolzen und eine gemeinsame Cornea bildeten (Abb. 723). Ein Auge entspricht daher mehreren Ommatidien. Bei einigen Scorpiones und Uropygi gibt es noch 5, bei Amblypygi und Araneae 3 Paar Lateralaugen. Bei anderen Arachniden ist die Zahl noch weiter reduziert, oder sie fehlen völlig.

Die Seitenaugen der Skorpione zeigen diese Herkunft noch. Ein Flachschnitt durch die Retina ähnelt einem Schnitt durch ein Facettenauge von *Limulus* (Abb. 723B, D). Die Retina setzt sich aus geschlossenen Retinulae mit sternförmigem Rhabdom zusammen. Bei anderen Arachniden hat eine Reorganisation der Retina stattgefunden. Die Rhabdome bilden ein gleichmäßiges, durchgehendes Netz, in dem jede Sinneszelle mindestens an zwei gegenüber liegenden Seiten, oft an allen vier Seiten, Mikrovillisäume ausbildet (Abb. 723F). Die Retinae können evers oder invers sein (Abb. 723E). Inverse Augen besitzen oft ein Tapetum (Abb. 723E, 745C–E).

Von den ursprünglichen Medianaugen ist nur das dorsale Paar erhalten, die so genannten Hauptaugen. Bei manchen tagaktiven Spinnen (z. B. Salticidae) sind sie sehr groß, leistungsfähig und komplex (Abb. 745A, 746). Sie sind stets evers und ohne Tapetum.

An der Spitze einer Epidermis-Einstülpung bildet sich die Retina; die darüber liegende Epidermis scheidet einen kugeligen Glaskörper und eine flache Cornea ab. Das unter der Einstülpung liegende Epithel bil-

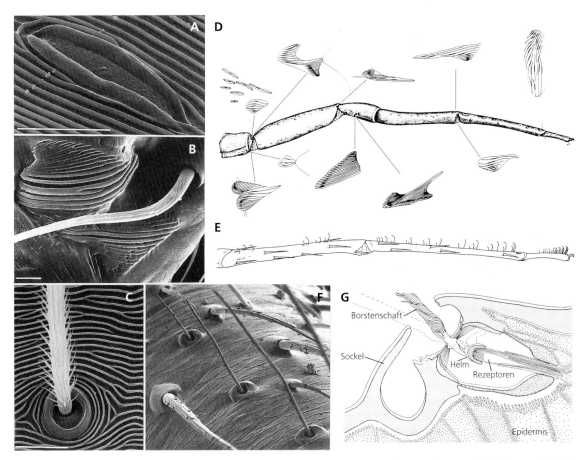

Abb. 722 Sinnesorgane bei Araneae. **A** Spaltsinnesorgan von *Amaurobius fenestralis*. **B** Lyraförmige Organe und Tasthaar von *Zygiella x-notata*.
C Tasthaar von *A. fenestralis*. **D** Verteilung der Spaltsinnesorgane auf einem Laufbein von *Cupiennius salei*. **E** Anordnung der Trichobothrien
auf dem 2. Schreitbein von *Cupiennius salei*. Lateralansicht. Länge der Trichobothrien 100–1400 μm; insgesamt etwa 100 auf einem Bein. Zum
Teil in Gruppen zusammengefasst. Komplexe Wahrnehmungen über den Luftstrom in der Grenzschicht um das Bein, die sich auch mit Veränderungen der Beinstellung beim Laufen ändern. **F** Tasthaare und Trichobothrien auf einem Laufbein von *Zygiella x-notata*. **G** Längsschnitt durch
ein Trichobothrium von *Tegenaria* sp. Auslenkung des Haares drückt den Helm auf die dendritischen Endigungen und löst dadurch Erregung
aus. Auslenkungen des Haares werden von 3 Sinneszellen beantwortet, die jeweils auf eine Auslenkungsrichtung reagieren. Maßstäbe für A–C,
F: 10 μm. A, C Originale: G. Purschke, Osnabrück; B, F Originale: M.C.M. Müller, Osnabrück; D aus Barth und Libera (1970); E aus Barth et al.
(1993); G nach Christian (1971).

det die Postretinalmembran. Die Medianaugen können ebenfalls
reduziert sein.

Atmungsorgane sind Buchlungen oder Tracheen. In der
Ontogenese entstehen Buchlungen wie die Buchkiemen an
opisthosomalen Extremitätenknospen. Es ist wahrscheinlich, dass Lungendeckel und Atemhöhle durch Verwachsung
von Hinterleibsextremitäten mit der Ventralseite des Körpers
entstanden sind. Jede Lunge beginnt mit einem schlitzförmigen Stigma; es führt in einen Atemvorhof, von dem aus die
Luft zwischen die Lamellen gelangen kann. Die Zwischenräume der Lungenlamellen werden durch kutikulare Pfeiler
(Trabeculae) offen gehalten (Abb. 724). Atembewegungen
sind nur von Solifugen bekannt. Tracheen sind auf verschiedene Art entstanden: (1) durch Reduktion von Atemlamellen und Auswachsen vom Lungenvorhof aus. Diese entstehen embryonal in Zusammenhang mit rudimentären
Extremitätenknospen; (2) durch Auswachsen von Entapo-
physen, eingestülpten Muskelansatzstellen, die sich ins Körperinnere verlängern; (3) durch fortschreitende Einstülpung

verdünnter Hautpartien. Tracheen sind entweder als Sieb-
bzw. Büscheltracheen (von einem Tracheenstamm gehen am
Ende zahlreiche unverzweigte Tracheolen aus), oder als verzweigte Röhrentracheen ausgebildet. Sieb- und Röhrentracheen können bei der gleichen Art nebeneinander vorkommen.

Innerhalb der großen Arachniden-Taxa gibt es entweder
Lungen oder Tracheen. Nur die Araneae zeigen den sukzes-
siven Ersatz von Lungen durch Tracheen. Tracheen sind vor
allem bei Kleinformen leistungsfähiger als Lungen. Bei Milben können Kreislauf- und Atmungsorgane vollständig fehlen.

Lungentragende Arachniden haben ein gut ausgebildetes
Kreislaufsystem. Vom Herzen, das sich vom Opisthosoma
bis ins Prosoma erstrecken kann, zieht eine Aorta nach vorn
und gabelt sich in zwei Arteriae crassae.

Diese geben Gefäße für Gehirn und Cheliceren ab und öffnen sich in
den Hämolymphsinus, der dem Unterschlundganglion aufliegt. Von
ihm gehen Gefäße zu den Extremitäten und zum Unterschlundganglion aus sowie die dem Bauchmark aufliegende Caudalarterie. Innere

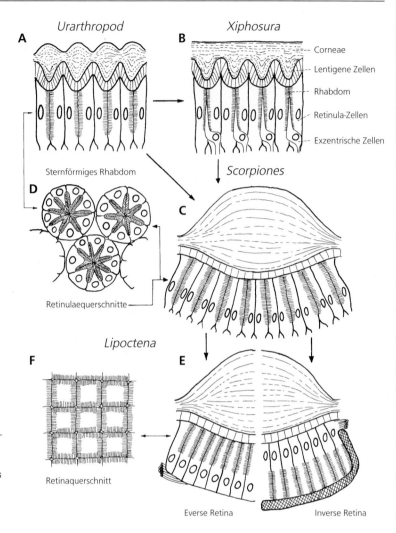

Abb. 723 Arachnida. Augen, schematisch. **A** Längsschnitt (hypothetisch) durch das Facettenauge der
Arthropoden-Stammart. **B** *Limulus* (Xiphosura). **C** Längsschnitt durch das Seitenauge eines Skorpions. In allen
drei Fällen liefern Querschnitte (dünne Pfeile) sternförmige Retinulae (**D**). **E** Längsschnitt durch das Auge eines
epectinaten Arachniden (Lipoctena), links evers, rechts
invers. **F** Querschnitt mit netzförmiger Rhabdomeren-
Anordnung. Aus Weygoldt und Paulus (1979).

Organe werden von Lateralarterien versorgt. Die Hämolymphe sammelt sich schließlich in dem großen Lungensinus, der die Hämolymphe an den Atemtaschen vorbei zum Perikardialsinus und ins Herz
leitet.

Von den primär paarigen **Gonaden** gehen paarige Uteri oder
Vasa deferentia aus, die unpaar im Genitalatrium münden.
Die Oogenese erfolgt primär unter Ausbildung taschenför-
miger Aussackungen des Ovarepithels. Auf diese Weise wird
die Aufnahme von Dottervorstufen aus der Hämolymphe
erleichtert.

Die Spermatozoen der Arachniden werden zunehmend modifiziert –
von fadenförmigen (Flagellum $9 \times 2 + 2$, $9 \times 2 + 1$, $9 \times 2 + 0$ bei einigen
Scorpiones) zu kompakten Spermien mit inkorporiertem, aufgeroll-
ten Flagellum ($9 \times 2 + 2$ bei Pseudoscorpiones und Ricinulei, $9 \times 2 + 3$
bei den Megoperculata) bis zu flagellenlosen, z. T. extrem vereinfachten Spermien. So existieren völlig abweichend gestaltete Spermatozoen bei den Opiliones, Palpigradi, Solifugae und Acari (Abb. 725).

Fortpflanzung und Entwicklung

Die terrestrische Lebensweise erfordert innere Besamung. Die Übertragung der Spermatozoen erfolgt in den
einzelnen Taxa auf sehr unterschiedliche, z. T. indirekte
Weise (Abb. 728, 732, 733, 762). Übertragung von Geschlechts-

öffnung zu Geschlechtsöffnung oder mit Kopulationsorganen (Gonopoden oder Penisbildungen) gibt es bei den Araneae, Opiliones, Ricinulei, Solifugae und vielen Milben (Abb.
751, 769, 772, 786). Bei indirekter Sperma- (oder Spermato-
phoren-)übertragung wird ein spermahaltiger Sekretkörper
auf das Substrat abgesetzt und erst dann vom Weibchen aufgenommen.

Parthenogenese kommt bei wenigen Scorpiones, Amblypygi, Araneae, Palpigradi, Pseudoscorpiones, Opiliones und vielen Acari vor.

Die **Furchung** ist generell superfiziell, verläuft aber bei
manchen Arten total. Nach der Blastodermbildung entsteht
am vegetativen Pol ein Kurzkeim; das Material für die Opisthosomasegmente wird in einer caudalen Sprossungszone
gebildet. Im Vorderkörper werden 7 Paar Coelomhöhlen
angelegt; im Opisthosoma entstehen ursprünglich 12 Coelomsackpaare.

Die meisten Arachniden betreiben Brutpflege. Dem Ei
entschlüpft ursprünglich eine Praenymphe (bei Milben Praelarve) mit allen Segmenten und Extremitäten; sie ist meist
noch nicht vollständig ausdifferenziert, lebt vom Dottervorrat und bleibt häufig bis zur ersten Häutung auf der Mutter
oder im Kokon (bei Webspinnen). Nach der 1. oder 2. Häutung entstehen frei lebende Nymphenstadien, deren Zahl

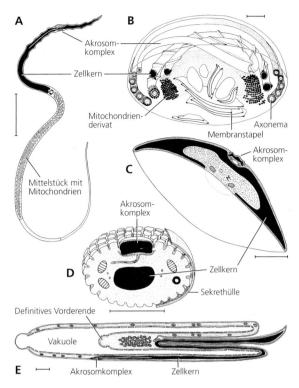

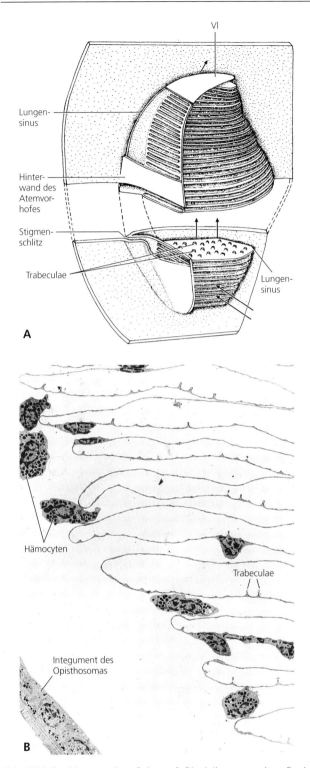

Abb. 724 Buchlungen einer Spinne. **A** Blockdiagramm einer Buchlunge. Pfeile geben Richtung des Hämolymphstroms an, der an den Atemtaschen vorbei und durch den Lungensinus zum Perikardialsinus führt. **B** Schnitt durch eine Buchlunge. Links Lungen-Sinus mit Hämocyten, von denen einige zwischen die Atemtaschen eindringen. Kleine Cuticula-Pfeiler (Trabeculae) auf den Taschen verhindern deren Kollabieren. A Aus Moritz (1993); B aus Foelix (1979).

Abb. 725 Spermientypen von Arachniden. **A** *Buthus occitanus* (Scorpiones). Fadenförmig-flagellater Typ. Maßstab: 10 μm. **B** *Cheiridium museorum* (Peudoscorpiones). Aufgerollt-flagellater Typ. Maßstab: 1 μm. **C–E** Aflagellate Spermien. **C** *Nemastoma lugubre* (Opiliones). Maßstab: 1 μm. **D** *Cyta latirostris* (Acari, Actinotrichida). Maßstab: 0,5 μm. **E** *Neocarus texanus* (Acari, Anactinotrichida). Maßstab: 1 μm. Auffallend sind die starken Unterschiede in der Spermienmorphologie der beiden Acari-Vertreter. Aus Alberti (1980, 1983, 1995).

bei den verschiedenen Taxa unterschiedlich ist. Mit Ausnahme von Amblypygi und den Weibchen orthognather Webspinnen häuten sich die geschlechtsreifen Tiere in der Regel nicht mehr. Ausnahmen gibt es bei den Webspinnen in Form der labidognathen Filistatidae und einigen Süßwassermilben. Bei den Ricinulei und Acari (Abb. 777A) hat das erste Stadium nur 3 Beinpaare und wird als Larve bezeichnet. Bei vielen Acari geht ihr eine mehr oder weniger unvollkommene Praelarve voraus. Skorpione sind ovovivipar oder sogar vivipar (Scorpionidae), ebenso manche Walzenspinnen (Galeodidae). Extreme Verkürzung der Individualentwicklung bis zum Lebendgebären geschlechtsreifer Nachkommen gibt es bei manchen Actinotrichida (Pyemotidae). Die Embryonen der Pseudoskorpione, Uropygi und Amblypygi wachsen in einem sezernierten Brutsack heran und werden dort mit Nährflüssigkeit versorgt (Abb. 762H, I).

Systematik

Die Vorfahren der Arachniden sind spätestens im Silur an Land gegangen und haben dort eine umfangreiche adaptive Radiation durchgemacht. Im Karbon waren alle rezenten – neben einer Reihe ausgestorbener – Großgruppen schon in ihrer heutigen Gestalt vorhanden.

Weder die Verwandtschaft der Arachnida mit den wasser-lebenden Xiphosura noch ihre Beziehungen untereinander sind hinreichend geklärt. Mögliche Synapomorphien der Arachniden-Großgruppen sind: die extraintestinale Verdauung, die entodermalen Malpighischen Schläuche, der Zerfall der Komplexaugen in maximal 5 Paar Einzelaugen und die Spaltsinnesorgane. Wie oben gezeigt wurde, treten Malpighische Schläuche und Spaltsinnesorgane, aber nicht bei allen Arachniden-Großtaxa auf, müssten also bei diesen Gruppen als sekundär reduziert gewertet werden. Wenn jedoch die Annahme der Paläontologen richtig ist, dass die frühpaläozoischen Skorpione noch aquatisch waren (siehe auch †Eurypterida, S. 500), dann sind wahrscheinlich diese gemeinsamen Merkmale Konvergenzen, und es wird fraglich, ob die terrestrischen Arachnida eine monophyletische Gruppe bilden. Molekularphylogenetische Analysen bestätigen jedoch die Monophylie der Arachniden.

Die **Scorpiones** mit 4 Paar Lungen, einem langen, ostienreichen Herz, einem langen Hinterleib, Schwanzstachel und einer noch langen Kette freier opisthosomaler Ganglien sind sicher das Taxon mit den meisten ursprünglichen Merkmalen, dem alle anderen als **Lipoctena** („ohne Kämme") gegenüber gestellt werden können. Ihre Synapomorphien sind: aufgerollte, encystierte oder noch stärker abgewandelte Spermatozoen (Abb. 725), netzförmige Rhabdomerenanordnung in den Seitenaugen (Abb. 723), oft Lyraförmige Organe (Abb. 722B). Innerhalb der Lipoctena sind die **Megoperculata** (Tetrapulmonata) eine gut abgrenzbare Gruppe, deren Monophylie nicht bezweifelt wird. Sie umfasst die Uropygi (Thelyphonida + Schizomida), Amblypygi und Araneae. Namengebend ist das große Genitaloperculum mit seitlichen Buchlungen. Ihre Synapomorphien sind: zweigliedrige Cheliceren mit einschlagbarer Klaue (Abb. 736); aufgerollte, encystierte Spermatozoen mit 9 × 2 + 3 Axonema. Ursprünglich sind 2 Paar Buchlungen im 2. und 3. Opisthosomasegment, 3–5 Paar Seitenaugen (5 nur bei einigen Thelyphonida) und 1 Paar Medianaugen. Die Verwandtschaft innerhalb der Gruppe wird unterschiedlich diskutiert. So werden z. B. Uropygi und Amblypygi aufgrund zahlreicher gemeinsamer Merkmale (Plesiomorphien?, Konvergenzen?) als P e d i p a l p i zusammengefasst und als Schwestergruppe der Araneae gesehen. Nach der hier vertretenen Auffassung sind dagegen Amblypygi und Araneae Schwestergruppen und bilden das Taxon L a b e l l a t a ; eine eindeutige Entscheidung für die eine oder andere Auffassung ist zur Zeit nicht möglich. Auch die Verwandtschaftsverhältnisse der **Apulmonata** sind noch ungenügend charakterisiert. Spermienmorphologie und molekulare Merkmale zeigen z. B. die Acari als diphyletische Gruppe, wobei den Actinotrichida die Solifugen als Schwestergruppe zugeordnet wird. Abbildung 706 enthält demnach einen eher traditionellen und gewiß vorläufigen Systemvorschlag für die Arachnida.

3.3.1 Scorpiones, Skorpione

Von den ungefähr 1 900 meist großen Arten mit sehr einheitlichem Habitus sind *Pandinus imperator* (18–20 cm) und die Weibchen von *Hadogenes troglodytes* (21 cm) die größten,

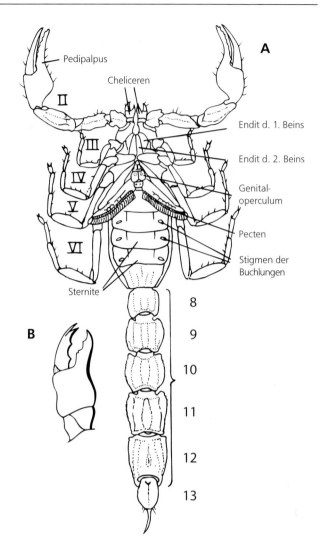

Abb. 726 *Androctonus australis* (Scorpiones). **A** Ventralansicht. **B** Chelicere. Römische Ziffern: Prosoma-Extremitäten. Arabische Ziffern: Opisthosomasegmente im Bereich des Metasomas. Nach Ray-Lankester (1885) und Vachon und Millot (1949).

Typhlochactas mitchelli (9 mm) die kleinsten Formen. Skorpione sind weltweit in den Tropen und Subtropen verbreitet. Wenige dringen in gemäßigte Breiten vor, so die europäischen *Euscorpius*-Arten.

Euscorpius flavicaudis ist nach Südengland verschleppt worden und bildet dort eine stabile Population. Viele Arten leben in Regenwäldern und anderen feuchten Lebensräumen, doch besiedeln auch zahlreiche Arten trockene Gebiete bis hin zu Halbwüsten und Wüsten. Sie sind dazu befähigt (1) durch hohe Toleranz gegenüber unterschiedlichen Temperaturen, bis hin zur Fähigkeit zur Superkühlung – ihre Körperflüssigkeit gefriert auch bei Temperaturen unter 0 °C nicht – und zur geregelten Eisbildung, z. B. im Darmkanal, (2) durch eine Cuticula, die dank eingebauter Lipide weniger wasserdurchlässig ist als die anderer Arthropoden. Wüstenskorpione können zudem gut graben und verbringen einen großen Teil des Lebens unterirdisch.

Bau und Leistung der Organe

Der Habitus (Abb. 726) ist gekennzeichnet durch das lange, segmentierte Opisthosoma, das mit breiter Fläche am Pro-

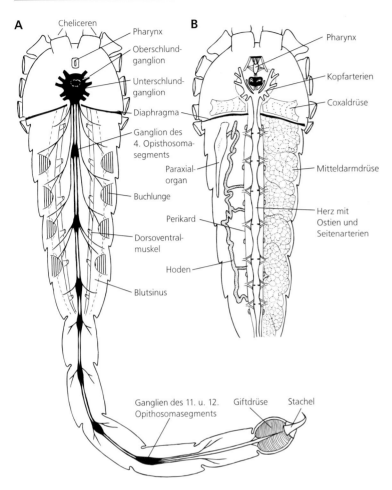

A

Cheliceren
Pharynx
Oberschlund-
ganglion
Unterschlund-
ganglion
Diaphragma
Ganglion des
4. Opisthosoma-
segments
Paraxial-
organ
Buchlunge
Perikard
Dorsoventral-
muskel
Hoden
Blutsinus

Ganglien des 11. u. 12.
Opithosomasegments
Giftdrüse
Stachel

B

Pharynx
Kopfarterien
Coxaldrüse
Mitteldarmdrüse
Herz mit
Ostien und
Seitenarterien

Abb. 727 Organisationsschema eines Skorpions.
A Nervensystem, Fächerlungen. **B** Männchen. Blut-
gefäßsystem, Nephridien, Mitteldarmdrüse,
Geschlechtsorgane. Nach Wakelin aus Dales (1970).

soma ansetzt, in ein Mesosoma aus 7 und ein Metasoma („Schwanz") aus 5 Segmenten untergliedert ist und am Hinterende einen Giftstachel trägt. Das schmale Metasoma besitzt ringförmige Sklerite wie die Extremitäten; es wird also bei der Nahrungsaufnahme nicht dicker, kann aber wie ein Gliederbein bewegt werden. Charakteristisch sind ferner mächtige Pedipalpen mit Scheren. Das 2. Opisthosomasegment ist ventral in einen Genital- und einen Kammabschnitt differenziert; die Kämme (Pectines) sind Extremitätenreste und ein besonderes Charakteristikum der Skorpione.

Diese Vorstellung der Segmentierung ergibt sich aus der Lage der segmentalen Muskeln. Nach einer anderen Vorstellung besitzt das Mesosoma dagegen 8 Segmente: Das erste hat sein Tergit verloren, das zweite trägt die Geschlechtsöffnung, das dritte die Pectines und die 4.–7. die Lungen.

Die nachtaktiven Tiere sind meist dunkel-schwarzbraun, sandbewohnende Arten auch graubraun bis gelblich gefärbt. In ultraviolettem Licht fluoreszieren sie.

Der **Lokomotion** dienen die 4 Laufbeinpaare. Die Coxen des letzten Paares lassen median Raum für ein 3- oder 5-eckiges Sternum, homolog dem Metastoma der †Eurypterida. Beim Laufen kann das Opisthosoma zur Verlagerung des Schwerpunktes nach dorsal abgebogen und das Metasoma über dem Mesosoma getragen werden. Sand- und wüstenbewohnende Arten können graben, wobei sie sich mit den Pedipalpen und dem letzten Beinpaar aufstützen und mit den

anderen scharren. Beim Laufen werden die Pedipalpen tastend vorgestreckt, und die Pectines kontrollieren das Substrat.

Die Beute – z. B. Arthropoden, kleine Wirbeltiere – wird mit den Pedipalpen gepackt und mit den dreigliedrigen Cheliceren zerrissen und zerkaut. Der Mund liegt in einem tiefen Vorraum, dessen Boden von Coxalenditen der beiden vorderen Laufbeinpaare gebildet wird. Große Beutetiere werden durch einen Stich mit dem Giftstachel getötet. Paarige Giftdrüsen, die durch Muskeln entleert werden können, liegen in der verdickten Basis des Stachels. Er wird auch zur Verteidigung eingesetzt.

Manche Arten der Buthidae sind auch für den Menschen gefährlich, besonders Arten der Gattungen *Tityus* (Südamerika), *Centruroides* (Mexiko), *Androctonus, Leiurus, Buthacus, Buthus* (Mittelmeerraum, Nordafrika) und *Parabuthus* (Südafrika). Die Gifte sind komplexe Mischungen und enthalten verschiedene basische Proteine mit niedrigem Molekulargewicht, die als Neurotoxine wirken, sowie Schleim, Oligopeptide, Nucleotide und andere organische Bestandteile. Die Toxizität ist sehr verschieden. Bei Skorpionen von medizinischer Bedeutung (s. o.) liegt sie zwischen 0,25 und 4,25 (LD_{50} ausgedrückt in mg kg^{-1} Maus), bei solchen ohne medizinische Bedeutung zwischen 40 (*Pandinus exitialis*) und bis zu 2 667 (*Hadogenes* sp.). Der Stich der gefährlichen Arten ist sehr schmerzhaft. Bei tödlicher Dosis tritt der Tod nach 5–20 Stunden durch Lähmung der Atemmuskulatur ein, wenn kein Antiserum gegeben wird. Die Zahl der Todesfälle pro Jahr liegt bei ca. 1 000, die Mehrzahl davon in Mexiko.

Skorpione sind gegen ihr eigenes Gift relativ unempfindlich. Bei starker Erregung schlagen sie mit Metasoma und Stachel um sich.

Dass sie auf diese Weise Selbstmord begehen, wenn man sie zwischen glühende Kohlen setzt, ist Aberglaube.

Skorpione sind nicht aggressiv. Zu Unfällen kommt es, wenn man auf ein Tier tritt oder wenn es sich in abgelegter Kleidung oder im Schuh verbirgt. In die Enge getriebene Skorpione drohen mit vorgestreckten, geöffneten Pedipalpen und hoch über dem Körper erhobenem Metasoma. Einige Arten stridulieren in dieser Situation: *Opisthophthalmus*-Arten durch Aneinanderreiben der Cheliceren, *Heterometrus* und *Pandinus* durch Reiben der Palpencoxen an den Coxen des 1. Beinpaares. Zur innerartlichen Kommunikation wird Stridulation nicht eingesetzt.

Wichtigste Sinne beim Beutefang sind der Tastsinn, auch Ferntastsinn durch Trichobothrien, und der Vibrationssinn durch spezielle Haare an den Beinen und Spaltsinnesorgane. Weitere **Sinnesorgane** sind taktile und chemotaktile Borsten, Gelenkrezeptoren, die Pectines und die Augen. Vielfach wird auf Beute erst bei Berührung reagiert. *Paruroctonus mesaensis* kann jedoch sich bewegende Beute durch Substratvibrationen aus 50 cm Entfernung wahrnehmen.

Trichobothrien stehen in artcharakteristischer Anordnung auf den Pedipalpen (66–68 auf einem Pedipalpus bei *Euscorpius* sp.). Schon Ablenkungen von 0,5° rufen Nervenimpulse hervor. Tastborsten und wahrscheinlich Chemorezeptoren stehen auf den Extremitäten, am Körper und im Bereich des Schwanzstachels. Spaltsinnesorgane (keine Lyraförmigen Organe!) sind auf dem Körper und den Extremitäten verbreitet.

Charakteristische Träger von Sinnesorganen sind die Pectines, deren genaue Funktion aber immer noch unklar ist. An ihren Zinken stehen zahlreiche offene Cuticularröhrchen, in denen Fortsätze von Sinneszellen enden, mit denen der Untergrund geprüft wird.

Lateralaugen (2–5 Paar) liegen vorn an den Seitenrändern des Prosomas, 1 Paar große Medianaugen (Hauptaugen) mitten auf dem Scutum. Höhlenbewohnende Skorpione sind blind.

Die Seitenaugen von *Androctonus australis* perzipieren sehr geringe Helligkeitsunterschiede, wie sie in den Verstecken der Skorpione auftreten. Sie synchronisieren damit die Nachtaktivität, der ein circadianer Rhythmus zugrunde liegt, mit dem täglichen Hell-Dunkel-Wechsel. Mit diesem Rhythmus verändert sich auch die Sensitivität der Medianaugen, die nachts viel empfindlicher sind als am Tage.

Atmungsorgane sind 4 Paar Buchlungen in den 3.–6. Opisthosomasegmenten (Abb. 727A). Ihre Stigmen sind auf die Fläche der Sternite verlagert. Das **Kreislaufsystem** ist, entsprechend der Lungenatmung, gut ausgebildet. Das Herz hat 7 Paar Ostien und 9 Paar Seitenarterien. Die Leibeshöhlen von Pro- und Opisthosoma sind durch ein muskulöses Diaphragma voneinander getrennt (Abb. 727) (sonst nur bei Solifugae) (siehe S. 529). Die **Exkretion** erfolgt durch 2 Paar Malpighische Schläuche, die dem hinteren Mitteldarmabschnitt entspringen. Sie und der hintere Mitteldarm sezernieren Guanin, Harnsäure, Xanthin u. a. Exkrete, die fast ohne Wasser abgegeben werden können, und ermöglichen damit die Besiedlung trockener Lebensräume. Weitere Exkretionsorgane sind Nephrocyten und ein Paar Coxaldrüsen, die am 3. Beinpaar münden.

Die Männchen sind schlanker als die Weibchen. Bei vielen Arten haben sie längere Pectines mit mehr Zinken. Weitere sekundäre Geschlechtsmerkmale können unterschiedlich gestaltete Pedipalpenscheren und Giftblasen sein. Die **Geschlechtsorgane** bestehen aus einem paarigen oder unpaaren

medianen und 2 lateralen Schläuchen, die durch Queranastomosen verbunden sind. Beim Männchen führen die Vasa deferentia zum Genitalatrium, in das auch die paarigen Paraxialorgane münden; in jedem wird eine halbe (Hemi-)Spermatophore gebildet.

Fortpflanzung und Entwicklung

Die Übertragung der Spermatophore erfolgt indirekt. Nach einem Vorspiel, bei dem die Partner einander an den Palpenscheren fassen und umher-, sowie vor- und zurückgehen – bei vielen Arten sticht das Männchen das Weibchen während dieser „promenade à deux" ein- oder mehrfach in die Gelenkhaut des Pedipalpus – setzt das Männchen eine Spermatophore ab und zieht das Weibchen darüber. Die Spermatophoren der meisten Arten sind komplex gebaut; sie bestehen aus einem Stamm, einem Samenreservoir und einem Hebel (Lamina), der zum Herauspressen der Samenmasse dient (Abb. 728C, D).

Die meisten Skorpione sind ovovivipar. Ihre dotterreichen Eier mit diskoidaler **Furchung** entwickeln sich in Ovarialfollikeln, was bedeutet, dass die Befruchtung der Eier im Ovar erfolgt, und werden abgelegt, wenn die Praenymphen schlüpffrei sind.

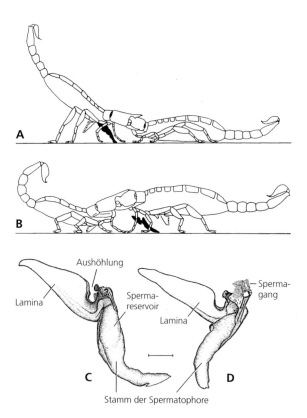

Abb. 728 *Euscorpius italicus* (Scorpiones). Paarung. **A** Männchen (links) setzt Spermatophore ab. **B** Männchen zieht das Weibchen über die Spermatophore. **C** Spermatophore vor der Aufnahme. **D** Spermatophore nach der Aufnahme. Lamina abgesenkt und dadurch Sperma aus Reservoir durch den Spermagang herausgedrückt und in die weibliche Öffnung geschoben. Nach Angermann (1957) aus Alberti und Michalik (2004); C, D aus Jacob et al. (2004).

Die Mutter fängt die Jungtiere mit einem Beinpaar auf und leitet sie auf den Rücken, wo sie sich von ihrem Dottervorrat ernähren (Abb. 729). Die Scorpionidae sind vivipar; ihre Eier sind dotterarm und furchen sich total. Die Embryonen bilden eine dorsale „Placenta" und früh einen funktionierenden Embryonalpharynx. Mit merkwürdig gestalteten Cheliceren halten sie einen von der Spitze des Follikels proliferierenden Nährstrang, dessen Zellen sich am Ende auflösen und aufgesogen werden.

Die wenig beweglichen Praenymphen sind auf die mütterliche Brutpflege angewiesen. Wenn sie herunterfallen, werden sie vom Weibchen wieder aufgenommen. Heruntergenommene Praenymphen vertrocknen bald oder fallen anderen Tieren zum Opfer. Nach der 1. oder 2. Häutung steigen die jungen Skorpione vom mütterlichen Körper. Sie können jetzt allein Beute machen und verteilen sich rasch. Während der „Tragzeit" frisst die Mutter nicht. Bei manchen Arten ist Kannibalismus häufig und einer der wichtigsten Faktoren zur Regelung der Populationsgröße. Bei einigen Arten, besonders beim subsozialen *Pandinus imperator,* bleiben die Jungen jedoch bei der Mutter, die für sie Beute fängt.

Nach meist 5–6 Häutungen (Extreme: 4 bei den Männchen der Buthidae, 9 beim Weibchen von *Didymocentrus trinitarius*) und, je nach Art, zwischen 6 Monaten und bis zu 3 Jahren werden die Tiere geschlechtsreif und häuten sich nicht mehr. Skorpione erreichen ein Alter zwischen 2 (manche Buthidae) und 8 Jahren (manche Scorpionidae).

Systematik

Skorpione oder skorpionsähnliche Arachniden sind seit dem Silur bekannt. Viele von ihnen sollen noch eine aquatische Lebensweise geführt haben, und einige besaßen Strukturen, die als Komplexaugen gedeutet werden. Die Atemorgane dieser und der karbonischen Skorpione (†Lobosterni) waren einfacher als die der rezenten Skorpione. Breite, plattenartige, median verwachsene Opisthosomaextremitäten verbargen die Atemlamellen; die Eingänge in die Atemkammern lagen am Hinterrand dieser Platten. Erst später traten Arten auf mit fest verwachsenen und zu Sterniten mit Stigmen gewordenen Opisthosomasegmenten wie bei den rezenten Skorpionen. Letztere sind alle relativ eng miteinander verwandt.

Abb. 730 *Mastigoproctus brasilianus* (Uropygi, Thelyphonida), Männchen. Länge ca. 5 cm. Aus Weygoldt (1972).

Buthus occitanus (Buthidae), 10 cm, blassgelblich mit schlanken Pedipalpen und kräftigem Metasoma; Südfrankreich, Spanien, Nordafrika. Nachtaktiv, tagsüber unter Steinen; die Giftigkeit verschiedener Populationen ist unterschiedlich: nordafrikanische Tiere sind gefährlich, südfranzösische nicht. – *Pandinus imperator* (Scorpionidae), 20 cm, eine der größten rezenten Arten, schwarz, in Alkohol grünlich schillernd, mit mächtigen Pedipalpen, die bei Gefährdung wie Schutzschilde vor das Prosoma gehalten werden. Aequatorialafrika. Halbsozial und wie alle Scorpionidae vivipar; Jungtiere werden von der Mutter versorgt, die ihnen getötete Beute am ausgestreckten Palpus hinhält (Abb. 729). – *Euscorpius italicus* (Euscorpiidae), 5 cm, dunkelrotbraun bis schwarz. Nachtaktiv, in Kellern, Scheunen, Häusern, unter Steinen. Balkanländer, Italien, Nordgrenze des Vorkommens Südschweiz und Südtirol. In Österreich: **E. germanus.* – In Nordita-

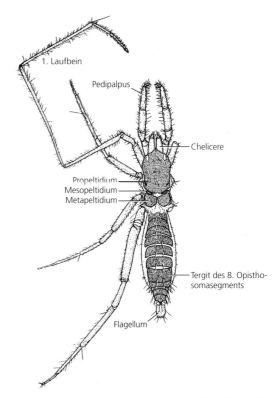

Abb. 729 *Pandinus imperator* (Scorpiones). Weibchen trägt frisch geschlüpfte Praenymphen auf der Dorsalseite. Original: P. Weygoldt, Freiburg.

Abb. 731 *Schizomus siamensis* (Uropygi, Schizomida), Männchen. Länge ca. 6 mm. An dem knopfartigen Flagellum hält sich das Weibchen während der Paarung mit den Cheliceren fest. Aus Moritz (1993).

lien, Slowenien bis Kärnten, Krems, Tschechien: *E. tergestinus. – E. flavicaudis,* 5 cm, Südfrankreich, Südengland. – *Paruroctonus mesaensis* (Vaejovidae), 8 cm, hell graubraun, kalifornischer Wüstenskorpion. In selbst gegrabenen Löchern, von denen er sich auch nachts nicht weit entfernt.

3.3.2 Uropygi, Geißelskorpione

Die etwa 400 subtropisch und tropisch lebenden Arten gehören zwei sehr unterschiedlichen Subtaxa an: den großen (bis 75 mm ohne Flagellum) **Thelyphonida** mit ungeteiltem und den kleinen (bis 18 mm) **Schizomida** mit dreigeteiltem Prosomarücken.

Im Habitus (Abb. 718, 730, 731) erinnern die Uropygi an Skorpione, doch besteht ihr Metasoma nur aus 3 Segmenten (unglücklich „Pygidium" genannt) und trägt bei den Thelyphonida eine vielgliedrige Schwanzgeißel (Flagellum), die als hinterer Fühler dient. Bei den Schizomida ist das Flagellum nur kurz, geschlechtsdimorph und wichtig bei der Paarung (s. u.). Die Pedipalpen sind mächtige Fangwerkzeuge, die bei den Thelyphonida am Ende eine kleine Schere tragen. Bei den Schizomida enden sie mit einer einfachen Klaue. Das erste Beinpaar bildet Tastorgane mit vermehrter Zahl der Tarsenglieder. Sie laufen daher wie Insekten auf 3 Beinpaaren.

Die Nahrung wird mit den kräftigen Pedipalpen gepackt, zerdrückt und mit den zweigliedrigen, nach vorn gestreckten Cheliceren (Subchelae) zerrissen. Der Boden des Mundvorraums wird von den median verwachsenen Coxalladen der Pedipalpen gebildet. Der Vorderdarm hat bei den Thelyphonida außer dem üblichen praecerebralen Pharynx auch eine schwache postcerebrale Saugpumpe. Exkretionsorgane sind 2 Paar (Thelyphonida, mit gemeinsamem Ausführgang) bzw. 1 Paar (Schizomida) Coxaldrüsen, die am 1. Beinpaar münden; Malpighische Schläuche (1 Paar) und Nephrocyten sind vorhanden. Atemorgane sind 2 (Thelyphonida) oder 1 Paar (Schizomida) Buchlungen. Das Herz reicht bis ins Prosoma und hat 9 (Thelyphonida) oder 5 (Schizomida) Ostienpaare. Das männliche Genitalsystem ist durch den Besitz von ventralen, holokrinen Drüsen ausgezeichnet.

Große Wehrdrüsen münden beiderseits der Basis des Flagellums. Dank der Beweglichkeit von Meso- und Metasoma kann das Sekret einem Angreifer direkt entgegengesprüht werden, bei *Mastigoproctus* bis zu 80 cm weit. Bei *M. giganteus* besteht es aus Essigsäure (84 %), Caprylsäure (5 %) und Wasser (11 %). Es verursacht Schmerzen in den Augen und Schleimhäuten und leichtes Brennen auf der Haut.

Die Männchen vieler Thelyphonida haben längere oder modifizierte Pedipalpen, die der Schizomida ein kurzes, knopfartiges Flagellum. Nach dem Paarungsvorspiel (Abb. 732) dreht sich das Männchen um, und das Weibchen umfasst mit den Pedipalpen das männliche Opisthosoma (Thelyphonida) oder mit den Cheliceren das knopfartige Flagellum (Schizomida). Dann wird eine Spermatophore abgesetzt und das Weibchen darüber gezogen. Bei vielen Thelyphonida hilft das Männchen bei der Samenaufnahme, indem es mit den Pedipalpen das Opisthosoma des Weibchens von vorn umgreift und mit den Scheren die Samenpakete in die weibliche Geschlechtsöffnung drückt (Abb. 732C).

In einer unterirdischen Brutkammer legt das Weibchen Eier (bei *Mastigoproctus giganteus* bis zu 50 von 4–5 mm), die in einem sezernierten Brutsack an der Geschlechtsöffnung getragen werden. Die Praenymphen halten sich mit spezialisierten Haftlappen der Praetarsen auf dem Opisthosoma der Mutter fest. Es folgen 4 Nymphenstadien; nach der 5. und letzten Häutung (nach 2–4 Jahren bei *Mastigoproctus*) sind die Tiere geschlechtsreif, sie leben dann noch 2–4 Jahre. Für jede Häutung werden, wie zur Eiablage, unterirdische Kammern gegraben, in denen die Tiere monatelang bleiben.

3.3.2.1 Thelyphonida (Holopeltidia), Riesengeißelskorpione

Mit einheitlicher Prosomadecke (Peltidium) (Abb. 730), 5 Paar Lateralaugen (davon 2 sehr klein) und 1 Paar Medianaugen, großen dornenbewehrten Pedipalpen mit terminaler Schere. Schwanzgeißel vielgliedrig, neben der Geißelbasis und ventral an den Geißelgliedern sog. „Ommatidien", ovale, helle Stellen mit dünnerer Cuticula und darunter Transportepithel, Funktion unbekannt. Tropen und Subtropen in der indopazifischen und neotropischen Region; 1 Art in Afrika. Meist Bewohner von Regenwäldern.

Mastigoproctus giganteus (Thelyphonidae), Essig- oder Geißelskorpion, 75 mm; Florida, Arizona, New Mexico, Californien. Nachtaktiv, tagsüber unter Steinen oder Holz; im Winter oder während der Trockenzeit tief vergraben im Boden.

3.3.2.2 Schizomida (Schizopeltidia), Zwerggeißelskorpione

Im Lückensystem des Bodens oder in Höhlen. Augenlose Arten mit einem in Pro-, Meso- und Metapeltidium untergliederten Prosomarücken (Abb. 731); Pedipalpen schlank, ohne Scheren; Schwanzgeißel beim Weibchen nur mit 3 Gliedern, bei Männchen knopfartig verdickt (Paarung, s. o.); zirkumtropisch, meist in Regenwäldern.

Schizomus (syn. *Trithyreus*) *sturmi* (Schizomidae), 6 mm, in der Laubstreu des tropischen Regenwaldes in Kolumbien. In Europa adventiv, in Gewächshäusern.

3.3.3 Amblypygi, Geißelspinnen

Dieses Taxon umfasst ca. 170 ähnliche, mittelgroße (10–45 mm) subtropische und tropische Arten, davon viele in Regenwäldern. Von Rhodos und Kos ist *Charinus ioanniticus* als vermutlich einzige Art bekannt, deren Verbreitung sich bis nach Europa erstreckt.

Ihr Habitus (Abb. 718, 733) wird beherrscht durch den flachen Körper, den Stiel (Petiolus) zwischen Pro- und Opisthosoma, die als mächtige Fangapparate ausgebildeten Pedipalpen und das extrem verlängerte (bis zu 30 cm lang bei dem nur 39 mm langen *Heterophrynus longicornis*), zu Fühlerbeinen gewordene 1. Beinpaar mit stark erhöhter Gliederzahl (z. B. 33–36 Tibia- und 75–77 Tarsenglieder bei *Trichodamon froesi*).

Der flache Körperbau ermöglicht den Tieren, sich in Spalten, unter Baumrinden oder Steinen zu verbergen. Sie laufen auf 3 Beinpaaren langsam vorwärts oder seitwärts, ständig mit den langen Fühlerbeinen die Umgebung prüfend. Auf der Flucht rennen sie pfeilschnell seitwärts davon. Die Beine erinnern an Insektenbeine, weil die Patella sehr kurz und das Patella-Tibia-Gelenk fast unbeweglich ist; es bildet eine vorgebildete Stelle für Autotomie.

Die Beute (Grillen, Nachtschmetterlinge u. a. Arthropoden) wird mithilfe langer Trichobothrien auf den Laufbeintibien sowie Tast- und Chemorezeptoren auf den Fühlerbeinen lokalisiert, in raschem Zugriff gepackt und an die Cheliceren (Subchelae) gerissen. Weitere Sinnesorgane sind 3 Lateral- und 1 Medianaugenpaar, Spaltsinnesorgane und Lyraförmige Organe.

Im Darmsystem sind die postcerebrale Saugpumpe und die in die Laufbeincoxen ziehenden Blindschläuche zu erwähnen (vgl. Araneae). Exkretionsorgane sind Coxaldrüsen im 3. und 5. extremitätentragenden Segment (das 2. Paar meist nur embryonal), 1 Paar Malpi-

ghische Schläuche und Nephrocyten. Als Atmungsorgane dienen 2 Paar Lungen. Das Herz hat 6 Ostien- und Seitenarterienpaare. Das Zentralnervensystem ist ganz im Prosoma konzentriert. Wehr- oder Giftdrüsen fehlen. Viele Arten haben 1 Paar vorstülpbarer Ventralsäckchen hinter dem Sternit des 3. Opisthosomasegments (unter dem sich auch das 2. Lungenpaar befindet); Teile des Sternits können als Opercula dafür abgegliedert sein. Es ist unbekannt, ob sie als zusätzliche Atemorgane oder, wahrscheinlicher, als Strukturen zur Wasseraufnahme dienen. Das männliche Genitalsystem hat dorsale, holokrine Drüsen ausgebildet.

Die verlängerten Pedipalpen der Männchen mancher Arten werden bei formalisierten Kämpfen eingesetzt. Bei der Paarung wird das Weibchen nicht festgehalten. Nach langer Balz setzt das Männchen, abgewandt vom Weibchen, eine Spermatophore ab, wendet sich dem Weibchen wieder zu und lockt es über die Spermatophore (Abb. 733). Die Eier werden 3–4 Monate in einem sezernierten, fest an der Bauchseite des Weibchens haftenden Brutsack getragen. Die Praenymphen bleiben bis zur 1. Häutung auf der Mutter. Die Nymphen häuten sich 3–5 mal und erreichen nach 1 Jahr die Geschlechtsreife. Die Tiere wachsen danach noch weiter, häuten sich ca. einmal pro Jahr und leben noch viele (in Gefangenschaft bis 9) Jahre.

Charinus brasilianus (Charontidae), 10 mm; mit einfachen, bedornten, beim Männchen verlängerten Pedipalpen; Regenwälder Südostbrasiliens; tagsüber unter Steinen. – *C. ioanniticus,* 10 mm; europäische Art, auf Rhodos, Kos, in Israel; in alten Kellern und Höhlen. – *Trichodamon froesi* (Damonidae), 25 mm (Abb. 733), Männchen mit stark verlängerten Pedipalpen; Bedornung so, dass terminal eine

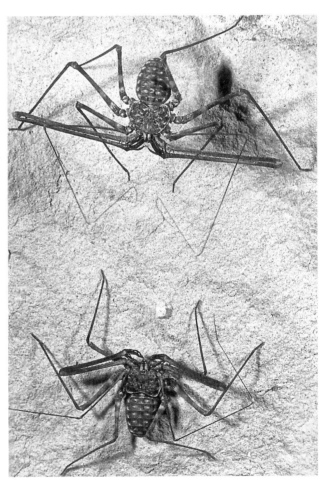

Abb. 732 Paarung und Spermatophorenübertragung bei *Mastigoproctus giganteus* (Uropygi, Thelyphonida). **A** Männchen (links) hat die Fühlerbeine des Weibchens ergriffen. **B** Weibchen hat den Hinterleib des Männchens umfasst, Männchen hat Spermatophore abgesetzt (sichtbar unter dem Vorderende des Weibchens) und zieht das Weibchen darüber. **C** Männchen hat den Hinterleib des Weibchens umfasst und stopft die Spermatophore in die weibliche Geschlechtsöffnung. Aus Weygoldt (1972).

Abb. 733 Paarung bei *Trichodamon froesi* (Amblypygi). Männchen (oben) lockt das Weibchen über die Spermatophore, die dicht vor dem Weibchen erkennbar ist. Aus Weygoldt (1977).

kleine Greifhand entsteht; brasilianisches Hochland, in Höhlen. – *Heterophrynus longicornis* (Phrynidae = Tarantulidae), 39 mm; Bedornung der Pedipalpen bildet einen Fangkorb, Fühlerbeine spannen bis 60 cm; im östlichen amazonischen Regenwald; paarweise in Bäumen, tagsüber in Baumhöhlen, nachts in 1–2 m Höhe außen am Baum.

3.3.4 **Araneae**, Webspinnen

Neben den Milben sind die Webspinnen das erfolg- und artenreichste Taxon der Arachnida mit über 43 000 Arten. Sie kommen in allen terrestrischen Lebensräumen vor; nur *Argyroneta aquatica* lebt unter Wasser. Bei recht einheitlichem Körperbau reichen die Körperlängen von ca. 0,5 mm (*Anapistula caecula*) bis zu 120 mm, *Theraphosa blondi*, größte und schwerste Art (135 g), die mit ihren Beinen über 25 cm spannt. *Heteropoda maxima* (Sparassidae) erreicht bei einer Körperlänge von 45 mm eine Spannweite bis zu 30 cm.

Bau und Leistung der Organe

Charakteristisch sind die gleichartigen Laufbeine, die bein- oder tasterartigen Pedipalpen und vor allem das kurze, meist sackartige Opisthosoma, das mit einem dünnen Stiel (P e t i - o l u s) beweglich am ungegliederten Prosoma ansetzt (Abb. 718, 734, 735). Das Prosoma ist von einem einheitlichen Peltidium (unglücklich auch Carapax genannt) bedeckt, und trägt ventral ein großes Sternum, von dem nach vorn die Unterlippe abgegliedert ist.

Segmentale Tergite und Sternite auf dem Opisthosoma gibt es nur noch bei den Mesothelae (Abb. 718, 752); bei allen Opisthothelae ist eine Segmentierung äußerlich nicht mehr deutlich. Im Inneren bleiben jedoch segmentale Dorsoventralmuskeln, Ostien und Seitenarterien erhalten. Die Cuticula des Opisthosomas vieler Arten ist weich und dehnbar.

Der Körper vieler Spinnen ist dicht beborstet. Nachtaktive Arten sind dunkel schwarzbraun, graubraun oder gelbbraun gefärbt, viele tagaktive dagegen bunt, mit roten, grünen und gelben Farbtönen, die durch Pigmenteinlagerungen in der Epidermis bedingt werden. Weiße Zeichnungen werden durch durchscheinende Guanocyten der Mitteldarmdrüsen (z. B. Kreuzspinnen) oder durch luftgefüllte Borsten (z. B. Wolfspinnen, Springspinnen) hervorgerufen.

Spinnen laufen auf 4, einige auf 3 Beinpaaren (ameisenimitierende Arten, die mit dem 1. Beinpaar tasten und damit Antennenbewegungen simulieren). Die Beine zeigen je nach Lebensweise unterschiedliche Spezialisierungen, z. B. eine unpaare und paarige, kammförmige Krallen bei Netzspinnen (Abb. 744); Skopula-Haare (dicht stehende Borsten mit terminalen Verdickungen, ähnlich wie bei den Gekkos, Bd. II, Abb. 348) zum Laufen an glatten Flächen und zum Beutefang z. B. bei Theraphosidae und den Familien der Dionycha (Salticidae, Philodromidae u. a.).

In den Beinen sind Beuger vorhanden, Strecker dagegen fehlen in den Femur-Patella- und Tibia-Metatarsus-Gelenken. Gestreckt werden sie durch den Hämolymphdruck, der durch Prosomamuskeln erhöht werden kann. Viele Spinnen können Beine autotomieren; Bruchstelle ist vielfach das Gelenk zwischen Coxa und Trochanter. Die Coxen der Beine stehen seitlich und lassen ventral einen breiten Raum für das Sternum frei.

Neben dem Spinnvermögen ist die wichtigste Voraussetzung für den evolutiven Erfolg der Webspinnen wohl der Besitz von G i f t d r ü s e n in den **Cheliceren** (Subchelae). Die Nahrung wird bei frei jagenden Spinnen in raschem Zugriff oder Sprung ergriffen, durch einen Giftbiss getötet und bei vielen Netzspinnen vorher eingesponnen oder mit Spinnsekret bedeckt. Die Giftdrüsen (sie fehlen bei den Uloboridae) münden kurz vor den Spitzen der Cheliceren-Endglieder (Abb. 737, 738B). Meist sind sie vergrößert und liegen im Prosoma, schraubig umgeben von Muskulatur (Abb. 735). Das Gift, Neurotoxine oder cytotoxisch und hämolytisch wirkende Substanzen, kann auch dem Menschen gefährlich werden.

Die meisten Arten haben so kleine und schwache Cheliceren, dass sie damit in die menschliche Haut nicht eindringen können. Die Bisse einiger Arten sind jedoch sehr gefährlich. Das gilt für wenige Mygalomorphae (z. B. *Atrax robustus*, Hexathelidae), für *Phoneutria fera* (Ctenidae), *Latrodectus*-Arten (Theridiidae) und *Loxosceles reclusa* (Sicariidae). Unter den einheimischen Spinnen können *Argyroneta aquatica* (Cybaeidae) und *Cheiracanthium punctorium* (Miturgidae) schmerzhaft beißen. Einige Theraphosidae haben Brennhaare auf dem Hinterleib.

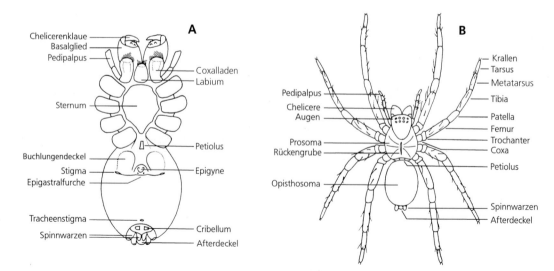

Abb. 734 Äußere Organisation einer labidognathen Webspinne. **A** Ventralansicht. **B** Dorsalansicht. Aus Heimer (1988).

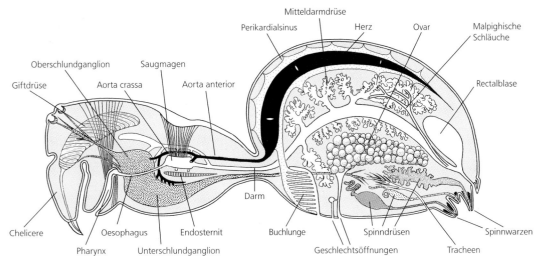

Abb. 735 Organisationsschema einer labidognathen entelegynen Webspinne. Nach verschiedenen Autoren.

Die Chelicerengrundglieder sind bei den Mygalomorphae nach vorn gerichtet, und die Endklauen schließen parallel nach ventral (orthognathe Stellung, „Längskieferspinnen") (Abb. 736, 737). Bei der Mehrzahl der Spinnen sind die Grundglieder ventrad gerichtet, und ihre Endglieder oder Klauen arbeiten mediad gegeneinander (labidognathe Stellung, „Querkieferspinnen") (Abb. 736, 738). Bei den Mesothelae stehen die Cheliceren-Grundglieder nicht parallel; sie scheinen seitlich auseinander gespreizt (plagiognathe Stellung); dies könnte die ursprüngliche Chelicerenstellung sein, von der sich die Orthognathie und Labidognathie ableiten. Labidognathe Cheliceren können doppelt so große Beute packen wie gleich große orthognathe; viele labidognathe Spinnen sind Zwergformen. Aber auch unter den orthognathen Spinnen gibt es Winzlinge, z. B. bleiben die Männchen von *Micromygale diblemma* unter 1 mm Körperlänge (inkl. Cheliceren). Ein Mundvorraum aus beweglichen Coxalladen der Pedipalpen mit ihren Borsten und der Unterlippe ist bei labidognathen Spinnen (aber auch bei den orthognathen Atypiden) ausgebildet. Viele Spinnen mazerieren ihre Beute, wobei Cheliceren und Pedipalpencoxen gemeinsam arbeiten. Arten mit kleinen Cheliceren dagegen beißen Löcher in die Beute und saugen sie aus. Der Mund ist so eng, dass nur flüssige Nahrung und Partikel von ca. 1 µm Durchmesser aufgenommen werden können. Größere Partikel werden durch mundständige Borsten an Ober- und Unterlippe und durch enge Rillen an der Ventralseite der Oberlippe (Gaumenplatte) zurückgehalten.

Der Vorderdarm bildet einen muskulösen Pharynx und einen kräftigen postcerebralen Saugmagen (Abb. 735). Der Mitteldarm hat im Prosoma schlauchförmige Blindsäcke, die bis in die Laufbeincoxen ziehen können (vgl. Amblypygi); weitere, stark verzweigte Divertikel umgeben alle Organe im Opisthosoma. Sie und das mesodermale Zwischengewebe sind die wichtigsten Organe der Nahrungsaufbereitung und -speicherung. Dem hinteren Mitteldarm entspringen ein Paar Malpighische Schläuche, die sich zwischen die Darmdivertikel und in das Zwischengewebe hinein ver

zweigen; er erweitert sich vor seiner Vereinigung mit dem kurzen Enddarm zur Rektalblase. Der After liegt am Körperende auf einem kleinen Kegel (Abb. 735).

Bei vielen Spinnen ist das **Netz** das wichtigste Hilfsmittel beim Beutefang. Es entstammt den Spinndrüsen im Opisthosoma, die in Spinnspulen (Spinndüsen) auf den Spinnwarzen münden (Abb. 735, 739, 740). Die Drüsen sind prinzipiell sackförmig und von einem einschichtigen Zylinderepithel gebildet. Sie haben keine eigene Muskulatur; die Entleerung erfolgt durch Erhöhung des Hämolymphdrucks und durch aktives Herausziehen. Man unterscheidet mehrere Drüsentypen, bis zu 4 bei frei jagenden Spinnen und bis zu 8 bei ecribellaten Radnetzspinnen (Abb. 741). Jeder Typ sezerniert ein spezifisches Sekret: Spinnseide, Klebtropfen u. a. Die Spinnseide besteht aus Fibroinen (Proteine).

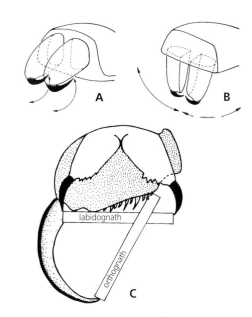

Abb. 736 Vergleich der Chelicerenstellung bei einer orthognathen (**A**) und einer labidognathen (**B**) Spinne. **C** Vergleich der Spannweiten beider Chelicerentypen. A, B aus Foelix (1996; C nach Kaestner (1953).

Abb. 737 *Calommata* cf. *obesa*, Weibchen, drohend, orthognath, mit Austritt der Gifttröpfchen an den Endklauen der Cheliceren; Spinnwarzen endständig, Thailand. Original: B. Thaler-Knoflach, Innsbruck.

Die Spinnspulen sind feine Röhrchen mit einem Ventil nahe ihrer Basis. Der Übergang vom flüssigen Sekret zum Spinnfaden geschieht durch Ionenaustausch und Wasserresorption entlang des Ausführkanals und damit einhergehender Umorientierung der Fibroinmoleküle. Beim Durchtritt durch das Ventil und durch Zugspannung sind die Moleküle geordnet und bilden stabile Vernetzungen untereinander. Spinnseide ist fast so fest wie Nylon.

Die Spinnwarzen sind gegliederte Anhänge, die aus Extremitätenknospen des 4. und 5. Opisthosomasegments hervorgehen (Abb. 739). Bei den Mesothelae liegen sie weit vorn (Abb. 718, 752), bei den Opisthothelae gelangen sie während der Embryonalentwicklung durch Streckung des 3. und Reduktion der hinteren Opisthosomasegmente ans Körperende. Durch Teilung (vielleicht Spaltung in Innen- und Außenast) werden aus 2 Paaren 4. Nur bei juvenilen Mesothelae sind alle 8 Spinnwarzen funktionsfähig, bei den adulten Tieren dagegen die mittleren vorderen und mittleren hinteren klein und ohne Funktion. Bei den meisten Opisthothelae fehlen die vorderen mittleren Spinnwarzen, und hier steht nur ein kleiner Hügel, der Colulus (Abb. 739); bei Arten der Mygalomorphae können auch noch die vorderen seitlichen und sogar die hinteren mittleren reduziert sein. Innerhalb der Araneomorphae liegt häufig an der Stelle der vorderen mittleren Spinnwarzen das Cribellum, eine breite Spinnplatte mit besonders zahlreichen und feinen Spinnspulen (Abb. 739, 740D), z. B. ca. 40 000 bei *Stegodyphus pacificus*; das Cribellum kann durch eine Furche in zwei Hälften getrennt sein. Die Cribellumspulen erzeugen eine feine Wolle aus Fäden von nur 10–15 nm Dicke (Abb. 742), die mit dem Calamistrum, einem Borstenkamm an den Metatarsen des 4. Beinpaares (Abb. 740F), durch quer zur Achse des Hauptfadens geführte Bewegungen locker auf den Faden gelegt wird. Die Netze cribellater Spinnen sind ohne Klebsubstanzen fängig, weil die feine Cribellumwolle sich um die feinsten Strukturen eines Beutetieres legt und adhäsive Eigenschaften hat.

Ursprünglich diente die Spinnseide wohl nur zur Herstellung des Eikokons. Darauf deutet noch die Lage der Spinnwarzen nahe der Geschlechtsöffnung bei den Mesothelae hin. Dazu kamen die Auskleidung von Wohnröhren und Häutungsgespinste. Einfachste Fangnetze sind von Wohnröhren ausgehende Stolperfäden, die ein Insekt nicht festhalten, höchstens verlangsamen können, aber die lauernde Spinne alarmieren (bei Mesothelae: *Liphistius*; bei Opisthothelae: *Segestria* oder *Filistata*). Effektiver sind die Deckennetze der Linyphi-

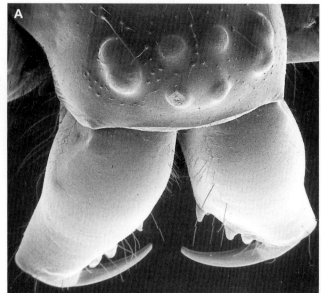

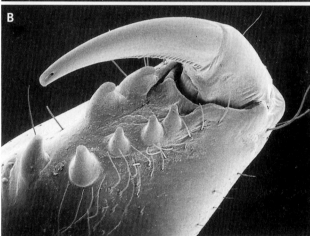

Abb. 738 *Meta menardi* (Tetragnathidae). **A** Vorderende mit Augen (vordere/hintere Medianaugen, vordere/hintere Seitenaugen) und Cheliceren. **B** Einzelne Chelicere stärker vergrößert, von unten; Öffnung der Giftdrüse an der Spitze. Originale: G. Eisenbeis, Mainz.

idae und Agelenidae, deren zahlreiche Fäden einem Insekt das Entkommen schwer machen. Komplexe Netze sind die Radnetze (Abb. 743), die in einer komplizierten, streng festgelegten Sequenz von Bewegungen hergestellt werden. Sie werden von den cribellaten Uloboridae konstruiert und mit dauerhafter Cribellumwolle belegt (Abb. 742), und von den ecribellaten Araneidae und Tetragnathidae, die ihre Fangfäden mit Klebtröpfchen versehen (Abb. 743A). Derartige Netze werden alle 1–4 Tage abgerissen, aufgefressen – wobei die Seidenproteine schon nach kurzer Zeit wieder in den Spinndrüsen nachzuweisen sind – und durch neue ersetzt.

Das Radnetz ist mehrfach abgewandelt und auch reduziert worden, im Extrem auf einen einzigen Faden bei den Bolaspinnen (*Mastophora* in Amerika, *Dicrostichus* in Australien). Dieser Faden trägt am Ende einen Leimtropfen mit einer Substanz, die den weiblichen Sexuallockstoffen mancher Noctuidae ähnelt und die Männchen derartiger Falter anlockt. Laufende Spinnen wie Krabbenspinnen, Springspinnen, Wolfspinnen u. a. spinnen keine Fangnetze, wohl aber Eikokons, Wohn- und Häutungskammern und Sicherheitsfäden bei Sprung und Lauf. Schließlich wird Spinnseide auch zur Ausbreitung eingesetzt, meist von Jungspinnen, die sich auf langen Fäden vom Wind forttragen lassen („Altweibersommer"). Dank dieser Fähigkeit zum „Fliegen" (*ballooning*) mit einem „Fadenfloß" gehören Spinnen

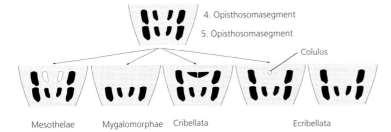

Hypothetische Urform

4. Opisthosomasegment

5. Opisthosomasegment

Colulus

Mesothelae   Mygalomorphae   Cribellata   Ecribellata

Abb. 739 Schema der Spinnwarzen-Anordnungen in verschiedenen Spinnentaxa. Schwarze Strukturen: funktionsfähige Spinnwarzen; weiße Strukturen: vorhandene, funktionslose Spinnwarzen.
Nach Marples (1967) und Foelix (1992), verändert.

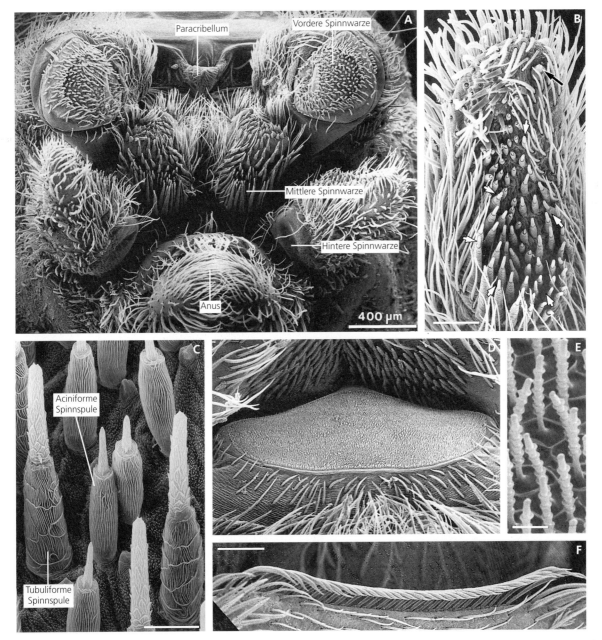

Paracribellum   Vordere Spinnwarze

Mittlere Spinnwarze

Hintere Spinnwarze

Anus

400 µm

Aciniforme Spinnspule

Tubuliforme Spinnspule

Abb. 740 A–C Spinnwarzen und Spinnspulen (Spinndüsen) von *Deinopis subrufus* (Deinopidae). **A** Spinnwarzenkomplex von hinten. Maßstab: 400 µm. **B** Hintere Spinnwarze mit Spinnspulen (Pfeile!). Maßstab: 80 µm. **C** Einzelne Spinnspulen: aciniforme (Fäden u. a. zum Einspinnen der Beute) und tubuliforme Spule (Fäden für den Bau der Kokons). Maßstab: 20 µm. **D–F** *Hyptiotes paradoxus* (Uloboridae). **D** Cribellum; einheitliche Platte. Durchmesser: 0,55 mm. **E** Spinnspulen aus der Cribellumplatte. Maßstab: 2,5 µm. **F** Calamistrum, Borstenkamm des 4. Metatarsus zum Auskämmen der Spinnseide aus den Spinnspulen. Maßstab: 100 µm. A–C Aus Peters (1992); D–F aus Möllenstedt und Peters (1986).

A

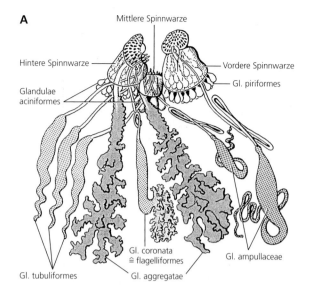

B

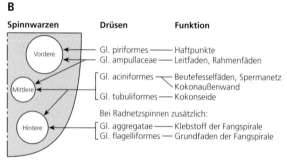

Abb. 741 Spinnapparat von ecribellaten Radnetzspinnen. **A** *Nephila madagascariensis* (Nephilidae). Nur Spinndrüsen und Spinnwarzen einer Opisthosomahälfte dargestellt. **B** Lage und Funktion der Spinnspulen. Aus Foelix (1979).

mit geflügelten Insekten zu den ersten Tieren, die neuentstandene Inseln besiedeln.

Wichtigste **Sinnesorgane** sind bei Netzspinnen und nachtaktiven Arten Tastborsten, chemorezeptorische Borsten, Tarsalorgane (kleine, napfförmige Einsenkungen auf den Tarsen, Thermo- und Hygrorezeption, wahrscheinlich auch chemorezeptorisch), Trichobothrien und Lyraförmige Organe (Abb. 722). Tagaktive Spinnen (manche Lycosidae, Salticidae, Oxy-

opidae) orientieren sich optisch. Ursprünglich sind 8 Augen – 3 Paar Lateral- und 1 Paar Medianaugen. Alle liegen meist nahe beieinander, bei vielen Arten in 2 Reihen (Abb. 738A, 746).

Entsprechend unterscheidet man vordere Mittelaugen, vordere Seitenaugen, hintere Mittelaugen und hintere Seitenaugen. Die vorderen Mittelaugen sind die Medianaugen oder Hauptaugen mit everser Retina und ohne Tapetum. Alle anderen Augen, die Nebenaugen, sind invers. Viele haben ein reflektierendes Tapetum; nach seiner Anordnung unterscheidet man 3 Typen: (1) Ursprünglich (bei den Mesothelae, Mygalomorphae und Haplogynae) füllt das Tapetum den gesamten Augenhintergrund aus und hat Durchtrittsöffnungen für die Sehzellen. (2) Beim kahnförmigen Typ besteht das Tapetum aus 2 schrägen Wänden, durch deren medianen Schlitz die Sehzellen hindurchtreten (z. B. bei Theridiidae, Agelenidae, Amaurobiidae, Araneidae). (3) Beim rostförmigen Typ bildet das Tapetum Streifen, und die Sehzellen sind in Reihen angeordnet (bei frei jagenden Spinnen wie Lycosidae, Oxyopidae) (Abb. 745).

Häufig ist Arbeitsteilung: Bei Springspinnen (Salticidae) sind die vorderen Seiten- und Mittelaugen nach vorn, die hinteren Augen seitwärts gerichtet (Abb. 746, 747). Sie dienen dem Bewegungssehen, die vorderen Mittelaugen dem Formensehen. Diese Hauptaugen haben große Linsen und einen langen Glaskörper, dessen hinterer Teil wie die Vergrößerungslinse in einem Teleobjektiv wirkt. Im Zentrum der Retina bilden besonders dicht stehende Sinneszellen eine Fovea. Der Augenhintergrund kann durch Bewegungen das Blickfeld abtasten. Springspinnen reagieren auf sich bewegende Objekte sofort mit Zuwendung und Fixierung. Sie sind zum Farbsehen befähigt. Die Leistungsfähigkeit ihrer Augen ist der der Komplexaugen von Insekten vergleichbar, ihr Auflösungsvermögen ist sogar größer. Die Lichtempfindlichkeit kann bei einigen Spinnen im Tag-Nachtgang verändert werden.

Wichtigste **Exkretionsorgane** sind die verzweigten Malpighischen Schläuche, der hintere Mitteldarm und die Rektalblase (Abb. 735), die Guanin, Adenin, Hypoxanthin und Harnsäure bilden. Guanocyten der Mitteldarmdrüsen können außerdem zur Farbmusterbildung beitragen (z. B. bei der Kreuzspinne) (Abb. 757). Zwei Paar Coxaldrüsen (Mündung nahe der 1. und 3. Laufbeincoxa) sind noch bei den Mesothelae und Mygalomorphae vorhanden. Bei den Araneomorphae bleibt nur das vordere Paar erhalten, das bei netzbauenden Spinnen, die mit der Spinnseide stickstoffhaltige Abbauprodukte abgeben können, weiter reduziert ist. Exkrete können außerdem in Nephrocyten im Prosoma sowie im Integument (zur Farbgebung neben verschiedenen Pigmenten) gespeichert werden.

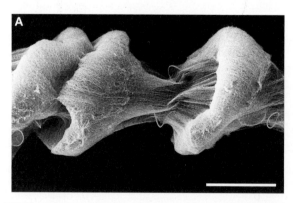

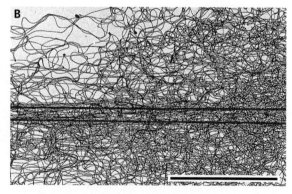

Abb. 742 Fangfäden von Netzen cribellater Spinnen. **A** Fangfaden von *Deinopis subrufus* (Deinopidae) mit drei Loben (Puffs). Maßstab: 100 µm. **B** Rand eines einzelnen Puffs (beginnt rechts). *Uloborus walckenaerius* (Uloboridae). Maßstab: 500 µm. A Aus Peters (1992); B aus Peters (1984).

Atmungsorgane sind ursprünglich 2 Lungenpaare im 2. und 3. Opisthosomasegment (noch bei den Mesothelae, Mygalomorphae und Palaeocribellatae). Die Neocribellatae haben das hintere, einige auch das vordere Paar durch Tracheen ersetzt (Abb. 748).

Lungenatmende Spinnen haben das für Arachniden mit Lungen typische Arteriensystem. Das Herz hat bei den Mesothelae 5, bei den Araneomorphae maximal 3 Ostien- und Seitenarterienpaare. Bei lungenlosen Spinnen ist das **Kreislaufsystem** wie bei anderen lungenlosen Arachniden stärker reduziert. Die hämocyaninhaltige Hämolymphe enthält verschiedene Typen von Hämocyten: Granulocyten mit granulärem Plasma, Speicherhämocyten und Phagocyten. Sie werden von der inneren Schicht der Herzwand gebildet.

Geschlechtsdimorphismus ist verbreitet. Unterschiede in der Färbung gibt es bei tagaktiven Spinnen mit optischer Orientierung (Salticidae, viele Lycosidae), Größenunterschiede bei vielen Netzspinnen, bei denen die Weibchen z. T. wesentlich größer als die Männchen sind; sie benötigen daher mehr Häutungen bis zum Erreichen der Geschlechtsreife.

Die ventral gelegenen **Geschlechtsorgane** sind paarig. Vasa deferentia bzw. Ovidukte vereinigen sich vor ihrer Mündung ins Genitalatrium (Abb. 735). Die Samenübertragung erfolgt mithilfe von sekundären Kopulationsorganen an den männlichen Pedipalpen, die einer Injektionsspritze vergleichbar sind (Abb. 750). Die äußeren Genitalien sind sehr unterschiedlich differenziert.

Die männlichen Palpusanhänge sind einfach bei den Mygalomorphae und Haplogynae. Der Palpentarsus trägt

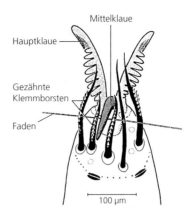

Abb. 744 Tarsus-Funktion einer dreikralligen (trionychen) Netzspinne. Nur die unpaare Mittelklaue greift den Spinnfaden. Mit den gezähnten Borsten wird er gegen die Mittelklaue gedrückt und so festgeklemmt. Beim Zurückziehen der Mittelklaue wird der Faden durch die elastischen Borsten weggefedert. Auf diese Weise kann der Faden sicher ergriffen, der Griff aber auch schnell wieder gelöst werden. Aus Foelix (1992).

hier einen birnenförmigen Bulbus mit spitzem Ausführgang (Embolus), durch den ein im Inneren mehr oder weniger gewundenes, schlauchförmiges Samenreservoir (Spermophor) ausmündet (Abb. 750A). Bei den Mesothelae und Entelegynae ist die Bulbuswand in sklerotisierte (Sklerite) und weichhäutige Abschnitte (Hämatodochae) untergliedert und so durch Hämolymphdruckänderungen beweglich. Ver-

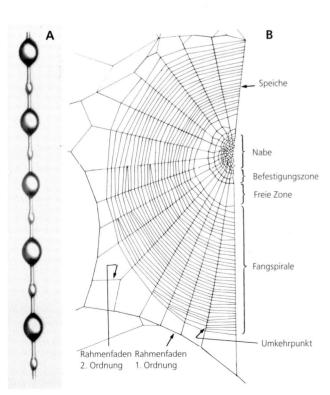

Abb. 743 Radnetz von *Araneus diadematus* (Araneidae), Kreuzspinne. **A** Klebfaden. **B** Struktur des Netzes. A Original: M.C.M. Müller, Osnabrück; B aus Foelix (1979).

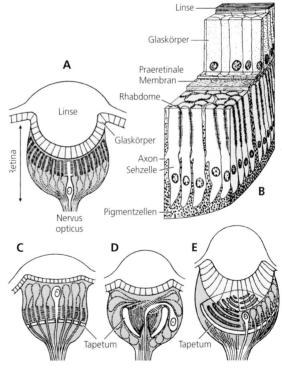

Abb. 745 Augentypen von Araneae. **A** Sagittalschnitt durch Medianauge (Hauptauge). **B** Feinstruktur eines Hauptauges. **C–E** Typen der Seitenaugen (Nebenaugen); unterschiedliche Ausbildung des Tapetums. **C** Primitiver Typ; **D** kahnförmiger Typ; **E** rostförmiger Typ. Aus Foelix (1979); A, C–E nach Homann (1971).

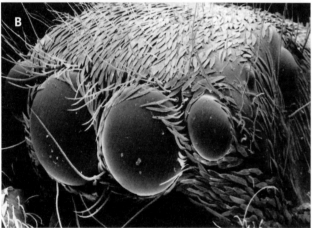

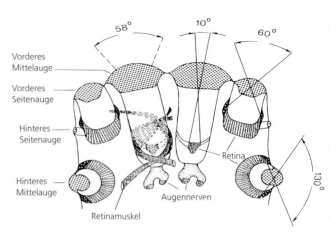

Abb. 747 Araneae. Augen. Schematischer Frontalschnitt durch das vordere Prosoma einer Springspinne mit Gesichtsfeldern der einzelnen Augen für die Horizontalebene. Der Öffnungswinkel von 58° bei dem linken Hauptauge wird nach seitlicher Verschiebung des Augenhintergrundes durch Retinamuskeln erreicht. Nach Homann und Land aus Foelix (1979).

Abb. 746 Springspinnen (Salticidae). **A** Balzendes Männchen von *Saites barbipes*. **B** Große Hauptaugen (vordere Mittelaugen) und Seitenaugen. von *Salticus scenicus*; mit Schuppenhaaren. Orignale: A C. Gack, Freiburg; B G. Purschke, Osnabrück.

schiedene Fortsätze, die Apophysen, ermöglichen die Verankerung an den weiblichen Genitalien (Abb. 750B, C, 751).

Die Bezeichnungen haplogyn und entelegyn beziehen sich auf die weiblichen Genitalien (Abb. 749). Bei den typischen haplogynen Spinnen gibt es nur eine Geschlechtsöffnung. Sie liegt in der Epigastralfurche oder Interpulmonarfurche, die seitlich in das vordere Lungen- oder Tracheenpaar führt und median in das Genitalatrium. Diese Öffnung ist gleichzeitig Eiablage- und Begattungsöffnung (Abb. 749A, C). Der Uterus, d. i. der äußere Ausleitungskanal nach Vereinigung der Ovidukte, öffnet sich in das Uterus externus genannte Genitalatrium. Dieser Zustand wird als ursprünglich angesehen. Hier münden auch meistens die Receptacula seminis.

Bei den Entelegynae sind die Begattungsöffnungen von der primären Geschlechtsöffnung getrennt. Diese dient nur

der Eiablage und verbleibt weiter in der Epigastralfurche (Abb. 749B, D). Die Begattungsöffnungen liegen auf der vielfach stark sklerotisierten Epigyne, die weitere Verankerungsstrukturen für die Apophysen des Bulbus bieten kann. Von ihnen führen meist gewundene Kanäle zu den Receptacula, die ihrerseits durch die Befruchtungsgänge mit dem Uterus externus verbunden sind. Im Detail gibt es sowohl bei haplogynen als auch bei entelegynen Spinnen eine Vielzahl von Besonderheiten.

Fortpflanzung und Entwicklung

Männliche und weibliche Genitalien sind oft komplex gebaut und passen zueinander wie Schloss und Schlüssel. Bei der Samenübertragung wird der Embolus in eine Begattungsöffnung eingeführt und das Sperma in das Receptaculum entleert (Abb. 751). Die Emboli werden teils synchron, meist alternierend eingesetzt. Bei manchen Arten werden die Spermatozoen in den Receptacula Wochen und Monate gespeichert. Viele Spinnenmännchen blockieren die weiblichen Begattungsöffnungen bzw. -gänge nach der Spermaübertragung indem der Embolus abbricht und im Weibchen verbleibt oder es werden spezielle Sekrete abgegeben, die als Pfropf nachfolgenden Männchen den Zugang erschweren oder unmöglich machen. Die Spermien werden in verschiedener Form übertragen: Coenospermien (= Sekretkapseln mit zahlreichen Einzelspermien: z. B. Mesothelae, Mygalomorphae, Filistatidae), Synspermien (= Gruppen von verschmolzenen Spermien: Dysderidae, Segestriidae, Sicariidae, Scytodidae) und Cleistospermien (= Einzelspermien: Mehrzahl der Araneomorphae). Bei der Eiablage gelangen die Spermien in den Uterus externus (Abb. 749A, B). Ob hier, wie vielfach vermutet, die Eier befruchtet werden, ist unsicher. Parthenogenese ist selten, z. B. bei *Dysdera hungarica* (Dysderidae) und manchen Ochyroceratidae.

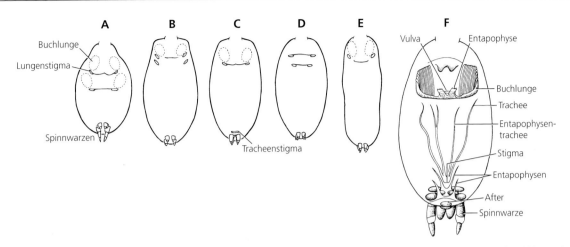

Abb. 748 Verteilung der Atemöffnungen bei verschiedenen Spinnen. **A** Orthognathe Art: 2 Paar Lungenstigmen. **B–E** Labidognathe Arten. **B** *Dysdera* sp. (Dysderidae): 1 Paar Lungenstigmen, 1 Paar Tracheenstigmen. **C** Mehrzahl der einheimischen Webspinnen: 1 Paar Lungenstigmen, 1 unpaares Tracheenstigma. **D** *Nops* sp. (Caponiidae): 2 Paar Tracheenstigmen. **E** *Pholcus* sp. (Pholcidae): 1 Paar Lungenstigmen, Tracheen rückgebildet. **F** Drei verschiedene Formen von Atmungsorganen bei *Tegenaria* sp. (Agelenidae) (vergleiche C). A–E Nach Millot aus Hennig (1972); F aus Moritz (1993).

Die männlichen Kopulationsorgane haben keine Verbindung zu den Hoden und müssen vor der Paarung mit Sperma gefüllt werden. Das Männchen spinnt ein S p e r m a n e t z, auf das es einen Tropfen Samenflüssigkeit abgibt. Die Emboli der beiden Kopulationsorgane (Abb. 750) werden alternierend oder synchron in den Tropfen getaucht und das Sperma (kapillar?) aufgesogen.

Bei der B a l z trommeln Spinnen auf das Netz (z. B. *Tegenaria*, Agelenidae) oder zupfen an Fäden (z. B. Kreuzspinnen, Araneidae), viele stridulieren zusätzlich. Salticidae (Abb. 746A) und viele Lycosidae benutzen optische Signale (Winken mit Pedipalpen oder Beinen) oder setzen vibratorische Signale ein durch Trommeln auf den Untergrund (z. B. *Pardosa*, *Hygrolycosa*, Lycosidae). Die adulten oder subadulten

Männchen vieler Netzspinnen bauen keine Fangnetze mehr, sondern sammeln sich in den Netzen der Weibchen, angelockt (bei *Araneus*) durch flüchtige Sexuallockstoffe, und die Männchen mancher Lycosidae folgen den Sicherheitsfäden rezeptiver Weibchen. In Zusammenhang mit der Fortpflanzungsbiologie stehen sehr bemerkenswerte Sonderentwicklungen: Größendimorphismus, Riesen-Weibchen bzw. Zwergmännchen (z. B. *Nephila*, Tetragnathidae). Bei einer südamerikanischen Pholcidae wurde die asymmetrische Ausbildung der männlichen Taster beschrieben. Bei Theridiidae der Gattungen *Echinotheridion* und *Tidarren* erfolgt Selbstamputation eines Tasters durch das subadulte Männchen, so dass das geschlechtsreife Männchen bei der Kopula nur einen Taster einsetzen kann. Bei einigen Arten wird darüber hinaus der verankerte Taster bei der Kopula abgetrennt, so dass dieser die Spermaübertragung durchführen kann, während das so emaskulierte Männchen vom Weibchen verzehrt wird.

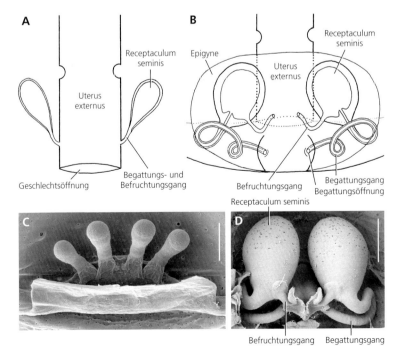

Abb. 749 Araneae. Weibliche Geschlechtsorgane. **A** Bei haplogynen Spinnen nur eine Geschlechtsöffnung. **B** Bei entelegynen Spinnen neben Eiablageöffnung noch 2 Begattungsöffnungen auf der Epigyne. **C** Innenansicht der Genitalregion der haplogynen *Antrodiaetus unicolor* (Antrodiaetidae) mit 4 Receptacula seminis. Maßstab: 150 µm. **D** Innenansicht der Genitalregion einer entelegynen Spinne (Theridiidae). Maßstab: 100 µm. A, B Aus Wiehle (1967); C aus Michalik et al. (2005); D aus Knoflach und Pfaller (2004).

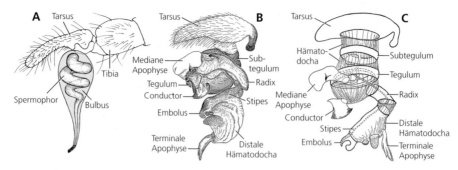

Abb. 750 Palpenorgane männlicher Spinnen. **A** Einfacher birnförmiger Bulbus bei der haplogynen *Segestria florentina* (Segestriidae). **B, C** Komplexer Bulbus-Typ einer entelegynen Spinne (*Araneus diadematus*, Araneidae); mit sklerotisierten weichhäutigen, schwellbaren Teilen (Haematodochae). **B** Natürliche Ansicht nach Präparation in Kalilauge; **C** Schema. A Aus Foelix (1979); B, C aus Grasshoff (1968).

Die Eier sind dotterreich und **furchen** sich superfiziell. Sie werden stets in einem Kokon eingesponnen, der aufgehängt, versteckt, bewacht (z. B. Pholcidae) oder umhergetragen wird (Lycosidae, Pisauridae). Er dient den ersten Stadien, Praenymphe I und Praenymphe II (manchmal „Larven" genannt), als Schutz.

Bei Lycosiden bleiben die ersten Nymphen auf dem Körper der Mutter, und bei einigen Arten von *Theridion* (Theridiidae), *Stegodyphus* (Eresidae) und *Coelotes* (Amaurobiidae) bleiben auch spätere Nymphenstadien noch im mütterlichen Netz und werden durch regurgitierten Futtersaft oder mit von der Mutter getöteter Beute gefüttert. Über ein derartiges Verhalten evolvierten vermutlich die sozialen Spinnen.

Die Zahl der Häutungen variiert. Nur die Weibchen der Mesothelae, Mygalomorphae und Filistatidae häuten sich auch nach dem Erreichen der Geschlechtsreife regelmäßig. Sie leben z. T. lange (mehr als 10 Jahre in Gefangenschaft). Lebensdauer und Generationszyklen vieler Araneomorphae sind dem Jahreslauf angepasst. Je nach Art überwintern Eier, Nymphen oder Adulte; letztere sterben nach einer oder wenigen Eiablagen.

Systematik

Spinnen sind schon aus dem Devon, moderne Radnetzspinnen aus der Kreide und dem Jura überliefert. Die rezenten Arten gehören zu 110 Familien-Taxa. Innerhalb der Araneae liegt ein Mosaik von Strukturen in plesiomorpher bzw. apomorpher Ausbildung vor; danach hat man versucht, die Spinnen einzuteilen:

(1) Nach Lage der Spinnwarzen unterscheidet bzw. unterschied man Mesothelae und Opisthothelae, (2) nach der Stellung der Cheliceren Orthognatha (jetzt v. a. Mygalomorphae) und Labidognatha (jetzt v. a. Araneomorphae), (3) nach dem Bau der Genitalien Haplogynae und Entelegynae und (4) nach dem Vorhandensein oder Fehlen eines Cribellums Cribellatae und Ecribellatae.

Da orthognathe und labidognathe Cheliceren sowie haplogyne und entelegyne Genitalien sowohl bei cribellaten als auch bei ecribellaten Spinnen vorkommen, müssen einige dieser Strukturen konvergent entwickelt bzw. aufgegeben worden sein. Zudem findet man mehrere Familien-Paare und Unterfamilien, bei denen eine oder wenige Taxa cribellat, die anderen ecribellat sind. Man nimmt heute an, dass das Cribellum (Abb. 740D) die Autapomorphie der Stammart der Araneomorphae ist und dass es mehrfach konvergent reduziert wurde. Das hier vereinfacht dargestellte phylogenetische System folgt CODDINGTON und LEVI (1991) (Abb. 758).

3.3.4.1 Mesothelae, Gliederspinnen

Opisthosoma segmentiert, mit Tergiten und Sterniten. Spinnwarzen vielgliedrig, vorn liegend. Cheliceren plagiognath, sehr kleine Giftdrüsen. Reliktgruppe in Südostasien bis Japan. Ein fossiler Vertreter aus dem Karbon von Frankreich spricht für eine ursprünglich ausgedehntere Verbreitung. Ca. 90 Arten.

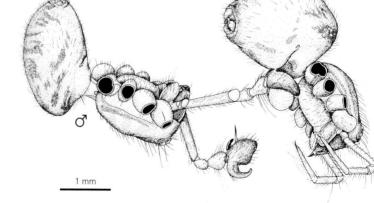

Abb. 751 *Nesticus cellulanus* (Nesticidae). Paarung. Beide Tiere hängen mit den – hier abgeschnittenen – Beinen im Netz; Männchen (links) hat den Embolus des linken Tasters in eine Begattungsöffnung des Weibchens eingeführt; die Hämatodocha ist aufgebläht. Maßstab: 1 mm. Aus Huber (1994).

Liphistius spp. (Abb. 752), in Südostasien (Birma bis Sumatra), leben in mit Falltüren verschlossenen Erdröhren, von denen Stolperfäden ausgehen. – *L. bicoloripes* (Abb. 752C), Männchen 27 mm, Weibchen mit leuchtend orange gefärbtem Vorderkörper, in Regenwäldern und Sekundärwäldern Thailands. – *Heptathela* spp., 20 mm, in China und Japan bis Vietnam; Wohnröhren ohne Stolperfäden.

3.3.4.2 Opisthothelae

Spinnwarzen an das Körperende verlagert. Verlust der Tergite und Sternite. Cheliceren mit Giftdrüsen (excl. Uloboridae).

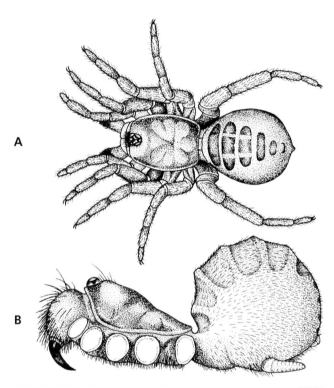

Mygalomorphae (Orthognatha)

Autapomorphien sind das vollständige Fehlen der vorderen mittleren und die Reduktion oder das Fehlen auch der vorderen seitlichen Spinnwarzen; ca. 2 800 Arten in 16 Familien.

Cteniza sauvagei (Ctenizidae, Falltürspinnen), 25 mm. Weibchen in Röhren, die durch einen der Umgebung gleichenden Deckel geschlossen werden können. Korsika, Sardinien. – Ähnlich *Nemesia meridionalis* (Nemesiidae) (Abb. 753B). Italien, Südfrankreich. – *Atrax robustus* (Hexathelidae), eine der giftigsten Spinnen Australiens. – *Theraphosa blondi* (Theraphosidae, syn. Aviculariidae; Vogelspinnen), mit bis zu 120 mm größte Spinnenart, amazonischer Regenwald, frisst auch kleine Wirbeltiere. Biss der meisten Theraphosidae ist ungefährlich. Körper stark behaart, z. T. Brennhaare mit vorgebildeter Bruchstelle und Widerhaken an beiden Enden, die mit dem letzten Beinpaar abgebürstet werden und Brennen auf der Haut und schwere Reizungen hervorrufen, wenn sie eingeatmet werden oder an das Auge gelangen. – *Atypus affinis* (Atypidae, Tapezierspinnen), 14 mm, eine der 3 einheimischen mygalomorphen Spinnen. Weibchen spinnen strumpfartige, an beiden Seiten geschlossene Röhren, deren oberes Drittel flach auf dem Boden liegt. Insekten, die darüber laufen, werden durch das Gewebe hereingezogen (Abb. 753A). In gut drainierten Böden, meist an Hängen, Mittel- und Südeuropa. – *Calom-*

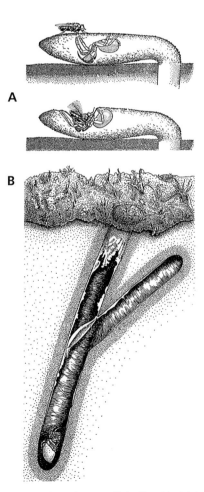

Abb. 752 Gliederspinnen (Mesothelae). **A** Dorsalansicht, **B** Seitenansicht von *Liphistius malayanus*. Prosomaextremitäten bis auf Cheliceren weggelassen. Mit segmentalen Tergiten auf dem Opisthosoma und weit vorn liegenden Spinnwarzen. **C** *L. bicoloripes*, Männchen in Ventralansicht, beide Buchlungenpaare (B) sichtbar, Spinnwarzen (Sp) mittelständig, weit vor Analhügel (A) und Körperende; Thailand. A, B Nach Millot (1949), C Original: B. Thaler-Knoflach, Innsbruck.

Abb. 753 A Tapezierspinne *Atypus affinis* (Atypidae) lebt in selbst gegrabener, mit Gespinst ausgekleideter Wohnröhre, die sich an der Oberfläche als getarnter Fangschlauch fortsetzt, durch den hindurch sie ihre Beute greift. **B** Falltürspinne *Nemesia meridionalis* (Nemesiidae) lauert unter einem getarnten Deckel auf vorüber laufende Beute. Wohnröhre verzweigt. Seitengang mit Deckel, als zusätzlicher Schutz. A Aus Bristowe (1958); B aus Crome (1971).

mata obesa (Abb. 737) Atypidae), mit grabender Lebensweise, sexualdimorph, Männchen bedeutend kleiner und langbeiniger, Thailand, weitere 11 Arten in Asien und Afrika.

Araneomorphae

Fast 40 000 Arten in über 94 Familien. Wichtigste Autapomorphie ist das Cribellum, das allerdings häufig reduziert ist.

Palaeocribellatae

12 Arten. Cribellate Spinnen mit ursprünglichen Merkmalen: Orthognathe Cheliceren, 5 Tergite auf dem Opisthosoma, 2 Lungenpaare.

Hypochilus thorelli (Hypochilidae), 15 mm; bauen Raumnetze unter Felsvorsprüngen über Flüssen und Bächen und erinnern mit ihren langen Beinen an Zitterspinnen (*Pholcus*), schwingen wie diese bei Störungen im Netz. Nordamerika. Eine zweite Gattung, *Ectatosticta*, in China.

Neocribellatae (Labidognatha)

Hier alle übrigen Spinnen. Mit labidognathen Cheliceren.

Haplogynae. – 17 Familien. Obwohl nach einem plesiomorphen Merkmal benannt, besitzen sie doch eine Reihe von Synapomorphien, deren wichtigste der sekundär vereinfachte Bulbus des männlichen Kopulationsorgans und die basal verwachsenen Cheliceren sind. Die cribellaten Filistatidae mit **Filistata insidiatrix* (Mittelmeerraum) gelten als Schwestergruppe aller übrigen 16 Familien, die alle ecribellat sind.

*Dysdera crocata (Dysderidae, Sechsaugenspinnen), 15 mm, länglich, rötlich gefärbt, nachtaktiv, mit langen Cheliceren zum Fressen von Landasseln, ohne Netz, aber mit gesponnener Wohnkammer unter Steinen, Kosmopolit. – **Pholcus phalangioides* (Pholcidae, Zitterspinnen) 10 mm. Erinnert mit den langen Beinen an Weberknechte. Hängt in wenig geordneten Netzen, in Deutschland meist in Häusern; versetzt sich bei Störungen in kreisende Schwingungen. Beute wird mit klebrigem Sekret beworfen. Kosmopolitisch. – *Loxosceles rufescens* (Sicariidae), 9 mm; unscheinbar, braun, mit 6 Augen und wenig geordnetem, flachen Netz, Südeuropa. Biss der amerikanischen *L. reclusa* ruft durch ihr cytotoxisches Gift gefährliche Hautnekrosen hervor, die wochenlang weiterwachsen und auch zu Leber- und Nierenschädigungen führen können. – **Scytodes thoracica* (Scytodidae, Speispinnen), 6 mm (Abb. 754). Zart, mit auffällig gewölbtem Prosoma und 6 Augen. Die Chelicerendrüse produziert neben Gift ein Klebsekret, das einem laufenden Insekt entgegengespritzt werden kann und es am Untergrund festklebt. Europa.

Abb. 755 *Dolomedes fimbriatus* (Pisauridae), ca. 22 mm, mit Eikokon. Original: R.F. Foelix, Aarau.

Entelegynae. – Enthält alle weiteren, ca. 70 Familien. Wichtigste Autapomorphie sind entelegyne Genitalien: eine Epigyne und von der Eiablageöffnung getrennte, paarige Kopulationsöffnungen.

Basale Entelegynae:
*Eresus niger (Eresidae, Röhrenspinnen), Männchen 14 mm, schwarz, leuchtend roter Hinterleib mit 4 schwarzen Flecken; Weibchen 20 mm, tiefschwarz, zeitlebens in Röhren unter Steinen, von denen mit Cribellumwolle belegte Stolperfäden ausgehen. Brutpflege, Jungtiere werden durch Regurgitation gefüttert. Mitteleuropa selten, Mittelmeerraum. Einige Arten von *Stegodyphus* in den Tropen und Subtropen der alten Welt sozial: zahlreiche Individuen bewohnen riesige Gespinste mit Cribellumfäden und überwältigen große Beute gemeinsam.

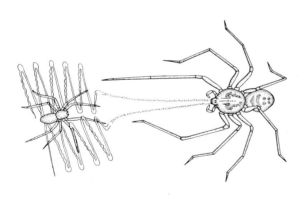

Abb. 754 Beutefang bei der Speispinne *Scytodes thoracica* (Scytodidae), Länge ca. 6 mm. Giftdrüsen bei dieser Art zweigeteilt; nur der eine Abschnitt produziert Gift, der andere ein Klebsekret, das mit den Cheliceren auf ein Beutetier gespritzt wird und dieses an den Untergrund heftet. Nach Foelix (1979).

Abb. 756 *Geolycosa vultuosa* (Lycosidae), eine südosteuropäische Tarantel. Männchen. Lebt in bis zu 50 cm tiefen, selbstgegrabenen Wohnröhren im Boden. Geschlechtsreife Männchen gehen auf die Suche nach Röhren der Weibchen. Original: B. Thaler-Knoflach, Innsbruck.

Dionycha (nur zwei Krallen an den Beinen, mit Skopula, durchwegs ohne Cribellum):

Cheiracanthium punctorium (Miturgidae), Dornfinger, 14 mm, gelb-grünlich, tagsüber in einem Gespinstsack an der Spitze von Gräsern u. a. Wiesenpflanzen. Biss mit den sehr kräftigen Cheliceren erzeugt einen starken, mehrere Tage andauernden Schmerz und kann auch zu Übelkeit, Erbrechen und Kreislaufkollaps führen. – *Salticus scenicus*, Zebraspinne (Salticidae, Springspinnen) 7 mm (Abb. 746). Dunkel mit hellen Querbinden. Wie alle Springspinnen tagaktiver Räuber, der seine Beute im Sprung fängt. Medianaugen stark vergrößert und spezialisiert. Zahlreiche weitere Gattungen mit z. T. sehr bunten Arten, weltweit. – *Myrmarachne formicaria* (Salticidae), imitiert Ameisen. – *Misumena vatia* (Thomisidae, Krabbenspinnen) 11 mm. Die vorderen beiden Beinpaare, die Fangbeine, sind viel stärker und länger als die hinteren. Lauern auf Blumen, an deren Farbe sie sich durch langsamen Farbwechsel anpassen können, z. B. weiß oder schwach violett. Erbeuten mit ihrem starken Gift auch große Insekten wie Bienen, Schmetterlinge.

Dictynoidea, Amaurobioidea (Familiengliederung noch in Diskussion). – *Amaurobius fenestralis* (Amaurobiidae, Finsterspinnen), 9 mm. Dunkle Spinnen, die in Mauerritzen (z. B. an Fenstern) oder unter Steinen durch Cribellumwolle bläulich schillernde Netze spinnen, Brutpflege: Mutter stirbt im Brutnest und wird von den Jung-

Abb. 757 *Araneus diadematus* (Araneidae), Kreuzspinne. Original: R.F. Foelix, Aarau.

spinnen konsumiert. Europa. – *Agelena labyrinthica* (Agelenidae, Trichterspinnen) 12 mm. Flache Netze mit trichterförmigem Versteck in einer Spalte. – *Agelena consociata* permanent sozial; bildet riesige gemeinsame Netze und kooperiert bei der Überwältigung der Beute;

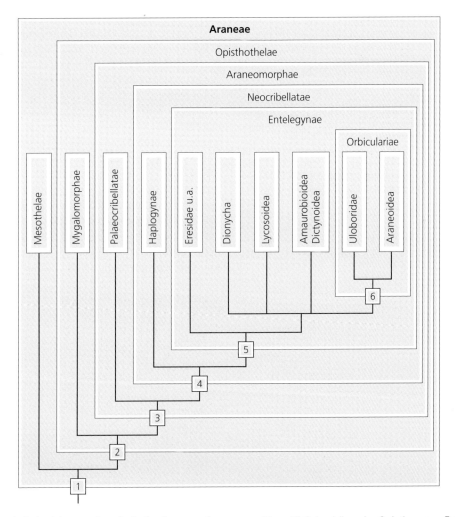

Abb. 758 Verwandtschaftsbeziehungen innerhalb der Araneae. Synapomorphien: [1] Spinndrüsen im Opisthosoma; Extremitätenhomologa des 4. und 5. Opisthosomasegments bilden Spinnwarzen; männliche Pedipalpen als sekundäre Kopulationsorgane. [2] Spinnwarzen terminal; opisthosomale Segmentierung reduziert. [3] Vordere mittlere Spinnwarzen bilden Cribellum (häufig reduziert). [4] Cheliceren labidognath; Cribellum, wenn vorhanden, plattenförmig. [5] Epigyne vorhanden, d. h. Weibchen mit separaten Geschlechtsöffnungen zur Begattung und Eiablage. [6] Radnetz. Stark vereinfacht nach Coddington und Levi (1991) aus Thaler und Knoflach (2004).

Afrika. – *Tegenaria domestica*, Hauswinkelspinne, 12 mm, in Häusern, Kellern und Scheunen. Kosmopolitisch. – *Coelotes atropos* 13 mm, halbsozial, die Mutter kommuniziert mit ihren Jungtieren und lässt sie an der Mahlzeit teilnehmen; in Wäldern unter Steinen. Europa. – *Argyroneta aquatica*, Wasserspinne (Cybaeidae) 17 mm, ohne Cribellum, einzige wirklich aquatische (Süßwasser) Spinne aber luftatmend, baut ein mit Luft gefülltes glockenförmiges Netz unter Wasser. Biss sehr schmerzhaft. Eurasien.

Lycosoidea. – *Phoneutria fera* (Ctenidae, Kammspinnen), 40 mm. Aggressiv, eine der giftigsten Spinnen Südamerikas, Neurotoxin wirkt auf das zentrale und das periphere Nervensystem. Tod kann durch Atemlähmung nach 2–3 Stunden eintreten. Zuweilen mit Bananen eingeschleppt. – *Pisaura mirabilis*, Listspinne (Pisauridae, Jagdspinnen) 15 mm, auf Wiesen und Büschen. Männchen überreichen ein „Brautgeschenk" vor der Paarung. Weibchen tragen, wie auch *Dolomedes fimbriatus*, Gerandete Jagdspinne (Abb. 755), den Eikokon mit den Cheliceren. In Ufernähe, fangen aufs Wasser gefallene Insekten, auch kleine Wirbeltiere, Fische, Kaulquappen, tauchen bei Gefahr. – *Pardosa lugubris* (Lycosidae, Wolfsspinnen) 6 mm. Frei jagend; Weibchen tragen wie andere Lycosiden ihren Eikokon an den Spinnwarzen. – *Lycosa narbonensis*, Tarantel, 27 mm, in Südfrankreich, in Erdröhren. – *Geolycosa vultuosa* (Abb. 756), südosteuropäische Tarantel, Griechenland bis Zentralasien – *Aulonia albimana*, 4 mm, baut Fangnetz dicht am Boden. – *Pirata piraticus*, am Rand von Gewässern, taucht bei Gefahr unter.

Orbiculariae (umfassen ein Drittel aller Spinnenarten). – Primär mit Radnetz, das allerdings vielfach konvergent abgewandelt bzw. reduziert wurde: *Deinopis spinosus* (Deinopidae, Kescherspinnen), 20 mm. Langgestreckt, tagsüber wie Streckerspinnen an Zweigen ruhend. Abends bauen sie ein kleines, vier- bis sechseckiges Netz, dessen Fangfäden mit Cribellumwolle belegt sind, das sie zwischen ihren langen vorderen 2–3 Beinpaaren ausspannen und anfliegenden Insekten entgegenhalten, während sie am 4. Beinpaar hängen. Tropen. – *Uloborus walckenaerius* (Uloboridae), 8 mm. Waagerechte Radnetze, Fangfäden mit Cribellumwolle. Europa. – *Araneus diadematus*, Gartenkreuzspinne (Araneidae, Kreuzspinnen) (Abb. 757) 18 mm, erzeugt die bekannten senkrechten Radnetze mit Klebtropfen an den Fangfäden, die nach 1–4 Tagen abgebaut und aufgefressen werden. Araneidae sind auch die Wespenspinnen (*Argiope bruennichi*) und Bolaspinnen. – *Linyphia triangularis* (Linyphiidae, Deckennetzspinnen), 6 mm. Flache Deckennetze mit einem Gewirr von Stolperfäden darüber, in der Vegetation. Zu den Linyphiidae gehören auch die Zwergspinnen (Erigoninae) mit vielen kleinen Arten (1–2,5 mm), Männchen mancher Arten mit merkwürdigen Kopffortsätzen mit

Drüsen, in die die Weibchen bei der Paarung beißen. – *Theridion sisyphium* (Theridiidae, Kugelspinnen), 5 mm. Meist unter Blättern ein dreidimensionales Gerüstnetz mit Klebfäden und einem Schlupfwinkel, unter dem die Spinne lauert. Halbsozial; füttert Jungtiere durch Regurgitation. – *Latrodectus mactans*, Schwarze Witwe (Amerika) 15 mm, schwarz mit rotem Uhrglas-Fleck am Bauch. Unter Brettern, Treibholz in den Dünen, in Schuppen und Scheunen. *L. tredecimguttatus*, Malmignatte (Mittelmeerländer) mit weiteren roten Flecken in niedriger Vegetation sonnenbeschienener Hänge. Biss kann zu schweren, manchmal fatalen Vergiftungen führen. – *Nesticus cellulanus* (Abb. 751, Nesticidae), eine in Mitteleuropa häufige Höhlenspinne. – *Tetragnatha extensa*, Streckerspinne (Tetragnathidae), 15 mm. Tagsüber an Pflanzenstängeln, 2 Beinpaare nach vorn, 2 nach hinten gestreckt. Baut abends, meist in Gewässernähe, hinfällige Radnetze, die oft schon am nächsten Morgen aufgefressen werden. – *Nephila* (Seidenspinnen, Nephilidae) der Tropen, weben große, bis zu 2 m messende Netze, die sich durch extrem reißfeste Spinnenseide auszeichnen (auf Salomon-Inseln zum Fischfang genutzt).

3.3.5 Palpigradi, Palpenläufer

Die 84 winzigen (2–3 mm), pigment- und augenlosen Arten erinnern im Habitus an Geißelskorpione. Sie besitzen wie diese eine Schwanzgeißel (Abb. 759). Die Prosomadecke ist unterteilt in Pro-, Meso- und Metapeltidium. Die Pedipalpen sind beinartig und werden beim Laufen miteingesetzt. Das 1. Beinpaar ist verlängert und dient zum Tasten. Die Beute (Collembolen) wird mit den großen, dreigliedrigen Cheliceren gepackt und direkt an den Mund gehalten. Ein Mundvorraum fehlt.

Lungen und Tracheen fehlen. Ausstülpbare Ventralsäckchen an den Opisthosomasegmenten 4–6 mancher Arten werden als Atemorgane gedeutet, denkbar ist aber auch eine Funktion zur Aufnahme von Wasser. Das Herz hat 4 Paar Ostien. Coxaldrüsen liegen im 3. extremitätentragenden Segment. Die Spermatozoen sind geißellos und stark modifiziert. Fortpflanzung, Entwicklung und Zahl der Nymphenstadien sind unbekannt; aus dem seltenen Auftreten von Männchen bei manchen Arten wird auf Parthenogenese geschlossen.

Ursprüngliche Merkmale wie dreigliedrige Cheliceren und der Schwanzfaden deuten darauf hin, dass die lungen-

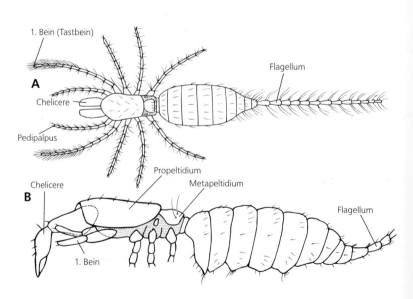

Abb. 759 Palpigradi. *Eukoenenia mirabilis*.
A Dorsalansicht. **B** Seitenansicht.
Nach verschiedenen Autoren.

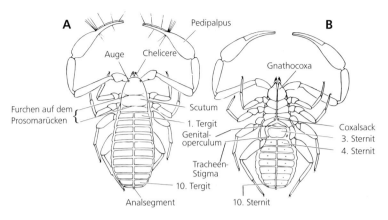

Abb. 760 *Chelifer cancroides* (Pseudoscorpiones). Äußere Organisation. **A** Dorsalansicht. **B** Ventralansicht. Nach Beier aus Weygoldt (1969).

losen Palpigradi früh von der gemeinsamen Stammgruppe der Apulmonata abgezweigt sind. Nach dieser Auffassung wären sie damit die Schwestergruppe aller anderen lungenlosen Arachnida.

Eukoenenia mirabilis (Eukoeneniidae), 2 mm (Abb. 759). Im Lückensystem des Bodens und unter Steinen. Südeuropa; zwei weitere Arten (*E. austriaca*, *E. spelaea*) ebenso und in Höhlen bis Alpenraum. Andere Arten in den Tropen und Subtropen, in Mitteleuropa in Gewächshäusern, einige Arten im Sandlückensystem an Meeresküsten.

3.3.6 Pseudoscorpiones (Chelonethi),
Pseudo-, Bücher- oder Afterskorpione

Die mehr als 3 400 kleinen (1–7 mm) Arten mit den großen, scherentragenden Pedipalpen haben skorpionsähnlichen Habitus (Abb. 718, 760). Das Opisthosoma ist jedoch einheitlich, nicht in Meso- und Metasoma untergliedert. Die Pedipalpen werden beim Laufen tastend nach vorn gestreckt. Ihre Scheren tragen bei den adulten Exemplaren als wichtigste Sinnesorgane 12 Trichobothrien in artspezifischer Anordnung. Weitere Sinnesorgane sind mechano- und chemorezeptorische Borsten, Spaltsinnesorgane, wenige Lyraförmige Organe und 1–2 Paar einfache Lateralaugen.

Pseudoskorpione leben im Fallaub am Boden, unter Rinde und in anderen engen Spalten in allen terrestrischen Lebensräumen einschließlich des marinen Supralitorals. Die Ausbreitung erfolgt bei einigen Arten durch Phoresie an Fliegen, Käfern u. a. Insekten und Kleinsäugern. Manche Arten sind mit tropischen Käferarten assoziiert, unter deren Flügeldecken sie sich nicht nur tragen lassen, sondern auch paaren.

Die Beute, kleine Arthropoden, wird mit den Pedipalpenscheren gepackt und getötet. Auf der Spitze eines oder beider Scherenfinger münden Giftdrüsen (Abb. 761B). Arten mit großen Cheliceren (Chthoniidae, Neobisiidae) mazerieren die Nahrung, andere Arten mit kleinen Cheliceren (Chernetidae, Cheliferidae) beißen nur ein Loch und saugen die Beute aus. Der Mundvorraum wird von Coxalenditen der Pedipalpen gebildet. Der enge Mund führt in den Saugpharynx mit X-förmigem Querschnitt und anschließend in den engen Oesophagus. In den vorderen Mitteldarm münden umfangreiche Mitteldarmdrüsen. Der hintere Mitteldarm bildet eine Schlinge mit 3 parallel laufenden Schenkeln, erweitert sich

zur Rektalblase und mündet über den kurzen Enddarm am Körperende aus. Exkretionsorgane sind der hintere Mitteldarm, die Rektalblase und Coxaldrüsen im 5. extremitätentragenden Segment. Als Atmungsorgane dienen 2 Paar einfache Büschel- oder Siebtracheen mit Stigmen lateroventral am 3. und 4. Opisthosomasegment. Das Herz hat maximal 4 Ostienpaare; das Kreislaufsystem ist vereinfacht wie für lungenlose Arachniden charakteristisch.

Die Übertragung der aufgerollten und encystierten Spermatozoen erfolgt mithilfe gestielter Spermatophoren, die auf dem Substrat abgesetzt werden (Abb. 762). Die Männchen einiger Taxa produzieren Spermatophoren unabhängig von der Anwesenheit von Weibchen. Andere Arten balzen mit Bewegungen, die an die Paarungsvorspiele der Skorpione erinnern (S. 510). Die Cheliferidae setzen dabei Duftorgane ein. Diese liegen auf „widderhornartigen Organen", die aus dem Genitalatrium vorgestreckt werden. Die sehr unterschiedlich gestalteten Spermatophoren werden durch Quellungsvorgänge oder Hebelwirkungen entleert.

Zur Eiablage spinnen die Weibchen der meisten Arten eine Brutkammer (Brutkokon). Spinndrüsen münden auf den Galeae, Fortsätzen auf den beweglichen Chelicerenfingern (Abb. 761A). Die dotterarmen Eier werden in einem sezernierten Brutsack an der Geschlechtsöffnung getragen. Das Weibchen gibt eine im Ovar gebildete Nährflüssigkeit ab, die die Embryonen mit einem komplizierten Embryonalpharynx

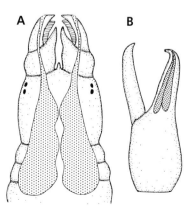

Abb. 761 Pseudoscorpiones. Drüsen. **A** Bei *Neobisium simoni* erstrecken sich auf den Cheliceren mündende Spinndrüsen bis in das Opisthosoma. **B** Bei *Neobisium flexifemoratum* liegen Giftdrüsen in den unbeweglichen Pedipalpenfingern. Verändert nach Vachon (1949).

aufnehmen, bei manchen Arten innerhalb weniger Sekunden. Nach 3 meistens frei lebenden Nymphenstadien, die sich nach der zunehmenden Zahl der Trichobothrien der Pedipalpen-Scheren eindeutig unterscheiden, sind die Tiere geschlechtsreif. Zur Häutung spinnen sich die Nymphen z. T. Häutungskammern (Spinndrüsen in den Cheliceren, s. o.) und fallen in eine Häutungsstarre. Viele Arten leben wenig länger als 1 Jahr; *Chelifer cancroides* kann 3 Jahre alt werden.

Die Pseudoscorpiones gelten meist als Schwestergruppe der Solifugae, die neuerdings aber als mit den Actinotrichida nächstverwandt angesehen werden. Ihre scherenartigen Pedipalpen und ihre Beingliederung sowie die (allerdings eingerollten) Spermatozoen erinnern an die echten Skorpione. Gegen eine enge Verwandtschaft von Pseudoscorpiones und Scorpiones sprechen jedoch die völlig andersartige,

innere Anatomie und andere Merkmale wie z. B. die Verteilung der Trichobothrien und die Lage der Giftdrüsen.

Chthonius tetrachelatus (Chthoniidae), 2,5 mm (Abb. 762A–E); gelbbraun mit dünnen Pedipalpen und großen Cheliceren, Prosomarücken vorn verbreitert; 2 Paar Augen. Laufen bei Störungen (wie andere Pseudoskorpione) sehr schnell rückwärts. Protonymphen bleiben in der Brutkammer und saugen von der Mutter gelieferte Nährflüssigkeit. In der Laubstreu und unter Steinen. – *Neobisium muscorum* und *N. carcinoides* (Neobisiidae), Moosskorpion, 4 mm; glänzend braun-schwarz, in der Laubstreu unserer Wälder; Cheliceren groß, Seitenränder des Prosomas parallel; 2 Paar Augen. – *N. maritimum* im marinen Litoral. – *Garypus beauvoisii* (Garypidae), mit 7 mm größte Art; mit kleinen Cheliceren, Supralitoral des Mittelmeercs. – *Cheiridium museorum* (Cheiridiidae), 1 mm; 1 Paar Augen; in Scheunen und Spatzennestern. – *Lasiochernes pilosus* (Chernetidae), 4 mm; ohne Augen. In den Nestern von Maulwürfen und Wühlmäusen; Ausbreitung durch Phoresie, halten sich an den Haaren der Wirte fest. – *Chernes cimicoides* 3 mm. Unter Baumrinde. – *Chelifer cancroides* (Cheliferidae) (Abb. 760), Bücherskorpion, 4–5 mm. Kosmopolitisch, in Gebäuden, Bienenstöcken.

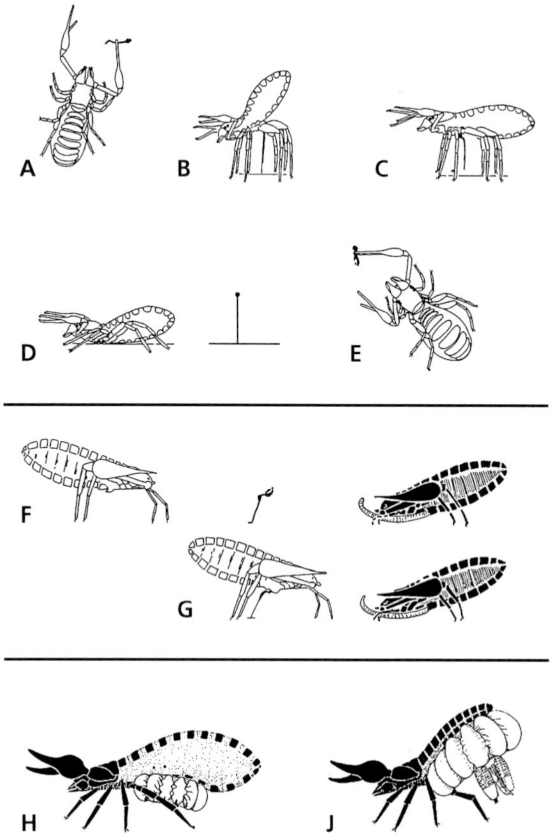

3.3.7 Solifugae (Solpugida), Walzenspinnen

Von den 1 110 Arten zwischen 10–70 mm Länge leben die meisten in Trockengebieten, Wüsten und Steppen in Südeuropa, Nord-, Südamerika, Afrika und Asien. Sie fehlen in Australien. Der Habitus dieser Spinnentiere wird beherrscht von sehr großen, zweigliedrigen, nach vorn gerichteten Cheliceren (Abb. 763, 764A), einem beweglichen Prosoma mit Propeltidium und 2–3 spangenförmigen Skleriten und dem walzenförmigen, weichhäutigen Opisthosoma mit 11 Segmenten, die meist kleine Tergite tragen (Abb. 718, 763, 764A).

Solifugen laufen schnell und ausdauernd (ausgenommen Hexisopodidae) auf den hinteren 3 Beinpaaren; das 1. ist schwach und dient als Taster. An senkrechten, glatten Flächen werden die Pedipalpen eingesetzt, die terminal ein Haftorgan tragen, mit dem sich die Tiere hochhangeln oder in der Vegetation klettern können. Alle Arten graben gut, wobei auch die kräftigen Cheliceren helfen.

Sinnesorgane sind Medianaugen auf dem Propeltidium und 1–2 Paar reduzierte Lateralaugen, ferner lange Tastborsten auf den Pedipalpen und Beinen, versenkte Sinnesborsten (Sensilla ampullacea) und meist 5 hammerförmige Organe (Malleoli; Abb. 764C) an den Ventralseiten der proximalen

Abb. 762 Fortpflanzungsbiologie von Pseudoskorpionen. **A–E** *Chthonius tetrachelatus* (Chthoniidae). **A** Männchen stürzt eine Spermatophore um, bevor es eine neue absetzt. **B, C** Spermatophorenabgabe. **D** Männchen wischt sich nach der Spermatophorenabgabe seine Geschlechtsöffnung am Substrat ab. **E** Weibchen prüft eine Spermatophore mit der Pedipalpenschere. **F, G** Phasen des Balztanzes eines Pärchens des Bücherskorpions *Chelifer* sp. (Cheliferidae). **F** Männchen (schwarz) hat eine Spermatophore abgesetzt und lockt Weibchen mit Hilfe seiner widderförmigen Organe, von denen wahrscheinlich Pheromone abgegeben werden. **G** Weibchen bei der Spermatophorenaufnahme. **H, J** Brutpflege durch Weibchen von *Pselaphochernes* sp. (Chernetidae). **H** Weibchen mit frisch gehäuteten 2. Embryonalstadien im Brutbeutel. **J** Weibchen mit Embryonen am Ende der Embryonalentwicklung, beim Schlüpfen der jungen Protonymphen. Aus Weygoldt (1966).

Abb. 763 *Galeodes* sp. (Solifugae), Länge ca. 40 mm. Original: P. Weygoldt, Freiburg.

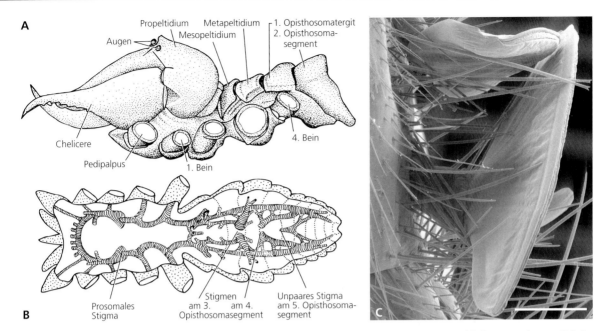

Abb. 764 Solifugae. **A** Seitenansicht des Vorderendes von *Galeodes graecus* (Galeodidae). Pedipalpen und Beine weggelassen. **B** Schema des Tracheensystems. **C** Malleoli von *Eremobates pallipes* (Eremobatidae). Blick auf die Sinneskante. Maßstab: 300 µm. A, B Nach Kaestner (1932); C Original: A. Klann, Greifswald.

Gieder des letzten Beinpaares mit zahlreichen (bis zu 72 000) Sinneszellendigungen; wahrscheinlich sind es Chemorezeptoren.

Bei Gefahr hebt eine Solifuge den vorderen Teil des Prosomas und droht mit den großen Cheliceren; manche Arten stridulieren dabei, indem sie die Cheliceren aneinander reiben.

Viele Arten sind große schnelle, meist nachtaktive (Name!), aber z. T. auch tagaktive Räuber (Beute: große Arthropoden und kleine Wirbeltiere). Die Nahrung wird mit den Pedipalpen rasch an die Cheliceren gerissen und mazeriert, Giftdrüsen fehlen. Der Mund liegt auf einem Rostrum zwischen Ober- und Unterlippe; Mundvorraum einfach. Exkretionsorgane sind 1 (z. T. 2) Paar Malpighische Schläuche, Nephrocyten und Coxaldrüsen, die über den Pedipalpencoxen ausmünden. Der Atmung dient ein für Arachniden einzigartiges, stark verzweigtes und durch Längsverbindungen ausgezeichnetes Tracheensystem, ähnlich dem der Insekten (Abb. 764B). Paarige Stigmen am Prosoma hinter den Coxen des 2. Laufbeinpaares und, wie bei Pseudoskorpionen, am 3. und 4., sowie, anders als bei Pseudoskorpionen, ein unpaares am 5. Opisthosomasegment führen in große, untereinander verbundene, paarige Längsstämme, von denen Seitenäste zu den Organen und in die Extremitäten ziehen. Solifugen können als einzige Arachniden Atembewegungen durchführen. Der Kreislauf ist vereinfacht, das Herz hat 8 Ostienpaare. Die Leibeshöhlen von Pro- und Opisthosoma sind durch ein Diaphragma (wie bei Scorpiones) getrennt. Ein mesodermales Endoskelett fehlt; seine Aufgabe wird von einem ektodermalen, aus Apodemen entstandenen Analogon übernommen. Das Zentralnervensystem ist nur z. T. im Prosoma konzentriert; ein opisthosomales Ganglion versorgt die letzten 6 Opisthosomasegmente.

Die Männchen aller Arten besitzen ein mehr oder minder ausgeprägtes Organ unbekannter Funktion auf den Cheliceren, das Flagellum, das als Borstenkomplex oder als eine große, merkwürdig gestaltete Borste auftritt. Nach kurzer heftiger Balz, bei der das Männchen das Weibchen mit den Cheliceren packt und seine Genitalregion bearbeitet, werden die stark vereinfachten, geißellosen Spermatozoen in Ballen verpackt und entweder mit den Cheliceren (*Othoes saharae*, Galeodidae) oder direkt von der männlichen in die weibliche Geschlechtsöffnung übertragen (*Eremobates durangonus*). Die Eiablage erfolgt in einer selbstgegrabenen, unterirdischen Brutkammer; die Eier werden bei manchen Arten vom Weibchen bewacht. Es schlüpft eine immobile Praenymphe (Postembryo), an die sich eine Anzahl Nymphenstadien anschließt. Die Zahl dieser Stadien ist hoch und variiert bei den verschiedenen Arten. Die meisten Arten leben wohl nur ein Jahr.

Gluvia dorsalis (Daesiidae), 18 mm; in Spanien. – *Galeodes arabs* (Galeodidae), über 50 mm; mit sehr langen Beinen, schnell, tagaktiv. Afrika (Abb. 763). – *Eremobates durangonus* (Eremobatidae), 20 mm, in den Südstaaten Nordamerikas.

3.3.8 Opiliones, Kanker, Weberknechte

Neben den bekannten, langbeinigen Weberknechten (Abb. 765) enthält das Taxon kleine (2 mm) milbenartige Gestalten (Cyphophthalmi) und flache, kurzbeinige Arten (Trogulidae) (Abb. 770); insgesamt sind es ca. 6 500 Arten. Die größten Formen sind *Trogulus torosus* (22 mm) und *Mitobates stygnoides* (6 mm Länge, 160 mm lange Beine).

Die äußere Organisation wird beherrscht von der Verschmelzung von Pro- und Opisthosoma zu einem einheitlichen, vielfach eiförmigen Körper und die bei vielen Arten stark verlängerten Beine. Der Prosomarücken kann 2 Querfurchen aufweisen. Das Opisthosoma besitzt ursprünglich 10 Tergite; sie können in unterschiedlicher Weise miteinander und mit dem Peltidium verschmolzen sein und somit ein

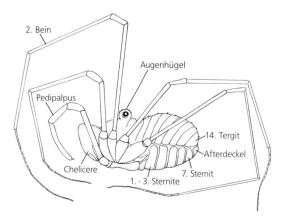

Abb. 765 Opiliones, Palpatores, Eupnoi. Seitenansicht. Ventrale Zählung bezieht sich nur auf die Abdominalsegmente. Nach Roewer (1923).

verschieden großes Scutum bilden. Die beiden letzten Opisthosomasegmente sind bei vielen Arten reduziert.

Die **Lokomotion** der kurzbeinigen Kanker (Trogulidae) ist langsam. Manche der langbeinigen Arten dagegen können schnell laufen. Ihre Tarsen sind in bis zu 50 (bei *Phalangium* und *Opilio*) und bis zu 100 (bei einigen tropischen Arten) Glieder unterteilt. Die Krautschicht bewohnende Arten können beim Klettern die Grashalme mit diesen verlängerten Tarsen spiralig umgreifen. Bei manchen Arten ist das 2. Beinpaar am längsten und wird dann zum Tasten eingesetzt; diese Tiere laufen also auf 3 Beinpaaren.

Sinnesorgane sind verschiedene Sinnesborsten, Spaltsinnesorgane und meist 1 Paar gut entwickelter Medianaugen auf einem Augenhügel (Abb. 765, 766), die bei einigen Taxa seitlich verlagert sein können. Trichobothrien fehlen. Bei Gefahr autotomieren viele Arten leicht Beine, die sich noch

bis zu 30 min bewegen können; die Bruchstelle liegt zwischen Trochanter und Femur. Der Abwehr dienen außerdem Wehrdrüsen, die vorn am Prosoma münden; ihr chinonhaltiges und antibiotisch wirkendes Sekret tritt als Tropfen oder Sprühnebel aus und soll bei manchen Arten auch als Alarmpheromon wirken (Abb. 766).

Die Ernährung ist unterschiedlich. Manche Arten sind Nahrungsspezialisten, so *Trogulus* spp. und *Ischyropsalis hellwigi* an Gehäuseschnecken, andere fressen kleine Arthropoden, Regenwürmer, Aas, Früchte, Pollen, Pilze, Flechten und (in Gefangenschaft) gekochte Kartoffeln und Brot.

Die Pedipalpen vieler Weberknechte sind beinartig, bei den Laniatores bilden sie einschlagbare Fangapparate. Die Cheliceren sind dreigliedrig und bei *Ischyropsalis* (Ischyropsalididae) und manchen Phalangiidae sehr groß. Der Mund ist relativ weit, so dass Weberknechte auch kleine Partikel aufnehmen können. Er liegt in einem Mundvorraum, der von weichen, z. T. sogar gegliederten Coxalladen der Pedipalpen und des 1., bei den Phalangioidea auch des 2. Beinpaares gebildet wird. **Exkretionsorgane** sind 1 Paar Coxaldrüsen, die an den Coxen des 3. Beinpaares münden. Embryonal wird ein zweites Paar im 1. Beinsegment angelegt. Ferner gibt es Nephrocyten und Perineuralorgane, knotenförmige Ansammlungen exkretspeichernder Zellen an den Nerven und Konnektiven, die ins Opisthosoma ziehen. **Atmungsorgane** sind 1 Paar Tracheen, deren Stigmen nahe dem Sternit des 3. Opisthosomasegments oder, bei den Phalangiidae, hinter den letzten Coxen verborgen liegen. Von hier ziehen große, verzweigte Tracheen ins Prosoma. Die Phalangiidae haben zusätzlich kleine (200–400 μm Durchmesser) Stigmen an den Enden der Laufbeintibien. Das kurze Herz hat 2 Paar Ostien.

Bei vielen Gonyleptiden (Laniatores) sind die Männchen stärker sklerotisiert und skulpturiert als die Weibchen und haben stark bestachelte Hinterbeine. Die paarigen **Gonaden** sind hinten U-förmig miteinander verbunden, die distalen

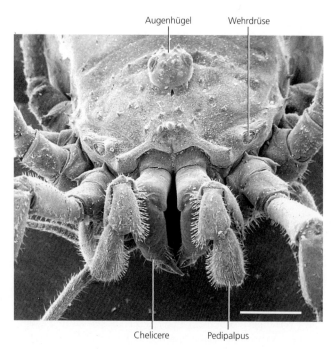

Abb. 766 Dorsofrontalansicht eines jungen Phalangiiden (Palpatores, Eupnoi). Maßstab: 1 mm. Original: G. Alberti, Greifswald.

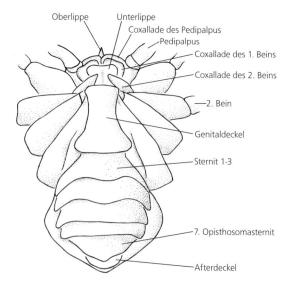

Abb. 767 Ventralansicht von *Phalangium opilio* (Opiliones, Palpatores, Eupnoi). Aus Kaestner (1968).

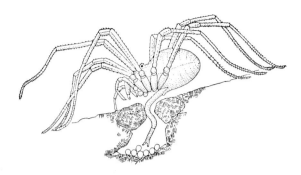

Abb. 768 *Oligolophus tridens* (Opiliones, Palpatores, Eupnoi). Weibchen mit Ovipositor, bei der Ablage der Eier in eine Bodenhöhle. Körperlänge ca. 6 mm. Nach Silhavy aus Kaestner (1968).

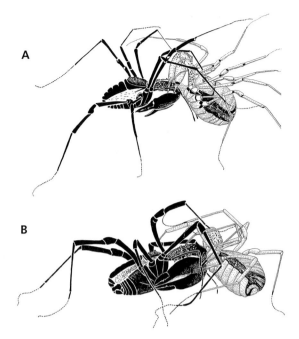

Abb. 769 Gustatorische Balz des Schneckenkankers, *Ischyropsalis hellwigi* (Palpatores, Dyspnoi) (Männchen schwarz). **A** Das Weibchen knabbert an den drüsigen Chelicerengrundgliedern des Männchens. **B** Die Spermaübertragung erfolgt durch Einführen des Penis, der zwischen den Cheliceren des Männchens hindurchgestreckt wird. Aus Martens (1969).

Genitalien stark modifiziert. Vom Hinterrand der Geschlechtsöffnung wächst ein Deckel („Operculum", nicht homolog dem Genitaloperculum anderer Arachniden) craniad (Abb. 767) und verlagert die Geschlechtsöffnung zwischen die Coxen des 4. oder 3. Beinpaares, bei den Phalangiidae sogar direkt hinter die Unterlippe. Unter dem Operculum liegt bei den Weibchen eine durch Hämolymphdruck vorstreckbare und z. T. durch Muskeln bewegliche Legeröhre (Ovipositor) (Abb. 768), beim Männchen ein sklerotisierter Penis. Die Spermatozoen sind geißellos, nur bei den Cyphophthalmi existiert noch ein in der Spermatogenese vorübergehend auftretendes Flagellum. Hier finden sich auch dimorphe Spermien.

Mit Ausnahme der Cyphophthalmi, bei denen eine Spermatophore gebildet wird, erfolgt die Übertragung direkt durch eine echte Kopula. Bei der Paarung stehen die Partner vielfach Kopf an Kopf einander gegenüber, und das Männchen führt seinen Penis zwischen den Cheliceren des Weibchens hindurch in die weibliche Geschlechtsöffnung (Abb. 769). Parthenogenese ist selten. Die Eier werden mit dem Ovipositor in Bodenlöcher und Spalten gelegt. Von einigen südamerikanischen Gonyleptidae ist Brutpflege, Bewachen von Eiern und Nymphen bekannt. Die Zahl der Nymphenstadien variiert: *Trogulus* spp. 6, *Nemastoma* spp. 7; Adulte häuten sich nicht mehr. Viele Arten leben 1 Jahr, einige länger (*T. nepaeformis* bis 3, *Siro rubens* bis 9 Jahre).

Die kleinen Cyphophthalmi und die gedrungenen Körper anderer Weberknechte erinnern an Milben. Die Beurteilung der verwandtschaftlichen Stellung innerhalb der Arachnida ist schwierig, da die Opiliones neben typisch ursprünglichen (z. B. dreigliedrige Cheliceren) auch eine Reihe eindeutig abgeleiteter Merkmale (atypische Spermien (Abb. 725C), Penis, Ovipositor) besitzen. Wie bei den Ricinulei sind die 2. Beine vielfach Tastbeine. Einige Autoren halten die Opiliones für die Schwestergruppe der Scorpiones und Haplocnemata (Pseudoscorpiones + Solifugae), eine Auffassung, der hier nicht gefolgt wird. Auch die Beurteilung der systematischen Struktur der Weberknechte ist noch immer kontrovers (Palpatores werden vielfach z. B. als paraphyletisch angesehen), so dass im folgenden nur die großen Untergruppen vorgestellt werden können. Die kürzliche Entdeckung von †*Eophalangium sheari* (Eupnoi) schon aus dem frühen Devon von Schottland ist überraschend.

3.3.8.1 Cyphophthalmi, Zwergweberknechte, Milbenweberknechte

Cyphophthalmi gelten heute als Schwestergruppe aller anderen Opiliones. Zur Zeit sind über 180 Arten in allen Regionen außerhalb des Einflussbereiches der pleistozänen Vergletscherungen bekannt, die in 6 Familien geordnet werden: Pettalidae, Stylocellidae, Ogoveidae, Neogoveidae, Troglosironidae, Sironidae. Pettalidae und Stylocellidae mit ein Paar seitlich gelegenen Augen, die anderen blind. Peltidium und 8 Opisthosomatergite zu einem Scutum verschmolzen. In Europa nur Sironidae: *Siro rubens* 1,7 mm; milbenartig; mit kurzen Beinen; Prosomarücken und die ersten 8 Tergite zu einem harten Scutum verwachsen; Pedipalpen tasterförmig; Geschlechtsöffnung unbedeckt. Südfrankreich, Spanien; meist unter Steinen und in der Bodenstreu. Ernähren sich von Collembolen u. a. Bei der Abwehr wird ein Tropfen Wehrsekret mit einem Bein auf den Gegner geschmiert. Ähnlich *Cyphophthalmus duricorius* Steiermark, Balkanhalbinsel.

3.3.8.2 Palpatores: Dyspnoi

Insgesamt ca. 330 Arten. *Trogulus nepaeformis* (Trogulidae, Brettkanker), 10 mm (Abb. 770). Hart sklerotisiert, flach. Vorderende des Prosomas bildet eine die Mundwerkzeuge überdeckende Kapuze; Prosomadecke mit 5 Tergiten zum Scutum verwachsen. Bodentiere, nachtaktiv, tasten mit dem 2. Beinpaar. Bei Gefahr charakteristisches Totstellen. Ernähren sich von Schnecken (bis 8 mm Gehäusedurchmesser). Eier werden in leere Schneckenhäuser gelegt, die anschließend durch ein Sekret verschlossen und in ein Versteck getragen werden. – *Paranemastoma quadripunctatum* (Nemastomatidae, Fadenkanker), 4,5 mm. Schwarz, mit Silberflecken, bodenlebend, mit mäßig verlängerten Beinen. Ernähren sich von Collembolen, die an den im Klebsekret tragenden Kugelborsten der beinartigen Pedipalpen haften. Eier werden in Gallertmasse an die Unterseite von Steinen geheftet. – *Ähnlich Mitostoma chrysomelas*. – *Ischyropsalis hellwigi* (Ischyropsalididae, Schneckenkanker) (Abb. 769), 7 mm. Peltidium nicht mit dem Scutum des Opisthosomas verwachsen; Beine verlängert; Cheliceren sehr groß. Ernähren sich ausschließlich von Schnecken, die mit den Cheliceren aus ihrer Schale gezogen werden. Männchen besitzt Drüsenfelder an den Cheliceren, deren Sekret dem Weibchen bei der Paarung dargeboten wird. Am Boden von mäßig feuchten, kühlen Wäldern; weitere Arten im Alpenraum und in Südeuropa.

3.3.8.3 Palpatores: Eupnoi, „Echte" Weberknechte

Phalangium opilio (Phalangiidae, Echte Weberknechte oder Schneider), Männchen bis 7 mm, Weibchen bis 9 mm; 2. Bein beim Männchen bis 54 mm, beim Weibchen bis 38 mm; Männchen mit dorsad gerichtetem Fortsatz an den Cheliceren. Gärten, Wiesen, Wälder; am Boden, aber auch im Gebüsch und auf Bäumen, z. T. tagaktiv. – *Opilio parietinus*, 7,5 mm. Meist in der Nähe menschlicher Gebäude, auch in Städten. Eier entwickeln sich im Frühjahr nur, wenn sie vorher der Kälte ausgesetzt waren. Über. 1 600 weitere Arten (Abb. 765, 768).

3.3.8.4 Laniatores

Umfangreichste Gruppe mit über 3 800 Arten. Körper und Extremitäten meist stark sklerotisiert. Pedipalpus als bedorntes Raubbein. Peltidium und mindestens der vordere Teil des Opisthosomas bilden Scutum. – *Discocyrtus prospicus* (Gonyleptidae), 7 mm; 2. Beinpaar stark verlängerte Tastbeine; auffälliger Sexualdimorphismus: Männchen stark gepanzert, mit vergrößerten Coxen und Dornen am letzten Beinpaar. Tropische Wälder Südamerikas. Außerhalb der Holarktis zahlreiche weitere, z. T. absonderlich skulpturierte und bestachelte Arten in verschiedenen Familien, manche mit Brutpflege (sogar durch Männchen!). Im Alpenraum mehrere vikariierende Arten der Gattung *Holoscotolemon* (Cladonychiidae).

3.3.9 Ricinulei, Kapuzenspinnen

67 kleine (bis 10 mm), untereinander sehr ähnliche Arten, die die Laubstreu tropischer Wälder in Westafrika und im tropischen Amerika bewohnen. Charakteristisch für ihren Habitus ist die starke Sklerotisierung und der Cucullus, ein vorderer, beweglicher Anhang des Prosomarückens, der in Ruhe wie eine Kapuze (Name!) die Mundwerkzeuge überdeckt (Abb. 718, 771, 772). Der die Cheliceren und Pedipalpen tragende Körperabschnitt ist gegen den Restkörper beweglich abgesetzt. Am kurzen Opisthosoma sind nur 4, durch 2 laterale Längsfurchen geteilte Tergite und Sternite sichtbar, die den Opisthosomasegmenten 4–7 angehören. Die 3 letzten Segmente bilden ein kleines, teleskopartig eingezogenes Metasoma. Die Tergite und Sternite des 1. bis 3. Opisthosomasegments sind stark reduziert und verschmälert.

Diese Segmente bilden den überwiegend weichhäutigen Petiolus, an dessen Ventralseite die Geschlechtsöffnung liegt. Der Petiolus ist im Normalzustand nicht sichtbar, da Pro- und Opisthosoma durch einen Kopplungsmechanismus fest miteinander verbunden sind. Dabei rastet der Hinterrand des Prosomarückens in eine Querfurche des 1. Tergites (4. Opisthosomasegment) ein. Außerdem werden die verlängerten Hinterränder der Coxen des 4. Beinpaares in taschenförmigen Bildungen des 1. Opisthosoma-Sternites verankert.

Ricinulei laufen langsam auf 3 Beinpaaren. Das 2. Beinpaar ist verlängert und dient überwiegend zum Tasten. Sin-

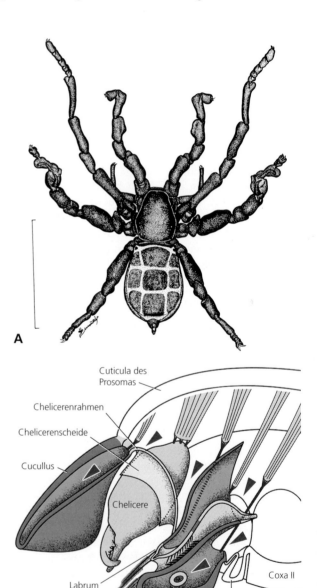

A

Cuticula des Prosomas

Chelicerenrahmen

Chelicerenscheide

Cucullus

Chelicere

Coxa II

Labrum

Tritosternum

Pedipalpencoxa

B

Abb. 771 Kapuzenspinnen. **A** *Cryptocellus becki* (Ricinulei). Männchen. Im Boden von Regenwäldern des Amazonasgebietes. Maßstab: 5 mm. **B** Darstellung der Mundwerkzeuge einer Kapuzenspinne und deren Bewegungen. Durch Erhöhung des Hämolymphdrucks sind hier die Mundwerkzeuge vorgestreckt und der Cucullus angehoben (Pfeilköpfe). Sie können durch verschiedene Retraktormuskeln mit ihren Sehnen zurückgezogen werden. A Aus Adis et al. (1989), B aus Talarico et al. (2011).

Abb. 770 *Trogulus* sp. (Opiliones, Palpatores, Dyspnoi). Brettkanker, ernährt sich von Schnecken. Körperlänge: ca. 7 mm. Original: B. Thaler-Knoflach, Innsbruck.

nesorgane sind verschiedene Sinnesborsten und Spaltsinnesorgane; auf den Tarsen der ersten beiden Beinpaare gibt es komplexe, vermutlich chemosensitive Porenorgane; Trichobothrien fehlen. Augen sind nicht zu erkennen. Einige Arten besitzen seitlich am Prosoma helle Flecken, unter denen Sinneszellen gefunden wurden. In jedem Falle reagieren die nachtaktiven Tiere auf Belichtung mit Flucht oder mit einem Totstellreflex, bei dem die Beine angezogen werden.

Die Nahrung (Kleinarthropoden) wird mit den scherentragenden Pedipalpen gefangen, die sie an die kleinen, zweigliedrigen, scherenförmigen Cheliceren führen. Dabei kann der Cucullus zum Festhaltender Beute mit eingesetzt werden. Auch die Aufnahme von Kot und Aas als Nahrung wurde beobachtet. Die den Mundvorraum bildenden Pedipalpencoxen und die Unterlippe sind median zu einem Trog verwachsen, der gegen den Restkörper bewegbar ist. Exkretionsorgane sind 1 Paar verzweigte Malpighische Schläuche und 1 Paar Coxaldrüsen mit Mündung an den 1. Laufbeinhüften. Die Stigmen von 1 Paar Siebtracheen liegen an der Hinterwand des Prosomas über den Coxen des 4. Beinpaares. Das kurze Herz hat nur 1 Ostienpaar.

A

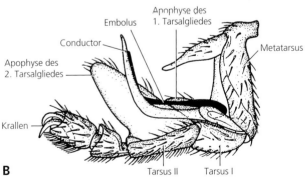

B

Abb. 772 *Pseudocellus pelaezi* (Ricinulei). **A** Weibchen mit Ei, das mit dem Cucullus und den Pedipalpen gehalten und in ein Versteck getragen wird. Körperlänge: ca. 4 mm. **B** Kopulationsorgan am 3. Laufbein eines Männchens (*Pseudocellus paradoxus*). Z. T. gleich lautende Bezeichnungen von Teilen wie bei entelegynen Spinnen implizieren ähnliche Funktionen, aber keine Homologie. A Original: R.W. Mitchell, Lubbok, Texas; B aus Moritz (1993) nach Dumitresco und Bals (1973).

Das Männchen besitzt Kopulationsorgane in Form spangenartiger Strukturen an den Metatarsen und Tarsen des 3. Beinpaares (Abb. 722B). Zur Paarung bringt das Männchen nach Entkopplung des Opisthosomas das Kopulationsorgan eines 3. Beins an seine Geschlechtsöffnung, aus der dann die Samenflüssigkeit in das Kopulationsorgan fließt, wo sie gespeichert wird. Bei der Spermaübertragung steigt das Männchen auf den Rücken des Weibchens und führt das Kopulationsorgan in die weibliche Geschlechtsöffnung ein, die erst nach vorheriger Entkopplung von Prosoma und Opisthosoma des Weibchens zugänglich wird. Spermien sind begeißelt und eingerollt. Eier werden einzeln in größeren zeitlichen Abständen gelegt. Das Weibchen trägt das relativ große (1–2 mm) Ei unter dem Cucullus (Abb. 772A) in ein Versteck.

Die Embryonalentwicklung ist unbekannt. Dem Ei entschlüpft eine Larve mit 3 Beinpaaren. Darauf folgen 3 Nymphenstadien, die sich durch hellere Färbung und verschiedene Tarsenformeln von den Erwachsenen unterscheiden. Die Postembryonalentwicklung dauert lange; die Adulten leben möglicherweise mehrere Jahre.

Ricinulei sind seit dem Karbon bekannt. Ihre Stellung im System ist umstritten. Mit manchen Opiliones teilen sie das Tasten mit dem 2. Beinpaar, mit den Acari den beweglich vom Restkörper abgesetzten vorderen Bereich des Prosomas sowie die Entwicklung über ein 6-beiniges Larvenstadium und 3 Nymphenstadien.

Pseudocellus pelaezi, ca. 5 mm (Abb. 772A); samtartig violett (die Jungendstadien sind gelb), in mexikanischen Höhlen in großer Individuenzahl. Nahrung kleine Arthropoden, die auf Fledermauskot leben. – Arten der Gattung *Cryptocellus* (Abb. 771) bewohnen süd- und mittelamerikanische Regenwälder in der Laubstreu; viele euedaphische Arten stark behaart und somit überflutungsgeschützt. – *Ricinoides karschi*, in der Laubstreu von Regenwäldern Gabuns; weitere Arten der Gattung im tropischen Afrika.

3.3.10 Acari, Milben

Die Milben sind mit etwa 55 000 beschriebenen, wahrscheinlich aber weit über 100 000 Arten das mannigfaltigste und ökologisch erfolgreichste Arachnidentaxon. Es werden mehr als 500 Familien-Taxa unterschieden. Ihre wirtschaftliche und medizinische Bedeutung ist groß. Milben leben in allen Lebensräumen. Sie sind im Gegensatz zu anderen Arachniden mit vielen Arten also auch im Süßwasser und im Meer bis in die Tiefsee vertreten. Viele sind Parasiten von Tier und Mensch, die ihre Wirte direkt oder durch Übertragung von Infektionskrankheiten schädigen, andere Pflanzen- oder Vorratsschädlinge. Dieser evolutive Erfolg wurde wohl ermöglicht durch (1) eine extreme Reduktion der Körpergröße auf wenige Millimeter (nur manche Zecken erreichen im vollgesogenen Zustand bis zu 30 mm) bis auf Mikrometerwerte (eine der kleinsten Arthropodenarten ist die Gallmilbe *Eriophyes parvulus* mit 80 µm), (2) eine Vereinfachung des Körperbaus bei (3) Ausbildung eines Körperabschnittes, der die höchst anpassungsfähigen Mundwerkzeuge trägt, das Gnathosoma (Abb. 718, 773, 774), (4) die meist schnelle Entwicklung und (5) die oft kurze Generationsdauer. Mit der Entwicklung des Gnathosomas einher ging die Erschließung unterschiedlichster Nahrungsquellen, die sich sogar bei den Entwicklungsstadien unterscheiden können (z. B. parasitisch – räuberisch). Die Entwicklung verläuft über eine 6-beinige Larve und bis zu 3 Nymphenstadien (Abb. 777A). Der Larve kann eine wenig differenzierte Praelarve vorgeschaltet sein.

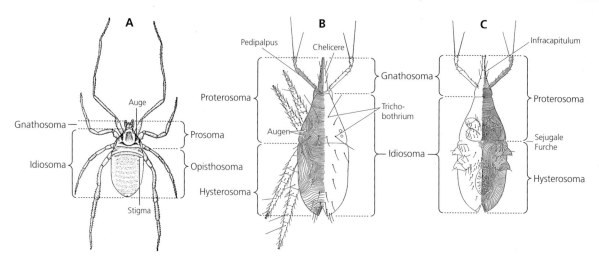

Abb. 773 Schema der Körpergliederung der Acari. Kennzeichnend ist die Ausbildung eines Gnathosomas, das gegen den Restkörper (Idiosoma) beweglich abgesetzt ist. **A** *Opilioacarus segmentatus* (Anactinotrichida, Opilioacarida, Opilioacaridae). Segmentierung des Opisthosomas noch zu erkennen. 4 Paar dorsolaterale Stigmen. **B, C** *Spinibdella bifurcata* (Actinotrichida, Prostigmata, Bdellidae). Actinotriche Milben unterscheiden sich von den anactinotrichen Milben durch die Ausbildung einer primär ventral ausgebildeten sejugalen Furche zwischen 2. und 3. Laufbein. Diese Untergliederung führt zur Abtrennung eines Hysterosomas, die sich auch nach dorsal auswirkt. Lage der ursprünglichen Grenze zwischen Prosoma und Opisthosoma umstritten. A Nach With (1905) aus Alberti und Coons (1999); B, C nach Atyeo (1960).

Bau und Leistung der Organe

Der Habitus wird durch den einheitlichen, vielfach rundlichen Körper beherrscht, an dem Pro- und Opisthosoma nahtlos miteinander verwachsen sind. Nur bei den Opilioacarida werden noch alle ursprünglichen Körpersegmente angelegt, und die **Gliederung** in Pro- und Opisthosoma bleibt erkennbar (Abb. 773A). Bei der Mehrzahl der Milben ist diese Gliederung dagegen nicht mehr deutlich und die Zahl der Segmente reduziert. Charakteristisch ist eine neue Körpergliederung (Abb. 773, 774): Das Mundgebiet mit den Cheliceren und den median verwachsenen Pedipalpencoxen ist als Gnathosoma (bei Zecken mißverständlich auch Capitulum genannt) vom Rest des Körpers (Idiosoma) abgegliedert, zuweilen sogar in dieses zurückziehbar. An der Bildung des Gnathosomas nimmt ein vom Prosomarücken abgetrenntes Sklerit teil, das Tegulum, das seitlich mit den hochgezogenen Pedipalpencoxen verwachsen ist und mit diesen einen rings geschlossenen Rahmen bildet (Abb. 775). Eine weitere Grenze tritt bei den Actinotrichida zwischen den Segmenten des 2. und 3. Laufbeinpaares auf. Diese auch bei anderen Arachniden mehr oder weniger deutlich (Schizomida, Palpigradi, Solifugae) ausgebildete Grenze teilt das Idiosoma in ein Proterosoma mit den Segmenten der beiden vorderen und ein Hysterosoma mit den Segmenten der beiden letzten Beinpaare und dem Opisthosoma (Abb. 773B, C).

Die Gestalt ist mannigfaltig. Neben weichhäutigen Arten (Abb. 773, 776, 781, 786, 787) gibt es solche mit einem oder mehreren dorsalen bzw. ventralen Schilden (Abb. 774, 777A, 778, 779). Stärkere, großflächige Sklerotisierung als mechanischen Schutz besitzen die Holothyrida, einige Gamasida und viele Oribatida (Abb. 783, 784). Innerhalb der Prostigmata findet man stark gepanzerte Formen relativ selten, z.B. bei den Caeculidae und Labidostomatidae (Abb. 780). Langgestreckte, bis wurmartige Milben gibt es z.B. bei den Halarachnidae (Robbenmilben), den Demodicidae (Haarbalgmilben) (Abb. 782), Eriophyoidea (Gallmilben) (Abb. 781) und ganz extrem bei einigen

Bewohnern des Sandlückensystems (z. B. Nematalycidae). Auch die Färbung ist mannigfaltig. Viele Arten sind bräunlich bis schwarz (z. B. viele Oribatida); leuchtende Farben sind bei den Trombidiidae und Hydrachnidia verbreitet. Acaridida sind meist unpigmentiert.

Viele Milben laufen auf 3 Beinpaaren und benutzen das 1. Beinpaar zum Tasten. Hydrachnidia (Süßwassermilben) des stillen Wassers können mit den lang beborsteten Beinpaaren schwimmen. Andere jedoch, auch alle echten Meeresmilben (Halacaroidea) und deren Abkömmlinge im Süßwas-

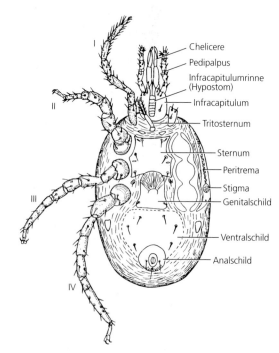

Abb. 774 Acari. Ventralseite des Weibchens einer frei lebenden Raubmilbe im Boden (Gamasida). Nach Karg (1993).

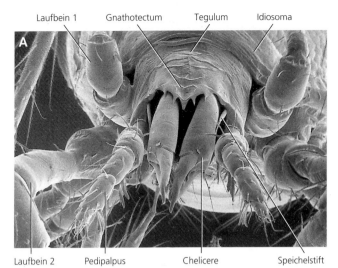

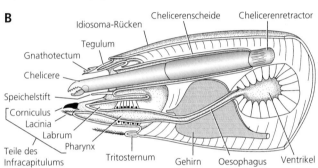

Abb. 775 Acari. Gnathosoma anactinotricher Milben (Gamasida). **A** Frontalansicht von *Pergamasus* sp. **B** Schematisierter Längsschnitt durch den Vorderkörper. A Aus Eisenbeis und Wichard (1985); B aus Kaestner (1965), verändert.

ser (Porohalacaridae), klammern sich am Substrat fest. Sekundär ins Meer eingewanderte Hydrachnidia können schwimmen (Pontarachnidae). Bei manchen parasitischen Milben sind die Beine mehr oder weniger rückgebildet.

Sinnesorgane sind verschiedene Sensillen, auch Trichobothrien (Abb. 785A, B) (letztere nur ganz ausnahmsweise bei Anactinotrichida), Spaltsinnesorgane und 1–2 Paar (bei *Paracarus hexophthalmus* (Opilioacarida 3 Paar) Seitenaugen sowie 1 Paar Medianaugen (nur Actinotrichida). Auch augenlose Milben können lichtempfindlich sein; viele Oribatiden besitzen einen transparenten, hellen Rückenfleck über

dem Zentralnervensystem unter dem eigenartige Photorezeptoren gefunden wurden und bei der Schlangenmilbe *Ophionyssus natricis* (Gamasida) gelten die Pulvilli des 1. Beinpaares als photosensitiv. Der Chemorezeption dienen Porensensillen, die vielfach auf den Vordertarsen konzentriert sind und z. B. das Hallersche Organ der Zecken bilden, eine besonders komplexe Konzentration von Sinnesborsten auf den Tarsen des 1. Beinpaares (Abb. 777B).

Die **Nahrung** besteht vorwiegend aus kleinen Arthropoden, Nematoden, Aas, verrottenden Pflanzenteilen, Pilzen. Die Histiostomatidae (Schleimmilben) sind Bakterienfresser. Konvergent sind z. B. die Tetranychidae und Eriophyoidea zu Pflanzenparasiten geworden, die mit stilettartigen Cheliceren Pflanzenzellen anstechen. Viele Milben leben auf Vögeln, Säugern oder Insekten von Hautsekreten, Hautteilen, Haaren oder Federteilen (z. B. *Chirodiscoides caviae* an Meerschweinchen, *Demodex folliculorum*, eine Haarbalgmilbe des Menschen (Abb. 782) oder *Sarcoptes scabiei*, die Krätzmilbe). Parasiten entstanden mehrfach konvergent; viele sind nur während eines oder weniger Stadien parasitisch.

Die ursprünglich dreigliedrigen, scherenförmigen Cheliceren (Abb. 774–776, 777C) können durch Hämolymphdrucksteigerung vorgestreckt werden. Bei räuberischen Arten sind sie groß, bei vielen Parasiten dünn, stilettartig. Die Pedipalpen sind meist tasterartig, bei einigen Arten sehr kleine, bei anderen große Fangapparate. Ihre median verwachsenen Coxen sind an der Gnathosomabildung beteiligt, indem sie zusammen mit der Labrumbasis ein etwa kegelförmiges Infracapitulum, das den Pharynx enthält und hinter oder unter den Cheliceren liegt, bilden (Abb. 774–777). In den Raum zwischen den Cheliceren und dem Infracapitulum münden Speicheldrüsen. Die paarigen Spinndrüsen der Spinnmilben (Tetranychidae) münden mit je einer Spinnspule an den Palpenenden (Abb. 776). Der Mund führt über einen Saugpharynx (Abb. 775B, 776) in den Mitteldarm mit 1–7 Paar Blindsäcken. Bei einigen abgeleiteten Actinedida, den Parasitengona, endet der vordere Mitteldarm wohl blind. Als **Exkretionsorgane** dienen 1 Paar Coxaldrüsen im 1. Laufbeinsegment, bei den Anactinotrichida 1 Paar Malpighische Schläuche, Mitteldarmzellen und Nephrocyten. Bei den Actinotrichida sind hintere Mitteldarmabschnitte (Postcolon) exkretorisch aktiv (Abb. 776).

Atmungsorgane sind als Röhrentracheen mehrfach unabhängig entstanden. Kleine Arten kommen mit Hautatmung

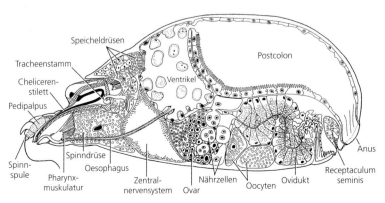

Abb. 776 Längsschnitt durch ein Weibchen der gemeinen Spinnmilbe (*Tetranychus urticae*) (Prostigmata, Tetranychidae). Nach Alberti und Crooker (1985).

aus. Entsprechend der konvergenten Entstehung liegen die Stigmen in ganz verschiedenen Körperregionen. Bei den Opilioacarida finden sich 4 Paar dorsolaterale Stigmen an den Segmenten 9–12 (Abb. 773A). Bei den übrigen Anactinotrichida ist jedoch nur 1 Paar ausgebildet. Den Actinotrichida fehlen Tracheen (vielen Oribatida und fast allen Acaridida), oder es sind Stigmen ausgebildet, die z. B. im Bereich der Cheliceren (Prostigmata), der Geschlechtsöffnung (manche Prostigmata) oder Laufbeincoxen (höhere Oribatida) liegen. Bei Gamasida und einigen Prostigmata ist das Stigma durch eine kutikulare Rinne (Peritrema) oberflächlich verlängert (Abb. 774). Die meisten terrestrischen Milben benötigen hohe Luftfeuchtigkeit; manche können der Luft Wasser entziehen. Ein kleines Herz mit 2 Ostienpaaren gibt es noch bei Opilioacarida, Holothyrida und Ixodida.

Die **Gonaden**, ursprünglich paarige Schläuche, sind vielfach hinten U-förmig verwachsen, im Extrem zu einer unpaaren Gonade geworden (Abb. 776). Spermatophorenbildende Arten haben komplizierte Genitalatrien. Spermatophoren- bzw. Spermaübertragung kann indirekt oder direkt mit Hilfe von Gonopoden oder Penisbildungen erfolgen. Die Geschlechtsöffnung liegt ursprünglich ventral in der Körpermitte; sie kann nach vorn oder hinten verlagert sein, sogar um das Hinterende herum auf die Dorsalseite bis dicht hinter das Gnathosoma bei den Männchen der Podapolipidae. Die Spermien sind aflagellat und bei den beiden Hauptgruppen sehr verschieden (Abb. 725D, E).

Fortpflanzung und Entwicklung

Die Samenübertragung erfolgt bei den Anactinotrichida soweit bekannt durch ungestielte Spermatophoren, die mit den Cheliceren an oder in die weibliche Geschlechtsöffnung gebracht werden. Bei den abgeleiteteren Gamasiden sind die Cheliceren entsprechend als Gonopoden modifiziert und bei den Weibchen z. T. sekundäre Kopulationsporen entwickelt worden (Dermanyssina).

Genauer untersucht wurden bisher nur die Spermatophoren der Zecken, bei denen durch enzymatisch freigesetztes Gas Spermatozoen und symbiontische Bakterien in die weibliche Geschlechtsöffnung getrieben werden.

Die Männchen der Actinotrichida setzen primär wohl gestielte Spermatophoren ab (indirekte Übertragung), manche ohne, andere mit Paarung. Bei einigen Hydrachnidia dient das 3. Beinpaar als Gonopod. Mehrfach sind Penisbildungen konvergent entstanden (z. B. Tetranychidae, Tarsonemina, alle Acaridida).

Das Männchen der Wassermilbe *Arrenurus globator* klebt das Weibchen auf seinen Rückenfortsatz, setzt dann die Spermatophore ab und bringt die weibliche Geschlechtsöffnung darüber. Kopulationen mithilfe penisartiger Bildungen erfolgen je nach Lage der Geschlechtsöffnung in verschiedenen Stellungen. Bei ventralen Geschlechtsöffnungen erfolgt die Paarung Bauch an Bauch; bei hinten liegenden reitet das Männchen von hinten auf oder die Partner stehen voneinander abgewandt. Bei den Podapolipidae schiebt sich das Männchen von hinten unter das Weibchen und erreicht so mit seiner dorsal gelegenen Geschlechtsöffnung die des Weibchens. Bei manchen Milben trägt das Männchen in einer Praecopula das noch unreife Weibchen, bei vielen Tarsonemina das weibliche Larvenstadium, bei den Acaridida

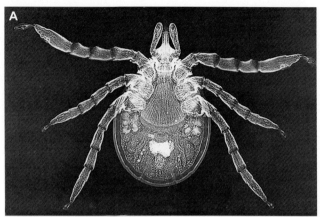

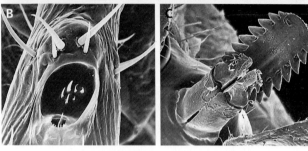

Abb. 777 *Ixodes ricinus*, Holzbock (Ixodidae). **A** Larve mit nur 3 Beinpaaren. Ventralansicht. **B** Hallersches Organ: chemorezeptorisches Organ an den Tarsen des 1. Beinpaares. **C** Clava mit Widerhaken (Coxalladen der Pedipalpen) und messerartige Cheliceren, die die Clava in die Haut hineinziehen. A Nach einer Aufnahme der Fa. Lieder, Ludwigsburg; B, C Originale: G. Alberti, Greifswald.

die Deutonymphe. Ein Vorstadium zeigen die Tetranychidae, bei denen die Männchen schneller reifen als die Weibchen und neben den weiblichen Deutonymphen auf deren Häutung warten. Die Männchen der Pyemotidae schließlich warten am physogastrischen Weibchen (meist ihre eigene Mutter, an der sie auch parasitieren) auf die Geburt der Weibchen (meist Schwestern), die sie sofort begatten.

Bei vielen Arten kommt arrhenotoke Parthenogenese vor (unbefruchtete, haploide Eier werden zu Männchen); dies scheint überhaupt die häufigste Art der Geschlechtsbestimmung zu sein. Thelytoke Parthenogenese (unbefruchtete Eier werden nach unterschiedlicher Aufregulierung zur Diploidie zu Weibchen) ist verbreitet. Bei manchen Gamasida und Oribatida scheinen Männchen zu fehlen. Bei einigen Gamasida kommt Pseudoarrhenotokie (Parahaploidie) vor, bei der eine Begattung erfolgt, aber zur Männchenerzeugung das väterliche Genom im Keim stillgelegt oder eliminiert wird.

Die Eier werden einzeln oder in Gruppen abgelegt. Meist schlüpft eine Larve mit nur 3 Beinpaaren (Abb. 777A). Der Larve ist bei den Actinotrichida ursprünglich eine mehr oder weniger unvollkommen entwickelte Praelarve vorgeschaltet; bei den Anactinotrichida ist sie nur von den Opilioacarida bekannt (bei ihnen ist ein rudimentäres 4. Beinpaar ausgebildet). Grundsätzlich folgen auf die Larve 3 weitere Jugendstadien: Proto-, Deuto- und Tritonymphe. Vielen Anactinotrichida fehlen die Tritonymphen, bei den Parasitengona sind die Proto- und Tritonymphe reduziert, und bei den viviparen Pyemotidae fehlen alle Jugendstadien.

Die Deutonymphen sind bei vielen Arten das wichtigste Ausbreitungsstadium. Bei den Uropodina bilden diese einen Haftstiel aus Sekreten des Enddarms und sind phoretisch vor allem an Insekten (Abb. 778). Bei den nicht-parasitischen Acaridida können spezialisierte Deutonymphen (sog. Hypopus) als Wander- oder Dauernymphen ausgebildet werden, z. T. mit komplizierten Haftnäpfen. Ihre Mundwerkzeuge sind zu einem Tastorgan (Palposoma) reduziert, sie nehmen keine Nahrung auf. Häufig überleben sie bei geringerer Luftfeuchtigkeit als andere Stadien, z. B. die Wander- bzw. Dauernymphen vieler Vorratsmilben (Acaridae).

Systematik

Fossile Milben sind aus dem Devon überliefert. Ein Oribatidenbeleg aus dem Ordovizium Ölands (Schweden) gilt vielen als unsicher. Es werden zwei große Gruppen, die **Anactinotrichida** (= Parasitiformes i. w. S.) und die **Actinotrichida** (= Acariformes) unterschieden. Manche Autoren halten diese beiden Gruppen allerdings für nicht näher miteinander verwandt, die Milben also für diphyletisch (s. o.). Alle Milben besitzen jedoch als mögliche Synapomorphien das Gnathosoma und geißellose Spermatozoen. Beide Merkmale sind allerdings sehr verschieden ausgeprägt, so dass diese Gemeinsamkeiten auch angezweifelt werden. Mit den Ricinulei teilen die Acari die Entwicklung über 6-beinige Larven- und 3 Nymphenstadien sowie die bewegliche Abgliederung eines Körperabschnittes, der die Pedipalpen und Cheliceren trägt. Das System der Acari wird hier stark vereinfacht wiedergegeben.

3.3.10.1 Anactinotrichida (Parasitiformes i. w. S.)

Fast 13 000 Arten. Borstencuticula nur ausnahmsweise doppelbrechend; Coxen meist frei beweglich. Ursprüngliche Arten mit Herz, Coxaldrüsen und Malpighischen Schläuchen. Trichobothrien fehlen fast immer. Ventral hinter dem Gnathosoma ist primär ein Tritosternum ausgebildet, welches paarige (Opiliocarida), meist unpaare Vorsprünge bildet (Abb. 774, 775). Primär große, sehr komplexe, aflagellate Spermien (Abb. 725E).

Opilioacarida (Notostigmata)
24 Arten; 4 Paar dorsolaterale Tracheenstigmen, voll segmentiertes Opisthosoma. – Paracarus hexophthalmus (Opilioacaridae), 2,2 mm; an kurzbeinige Weberknechte (Cyphophthalmi) erinnernd, einzige Milbenart mit 3 Paar Seitenaugen; blau, gelb und grün gefleckt; ernähren sich von anderen Arthropoden; in dürrem Gestrüpp unter Steinen; Kasachstan. – Opilioacarus italicus, 1–2 mm, und ähnliche Arten in den Mittelmeerländern, Nord- und Südamerika, nur mit 2 Augenpaaren (vgl. Abb. 773A).

Holothyrida (Tetrastigmata)
Ca. 22 Arten; 1 Paar Stigmen, das ursprünglich als 2. Paar angesehene Porenpaar (worauf sich die Bezeichnung Tetrastigmata bezieht) gehört zu großen Wehrdrüsen – Holothyrus grandjeani (Holothyridae), 5 mm; stark gepanzert, unsegmentiert, dunkel rotbraun bis schwarzbraun. Regenwälder Neuguineas, in Moosen und Farnen.

Ixodida (Metastigmata), Zecken
Nur 1 Stigmenpaar unter einer siebartigen Stigmenplatte seitlich hinter der 3. oder 4. Coxa. Weltweit etwa 870 Arten. Blutsauger. – *Ixodes ricinus (Ixodidae, Schildzecken), Holzbock (Abb. 777), häufigste Art in Mitteleuropa. Weibchen vollgesogen bis 11 mm; mit Rückenschild (Scutum); wartet auf Sträuchern und Gräsern auf Wirte, deren Anwesenheit mit dem Hallerschen Organ (Abb. 777B) perzipiert wird (Buttersäure im Schweiß). Temporäre Blutsauger mit spezialisierten Mundwerkzeugen: Infracapitulum ist zur Clava mit Widerhaken aus-

gezogen, Cheliceren messerartig, beweglicher Finger arbeitet seitlich und zieht so die Clava in die Haut des Wirtes (Abb. 777C). Können ca. 1 Jahr hungern. Larve meist an kleinem Wirt (Eidechse, Vogel, Kleinsäuger), Nymphe an 2. Wirt, Adultus an 3. Wirt (z. B. größeres Säugetier, Mensch). Jedes Stadium, mit Ausnahme des noch unbegatteten Weibchens, saugt nur einmal, danach Häutung bzw. Eiablage. Überträgt Zecken-Encephalitis und Lyme-Borreliose. – *Dermacentor marginatus, 3 mm; in Süddeutschland, besonders an Schafen, überträgt Rickettsia burneti (Erreger des Q-Fiebers). – Viele andere tropische Arten übertragen Fleckfieber, Rückfallfieber u. a. Krankheiten, z. B. auch von Rindern (Texasfieber, u. a. Babesien). – *Argas reflexus (Argasidae, Lederzecken), Taubenzecke, bis 4 mm, ohne Scutum; saugt täglich nachts an Vögeln, selten am Menschen; erzeugt Fieber u. a. Krankheitssymptome. – Ornithodorus moubata, in Afrika, überträgt Spirochaeten (Zeckenrückfallfieber).

Gamasida (Mesostigmata)
Mit etwa 12 000 Arten umfangreichste Gruppe der Anactinotrichida. Nur 1 Stigmenpaar in der Pleura dorsal zwischen den Coxen des 3. und 4. Beinpaares. Von jedem Stigma zieht in der Regel eine rinnenförmige Grube nach vorn (Peritrema). Gnathosoma dorsal und basal meist von feiner Hautlamelle überdacht: Gnathotectum (= suprachelizeraler Limbus). Zahlreiche Arten in vielen Familien.

Antennophorina: *Antennophorus uhlmanni (Antennophoridae) bis 1,3 mm, kreisrund, in Nestern von Ameisen der Gattung Lasius, springt auf die Ameise und hängt unter den Mundwerkzeugen, partizipiert an der Nahrungsaufnahme. – **Uropodina** (Schildkrötenmilben): *Uropoda orbicularis (Uropodidae), 0,7–0,9 mm; glatter, fester Panzer mit Nischen zum Zurückziehen der Beine (Name!); verbreitet in verrottenden Pflanzenteilen; frisst Pilzhyphen aber auch kleine Nematoden und andere tierische Kost. Deutonymphen phoretisch v. a. an Käfern mit einem aus dem After sezernierten Stiel festgeheftet (vgl. Abb. 778). – **Epicriina:** *Epicrius schusteri (Epicriidae) 0,6 mm,

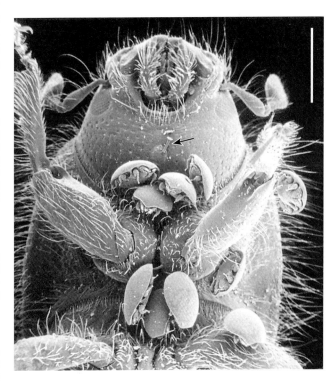

Abb. 778 Deutonymphen der Schildkrötenmilben (Uropodina, Gamasida) sind zur Phoresie befähigt; sie heften sich mit einem aus dem After ausgeschiedenen Sekretstiel an den Tragwirt, hier ein Borkenkäfer. Pfeil zeigt Sekretstiel, von dem die Nymphe abgelöst wurde. Maßstab: 500 µm. Original: G. Alberti, Greifswald.

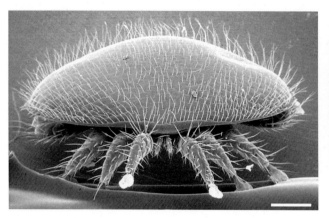

Abb. 779 Weibchen des Bienenparasiten *Varroa destructor* (Gamasida, Dermanyssina, Varroidae). Maßstab: 100 µm. Aus Alberti und Coons (1999).

Abb. 780 *Labidostomma luteum* (Prostigmata). Räuberisch, in der Laubstreu. Maßstab: 100 µm. Original: G. Alberti, Greifswald.

reich skulpturierte Cuticula. In der Laubstreu von Buchenwäldern. Erbeutet mit Klebhaaren an den verlängerten Vorderbeinen kleine Collembolen. – **Parasitina:** Digitus mobilis der Cheliceren der Männchen mit einem Schlitz (Spermatotrema) zum Übertragen einer sackförmigen Spermatophore in die weibliche Geschlechtsöffnung. Männliche Geschlechtsöffnung weit nach vorn verlagert. – **Parasitus coleoptratorum* (Parasitidae), Käfermilbe, 2 mm; räuberisch auf Kothaufen; Deutonymphen phoretisch an Mistkäfern (Geotrupidae). – **P. fucorum*, Hummelmilbe, in Hummelnestern; Deutonymphen auf Hummeln. – **Pergamasus crassipes* (Parasitidae) (vgl. Abb. 775), sehr häufig in der Laubstreu, räuberisch, keine Phoresie. – **Dermanyssina:** Digitus mobilis der männlichen Cheliceren mit einem Fortsatz (Spermatodactylus) zum Einfädeln der Spermatophore in sekundäre Kopulationsporen des Weibchens, die in der Nähe der Hüften von Bein 3 oder 4 liegen. Männliche Geschlechtsöffnung weit nach vorn verlagert. – **Dermanyssus gallinae* (Dermanyssidae), Vogelmilbe, bis 0,75 mm, vollgesogen größer, saugt mit stilettartigen Cheliceren nachts an Hühnern u. a. Vögeln, gelegentlich am Menschen; überträgt Encephalitis, Rickettsien und Viren. – *Halarachne halichoeri* (Halarachnidae), 1–3 mm; wurmartig lang gestreckt; in der Nasenhöhle von Kegelrobben. – **Varroa destructor* (*V. jacobsoni*) (Varroidae), Varroamilbe (Abb. 779), Weibchen ca. 1 mm lang und 1,5 mm breit; zuerst in Asien an der Biene *Apis cerana* entdeckt, hat sich über weite Teile der Welt ausgebreitet (in Deutschland seit 1971) (Varroatose). Mit dem flachen Körper und Haftapparaten an den Tarsen hält sich das Tier an Bienen, Larven und Puppen fest, bei Adulten meist ventral zwischen den Abdominalskleriten, und saugt Hämolymphe. Besonders stark geschädigt werden ältere Larven, in deren Zellen die Milbe kurz vor dem Verdeckeln eindringt und wo sie 2–6 Eier legt. Die Entwicklung dauert beim Männchen 6–7, beim Weibchen 8–10 Tage. – *Dicrocheles phalaenodectes* (Laelapidae) im Gehörorgan von Noctuiden; das zuerst ankommende Weibchen legt eine Fährte zu einem der beiden Gehörorgane, alle weiteren folgen. So wird nur ein Ohr zerstört, und der parasitierte Falter kann weiterhin den Rufen von Fledermäusen ausweichen. – *Phytoseiulus persimilis* (Phytoseiidae), 0,4 mm – Spinnmilbenräuber, ursprünglich aus Chile eingeschleppt, jetzt zur biologischen Schädlingsbekämpfung v. a. in Gewächshäusern erfolgreich eingesetzt.

3.3.10.2 Actinotrichida (Acariformes)

Mehr als 42 000 Arten. Borstencuticula doppelbrechend (Abb. 784B); Coxen in die ventrale Körperwand eingeschmolzen, unbeweglich; Körper hinter dem 2. Beinpaar durch eine sejugale Furche unterteilt, Hysterosomabildung (s. o.); Coxaldrüsen und ein Teil der Speicheldrüsen werden über einen gemeinsamen Gang (podocephalischer Kanal) auf jeder Kör-

perseite an der Basis der Cheliceren entleert, Herz und Malpighische Schläuche fehlen, primär 2 Paar Trichobothrien auf dem Vorderkörper, primär Genitalpapillen vorhanden, Praelarven und Larven mit Lateralorganen (Claparèdesche Organe), Tracheen, wenn vorhanden mit Stigmen an verschiedenen Körperstellen, Spermien stark vereinfacht und klein (Abb. 725D). Spermaübertragung primär indirekt mit Hilfe von Spermatophoren, die mit einem Spermatopositor abgesetzt werden. Aus diesem haben sich vermutlich mehrfach Penes entwickelt.

„Actinedida" („Trombidiformes")

Paraphyletische Sammelgruppe, die alle actinotrichen Milben umfasst, die nicht zu den Oribatida oder Acaridida gehören. Ca. 28 000 morphologisch und ökologisch sehr diverse Arten. Tracheen, wenn vorhanden, mit Stigmen meist im Bereich des Gnathosomas.

Endeostigmata. – Meist ohne Tracheen. Vermutlich paraphyletische Gruppe, von der aus einerseits die Prostigmata incl. Tarsonemina und Eriophyoidea andererseits die Oribatida und Acaridida abgeleitet werden.

*Nanorchestes amphibius (Nanorchestidae; mit Sprungvermögen), in großer Zahl im marinen Felslitoral, ähnliche Arten auch in der Laubstreu. *N. antarcticus*, 0,3 mm; am weitesten nach Süden vordringende Arthropode (85°32'S). – *Gordialycus tuzetae* (Nematalycidae) im Sandlückensystem, extrem wurmförmiger Habitus.

Prostigmata. – Chelicerenstigmen meist an oder über der Chelicerenbasis (bei Demodicidae und Eriophyoidea keine Tracheen). Postcolon mit exkretorischer Funktion (Abb. 776).

*Labidostoma lutea (Labidostomatidae), stark gepanzerte Räuber in Moos oder Laubstreu (Abb. 780). – *Caeculus echinipes* (Caeculidae), Süd- und Mitteleuropa, ebenfalls stark sklerotisiert. – **Neomolgus littoralis* (Bdellidae, Schnabelmilben; vgl. Abb. 773B, C), 3 mm. Im Frühsommer in riesigen Individuenzahlen im Felslitoral, fängt bei Kontakt mit ausgestoßenem, klebrigen Sekretfaden kleine Arthropoden. – **Thalassarachna basteri* (Halacaridae), Meeresmilbe, 1 mm; an Algen und am Boden im Meer; können nicht schwimmen, räuberisch. – **Lobohalacarus weberi* (Limnohalacaridae), 0,36 mm, im Sandlückensystem des Süßwassers. – Eriophyoidea (Gallmilben), winzige Pflanzenparasiten mit wurmförmigem, sekundär geringeltem Körper, 80–270 µm; 3. und 4. Beinpaare fehlen, Cheliceren stilettartig. Erzeugen auffällige, typische Gallen, andere Arten ohne Gallbildung. Übertragen Mosaik- u. a. Viren. – **Eriophyes tiliae* (Eriophyidae), Lindengallmilbe, rote Nagelgallen auf Lindenblättern. – **Phytoptus avel-*

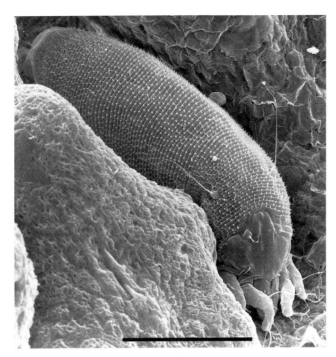

Abb. 781 *Phytoptus avellanae* (Eriophyoidea), Haselnussgallmilbe, verursacht Rundknospen an Haselsträuchern. Maßstab: 50 µm. Original: G. Alberti, Greifswald.

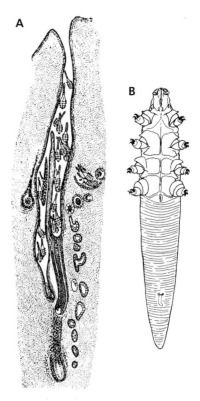

Abb. 782 *Demodex folliculorum*, Haarbalgmilbe (Prostigmata). Länge etwa 300 µm. **A** Zahlreiche Milben in einem Haarbalg der menschlichen Haut. **B** Einzelnes Tier stärker vergrößert. A Aus Martini (1946), B aus Krantz (1978).

lanae (Phytoptidae), Knospengallen an Haselnuß, wirtschaftlich bedeutend (Abb. 781), ebenso *Eriophyes ribis* an Schwarzer Johannisbeere. – **Colomerus vitis* und **Calepitrimerus vitis* an Wein schädlich. – **Tetranychus urticae* (Tetranychidae, Spinnmilben), „Gemeine Spinnmilbe", 0,5 mm; alle Stadien sind Schädlinge an vielen Pflanzen; stilettartige Cheliceren; produzieren mit speziellen, einzelligen Palpendrüsen Spinnfäden, die schließlich dichte Decken an der Unterseite von Blättern bilden; zusammen mit anderen Arten (z. B. *Panonychus ulmi*, Obstbaumspinnmilbe, „Rote Spinne") große wirtschaftliche Bedeutung. – **Cheyletus eruditus* (Cheyletidae), bis 0,8 mm; in Getreidevorräten, fängt mit raubbeinartigen Pedipalpen Mehlmilben und saugt sie aus. – **Demodex folliculorum* (Demodicidae), Haarbalgmilbe, 0,3 mm (Abb. 782); wurmartig, mit sekundärer Ringelung; Beine sehr kurz. Leben ohne zu schädigen in den Haarfollikeln des Menschen. – Tarsonemina (Heterostigmata), Männchen und Larven ohne Tracheen, Cheliceren an der Basis verwachsen, stilettartig. – **Pyemotes herfsi* (Pyemotidae); junge Weibchen 0,32 mm; parasitieren Insekten, dabei schwillt Opisthosoma kugelförmig an (Physogastrie). Lebendgebärend, Larven- und Nymphenstadien fehlen. – **Acarapis woodi* (Pyemotidae), Bienenmilbe, 0,1–0,18 mm; saugt mit stilettartigen Mundwerkzeugen Hämolymphe, meist im Tracheensystem, seltener auf den Intersegmentalhäuten von Bienen; erzeugt eine heute weitgehend eingedämmt Milbenseuche. – Parasitengona: Larven mit wenigen Ausnahmen parasitisch an Arthropoden, Muscheln oder Säugetieren, Proto- und Tritonymphe unterdrückt, Deutonymphe und Adultus räuberisch meist an Arthropoden – Trombidia: **Trombidium holosericeum* (Trombidiidae), Samtmilbe, 4 mm; dicht samtartig behaart, leuchtend rot; Larven parasitisch an Insekten. – **Neotrombicula autumnalis* (Trombiculidae), Erntemilbe, Herbstmilbe, 2 mm; leben im und (bei warmem, feuchtem Wetter) auf dem Boden; im Spätsommer schlüpfen Larven (0,25 mm) und parasitieren an Säugern einschließlich des Menschen. Mit dem Speichel lösen sie um die Einstichstelle die Epidermis auf, in der sich ein Kanal bildet, an dessen Enden immer neue Zellen aufgelöst werden. Bleibt einige Tage; heftiger Juckreiz, der lange anhält. Verwandte Arten in Asien Überträger des gefürchteten Buschfiebers (*Rickettsia tsutsugamushi*). – Hydrachnidia, Süßwassermilben: Parasitengona-Gruppe zahlreicher Familien aquatischer Milben. Im Süßwasser, Pontarachnidae sekundär im Meerwasser; Adulti räuberisch an diversen Arthropoden, Larven

parasitisch an Insekten oder Muscheln. Gemeinsame Merkmale: Reduktion der Beborstung der Rumpfcuticula, große Hautdrüsen (Wehrdrüsen), mehrfach Umbildung einiger Beine zu Schwimmbeinen mit langen Schwimmborsten. – **Limnochares aquatica* (Limnocharidae), 5 mm, leuchtend rot, nicht schwimmend, fällt aus dem

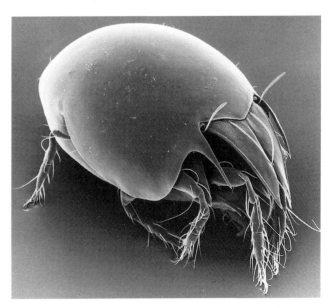

Abb. 783 *Achipteria coleoptrata* (Oribatida). Mit Pteromorphen, seitlichen Flügeln, die die Beinbasen bedecken. Aus der Laubstreu. Körperlänge: ca. 600 µm. Original: G. Alberti, Greifswald.

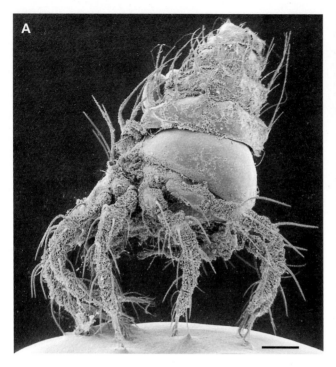

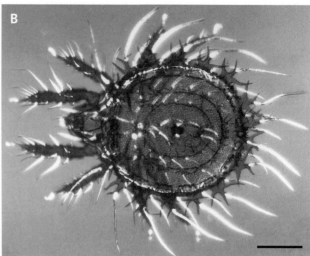

Abb. 784 A *Porobelba spinosa* (Oribatida). Seitenansicht. Bodenmilbe. Mit vierstufiger Calyptra aus den Larval- und 3 Nymphenhäuten. Maßstab: 100 µm. **B** *Cepheus dentatus* (Oribatida). Tritonymphe mit 3 Häuten im polarisierten Licht. Haare leuchten auf: Charakteristikum actinotricher Milben. Maßstab: 100 µm. A Aus Eisenbeis und Wichard (1985); B aus Alberti und Coons (1999).

Wasser genommen in sich zusammen. – **Hydrachna geographica* (Hydrachnidae), 8 mm; kugelförmig, rot-schwarz, langsam schwimmend in der Pflanzenzone von Teichen. – **Unionicola aculeata* (Unionicolidae), 1,2 mm; pelagischer Räuber im offenen Wasser; Weibchen legen Eier an die Ingestionsöffnungen von Muscheln (*Unio, Anodonta*). Larven verlassen nach dem Schlüpfen die Muschel, kehren aber später zurück und wandeln sich zwischen den Kiemen in Deutonymphen um. Diese verlassen sofort den Wirt und leben als pelagische Räuber, suchen aber später wieder eine Muschel auf, um zwischen den Kiemen zur Imago heranzuwachsen. – **Arrenurus globator* (Arrenuridae), bis 1,7 mm; Männchen an einem Rückenfortsatz erkennbar (Paarung, S. 536), in vegetationsreichen Teichen.

Oribatida (Cryptostigmata), Moosmilben

(Abb. 783, 784, 785). – Vermutlich paraphyletisch (s. u. Acaridida). Etwa 9 000 Arten. Mehrzahl der Gruppen ohne spezielle Atemorgane; nur höhere Oribatiden mit Tracheensystem, Stigmen schwer erkennbar in der Nähe der Beinhüften. Meist 1 Paar Trichobothrien auf dem Vorderkörper (Abb. 783, 784, 785A,B). Mehrzahl der Arten mit einem Paar lateraler „Öldrüsen" im Opisthosoma, die u. a. als Wehrdrüsen fungieren. Oft hart gepanzerte Bodenmilben, die sich von Pilzen, verrottenden Pflanzenteilen u. Ä. ernähren. In z. T. riesigen Individuenzahlen (einige 100 000 m⁻² in der Waldbodenstreu), wichtige Humusbildner v. a. in sauren Böden.

*Porobelba spinosa (Belbidae), bewahrt Larven- und Nymphenhäute des Rückenpanzers auf (auch andere Arten) (Abb. 784A). – **Steganacarus applicatus* (Phthiracaridae), unter morschem Holz, häufig; können Rumpf zusammenklappen und die Ventralseite des Prosomas mit den Beinen vollständig verbergen. – **Achipteria coleoptrata* (Achipteriidae), mit seitlichen Hautduplikaturen (Pteromorphen), die die Beine schützen (Abb. 783). – *Archegozetes longisetosus* (Trhypochthoniidae) – circumtropische, parthenogenetische Bodenmilbe mit Bedeutung als Modellorganismus.

Acaridida (Astigmata)

Tracheen fehlen den etwa 5 000 Arten fast immer. Umgewandelte Coxaldrüsen dienen bei einigen Arten der Sekretion hygroskopischer Salze, mit denen Wasser aus der Luft gewonnen werden kann. Bei einigen Arten kurze Darmblindsäcke unbekannter Funktion. Das Vorhandensein von „Öldrüsen" verbindet neben anderen Merkmalen die Gruppe mit den Oribatiden aus denen die Acaridida abgeleitet wären. Die Oribatida wären demnach paraphyletisch. Männchen immer mit Penis, komplizierte Paarungsabläufe (Abb. 786). Einige Arten mit verschiedenen Männchen (Andropolymorphismus).

Acaridia. – Paraphyletische Sammelgruppe frei lebender Formen meist mit Fähigkeit zur Wander- und/oder Dauernymphenbildung (Hypopus) – **Acarus siro* (Acaridae), Mehlmilbe, bis 0,6 mm; Vorrats-

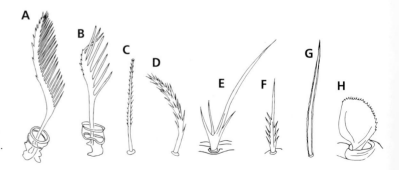

Abb. 785 Sensillen und andere Cuticularhaare von Oribatida. **A, B** Trichobothrien. **C** Rostralseta. **D** Lateralseta. **E–H** Posteromarginalsetae. Nach Schatz (1994).

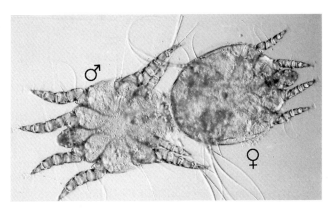

Abb. 786 *Caparinia tripilis* (Acaridida, Psoroptidia), Räudemilbe des Igels. In Paarung. Original: H. Mehlhorn, Bochum

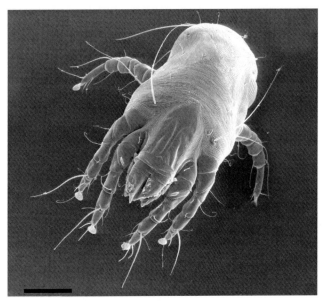

Abb. 787 *Dermatophagoides pteronyssinus* (Acaridida, Psoroptidia), häufigste Hausstaubmilbe Europas. Maßstab: 50 µm. Original: G. Alberti, Greifswald.

schädlinge auf Mehl und Getreide, entwickeln sich sehr schnell, Generationsdauer bei 20 °C 17 Tage. Deutonymphen sind Dauerstadien, die bis zu 2 Jahren unbeweglich auf günstige Lebensbedingungen warten – *Tyrophagus casei*, Käsemilbe, 0,7 mm; oft bis zu 2 000 Ind. cm^{-2}. – Psoroptidia: Meist parasitische oder epizoische Formen, keine Deutonymphen. – *Falculifer rostratus* (Falculiferidae) auf Schwungfedern von Taubenvögeln; heteromorphe Männchen. – *Sarcoptes scabiei* (Sarcoptidae), Krätzmilbe, 0,4 mm; Parasiten des Menschen, die waagerechte Tunnel in die Epidermis graben und Zellen und Lymphflüssigkeit fressen. – *S. canis*, erzeugt Hunderäude. – *Knemidocoptes mutans*, 0,45 mm; verursacht Kalkbeinigkeit bei Hühnern. – Viele Vertreter in Feder- oder Haarkleid mit starker Anpassung an spezielle Habitate. – Zahlreiche Milben können Aller-gien (Asthma, Dermatitis, Rhinitis u. a.) erzeugen, Allergene in den Exkrementen: *Dermatophagoides pteronyssinus* (Pyroglyphidae), 0,33 mm. Weltweit verbreitet in Schlafräumen und Federbetten, ernährt sich u. a. von menschlichen Hautschuppen (Abb. 787).

Oribatida und Acaridida werden auch als Sarcoptiformes zusammengefasst.

Mandibulata

Der Kopf bildet bei den Mandibulata (**Myriapoda**, „**Crustacea**" und **Insecta**) ein einheitliches, zumindest ursprünglich vom Rumpf deutlich abgegrenztes Tagma. Innerhalb der Crustaceen ist es dann allerdings mehrfach unabhängig zur Verschmelzung des Kopfes mit weiteren Rumpfsegmenten gekommen (Cephalothorax) – am deutlichsten bei Decapoda. Der Kopf besteht aus der Okularregion (oder Acron) und wohl 5 Segmenten. Jedes der Segmente ist ursprünglich mit einer Extremität ausgestattet. Die Extremitäten des ersten, deutocerebralen Segments sind die ursprünglich einästigen 1. Antennen (zweiästige 1. Antennen wie bei Malacostraca und Remipedia sind wohl abgeleitet). Sie stellen damit wohl auch ursprünglich kein Spaltbein dar und dürften auch bereits im Grundmuster der Arthropoda sensorische Funktion besessen haben.

Bei den Crustaceen folgen die 2. Antennen, die bei Myriapoda und Insecta vollständig reduziert sind. Damit lassen sich die Krebse als so genannte Diantennata leicht erkennen (diagnostisches Merkmal). Die 2. Antennen der Crustacea sind meist ein typisches Spaltbein. Ihr Protopodit besteht aus Coxa und Basis, es folgen distal ein Endo- und ein Exopodit. Bei Naupliuslarven sind die 2. Antennen wichtige Lokomotionsorgane, unterstützen aber auch die Nahrungsaufnahme; bei den Cladocera, aber auch bei Spinicaudata haben sie auch bei den Adulten lokomotorische Funktion, während die Thoracopoden überwiegend zur Nahrungsfiltration verwendet werden. Bei den Anostraca dienen die 2. Antennen den Männchen als Greiforgan bei der Begattung. Insbesondere bei Malacostraca sind die 2. Antennen wichtige sensorische Organe,

Welche Funktion die 2. Antennen vor ihrer (im Rahmen des Tetraconata-Konzeptes unabhängigen) Reduktion bei Myriapoda und Insecta hatten, bleibt spekulativ. Bei terrestrischen Isopoda (Oniscidea) sind es die 1. Antennen, die deutlich verkleinert, aber nicht vollständig reduziert sind.

Namengebendes Merkmal der Mandibulata sind die **Mandibeln**, die Extremitäten des ersten posttritocerebralen Segments (Abb. 788). Auffälligster Bestandteil ist die Kaulade, die meist der Zerkleinerung der Nahrung dient. Hinzu kommt bei vielen Crustacea ein Palpus, der einästig oder zweiästig sein kann. Bei dem Kauladen tragenden Element handelt es sich um die Coxa: der Palpus besteht aus der Basis sowie Endo- und Exopodit. Bei Malacostraca fehlt der Exopodit, bei (adulten) Branchiopoda wie auch bei allen Insecta und Myriapoda der gesamte Palpus. Die Kaulade ist häufig in einen distalen, schneidenden Anteil (*pars incisiva*, Incisivi) und einen mahlenden, quetschenden proximalen Anteil (*pars molaris*, Mola) unterteilt. Der Aufbau ist im Grundmuster der Myriapoda, „Crustacea" und Insecta wohl gleich. Zwischen diesen beiden Elementen finden sich häufig Borsten sowie eine bewegliche zahn- oder borstenähnliche Struk-

tur, die bei Crustacea als Lacinia mobilis bezeichnet wird (Abb. 789). Es handelt sich hierbei wohl um eine Bildung, die konvergent bei vielen Malacostraca, wenigen Ostracoda, und bei Remipedia auftritt. Aber bewegliche Elemente finden sich auch auf der Kaulade vieler Diplopoda, Symphyla und Diplura. Vielfach sind die Kauladen der Mandibeln asymmetrisch aufgebaut, damit sich ihre Kauränder besser verschränken können. Die Mandibeln können zahlreiche Abwandlungen erfahren, so bei Insekten mit stechend-saugenden Mundwerkzeugen, wie Wanzen (Heteroptera) (S. 686) oder Mücken (Nematocera) (S. 709).

Die Bearbeitung der Nahrung findet in einem weitgehend geschlossenen Raum statt (Abb. 789), so dass zerkleinerte Nahrungsbestandteile nicht verloren gehen können. Dieser Raum wird vorne vom Labrum begrenzt, welches teilweise den Mundraum auch ventral abschließt. Hinten bilden den Abschluss die Ausstülpungen des Sternits des Mandibelsegments, die bei Crustaceen als Paragnathen bei Insecta als Hypopharynx bezeichnet werden (Abb. 947). Ob das Labrum eine abgewandelte Extremität eines vermeintlichen praeantennalen Segments darstellt, ist umstritten (siehe S. 475). Auch die Paragnathen ähneln teilweise Extremitäten, hier konnte inzwischen aber überzeugend nachgewiesen werden, dass sie zum Mandibelsegment gehören und damit nicht Extremitäten homolog sein können. An dem Abschluss des Mundvorraumes können aber auch weitere Mundwerkzeuge beteiligt sein.

Zu den Mundwerkzeugen der Mandibulata gehören auch das 1. und 2. Maxillenpaar, bei denen der ursprüngliche Spaltbeincharacter in vielen Fällen noch gut zu erkennen ist. Bei den Cephalocarida unterscheiden sich die 2. Maxillen nicht von den nachfolgenden Thoracopoden (Abb. 790). Bei

Stefan Richter, Rostock und Horst Kurt Schminke, Oldenburg

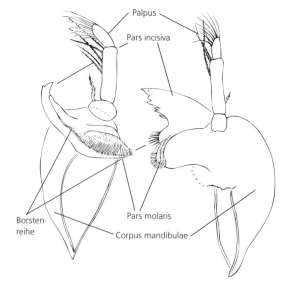

Abb. 788 Mandibeln von *Paranaspides lacustris* (Crustacea, Syncarida) in 2 verschiedenen Ansichten. Nach Gordon (1961).

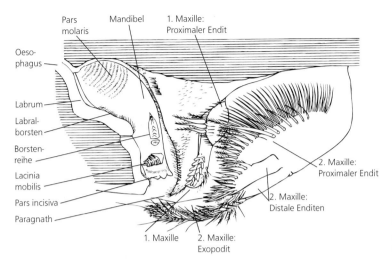

Abb. 789 Mediansicht des Mundwerkzeugkomplexes von *Hemimysis lamornae* (Labrum-Mandibel-Paragnath – 1. Maxille – 2. Maxille) (Crustacea, Mysidacea). Nach Cannon und Manton (1927) aus Manton (1977).

Insecta und Symphyla sind die 2. Maxillen zu einem unpaaren Labium (Unterlippe), allerdings unterschiedlicher Gestalt, verschmolzen. Den Diplopoda und Pauropoda fehlt diese Extremität vollständig (Dignatha). Bei ihnen bilden Extremitäten und Sternit der 1. Maxillen eine einheitliche Platte, die als Gnathochilarium bezeichnet wird. Mandibeln und die beiden Maxillenpaare werden meist von einem einheitlichen Unterschlundganglion innerviert, bei einigen Taxa (z. B. Mystacocarida, Branchiopoda) liegen die Ganglien jedoch getrennt voneinander. Meist bilden die drei Mundwerkzeuge eine Funktionseinheit.

Molekularsystematische Analysen weisen eindeutig auf eine nähere Verwandtschaft von Crustaceen und Insekten hin, die in ihrer Gesamtheit als **Tetraconata** bezeichnet werden. Das klassische Antennata-Konzept (S. 486) wird in keiner Analyse des letzten Jahrzehnts mehr unterstützt. Auch eine Reihe morphologischer Merkmale sprechen für ein Taxon Tetraconata, so der spezifische und in der Zellzahl weitgehend determinierte Aufbau der Ommatidien sowie Aspekte der Neurogenese. Molekulare Analysen resultieren stets in paraphyletischen „Crustacea", allerdings mit völlig unterschiedlichen Schwestergruppenbeziehungen, was insgesamt Zweifel an der Zuverlässigkeit der Analysen weckt. Meist sind es Malacostraca oder Branchiopoda, die als Schwestergruppe der Insecta erscheinen. Für die Malacostraca würden auch komplexe neuroanatomische Übereinstimmungen sprechen, die aber auch bei den Branchiopoda reduziert worden sein könnten. Die Cephalocarida (Abb. 790), obwohl in vielen Merkmalen plesiomorph erscheinend, finden sich nie an der Basis der molekularen Analysen, d. h. nie als Schwestergruppe aller übrigen Tetraconata. Neuste Analysen favorisieren die Remipedia (S. 632) als Schwestergruppe der Insecta.

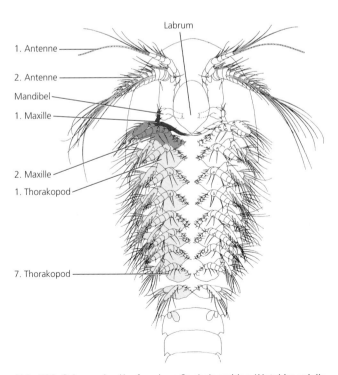

Abb. 790 Schema des Kopfes eines Cephalocariden (*Hutchinsoniella macracantha*). Der Kopfschild bedeckt die vordersten 5 Segmente. Die 2. Maxillen, obwohl Teil des Kopfes, unterscheiden sich nicht von den Thoraxextremitäten. Nach Sanders (1963).

4 Myriapoda, Tausendfüßer

Als Myriapoda werden 4 Gruppen landlebender Arthropoden zusammengefasst: **Chilopoda**, **Symphyla**, **Pauropoda** und **Diplopoda** (Abb. 791). Es sind langgestreckte, vielbeinige Tiere, die sich dem Betrachter dadurch einprägen, dass die metachronen Beinbewegungen in von hinten nach vorne verlaufenden Wellen erfolgen. An der Monophylie jeder einzelnen Gruppe besteht kein Zweifel. Relativ gut lässt sich auch begründen, dass die letzteren drei Gruppen als Progoneata näher miteinander verwandt sind. Die Frage der Monophylie der Myriapoden wie auch ihre genaue Verwandtschaft mit den anderen Arthropoden-Gruppen ist dagegen noch in der Diskussion. Besonders die Systemvorschläge auf der Grundlage molekularer Merkmale haben die Debatten belebt. In der ersten Auflage dieses Lehrbuchs wurde noch der traditionellen Sichtweise gefolgt, dass die Myriapoden mit den Insekten die Gruppe Antennata (Tracheata, Atelocerata) bilden. Diese Gruppierung wird auch weiterhin in einigen Lehrbüchern vertreten. Mittlerweile gibt es jedoch überzeugende Hinweise dafür, dass die nächsten Verwandten der Insekten die Crustaceen sind. Die Myriapoda stehen dadurch außerhalb der Gruppierung Insecta + Crustacea, sind deren Schwestergruppe oder nach manchen molekularen Analysen sogar näher mit den Cheliceraten verwandt (s. S. 487, Abb. 698).

Zu den Chilopoden gehören etwa 3 000, zu den Diplopoden etwa 13 000 Arten. Allerdings ist anzunehmen, dass der Großteil der Diplopoden, besonders in den Tropen, noch gar nicht beschrieben ist. So gibt es Schätzungen, die von bis zu 80 000 Myriapoden-Arten ausgehen.

Myriapoden sind alle luftatmend und landlebend. Es gibt nur wenige, die in der Gezeitenzone, in Flussauen oder in wasserführenden Höhlen leben und eine zeitweilige Überflutung ertragen können. Meistens haben solche Arten eine Plastronatmung, das heißt, durch eine spezielle Cuticula-Struktur bleibt unter Wasser ein Luftfilm um Teile des Körpers erhalten. Im Zusammenhang mit der terrestrischen Lebensweise wurden Anpassungen entwickelt, die auch bei anderen landlebenden Arthropoden, wie den Arachniden und Insekten, zu finden sind, beispielsweise Tracheen, Malpighische Schläuche (Malpighi-Gefäße) und Sinnesorgane für die Detektion von Luftbewegungen (Trichobothrien). Manche dieser Anpassungen sind nicht nur bei Arachniden und Insekten offensichtlich konvergent, sondern möglicherweise auch bei den verschiedenen Gruppen der Myriapoden unabhängig voneinander entstanden.

Die Myriapoden spielen eine wichtige Rolle in der Bodenbiologie. Besonders einige Diplopoden haben in gemäßigten Breiten, aber noch mehr in den Tropen für die Zerkleinerung und Zersetzung verrottender pflanzlicher Substanz eine herausragende Bedeutung, die nur noch mit der der Regenwürmer verglichen werden kann. Im Gegensatz zu den Regenwürmern können sie mit ihren kräftigen Kiefern selbst faseriges Gewebe zerbeißen und auch harten Boden mit ihren

---

Wolfgang Dohle, Berlin und Christian S. Wirkner, Rostock

Körpern durchpflügen und auflockern. Demgegenüber sind alle Chilopoden, aber auch einige Diplopoden, räuberisch.

Bau und Leistung der Organe

Kein Myriapode hat auch nur annähernd tausend Füße. Die Zahl ihrer Laufbeine schwankt bei den erwachsenen Tieren zwischen 9 Paar (bei einigen Pauropoden) (Abb. 806C), 191 Paar (bei dem Chilopoden *Gonibregmatus* sp.) und über 350 Paar (bei dem Diplopoden *Illacme plenipes*) und ist bei solch hohen Zahlen intraspezifisch variabel. Phylogenetische Überlegungen führen zu der Annahme, dass die Stammart der Myriapoden eher wenige Rumpfsegmente besaß, zwischen 12 oder 18, und dass die hohen Segmentzahlen bei einigen Gruppen der Chilopoden und Diplopoden abgeleitet sind. Insofern ist die ursprüngliche Rumpfsegmentzahl vergleichbar mit der der Insekten (14) oder der der Malacostraca (ebenfalls 14). Im Unterschied zu diesen beiden Gruppen zeigt der Rumpf der Myriapoden aber keine Einteilung in verschiedene Tagmata, wie Thorax und Abdomen.

Der **Kopf** ist deutlich vom Rumpf abgesetzt und bildet eine einheitliche Kapsel. Seine Segmentierung, die nicht unmittelbar erkennbar ist und nur embryologisch und histologisch erschlossen werden kann, ist der des Insektenkopfes sehr ähnlich. Hinter dem vordersten Abschnitt, dem Protocephalon, folgt das Segment der 1. Antenne mit dem einzigen Fühlerpaar. Das folgende Segment, das dem Segment der 2. Antenne bei den Krebsen entspricht, hat keine Extremitäten. Es ist also wie bei den Insekten ein Interkalarsegment. Sein Ganglienpaar, welches als Tritocerebrum den hinteren Gehirnabschnitt bildet, hat Verbindung zum stomatogastrischen Nervensystem und bildet die erste postorale Kommis-

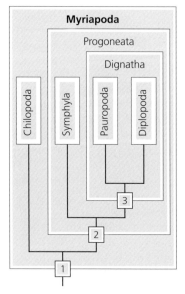

Abb. 791 Hypothese der Verwandtschaftsverhältnisse innerhalb der Myriapoda. Apomorphien (Auswahl): [1] Verlust der Medianaugen; Verlust der Spaltsinnesorgane. [2] Progoneata: Geschlechtsöffnungen im Vorderrumpf; Darm bildet sich innerhalb des Dotters. [3] Dignatha: 2. Maxillen fehlen; Geschlechtsöffnungen im 2. Rumpfsegment; Stigmen nahe den Beinbasen.

sur. Die Mandibeln haben keinen Taster. Sie sind aber im Gegensatz zu denen der übrigen Mandibulata untergliedert. Das distale Stück, noch in einen Teil mit Beiß- und einen mit Kaufunktion (*pars incisivus* und *pars molaris*) differenziert, ist durch einen kräftigen Beugemuskel zu bewegen. Dies gab zu der Vermutung Anlass, dass eine Mandibel der Myriapoden die gesamte Extremität einschließlich des distalen Telopoditen repräsentiert, also eine Ganzbeinmandibel ist. Die Expression des Gens *distal-less* an den frühen Anlagen der Mandibeln ist aber nicht auf der Spitze, sondern seitlich versetzt zu erkennen und verschwindet dann ganz. Das ist ähnlich bei solchen Krebsen, bei denen der Mandibeltaster reduziert ist. Die Kauplatte der Mandibeln ist also ein Teil des Basipoditen und daher direkt mit der Kauplatte der Insekten und Krebse vergleichbar, was auf einen gemeinsamen Ursprung der Mandibulaten hindeutet (gnathobasische Mandibel). Die Myriapoden zeigen noch eine Besonderheit: Auf dem Stück mit Beißfunktion (*pars incisivus*) sind hinter kräftigen Zähnen bei Chilopoden und Diplopoden mehrere Reihen von kammartigen Lamellen angeordnet. Dies könnte eine Autapomorphie der Myriapoda sein.

Die Segmente der 1. und 2. Maxillen sind in den Kopf integriert. Das 2. Maxillensegment hat nur bei den Chilopoden und den Symphylen eindeutige Extremitäten. Bei den Chilopoden sind es gegliederte Taster (Abb. 794H), die an einer quer liegenden Sternitspange inserieren, bei Symphylen paarige Platten mit je 3 Sinneszapfen (Abb. 806B). Diese Platten sind aneinander gelagert und bilden ähnlich wie bei den Insekten eine Unterlippe (Labium). Dies hat in der Vergangenheit dazu Anlass gegeben, Insekten und Symphylen nahe zusammenzustellen (Labiophora). Die Homologie des Labiums der Symphylen mit dem der Insekten wird aber von vielen Untersuchern bestritten. Bei Pauropoden und Diplopoden werden embryologisch am Segment der 2. Maxillen keine Extremitäten gebildet. Am relativ komplexen Gnathochilarium der Diplopoden sind nur die Extremitäten des 1. Maxillensegments beteiligt. Trotzdem ist das extremitätenlose „Postmaxillensegment" in die Bildung der Kopfkapsel eingegangen. Im Inneren der Kopfkapsel ist bei den Myriapoden wie bei den Insekten ein kompliziertes inneres Skelett, das Tentorium, vorhanden, an dem Muskulatur ansetzt. Besonders die Lage und Funktion von quer verlaufenden Tentorialarmen wurde als verbindendes Merkmal für Insekten und Myriapoden in Anspruch genommen.

An Sinnesorganen des Kopfes finden wir laterale Augen, die nur in einem Fall, nämlich bei dem Chilopoden *Scutigera coleoptrata*, als Facettenaugen ausgebildet sind (Abb. 793B). Sonst ist höchstens ein Feld von einzelnen Ocellen vorhanden. Symphylen und Pauropoden sind blind, aber auch bei Chilopoden und Diplopoden gibt es artenreiche Taxa, die keine Augen haben. Medianaugen fehlen generell. Dieses Merkmal wird als Autapomorphie der Myriapoda aufgefasst. Postantennalorgane, die Feuchtigkeits-, aber auch Schallrezeptoren sein können, findet man, wenn auch nicht durchgehend, in allen Gruppen; ihre Homologie ist aber nicht gesichert.

Der **Rumpf** der Myriapoden zeigt eine weitgehend homonome Segmentierung. Bei der Bildung des embryonalen Keimstreifens kommt diese Homonomie besonders deutlich zur Ausprägung (Abb. 821). Vielfach werden dann einzelne Segmente und ihre Extremitäten verändert, oder es werden je zwei Segmente zu einer morphologischen und funktionellen Einheit zusammengefasst. Beispielsweise sind bei den Chilopoden die Extremitäten des 1. Rumpfsegments zu gefährlichen Giftklauen umgebildet (Abb. 794, 796); bei ihnen ist auch das letzte Laufbeinpaar deutlich von den anderen unterschieden. Hinter letzteren sind 1 oder 2 Paar Extremitäten zu Gonopoden (Abb. 801) umgebildet, die bei der Spermaübertragung oder der Eiablage eine Rolle spielen. Bei den Männchen der Diplopoden sind entweder hintere Beinpaare (Telopoden) oder vordere Beinpaare zu Gonopoden differenziert.

Bei allen Gruppen finden wir Heterotergie, d. h. die Größe hintereinander liegender Tergite ist unterschiedlich, oder die Zahl ist erhöht oder vermindert und stimmt nicht mit der Zahl der Beinpaare überein. Hierin ist ein verbindendes Merkmal der Myriapoden gesehen worden. Wahrscheinlicher ist aber, dass Heterotergie bei den einzelnen Gruppen unabhängig voneinander ausgebildet worden ist.

Die meisten Merkmale, die die verschiedenen Myriapoden-Gruppen verbinden, hängen mit der terrestrischen Lebensweise zusammen. Es sind vielfach Merkmale, die auch bei Insekten zu finden sind und daher als Argumente für eine nahe Verwandtschaft von Insekten und Myriapoden galten. Wegen ihrer Funktionsbedingtheit ist die Wahrscheinlichkeit jedoch hoch, dass sie konvergent entwickelt wurden.

Trichobothrien sind Fernsinnesorgane (Abb. 808), die die Richtung von Luftströmungen wahrnehmen können. Sie finden sich bei den Progoneata und – in etwas anderer Form – auch bei Insekten und bei vielen Arachnida (Abb. 645E–G). Sie fehlen aber den Chilopoden und kamen daher möglicherweise bei der Stammart der Myriapoden noch nicht vor. Eigenartig ist auch, dass sie bei den Progoneaten-Gruppen an völlig unterschiedlichen Stellen ausgebildet werden: bei Symphyla am Körperhinterende, bei Pauropoda an den Tergitseitenrändern, bei den Penicillata (Diplopoda) am Kopf (Abb. 813).

Die Entstehung von **Tracheen** ist immer in Zusammenhang mit der Eroberung des Landes zu sehen. Sie kommen bei allen Myriapoden-Gruppen vor (Abb. 797, 798). Die Lage der Stigmen und die Zahl, die Verzweigung und die Versteifung der Röhrentracheen ist aber so unterschiedlich, dass sie höchstwahrscheinlich mehrfach unabhängig voneinander entstanden sind. Diplopoden und einige Pauropoden haben ventrale Stigmen, die Symphylen haben nur 1 Paar Stigmen hinter der Basis der Mandibeln (Abb. 797C). Innerhalb der Chilopoden ist sogar zweimalige Entstehung von Tracheen anzunehmen. Diese Vorstellung ist weniger befremdlich, wenn man bedenkt, dass auch bei den landlebenden Arachnida mehrfach konvergente Entstehung von Röhrentracheen angenommen werden muss (S. 505).

Als Exkretionsorgane dienen **Malpighische Schläuche** (Malpighi-Gefäße), in allen Gruppen ursprünglich 1 Paar, die als Ausstülpungen des Proctodaeums entstehen; sie sind allerdings nicht von Chitin ausgekleidet. Hauptsächlich scheiden sie Harnsäure aus, Wasser und verschiedene Ionen

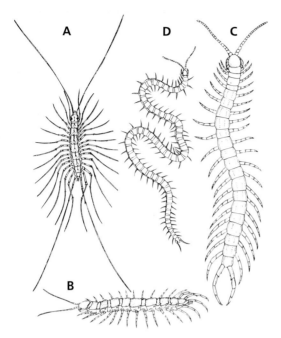

Abb. 792 Chilopoda. **A** *Scutigera coleoptrata* (Notostigmophora). Länge des Rumpfes ca. 2,5 cm. **B** *Lithobius forficatus* (Lithobiomorpha). Länge ca. 3 cm. **C** *Scolopendra morsitans* (Scolopendromorpha). Länge. ca. 10 cm. **D** *Necrophloeophagus flavus* (Geophilomorpha). Länge: ca. 4 cm. A Nach Snodgrass (1952); B nach Rilling (1960); C, D nach Brolemann (1930).

werden über den Enddarm rückresorbiert. Auch diese Bildungen stehen in Zusammenhang mit der Eroberung des Landes: Exkrete müssen möglichst unlöslich und in wassersparender Form ausgeschieden werden. Malpighische Schläuche sind nicht nur bei den Insekten (S. 642) vorhanden, sondern auch bei den Arachniden (S. 502), bei denen sie mit Sicherheit konvergent entstanden sind. Bei den meisten Myriapoden sind ebenso wie bei den primär ungeflügelten Insekten zusätzlich noch Segmentalorgane in Form von Maxillarnephridien am 1. und/oder 2. Maxillensegment ausgebildet.

Fortpflanzung und Entwicklung

In allen Myriapoden-Taxa gibt es Arten, die **Spermatophoren** bilden (Abb. 804, 807, 809). Dies trifft – soweit bekannt – auf alle Chilopoden, Symphylen und Pauropoden zu; unter den Diplopoden haben die Penicillata indirekte Spermatophorenübertragung, nur bei den chilognathen Diplopoden wird das Sperma mit Hilfe von Gonopoden übertragen. Indirekte Spermatophorenübertragung ist nicht auf landlebende Tiere beschränkt, aber doch bei ihnen häufig entwickelt. Unter den Insekten finden wir diesen Modus bei allen primär ungeflügelten Gruppen. Auch noch einige geflügelte Insekten, z. B. innerhalb der Orthopterida, bilden Spermatophoren, die allerdings direkt dem Weibchen angeheftet werden. Indirekte Spermatophorenübertragung ist auch bei den landlebenden Arachnida weit verbreitet (Abb. 650C,D, 683). Auffällig ist, dass eine bei den Arachniden unbekannte Form der Spermatophorenbildung und -auf-

nahme sowohl bei den Chilopoden (außer Geophilomorpha) als auch bei ursprünglichen ectognathen Insekten (Zygentoma) (S. 658) vorkommt: Zuerst wird vom Männchen ein Hüllsekret abgeschieden, in das hinein die Spermien gepresst werden und das danach erhärtet; die Spermien werden dann vom Weibchen aufgenommen, während die Hülle erhalten bleibt und häufig vom Weibchen aufgefressen wird. Aus dieser „Sackspermatophore" (Abb. 804) haben sich dann eventuell die „Tröpfchenspermatophoren", bei denen ein Spermium ohne feste Hülle auf ein Gespinst oder einen Sekretstiel abgesetzt wird, in mehreren unabhängigen Linien gebildet (Geophilomorpha, Symphyla, Pauropoda, Penicillata, Collembola, Diplura) (Abb. 804).

Systematik

Die Verwandtschaftsbeziehungen der Myriapodengruppen untereinander sind mit unterschiedlicher Sicherheit geklärt. Am besten begründet ist die Annahme, dass Diplopoda und Pauropoda Schwestergruppen sind und ein Taxon **Dignatha** bilden (Abb. 791). Die beiden Gruppen sind durch mehrere eindeutige Synapomorphien verbunden: (1) Das plattenartige Sternum des 1. Maxillensegmentes bildet mit den 1. Maxillen eine Unterlippe (bei Diplopoden Gnathochilarium genannt) (Abb. 814). (2) Die 2. Maxillen fehlen und werden in der Embryonalentwicklung auch nicht als Rudimente angelegt. (3) Die Genitalöffnungen liegen immer im 2. Rumpfsegment. Die Männchen haben ursprünglich bewegliche, konische Penes. (4) Stigmen finden sich ventral nahe den Beinbasen, sie führen in einen als Apodema dienenden Vorraum, von dem die Tracheen ausgehen (Abb. 797). Bei den Pauropoden kommen Stigmen und Tracheen allerdings nur bei der Gruppe der Hexamerocerata und nur am 1. Beinpaar vor. (5) Nach dem Aufreißen der Eihülle wird ein unbewegliches Pupoidstadium freigelegt, aus dem ein Jungtier mit 3 Beinpaaren schlüpft (Abb. 810, 822).

Die Dignatha können mit den Symphyla als **Progoneata** zusammengestellt werden. Die Synapomorphien, welche die beiden Gruppen verbinden, sind aber weniger eindeutig: (1) Geschlechtsöffnungen im Vorderrumpf (bei Dignatha im 2., bei Symphyla im 4. Rumpfsegment); die Endabschnitte der Gonodukte sind ektodermal. (2) Der Darm bildet sich beim Embryo innerhalb des Dotters, sein Lumen ist dotterfrei. (3) Der Fettkörper differenziert sich aus Dotterzellen, nicht aus Mesoderm wie bei Chilopoden und Insekten. (4) Trichobothrien haben eine bulbusartige basale Erweiterung (Abb. 808). Ein Taxon Progoneata wird in neueren molekularen und kombinierten Analysen gut unterstützt.

Die Argumente, die für eine **Monophylie** der Myriapoda sprechen, also die Synapomorphien von Progoneata und Chilopoda, sind nicht besonders evident. Fehlen der Medianaugen und Fehlen von Spaltsinnesorganen sind nur „negative" Merkmale. An positiven Argumenten wären zu nennen: gegliederte Mandibeln mit kammförmigen Lamellen im *pars incisivus* sowie Übereinstimmungen im Bau der Tentorialarme, die zu einem „schwingenden" Tentorium führen. Auch könnte ein Paar Malpighischer Schläuche als Apomorphie der Myriapoda angenommen werden. Die Verwandtschaft der Myriapoda mit den anderen Arthropoden ist weder von der Morphologie her noch in molekularen Analysen eindeutig (S. 487, Abb. 698). Sie werden in diesem Lehrbuch auf der Grundlage der Ausbildung von Mandibeln in die Mandibulata eingeordnet und vor die Tetraconata („Crustacea" + Hexapoda) gestellt. In manchen molekularen Analysen erscheinen sie aber als Schwestergruppe der Cheliceraten, in anderen sind nur die Chilopoden diese Schwestergruppe.

4.1 Chilopoda, Hundertfüßer

Die Chilopoda sind in Lebensweise, Fortpflanzung und Entwicklung sehr vielgestaltige Bodenarthropoden, die sich in 5 gut gegeneinander abgesetzte Gruppen aufteilen lassen. Es gibt unter ihnen schnelle Oberflächenläufer wie *Scutigera coleoptrata* und sich langsam bewegende, wurmförmige, in Bodenspalten lebende Tiere wie die Geophilomorpha. In der postembryonalen Entwicklung finden wir eine Evolution von Anamorphose zu Epimorphose. Man kennt schätzungsweise 3 000 Arten; die meisten sind 1–10 cm lang, tropische Skolopender können jedoch über 25 cm Länge erreichen. Scutigeromorpha, Lithobiomorpha und Craterostigmomorpha haben adult nur 15 Laufbeinpaare; Scolopendromorpha besitzen meist 21, seltener mehr Laufbeinpaare, die größte Zahl von Beinpaaren findet man bei den Geophilomorpha, die mindestens 31, maximal bis 191 Beinpaare haben.

Chilopoden sind Räuber, die sich – je nach Größe – von Oligochaeten, Insekten, Spinnen bis hin zu kleineren Echsen ernähren. Es gibt sogar eine südamerikanische Art, *Scolopendra gigantea*, die Fledermäuse in Höhlen erbeutet. Beute wird mit den zu kräftigen Klauen (Maxillipeden) umgewandelten 1. Rumpfextremitäten ergriffen und durch Gift betäubt oder getötet. Chilopoden sind durch vier Merkmale als monophyletische Gruppe charakterisiert: (1) durch die genannten Giftklauen, (2) bilden die Embryonen einen Eizahn an der 2. Maxille aus, (3) haben die Spermien einen spezifischen Bau mit einem das Axonema umgebenden Streifenzylinder und darum einem Mantel mit spiralig gedrehten Membrankörpern (Abb. 802) und (4) ist auch der Blutgefäßbogen, der im Maxillipedsegment das dorsale mit dem ventralen Blutgefäß verbindet, spezifisch für die Chilopoden (Abb. 799).

Bau und Leistung der Organe

Der **Kopf** der Scutigeromorpha ist gewölbt (Abb. 793A, B), der Kopf aller anderen Chilopoden dagegen flachgedrückt (Abb. 793C). Dabei wird die Vorderkante durch die Verbindungslinie zwischen den Antennenbasen gebildet, während der Clypeus ventrad nach hinten geklappt ist (Abb. 794). Die Öffnung des Mundvorraums wird dadurch auf die Ventralseite verschoben. Die Antennen der Scutigeromorpha haben 2 Grundglieder und eine geringelte Geißel. Die anderen Chilopoden haben Gliederantennen, von denen jedes Glied mit eigener Muskulatur versehen ist.

Die **Augen** sind bei *Scutigera coleoptrata* Facettenaugen (Abb. 793A, B). Die einzelnen Ommatidien sind jedoch an-

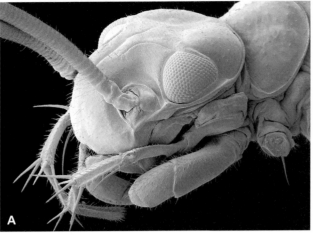

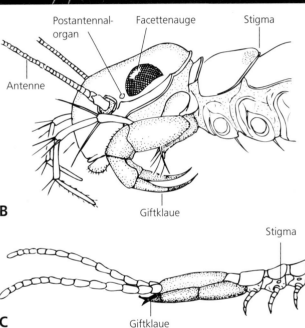

Abb. 793 Chilopoda. Vorderende. **A, B** *Scutigera coleoptrata*. Kopf und erste Rumpfsegmente. A REM-Aufnahme, B, Seitenansicht, Vorderbeine abgebrochen. **C** *Necrophloeophagus flavus* (Geophilomorpha). Kopf und erste Rumpfsegmente, Seitenansicht. A Original: H. Pohl, Jena. B, C nach Snodgrass (1952).

ders aufgebaut als bei Insekten und Krebsen (Abb. 795). Zwar wird, wie sich erst in neuesten Arbeiten erwiesen hat, der Kristallkegel meist durch 4 Zellen gebildet. Deren Fortsätze verzweigen sich aber, so dass der Kegel aus 8 Kompartimenten aufgebaut wird. Die Zahl der Retinulazellen (13–16) ist höher als bei Insekten und Krebsen (ursprünglich 8), auch liegen die Zellen mit ihren Rhabdomen in 2 Schichten übereinander. Es ist daher diskutiert worden, ob es sich um „Pseudofacettenaugen" handelt, die sich konvergent aus dem Zusammenschluss von seitlichen Punktaugen gebildet haben. Es ist aber auch möglich, dass die Zahl von 4 Kristallkegelzellen für die Mandibulata ursprünglich war. Alle Geophilomorpha sind augenlos, was als sekundärer Verlust zu werten ist. In den übrigen Taxa kommen Gruppen seitlicher Punktaugen in unterschiedlicher Zahl vor, manchmal nur

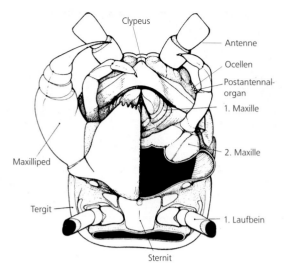

Abb. 794 *Lithobius forficatus* (Chilopoda). Vorderkörper, Ventralansicht; linker Maxilliped abgelöst, 1. Beinpaar abgeschnitten. Aus Rilling (1968).

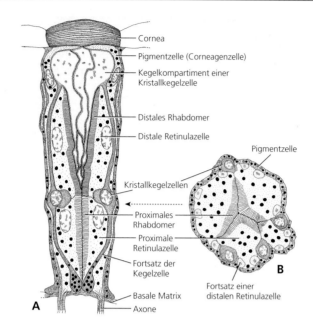

Abb. 795 Ommatidium von *Scutigera coleoptrata* (Chilopoda, Notostigmophora). **A** Längsschnitt. **B** Querschnitt. Originale: C.H.G. Müller, Rostock.

1 Paar. Es gibt aber auch bei Lithobiomorpha und Scolopendromorpha eine größere Anzahl blinder Arten. Medianaugen fehlen immer. Im Protocerebrum von *Lithobius forficatus* sind Organe mit Rhabdomstruktur gefunden worden.

Postantennalorgane (Tömösvárysche Organe) finden sich bei Scutigeromorpha (Abb. 793B) und Lithobiomorpha (Abb. 794). Bei *Lithobius* sollen sie Feuchtigkeitsrezeptoren sein; sie dienen vielleicht auch der Schallperzeption. Bei den anderen Gruppen fehlt das Organ, bei *Scolopendra*-Arten ist noch ein entsprechender Gehirnnerv gefunden worden.

Die Mandibeln sind bei den Scutigeromorpha besonders kräftig, sie können damit Chitinteile zerbeißen. Die 1. Maxillen halten und manipulieren bei der Nahrungsaufnahme die Beute. Die 2. Maxillen bestehen nur aus dem Taster und einer querliegenden ventralen Spange (Abb. 794). Außer bei den Scutigeromorpha haben die Taster eine Klaue und halten Beutestücke fest. Die Giftklauen (Maxillipeden) haben ein Endglied, vor dessen Spitze eine große Giftdrüse ausmündet (Abb. 796).

Der Biss einer europäischen *Scolopendra cingulata* kann zu mehrtägigen Lähmungserscheinungen führen. Der Biss tropischer Skolopender ist ähnlich unangenehm, seine Wirkung ist aber meistens stark übertrieben worden; Todesfolgen beim Menschen sind nicht belegt.

Bei Scutigeromorpha sind die großen plattenartigen Coxen der Giftklauen voneinander unabhängig, die Giftklauen können in alle Richtungen bewegt werden. Bei den übrigen Gruppen sind die Coxen mit dem Sternit zu einer großen Coxosternitplatte verwachsen, so dass die Klauen nur in der Ebene der Platte artikulieren können (Abb. 794, 796).

Das Giftklauensegment und die Segmente der Laufbeinpaare werden bei den Lithobiomorpha von Tergiten überdeckt, die in charakteristischer Weise in ihrer Länge alternieren. Das 2., 4., 6., 8., 9., 11., 13. und 15. Rumpftergit sind länger als die anderen. Diese Heteronomie bzw. Heterotergie und ihr Wechsel zwischen 8. und 9. Rumpfsegment bildet sich auch bei den pleuralen Stigmen ab, sie finden sich am 4., 6., 9., 11., 13. und 15. Segment (Abb. 792B). Die Vertei-

lung der Stigmen ist auch noch bei den meisten Scolopendromorpha heteronom, obwohl die Tergite hier fast gleichgroß sind. Bei den Geophilomorpha sind Stigmen an jedem Rumpfsegment außer dem 1. und dem letzten zu finden, bei diesen Formen gehören zu jedem Segment 2 Tergite und 2 Sternite (Abb. 792D). Andererseits haben die Scutigeromorpha nur 7 große Tergite, wobei ein besonders großes Tergit die Rumpfsegmente 7–9 überdeckt (Abb. 792A). Stigmen liegen bei diesen Tieren unpaar am Hinterrand eines Tergits (Abb. 797A, 798). Diese dorsalen Stigmen der Scutigeromorpha führen in einen Atemvorhof, von dem kurze, nicht mit einer Spiralversteifung versehene Tracheen nur bis in das Perikard hereinragen, so dass die Sauerstoffversorgung der Organe über das Blutgefäßsystem vermittelt werden muss. Demgegenüber haben alle anderen Chilopoden mit seitlichen Stigmen lange, meistens verzweigte Tracheen, die unmittelbar bis an die zu versorgenden Organe heranreichen (Abb. 797B).

Das letzte Laufbeinpaar wird stets erhoben getragen und ist meistens anders geformt als die davor liegenden; bei *Scutigera coleoptrata* ist es antennenartig, bei manchen Skolopendern bildet es eine Zange. Nach dem letzten Laufbeinsegment folgen noch 2 Segmente, die embryonal bei Epimorphen deutliche Extremitätenstummel haben (Abb. 801F). Bei den Adulten tragen sie 1 oder 2 Paar Gonopoden. Die Männchen von *S. coleoptrata* haben 2 Paar griffelartige Gonopoden (Abb. 801C). Die Weibchen von Scutigeromorpha und Lithobiomorpha haben eine Gonopodenzange, mit der das abgelegte Ei gehalten wird (Abb. 801B,D). Bei den anderen Gruppen finden sich höchstens stummelförmige Gonopodenrudimente. Die unpaare Geschlechtsöffnung liegt an der Ventralseite vor dem terminalen After.

Bei Lithobiomorpha finden wir große Poren an den Coxen der Laufbeine 12–15, bei den Epimorpha nur an den Coxen

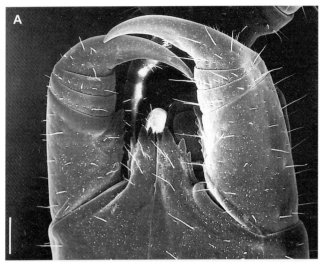

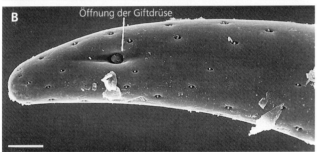

Öffnung der Giftdrüse

Abb. 796 *Craterostigmus tasmanianus* (Chilopoda). **A** Maxillipeden mit Coxosternitplatte. Maßstab: 300 µm. **B** Spitze der Giftklaue eines Maxillipeden mit Öffnung der Giftdrüse. Maßstab: 30 µm. Originale: W. Dohle, Berlin.

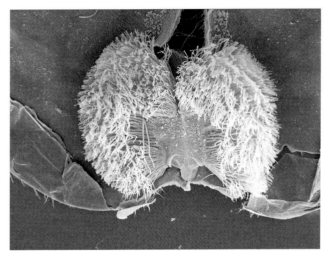

Abb. 798 *Scutigera coleoptrata*. Tracheen. Unpaares Stigma am Hinterrand des Tergits führt in den Atemhof (Atrium), von dem kurze verzweigte Tracheen ausgehen. SEM-Foto eines mazerierten Präparates von innen gesehen. Breite des Organs: 0,7 mm. Original: G. Hilken, Essen.

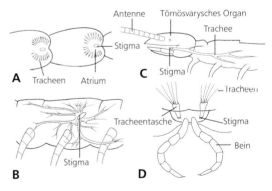

Abb. 797 Tracheensysteme. **A** *Scutigera coleoptrata* (Chilopoda, Notostigmophora). Zwei Tergite von oben gesehen und durchsichtig gedacht. Stigma führt in den Atemvorhof; von diesem gehen wenig verzweigte Tracheen in den Perikardialraum. **B** *Lithobius forficatus* (Chilopoda, Lithobiomorpha). Die vom 5. Stigma (am 11. Rumpfsegment) ausgehenden Tracheenäste von der linken Körperseite gesehen. **C** *Scutigerella immaculata* (Progoneata, Symphyla). Kopf von der linken Seite. Es ist nur 1 Paar Stigmen oberhalb der Mandibeln vorhanden; von hier aus ziehen verzweigte Tracheen bis ins 4. Rumpfsegment. **D** *Ommatoiulus sabulosus* (Progoneata, Diplopoda). Ventralseite des 4. Körperrings. Die Stigmen liegen nahe den Beinbasen; sie führen in je eine Tracheentasche, von der die Tracheen ausgehen. A, C, D Nach verschiedenen Autoren; B nach Rilling (1968).

der jeweils letzten Laufbeine. Sie führen in einen Hohlraum, dessen Boden durch ein Epithel ausgekleidet ist, das durch tiefe Einfaltungen und zahlreiche Mitochondrien als Transportepithel ausgewiesen ist. Durch dieses Epithel kann Wasserdampf absorbiert werden; wahrscheinlich sezernieren diese Coxalorgane auch Pheromone. Entsprechende Organe sind die Analorgane junger Lithobiomorpha und einiger Geophilomorpha und wahrscheinlich auch die Porenkomplexe bei den Craterostigmomorpha.

Bei vielen Geophilomorpha münden Drüsen auf den Sterniten. Die Sekrete spielen eine Rolle bei der Feindabwehr; *Henia vesuviana* sondert einen schnell erhärtenden Leim ab, welcher die Mundwerkzeuge angreifender Raubkäfer verklebt. Die Sekrete einiger Arten können im Dunkeln leuchten.

Der **Darmtrakt** ist lang gestreckt, mit nur 1 Paar von Malpighischen Schläuchen versehen.

Maxillarnephridien sind nur bei Scutigeromorpha und Lithobiomorpha gefunden worden. Sie haben 2 Ausführgänge und werden daher als das Verwachsungsprodukt der Nephridien des 1. und 2. Maxillensegments gedeutet. Im Kopf finden sich weiterhin Speicheldrüsen und endokrine Drüsen.

Das **Blutgefäßsystem** der Chilopoden ist für mit Tracheen ausgestattete Arthropoden überraschend komplex (Abb. 799). Das dorsale Herz hat segmentale Ostien und laterodorsale Arterien. Am Vorderende des Herzens entspringt eine reich verzweigte Aorta. Sie zieht in den Kopf, versorgt dort das Gehirn, und über Seitenäste die Antennen sowie die vorderen Mundwerkzeuge (Mandibeln). Ein Paar lateraler Arterien im Maxillipedsegment bildet einen sogenannten Maxillipedbogen und mündet ventral in ein Supraneuralgefäß, von dem Arterien in die Beine, die Giftklauen und die beiden Maxillen abgehen. Nach vorne setzt sich das Supraneuralgefäß in den Kopf fort und versorgt dort die beiden Maxillenpaare über Seitenäste.

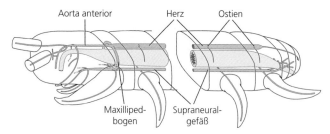

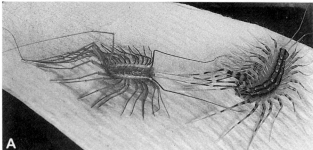

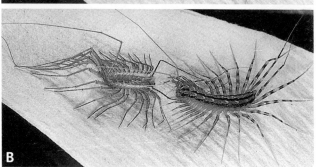

Abb. 799 Gefäßsystem von *Scolopendra* sp. Schematische Darstellung von Vorder- und Hinterende. Nach Wirkner und Pass (2002).

Eigenartigerweise haben die Scutigeromorpha mit ihren dorsal gelegenen lokalen Tracheen und die übrigen Gruppen, die Pleurostigmophora, bei denen die Tracheen bis zu den Erfolgsorganen führen, ein fast identisch komplexes Gefäßsystem. Man hätte erwarten können, dass die Pleurostigmophora die Gefäße bis auf das dorsale Herz zurückgebildet hätten, so wie dies bei landlebenden Arthropoden mit ausgeprägten Tracheensystemen erfolgt ist, beispielsweise bei Insekten (Abb. 958) oder bei Solifugen (Abb. 764B). Daraus, dass eine Reduktion nicht erfolgt ist, kann der Schluss gezogen werden, dass die Bildung von dorsalen Stigmen sowie Büscheln von kurzen Tracheen ursprünglich ist und die seitlichen Stigmen und lange und verzweigte Tracheenstämme sekundär erst innerhalb der Chilopoden ausgebildet wurden.

Die **Gonaden** liegen dorsal des Darms. Das Ovar ist unpaar. Der Ovidukt teilt sich, die 2 Arme umgreifen den Enddarm und ziehen zu einem Genitalatrium, in das auch die Receptacula seminis und akzessorische Drüsen münden. Männchen von *Scutigera* haben paarige Hoden, in denen in verschiedenen Abschnitten Mikro- und Makrospermien gebildet werden. Bei Lithobiomorphen ist der Hoden unpaar, bei den Epimorpha findet man 1 oder mehrere Paare spindelförmiger Hoden, von deren zugespitzten Enden Vasa efferentia abgehen (Abb. 803).

Fortpflanzung und Entwicklung

Bei allen untersuchten Chilopoden kommt Spermatophorenübertragung vor.

Bei Scutigeromorpha geschieht dies in engem Kontakt zwischen den Partnern. Das Männchen setzt eine Spermatophore ab und schiebt das Weibchen so darüber, dass es die Spermatophore mit der Genitalöffnung aufnehmen kann (Abb. 804). Bei der tropischen Art *Thereuopoda decipiens* ist beobachtet worden, dass das Männchen die Spermatophore mit den Giftklauen aufnimmt und dem Weibchen an die Genitalöffnung heftet. Auch bei Lithobiomorpha und Scolopendromorpha ist während der ganzen Zeit der Kontakt zwischen den Partnern vorhanden. Das Männchen fertigt ein Gespinst, auf dem die Spermatophore abgesetzt wird. Bei Geophilomorpha reißt der anfänglich hergestellte Kontakt ab, das Weibchen kriecht erst später in den Gang, in dem das Männchen einen Spermatropfen auf einem Gespinst abgesetzt hat.

Die Eiablage erfolgt bei *Scutigera coleoptrata* und *Lithobius*-Arten einzeln. Jedes Ei wird zuerst von der Gonopodenzange gehalten. Es wird dann mit Erdkrümeln maskiert und abgelegt. Bei den übrigen Gruppen gibt es Brutpflege (Abb. 805).

Weibchen von *Scolopendromorpha* und *Craterostigmus tasmanianus* rollen sich mit der Ventralseite um den Eiballen, die meisten Geophilomorpha dagegen mit der Dorsalseite, so dass die drüsige Ventralseite nach außen zeigt. Die Eier werden intensiv beleckt und so von Pilzen frei gehalten.

Abb. 800 *Scutigera coleoptrata*. Weibchen am Ende der Häutung. **A** Das letzte (15.) Beinpaar wird aus der Exuvie (links) herausgezogen. **B** Das Tier hat sich vollständig gehäutet. Original: W. Dohle, Berlin.

Eigenartigerweise schlüpfen gerade die vielsegmentigen Scolopendromorpha und Geophilomorpha mit der vollen Segmentzahl (Epimorphose). Die beiden ersten postembryonalen Stadien sind noch weitgehend unbeweglich und können sich nicht selbst ernähren, erst das 3. Stadium kriecht aus dem Schutz der Mutter. Jungtiere von *Craterostigmus tasmanianus* schlüpfen mit 12 Beinpaaren und erreichen die volle Zahl von 15 Beinpaaren schon bei der nächsten Häutung. *Lithobius*-Arten schlüpfen mit 7, *Scutigera*-Arten mit 4 Beinpaaren. Nachdem in mehreren Häutungen die volle Zahl von 15 Laufbeinpaaren erreicht ist, häuten sich die Tiere bis zur Reife noch mehrmals und auch danach noch, ohne dass die Segmentzahl weiter zunimmt (Hemianamorphose) (Abb. 800).

Systematik

Die Chilopoda bilden eindeutig eine monophyletische Gruppe. Auch ihre Untergruppen (Scutigeromorpha, Lithobiomorpha, Craterostigmomorpha, Scolopendromorpha, Geophilomorpha) sind klar voneinander abgegrenzt und gut charakterisierbar. Die phylogenetischen Beziehungen dieser Gruppen untereinander werden aber sehr unterschiedlich beurteilt und im Zusammenhang damit auch die Frage, wie die Evolution innerhalb der Chilopoden verlief. Manche Autoren gehen davon aus, dass die Stammart der rezenten Chilopoden eine vielsegmentige, homonom gegliederte Form ähnlich den Geophilomorphen war und die Evolution zu wenigsegmentigen, heteronom gebauten langbeinigen Läufern führte (Kontraktionshypothese). Andere Autoren nehmen genau die umgekehrte Evolutionsrichtung an, von wenigsegmentigen zu vielsegmentigen Formen (Elongationshypothese).

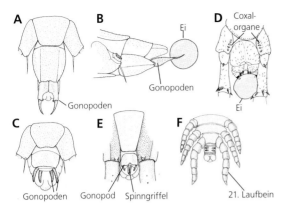

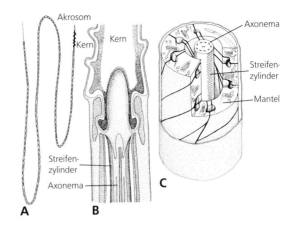

Abb. 801 Chilopoda. Gonopoden. **A–C** *Scutigera coleoptrata* (Noto-stigmophora). **A** Hinterende eines Weibchens von ventral. **B** Hinte-rende eines Weibchens von der Seite. Gonopodenzangen halten ein frisch abgelegtes Ei; 15. Laufbein ist autotomiert. **C** Hinterende eines Männchens von ventral. **D** *Lithobius forficatus* (Lithobiomorpha). Hin-terende eines Weibchens von ventral. Gonopodenzangen halten Ei. **E, F** *Scolopendra cingulata* (Scolopendromorpha). **E** Hinterende eines Männchens von ventral. **F** Hinterende eines Tieres im Stadium I (= Peripatoidstadium) von ventral. Hinter dem 21. Laufbeinpaar (das sind die Extremitäten des 22. Rumpfsegmentes) erscheinen 2 Paar weiterer Extremitätenanlagen. A, C Nach verschiedenen Autoren; B nach Dohle (1970); D nach Demange (1945); E nach Latzel (1880) in der Interpretation von Klingel (1960); F nach Heymons (1901).

Alle eingehenden phylogenetischen Analysen der letzten Zeit, ob auf der Grundlage morphologischer oder moleku-larer Merkmale oder einer kombinierten Analyse der ver-schiedenen Datensätze, kommen zu dem Ergebnis, dass die Scutigeromorpha (= Notostigmophora) die Schwestergruppe der Pleurostigmophora bilden und die Übereinstimmungen zwischen Scutigeromorpha und Lithobiomorpha (15 Lauf-beinpaare, Hemianamorphose, Postantennalorgane u. a.) als ursprüngliche, plesiomorphe Merkmale gewertet werden müssen. Die Stammart der Chilopoden muss daher weitge-hend einer *Scutigera*-Art geähnelt haben: gewölbter Kopf, Geißelantennen, Postantennalorgane und Maxillarnephri-dien vorhanden, Giftklauen unabhängig voneinander beweg-lich, Heterotergie, 15 Laufbeinpaare, dorsale mediane Stig-men, kurze wenig verzweigte Tracheen, komplex gebautes Blutgefäßsystem, Weibchen mit Gonopodenzange, Ablage einzelner Eier, keine Brutpflege, Schlüpfen mit wenigen (4) Laufbeinpaaren, Hemianamorphose.

Die alternative Annahme, dass am Ursprung der Chilopoden eine *Geophilus*-artige Stammart stand, würde zu der Konsequenz führen, dass die Heterotergie, die Zahl von 15 Laufbeinpaaren und die Hemi-anamorphose mehrfach konvergent erworben wurden. Außerdem müsste sich dann die gewölbte Kopfkapsel der Scutigeromorpha aus einer abgeflachten entwickelt haben, die freien Coxen der Giftklauen müssten aus dem verschmolzenen Coxosternit entstanden sein, und die dorsalen Stigmen und lokalisierten Tracheen müssten sich aus paarigen seitlichen Stigmen und einem intensiv verzweigten Trache-ensystem gebildet haben. Eine derartige Lesrichtung ist wenig wahr-scheinlich.

4.1.1 Notostigmophora (Scutigeromorpha)

Die Scutigeromorpha sind wärmeliebende Tiere. Die 15 Lauf-beinpaarsegmente werden von 7 großen Tergiten überdeckt.

Abb. 802 Chilopoda. Spermien. **A** Totalansicht (*Himantarium gabrie-lis*). **B, C** *Geophilus linearis*. **B** Längsschnitt aus der Region zwischen Kern und Schwanzstück. **C** Teil des Schwanzstücks, teilweise auf-geschnitten. A Nach Tuzet und Manier (1958); B, C nach Horstmann (1968).

Mit ihren langen Beinen, deren Tarsen sekundär geringelt sind, vermögen sie außerordentlich schnell zu laufen. Ihre Kopfkapsel ist gewölbt; die Antennen sind ebenfalls sekundär geringelt. Die Augen bestehen aus hunderten von Ommati-dien. Die Tracheen sind kurz; die unpaaren Stigmen liegen dorsal am Hinterrand der Tergite (daher „Noto"stigmophora!).

*Scutigera coleoptrata Spinnenläufer; im Mittelmeerraum, in Süd-deutschland am Kaiserstuhl. Rumpf bis 2,5 cm, Antennen und End-beine nochmals ebenso lang (Abb. 804). Kann Fliegen aus der Luft fangen, wenn sie die langen Tarsen oder Antennen berühren.

4.1.2 Pleurostigmophora

Diese Chilopoden besitzen paarige Stigmen seitlich in den Pleuren (Name!). Die Tracheen sind – außer bei den Crate-rostigmomorpha – weit verzweigt. Der Kopf ist abgeflacht. Die Coxosternite der Giftklauen sind verwachsen.

4.1.2.1 Lithobiomorpha

Mit 15 Laufbeinpaaren; zu jedem Segment gehört 1 Tergit, sie sind unterschiedlich lang (Heterotergie); Männchen mit unpaarer dorsaler Gonade.

*Lithobius forficatus (Lithobiidae, Steinläufer) (Abb. 792B, 794), mit 3 cm Länge eine der größten einheimischen Arten, unter Rinde und in Mulm häufig, oft syntopisch mit anderen *Lithobius*-Arten vorkom-mend. – **Lamyctes fulvicornis* (Henicopidae), in Flussauen, die Eier können längere Überschwemmungen überstehen.

4.1.2.2. Phylactometria

Mit Brutpflege: Das Weibchen windet sich um den Eihaufen und beschützt und pflegt ihn bis mindestens zum Schlüpfen.

4.1.2.2.1 Craterostigmomorpha

Mit 15 Laufbeinpaaren. Nur 2 Arten aus Tasmanien sowie Neuseeland beschrieben, Länge 4,5 cm. Als Nahrung dienen hauptsächlich Termiten. Schlüpfende Jungtiere mit 12 Lauf-beinpaaren. Sehr ähnliche Formen schon im Devon (†*Devo-nobius delta*); diese sind fossil außergewöhnlich gut erhalten.

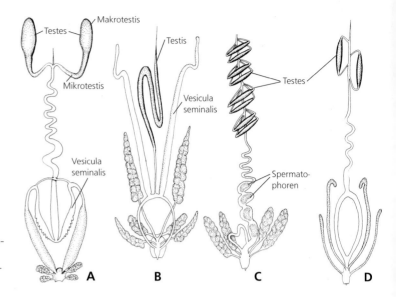

Abb. 803 Chilopoda. Männliche Gonaden. **A** *Scutigera coleoptrata* (Notostigmophora). **B** *Lithobius forficatus* (Lithobiomorpha). **C** *Scolopendra cingulata* (Scolopendromorpha). Von den 12 Paar Hoden nur 4 Paar gezeichnet. **D** *Dicellophilus carniolensis* (Geophilomorpha). Nach verschiedenen Autoren.

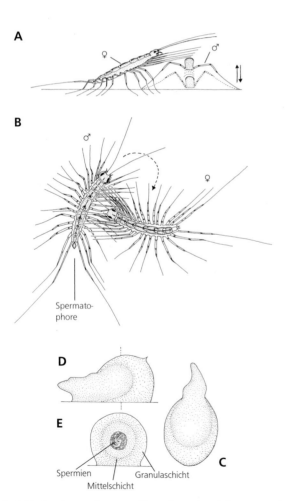

Abb. 804 *Scutigera coleoptrata* (Notostigmophora). Paarung und Bildung der Spermatophore. **A** Weibchen hat Vorderkörper starr erhoben; Männchen steht quer dazu und schnellt mehrfach nach oben. **B** Weibchen bleibt weiterhin starr; Männchen setzt Spermatophore ab. Männchen geht danach in Richtung des gestrichelten Pfeils und schiebt Weibchen über die Spermatophore. **C–E** Spermatophore. **C** Von oben gesehen, **D** von der Seite. **E** Schnitt durch Spermatophore in Höhe der in **D** angedeuteten Linie. Nach Klingel (1960).

4.1.2.2.2 Epimorpha

Hoden spindelförmig, mit 2 Vasa deferentia, von denen je 1 von jeder Spindelspitze abgeht; Tracheen mit Anastomosen; Brutpflege dehnt sich bis zum 3. Häutungsstadium aus; Jungtiere schlüpfen mit voller Segmentzahl.

Scolopendromorpha. – Größte Chilopoden, besonders in den Tropen. 21 oder (selten) 23 Laufbeinpaare (Abb. 792C). Nur eine neu entdeckte Art, *Scolopendropsis duplicata*, hat 39 oder 43 Beinpaare.

Scolopendra cingulata (Scolopendridae), 15 cm; im Mittelmeerraum unter flach liegenden Steinen. – *S. gigantea,* über 25 cm lang, Brasilien. – **Cryptops hortensis* (Cryptopsidae), 3 cm, heimisch in Laub und Kompost.

Geophilomorpha. – Hohe (max. 191) und bei manchen Arten variable Laufbeinpaarzahlen, aber stets ungerade; sämtlich augenlos. Meistens tief im Boden. Die Weibchen der meisten Untergruppen ringeln sich mit dem Rücken um die Eier, so

Abb. 805 Brutpflege bei *Scolopendra cingulata*. Weibchen mit Jungtieren im Stadium III. Original: M. Boulard, Paris.

dass die Bauchseite nach außen zeigt. Ventral münden vielfach Drüsen, die ein klebriges Sekret absondern (Abb. 792D).

Necrophloeophagus flavus (Geophilidae, Erdläufer), 4 cm, häufig in Gartenerde. – *Strigamia maritima* (Dignathodontidae), 3,5 cm, unter Steinen am Meeresufer bis in die Gezeitenzone.

4.2 Progoneata

Als Progoneata werden Symphyla, Pauropoda und Diplopoda zusammengefasst. Namengebend ist die Lage der Gonoporen im Vorderkörper, bei den Symphylen im 4., bei Pauropoden und Diplopoden im 2. Rumpfsegment. Im Gegensatz zu den Chilopoden ernähren sich die meisten Progoneaten vegetabilisch; unter den Diplopoden finden sich viele Streuzersetzer, die eine wichtige Rolle für die Humusbildung spielen. Nur wenigen Diplopoden wird eine räuberische Ernährung nachgesagt.

4.2.1 Symphyla, Zwergfüßer

Die Symphyla bilden eine kleine Gruppe (195 Arten) von blinden, pigmentlosen Bodenarthropoden. Sie leben im Mulm, unter Dung und Steinen und ernähren sich von lebender und verrottender pflanzlicher Substanz. Durch massenhaftes Auftreten können sie in Gartenkulturen schädlich werden.

Bau und Leistung der Organe

Die Tiere sind nicht länger als 8 mm. Der **Kopf** ist flach, wobei die Öffnung zur Praeoralhöhle am Vorderende liegt. Die Antennen sind typische Gliederantennen; sie sind in dauernder zitternder Bewegung. Die Tömösváryschen Organe liegen dicht hinter den Antennenbasen. Die Mandibeln sind zweigliedrig. Die 1. Maxillen haben keinen Taster. Die 2. Maxillen sind flach, in der Medianen aneinander gelagert und bilden eine Unterlippe, die mit dem Labium der Insekten vergleichbar, aber wahrscheinlich konvergent entstanden ist. Stigmen finden sich nur in 1 Paar am Kopf oberhalb der Mandibelbasen (Abb. 797C) – für Arthropoden völlig ungewöhnlich! Die verzweigten Tracheen, die keine Spiralversteifung haben, strahlen bis zum 4. Rumpfsegment aus.

Der **Rumpf** hat bei Adulten 12 Laufbeinpaare, die in ihrer Gliederung weitgehend identisch sind; nur das 1. Beinpaar kann weniger Glieder haben oder ganz reduziert sein. Es fin-

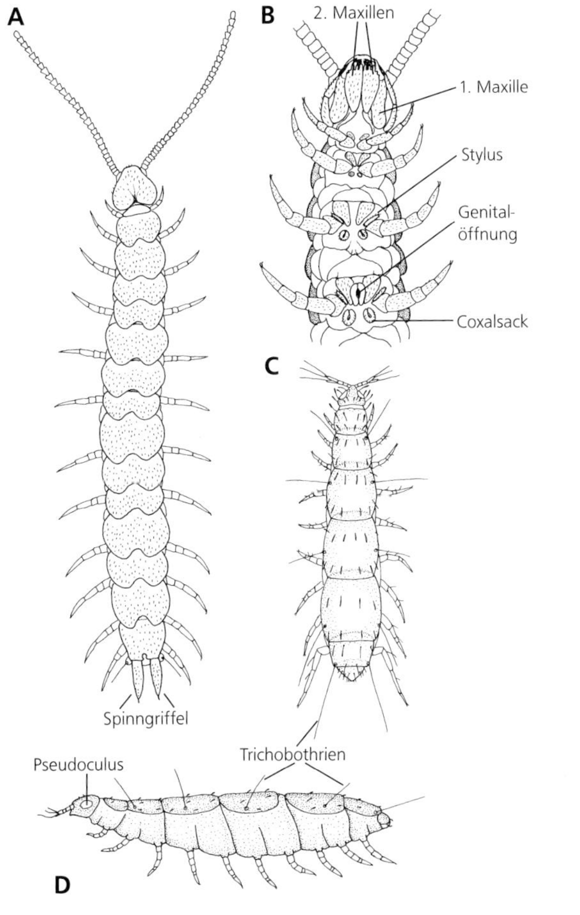

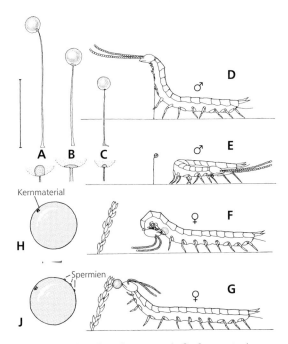

Abb. 807 Symphyla. Fortpflanzung. **A–C** Spermatophoren und, jeweils darunter vergrößert, der Kopfteil des Spermatophorenstiels von *Scutigerella tusca* (**A**), *S. pagesi* (**B**), *S. remyi* (**C**). **D–J** Absetzen der Spermatophore, Eiablage und Besamung bei *Scutigerella silvatica*. Herausziehen des Spermatophorenstiels aus der männlichen Geschlechtsöffnung (**D**). Das Männchen verlässt die abgesetzte Spermatophore (**E**). Das Ei tritt aus der Geschlechtsöffnung des Weibchens, wird mit den Mundwerkzeugen ergriffen (**F**) und an eine Moospflanze geheftet und die Oberfläche mit Schleim und Spermien aus dem Mundvorraum bestrichen (**G**). Ei beim Austritt aus der Geschlechtsöffnung (**H**); dicht unter dem Chorion liegt färbbares Kernmaterial. **J** Ei noch ohne die arttypischen Chorionskulpturen nach dem Bestreichen mit Schleim; darauf Spermien. Maßstab: 0,5 mm. Nach Juberthie-Jupeau (1963).

Abb. 806 Progoneata. **A, B** *Scutigerella immaculata* (Symphyla). Dorsalansicht (**A**) und Kopf mit den ersten 4 Rumpfsegmenten eines Männchens von ventral (**B**). **C** *Pauropus huxleyi* (Pauropoda). Dorsalansicht. **D** *Decapauropus cuenoti* (Pauropoda) Lateralansicht. A, B Nach Michelbacher (1938); C nach Latzel (1884); D nach Remy (1931).

det sich stets eine gegenüber den Beinpaarsegmenten erhöhte Anzahl von Tergiten. Bei *Scutigerella* bilden sich am 4., 6. und 8. Rumpfsegment 2 Tergite aus, so dass bei adulten Tieren 15 Tergite vorhanden sind (Abb. 806). Es gibt jedoch Arten mit bis zu 24 Tergiten. Auf der Ventralseite sind ausstülpbare Coxalsäckchen mit den Beinen 2–12 und griffelartige Styli mit den Beinen 3–12 assoziiert. Die unpaare Genitalöffnung findet sich am 4. Rumpfsegment (Abb. 806B).

Das Hinterende besitzt 2 Paar charakteristische Organe: 1 Paar Spinngriffel (Cerci), auf denen große Spinndrüsen ausmünden und die als Extremitätenrudimente gedeutet werden, sowie 1 Paar Trichobothrien.

Der **Darmtrakt** verläuft gerade durch den Körper und hat 1 Paar Malpighische Schläuche.

Das dorsale **Herz** hat je 1 Paar Ostien im 6.–12. Rumpfsegment. Nach vorn verlängert es sich zur Aorta, von der 2 Paar Arterien sowie 1 unpaare Sternalarterie abzweigen.

Es gibt 2 Paar **Maxillarnephridien**, von denen sich aber nur 1 Paar im Kopf befindet und typische Sacculi besitzt. Das andere Nephridienpaar ist weit in den Rumpf verlagert und hat das histologische Aussehen acinöser Drüsen. Im Rumpf finden sich auch sackförmige Nephrocyten ohne Ausmündung und eine Drüse, die an den Mandibeln ausmündet. Im Kopf ist ein embryonales praemandibulares Exkretionsorgan eventuell der Antennendrüse der Krebse homolog.

Die Ovarien sind paarig, ebenfalls die Hoden. Die Ausführgänge vereinigen sich erst kurz vor der unpaaren Geschlechtsöffnung.

Fortpflanzung und Entwicklung

Die Symphylen haben eine einzigartige Form der Spermaübertragung entwickelt. Die Männchen von *Scutigerella*-Arten ziehen einen Sekretstiel aus, auf den sie einen Spermatropfen absetzen (Abb. 807).

Die Stiele weisen in Länge und Kopfteil artspezifische Unterschiede auf. Es gibt Mikro- und Makrospermien, die sich im Moment des Absetzens voneinander trennen. Die Mikrospermien wandern zur Peripherie und lösen sich auf, wobei ein Sekret des Akrosoms eine Schutzhülle bildet. Die Makrospermien sind die funktionellen Spermien.

Das Weibchen nimmt den Spermatropfen mit den Mundwerkzeugen auf und bewahrt ihn in Taschen des Mundvorraums. Die Eier werden einzeln an Moospflänzchen abgelegt, dabei mit Flüssigkeit aus dem Mundvorraum benetzt und dadurch besamt (Abb. 807F, G). Das die Eier umgebende Chorion ist – im Gegensatz zu dem der übrigen Progoneaten –stark skulpturiert.

Die Embryonalentwicklung ist bei einer Art (*Hanseniella agilis*) sehr genau untersucht. Die **Furchung** ist total. Durch tangentiale Teilungen entsteht ein Blastoderm, die Zellwände im Inneren verschwinden. Der Darm bildet sich innerhalb des Dotters. Der Fettkörper entsteht aus Dotterzellen wie bei Diplopoden und Pauropoden, nicht aus Mesodermzellen wie bei Chilopoden und Insekten. Es wird ein Dorsalorgan gebildet, das dünne Filamente abscheidet und dem Dorsalorgan einiger Collembolen weitgehend gleicht.

Jungtiere schlüpfen bei *Symphylella*-Arten mit 6, bei denen von *Scutigerella* mit 7 Beinpaaren. Pro Häutung kommt 1 Beinpaar hinzu. Nach Erreichen der vollen Segmentzahl und

der Reife häuten sich die Tiere weiter (Hemianamorphose).

Scutigerella immaculata (Scutigerellidae), 5 mm, häufig sowohl im Freien wie in Gewächshäusern, wo sie schädlich werden können; adult mit 15 Tergiten (die Tergite der 4., 6. und 8. Rumpfsegmente sind geteilt). – *Symphylella vulgaris* (Scolopendrellidae), mit 17 Tergiten; 1. Beinpaar verkümmert.

Pauropoda und Diplopoda werden als **Dignatha** zusammengefasst. Hierfür sprechen zahlreiche synapomorphe Merkmale (S. 546, Abb. 791).

4.2.2 Pauropoda, Wenigfüßer

Pauropoden sind winzige, höchstens 2 mm lange Bodentiere mit weiter Verbreitung, aber geringer Abundanz. Etwa 780 Arten sind beschrieben. Meistens können sie nur mit speziellen Methoden aus dem Boden extrahiert werden. In ihrer Ernährung sind sie spezialisiert: Sie beißen mit den Mandibeln Schimmelpilzhyphen auf und saugen den Inhalt aus.

Bau und Leistung der Organe

Der **Kopf** ist sehr klein (Abb. 806C, D). Er bietet nicht genug Platz für das Gehirn, welches daher bis in das 1. Rumpfsegment ragt. Die Tiere sind blind. An den Kopfseiten befindet sich je ein ovaler bis nierenförmiger „Pseudoculus", der einem Postantennalorgan entspricht. Die Antennen haben an ihren Endgliedern geringelte Nebengeißeln mit stark skulpturierten Haaren. Die Mandibeln sind eingliedrig und zugespitzt. Die 1. Maxillen sind schmal und lagern sich seitlich an eine dreieckige Platte an, welche aus dem Sternum der 1. Maxillen entstanden ist und nach hinten den Mundvorraum abschließt. Diese Bildung ist dem Gnathochilarium der Diplopoden homolog. Die 2. Maxillen fehlen. Das entsprechende Segment ist aus dem Kopf ausgegliedert; ventral finden sich Coxalblasen, die sich an der Stelle, wo das Ganglienpaar eingewandert ist, gebildet haben. Daneben sitzen, wie an den Beinbasen, gegabelte Haare.

Der **Rumpf** hat bei den adulten Tieren einheimischer Arten 9 oder 10 Segmente mit Laufbeinen. Die 3., 5., 7. und 9. Segmente bilden aber keine Tergite aus, so dass nur 6 Tergitplatten den Rücken überdecken (Abb. 806C, D). An der 2.–6. Platte sitzt jederseits ein sehr langes und dünnes Trichobothrienhaar (Abb. 806). Am Ende liegt eine Analplatte. Es gibt eine tropische Gruppe, die Hexamerocerata, deren Arten 11 Beinpaare und 12 Tergite besitzen; dies ist wahrscheinlich der ursprüngliche Zustand.

Am ektodermalen Vorderdarm setzen starke Muskeln an, die eine Saugfunktion möglich machen. Die Mitteldarmzellen speichern Exkretprodukte und geben sie in das Lumen ab. Die beiden Malpighischen Schläuche sind bei adulten Tieren zum Darm hin geschlossen. Ein Blutgefäßsystem fehlt. Die Hämolymphe wird durch die Peristaltik des Darms in Bewegung gehalten.

Den meisten Arten fehlen Tracheen. Nur bei den Hexamerocerata sind sie am 1. Beinpaar vorhanden. Bei ihnen liegen die Stigmen nahe der Laufbeinbasis und führen in einen

Atemvorhof, der auch als Muskelansatzstelle (Apodema) dient und von dem die je 2 unverzweigten Tracheen ausgehen.

Die Gonaden bilden sich embryonal als unpaarer Strang mit nur 1 Urkeimzelle ventral vom Darm. Das Ovar behält diese Lage bei, es setzt sich in einen Drüsengang fort. Vom Sternum des 2. Rumpfsegments gehen 2 ektodermale Ovidukte aus, von denen aber einer verkümmert, so dass nur ein unpaarer Gang mit Receptaculum seminis übrig bleibt. Die Hoden wandern zur Dorsalseite, dort teilen sie sich in insgesamt 4 Säcke, von denen jeder ein Vas deferens mit Samenblase aussendet. Die Gänge vereinigen sich und gabeln sich dann wieder zu den rein ektodermalen Ductus ejaculatorii. Diese münden auf paarigen Penes.

Fortpflanzung und Entwicklung

Die Pauropoden setzen Spermatröpfchen auf ein Gespinst ab, das aus einem Auflagennetz und aus Trägersträngen knotiger Fäden besteht (Abb. 809A, B). Die Spermien sind lang fadenförmig; es fehlt ihnen ein Akrosom.

Die Embryologie ist nur von *Pauropus silvaticus* bekannt. Die Eier furchen sich total und bilden ein Blastocoel. Hierhinein wandern 2 Zellen, die zu Entoderm werden. Der Fettkörper bildet sich, wie bei Symphylen und Diplopoden, aus Dotterzellen. Wenn das Chorion gesprengt wird, erscheint das von einer Cuticula umgebene Pupoidstadium, welches nur stummelartige Antennen und 2 Beinpaaranlagen zeigt

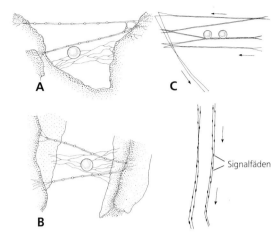

Abb. 809 Progoneata. Spermatophoren. **A–B** *Stylopauropus pedunculatus* (Pauropoda). Spermatophore, Gespinst und Signalfäden von der Seite (**A**) und von oben gesehen (**B**). **C** *Polyxenus lagurus* (Diplopoda). Spermatophoren, Gespinst und Signalfäden. Die Pfeile geben an, in welcher Richtung die Fäden gesponnen wurden. A, B Nach Laviale (1964); C nach Schömann (1956).

(Abb. 810B). Erst hieraus schlüpft ein bewegliches Stadium mit 3 Beinpaaren (Abb. 811A). Es folgen Stadien mit 5, 6, 8 und 9 Beinpaaren, danach häuten sich die meisten Arten nicht mehr. Bei *Decapauropus*-Arten kann ein weiteres Stadium mit 10 Beinpaaren gebildet werden.

4.2.2.1 Hexamerocerata

Tropische Gruppe ursprünglicher Pauropoden. Fühler mit 6 Gliedern, 1 Nebengeißel am vorletzten und 3 Nebengeißeln am letzten Glied. Sternale Stigmen an der Basis des ersten Beinpaares. 11 oder 10 Beinpaare, 12 Tergite und Telson, hier Pygidium genannt.

Millotauropus latiramosus (Millotauropodidae), 1,8 mm, Madagaskar.

4.2.2.2 Tetramerocerata

Weltweit. Ohne Tracheen. Fühler mit 4 Gliedern, 1 einfache und 1 geteilte Nebengeißel am letzten Glied. Meist 9, selten 10 (*Decapauropus*) Beinpaare, 6 Tergite und Telson (Pygidium).

*Pauropus spp. (Pauropodidae), 0,5–0,7 mm, zahlreiche einheimische Arten.

4.2.3 Diplopoda, Doppelfüßer

Im Rumpf gehören – mit Ausnahme der vordersten Segmente – zu je 2 Beinpaaren und 2 Sterniten nur 1 Paar Pleurite und 1 Tergit (Diplosegmente). Unter den Diplopoden finden sich die Myriapoda mit den höchsten Segmentzahlen und rechtfertigen am ehesten den Namen „Tausendfüßer". Fast alle sind Zersetzer von Laubstreu, verrottendem Holz und Mulm und haben daher, vor allem in den Tropen, große ökologische Bedeutung.

Schätzungsweise wurden 13 000 Arten beschrieben, viele weitere sind noch unentdeckt, besonders außerhalb Europas.

Die häufigen Schnur- und Bandfüßer (Juliformia und Polydesmida) besitzen feste, verkalkte und völlig geschlossene

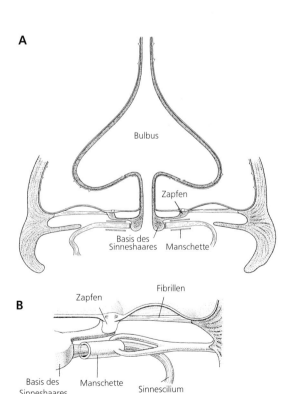

A

Bulbus

Zapfen

Basis des Sinneshaares

Manschette

B

Zapfen

Fibrillen

Basis des Sinneshaares

Manschette

Sinnescilium

Abb. 808 Trichobothrien von *Allopauropus* sp. (Pauropoda). **A** Längsschnitt durch den proximalen Teil. **B** Räumliche Darstellung der cuticularen Manschette um den Endabschnitt eines Sinnesciliums. Nach Haupt (1976).

Körperringe, an denen Beine inserieren (Abb. 816). Sehr viel ursprünglicher sind die Penicillata mit dem heimischen *Polyxenus lagurus* (Abb. 812A). Es sind kleine Formen mit nur wenigen Beinpaaren (bei *Polyxenus* nur 13 Paare), Büscheln von gezähnten Keulenhaaren (Trichomen), mit einzelnen Trichobothrien am Kopf (Abb. 813) und noch weicher, unverkalkter Cuticula.

Bau und Leistung der Organe

Der **Kopf** der Diplopoden ist stark gewölbt; die geknickten Antennen tasten mit ihrer Spitze, an der 4 besonders auffällige konische Sinneszapfen sitzen, den Boden ab. Wir finden je ein Ocellenfeld und ein Schläfenorgan (Postantennalorgan, Tömösvárysches Organ) auf jeder Seite des Kopfes. Letzteres ist bei manchen Arten groß und auffällig, kann aber fehlen. Auch die Ocellen können reduziert sein. Tricho-

bothrien am Kopf sind nur bei den Penicillata gefunden worden. Die Mandibeln sind in 3 Teile gegliedert: Cardo, Stipes und Kauplatte (Abb. 814). Mit ihnen können auch harte Blattreste und Holzstückchen zermahlen werden. Der Mundvorraum wird nach hinten durch eine klappenartige Unterlippe abgeschlossen, das Gnathochilarium. Dieses ist von einigen Autoren als das Verwachsungsprodukt der beiden Maxillen angesehen worden. Embryologisch werden aber nur die 1. Maxillen angelegt (Abb. 821). Das 2. Maxillensegment ist extremitätenlos; nur sein Sternit beteiligt sich an der Bildung des Hinterrandes des Gnathochilariums und bildet die sogenannte Gula. Diese Ergebnisse werden durch die Innervierung und durch die Muskulatur des Gnathochilariums bestätigt.

Die Zugehörigkeit der Beine zu den Tergiten ist bei den Adulten nicht eindeutig und konnte nur über die Embryologie geklärt werden (Abb. 821). Das 1. Beinpaar gehört zum Halsschild (Collum), es folgen noch 3 einfache Beinpaarsegmente mit je 1 Tergit. Erst das 5. und 6. Beinpaarsegment wird von einem einzigen Tergit überdeckt, das auch als Diplotergit bezeichnet wird, obwohl es kein Verschmelzungsprodukt aus 2 Tergiten ist.

Besonders interessant und für Arthropoden bisher einmalig ist, dass die Segmentierung der Dorsalseite von der der Ventralseite in gewissem Umfang unabhängig ist und auch durch eine unterschiedliche Kaskade und Expression von Segmentierungsgenen zustande kommt. Dadurch erklärt sich teilweise die Diskrepanz in der Lage von Tergiten und Sterniten.

Im ursprünglichen Fall sind Sternite, Pleurite und Tergite nicht verwachsen, sondern voneinander durch Gelenkhäute getrennt. Bei Juliformia und Polydesmida sind die verschiedenen Skleritelemente miteinander verschmolzen und bilden

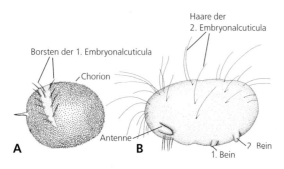

Abb. 810 Ei und Pupoidstadium von *Pauropus silvaticus* (Pauropoda). **A** Ei mit durch Borsten der 1. Embryonalcuticula aufgerissenem Chorion. **B** Pupoidstadium. Reste des Chorions, der Blastodermcuticula und der 1. Embryonalcuticula sind entfernt worden. Nach Tiegs (1947).

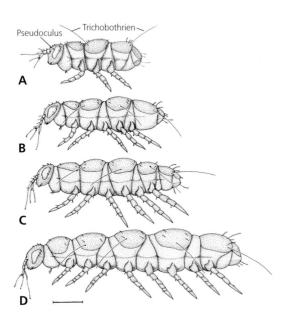

Abb. 811 Postembryonale Stadien von *Pauropus silvaticus* (Pauropoda). **A** Stadium I mit 3 Beinpaaren. **B** Stadium II mit 5 Beinpaaren. **C** Stadium III mit 6 Beinpaaren. **D** Stadium IV mit 8 Beinpaaren. Maßstab: 0,1 mm. Nach Tiegs (1947).

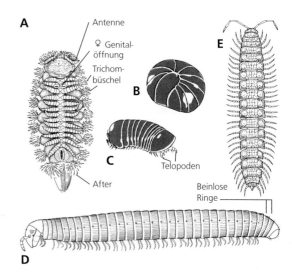

Abb. 812 Diplopoda. **A** *Polyxenus lagurus* (Penicillata). Adultes Weibchen von der Ventralseite. Länge 2,5 mm. **B, C** *Glomeris marginata* (Pentazonia). Eingerolltes Weibchen (**B**), Durchmesser 6 mm; balzendes Männchen mit vorgestreckten Telopoden (**C**). **D** *Brachyiulus pusillus* (Juliformia). Weibchen im Stadium VIII; 25 Ringe mit Wehrdrüsen. Länge: 10 mm. **E** *Polydesmus angustus* (Polydesmida). Adultes Weibchen mit 31 Beinpaaren. Länge: 18 mm. A Nach Reinecke (1910); B, C nach Fotos von Haacker (1964); D nach Biernaux (1972); E nach Humbert (1893) und Brolemann (1935).

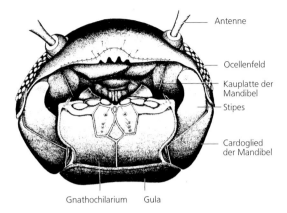

Abb. 814 Diplopoda. Kopf von *Cylindroiulus teutonicus* (Julidae). Ventralansicht mit Gnathochilarium. Nach Fechter aus Kaestner (1963).

Abb. 813 *Polyxenus lagurus* (Diplopoda). Kopf mit Antennen, Trichobothrien und Ocellen sowie die ersten 2 Rumpfsegmente. Original: G. Eisenbeis, Mainz.

feste Ringe. In diesen Verschmelzungsprozess zwischen Diplotergit, 2 lateralen Diplopleuriten und je 2 ventralen, hintereinander liegenden Sterniten werden aber nicht diejenigen beiden Sternite einbezogen, welche ursprünglich zu einem Diplosegment gehören, sondern es wird jeweils ein Sternit nach hinten verschoben. Dadurch kommt es, dass sich bei den ringbildenden Formen das 3. Beinpaar am 4. Ring befindet, das 4. und 5. Beinpaar am 5. Ring, das 6. und 7. Beinpaar am 6. Ring usw. (Abb. 816). Diese Verteilung hat für viel Verwirrung gesorgt, und es wird heute meistens noch immer vom abgeleiteten Zustand bei den adulten Juliformia ausgegangen und danach die generelle Rumpfarchitektur beurteilt.

Neben der Basis des 2. Beinpaares befinden sich bei den Weibchen die kompliziert gebauten Vulven und bei den Männchen die ursprünglich paarigen beweglichen Penes. Die Spermiodukte sind aber in manchen Fällen in die Beincoxen verlagert und durchstoßen diese distal. Ab dem 3. Beinpaar liegen nahe der Beinbasis die Stigmen (Abb. 797D, 816); diese Lage findet sich sonst nur noch bei einigen Pauropoda. Jedes Stigma führt in einen als Apodema dienenden Atemvorhof, von dem die zahlreichen Tracheen ausgehen. Am Hinterende des Körpers findet sich eine wechselnde Zahl beinloser Tergite oder Ringe, die nach der nächsten Häutung Beine ausbilden. Die Proliferationszone mit undeutlich abgesetzten Ringen ist in das Telson geschachtelt, welches aus Praeanalring, Afterklappen und Subanalschuppe bestehen kann.

In vielen Chilognathengruppen kommen Wehrdrüsen vor, deren Sekrete gut untersucht sind.

Bei Glomeriden mit unpaaren dorsalen Wehrdrüsenporen („Saftlöcher") enthält das Sekret Glomerin und Homoglomerin, zwei Alkaloide aus der Gruppe der Quinazolinone, die sonst nur bei Pflanzen zu finden sind. Bei Juliden, deren Poren paarig an den Ringseiten liegen, werden Benzoquinone gebildet. Bei Polydesmida ist freie Blausäure nachgewiesen, außerdem Benzaldehyd. Manche Diplopoden können ihr Wehrsekret mehrere Zentimeter weit verspritzen.

Der **Darmtrakt** ist meistens gerade und in einen ektodermalen Vorderdarm, einen entodermalen Mitteldarm und einen ektodermalen Enddarm gegliedert. Die Malpighischen Schläuche, die vom Enddarm an der Grenze zum Mitteldarm entspringen, ziehen weit nach vorne, biegen dann um und verlaufen mit einem histologisch anders ausgebildeten Teil wieder nach hinten.

Das Herz weist unter jedem Diplotergit alle segmentalen Strukturen zweifach auf: 2 Paar Ostien, 2 Paar Seitenarterien sowie 2 Paar Flügelmuskeln. Eine bindegewebige Membran umhüllt die ventrale Nervenkette. In diesem sogenannten Perineuralsinus wird Hämolymphe von vorne nach hinten kanalisiert.

Der Sacculus der **Maxillarnephridien** entsteht aus Coelom des 1. Maxillensegments. Der Ausführgang zieht weit nach hinten, biegt um und mündet in einer Rinne am Gnathochilarium aus. Die Sekrete einer großen Zahl von

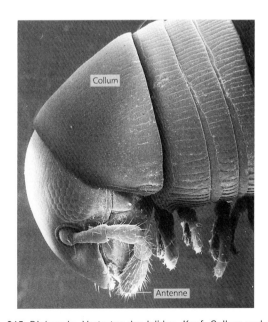

Abb. 815 Diplopoda. Vertreter der Julidae. Kopf, Collum und erste Rumpfsegmente; von der Seite. Original: G. Eisenbeis, Mainz.

Speicheldrüsen erleichtern das Zerkauen der Nahrung, enthalten aber wenig Enzyme.

Die **Gonaden** liegen zwischen Darm und Bauchnervenstrang. Die paarig angelegten Ovarien sind von einem unpaaren Ovisac umgeben. Die paarigen Hoden sind leiterartig miteinander verbunden (Abb. 817).

Die Spermien haben im Gegensatz zu denen anderer Myriapoden keine Geißelstrukturen. Bei *Polyxenus lagurus* wandelt sich das im männlichen Genitaltrakt bohnenförmige Spermium im Receptaculum seminis des Weibchens in ein langes, bandförmiges Gebilde um. Bei Julidae wird Akrosommaterial ausgestoßen und bildet einen langen Faden, der früher für eine Geißel gehalten wurde.

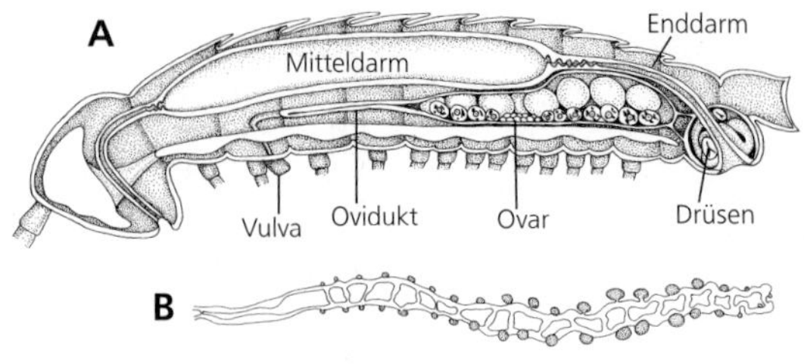

Abb. 817 Diplopoda. Gonaden. **A** Adultes Weibchen von *Polyxenus lagurus*. Schematischer Längsschnitt. **B** Männliche Gonaden von *Polydesmus angustus*. A Nach Seifert (1960); B nach Petit (1974).

Fortpflanzung und Entwicklung

Innerhalb der Diplopoden hat die Evolution von indirekter zur direkter Spermaübertragung geführt. Penicillata haben als einzige Gruppe indirekte Spermaübertragung, welche derjenigen der Pauropoden sehr ähnelt.

Männchen von *Polyxenus lagurus* spinnen ein Fadensystem, auf das 2 Spermatröpfchen abgesetzt werden (Abb. 809). Zu diesem Gespinst führen lange Signalfäden, auf die die Weibchen reagieren. Die Gespinste werden auch ohne die Gegenwart von Weibchen gefertigt.

Alle übrigen Diplopoden haben Extremitäten zu Kopulationswerkzeugen ausgebildet, allerdings in sehr unterschiedlicher Weise. Die Männchen der Pentazonia (Opisthandria) besitzen umgebildete Endbeine (Telopoden), mit denen Weibchen ergriffen werden und mit deren Hilfe der Samen übertragen wird. Bei *Glomeris*-Arten wird ein Spermatropfen an ein Substratteilchen geheftet und dieses mit den Laufbeinen zu den Telopoden befördert. Im Gegensatz dazu sind bei den Männchen der Helminthomorpha (Proterandria) ein oder mehrere vordere Rumpfbeine zu Gonopoden umge-

wandelt. Es können das 8., 8. + 9. oder 9. + 10. Beinpaar umgeformt sein, im Extremfall sind die Beinpaare 7–11 modifiziert (Abb. 818).

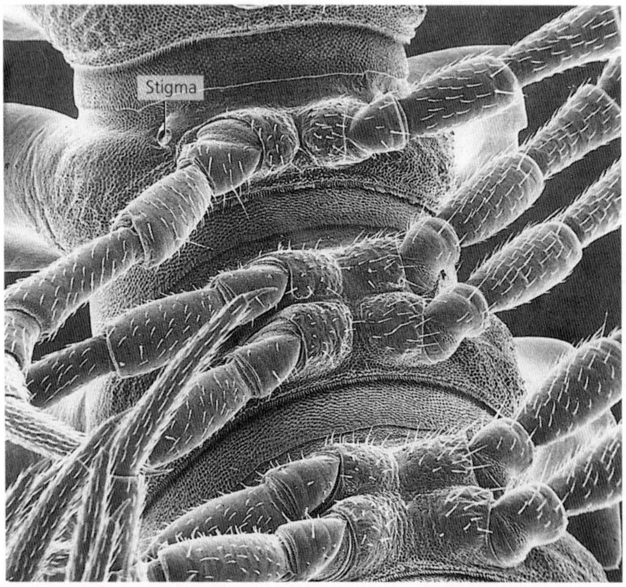

Vor der Kopulation krümmt sich das Männchen ein, so dass Sperma in das Rinnensystem der Gonopoden aufgenommen werden kann. Meistens kriecht das Männchen von hinten über das Weibchen, packt es dann vorne von der Ventralseite und immobilisiert das Vorderende.

Parthenogenese ist bei Diplopoden mehrfach nachgewiesen und hat sich in mehreren Gruppen konvergent ausgebildet. Bei *Polyxenus lagurus* gibt es in verschiedenen geografischen Regionen bisexuelle oder parthenogenetische Populationen. Ebenso verhält es sich bei der zu den Julida gehörenden *Nemasoma varicorne*; in deren parthenogenetischen Populationen können jedoch gelegentlich funktionslose Männchen auftreten.

Die Eier werden in Erdritzen abgelegt, oder es werden Gelege oder einzelne Eier mit Kämmerchen aus Erde, welche den Darmkanal passiert hat, umgeben. Die Nematophoren fabrizieren ein Gespinst (Abb. 820). Bei Colobognathen findet man Brutpflege. Die Weibchen, bei manchen Arten sogar die Männchen, rollen sich schützend um den Eiballen. Die dotterreichen Eier **furchen** sich zuerst total. Die Kerne wandern zur Peripherie, die inneren Zellwände lösen sich auf, so dass ein Blastoderm entsteht. Der Keimstreif lässt deutlich die Architektur des Körpers erkennen (Abb. 821). Das Segment der 2. Maxillen (= Postmaxillensegment) ist extremitätenlos, die vorderen 4 Rumpfsegmente sind einfache Seg-

Abb. 816 *Polydesmus angustus* (Diplopoda). Rumpfsegmente ventral, mit Ansätzen der 3.–7. Beinpaare und Stigmen. Original: G. Eisenbeis, Mainz.

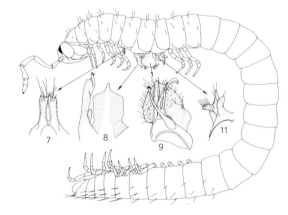

Abb. 818 *Melogona gallica* (Diplopoda). Männchen mit zu Gonopoden und Hilfsorganen umgewandelten Extremitäten. Die umgewandelten 7., 8., 9. und 11. Rumpfextremitäten vergrößert; 10. Extremitäten reduziert. Beinpaare in der Rumpfmitte weggelassen. Nach Blower (1985).

Abb. 819 *Glomeris marginata* (Diplopoda), Saftkugler. 3 Tiere, davon 2 eingerollt. Original: P. Lederer, Berlin.

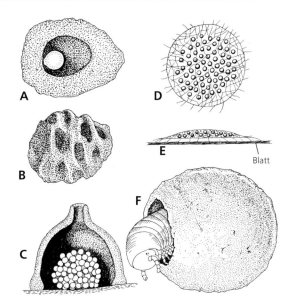

Abb. 820 Diplopoda. Eikammern und Eigespinste. **A** Eikämmerchen von *Glomeris marginata*, geöffnet, um die Position des Eies zu zeigen. **B** Eikämmerchen mit skulpturierter Oberfläche von *Glomeris interme-dia*. **C** *Brachydesmus superus*. Kuppelförmige Eikammer, geöffnet. **D, E** *Craspedosoma alemannicum*. Eigespinst, von oben (**D**) und von der Seite gesehen (**E**), auf einem Blatt. **F** *Pachybolus ligulatus*. Stadium II arbeitet sich aus der Erdkammer heraus. A, B Nach Fotos von Juber-thie-Jupeau (1967); C nach Stephenson (1960); D, E nach Verhoeff (1928); F nach Demange und Gasc (1972).

mente. Erst das 5.+6. Rumpfsegment wird dorsal von einem gemeinsamen Tergit überdeckt. Die Ganglienpaare werden durch Invagination gebildet. Die Zahl und die Verteilung der definierten Stellen, an denen Gruppen von Neuronen-Vor-läuferzellen immigrieren, stimmen bemerkenswerterweise weitgehend mit denen bei den Webspinnen überein. Der Darmkanal bildet sich innerhalb des Dotters, sein Lumen ist dotterfrei. Der Fettkörper entsteht aus Dotterzellen.

Nach dem Aufreißen des Chorions liegt ein madenartiges Gebilde, das Pupoid, zwischen den Chorionhälften (Abb. 822). Erst hieraus schlüpft das 1. Jugendstadium mit 3 Bein-paaren (Abb. 823A, C). Der für die Diplopoden ursprüngli-che Modus der Postembryonalentwicklung ist eine Hemi-anamorphose, d. h. nach einer Folge von Stadien mit Segmentzuwachs gibt es noch Häutungen ohne Vermehrung der Segmentzahl.

Als abgeleitet sind zu betrachten: Euanamorphose (Häutung mit Segmentzuwachs weit über eine festgelegte Zahl oder die Reife hin-aus) oder Teloanamorphose (Segmentzuwachs und Häutungen hören mit der Reife gänzlich auf). Eine Spezialform ist die Periodo-morphose: Ein Männchen mit funktionsfähigen Gonopoden häutet sich zu einem sog. Schaltmännchen, welches rudimentäre Gonopoden hat und nicht kopulationsfähig ist; hieraus entwickelt sich wieder ein Kopulationsmännchen. Dies kann sich wiederholen, es können aber auch mehrfach Schaltmännchen aufeinander folgen. Periodomor-phose ist bei mehreren Arten der Juliformia nachgewiesen.

Systematik

Die traditionelle Einteilung der Diplopoden hat sich durch phylogenetisch-systematische Analysen weitgehend bestäti-gen lassen. Der Stammart müssen mehrere Plesiomorphien zugewiesen werden, wie sie die heutigen Penicillata (Psela-phognatha) noch aufweisen: unverkalkte Cuticula, Tricho-bothrien, indirekte Spermaübertragung, Hemianamorphose mit geringem Segmentzuwachs bei jeder Häutung und einer geringen Segmentzahl der Adulten (13 oder 17 Beinpaare).

Bei den Chilognathen werden Kalksalze in die Cuticula ein-gelagert, es entstehen paarige Wehrdrüsen, das Sperma wird mit Hilfe von umgewandelten Extremitäten übertragen. Es lässt sich allerdings nicht sagen, welche Form der direkten Spermaübertragung bei den Chilognatha am Anfang stand, da die Pentazonia hintere Beinpaare als Telopoden ausgebil-det haben und die andere Untergruppe, die Helminthomor-pha, vordere Beinpaare zu Gonopoden umgewandelt hat. Die Evolution führte bei den Helminthomorpha zu einem größe-ren und variablen Segmentzuwachs und zur vollständigen Verwachsung der Skleritstücke. In zwei Linien (Polydesmida und einige Nematophora) kommt es wieder konvergent zu einer Normierung der Segmentzahl pro Stadium und einer relativ geringen Segmentzahl der Adultstadien (50 Beinpaare bei *Chordeuma*, 31 Beinpaare bei *Polydesmus*).

Fossil gibt es bereits im Erdaltertum Arthropoden, die wegen ihrer hohen Zahl homonomer Segmente Myriapoden und wegen der gegenüber der Beinzahl geringeren Zahl von Tergiten Diplopoden sein könnten. Diese Fossilien sind den-noch schwer einzuordnen, da wichtige Merkmale nicht bekannt sind. Berühmt sind die †Arthropleurida, die 23 cm breit und wahrscheinlich über 2 m (!) lang werden konnten. Sie sind bereits im Unteren Perm wieder ausgestorben. Neu-erdings werden sie von manchen Untersuchern für Stammli-nienvertreter der Pselaphognatha gehalten. Weitere fossile Vertreter sind †Archipolypoda mit †*Euphoberia ferox* und †*Acantherpestes vicinus*, die im Karbon vorkamen.

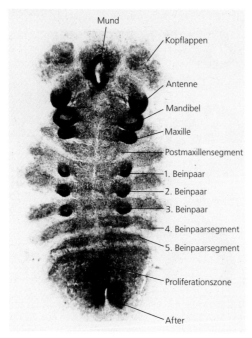

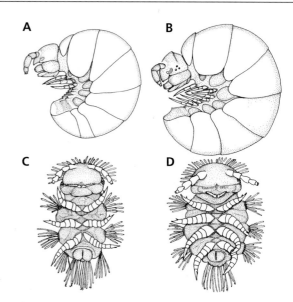

Abb. 823 Frühe Anamorphosestadien von Diplopoden. **A, B** *Glomeris marginata*. **A** Stadium I mit 3 gegliederten Beinpaaren und 5 Paar ungegliederten Beinanlagen. **B** Stadium II mit 8 gegliederten Beinpaaren. **C, D** *Polyxenus lagurus*. **C** Stadium I mit 3 Beinpaaren. **D** Stadium II mit 4 Beinpaaren. A, B Nach Enghoff, Dohle und Blower (1993); C, D nach Reinecke (1910).

Abb. 821 *Glomeris marginata* (Diplopoda). Keimstreif mit Extremitätenknospen. 2. Maxillensegment (= Postmaxillensegment) extremitätenlos. Die ersten 3 Beinpaare angelegt. Original: W. Dohle, Berlin.

4.2.3.1 Penicillata (Pselaphognatha)

Cuticula unverkalkt. Mit Reihen beweglicher Keulenhaare (Trichome) auf den Tergiten (Abb. 812A, 813). Indirekte Spermaübertragung. Trichobothrien am Kopf.

Polyxenus lagurus (Polyxenidae, Pinselfüßer), 3 mm, mit bisexuellen und parthenogenetischen „Rassen", lebt in Mull und unter Borke.

4.2.3.2 Chilognatha

Chitinpanzer mit Kalkeinlagerungen; ursprünglich Wehrdrüsen vorhanden.

4.2.3.2.1 Pentazonia (Opisthandria)

Männchen mit Telopoden (letztes Beinpaar zu Greifzangen umgebildet).

Glomeris marginata (Glomeridae, Saftkugler), 7–20 mm, Kugelungsvermögen (Konvergenz zu Rollasseln!) (Abb. 742), Wehrdrüsen mün-

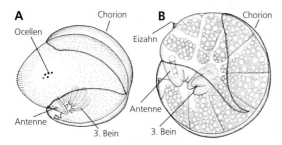

Abb. 822 Pupoidstadien von Diplopoda. **A** *Polyxenus lagurus*. Pigmentierung der Ocellen und der Anlagen der ersten 3 Beinpaare scheinen durch die Embryonalcuticula hindurch. **B** *Oxidus gracilis*. Chorion aufgerissen; Embryonalcuticula mit unpaarem Eizahn. A Verändert nach Schömann (1956) und Seifert (1960, 1961); B Original: W. Dohle, Berlin.

den dorsal, sezernieren zwei Sorten von Quinazolinonen (Glomerin und Homoglomerin).

4.2.3.2.2 Helminthomorpha (Proterandria)

Männchen mit vorderen Gonopoden: Das 8., 9. oder 10. Beinpaar sind für die Spermaübertragung umgewandelt, es können aber auch Extremitäten davor und dahinter zusätzlich modifiziert sein.

Colobognatha. – Kopf und Mundwerkzeuge verkleinert, saugend, ohne Palpen am Gnathochilarium.

Polyzonium germanicum (Polyzoniidae), 5–15 mm, bandförmig, gelb, in Erlenbrüchen, Weibchen rollt sich um den Eiballen, bei anderen Arten übernimmt das Männchen die Brutpflege.

Nematophora. – Meist wenig verkalkte Kutikula, mit Spinndrüsen am Telson.

Chordeuma proximum (Chordeumatidae), 11 mm, spinnt Kämmerchen für die Häutung und für das Eigelege.

Juliformia. – Meistens drehrund; Tergite, Pleurite und Sternite zu festen Ringen verschmolzen, rollen sich spiralig auf, viele einheimische Arten. Wehrdrüsen seitlich, sezernieren Benzoquinone. Bei manchen Arten die für Juliformia beschriebene Periodomorphose (zwischenzeitliches Einschalten geschlechtsloser Stadien in die Adultphase der Männchen).

Tachypodoiulus niger (Julidae, Schnurfüßer), 20–50 mm, in Laubwäldern. – *Unciger foetidus* (Julidae), 28 mm, Wälder, freies Gelände, z. T. synanthrop.

Polydesmida. – Tergite mit Seitenflügeln (Abb. 812E); Wehrdrüsen können freie Blausäure abscheiden. Manche Arten umgeben die Eihaufen mit einem Erdkämmerchen, das einen Entlüftungskanal besitzt (Abb. 820C).

Polydesmus angustus (Polydesmidae, Bandfüßer), 24 mm, in Wäldern und Gebüschen.

5 „Crustacea", Krebse

Es gibt keine andere Tiergruppe, die im Bau so vielgestaltig ist wie die „Crustacea". Dennoch sind heute nur um die 68 000 Arten bekannt. Der größte Krebs ist die Japanische Riesenseespinne, *Macrocheira kaempferi*, mit einer Carapaxbreite von 46 cm und einer Spannbreite der Beine von fast vier Metern. Zu den kleinsten gehören die parasitischen Tantulocarida, die kleiner als 100 µm sein können. Auch die Unterschiede zwischen frisch geschlüpfter Larve und Adultus können gewaltig sein. Der Amerikanische Hummer, *Homarus americanus*, wiegt 0,1 g beim Schlüpfen aus dem Ei und kann zu einem Gewicht von 10 kg und mehr heranwachsen. Das bedeutet eine Gewichtszunahme um den Faktor 100 000. Individuenzahlen und Biomassegewicht übersteigen bei einigen Gruppen das Vorstellungsvermögen. Geht man bei den Copepoden davon aus, dass jeder Liter Meerwasser nur einen Ruderfußkrebs enthält, so gäbe es im Plankton jederzeit 1,3 Trilliarden (10^{21}) Individuen. Das Gewicht der gewaltigen Schwärme des Antarktischen Krills, *Euphausia superba*, ist auf 250 Mio. t geschätzt worden.

Krebse leben überwiegend aquatisch. Im Meer sind sie neben wenigen Cheliceraten, Tardigraden und Insekten die vorherrschenden Arthropoden. In Binnengewässern dominieren sie ebenfalls, wenngleich der Anteil anderer Arthropodengruppen (Insekten incl. ihrer Larven, Wassermilben) dort deutlich höher ist. Dafür sind sie an Land nur spärlich vertreten; völlig unabhängig von offenem Wasser während aller Phasen ihres Entwicklungszyklus sind nur die Landasseln. Das Vorkommen der Krebse reicht von ihrer Allgegenwart im Meer bis in kleinste periodisch austrocknende Tümpel an Land und von unseren Kellern bis hinauf auf Kokospalmen.

Mehrmals unabhängig ist innerhalb der Crustaceen der Übergang zu einer parasitischen Lebensweise vollzogen worden. Dabei kam es zu Anpassungen, die im gesamten Tierreich ihresgleichen suchen. Der Körperbau kann so spektakulär abgewandelt sein, dass es völlig unmöglich ist, diese Parasiten als Crustaceen oder überhaupt als Arthropoden anzusprechen (z. B. Abb. 873, 893). Nur dank der Larven ist ihre systematische Zugehörigkeit eindeutig feststellbar. Was geschieht, wenn dieses Indiz versagt, zeigt der Fall der parasitischen Pentastomida. Bisher galten sie als hochrangige Gruppe unklarer Zuordnung innerhalb der Arthropoden. Die hochspezifische Form ihrer Spermien und Verwandtschaftsanalysen mit molekularbiologischen Methoden belegen inzwischen ihre Zugehörigkeit zu den Crustaceen.

Zählt man zu den Pentastomida die aufsehenerregenden Neuentdeckungen der letzten Zeit hinzu, so kommt man zu einer größeren Zahl höherer Crustaceentaxa als in den Lehrbüchern früherer Generationen: In mit dem Meer verbundenen Höhlen stieß man auf die Remipedia (S. 632). Teilweise schon länger bekannte mikroskopisch kleine Parasiten auf anderen Krebsen wurden als Vertreter eines eigenständigen Taxons Tantulocarida erkannt (S. 597). Glückliche Fossil-

funde aus dem Kambrium, die so überraschend gut erhalten sind, dass man sie bis in winzige Details mit dem Rasterelektronenmikroskop studieren kann, ergaben ebenfalls noch unbekannte Crustaceengruppen (†Skaracarida, †Orstenocarida, Abb. 825). Einige rätselhafte Larven, die von ihrem Entdecker als y-Larven bezeichnet wurden, werden neuerdings als eigenes Taxon Facetotecta zusammengefasst; doch wird erst die noch ausstehende Entdeckung der Adultstadien erweisen, ob sie tatsächlich ein eigenständiges Taxon repräsentieren.

Bau und Leistung der Organe

Anders als bei Cheliceraten und Insekten mit ihren einheitlichen Körperabschnitten ist der Bauplan der Crustacea sehr plastisch durch die Spezialisierung der einzelnen Segmente und ihrer Anhänge sowie deren funktionelle Zusammenfassung zu **Tagmata**. Auf das Cephalon aus Acron und 5 (?) Segmenten folgt der Rumpf mit einer von Gruppe zu Gruppe sehr unterschiedlichen Segmentzahl. Er ist meist in zwei Tagmata unterteilt: Thorax und Abdomen (bei Malacostraca: Pleon) (Abb. 826). Als Thorax werden die Segmente (Thoracomeren) zusammengefasst, die Extremitäten tragen, als Abdomen die folgenden Segmente (bei Malacostraca: Pleomeren), denen Extremitäten entweder fehlen oder die wie bei den Malacostraca Extremitäten aufweisen, die sich in ihrer Gestalt von denen des Thorax auffällig unterscheiden (Abb. 824). Da die Zahl der Segmente pro Thorax bzw. Abdomen von Gruppe zu Gruppe verschieden ist, handelt es sich vermutlich nicht um homologe Einheiten.

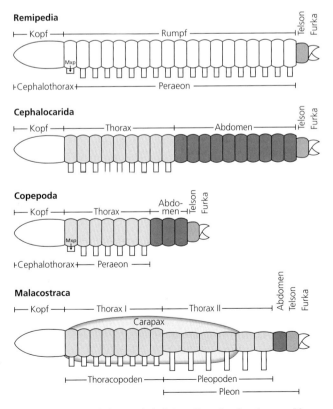

Abb. 824 Körpergliederung bei einigen Taxa der Crustaceen. Mxp = Maxilliped. Aus Ax (1999).

Horst Kurt Schminke, Oldenburg

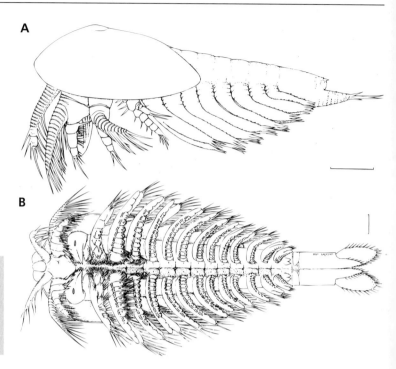

A

B

Abb. 825 Rekonstruktion fossiler mariner Meiofauna-Crustaceen aus dem oberkambrischen „Orsten" von Südschweden. **A** †*Bredocaris admirabilis* (Maxillopoda). **B** †*Rehbachiella kinnekullensis* (Branchiopoda). Mandibelpalpen und der größte Teil der Beborstung weggelassen. Maßstäbe: 100 μm. A Aus Müller und Waloßek (1988); B aus Waloßek (1993).

Eine Klärung der Homologieverhältnisse scheint neuerdings durch entwicklungsgenetische Untersuchungen möglich. Durch Vergleich von Expressionsmustern von Hox-Genen sind erste Versuche zu einer klareren Definition der Tagmata unternommen worden. Doch ist die Diskussion darüber noch nicht abgeschlossen.

Durch Angliederung von Segmenten an Kopf und Telson kann es zu einer Überformung dieser ursprünglichen Gliederung kommen. Verschmelzen Thoracomeren mit dem Cephalon, so entsteht ein neues Tagma, der Cephalothorax (Abb. 827). Die verbliebenen freien Thoracomeren bilden dann ebenfalls ein neues Tagma, das als Peraeon (falsch auch „Pereion") bezeichnet wird. Von den Pleomeren der Malacostraca kann das letzte oder im Extremfall können alle mit dem Telson verwachsen sein und ein Pleotelson bilden (Abb. 827). Es gibt also Crustaceengruppen, deren Körper aus Cephalon, Thorax und Abdomen (Pleon) besteht, aber auch solche, bei denen eine Gliederung in Cephalothorax, Peraeon, Pleon und Pleotelson vorliegt.

Abgesehen von diesen generellen Tagmata-Bezeichnungen sind in bestimmten Teilgruppen der Crustacea weitere üblich, z. B. Cephalosoma (S. 586), Urosoma (Abb. 624).

Bei der Bildung eines Cephalothorax kommt es zu einer direkten Verschmelzung vorderer Thoracomeren mit dem Cephalon. Daran kann aber auch der Carapax beteiligt sein. Darunter versteht man eine Duplikatur des Kopfhinterrandes, die sich vom Segment der 2. Maxille verschieden weit nach hinten über den Thorax wölbt, so dass er dachartig mehrere oder alle Thoracomeren überdeckt, im Extremfall sogar als zweiklappige Schale den gesamten Körper umhüllt (Abb. 878). Durch Verschmelzung dieses Carapax mit dem Tergit eines Thoracomers oder den Tergiten mehrerer bis aller Thoracomeren (bei einem Teil der Malacostraca) kann ein besonders ausgedehnter Cephalothorax entstehen (Abb. 901, 902).

Der Carapax ist immer eine Falte mit einer Außen- und einer Innenwand. Die Außenwand hat Schutzfunktion und meist eine kräftige Cuticula, die durch Kalkeinlagerungen noch verstärkt sein kann. Die Innenwand ist meist dünn und kann dem Gasaustausch dienen (Abb. 874). Der Raum zwischen Carapax und Körper kann zur Brutpflege oder als Schutzkammer für die Kiemen genutzt werden (Abb. 833). Bei filtrierenden Arten bilden die Carapaxklappen die seitliche Begrenzung der Filterkammern.

Der Körper wird hinten vom Telson abgeschlossen. Dieses tritt in zwei Formen in Erscheinung. Bei Gruppen ohne Extremitäten am letzten oder allen Abdominalsegmenten gleicht es diesen in Höhe und Form und trägt ein Paar ein- bis vielgliedriger Anhänge, die als Furkaläste (zusammen als „Furka") bezeichnet werden (Abb. 837). Bei Malacostraca mit Extremitäten am letzten Pleomer ist es ein halbkreisförmiger bis dreieckiger Anhang ohne Furka, der an der oberen Hälfte des letzten Pleomers ansetzt und zusammen mit dessen Extremitäten, den Uropoden, einen Schwanzfächer (s. u.) bildet (Abb. 901).

Mit den Bezeichnungen der einzelnen Tagmata korrelieren die der **Extremitäten**. Am Cephalon gibt es 5 Paar Anhänge. Von vorne nach hinten sind dies die 1. Antennen, die 2. Antennen, die Mandibeln (Abb. 827), die 1. Maxillen und die 2. Maxillen (Abb. 826). Die 1. Antennen haben Sinnesfunktion, die 2. Antennen ebenfalls, sie können aber auch bei der Fortbewegung, der Nahrungsaufnahme und beim Graben eine Rolle spielen. Die 3 übrigen Extremitätenpaare des Cephalons sind Mundwerkzeuge (Abb. 826), von denen Teile auch Funktionen bei der Atmung und beim Putzen übernehmen können. Die Extremitäten des Thorax werden als Thoracopoden, die des Pleon der Malacostraca als Pleopoden bezeichnet. Die Thoracopoden haben primär die Aufgabe der Fortbewegung (Laufen und Schwimmen) (Abb. 826), können aber auch der Nahrungsaufnahme, Verteidigung, dem Graben und Putzen sowie der Atmung dienen.

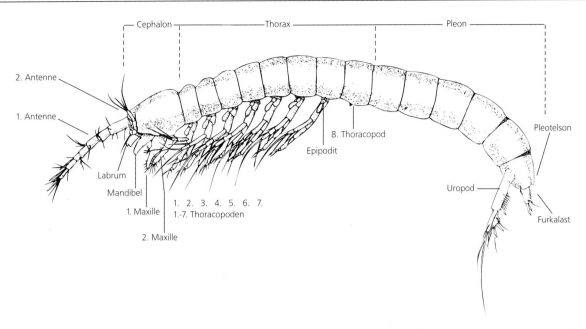

Abb. 826 Lateralansicht des Weibchens von *Notobathynella williamsi* (Bathynellacea). Pleopoden bis auf Uropoden reduziert. Nach Schminke (1986).

Die Pleopoden werden zum Schwimmen, bei Isopoda (Abb. 932) auch zur Atmung und Osmoregulation eingesetzt, können bei den Männchen aber auch zu Gonopoden werden, die der Spermaübertragung dienen. Dabei können Teile zweier aufeinander folgender Pleopoden als Funktionseinheit (P e t a s m a) zusammenwirken (Abb. 827). Weibchen können Eier an den Pleopoden tragen. Das letzte Pleopodenpaar unterscheidet sich von den übrigen im Bau und wird als U r o p o d e n bezeichnet.

Diese können flache, plattenartige Äste haben, die gespreizt zusammen mit dem Telson einen Schwanzfächer bilden, der bei Gefahr durch rhythmische ventrale Pleonschläge so kräftig nach vorn bewegt wird, dass der Krebs nach hinten katapultiert wird und mit großer Geschwindigkeit entkommen kann.

Kommt es zur Bildung eines Cephalothorax, dann können die Extremitäten der mit dem Cephalon verschmolzenen Thoracomeren in den Dienst der Nahrungsaufnahme treten und im Bau den Mundwerkzeugen ähnlich werden. Man bezeichnet sie dann als M a x i l l i p e d e n (Abb. 827). Die Extremitäten der freibleibenden Thoracomeren, also des Peraeon, werden P e r a e o p o d e n (falsch „Pereiopoden") genannt.

Mit der Vielfalt an Funktionen korreliert bei den Crustaceen-Extremitäten eine Vielfalt und Komplexität im Bau, die von keiner anderen Arthropodengruppe erreicht wird. Ihr liegt aber ein einheitlicher Bauplan zugrunde: Crustaceen-Extremitäten sind primär S p a l t b e i n e, d.h. sie bestehen aus einem Stamm (P r o t o p o d i t) und zwei Ästen, dem Innenast (E n d o p o d i t) und dem Außenast (E x o p o d i t) (Abb. 828). Der Protopodit setzt sich aus 2 Gliedern (Coxa und Basis) zusammen. (Proximal kann noch ein drittes Glied, die Praecoxa, vorhanden sein.) Diese Grundglieder können innen und außen Anhänge tragen. Die Anhänge außen (E x i t e) dienen meist der Atmung und werden dann Epipodite

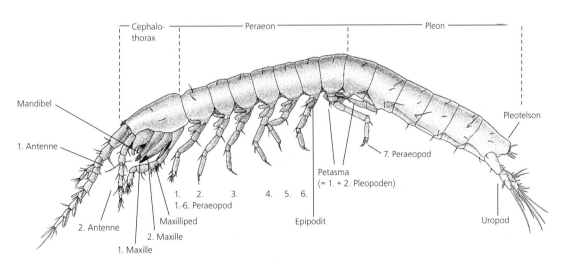

Abb. 827 Lateralansicht des Männchens von *Stygocarella pleotelson* (Anaspidacea). Nach Schminke (1980).

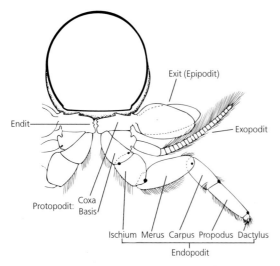

Abb. 828 Schematisierte Darstellung des Spaltbeins (6. Thoracopod) von *Anaspides tasmaniae* (Syncarida) mit Andeutung der Gelenke am Endopoditen (schwarze Punkte). Nach Manton (1977).

genannt. Die inneren Anhänge heißen Endite. Sie treten meist in Form von Kauladen auf und dienen der Nahrungsaufnahme. Solche Enditen sind bei Mundgliedmaßen und Maxillipeden am deutlichsten ausgeprägt, kommen aber auch an anderen Extremitäten vor. Die proximalen Enditen werden häufig als Gnathobasen bezeichnet (Abb. 846). Die Exopoditen dienen dem Schwimmen oder der Erregung eines Atemwasserstromes, der an den Epipoditen vorbeistreicht.

Exopoditen können geißelartig und vielgliedrig sein, aber auch zusammen mit den Endopoditen spezifische Schwimmbeine bilden, bei denen beide Äste gleichgroß, flach und umsäumt von randständigen Borsten sind. Dies trifft für die Peraeopoden vieler Copepoda (Abb. 864) und die Pleopoden vieler Malacostraca sowie für die Rumpfextremitäten der Remipedia zu (Abb. 937A).
Die Endopoditen dienen dem Laufen und Graben und können z. B. bei den Thoracopoden der Malacostraca (Abb. 827) zum dominierenden Element werden. Ihre beiden letzten Glieder bilden häufig eine Schere (Abb. 901), indem das letzte Glied gegen einen Vorsprung des vorletzten beweglich ist (Euchela) oder das letzte taschenmesserartig gegen das verdickte vorletzte geklappt wird (Subchela) (Abb. 925).

Von diesem Grundtypus eines Spaltbeines gibt es außerordentlich viele Abwandlungen, nicht nur bei Vertretern verschiedener Taxa, sondern auch bei Extremitäten ein und desselben Individuums. Im Extremfall kann jedes Beinpaar eines Tieres von allen anderen verschieden sein. Hinzu kommt, dass der Bau der Extremitäten auch im Verlauf der Ontogenese einem Wandel unterworfen sein kann, so dass er bei Erwachsenen und den dazugehörigen Larven völlig verschieden ist. Die Abwandlungen können so erheblich sein, dass es Schwierigkeiten bereitet, die einzelnen Komponenten zu homologisieren.

Ein Beispiel hierfür sind die Mundwerkzeuge, bei denen es zu einer Betonung der proximalen Teile (des Protopoditen) kommt, und die distalen Teile (Exo- und Endopodit) entweder ganz reduziert sind oder nur als kleine Taster (Palpen) erhalten bleiben. Der Übergang ist beispielhaft an den Maxillipeden vieler Decapoda zu verfolgen, die von hinten nach vorn ihren typischen Spaltbeincharakter immer mehr verlieren und den Mundwerkzeugen ähnlicher werden.

Das Spaltbein der Crustaceen tritt in 2 Extremformen in Erscheinung, zwischen denen es vielfältige Übergänge gibt. Die eine Form bezeichnet man als Stabbein (Stenopodium) (Abb. 828), bei dem in der Regel eine Betonung des Endopoditen vorliegt und die Glieder einen runden Querschnitt haben. Die andere Form ist das Blattbein (Phyllopodium) (Abb. 829), das blattartig verbreitert und abgeflacht ist. Bei Blattbeinen hat der Protopodit die größte Ausdehnung. Dadurch, dass ihre distalen Teile sowie Enditen und Exiten nach hinten gebogen sind, haben die Blattbeine ein trogartiges Aussehen. Ihre Cuticula ist dünn, und sie werden durch Druck auf die Leibeshöhlenflüssigkeit gestreckt. Man spricht deshalb auch von Turgorextremitäten.

Crustacea haben 2 verschiedene Typen von **Augen**: 2 seitliche Komplexaugen (Facettenaugen) (Abb. 830) und 1 Medianauge (Abb. 849, 850). Letzteres besteht aus 3 oder 4 Pigmentbecherocellen, die median so eng beieinander liegen, dass sie bei oberflächlicher Betrachtung als ein einheitliches Organ erscheinen. Es wird Naupliusauge genannt, weil es das einzige Sehorgan der Nauplius-Larven repräsentiert (Abb. 693, 883). Mit diesem Auge kann erkannt werden, aus welcher Richtung das Licht einfällt. Das Naupliusauge kann im Adultzustand als alleiniges Sehorgan persistieren (z. B. Copepoda, Cirripedia) oder zusätzlich zu den Komplexaugen vorhanden sein. Diese treten ontogenetisch erst nach den Metanauplius-Stadien auf. Ihre ursprüngliche Lage ist seitlich und sitzend. Sie können aber auch median zusammenrücken und dort sogar zu einem einheitlichen Cyclopenauge verschmelzen (bei den Cladocera). Die seitlichen Komplexaugen können auf Stiele erhoben werden, in denen die Sehzentren und Hormondrüsen (S. 569) liegen (Abb. 831). Als weitere Sinnesorgane sind spezifische Borsten als Me-

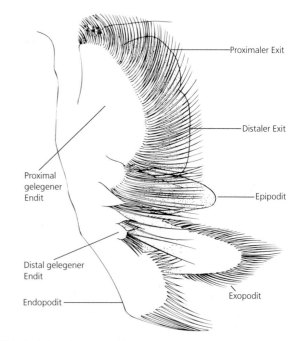

Abb. 829 Medianansicht eines Blattbeins von *Chirocephalus diaphanus* (Anostraca) in natürlicher Lage mit nach hinten gerichteten Exiten und Enditen. Nach Cannon (1928) aus Fretter und Graham (1976).

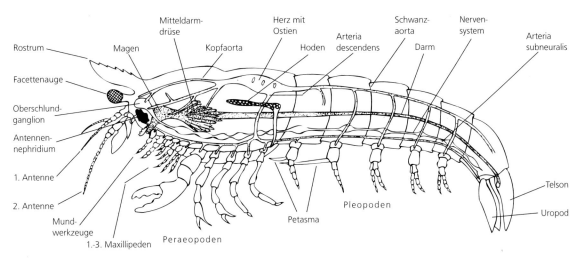

Abb. 830 Schematischer Bauplan eines Krebses am Beispiel eines Männchens der Decapoda (Malacostraca) in Lateralansicht. Verändert nach Siewing aus Remane (1957).

chano- und Chemorezeptorstrukturen, besondere „Riechschläuche" (A e s t h e t a s k e n) und – vereinzelt – S t a t o c y s t e n (Abb. 180B, 920) vorhanden.

Beim **Nervensystem** der Crustacea gibt es in der Regel ein Oberschlundganglion und eine durch den ganzen Körper ziehende Strickleiter mit segmentalen Ganglienpaaren (Abb. 687, 830). Die Ganglien der die Mundwerkzeuge tragenden Segmente (gegebenenfalls einschließlich derjenigen der Segmente mit Maxillipeden) können zu einem Unterschlundganglion verschmelzen. An dieses können sich Ganglien weiterer Segmente anschließen, so dass im Extremfall ein einheitliches Bauchganglion entstehen kann, das die Ganglien aller postoralen Segmente umfasst (z. B. Branchiura, Brachyura, Abb. 831). Das Oberschlundganglion besteht aus 3 Abschnitten: (1) dem Protocerebrum mit den Sehzentren (optische Neuropile), den sekundären Riechzentren (z. B. Hemiellipsoidkörper) und weiteren Assoziationszentren wie dem unpaaren Zentralkörper oder der Protocerebralbrücke; bei Arten mit Stielaugen können die Sehzentren und weitere Teile des Protocerebrums in die Augenstiele verlagert sein; (2) dem Deutocerebrum mit den primären Riechzentren (olfaktorische Glomeruli) und (3) dem Tritocerebrum mit mechanosensorischen Assoziationszentren, das bei einigen Teiltaxa (z. B. Anostraca, Mystacocarida) auch separat liegen kann. Das Protocerebrum ist mit keinem Extremitätenpaar verbunden, während Deuto- und Tritocerebrum die Ganglien der Segmente der 1. und 2. Antenne repräsentieren. Das Nervensystem der Crustacea spielt auch eine wichtige Rolle als Produzent von Hormonen (Abb. 831). Die weitaus meisten Crustaceenhormone sind Neurohormone. Bildungsorte und Wirkungsweise sind nur bei Malacostraca gut untersucht (S. 569). Neurohormone greifen ein bei Häutung, Farbwechsel, Fortpflanzung, Osmoregulation, Herzschlagstimulierung und Regulierung des Blutzuckerspiegels.

Der Vielfalt im Bau der Mundwerkzeuge und in den Methoden des Nahrungserwerbs steht ein vergleichsweise einheitlicher Bau des **Darmtrakts** gegenüber (Abb. 830, 832). Er erstreckt sich als gerades Rohr durch den ganzen Körper. Zwischen einem vorderen Abschnitt (Stomodaeum) und

einem hinteren (Proctodaeum), die beide cuticular ausgekleidet sind und mit gehäutet werden, liegt der entodermale Mitteldarm, der Verdauungsenzyme produziert, Nahrung resorbiert und der Speicherung von Reservestoffen und Calcium dient. Eine Oberflächenvergrößerung tritt durch Bildung von Divertikeln ein, die meist Ausstülpungen des Mitteldarms sind. Neben den bei den Malacostraca besonders großen und vielfach verzweigten lateralen M i t t e l d a r m d r ü s e n (Abb. 830) kommen vordere und hintere dorsale Divertikel (Caeca) meist unklarer Funktion vor. Bei einigen Crustaceengruppen ist bekannt, dass in einem vorderen Divertikel eine Peritrophische Membran gebildet wird, die

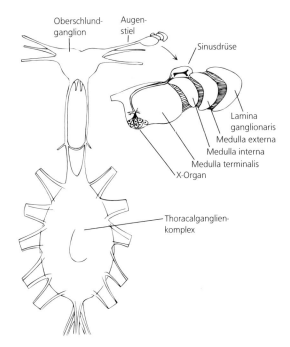

Abb. 831 Schematische Darstellung des Nervensystems von *Carcinus maenas* (Decapoda). Nervenmasse im Augenstiel heraus vergrößert. Nach Keller, Jaros und Kegel (1985).

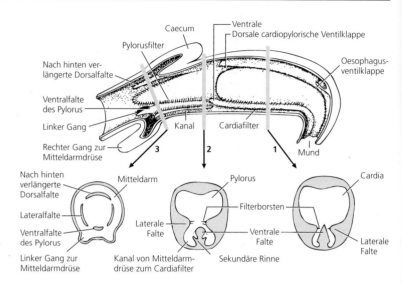

Abb. 832 Malacostraca. Vereinfachtes Schema von Proventriculus und angrenzendem Mitteldarm. Pfeile geben Lage der Querschnitte durch (1) Cardia, (2) Pylorus und (3) Mitteldarm áuf Höhe der Pylorusfalten an. Nach Fretter und Graham (1976).

den Darminhalt umhüllt. Der Transport des Darminhalts geschieht durch peristaltische Bewegungen.

Im cuticular ausgekleideten Oesophagus kann es zur Bildung von Falten kommen, die nach innen vorspringen. Bei den Malacostraca führt das zur Entstehung eines kompliziert gebauten Kau- und Filtermagens (Abb. 832). Ausgangspunkt war wohl ein Oesophagus mit 4 Falten, 2 lateralen und je 1 dorsalen und ventralen, der sich nach hinten zu einer Höhle, dem Magen (Proventriculus), erweiterte. Dieser unterteilte sich in 2 Abschnitte, die vordere Cardia und den hinteren Pylorus.

Durch Verlagerung der lateralen Falten nach unten kommt es in beiden Abschnitten zur Entstehung einer geräumigen dorsalen und einer kleinen ventralen Kammer, die durch die ventrale Falte in 2 ventrolaterale Kanäle unterteilt wird. Deren Verbindung zur dorsalen Kammer besteht in einem Schlitz, der von Filterborsten überdeckt wird. Im Pylorus kann es entlang der ventralen Falte zur Bildung sekundärer Rinnen kommen, die ebenfalls von Borsten abgedeckt werden. Die Kanäle oder, wenn vorhanden, die sekundären Rinnen führen zu den Öffnungen der paarigen Mitteldarmdrüsen, deren Gänge immer direkt hinter dem Magen in den Mitteldarm münden. Der Magen ist nicht nur von eigener Muskulatur überzogen, an ihm setzen auch Muskeln an, die zur Körperwand ziehen.

Nach der Bearbeitung durch die Mundwerkzeuge wird die Nahrung in der Cardia gespeichert und dort von Zähnen, die als lokale Verdickungen der Cuticula in ihr Lumen vorragen, weiter zerkleinert. Gleichzeitig werden ihr Verdauungsenzyme beigemischt, die von der Mitteldarmdrüse produziert und entlang der ventrolateralen Kanäle in die Cardia gesogen werden, wenn sich diese erweitert. Am Ende des Verdauungsprozesses wird alles, was durch die Borstengitter passt, in die ventrolateralen Kanäle oder sekundären Rinnen gepresst, von wo es in die Mitteldarmdrüsen gelangt. Durch diesen Filtrationsprozess wird sichergestellt, dass der Zutritt zu den Mitteldarmdrüsen gröberen Partikeln verwehrt wird, die deren Gänge verstopfen könnten. Nach mehrmaligem Auspressen des Mageninhalts in den dorsalen Kammern werden die unverdaulichen Reste direkt in den hinteren Teil des Darms befördert.

Der **Exkretion**, Osmo- und Ionenregulation dienen 2 Paar Nephridien: die Antennendrüsen, die an der Basis der 2. Antennen (Abb. 830), und die Maxillardrüsen, die an der Basis der 2. Maxillen münden. Beide treten ursprünglich gemeinsam auf (einige Cephalocarida und Ostracoda, sowie Leptostraca und Lophogastrida), häufig aber auch im Verlauf der Postembryonalentwicklung nacheinander. In solchen Fällen (z. B. Anostraca, Copepoda) sind entweder bei den Larven die Antennendrüsen aktiv und bei den erwachsenen Tieren die Maxillardrüsen oder umgekehrt. Am häufigsten ist nur 1 Nephridienpaar vorhanden. Antennennephridien kommen z. B. bei erwachsenen Syncarida, Decapoda, Euphausiacea, Mysidacea und Amphipoda vor, Maxillarnephridien bei Hoplocarida, Cumacea, Tanaidacea und Isopoda und bei Nicht-Malakostraken.

Jedes Nephridium besteht aus einem Sacculus (Endsäckchen), das in einen engen Exkretionskanal übergeht, der vor seiner Ausmündung zu einer Harnblase erweitert sein kann. Der Sacculus ist ein Coelomrest, der Kanal ekto- oder mesodermal. Die Länge des Kanals kann sehr unterschiedlich ausfallen, bei Süßwasserbewohnern ist er meist erheblich länger als bei nah verwandten Meeresbewohnern. Bei höheren Malakostraken entwickelt er sich zumindest abschnittsweise in ein drüsiges Organ. Sein Anfangsteil erscheint als schwammartige Masse, die von feinen Kanälen durchzogen ist. Dieser Abschnitt wird als Labyrinth bezeichnet und bildet zusammen mit dem einfachen oder unterteilten Endsäckchen den Drüsenteil. Die Blase kann einfach bleiben oder Aussackungen aufweisen, die bis ins Pleon reichen können, und ist von Kapillaren eines Gefäßes umsponnen, das direkt vom Herzen gespeist wird. Ein vermutlich mit dem Blut isotonisches Filtrat gelangt in den Sacculus. Während der Passage durch den Exkretionskanal werden Salze rückresorbiert, so dass ein hyposmotischer Urin übrig bleibt. Verlust von Wasser und Salzen wird durch aktive Aufnahme von Wasser und Ionen über die Kiemen ausgeglichen. Diese spielen auch die Hauptrolle bei der Ausscheidung stickstoffhaltiger Stoffwechselendprodukte wie Ammoniak und Harnstoff, die über sie an das umgebende Wasser abgegeben werden.

Hauptfunktion der **Kiemen** ist die Atmung. Wegen der festen Cuticula, die die Crustaceen umgibt, ist es erforderlich, dass für den Gasaustausch dünnwandige Bezirke ausgespart bleiben oder zarte Auswüchse die nötige Oberfläche bereitstellen. Nur millimeterkleine Krebse (z. B. Copepoda) können darauf verzichten und die ganze Körperoberfläche entsprechend nutzen. Bei vielen Crustaceen beschränkt sich die Atemfläche auf die dünnwandige Innenseite des Carapax (Abb. 874). An ihr streicht der Atemwasserstrom vorbei, der entweder von allen Thoracopoden oder nur einem Exiten eines einzigen Extremitätenpaares (z. B. 1. oder 2. Maxillen bei Ostracoda, 1. Thoracopoden bei Tanaidacea) erregt wird.

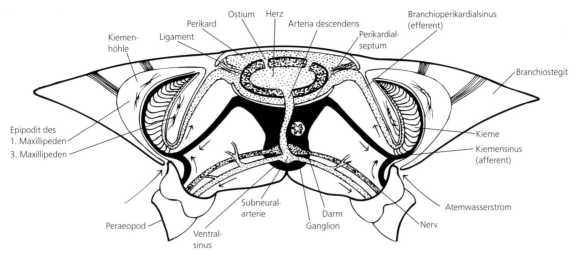

Abb. 833 Decapoda. Schematischer Querschnitt durch den Thorax einer Krabbe zur Veranschaulichung des Gefäßsystems. Pfeile geben Strömungsrichtung der Hämolymphe an. Nach Fretter und Graham (1976).

Kiemen treten als laterale Auswüchse (Epipodite) der Protopoditenglieder der Thoracopoden (Abb. 827) oder – als Ausnahme – der Pleopodenexopoditen (Hoplocarida) (Abb. 897) auf. Meist sind sie einfache, ganzrandig-blattförmige Anhänge. Bei großen Tieren wird ihre Oberfläche dadurch vergrößert, dass entlang einer Achse beiderseits eine Vielzahl übereinander liegender schlauchförmiger oder plattenartiger Ausbuchtungen entstehen (Abb. 906C–D). In der Achse liegen das zu- und das abführende Gefäß, die durch Lakunen in den lateralen Plättchen oder Schläuchen verbunden sind. Zum Schutz können die zarten Kiemen vom Carapax überdacht sein, der lateral bis über die Beinbasen herunterreicht (Abb. 833, 907). Dadurch entsteht eine Kiemenhöhle, für deren Ventilation ein Wasserstrom erzeugt werden muss (Decapoda).

Schlagfrequenz und Amplitude der Anhänge, die den Wasserstrom bewirken, hängen von äußeren Faktoren wie Temperatur, O_2-Partialdruck und CO_2-Konzentration ab. Die Wassermenge, die durch die Kiemenhöhle gepumpt wird, kann entsprechend erheblich variieren. Ein Hummer bringt es bei 5 °C auf eine Stundenleistung von 4 l, bei 21 °C auf ca. 12 l. Der Zutritt zu den Kiemenhöhlen wird im Wasser suspendierten Partikeln, die die Kiemen verschmutzen könnten, durch Borsten verwehrt, die die Einstromöffnungen überdecken. Zusätzlich ragen in die Kiemenhöhlen diverse Putzanhänge (Flabella), die durch Wischbewegungen die Kiemen reinigen.

Wo die Atemorgane liegen, pflegt auch das **Herz** zu sein. Nur noch bei Malakostraken reicht es dem ursprünglichen Zustand bei Arthropoden entsprechend, als muskulöses Rohr durch den ganzen Rumpf und weist pro Segment 1 Ostienpaar auf. Meist bleibt aber die Muskulatur nur in dem Abschnitt des Herzens in voller Stärke erhalten, der im Bereich der Atemorgane liegt. In den Segmenten davor und dahinter wird die Muskulatur verringert, und entsprechend ihrem Gefäßcharakter bezeichnet man diese Abschnitte jetzt als Kopfaorta (Aorta anterior) und Schwanzaorta (Aorta posterior) (Abb. 830). Bei den Nicht-Malakostraken bleibt höchstens die erstere erhalten, meist fehlt auch sie. Bei den Malakostraken ist die Kopfaorta immer vorhanden, während die Schwanzaorta häufig fehlt. Zusätzlich treten paarige Seitenarterien auf (Abb. 830). Die Crustaceen haben also ein offenes Gefäßsystem mit Ausnahme der Cirripedia, bei denen es sekundär geschlossen wurde. Die Hämolymphe verlässt das sich kontrahierende Herz über Kopfaorta und Seitenarterien. Im Kopf ergießt sie sich meist in der Nähe des Gehirns in Lakunen, wird in Sinus gesammelt, durchströmt schließlich die Atemorgane, von wo sie über Branchioperikardialsinus ins Perikard gesogen wird (Abb. 833). Das Perikard ist eine dorsale Kammer, die von einem bindegewebigen

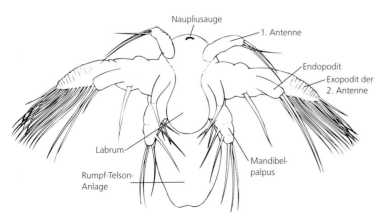

Abb. 834 Ventralansicht des 1. Nauplius von *Branchinecta ferox* (Anostraca). Nach Fryer (1983).

Septum, dem Perikardialseptum, von der übrigen Leibeshöhle (Hämocoel) abgetrennt ist.

Der Sog kommt dadurch zustande, dass durch Kontraktion des Herzens im Perikard ein Unterdruck entsteht. Sofern das Perikardialseptum mit Flügelmuskulatur (nicht mit der Flugmuskulatur der Insekten zu verwechseln) ausgestattet ist, kann dieser Sog dadurch verstärkt werden, dass durch deren Kontraktion das in Ruhe konvexe Septum abgeflacht wird. Dadurch wird die Perikardialkammer erweitert und Hämolymphe angesogen. Die Verengung (Systole) des Herzlumens wird durch Kontraktion der Herzmuskulatur bewirkt. Dadurch werden gleichzeitig elastische Ligamente gespannt, die zum Außenskelett ziehen und zusammen mit den Arterien das Herz im Perikard aufhängen. Erschlafft die Herzmuskulatur, schnappen die Ligamente zurück, erweitern das Herz (Diastole) und öffnen die Ostien, so dass die Hämolymphe aus dem Perikard ins Herz gesogen wird. Frequenz und Amplitude des Herzschlags werden von Neurohormonen gesteuert, die von im Perikard gelegenen Neurohämalorganen, den Perikardialorganen, freigesetzt werden. Diese Organe bestehen aus Endigungen von Nerven, die von den Thoracalganglien dorsal ins Perikard ziehen. Die Hämolymphe transportiert nicht nur Nähr- und Abfallstoffe sondern auch Sauerstoff. Als respiratorische Pigmente können Hämocyanin und Hämoglobin vorhanden sein.

Die Geschlechter sind bei den Crustaceen in der Regel getrennt. Hermaphroditismus gibt es bei Remipedia, Cephalocarida und Cirripedia sowie sporadisch in einigen weiteren Gruppen. Die **Gonaden** entstehen aus Coelomsäckchen und sind primär paarig, können aber teilweise oder ganz miteinander verschmelzen. Sie erstrecken sich über mehrere Segmente oder durch den ganzen Rumpf und liegen auf gleicher Höhe wie der Darm, meist aber darüber (Abb. 830). An den Ausführgängen können Anhangsorgane auftreten, die bei den Männchen z. B. das Material für die Spermatophorenbildung, bei den Weibchen Kittsubstanz für die Eiballenbildung oder für die Befestigung der Eier an Körperstrukturen bereitstellen. Ursprünglich liegen die Geschlechtsöffnungen bei Männchen und Weibchen auf demselben Segment (z. B. Cephalocarida, Branchiopoda, Copepoda) (Abb. 842). In 3 Linien münden sie auf verschiedenen Segmenten, die weiblichen immer weiter vorne als die männlichen: bei den Remipedia die weiblichen auf dem 8. Rumpfsegment, die männlichen auf dem 15.; bei den Tantulocarida-Ascothoracida-Cirripedia die weiblichen auf dem 1. und die männlichen auf dem 7. Rumpfsegment (Abb. 882, 890); bei den Malacostraca die weiblichen auf dem 6. und die männlichen auf dem 8. Rumpfsegment (Abb. 830, 900). In der Regel sind diese Öffnungen bei den Weibchen gleichzeitig Begattungs- und Eilegeöffnungen. Es kann aber auch getrennte Öffnungen für beide Funktionen geben (z. B. Copepoda).

Fortpflanzung und Entwicklung

Bei den Crustacea ist das Bild der Fortpflanzungsbiologie besonders bunt, weshalb zusätzlich zu dem folgenden auf weitere Informationen in den Abschnitten über die einzelnen Teilgruppen verwiesen werden muss. Sekundäre Geschlechtsmerkmale, die vornehmlich im Zusammenhang mit Kopula und Brutpflege stehen, können zu einem ausgeprägten Geschlechtsdimorphismus führen. In besonders extremer Form tritt dieser bei sessilen und parasitischen Cirripedia (Abb. 893) sowie parasitischen Copepoda und Isopoda auf

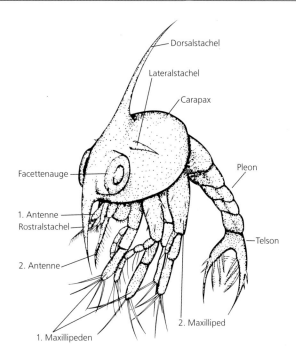

Abb. 835 Decapoda, Brachyura. Zoëa in Laterofrontalansicht. Nach Ho (1987).

(Abb. 934), bei denen die Männchen im Verhältnis zum Weibchen so klein sind, dass sie als Zwergmännchen bezeichnet werden. Zum Ergreifen und Festhalten der Weibchen sind bei den Männchen von Gruppe zu Gruppe verschiedene Anhänge modifiziert (z. B. 1. oder 2. Antenne, 1. Thoracopoden). Dasselbe gilt für Extremitäten in der Nähe der männlichen Geschlechtsöffnung, die Modifikationen im Dienste der Spermaübertragung aufweisen können.

Die Geschlechtsbestimmung und Ausbildung der sekundären Geschlechtsmerkmale der Männchen wird bei den Malacostraca hormonell gesteuert. Die wichtigste Rolle dabei spielt eine epithelial-endokrine Drüse, die androgene Drüse, die subterminal dem Vas deferens aufsitzt. Degeneration der androgenen Drüse kann zur Geschlechtsumwandlung führen (z. B. Tanaidacea). Bei den Weibchen unterliegt die Differenzierung der Gonade selbst keiner hormonellen Steuerung, wohl aber gilt dies für das Auftreten gewisser sekundärer Geschlechtsmerkmale wie z. B. der Oostegite, die bei den Peracarida zur Fortpflanzungszeit unterhalb der Bauchseite eine Brutkammer (Marsupium) bilden (Abb. 920, 931). Vom Ovar produzierte Hormone sind für ihre normale Entwicklung verantwortlich. Außer durch hormonelle Steuerung kann die Geschlechtsbestimmung auch durch äußere Faktoren beeinflusst werden. Bei den Wasserflöhen (Cladocera) können Nahrungsknappheit, Übervölkerung eines Gewässers oder Temperaturabfall bewirken, dass die parthenogenetischen Weibchen damit beginnen, Männchen hervorzubringen (Heterogonie, S. 581).

Die Spermien sehr vieler Crustaceen sind unbegeißelt und unbeweglich. Neben amöboiden Spermien gibt es solche mit teils bizarren Modifikationen, darunter heftzweckenartige, zweigeteilte und vielstachelige. Die befruchteten Eier werden frei abgelegt oder am Körper getragen. Unter den freiabgelegten gibt es solche mit dicker Schale, die lange Perioden der Trockenheit und Kälte überdauern können (S. 574, 576). Der häufigere Fall ist, dass Brutkammern ausgebildet oder die Eier mit Sekreten an Extremitäten angeheftet sind und so lange herumgetragen werden, bis Larven oder Juvenile schlüpfen.

Die **Postembryonalentwicklung** ist bei den Crustaceen ursprünglich ein kontinuierlicher Prozess, bei dem durch teloblastische Sprossung regelmäßig neue Segmente und die dazugehörigen Extremitäten angelegt werden. Abrupte Änderungen zwischen aufeinander folgenden Häutungen, durch die es zur Herausbildung distinkter Phasen in der Larvalentwicklung kommt, sind Reaktionen entweder auf Änderungen in der Lebensweise der Larven oder auf Unterschiede in der Lebensweise zwischen Larve und Adultus. Sind diese Unterschiede besonders groß, wie etwa zwischen pelagischer Larve und benthischem Adultus, kommt es beim Übergang zwischen beiden zu einer echten Metamorphose.

Die meisten Crustacea durchlaufen in ihrer Entwicklung eine Nauplius-Phase (Abb. 834). Bei Arten mit kleinen Eiern markiert das Schlüpfen der Nauplius-Larve das Ende der Embryonalentwicklung. Die Nauplius-Phase kann aber auch – meist bei Arten mit großen Eiern – in diesen durchlaufen, und es können einige oder alle postnauplialen Segmente dort gebildet werden, bis das Tier auf einem fortgeschrittenen Stadium der Entwicklung schlüpft. Der Nauplius hat nur 3 Extremitätenpaare, die 1. und 2. Antennen sowie die Mandibeln (Abb. 696, 834). Mit ihnen muss er sich fortbewegen und seine Nahrung herbeischaffen. Die Mundöffnung wird von einem meist großen Labrum überdacht (Abb. 844). Dem Mandibelsegment schließt sich die Rumpf-Telson-Knospe an, die die Sprossungszone für die noch fehlenden Segmente enthält. An ihrem Ende befindet sich der After, der von der Furka-Anlage eingefasst wird. Ein meist kreisförmiger Rückenschild bedeckt den Körper und trägt maßgeblich zu seinem meist abgeflacht linsenförmigen Aussehen bei.

Bei Anostraca, Notostraca und Cephalocarida gibt es z. B. keine Metamorphose. Durch regelmäßige A n a m e r i e, d. h. durch eine Serie aufeinander folgender Häutungen, nach denen jeweils neue Segmente und Extremitäten hinzugefügt werden, wächst der Nauplius ohne abrupte Veränderungen zum Adultus heran. Erste Ansätze zu einer M e t a m o r p h o s e zeigen sich etwa bei den Copepoda: Die 6 Nauplius-Stadien unterscheiden sich kaum voneinander, die weitere Entwicklung führt dann sprunghaft in die C o p e p o d i d - Phase, deren 1. Stadium dem Adultus schon weitgehend gleicht, so dass im Verlauf von 5 weiteren Häutungen graduell der Adultzustand erreicht wird.

Bei den Decapoda tritt normalerweise eine Metamorphose auf (Abb. 908). Ihre Entwicklung ist auch dadurch modifiziert, dass frühzeitig Strukturen auftreten, die eigentlich zu einem späteren Entwicklungsstadium gehören. Dadurch kommt es zu einer unregelmäßigen Anamerie, bei der später angelegte Segmente gegenüber früher angelegten einen Entwicklungsvorsprung haben. So ist bei der Z o ë a (Abb. 835), der typischen Larve der Decapoda, das Pleon in der Entwicklung voraus, indem es sehr lang und gegliedert, der Thorax hingegen kurz und nur teilweise segmentiert ist. Rücken und Carapax der Zoëa sind in ganzer Länge verwachsen. Die späteren Maxillipeden (1.–2. oder 1.–3. Thoracopoden) dienen der Fortbewegung und dem Nahrungserwerb. Der Zoëa

gehen mit (Ausnahme der Dendrobranchiaten) keine freien Larvenstadien voraus; sie entwickelt sich im Ei.

Bei etlichen Gruppen der „Crustacea", insbesondere solchen, die Brutpflege betreiben (z. B. Cladocera, Ostracoda, Leptostraca, Decapoda, Peracarida), ist die Entwicklung ganz ins Ei verlegt, so dass nach dem Schlüpfen nur noch Größenwachstum und Ausbildung der Geschlechtsorgane stattfinden (E p i m e r i e).

Als Arthropoden müssen sich die Crustaceen periodisch häuten, um wachsen zu können. Die Häutung wird hormonell gesteuert. Die Häutungshormone sind Ecdysteroide, die im Y-Organ gebildet werden. Bei diesem Organ handelt es sich um eine paarige, epithelial-endokrine Drüse, die im Segment der 2. Maxille liegt. Ihre Zellen absorbieren Cholesterol aus der Hämolymphe und wandeln es in Ecdyson, das Häutungshormon, um. Dem Ecdyson entgegen wirkt das häutungshemmende Hormon (MIH = moult-inhibiting-hormone), das die Sekretion, vielleicht sogar die Produktion von Häutungshormon hemmt und die Empfindlichkeit reguliert, mit der Epidermiszellen auf das Häutungshormon reagieren. Das MIH ist ein Neurohormon, das im X-Organ gebildet und in der Sinusdrüse, einem Neurohämalorgan, gespeichert und von ihm freigesetzt wird. Der X-Organ-Sinusdrüsen-Komplex liegt in den Augenstielen (Abb. 831), sofern solche vorhanden sind. Anderenfalls liegt er im Kopf unmittelbar am Gehirn. Bei Nicht-Malakostraken sollen die Sinusdrüsen fehlen.

Systematik

Trotz eines beträchtlichen Anstiegs phylogenetischer Studien über Crustaceen in den zurückliegenden Jahren, vor allem auch mit molekularer Methodik, bleiben wesentliche Fragen umstritten. Neuere molekulare und neuroanatomische Daten machen es jedoch wahrscheinlich, dass die Krebse ein Paraphylum darstellen, da eine ihrer Teilgruppen mit den Insecta ein Schwestergruppen-Verhältnis bildet. „Crustacea" und Insecta sind dann ein Monophylum, das als Tetraconata oder Pancrustacea bezeichnet wird (S. 486, Abb. 698). Kontrovers bleibt die Zahl der höheren Teilgruppen innerhalb der „Crustacea", und völlig ungeklärt ist, wie sie verwandtschaftlich zusammenhängen. Dagegen sind in der Aufklärung der Verwandtschaftsbeziehungen innerhalb einiger höherer Taxa Fortschritte erzielt worden.

Für die bisher angenommene Monophylie der Krebse wurden zwei abgeleitete Eigenmerkmale herangezogen: (1) das äußerlich einheitliche N a u p l i u s a u g e, das durch enges Zusammenrücken von 3 Pigmentbecherocellen entstanden ist (Abb. 693), und (2) der Besitz von 2 Paar N e p h r i d i e n, von denen eines im Segment der 2. Antennen und eines in dem der 2. Maxillen nach außen mündet.

Aus der Entdeckung einer reichen marinen Kleinarthropodenfauna aus dem Oberkambrium (siehe unten), die dank außergewöhnlich günstiger Fossilisationsbedingungen so gut dreidimensional erhalten ist, dass sich selbst kleinste morphologische Details mit dem Rasterelektronenmikroskop erkennen lassen, wurden ebenfalls Merkmale als Autapomorphien der Crustacea gedeutet: Mundregion mit Mundvorraum, der von einem fleischigen, nicht-sklerotisierten Labrum überdacht und caudal von Paragnathen als Bildungen des Mandibelsegments begrenzt wird; Telson mit terminalem After und 1 Paar abgegliederter, paddelartiger Furkaläste. Für diese Merkmale kann allerdings nicht ausgeschlossen werden, dass sie in der Stammlinie der Insecta verloren gegangen sind.

Ein besonderer Fall ist die Deutung der Nauplius-Larve (Abb. 696, 834) als Autapomorphie eines Taxons Crustacea. Es spricht einiges

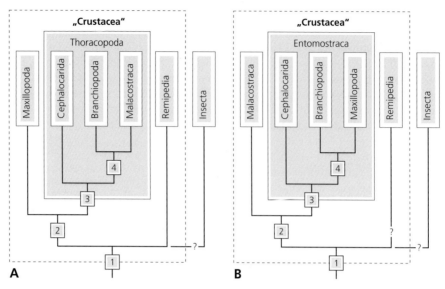

Abb. 836 Alternative Verwandtschaftshypothesen für die „Crustacea". Synapomorphien in **A** [1] Struktur des Naupliusauges; 2 Paar Nephridien in den Segmenten der 2. Antennen und der 2. Maxillen (s. S. 566). [2] Gliederung des Rumpfes in 2 Abschnitte: Thorax (mit), Abdomen (ohne Extremitäten). [3] Thoracaler Filterapparat aus Blattbeinen mit Epipoditen. [4] Weitgehende Umhüllung des Körpers durch zweiklappigen Carapax mit Schließmuskel. Synapomorphien in **B** [1] = [1] in Schema A. [2] ?, wegen unklarer Stellung der Remipedia. [3] Mandibeln ohne Palpus (sekundär bei Maxillopoda als Larvalrelikt); Abdomen beinlos; 1. Maxillen mit 4 Enditen. [4] Dorsalorgan wird zu Organ der Osmoregulation. A Nach Ax (1999); B nach Waloßek (1993).

dafür, dass sie sich in der Stammlinie der Crustacea aus einer Kopflarve mit vier Extremitätenpaaren entwickelt hat, allerdings könnte auch sie in der Stammlinie der Insecta reduziert worden sein. Dagegen spricht jedoch, dass es bei Crustaceen ohne frei lebenden Nauplius ein entsprechendes Embryonalstadium gibt, den so genannten Ei-Nauplius. Das Fehlen solcher embryonaler Spuren bei den Insekten könnte bedeuten, dass es in ihrer Stammesgeschichte nie einen Nauplius gegeben hat.

Gegenwärtig werden 5 höhere Teilgruppen der „Crustacea" unterschieden: **Cephalocarida, Branchiopoda, Maxillopoda, Malacostraca** und **Remipedia**. Während die anderen inzwischen alle gut als Monophyla begründet werden können, sind die Maxillopoda weiterhin umstritten. Mal sollen die Ostracoda dazu gehören, mal nicht. Auch die Einbeziehung der Branchiura/Pentastomida ist nicht unumstritten. Bei dieser Sachlage wundert es nicht, dass bei der Frage der Verwandtschaftsbeziehungen zwischen diesen höheren Subtaxa die unterschiedlichsten Vorstellungen kursieren. Sie können in zwei Alternativen zusammengefasst werden (Abb. 836). Auf der einen Seite wird das traditionelle E n t o m o -
s t r a c a - K o n z e p t vertreten, wobei die Malacostraca als Schwestergruppe den anderen Crustaceen (Cephalocarida, Branchiopoda, Maxillopoda) gegenüber stehen, die aufgrund ihres beinlosen Abdomens, ihrer palpenlosen Mandibeln und ihrer 1. Maxillen mit vier Enditen als Monophylum **Entomostraca** betrachtet werden. Auf der anderen Seite gibt es das T h o r a c o p o d a - K o n z e p t , bei dem Maxillopoda oder auch Remipedia die Schwestergruppe einer monophyletischen Gruppierung (Cephalocarida, Branchiopoda, Malacostraca) sind, die durch den Besitz von Epipoditen und den Umbau der Thoracopoden zu Blattbeinen charakterisiert ist, wodurch ein postcephaler Filterapparat mit Druck- und Saugkammern zwischen aufeinander folgenden Beinen zur microphagen Ernährung entstanden ist. Von diesen beiden

Alternativen gibt es verschiedene Abwandlungen. Von einem einheitlichen Bild der Crustaceen-Stammesgeschichte ist man daher noch weit entfernt.

Das ist anders bei der Rekonstruktion der Verwandtschaftsbeziehungen innerhalb der höheren Teilgruppen der „Crustacea". Sowohl bei Branchiopoda (Abb. 839) als auch bei Malacostraca (Abb. 895) zeichnen sich gut begründete Zusammenhänge ab, denen weiter unten in den entsprechenden Kapiteln nachgegangen wird. Wirklich problematisch bleiben nur die Maxillopoda.

Der Ursprung der „Crustacea" liegt im Dunkeln. Sie haben eine lange Evolutionsgeschichte, die zurück ins Kambrium, wenn nicht bis ins Präkambrium reicht. Die Stammart der Crustaceen muss also vor etwa 570 Millionen Jahren oder früher gelebt haben. Hinweise auf ihr mögliches Aussehen können Fossilien geben. Auf den Glücksfall der Entdeckung ausgezeichnet erhaltener Kleinfossilien aus dem Oberkambrium wurde schon hingewiesen (s. o.). Diese Fossilien („Orsten-Fauna") sind 0,1 bis etwas unter 2 mm groß und verdanken ihren Erhaltungszustand einer Phosphatisierung, d. h. dem Ersatz von ursprünglich organischer Substanz durch Phosphat. Sie können bis in kleine Details unter dem Rasterelektronenmikroskop studiert werden. Unter ihnen gibt es Arten, die sich sogar Teilgruppen der rezenten Crustacea zuordnen lassen: †*Bredocaris admirabilis* (†Orstenocarida) (Abb. 825A) und die †*Skara*-Arten (†Skaracarida) werden als Vertreter der Maxillopoda interpretiert, †*Rehbachiella kinnekullensis* (Abb. 825B) als Vertreter der Branchiopoda. Wenn diese Interpretationen richtig sind, müssen sich alle Teiltaxa der Crustacea bereits im Altpaläozoikum differenziert haben. Andere Vertreter der Orsten-Fauna stellen wohl Stammlinienvertreter der Mandibulata oder der Tetraconata dar.

5.1 Cephalocarida, Hufeisengarnelen

Diese seltenen Kleinkrebse (11 Arten) leben überwiegend im Meer in der Übergangszone zwischen freiem Wasser und

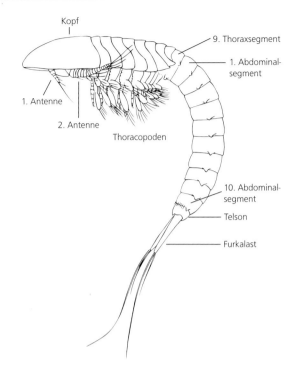

Abb. 837 *Hutchinsoniella macracantha* (Cephalocarida). Lateralansicht. Nach Hessler und Newman (1975).

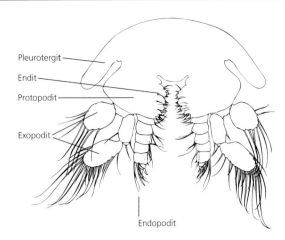

Abb. 838 *Hutchinsoniella macracantha* (Cephalocarida). Thoracopodenpaar. Nach Sanders (1963).

Schlamm, wo sich feine Partikel und flockiger Detritus zwar nicht mehr in freier Suspension befinden, aber auch noch nicht fest sedimentiert sind. Derartige Bereiche gibt es im flachen Wasser (bis 177 Ind. m^{-2}) bis hinunter in die Tiefsee. Entsprechend ausgedehnt ist die Vertikalverteilung der Cephalocariden-Funde. Die Länge der Tiere beträgt um die 3 mm. Sie sind erst in den 1950er Jahren entdeckt worden.

Der lang gestreckte, homonom segmentierte Körper gliedert sich in Kopf, Thorax (9 Segmente), Abdomen (10 Segmente) und Telson mit Furka (Abb. 837). Der hufeisenförmige Kopf ist von einer geschlossenen Duplikatur (Kopfschild) umrandet, die die Basen der Kopfextremitäten überdacht. Auf der Ventralseite befindet sich ein großes Labrum. Vorn entspringen die einästigen 1. Antennen, die 2. Antennen sind zweiästig und liegen paroral. Die Mandibeln haben bei erwachsenen Tieren keinen Palpus. Bemerkenswert ist, dass die 2. Maxillen wie die Thoracopoden gebaut sind.

Die Thoraxsegmente sind beidseitig in ventrolaterad gebogene Duplikaturen, die Pleurotergite, verlängert. Die 1.–7. Thoracopoden sind flache, konkave Blattbeine (Abb. 838), die aus einem breiten, unsegmentierten Protopoditen mit 5–6 Enditen, einem sechsgliedrigen Endopoditen und einem breitflächigen, zweiteiligen Exopoditen bestehen. Die 8. Thoracopoden haben keinen Endopoditen und nur schwach ausgebildete Enditen, die 9. sind winzig und tragen die Eier. Die Thoracopoden dienen der Fortbewegung und dem Nahrungserwerb. Sie schlagen metachron, wobei die 8. Thoracopoden beginnen. Beim Schwimmen ist die Rückenseite nach oben gekehrt.

Bei *Hutchinsoniella macracantha* sind zwei Schlagmodi beobachtet worden. Ist das Tier in Bewegung, beteiligen sich Kopf- und Thoraxextremitäten, und der metachrone Schlag ist rasch und kräftig. Ist das Tier in Ruhe, sind nur Thoracopoden und 2. Maxille aktiv, und der Schlag ist langsam und schwach. Der metachrone Schlag bewirkt, dass aufeinander folgende Beine auseinander weichen und zwischen ihnen eine Kammer entsteht. Diese ist vorn und hinten durch die flächigen Protopoditen begrenzt, lateral durch das Pleurotergit sowie durch laterale und distale Teile der Exopoditen, die nach hinten klappen. Der Unterdruck in der sich öffnenden Kammer bewirkt, dass Wasser in sie hineingesogen wird. Wegen der Begrenzung der Kammer kann Wasser nur von der Medianseite in sie eintreten. Dabei muss es gefiederte, nach hinten gerichtete Borsten der Enditen und proximalen Endopoditenglieder passieren. Von diesen Borsten wird Geschwebe abgefangen, das sich im Wasser befindet und von Endopoditen und 2. Antennen aufgewirbelt worden war. Nach vorne gerichtete Borsten der Enditen und proximalen Endopoditenglieder des nächstfolgenden Beinpaares bürsten das Geschwebe in den Medianraum zwischen den Beinen, von wo es bei der nächsten Sogphase nach dorsal gewaschen wird. Dadurch gelangt es in den Bereich paariger Dornen an den proximalen Enditen, die den Transport nach vorn zur Mundöffnung besorgen. Bewegen sich die Beine wieder aufeinander zu, verkleinern sich die Kammern zwischen ihnen und das darin befindliche Wasser drückt laterale und distale Teile des Exopoditen zur Seite, so dass es lateral und ventral nach hinten entweichen kann. Dabei entsteht ein Schub, der das Tier nach vorne bewegt. Dieser Mechanismus der mit Nahrungserwerb kombinierten Fortbewegung ähnelt dem bei Vertretern der Branchiopoda.

Das Nervensystem hat Strickleiterform. Dem Gehirn der augenlosen Tiere fehlen Sehzentren, dagegen sind die primären und insbesondere die sekundären Riechzentren so hoch organisiert wie bei keinem anderen Krebs. Die Ganglien des Mandibelsegments und die der beiden Maxillensegmente sind zu einem Unterschlundganglion verschmolzen. Das 9. und 10. Abdominalsegment sind ohne Ganglien. Der Darm ist ein einfaches Rohr. Die larvalen Antennennephridien werden während der Entwicklung durch Maxillennephridien ergänzt. Das schlauchförmige Herz erstreckt sich mit 3 Ostienpaaren dorsal durch die Rumpfsegmente 2 bis 4. Herzarterien fehlen.

Cephalocarida sind simultane Zwitter. Die paarigen Ovarien liegen im Kopf. Der Ovidukt erstreckt sich durch die ganze Länge des Tieres, biegt nach vorne um und vereinigt sich mit dem gleichseitigen Vas deferens zu einem gemeinsamen Ausführgang, der auf dem Protopoditen des 6. Thoracopoden mündet. Die paarigen Hoden liegen bei *Hutchinsoniella* im 7.–12. Rumpfsegment und sind vorne miteinander verwachsen. Von dieser Brücke entspringen die Vasa deferentia, die nach vorn ins 6. Rumpfsegment zu ihrer Vereinigung mit den Ovidukten ziehen. Es werden maximal 2 große, dotterreiche Eier gleichzeitig hervorgebracht. Aus ihnen schlüpft ein Metanauplius. Die Postembryonalentwicklung umfasst 12 (*Lightiella*) bzw. 18 (*Hutchinsoniella*) praeadulte Stadien.

Hutchinsoniella macracantha, 3 mm (Abb. 837). Atlantikküste Nordamerikas und Brasiliens. Zwei große Eier, in 2 Eisäckchen am Körper des Weibchens getragen. Pflanzt sich nur in den Sommermonaten fort. – *Lightiella incisa*, 2,5 mm. Küste von Puerto Rico und Barbados in Wohnröhren decapoder Krebse und im Sediment zwischen *Thalassia*-Beständen. Mit 1 Paar dorsaler Stacheln auf dem Telson. Fortpflanzung vermutlich ganzjährig.

5.2 Branchiopoda, Kiemenfüßer

Aus marinen Vorfahren hat sich schon im Kambrium diese Gruppe typischer Süßwasserbewohner entwickelt, von der die einen in Extrembiotopen (Temporär- und Binnensalzgewässern), die von Konkurrenten gemieden werden, dank trockenresistenter Dauereier haben überleben können, während die anderen dank geringer Körpergröße, rascher Reproduktion, Parthenogenese und sehr effektiver Nahrungsaufnahmemechanismen auch in permanenten Gewässern trotz des dort herrschenden Feinddrucks erfolgreich sind. Einige von ihnen sind sekundär ins Meer zurückgekehrt. Die Unterschiede zwischen den Teilgruppen der Branchiopoda in Bau und Lebensweise sind beträchtlich. Dennoch besteht an der Monophylie der Gruppe aufgrund des speziellen Filterapparates, des Baus der Nauplius-Larven und der spezifischen Spermienstruktur kein Zweifel. Eine Hypothese der Verwandtschaftsbeziehungen innerhalb der Branchiopoda zeigt Abb. 839. Ein Taxon Conchostraca, in dem man früher Laevicaudata und Spinicaudata zusammenfasste, gibt es nicht mehr. Es ist paraphyletisch.

5.2.1 Anostraca, Feenkrebse

Anostraca leben in ephemeren Binnengewässern, in polaren Regionen in permanenten Wasseransammlungen, die arm an potenziellen Feinden sind, oder in hypersalinen Gewässern. Die Gruppe ist weltweit mit 250 Arten vertreten. Die lang gestreckten Krebse haben eine Länge von 15–30 mm, maximal bis zu 10 cm.

Der Kopf ist kurz und sein Kopfschildrand so stark reduziert, dass er schildlos wirkt (Abb. 840). Der Thorax hat 13 (aber auch 6–8 zusätzliche) Segmente, das Abdomen 6. Es folgt ein Telson mit flachen Furkalästen. Die 1. Antennen sind röhrenförmig und nicht gegliedert. Die wesentlich größeren 2. Antennen sind ebenfalls ungegliedert, auffallend geschlechtsdimorph und dienen nicht der Fortbewegung. Bei den Männchen sind sie oft zangenartig. An ihrer Basis entspringt ein gefiederter oder geweihartig verzweigter Stirnfortsatz unbekannter Funktion (Abb. 841). Bei der Kopula schwimmt das Männchen unter das Weibchen und umgreift es mit den 2. Antennen.

Es sind gewöhnlich 11 Beinpaare (aber auch 17 oder 19) in Gestalt von Blattbeinen (Abb. 829) vorhanden. Am Proto-

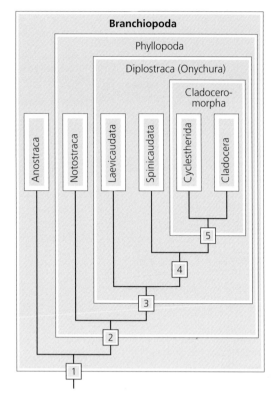

Abb. 839 Verwandtschaftsbeziehungen innerhalb der Branchiopoda. Synapomorphien: [1] Spezieller Filterapparat; Bau der Nauplius-Larve; spezifische Struktur der Spermien. [2] Phyllopoda: Versenkte Komplexaugen; Beteiligung von Nährzellen an der Oogenese; Naupliusauge aus 4 Ocellen. [3] Diplostraca (Onychura): 1. Thoracopoden der Männchen mit Klammerhaken zur Verankerung am Weibchen; Anheftung von Eiern (Embryonen) an dorsale fadenförmige Anhänge der Exopoditen einiger Thoracopoden der Weibchen; Furkaläste als rückwärts gebogene Klauen; Zuwachsstreifen auf dem Carapax durch Verbleib des alten Carapax auf dem größeren neuen nach der Häutung; kräftige zweiästige 2. Antennen zur Fortbewegung. [4] fünfteiliger Kristallkegel. [5] Cladoceromorpha: Lebenszyklus mit Heterogonie; Bildung eines Ephippiums (bei *Cyclestheria hislopi* der gesamte Carapax, bei Anomopoda nur ein Teil davon, bei Ctenopoda, Onychopoda, Haplopoda sekundär verlorengegangen). Nach verschiedenen Autoren.

poditen befinden sich innen mehrere nach hinten gerichtete Enditen, die mit Borstenkämmen ausgestattet sind. Außen sitzen 2 Exiten, von denen der distale eine Kieme ist. Auf diese folgt der Exopodit. Der Endopodit ist mit dem Protopoditen verschmolzen. Beide Beinreihen sparen zwischen sich eine Gasse aus (Abb. 842), deren Boden von einer tiefen, engen Bauchrinne gebildet wird. Die Gasse wird beidseits von den nach hinten gerichteten Enditen mit ihren Borstenreihen gesäumt, die als Filter für den Nahrungserwerb fungieren.

Wie Untersuchungen mit Hochgeschwindigkeitskameras ergeben haben, weicht der tatsächliche Ablauf der Beinbewegungen von bisherigen Lehrbuchdarstellungen in wichtigen Details ab. Das liegt vor allem an der Vernachlässigung einer Eigenschaft der Beine in diesen Darstellungen: ihrer beachtlichen Flexibilität. Das Fehlen von Gelenken (nur der Exopodit ist am Protopoditen eingelenkt) eröffnet Möglichkeiten der Präzision und Feinregulierung, die anderen Crustaceen (außer den Cladoceren) verschlossen sind.

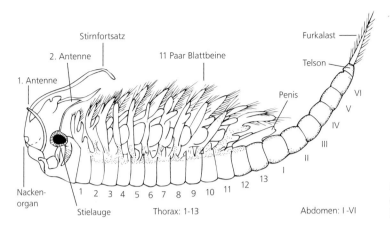

Abb. 840 Lateralansicht des Männchens von *Branchipus schaefferi* (Anostraca) in natürlicher Schwimmlage. Nach Nourisson und Thiery (1988).

Die Bewegung der Beine ist metachron (Abb. 843), wobei das hinterste (11.) Beinpaar mit der Vorwärtsbewegung beginnt. Trifft es auf das vor ihm liegende 10. Beinpaar, beginnt auch dieses sich nach vorn zu bewegen. Beide zusammen treffen dann auf das 9. Beinpaar, das sich der Vorwärtsbewegung anschließt usw. So entsteht eine Welle der Vorwärtsbewegung, an der 6 Beinpaare mit etwa gleicher Geschwindigkeit beteiligt sind. Diese liegen nicht nur dicht beieinander, sondern ihre distalen Abschnitte sind weit nach hinten gebogen. Ihre Länge beträgt jetzt nur 65 % der Länge des vollständig gestreckten Beins. Zusätzlich werden die Beine so gedreht, dass ihre Fläche nicht im rechten Winkel zur Körperlängsachse liegt, sondern schräg dazu mit der Innenkante nach vorn. Dies zusammen bewirkt, dass dem Wasser möglichst wenig Widerstand geboten wird. Etwa zu dem Zeitpunkt des Einziehens des 5. Beinpaares in die Vorwärtswelle ist das 11. Beinpaar am Ende der Vorwärtsbewegung angelangt und beginnt mit dem Schlag in die Gegenrichtung. Dadurch entsteht zwischen ihm und dem 10. Bein eine Lücke oder Kammer, in die Wasser aus der Umgebung einströmt. Da der entstehende Unterdruck dazu führt, dass die Exite des 10. Beines nach hinten geklappt werden und so die Kammer abdichten, während sie oben von dem nach hinten geklappten distalen Teil des 10. Beines abgedeckt ist, kann Wasser nur an der Innenseite aus der Gasse in die Kammer eintreten. Dabei muss es die Enditenborsten passieren, die den sich auftuenden Spalt zwischen den Beinen überdecken. Im Wasser mitgeführtes Geschwebe bleibt auf den Borstengittern hängen und wird anschließend von anderen Borsten in die ventrale Futterrinne gebürstet. Dort sorgen die Borsten der Gnathobasen für den Weitertransport in Richtung Mundöffnung. Es ist unklar, ob daran auch eine Wasserströmung in der Futterrinne beteiligt ist. In der Nähe des Labrums angekommen, werden die Nah-

rungspartikel durch Schleim aus Drüsen des Labrums miteinander verklebt und von den 1. Maxillen den Mandibeln zugeschoben.

Vor Beginn des Rückwärtsschlages werden die Beine zurückgedreht, so dass sie jetzt im rechten Winkel zur Körperlängsachse stehen und dem Wasser die volle Breitseite bieten (Abb. 843). Dies hat auch den Effekt, dass sich die Kammer zwischen den Beinen an der Innenseite schneller öffnet als außen und Wasser vornehmlich aus der medianen Gasse angesogen wird. Dieser Sog ist entlang der Beinreihe immer dort am größten, wo sich gerade eine Lücke zwischen den Beinen auftut. Da dies sukzessive von hinten nach vorn geschieht, wandert auch die Zone maximalen Sogs beständig von hinten nach vorn entlang der Beinreihe und führt zu einem kontinuierlichen Wasserstrom.

Wenn auch das 10. Beinpaar und die übrigen Paare mit dem Rückwärtsschlag beginnen, werden die Kammern zwischen ihnen allmählich zusammengequetscht. Durch den Gegendruck des Wassers sowie durch Muskelzug werden die Beine gestreckt und die Exiten klappen

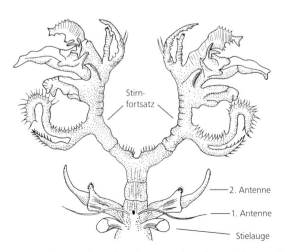

Abb. 841 Kopfpartie des Männchens von *Dendrocephalus cervicornis* (Anostraca). Nach Daday de Dees aus Meisenheimer (1921).

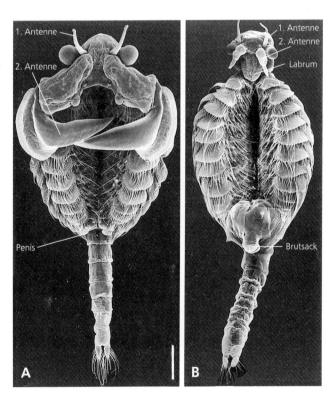

Abb. 842 *Artemia* sp. (Anostraca). Ventralansichten. **A** Männchen. **B** Weibchen. REM-Fotos. Maßstab: 500 µm. Originale: A. Schrehardt, Erlangen.

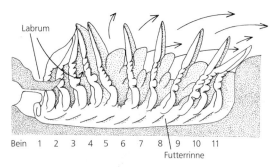

Labrum

Bein 1 2 3 4 5 6 7 8 9 10 11
Futterrinne

Abb. 843 Idealisierte Darstellung der in Bewegung befindlichen Beine eines Anostraken zu einem bestimmten Zeitpunkt des Bewegungszyklus. Das Tier ist sagittal geschnitten, sodass der Blick frei wird auf die Medianseite der Beine. Die nach hinten gerichteten Borstengitter an den Enditen sind weggelassen. Das Tier schwimmt nach links mit dem Rücken nach unten. Die Pfeile geben Strömungen an. Das 4. Bein streckt sich. Das 5. Bein ist voll ausgestreckt und kurz vor dem Rückwärtsschlag. Das 6. Bein hat damit begonnen, das 7. und 8. Bein sind (mit höherer Geschwindigkeit) auch dabei. Der distale Teil des 9. Beins ist noch beim Rückwärtsschlag, während sein proximaler Teil schon damit fertig ist und sich dem Vorwärtsschlag des 10. und 11. Beins anschließt. Das 1.–3. Bein sind noch beim gemeinsamen Vorwärtsschlag. Zwischen 3. und 4. Bein bildet sich eine Saugkammer, da das 4. Bein mit dem Vorwärtsschlag fertig ist, das 3. noch nicht, sodass sie sich voneinander entfernen. Die Kammer wird noch größer, sobald das 4. Bein mit dem Rückwärtsschlag beginnt. Verändert nach Cannon (1933).

auf. Das Wasser entweicht nach oben sowie seitwärts nach hinten und dient dabei der Fortbewegung. Anostraken sind also ausdauernde Schwimmer, die dies mit dem Rücken nach unten tun, wobei Fortbewegung und Nahrungsaufnahme miteinander kombiniert sind. Es können Nahrungspartikel filtriert werden, die im Wasser suspendiert sind, es können aber auch Partikel vor der Filtration vom Boden aufgewirbelt werden. Einige sehr große Arten verlieren, wenn sie zur vollen Größe herangewachsen sind, die Fähigkeit zu filtrieren und werden Räuber, die andere Crustaceen, auch andere Anostraken, jagen.

Das Nervensystem ist sehr ursprünglich. Das Tritocerebrum liegt hinter dem Mund, also weit vom Oberschlundganglion entfernt. Die übrigen Ganglien sind Bestandteile eines typischen Strickleitersystems. Das Naupliusauge besteht aus 3 Bechern. Die lateralen Komplexaugen sind gestielt und beweglich. Adulti haben Maxillardrüsen. Kiemen an den Blattbeinen dienen auch der Osmoregulation. Das Herz reicht vom Segment der 2. Maxillen bis ins letzte Körpersegment und hat wenigstens 18 Ostienpaare. Die Ovarien sind paarig. Die Ovidukte münden in einen blasenförmigen Brutsack, der von den angeschwollenen Sterniten der beiden letzten Thoraxsegmente gebildet wird (Abb. 842B). Von den paarigen Hoden führen die Vasa deferentia zu paarigen Penes auf dem vorletzten Thoraxsegment. Die Eier sind trockenresistent (von *Artemia salina* im Aquarienhandel). Aus ihnen schlüpfen Nauplien (Abb. 844). Die Postembryonalentwicklung ist anamorph mit graduellem Übergang von den larvalen zu den adulten Mechanismen der Nahrungsaufnahme und Fortbewegung.

Artemia salina (Artemiidae), 1,5 cm (Abb. 842). In salzigen Binnengewässern (erträgt einen Salzgehalt von 4 bis 20 %), Aquarianern als Fischfutter bekannt. Fortpflanzung in Deutschland nur parthenogenetisch. Die Art galt früher als kosmopolitisch; elektrophoretische Untersuchungen und Chromosomenstudien haben einen Komplex

Abb. 844 *Artemia* sp. (Anostraca). Ventralansicht eines Metanauplius (6. Larvenstadium). Ballonförmige Oberlippe (Labrum) überdeckt Mundöffnung und Mandibeln. REM. Maßstab: 200 µm. Original: A. Schrehardt, Erlangen.

von mehr als 6 Arten erbracht. – *Branchipus schaefferi* (Branchipodidae), 2,3 cm (Abb. 840). Von April bis September in Tümpeln und Gräben im offenen Gelände. – *Siphonophanes grubei* (Chirocephalidae), 2,9 cm. Frühjahrsform in Wasseransammlungen, die sich nach der Schneeschmelze bilden.

5.2.2 Notostraca, Rückenschaler

Diese Krebse sind Bewohner temporärer, stehender Gewässer, kommen aber in arktischen Breiten auch in Seen vor, sofern der Feinddruck dort gering ist. Sie halten sich dicht über dem Boden auf oder graben sich auf der Suche nach Nahrung in weiches Substrat und ernähren sich omnivor von Detritus, kleinen Benthostieren und Pflanzenteilen. In Reisfeldern können sie zur Plage werden, weil sie Reissämlinge abfressen. Sie schwimmen mit der Ventralseite nach unten über den Boden. Auch wenn sie sich auf der Flucht vor Feinden (etwa Dytiscidenlarven) ins freie Wasser erheben oder dort Beute machen (z. B. Daphnien), behalten sie diese Lage bei, obgleich sie auch umgekehrt schwimmen können. Notostraca leben überwiegend im Süßwasser, kommen aber auch in leicht brackigem Milieu vor. Die rezenten 11 Arten sind über alle Kontinente verteilt, mit Ausnahme der Antarktis.

Bau und Leistung der Organe

Viele Baueigentümlichkeiten haben mit der benthischen Lebensweise zu tun. Der vordere Teil des Körpers wird vom Kopfschild überwölbt (Abb. 845). Er schützt die Extremitäten, und sein Vorderrand dient als Pflug beim Eingraben. Der Rumpf besteht aus 25–44 Segmenten, von denen die letzten 4–14 keine Extremitäten tragen.

Die 1. Antennen und (wenn vorhanden) 2. Antennen sind kurz und einästig. Die massigen Mandibeln und zweigliedri-

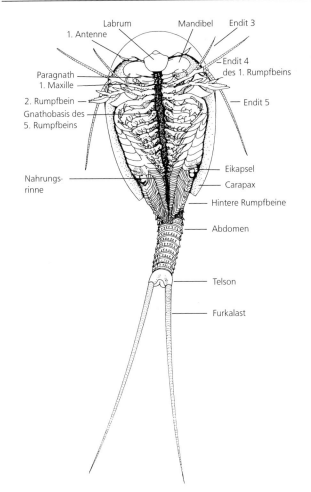

Abb. 845 Ventralansicht des Weibchens von *Triops cancriformis* (Notostraca). Nach Fretter und Graham (1976).

gen 1. Maxillen können echte Beißbewegungen ausführen. Die 2. Maxillen sind zu einfachen Loben reduziert. Es sind 35–71 Paar Rumpfextremitäten vorhanden, die ab dem 12. Beinpaar zunehmend blattbeinartig werden (Abb. 845). Die vorderen 11 Segmente tragen je 1 Extremitätenpaar. Dahinter

können es pro Segment bis zu 6 Extremitätenpaare sein (Polypodie).

Jedes Bein trägt am Protopoditen eine Gnathobasis mit kurzen kräftigen und mit langen schlanken, nach vorne gerichteten Borsten sowie 4 weitere, deutlich getrennte Enditen, die am 1. Beinpaar verlängert sind (Abb. 846) und die Antennen funktionell ersetzen. Endo- und Exopoditen sind eingliedrig und plattenartig. Die Form der Exopoditen ändert sich von Bein zu Bein, da jeder einen anderen Abschnitt der Carapaxunterseite beim Schlagen der Beine bürstet und sauber hält. Die hinteren Beine folgen dichter aufeinander als die vorderen und werden nach hinten immer kleiner. Ihr Endopodit ist paddelartig; ihm fehlt die innen gezähnte Terminalklaue der vorderen Beine, und die Enditen nehmen im Verhältnis zum Exopoditen so an Größe ab, dass der Exopodit an den hintersten Beinpaaren das auffälligste Element ist.

Nur die vorderen Beine haben beim Schreiten, Graben oder Schwimmen über dem Boden mit diesem Kontakt, die hinteren werden über ihn erhoben, um unbehindert einen Atemwasserstrom erzeugen zu können. Bei einem ruhenden Tier, das sich mit den Endopoditen der 2.–6. Beinpaare abstützt, strömt das Wasser von anterolateral in den Raum zwischen den gegenüberliegenden Beinen und posterolateral wieder nach draußen. Hauptmotor sind an den hinteren Beinen die Exopoditen, die mit großer Geschwindigkeit und geringer Amplitude schlagen. Unterstützung erhalten sie von den 5.–11. Beinpaaren. Die Beine davor beteiligen sich nicht. Zwischen gegenüberliegenden Beinen ist eine Gasse ausgespart, die vorne weit ist, nach hinten schmaler wird und sich hinter dem 11. Beinpaar zu einem dünnen Schlitz verengt. Die Seitenwände der Gasse werden von einem Netzwerk von Enditenborsten gebildet, die im Bereich der vorderen Beine nur grobe Partikel zurückhalten, wenn ein Wasserstrom durch sie hindurchzieht. Im hinteren Bereich ist das Netzwerk enger, weil dort die Beine dicht gepackt aufeinander folgen, so dass hier feineres Material zurückgehalten werden kann.

Diese Zweiteilung des Fangapparates ermöglicht es den Notostraca, sich sowohl von kleinen Organismen als auch von feinem Detritus zu ernähren, der durch die Grabaktivität der vorderen Beine aufgewirbelt wird. Kleinere Tiere (z. B. Chironomidenlarven, Kaulquappen) werden von den Endopoditen und distalen Enditen umschlossen, die durch hydrostatischen Druck gestreckt und durch Flexoren gebeugt werden. Die Beute wird dann gegen die Gnathobasen gedrückt, die sich unabhängig vom Rest des Beines bewegen können. Von den Gnathobasen wird die Beute nicht nur zerdrückt und zerzupft, sondern auch von einer zur nächsten nach vorne weitergereicht, wo 1. Maxillen und Mandibeln die Zerkleinerung vollenden.

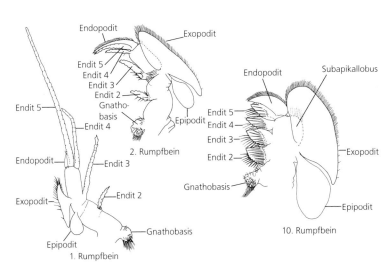

Abb. 846 Rumpfbeine von *Lepidurus apus* (Notostraca). Caudalansicht des rechten 1. Rumpfbeins, ansonsten linke Beine. Nach Fryer (1988).

An der Aufnahme feinen Materials sind vor allem die hinteren Beine beteiligt. Durch Abkratzen mit den vorderen Beinen von Steinen und Pflanzen oder Aufwirbeln vom Boden wird feines Material in Suspension gebracht und durch rhythmisches Schlagen der Beine in die Gasse zwischen den hinteren Beinen gesogen. Dort sind die Borstenwände engmaschiger und halten feine Partikel zurück, die nach oben in eine flache mediane Bauchrinne, die Nahrungsrinne, gebürstet werden. Dort sorgen die langen schlanken Borsten der Gnathobasen dafür, dass das sich ansammelnde Material Richtung Mund geschoben wird.

Die Komplexaugen befinden sich median dicht beieinander nahe dem Vorderrand des Kopfes. Das Naupliusauge besteht aus 4 Bechern.

Fortpflanzung und Entwicklung

Bei einigen Arten kommt bisexuelle Fortpflanzung vor, bei anderen haben die „Weibchen" Zwittergonaden und können sich bei Fehlen von Männchen als selbstbefruchtende Hermaphroditen fortpflanzen. Die Eier werden von Weibchen und Hermaphroditen vorübergehend in einem Eibehälter am 11. Beinpaar getragen. Der uhrglasförmige Deckel des Eibehälters ist der Exopodit, der ebenfalls uhrglasförmige Boden entsteht aus dem Subapikallobus (Abb. 846), einem Anhang am distalen Außenrand des Protopoditen. In die Eibehälter werden vermutlich Sekrete abgegeben, während die Eier darin verweilen. Aus den Behältern fallen die Eier entweder zu Boden, oder sie werden an Vegetation oder festes Substrat angeklebt. Sie sind resistent gegen Austrocknung. Es schlüpfen Nauplien, die in kurzer Zeit unter vielen Häutungen (bei *Triops* bis zu 40) heranwachsen.

Lepidurus arcticus, 45 mm. Nur in kalten Regionen, beschränkt auf arktische und subarktische Bereiche. Lebt auch in permanenten Gewässern und nicht nur in temporären. Gräbt sich manchmal in weichen Schlamm ein. Große, rosa gefärbte Eier, die mit einer klebrigen Schicht umgeben sind und an Vegetation angeheftet werden. – *Triops cancriformis*, 75 mm (Abb. 845). Braucht mehr Wärme als die vorige Art, deshalb Sommerform. Erscheint erst im April und bringt bis September mehrere Generationen hervor. Toleriert niedrige Sauerstoffspannungen. Hämoglobin.

5.2.3 Laevicaudata, Glattschwänze

Diese artenarme Gruppe (ca. 40 Arten) lebt in temporären Wasseransammlungen, wo sich ihre Arten meist am Boden

aufhalten, häufig aber auch für kurze Zeit im Wasser umherschwimmen. Die Länge der Tiere beträgt wenigstens 6 mm bei den Weibchen. Männchen sind kleiner. Die Arten verteilen sich auf alle Kontinente mit Ausnahme der Antarktis und der nördlichen Polarregionen.

Der Körper besteht aus Cephalon und Rumpf mit konstant 12 Segmenten bei den Weibchen (Abb. 847) und 10 bei den Männchen. Das Telson ist nur mit kleinen Stacheln besetzt und ohne kräftige Klauen. Das große Cephalon ist mit einem Kopfschild bedeckt und kann aufgrund einer gelenkigen Verbindung mit dem Rumpf aus dem Carapax vorgestreckt werden, der ansonsten den ganzen Körper umschließt. Er ist kugelig, mit glatter Oberfläche, ohne eine größere Zahl von Wachstumsstreifen. Seine beiden Klappen haben ein dorsales Scharnier und einen Schließmuskel zur Regulierung der Spaltbreite zwischen ihnen.

Die 2. Antennen sind groß und zweiästig. Endo- und Exopodit haben stets mehr als 10 Glieder, und jedes davon hat nur eine einzige lange Schwimmborste. Am Schwimmen sind auch die Blattbeine des Rumpfes beteiligt, von denen jedes Rumpfsegment 1 Paar trägt (Weibchen 12, Männchen 10). Sie stehen eng beieinander und sind in Größe und Form von vorn nach hinten etwas verschieden, wobei sich insbesondere die Bewehrung der Gnathobasen ändert. Nicht alle Beine haben Filter, wohl aber einen Epipoditen und gut ausgebildeten Exopoditen. Der Funktionsmechanismus der Beine ähnelt dem der Spinicaudata.

Komplexaugen sind vorhanden und können einander berühren. Das Naupliusauge ist groß und hat 4 Becher.

Die paarigen Gonaden sind gestreckt. Ovidukte und Vasa deferentia münden auf dem 11. Extremitätenpaar des Rumpfes. Bei den Männchen ist das 1., manchmal auch das 2. Beinpaar zum Ergreifen des Weibchens modifiziert. Trockenresistente Dauereier werden in großer Menge produziert und in Klumpen von Dorsalanhängen an den Exopoditen der 9. und 10. Beinpaare gehalten. Sie gelangen ins Freie, wenn das Weibchen sich wieder häutet. Aus ihnen schlüpft bei den *Lynceus*-Arten ein abgewandelter Nauplius mit großem, breiten Kopfschild und auffälligen lateralen Zipfeln am Vorderende.

Lynceus brachyurus, 6,5 mm (Abb. 847). Meist am Boden des Gewässers, schwimmt aber auch für kurze Zeit rückenabwärts umher, wobei

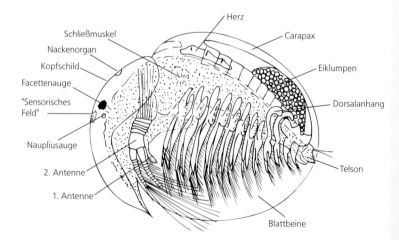

Abb. 847 Lateralansicht des Weibchens von *Lynceus brachyurus* (Laevicaudata), linke Carapaxhälfte entfernt. Nach Sars (1896) aus Herbst (1962).

neben 2. Antennen auch Blattbeine mitwirken. Während des Schwimmens wird Nahrung (Plankton) aufgenommen.

5.2.4 Spinicaudata, Dornschwänze

Vertreter dieser Gruppe findet man am Boden oder eingewühlt im Schlamm periodisch austrocknender Gewässer. Die Länge der Tiere beträgt meist mehr als 10 mm. Die Verbreitung der Gruppe mit ihren etwa 180 Arten erstreckt sich auf das Süßwasser aller Kontinente mit Ausnahme der Antarktis und der nördlichen Polarregionen.

Der Körper ist in einem zweiklappigen Carapax versteckt, aus dem nur die 2. Antennen und Teile des Telsons hervorragen können (Abb. 848). Konzentrische Streifen, die dadurch entstehen, dass der Carapax nicht mitgehäutet wird, sondern mit dem neu gebildeten größeren verhaftet bleibt, machen es leicht, die Spinicaudata von Laevicaudata zu unterscheiden, bei denen der glatte Carapax ebenfalls den Körper verhüllt. Ein Schließmuskel führt die klaffenden Carapaxhälften zusammen. Der Körper ist nur am Hinterkopf mit dem Carapax verwachsen. Der kleine Kopf kann nicht aus dem Carapax hervorgestreckt werden. Der Körper ist kurz, besteht aber aus bis zu 32 Segmenten, an die sich ein Telson anschließt. Das Telson ist dorsal mit Sinnesborsten und terminal 1 Paar kräftiger Klauen versehen.

Die ein- oder zweigliedrigen 1. Antennen sind fingerförmig und beweglich, die 2. Antennen sind groß und zweiästig, mit zahlreichen Schwimmborsten an jedem Glied von Exo- und Endopodit, so dass sie der Fortbewegung dienen, an der auch die Beine beteiligt sein können. Jedes Segment des Körpers trägt 1 Extremitätenpaar vom Blattbeintyp, wenigstens 16, maximal 32 sind vorhanden. Die Extremitäten nehmen von vorn nach hinten an Größe ab. Wenn auch alle generell sehr ähnlich gebaut sind, so unterscheiden sich doch die vordersten und hintersten Paare beträchtlich in den Details. Insbesondere an den Gnathobasen ändert sich die Bewehrung von vorn nach hinten. Von den Beinen wird ein Nahrungs-Atemwasserstrom erzeugt, der dadurch zustandekommt, dass die Beine – ähnlich wie bei den Anostraca – bei ihrer Bewegung Saugkammern bilden. Das einströmende Wasser wird mit Borsten filtriert.

Ein Paar Komplexaugen sind vorhanden. Das relativ große Naupliusauge hat 4 Becher.

Die Fortpflanzung ist überwiegend bisexuell, gelegentlich auch parthenogenetisch. In beiden Fällen werden trockenresistente Dauereier produziert. Das Männchen ergreift das Weibchen mit den zu Greiforganen umgewandelten ersten beiden Beinpaaren. Die Eier sind klein und werden in großer Zahl (in einigen Fällen mehr als 2 000) hervorgebracht und in Klumpen an Dorsalfilamenten des 9., 10. oder 11. Beinpaares befestigt. Bei der nächsten Häutung werden die Eier frei. Aus ihnen schlüpfen Nauplien mit zurückgebildeten 1. Antennen.

Limnadia lenticularis (Limnadiidae), 17 mm (Abb. 848). Liegt seitlich auf dem Gewässerboden und filtriert Plankton oder Detritusteilchen, die durch den von den Blattbeinen erzeugten Sog von Pflanzen oder der Sedimentoberfläche gerissen werden. Schwimmt mit dem Rücken nach oben mithilfe der 2. Antennen; parthenogenetisch. Männchen sehr selten.

5.2.5 Cyclestherida

Das Taxon ist nur durch eine einzige Art vertreten: *Cyclestheria hislopi* ist eine pantropische Art, die ungefähr zwischen den Breitengraden 30°N und 35°S vorkommt. Sie bewohnt ephemere Wasseransammlungen (allerdings nicht solche, die nur sehr kurzfristig existieren) und tritt in ihnen auf, nachdem verwandte Arten schon daraus verschwunden sind. Sie fehlt nicht in permanenten stehenden Gewässern, wo sie sich zwischen Algenmatten oder anderen Wasserpflanzen aufhält. Weibchen erreichen eine Länge von 5 mm, Männchen sind deutlich kleiner (1,2–1,7 mm).

Der Körper besteht aus dem Cephalon, dem Thorax mit 16 Segmenten bei den Weibchen und 15 bei den Männchen sowie dem Telson (auch Postabdomen genannt), das neben einem Paar Borsten mit einer Doppelreihe von bis zu 7 kräftigen Stacheln bewehrt ist, die nach hinten länger und deutlicher gebogen werden (Abb. 849). Unter dem letzten Stachelpaar inserieren die beweglichen Furkalklauen. Ein Carapax hüllt den gesamten Körper ein, aus dem bei der Fortbewegung der Vorderkopf mit den Antennen und das Telson herausgestreckt werden können. Körper und Carapax sind nur am Hinterkopf miteinander verwachsen. Der Carapax besteht aus 2 konzentrisch gestreiften Schalenhälften, die durch einen Schließmuskel hinter den Mandibeln verbunden sind. Die eingliedrigen 1. Antennen liegen hinter den 2. Antennen, sind terminal verbreitert und beweglich. Die 2. Antennen mit ihren beiden siebengliedrigen Ästen dienen dem Schwimmen. Jedes Körpersegment trägt ein Paar Blattbeine, die sich im Bau kaum unterscheiden, aber nach hinten an Größe abnehmen. Der Funktionsmechanismus der Beine gleicht dem bei Vertretern der Spinicaudata.

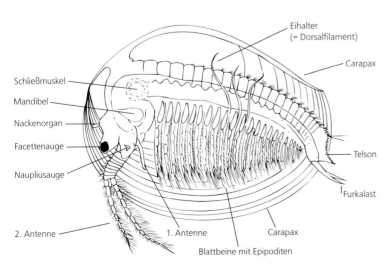

Schließmuskel
Mandibel
Nackenorgan
Facettenauge
Naupliusauge
2. Antenne
1. Antenne
Carapax
Blattbeine mit Epipoditen
Eihalter (= Dorsalfilament)
Carapax
Telson
Furkalast

Abb. 848 Lateralansicht des Weibchens von *Limnadia lenticularis* (Spinicaudata), linke Carapaxhälfte entfernt. Nach Sars (1896) aus Herbst (1962).

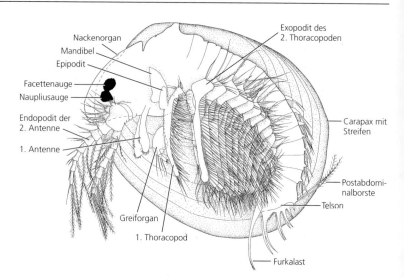

Abb. 849 Lateralansicht des Männchens von *Cyclestheria hislopi* (Cyclestherida). Nach Olesen, Martin und Roessler (1997).

Die Komplexaugen sind zu einem unpaaren Organ verschmolzen und liegen in einer Augenkammer mit Porus nach außen. Das Naupliusauge aus 4 Bechern ist fast so groß wie das Komplexauge und liegt direkt unter ihm. Der Darmkanal ist ein einfaches Rohr vorne mit 2 runden Caeca. Das Herz erstreckt sich vom zweiten Maxillen- bis ins dritte Thoraxsegment und hat 4 Paar Ostien.

Die Fortpflanzung ist überwiegend parthenogenetisch, aber bei ungünstiger Umweltbedingungen auch bisexuell. Die maximal 35 Eier entwickeln sich direkt in einem dorsalen Brutraum unter dem Carapax, wo sie seitlich von Dorsalfilamenten der Exopoditen der mittleren Beinpaare sowie hinten von nach vorne gebogenen Dorsallamellen auf den 8 hinteren Thoraxsegmenten gesichert werden. Es gibt unbefruchtete Sommer- und befruchtete Diapauseeier. Aus letzteren schlüpfen stets parthenogenetische Weibchen. Bei den Männchen ist nur das erste Thoracopodenpaar zum Festhalten des Weibchens umgewandelt. Die Diapauseeier werden in einem Ephippium geschützt, das aus dem gesamten besonders verstärkten Carapax des bisexuellen Weibchens besteht, welches nach der Eiablage stirbt.

Cyclestheria hislopi (Cyclestheridae) (Abb. 849) findet sich in unmittelbarer Nähe von Vegetation oder, wo diese fehlt, versteckt im Schlamm in gut durchlüfteten Zonen eines Tümpels. Männchen und Weibchen produzieren eine Schleimkapsel, die sie bis auf eine vordere Einstrom- und hintere Ausstromöffnung völlig umgibt und für Feinde praktisch unsichtbar macht. Männchen gibt es nur für kurze Zeit im Jahr und stets auch nur in geringerer Zahl als Weibchen.

5.2.6 Cladocera, Wasserflöhe

Cladocera verblüffen durch eine unerschöpfliche Vielgestaltigkeit. Das ist besonders evident bei den benthischen Arten, aber auch die planktischen beschäftigen die Fantasie. Wer diese Formen einmal gesehen hat, dem bereitet es keine Mühe sie wiederzuerkennen. Die Filtrierer unter ihnen sind wahre Präzisionsmaschinen, bei denen die Bewegungen der Extremitäten genauestens auf einander abgestimmt sind, ohne gänzlich stereotyp zu sein. Unter den Räubern gibt es einige besonders bizarre Vertreter. Cladoceren brauchen nicht unbedingt den Schutz temporärer Gewässer. Man findet sie weltweit in allen Binnengewässern und einige sogar im Meer.

Ihre Vielfalt machte es schwer, die Gemeinsamkeiten zu erkennen. So war die Monophylie der Cladocera zwischenzeitlich umstritten, aber Untersuchungen mit molekularen und morphologischen Methoden haben das Bild zurechtgerückt. Als abgeleitete Eigenmerkmale der Gruppe gelten die Zahl von nur 6 Thoracopoden, die Beschränkung des Cara-

pax auf den Rumpf unter Aussparung des Kopfes, die Mündung der weiblichen Gonoporen in die dorsale Brutkammer und der Verschluss des Porus der Augenkammer nach außen. Es werden 4 Teilgruppen unterschieden: **Anomopoda, Ctenopoda**, **Onychopoda** und **Haplopoda**. Bei den Verwandtschaftsbeziehungen zwischen ihnen gibt es noch Klärungsbedarf.

5.2.6.1 Anomopoda

Was im Meer die Copepoden, sind im Süßwasser die Anomopoden. Sie sind ausschließlich auf Binnengewässer beschränkt und kommen dort fast überall vor: im Benthal, im Phytal, im Pelagial, im Interstitial, in feuchtem Moos und im Falllaub von Regenwäldern. Einige wenige haben sich an das Leben in Binnensalzgewässern angepasst. Eine Art ist Parasit auf *Hydra*-Arten.

Die urtümlichsten Formen leben im Benthal, wo mehr Einnischungsmöglichkeiten bestehen als im freien Wasser. Die Artendiversität ist deshalb dort auch größer als im Pelagial. Die planktischen Arten haben allerdings eine größere ökologische Bedeutung, denn sie sind das zentrale Bindeglied in der Nahrungskette zwischen Seston und Nekton (Fische). Als wichtigste Primärkonsumenten kontrollieren sie die Biomasse des Phytoplanktons und können durch selektive Bevorzugung bestimmter Algenarten die Ökosystemstruktur stark verändern. Auch Bakterienpopulationen unterliegen ihrem regulierenden Einfluss. Anomopoden spielen als Fischnahrung eine wichtige Rolle. Das gilt nicht nur für Plankter, sondern auch für die Benthalbewohner, die ebenfalls in riesigen Individuenzahlen auftreten können. Von *Chydorus sphaericus* als einem der kleinsten Vertreter sind auf 1 m² Boden und in der Vegetation in dem m³ Wasser darüber 1,4 Millionen Individuen gezählt worden, von *Peracantha truncata* (Länge: 0,65 mm) in demselben Volumen 950 000.

Die Größe der Anomopoden liegt zwischen 0,26–6 mm. Die Gruppe ist mit ihren über 300 Arten weltweit verbreitet. Etliche Arten, die früher als morphologisch variabel und kosmopolitisch galten, haben sich als Komplexe zweier oder mehrerer Arten mit begrenzter Verbreitung entpuppt.

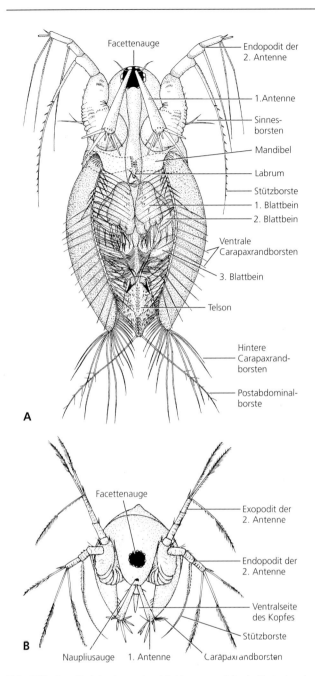

Abb. 850 Labels (A):
Facettenauge
Endopodit der 2. Antenne
1.Antenne
Sinnes- borsten
Mandibel
Labrum
Stützborste
1. Blattbein
2. Blattbein
Ventrale Carapaxrandborsten
3. Blattbein
Telson
Hintere Carapaxrand- borsten
Postabdominal- borste
A

Labels (B):
Facettenauge
Exopodit der 2. Antenne
Endopodit der 2. Antenne
Ventralseite des Kopfes
Stützborste
B
Naupliusauge   1. Antenne   Carapaxrandborsten

Abb. 850 *Acantholeberis curvirostris* (Anomopoda), ein Vertreter der benthisch lebenden Macrothricidae. **A** Weibchen, Ventralansicht. Der Exopodit der 2. Antenne steht vertikal nach oben und ist deshalb in dieser Ansicht nicht zu sehen. Mit den ventralen Carapaxrandborsten lässt sich das Tier auf dem Substrat nieder und stützt sich zusätzlich mit den Stützborsten der 2. Antenne ab. Die hinteren Carapaxrand- borsten haben Schutzfunktion. **B** Vorderansicht. Carapaxrandborsten der rechten Seite (hier links) weggelassen. Nach Fryer (1974).

Bau und Leistung der Organe

Der Körper ist kurz. Er besteht aus dem Kopf, einem Thorax mit 5–6 Beinpaaren, einem anhanglosen Abdomen und einem Telson, das nach vorne umgebogen ist, so dass seine Dorsalseite ventral liegt (Abb. 850A). Das Telson trägt 1 Paar terminaler Klauen und wird zum Schieben beim Kriechen und Graben benutzt. Die Klauen entfernen überschüssige

Nahrung aus der Futterrinne. Mit Ausnahme des Kopfes ist der gesamte Körper mit seinen Extremitäten von einem ein- heitlichen, aber funktionell zweiklappigen, unverkalkten Carapax, der kein Scharnier hat, umhüllt. Da sich benthi- sche Formen auf den ventralen Carapaxrändern niederlas- sen, sind diese in vielfältiger Weise abgewandelt, um etwa eine Balance oder ein Festsetzen während der Nahrungsauf- nahme und Fortbewegung zu ermöglichen. Der kurze Kopf ist gewöhnlich mit einem Kopfschild ausgestattet (Abb. 851). Die 1. Antennen sind meist klein und eingliedrig, die 2. Antennen dagegen groß und zweiästig (Abb. 850B). Der Exo- podit hat 3–4 Segmente, der Endopodit 3. Beide sind mit langen Schwimmborsten ausgestattet und machen die 2. Antennen zu den alleinigen Fortbewegungsorganen bei den Planktern. Bei benthischen Formen werden sie zusätzlich zum Kriechen, Klettern und Graben eingesetzt. Die 1. Maxil- len haben nur wenige Dornen, die 2. Maxillen sind rudimen- tär oder fehlen ganz.

Die 5–6 Beinpaare sind sehr unterschiedlich gebaut (Abb. 852), da fast jedes eine andere Funktion, manchmal sogar mehrere Funktionen gleichzeitig ausübt. Bei urtümlichen Formen dient das 1. Beinpaar dem Kriechen über das Sub- strat und hat keine Gnathobasis. Das 2. Paar besorgt das Abkratzen und Aufwirbeln von Nahrungspartikeln und hilft beim Vorwärtstransport der Nahrung zum Mund. Das 3. Beinpaar unterstützt das 2. beim Abkratzen und Aufwirbeln, ist aber stärker an der weiteren Manipulation der Nahrung beteiligt. Das 4. und 5. Paar bilden mit ihren Filtergittern die Seitenwände der medianen Gasse zwischen den Beinen, in die die aufgewirbelten Nahrungspartikel gesogen werden, und erregen mit ihren Exopoditen den Wasserstrom, der dies bewirkt. Ferner unterstützen sie den Vorwärtstransport der Nahrung in der schmalen medianen Futterrinne, die in die Ventralseite zwischen den Beinbasen eingesenkt ist. Die 6. Beine sind nur lappenartige Anhänge zum caudalen Abschluss der Gasse zwischen den Beinen. Bei den plankti- schen Formen sind die Verhältnisse etwas anders, weil sie zu reinen Filtrierern geworden sind. Wegen ihrer großen ökolo- gischen Bedeutung soll auf den Mechanismus des Nahrungs- erwerbs bei ihnen am Beispiel der Gattung *Daphnia* geson- dert eingegangen werden.

Bei *Daphnia* sind nur 5 Beinpaare vorhanden. Wie Abb. 852 zeigt, tra- gen nur das 3. und 4. Beinpaar große Filterkämme. Um Nahrung anzusaugen, muss zunächst ein Wasserstrom erregt werden. Wie Untersuchungen mit Hochgeschwindigkeitskameras gezeigt haben, ergeben sich in der Carapaxhöhle zwei Wasserströmungen, die als medianer Filterfluss und als Subcarapaxfluss bezeichnet werden (Abb. 853). Bei ersterem wird Wasser weiter ventral am vorderen Carapaxspalt angesaugt, beim Subcarapaxfluss weiter cephal. Hinten verlassen beide ebenfalls getrennt die Carapaxhöhle.

Der mediane Filterfluss kommt dadurch zustande, dass sich im Zwi- schenraum zwischen den Beinpaaren 4 und 5 sowie 3 und 4 ein Unter- druck bildet, wenn sich beim metachronen Schlag diese Beine vonein- ander entfernen (Abb. 854A). Dadurch entstehen zwischen ihnen Filterkammern, die median durch die großen Filterkämme begrenzt werden, die den Spalt zwischen den sich voneinander entfernenden Beinen abdecken. Die laterale Wand der Kammern bildet der Carapax. Für ihren ventralen Abschluss sorgen die Exopoditen, die nach hinten klappen, wenn sich die Filterkammern vergrößern. Der Unterdruck in ihnen führt dazu, dass Wasser in sie einströmt. Aufgrund der Begren- zung ist dies nur von median durch die Filterkämme möglich.

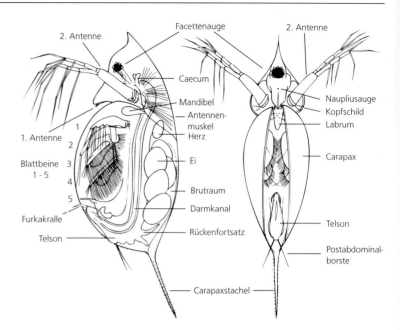

2. Antenne

Facettenauge

2. Antenne

Caecum

Naupliusauge

Mandibel

Kopfschild

Antennen-
muskel

Labrum

1. Antenne

Herz

Carapax

Blattbeine
1 - 5

Ei

Brutraum

Furkakralle

Darmkanal

Telson

Telson

Rückenfortsatz

Postabdominal-
borste

Carapaxstachel

Abb. 851 Lateral- und Ventralansicht eines Weibchens von *Daphnia galeata* (Anomopoda). Die Lateralansicht gibt nur die generelle Anordnung der Blattbeine wieder, wie sie durch den Carapax zu sehen sind. Nach Fryer (1991).

Die einzelnen Borsten dieser Filterkämme haben einen Abstand von 10 µm voneinander. Sie haben Fiedern, die in einem Winkel von 40° von ihnen abstehen. Die Fiedern benachbarter Borsten sind mit ihren hakenförmigen Spitzen miteinander verbunden. Die Öffnung zwischen den Fiedern bestimmt die „Maschenweite" des Filters, die zwischen 0,2 und 1,0 µm betragen kann. Geschwebe, das sich im Wasser befindet, wird von diesen Filtern zurückgehalten.

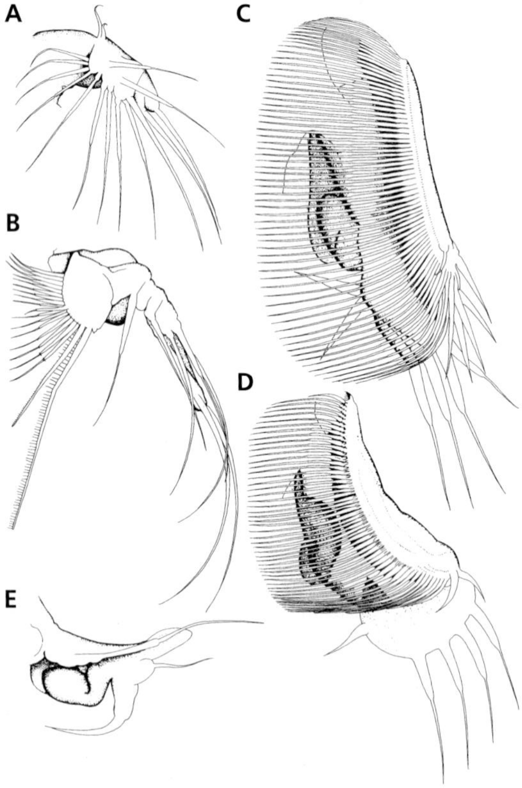

Wenn sich beim Rückwärtsschlag die Beine wieder einander nähern, verkleinern sich die Filterkammern mehr und mehr, und das von ihnen eingeschlossene Wasser drückt die Exopoditen zurück nach vorn, so dass es durch den entstehenden Spalt ventrocaudad abfließen kann (Abb. 854B).

Der Subcarapaxfluss setzt ein, wenn die Beinpaare 3 und 4 nach hinten klappen. Dadurch entsteht in der Carapaxhöhle vor ihnen ein großer Raum (Abb. 854C), in den das Wasser einströmt, weil sich gleichzeitig Spalten zwischen den Beinpaaren 2 und 3 sowie 1 und 2 öffnen. Dieser Raum ist vollständig mit Wasser gefüllt, wenn die Beinpaare 4 und 3 am Ende ihres Rückwärtsschlages eng aneinander liegen, doch wird er beim anschließenden Vorwärtsschlag dieser Beinpaare sofort wieder verkleinert und das aus ihm verdrängte Wasser fließt über die die Kammern zwischen den Beinpaaren 3 und 4 sowie 4 und 5 abdeckenden Exopoditen nach ventrocaudal ab (Abb. 854D). Die Beinpaare 1 und 2 haben keine Filterkämme (Abb. 852A,B), wohl aber Borsten, an denen grobe Partikel aus dem Subcarapaxstrom

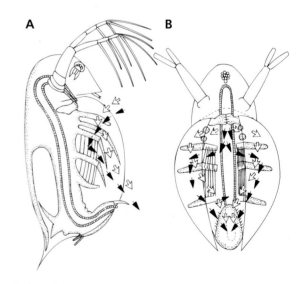

Abb. 852 Medianansicht der rechten 1.(**A**)–5.(**E**) Rumpfgliedmaßen von *Daphnia magna*. Der Ansatz am Körper liegt links. Nach Cannon (1933) aus Manton (1977).

Abb. 853 Schematische Darstellung der Wasserströmung durch die Carapaxhöhle einer *Daphnia*-Art in Lateral- (**A**) und Ventralansicht (**B**). Dunkle Pfeile zeigen den medianen Filterfluss, helle Pfeile den Subcarapaxfluss. Nach Kohlhage (1993).

hängen bleiben. Diese Partikel werden freigespült und alsdann vom medianen Filterfluss erfasst, wenn beim Schließen der Zwischenräume zwischen den Beinen 1, 2 und 3 etwas Wasser durch diesen Grobfilter nach median zurückgedrückt wird. Der mediane Filterfluss bringt sie zu den großen Filterkämmen, von denen sie endgültig zurückgehalten werden. Im Gegensatz zu anderen planktischen Crustaceen sind *Daphnia*-Arten wenig selektiv in Bezug auf die Größe der Nahrungspartikel. Große Bakterien werden mit der gleichen Effektivität filtriert wie Diatomeen.

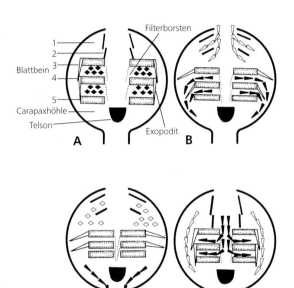

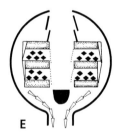

Abb. 854 Schematische zweidimensionale Darstellung des Pumpmechanismus bei *Daphnia* (Anomopoda). Die punktierten Balken entsprechen der Ventralansicht der Blattbeine 3–5, die äußeren spitzen Dreiecke der Lateralansicht. Der Subcarapaxfluss ist mit weißen, der mediane Filterfluss mit schwarzen Symbolen dargestellt. Pfeile zeigen, dass sich das Wasser bewegt, Rauten, dass es für kurze Zeit ruht. **A** Der Raum zwischen den voneinander entfernten Beinpaaren 3, 4 und 5 ist mit Wasser gefüllt. **B** Das Wasser wird aus den Beinzwischenräumen herausgedrückt. Durch Verengen der medianen Gasse zwischen den Beinpaaren wird ein Rückströmen dorthin verhindert. Wasser des Subcarapaxflusses strömt durch die sich öffnenden Spalten zwischen den Beinen 1, 2 und 3 in den Subcarapaxraum. **C** Die Beinpaare 3, 4 und 5 haben sich völlig einander genähert, sodass sich zwischen ihnen kein Wasser mehr befindet. Der Subcarapaxraum ist vollständig mit Wasser gefüllt. **D** Die Beinpaare 3, 4 und 5 entfernen sich voneinander. Der mediane Filterfluss wird in die Gasse zwischen ihnen gesogen und von dort durch die Filterborsten in die Beinzwischenräume, weil sich die Exopoditen angelegt haben. Der Subcarapaxraum wird verkleinert und das von dort verdrängte Wasser fließt über die Exopoditen nach hinten aus der Carapaxhöhle. **E** Die Räume zwischen den Beinen 3, 4 und 5 sind wieder voller Wasser. Zustand **A** ist wieder erreicht. Nach Kohlhage (1993).

Fiedern an der Spitze der Filterborsten des 3. Beinpaares bürsten die Nahrungspartikel von den Filterkämmen des 4. Beinpaares, während spezielle Kehrborsten von der Gnathobasis des 2. Beinpaares (Abb. 852B) nach hinten über das Filtergitter des 3. Beinpaares reichen und die Partikel von dort in die Nahrungsrinne schieben. Andere Gnathobasisborsten sorgen für den Vorwärtstransport der Nahrung in der medianen Futterrinne zur Mundöffnung.

Der Pump- und Filtrationsapparat in der Höhle zwischen den Schalenklappen planktischer Anomopoda bedarf zu seinem Betreiben eines größeren Energieaufwandes als der entsprechende Funktionsmechanismus bei planktischen Copepoden (s. u.). Dies ist einer der Gründe, weshalb filtrierende Anomopoda im Meer fehlen. Man hat berechnet, dass ein Copepode im Meer einer Algenzelle etwa alle 4 Sekunden begegnet, während für *Daphnia* in einem Binnensee von 20 Zellen pro Sekunde auszugehen ist.

Gekoppelt mit dem Wasserstrom durch die ventrale Carapaxhöhle ist einer durch die dorsale Bruthöhle, der einsetzt, wenn die Embryonen ein fortgeschrittenes Entwicklungsstadium erreicht haben. Die Brut- ist von der Carapaxhöhle durch eine Horizontallamelle isoliert, die auf beiden Seiten vom Körper zur Carapaxwand reicht. Wasser wird von hinten in die Bruthöhle angesogen, streicht an den Embryonen vorbei, bis es auf Höhe der 3. und 4. Beinpaare durch eine Öffnung in der Horizontallamelle nach unten abgelenkt wird und zusammen mit dem medianen Filterfluss die Carapaxhöhle hinten verlässt.

Ein Naupliusauge ist meist vorhanden, ebenso ein Komplexauge, das aus einer paarigen Anlage entstanden und in der Mitte zu einem meist großen, beweglichen, aber nicht gestielten Einzelauge verschmolzen ist (Abb. 850, 851). Der Darmkanal kann gestreckt sein mit 1 Paar vorderer, dorsal gelegener Blindsäcke; er kann aber auch stark gewunden sein, mit vorderen Blindsäcken oder ohne sie oder mit einem unpaaren Caecum im hinteren Abschnitt oder ohne ein solches. Als Exkretionsorgane fungiert ein Maxillennephridienpaar, dessen Gänge in den Carapaxklappen aufgewunden sind. Das kurze, tonnenförmige Herz hat 1 Ostienpaar (Abb. 851). Gefäße sind nicht vorhanden. Die paarigen Gonaden erstrecken sich lateral vom Darm. Die Ovidukte münden in einen dorsalen Brutraum zwischen Schale und Rumpfrücken, die Vasa deferentia in der Nähe des Afters auf dem Telson. Die Männchen sind kleiner als die Weibchen und haben abgewandelte 1. Antennen sowie 1. Beinpaare zum Festhalten der Weibchen bei der Kopula.

Fortpflanzung und Entwicklung

Fortpflanzung findet entweder als diploide Parthenogenese statt, wobei dotterreiche Eier in den dorsalen Brutraum abgegeben werden (Abb. 851) und sich dort entwickeln, oder die Fortpflanzung ist bisexuell, wobei die befruchteten Eier zu Dauereiern werden, aus denen nach einigen Tagen oder meist erst nach einer Überwinterung kleine, fertige Wasserflöhe schlüpfen. Die Dauereier sind in eine Hülle eingeschlossen, die aus dem gesamten gehäuteten Carapax besteht oder nur dem Teil, der den Brutraum umgibt (Ephippium). Obligate Parthenogenese kommt vor, meist wechseln aber parthenogenetische und bisexuelle Generationen miteinander (Heterogonie). Aus den Dauereiern schlüpfen ausschließlich parthenogenetische Weibchen. Bei einigen planktischen Arten tritt Zyklomorphose auf, bei der es sich um eine Temporalvariation der aufeinander folgenden, parthenogenetischen Generationen in der Körperform, der durchschnittlichen Körperlänge und der Eizahl pro Gelege handelt.

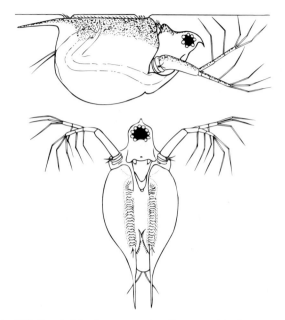

Abb. 855 *Scapholeberis mucronata* (Anomopoda) in normaler Schwimmposition mit speziellen Borsten des geraden ventralen Carapaxrandes am Oberflächenhäutchen des Wassers aufgehängt und in Ventralansicht, um die Anordnung der speziellen (hier vereinfacht dargestellten) Bewehrung der Carapaxränder zu demonstrieren. In der Lateralansicht sieht man die dunkle Pigmentierung auf der Unterseite von Kopf, Carapax und 2. Antenne, wodurch der Effekt der Gegenschattierung auftritt. Nach Fryer (1991).

Acantholeberis curvirostris (Macrothricidae), 2 mm (Abb. 850). Lebt in sauren Moorgewässern, besonders in solchen, in denen auch *Sphagnum* wächst. – *Ilyocryptus sordidus* (Macrothricidae), 1 mm. Eingegraben im Schlamm, rot durch Hämoglobin in der Hämolymphe. Filtriert Partikel aus der Wasserströmung, die durch die Exopoditen der hinteren Beinpaare erregt wird. Exuvien der alten Schalen werden nicht abgeworfen, sondern bleiben auf den neuen sitzen. – *Chydorus sphaericus* (Chydoridae), 0,4 mm. Kugelform des Carapax schützt gegen Feinde (z. B. Cyclopoida, Copepoda). In kleinen Wasseransammlungen und im Litoral von Seen. Ernährt sich von Diatomeen und Detritus. – *Daphnia magna* (Daphniidae), 6 mm. Kommt im Wasser nicht weit vom Boden vor. Schwimmt häufig in flockige Ablagerungen am Boden, bringt sie dadurch in Suspension und ernährt

sich davon. Kann mit einer Kratzborste des 2. Thoracopoden auch loses Material zusammenkehren und anheben, so dass es zum Filterapparat gesogen wird. Die leichteren Jugenstadien halten sich überwiegend im freien Wasser auf. Auch Adulte bleiben bei gutem Nahrungsangebot über längere Zeit in der freien Wassersäule. Nicht in Moorgewässern. – *Simocephalus vetulus* (Daphniidae), 4 mm. Zwischen Vegetation in Teichen, Sümpfen und im Litoral von Seen sowie in langsam fließenden Gewässern. Fehlt in Moorgewässern. Ohne Carapaxstachel. Kann mit nach oben gekehrter Ventralseite schwimmen, meist sedentär. Verhakt sich mit der äußeren Borste des distalen Gliedes der 2. Antenne an geeigneten Gegenständen. – *Scapholeberis mucronata* (Daphniidae), 1,5 mm (Abb. 855). Mit den Borsten des geraden Carapaxrandes am Oberflächenhäutchen aufgehängt. Bewegt sich dann mit dem Rücken nach unten voran, mit kräftigen Antennenschlägen erfolgt Lösung vom Oberflächenhäutchen. – *Bosmina longirostris* (Bosminidae), 0,6 mm. Im freien Wasser. 1. Antennen lang und rüsselartig, nach ventral gebogen („Rüsselkrebs"); 2. Antennen klein, werden schnell geschlagen und verursachen schwirrende Fortbewegung.

5.2.6.2 Ctenopoda, Kammfüßer

Ctenopoda sind ausschließlich mikrophage Filtrierer, die im freien Wasser, aber benthisch bzw. im Phytal leben. Es gibt ein marines Taxon (*Penilia*), sonst handelt es sich um limnische Tiere, die holarktisch und zirkumtropisch verbreitet sind. Sie werden nicht größer als 4 mm.

Der Körper hat nur wenige Segmente mit undeutlichen Grenzen und endet in einem Telson mit Gabelfurka (Abb. 856). Der Kopf hat kein Kopfschild. Der Rumpf und seine Extremitäten sind von einem funktionell zweiklappigen, unverkalkten Carapax ohne Schloss umhüllt. Die 1. Antennen sind klein und beim Weibchen röhrenförmig, die 2. Antennen groß, zweiästig und dienen zum Schwimmen. Exo- und Endopodit sind zwei- oder dreigliedrig und mit Schwimmborsten ausgestattet. Der Rumpf trägt Extremitätenpaare, die bis auf das sechste alle sehr ähnlich sind. Die ersten 5 Beinpaare haben eine Gnathobasis, und die Borsten der distal folgenden Enditen bilden jeweils einen durchgehenden Filterkamm.

Die Beine schlagen metachron und führen in der Minute bis zu 500 Bewegungen aus. Dabei wird Wasser angesogen und das darin enthaltene Geschwebe von den Filterborsten zurückgehalten. Borsten

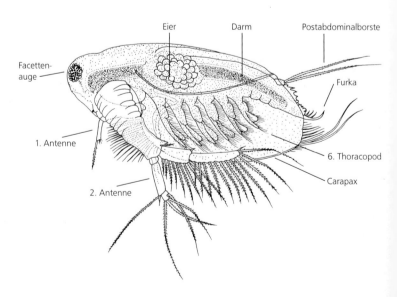

Abb. 856 Lateralansicht eines Weibchens von *Latonopsis serricauda* (Ctenopoda). Nach Sars (1901) aus Martin (1992).

der Gnathobasen sorgen für den Vorwärtstransport der Nahrung in einer schmalen tiefen Futterrinne, die zwischen den Beinbasen eingesenkt ist.

Ein Naupliusauge ist vorhanden, ebenso ein in der Mitte verschmolzenes Komplexauge mit relativ vielen Ommatidien. Die paarigen Ovarien münden in einen dorsalen Brutraum zwischen Carapax und Rumpfrücken. Die dort abgelegten Eier sind groß oder bei *Penilia* kleiner, wobei sie über einen Nährboden zusätzlich mit Stoffen versorgt werden. Die Männchen sind kleiner als die Weibchen. Ihre 1. Antennen und 1. Beinpaare sind zum Festhalten des Weibchens abgewandelt. Die Vasa deferentia münden direkt hinter den Beinen auf paarigen Penes und nie auf dem Telson.

Die Fortpflanzung ist parthenogenetisch, wobei sich die Eier im Brutraum direkt zu kleinen Nachbildungen der Erwachsenen entwickeln. Häufig wird im Jahreszyklus eine bisexuelle Generation eingeschaltet (Heterogonie). Die befruchteten Eier werden zu Dauereiern mit einer festen Hülle aus Oviduktsekreten. Sie werden frei abgelegt und entwickeln sich ebenfalls direkt ohne Nauplius.

Sida crystallina (Sididae), 4 mm. Mit Ankerapparat auf der Dorsalseite des Kopfes zum Anheften an Vegetation. Befestigung am Substrat erfolgt durch Klebanker, die über Ankerfäden mit der Kutikula verbunden sind. 1. Antennen der Männchen groß und beweglich. – *Penilia avirostris* (Sididae). Nur kleine Augen. Im Oberflächenplankton des Mittelmeeres teils massenhaft. – *Holopedium gibberum* (Holopediidae), 2,5 mm. Von einem dicken Gallertmantel umgeben, der sich um den Carapax legt und dem Tier ein kugeliges Aussehen verleiht; Gallerte wird nach 1 Woche abgestoßen; ihre Neubildung dauert etwa 12 Stunden. 1. Antennen der Weibchen klein und unbeweglich. Planktischer Filtrierer, schwimmt mit der Bauchseite nach oben.

5.2.6.3 Onychopoda

Diese räuberischen Cladoceren sind rasche Schwimmer, die sowohl in Binnengewässern als auch im Meer vorkommen. Die Meeresformen sind weltweit verbreitet, die Süßwasserformen auf die gemäßigten Breiten der Holarktis beschränkt mit einem Radiationsschwerpunkt in der pontokaspischen Region. Die Länge kann bis zu 12 mm betragen, doch macht ein Caudalanhang den größten Teil dieser Länge aus.

Kopf und Thorax sind kurz. Das Abdomen kann entweder kurz und unsegmentiert mit einer einfachen Furka sein, oder es ist gestreckt mit Andeutungen von Segmentierung und geht in einen langen Caudalanhang über, der vermutlich aus den verschmolzenen Furkalästen hervorgegangen ist (Abb. 857). Der Carapax ist an der Bildung einer Brutkammer beteiligt, die dadurch entsteht, dass sich die Carapaxfalte so über den Rücken des Thorax wölbt, dass zwischen seiner Oberfläche und ihrer Innenwand ein geschlossener Hohlraum entsteht, der sich über einen Schlitz nach außen öffnen kann. Die 1. Antennen sind kurz und röhrenförmig, die 2. Antennen groß und zweiästig. Ihre Endopoditen sind dreigliedrig, die Exopoditen viergliedrig. Beide Äste zusammen haben lange Schwimmborsten. Die 1. Maxillen sind reduziert, die 2. Maxillen fehlen ganz.

Mit den 4 Beinpaaren werden Nahrungsorganismen ergriffen und zum Mund geführt. Die Beine sind gewöhnlich zweiästig mit Gnathobasen, aber ohne Epipodite.

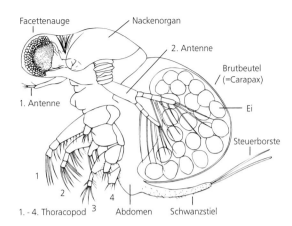

Abb. 857 Lateralansicht des Weibchens von *Polyphemus pediculus* (Onychopoda). Nach Pennak (1978).

Die Fortpflanzung ist parthenogenetisch, wobei sich die Jungen in der Brutkammer entwickeln, und – meist als Teil des Jahreszyklus – auch bisexuell, wobei 2 (in Einzelfällen auch mehr) Dauereier entstehen, die frei abgelegt werden, nachdem sie eine Weile in der Brutkammer herumgetragen worden sind. Die parthenogenetischen Eier sind klein und enthalten wenig Dotter. Als Kompensation scheiden die Weibchen über ein spezielles Gewebe im Boden der Brutkammer („Nährboden") eine Nährflüssigkeit ab.

Polyphemus pediculus, 2 mm (Abb. 857). Im Litoral größerer, auch saurer Binnengewässer häufig. – *Podon leuckarti*, 1 mm und *Evadne nordmanni*, 1 mm (Abb. 858); im Pelagial von Nord- und Ostsee häufig.

5.2.6.4 Haplopoda

Dieses Taxon ist monotypisch: *Leptodora kindtii* ist ein völlig durchsichtiger, räuberischer Plankter (7–18 mm) mit holarktischer Verbreitung (Abb. 859).

Der Körper besteht aus einem zylindrischen, gestreckten Kopf, einem kurzen Thorax, dessen Segmentierung durch Fusion verwischt ist, und einem gestreckten Abdomen, das aus 3 Segmenten und Telson mit einfacher Gabelfurka besteht. Der Carapax des Weibchens ist zu einem dorsalen Brutsack umgebildet, der am Hinterrand des Thorax zu entspringen scheint, der in Wirklichkeit aber der Vorderrand ist,

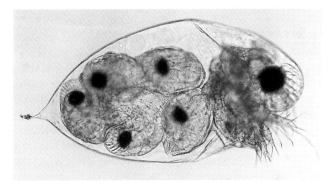

Abb. 858 *Evadne* sp. (Onychopoda) aus dem Nordseeplankton, mit Embryonen. Länge 1,1 mm. Original: W. Westheide, Osnabrück.

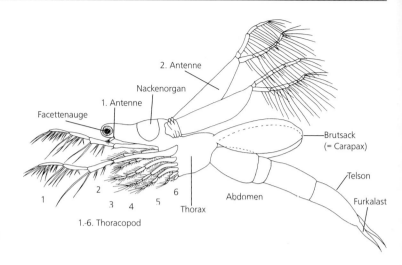

Abb. 859 Lateralansicht des Weibchens von *Leptodora kindtii* (Haplopoda). Nach Pennak (1978).

welcher im Zuge der Abknickung des Thorax senkrecht zum Kopf (s. u.) nach hinten verlagert ist. Dieser Vorgang läßt sich in der Entwicklung verfolgen.

Die 1. Antennen sind einästig, beim Weibchen kurz, beim Männchen länger. Die 2. Antennen sind große, kräftige Ruderorgane; Endo- und Exopodit sind viergliedrig und mit zahlreichen Schwimmborsten ausgestattet. Die griffelförmigen Mandibeln sind in ihrer Form einzigartig innerhalb der Branchiopoda; 1. und 2. Maxillen fehlen. Die Ventralseite des Thorax ist senkrecht zum Kopf abgeknickt, so dass die Beine nach vorne gerichtet sind; sie besitzen keine Epi- und Exopoditen. Das 1. Beinpaar ist viel länger als die übrigen und das einzige mit Gnathobasis.

Am Vorderende des Kopfes liegt das unpaare Komplexauge mit etwa 500 Ommatidien. Erwachsene (bis auf die der ersten sich aus den Dauereiern entwickelnden Generation) haben kein Naupliusauge.

Die Fortpflanzung ist monozyklisch mit nur einer Geschlechtsgeneration im Herbst. Die Männchen sind kleiner (maximal 9 mm) als die Weibchen und haben die verlängerten 1. Antennen und das 1. Beinpaar zum Ergreifen des Weibchens abgewandelt. Die befruchteten Eier werden als Dauereier frei abgelegt. Nach der Diapause im Winter schlüpft aus ihnen ein Metanauplius mit langen 1. Antennen, riesigen 2. Antennen und einem einästigen, ungegliederten Mandibelpalpus. Die Fortpflanzung im Sommer ist parthenogenetisch mit direkter Entwicklung der Jungen im Brutsack.

5.3 Maxillopoda

Von den 5 Subtaxa der Crustacea lässt sich für 4 der Nachweis erbringen, dass sie monophyletisch sind. Was übrig bleibt, sind die Maxillopoda, 8 Gruppen kleiner Crustaceen mit geringer Zahl der Körpersegmente. Als Maxillopoda wurden ursprünglich die Mystacocarida, Copepoda, Branchiura und Cirripedia zusammengefasst. Später wurden auch die Ostracoda einbezogen. Die Tantulocarida passten ebenso dazu wie die als Facetotecta zusammengefassten rätselhaften Nauplius- und Cypris-Larven. Ihnen allen gemeinsam ist ein Rumpf aus ursprünglich 11 (Tantulocarida 12) Segmenten,

von denen der Thorax 7 umfasst. Alle Thoracomeren bis auf das 7. tragen zweiästige Extremitäten ohne Enditen und Epipoditen. Das 7. Thoracomer trägt die Geschlechtsöffnung und, wenn überhaupt, dann Extremitäten nur in zu Fortpflanzungszwecken erheblich abgewandelter Form. Zu den Maxillopoda gehören schließlich noch die Pentastomida, obwohl keines der genannten Merkmale bei ihnen nachweisbar ist. Untersuchungen der Ultrastruktur ihrer Spermien hatten jedoch ergeben, dass sie kaum von den ebenfalls sehr kompliziert gebauten der Branchiura zu unterscheiden sind. Das legte den Schluss nahe, dass sie, was vorher niemand erkannt hatte, nicht nur zu den Crustacea, sondern wegen ihrer spezifischen Gemeinsamkeit mit den Branchiura zu den Maxillopoda gehören. Dies wird inzwischen auch durch Untersuchungen mit molekularen Methoden unterstützt. Pentastomida haben sich also als extrem modifizierte Crustacea mit engen Verwandtschaftsbeziehungen zu den Branchiura entpuppt. Aus der grundsätzlich anamorphen, aber frühzeitig endenden Ontogenese der Maxillopoda wird geschlossen, dass bei ihrer phylogenetischen Entstehung Progenese im Spiel gewesen sein könnte.

Die Vorstellungen über die Verwandtschaftsbeziehungen innerhalb der Maxillopoda sind widersprüchlich. Zwei Verwandtschaftslinien werden unterschieden: Eine Copepoden-Linie, die wegen des Fehlens der Komplexaugen Copepoda und Mystacocarida vereint, sowie eine Thecostraken-Linie, die Facetotecta, Ascothoracida und Cirripedia umfasst. Diese lässt sich durch das Gitterorgan (*lattice organ*) (Abb. 880) als Monophylum charakterisieren. Als Schwestergruppe der Thecostraca gelten die Tantulocarida wegen der Lage der weiblichen Geschlechtsöffnung im 1. Thoraxsegment. Die Stellung der Ostracoda und Branchiura/Pentastomida ist ungeklärt. Ihre Zugehörigkeit zu den Maxillopoda ist umstritten. Ostracoda werden wegen eines Tapetums zwischen Sinnes- und Pigmentzellen in den 3 Ocellen des Naupliusauges zu den Maxillopoda gestellt, weil ein solches Tapetum auch bei Copepoda, Thecostraca und Branchiura zu finden ist.

Eine Besonderheit der Maxillopoda ist, dass zu ihnen – mit Ausnahme der Isopoda (Malacostraca) – alle Parasiten mit auffällig abgewandeltem Körperbau gehören.

5.3.1 Mystacocarida

Mystacocarida sind vorwiegend Bewohner des Lückensystems mariner Sandstrände, kommen aber auch in sublitoralen Sandböden des Flachwassers vor. Unter günstigen Bedingungen können bis zu 15 Mio. Tiere 1 m³ Sand besiedeln. Die Mystacocariden sind mit 13 Arten zu beiden Seiten des Atlantiks und im Mittelmeer entlang der Küsten verbreitet und kommen an der Pazifikküste Chiles und Australiens sowie in Küstenabschnitten Südafrikas (Indischer Ozean) vor.

Allein ein Drittel der mikroskopisch kleinen Krebse (0,5–1 mm) wird vom Kopf eingenommen, der durch eine Querfurche in zwei Abschnitte geteilt ist (Abb. 860). Der vordere trägt die 1. Antennen und 4 getrennte Ocellen; der hintere Abschnitt die übrigen Kopfextremitäten. 2. Antennen und Mandibeln sind zweiästig und werden fast unverändert vom Nauplius übernommen. Das zungenförmige Labrum ist besonders lang und reicht bis zum 2. Thoracomer. Der Thorax besteht aus 5 Segmenten. Das erste trägt die Maxillipeden und ist nicht mit dem Kopf verschmolzen; die nächsten 4 sind

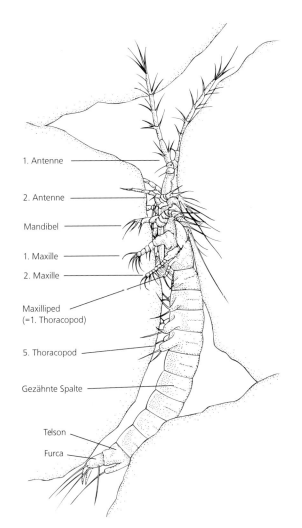

1. Antenne

2. Antenne

Mandibel

1. Maxille

2. Maxille

Maxilliped
(=1. Thoracopod)

5. Thoracopod

Gezähnte Spalte

Telson

Furca

Abb. 860 Lateralansicht von *Derocheilocaris typica* (Mystacocarida) im Lückensystem zwischen Sandkörnern. Nach Lombardi und Ruppert (1982).

mit ungegliederten Stummelfüßen ausgestattet. Das Abdomen besteht aus 5 Segmenten und dem Telson mit zangenförmiger Furka. Alle Segmente hinter den 2. Maxillen weisen je 1 Paar dorsolateraler Spalten unbekannter Funktion auf. Die Mystacocariden besitzen ein typisches Strickleiternervensystem. Das Gehirn scheint sehr einfach gebaut zu sein. Ein Unterschlundganglion ist nicht ausgebildet.

Die Fortbewegung von *Derocheilocaris typica* ist allein Sache der 2. Antennen und der Mandibeln. Die Stummelfüße des Thorax dienen nur zum Abstützen und Halten der Balance. Die Exopoditen der 2. Antennen und der Mandibeln sind dorsolateral gebogen und stemmen sich gegen das Sandkorn im Rücken des Tieres (Abb. 860). Dadurch werden die Endopoditen nach unten auf das gegenüberliegende Sandkorn gedrückt und bekommen so optimalen Kontakt für eine kriechende Fortbewegung. Auf flachen Substraten sind Mystacocarida hilflos, weil ihnen die dorsale Abstützung fehlt. Sie erreichen eine maximale Geschwindigkeit von 420 µm s⁻¹ (etwa eine Körperlänge pro Sekunde). Mit der Fortbewegung ist die Nahrungsaufnahme verknüpft, indem die Borsten an der Innenseite der 1. und 2 Maxille und der Maxillipeden während der Vorwärtsbewegung Diatomeen und andere einzellige Algen sowie Bakterien vom Substrat abkratzen.

Die Eier werden einzeln frei abgelegt. Genauere Beobachtungen gibt es nur für *Derocheilocaris remanei*. Die Ablage dauert 10 Minuten. Bis zur Ablage des nächsten Eies können 2 Stunden vergehen. Nach der Ablage werden die Eier vom Männchen besamt. Es findet äußere Befruchtung statt. Die Postembryonalentwicklung beginnt mit einem späten Nauplius und umfasst bis zum Erreichen des Adultzustandes 11 Stadien. Bis zur Geschlechtsreife vergehen 55 Tage bei 13,5 °C. Die Lebensdauer beträgt bis zu 90 Tage.

Derocheilocaris remanei, 0,5 mm. Marine Sandstrände im westlichen Mittelmeer und entlang der Atlantikküste von Südfrankreich bis Westafrika, bevorzugt gemischte Sande mit Korngrößen zwischen 0,1–1 mm Durchmesser. Für eine ungestörte Entwicklung werden Temperaturen von 15°–20 °C, ein Salzgehalt von 30 ‰ und gute Versorgung mit Sauerstoff gebraucht. Im Sommer sind diese Bedingungen nur in der 1,5 m schmalen Spülsaumzone gegeben. Der Abfall der Temperaturen und Zunahme der Brandung führen im Herbst und Winter zu einer Ausdehnung des bewohnbaren Areals bis 16 m landeinwärts.

5.3.2 Copepoda, Ruderfußkrebse

Mit an die 14 000 bekannten Arten gehören die Copepoda zu den besonders artenreichen Taxa der Crustaceen. Man schätzt, dass dies aber erst ein Fünftel der tatsächlich existierenden Arten ist. Copepoda kommen in allen aquatischen Lebensräumen vor, von der Tiefsee bis ins Hochgebirge (in Schmelzwasserpfützen auf einem Gletscher). Die meisten Copepoden findet man im Meer, wo sie im Pelagial, am Meeresboden und im Phytal ein wichtiges Glied in der Nahrungskette sind.

Insbesondere sind sie Teil aller pelagischen Nahrungsketten: Als Mikroherbivoren ernähren sie sich von Flagellaten, Diatomeen und anderen einzelligen Algen des Phytoplanktons, deren jährliche Produktion die der Landvegetation einschließlich der menschlichen Landwirtschaft um das Fünffache übertrifft. Die Individuenzahlen einiger Copepoden-Arten sind dementsprechend gigantisch und übertreffen vermutlich die der zahlenmäßig dominierenden Landinsektenarten um 3 Größenordnungen. Die marinen Copepoden stellen die größte Quelle tierischen Eiweißes auf der Erde dar und bilden den Hauptteil der Nahrung etwa des Riesenhais und – neben den Euphausiaceen – der Bartenwale. Auch ein

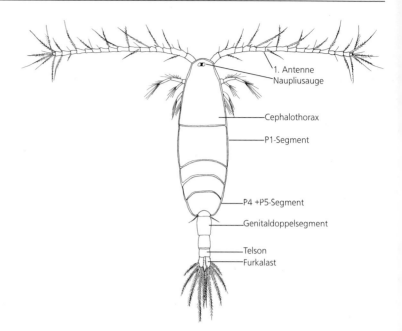

1. Antenne
Naupliusauge
Cephalothorax
P1-Segment
P4 +P5-Segment
Genitaldoppelsegment
Telson
Furkalast

Abb. 861 Dorsalansicht eines Weibchens von *Acartia clausi* (Calanoida). P1-Segment = Segment, das die 1. Peraeopoden trägt. Nach Sars (1903).

Großteil der kommerziell genutzten Fische ernährt sich zumindest als Larven direkt von Copepoden. Einige wie etwa Hering, Sprotte, Sardine, Makrele sind auch als Erwachsene auf sie als Nahrung angewiesen. Durch ihre enorme Kotballenproduktion (bis zu 200 pro Individuum und Tag) leisten sie einen wichtigen Beitrag zum Stofftransfer von der Wassersäule zum Meeresboden, wo Detritusfresser von ihnen profitieren. Dieser Transfer ist besonders für die Tiefsee-Lebensgemeinschaften wichtig, deren Überleben davon abhängig ist. Im marinen Benthos sind Copepoda unter den Vertretern der Meiofauna nach den Nematoden die arten- und individuenreichste Faunenkomponente. Für Plattfische und Lachsartige sind sie eine wichtige Nahrungsquelle.

Im Süßwasser sind die Copepoden in geringerer Artenvielfalt vertreten, haben aber eine ähnlich wichtige ökologische Bedeutung wie im Meer. In oberirdischen Gewässern spielen die Vertreter dreier Taxa die Hauptrolle: Diaptomidae (Calanoida), Canthocamptidae (Harpacticoida) und Cyclopidae (Cyclopoida). Die beiden letzteren findet man in allen erdenklichen Lebensräumen: Seen, Teiche, Flüsse, hypersaline Gewässer, feuchtes Moos und Falllaub, Blattachselwasser, heiße Quellen (bis zu 58 °C). Im Grundwasser dominieren die Parastenocarididae (Harpacticoida).

Etliche Vertreter der limnischen Cyclopoida sind Zwischenwirte menschlicher Parasiten (*Diphyllobothrium latum, Dracunculus medinensis*, S. 225, 435). Planktische Copepoda spielen bei der Übertragung von Cholera eine Rolle und sind das Reservoir für Choleraviren (*Vibrio cholerae*) in der Zeit zwischen Epidemien. Andere Cyclopoiden sind Zwischenwirte von Pilzen und Apicomplexa, die Mücken und deren Larven befallen, wodurch sie sich möglicherweise zur biologischen Malariabekämpfung eignen.

Ein Drittel aller bekannten Copepoden-Arten lebt in Assoziation mit anderen Tieren, wobei das Verhältnis zwischen den Partnern häufig unbekannt ist. Es gibt kaum Tierstämme ohne mit Copepoden assoziierten Arten. Die an Fischen vorkommenden Copepoden sind sämtlich Parasiten (Abb. 868, 873).

Meist sind es Ektoparasiten, die an der Körperoberfläche, an Kiemen, in Mund und Nasenlöchern sowie in den Kanälen des Seitenliniensystems zu finden sind. Einige Arten sind Endoparasiten in der Muskulatur. Der Marktwert der von ihnen befallenen Fische wird dadurch reduziert, dass durch sie beim Filetieren viel Abfall entsteht. Einige der Ektoparasiten sind von noch größerer wirtschaftlicher Bedeutung, da sie in Fischzuchtanlagen verheerende Verluste hervorrufen können oder im Freiland Nutzfische immerhin so schwächen, dass es bei ihnen zu erheblichen Gewichtsverlusten und somit für die Fischer zu Ertragseinbußen kommt.

Bau und Leistung der Organe

Entsprechend dieser vielfältigen Lebensweisen sind Copepoden auch im Körperbau so unterschiedlich, dass kein Vertreter als typisch herausgestellt werden kann. Parasiten sind teilweise so extrem abgewandelt, dass sie als Erwachsene gar nicht als Copepoden oder auch als Crustaceen erkannt werden könnten (Abb. 872, 873), gäbe es da nicht die Larven, die ihre systematische Zugehörigkeit verraten.

Bei den frei lebenden Copepoden (Abb. 861) handelt es sich in der Regel um kleinere Tiere mit Körperlängen von 0,5–5 mm. Doch gibt es unter den Planktern auch größere Arten von bis zu 28 mm Länge. Unter den Parasiten erreicht *Kroyeria caseyi* 6,5 cm Länge.

Der Körper der frei lebenden Copepoden besteht aus dem Cephalothorax (auch Cephalosoma genannt) und 10 freien Körpersegmenten. Der Cephalothorax setzt sich aus dem typischen Kopf und einem mit ihm verschmolzenen Thoracomer zusammen, das die einästigen Maxillipeden trägt. Das 2. Thoracomer kann zusätzlich mit dem Cephalothorax verschmelzen, so dass dann nur 9 freie Körpersegmente vorliegen (Abb. 863). Ein Carapax ist nur als cephalothoracaler Schild vorhanden. Die 2.–6. Thoracomeren tragen in der Regel je 1 Schwimmbeinpaar. Jedes Bein (Abb. 864) besteht aus einem bis zu dreigliedrigen Protopoditen sowie dreigliedrigen Endo- und Exopoditen. Das letzte dieser Beinpaare ist häufig verkleinert oder fehlt ganz. Die beiden

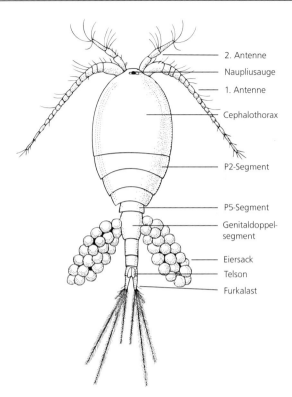

Abb. 862 Dorsalansicht des Weibchens von *Macrocyclops albidus* (Cyclopoida). P2-Segment = Segment, das die 2. Peraeopoden trägt. Nach Matthes aus Kaestner (1959).

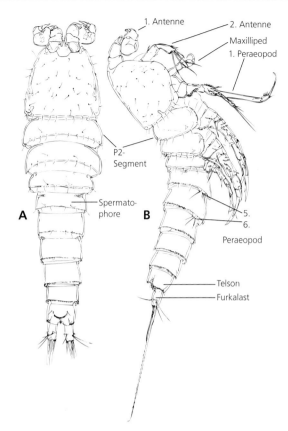

Abb. 863 *Heterolaophonte minuta* (Harpacticoida). **A** Dorsalansicht eines Männchens. Beborstung der 1. Antenne weggelassen. P2-Segment = Segment, das die 2. Peraeopoden trägt. **B** Lateralansicht. Nach Willen (1992).

Spaltbeine eines Segmentes sind durch eine mediane Intercoxalplatte zu einer funktionellen Einheit verbunden, die sonst bei Crustaceen nicht vorkommt. Das 7. Thoracomer ist das Genitalsegment und trägt die Geschlechtsöffnung(en). Die letzten 4 als Abdomen bezeichneten Körpersegmente haben keine Anhänge mit Ausnahme des letzten, des Telsons, das Furkaläste trägt. Das Genitalsegment kann bei Weibchen mit dem 1. Abdominalsegment zu einem Genitaldoppelsegment (Abb. 862) verschmolzen sein. Verschmelzungen anderer Abdominalsegmente kommen ebenfalls vor (Abb. 861). Als weitere Geschlechtsmerkmale können bei den Männchen die 1. Antennen zu Greifantennen zum Erfassen der Weibchen (Abb. 863) und das letzte Beinpaar zu Kopulationsfüßen umgebildet sein.

Der Nahrungsaufnahme dienen allein die Extremitäten des Cephalothorax (Abb. 866). Der Mechanismus des Nahrungserwerbs ist bei den planktischen Calanoiden wegen ihrer großen ökologischen Bedeutung gut untersucht und galt seit langem als geklärt. Er sollte im Filtrieren eines Wasserstroms bestehen, den die Mundwerkzeuge beständig durch die passiven 2. Maxillen als Sieb hindurchpumpen. Untersuchungen mit Hochgeschwindigkeitskameras haben unter Berücksichtigung der Tatsache, dass die Welt aller aquatischen Tiere im Größenbereich der Copepoden besonderen physikalischen Bedingungen unterliegt, ein anderes Bild ergeben (Abb. 865).

Copepoden sind klein. Kleine Tiere empfinden Wasser völlig anders als große, weil bei ihnen Viskosität und nicht Trägheit der bestimmende Faktor ist, wenn sie Bewegungen im Wasser ausführen. Für kleine Tiere ist Wasser eher mit flüssigem Honig vergleichbar. Hohe Viskosität verhindert Turbulenz. Dies bedeutet, dass Strömungen laminar sind und dass sich Körperanhänge mit Borstenreihen wie Paddel und nicht wie durchlässige Kämme verhalten, wenn der Abstand zwischen benachbarten Borsten nicht größer ist als die Breite

der beiden Grenzschichten aus den an den Borsten haftenden Wassermolekülen. Hohe Viskosität bedeutet auch, dass Wasser- und Partikelbewegungen sofort zum Stillstand kommen, wenn die Extremitäten ihre Bewegung einstellen.

Durch Klappbewegungen der Maxillipeden und der 2. Antennen voneinander weg und wieder aufeinander zu einerseits sowie der 1. Maxillen und Mandibelpalpen andererseits wird ein Wasserstrom auf das Tier zugeleitet und seitwärts abgelenkt (Abb. 865A, B), bis sich

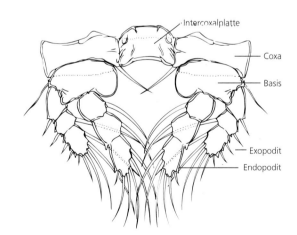

Abb. 864 Typisches Schwimmbein eines frei lebenden Copepoden (Cyclopoida). Fiedern der Schwimmborsten weggelassen. Nach Manton (1977).

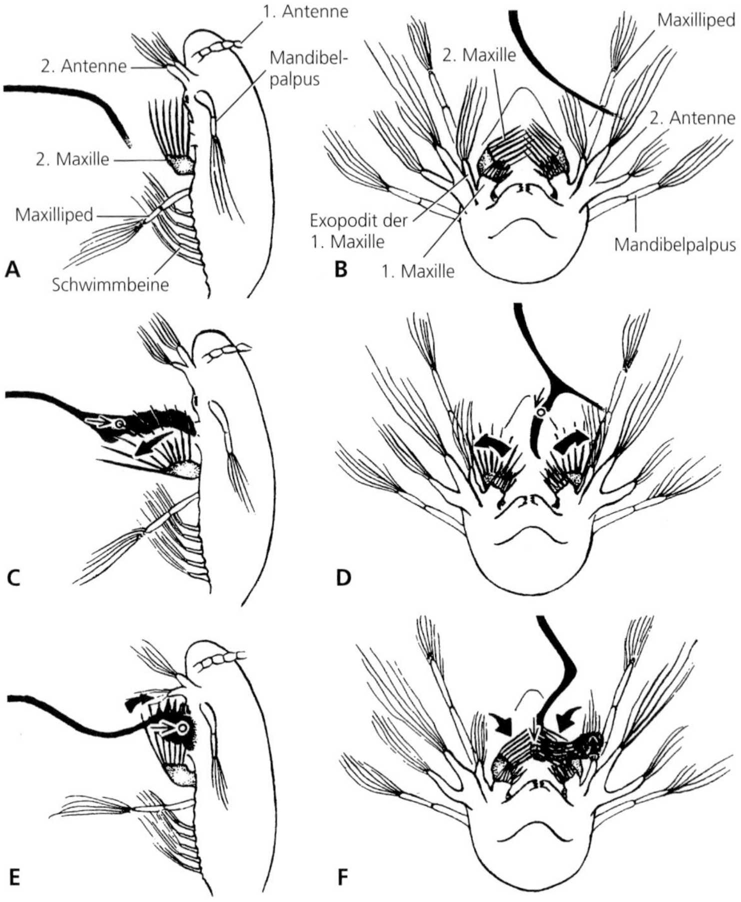

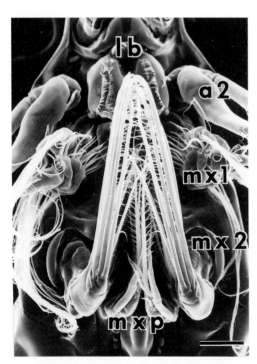

Abb. 865 Nahrungserwerbsmechanismus von *Eucalanus pileatus* (Calanoida) in schematischer Darstellung. Schwarze Bänder bezeichnen Farblösung aus einer Mikropipette. Schwarze Pfeile markieren Bewegungen der 2. Maxille und in **F** zusätzlich der 1. Maxille. Kreise geben die Lage und einfache Pfeile die Bewegungsrichtung einer Algenzelle an. **A, C, E** Lateralansicht (1. Maxille weggelassen); **B, D, F** Frontalansicht. **A–B** Nahrungssuchstrom umgeht die 2. Maxillen, bis sich eine Algenzelle nähert. **C–D** Algenzelle wird durch Auswärtsklappen der 2. Maxille zwischen diese gesogen. **E–F** Algenzelle wird durch Zurückklappen der 2. Maxillen eingefangen. Nach Koehl und Strickler (1981).

Abb. 866 Ventralansicht der Mundwerkzeuge des Weibchens von *Labidocera japonica* (Calanoida). 2. Maxillen geschlossen. Die Art ernährt sich überwiegend von Copepoden-Nauplien. REM. lb = Labrum, a2 = 2. Antenne, mx1 = 1. Maxille, mx2 = 2. Maxille, mxp = Maxilliped. Maßstab: 100 µm. Aus Ohtsuka und Onbé (1991).

eine geeignete Algenzelle nähert. Dann wird der Schlag der Extremitäten asymmetrisch und die Strömung so abgelenkt, dass sich die Zelle auf die 2. Maxillen zubewegt. Die Zelle kommt nie in Kontakt mit den Extremitäten, sondern wird von der an ihnen haftenden Wasserschicht gezogen und geschoben. In der Nähe der 2. Maxillen angekommen, klappen diese mit einem Ruck auseinander (Ab. 865C, D), so dass Wasser in den Raum zwischen ihnen gesogen wird. Um die mitgeführte Algenzelle schließt sich rasch der Borstenkorb der 2. Maxillen, wobei das die Zelle umgebende Wasser durch die Borsten gedrückt wird (Abb. 865E,F).

Manchmal müssen die 2. Maxillen mehr als einmal ruckartig auseinander weichen, um die Algenzelle einzufangen. Borsten auf den Enditen der 1. Maxillen kämmen durch die Fangborsten der 2. Maxillen und schieben die Alge zwischen die geöffneten Mandibeln, von denen sie zerdrückt wird. Bei allen Arten wird in Abständen die Erregung des Suchwasserstroms unterbrochen, um die Mundwerkzeuge zu reinigen. In dieser Zeit sinken die Tiere mit einer Geschwindigkeit von 1–2 mm s^{-1} ab.

Die Calanoiden gleiten normalerweise angetrieben von Bewegungen der Kopfextremitäten durch das Wasser. Sie können aber bei Gefahr (wie andere Copepoden auch) einen mächtigen Satz nach vorne machen, indem alle Schwimmbeine beginnend mit dem letzten nach vorne bewegt und dann schlagartig nacheinander mit nur 2 ms Abstand zurückgeklappt werden. Der Sprung kommt also durch eine extreme Kondensierung einer im Grunde metachronen Sequenz zustande. Die Intercoxalplatten sorgen dafür, dass jedes Beinpaar als funktionelle Einheit agiert. Ein komplexes Skleritsystem erlaubt einen Schwenk von 110°. Das ist fast doppelt so viel wie die 50°–60° bei den Beinbewegungen der übrigen Crustaceen. Diese Besonderheit wird verständlich, wenn man bedenkt, dass die Kleinheit der Tiere sie den Bedingungen des „klebrigen" Wassers (s. o.) aussetzt.

Das Nervensystem besteht aus einem Oberschlundganglion, dicken Schlundkonnektiven und einem undeutlich gegliederten Ganglienstrang, der nur bis zum Ende des Thorax reicht. Der Oesophagus ist kurz und reich mit Muskulatur versorgt. Der Mitteldarm kann vorn einen unpaaren, medianen Divertikel haben. Auch laterale Divertikelpaare kommen vor. Ein Ölsack als Lipidreserve und Auftriebsorgan (bei Calanoiden) kommt in der Nähe des Darms bei vielen Arten vor. Der Exkretion dient in der Regel 1 Paar Maxillennephridien. Ein Herz ist bei ursprünglichen Vertretern oberhalb der Eingeweide im Perikardialraum vorhanden, hat 3 Ostien und geht nach vorn in eine bis in den Kopf reichende Aorta über.

Die Geschlechter sind getrennt. Die Gonaden sind paarig oder unpaar und liegen dorsal. Ovidukte und Vasa deferentia münden auf dem Genitalsegment. Die Weibchen haben ein Receptaculum seminis, das mit einer von außen eingestülpten Tasche, dem Antrum, durch einen Gang verbunden ist. Im Antrum endet auch der Ovidukt.

Fortpflanzung und Entwicklung

Die Männchen übertragen die Spermien in einer Spermatophore. Der Kopula voraus kann eine Balz gehen, nachdem das Männchen sich mit den 1. Antennen am Weibchen verankert und sich unter dessen Körper geschwungen hat (Abb. 867). Bei der Balz reibt das Männchen das Abdomen des Weibchens mit den Schwimmbeinen. Nach der Kopula löst sich das Männchen so lange nicht vom Weibchen und lässt sich von ihm mit herumtragen, bis sich die Spermatophore vollständig entleert hat (Postkopula, *postcopulatory mate guarding*). Von diesem Schema gibt es viele Abwandlungen. Die Weibchen tragen in der Regel 1 oder 2 Eisäckchen (Abb. 862), die bei den Parasiten zu langen Eischnüren ausgezogen

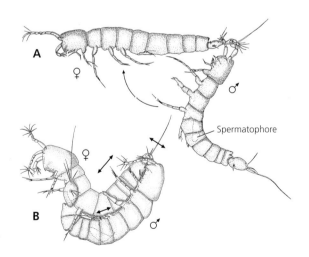

Abb. 867 Paarungsverhalten von *Parastenocaris phyllura* (Copepoda, Harpacticoida). **A** Männchen hat mit 1. Antennen je eine Furkalborste des Weibchens ergriffen und schwingt sich unter dessen Körper. Nur linke Extremitäten sichtbar. **B** Balzphase vor Anheftung der Spermatophore. Weibchen (oben) wird von Männchen (unten) mit den 3. Peraeopoden und Furkalästen fixiert und durch schnelle Bewegungen (Pfeile) der 2. und 4. Peraeopoden sowie der 2. Antennen stimuliert. Nur linke Extremitäten sichtbar. Spermatophore im Inneren des Männchens angedeutet. Nach Glatzel und Schminke (1996).

sein können (Abb. 869). Aus den Eiern schlüpfen Nauplien, die 6 Stadien durchlaufen, bevor sie sich zu Copepodiden umwandeln. Es gibt ebenfalls 6 Copepodid-Stadien, von denen das letzte der Adultus ist.

Dieser einfache Entwicklungsgang wird bei den Parasiten in vielfältiger Weise abgewandelt, wobei die Zahl der Nauplius- und Copepodid-Stadien sowie die der freibeweglichen Stadien reduziert werden und eine besondere Copepodid-Form, die Chalimus-Larve, auftreten kann; sie hat ein Frontalfilament zur Festheftung am Wirt. Abb. 868 zeigt als Beispiel den Entwicklungsgang von *Lernaeenicus sprattae*, der wie die meisten anderen Arten der Pennellidae einen obligatorischen Zwischenwirt hat und sich als Adultus am Auge der Sprotte verankert.

Es werden noch 9 Teilgruppen unterschieden, von denen 5 nur wenige Arten umfassen und hier nicht genannt werden.

Calanoida

Planktische Copepoden im Meer und im Süßwasser (s. o.), Partikelfresser und Räuber (Abb. 861).

Calanus finmarchicus, 5,5 mm. Hauptsächlich im Nordatlantik, auch im Mittelmeer, Südatlantik, Pazifik und (selten) im Indischen Ozean. Mehr kälteliebend, Südverbreitung in warmen Sommern deshalb eingeschränkt. Auftreten im Norden massenhaft, riesige Schwärme, in den obersten 300 m, aber auch bis 4 000 m Tiefe; Fortpflanzung im Winter/Frühjahr; maximale Lebensdauer etwas über 1 Jahr. Partikelfresser. – *Eudiaptomus gracilis*, 1,7 mm. Wahrscheinlich der häufigste Vertreter der Diaptomidae in Europa. In Seen, Teichen und Weihern, in vielen davon ein dominierender Planktonbestandteil. Perennierende Art, Dauereier noch nicht bekannt.

Harpacticoida

Typisch benthische Gruppe im Meer und im Süßwasser (einschließlich Grundwasser) (Abb. 863). Einige wenige im marinen Plankton oder mit Decapoden vergesellschaftet.

Canthocamptus staphylinus, 1 mm. Zwischen Pflanzen in Teichen und Gräben, auch am Gewässerboden zwischen verrottenden Blättern. In Europa weit verbreitet. Monozyklisch, kaltstenotherm. Fortpflanzung hauptsächlich im Dezember–Januar. Den Sommer verbringen Adulti in einer Cyste am Boden der Gewässer. In Skandinavien geografische Parthenogenese. – *Epactophanes richardi*, 0,5 mm. Weltweit verbreitet; moosbewohnend. Heterogonie; parthenogenetische Weibchen unterscheiden sich von den bisexuellen durch weniger stark chitinisiertes Geschlechtsfeld und legen nur 2 Eier auf einmal, ohne Eisack. – *Stenhelia palustris*, 0,9 mm. Unterhalb der Hochwasserlinie im Watt. Baut Wohnröhren aus zusammengekitteten Substratteilchen. Röhre 10–20 mal so lang wie Bewohner, wird an einem Ende ständig weitergebaut, während sie am anderen Ende allmählich verfällt. Nauplien bauen eigene Röhren, die von der mütterlichen abzweigen oder isoliert davon angelegt werden. Nauplien breiter als lang, bewegen sich seitlich fort, so dass sie in den Röhren keine Kehrtwendung wie Adulti machen müssen. Kittsubstanz wird von den Tieren produziert. – *Tachidius discipes*, 0,6 mm. Euryök, im schlickigen Sandwatt extreme Massenentwicklung. Eine der häufigsten Arten auch in Salzwiesentümpeln.

Siphonostomatoida

Assoziiert mit anderen Tieren. Zwei Drittel sind Fischparasiten (Abb. 871, 872, 873) überwiegend im Meer.

Salmincola salmoneus, 8 mm. Kiemenparasit des Lachses (*Salmo salar*). Naupliusphase wird im Ei durchlaufen. Copepodid einziges freischwimmendes Stadium. Befällt den Wirt, wenn er ins Süßwasser kommt. Es folgen 4 Chalimus-Stadien, von denen sich das letzte in den Adultus umwandelt. Das Weibchen ist stationär, während das Männchen auf Partnersuche am Wirt umherwandert. Fortpflanzung nur, wenn Wirt im Süßwasser. – *Lernaeocera branchialis*, bis 40 mm (Abb. 873A). Parasitiert marine Fische. Auf ein Naupliusstadium folgt

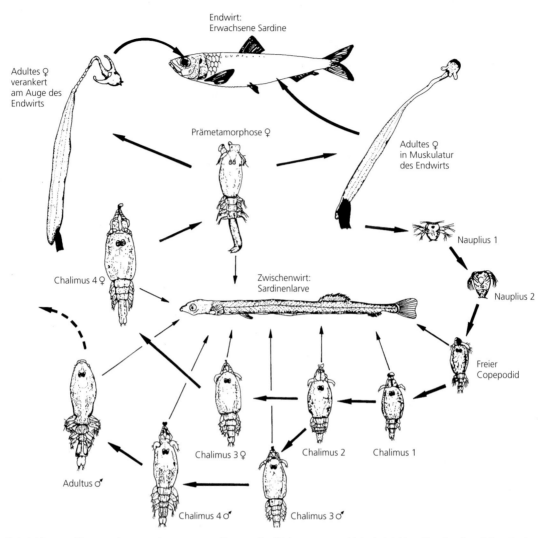

Abb. 868 Entwicklungszyklus von *Lernaeenicus sprattae* (Copepoda, Siphonostomatoida). Auf 2 Nauplius-Stadien folgt ein Copepodid, der sich auf einer Sardinenlarve festsetzt. Jeweils 4 Chalimus-Stadien führen zum adulten Männchen und Praemetamorphose-Weibchen. Letzteres verlässt nach Begattung den Zwischenwirt und fixiert sich entweder am Auge oder in der Körpermuskulatur des Endwirts, wo jeweils die Umwandlung in das adulte Weibchen stattfindet. Männchen sterben nach Begattung. Nach Raibaut (1985).

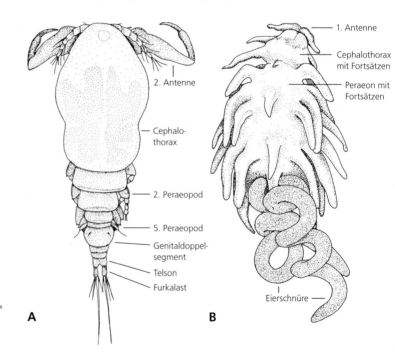

Abb. 869 Cyclopoida (Copepoda). **A** Dorsal-ansicht des Weibchens von *Ergasilus sieboldi*. **B** Dorsalansicht des Weibchens von *Chondracanthus neali*. Nach Kabata (1979).

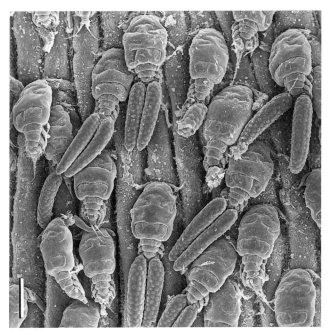

Abb. 870 *Ergasilus sieboldi* (Cyclopoida) auf den Kiemenblättchen eines Fisches. REM. Maßstab: 500 µm. Original: A. Schrehardt, Erlangen.

ein freier Copepodid, der sich an Plattfischen (Pleuronectiformes) als Zwischenwirten festsetzt, an denen die Chalimus-Stadien durchlaufen werden. Adulti sind Kiemenparasiten an verschiedenen Gadiden, z. B. Kabeljau.

Cyclopoida

Überall in Süßwasser (auch Grundwasser) verbreitet, auch im marinen Benthal und Pelagial. Einige sind Plankter (Corycaeidae, Sapphirinidae) mit komplexen Naupliusaugen für die Jagd nach Beute. Viele parasitisch (Abb. 869, 870) oder assoziiert mit anderen Tieren lebend.

*Macrocyclops albidus, 2,5 mm (Abb. 862). In klaren Binnengewässern weltweit. Pflanzt sich das ganze Jahr über fort. Ist häufiger im Sommer, ernährt sich räuberisch von kleinen Oligochaeten und Chironomiden-Larven. – **Cyclops strenuus*, 2,3 mm. In kleineren Binnengewässern aller Art in der gesamten Paläarktis. In periodischen Gewässern wird Trockenheit mit Copepodid 4 als Dormanzstadium überdauert. Tritt wieder Wasser auf, entsteht in kurzer Zeit Herbstgeneration, deren Nachkommen Frühjahrsgeneration bilden; die nächste Generation geht als Copepodid 4 wieder in Diapause. – **Oithona plumifera*. In oberflächennahen Schichten des offenen Meeres häufig. Mit langen Schwebefortsätzen. – **Lernaea cyprinacea*, 20 mm. Ektoparasitisch auf Süßwasserfischen, an jeder beliebigen Körperstelle. Auf 3 Naupliusstadien folgen 5 Copepodide. Nauplien freischwimmend, Copepodide parasitisch auf den Kiemen. Letzter Copepodid verwandelt sich in einen freischwimmenden Adultus. Während das Männchen nie Parasit wird, wandelt sich das Weibchen in eine sedentäre, parasitische Form um; dabei strecken sich die Thoracomeren und bilden Vorsprünge zur Verankerung. – **Ergasilus sieboldi*, 2 mm (Abb. 869A, 870). Kiemenparasit einer großen Zahl von Süßwasserfischen. In der nördlichen Paläarktis weit verbreitet. Männchen nie parasitisch; Weibchen können hohe Infektionsraten verursachen. Eine 34 cm lange Schleie war von 5 400 Exemplaren befallen und wog nur 355 g; normalerweise würde eine Schleie dieser Länge 750 g wiegen.

5.3.3 Branchiura, Karpfenläuse (Kiemenschwänze)

Branchiura sind temporäre Ektoparasiten, überwiegend an Süßwasser-, selten auch an Meeresfischen. Sie ernähren sich von Blut und Mucus. Befall von Karpfenläusen schwächt die Vitalität des Wirtes, was in niedrigeren Wachstumsraten und erhöhter Mortalität zum Ausdruck kommt. Wie Fischegel können sie den Erreger der Bauchwassersucht übertragen. Branchiura findet man weltweit; es gibt etwa 210 Arten. Die Länge beträgt gewöhnlich weniger als 2 cm.

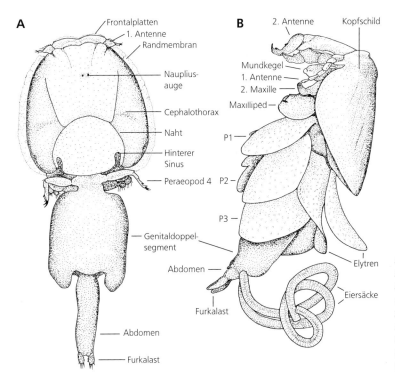

Abb. 871 Siphonostomatoida (Copepoda). **A** Dorsalansicht des Weibchens von *Lepeophtheirus salmonis*. In dem hinteren Sinus erlaubt eine Membran einen Wasserstrom von ventral nach außen, aber nicht zurück. Die Randmembran dient dem wasserdichten Abschluss der Unterseite des Cephalothorax. **B** Lateralansicht des Weibchens von *Anthosoma crassum*. Elytren sind dorsolaterale Auswüchse des P2-Segments; P1–P3 = 1.–3. Peraeopod. Nach Kabata (1979).

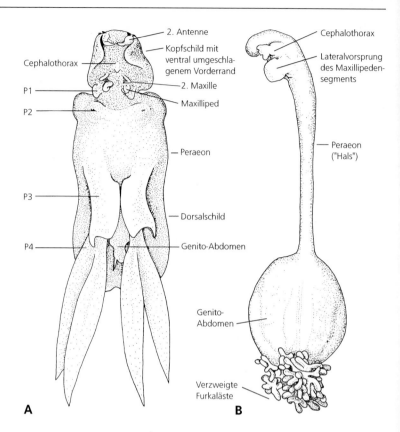

Abb. 872 Siphonostomatoida (Copepoda). **A** Ventralansicht des Weibchens von *Lernanthropus kroyeri*. Dorsalschild ist Auswuchs des P4-Segmentes; P1–P4 = 1.–4. Peraeopod. **B** Junges Weibchen von *Sphyrion lumpi*. Cephalothorax in Lateralansicht, übriger Körper in Dorsalansicht. Nach Kabata (1979).

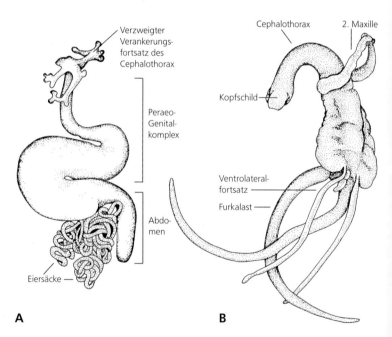

Abb. 873 Siphonostomatoida (Copepoda). **A** Weibchen von *Lernaeocera branchialis*. Die Verankerungsfortsätze sind Auswüchse des Maxillipedensegments. **B** Ventrolateralansicht des Weibchens von *Brachiella thynni*. Nach Kabata (1979).

Der Körper ist stark dorsoventral abgeflacht (Abb. 874B). Dazu trägt der flach ausgebreitete und seitlich weit abstehende Carapax bei, der den Thorax ganz oder teilweise bedeckt. Auf seiner Unterseite befinden sich Felder mit dünner Kutikula, die der Osmoregulation und vielleicht auch der Atmung dienen. Ein Naupliusauge und 2 Komplexaugen sind vorhanden. Ihnen verdanken die heimischen Karpfenläuse ihren Namen: *Argulus* ist die Verkleinerungsform von Argus. Die Kopfgliedmaßen sind in Anpassung an die parasitische Lebensweise stark umgebildet. Die gesägten Mandibeln liegen in einem Rüssel. Die 1. Maxillen sind in kompliziert gebaute Saugnäpfe verwandelt oder haben Hakenform. Die 4 Segmente des Thorax tragen zweiästige Schwimmbeine, die auch beim festsitzenden Tier in Bewegung sind. Das Abdomen ist ein flacher, unsegmentierter, zweilappiger Anhang, in dessen terminaler Einkerbung winzige Furkaläste sitzen (Abb. 874A). Dieser „Schwanz" wurde früher als Atmungsorgan missgedeutet, woher der Name Branchiura rührt.

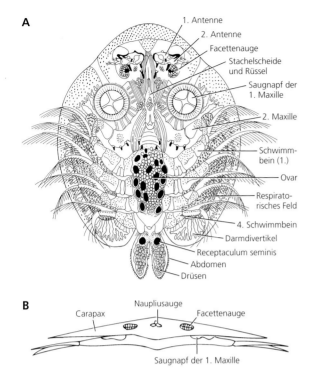

A

1. Antenne
2. Antenne
Facettenauge
Stachelscheide und Rüssel
Saugnapf der 1. Maxille
2. Maxille
Schwimmbein (1.)
Ovar
Respiratorisches Feld
4. Schwimmbein
Darmdivertikel
Receptaculum seminis
Abdomen
Drüsen

B

Naupliusauge
Carapax
Facettenauge
Saugnapf der 1. Maxille

Abb. 874 *Argulus* sp. (Branchiura). **A** Ventralansicht, **B** Frontalansicht. A Nach Hirschmann und Partsch (1954); B nach Siewing aus Remane (1957).

Das Gehirn und das übrige Nervensystem sind im Bereich vor der 2. Maxille konzentriert. Kommissuren und Konnektive sind nicht vorhanden. Der Darm ist wie bei Egeln durch stark verästelte Divertikel gekennzeichnet, die sich in der Carapaxduplikatur ausbreiten. Dadurch können große Nahrungsmengen aufgenommen werden, die bis zu 10 Tage vorhalten können. Maxillennephridien sind vorhanden. Das Herz mit 1 Ostium liegt im 4. Thoracomer und wird durch rhythmische Kontraktionen des Abdomens in seiner Tätigkeit unterstützt. Das unpaare Ovar geht in paarige Ovidukte über, von denen jeweils nur eines zurzeit funktionstüchtig ist und die hinter dem letzten Schwimmbeinpaar nach außen münden. Hier münden auch die Receptacula seminis, die im Abdomen liegen. Ebenfalls dort befinden sich beim Männchen die Hoden. Der Endteil der Vasa deferentia ist unpaar

und mündet zwischen den letzten Schwimmbeinen nach außen. Die Kopula erfolgt auf dem Wirt oder anderswo. Die Spermaübertragung ist direkt oder in Ausnahmefällen mittels Spermatophoren.

Zur Eiablage verlassen die Weibchen den Wirt, um ihre Eier (untypisch für Crustaceen) in Klumpen oder flachen Reihen an Wasserpflanzen oder Steinen anzuheften. Ein 9 mm langes Weibchen von *Argulus foliaceus* produzierte in 15 Tagen 4 Gelege mit insgesamt über 1 000 Eiern. Aus den Eiern schlüpfen abgewandelte Nauplien oder direkt Jugendstadien, die fast ganz den Adulten gleichen.

*Argulus foliaceus (Karpfenlaus), 10 mm (Abb. 874). Paläarktisch verbreitet, akzeptiert als Wirt jede Süßwasserfischart. Mandibeln in einem sehr beweglichen Rüssel versteckt, vor dem ein nach vorn weisender Stachel liegt; auf ihm mündet apikal der Ausführgang einer großen Drüse. Obgleich an jeder beliebigen Stelle der Körperoberfläche des Wirtes einschließlich der Mundinnenseite zu finden, werden bei beschuppten Fischen die Flossen und deren Ansatzstellen bevorzugt. In Fischteichen kann Befallsrate sehr hoch sein: Von einer 28 cm langen Schleie wurden einmal 4250 Ind. abgesammelt. In Deutschland noch 2 weitere Arten: **A. coregoni* und **A. pellucidus*. – *Dolops ranarum*, 6 mm; ohne Präoralstachel, einzige afrikanische Art einer Gattung, die ihr Hauptverbreitungsgebiet in Südamerika hat. Von allen in Afrika vorkommenden Branchiuren ist *D. ranarum* am weitesten verbreitet. Hat Hämoglobin und kann deshalb auch in Bereiche vordringen, die anderen Arten verschlossen sind. 2. Maxille als Haken, nicht als Saugnapf. Männchen haben Spermatophoren, die Vertretern anderer Gattungen (*Chonopeltis, Dipteropeltis*) fehlen.

5.3.4 Pentastomida, Zungenwürmer

Die Ansicht, dass es sich bei den Zungenwürmern um Crustaceen handelt, wird durch Analysen mit molekularen und morphologischen Methoden gestützt. Widersprüchlich ist allerdings der vermutliche Nachweis mariner Stammlinien-Vertreter der Pentastomiden schon aus dem späten Kambrium. Die parasitische Lebensweise der Pentastomida hat so tiefgreifende Veränderungen im Körperbau mit sich gebracht, dass kaum noch Hinweise auf ihre eigentliche Herkunft übrig geblieben sind. Das ist bei parasitischen Crustacea nichts Ungewöhnliches. Auch andere Krebse (Copepoda, Cirripedia, Isopoda) sind als Erwachsene bis zur Unkenntlichkeit abgewandelt, doch verraten bei ihnen wenigstens die Larven, wohin sie gehören. Bei den Pentastomida versagt auch dieses Indiz. Alle Arten parasitieren als Erwachsene in den Atemorganen (Lungen), Atemwegen (Nasengänge) und

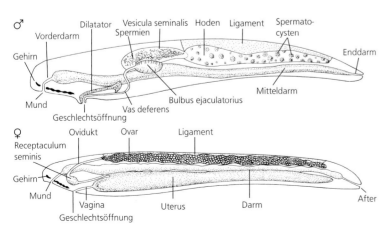

♂
Dilatator
Vesicula seminalis
Hoden
Ligament
Spermatocysten
Vorderdarm
Spermien
Gehirn
Enddarm
Mund
Vas deferens
Bulbus ejaculatorius
Mitteldarm
Geschlechtsöffnung

♀
Ovidukt
Ovar
Ligament
Receptaculum seminis
Gehirn
Mund
After
Vagina
Uterus
Darm
Geschlechtsöffnung

Abb. 875 Pentastomida. Organisationsschema beider Geschlechter eines Vertreters der Cephalobaenida. Nach Storch (1993).

deren Nebenräumen (Stirnhöhlen, Luftsäcke) Fleisch fressender Landwirbeltiere (einzige Ausnahme bisher das Ren als Pflanzenfresser). Wirte sind zu 90 % Reptilien, ansonsten hundeartige Raubtiere und Vögel. Die Entwicklungsstadien kommen in den unterschiedlichsten Organen von Vertretern aller Wirbeltiergruppen und vereinzelt in Insekten (Schaben, Nashornkäfer) vor. Auch der Mensch kann als Fehlwirt von adulten Hundeparasiten (*Linguatula serrata*) und häufiger von Larven verschiedener Arten befallen werden. Der wurmförmige Körper ist 2–16 cm lang. Über 100 Arten sind bekannt, die überwiegend in tropischen Regionen beheimatet sind. Doch gibt es Arten auch in Europa, Nordamerika und selbst in der Arktis (in Vögeln).

Bau und Leistung der Organe

Die Bezeichnung „Zungenwürmer" verdanken die Pentastomida den dorsoventral abgeflachten Nasenhöhlenbewohnern. Die Lungenbewohner (Abb. 875) dagegen sind im Querschnitt trapezförmig bis rund. Die wissenschaftliche Bezeichnung („Fünfmünder") ist eine Fehlleistung und hat damit zu tun, dass bei abgeleiteten Formen neben der Mundöffnung 4 Hauttaschen liegen, aus denen Klammerhaken hervorgestreckt werden können. Bei urtümlichen Formen liegen diese Haken an der Spitze von 4 stummelartigen Auswüchsen, von denen auf jeder Körperseite 2 hintereinander liegende vorhanden sind (Abb. 877A). Sie können durch Flüssigkeitsdruck gestreckt und durch Muskelzug verkürzt werden. Sie entsprechen 2 Extremitätenpaaren, die den Mandibeln und 1. Maxillen homolog sein könnten. Die Haken dienen der Befestigung im Wirtsgewebe bei Fortbewegung und permanenter Verankerung.

An das Vorderende, das Mund und Extremitäten trägt, schließt sich ein längerer Rumpf an, der gewöhnlich geringelt ist. Beide können durch eine Einschnürung voneinander abgesetzt sein, meist aber gehen sie ohne Abgrenzung ineinander über. Die Zahl der Rumpfringe liegt zwischen 16–230. Der äußeren Ringelung entspricht eine Gliederung der Längsmuskulatur in Einzelabschnitte; je 1 Paar vorderer und hinterer schräg verlaufender Dorsoventralmuskeln sind pro Körperring vorhanden. Dies könnte ein Hinweis auf echte Metamerie sein.

Auf die Cuticula, auf der die Poren vieler epidermaler Hautdrüsen liegen, folgt ein Hautmuskelschlauch mit dünner Ring- und stärkerer Längsmuskelschicht. Alle Muskeln einschließlich derjenigen von Darm und Geschlechtsorganen sind quer gestreift. Den Körper durchzieht eine einheitliche Leibeshöhle (Mixocoel), in der Darm und Geschlechtsorgane durch bindegewebige Bänder aufgehängt sind. Atem- und Kreislauforgane fehlen. Die Zirkulation der Hämolymphe wird durch peristaltische Körperbewegungen in Gang gehalten. Auch spezifische Exkretionsorgane sind nicht vorhanden. Exkretabgabe könnte über Haut und Mitteldarm erfolgen oder durch Drüsen, von denen viele in der Haut liegen oder die sich wie die Kopfdrüsen weit nach hinten in den Rumpf erstrecken.

Das **Nervensystem** (Abb. 876) besteht aus höchstens 17 Ganglienpaaren, die in der Medianen aneinander stoßen.

Das vorderste Paar hat eine circumpharyngeale Kommissur und ist bei *Reighardia sternae* mit den beiden folgenden Ganglien zu einem suboesophagealen Ganglion verschmolzen. Das 2. Ganglion dieses Komplexes entsendet Nerven zu vorstülpbaren Sinnespapillen, den Frontalpapillen. Das nächste Ganglion innerviert das 1. Hakenpaar, das dann folgende das 2. Hakenpaar. Die restlichen Ganglien stehen nicht mit weiteren Strukturen in Beziehung, die Extremitäten entsprechen könnten. Die Ganglienkette endet in 2 parallelen Terminalsträngen, die fast den gesamten Rumpf versorgen. Augen fehlen. Als Sinnesorgane sind Chemo- und Mechanorezeptororgane in Gestalt von Apikal-, Frontal- und paarigen metameren Lateralpapillen vorhanden.

Der Darmtrakt ist ein relativ einfaches, gerades Rohr ohne Divertikel mit cuticular ausgekleidetem Vorder- und Enddarm (Abb. 875). Sein Vorderende ist modifiziert, um flüssige Nahrung in den Pharynx zu pumpen. Pentastomida saugen Blut oder nehmen Nasenschleim, darin schwimmende, abgestoßene Epithelzellen sowie auch Lymphe auf. Der Darm ist durch Lateralmesenterien so in der Leibeshöhle aufgehängt, dass 2 Stockwerke entstehen: ventral ein Darmsinus und dorsal ein Gonadensinus. Letzterer heißt so, weil in ihm, durch ein bindegewebiges Band in der Mittellinie des Rückens befestigt, die **Gonaden** hängen. Die Geschlechter sind getrennt. Die Hoden sind paarig oder unpaar und führen über Vasa efferentia in eine unpaare Samenblase. Von dort gelangen die Spermien bei den Porocephalida in 2 Blind-

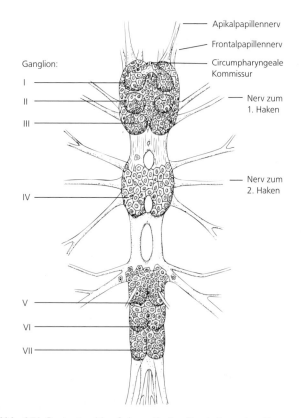

Abb. 876 Pentastomida. Schematische Darstellung des Nervensystems von *Reighardia sternae*. Nur Nerven beschriftet, die zu möglichen Homologa von Extremitäten ziehen. Nach Böckeler (1984) aus Storch (1993).

schläuche, deren kräftige Muskulatur sie über meist kurze Vasa deferentia in chitinige, spiralig aufgerollte Begattungsorgane, die Cirren, presst und diese dadurch nach außen vorstreckt. Die männliche Geschlechtsöffnung liegt auf dem 2.–3. Rumpfsegment. Über paarige Ovidukte (bei den Porocephalida) gelangen die Eier aus dem unpaaren Ovar in einen langen, chitinig ausgekleideten unpaaren Uterus und über eine muskulöse Vagina nach außen. Der Geschlechtsporus befindet sich wie bei den Männchen vorn oder nahe dem Körperhinterende. Am Übergang von den Eileitern zum Uterus liegen paarige, ebenfalls chitinig ausgekleidete Receptacula seminis. Die Weibchen werden nur einmal begattet, wenn beide Geschlechter ungefähr gleiche Körpergröße haben.

Fortpflanzung und Entwicklung

In den kleinen, nährstoffarmen Eiern entwickelt sich ein Embryo mit 4 Segmenten und einer Rumpftelsonknospe. Die Extremitätenknospen der 4 Segmente entsprechen vermutlich den 1. und 2. Antennen, den Mandibeln und den 1. Maxillen. Als besonderes Organ ist dorsal eine Epidermisdrüse, das Dorsalorgan, ausgebildet, das eine Schleimhülle zum Schutz von Embryo und schlüpfreifer Larve sezerniert. Die beiden „Antennenknospenpaare" wandeln sich bei der aus dem Embryo entstehenden Primärlarve zu je 1 Paar Sinnesorganen um: den Apikal- und Frontalpapillen. „Mandi-

beln" und „Maxillen" werden zu den beiden Hakenpaaren. Die Rumpftelsonknospe endet in einer Furka (Terminalanhänge) und weist 4 extremitätenlose Segmente auf. Am Vorderende vor dem Mund liegt ein Bohrapparat aus ursprünglich 3 Chitinstachelpaaren, mit deren Hilfe die Primärlarve durch die Darmwand des Zwischenwirtes oder (bei Autoreinfektion) des Elternwirtes hindurchdringt. Sie macht dann unter mehrmaliger Häutung eine Wanderung durch den Körper des Wirts. Dabei kann die für den Endwirt infektiöse und dem Adultus schon weitgehend gleichende Terminal- oder Wanderlarve schrittweise direkt oder auf dem Umweg über eine madenartige Zweitlarve (Abb. 877E) erreicht werden. Wird der Zwischen- vom Endwirt gefressen, gelangt die Terminallarve in dessen Lunge oder Nasengang.

Reighardia sternae (Cephalobaenida), Männchen 1 cm, Weibchen 7,5 cm (Abb. 877C). In den Luftsäcken vornehmlich junger Möwen; infektiöse Eier gelangen mit ausgebrochenem Schleim ins Freie. Der Brechreiz wird von den reifen Weibchen verursacht, die zur Eiablage aus dem Clavicularluftsack über Lunge und Trachea in den Rachen der Möwe wandern. Durch Aufnahme des ausgebrochenen Schleims infizieren sich andere Möwen. Auch Autoreinfektion ist möglich. Nach Durchbohren der Darmwand wachsen die Larven im Körper des Wirtes heran und erreichen als Erwachsene über die Leibeshöhle die Luftsäcke, von denen sie gezielt den Clavicularluftsack aufsuchen. – *Raillietella gigliolii* (Cephalobaenida) (Abb. 877B). In der Lunge der südamerikanischen Ringelechse *Amphisbaena alba*, die ein fakultativer Mitbewohner in Blattschneiderameisennestern ist. Als Zwischenwirt infiziert sie Larven des Nashornkäfers *Coelosis biloba*, der ebenfalls als Mitbewohner in Ameisennestern lebt. Bei der Übertragung

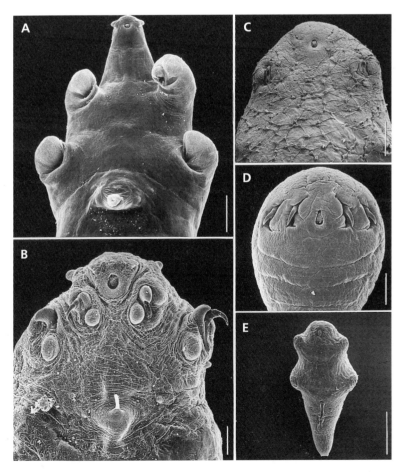

Abb. 877 Pentastomida. REM-Habitusbilder. **A** *Cephalobaena tetrapoda*, Männchen. Kopf, ventral. Maßstab: 400 µm. **B** *Raillietiella boulengeri*, Männchen. Vorderende, ventral. **C** *Reighardia sternae*, Vorderende, ventral. **D** *Leiricephalus coarctus*, Kopf ventral. **E** *Reighardia sternae*. 2. Larve. B–E Maßstäbe: 200 µm. Originale: W. Böckeler, Kiel.

spielen wahrscheinlich die Ameisen eine aktive Rolle, indem sie die infektiösen Eier direkt zu den Käferlarven tragen. – *Kiricephalus coarctatus* (Porocephalida). In der Lunge einer schlangenfressenden südamerikanischen Schlangenart. Lebenszyklus mit 2 Wirbeltierarten als Zwischenwirten: Amphibien sind die 1., Schlangen die 2. Zwischenwirte. In den Amphibien Larven in einer Gewebekapsel eingeschlossen, in den Schlangenzwischenwirten bewegen sie sich frei in der Leibeshöhle. – *Linguatula serrata* (Porocephalida), Männchen 2 cm, Weibchen 13 cm. Kosmopolitisch, in Nasengängen oder Stirnhöhlen von Wölfen, Füchsen und Hunden einschließlich Haushunden. Eier gelangen durch Niesen oder Nasenschleim nach außen und bleiben an Pflanzen haften. Rinder, Schafe, Ziegen und Kaninchen infizieren sich mit ihnen bei der Nahrungsaufnahme. Primärlarve schlüpft aus dem Ei, durchbohrt die Darmwand und lässt sich entweder mit dem Lymphstrom davontragen und erreicht schließlich die Lunge, oder gelangt über die Blutbahn in die Leber. Einschluss in eine bindegewebige Kapsel, Häutung zur madenartigen Zweit- oder Ruhelarve. Diese ernährt sich von Gewebsflüssigkeit, häutet sich wiederholt und wandelt sich schließlich in die infektiöse Terminallarve um, die die Gewebskapsel durchbricht und in Brust- und Bauchhöhle umherkriecht. Gelangt mit dem gefressenen Zwischen- in den Endwirt, Aufstieg vom Magen oder schon von weiter oben zur Nasenhöhle. Häutung in der Nase zum Adultus.

5.3.5 Ostracoda, Muschelkrebse

Diese außerordentlich erfolgreichen Kleinkrebse (etwa 12 500 lebende und etwa 20 500 fossile Arten sind beschrieben) haben äußerlich Ähnlichkeit mit kleinen Muscheln (Abb. 878). Ihr ungegliederter Körper (mit ursprünglich zehnsegmentigem Rumpf) trägt entweder nur die Kopf- oder zusätzlich noch 2 Rumpfextremitäten, also maximal 7 Extremitäten – einzigartig unter den Krebstieren! Ostracoden sind meist einen halben Millimeter lang (zwischen 0,1–23 mm).

Man findet sie überall im Meer: Sie krabbeln am Boden über das Substrat oder graben sich darin ein, klettern im Phytal und sind in geringer Zahl auch zu einer vollständig planktischen Lebensweise übergegangen. Für viele Fische und benthische Invertebraten sind sie als Nahrung wichtig. Auch im Brack- und Süßwasser sind sie verbreitet, einige führen sogar ein semiterrestrisches Dasein in Falllaub und Moos. Ostracoden dienen parasitischen Copepoden, Tantulocariden, Isopoden und Nematoden als Wirte. Einige sind ihrerseits Parasiten und Kommensalen anderer Crustaceen. Im Süßwasser dienen einige von ihnen als Zwischenwirte von Cestoden und Acanthocephalen.

Bau und Leistung der Organe

Der Körper ist vollständig von einem zweiklappigen Carapax umschlossen (Abb. 878). Seine beiden Klappen sind dorsal durch flexible Cuticula miteinander verbunden und durch scharnierartige Vorsprünge und Vertiefungen miteinander verzahnt. Jede Schale ist doppelwandig, wobei die äußere Wand durch Kalkeinlagerung verhärtet sein kann, während die innere dünnwandig bleibt. Die Außenwand kann alle Formen zwischen glatter und stark skulpturierter Oberfläche aufweisen. Bei planktischen, interstitiellen und süßwasserbewohnenden Arten ist die Oberfläche glatter als bei marin-benthischen Formen, deren Carapaxklappen je nach Strömungsverhältnissen und Substrattyp unterschiedlich skulpturiert sind.

Die beiden Klappen können durch einen zentralen Schließmuskel geschlossen werden. Der kurze Körper besteht aus Kopf und ungegliedertem Rumpf, der bei urtümlichen Arten erkennen lässt, dass er ursprünglich in 11 Segmente einschließlich Telson gegliedert war. Von den Extremitäten dieser Segmente sind die beiden vorderen erhalten geblieben, aber auch sie können fehlen. Die Kopfgliedmaßen sind sehr unterschiedlich gebaut, da ihnen alle Aufgaben in Zusammenhang mit Fortbewegung, Nahrungserwerb und Fortpflanzung zufallen.

Die einästigen 1. Antennen können neben ihrer Sinnesfunktion eine Rolle beim Graben, Klettern, Schwimmen und Festhalten am Weibchen spielen. Die zweiästigen 2. Antennen sind die wichtigsten Fortbewegungsorgane. Speziell bei schwimmenden Formen ist der Exopodit besonders ausgeprägt und trägt lange Schwimmborsten. Die Mandibeln sind im Bau am konstantesten mit Abwandlungen je nach Art der Nahrung. Ostracoden ernähren sich von Detritus und pflanzlichem Material. Es gibt Filtrierer, Räuber und Aasfresser. Bei den 1. und 2. Maxillen ist der Exopodit als große halbrunde Platte mit randständigen Fiederborsten ausgebildet. Vibrationen dieser Platte erzeugen einen Atemwasserstrom von vorn nach hinten durch die Höhle zwischen den Carapaxklappen, den Filtrierer auch für die Nahrungsaufnahme nutzen. Die Form der 2. Maxille ist variabel. Sie kann Mundwerkzeug mit Vibrationsplatte oder Schreitbein sein. Die Form der 1. Thoracopoden ist beinartig. Die 2. Thoracopoden sind als Schreit- oder gebogene Putzbeine ausgebildet. Am Körperende befindet sich in der Regel eine kräftige Furka, die auch als Uropoden bezeichnet wird.

Das Nervensystem ist kompakt. In einem Ring um den Oesophagus sind Gehirn und Unterschlundganglion vereinigt.

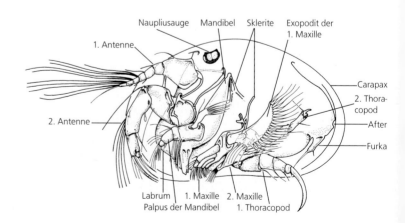

Abb. 878 Lateralansicht von *Cypridopsis vidua* (Ostracoda, Podocopida). Linke Schale abpräpariert. Nach Kesling (1951).

Die Ganglien der Thoracopoden sind von diesem Ring abgesetzt. Ein Naupliusauge aus 3 Bechern ist meist vorhanden, seltener paarige Komplexaugen. Der Vorderdarm kann mit Falten, Dornen und Borsten kaumagenähnlich gestaltet, der Mitteldarm mit vorderen Divertikeln ausgestattet sein, die sich zwischen den Wänden des Carapax ausbreiten und Verdauungsenzyme produzieren. Als Exkretionsorgane können sowohl Antennen- als auch Maxillendrüsen oder nur erstere auftreten. Ein Herz mit 1 Ostienpaar ist nur bei den Myodocopida vorhanden. Neben 1 Kopfarterie tritt bei großen Formen zusätzlich ein Paar Seitenarterien auf. Der Atmung dienen die zarten Innenwände des Carapax oder in speziellen Fällen plattenartige, dorsale Ausstülpungen des Hinterleibs.

Die meisten Ostracoden sind getrenntgeschlechtlich. Die gewöhnlich paarigen Gonaden reichen teils bis in die Carapaxklappen. Die Ovidukte münden ventral vor der Furka. Receptacula seminis sind vorhanden; ihre Öffnungen liegen vor denen der Ovidukte. Auch die Vasa deferentia münden vor der Furka. Meist paarige Penes, die Bildungen des 6. oder 7. Rumpfsegmentes sind, dienen der Spermaübertragung. Einige Arten besitzen die längsten Spermien des Tierreiches – bei 0,7 mm Körperlänge hat *Cyclocypris ovum* Spermien von 6 mm Länge. Einige Süßwasserostracoden vermehren sich teilweise oder ganz parthenogenetisch. Vertreter der Darwinuloidea sind wie die bdelloiden Rotatorien (S. 268) nur als parthenogenetische Weibchen bekannt.

Fortpflanzung und Entwicklung

Die Eier entwickeln sich entweder in der Carapaxhöhle dorsal des Rumpfes oder werden ins Wasser abgelegt und teilweise auch an Pflanzen und anderem Substrat befestigt.

Aus dem Ei schlüpft ein atypischer Nauplius mit Kopfschild und drei einästigen Stabbeinen. Er durchläuft weitere 3–8 Stadien, bevor er erwachsen wird. Der Adultus häutet sich nicht mehr.

Gigantocypris agassizi (Myodocopida), 23 mm. Größter Ostracode, lebt bathypelagisch, schwimmt langsam und ergreift Copepoden, Chaetognathen und kleine Fische. Komplexaugen klein, Naupliusauge riesig. – *Cypridina castanea* (Myodocopida), 6,5 mm. Lebt räuberisch von Vertretern der Mysidae und von Heteropteren. Kann aus Drüsen im Labrum Leuchtsekret ausstoßen, in dem Luciferin und Luciferase nachgewiesen sind. – *Candona candida* (Podocopida), 1,2 mm. Lebt in ober- und unterirdischem Süßwasser, ernährt sich von abgestorbenen Blättern und von Detritus. – *Notodromas monacha* (Podocopida), 1,2 mm. Gleitet in Teichen rückenabwärts unter dem Oberflächenhäutchen entlang und filtriert die Kahmhaut. – *Cypridopsis vidua* (Podocopida), 0,65 mm (Abb. 878). In der Holarktis weit verbreitet in Seen, Teichen und Flüssen; auch im Brackwasser. Pflanzt sich parthogenetisch fort. Ernährt sich von Algen. – Palaeocopida: Nur von leeren Schalen aus dem Südpazifik bekannt.

5.3.6 Tantulocarida

Obgleich Vertreter der Tantulocarida schon seit Anfang des 20. Jahrhunderts bekannt sind, ist ihr Status als eigenständiges Taxon erst zu Beginn der 1980er-Jahre erkannt worden. Die über 30 Arten sind ausnahmslos Ektoparasiten anderer Crustaceen mit einem ungewöhnlichen Lebenszyklus (Abb. 879). Wirte sind Vertreter der Copepoda, Ostracoda, Cumacea, Tanaidacea und Isopoda. Sie sind inzwischen aus allen Weltmeeren bekannt.

Tantulocarida sind mikroskopisch klein: Männchen und sexuelle Weibchen unter 0,5 mm, parthenogenetische Weibchen unter 1 mm Länge. Beide Weibchenformen unterscheiden sich auffällig im Bau (Abb. 879). Die sexuellen Weibchen bestehen aus einem großen Cephalothorax, in den vermutlich 2 Thoraxsegmente einbezogen sind, aus 2 beintragenden und 2 beinlosen Segmenten sowie dem Telson mit Furka, zwischen deren Ästen kein After mündet. Das Weibchen nimmt keine Nahrung auf. Die 1. Antennen sind eingliedrig und basal miteinander verwachsen. Die beiden Beinpaare haben jeweils eingliedrige Exo- und Endopoditen, die terminal nur 1 einzige kräftige, gezähnte Borste tragen. Zum Schwimmen sind diese Beine nicht geeignet. Es wird vermutet, dass das Männchen damit während der Paarung gehalten wird, da es selbst keine Vorrichtungen zum Festhalten am Weibchen besitzt. Eine unpaare Geschlechtsöffnung liegt ventral in der Mitte des hinteren Cephalothoraxbereiches. Im Inneren des Cephalothorax sind Eier zu erkennen. Das parthenogenetische Weibchen ist mit einer Mundscheibe permanent am Wirt befestigt (Abb. 879). Es besteht aus einem Kopf und einem großen sackartigen Rumpf, der unsegmentiert ist und keine Extremitäten trägt. Der vordere Rumpf kann in einen Hals ausgezogen sein. Direkt hinter dem Kopf findet sich auf seiner Ventralseite eine kreisförmige Narbe, die nach dem Abfallen des larvalen Rumpfes zurückbleibt.

Das Männchen nimmt keine Nahrung auf. Es schwimmt auf der Suche nach Weibchen frei umher, die es vermutlich mithilfe seiner Aesthetasken lokalisiert, von denen zwei Büschel als Reste der 1. Antennen am Vorderrand seines Kopfes stehen. Der Körper der Männchen gliedert sich in Prosoma und Urosoma. Das Prosoma wird vom Cephalothorax, bei dem 2 Thoraxsegmente mit dem Kopf verschmolzen sind, und 4 freien Thoraxsegmenten gebildet; das Urosoma besteht aus dem Genitalsegment (7. Thoraxsegment) und dem Telson, zwischen die freie Abdominalsegmente eingeschoben sein können. Das Telson trägt Furkaläste oder nur deren Borsten. Die 1.–6. Thoraxsegmente weisen je 1 Paar Schwimmbeine auf. Das Genitalsegment ist mit einem langen Penis ausgestattet, der durch Verschmelzung der Extremitäten dieses Segments entsteht.

Die innere Anatomie beider Geschlechter ist noch unbekannt. Männchen und Weibchen entwickeln sich aus der zunächst freibeweglichen Tantulus-Larve, die neue Wirtstiere befällt (Abb. 879). Sie besteht aus Kopf, 6 beintragenden Thoraxsegmenten, und einem Urosoma aus 2–6 Segmenten. Sie haftet am Wirt mit einer Mundscheibe, in deren Mitte durch eine Öffnung ein im Kopf befindliches Stilett hervorgeschoben werden kann, das zum Anstechen des Wirtes dient. Die Larve hat so Zugang zu dessen Körperflüssigkeit. Sofort nach erfolgreicher Festheftung an einen neuen Wirt setzt eine Degeneration der Körper- und Beinmuskulatur ein.

Die Männchen entstehen durch eine eigentümliche Metamorphose in einem Sack der Tantulus-Larve, der sich hinter dem 5. oder 6. Tergit des Thorax vorzuwölben beginnt.

Der Sack ist mit einer Masse undifferenzierter Larven-Zellen angefüllt, die sich so reorganisieren, dass daraus das erwachsene Männ-

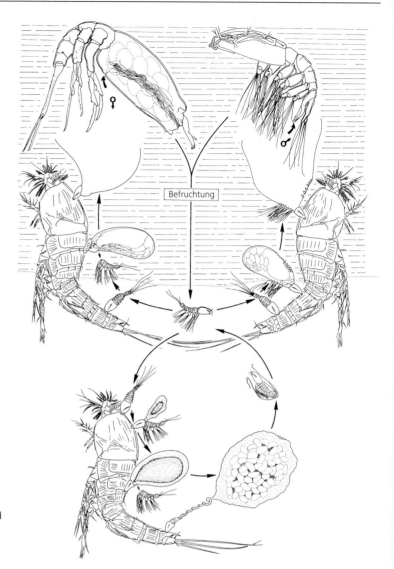

Abb. 879 Der vermutete „doppelte" Fortpflanzungszyklus der Tantulocarida. Oben bisexuell: Tantulus-Larve
befällt Wirt und entwickelt sich zu Männchen (rechts)
oder Weibchen (links); beide dürften freischwimmend
sein. Pfeile weisen auf die Geschlechtsöffnungen. Aus
den befruchteten Eiern entwickeln sich Tantulus-Larven.
Unten parthenogenetisch: Tantulus-Larve befällt Wirt und
entwickelt sich zu parthenogenetischem, sackförmigen
Weibchen, aus dessen Eiern Tantulus-Larven schlüpfen.
Nach Huys, Boxshall und Lincoln (1993).

chen entsteht. Während dieser Metamorphose treten keine Häutun-
gen auf, und das Männchen wird über einen Gewebsstrang
(„Nabelschnur") ernährt, der bis in den Wirt hineinreicht. Nach
Abschluss der Umwandlung verlässt das Männchen den Sack.

Die Entwicklung der sexuellen Weibchen ist noch nicht
beobachtet worden. Im fertigen Zustand liegen sie wie die
Männchen in einem Sack der Tantulus-Larve und werden
über einen Gewebsstrang ernährt. Dieser Sack entsteht
anders als beim Männchen direkt hinter dem Kopf der Larve.
Beim Größerwerden des Sackes knickt der Rumpf der Larve
ventral ab, bis er schließlich ganz abfällt.

Auch die Bildung der parthogenetischen Weibchen beginnt mit der
Sackbildung direkt hinter dem Kopf der Larve. Dieser Sack schwillt
enorm an, indem sich das runzelige Integument streckt oder neues
Integument in einer Wachstumszone hinter dem Kopf gebildet wird.
Der Inhalt des Sackes formiert sich zu Eiern, von denen jedes in eine
eigene Eihülle eingeschlossen ist und sich ohne Häutungen zu einer
Tantulus-Larve entwickelt. Vorausgesetzt aus den Eiern der sexuellen
Weibchen schlüpfen Tantulus-Larven, was noch nicht beobachtet
worden ist, dann gibt es bei den Tantulocarida sowohl bisexuelle als
auch parthenogenetische Fortpflanzung, wobei die Tantulus-Larve
das Bindeglied zwischen beiden Fortpflanzungsmodi ist (Abb. 879).

Deoterthron harrisoni, parthenogenetisches Weibchen bis 730 μm,
Männchen 460 μm. Auf *Macrostylis magnifica* (Isopoda, Asellota) in
2000–3000 m Tiefe vor der Westküste Schottlands. – *Microdajus
langi*, parthenogenetische Weibchen über 1 mm, Männchen 200 μm.
Auf Tanaidacea in 20–120 m Tiefe vor der schottischen und norwegischen Küste. Früher zu den Epicaridea (Isopoda) gestellt.

Die drei folgenden Gruppen – Facetoteca, Ascothoracida und
Cirripedia – bilden das Monophylum **Thecostraca**. Es wird
charakterisiert durch 5 Paar Gitterorgane (*lattice organs*,
Abb. 880) auf dem Carapax der Cypris-Larve und durch die
Verwendung der 1. Antennen der Cypris als Anheftungsorgane beim Übergang zur festsitzenden Lebensweise. Bei dem
Gitterorgan handelt es sich um ein vermutlich chemosenso-
risches Organ (Abb. 880), von dem 5 Paar (2 Paar vorne, 3
Paar hinten) dorsal auf dem Carapax entlang der Mittellinie
der letzten Cypris-Larve der Cirripedia und der entsprechenden Larvenstadien der anderen beiden Taxa vorkommen.
Das Organ besteht aus einer länglichen Kammer in der Cara-
paxcuticula, in die die Cilien zweier Sinneszellen ragen und
die an einem Ende über einen großen Porus oder über viele
kleine Poren in ihrem Dach Verbindung nach außen hat.

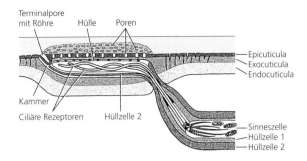

Abb. 880 Gitterorgan (*lattice organ*) der Cirripedia. Schema. Nach Høeg, Hosfeld und Jensen (1998).

5.3.7 Facetotecta

Unter dieser Bezeichnung wird eine Gruppe rätselhafter Larven zusammengefasst, die als „y-Nauplius" und „y-Cypris" bekannt sind. Es gibt 5 Nauplius-Stadien und ein Cypris-Stadium. Daraus schlüpft ein winziges wurmartiges Wesen, das Ypsigon, das weder Darm noch Nervensystem besitzt und allein nicht lebensfähig ist. Eine parasitische Lebensweise ist deshalb wie für die Erwachsenen anzunehmen, die immer noch nicht gefunden worden sind. Die Larven sind hauptsächlich aus dem Nordatlantik und japanischen Meeresgebieten bekannt. Funde auch woanders deuten eine weltweite Verbreitung an.

Die Nauplien sind zwischen 250 und 620 µm lang. Sie haben einen großen flachen Kopfschild, dessen Cuticula ein komplexes Muster von Feldern aufweist, die durch Wälle oder Falten getrennt sind. Die 1. Antennen sind zweigliedrig mit langen terminalen Borsten; 2. Antennen und Mandibeln

sind zweiästig und fast gleich. Der Endopodit ist zwei-, der Exopodit sechs- bzw. fünfgliedrig. Bei lecithotrophen Nauplien kommt es zu Vereinfachungen. Knospen weiterer Extremitäten hinter den Mandibeln treten nicht auf. Das Körperende läuft in 3 Dornen aus. Das Naupliusauge besteht aus 3 Ocellen. Der Darm ist ohne After. Alle Naupliusstadien werden in einer Woche durchlaufen.

Die Cypris-Larven messen zwischen 350 und 590 µm und leben mehrere Wochen im Plankton. Sie sind von einem ungeteilten Carapax bedeckt, der sich über den Kopf und lose über einen Teil des Thorax erstreckt (Abb. 881). Ein Gitterorgan (Abb. 880) ist auf dem Carapax vorhanden. Der Thorax hat 6 Segmente, das Abdomen 3, an die sich ein Telson mit kurzen Furkalästen anschließt. Einzige Anhänge des Kopfes sind die meist viergliedrigen 1. Antennen, deren 2. Glied rückziehbare Krallen (zum Anklammern an den Wirt?) tragen kann. Ein großes Labrum mit bis zu 5 endständigen hakenartigen Klauen überdeckt die Ventralseite des Kopfes. Die 6 Paar Thoracopoden sind zweiästig mit langen Borsten und dienen dem Schwimmen. Das Abdomen trägt keine Gliedmaßen. Ein Naupliusauge und ein bewegliches sitzendes Komplexauge mit in der Regel 9 Ommatidien sind vorhanden. Einige Larven sind formell als Arten beschrieben worden. Alle gehören bisher zum Taxon *Hansenocaris*.

5.3.8 Ascothoracida

Ascothoracida (etwa 70 Arten) sind Ekto- und Endoparasiten von Echinodermen und Anthozoen und wie diese rein marin und weltweit verbreitet.

Bei freibeweglichen und ektoparasitischen Arten ist die Körpergliederung deutlich ausgeprägt, während sie sich bei den Endoparasiten verliert. Der lang gestreckte Körper besteht aus Kopf, 6 Thoracomeren und 4 Abdominalsegmenten, an die sich das Telson mit kräftiger Furka anschließt (Abb. 882). Bei den Weibchen ist der gesamte Körper von einem zweiklappigen Carapax (Mantel) eingeschlossen, bei den Männchen nur Thorax und vorderes Abdomen. Beide Carapaxhälften können durch einen Schließmuskel fest aneinander gedrückt werden. Die 1. Antennen sind kräftig und tragen terminal eine auffällige Schere zum Verankern am Wirt. Die 2. Antennen treten nur bei Nauplien auf und verschwinden danach. Ein Mundkegel ist vorhanden, bei dem das Labrum die stechenden Mundwerkzeuge umschließt. Die Thoracopoden sind bei den Weibchen bis auf die ersten zweiästig, während bei den Männchen Reduktionen auftreten.

Die Ascothoracida sind getrenntgeschlechtlich mit Ausnahme der Petrarcidae (simultane Zwitter). Die paarigen Hoden und Ovarien dehnen sich in die Mantelfalten aus. Die Vasa deferentia münden auf einem Penis von z. T. beträchtlicher Länge auf dem 1. Abdominalsegment; die Ovidukte münden an der Basis der 1. Thoracopoden, während die 2.–5. Thoracopoden dort Öffnungen von Receptacula seminis haben. Bei den Männchen gibt es alle Übergänge von völliger Unabhängigkeit bis zur engen Gebundenheit an das Weibchen, etwa wenn die stark abgewandelten Männchen im Carapax der Weibchen parasitieren. Dieser Raum dient auch

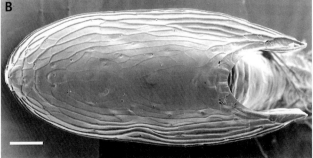

Abb. 881 Facetotecta. Y-Cypris. A Lateralansicht. B Dorsalansicht. Maßstab: 50 µm. Original: J.P. Høeg, Kopenhagen.

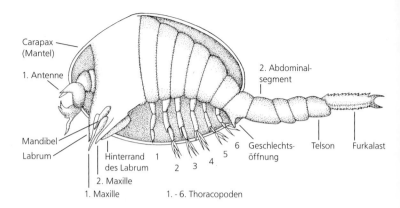

Abb. 882 Lateralansicht des Männchens von *Ascothorax ophioctenis* (Ascothoracida). Linke Carapaxhälfte abpräpariert. Nach Wagin (1946) aus Kaestner (1959) verändert.

der Brutpflege. Aus den Eiern schlüpfen entweder Nauplien oder Cyprislarven.

Ascothorax ophioctenis (Ascothoracidae), 3,5 mm (Abb. 882). Parasitiert in den Bursen von Schlangensternen. – *Synagoga mira* (Synagogidae) und *S. normani* sind die einzigen Arten, die auch als Adulti frei umherschwimmen können. Ektoparasiten auf Anthozoa. – *Myriocladus murmanensis* (Dendrogasteridae), Mantellappen spannen 45 mm. Im Coelom von Seesternen. Stark verzweigter Mantel, Thorax und Pleon verschmolzen, unsegmentiert und ohne Extremitäten.

5.3.9 Cirripedia, Rankenfüßer

Cirripedia sind unter den Arthropoden einzigartig durch die ausschließlich sessile Lebensweise der Adulten. Sie sind entweder frei lebende Filtrierer oder hochspezialisierte Parasiten.

Die frei lebenden Cirripedia hatten das Privileg, dass C. DARWIN sich acht Jahre (1846–1854) mit ihnen beschäftigt und vier Monografien über System und Zoogeographie dieser Teilgruppe verfasst hat. Sein System hat die Zeiten – abgesehen von Verfeinerungen und Ergänzungen – überdauert.

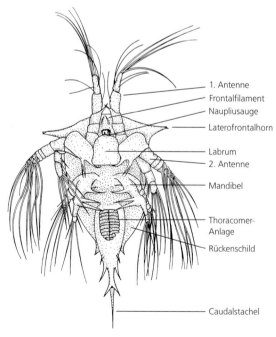

Abb. 883 Ventralansicht eines *Balanus*-Nauplius (Cirripedia). Nach Ho (1987).

Ihr Körperbau ist je nach Lebensweise völlig verschieden, doch lässt sich ihre Zusammengehörigkeit an den Larven erkennen. Die Nauplien haben typische Laterofrontalhörner (Abb. 883), und die Cypris-Larven haben 1. Antennen, auf denen eine Zementdrüse mündet. Cypris-Larven haben einen zweiklappigen Carapax, Nauplius- und laterale Komplexaugen und 6 Schwimmbeinpaare (Abb. 884). Sie nehmen keine Nahrung auf.

Cirripedia sind überall in den Meeren zu finden und in Ästuarien auch im Brackwasser. Es gibt etwa 1 300 rezente und fossile Arten. Der fossile Nachweis reicht bis in das Silur zurück.

5.3.9.1 Acrothoracica

Alle Arten dieser kleinen Gruppe (ca. 40 Arten) leben eingebohrt in Kalksubstrat – in Schalen von Chitonen, Schnecken, Muscheln, Seepocken, Bryozoen sowie in Korallen und Kalkstein. Sie sind weltweit verbreitet, hauptsächlich im Flachwasser tropischer und gemäßigter Breiten. Aber auch Tiefseearten sind bekannt, und eine Art lebt im Südpolarmeer.

Die kleinen Höhlen, in denen die zentimetergroßen Adulten leben, haben einen engen Schlitz von der Größe und Form eines gedruckten Apostrophs. Der Carapax ist ein weicher Mantel ohne Platten und umgibt den Körper. Am Schlitz trägt er Borsten, Haken und Dornen, die den Eingang schützen. Die Mundwerkzeuge liegen nahe der Öffnung. Zu ihnen gehört 1 Paar Mundcirren, sog. Maxillipeden. Die übrigen 3–5 Cirrenpaare stehen weit entfernt am Thoraxende (Abb. 885), was C. DARWIN zu der falschen Annahme verleitete, sie

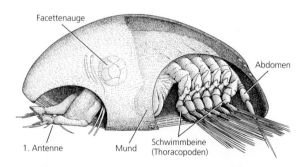

Abb. 884 Cypris-Larve (Cirripedia). Fenster in Carapax geschnitten, um 1. Antennen und Schwimmbeine zu zeigen. Original: J.P. Høeg, Kopenhagen.

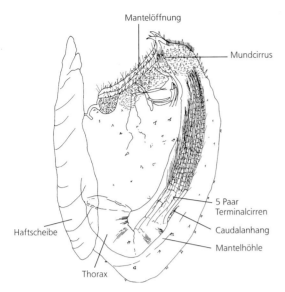

Abb. 885 Lateralansicht eines Weibchens von *Weltneria spinosa* (Acrothoracica) aus der Schale von *Haliotis midae* (Gastropoda). Nach Tomlinson (1987).

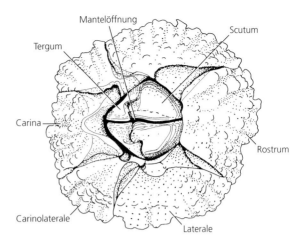

Abb. 886 *Semibalanus balanoides*. Dorsalansicht. Nach Stubbings (1975).

gehörten zum Abdomen. Ein solches ist aber gar nicht vorhanden. Die Cirren werden zum Nahrungsfang hervorgestreckt. Bei Arten mit kurzen Cirren wird durch Bewegungen des Thorax ein Wasserstrom durch die Höhle getrieben, aus dem vermutlich mit den Cirren kleine Partikel abfiltriert werden.

Die verzwergten Männchen besitzen gut entwickelte 1. Antennen, mit denen sie sich am Weibchen oder der Höhlenwand anheften. Sie haben weder Darm noch Mundwerkzeuge. Zur Spermaübertragung kann ein Penis ausgebildet sein. Eier und Nauplien, die keine Nahrung aufnehmen, bleiben in der Mantelhöhle. Erst die Cypris-Larven schwimmen umher. Nach dem Festsetzen wandeln sie sich zu einer Art Puppe um, in der sich die Metamorphose zum Adultus vollzieht.

Trypetesa lampas (Apygophora), Weibchen bis 15 mm. Bohrt sich in die Schalen von *Buccinum* und *Neptunea* ein, entweder an der Mündung oder an der Spindel, sofern die Schalen von Einsiedlerkrebsen bewohnt werden. Cirren reduziert, After fehlt.

5.3.9.2 Thoracica

Die artenreichste Teilgruppe (ca. 1 100) sind die Thoracica, die in zwei Erscheinungsformen auftreten: gestielt (lepadomorph) (Abb. 887) und ungestielt (balanomorph und verrucomorph) (Abb. 886). Die gestielten werden „Entenmuscheln", die ungestielten „Seepocken" genannt. Seepocken sind fast überall auf der Erde ein dominierendes Element in bestimmten Zonen des Felslitorals und können in enormen Individuenzahlen auftreten. Sie sind ebenso wie Entenmuscheln von erheblicher wirtschaftlicher Bedeutung, weil sie sich gern auf Schiffswänden ansiedeln und dabei die Reibung so erhöhen, dass z.B. ein normaler Frachter 35 % seiner Geschwindigkeit einbüßt oder 15 % mehr Treibstoff verbraucht. Thoracica sind weltweit überall im Meer und in Ästuarien verbreitet.

Bau und Leistung der Organe

Die Festheftung am Substrat geschieht mithilfe der 1. Antennen der Larven, und der Kopfabschnitt vor den Mundwerkzeugen wird zur Haftfläche. Streckt sich dieser Kopfabschnitt zu einem Stiel, so entsteht die Form der Entenmuscheln (Abb. 887); plattet er sich ab, kommt die Seepockenform zustande (Abb. 886). Der Rest des Körpers ist gegen diesen Kopfabschnitt abgeknickt und hängt mit dem Rücken nach unten zwischen den beiden Klappen des Carapax (Mantel). In die Cuticula des Mantels wird Kalk eingelagert, wodurch es zur

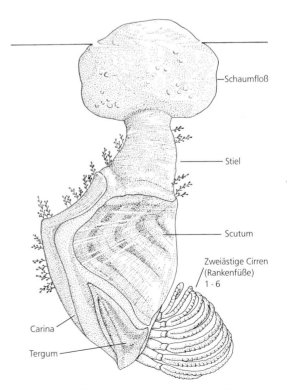

Abb. 887 Lateralansicht von *Lepas fascicularis* (Cirripedia) mit Schaumfloß an der Wasseroberfläche treibend. Aufwuchs von *Obelia*-Polypen. Nach Ankel (1966).

Abb. 888 Schematische Darstellung der Cirren-Bewegungen von *Semibalanus balanoides* (Thoracica) beim Nahrungserwerb. Nach Trager, Hwang und Strickler (1990).

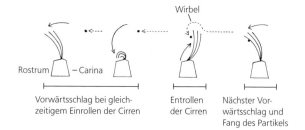

Abb. 889 Fang von Partikeln durch Wirbelbildung beim aktiven Filtrieren von *Semibalanus balanoides* (Cirripedia) bei langsamer Wasserströmung (0,5 cm s⁻¹). Die Strömung ist carinorostral von rechts nach links. Der von ihr mitgeführte Partikel wird bei dem durch das rasche Entfalten der Cirren hervorgerufenen Wirbel vor diese Cirren gespült und von ihnen beim nächsten Vorwärtsschlag, der in die entgegengesetzte Richtung zu der beim Entrollen führt, eingefangen. Nach Trager, Hwang und Strickler (1990).

Entstehung von 5 Platten mit charakteristischer Anordnung kommt: 1 unpaare Carina und paarige Terga und Scuta. Zu diesen können noch 1 unpaares Rostrum und verschiedene paarige Lateralplatten kommen, die sich phylogenetisch als verlagerte Platten des Stieles erweisen. Bei den Seepocken verwachsen Scutum und Tergum auf jeder Körperseite miteinander zu je einer Klappe (Abb. 886).

Die Klappen begrenzen den ventralen Mantelspalt und können durch Druck der Leibeshöhlenflüssigkeit geöffnet sowie durch einen transversalen Schließmuskel, der vor der Mundöffnung liegt, geschlossen werden.

Der übrige Körper besteht aus Hinterkopf und Thorax. Das Abdomen ist rudimentär und kann kleine Caudalanhänge tragen. Die 1. Antennen sind nach der Metamorphose kaum noch zu erkennen, 2. Antennen fehlen. Das Labrum ist groß und mit den Palpen der Mandibeln verwachsen, die sich bei der Metamorphose von den zugehörigen Kauschneiden trennen. Der Thorax trägt 6 Beinpaare, die wegen der vielen kleinen, reich beborsteten Glieder auch als R a n k e n f ü ß e (Cirren) (Abb. 887, 890) bezeichnet werden.

Diese dienen bei allen Thoracica ausschließlich zum Nahrungsfang. Die vorderen 1–3 Paare sind anders gebaut als die hinteren und werden auch als Maxillipeden bezeichnet. Sie werden nie aus dem Mantelraum vorgestreckt. Dies geschieht nur mit den hinteren, die im Ruhezustand eingerollt im Mantelraum liegen. Die Entfaltung der Cirren geht relativ langsam vor sich, weil dabei auf hydraulischem Wege Leibeshöhlenflüssigkeit in sie hineingepumpt wird. Das Einrollen und Zurückziehen in den Mantelraum dagegen erfolgt rasch mithilfe von Muskeln.

Die Nahrungsaufnahme ist besonders gut bei *Semibalanus balanoides* untersucht, der seine 3 hinteren längeren Cirrenpaare entweder als aktiven oder passiven Filter benutzt (Abb. 888). Die Strömungsgeschwindigkeit entscheidet über die Art des Einsatzes. Bei langsamer Strömung (unter 1,84 cm s⁻¹) werden starke, schnelle, rhythmische Schlagbewegungen der Rankenfüße für den Nahrungserwerb ausgeführt. Bei einer Geschwindigkeit im Bereich 1,84–4,83 cm s⁻¹ erfolgt ein Verhaltensumschlag, der dazu führt, dass die Cirren bei voller Entfaltung starr als konkaves Fangnetz in die Strömung gehalten werden. Dieses Verhalten ist bei langsamer Strömung sinnlos, da Wasser und in ihm suspendierte Nahrungspartikel hauptsächlich um die Fangarme herum statt durch ihre Borsten hindurchfließen. Dies hängt mit Grenzschicht-Effekten zusammen, die bei langsamer Strömung dazu führen, dass sich um die Elemente des Fangapparates, eine viskose Grenzschicht bildet, die den Wasserdurchfluss behindert. Bei schnellerer Strömung wird die Grenzschicht dünner, und der Durch-

fluss des Wassers nimmt zu. Bei langsamer Strömung wird die Verringerung der Grenzschicht dadurch erreicht, dass der Fangkorb die rhythmischen Schlagbewegungen ausführt. Dies geschieht beim Vorwärtsschlag mit einer Geschwindigkeit von 2,3 cm s⁻¹, wodurch Wasser durch das Fangnetz gepresst wird.

Bei aktiver Filtration laufen die Fangbewegungen stereotyp in folgenden Phasen ab: Entrollen der Cirren, Vorwärtsschlag bei gleichzeitigem Einrollen, Reinigen der Cirren durch die Maxillipeden. Mit einer Frequenz von durchschnittlich 1,98 Hz folgt ein Schlag auf den anderen. Bei jedem wird unfiltriertes Wasser näher an den Fangkorb herangezogen, und ein Wirbel, der sich an der Spitze der sich entrollenden Cirren bildet, führt dazu, dass im Wasser enthaltene Partikel in die Fangzone des nächsten Vorwärtsschlages geraten und dabei erfasst werden (Abb. 889).

Bei passiver Filtration lassen sich bei den Fangbewegungen folgende Phasen unterscheiden: Entfalten der Cirren, Drehen des Fangnetzes in die Strömung, Verweilen darin in ausgestrecktem Zustand, Zurückdrehen, Einrollen und Reinigen. Bei Wechsel der Strömungsrichtung drehen die Tiere rasch ihr Fangnetz herum. Einrollen und Reinigen des Fangnetzes geschehen immer dann, wenn sich die Strömung vor ihrer Umkehr verlangsamt; Entfaltung erfolgt, wenn die Strömung wieder Spitzengeschwindigkeit erreicht hat.

Viele Seepocken besitzen einen zweiten Mechanismus des Nahrungserwerbs. Pumpbewegungen des Thorax bewirken, dass Wasser an der rostralen Seite des Tieres in den Mantelraum gesogen und an der gegenüberliegenden carinalen Seite wieder ausgestoßen wird. Dieser Wasserstrom wird von den Maxillipeden abgefiltert, die enger stehende Borsten haben als die hinteren Cirren. Auf diese Weise werden Bakterien und Flagellaten abgefangen.

Bei großen Formen wie den Lepadomorphen können die Cirren auch wie Polypenarme um größere Beuteobjekte wie etwa Planktoncopepoden geschlungen werden. Die Zerkleinerung der Nahrung besorgen die 1. Maxillen und die Mandibeln. Die Maxillipeden haben neben der Mikrofiltration die Funktion, die hinteren Rankenfüße auszukämmen und die Nahrung an die Mundwerkzeuge weiterzureichen, ungenießbare Objekte inklusive Kotballen auszusondern und zu entfernen und bei einigen Arten die eingerollten Cirren durch eine Klammervorrichtung zu blockieren.

Das Nervensystem besteht aus einem zweilappigen Oberschlundganglion vor dem Pharynx, das durch lange Konnektive mit einer einheitlichen Ganglienmasse (bei den Balanomorpha) verbunden ist (Abb. 890). Ein medianer Ocellus und paarige laterale Ocelli spielen beim Schattenreflex eine Rolle, bei dem sich das Tier rasch in den sich schließenden Mantelraum zurückzieht. Der Darm ist u-förmig gebogen mit paarigen Divertikeln am Anfang des Mitteldarms. Es sind Maxillardrüsen vorhanden. Der Gasaustausch findet an der

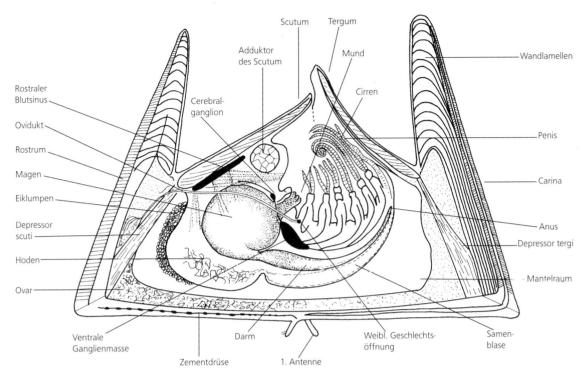

Abb. 890 Schematischer Vertikalschnitt durch eine Seepocke (*Balanus*) (Cirripedia). Nach Gruvel (1905) aus Barnes (1980).

dünnen Medialwand des Mantels statt, dem durch Pumpbewegungen des Thorax frisches Wasser zugeführt wird. Das Gefäßsystem ist einzigartig unter den Crustacea. Es ist sehr kompliziert, fast geschlossen und hat Gefäße, deren Wände aus dichtem Bindegewebe mit Intima bestehen. Das Herz ist zu einem Sinus geworden. Die Pumpbewegungen hat die Körpermuskulatur mit übernommen. Man spricht von einem „geschlossenen Hämocoel". Es hat die Funktion eines hydrostatischen Skeletts für den Stiel und sorgt für die nötige Hydraulik beim Entrollen von Cirren und Penis.

Thoracica sind entweder Zwitter, Zwitter mit Komplementärmännchen (die gar nicht mehr fortpflanzungsfähig sind) oder getrenntgeschlechtlich mit Zwergmännchen. Die männlichen Gonaden liegen bei den Hermaphroditen im Rumpf zwischen den übrigen Organen und münden auf einem Penis hinter den Rankenfüßen. Die Ovarien liegen im Vorderkopf, und die Ovidukte münden in den Mantelraum an der Basis der 1. Thoracopoden.

Fortpflanzung und Entwicklung

Die Zwitter sind protandrisch und suchen mit lang ausgestrecktem Penis in ihrer Nachbarschaft nach funktionellen Weibchen, in deren Mantelraum die Spermien abgegeben werden. Ist der Spermienvorrat erschöpft, bildet sich der Penis zurück und wird im nächsten Jahr neu gebildet. Die Männchen sind alle im Bau reduziert und lassen sich am Mantel des (funktionellen) Weibchens nieder. Die Postembryonalentwicklung führt über 6 Nauplius-Stadien und 1 Cypris-Stadium (Abb. 883, 884) bis zur Metamorphose.

Abb. 891 A *Lepas anatifera* (Cirripedia), auf Flaschen festsitzend, die am Strand angespült wurden. **B** *Lepas*-Gruppe von einem Floß ins Wasser hängend; Rankenfüße aktiv beim Filtrieren. Originale: W. Westheide, Osnabrück.

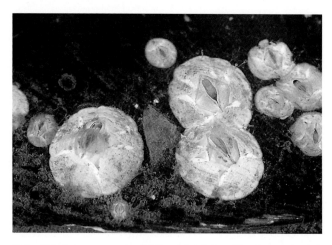

Abb. 892 *Balanus crenatus* (Cirripedia) auf einer Muschelschale. Original: W. Westheide, Osnabrück.

Lepas anatifera (Lepadomorpha), 30 cm mit Stiel (Abb. 887, 891). Mit stielförmigem Vorderkopf und Platten umschlossenem Restkörper (Capitulum). Festsitzend auf Treibholz, Schiffen, Tonnen usw. Die deutsche Bezeichnung „Entenmuscheln" geht auf naive Vorstellungen zurück, denen zufolge gestrandete Exemplare, die rhythmisch ihre Cirren (Federn) hervorstrecken, an Küken erinnern, die aus dem Ei schlüpfen wollen. Man folgerte, dass die Ringelgänse (*Branta bernicla*) aus diesen Eiern schlüpfen müssten, da sie an unseren Küsten (im Herbst und Winter) häufig sind, aber noch niemand sie hatte brüten sehen (sie tun das an der Eismeergrenze). Für Ringelgänse und Entenmuscheln gibt es im Englischen nur ein Wort: *barnacle*. Wegen ihrer „pflanzlichen" Herkunft erklärten viele Klöster die Ringelgänse im frühen Mittelalter zur zulässigen Fastenspeise, bis Papst Innozenz III. dies 1215 verbot. – *Verruca stroemia* (Verrucomorpha), 1 cm. Mit asymmetrischem Verschluss der Schale, da Deckel nur von einem Scutum und einem Tergum gebildet wird. – *Chthamalus stellatus* (Balanomorpha), 16 mm Durchmesser. Auf Steinen, Fels, Molluskenschalen von der Gezeiten- bis in die Spritzwasserzone, meist oberhalb von *Semibalanus balanoides* angesiedelt. – *Balanus crenatus*, 20 mm Durchmesser (Abb. 892). Meist im Sublitoral von 10–60 m Tiefe; auf Steinen, Mollusken, Schiffen usw.; euryhalin und eurytherm. – *Semibalanus balanoides*, 18 mm Durchmesser (Abb. 886). Typische Art der oberen Gezeitenzone, kann lange trockenfallen; auf Fels, Steinen, auch auf *Mytilus*; eurytherm. Lebensdauer 2–3 Jahre. – *Elminius modestus*, 12 mm Durchmesser. Von Neuseeland in die Nordsee eingeschleppt. Erstes Auftreten in England 1944, an der deutschen Nordseeküste 1953 bei Cuxhaven; ästuarine Art im mittleren Abschnitt der Gezeitenzone; auf Fels, Steinen, Pfählen usw.; toleriert niedrige Salinitäten; eurytherm; eine Plage in Austernkulturen. – *Coronula reginae*, 65 mm Durchmesser. Vorwiegend auf Buckelwalen, aber auch auf Blau- und Finwal; Zapfen der Walepidermis greifen in Vertiefungen der Platten des Krebses und beteiligen sich so an dessen Verankerung.

5.3.9.3 Rhizocephala, Wurzelkrebse

Die rund 230 Arten leben ausschließlich endoparasitisch und befallen größtenteils Decapoda, aber auch Stomatopoda, Isopoda und Thoracica sind als Wirte bekannt. Rhizocephala sind weltweit verbreitet und bis auf wenige Ausnahmen marin.

Der Körper der Weibchen besteht aus 2 Abschnitten (Abb. 893), einem Geflecht sich verzweigender Schläuche, das im Inneren des Wirtes alle Organe umspinnt (Interna) und einem knollenförmigen äußeren Vorwuchs gewöhnlich ventral am Pleon des Wirtes (Externa). Beide sind miteinander durch einen Stiel verbunden. Das „Wurzelgeflecht", dessen

Ausdehnung sehr unterschiedlich sein kann, ist der nahrungsbeschaffende Teil. Der äußere Sack dient als Brutraum, ist 3–10 mm breit (in Ausnahmefällen bis zu 10 cm) und enthält ein Ganglion sowie paarige Ovarien, die in einen Mantelraum vorgewölbt sind. Hier besteht ein Zugang über eine schmale Öffnung von außen (s. u.). In den Mantelraum werden außerdem die Eier abgelegt, die durch ein Sekret miteinander verklumpt und durch Häckchen an den Innenwänden des Mantelraumes verankert sind. Aus den Eiern schlüpfen Nauplien mit den für Cirripedia charakteristischen, frontolateralen Hörnern oder ein späteres Larvenstadium, die Cypris, ohne deren Vorhandensein es unmöglich gewesen wäre, die Rhizocephalen als Crustacea anzusprechen, geschweige denn ihre Verwandtschaft mit den übrigen Cirripedia zu erkennen.

Parasitenbefall hat Auswirkungen auf die Wirte. Ihre Körperform kann sich verändern (z. B. Feminisierung des Pleons männlicher Krabben), und die Fortpflanzungsfähigkeit wird beeinträchtigt (im Extremfall Kastration). Alle Rhizocephala sind getrenntgeschlechtlich. Komplizierte Lebenszyklen (Abb. 893, 894):

Aus dem Mantelraum der Externa von *Sacculina carcini* (in verschiedenen Krabben) werden Nauplien (Abb. 893) entlassen, die sich nach etwa 8 Tagen in Cypris-Larven umwandeln (Abb. 884). Diese schwimmen etwa 3–4 Tage umher und heften sich schließlich mit den 1. Antennen an der Basis einer Borste vornehmlich der Extremitäten einer jungen Krabbe fest. Danach zieht sich die Epidermis überall in der Cypris von der Cuticula zurück und schrumpft zu einem kleinen Sack um die 1. Antennen zusammen, der einen Haufen undifferenzierter Zellen umschließt. Der Sack (Kentrogon) bildet eine neue Cuticula, und die leere Cypris-Hülle fällt ab. Das Kentrogon bildet in seinem Inneren einen hohlen Stachel (Kentron). Er wird in die Borstenbasis der Krabbe hineingestochen, und die undifferenzierten Zellen wandern durch ihn in den Wirt ein, wo sie mit der Hämolymphe in den Thorax transportiert werden. Sie liegen dort hinter dem Filtermagen auf der Mitteldarmdrüse und bilden Fortsätze, die zur Interna auswachsen. Nach etwa 7 Monaten hat sich als Erweiterung eines ins Pleon gewachsenen Schlauches die junge Externa gebildet, unter der sich Gewebe und Cuticula des Wirtes auflösen. Durch das entstehende Loch bricht die junge Externa nach außen durch. In ihrem Inneren befinden sich die Ovarien nebst paarigen Receptacula. Die junge Externa entwickelt sich nicht weiter und atrophiert, wenn sich nicht wenigstens ein Männchen bei ihr einnistet.

Die Männchen durchlaufen einen anderen Entwicklungszyklus (Abb. 893). Schon die männlichen Cypris-Larven sehen anders aus, sind größer, haben mehr Aesthetasken, eine präformierte Bruchstelle an den 1. Antennen und zusätzliche Drüsen. Die Cuticula des nächsten Stadiums ist schon unter ihrem Carapax angelegt, und es beteiligen sich andere Zellen an der Metamorphose zum nächsten Stadium. Diese findet statt, nachdem sich die Larven an der Mantelöffnung der Externa festgesetzt haben. Innerhalb weniger Minuten schlüpft aus ihnen durch die 1. Antennen eine extreme Form von Zwergmännchen, die als Trichogon bezeichnet wird (Abb. 894A). Sie besitzt 3–4 Zelltypen, die von einer sehr dünnen Cuticula umhüllt sind, auf der im hinteren Körperabschnitt Cuticularstacheln sitzen. Das Trichogon (220 μm lang) verformt sich amöboid, um durch die enge Mantelöffnung der Externa zu gelangen. Peristaltische Bewegungen des Mantels transportieren es zum Eingang eines der zwei Receptacula, die früher als Hoden gedeutet wurden. Bevor es in den engen Kanal des Receptaculum eindringt, wirft es seine Cuticula ab und macht damit gleichzeitig den Eingang für später ankommende Männchen unpassierbar. Es wandert den Kanal entlang, der nur am Anfang cuticular ausgekleidet ist, so dass die Zellen des Trichogons schließlich in direkten Kontakt mit den Zellen des Weibchens gelangen. Fünf bis zehn Tage nach der Implantation beginnen die Trichogonzellen mit der Sper-

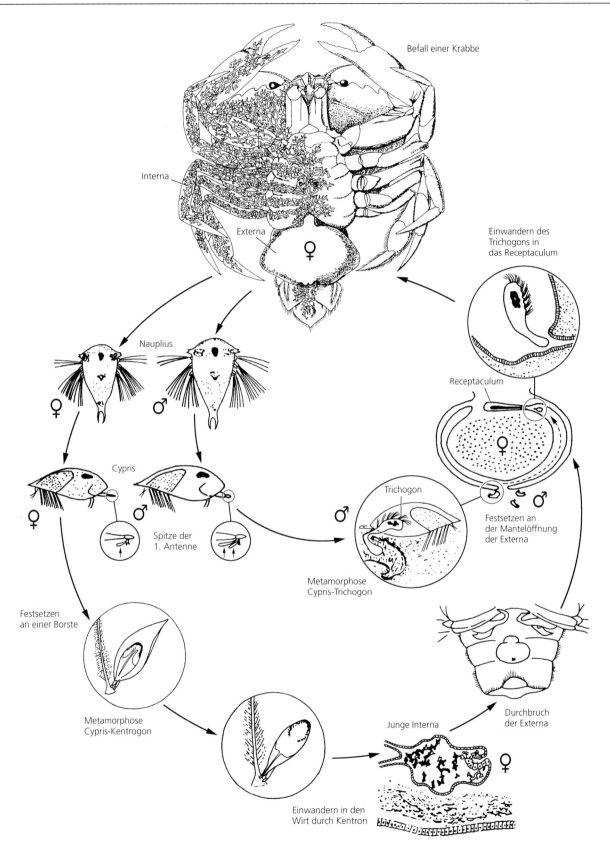

Befall einer Krabbe

Interna

Externa

Einwandern des
Trichogons in
das Receptaculum

Receptaculum

Nauplius

Cypris

Spitze der
1. Antenne

Trichogon

Festsetzen an
der Mantelöffnung
der Externa

Metamorphose
Cypris-Trichogon

Festsetzen
an einer Borste

Metamorphose
Cypris-Kentrogon

Junge Interna

Durchbruch
der Externa

Einwandern in den
Wirt durch Kentron

Abb. 893 *Sacculina carcini* (Rhizocephala). Bisexueller Fortpflanzungszyklus. Verändert nach Høeg (1991).

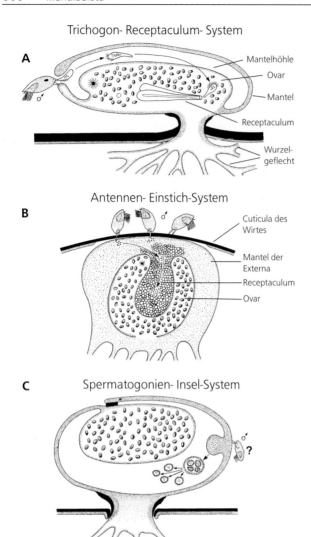

Trichogon- Receptaculum- System

A

Mantelhöhle
Ovar
Mantel
Receptaculum
Wurzel-
geflecht

Antennen- Einstich-System

B

Cuticula des
Wirtes
Mantel der
Externa
Receptaculum
Ovar

Spermatogonien- Insel-System

C

Abb. 894 Die drei Sexualsysteme der Rhizocephala (Cirripedia). **A** Männliche Cypris-Larven setzen sich an der Mantelöffnung einer jungen Externa fest, wandeln sich jeweils in ein Trichogon um, das in ein Receptaculum einwandert (Beispiel: *Sacculina carcini*). **B** Männliche Cypris-Larven injizieren durch die 1. Antenne Spermatogonien in die noch nicht durchgebrochene Externa. Die Spermatogonien wandern durch das Mantelgewebe in das unpaare Receptaculum (Pfeile) (Beispiel: *Clistosaccus paguri*). **C** Mantelöffnung verschlossen. Es wird angenommen, dass die Cypris Spermatogonien injiziert, die von Mantelepithel umgeben als Inseln in der Mantelhöhle flottieren (Beispiel: Chthamalophilidae). Nach Høeg (1992).

miogenese. Eine Externa beherbergt maximal 2 dieser Zwergmännchen, mit denen sie zeit ihres Lebens zusammenbleibt. Dieses Sexualsystem wird als „Trichogon-Receptaculum-System" bezeichnet. Es gibt bei Rhizocephalen noch zwei andere (Abb. 894B, C). – *Sacculina carcini* (Sacculinidae), 6 mm (Abb. 893). Parasitiert auf den europäischen Arten der Krabbenfamilien Portunidae (*Carcinus, Portunus, Liocarcinus, Bathynectes*) und Pirimelidae (*Pirimela*). – *Peltogaster paguri* (Peltogastridae), reife Externae 26 mm. Parasitiert verschiedene Arten von Einsiedlerkrebsen.

5.4 Malacostraca

In den Malacostraca erreichen die Crustaceen ihre höchste Organisationsform. Diese zeichnen sich durch bemerkenswerte Sinnesleistungen und komplexe Verhaltensweisen aus. Im Grundmuster der Malacostraca finden sich für die innere Organisation etliche ursprüngliche Merkmale. Das zeigt sich vor allem im Bau des Nerven- und Blutgefäßsystems einiger (basal abzweigender) Malacostraca. Zu den Malacostraca gehören – mit Ausnahme einiger Cirripedia – alle vom Menschen genutzten Speisekrebse.

Die Monophylie der Malacostraca ist gut begründet, und die Vorstellungen über die Verwandtschaftsbeziehungen innerhalb der Gruppe sind abgeklärter als bei den übrigen Subtaxa der Crustacea. Die Malacostraca sind durch folgende autapomorphe Merkmale gekennzeichnet: (1) Konstanz der Zahl der Rumpfsegmente. Von den insgesamt 15 Segmenten haben 14 Extremitäten und bilden den Thorax, während das 15. ohne Extremitäten ist und das Abdomen repräsentiert. (2) Thorax mit zwei Abschnitten, deren Extremitäten sich in Bau und Funktion unterscheiden. Auf 8 Thoracomeren mit Thoracopoden folgen 6 Pleomeren mit Pleopoden. (3) Konstante Lage der Geschlechtsöffnungen: bei den Weibchen auf dem 6., bei den Männchen auf dem 8. Thoracomer. (4) Erste Antennen zweigeißelig und nicht an der Fortbewegung beteiligt. (5) Endabschnitt des Vorderdarms zu Kau- und Filtermagen differenziert. (6) Drei Sehzentren mit Chiasmata (Überkreuzung der Axone). (7) Postnaupliialer Keimstreif geht größtenteils auf einen Ring aus stets 19 Ektoblasten zurück.

An den Vorstellungen über das System der Malacostraca (Abb. 895) hat sich trotz bewegter Diskussion in den letzten Jahren wenig geändert, außer dass es Hinweise darauf gibt, dass die Eucarida (Euphausiacea + Decapoda) keine monophyletische Gruppe bilden. Die Euphausiacea sind als Schwestergruppe der Pancarida + Peracarida erkannt worden, und die Decapoda werden jetzt als Schwestergruppe des neuen Taxons Xenommacarida betrachtet, welches die Syncarida, Euphausiacea, Pancarida und Peracarida umfasst. Die **Leptostraca** (Phyllocarida) mit erhalten gebliebenem 7. Pleomer und einer Furka am Telson sowie gut segmentiertem Nerven- und Blutgefäßsystem, aber mit spezialisiertem, postnaupliialen Filterapparat gelten als der früheste Seitenzweig. Ihnen stehen die **Eumalacostraca** gegenüber, bei denen das 7. Pleomer mit dem 6. verschmolzen ist, bei denen die 6. Pleopoden zu flachen Uropoden werden, die zusammen mit dem Telson einen Schwanzfächer bilden, und bei denen der Exopodit der 2. Antenne Schuppenform erhält (Scaphocerit). Die **Stomatopoda** (Hoplocarida) mit viergliedrigen Endopoditen der Thoracopoden, mit dreigeißeligen 1. Antennen und kurzem, flachen Carapax bilden den ersten Seitenzweig und stehen den restlichen Taxa gegenüber, die als **Caridoida** zusammengefasst werden. Diese werden charakterisiert durch die komplexe Pleonmuskulatur, die Fluchtreaktion mit Hilfe des Schwanzfächerschlags und die Arteria (Aorta) descendens des Kreislaufsystems. Als nächster Seitenzweig sind die **Decapoda** durch den Cephalothorax, der aus Kopf und allen Thoracomeren besteht, durch die

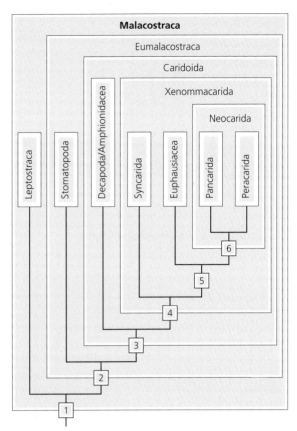

Abb. 895 Verwandtschaftshypothese der Malacostraca. Synapomorphien: [1] **Malacostraca**: Konstanz der Rumpfsegmente; konstante Lage der Geschlechtsöffnungen; 3 Sehzentren mit Chiasmata; Differenzierung des Vorderdarms in Kau- und Filtermagen u. a. (S. 606). [2] **Eumalacostraca**: Verschmelzung von 6. und 7. Pleomer; Schwanzfächer aus Uropoden und Telson. [3] **Caridoida**: Komplexe Pleonmuskulatur; Flucht durch Schlagen des Schwanzfächers; Arteria (Aorta) descendens; 2 Epipodite. [4] **Xenommacarida**: Ommatidium mit zweiteiligem Kristallkegel; Verlust zweier Kegelzellfortsätze. [5] Distale Verlagerung der Kerne der akzessorischen Kegelzellen in den Ommatidien; Lage der inneren Äste der gespaltenen Epipoditen unter dem Thorax; Verlust des dorsalen Frontalorgans. [6] **Neocarida**: Epipodit des 1. Thoracopoden ist Motor des Atemwasserstroms; paarige Entodermplatten; Dotter im Hinterkörper des Embryos. Nach Richter und Scholtz (2001).

Umwandlung zumindest der beiden ersten (vielleicht auch schon der dritten) Thoracopoden zu Maxillipeden und durch den Scaphognathiten, den lappenförmigen Exopoditen der 2. Maxille, gekennzeichnet. Es ist nicht klar, ob die Amphionidacea Teil- oder Schwestergruppe der Decapoda sind. Hier werden sie als Schwestergruppe betrachtet. Die noch verbliebenen Teilgruppen der Malacostraca werden als **Xenommacarida** zusammengefasst, weil die Einzelaugen (Ommatidien) bei ihnen keinen vier- sondern einen zweiteiligen Kristallkegel besitzen, der nicht von 4 sondern nur von 2 Kegelzellen gebildet wird. Die **Syncarida** (mit Bathynellacea und Anaspidacea) mit sekundär fehlendem Carapax zweigen als Erste ab, gefolgt von den **Euphausiacea** mit einem Cephalothorax unter Einschluss aller 8 Thoracomeren und mit besonderen Subapikalanhängen am Telson. Ihnen stehen die **Peracarida** (mit Mysidacea, Amphipoda, Cumacea, Micta-

cea, Spelaeogriphacea, Tanaidacea und Isopoda) gegenüber, die durch die Brutkammer (Marsupium) aus medial gerichteten Oostegiten, durch die spezifische Gelenkung der Peraeopoden zwischen Thorax und Coxa und durch die Feinstruktur des Spermienschwanzfadens gekennzeichnet sind. Schwestergruppe der Peracarida sind die Pancarida (Thermosbaenacea), die Brutpflege in einer dorsalen Carapaxhöhle betreiben.

5.4.1 Leptostraca (Phyllocarida)

Die 30 rezenten Leptostraca-Arten sind ausschließlich Meeresbewohner. Die meisten kommen vom Litoral bis in die Tiefsee als Filtrierer auf weichen Schlammböden vor. *Nebaliopsis typica* ist als einzige pelagisch und hält sich bis in 3 500 m Tiefe auf; mit 4 cm Länge ist sie die größte Art. *Dahlella caldariensis* ist im Bereich untermeerischer Hydrothermalquellen entdeckt worden.

Die Organisation ist für Malacostraca relativ ursprünglich mit 8 Thoracomeren und 7 (!) Pleomeren (Abb. 896). Ein großer Carapax ragt über den Thorax und Teile des Pleons hinweg. Seine 2 Klappen haben dorsal kein Scharnier, sind aber durch einen Schließmuskel miteinander verbunden. Vorn median ist der Carapax in ein gelenkig abgegliedertes Rostrum verlängert.

Die 1. Antennen haben 2 ungleiche Geißeln; die innere ist vielgliedrig, die äußere eine kleine bewegliche Schuppe. Die 2. Antennen haben keinen Exopoditen. Die 8 Thoracopodenpaare sind annähernd gleich gebaute Turgorextremitäten vom Blattbeintyp.

Mit den Thoracopoden wird ein Wasserstrom erzeugt, wobei ähnlich wie bei den Branchiopoden hintereinander liegende Saugkammern gebildet werden.

Die vorderen 6 Pleomeren tragen Extremitäten, von denen die ersten 4 Paare zweiästige, reich beborstete Schwimmbeine, die beiden hinteren kurz und einästig sind. Das 7. Pleomer ist ohne Extremitäten. Das Telson trägt 1 Paar bewegliche, lange Furkaläste.

Die Fortbewegung erfolgt durch metachronen Pleopodenschlag oder bei Gefahr durch zusätzlichen kräftigen Schlag des Pleons. Der Pleonschlag wird anders als bei anderen Malakostraken mit gespreizter Furka aus dorsaler Krümmung in die horizontale Ruhelage geführt. Gleichzeitig werden alle Pleopoden nach hinten geschlagen.

Das Nervensystem besteht aus dem Gehirn und 17 Ganglienknoten, die im Thorax durch kurze und im Pleon durch längere Konnektive verbunden sind. Die beiden Ganglien eines Segmentes sind verschmolzen. Das Ganglienpaar des 7. Pleomers ist nur embryonal nachweisbar. Stielaugen sind vorhanden. Der Kaumagen ist nicht so kompliziert wie bei anderen Malakostraken. Am Übergang zwischen ihm und dem Mitteldarm entspringen je 1 Paar dorsaler und ventraler Caeca sowie die paarige Mitteldarmdrüse, die auf jeder Seite aus 3 bis zum Enddarm reichenden Schläuchen besteht. Am Vorderende des Enddarms erhebt sich ein unpaares Dorsalcaecum. Als Exkretionsorgane sind sowohl Antennen- als auch Maxillennephridien in Funktion. Das Kreislaufsystem besteht aus einem sehr langen Herzen, der Aorta anterior, der Aorta posterior (Kopf- und Schwanzarterie) und 12 Paar Sei-

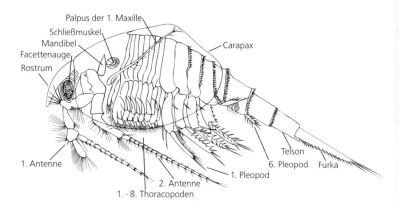

Abb. 896 Lateralansicht eines Weibchens von *Nebalia geoffroyi* (Leptostraca). Der Carapax ist durchsichtig gedacht. Nach Claus (1888) aus Cannon (1960), verändert.

tenarterien. Das Herz erstreckt sich von der Cephalonregion bis ins 4. Pleonsegment und besitzt 7 Ostienpaare. Als Atemorgane fungieren Epi- und Exopodite der Thoracapoden sowie die große Innenfläche des Carapax.

Hoden und Ovarien sind lang gestreckte, ungegliederte, paarige Schläuche oberhalb des Darms, die vom Bereich des Kaumagens bis weit in das Pleon reichen. Das Vas deferens mündet auf einer Coxalpapille der 8. Thoracopoden, der Ovidukt medial an der Basis der 6. Thoracopoden. Die Eier werden vom Weibchen in einem Brutraum abgelegt, der von den Borsten der Thoracopoden-Endopoditen gebildet wird; hier entwickeln sie sich direkt. Nach dem Schlüpfen werden die ersten Stadien der weiteren Entwicklung im Brutraum durchlaufen.

Nebalia bipes, 1,1 cm. Auf Schlamm vom Flachwasser bis in wenige 100 m Tiefe, u. a. in der Nordsee, aber nicht in der Deutschen Bucht. – *Nebaliopsis typica*, 4 cm. Bathypelagisch, vermutlich Dauerschwimmer. Thoracopoden kurz, nicht zum Filtrieren geeignet, Darm mit enorm dehnbarem Mitteldarmsack mit einheitlicher, orangeroter Masse, die Eidotter ähnelt; daraus resultiert Vermutung, dass sich die Tiere von im Wasser schwebenden Eiern ernähren.

Eumalacostraca

Das besondere Kennzeichen der Eumalacostraca ist der Schwanzfächer. Er entsteht durch Verschmelzung des 6. und 7. Pleomers und durch die Umgestaltung der nach hinten verlagerten 6. Pleopoden zu Uropoden, die dann mit dem Telson eine Funktionseinheit bilden (Abb. 901). Durch ventralen Pleonschlag wird auf der Stufe der Caridoida eine rückwärts gerichtete Fluchtbewegung hervorgerufen. Voraussetzung dafür ist eine Verstärkung der Pleonmuskulatur. Da diese besonders kräftig ist, kommt es zu einer Verlagerung der Eingeweide in den Thorax. Wie wichtig der Schwanzfächer ist, zeigt sich auch bei der Entwicklung anamerer Eumalacostraca, bei denen die Uropoden vor den Pleopoden erscheinen, so dass Larven auftreten, die zwar einen Schwanzfächer, aber noch keine funktionstüchtigen Pleopoden haben (Abb. 908). Reduziert oder abgewandelt wird der Schwanzfächer bei Eumalacostraca, die benthisch leben (z. B. Abb. 928) und nur selten ins freie Wasser gelangen.

Eine zweite Synapomorphie aller Eumalacostraca ist die Umwandlung des Exopoditen der 2. Antenne in eine Schuppe (Scaphocerit), die als Steuer beim Schwimmen dient (Abb. 897).

5.4.2 Stomatopoda (Hoplocarida), Fangschreckenkrebse

Diese rein marinen Krebse leben in selbstgegrabenen bzw. von anderen Tieren übernommenen Substrathöhlen oder in Spalten harter Substrate. Sie sind Räuber und ernähren sich ausschließlich von lebender Beute. Einige gehen auf Jagd, die meisten lauern am Höhleneingang auf vorüberziehende Tiere, die sie mit kräftigen Raubbeinen blitzschnell schlagen. *Squilla*-Arten treten als Wilderer in kommerziellen Garnelenkulturen auf. Die etwa 350 Arten sind überwiegend Warmwasserformen, vor allem in tropischen Flachwasserzonen. Einige sind auch in kühleren Gewässern vertreten, fehlen aber in polaren Breiten. Die Adulten sind 1,5–34,0 cm lang.

Bau und Leistung der Organe

Vom Kopf geht ein flacher Carapax aus, der dachartig nur den vorderen Teil des Thorax überdeckt; wenigstens 4 Segmente bleiben frei (Abb. 897). Vom Carapax ist vorn ein bewegliches Rostrum abgegliedert. Auch ist der die Augen und 1. Antennen tragende vordere Kopfabschnitt beweglich („cephale Kinesis"). Die vorderen 5 Thoracomeren sind sehr kurz, die 3 hinteren länger. Die 6 Pleomeren sind auffällig groß. Die Skulpturierung auf ihrer Rückenseite dient während des Aufenthalts in der Höhle der Leitung des Frischwassers zu den Kiemen an den Pleopoden. Das Telson bildet mit den Uropoden einen breiten Schwanzfächer, der anders als bei anderen Malakostraken nach unten gebogen wird, um stelzenartig das Pleon abzustützen, damit die Pleopoden Freiheit für ihre Ventilationsbewegungen haben. Das Telson dient mit seinen Stacheln und Höckern neben den Raubbeinen auch dem Verschluss des Höhleneingangs.

Die 1. Antennen haben 3 Geißeln, die 2. Antennen als Exopoditen eine breite Schuppe (Scaphocerit) (Abb. 897). Die Mandibeln sind meist ohne Palpen, ihre Mahlfläche ragt in den Vormagen. Die 1. Maxillen haben 2 spitz bedornte Enditen, mit denen Nahrung zwischen die Mandibeln geschoben wird. Die 2. Maxillen haben 4 Glieder, mit denen sie den Mundvorraum abdecken und verhindern, dass Nahrungsteile verloren gehen. Auch spielen sie eine Rolle bei der Beseitigung unverdaulicher Hartteile, die aus dem Vormagen regurgitiert werden.

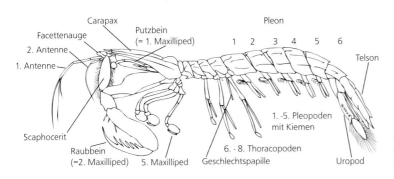

Abb. 897 Schematisierte Lateralansicht des Männchens eines typischen Squilliden (Stomatopoda). Nach Dingle, Caldwell und Manning (1977).

Von den vorderen 5 Thoracopodenpaaren („Maxillipeden") ist das erste ein Putzbein. Diese Thoracopoden haben keinen Exopoditen, wohl aber kleine, als Kiemen fungierende Epipoditen. Jedes dieser Beine besteht aus 6 Segmenten statt der für Malakostraken üblichen sieben. Ischium und Merus sind zum Ischiomerus verschmolzen. Propodus und Dactylus bilden eine Subchela. Die 2. „Maxillipeden" sind mächtige Raubbeine, bei denen besonders der kräftige Propodus und der mit spitzen Dornen und Zähnen bewaffnete Dactylus auffallen (Abb. 897).

Diese Raubbeine können mit einer Geschwindigkeit von $10\,\mathrm{m\,s^{-1}}$ zuschlagen. Das Zupacken dauert bei 15 °C nur 4–8 ms und ist damit eine der schnellsten Bewegungen im Tierreich. Es werden 2 Fangmethoden praktiziert: Das „Aufspießen" geschieht mit den Zähnen des Dactylus oder durch Einklemmen zwischen den Zähnen von Propodus und Dactylus. Auf diese Weise werden Fische, Cephalopoden, Garnelen und Polychaeten erbeutet. Beim „Zertrümmern" werden hartschalige Tiere (Schnecken, Muscheln, Krabben) mit einem Schlag des keulenförmig verdickten und stark calcifizierten „Ellenbogens" zwischen Propodus und Dactylus immobilisiert oder zerstückelt. Danach wird die Beute von den 3.–5. „Maxillipeden" ergriffen, die sie mit ihren Subchelen zerzupfen und stückweise den Maxillen überantworten.

Die hinteren 3 Thoracopodenpaare dienen der Fortbewegung. Sie haben je einen zwei- und einen eingliedrigen Ast, wobei umstritten ist, welcher Ast der Endo- und welcher der Exopodit ist. Epipoditen fehlen. Die 5 Paar Pleopoden sind zweiästig und blattförmig und werden zum Schwimmen eingesetzt. Ihre Endopoditen tragen innen einen dornenbewehrten Anhang (Appendix interna), der beide Beine eines Pleomers miteinander verhakt, so dass sie als Einheit bewegt werden. Am Seitenrand der Exopoditen befinden sich stark verästelte Schlauchkiemen. Die Uropoden bilden breite Platten; ihr Exopodit ist zwei-, ihr Endopodit eingliedrig.

Das **Nervensystem** besteht aus dem Gehirn, einem Unterschlundganglion aus allen Ganglien der Segmente der Mundwerkzeuge und der „Maxillipeden" und einer sich anschließenden Kette, bei der die Ganglien der übrigen Segmente miteinander verschmolzen sind. Ein Naupliusauge aus 3 Ocellen ist vorhanden. Die Komplexaugen sind gestielt und durch eine Einbuchtung in einen oberen und unteren Abschnitt geteilt, in dem die Ommatidien schräg nach unten bzw. nach oben gerichtet sind. Dies soll einer Perfektion des binokularen Sehens auf beiden Seiten des Tieres dienen.

Der **Darmkanal** hat keinen Oesophagus. Der Mund öffnet sich vielmehr direkt in den Vormagen (Proventriculus), der den gesamten Kopf einnimmt und unter den Malakostraken einzigartig ist. Er ist in eine geräumige Cardia und einen kleinen Pylorus unterteilt. Die Cardia ist ein dünnwandiger Sack, der durch schmale Cuticularspangen gestützt wird. Die Nahrung wird nicht durch Zähne des Magens, sondern durch die in ihn hineinragenden Mandibeln bearbeitet. Der Pylorus besteht aus einem ventralen Kanalsystem (Ampullen), das von Borstenfiltern abgedeckt wird, und einer dorsalen „Filterpresse."

Im Gegensatz zum Pylorus der Decapoden, der als Filter bei der Passage vorverdauter Nahrung in die Mitteldarmdrüsen fungiert, hat der Pylorus der Stomatopoden die Aufgabe, Verdauungssäfte aus den Mitteldarmdrüsen in die Cardia zu pumpen. Cardia und Pylorus sind durch ein komplexes System von Kanälen und Borstenfiltern miteinander verbunden, die verhindern, dass grobe Partikel in den Mitteldarm gelangen. Folglich müssen unverdauliche Hartteile durch den Mund zurück nach außen gepresst werden.

An den Pylorus schließen sich der Mitteldarm und die beiden schlauchförmigen Mitteldarmdrüsen an. In ihnen wird die Nahrung verdaut. Für die Exkretion sind Maxillardrüsen vorhanden. Das Gefäßsystem ist sehr ursprünglich. Das Herz reicht fast durch den ganzen Körper und hat 13 Paar Ostien. Neben Kopf- und Schwanzaorta existieren 15 Paar Seitenarterien. Unter dem Nervensystem verläuft eine Subneuralarterie, die von Zweigen einiger Seitenarterien gespeist wird. Die paarigen Ovarien liegen oberhalb der Mitteldarmdrüsen und erstrecken sich durch Thorax und Pleon. Die Ovidukte münden in eine ektodermale Tasche (Receptaculum seminis), die sich auf dem 6. Thoracomer nach außen öffnet. Die geschlängelten Hodenschläuche reichen vom 3. Pleomer bis ins Telson. Die Vasa deferentia münden am Ende langer Geschlechtspapillen an der Coxa der 8. Thoracopoden nach außen.

Fortpflanzung und Entwicklung

Bei der Kopula führt das Männchen die Geschlechtspapillen in das Receptaculum seminis ein. Die Eier werden zu einer Masse geformt, vom Weibchen herumgetragen oder an die Höhlenwandung geklebt. Aus den Eiern schlüpfen Larven, entweder eine Pseudozoëa (Abb. 898) oder eine Antizoëa. Erstere hat beim Schlüpfen nur 2 Thoracopoden ohne Exopodite, von denen das zweite schon ein Raubbein ist. Das Pleon ist vollständig segmentiert und hat funktionstüchtige Pleopoden. Die Antizoëa (Abb. 899) schlüpft mit zweiästigen Extremitäten an den ersten 5 Thoracomeren und hat keine Raubbeine. Das Pleon ist nicht oder nur teilweise segmentiert und hat allenfalls Pleopodenknospen.

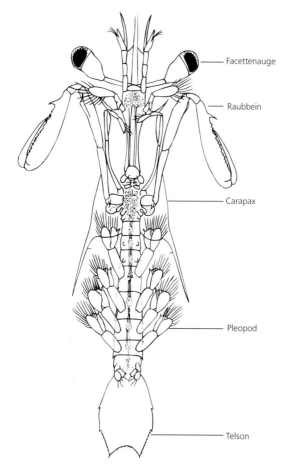

Facettenauge

Raubbein

Carapax

Pleopod

Telson

Abb. 898 Ventralansicht der Pseudozoëa von *Squilla mantis* (Stomatopoda). Nach Gurney (1942).

Squilla mantis, bis 25 cm (Abb. 897). In 20–100 m Tiefe, vorwiegend auf seegrasbewachsenen, sandigen Schlammböden im Bereich von Flussmündungen. Gräbt dicht unter dem Meeresboden wenig haltbare Gänge. Laichzeit im Mittelmeer in Winter und Frühling. Larven den Sommer über im Plankton. Übergang zum Bodenleben von Ende Sommer bis Mitte Herbst. Lebensdauer 3 Jahre. Erbeutet vornehmlich andere Krebse. Wird im Mittelmeer teils in großen Mengen gefangen (5–6 000 t im Jahr im westlichen Mittelmeer) und auf lokalen Märkten angeboten. – *Harpiosquilla raphidea*, bis 34 cm. In Südostasien auf Märkten sehr gefragt.

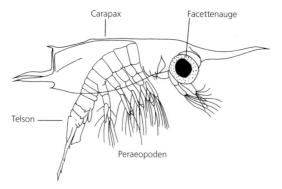

Carapax   Facettenauge

Telson

Peraeopoden

Abb. 899 Lateralansicht der Antizoëa von *Lysiosquilla eusebia* (Stomatopoda). Nach Gurney (1942).

5.4.3 Amphionidacea

Die einzige Art, *Amphionides reynaudi* (Abb. 900), kommt weltweit pelagisch im Meer zwischen 35°N und 35°S in Tiefen von 700–2 000 m vor. Ihre Larven finden sich in den oberen 100 Metern. Die Weibchen messen 25 mm. Die Art wurde früher bei den Decapoda eingeordnet.

Der Carapax ist sehr dünn und aufgeblasen und reicht bei den Weibchen seitlich so weit herunter, dass er alle Extremitäten des Cephalothorax bedeckt. Letzterer nimmt zwei Drittel der Körperlänge ein. Die 1. Antennen haben keine Statocyste. Die Mundwerkzeuge sind rudimentär bis auf die Scaphognathiten der 2. Maxillen. Die 1. Thoracopoden sind Maxillipeden und liegen weit vor den 2. Thoracopoden, die wie die restlichen nur einen sehr kurzen Exopoditen haben. Bei den Weibchen fehlen die 8. Thoracopoden. Das Pleon besteht aus 6 Segmenten, die alle Pleopoden tragen. Bei den Männchen sind sie zweiästige Schwimmbeine. Bei den Weibchen ist das 1. Paar einästig und so lang, dass es nach vorn bis fast zu den Maxillipeden reicht. Es bildet vermutlich zusammen mit dem Carapax eine Brutkammer. Stielaugen sind vorhanden. Der Darmtrakt der Weibchen ist rudimentär, vermutlich nehmen sie keine Nahrung mehr auf.

5.4.4 Decapoda, Zehnfußkrebse

Die Zehnfüßer sind mit ihren rezent und fossil rund 18 000 Arten eine der artenreichsten Crustaceengruppen. Da zu ihnen so bekannte Vertreter wie Hummer, Languste, Garnelen, Einsiedler und Krabben gehören, bei denen es sich meist nicht nur um große, auffällig sichtbare Tiere handelt, sondern von denen die meisten auch für den Menschen von z. T. großer wirtschaftlicher Bedeutung sind, weiß man bei ihnen besser und über mehr Arten Bescheid als bei den anderen Teiltaxa der Crustacea. Decapoda spielen wegen ihres z. T. sehr komplexen Verhaltens auch in der Verhaltensforschung eine wichtige Rolle. Zu den aufregendsten Befunden der letzten Zeit gehört die Entdeckung von Staatenbildung bei Garnelen der Gattung *Synalpheus*.

Wie Termiten sind die staatenbildenden Arten diploid und monogam. Eine einzige Königin sorgt allein für die Vermehrung. Hunderte von „Arbeitern" (Jugendstadien) sind für die Nahrungsbeschaffung und größere Exemplare als „Soldaten" (Männchen) für die Feindabwehr zuständig. Ein Staat besteht aus etwa 300 oder mehr Individuen, die ein Gangsystem in lebenden Schwämmen bewohnen. Die „Arbeiter" sind etwa 1 cm lang, Königin und „Soldaten" etwas größer.

Die kleinste Art (ca. 1 mm) ist eine Garnele (Palaemonidae), die größte eine Languste (*Jasus huegeli*) von 60 cm Länge. Auch die Art mit der größten Extremitätenspannbreite aller Arthropoden überhaupt gehört zu den Decapoda: *Macrocheira kaempferi*, die japanische Riesenseespinne, hat Scherenbeine, die seitlich ausgestreckt fast 4 m überspannen.

Decapoda sind in allen Weltmeeren verbreitet, allerdings in polaren Gewässern nur in geringer Artenzahl. Sie sind überwiegend Bodenbewohner und kommen vom Meeresstrand bis in die Tiefsee vor. Besonders artenreich treten sie im Litoral von der obersten Spritzwasserzone bis zur Schelfkante auf. Rein pelagische Arten sind selten, obgleich etwa Garnelen über gutes Schwimmvermögen verfügen. In mehreren unabhängigen Linien ist der Vorstoß ins Süßwasser gelungen und mehrfach auch der Übergang zum Landleben. Die ursprüngliche Heimat der Decapoda aber ist das Meer,

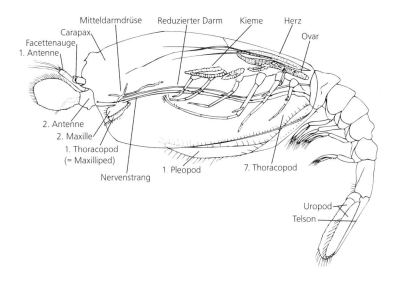

Abb. 900 Lateralansicht eines Weibchens von *Amphionides reynaudii* (Amphionidacea). Nach Williamson (1973) aus Abele und Felgenhauer (1982).

und dorthin müssen auch heute noch ihre landlebenden Vertreter zurück, wenn sie sich fortpflanzen wollen.

Krebsfleisch ist eine Delikatesse und deshalb ökonomisch ein gewinnträchtiges Fischereiprodukt. Im Mittelalter und im 19. Jahrhundert war das in Deutschland teilweise anders. Da galten z. B. Flusskrebse als Volksnahrungsmittel, und es musste verboten werden, Dienstboten mittags mehr als einmal die Woche damit zu behelligen. Etwa 5,8 Mill. t decapode Speisekrebse werden gegenwärtig im Jahr angelandet, davon 73 % Garnelen, 23 % Krabben (Brachyura) und 4 % Langusten, Hummer und Flusskrebse. Obgleich z. B. Garnelen nur etwa 1 bis 2 % des jährlichen Weltfischereiertrags ausmachen, sind sie am Wert dieses Ertrags mit 5 % beteiligt. Das Einzelgewicht der auf den Markt kommenden Garnelen reicht von wenigen Gramm bis zu 100 g und mehr. Fische dieser Größenklasse wären schwierig zu verarbeiten. Das ist bei Garnelen anders, da ihr Pleon außer Muskulatur kaum Eingeweide enthält und vom Rest des Körpers leicht zu trennen ist. Bei Penaeiden macht das Pleon 60 % des Gesamtkörpergewichts aus. Garnelenfleisch lässt sich überdies ohne Geschmackseinbußen tieffrieren, und die Cuticula verhindert Beschädigungen während des Verarbeitungsprozesses. „Shrimps" sind Garnelen, von denen mehr als 200 Stück auf ein Kilo kommen. Es sind meist Kaltwasserarten, die zudem überwiegend aus der Tiefsee stammen. „Prawns" (meist Penaeida) sind größer und Warmwassergarnelen. In Indien, Ostasien und den U.S.A. werden sie in großem Maßstab in Aquakulturen gezüchtet.

Wie bei den Garnelen kommt es bei den Langusten, Hummern und Flusskrebsen für den Verzehr vor allem auf das Pleon an, bei Hummern und Flusskrebsen zusätzlich auf das zarte Fleisch der großen Scheren. Das Fleisch dieser Krebse ist noch teurer als das der Garnelen, da wegen der relativ langen Entwicklungszyklen und teilweise strengen Schutzvorschriften zur Verhinderung von Überfischung der Ertrag drastisch geringer ist. Bei Krabben wird vor allem das Fleisch der Beine, Scheren und des Cephalothorax gegessen sowie Mitteldarmdrüse und Eierstöcke. Einige Arten (z. B. die Blaukrabbe *Callinectes sapidus*) werden auch vollständig verzehrt, wenn sie direkt nach der Häutung ganz weich sind (Butterkrebsstadium).

Bau und Leistung der Organe

Die Decapoda haben eine Fülle unterschiedlicher Körperformen hervorgebracht, doch das Grundmuster ist bei allen noch erkennbar. Der Körper gliedert sich in nur 2 **Tagmata**: Cephalothorax und Pleon (Abb. 901). In ersteren sind alle 8 Thoracomeren einbezogen. Dies geschieht durch Vermittlung des Carapax, der nach hinten über den gesamten

Thorax reicht und dorsal mit allen Thoracomeren verschmolzen ist. Lateral reicht er bis zu den Beinbasen herab und lässt zwischen sich und der Körperwand je eine Höhle frei, in die die Kiemen hineinragen (Abb. 833). Durch diese Kiemenhöhlen wird ein Wasserstrom gepumpt, wobei der große Exopodit der 2. Maxillen (Scaphognathit) als Motor dient. Die 3 vordersten Thoracopoden sind zu Maxillipeden geworden, die sich im Bau von hinten nach vorn graduell den Mundwerkzeugen annähern und in den Dienst der Nahrungsaufnahme treten. Sie haben noch Spaltbeincharakter im Gegensatz zu den 5 nach hinten auf sie folgenden, äußer-

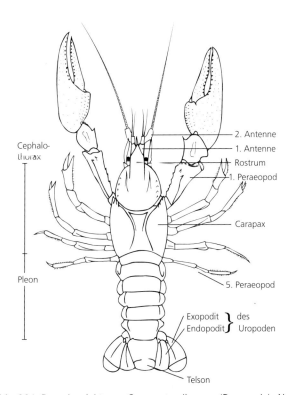

Abb. 901 Dorsalansicht von *Orconectes limosus* (Decapoda). Nach Gledhill, Sutcliffe und Williams (1993).

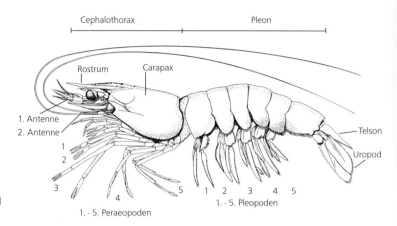

Abb. 902 Lateralansicht eines Weibchens von *Penaeus setiferus* (Decapoda, Dendrobranchiata). Nach Abele und Felgenhauer (1982).

lich deutlich sichtbaren Peraeopodenpaaren (Name!), deren Exopodit reduziert ist. Alle Thoracopoden tragen K i e m e n, deren Zahl allerdings variiert. Nur bei den 1. Maxillipeden sind sie stets rudimentär oder fehlen ganz. Die Pleopoden sind Spaltbeine mit weniggliedrigen Ästen. Teile der beiden vordersten Paare wirken bei den meisten Männchen als P e t a s m a (Abb. 830) im Dienste der Spermaübertragung zusammen. Die Uropoden bilden mit dem Telson einen Schwanzfächer.

Die **Körperform** zeigt 2 Extreme: den garnelenartigen (caridoiden) (Abb. 902) und den krabbenartigen (cancroiden) Habitus (Abb. 904). G a r n e l e n haben meist einen zylindrischen, seitlich leicht zusammengedrückten Körper, dessen Carapax vorn zwischen den Augen in einen kielartigen, meist gesägten Vorsprung, das R o s t r u m, ausläuft. Ihre Antennen sind geißelförmig. Die ersten 2–3 Paar Peraeopoden tragen endständige Scheren. Das Pleon ist wohlgegliedert, trägt Schwimmbeine und endet in einem Schwanzfächer.

Dieser Körperbau erlaubt 3 Arten der Fortbewegung: Schreiten mit Hilfe der letzten 4–3 Peraeopodenpaare, Vorwärtsschwimmen mithilfe der Pleopoden und blitzartiges rückwärts gerichtetes Davonschießen mithilfe des Schwanzfächers. Garnelen haben meist eine dünne, schwach verkalkte Cuticula, sind dadurch leicht und zum freien Schwimmen prädestiniert. Dennoch sind auch sie in der Regel Bodenbewohner, die nur gelegentlich kurze Entfernungen schwimmen.

In völligem Kontrast dazu steht der K r a b b e n h a b i t u s, der bei Brachyura und Anomala (hier vermutlich mehrfach) unabhängig voneinander evolviert wurde (dieser Prozess wird als Carzinisierung bezeichnet). Der Cephalothorax ist stark verbreitert und abgeflacht (Abb. 833, 904). Der Carapax ist gewöhnlich breiter als lang und seitwärts stark ausgebuchtet, so dass die Kiemenhöhle im Querschnitt dreieckig wird. Ein auffälliges Rostrum ist nicht vorhanden. Die beiden Antennen sind kurz. Vor den Peraeopoden liegt ein Mundfeld, das ganz von den 3. Maxillipeden abgedeckt wird, so dass von den übrigen Mundwerkzeugen nichts zu sehen ist. Die 1. Peraeopoden haben kräftige Scheren, die auf beiden Körperseiten sehr unterschiedlich groß sein können (Heterochelie) (Abb. 903B). Die größere Schere („Knackschere") ist kräftiger und wird zum Zerquetschen von Beute (z. B. Mollusken) eingesetzt, die kleinere arbeitet schneller und wird zum Schneiden benutzt. Das Pleon ist ein unscheinbarer,

kurzer und schmaler Anhang, der nach vorn geklappt unter dem Cephalothorax getragen wird. Die Pleopoden werden nie zum Schwimmen benutzt. Bei den Weibchen dienen sie der Befestigung der Eier; bei den Männchen existiert nur ein Petasma aus den ersten beiden Pleopoden. Ein Schwanzfächer ist nicht vorhanden und somit kein Rückwärtsschwimmen durch rasche Pleonkrümmung möglich.

Durch die Reduktion des Pleons wurde der Schwerpunkt unter den Cephalothorax verlagert und damit zwischen die Peraeopoden. Diese

Abb. 903 Decapode Krebse der Reptantia. **A** *Nephrops norvegicus*. Bis 22 cm lang. Mit langen gleichgroßen Scheren. Bewohnt Grabgänge in Schlammböden; Räuber. **B** *Callianassa tyrrhena*. Etwa 6 cm lang. Scheren ungleich groß. In Weichböden grabend; Gangsystem mit mehreren Kammern und Ausgängen; Sedimentfiltrierer. Originale: W. Westheide, Osnabrück.

Veränderung ist vorteilhaft für das Laufen, da kein Hinterleib mehr nachgeschleppt zu werden braucht. Krabben können sich vor-, rück- und seitwärts bewegen. An der Anordnung der Sternite kann man erkennen, welche Krabben sich in alle Richtungen und welche sich vornehmlich seitwärts bewegen. Bei ersteren sind die Sternite radial, bei letzteren im rechten Winkel zur Längsachse angeordnet. Wenn Krabben schnell laufen müssen, geschieht dies immer seitwärts („Dwarslöper"). Dabei wirken die Beine beider Körperseiten so zusammen, dass die in Fortbewegungsrichtung liegenden Zug aus- üben, indem sie sich mediad krümmen, und die gegenüberliegenden drücken, indem sie sich strecken. Auf diese Weise können beachtliche Geschwindigkeiten erreicht werden. In der Gezeitenzone tropischer Strände lebende Reiterkrabben (Ocypode) bringen es auf mehr als $1{,}6\,\mathrm{m\,s^{-1}}$. Krabben sind also typische Bodenbewohner, von denen einige auch geschickt auf Bäume klettern und andere tiefe und weit- läufige Gangsysteme graben können. Einige wenige haben sekundär die Schwimmfähigkeit durch Umwandlung der beiden Endglieder der 5. Peraeopoden zu breiten Rudern wiedererlangt (Schwimmkrabben).

Die Einsiedlerkrebse repräsentieren einen eigenen, etwas aberranten Habitustyp (Abb. 905). Ihr Pleon ist asymme- trisch gebaut und wurstförmig geschwollen, da es innere Organe (Mitteldarmdrüse, Gonaden, Teile des Nephridiums) enthält, die sonst bei den Decapoda im Thorax lokalisiert sind. Es wird zum Schutz in meist rechts gewundenen Schne- ckenschalen untergebracht und ist deshalb selbst so gebogen. Nur die Pleomeren 1 und 6 haben noch eine verkalkte Cuti- cula, die ansonsten biegsam und dünn ist. Meist sind bis auf die Uropoden alle rechten Pleopoden reduziert. Auf der lin- ken Seite sind sie erhalten, um einen Atemwasserstrom am dünnhäutigen Pleon entlangzutreiben. Bei den Weibchen dienen sie zusätzlich dem Anheften der Eier. Der „Schwanz- fächer" ist zu einer asymmetrischen Haltevorrichtung gewor- den, die in der Größe den oberen Gehäusewindungen ange- passt ist. Die linken Uropoden sind größer als die rechten. Beide weisen raspelartige Flächen auf, die Versuche erschwe- ren, das Tier aus dem Gehäuse zu ziehen.

Der Carapax ist nur dorsal schwach verkalkt. Die 1. Peraeopoden haben stets große Scheren, von denen die größere als Deckel zum Ver- schließen des Gehäuseeingangs dienen kann. Um diesen Deckel der Mündung genau anzupassen, ziehen sich viele Arten gleich nach der Häutung in die Schneckenschale zurück und pressen die Schere so fest gegen die Mündung, dass sich deren Form der erhärtenden Schere aufprägt. Die beiden folgenden Peraeopoden dienen der Fortbewe- gung, während die 4. und 5. Peraeopodenpaare verkürzt sind und gegen den Mündungsrand der Schale gestemmt werden, um sie in

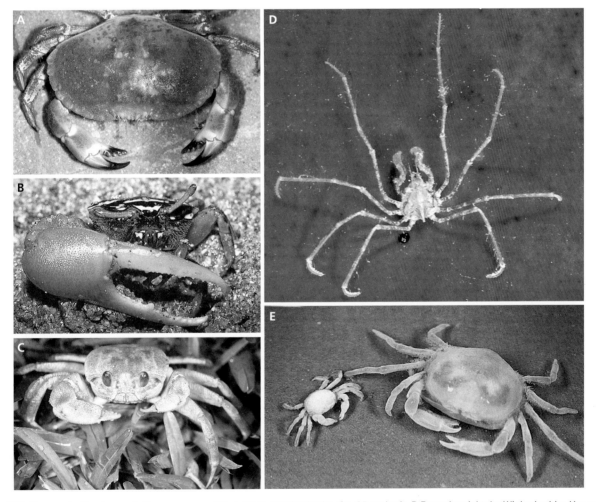

Abb. 904 Decapoda, Brachyura. **A** *Cancer pagurus* (Cancridae), Taschenkrebs. Ca. 25 cm breit. **B** Frontalansicht der Winkerkrabbe *Uca crassi- pes* (Ocypodidae) aus dem Litoral von Hainan (Südchina). **C** *Cardisoma* sp. (Gecarcinidae). Landlebend. Ca. 10 cm breit. Mahé, Seychellen. **D** *Macropodia rostrata* (Majidae). Carapaxlänge ca. 20 mm. **E** Sexualdimorphismus beim Muschelwächter *Pinnotheres pisum* (Pinnotheridae). Links Männchen, rechts Weibchen (Durchmesser 13 mm); beide zusammen in der Mantelhöhle größerer Bivalvia. Originale: W. Westheide, Osnabrück.

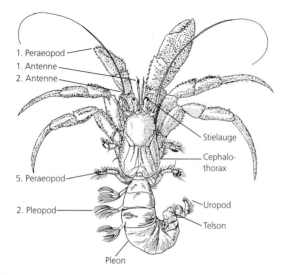

1. Peraeopod
1. Antenne
2. Antenne

Stielauge

Cephalo-
thorax

5. Peraeopod

2. Pleopod

Uropod

Telson

Pleon

Abb. 905 Dorsalansicht des Einsiedlerkrebses *Pagurus bernhardus* (Decapoda). Schneckenschale entfernt. Nach Calman (1911) aus Kaestner (1959).

Position zu halten. An ihrer Spitze haben beide raspelartige Flächen wie die Uropoden.

Decapoda können sehr farbenprächtig sein. Die Farbstoffe befinden sich in der äußeren Cuticula oder in Chromatophoren des Unterhautbindegewebes. Die Ausbreitung bzw. Konzentration des Farbstoffes in letzteren wird durch Hormone gesteuert. Die Färbung in der Cuticula beruht auf einem Astaxanthin-Protein-Komplex, der bei Denaturierung (etwa Kochen) rote Farbe ergibt.

Das **Nervensystem** besteht aus dem Gehirn und einem großen Unterschlundganglion, in dem die Ganglien der Mundwerkzeuge und Maxillipeden vereinigt sind. Die Ganglien der sich anschließenden Segmente zeigen je nach Habitustyp ein unterschiedliches Maß an Konzentration. Beim Garnelentypus (Abb. 830) folgt je 1 Ganglienpaar pro Segment (insgesamt also 11) (Abb. 687). Jedes Einzelganglion entsendet 3 Nerven. Beim Krabbentyp (Abb. 831) sind alle Pleonganglien nach vorn in den Cephalothorax verlagert und mit den übrigen postantennalen Ganglien zu einer einheitlichen Masse verschmolzen. Riesenaxone lösen den rhythmischen Schwanzfächerschlag des Pleons aus.

Als **Sinnesorgane** treten unterschiedliche Typen von Sinnesborsten, Statocysten und Augen auf. Die Statocysten sind chitinig ausgekleidete Einstülpungen der Oberfläche im Grundglied der 1. Antennen. In ihnen befindet sich ein Statolith, der entweder von den Krebsen selbst abgeschieden wird oder ein Fremdkörper (Sandkörnchen) ist, der mit den Scheren in die Statocyste gestopft wird. Da die Statocysten mitgehäutet werden, sind jeweils neue Statolithen erforderlich. Naupliusaugen bleiben bei Adulten gelegentlich erhalten. Die Komplexaugen sind gestielt und sehr beweglich (Abb. 905).

Der **Darmtrakt** ist ein gerades Rohr und besteht bis auf ein kurzes Stück Mitteldarm fast ganz aus Stomodaeum und Proctodaeum. Ersteres unterteilt sich in einen kurzen Oesophagus und einen großen Magen mit einer vorderen Kam-

mer (Cardia oder Kaumagen) und einer hinteren Kammer (Pylorus oder Filtermagen) (Abb. 832).

Die Mundwerkzeuge reißen nur Brocken von der Nahrung ab, zerkleinern sie aber nicht. Die mit der Schere ergriffene Nahrung wird von den 3. Maxillipeden zwischen die vorderen Mundwerkzeuge gestopft, die von ihr ein Stück abreißen, während sie zwischen den Mandibeln festgeklemmt ist. Die meisten Decapoda sind Räuber oder Aasfresser. Auch Kannibalismus ist weitverbreitet. Die limnischen und terrestrischen Arten ernähren sich überwiegend von Pflanzen, nehmen aber auch Aas. Detritusfresser sortieren mit den Maxillipeden organisches Material aus dem Sediment, indem sie sich einer Flotationsmethode bedienen. Auch Filtrierer sind unter Decapoda nicht selten, wobei Borsten an den 2. Antennen, den Maxillipeden oder den vorderen Peraeopoden als Filter dienen. Funktion des Kaumagens siehe S. 566.

Die Antennennephridien (Abb. 830) bestehen aus einem Sacculus, dessen Oberfläche durch Einfaltungen stark vergrößert ist, einem gewundenen Exkretionskanal, der den Sacculus umschlingen kann, und einer Harnblase, die nach außen mündet.

Decapoda aus Lebensräumen mit ständig wechselndem Salzgehalt können aktiv osmoregulieren. Sie halten den Salzgehalt ihrer Hämolymphe dadurch weitgehend konstant, dass über das Nephridium nur wenig Salze abgeschieden und bei Bedarf über die Kiemen Salze aufgenommen werden.

Das **Herz** liegt im hinteren Cephalothorax und hat maximal 5, meist aber nur 3 Ostienpaare (Abb. 830). Von ihm nach vorne ziehen die Kopfaorta und 2 Paar Arterien. Die Kopfaorta versorgt Gehirn und Augen, die Anterolateralarterien versorgen 1. und 2. Antennen sowie Magen- und Mandibelmuskulatur mit Hämolymphe. Vom Herzen kommt auch die Leberarterie, die sich an der Mitteldarmdrüse aufzweigt. Am hinteren Ende des Herzens entspringen ebenfalls 2 Arterien: die Schwanzaorta, die mit segmentalen Seitenarterien die Pleopoden 2–5 und teilweise die Pleonmuskulatur versorgt, und die senkrecht nach unten ziehende Sternalarterie (Arteria descendens), die in die unter dem Nervensystem gelegene Subneuralarterie mündet, die die 1. Pleopoden, das Nervensystem und die Thoraxmuskulatur mit Hämolymphe beliefert. (Funktion des Kreislaufsystems, S. 567–568).

Geatmet wird mit **Kiemen**, von denen bis zu 4 am Übergang zwischen einem Thoracopoden und dem Körper ausgebildet sein können (Abb. 906A). Eine erhebt sich auf der Coxa (Podobranchie), 1–2 stehen auf der Gelenkhaut zwischen Coxa und Sternum (Arthrobranchie) und eine weitere darüber als Ausstülpung der Rumpfhaut (Pleurobranchie). Ein lamellenförmiger Anhang mit der Bezeichnung Epipodit kann neben ihnen auch noch ausgebildet sein, der der Kanalisierung des Atemwasserstroms dient. Die Kieme besteht aus einem Schaft, in dem zu- und abführende Gefäße verlaufen und von dem sich seitlich Vorstülpungen zwecks Oberflächenvergrößerung erheben. Je nach Art dieser Ausstülpungen werden 3 taxonomisch wichtige Kiementypen unterschieden (Abb. 906B–D): (1) Dendrobranchien mit fiederartig verzweigten, (2) Trichobranchien mit schlauchförmigen und (3) Phyllobranchien mit blattförmigen Anhängen.

Die Kiemen ragen in eine Höhle, die innen von der Körperwand und außen von den Seitenwänden des Carapax

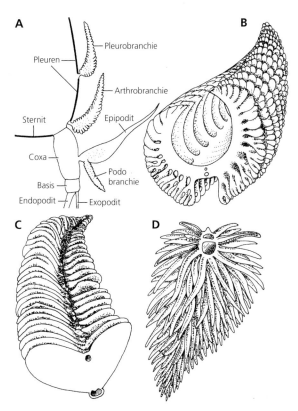

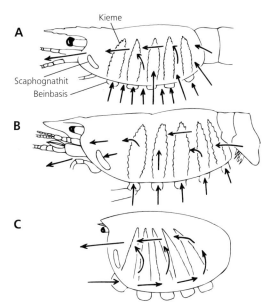

Abb. 907 Schematische Darstellung der Wasserströmung (Pfeile) durch die Kiemenhöhle dreier Vertreter der Decapoda bei zunehmender Beschränkung der Einstrommöglichkeiten. **A** Garnele: Zutritt des Wassers überall entlang des hinteren und ventralen Carapaxrandes. **B** Langschwänzige Reptantia: Zutritt des Wassers an den Beinbasen und am Carapaxhinterrand. **C** Brachyura: Zutritt des Wassers nur an der Basis des Scherenbeines (1. Peraeopod). Nach Barnes (1980).

Abb. 906 Kiemen der Decapoda. **A** Kiemenbezeichnungen nach ihrer Lage am Körper. **B–D** Typen. **B** Dendrobranchie. **C** Phyllobranchie. **D** Trichobranchie. A Nach Hong (1988) aus Taylor und Taylor (1992); B–D nach Felgenhauer (1992) und Gruner (1993).

(Branchiostegite) (Abb. 833) begrenzt wird. Durch diese Höhle wird ein Atemwasserstrom getrieben. Pumpstation ist eine kleine vordere Kammer (Praebranchialkammer), in der der Scaphognathit der 2. Maxille durch komplexe schaufelnde Bewegungen einen Vorwärtsstrom erregt, der die Kammer durch eine Öffnung an der Basis der 2. Antenne verlässt. Der Einstrom ist unterschiedlich geregelt (Abb. 907).

Bei Garnelen legt sich der Carapax nur locker den Beinbasen an, so dass Wasser überall entlang seines hinteren und ventralen Randes in die Kiemenhöhlen eintreten kann (Abb. 907A), bei den langschwänzigen Reptantia geht das nur noch am hinteren Rand und direkt an den Beinbasen. Bei den Krabben schließlich liegt der Carapax den Beinbasen (Abb. 907B) so eng an, dass jederseits nur noch eine einzige Einstromöffnung an der Basis des Scherenbeines übrig bleibt. In den Kiemenhöhlen fließt das Wasser normalerweise von ventral nach dorsal, wobei es von den rinnenartig gewölbten Epipodialanhängen (Epipodite) kanalisiert wird, und oberhalb der Kieme fließt es nach vorn und durch die Praebranchialkammern nach außen. Bei den Krabben führt die vordere Lage der Einstromöffnung dazu, dass das Wasser zunächst am Boden der Kiemenhöhlen nach hinten strömt, bevor es durch die Kiemen nach dorsal und von dort nach vorn gesogen wird (Abb. 907C).

Der enge Verschluss der Atemhöhlen bei den Krabben begünstigt ihren Übergang zum Landleben, da so die geringste Gefahr besteht, dass die Kiemen austrocknen, die zumeist auch an Land als Atemorgane beibehalten werden. Für das Feuchthalten der Kiemen sind bei den amphibisch oder völlig an Land lebenden Krabben unterschiedliche Mechanismen ausgebildet. Bei einigen Grapsidae und den Landkrabben (Gecarcinidae) sind die Kiemenhöhlen stark erweitert und ihre Innenflächen reich mit Kapillaren versorgt, so dass zusätzlich eine Art Lunge entsteht. Beim Palmendieb, *Birgus latro*, ragen von den Wänden traubig verzweigte Vorsprünge hervor, die die Lungenoberfläche enorm vergrößern. Nicht Wasser, sondern Luft wird von den Scaphognathiten bei ihm durch die Atemhöhlen gepumpt. Die Kiemen sind rudimentär. Trotz dieser weitgehenden Anpassungen an das Landleben muss auch er zur Eiablage zurück zum Meer.

Die **Geschlechter** sind getrennt (Abb. 904E). Nur bei einigen Garnelengattungen kommt protandrischer Hermaphroditismus vor; die Geschlechtsumwandlung hängt mit der Degeneration der androgenen Drüse zusammen. Die Hoden sind paarige, durch Querbrücken verbundene Schläuche, die im Cephalothorax zwischen Herz und Darm liegen und über paarige Vasa deferentia nach außen münden. Die Geschlechtsöffnung kann (z. B. bei Brachyura) in einen Penisanhang verlängert sein. Zusätzlich haben die Männchen ein Petasma (Abb. 830). Die Ovarien haben gleiche Lage und etwa ähnliches Aussehen wie die Hoden. Die Ovidukte entspringen seitlich und führen zu Geschlechtsöffnungen auf dem 3. Peraeomer. Bei den Brachyuren münden die Ovidukte in je ein chitinig ausgekleidetes Receptaculum seminis, und erst dieses führt nach außen. Bei anderen Decapoda können Samenbehälter (Thelycum) als Einstülpungen des letzten Thoracalsternits vorhanden sein. Da sie nicht mit den Ovidukten in Verbindung stehen, ist bei ihnen die Befruchtung eine äußere, während es bei den Brachyura eine innere ist.

Fortpflanzung und Entwicklung

Bei der Geschlechterfindung spielen Pheromone eine wichtige Rolle, bei landlebenden Formen optische Signale. Der Kopula geht häufig eine komplizierte Balz voraus. Besonders bekannt ist diejenige der Winkerkrabben, die an tropischen Stränden weitverbreitet sind. Bei

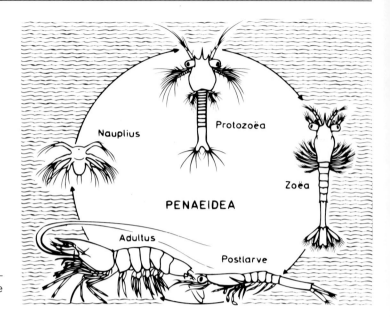

Abb. 908 Entwicklungszyklus der Penaeidea (Dendrobranchiata). Nauplius, Protozoëa und Zoëa planktisch, Postlarve und Adultus benthisch. Nach Schminke (1981).

ihnen ist eine Schere der Männchen besonders riesig im Verhältnis zur anderen, und häufig ist sie auch farblich deutlich betont (Abb. 904B). Durch Winken mit dieser Schere locken die Männchen ein Weibchen herbei. Jede Art hat dabei ihre besondere Bewegungsweise und -abfolge. Der Begattung geht bei den Decapoda meist eine Häutung des Weibchens voraus. Außer bei den Penaeidae, die ihre Eier frei im Wasser ablegen, findet intensive Brutpflege statt, indem die Weibchen die Eier bis zum Schlüpfen der Larven an den Pleopoden mit sich herumtragen.

Die **Postembryonalentwicklung** der Decapoda gliedert sich ursprünglich in mehrere Phasen, die wiederum durch Häutungen in unterschiedliche Stadien unterteilt sind. Die ursprünglichsten Verhältnisse herrschen bei den Penaeidae, bei denen aus dem Ei noch ein Nauplius schlüpft, der von Restdotter lebt und selbst keine Nahrung aufnimmt. Auf die Nauplius- folgen die Protozoëa-, die Mysis- (Zoëa-) und die Postlarvalphase (Abb. 908). Diese Larven unterscheiden sich im Bau und in der Art, wie sie sich fortbewegen. Protozoëen haben alle Thoraxsegmente ausgebildet und besitzen ein ungegliedertes Pleon mit gegabeltem Telson. Von den Thoracopoden sind 2 Paar ausdifferenziert und eines in Anlage vorhanden. Bei den Zoëen (Mysis) ist die Körpergliederung abgeschlossen, und es sind alle Thoracopoden vorhanden. Bei den Postlarven werden auch die Pleopoden funktionstüchtig, und Mundwerkzeuge und Thoracopoden nehmen ihre endgültige Form an.

Die Nauplien bewegen sich mit den 2. Antennen fort mit geringer Unterstützung durch den Exopoditen der Mandibeln. Die Protozoëen benutzen für das Schwimmen die 2. Antennen und die einsatzfähigen Thoracopoden, Die Zoëen (Mysis) setzen dafür alle Thoracopoden ein. Die 2. Antennen sind bei ihnen nicht mehr an der Schwimmbewegung beteiligt. Die Postlarven schließlich schwimmen mit den Pleopoden und schreiten mit den Thoracopoden wie die Adulten. Bei anderen Decapoda wird die Larvalentwicklung dadurch verkürzt, dass Nauplius- und Protozoëaphase im Ei durchlaufen werden. Daraus schlüpft erst eine Zoëa, bei der das Pleon einen Entwicklungsvorsprung vor dem Cephalothorax hat (S. 569). Die Zoëa lebt planktisch und wandelt sich zur benthisch lebenden Postlarve um.

Systematik

Es werden 2 monophyletische Teilgruppen unterschieden: **Dendrobranchiata** und **Pleocyemata**; letztere umfassen die **Caridea, Stenopodidea** und **Reptantia.** Reptantia werden in Polychelida, Achelata, Homarida, Astacida, Thalassinida, Anomala und Brachyura unterteilt.

Die hier zunächst genannten Arten sind sämtlich Speisekrebse.

5.4.4.1 Dendrobranchiata

Penaeus setiferus (Penaeidae), 18 cm (Abb. 902). Entlang der Ostküste Nordamerikas von North Carolina bis zum Golf von Mexico (*white* oder *lake shrimp*). Laichzeit von März bis September; Gelege enthält 500 000–1 Mill. Eier, die frei abgelegt werden und zu Boden sinken. Die planktischen Larven bleiben 3 Wochen in den Küstengewässern und wandern dann in ein Ästuar ein; nur Postlarven, die dort ankommen, entwickeln sich weiter und leben benthisch. Als Adulte kehren sie zurück ins Meer. Zyklus etwa 12 Monate (Abb. 908). – *P. monodon*, 33 cm, wichtigste Speisegarnele, im gesamten Indopazifik von Ostafrika bis Südostasien, kommt mehrere Seemeilen von der Küste entfernt bis in 110 m Tiefe vor („Bären- oder Schiffskielgarnele"). – *P. japonicus*, 22 cm. Von Japan bis zum Roten Meer („Radgarnele"), von dort Ausbreitung über den Suezkanal bis ins östliche Mittelmeer. – *P. chinensis*, 18 cm, bis 80 m tief in den Küstengewässern zwischen Korea und China („Hauptmannsgarnele"). Winterwanderungen von mehreren 100 km nach Süden.

5.4.4.2 Pleocyemata

Caridea. – *Pandalus borealis* (Pandalidae), 16 cm. Im europäischen Nordmeer und an der nördlichen Westküste Nordamerikas sowie der Küste Alaskas („Tiefseegarnele"). In Tiefen zwischen 100 und mehr als 200 m. Weibchen produziert im Herbst etwa 2 000 Eier, die 5–6 Monate an den Pleopoden getragen werden. Im Frühjahr schlüpfen die Zoëen, 2–3 Monate im Plankton. Werden dann zu Männchen, die sich nach 3–4 Jahren in Weibchen verwandeln. Hauptfangzeiten März – Oktober. – **Palaemon adspersus* (Palaemonidae), 6 cm. In Nord-, aber hauptsächlich Ostsee („Ostseegarnele"). Zwischen *Zostera* und Algen. Eiablage Mai/Juni. Wenn Larven nach 4–6 Wochen schlüpfen, ziehen sich Weibchen in tieferes Wasser (bis zu 60 m) zurück. Larven etwa 1 Monat im Plankton. Postlarven kehren zur Küstennähe zurück. Adulti fressen Algen, Detritus und kleine Tiere (Mollusken, Polychaeten, Crustaceen). Wurden früher an der deutschen Ostseeküste gefangen und kommerziell verarbeitet. – *Macrobrachium rosenbergii*

(Palaemonidae), 20 cm. In Binnengewässern im indopazifischen Raum weit verbreitet („Rosenberg-Garnele"). Bei Verzehr roher Tiere Gefahr der Infektion mit *Paragonimus westermani* (Ostasiatischer Lungenegel) (S. 215). Wird in Aquakulturen in Singapur und Israel gezüchtet, in Europa als „Hummerkrabben" verkauft. – *Crangon crangon* (Crangonidae), Weibchen 7 cm, Männchen etwa ein Drittel kleiner. Vom Weißen Meer über Ostatlantik (mit Nord- und Ostsee) und Mittelmeer bis ins Schwarze Meer verbreitet. Im Wattenmeer der Nordsee in riesigen Mengen („Nordseegarnele", „Granat"). Treibt mit Ebbe seewärts, kehrt mit Flut zurück. Gräbt sich am Tage im Sand ein und nimmt entsprechende Färbung an, nachts Nahrungssuche, frisst Würmer, Kleinkrebse, kleine Mollusken, Algen und Detritus. Im Jahr 2–5 Bruten. Im Winter (Oktober–Februar) sind die Eier größer und geringer an Zahl als in der sommerlichen Fortpflanzungsperiode (März–September). Ein Weibchen kann in seinem Leben von 3 Jahren bis 18 000 Eier produzieren. Larven werden in tieferem Wasser entlassen, leben 5 Wochen im Plankton, wandern als Postlarven ins Watt ein. Geschlechtsreife nach 1 Jahr. Feinde insbesondere Fische; ihr Anteil an der Reduktion der *Crangon*-Bestände in der Nordsee übersteigt den des Menschen um ein Vielfaches. Kommerzieller Fang im Sommer und Herbst, in Deutschland 25–30 000 t im Jahr.

5.4.4.3 Reptantia

Achelata. – *Palinurus elephas* (Palinuridae), 45 cm, von Norwegen über Schottland bis zum Mittelmeer („Europäische Languste", „Stachelhummer"), auch entlang der nordamerikanischen Atlantikküste; in Tiefen zwischen 40–70 m auf felsigem Grund. Erkenntlich an einem Paar weißer Flecken auf jedem Pleonsegment. Tagsüber versteckt in Höhlen und Spalten. Nachts Nahrungssuche. Frisst Muscheln und Schnecken, auch Aas. – *Panulirus argus* (Palinuridae), 45 cm, bis 4 kg. Von North Carolina bis Rio de Janeiro entlang der gesamten Westatlantikküste (incl. Karibik) („Amerikanische Languste"). 12 Jahre und älter. Führt besonders bei den Bahamas auffällige Wanderungen durch; bis zu 60 Exemplare marschieren Tag und Nacht hintereinander bis zu 100 km; Wanderungsverhalten mit stürmischem Wetter korreliert.

Homarida. – *Homarus gammarus* (Homaridae), 60 cm, 5–6 kg. Von Norwegen entlang der Ostatlantikküste bis nach Frankreich und entlang der iberischen Küste bis ins Mittelmeer („Europäischer Hummer"). Nördliche Grenze dort, wo Wassertemperaturen unter 5 °C. Große Scheren. Helgoländer Exemplare im Sommer auf dem Felssockel der Insel; im Winter Wanderung in die Tiefe Rinne. Tagsüber in Höhle, nachts auf Nahrungssuche (Muscheln, Aas). Geschlechtsreife mit 6 Jahren. Eiablage bei Helgoland Juli–September. Bis zu 30 000 Eier bei alten Weibchen. Schlüpfen der Mysislarven etwa nach 1 Jahr, Larven 3–4 Wochen im Plankton, Postlarve am Boden. Adulte häuten sich nur alle 2 Jahre, bei Helgoland im Hochsommer. Fortpflanzung ebenfalls nur alle 2 Jahre. – *Nephrops norvegicus* (Homaridae), Männchen bis 24 cm, Weibchen kürzer. Vom Nordkap bis Marokko sowie im Mittelmeer bis zur Adria („Kaisergranat"), auf Weichboden in 50–800 m Tiefe. Tagsüber in selbstgegrabenen Höhlen im Schlamm (Abb. 903A), nachts Nahrungssuche (Aas). Geschlechtsreife mit 3–5 Jahren, eine Brut alle 2 Jahre. Larven schlüpfen nach 8–9 Monaten, das Fleisch von „Kaltwassertieren" ist delikater als das von „Warmwasserformen".

Astacida. – *Astacopsis gouldi* (Parastacidae), 50 cm. In Flüssen Tasmaniens. Größter Süßwasserkrebs, bis zu 6 kg. – *Astacus astacus* (Astacidae) (Abb. 617), Männchen 20 cm, 140 g Gewicht, Weibchen kleiner. Früher in ganz Europa von England bis Westrussland und von Südskandinavien bis zum Balkan. Unter überhängenden Ufern langsam fließender Flüsse, Bäche und Gräben („Edelkrebs"). Bevorzugt sauberes, sauerstoffreiches, kalkhaltiges Wasser, tagsüber in Höhlen in Uferböschungen; bei Anbruch der Dunkelheit Nahrungssuche (Pflanzen, kleinere Tiere, Aas). Geschlechtsreife nach 3–4 Jahren, Eiablage November/Dezember. Ein Weibchen produziert 70–240 Eier, Jungtiere schlüpfen nach 6 Monaten. Tiere können 20 Jahre alt werden. Europäische Bestände wurden durch Krebspest (Pilz: *Aphanomyces astaci*) dezimiert, ab 1878 in Europa. Vorkommen in Deutschland heute auf Bäche des Mittelgebirges beschränkt. – Weitere einheimische Fluss-

krebse: *Austropotamobius torrentium* (Astacidae), selten länger als 8 cm, in höher gelegenen Fließgewässern, Verstecke unter größeren Steinen („Steinkrebs"). – *Austropotamobius pallipes* (Astacidae), Höhlen im Uferbereich oder zwischen Baumwurzeln („Dohlenkrebs"). Alle von Krebspest betroffen, deshalb Ersatz durch Einführung amerikanischer Flusskrebsarten: – *Orconectes limosus* (Astacidae), 7–10 cm (Abb. 901). In Nordamerika, östlich der Rocky Mountains von Kanada bis Florida („Kamberkrebs"). In Deutschland 1890 ausgesetzt, da gegen die Krebspest immun. Genügsamer als Edelkrebs, auch in verschmutzten Gewässern. Gräbt keine Höhle, auch auf Schlammboden. Geht auch tags auf Nahrungssuche (Wasserpflanzen, Tiere). Eiablage April/Mai, pro Weibchen 200–400 Eier. Schlüpfen der Larven nach 5–8 Wochen, am Ende des ersten Sommers bereits geschlechtsreif. – Weitere eingeführte Krebsarten: *Pacifastacus leniusculus* („Signalkrebs") aus Nordamerika. – *Astacus leptodactylus* („Galizischer Sumpfkrebs") aus der Türkei.

Anomala. – *Paralithodes camtschatica* (Lithodidae), 20 cm breit. Mit 15 Jahren 12 kg. In Tiefen von mehreren 100 m im Nordpazifik entlang der Küsten Nordamerikas, Russlands und Japans („Königskrabbe").

Brachyura. – *Cancer pagurus* (Cancridae), 30 cm breit, 6 kg (Abb. 904A). Von den Lofoten bis Marokko entlang der Ostatlantikküste („Taschenkrebs"). Bevorzugt steinig-felsigen Boden, frisst Muscheln, Fische, Echinodermaten und Krebse. Geschlechtsreife nach 5 Jahren, Begattung 12–14 Monate vor Eiablage zwischen Oktober und Januar. Weibchen wandern dafür in tieferes Wasser, pro Weibchen bis 3 Mill. Eier. Schlüpfen der Zoëen 8 Monate später im flachen Küstenwasser, Larven 2 Monate im Plankton. – *Callinectes sapidus* (Portunidae), 10–20 cm breit. An der amerikanischen Atlantikküste von Nova Scotia bis nach Nordargentinien mit Schwerpunkt Florida/Bahamas/Golf von Mexiko, auch ins Mittelmeer verschleppt („Blaukrabbe"). Geschlechtsreife nach 1 Jahr. Frischgehäutete Tiere kommen als *softshell crabs* auf den Markt.

Weitere bekannte einheimische Decapoda:

Reptantia – Anomala. – *Galathea intermedia* (Galatheidae), 20 mm (Abb. 909). – *Pagurus bernhardus* (Paguridae), Carapax bis 3,5 cm

Abb. 909 *Galathea intermedia* (Decapoda, Reptantia), Kleiner Furchenkrebs; aus dem Felslitoral von Helgoland. Ca. 20 mm. Original: W. Westheide, Osnabrück.

(Abb. 905). Adulti meist in Gehäusen von *Buccinum undatum*. Ernährt sich von Würmern, Mollusken, Echinodermen und Krebsen. Kann mit den 1. Antennen auch filtrieren. Bei Kopula kommen Einsiedler aus Schale. Pro Weibchen 12 000–15 000 Eier. Wenn Zoëen schlüpfen, verlässt Weibchen ebenfalls die Schale. Symbiose mit *Caliactis parasitica* (S. 135) verbreitet; *Nereis fucata* als Kommensale im Gehäuse; häufig Bewuchs der Schale mit Kolonien von *Hydractinia echinata* (Abb. 231).

Reptantia – Brachyura. – **Maja squinado* (Majidae), 18 cm. Entlang der westeuropäischen Atlantikküste und im Mittelmeer („Große Seespinne"). Im Gegensatz zu anderen Seespinnenarten (Abb. 904D) Verzicht auf Maskierung. Frisst Algen, Hydrozoen und Bryozoen. Häutet sich nach Erreichen der Geschlechtsreife nicht mehr. Begattung 6 Monate vor Eiablage. Schlüpfen der Zoëen nach 9 Monaten. – **Carcinus maenas* (Portunidae), Männchen 6 cm breit. Häufigste Krabbe der Nordsee („Strandkrabbe"), vom Nordkap bis zur spanischen Atlantikküste. Im Watt ernähren sich Männchen mehr von Mollusken, die sie mit der größeren Schere knacken, Weibchen bevorzugen kleine Würmer. Überwintern vergraben im Sande, bei Ebbe Wanderung seewärts, Rückkehr mit Flut. – **Eriocheir sinensis* (Grapsidae), 7,5 cm breit. In den großen Flusssystemen in der Tiefebene Chinas, vermutlich mit Ballastwasser eingeschleppt, seit 1912 in ganz Europa verbreitet, vor allem in Elbe und Weser. Männchen mit einem dichten Pelz feinster Cuticular„haare" an der Schere („Chinesische Wollhandkrabbe"). Geschlechtsreife mit 5 Jahren. Zur Fortpflanzung Rückwanderung ins Meer, dabei wird täglich eine Strecke von 8–12 km zurückgelegt. Männchen warten an Flussmündung auf Weibchen, die dort später eintreffen. Nach Kopula im Oktober Eiablage im November. Schlüpfen der Larven im Watt Mai/Juni. Danach Absterben der Weibchen. Mai–Juli Larven im Plankton. September/Oktober Megalopa in Unterelbe. Jungkrabben weitere 1,5 Jahre in Unterelbe, dann Wanderung flussaufwärts, 1. Jahr bis Havelmündung, 2. Jahr bis Saalemündung, 3. Jahr einige wenige noch bis Dresden. Zwischendurch jeweils Überwinterung in tieferem Wasser der Elbe, Lebensdauer 4–5 Jahre. Häufig Massenvermehrung. – **Liocarcinus holsatus* (Portunidae), 40 mm breit. Nord-Norwegen bis Portugal. Dactylus an den 5. Laufbeinen flach und breit, als Schwimmpaddel („Schwimmkrabbe").

5.4.5 Syncarida

Die einzige Synapomorphie der Syncarida ist das Fehlen eines Carapax. Es handelt sich bei ihnen um eine urtümliche Gruppe von Süßwasserbewohnern, deren Vertreter nur dort erhalten geblieben sind, wo sie nicht erfolgreicheren Konkurrenten ausgesetzt waren. Bei den **Anaspidacea** war das oberirdisch in der geografischen Isolation Australiens und Tasmaniens der Fall, andererseits unterirdisch im Grundwasser (Stygocarididae), in dem auch die **Bathynellacea** überdauert und sich zu einer sehr erfolgreichen Gruppe mit weltweiter Verbreitung (die polaren Breiten ausgenommen) entwickelt haben.

5.4.5.1 Bathynellacea, Brunnenkrebse

Brunnenkrebse leben im Lückensystem grundwasserführender Schotter und Sande. Nur 2 Arten kommen oberirdisch in größeren Tiefen des Baikalsees vor. Einige Arten von *Hexabathynella* dringen in marinen Sandstränden in oligo- bis polyhalines Wasser vor. Bathynellacea sind klein (0,5–6,3 mm) und wurmförmig schlank. Rund 270 Arten sind bekannt. Bathynellacea ähneln im Bau den Larven anderer Malakostraken. Dies und ihre Entwicklung deuten darauf hin, dass sie durch Progenese, also durch Geschlechtsreifwerden larvaler Stadien der Vorfahren, entstanden sind.

Auf das Cephalon folgen 8 freie Thoracomeren und 5 Pleomeren (Abb. 826, 910). Das 6. Pleomer bildet mit dem Telson ein Pleotelson, das kurze eingliedrige Furkaläste trägt. Die 1. Antennen haben 2 Geißeln. Die Mandibeln sind symmetrisch. Als Nahrung werden Detritus, Bakterien, andere Krebse und Würmer verzehrt. Die 1.–7. Thoracopoden sind zweiästig. Bathynellaceen bewegen sich am Boden durch eine Kombination von Schwimm- und Schreitbewegungen fort und können auch frei schwimmen. Die 8. Thoracopoden der Männchen sind zu einem Kopulationsorgan umgebildet, bei den Weibchen sind sie mehr oder weniger reduziert. Von den Pleopoden sind maximal die beiden ersten Paare und die griffelförmigen Uropoden vorhanden, die mit dem Pleotelson keinen Schwanzfächer bilden.

Die Eier werden frei abgelegt. Das Nauplius-Stadium wird im Ei verbracht. Die Postembryonalentwicklung ist in eine Larven- (Parazoëa) und eine Juvenilphase (Bathynellid) unterteilt. Auch die Parazoëa-Phase kann im Ei durchlaufen werden.

*Antrobathynella stammeri (Bathynellidae), 1 mm. Im Grundwasser Europas von Irland bis Rumänien. Aus dem Ei schlüpft eine Parazoëa; Entwicklung bis zur Geschlechtsreife ca. 9 Monate. – *Baicalobathynella magna* (Bathynellidae), 3,4 mm. Im Baikalsee auf sandigem Substrat bis in 1 440 m. – *Thermobathynella adami* (Parabathynellidae), 2,7 mm. Bei Temperaturen bis zu 55 °C in Thermalquellen der Demokratischen Republik Kongo. – *Hexabathynella halophila* (Parabathynellidae), 1 mm. Einziger Vertreter der Bathynellacea im polyhalinen Bereich eines Sandstrandes bei Sydney (27 ‰). – *Billibathynella humphreysi* (Parabathynellidae), 6,3 mm. Längste Art. Westaustralien.

5.4.5.2 Anaspidacea

Die etwa 20 Arten dieser Reliktgruppe sind in ober- und unterirdischen Gewässern Australiens und nur unterirdisch in Neuseeland und im südlichen Südamerika zu finden. Die Größe der oberirdischen Vertreter reicht von 7–50 mm, die der unterirdischen von 1,4–14 mm.

Das 1. Thoracomer ist mit dem Cephalon verschmolzen (Abb. 827, 911). Die 2.–8. Thoracomeren sind frei. Das Pleon

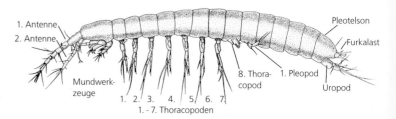

Abb. 910 Lateralansicht des Männchens von *Bathynella* sp. (Bathynellidae). Nach Schminke (1986).

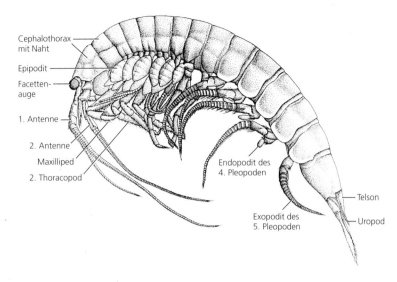

Cephalothorax
mit Naht

Epipodit

Facetten-
auge

1. Antenne

2. Antenne

Maxilliped

2. Thoracopod

Endopodit des
4. Pleopoden

Exopodit des
5. Pleopoden

Telson

Uropod

Abb. 911 Lateralansicht des Weibchens von *Anaspides tasmaniae* (Anaspidacea). Nach Schminke (1978).

hat 6 Segmente mit anhängendem Telson. Der Exopodit der 2. Antennen hat, wenn vorhanden, Schuppenform. Die 1. Thoracopoden können als Maxillipeden (Abb. 827) ausgebildet sein. Ihre Exopoditen, wenn vorhanden, sind schlauchförmig. Die 2.–7. Thoracopoden sind einheitlich im Bau (Abb. 828). Ihre Exopoditen, soweit vorhanden, sind vielgliedrig und tragen viele Borsten, die der 7. Thoracopoden sind schlauchförmig. Die 8. Thoracopoden haben weder Exopodite noch Epipodite. Sie stehen den anderen Thoracopoden entgegen; ihr Dactylus weist nach vorn. Die Pleopoden, soweit vorhanden, haben vielgliedrige Exopoditen und, wenn vorhanden, Endopoditen, die zu kleinen, kiemenartigen Anhängen reduziert sind (Abb. 911). Bei den Männchen sind sie an den 1. und 2. Pleopodenpaaren größer, zweigliedrig und bilden ein Petasma (Abb. 827), wobei die Endopoditen der 2. Pleopoden als Ganzes in der Rinne der 1. Pleopoden bewegt werden. Die Uropoden bilden mit dem Telson einen Schwanzfächer (nicht bei den Stygocarididae).

Zumindest an den 2.–7. Thoracopoden befinden sich 1 oder 2 Kiemen, von denen die proximale der Osmoregulation, die distale der Atmung dient.

Die Eier werden frei abgelegt. Die Männchen produzieren eine Spermatophore. Die Entwicklung ist direkt.

Anaspides tasmaniae (Anaspididae), 6 cm (Abb. 911). Weit verbreitet in Tasmanien in kleinen Hochlandbächen und moorigen Tümpeln besonders zwischen 900–1 000 m ü. M.; auch in Höhlen. Omnivor: Algen, Detritus, Kaulquappen, Würmer, Insektenlarven. Bis zur Geschlechtsreife 15 Monate; 3 Jahre und älter. Beliebte Beutetiere eingeführter Forellen. – *Paranaspides lacustris* (Anaspididae) bis 5 cm. Im Great Lake in Tasmanien, ernährt sich als Filtrierer sowie durch Abkratzen mithilfe der Maxillipeden von Detritus und Diatomeen von den Stielen von Wasserpflanzen. Schwimmt mit den Pleopoden. – *Parastygocaris andina* (Stygocarididae), bis 4 mm. Grundwasserführender Schotter eines Hochtales in den argentinischen Anden in ca. 2 000 m Höhe.

5.4.6 Euphausiacea, Leuchtkrebse

Leuchtkrebse sind marine Holoplanktonorganismen. Nur wenige Arten kommen in flachen Küstengewässern vor, und auch das Bathypelagial wird von nur wenigen besiedelt. Die große Mehrzahl lebt hochozeanisch im Epi- und im Mesopelagial. Viele Arten zählen mit ihrer Körperlänge von 5–7 cm zum Makroplankton oder sogar zum Mikronekton. Von den 85 bekannten Arten kommen 50 in allen Ozeanen vor, der Rest ist jeweils auf einen Ozean beschränkt.

Die ökologische Bedeutung der Euphausiaceen liegt in ihrem Massenvorkommen. Einige Arten bilden riesige Schwärme, die einen bedeutenden Anteil der Biomasse (geschätzt: 250 Millionen t allein für *Euphausia superba*) in den Weltmeeren repräsentieren und diese Arten zur Hauptnahrungsquelle für viele marine Tiere machen. Schwärme, z. B. von *Euphausia superba* im Südpolarmeer, können bei einer Dicke von 10 m mehrere Kilometer breit sein. In ihnen drängen sich bis zu 30 000 Individuen in 1 m^{-3} Meerwasser. Ein Schwarm kann insgesamt eine Lebendmasse von mehreren Millionen Tonnen Gewicht umfassen.

Neben *Euphausia superba* im Südpolarmeer und *Meganyctiphanes norvegica* in nördlichen Meeren sind noch 4 andere Arten wegen ihrer Schwarmgrößen besonders für die Bartenwale interessant; nur diese 6 Arten werden von norwegischen Walfängern „Krill" genannt.

Der Blauwal z. B., das größte Tier aller Zeiten, ernährt sich ausschließlich von Euphausiaceen. In seinem Magen haben 1 200 l Krill Platz, was einem Gewicht von über 1 t entspricht. Seine tägliche Ration kann 4 t Krill betragen. Außer Walen stellen Robben, Fische (Hering, Dorsch, Schellfisch, Makrele usw.) und Seevögel den Leuchtkrebsen nach.

Neuerdings interessiert sich auch der Mensch für den wegen der Ausrottung der Wale im Südpolarmeer errechneten „Überschuss" an Krill. 1982 wurden mehr als 500 000 t Krill gefangen. Seitdem sind die Quoten eher rückläufig wegen folgender Eigenarten von *Euphausia superba*: hoher Fluoridgehalt, Löslichkeit von mehr als der Hälfte der Körperproteine in Wasser, große Menge hochaktiver, autolytischer Enzyme usw. Aber neue Verarbeitungstechnologien und das wachsende Interesse an Chitin als Rohstoff beleben die Nachfrage.

Bau und Leistung der Organe

Der garnelenartige Körper der Euphausiaceen gliedert sich in einen Cephalothorax, bei dem alle Thoracomeren dorsal mit dem Carapax verwachsen sind, und ein Pleon, das zumindest

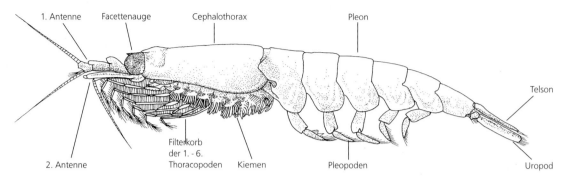

1. Antenne   Facettenauge   Cephalothorax   Pleon   Telson   2. Antenne   Filterkorb der 1. - 6. Thoracopoden   Kiemen   Pleopoden   Uropod

Abb. 912 Lateralansicht des Männchens von *Euphausia superba* (Euphausiacea). Nach Dzik und Jazdzewski (1978).

doppelt so lang wie der Cephalothorax ist (Abb. 912). Der Carapax reicht seitlich nicht weit herab, so dass die Kiemen an den Beinansätzen frei sichtbar bleiben. Das schlanke, zugespitzte Telson trägt im hinteren Drittel beidseits je einen spitzen Fortsatz, den Subapikalanhang, der den Telsonhinterrand überragt.

Mit Ausnahme der Antennen dienen alle Extremitäten des Cephalothorax dem Erwerb der Nahrung und ihrer Bearbeitung. Man unterscheidet Filtrierer und Räuber. Letztere sind Einzelgänger, erstere neigen zur Schwarmbildung. Die Thoracopoden sind ursprünglich alle im Bau gleichartig mit zweigliedrigem Protopoditen, fünfgliedrigem Endopoditen und zweigliedrigem Exopoditen (Abb. 913). Die letzten beiden Thoracopodenpaare können weitgehend rückgebildet sein. Bei Räubern (*Nematoscelis, Stylocheiron*) sind 2. bzw. 3. Thoraxbeine (oder beide) verlängerte Raubbeine mit endständiger Schere oder anderen Umbildungen.

Bei den Filtrierern bilden die Thoracopoden einen komplizierten Fangkorb, der bei *Euphausia superba* besonders gut untersucht ist. Die 3 gestreckten basalen Glieder der vorderen 6 Thoracopodenpaare tragen an ihrer anterioren Seite einen durchgehenden Kamm langer Filterborsten, von denen jede auf einer Kammborste des Thoracopoden davor liegt (Abb. 914). Die Kammborsten stehen im rechten Winkel zu den Filterborsten an der Innenseite der Thoracopodenglieder. Die Filterborsten tragen auf beiden Seiten Fiedern 1. Grades, die distal mit denjenigen benachbarter Filterborsten Kontakt haben. In die Lücken zwischen diesen Fiedern ragen Fiedern 2. Grades, die halb so lang sind wie der Abstand zwischen den Fiedern 1. Grades. Die Kammborsten ähneln den Filterborsten, sind aber distal einseitig ausgezackt. Jede dieser beiden Borstentypen bildet ein eigenes Netz, die beide im rechten Winkel zueinander stehen. Die Filterborsten bilden ein großflächiges Netz mit feinen Maschen (1–4 µm), die basalen Teile der Kammborsten ein kleinflächiges mit groben Maschen (25–40 µm). Diese Netze bilden die Seitenwände des Fangkorbes, der dorsal von der Bauchseite des Körpers und distal von den abgeknickten 3 Endgliedern der Thoracopoden begrenzt wird. Vorn sorgen median gerichtete Borsten des 1., hinten solche des 6. Thoracopodenpaares für seinen Abschluss.

Der Filtrationsvorgang ist eine „Pump- oder Kompressionsfiltration", wobei der Fangkorb rhythmisch erweitert und verengt wird. Zur Erweiterung werden die Thoracopoden nach vorn und außen bewegt, bei der Verengung zur Mitte unter gleichzeitigem Anpressen an den Körper. Bei der Erweiterung gleiten die Spitzen der Kammborsten zwischen den Filterborsten hindurch und erfassen dabei alle Partikel, die bei der vorausgegangenen Verengung von den Filterborsten zurückgehalten worden sind und schieben sie dem Mund ein Stückchen näher (Abb. 914). Da die Kammborsten im rechten Winkel zur Richtung der Gleitbewegung stehen, strömt Wasser durch ihre Basen in den Fangkorb hinein. Mit dem Wasser gelangen Partikel bis zu einer Größe von 30 µm ins Innere. Am Beginn der anschließenden Verengung rutschen die Filterborsten zur Basis der Kammborsten und bleiben auf der Innenseite des vorangehenden Thoracopoden liegen. Der Zustrom weiteren Wassers durch den Grobfilter der Kammborsten wird damit unterbunden.

Durch die Verengung des Fangkorbes gerät das Wasser in ihm unter Druck und entweicht teilweise nach hinten durch die Kammborsten des 6. Thoracopodenpaares, teilweise seitlich durch die feinen Maschen des Filterborstennetzes. Die im Wasser enthaltenen Partikel können nicht passieren und bleiben auf den Filterborsten liegen, wo

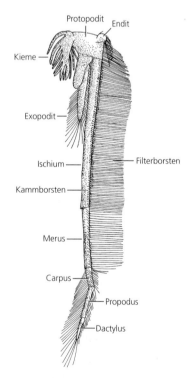

Protopodit   Endit   Kieme   Exopodit   Ischium   Filterborsten   Kammborsten   Merus   Carpus   Propodus   Dactylus

Abb. 913 Mediananansicht des 5. Thoracopoden von *Euphausia superba*. Nach Barkley (1940) aus Kaestner (1959).

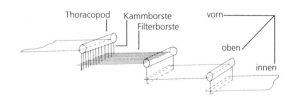

Thoracopod   Kammborste   Filterborste   vorn   oben   innen

Abb. 914 Schematische Darstellung eines Ausschnitts des Filterkorbes von *Euphausia superba* (Euphausiacea), bei der nur 2 Bereiche des Borstengitters im Detail ausgeführt sind. Nach Kils (1983).

sie bei der nächsten Erweiterung des Fangkorbes von den Kammborsten erfasst und sukzessive zu den Mundwerkzeugen geschoben werden.

Diese „Pump-Filtration" wird bei normalem Nahrungsangebot im Wasser durchgeführt. Bei niedrigerer Nahrungskonzentration schwimmt der Krill mit geöffnetem Fangkorb umher und seiht alles aus dem Wasser, was er bekommen kann, auch Partikel größer als 30 μm. – Mit speziellen Kratzborsten am Dactylus kann der Krill auch Diatomeen und andere Algen von der Unterseite des Eises abkratzen. Wie unlängst bestätigt wurde, übersteht er so den antarktischen Winter und muss nicht hungern, wie man früher annahm.

Zur Fortbewegung benutzen die Euphausiaceen ihre 5 Pleopodenpaare, die am Hinterrand der Segmente ansetzen und in gestrecktem Zustand ein Viertel der Körperlänge erreichen können. An den zweigliedrigen Protopoditen inserieren die flachen, eingliedrigen, beborsteten Endo- und Exopoditen.

Die Pleopoden erlauben ein ausdauerndes Schwimmen. *Euphausia superba* z. B. kann bei einer Geschwindigkeit von 13 cm s^{-1} (11 km/Tag) lange Wanderungen durchstehen und gegen Strömungen anschwimmen. Es ist deshalb nicht ungerechtfertigt, sie als Nektonorganismus zu betrachten. Da die Schwimmgeschwindigkeit körpergrößenabhängig ist, kann es keine Mischschwärme mit großen und kleinen Tieren geben. Das könnte eine Erklärung dafür sein, dass Schwärme immer nur aus Individuen gleicher Altersklasse bestehen. Die minimale Schlagfrequenz beträgt 2,4 Schläge s^{-1}. Die Höchstgeschwindigkeit ist 40 cm s^{-1} (6 Körperlängen s^{-1}), wobei die Schlagfrequenz auf 10 Schläge s^{-1} hochschnellt. Der Krill ist damit kaum langsamer als schnell schwimmende Fische vergleichbarer Größe.

Das **Nervensystem** zeigt im Bereich des Cephalothorax Verschmelzungen von Ganglien und Verkürzungen von Konnektiven. Im Pleon sind die Konnektive dagegen sehr lang, aber median zu einem einheitlichen Strang verschmolzen. Die gestielten Komplexaugen sind auffällig groß. Es gibt einfache (sphärische) und geteilte, sog. Doppelaugen. Diese sind durch eine Einschnürung in ein dorsal gerichtetes Front- und ein lateral gerichtetes Seitenauge unterteilt. Das Frontauge hat größere Kristallkegel als das Seitenauge. Im Einfachauge haben alle Kristallkegel gleiche Größe. Doppelaugen kommen bei Arten mit Raubbeinen vor.

Ihren Namen verdanken die Leuchtkrebse Leuchtorganen (Abb. 915), von denen meist 10 vorhanden sind: in

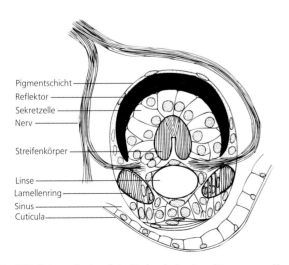

Pigmentschicht
Reflektor
Sekretzelle
Nerv

Streifenkörper

Linse
Lamellenring
Sinus
Cuticula

Abb. 915 Schematischer Schnitt durch das Leuchtorgan von *Nematoscelis tenella* (Euphausiacea). Nach Gruner (1969).

jedem Augenstiel eines, je eines in den Coxen der 2. und 7. Thoracopoden und je eines in der Mitte der vorderen 4 Pleosternite. Die Organe bestehen aus einem zentralen Streifenkörper, in den große Drüsenzellen Leuchtsubstanzen abgeben. Die Drüsenzellen werden umfasst von einem mehrschichtigen Reflektor und einem roten Pigmentmantel. Vor dem Streifenkörper liegt eine Linse, die irisblendenartig von einem Lamellenring umschlossen ist. Das Ausstrahlen der Lichtblitze wird nervös gesteuert.

Der kurze Oesophagus des **Darmtrakts** mündet in einen Kaumagen, der im Gegensatz zu dem anderer Malakostraken keinen Sekundärfilter hat. In der Cardia räuberischer Arten sind Zähne ausgebildet. Am Übergang von Kaumagen zu Mitteldarm entspringen dorsale Caeca und die paarigen Mitteldarmdrüsen. Antennennephridien dienen der Exkretion. Vom sackförmigen Herzen mit 2 Paar Ostien hinten im Cephalothorax gehen 1 Kopfaorta, 3 Paar Seitenarterien und 1 unpaare Seitenarterie (Arteria descendens) aus, die die Subneuralarterie unter der Ganglienkette speist. Die Schwanzaorta ist paarig oder unpaar und hat metamere Seitenzweige. Die Atmung geschieht über die auffälligen Epipodialkiemen, die an den 1. Thoracopoden unverzweigt sind und an den folgenden Beinen an Größe und Zahl der Verzweigungen zunehmen.

Die Hoden sind entweder paarige Schläuche oder ein hufeisenförmiges Organ mit lateralen Divertikeln. Die geschlängelten Vasa deferentia können zu einer Samenblase erweitert sein und münden auf den Coxen der 8. Thoracopoden oder dem Sternit des letzten Thoracomers. Die Spermien werden in einer Spermatophore übertragen. Bei ihrem Transfer spielen vermutlich die beiden ersten Pleopoden eine Rolle, die beim Männchen ein kompliziertes Petasma bilden. Das Ovar ist ebenfalls hufeisenförmig. Der Ovidukt mündet auf der Coxa der 6. Thoracopoden oder auf einer von der Coxa abgegliederten Platte, die zusammen mit einer Duplikatur des 6. Thoracalsternits eine Höhlung, das Thelycum, bildet.

Fortpflanzung und Entwicklung

Die Eier werden frei abgelegt oder als Masse an den hinteren Thoracopoden getragen. Sie haben eine größere Dichte als Meerwasser und sinken deshalb schnell in größere Tiefen (bis 1 500 m) ab. Dort schlüpfen Nauplien, die mit dem Aufstieg beginnen. Sie haben keine funktionstüchtigen Mundwerkzeuge. Die Nahrungsaufnahme setzt mit der nächsten Larvenphase ein, der Calyptopis. An sie schließen sich die Furcilia- und schließlich die Postlarvalphase (Cyrtopia) an.

Thysanopoda cornuta (Euphausiidae), 10 cm. Größter Leuchtkrebs. Bathypelagisch im Atlantik, Pazifik und Indischen Ozean, erwachsene Individuen leben unter 2 000 m, Jugendstadien etwas darüber. – *Meganyctiphanes norvegica* („Nördlicher Krill") (Euphausiidae), 4 cm; im Nordatlantik und Mittelmeer, tagsüber in 100–500 m Tiefe, führt tägliche Vertikalwanderungen durch; Fortpflanzungszentren sind der Golf von Maine, der St. Lorenz-Golf, die Gewässer südlich von Island und das Nordmeer bis 70 °N, bildet riesige Schwärme, die Finnwale u. a. anlocken. – *Euphausia superba* („Südlicher Krill") (Euphausiidae), 6,5 cm (Abb. 912). Beschränkt auf das Südpolarmeer, bildet riesige Schwärme, Gesamtbestand geschätzt auf über 300 Billionen (10^{15}) Individuen. Mit Gewicht von über 1 g zu schwer, um im Wasser zu schweben; muss deshalb ständig schwimmen; würde in 3 h bis 500 m absinken; Dauerschwimmen verursacht sehr hohen O_2-Verbrauch, der nur in den oberen Wasserschichten gedeckt werden kann; erwachsener Krill deshalb nur in den oberen 250 m zu finden; Metabolismus für einen Leuchtkrebs dieser Größe und bei den niedrigen Wassertemperaturen enorm hoch, deshalb hoher Nahrungsbedarf; zu seiner Deckung müssen täglich 50–100 l Meerwasser filtriert und rund 35 mg Phytoplankton (Nassgewicht) konsumiert werden.

5.4.7 Thermosbaenacea (Pancarida)

Die wenigen – über 30 – Vertreter führen eine unterirdische Lebensweise im Lückensystem mariner Sandstrände, im kontinentalen Grundwasser und in Höhlen. Dementsprechend handelt es sich um kleine Tiere von nie mehr als 5 mm Länge. Sie kommen in der Nordhemisphäre zwischen 48 °N und dem Äquator vor. In der Südhemisphäre gibt es einen Fund in Westaustralien.

Ein kurzer Carapax, der mit dem 1. Thoracomer verschmolzen ist, ragt über die folgenden 1–3 Segmente frei hinaus (Abb. 916). Das 1. Thoracomer ist mit dem Kopf verwachsen und trägt ein Maxillipedenpaar. Die übrigen 7 Thoracomeren sind frei. Untersuchungen an *Tethysbaena argentarii* haben ergeben, dass an der Nahrungsaufnahme nur die Mundwerkzeuge beteiligt sind.

Alle freien Thoracomeren (Peraeomeren) tragen zweiästige Extremitäten ohne Epipoditen, bei *Thermosbaena* sind sie auf die 1.–5. Peraeomeren beschränkt (Abb. 917). Die Peraeopoden dienen dem Schreiten und Schwimmen (meist mit dem Rücken nach unten), wobei beide Äste, nicht nur die Exopoditen eingesetzt werden. Bei *Thermosbaena* sind Telson und 6. Pleomer zu einem Pleotelson verschmolzen; bei den übrigen Arten sind die 6 Pleomeren frei. Pleopoden tragen nur die 1. und 2. Pleomeren. Außerdem existieren Uropoden mit eingliedrigem Endo- und zweigliedrigem Exopoditen.

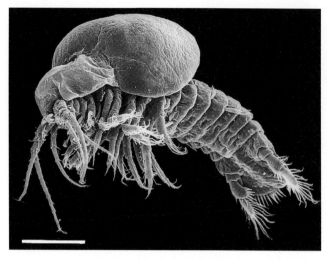

Abb. 917 *Thermosbaena mirabilis* (Thermosbaenacea). REM. Maßstab: 500 µm. Original: A. Schrehardt, Erlangen.

Das Nervensystem hat Strickleiterform. Augen fehlen. Der Magen ist zweiteilig. An ihn schließen sich der Mitteldarm und ein Paar Blindschläuche an. Das Herz ist kurz und tubulär, mit einem Ostienpaar ausgestattet und liegt im hinteren Abschnitt des Cephalothorax. Von ihm geht eine Kopfaorta aus. Eine Schwanzarterie fehlt. Der Atmung dienen die Exopoditen der Peraeopoden und die Innenseite des Carapax. Die kurzen paarigen Hoden liegen in der Nähe des Herzens und gehen in lange Vasa deferentia über, die bis ins 6. Pleomer reichen, dort umbiegen, um auf einer Genitalpapille an der Basis der 7. Peraeopoden (8. Thoracopoden) zu münden. Die paarigen Ovarien erstrecken sich vom 1.–8. Thoracomer. Im letzten Thoracomer gehen sie in die Ovidukte über, die lateral nach vorne ziehen und auf der Frontalseite der 6. Thoracopoden (5. Peraeopoden) münden. Die abgelegten Eier gelangen in die dorsale Carapaxhöhle, die sich beim Weibchen zu einem Brutbeutel aufbläht (Abb. 917). Der Weg dorthin ist nicht ganz klar. Allerdings soll sich das Weibchen bei der Eiablage auf den Rücken legen, so dass die Eier nach unten fallen und in die Carapaxhöhle gelangen können.

Thermosbaena mirabilis, 3,5 mm (Abb. 917). In heißen Quellen (bis 47 °C) in Tunesien, stirbt bei Wassertemperatur unter 30 °C. – *Tethysbaena argentarii*, 4 mm (Abb. 916). In einer Höhle in der Toskana (Italien), benthisch, kann aber auch, meist mit dem Rücken nach unten, langsam schwimmen. – *Halosbaena tulki*, 2 mm. Bisher einzige Art der Südhemisphäre. In einer Höhle Westaustraliens.

5.4.8 Peracarida

Die wichtigste Autapomorphie der Peracarida ist das M a r s u p i u m im weiblichen Geschlecht (Abb. 920, 931, 934). Dabei handelt es sich um eine Brutkammer auf der Ventralseite des Thorax geschlechtsreifer Weibchen. Das Dach dieser Kammer wird von den Sterniten und sein Boden von flachen, breiten Lamellen (O o s t e g i t e) gebildet, die an der Coxa der Thoracopoden entspringen, nach innen gerichtet sind und sich dachziegelartig überlappen. Die Oostegite werden als Epipodite interpretiert, die nach innen verlagert wurden.

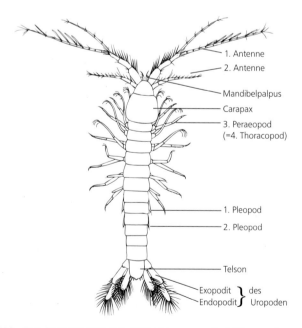

1. Antenne
2. Antenne
Mandibelpalpus
Carapax
3. Peraeopod (=4. Thoracopod)
1. Pleopod
2. Pleopod
Telson
Exopodit } des
Endopodit } Uropoden

Abb. 916 Dorsalansicht von *Tethysbaena argentarii* (Thermosbaenacea). Nach Fryer (1964).

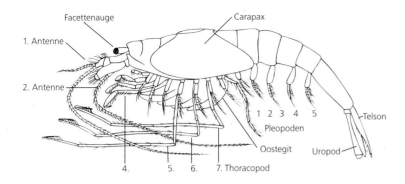

Abb. 918 *Eucopia australis* (Mysidacea, Lophogastrida), Weibchen. Lateralansicht. Nach Wittmann (1990).

Diese Verlagerung wurde erreicht durch eine besondere Gelenkung der Thoracapoden zwischen Thorax und Coxa, die ebenfalls eine Autapomorphie der Peracarida ist. In dieses Marsupium werden die Eier abgelegt und befruchtet; sie machen dort eine direkte Entwicklung durch. Die Häutung vor der Eiablage wird als Reifehäutung (Parturialhäutung) bezeichnet. Bei ihr erscheinen die Oostegite gleichzeitig und voll funktionsfähig, oder sie werden vorher angelegt und wachsen von Häutung zu Häutung aus kleinen Anlagen zu voller Größe heran. Das Marsupium war die Voraussetzung dafür, dass sich unter den Peracarida die einzigen Vertreter der Crustacea befinden, die von offenem Wasser völlig unabhängig geworden und zu rein terrestrischer Lebensweise übergegangen sind.

5.4.8.1 Mysidacea

Diese garnelenartigen Krebse (etwa 1 000 Arten) kommen vornehmlich in den Küstenregionen überall auf der Erde vor. Man findet sie entweder in der Wassersäule direkt über dem Sediment oder eingegraben. Die pelagischen Arten sind sowohl neritisch als auch ozeanisch, einige wenige (insbesondere die relativ ursprünglichen Arten) bathypelagisch. Etwa 25 Arten leben im Süßwasser, wo sie teilweise beachtliche Schwärme bilden. In Höhlengewässern sind weitere rund 20 Arten zu finden. Mysidaceen sind zwischen 3–300 mm, die meisten um 30 mm lang. Sie dienen vornehmlich Fischen und marinen Säugern als Nahrung.

Vom Kopf geht ein Carapax aus, der den größten Teil des Thorax überdeckt, aber mit höchstens 4 Segmenten verschmolzen ist (Abb. 919). Auf der Dorsalseite ist der Carapax tief eingebuchtet, so dass er lateral weiter nach hinten reicht als dorsal. Die 1. Antennen haben 2 Geißeln, die 2. Antennen einen als Schuppe ausgebildeten Exopoditen (Scaphocerit). Die Mandibeln sind asymmetrisch. Die Lacinia mobilis der rechten Mandibel ist reduziert oder fehlt ganz.

Die 1. Thoracopoden sind als Maxillipeden ausgebildet mit Enditen an den proximalen Gliedern. Sie tragen einen Epipoditen, der unter den Carapax reicht und Atemwasser an dessen Innenseite vorbeitreibt. Die übrigen Thoracopoden besitzen lange Exopoditen mit kräftigem Grundglied und vielgliedriger Geißel (Abb. 918, 919). Die Mysida schwimmen mit den Exopoditen. Frühere Beobachtungen, dass sie auch bei der Nahrungsaufnahme eine Rolle spielen, haben sich als falsch erwiesen. Die Pleopoden sind bei den Lophogastrida zweiästig (Abb. 918) und dienen dem Schwimmen; bei den

Mysida sind sie bei den Weibchen zu Plättchen reduziert (Abb. 920), bei den Männchen teilweise zu Kopulationszwecken abgewandelt. Die Uropoden haben bei den Mysida (mit Ausnahme der Petalophthalmidae) im Endopoditen eine Statocyste (Abb. 180B, 920) aus CaF_2 und bilden mit dem Pleon einen Schwanzfächer (Abb. 918).

Das Nervensystem zeigt im Bereich von Kopf und Thorax je nach Gruppe unterschiedliche Verschmelzungen, im Pleon hat es Strickleiterform. Bis auf wenige Ausnahmen sind die Komplexaugen gestielt. An den Oesophagus und Kaumagen schließen sich Mitteldarm und Mitteldarmdrüse an. Letztere besteht aus zwei Gruppen fingerförmiger Schläuche, die über einen gemeinsamen Gang ventral in den Mitteldarm direkt hinter dem Pylorus münden. Dorsal sitzt auf gleicher Höhe dem Mitteldarm ein unpaares oder paariges Diverticulum auf, das die Peritrophische Membran produziert. Als Exkretionsorgane dienen Antennendrüsen, die Lophogastrida haben zusätzlich noch Maxillardrüsen. Das Gefäßsystem ist besonders bei den Lophogastrida sehr urtümlich. Das Herz

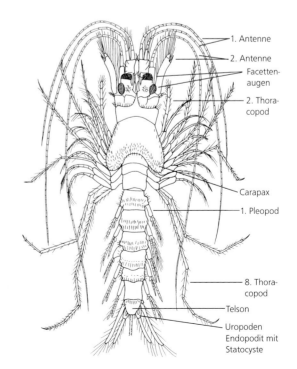

Abb. 919 *Euchaetomera zurstrasseni* (Mysidacea, Mysida), Männchen. Dorsalansicht. Nach Wittmann (1990).

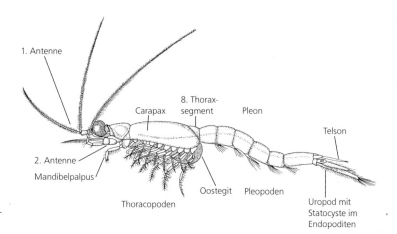

Abb. 920 *Antarctomysis* sp. (Mysidacea, Mysida). Weibchen mit Marsupium. Original: K. Wittmann, Wien.

reicht vom 2. bis 8. Thoracomer und hat 3 Ostienpaare. Neben einer Kopf- und Schwanzaorta sind 8–10 Paar Seitenarterien vorhanden, die von der Ventralseite des Herzens entspringen. Ein Paar speist die ventrale Subneuralarterie, die die Thoracopoden versorgt; 4–6 Paar Seitenarterien gehen von der Schwanzaorta aus. Bei den Mysida sind die Verhältnisse einfacher. Der Atmung dienen bei den Lophogastrida die Epipoditen der Thoracopoden, bei den Mysida die Innenfläche des Carapax. Die paarigen Ovarien sind lang gestreckte Schläuche oberhalb des Darms. Die Ovidukte münden beim geschlechtsreifen Tier in ein Marsupium, das aus den Oostegiten der 2.–8. Thoracopoden (Abb. 918) oder nur der letzten 3–2 Thoracopodenpaare gebildet wird. Die paarigen Hoden bestehen aus 2 Schläuchen, die durch eine Serie von Säckchen miteinander verbunden sind. Die Vasa deferentia münden auf Genitalpapillen an den 8. Thoracopoden. Die Befruchtung geschieht im Marsupium. Da die Spermien bei der Kopula vor den Eiern in das Marsupium abgegeben werden, kann von einer Sonderform der äußeren Befruchtung gesprochen werden.

Lophogastrida. – *Gnathophausia ingens,* 18 cm, längste Art. – *Eucopia unguiculata,* bis 5 cm. Mit stark verlängerten Endopoditen des 7. Thoracopoden, im Mittelmeer als bathypelagischer Räuber.

Mysida. – **Praunus flexuosus,* 2,5 cm. In deutschen Küstengewässern verbreitete Flachwasserform, die in Ästuare vordringt und auch in der Ostsee eine weite Verbreitung hat. – **Neomysis integer,* 1,7 cm. Schwärme können mehrere Kilometer lang sein und einen Durchmesser von 1 bis mehreren Metern haben. In der Nordsee 3, in der Ostsee 2 Generationen/Jahr. – **Mysis oculata relicta,* 2,5 cm. Eiszeitrelikt in Binnenseen Nordeuropas und Nordamerikas. Im Sommer in der Tiefe der Seen an kalten Stellen, steigt im Winter in flachere Bereiche auf und pflanzt sich dort fort.

5.4.8.2 Amphipoda, Flohkrebse

Flohkrebse besiedeln vom Tidenbereich bis in die Tiefsee alle Lebensräume des Meeres. Sie dominieren in flachen Küstenzonen gemäßigter und polarer Breiten; nur im Flachwasser der Tropen sind Decapoda, in der Tiefsee Tanaidacea und Isopoda häufiger als sie. In ober- und unterirdischen Binnengewässern sind sie ebenfalls nicht zu übersehen. Ein berühmtes Beispiel ist der Artenschwarm von rund 300 nah verwandten Gammariden im Baikalsee, in dem sie vom Benthos bis ins Pelagial alle Lebensräume besiedeln. In warmgemä-

ßigten und tropischen Gebieten kommen Amphipoda selbst in feuchtem Falllaub bis in die höchsten alpinen Regenwälder hinauf vor. Parasiten gibt es unter ihnen auch, doch fehlen diesen die spektakulären Abwandlungen im Körperbau, die andere parasitische Krebse auszeichnen.

Die Körpergröße erwachsener Amphipoda reicht von 1 mm–28 cm, meist liegt ihre Größe im Zentimeterbereich. Von den etwa 7 900 Arten gehören etwa 85 % zu den Gammaridea. Ihr Bauplan ist deshalb Gegenstand der folgenden Darstellung.

Bau und Leistung der Organe

Der **Körper** ist seitlich zusammengedrückt und daher in Dorsalansicht relativ schmal. Er gliedert sich in einen Cephalothorax, bei dem das 1. Thoracomer mit dem Cephalon verschmolzen ist, in ein Peraeon (auch Mesosoma genannt) mit 7 Segmenten und ein Pleon mit 6 Segmenten (Abb. 921). Hinten sitzt ein meist kleines Telson, das gekerbt oder völlig in 2 Hälften gespalten sein kann. Am Pleon werden infolge der unterschiedlichen Gliedmaßen 2 Abschnitte unterschieden: die ersten 3 Segmente als Pleosoma, die letzten 3 als Urosoma. Ein Carapax fehlt.

Von den beiden Antennen ist meist die erste die längere. Die **Mundwerkzeuge** variieren im Bau je nach Art der Nahrung. Es gibt Räuber und Aasfresser, Arten, die sich von Makroalgen und Detritusbrocken ernähren sowie mikrophage Sandlecker, Sedimentfresser und Filtrierer. Zu den Mundwerkzeugen gehören als Maxillipeden die Gliedmaßen des 1. Thoracomers. Sie sind an den Grundgliedern miteinander verwachsen und beide mit breiten Laden ausgestattet.

Die Bezeichnung Amphipoda leitet sich von der gegensätzlichen Stellung der **Peraeopoden** her (Abb. 921, 922). Die vorderen 4 Paar sind nach vorn, die hinteren 3 Paar nach hinten abgewinkelt. Die beiden vordersten sind gewöhnlich subchelat (G n a t h o p o d e n) und werden beim Nahrungserwerb, Graben, Röhrenbau und zur Lautproduktion eingesetzt. Bei den Männchen können sie besonders kräftig sein und zum Festhalten der Weibchen während der Praecopula dienen. Die Peraeopoden sind einästig und bestehen aus 7 Gliedern. Ihre Coxen bilden ventrad gerichtete, plattenartige Vorwölbungen, die Coxalplatten, die mehr oder weniger fest am Körper ansetzen. An den Coxen der 2.–7. Peraeopoden sitzt

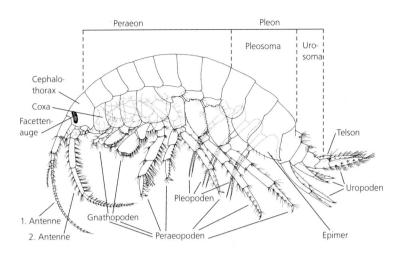

Abb. 921 Lateralansicht eines typischen Vertreters der Gammaridea (Amphipoda). Nach Bousfield (1973).

jeweils eine nach innen verschobene K i e m e , die an den 7. Peraeopoden und manchmal auch den 2. fehlen kann. Außerdem tragen die Coxen der 2.–5. Peraeopoden bei den Weibchen löffelartige, randständig beborstete Oostegite.

Analog zu den Coxalplatten der Peraeopoden haben auch die Segmente des Pleosomas laterale, ventrad gerichtete Auswüchse. Diese E p i m e r e n oder Epimeralplatten (Abb. 921) sind Vorwölbungen der Segmente selbst und keine Bildungen ihrer Extremitäten. Die 3 Pleopodenpaare haben kräftige Grundglieder und vielgliedrige Innen- und Außenäste mit dichten Borstensäumen. Von den 3 Paar Uropoden sind die beiden vorderen starr am Körper befestigt, während das hintere Paar beweglich ist. Die Uropoden spielen eine Rolle beim Hüpfen, Schwimmen und Graben.

Die 1.–5. Coxalplatten, die verbreiterten Basipoditen der 6.–7. Peraeopoden und die Epimeren des Pleosomas stellen die Außenwände einer tiefen ventralen Gasse dar, die von der Basis der Maxillipeden bis zum 1. Uropodenpaar reicht. In dieser Gasse sorgen die Pleopoden für einen kontinuierlichen Wasserstrom. In Ruhestellung liegen die Tiere auf der Seite, und das Pleon ist halbkreisförmig nach vorn gebogen. Dadurch reichen die Pleopoden beim Vorwärtsschlag bis auf Höhe der 2. Gnathopoden und beim Rückwärtsschlag bis zwischen die beiden vordersten Uropodenpaare. Der Pleopodenschlag bewirkt, dass von vorn Wasser angesogen wird, das über die Antennen und Mundwerkzeuge streicht, bevor es in die ventrale Gasse eintritt. Auf der Höhe der 5. Peraeopoden vermischt sich dieses Wasser mit dem eines zweiten Stromes, der von ventro-lateral durch die Lücke zwischen 4. Coxalplatte und Basipodit der 5. Peraeopoden eingesogen wird. Der kombinierte Wasserstrom wird nach hinten über die Uropoden nach außen geleitet.

Dieser Funktionsmechanismus liefert den Schlüssel für das Verständnis des Bauplans der Gammaridea. Es wird verständlich, weshalb die Kiemen nach innen verlagert sind und häufig an den 7. Peraeopoden fehlen, wo sie das Grundglied der 1. Pleopoden beim Vorwärtsschlag behindern könnten. Es wird weiterhin verständlich, weshalb Gammaridea kein geschlossenes Marsupium haben. Zwischen den Oostegiten gibt es breite Lücken, die von randständigen Borsten der Oostegite überbrückt werden und durch die ständig frisches Wasser ins Marsupium eintreten kann. Verständlich werden auch die Haltung der Antennen und die Lage der Chemorezeptoren auf ihnen. Sobald das Tier beginnt, sich aus der zusammengekauerten Ruhestellung zu strecken, bewirkt der Pleopodenschlag eine Vorwärtsbewegung, die umso schneller wird, je gerader sich das Tier streckt. In der gestreckten Schwimmhaltung reichen die Pleopoden beim Vorwärtsschlag nur noch bis zu den 5. Peraeopoden.

Beim **Nervensystem** sind die Ganglien der Mundwerkzeuge und der Maxillipeden zu einem einheitlichen Unterschlundganglion verschmolzen. Dasselbe gilt für die Ganglien des Urosomas, die einen einheitlichen Komplex im 1. Urosomasegment bilden. Die Ganglien der übrigen Segmente sind durch Konnektive verbunden. Sitzende Komplexaugen sind vorhanden, über denen die Cuticula nicht in Facetten geteilt ist. Die Antennen tragen Aesthetasken und bei einigen Gammaridea Calceoli unbekannter Funktion (Vibrationsperzeption?). Statocysten können im Cephalon vorhanden sein. Der vordere **Darmtrakt** bildet einen Kaumagen, der je nach Nahrung sehr unterschiedlich gebaut sein kann. Der Mitteldarm entsendet nach hinten 2 oder 4 lange laterale Blindschläuche und dorsal 1 oder 2 Blindsäcke nach vorn. Der **Exkretion** dienen Antennennephridien und paarige Blindschläuche, die vom hinteren Ende des Mitteldarms weit nach vorn reichen und von der paarigen Aorta posterior eingeschlossen werden. Das **Herz** befindet sich entsprechend der Lage der Kiemen im Peraeon. Es hat bis zu 3 Ostienpaare und geht in eine Kopf- und eine Schwanzaorta über. Bis zu 3 Paar Seitenarterien können vorhanden sein. Eine Subneuralarterie fehlt. Die Geschlechtsorgane sind einfache, kurze, paarige Schläuche, die im Peraeon neben dem Darm liegen. Die Hoden reichen vom 3.–6. Peraeomer. Die Vasa deferentia münden in 2 langen Penispapillen auf der Ventralseite des 7. Peraeomers. Die Ovidukte enden im 5. Peraeomer in ektodermalen Vaginae, die sich ins Marsupium öffnen.

Fortpflanzung und Entwicklung

Die Geschlechter sind getrennt. Die Männchen sind häufig größer als die Weibchen. Eine Praecopula ist verbreitet, bei der ein Männchen ein unreifes Weibchen ergreift und rittlings auf ihm verankert die Reife-(Parturial-)häutung abwartet. Bei dieser entfalten sich die beborsteten Oostegite und bilden das Marsupium, in das das Männchen sein Sperma überträgt. Die Eier werden im Marsupium befruchtet. Die Entwicklung ist direkt.

Gammaridea (Abb. 921, 922). – *Rivulogammarus pulex* (Gammaridae), 2,4 cm. Bachflohkrebs, in Fließgewässern nördlich der Donau

Abb. 922 *Epimeria rubrieques* (Amphipoda), Länge 4 cm. Wedell-meer-Schelf, 300–600 m Tiefe. Original: M. Klages, Bremerhaven.

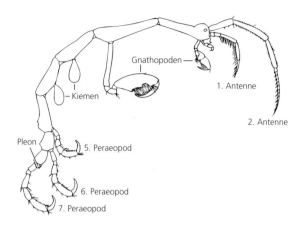

Abb. 924 Lateralansicht eines Vertreters der Gattung *Caprella* (Amphipoda, Laemodipodea). Nach Lincoln (1979).

verbreitet. Marsupialphase (Embryonal- und ein Teil der Postembryo-nalentwicklung) dauert 3 Wochen, Juvenilphase (vom Verlassen des Marsupiums bis Geschlechtsreife) ca. 3 Monate. Häutet sich einmal alle 2–3 Wochen. Im Sommer 1 Gelege pro Monat, 6–9 Bruten hinter-einander, 40–60 Eier pro Gelege. Lebensdauer 1–2 Jahre. – *Niphargus virei* (Gammaridae), 3 cm. In Höhlen und im Grundwasser. Ohne Pig-ment und Augen. Marsupialphase: 4 Monate; Juvenilphase: 2,5 Jahre. Häutet sich als juveniles Tier 5–6 Mal, als Adultus 1–2 Mal im Jahr. Ein Gelege (oder weniger) pro Jahr. Pro Gelege 20–30 Eier. Lebensdauer mehr als 10 Jahre. – *Talitrus saltator* (Talitridae), 1,5 cm, Strandfloh. Lebt in der Strandanwurfzone am Spülsaum des Meeres entlang der europäischen Küsten des Mittelmeeres und des Atlantischen Ozeans einschließlich der deutschen Nord- und Ostseeküste. Hat Sonnen-kompassorientierung, vermittels derer er bei Verfrachtung landein- oder seewärts auf kürzestem Wege zurück zu seiner schmalen Lebens-zone findet, an deren spezifische Bedingungen er angepasst ist. Kann seinen Orientierungswinkel mit der Sonne allmählich ändern, also die Azimutwanderung der Sonne richtig kompensieren. Im Schatten kann er sich auch am Polarisationsmuster des blauen Himmels orientieren. Als überwiegend nachtaktives Tier verfügt er außerdem über eine Mondorientierung mit zeitlicher Korrektur der Azimutwanderung. Auch in völliger Dunkelheit wurde bei Vertretern an der Nordmeer-küste eine schwache, aber ökologisch richtige Orientierung festgestellt, die als magnetisch identifiziert werden konnte. – *Bathyporeia pilosa* (Haustoriidae), 8 mm. Eingegraben im Sand der Gezeitenzone oder am Boden des Flachwassers. Beim Eingraben scharren die 2.–4. Peraeopo-den, während die 5.–7. Peraeopoden das Tier nach vorne schieben. Die 4. und 5. Pleopoden befördern den Sand hinten heraus. Schwimmt nachts. – *Corophium volutator* (Corophiidae), 1 cm, Wattkrebs. In rie-sigen Mengen im Watt zu finden, Nahrungsgrundlage für viele Grund-

fische und *Crangon crangon*. Baut U-förmige Röhren, die 4–8 cm tief reichen. Harkt mit den 2. Antennen die Oberfläche des Wattbodens ab und ernährt sich hauptsächlich von Diatomeen. – *Chelura terebrans* (Cheluridae), 6 mm, Holz-Flohkrebs. Bohrt in untergetauchtem Holz, weltweit verbreitet. Vergesellschaftet mit der Bohrassel *Limnoria ligno-rum* (S. 632). Ernährt sich nur teilweise unmittelbar vom Holz. Frisst eigenen Kot direkt nach Abgabe wieder auf. Frisst auch Kot der Bohr-assel. Ohne *Limnoria* kann *Chelura* nicht mehrere Generationen lang überleben. Junge Tiere sind mehr auf Bohrasseln angewiesen als adulte. *Chelura* hält den Bohrasseln die Gänge von Kot frei und fördert dadurch die Wasserbewegung im Holz. Hat selbst höhere Ansprüche an den Sauerstoffgehalt des Wassers als die Bohrassel. Bevorzugt Holz geringerer Härte. Kann aufgrund seiner Lebensweise als sekundärer Holzschädling bezeichnet werden.

Ingolfiellidea (Abb. 923). – *Ingolfiella leleupi*, 14 mm. In Karsthöhlen der Demokratischen Republik Kongo und Zimbabwes.

Laemodipodea (Abb. 924, 925). – *Caprella linearis* (Caprellidae), 3,2 cm. Gespenstkrebs, mit Thoracopoden 6–8 angeklammert an

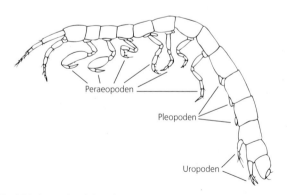

Abb. 923 Lateralansicht eines Vertreters der Gattung *Ingolfiella* (Amphipoda, Ingolfiellidea). Nach Lincoln (1979).

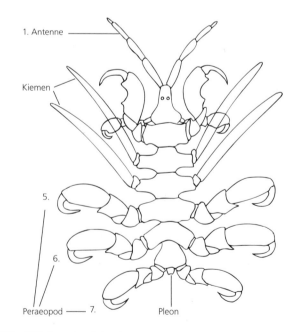

Abb. 925 Dorsalansicht eines Vertreters der Gattung *Cyamus* (Wal-Laus) (Amphipoda, Laemodipodea). Tier dorsoventral abgeflacht. Nach Lincoln (1979).

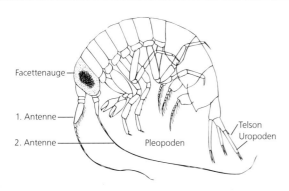

Abb. 926 Lateralansicht eines Vertreters der Hyperiidae (Amphipoda, Hyperiidea). Nach Lincoln (1979).

Pflanzen im Meer, Thoracopoden 4 und 5 zurückgebildet, ihre Epipodite erhalten. Pleon sehr kurz. Fangen mit den Gnathopoden Copepoden, Krebslarven und Würmer. Bewegen sich spannerraupenartig auf Algen fort. – *Cyamus boopis* (Cyamidae), 1,3 cm, Wal-Laus. Parasitiert auf der Haut von Buckelwalen (*Megaptera boops*). Körper dorso-ventral abgeflacht, Thoracopoden 4 und 5 fehlen, nicht aber deren lang gestreckte Kiemen. Übrige Thoracopoden mit starken Subchelae zum Anklammern.

Hyperiidea (Abb. 926). – *Hyperia galba* (Hyperiidae), 2 cm. Ist mit abnehmender Frequenz auf folgenden Scyphomedusen gefunden worden: *Rhizostoma pulmo, Aurelia aurita, Cyanea capillata, Chrysaora hysoscella* und *Pelagia noctiluca* (S. 142). Hängt sich mit dem Rücken zur Meduse am Rand der Exumbrella auf, wobei sie sich mit den rückwärts gebogenen letzten 3 Peraeopodenpaaren an der Meduse verankert. Partizipiert an der Nahrung der Meduse. Wenn das nicht reicht, wird die Meduse selbst angefressen. Anamere Larven, die noch nicht voll gegliedert sind (Protopleon-Larven); sind diese im Marsupium des Weibchens geschlüpft, schwimmt dieses von Meduse zu Meduse, um die Larven in ihnen abzusetzen.

5.4.8.3 Mictacea

Dieses Taxon ist erst 1985 durch die Beschreibung zweier Arten bekannt geworden: *Hirsutia bathyalis*, 2,7 mm; aus 1 000 m Tiefe aus dem Atlantik nordöstlich von Südamerika und *Mictocaris halope*, 3,0–3,5 mm; in vier anchialinen Höhlen auf Bermuda. – *Hirsutia sandersetalia* aus 1 500 m Tiefe vor der Küste SO-Australiens sowie *Thetispelecaris remex* und *T. yurigako* aus Höhlen karibischer Inseln kamen später hinzu.

5.4.8.4 Spelaeogriphacea

Diese Gruppe wurde zunächst nur von 2 höhlenbewohnenden Arten repräsentiert: *Spelaeogriphus lepidops*, 1957 aus einer Höhle bei Kapstadt beschrieben, 7,5 mm. *Potiicoara brasiliensis*, 7 mm, 1987 schwimmend in einem unterirdischen See in Brasilien entdeckt. Später kamen *Mangkurtu mityula* und *M. kutjarra* aus dem Grundwasser Westaustraliens hinzu.

5.4.8.5 Cumacea

Sämtliche Cumaceen sind Weichbodenbewohner, die sich im Sand oder Schlamm eingraben. Viele kommen nachts hervor und schwimmen im freien Wasser umher. Bis auf wenige Ausnahmen sind sie reine Meeresbewohner, die vom Litoral bis in die Tiefsee vorkommen. Der Anteil der tiefseebewohnenden Arten ist besonders hoch. Im Durchschnitt sind Cumaceen 5–10 mm lang. Die etwa 1 000 Arten sind weltweit zu finden.

Vorder- und Hinterkörper sind deutlich gegeneinander abgesetzt (Abb. 927). Vorne dominiert der Carapax, der wie aufgeblasen wirkt und den Kopf sowie die vorderen 3–4 (selten 5–6) Thoracomeren so umhüllt, dass seitlich geräumige Atemhöhlen entstehen. Das Peraeon besteht je nach Ausdehnung des Carapax aus 4–5 (selten 2–3) Segmenten. Dahinter schließt sich das dünne, lange und biegsame Pleon an, das 6 Segmente hat, wobei das letzte mit dem Telson verschmolzen sein kann.

Die 1. Antennen sind stets kurz, die 2. Antennen auch, können allerdings bei den Männchen Körperlänge erreichen. Die Mundwerkzeuge sind zum Abkratzen von Sandkörnern oder zum Filtrieren ausgebildet. Die vorderen 3 Thoracopoden sind zu Maxillipeden umgewandelt. Die 1. Maxillipeden tragen einen großen zweiteiligen Epipoditen, der in die Atemhöhle ragt und an seinem hinteren Fortsatz eine Anzahl fingerförmiger Kiemen trägt. Die Peraeopoden sind ohne Epipodite, haben aber alle (manchmal mit Ausnahme der letzten) Exopodite. Die Endopodite dienen dem Eingraben, nicht dem Laufen, die Exopodite dem Schwimmen. Dabei erhalten sie bei den Männchen Unterstützung von den 1.–5. Pleopodenpaaren. Weibchen haben keine Pleopoden. Die Uropoden sind lang und griffelförmig. Mit ihnen wird der Cephalothorax gereinigt.

Die Komplexaugen sind sitzend und meist in der Medianen zu einem unpaaren Organ verschmolzen. Als Atmungsorgane fungieren die Epipoditen der 1. Maxillipeden und die Innenfläche des Carapax. Der Atemwasserstrom, der an den Beinbasen in die Carapaxhöhle eintritt und sie vorne dorsomedian verlässt, wird von dem Epipoditen erzeugt.

Die Eier werden in das Marsupium abgelegt, das von Oostegiten der 3.–6. Thoracopoden gebildet wird. Dort schlüpfen die Jungen und machen drei Häutungen durch, bis sie das Manca-Stadium erreichen (Stadium ohne die 8. Thoracopoden). Dieses verlässt das Marsupium und erreicht nach einigen Häutungen das Vorbereitungsstadium, in dem trotz Vorhandenseins reifer Geschlechtsprodukte noch keine Begattung stattfindet. Diese erfolgt erst nach der nächsten Häutung (Reifehäutung).

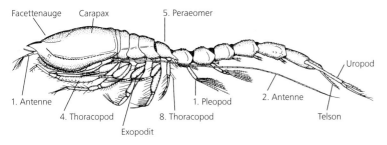

Abb. 927 Lateralansicht des Männchens von *Diastylis rathkei* (Cumacea). Nach Sars (1900) aus Jones (1976).

Diastylis rathkei (Diastylidae), 20 mm (Abb. 927). In Schlammböden der deutschen Küste sehr häufig (bis 1 200 Ind. m⁻²). Einzige Cumaceen-Art in der Ostsee. Weibchen können 4 Jahre alt werden und sich einmal jährlich fortpflanzen, Männchen sterben schon im 1. Lebensjahr nach der Begattung.

5.4.8.6 Tanaidacea, Scherenasseln

Mit rund 1 500 Arten sind die Scherenasseln weltweit von der Gezeitenzone bis in die Tiefsee als Benthosorganismen verbreitet. Die meisten von ihnen leben in Gängen oder selbstgebauten Röhren. Vertreter einer Gattung leben wie Einsiedlerkrebse in leeren Schneckenschalen. Tanaidaceen sind in der Regel 2–5 mm lang, die größte misst 3,1 cm und lebt in der Tiefsee.

Der Körper ist lang gestreckt und zylindrisch, manchmal auch etwas abgeflacht (Abb. 928). Die beiden ersten Thoracomeren sind mit dem Kopf verwachsen und außerdem auch mit dem Carapax, der um beide außen herunterreicht und eine Atemkammer bildet. Es folgen je 6 freie Peraeomeren und Pleomeren. Das 6. Pleomer bildet mit dem Telson ein Pleotelson. Die Segmente des Pleons sind gegenüber denen des Peraeons auffällig verkürzt.

Die 1. Antennen haben 1 oder 2 Geißeln. Die **Mundwerkzeuge** wirken bei der Nahrungsaufnahme zusammen mit den Maxillipeden und den für die Tanaidacea so charakteristischen Scherenbeinen (Chelipeden). Dies sind die Extremitäten der mit dem Kopf verwachsenen Thoraxsegmente. Größere Detritusklumpen oder kleine Organismen werden mit den Chelipeden ergriffen und von diesen in Zusammenarbeit mit den Maxillipeden zerkleinert, bevor die Teile an die übrigen Mundwerkzeuge weitergereicht werden. Die **Peraeopoden** sind Laufbeine. Nur Chelipeden und 1. Peraeopoden können einen Exopoditen aufweisen. Auf dem Dactylus der 1.–3. Peraeopoden münden Spinndrüsen, deren Sekret beim Röhrenbau verwendet wird. Die Pleopoden dienen, soweit vorhanden, dem Schwimmen und tragen besonders bei den Männchen lange Borsten. Die Uropoden sind griffelförmig und entweder zwei- oder einästig.

Die Atmung findet an den Wänden der Kiemenhöhle statt, die vom Carapax und den Seiten der beiden ersten mit dem Kopf verschmolzenen Thoracomeren gebildet werden. Von den 1. Maxillen bzw. den Maxillipeden ragen „Palpen" bzw. Epipodite in die Atemhöhle und erregen durch Schaukelbewegungen den Atemwasserstrom.

Die Geschlechtsverhältnisse bei den Tanaidacea sind sehr vielfältig und teils komplex. Es gibt getrenntgeschlechtliche

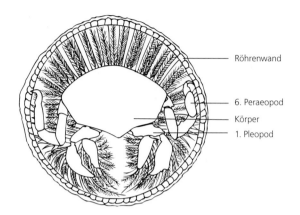

Abb. 929 Querschnitt durch eine Röhre von *Tanais dulongii* (Tanaidacea) in Caudalansicht. Das transversale Borstenband der Dorsalseite ergibt mit den Borsten der Pleopoden fast einen geschlossenen Ring, der nur einen ventralen Wasserstrom erlaubt. Nach Johnson und Attramadal (1982).

Arten, simultane und protogyne Zwitter. Parthenogenese wird vermutet.

Es gibt bis zu 4 verschiedene Männchentypen innerhalb einer Art, die sich nicht nur untereinander, sondern auch von den Weibchen morphologisch unterscheiden. Männchen können größere Augen, mehr Glieder an der 1. Antenne, mehr Aesthetasken, stärker ausgebildete Pleopoden und kräftigere Chelipeden als die Weibchen haben, und die Mundwerkzeuge können bei ihnen reduziert sein.

Die Eier werden ins Marsupium abgelegt, das von den Oosegiten der Peraeopoden 1–4 und manchmal zusätzlich der Chelipeden oder nur vom Oostegitenpaar der 4. Peraeopoden gebildet wird. Bei den Tanaidae befinden sich die Eier in den Oostegiten selbst, die zu einem Brutbeutel werden.

Aus dem Ei schlüpft das Manca-I-Stadium, auf das nach Verlassen des Brutraums Manca II und III folgen. Bei den Apseudoidea folgen dann ein Jungtier (Neutrum 1), das sich noch keinem Geschlecht zuordnen lässt, und eines (Neutrum 2), bei dem die Gonaden schon differenziert sind. Die Weibchen durchlaufen 2 Vorbereitungsstadien, bevor sie geschlechtsreif werden. In dieser Zeit entwickeln sich Oostegite und Eier. Wenn die erste Brut ausgeschlüpft ist, häutet sich das Weibchen wieder zum ersten Vorbereitungsstadium. Dieser Zyklus kann sich wenigstens einmal wiederholen, ob noch öfter, ist nicht bekannt. Das Männchen, das aus dem Neutrum 2 hervorgeht, ist sofort geschlechtsreif, macht aber noch bis zu 14 Häutungen durch, in deren Verlauf sich die Sexualdimorphismen ausprägen. Bei den Neotanaiden wird das Neutrum-2-Stadium unterdrückt. Da bei ihnen die Männchen wegen der Reduktion der Mundwerkzeuge keine Nahrung mehr aufnehmen können, leben sie kürzer, wodurch es zu Problemen bei der Befruchtung der Weibchen kommt, die eine zweite Brutperiode beginnen. Die

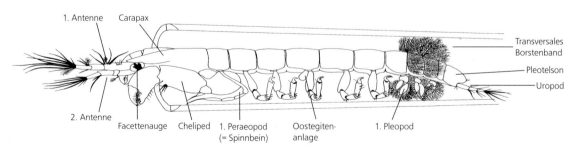

Abb. 928 Lateralansicht eines weiblichen Vorbereitungsstadiums von *Tanais dulongii* (Tanaidacea). Tier in Glaskapillare als künstlicher Röhre. Die 2.–6. Peraeopoden stemmen sich gegen die Röhrenwand. Nach Johnson und Attramadal (1982).

Lösung besteht im Auftreten von Protogynie, indem unbefruchtete Weibchen zu Männchen werden. Folglich gibt es bei den Neotanaiden Primär- und Sekundärmännchen.

Apseudomorpha. – *Apseudes latreillei.* Auf Schlammböden im Mittelmeer in Tiefen zwischen 10–40 m häufig. – *A. spectabilis.* Antarktis, simultaner Zwitter.

Neotanaidomorpha. – *Neotanais americanus,* 7 mm. Im westlichen Atlantik von Grönland bis in die Antarktis, steigt dort auf dem Schelf bis zu 500 m Tiefe auf; auch Biscaya.

Tanaidomorpha. – *Heterotanais oerstedi,* 2 mm. Spinnt mit den 1.–3. Peraeopoden Röhren, in die Detritus bzw. Sandkörner eingelagert werden. 4.–6. Peraeopoden zur Fortbewegung. Mit den Pleopoden wird ein Wasserstrom durch die Röhre getrieben. Kopula in der Röhre des Weibchens, zu der sich das Männchen mit dem Chelipeden Zutritt verschafft. Geschlechtsbestimmung phänotypisch. An den Küsten von Nord- und Ostsee verbreitet. – *Tanais dulongii,* bis 5 mm (Abb. 928). In Röhren; am Hinterrand der 1. und 2. Pleomeren transversale Bänder gefiederter Borsten, die zusammen mit den Borsten der Pleopoden einen geschlossenen Ring um den Körper bilden (Abb. 929). Wird dieser Ring gegen die Röhrenwand gedrückt, ist ein Zurückfließen des Wassers zum Röhreneingang unmöglich. Das Wasser muss durch die hintere Röhrenwand entweichen, die dabei als Filter wirkt. Die Partikel und Organismen (Diatomeen), die sie zurückhält, dienen den freigesetzten Manca-Stadien als erste Nahrung.

5.4.8.7 Isopoda, Asseln

Die Asseln zeigen große ökologische Vielfalt. Im aquatischen Bereich kommen sie überwiegend als Benthosbewohner vor: Im Meer vom Flachwasser bis in die Tiefsee, im Süßwasser in Seen, Flüssen, Grundwasser, heißen Quellen, Salzseen etc. Einige von ihnen sind die am besten an das Landleben angepassten Crustaceen. Anders als Landeinsiedler (Coenobitidae) und Landkrabben (Gecarcinidae, Ocypodidae) sind sie in allen Entwicklungsstadien von offenem Wasser völlig unabhängig. Nur deshalb ist es möglich, dass einige sich sogar in lebensfeindlichen Trockengebieten behaupten können. Außerdem haben sie wie die Copepoda und Cirripedia eine Fülle parasitischer Formen hervorgebracht, die im Körperbau so extrem abgewandelt sein können, dass sie als Isopoda nur über ihre spezifischen Larven identifiziert werden können.

Der ökologischen Vielfalt entspricht eine große Artendiversität (mehr als 10 000). Die Gruppe ist weltweit verbreitet. Die Körpergröße reicht von 1–27 cm, doch sind die meisten 1–5 cm lang.

Bau und Leistung der Organe

Isopoden sind in der Regel dorsoventral abgeflacht, haben in Dorsalansicht einen ovalen Körperumriss und sind relativ breiter als andere Peracarida (Abb. 930, 931). Bei der Fortbewegung am Boden bieten sie deshalb wenig Widerstand und können sich bei Bedarf flach an den Untergrund anschmiegen. Abwandlungen dieser ursprünglichen Körperform lassen sich mit besonderen Lebensweisen in Zusammenhang bringen. Das 1. Thoracomer ist mit dem Kopf verschmolzen, so dass 7 Peraeomeren freibleiben. An sie schließen sich 5 Pleomeren an, die stets viel kürzer sind. Diese Verkürzung des Pleons steht im Zusammenhang mit dem Übergang von

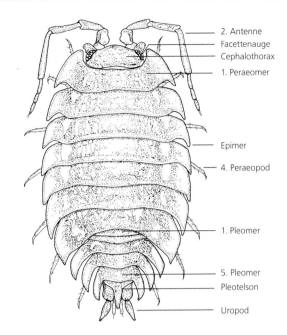

Abb. 930 Dorsalansicht eines Männchens von *Oniscus asellus* (Isopoda). Nach Sutton (1972).

einer schwimmenden zu einer mehr laufenden Fortbewegung unter gleichzeitiger Aufgabe des Schwanzfächerschlages. Das 6. Pleomer ist stets mit dem Telson zu einem Pleotelson (Abb. 930) verschmolzen. Weitere bis alle Pleomeren können in die Verschmelzung einbezogen werden und so ein starres Pleon bilden, vor allem bei Ausbildung einer ventralen Atemhöhle für die Pleopoden oder bei deren Reduktion.

Die 1. Antennen sind gewöhnlich kürzer als die 2. Antennen. Die Mundwerkzeuge sind je nach Art der Nahrung und ihrer Aufnahme in spezifischer Weise abgewandelt. Unter den Asseln gibt es Pflanzen- und Detritusfresser, Gemischtköstler, Aasfresser und Räuber. Bei den Parasiten sind die Mundwerkzeuge besonders hoch spezialisiert, einige oder sogar alle können manchmal fehlen. Spezifische Verwendung finden sie bei in Holz oder weichem Gestein bohrenden Arten. Die Maxillipeden sind in der Regel mit 1 großen Enditen und 1 großen Epiditen versehen, die die übrigen Mundwerkzeuge unten und seitlich abdecken.

Alle **Peraeopoden** sind gleichartig (Name!), ohne Exo- und Epipoditen und dienen als Laufbeine – in Ausnahmefällen durch Verbreiterung der Segmente als Schwimmbeine und bei Parasiten durch Hakenbildungen als Klammerbeine. Als Besonderheit bilden bei vielen Isopoda die Coxen epimerenartige, laterale Platten, die an die lateralen Tergitränder anschließen (Abb. 931). Die 5 Paar Pleopoden sind zweiästig, ihre Endo- und Exopoditen in der Regel gleichlang und blattförmig abgeflacht. Randständig tragen sie Schwimmborsten. Die beiden Äste sind aus Platzgründen so eingelenkt, dass sie dachziegelartig übereinander liegen, wobei der Exo- den Endopoditen überdeckt. Neben dem Schwimmen dienen die Pleopoden dem Ionen- und dem Gasaustausch. Der Endopodit ist osmoregulatorisch tätig, während der Exopodit vor allem der Atmung dient (Kieme!). Die Pleopoden können durch Opercula geschützt sein, wofür mit Ausnahme der

Bildbeschriftung (Abb. 930)

- 2. Antenne
- Facettenauge
- Cephalothorax
- 1. Peraeomer
- Epimer
- 4. Peraeopod
- 1. Pleomer
- 5. Pleomer
- Pleotelson
- Uropod

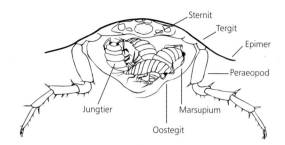

Abb. 931 Schematischer Querschnitt durch ein Weibchen von *Ligia oceanica* (Isopoda) mit Jungtieren im Brutbeutel (Marsupium). Nach Sutton (1972).

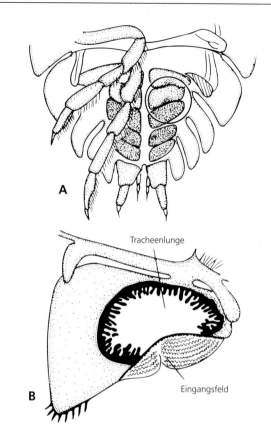

Abb. 932 Tracheenlungen der Landassel *Porcellio scaber*. **A** Pleopoden in Ventralansicht. Im Kreis die Exopoditen der 1.–3. linken Pleopoden. Luftfüllung der 1. und 2. Exopoditen lässt sie im Leben weiß erscheinen („weiße Körperchen"). **B** Exopodit mit Tracheenlunge und Eingangsfeld. Nach Kaestner (1959) aus Eisenbeis und Wichard (1985).

fünften alle Pleopoden und die Uropoden umgewandelt sein können. Die Uropoden bilden zusammen mit dem Pleotelson bei gut schwimmenden Formen einen Schwanzfächer und dienen als Steuer. Bei den meisten benthischen Arten verlieren sie diese Funktion und werden zu stabförmigen Tastorganen (Asellota, Oniscidea), zu Deckeln der Atemkammer (Valvifera) oder zu Schutzschild und Grabwerkzeug (Anthuridea).

Eine Besonderheit der Asseln ist ihre Doppelhäutung, die sich in 2 Etappen vollzieht. Die alte Cuticula reißt am Vorderrand des 5. Peraeomers ein, und der dahinter liegende Körperabschnitt wird zuerst gehäutet. In der Häutungspause danach ist dieser Abschnitt größer als der vordere, der zum Schluss gehäutet wird. Die alte Cuticula wird häufig aufgefressen.

Beim **Nervensystem** sind die Ganglien der Segmente mit Mundwerkzeugen und des Maxillipedensegments zu einem Unterschlundganglion verschmolzen. Im Peraeon liegt ein typisches Strickleitersystem, im Pleon schieben sich die Ganglien der einzelnen Segmente zusammen. Sitzende Komplexaugen sind vorhanden. Im Pleotelson ist es zweimal zur Ausbildung von Statocysten gekommen (innerhalb der Anthuridea und bei Macrostylidae). Der **Darmtrakt** der Isopoden enthält außer Mitteldarmdrüsen und ihrem gemeinsamen Vorraum am Magenende keine entodermalen Abschnitte; ektodermaler Vorder- und Enddarm gehen vielmehr ineinander über. Als Erweiterung des Vorderdarms ist ein kompliziert gebauter Magen vorhanden. Der vordere Enddarm dient als Nahrungsspeicher und ist vom kurzen Rektum durch einen Sphinkter abgeteilt. Am Rektum können Blindsäcke vorkommen. Bei Gnathiidae sind darin symbiontische Bakterien nachgewiesen worden. Es kommen maximal 4 Paar Mitteldarmdrüsenschläuche vor.

Der Exkretion dienen Maxillardrüsen. Das **Kreislaufsystem** fällt durch die hintere Lage des Herzens auf, das sich vom hinteren Peraeon bis ins vordere Pleon erstreckt und 1–2 Paar Ostien besitzt. Vorne geht es in eine Kopfaorta über, eine Schwanzaorta fehlt. Seitenarterien leiten die Hämolymphe in die Leibeshöhle und Thoracopoden. Die Atmung findet an den Pleopodenexopoditen statt. Bei den Landasseln ist es dort zur Bildung von Lungen („weiße Körperchen") gekommen (Abb. 932). Ausgang dieser Entwicklung sind respiratorische Felder mit aufgefalteter Oberfläche auf der Dorsalseite der Exopoditen. Der nächste Schritt war eine Versenkung der Atemfelder in eine Integumenttasche, wobei die

Felder in einen Lungenvorhof münden. Bei Wüstenasseln sind die Atemöffnungen durch einen Turgormechanismus verschließbar, und die Lungen sind sehr fein verästelt (Abb. 933).

Die Männchen haben meist 3 Paar Hodenvesikel, die jederseits in ein Vas deferens übergehen. Diese münden auf paarigen Geschlechtspapillen, die auch miteinander auf der Ventralseite des 7. Peraeomers verschmelzen können. Das Sperma wird dort von Gonopoden aufgenommen, zu denen meist die Innenäste der 2. Pleopoden ausgestaltet sind. Die paarigen Ovarien sind schlauchförmig. Die Ovidukte münden neben den 5. Peraeopoden.

Fortpflanzung und Entwicklung

Die meisten Asseln sind getrenntgeschlechtlich; protandrische und protogyne Zwitter kommen vor. Bei Landasseln gibt es Fälle von Parthenogenese.

Eine Begattung der Weibchen ist meist nur während der Häutungspause nach der 1. Etappe der sog. Reifehäutung (Parturialhäutung) möglich, weil nur dann die weiblichen Geschlechtsöffnungen zugänglich sind. Um diesen Zeitpunkt nicht zu verpassen, ergreift sich ein Männchen schon länger vorher ein Weibchen und reitet auf ihm (Praeco-

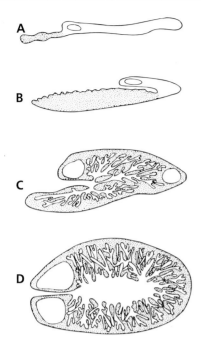

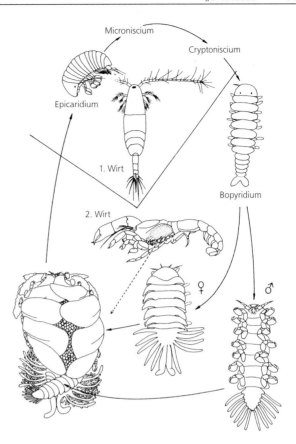

Abb. 933 Evolution der respiratorischen Oberfläche der Pleopodenexopoditen verschiedener Landasseln. Die Querschnitte zeigen punktiert die respiratorischen Felder bzw. die eingesenkten Lungen. **A** *Oniscus asellus.* **B** *Trachelipus ratzeburgi.* **C** *Porcellio scaber,* **D** *Hemilepistus reaumuri.* Nach Hoese (1982) aus Eisenbeis und Wichard (1985).

Abb. 934 Lebenszyklus von *Ione thoracica* (Isopoda). Geschlechtsreife Stadien in Ventralansicht. Aus Ei schlüpft Epicaridium, das sich an *Acartia clausi* (Copepoda) als Zwischenwirt festsetzt. Dort Häutung zum Microniscium und schließlich zum Cryptoniscium; dieses verlässt Zwischenwirt auf der Suche nach *Callianassa laticauda* (Decapoda), dem Endwirt. Auf ihm Verwandlung zum Bopyridium, das zum Weibchen wird, wenn der Endwirt noch nicht infiziert ist, oder zum Männchen, wenn schon ein Weibchen zugegen ist. Das reife Zwergmännchen hält sich zeit Lebens am Pleon des Weibchens auf. Nach Reverberi und Pitotti (1942) aus Wägele (1989).

pula). Bei der 2. Etappe der Parturialhäutung treten erstmals die Oostegite auf oder erreichen ihre volle Größe. Das von ihnen gebildete Marsupium (Abb. 931, 934) setzt sich maximal aus den Oostegiten aller Thoracopoden zusammen. Die Oostegite der Maxillipeden sind stets kleiner und dienen der Ventilation des Marsupiums. Bei höher entwickelten Landasseln wird das Milieu des Brutraums vermutlich von zapfenförmigen Fortsätzen der Bauchwand, den Kotyledonen, reguliert. Meist wird das Marsupium aber nur von den Oostegiten der Peraeopoden 1–5 oder 1–4 gebildet. Bei Sphaeromatidae treten im Zusammenhang mit Einrollverhalten innere Bruttaschen durch Einstülpungen des ventralen Integuments auf. Die Eier werden im Marsupium abgelegt und entwickeln sich dort bis zum Manca-Stadium, dem noch die 7. Peraeopoden fehlen. Drei Manca-Stadien werden durchlaufen. Dies geschieht teils noch im Marsupium, teils nach dessen Verlassen im Freien. Es schließt sich eine Jugendphase an, die mit der Erwachsenenhäutung endet. Dieser einfache Entwicklungsablauf wird bei den Parasiten vielfältig abgewandelt, wobei spezifische Stadien auftreten, die als Larven bezeichnet werden (Abb. 934, *Ione thoracica*).

Von den 8 Subtaxa werden hier 6 vorgestellt:

Asellota. – Pleotelson mit den Pleomeren 3–5 dorsal zu einer großen Platte verwachsen. Bei den Weibchen fehlt das 1. Pleopodenpaar. Mehr als 2 000 Arten, die meisten im küstennahen Bereich und in der Tiefsee. Im Süßwasser Asellidae, im Grundwasser Stenasellidae und Microcerberidae.

*Jaera albifrons, 5 mm. Im flachen Küstenwasser der Nord- und Ostsee versteckt unter Steinen oder zwischen Wasserpflanzen, von denen

sie sich ernährt. – *Macrostylis galatheae.* Assel mit dem größten Tiefenvorkommen, 10 000 m im Philippinen-Graben. – *Munnopsis typica,* 18 mm. Schlammbewohner, fällt durch überlange 2. Antennen sowie 3. und 4. Peracopoden auf. 5.–7. Peraeopoden flache Schwimmbeine, mit denen die Tiere rückwärts schwimmen können. – **Asellus aquaticus,* 12 mm. In stehenden und langsam fließenden Binnengewässern weit verbreitet, ernährt sich von zerfallenden Pflanzenteilen. Schlüpft im März/April; wächst bis zum Herbst heran. Überwintert am Boden der Gewässer. Im Februar/März des folgenden Jahres Beginn der Fortpflanzungsaktivität. Lebensdauer etwas über 1 Jahr.

Oniscidea. – Landasseln mit winzigen 1. Antennen, Mandibeln ohne Palpus. 1. und 2. Pleopodenpaar der Männchen sexualdimorph. Schuppenreihen auf den Tergiten bilden ein einzigartiges Wasserleitungssystem (Abb. 935). Es spielt nicht nur beim Gasaustausch eine Rolle, sondern kühlt auch durch Verdunstung und unterstützt die Exkretion insofern, als die Nephridien Harn in das Leitungssystem abgeben, von wo Ammoniak in die Luft diffundiert. Es gibt etwa 3 500 Arten von Landasseln.

*Ligia oceanica, 3 cm. Marin-amphibisch, unter Steinen und in Felsspalten, geht nach Sonnenuntergang auf Nahrungssuche, frisst ange-

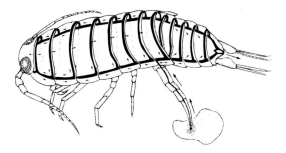

Abb. 935 Wasserleitungssystem der Landasseln am Beispiel des *Ligia*-Typs: offenes System, in das Wasser durch Zusammenlegen der 6. und 7. Peraeopoden kapillar angesogen wird. Nach Hoese (1982) aus Eisenbeis und Wichard (1985).

schwemmte Algen und kann bei Störung mit großer Geschwindigkeit davonlaufen. Unter Wasser kann sie mehrere Wochen überleben und läuft dort genauso wie an Land. – *Oniscus asellus*, 1,8 cm (Abb. 930). Im Laubwald und Gebüsch, aber auch in Kellern, Gärten, Ställen und Komposthaufen. – *Porcellio scaber*, 1,8 cm. Häufigste und verbreitetste Landassel in Mitteleuropa, hält sich in der gleichen Umgebung wie die vorige Art auf. – *Hemilepistus reaumuri*, 2 cm. Wüstenassel, lebt in gegrabenen Gängen, die sie selbst anlegt, wenn keine geeigneten Höhlen zur Verfügung stehen. Monogam, das Männchen beteiligt sich an der Aufzucht der Jungen, Mitglieder des Familienverbandes erkennen sich individuell. – *Armadillidium vulgare*, 7 mm. In relativ trockenen Biotopen, fast ausschließlich Luftatmer, kann sich zu einer Kugel zusammenrollen („Rollassel").

Valvifera. – Pleotelson bildet lang gestreckte Atemkammer, die durch die klappenartigen Uropoden geschützt wird. Etwa 500 Arten.

Saduria entomon, 8 cm. Ostsee, größte einheimische Assel. Auf Sand und Schlammböden, in denen sie u-förmige Röhren gräbt; erbeutet Polychaeten, Chironomidenlarven, Amphipoden. – *Idotea balthica*, 3 cm. Im Phytal, frisst Fucus, auch carnivor, in großen Individuenzahlen an unseren Küsten.

Anthuridea. – Langgestreckt, der Exopodit der Uropoden inseriert auf der Dorsalseite des Sympoditen. 110 Arten.

Cyathura carinata, 2,7 cm. In Ästuaren in den oberen Sedimentschichten der Uferzone, in Röhren. Statocystenpaar im Pleotelson; frisst vorwiegend *Nereis diversicolor*. Protogyner Zwitter, 2-jähriger Lebenszyklus.

Sphaeromatidea. – Scheibenförmiger Körper, 1. Peraeomer umfasst seitlich den Cephalothorax.

Sphaeroma hookeri, 1 cm. Norddeutsche Küsten, im flachen Wasser zwischen Steinen, kann sich auch eingraben. Einrollvermögen, beim Schwimmen wird die Bauchseite nach oben gekehrt; omnivor. – *Limnoria lignorum*, 5 mm. Bohrt Gänge in Holz und richtet große Schäden an ufernahen Holzkonstruktionen an. Mit symbiontischen Mikroorganismen im Darm, allerdings wohl auch Zellulase in den Mitteldarmdrüsen. Lebt vergesellschaftet mit *Chelura terebrans* (S. 626).

Cymothoida. – Uropodensympoditen medial mit einer unter das Pleotelson verlängerten Spitze. Gruppe umfasst neben den „Cirolanidae" alle parasitischen Asseln: „Aegidae", Cymothoidae, Gnathiidae, Bopyridae. Die ersten drei sind Ektoparasiten an Fischen, während letztere an Crustaceen parasitieren.

Bathynomus giganteus, 27 cm. In der Tiefsee, größte Assel. – *Aega psora*, 5 cm. Saugt an verschiedenen Wirten (u. a. Dorsch, Heilbutt,

Haie). – *Ione thoracica*. Wirtswechsel, Zwergmännchen. Entwicklungszyklus (Abb. 934).

5.5 Remipedia

Die Entdeckung der Remipedia Anfang der 1980er-Jahre – der aufsehenerregendste Neufund einer Crustaceen-Gruppe im 20. Jahrhundert nach derjenigen der Cephalocarida Mitte der 50er-Jahre – erfolgte bei aufwändigen Tauchgängen in überfluteten Kalksteinhöhlen und Lavatunneln. Es handelt sich um so genannte anchialine Höhlen, die von Land aus zugänglich sind, aber eine unterirdische Verbindung zum Meer haben. In ihnen wird das Meerwasser von einer Schicht aus Süß- und Brackwasser überlagert. Remipedia leben stets unterhalb der Schichtgrenze in sauerstoffarmem Meerwasser (weniger als $2\,\mathrm{mg\,l^{-1}}$). Zurzeit sind um die 25 Arten aus subtropischen Höhlen (Karibische Inseln, Yucatan-Halbinsel, Lanzarote, Westaustralien) bekannt.

Remipedia erreichen Längen von 9–45 mm (Abb. 936). Sie bestehen aus 2 Körperabschnitten, dem Kopf (mit 1. Rumpfsegment verschmolzen) und dem Rumpf aus vielen einheitlichen, schwimmbeintragenden Segmenten (maximale Zahl je nach Art 16–42). Segmentzahl und Körperlänge scheinen mit dem Alter zuzunehmen. Das Telson besitzt 2 Furkaläste

Als Höhlentieren fehlen den Remipedia Augen und Körperpigment. Der kurze Kopf ist mit einem Kopfschild bedeckt. Vor den Antennen liegt 1 Paar Frontalfilamente unbekannter Funktion. Die 1. Antennen sind zweigeißelig und tragen am vergrößerten Grundglied mehrere Reihen von Rezeptoren (Aesthetasken). Die 2. Antennen sind zweiästig. Ihr blattförmiger Exopodit ist während des Schwimmens in ständiger Bewegung, wodurch ein Wasserstrom über die Aesthetasken geleitet wird. Die Mandibeln sind ohne Palpus, haben aber eine Lacinia mobilis. 1. und 2. Maxillen (Abb. 937B, C) sowie die Maxillipeden sind einästige Greifextremitäten. Die Terminalklaue der 1. Maxille trägt subterminal eine Öffnung, die zu einer großen Drüse im Vorderkörper gehört. Die Maxillen haben große Enditen, die Maxillipeden (Abb. 937D) einen kleinen.

Es wurde beobachtet, wie mit diesen Greifextremitäten eine Garnele erfasst und gegen den Mund gedrückt wurde. Übrig blieb schließlich eine leere Cuticula. Vermutlich injizieren die 1. Maxillen Verdauungssekrete in die Beute.

Jedes der vielen homonomen Rumpfsegmente trägt 1 Paar Schwimmbeine, die seitlich verschoben am Körper ansetzen. Der Bau ist bei allen gleich, nur sind das erste und letzte Beinpaar kleiner als die übrigen. Am großen Protopoditen (Abb. 937A) sitzen ein 3-gliedriger Exo- und ein 4-gliedriger Endopodit. Geschwommen wird mit dem Rücken nach unten und mit metachronem Beinschlag, wobei regelmäßige Wellen von hinten nach vorne laufen (Abb. 936). Bei der Flucht kann dieser Schlag in eine Bewegung übergehen, bei der alle Beine auf einmal durch gleichzeitigen Schlag einen kräftigen Schub erzeugen.

Das Nervensystem besteht aus einem hoch komplexen Gehirn wie sonst nur bei Malacostraca und Insecta und einem Strickleiternervensystem mit 1 Paar Ganglien pro Seg-

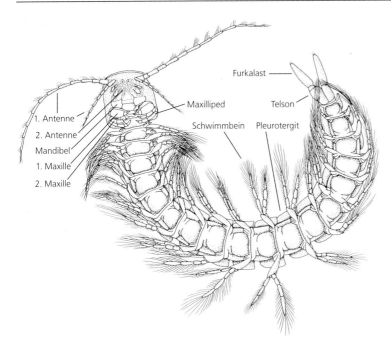

Abb. 936 *Speleonectes ondinae* (Remipedia) beim Schwimmen mit dem Rücken nach unten. Nach Schram, Yager und Emerson (1986).

ment. Verschiedene Übereinstimmungen mit dem Insektengehirn stützen Vorstellungen, in den Remipediern die Schwestergruppe der Insecta zu sehen (siehe Diskussion der Paraphylie der Crustacea S. 543, 569).

Der cuticular ausgekleidete Vorderdarm reicht bis ins Maxillipedensegment. An ihn schließt sich der Mitteldarm an, der in jedem Segment 1 Paar Lateraldivertikel aufweist. Der Exkretion dienen Maxillardrüsen im Kopf. Vom Zirkulationssystem ist bisher nur das dünnwandige Dorsalgefäß bekannt, das sich durch den ganzen Körper erstreckt. Kiemen sind nicht vorhanden. Hämocyanin ist nachgewiesen. Remipedia sind vermutlich simultane Zwitter. Das Ovar liegt über dem Darm am Übergang zwischen Kopf und Rumpf. Die paarigen Ovidukte ziehen bis ins 8. Rumpfsegment (incl. Maxillipedensegment) und münden auf dem Protopoditen der 7. Schwimmbeine auf einer Papille. Die paarigen Hoden reichen oberhalb des Darms vom 7.–10. Rumpfsegment. Die paarigen Vasa deferentia münden an der Basis der 14. Schwimmbeine. Die Spermien sind geschwänzt und bis zu sechst in eine Spermatophore eingeschlossen. Remipedia haben lecithotrophe Nauplien und eine anamorphe Entwicklung.

Speleonectes lucayensis, 24 mm. Aus einer Höhle der Insel Grand Bahama. – *S. ondinae,* 16 mm (Abb. 936). In der Tiefe der Höhle Jameos del Agua auf Lanzarote (Kanarische Inseln).

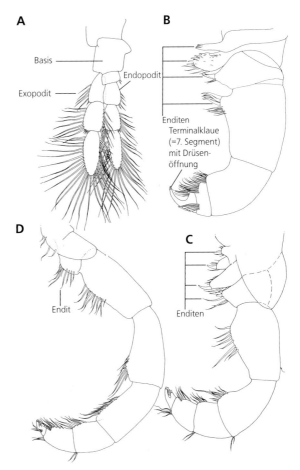

Abb. 937 *Speleonectes ondinae* (Remipedia). **A** Schwimmbein. **B** Linke 1. Maxille. **C** Linke 2. Maxille. **D** Linker Maxilliped. Nach Schram, Yager und Emerson (1986).

6 Insecta (Hexapoda), Insekten[*]

Die vielleicht bemerkenswerteste Eigenschaft der Insekten ist ihre ungeheure Diversität. Darin übertreffen sie alle übrigen Organismengruppen sehr deutlich. Mit etwa einer Million beschriebenen Arten stellen sie derzeit über die Hälfte aller bekannten Spezies. Dabei werden vor allem aus tropischen Regionen noch laufend neue Arten beschrieben, gelegentlich auch höherrangige Taxa (z. B. Mantophasmatodea, S. 668). Schätzungen des tatsächlichen Artenbestands liegen zwischen 2 und 30 Millionen. Der Anteil der noch nicht bekannten Arten ist wahrscheinlich bei den Hymenoptera am höchsten. Von den überwiegend winzigen parasitischen Formen ist derzeit nur ein Bruchteil erfasst.

Der durch Fossilien belegte Ursprung der Insecta liegt im Devon. Eine Collembolen-Art und eine zu einem ectognathen (dicondylen) Insekt gehörende Mandibel (Lagerstätte Rhynie Chert, Schottland) zeigen dass die ersten Aufspaltungsereignisse schon im frühen Devon vollzogen waren. Molekulare Analysen legen nahe, dass die Gruppe tatsächlich wesentlich älter ist. Der Ursprung liegt wahrscheinlich im späten Kambrium. Aquatische Stammgruppenvertreter sind aber völlig unbekannt (†*Wingertshelicellus* [†„*Devonohexapodus*"] ist mit den Insekten nicht nah verwandt). Dass die Insecta mit den Krebsen ein Monophylum bilden, wahrscheinlich als eine untergeordnete Teilgruppe der Tetraconata (= Pancrustacea), ist mittlerweile gesichert (S. 486).

---

†Palaeodictyopterida

Die †Palaeodictyopterida waren eine bemerkenswert erfolgreiche und spezialisierte Gruppe im ausgehenden Paläozoikum (Karbon und Perm) (Abb. 938). Etwa 50 % aller bekannten paläozoischen Insekten gehören zu diesem Taxon, das am Ende des Perm (vor ca. 250 Millionen Jahren) ausgestorben ist. Manche Arten haben mit bis zu 56 cm Flügelspannweite fast die Maximalgröße aller bekannten Insekten erreicht. Das auffälligste Merkmal ist das schnabelartige Haustellum mit 5 stilettartigen Mundwerkzeugen. Ungewöhnlich ist auch das Vorhandensein von kleinen prothorakalen „Flügeln" (mit Flügelgeäder) bei vielen Arten. Die meisten Arten haben wahrscheinlich mit ihren spezialisierten Mundwerkzeugen Pflanzensäfte aufgenommen.

Die immense ökologische Bedeutung der Insekten ist angesichts ihrer enormen Artenzahl und Biomasse offenkundig. In terrestrischen und limnischen Lebensräumen spielen sie eine extrem wichtige Rolle. Man findet sie in unterschiedlichsten und teilweise extremen Habitaten, etwa in Boden-

Rolf Georg Beutel und Hans Pohl, Jena

[*] In den letzten Jahren wird das Taxon zunehmend als Hexapoda bezeichnet, während Insecta synonym mit Ectognatha verwendet wird (S. 657).

streu, unter Rinde, in Baumkronen, an Gletscherrändern, in Höhlen, in temporären Kleingewässern oder auch in Gebirgsbächen. Allerdings fehlen sie im marinen Bereich primär und fast vollständig. Wenige Arten sind sekundär zum Leben im unmittelbaren Küstenbereich übergegangen. Sie leben bzw. entwickeln sich vor allem in Spritzwassertümpeln (z. B. Zuckmückenarten). Wasserläufer (Gerromorpha) sind mehrfach sekundär zum Leben im Meer übergegangen, und Arten der Gattung *Halobates* (Meerwasserläufer) sind die einzigen bekannten pelagischen Insekten.

Viele Arten haben für den Menschen gravierende Auswirkungen. Von großer ökonomischer Bedeutung sind phytophage Insekten durch Fraß an Kulturpflanzen. Katastrophale Fraßschäden durch schwarmbildende Wanderheuschrecken wurden schon in der Bibel beschrieben. Auch Schmetterlingsraupen sowie Käfer und ihre Larven (z. B. Kartoffelkäfer) können durch Fraß an Pflanzenteilen sehr negativ in Erscheinung treten. Als Forstschädlinge sind vor allem Borkenkäfer bekannt. Ein großes Problem können auch pflanzensaugende Insekten darstellen (v. a. Pflanzenläuse i. w. S.). Dabei spielt die Übertragung von Pflanzenviren eine wichtigere Rolle als die Schädigung durch Saftentzug. Außerdem können Früchte oder andere Pflanzenteile durch Schimmelbildung auf von Blattläusen abgegebenem Honigtau unbrauchbar werden. Viele Arten schädigen Vorräte durch Fraß und Verunreinigung durch Fäkalien. Relevant in diesem Kontext sind Käferarten (z. B. Reiskäfer, Mehlkäfer) und Schmetterlingsraupen (z. B. Mehlmotte, Speichermotte), aber

Abb. 938 Permisches Insekt: †*Stenodictya lobata* (†Palaeodictyopterida). Rekonstruktion. Maßstab: 10 mm. Nach Kukalová (1970) (modifiziert).

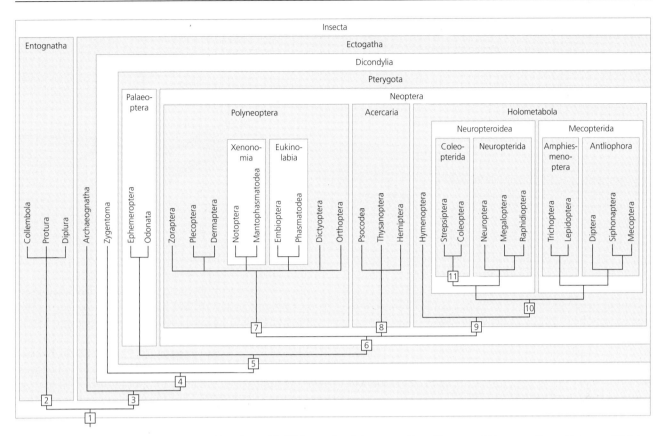

Abb. 939 Phylogenie der Insecta. Apomorphien (Auswahl): [1] Tagmosis mit 3-segmentigem Thorax und 11-segmentigem Abdomen. [2] Entognathie. [3] Geißelantenne mit Johnston'schem Organ. Tarsus gegliedert. Ovipositor. Terminalfilament. [4] Sekundäres Mandibelgelenk. Gonangulum. Geschlossene Amnionhöhle. [5] 2 Flügelpaare. Innere Befruchtung (?). [6] Flügel können nach hinten geklappt werden (Neopterie). [7] Tarsale Euplantulae. Vorderflügel lederartig (Tegmina)(?) Analfeld des Hinterflügels vergrößert (?). [8] Cerci fehlen. Lacinia stilettartig, vom Stipes abgekoppelt. [9] Vollständige Metamorphose (Holometabolie) mit Puppenstadium. [10] Ovipositor deutlich modifiziert oder reduziert. Paraglossae (inkl. Muskel) reduziert. Maximal 8 Malpighi-Gefäße. [11] Posteromotorismus. Molekulare Daten (proteincodierende Kerngene). Nach verschiedenen Autoren.

auch einige kosmopolitische Schaben (z. B. *Periplaneta americana*, *Blatta orientalis*). Termiten (Abb. 1008) können vor allem in tropischen Regionen extreme Schäden durch Fraß an Holzkonstruktionen anrichten.

Die ektoparasitischen Tierläuse (Abb. 1015), Bettwanzen (Abb. 1029), Flöhe (Abb. 1053), Stechmücken (Abb. 1057) und eine Reihe von brachyceren Dipteren (z. B. *Stomoxys*, Wadenstecher) saugen Blut und erzeugen juckende Quaddeln. Gravierend ist das damit verbundene Potential, Krankheitserre-

ger zu übertragen (Viren, Bakterien, Protisten, Nematoden). Durch den vom Rattenfloh übertragenen Pesterreger wurden in vergangenen Jahrhunderten ganze Landstriche entvölkert. Auch heute kann die weltgesundheitliche Bedeutung von Insekten als Vektoren von Erregern kaum überschätzt werden. Allein an der von *Anopheles* (Culicidae) übertragenen Malaria (*Plasmodium*) erkranken jährlich ca. 250 Millionen Menschen. Weitere wichtige von Dipteren übertragene Krankheiten sind das Denguefieber (*Anopheles*), Gelbfieber

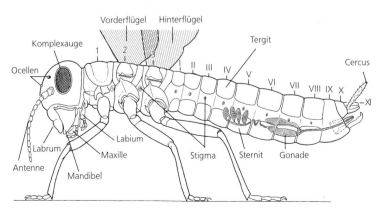

Abb. 940 Pterygota. Schema. Arabische Zahlen: Thoraxsegmente, römische Zahlen: Abdominalsegmente. Nach verschiedenen Autoren.

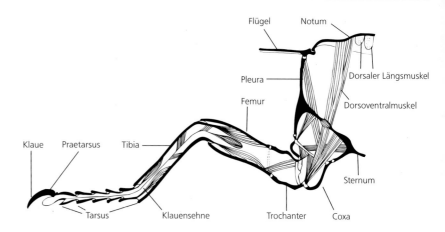

Abb. 941 Pterygota. Thoraxquerschnitt und Bein, Längsschnitt mit wichtigen Muskeln. Modifiziert nach Snodgrass (1935) und Weber (1949).

(*Aedes aegypti*), Leishmaniosen (Phlebotominae, Sandmücken), Flußblindheit (*Simulium*, ausgelöst durch Filarien), Schlafkrankheit, Nagana Viehseuche (Tse-Tse-Fliege, ausgelöst durch *Trypanosoma*) sowie Typhus, Ruhr, Cholera, Milzbrand, Amöbenruhr, Salmonellosen und Kinderlähmung, die von der scheinbar harmlosen Stubenfliege (*Musca domestica*) übertragen werden können. Wichtige Vektoren außerhalb der Dipteren sind Raubwanzen (*Triatoma*, Reduviidae), die das Chagas-Fieber (*Trypanosoma*) übertragen, die Kleiderlaus (*Pediculus humanus humanus*), die durch die Übertragung des Flecktyphus zum Scheitern des napoleonischen Rußlandfeldzugs beigetragen hat, und der Rattenfloh (s. o.). Ob die derzeit stark im Vormarsch begriffene Bettwanze (Cimicidae) tatsächlich Hepatitis-Erreger übertragen kann, ist noch unklar.

Weniger bekannt ist, dass es auch endoparasitische Insekten gibt, die sich in Säugern entwickeln. Weibchen von Dasselfliegen (Oestridae) setzen ihre Eier am Wirt ab oder spritzen Eier oder lebende Larven gezielt in Körperöffnungen. Die Larven dringen dann in Augen, Nasenhöhle, Mundschleimhaut oder Rückenhaut ein. Teilweise kommt es zu Wanderungen im Wirtskörper. Die Maden können bis in den Wirbelkanal eindringen, in verschiedene Organe oder sogar in Foeten. Massenbefall kann zum Tod der Wirtstiere führen. Der Flugton der Weibchen kann bei Huftieren Panik auslösen. Manche Arten umgehen das, in dem sie sich dem Wirt vom Boden annähern.

Den negativen Aspekten von Insekten stehen positive Auswirkungen gegenüber. Viele Arten sind effiziente Vertilger von Schädlingen, insbesondere von Schadinsekten. Marienkäfer und Florfliegen werden erfolgreich in der biologischen Schädlingsbekämpfung eingesetzt (z. B. gegen Blattläuse). Kamelhalsfliegen (Abb. 1042) vertilgen Schadinsekten in Wäldern. Puppenräuber (*Calosoma*, Carabidae), können bei Kalamitäten von Nonnen (Nachtfalter, Noctuidae) ihre Population innerhalb von sehr kurzer Zeit sprunghaft vermehren und so effizient zur Eindämmung der Schädlinge beitragen. Eine wesentlich wichtigere Rolle als räuberische Arten spielen Parasiten und Parasitoide (Wirt stirbt am Ende der Entwicklung), vor allem Raupenfliegen (Tachinidae) und parasitische Hymenopteren (z. B. Schlupfwespen i. w. S., Ichneumonoidea). Verbreitet ist auch Hyperparasitismus. So parasitiert etwa die Schlupfwespe *Ichneumon eumerus* beim Kreuzenzian-Bläuling (Lycaenidae), der seinerseits bei Ameisen parasitiert.

Oft übersehen wird die positive Rolle bei der Beseitigung von Dung und Kadavern. Das betrifft Dipterenmaden (Abb. 1056), Dungkäfer (v. a. Scarabaeoidea), Aaskäfer und Speckkäfer. Ein Nebeneffekt ist, dass vor allem Schmeißfliegen (Calliphoridae) zur Bestimmung des *post mortem interval* (PMI, Liegezeit von Leichen) in der Forensik verwendet werden. Erwähnenswert ist auch der Einsatz von steril gezogenen Maden in der Mikrochirurgie: Schlecht heilende Wunden (u. a. bei Diabetes) können so sehr effizient gereinigt werden.

Als Modellorganismus in der Genetik spielt die Fruchtfliege *Drosophila melanogaster* (Abb. 1061) seit Jahrzehnten eine extrem wichtige Rolle. T. H. Morgan gelang, basierend auf Vererbungsexperimenten mit *Drosophila*, ein Durchbruch bei der Aufklärung der Rolle und Struktur der Chro-

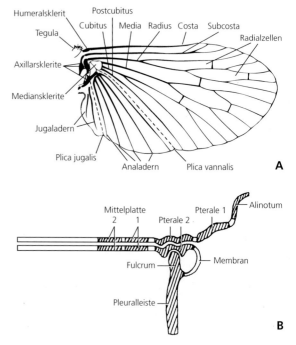

Abb. 942 Pterygota. **A** Flügel, halbschematisch. **B** Schnitt durch pleurales Flügelgelenk, schematisch. A Nach verschiedenen Autoren; B nach Seifert (1995) aus Dettner und Peters (2003).

mosomen. Eine ähnlich wichtige Rolle als Modellsystem kommt heute dem rotbraunen Reismehlkafer *Tribolium castaneum* (Tenebrionidae) zu. Das Genom ist wie bei *Drosophila* komplett sequenziert. Mittels systemischer RNA können sehr effizient die Funktionen von Genen erforscht werden. Ein wichtiger Modellorgansimus, vor allem in der Neurobiologie, ist der Schwärmer *Manduca sexta* (Sphingidae).

Bau und Leistung der Organe

Das auffallendste Merkmal der Insekten ist die Gliederung in 3 Segmentgruppen (= Tagmata), einen Kopf (= Caput), der aus 6 Segmenten besteht, einen 3-segmentigen Thorax und ein Abdomen, das primär 11 Segmente umfasst (Abb. 940). Während ein 6-segmentiger Kopf vermutlich schon zum Grundplan der Arthropoda gehört, stellt die spezifische Untergliederung des Rumpfes die wichtigste Autapomorphie der Gruppe dar. Vom funktionellen Gesichtspunkt ist die weitreichende Arbeitsteilung besonders wichtig. Der Kopf trägt die wichtigsten Sinnesorgane (z. B. Komplexaugen), das Gehirn und das Suboesophagealganglion (Abb. 963) sowie die Mundwerkzeuge (Abb. 947). Im Thorax sind die Lokomotionsorgane konzentriert, pro Segment ein Paar 6-gliedriger Laufbeine mit dazugehörender Muskulatur, und bei den pterygoten Insekten zusätzlich je 1 Paar Flügel am Meso- und Metathorax. Das Abdomen ist vor allem Träger der Organe des Stoffwechsels und der Geschlechtsorgane. Es enthält auch den bei den Insekten meist sehr umfangreichen Fettkörper (Abb. 956).

Das **Integument** besteht vor allem aus der chitinhaltigen Cuticula, die der Epidermis aufgelagert ist und von ihr gebildet wird. Wie bei allen Arthropoden ist ein differenziertes Exoskelett ausgebildet, gegliedert in Sklerite, semi-membranöse Bereiche und Membranen. Die Cuticula kann unterschiedlich gefärbt sein (Pigment- und Strukturfarben), und es treten vielfältige Oberflächendifferenzierungen auf (z. B. Mikrotrichia, Schuppen, Warzen, dornartige Strukturen) (z. B. Abb. 991, 1048). Neben den Setae (Borsten mit basaler Artikulation) sind unterschiedliche Sensillen in die Cuticula eingelagert, etwa haarförmige Sensillen (Sensilla trichodea), kuppelförmige S. basiconica, plattenförmige S. placodea oder unter die Oberfläche versenkte S. campaniformia. Die Form der Sensillen korreliert nicht unbedingt mit der Funktion. Chemosensillen sind durch winzige Poren charakterisiert. Unter der Cuticula können auch sezernierende Zellen oder Drüsen liegen. Die epidermalen O e n o c y t e n beispielsweise sind Wachsbildner, können aber auch Abwehrfunktionen wahrnehmen.

Im **Kopf** (Abb. 947) spiegeln die Häutungsnähte (S u t u r e n, z. B. Frontalnaht) und Versteifungsleisten (z. B. Frontoclypealleiste, Postoccipitalleiste) nicht die Segmentgrenzen wider. Die Segmentierung läßt sich sich nur an den Anhängen und den cephalen Elementen des Zentralnervensystems nachvollziehen (Abb. 963A). Das unpaare Labrum (Oberlippe) und das Protocerebrum sind dem ersten Segment zugeordnet, das Deutocerebrum und die Antennen dem zweiten, das Tritocerebrum dem dritten (2. Antenne fehlt), die Mandibeln dem vierten, die Maxille dem fünften und das Labium (Unterlippe) dem sechsten. Die 3 Teile des Suboesophagealganglions innervieren die Mundwerkzeuge, gehören also zu den Segmenten 4–6. Zwischen den Mundwerkzeugen liegt der unpaare Hypopharynx der keinem Segment zugeordnet ist (Abb. 947D). Er bildet eine Rampe, auf der die Nahrung zur anatomischen Mundöffnung transportiert wird. Je nach Ausrichtung der Mundwerkzeuge (Abb. 948) wird der Kopf als orthognath bezeichnet (Orientierung nach unten), als prognath (nach vorn, v. a. räuberische und minierende Formen) oder als hypognath (nach hinten). Das Hinterhauptsloch kann durch eine Gula oder eine Postgenal- oder Hypostomalbrücke teilweise verschlossen sein (Abb. 949). Die leistungsfähigen K o m p l e x a u g e n sind meist die dominierenden Sinnesorgane (z. B. Abb. 1061). Sie sind aus zahlreichen Ommatidien zusammengesetzt. Diese bestehen im typischen Fall aus einer Cornealinse, einem 4-teiligen Kristallkegel, 8 Retinulazellen mit pigmenttragenden Mikrovillisäumen sowie Haupt- und Nebenpigmentzellen. Die Antenne ist der 1. Antenne der Crustaceen homolog. Als Tast- und Riechorgan ist sie reich mit mechanorezeptorischen und olfaktorischen Sensillen bestückt. Die ursprüngliche Gliederantenne (Grundplan Mandibulata) besteht aus weitgehend gleichgestalteten Gliedern, die mit Muskeln ausgestattet sind (Abb. 953B). Die Geißelantenne (Autapomorphie Ectognatha) besteht aus 2 meist größeren Grundgliedern, dem Scapus und Pedicellus sowie einer vielgliedrigen Geißel (Abb. 953A). Nur im Scapus sind Muskeln vorhanden. Der Pedicellus enthält ein großes Chordotonalorgan (spezialisierter Mechanorezeptor), das Johnstonsche Sinnesorgan. Es besteht aus saitenartigen aufgespannten stiftführenden Sensillen (Skolopidien) (Abb. 964). Die Antennen können in vielfältiger Weise abgewandelt werden (z. B. gekeult, gekniet, gesägt, gefiedert) und auf diese Weise phylogenetisch informative oder diagnostische Merkmale liefern (Abb. 954,

Abb. 943 Modifikation der Flügel bei einer Zwergwespe (Hymenoptera, Mymaridae, Weibchen). Miniaturisierungseffekt. Maßstab: 100 µm. REM. Original: H. Pohl, Jena.

964A). Von den Mundwerkzeugen sind die Mandibeln und Maxillen paarig, während das Labrum und auch das Labium unpaar sind (Autapomorphie Insecta). Den ursprünglichen Typ – beißende Mundwerkzeuge – bezeichnet man als orthopteroid (Abb. 950). Das unpaare Labrum schließt den Mundvorraum nach vorn bzw. oben ab (je nach Kopfstellung). Die Unterseite, die meist mit nach hinten gerichteten Mikrotrichia und Chemosensillen ausgestattet ist, wird als Epipharynx bezeichnet. Die Mandibeln sind primär und bei fast allen Gruppen ungegliedert und nicht mit einem Palpus ausgestattet (Autapomorphie Insecta) (Abb. 950, 951). Bei vielen phytophagen oder fungivoren Gruppen ist eine Mola als basale Kaulade vorhanden. Die Hauptelemente der Maxille sind der mit der Kopfkapsel artikulierende Cardo sowie der Stipes, der den meist 5-gliedrigen Palpus, die Lacinia (Innenlade) und die Galea (Außenlade) trägt (Abb. 950). Die Lacinia ist meist distal sklerotisiert, zugespitzt und mit starren Borsten ausgestattet. Die meist unsklerotisierte Galea ist reich mit Sensillen (v. a. Chemorezeptoren) ausgestattet. Die proximalen Elemente des Labiums sind das Postmentum (oft in ein hinteres Submentum und ein vorderes Mentum unterteilt) und das Praementum. Das Praementum trägt die meist 3-gliedrigen Palpen sowie die paarigen Glossae (Innenlade) und Paraglossae (Außenlade). Diese sind den distalen Anhängen der Maxillen serial homolog. Das Labium schließt den erweiterten Mundvorraum nach unten bzw. hinten ab (Abb. 947D). Der Raum zwischen Labium und Hypopharynx wird als Salivarium bezeichnet. Hier münden die Speicheldrüsen (Abb. 952B). Die ursprünglich beißenden Mundwerkzeuge können je nach Ernährungsweise modifiziert sein. In Zusammenhang mit der Ernährung von flüssigen Substraten haben sich bei verschiedenen Gruppen stechend-saugende (z. B. Wanzen, Zikaden, Stechmücken) (z. B. Abb. 1018) oder leckend-saugende Mundwerkzeuge (z. B. Apidae) entwickelt. Im Innern ist der Kopf durch das Tentorium stabilisiert, das auch als Muskelansatzstelle dient (Abb. 947C). Im Grundplan der Ectognatha besteht es aus den hinteren, vorderen und dorsalen Tentorialarmen sowie der Tentorialbrücke (= Corpotentorium). Zusätzlich nach innen gerichtete Arme werden als Laminatentoria bezeichnet.

Der 3-segmentige **Thorax** (Abb. 940) ist vor allem Träger der lokomotorischen Funktionen. Der Prothorax ist immer flügellos und über die Halshaut (Cervicalmembran) mit dem Kopf verbunden. Neben der Beinmuskulatur (Abb. 941) enthält er ein komplexes System von Kopfbewegern. Der skelettale Bau ist einfacher als bei typischen pterothorakalen Segmenten (Meso- und Metathorax), die bei den meisten Gruppen je ein Flügelpaar tragen (Abb. 942, 943). Ein typisches pterothorakales Segment besteht auf der Dorsalseite aus einem in verschiedene Elemente unterteiltem Notum und dem Postnotum, das die funktionelle Segmentgrenze bildet. Die seitliche Pleura ist durch die Pleuralleiste in ein vorderes Episternum und ein hinteres Epimeron unterteilt (Abb. 940). Die Pleuralleiste bildet dorsal das pleurale Flügelgelenk und ventral das pleurale Hüftgelenk. Die Ventralseite wird von den sternalen Elementen bedeckt, weist aber meist auch membranöse Areale auf. Endoskelettale Teile sind die Furcae und Spinae. Die B e i n e sind 6-gliedrig (Abb. 941). Die Coxa

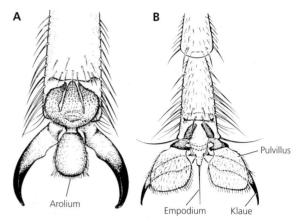

Abb. 944 Tarsus und prätarsale Strukturen. **A** *Clytocosmus helmsi* (Diptera, Tipulidae). **B** *Musca domestica* (Diptera, Muscidae). Aus Naumann et al. (1991).

(Hüfte) ist mit Gelenken (pleurales, trochantinales, sternales Hüftgelenk) an den thorakalen Segmenten verankert. Sie trägt den Trochanter (Schenkelring) als kleines Gelenkstück. Der Femur (Schenkel) ist das größte Beinglied. Die Tibia (Schiene) trägt oft auffallende Endsporne. Der Tarsus ist bei fast allen Gruppen mehrgliedrig. Auf der Ventralseite der Tarsomeren (Tarsenglieder) können Haftpolster (Euplantulae) oder Sohlenbürsten vorhanden sein. Das distale Tarsomer trägt meist paarige Klauen (Ungues). Ein voll ausgebildeter Praetarsus ist nur bei den basalsten Gruppen vorhanden (Collembola, Protura, Diplura). Praetarsale Haftstrukturen sind die paarigen Pulvillen (haarig oder glatt) und das fast immer glatte, unpaare, membranöse Arolium (Abb. 944, 945). Die Beine können je nach Lebensweise modifiziert sein, etwa als Grab- oder Schwimmbeine (Abb. 946).

Das **Abdomen** besteht im Grundplan aus 11 Segmenten (Abb. 940). Die hintersten Segmente sind meist mehr oder weniger deutlich reduziert oder eingezogen. Auch an den vorderen Segmenten können Reduktionserscheinungen auf-

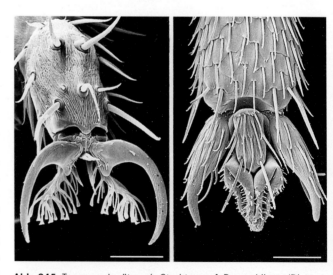

Abb. 945 Tarsen und prätarsale Strukturen. **A** *Drosophila* sp. (Diptera, Drosophilidae). **B** *Spilomena troglodytes* (Hymenoptera, Sphecidae). Maßstab: 20 µm. REM. Originale: W. Arens, Bayreuth.

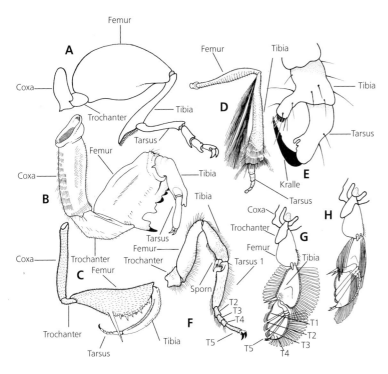

Abb. 946 Modifizierte Beine. **A** Sprungbein: Hinterbein von *Psylliodes affinis* (Coleoptera, Chrysomelidae, Flohkäfer). **B** Grabbein: Vorderbein einer Zikadenlarve (Auchenorrhyncha). **C** Fangbein: Vorderbein von *Mantispa styriaca* (Neuroptera, Mantispidae). **D** Duftbein: *Hepialus hecta*, Weibchen (Lepidoptera, Hepialidae). **E** Klammerbein: Vorderbein einer Tierlaus (*Pediculus* sp.) (Anoplura). **F** Putzbein: Vorderbein der Honigbiene (Hymenoptera, Apidae). **G, H** Schwimmbeine: Hinterbeine von *Gyrinus natator* (Coleoptera, Gyrinidae), mit abgespreiztem (**G**), mit angelegten Ruderlamellen (**H**). A, B Nach Weber und Weidner (1974); C nach Aspöck (1969); D nach Hering (1926); E nach Jacobs und Seidel (1975); F–H nach Eidmann (1941).

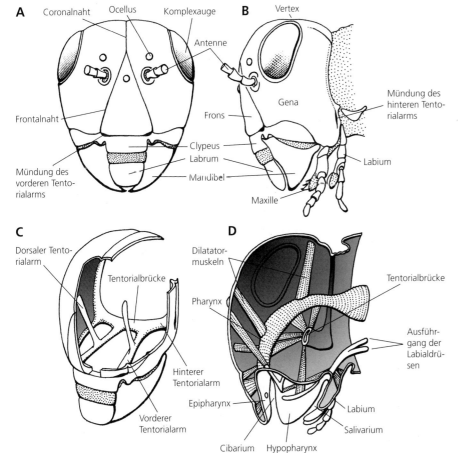

Abb. 947 Pterygota. Kopf. **A** Frontalansicht. **B** Lateralansicht, Membranen punktiert. **C** Kopfkapsel von links vorn, Vorder- und Seitenwand teilweise entfernt. **D** Innenansicht mit Pharynx und Dilatatoren. Nach Snodgrass (1935) und Weber und Weidner (1974).

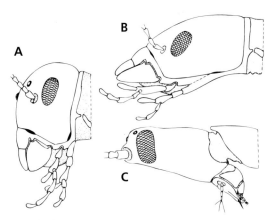

Abb. 948 Kopfstellungen. **A** Orthognathie (Grille). **B** Prognathie (Käfer). **C** Hypognathie (Fransenflügler). Aus Seifert (1970).

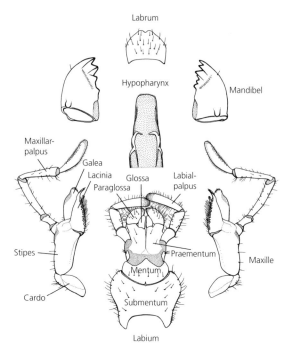

Abb. 950 Beißende (orthopteroide) Mundwerkzeuge. *Periplaneta americana* (Blattodea). Original: H. Pohl, Jena.

treten. Die einfachen, plattenartigen Tergite und Sternite sind meist durch einfache Pleuralmembranen verbunden. Die Stigmen sind fast immer in die membranösen Pleuren I–VIII eingelagert. Vereinfachte plattenförmige Extremitäten mit griffelförmigen Styli und ausstülpbaren Coxalbläschen sind bei den primär flügellosen Gruppen vorhanden (Abb. 986B, D). Segment X ist extremitätenlos (Autapomorphie). Gegliederte, am Segment XI inserierende Cerci sind bei Dipluren und den Ectognatha primär vorhanden (z. B. Abb. 985, 993). Spezialisierte abdominale Extremitäten sind die Elemente des Ovipositors (Segmente VIII und IX, Autapomorphie der Ectognatha) (Abb. 965) oder auch Anhänge der Segmente I (Ventraltubus), III (Retinaculum) und IV (Furcula) der Collembola (Abb. 980, 982).

Das **Nervensystem** (Abb. 963) entspricht weitgehend dem Grundplan der Arthropoda. Es ist ein Strickleiternervensystem mit einem 3-teiligen Gehirn, dem 3-teiligen Suboeso-

phagealganglion sowie 3 thorakalen und 8 abdominalen Ganglienpaaren (Zentralnervensystem). Das Protocerebrum enthält als assoziative Zentren die Corpora pedunculata (Pilzkörper), die Protocerebralbrücke, den Zentralkörper, die Protocerebralkommissur, die 3-teiligen optischen Neuropile (Lamina ganglionaris, Medulla, Lobula) sowie 2 Gruppen von neurosekretorischen Zellen. Von ihm werden auch die Ocellen innerviert. Wichtige Elemente des Deutocerebrums

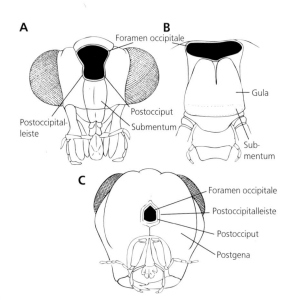

Abb. 949 Hinterhauptsloch. **A** *Chrysopa perla* (Neuroptera, Chrysopidae). **B** *Melolontha melolontha* (Coleoptera, Scarabaeidae). **C** *Vespa crabro* (Hymenoptera, Vespidae). Nach Seifert (1970).

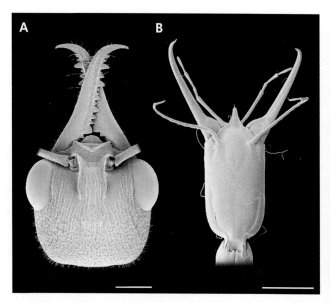

Abb. 951 Auffällige Mandibelformen. **A** Arbeiterin von *Myrmecia pyriformis* (Hymenoptera, Formicidae). **B** Larve von *Nevrorthus* sp. (Neuroptera, Nevrorthidae). Maßstäbe: A 1 mm, B 0,5 mm. REM. Original: H. Pohl, Jena.

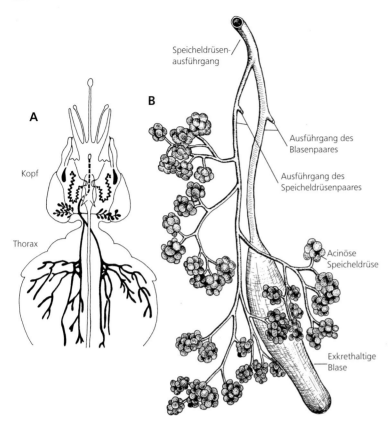

Abb. 952 Drüsen. **A** Speicheldrüsen, schematisch. *Apis mellifera* (Hymenoptera, Apidae). **B** Labialdrüse, mit acinösem Anteil und exkrethaltiger Blase (*Periplaneta americana*, amerikanische Schabe). A Nach Jacobs und Seidel (1975); B nach Seifert (1970).

sind die olfaktorischen Antennalloben. Mit dem Tritocerebrum ist über die Frontalkonnektive das unpaare Frontalganglion verbunden. Es ist das übergeordnete Zentrum des stomatogastrischen Nervensystems (s. u.). Vom Tritocerebrum wird auch das Labrum innerviert. Die thorakalen Ganglien sind größer als die abdominalen. Im Rumpfbereich, vor allem im Abdomen, kann es zu einer Konzentration der Ganglienkette kommen. Die Ganglienmasse des Segment VIII ist ein Verschmelzungsprodukt. Bei einigen Gruppen (z. B. Acercaria) bilden alle abdominalen Ganglien einen einheitlichen Komplex (Abb. 963D). Das viscerale (sympathische, vegetative) Nervensystem umfasst 3 Teilsysteme. Das stomatogastrische Nervensystem steht direkt mit dem Gehirn

in Verbindung (s. o.) und ist dem Bereich des Vorderdarmes zugeordnet. Es umfasst neben dem Frontalganglion über der anatomischen Mundöffnung das Hypocerebralganglion unmittelbar hinter dem Gehirn sowie das kleine Ventrikularganglion, das der Vorderdarmwand anliegt. Das Hypoce-

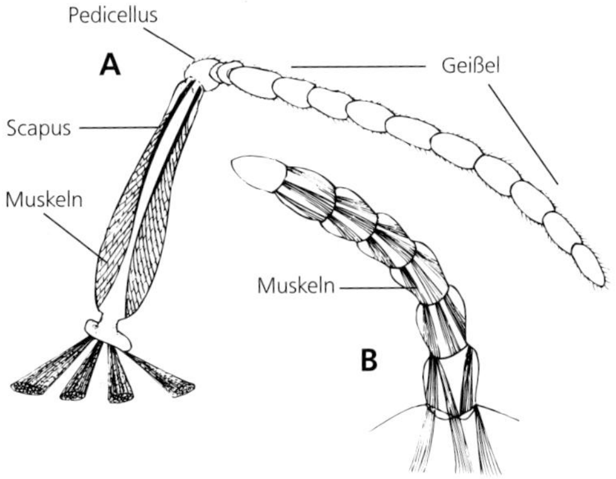

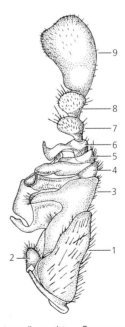

Abb. 953 Antennen-Typen. **A** Geißelantenne. *Apis mellifera* (Hymenoptera, Apidae). **B** Gliederantenne, Schema. A Nach Deißenberger (1971); B nach Weber (1949).

Abb. 954 „Fächelantenne", rechts. *Cerocoma schaefferi* (Coleoptera, Meloidae), Männchen. Duftstoffe aus Drüsenfeldern einiger Antennomere werden beim Paarungsvorspiel dem Weibchen zugefächelt. Nach Matthes (1969) aus Jacobs und Renner (1989).

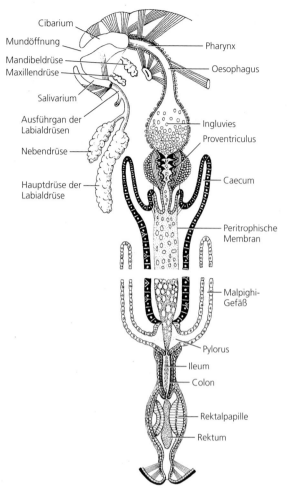

Cibarium
Mundöffnung
Mandibeldrüse
Maxillendrüse
Salivarium
Ausführgan der
Labialdrüsen
Nebendrüse
Hauptdrüse der
Labialdrüse

Pharynx
Oesophagus
Ingluvies
Proventriculus
Caecum
Peritrophische
Membran
Malpighi-
Gefäß
Pylorus
Ileum
Colon
Rektalpapille
Rektum

Abb. 955 Darmtrakt, schematisch. Kopfdrüsen nur auf der rechten Seite dargestellt. Aus Weber und Weidner (1974).

rebralganglion steht mit den Corpora allata (Abb. 977) in Verbindung (s. u.). Das stomatogastrische Nervensystem steuert Vorgänge im Praeoralraum und dem Vorderdarm und auch Prozesse in Zusammenhang mit Häutungen. Der unpaare Nerv (Leydigscher Nerv), das zweite Element des Visceralnervensystems, entspringt der Bauchganglienkette. Es handelt sich um segmentale motorische Stigmennerven. Das caudale viszerale Nervensystem (Abb. 963) tritt aus dem Ganglienkomplex in Segment VIII aus. Es innerviert die hintere Darmregion und die Geschlechtsorgane.

Die Röhrentracheen sind die **Atmungsorgane** der Insekten (mögliche Autapomorphie) (Abb. 958). Bei sehr kleinen Formen (v. a. Collembola) können sie weitgehend oder völlig fehlen. Im typischen Fall sind 2 thorakale und 8 abdominale Stigmenpaare vorhanden (Holopneustier), an denen die primär segmental angelegten Tracheen entspringen. Stigmenverschluß tritt bei verschiedenen Gruppen auf (Hemipneustier). Ein charakteristisches Merkmal der Insekten ist der direkte Sauerstofftransport zu den Organen (z. B. Muskeln, Darm, Fettkörper), d. h. ohne Beteiligung der Hämolymphe. Die Stigmen sind meist mit Reusenapparaten und Verschlußmechanismen ausgestattet (Abb. 959A, 960), die das Eindringen von Fremdkörpern verhindern und den

Wasserverlust minimieren. Die Tracheen sind durch spiralige Chitinleisten (Taenidien) versteift (Abb. 959). Bei fast allen Insekten sind Längsstämme und Anastomosen (Querverbindungen) vorhanden. Große Luftsäcke sind für gute Flieger (z. B. *Apis mellifera*) charakteristisch. Die an den Organen mit einer Endzelle ansetzenden dünnen distalen Abschnitte, die Tracheolen, sind mit Flüssigkeit gefüllt (Abb. 959 B, C).

Bei aquatischen Insektenlarven kann Gasaustausch über dünne, permeable Bereiche des Integuments erfolgen. Es haben sich verschiedene sekundäre Atmungsorgane entwickelt, etwa seitliche abdominale Tracheenkiemen bei Larven von Eintagsfliegen (Abb. 995), Megalopteren (Abb. 1043B) oder Gyriniden (Taumelkäfer) oder ausstülpbare Analkiemen (z. B. Elmidae, Coleoptera). Die Stigmen sind bei aquatischen Larven oft verschlossen (apneustisches Tracheensystem). Bei adulten Wasserwanzen und Wasserkäfern wird ein Luftvorrat unter den Hemielytren bzw. Elytren mitgeführt, der auf unterschiedliche Weise an der Wasseroberfläche erneuert wird. Ein durch einen feinen Härchenbesatz festgehaltenes Luftposter (z. B. Hydrophilidae) wird als Plastron bezeichnet. Bei der laufenden Erneuerung des Sauerstoffgehalts aus dem umgebenden Wasser (z. B. Elmidae) spricht man von einer physikalischen Lunge.

Der **Darmtrakt** ist in 3 Hauptabschnitte unterteilt, den ektodermalen Vorderdarm und Hinterdarm, und den dazwischen liegenden entodermalen Mitteldarm (Abb. 955, 956). Entsprechend der ontogenetischen Herkunft sind der Vorder- und Hinterdarm von einer sehr dünnen Cuticula (Intima) ausgekleidet und werden gehäutet. Der anatomischen Mundöffnung vorgelagert ist dorsal das Cibarium (Praeoralraum) und ventral das Salivarium (unter dem Hypopharynx), in das die Speicheldrüsenausführgänge münden (Abb. 947D, 952). Die Speicheldrüsen sind oft umfangreiche traubige Gebilde und ragen meist weit in den Thorax (Abb. 952). Der Pharynx ist mit Ringmuskeln ausgestattet und mit Dilatatoren, die an der Kopfkapselwand und dem Tentorium entspringen (Abb. 947D). Er geht ohne klare Abgrenzung in den Oesophagus über. Im Hinteren Vorderdarm kann ein umfangreicher Kropf zur Nahrungsspeicherung entwickelt sein (Ingluvies). Bei vielen Gruppen ist im hintersten Bereich ein mit kräftiger Muskulatur und Chitinzähnen oder -leisten ausgestatteter Proventriculus (Kaumagen) vorhanden. Nach hinten wird der Vorderdarm durch eine Ringfalte, die Valvula cardiaca, abgegrenzt (Rückstauventil). Im vordersten Bereich des Mitteldarms sind oft Blindsäcke (Caeca) vorhanden (Abb. 955). Sie dienen der Oberflächenvergrößerung, und die enzymatische Spaltung von Proteinen wird eingeleitet. Das resorbierende und sezernierende Mitteldarmepithel trägt an der inneren Oberfläche einen Mikrovillisaum (Resorption, Oberflächenvergrößerung). Fast immer wird es durch die peritrophischen Membranen geschützt, durchlässige Geflechte von Chitinfibrillen, die am Ende des Vorderdarmes stets nachgeliefert und am Ende des Mitteldarmes abgebaut werden. An der Grenze zum Hinterdarm, am Pylorus, münden die Malpighi-Gefäße. Entsprechend den Valvula cardiaca sind hier V. pylorica ausgebildet. Die Malpighi-Gefäße (Abb. 955, 957) sind meist die wichtigsten **Exkretionsorgane**. Die Exkretion findet über aktive und passive Transportprozesse statt. Der terminale Abschnitt des meist relativ kurzen Hinterdarms ist das Rektum, charakterisiert

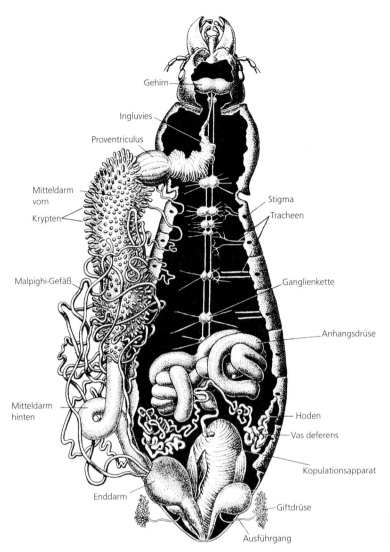

Gehirn

Ingluvies

Proventriculus

Mitteldarm
vorn

Krypten

Stigma

Tracheen

Malpighi-Gefäß

Ganglienkette

Anhangsdrüse

Mitteldarm
hinten

Hoden

Vas deferens

Kopulationsapparat

Enddarm

Giftdrüse

Ausführgang

Abb. 956 Anatomie. *Carabus* sp. (Coleoptera, Carab-idae), Männchen. Nach Pawlowski (1960) aus Kaestner (1972).

v. a. durch die Rektalpapillen, an denen eine intensive Was-serrückresorption stattfindet (Abb. 955). Durch einen bei einigen Gruppen vorhandenen sehr engen Kontakt der Endabschnitte der Malpighi-Gefäße mit dem Rektum (cryp-tonephrischer Komplex) kann die Rückresorption maximiert werden (v. a. bei Insekten in trockenen Lebensräumen). An der Exkretion kann neben den Malpighi-Gefäßen auch der Fettkörper (z. B. Ablagerung in Uratzellen) beteiligt sein.

Der meist umfangreiche (bis zu 65 % der Körpermasse) und aus kleinen Gewebsläppchen zusammengesetzte F e t t - k ö r p e r (Abb. 961) kann in allen Körperbereichen ausgebrei-tet sein, ist aber vor allem im Abdomen konzentriert. Meist sind die übrigen abdominalen Organe in den multifunktio-nellen Fettkörper eingebettet. Neben der Hauptfunktion als Speicherorgan (s. o.) kann er bei verschiedenen Stoffwech-selvorgängen beteiligt sein. Es können Exkrete abgelagert werden (s. o.), und es finden wichtige Syntheseprozesse statt (z. B. 20-Hydroxy-Ecdyson). Bei spezialisierten Gruppen (z. B. Schaben, Blattläuse) kann er auch Symbionten enthal-ten, entweder in allen Fettzellen oder nur in speziellen Myce-tocyten, die auch zu Mycetomen zusammengefaßt sein kön-nen (Abb. 961).

Die aus Plasma und verschiedenen Hämocyten (z. B. Pro-hämocyten, Plasmatocyten, Granulocyten, Önocytoide) be-stehende H ä m o l y m p h e spielt eine wichtige Rolle bei Trans-portvorgängen (Nährstoffe, Elektrolyte, Hormone, Exkrete, CO_2), außerdem in Zusammenhang mit dem Immunsystem, bei Wundheilungsprozessen und bei hydraulischen Bewe-gungsvorgängen. An der Sauerstoffversorgung von Organen (Tracheensystem!) ist sie nur in Ausnahmefällen beteiligt (z. B. Collembola). Das vereinfachte Gefäßsystem besteht im Wesentlichen aus dem medianen Dorsalgefäß (Abb. 962). Der vordere Abschnitt, die Aorta cephalica, zieht zum Kopf. Im hinteren Teil, dem schlauchförmigen Herzen, ist die Mus-kularis stärker entwickelt. Es ist seitlich mit Flügelmuskeln aufgehängt. Die paarigen seitlichen Ostien (max. 13) funkti-onieren meist als Klappenventile (nur Einstrom), teilweise aber auch als Taschenventil (verhindern auch den Rück-strom). Selten sind ventrale Ostien vorhanden (Plecoptera, Embioptera). Das dorsale Diaphragma unter dem Herzen und das ventrale Diaphragma über der Bauchganglienkette unterteilen das Myxocoel. In den Extremitäten sind meist Septen ausgebildet. An den Basen der Antennen und Flügel treten akzessorische pulsatile Organe auf (Abb. 962).

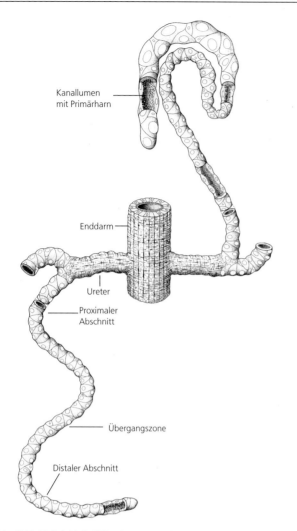

Abb. 957 Malpighi-Gefäße. Larve von *Drosophila* sp. (Diptera, Drosophilidae). Vordere und hintere Tubuli und ihre Einmündung in den Darmkanal; teilweise bis zum Lumen aufgeschnitten. Im distalen Bereich aktiver Transport von Exkreten; in der Übergangszone Rückresorption von Wasser; im proximalen Abschnitt (Hauptstück) erfolgt die Zubereitung des Sekundärharns durch Rückresorption noch verwertbarer Stoffe. Original: A. Wessing, Gießen.

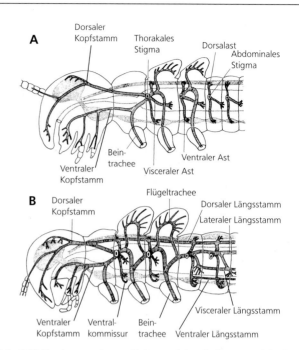

Abb. 958 Tracheensysteme, Seitenansicht. **A** Segmental isolierte Tracheen (Grundplan Hexapoda?). **B** Tracheensystem mit Anastomosen. Nervensystem, Dorsalgefäß und Darmtrakt punktiert. Aus Weber und Weidner (1974).

Die männlichen **Geschlechtsorgane** umfassen die paarigen Hoden (Testes), die ebenfalls paarigen Vasa deferentia, die distal als weitlumige Vesicula seminalis differenziert sein können, und den unpaaren Ductus ejaculatorius, der meist in ein Kopulationsorgan mündet (Abb. 967). Die Ovarien sind fast immer aus mehreren oder zahlreichen schlauchförmigen Ovariolen zusammengesetzt (Abb. 966). Im distalen Germarium liegen die Oogonien und Oocyten. Im proximalen Vitellarium finden Eiwachstum und Dotterbildung statt. Auf das Vitellarium folgt ein kurzer Stiel mit dem die Ovariole dem paarigen Ovidukt aufsitzt. Die Germarien tragen apikal jeweils ein Terminalfilament. Bei panoistischen Ovariolen enthält das Germarium ausschließlich Keimzellen, in der

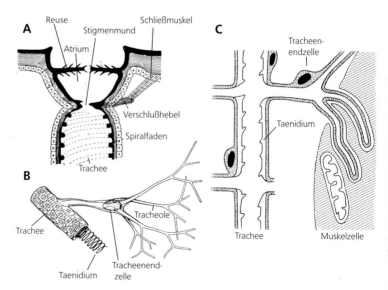

Abb. 959 Stigmen- und Tracheen. **A** Stigma mit Verschlussvorrichtung. **B** Trachee mit Endzelle und Tracheolen; Spiralfaden (Taenidium) teilweise freiliegend. **C** Ausläufer einer Endzelle dringen in Muskelzelle ein. A, B Aus Weber und Weidner (1974); C verändert aus Mordue et al. (1980).

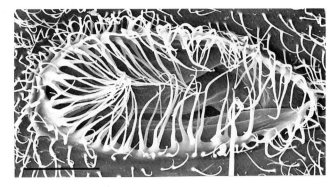

Abb. 960 Stigma mit Reusenapparat. *Drosophila* sp. (Diptera, Drosophilidae). Maßstab: 100 µm. Original: W. Arens, Bayreuth.

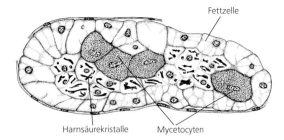

Abb. 961 Schnitt durch Fettkörperlappen, Zellen mit endosymbiontischen Bakterien (Mycetocyten) und Zellen mit Harnsäurekristallen (*Blaberus fuscus*, Blattodea). Nach Seifert (1970).

meroistischen Ovariole zusätzlich Nährzellen. Bei der meroistisch-polytrophen Ovariole rücken Keimzellen und Nährzellen gemeinsam vor (Nährfach). Bei der meroistisch-telotrophen Ovariole stehen die vorrückenden Oocyten über schlauchartige Strukturen mit den im Germarium verblei-

benden Nährzellen in Verbindung (Abb. 966). Die paarigen Ovidukte münden in die unpaare Vagina. Bei beiden Geschlechtern sind meist akzessorische Drüsen vorhanden, die beispielsweise Kittsubstanzen produzieren.

Das **endokrine System** ist relativ hoch entwickelt. Die hinter dem Gehirn gelegenen Corpora allata und Corpora cardiaca (Abb. 962B, 977) werden als Neurohämalorgane bezeich-

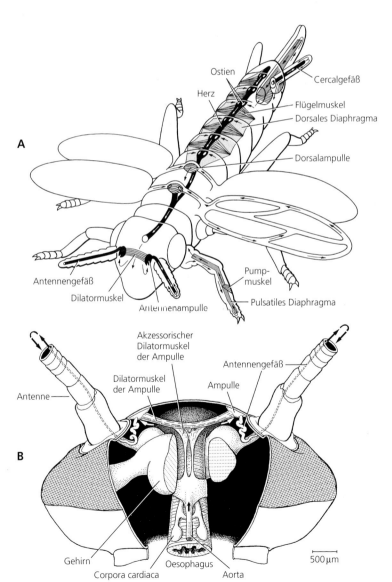

Abb. 962 A Gefäßsystem der Insekten, schematisch. **B** *Periplaneta americana* (Amerikanische Großschabe). Kopf mit Gefäßen. Originale: G. Pass, Wien.

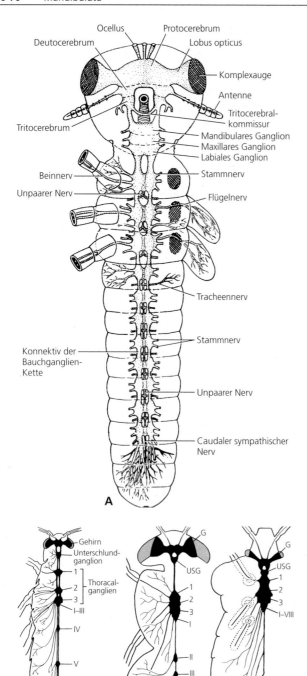

Abb. 963 A Nervensystem der Insecta. Periphere Nerven nur teilweise dargestellt. **B–D** Graduelle Konzentration des Zentralnervensystems: **B** Orthoptera (Acrididae), **C** Diptera (Tabanidae), **D** Heteroptera (Pentatomidae). I–VIII Abdominalganglien. A Aus Seifert (1970); B–D nach verschiedenen Autoren aus Dettner und Peters (2003).

net. Sie enthalten neurosekretorische Axone und Gliazellen und geben Neurohormone an die Hämolymphe ab. Die Sekrete der protocerebralen neurosekretorischen Zellen werden über Axone in die Corpora cardiaca transportiert und von dort freigesetzt (z. B. adipokinetisches Hormon, Eclosionshormon, Bursicon). Die C. cardiaca stehen auch mit dem Hypocerebralganglion und den C. allata in enger Verbindung. Die C. allata produzieren selbst das Juvenilhormon, das die Häutung zur Imago unterdrückt. Über sie wird auch das prothorakotrope Hormon (PTTH) abgegeben, das die Prothoraxdrüse stimuliert. Gehemmt wird die Aktivität der C. allata durch das Allatostatin, das im Gehirn gebildet wird. Durch die Unterdrückung der Produktion des PTTH wird die Adulthäutung möglich. Die im Rumpfbereich lokalisierten perisympathetischen Neurohämalorgane (PSO) sind eng mit der Bauchganglienkette assoziiert. Sie enthalten neurosekretorische Axone mit Gliazellen und unregelmäßig verteilte Drüsenzellen und produzieren multifunktionelle Neuropeptide. Eine wichtige Rolle in Zusammenhang mit Häutungsprozessen spielt die Prothoraxdrüse, die bei den Imagines reduziert wird. Sie produziert Ecdysteroide, die im Mitteldarm, im Fettkörper oder in den Malpighi-Gefäßen in ihre aktive Form (20-Hydroxy-Ecdyson) überführt werden. In das Darmepithel eingestreute hormonproduzierende Zellen werden als diffuses endokrines System bezeichnet. Sie produzieren u. a. Gastrin, Insulin, Gucagon, Vasopressin und β-Endorphin. Die Funktion dieser Substanzen bei Insekten ist nicht bekannt.

Fortpflanzung und Entwicklung

Die Fortpflanzung ist ganz überwiegend zweigeschechtlich. Verschiedene Formen von Parthenogenese kommen vor allem bei phytophagen Gruppen vor (z. B. Aphidina, Chrysomelidae) (Abb. 1025); Männchen sind teilweise sehr selten oder fehlen völlig (Thelytokie).

Zum Grundplan gehört eine externe Spermienübertragung. Das trifft auf alle primär flügellosen Gruppen zu („Apterygota"). Eine Spermatophore (Spermapaket) wird an einem Sekretstiel (z. B. Collembola) oder an Spinnfäden abgesetzt (Archaeognatha, Zygentoma [partim]) (Abb. 981). Die direkte Übertragung der Spermien durch ein Kopulationsorgan (Aedeagus) ist eine wichtige evolutive Neuheit der Pterygota (Abb. 967A, 968). Dabei wird fast immer wie bei den basalen (apterygoten) Gruppen eine Spermatophore gebildet. Bei den Weibchen ist oft eine spezielle Bursa copulatrix vorhanden (Aussackung der Vagina) die den Aedeagus aufnimmt. Zur Aufnahme der Spermien ist oft ein Receptaculum seminis ausgebildet. Spermien können oft über längere Zeit funktionsfähig gespeichert werden. Innerhalb verschiedener Gruppen (z. B. Zoraptera, Mecoptera, Diptera) haben sich spezialisierte Spermapumpen entwickelt, mit denen flüssiges Sperma übertragen wird.

Die Furchung ist ganz überwiegend partiell-superfiziell. Die Eier sind fast immer dotterreich und centrolecithal, mit einer mehr oder weniger dünnen oberflächlichen Cytoplasmaschicht. Sekundäre Fälle einer totalen Furchung (z. B. Collembola: bis zum 8-Zellstadium) sind eine seltene Ausnah-

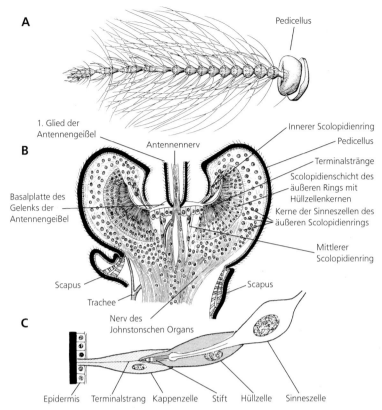

Abb. 964 Skolopalorgane. **A** Antenne von *Dasyhelea* sp., Männchen (Diptera, Ceratopogonidae). **B** Pedicellus (2. Antennomer) mit Johnstonschem Organ (*Aedes aegypti*, Diptera, Culicidae). **C** Schema eines Skolopidiums. A Aus Downes und Wirth (1981), B nach Risler (1953) aus Seifert (1970); C nach Seifert (1970).

meerscheinung und mit einer Reduktion der Eigröße und des Dottergehalts korreliert.

Im typischen Fall teilt sich zunächst der Zygotenkern wiederholt. Die Kerne liegen von ihrem Hofplasma umgeben im zentralen Dotterraum (Energiden). Die meisten Energiden wandern dann ins äußere Periplasma, wobei zunächst keine Zellgrenzen ausgebildet werden (plasmodiales Praeblastoderm). Einige Kerne bleiben als Dotterkerne im zentralen Plasma zurück (Vitellophagen: erschließen und mobilisieren die Nährstoffe des Dotters). Weitere Kerne wandern zum Polplasma am Hinterende des Eies. Dort differenzieren sie sich durch Einschluß von in diesem Bereich vorhandenen RNA-haltigen Granula zu den Urkeimzellen. Wenn im Periplasma eine bestimmte Anzahl von Kernen durch Teilung entstanden sind (*Drosophila*: 256) bilden sich Zellmembranen, wodurch das zelluläre Blastoderm entsteht (einschichtiges Oberflächenepithel). Danach differenzieren sich ein

extraembryonales Blastem (Serosa) und eine Keimanlage, aus der der 2-schichtige Keimstreifen hevorgeht (Abb. 971). Er wird durch einen Einrollungsprozess (Blastokinese) ins Innere des Dotterraums verlagert (Abb. 970), wobei bei den Insecta eine „Amnionhöhle" entsteht, die bei den Archaeognatha offen bleibt, bei den Dicondylia aber verschlossen wird.

In einem frühen Stadium findet eine weitgehende, allerdings histologisch nicht nachweisbare Determinierung statt. Bestimmte Regionen im Keim können unterschiedlichen präsumptiven Organen zugeordnet werden. Die Determinierungsprozesse werden durch intensive Proteinsynthesen eingeleitet. Bei den Hemimetabolen setzten diese Vorgänge bei der Absonderung der Keimanlage ein, bei den Holometabolen schon bei der Blastodermbildung (Apomorphie). Auch die Blastodermbildung setzt bei holometabolen Insekten wesentlich schneller ein (*Drosophila*: 1,5 h, Heimchen: 30 h).

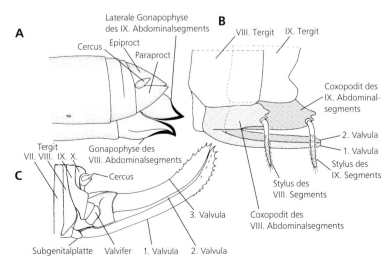

Abb. 965 Äußere weibliche Genitalanhänge, Seitenansicht. **A** *Locusta migratoria* (Orthoptera). **B** *Machilis* sp. (Archaeognatha). **C** *Tettigonia viridissima* (Orthoptera). A Original: B. Darnhofer-Demar, Regensburg; B nach Seifert (1970); C verändert nach Weber (1949).

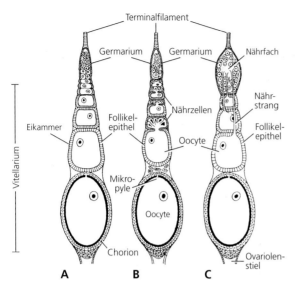

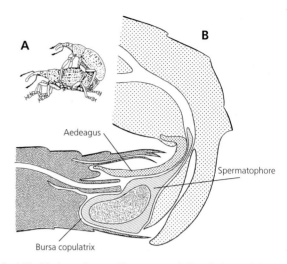

Abb. 966 A–C Weibliche Genitalien, Ovariolen. Urkeimzellen im Germarium, Eireifung im Vitellarium. **A** Panoistisch. **B** Meroistisch-polytroph. **C** Meroistisch-telotroph. Aus Eidmann (1941).

Abb. 968 Direkte Spermaübertragung, Kopulation, Coleoptera. **A** Kopula von *Apion* sp. (Apionidae). **B** Hintere Abdominalsegmente kopulierender Gelbrandkäfer (*Dytiscus marginalis,* Dytiscidae), Sagittalschnitt, schematisch. A Nach Meisenheimer (1921); B verändert nach Blunck (1912) aus Meisenheimer (1921).

Bei der **postembryonalen Entwicklung** unterscheidet man eine ametabole, eine hemimetabole und eine holometabole Variante. Die beiden ersten Formen lassen sich nicht klar abgrenzen. Im Falle der Ametabolie (z. B. Collembola) bestehen abgesehen von einer Größenzunahme keine deutlichen

Unterschiede zwischen Jugendstadien und dem geschlechtsreifen Tier. Meist finden auch nach Erreichen der Geschlechtsreife noch Häutungen statt. Bei den hemimetabolen Insekten treten schon bei den **Nymphen** Komplexaugen und äußere Flügelanlagen auf. Es findet eine stufenweise Annäherung an die Adultmorphologie statt (Abb. 975). Wenn bei präimaginalen Stadien spezielle Strukturen auftreten (z. B. Tracheenkiemen bei Eintagsfliegen, Fangmaske bei Libellen), sind sie als **Larven** anzusprechen. Bei der Holometabolie unterscheiden sich Larven und Imagines morphologisch grundlegend und vielfach auch von ihren Habitaten und ihrer Ernährungsweise. Komplexaugen und äußere Flügelanlagen fehlen bei den Larven (Ausnahme Strepsiptera). Vor dem Erreichen

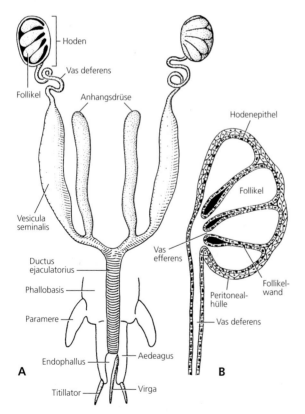

Abb. 967 Männliche Geschlechtsorgane, schematisch. **A** Dorsalansicht. **B** Längsschnitt durch Hoden, Wandschichten. Nach Snodgrass (1935) aus Weber und Weidner (1974).

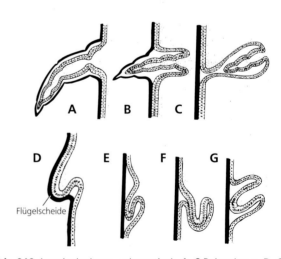

Abb. 969 Imaginalanlagen, schematisch. **A–C** Beinanlagen, **D–G** Flügelanlagen, verschiedene Entwicklungsphasen. Beinanlage unter der larvalen Cuticula von außen sichtbar (**A, B**) oder versenkt (**C**). Flügelanlagen bei hemimetabolen Insekten exponiert (**D**), bei den Holometabola unter der larvalen Cuticula (**E, F, G**). Nach verschiedenen Autoren aus Seifert (1970).

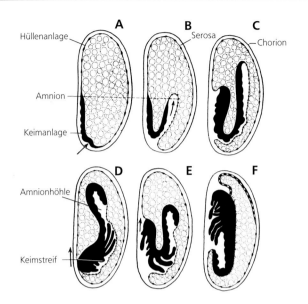

Abb. 970 Entwicklung; pterygote Insekten mit halblangem Kurzkeim. Bildung der Keimhüllen und Blastokinese. Längsschnitte. Keimanlage und Keimstreifen schwarz. Ventralseite links. Bei der Invagination des Keimstreifens (**A–C**) wird die Amnionhöhle gebildet (**D**). **D–F** Kontraktion des Keimstreifs, Öffnung der Amnionhöhle, Umkehr der Invagination, Verschluß der Dorsalregion (**E, F**). Nach Weber aus Kaestner (1972).

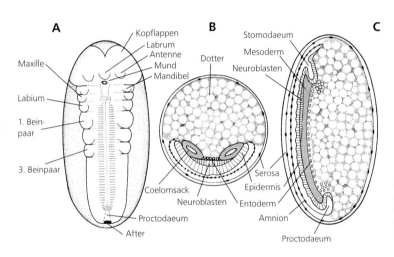

Abb. 971 Entwicklung, Pterygota; schematisiert. **A** Ventralansicht des Keims. Anlage der Extremitäten und des Bauchmarks. **B** Querschnitt. Keimblattbildung. **C** Sagittalschnitt. Keimblätter und Keimhüllen. Nach Weber und Weidner (1974).

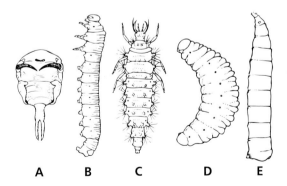

Abb. 972 Larventypen der Holometabola. **A** Junglarve, *Inostemma* sp. (Platygastridae, Hymenoptera), oligomer, protopod. **B** *Neodiprion* sp. (Diprionidae, Hymenoptera), eumer, polypod, eucephal. **C** *Chrysopa* sp. (Chyrysopidae, Neuroptera), campodeid. **D** *Anthonomus* sp. (Curculionidae, Coleoptera), eucephal, apod. **E** *Musca* sp. (Cyclorrhapha, Diptera), Made, acephal, apod. A, B Nach Weber (1949); C–E nach Peterson (1957) aus Weber und Weidner (1974).

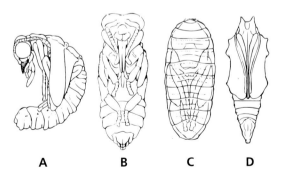

Abb. 973 Puppentypen der Holometabola. **A** Pupa dectica, mit beweglichen Mandibeln (Neuroptera). **B** Pupa libera (*Apis mellifera*, Hymenoptera, Apidae), Extremitätenanlagen frei. **C** Pupa pharata coarctata (*Lucilia* sp., Diptera, Cyclorrhapha), Tönnchenpuppe, Verpuppung innerhalb der Larvenexuvie. **D** Pupa obtecta (Lepidoptera, Nymphalidae), Mumienpuppe; Extremitätenanlagen mit dem Körper verklebt. Nach Weber und Weidner (1974).

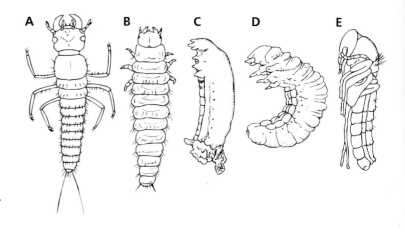

Abb. 974 Hypermetabolie. Coleoptera, Meloidae. **A** Triungulinus (1. Larvenstadium), auf Blüten, gelangt durch Phoresie in Bienennest. **B** 2. Larvenstadium, ernährt sich im Nest des Wirts von Pollen-Nektar-Gemisch. **C** Scheinpuppe. **D** 4. Larvenstadium. **E** Puppe. Nach Riley aus Weber (1933).

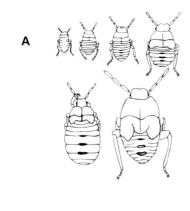

des Adultstadiums (Imago) ist ein Puppenstadium eingeschaltet (Abb. 973). Die Puppe ist meist weitgehend unbeweglich (Ausnahme Raphidioptera), sollte aber nicht als „Ruhestadium" bezeichnet werden. Im Inneren finden tiefgreifende Umbauprozesse statt. Erstmals in der Entwicklung treten Komplexaugen, äußere Flügelanlagen sowie die Genitalorgane auf. Typischerweise liegen die Flügelanlagen (und andere imaginale Strukturen) in Form so genannter Imaginalscheiben unter der Cuticula (Abb. 969). Auf die subepidermale Lage der Flügelanlagen bezieht sich der Begriff Endopterygota (= Holometabola). Vorteile der Holometabolie sind das Potential der Larven und Imagines, unterschiedliche Resourcen und Mikrohabitatate zu nutzen (reduzierte innerartliche Konkurrenz) sowie die verbesserte Fähigkeit der Larven, in Spalträume einzudringen (Endopterygotie). Evolutive Kosten sind unterschiedliche Risikofaktoren (z. B.

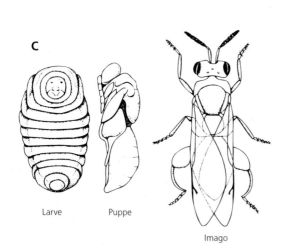

Abb. 975 Metamorphosetypen. **A** Hemimetabolie: *Cydnus aterrimus* (Cydnidae, Heteroptera); sukzessive Entwicklung der exponierten Flügelanlagen. **B** Neometabolie (Remetabolie): Terebrantia, Thysanoptera: Junglarve (L_1), Altlarve (L_2), Praepuppe, "Puppe", Imago. **C** Holometabolie: Erzwespe (Hymenoptera, Chalcidoidea); Larve, Puppe, Imago. A Verändert nach Schorr (1957) aus Eisenbeis und Wichard (1985); B nach Russel aus Seifert (1970); C aus Askew (1971).

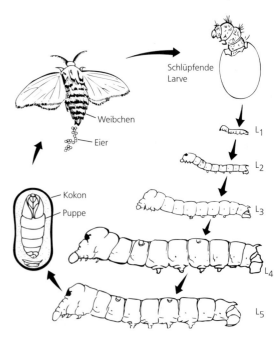

Abb. 976 Holometabolie, vollständige Metamorphose, *Bombyx mori* (Maulbeerseidenspinner, Bombycidae, Lepidoptera). L_1–L_5: 1.–5. Larvenstadien. Verändert nach einem Original von W. Truckenbrodt, Osnabrück.

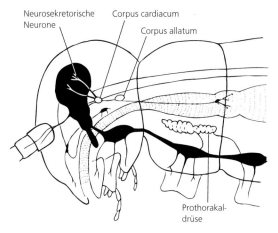

Abb. 977 Endokrine Organe einer Schmetterlingsraupe, schematisch. Nach Seifert (1970).

Immobilisierung, fehlende Sklerotisation) während der Puppenphase.

Man unterscheidet unterschiedliche Larvalformen (Abb. 972). Campodeoide Larven sind schlank und agil und mit gut enwickelten Laufbeinen ausgestattet (z. B. Laufkäfer). Engerlinge sind abgesehen vom Kopf und den gut enwickelten Beinen weitgehend unsklerotisiert, unpigmentiert und C-förmig gekrümmt (Scarabaeoidea). Maden sind schwach sklerotisiert und beinlos (Diptera). Erucoide Larven (z. B. Schmetterlingsraupen) sind durch einen weitgehend unsklerotisierten Körper und abdominale Stummelbeine charakterisiert (raupenartig). Asselförmige Larven sind abgeflacht, mit seitlich verbreiterten Tergiten (z. B. Aaskäfer). Bei den Puppen unterscheidet man zunächst die Pupa dectica (bewegliche Mandibel, z. B. Neuroptera, Mecoptera) von der weit häufigeren Pupa adectica (Mandibel unbeweglich). Innerhalb des zweiten Typs werden noch die Pupa libera (Körperanhänge frei, z. B. Coleoptera, Hymenoptera, partim), die Pupa dipharata coarctata („Tönnchenpuppe, z. B. Brachycera) und die Pupa obtecta („Mumienpuppe", Körperanhänge mit dem Rumpf verklebt, z. B. Schmetterlinge [partim]) unterschieden.

Systematik

Die Insecta sind wahrscheinlich eine terrestrische Teilgruppe der Tetraconata (S. 486) und nicht die Schwestergruppe der Myriapoda. Das impliziert die Nicht-Monophylie der „Antennata" (= „Tracheata", „Atelocerata"). Die wichtigste Autapomorphie der Insecta ist die Gliederung des Rumpfes in einen kompakten Thorax und ein primär 11-segmentiges Abdomen (Abb. 940). Der wesentliche Vorteil dieser Tagmosis dürfte in der weitreichenden Arbeitsteilung liegen (s. o.). Aus der Stellung innerhalb der Tetraconata ergibt sich eine ganze Serie von Apomorphien, die mit dem unabhängigen Landgang zusammenhängen: Röhrentracheen, Malpighi-Gefäße, Reduktion der Exopodite, Verlust der ventralen Nahrungsrinne, Spermatophorenbildung und der Wegfall der Primärlarve (Kurzlarve). Weitere Apomorphien sind die Reduktion der Nephridialorgane und der Mittteldarmdrüse

sowie das unpaare Labium (2. Maxillen bis zur Basis verwachsen) mit Glossen und Paraglossen (Abb. 950).

Gut begründete Teilgruppen der Insecta (s. l.) sind die **Ectognata** (=Insecta s.str.), **Dicondylia** (Ectognatha ohne Archaeognatha), **Pterygota**, **Neoptera** (Pterygota ohne Ephemeroptera und Odonata), **Acercaria** und die **Holometabola**. Die Monophylie der **Palaeoptera** (Ephemeroptera + Odonata) und **Polyneoptera** (niedere Neopteren) wird immer wahrscheinlicher. Die Acercaria und Holometabola sind wahrscheinlich Schwestergruppen (**Eumetabola**).

„Entognatha"?

Diese von W. Hennig postulierte Gruppierung umfaßt die Collembola, die Protura und die Diplura. Die Monophylie ist nach neueren Erkenntnissen zumindest fraglich. Das namensgebende Merkmal ist der Einschluss der paarigen Mundwerkzeuge in eine praeorale Tasche (Abb. 978B, 979), ein abgeleiteter Merkmalszustand, der durch die Ausbildung von Kopfduplikaturen zustande kommt. Die anderen Argumente sind wenig aussagekräftige Reduktionsmerkmale (z. B. reduzierte Anzahl der Maxillarpalpenglieder, partielle oder völlige Reduktion der Komplexaugen). Neuere Untersuchungen zeigen, dass die Entognathie sich bei den Diplura einerseits (Duplikaturen treffen sich nicht ventromedian, Mandibeln und Maxillen in gemeinsamen Taschen) und den Collembola und Protura andererseits (Duplikaturen treffen sich ventromedian, Mandibeln und Maxillen in getrennten Taschen) deutlich unterscheidet, was aber nicht zwangsläufig bedeutet, dass entognathe Mundwerkzeuge zweimal unabhängig entstanden sein müssen. Die Verhältnisse bei den Diplura (Abb. 986) könnten ein Zwischenstadium darstellen. Allerdings sind die Mundwerkzeuge bei einem karbonischen

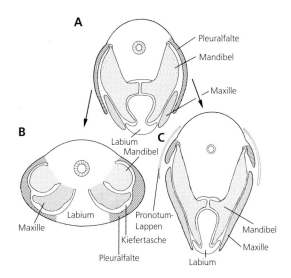

Abb. 978 Kopf, Querschnitt, schematisch. **A** Orthognath, mit großen, freien Pleuralfalten. **B** Entognath, paarige Mundwerkzeuge in praeoraler Tasche. **C** Archaeognatha. Pleuralfalten stark verkürzt, Mundwerkzeuge frei. Verändert nach Lauterbach (1974).

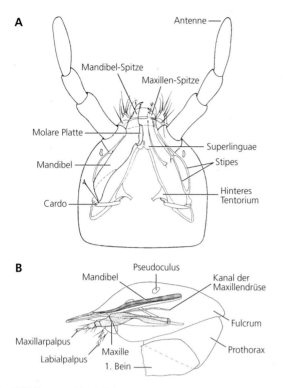

Abb. 979 Entognathie. **A** *Folsomia candida* (Collembola); Kopf dorsal. **B** *Acerentomon* sp. (Protura); Kopf lateral. Aus Naumann et al. (1991).

ches Argument ist die Häutung durch einen Querspalt an der Hinterhauptsregion.

Aktuelle molekulare Befunde stellen sowohl die Cercophora als auch die Ellipura in Frage. Sie legen ein Monophylum „**Nonoculata**" nahe (Protura + Diplura). Außer dem Verlust der Komplexaugen und Ocellen gibt es aber derzeit keine morphologischen Argumente. Die Verwandtschaftsbeziehungen der Collembola, Protura und Diplura sind nach wie vor eine offene Frage.

6.1 Collembola, Springschwänze

Etwa 9 000 Arten sind derzeit bekannt (ca. 500 in Mitteleuropa [=ME]). Die tatsächliche Zahl ist sicher wesentlich höher. Collembolen (Abb. 980) sind durchwegs klein. Die Körperlänge beträgt bei den meisten Arten 1–2 mm (kleinste Art 0,12 mm, max. 17 mm). Unter 1 m^2 geeignetem Substrat können über 100 000 Individuen auftreten. Die Springschwänze gehören zu den individuenreichsten Insektengruppen.

Die Monophylie ist durch sehr ungewöhnliche Autapomorphien begründet: 6-segmentiges Abdomen, Ventraltubus, Sprungapparat (Abb. 980, 982). Ob Malpighi-Gefäße primär oder sekundär fehlen, ist unklar. Ähnliches gilt für das schwach ausgeprägte (oder fehlende) Tracheensystem.

Der relative Artenreichtum der Collembola kann im Kontext ihrer ökologischen Vielseitigkeit gesehen werden. Im Gegensatz zu den übrigen primär flügellosen Insekten („Apterygota") besiedeln sie eine große Bandbreite von unterschiedlichen Lebensräumen. Der einzige obligatorische Anspruch der Collembolen ist eine relativ hohe Luftfeuchtigkeit. Typische Habitate sind die Laubstreuschicht, Moospolster, lockeres Bodensubstrat oder Flechten. Es gibt aber auch Bewohner von Wasseroberflächen (auch an Küsten) und Arten, die in Baumkronen, in Kolonien von Ameisen und Termiten, in heißen Quellen, in Höhlen und an Gletschern leben. Die Collembolen haben auch die arktische Region und die Antarktis besiedelt und bilden ein Protein, das das Einfrieren der Hämolymphe verhindert. Collembolen sind mikrophytophag, d. h. sie weiden mit ihren Mundwerkzeugen vor allem Pilzrasen sowie Algen- und Bakterienbeläge ab. Als Generalisten konsumieren sie aber auch vermoderndes Holz, Kotballen, Aas und Eier von Insekten, Pollen, Nektar, und

Vertreter dieser Gruppe (†*Testajapyx*) weitestgehend exponiert.

Besser begründet als die „Entognatha" erscheint ein Schwestergruppenverhältnis Diplura + Ectognatha, das unter anderem von J. Kukalová-Peck vorgeschlagen wurde. Mögliche Synapomorphien sind das Vorhandensein von Cerci („**Cercophora**"), paarigen Klauen, das Fehlen der Schläfenorgane (Temporalorgane, Tömösvary-Organe) und das Vorhandensein eines zusätzlichen äußeren Kranzes von 9 Mikrotubuli im Axonem der Spermiengeißel (9 + 9 × 2 + 2 Muster).

Die Monophylie der schon von W. Hennig postulierten **Ellipura** (Collembola + Protura) lässt sich durch den spezifischen Typ der Entognathie begründen (Abb. 979), eine ventromediane Längsfurche (Linea ventralis) (Abb. 984) sowie das Fehlen von abdominalen Stigmen. Ein weiteres mögli-

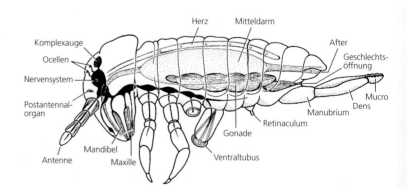

Abb. 980 Collembola. *Podura aquatica*, halbschematisch, 3. Bein entfernt. Verändert nach Weber und Weidner (1974).

andere Substrate. Räuberische Arten sind seltene Ausnahmen.

Körper langgestreckt oder gedrungen („Kugelspringer"). Cuticula schwach sklerotisiert, farblos oder auffällig pigmentiert. Cuticuläre Tuberkel oder Schuppen vorhanden oder fehlend (Abb. 982, 983). Viele unterschiedliche Typen von Setae.

Kopf meist orthognath (Abb. 980), prognath bei einigen spezialisierten Formen (z. B. *Neanura*). Vorn teilweise zu Mundkegel ausgezogen. Komplexaugen teilweise oder völlig reduziert (maximal 8 Ommatidien). Maximal 6 unpigmentierte subepidermale Ocellen. Tömösvary-Organe meist vorhanden (Abb. 983). Gliederantenne primär 4-gliedrig; Anzahl der Antennomere teilweise sekundär erhöht. Mandibeln und Maxillen tief in separate Taschen eingesenkt (Abb. 979A). Kopfduplikaturen (Plicae oralis) treffen sich ventromedian (fortgeschrittene Entognathie). Linea ventralis erreicht hinten den Ventraltubus. Mandibeln primär relativ kompakt, mit beißend-schabender Funktionsweise; teilweise verlängert und distal zugespitzt (Abb. 979A). Maxillarpalpus 1-gliedrig. Labium bleibt auf vorderste Kopfregion beschränkt. Labialpalpen rudimentär. Labialnephridien und Speicheldrüsen münden in Labialregion. Kopfinneraum mit tentorialen Elementen und komplexen ligamentösen Strukturen („Pseudotentorium"). Stigmenpaar in Cervicalregion teilweise vorhanden (z. B. Actaletidae).

Pronotum gut entwickelt (Poduromorpha) (Abb. 980) oder reduziert. Meso- und metathorakale Tergite relativ deutlich sklerotisiert. Sternite und Pleurite undeutlich ausgeprägt. Vorderbeine teilweise kürzer als Mittel- und Hinterbeine. Tibiotarsalgelenk meist reduziert. Unpaare Klaue am Praetarsus oft gezähnt. Empodium und spezialisierte Setae (Putzapparat) vorhanden oder fehlend. Thorakale (und abdominale) Stigmen fehlen.

Abdomen 6-segmentig. Segment I mit unpaarem, röhrenförmigem oder schlauchförmigem Ventraltubus (Abb. 982A), distal mit ausstülpbaren Ventralbasen (Putz oder Haftorgan, Wasseraufnahme). Kleines Retinaculum (Abb. 982B) auf Ventralseite von Segment III fixiert große Sprunggabel (Furcula) des Segment IV in Ruhestellung. Furcula (Abb. 980,

982C) zusammengesetzt aus unpaarem Manubrium und paarigen distalen Elementen (Dens und Mucro). Sprungapparat ermöglicht ungerichtete Fluchtsprünge (max. 25 cm) (oft reduziert bei in tieferen Schichten lebenden Arten). Äußere männliche und weibliche Genitalien fehlen. Geschlechtsöffnung auf Ventralseite von Segment V. Segment VI mit Analloben und Anus. Malpighi-Gefäße fehlen. Tracheensystem höchstens schwach entwickelt (Halsstigma).

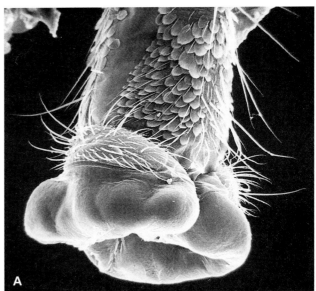

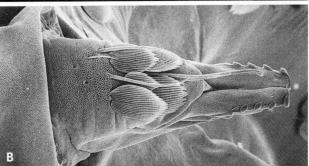

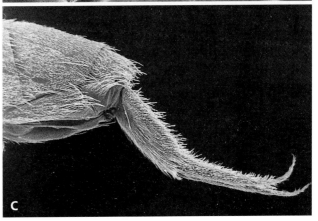

Abb. 982 Collembola. **A** *Tomocerus flavescens*. Ventraltubus; Distale Vesikel teilweise ausgesstülpt. **B** *Tomocerus flavescens*. Retinaculum mit basalem Corpus tenaculi und Rami als Halteapparat für die Furcula. **C** *Orchesella villosa*. Hinterende mit Furcula, seitlich. REM-Aufnahmen. Originale: G. Eisenbeis, Mainz.

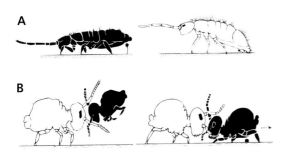

Abb. 981 Collembola. Indirekte Spermaübertragung. **A** *Orchesella* sp. (Entomobryomorpha). Vom Männchen (schwarz) absetzte gestielte Spermatophore wird vom Weibchen mit der Geschlechtsöffnung aufgenommen. **B** *Sminthurides aquaticus* (Symphypleona). Männchen (schwarz) packt mit den eigenen Antennen die Antennen des Weibchens, lässt sich von ihm tragen und zieht es über die vorher abgesetzte Spermatophore. Nach Schaller (1954, 1958) aus Jacobs und Renner (1988).

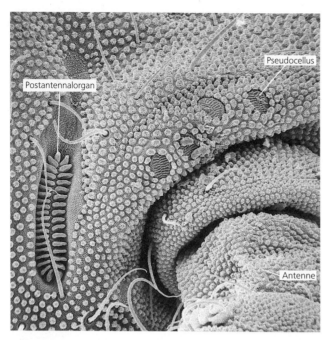

Abb. 983 Collembola. *Onychiurus* sp. Antennenbasis mit Pseudocellen und Postantennalorgan (Funktion unklar). REM-Aufnahmen. Original: G. Eisenbeis, Mainz.

Sackartige Hoden und Ovarien (meroistisch-polytroph) sehr groß, erreichen Mesothorax.

Die Befruchtung ist extern wie bei anderen apterygoten Insekten. Die Spermatophoren sind meist gestielt. Unterschiedliche Balzrituale kommen vor und sichern eine relativ hohe Effizienz der Spermienübertragung. Die Spermatophoren werden meist direkt mit der weiblichen Geschlechtsöffnung aufgenommen (Abb. 981A). Bei Sminthuriden verhaken sich Männchen und Weibchen mit den Antennen. Die Weibchen werden über den Spermatropfen gezogen (Abb. 981B), der meist mit der Genitalöffnung aufgenommen wird, teilweise aber auch von den Weibchen gefressen wird. Häufige Phänomene sind Parthenogenese und Epitokie. Die Eier sind 0,03–0,15 mm lang, hell, centrolecithal und dotterreich. Sie werden als Ballen abgelegt. Die Furchung ist bis zum 8-Zellstadium total und anschließend superfiziell (*Tetrodontophora*), die postembryonale Entwicklung ametabol. Die Zahl der Häutungen vor dem Erreichen der Geschlechtsreife ist relativ niedrig (ca. 6–14). Die Gesamtzahl kann bis zu 50 betragen. Die hohe Zahl der Häutungen ist innerhalb der Insecta ursprünglich.

6.1.1 Poduromorpha

Langgestreckte, meist kleinere Arten; Pronotum deutlich ausgeprägt (Abb. 980).

Tetrodontophora bielanensis (Onychiuridae), „Riesencollembole": 9 mm. Montan. – *Protaphorura armata* (Onychiuridae), 2,3–3 mm; augenlos, unpigmentiert. V. a. im Bodensubstrat, regelmäßig in Blumentöpfen. Kosmopolitisch. – *Hypogastrura assimilis* (Hypogastruridae), 0,9–1,2 mm; Sprunggabel kurz. In zerfallenden organischen Substanzen (z. B. Dung). – *Isotoma saltans*, Gletscherfloh (Isotom-

idae), 3–4 mm. Alpin, an Gletschern, Ernährung von Pollen. – *Podura aquatica* (Poduridae), 1,0–1,5 mm; blauschwarz gefärbt, mit langer Sprunggabel. Auf Wasseroberfläche.

6.1.2 Entomobryomorpha

Langgestreckt, meist relativ groß, mit langen Beinen; Pronotum reduziert, dorsal vom Metathorax überragt. Möglicherweise paraphyletisch und basal innerhalb der Collembola.

Tomocerus flavescens (Tomoceridae), 4,0–6,5 mm; Endglieder der Antennen geringelt; Auf Waldböden. – *Orchesella flavescens* (Entomobryidae), 2,5–5,0 mm; mit auffallendem Färbungsmuster mit gelbem Grund; in feuchten Waldböden.

6.1.3 Symphypleona, Kugelspringer

Körper kompakt bis kugelig; Meso- und Metathorax sowie Abdominalsegmente I-IV weitgehend verwachsen; Ventraltubus stark verlängert, schlauchförmig. Oft exponiert, seltener im Bodensubstrat.

Megalothorax minimus (Neelidae: blinde, cryptische Arten), 0,3 mm. In Laubstreu und Bodensubstrat bis 45 mm. – *Sminthurus viridis*, Luzernenfloh (Sminthuridae), ca. 3 mm; kugelförmig, gelb bis grünblau; teilweise an Kulturpflanzen schädlich; spezielles Balzverhalten. – *Dicyrtomina minuta* (Dicyrtomidae), 2,0–2,8 mm; auf Vegetation in Wäldern.

6.2 Protura, Beintastler

Die erst 1907 entdeckten und weltweit verbreiteten Protura (Abb. 984) sind mit ca. 700 beschriebenen Spezies (ca. 50 in ME) eine der kleinen Ordnungen. In Anbetracht der sehr geringen Größe und verborgenen Lebensweise ist zu vermuten, dass de facto wesentlich mehr Arten existieren.

Die Monophylie ist sehr gut begründet, vor allem durch die völlige Antennenreduktion, den Einsatz der Vorderbeine als Tastorgane, stilettartige Mandibeln und paarige Abwehrdrüsen am Hinterrand des Abdominalsternits VIII. Wahrscheinlich ist auch das zusätzliche Abdominalsegment XII autapomorph.

Proturen sind auf konstant feuchte Mikrohabitate angewiesen. Sie leben in Bodensubstrat, Mulm, Laubstreu und Moos. Die Individuenzahlen können hoch sein. Über die Lebensweise ist wenig bekannt. Vermutlich werden mit den stilettartigen Mandibeln Pilzhyphen ausgesaugt (Mikorrhizen). Es wird keine Spermatophore gebildet. Wahrscheinlich tritt eine einfache Form von Kopulation auf. Parthenogenese kommt vor. Die postembryonale Entwicklung ist ametabol.

Die Tiere sind winzig (meist 0,8–1,3 mm, max. 2,6 mm), unpigmentiert und schwach sklerotisiert. Der Körper ist schlank und subparallel (Abb. 984).

Kopf oval, prognath, ohne Komplexaugen, Ocellen und Antennen. Schläfenorgane erinnern oberflächlich an Augen („Pseudoculus") (Abb. 979B). Clypeolabrum teilweise als spitzes Rostrum ausgezogen. Kopfduplikaturen treffen sich ventromedian. Mandibeln und Maxillen jeweils in getrennten Taschen. Mandibeln stilettartig. Labium bleibt auf ventralen Kopfvorderrand beschränkt. Linea ventralis endet in Halshaut. Innenskelett vor allem aus X-förmigem Tentorium bestehend.

Pronotum primär vorhanden (bei 2 von 3 Teilgruppen reduziert). Überwiegend membranöse dorsale und seitliche prothorakale Elemente gewährleisten hohe Beweglichkeit der Tastbeine. Mesothorax etwas kleiner als Metathorax. Mittel- und Hinterbeine sind alleinige Lokomotionsorgane (funktionelle Quadrupedie). Praetarsus ringförmig, mit unpaaren Klauen, ventralem Empodium und dorsalem Sinnesanhang. Stigmen bei 2 Teilgruppen auf dem Meso- und Metatergum vorhanden.

Abdomen mit 12 Segmenten mit nach hinten abnehmender Größe. Terminalsegmente IX–XII stark verkleinert. Extremitätenreste der Segmente I–III 1- oder 2-gliedrig. Cerci fehlen. Äußere Genitalien bei beiden Geschlechtern ähnlich, liegen in Genitalkammer. Ausstülpbar durch Öffnung zwischen Segmenten XI und XII. Männlicher Apparat (Squama genitalis) mit basalem Periphallus und distalem rückziehbarem Phallus. Paarige distale Elemente des Phallus (Styli) 2-gliedrig. Weibliche Squama genitalis mit dorsal offenem

basalem Halbring (Perigynium) mit direkt ansetzenden paarigen Styli (fast immer mit Acrostylus). Malpighi-Gefäße als kurze Papillen ausgeprägt. Ovarien paarig, sackförmig, meroistisch. Mikrotubulimuster des Spermienaxonems 9 + 0 bis 14+0 oder Flagellum reduziert.

Acerentomoidea. –Thorakalstigmen und Tracheen fehlen; Spermien meist mit Flagellum (Abb. 984).

Fujientomon (Fujientomidae); Familie in China und Japan verbreitet.

Eosentomoidea. – Thorakales Tracheensystem vorhanden, mit Stigmen am Meso- und Metathorax; scheibenförmige Spermien ohne Flagellum.

Eosentomon transitorium (Eosentomidae), 0,7–1,5 mm; u. a. auf Island (65° N) in halbtrockenem Grasboden.

Sinentomoidea. – Thorakales Tracheensystem vorhanden; scheibenförmige Spermien ohne Flagellum.

Sinentomon erythranum (Sinentomidae), ca. 2 mm; Familie in China, Korea und Japan verbreitet.

6.3 Diplura, Doppelschwänze

Die Diplura (Abb. 985) umfassen derzeit ca. 1 000 Arten. Weltweit verbreitet, fehlen aber in Regionen mit extremen klimatischen Bedingungen (Arktis und Antarktis, alpine Gebieten über 3 500 m, Wüsten). Länge meist im Bereich von 4–12 mm. *Atlasjapyx atlas* (Gigasjapyginae) aus Sichuan 5,8 cm!

Die Mononophylie ist durch die ausgeprägte Prognathie (Abb. 986 C) und das 10-segmentige Abdomen begründet, sowie durch den bei beiden Geschlechtern auf einer rückziehbaren Genitalpapille zwischen den Segmenten VIII und IX lokalisierten Gonoporus.

Die langgestreckten und parallelseitigen Dipluren (Abb. 985) sind auf Spalträume mit konstantem Mikroklima spezialisiert. Japygiden kommen bis 1 m Tiefe vor. Manche Arten produzieren Gespinste. Die Campodeidae sind fast durch-

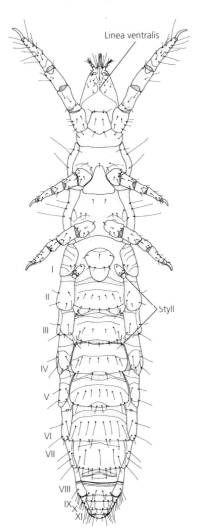

Abb. 984 Protura. *Acerentomon giganteum*, Ventralansicht. Länge 1,8 mm; in Bodensubstrat und Laubstreu in Laubwäldern. Original: B. Balkenhol, Osnabrück.

Abb. 985 Diplura. **A** *Campodea* sp. **B** *Japyx* sp. Maßstab: 1 mm. REM. Original: H. Pohl, Jena.

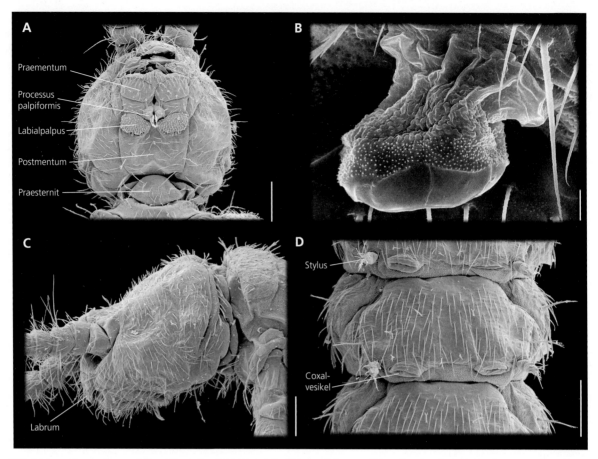

Abb. 986 Diplura. *Campodea* sp. **A** Kopf, Ventralansicht. Maßstab: 100 μm. **B** Ausgestülpter Coxalvesikel. Maßstab: 10 μm. **C** Kopf, Lateralansicht. Maßstab: 100 μm. **D** Abdominalsegmente, Ventralansicht. Maßstab: 100 μm. REM. A, C, D Original: H. Pohl, Jena, B G. Eisenbeis, Mainz.

wegs omnivor (diverse organische Materialien, Mikroorganismen, Aas). Fast alle Japygiden sind räuberisch und packen die Beute mit den zangenförmigen Cerci (s. u.).

Kopf prognath, dorsoventral abgeflacht. Augen und Temporalorgane fehlen. Gliederantennen mit 13–70 Gliedern, lang und dünn (Campodeoidea), verkürzt (Projapygoidea) oder teleskopartig rückziebar (Japygoidea). Entognathie weniger stark ausgeprägt (vgl. Collembola und Protura, s. o.). Linea ventralis fehlt. Primäres Mandibelgelenk reduziert. Längliche Mandibeln durch Quersehne verbunden. Maxillarpalpus 1- bis 3-gliedrig. Labium erreicht Foramen occipitale (Abb. 986 A), in großflächiges Postmentum und Praementum unterteilt. Innenskelett umfaßt vordere und kurze hintere Tentorialapodeme und ligamentöse Elemente.

Prothorax klein. Meso- und Metathorax etwa gleich groß, ähnlich ausgeprägt. Beine der Japygidae verkürzt. Tarsus 1-gliedrig. Praetarsus sehr klein, mit langen paarigen Klauen, teilweise mit medianem Dactylus. Thorax mit 2–4 Stigmenpaaren.

Abdomen 10-segmentig. Coxalplatten völlig mit Sterniten verwachsen (Coxosternite). Coxalbläschen (Abb. 986 B) und Styli (Abb. 986 D) je nach Gruppe an verschiedenen Segmenten vorhanden (z. B. zapfenförmige Styli an Segmenten I–VII [Japygoidea]). Cerci inserieren am terminalen Segment X; filiform und vielgliedrig bei den Campodeoidea, stark skle-

rotisiert und zangenförmig bei den Japygoidea (Abb. 985). Abdominale Stigmen an Segmenten I–VII (Projapygoidea, Japygoidea) oder fehlend (Campodeoidea). Tracheensystem gut entwickelt. Malpighi-Papillen ähnlich wie bei Proturen. Fehlen bei *Japyx*.

Männchen setzen pro Woche 200 gestielte Spermatophoren ab. Ein direkter Kontakt mit den Weibchen wurde noch nicht beobachtet. Befruchtung im Atrium der weiblichen Geschlechtsöffnung. Brutpflege bei Japygiden. Furchung nach dem 6. Teilungsschritt superfiziell. Erstes Stadium von Embryonalmembran eingeschlossen, noch nicht aktiv beweglich. Nach Erreichen der Geschlechtsreife (9–11 Stadien) finden weitere Häutungen statt (vgl. Collembola).

6.3.1 Rhabdura

Cerci filiform, vielgliedrig; Mandibeln mit Prostheca; Styli beborstet.

Campodea staphylinus, C. fragilis, C. plusiochaeta (Campodeidae), ca. 3 mm; unpigmentiert (Abb. 985A). In Bodensubstrat, Bodenspalten und unter Rinde (vermutlich kosmopolitisch). – *Projapyx* spp. (Projapygidae), 7 Arten, Westafrika und Brasilien.

6.3.2 Dicellurata

Cerci sklerotisert, 1-gliedrig, zangenförmig; Antennen teleskopartig einziehbar; Ovarien erscheinen segmental gegliedert.

Parajapyx (Parajapygidae), ca. 1 mm, eine der kleinsten Arten.

Ectognatha (= Insecta s.str.)

Eine der am besten abgesicherten Großgruppen. Autapomorph sind die Geißelantenne mit Johnstonschem Organ (Abb. 953A, 964B), die Abkopplung der Antennenherzen von der Aorta cephalica (Abb. 962), der mehrgliedrige Tarsus, der deutlich reduzierte Praetarsus, der aus Gonopoden der Segmente VIII und IX gebildete Ovopositor (Abb. 965) und ein vielgliedriges Terminalfilament (Abb. 987A, 990, 995). Die freiliegenden Mundwerkzeuge (Ectognatha) sind plesiomorph. Die am Ende des Perm ausgestorbenen †Monura gehören zur Stammlinie. Ursprünglich gegenüber den übrigen Ectognatha sind die ungegliederten Tarsen und der kurze Ovipositor.

6.4 Archaeognatha, Felsenspringer

Die Archaeognatha (Abb. 987) umfassen derzeit ca. 500 Arten. Sie sind weltweit verbreitet und kommen in einem breiten Spektrum von Lebensräumen vor, in Gebirgen bis zu 5 000 m Höhe, in der Polarregion, in arktischen Tundren, im marinen Küstenbereich und im tropischen Regenwald. Typische Habitate sind Geröllzonen und Seeufer. Felsenspringer sind bodenorientiert und feuchtigkeitsliebend. Nur wenige Arten sind relativ resistent gegen Trockenheit. Wasser kann über Coxalbläschen aufgenommen werden. Das Nahrungsspektrum umfasst vor allem Algen, Flechten und Moose. Fluchtsprüngen (10–20 cm) geht eine charakteristische Buckelbildung voraus. Beteiligt sind auch die langen Maxillarpalpen, die Vorderbeine, die Cerci und das Terminalfilament. An der normalen Fortbewegung sind die Maxillarpalpen nicht beteiligt, sie werden aber beim Klettern eingesetzt.

Mittelgroß (meist 10–15 mm, max. 25 mm), mit mit stark verlängerten 7-gliedrigen Maxillarpalpen (ähnlich bei den †Monura). Sprungvermögen mit spezifisch modifizierter thorakaler Muskulatur (Autapomorphie). Meso- und Metatrochantinus sowie abdominales Stigma I reduziert (Autapomorphien).

Körper tropfenförmigen, dorsal deutlich gewölbt. Cuticula überwiegend dünn und elastisch. Mit cuticulären Schuppen und zahlreichen Sinneshaaren und Drüsen. In das Integument eingelagerte Pigmente und irisierende Schuppen können Farbmuster erzeugen.

Kopf orthognath, hinten leicht eingezogen. Sehr große Komplexaugen stoßen dorsomedian aneinander (Autapomorphie) (Abb. 987A). Drei Ocellen. Postocciptalleiste nicht durchgehend. Basen der filiformen, vielgliedrigen Geißelantennen einander angenähert. Scapus wesentlich größer als übrige Antennomere. Längliche Mandibeln nur durch primäres Gelenk verankert (s. o.). Plattenförmige Mola meist vorhanden. Maxillarpalpus 7-gliedrig, sehr kräftig (Abb. 987A). Labium mit Postmentum, median geteiltem Praementum, zweilappigen Glossae und Paraglossae und 3-gliedrigen Palpen. Hypopharynx mit paarigen Superlinguae und unpaarer Lingua (hinten durch Suspensorium verbunden). Kopfinnenskelett mit tentorialen (sklerotisierten) und ligamentösen Elementen. Vordere und hintere Tentorialarme noch getrennt. Tentorialbrücke vorhanden. Tentoriale Mandibelmuskeln stark ausgeprägt (Plesiomorphie). Speicheldrüsen, Mandibeldrüsen und traubenförmige Drüsen stehen mit Praeoralraum in Verbindung.

Thorax mit breiten Paratergalloben (Paranota, seitliche Duplikaturen der ungeteilten Tergite). Große Mesotergite und etwas kleinere Metatergite stark gewölbt. Meso- und Metathorax starr verbunden. Große Meso- und Metacoxae mit Styli (Autapomorphie?). Tarsen meist 3-gliedrig, selten 2-gliedrig. Praetarsus stark reduziert, mit paarigen Klauen.

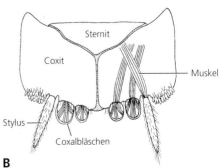

Abb. 987 Archaeognatha. **A** *Lepismachilis y-signata*, Lateralansicht. Maßstab: 0,5 mm. REM. Original: H. Pohl, Jena. **B** Sternalregion des 3. Abdominalsegments von *Machilis* sp. Nach Seifert (1970).

Wenige Gattungen (z. B. *Meinertellus*) mit Gruppen von spezialisierten Hafthaaren (Scropulae). Torsion von thorakalen Muskeln (Sprungmechanismus, auch abdominale Muskeln bei den Machilidae).

Abdomen 11-segmentig, mit Paratergalloben. Kleine Sternite ventral von großen Coxiten flankiert (an Segmenten II–IX mit Styli) (Abb. 987B). Segmente I–VII mit 1–2 Paar Coxalbläschen. Segment X mit vielgliedrigem Terminalfilament und kürzeren Cerci. Männliche und weibliche Gonopoden inserieren auf Coxiten VIII und IX. Tergit XI und Sternite X und XI reduziert. Ovipositor mit paarigen Gonocoxen VIII und IX, Gonostylus IX, und geringelten Gonapophysen VIII und IX (Abb. 965B). Männlicher Geschlechtsapparat mit Penis (Acdeagus und Phallobasis) und gegliederten Parameren (inserieren am Segment IX, teilweise auch am Segment VIII). Transversale Anastomosen des Tracheensystems fehlen weitgehend oder völlig. Mitteldarm mit 6 Caeca. Ca. 20 schlanke Malpighi-Gefäße. Herz mit 11 Paar Ostien. Genitalöffnungen am Segment IX. Ovariolen panoistisch. Vasa deferentia beider Seiten durch Quergänge verbunden, dazwischen medianes Reservoir.

Spermien werden indirekt übertragen, aber mit Kontakt zwischen Weibchen und Männchen und spezifischen Balzmustern. Spermientropfen werden meist auf Trägerfäden aus Sekreten abgesetzt, aber direkt auf dem Ovipositor bei *Petrobius*. Von Weibchen werden 15–30 Eier in kleinen Aushöhlungen im Bodensubstrat abgelegt. Furchung zunächst total, dann superfiziell. Blastokinese mit Bildung einer Amnionhöhle (Abb. 988). Dauer der postembryonalen Entwicklung 3–12 Monate. Erstes Stadium schlüpft ohne Schuppen und lange Setae (Makrosetae). Sprengung der Eihülle mit den Laciniae. Schuppen erscheinen nach der 2. Häutung, Styli und Gonapophysen erst später. Geschlechtsreife ab dem 8. oder 9. Stadium, danach weitere Häutungen. Maximales Alter 3 Jahre.

Lepismachilis y-signata (Machilidae) (Abb. 987A), 8,5–0 mm; u. a. Geröllzonen, ME. – *Petrobius brevistylis*, (Machilidae), 12–15 mm; Küstenform, Spritzwasserzone, Nord- und Ostsee.

Dicondylia

Die Dicondylia (Zygentoma + Pterygota) sind die Schwestergruppe der Archaeognatha. Die wichtigste Autapomorphie ist das Vorhandensein eines **sekundären Mandibelgelenkes** (Abb. 989B), das meist von einem Condylus am clypealen Außenrand und einer Gelenkgrube der Mandibelbasis gebildet wird. Dieses Gelenk, das bei den Zygentoma noch als eine Gleitschiene ausgebildet ist, reduziert die Freiheitsgrade der Mandibel und ermöglicht kräftigere und gezielte Beißbewegungen. Dadurch können härtere Substrate verarbeitet werden, und das Nahrungsspektrum wird gegenüber den basalen Gruppen (z. B. Pilzhypen, Algen, Mikroorganismen, zerfallende pfanzliche Materialien) erweitert. Weitere Autapomorphien sind die Fusion der vorderen und hinteren Tentorialarme und möglicherweise das **Gonangulum**, ein kleines Sklerit, das die proximalen Ovipositorelemente (Gonocoxen) der Segmente VIII und IX verbindet. Im Tra-

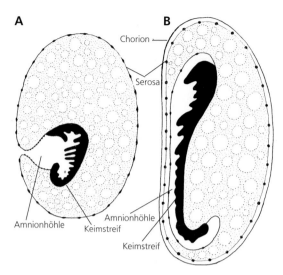

Abb. 988 Keimhüllen. **A** Archaeognatha. Versenkung des Keimstreifens in den Dottervorrat, Amnionhöhle bleibt offen. **B** Zygentoma und Pterygota. Amnionhöhle geschlossen. A Nach Kaestner (1973); B nach verschiedenen Autoren.

cheensystem sind Quer- und Längsanastomosen ausgebildet. Die Amnionhöhle wird im Gegensatz zu den Archaeognatha geschlossen (Abb. 970, 971, 988).

6.5 Zygentoma, Silberfischchen

Die Zygentoma (Abb. 990) sind mit ca. 510 Arten (5 in ME) ähnlich artenarm wie die Archaeognatha. Es besteht zwischen beiden Taxa eine beträchtliche Ähnlichkeit im Habitus (s. u.), obwohl entgegen der traditionellen Auffassung („Thysanura") keine unmittelbare Verwandtschaft besteht. Die Zygentoma sind weltweit verbreitet, mit der höchsten Diversität in tropischen und subtropischen Regionen.

Die Monophylie ist umstritten. Mögliche Autapomorphien sind das Fehlen der hypopharyngealen Superlinguae und die Spermienkonjugation. Unklar ist die Stellung der Lepidotrichidae (1 Art im nördlichen Kalifornien: *Tricholepidion gertschi*). Möglicherweise ist *Tricholepidion* die Schwestergruppe der gesamten übrigen Dicondylia. Plesiomorph ist etwa das Vorhandensein eines ligamentösen Kopfinnenskeletts. Es fehlt bei allen übrigen Zygentoma und bei allen Gruppen der Pterygota.

Die Zygentoma bevorzugen meist feuchte Lebensräume und höhere Temperaturen, vermeiden aber direktes Sonnenlicht. Es besteht eine Tendenz zu einer cryptischen Lebensweise. Die Nicoletiidae und Protrinemuridae sind augenlos und leben in Höhlen, Spaltensystemen oder in Nestern von Ameisen oder Termiten. *Lepisma saccharina* ist ein kosmopolitischer Kulturfolger. Das Nahrungsspektrum ist breit. Viele Arten sind anspruchslose Allesfresser (z. B. Pilzhypen, Algen, Getreidekörner, Zellstoff, Trockenfleisch, Aas von Artgenossen).

Größe (ohne terminale Anhänge) 1,4–20 mm (meist ca. 12–15 mm). Meist mit silbrig glänzenden cuticulären Schup-

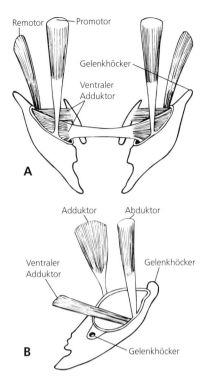

Abb. 989 Mandibeln. **A** Monocondyl. **B** Dicondyl. Mandibeln mit einem (A, rotierende Bewegungen) oder zwei (B, eine Bewegungsebene) Gelenken verankert. Nach Willmann (2005).

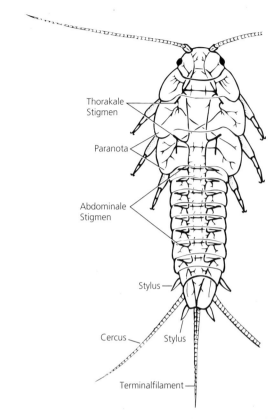

Abb. 990 Zygentoma. *Lepisma saccharina*, Silberfischchen. Mit Tracheensystem. Nach Weber und Weidner (1974).

pen („Silberfischchen") (Abb. 991). Körper tropfenförmig, mit langen Cerci und langem Terminalfilament (vgl. Archaeognatha). Sekundäres Mandibelgelenk vorhanden, Lichtsinnesorgane meist deutlich reduziert, Körper nicht auffallend gewölbt. Fragil, oft blaß oder völlig unpigmentiert.

Kopf orthognath (Abb. 991). *Tricholepidion* mit deutlich entwickelten Ocellen und großen Komplexaugen. Lichtsinnesorgane sonst deutlich oder völlig reduziert. Postoccipitalleiste durchgehend. Frontoclypealleiste vorhanden. Lange, filiforme Antennen inserieren über Einlenkung der Mandibel. Sekundäres Mandibelgelenk als Gleitschiene ausgebildet. Mit kleinen Tuberkeln besetzte Mola vorhanden. Transversale Mandibelsehne nur bei *Tricholepidion* erhalten. Maxillarpalpus nicht verlängert. Praementum mit medianer Längsfurche und ungeteilten Glossae und Paraglossae. Palpen 4-gliedrig. Apikales Palpomer meist verbreitert, mit spezifischen Sensillen. Vordere und hintere Tentorialarme verbunden. Plattenförmiges Corpotentorium teilweise vorhanden. Paarige Labialnieren und 2 Paar Speicheldrüsen mit Praeoralraum verbunden.

Thorax nur leicht gewölbt. Mit deutlich ausgeprägten Paratergalloben (Abb. 990) (vgl. Archaeognatha). Coxen groß, abgeflacht, an den Sterniten anliegend, nach hinten gerichtet. Maximal 5 Tarsomere. Reduzierter Praetarsus mit 2 seitlichen Klauen und einer oder mehreren Mittelklauen.

Abdomen 11-segmentig, deutlich gegen Thorax abgegrenzt (Abb. 990). Tergite schwach gewölbt. Coxalbläschen nur bei *Tricholepidion* vorhanden (Segmente II–VII). Styli an Segmenten II–IX oder Segmenten VII–IX inserierend oder fehlend. Gonangulum deutlich. Tracheensystem mit Anasto-

mosen (vgl. Pterygota). Vorderdarm meist mit langem Kropf und teilweise mit Proventriculus. Ovarien mit 2–7 panoistischen Ovariolen. Spermathecae und akzessorische Drüsen münden in Genitalatrium.

Meist zweigeschlechtlich. Parthenogenese bei *Nicoletia*. Befruchtung über extern abgesetzte Spermatophoren. Männchen von *Lepisma* setzen Signalfäden ab. Furchung im Gegensatz zu den Archaeognatha durchgehend superfiziell. Amnionhöhle geschlossen.

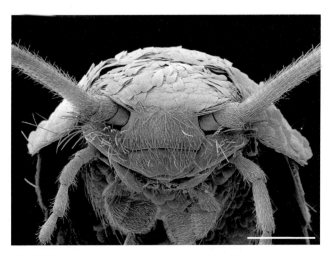

Abb. 991 Zygentoma. *Lepisma saccharina*, Silberfischchen. Frontalansicht. Maßstab: 500 µm. REM. Original: H. Pohl, Jena.

Tricholepidion gertschi (Lepidotrichidae), ca. 12 mm; Nordkalifornien, 1961 entdeckt. – *Lepisma saccharina* (Lepismatidae), 9–11 mm; mit silbrig glänzenden Schuppen. Kosmopolitisch, Kulturfolger, v. a. in feuchten Badezimmern (Abb. 990, 991). – *Thermobia domestica*, Ofenfischchen (Lepismatidae), 9–10 mm; mit gelb-schwarzem Farbmuster; thermophil, mediterran, oft synanthrop in Bäckereien. – *Atelura formicaria* (Nicoletiidae), 4–7 mm; gelb, mit glänzenden Schuppen; augenlos; in Ameisennestern.

Pterygota, Fluginsekten

Die wichtigste evolutive Innovation innerhalb der Insecta ist das Auftreten der meso- und metathorakalen **Flügel**. Diese Apomorphie begründet die Monophylie der Pterygota, die ca. 99% aller Arten umfassen. Die Flügel sind wahrscheinlich am Ende des Devons entstanden, aus meso- und metathorakalen Paratergalloben (s. Archaeognatha und Zygentoma; Abb. 990), oder nach anderer Auffassung aus kiemenartigen Anhängen der Extremitätenbasen. Aus der Flugfähigkeit resultiert ein wirksamer Fluchtmechanismus, vor allem aber ein qualitativ verbessertes Ausbreitungspotential. Daraus erklärt sich die beispiellose Entfaltung der Pterygota. Die frühesten bekannten pterygoten Insekten gehören zu den ausgestorbenen †Paoliidae (z. B. †*Kemperala*, Mittelkarbon, ca. 320 Millionen Jahre).

Die aus einer dünnen Cuticula-Doppelschicht (mit stark abgeflachter 2-lagiger Epidermis) bestehenden Flügel mit

spezifischen Gelenkstrukturen sind ein komplexes Merkmal (Abb. 942), bei dem man konvergentes Entstehen ausschließen kann. Das der Versteifung dienende Geäder ist in seinen Grundzügen weitgehend konstant. Es besteht vor allem aus den alternierend auf einem jeweils erhöhten bzw. abgesenkten Niveau angeordneten Längsadern (Knitterstruktur). Zum Grundplan der Pterygota gehört wahrscheinlich ein netzartiges Archedictyon (z. B. Ephemeroptera; Abb. 993), das aber bei den meisten Gruppen bis auf relativ wenige Queradern reduziert ist. Die hohlen Längsadern sind mit Nerven, Tracheen und Hämolyphe versorgt. An der Flügelbasis sind meist pulsatile Organe vorhanden (Abb. 962A).

Der große Vorderteil der Flügel (Abb. 998) wird als Costalfeld oder Remigium bezeichnet. Die Costa (C) am Vorderrand liegt immer auf einem erhöhten Niveau, während die folgende Subcosta (Sc) abgesenkt ist. Die folgenden sich distal verzweigenden Längsadern des Costalfeldes sind der Radius (R), die Media (M) und der Cubitus (Cu). Der abschließende Postcubitus (Pcu) ist unverzeigt. Hinter dem Costalfeld liegt das Analfeld (Vannus) (Abb. 998, meist durch eine Längsfalte (Plica analis) abgegrenzt. Es wird durch die unverzweigten Analadern (An) unterteilt. Ein kleines, ungeteiltes Jugum am basalen Flügelhinterrand kann vorhanden sein oder fehlen.

In der Regel sind an der Ansatzstelle der Flügel 3 Gelenkstücke, die Axillaria (Pteralia) vorhanden (Abb. 942B). Distal davon in der Flügelbasis liegen bei den Neoptera die Mittelplatten (Mpl1 und 2). Ansatzstellen von direkten Flugmuskeln sind das Basalare und Subalare, sklerotisierte Elemente zwischen dem Notum und der Pleura. Eine wichtige funk-

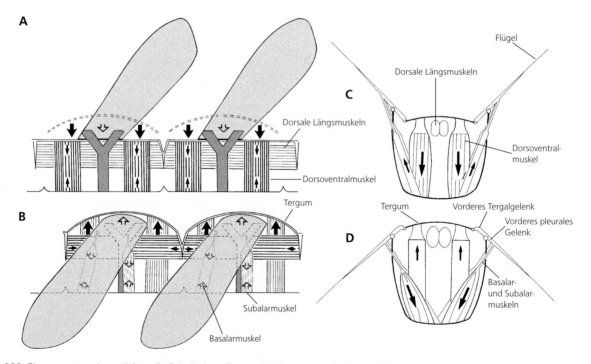

Abb. 992 Flugapparat, schematisiert. **A, B** Indirekter Flugmechanismus (v. a. indirekte Flugmuskeln, Segmente werden in Schwingung versetzt, Tergalwölbung), Ephemeroptera und Neoptera. Meso- und Metathorax in Seitenansicht. Abflachung (**A**) und Aufwölbung (**B**) des Tergums führen zum Auf- und Anschlag. Dorsoventralmuskeln wirken bei Kontraktion (Pfeile in A) als indirekte Heber, dorsale Längsmuskeln als Senker (Pfeile in B). Abschlag wird durch direkte Senker (Basalar- und Subalarmuskeln) unterstützt (offene Pfeile). **C, D** Schema des Flügelantriebs (Tergalplattenmechanismus) bei Libellen (Odonata). Querschnitt eines Flügelgelenks. Flügel wird beim Auf- (**C**) und Abschlag (**D**) um den pleuralen Flügelgelenkkopf bewegt. Die dorsoventralen indirekten Flugmuskeln heben den Flügel durch Senkung des starren Tergum das auf- und abbewegt wird. Die direkten Senker (Basalar- und Subalarmuskeln) bewirken den Abschlag. Dicke Pfeile zeigen Muskelkontraktion an. Kleine Tergopleuralmuskeln nicht dargestellt A, B Nach Pfau (1991); C, D nach einem Original von H. K. Pfau, Hünstetten-Wallbach.

tionelle Rolle spielt ein Klickmechanismus am pleuralen Flügelgelenk (Abb. 942B). Der Hauptantrieb wird bei allen Gruppen außer den Libellen durch dorsale und dorsoventrale indirekte Flugmuskeln erzeugt, deren sehr schnelle alternierende Kontraktion die ganzen Segmente in Schwingung versetzt (Abb. 992). Dabei spielt auch die spezifische Struktur (z. B. durch Leisten und Schwächezonen unterteiltes Notum) und die Eigenelastizität des Meso- und Metathorax eine wichtige Rolle.

Die Frequenz der Flügelschläge pro Sekunde variiert erheblich. Ca. 15–20 Schlägen bei Eintagsfliegen stehen etwa 200 bei *Musca domestica* gegenüber. Die Maximalzahl liegt bei ca. 1 000. Bei niedriger Schlagfrequenz werden die Kontraktionen durch Nervenimpulse ausgelöst (synchrone Flugmuskeln), bei hoher Frequenz ganz überwiegend durch vorhergehende Dehnung der großen indirekten Flugmuskeln (asynchrone Flugmuskeln).

Innerhalb der Pterygota treten Kopplungsmechanismen zwischen beiden Flügelpaaren auf. Diese funktionelle Zweiflügligkeit hat sich vielfach unabhängig entwickelt (z. B. Psocoptera, Hymenoptera). Insekten mit funktioneller Vierflügligkeit (z. B. Plecoptera, Megaloptera) sind fast immer mäßige Flieger. Exzellente Flugeigenschaften haben die Dipteren und Strepsipteren, bei denen jeweils ein Flügelpaar zu Schwingkölbchen umgebildet ist (anatomische Zweiflügligkeit).

Die flugfähigen Insekten sind meist stärker exponiert als die bodenorientierten und oft kryptisch lebenden Apterygoten. Die epicuticuläre Wachschicht (Autapomorphie), durch die der Verdunstungsschutz deutlich verbessert wird, ist in diesem Kontext zu sehen.

Neben den Flügeln ist die innere Befruchtung mit einem mehr oder weniger komplexen **Aedeagus** (Kopulationsapparat) (Abb. 967A) eine wichtige evolutive Innovation der Pterygota. Es ist aber unklar, ob dieses apomorphe Merkmal zum Grundplan gehört. Die Spermienübertragung findet bei den Libellen auf eine grundlegend andere Weise statt (sekundäres Kopulationsorgan). Die bei vielen Gruppen hochgradig artspezifisch ausgeprägten männlichen Genitalien spielen in der Taxonomie eine sehr wichtige Rolle. Viele Arten lassen sich nur anhand von Genitalmerkmalen definieren und identifizieren. Bei einigen Gruppen passen männliche und weibliche Genitalstrukturen präzise ineinander, wodurch artfremde Befruchtung verhindert wird (z. B. Carabidae, Noctuidae). Dieses Schlüssel-Schloß-Prinzip ist innerhalb der Pterygota aber nicht generell verwirklicht. Nach neueren Untersuchungen lässt sich die große Vielfalt und Komplexität der männlichen (!) Genitalien vor allem auf sexuelle Selektion (*cryptic female choice*) zurückführen.

Palaeoptera oder Metapterygota?

Die Eintagsfliegen und Libellen stehen an der Basis der Pterygota. Plesiomorph gegenüber den Neoptera, die alle folgenden Gruppen umfassen, ist die fehlende Fähigkeit, die Flügel über dem Abdomen zurückzuklappen (Neopterie). Ein Schwestergruppenverhältnis zwischen den Ephemeroptera und Odonata (**Palaeoptera**) wurde von W. HENNIG (1969) und auch von J. KUKALOVÁ-PECK (1991) vertreten. Vor allem

basierend auf Merkmalen in Zusammenhang mit der Mandibelartikulation wurde in den letzten 10 Jahren ein Schwestergruppenverhältnis Odonata + Neoptera favorisiert (**Metapterygota**). Eine mögliche Synapomorphie dieser beiden Gruppen ist auch der Wegfall der Subimago (keine Häutung des geflügelten praeimaginalen Stadiums). Aktuelle morphologische und molekulare Untersuchungen unterstützen übereinstimmend wieder die Palaeoptera.

6.6 Ephemeroptera, Eintagsfliegen

Die Ephemeroptera (Abb. 993) umfassen ca. 3 100 beschriebene Arten (ca. 120 in ME). Die Verbreitung ist weltweit mit Ausnahme der arktischen Region und der Antarktis. Die meisten Arten kommen in den Tropen vor.

Autapomorphien sind die reduzierten Mundwerkzeuge und der luftgefüllte Darm der Imagines, die vergrößerten Komplexaugen der Männchen (Abb. 994), die deutlich verkleinerten Hinterfügel, die seitlichen abdominalen Tracheenkiemen der Larven (Abb. 995) und die extreme Kurzlebigkeit der Imagines („Eintagsfliegen"). Plesiomorph ist die fehlende Fähigkeit, die Flügel zurückzuklappen, und die Subimaginalhäutung.

Eintagsfliegen sind meist mittelgroß (2–50 mm) und ausgesprochen fragil. Die Imagines sind an den ungleich großen starren Flügeln und den 3 langen Terminalanhängen (Cerci, Terminalfilament) leicht zu erkennen, die Larven an den seitlichen Tracheenkiemen.

Kopf mit großen Komplexaugen (teilweise turbanartig, bei Männchen teilweise vollständig unterteilt) und 3 Ocellen (Abb. 994). Antennen kurz, Flagellum borstenförmig. Imaginale Mundwerkzeuge stark reduziert. Meist nur mit deutlich

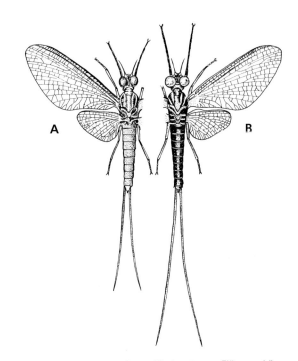

Abb. 993 Ephemeroptera. *Isonychia ignota*, an Flüssen; Länge ca. 15 mm. **A** Subimago. **B** Imago, Weibchen. Nach Weber (1933).

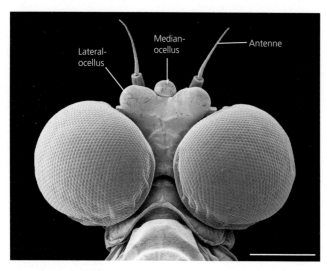

Abb. 994 Ephemeroptera. Kopf, Dorsalansicht. Maßstab: 500 μm. REM. Original: H. Pohl, Jena.

reduzierten Maxillen und dem Labium (entsprechend deutliche Reduktion des Suboesophagealganglions). Kopftracheen mit erweitertem Bereich (Palménsches Organ).

Prothorax deutlich reduziert. Mesothorax vergrößert und dorsal stark aufgewölbt, bildet kompakte funktionelle Einheit mit dem Metathorax. Mesonotum in Praescutum, Scutum und Scutellum unterteilt. Verkleinerter Metathorax ohne Praescutum. Beine meist schwächer entwickelt als bei Larven, häufig mit Reduktionserscheinungen. Vorderbeine der Männchen meist verlängert, dienen dem Ergreifen der Weibchen. Eine der beiden Endklauen oft als Haftstruktur modifiziert (Klauenpolster). Ruhestellung der starren Flügel vertikal. Geäder netzförmig (Archedictyon). Analfeld reduziert. Hinterflügel stets kleiner, teilweise fehlend. Kopplungsmechanismen fehlen. Indirekte Flugmuskeln (Abb. 992A) stark entwickelt.

Abdomen mit 10 deutlich entwickelten Segmenten. Sternit X fehlt. Cerci lang, vielgliedrig, inserieren an rudimentärem Segment XI (ventrales Sklerit, Paraproct). Terminalfilament

selten reduziert. Orthopteroider Ovipositor fehlt. Weibliches Sternit VII teilweise modifiziert (Ersatzlegebohrer?). Penis paarig. Caudale Verlängerung des männlichen Sternit IX und daran inserierende segmentierte Gonostyli bilden Klammerapparat. Ovariolen panoistisch oder meroistisch. Mitteldarm mit Luft gefüllt, vom Vorder- und Hinterdarm getrennt. Anzahl der Malpighi-Gefäße zwischen 40 und 160.

Die **Larven** leben in einer großen Bandbreite von aquatischen Lebensräumen (z. B. algenbewachsene überrieselte Felsen [hygropetrische Habitate], Brackwasser), typischerweise unter Steinen, zwischen Wasserpflanzen oder im Sediment. Es gibt zylindrische Gräber, Schlängler, abgeflachte Larven, die sich auf oder unter Steinen in stärkerer Strömung aufhalten, und freischwimmende Formen. In Holz minierende Larven sind eine seltene Ausnahme. Das Nahrungsspektrum der mit gut entwickelten Mundwerkzeugen ausgestatteten Larven ist breit (Algen, Diatomeen, Pilze, Detritus [Filtrierer]; wenige räuberische Arten). Tracheenkiemen sind erst nach dem zweiten Stadium vorhanden.

Die Weibchen legen im Schnitt 150–200 große Eier ab. Wie bei den apterygoten Gruppen finden zahlreiche Häutungen statt (20–40). Im Gegensatz zu den übrigen pterygoten Insekten häutet sich ein geflügeltes Stadium, die Subimago. Die Dauer der Entwicklung ist taxon- und temperaturabhängig (16 Tage bis mehrere Jahre). Das letzte Larvenstadium häutet sich an der Wasseroberfläche oder am Gewässerrand. Die geflügelte Subimago ist heller als geschlechtsreife Tiere. Typisch ist synchronisiertes Schlüpfen. Eintagsfliegen können in ungeheuren Massen auftreten („Uferaas", „Theissblüte"). Die Kopulation findet in der Luft statt. Männchen bewegen sich in Schwärmen rhythmisch auf und ab („Tanzflug"). In den Schwarm einfliegende Weibchen werden von den Männchen mit den Vorderbeinen gepackt, und das Abdomen wird mit dem Klammerapparat fixiert. Die Eiablage erfolgt unmittelbar nach der Kopulation. Die Eier werden abgeworfen oder an der Wasseroberfläche abgesetzt. Teilweise reißt dabei das Abdomen auf und setzt so die Eier frei. Die Lebensdauer der geschlechtsreifen Tiere ist extrem kurz, zwischen wenigen Minuten bis maximal 4 Tagen.

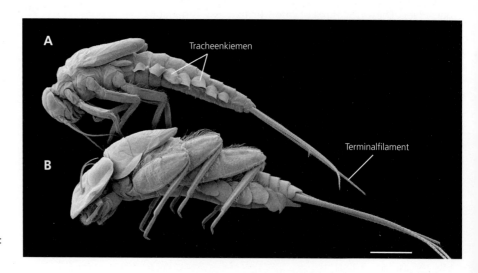

Abb. 995 Ephemeroptera. Larven.
A Baetidae. **B** Heptageniidae. Maßstab:
1 mm. REM. Original: H. Pohl, Jena.

Siphlonuroidea

Vor allem durch Plesiomorphien charakterisiert, möglicherweise paraphyletisch. Vor allem größere Arten mit schwimmenden Larven.

Siphlonurus aestivalis (Siphlonuridae), 11–14 mm (ohne Terminalanhänge); Terminalfilament sehr kurz; Larven v. a. in kleinen Flüssen; ernähren sich von Kleinstorganismen.

Baetoidea

Durchwegs kleinere Arten; Männchen mit Turbanaugen.

Cloeon dipterum (Baetidae), 8–10 mm; Hinterflügel fehlen; bilden oft große Schwärme; Weibchen ovovivipar; Larven in stehenden Gewässern; Ernährung von Detritus und Algen.

Baetiscoidea

Larvaler Thorax carapaxartig.

Baetisca columbiana (Baetiscidae), 6 mm; Columbia River (Washington).

Weitere Überfamilien sind die Heptageniodea (v. a. größere Formen, Larven teilweise passive Filtrierer), die Leptophlebioidea (sehr artenreich, mittelgroße Larven vom Schlängler-Typ), die Ephemeroidea (meist große Formen mit Massenemergenz, Larven fast immer vom grabenden Typ), die Ephemerelloidea (mittelgroße bis kleine Formen, oft mit Massenemergenz, larvale Flügelscheiden weitgehend verschmolzen) und die Caenoidea (bilden wahrscheinlich ein Monophylum mit den Ephemerelloidea, larvale Flügelscheiden weitgehend verschmolzen, meist kleine Formen).

6.7 Odonata, Libellen

Die Libellen (Abb. 996) sind wie die Ephemeroptera ein mittelgroßes Taxon (ca. 5 600 Arten, 85 in ME). Sie sind weltweit verbreitet.

Zahlreiche Autapomorphien, z. B. schräggestellte Pterothorakalsegmente, langes, stabförmiges Abdomen, Fangmaske der Larven. Charakteristisch sind auffallende Farbmuster. Große bis sehr große Insekten (max. 15 cm, meiste Arten 3–9 cm), oft ausgesprochen dekorativ. Die größten bekannten Insekten waren permische Libellen (†*Meganeura*) (Flügelspannweite über 60 cm).

Kopf groß, orthognath, mit riesigen Komplexaugen (Abb. 997A) (bis zu 30 000 Ommatidien) und 3 Ocellen, durch stark eingeengtes Foramen occipitale sehr beweglich (wirkt im Flug als Fliehkraftsinnesorgan in Zusammenspiel mit Sinnespolstern der Halsregion; Autapomorphie). Antennen kurz, mit borstenförmigem Flagellum. Mundwerkzeuge orthopteroid. Sekundäres Mandibelgelenk als Kugelgelenk ausgebildet. Palpen 1-gliedrig. Apikales Maxillarpalpenglied zugespitzt. Glossae und Paraglossae zu unpaarem, medianem Lobus verwachsen.

Prothorax klein, beweglich mit Pterothorax verbunden. Pterothorakale Segmente schräggestellt (Abb. 997A). Be-

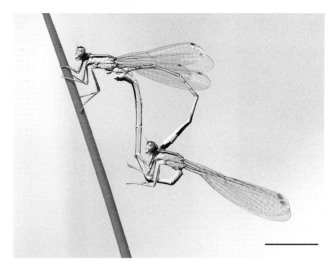

Abb. 996 Odonata. *Ischnura elegans*. Paarungsrad. Maßstab: 1 cm. Original: A. Kreienbrink, Erfurt.

dornte Beine nach vorn orientiert, bilden im Flug Fangkorb (dienen nicht als Laufbeine). Tarsen 3-gliedrig. Haftstrukturen fehlen. Flügel transparent, starr abgespreizt (vgl. Ephemeroptera), reich geädert, tragen am Vorderrand mit Hämolyphe gefülltes pigmentiertes Pterostigma (Abb. 996, 997A). Vorder- und Hinterflügel werden unabhängig voneinander bewegt. Antrieb (im Gegensatz zu den übrigen Pterygota) fast ausschließlich durch direkte Flugmuskeln.

Abdomen 11-segmentig, lang, meist zylindrisch (abgeflacht bei manchen Libelluliden), dient im Flug als Stabilisator. Cerci unsegmentiert, meist kurz, inserieren am Hinterrand von Segment X. Bilden Klammerapparat mit Paraprocten oder dem Epiproct (Segment XI) (Abb. 997A). Sekundärer Kopulationsapparat der männlichen Abdomenbasis vom Sternit II und Teilen des Sternit III gebildet, mit Lamina anterior, 2 paarigen seitlichen Klammerorganen (Hamuli anteriores und posteriores), medianer Ligula und Vesicula seminalis. Funktioneller Penis von verschiedenen Elementen gebildet. Ovipositor vorhanden (Zygoptera, einige Gruppen der Anisoptera) oder reduziert. Hinterer Bereich des Vorderdarms mit Kropf und Proventriculus. Anzahl der Malpighi-Gefäße 50–200. Längliche Ovarien bestehen aus zahlreichen panoistischen Ovariolen. Vagina dorsal als Bursa copulatrix erweitert.

Das einzigartige Paarungsverhalten (Autapomorphie) läuft in 3 Phasen ab: Nach artspezifischem Balzverhalten ergreifen die Männchen die Weibchen mit den Beinen (präkopulatorisches Tandem). Danach krümmen die Männchen ihr langes Abdomen ein und füllen ihr sekundäres Kopulationsorgan an der Geschlechtsöffnung am Segment IX. Dann werden die Weibchen mit dem abdominalen Klammerapparat ergriffen, entweder in der Nackenregion (Anisoptera) oder am Prothorax (Zygoptera). Teilweise werden dabei von den Weibchen klebrige Substanzen abgegeben. Dann krümmen beide Partner das Abdomen und bilden das Paarungsrad (Kopulationstandem) (Abb. 996). Die weibliche Geschlechtsöffnung zwischen den Sterniten VIII und IX tritt in Kontakt mit dem sekundären Kopulationsorgan, und

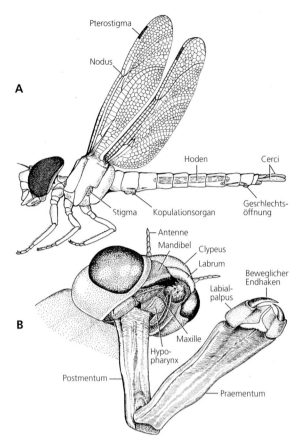

Pterostigma

Nodus

A

Hoden   Cerci

Stigma   Kopulationsorgan

Geschlechts-
öffnung

Antenne
Mandibel   Clypeus
Labrum

Beweglicher
Endhaken

Labial-
palpus

B

Maxille

Hypo-
pharynx

Postmentum

Praementum

Abb. 997 Odonata. **A** *Aeshna* sp. (Anisoptera), Männchen, Länge 70 mm. **B** Halb ausgeklappte Fangmaske (Labium) einer *Aeshna*-Larve. A Verändert nach Weber und Weidner (1974); B nach Weber (1949).

die Spermatheca wird gefüllt. Männchen können teilweise Spermien von früheren Paarungen aus dem Genitaltrakt der Weibchen entfernen. Deshalb sind Männchen oft hochgradig territorial. Die Eier werden entweder wie bei den Ephemeroptera auf der Wasseroberfläche abgelegt oder in Pflanzengewebe, in Baumstämmen unter Wasser oder in Schlamm im Uferbereich. Die fast immer aquatischen räuberischen Larven (Abb. 997B) sind durch die ausschleuderbare labiale Fangmaske charakterisiert. Das erste Stadium ernährt sich von im Ei gespeicherten Dottersubstanzen. Es folgen 9–14 Häutungen. Die Färbung der geschlüpften Imagines und die Flugfähigkeit entwickeln sich in einem Zeitraum von wenigen Stunden bis zu 2 Tagen. Libellen zeigen ungewöhnlich komplexe Verhaltensmuster (*bird watcher insects*).

6.7.1 Zygoptera, Kleinlibellen

Form der Vorder- und Hinterflügel ähnlich, beide an der Basis verengt (Abb. 996). Ruhestellung der Flügelpaare vertikal. Kopf seitlich verbreitert, hantelförmig. Abdomen zylindrisch, sehr schlank. Klammerapparat am männlichen Abdomen aus Paraprocten und Cerci bestehend. Weibchen mit orthopteroidem Ovipositor. Larven atmen mit 3 lanzettförmigen äußeren Kaudalkiemen und 3 Rektalkiemen, seltener mit seitlichen abdominalen Kiemenanhängen.

Calopteryx virgo, Blauflügel-Prachtlibelle (Calopterygidae), 39 mm; Flügel der Männchen mit auffallend blau-metallischem Farbmuster, bei Weibchen grünlich gefärbt; Larvalentwicklung in Flüssen. – *Platycnemis pennipes*, Federlibelle (Platycnemididae), 31 mm; Mittel- und Hintertibien verbreitert. Larvalentwicklung in stehenden Gewässern. – *Nehalennia speciosa*, Zwerglibelle (Coenagrionidae, Schlanklibellen), kleinste Art in ME, 22 mm, Larvalentwicklung in stehenden Gewässern; Eiablage in Wasserpflanzen.

6.7.2 Epiproctophora

Männchen mit Analwinkel an der Hinterflügelbasis; Epiproct am Klammerapparat beteiligt.

6.7.2.1 Anisozygoptera (Epiophlebiidae)

Vorder- und Hinterflügel wie bei den Zygoptera an der Basis schmal. Vom Habitus den Anisoptera ähnlich. Drei *Epiophlebia*-Arten in Japan und China und im Himalaja. Larvalenwicklung in kalten Bächen (8 Jahre!); die letzten Monate der postembryonalen Entwicklung finden an Land statt (Atmung durch mesothorakale Stigmen).

6.7.2.2 Anisoptera, Großlibellen

Schwestergruppe der Anisozygoptera. Hinterflügel an der Basis deutlich breiter als die Vorderflügel (Abb. 997A); Hochgradig manövrierfähig in der Luft; abdominaler Klammerapparat der Männchen 3-teilig (Epiproct und Cerci). Larven atmen mit inneren Rektalkiemen; Abdomenende mit Caudalstacheln (Analpyramide).

Anax imperator, Große Königslibelle (Aeshnidae, Edellibellen), 61 mm; größte mitteleuropäische Art; Eiablage in Pflanzengewebe. Larvalentwicklung in stehenden Gewässern. – *Gomphus vulgatissimus*, Gemeine Keiljungfer (Gomphidae, Flusslibellen), 37 mm; Eiablage an der Wasseroberfläche; Larvalentwicklung in Fließgewässern; Larven nachtaktiv; Ernährung v. a. von Dipterenlarven und Oligochaeten. – *Cordulegaster boltonii*, Zweigestreifte Quelljungfer (Cordulegasteridae), 64 mm; Eiablage in Schlamm. Larvalentwicklung in Gebirgsbächen. – *Libellula quadrimaculata*, Vierfleck (Libellulidae, Segellibellen), 27–32 mm; bildet teilweise Wanderschwärme; Überträger von *Prosthogonimus* sp. (Digenea), dem Erreger der Eileiterentzündung bei Hühnern. Eiablage auf Wasseroberfläche. Larvalentwicklung in stehenden Gewässern, auch in Mooren.

Neoptera

Die **Neoptera** (Pterygota ohne Ephemeroptera und Odonata) sind durch eine wichtige Innovation begründet, die Fähigkeit, die Flügel über dem Abdomen zurückzuklappen (Abb. 998). Damit sind die geflügelten Imagines in der Lage, in relativ feuchte und geschützte Spalträume einzudringen.

Dem Faltmechanismus liegt eine ganze Serie von morphologischen Veränderungen zugrunde. Die Axillaria an der Flügelbasis sind in spezifischer Weise abgewandelt (Abb. 942). Die Mittelplatten sind durch die diagonale Plica basalis voneinander getrennt (Abb. 942: Mediansklerite). Die Längsadern sind von den basalen Gelenkstücken abgekoppelt. Ausgelöst wird das Zurückklappen der Flügel durch einen am Axillare 3 inserierenden Muskel, dessen Kontraktion eine Rotationsbewegung verursacht. Das Einklappen des Analfeldes wird durch die Plica analis möglich.

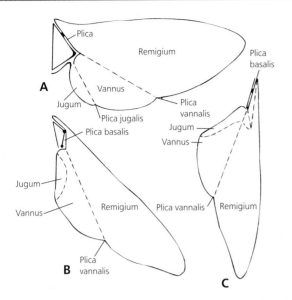

Abb. 998 Neoptera. Flügelfaltung. **A** Ausgebreiteter Flügel. **B** Flügel während der Einfaltung. **C** Vollständig eingefalteter Flügel. Plicae (Faltlinien). Nach Seifert (1970).

Weitere wahrscheinliche Autapomorphien der Neoptera sind das Arolium, ein flexibler, unpaarer Haftlappen der zwischen den Klauen inseriert (fast immer mit glatter Oberfläche) (Abb. 944) sowie ein Ovipositor mit dritten Valven, die die Gonapophysen VIII und IX (1. und 2. Valven) als Scheide umgeben (Abb. 965C) oder in den Ovipositorschaft integriert sind (Grundplan).

Polyneoptera

Die Polyneoptera (= „Niedere Neopteren") umfassen eine ganze Reihe von hemimetabolen Gruppen (Abb. 939), die überwiegend durch plesiomorphe Merkmale charakterisiert sind. Die Monophylie, die Zusammensetzung sowie die Verwandtschaftsbeziehungen innerhalb der Gruppierung waren lange Zeit umstritten bzw. weitgehend unklar. Aktuelle phylogenetische Untersuchungen legen nahe, dass die Polyneoptera (inklusive Zoraptera!) tatsächlich monophyletisch sind. Potentielle Autapomorphien sind die tarsalen Haftpolster (Euplantulae) und das vergrößerte (meist stark gefaltete) Analfeld (in mehreren Gruppen sekundär modifiziert). Ein „typisches" Merkmal sind auch lederartig verhärtete Vorderflügel. Sie gehören aber nicht zum Grundplan. Basierend auf Reduktionsmerkmalen (max. 3 Tarsenglieder, 1 oder 2 abdominale Ganglienmassen, Cerci 1-gliedrig oder fehlend) wurden die Zoraptera (Bodenläuse) noch von W. HENNIG zu einem Monophylum Paraneoptera gestellt, als Schwestergruppe der Acercaria (Psocodea, Thysanoptera, Hemiptera). Aktuelle Arbeiten zeigen, dass sie zu den Polyneoptera gehören. Die Plecoptera sind wahrscheinlich nicht wie früher vermutet die Schwestergruppe der gesamten übrigen Polyneoptera (= „Paurometabola") oder der gesamten übrigen Neoptera. Morphologische Untersuchungen legen ein Schwestergruppenverhältnis mit den Dermaptera nahe. Innerhalb der

monophyletischen Dictyoptera bilden die Mantodea die Schwestergruppe der Blattodea (Schaben), die als untergeordnete Teilgruppe die Termiten (Isoptera) enthalten. Die erst vor einigen Jahren beschriebenen Mantophasmatodea bilden mit den ebenfalls artenarmen und flügellosen Grylloblattodea ein Monophylum Xenonomia. Die Phasmatodea sind nicht die Schwestergruppe der Orthoptera („Orthopterida"), sondern wahrscheinlich mit den Embioptera (Tarsenspinner) am nächsten verwandt.

6.8 Zoraptera, Bodenläuse

Die von F. SILVESTRI (1913) eingeführten Zoraptera (Abb. 999) sind mit 34 rezenten und 9 fossilen Arten eine der kleinsten Ordnungen. Sie kommen vor allem in den Tropen vor (nicht in Australien), aber auch in subtropischen Regionen. Das Vorkommen im Nordosten der USA ist ein Artefakt (Verschleppung).

Die Monophylie ist durch den Polymorphismus und die stark vereinfachten Flügel begründet. Die subsozialen Tiere sind bodenorientiert und treten vor allem in verottendem Holz auf. Die individuenreichen Kolonien umfassen stark pigmentierte Individuen mit abgeworfenen Flügeln und Augen, weißliche, augenlose, ungeflügelte Imagines sowie Nymphen, bei denen Flügelanlagen vorhanden sind oder fehlen. Als Nahrung dienen vor allem Pilzhyphen und -sporen. Der Darm enthält Bakterien.

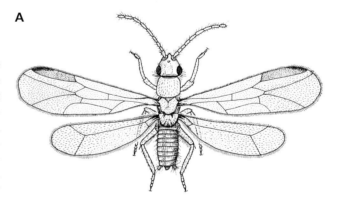

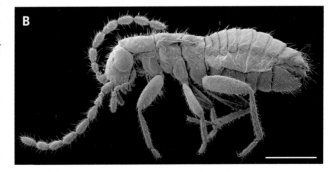

Abb. 999 Zoraptera. **A** *Brasilozoros brasiliensis*, Südamerika, Weibchen, Länge 2 mm. Nach Silvestri (1913). **B** *Zorotypus weidneri*, Südamerika, Weibchen, Flügel abgeworfen. Maßstab: 500 μm. REM. Original: H. Pohl, Jena.

Körper klein Tiere (1,5–2,5 mm), subzylindrisch. Weißlich (ungeflügelte Morphen) oder braun gefärbt.

Kopf orthognath, in Frontalansicht dreieckig, am Hinterhauptsloch mäßig verengt. Komplexaugen und Ocellen vorhanden oder fehlend (ungeflügelte Morphen). Frontal- und Coronalnaht fehlen. Freies Labrum artikuliert mit Anteclypeus (deutlich vom Postclypeus abgegrenzt). Große Insertionsstellen der langen 9-gliedrigen und filiformen Antennen median angenähert. Mundwerkzeuge orthopteroid. Labium mit sehr kurzem Submentum, quadratischem Mentum und langem Praementum mit 3-gliedrigen Palpen, Glossae und Paraglossae. Tentorium vollständig. Paarige ventrolaterale Cervikalsklerite in Halshaut eingelagert.

Thorax bei flügellosen Formen schwächer sklerotisiert und vereinfacht. Rechteckiges, sattelförmiges Pronotum etwas kleiner als der Kopf, etwa gleich groß wie das Mesonotum. Metathorax kleiner als Mesothorax. Beine schlank, Tarsen 2-gliedrig, mit paarigen Klauen. Haftstrukturen fehlen. Metafemora verdickt. Flügel häutig (falls vorhanden), mit stark vereinfachtem Geäder und Borstensaum. Thorakale Muskulatur (geflügelte Morphen) entspricht weitgehend dem Grundplan der Neoptera.

Abdomen 11-segmentig, im hintersten Bereich deutlich reduziert. Cerci 1-gliedrig, inserieren seitlich am Tergit IX. Sternit IX und Gonostyli fehlen. Penis extrem variabel, teilweise sehr stark verlängert. Sternit VIII der Weibchen bildet Subgenitalplatte. Ovipositor reduziert. Abdominale Ganglienkette komprimiert (nur 2 Komplexe). Sechs Malpighi-Gefäße. Ovarien aus 4–6 panoistischen Ovariolen.

Spermien werden entweder in flüssiger Form (Penis stark verlängert) oder mit Spermatophore übertragen. Erstes Nymphenstadium mit Eizahn ausgestattet, augenlos. Drei bis 5 Häutungen.

Zorotypus hubbardi; ca. 2 mm; Nordamerika; entwickelt sich in den kälteren Regionen (Nordosten) in sich aufheizenden Sägemehlhaufen.

6.9 Plecoptera, Steinfliegen

Mit Ausnahme der Antarktis auf allen Kontinenten. Eine Art im Himalaya in ca. 5 600 m Höhe. Etwa 3 500 beschriebene Spezies (ca. 130 in ME). Größe der schwach sklerotisierten Imagines (Abb. 1000A) 3,5 mm (z. B. *Tasmanocerca*) – ca. 4 cm (meiste Arten 8–20 mm). Spannweite bis ca. 11 cm (*Diamphipnoa*, *Pteronarcys*). Larven aquatisch (Abb. 1000B), bevorzugen sauerstoffreiche Gewässer.

Autapomorph sind am Vorderende miteinander verbundene Hoden und Ovarien und spezialisierte abdominale Längsmuskeln der Larven (erstrecken sich über mehrere Segmente). Weitere Merkmale sind die 3-gliedrigen Tarsen, die Reduktion des Ovipositors sowie unterschiedlich gebildetete Begattungshilfsorgane (Paraprocte, Epiproct, basale Cercomere). Eine typische Samenübertragung durch einen Aedeagus ist eine seltene Ausnahme. Eine innerhalb der Neoptera einmalige Plesiomorphie ist das Vorhandensein eines Terminalfilaments bei den Larven einiger Arten. Weitere Plesiomorphien sind die vielgliedrigen Cerci, die besonders

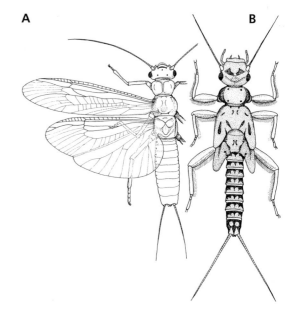

Abb. 1000 Plecoptera. **A** *Perla* sp. (Perlidae), Weibchen, an Flüssen, Länge 20–25 mm. **B** *Isoperla grammatica* (Perlodidae), Larve, in Fließgewässern, Länge 20 mm. Nach Schoenemund (1930).

ursprünglichen Euplantulae und die funktionelle Vierflügligkeit, mit weitgehend gleichgestalteten pterothorakalen Segmenten. Das namensgebende Merkmal ist der in Ruhestellung mehrfach umgeschlagene große Analteil der Hinterflügel (Abb. 1000A).

Die Hypothese einer basalen Stellung der Plecoptera als Schwestergruppe der übrigen Polyneoptera oder sogar der gesamten übrigen Neoptera ist weitgehend widerlegt. Aktuelle morphologische Befunde legen ein Schwestergruppenverhältnis mit den Dermaptera nahe (s. o.).

Kopf mit gut entwickelten Komplexaugen und 3 Ocellen (Grundplan, Ocellen teilweise reduziert). Mundwerkzeuge im Grundplan orthopteroid. Mandibeln primär mit deutlich ausgeprägter Mola (Grundplan, bei vielen Arten deutlich reduziert). Nahrungsaufnahme spielt bei den Imagines höchstens eine untergeordnete Rolle. Antennen vielgliedrig und filiform.

Prothorax groß und beweglich. Pronotum (Halsschild) sklerotisert (Abb. 1000A). Pterothorakale Segmente etwa gleich groß. Beide Flügelpaare häutig, reich geädert (Grundplan), in Ruhestellung flach über dem Abdomen zurückgeklappt. Vorderflügel lang und schmal. Analfeld des Hinterflügels vergrößert. Flügelpaare im Flug nicht aneinander gekoppelt (funktionelle Vierflügligkeit, s. o.), mäßige Flugfähigkeit, aber nur selten Flügelreduktion. Beine überwiegend ursprünglich, mit 3-gliedrigen Tarsen, distal mit Arolium. Tarsale Euplantulae falls vorhanden als einfache Wülste ausgeprägt.

Abdomen 11-segmentig, am Hinterende fast immer mit vielgliedrigen Cerci, Epiproct und paarigen Paraprocten (Segment 11). Zahl der Malpighi-Gefäße variiert stark (ca. 20–100). Ovipositor reduziert. Ovariolen zahlreich, panoistisch. Männchen meist mit sekundären Kopulationsapparaten (s. o.).

Der Kopulation geht oft ein typisches Balzverhalten voraus. Die Männchen mancher Arten trommeln mit dem Abdomen rhythmisch auf das Substrat. Die Vibrationen werden von Sensoren in den Beinen der Weibchen wahrgenommen. Die Eier (Hunderte bis über 2 000) werden in Ballen im Wasser abgelegt.

Die **Larven** (Abb. 1000B) entwickeln sich meist in sauerstoffreichen Gewässern (v. a. Flüsse und Bäche). Die Enwicklungsdauer kann bis zu 5 Jahre betragen. Sie sind sehr empfindlich gegenüber Gewässerverschmutzung und werden als Bioindikatoren verwendet. Mundwerkzeuge gut entwickelt. Körper ist je nach Lebensweise abgeflacht oder zylindrisch. Tracheenkiemen können familienspezifisch an fast allen Körperregionen auftreten (z. B. Halshaut, Unterseite des Thorax, Abdomenende). Es werden zahlreiche Häutungen durchlaufen (10–25). Äußere Flügelanlagen treten erst bei späteren Stadien auf. Die Larven ernähren sich von unterschiedlichen Substraten. Es gibt räuberische Larven (Perloidea), aber auch Detritusfresser oder Formen, die Algenbeläge abgrasen. Die pharate Imago verlässt das Gewässer und häutet sich im Uferbereich.

6.9.1 Antarctoperlaria

Südliche Hemisphäre (Australien, Neuseeland, Südamerika). Monophylie durch floriforme Chloridzellen begründet.

6.9.2 Arctoperlaria

Als Monophylum durch den Einsatz von Substratvibrationen bei der Partnerfindung begründet.

6.9.2.1 Nemouroidea (Filipalpia)

Mit verkleinerten und zusammengerückten Furcae und Spinae; Abdominalsternit X der Imagines fehlt.

Brachyptera trifasciata (Taeniopterygidae), 5–8 mm; Flügel vorhanden oder fehlend; Larvalentwicklung in Flüssen, Entwicklungsdauer 1 Jahr. – *Protonemura lateralis* (Nemouridae), 5–7 mm; Imagines mit Resten von Tracheenkiemen und kurzen Cerci; Larven in Quellen und Gebirgsbächen. – *Leuctra major* (Leuctridae), 8–10 mm; Larven in Gletscherbächen, schlank, bis zu 90 cm tief im Substrat. Nordamerikanische Arten der Leuctridae entwickeln sich in temporär austrocknenden Bächen und durchlaufen eine Eidiapause.

6.9.2.2 Systellognatha (Setipalpia)

Holarktisch. Imagines nehmen meist keine Nahrung auf (Mundwerkzeuge deutlich reduziert). Eier hartschalig.

Perlodes dispar (Perlodidae), 20 mm; Männchen mit verkürzten Flügeln; Larven 30 mm, räuberisch, ohne Tracheenkiemen. – *Perla marginata* (Perlidae), 25 mm (Abb. 1000A); Larven räuberisch, in Bergbächen; Entwicklungsdauer 3 Jahre; männliche Larven mit zwittrigen Gonaden, mit funktionslosem weiblichen Anteil.

6.10 Dermaptera, Ohrwürmer

Etwa 2 000 Arten der weltweit verbreiteten Dermaptera sind beschrieben (8 in ME). Der Schwerpunkt liegt in den tropischen und subtropischen Regionen. Die meisten Arten sind

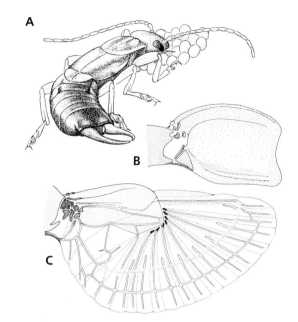

Abb. 1001 Dermaptera. **A** *Forficula auricularia*, Gemeiner Ohrwurm. Weibchen mit Gelege. **B** Sklerotisierter Vorderflügel (Elytren), ausgeklappt, Innenseite. **C** Hinterflügel, Faltung durch punktierte Linien angedeutet. A Aus Schaller (1962); B, C nach Beier (1959).

nachtaktiv. Der schlanke Körper ist eine Anpassung an den Aufenthalt in engen Räumen (Bodenspalten, unter Rinde, Holz oder Steinen). Es gibt herbivore, räuberische und saprophage Formen. Wahrscheinlich werden von vielen Arten unterschiedliche Nahrungssubstrate genutzt.

Größe zwischen 3 mm und 8,5 cm (*Labidura herculeana*) (meiste Arten 10–15 mm). Die meist bräunlich gefärbten Tiere sind abgeflacht und mehr oder weniger parallelseitig. Auffallend sind die verkürzten Flügeldecken und die zangenartigen Cerci (Autapomorphien).

Kopf prognath, sehr beweglich. Hinterhaupt durch Gula verengt. Komplexaugen im Grundplan gut enwickelt, aber teilweise reduziert. Ocellen fehlen. Antennen filiform und vielgliedrig, inserieren am Kopfvorderrand. Mundwerkzeuge weitgehend dem orthopteroiden Typ entsprechend. Glossae und Paraglossae verschmolzen.

Prothorax frei beweglich, mit scheibenförmigem Pronotum (Halsschild). Geäder der sklerotisierten und stark verkürzten Vorderflügel reduziert (Elytren) (Abb. 1001B). Großes Analfeld der Hinterflügel nach kompliziertem Modus fächerartig gefaltet (Abb. 1001C) (Autapomorphie). Viele Arten flugunfähig. Laufbeine weitgehend unmodifiziert. Dreigliedrige Tarsen auf Unterseite meist mit Sohlenbürsten (Haftstrukturen). Vereinzelt treten Plantulae auf (Homologie mit Euplantulae unsicher).

Abdomen sehr beweglich, nur im vordersten Bereich von Elytren bedeckt. Tergite und Sternite überlappen mit entsprechenden Elementen der jeweils folgenden Segmente. Weibchen mit 9, Männchen mit 10 Tergiten. Geschlechtsöffnung hinter dem Sternit IX. Paariger Penis vorhanden oder fehlend. Ovipositor lang, dünn, zur Eiablage in solideren Substraten ungeeignet. Ovariolen meroistisch-polytroph. Eingliedrige Cerci meist stark sklerotisiert, bei Männchen zangenartig gebogen (dienen vor allem der Abwehr, auch bei Kopulation eingesetzt). Nymphen mit gestreckten Cerci (selten mehrgliedrig).

Tpyisch für die Gruppe ist Balzverhalten. Weibchen betreiben eine ausgeprägte Brupflege. Die in Erdhöhlen abgelegten Eier werden, um Verpilzung zu vermeiden, abgeleckt und auch aktiv verteidigt (*Forficula*) (Abb. 1001A). Die postembryonale Entwicklung verläuft über 4–6 Nymphenstadien. Die bei der Geburt ca. 4 mm langen Nymphen der vivparen Arixenina und Hemimerina werden über eine Pseudoplacenta ernährt.

6.10.1 Arixenina

5 Arten. Komplexaugen partiell, Flügel völlig reduziert; Beine verlängert; Cerci kurz, nicht zangenförmig schließbar.

Arixenia esau (Arixenidae), ca. 20 mm; ernähren sich von kleinen Insekten, Hautschuppen und Sekreten auf Fledermäusen (Malaysia).

6.10.2 Hemimerina

11 Arten. Epizoisch, ohne Komplexaugen und Flügel; stark abgeflacht; Cerci schwach sklerotisiert und schlank.

Hemimerus talpoides (Hemimeridae), 12 mm; auf der Hamsterratte (*Cricetomys gambianus*), tropisches Afrika.

6.10.3 Forficulina

Überwiegend durch Plesiomorphien charakterisiert. Monophylie unklar.

*Forficula auricularia, Gemeiner Ohrwurm (Forficulidae) (Abb. 1001A), 16 mm; flugfähig; sehr häufig, Kulturfolger, mit Brutpflege; omnivor.

6.11 Notoptera (Grylloblattodea), Grillenschaben

Nur 29 bekannte Arten im westlichen Nordamerika (*Grylloblatta*) und Ostasien (z. B. *Galloisiana*). Die kälteadaptierten Tiere (Abb. 1002) leben vor allem in Bergregionen und kommen auch an Gletscherrändern vor. *Galloisiana*-Arten leben in Wäldern und sind teilweise Höhlenbewohner. Die Monophylie ist durch Vesikel an der Abdomenbasis, rudimentäre Euplantulae und die extrem niedrige Vorzugstemperatur (5 °C) begründet.

Körperlänge 14–24 mm (meiste Arten 20–24 mm). Kopf prognath, mäßig abgeflacht. Komplexaugen klein und oval oder fehlend. Frontoclypealleiste deutlich. Labrum inseriert am transparenten Anteclypeus. Antennen filiform. Mundwerkzeuge orthopteroid. Gula fehlt. Tentorium vollständig. Corpotentorium verlängert, massiv.

Thorax von völliger Flügelreduktion geprägt. Prothorax größer als pterothorakale Segmente. Pterothorakale Tergite stark vereinfacht. Beine schlank, mit weit getrennten Coxen. Tarsen 5-gliedrig. Euplantulae stark reduziert. Arolium fehlt. Indirekte Flugmuskeln fehlen.

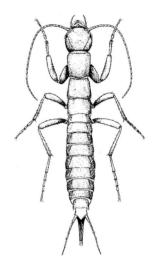

Abb. 1002 Notoptera. *Grylloblatta campodeiformis*, nördliche Holarktis, kälteliebend, Weibchen, Länge 30 mm. Nach Rentz (1991) aus Dathe (2003).

Abdomen mit deutlich ausgeprägten Segmenten I–X. Stigmen I–VIII sehr klein. Hinterrand von Sternit I mit unpaaren ausstülpbaren Vesikeln (Wasseraufnahme?). Männlicher Genitalapparat deutlich asymmetrisch. Weibchen mit urprünglichem Ovipositor. Cerci 3–5-gliedrig, mit Trichobothrien.

Die Kopulation dauert 0,5–4 Stunden. Die großen schwarzen Eier werden 10 Tage danach abgelegt, in Bodensubstrat, auf Steinen oder in vermoderndem Holz. Innerhalb von 3–6 Jahren werden 8 Nymphenstadien durchlaufen.

6.12 Mantophasmatodea, Fersenläufer, Gladiatoren

Mit 19 rezenten Arten in 13 Gattungen eines der kleinsten Ordnungstaxa. Seit der Beschreibung der Grylloblattodea (1914) die einzige neue Insektenordnung. Verbreitet in Südafrika, Namibia und Tansania (1 Art). Die Monophylie ist durch das stark vergrößerte und bedornte Arolium, das Vomer im männlichen Genitalapparat sowie eingliedrige Cerci gut begründet.

Mittelgroße Insekten (10–23 mm) mit sehr einheitlicher Morphologie. Schlank, meist grün oder bräunlich gefärbt. Flügel und Ocelli fehlen. Bedornung des Körpers artspezifisch (Abb. 1003A).

Kopf frei beweglich und orthognath. Antennen lang und vielgliedrig. Mundwerkzeuge orthopteroid. Komplexaugen gut enwickelt. Mandibeln mit innerer Schneidekante. Mola fehlt. Labium mit Submentum, Mentum und tief eingeschnittenem Praementum. Gut entwickeltes Tentorium ohne akzessorische vordere Arme (nicht „perforiert"). Zwei Cervicalsklerite.

Pronotum überlappt Kopfhinterrand und vorderes Mesonotum. Meso- und Metanotum nicht unterteilt. Pterothorakale Pleuralleisten verlaufen sehr schräg. Pro-, Meso- und Metacoxen groß. Vorderbeine weitgehend unmodifiziert

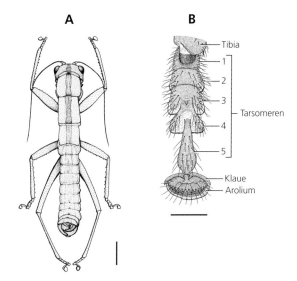

Abb. 1003 Mantophasmatodea. **A** *Striatophasma naukluftense*, Männchen. Habitus, dorsal. Maßstab: 2 mm. **B** *Mantophasma zephyra*, rechter Mesotarsus. Maßstab: 0,5 mm. A Original: H. Pohl, Jena. B nach Klass aus Dathe (2003).

(dienen zum Greifen von Beute). Tarsus 5-gliedrig. Euplantulae groß, bedornt (Acanthae). Arolium stark vergrößert, bedornt, nur in besonderen Situationen eingesetzt (glatte Oberflächen, Windböen, Traglast), beim normalen Laufen angehoben (*heelwalkers*) (Abb. 1003B). Flügel fehlen.

Abdomen 10-segmentig. Männliches Genital stark asymmetrisch, mit Vomer. Subgenitalplatte (Sternit IX) mit ventralem Fortsatz (Trommelorgan). Ovipositor kurz, mit 3 Valven und Gonangulum.

Leben in ariden und semiariden Gebieten mit Hartlaubgewächsen im südwestlichen Afrika (in Ostafrika noch nicht lebend beobachtet). Die räuberischen, wahrscheinlich nachtaktiven Insekten halten sich in niedrigen Sträuchern auf, an die sie farblich sehr gut angepasst sind. Ihr Beutespektrum umfasst neben anderen Insekten auch Spinnen. Geschlechtsreife Männchen und Weibchen kommunizieren mittels Vibrationen, die durch Schlagen des Abdomens auf das Substrat erzeugt werden. Bei den Männchen ist ein spezielles Trommelorgan (s. o.) ausgebildet, während die Weibchen mit dem ganzen Abdomen trommeln. Die Kopulation kann bis zu 3 Tage dauern. Am Ende frisst das Weibchen häufig das Männchen. Die Eiablage erfolgt im Boden, wobei bis zu zwölf Eier miteinander verklebt werden.

6.13 Embioptera, Tarsenspinner

Die etwa 360 bekannten Arten sind überwiegend auf feuchtere tropische und subtropische Regionen beschränkt. Embien kommen im Mittelmeerraum vor, fehlen aber in Mitteleuropa. Die länglichen Insekten sind mittelgroß (3–23 mm, meiste Arten 8–12 mm). Die Weibchen sind durchwegs flügellos während bei den Männchen vereinfachte Flügel vorhanden sein können (Abb. 1004A). Autapomorphien sind die starke Vergrößerung des Protarsomers 1 (Abb. 1004B) und der spezifische Flügeldimorphismus.

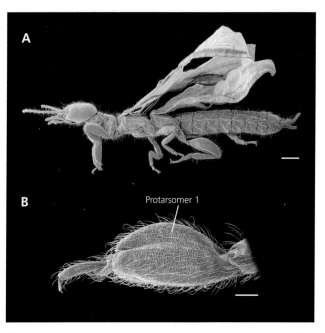

Abb. 1004 Embioptera. *Oligotoma nigra*, Männchen. **A** Lateralansicht. Maßstab: 500 µm. **B** Tarsen des Vorderbeins. REM. Maßstab: 100 µm. Original: H. Pohl, Jena.

Die geselligen Insekten leben in Bodensubstrat, der Laubstreuschicht, unter Steinen oder in verrottendem Holz. Sie stellen mit Gespinsten ausgekleidete Gangsysteme her, in denen sie sich effizient vorwärts und rückwärts fortbewegen. Die Weibchen teilen ein Nest mit den Nachkommen. Geschlechtsreife Tiere verlassen das System gelegentlich. Die geflügelten Männchen fliegen über kurze Strecken („Hochzeitsflug"). Flügellose Männchen paaren sich mit Weibchen im Gangsystem. Als Nahrung dienen sich zersetzende Pflanzenmaterialien, aber auch Moos, Flechten, Algen und Mikroorganismen. Die kurzlebigen Männchen nehmen keine Nahrung auf.

Körper zylindrisch (Anpassung an das Leben in engen Gängen). Cuticula dünn und glatt. Färbung meist dunkelbraun.

Kopf länglich, prognath, ventral von Gula verschlossen. Komplexaugen bei Männchen größer. Ocellen fehlen. Antennen relativ kurz, filiform oder moniliform (13–43 Glieder), inserieren seitlich vor den Augen. Mandibeln oft geschlechtsdimorph. Meist bei Weibchen mit Mola. Bei Männchen als verlängerte Greifapparate modifiziert. Maxillen und Labium weitgehend ursprünglich.

Prothorax schmal. Meso- und Metathorax ähnlich, bei flügellosen Formen deutlich vereinfacht. Beine kurz. Coxen weit getrennt. Protarsomer 1 stark vergrößert, mit umfangreichen Spinndrüsen (Autapomorphie) (Abb. 1004B). Übrige 3-gliedrige Tarsen ventral mit Sohlenbürsten (Tarsomeren 1 und 2). Arolium und Euplantulae fehlen. Hinterfemorae oft vergrößert und mit verstärkter Muskulatur. Mit Sollbruchstelle ausgestattete Flügel (Männchen) schmal. Geäder vereinfacht. Analfeld weitgehend reduziert.

Abdomen zylindrisch, mit 10 deutlich ausgeprägten Segmenten. Epiproct und Paraprocte (Segment XI) stark reduziert. Cerci 1–2-gliedrig. Segment X der Männchen meist asymmetrisch, mit akkzessorischen Kopulationsstrukturen. Sternit IX bildet große, oft asymmetrische Subgenitalplatte (Hypandrium). Gonostyli fehlen. Stark vereinfachter Penis nur bei wenigen Arten vorhanden. Subgenitalplatte der Weibchen von Sternit VIII gebildet. Ovipositor fehlt. Vorderdarm mit bezahntem Proventriculus. Caeca fehlen. Zwischen 14 und 30 Malpighi-Gefäße. Herz mit zusätzlichen unpaaren, ventromedianen Öffnungen. Fünf paarige panoistische Ovariolen.

Die Reproduktion ist primär zweigeschlechtlich, aber thelytoke Parthenogenese kommt vor. Die Weibchen legen ca. 200 Eier im Gangsystem ab und betreiben Brutpflege. Die Eier werden abgeleckt, und die Nymphen (4 Stadien) werden bei manchen Arten gefüttert.

6.14 Phasmatodea, Gespenstschrecken

Die etwa 3 000 bekannten Arten sind weltweit in wärmeren Regionen verbreitet, vor allem in den Tropen (ca. 12 Arten im europäischen Mittelmeerraum). Die Tiere sind phytophag und meist nachtaktiv. Sie sind durch auffallende Tarnmechanismen charakterisiert, die sich innerhalb der Gruppe unabhängig und in verschiedener Weise entwickelt haben (Abb. 1005). Farbwechsel durch Verschieben von epidermalen Pigmentgranula tritt auf. Autapomorph sind der Geschlechtsdimorphismus (Männchen kleiner und schlanker), am Prothorax mündende schlauchförmige Wehrdrüsen und ein birnenförmiger Anhang des Mitteldarmes. Die Phasmatodea sind nicht nah mit den Orthoptera verwandt, sondern wahrscheinlich die Schwestergruppe der Embioptera (Eukinolabia).

Die Tiere halten sich vor allem im Blattwerk auf, aber auch an Ästen, Stämmen oder in der Krautschicht. Typischerweise setzen sie bei Beunruhigung den Körper in rhythmische Schwingungen. Neben den Tarnmechanismen sind sie durch Abwehrdrüsen geschützt. Bei Arten mit besonders wirksamen Abwehrsekreten treten aposematische Färbungen auf. Es gibt ausgeprägte innerartliche Variationen. Hornartige Strukturen oder Dornen an verschiedenen Körperteilen können vorhanden sein oder auch fehlen. Bei manchen Arten gibt es grüne und nicht-grüne Morphen. Viele Merkmale variieren auch geographisch.

Prägend sind die ausschließliche Phytophagie, die damit verbundene exponierte Lebensweise und Tarnmechanismen. Trotz der Tarnung sind Gespenstschrecken die überwiegende Beute von einzelnen Vogelarten. Jungnymphen werden auch von Ameisen und Spinnen erbeutet. Wichtige Parasiten sind Tachiniden und Chrysididen.

Gespenstschrecken sind große oder sehr große Insekten. Männchen von *Timema christinae* liegen mit 11,6 mm am unteren Ende des Spektrums. Weibchen von *Phobaeticus kirbyi* werden 32 cm lang. Körper mehr oder weniger schlank und langestreckt, walzenförmig und weitgehend unmodifiziert bei den basalen Timematodea und Agathemeridae (beide flügellos), sonst deutlich modifiziert als „Wandelnde Blätter" (Phyllinae) oder Stabschrecken (*stick insects*) (Abb. 1005A, B).

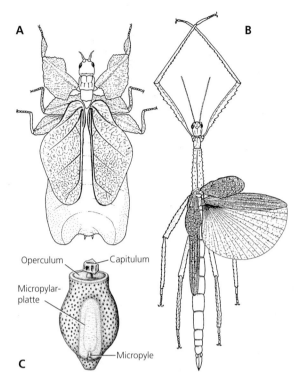

Operculum — Capitulum
Micropylar-platte
— Micropyle

Abb. 1005 Phasmatodea. **A** *Phyllium frondosum*, Weibchen, Länge 65 mm, Neuguinea. **B** *Vetilia wuelfingi*. Weibchen, Länge 90 mm, Nordaustralien. **C** *Lonchodes* sp., Ei. A, B Nach Weber und Weidner (1974); C aus Dathe (2003).

Kopf fast immer prognath. Hinterhaupt meist durch Gula verengt (nicht im Grundplan). Komplexaugen relativ klein. Ocellen vor allem bei geflügelten Formen und Männchen vorhanden (meist 3, seltener 2). Antennen fast immer filiform, teilweise leicht gekämmt (Männchen) und mit Stridulationsorgan (Phyllinae). Mundwerkzeuge orthopteroid. Mandibeln kräftig, mit gut enwickelter Mola.

Thoraxsegmente im Grundplan etwa gleich groß. Euphasmatodea fast immer mit deutlich verlängerten pterothorakalen Segmenten (nicht bei *Agathemera*). Vorderflügel lederartig (Tegmina), deutlich schmäler als Hinterflügel, oft verkürzt (teilweise zu kurzen Schuppen). Flügel fehlen bei basalen Linien. Brachypterie tritt neben völliger Flügelredukion auf. Laufbeine weitgehend unmodifiziert. Tarsen 5-gliedrig. Euplantulae und Arolium vorhanden, bei den basalen Gruppen den homologen Strukturen der Mantophasmatodea sehr ähnlich.

Tergum I des 11-segmentigen Abdomen bei den Euphasmatodea fest mit dem Metanotum verwachsen (Segmentum medianum). Segment XI mit kurzen, ungegliederten Cerci. Männliches Abdominalsegment X mit gekrümmtem Vomer (Verankerung am weiblichen Sternum VII). Ovipositor kurz, weitgehend vom Sternit VIII (Subgenitalplatte) verdeckt. Über 100 panoistische Ovariolen.

Bei der Kopulation wird das Abdomen des Männchens um 180° gekrümmt. Die Eier tragen meist einen auffallenden Deckel (Capitulum) (Abb. 1005C). Sie werden in Laubstreu oder im Boden abgelegt oder mit Sekreten einzeln oder in

Gruppen an einer geeigneten Unterlage angeklebt. Die Gesamtzahl der Eier varriiert je nach Art zwischen 100 und 1 300. Es werden 4–8 Nymphenstadien durchlaufen.

6.14.1 Timematodea

Schwestergruppe der übrigen Phasmatodea (Euphasmatodea). Tarsen 3-gliedrig; Cerci der Männchen asymmetrisch; Flügellos.

Timema sp., westliches Nordamerika, maximal 27 mm lang. 17 Arten.

6.14.2 Euphasmatodea

Metanotum mit Abdominaltergit I verwachsen; Coxa und Trochanter starr verbunden. Eier mit dickem, mehrschichtigem Exochorion. Innerhalb der Euphasmatodea stehen die Agathemeridae (1 Gattung, 8 Arten) allen übrigen Gruppen gegenüber (Neophasmatida).

Agathemera sp. (Agathemeridae), Andenregion Chiles und Argentiniens; zigarrenförmig, bis 8 cm. *Bacillus rossii*, Mittelmeerstabschrecke (Phasmatidae), 8–10 cm. – *Carausius morosus*, Gemeine Stabschrecke (Phasmatidae), 8,5–11 cm; Indien; physiologischer Farbwechsel; Versuchstier. – *Phyllium frondosum*, Wandelndes Blatt (Phylliidae), 6–8 cm; Indien; Habitus blattähnlich (Abb. 1005A).

Dictyoptera, Fangschrecken und Schaben (inkl. Termiten)

Als Dictyoptera werden die Mantodea (Fangschrecken) und die Blattodea („Blattaria" [Schaben], Isoptera [Termiten]) zusammengefasst. Trotz der extremen Vielseitigkeit bezüglich der Ernährung und Lebensweise ist die Monophylie sehr gut begründet (morphologische und molekulare Daten). Autapomorph sind median verwachsene, zusätzliche vordere Tentorialarme („perforiertes" Tentorium), die membranöse mandibuläre Postmola, die Bildung von Ei-Paketen (Ootheken), spezifische Strukturen im Proventriculus (Kaumagen), ein weibliches Genitalatrium, sowie eine Reihe von Modifikationen im männlichen Genitalapparat. Der Ursprung der modernen Dictyoptera liegt im Jura, während schaben-ähnliche Vorläufer (Stammlinie Dictyoptera?) bis ins Karbon zurückreichen.

Dass Termiten (Isoptera) hochspezialisierte soziale und xylophage Schaben sind, ist eine der wichtigsten aktuellen Erkenntnisse in der systematischen Entomologie. Das Schwestergruppenverhältnis zwischen den Termiten und der semisozialen und xylophagen Schabengattung *Cryptocercus* ist durch spezifische endosymbiontische Flagellaten begründet ebenso durch Merkmale des Proventriculus, durch die Sozialität mit biparentaler Brutpflege und durch die anale Trophallaxis.

6.15 Mantodea, Fangschrecken, Gottesanbeterinnen

Etwa 2 300 rezente Arten (23 in Europa). Nur *Mantis religiosa* tritt in den wärmsten Regionen Deutschlands auf. Das Hauptverbreitungsgebiet liegt in den Tropen und Subtropen, mit Schwerpunkt auf der Afrotropis. Berühmtheit erreichten Gottesanbeterinnen durch Sexualkannibalismus (s. u.).

Die Monophylie ist vor allem durch den verlängerten Prothorax mit Fangbeinen begründet (Abb. 1006). Die Systematik innerhalb der Gruppe ist schlecht untersucht, und die meisten traditionellen Familien sind para- bzw. polyphyletisch.

Mantiden sind überwiegend große bis sehr große Insekten mit einer Länge zwischen einem (*Mantoida tenuis*) und 17 cm

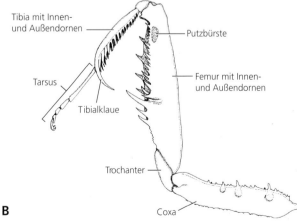

Abb. 1006 Mantodea. **A** *Empusa* sp. Nymphe. Maßstab: 1 mm. REM. **B** Rechtes Fangbein, *Sphodromantis viridis*. A Original: H. Pohl, Jena; B aus Dathe (2003).

(*Ischnomantis gigas*) (Gewicht bis zu 5 g). Viele Arten zeigen ausgeprägte Tarnungseffekte (z. B. als Blatt oder Zweig), die durch Fortsätze sowie ausgeprägte Farbgebung verstärkt werden können. Die Flügel sind oft reduziert.

Kopf orthognath, breiter als lang, dreieckig, mit Frontalschild. Mit besonders großen Komplexaugen und drei Ocellen. Antennen vielgliedrig, bis zu körperlang. Mundwerkzeuge orthopteroid. Mandibeln mit Schneidekante. Mola fehlt. Lacinia liegt in Falte der Galea. Labium mit Postmentum und tief eingeschnittenem Praementum. Vertex teilweise durch konische (z. B. *Pyrgomantis*), paarige (z. B. *Haania*), bandartige (z. B. *Empusa*) oder asymmetrische (z. B. *Phyllocrania*) Fortsätze verlängert.

Prothorax meist verlängert, bis zu 20-mal länger als breit (*Leptocola stanleyana*) oder fast halb so lang wie das gesamte Tier (*Angela, Schizocephala*). Gegenüber dem Mesothorax sehr beweglich. Pronotum durch transversale Supracoxalleiste zweigeteilt. Einige Arten mit seitlichen Duplikaturen (Teil eines Tarnmechanismus). Meso- und Metathorax sehr ähnlich. Zusammen fast immer kürzer als der Prothorax und höchstens minimal gegeneinander beweglich. Unpaares Gehörorgan (Zyklopenohr) teilweise zwischen den Metacoxen vorhanden (Wahrnehmung von Fledermauslauten?). Flügel sehr variabel, das Abdomenende überragend, verkürzt oder fehlend. Vorderflügel meist stärker sklerotisiert (Tegmina). Prothorakale Fangbeine klappmesserartig, Tibia schlägt gegen Femur (Beute wird durch taxon-spezifische Dornenreihen festgehalten) (Abb. 1006B). Hintere Beinpaare sind Schreitbeine. Coxen verlängert. Tarsus fast immer 5-gliedrig (bei *Heteronutarsus* 4-gliedrig).

Abdomen 10-segmentig. Subgenitalplatte (Sternit IX) beim Männchen stark verlängert. Stark asymmetrische Geschlechtsorgane bilden Klammerapparat. Weibliche Subgenitalplatte von Sternit VII gebildet. Genitalatrium und Ovipositor vorhanden.

Mantiden sind durchwegs karnivor und meist Lauerjäger. Eine Ausnahme bilden die Eremiaphilidae, die in Wüsten aktiv Beutetiere verfolgen und teilweise anspringen. Als Nahrung dienen meist andere Insekten, aber auch Spinnen sowie kleine Wirbeltiere wie Echsen, Frösche oder kleine Vögel. Der Fangschlag wird in ca. 60 ms ausgeführt. Bei Störungen nehmen Mantiden eine Drohhaltung ein (erhobene und ausgebreitete Fangbeine), lassen sich fallen oder fliehen. Rindenbewohner wechseln auf die Rückseite des Stammes. Mantiden leben solitär und sind meist äußerst standorttreu.

Die Fortpflanzung erfolgt fast ausschließlich zweigeschlechtlich. Parthenogenese ist kaum bekannt und ausschließlich bei *Brunneria borealis* obligatorisch. Sexualkannibalismus kann während allen Phasen der Paarung stattfinden, scheint aber im Freiland die Ausnahme zu sein. Die Eiablage erfolgt in Paketen (Ootheken), die mit schaumigen Sekreten gebildet werden. Sie enthalten zwischen 10 und 400 Eiern. Sie werden an Ästen, Steinen oder Blättern befestigt bzw. vergraben. Ein Weibchen kann mehrere (bis ca. 20) solcher Pakete ablegen.

Mantis religiosa, Gottesanbeterin (Mantidae), einzige in Deutschland vorkommende Art (Kaiserstuhl, am Rheingraben), ursprünglich in Afrika, heute durch Verschleppung bis auf Australien und Südame-

rika bis zum 51. Breitengrad weltweit verbreitet, grün, 6–8 cm. – *Empusa pennata* (Empusidae), westliches Südeuropa und Nordafrika, bis zu 10 cm.

6.16 Blattodea, Schaben und Termiten

Mit ca. 7 600 Arten sind die Blattodea eine der größten Gruppen der Polyneoptera (ca. 4 600 Schaben- und 3 000 Termitenarten). Generell sind Schaben und Termiten wärmeliebend und haben ihre Hauptverbreitungsgebiete in den Tropen. In Mitteleuropa kommen nur 10 Schabenarten vor. Das Verbreitungsgebiet von Termiten reicht bis etwa zum 40. Breitengrad. Innerhalb der Schaben sind einige Arten (z. B. *Periplaneta americana*, *Blatta orientalis*) Schädlinge bzw. Kulturfolger. Die meisten Schaben leben solitär und sind wichtige Saprophagen. Termiten spielen eine essentielle Rolle als Destruenten pflanzlicher Produkte (Holz, Laub) sowie als

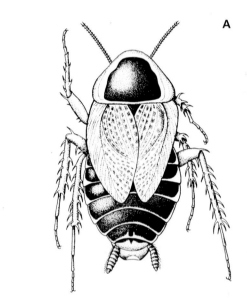

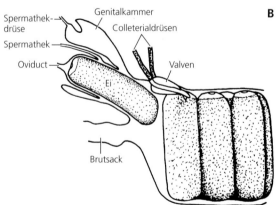

Abb. 1007 A *Ectobius sylvestris*, Waldschabe, in Laubstreu, Weibchen, Länge 10–14 mm. **B** Oothekbildung bei *Rhyparobia maderae*. Eier gelangen aus dem Ovidukt in das Vestibulum und werden dort in zwei Reihen angeordnet und durch Sekret der Colleterialdrüsen verfestigt. A Aus Eisenbeis und Wichard (1985); B nach Engelmann (1957) aus Dathe (2003).

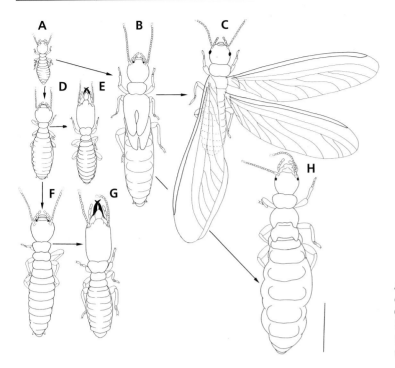

Abb. 1008 Termiten. *Reticulitermes santonensis,* Südeuropa. Kasten. **A** Larve. **B** Nymphe mit Flügelanlagen. **C** Imago = primäres Geschlechtstier. **D, F** Arbeiter. **E , G** Soldaten. **H** Leicht physogastrisches weibliches Ersatzgeschlechtstier. Maßstab: 2,5 mm. Verändert nach Buchli (1958) aus Lüscher (1974).

Bodenbildner, werden aber meist nur als Zerstörer menschlicher Einrichtungen wahrgenommen.

Dass Termiten soziale, xylophage Schaben sind, wurde seit einigen Jahrzehnten diskutiert, aber erst durch neuere molekulare und morphologische Studien abgesichert. Sie sind die Schwestergruppe der semisozialen und ebenfalls xylophagen Schabengattung *Cryptocercus.* Damit sind die Schaben („Blattaria") im traditionellen Sinne paraphyletisch.

Trotz der erheblichen Unterschiede in Körperbau und Lebensweise lassen sich einige gemeinsame Merkmale der Blattodea anführen: Reduktion des medianen Ocellus, Modifikationen von Kopfmuskeln, spezialisierte Zellen des Fettkörpers mit symbiontischen Bakterien sowie spezifische Strukturen des Proventriculus.

Länge bei Schaben 2,5 mm (*Attaphila*) – 10 cm (*Megaloblatta*). Körper dorsoventral abgeflacht (Abb. 1007A). Kopf meist von großem, abgeflachtem Pronotum überdeckt. Körperlänge bei Termiten 5 mm (Nasutitermitinae) – 22 mm (*Macrotermes goliath*) (physogastrische Königinnen von *Macrotermes natalensis* bis zu 14 cm). Pronotum klein, überdeckt nie den Kopf. Staaten mit Kastenbildung (Autapomorphie).

Kopf bei Schaben frei beweglich, ortho- bis hypognath, meist dreieckig gerundet. Komplexaugen meist nierenförmig, bei einigen Gruppen reduziert. Paarige Ocellen primär vorhanden. Mundwerkzeuge orthopteroid. Mola und membranöse Postmola vorhanden (Abb. 950). Lacinia liegt in Falte der Galea. Akzessorische vordere Tentorialarme verschmolzen („perforiertes" Tentorium). Corpotentorium oft mit paarigen Fortsätzen (Osteotendons). Mit dorsalem, zwei seitlichen und zwei ventralen Halsskleriten. Kopf der Termiten prognath und rundlich bis oval (Abb. 1008). Runde Komplexaugen mit nur einigen hundert Ommatidien (mit Ausnahme der Hodotermitidae bei Arbeitern und Soldaten reduziert). Mandibeln meist asymmetrisch, bei Soldaten z. T. stark vergrößert. Rhinotermitidae und Termitidae mit z. T. sehr prominenter Öffnung der Frontaldrüsen auf der Stirnregion (Abgabe von Abwehrsekreten). Meist mit 2, selten mit 3 Halsskleriten. Kopf der Arbeiter ähnelt dem der geflügelten Kaste (bei Soldaten meist vergrößert).

Thorax der Schaben mit großem, oft rundlichem Pronotum (Halschild), das meist den Kopf überragt (s. o.). Pronotum bei Termiten länglich, Kopf exponiert. Thorakale Segmente bei Schaben und Termiten gegeneinander beweglich.

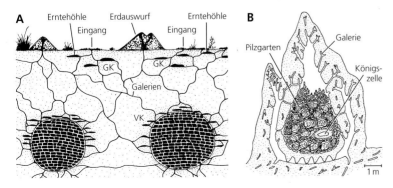

Abb. 1009 Termiten. **A** Nest von *Hodotermes mossambicus,* mit zwei Nesthöhlen. GK Gärkammer, VK Vorratskammer. Afrika. **B** *Macrotermes natalensis,* Schematischer Schnitt durch Bau. Kammer der Königin im zentralen Bereich. A Nach Coaton (1958); B nach Grassé und Noirot (1958) aus Dathe (2003).

Laufbeine lang und schlank. Coxen groß, median angenähert. Vorderflügel (Tegmina) der Schaben lederartig. Bei Termiten wie Hinterflügel (Alae) membranös (Flügel brechen nach Hochzeitsflug an Sollbruchstelle ab [Humeralsutur]).

Abdomen 10-segmentig. Cerci bei Schaben mehrgliedrig (bis zu 20). Bei Termiten mit 1–8 Gliedern. Männliches Genital der Schaben stark asymmetrisch. Termiten (soweit Kopulationsorgane vorhanden) nur mit einfacher symmetrischer Penispapille. Weibliche Schaben mit stark verlängerter Subgenitalplate, Genitalatrium sowie kurzem Ovipositor mit drei paarigen Valven und zugehörigen basalen Skleriten. Ovipositor bei Termiten fast immer reduziert (bei *Mastotermes* vorhanden). Schaben meist mit 8–20 panoistischen Ovariolen. Anzahl variiert bei Termiten zwischen 7 (*Kalotermes*) und mehreren tausend (*Macrotermes*).

Schaben ernähren sich fast ausschließlich von pflanzlichen Substraten, wobei Xylophagie mehrfach unabhängig entstanden ist. Von wenigen Ausnahmen abgesehen ernähren sich Termiten von Holz oder holzartigen Substraten wie Laub oder Samen. Manche Termiten züchten Pilze auf vorverdautem Holz.

Schaben sind meist nachtaktiv und leben solitär, wobei das Spektrum von Aggregationen (z. B. *Blatella*) über biparentale Brutvorsorge (z. B. *Salganea*) bis zu Subsozialität (*Cryptocercus*) reicht. Termiten gehören zu den sozialen Insekten und bilden zum Teil komplexe Staaten (Abb. 1009) mit einigen hundert (*Reticulitermes*) bis einigen Millionen (*Macrotermes*) Individuen, die auf mehrere Kasten aufgeteilt sind: larvale Arbeiter und Soldaten, Nymphen mit rückgebildeten Flügeln (Pseudergates) sowie geflügelte Imagines (Abb. 1008). Arbeiter und Pseudergates können sich zu Mitgliedern anderer Kasten häuten. Pheromone spielen eine wichtige Rolle bei der Orientierung und Kommunikation.

Auch bei der Fortpflanzung der Schaben spielen Pheromone eine wichtige Rolle, und teilweise tritt komplexes Paarungsverhalten auf. Die Eier werden in Ei-Paketen (Ootheken) abgelegt (Abb. 1007B). Die Blaberidae sind ovovivipar. Obligatorische Parthenogenese ist bei *Pycoscelus surinamensis* beschrieben. Bei Termiten erfolgt eine neue Koloniegründung durch einen Hochzeitsflug von geflügelten Imagines, aber auch durch Ableger bzw. Volkteilung (Soziotomie). Ootheken werden nur bei *Mastotermes* gebildet. Eine Königin von *Odontotermes* kann bis zu 86 000 Eier pro Tag legen.

Blatella germanica, Deutsche Schabe (Blattelidae), 13–16 mm; kosmopolitisch, synanthrop, u. a. Gaststätten und Krankenhäuser, Vorratsschädling und Krankheitsüberträger. - *Blatta orientalis*, Gemeine Küchenschabe, Kakerlake (Blattidae), 30 mm; Weibchen brachypter; ursprünglich tropisch, synanthrop, v. a. in Bäckereien und Gaststätten. – *Periplaneta americana* (Blattidae), Amerikanische Großschabe, ca. 4 cm, kosmopolitisch, ursprünglich vermutlich in Südasien, heute v. a. in Nordamerika, in Europa in wärmeren Regionen oder beheizten Gebäuden. – *Cryptocercus* spp. (Cryptocercidae), Nordamerika, Nordostasien, subsozial, in Holz lebend, xylophag, Enddarm mit symbiontischen Flagellaten (S. 8). – *Ectobius lapponicus* (Ectobiidae, Waldschaben), ca. 10 mm; Männchen und Weibchen flugfähig, am Boden in Laubstreuschicht.

Mastotermes darwiniensis (Mastotermitidae), 10–15 mm; Nordaustralien; besonders ursprünglich, schabenähnlich, Ovipositor, 16–24 Eier werden in einer Oothek verpackt. Schwestergruppe der übrigen Isoptera. - *Reticulitermes flavipes*, Gelbfüßige Bodentermite (Rhi-

notermitidae), 4–5 mm. Im Osten Nordamerikas, nach Hamburg eingeschleppt (seit 1937), seit 1966 in München.

6.17 Orthoptera, Heuschrecken

Mit ca. 22 500 bekannten Spezies (ca. 90 in ME) die mit Abstand artenreichste Gruppe der Polyneoptera. Verbreitung weltweit, mit der größten Diversität in tropischen und subtropischen Regionen. Vom Tiefland bis in subalpine Zonen, in Regenwäldern, Halbwüsten und Höhlen. Einige Arten sind synanthrop.

Autapomorph sind die Sprungbeine, das sattelförmige Pronotum (Abb. 1010, 1013, das verbreiterte Costalfeld (Vorderflügel) und die bei den späten Nymphenstadien verdrehten Flügelanlagen. Autapomorphien der Caelifera sind verkürzte Antennen (Kurzfühlerschrecken) und der stark verkürzte und modifizierte Ovipositor. Auch die Ensifera sind vermutlich monophyletisch. Charakteristisch für die Orthoptera sind akkustische Kommunikationssysteme (Abb. 1011, 1012). Sie gehören aber nicht zum Grundplan (s. u.).

Orthopteren (Abb. 939) sind überwiegend mittelgroß, aber es treten auch extrem stattliche Formen auf (Größenspektrum 2 mm–20 cm). Die meisten Arten sind langgestreckt und seitlich komprimiert. Es gibt aber auch sehr kompakte Formen und Arten deren Habitus an Stabschrecken erinnert. Flügelreduktionen kommen in verschiedenen Teilgruppen vor. Ausgeprägte Farbmuster sind typisch für die Gruppe (v. a. grün, braun, rot, schwarz und gelb). Eine große Bandbreite von Dornen, Höckern, Leisten und Gruben treten als Oberflächenstrukturen an Kopf und Thorax auf.

Kopf groß, meist orthognath oder hypognath (Abb. 1010). Komplexaugen meist gut entwickelt, in Kontur der Kopfkap-

Abb. 1010 Orthoptera. *Tetrix* sp. (Tetrigidae). Maßstab: 500 µm. REM. Original: H. Pohl, Jena.

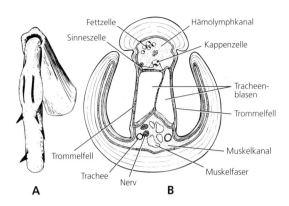

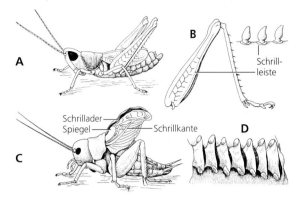

Abb. 1011 Orthoptera. **A** Vordertibia von *Tettigonia viridissima* mit den paaarigen Öffnungen des Gehörorgans. **B** Vordertibia von *Decticus* sp., Querschnitt mit Chordotonalorgan. Tympanum, Sinneszelle und Nerv. A Nach Weber (1949); B nach Seifert (1970) aus Jacobs und Seidel (1975).

Abb. 1012 Orthoptera. Lauterzeugung. **A** *Chloealtis conspersa* (Caelifera), stridulierendes Männchen. **B** Hinterbein, Innenseite mit Schrillleiste und vergrößerten Zähnchen. **C** *Gryllus campestris* (Ensifera), Männchen in Stridulationsstellung. **D** Teil der Schrillader. Nach Weber (1933, 1974) aus Dathe (2003).

sel integriert. Drei Ocellen meist vorhanden. Labrum fast immer frei, oft vergrößert, dann einen großen Anteil der Mandibeln verdeckend. Antennen fast immer filiform, primär lang und vielgliedrig, bei den Caelifera verkürzt. Mundwerkzeuge orthopteroid. Mola primär gut enwickelt (partiell reduziert bei räuberischen Ensiferen). Labium unmodifiziert, bildet hinteren Abschluss der Kopfkapsel. Cervicalsklerite vorhanden.

Prothorax mit sattelförmigem Pronotum. Überlagert nach vorn die hinterste Kopfregion und nach hinten die Flügelbasen. Metathorax größer als Mesothorax. Tergale, pleurale und sternale Elemente weitgehend unmodifiziert. Jeweils 2 Tracheenäste entspringen an vergrößerten metathorakalen Stigmen (Autapomorphie). Vordertibien der Ensifera meist mit Tympanalorgan (Abb. 1011). Hinterbeine mit stark vergrößerten Femora (Abb. 1013). Ensifera mit 3–4 Tarsomeren, Caelifera meist mit 3 (selten 2). Tarsen mit polsterförmigen Euplantulae. Arolium fehlt bei den Ensifera. Flügel meist gut entwickelt, dem Abdomen flach aufliegend oder in dachartiger Position gehalten. Analfeld der Hinterflügel vergrößert und fächerartig gefaltet. Stridulationsorgane (Abb. 1012C, D) der Ensifera meist am Basalteil der Tegmina. Caeliferen stridulieren meist durch Entlangstreichen einer Pars stridens des Hinterfemurs an der Außenseite der Tegmina (Abb. 1012A, B).

Abdomen 11-segmentig. Segment I bei den meisten Caelifera mit großem Tympanalorgan. Subgenitalplatte vom Sternit VIII (Weibchen) oder IX (Männchen) gebildet. Cerci inserieren am Hinterrand von Tergit X, eingliedrig, bei Weibchen kurz und kegelförmig. Bei Männchen oft als Klammerorgan bei der Kopulation eingesetzt. Kopulationsorgan einfach und unsklerotisiert. Ovipositor der Caelifera stark verkürzt (Eiablage im Boden). Vorderdarm der Ensifera mit Proventriculus. Mitteldarmcaeca bei beiden Teilgruppen vorhanden. Zahl der panoistischen Ovariolen variabel. Unterschiedliche akzessorische Drüsen treten auf.

Orthopteren bevorzugen höhere Temperaturen und halten sich meist in der Vegetation auf. Als Ausnahmeerscheinungen gibt es bedingt aquatische (z. B. Tridactylidae) oder semi-aquatische Arten, grabende Formen (Gryllotalpidae),

Höhlenbewohner (z. B. Rhaphidophoridae) und Bewohner von Ameisennestern (Myrmecophilidae). Die Ensifera sind meist nachtaktiv und häufig räuberisch, während die Caelifera meist tagaktiv und strikt phytophag sind. Es treten verschiedene Tarnmechanismen auf (z. B. Farbmuster, stabschreckenartiger Habitus). Abwehrmechanismen sind Ausschlagen mit den Hinterbeinen oder Auswürgen von Verdauungs- oder Abwehrsekreten. Oft werden die Hinterbeine an Sollbruchstellen abgeworfen. Akkustische Kommunikationsysteme haben in der Evolution eine wichtige Rolle gespielt, Tympanal- und Stridulationsorgane sind aber mehrfach unabhängig entstanden. Artspezifische akkustische Signale werden vor allem von Männchen erzeugt, um Weibchen anzulocken.

Die Fortpflanzung ist ganz überwiegend zweigeschlechtlich, aber Parthenogenese kommt vor. Die Spermatophoren können sehr komplex sein. Ein Paarungsgeschenk (Spermatophylax) wird von Männchen der Ensifera an der Spermatophore befestigt. Die Eier werden in oder an Pflanzengewebe deponiert oder im Boden (Caelifera). Bei den Caelifera schlüpft eine wurmförmige Primärlarve, die sich unmittelbar danach wieder häutet. Davon abgesehen sind die Nymphen den Imagines sehr ähnlich. Es finden 4–11 Häutungen statt.

6.17.1 Ensifera, Langfühlerschrecken

Ca. 9 500 Arten (40 in ME). Mit langen Antennen und typischem orthopteroiden Ovipositor (Abb. 965C). Oft räuberisch.

6.17.1.1 Tettigonioidea, Laubheuschrecken

Linker Vorderflügel mit Schrillader liegt über dem rechten. Tarsen 4-gliedrig. Vordertibien mit Tympanalorganen.

Tettigonia viridissima, Grünes Heupferd (Tettigoniidae, Singschrecken), 28–42 mm; Männchen stridulieren laut und ausdauernd; in Bäumen und Sträuchern; überwiegend räuberisch aber konsumiert auch Pflanzenmaterial. – *Ephippiger ephippiger*, Steppen-Sattelschrecke (Ephippigeridae), 30 mm; Flügel stark verkürzt; Stridulation bei beiden Geschlechtern; in Steppenregionen, wärmeliebend; überwiegend räuberisch.

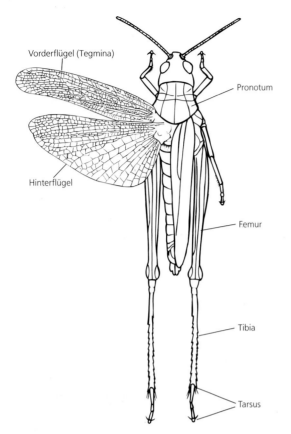

Vorderflügel (Tegmina)

Pronotum

Hinterflügel

Femur

Tibia

Tarsus

Abb. 1013 Orthoptera. *Omocestus viridulus*, Bunter Grashüpfer, Weibchen, Länge bis 24 mm. Nach Ingrisch (1981).

6.17.1.2 Grylloidea, Grillen

Beide Vorderflügel mit Schrillader. Hinterflügel in Ruhestellung eingerollt, die Vorderflügel oft überragend. Tarsen 3-gliedrig. Ovipositor mit 2 paarigen Valven.

Gryllus campestris, Feldgrille (Gryllidae), 26 mm; in selbstgegrabenen Erdröhren; ausgeprägte Lauterzeugung; wärmeliebend; ernährt sich räuberisch und von Pflanzenmaterial. 10 Nymphenstadien. – *Acheta domesticus*, Heimchen (Gryllidae), 20 mm; aus dem Mittelmeerraum, wärmeliebend; synanthrop, teilweise auf Müllplätzen; 12–16 Nymphenstadien. – *Gryllotalpa gryllotalpa*, Maulwurfsgrille (Gryllotalpidae), 50 mm; Vorderbeine als Grabschaufeln modifiziert; Sprungvermögen reduziert; trotz verkürzter Vorderflügel flugfähig; räuberisch aber auch Fraß an Wurzeln; unterirdische Gänge und Hohlräume werden mit Speichel verfestigt. – *Myrmecophilus acervorum*, Ameisengrille (Myrmecophilidae), Männchen 2 mm, Weibchen 2,8–3,5 mm; flügellos und ohne Tympanalorgane; in Ameisennestern (*Myrmica lasius*), ernähren sich von der Nahrung, den Eiern und den Larven der Wirte; ganz überwiegend parthenogenetisch.

6.17.1.3 Stenopelmatoidea (Gryllacridoidea)

Stridulations- und Tympanalorgane fehlen. Tegmina schwach sklerotisiert.

Tachycines asynamorus, Gewächshausschrecke (Rhaphidophoridae, Höhlenschrecken), 13–19 mm; Antennen, Beine, Maxillarpalpen und Cerci deutlich verlängert; ursprünglich aus China stammend, heute kosmopolitisch, v. a. in Gewächshäusern; Eiablage im Boden; räuberisch, zusätzliche Ernährung von Pflanzenmaterial.

6.17.2 Caelifera, Kurzfühlerschrecken

Weltweit ca. 11 000 Arten (ca. 45 in ME). Fast durchwegs phytophag, ernähren sich vor allem von Gräsern. Als Monophylum durch verkürzte Antennen (max. 30 Glieder, selten keulenförmig verdickt), die reduzierte Anzahl der Tarsomeren (1–3), das teleskopartig ausziehbare Abdomen, den stark verkürzten, aber kräftigen Ovipositor (Eibalage im Boden) und das große Tympanalorgan an der Abdomenbasis begründet. Die Caelifera werden in aktuellen Klassifikationen in 8 Überfamilien unterteilt.

6.17.2.1 Acridoidea, Feldheuschrecken

Tympanalorgane vorhanden oder reduziert. Stridulation durch Reiben der Hinterfemora an den Tegmina (Abb. 934A); entweder mit Zähnchen auf der Innenseite der Hinterfemora und einer verhärteten Ader der Tegmina (*Stenobothrus*-Typ) (Abb. 1012B) oder mit Zähnchen an den Tegmina und einem Grat an den Hinterfemora (*Oedipoda*-Typ); die Stridulation dient u. a. dem Anlocken der Weibchen; zusätzlich werden Geräusche im Flug erzeugt („Schnarren") sowie mit den Mandibeln oder Beinen („Schienenschleudern", „Trommeln"). Tarsen 3-gliedrig, Arolium vorhanden. Ca. 8 000 Arten.

Psophus stridulus, Schnarrschrecke (Acrididae, Feldheuschrecken), 23–40 mm; erzeugen im Flug auffallende Geräusche erzeugt; Hinterflügel rot mit braunem Rand; auf Ödland, wärmeliebend. – *Locusta migratoria*, Europäische Wanderheuschrecke (Acrididae), 30–60 mm; heute in Europa selten; verwandte Arten in Asien und Afrika (z. B. *Schistocerca gregaria*) können riesige Schwärme mit Milliarden von Tieren bilden; mit stationärer, solitärer Phase und gregärer Schwarmphase. – *Chorthippus* spp., Grashüpfer (Acrididae, Feldheuschrecken), 10–18 mm; einige nahe verwandte Arten bei denen Bastardierung vorkommt; im Spätsommer und Herbst massenhaft auf Wiesen; ernähren sich überwiegend von Gräsern.

6.17.2.2 Tetrigoidea, Dornschrecken

Pronotum mit nach hinten gerichtetem langem Fortsatz. Tegmina stark verkürzt. Keine Lauterzeugung; Tympanalorgane fehlen. Optische Orientierung bei Partnerfindung. Vorder- und Mitteltarsen 2-gliedrig, Hintertarsen 3-gliedrig; Arolium. reduziert. Ca. 1 000 Arten.

Tetrix subulata, Säbeldornschrecke (Tetrigidae), 17 mm; im Uferbereich; phytophag; Überwintert als Imago oder fortgeschrittenes Nymphenstadium.

6.17.2.3 Tridactyloidea, Grabschrecken

Vorderbeine mit verbreiterten, bedornten Tibien (Grabbeine). Tarsen 1- oder 2-gliedrig; Arolium reduziert. Mitteltibien vergrößert, mit Drüse ausgestattet. Außergewöhnliches Sprungvermögen. Ca. 200 Arten.

Tridactylus variegatus (Tridactylidae, Zwerggrabschrecken), 6,5–10 mm; grillenähnlich; mediterran; im Uferbereich in selbstgegrabenen Gängen; Hinterbeine mit 2 Tibialfortsätzen und 1-gliedrigem Tarsus (Tridactylidae); Vorderflügel verkürzt; Tympanalorgane fehlen; weiden Algenbeläge ab.

Acercaria

Die mit ca. 113 000 bekannten Arten sehr erfolgreichen Acercaria sind gut als Monophylum begründet. Autapomorphien sind die meißel- oder stilettartige Lacinia, die Vergrößerung des Clypeus und des cibarialen Dilatators (praeoraler Pumpapparat), die maximal 3-gliedrigen Tarsen, das Vorhandensein von nur 4 Malpighi-Gefäßen und die Verschmelzung der abdominalen Ganglien zu einem einzigen Komplex. Stechend-saugende Mundwerkzeuge sind mindestens zweimal unabhängig entstanden. Beißende Mundwerkzeuge sind bei den Psocoptera und im Grundplan der Phthiraptera („Mallophaga") vorhanden.

Die Acercaria sind vermutlich die Schwestergruppe der Holometabola (**Eumetabola**). Es gibt aber derzeit keine guten Argumente für diese Gruppierung. Eine mögliche Synapomorphie ist der Verlust der Ocellen bei den praeimaginalen Stadien.

Psocodea

Die Psocodea umfassen die Psocoptera (Staubläuse) und die ektoparasitischen Phthiraptera (Tierläuse). Ungewöhnliche Apomorphien sind eine Sollbruchstelle an der Antennenbasis, der Mörserapparat mit ovalen Skleriten im Praeoralraum sowie ein spezifischer cibarialer Wasseraufnahmeapparat.

6.18 Psocoptera (Corrodentia), Staubläuse

Die Psocoptera im traditionellen Sinne sind paraphyletisch. Die Liposcelidae sind die Schwestergruppe der Phthiraptera. Ca. 5 500 Arten sind insgesamt beschrieben (ca. 100 in ME). Die Verbreitung ist weltweit mit den meisten Arten in den Tropen. Es gibt aber auch Spezialisten in der arktischen Region.

Staubläuse (Abb. 1014) bevorzugen meist warme Temperaturen. Sie halten sich bevorzugt auf Rinde oder Blättern auf. Spezialisierte Arten leben in Gängen von in Holz minierenden Insekten, in Höhlen, in Nestern von Termiten, Hymenopteren, Vögeln oder Säugern und auch in feuchten Wohnungen mit Schimmelbildung. Wenige Arten sind gesellig. Tarnfärbungen sind verbreitet. Viele Arten produzieren zu ihrem Schutz Gespinste. Nymphen tarnen sich häufig mit Drüsenhaaren und daran haftenden Partikeln von Rinde, Flechten oder Fäkalien. Das Nahrungsspektrum umfaßt Pilze, Algen, Flechten, Hefen, Bakterien und diverse organische Materialien. Spezialisten können in naturkundlichen Sammlungen an Bälgen große Schäden anrichten.

Psocopteren sind klein oder sehr klein (0,5 bis max. 10 mm) und oft polymorph, mit flugfähigen, brachypteren und flügellosen Formen. Die Cuticula ist dünn und meist grau oder bräunlich gefärbt.

Kopf groß, meist orthognath, vollständig exponiert, gegenüber dem Prothorax sehr beweglich. Postclypeus groß,

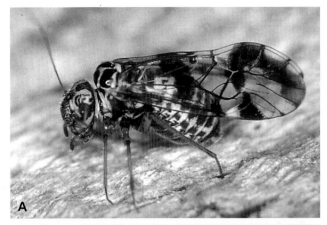

Abb. 1014 Psocoptera, A *Neopsocus rhenanus*, Weibchen. B *Lepinotus* sp. (Trogiidae). Maßstab: 500 µm. REM. A Original: B. Knoflach-Thaler, Innsbruck. B Original: H. Pohl, Jena.

auffallend gewölbt. Cibarialer Dilatator sehr kräftig entwickelt. Komplexaugen meist gut entwickelt, aber teilweise bis auf wenige Ommatidien reduziert (*Liposcelis*). Drei Ocellen primär vorhanden, fehlen aber bei flügellosen Formen. Antennen filiform, sehr lang. Mundwerkzeuge beißend. Mandibeln asymmetrisch, mit großer Mola. Cardo und Stipes verwachsen. Lacinia meißelförmig, vom Stipes abgekoppelt, in Tasche versenkt. Labialpalpen 1- oder 2-gliedrig. Glossae klein, bilden Spinnröhre. Speichel- und Spinndrüsen münden in Salivarium. Stark sklerotisierte Vertiefung auf Oberseite des Hypopharynx (Larynx) bildet Hauptelement des Mörserapparates.

Prothorax meist deutlich reduziert (nicht bei den Lepidopsocidae). Pterothorakale Segmente bilden kompakte Einheit (verwachsen bei den Lepidopsociden). Beine weitgehend unmodifiziert. Hinterbeine etwas verlängert (Sprungbeine bei *Liposcelis*). Metacoxae meist mit Stridulationsorgan (Pearmansches Organ). Tarsus 2- bis 3-gliedrig, apikal mit membranösen oder fadenförmigen Pulvilli. Flügel fast immer dachartig über dem Abdomen getragen (flach bei den Liposcelidae). Oft mit auffallenden Farbmustern oder mehr oder weniger stark reduziert (s. o.). Flügelpaare im Flug aneinander gekoppelt.

Abdomen 11-segmentig, tonnenförmig oder fast kugelig. Tergite IX und X oft verwachsen. Paraprocte und Epiproct (Segment XI) bilden Analkegel (meist mit Sinnesfeld mit Trichobothrien). Segmente I–VII (Weibchen) oder I–VIII (Männchen) weitgehend unsklerotisiert. Sternit IX bildet Subgenitalplatte bei Männchen (Hypandrium). Begattungsorgan komplex und sehr variabel. Akzessorische Kopulationsstrukturen teilweise vorhanden. Weibliche Subgenitalplatte vom Sternit VIII gebildet (Hypogynium). Mit typischem Ovipositor (Grundplan). Ovarien mit 3–5 polytrophen Ovariolen. Vorderdarm ohne Ingluvies und Proventriculus. Mitteldarm vergrößert, in Schleife gelegt.

Innerhalb der Gruppe treten verschiedene Formen von Parthenogenese auf (z. B. Thelytokie) und kompliziertes Balzverhalten. Einige Arten trommeln mit dem Abdomen. Als präkopulative Verhaltensweisen treten Vibrieren mit den Flügeln oder ein Kopfstand auf. Meist werden die auf Blättern abgelegten Eier mit einem Gespinst bedeckt, bei einigen Arten aber mit einer schwärzlichen Analflüssigkeit. Eine tropische Art ist vivipar. Der Generationszyklus und die Lebensdauer sind kurz.

6.18.1 Trogiomorpha

Ca. 300 Arten. Antennen mit erhöhter Anzahl von Flagellomeren (20–48). Geflügelte Formen ohne deutlich sklerotisiertes Pterostigma im Vorderflügel.

Trogium pulsatorium, „Totenuhr" (Trogiidae), 1,5–2 mm; Weibchen klopfen mit dem Hinterleib (Name); u. a. in Häusern und Lagerräumen, oft schädlich in naturkundlichen Sammlungen. – *Psyllipsocus ramburii* (Psyllipsocidae), 2,2 mm; oft in feuchten Wohnungen, an oder unter Tapeten, Teppichen und Polstermöbeln; parthenogenetisch; Flügel vorhanden oder reduziert.

6.18.2 Troctomorpha

Ca. 350 Arten. Antennen mit 9–15 Flagellomeren, distal mit sekundärer Ringelung; Labialpalpen 1- oder 2-gliedrig; Vorderflügel ohne deutliches Pterostigma. Die traditionell zu den Troctomorpha gestellten Liposcelidae (ca. 180 Arten) sind die Schwestergruppe der Phthiraptera (s. o.).

Badonnelia titei, 1,0–1,8 mm; einzige einheimische Art (Berlin), in Kellern, feuchten Wohungen und Lagerräumen.

6.18.3 Psocomorpha

Ca. 3 200 Arten. Antennen mit 11 Flagellomeren, ohne sekundäre Ringelung; Labialpalpen 1-gliedrig; Vorderflügel mit deutlichem Pterostigma.

Caecilius fuscopterus (Caeciliusidae), ca. 3,5 mm; flugfähig; auf Laubbäumen, v. a. Eichen. – *Lachesilla pedicularia* (Lachesillidae), 1,2 mm; Flügel gut entwickelt oder verkürzt; an Laubbäumen, v. a. Eichen, gelegentlich im Heu. – *Psococerastis gibbosa* (Psocidae), Männchen 5,5 mm, Weibchen 6–7 mm, größte mitteleuropäische Art; Flügel voll entwickelt, beim Weibchen mit Querbinde und mehreren Flecken; auf Laubbäumen, v. a. auf Rinde.

6.19 Phthiraptera, Tierläuse

Die weltweit verbreitete Gruppe umfaßt etwa 5 000 Arten (ca. 650 in ME). Die Monophylie ist durch den Ektoparasitismus und den völligen Flügelverlust begründet. Säuger sind wahrscheinlich die ursprünglichen Wirte der Rhynchophthirina and Anoplura (Abb. 1015A), während die Amblycera und Ischnocera primär auf Vögel spezialisiert sind. Tierläuse fehlen bei Monotremen, Fledermäusen, Walen und einigen anderen Gruppen. Sie sind stark an die Wirtstiere gebunden und überleben isoliert nur kurze Zeit. Geeignete Wirte werden vor allem mit Chemo- und Thermorezeptoren ausfindig gemacht. Die Übertragung findet teilweise durch Phoresie statt. Die Anzahl der Parasiten hängt vor allem von der Größe des Wirts ab. Es können wenige aber auch tausende Individuen sein (über 10 000 Kopfläuse beim Menschen). Die Amblycera und Ischnocera (Abb. 1015C) ernähren sich vor allem von Partikeln von Haut oder Federn. Die Rhynchophthirina und Anoplura sind spezialisierte Blutsauger. Sie können Krankheitserreger übertragen (s. o.). Bei starkem Befall können Sekundärinfektionen auftreten.

Die völlig flügellosen, dorsoventral abgeflachten Ektoparasiten sind 0,35–11,8 mm lang (meiste Arten 2–4 mm). Die Färbung ist meist bräunlich, variiert aber bei Vogelparasiten erheblich (z. B. schwarz oder weiß, je nach Gefiederfarbe).

Kopf prognath. Bei den Amblycera und Ischnocera durch kontinuierliches System von inneren Leisten verstärkt (Grundplan). Haken oder hornförmige Oberflächenstrukturen dienen der Verankerung am Wirt (v. a. Amblycera und Ischnocera). Frontal- und Coronalnaht fehlen. Zusammenhalt zwischen Hinterhauptsregion und Thorax durch ligamentöses Obturaculum verstärkt (fehlt bei den Amblycera). Maximal 2 Ommatidien. Ocellen fehlen. Labrum im Grundplan vorhanden, aber unsklerotisiert. Kurze Antennen mit 3–5 Gliedern. Mundwerkzeuge im Grundplan exponiert, bei den Rhynchophthirina und Anoplura weitgehend invaginiert. Mandibeln primär weitgehend unmodifiziert (s. Psocoptera), bei den Rhynchophthirina sehr klein, bei den Ano-

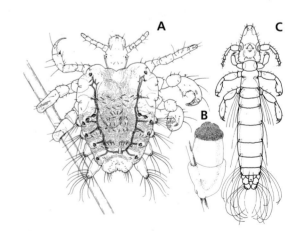

Abb. 1015 Phthiraptera. **A** *Pthirus pubis* (Anoplura), Schamlaus, Weibchen, Länge 1,7 mm. **B** An Haar festgeklebte Nisse von *Haematopinus eurysternus* (Anoplura), auf Rindern. **C** *Columbicola columbae* (Ischnocera), Länge 2 mm, im Gefieder von Tauben. A Aus Martini (1952); B nach Złotorczyka et al. (1974); C nach Kaestner (1974).

plura meist deutlich reduziert. Maxillen und Labium stark vereinfacht. Tentorium im Grundplan fast vollständig (Amblycera), innerhalb der Gruppe deutlich reduziert. Cibarialer Nahrungsaufbereitungsapparat der Amblycera und Ischnocera ähnlich dem der Psocoptera, reduziert bei den Rhynchophthirina und Anoplura.

Thoraxsegmente selten deutlich getrennt (einige Amblycera). Pronotum gut entwickelt. Mesothorax deutlich reduziert (v. a. dorsal), meist mit Metathorax verschmolzen. Flügel fehlen. Vorderbeine meist am kürzesten. Trochanter und Femur starr verbunden. Im Grundplan 2 freie Tarsomere. Meist miteinander und mit Tibia verwachsen (Tibiotarsus). Beine distal mit unterschiedlichen spezialisierten Klammerapparaten (Abb. 1015A). Thorakale Muskulatur gleichermaßen spezialisiert wie vereinfacht.

Abdomen mit 9 oder 10 Segmenten, kurz und breit, seitlich gerundet (z. B. Rhynchophthirina) oder langgestreckt (Abb. 1015C). Mit gruppenspezifischem Muster von Skleriten. Genitalkammer durch Invagination zwischen Segmenten VIII und IX (Weibchen) oder IX und X (Männchen) gebildet. Ovipositor reduziert. Ein Paar Gonapophysen teilweise erhalten (Grundplan). Ovarien mit jeweils 5 polytrophen Ovariolen. Drüsenartige Wände der paarigen Ovidukte produzieren Sekrete für die Anheftung der Eier (Nissen, s. u.; Abb. 1015B). Männlicher Genitalapparat meist groß und komplex, meist aus Phallobasis, Parameren und Endophallus mit Phallomeren zusammengesetzt. Ductus ejaculatorius meist unpaar, teilweise als Spermapumpe differenziert.

Tierläuse sind meist zweigeschlechtlich, aber es tritt mehrfach Parthenogenese auf. Eine Art ist ovovivipar (*Meinertzhageniella lata*). Spermatophorenbildung nur bei wenigen Arten. Die Kopulation kann nur wenige Sekunden, aber auch bis zu 2 Tage dauern (Vogelparasiten). Die relativ großen Eier (Nissen) werden meist mit kittartigen Sekreten an Haaren oder Federn befestigt (Abb. 1015B). Nur die Kleiderlaus *Pediculus humanus humanus* befestigt die Nissen an Textilfasern. Das erste Nymphenstadium schlüpft nach 5–18 Tagen mit Hilfe von cephalen Eizähnen. Es folgen 3 Häutungen. Die maximale Lebensdauer beträgt ca. 100 Tage.

6.19.1 Amblycera

Ca. 1 360 Arten. Kopf groß; Antennen kurz; drittes Glied als Keule ausgebildet; 2 Ommatidienpaare; Tentorium fast vollständig; Abdomen 10-segmentig (Plesiomorphien).

Menopon gallinae (Menoponidae), 2 mm; oft auf Hühnern. – *Eulaemobothrion atrum* (Laemobothriidae), ca. 8 mm; schwarz gefärbt, auf Bläßrallen.

6.19.2 Ischnocera

Ca. 3 080 Arten. Kopf groß, teilweise dreieckig. Eingeschlagener Anteclypeus mit medianer Haar- oder Federgrube; Maxillarpalpen fehlen; Antennen teilweise von Männchen als Klammerorgane eingesetzt; ein Ommatidienpaar; intrazelluläre Symbionten im Fettkörper.

Philopterus turdi merulae (Philopteridae), ca. 2 mm; auf Amseln. – *Trichodectes canis*, Hundehaarling (Trichodectidae), 2,5 mm; Überträger des Gurkenkernbandwurms *Dipylidium caninum* (S. 225).

6.19.3 Rhynchophthirina

3 Arten. Blutsaugende Ektoparasiten mit stark verlängertem Rostrum; Mandibeln sehr klein, mit nach außen gerichteten Zähnen; Labrum, Maxillen, Labium und Hypopharynx reduziert.

Haematomyzus elephantis, Elefantenlaus (Haematomyzidae), 1,7–2,6 mm; auf Elefanten.

6.19.4 Anoplura, echte Läuse

Ca. 540 Arten. Labrum bildet tunnelförmige Proboscis (Gleitschiene); Praementum und Hypopharynx bilden in tiefe Tasche eingesenkte Stechborsten; rinnenförmige Distalteile der Mandibeln formen Nahrungsrohr; Thoraxsegmente verschmolzen; Intrazelluläre symbiontische Bakterien meist in spezifischen Organen. Auf Säugern.

Echinophthirius horridus (Echinophthiriidae), 3,3 mm; auf Seehunden. Schuppenhaare halten Luftfilm fest (Plastron). – *Haematopinus suis*, Schweinelaus (Haematopinidae), ca. 3 mm. – *Pthirus pubis*, Schamlaus (Pthiridae) (Abb. 1015A), 1,5 mm; Schamhaare, Achselhaare, Augenbrauen; 25–30 Nissen. – *Pediculus capitis*, Kopflaus (Pediculidae), Männchen 2,6 mm, Weibchen 3,1 mm; in Kopfhaaren, ca. 300 Eier. – *Pediculus humanus*, Kleiderlaus (Pediculidae), Männchen 3,0 mm, Weibchen 3,5 mm; zwischen Körperhaaren und in der Kleidung; ca. 300 Eier. Vektoren von *Rickettsia*-Arten und *Spirochaeta recurrentis*.

6.20 Thysanoptera, Thripse, Fransenflügler, Blasenfüße

Derzeit sind ca. 5 500 Arten beschrieben (ca. 220 in ME). Die Größe bewegt sich meist im Bereich von 1–3 mm. *Idolothrips spectrum* (Australien) wird 14 mm lang und die kleinste Art nur 0,5 mm. Die Monophylie ist durch die stark asymmetrischen Mundwerkzeuge, die modifizierten Flügel (Fransenflügler) und das blasenartige Arolium (Blasenfüße) (Abb. 1017) sehr gut begründet. Thripse halten sich auf Blüten auf, in Blattscheiden von Gräsern oder unter Rinde. Viele Arten ernähren sich von Pflanzensäften, Nektar, Pollen, Pilzhyphen oder Pilzsporen. Räuberische Ernährung (Blatt- und Schildläuse, Milben, andere Thripse) ist die Ausnahme. Von Pflanzenschädlingen können vor allem Pilze, Viren und Bakterien übertragen werden. Gelegentlich bilden die Tiere Schwärme („Gewitterfliegen").

Körper schlank oder abgeflacht (Abb. 1016A), meist bräunlich oder schwarz gefärbt. Kopf hypognath (Abb. 1016B). Komplexaugen mit großen, deutlich voneinander getrennten Ommatidien. Drei Ocellen meist vorhanden (Abb. 1016B). Mundwerkzeuge asymmetrisch. Linke Mandibel und Laciniae stechborstenartig, rechte Mandibel weitgehend reduziert (Autapomorphie). Kegelförmiges Rostrum von membranösem Anteclypeus, Labrum, Basalteilen der

Maxille und Labium gebildet (Abb. 1016B). Antenne 4- bis 9-gliedrig, inserieren zwischen Komplexaugen.

Flügel zu schmalen Bändern mit Besatz von langen Borsten modifiziert (Autapomorphie). Geäder weitgehend reduziert (Abb. 1016A). Selten partielle oder vollständige Flügelreduktion. Tarsen 1- oder 2-gliedrig. Distal mit ausstülpbarem, vergrößertem Arolium (Autapomorphie) (Abb. 1017). Klauen nur bei Larven vorhanden.

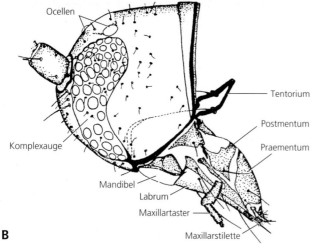

Abb. 1016 Thysanoptera. **A** Habitus. Maßstab: 100 μm. REM. **B** Seitenansicht des Kopfes von *Aeolothrips fasciatus* (Aeolothripidae). A Original: H. Pohl, Jena; B verändert nach Mickoleit (1963).

Abdomen mit 10 deutlich entwickelten Segmenten. Segment XI rudimentär. Komplexe männliche Genitalien liegen im Segment IX. Orthopteroider Ovipositor bei Terebrantia vorhanden. Ovarien mit 4 panoistischen Ovariolen.

Innerhalb der Gruppe treten fakultative und obligatorische Parthenogenese auf (Thelytokie und Arrhenotokie) sowie Ovoviviparie. Die schlanken praeimaginalen Stadien unterscheiden sich deutlich von den Imagines (Larven). Äußere Flügelanlagen fehlen bei den beiden ersten Stadien. Danach folgen 2–3 Ruhestadien (Autapomorphie) (Abb. 975B). Pro Jahr eine oder mehrere Generationen. Die gesamte Entwicklung wird in sehr kurzer Zeit durchlaufen (postembyronal 2–18 Tage).

6.20.1 Terebrantia, Bohr-Fransenflügler

Ca. 2 400 Arten. Ovipositor mit säbelförmigen Valven; Eiablage in Pflanzengewebe; Längsadern im Vorderflügel nicht völlig reduziert. Puppenartiges praeimaginales Stadium (Abb. 975B).

Aeolothrips intermedius (Aeolothripidae), 1,5 mm; auf Blüten; räuberisch (v. a. Blattläuse und Milben) (Abb. 1016B). – *Chirothrips manicatus*, Wiesenthrips (Thripidae), 1,2 mm; saugen an Gräsern; Männchen ungeflügelt.

6.20.2 Tubulifera, Röhren-Fransenflügler

Ca. 3 200 Arten. Geäder der Vorderflügel völlig reduziert; Ovipositor reduziert; Abdominalsegment X zu Rohr ausgezogen (Tubulifera); Eier werden oberflächlich deponiert. Zwei puppenartige Stadien.

Liothrips setinodis, Großer Eschenthrips (Phlaeothripidae), 4 mm; an Eschen.

Hemiptera (Auchenorrhyncha, Sternorrhyncha, Heteropterida)

Die Hemiptera sind vor allem durch Apomorphien charakterisiert, die mit der stechend-saugenden Ernährung zusammenhängen. Nicht nur die Laciniae, sondern auch die Mandibeln sind als Stechborsten modifiziert (Abb. 1018A, B). Ein mehrgliedriges Rostrum (Stechborstenscheide) wird vom Labium gebildet (Abb. 1018C). Maxillar- und Labialpalpen fehlen. Das Analfeld des Vorderflügels ist als Clavus differenziert. Die Verwandtschaftsbeziehungen innerhalb der Gruppe sind umstritten. Mit ca. 80 000 bekannten Arten sind die Hemiptera die größte Gruppe der hemimetabolen Insekten. Vermutlich besteht ein Zusammenhang mit der Radiation der Angiospermen.

6.21 Auchenorrhyncha, Zikaden

Mit ca. 42 000 Arten (ca. 1 000 in ME) die artenreichste Gruppe der Acercaria. Die Verbreitung ist weltweit, und viele Arten kommen bis zur Verbreitungsgrenze der Gefäßpflan-

Abb. 1017 Thysanoptera. *Frankliniella occidentalis*. Tarsus, Ausstülpung des blasenförmigen Aroliums (Haftmechanismus). REM. Verändert nach Moritz (1997).

zen in montanen, arktischen und antarktischen Gebieten vor. Die größte Diversität erreicht die Gruppe jedoch in den Tropen und Subtropen. Zikaden sind reine Pflanzensaftsauger. Arten in mehreren Gruppen (v. a. Fulgoromorpha) sind verheerende Schädlinge der weltweit wichtigsten Nutzpflanzen. Besonders gravierend ist die Wirkung als Vektoren von Pflanzenviren und Mykoplasmosen.

Die Monophylie ist umstritten. Mögliche Synapomorphien der Fulgoromorpha und Cicadomorpha sind das komplexe tymbale akustische System im Abdominalsegment I (Trommel- oder Tymbalorgan), eine borstenförmige Antennengeißel sowie die membranöse bzw. reduzierte proximale Mittelplatte im Flügelgelenk.

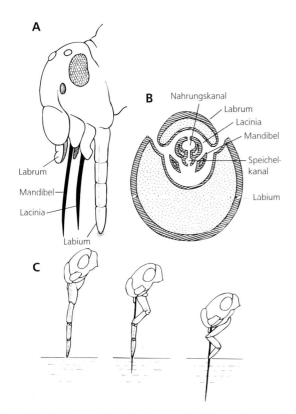

Abb. 1018 Hemiptera. Mundwerkzeuge. **A** Seitenansicht. **B** Querschnitt. **C** Eindringen des Stechborstenbündels einer Weichwanze (Miridae) in Pflanzengewebe. Stechborstenscheide (labiales Rostrum) und Stechborsten (Mandibeln, Laciniae). Nach Hennig (1986).

Überwiegend klein (meist nicht größer als 10 mm), aber auch mit einigen großen Formen (Größenspektrum 1–95 mm, Spannweite bis 13 cm). Körperform meist lang gestreckt (Abb. 1019). Teilweise mit auffälligen Auswüchsen an Kopf und Pronotum. Flügelreduktion verbreitet, teilweise innerhalb einer Art. Oft unscheinbar gefärbt, aber auch bunte und auffällig gefärbte Formen.

Kopf hypognath, nicht oder nur schwach gegen den Prothorax beweglich. Komplexaugen meist gut ausgeprägt. Meist 3 Ocellen. Antennengeißel stark verkürzt, borstenförmig. Ansatzstelle des Labiums (Rostrum) nach hinten verlagert, entspringt an Unterkante des Kopfes. Gula fehlt.

Pronotum bei den Fulgoromorpha relativ kurz, bei den Cicadomorpha deutlich größer. Bedeckt zumindest den Vorderrand des Mesonotums, oft das komplette Mesonotum oder auch das gesamte Abdomen (einige Membracidae). Hinterbeine meist Sprungbeine. Tarsen 3-gliedrig. Flügel in Ruhestellung dachförmig gehalten. Vorderflügel größer als Hinterflügel, teilweise stärker sklerotisiert oder anders gefärbt oder gemustert. Flügel im Flug mit Häkchen aneinander gekoppelt.

Abdomen 11-segmentig. Segment I meist mit Trommelorgan (Abb. 1020). Männchen und Weibchen erzeugen meist artspezifische Gesänge (nur bei Singzikaden im für uns hörbaren Frequenzbereich).

Das Trommelorgan der Cicadoidea besteht aus einem paarigen, mit Rippen verstärkten Membranfeld. Es befindet sich seitlich am Abdominaltergit I. Die Geräusche werden durch modifizierte Dorsoventralmuskeln erzeugt, die die Schallmembranen durch rhythmische Kontraktionen in Schwingung versetzen. Die Muskeln entspringen an einem medianen Apodem des Abdominalsternits I. Bei vielen Singzikadenmännchen bilden mitschwingende Lufträume (abdominaler Trachenluftsack) Resonanzkörper.

Gehörorgane (Tympanalorgane) zur Wahrnehmung von Luftschall sind bei allen Cicadoidea (Singzikaden) vorhanden. Chordotonalorgane zur Wahrnehmung von Substratschall treten bei kleinen Arten auf. Die Abdominalsegmente X und XI bilden einen sehr beweglichen Analkegel zum Verspritzen von Kottropfen. Der Ovipositor ist meist gut entwickelt.

Nur wenige Arten sind parthenogenetisch. Während der Paarung sitzen Männchen und Weibchen vorwiegend V-förmig nebeneinander. Bei den meisten Arten liegt die Geschlechtsöffnung an der Basis des Ovipositors. Bei Singzikaden und einigen Vertretern der Fulgoromorpha ist eine zweite Geschlechtsöffnung vor dem Oviporus (Copulaporus) vorhanden. Die Eier werden oft im Gewebe der Wirtspflanze abgelegt, teilweise aber auch im Boden oder frei auf Steinen. Die Postembryonalentwicklung umfasst 5 Stadien, und die Nymphen sind den Imagines meist sehr ähnlich. Ausnahmen sind die Grabbeine der Nymphen der Cicadoidea und die Luftkanäle der Nymphen der Cercopoidea.

6.21.1 Fulgoromorpha, Spitzkopfzikaden

Ca. 12 000 Arten. Ocellen und Antennenbasen unterhalb der Komplexaugen; Pedicellus oft vergrößert, dicht besetzt mit Sensilla placodea (Abb. 1019); Mesocoxen lang, weit seitlich verlagert; Coxen der Hinterbeine unbeweglich mit dem Segment verwachsen; Basis des Vorderflügel mit Tegula.

Javesella pellucida (Delphacidae, Spornzikaden) (Abb. 1019), bis 5 mm; mit blattartigem Sporn am Ende der Hintertibia; Flügel voll entwickelt oder verkürzt; an Gräsern (auch Getreide); durch Übertragung von Pflanzenvirosen schädlich. – *Cixius haupti* (Cixiidae, Glasflügelzikaden), 6–7 mm; Vorderflügel flach dachförmig gestellt, durchsichtig; Adern mit dunklen mit einer Borste besetzten Tuberkeln; an Waldrändern, auf Sträuchern und Gehölzen; Nymphen unterirdisch, an Wurzeln. – *Tettigometra macrocephala* (Tettigometridae, Ameisenzikaden), 5–7 mm; trophische Beziehung zu Ameisen. – *Fulgora laternaria* (Fulgoridae, Laternenträger), bis 95 mm; Kopf wirkt bizarr aufgetrieben; Südamerika.

6.21.2 Cicadomorpha, Rundkopfzikaden

Ca. 30 000 Arten. Antennenbasen zwischen oder über den Komplexaugen; Pedicellus ohne Sensilla placodea; Meso-

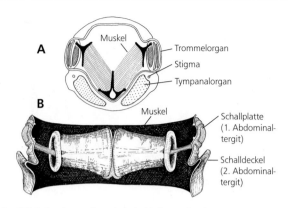

Abb. 1020 Auchenorrhyncha. **A** Abdomenbasis, quer. **B** Tympanalorgan, nach Entfernung des Tergums, Schallmuskeln vesetzten die Platten in Schwingungen. Nach Weber (1949).

coxen nahe der Körpermitte eingelenkt; Tegula an der Basis des Vorderflügels fehlt; Verdauungstrakt mit Filterkammer, die Teile der Malpighi-Gefäße enthält (Abb. 1021).

Cercopoidea. – Postclypeus stark entwickelt; kurze zylindrische Metatibiae, konische Metacoxen; Nymphen meist in Schaumhülle. – *Cercopis vulnerata*, Blutzikade (Cercopidae), 9–11 mm; Vorderflügel schwarz mit tief ausgebuchteter roter Binde; Schaum besteht aus protein- und mucopolysaccharidhaltigen Sekreten der Malpighi-Gefäße; Atmung mit dem Hinterleibsende außerhalb des Schaumballens; Nymphen unterirdisch, oft in feuchten Biotopen. – *Philaenus spumarius*, Wiesenschaumzikade (Cercopidae), 5,3–6,9 mm; polyphag; Nymphen oberirdisch an Pflanzenstängeln („Kuckucksspeichel").

Membracoidea. – Hintertibien kantig, meist mit mehreren Längsreihen von Dornen, Borsten oder Haaren; oft mit Sprungvermögen. – *Cicadella viridis* (Cicadellidae, Zwergzikaden), 5,5–9 mm; dunkelblau bis grün; Feuchtwiesen an *Juncus* und *Scirpus*. – *Ledra aurita*, Ohrzikade (Cicadellidae), 13–18 mm; graubraun, ohrförmige pronotale Fortsätze, auf Rinde. – *Stictocephala bisonia*, Büffelzirpe (Membracidae), 6–8 mm; grün; mit kräftigen Seitendornen und langem caudalem Fortsatz am Pronotum; Anfang des 20. Jh. aus Nordamerika eingeschleppt; meist an Leguminosen.

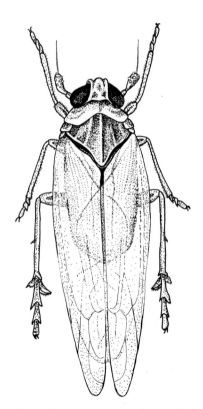

Abb. 1019 Auchenorrhyncha. *Javesella pellucida,* häufige Spornzikadenart (Delphacidae), Länge 5 mm. Nach Fritzsche et al. (1972).

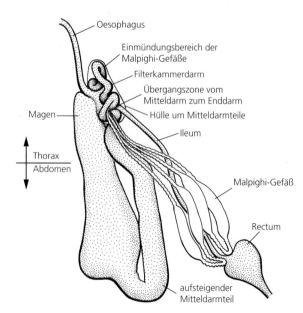

Abb. 1021 Auchenorrhyncha. *Gargara genistae* (Membracidae). Verdauungstrakt mit Filterkammer. Nach Fick (1981) aus Dathe (2005).

Cicadoidea (Singzikaden). – Drei Ocellen; ohne Sprungvermögen; meist nur Männchen lauterzeugend; Vorderbeine der Nymphen zu Grabbeinen umgewandelt, unterirdisch. – *Cicadetta montana*, Bergzikade (Cicadidae), 23–28 mm; evtl. ein Komplex mehrerer bioakustisch unterscheidbarer Arten; Entwicklung mind. 2 Jahre. – *Magicicada septendecim* (Cicadidae), 20–33 mm; Entwicklungszeit 17 Jahre, lokal Massenauftreten; Nordamerika.

6.22 Sternorrhyncha, Pflanzenläuse

Ca. 16 400 Arten sind beschrieben (ca. 1 000 in ME). Größe meist unter 5 mm. *Aspidoproxus maximus* (Südafrika) wird 35 mm lang, die kleinste Art dagegen nur 0,5 mm. Es gibt viele ökonomisch wichtige Arten die durch Saftverlust, phloemzerstörende Toxine, die Übertragung von Viren oder Honigtau Schäden verursachen.

Autapomorph sind die Verlagerung der Basis des Rostrums zwischen oder hinter die Vordercoxen, die membranösen hinteren Teile der Kopfkapsel, das Vorhandensein von maximal zwei Tarsomeren, die Reduktion des Clavus des Vorderflügels (höchstens eine Analader) und das Vorhandensein eines Eisprengers auf der Frons der Embryonen.

Die Sternorrhyncha werden in 4 monophyletische Gruppen unterteilt. Die phylogenetischen Beziehungen sind umstritten. Die Psylloidea sind entweder die Schwestergruppe der Aleyrodoidea oder stehen an der Basis der Sternorrhyncha. Möglicherweise sind die Aleyrodoidea die Schwestergruppe der Aphidoidea und Coccoidea. Die Monophylie dieser als Aphidomorpha bezeichneten Gruppe ist u. a. durch die Reduktion des Ovipositors unterstützt sowie durch die Ablage der Eier durch einen quer liegenden Schlitz.

6.22.1 Psylloidea (Psyllina), Blattflöhe

Die etwa 3 000 bekannten Arten (ungefähr 120 in ME) sind weltweit verbreitet, bis in subantarktische und antarktische Breiten. Größe zwischen 1 und 10 mm, meist 2–4 mm. Morphologisch und von ihrer Biologie die am wenigsten spezialisierten Sternorrhyncha. Habituell kleinen Zikaden ähnlich. Oft gelbgrün bis bräunlich, viele Arten aber auch sehr bunt. Meist eng an eine Wirtspflanze gebunden und fast ausschließlich auf mehrjährige dikotyle Pflanzen beschränkt.

Kopf ausgeprägt hypognath, mit gut ausgebildeten Komplexaugen und 3 Ocellen (Abb. 1022). Ventralseite zum Großteil von den Genae gebildet, oft mit auffallenden Kegeln (Frontalkegel) mit Sinneshaaren (Abb. 1022A). Antennen meist 10-gliedrig. Basis des Rostrums durch ausgeprägte Hypognathie hinter die Procoxen verlagert. Stechborsten wesentlich länger als Rostrum, in Ruhelage in Vertiefung eingelegt (Crumena). Mesothorax vergrößert. Große Vorderflügel im Flug durch Häkchen mit kleineren Hinterflügeln verkoppelt. Hinterbeine mit vergrößerten Coxen (Sprungbeine), basal mit Segment verwachsen. Tarsen 2-gliedrig. Vordere Abdominalsegmente leicht eingeschnürt. Mycetome in Darmnähe enthalten symbiontische Mikroorganismen. Männchen mit Spermapumpe. Überwiegend bisexuelle Fortpflanzung. Gestielte Eier werden auf Pflanzenoberflächen oder in Knospen abgelegt. Fünf Nymphenstadien, z. T.

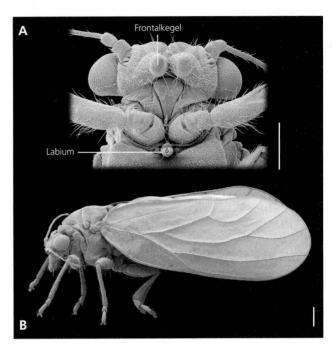

Abb. 1022 Psylloidea. **A** Kopf, Prothorax Ventralansicht. **B** Lateralansicht. Maßstab: 200 µm. REM. Original: H. Pohl, Jena.

mit Wachsausscheidungen oder honigtauhaltigen Schalen („Lerps").

Cacopsylla mali, Apfelblattfloh (Psyllidae), 4 mm; an Apfelbäumen. – *Psylla buxi* (Psyllidae), 3–5 mm, an Buchsbaum.

6.22.2 Aleyrodoidea (Aleyrodina), Mottenschildläuse

Etwa 1 200 Arten (ca. 26 in ME, viele in Gewächshäusern), vor allem in den Tropen. Klein, meist 1–2 mm, selten über 2 mm. Körperoberfläche der Imagines meist bis auf Komplexaugen mit weißem Wachsstaub bepudert (v. a. Verdunstungsschutz). Auf dikotyle Pflanzen beschränkt, mit geringer Wirtspezifität; Phloemsaftsauger.

Kopf deutlich vom Prothorax abgesetzt, orthognath (Abb. 1023B). Komplexaugen oft durch Cuticulabrücke in dorsale und ventrale Hälfte geteilt. Zwei Ocellen inserieren dicht über Komplexaugen. Antennen 7-gliedrig, mit Endborste. Labium 4-gliedrig, schiebt sich beim Saugen teleskopartig zusammen. Am Vorderrand mit röhrenförmiger cutikulärer Einstülpung. Durch die Kontraktion von kräftigen, daran ansetzenden paarigen Muskeln kann das Labium verlängert und damit die Stechborsten aus dem Pflanzengewebe gezogen werden. Meso- und Metathorax annähernd gleich groß. Flügel beim Flug nicht aneinander gekoppelt. Beine schlank, mit langen Coxen und 2-gliedrigen Tarsen. Hinterbeine als Sprungbeine ausgeprägt. Abdomen durch starke Einschnürung der Segmente I und II sehr beweglich mit dem Metathorax verbunden (Abb. 1023B). Segmente III–VI ventral mit ausgedehnten Wachsdrüsenplatten. Fortpflanzung bisexuell und parthenogenetisch (Arrhenotokie und Thelytokie). Postembryonalentwicklung mit vier Nymphenstadien. Erstes Sta-

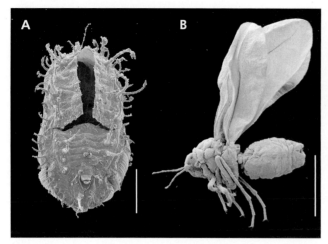

Abb. 1023 Aleyrodoidea. *Trialeurodes vaporariorum*. **A** Leere Hülle des 4. Larvenstadiums (Puparium) Maßstab: 200 μm. **B** Imago. Maßstab: 500 μm. REM. Original: H. Pohl, Jena.

dium mobil, weitere Stadien festsitzend. In der zweiten Phase des vierten Stadiums (Puparium) entstehen Komplexaugen, Flügelanlagen und äußere Geschlechtsorgane (Abb. 1023A).

*Trialeurodes vaporiorum, Weiße Fliege (Aleyrodidae); wahrscheinlich aus Mittelamerika eingeschleppt, in Mitteleuropa in Gewächshäusern.

6.22.3 Aphidina, Blattläuse

Ca. 4 400 Arten, weltweit verbreitet, überwiegend in den gemäßigten Klimazonen. Größe 0,5–8 mm, meist 1,5–3,5 mm. Körper eiförmig, plump, schwach sklerotisiert. Mit geflügelten (Alatae) und ungeflügelten Morphen (Apterae) innerhalb einer Art (Abb. 1024). Meist mit artspezifischem Generationswechsel. Oft gelb, grün, rot oder schwarz gefärbt. Wirtsspezifität unterschiedlich stark ausgepägt. Vorwiegend Phloemsaftsauger. Viele Arten sind wichtige Pflanzenschädlinge, vor allem als Vektoren von Viren.

Kopf hypognath (Abb. 1024B). Komplexaugen mit Nebenhöckern mit drei Ommatidien (Triommatidium). Alatae mit 3 Ocellen, Apterae ohne Ocellen. Antenne höchstens 6-gliedrig. Scapus und Pedicellus meist kurz und dick. Flagellomeren dünn. Labium meist viergliedrig, z. T. komplett reduziert. Mesothorax größer als Pro- und Metathorax (Alatae), oder Thoraxsegmente annähernd gleich groß (Apterae). Vorderflügel deutlich größer als Hinterflügel. Flügelpaare im Flug gekoppelt. Beine mit 2-gliedrigen Tarsen. Abdomen 10-segmentig. Segment X als schwanzartige Cauda ausgebildet (Abb. 1024A). Meist mit paarigen Siphonen an Tergiten V oder VI. Malpighi-Gefäße fehlen. Oft mit Wachsdrüsen in allen Körperregionen. Die typische Vermehrungsform ist ein heterogoner Generationswechsel mit oder ohne Wirtswechsel (Holozyklus) (Abb. 1025); oft vivipar-parthenogenetisch.

*Cinara piceae (Lachnidae, Rindenläuse), 6 mm; auf *Picea*, an Zweigen und Stämmen, im Sommer an Wurzeln; ohne Wirtswechsel; erzeugt Honigtau („Tannenhonig"). – **Periphyllus testudinaceus* (Chaitophoridae, Borstenläuse), 3 mm; Körper mit langen Borsten; auf Ahorn; ohne Wirtswechsel. – **Phyllaphis fagifoliae*, Wollige Buchenlaus

Abb. 1024 Aphidina. *Aphis* sp. **A** Ungeflügelt. **B** Geflügelt. Maßstab: 500 μm. REM. Original: H. Pohl, Jena.

(Calaphididae, Zierläuse), 3 mm; an Blattunterseite und Triebspitzen von Buchen, ohne Wirtswechsel; mit wolligen, weißen Wachsausscheidungen. – **Aphis fabae*, Schwarze Bohnenlaus (Aphididae, Röhrenläuse), 2 mm; nur Sexuales-Weibchen legen Eier, alle anderen Weibchen sind vivipar; mit Wirtswechsel, holozyklisch, Winterwirt *Euonymus europaeus*, Sommerwirte sind zahlreiche Krautpflanzen. Pflanzenschädlinge durch Virusübertragung und Saftentzug. – **Hormaphis betulae* (Thelaxidae, Maskenläuse), 1,2 mm; Siphone mehr oder weniger reduziert; Kopf bei ungeflügelten Formen mit dem Thorax verwachsen; an der Blattunterseite an Birken; obligatorische Parthenogenese; kein Ameisenbesuch. – **Adelges laricis*, Rote Fichtengallenlaus (Adelgidae, Tannenläuse), 1 mm; Siphone fehlen; alle Weibchenformen legen Eier; Hauptwirt Fichten, mit Wirtswechsel zu Lärchen; erzeugt charakteristische Gallen. – **Viteus vitifolii*, Reblaus

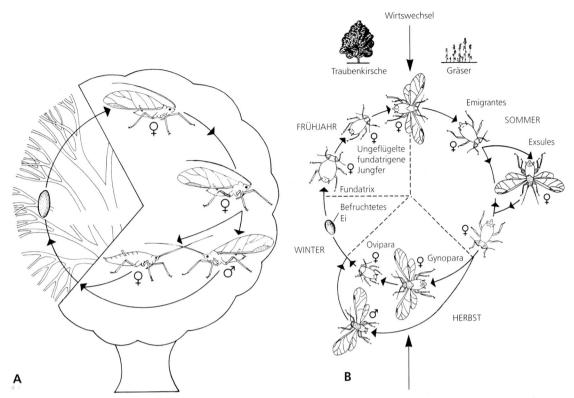

Abb. 1025 Aphidina. Entwicklungszyklen und Generationswechsel (Heterogonie). **A** *Drepanosiphum platanoidis*, Ahornzierlaus, monophag, auf Berg-Ahorn. Überwintern im Eistadium; im Frühjahr schlüpfende Fundatrix (1. Generation) vermehrt sich parthenogenetisch (ebenso Virginoparae); es folgen weitere parthenogenetische Generationen. Im Herbst treten Sexuales auf (ungeflügelte Weibchen, geflügelte Männchen); nach der Paarung legen die weiblichen Sexuales befruchtete Dauereier ab. **B** *Rhopalosiphum padi*, Traubenkirschenlaus, polyphag, auf Traubenkirsche und Gräsern. Aus Dauereiern (im Winter auf *Padus avium*) schlüpfen im Frühjahr ungeflügelte Fundatrices, die sich wie die nachfolgenden Generationen parthenogenetisch vermehren. Die 3. Generation ist geflügelt (Emigranten) und übersiedelt auf Gräser, wo mehrere Generationen flügelloser Weibchen auftreten (Exsules). Bei hoher Dichte treten geflügelte Formen auf (Alatae) die andere Gräser aufsuchen. Im Herbst auftretende geflügelte Weibchen (Gynoparae) und Männchen suchen wieder Traubenkirschen auf; Weibchen erzeugen letzte Generation aus obligatorisch ungeflügelten Weibchen (Oviparae) deren Eier von Männchen befruchtet werden (Dauereier). Nach Dixon (1976).

(Phylloxeridae, Zwergläuse), 1,4 mm; Siphone fehlen; Sexuales ohne Rüssel und ohne After; alle Weibchenformen legen Eier; ohne Wirtswechsel; gallbildend an Blättern des Weinstocks, Schäden durch Saugen an Wurzeln; vor ca. 100 Jahren in Europa eingeschleppt. – *Pseudoregma sundanica* (Hormaphididae), Südostasien. Größere Kolonien mit „Soldaten", die aphidophage Schmetterlingsraupen attackieren bzw. töten.

6.23.4 Coccina, Schildläuse

Ca. 7 800 Arten (ME ca. 145). Weltweit verbreitet, überwiegend in den Tropen und Subtropen. Meist 1–7 mm, max. ca. 35 mm (Weibchen von *Aspidoproctus maximus*). Mit extremem Sexualdimorphismus. Weibchen ungeflügelt, neoten, oft sessil (Abb. 1026). Männchen geflügelt (Abb. 1027). Meist polyphag. Oft an Kulturpflanzen schädlich, meist als Phloemsaftsauger. Kristallisierter Honigtau wurde in der Bibel als „Manna" beschrieben. Drüsensekrete von *Kerria lacca* sind das Ausgangsprodukt für Schellack.

Weibchen nur undeutlich in Kopf, Thorax und Abdomen gegliedert. Antennen mit 1–16 Gliedern oder fehlend. Paarige Larvalaugen persistieren bei Imagines oder fehlen. Stilette oft sehr lang, in Ruhe in sackförmige Crumena eingezogen. Labium rudimentär. Abdomen mit 8–10 Segmenten. Oft mit

charakteristischem Schild oder Hülle, die meist durch Wachsdrüsen gebildet werden (Abb. 1026).

Männchen langgestreckt, kleiner als Weibchen, meist 1–2 mm. Komplexaugen der basalen Margarodidae mit sehr großen Linsen und dahinter gelegenem größerem Ocellus. Viele Arten nur noch mit zwei sehr großen unicornealen Augen. Antennen vorhanden. Mundwerkzeuge stark reduziert (keine Nahrungsaufnahme). Tarsen oft 1-gliedrig, mit einer Klaue. Vorderflügel meist vorhanden, mit 2 Längsadern; Hinterflügel stark reduziert (Hamulihalteren) oder fehlend (Abb. 1027). Abdomen mit 9 Segmenten. Oft mit einem Paar körperlanger Wachsanhänge.

Fortpflanzung bisexuell, gemischtgeschlechtlich, oder rein parthenogenetisch. Einige Arten zwittrig. Chromosomenzahl sehr variabel (2n: 8–64). Weibchen meist ovipar. Erstes Larvenstadium beweglich (Wanderlarve), mit gut ausgebildeten Antennen, Mundwerkzeugen und Beinen. Sucht geeigneten Standort und setzt sich fest. Weibchen meist mit 3, Männchen meist mit 4 Nymphenstadien.

Porphyrophora polonica, Polnische Cochenilleschildlaus (Margarodidae), Mittel- und Osteuropa, polyphag an Wurzeln, Farbstofflieferant (Karmin). – *Orthezia urticae*, Brennnesselröhrenschildlaus (Ortheziidae, Röhrenschildläuse), 10 mm; Weibchen und Larven mit gut ausgebildeten Beinen und Antennen; Körper mit auffälligen

A

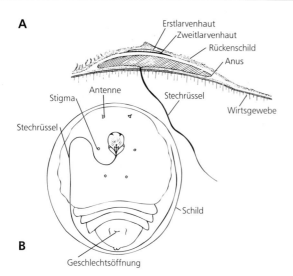

B

Abb. 1026 Coccina. **A** Diaspidide, Längsschnitt, Weibchen. **B** Weibchen, Ventralansicht, Schild nur angedeutet, Umfang tatsächlich größer im Verhältnis zum Körper (s. Längsschnitt). Aus Weber und Weidner (1974).

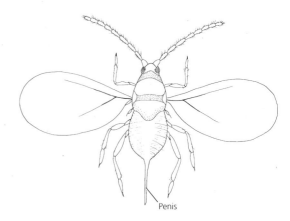

Abb. 1027 Coccina. Männchen. *Icerya purchasi*. Nach Naumann et al. (1991).

Wachsausscheidungen; Weibchen am Abdomenende mit Eisack aus Wachsplatten; polyphag, vor allem an *Urtica*. – **Kermes quercus*, Eichenstammschildlaus (Kermesidae), 3 mm lang, 4 mm breit, Saugrüssel 30 mm lang; Beine und Antennen der Weibchen weitgehend reduziert; Eiablage unter der harten Rückenhaut in zweikammerigem Brutraum; an Borke von Eichen; mutualistische Beziehung zu Ameisen. – **Physokermes piceae*, Große Fichtenquirlschildlaus (Coccidae, Napfschildläuse), 5–8 mm; eingetrockneter beerenförmiger Körper des Weibchens bedeckt die Eier; lebende Weibchen unter lackartiger Hülle; Weibchen mit 3, Männchen mit 5 Entwicklungsstadien; in Zweigwinkeln von *Picea*. – **Pseudococcus maritimus* (Pseudococcidae, Wollläuse), 5 mm; Weibchen beweglich mit gut entwickelten Beinen; Wachsausscheidungen bzw. Sekretbelag; Männchen mit 5, Weibchen mit 3 oder 4 Entwicklungsstadien; eingeschleppt, in Gewächshäusern und an Zimmerpflanzen, z.B. *Clivia*, Kakteen. – **Asterodiaspis variolosum*, Eichenpockenlaus (Asterolecaniidae, Pockenschildläuse), 2 mm; weltweit an Eichen; Weibchen unter einem mehr oder weniger durchsichtigen Schild aus Drüsensekret und Kot, darunter Eiablage; Männchen unbekannt, Vermehrung parthenogenetisch.

Die Heteroptera und Coleorrhyncha sind Schwestergruppen (**Heteropterida**). Synapomorphien sind die Reduktion der Anzahl der Antennenglieder auf 4 (sekundär teilweise 5) und die flach auf dem Abdomen aufliegenden und sich überlappenden Flügel.

6.23 Heteroptera, Wanzen

Sehr erfolgreiche Gruppe mit über 38 850 bekannten Arten (ca. 1 000 in ME). Verbreitung weltweit, größte Diversität in den Tropen und Subtropen. In fast allen Lebensräumen, vom Tiefland bis in die Hochgebirge, in Regenwäldern und Wüsten. Einige Arten sind kosmopolitisch (z.B. Bettwanze) oder übertragen Krankheiten (*Rhodnius* [Reduviidae]: Chagas-Krankheit). Arten von *Halobates* (Gerridae) sind die einzigen Insekten, die den offenen Ozean besiedeln.

Die Monophylie ist gut begründet, u.a. durch das vorn am Kopf artikulierende Labium (hinten bei den Sternorrhyncha,

Auchenorrhyncha und Coleorrhyncha), Duftdrüsen im Metathorax der Imagines und das offene Rhabdom der Ommatidien. Charakteristisch ist auch die Modifikation der Vorderflügel zu Hemielytren (nicht im Grundplan, s.u.) (Abb. 1028B).

Durchschnittsgröße 5–6 mm. Die größte Art *Lethocerus grandis* (Nepomorpha, Belostomatidae) erreicht eine Länge von 11 cm, die kleineren Arten sind 0,5–2 mm groß (z.B. *Myrmedobia coleoptrata* [Microphysidae]). Körper meist dorsoventral abgeflacht, teilweise sehr langgestreckt. Flügelreduktionen in fast allen Gruppen. Oft bräunlich gefärbt, aber auch rote, metallisch-blaue, grüne und auffallend gemusterte Formen.

Kopf prognath, mit Gula. Komplexaugen meist gut entwickelt, fehlen aber bei den Polyctenidae (Fledermausparasiten)

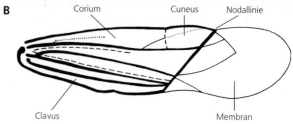

Abb. 1028 Heteroptera. **A** *Kalama* sp. **(**Tingidae). Maßstab: 500 µm. REM. **B** Vorderflügel, Weichwanze (Miridae). A Original: H. Pohl, Jena; B nach Hennig (1986).

und den Termitaphididae (in Termitenbauten). Meist mit 2 Ocellen. Labrum frei, kurz und spitz. Antennen primär 4-gliedrig, meist länger als der Kopf, bei Wasserwanzen stark verkürzt. Labium meist 4-gliedrig, bei einigen Taxa 3-gliedrig. Tentorium meist reduziert.

Meso- und Metathorax verwachsen. Pronotum groß, verdeckt das Mesonotum meist weitgehend (Abb. 1028A). Pronotaler Seitenrand oft gekielt, bedornt oder posterolateral in Spitzen ausgezogen. Mesoscutellum („Schildchen") teilweise sehr groß, überdeckt teilweise das Abdomen komplett (manche Vertreter der Pentatomorpha). Duftdrüsen münden oft über Metacoxae in spezifisch ausgeprägtes Orificium, teilweise mit zusätzlichen Evaporationsflächen. Beine bei terrestrischen Wanzen meist unspezialisiert. Verschiedene Modifikationen treten auf. Vorderbeine teilweise als Fangbeine spezialisiert (z. B. Nepidae, einige Reduviidae), Mittel- und Hinterbeine als Schwimmbeine (z. B. Corixidae, Notonectidae) oder Hinterbeine als Sprungbeine. Meist mit 3 Tarsomeren. Flügel liegen dem Abdomen fast immer flach auf (sekundär dachartig getragen bei einigen Nepomorpha). Vorder- und Hinterflügel im Flug gekoppelt. Costalfeld der Vorderflügel meist im proximalen Drittel sklerotisiert (Corium), distales Drittel membranös, als Clavus abgesetztes Analfeld sklerotisiert (Hemielytren).

Abdomen 10- oder 11-segmentig. Breit mit Thorax verbunden. Tergite in Medio- und Laterotergite (Connexivium) geteilt. Segment IX bei Männchen zur Genitalkapsel umgebildet. Orthopteroider Ovipositor im Grundplan vorhanden. Ovarien bestehen meist aus 7 Ovariolen. Darm relativ kurz. Speichelpumpe vorhanden. Mitteldarm meist in 2–3 Abschnitte unterteilt, oft mit symbiontischen Bakterien.

Die Fortpflanzung ist fast immer zweigeschlechtlich. Bei einer Art ist Parthenogenese nachgewiesen. Bei einigen Cimicomorpha werden die Spermien durch die Körperwand injiziert („traumatische Insemination"). Die vielgestaltigen Eier weisen oft charakteristische Oberflächenstrukturen auf. Ovoviviparie ist selten, Viviparie kommt bei den Polyctenidae vor (Parasiten auf Fledermäusen). Fünf Nymphenstadien sind die Regel. Brutfürsorge tritt bei einigen Gruppen auf.

6.23.1 Enicocephalomorpha

Ca. 450 Arten. Kopf hinter Komplexaugen eingeschnürt; Vorderbeine zu Raubbeinen modifiziert; Vorderflügel nicht als Hemielytren ausgeprägt, keine Differenzierung in Corium und Membran. Schwestergruppe aller übrigen Wanzen. Einige Arten mit Schwarmverhalten (*gnat bugs*).

6.23.2 Dipsocoromorpha

Ca. 200 Arten. Größe ca. 0,5–4 mm. Mit langen, stark beborsteten Antennen; Vorderflügel nicht in Corium und Membran differenziert. Oft am Boden in der Streuschicht.

Cryptostemma alienum (Dipsocoridae); unter Steinen, unmittelbar an Flussufern.

6.23.3 Gerromorpha, Wasserläufer

Ca. 1 860 Arten. Imagines mit 3 Paar in tiefen Gruben inserierenden Trichobothrien am Kopf; Praetarsus mit dorsalem und ventralem Arolium; mit feiner hydrophober Behaarung an Kopf, Thorax und Teilen des Abdomens. Alle Arten sind räuberisch, und viele gleiten auf der Wasseroberfläche.

Gerris lacustris (Gerridae, Wasserläufer), 8–10 mm; kurze Vorderbeine dienen zum Fangen und Festhalten der Beutetiere; Mittel- und Hinterbeine lang und dünn; alle Übergänge von macropteren zu brachypteren Individuen; von distalen Gliedern der Mittel- und Hinterbeine auf der Wasseroberfläche getragen (Oberflächenspannung). Ernährung v. a. von auf die Wasseroberfläche gefallenen Arthropoden; Wahrnehmung von Oberflächenwellen durch Vibrationssinnesorgane (Chordotonalorgane) distal der Tibiotarsalgelenke; Eiablage meist dicht unter Wasseroberfläche, z. B. an Wasserpflanzen. – *Halobates* spp. (Gerridae), flügellos, gesamter Lebenszyklus auf Meeresoberfläche; einige Arten pelagisch; Eiablage der Hochseearten an schwimmenden Objekten. – *Velia caprai* (Veliidae, Bachläufer), 7–9 mm; mittellange Beine; selten geflügelt; gesellig; in Ufernähe fließender Gewässer. – *Hydrometra stagnorum*, Teichwasserläufer (Hydrometridae), 9–12 mm; extrem schlanker Körper, alle Beine lang und dünn; oft brachypter. Am Ufer und auf Wasseroberfläche stehender Gewässer; Eiablage am Ufer an Pflanzen.

6.23.4 Nepomorpha, Wasserwanzen

Ca. 2 000 Arten. Kurze Antennen, meist in Gruben neben den Komplexaugen; Labium kurz; Mittel- und Hinterbeine mit Schwimmhaaren; Vorderbeine meist als Greifbeine modifiziert. Als Nymphen und Imagines aquatisch; räuberisch, visuelle Jäger; Flugvermögen meist gut ausgeprägt.

Nepa cinerea, Wasserskorpion (Nepidae, Skorpionswanzen), 18–22 mm; Körper stark dorsoventral abgeflacht, relativ breit; Vorderbeine zu Raubbeinen umgebildet; Lauerjäger; schlechter Schwimmer, fliegen selten; Atemrohr am Abdomenende der Nymphen kurz, bei den Imagines lang. – *Ranatra linearis*, Stabwanze (Nepidae, Skorpionswanzen), 30–35 mm; sehr schlanker stabförmiger Körper; Vorderbeine zu Raubbeinen mit sehr langer Coxa umgebildet; Lauerjäger; gute Schwimmer; fliegen oft; mit Stridulationsorganen an den Procoxen. – *Lethocerus grandis* (Belostomatidae, Riesenwasserwanzen), 10–11 cm; Körper oval, abgeflacht; Vorderbeine als Raubbeine ausgebildet; mit kurzem Atemrohr am Abdomenende; Männchen bewachen die Eier, die vom Weibchen oberhalb der Wasseroberfläche abgelegt werden. – *Notonecta glauca*, Rückenschwimmer (Notonectidae), 14–18 mm; Flügel werden dachartig über dem Abdomen getragen; schwimmen mit dem Rücken nach unten; lange Hinterbeine an Tibia und Tarsus mit Schwimmhaaren; Luftvorrat vor allem ventral am Abdomen, aber auch unter den Flügeln und dem Thorax. Beutetiere werden optisch und durch Oberflächenwellen wahrgenommen; Komplexaugen mit spezifischen Anpassungen. Gute Flieger. – *Aphelocheirus aestivalis* (Aphelocheiridae, Grundwanzen), 10 mm; Körper rundlich, stark abgeflacht; meist brachypter. Nymphen und Imagines leben am Grunde von Fließgewässern. Nymphen-Atmung über das Integument; Imagines mit Plastronatmung (sehr dicht mit Härchen besetzte ventrale Körperoberfläche hält Luftschicht fest). Ernährung von kleinen Muscheln und Insekten. – *Corixa punctata* (Corixidae, Ruderwanzen), 13–15 mm; Körper abgeflacht; Vorderbeine kurz,; schaufelartiges Tarsalglied (Pala) dient zum Herbeiführen der Nahrung; Hinterbeine als Schwimmbeine ausgeprägt. Ernährung von Algen und Detritus, aber auch von Insektenlarven; treten oft in individuenreichen Gruppen auf; Stridulieren mit den Vorderbeinen, die an die Kopfkante gestrichen werden; art- und geschlechtsspezifische Gesänge; Gehörorgane liegen in den Pleuren des Mesothorax. – *Ilyocoris cimicoides*, Schwimmwanze (Naucoridae, Schwimmwanzen), 12–15 mm; Vorderbeine sind Raubbeine, Hinter- und Mittelbeine mit Schwimmhaaren besetzt; Luftvorrat unter den Flügeln und am Körper; Männchen stridulieren (Organ zwischen den Abdominaltergiten XI und XII).

6.23.5 Leptopodomorpha

Ca. 335 Arten. Meist mit sehr großen Komplexaugen. Viele Arten mit Sprungvermögen. Oft im Uferbereich.

Salda saltatoria (Saldidae, Uferwanzen), 3–4 mm; an Ufern von Seen, räuberisch.

6.23.6 Cimicomorpha

Ca. 20 000 Arten. Spermathek reduziert, funktioniert nie als Speicherorgan der Spermien; Mikropylen und Areopylen ringförmig um das Operculum angeordnet. Ernährungsweise sehr vielseitig; Reduviiden sind räuberisch oder saugen Blut; die meisten Arten der Miroidea sind Pflanzensauger; die Cimicidae und Polyctenidae sind Ektoparasiten.

Stenodema laevigata (Miridae, Weichwanzen), 8–9 mm; Körper schwach sklerotisiert, länglich; Ocellen fehlen; an Süßgräsern. – *Cimex lectularius*, Bettwanze (Cimicidae), 5–6 mm; stark dorsoventral abgeplattet, brachypter, Hinterflügel fehlen; Männchen mit säbelartigem Penis der die Körperwand perforiert und in das Ribagasche Organ im Abdominalsternit V eingeführt wir (Abb. 1029); Spermien wandern durch die Leibeshöhle zum Ovidukt bzw. den Resorptionsorganen. Blutsauger an Mensch und Fledermäusen. Mit intrazellulären Symbionten. – *Nabis ericetorum* (Nabidae, Sichelwanzen), 6–6,8 mm; Rüssel sichelartig gebogen; räuberisch auf *Calluna*; Beute vor allem Zikaden. – *Reduvius personatus*, Staubwanze (Reduviidae, Raubwanzen), 15–18 mm; dunkelbraun bis schwarz; Nymphen mit Staubschicht in der Behaarung des Körpers. Beide Geschlechter stridulieren (Spitze des Rostrums streicht über quer geriefte Längsfurche der Vorderbrust); ernähren sich räuberisch von anderen Insekten; oft in Häusern.

6.23.7 Pentatomorpha

Mehr als 14 000 Arten. Meist mit abdominalen Trichobothrien. Ganz überwiegend Pflanzensauger; Arten von einigen Teilgruppen sind räuberisch oder saugen Blut.

Pyrrhocoris apterus, Feuerwanze (Pyrrhocoridae, Feuerwanzen), 10–12 mm; oft in Massen an Linden (Aggregationspheromone); saugen an Lindensamen und toten Insekten, fakultativ räuberisch; Partnerfindung durch Pheromone. – *Dolycoris baccarum*, Beerenwanze (Pentatomidae, Baumwanzen), 10–12 mm; Mesoscutellum ("Schildchen") groß; gut entwickelte Duftdrüsen; saugt an Kräutern und Beeren; Eiablage in Gruppen von ca. 30; mit Symbionten im Mitteldarm.

6.24 Coleorrhyncha, Mooswanzen

Die Coleorrhyncha (Abb. 1030) sind die Schwestergruppe der Heteroptera und mit 32 Arten eine der kleinsten Ordnungen. Das Verbreitungsgebiet (Australien, Neuseeland, Neukaledonien, Tasmanien, Argentinien, Südchile) belegt klar den gondwanischen Ursprung. Die Mooswanzen leben in *Nothofagus*-Wäldern und ernähren sich von Moos und Flechten.

Die kleinen gelbbraunen Tiere (2–5 mm) sind stark abgeflacht und fast immer flugunfähig. Hinterflügel sind nur bei *Peloridium hammoniorum* ausgebildet. Kopf hypognath,

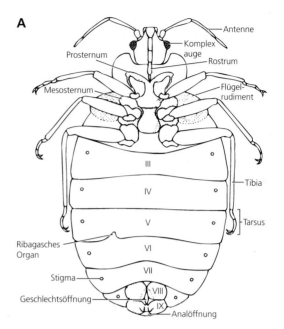

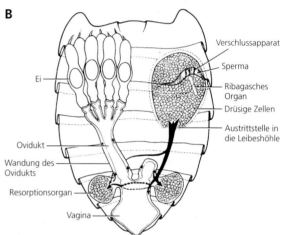

Abb. 1029 Heteroptera. *Cimex lectularius*, Bettwanze. **A** Ventralansicht, Weibchen. Flügelrudimente durchscheinend. **B** Wanderung und Resorption der Spermien im Abdomen. Das Männchen führt mit seinem Penis Spermien (weißer Pfeil) durch den Verschlussapparat in das Ribagasche Organ ein, durch dessen drüsige Zellen die Spermatozoen aktiviert werden. Nachdem sie in die Leibeshöhle gelangt sind, werden sie chemotaktisch vom Ovidukt und seinen Resorptionsorganen (kolbenförmige Organe) angelockt (schwarzer Pfeil). Über die Wandung der paarigen Ovidukte gelangen sie zu den Ovariolen, wo sie das Ei vor der Chorionbildung befruchten (kleine schwarze Pfeile). A Aus Mehlhorn und Piekarski (1981); B aus Askew (1971).

abgeflacht, mit transparenten Schwächezonen. Komplexaugen gut entwickelt, deutlich vorstehend. Fast immer ohne Ocellen. Antennen 3-gliedrig, mit keulenförmigem Endglied. Gula fehlt. Tentorium gut entwickelt. Pronotum mit breiten, sehr flachen und partiell transparenten seitlichen Duplikaturen. Geäder der Vorderflügel auffallend netzförmig (Abb. 1030). Corium fehlt. Tarsen 2-gliedrig. Thorakale Muskulatur bei flugunfähigen Formen extrem reduziert. Abdomen mit 9 deutlich ausgeprägten Segmenten und Analtubus. Seitenränder der Segmente III–VII verbreitert.

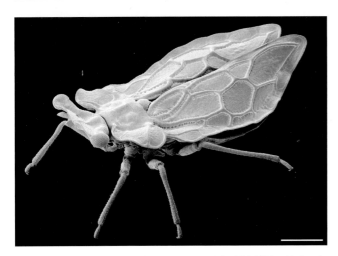

Abb. 1030 Coleorrhyncha. *Pantinia darwini* (Südchile). Maßstab: 500 µm. REM. Original: H. Pohl, Jena.

Ovipositor gut entwickelt. Postembryonale Entwicklung mit 5 Nymphenstadien.

Peloridium hammoniorum (Peloriidae), Südchile und Patagonien, bis 5,2 mm; mit 3 Ocellen und Hinterflügeln.

Holometabola (Endopterygota)

Die **Holometabola** (= **Endopterygota**) sind mit ca. 850 000 bekannten Arten (über 80 % aller Insektenarten) die mit Abstand erfolgreichste Insektenguppe. Das prägende Merkmal ist die holometabole Entwicklung mit einer vollständigen Verwandlung und einem Puppenstadium (Abb. 973). Zu ihrer enormen Entfaltung dürfte die Fähigkeit beigetragen haben, als Larven (Abb. 972) und Imagines unterschiedliche Habitate oder Mikrohabitate und Nahrungsressourcen zu nutzen (reduzierte innerartliche Konkurrenz). Entscheidend war aber sicher die extrem erfolgreiche Ko-Evolution mit den bedecktsamigen Pflanzen (Angiospermen) in der Kreide. Mit dem Aufkommen der Angiospermen sind für phytophage Insekten neue Nahrungsressourcen entstanden, während die Insekten als Bestäuber ganz wesentlich zur Entfaltung dieser heute ca. 200 000 Arten umfassenden Pflanzengruppe beigetragen haben. Der Begriff Endopterygota bezieht sich auf eine Autapomorphie der Gruppe, die Verlagerung der Flügelanlagen unter die larvale Cuticula (oft als Imaginalscheiben). Komplexaugen treten fast immer erst bei der Puppe auf (früher bei den Strepsiptera). Bei fast allen Gruppen besitzen die Larven vereinfachte Einzelaugen (Stemmata). Bei den Larven der Pflanzenwespen und Mecoptera (außer Boreidae) sind allerdings vereinfachte Komplexaugen vorhanden.

Der Ursprung der Holometabola liegt im ausgehenden Karbon. Die erste deutliche Radiation fand im Perm statt. Die Hymenoptera sind die Schwestergruppe der gesamten übrigen Holometabola (Glossae und Paraglossae und ihre Muskeln ganz oder teilweise reduziert, orthopteroider Ovipositior stark modifiziert oder reduziert, reduzierte Anzahl

der Malpighi-Gefäße). Die extrem artenreichen Coleoptera bilden mit den hochspezialisierten Strepsiptera das Monophylum **Coleopterida**, die ihrerseits die Schwestergruppe der **Neuropterida** (Raphidioptera, Megaloptera, Neuroptera) bilden. Innerhalb der **Mecopterida** sind die **Amphiesmenoptera** (Trichoptera, Lepidoptera) die Schwestergruppe der **Antliophora** (Mecoptera, Siphonaptera, Diptera).

6.25 Hymenoptera, Hautflügler

Mit ca. 132 000 Arten eine extrem erfolgreiche Gruppe (ca. 9 500 in ME). Da von den meist winzigen parasitischen Arten nur ein Bruchteil bekannt ist, könnte es sich de facto um die artenreichste Insektengruppe handeln. Die Verbreitung ist weltweit mit Ausnahme der Antarktis. Die Monophylie ist etwa durch den Maxillolabialkomplex, das vereinfachte Geäder der transparenten Flügel (Hautflügler) (Abb. 1031) und das haplo-diploide Reproktionssystem begründet.

Größe zwischen 0,25 mm (Trichogrammatidae) und 7 cm (z. B. Scoliidae, Pompilidae). Oft mit auffallenden metallischen Färbungen (z. B. Chalcidoidea, Chrysididae) und gelbschwarzen Mustern (z. B. Vespidae). Cuticula teilweise dicht behaart (z. B. Apidae) oder weitgehend glatt (z. B. Vespidae).

Kopf orthognath, durch verengtes Hinterhauptsloch sehr beweglich (Abb. 949C). Typischerweise in Längsrichtung abgeflacht und hinten konkav. Oft dicht mit langen Setae besetzt. Hypostomalbrücke bei fast allen Gruppen vorhanden (fehlt im Grundplan). Komplexaugen fast immer gut entwickelt, oft bei Männchen größer. Ocellen bei flugunfähigen Arten oft reduziert. Vorderer Teil des Clypeus eingeklappt (Autapomorphie). Freies Labrum außer bei den basalen Xyelidae und Tenthredinoidea hinter die Distalteile der Mandibeln verlagert (Apomorphie), oft verkleinert. Antennen inserieren nahe beieinanderliegend auf Kopfvorderseite. Meist filiform (bis zu 90 Glieder), teilweise gesägt, gekeult (Cimbicidae) oder auf andere Weise modifiziert. Mundwerkzeuge im Grundplan orthopteroid. Mandibeln nur bei Xyeliden mit deutlich entwickelter Mola (Plesiomorphie). Maxillen und Labium bilden Maxillolabialkomplex. Labium mit typischen Glossae und Paraglossae und zugehöriger Muskulatur. Mundwerkzeuge bei spezialisierten Formen mit leckend-saugender Ernährung deutlich modifiziert (z. B. Honigbiene; stark verlängerte Glossae als Saugrohr) (Abb. 1033A). Boden des Cibariums und Praepharynx sklerotisiert (Sitophorenplatte). Dorsal mit stark entwickeltem praepharyngealem Längsmuskel (Autapomorphie). Tiefe Infrabuccaltasche liegt unter Cibarium. Basalteil des vollständigen Tentoriums bildet massive kragenartige Struktur in der Hinterhauptsregion (Autapomorphie).

Pronotum sehr variabel; teilweise zu sehr kurzem bogenförmigem Sklerit reduziert (z. B. Tenthredinidae) und mehr oder weniger fest mit vergrößertem Mesothorax verbunden. Schuppenförmige Tegulae inserieren am seitlichen pronotalen Hinterrand. Mesothorakale Flugmuskeln stark enwickelt. Metathorax deutlich verkleinert. Metapostnotum zumindest teilweise mit abdominalem Tergit I verwachsen (Autapomorphie) (Abb. 1031). Apocrita mit starrer Einheit aus Tergit I

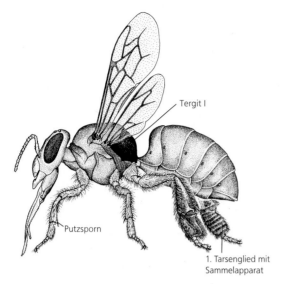

Abb. 1031 Hymenoptera. *Apis mellifera,* Honigbiene. Arbeiterin, Mundwerkzeuge ausgestreckt. Verändert nach Weber und Weidner (1974) und Deißenberger (1971).

und gesamtem Thorax (Mesosoma). Coxen ohne abgegrenztes Meron. Kleiner Trochantellus oft vom Hauptteil des Femurs abgegrenzt. Tarsen fast immer 5-gliedrig. Distal mit Arolium. Grabbeine (z. B. Pompilidae), Sprungbeine (Chalcididae) oder dicht behaarte Sammelbeine (Apidae) treten als Varianten auf. Basis der deutlich größeren häutigen Vorderflügel von Tegulae bedeckt. Geäder vereinfacht. Hinterflügel mit kleinen Häkchen (Hamuli) an Vorderflügel gekoppelt (funktionelle Zweiflügligkeit).

Abdomen mit 9 (Männchen) oder 8 (Weibchen) äußerlich sichtbaren Segmenten (Grundplan). Vorderes Abdomen durch sekundäre Tagmosis geprägt, mit Grenze oder Einkerbung (Orussidae, Apocrita) zwischen Segmenten I und II. Segment II und folgende Segmente bilden strukturelle Einheit (Metasoma). Wespentaille vorhanden bei Orussidae, tief eingeschnitten bei Apocrita (Synapomorphie) (Abb. 1031). Knotenförmiger oder stabförmiger Petiolus bei verschiedenen Gruppen vorhanden (z. B. Formicidae, Sphecidae). Orthopteroider Legebohrer primär vorhanden (Plesiomorphie). Bei Aculeaten als Stechapparat modifiziert (Abb. 1033B). Segment VII und folgende invaginiert, bilden Stachelkammer. Ovariolen polytroph. Kopulationsapparat zusammengesetzt aus Penis, Parameren, zwischen den Parameren inserierenden Volsellae und der Gonobasis als Verbindungsstück. Verdauungstrakt sehr variabel. Ingluvies oft vorhanden. Meist mit 20–40 Malpighi-Gefäßen (Plesiomorphie).

Larven der basalen „Symphyten" (Abb. 972B, 1032A) raupenartig, mit gut entwickeltem orthognathem Kopf, vereinfachten Komplexaugen (Plesiomorphie), thorakalen Beinen und durchgehender Serie von abdominalen Stummelbeinen (auch an Segment II, vgl. Lepidoptera). Larven der Orussidae und Apocrita mit starken Reduktionserscheinungen (parasitische oder verborgene Entwicklung) (Abb. 972A, 975C, 1032B). Augen und Beine fehlen. Kopfanhänge stark reduziert (mögliche Synapomorphien). Pupa adectica libera

(Grundplan) meist unpigmentiert und unsklerotisiert. Pupa obtecta innerhalb der Chalcidoidea. Bei vielen Gruppen Kokonbildung mit Labialdrüsensekreten.

Die Hymenopteren sind von ihrer Biologie eine der vielfältigsten Gruppen. Parasitismus, teilweise in hochspezialisierter Form (z. B. Hyperparasitismus), hat in der Evolution eine herausragende Rolle gespielt (möglicherweise Grundplan Orussidae + Apocrita), und es haben sich mehrfach unabhängig hochentwickelte Sozialsysteme ausgebildet (Formicidae, Vespidae, Apidae). Ein weiteres auffallendes Phänomen ist Gallbildung (Cynipidae, Gallwespen). Die meisten Arten sind exzellente Flieger und halten sich tagsüber häufig auf Blüten auf. Als Bestäuber und im Kontext der „Angiospermenevolution" in der Kreide spielt die Gruppe eine herausragende Rolle. Imagines ernähren sich überwiegend von Pollen, Nektar und Honigtau, aber Arten von manchen Gruppen (z. B. Vespidae) sind räuberisch. Manche soziale Arten ernähren sich von Hämolymphe oder Körperteilen von Beutetieren, die sie auch an die Brut verfüttern.

Die Reproduktion ist durch das Fehlen von Geschlechtschromosomen und vor allem durch Haplodiploidie geprägt (Autapomorphie). Weibchen entwickeln sich meist aus befruchteten Eiern, während die haploiden Männcheneier unbefruchtet bleiben (Arrhenotokie). Die Befruchtung wird von den Weibchen kontrolliert. Thelytokie mit Weibchen, die sich aus unbefruchteten diploiden Eiern entwickeln, kommt relativ häufig vor. Die genetische Variabilität ist durch das spezifische Reproduktionssystem, das auch ameiotische Spermiogenese beinhaltet, reduziert.

6.25.1 „Symphyten", Pflanzenwespen

Die paraphyletischen „Symphyten" sind durch das Fehlen der Wespentaille und die eruciformen Larven charakterisiert (Ausnahme: Orussidae!, s. o.; Abb. 972B, 1032A). Die Xyelidae sind die Schwestergruppe der gesamten übrigen Hymenoptera, die Orussidae die Schwestergruppe der Apocrita.

Xyela julii (Xyelidae), 3–4 mm, Larven fressen Pollen von *Pinus.* – *Uroceras gigas*, Riesenholzwespe (Siricidae, Holzwespen), 25–40 mm; mit schwarz-gelber Zeichnung; Eiablage in Koniferen; Symbiose mit Pilzen, die bei der Eiablage übertragen werden. – *Cimbex femorata*,

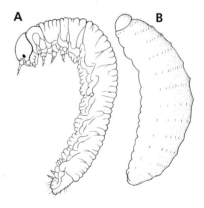

Abb. 1032 Hymenoptera. Larven. **A** *Cephalcia abietis*, Fichtengespinstblattwespe (Pamphiliidae). **B** *Leucospis gigas* (Leucospidae), L₃-Stadium. Nach Jacobs und Renner (1989).

Große Birkenblattwespe (Cimbicidae, Knopfhornblattwespen), 15–20 mm; Antennen gekeult. – *Diprion pini*, Gemeine Kiefernbuschhornblattwespe (Diprionidae, Buschhornblattwespen), Männchen 6 mm, Weibchen 10 mm; auffälliger Geschlechtsdimorphismus der Antennen; Larven auf *Pinus*. – *Eriocampa ovata*, Rotfleckige Erlenblattwespe (Tenthredinidae, Blattwespen), 7 mm; Eiablage in Mittelrippe auf Blattoberseite; Larven mit weißlichen Wachsflocken, an Erlen.

6.25.2 Apocrita, Taillenwespen

Tiefe Einschnürung („Wespentaille") zwischen Abdominalsegmenten I und II (s. o.) (Abb. 1031); Abdominaltergit I Bestandteil des funktionellen Thorax (Propodeum); ein Protibialsporn fehlt, der andere bildet ein Antennenputzorgan mit einer Einkerbung am Protarsomer 1 (Abb. 946F). Larven ohne Augen und Thorakalbeine. Innerhalb der Gruppe bilden die Aculeata ein Monophylum (Abb. 1036).

6.25.2.1 „Hymenoptera parasitica"

Sehr wahrscheinlich paraphyletisch. Mit parasitischen (z. B. Chalcidoidea, Ichneumonoidea; Abb 1035) oder gallbildenenden Formen (Cynipoidea).

Rhyssa persuasoria (Ichneumonidae, Echte Schlupfwespen), 30 mm; Legebohrer stark verlängert; Imagines oft auf Blüten. Parasitoide von Holzwespenlarven (Abb. 1035), die olfaktorisch geortet und gelähmt werden. – *Mymar* spp. und *Trichogramma* spp. (Chalcidoidea, Erzwespen) gehören zu den kleinsten geflügelten Insekten (0,2–0,3 mm); Parasitoide, v. a. von Raupen; Flügelfläche reduziert, mit Randborsten (Abb. 943). – *Cynips quercusfolii* (Cynipidae, Gallwespen), ca. 3 mm; erzeugt kugelförmige Gallen auf Eichenblättern; Larvalentwicklung in Zentralkammer mit Nährgewebe.

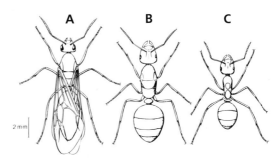

Abb. 1034 Hymenoptera. Formicidae. *Formica polyctena*. Morphen. **A** Geflügelte Männchen. **B** Weibchen nach Abwurf der Flügel. **C** Arbeiterin. Nach Dumpert (1978) aus Eisenbeis und Wichard (1985).

6.25.2.2 Aculeata, Stechwespen, Stechimmen

Ovipositor als Wehrstachel modifiziert, mit Giftdrüse assoziiert (Feindabwehr, Lähmung von Beute) (Abb. 1033B); Eier treten an der Basis des Stechapparates aus; hintere Abdominalsegmente invaginiert, inklusive der Basis des Ovipositors (Stachelkammer). Mehrfach unabhängig Staatenbildung mit Kasten und weitreichender Arbeitsteilung.

Chrysis sp. (Chrysididae, Goldwespen), 8 mm; metallisch, rot und grün; Larven ektoparasitisch an Larven von Bienen (*Osmia*). – *Scolia hirta* (Scoliidae, Dolchwespen), 10–20 mm; Parasitoide von sich im Boden entwickelnden Scarabaeiden (z. B. Maikäfer, Rosenkäfer). – *Vespa crabro*, Hornisse (Vespidae, Soziale Faltenwespen), 19–35 mm; Nester werden aus mit Speichelsekreten vermengten Holzfasern hergestellt und jedes Jahr neu gegründet; Imagines v. a. räuberisch, aber auch Aufnahme von zuckerhaltigen Substanzen (z. B. an Blüten,

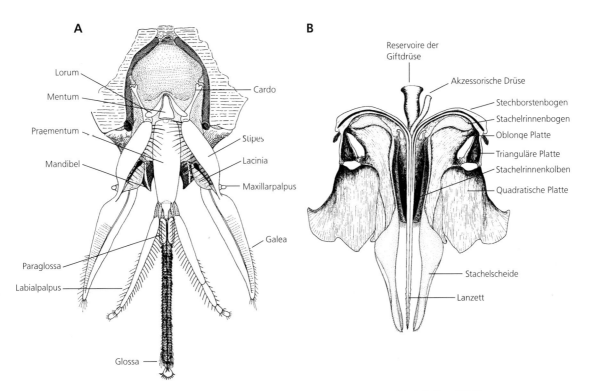

Abb. 1033 Hymenoptera. *Apis mellifera,* Honigbiene. **A** Mundwerkzeuge. **B**. Stachelapparat. Nach Seifert (1970).

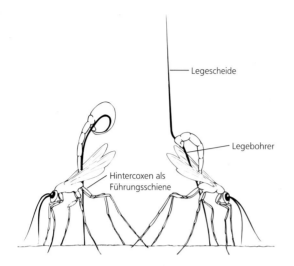

Abb. 1035 Hymenoptera. *Rhyssa persuasoria* (Ichneumonidae), Parasitoid von Holzwespenlarven (Siricidae); beim Einführen des über körperlangen Ovipositor. Länge 30 mm. Aus Askew (1971).

Obst); Ernährung der Larven mit Teilen von erbeuteten Insekten; Larven geben an Imagines Sekrete der Labialdrüse ab (Trophallaxis). – *Formica rufa*-Gruppe, Rote Waldameisen (Formicidae, Ameisen): Staaten mit Kastenbildung (mindestens 3 Morphen) (Abb. 1034); Flügel der Geschlechtstiere werden nach Hochzeitsflug abgeworfen; Arbeiterinnen ohne funktionsfähige Gonaden, flügellos, kleiner als Königinnen; Sonderformen treten auf (z. B. Soldaten); Staaten mit einer (Monogynie) oder mit mehreren Königinnen (Polygynie); verschiedene Pheromone regulieren das Zusammenleben und dienen dem Zusammenhalt der Staaten; Nester können sich stark unterscheiden; charakteristisch sind duftmarkierte „Straßen" und insgesamt komplexe Verhaltensinventare; Größe der Völker sehr variabel, 10–15 Individuen (*Promyrmecia* sp.) bis 800 000 (*Formica rufa*); Ernährung von Honigtau (teilweise „Domestikation" von Blattläusen), Nektar, Pflanzensamen oder Insekten; Blattschneiderameisen kultivieren Pilze, und manche Arten betreiben Sklaverei oder Sozial-

parasitismus (Aufzucht der Nachkommen durch andere Art). Arten mehrerer Insektengruppen leben räuberisch oder als Kommensalen in Ameisennestern; teilweise werden für die Ameisen sehr attraktive Substanzen abgegeben („Suchterzeugung"). – *Pepsis* sp. (Pompilidae, Wegwespen): bis 60 mm; grabwespenähnlich; alle Wegwespen lähmen und parasitieren Spinnen. – *Mutilla europaea* (Mutillidae, Spinnenameisen), mit filzartiger Behaarung, Weibchen stets ungeflügelt, Stich sehr schmerzhaft, Parasit in Hummelnestern. – *Ammophila sabulosa* (Sphecidae, Grabwespen), 14–24 mm; Weibchen lähmen mit Giftstachel Raupen und graben diese ein. – *Apis mellifera*, Honigbiene (Abb. 1031, 1033), 13–15 mm, seit Jahrtausenden domestizierter Honigproduzent; sehr wichtig als Bestäuber von Nutzpflanzen; mit sehr hoch entwickeltem Gehirn und komplexem Verhaltensinventar. Lebensdauer der Arbeiterinnen ca. 6 Wochen, max. 5 Jahre bei der Königin; Männchen (Drohnen) werden nach der Begattung in der „Drohnenschlacht" getötet. Völker der europäischen Honigbiene werden durch die vor wenigen Jahrzehnten eingeschleppte *Varroa*-Milbe (S. 538) stark geschädigt.

Coleopterida

Das Monophylum, das die Strepsiptera und die Coleoptera umfasst, ist mittlerweile durch molekulare Daten sehr gut abgesichert. Phylogenomische Analysen belegen nicht nur die Monophylie der **Coleopterida**, sondern auch, dass die Strepsiptera keine untergeordnete Teilgruppe der polyphagen Käfer sein können, wie es beispielsweise von dem Coleopterologen R. A. Crowson postuliert wurde.

6.26 Strepsiptera, Fächerflügler

Die Strepsiptera sind Endoparasiten von anderen Insekten. Etwa 600 Arten sind beschrieben (21 in ME). Die durch zahlreiche Apomorphien als monophyletisch begründete Gruppe ist weltweit verbreitet, mit der größten Diversität in den Tro-

Abb. 1036 Hymenoptera. Phylogenie. Apomorphien (Auswahl): [1] Haplodiploidie. Maxillolabialkomplex, Abdominalsegment I mit dem Metathorax teilweise verwachsen. [2] Mola reduziert. Laterocervicalia und Propleurum vollständig verschmolzen. [3] Mehrere thorakale Muskeln reduziert. Verlust der Subcostalader im Hinterflügel. [4] Angedeutete „Wespentaille". Larven strukturell stark vereinfacht. Larvale Ernährung von tierischen Substanzen (parasitisch im Grundplan?). [5] „Wespentaille" (tiefe Einschnürung zwischen Abdominalsegmenten I und II). Abdominaltergit I in funktionellen Thorax integriert (Propodeum). [6] Ovipositor als Wehrstachel modifiziert. Eier treten an der Basis des Wehrstachels aus. Nach verschiedenen Autoren.

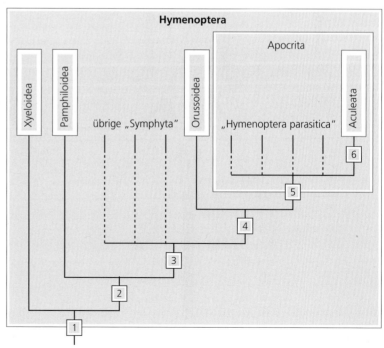

pen und Subtropen. Die Größe liegt bei den Männchen zwischen 0,8–6,5 mm, bei den Weibchen zwischen 1,5–30 mm. Es besteht ein extremer Sexualdimorphismus. Die Männchen sind freilebend und geflügelt, die Weibchen dagegen flügellos und verbleiben bei der Mehrzahl der Arten zeitlebens mit dem größten Teil ihres Körpers im Wirtstier. Männchen und Weibchen nehmen keine Nahrung auf.

Das Wirtsspektrum ist breit. Die Arten der basalsten Gruppen parasitieren in Silberfischchen (Zygentoma) (S. 658). Wirte der Stylopidia (ca. 97 % der Arten) gehören durchwegs zu den Neoptera (Orthoptera, Mantodea, Blattodea, Auchenorryncha, Sternorryncha, Heteroptera, Diptera, viele Arten in aculeaten Hymenoptera). Von Fächerflüglern

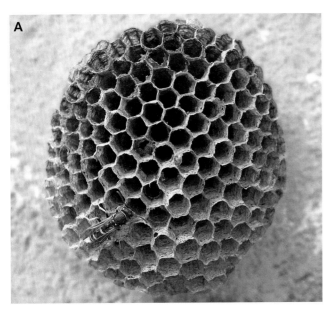

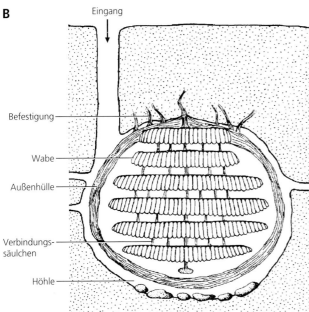

Abb. 1037 Hymenoptera. Nester von Faltenwespen (Vespidae). **A** Hüllenloses Nest von *Polistes* sp. **B** Erdnest von *Vespula germanica*, Längsschnitt, schematisch. A Original: I. Schatz, Innsbruck; B Nach Heinrich aus Dathe (2003).

befallene Insekten werden als „stylopisiert" bezeichnet. Der wichtigste Schritt in der Evolution der Gruppe war der Wechsel zu pterygoten Wirten (Stylopidia) und der damit verbundene permanente Endoparasitismus der Weibchen.

Kopf der Männchen (Abb. 1038A) orthognath, ohne Tentorium. Gut ausgebildete Komplexaugen aus 15–150 großen, runden Ommatidien zusammengesetzt (modernes Gegenstück der schizochroalen Augen der †Phacopina [†Trilobita]) (Abb. 702). Ommatidien durch behaarte Chitinbrücken isoliert, jeweils mit eigener Retina. Ocellen fehlen. Antennen im Grundplan 8-gliedrig. Flagellomeren dicht mit Geruchssensillen besetzt. Seitlicher Fortsatz (Flabellum) am Flagellomer 1 immer vorhanden, oft auch an weiteren Gliedern. Flagellomer 4 mit Sinnesgrube („Hofenedersches Organ"). Mundwerkzeuge stark reduziert. Mandibeln meist vorhanden. Maxillen stark vereinfacht, mit 1-gliedrigem Palpus. Loben der Maxillen und des Labiums sowie Labialpalpen fehlen. Gula nicht vorhanden.

Pro- und Mesothorax kurz. Metathorax sehr groß. Metacoxae in Metathorax einbezogen. Tarsen primär 5-gliedrig. Meist nur 4–2 ventral dicht behaarte Tarsomere. Klauen meist reduziert. Vorderflügel zu Halteren umgewandelt (Abb. 1038A. Fächerartig faltbare Hinterflügel stark rostrocaudad gestreckt, bei rezenten Taxa nur mit Längsadern.

Segment I des schwach sklerotisierten 10-segmentigen Abdomens partiell an Metathorax angegliedert. Segment IX trägt stark sklerotisierten, dolch- oder hakenförmigen Penis (in Ruhe unter Segment X geklappt). Darm mit Luft gefüllt, stabilisiert das Abdomen. Malpighi-Gefäße fast immer reduziert. Nervensystem stark konzentriert. Hoden groß. Ductus ejaculatorius mit stark entwickelter Muskularis bildet Spermapumpe.

Weibchen der Mengenillidae (und vermutlich Bahiaxenidae) freilebend, verbleiben aber zum Teil in stark sklerotisierter letzter Larvenhaut (Puparium). Kopf orthognath, mit kleinen Komplexaugen (11–17 Ommatidien). Antenne mit 4–5 Gliedern, ohne Flabellen. Mundwerkzeuge ähnlich wie bei Männchen. Thorax und 10-segmentiges Abdomen sehr schwach sklerotisiert, ohne definierte Sklerite. Tarsen 3- bis 4-gliedrig. Flügel fehlen. Geburtsöffnung auf Ventralseite von Segments VII. Weibchen der Stylopidia bohren sich im letzten Larvenstadium mit dem Vorderende aus dem Abdomen der Wirte, meist an Intersegmentalmembranen (Abb. 1038B). Verbleiben zeitlebens in Cuticula des letzten Larvenstadiums und beziehen pupale Exuvie in ihre Organisation mit ein. Kopf, Thorax und Abdominalsegment I zu Cephalothorax verschmolzen, stark sklerotisiert. Kopf prognath, mit stark vereinfachten Mandibeln. Reste von Antennen und Maxillen selten erkennbar. Zwischen Kopf und Prosternum meist mit Brutspalte (Kopulationsöffnung und Geburtsöffnung für Primärlarven). Setzt sich in caudad ziehenden Brutkanal fort. Gebärorgane münden in Segmenten II–VII in Brutkanal. Thorax mit Pheromondrüsen („Nassonoffsche Drüsen") (Abgabe von Sexuallockstoffen). Beine fehlen. Ovarien aufgelöst, Eizellen flottieren frei in Hämolymphe.

Fortpflanzung meist zweigeschlechtlich, wenige parthenogenetische Arten. Teilweise tritt Polyembryonie auf. Die nur wenige Stunden lebenden Männchen begatten die Weibchen entweder in das weichhäutige Abdomen (Mengenillidae), in die Mundöffnung (Corioxenidae) oder in die Brutspalte („traumatische Kopulation"). Die Weibchen sind vivipar. Die Postembryonalentwicklung umfasst (soweit bekannt) 4 Stadien (inklusive Puppe). Freilebenden Primärlarven (Abb. 1038C) extrem miniaturisiert (Minimum ca. 80 μm, durchschnittlich 230 μm). Abdomen 11-segmentig. Endoparasitische Sekundärlarven madenartig (Hypermetamorphose). Komplexaugen ab dem 2. Larvenstadium. Letztes männliches Larvenstadium der Mengenillidae mit erkennbaren äußeren Flügelanlagen.

Die Anzahl der Primärlarven pro Weibchen ist sehr hoch (1 000–750 000). Die Primärlarven stellen das Infektionsstadium dar. Ihr keilförmiger Kopf trägt beiderseits je 2–6 Stemmata. Der Tarsus der gut ausgebildeten Beine ist eingliedrig und mit spezifischen Haftsoh-

len zur Verankerung auf dem Wirt ausgebildet. Die Ventralseite des Körpers ist mit Mikrotrichia besetzt. Das Abdominalsegment XI trägt lange Borsten, die die meisten Arten zum Anspringen ihrer Wirte befähigen. Die Larven dringen meist durch Intersegmentalmembranen in die Wirtstiere ein. Dort häuten sie sich zur Sekundärlarve und entwickeln sich im Abdomen durch Aufnahme von Hämolymphe. Die Sekundärlarven streifen die Exuvien nicht ab und durchbrechen am Ende ihrer Entwicklung die Körperwand des Wirts entweder ganz (Mengenillidae) oder nur mit dem Vorderende (Stylopidia). Bei den Mengenillidae sklerotisiert die letzte Larvenhaut nach dem Ausbrechen komplett, und die Verpuppung erfolgt in dem so gebildeten Puparium. Durch Absprengen des Kopfes und meist auch des Prothorax des Pupariums gelangen die Imagines ins Freie. Bei den Stylopidia sklerotisiert bei beiden Geschlechtern nur der ausgebohrte Cephalothorax der Sekundärlarven. Männchen und Weibchen verpuppen sich ebenfalls in Puparien, allerdings schlüpfen nur die Männchen durch Absprengen des Kopfteils. Bei den Weibchen wird durch die partielle Häutung der larvalen und pupalen Exuvie auf der Ventralseite der Brutkanal zur Freisetzung der Primärlarven gebildet.

6.26.1 Bahiaxenidae

Männchen: 8-gliedrige Antennen, Flabellen am 3.–7. Glied. Großes freies Labrum und kräftige, dicondyle Mandibeln; Tarsen 5-gliedrig, mit Klauen. Weibchen, Larven und Wirte unbekannt; nur eine Art.

Bahiaxenos relictus, 2,7 mm; semi-aride Sanddünen, Bahia, Brasilien.

6.26.2 Mengenillidae

Männchen: 6-gliedrige Antennen; Flabellen meist am 3.–5. Glied; Labrum stark reduziert oder fehlend; vorderes Mandibelgelenk oft reduziert; Tarsen 5-gliedrig, mit Klauen. Weibchen: freilebend; ein Gebärorgan; Primärlarven mit Naht zwischen Trochanter und Femur. Wirte: Zygentoma.

Mengenilla chobauti, Männchen 2,6–5,9 mm, Weibchen 3,2–7,4 mm; Wirte *Ctenolepisma* spp. (Lepismatidae); mediterran.

6.26.3 Stylopidia

Über 97% der beschriebenen Arten. Männchen: Antennen 4- bis 7-gliedrig; Labrum fehlt; Mandibeln oft schlank, messerförmig. Tarsen 2- bis 5-gliedrig; adhäsive Microtrichia meist an allen Gliedern; Klauen stark reduziert, meist fehlend; Penis meist haken- oder ankerförmig. Weibchen: ragen nur mit dem Vorderende aus dem Wirt; funktionelle Einheit mit larvaler und pupaler Exuvie; meist mit Brutspalte, immer mit Brutkanal und mehreren Gebärorganen; Trochanter und Femur der Primärlarven verschmolzen. Wirte: verschiedene Gruppen der Neoptera.

Xenos vesparum (Xenidae), Männchen 4,4–5,0 mm, Weibchen bis 7 mm; Wirte *Polistes* spp. (Hymenoptera, Vespidae) (Abb. 1038A). – *Elenchus tenuicornis* (Elenchidae), Männchen 0,8–1,8 mm, Weibchen bis 3 mm; Wirte Auchenorrhyncha (Delphacidae).

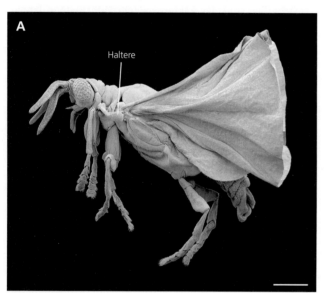

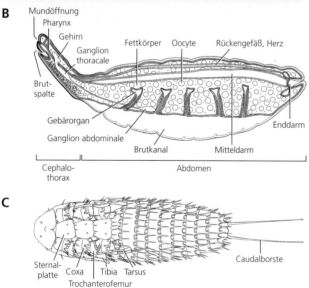

Abb. 1038 Strepsiptera. **A** *Xenos vesparum*, Männchen. Maßstab: 500 μm. REM. **B, C** *Stylops melittae*. **B** Weibchen, Sagittalschnitt, schematisch. **C** Primärlarve, Ventralansicht. A Original: H. Pohl, Jena; B nach Kinzelbach (1971) aus Dathe (2003); C nach Pohl (2001) aus Dathe (2003).

6.27 Coleoptera, Käfer

Mit ca. 350 000 beschriebenen Arten die mit Abstand größte Ordnung. Auf allen Kontinenten mit Ausnahme der Antarktis. Vier rezente Unterordnungen und ca. 170 Familien. Durch zahlreiche Autapomorphien begründet. Schlüsselmerkmale sind die starke Sklerotisation mit fehlenden exponierten Membranen und die durchgehend sklerotisierten Vorderflügel (Elytren) (Abb. 1039).

Größe zwischen 0,3 mm (Ptiliidae) und 16 cm (*Titanus giganteus*; Cerambycidae, Bockkäfer). Fast immer stark sklerotisiert. Exponierte Membranen treten nur selten und sekundär auf. Dorsalseite des Pterothorax (inkl. Hinterflügel) und Abdomen fast immer vollständig von den Elytren bedeckt (Abb. 1039C). Cuticula bei den urprünglichsten Formen mit Tuberkeln und Schuppen bedeckt. Oberfläche ansonsten glatt oder mit unterschiedlichen Skulpturierungen. Oft schwarz oder bräunlich, aber auch viele Arten mit ausgeprägten Färbungsmustern.

Kopf fast immer prognath und keilförmig in Seitenansicht (Eindringen in Spalträume). Häutungsnähte fehlen. Komplexaugen fast immer gut entwickelt. Ocellen fehlen bei fast allen Gruppen (nur *Sikhotealinia* [Jurodidae] mit 3 Ocellen). Selten mit 2 (z. B. Hydraenidae part.) oder 1 Ocellus (Dermestidae part.). Antennen maximal 11-gliedrig, seitlich vor den Komplexaugen oder seltener auf der Kopfoberseite inserierend. Form sehr variabel, filiform, moniliform, gesägt oder distal auf unterschiedliche Weise keulenartig verdickt. Mundwerkzeuge fast immer orthopteroid. Hypopharynx mit Praelabium verscholzen. Salivarium fehlt. Gula vorhanden. Tentorium meist vollständig.

Prothorax bildet funktionelle Einheit mit dem Kopf. Pronotum schildförmig (Halsschild). Mesothorax stark verschmälert (Abb. 1039C). Teil des Scutellums meist zwischen den Flügeldeckenbasen exponiert (Schildchen) (Abb. 1039B). Elytren mit sehr unterschiedlichen Oberflächenmustern, bei einigen Gruppen verkürzt (v. a. Staphylinidae; Abb. 1039B). In Ruhestellung durch mesothorakale (Schildchen) und metathorakale (Alacristae) Sperrmechanismen festgehalten (Autapomorphien). Metathorax vergrößert, alleiniger Träger

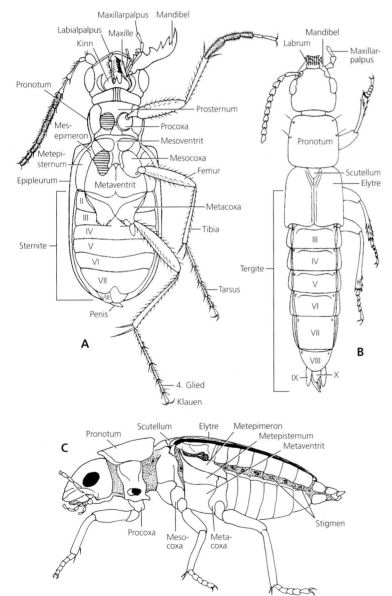

Abb. 1039 Coleoptera. **A** Adephaga (Carabidae, *Cicindela* sp.), ventral. **B** Polyphaga (Staphylinidae), dorsal. **C** Adephaga (Carabidae), lateral, linkes Prothorakalbein und linke Elytre entfernt. A, B Nach Klausnitzer (2000); C nach Weber und Weidner (1974) aus Dettner und Peters (2003).

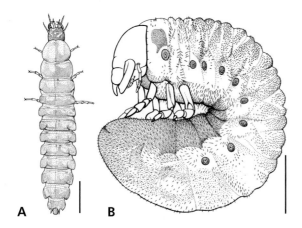

Abb. 1040 Coleoptera. Larven. **A** *Carabus coriaceus* (Carabidae) Maßstab: 5 mm. *Oryctes nasicornis* (Scarabaeidae). Maßstab: 1 cm. Original: H. Pohl, Jena.

der Flugfunktion. Häutige Hinterflügel in Ruhestellung längs und quer gefaltet (Autapomorphie). Geäder deutlich vereinfacht. Thorakaler Muskelapparat (v. a. Mesothorax) deutlich reduziert (Mesothorax ohne Flugfunktion, starke Sklerotisation und Reduktion der Freiheitsgrade an den Extremitätenbasen; Abb. 1039A). Beine primär Laufbeine, innerhalb der Gruppe vielfältig modifiziert (z. B. Sprungbeine, Schwimmbeine, Grabbeine; Abb. 946A, G, H). Metacoxen fast immer breit und ventral die Abdomenbasis überragend (Abb. 1039A). Im Grundplan 5 Tarsomere, aber Anzahl sehr variabel (wichtiges Bestimmungsmerkmal: Tarsenformel). Tarsomeren ventral meist mit Sohlenbürsten (v. a. Männchen). Arolium fehlt.

Abdomen 9- (Weibchen) oder 10-segmentig (Männchen), unbeweglich mit dem Metathorax verbunden. Sternit I vollständig, Sternit II partiell reduziert. Tergit VIII terminal auf Dorsalseite. Hinterste Segmente eingezogen (Autapomorphie). Cerci fehlen. Kopulationsapparat sehr variabel, primär mit Phallobasis, paarigen Parameren, Medianlobus (Penis) und membranösem Endophallus. Äußerer weiblicher Genitalapparat stark modifiziert. Orthopteroider Ovipositor fehlt. Ovariolen polytroph (Adephaga) oder telotroph (Archostemata, Polyphaga). Vier oder 6 Malpighi-Gefäße.

Larven sehr variabel in Morphologie und Lebensweise (Abb. 972D, 974, 1040). Kopfkapsel immer sklerotisiert und vollständig. Gut ausgebildete Laufbeine (z. B. Carabidae, Staphylinidae) oder Beine verkürzt (z. B. Archostemata) oder völlig reduziert (Curculionidae; Abb. 972D). Formen sind die C-förmigen Engerlinge der Scarabaeoidea (Abb. 1040B) oder die beinlosen Larven der Rüsselkäfer. Verpuppung (fast immer **Pupa** adectica exarata) meist im Bodensubstrat.

Die Biologie der Käfer kann kaum sinnvoll in einem kurzen Kapitel abgehandelt werden. Eine ungeheure Vielfalt von Lebensräumen und Mikrohabitaten werden genutzt (z. B. Baumkronen, Gezeitentümpel, Höhlen, Moos, verrottendes Holz, algenbewachsene überrieselte Felsen, Gebirgsbäche) und eine vergleichbare Vielfalt von Nahrungssubstraten. Ursprünglich sind eine enge Assoziation mit Holz und ein bevorzugter Aufenthalt unter Rinde (Archostemata). Innerhalb der Gruppe hat etwa 10-mal unabhängig ein Übergang

zum Wasserleben stattgefunden (subelytraler Raum als Luftspeicher). Besonders artenreich sind die phytophagen Gruppen. Die Blattkäfer und Rüsselkäfer (Chrysomeloidea und Curculionoidea) umfassen zusammen weit mehr als 100 000 Arten. Bei den Elateroidea tritt mehrfach unabhängig Biolumineszenz auf. Vertreter mehrerer Gruppen haben sich auf das Leben in Nestern von Ameisen, Termiten, Vögeln oder Säugern spezialisiert. Symbiosen mit Pilzen und Mikroorganismen treten in verschiedenen Gruppen auf.

Parthenogenese kommt bei Käfern sehr selten vor (phytophage Gruppen). Im Grundplan werden 3 Larvenstadien durchlaufen. Eine reduzierte Anzahl tritt vor allem als Folge von Miniaturisierung auf. Das Maximum sind 14 Stadien.

6.27.1 Archostemata

Etwas über 30 Arten. Wahrscheinlich die Schwestergruppe der übrigen 3 Unterordnungen. Die Imagines zeichnen sich durch eine ausgeprägte Mischung von abgeleiteten (v. a. Kopf) und sehr ursprünglichen Merkmalen aus (v. a. Thorax). Plesiomorph sind die unvollständig sklerotisierten Elytren mit fensterartigen Schwächezonen (*window punctures*), katepisternale Coxalgelenke im Mesothorax, der exponierte Metatrochantinus und das relativ vollständige thorakale Muskelinventar. Die mit Tuberkeln und Schuppen besetzte Cuticula (Ommatidae, Cupedidae) gehört zum Grundplan der Coleoptera. Die Larven sind spezialisierte Minierer in Holz mit einer prominenten, sklerotisierten Ligula und kurzen oder reduzierten Beinen (Autapomorphien). Die traditionell zu den Archostemata gestellten permischen Linien (z. B. †Tschekardocoleidae, †Permocupedidae) gehören in die Stammlinie der Coleoptera.

Tetraphalerus bruchi (Ommatidae), 10–16 mm, Kopf auffallend langgestreckt, Antennen kurz; in ariden Habitaten, Argentinien (Mendoza). – *Priacma serrata* (Cupedidae), bis 25 mm; in Wäldern, westliches Nordamerika, Männchen werden von Wäschebleiche angezogen. – *Micromalthus debilis* (Micromalthidae), 1,5–2,5 mm; ursprünglich in Nordamerika, weltweit mit Holz verschleppt (u. a. Hongkong, Österreich, Südafrika); extrem komplexer Entwicklungszyklus mit Parthenogenese (Thelytokie), Viviparie und Hypermetamorphose. – *Sikhotealinia shiltsovae* (Jurodidae), mit 3 Ocellen, Elytren ohne *window punctures*, Cuticula ohne Tuberkeln und Schuppen; nur weiblicher Holotyp bekannt, angeschwemmt an Fluß in Ostsibirien. – **Crowsoniella relicta* (Crowsoniellidae), 1,3–1,7 mm, stark abgeflacht, mit deutlichen Miniaturisierungseffekten, einzige europäische Art (Mittelitalien), nur durch Typenserie bekannt; Angaben zu Habitat und Locus typicus wahrscheinlich unzutreffend.

6.27.2 Adephaga

Über 40 000 Arten in 11 Familien, inklusive der vor wenigen Jahren beschriebenen Aspidytidae (China, Südafrika) und Meruidae (Venezuela). Autapomorphien: räuberisch (wenige Ausnahmen), tasterförmige 2-gliedrige Galea, Mentum mit seitlichen Loben, ventrales Procoxalgelenk, Abdominalsternit II vollständig von den Metacoxae durchsetzt, pygidiale Abwehrdrüsen. Larven prognath, mit verwachsenem Labrum.

*Carabus coriaceus, Lederlaufkäfer (Carabidae, Laufkäfer), bis 42 mm; in Wäldern, aber auch in Stadtgebieten; mehrjährig. – **Hali-*

plus lineatocollis (Haliplidae, Wassertreter), ca. 3 mm; in stehenden Gewässern an fädigen Algen; mit stark erweiterten Metacoxalplatten, unter denen zusätzlich Luft gespeichert wird; Larven algophag, saugen mit Mandibelsaugkanälen Zellen aus; atmen mit Mikrotracheenkiemen. – **Dytiscus marginalis*, Gelbrand (Dytiscidae, Schwimmkäfer), 27–35 mm; aquatisch; Hinter- und Mittelbeine sind Schwimmbeine, Vordertarsen der Männchen mit komplexem Haftapparat mit unterschiedlich großen Saugnäpfen (Festhalten bei der Kopula); Elytren der Weibchen meist mit Längsriefen (Dimorphismus); Prothorakaldrüsen produzieren dem Testosteron ähnliche, hochwirksame Abwehrsubstanzen; Eiablage in Wasserpflanzen; Larven mit Mandibelsaugkanälen; Gasaustausch an der Oberfläche über vergrößerte und endständige Stigmen VIII. – **Gyrinus marinus* (Gyrinidae, Taumelkäfer), ca. 7 mm; bewegt sich schnell mit kreiselnden Bewegungen auf der Wasseroberfläche; Antennen stark modifiziert, nehmen Bewegungen der Wasseroberfläche wahr; Augen in oberen und unteren Anteil unterteilt (Sehen über und unter der Wasseroberfläche); Vorderbeine als Greifbeine modifiziert; verkürzte paddelartige Mittel- und Hinterbeine schlagen mit hoher Frequenz (Hinterbeine 50–60 mal/Sekunde) (Abb. 946G, H), effizientester Antriebsapparat von allen aquatischen Organismen; ernähren sich von auf die Wasseroberfläche gefallenen Arthropoden; räuberische Larven mit mandibulären Saugkanälen und langen Tracheenkiemen.

6.27.3 Myxophaga

Über 100 Arten, 4 Familien. Kleine bis sehr kleine Formen. Linke Mandibel mit beweglichem Zahn (Autapomorphie); Hinterflügel distal gerollt; Larven mit Tibiotarsus und unpaarer Klaue (mögliche Synapomorphien mit den Polyphaga). Meist mit Spirakularkiemen. Im Uferbereich (Lepiceridae, Sphaeriusidae) oder aquatisch (v. a. hygropetrisch); algophag.

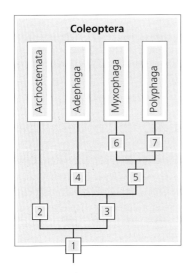

Abb. 1041 Coleoptera. Phylogenie. Apomorphien (Auswahl): [1] Vorderflügel zu Elytren mit Epipleuren umgebildet. Sklerite fest miteinander verbunden, keine äußeren Membranen sichtbar. Hinterflügel längs und quer gefaltet. Abdominalsternit I reduziert. Terminale Abdominalsegmente eingezogen. [2] Cuticuläre Schuppen. [3] Metatrochantinus nicht äußerlich sichtbar. Transversalnaht des Mesoventriten fehlt. Ca. 10 thorakale Muskeln reduziert [4] Galea palpenförmig. 2. Abdominalsternit II von den Hinterhüften vollständig durchsetzt. [5] Larven mit Tibiotarsus. [6] Linke Mandibeln mit beweglichen Zahn. Larven mit Spirakularkiemen. [7] Cryptopleurie vollständig. Ovariolen meroistisch telotroph.

Lepicerus bufo (Lepiceridae), Mexiko, Mittelamerika, nördliches Südamerika; Körper gedrungen, Cuticula auffallend skulpturiert; in feuchtem Uferbereich; Larven ohne Spirakularkiemen. – **Sphaerius acaroides*, Ufer-Kugelkäfer (Sphaeriusidae, Kugelkäfer), 0,7 mm; Larven und Imagines in feuchtem Substrat, in Ufernähe. – *Satonius kurosawai* (Torridincolidae), 1,4–1,7 mm; Japan, hygropetrisch.

6.27.4 Polyphaga

Ca. 310 000 Arten. Propleura nach innen verlagert (Autapomorphie). Protrochantinus mit Propleura verwachsen. Ovariolen telotroph. Larven mit Tibiotarsus und unpaarer Klaue (s. o.). Die artenarmen Scirtoidea stehen wahrscheinlich den gesamten übrigen Polyphaga als Schwestergruppe gegenüber.

Scirtoidea. – **Eucinetus* sp. (Eucinetidae), 3–4 mm, an Wurzeln und unter verrottenden pflanzlichen Substanzen. – *Cyphon palustris* (Scirtidae, Sumpfkäfer), 2,8–3,8 mm; Imagines auf Ufervegetation; Larve aquatisch in stehenden Gewässern und im Grundwasser; ernähren sich mit spezialisierten Mundwerkzeugen von Kleinstpartikeln; Antennen erscheinen durch sekundäre Ringelung vielgliedrig.

6.27.4.1 Staphyliniformia

Hydrophiloidea (inkl. **Histeroidea**, ohne **Hydraenidae**). – **Hydrophilus piceus*, Großer Kolbenwasserkäfer (Hydrophilidae, Wasserkäfer), 34–50 mm; mäßig gute Schwimmer in stehenden Gewässern; Luftvorrat unter Elytren und auf abgeflachter Ventralseite (Plastron); Antennen als akzessorische Atmungsorgane modifiziert; Maxillarpalpen verlängert, antennenartig; Weibchen produziert Behälter für Eier („Eischiffchen"); Imagines phytophag, Larven räuberisch (Wasserschnecken); Atmung über Integument und großes abdominales Stigmenatrium. – **Plegaderus vulneratus* (Histeridae, Stutzkäfer), 1–2 mm; Körper kompakt; unter Rinde; räuberisch, ernährt sich von Borkenkäferlarven.

Staphylinoidea (inkl. **Hydraenidae**). – *Nanosella fungi* (Ptiliidae, Federflügler), 0,25 mm, kleinster bekannter Käfer; Nordamerika; Hinterflügel stabförmig mit langen Borsten; Elytren verkürzt; in zerfallenden pflanzlichen Substanzen; ernährt sich von Pilzsporen. – **Nicrophorus vespilloides* (Silphidae, Aaskäfer), 12–18 mm; Aasfresser mit ausgeprägter Brutpflege; Kadaver von Vögeln oder Kleinsäugern werden eingegraben und an einer Stelle perforiert; nach der Eiablage werden die Larven gefüttert; später ernähren sie sich selbstständig vom Aas. Imagines stridulieren. – **Staphylinus erythropterus* (Staphylinidae, Kurzflügler), 14–22 mm; Körper lang und parallelseitig; Flügeldecken stark verkürzt (Abb. 1039B); Tergite im hinteren exponierten Bereich des Abdomen sklerotisiert, mit goldgelben Haarflecken; räuberisch als Imagines und Larven.

Scarabaeoidea. – **Lucanus cervus*, Hirschkäfer (Lucanidae), 25–75 mm; Männchen mit stark vergrößerten Mandibeln, die vor allem bei Paarungskämpfen eingesetzt werden; Larvalentwicklung in morschen Eichenstümpfen (5–8 Jahre); Verpuppung in Kokon im Boden. – **Melolontha melolontha*, Feldmaikäfer (Scarabaeidae), 24–30 mm; Antennenkeule stark asymmetrisch, geschlechtsdimorph; C-förmig gekrümmte Larven (Engerlinge) entwickeln sich im Boden (4 Jahre). – **Oryctes nasicornis*, Nashornkäfer (Scarabaeidae, Blatthornkäfer), 20–40 mm; kastanienbraun, Männchen mit Horn auf Kopfschild; Larven oft in Komposthaufen (Abb. 1040B). – **Trypocopris vernalis*, Frühlingsmistkäfer (Geotrupidae), 12–20 mm; Körper blau metallisch; Ernährung von Dung; Brutpflege in Gangsystemen im Boden; in Dungbroten in Kammern entwickelt sich jeweils eine Larve. – **Cetonia aurata*, Rosenkäfer (Scarabaeidae), 19–25 mm; grün-metallisch, mit unregelmäßigen, rißartigen weißen Querstrichen auf den Elytren; Imagines oft auf Doldenblüten; Elytren bleiben beim Flug geschlossen; Larven in morschem Holz.

6.27.4.2 Elateriformia

Die Zusammensetzung der Gruppe, die Monophylie und die Verwandtschaftsbeziehungen der Teiltaxa sind umstritten.

Buprestoidea. – *Chalcophora mariana*, Kiefernprachtkäfer (Buprestidae, Prachtkäfer), 24–30 mm; mit metallisch-glänzenden Strukturfarben; Larvalentwicklung in morschem Kiefernholz.

Byrrhoidea (einschließlich **Dryopoidea**). – *Byrrhus pilula* (Byrrhidae), 10 mm; Körper dorsal stark konvex; durch Einlegen des Kopfes und der Beine in paßgenaue Vertiefungen können die Tiere eine äußerst kompakte Form annehmen (Pillenkäfer); Larve in Moos. – *Elmis maugetii* (Elmidae, Hakenkäfer), 1,4 mm; in Bächen; Imagines verankern sich mit großen Klauen; Larven atmen mit ausstülpbaren Rektalkiemen; Larven und Imagines ernähren sich von Algenaufwuchs.

Dascilloidea. – *Dascillus cervinus* (Dascillidae, Wiesenkäfer), 9–11 mm; Larve engerlingsartig, an Graswurzeln.

Elateroidea. – *Agrypnus murinus* (Elateridae, Mausgrauer Schnellkäfer), 12 mm; oval, schwarze Grundfarbe überlagert von Muster aus weißen und braunen Schuppen; Schnellapparat mit Prosternalfortsatz, Grube des Mesoventriten und spezialisierte Muskulatur (Autapomorphie Elateridae). Larven stark sklerotisiert (Drahtwürmer); räuberisch, in Holz.

Cantharoidea. – *Phosphaenus hemipterus*, Kurzflügel-Leuchtkäfer (Lampyridae, Leuchtkäfer), Männchen 5,5–7,5 mm, Weibchen 7–10 mm; Flügel beim Männchen stark verkürzt, beim Weibchen völlig reduziert; abdominale Leuchtorgane, die d-Luciferin produzieren, bei Larven und Imagines vorhanden (v. a. Partnerfindung, teilweise wird Beute angelockt). – *Cantharis fusca* (Cantharidae, Weichkäfer), 11–15 mm; schwach sklerotisiert; Imagines v. a. auf Blüten; räuberische Larven im Winter teilweise massenhaft auf Schnee.

6.27.4.3 Bostrichiformia

Wie bei den Cucujiformia sind cryptonephrische Malpighi-Gefäße vorhanden, allerdings in modifizierter Form (mögliche Synapomorphie). Die Derodontidae und Nosodendridae gehören nicht in diese Gruppe (freie Malpighi-Gefäße).

Bostrichoidea (einschließlich **Dermestoidea**). – *Anobium punctatum*, Klopfkäfer (Anobiidae, Pochkäfer), 3,5–6,5 mm; lebt in Bohrgängen in Holz; ernährt sich von Holz und Pilzhyphen; mit Symbionten; durch Schlagen mit dem Kopf werden Laute erzeugt. – *Anthrenus pimpinellae* (Dermestidae, Speckkäfer), 2,5–4 mm; mit cuticulären Schuppen; Imagines auf Blüten; Larven und Imagines ernähren sich u. a. von trockenen, tierischen Materialien (Keratin) und können große Schäden in Museen anrichten (genadelte Insekten, Felle, Tierpräparate, Trockenfleisch). Larven mit dichten Bündeln von Abwehrhaaren (Autapomorphie Dermestidae).

6.27.4.4 Cucujiformia

Mit cryptonephrischen Malpighi-Gefäßen (s. a. Bostrichiformia). Lacinia und Galea bei den Larven verwachsen (Autapomorphie?).

Lymexyloidea. – *Hylecoetus dermestoides*, Buchenwerftkäfer (Lymexylidae, Werftkäfer), 6–18 mm; Männchen mit auffällig modifizierten Maxillarpalpen; Larven fressen Gänge in Holz; ernähren sich von Ambrosiapilzen an den Gangwänden; Übertragung der Pilzsporen in Taschen des Legeapparates.

Cleroidea. – *Thanasimus formicarius*, Ameisenbuntkäfer (Cleridae, Buntkäfer), 7–10 mm; auffälliges Farbmuster; unter Rinde; räuberisch, ernährt sich von Borkenkäfern.

Cucujoidea. – *Meligethes aeneus*, Rapsglanzkäfer (Nitidulidae, Glanzkäfer), 3 mm; Larven und Imagines ernähren sich von Blütenteilen (u. a. Raps). – *Coccinella septempunctata*, Siebenpunkt (Coccinellidae, Marienkäfer), 5,5 mm; Körper dorsal konvex; Flügeldecken rot mit 7 schwarzen Punkten; Larven und Imagines räuberisch, effiziente Vertilger von Blattläusen, Einsatz in der biologischen Schädlingsbekämpfung.

Tenebrionoidea. – *Tenebrio molitor*, Mehlkäfer (Tenebrionidae, Schwarzkäfer), 12–18 mm; Körper braun, parallelseitig; Vorratsschädling (v. a. in Getreideprodukten); Larven („Mehlwürmer") werden als Futter und Versuchstiere verwendet. – *Meloe proscarabaeus* (Meloidae, Ölkäfer), 11–35 mm; schwarzblau; Flügeldecken verkürzt und überlappend, Hinterflügel völlig reduziert; als Abwehrreaktion wird an Beingelenken cantharidinhaltige Hämolymphe abgegeben (Reflexbluten); Eier werden 5- bis 6-mal im Abstand von 1–2 Wochen abgelegt (jeweils 3 000–9 500); L$_1$ mit spezialisiertem Klauenapparat (Triungulinus), klammern sich an Wildbienen und lassen sich in das Nest tragen (Phoresie); weitere Entwicklung im Nest; Ernährung zunächst vom Ei, als Sekundärlarve (Hypermetamorphose) von einem Gemisch aus Pollen und Nektar; die Verpuppung findet im Boden statt (Abb. 974).

Chrysomeloidea. – *Ergates faber*, Mulmbock (Cerambycidae, Bockkäfer), 30–60 mm; rotbraun; als Imagines wahrscheinlich keine Nahrungsaufnahme; dämmerungsaktiv; Entwicklung unter Rinde und in morschem Holz (v. a. Kiefernstubben). – *Gastrophysa viridula*, Ampferblattkäfer (Chrysomelidae, Blattkäfer), 4–6 mm; Larven und Imagines an Ampfer, mit charakteristischen Fraßbildern; Larven geben Abwehrsekrete ab; bei befruchteten Weibchen schwillt das Abdomen stark an (Physogastrie); Larven schwärzlich gefärbt.

Curculionoidea

Über 50 000 Arten, fast ausschließlich phytophag, vielfach wichtige Pflanzenschädlinge. In wenigen Ausnahmefällen aquatisch (*Bagous*).

Curculio nucum, Haselnussbohrer (Curculionidae, Rüsselkäfer), 8,5 mm; mit dem stark verlängerten Rüssel wird ein Eiablagekanal in Haselnüsse gebohrt; Larvalentwicklung in der Haselnuss. – *Ips typographus*, Buchdrucker (Curculionidae, Scolytinae, Borkenkäfer), 4,5 mm; in Gangsystemen unter Fichtenrinde, mit artspezifischem Fraßbild; Ernährt sich von Rindengewebe und den Außenschichten des Splintholzes (Rindenbrüter); Aggregationspheromone; wichtiger Forstschädling, v. a. in Monokulturen.

Neuropterida, Netzflüglerartige

Die **Neuropterida** sind gegenüber den **Coleopterida** und **Mecopterida** (s. u.) überwiegend durch Plesiomorphien charakterisiert. Ursprünglich sind die annähernd gleich großen pterothorakalen Segmente und die netzartig geäderten Flügel mit einer Serie von Costaladern, die die Costa und Subcosta verbinden. Die Neuropterida sind meist mäßige Flieger mit funktioneller Vierflügligkeit. Innerhalb der Gruppe treten die ursprünglichsten Puppen auf (v. a. frei bewegliche Pupa dectica der Raphidioptera). Eine Autapomorphie der Gruppe ist die Fusion der 3. Valven und ihre Ausstattung mit intrinsischer Muskulatur. Auch an der Abdomenbasis treten abgeleitete Merkmale auf (z. B. median geteiltes Tergum I).

Die Verwandtschaftsbeziehungen der 3 Teilgruppen sind umstritten. Das u. a. von W. Hennig postulierte Monophylum Raphidioptera + Megaloptera wurde durch aktuelle Analysen von molekularen und morphologischen Daten bestätigt. Von U. Aspöck und H. Aspöck wurde ein Schwes-

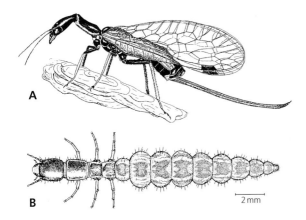

Abb. 1042 Raphidioptera. **A** *Turcoraphidia acerba*, Weibchen, Vorderflügellänge 8,8 mm. **B** *Phaeostigma robusta*, Larve. Nach Aspöck und Aspöck aus Dathe (2003).

tergruppenverhältnis Neuroptera + Megaloptera vorgeschlagen. Dabei wird im Grundplan eine aquatische Larve angenommen, mit sekundär terrestrischen Larven bei den meisten Gruppen der Neuroptera.

6.28 Raphidioptera, Kamelhalsfliegen

Mit ca. 210 Arten (10 in ME) gehören die Kamelhalsfliegen (Abb. 1042) zu den kleinen Ordnungen. Sie sind weitgehend auf die gemäßigten Zonen beschränkt und fehlen in Australien und der Neotropis. Typischerweise kommen die Tiere in Wäldern und an Waldrändern vor.

Mittelgroß (meist 8–18 mm, max. 45 mm), sehr schlank und langgestreckt. Kopf prognath, deutlich abgeflacht (Autapomorphie). Gula und Postgenalbrücke vorhanden. Komplexaugen gut entwickelt. Ocellen vorhanden oder fehlend (Inocelliidae). Filiforme Antennen inserieren auf Kopfoberseite. Mundwerkzeuge orthopteroid. Tentorium vollständig, aber überwiegend schwach sklerotisiert.

Prothorax stark verlängert (Autapomorphie) (Abb. 1042A), kann nach unten gerichtete stoßartige Bewegungen ausführen (Beutefang). Pronotum bei den Raphidiidae weit nach unten ausgezogen, fast röhrenförmig. Pterothorakale Segmente annähernd gleich groß und ähnlich gebaut. Beine weitgehend unmodifiziert. Tarsomeren mit Sohlenbürsten. Tarsomer 3 herzförmig. Flügel schlank, häutig, mit Serie von Costaladern und deutlichem Pterostigma am Vorderrand. Hinterflügel geringfügig kleiner.

Abdomen mit 10 deutlich entwickelten Segmenten. Segment XI stark reduziert. Tergit XI weitgehend mit Tergit X verwachsen. Ovipositor sehr lang, säbelartig, deutlich vom orthopteroiden Typ abweichend, von miteinander verbundenen paarigen Elementen des Segments IX gebildet. Ovariolen (ca. 40) telotroph. Männlicher Genitalapparat sehr variabel.

Die **Larven** (Abb. 1042B) sind wie die Imagines räuberisch (v. a. Blattläuse), schlank und ausgeprägt prognath. Der Prothorax ist etwas weniger verlängert. Im Lauf der meist zweijährigen Entwicklung werden 10–12 (–15?) Stadien durchlaufen. Die sehr ursprüngliche Pupa dectica bewegt sich aktiv fort.

Phaeostigma notata (Raphidiidae), Pronotum fast röhrenförmig, Larven mit 7 Stemmata; häufig an Laubhölzern (u. a. Eichen). – *Inocellia crassicornis* (Inocelliidae), Spannweite 20–28 mm; ohne Ocellen; Larven mit 3 Stemmata; an Koniferen.

6.29 Megaloptera, Schlammfliegen

Ca. 330 Arten (4 in ME). Mittelgroß (Sialidae) (Abb. 1043) bis sehr groß (Corydalidae), zwischen 23 mm und 7 cm (*Acanthocorydalus kolbei*). Die Corydalidae kommen in Nord- und Südamerika, Südostasien, Südafrika und Australien vor (v. a. tropische Regionen), die Sialidae vor allem in der gemäßigten Zone der Holarktis. Die Imagines sind mäßige Flieger (funktionelle Vierflügligkeit), treten in Gewässernähe auf und nehmen kaum Nahrung auf (u. U. Nektar). Die räuberischen aquatischen **Larven** atmen mit abdominalen Tracheenkie-

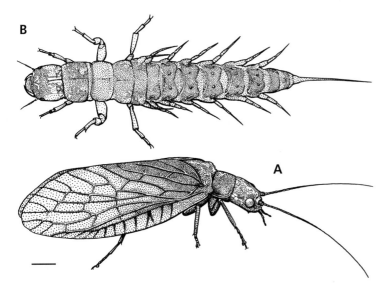

Abb. 1043 Megaloptera. *Sialis* sp. **A** Imago. **B** Larve. Maßstab in A, B: 2 mm. Original: H. Pohl, Jena.

men (Abb. 1043B). Ein Terminalfilament ist bei den Sialidae vorhanden, bei den Corydaliden dagegen kräftige terminale Haken (Autapomorphien der Familien).

Kopf prognath, ventral durch Gula verschlossen (Larven und Imagines). Komplexaugen gut entwickelt. Ocellen bei Corydaliden vorhanden. Mandibeln bei Männchen der Corydalidae teilweise stark verlängert. Mundwerkzeuge ansonsten weitgehend unmodifiziert.

Pronotum bei den Corydalidae verlängert. Pterothorakale Segmente etwa gleich groß und ähnlich gebaut. Tarsen der Laufbeine mit Sohlenbürsten (vgl. Raphidioptera). Arolium fehlt. Große, teilweise gefleckte, überwiegend transparente Flügel annähernd gleich groß. Im Flug nicht aneinandergekoppelt (funktionelle Vierflügligkeit), in Ruhestellung dachförmig über dem Abdomen getragen (Abb. 1043A). Pterostigma falls vorhanden undeutlich.

Abdomen schwach sklerotisiert, mit 10 äußerlich sichtbaren Segmenten. Männliche Genitalsegmente variieren sehr stark. Ovipositor weitgehend reduziert. Ovariolen meroistisch-telotroph (Sialidae) oder sekundär polytroph (Corydalidae).

Beim Reproduktionsverhalten spielen Vibrationen und Duftstoffe eine Rolle. Bis zu 2 000 Eier werden in großen Gelegen in unmittelbarer Gewässernähe abgelegt (z. B. Steine, Schilf).

Sialis lutaria (Sialidae), Spannweite 23–35 mm; in Gewässernähe, Larven aquatisch. – *Corydalus cornutus* (Corydalidae), sehr groß, Vorderflügellänge ca. 8 cm; Männchen mit stark verlängerten Mandibeln.

6.30 Neuroptera (Planipennia), Netzflügler

Mit über 6 000 Arten (ca. 100 in ME) die erfolgreichste Gruppe der Neuropterida. Weltweit in gemäßigten, subtropischen und tropischen Gebieten. Imagines überwiegend durch Plesiomorphien charaktersiert. Räuberischen **Larven** hochgradig spezialisiert. Larvale Autapomorphien sind die aus den Mandibeln und Maxillen gebildeten Saugzangen (Abb. 1045A), Giftdrüsen, die spezialisierte Nackenregion und der hinten geschlossene Mitteldarm.

Zu den Neuropteren gehören kleine (Coniopterygidae) und sehr große Insekten (Myrmeleontidae) (Vorderflügellänge zwischen 1,8 und 80 mm). Die meisten Arten sind mittelgroß (z. B. Chrysopidae).

Kopf (im Gegensatz zu den Raphidioptera und Megaloptera) orthognath und ohne Gula. Rund, dreieckig oder langgezogen. Hypostomalbrücke fehlend oder vorhanden. Komplexaugen gut entwickelt, teilweise auffallend konvex. Ocellen außer bei den Osmylidae reduziert (Pulvinae teilweise erhalten). Antennen inserieren auf Frontalseite, meist filiform oder moniliform, teilweise gekeult (Ascalaphidae) oder gesägt. Mundwerkzeuge überwiegend urprünglich. Linke Mandibel mit schaufelartigem Fortsatz (Autapomorphie). Labium mit außergewöhnlich schmalem Mentum. Glossae und Paraglossae fehlen. Tentorium vollständig.

Abb. 1044 Neuroptera. *Mantispa styriaca* (Mantispidae), mit Raubbeinen. Flügelspannweite: 30 mm. Original: J. Gepp, Graz.

Prothorax mehr oder weniger beweglich mit Pterothorax verbunden. Bei den Coniopterygidae und Ascalaphidae verkürzt, bei den Mantispidae (Fanghafte) (Abb. 1044) und einigen Nemopteridae verlängert. Segmente des in sich starren Pterothorax etwa gleich groß. Beine fast immer ursprüngliche Laufbeine mit 5-gliedrigen Tarsen und distalem Arolium. Vorderbeine der Mantispidae und Rhachiberothidae als Fangbeine modifiziert (Abb. 1044). Flügel annähernd gleich groß, meist transparent (*lacewings*). Mit auffallenden Farbmustern bei Ascalaphiden. Bei Coniopterygiden mit Wachspartikeln bedeckt (Staubhafte) oder reduziert. Vorderflügel der Hemerobiidae lederartig.

Abdomen mehr oder weniger langestreckt, zylindrisch, mit 10 deutlich ausgebildeten Segmenten. Bei Coniopterygiden und Sisyriden schwach sklerotisiert. Unterschiedliche Verschmelzungen in hinteren Segmenten. Männliches Postabdomen variiert stark. Ovipositor deutlich oder weitgehend reduziert. Ca. 10 meroistisch-polytrophe Ovariolen. Meist mit 8 freien Malpighi-Gefäßen (6 bei Coniopterygiden).

Die teilweise hochgradig spezialisierten räuberischen Larven (z. B. Ameisenlöwen) (Abb. 972C, 1045) sind aquatisch (Nevrorthidae, Sisyridae), semiaquatisch (Osmylidae) oder terrestrisch (übrige Familien). Es werden meist 3 Stadien durchlaufen. Die Sekrete, die den Kokon der Pupa dectica (Abb. 973A) bilden, werden von den Malpighi-Gefäßen produziert.

6.30.1 Nevrorthriformia

Sehr wahrscheinlich die Schwestergruppe der übrigen Neuroptera.

Nevrorthidae (10 spp.), Mittelmeergebiet, Ostasien, Australien. Imagines klein, unscheinbar, Vorderflügellänge 6–10 mm; Larven aquatisch, extrem schlank, mit spezialisierter, verlängerter Nackenregion (Abb. 1045B); Verpuppung im Gewässer.

6.30.2 Hemerobiiformia

Monophylie umstritten, möglicherweise die Schwestergruppe der Myrmeleontiformia.

Osmylus fulvicephalus, Bachhaft (Osmylidae), groß, Körperlänge ca. 18 mm; Flügel mit Fleckenmuster; auffälliges Paarungsverhalten;

Larve semiaquatisch, am Rand von Fließgewässern; Saugzangen lang, nach außen gekrümmt; jagen vor allem Dipterenmaden. – *Sisyra fuscata* (Sisyridae, Schwammhafte), klein, Vorderflügellänge ca. 5 mm; Larven aquatisch, mit Tracheenkiemen; an Bryozoen und Süßwasserschwämmen. – *Chrysoperla carnea* (Chrysopidae, Florfliegen), Spannweite 15–30 mm; meist auffallend grün; Komplexaugen mit Regenbogenmuster; Tympanalorgan an der Basis der Vorderflügel (Ortungslaute von Fledermäusen); Ernährung der Imagines von Blattläusen, Pollen, Nektar und Honigtau; Larven jagen v. a. Blattläuse.

6.30.3 Myrmeleontiformia

Sehr gut als Monophylum begründet, v. a. durch larvale Merkmale.

Euroleon nostras, Ameisenlöwe (Myrmeleontidae, Ameisenjungfern), groß, Spannweite 55–70 mm; Habitus libellenartig; Antennen gekeult; Larven gedrungen, mit langen nach innen gekrümmten Saugzangen; jagen kleine Insekten mit selbstangelegten Sandtrichtern (v. a. Ameisen); Verpuppung in Kokon in sandigem Substrat; Entwicklungsdauer 2–3 Jahre. – *Libelloides coccajus* (Ascalaphidae, Schmetterlingshafte), Habitus schmetterlingsartig; groß, Spannweite 45–60 mm; Antennen distal verdickt; Flügel mit gelb-schwarzer Zeichnung; tagaktiv, jagen im Flug; wärmeliebend; stiellose Eier werden in Doppelreihen an Pflanzen abgelegt; Larven vom Habitus den Ameisenlöwen ähnlich; jagen am Boden.

Die folgenden Gruppen bilden wahrscheinlich ein Monophylum **Mecopterida**. Mögliche Autapomorphien sind ein teleskopartiges Postabdomen und die Verlagerung eines Teiles des Pleurotergalmuskels auf das Pterale 1. Sicher monophyletisch sind die beiden Teilgruppen **Amphiesmenoptera** und **Antliophora**. Die Amphiesmenoptera (Trichoptera + Lepidoptera) sind durch zahlreiche Apomorphien begründet, u. a. die dichte Behaarung (bzw. Beschuppung) und die weibliche Heterogametie.

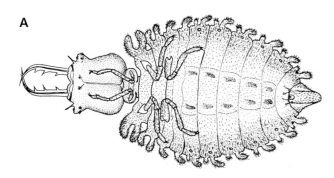
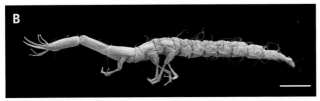

Abb. 1045 Neuroptera. **A** Larve eines Schmetterlingshaftes (Ascalaphidae), ventral. Nach Peterson (1957). **B** Larve von *Nevrorthus* sp. (Nevrorthidae). Maßstab: 1 mm. REM. Original: H. Pohl, Jena.

6.31 Trichoptera, Köcherfliegen

Etwa 12 000 Arten (ca. 400 in ME) der weltweit verbreiteten Trichoptera (Abb. 1046) sind beschrieben. Autapomorphien sind das Haustellum der Imagines und die terminalen Haken der aquatischen Larven. Charakteristisch ist die Bildung von Köchern aus verschiedenen Materialien. Dieses auffallende Merkmal der vor allem in Fließgewässern lebenden **Larven** (Abb. 1046B) gehört aber nicht zum Grundplan. Die Larven sind sehr vielseitig in ihrer Ernährung. Es gibt Räuber, Filtrierer, Weidegänger, Detritusfresser und Formen, die Pflanzenzellen aussaugen.

Imagines meist mittelgroß (1–43 mm, meiste Arten 5–20 mm), oft bräunlich gefärbt. Der Name Trichoptera bezieht sich auf die dichte Behaarung der Flügel.

Kopf orthognath, klein, dicht behaart (nicht in der Nackenregion). Mit großen, konvexen Komplexaugen und meist 3 großen Ocellen. Antennen lang, filiform, inserieren in nahe beieinander liegenden membranösen Insertionsflächen zwischen Medianocellus und oberem Rand der Komplexaugen. Labrum mit Clypeofrons verwachsen. Mandibeln membranös oder weitgehend reduziert. Galea reduziert, teilweise auch Maxillarpalpus. Hypopharynx und Praementum bilden rüsselartiges Haustellum (Abb. 1047) mit spezialisierter Behaarung (Kapillarwirkung). Gula fehlt. Dorsale Tentorialarme reduziert.

Prothorax meist klein, schmäler als Kopf. Pronotum mit beborsteten Tuberkeln. Mesothorax vergrößert. Beine lang, schlank (Abb. 1046A). Meso- und Metacoxen größer als Procoxen, im hinteren Bereich mit großem Meron. Tarsen 5-gliedrig, apikal mit kleinem Arolium und Pulvilli. Dichtbehaarte große Flügel dachartig über dem Abdomen getragen (vgl. z. B. Megaloptera). Teilweise mit von Haaren gebildeten Farbmustern. Vorder- und Hinterflügel im Flug mit verschiedenen Mechanismen aneinander gekoppelt (funktionelle Zweiflügligkeit). Selten Reduktionen von einem oder beiden Paaren.

Abdomen mit 10 deutlich erkennbaren Segmenten. Sternit I weitgehend reduziert. Deutlich reduziertes Segment X bei Weibchen mit winzigen 1-gliedrige Cerci. Männliche und weibliche Genitalsegmente sehr variabel. Teleskopartiges Ersatzlegerohr teilweise vorhanden (Spicipalpia, Annulipalpia). Ovariolen büschelförmig angeordnet, meroistisch-polytroph. Sechs Malpighi-Gefäße.

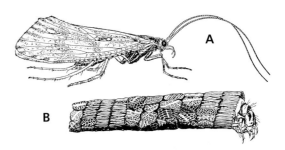

Abb. 1046 Trichoptera. *Phryganea* sp., Mitteleuropa. **A** Imago, Länge 20 mm. **B** Larve in Köcher aus Pflanzenteilen, in stehenden Gewässern, Länge 45 mm. Aus Engelhardt (1959).

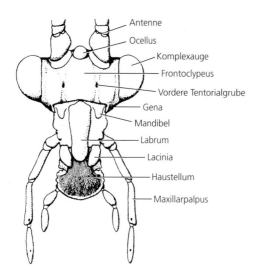

Abb. 1047 Trichoptera. *Phryganea bipunctata*, Männchen, Kopf, frontal. Nach Crichton (1957) aus Dathe (2003).

Larven prognath oder orthognath. Bauen typischerweise Köcher (Abb. 1046B) aus unterschiedlichen Materialien (nicht bei Rhyacophiliden und Hydrobiosiden). Abdomen weitgehend unsklerotisiert. Verpuppung (Pupa dectica) entweder in neu hergestelltem Gehäuse oder umgebautem Larvenköcher. Frisch geschlüpfte Imagines schwimmen an Oberfläche, danach meist in Ufervegetation. Kurzlebig (meist 1–2 Wochen), meist nur Aufnahme von flüssigen Substraten. Eier werden entweder in Gruppen oder einzeln in Gewässernähe abgelegt. Das Gelege wird oft mit einer erhärtenden gelatinösen Masse überzogen ("Kittlaich"). Meist werden 5 Larvenstadien durchlaufen.

6.31.1 Spicipalpia

Überwiegend durch Plesiomorphien charakterisiert, wahrscheinlich paraphyletisch. Endglied der Maxillar- und Labialpalpen distal zugespitzt. Larven ohne Köcher, meist räuberisch. Gehäusebau erst vor der Verpuppung.

Rhyacophila nubila (Rhyacophilidae), 19–29 mm; in schnellfließenden Bächen; Larven ohne Köcher, räuberisch.

6.31.2 Annulipalpia

Stationäre Larven bauen Netze und Schutzgehäuse und röhrenförmige Gebilde. Ernährung von Detritus und Kleinstorganismen (Driftfang). Endglied der Maxillar- und Labialpalpen stark verlängert und geringelt.

Hydropsyche pellucidula (Hydropsychidae, "Wasserseelchen"), Spannweite 25–31 mm; Larve in Röhre am Ende eines Filtriernnetzes.

6.31.3 Integripalpia

Larven mit transportablem Köcher. Lebensweise und Ernährung sehr heterogen (u. a. räuberisch, Detritus- oder Aasfresser, Zerkleinerer von Falllaub, Schwammparasiten).

Enoicyla pusilla (Limnephilidae), Männchen mit 11–15 mm Spannweite, Weibchen brachypter oder flügellos; Larven sekundär terrestrisch, in Laubstreu, Moos und Felsspalten; ohne Tracheenkiemen (offenes Tracheensystem). – *Silo pallipes* (Goeridae), Spannweite 15–20 mm; Larven in schnell fließenden Bächen und Flüssen; Köcher aus Sandkörnchen, oft mit größeren Steinchen verbunden.

6.32 Lepidoptera, Schmetterlinge

Mit ca. 175 000 beschriebenen Arten (ca. 3 700 in ME) eine der megadiversen Ordnungen. Verbreitung weltweit (außer Antarktis). Kleine bis sehr große Formen. Die Spannweite kann bei Arten der Nepticulidae (Zwergmotten) 3 mm betragen, bei *Thysania agrippina* (Noctuidae) bis zu 32 cm. Raupen können 15 cm lang werden (Maximalgewicht ca. 50 g). Die auffälligste Autapomorphie ist die dichte Beschuppung (Abb. 1048) der Flügel und meist auch des Körpers, oft in Verbindung mit auffallenden Farbmustern.

Kopf orthognath, oft dicht mit Haarschuppen bedeckt (Grundplan). Mit Komplexaugen und paarigen Ocellen (medianer Ocellus fehlt). Labrum nur bei basalsten Gruppen beweglich, bildet Verschluß des Nahrungskanals der Proboscis bei den Glossata (exkl. Eriocraniidae). Antennen primär filiform, oft geschlechtsdimorph, äußerst variabel (z. B. moniliform, gezähnt, gekeult). Mandibeln im Grundplan vorhanden (Micropterigidae, Agathiphagidae, Heterobathmidae), bei fast allen Glossata weitgehend reduziert (Autapomorphie Neolepidoptera). Maxillen fast immer modifiziert (Abb. 1049). Proboscis der Glossata (Autapomorphie) von modifiziertem Dististipes und miteinander verbundenen Galeae (Nahrungskanal) gebildet. Proboscis der Myoglossata mit intrinsischen Muskeln (Autapomorphie), typischerweise eingerollt (Abb. 1049A). Labium im Grundplan ursprünglich (Micropterigidae). Praementum fehlt bei den Glossata (Autapomorphie). Ernährung bei ursprünglichen Gruppen mit funktionstüchtigen Mandibeln von Pollen, meist aber von flüssigen Substraten (Blütennektar, Baumsäfte, Honig, Honigtau, Urin, Tränenflüssigkeit, Wasser, Tierkadaver, Exkremente, mineralhaltige Böden). Anstechen von Früch-

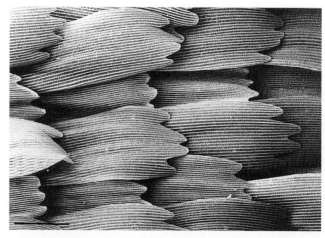

Abb. 1048 Lepidoptera. *Inachis io*, Tagpfauenauge. Flügelschuppen. Maßstab: 40 μm. REM. Original: A. Stein, Osnabrück.

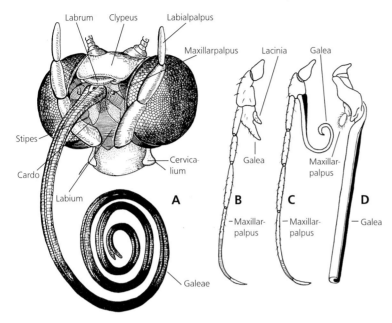

Abb. 1049 Lepidoptera. Mundwerkzeuge. A *Pieris brassicae*, Großer Kohlweißling. B–D Bildung des Rüssels durch Verlängerung der Galeae. B *Micropterix calthella*, Urmotte (Micropterigidae). C *Mnemonica auricyanea*, Trugmotte (Eriocraniidae). D *Aegeria exitiosa* (Sesiidae). A Nach Weber (1949) und Seifert (1970); B–D nach Eidmann (1941).

ten bei einigen Noctuidae. Durchdringen der Haut von Wirbeltieren und Aufnahme von Blut bei *Calyptra* (Noctuidae). Reduktion der Mundwerkzeuge bei vielen Familien.

Prothorax meist sehr klein. Praecoxalbrücke bei „höheren" Lepidoptera vorhanden. Mesothorax größer als ähnlich gebauter Metathorax. Beine meist gut enwickelt (Reduktion beispielsweise bei Weibchen einiger Psychididen). Femora oft dicht mit langen Haaren besetzt. Vordertibien mit Antennenputzdorn (Autapomorphie). Tarsen 5-gliedrig. Distal mit Arolium, oft zusätzlich mit Pseudoempodium und Pulvillen. Flügel meist gut entwickelt, im Grundplan dachförmig über dem Abdomen getragen. Meist mit von Schuppen (modifizierte Macrotrichia) gebildeten Farbmustern (Pigment- und Strukturfarben [Schillern]). Viele Gruppen mit Tarn- und Warntrachten. Vorder- und Hinterflügel aneinander gekoppelt (Abb. 1050). Flugmuskulatur meist gut entwickelt.

Abdomen im Grundplan 11-segmentig (Männchen), bei Weibchen 10-segmentig. Segmente IX und X oft verschmol-

zen. Segment I deutlich reduziert. Verschiedene abdominale Duftdrüsen kommen vor. Genital- und Postgenitalsegmente bei beiden Geschlechtern hochgradig variabel. Primärer Ovipositor durch Oviscapt ersetzt (vgl. übrige Mecopterida). Im Grundplan mit nur einer Geschlechtsöffnung (monotrysisch). Getrennte Kopulations- (Ostium bursae) und Eiablageöffnungen (Oviporus) bei den Exoporia und Ditrysia vorhanden (Abb. 1051). Im Grundplan 6 freie Malpighi-Gefäße.

Die charakteristischen **Raupen** sind Freßstadien und fast immer phytophag (wenige räuberische Spanner- und Bläulingsraupen). Kopf im Grundplan prognath, aber bei den meisten Gruppen orthognath. Thorakale Beine meist gut entwickelt. Verschiedene Modifikationen und Reduktionen treten auf. Typischerweise mit Stummelbeinen an den abdominalen Segmenten III–VI (fehlen im Grundplan). Segment X meist mit Nachschieber. In Verbindung mit der meist exponierten Lebensweise treten Abwehrsubstanzen (in Drüsen gebildet oder von Nahrungspflanzen akkumuliert),

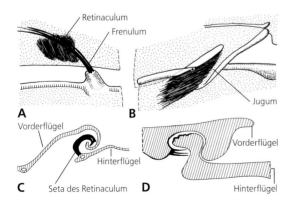

Abb. 1050 Flügelkopplungsmechanismen bei verschiedenen Insektengruppen. A *Hippotion celerio*, Großer Weinschwärmer (Lepidoptera, Sphingidae), Weibchen, Kopplung frenat. B *Hepialus* sp., Wurzelbohrer (Lepidoptera, Hepialidae), Kopplung jugat. C *Apis mellifera*, Honigbiene (Hymenoptera, Apidae), Querschnitt. D Baumwanze (Heteroptera, Pentatomidae), Querschnitt. Nach Seifert (1970).

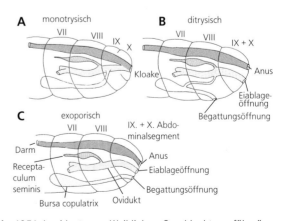

Abb. 1051 Lepidoptera. Weibliche Geschlechtsausführgänge. A Monotrysisch (Micropterigidae, Eriocraniidae, Nepticulidae u. a.). B Ditrysisch (Ditrysia, Grundmuster). C Exoporisch (Hepialoidea). Nach Imms (1964) aus Hennig (1986).

Warnfärbungen und spezialisierte Borsten auf. Meist werden 4–5 Larvalstadien durchlaufen (Abb. 976). Im Grundplan Pupa dectica. Meiste Gruppen mit Mumienpuppe (Pupa obtecta) mit terminalen Hakenkränzen (Cremaster). Im Zuge der Verpuppung wird oft ein dichtes Seidengespinst aus Labialdrüsensekret erzeugt.

6.32.1 Micropterigidae, Urmotten

Etwa 130 Arten. Schwestergruppe der übrigen Lepidoptera. Mandibeln, Maxillen und Labium normal entwickelt (Abb. 1049B). Prognathe Larven mit relativ langen Antennen und Stummelbeine an den Abdominalsegmenten I–VIII.

Micropterix calthella (Micropterigidae, Urmotten), Spannweite 9 mm; Imagines fressen Pollen, Larven an Laub- und Lebermoosen; Pupa dectica (Mandibeln beweglich).

6.32.2 Agathiphagidae, Kauri-Motten

Zwei Arten. Schwestergruppe der übrigen Lepidoptera (Heterobathmiidae + Glossata). Ohne Ocellen (Autapomorphie); Mundwerkzeuge ursprünglich. Madenförmige Larven ohne Stummelfüße entwickeln sich in Samen der Kauri-Kiefern (Autapomorphie).

Agathiphaga queenslandensis (Agathiphagidae), Spannweite 15 mm; Imagines köcherfliegenähnlich, in Ruhehaltung mit gerade nach vorn gestreckten Antennen; Australien.

6.32.3 Heterobathmiidae

Fünf beschriebene Arten. Schwestergruppe der Glossata. Die Larven sind Blattminierer an laubabwerfenden *Nothofagus*-Arten (Fagaceae).

Heterobathmia pseuderiocrania (Heterobathmiidae), Spannweite ca. 10 mm; den Eriocraniidae sehr ähnlich; Larven Blattminierer. Südamerika.

6.32.4 Glossata

Galeae bilden Proboscis (Abb. 1049A, D); Laciniae weitgehend reduziert (Autapomorphie) (Abb. 1049C); Mandibeln partiell reduziert und funktionslos.

6.32.4.1 Eriocraniidae

Schwestergruppe der gesamten übrigen Glossata (Coelolepida). – *Eriocrania sparmanella* (Eriocraniidae, Trugmotten), Spannweite 10–14 mm; Mandibeln deutlich entwickelt, Saugrüssel kurz (Abb. 1049C); Larven minieren in Birkenblättern; Pupa dectica.

6.32.5 Myoglossata

Fast alle Überfamilien der Glossata gehören zu diesem Monophylum, das durch die intrinsische Muskulatur der Proboscis charakterisiert ist (Aufrollvermögen) (Abb. 1049A, D). Ein Monophylum innerhalb der Myoglossata bilden die Ditrysia (doppelte Geschlechtsöffnung, s. o.; Abb. 1051B). Die Macrolepidoptera (Großschmetterlinge) sind eine monophy-

letische Teilgruppe der Ditrysia (bipectinate Antennen der Männchen).

Hepialus humuli, Hopfenmotte (Hepialidae, Wurzelbohrer), Spannweite ca. 7 cm; Mundwerkzeuge stark reduziert; Hinterbeine der Männchen als Duftbeine modifiziert (u. a. mit haarförmigen Duftschuppen) (Abb. 946D). Weibliche Gonodukte exoporisch (Abb. 1051C). Bis zu 30 000 Eier; Larven in den Wurzeln krautiger Pflanzen. – *Ectoedemia sericopeza* (Nepticulidae, Zwergmotten), Spannweite 3 mm; Proboscis reduziert; Larve in den Samenflügeln von Ahorn; pro Jahr 2–3 Generationen. – *Incurvaria oehlmanniella* (Incurvariidae, Miniersackmotten), Spannweite 16 mm; L$_1$ in Heidelbeer-Blättern, spätere Stadien im Boden.

Ditrysia. – Weibchen mit doppelter Geschlechtsöffnung (Abb. 1051B). – *Tineola biseliella*, Kleidermotte (Tineidae, Echte Motten), Spannweite 12 mm; Proboscis reduziert; Raupen und Puppen in Gespinströhren; kosmopolitischer Textilschädling. Andere Tineidae-Arten in Pilzen, Eulengewöllen oder verrottendem Holz. – *Tortrix viridana*, Eichenwickler (Tortricidae, Wickler), Spannweite 22 mm; Vorderflügel hellgrün, Hinterflügel grau; Verpuppung in eingerollten Eichenblättern; z. T. Massenvermehrung. – *Zygaena filipendulae* (Zygaenidae, Widderchen), Spannweite 35 mm; Antennen gekeult; Vorderflügel blau- oder grünmetallisch glänzend, mit roten Flecken; Cyan-Verbindungen zur Feindabwehr; Raupen an Fabaceen; Puppe in spindelförmigem Kokon. – *Schoenobius gigantellus* (Pyralidae, Zünsler), Spannweite 24–35 mm; Labialpalpen verlängert, schnauzenartig vorstehend; Abdominalsegment I mit Tympanalorgan; Lauterzeugung und Sexualpheromone; Raupen in Schilftrieben, Verpuppung in Gespinstkokon. – *Taleporia tubulosa* (Psychidae, Sackträger), Spannweite 16–20 mm; Weibchen flügellos, mit reduzierten Mundwerkzeugen, Augen, Antennen und Beinen; Weibchen geben Sexualpheromone ab; mit langer Legeröhre; Raupen in sackartigem Gehäuse; Ernährung von Flechten; Parthenogenese tritt auf.

Macrolepidoptera. – *Operophtera fagata*, Buchen-Frostspanner (Geometridae, Spanner), Spannweite Männchen ca. 25 mm, Weibchen brachypter; Proboscis reduziert; Raupe mit nur 2 Paaren von Abdominalbeinen, „spannerraupenartige" Fortbewegung; an Buchen und Birken. – *Autographa gamma*, Gammaeule (Noctuidae, Eulenfalter), Spannweite 34–40 mm; Zeichnung des Vorderflügels mit „Eulenschema"; großes Tympanalorgan am hinteren Thorax; nehmen Ultraschall von Fledermäusen wahr, reagieren mit Fallenlassen oder Kursänderung; Raupen polyphag. – *Bombyx mori*, Maulbeer-Seidenspinner (Bombycidae, Seidenspinner) (Abb. 976), Spannweite 3 cm; aus Kokon wird Seide gewonnen; ursprünglich China und Südasien; Sexualpheromon Bombycol löst schon bei extrem niedriger Konzentration Balzverhalten aus („Schwirrtanz"). – *Arctia caja*, Brauner Bär (Noctuidae, Arctiinae), Spannweite 50–70 mm; Vorderflügel braun und weiß, Hinterflügel rot mit blauschwarzen Flecken; Saugrüssel reduziert; metathorakales Tympanalorgan (Ultraschall von Fledermäusen); Ultraschallerzeugung bei vielen Arten der Unterfamilie; Raupe stark behaart; polyphag. – *Acherontia atropos*, Totenkopfschwärmer (Sphingidae, Schwärmer), Spannweite 9–13 cm; Thorax dorsal mit Totenkopfzeichnung; hervorragende Flieger (überfliegen Mittelmeer); Hinterflügel verkleinert; Saugrüssel sehr kräftig (Durchstoßen von Wabendeckeln in Bienenstöcken); Lauterzeugung mit Luftstrom über Saugrüssel und Pharynx (J. MORRISON: *scream of the butterfly*). Raupe mit hornartigem Fortsatz am Abdominalsegment VIII (fast alle Schwärmer); an Kartoffelkraut; Verpuppung in Erdhöhle (bis 30 cm tief). – *Papilio machaon*, Schwalbenschwanz (Papilionidae, Ritter), Spannweite 68–90 mm; mit langem Fortsatz am Hinterflügel; Raupe grün, mit schwarzen Querstreifen und roten Punkten; mit ausstülpbarer, drüsenreicher Nackengabel (Osmaterium); an Doldenblütlern; Gürtelpuppe. – *Anthocharis cardamines*, Aurorafalter (Pieridae, Weißlinge), Spannweite 22–30 mm; Grundfarbe der Flügel weiß (Pterine), Spitze des Vorderflügels beim Männchen orange; Raupe an Brassicaceen; Gürtelpuppe. – *Aglais urticae*, Kleiner Fuchs (Nymphalidae, Edelfalter), Spannweite 45–55 mm; tagaktiv, auffällig gefärbt; Vorderbeine verkürzt („Putzpfoten"); Raupe schwarz, mit gel-

ben Längsstreifen und dichtem Dornenbesatz; an Brennesseln; Sturz-
puppe. – *Hipparchia semele*, Rostbinde (Nymphalidae, Satyrinae),
Spannweite 6 cm; dunkle Flügel mit Augenflecken; Duftschuppen bei
Männchen; Vorderbeine verkürzt; mit Tympanalorgan; auffälliges
Balzverhalten; Raupe mit terminalen Nachschiebern; Ernährung von
Gräsern; Puppe in Bodenstreu. – *Polyommatus icarus*, Wiesenbläu-
ling (Lycaenidae, Bläulinge), Spannweite 35 mm; Flügeloberseite mit
blauem Metallglanz bei Männchen (Schillerschuppen, Strukturfar-
ben), Weibchen braun, ohne Metallglanz; Raupe asselförmig; an
Schmetterlingsblütengewächsen (Fabaceae); Hautdrüsen sondern für
Ameisen attraktives Sekret ab (Raupen einiger Arten sind Ameisen-
gäste); Gürtelpuppe, manchmal frei am Boden liegend.

Die Mecoptera, Diptera und Siphonaptera bilden ein Monophylum **Antliophora** („Pumpenträger"). Das namensgebende Merkmal, die Spermapumpe, ist innerhalb der Gruppe
mehrfach unabhängig entstanden. Autapomorphien sind das
unbewegliche Labrum, 2-gliedrige Labialpalpen, das Fehlen
von epipharyngealen Transversalmuskeln, ein kompakter
Komplex aus dem Gehirn und Unterschlundganglion und
Merkmale der thorakalen Muskulatur. Eine nahe Verwandtschaft zwischen den Flöhen und Boreidae besteht nicht. Die
Mecoptera sind monophyletisch (s. u.).

6.33 Mecoptera, Schnabelfliegen

Die relativ artenarmen Mecoptera (ca. 600 spp., 10 in ME)
nehmen innerhalb der Antliophora eine Schlüsselstellung
ein. Die Monophylie ist durch molekulare und morphologische Daten begründet. Insbesondere im Postabdomen treten
autapomorphe Merkmalen auf (z. B. zu einer Kapsel verschmolzene Gonopoden, Stylarorgan auf dem Distylus der
Männchen; Abb. 1052C). Die Imagines sind Aasfresser (v. a.
Panorpida), räuberisch (Bittacidae), auf Moose oder Leber-
moose spezialisiert (Boreidae) oder ernähren sich von flüssigen Substraten (Nannochoristidae [*Nannochorista*]).

Mecopteren sind meist mittelgroß (max. 20 mm). Die
flugunfähige, stark gepanzerte Art *Caurinus dectes* (v. a. Oregon) misst nur 1,4 mm. Flügel sind meist vorhanden, aber
Reduktionen treten mehrfach auf. Der Kopf ist fast immer
rüsselartig verlängert (Schnabelfliegen) (Grundplan?).

Kopf orthognath. Verlängertes Rostrum (Abb. 1052A)
vom Clypeus und den Genae gebildet (fehlt bei *Caurinus* und
Nannochorista). Labrum weitgehend mit clypealem Vorder-
rand verwachsen. Mundwerkzeuge fast immer beißend (bei
Nannochorista stark modifiziert [Aufnahme von flüssigem
Substrat]). Mandibeln meist kurz und dolchartig abgeflacht.
Artikulieren an subgenalem Fortsatz im distalen Bereich des
Rostrum. Maxillen und Labium entsprechend der Länge des
Rostrum ausgezogen. Praepharynx meist stark verlängert,
mit Serie von Dilatatoren (nicht bei *Nannochorista* und *Caurinus*). Praecerebrale, von cutikulärer Spange versteifte pharyngeale Pumpkammer meist vorhanden (fehlt bei *Nannochorista* [Saugpumpe im hinteren Abschnitt des Pharynx;
vgl. Diptera und Siphonaptera]). Spezialisierter Muskel am
Ausgangsbereich des Speichelgangs („Sekretformer") bei
allen Gruppen außer bei *Nannochorista* vorhanden.

Prothorax klein, frei beweglich. Ähnlich ausgeprägte pterothorakale Segmente bilden funktionelle Einheit. Flügelpaare membranös, einander ähnlich. Im Flug nicht aneinander gekoppelt (mäßige Flieger, funktionelle Vierflügligkeit).
Beine meist weitgehend unmodifiziert. Bei räuberischen
Bittacidae verlängert, distal mit Subchela. Arolium vorhanden.
Weibliches Abdomen im hinteren Bereich teleskopartig ausfahrbar (Abb. 1052A) (Ersatzlegeapparat). Männchen mit
aus verwachsenen Gonopoden (Basistyli) gebildeter Genitalkapsel (mögliche Autapomorphie; Verwachsung unvollständig bei Boreiden) (Abb. 1052C). Komplexe Spermapumpe meist vorhanden (Abb. 1052B) (fehlt im Grundplan
[Boreidae]).

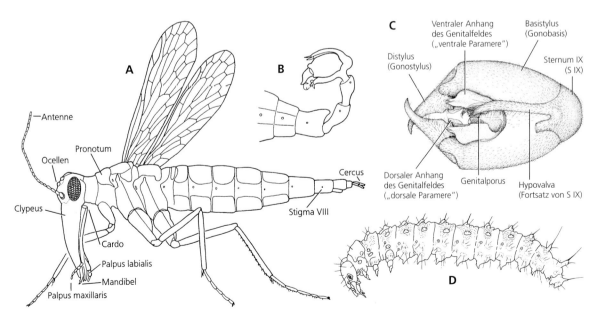

Abb. 1052 Mecoptera. **A** *Panorpa communis*, Skorpionsfliege, Weibchen. **B** *P. communis*, Abdomen; Männchen. **C** *P. communis*, männlicher
Genitalapparat. Ventralansicht. **D** *Panorpa* sp., Larve. A Nach verschiedenen Autoren; B nach Seifert (1970); C nach Willmann aus Dathe (2003);
D nach Peterson (1957).

Typisch für die Gruppe sind Paarungsgeschenke in Form von zuckerhaltigen Tropfen (Panorpidae) oder erbeuteten Insekten (Bittacidae).

Larven meist raupenähnlich (eruciform) und terrestrisch (Abb. 1052D), aber campodeiform, extrem schlank und aquatisch bei *Nannochorista*. Atypischerweise besitzen die Larven fast immer vereinfachte Komplexaugen (vgl. Hymenoptera). Bei den terrestrischen Larven der Pistillifera (s. u.) trägt das Abdomenende einen 4-lappigen Haftapparat.

6.33.1 Nannochoristidae (= Nannomecoptera)

Acht Arten auf der Südhalbkugel (Südamerika, Australien, Neuseeland). Mit stark modifizierten Mundwerkzeugen (z. B. lamelliforme Mandibeln). Ernährung von flüssigen Substraten (z. B. Nektar). Galea fehlt; Spermaauspressvorrichtung einfach. Larven prognath, extrem schlank und aquatisch.

Nannochorista philpotti, kleine mückenartige Mecopteren; Larven aquatisch, prognath, extrem schlank; Neuseeland.

6.33.2 Boreidae (=Neomecoptera)

Flügel stark zurückgebildet (v. a. bei Weibchen), dienen als Klammerapparat bei der Kopulation (Autapomorphie); mit Sprungvermögen; Rostrum bei *Boreus* vorhanden, bei *Caurinus* völlig fehlend; Spermapumpe fehlt, Übertragung von Spermatophoren (Plesiomorphie). Terrestrische Larven mit deutlich getrennten Stemmata. An Moos gebunden.

Caurinus dectes (the armored boreid), 1,4 mm, stark sklerotisiert, ohne Rostrum, an Lebermoosen; westliches Nordamerika, v. a. Oregon. – *Boreus hyemalis* (Winterhafte), 3,5 mm; braun; bevorzugte Temperatur 5°–10°C; in Moos, Kopulation und Eiablage im Winter; Ernährung überwiegend von Moos; Entwicklung zweijährig.

6.33.3 Pistillifera

Schwestergruppe der Boreidae. Als Monophylum gut durch die komplexe Spermapumpe mit einem Pistill (Pistillifera = Pistillträger) begründet. Im Boden lebende Larven mit vereinfachten Komplexaugen, undeutlichen abdominalen Stummelbeinen und 4-lappigem Haftapparat am Abdomenende.

Panorpa communis (Panorpidae, Skorpionsfliegen), Spannweite 25–32 mm (Abb. 1052A); Männchen mit skorpionsähnlich aufgebogenem Postabdomen (Spermapumpe) (Abb. 1052B, C); Ernährung u. a. von Aas von Insekten; Weibchen werden mit Sexualpheromon, Flügelwinken und Bewegungen des Abdomens angelockt; 40–140 Eier werden im Boden abgelegt. Raupenartige Larven (4 Stadien) (Abb. 1052D), Verpuppung im Boden (Pupa dectica). – *Bittacus hageni* (Bittacidae, Mückenhafte), 17–20 mm; Habitus schnakenähnlich, mit langen dünnen Beinen; fangen Insekten im Flug oder an Ästen aufgehängt mit den Hinterbeinen (Subchela); Paarungsgeschenk (erbeutetes Insekt) wird bei der Kopula von Weibchen und Männchen gemeinsam verzehrt.

6.34 Siphonaptera, Flöhe

Etwa 2 500 Arten sind bekannt (ca. 75 in ME). Flöhe (Abb. 1053A) sind Blutsauger an warmblütigen Wirbeltieren. Zahl-

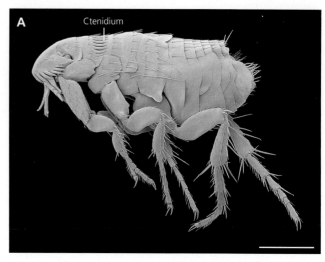

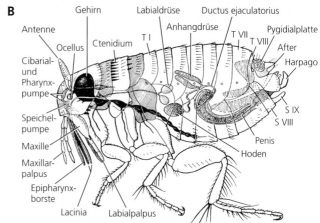

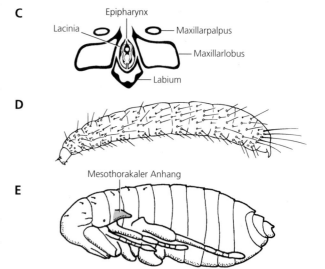

Abb. 1053 Siphonaptera. **A** *Ctenocephalides felis*, Katzenfloh. Maßstab: 500 µm. REM. **B** Männchen, Habitus, Lateralansicht, schematisch. **C** Schnitt durch Mundwerkzeuge. **D** *Xenopsylla cheopis*, Pestfloh, Larve. **E** Puppe. A Original: H. Pohl, Jena; B nach Weber und Weidner (1974 aus Dathe (2003); C nach Wenk (1953) aus Jacobs und Renner (1989); D nach Stehr (1991); E nach Poenicke (1969) aus Dathe (2003).

reiche Autapomorphien korrelieren mit der spezialisierten Lebensweise. Das betrifft die Körperform, den Bewegungsapparat, die Sinnesorgane, die Mundwerkzeuge, den Verdauungstrakt und den Genitalapparat. Flöhe sind weniger stark an ihre Wirtstiere gebunden als die echten Läuse (Anoplura) (S. 679). Die Larven halten sich nicht auf den Wirten auf und die Imagines nur temporär. Alle Stadien außer dem Ei können ungünstige Perioden überstehen. Die meisten Arten sind nicht auf eine Wirtsart spezialisiert (Ausnahme z. B. *Bradiopsylla echidnae*: Stacheligel). Eine andere australische Art, *Pygiopsylla hoplia*, ist von 35 Wirtsarten bekannt (Beuteltiere, Nagetiere, Nutztiere). Es gibt auch Säugerarten, die von vielen Floharten parasitiert werden (z. B. *Rattus fuscipes*: 22 spp.). Relativ wenige Flöhe sind auf Vögel spezialisiert. Sie sind aus mehreren Linien hervorgegangen. Flöhe kommen auch auf aquatischen Säugern vor (z. B. Schnabeltier, nicht auf Robben und Walen).

Flöhe sind flügellos und seitlich stark abgeflacht (Autapomorphien). Typisch, aber nicht immer vorhanden, sind Ctenidien (abgeflachte Dorne in kammartiger Anordnung: Verankerung im Fell) (Abb. 1053A, B). Größe zwischen 0,5 und 8 mm (Bergbiber-Floh).

Komplexaugen und Ocellen fehlen, seitliche Einzelaugen teilweise vorhanden. Antennen stark verkürzt (v. a. Weibchen), können in Gruben eingelegt werden. Mandibeln reduziert. Labrum und gesägte Laciniae bilden Stechborsten (Abb. 1053B, C). Sekundär 4-gliedrige Labialpalpen bilden Stechborstenscheide. Blut wird mit cibarialem und pharyngealem (postcerebralem) Pumpapparat eingesaugt. Speichelinjektion durch spezialisierte Speichelpumpe. Kopf geht fast nahtlos in den Prothorax über.

Prothorax und flügelloser Pterothorax relativ flexibel verbunden (Abb. 1053A). Vorderbeine (v. a. Vordercoxen) angepasst zur Fortbewegung im Fell bzw. Gefieder des Wirts. Hinterbeine stark vergrößert (v. a. Coxa), als Sprungbeine modifiziert.

Abdomen bildet strukturelle Einheit mit Thorax. Acht Segmente deutlich erkennbar. Tergit X zu Pygidialplatte mit Trichobothrien umgebildet (Abb. 1053B). Darauf folgender Analkegel bei Weibchen mit Analstiletten (Cerci?). Sternum IX bei Männchen zu L-förmigen Klammerapparat umgewandelt. Antennen der Männchen dienen als akzessorischer Klammerapparat bei der Kopulation.

Die Fortpflanzung findet auf dem Wirt oder im Nest statt. Der auslösende Stimulus ist eine Blutmahlzeit oder Wärme. Eine Blutmahlzeit des Weibchens ist Voraussetzung für die Ovarien- bzw. Eireifung (vgl. Culicidae). Teilweise wird das Verhalten der Flöhe vom Hormonniveau der Wirtstiere gesteuert (z. B. *Spilopsyllus cuniculi*: Kaninchen). Je nach Stand der Corticosteroide paaren sich die Tiere, legen Eier ab oder suchen neugeborene Kaninchen auf. Die Eier werden je nach Art auf dem Körper des Wirts oder im Nest abgelegt. Die am Wirt abgelegten Eier sind glatt und fallen schnell ab, die im Nest abgelegten meist klebrig. Im Leben eines Weibchens werden bis zu 400 Eiern abgelegt. Die Inkubationsphase dauert 2–12 Tage. Die Larve I befreit sich mit einem Eizahn. Die sehr schlanken beinlosen Larven (Abb. 1053D) leben primär im Nest des Wirtes und ernähren sich von orga-

nischen Abfallsubstanzen (u. a. Kot der Eltern). Sie benötigen relativ hohe Temperaturen und Luftfeuchtigkeit. Larven von in Häusern lebenden Arten (Fußbodenritzen, Staubansammlungen) können sich auch unter ungünstigen Bedingungen entwickeln. Nur bei wenigen Arten halten sich Larven auf dem Wirt auf (*Uropsylla tasmanica* miniert in der Haut von Beutelmardern). Meist werden 3 Larvalstadien durchlaufen (10–200 Tage, je nach Bedingungen). Etwa der gleiche Zeitrahmen wird für die Verpuppung benötigt. Hundeflöhe können bei Hundehaltern Allergien auslösen. Historisch ist der Rattenfloh als Überträger der Pest von Bedeutung. Von Flöhen übertragene Rickettsien sind Erreger von Mäuse-Typhus. Flöhe sind Zwischenwirte des Hundebandwurms (S. 226) und von Hunde-Filarien.

*Pulex irritans, Menschenfloh (Pulicidae), ca. 3 mm; an Mensch, Dachs, Fuchs. – **Xenopsylla cheopis*, Rattenfloh (Pulicidae), Überträger der Pest, auf Ratten. – **Hystrichopsylla talpae*, Maulwurfsfloh (Hystrichopsyllidae), 4–6 mm; typischerweise am Maulwurf (auch Spitzmäuse, Gelbhalsmaus, Waldmaus etc.). – **Ceratophyllus styx*, Uferschwalbenfloh (Ceratophyllidae), 2 mm.

6.35 Diptera, Zweiflügler

Mit ca. 154 000 beschriebenen Arten (ca. 9 300 in ME) eine der megadiversen Ordnungen. Fossilien aus der unteren Trias belegen, dass die Gruppe seit mindestens 240 Mio. Jahren existiert. Rezente Dipteren (Abb. 1054) findet man auf allen Kontinenten und in allen zoogeographischen Regionen. Sie sind in ihrer Ökologie außerordentlich vielseitig.

Die auffälligste Autapomorphie ist die Umwandlung der Hinterflügel zu Halteren (Schwingkölbchen) (Abb. 1059B). Damit verbunden ist die starke Vergrößerung des Mesothorax, der jetzt alleiniger Träger der Flugfunktion ist (Diptera = Zweiflügler). Abgeleitet sind auch die beinlosen Maden (Abb. 1055, 1056) und der deutlich reduzierte Chromosomensatz (max. n=10, meist 3–6). Fliegen sind klein bis mittelgroß (0,5–60 mm [*Mydas heros*]).

Die Cuticula ist meist dünn. Dichte Pubeszenz (Abb. 1058), dichter Besatz mit winzigen Mikrotrichia oder auch Wachsausscheidungen sind verbreitet. Die meisten Arten sind gelblich, braun und schwarz, aber auffallende Färbungen und Farbmuster (z. B. Syrphidae, Schwebfliegen) treten auf sowie metallische Strukturfarben (v. a. Calliphoridae, Schmeißfliegen).

Kopf sehr beweglich, meist orthognath (Abb. 1058, 1060, 1061), oft dicht mit Setae besetzt. Komplexaugen (Abb. 1061) oft stark vergrößert, teilweise unterteilt oder dorsal verwachsen. Fast immer mit 3 Ocellen. Antennen im Grundplan filiform und vielgliedrig (z. B. Tipulidae) (Abb. 1054A), teilweise moniliform (z. B. Bibionidae), fast immer sehr deutlich verkürzt und stark modifiziert (Abb. 691, 1059A, 1060). Vergrößerter Postpedicellus bei den Brachycera vorhanden (basales Flagellomer verschmilzt mit Folgegliedern). Mundwerkzeuge stark modifiziert, im Grundplan stechend-saugend (z. B. Stechmücken) (Abb. 1057), in vielen Gruppen (v. a. Brachycera) sekundär leckend-saugend (Abb. 1060). Labrum, Mandibeln, Laciniae und Hypopharynx bei ursprünglichsten

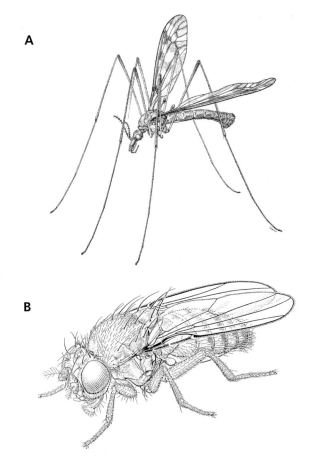

A

B

Abb. 1054 Diptera. **A** „Nematocera". *Tipula trivittata* (Tipulidae). **B** Brachycera. *Drosophila melanogaster* (Drosophilidae), Weibchen, Länge 2 mm. A Aus McAlpine et al. (1981); B aus Wheeler (1987).

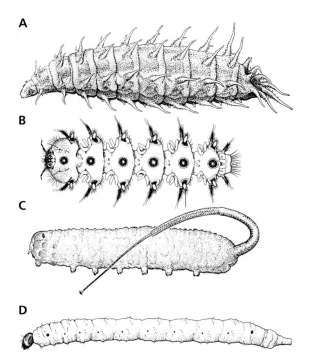

A

B

C

D

Abb. 1056 Diptera, Larven. **A** *Fannia canicularis* (Muscidae); **B** *Philorus californicus* (Blephariceridae), Ventralseite. **C** *Eristalis tenax* (Syrphidae), „Rattenschwanzlarve"; **D** *Hesperinus rohdendorfi* (Bibionidae). A Aus Huckett und Vockeroth (1987); B aus Teskey (1981); C aus Hogue (1981); D aus McAlpine et al. (1981).

Gruppen als Stechborsten modifiziert. Labium zu Stechborstenscheide umgebildet (z. B. Culicidae, Stechmücken) (Abb. 1057B). Maxillarpalpus 1–5-gliedrig. Labium bildet bei fast allen Brachyceren über Hämolymphdruck ausstülpbaren Leckrüssel (Abb. 1060B). Labialpalpen in polsterförmige Labellen umgewandelt (Autapomorphie). Vor allem bei Brachyceren von halbröhrenförmigen, dünnen Pseudotracheen überzogen (Kapillarwirkung) (Abb. 1060B).

Thorax durch starke Vergrößerung des Mesothorax geprägt (Autapomorphie). Pro- und Mesothorax deutlich verkleinert. Vorderflügel an der Basis schmal. Geäder meist deutlich vereinfacht (vereinzelt sekundär netzartige Muster

[Nemestrinidae]). Hintere Flügelbasis teilweise mit mehreren lappen- oder schuppenförmigen Erweiterungen, Alula (hinter Anallobus), Neala und Calyptra (proximal). Hinterflügel zu gyroskopischen Sinnesorganen umgebildet (Schwingkölbchen, Halteren). Völliger Flügelverlust selten (Abb. 1062). Beine weitgehend unmodifiziert. Arolium im Grundplan vorhanden (Abb. 944A), bei allen Gruppen außer den Tipulomorpha (Schnakenartige) durch dicht mit Hafthärchen besetzte Pulvilli ersetzt (Abb. 945A). Medianes Empodium oft zu zusätzlicher dicht behaarter Haftstruktur erweitert. Thorax mit 2 Stigmenpaaren.

Abdominale Segmente X und XI verschmolzen. Tendenz zur Verkürzung des Abdomen. Vordere Segmente (Praeabdomen) meist wenig modifiziert. Postabdomen oft nach unten eingeschlagen oder eingezogen. Männchen mit nur 7 Abdominalstigmen (Autapomorphie). Spermapumpe (Übertragung von flüssigem Sperma) meist vorhanden (fehlt bei

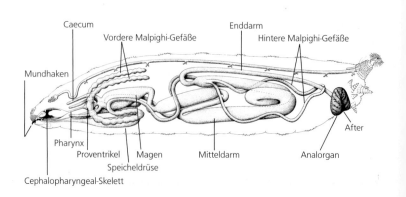

Caecum
Vordere Malpighi-Gefäße
Enddarm
Hintere Malpighi-Gefäße
Mundhaken
After
Pharynx
Proventrikel   Magen   Mitteldarm   Analorgan
Speicheldrüse
Cephalopharyngeal-Skelett

Abb. 1055 Diptera, Brachycera. Larve (L₃) von *Drosophila hydei* (Drosophilidae), Länge 3 mm, mit Darmtrakt und Malpighi Gefäßen. Original: A. Wessing, Gießen.

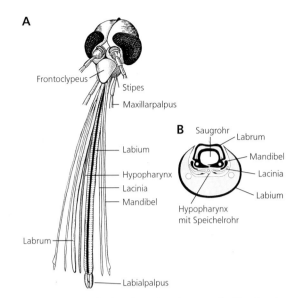

Abb. 1057 Diptera. Kopf und stechend-saugende Mundwerkzeuge. *Anopheles* sp. (Culicidae), Weibchen. **A** Kopf von vorn. **B** Mundwerkzeuge, Querschnitt. Nach Weber (1933) aus Seifert (1970).

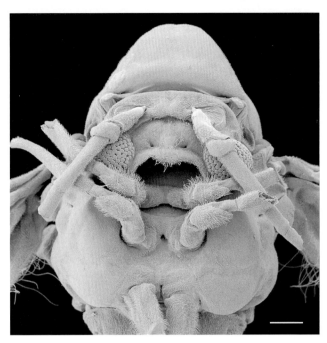

Abb. 1058 Diptera, „Nematocera". *Deuterophlebia coloradensis* (Deuterophlebiidae), REM. Der Kopf befindet sich an der Ventralseite des Thorax. Maßstab: 100 µm. Original: K. Schneeberg, Jena.

Culiciden und einigen anderen Gruppen). Kopulationsapparat äußerst variabel. Sekundärer Ovipositor (Legeröhre) oft teleskopartig ein- und ausfahrbar.

Larven (**Maden**) (Abb. 1055, 1056) ohne Thorakalbeine (Autapomorphie). Einige Gruppen mit Stummelbeinen, vor allem am Prothorax und Hinterleibsende. Verschlussapparat der Stigmen fehlt meist. Kopf im Grundplan gut entwickelt und prognath, vielfach stark reduziert. Anlagen der Extremitäten und Flügel der Pupa adectica entweder frei (Pupa exarata) oder mit dem Rumpf verklebt (Pupa obtecta). Puppe der Cyclorrhapha zusätzlich in Puparium eingeschlossen (Tönnchenpuppe).

Dipteren haben eine enorme wirtschaftliche und medizinische Bedeutung. Sie spielen eine außerordentlich große Rolle als Überträger von Krankheiten (z. B. *Anopheles gambiae*: Malaria; Tsetse-Fliege: Schlafkrankheit). Dasselfliegen (Oestridae) können als Endoparasiten von Großsäugern teilweise letale Schäden verursachen. Einige Dipteren verursachen Schäden an Nutzpflanzen (z. B. *Haplodiplosis marginata* als Getreideschädling). Andere Arten sind nützlich durch die Beseitigung von Kot und Aas (z. B. Calliphoridae) oder als Parasiten von Schadinsekten (v. a. Tachinidae, Raupenfliegen).

Traditionell werden die Dipteren in die paraphyletischen „Nematocera" („niedere Dipteren") und die Brachycera unterteilt (Abb. 1063). Die Verwandtschaftsbeziehungen sind trotz großer Fortschritte in den letzten Jahren nach wie vor umstritten. Die Deuterophlebiidae sind nach neueren Erkenntnissen möglicherweise die Schwestergruppe der gesamten übrigen Diptera.

6.35.1 „Nematocera", niedere Dipteren

Paraphyletisch, alle Gruppen außerhalb der Brachycera. Meist schlank, mit schlanken Beinen. Larvale Kopfkapsel vollständig (eucephal) oder partiell sklerotisiert (hemicephal). Zu den basalen Gruppierungen gehören etwa die Deuterophlebiidae, Nymphomyiidae, Tipulomorpha, Psychodomorpha, Culicomorpha, und Bibionomorpha.

6.35.1.1 Deuterophlebiidae

Deuterophlebia coloradensis (Deuterophlebiidae, Bergmücken) (Abb. 1058), ca. 2 mm; braun; Flügel groß; Thorax hochgewölbt und breit; Antennen der Männchen sehr lang, etwa 9,5 mm (bei Weibchen 0,5 mm); Mundwerkzeuge fehlen; Imagines sehr kurzlebig, nehmen keine Nahrung auf; Larven in schnellfließenden, kalten Gewässern; Abdominalsegmente I-VII mit Stummelfüßen.

6.35.1.2 Tipulomorpha

*Trichocera hiemalis (Trichoceridae, Wintermücken), ca. 4 mm; braun; Mesonotum mit undeutlicher heller Längslinie; Flügel hell; Antennen und Beine lang und schlank; Larven bodenlebende Aasfresser; kälteunempfindlich; Männchen bilden Schwärme; Weibchen fliegen einzeln. – **Tipula paludosa* (Tipulidae, Schnaken), ca. 25 mm; bräunlich; schlankes Abdomen; lange dünne Beine; Thorax mit V-förmiger Naht; Kopf mit Rostrum; Antennen 14-gliedrig; Eiablage in feuchtem Bodensubstrat; Larvenkopf prognath, weit in den Prothorax eingezogen; große Stigmen VIII von dunklem Feld und auffälligen Fortsätzen gesäumt („Teufelsmaske"); leben im Boden, ernähren sich von Graswurzeln.

6.35.1.3 Psychodomorpha

*Phlebotomus papatasi (Psychodidae, Schmetterlingsmücken), ca. 2–3 mm; stark behaart; Flügel breit; Mundwerkzeuge stechend-saugend, Mandibeln bei Weibchen vorhanden; relativ lange dünne Beine; Larven ventral mit Vorwölbungen (Pseudopodien); saprophag; Imagines übertragen Krankheiten (u. a. Leishmaniose, Phleboviren). – **Liponeura cinerascens* (Blephariceridae, Lidmücken), ca. 10 mm; bräunlich bis grau gefärbt; Beine lang; Flügel mit sekundärem Faltennetz; Larven in starker Strömung (u. a. Stromschnellen); mit 6 Bauchsaugnäpfen (Abb. 1056B); ernähren sich von Algenbelägen und Bakte-

rien auf Steinen; Puppe stromlinienförmig abgeflacht, mit 3–4 Bauchsaugnäpfen; Imago schlüpft unter Wasser, gelangt in Luftblase an Oberfläche; sofort flugfähig.

6.35.1.4 Culicomorpha

Culex pipiens (Culicidae, Stechmücken), ca. 9 mm; schlank, mit dünnen Beinen; Labrum, Mandibeln, Laciniae und Hypopharynx zu Stechborsten umgebildet (Abb. 1057); Palpen der Männchen so lang wie der Saugrüssel, bei Weibchen kürzer; Männchen mit dicht beborsteten Antennen und vergrößertem Pedicellus; Körper und Flügel beschuppt; Larven mit vergrößertem Thorax und schlankem Abdomen mit Atemrohr (Segment VIII); Larvalentwicklung in stehenden Gewässern; Ernährung von Detritus, Bakterien und Algen; Weibchen saugen Blut, Proteine für Eireifung erforderlich; beim Stich abgegebene Proteine erhöhen die Kapillardurchlässigkeit, vermindern die Gerinnungsfähigkeit und führen zu Juckreiz; andere Culiciden sind wichtige Krankheitsüberträger (u. a. *Anopheles*: Malaria, *Aedes*: Gelbfieber). – *Simulium ornatum* (Simuliidae, Kriebelmücken), ca. 5 mm; robust, vom Habitus brachycerenähnlich; dunkel gefärbt; mit kurzem Stechrüssel; Antennen und Beine kurz; Flügel kurz und breit; Thorax buckelförmig, mit tief ansetzendem Kopf; Larven mit paarigem Mundfächer; Haftscheibe mit Kranz von Chitinhäkchen am Körperhinterende; paarige prothorakale Stummelbeine; festsitzende Larven filtrieren in fließenden Gewässern; Männchen ernähren sich von Nektar; Weibchen erzeugen Wunden mit Mandibeln und lecken Blut auf (*pool feeders*); Proteine werden für Eireifung benötigt; stechen vor allem morgens und abends; teilweise schwarmbildend; in Afrika übertragen Simuliiden Onchozerkose (Flußblindheit) (S. 437). – *Culicoides pulicaris* (Ceratopogonidae, Gnitzen), ca. 2 mm; Thorax dorsal gewölbt; Flügel horizontal übereinander gehalten; Mundwerkzeuge stechend-saugend; Larven prognath, mit kompliziertem Cephalopharyngealskelett; in Tierkot und faulendem Holz; Imagines ernähren sich von Nektar; Weibchen benötigen zusätzlich proteinreiche Blutmahlzeit (Eireifung); Männchen oft schwarmbildend; Stiche trotz geringer Größe der Gnitze sehr schmerzhaft (Quaddelbildung); einige Ceratopogoniden übertragen Tierkrankheiten. – *Chironomus riparius* (Chironomidae, Zuckmücken), ca. 7 mm; Lange schlanke Flügel; lange dünne Beine; schlankes Abdomen; 12-gliedrige Antennen der Männchen dicht beborstet; bei Weibchen 6-gliedrig; Speicheldrüsen mit Riesenchromosomen; Kopf und Thorax gelblich; Thorax mit drei schwarzen Streifen; Larven mit prothorakalen Stummelbeinen und paarigen Nachschiebern; mit Hämoglobin; in langsam fließenden Bächen; detritophag; Indikatoren für schlechte Wasserqualität; Männchen schwarmbildend, vor allem am Abend.

6.35.1.5 Bibionomorpha

Bibio marci (Bibionidae, Haarmücken), ca. 11 mm; dicht beborstet, robust; schwarz gefärbt; Augen der Männchen holoptisch (berühren

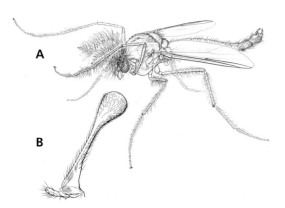

Abb. 1059 Diptera, „Nematocera". **A** *Chironomus plumosus* (Chironomidae), Männchen, Habitus. **B** *Ptychoptera quadrifasciata* (Ptychopteridae), Männchen, Haltere. A Aus Oliver (1979); B aus McAlpine et al. (1981).

sich in Kopfmitte); Protibia verdickt; Larven im Boden, ernähren sich von Aas und verrottenden Pflanzenteilen; Männchen bilden im Frühjahr Schwärme, locken Weibchen durch Paarungstänze an. – *Sylvicola fenestralis* (Anisopodidae, Fenstermücken), ca. 5 mm; gelblich bis bräunlich; Beine lang und schlank; Metatibia mit Kamm aus kleinen Spornen; schlankes Abdomen; Larven schlank, mit kleinem stark sklerotisiertem Kopf; Ernährung von verrottendem Pflanzenmaterial; Imagines ernähren sich von Nektar; Männchen schwarmbildend. – *Sciaria militaris* (Sciaridae, Trauermücken), ca. 7 mm; Farbe: schwarz; mit dorsaler Augenbrücke; Antennen 16-gliedrig; Beine lang; larvale Antennen reduziert; Larven an fauligem Pflanzenmaterial; bilden bis zu 8 m lange und 10 cm breite Züge (früher als Vorboten von Kriegen gedeutet: „Heerwurm"). – *Mayetiola destructor* (Cecidomyiidae, Gallmücken), ca. 3,5 mm; dunkel; filigran; Metatarsus verkürzt; Tarsen mit präformierten Bruchstellen; Kopf der Larve reduziert; Larven ernähren sich von Pflanzensaft; wichtiger Getreideschädling; Larven der Cecidomyiidae zum Teil in Gallen. – *Coboldia fuscipes* (Scatopsidae, Dungmücken), ca. 4 mm; schwarz; mit dorsaler Augenbrücke; Maxillarpalpen 1-gliedrig; reduziertes Flügelgeäder; Larven ernähren sich von Dung, Aas, Pilzen oder saprophag. – *Keroplatus testaceus* (Keroplatidae, Langhornmücken), ca. 10 mm; sehr lange, stark beborstete Antennen (Name); Thorax dorsal gewölbt; Larven ernähren sich von Pilzsporen (mit selbstgesponnenen Netzen gesammelt); Imagines und Larven sind nachtaktiv; Larven von *Arachnocampa* sp. sind räuberisch und spinnen Netze an Höhlendecken; leuchten, um Beute anzulocken.

6.35.2 Brachycera, Fliegen

Autapomorphien sind die maximal 10-gliedrigen Antennen, die maximal 2-gliedrigen Maxillarpalpen, sich vertikal bewegende larvale Mandibeln und die teilweise oder komplett reduzierte larvale Kopfkapsel. Der Körper ist gedrungener als bei „niederen Dipteren". Die Brachycera werden traditionell in die „Orthorrhapha" und Cyclorrhapha unterteilt, wobei nur die Cyclorrhapha monophyletisch sind. Zu den „Orthorrhapha" gehören die Tabanomorpha, Stratiomyomorpha, Asiloidea und Empidoidea (Abb. 1063).

6.35.2.1 Tabanomorpha

Tabanus sudeticus (Tabanidae, Bremsen), ca. 30 mm (größte Fliegenart in Deutschland); schwarzbraun; Augen kupferfarben; Antennen 3-gliedrig, mit charakteristischem Dorn am 3. Glied; hintere Abdominalsegmente der Larve mit Pseudopodien; Weibchen blutsaugend, Männchen ernähren sich von Nektar; schmerzhafter Stich; im Juni bis Juli auf Viehweiden. Krankheitsüberträger (tropische Arten übertragen Trypanosomen). – *Rhagio maculatus* (Rhagionidae, Schnepfenfliegen), ca. 10 mm; überwiegend dunkelgrau, Abdomen gelblich mit schwarzen Flecken, lang, spitz zulaufend; Beine lang; Larven in feuchter Erde, saprophag; Imagines räuberisch, oft mit nach unten gerichtetem Kopf an Baumstämmen.

6.35.2.2 Stratiomyomorpha

Stratiomys chamaeleon (Stratiomyiidae, Waffenfliegen), ca. 15 mm; schwarz mit gelbem Muster; Thorax mit stachelartigen Fortsätzen (Name); Atemrohr und Stigmenkammer der aquatischen Larven von dorsalem und ventralem Borstensaum eingefasst; Ernährung von Algen und organischem Material; Imagines ernähren sich von Nektar und Honigtau.

6.35.2.3 Asiloidea

Asilus crabroniformis (Asilidae, Raubfliegen), ca. 23 mm; dunkelbraun, gelblich; Maxillarpalpus 1-gliedrig; Mundwerkzeuge stechendsaugend; Abdomenbasis mit gürtelartiger Einschnürung; Beine stark beborstet; Puppe frei beweglich, mit langen Dornen am Abdomen; Larven im Boden; Larven und Imagines räuberisch; Imagines lauern

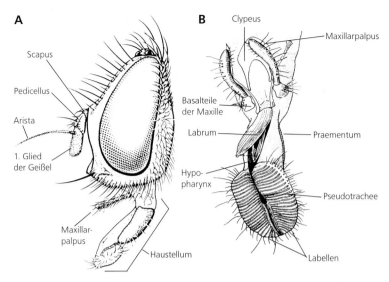

Abb. 1060 Diptera. Kopf und leckend-saugende Mundwerkzeuge. Muscidae. **A** *Fannia subpellucens,* Kopf, von der Seite. **B** *Musca domestica,* Proboscis, schräg von unten. A Aus Huckett und Vockeroth (1987); B nach Weber (1933) aus Seifert (1970).

Beute auf und jagen im Flug; Beute wird durch neurotoxische Enzyme gelähmt; Gewebe werden mit proteolytischen Enzymen aufgelöst und ausgesaugt. – *Bombylius major* (Bombyliidae, Wollschweber), ca. 18 mm; hummelartig beborstet; langer Saugrüssel; Prothorax stark reduziert; sehr gute Flieger; Beine lang und schlank; Larven sind Parasiten solitärer Bienen; Eier werden in der Nähe von Bienennestern abgelegt oder direkt neben Blüten, die von Bienen besucht werden; Imagines ernähren sich von Nektar. – *Tabua anilis* (Therevidae, Stilettfliegen), ca. 10 mm; grau-gelblich; Abdomen länglich, spitz zulaufend; Larven im Boden, räuberisch, teilweise kannibalisch.

6.35.2.4 Empidoidea

Empis opaca (Empididae, Tanzfliegen), ca. 7 mm; schwarz, grau; Augen mit Einschnitt auf Höhe der Antennen; drei dunkle thorakale Längsstreifen; Flügelgeäder stark reduziert; Larven jagen Dipterenmaden im Boden; Imagines Räuber (Dipteren) und Nektar saugend; Weibchen oder Männchen fliegen in Schwärmen in Zickzackkurs („Tanzgruppen"); Männchen übergeben Paarungsgeschenk, wird von Weibchen während der Kopulation ausgesaugt. – *Dolichopus agilis* (Dolichopodidae, Langbeinfliegen), ca. 4 mm; metallisch glänzend; schlanke Fliegen mit langen dünnen Beinen; Larven und Imagines jagen Culicidenlarven; charakteristische Paarungstänze.

6.35.2.5 Cyclorrhapha, Deckelschlüpfer

Die Verpuppung in der verhärteten letzten Larvenhaut (Tönnchenpuppe). Runder Deckel des Pupariums wird beim Schlüpfen abgeworfen (Autapomorphie). Larven mit Cephalopharyngealskelett (Autapomorphie) (Abb. 1055). Mundhaken bestehen aus nur einer Komponente (Autapomorphie). Pharyngealer Filter vorhanden. Traditionell in die paraphyletischen „Aschiza" und die Schizophora unterteilt.

6.35.2.5.1 „Aschiza"

Conicera tibialis (Phoridae, Buckelfliegen), ca. 1 mm; braun; Thorax buckelartig gewölbt; Puppen kahnförmig mit zwei Stigmenhörnern; Larven und Imagines auf Säugerkadavern (auch in menschlichen Gräbern). – *Episyrphus balteatus* (Syrphidae, Schwebfliegen), ca. 12 mm; schwarz-gelb gefärbt, Wespenmimikry; können auf der Stelle fliegen (Name); Larven ernähren sich von Blattläusen, Imagines von Nektar und Pollen (Blütenbestäuber). – *Pipunculus campestris* (Pipunculidae, Augenfliegen), ca. 5 mm; Komplexaugen riesig, nehmen fast die gesamte Kopfoberfläche ein (Name); Flügel lang; Larven parasitisch in Zikaden; Weibchen suchen Wirt aktiv auf.

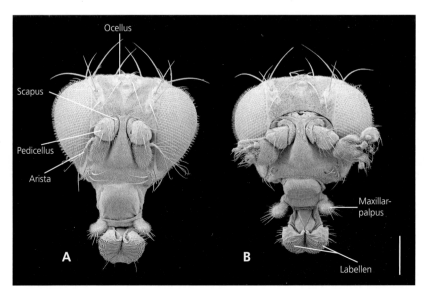

Abb. 1061 Diptera, Brachycera. *Drosophila melanogaster* (Drosophilidae). Kopf. **A** Wildtyp (Oregon R). **B** Antennapedia-Mutante. Maßstab: 200 μm. REM. Original: H. Pohl, Jena.

Abb. 1062 Diptera. Flügellose Arten, Habitus. **A** *Braula coeca* (Braulidae), „Bienenlaus", Länge 1,0–1,5 mm. **B** *Basilia forcipata* (Nycteribiidae), Fledermausfliege. A Aus Peterson (1987); B aus Peterson und Wenzel (1987).

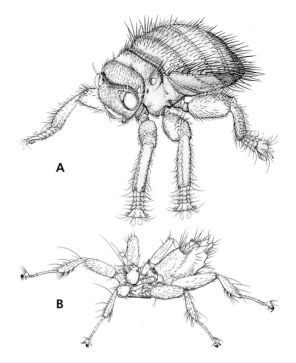

6.35.2.5.2 Schizophora

Der Deckel des Pupariums wird durch Ausstülpen einer Stirnblase (Ptilinum) gesprengt. Nach dem Wiedereinziehen bleibt eine Ptilinalnaht erhalten. Larven oft mit stark verzweigten Vorderstigmen.

„Acalyptratae" (paraphyletisch)

Sepsis thoracica (Sepsidae, Schwingfliegen), ca. 3 mm; schwarz; schlank, ameisenartig; Flügel mit dunklem Punkt an der Spitze; Femur und Tibia der Männchen bedornt; Larven vorwiegend in Exkrementen; Imagines schwingen beim Laufen die Flügel (Name). – *Oscinella frit* (Chloropidae, Halmfliegen), ca. 3 mm; schwarz mit gelblichen Beinen; kompakt; Larven sind Getreideschädlinge. – *Conops ceriaeformis* (Conopidae, Dickkopffliegen), ca. 13 mm; schwarz-gelb, wespenartig; Larven parasitisch in Faltenwespen; Weibchen legen im Flug einzelnes Ei im Abdomen des Wirts ab; Verpuppung nach dem Tod des Wirts; Imagines ernähren sich von Nektar. – *Salticella fasciata* (Sciomyzidae, Hornfliegen), ca. 10 mm; Flü-

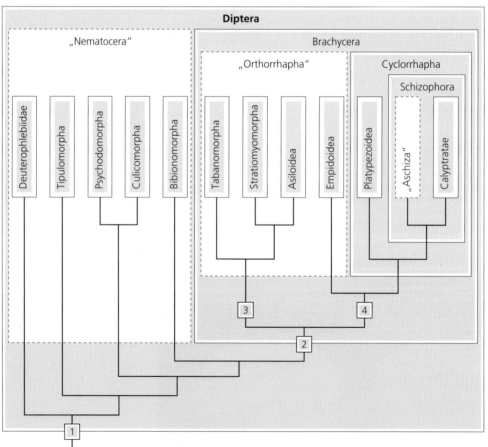

Abb. 1063 Diptera. Stammbaum. Synapomorphien (Auswahl): [1] Halteren, Labellen, Männchen mit nur 7 Abdominalstigmen, Chromosomensatz deutlich reduziert, Larven beinlos, molekulare Daten. [2] Antennen aus maximal 10 Gliedern, Maxillarpalpen höchstens 2gliedrig, Larven mit sich vertikal bewegenden Mandibeln, Kopfkapsel der Larve teilweise oder komplett reduziert, molekulare Daten. [3] Larvale Merkmale: acephal, mit Cephalopharyngealskelett, Mundhaken bestehen aus nur einer Komponente, es ist ein pharyngealer Filter vorhanden, Verpuppung in letzter Larvenhaut (Tönnchenpuppe), Imagines verlassen Puparium durch präformierten Deckel, molekulare Daten. [4] Puparium wird durch Stirnblase (Ptilinum) gesprengt, welche wieder zurückgezogen wird und eine Ptilinalnaht bleibt bei den Imagines zurück, molekulare Daten. Nach Wiegmann et al. (2011).

gel gefleckt; aquatische Larven jagen Schnecken. – *Coproica ferruginata* (Sphaeroceridae, Dungfliegen), ca. 5 mm; schwarz; erstes Metatarsomer kurz und verdickt; Larven an Exkrementen und faulenden Substanzen. – *Drosophila melanogaster* (Drosophilidae, Fruchtfliegen), ca. 2 mm; Farbe: gelblich-braun mit dunklen Querstreifen über dem Abdomen; Augen rot; meist in der Nähe von Früchten; Modellorganismus (v. a. Genetik).

Calyptratae, Autapomorphien: Pedicellus mit Längsspalt. Thorax mit Querlinie. Membranöse Calyptra an Flügelbasis bedeckt Halteren (Name!).

Lipoptena cervi (Hippoboscidae, Lausfliegen), ca. 5 mm; hellbraun; dorsoventral abgeflacht; Beine kräftig; Tarsen hakenförmig; Flügel mit präformierter Bruchstelle, werden nach Erreichen des Wirtstieres abgeworfen; Ektoparasiten von Hirschen; Ernährung von Blut; Larven entwickeln sich im weiblichen Abdomen (vivipar) und werden einzeln abgesetzt; Verpuppung im Boden. – *Musca domestica* (Muscidae, Echte Fliegen), 8 mm; schwarz-grau, Thorax grau mit vier schwarzen Längsstreifen; Larven in Fäkalien und faulenden organischen Materialien; Kulturfolger (Stubenfliege); Krankheitsüberträger (z. B. Ruhr, Typhus). – *Scatophaga stercoraria* (Scatophagidae, Dungfliegen), ca. 8 mm; gelb-gräulich; dicht mit Borsten besetzt; Larven in Kuhdung; Imagines jagen andere Insekten, v. a. Dipteren. – *Oestris ovis* (Oestridae, Dasselfliegen), ca. 12 mm; grau-braun, gelbliche und schwarze Flecken auf dem Abdomen; Mundwerkzeuge reduziert; Larven parasitieren im Rachen- und Nasenraum von Schafen; Eier entwickeln sich im Abdomen des Weibchens; Larven werden direkt in Nasenöffnungen abgelegt (z. T. auch gezielt abgeworfen). – *Sarcophaga haemorrhoidalis* (Sarcophagidae, Fleischfliegen), ca. 15 mm; graue und schwarze Längsstreifen auf dem Thorax, schachbrettartiges Muster auf dem Abdomen, Abdomenspitze rot; Stigmen VIII der Larven in Grube am Abdomenende, von Papillen umgeben; Larven in Kadavern, Exkrementen und Fleisch (Name); vivipar; Imagines übertragen Krankheiten; wichtig in der Forensik zur Bestimmung des Post-mortem-Intervalls (PMI); Beseitiger von Fäkalien und Kadavern. – *Calliphora vicina* (Calliphoridae, Schmeißfliegen), ca. 11 mm; grau-blau, metallisch glänzend; larvales Abdomen meist mit 6 oder mehr Papillen; Eiablage an frischen Kadavern oder in Wunden; Larven in Aas oder lebendem tierischen oder menschlichen Gewebe (Myiasis); wichtigste Gruppe für PMI-Bestimmung. – *Phasia hemiptera* (Tachinidae, Raupenfliegen), ca. 12 mm; schwarz mit gelblichen Flecken auf dem Abdomen; Flügel sexuell dimorph, bei Männchen mit dunklen Flecken, bei Weibchen transparent; Eiablage an Wanzen; Larven ernähren sich von Gewebe des Wirtstieres, Imagines von Pollen.

DEUTEROSTOMIA

Die Hemichordata, Echinodermata und Chordata – letztere mit den Untergruppen Tunicata, Acrania und Craniota – werden als Deuterostomia zusammengefasst. Der Name bezieht sich auf die ontogenetische Entstehung des Mundes: Ursprünglich geht bei diesen Organismen der After aus dem caudal liegenden Blastoporus hervor, während der Mund an der Ventralseite im vorderen Bereich des Embryos sekundär durchbricht – im Gegensatz zu den sogenannten Protostomiern, bei denen auf unterschiedliche Art und Weise der Urmund oder Teile der Urmundes zum definitiven Mund werden (Abb. 1064).

Für die meisten Deuterostomier ist weiterhin die Versenkung des ursprünglich basiepithelialen Nervensystems während der Embryonalentwicklung charakteristisch. Seine Verlagerung in die Tiefe erfolgt in Form von Einfaltungen größerer Epithelabschnitte. Besonders deutlich ist die rohrförmige Absenkung (Neurulation) dorsal im Körper der Chordata. Bei Enteropneusten (Hemichordata) erfolgt sie nur im zweiten Körperabschnitt, dem Kragen (Abb. 1076); aber auch bei Echinodermen (Schlangensternen, Seeigeln und Seegurken) kommt es zu rohrförmigen Absenkungen aus der Epidermis (Abb. 1100, 1123). Molekulare Analysen belegen, dass dabei ähnliche regulative Netzwerke die Entwicklung der morphologisch sehr unterschiedlichen Nervensysteme von Enteropneusten und Chordaten steuern.

Bei Hemichordaten und Chordaten ist ein Kiemendarm (Pharynx) ausgebildet, der ursprünglich zum Filtrieren von Nahrungspartikeln und zur Respiration dient (Abb. 1074, 1148, 1171). Die Expressionsmuster während der Entwicklung von Enteropneusten und Acraniern bestätigen offenbar die Homologie der Kiemenspalten innerhalb der Deuterosto-

Alfred Goldschmid, Salzburg

mia und die Annahme, dass Kiemenspalten in ihrer Stammart vorhanden waren. Ähnliche Gene (*pax aya-6*) steuern die Entwicklung der Pharyngealregion bei Mausembryonen wie bei *Saccoglossus*. Das Auftreten dieses pharyngealen Transkriptions-Netzwerks schon bei Enteropneusten unterstreicht die Monophylie der Deuterostomier.

Übereinstimmung gibt es auch in der Tendenz zur Entwicklung von Binnenskeletten: Verdichtung der basalen Matrix mit Kollageneinlagerungen zeigen die Enteropneusta (Hemichordata) im Eichel- und Kiemenskelett und die Acrania ebenfalls im Kiemenskelett. Echinodermen bilden ein prominentes mesodermales Kalkskelett (aus Kalzit) unterhalb der Epidermis. Das Skelett der Cranioten (Wirbel- oder Schädeltiere) entsteht durch extrazelluläre Abscheidungen aus mesodermalem Bindegewebe in Form von Knorpel und mineralisierten Knochen (Calciumphosphat).

In allen Taxa der Deuterostomia treten sessile oder wenig bewegliche Tiere auf. Wichtig erscheint auch die Bildung von Wimpernlarven und – damit verbunden – ein biphasischer Lebenszyklus bei Hemichordaten und Echinodermen. Diese Larven vom Dipleurula-Typ sind mit monociliären Wimpernbändern oder Wimpernfeldern ausgestattet (Ausnahme: Telotroch der Tornaria-Larve). Möglicherweise ist die Schwimmlarve der Chordaten (mit Chorda und Neuralrohr im Ruderschwanz) aus solchen Larven entstanden.

Ein zentraler Punkt in der aktuellen Diskussion zur Entstehungsgeschichte der Deuterostomia ist die Vermutung, dass sie durch die Umkehr der Dorsoventralachse protostomer Vorfahren entstanden sein könnten. So wurde man auf einen möglichen Zusammenhang zwischen den Expressionsdomänen des dorsalisierenden Gens *decapentaplegic* (*dpp*) bei *Drosophila* (Insecta) bzw. des dazu homologen ventralisierenden Gens *bmp-4* bei *Xenopus* (Lissamphibia) und der

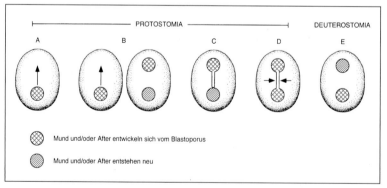

Abb. 1064 Schemata einiger Beziehungen von Mund- und Afterbildung zum Blastoporus bei Protostomia und Deuterostomia. **A** Verlagerung des Blastoporus entlang der ventralen Mittellinie, keine Afterbildung (Protostomia). **B** Verlagerung des Blastoporus entlang der ventralen Mittellinie mit sekundärer Afterbildung (Protostomia). **C** Schlitzförmiger Blastoporus in ventraler Lage. Definitiver Mund entsteht aus seinem Vorderende, After bricht sekundär durch: Amphistomie. **D** Schlitzförmiger Blastoporus. Mund und After entstehen aus seinem Vorder- und Hinterende: Amphistomie. Nach der Planula-Acoeloid-Hypothese (Entstehung der Bilateria aus einer Planula-Larve durch Progenesis) wird diese Amphistomie als abgeleitet, im Archicoelomaten-Konzept (Entstehung der Bilateria aus adulten Cnidariern mit Darmtaschen) als ursprünglich angesehen. (S. 178). **E** Blastoporus nahe dem Hinterende wird zum After. Der Mund bricht sekundär am ventralen Vorderende des Embryos durch (Deuterostomia). Nach Fioroni (1988) und Salvini-Plawen (1980).

Position des zentralen Nervensystems bei Spiraliern (= ventral) und Deuterostomiern (= dorsal) aufmerksam.

Diese Entdeckung hat alte Vorstellungen zur Phylogenie der Bilateria wieder belebt, nach denen die Dorsalseite deuterostomer Chordaten der Ventralseite von Arthropoden homolog wäre (Dorsoventralumkehr) (Abb. 1065) Auch aufgrund anderer Genexpressionsmuster im Gehirn von Insekten und Wirbeltieren wird eine derartige Auffassung vertreten. So fand man, dass nicht nur *dpp/bmp-4*, sondern auch die zu ihnen antagonistisch wirkenden Gene *short gastrulation (sog)/chordin* zueinander homolog sind. Sie spielen in der Bildung der Dorsoventralachse der Bilateria eine wichtige Rolle und werden in Embryonen von *Drosophila* und *Xenopus* umgekehrt exprimiert: *sog* spielt in Insekten bei der Spezifikation der Ventralseite eine Rolle, *chordin* determiniert in Wirbeltieren die Dorsalseite. Die Proteine Dpp und Bmp-4 sind sekretierte Signalproteine (Morphogene), die an Zellmembranrezeptoren binden und so konzentrationsabhängig die entsprechenden dorsalisierend oder ventralisierend wirkenden Signalkaskaden in der Zelle auslösen können. Die Proteine Sog und Chordin stellen sekretierte Faktoren dar, die direkt an Dpp und Bmp-4 binden, und so deren Bindung an ihren Rezeptor inhibieren können. Dadurch tragen sie maßgeblich zur Ausbildung der Aktivitätsgradienten von Dpp und Bmp-4 entlang der entstehenden Dorsoventralachsen bei.

Nachgewiesene homologe Expressionsmuster entlang dieser Achsen lassen sich allerdings nur bedingt mit homologen Bauplanmerkmalen gleichsetzen. Die beiden Gene *bmp* und *chordin* sind zwar für die Differenzierung der Dorsoventralachse maßgebend, sie sind jedoch primär nicht mit der Entwicklung eines Zentralnervensystems verbunden. Auch bei Enteropneusten steuern 6 Gene die Entwicklung der Epidermis mit dem basiepithelialen Nervenplexus des Prosoma, die gleiche Gengruppe bei Cranioten hingegen die Differenzierung des Vorderhirns.

Der Schlüssel zur Trennung von Protostomiern und Deuterostomiern scheint jedenfalls in der Evolution der

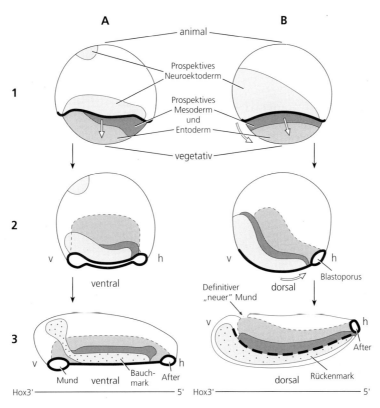

Abb. 1065 Konzept der Umkehr der Dorsoventralachse protostomer Organismen in der Entwicklung zu deuterostomen Chordaten. **A** Protostome Entwicklung: Bildung von Mund und After, ventralem Nervensystem und ventrolateralem Mesoderm gesteuert von den Genen *Hox 3'-5'*. Beispiel: *Polygordius* sp. (Annelida). **B** Deuterostome Entstehung: Definitiver Mund bildet sich neu, Blastoporus wird zu After. Bei gleichlaufender Genexpression wie bei A entsteht das Nervensystem dorsal und das Mesoderm dorsolateral. Beispiel: *Xenopus* sp. (Anura). **1** Späte Blastula, einsetzende Gastrulation, der Rand des späteren Blastoporus (dicke Linie) schiebt sich epibolisch (Pfeile) über den vegetativen Pol. **2** Gastrulation. In **A** verengt sich der Blastoporus schlitzförmig (Amphistomie), vorne bildet sich der definitive Mund. In **B** ist der laterale Blastoporusrand (vermutlich schon bei ancestralen Chordaten) verschmolzen (dicke Linie) und bildet die Mittellinie der Neuralplatte; der offene Blastoporus liegt hinten. **3 A** Bildung von Mund (vorne) und After (hinten) abgeschlossen; ventrales Nervensystem („Gastroneuralia") mit der dorsalen Scheitelplatte um den Vorderdarm herum verbunden. **B** Definitiver Mund neu gebildet („Notoneuralia"); durch die Neuralrohrbildung ist die ehemalige Verschmelzungslinie des lateralen Blastoporusrandes (gestrichelte dicke Linie) nach innen verlagert; Mesoderm dorsolateral (v = vorne; h = hinten). In der Planula-Acoeloid-Hypothese (Entstehung der Bilateria aus einer Planulalarve durch Progenesis) wird die Amphistomie als abgeleitet betrachtet. Im Archicoelomaten-Konzept (Entstehung der Bilateria aus adulten Coelenteraten mit Darmtaschen) wird Amphistomie dagegen als ursprünglich angesehen (S. 178). Nach Arendt und Nübler-Jung (1997).

Steuerung der Entwicklung zu liegen. Eine Umkehr der Dorsoventralachse gilt aber wohl nicht zwingend für alle Deuterostomier. Hemichordaten (Enteropneusta) etwa haben einen dorsalen und einen ventralen Hauptnervenstrang. Gegenwärtig wird es daher als wahrscheinlicher angesehen, dass die Achsenumkehr nur bei den Chordaten stattfand (siehe auch S. 779).

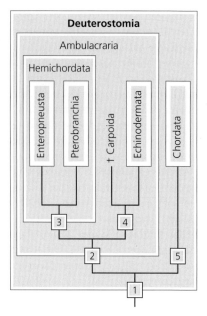

Abb. 1066 Verwandtschaftshypothese der Deuterostomia-Taxa. Synapomorphien: [1] **Deuterostomia:** Deuterostomie; mesodermales Skelett; Kiemenspalten. [2] **Ambulacraria** (Coelomopora)**:** Dreigliedriges Coelom (Pro-, Meso-, Metacoel); Protocoel mit Glomerulus/Axialorgan und Coelomporus; Dipleurula-Larve. [3] **Hemichordata:** Dreigliedriger Körper entsprechend der Coelomgliederung; Stomochord ragt aus dem Vorderdarm ins Prosoma. [4] Asymmetrischer Körper; Kalzitskelett. [5] **Chordata:** Postanaler Ruderschwanz; Chorda dorsalis als Derivat des Urdarms; dorsales ektodermales Neuralrohr; Kiemendarm mit Endostyl; Dorsoventralumkehr.

Hemichordata (Branchiotremata)

Das Taxon umfasst mit etwa 120 Arten zwei sehr unterschiedliche Lebensformen des marinen Benthals: Die wurmförmigen **Enteropneusta** (Eichelwürmer) (90 Arten) haben eine Körperlänge von wenigen Zentimetern bis über 2 m und bohren im Sediment; kürzlich wurde außerdem eine nur 0,6 mm große, meiobenthische Art beschrieben. Die kolonialen oder stockbildenden sowie in Gehäusen lebenden **Pterobranchia** (Flügelkiemer) (27 Arten) sind hingegen mikrophage Filtrierer. Ihre Einzeltiere in Millimetergröße besitzen einen gefiederten Tentakelapparat.

Hier wird die Gruppierung der beiden Taxa als Schwestergruppen beibehalten; nach molekular-phylogenetischen Analysen (18s rRNA) sind allerdings weder Enteropneusta noch Pterobranchia monophyletisch. Vielmehr erscheinen die Pterobranchia danach als die Schwestergruppe nur einer Teilgruppe der Enteropneusta, den Harrimaniidae

Sollte sich diese neue Gruppierung in Zukunft bestätigen, wäre die seit nahezu 100 Jahren geführte Diskussion über benthische oder sessile, den Pterobranchia ähnelnde Vorfahren der Ambulacraria (Abb. 1066) hinfällig; die wurmförmigen Enteropneusta müssten im Zentrum der Betrachtung stehen.

Enteropneusten entwickeln sich meist indirekt über eine planktotrophe Larve, die Tornaria (Abb. 1078); die Pterobranchier bilden eine bewimperte Schwimmlarve, die nur kurze Zeit auftritt.

Pterobranchier und Enteropneusten zeigen eine morphologische und funktionelle Dreigliedrigkeit des Körpers, der im Inneren eine dreigliedrige Anordnung der Coelomräume entspricht. Das Prosoma mit dem unpaaren Protocoel bildet bei den Enteropneusten einen kurzen, eichelförmigen muskulösen Bohrapparat, bei den Pterobranchia den scheibenförmigen Kopfschild (Rostralschild), der bei der Fortbewegung der Einzeltiere eingesetzt wird und dessen drüsige Epidermis das Gehäuse bildet. Das Mesosoma (Kragenregion) mit dem paarigen Mesocoel bildet bei den Enteropneusten einen kurzen drüsenreichen, muskulösen Ringwulst; bei den Pterobranchiern ist es keilförmig und trägt auf der breiteren Dorsalseite den Tentakelapparat (Abb. 1067, 1082).

Das lang gestreckte Metasoma mit dem ebenfalls paarigen Metacoel bildet bei den Enteropneusten den Großteil des wurmförmigen Körpers. An seinem Ende liegt die Afteröffnung. Bei den Pterobranchiern gliedert es sich in einen sackförmigen Rumpf, auf dem dorsal unmittelbar hinter den Tentakeln der After mündet, und in einen dünnen muskulösen Schwanzfortsatz. Im Subtaxon Rhabdopleuridae setzt sich der Schwanz in einen Stolo fort, über den alle Zooide eines Stockes in Verbindung stehen. In beiden Gruppen zieht vom Munddach ein Darmdivertikel (Stomochord) nach vorn in das Prosoma. Unmittelbar über seiner Spitze liegt ein einfaches Herz in enger Beziehung zu einem Glomerulus. Der Blutstrom wird dorsal nach vorn und ventral nach hinten gelenkt. Der Darmtrakt der Enteropneusta („Darmatmer") ist im vorderen Rumpf zu einem Kiemendarm differenziert, der sich mit 2 Reihen von Poren nach außen öffnet (Abb. 1067A); bei den Pterobrachiern besitzen nur die Cephalodiscidae 1 Paar Kiemenporen (Abb. 1082).

Eine Beziehung zu den Chordaten hat erstmals W. Bateson (1885) angenommen und den Begriff „Hemichordata" eingeführt. Damit wurde eine bis heute nicht abgeschlossene Diskussion über die verwandtschaftlichen Beziehungen ausgelöst. Demnach entspräche der Kiemendarm jenem der Chordaten, das Stomochord (Eicheldarm) wäre ein Vorläufer der Chorda und das im Mesosoma als Rohr abgesenkte Nervensystem (nur bei Enteropneusta) eine Vorstufe des Neuralrohres. Entwicklungsgenetische Untersuchungen stützen die Homologie des Kiemendarms, der offenbar eine Autapomorphie der Deuterostomia insgesamt darstellt (S. 714). Eine Homologie von Stomochord und Chorda konnte hingegen nicht belegt werden. Das rohrförmige Nervensystem im Mesosoma hat anders als das Neuralrohr der Chordata keine zentralnervöse Funktion.

Als Schwestertaxon der Hemichordata gelten die Echinodermata (Synapomorphien: Dipleurula-Larve, dreigliedriges Coelom, Protocoelporus), mit denen sie das Taxon **Ambulacraria (Coelomopora)** bilden.

Diese erstmals von I. Metschnikoff (1869) verwendete Bezeichnung „Ambulacraria" (sie bedeutet „Tiere, die mit einem Tentakelapparat gehen") trifft allerdings nur für einige Subtaxa der Echinodermata zu. Der ebenso für diese Gruppierung verwendete Name Coelomopora (E. Marcus, 1958) erscheint sinnvoller, da sowohl Enteropneusten als auch Echinodermen charakteristische Verbindungen nach außen, zumindest vom Protocoel, indirekt auch vom Mesocoel, besitzen; er konnte sich jedoch bisher in der zoologischen Literatur leider nicht durchsetzen (Abb. 1066).

1 Enteropneusta, Eichelwürmer

Bau und Leistung der Organe

Die drei Körperregionen haben unterschiedliche Färbung: Eichel und Kragen sind oft gelblich bis orange, die Farbe des Rumpfes wird bestimmt durch durchschimmernde Genitalprodukte oder die grünlichen Darmblindsäcke.

Der Körper ist von einer dicht bewimperten, äußerst drüsenreichen **Epidermis** bedeckt. Sie ist als mehrstufiges Epithel differenziert und enthält auch das Nervensystem. Wie bei den Echinodermen handelt es sich dabei um einen basiepithelialen Nervenplexus. Eine kräftige basale Matrix schließt die Epidermis gegen die darunter liegende mesodermale **Muskulatur** ab. Letztere ist in eine relativ dicke extrazelluläre Matrix eingebettet. Ihre glatten Muskeln entwickeln sich

Alfred Goldschmid, Salzburg

aus Epithelien der Coloemräume, die dadurch stark eingeengt werden. Besonders reich an Muskeln ist das Prosoma
mit einer äußeren Ringmuskelschicht und Längs- und Diagonalfasern im Inneren. Dadurch kann die Eichel unter
Anschwellen und Strecken als Bohr- und Graborgan fungieren.

Fast alle Arten graben Gänge (Abb. 1068), wobei zunächst durch
Kontraktion der Ringmuskulatur der vordere Bereich gestreckt und
vorgeschoben wird. Die vorderste Spitze zieht sich darauf ein kurzes
Stück zurück, und ein erweiterter Ringwulst läuft peristaltisch bis
zum Eichelstiel.

Solche Wellen laufen bei *Saccoglossus ruber* ca. 12 mal pro Minute
nach hinten, wobei sich die Eichel auch in ihrer Gesamtlänge verkürzt
und erweitert und so das Tier als Ganzes nachgezogen wird. In gleicher Weise bewegen sich die Tiere – unterstützt durch Wimpernströme – in den mit Schleim verfestigten Wohngängen. Zur Ausscheidung schieben sich die Tiere mit gegenläufigen Peristaltikwellen
durch an die Oberfläche. Die spiraligen Faeces. aus feinkörnigem
Sediment, und verdauten organischen Anteilen. sind im Sandwatt
ähnlich wie jene von *Arenicola marina* (Abb. 576) –charakteristische
Strukturen (Abb. 1068). Die Siedlungsdichte steht in Beziehung zur

Wasserbedeckung und zur Korngröße des Sediments. Mehrere Tiere
pro m² sind nicht selten. Ein Schlickanteil im Sediment von mehr als
1,5 % scheint für manche Arten limitierend zu sein.

Der Schleim, der die unterschiedlich geformten, manchmal auch
spiraligen U-förmigen Wohngänge (Abb. 1068) ausgekleidet, enthält
intensiv duftende Haloindole und Phenole (z. B. bei *Saccoglossus bro-
mophenolus* vor der amerikanischen Pazifikküste). Das Vorderende
der Tiere liegt unter der trichterförmigen Einsenkung im Sediment.
Der eigentliche Filtergang mit dem Einströmtrichter zweigt nahe der
Oberfläche von der absteigenden Grabröhre ab. Etwa jeden zweiten
Tag wird ein neuer Trichter angelegt, oder die Tiere wenden sich in
der Röhre um. Die Einbohröffnung zum Ausstoßen von Wasser mit
größeren oder unerwünschten Partikeln dient auch zum Einpumpen
von Atemwasser.

Bereits von der Challenger-Expedition wurden Enteropneusta auch
in 4 500 m Tiefe gefunden (*Glandiceps abyssicola*). In 3 500 m Tiefe
konnten 1965 relativ große Tiere erstmals fotografiert werden. Nach
Bildern, auf denen man Tiere mit paarigen Tentakeln zu sehen glaubte,
wurde 1976 ein Taxon „Lophenteropneusta" errichtet, das als Bindeglied zu den tentakeltragenden Pterobranchia diskutiert wurde. In
den letzten Jahren wurden in 2 700 bis 3 500 m Tiefe weltweit neue epibenthische, teils bunte Arten entdeckt. (S. 724).

Diagonale Muskelfasern im Kragen der Enteropneusta inserieren ventral hinter der Mundöffnung. Dorsale Längs- und
Diagonalmuskeln setzen an den Schenkeln des Eichelskeletts
an und durchziehen den Eichelstiel bis an das Septum zwischen Eichel- und Kragencoelom. Hier inserieren auch zwei
dorsomediane Längsmuskelbündel, die die Eichel zurückziehen und so den Mund verschließen können. Sie entstehen aus
zwei Metacoelschläuchen, die bis in den Eichelstiel reichen
und das Dorsalgefäß zwischen sich einschließen (Perihämalräume) (Abb. 1071A). Schmale Peripharyngealräume entstammen ebenfalls dem Metacoel. Sie können den
Kragendarm umschließen und eine dünne Ringmuskelschicht bilden (Abb. 1069).

Zum Bewegungsapparat zählt auch das Stomochord, da
es eine Stützfunktion im Eichelstiel hat. An seinem Vorderende bilden sich oft kurze, ventrale Divertikel. Sein Epithel
besteht aus großen Zellen, die zum Lumen hin Cilien und
Mikrovilli bilden. Als eigentliches Stützorgan gilt das
Eichelskelett, eine Endoskelettbildung aus verdichte-
tem Kollagen (Abb. 1069). Es bildet rostral im Übergangsbe-
reich Eichel-Eichelstiel eine Auflageplatte (Basalplatte) für
das Stomochord. Hinten setzt es sich mit zwei Schenkeln, an
denen Längsmuskeln ansetzen, in das Mesosoma fort,. Bei
den Torquaratoridae (S. 724) fehlen diese Schenkel, die Basalplatte ist nur eine schmale Brücke. Im Rumpf liegen fast nur
mehr Längsmuskeln. Die ciliierte Epidermis der Kragen- und
Eichelregion spielt eine wichtige Rolle beim **Nahrungserwerb.** Sie lenkt einen Wasserstrom auf das Vorderende des
Tieres. Nahrungspartikel werden in Drüsensekrete verpackt
und in die Mundöffnung geflimmert (Abb. 1072).

Am ventralen Hinterrand der Eichel, unmittelbar vor der Mundöffnung, liegt ein praeorales Wimpernorgan, ein ventraler Halbring
mit einem doppelten Wulst besonders langer Cilien. Seine Funktion
ist wahrscheinlich die Bündelung und chemische Prüfung einge-
schleimter Nahrungspartikel, die dann in die Mundöffnung gelangen.
Regional ist die Dichte einfacher Rezeptorzellen in der Epidermis sehr
hoch. Meist handelt es sich um monociliäre Collarrezeptorzellen.

Das gesamte **Darmrohr** ist von einem einschichtigen bewimperten Epithel ausgekleidet, in das je nach Region verschiedene Drüsenzellen und im eigentlichen Mitteldarmbereich

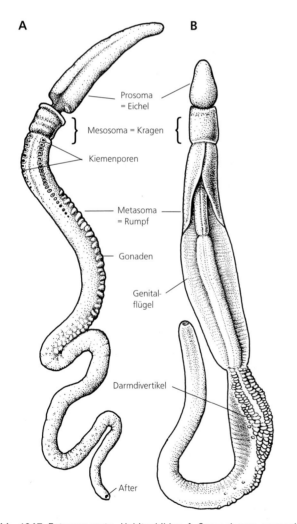

A **B**

Prosoma
= Eichel

Mesosoma = Kragen

Kiemenporen

Metasoma
= Rumpf

Gonaden

Genital-
flügel

Darmdivertikel

After

Abb. 1067 Enteropneusta. Habitusbilder. **A** *Saccoglossus meresch-
kowskii* (Harrimaniidae), 4 cm. Kosmopolit, auch im Mittelmeer,
15–40 cm tief im Schlammboden. Eichel fleischfarben, Kragen rötlich.
B *Balanoglossus clavigerus* (Ptychoderidae), 25 cm. Im Mittelmeer in
Sandböden des Gezeitenbereichs und darunter. Gelblich blassbraun.
Nach verschiedenen Autoren.

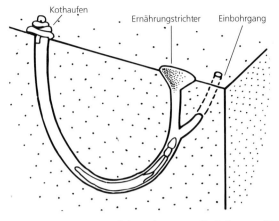

Abb. 1068 Gangsystem von *Balanoglossus* sp. Nach Duncan (1987).

resorbierende Zellen eingeschaltet sind. Der Nahrungstransport erfolgt mittels Wimperströme; nur im Kragendarm kann die Ringmuskulatur der „Peripharyngealräume" den Transport unterstützen.

Schon im Kragendarm können Seitenfalten – gestützt durch die nach hinten ziehenden Äste des Eichelskeletts – den Darm in eine dorsale und eine ventrale Hälfte unterteilen. Unmittelbar auf die Kragenregion folgt im vorderen Rumpfbereich der Kiemendarm. U-förmige Kiemenspalten führen hier über eine Kiementasche zu 2 Reihen von Kiemenporen, die links und rechts dorsolateral nach außen münden (Abb. 1069A). Bei den Ptychoderiden werden die äußeren Kiemenporen außen von den Genitalflügeln, paarige Falten der Körperwand, in denen sich die Gonaden befinden, teilweise überdacht (Abb. 1067, 1071).

Die Zahl der Kiemenspalten ist art- und altersabhängig; zusätzliche Kiemenspalten wachsen stets hinten nach. Bei kleinen Arten findet man höchstens 10 Paar, meist aber zwi-

schen 40–80; bei großen Formen (*Balanoglossus*) sind 500–700 innere Kiemenspalten möglich, von denen mehrere sich mit nur 1 Porus öffnen.

Kiemenspalten entstehen am Beginn der Metamorphose. Der Darm bildet unmittelbar hinter dem Kragencoelom paarige Taschen, und sobald diese die Epidermis erreichen, bricht der Porus durch. Zwischen den Taschen bildet sich ein Septum. Gleichzeitig wächst von dorsal ein zungenförmiger Fortsatz ventrad in die innere Kiemenöffnung (Abb. 1074A). Dieser Zungenbogen (Nebenbogen) nimmt einen Metacoelschlauch mit und teilt die innere Kiemenöffnung in eine schmale U-förmige Spalte. In der basalen Matrix des Zungen- und Septenepithels entsteht das Kiemenskelett aus Kollagenmaterial.

Meist entsteht ein Kiemenkorb durch epitheliale Brücken zwischen Zungen und Septen, in denen sich dann auch Skelettbrücken (Synaptikel) bilden (Abb. 1074B).Das Epithel der Zungen gegen das Darmlumen enthält verschiedene Drüsenzellen und ist dicht bewimpert. Lange Lateralcilien (Abb. 1073) an Septen und Zungen sichern einen kräftigen Wasserstrom nach außen.

Oft ist der dorsale, kiementragende Teil des Pharynx durch eine seitliche Längsfalte (Parabranchialleiste), die meist schon im Kragendarm beginnt, gegen eine ventrale Nahrungsrinne abgeteilt (Abb. 1071B).

Experimentelle Untersuchungen zum Gasaustausch des Kiemendarms fehlen. Lediglich die reiche Entwicklung von Blutlakunen mit einem Zu- und Abstromsystem sprechen für eine Kiemenfunktion.

Der anschließende Oesophagus ist oft durch Drüsenzonen und Querfalten eingeengt. Es können auch Oesophagialporen auftreten (1–60 Paar), über die nochmals Wasser abgeleitet wird. Der Oesophagus führt in den resorbierenden Darmtrakt mit äußerlich erkennbaren, querliegenden Divertikeln („Leberregion") (Abb. 1067).

Aus der ventromedianen Wand des Enddarmes der Ptychoderiden schiebt sich eine Leiste großer vakuolenreicher Zellen zwischen das ventrale Mesenterium. Dieses Pygochord könnte analog dem Eicheldarm als Stützelement fungieren.

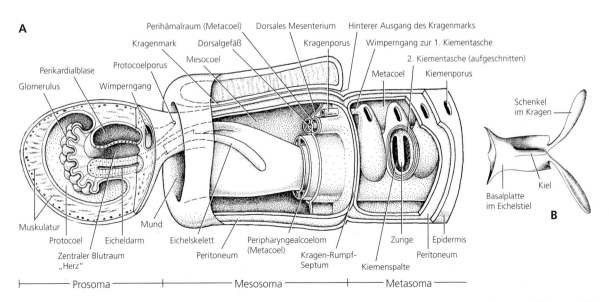

Abb. 1069 Enteropneusta. **A** Organisationsschema eines *Balanoglossus*-Vorderendes. **B** Eichelskelett. A Verändert nach Balser und Ruppert (1990); B nach Spengel (1893).

Da das zartwandige Metasoma fast vollständig vom meist prall gefüllten Darm eingenommen wird, reißen große Tiere selbst bei vorsichtigem Hantieren oft hinter dem Kiemendarm durch.

Bei adulten Enteropneusten sind die **Coelomräume** durch Muskeln und Bindegewebe auf kleine Resträume eingeengt. Vom unpaaren Eichelcoelom bleibt nur ein caudaler Rest um den Glomerulus erhalten, der am Eichelstiel auf der linken Seite dorsal nach außen mündet. Das paarige Kragencoelom öffnet sich mit lippenartigen, kräftig bewimperten P o r e n in die beiden ersten Kiementaschen und damit indirekt nach außen. Das paarig angelegte Rumpfcoelom ist nur in der Branchialregion und dort besonders in den Kiemenzungen noch gut abgrenzbar (Abb. 1069, 1073).

Das **Gefäßsystem** gleicht im Bau jenem der Echinodermen; es besitzt wie dieses kein Endothel, sondern ist nur von extrazellulärer Matrix ausgekleidet, da es zwischen aneinander grenzenden Epithelien liegt. Durch die paarige Ausbildung von Meso- und Metacoel entsteht ein ventrales und dorsales Mesenterium in dem die Hauptblutbahnen verlaufen. Das Blutgefäßsystem besteht aus einem einfachen rostralen

Herz im Prosoma, wohin das farblose und zellfreie Blut in einem Dorsalgefäß aus dem gesamten Rumpf nach vorne strömt und von dort über ein Ventralgefäß nach hinten gelangt (Abb. 1075); kapillare Lakunennetze um den Darm und in der Kiemenwand verbinden diese beiden Hauptgefäße.

Die Kiemen werden von Lateralgefäßen versorgt, von denen in den Kiemensepten zuführende Kapillaren aufsteigen, die in die vorhergehende und nachfolgende Zunge eintreten; der Rückstrom aus den Kiemen zum Dorsalgefäß erfolgt in einer inneren Zungenkapillare.

Der Motor des Kreislaufs liegt im hinteren Raum der Eichel. Aus dem Kragen kommend mündet das Dorsalgefäß in einer sinusartigen Erweiterung („Herz", Zentraler Blutraum), die ventral vom Eicheldarm und dorsal von der P e r i k a r d i a l b l a s e begrenzt wird (Abb. 1069, 1075); diese ist wahrscheinlich ein Derivat des Protocoels und entwickelt in ihrer ventralen Wand über dem Zentralsinus querziehende quergestreifte Muskelfasern, die in der basalen Matrix an der Kontaktzone Eicheldarm-Perikard inserieren. Durch Kontraktionswellen wird das Blut nach vorne in den G l o m e r u l u s (siehe unten) gepumpt und gelangt zum Teil in zwei durch den Eichelstiel rückführende Gefäße; sie umspannen

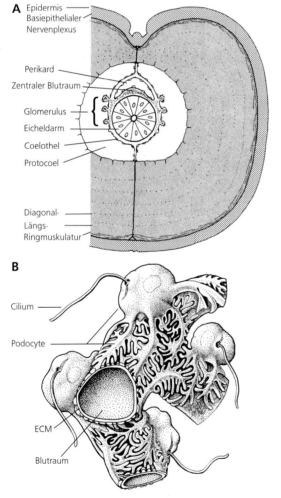

Abb. 1070 Prosoma der Enteropneusten. **A** Querschnitt durch den hinteren Bereich von Eichel, Herz und Glomerulus. **B** Detail aus dem Glomerulus. Coelothelzellen als Podocyten differenziert. A Original: A. Goldschmid, Salzburg; B verändert nach Wilke (1971).

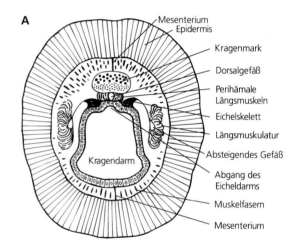

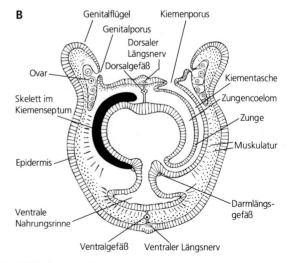

Abb. 1071 Querschnitte durch *Saccoglossus* sp. **A** Kragen (Mesosoma). **B** Kiemenregion. Originale: A. Goldschmid, Salzburg.

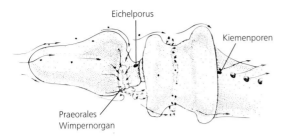

Abb. 1072 Nahrungsaufnahme von *Protoglossus koehleri*. Ausgewählte Partikel werden vor dem Mund vom praeoralen Wimpernorgan konzentriert und in den Mund geflimmert; abgewiesene Partikeln werden am Kragen zu einem Schleimring gesammelt und nach hinten transportiert; ausgefiltertes Wasser tritt aus den Kiemenporen aus. Aus Burdon-Jones (1956).

in einem weiten Bogen den Mundbereich und vereinigen sich zum Ventralgefäß; ein kleiner Teil des Blutes gelangt über ein dorsales und ventrales Gefäß unter der Epidermis in das Prosoma.

Die epitheliale Rückwand des Eichelcoeloms an der Vorderseite des Zentralsinus ist eng gefaltet; sie bildet einen Knäuel und wird daher Glomerulus genannt (Abb. 1070A). Das Eichelcoelom mündet mit einem Porus nach außen, weshalb der gesamte Komplex schon früh als **Exkretions**- und **Osmoregulationsorgan** gedeudet wurde. Elektronenmikroskopische Untersuchungen unterstützen diese Annahme. Die Zellen des Eichelcoelothels sind hier als **Podocyten** (Abb. 1070B) differenziert. Durch diesen Ultrafilter können Moleküle und Ionen in das Eichelcoelom übertreten und von dort über den Eichelporus nach außen gelangen. Dieses System funktioniert bereits in der Larve.

Podocyten finden sich auch im Coelothel der Kiementaschen an Blutkapillaren. Ausleitende Gänge fehlen, aber eine Ultrafiltration aus dem Blut in die Coelomflüssigkeit ist wahrscheinlich.

Das **Nervensystem** liegt basiepidermal (s. o.). Die Perikaryen finden sich im unteren Drittel der Epidermis die Faserschicht dicht oberhalb der basalen Matrix. Diese Lage und Organisation erinnert an die Verhältnisse bei den Echinodermen

(S. 732). An bestimmten Stellen bilden sich Verdichtungen der Fasermasse, die gewöhnlich als „Nerven" bezeichnet werden. So entstehen im Rumpfbereich ein Dorsal- und Ventralnerv (Abb. 1076), die hinter dem Kragen in Verbindung stehen (Circumoesophagialring).

Im Kragen ist der epidermale Plexus nur am wulstförmigen Vorder- und Hinterende gut entwickelt (Abb. 1071). Dafür durchzieht ein epidermales Rohr (Kragenmark) den Kragen über den Perihämalräumen. In der Ventralwand des Kragenmarks liegen besonders viele Nervenfasern. (Abb. 1076).

Seitdem diese Bildung bekannt ist wurde versucht, sie mit dem Neuralrohr der Chordaten zu homologisieren, daher auch die Bezeichnungen „Kragenmark", „Neurochord", „Zentralkanal" und „Neuroporus". Eine zentralnervöse Funktion wurde für dieses kurze Stück eines versenkten Nervenplexus bisher nicht nachgewiesen; anders als im Zentralnervensystem der Chordata treten hier weder sensorische Nerven ein noch motorische Nerven aus. Es entsteht ontogenetisch spät, und auch die Lageübereinstimmung fehlt. Außerdem zeigen die nächstverwandten Pterobranchier keine solche Bildung Möglicherweise steuert das Kragenmark vornehmlich die Längsmuskulatur der Perihämalräume.

Es wurde diskutiert, dass das epidermale Nervensystem hier wegen der speziellen Differenzierung der Kragenepidermis (verschiedenen Drüsenzonen) in das Körperinnere verlagert wurde (Abb. 1076B).

Ein Gehirn als Ort zentralen Informationseinganges, assoziativer Vernetzung und zentraler Steuerung fehlt den Enteropneusten.

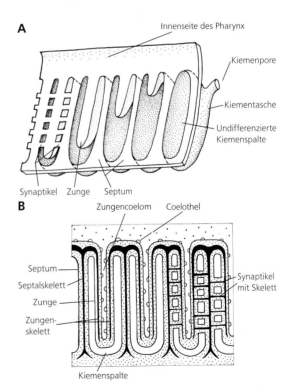

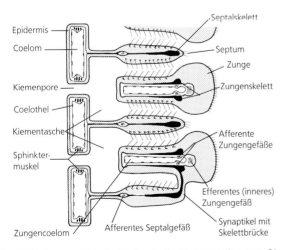

Abb. 1073 Parasagittalschnitt durch die Kiemenregion von *Glossobalanus* sp. Links: Körperoberfläche; rechts: Innenseite des Kiemendarms. Verändert nach Pardos und Benito (1982).

Abb. 1074 Enteropneusta. Kiemenspalten des Kiemendarms. **A** Schema zur Zungenbildung und Ausgestaltung der Kiemenspalten. Die Zunge wächst (von rechts nach links) vom dorsalen Rand der Kiemenspalte nach unten. Synaptikel vor allem bei Ptychoderidae. **B** Kiemenskelett. Blick auf die Innenseite des Kiemendarms (durchsichtig dargestellt); die Septalskelette sind dorsal mit den Zungenskeletten verbunden. A Nach Dawydoff (1948); B Original: A. Goldschmid, Salzburg.

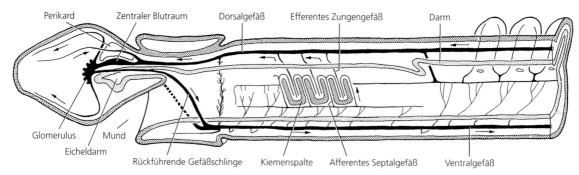

Abb. 1075 Enteropneusta. Kreislauf- und Gefäßsystem. Pfeile geben die Strömungsrichtung an. Nach Van der Horst (1936).

Bemerkenswert sind unipolare Riesenneurone mit Perikaryen von etwa 10–40 μm und Axonquerschnitten von 3–6 μm. Ihre Zahl korreliert mit der Körpergröße der Tiere und schwankt zwischen 10 bis über 150. Sie liegen in der hinteren Hälfte des Kragenmarks und im anschließenden Dorsalnerv. Ihre Funktion ist unbekannt.

Komplexe **Sinnesorgane** sind nicht bekannt. Nur die planktotrophen Tornarialarven besitzen zwei Pigmentbecherocellen, in denen ciliäre Rezeptorzellen und Pigmentzellen abwechseln. Die adulten Würmer besitzen keine Ocellen, reagieren aber an ihrem Vorderende negativ phototaktisch. Der Rumpf kann übrigens ohne Eichel nicht gerichtet reagieren.

Nachts steigen Eichelwürmer häufig etwas aus ihrer Röhre. Bewegungen der Eichel auf der Sedimentoberfläche erzeugen dort sternförmige Spuren. Ähnliches machen Bewohner der Gezeitenregion auch bei Niedrigwasser. Eine dorsomediane Verdichtung im Eichelplexus steuert offenbar auch Bewegungskoordinationen; nach Durchtrennung können peristaltische Wellen nur mehr dahinter ablaufen.

Enteropneusten sind getrenntgeschlechtlich. Männchen und Weibchen unterscheiden sich durch die Färbung der reifen **Gonaden**. Die Genitalregion schließt an die Kiemenregion des Rumpfes an und ist oft nach beiden Seiten verbreitert („Genitalflügel") (Abb. 1067B, 1071B) und im Inneren durch eine Mesenterialfalte (Lateralseptum) unterteilt.

Die Gonaden liegen außerhalb (retroperitoneal) des Coeloms. Bei der Reifung verbindet sich die metacoele basale Matrix mit jener der Epidermis und es entstehen Gonoporen. In den Ovarien werden die Eizellen von Follikelzellen eingehüllt; hinzu kommen bei einigen Arten Dotterzellen. Bei der neuen Tiefseeart *Allapasus aurantiacus* (Torquaratoridae) stehen die 1,5 mm großen Eier auf der Außenseite der Genitalflügel auf kurzen Stielchen. Die Spermien sind von ursprünglichem Bau; die Befruchtung erfolgt im Seewasser.

Fortpflanzung und Entwicklung

Das Ablaichen ist bei Gezeitenbewohnern gemäßigter Breiten an bestimmte Temperaturen und an Niedrigwasser gebunden. *Saccoglossus horsti* laicht zumeist bei ca. 16 °C und kurz nach Ebbetiefstand bei Springtide. Offenbar produzieren die Tiere unter dem Eingang zur Wohnröhre einen Schleimstrom, der zuerst austritt und in dem ein Strang von 2 500–3 000 Eiern folgt. Die schleimgebundenen Eistränge zerfließen auf der Sedimentoberfläche und bedecken ca. 7–8 cm² mit Eiern. Nach 20 min. beginnen die Männchen mit der Samenabgabe. Der Laichvorgang dauert ca. 90 min.

Die **Frühentwicklung** ist bei allen untersuchten Formen eine holoblastische, nahezu äquale Radiärfurchung. Ähnlich wie bei Echinodermen treten im 3. und 4. Furchungsschritt Größenunterschiede in den Blastomeren auf, so dass relativ früh die Andeutung einer Bilateralsymmetrie entsteht. In der

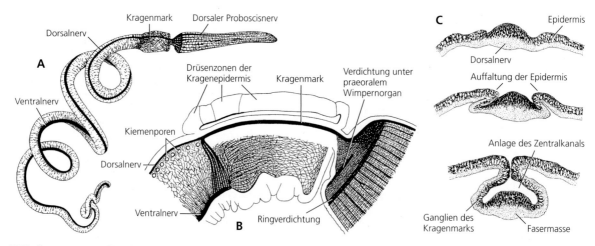

Abb. 1076 Enteropneusta, Nervensystem. *Saccoglossus cambrensis*. **A** Netz und Hauptbahnen des basiepithelialen Nervenplexus. **B** Details aus der hinteren Eichel-, der Kragen- und der vorderen Rumpfregion. Im Kragenbereich als Sagittalschnitt dargestellt zur Verdeutlichung des abgesenkten, durchziehenden Kragenmarks. **C** Stadien der Versenkung des Kragenmarks bei metamorphisierenden Tornarien. A, B Nach Knight-Jones (1952); C nach Dawydoff (1948).

Folge differenziert sich eine Coeloblastula und dann eine Invaginationsgastrula. Vom Dach des Urdarms gliedert die Protocoelblase das spätere Eichelcoelom ab.

Diese enterocoel entstandene Blase verbindet sich über Muskelfasern mit der epidermalen Scheitelplatte und bildet bald einen Kanal mit einem Porus auf der Dorsalseite der Larve (Dorsalporus) (Abb. 1078A, B, C). Aus dem larvalen Vorderdarm entstehen der Kragen- und Kiemendarm; der blasige Larvenmagen wird zum Mitteldarm, und aus dem larvalen Enddarm wird der definitive Enddarm.

Mehrere Wege der Bildung von Meso- und Metacoel können unterschieden werden (Abb. 1077): (1) Bei *Saccoglossus pusillus* wachsen vom Protocoel links und rechts vom Larvaldarm Taschen nach hinten, die durch Einschnürung und nachfolgende Abtrennung zu Kragen- und Rumpfcoelom werden (Abb. 1077B). (2) Bei *Saccoglossus kowalewskii* (Abb. 1077A) wird jeder Coelomraum getrennt angelegt durch Evagination vom Larvaldarm. (3) Bei manchen Larven treten diese getrennten Anlagen zunächst als kompakte Zellknospen an der Darmaußenwand auf (Abb. 1077D). (4) Bei *Balanoglossus*–Arten entsteht an der Grenze von larvalem Mittel- und Enddarm zunächst eine einfache paarige Aussackung, die sich bald in Meso- und Metacoel auftrennt (Abb. 1077C). (5) Bei großen Tornarien wurden mesenchymale Zellhaufen beschrieben, die sich an die Epidermis anlagern, worauf sich in ihnen das Kragen- und Rumpfcoelom bildet (Abb. 1077E).

Die Harrimaniiden mit dotterreichen Eiern bilden ein nur kurze Zeit freischwimmendes Jugendstadium. Es besitzt ein Scheitelorgan und am Hinterende, nahe der Verschlussstelle des Blastoporus, einen Wimpernkranz (Telotroch) zur Fortbewegung (Abb. 1078E). Beim Übergang zum benthischen Leben streckt sich diese „Larve"; es entstehen Eichel, Kragen, Mundöffnung und erste Kiemenporen. Am Hinterende ventral zur Afteröffnung wächst ein Fortsatz aus, auf dem sich die Cilien des Telotrochs fortsetzen und zum Kriechen dienen. Dieses benthische, beschwänzte Stadium erinnert an adulte Pterobranchier (Abb. 1079).

Bei indirekter Entwicklung laufen Embryonalentwicklung und Organogenese gleich ab. Der Name der planktotrophen Larve – Tornaria (Abb. 1078) – bezieht sich auf die rotierende Bewegung durch den circumanalen Wimpernkranz (Telotroch).

Sechs nach ihren Erstbeschreibern benannte Stadien werden nach Größe, Anordnung und Differenzierung der Wimpernbänder, Anlage innerer Organe, der Coelomräume, Einschnürungen – besonders um die Mundbucht – und Verbreiterungen in der Ebene des Telotrochs unterschieden. Das Müllersche Stadium (Abb. 1078A) hat Mund, After und Protocoelporus, ein prae- und postorales Wimpernband zum Herbeistrudeln von Nahrung, aber keinen Telotroch. Letzterer kennzeichnet das Heider-Stadium (Abb. 1078B) mit langem apikalem Wimperschopf und Ocellen am Scheitelorgan. Im Metschnikoff-Stadium (Abb. 1078C) entsteht eine tiefe Mundbucht. Die prae- und postoralen Wimpernbänder bilden einfache Schleifen, und die Epidermis zwischen beiden sinkt ein, so dass der Larvenkörper ventral sowie links und rechts vom Mund deutlich eingebuchtet erscheint. Im folgenden Krohn-Stadium erreichen die Tornarien – bis 5 mm Länge – ihr größtes Körpervolumen. Die zur Ernährung dienenden Wimpernbänder werden bedeutend verlängert, und es können sogar kurze bewimperte Tentakel daran entstehen (Abb. 1078F). In dieser Phase verweilen einige Larven sehr lange im Pelagial (bei *Ptychodera flava* 3–9 Monate), *Balanoglossus misakiensis* metamorphosiert hingegen bereits nach 7 Tagen. Vor der Metamorphose setzt im Spengel-Stadium und zuletzt im Agassiz-Stadium eine rasch ablaufende regressive Phase ein. Dabei schrumpfen die Larven unter Abbau der Wimpernbänder und rascher innerer Differenzierung in nur 24 h.

Seltene Fälle von **vegetativer Vermehrung** wurden bei Ptychoderiden bekannt. Hier schnüren sich wenige Millimeter große vordere Rumpfteile ab, aus denen dann wieder vollständige Tiere entstehen; auch eine jüngst beschriebene, nur 0,6 mm lange Art aus dem Sandlückensystem (*Meioglossus psammophilus*) kann sich durch Querteilung vegetativ vermehren.

Balanoglossus proliferans, der bisher nur im Sommer gefunden wurde, ist möglicherweise eine sich nur vegetativ vermehrende Generation, die mit der nur im Winter gefundenen sexuellen „Art" *B. capensis* im Wechsel steht.

Systematik

Zurzeit werden 4 Familien-Taxa nach Merkmalen des Eicheldarms, des Eichelskeletts, des Perikards und des Kiemendarms sowie dem Fehlen bzw. Vorhandensein von Synaptikeln oder Leberblindsäcken unterschieden.

Spengeliidae. Eicheldarm mit Divertikeln, Perikard vorne geteilt, indirekte Entwicklung. – *Schizocardium brasiliense*, Perikard vorne tief gespalten („Herzohren"). – *Glandiceps talaboti*, 20 cm, in 500–1 000 m Tiefe, westliches Mittelmeer. – *G. hachsii*, 20 cm, nachts in großer Dichte im Oberflächenplankton, fressen Diatomeen und Dinoflagellaten. Pazifik.

Ptychoderidae. Eicheldarm ohne Divertikel. Kiemendarm meist in dorsalen respiratorischen und ventralen nutritiven Bereich geteilt. – *Balanoglossus* (16 Arten). *B. clavigerus*. 20–50 cm. Seichtwasser der Mittelmeer- und europäischen Atlantikküste. – *B. gigas*. 180–250 cm, längste Art. Brasilien. – *Ptychodera flava*. 40 cm. Pantropisch im Indopazifik.

Harrimaniidae. Keine Leberblindsäcke, keine Synaptikel, Peripharyngealräume fehlen. Direkte Entwicklung. – *Harrimania kupfferi*

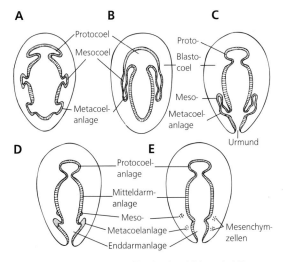

Abb. 1077 Verschiedene Wege der Coelombildung bei Enteropneusten. Entoderm zellig, Coelomanlagen punktiert. **A, B** Direkte Entwicklungsstadien: *Saccoglossus kowalevskii* (**A**) und *Saccoglossus pusillus* (**B**). **C–E** Verschiedene Tornarien. Nach verschiedenen Autoren.

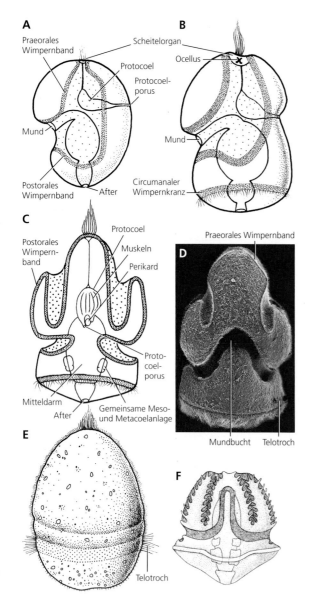

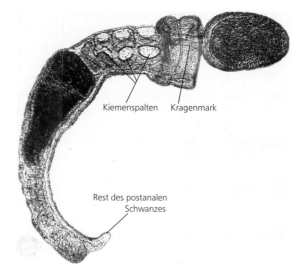

Abb. 1079 Junger Enteropneust, aus Sandboden. Kiemenspalten noch ohne Zungen. Länge: 3 mm. Original: R. Rieger, Innsbruck.

Abb. 1078 Enteropneusta. Larventypen. **A–D** Tornarien. **A** Müller-Stadium. Länge ca. 400 µm. **B** Heider-Stadium mit Telotroch (= circumanaler Wimpernkranz). Cilien in den Nahrung herbeistrudelnden, prae- und postoralen Wimpernbändern weggelassen. Länge 1 mm. **C** Spätes Metschnikoff-Stadium, Dorsalansicht. **D** Spätes Metschnikoff-Stadium, Ventralansicht. REM. **E** Lecithotrophe Schwimmlarve von *Saccoglossus horsti*, ohne Mund und After. **F** „Tornaria sunieri", Ventralansicht. A, B Von der linken Seite gesehen. A–C, F Nach Stiasny (1931); D Original: T.H.J. Gilmour, Saskatoon; E nach Burdon-Jones (1952).

mit paarigen Eichelporen. Nordsee bis Grönland. – *Saccoglossus* (18 Arten). – *Mesoglossus pygmaeus*, bis 3 cm; im Grobsand vor Helgoland. – *Meioglossus psammophilus*, 0,6 mm, meiobenthische Form, ohne Eicheldarm und -skelett, mit 1 Paar einfachen Kiemenporen. An tropischen Küsten des West-Atlantik. – *Protoglossus koehleri*, 5–7 cm, weite Coelomräume. Atlantikküste Frankreich und England. – *Saxipendium coronatum*, 22 cm. An hydrothermalen Quellen des Galapagosgrabens (2 500 m). Vorderende driftet frei, Hinterende in Felsspalten.

Torquaratoridae. Keine Synaptikel, kleines Eichelskelett ohne Schenkel, lippenartige Verbreiterungen seitlich der Mundöffnung. – *Tor-*

quarator bullocki, 9–30 cm; in 2 900–3 500 m Tiefe, Ostpazifik. Mehrere weitere Arten (bisher 4 gesicherte Genera). Epibenthische Drifter.

Auf der norwegischen Tiefsee-Expedition der „Michael Sars" wurden 1910 im Golf von Biskaya 2 transparente kugelige Organismen aus 270 m Tiefe gefischt, die erst 1932 von Spengel als *Planctosphaera pelagica* beschrieben wurden. 1936 hat Van Der Horst für diese das Taxon **Planctosphaeroidea** aufgestellt, das bis heute in vielen Lehr- und Handbüchern beibehalten wurde. Nach seltenen Wiederfunden im Atlantik wurden diese Riesenlarven (10–28 mm) in den 70er-Jahren und zuletzt 1982 auch aus dem Pazifik um Hawaii bekannt. Die reich verzweigten Wimpernbänder ähneln grundsätzlich denen einer Tornaria, nur hat sich das Praeoralfeld zwischen Mundbucht und Apikalorgan über 3/4 der Oberfläche ausgedehnt. Dadurch ist der Darm V-förmig abgewinkelt und das Scheitelorgan zusammen mit dem Protocoel zum After hin verschoben. Die innere Organisation gleicht weitgehend einem Krohn-Stadium der Tornaria. Als Adultform nimmt man heute allgemein eine unbekannte abyssale Enteropneustenart an. Analoge Differenzierungen etwa der Wimpernbänder und der Hydrocoelanlage mit unregelmäßigen Verzweigungen besitzen auch Riesenlarven (15 mm) bisher unbekannter Seewalzen. Eine taxonomische Einordnung vom *Planctosphaera pelagica* kann erst nach der Entdeckung ihres vollständigen Lebenszyklus erfolgen.

2 Pterobranchia, Flügelkiemer

Pterobranchia sind marine, benthische Hemichordaten, die sessil bis hemisessil als tentakeltragende Mikrofiltrierer in und auf selbstgebauten Gehäusen leben; sie bilden Kolonien oder Tierstöcke (Abb. 1080). Lange Zeit waren sie nur aus Dredgeproben größerer Tiefen bekannt. Erst in den letzten Jahren wurden diese zwerghaften Tiere (Einzelzooide nur ca. 1 mm) auch im Gezeitenbereich gefunden. Die Pterobranchia umfassen die beiden Taxa Cephalodiscida und Rhabdopleurida. Letztere werden neuerdings als rezente Vertreter der paläozoischen Graptolithen (s. u.) angesehen

Bau und Leistung der Organe

Der Körper ist in Rostralschild, Tentakelregion (Kragen) und sackförmigen Rumpf mit Schwanzfortsatz gegliedert. Abgegrenzte Coelomräume sind noch schwieriger erkennbar als bei den Enteropneusten und auf Rostralschild und Tentakelapparat beschränkt. Sie besitzen Coelomporen, die im Protocoel und Mesocoel paarig sind. Die Mesocoelporen münden direkt nach außen an der Basis der Tentakel (Abb. 1081B). Die paarige Entwicklung von Meso- und Metacoel ist nur mehr an den Mesenterien erkennbar.

Der Rumpf der Tiere ist meist dunkel gefärbt, die Tentakel oft rötlich. Auffällig ist ein rotes Pigmentband im unteren Teil der Vorderseite des Rostralschildes.

Die **Gehäuse** werden von einem Drüsenfeld in der Epidermis des Rostralschilds abgesondert und bestehen aus Kollagen. Die besonders kleinen Rhabdopleuriden bilden auf der Innenseite von Muschelschalen, zwischen den Septen von Korallenbruchstücken und auf anderen festen Substraten ein System von Röhren, von dem kurze Wohnröhren der Einzeltiere (130–270 μm Durchmesser) aufragen (Abb. 1080).

Von einer blasigen Anfangskammer, die von der festgesetzten Larve gebildet wird, breiten sich die Tierstöcke je nach Stabilität des Untergrundes auf einer Fläche von wenigen Millimetern bis zu 10 cm aus. In der fest mit dem Substrat verwachsenen, abgeflachten unteren Wand der horizontalen, „kriechenden Hauptröhre" ist ein pigmentierter Gewebsstrang eingebettet („schwarzer Stolo"), über den der gesamte Stock verbunden ist und von dem auch neue Knospen gebildet werden. Die Außenwand der kriechenden Röhren zeigt ein Zick-Zackmuster, jene der aufragenden Wohnröhren eine Ringelung, die durch Abscheidungsfolgen des Rostralschildes entstanden sind. Jede Wohnröhre ist durch ein Querseptum gegen die sich fortsetzende Hauptröhre getrennt.

Die Gehäuse der Cephalodisciden-Kolonien (Coenoecien) sind einzigartig für marine Organismen. Ausgehend von

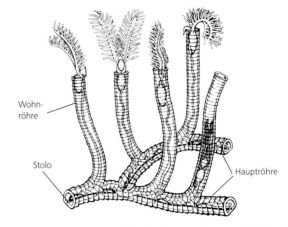

Abb. 1080 Pterobranchia. Teil eines Tierstockes von *Rhabdopleura* sp. Hauptröhren auf Substrat gekittet. Länge eines Zooids (ohne Stiel) ca. 600 μm. Nach Pearse und Buchsbaum (1987).

einer generativ entstandenen und sich festsetzenden Larve werden sie in der Folge von vielen Einzeltieren weitergebaut, die vegetativ aus Knospen entstanden sind, sich aber voneinander getrennt haben. Sie erreichen Größen von wenigen Millimetern bis zu Blöcken von 30 cm Durchmesser bei 10 cm Höhe (Abb. 1083). Ihr Aufbau ist sehr unterschiedlich, auch wenn die Tiere sich äußerlich kaum unterscheiden. Die größten Gehäuse bestehen aus dicht gepackten Einzelröhren verbunden durch lockere gallertige Zwischensubstanz mit eingelagerten Fremdkörpern. In verzweigten strauchförmigen Kolonien sind die Wohnröhren miteinander verbunden und tragen Stacheln an den Öffnungen. In bizarr verzweigten Gehäusen entstehen große, gemeinsame innere Wohnräume, in denen sich dann viele Tiere zurückziehen, oder die Gehäuse bestehen nur mehr aus einem Geflecht

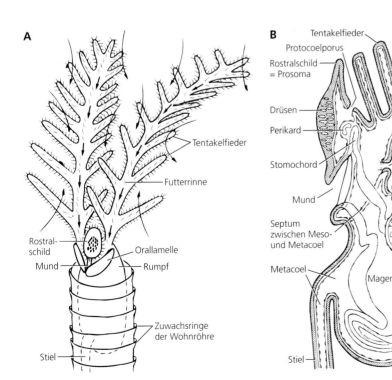

Abb. 1081 *Rhabdopleura* sp. **A** In Filterstellung. Geschwungene Pfeile: Wasserstrom; gerade Pfeile: Partikeltransport. **B** Organisationsschema. A Nach Gilmour (1979); B nach Schepotieff (1907).

von Balken und Stacheln, auf denen die Tiere frei herumklettern.

Die **Epidermis** ist in weiten Bereichen des Körpers ein sehr flaches monociliäres, einschichtiges Epithel mit dünner Cuticula, unter der oft Bakterien leben. Zellen mit dunklen Pigmentgranula sind ziemlich dicht über den ganzen Körper verteilt. Schleimdrüsenzellen finden sich in den Rändern des Rostralschildes und auf der Dorsalseite der Tentakel und Arme. In der Ventralfläche des Rostralschildes liegt das gehäusebauende Drüsenfeld mit langen hochprismatischen Zellen (Abb. 1081B).

Die Längsmuskulatur liegt vorwiegend ventral. Entsprechend der paarigen Anordnung des Metacoels sind im Stiel zwei ventrale Längsmuskelzüge entwickelt, die teils in die Seitenwände des sackförmigen Rumpfes einstrahlen, aber hauptsächlich am Septum zwischen Meso- und Metasoma inserieren. Bei den Rhabdopleuriden ziehen diese Muskeln das Zooid in die Wohnröhre zurück, bei den Cephalodisciden sichern Wickelbewegungen zusätzlich den schwanzförmigen Körperteil beim Klettern. Längsmuskeln durchziehen auch beiderseits des Vorderdarms das Mesosoma und umgreifen

so die längsgerichtete ventrale Mundspalte. Anders als im Rumpf ist auch die dorsale Mesosoma-Muskulatur kräftig entwickelt. Sie zieht als Längsmuskeln in Arme und Tentakel hinein.

Soweit bekannt, sind alle erwähnten Muskelzüge myoepitheliale glatte Muskelfasern. Nur die Epithelzellen des Mesosomakanals, der in die Tentakel hineinzieht, besitzen quer gestreifte, rasch kontrahierende Muskelfasern. Polster von Myoepithelzellen mit quer gestreiften Fasern liegen auch in der Wand der Kragenporen. Sie regulieren möglicherweise den raschen Austausch von Wasser und Coelomflüssigkeit beim Einziehen und Ausstrecken der Tentakel. Radiale Muskelzüge im Rostralschild ermöglichen das Ansaugen und Bewegungen beim Ausstrecken und Klettern.

Wie bei den Enteropneusten liegt das **Nervensystem** basiepidermal. Verdichtungen finden sich im Rostralschild und auf den Tentakeln. Im Mesosoma zwischen den Basen der Tentakel ist der Nervenplexus dichter und wird als Ganglion bezeichnet (Bei den Enteropneusten befindet sich in vergleichbarer Lage das Kragenmark.) Von hier ziehen hinter der Mundregion „Ringnerven" nach ventral und setzen sich als medianer „Ventralnerv" bis in den Stiel fort. Ein kurzer „Dorsalnerv" geht am After in den allgemeinen epidermalen Plexus über. Eigentliche Sinnesorgane, ja selbst Rezeptorzellen sind bisher nicht beschrieben worden.

Soweit bekannt, reagieren die Tiere nicht auf Licht; auf mechanische Beeinflussung kontrahieren sie rasch den Stiel und ziehen sich in die Wohnröhre zurück.

Im **Darmtrakt** unterscheidet man einen Vorderdarmbereich mit Mund, kräftig bewimperter Mundhöhle, Pharynx und

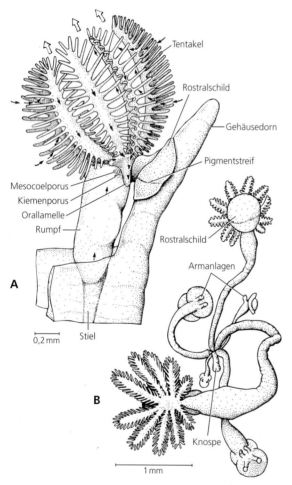

Abb. 1082 *Cephalodiscus* sp. **A** In Filterstellung. Geschwungene Pfeilreihe: Wasserzustrom; leere Pfeile: Abstrom aus Zentrum der Filterkrone. **B** Gruppe verschieden weit entwickelter Zooide, Knospungszone am Stielende. Unreifes Zooid (oben) in Ventralansicht; reifes Zooid (unten) von dorsal. Nach Lester (1985).

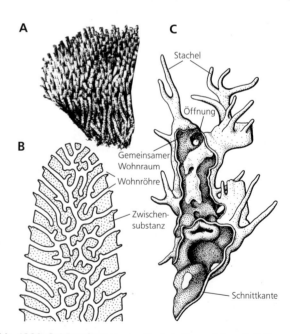

Abb. 1083 Gehäuseformen von *Cephalodiscus*-Arten. **A** Orthoecus-Form. Einzelröhren getrennt, nur lose verkittet. **B** Idiothecia-Form. Schnitt durch Koloniezweig. Mächtig entwickelte Zwischensubstanz; die sich einzeln öffnenden Wohnröhren kommunizieren miteinander. **C** Demithecia-Form. Der nur von Zwischensubstanz gebildete, große gemeinsame Wohnraum ist aufgeschnitten. Tiere klettern zum Filtern aus mehreren Öffnungen auf die Stacheln. A Nach Andersen (1907); B nach Harmer und Ridewood (1913); C nach Schepotieff (1907).

Oesophagus und einen hinteren Darm mit sackförmigem Magen, dorsad aufsteigendem Dünndarm und kurzem Enddarm, der dorsal am Rumpf in einer querstehenden Afteröffnung endet (Abb. 1081B). Der Mund wird von lippenartigen Bildungen umgeben. Wie bei den Enteropneusten zieht vom Dach der Mundhöhle ein S t o m o c h o r d nach vorn, das eingebettet in der Basis des dorsalen Mesosoma-Mesenteriums liegt. Ein stützendes Skelett wie bei den Enteropneusten tritt nicht auf. Nur bei den Cephalodisciden führt unmittelbar hinter den Mesocoelporen 1 Paar Kiemenporen nach außen. (Gefiltert wird ja mit dem Tentakelapparat!) Der **Tentakelapparat** der Rhabdopleuriden besitzt nur 1 Paar Arme (Abb. 1081), jener der Cephalodisciden hingegen 4–9 (Abb. 1082). Größenabhängig ist auch die Anzahl der Tentakelfiedern (bei Rhabdopleuriden 15–30, bei Cephalodisciden bis 50).

Die Rhabdopleuriden schwenken ihre Arme langsam im Kreise. Lateralcilien an den Tentakeln sichern einen Wasserstrom. Verwertbare Partikel werden in der Mitte der Tentakelaußenseite von Frontalcilien auf den Arme gelenkt, weiter zur Armbasis und über die beiden bewimperten Orallamellen zum Mund transportiert (Abb. 1081A). *Cephalodiscus* hält sich mit dem Rostralschild am Gehäuse fest und streckt die Arme beider Seiten nach oben. So entsteht ein fast kugeliger Filterkorb, bei dem die Armspitzen nach innen gerichtet sind und die v-förmig seitlich abstehenden Tentakel einander berühren. Ein Wasserstrom wird in das Innere dieses Filterkorbs von den Lateralcilien der Tentakel gelenkt. Die Cilien des Stiels und des Rumpfes schlagen kräftig rostrad und lenken einen Wasserstrom nach vorne, der dann von hinten her in den Filterkorb eintritt. Dadurch gelangen auch die Faeces in das abströmende Wasser. Die Cilien auf der Dorsalseite der Arme schlagen an den Spitzen hin und erzeugen den Abstrom. Frontalcilien auf der Außenseite der Tentakel transportieren eingeschleimte Partikel in die Futterrinne der Arme, von wo sie an der Armbasis auf die Orallamelle und von dort zum Mund gelangen. Unterstützend führt die Orallamelle undulierende Bewegungen durch. Größere, erwünschte Partikel werden durch schnelles Zucken der Tentakel sofort auf die Futterrrinne gebracht (Abb. 1082A).

Wahrscheinlich fungieren die Tentakel mit dem reichen Lakunensystems auch als Kiemen. Größere **Blutbahnen** liegen innerhalb der Mesenterien als Dorsal- und Ventralgefäß. Ein zentraler Blutraum („Herz") liegt unmittelbar vor der Spitze des Stomochords und ist von einem muskulösen P e r i k a r d umgeben. Der G l o m e r u l u s mit Podocyten liegt ventrolateral vom Stomochord im hinteren Bereich des Protocoels, von dem paarige Poren nach außen führen (Abb. 1081B).

Fortpflanzung und Entwicklung

Geschlechtlichkeit und Fortpflanzung sind noch unzureichend beschrieben. Bei den Cephalodisciden gibt es wahrscheinlich echte Zwitter; bei manchen Arten treten neben nicht fertilen Tieren Männchen und Weibchen gemeinsam in einer Kolonie auf. Auch in den Tierstöcken der Rhabdopleuriden sind neben vielen geschlechtslosen Zooiden wenige Männchen und Weibchen zu finden.

Die retroperitoneal differenzierten **Gonaden** sind bei den Rhabdopleuriden unpaar, bei den Cephalodisciden paarig. Bei diesen liegen sie auch in einem Lateralseptum umgeben von einem Blutraum. Über Befruchtungsvorgänge ist nichts bekannt.

Die **Entwicklung** kennt man bisher nur für *Rhabdopleura normani*. In Coenoeciumröhren weiblicher Zooide können bis zu 7 unterschiedlich alte Embryonen liegen. Die Frühentwicklung ist holoblastisch und radiär. Im dritten Furchungsschritt werden unterschiedlich große Blastomeren gebildet. Der Embryo besteht zunächst nur aus einem ektodermalen Epithel über einer dotterreichen Zellmasse, von der sich eine Protocoelblase und Meso- und Metacoel durch Spaltbildung absondern. Nach 4–7 Tagen schlüpft eine gleichmäßig bewimperte S c h w i m m l a r v e (400–450 μm) mit einem Scheitelorgan, das bei den rotierenden Schwimmbewegungen nach vorne gerichtet ist.

Nach 1–5 h setzt sich diese Larve fest. Am Hinterende, wo später der Rumpfstiel entsteht, hat sich ein larvales Haftorgan mit Drüsen in der Epidermis gebildet. Ein pigmentfreies Drüsenfeld auf der vorderen Ventralseite wölbt sich nach außen und bildet eine Sekrethülle. Es wird später zum gehäusebauenden Drüsenfeld des Rostralschildes. Nach ca. 4 Tagen öffnet sich der Larvenkokon, an dessen einem Ende das metamorphosierte Jungtier mit dem Stiel angeheftet ist.

Die Entwicklung der Cephalodisciden ist nur lückenhaft bekannt. Nach totaler Radiärfurchung mit inäqualen Schritten entsteht eine planulaartige, allseits bewimperte Larve. Spätere Larven besitzen ein Scheitelorgan, ein Drüsenfeld in der ventralen Epidermis und am Hinterende eine von Cilien umstandene Einsenkung.

Vegetative Fortpflanzung durch K n o s p u n g ist verbreitet. Bei den Rhabdopleuriden bleiben die Zooide nach der Ausdifferenzierung über den schwarzen Stolo in Kontakt. Bei den Cephalodisciden entstehen bis zu 14 Knospen am Stielende einer Haftscheibe (Abb. 1082B). Die Knospen enthalten nur Ekto- und Mesodermmaterial, bringen aber trotzdem ein vollständiges Tier hervor. Bei den Cephalodisciden bildet sich der Darm zur Gänze aus einer ektodermalen Einsenkung, die sich vom Mund her innerhalb des Mesenteriums bis zum After hin schiebt. Früh wird die Dreigliedrigkeit der Coelomräume durch Dissepimentbildungen erreicht.

Systematik

Als taxonomische Kriterien werden der Gehäusebau, der Tentakelapparat und anatomische Merkmale herangezogen. Es werden 3 Familien-Taxa unterschieden.

Abb. 1084 †Graptolithina. †*Monograptus pulcherimus*. Aus Siewing (1985).

Atubariidae. – *Atubaria heterolopha*, nur einmal in 200–300 m Tiefe vor Japan gefunden; wahrscheinlich ohne Gehäuse. Von den 4 Paar Armen hat das 2. Paar ein langes tentakelloses, aber drüsenreiches Ende.

Rhabdopleuridae, Kiemenporen fehlen; nur 1 Paar Arme. – *Rhabdopleura normani*. Einzeltier 1 mm, Tierstock 40 mm. Azoren, Grönland, Lofoten, vor Skandinavien westliches Mittelmeer; Antarktis.

Cephalodiscidae, die Mehrzahl der *Cephalodiscus*-Arten ist aus Tiefen von 50–650 m antarktischer und subantarktischer Meere bekannt, wenige in tropischen Seichtwassergebieten. – *C. indicus*. Ceylon, Borneo, Celebes, Bermuda). – *C. gracilis* mit 8 Armen, in 275 m Tiefe; Straße von Florida, Gezeitenzone auf Bermuda.

†Graptolithina

Aufgrund des Gehäusebaues und der Gliederung der Tierstöcke (Abb. 1084) wird diese fossile, artenreiche paläozoische Gruppe zu den Hemichordaten gestellt, innerhalb der sie sicher mit den Pterobranchiern näher verwandt ist. Graptolithen waren weltweit verbreitet vom Mittleren Kambrium bis ins Untere Karbon. Für das Ordovizium und das Silur sind sie Leitfossilien. Bis zu 10 000 Zooide konnten in einem Tierstock auftreten. Neben vielen sessilen Benthosformen sind auch pelagische Formen mit Schwimmkörpern bekannt.

Echinodermata, Stachelhäuter

Die Echinodermata sind mit etwa 7 000 rezenten Arten nach den Chordata die größte Gruppe innerhalb der Deuterostomia. Sie leben ausschließlich marin und sind bis auf wenige bathypelagische Seegurkenarten typische Formen des Benthos der Schelfmeere aber auch der bathyalen und hadalen Meeresböden, wo sie bis zu 90 % der Biomasse stellen. Einige höhere Taxa der Seesterne und der Seegurken kommen ausschließlich unter 2 000 m Tiefe vor!

Echinodermen sind seit dem frühen Kambrium bekannt; im späten Paläozoikum hatten sie eine besonders reiche Entwicklung mit vielen Gruppen, die zwar fossil belegt, aber mit den rezenten Formen nicht näher verwandt sind. Bedingt durch die gute Erhaltbarkeit des Skeletts aus Kalzit sind etwa 13 000 fossile Arten bekannt. Von den 20 höheren Taxa sind nur fünf noch mit rezenten Arten vertreten: die **Crinoidea** (Seelilien und Haarsterne) mit ca. 650 Arten, **Asteroidea** (Seesterne) mit ca. 2 100 Arten, **Ophiuroidea** (Schlangensterne und Medusenhäupter) mit ca. 2 000 Arten, **Holothuroidea** (Seegurken) mit rund 1 400 Arten und **Echinoidea** (Seeigel) mit etwa 800 Arten.

Die für kurze Zeit als eigenes Großtaxon (Concentricycloida) geführten *Xyloplax*-Arten werden heute in die Asteroidea eingereiht (S. 756).

Die Körpergröße der oft prächtig gefärbten Echinodermen reicht von 5 mm (bei den Fibulariidae, Verwandte der Sanddollars) bis zu 320 mm (der indopazifischen Lederseeigel *Sperosoma giganteum*). Bei dem Schlangenstern *Nannophiura lagani* beträgt der Scheibendurchmesser nur 0,5 mm (!), die Arme sind 3 mm lang. *Leptosynapta minuta*, eine füßchenlose Seegurke aus dem Sandlückensystem der Nordsee, misst 5 mm, tropische Verwandte wie *Synapta maculata* aus dem Indopazifik werden über 2 m lang bei 5 cm Durchmesser. *Stichopus variegatus* von den Philippinen hat eine Länge von 1 m, aber einen Querschnitt von 23 cm und wiegt 9 kg. Auch Seesterne erreichen beachtliche Größen: 1,40 m Durchmesser bei der Tiefseeart *Midgardia xandaras*, 1 m und 10 kg Gewicht bei *Pycnopodia helianthoides* aus dem Nordpazifik mit 25 Armen.

Gegenüber allen anderen Bilateria sind adulte Echinodermen durch eine fünfstrahlige (pentamere) Symmetrie gekennzeichnet. Die Hauptachse verläuft durch den Mund im Mittelpunkt der sog. Oralseite bzw. durch den After auf der gegenüberliegenden Aboralfläche (Abb. 1085). Bei den sich frei bewegenden Eleutherozoa ist die Oralseite dem Substrat zugekehrt, also die Unterseite; die Aboralseite ist die Oberseite. Nur bei den Holothurien bildet die Oralseite das Vorderende und die Aboralseite den hinteren Körperpol (Abb. 1086E).

Im Grundbauplan können daher 5 Radien mit coelomatischen Kanalsystemen und Radiärnerven von 5 Interra-

dien unterschieden werden (Abb. 1085). In den Radien entwickelt sich vom Hydrocoel aus ein Tentakelapparat. Da diese Tentakel bei Seesternen, Seeigeln und Seegurken zu einem der Fortbewegung dienenden Füßchenapparat differenziert sind, werden die Radien auch als Ambulacren und die Interradien als Interambulacren bezeichnet. Die primäre Fünfstrahligkeit wird bei Crinoiden und Asteriden häufig vervielfacht: Crinoiden besitzen maximal 200 (*Comanthina schlegeli*), Seesterne 50 Arme (*Heliaster* sp.). Fast die Hälfte aller Seeigel zeigen äußerlich eine sekundäre Bilateralsymmetrie. Diese als „Irregularia" zusammengefassten Formen sind Bewohner von Sedimentböden und leben entweder in der Substratoberfläche oder eingegraben. Auch Seegurken entwickelten in mehreren Taxa eine ausgeprägte sekundäre Bilateralsymmetrie.

Der pentamer radiäre Bau der Echinodermen kann durch die Position der interradial gelegenen Madreporenplatte (Siebplatte) exakt orientiert werden: Aboral wird der Radius gegenüber der Madreporenplatte mit A bezeichnet, die weiteren Radien gegen den Uhrzeigersinn mit B, C, D und E (Abb. 1085). Die Madreporenplatte liegt demnach im Interradius CD. Bei den Crinoiden orientiert man sich an der im Interradius CD gelegenen Afteröffnung.

Die pentamere Radiärsymmetrie entsteht erst in einer Metamorphose aus einer zunächst bilateralsymmetrischen Larve (mit drei paarigen linken und rechten Coelomräumen, Abb. 1083), die der Tornarialarve der Enteropneusten ähnelt (Abb. 1074). Die spätere Oralseite differenziert sich bei Seesternen und Seeigeln auf der linken Seite des Larvenkörpers, die Aboralseite auf der rechten. Bei Seegurken und Schlangensternen entsteht die Oralseite hingegen im Mundfeld der Larve; bei den primär festsitzenden Crinoidea beginnt die Metamorphose meist auf der Ventralseite der mundlosen Schwimmlarve.

Alfred Goldschmid, Salzburg

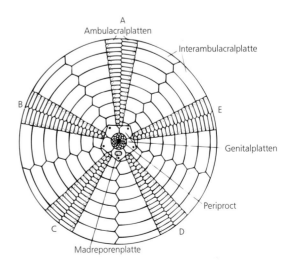

Abb. 1085 Echinodermata. Pentamere Symmetrie. Blick auf die Aboralseite eines Seeigels. Stacheln weggelassen. Aus Hennig (1963).

Die äußere Pentamerie wird von der Differenzierung des sog. Hydro- oder Mesocoels induziert, das schon am Beginn der Metamorphose einen Ring um den Vorderdarm bildet, von dem dann 5 Radiärkanäle auswachsen (Abb. 1087). Das Somatocoel (Metacoel) folgt diesen Vorgängen ebenfalls mit Ringbildungen und radiär verlaufenden Kanälen, desgleichen die Hauptbahnen des Nervensystems. Alle Kanalsysteme sind von monociliären Epithelien ausgekleidet; die Coelomflüssigkeit wird mithilfe dieser Cilien bewegt.

Einzigartig – und wohl besonders wichtig für Evolution und Lebensweise der Stachelhäuter – ist eine Differenzierung im kollagenen Bindegewebe. Durch nervöse Steuerung kann das Bindegewebe rasch versteifen oder extrem erschlaffen, was durch Verlagerung von Ca^{2+}- und Na^+-Ionen in der Bindegewebsmatrix und an den Glykoproteinmolekülen erreicht wird, welche die Kollagenfasern miteinander vernetzen. Wichtig sind dabei sogenannte juxtaligamentale Zellen zwischen Kollagenfasern und steuernden Nerven. Dieses veränderliche Bindegewebe (*mutable collagenous tissue* = MCT) kann als Halteapparat mit geringstem Energieaufwand Stacheln, ganze Arme, Füßchen usw. über lange Zeit durch Versteifen der kollagenen Bänder und Bindegewebsstrukturen in einer durch Muskelbewegung erreichten Stellung halten. Umgekehrt können durch extremes Lockern des MTC und gegenläufiger Muskelbewegungen ganze Arme der See- und Schlangensterne abgetrennt werden (Autotomie); entsprechend hoch ist die Regenerationsfähigkeit. (Abb. 1118).

Ursprünglich haben Echinodermen einen biphasischen Lebenszyklus. Bis auf wenige Ausnahmen sind sie getrenntgeschlechtlich und ohne Sexualdimorphismus. Zwitter sind nur von Seesternen, Schlangensternen und Seegurken bekannt. Echinodermen zeigen eine typische Radiärfurchung mit deutlicher Invaginationsgastrula – außer bei dotterreichen Eiern. Aus dotterarmen Eiern geht meist eine planktotrophe Larve hervor, die eine Metamorphose durchläuft. Brutpflege tritt vereinzelt in allen Gruppen auf, gehäuft bei Arten des Gezeitenbereichs, der Tiefsee und der Polarmeere. Bei einigen Asteriden, Ophiuriden und Holothurien ist eine vegetative Vermehrung durch Teilung des ganzen Tieres, die Fissiparie, wahrscheinlich obligat. Die pelagischen Larven von einigen See- und Schlangensternen bilden vegetativ Knospen, die nach Ablösung wieder zu voll-

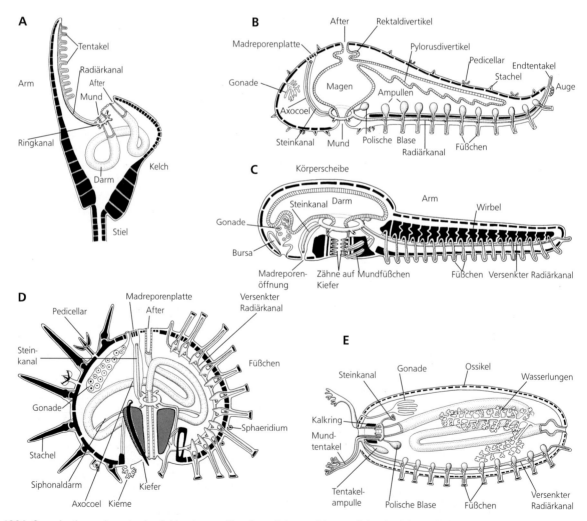

Abb. 1086 Organisationsschemata der Echinodermen-Taxa in radialen und interradialen Ansichten. **A** Crinoidea. **B** Asteroidea. **C** Ophiuroidea. **D** Echinoidea. **E** Holothuroidea. Skelettelemente schwarz, Ring- und Radiärkanäle des Ambulacralgefäßsystems eingezeichnet. Originale: A. Goldschmid, Salzburg, nach verschiedenen Autoren.

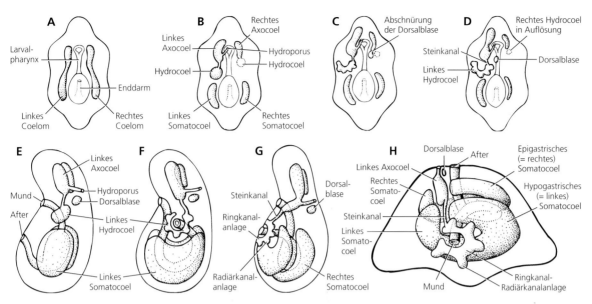

Abb. 1087 Schema der Coelomdifferenzierung und -verlagerung bei der Metamorphose. **A–D** Dorsalansichten. **E, F** Linke Seitenansicht. **G** Linke Schrägansicht. **H** Vor der Endphase der Metamorphose. Verlauf des Darmtraktes stark vereinfacht. Nach verschiedenen Autoren.

ständigen Larven heranwachsen. Solche asexuell entstandene „Sekundärlarven" können die Verbreitung einer Art und die Zahl metamorphosierter Jungtiere deutlich vergrößern.

Echinodermen sind lokal von einiger wirtschaftlicher Bedeutung. In den letzten Jahren bewegte sich die weltweite Anlandung bei etwa 100 000 t/Jahr, wovon nicht ganz 50 000 t auf Seeigel entfallen, von denen die Gonaden gegessen werden. 30 000 t Seegurken werden als Trepang oder *bêche-de-mer* nach Entfernen der Eingeweide verwertet. Bis zu 4 000 t Seesterne gelangen in Tierfutter und Düngemittel.

Bau und Leistung der Organe

Die **Epidermis** ist ein einschichtiges Epithel, ihr häufigster Zelltyp sind wenig differenzierte Stützzellen meist mit Cilium. Typisch ist ein dichter Mikrovillibesatz und darüber eine faserige Glykokalyx. Zwischen den Mikrovilli liegt faseriges und granuläres Material (Cuticula) meist in 2 Lagen, wobei die untere Kollagenfasern enthält; zwischen Cuticula und Zelloberfläche finden sich oft Bakterien (Abb. 1088).

Schleimdrüsen und Drüsenzellen mit Klebsekreten können stellenweise dicht auftreten, z. B. in den Endplatten der Saugfüßchen von Echiniden, Holothurien und Asteriden oder in den Mundtentakeln der Holothurien. Drüsensäcke auf der Außenseite der Pedicellarienzangen der Seeigel und manchmal auch am Stiel der Pedicellarien können beachtliche toxische Wirkung haben, besonders bei tropischen Vertretern der Familie Toxopneustidae. Es handelt sich um Neurotoxine, die auch für den Menschen gefährlich sein können.

Monociliäre Zellen stehen in der Epidermis immer dort dicht, wo der Transport von Nahrungspartikeln oder ein Wasserstrom aufrechterhalten wird. Häufig sind cilientragende primäre Sinneszellen, deren experimentelle Zuordnung zu bestimmten Sinnesqualitäten bisher kaum erfolgt ist. In der Basis der Epidermis liegen Ganglienzellen und deren Dendrite und Axone (s. u.).

Zwischen den Epithelzellen treten oft reichverzweigte Pigmentzellen auf (Abb. 1088), meist Melanophoren. Wanderungen der Pigmentgranula als Reaktion auf Verän-

derungen der Lichtverhältnisse bewirken unterschiedliche Tag- und Nachtzeichnungen.

Beim Seeigel *Centrostephanus longispinus* expandieren die Pigmentgranula bei Lichtexposition innerhalb von 50 min, bis der Seeigel tief schwarz ist. Die volle Dunkeladaptation wird in nur 25 min erreicht; das Tier wirkt dann graubraun, die Stacheln hell gebändert.

Häufig wandern Coelomocyten, meist Phagocyten, amöboid in den Interzellularräumen der Epidermis (Abb. 1088).

Färbungen können auch innerhalb einer Art extrem variieren. *Antedon mediterranea* kann in derselben Population schwefelgelb, graubraun und leuchtend dunkelrot bis violett sein. Die Buntheit beruht auf der Mischung verschiedener Pigmente. Melanine sind allgemein verbreitet und bei Seeigeln und Seegurken häufig. Carotinoide und Carotinoproteine dominieren bei Seesternen und Schlangensternen und bringen alle Abstufungen von rot hervor. Carotinoproteine können aber auch blau, grün und purpur erscheinen. Naphtochinone treten besonders bei Echiniden auf und sind als Echinochrome in Körperflüssigkeiten, Geweben – oft in den Gonaden – zu finden, und als Spinochrome vor allem in den Skelettstrukturen. Auch Crinoiden und Holothurien enthalten Chinone. Das leuchtende Dunkelblau verschiedener Diademseeigel ist ein physikalischer Effekt, die Rayleigh-

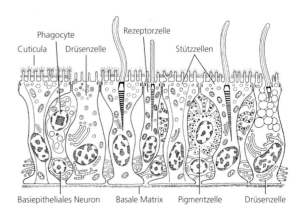

Abb. 1088 Bau der Epidermis adulter Echinodermen. Original: A. Goldschmid, Salzburg, nach verschiedenen Autoren.

Streuung, und wird durch die Unterlagerung von Melaninen durch reflektierende Iridophoren erzeugt.

Das **Nervensystem** erinnert in seinem basiepithelialen Bau an jenes der Cnidaria (S. 125) und der Hemichordata (S. 721). Auffällig ist der einfache Bau der Synapsen ohne prae- und postsynaptische Differenzierungen.

Gliazellen sind bisher kaum nachgewiesen; bipolare cilientragende Zellen der Epidermis der Radiärnerven von Seesternen mit langen bis an die Basallamina ziehenden Fortsätzen wurden als epidermale Radiärglia mit sekretorischer Funktion beschrieben.

In den Ambulacren ziehen die Radiärnerven, die um die Mundöffnung durch einen Faserring verbunden sind. Dieser orale Ring wurde vielfach als integrierendes Zentrum angesehen, doch werden hier lediglich die Radien miteinander verschaltet. Bei entsprechendem Erregungseingang kann jeder Radius kurzfristig zum „Zentrum" werden und das Gesamtverhalten des Tieres bestimmen.

Die Ganglienzellen sind sehr klein, nur bei Ophiuriden treten „Riesenneurone" auf (Zellkörper ca. 40 μm, Axonquerschnitte 10–20 μm).

Je nach Lage im Körper kann (1) ein ektoneurales (epineurales), (2) ein hyponeurales und (3) ein aborales, (entoneurales) System unterschieden werden (Abb. 1095). Diese 3 Systeme stehen erstaunlicherweise nicht in direkter Verbindung.

Bei den Eleutherozoen ist das basiepitheliale, ektoneurale System der Epidermis das mächtigere Nervensystem. Es bildet Stränge in den Radien und einen Ring um den Mund (Abb. 1095). Ganglien liegen in Höhe der Füßchen. Im ektoneuralen Plexus ziehen vor allem die Axone der epidermalen Sinneszellen. In seiner Gesamtheit ist das ektoneurale System vorwiegend sensorisch und arbeitet aminerg. In den „Radiärnerven" liegen bi- und multipolare Neurone und sammeln die peripheren Informationen. Größere Fasern überbrücken mehrere der erwähnten Ganglienzellgruppen. Nur bei den Asteriden liegt der ektoneurale Radiärnerv offen in der Epidermis der Ambulacralfurchen (Abb. 1098). Bei den übrigen Eleutherozoen schließt sich die Körperdecke während der Metamorphose über dem epidermalen Radiärnerv und es entsteht ein Epineuralkanal (Abb. 1099, 1100, 1123); das Nervenmaterial liegt dann in der proximalen Wand der Epineuralkanäle.

Das hyponeurale Nervensystem arbeitet im Wesentlichen cholinerg und steuert die Motorik der Skelettmuskeln sowie die Aktivität der juxtaligamentalen Zellen des Bindegewebes (s. o.). Dieser motorische Teil des Nervensystems liegt bei den Eleutherozoa intraepithelial in den Wänden der somatocoelen Hyponeuralkanäle unter dem ektoneuralen Nervensystem (Abb. 1095, 1098, 1099, 1123). Es enthält viel weniger Ganglienzellen und Fasern als das ektoneurale System. Gangliengruppen finden sich auch hier in der Nähe der Erfolgsorgane, so dass entlang der Radiärbahnen – ähnlich wie beim sensorischen System – der Eindruck einer Segmentierung entsteht. Bei der Mehrzahl der Seeigel fehlt das radiäre hyponeurale Nervensystem, weil die Skelettplatten ohne Muskeln nur mit Bindegewebsfasern fest verbunden sind.

Die ontogenetische Herkunft dieses motorischen Systems ist unbekannt, es könnte direkt aus Mesodermzellen (möglicherweise modifizierten Myoblasten) entstehen, was für das gesamte Tierreich einzigartig wäre.

Wie schon beim ektoneuralen Nervensystem (s. o.) erwähnt, bestehen keine Verbindungen zwischen den beiden Systemen über die trennenden basalen Matrices hinweg. Alle Darstellungen in der älteren Literatur, die derartige Verschaltungen behaupten, haben sich nach feinstrukturellen Untersuchungen als unrichtig erwiesen. Mit diesen getrennten Nervensystemen ohne direkte Verbindungen zwischen Sensorik und Motorik wird die hohe stammesgeschichtliche Eigenständigkeit der Echinodermen unterstrichen.

Ektoneurales und hyponeurales System liegen intraepithelial, d. h. in der Epidermis bzw. in der Wand der Hyponeuralkanäle auf der Oralseite. Die Crinoiden unterscheiden sich darin deutlich von den übrigen Echinodermen: Das sensorische Ektoneuralsystem ist schwach entwickelt, liegt basiepithelial zwischen den Epidermiszellen der bewimperten Futterrinnen und bildet einen Ring um die Mundöffnung (Abb. 1097, 1108); etwas tiefer aber im Bindegewebe liegt der motorische hyponeurale Ring, von dem je 2 laterale Äste in die Arme hinausziehen.

Das aborale System ist besonders bei Crinoiden mächtig entwickelt, mit einer zentralen Nervenmasse in der Kelchbasis (Abb. 1109), von der bei gestielten Formen auch der Stiel und dessen Cirren versorgt werden. Außerdem durchzieht es, eingebettet im Zentrum der Skeletteile, die Arme bis in die Pinnulae und steuert deren Bewegung. Bei den Eleutherozoa ist das aborale System hingegen schwach entwickelt, es begleitet den aboralen Somatocoelring und versorgt die Gonaden; bei Holothurien fehlt es anscheinend völlig.

Die allgemein getroffene Unterscheidung in ein ektoneurales, hyponeurales und aborales Nervensystem ist problematisch und sollte nur mehr topografisch verstanden werden; außerdem wird mit diesen 3 Bezeichnungen das komplexe Nervensystem des Darmtraktes gar nicht erfasst. Eine Untergliederung nach dem Vorkommen von Nervengewebe in basiepithelial und subepithelial wäre richtiger. Basiepithelial wäre demnach das ektoneurale System in der Epidermis, das hyponeurale der Eleutherozoa in den Wänden der Hyponeuralkanäle, welches zusammen mit den Plexusbildungen in der Außenwand des Darmtraktes ganz allgemein als coelotheliales System gesehen werden kann, und ein entodermales System im Darmepithel, das vielleicht nur den Seegurken fehlt und bisher wenig beachtet wurde. Subepithelial, im Bindegewebe gelegen, wären die juxtaligamentalen Zellen, das mächtige aborale Nervensystem der Crinoiden und auch deren hyponeurales, das daher jenem der Eleutherozoa nicht homolog wäre.

Komplexere **Sinnesorgane** sind bei Echinodermen wenig entwickelt. Es können aber mehrere tausend – meist monociliäre – Rezeptorzellen pro mm^2 der Epidermis auftreten und für verschiedenste Reize adäquat sein. Besonders an Füßchen von Ophiuriden und Tentakeln von Holothurien sind auch Rezeptorzellen ohne Cilium bekannt, offenbar spezialisierte Chemorezeptoren. Chemoperzeption ist über gewisse Distanzen nachgewiesen und auch bei direktem Kontakt mit Objekten. Viele Seeigel seichter Gewässer reagieren auf unterschiedliche Lichtintensitäten.

Bekannt ist, dass sich *Paracentrotus*-Arten mit Algen, Steinen oder Muschelstücken gegen intensives Sonnenlicht bedecken. Die langstacheligen Diademseeigel der Korallenriffe reagieren auf Beschattung mit schnellen Bewegungen und Aufrichten der Stacheln (Schutzreaktion gegen Drückerfische, die mit einem Wasserstrahl den Seeigel umwerfen und vom Mundfeld her aufbeißen).

Seesterne besitzen Augen im Endtentakel an den Armspitzen. Sie bestehen je nach Größe der Tiere aus einigen bis mehreren hundert Pigmentbecherocellen und sind mit freiem Auge als rote bis violette Flecken erkennbar (Abb. 1086B).

Die Rezeptorzellen tragen ein Cilium und einen rhabdomerartigen Mikrovillisaum. Auch flächige Anordnung der Rezeptorzellen (*Astropecten irregularis*) oder etwas stärker lichtbrechende Epidermiszonen über den Einzelocellen als „Linse" oder „Cornea" (*Marthasterias glacialis*) sind bekannt. Bei *Nepanthia belcheri* ist die Anordnung der Mikrovilli derart regelmäßig, dass der Eindruck eines Arthropodenrhabdomers entsteht. Die Armspitzen der Seesterne sind häufig aufgebogen, so dass die Augen nach oben gerichtet sind. Besonders deutlich ist dies beim „Führungsarm", also jenem Arm, der in die Richtung der Fortbewegung weist (Abb. 1114B).

Von synaptiden Holothurien kennt man paarige Augenflecken an der Basis der Tentakelnerven (z. B. *Opheodesoma spectabilis*). Schlangensterne reagieren auf Lichtwechsel mit schneller Flucht. Bei *Ophiocoma venti* ist das Stereom der aboralen Armplatten zu Gruppen von fokusierenden Linsen differenziert, die von Pigmentzellen und Nerven unterlagert sind.

Statocysten sind von Seegurken bekannt, z. B. den wurmförmigen Apodida. Sie liegen an der Basis der Mundtentakel als meist paarige epidermale Blasen, in denen bis zu 20 Zellen mit skleritgefüllten Vakuolen flottieren. Kleine kugelige Skelettbildungen (Sphaeridien) in den Radien der Seeigel, die z. T. ständig kurze Schwenkbewegungen machen, werden ebenfalls als Schweresinnesorgane gedeutet (Abb. 1086D).

Echinodermen besitzen ein vielteiliges **mesodermales Kalkskelett** aus Kalzit. Seine periphere Lage ist wichtig für die Körpergestalt und die Beweglichkeit.

Das Skelett entsteht in einem Raum (intrasyncytiale Vakuolen) umgeben von einem Syncytium, das sich durch Verschmelzung von Skelettbildungszellen (Sklerocyten) bildet. Solange Mineralisation stattfindet, sind die Vakuolen von der extrazellulären Matrix des Bindegewebes (intersyncytialer Raum) getrennt. In den Vakuolen wird in einer organischen Hülle vorwiegend monokristalliner Kalzit abgelagert. Es entstehen dreidimensionale Sklerite, die sich zu einem dreidimensionalen Netzwerk (Stereom, Abb. 1089B) vereinigen. Gegen Ende der Mineralisationsphase treten die Vakuolen und der intersyncytiale Raum vielfach in Verbindung (Abb. 1089A), wodurch die Mineralteile nun direkt von Bindegewebe umgeben sind. Dank dieser Bildungsweise können die Skelettelemente nach allen Richtungen wachsen und nach Autotomievorgängen oder Verletzungen erneuert oder durch Phagocyten resorbiert werden.

In den Platten oder Stacheln des Skeletts nimmt das kalkige Stereom nur etwa die Hälfte des Raumes ein, wodurch feste, doch leichte Konstruktionen entstehen. Das Stereom kann auch faszikulär, oder sogar massiv differenziert sein.

In den Armen der Schlangen- und Haarsterne entstehen Gelenke, die von Muskeln bewegt werden Der Anteil an MgCO$_3$ im Skelett ist art- und strukturspezifisch und schwankt zwischen 2,5–39 %, in der Regel liegt er unter 10 %. Besonders harte Elemente enthalten mehr MgCO$_3$.

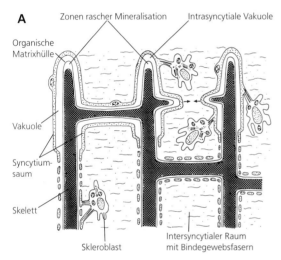

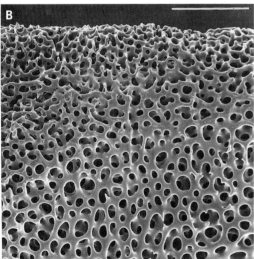

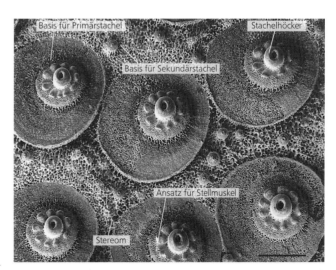

Abb. 1089 Stereombildung. **A** Schema der syncytialen Stereombildung. **B** Stereom vom Peristomialrand des Seeigels *Diadema setosum*. Bindegewebe wegmazeriert. REM-Foto. Maßstab: 100 µm. A Nach Märkel (1990); B Original: K. Märkel, Bochum.

Abb. 1090 Skelett mit Stachelbasen der Interambulacralplatten von *Schizaster canaliferus* (Echinoidea, Spatangoida). REM-Foto. Maßstab: 500 µm. Original: G.O. Schinner, Wien.

Charakteristische Skelettelemente der Echinodermata sind die **Stacheln** (Name!). Meist sind sie beweglich und grundsätzlich von Epidermis überzogen. Sie treten bei den Asteriden, Ophiuriden und in besonderer Vielfalt bei den Echiniden auf (Abb. 1090, 1092, 1134).

Auch die skelettgestützten Randlappen ursprünglicher Crinoiden sind mit Stacheln vergleichbar. Diese „Saumplättchen" können die Futterrinnen abdecken und schützen. Bei Seesternen sind Stacheln mit ganz ähnlicher Funktion entlang der Ambulacralfurchen entwickelt.

Als modifizierte Stacheln werden die **Pedicellarien** bei Seesternen und Seeigeln angesehen. Sie bestehen aus mehreren Teilen, die wie Pinzetten arbeiten. Primär dienen sie als Abwehrorgane gegen sich festsetzende Larven, können in einigen Taxa aber auch beim Beutefang eingesetzt werden. Besonders reich entwickelt sind die meist dreiklappigen Pedicellarien der Seeigel (S. 765, Abb. 1093, 1101, 1130).

Der Kieferapparat der Seeigel (pentamere „Regularia" und bilaterale Clypeasteriden), die „Laterne des Aristoteles", ist ein inneres Kalkskelett. Er liegt im oralen Somatocoelring; in seinem Zentrum steigt der Darmtrakt hoch. Seine funktionell wichtigsten und auch größten Elemente sind die 5 interradialen Pyramiden, die Ansatzflächen für Muskeln bieten und jeweils einen Zahn führen. Dieser bewegliche Kiefer-Zahnapparat dient zum Abschaben und Zerkleinern der Nahrung (Abb. 1101, 1103).

Ähnlich dem Kieferapparat der Seeigel ist der Kalkring der Holothurien eine innere Skelettstruktur; er besteht aus 5 radialen und interradialen Platten, die den Pharynx umgeben (Abb. 1086E, 1096A).

Mikroskopisch kleine Spicula im Bindegewebe unter der Epidermis sind typisch für Seegurken. Die große Vielfalt dieser Sklerite wird taxonomisch verwendet (Abb. 1094, 1138).

Kleine Kalkspikeln finden sich ganz allgemein in vielen Organen aller Echinodermen. Häufig sind C-förmige Ossikeln in den Füßchenwänden und Kiemen der Seeigel. Dichte Kalkeinlagerungen haben dem Steinkanal seinen Namen gegeben (Abb. 1095, 1096). Zu einer Rosette angeordnete Platten und Ringe stützen die Saugscheibe der Füßchen

Abb. 1092 Hohler Primärstachel von *Diadema setosum* (Echinoidea). Querbruch, REM-Foto. Peripher: lamellierte Septen mit äußeren Dornen. Innen: maschiger Zentralzylinder um Hohlraum, der im lebenden Tier mit Bindegewebe gefüllt ist. Maßstab: 200 μm. Aus Burkhardt et al. (1983).

der Seeigel und Seegurken. Auch die pinselförmigen Enden der Kittfüßchen der Spatangiden sind von zarten Kalkstäbchen gestützt.

Abgesehen von den Seesternlarven bauen alle Echinodermenlarven schon in einem frühen Stadium ein larvales Skelett auf. Bei den Pluteus-Larven der Echiniden und Ophiuriden stützen bedornte Kalzitstäbe die langen Schwebarme (Abb. 1131, 1132). Einige Auricularien der Seegurken haben kleine rundliche oder radförmige Sklerite. Die Sklerite der Crinoidenlarven (Abb. 1110) sind erste Anlagen des späteren Adultskeletts.

Echinodermen besitzen im Wesentlichen eine glatte **Muskulatur**. In den kräftigen Beugemuskeln der Crinoidenarme treten dickere Paramyosinfilamente auf, deren schraubige Anordnung den Eindruck schräggestreifter Fasern hervorruft. Quergestreifte Fasern sind nur von Seeigeln aus den Muskeln der Pedicellarien bekannt und aus der Muskulatur von Stacheln bei *Centrostephanus longispinus* (Diadematida), die ständig Rotationsbewegungen durchführen. Die Muskulatur des Ambulacralsystems in den Wänden der Füßchen und Ampullen und die Muskeln des Kieferapparats der Seeigel differenzieren sich aus Epithelmuskelzellen der Coelothelien.

Das **Coelom** entsteht aus einer enterocoelen Anlage. Nach der Gastrulation schnürt sich dabei vom Urdarmdach ein epitheliales Bläschen ab. Dieses teilt sich in ein rechtes und linkes Bläschen, die caudad in der bilateralen Larve auswachsen und sich in 3 Abschnitte (Protocoel, Mesocoel und Metacoel) zu gliedern beginnen: Seitlich vom larvalen Mitteldarm trennen sich die caudalen Teile als linkes und rechtes Somatocoel (Metacoel) ab (Abb. 1087). Auf der linken Seite des larvalen Pharynx differenziert sich rostral das linke Axocoel (Protocoel), das bald über einen Kanal an der Dorsalseite nach außen mündet (Hydroporus). Das linke Hydrocoel (Mesocoel) wird rasch größer und bleibt über einen Kanal mit dem Axocoel in Verbindung. Dieser Kanal

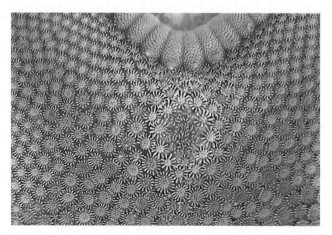

Abb. 1091 Paxillen und Madreporenplatte von *Astropecten aranciacus* (Asteroidea, Paxillosida). Aufsicht auf Interradius. Original: R. Patzner, Salzburg.

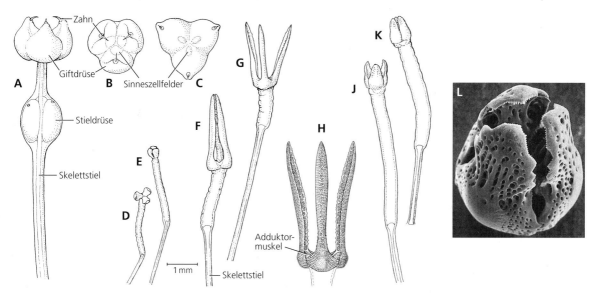

Abb. 1093 Pedicellarien von *Sphaerechinus granularis* (Echinoidea). **A** Globiferes Pedicellar. **B, C** Aufsicht auf verschieden weit geöffnete Zangenköpfchen. **D, E** Trifoliate Pedicellarien. **F, G, H** Tridactyle Pedicellarien. **I, J, K, L** Ophiocephale Pedicellarien. Originale: A–K: M. Mizzaro-Wimmer, Wien; L Original: H. Splechtna, Wien.

zieht später in einem Interradius von aboral nach oral und wird wegen seiner Skleriteinlagerungen dann Steinkanal genannt (s. o.). Das linke Hydrocoel wächst halbmondförmig aus und schließt sich zu einem Ringkanal, von dem je ein Radiärkanal in die späteren Radien auszuwachsen beginnt (Abb. 1087). Damit sind alle Voraussetzungen für die pentamere Radiärsymmetrie gegeben.

Diese Vorgänge gehen also im Wesentlichen in der linken Körperhälfte der bilateralen Larve vor sich. Auch auf der rechten Seite tritt ein Axo-Hydrocoelbläschen kurze Zeit auf und teilt sich. Das rechte Hydrocoelbläschen wird jedoch reduziert, vom caudalen Ende des rechten Axocoels gliedert sich ein Bläschen ab (Dorsalblase, Dorsalsack), das sich an den Kanal des Hydroporus anlagert (Abb. 1087D–G). Dies gilt für die Seesterne, die Schlangensterne und die Seeigel. Bei den Haarsternen und Seegurken wird rechts nur ein Somatocoel angelegt, die linken Coelomanlagen dieser beiden Gruppen differenzieren sich wie bei den anderen Echinodermen (s. o.). Das rechte Somatocoel bleibt stets kleiner.

Die grundsätzliche Dreiteilung der Coelomanlagen, die Ausbildung eines Porus nach außen aus dem Protocoel (Axocoel) und die Fähigkeit, vom zweiten Coelomraum, dem Mesocoel (Hydrocoel), Kanäle und Tentakel zu bilden, erinnert stark an die Verhältnisse bei den Hemichordaten – einerseits an die Tornarialarve der Enteropneusten, andererseits an die Pterobranchier mit ihrem mesocoelen Tentakelapparat (S. 727, Abb. 1081). Die Vorgänge in der Coelomdifferenzierung geben Hinweise auf pterobranchierartige Vorfahren der Echinodermen. Pterobranchier kriechen mithilfe des Rostralschildes. Durch die Festheftung am Vorderende könnte die Mundöffnung nach links ausgewandert und in der Folge der vordere Teil der rechten Körperseite insgesamt stärker zur Anheftung differenziert worden sein. Dies würde die Reduktion der rechten vorderen Coelomanlagen erklären und den ringförmigen Ausbau des linken Hydrocoels, das in der Folge einen pentameren Tentakelapparat bildete. Die Dorsalblase einiger Echinodermen beginnt noch in der Larve zu pulsieren und kann wegen dieser Funktion und ihrer Lage am Hydroporuskanal mit dem Perikardialbläschen der Hemichordaten homologisiert werden.

Die Coelothelien der adulten Echinodermen sind durch monociliäre Zellen charakterisiert. In allen können Myofilamente auftreten. Die coelomatischen Räume sind von Flüssigkeit erfüllt, die von den Cilien in Bewegung gehalten wird und als Transportsystem dient. In der Coelomflüssigkeit flottieren freie Coelomocyten, von denen bis zu 18 Formen bekannt geworden sind.

Viele davon sind amöboid beweglich und phagocytär. Sie treten daher auch in allen anderen Geweben auf, besonders im Bindegewebe. Bei zellulären Abwehrreaktionen und bei Wundverschlüssen und Regenerations-, aber auch Resorptionsvorgängen sind sie von Bedeutung.

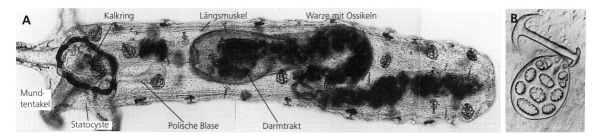

Abb. 1094 *Labidoplax* sp. (Holothuroidea, Apodida). Sandlückensystem, Mittelmeer; ca. 4 mm. **A** Lebendfoto. Warzen in der Oberfläche mit Ossikeln (Platte und Anker). Spitzen der Anker ragen nach außen vor und unterstützen die Fortbewegung (dringen bei großen Formen bei Berührung in die Haut). **B** Platte und Anker, durch Quetschen gegeneinander verschoben. Originale: W. Westheide, Osnabrück.

Sie können Pigmente enthalten und dadurch bei Anhäufungen makroskopisch als rötliche und braune Flecken sichtbar sein. Bei einigen Holothurien tritt auch Hämoglobin in Coelomocyten auf, eine Bedeutung als Atemfarbstoff ist aber nicht bekannt. Potenziell kommen alle dünnwandigen Kontaktzonen zwischen Coelothelien und Epidermis als Orte des Gasaustausches, der Exkretion und der Osmoregulation infrage.

Das **Somatocoel** schließt zwischen seinen beiden Hälften den Darmtrakt ein und bildet dadurch Mesenterien, die besonders bei den Asteriden, den Echiniden und Holothurien gut entwickelt sind. Das größere orale (hypogastrische) System, stammt in der Regel aus der linken Somatocoelanlage (Abb. 1087).

Von diesem Schema weichen die Crinoiden ab. Nur im gestielten Pentacrinus-Stadium (S. 749, Abb. 1110D) sind noch Coelomräume und deren Grenzen erkennbar. Das orale (linke) Somatocoel schließt sich später unter der Kelchdecke zu einem Ring und bleibt klein. Das aborale (rechte) füllt den größten Teil des Kelchs aus und gliedert in dessen Basis inter-

radial fünf Coelomschläuche ab, die sich in die Kelchbasis fortsetzen und auch in den Stiel eindringen. Dieses sog. „gekammerte Organ" wird außen vom mächtigen aboralen Nervensystem umhüllt. Vom gekammerten Organ wächst je ein oraler und ein aboraler Coelomschlauch in die Cirren der Kelchbasis oder des Stiels ein. Das Mesenterium zwischen den beiden Somatocoelen löst sich zu Trabekeln auf. Auch die Grenzen der beiden Somatocoele lösen sich auf und der periviscerale Raum wird von Bindegewebe erfüllt. Drei geräumige Somatocoelkanäle durchziehen die Arme und schließen den dünnen Genitalkanal ein, der sich erst in den Pinnulae erweitert (Abb. 1097).

Bei den anderen Echinodermen-Taxa (Eleutherozoa) gliedern sich vom hypogastrischen Somatocoel Radiärkanäle ab, die unmittelbar unter den epidermalen ektoneuralen Radiärnerven entlang laufen, und daher als Hyponeuralkanäle bezeichnet werden. In ihren Wänden liegt das motorische hyponeurale Nervensystem (S. 732), und um den Mund sind

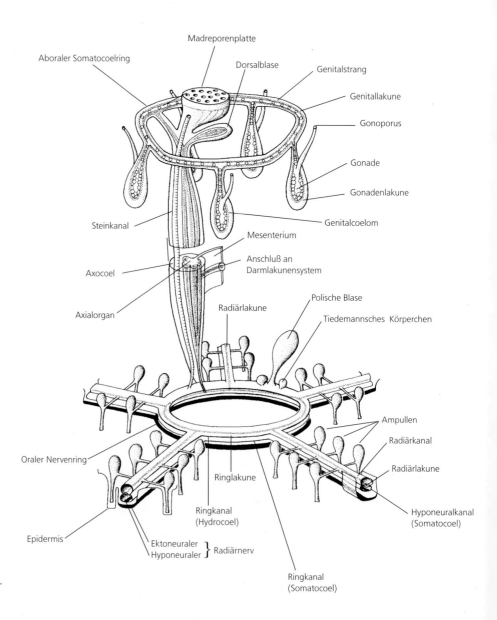

Abb. 1095 Eleutherozoa. Schema von Hydro- und Axocoel, aboralen und oralen Somatocoel-Ringen mit radiären Hyponeuralkanälen und begleitenden Nervensträngen. Original: A. Goldschmid, Salzburg, nach verschiedenen Autoren.

sie über einen Ringkanal verbunden (Abb. 1095). Bei Echiniden ist der Mundring zum „Laternen-Coelom" erweitert, in dem der Kieferapparat liegt (S. 766).

Bei Asteriden sind die radiären Hyponeuralkanäle der Arme paarig und schließen zwischen sich die radiäre Blutlakune ein („Radiärgefäß"); sie werden daher auch Perihämalkanäle genannt. Von ihnen gehen zwischen den Füßchen seitliche Kanäle ab, die beiderseits durch einen „lateralen Hyponeuralkanal" verbunden werden. Sie stehen auch mit einem zarten Kanalsystem in der Körperwand und mit Coelomräumen um die Papulae in Verbindung (Abb. 1098, 1113).

Bei Asteriden, Ophiuriden und Echiniden gliedert sich vom aboralen Ende des linken Somatocoels ein aboraler Ringkanal ab, in den der Genitalstrang (Rhachis) hinein wächst (Abb. 1095).

Das **Hydrocoel** bildet stets einen oralen Ringkanal. Zumindest während der Metamorphose (Abb. 1087D–G) verbindet der Steinkanal diesen Ringkanal bei allen Formen über den aboralen Hydroporus des Axocoels mit der Außenwelt. Nur bei den Asteriden und den Echiniden bleibt diese Situation auch im Adulttier erhalten. Bei den Ophiuriden verschiebt sich der Hydroporus auf die Oralseite. Bei den Seeigeln und Seesternen verzweigt sich der nach außen mündende Hydroporuskanal unter Bildung vieler dicht liegender Poren, die in einer eigenen Skelettplatte, der Madreporenplatte (Siebplatte), im Interradius CD eingebettet sind (Abb. 1085, 1086, 1095, 1113). Bei den Holothurien geht diese Verbindung zur Außenwelt meist verloren (Ausnahme: z. B. Elasipodida). Der Steinkanal endet hier mit einem Madreporenköpfchen mit vielen dicht bewimperten kurzen Kanälchen im Somatocoel (Abb. 1086E).

Auch bei den Crinoiden verliert der Hydroporus durch Auflösung der Axocoelwände seine Verbindung mit dem Steinkanal. Dadurch münden sowohl Hydroporus als auch Steinkanal in das Somatocoel (Abb. 1108). Vom Ringkanal sprossen sekundär weitere Kanäle ohne Spikeln aus, bei Seelilien je einer, bei Comatuliden bis zu 30. Zusätzlich entstehen in der Körperdecke zahlreiche Poren (bis 1 500), die sich mit einem kurzen bewimperten Kanal nach innen öffnen.

Typische Anhänge des hydrocoelen Ringkanals sind die Tiedemannschen Körperchen und die Polischen

Blasen (Abb. 1086, 1095). Letztere treten bei Asteriden, Ophiuriden und Holothurien auf, sind durch einen Kanal mit dem Ringkanal verbunden und ragen in das Somatocoel.

Durch ihre muskulöse Wand können sie offenbar den Flüssigkeitsdruck der meist großen mundnahen Füßchen der Asteriden und Ophiuriden beeinflussen, bei den Holothurien wahrscheinlich auch den Druck in den Mundtentakeln. Sie dienen auch als Auffangreservoir von Hydrocoelflüssigkeit bei Kontraktionen vieler Füßchen.

Die Tiedemannschen Körperchen der Asteriden und Echiniden sind kurze verzweigte Kanäle des Hydrocoels. Bei den Seesternen liegen sie interradial paarig direkt auf dem Ringkanal, bei den Seeigeln sind sie unpaar und kurz gestielt. Möglicherweise sind sie ein Sammel- und Umsetzort für wandernde Coelomocyten.

Von den Radiärkanälen des Hydrocoels geht der **Tentakel-** oder **Füßchenapparat** des **Ambulacralsystems** aus (Abb. 1086). Viele Funktionen der Echinodermen werden durch dieses System gesichert: Nahrungserwerb, Fortbewegung, Gasaustausch, Exkretion und Osmoregulation, Informationsaufnahme aus der Umwelt. Ermöglicht wird dies durch den dünnwandigen Bau und die hohe Beweglichkeit. Die Tentakel oder Füßchen stehen alternierend oder paarig rechts und links vom Radiärkanal des Hydrocoels, mit dem sie durch einen Zuleitungskanal Verbindung haben. Ihre Außenwand besteht nur aus der Epidermis und einer Bindegewebsschicht mit vorwiegend zirkulären Kollagenfaserbündeln und der Längsmuskelschicht der Hydrocoelwand.

Bei den Crinoiden dient das Tentakelsystem ausschließlich dem Nahrungserwerb und begleitet die dicht bewimperte Futterrinne. Pinnulae, seitliche Verzweigungen der Arme, sind die eigentlichen Filterorgane (S. 747, Abb. 1097).

Bei den Asteriden, Echiniden und Holothurien sind die Tentakel zu den Ambulacralfüßchen umgewandelt. Sie sind mit muskulösen Ampullen verbunden, deren Kontraktion Coelomflüssigkeit in das Füßchen presst, wodurch dieses ausgestreckt und steif wird (Abb. 1098, 1099, 1100). Bei den Ophiuriden fehlt eine Ampulle, der erweiterte und kontraktile basale Teil der Füßchen ersetzt sie funktionell.

Ein Rückschlagventil im Zuleitungskanal verhindert das Rückströmen von Flüssigkeit in den Radiärkanal. Dieses Grundmuster ist in den drei Gruppen in vielfältigen Füßchen- und Tentakeltypen abgewandelt. Zusätzlich zu den Rückschlagventilen kann der Radiärkanal durch Sphinkterbildungen zwischen den einzelnen Füßchenpaaren gesperrt werden, wodurch ein ausgedehnter Rückstrom der Hydrocoelflüssigkeit verhindert wird.

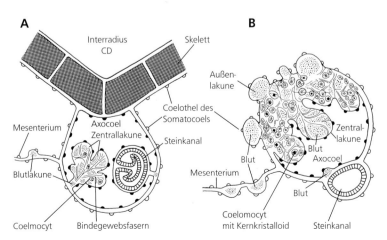

Abb. 1096 Querschnittsschema des Axialorgans eines Seesterns (**A**) und eines Seeigels (**B**). Coelothel am Axialorgan entweder als Myoepithel oder Podocytenepithel differenziert. Die oral-aboral ziehenden Zentrallakunen sind oft unterbrochen und stehen nur seitlich miteinander in Verbindung. Coelomocyten im Axialorgan der Seeigel enthalten oft intranucleäre Proteinkristalle. Originale: A. Goldschmid, Salzburg.

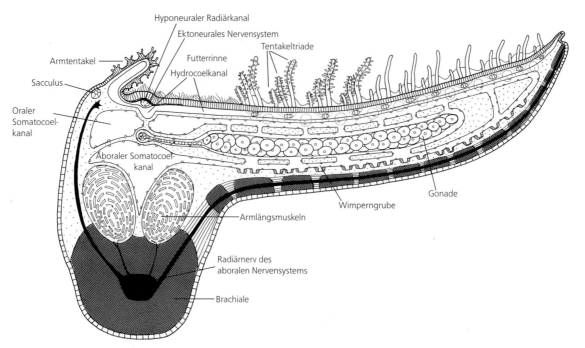

Abb. 1097 Crinoidea. Armquerschnitt mit längsgeschnittener Pinnula. Skelett dunkel gerastert; Nervensystem schwarz. Original: A. Goldschmid, Salzburg.

Das **Axocoel** (Protocoel) existiert nur bei Asteriden, Ophiuriden und Echiniden als eigener Raum. Es entsteht aus der linken larvalen Anlage und ist über den Hydroporus nach außen verbunden. Unter dem Hydroporus, der bei den Seeigeln und Seesternen in einer Madreporenplatte (Abb. 1086, 1095, 1113, 1126) vervielfacht ist, liegt eine Erweiterung (Ampulle), in die der Steinkanal mündet. Seitlich unter der Ampulle liegt als abgegrenzter Raum die Dorsalblase, in deren Boden sich ein Fortsatz des Axialorgans einsenkt und die aus dem caudalen Teil der rechten Axocoelanlage (möglicherweise auch der Hydrocoelanlage) entstanden ist (Abb. 1087, 1095).

Bei Asteriden, Ophiuriden und Echiniden setzt sich das linke Axocoel von der Ampulle im Interradius CD entlang des sog. dorsalen Mesenteriums bis zum Ringkanal fort, begleitet vom anliegenden Steinkanal. Im Inneren des Axocoels entwickelt sich das Axialorgan, das im Anschluss an die Ampulle mächtig entwickelt ist und auch einen Fortsatz in die Dorsalblase abgibt (Abb. 1095, 1096).

Vom Axocoel der Asteriden gliedert sich auch noch ein oraler Ringkanal ab, der innerhalb des somatocoelen hyponeuralen Ringkanals liegt (Abb. 1113). Da zwischen beiden die orale Ringlakune eingeschlossen ist, wird er auch innerer Perihämalkanal oder innerer Ringsinus genannt.

Da bei den Ophiuriden der Hydroporus auf die Oralseite verschoben ist, steigt der Axialkomplex zusammen mit dem Steinkanal aborad zum Ringkanal auf, der wegen der Kieferbildung zusammen mit der Mundöffnung nicht direkt auf der Oralfläche liegt. Diese Verlagerung hat auch den aboralen Genitalkanal betroffen, der in den Interradien jeweils oral verläuft und nur in den Radien etwas aborad wie eine Brücke über den Armbasen liegt.

Das Hydrocoelsystem wird zwar als Wassergefäßsystem bezeichnet, es enthält jedoch nicht einfach Seewasser, das über die Madreporenplatte einströmt. Bei Bipinnaria-Larven von *Asterias forbesi* konnte ein Flüssigkeitsaustritt über den Hydroporus nachgewiesen werden. Angetrieben durch den Cilienstrom des Hydroporus werden durch Podocyten der Axocoelampulle 14 % h⁻¹ der Körperflüssigkeit aus dem Blastocoel gefiltert. Durch Wassereintritt über die Epidermis wird dieser ständige Verlust ausgeglichen. Der Hydroporus ist in diesem Falle also ein Exkretionsporus. Ähnliches konnte auch an Auricularia-Larven von Seegurken gezeigt werden.

Über die Madreporenplatte der adulten Seesterne tritt nur sehr wenig Wasser ein. Bei kleinen Individuen von *Echinaster graminicola* ist ein Wassereintritt von 2 ml h⁻¹ g⁻¹ nachgewiesen. Diese geringe Menge reicht aus, um den Wasserverlust durch Druckwirkung bei Bewegung der Füßchen wettzumachen. Außerdem sind ständige osmotische Verluste des Periviszeralcoeloms über die Füßchenampullen auszugleichen.

Der Übertritt von Wasser in das Körpercoelom (Somatocoel) geschieht über die Tiedemannschen Körperchen. Coelomocyten im Bindegewebe um die Tiedemannschen Körper reinigen das übertretende Wasser, so dass nur Ionen und Moleküle in die Somatocoelflüssigkeit gelangen. Durch den Cilienstrom im Steinkanal wird auch Axocoelflüssigkeit angesaugt und orad abtransportiert. Auf diesem Weg können Exkrete oder andere Stoffe aus dem Hämalsystem in die dünnwandigen Füßchen gelangen.

Über das System Madreporenplatte – Steinkanal – Ringkanal und Tiedemannsche Körperchen wird daher ein ständiges langsames Auffüllen, aber auch ein Zirkulieren von Coelomflüssigkeiten gesichert. Die kräftige Bewimperung, der überaus kräftige Cilienstrom im Steinkanal und die ständigen kleinen Flüssigkeitsverluste durch Ampullendruck und Osmose sind der Motor dieses Systems, an welches das Hämalsystem unter Einschalten der Podocyten des Axialorgans gekoppelt ist.

Ähnlich den Hemichordaten haben die Echinodermen ein lakunäres Blutgefäßsystem (meist als **Hämalsystem** bezeichnet) entwickelt, das zwischen der basalen Matrix aneinander grenzender Coelothelien liegt (Abb. 1095, 1098,

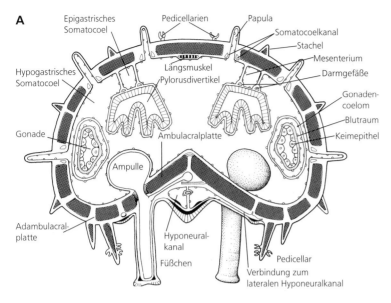

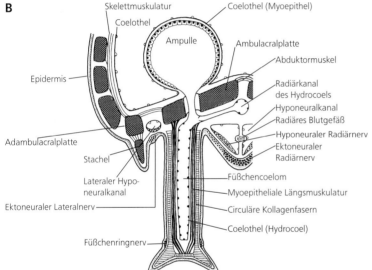

Abb. 1098 Armquerschnitte eines Seesterns mit Darmtrakt, Coelom-, Blutgefäß- und Nervensystem. **A** Gesamtquerschnitt. **B** Detail des offenen Ambulacralsystems mit Füßchen und Ampulle. Verändert nach verschiedenen Autoren.

1113, 1139). Diese Spalträume sind sehr eng und von Fasern der extrazellulären Matrix durchzogen.

Zentrales Organ des Hämalsystems ist bei den Asteriden, Ophiuriden und Echiniden das oral-aboral verlaufende **Axialorgan** (Abb. 1096). Es besteht aus einem Gefäßflechtwerk in dessen Coelothelien Podocyten eingeschaltet sind. Seine Gefäße sind mit dem Darmgefäßsystem, mit dem Gefäßnetz des aboralen Genitalcoeloms und mit dem oralen Hämalring verbunden. Letzterer versorgt mit Radiärgefäßen wiederum das Ambulacralsystem.

Die oral-aboral ziehenden Gefäße entlang der Innenseite des Axialorgans setzen sich in der Dorsalblase unter der Madreporenampulle fort („Fortsatzsinus", Abb. 1095). Da diese endothellosen Gefäße zwischen Coelothelien liegen, sind vielfach Epithelmuskelzellen vorhanden, die sich rhythmisch kontrahieren können. Besonders der Gefäßfortsatz in die Dorsalblase und die zentralen Gefäßstämme des Axialorgans pulsieren bei Seeigeln und Seesternen langsam in wechselnder Richtung. Sie können damit einen langsamen

Transport zu den Gonaden bewirken oder den Inhalt der Madreporenampulle bewegen.

Der Fortsatz des Axialorgans in der Dorsalblase der Echiniden und Asteriden wird daher auch als Herz bezeichnet, wohl auch unter Einbeziehung der embryonalen Vorgänge, nach denen versucht wird, die Dorsalblase der Echinodermen mit dem Perikardialbläschen der Hemichordaten zu homologisieren. Gegen eine Bezeichnung als Herz spricht, dass der Fortsatz zur Gesamtgröße der Tiere relativ winzig ist und dass orale und aborale Gefäße des Hämalsystems blind enden. Eine Zirkulation ist daher unmöglich.

Auch die größeren Darmgefäße der Echiniden pulsieren, genauso wie die zum Axialorgan sammelnden Darmgefäße der Asteriden.

Die Lagebeziehungen des oralen Gefäßrings variieren bei den verschiedenen Echinodermen-Taxa. Bei Asteriden liegt das orale Ringgefäß zwischen dem oralen, axocoelen und dem hyponeuralen Ringkanal (Abb. 1113), von wo es zwischen den paarigen hyponeuralen Radiärkanälen (Perihämalkanäle) in die Arme zieht (Abb. 1098). Das Ringgefäß der

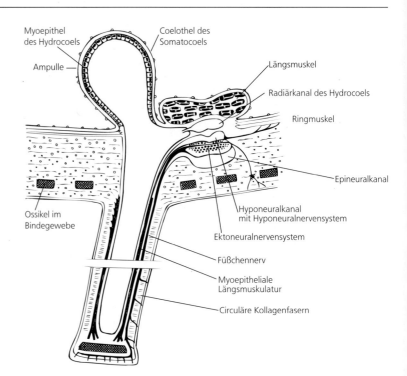

Abb. 1099 Versenktes Ambulacralsystem einer See-
gurke (Aspidochirotida). Schnittführung senkrecht zur
Körperlängsachse. Skelett dunkel gerastert. Original:
A. Goldschmid, Salzburg; nach verschiedenen Autoren.

Seeigel befindet sich zwischen dem hydrocoelen und dem
hyponeuralen Ringkanal (Abb. 1100) und setzt sich in den
Radien zwischen den begleitenden Radiärkanälen fort
(Abb. 1100, 1130). Gleiche Lagebeziehungen in den Radien
gelten auch für die Seegurken, deren Ringgefäß aber zwischen dem Ringkanal des Hydrocoels und dem periviscera-
len Somatocoel liegt. Bei den Ophiuriden sind Ring- und
Radiärgefäß zwischen dem ektoneuralen Ring- und Radiär-

nerven und den begleitenden Hyponeuralkanälen gelagert
(Abb. 1123).

Holothurien besitzen kein Axialorgan im bisher beschriebenen Sinne. Im dorsalen Mesenterium des Interradius CD
findet sich der „problematische Gang" (Axocoelraum?). Er
wird vom dorso-axialen Hämalstrang begleitet, der histologisch und mikroanatomisch durchaus dem Axialorgan der
Echiniden gleicht und den oralen Hämalring mit dem Gefäß-

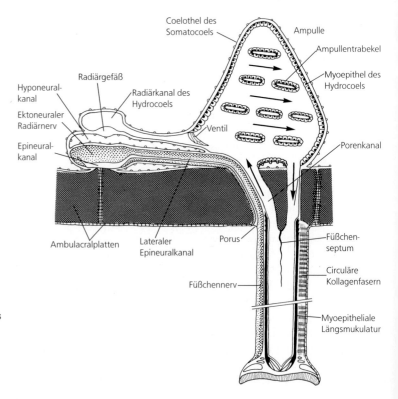

Abb. 1100 Versenktes Ambulacralsystem eines Seeigels
(Echinacea). Schnitt quer durch die Radialsysteme in
einem Ambulacrum. Flache Ampulle mit zwei Kanälen
zum Saugfüßchen. Pfeile geben Strömungsrichtung der
Coelomflüssigkeit an. Skelett dunkel gerastert. Nach
Märkel und Rösner (1992).

system der einzigen Gonade verbindet. Das Darmgefäßsystem der Holothurien ist jedoch gut ausgebildet, besonders bei Gruppen mit dicker Körperwand und Wasserlungen (Dendrochirotida, Aspidochirotida). In den Familien Stichopodidae und Holothuriidae gibt es eine Art Gefäßnetz zwischen Darmrohr und begleitenden Längsgefäßen (Abb. 1139).

Das Axialorgan der Asteriden, Ophiuriden und Echiniden wurde vielfach als Axialdrüse oder Braune Drüse bezeichnet und galt als Bildungsort der freien Coelomocyten. Tatsächlich ist weder Drüsentätigkeit noch mitotische Aktivität feststellbar. Die Braunfärbung stammt vielmehr von Ansammlungen phagocytärer Coelomocyten mit Pigmenten. Seesterne und Seeigel können auch längere Zeit ohne dieses Organ weiterleben. (*Asterias rubens* 6 Monate, wobei sich die Tiedemannschen Körper deutlich vergrößerten). Für Echiniden und Holothurien könnte das differenzierte Darmgefäßsystem vor allem bei großen Tieren für die Verteilung der im Mitteldarm resorbierten Nährstoffe wichtig sein.

Bei den Crinoiden zieht das Axialorgan im Zentralraum des Kelches in der Darmschlinge von der Höhe des Oesophagus nach aboral bis in das gekammerte Organ an der Kelchbasis. Es besteht aus einem gewundenen, epithelialen Schlauch monociliärer Zellen, die wahrscheinlich in den Proteinmetabolismus eingeschaltet sind.

Das Hämalsystem der Echinodermen ist also nicht mit dem Blutgefäßsystem von Wirbeltieren vergleichbar. Alle radiären Abschnitte enden blind (Abb. 1095), es gibt keinen geschlossenen Kreislauf. In pulsierenden Bereichen (z. B. Axialorgan) kann die Fließrichtung wechseln. Nährstoffe können im Hämalsystem gespeichert werden; ihre rasche Verteilung erfolgt jedoch nicht im Hämalsystem, sondern über die coelomatischen Kanalsysteme (hyponeurale, perihämale Radiärkanäle). Im Perivisceralcoelom und im oralen hyponeuralen Kanalsystems wird die Coelomflüssigkeit kräftig bewegt und gelangt über den aboralen Coelomring auch an die dort angeschlossenen Gonaden. Der Transport der Atemgase und der Abtransport von Exkretstoffen erfolgt ebenfalls über die Coelomflüssigkeit.

Die Echinodermen besitzen **kein** eigentliches **Exkretionsorgan**. Das Axialorgan wird zwar oft als Glomerulus betrachtet, da es häufig Podocyten besitzt (bei Asteriden und Echiniden, Abb. 1096, 1113). Derartige Zellen treten bei Seesternen jedoch auch an den beiden Mesenterialgefäßen zwischen Darm und Axialorgan auf, möglicherweise ebenso an den größeren pulsierenden Gefäßen der Echiniden und Holothurien.

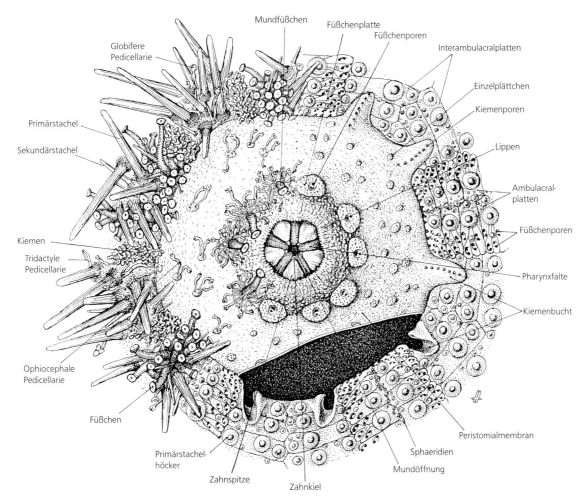

Abb. 1101 Mundfeld von *Sphaerechinus granularis* (Echinacea). Kiemen. Auf der rechten Seite Stacheln und teilweise Peristomialmembran entfernt. Original: M. Mizzaro-Wimmer, Wien.

Stoffwechselendprodukte werden ganz allgemein im Coelom gesammelt und offenbar an vielen dünnwandigen Organen (Füßchen, Kiemen, Wasserlungen, dünne Körperwand, Enddarm) ausgeschieden.

Die phagocytären Coelomocyten gelten als Exkretionsstrukturen auf zellulärer Basis (Abb. 1096). Sie können enorme Mengen von Zellkompartimenten aufnehmen und in verschiedensten Regionen (Enddarm, Papulae, Kiemen, Füßchen), oft in größeren Agglomerationen, aus dem Körper austreten lassen. Bei einigen wenigen Holothurien und bei dem Seestern *Archaster typicus* sind sog. Wimpernurnen und vibratile Organe in der Wand des Perivisceralcoeloms entwickelt. Diese können in Zusammenarbeit mit phagocytären Coelomocyten Partikel (z. B. Bakterien) aus der Coelomflüssigkeit entfernen und binden. Die „braunen Körper" in vielen Geweben der Seeigel und Holothurien sind ebenfalls Ansammlungen beladener Coelomocyten. Ein entscheidender Beitrag der Coelomocyten bei der Stickstoffausscheidung ist unwahrscheinlich, vielmehr haben sie die Funktion eines einfachen Immunsystems.

Der **Gasaustausch** erfolgt bei allen Echinodermen an der gesamten Körperoberfläche, oft an den dünnwandigen Füßchen und Tentakeln des Wassergefäßsystems. Die Coelomflüssigkeit fungiert als Transportmittel.

Spezifische Atmungsorgane sind: (1) Papulae der Seesterne, dünnwandige, ausstülpbare, z. T. verzweigte Schläuche bestehend aus Epidermis und Peritoneum(Abb. 1098, 1113). (2) Bursen der Schlangensterne, taschenförmige Einsenkungen auf der Oralseite beiderseits der Arme, durch die Cilienbänder und Ventilationsbewegungen Wasser pumpen; sie fehlen bei Arten unter 2mm Größe. (3) Büschelförmige Kiemen der regulären Seeigel, weichhäutige Organe am Rand des Peristomealfeldes (Abb. 1101, 1103); (4) Respiratorische Füßchen bei Seeigeln; bei den regulär gebauten Arten ist ihre Wand extrem dünn, Saugscheibe und Skelettplatte am Ende fehlen. Bei irregulären Seeigeln sind aborale Füßchen zu lamellären Kiemen umgebaut. (5) Wasserlungen der Seegurken, bäumchenartige Verzweigungen des Enddarms, die durch rhythmische Kontraktion von Muskelzügen zwischen Enddarm und Körperwand mit Wasser gefüllt und durch den Druck der Somatocoelflüssigkeit entleert werden.

Der **Darmtrakt** ist bei den Echinodermen ein auffälliges Organsystem. Er wird vom Somatocoel vollständig umgeben und über Mesenterien fixiert. Crinoiden, Echiniden und Holothurien haben einen oft langen, gewundenen, röhrenförmigen Darm (Abb. 1086). Bei den Asteriden und Ophiuriden ist er sackförmig und pentamer gebaut.

Die aus dem Coelothel stammende Darmmuskulatur ist gering entwickelt, nur bei einigen Holothurien treten muskulöse Pharynxbildungen (Dendrochirotida) und Kloakalabschnitte (Aspidochirotida) auf. Die übliche Darmgliederung in Pharynx, Oesophagus, Magen, Mitteldarm und Enddarm ist in den einzelnen Gruppen nicht klar zu treffen und meist sind die derart bezeichneten Abschnitte nicht gleichwertig.

Bei der Mehrzahl der Crinoiden liegt die Mundöffnung zentral in der Kelchdecke, bei Comasteriden am Kelchrand. Am Ende des Oesophagus kann ein Blindsack liegen; kleine Taschen buchten sich aus der anschließenden Darmhälfte

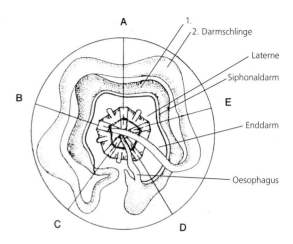

Abb. 1102 Verlauf des Darmtrakts bei einem „regulären" Seeigel. Aborale Ansicht. Radien bezeichnet. Nach Cuenot (1900).

vor, an deren Ende meist ein oraler und aboraler verästelter Divertikel liegt. Mit der Körperdecke bildet der Enddarm den aufragenden Afterkegel, so dass die Faeces in einen Strömungsraum weit über den zum Mund führenden Nahrungsrinnen gelangen (Abb. 1112).

Bei den Echiniden steigt der Oesophagus aus dem Kieferapparat aborad auf und führt in die deutlich abgesetzte orale („untere") erste Darmschlinge (Magen), die gegen den Uhrzeigersinn läuft. Die zweite („obere") Schlinge dreht im Uhrzeigersinn zurück, parallel zur ersten Schlinge, bis sie im Interradius CD in den aborad aufsteigenden Enddarm übergeht (Abb. 1086D, 1102). Bei den meisten Seeigeln verläuft parallel zur ersten Darmschlinge ein muskulöserer Nebendarm (Siphonaldarm), selten auch nur eine Siphonalrinne. Dieser Teil dient vermutlich zum raschen Weiterleiten mit der Nahrung aufgenommenen Wassers.

Bei Holothurien kann ein muskulöser Pharynx unterschieden werden, der vom Mund umgeben vom Kalkring bis zum Ringkanal des Wassergefäßsystems zieht. Der meist lange Mitteldarm bildet einen bis in die Kloakalregion absteigenden Abschnitt, wendet sich wieder nach vorn bis knapp hinter den Ringkanal und führt in einem dritten Abschnitt in den kurzen Enddarm zurück (Abb. 1086E).

Bei Ophiuriden entstehen Kiefer interradial und lassen zwischen sich eine sternförmige Öffnung frei, an die sich der Mund anschließt. Ein kurzer Oesophagus führt in den sackförmigen Magen, der die zentrale Körperscheibe ausfüllt und oft interradiale Taschen über und zwischen die Gonaden schiebt. Der Darmtrakt ist blindgeschlossen ohne einen After.

Auch bei einigen Asteriden besitzt der Darm keinen After (z. B. die meisten Astropectinidae). Der Mund führt sofort in einen weiten, oft mit seitlichen Taschen versehenen Magen. Er kann auch in eine orale, ausstülpbare Cardia und einen darüberliegenden Pylorus gegliedert sein. Von der Pylorusregion ziehen paarige, reich gefaltete Divertikel in die Arme (Abb. 1098A, 1113). Am kurzen Enddarm befinden sich meist noch zwei Rektaldivertikel.

Nur die Crinoiden haben die wahrscheinlich ursprüngliche Technik des passiven Filterierens beibehalten. Die Asteriden sind in mehreren

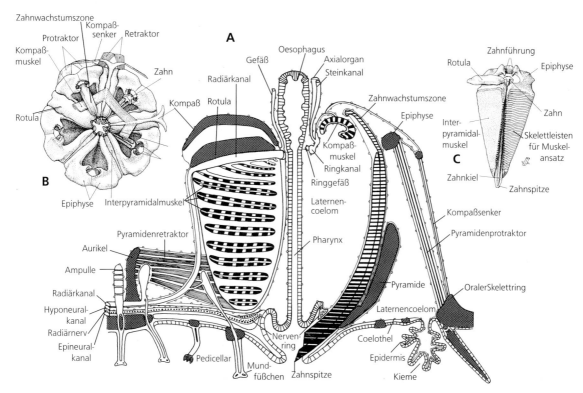

Abb. 1103 Kieferapparat (Laterne des Aristoteles) (Echinacea). **A** Radial- (links) bzw. interradial-(rechts) Schnitt durch Vorderdarm und Kieferapparat. Skelett dunkel gerastert. **B** Aborale Aufsicht auf die Laterne, z. T. mit Muskeln und Muskelansatzstellen. **C** Innenansicht einer Pyramide (aufgeschnitten) mit Zahn. A Nach Stauber (1994); B, C aus Strenger (1973.

Linien zu benthischen makrophagen Carnivoren geworden. Für den Nahrungserwerb der Ophiuriden sind hochbewegliche Arme mit Füßchen und Stacheln, ein Kieferapparat und besondere Mundfüßchen bedeutend. Neben mikrocarnivoren, aktiven Suspensionsfressern gibt es passive Suspensionsfresser und Carnivore, die sogar größere Beute nehmen. Viele Schlangensterne (Ophiodermatidae, Ophiocephalidae) können auch opportunistisch mit verschiedenen Techniken das jeweilige Nahrungsangebot nutzen.

Die regulären Seeigel sind durch ihren Kieferapparat als einzige Gruppe herbivor, fakultativ auch carnivor. Mit dem Besiedeln von mobilen Substraten und dem Eingraben im Sediment war die Reduktion des Kieferapparates verbunden. Diese Formen sind Suspensionsfresser und Substratfresser (Spatangiden). Innerhalb der Holothurien sind einerseits hemisessile Suspensionsfresser (Dendrochirotida) entstanden, andererseits Sedimentsortierer und Sedimentfresser (Aspidochirotida) und im Sediment grabende Räuber (Apodida). Darüberhinaus haben sich innerhalb der bathybenthischen Elasipodida freischwimmende Suspensionfresser (Pelagothuriidae) entwickelt, die kein Skelett mehr besitzen und äußerlich an Quallen erinnern.

Echinodermen sind vornehmlich getrenntgeschlechtlich. Einige Arten zeigen Parthenogenese (*Asterias rubens*). Zwitter sind nur bei weniger als 1 % der Arten der Ophiuroidea, Asteroidea und Holothuroidea bekannt.

Zwittrig sind meist kleine Arten, z. B. Seesterne des Gattungen *Asterina* oder *Patiria*, die wenig mehr als 1 cm groß werden, oder Seegurken des Genus *Leptosynapta* (bis 1 cm). Zwittrigkeit ist oft mit Brutpflege oder Viviparie kombiniert.

Die **Gonaden** der Eleutherozoa liegen grundsätzlich interradial und münden bei Asteriden und Echiniden aboral aus (Abb. 1086, 1095). Bei den Echiniden tragen die unpaaren letzten Interambulacralplatten und damit auch die Madreporenplatte einen Gonoporus (Abb. 1126). Bei brutpflegenden

oder benthischen, Gelege bildenden Seesternen münden die Gonaden oral. Bei Seesternen teilt sich die Gonadenanlage und schiebt je einen Ast in den angrenzenden Arm lateral zum Darmdivertikel (Abb. 1098A). Bei Ophiuriden liegen die Gonaden in der Körperscheibe, ihre Mündungen führen in die Atemkammern (Bursen) an den Armbasen (Abb. 1086C). Seegurken besitzen nur 1 Gonade im Interradius CD, und der Ausführungsgang zieht im dorsalen Mesenterium nach vorne bis knapp hinter die Tentakel (Abb. 1086C, E, 1139, 1142). Die Gonaden der Crinoiden liegen außerhalb des kelchförmigen Körpers in den Pinnulae (Abb. 1097, 1112C).

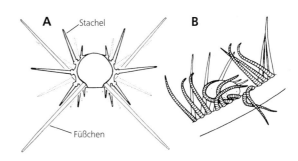

Abb. 1104 Filtration und Nahrungstransport bei *Ophiothrix fragilis* (Ophiurida). **A** Filterstellung der Stacheln und Füßchen an einem Armquerschnitt. Füßchen dreimal so lang wie Stacheln, vorderstes Paar orad gestreckt, nachfolgende Füßchen aborad. **B** Seitenansicht eines Armabschnitts; durch Schleim zusammengehaltene Partikel werden durch die Füßchen zum Mund transportiert. Nach Warner und Woodley (1975), aus Barnes (1985).

Die Differenzierung der Gonaden bei den Asteriden, Echiniden und Ophiuriden ist grundsätzlich gleich: Während der Entwicklung wächst ein Coelomschlauch vom linken Somatocoel im Interradius CD aboral aus und bildet einen Ring um den Enddarm. In diesen Schlauch schiebt sich ein von Coelothel bedeckter Strang von Geschlechtszellen (G e n i t a l r h a c h i s) hinein (Abb. 1095). Die eigentlichen Gonaden wachsen als interradiale Aussackungen des Genitalstrangs aus. In ihnen entstehen Aussackungen mit einer Gonadenhöhle, in die hinein die reifen Geschlechtszellen gelangen. Zwischen Keimepithel und umhüllendem Coelothel differenziert sich ein Blutraum, der Verbindung zu jenem im Axialorgan hat (Abb. 1095, 1098A). Genitalrhachis und Gonadenhöhlen liegen also in einem Coelomraum, dem aboralen Somatocoelring oder Genitalcoelom. Nur die Einzelgonade der Holothurien liegt frei im Somatocoel, nur vom Coelothel bedeckt.

Fortpflanzung und Entwicklung

Die meisten Echinodermen werden wahrscheinlich erst nach 2–3 Jahren geschlechtsreif. Generell findet die Befruchtung im freien Wasser statt. In dicht lebenden Populationen wird das Ablaichen synchronisiert. Paarung ist nur von drei Schlangensternen und Seesternen sowie von einer Tiefsee-Holothurie bekannt.

Brutpflege tritt vereinzelt in allen Echinodermengruppen auf, meist bei Arten des Seichtwassers kalter Meere oder bei Eulitoralformen.

Bei wenigen Haarsternen entwickeln sich die Embryonen in Pinnulae mit Bruttaschen (Marsupien). Einige Lanzenseeigel tragen die Jungtiere zwischen den Stacheln der Oralseite (Abb. 1133), einige Herzigel in Brutkammern der Aboralseite. Eine breite Vielfalt der Brutpflege zeigen Seesterne – zwischen den Paxillen der Aboralfläche, im Schutz der Atemkammer der Aboralfläche (*Hymenaster, Peltaster*), unter der Oralseite sogar in Magentaschen. Bei Ophiuriden kann die Entwicklung in den Bursen ablaufen. Seegurken zeigen ebenfalls viele Möglichkeiten – zwischen den Tentakeln (Dendrochirotida), unter der Kriechsohle (*Psolus*), in verschiedenen Brutkammern der Körperdecke und im Coelom (Synaptidae). Entwicklung im Ovar tritt nur in wenigen Seegurken, Schlangensternen und Seesternen auf.

Die **Frühentwicklung** verläuft immer über eine Radiärfurchung. Oft ist diese nahezu äqual, bei dotterarmen Eiern planktotropher Seeigel ist der 4. Teilungsschritt jedoch inäqual, so dass am vegetativen Pol ein Mikromerenquartett ensteht. Auf die Coeleoblastula folgt eine Gastrula durch Invagination. Larvales Mesodermmaterial, das bei Pluteus-Larven Skelett bildet, dringt meist in zwei Schüben in das Blastocoel vor, zuerst von der Stelle des späteren Blastoporus (es sind die Nachfolgezellen der Mikromeren des 4. Teilungsschritts: „primäres Mesenchym") und ein zweites Mal am Ende oder während der Gastrulation von der Wand des Archenterons („sekundäres Mesenchym"). Echinodermen

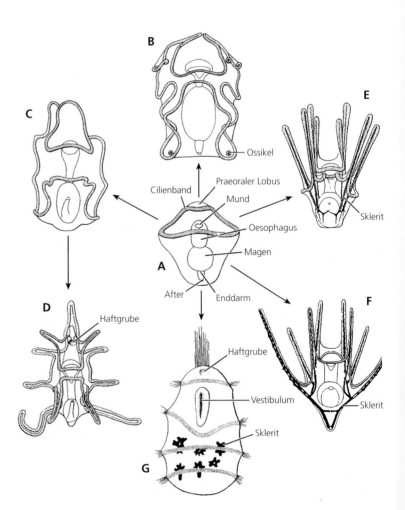

Abb. 1105 Larvenformen der Echinodermata in Ventralansicht. **A** Hypothetische Dipleurula. **B** Auricularia (Holothuroidea). **C** Bipinnaria. **D** Brachiolaria (Asteroidea). **E** Echinopluteus. **F** Ophiopluteus. **G** Doliolaria = Vitellaria (Crinoidea). Aus Barnes (1985).

zeigen eine typische Enterocoelie, d. h. Abschnürungen der Coelomblasen vom Archenteron (Abb. 1087).

Echinodermen haben primär eine indirekte Entwicklung. Bei den Crinoiden bilden die Haarsterne sich direkt entwickelnde lecithotrophe **Larven** (Vitellaria, Doliolaria) (Abb. 1105G, 1110A). Sie sind anfangs einheitlich bewimpert und bilden später 4–5 Wimperringe und ein Apikalorgan aus. Doliolarien setzen sich nach wenigen Tagen fest und metamorphisieren zum fressfähigen Pentacrinusstadium (Abb. 1110D). Es gleicht einer Seelilie und lebt oft viele Monate, bis an der Kelchbasis Cirren entstehen und der junge Haarstern sich ablöst. Ähnlich verläuft die bisher nur von einer Seelilienart (*Metacrinus rotundus*) bekannte Larvalentwicklung.

Die grundlegende Larvenform der Eleutherozoa ist die Dipleurula (Abb. 1105A). Sie ist bilateralsymmetrisch, um die ventrale Mundbucht verläuft ein geschlossenes Wimpernband. Die Afteröffnung, hervorgegangen aus dem Blastoporus, liegt ventral außerhalb des Wimpernbandes. Entwicklungsgenetische Studien konnten zeigen, dass auch die Doliolaria der Comatuliden auf das gleiche Grundmuster zurückgeführt werden kann, obwohl sie keinen Mund hat.

Seegurken entwickeln sich über die Auricularia, bei der das Wimpernband einheitlich bleibt, aber oft über viele Lappen hinwegläuft (Abb. 1105B, 1143). Mit Einsetzen der Metamorphose zerfällt das Wimpernband, und es bildet sich eine Seegurken-Doliolaria mit 3–5 Wimperringen. Am Ende der Metamorphose ensteht das Pentactula-Stadium mit 5 Mundtentakeln und oft einem Füßchenpaar.

Die planktotrophen Larven der Eleutherozoa besitzen Wimpernbänder, die teils der Lokomotion dienen, besonders aber einen Nahrungsstrom in die Mundbucht sichern. Bei der Bipinnaria (Abb. 1105C, 1117E) der Seesterne gliedert sich vom einheitlichen Wimpernband apikal zur Mundbucht ein Teil ab und umgibt das Praeoralfeld. Außer bei einigen Paxillosida (*Luidia*, *Astropecten*), bei denen schon die Bipinnaria in die Metamorphose eintrat, entwickelt sich ein weiteres Stadium, die Brachiolaria (Abb. 1105D, 1117G, H). Diese differenziert apikal 3 Haftarme sowie zwischen diesen 1 Haftscheibe und setzt sich zur Metamorphose fest.

Seeigel und Schlangensterne haben, obwohl sie keine Schwesterngruppen bilden, äußerlich sehr ähnliche Larven: Die mit langen, von Skelettstäben gestützten Schwebefortsätzen ausgestatteten Plutei-Larven sind Parallelentwicklungen als Anpassung an die pelagische Lebensweise. Beim Echinopluteus stehen die nach oben aufragenden Schwebefortsätze meist enger zueinander als jene des Ophiopluteus (Abb. 1105E F, 1131). Die Metamorphose des Seeigelplu-

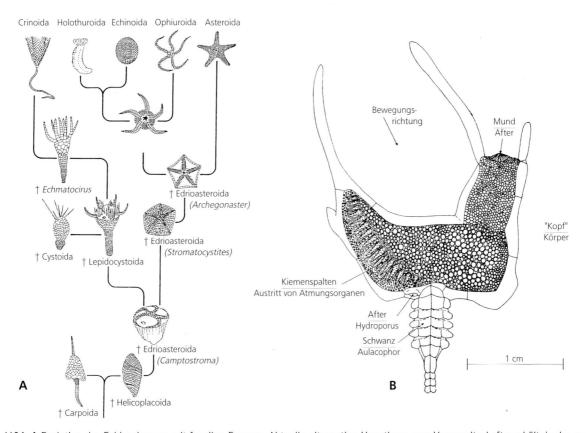

Abb. 1106 A Evolution der Echinodermen mit fossilen Formen. Aktuelle alternative Hypothese zum Verwandtschaftsverhältnis der rezenten Taxa: vgl. Abb. 1104. **B** †*Cothurnocystis elizae* (Ordovizium, Schottland). Rekonstruktion der Oberseite. In der Beschriftung über dem Strich die Deutung nach der Calcichordata-Hypothese. Strukturen im Inneren des gegliederten Aulacophors werden als Neuralrohr und Chorda angesehen. Unter dem Strich Deutung nach traditioneller paläontologischer Sicht und Einstufung als †Carpoida (†Homalozoa), siehe A; Aulacophor wird danach als Arm zur Fortbewegung und Nahrungsaufnahme mit ähnlichem Bau wie ein Ophiuridenarm gedeutet (mit zentralem Kanalsystem, von dem Tentakel nach außen treten). Nach Paul und Smith (1984) verändert aus Brusca und Brusca (1990).

teus geht (außer bei den Cidaroiden) im Schutz eines Vestibulums, einer epidermalen Einsenkung, vor sich. Die Oralseite des späteren Seeigels entwickelt sich auf der linken Körperseite der Larve (Abb. 1132). Die Metamorphose des Ophiopluteus verläuft unter dem Mundfeld um den larvalen Oesophagus.

Einige Seestern- und Schlangensternlarven können sich durch wiederholte Knospenabschnürung, aus denen wieder neue Larven entstehen, auch vegetativ vermehren. Aus dem hohen Regenerationsvermögen hat sich in einigen Arten der Asteriden, Ophiuriden und Holothuriden eine **asexuelle Vermehrung** durch Fissiparie entwickelt.

Oft vermehren sich nur Jungtiere fissipar, die dann im späteren Leben zu normaler sexueller Fortpflanzung übergehen. Die Schlangensterne *Ophiactis virens* und *O. savigny* sind wahrscheinlich in manchen Populationen sehr lange nur fissipar. Bei Seesternen (*Coscinasterias*-Arten) kommt es durch Fissiparie zur Vermehrung der Arme und Vervielfachung der Madreporenplatten und Steinkanäle.

Systematik

Echinodermenartige Fossilien mit Kalzitstereom und Körperporen in verschiedener Anordnung sind seit dem frühen Kambrium bekannt. Zu den pentameren Echinodermen führten die †Helicoplacoida, relativ kleine Formen (3–7 cm) mit einem trimeren Ambulacrum (Unteres Kambrium; Kalifornien, Alberta/Kanada) (Abb. 1106). Parallel zu ihnen entwickelten sich die bilateralen bis asymmetrischen †Carpoida (†Homalozoa oder †Calcichordata), in denen einige Autoren die Stammart der Chordata vermuten (siehe Calcichordaten-Hypothese, S. 746, Abb. 1106B). Aus den †Helicoplacoida gingen vor etwa 550 Mio. Jahren die deutlich pentameren †Edrioasteroida hervor. Aus einer †*Camptostroma*-Art sind dann wohl die beiden Stammlinien entstanden, die zu den rezenten Crinoidea bzw. zu den Eleutherozoa führen. In der Crinoiden-Stammlinie haben sich bereits früh gestielte Formen (z. B. †Lepidocystoida) entwickelt, die man früher mit den rezenten Crinoidea als Pelmatozoa zusammenfasste. Stammart der rezenten Eleutherozoa könnte z. B. eine flache, sternförmige †*Archegonaster*-Art (Abb. 1106A) gewesen sein.

Autapomorphien des Taxon Echinodermata sind u. a. die pentamere Symmetrie der adulten Tiere, das im mesodermalen Bindegewebe gebildete Kalkskelett unterhalb der Epidermis, die Verbindung zwischen Protocoel und Mesocoel über den Steinkanal, die Einschränkung der Coelomdifferenzierung der rechten Körperseite (Abb. 1107). Für die 5 heute unterschiedenen Subtaxa gibt es jeweils zahlreiche Autapomorphien. Ihre phylogenetischen Beziehungen sind jedoch umstritten. Traditionell werden die festsitzenden, primär gestielten **Crinoidea** mit ihren offenen Futterrinnen und mikrophager Ernährung als Schwestergruppe der **Eleutherozoa** mit freibeweglichen Arten und oral-aboraler Achse, in der sich primär Mund und After gegenüberliegen, angesehen. In anderen Systemen werden die Crinoidea jedoch aufgrund des Besitzes von Armen und Skelettplatten auf der aboralen Seite mit den Asteroidea und Ophiuroidea zusammengefasst. Neuerdings wird innerhalb der Eleutherozoa wieder ein Schwestergruppenverhältnis von Asteroidea und Ophiuroidea (**Asterozoa**) angenommen (Abb. 1107). Die Versenkung

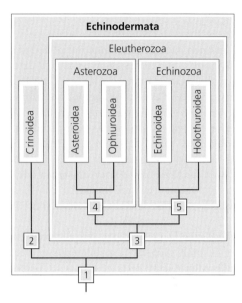

Abb. 1107 Verwandtschaftsverhältnisse der Echinodermata. Apomorphien: [1] Pentamerie. 5 Radien (Ambulacren) und 5 Interradien (Interambulacren) um die zentrale Achse (senkrecht durch Mund). Linkes Hydrocoel bildet Ringkanal um Vorderdarm und 5 Radiärkanäle mit Tentakeln in den Radien; mesodermales Skelett aus Kalzit im Bindegewebe der Körperdecke; MCT (*mutable collagenous tissue*) = veränderliches kollagenes Bindegewebe. [2] **Crinoidea:** Gliederung in Kelch und Stiel; sessil zumindest in der Jugendphase; Mund und After auf Oberseite des Kelches, Gonaden in alternierende Verzweigungen der Arme (Pinnulae) verlagert. [3] **Eleutherozoa:** Oralfläche am Substrat; oral-aborale Achse durch Mund und After im Zentrum der Aboralfläche; Ambulacralsystem zur Fortbewegung mit äußeren Füßchen mit Ampullen im Körperinneren; Protocoel mündet über Poren der Madreporenplatte im Interradius CD nach außen; bewegliche Stacheln. [4] **Asterozoa:** Sternförmiger Körper mit „Armen" entlang der Radien; große orale Skelettplatten begleiten Radiärkanäle; Darmtrakt pentamer, nicht gewunden. [5] **Echinozoa:** Ambulacren verlängert; Oralfläche über ganzen Körper ausgedehnt; Aboralfläche reduziert auf Umgebung des Afters; Skelettbildungen in somatocoelen Ringkanal um Vorderdarm; Saugfüßchen mit Skelett in Endplatte; „versenktes" Ambulacralsystem; Radiärnerven in geschlossenem Epineuralkanal. Nach Janies (2001).

des Ambulacralsystems bei Ophiuroidea und Echinozoa, weshalb diese als Cryptosyringida („Verborgenröhrige") zusammengefasst wurden, wird heute als Konvergenz und nicht mehr als Synapomorphie verstanden. Dennoch gilt das Monophylum Asterozoa nicht als hoch gesichert im Gegensatz zu den **Echinozoa** (Echinoidea + Holothuroidea), die aufgrund von Kieferapparat bzw. oralem Kalkring und der nahezu fehlenden aboralen Körperfläche als gut begründete monophyletische Einheit angesehen werden.

1 **Crinoidea,** Seelilien und Haarsterne

Mit ca. 650 Arten sind die Crinoiden die kleinste Gruppe der Echinodermen. Ihre Blütezeit war das Paläozoikum aus dem ca. 6 000 Arten bekannt sind. Crinoiden sind stenohaline Suspensionsfresser, die ihre Nahrung ausschließlich aus dem Wasser filtern und daher auf gut beströmte Meeresbereiche angewiesen sind. Wahrscheinlich ist diese Nahrungsnische ein Grund für ihre geringe Artenfülle und die relative Uniformität ihrer Körpergestalt. Am häufigsten (ca. 550 Arten) sind die freibeweglichen, nur als Jungtiere mit einem Stiel festgewachsenen Comatulida (Haarsterne), die in unvergleichlicher Farbenpracht vorwiegend im Seichtwasser, aber nie in der Gezeitenzone leben (Abb. 1111B). Die zeitlebens gestielten Formen (Seelilien) sind mit ca. 100 Arten auf tiefere Meeresböden beschränkt, aber nur in Ausnahmen wirklich abyssal. Typisch sind der kelchförmige Körper (Kalyx) mit Mund und After auf der Kelchdecke (Tegmen) und die von der Kelchbasis abgehenden Armen mit nadelförmigen Verzweigungen, den Pinnulae. Nur die wenigen rezenten Vertreter der Cyrtocrinida sind stark abweichend gestaltet. Sie sind mit einem asymmetrischen Skelettelement, das nicht einem Stiel entspricht, breit auf dem Substrat aufgewachsen und erinnern mit ihren 10 dicken krallenförmigen Armen im geschlossenen Zustand an Seepocken oder an eine winzige geschlossene Faust.

Stiele der Seelilien können bis zu 1m lang werden. Durch komplexe Aufzweigung der primär 5 Arme können sie Kronen mit 50 Armen und einem Durchmesser von 30 cm entwickeln (*Metacrinus*, *Chladocrinus*, Abb. 1108A, *Neocrinus*). Bei den ungestielten Haarsternen sind die Arme bei kleineren Arten kaum 3 cm lang (*Comatilia iridometriformis*). Die tropische *Comanthina schlegeli* hat jedoch bis zu 200 Arme und einen Kronendurchmesser von 60 cm.

Seelilien haben im tropischen W-Atlantik und im W-Pazifik ein erstes Verbreitungszentrum zwischen 200 und 600 m Tiefe. Dort herrschen robuste Arten der Isocriniden mit vielarmigen Kronen vor und erreichen Dichten bis zu 20 Ind. m^{-2}. Im W-Pazifik werden Seelilien in Tiefen von 1 500–3 000 m nochmals häufig. Im nordöstlichen Atlantik liegt ihre Hauptverbreitung bei 2 500 m.

Die ungestielten Comatuliden haben zwei ausgedehnte geografische Verbreitungsgebiete. In großer Arten- und Individuendichte besiedeln zahlreiche Comasteridae das tropische indo-westpazifische Seichtwasser. Aus Riffen dieser Region sind an die 100 Arten bis 20 m Tiefe bekannt; im australischen Barriere-Riff kommen in den obersten 12 m allein 33 Arten vor.

Die Antedoniden mit meist 10 Armen sind typisch in gemäßigten und kalten Meeren und haben eine Tiefenverbreitung bis 6 000 m. Im antarktischen Schelfmeer sind *Promachocrinus kerguelensis* und *Anthometra adriani* bis 150 m so häufig, dass die dortige Benthosgemeinschaft z. T. nach ihnen benannt wird.

Bau und Leistung der Organe

In der Außenwand des Kalyx (Kelch) ist das aborale Skelett besonders stark entwickelt. Bei den gestielten Seelilien schließen 2 Kreise (Infrabasalia, Basalia) oder nur 1 Kreis (Basalia) aus je 5 Skelettplatten an das oberste Stielglied an. Darauf folgen 5 Skelettteile (Radialia), die die Arme tragen. Bei den ungestielten Haarsternen entsteht aus den verschmolzenen Radialia und den obersten Stielgliedern ein einheitliches Skelettelement (Centrodorsale); an ihm setzen die Cirren und die Armbasen direkt an.

Die Crinoiden unterscheiden sich von allen anderen Echinodermen durch den Besitz von Pinnulae; auf ihnen wird die Nahrung geprüft und gelangt von hier sortiert in die bewimperte Futterrinne der Arme und zum Mund (Abb. 1112A,B). Die distalen Pinnulae dienen ausschließlich dem Nahrungserwerb; ein Teil der proximalen enthält auch die Gonaden.

Die Pinnulae stehen alternierend in Abständen von 1–1,5 mm rechtwinkelig von den Armen ab. Auf ihnen setzt sich die bewimperte Futterrinne der Arme fort, die beiderseits von winzigen (0,5–1 mm) gefiederten Tentakeln in dicht stehenden Dreiergruppen (Triaden) umstellt ist (Abb. 1097). Zwei der unterschiedlichen Tentakeln einer Triade bringen jeweils Nahrungspartikel auf die Futterrinne, der dritte formt die verschleimten Partikel zu Pellets.

In der Wimpernrinne der Pinnulae wird die Nahrung mit einer Geschwindigkeit von ca. 1 cm min^{-1} transportiert, in der Futterrinne der Arme mit ca. 4 cm min^{-1} (*Oligometra serripina*).

Die Filterleistung der Crinoiden ist von der Zahl der Arme und Pinnulae abhängig, variiert aber, abhängig vom Verbreitungsgebiet, auch innerartlich. Die Gesamtlänge der bewimperten Futterrinne kann über 100 m betragen. Der größte Teil der Nahrung besteht aus Detritus, dazu kommen Bakterien, einzellige Algen und Mikroplankton bis ca. 300 µm.

Pinnulae nahe der Körperscheibe haben weder Tentakel noch eine Futterrinne, sondern besitzen oft bedornte Skelettstücke und stehen aufgerichtet palisadenartig als Schutz über der Kelchdecke; bei den Comasteridae sind ihre Endglieder auf der Oralseite kammartig und arbeiten wie Pedicellarien mit raschen Bewegungen als Putz- und Schutzorgane. Haken und Dornen der Endglieder der Pinnulae unterstützen Kriechen und Klettern (Comasteridae).

Entlang der Futterrinnen der Arme bis in die Pinnulae liegen stark lichtbrechende, aus Zellen hervorgegangene Sacculi (Abb. 1094), proteinreiche Konkremente, deren Herkunft und Funktion unbekannt sind; sie fehlen mit einer Ausnahme allen Comasteriden.

Der Mund der Comasteridae ist an den Rand des Kelches verschoben, der After liegt zentral und es entsteht eine Bilateralsymmetrie. Durch eine weitere Verlagerung des Mundes in den Interradius AB und die Verkürzung der Armaufzweigungen verlagert sich die Symmetrieebene im Uhrzeigersinn. Arme näher der Mundöffnung („vordere Arme") werden lang und dienen der Ernährung, jene näher zur Afteröffnung werden kurz, verlieren sogar ihre Futterrinne und tragen nur Pinnulae mit Gonaden (*Comatula pectinata*).

Die innere Organisation mit Verlauf des Darmtrakts, Ausbildung des Axialorgans und der Coelomräume wurde im Detail bereits dargestellt (S. 734–737). Der Kelch ist von vielen Mesenterialbändern und Bindegewebe erfüllt; bemerkenswert ist die Auflösung vieler Coelothelien, so dass die Coelomräume nicht mehr abgrenzbar sind. Geräumige Somatocoelkanäle finden sich nur in den Armen (Abb. 1093); auch hier kommunizieren sie an vielen Stellen miteinander. Der primäre Steinkanal hat seine Verbindung zum Hydroporus verloren, und vom hydrocoelen Ringkanal gehen viele sekundäre Steinkanäle aus, die sich in das zirkumorale Somatocoel öffnen. Der primäre Hydroporus wird vervielfacht, so dass bis zu 1 500 dicht bewimperte Poren das Körperinnere mit der Außenwelt verbinden (Abb. 1108).

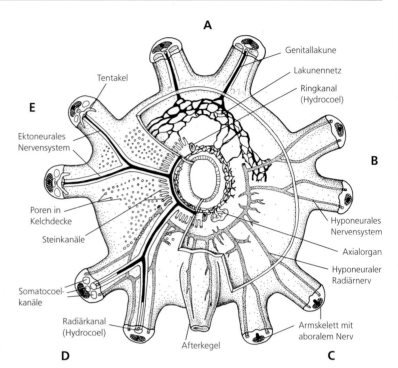

Abb. 1108 Organisation des Hydrocoels, des oralen Nervensystems und des Blutgefäßsystems bei *Antedon* (Comatulida). Kelchdecke ab Interradius AB bis rechts vom Afterkegel im Interradius CD abgetragen, sonst durchsichtig dargestellt. Arme abgeschnitten. Verändert nach Cuenot in Grassé (1966).

Das **Nervensystem** unterscheidet sich stark von dem anderer Echinodermen. Das bei Eleutherozoen mächtig entwickelte Ektoneuralsystem der Epidermis ist bei den Crinoiden nur ein zarter Markstrang an der Basis der Futterrinne mit einem Ring um die Mundöffnung. Tieferliegende Nervenstränge ziehen paarig im Bindegewebe der Arme und werden als hyponeurale Nerven betrachtet (Abb. 1108), obwohl sie in keinem Bezug zu Somatocoelkanälen stehen, in deren Wänden sie üblicherweise entwickelt sind. Besonders abweichend aber ist die mächtige Ausbildung des aboralen Nervensystems, mit einem Zentrum in der Kelchbasis und kräftigen Armnerven (Abb. 1109), die eingebettet in das Skelett der Armglieder bis in die Pinnulae aufzweigen (Abb. 1097). Dieses System steuert die Muskeln zwischen den Gliedern der Arme und Pinnulae und den Zustand des kollagenen Bänderapparats.

Eingegliedert in das aborale Nervensystem ist ein Coelomraum, das „gekammerte" Organ, welcher fünfteilig angelegt wird und sich bei Seelilien im Stiel fortsetzt.

Normalerweise verharren Comatuliden in Filterstellung mit den Cirren der Kelchbasis festgekrallt am Untergrund (Abb. 1111, 1146). Lange Cirren können dabei so eng stehen, dass sie funktionell einen „Stiel" bilden, oder die Tiere sitzen auf Erhebungen des Untergrundes, z. B. auf Schwämmen und Korallenstöcken, wodurch sie in strömungsgünstigere Wasserschichten gelangen.

Ein offenes Problem sind die langsamen Bewegungen der Cirren, die keine Muskelfasern enthalten, sondern nur vom gekammerten Organ ausgehende Coelomschläuche mit Bindegewebsfasern und aborale Nerven; offenbar laufen diese Bewegungen nur über das nervös gesteuerte MCT ab.

Form und Stellung des Filterfächers der Arme sind abhängig von Richtung und Stärke der Strömung. Immer werden die Arme aber so gehalten, dass die Strömung auf die aborale Seite der Arme und Pinnulae auftrifft, nicht auf die Futterrinne (Abb. 1111A). Flottierende Partikel werden gebremst und gelangen durch Turbulenzen zwischen die Pinnulae und dadurch auf die Futterrinne.

Da die Stiele der Seelilien ähnlich wie die Cirren der Haarsterne keine Muskeln besitzen, gehen Stellungsänderungen extrem langsam über das MCT vor sich. Beim Drehen der Strömung kann die Armkrone nicht einfach mitgeschwenkt werden. Unter ständigem Beibehalten des Aufstroms auf die aborale Kronenseite wird der Stiel in sich gewunden, bis die Krone wieder optimal zur Strömungsrichtung steht. Arten mit wirtelig stehenden Cirren am Stiel können mit diesen den Stiel langsam aufrichten, was etwa 24 Stunden (!) dauert (*Cenocrinus asterius*). Dabei greifen die Cirren auf das jeweils davor liegende Internodium (cirrenfreier Stielabschnitt) und richten dieses ganz langsam auf. Dieser Vorgang setzt sich über alle Cirrenwirtel und Internodien bis zum Kelch fort.

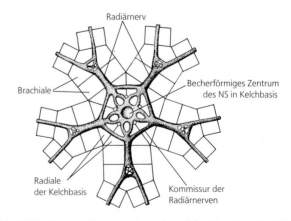

Abb. 1109 Aborales Nervensystem eines Crinoiden (*Antedon bifida*). Horizontalprojektion; Nervenmasse liegt eingebettet in die Skelettelemente der Kelchbasis und der Armglieder. Nach Hamann (1889) aus Grassé (1966).

Mithilfe der Cirren und der Armkrone können einige Seelilien sich auch sehr langsam fortbewegen (30 cm h⁻¹) (Abb. 1111A). Die meisten Arten sind aber fest an ihren Standort gebunden und haben je nach Bodenart wurzelartige Verankerungen (Schlamm) oder Anheftungsscheiben (Fels).

Comatuliden schwimmen durch rasche alternierende Bewegungen ihrer Arme; die großen vielarmigen Comasteriden kriechen auf dem Substrat und benutzen dazu die Pinnulae.

Crinoiden sind getrenntgeschlechtlich. Abgesehen von Bruttaschen einiger brutpflegender Arten besteht keinerlei Sexualdimorphismus. Die Gonaden liegen in den Pinnulae (Abb. 1097) in einem Genitalcoelom mit dem zentralen Genitalstrang.

Fortpflanzung und Entwicklung

Trotz guter Regenerationsfähigkeit pflanzen sich Crinoiden nur sexuell fort. Eier und Spermien werden in der Regel in das freie Wasser entlassen. Die Weibchen laichen mehrmals im Jahr.

Isometra vivipara und *Comatilia iridometriformis* haben intraovarielle Befruchtung. Brutpflege tritt bei antarktischen Taxa auf: bei *Isometra* und *Phrixometra* in den Pinnulae, bei *Notocrinus* in Brutkammern (Marsupien) an den Armen am Abgang der Pinnulae. *Notocrinus mortensis* hat bis zu 92 Embryonen pro Marsupium und entwickelt in größeren Tieren ca. 2000 Jungtiere.

Nach der für Echinodermen typischen **Frühentwicklung** in der Eihülle, mit Mesenchymbildung und Gastrulation, schließt sich der Blastoporus. Bei den Comatulida schlüpft eine zunächst allseits bewimperte, länglich ovale **Larve**, die

einige Tage frei schwimmt. In der Folge entwickelt sie einen apikalen Wimperschopf und 4–5 Wimpernringe und wird so zur Doliolaria (Abb. 1110A). Später entsteht am ventralen Vorderende eine Anheftungsgrube, und in der Mitte der Ventralseite beginnt sich zwischen zwei Wimpernringen ein lang gestrecktes Vestibulum einzusenken.

Die Larve setzt sich mit der Anheftungsgrube fest; sie wird dann Cystid genannt (Abb. 1110B, C). Ihre Epidermis verliert alle Cilien; ihr Stiel wächst rasch in die Länge, im Mesenchym um die Coelomräume entstehen erste Skelettplatten, im Dach des Vestibulums fünf große „Oralplatten". In den Vestibularraum wachsen erste Tentakeln und bilden tentakelartige Papillen. Im Boden des Vestibulums öffnen sich Mund und After. Zuletzt weichen die fünf Oralplatten auseinander, und das Stadium beginnt zu filtern. Dieser seelilienartige Pentacrinus lebt mehrere Monate festgeheftet (Abb. 1110D). Nachdem Arme, erste Pinnulae und einige 100 relativ lange (1 mm) Tentakel gebildet sind, entstehen Cirren, und ein junger Haarstern löst sich vom Stiel. Von Seelilien ist bisher nur die Entwicklung von *Metacrinus rotundus* (Isocoinida) bekannt: Es schlüpft eine nicht fressende Schwimm-

Abb. 1111 Crinoidea. **A** Seelilien *Chladocrinus decorus* (Isocrinida), 50 cm hoch; aus 420 m Tiefe vor der Ostküste Floridas. Nicht festsitzend, sondern sich langsam mit Stielcirren fortbewegend. Strömung kommt im Bild von links hinten. **B** Haarsterne *Heliometra glacialis* (Comatulida), bis 70 cm; verbreitet in kalten Meeren. Mit 10 Armen; mit Cirren auf festen Substraten festgekrallt. A Original: C.G. Messing, Dania; B Original: J. Gutt, Bremerhaven.

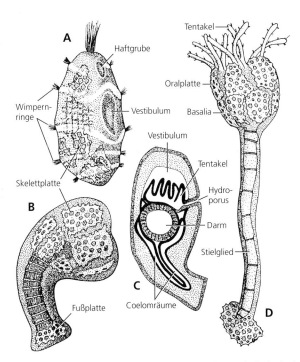

Abb. 1110 Larve der Crinoiden und Metamorphose. **A** Freischwimmende Doliolaria (Tönnchenlarve). **B, C** Cystid-Stadien. **D** Festsitzendes junges Pentacrinus-Stadium. Aus Marinelli (1962), nach verschiedenen Autoren.

larve. Der Verlauf der Wimpernbänder gleicht stark jenem der Auricularia (Seegurken-Larve) (Abb. 1105B).

Systematik

Die Diskussion um die verwandtschaftlichen Beziehungen der rezenten Subtaxa ist nicht abgeschlossen. Form und Anordnung der Skelettelemente des Kelchs, des Stiels und der Arme sowie der Besitz von Cirren sind wichtige taxonomische Merkmale auf höherem Niveau; Verzweigung der Gelenke der Arme, Form und Anordnung der Pinnulae und Ausbildung der Kelchdecke sind Merkmalskomplexe der Familien- und Gattungstaxa. Von den heute unterschiedenen 5 rezenten Subtaxa sind 4 gestielt und werden zu den sog. S e e l i l i e n gezählt, die lange Zeit nur fossil bekannt waren.

1.1 Isocrinida

Stiel mit Gruppen von 5 Cirren in regelmäßigen Abständen am Stiel; Columnalia (Stielglieder) rund bis pentagonal, große Kronen, bis 50 Arme; semimobil, kriechen mit Cirren und Krone. Alle in 200–2 500 m Tiefe.

Metacrinus rotundus (Isocrinidae), 50 cm; Westpazifik. – *Chladocrinus decorus* (Isocrinidae), 50 cm; Karibik, 420 m (Abb. 1111A). – *Diplocrinus wyvillethomsoni* (Isocrinidae), 40 cm; Biskaya, 1 300 m.

1.2 Millericrinida

Kelch lang konisch, Columnalia rund, keine Stielcirren; Stereomstruktur sehr einfach, kalkige Stielendscheibe, meist nur fünfarmig.

Hyocrinus kethellianus (Hyocrinidae), 15 cm; in 3 000–5 000 m.

1.3 Cyrtocrinida

Klein (1,5–3 cm), Stiel breit unregelmäßig, abhängig vom Untergrund, an Seepocken erinnernd, 10 kurze Arme mit dreieckigen Pinnulae.

Holopus rangi (Holopidae, nur 3 rezente Arten), bis 3 cm; Karibik, 200–680 m.

1.4 Bourgueticrinida

Schlanker Stiel mit Endscheibe oder Verankerungswurzeln, ohne Cirren.

Conocrinus (syn. *Rhizocrinus*) *lofotensis* (Bathycrinidae), Stiel 8 cm, kurze Arme; erstentdeckte rezente Seelilie (M. SARS 1868, vor Norwegischer Küste).

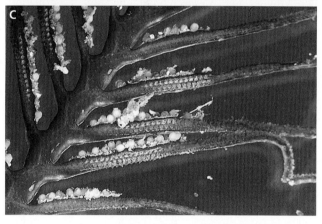

Abb. 1112 *Antedon* sp. (Crinoidea, Comatulida). **A** Blick auf die Oralseite des Kelchs mit den Armbasen; Verlauf der bewimperten Futterrinnen zum zentral liegenden Mund. **B** Oralseite mit Mund, Futterrinnen und Afterkegel. Eine *Myzostoma cirriferum* (Myzostomida, S. 382) entnimmt mit ausgestülptem Saugpharynx Nahrung aus einer Futterrinne. **C** Ausschnitt aus dem Arm eines Weibchens; Eier z. T. aus den Gonaden in den Pinnulae ausgetreten und festgeklebt. A, B Originale: W. Westheide, Osnabrück; C Original: R. Patzner, Salzburg.

1.5 Comatulida, Haarsterne

Nur als Pentacrinus-Stadium gestielt, Kelch verkürzt. Hauptmasse der rezenten Crinoiden (ca. 550 Arten).

Comanthina schlegeli (Comasteridae), 60 cm; bis 200 Arme, ohne Cirren und Sacculi, Philippinen. – *Comatula pectinata* (Mariametridae),

20 cm; 10-armig, stark unterschiedliche Armlänge, Indo-Westpazifik, 0–250 m. – *Antedon bifida* (Antedonidae), Kelch bis 1 cm, Arme 10 cm; 10-armig, europäische Atlantikküste. – *A. mediterranea*, unterschiedlich gefärbte Populationen (schwefelgelb, rotviolett, grau), Mittelmeer (Abb. 1109). – *Heliometra glacialis* (Antedonidae), bis 70 cm; sehr unterschiedliche Größen, arktische Küsten (Abb. 1111B).

2 Asteroidea, Seesterne

Mit etwa 2 100 Arten sind die Seesterne das artenreichste Taxon der Echinodermen. Sie kommen in allen Bereichen des marinen Benthals von der Gezeitenzone (der kalifornische Ockerseestern *Pisaster ochraceus*, Abb. 1119C) bis in die Tiefsee vor (*Hymenaster* sp. aus dem Philippinengraben in 10 000 m Tiefe).

Die größte Artendichte erreichen die Asteroidea im Schelfmeer der nordostpazifischen Küste Amerikas von San Franscisco über Alaska bis zu den Aleuten, Kurilen und Sachalin; dort kommen mehr Arten vor als in allen restlichen Verbreitungsgebieten. Ein zweites Artenzentrum liegt im Indonesisch-Philipinisch-Australischen Raum. Australien und Neeseeland sind durch viele Endemiten gekennzeichnet. In den polaren Meeren, besonders in der Antarktis, sind Seesterne die bedeutendste Gruppe der vagilen Makrofauna im Seichtwasser mit enormen Indivuduenzahlen. In seichten Schelfmeeren erreichen sie häufig große Dichten; auf Muschelbänken berührt oft ein Tier das andere.

Ihre Körpergröße reicht von ca. 1 cm (*Asterina gibbosa*) bis über 1 m (*Freyella remex*), liegt jedoch meist um 20 cm.

Die Körpergrundgestalt ist ein fünfarmiger Stern, dessen Arme zu den Spitzen hin gleichmäßig schlanker werden (Abb. 1119, 1120). In vielen Arten können die Interradien derartig breit werden, dass ein Fünfeck entsteht. Dieses kann hochgewölbt und kissenartig (*Culcita* spp., Abb. 1120D) oder extrem flach (*Anseropoda placenta*, Abb. 1120C) sein. Arten der vielarmigen Genera *Labidiaster*, *Brisinga* und *Freyella* (Abb. 1120B) erinnern mit ihren drehrunden, gleichmäßig dünnen langen Armen und einer abgesetzten zentralen Körperscheibe an Schlangensterne. Der fast kugelige *Podosphaeraster polyplax* aus dem Pazifik und Atlantik sieht mit seinem geschlossenen, polygonalen Plattenskelett fast wie ein stacheloser Seeigel aus.

Mehrere Arten besitzen mehr als 5 Arme. Ihre Zahl kann selbst innerhalb einer Art variieren, wie bei dem karibischen Kissenstern *Oreaster reticulatus*, bei dem vier-, sechs- und siebenarmige Exemplare auftreten. Bei den Sonnensternen ist die Zahl der Arme altersabhängig; neue Arme entstehen interradial (*Crossaster papposus*: 8–15 Arme, Abb. 1119D); *Heliaster* spp.: über 40; *Labidiaster* spp.: 25–50 Arme; der von Korallenpolypen lebende *Acanthaster planci* entwickelt bis zu 18 Arme (Abb. 1120A).

Bau und Leistung der Organe

Die oral-aborale Symmetrieachse der Seesterne ist kurz, der Mund öffnet sich zentral zwischen den Armen zum Substrat hin. Auf der Aboralseite befindet sich im Interradius CD die Madreporenplatte mit deutlichen Furchen, in denen die Poren liegen (oft mehrere Hundert). Einige Arten haben mehrere Madreporenplatten. Auch die Afteröffnung liegt aboral, aber nicht völlig zentral. Sie fehlt vielen Paxillosida.

Seesterne sind gegenüber allen anderen Eleutherozoen durch eine offene Ambulacralrinne charakterisiert, so dass der intraepidermale Radiärnerv und alle Radiärkanäle außerhalb des Skeletts liegen: Zwischen der Füßchenreihe liegt der ektoneurale Radiärnerv in einer deutlichen Falte in der Epidermis. Unmittelbar nach innen folgen die paarigen Hyponeuralkanäle (Perihämalkanäle, Somatocoel) mit dem hyponeuralen Nervensystem und der Radiärlakune zwischen ihnen (Abb. 1098, 1113). Weiter innen, aber immer noch außerhalb des oralen Plattenskeletts, befindet sich der Radiärkanal des Hydrocoels mit den Verbindungskanälen zu den Füßchen. Nur die Ampullen der Füßchen liegen im Inneren der Arme.

Das **Skelett** ist gekennzeichnet durch die paarigen Reihen der Ambulacralplatten entlang der Unterseite der Arme zwischen denen die Füßchen austreten (Abb. 1114C).

Sie bilden ein bewegliches Dach über dem offenen Ambulacralsystem dessen Winkel durch querziehende Muskeln bei der Fortbewegung flacher wird, bei Störungen aber spitzer; die Füßchen werden dann zurückgezogen und von beweglichen Stacheln der angrenzenden Adambulacralplatten abgedeckt; die empfindliche offene Ambulacralfurche wird so vollständig verschlossen und geschützt. Bei Paxillosida und Valvatida stützen zwei kräftige Reihen von Marginalplatten die Seitenwand der Arme (Abb. 1114C), die sonst wie die Oberseite von einem Netz kleinerer Skelettelemente gebildet wird. Vergrößerte Ambulacral- und Adambulacralplatten bilden bei den Forcipulata einen festen „peristomialen" Skelettring um den Mund.

Die Stacheln der Seesterne sind eher klein.

Astropectinidae (Kammseesterne, Abb. 1114) tragen an den Rändern der Arme kräftige Stacheln. Lange dornartige Stacheln besitzt *Acanthaster planci* (Dornenkronenseestern, Acanthasteridae, Abb. 1120A). Bei den Pterasteridae sind lange, randliche Armstacheln eingebettet in eine verbindende Membran der Körperdecke, wodurch eine pentagonale Kissenform entsteht.

Tiefseeformen, z. B. *Styracaster horridus*, haben an den Armen massive Randplatten mit langen Seitenstacheln und keulenförmige Armspitzen mit 3–5 langen Stacheln. Bei den Brisingida der Tiefsee ist die Epidermis an den Enden der langen seitlichen Armstacheln knopfartig verbreitert und abgewinkelt, wahrscheinlich werden diese Stacheln wie bei einigen Schlangensternen beim Filtern eingesetzt.

Schirmchenstacheln (Paxillen) bedecken die Aboralfläche der auf Sedimentböden lebenden Paxillosida (Abb. 1091). Der Schirm besteht aus Kalkstäbchen, die flächig ausgebreitet werden können, wodurch ein geschützter Raum über der Oberseite der Tiere entsteht (Abb. 1114), in den die dünnwandigen Papulae (Kiemen, s. u.) hineinragen.

Bei den Pterasteridae entsteht eine „zweite" Körperdecke, die von großen, häutig verbundenen Paxillen gestützt wird und über der eigentlichen Aboralfläche eine Atem- und häufig auch Brutkammer abdeckt.

Ähnlich wie Seeigel besitzen auch Seesterne Pedicellarien, meist sind sie hier zweiklappig.

Sie können direkt (sessil) auf Skelettelementen sitzen (bei Paxillosida), oder sie sind in Gruben (Alveolen) eingesenkt (bei Valvatida). Besonders viele und differenzierte Pedicellarien auf muskulösen Polstern finden sich bei den Forcipulata, wo große gerade und scherenartig

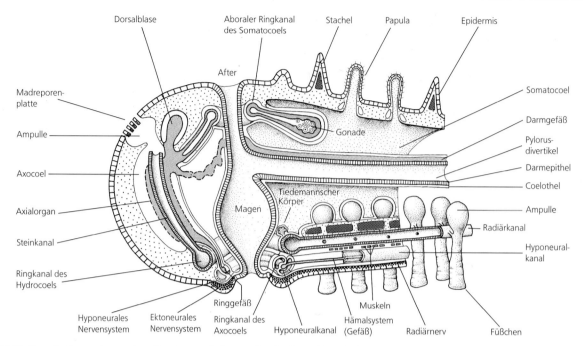

Abb. 1113 Organisationsschema eines Seesterns mit Darmtrakt, Coelom-, Blutgefäß- und Nervensystem. Schnitt durch Zentrum im Interradius C D, durch die Basis eines Arms (rechts) im Radius A. Unterbrochene Linie um das Axialorgan: Podocyten, epithelial angeordnet (Ultrafiltration!). Hämalsystem dicht fein gepunktet. Nach verschiedenen Autoren.

verbundene Formen vorkommen. Pedicellarien können sogar zum Beuteerwerb dienen und Crustaceen und kleine Fische ergreifen und festhalten. Sie fehlen nur bei Spinulosida und Velatida.

Viele Seesterne sind Suchräuber und wandern kontinuierlich auf oder in der Substratoberfläche mithilfe ihrer Ambulacralfüßchen dahin. Ein Arm übernimmt dabei die Führung.Große Seesterne können bis über 40 000 Füßchen besitzen. Die Geschwindigkeit der Bewegung ist abhängig von der Füßchenlänge und damit von der Körpergröße. Folgende Maximalgeschwindigkeiten pro Minute etwa bei Flucht sind bekannt: *Luidia sarsi*: 75 cm min^{-1}; *Asterias rubens* (12 cm Armlänge): 2–8 cm min^{-1}; *Pycnopodia helianthoides*: 75–115 cm min^{-1}.

Die Saugfüßchen ermöglichten das Vordringen auf Hartböden und das Festhalten und Hantieren der Beute (Abb. 1115). Zusammen mit der Fähigkeit, den Magen vorzustülpen und die Nahrung extraoral vorzuverdauen, haben sich besonders die Forcipulatida zu Muschelräubern entwickelt, deren Beutegröße nicht mehr an die Mundgröße gebunden ist wie bei den Paxillosida. Die Kombination von extraoraler Verdauung und Saugfüßchen gestattet verschiedenste Ernährungstechniken, z. B. auch das Festhalten an den Armspitzen anderer Seesterne und deren Abverdauen. Die auf Weichböden lebenden Paxillosida besitzen spitz zulaufende Grabfüßchen ohne Saugscheibe (Abb. 1114).

Die **Epidermis** der Seesterne ist im Unterschied zu jener der Ophiuriden und der Seegurken gut bewimpert und oft reich an Schleimzellen. Wimperströme erzeugen z. B. bei den Paxillosida einen Atemwasserstrom von der Aboralseite auf die Oralseite.

Die Papulae (Abb. 1098, 1113) auf der Oberfläche fungieren als **Kiemen**. Sie sind Ausstülpungen des Somatocoels zwischen Lücken des Skelettes und bestehen nur aus der Epidermis und dem bewimperten Coelothel; meist sind es einfache einziehbare Schläuche, manchmal sind sie verzweigt

(*Luidia, Pycnogonia, Pteraster*), sie stehen meist dicht, selten in Gruppen („Papularium" bei *Linckia*); bei Tiefseeformen können sie fehlen.

Das hypogastrische (orale) Somatocoel bildet eine bis in die Armspitzen reichende geräumige **Leibeshöhle**. Das rechte epigastrische (aborale) Somatocoel ist gering entwickelt; es sendet dünne Schläuche in die Mesenterien der Pylorusblindsäcke, so dass diese mit einem doppelten Mesenterium auf der Innenseite der Armdecke aufgehängt sind (Abb. 1098).

Ein somatocoeles Kanalsystem durchzieht das Bindegewebe in der Körperdecke. Es geht von den beiden Hyponeuralkanälen (Perihämalkanälen) aus, die zwischen den Füßchen mit den beiden lateralen Hyponeuralkanälen verbunden sind (Abb. 1098). Die oralen und aboralen Ringkanäle des Somatocoels, des Axocoels und des Wassergefäßsystems wurden bereits dargestellt (S. 734–737).

Paarige interradiale Tiedemannsche Körper auf dem hydrocoelen Ringkanal sind stets vorhanden und fungieren als wichtige Passagestelle zwischen Hydrocoel und Somatocoel unter Beteiligung des Hämalsystems (Abb. 1113). In jedem Interradius können Polische Blasen vorhanden sein.

Der **Darmtrakt** ist entsprechend der Körpergestalt radiär gebaut, mit einer sehr kurzen oral-aboralen Mund-After-Achse. Meist ist ein weiter sackförmiger Magenabschnitt, die Cardia, gegen den drüsigen Pylorus abgesetzt, von dem paarige Divertikel in die Arme ziehen (Abb. 1113). In den Taschen dieser Divertikel werden Lipide und Glykogen gespeichert. Der Magen ist mit Bändern (Gastralligamenten) an den Ambulacralplattenreihen der Arme fixiert. In den Falten des kurzen Oesophagus und besonders in der Cardia

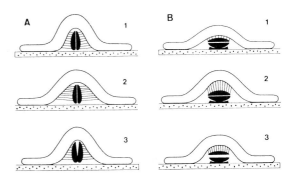

Abb. 1115 Öffnen einer Muschel durch einen Seestern. **A** Bei nicht festgewachsenen Muscheln. **B** Bei festgewachsenen Muscheln. (1) Anheftungsphase; (2) Ziehen bis zum Strecken der Saugfüßchen; (3) Ziehen und Öffnen. Nach Christensen (1957) aus Jangoux (1982).

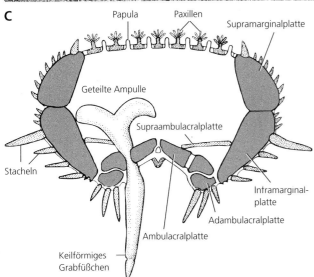

C

Papula   Paxillen

Supramarginalplatte

Geteilte Ampulle

Supraambulacralplatte

Stacheln

Intramarginal-platte

Adambulacralplatte

Ambulacralplatte

Keilförmiges Grabfüßchen

Abb. 1114 *Astropecten aranciacus* (Paxillosida), 40 cm, auf Sandböden im Mittelmeer. **A** Typische Wendebewegung bei Seesternen, bei der Füßchen und Körpermuskulatur eingesetzt werden. **B** Führungsarm beim „Gehen". Auf der aboralen Armseite liegt ein kräftiges Längsmuskelband, das den Arm aufwärts biegt. Durch die Anhebung der Armspitze wird auch der Ocellus in der Basis des Endtentakels nach oben gerichtet. Große Randstacheln an den Marginalplatten. **C** Armquerschnitt mit keilförmigem Grabfüßchen und Skelettelementen bei *Astropecten* sp. (Paxillosida). Füßchendurchtritt zwischen 2 Ambulacralplatten. Armplatten dunkel gerastert, Stacheln und Paxillen punktiert; Füßchen räumlich dargestellt. A,B Originale: R. Patzner, Salzburg; C nach verschiedenen Autoren.

befördern kräftige Cilienstraßen die extraoral aufgeschlossene Nahrung in orale Wimpernrinnen der Darmblindsäcke, von wo sie ebenfalls oral in die vielen seitlichen Divertikel geflimmert wird. Im aboralen Dach dieser Divertikel gelangt Material zurück in das Zentrum. Ein kurzer, als Mitteldarm (Intestinum) bezeichneter Darmteil führt abermals über Divertikel und das Rektum nach außen. Bei Porcellanasteridae, Luidiidae und einige Astropectinidae fehlt ein After.

Asteriden sind bis auf wenige Ausnahmen carnivor. Die urtümlichen, auf Weichböden lebenden Paxillosida (Luidiidae, Astropectinidae) ernähren sich von der dort vorhandenen Epi- und Endofauna. Sie suchen mit den Ambulacralfüßchen das Substrat nach Beute ab, holen diese damit heraus und schieben sie in den stark erweiterungsfähigen Mund.

Luidia clathra mit einer Armlänge von 14 cm kann einen Sanddollar von 5 cm Durchmesser aufnehmen, *Astropecten*-Arten große Schnecken und Herzigel.

Die Mehrzahl der Seesterne ernährt sich jedoch e x t r a o r a l: Der Magen wird ausgestülpt und die Beute außerhalb des Tieres vorverdaut. So ist auch große Beute verwertbar, die nicht über den Mund aufgenommen werden kann (Abb. 1115).

Große Seesterne haben vielfach keine Feinde, außer anderen Seesternarten. Ihre Gefräßigkeit löst bei möglichen Beutetieren charakteristische Flucht- und Panikreaktionen aus. Seeigel und Schlangensterne entfernen sich rasch in Verstecke, Herzmuscheln springen mit ihrem Fuß, und frei lebende Pectiniden schwimmen rasant davon.

Innerhalb der Forcipulata (Zangenseesterne) ermöglichte die Vermehrung der Saugfüßchen auf 4–6 Reihen und die Entwicklung eines Skelettrahmens um den Mund eine Spezialisierung auf Muscheln (Abb. 1115).

Durch die Zugwirkung der Füßchen (je nach Größe oft mehrere Tausend) wird die Muschel gerade so weit geöffnet, dass durch einen nur 0,1 mm feinen Spalt Magenwände eindringen. Sobald die Schließmuskeln durch Verdauungssekrete genügend angegriffen sind, kann die Muschel vollständig geöffnet werden. Die Zugkraft kann 4–5 kg erreichen und über Stunden aufrecht erhalten werden. Kalifornische *Pisaster*-Arten holen mit lang ausgestreckten mundnahen Füßchen bis 17 cm tief eingegrabene Muscheln aus dem Sand. Große schlageisenartige, gekreuzte Pedicellarien auf der Aboralseite der Forcipulata können sogar Krebse und kleine Fische erbeuten; bei dem vielarmigen antarktischen *Labidiaster annulatus* stehen sie auf ringförmigen Wülsten der Arme; die Beute wird von Saugfüßchen benachbarter Arme zum Mund gebracht.

Wenige Arten können mithilfe oraler Cilienströme in den Ambulacren auch fakultativ als Suspensionsfresser leben. *Linckia-* und *Ophidiaster*-Arten schließen mit den Wimpern des vorgestülpten Magens obere Substratschichten auf. *Oreaster reticulatus* schiebt die an Mikroorganismen reiche oberste Substratschicht zu einem Wall und stülpt den Magen darüber.

Seesterne sind in der Mehrzahl getrenntgeschlechtlich; sie zeigen keinen Sexualdimorphismus. Mehrere Arten sind Hermaphroditen, z.B. ist *Asterina gibbosa* protandrisch; *A. minor* und *A. phylactina* sind simultane Zwitter. In Populationen von *Echinaster sepositus* an der italienischen Küste treten bis zu 23 % Zwitter auf.

Die **Gonaden** entwickeln sich interradial in paarigen, reich verästelten Säcken des aboralen Somatocoelrings. Reife Gonaden reichen bis in die Armspitzen. Bei den Luidiidae, in vielen Genera der Astropectinidae, Gonasteridae, Brisingidae und bei *Acanthaster planci* differenzieren sich die Gonaden serial mit vielen Ausfuhrgängen entlang der aboralen Ränder der Arme. Meist münden jedoch die 10 Gonaden mit nur einem Porus aboral zwischen den Armbasen.

Orale Ausleitungen sind typisch für brutpflegende Arten (viele arktische und antarktische Asteriidae) und Arten mit benthischen Gelegen (*Asterina gibbosa*). Der kleine indo-westpazifische Riffbewohner *Ophidiaster granifer* ist parthenogenetisch.

Fortpflanzung und Entwicklung

Von den etwa 170 Seestern-Arten, von denen die Entwicklung bekannt ist, laichen 95 ins freie Wasser ab (Abb. 1116). Bei 52 dieser Arten ist die Entwicklung planktotroph.

Die Zahl der abgegebenen Eier (100–230 μm Durchmesser) ist groß: *Luidia ciliaris* ca. 200 Millionen, *Asterias rubens* gibt mehrmals in Abständen von 2 Stunden 2,5 Mio. Eier ab.

Von 43 Arten kennt man eine pelagisch lecithotrophe Entwicklung; ca. 70 Arten treiben Brutpflege. Brutpflegende Arten sind häufig in den polaren Meeren. In wärmeren Meeren sind es die sehr kleinen Asteriniden der Gezeitenzone.

Die meisten brutpflegenden Seesterne sitzen hochgewölbt über dem Gelege. Bei *Granaster nutrix* und *Leptasterias grönlandica* liegen die Jungtiere in Taschen der Cardia. Bei einigen Arten der Paxillosida (*Leptychaster* spp.) entwickeln sich die Jungen im Raum zwischen den Paxillen auf der Aboralseite des Körpers. Intraovarielles Brüten ist nur von *Asterina pseudoexigua* und *Patiriella vivipara* bekannt.

In der indirekten Entwicklung entsteht als erste Larvenform die Bipinnaria (Abb. 1105C, 1117E, F). Sie besitzt keine Skelettelemente. Vom primär geschlossenen Wimpernband grenzt sich vor der Mundbucht ein ventrales Praeoralfeld ab. Das zweite Wimpernband begrenzt ventral die Mundbucht und zieht seitlich an das Hinterende der Larve und an deren Dorsalseite wieder nach vorne. Bei den Luidiidae und Astropectinidae folgt auf die Bipinnaria direkt die Metamorphose, bei fast allen anderen Asteriden wird die Bipinnaria von einer Brachiolaria abgelöst, die drei Haftarme und eine Anheftungsscheibe im apikalen Feld (Abb. 1105D, 1117G, H); dieses Stadium setzt sich zur Metamorphose fest.

In der Bipinnaria wachsen die linke und rechte Axohydrocoelanlage zu Schläuchen beiderseits des larvalen Oesophagus in den Vorderkör-

Abb. 1116 Laichstellung des Seesterns *Echinaster sepositus* (Spinulosida). Leuchtend rot, im Mittelmeer. Helle Flächen zwischen den Armen sind austretende Spermienmassen. Original: H. Moosleitner, Salzburg.

per der Larve unter das Apikalfeld, wo sie sich vereinigen und einen Stützapparat bilden; von diesem u-förmigen vorderen Coelom wachsen Schläuche in die Haftarme der Brachiolaria. Die kleine rechte Dorsalblase gelangt früh in die Nähe des Hydroporus. Das linke Somatocoel bildet ein ventrales Horn; dieses umwächst ventral vom Magen den Darm und verbindet sich mit dem rechten Axohydrocoel. Vielfach wird auch ein dorsales Horn gebildet, das sich sekundär mit dem schon früh abgetrennten linken Axohydrocoel verbinden kann. Die Ebene des Mesenteriums zwischen den beiden Somatocoelen liegt anfangs fast parallel zur Medianebene der Larve, verschiebt sich in der Metamorphose aber allmählich in eine horizontale Lage parallel zur Oralfläche des jungen Sterns. Das linke Axohydrocoel bildet auf der linken Seite am Beginn der Metamorphose die fünf Anlagen der Radiärkanäle aus. Der Steinkanal entsteht durch Verschluss einer länglichen Rinne des Axohydrocoels zwischen Hydroporus und späterem Ringkanal.

In der Regel setzt die Metamorphose bei indirekter Entwicklung nach 2–3 Monaten ein und dauert meist nur einen Tag.

Lecithotrophe Larven sind einfacher gebaut. Sie besitzen keine Mundöffnung und keine Cilienbänder, sondern nur eine allgemeine Bewimperung. Die Entwicklungszeit ist fast immer kürzer. Vielfach wird die lecithotrophe Entwicklung vereinfacht als direkte Entwicklung bezeichnet. Dennoch werden stets larvale Strukturen angelegt. So wird bei vielen Arten das Bipinnaria-Stadium übersprungen, aber Brachiolararme noch entwickelt (*Solaster endeca*, *Crossaster papposus*). Unterschieden werden muss auch zwischen pelagischer und benthisch demerser lecithotropher Entwicklung. Bei demersen Larven der Asterinidae (*Asterina gibbosa*, *Patiriella exigua*) fungieren die mächtigen Haftarme als Füßchen. Auch die Larven brutpflegender Asteriiden (*Leptasterias hexactis*) bilden vor der Metamorphose drei kräftige Brachiolararme aus. Die innere Entwicklung läuft ähnlich wie bei planktotrophen Larven ab. Entwicklungstypen sind nicht an taxonomische Gruppen gebunden.

Direkte Entwicklung zeigt nur *Pteraster tesselatus*. Hier ist eine Metamorphose nicht mehr erkennbar, die oral-aborale Achse entsteht bereits in der Larve

Seesternlarven können sich auch vegetativ durch Abschnüren von Knospen oder des ganzen Praeoralfeldes vermehren, woraus wieder planktotrophe Larven entstehen.

Asexuelle Vermehrung durch Fissiparie beruht auf dem hohen Regenerationsvermögen der Seesterne (Abb. 1118) und tritt in mehreren Genera der Asteriidae auf. Dabei wird der Zentralkörper spontan geteilt, ohne dass Skelettplatten oder Arme verletzt werden. Entscheidend ist dabei die Veränderlichkeit des kollagenen Bindegewebes (MCT), das an den Bruchstellen extrem gelockert wird (S. 730). Die Füßchen bei-

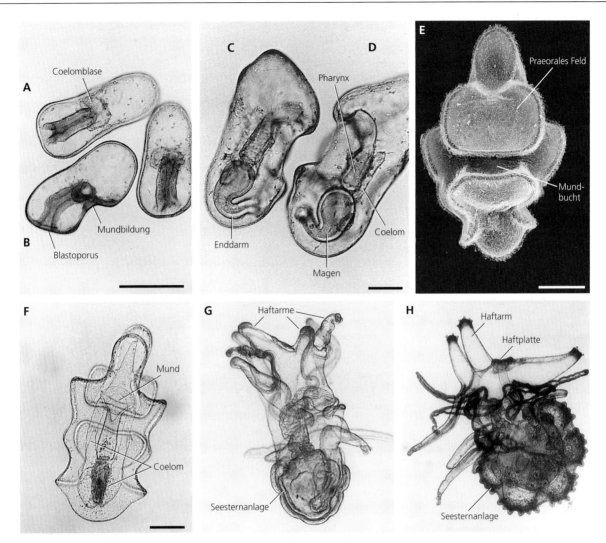

Abb. 1117 Seestern-Entwicklung. **A–F** *Patiriella regularis*. **A** Gastrula mit einheitlicher Coelomblase über dem Dach des Archenterons. **B** Seitenansicht einer späten Gastrula unmittelbar vor Durchbruch des Mundes. **C** Rechte und **D** linke Seitenansicht einer jungen Bipinnaria. **E** Bipinnaria, ventral. REM-Foto. **F** Bipinnaria etwa gleich groß wie in **E**, von dorsal; linke und rechte vordere Coelomschläuche apikal unter dem späteren Haftorgan vereinigt. **G** Seitenansicht einer Brachiolaria mit drei großen apikalen Haftarmen und einer weit entwickelten Seesternanlage links im Larvenkörper. **H** Brachiolaria mit Seesternanlage. Maßstäbe: 100 µm. A–F Originale: M. Byrne, Sydney; G, H Originale: W. Westheide, Osnabrück.

der Hälften wandern entgegengesetzt und helfen dadurch beim Auftrennen, das zwischen wenigen Minuten und einer Stunde dauert.

Fissiparie ist in älteren Tieren seltener, diese wechseln dann zu sexueller Fortpflanzung. Fissiparie setzt meist mit Sommerbeginn ein, sexu-

elle Fortpflanzung mit dem Winterende, mit dem Beginn der Produktion im Pelagial, dem Lebensraum der Larven. Korrelationen bestehen auch zur Verbreitung und zum Nahrungsangebot: *Coscinasterias calamaria* vermehrt sich in der Gezeitenzone Neuseelands bei schlechtem Nahrungsangebot fissipar, während bei sublitoralen Populationen in guter Ernährungssituation sexuelle Reproduktion überwiegt.

Abb. 1118 Regenerationsformen des Seesterns *Asterias rubens* (Forcipulatida). Originale: W. Westheide, Osnabrück.

Linckia-Arten können aus einem Armstück einen ganzen Seestern regenerieren. Das Abtrennen eines Armes dauert ca. 3–4 Stunden und erfolgt ca. 2 cm radial vom Zentrum. Nach einer Woche ist die Wunde bis auf einen Spalt zur verbliebenen Ambulacralfurche verschlossen, aus dem später der Mund entsteht. Die neu gebildeten Tiere sind noch nach einem Jahr an ihren ungleich großen Armen erkennbar. Diese Vermehrungsweise ist so häufig, dass weniger als 10 % symmetrische Exemplare in einer Population vorkommen.

Seesterne werden im 2. Lebensjahr geschlechtsreif. Größere Arten leben länger: *Asterias rubens* ca. 6 Jahre, *Pisaster ochraceus* bis zu 20 Jahre.

Systematik

Seesterne sind seit dem Unteren Ordovizium bekannt. Die paläozoischen Formen werden vielfach als †Somasteroida zusammengefasst.

Verschiedene Versuche, rezente Seesterntaxa direkt aus paläozoischen Gruppen abzuleiten, sind wieder aufgegeben worden. So wurde der extrem flache, breitarmige, zunächst *Platasterias latiradiata* genannte Seestern aus der Karibik als überlebender Somasteroide betrachtet. Heute wird diese Art zum Genus *Luidia* (Paxillosida) gestellt.

Wichtigste taxonomische Kriterien sind Art, Zahl und Anordnung der Skelettelemente zusammen mit der Ausbildung von Pedicellarien und der Anordnung der Füßchen. In älteren Systemen wurden 3 Subtaxa unterschieden: Phaenerozonia, Spinulosa und Forcipulata. Das hier verwendete System der Asteroidea von BLAKE, CLARK und DOWNEY (1992) sieht 7 gleichberechtigte Subtaxa vor.

2.1 Paxillosida

Typische Weichbodenbewohner mit Füßchen ohne Saugscheibe und meist geteilten Ampullen; meist ohne Afteröffnung, Magen nicht vorstülpbar, kräftige Armrandplatten, mit seitlichen Stacheln Aboralfläche mit Paxillen.

Luidia mit ca. 60 Arten (Luidiidae). Häufig im tropischen Seichtwasser; *L. ciliaris* und *L. sarsi*, 25 cm; atlantisch, mediterran. – *Astropecten aranciacus* (Astropectinidae, Kammseesterne), bis 40 cm; mediterran (Abb. 1114), *A. irregularis*, 10 cm; atlantisch, mediterran, oberes Sublitoral bis 1 000 m. Einige der ca. 250 Arten auch abyssal.

2.2 Notomyotida

Tiefseeformen, biegsame lange Arme mit zwei kräftigen aboralen Längsmuskeln und auffälligen Stacheln.

Benthopecten simplex (Benthopectinidae), 10 cm.

2.3 Valvatida

Füßchen mit Saugscheiben, wenige große Randplatten, oft sitzende Pedicellarien, häufig steife pentagonartige Formen, extraorale Nahrungsaufnahme.

Oreaster reticulatus (Oreasteridae), bis 50 cm; einer der schwersten Seesterne, Schwammfresser, Karibik. – *Culcita novaeguineae*, Kis-

senseesestern (Oreasteridae), 20 cm (Abb. 1120D). – *Linckia laevigata* (Ophidiasteridae), 25 cm; blau, in tropisch-subtropischem Seichtwasser, in Korallriffen. – *Podosphaeraster polyplax* (Sphaerasteridae), 5 cm; atlantisch, kugelig, an Seeigel erinnernd. – **Asterina gibbosa* (Asterinidae), 2 cm, pentagonal; atlantisch, mediterran, protandrische Zwitter, Weibchen sitzen über Gelege, brutpflegend; Eulitoral. – **Anseropoda placenta* (Asterinidae), 10 cm; extrem flach, auf Sedimentböden in 10–500 m Tiefe, atlantisch, mediterran (Abb. 1120C). – *Porania pulvillus* (Poraniidae), 20 cm, kurzarmig, kissenartig; Schlammbewohner, Norwegen bis Biscaya. – *Acanthaster planci* (Acanthasteridae), Dornkronenseesterne, 40 cm, bis zu 18 Arme, mit großen Stacheln; weidet Korallenpolypen ab, gefürchteter Zerstörer von Korallenriffen; Indo-Westpazifik (Abb. 1120A).

2.4 Velatida

Ambulacralstacheln oft von der Körperdecke membranös verbunden. Saugfüßchen.

*Crossaster papposus (Solasteridae), Sonnenstern, 30 cm; breites Zentrum, bis 15 Arme, keine Pedicellarien, zirkumboreal, auch Helgoland (Abb. 1119D). – *Pteraster tesselatus* (Pterastidae), 15 cm, Supradorsalmembran von Paxillen getragen, Raum darunter dient als Atemkammer und Brutraum, mit stark abgewandelter direkter Entwicklung; Tiefsee. – *Caymanostella spinimarginata* (Caymanostellidae), 5 mm, kleine Tiefseeform aus dem Kaimangraben und vor Jamaica, zwischen 1 500 m und 7 000 m auf abgesunkenem Holz. Möglicherweise sind die beiden *Xyloplax*-Arten (Abb. 1121) (früher Concentricycloida) eng mit ihnen verwandt.

2.5 Spinulosida

Viele der früher hier zusammengefassten Taxa werden heute teils den Valvatida, teils den Velatida zugeordnet. Arme etwa vom Zentrum weg gleich dick. Keine Pedicellarien.

Echinaster sepositus (Echinasteridae), 15 cm, drüsenreiche Epidermis, leuchtend rot; atlantisch, mediterran. – **Henricia sanguinolenta* (Echinasteridae), 20 cm, zirkumboreal, arktisch (Abb. 1119A).

2.6 Forcipulatida

Gestielte gerade und gekreuzte Pedicellarien am ganzen Körper, netzförmiges Skelett, keine Randplatten, keine Paxillen, kleines Zentrum, Arme oft rundlich im Querschnitt, meist vier Füßchenreihen pro Arm. Artenreichste Gruppe der Seesterne, weltweit, aber dominierend in der Nordhemisphäre, hauptsächlich im Seichtwasser.

*Asterias rubens (Asteriidae), 15 cm; an allen Küsten des Nordatlantiks, Carolina-Labrador-Grönland-Island-Europa bis Senegal, häufigste Art der deutschen Fauna, auch in der Ostsee (Abb. 1118). – **Marthasterias glacialis* (Asteriidae), Eisseesterne, bis 50 cm; mediterran, atlantisch. – *Pisaster ochraceus* (Asteriidae) (Abb. 1119C), Armradius über 30 cm; amerikanische Pazifikküste. – *Leptasterias mülleri* (Asteriidae), 20 cm, nördliche Nordsee, brutpflegend, Weibchen sitzt über Gelege. – *L. groenlandica* (Asteriidae), 20 cm, Embryonen in Magentaschen.

Abb. 1119 Seesterne, Habitusformen. **A** *Henricia leviscula* (Spinulosida), 12 cm, tief zinnoberrot, Pazifikküste Nordamerikas. **B** *Fromia monilis* (Valvatida) 12 cm, leuchtend rot, mit großen weißen aboralen Skelettplatten, Rotes Meer. **C** *Pisaster ochraceus* (Forcipulata), 25 cm, sehr unterschiedlich gefärbt von braun bis violett, häufigster Seestern in der Gezeitenzone der nordamerikanischen Pazifikküste. **D** *Crossaster papposus*, Sonnenseestern (Velatida), 20 cm, gelb-orange, mit 10–13 Armen, auch bei Helgoland. A, C, D, Originale: W. Westheide, Osnabrück; B Original: I. Illich, Salzburg.

2.7 Brisingida

Scheibenförmiger Zentralkörper, 9–15 bestachelte Arme, oft sehr lang, meist nur zwei Reihen von Füßchen, viele gekreuzte Pedicellarien. Ausschließlich in der Tiefsee.

Midgardia xandaros (Brisingidae), Zentralscheibe 30 mm, Gesamtdurchmesser bis 138 cm! – *Freyella elegans* (Freyellidae), Scheibe 2–3 cm, Arme 20 cm, schlangensternartig, kein After; Atlantik 1 600–4 500 m (Abb. 1120B).

3 Ophiuroidea, Schlangensterne

Mit 2 000 Arten besiedeln Schlangensterne von der Gezeitenzone bis in 7 000 m Tiefe alle Bereiche des Meeresbodens. Ihre größte Artendichte erreichen sie zwischen Indonesien und den Philippinen. Sie leben auf Felsböden, unter Steinen, in Spalten, in und auf Sedimentböden, z. T. auf Korallen, Schwämmen und sogar Seeigeln (Sanddollar). Auf Weichböden sind Ophiuriden häufig die dominierende Makrobenthosgruppe: *Amphiura filiformis* in 40 m Tiefe 400–500 Ind. m^{-2}, *Ophiura ophiura* 700 Ind. m^{-2} und *Ophiotrix fragilis* 2 000 Ind. m^{-2}. Derartige Abundanzen können über viele km^2 auftreten, wenn die ökologischen Faktoren gleich bleiben. Trotz des Artenreichtums ist die Körpergrundgestalt recht einheitlich (Abb. 1125).

Bau und Leistung der Organe

Eine zentrale **Körperscheibe** von meist 1–3 cm Durchmesser (bis 12 cm) ist deutlich gegen die 5 langen, schlanken Arme abgesetzt (Abb. 1086C) und enthält den sackförmigen, afterlosen Darmtrakt und die Gonaden. Die Armlänge kann das 20-fache des Scheibendurchmessers übertreffen. In wenigen fissiparen Arten kommt es nach der Regeneration regelmäßig zur Vermehrung der Arme (*Ophiactis virens*, *O. savigny*: 6; *Ophiacantha vivipara*: 6–8). Die Arme der Trichasteridae verzweigen sich an den Enden, jene der Gorgonocephaliden schon von der Körperscheibe aus zunächst dichotom, dann

Abb. 1120 Seesterne, Habitusformen. **A** *Acanthaster planci*, Dornkronenseestern (Valvatida), vielarmig, auf Korallenstock, dessen Polypen er abweidet. **B** *Freyella elegans* (Brisingida). Schlangensternartiger Seestern mit scheibenartigem Zentralkörper (24 mm) und 11 über 200 mm langen Armen; die seitlichen Stacheln dienen zum Filtrieren. NO-Atlantik, 4 000 m Tiefe. **C** *Anseropoda placenta* (Valvatida), 10 cm, extrem flach (ca. 5 mm), lachsfarben, Mittelmeer und Atlantik, bis 600 m Tiefe. **D** *Culcita* sp., Kissenseestern (Valvatida), ca. 20 cm breit, 10 cm hoch. Großes Barriere-Riff, Australien. Blick auf die Oralseite. A Original: A. Antonius, Wien; B Original: A.L. Rice, Wormley. C Original: R. Patzner, Salzburg; D Original: W. Westheide, Osnabrück.

alternierend und enden extrem dünn (120 µm!) (Abb. 1125E). Die Arme sind hochbeweglich, ihr Ambulacral- und Nervensystem ist versenkt und von Skelett bedeckt (Abb. 1086C, 1123); die Füßchen besitzen keine Saugscheiben und dienen kaum zur Fortbewegung.

Die Ambulacralplatten sind zu „Wirbeln" verwachsen (Abb. 1122, 1123) und liegen im Inneren der Arme (inneres Armskelett). Paarige, kräftige orale und aborale Längsmuskeln verbinden diese Wirbel, die über eine proximale Gelenkgrube und einem distalen Höcker miteinander gelenken. Dif-

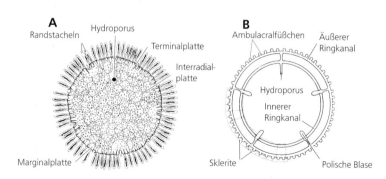

Abb. 1121 *Xyloplax* sp. (Velatida),
A Aboralansicht. **B** Ambulacralgefäßsystem.
Aus Storch und Welsch (1991).

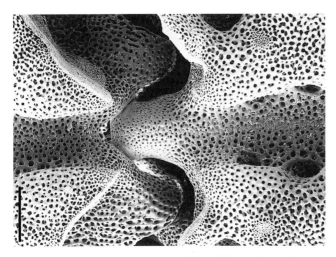

Abb. 1122 *Ophioderma longicauda* (Ophiurida). Detail der Gelenkverbindung zweier Armwirbel in Oralansicht. Gewebe wegmazeriert, REM-Foto. Maßstab: 100 μm. Original: S. Dominik, Bochum.

ferenzierungen dieser Gelenke erlauben seitlich schlängelnde Bewegungen der Arme parallel zum Untergrund (zygospondyl, bei den Ophiurida) oder vertikale Einroll- und Wickelbewegungen (streptospondyl, bei den Gorgonocephalidae) (Abb. 1125E–G).

Außerhalb der Wirbel liegen die lateralen A r m p l a t t e n. Sie tragen eine vertikale Reihe von 2–15 (meist 5) S t a c h e l n, die ähnlich wie bei Seeigeln auf einem Stachelhöcker sitzen (Abb. 1123).

Länge, Form und Anordnung der Stacheln sind eng korreliert mit der Lebensweise der Tiere. Kurzstachelige Arten sind meist räuberisch (Abb. 1125A, B). Bei den langstacheligen Ophiotrichiden und Ophiocomiden stehen die Stacheln senkrecht zur Längsachse des Arms. Sie sind von drüsiger Epidermis überzogen und werden beim Filtern miteingesetzt (Abb. 1104). *Ophiohelus-* und *Ophiotholia*-Arten besitzen pilzförmige Stacheln. Bei den Gorgonenhäuptern sind die Stachelreihen der verzweigten Armbasen zu Gruppen von Klammerhaken zum Festhalten beim Klettern modifiziert. Die Stacheln der dünnen einrollbaren Enden der Fangarme fungieren als einklappbare Fanghaken, ähnlich Pedicellarien, und erbeuten Planktonorganismen. Skelettplatten liegen auch auf der Oberseite der Arme über dem aboralen Somatocoelkanal (aborale Armplatten) auf der Unterseite bedecken sie das versenkte Ambulacralsystem (Oralschilder, Epineuralplatte); zwischen letzteren und den Randplatten treten die Füßchen aus (Ab. 1123).

Orale und aborale Armplatten fehlen den urtümlichen Oigophiurida und den Gorgonocephalidae mit ihren vertikalen Armbewegungen.

Die Radiärkanäle des H y d r o c o e l s sind in den Armen in eine tiefe Rinne, oder in einen Kanal der Skelettwirbel der Arme verlagert. Die tentakelartigen Füßchen besitzen keine Ampulle, sondern nur eine erweiterte muskulöse Basis. Auch der dünne Zuleitungskanal zum Radiärkanal ist in den Wirbeln eingeschlossen (Abb. 1123).

Auch der somatocoele H y p o n e u r a l k a n a l mit dem hyponeuralen Nervensystem und der ektoneurale Radiärnerv sind in die Oralseite der Arme versenkt. Während der Entwicklung schließt sich eine Falte der Körperdecke (E p i n e u r a l f a l t e) über dem ektoneuralen Radiärnerv und es entsteht der E p i n e u r a l k a n a l, der also keinen Coelomkanal sondern eine „eingeschlossene Außenwelt" darstellt und von Epidermis ausgekleidet ist.

Ein aboraler S o m a t o c o e l k a n a l zieht in der Mitte der Arme und verbindet diese mit dem Somatocoel der Körperscheibe; er liegt in einer aboralen Rinne der Wirbel und bildet über den Armmuskeln seitliche Blindtaschen (Abb. 1123).

Die tentakelartigen Füßchen dienen nur selten der Fortbewegung, sie sind vielfach klein und kaum vorstreckbar.

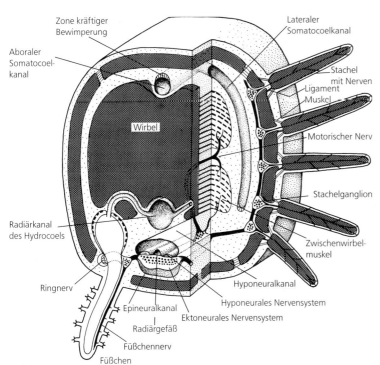

Abb. 1123 Ophiuroidea. Armquerschnitt, schematisch. Linke Seite durch einen Wirbel und ein Füßchen, rechte Seite durch die Zwischenwirbelmuskeln (Armlängsmuskeln) und Stachelreihe geschnitten. Skelett dunkel gerastert. Original: A. Goldschmid, Salzburg, nach verschiedenen Autoren.

Ophiomusium spp. besitzen überhaupt nur 2–4 Paar Füßchen an den Armbasen. Nur bei Suspensionsfressern wie den Ophiotrichiden und Ophiacanthiden sind sie lang, mit Papillen besetzt und filtern Partikel (Abb. 1104), die sie zum Mund transportieren (S. 743).

Schlangensterne bewegen sich mithilfe ihrer Arme und unter Nachziehen des Körpers. Meist werden nur ein oder zwei Arme in die Bewegungsrichtung gewendet, die Armspitzen verankert, die Körperscheibe angehoben und durch starkes Verkrümmen der Arme („Schlängeln") ruckartig nach vorne geschoben (Abb. 1125B). *Ophiura texturata* mit 10 cm Armlänge bewegt sich dabei ca. 1,8 m min⁻¹, wobei pro „Sprung" ca. 5,5 cm überwunden werden.

Viele Amphiuriden leben eingegraben in Schlamm- oder detritusreichen Feinsandböden (Abb. 1124). Sie graben mit alternierenden Schwenkbewegungen der Tentakeln die proximalen Armbereiche ein. Hierauf wird die Körperscheibe unter die Substratoberfläche gezogen. Die Enden der Arme bleiben auf der Sedimentoberfläche und suchen diese mit Schlängelbewegungen ab.

Schwimmen wurde bei Tiefseearten (*Bathypectinura heros*) mit zartem, leichtem Skelett beobachtet.

Die Arme setzen sich bis ins Zentrum der Zentralscheibe fort. Die Ambulacralplatten der Armbasis sind nicht zu Wirbeln verwachsen, sondern weit getrennt und bilden mit der jeweils nächsten Armbasis dreieckige interradiale Kiefer, die von Muskeln bewegt werden und eine fünfeckige, sternförmige Kieferöffnung freilassen. In die Kieferspalten ragen je 2 kräftige **Mundfüßchen**, die direkt vom Ringkanal versorgt werden (Abb. 1086C). Die eigentliche **Mundöffnung** ist nach innen verlagert. Auf den Kieferrändern stehen kleine Stacheln (Oralpapillen). Die zentral gerichteten Kieferkanten sind von vertikalen Platten bedeckt (Maxillarplatten), die eine bis zum Mund reichende vertikale Reihe von Stacheln („Zähne") tragen. Zahl, Form und Anordnung sind eng mit der Ernährungsweise korreliert: Die räuberische *Ophiura albida* hat kräftige Zähne, filtrierende Arten wie *Ophiothrix fragilis* winzige Bürstenzähne.

Über den Kiefermuskeln liegen interradial große **Oralplatten**, von denen eine vom Hydroporus durchbohrt wird. Nur bei großen Gorgonenhäuptern tritt eine **Madreporenplatte** mit maximal 250 Poren auf.

Drei Grundmuster des **Nahrungserwerbs** sind bekannt:
(1) Spezialisierte carnivore Suspensionsfresser sind die etwa 100 Arten der Gorgonocephalidae. Ihre Arme sind reich verzweigt und bilden einen aborad gekrümmten Fangkorb (Abb. 1125G).

Die vielen fadenförmigen Enden der Armverzweigungen wickeln sich um die Beute, die mit winzigen beweglichen Fanghaken festgehalten wird; die meist großen gefangenen (1–3 cm) Zooplankter werden an den Oralpapillen der Kiefer abgestreift; bis zu 85 m³ Wasser werden pro Nacht gefiltert.

(2) Carnivor sind die Ophiomyxidae, Ophiodermatidae und Ophiuridae; sie fangen ihre benthische Beute in Armschlingen von der Substratoberfläche, können aber auch das Sediment mit den klebrigen Füßchen abtupfen. Viele Ophiuriden nehmen auch tote Tiere auf.

(3) Die mikrophagen Suspensionsfresser wie Ophiotrichidae und Ophiactidae liegen auf dem Untergrund und biegen ihre Arme in die Strömung (Abb. 1125C). Partikel

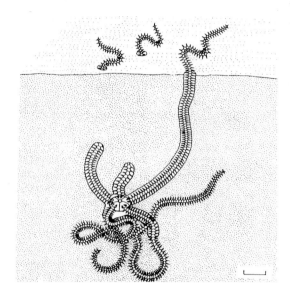

Abb. 1124 *Amphiura* sp., im Substrat eingegraben. 3 Armspitzen suchen die Sedimentoberfläche ab. Maßstab: 1 cm. Aus Warner (1982).

bleiben an Füßchen und abstehenden Stacheln kleben, werden von den Füßchen abgestreift und die zusammengeballten Partikeln über die Füßchenreihe zum Mund weitergereicht (Abb. 1104).

Ophicoma nigra hebt die Arme vom Substrat und produziert Schleimfäden zwischen den Armstacheln. Filtrierende Arten können fakultativ auch größere Nahrung aufnehmen.

Die Beweglichkeit der Arme spiegelt sich auch im **Nervensystem** wieder. Gemessen an Armquerschnitt und Gesamtgröße der Tiere sind die Armnerven der Ophiuriden innerhalb der Echinodermen weitaus am größten (Abb. 1123). Sie haben auch die größten Neuronen (Ganglienzellen: 40–50 μm; Axone: 20–25 μm Querschnitt). In jedem Wirbel besitzt der ektoneurale Radiärnerv ganglienartige Anschwellungen; so entsteht der Eindruck einer Segmentierung der Radiärnerven. Auch das motorische System in der Wand des Hyponeuralkanals hat pro Wirbel paarige Anschwellungen, von denen je 3 motorische Nerven abgehen (1 zu den juxtaligamentalen Zellen der Kollagenbänder zwischen den Wirbeln, 2 zu den Längsmuskeln).

Diese intensive nervöse Versorgung des MCT (S. 730) erklärt die bei Schlangensternen so häufige Autotomie. Extremes Erschlaffen und Lockern des Kollagengewebes führt zum Abreißen des Armes distal der nervös gesteuerten Bindegewebszone (*brittle stars*).

Die Stacheln an den Lateralplatten werden von einem gemischten Nerven versorgt, mit sensorischen ektoneuralen und motorischen hyponeuralen Anteilen (Abb. 1123). Der nervöse **Mundring** ist wie bei den anderen Eleutherozoen kein Zentrum, sondern eine Relaisstation zwischen den Armnerven.

Ophiuriden reagieren auf chemische Gradienten mit Armschwenken und Armschlängeln und bewegen sich rasch in eine bestimmte Richtung zu gewünschten Objekten. Lichtveränderungen werden schnell wahrgenommen: Viele Seichtwasserformen sind nachtaktiv und tagsüber oft in Ansammlungen unter Steinen zu finden, Riffbewohner sitzen am Tage in dunklen, abgeschatteten Spalten. *Ophiocoma wendti* besitzt lichtempfindliche Zellen unter linsenartigen Stereomstrukturen der dorsalen Armplatten. Gorgonenhäupter kommen im Korallenriff nur nachts aus Verstecken und stellen ihren Fangschirm in die Strömung.

Die **Gonaden** liegen interradial und öffnen sich in die Bursen. Wenige Arten sind sexualdimorph: Zwergmännchen werden Mund an Mund mitgetragen. Nur bei *Ophiocanops fugiens* liegen paarige, seriale Gonaden aboral in den Armen.

Fortpflanzung und Entwicklung

Die typische Entwicklung führt über eine planktotrophe Pluteus-Larve. Im Unterschied zu Asteriden und Echiniden lassen sich Schlangensterne im Labor kaum aufziehen. Nach 2–3 Tagen entstehen noch in der Gastrula die ersten Larvalskelette, bis zum 18. Tag sind alle Arme der Ophiopluteus-Larve (Abb. 1105F, 1131A) gebildet. Die Skelettstäbe der einzelnen Armpaare sind miteinander verbunden und bilden einen bilateral symmetrischen Skelettkorb. Über die Schwebearme läuft ein geschlossenes Wimpernband. Die erstgebildeten Posterolateralarme werden am längsten und bleiben auch bis ans Ende der Metamorphose erhalten.

Die **Metamorphose** setzt mit dem Auftreten erster Adultsklerite nach 3–5 Wochen ein. Der hydrocoele Ringkanal bildet sich um den larvalen Oesophagus unter der Epidermis des Mundfeldes. Dieses schließt sich aber nie zu einem Vestibulum wie bei nichtcidaroiden Seeigeln und Seegurken, sondern die Primärtentakel und ersten Füßchen wachsen in diesen „Vestibularboden" ein. Larvalskelett und larvale Epidermis werden abgebaut, der junge Schlangenstern entsteht auf dem ehemaligen Mundfeld zwischen den Schwebstacheln des Ophiopluteus.

Lecithotrophe Schwimmlarven sind entweder ganz bewimpert („Vitellaria") oder besitzen 4–5 Wimpernringe („Doliolaria").

Bei brutpflegenden Arten entwickeln sich die Embryonen direkt in den Bursen. Brutpflege ist oft gekoppelt mit Zwittrigkeit (*Amphipholis squamata*). Etwa 40 zwittrige Arten sind bekannt, vorwiegend in antarktischen Meeren, ca. ein Viertel davon ist protandrisch. Antarktische Formen zeigen eine Tendenz zu intraovarieller Entwicklung.

Fissiparie ist von über 30 Arten bekannt; besonders häufig ist sie bei Jungtieren von *Ophiactis*-Arten mit etwa 3 mm Scheibendurchmesser. Durch wiederholte Fissiparie können Steinkanal und Axialorgan vervielfacht werden. Fissipare Arten gehen, wenn sie größer geworden sind, oft zur sexuellen Fortpflanzung über.

Die meisten Ophiuriden werden nach 2–3 Jahren geschlechtsreif. Bis zu einem Alter von 8 Jahren nimmt die Körpergröße mit immer langsamerem Wachstum zu. Für Arten mit 1–3 cm Scheibendurchmesser kann ein Lebensalter von 15 Jahren angenommen werden; große Gorgonocephaliden werden wahrscheinlich 20–30 Jahre alt.

Systematik

Taxonomische Merkmale sind Ausbildung und Anordnung der Platten der Körperscheibe und der Arme sowie Anzahl und Form der Armstacheln. In vielen Systemen wurden die **Ophiurae** mit der Hauptmasse aller rezenten Arten den **Euryalae** – mit der Tendenz zur Armverzweigung – gegenübergestellt. Diese Gliederung wird neuerdings zugunsten einer Einteilung in 3 Subtaxa aufgegeben.

3.1 Oigophiurida

Vorwiegend fossil; nur eine rezente Art: *Ophiocanops fugiens* (Armlänge 8 cm), bisher nur von der Insel Jolo vor Indonesien aus 50 m Tiefe bekannt. Die schwarzen Tiere waren festgewickelt auf Ästen von Antipathariern (Schwarze Korallen). Sie bestehen fast nur aus Armen, haben keine oralen Interradien und keine Bursen. Auf den Armen fehlen die oralen und aboralen Skelettplatten. Von den fünf Lateralstacheln tragen die oralen Haken, und die aboralen sind ca. dreimal so lang wie die restlichen. Die Wirbelgelenkung ist streptospondyl. Ein großer Madreporit liegt vertikal am Scheibenrand. Die Tentakel sind kurz.

3.2 Phrynophiurida,
Krötenschlangensterne

Hier werden die vier Familien der früheren Euryalae mit den Ophiomyxidae zusammengefasst. Die Körperdecke ist bindegewebig mit einer drüsenreichen, schleimproduzierenden Epidermis. Aborale Armplatten fehlen oft, orale sind meist klein. Streptospondyle Wirbel sind zu vertikalen Bewegungen, Einrollen und Wickeln geeignet.

Ophiomyxa pentagona (Ophiomyxidae), Scheibe 3 cm, Arme bis 15 cm; Armplatten von außen nicht erkennbar; mediterran endemisch. – *Astrophytum muricatum* (Gorgonocephalidae), Scheibe 10 cm, Arme bis 60 cm; tropischer und subtropischer Westatlantik, in Korallenriffen bis 10 m. – *Astrochlamys bruneus* (Gorgonocephalidae), Scheibe 5 cm; antarktisch, mit Zwergmännchen. – *Gorgonocephalus caput medusae* (Gorgonocephalidae), Gorgonenhaupt, Scheibe 10 cm, Arme bis 70 cm; in nordeuropäischen Meeren. – *Astroboa nuda* (Gorgonocephalidae), Scheibe 7 cm; Rotes Meer, bis Japan, 0–120 m (Abb. 1125F, G).

3.3 Ophiurida

Umfasst die Hauptmasse der Schlangensterne. Aborale und orale Armplatten gut entwickelt, Epidermis sehr dünn, deutliche Platten auf der Körperscheibe, zygospondyle Wirbel, Arme horizontal beweglich; Größenangaben sind Scheibendurchmesser.

Ophiura ophiura (syn. *texturata*) (Ophiuridae), 35 mm, rötlich; atlantisch, mediterran. – *O. albida* (Ophiuridae), 12 mm, weißlich-graubraun, euryhalin; atlantisch, mediterran, bis in die Ostsee (Abb. 1125A). – *Amphipholis squamata* (Amphiuridae), 20 mm, zwittrig und vivipar; weltweit häufigster Ophiuride in gemäßigten seichten Küstenwässern. – *Amphiura filiformis* (Amphiuridae), 1 cm, Arme 10 cm; atlantisch, mediterran; auf Schlammböden. – *Ophiothrix fragilis* (Ophiotrichidae), 20 mm; atlantisch, mediterran; auf verschlammten Feinsanden massenhaft im Gezeitenstrom (Abb. 1125C, D). – *Ophiactis savigny* (Ophiactidae), 1 cm; tropischer Kosmopolit. – *Ophiocoma nigra* (Ophiocomidae), 25 mm, Arme bis 15 cm; atlantisch, mediterran, in riesigen Mengen auf großen Tangen als Epizoen. – *Ophioderma longicauda* (Ophiodermatidae), 40 mm, Arme bis 20 cm; Platten der Scheibe meist von granulären Skleriten bedeckt wie in der vorhergehenden Familie, Armstacheln meist klein und angelegt, räuberisch, nachtaktiv, mediterran (Abb. 1125B).

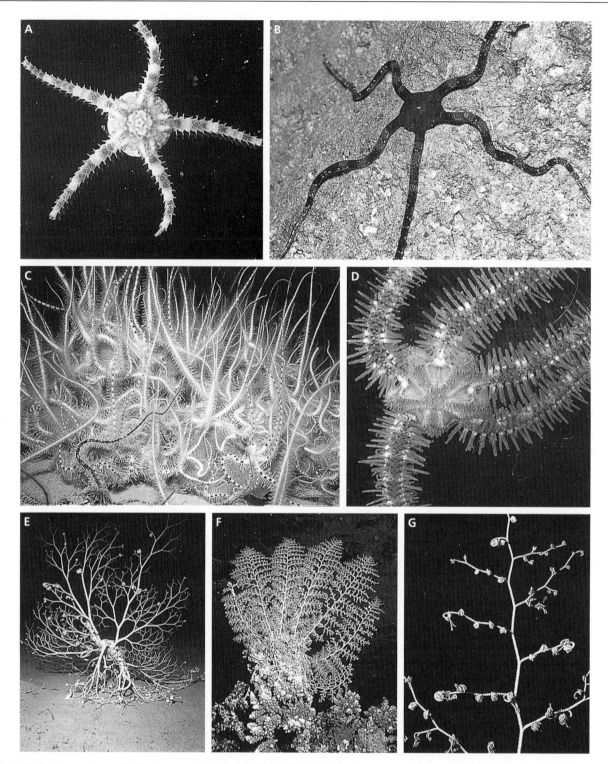

Abb. 1125 Schlangensterne, Habitusformen. **A** *Ophiura albida* (Ophiurida), Scheibe 10 mm, Mittelmeer, Atlantik. Aboralseite. **B** *Ophioderma longicauda* (Ophiurida), 29 cm; Mittelmeer, kurze Stacheln, räuberisch. Tier in schneller Bewegung (nach unten). **C** *Ophiothrix fragilis* (Ophiurida), Arme bis 10 cm; Ansammlung filtrierender Tiere mit hochgestellten Armen. **D** *O. fragilis*, kriechendes Tier. **E** *Gorgonocephalus* sp., Gorgonenhaupt (Phrynophiurida), bis 70 cm, reichverzweigte Arme fangen Plankton; in kalten Meeren. **F** *Astroboa nuda* (Phrynophiurida), Rotes Meer. **G** *A. nuda*, Seitenarm, einige Endverzweigungen über Beuteorganismen eingerollt. A, B Originale: H. Moosleitner, Salzburg; C Original: K. Fedra, Wien, D Original: W. Westheide, Osnabrück; E Original: J. Gutt, Bremerhaven; F Original: A. Svoboda, Bochum; G Original: I. Illich, Salzburg

4 Echinoidea, Seeigel

Die ca. 800 Seeigel-Arten leben vorwiegend im Benthal der Schelfmeere. Man unterscheidet traditionell zwischen den äußerlich streng pentamer gebauten „regulären" Formen („Regularia") und den sekundär bilateralsymmetrischen, den „irregulären" Seeigeln („Irregularia"). „Regularia" sind vor allem auf Hartböden, in Korallenriffen, in Braunalgenwäldern und in Seegraswiesen verbreitet. An tropischen Felsküsten gehen die dickstacheligen *Colobocentrotus*- und *Podophora*-Arten bis in das Supralitoral. Verschiedene „reguläre" Arten wirken maßgeblich an der Bioerosion von Korallenriffen mit, die sie abweiden und sich dabei einbohren: *Echinometra mathaei* produziert an der Küste Kuwaits bis zu 13 kg Sediment m^{-2} innerhalb eines Jahres.

Die „Irregularia" siedeln auf oder in Weichböden. Sanddollar (z. B. *Dendraster excentricus*) erreichen in seichten Sandküsten Dichten von 2 000 Ind. m^{-2}. Die größte Artendichte erreichen Seeigel im Indo- und Westpazifik. Als kleinste Art gilt *Echinocyamus pusillus* (ein Sanddollar mit 7 mm Durchmesser) als größte Art *Sperosoma gigantea* (Lederseeigel, mit 32 cm). *Pourtalesia hepneri*, ein amphorenförmiger „Irregularia" mit papierdünnem, durchscheinenden Skelett wurde in 7 300 m Tiefe gefunden.

Von Seeigeln leben zahlreiche litorale Fischarten, decapode Krebse, große Seesterne und einige im Meer lebende Säugetiere; an der nordamerikanischen Pazifikküste ist nach der Wiedereinbürgerung des Seeotters die Abundanz der Seeigel stark zurückgegangen, und in Folge davon haben sich lokal wieder große Tangwälder bilden können. Fische, einige Garnelen und andere Crustaceen suchen im Raum zwischen den Stacheln Schutz und leben mit einzelnen Seeigeln eng vergesellschaftet. In Japan und in einigen europäischen Ländern gelten die Gonaden größerer Seeigel als Delikatesse, z. B. von *Paracentrotus lividus* und *Echinus esculentus*; letzterer ist seit 1996 von IUCN als bedroht eingestuft.

Bau und Leistung der Organe

Bei den „regulären" Seeigeln bilden 5 Doppelreihen von Ambulacralplatten mit den paarigen Füßchenporen und 5 Doppelreihen von Interambulacralplatten, die nur Stachelbasen besitzen, ein kugeliges Skelett, die Corona (Abb. 1085, 1134). Die Platten sind annähernd hexagonal und alternierend in starren Suturen fest miteinander verbunden. Ihre Grenzen sind am Skelett meist gut erkennbar, und ihre Form und Anordnung sind wichtige taxonomische Merkmale. Nur bei den Echinothuroida (Lederseeigel) sind die Platten lose verbunden, die Körperform kann mittels 10 Längsmuskelbändern verändert werden.

Die 10 Doppelreihen der Ambulacren und Interambulacren enden aboral mit jeweils nur einer unpaaren Schlussplatte am Periproct (Analfeld), in dem der After ausmündet. Zumindest die 5 Endplatten der Interradien bilden einen festen Ring um das Analfeld, in das auch die 5 kleineren Terminalplatten („Ocellarplatten") der Ambulacren einbezogen sein können; durch diese treten im Terminalporus die Radi-

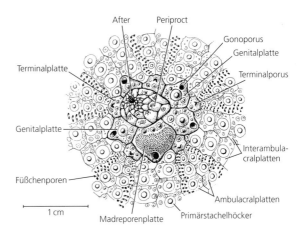

Abb. 1126 Apikalfeld eines „regulären" Seeigels (*Sphaerechinus granularis*). Maßstab: 1 cm. Original: M. Mizzaro-Wimmer, Wien.

ärkanäle des Hydrocoels als unpaare Endtentakeln nach außen. Durch die unpaaren Endplatten der Interradien münden die Gonaden nach außen in Genitalplatten. Die Genitalplatte im Interradius CD ist größer und als Madreporenplatte differenziert (Abb. 1126).

Auch auf der Oralseite bilden die Platten einen festen Ring und lassen ein Peristom (Mundfeld) frei, in dessen Zentrum die Zähne aus der Mundöffnung herausragen (Abb. 1101). Im bindegewebigen Peristom liegt ein Ring kleiner isolierter Ambulacralplatten, durch welche die Mundfüßchen austreten.

Bei den „irregulären" Seeigeln liegt das Ambulacrum des Radius D in der Symmetrieebene der bilateral-symmetrischen Tiere und zeigt nach vorn in die Bewegungsrichtung (Abb. 1127, 1128A); es entsteht so ein Vorder- und Hinterende. Diese neue Symmetrieebene entspricht nicht jener, die bei einfach pentameren Echiniden durch den Radius A und CD gelegt werden kann (Abb. 1085). Oral- und Aboralseite sind als Ober- und Unterseite morphologisch und funktionell sehr unterschiedlich differenziert. Das Analfeld mit After der „Irregularia" ist im Interradius AB an den Hinterrand oder sogar auf die Unterseite verschoben. Die Madreporenplatte liegt bei ihnen meist zentral zwischen den restlichen 4 Genitalplatten und ist nicht mehr von einem Gonoporus durchbrochen.

Sanddollars (Clypeasteroida), die in der Sedimentoberfläche leben, sind z. T. extrem flach; ihre Ober- und Unterseite sind innen über Skelettpfeiler und -streben verbunden. Bei einigen Formen (*Melitta* und *Encope*) entstehen schlitzförmige Durchbrechungen (Lunulae) des Skeletts: im hinteren Interradius AB, in den seitlichen Ambulacren distal zu den Kiemenreihen, als Unterbrechung am Skelettrand. *Rotula augusti* besitzt Lunulae in dem Interradius DE und CD und bis 12 Schlitze in der hinteren Hälfte des Körperrandes (Abb. 1136).

Auffällig verändert sind die aboralen Ambulacralplatten der „Irregularia". Sie werden vom Zentrum ausgehend seitlich rasch breiter und zum Körperrand hin wieder schmal. Die Porenreihen jedes Ambulacrums wandern vom Zentrum auseinander und vor dem Körperrand wieder zusammen; auf

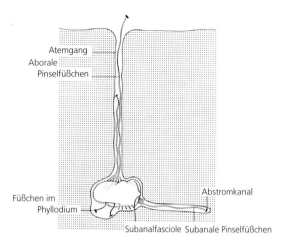

Abb. 1127 *Echinocardium cordatum* (Spatangoida), im Substrat eingegraben, Länge ca. 5 cm. Atemkanal wird nur für kurze Zeiträume benutzt. Bewegungsrichtung des Tieres nach links. Kanäle werden immer wieder neu angelegt. Aus Nichols (1959).

dem stachelfreien Skelett entsteht der Eindruck von blütenblattartigen Strukturen, den P e t a l o d i e n.

Clypeasteridae zeigen 5 solcher Petalodien, Spatangoida (Herzigel) nur 4, in den Radien A,E und C,B (Abb. 1128, 1137). Das Ambulacrum im Radius D trägt nicht lamelläre Kiemen, sondern spezialisierte Füßchen zum Bau eines Zustromkanals im Sediment (Abb. 1127, 1128).

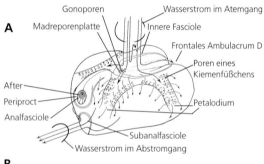

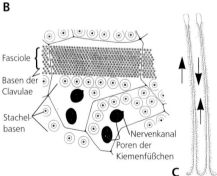

Abb. 1128 *Echinocardium cordatum* (Spatangoida). **A** Schrägansicht von rechts hinten. Die allgemeine Bewimperung der Epidermis und besonders jene der Clavulae in der inneren Fasciole fördert einen Wasserstrom durch den Atemgang in die Tiefe, der über die Ambulacren und zwischen den lamellären Kiemenfüßchen des Petalodiums nach hinten und seitlich unten verteilt wird; von den Clavulae der subanalen und der analen Fasciole wird abströmendes Wasser in einen hinteren Abstromgang gelenkt. **B** Detail aus der inneren Fasciole. **C** Clavulae mit zweizeiliger Bewimperung. Aus Nichols (1959).

Häufig ist es rinnenförmig (*Echinocardium*, *Spatangus*) oder tief eingesenkt (*Schizaster*, *Moira*), wodurch der Vorderrand des Skeletts geteilt wird und eine Herzform entsteht.

Die **Stacheln** sind neben der festen Corona ein weiteres Charakteristikum der Seeigel. Bei Cidaroida und Echinacea sind sie massiv, bei allen anderen Taxa hohl (Abb. 1088). Größe und Form sind nicht nur in den einzelnen Taxa verschieden, sondern auch an verschiedenen Positionen des Tieres. Das Stachelskelett ist in der Regel von Epidermis überzogen, nicht aber die großen Primärstacheln der Cidariden (Abb. 1134D). Man unterscheidet große Primärstacheln und kleinere Sekundärstacheln (Abb. 1130); sogenannten Tertiär- oder Miliarstacheln sind extrem klein. Sie werden von Muskeln an der Stachelbasis bewegt und durch einen kollagenen Sperrapparat (MCT, S. 730) fixiert (Abb. 1129); außer bei Echinacea sind sie mit einem zentralen Bindegewebsband auf dem Gelenkhöcker (Tuberkel) befestigt. Stacheln werden bei der Fortbewegung eingesetzt.

Stacheln schützen vor Seesternen, großen Schnecken oder Fischen; auch beim Einbohren in den Fels sind sie beteiligt (*Paracentrotus*, *Echinometra*). *Echinostrephus*- und *Echinometra*-Arten halten an langen aboralen Stacheln angedriftete Nahrung fest.

Die Stacheln der „Irregularia" sind immer klein, zart und biegsam. Wegen ihrer vielfältigen Funktionen zeigen sie aber die breiteste Vielfalt: 10–12 verschiedene Typen können bei einer Art vorhanden sein.

Bei den Clypeasteriden tragen die Primärstacheln, die zur Fortbewegung und zum Sandtransport dienen, in ihrem basalen Teil je ein Cilienband. Dazwischen stehen meist dicht gepackt die Miliarstacheln (0,5 mm lang) mit einer Verbreiterung an der Spitze. Die Miliarstacheln bilden zusammen während der Bewegung der Primärstacheln einen verformbaren Baldachin, der verhindert, dass Sedimentpartikeln auf die Körperoberfläche gelangen. Die Cilien sichern einen Wasserstrom zur Atmung und zum Antransport gelöster organischer Nährstoffe.

Noch kleiner sind die Clavulae der Herzigel (Spatangoida), von denen 100–170 mm^{-2} in drei Bändern (Fasciolen) angeordnet sind (Abb. 1128, 1136). Lage und Form der Fasciolen werden auch taxono-

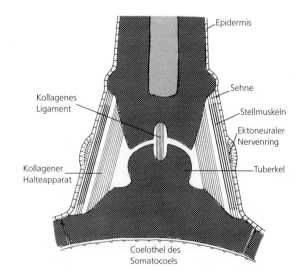

Abb. 1129 Vertikalschnitt durch Stachelbasis und -verankerung bei Seeigeln. Skelett dunkel gerastert. Verändert nach Stauber und Märkel (1988).

misch verwertet. Sie umgeben stets die aboralen Kiemenfelder und stehen auch am Vorderende und um die Analregion. Die Clavulae tragen ein Cilienband, und ihre an der Spitze keulenförmig verbreiterte Epidermis ist drüsenreich. Der Cilienschlag ventiliert die Kiemen, und die Drüsen verfestigen mit Schleim das Sediment.

Typisch ist die reiche Ausstattung mit meist dreiklappigen Pedicellarien (Abb. 1093, 1130, 1135). Nach ihrer Größe, aber auch nach Position und Aktivität, können 4 Typen unterschieden werden.

Die winzigen, blattartigen trifoliaten Pedicellarien arbeiten gegen die Körperoberfläche als Putzorgane zum Entfernen kleinster Partikeln. Doppelt so große, breite, gezähnte Zangen tragen die ophiocephalen Pedicellarien. Bei vielen „regulären" Seeigeln stehen sie besonders dicht auf dem Mundfeld. Weiter nach außen ragen die großen tridactylen Pedicellarien mit langen, schlanken Zangen und einem längeren Kalkstiel. Scharfe Einstichzähne, auf die ein bis mehrere Paare kürzerer Zahnspitzen folgen, kennzeichnen die globiferen Pedicellarien (Abb. 1093), die an der Zangenaußenseite eine Drüsentasche tragen. Der Drüsenkanal liegt in einer Rinne unmittelbar hinter und über der abgeschrägten Einstichspitze. Der Stiel reicht bis an die Basis der Zangen und trägt oft etwas unterhalb des Köpfchens weitere blasige Giftdrüsen. Durch einen Sperrmechanismus reißt das gesamte Köpfchen nach dem Zubeißen ab. Bei den Sanddollars treten Pedicellarien mit zwei-, vier- und fünfklappigen Zangen auf.

Wie die Pedicellarien gelten auch die sehr kleinen keulenförmigen Sphaeridien als modifizierte Stacheln. Bei den meisten „Regularia" stehen sie zwischen den Ambulacralplattenpaaren der Oralseite. Ihre Basis ist reich innerviert, und sie vollführen ständig pendelnde Bewegungen. Seit langem werden sie als Lagesinnesorgane gedeutet, doch fehlen experimentelle Beweise.

Das **Coelomsystem** der Seeigel soll hier am Beispiel einer „regulären" Form dargestellt werden. Besonders geräumig ist das periviscerale Coelom, das als hypo-(orales) und epigastrisches (aborales) Somatocoel den Darm begleitet und dessen Wände die Darmmesenterien bilden. Der orale Somatocoelring ist weit und in mehrere Teilräume gegliedert, in denen der Kieferapparat liegt (Abb. 1086D, 1103). Je 5 Hyponeuralkanäle liegen zwischen den Radiärnerven und den Radiärkanälen des Hydrocoels. Ein aboraler somatocoeler Ringkanal liegt um den Enddarm. Von diesem wachsen die 5 Gonadensäcke aus; ein begleitender, zentraler Hämalring steht in Verbindung mit dem Hämalsystem des Axialorgans.

Das Axocoel begleitet als Schlauch den Steinkanal bis zum Ringkanal des Hydrocoels (S. 737). Das Axialorgan differenziert sich in der Wand dieses Schlauches gegenüber dem Steinkanal und ist außen begrenzt von der Somatocoelwand (Abb. 1096B).

Das Hämalsystem (Blutgefäßsystem) ist im Axialorgan, in den Darmmesenterien, um den Darm und im aboralen Ringsystem gut entwickelt. Radiärlakunen liegen zwischen den Hyponeuralkanälen und den Radiärkanälen des Hydrocoels. Das innere Lakunennetz des Axialorgans entsendet einen Fortsatz in die Dorsalblase unmittelbar unter der Madreporenblase.

Die großen Mesenteriallakunen entlang des Darms, die zentralen Lakunen des Axialorgans und der aborale Fortsatz pulsieren regelmäßig. Damit wird aber kein Kreislauf aufrechterhalten, sondern nur die Blutflüssigkeit im angeschlossenen aboralen Hämalring zu den Gonaden bewegt.

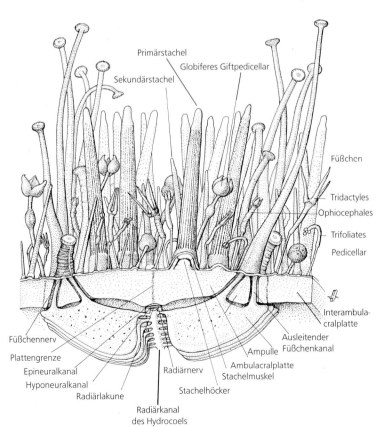

Primärstachel
Globiferes Giftpedicellar
Sekundärstachel
Füßchen
Tridactyles
Ophiocephales
Trifoliates
Pedicellar
Interambulacralplatte
Füßchennerv
Plattengrenze
Epineuralkanal
Hyponeuralkanal
Radiärlakune
Radiärnerv
Ampulle
Ausleitender Füßchenkanal
Ambulacralplatte
Stachelmuskel
Stachelhöcker
Radiärkanal des Hydrocoels

Abb. 1130 *Sphaerechinus granularis* (Echinacea). Schalenstück aus dem Ambulacrum mit Stacheln, Pedicellarien, Füßchen und radiären Kanalsystemen. Original: M. Mizzaro-Wimmer, Wien.

Das Hämalsystem des Axialorgans und die großen Darmlakunen sind mit der Ringlakune verbunden, die den hydrocoelen Ringkanal begleitet und über Radiärlakunen in die Ambulacren zieht.

Das Hydrocoelsystem entspricht grundsätzlich dem Eleutherozoen-Plan (Abb. 1095). Der Steinkanal beginnt aboral im Axocoel der Madreporenblase und steigt (begleitet vom Axialorgan) bis zum Ringkanal ab. Polische Blasen fehlen, aber interradial liegen 5 dreieckig lappenförmige Tiedemannsche Körper („Schwammige Organe"), die mit dem Ringkanal verbunden sind.

Vom Ringkanal gehen die Radiärkanäle ab. Sie verlaufen bis zum Peristom und ziehen auf der Innenseite der Corona unter den Ambulacralplatten bis an das Periprokt, wo sie als Endtentakeln durch die Terminalplatten nach außen treten (Abb. 1086D).

Seeigel haben – wie Schlangensterne und Seegurken – ein versenktes Ambulacralsystem (Abb. 1100). Auf der Innenseite der Corona liegen daher in den Radien von außen nach innen 3 Kanalsysteme übereinander: (1) der von ektodermalem Epithel ausgekleidete Epineuralkanal, in dessen Innenwand der ektoneurale Radiärnerv verläuft, (2) der somatocoele Hyponeuralkanal und (3) der hydrocoele Radiärkanal; zwischen den letzten beiden liegt die Radiärlakune. Zu beiden Seiten dieser Kanalsysteme befinden sich die Reihen der Ampullen. Sie sind mit dem hydrocoelen Radiärkanal verbunden. Neben den adradialen Kanälen öffnet außen ein lateraler Epineuralkanal, der mit dem radiären Epineuralkanal verbunden ist und in dessen Wand der Füßchennerv liegt (Abb. 1100). Die Ampullen sind dreieckig, mit schmalem Innenraum und stark abgeplattet (Abb. 1100, 1130).

Von den Füßchen gehen im Unterschied zu allen anderen Eleutherozoen 2 Kanälchen zur Ampulle, und die Ambulacralplatten zeigen daher stets 2 Poren (Cidaridae) oder mehrere Porenpaare.

Die Cilien des hydrocoelen Epithels an der Ampulleninnenwand treiben die Hydrocoelflüssigkeit durch den äußeren abradialen Kanal in das Füßchen. Der Innenraum des Füßchens ist durch ein Längsseptum geteilt, das zur Füßchenspitze hin offen ist. Nach Durchströmen des Füßchens gelangt die Hydrocoelflüssigkeit über den inneren adradialen Kanal wieder zurück in die Ampulle. Die Cilien des somatocoelen Epithels der Ampullenaußenwand schlagen entgegengesetzt zur Richtung jener der Innenwand und treiben die Somatocoelflüssigkeit im Gegenstrom zur Hydrocoelflüssigkeit (Abb. 1100).

Über die Füßchen findet daher auch ein Gasaustausch statt (Kiemenfunktion). Regularia, außer den Cidariden, besitzen außerdem 5 Paar interradiale büschelige Kiemen am Rand der Peritonealmembran, welche die Sauerstoffversorgung der Kiefermuskulatur gewährleisten (Abb. 1101).

Durch Absenken der Gabelstücke oder Kompaß im Dach des Laternencoeloms werden sie durch Einpressen von Coelomflüssigkeit ausgestreckt und erschlaffen bei Kontraktion des ringförmigen Kompaßmuskels (Abb. 1103); das auskleidende Coelothel und die äußere Epidermis sind kräftig bewimpert.

In keiner anderen Echinodermengruppe hat sich eine derartige Vielfalt unterschiedlicher Füßchen entwickelt. Die urtümlichen Cidariden bewegen sich vor allem mit ihren großen Stacheln (Abb. 1134); ihre Füßchen sind klein, ebenso

ihre Saugscheiben. Die Füßchen der übrigen „Regularia" sind groß und muskulös.

Die Längsmuskeln der Füßchenwand setzen an einer Skelettplatte der Füßchenendscheibe an und halten diese unterstützt durch epidermale Klebdrüsen am Untergrund fest. Dies ermöglicht den Seeigeln an exponierte Felsküsten vorzudringen und dort den dichten Algenbewuchs als Nahrung zu nutzen; schon wenige angeheftete Füßchen können einen Igel in Position halten. Beim Hantieren mit angehefteten Tieren reißen die Füßchen meist ab.

Bei den „Irregularia" sind die Füßchen der Oberseite in den Petalodien zu lamellären Kiemen geworden. Bei den Clypeasteriden stehen winzige akzessorische Füßchen zu zehntausenden auf Ober- und Unterseite; sie transportieren Nahrungspartikel in verzweigten Futterrinnen des Ambulacralsystems zum Mund.

Bei den kieferlosen Spatangiden gibt es nur wenige, aber extrem große Füßchen. Auf den oralen, als Phyllodien differenzierten Ambulacren besitzen sie anstelle einer Endplatte bewegliche Skelettstäbchen (Abb. 1127). Sie werden beim Strecken ausgespreizt und in das Sediment gestoßen. Unterstützt durch Klebdrüsen halten sie bei Retraktion Sedimentklumpen fest, die zum Mund transportiert werden. Füßchen des vorderen Ambulacrums (D) halten zur Sedimentoberfläche einen Atemwasser-Kanal offen und die subanalen Füßchen zu beiden Seiten des Afters einen Abstromkanal hinter dem Tier (Abb. 1127, 1128). In beiden Fällen wird Schleim zur Verfestigung des Sediments verwendet. Diese Füßchen fungieren daher als Grab-, Kitt- und Nahrungsaufnahmeorgane. Im gestreckten Zustand können sie eine Länge von 20–30 cm (bei 5–7 cm Körperlänge) erreichen. Außerdem besitzen Spatangiden Sinnesfüßchen mit runden, knopfartigen Spitzen, die das Sediment rund um das Tier prüfen; sie sind wenig ausstreckbar und kaum beweglich.

Das **Nervensystem** besteht aus den versenkten, sensorischen ektoneuralen Radiärnerven und einem motorischen System im Bereich des Kieferapparats.

Der **Darmtrakt** der Seeigel unterscheidet sich durch den Besitz eines inneren Kieferapparats („Laterne des Aristoteles") von allen anderen Echinodermen. Er fehlt nur den im Sediment lebenden „irregulären" Spatangiden (Herzigel). Mit der Evolution des Kieferapparats konnte eine von anderen Echinodermen konkurrenzfreie Nahrungsnische erobert werden: Seeigel weiden damit Algen auf Hartböden, auch Rotalgen-Krusten, endolithische Cyanobakterien und tierische Sedentarier wie Schwämme, Hydrozoen und Bryozoen ab.

Anders als die „Kiefer" der Schlangensterne, die durch Umbildungen des mundnahen Armskeletts entstanden sind, differenziert sich die „Laterne" im oralen Somatocoelring. Sie besteht aus 5 interradial gelegenen Pyramidenstücken, die durch Verschmelzung aus paarigen Halbpyramiden entstehen und an ihrer medialen, dem Oesophagus zugekehrten Kante getrennt bleiben. Aboral sind sie in den Radien durch die 5 Rotulae gelenkig verbunden. An den Pyramiden setzen die Muskeln an und in ihnen werden die Zähne geführt, deren Zahnspitzen rund um die Mundöffnung aus den Pyramiden austreten (S. 742) (Abb. 1101, 1103).

Die Zähne wachsen kontinuierlich nach. Ihre Bildungszone befindet sich in einer abgegrenzten aboralen Zahntasche des Kiefercoeloms (Plumula), welche sich in das Somatocoel vorwölbt. Mit einer Mohrschen Ritzhärte von ca. 4 (Fluorit) sind sie der härteste Teil des Echinodermenskeletts.

Die Bewegung der Kiefer erfolgt über 3 Muskelgruppen. Vom aboralen Rand der Pyramidenaußenfläche ziehen die Protraktoren (Senker) an den interradialen Skelettrand, von den Pyramidenspitzen die Retraktoren (Heber) an die radialen Aurikel oder die radiale Apophysenkante (Cidariden). Die mit feinen Skelettleisten versehenen Innenflächen der Pyramiden werden durch kurze Interpyramidalmuskeln verbunden (Abb. 1103). Der Bewegungsablauf ist mit der Arbeitsweise eines fünfbackigen Greifers vergleichbar: Bei erschlafften Interpyramidalmuskeln werden die Pyramiden vorgezogen, die Zahnspitzen weichen auseinander. Durch Kontraktion der Interpyramidalmuskeln wird vom Untergrund abgeschabt oder abgebissen und anschließend der Kieferapparat von den Retraktoren hochgehoben. Voraussetzung dafür ist die feste Verankerung des gesamten Tieres mit den Saugfüßchen.

Auf kalkigen Felsküsten bohren sich manche Arten mit dem Kieferapparat in Felsen ein (*Paracentrotus, Echinometra*). Die indopazifische Art *Echinostrephus molaris* bohrt tiefe Löcher, an deren Eingang der Seeigel mittels Stacheln und Pedicellarien andriftendes Pflanzenmaterial abfängt. Vor der Kalifornischen Küste haben sich *Strongylocentrotus*-Arten sogar in die vom Seewasser korrodierten, mehrere Zentimeter dicken Stahlpfeiler von Hafenanlagen eingebohrt.

Die bilateralen, „irregulären" Clypeasteriden zermahlen Kleinpartikel und schaben Sandkörner ab. Zahlreiche winzige akzessorische Füßchen, deren Spitzen als Tupfer fungieren, bringen die Nahrung in die verzweigten Futterrinnen der Oralseite. Wasser wird von epidermalen Wimpernstraßen auf die Unterseite gelenkt, so dass diese Seeigel sogar zu Suspensionsfressern werden können.

„Regularia" haben einen relativ langen Darm, der in einer zweifach gegenläufigen Windung vom Oesophagus zum Enddarm führt (Abb. 1102). Die untere Schlinge wird meist vom dünnen Siphonaldarm begleitet, der wahrscheinlich aufgenommenes Wasser rasch weiterleitet. Die kieferlosen Spatangiden besitzen am Beginn der unteren Schlinge einen großen Blinddarm, am Ende der zweiten einen kleinen.

Der Bau der **Gonaden** entspricht dem Grundplan der Eleutherozoa: Von einem aboralen Somatocoelring wachsen interradial 5 Gonadensäcke aus und münden über die unpaaren interradialen Genitalplatten nach außen (Abb. 1126). Die reich verzweigten Einzelschläuche jeder Gonade werden vom Gefäßsystem begleitet und sind vom Genitalcoelom umgeben.

Durch die Verlagerung des Periprocts mit dem After im Interradius AB fehlt bei Irregulariern in der Regel die entsprechende Gonade und es sind nur 4 entwickelt. Manche Spatangiden besitzen nur 3 (*Abatus, Brissaster*) oder 2 Gonaden und Gonoporen (*Schizaster*). In einigen Fällen, z. B. Clypeasterida, wird aber sekundär eine fünfte Gonade wieder aufgebaut.

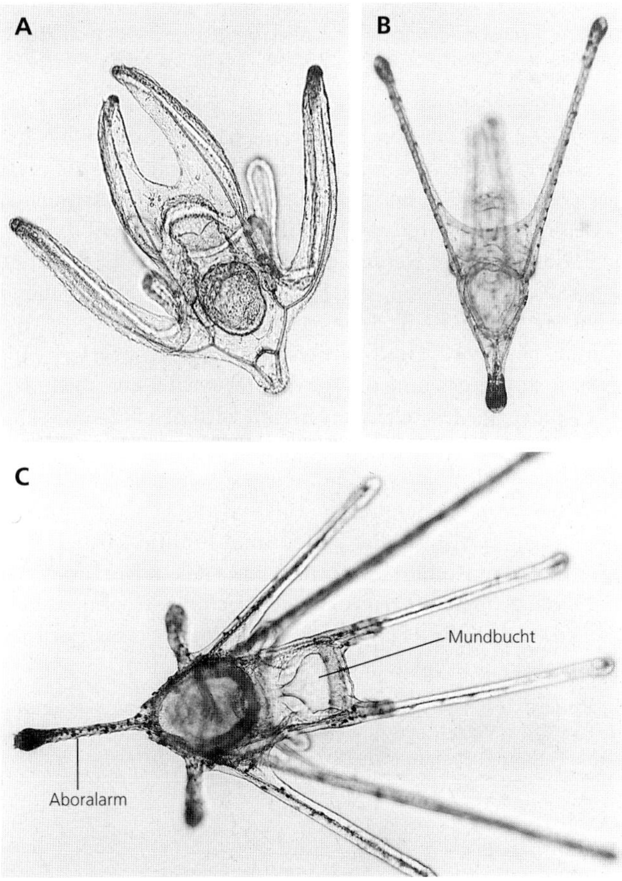

Fortpflanzung und Entwicklung

Seeigel sind getrenntgeschlechtlich. Sexualdimorphismus beschränkt sich auf Längenunterschiede der Genitalpapillen.

Echiniden sind seit über 100 Jahren klassische Objekte der Entwicklungsbiologie. Mit Seeigeleiern wurden die ersten künstlichen Befruchtungsexperimente ausgeführt (O. HERTWIG 1887).

Geschlechtsreife Tiere können durch KCl-Injektion zum Ablaichen gebracht werden. Durch die relativ problemlose Aufzucht der Larven sind sie so zu Modellorganismen in der experimentellen Entwicklungsbiologie geworden (z. B. *Strongylocentrotus-, Arbacia-, Paracentrotus-, Psammechinus*-Arten).

Die meist oligolecithalen Eier zeigen typische Radiärfurchung, die nur bei Dotterreichtum abgewandelt wird. Die Furchungsachse ist die spätere Larvalachse. Der animale Pol wird bereits durch die Polkörper erkennbar. Meist teilen sich die 4 vegetativen Blastomeren im 4. Furchungsschritt inäqual zu 4 vegetativen Makromeren und 4 Mikromeren, auf denen 8 animale Blastomeren („Mesomeren") lagern. Im 5. Schritt teilen sich die Mikromeren inäqual zu großen und kleinen Mikromeren. Die weiteren Makromeren und die beiden Mikromerengenerationen ordnen sich in einer vegetativen Platte an, gegenüber dem animalen Pol, wo bereits ein Scheitelorgan entstanden ist. Aus den Mesomeren der animalen Hälfte entstehen ca. 200 orale und aborale Ektodermzellen, aus denen auch die Neuroblasten der Pluteus-Larve stammen. Aus den Makromeren (60 Zellen) differenziert sich der Larvendarm und das sekundäre Mesenchym am Ende der Gastrulation. Die 32 großen Mikromeren wandern vor der Gastrulation als primäres Mesenchym in das Blastocoel. Die kleinen Mikromeren teilen sich sehr langsam; aus den 8 beim

Abb. 1131 Pluteus-Larven. **A** Ophiopluteus (*Ophiura albida*). **B** Junger Echinopluteus mit erst 4 Schwebearmen. **C** Spatangiden-Pluteus (*Echinocardium cordatum*). Originale: W. Westheide, Osnabrück.

Einsetzen der Gastrulation vorhandenen Zellen werden die Anlagen der Coelomsäcke.

Noch bevor die Mundöffnung durchbricht, bilden sich im primären Mesenchym ein Paar dreiachsige Spikeln in den ventrolateralen Winkeln der etwa pyramidenförmigen, frühen Pluteus-Larve. Neben inneren Querbrücken wachsen von diesen ersten Spikeln Skelettstäbe aus und nehmen dabei die Epidermis mit. Zwischen Mund und apikalem Scheitelorgan entstehen so die Anterolateralarme und an den Seiten des Zirkumoralfeldes hinter dem Mund und vor dem After die Postoralarme (Abb. 1131B). Das Wimpernband des Zirkumoralfeldes begleitet diese 4 Arme. Später entstehen 2 weitere Armpaare, ebenfalls von Skelettstäben gestützt. Die bewimperten Arme sind beim Schwimmen nach vorne gerichtet.

Das Grundmuster der 8 Arme des fertigen Pluteus ist in verschiedenen Gruppen charakteristisch abgewandelt. Spatangiden-Plutei, z. B., entwickeln 2 zusätzliche Armpaare (anterodorsal und posterodorsal) und 1 langen caudalen, unpaaren (aboral) Arm am Hinterende; sie haben somit 13 Schwebefortsätze (Abb. 1131C).

Die Coelombildung beginnt am Ende der Gastrulation durch Abschnürung der kleinen Mikromerenzellen links und rechts vom Darm, während der Larvalmund durchbricht. Beide Anlagen teilen sich, und die hinteren Hälften wachsen entlang des Magens als Somatocoel-Anlagen nach hinten.

Das linke vordere Coelombläschen (Axohydrocoel) weitet sich vorne zur Ampulle des Axocoels, bildet einen Kanal zur Dorsalseite, der sich nahe der Medianen mit der Epidermis verbindet und im Hydroporus nach außen öffnet (Abb. 1087). Auch nach hinten wächst ein Kanal entlang der linken Magenwand, der spätere Steinkanal. Eine Aussackung der Ampulle schnürt sich als linkes Axocoel ab. Das rechte vordere Coelomsäckchen ist klein und differenziert sich später. Von seinem Hinterende schnürt sich die Dorsalblase ab und wandert in die Dorsomediane nahe zur linken Ampulle. Sie bleibt als einzige Struktur des rechten Axohydrocoels erhalten; ihre Zuordnung zu Axo- oder Hydrocoel bleibt unklar. Die beiden Somatocoelblasen wachsen um den Larvalmagen aufeinander zu und bilden ein Mesenterium,

das nach Umorientierung zur oral-aboralen Achse horizontal liegt. Aus dem linken Somatocoel wird das größere orale („hypogastrische"), aus dem rechten das kleinere aborale („epigastrische") Coelom.

Außer bei den Cidaroida und Echinothuroida senkt sich die Larvenepidermis über dem Hydrocoel tief ein und bildet das sog. Vestibulum. Die Hydrocoelanlage wird rasch größer und bildet schon während sie sich zu einem Ring schließt seitlich 5 Knospen aus, die späteren Radiärkanäle. Mit der Ausdehnung des Hydrocoels wächst auch das Vestibulum und schließt sich zuletzt zur „Vestibularhöhle". In diese wachsen die Enden der Radiärkanalanlagen als „Primärfüßchen" ein.

Nach 4–6 Wochen endet die planktotrophe Phase. Die Metamorphose zum benthischen juvenilen Seeigel dauert höchstens eine Stunde. Das Vestibulum öffnet sich, und die orale Seeigelanlage wölbt sich nach außen, die fünf Primärfüßchen fixieren sich mit ihren Saugscheiben am Substrat (Abb. 1132). Die Pluteus-Arme werden auf die Dorsalseite, die künftige Aboralfläche gebogen, die Epidermis mit dem Cilienband zieht sich zurück, die freigegebenen Sklettstäbe der Arme werden abgeworfen und teilweise resorbiert. Die larvale Epidermis kollabiert und das larvale Blastocoel verschwindet. Die Epidermis des juvenilen Seeigels wird neu aufgebaut.

Die typische planktotrophe Entwicklung über eine Pluteus-Larve zeigen Arten, deren Eier zwischen 60 und 200 μm groß sind. Aus größeren Eiern (bis 500 μm) gehen kurzlebige (3–5 Tage), lecithotrophe Plutei ohne funktionellen Darm, aber noch mit Resten des larvalen Armskeletts hervor. Arten mit noch größeren Eiern entwickeln sich direkt, ohne äußerlich erkennbare Reste larvaler Strukturen, wobei eine lecithotrophe Vitellaria entsteht oder Brutpflege auftritt.

Brutpflege ist bei Seeigeln selten und tritt bei Arten der Tiefsee und der antarktischen Meere auf; hierzu gehören mehrere Cidariden- (Abb. 1133) und Spatangiden-Arten.

Abb. 1133 Brutpflegender antarktischer Lanzenseeigel (Cidaroida). Original: P. Emschermann, Freiburg.

Systematik

Die traditionelle Systematik teilte die Seeigel in 2 Subtaxa auf: die streng pentameren „Regularia" und die sekundär mehr oder weniger bilateralsymmetrischen „Irregularia". Eine

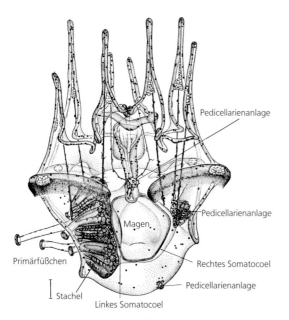

Abb. 1132 Metamorphose von *Psammechinus miliaris* (Echinacea). Maßstab: 100 μm. Aus Czihak (1960).

Monophylie dieser Gruppen, die sich auch in vielen anderen Merkmalen unterscheiden, ist aber wenig wahrscheinlich. Heute werden die basalen **Cidaroida** den **Euechinoida** gegenübergestellt. Während die erste Gruppe relativ einheitlich ist und weniger als 150 Arten enthält, bestehen die Euechiniden aus zahlreichen, sehr formenreichen „regulären" und „irregulären" Subtaxa. Von ihnen werden hier nur die größeren genannt.

4.1 Cidaroida

Corona nahezu kugelig, weites Periproct. Im Peristom setzen sich Ambulacral- und Interambulacralplatten fort; keine Kiemen, interambulacrale Apophysen als Ansatz für Kiefermuskeln, keine Epiphysen, rinnenförmige Zähne, viele kleine einzelne Ambulacralplatten mit nur 1 Porenpaar, ohne Primärstacheln; dünne, wenig saugfähige Ambulacralfüßchen; große Interambulacralplatten mit riesigen Stacheln, keine Sphaeridien. Omnivor, z. T. carnivor, einige Arten Detritus- und Sedimentfresser.

Cidaris cidaris (Cidaridae), 5 cm; Mittelmeer, in 50–700 m Tiefe. – *Eucidaris thouarsi* (Cidaridae), 8 cm; häufige Litoralform im tropischen Ostpazifik (Abb. 1134D).

4.2 Euechinoida

Regulär pentamer. Tendenz zur Verschmelzung von Ambulacralplatten, radiale Apophysen als Ansatz für Kiefermuskeln; in Gruppen mit einfachen Ambulacralplatten bilaterale Symmetrie mit Verlagerung der Afteröffnung im „hinteren" Interambulacrum AB.

Echinothuroida
Skelettplatten nicht fest verbunden, durch Muskeln beweglich, Körper verformbar. – *Astenosoma varium* (Echinothuroidae), Lederseeigel, 15 cm; Rotes Meer, in 1–100 m Tiefe, Stacheln mit Giftblase unter der Spitze, sehr schmerzhaft. – *Calvariosoma hystrix* (Echinothuroidae), bis 25 cm; Nordatlatik.

Diadematoida
Diadema setosum (Diadematidae), 5 cm; schwarz, mit langen hohlen Stacheln (Abb. 1092) und großer ausgestülpter Analblase, im tropischen Flachwasser häufig (Abb. 1134B). – *Centrostephanus longispinus* (Diadematidae), 5 cm; Mittelmeer.

Echinacea
Hauptmasse der regulär pentameren Formen mit dem typischen Erscheinungsbild der Seeigel; zahlreiche Familien.

Abb. 1134 „Reguläre" Seeigel, Habitusformen., **A** *Echinus esculentus* (Echinacea), mit 15 cm Durchmesser größter Seeigel der heimischen Nordseefauna. **B** *Diadema setosum* (Diadematoida), schwarz. Häufig auf tropischen Korallenriffen; mit sehr langen Hohlstacheln, die tief in die Haut eindringen und abbrechen können. Analkegel weit ausgestülpt. **C** *Heterocentrotus mamillatus* (Echinacea), Rotes Meer. Mit extrem großen dreikantigen Primärstacheln, die als Schreibgriffel verwendet wurden. **D** *Eucidaris thouarsi* (Cidaroida), 10 cm; Litoral des subtropischen Ost-Pazifiks. Alte Primärstacheln dicht überwachsen, weil Epidermis fehlt; spatelförmige, kurze Sekundärstacheln schützen Ambulacren und Muskeln an der Basis der Primärstacheln. Letztere können dicht über der Gelenkbasis abgeworfen werden. A, B Originale: W. Westheide, Osnabrück; C Original: R. Patzner, Salzburg; D Original: A. Goldschmid, Salzburg.

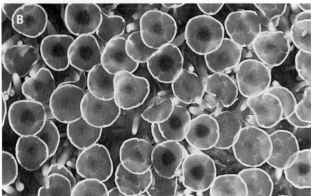

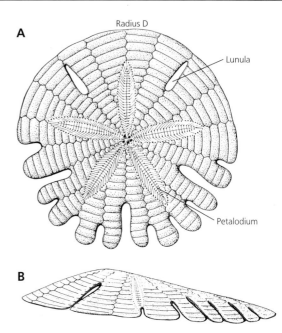

Abb. 1136 *Rotula angusti*, „Sanddollar" (Clypeasteroida); Skelett ohne Stacheln dargestellt. **A** Aboralseite. **B** Seitenansicht. Aus Kaestner (1963).

Abb. 1135 Giftpedicellarien des Seeigels *Tripneustes gratilla* (Temnopleuroida), Rotes Meer. **A** Habitus von aboral, die kurzen Stacheln werden von den Pedicellarien verdeckt. **B** Blick auf die weit geöffneten Giftpedicellarien, die bei mechanischer und chemischer Reizung heftig zuschnappen; dazwischen einige Stachelspitzen. Originale: R. Patzner, Salzburg.

Arbacia lixula (Arbaciidae), 5 cm; tiefschwarz, Mittelmeer, Felslitoral, nie „getarnt". – *Sphaerechinus granularis* (Toxopneustidae), 12 cm, Mittelmeer bis Kapverdische Inseln und Azoren, in Seegraswiesen, auf groben Sedimenten, violett mit weißen Stachelspitzen. – *Tripneustes gratilla* (Toxopneustidae), 12 cm; kurze Primärstacheln, große Giftpedicellarien (Abb. 1132). – **Echinus esculentus* (Echinidae), 16 cm, Nordsee, Atlantik, häufig zwischen 10–40 m. Nahrung Algen,

auch carnivor, z. B. Seepocken (Abb. 1135A). – *Paracentrotus lividus* (Echinidae), 7 cm; häufigster Seeigel des Felslitorals im Mittelmeer. – **Psammechinus miliaris* (Echinidae), 3,5 cm, grünlich. Skandinavien bis Azoren, häufigste heimische Art; Gezeitenzone bis 100 m, omnivor. – *Colobocentrotus pedifer* (Echinometridae), 7 cm; Westpazifik, Brandungszone; verbreiterte Enden der Stacheln schließen pflastersteinartig aneinander. – *Heterocentrotus mammilatus*, Griffelseeigel (Echinometridae), 12 cm; Indo-Pazifik, dicke, dreikantige Stacheln (Abb. 1134C). – *Strongylocentrotus droebachiensis* (Strongylocentridae), 10 cm, grün; weit verbreitet im Nordatlantik und -pazifik.

Alle folgenden Taxa wurden in älteren Systemen als „Irregularia" zusammengefasst. Von den kiefertragenden (**Gnathostomacea**) und den sekundär kieferlosen Gruppen (**Atelostomata**) dieser sekundär bilateralsymmetrischen Formen wird hier nur jeweils das artenreichste und bekannteste Taxon genannt.

Clypeasteroida

Flach, bis extrem scheibenförmig („Sanddollars"). 5 aborale Ambulacra (Petaloide) mit lamellären Kiemen, zentral auf der Unterseite liegender Mund mit Kieferapparat; orale Ambulacren mit Futterrinnen. Meist auf und in der Sedimentoberfläche, vor allem im tropischen Flachwasser.

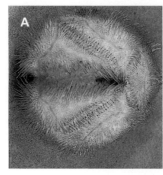

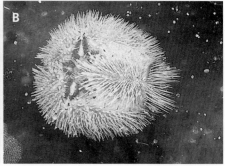

Abb. 1137 „„Irreguläre" Seeigel (Spatangoida). Lebendaufnahmen. **A** *Brissaster latifrons*, 8 cm; nordamerikanische Pazifikküste, Oberseite, Vorderende linke Seite. **B** *Echinocardium* sp., 5 cm, Unterseite. Originale: W. Westheide, Osnabrück.

Clypeaster reticulatus (Clypeasteridae), 8 cm, häufigster der über 40 Sanddollars dieser Gattung, Indo-Westpazifik. – **Echinocyamus pusillus*, Zwergseeigel (Fibulariidae), 7 mm, grünlich-grau; ohne Fasciolen. Nahrung kleine Bodentiere und Pflanzenreste; Ostsee bis Mittelmeer, bis 800 m Tiefe; häufig in der Deutschen Bucht. – *Melitta sexiesperforata* (Melittidae), 9 cm, mit 6 Lunulae; Karibik. – *Rotula angusti* (Rotulidae), 7 cm, Westafrikanische Küste (Abb. 1136).

Spatangoida

Kiefer fehlen, auch in Juvenilstadien. Mund nach vorn verlagert, vorderes Ambulacrum mit Kittfüßchen oft eingesenkt („Herzigel"), aboral nur 4 Ambulacren (Petaloide) mit lamellären Kiemen. Dünnwandige Formen, die im Sediment leben. Artenreichstes rezentes Taxon (über 240 Arten).

Brissaster latifrons (Schizasteridae), 8 cm; gemäßigt subpolar (Abb. 1137A). – *Schizaster canaliferus* (Schizasteridae), 7 cm; häufig im Mittelmeer. – **Brissopsis lyrifera* (Brissidae), 6 cm; tief in Weichböden eingegraben. Fasciolen bilden eine lyraförmige Figur auf der Oberseite. Lofoten bis Mittelmeer, auch in der südlichen Nordsee. – **Spatangus purpureus*, Violetter Herzigel (Spatangidae), 10 cm, Schale purpurrot. Nordnorwegen bis Mittelmeer. – **Echinocardium cordatum* (Loveniidae), 5 cm, Schale hellviolett. In einer 15–20 cm tiefen Sandröhre, deren Wände mit Schleim verfestigt sind. Nordnorwegen bis Mittelmeer, auch südliche Nordsee (Abb. 1127, 1128, 1137B).

5 Holothuroidea, Seegurken

Die etwa 1 400 Arten der Holothurien zeigen die größte Formenvielfalt unter den Echinodermen. Allein in der Körpergröße variieren sie von über 2 m (*Synapta maculata*) bis zu den Meiofauna-Arten der Myriotrochiden von 1–3 mm Länge (*Parvotrochus belyaevi*). Holothurien besiedeln alle Bereiche des Meeresbodens bis in die Tiefseegräben. Etwa ein Drittel aller Arten kommt in bathyalen bis abyssalen Tiefen vor. Bis 4 000 m stellen sie bereits 50 % der benthischen Biomasse, bis 8 500 m Tiefe sogar 90 %. Seegurken sind aber auch häufige Arten im Benthos der Schelfmeere. Große Aspidochirotida mit ihrer breiten Kriechsohle und den schildförmigen Tentakeln siedeln bevorzugt auf Sandflächen subtropischer und tropischer Flachwasserbereiche.

Bei einer Dichte von 5–35 Ind. m^{-2} werden sie ökologisch bedeutsam in der Sedimentumsetzung. Immerhin passiert Sediment in einer Menge von 80 kg Trockengewicht den Darm 20 cm großer Tiere pro Jahr. Stets kann man hinter solchen Sedimentfressern ca. 1 cm dicke

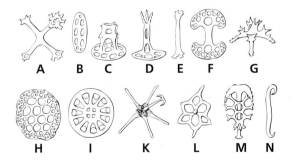

Abb. 1138 Mikrosklerite von Seegurken. A–D Aspidochirotida. E–I Elasipodida. K–L Molpadiida, M, N Apodida. Nach Marinelli (1962).

portionierte Faeceswürste finden. Auch in kälteren Meeren und Tiefen sind Seegurken oft in großer Dichte vorhanden (*Cucumaria*- und *Psolus*-Arten, *Pachythone rubra*: 3 000 Ind. m^{-2}) (Abb. 1146).

Filtrierende Arten leben nahezu sessil und bewegen sich viele Tage (bis 2 Jahre!) nicht von ihrem gewählten Platz. Tropische Synaptiden hingegen kriechen und klettern (Seegraswiesen) lebhaft über das Substrat. Unter den Elasipodida der Tiefsee können einige Arten schwimmen (Abb. 1145A), andere leben bathypelagisch und ähneln Quallen (*Pelagothuria natatrix*). Von *Stichopus japonicus* werden ca. 30 000 t/ Jahr vor Korea und Japan für den menschlichen Konsum gefischt; auch Aquakultur wird betrieben.

Bau und Leistung der Organe

Die Seegurken sind durch ihre lange Oral-aboral-Achse ausgezeichnet (Abb. 1086E). Charakteristisch ist eine dicke, ledrige Körperdecke reich an kollagenem Bindegewebe. Das **Skelett** besteht aus mikroskopisch kleinen Skleriten (Ossikeln), unmittelbar unter der Epidermis (Abb. 1138, 1139). Große Platten als Schutzschilde besitzen nur Psolidae in der Körperoberseite.

Meist finden sich mehrere Sklerittypen in einer Art, doch gibt es gruppenspezifische Kombinationen und Einzelformen.

Ankerförmige Ossikeln (Abb. 1094B), bei denen der Stiel des Ankers in einem Winkel von 45° von einer Basalplatte gegen die Oberfläche aufsteigt, sind typisch für die fußlosen Synaptiden, aber auch für *Molpadia*-Arten (Molpadiida) (Abb. 1138K, L). Die Stiele der Anker stehen senkrecht zur Längsachse der wurmförmigen Tiere und unterstützen die Kriechbewegung. Die apoden Chiridotidae besitzen Rädchen mit 6–24 Speichen besonders in Warzen der aboralen Interradien.

Um die Mundöffnung am Vorderende liegt ein Kranz von Tentakeln, deren Form und Funktion eng mit der Ernährungsweise korreliert ist (Abb. 1141). Die Morphologie der Tentakeln wird zur Trennung höherer Taxa herangezogen. Die morphologische Aboralseite ist ähnlich wie bei Seeigeln eigentlich nur auf die unmittelbare Umgebung der Afteröffnung beschränkt, bis zu der sich die langen Radien und Interradien fortsetzen. Die Mund-After-Achse der Seegurken geht auf die Hauptachse der bilateralen Larve zurück.

Die Mehrzahl aller Seegurken liegt mit den Radien A, B und E dem Substrat auf; auf der Oberseite im Interradius CD mündet weit vorne die einzige Gonade aus. Aus dieser ökophysiologischen Orientierung hat sich bei vielen Holothurien sekundär eine deutliche Bilateralsymmetrie entwickelt, bei der die Symmetrieebene durch den Radius A und den Interradius CD verläuft (Abb. 1139, 1140). Die dem Substrat zugekehrte Unterseite mit drei Füßchenreihen im medianen Radius A und den beiden seitlichen Radien B und E wird dann Trivium, die Oberseite mit den Radien C und D Bivium genannt. Das Bivium besitzt nur noch selten Füßchen, oft hingegen nur kurze Tentakeln, die in äußeren Fortsätzen oder Warzen enden (Abb. 1139, 1140B). Da bei diesen Formen auch die Mundöffnung meist subterminal auf der Unterseite liegt, werden bei ausgeprägter Bilateralsymmetrie für die Unter- und Oberseite (nicht ganz korrekt) die Begriffe ventral und dorsal verwendet.

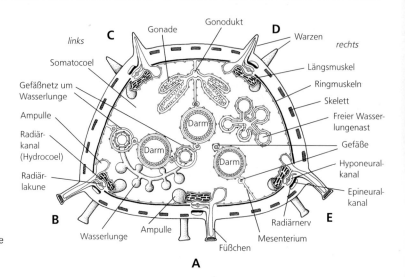

Abb. 1139 Organisation einer aspidochiroten Holothurie im Querschnitt. Original: A. Goldschmid, Salzburg, nach verschiedenen Autoren.

Seegurken haben ausnahmslos ein versenktes Ambulacralsystem mit einem deutlichen Epineuralkanal. Dieses radiäre System liegt tief im Inneren der Körperdecke und ist proximal von Längsmuskelbändern bedeckt (Abb. 1099, 1139). Von außen nach innen ziehen im Radiärsystem folgende Strukturen: Epineuralkanal mit ektoneuralem Radiärnerv, somatocoeler Hyponeuralkanal mit hyponeuralem Radiärnerv, die Radiärlakune und der Radiärkanal des Hydrocoels.

Eine typische innere Skelettstruktur ist der Kalkring in der Wand des somatocoelen Peripharyngealraums in ähnlicher Lagebeziehung wie der Kieferapparat der Seeigel. Er besteht aus je 5 großen, fest gefügten radialen und interradialen Platten. An ihnen setzen die 5 Längsmuskelbänder an (Abb. 1086E, 1094). Der vom Kalkring gestützte Pharyngealbereich kann mit dem Mund und den Tentakeln in den Vorderkörper zurückgezogen werden, der dann von Sphinkterbildungen der Ringmuskulatur verschlossen wird. Da auch die Analregion einen Sphinkter besitzt, sind Vorder- und Hinterende an einer gestörten und voll verschlossenen Seegurke oft schwer zu unterscheiden.

Bei den Dendrochirotida mit ihrer umfangreichen Tentakelkrone wird der Vorderkörper von Zweigen der Längsmuskelbänder zu einem

Fünftel der Gesamtlänge als „Introvert" miteingezogen. Dieses Introvert ist dünnwandig, ohne Füßchen und bei gepanzerten Formen (*Psolus*) ohne Skelettplatten; ein Sphinkter liegt erst am Hinterende des Introverts.

Abgesehen von den Sphinkterbildungen bildet die Ringmuskulatur an der Innenseite der Körperwand nur dünne Faserbündel (Abb. 1139).

Der Ringkanal des Hydrocoels liegt am proximalen Ende des Peripharyngealcoeloms (Abb. 1086E). Verglichen mit anderen Echinodermen ist er weit, ebenso wie die abgehenden Radiärkanäle. Auch die vervielfachten Polischen Blasen (3–12 bei Dendrochirotida und Aspidochirotida) sind groß. Ursache für diese weite Dimensionierung der Hydrocoelstrukturen sind die vielen (meist zehn) Mundtentakel (Abb. 1086), deren Hohlraumsystem viel Flüssigkeit erfordert, besonders wenn Tentakelampullen fehlen wie bei den Elasipodida, Apodida und vielen Dendrochirotida.

Das Axocoel mit Axialorgan und Steinkanal ist reduziert. Nur bei den Elasipodida, behält der Steinkanal eine Verbindung nach außen. Bei der Mehrzahl der Seegurken ist er kurz, oft vervielfacht und öffnet sich mit einem „Madreporenköpfchen" in das Somatocoel (Abb. 1086E). Besonders bei Synaptiden, Dendrochirotiden und Aspidochirotiden sind

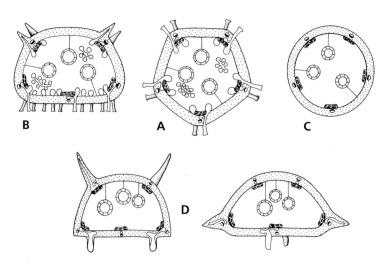

Abb. 1140 Querschnitte durch Holothurien verschiedener Organisationstypen. **A** Dendrochirotida, pentamersymmetrisch. **B** Aspidochirotida, bilateral-symmetrisch mit Kriechsohle (Trivium), gebildet von den Radien B, A und E. **C** Apodida, wurmförmig fußlos. **D** Elasipodida, bilateral-symmetrisch. Ampullen im Bindegewebe der Körperdecke. Große Stelzfüße in Radius B und E (**D**). Große mediane Füßchen in Radius A, in Radius B und E ein Randwulst gestützt vom Hydrocoelsystem. Ambulacrum A immer unten in der Mitte. Originale: A. Goldschmid, Salzburg.

die Steinkanäle vermehrt: *Holothuria tubulosa* bis 20, *H. chilensis* 60–80.

Eine Pentamerie mit 5 gleichwertigen Radien und Interradien tritt bei Dendrochirotida und Apoda auf (Abb. 1140A).

Die Füßchen des Triviums sind bei Aspidochirotida auf die gesamte Fläche der Körperunterseite zwischen den drei Radien verteilt (Abb. 1140B). Apodida haben weder Radiärkanäle noch Füßchen (Abb. 1140C), sondern nur einen Ringkanal und Mundtentakel; auch den Molpadiida fehlen die Füßchen, die Radiärkanäle enden in Analpapillen. Die Füßchen der Dendrochirotida und Aspidochirotida haben kleine Ampullen und einen langen Kanal, der durch die dicke Körperwand führt (Abb. 1099). In der Endscheibe liegt meist eine Skelettplatte und ein Zweidrüsen-Haftsystem.

Der **Darmtrakt** ist ein dreischenkeliges Rohr mit einem langen Schenkel, der wieder weit nach vorne biegt, um abermals zur Kloake abzusteigen. Die Darmschenkel sind an Mesenterien in der Somatocoelhöhle aufgehängt. Entlang des Darmes liegt ein für Echinodermen hoch entwickeltes Gefäßsystem, das sich durch Auflösung weiter Bereiche der Mesenterien entwickelt (Abb. 1139). Bei den Aspidochirotida (*Holothuria*, *Stichopus*) ist es hoch differenziert teils kontraktil.

Zahlreiche Holothurien besitzen ein inneres **Atmungssystem** in Form der Wasserlungen, bäumchenartigen Verzweigungen des Enddarms (Abb. 1086E, 1139). Sie werden durch Pumpbewegungen der Kloake ventiliert. Bei Apodida und Elasipodida fehlen sie; der Gasaustausch erfolgt hier an der Körperoberfläche, bei den Elasipoda speziell an den Füßchen und Warzen. Wasserlungen sind offenbar notwendig wegen der Ausbildung der dicken Körperdecke und der Reduktion und Spezialisierung der Füßchen.

In einigen *Holothuria*-, *Bohadschia*- und *Actinopyga*-Arten haben sich sehr effiziente Verteidigungsorgane entwickelt, die Cuvierschen Schläuche. Bis 150 dieser Organe liegen bei *Holothuria forskali* an der Basis des freien Wasserlungenastes. Sie können durch eine Ruptur der Kloakalwand ausgestossen werden und sich dabei extrem strecken. Sie kleben unter Wasser und sind für viele Organismen toxisch (z. B. Fische).

In manchen Arten (*Actinopyga agassizi*) sind die Cuvierschen Schläuche weder klebrig, noch dehnen sie sich lang aus, sondern sind nur durch ihr Gift wirksam. Auf vielen Inseln des indopazifischen Raumes werden von Eingeborenen zerkleinerte *Holothuria atra* zum Betäuben von Fischen in Gezeitentümpeln und abgeschlossenen Buchten verwendet. Die toxisch wirksamen Substanzen sind Saponine und stammen aus Drüsen der Epidermis.

Die Mundtentakel sind stark abgewandelte Füßchen, die ausschließlich dem **Nahrungserwerb** dienen. Ihre Endknöpfchen tragen Zellen mit pinsel- oder papillenartigen Mikrovilli, die proteinreiche Mucopolysaccharide in den filzartigen Überzug der Cuticula abgeben und das Festheften von bewirken. Vorwiegend tote organische Partikel oder einzellige Algen kleben fest, aber kaum bewegliche Zooplankter.

Nach der Technik der Nahrungsaufnahme lassen sich mehrere Tentakeltypen unterscheiden und zur Charakterisierung von Subtaxa heranziehen (Abb. 1141): (1) Suspensionsfresser sind die hemisessilen Dendrochirotida mit 10

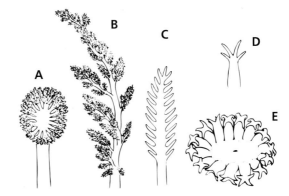

Abb. 1141 Holothuroida. Mundtentakel-Typen. **A** *Actinopyga* sp. (Aspidochirotida). **B** *Cucumaria* sp. (Dendrochirotida). **C** *Synaptula* sp. (Apodida). **D** *Labidoplax* sp. (Apodida). **E** *Caudina* sp. (Molpadiida). Aus Clark (1968).

bäumchenförmigen Tentakeln. Sind diese mit Partikeln beladen, werden sie in die Mundöffnung gesteckt und abgestreift.

(2) Die Aspidochirotida sind Sedimentfresser (*deposit feeder*) und schaufeln mit ihren fein ausgefransten, scheibenförmigen Tentakeln (Abb. 1141A) Sediment in die Mundöffnung, die subterminal dem Substrat zugewendet ist.

(3) Die fußlosen Apodida zeigen unterschiedliche Techniken. Große Arten wischen mit kammartig verzweigten Tentakeln rasch über die Substratoberfläche und führen sie ebenfalls in den Mund ein. Kleine Apodida wühlen sich wurmartig peristaltisch durch das Sediment und ergreifen Beute mit kurzen fingerförmigen Mundtentakeln (Abb. 1141D). Daneben bauen sie auch u-förmige Röhren und suchen am Eingang das Sediment ab. Soweit bekannt nehmen Molpadiida feines Sediment auf, das förderbandartig den Körper passiert.

(4) Die tiefseebewohnenden Elasipodida tupfen mit scheibenförmigen Tentakeln den organisch angereicherten Oberflächenfilm des Sediments auf. Auch bei ihnen liegt die Mundöffnung subterminal vor der Kriechsohle. Die durchsichtige *Peniagone diaphana* schwimmt mit dem Mund nach unten über dem Sediment und nimmt Material aus dem Wasser auf.

Das ektodermale **Nervensystem** bildet einen oralen Ring, von dem die Radiärnerven abgehen in denen ektoneurales und hyponeurales System nur durch eine doppelte Basallamina getrennt sind. Kräftige Nerven ziehen in die Füßchen, die Mundtentakel und auch in die Körperwand (Abb. 1099). Als **Sinnesorgane** sind Statocysten an den Basen der Mundtentakel von Synaptiden, Elasipodida und Molpadida bekannt; einige Synaptiden besitzen auch einfache Ocellen an den Tentakelbasen. Vielleicht wegen des Fehlens der Ambulacralfüßchen treten gerade bei Synaptiden Sinnesknospen in der Körperwand auf und bewimperte Rezeptorengruppen in Gruben der Tentakel („Grubenorgane"). Ein aborales Nervensystem fehlt.

Eigentliche **Exkretionsorgane** fehlen. Exkretion geht auf zellulärer Basis mittels phagocytierender Coelomocyten vor sich, die im Bindegewebe der Körperdecke deponiert (*brown bodies*) oder ausgeschleust werden. Synaptiden (s. a. Sipuncu-

Abb. 1142 Laichstellung der Seegurke *Holothuria tubulosa* (Aspidochirotida). Sperma tritt aus der einzigen Geschlechtsöffnung aus. Original: H. Moosleitner, Salzburg.

lida, S. 380) besitzen W i m p e r n u r n e n an der Somatocoelwand, die mit Ansammlungen von Coelomocyten auf ihrer unteren Lippe eine funktionelle Einheit bilden. Die ca. 300 µm hohen Organe stehen in Reihen (*Leptosynapta inhaerens* mit 10 cm Länge besitzt davon ca. 4 500) und fördern Coelomflüssigkeit heran, aus der die Coelomocyten mit Pseudopodien Partikel und Substanzen aufnehmen.

Die E v i s c e r a t i o n, das Ausstoßen der inneren Organe einschließlich Gonaden, ist ein bekanntes Phänomen bei Seegurken. Dies geschieht zumeist durch den After. Schleppnetze der Fischer sind oft völlig verklebt von den ausgestossenen Eingeweiden. Bei manchen Arten scheint Evisceration regelmäßig vor Eintreten des Winters vor sich zu gehen. In gemäßigten Breiten dauert die Regeneration ca. 2–6 Wochen, in den Tropen oft nur wenige Tage.

Seegurken sind bis auf wenige Ausnahmen g e t r e n n t g e - s c h l e c h t l i c h ohne Sexualdimorphismus. Die wenigen Zwitter sind kleine, meist brutpflegende Arten.

Holothurien besitzen nur eine **Gonade** im Interradius CD. Meist bildet diese lange Schläuche zu beiden Seiten des dorsalen Mesenteriums (Abb. 1139). Ein Gonodukt zieht in diesem Mesenterium weit nach vorn und mündet unmittelbar hinter dem Tentakelkranz. Seegurken haben keinen aboralen Somatocoelring, in den bei anderen Eleutherozoen der Genitalstrang hineinwächst; ein Genitalcoelom fehlt ihnen daher. Die Wand der Gonade besteht nur aus dem Coelothel, außen mit Muskelzellen und Nervenplexus, innen mit Keimepithel. Zwischen beiden Epithelien liegt ein Hämalraum.

Fortpflanzung und Entwicklung

Seegurken geben ihre Geschlechtszellen in das freie Wasser ab. Von vielen Aspidochirotida sind Synchronisationen des Ablaichens und typische Laichstellungen bekannt (Abb. 1142).

Die planktotrophe **Larve** der Seegurken, die A u r i c u l a - r i a (Abb. 1105B, 1143), ist bisher nur von den Holothuriidae, Stichopodidae und Synaptidae bekannt. Diese bilaterale Larvenform gleicht einem Quader, an dessen Seitenkanten ein Wimpernband zieht. Auf der Ventralseite senkt sich das tiefe Mundfeld ein, das oben und unten vom durchgängigen Wimpernband begrenzt wird. In älteren Larven bilden sich Einbuchtungen und Vorwölbungen der Körperkanten, denen das Wimpernband folgt.

Aus den offenen Ozeanen sind Riesen-Auricularien bekannt, von denen man die Adulttiere bisher nicht kennt. Sie werden bis 15 mm lang und entwickeln – ähnlich wie die Planctosphaera-Larve (S. 724) – ein reich gelapptes Wimpernband.

Die Coelomdifferenzierung erinnert an die Vorgänge bei den Crinoiden. Vom Archenteron schnürt sich eine einfache Enterocoelblase nach dorsal ab. Diese verlagert sich nach links und teilt sich in eine vordere Axohydrocoelblase und eine hintere Somatocoelblase. Die Somatocoelblase teilt sich weiter und die beiden Hälften orientieren sich links und rechts vom Darm. Das Axohydrocoel wird auf der linken Seite rasch größer und bildet nach dorsal einen Kanal mit dem Hydroporus. Umstritten ist die Differenzierung eines Axocoels. Die Hydrocoelanlage links vom Oesophagus bildet 5 Knospen, die späteren Mundtentakel, und beginnt sich ringförmig über dem Magen zu schließen.

In dieser Phase wandelt sich die Auricularia zur D o l i o l a - r i a. Das durchgehende Wimpernband teilt sich in 5 Wimpernringe. Das Mundfeld sinkt tief ein und nimmt dabei einige Teilstücke des Wimpernbandes mit (Abb. 1143).

Die Öffnung des erweiterten Mundvorraums verengt sich zu einem Porus und der gesamte Komplex kippt um etwa 90° nach oben, so dass Mund und Vorhoföffnung in der Hauptachse liegen und der Hydrocoelring in eine horizontale Ebene geschwenkt wird: Während die 5 Mundtentakel in Verbindung zum großen Ringkanal stehen und rasch größer werden, wachsen 5 dünne Radiärkanäle nach hinten. Die Somatocoele weiten sich aus, bis sie dorsal und ventral aneinander stoßen. Ventral vereinigen sie sich, dorsal bleibt das Mesenterium erhalten. Es liegt von Anfang an in der späteren Medianebene parallel zur Mund-After-Achse, also genau senkrecht zu vergleichbaren Mesenterien anderer Echinodermen.

Schon vier Stunden nach Einsetzen der Metamorphosevorgänge treten die Mundtentakel aus dem Vorhof hervor und das P e n t a c t u l a - S t a d i u m ist erreicht. Währenddessen ist die Larve kontinuierlich kleiner geworden. Die histologische und organogenetische Differenzierung bis zum Festsetzen dauert noch etwa 24 Stunden. Dabei verschwinden zuletzt die Wimpernringe der Epidermis und auf der Ventralseite entsteht am Hinterende im Radius A das erste Füßchenpaar.

Wie bei anderen Echinodermen läuft die lecithotrophe Entwicklung verkürzt ab. Stets wird das Auricularia-Stadium übersprungen. Eine Doliolaria („Pseudo-Doliolaria") mit wechselnder Zahl von Wimpernringen (1–5), einem apikalen Scheitelorgan und der Anlage eines Stomodaeums ist häufig (z. B. *Cucumaria echinata, Leptosynapta inhaerens*). Eine tonnenförmige, gleichmäßig bewimperte Schwimmlarve bildet *Cucumaria frondosa. Holothuria floridana* schlüpft nach 5 Tagen als Pentactula aus großen Eiern.

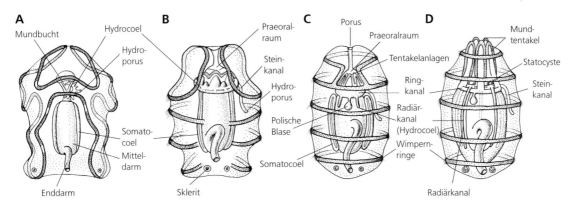

Abb. 1143 Metamorphose einer apoden Holothurie in Ventralansicht. Hydroporus öffnet sich rechts in der Rückwand der Larve. **A** Auricularia. Geschlossenes Wimpernband beginnt an den hellen Stellen aufzubrechen. **B** Umbau zur Doliolaria. Mundbucht nach apikal geschwenkt und Praeoralraum tief eingesenkt. **C** Doliolaria (Tönnchenlarve) mit Wimpernringen. Praeoralraum nur über dünnen Kanal und Porus nach außen geöffnet. Tentakelanlagen im Praeoralraum. **D** Späte Doliolaria. Praeoralraum erweitert, Mundtentakel treten nach außen durch. Originale: A. Goldschmid, Salzburg, nach Semon (1880) und Reimer (1912).

Brutpflege ist von ca. 40 Arten bekannt, vorwiegend bei Dendrochirotida und Apodida. Die Brut entwickelt sich unter der Kriechsohle, zwischen den Mundtentakeln, in Bruttaschen der Körperdecke, innerhalb der Gonaden oder des Coeloms. Brutpflegende Arten sind in der Mehrzahl klein und auf kältere Meere beschränkt. Nur die inneren Brüter stammen aus gemäßigten bis subtropischen Bereichen.

Asexuelle Fortpflanzung durch F i s s i p a r i e ist nur von zwei Arten der Dendrochirotida (*Cucumaria planci*, *C. lactea*) und sieben Arten der Aspidochirotida bekannt (*Holothuria atra*). Bei dieser tropischen Art tritt Fissiparie regelmäßig bei sehr hohen Wassertemperaturen auf. Bei den Mehrfachteilungen vieler Synaptiden kann nur das Vorderende wieder regenerieren.

Systematik

Die verwandtschaftlichen Beziehungen der Holothurien zu den anderen Echinodermen-Taxa sind nicht gesichert. Weil ähnlich wie bei Seeigeln eine aborale Körperfläche fehlt und der Kalkring mit dem Kieferapparat der Echiniden homologisiert wird, werden sie mit diesen als **Echinozoa** zusammengefasst (Abb. 1107). Nach embryologischen Untersuchungen und wegen der einzigartigen Achsen- und Mesenterialverhältnisse müssen sie als Taxon mit langer eigenständiger Stammesgeschichte betrachtet werden. Die 5 Subtaxa der Holothurien werden nach der Ausbildung der Tentakel unterschieden. Weitere taxonomische Kriterien sind Form und Anordnung der Mikrosklerite, Form des Kalkrings, Besitz von Wasserlungen und Ausbildung des Füßchenapparats.

5.1 Dendrochirotida

Mit über 500 Arten in 7 Familien-Taxa. Artenreichstes Taxon: Cucumariidae (ca. 250 Arten). Bäumchenförmig verzweigte, meist 10 (bis 30) Tentakel ohne Ampullen. Vorderkörper kann als Introvert mit Retraktoren eingezogen werden. Meist 2 Wasserlungen vorhanden.

häufig im Schelfbereich kalter Meere; bisher keine planktotrophen Larven bekannt (Abb. 1144A, B).

Cucumaria frondosa (Cucumariidae), bis 20 cm; Nordatlantik bis arktisch, bis 60 m, Introvert mit roten Tupfen, Tentakel fleischfarben. – *Thyone fusus* (Phyllophoridae), 20 cm; u-förmig, Füßchen über den ganzen Körper verteilt; atlantisch, mediterran. – *Psolus phantapus* (Psolidae), 20 cm; Oberseite ohne Füßchen, mit äußerlich erkennbaren großen Skelettplatten; Unterseite ist eine breite Haftfläche mit 3 Füßchenreihen. Bäumchenartig verzweigte Tentakel, so lang wie der Körper, können in den oberseitig liegenden Mund zurückgezogen werden, je 5 größere Platten verschließen Mund und After. Auf Hartsubstrat, Nordatlantik (Abb. 1144F).

5.2 Dactylochirotida

30 Arten; fingerförmige Tentakel, oft nur zweiästig; u-förmiger Körper. Mund und After eng nebeneinander.

Echinocucumis bispida (Ypsilothuriidae), Stachelgurke, 3 cm; kugeliger Körper mit starken polygonalen Skelettplatten mit Stacheln. ohne Kriechsohle. Eingegraben im Sediment. Im Bathyal weit verbreitet.

5.3 Aspidochirotida

Zweitgrößtes Taxon mit 230 Arten; schildförmige Tentakel. Deutliche Ausbildung von Ober- und Unterseite, bilateralsymmetrisch. Dorsales Mesenterium zieht mit hinterer Darmschlinge bis in den rechten ventralen Interradius. Wasserlungen, große Formen, Füßchen auf der gesamten Kriechsohle, Oberseite nur Warzen. Wegen dicker Körperwand und Längsmuskelbändern als Delikatesse („Trepang") im südostasiatischen Raum.

Holothuria mit ca. 100 Arten, z. B. *H. forskali* (Holothuriidae), 25 cm; mit ausstoßbaren Cuvierschen Schläuchen; atlantisch, mediterran. – *Stichopus regalis* (Stichopodidae), bis 50 cm, deutlich breiter als hoch, große spitze Warzen, lachsfarben-ocker; atlantisch, mediterran.

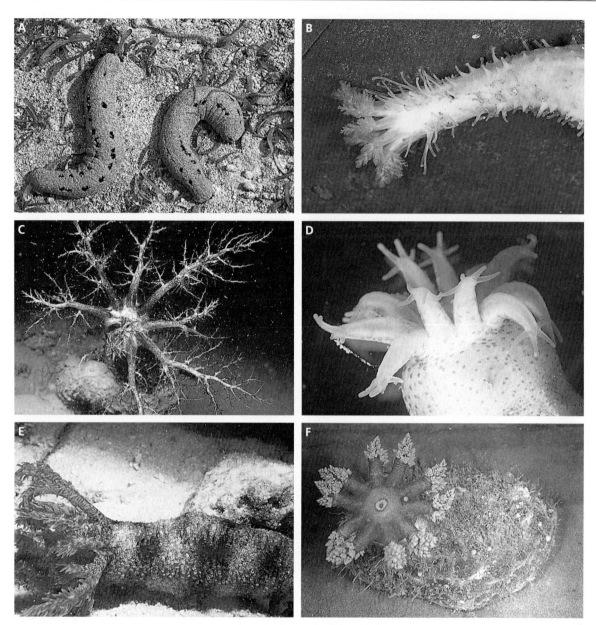

Abb. 1144 Seegurken Habitus- und Mundtentakelformen. **A** *Bohadschia* sp., (Aspidochirotida), 40 cm, im Flachwasser indopazifischer Korallenriffe; Körperoberfläche mit Sand paniert. **B** *Cucumaria lubrica* (Dendrochirotida), Küste British Columbia, 5 cm, Tentakel kontrahiert, vordere Füßchen lang ausgestreckt. **C** *Cucumaria* sp. (Dendrochirotida). Blick auf die reichverzweigten Mundtentakel, die zum Filtrieren ausgebreitet sind; ein Tentakel steckt gerade im Mund, um seine anhaftende Nahrung abzustreifen; zwei sehr kleine Tentakel dienen nur zum Führen bei diesem Vorgang. **D** *Labidoplax digitata* (Apodida). Kurze Mundtentakel mit fingerförmigen Verzweigungen, mit denen im Substrat nach Nahrung gesucht wird. **E** *Synapta maculata* (Apodida). Tropische Litoralform, bis 2 m lang. Vorderende mit gefiederten Mundtentakeln. **F** *Psolus* sp. (Dendrochirotida). Sitzt mit breiter Haftfläche auf Hartsubstraten; Oberseite mit schuppig überlappenden Skelettplatten, decken im kontrahierten Zustand auch Mund- und Afteröffnung ab. Blick auf Mundöffnung mit tiefroten Mundtentakeln (leicht kontrahiert). In kalten Meeren. A, B, F, Originale: W. Westheide, Osnabrück; C Original: K. Fedra, Wien; D Original: R. Patzner, Salzburg; E Original: I. Illich, Salzburg

Abb. 1145 Tiefsee-Holothurien. **A** *Paelopatides grisea* (Elasipodida). Epibenthische Art, die auch streckenweise schwimmen kann. **B** *Benthogone rosea* (Elasipoda). Weitverbreitete epibenthische Art. Oberseite nur mit Warzen in Längsreihen; große Füßchen in 2 Reihen an den Rändern der Unterseite, mit denen das Tier wie mit Beinchen laufen kann. Originale: A.L. Rice, Wormley

5.4 Elasipodida

Tiefseeformen, ohne Wasserlungen, weiche oft gallertig durchscheinende Haut, Sklerite häufig reduziert oder fehlend. Vermutlich die Hälfte aller Arten schwimmfähig durch muskulöse Randsäume und Segel aus verwachsenen Dorsalpapillen (Abb. 1145A). Streng und auffällig bilateralsymmetrisch (Abb. 1140D). Mit scheibenförmigen Tentakeln, mit deren breitlappigen Endschildern die oberste Sedimentschicht aufgetupft wird. Oft wenige säulenförmige Füßchen nur mehr an den Rändern der Sohle, im Radius B und E

(Abb. 1145B). Hydroporus meist vorhanden. Durch Tiefseetauchboote und automatische TV-Rekorder-Systeme ist die Kenntnis über diese Gruppe heute sehr gut. Viele Kosmopoliten, ca. 140 Arten. Einige Arten oft in riesigen Ansammlungen auf großen Flächen.

Elpidia glacialis (Elpidiidae), 6 cm, mit 4 großen Säulenfüßen, in Karasee vor Novaja Semlja bis auf 70 m, im Neubritannien-Graben unter 9 000 m!, vor der Norwegischen Küste in 3 600 m bis 5–6 Ind. m^{-2}. – *Peniagone willemoesi* (Elpidiidae), 15 cm; schwimmt in vertikaler Haltung mit wellenartigen Schlägen der Tentakelkrone und eines hinteren Papillenfächers; im W-Atlantik auf 2 060 m 34 Ind. m^{-2} (!). – *Kolga hyalina* (Elpidiidae), 10 cm; mit langen Füßchen. Auf Unterwasserphotos scheinen sie mit diesen vielbeinig dahinstelzen zu können; in 4 000 m im NO-Atlantik bis 50 Ind. m^{-2} (!). – *Pelagothuria natatrix* (Pelagothuriidae), 20 cm. Ohne Sklerite und Kalkring, durchsichtig gallertig, quallenartig, fast radiärsymmetrisch. Pelagisch; mit einem langzipfeligen Velarsaum um Mund und Tentakeln, der wie ein Fallschirm die Tiere mit dem Mund nach oben in Schwebe hält.

5.5 Apodida

200 Arten; einfache fiederförmige (pinnate) oder fingerförmige (digitate) Tentakel (Abb. 1138C, D). Extrem lang gestreckter Körper bei kleinem drehrunden Querschnitt. Keine hydrocoelen Radiärkanäle und keine Füßchen, keine Wasserlungen (Abb. 1137C). Körperdecke dünn, charakteristische Anker- oder Rädchensklerite. Über 200 Arten. Kleine Arten oft im Sediment wühlend.

*Labidoplax buksi (Abb. 1094) (Synaptidae). – **Leptosynapta minuta* und **Rhabdomolgus ruber* (Synaptidae), Meiofauna- Arten im Sediment, unter oder bis 1 cm; atlantisch, mediterran.

5.6 Molpadiida

Etwa 100 Arten; mit 15 kurzen, klauenförmigen Tentakeln mit Ampullen; Radiärkanäle ohne Füßchen enden in Analpapillen. Wasserlungen vorhanden. Graben im Weichboden mit dem Mund voraus, langer dünner Analschlot, Substratfresser (*conveyor feeder*).

Molpadia roretzi (Molpadiidae), 15 cm; purpurrot. – *Paracaudina chilensis* (Molpadiidae), bis 16 cm; Haut unpigmentiert, durchscheinende rote Coelomflüssigkeit.

Abb. 1146 Echinodermen-Gemeinschaft im nordostgrönländischen Schelf, 10 m Tiefe. Filtrierer: Haarsterne (*Heliometra glacialis*) (links unten) und dendrochirote Seegurken (*Psolus* sp.); Substratweider: Schlangensterne (*Ophiocten sericeum*). Original: J. Gutt, Bremerhaven

Chordata, Chordatiere

Die Chordaten bilden ein sehr heterogenes Taxon; Synapomorphien ihrer Subtaxa sind vielfach nur für kurze Zeit in ihrer Ontogenie erkennbar. Ausschließlich marin leben die **Tunicata** (Urochordata, Manteltiere) mit über 2000 Arten und die **Acrania** (Cephalochordata, Lanzettfischchen) mit ca. 30 Arten. Beide Taxa sind Mikrofiltrierer, die Mehrzahl von ihnen „innere Filtrierer", die mit einem Kiemendarm ihre Nahrung aufnehmen. Nur die **Craniota** (**Wirbel-** oder **Schädeltiere**) haben neben dem Meer in großer Formenvielfalt auch das Süßwasser und das Land besiedelt (Amphibien, Reptilien, Vögel und Säuger); von ihren ungefähr 52 000 rezenten Arten leben allerdings über 30 000 noch aquatisch – vor allem die Teleostei (Knochenfische im engeren Sinne) und andere als „Fische" bezeichnete primär wasserlebende Taxa. Der evolutive Erfolg der Craniota, zu denen ja auch der Mensch gehört, beruht u. a. auf der Entwicklung eines Kopfes mit einem Schädelskelett (Cranium) um Gehirn und Sinnesorgane, einer Rumpfregion mit den Organen der Leibeshöhle und einer Schwanzregion als primärem Lokomotionsorgan (Bd. II, S. 5).

Bau und Leistung der Organe

Es sind folgende Strukturen, die alle Chordaten kennzeichnen:

(1) Die **Chorda dorsalis** (Notochord) ist ein dorsaler elastischer Stützstab und liegt – zumindest bei Acraniern und Cranioten – unmittelbar dorsal vom Darm unter dem Neuralrohr. In der Ontogenese entsteht sie stets aus dem Dach des Archenterons (Urdarm). Sie sichert die Längenkonstanz des Ruderschwanzes (Tunicatenlarven), des ganzen Körpers (Acrania) oder der Rumpf-Schwanzregion (Craniota) und transformiert die seitlichen Kontraktionen einer Längsmuskulatur in eine Schlängelbewegung. Während sich die Larven der Ambulacraria, des Schwestertaxons der Chordata, mittels Wimpernbändern fortbewegen, schwimmen die Larven der Chordaten mittels eines postanalen Schwanzes mit Muskulatur und der stützenden Chorda. Entscheidend für die evolutive Entwicklung dieses Bewegungsorgans bei den Chordata war offenbar die Differenzierung einer zusätzlichen Funktionsdomäne des Entwicklungsgens *brachyury* in der dorsomedianen Region des Blastoporus und des Urdarms.

Eine funktionelle Chorda ist von einer kräftigen nicht dehnbaren kollagenen Bindegewebshülle umgeben (Chordascheide). Bei freischwimmenden Ascidienlarven (Abb. 1152A) bilden die Chordazellen innerhalb der Faserhülle einen Zellschlauch mit galertiger Matrix, ähnlich auch bei Appendicularien, wo im Ruderschwanz innerhalb der Chordascheide ein Rohr aus Plattenepithel einen flüssigkeitsreichen Zentralraum umgibt. Bei den Acraniern wandeln sich die Chordazellen zu Muskelplatten (Abb. 1172) mit direktem Kontakt zum darüberliegenden Neuralrohr um.

Bei den Cranioten bleibt die Chorda zeitlebens nur bei den Myxiniden und Petromyzonten und wenigen Fischen (z. B. Störe, *Latimeria*

chalumnae) erhalten, wird aber immer in Form großer, vakuolenreicher Zellen angelegt (Bd. II, S. 195, 203, 253, 316). Bei Fisch- und Amphibienlarven funktioniert sie lange als Zentrum des axialen Bewegungsapparates, bei den meisten Craniota wird sie jedoch durch den Bau der Wirbelkörper eingeengt oder geht vollständig verloren.

(2) Das **Neuralrohr** bildet sich stets durch die charakteristische Neurulation. In der Dorsalfläche des Embryos differenziert sich das Neuroektoderm zunächst als Neuralplatte, deren seitliche Ränder sich als Neuralwülste aufwölben; diese Neuralrinne schließt sich dorsal und umgibt den Zentralkanal. Der Verschluss der Neuralrinne beginnt in der Blastoporusregion und setzt sich nach vorne fort. Oft bleibt lange Zeit ein vorderer Neuroporus offen (Abb. 1158C). Bei Acraniern und bei holoblastisch furchenden Cranioten (Amphibien) kann zeitweise eine Verbindung zwischen Zentralkanal und Lumen des Urdarms entstehen (Canalis neurentericus). Die Zellen um das Lumen des Zentralkanals entwickeln Cilien. Bei den Craniota werden sie zu den Ependymzellen und kleiden die Innenwände der Hirnräume (Ventrikel) aus; ihre Cilien bewegen die Cerebrospinalflüssigkeit.

Bei allen Chordaten bilden Drüsenzellen im Boden des vorderen Neuralrohres einen Sekretfaden (Abb. 1174, 1175), der den Zentralkanal manchmal bis zum Hinterende durchzieht. Die Funktion dieses Reissnerschen Fadens ist bis heute unklar.

(3) Der **Kiemendarm** (Pharynx) der Tunicaten und Acranier ist von vielen engen Spalten durchbrochen, deren Ränder dicht mit Cilien besetzt sind. Er ist sehr groß im Verhältnis zum gesamten Körper und hat vor allem die Funktion eines inneren Filterkorbs. Eine ventromediane Rinne mit Cilien- und Drüsenzellen (Endostyl, Hypobranchialrinne) produziert in ihm ein Schleimnetz oder einen Schleimfilm, in dem eingestrudelte Nahrungspartikel abgefangen und in den Oesophagus transportiert werden.

Bei den Craniota entstehen im Pharynx hintereinander liegende Kiementaschen. Zumindest die Ammocoetes-Larve der Neunaugen hält sich im Sediment auf und ernährt sich ähnlich wie die marinen, filtrierenden Chordaten (Bd. II, S. 206, Abb. 196); auch für fossile, frühpaläozoische kieferlose Craniota („†Ostracodermata"), kann man die Technik des „inneren Strudelns" annehmen (Bd. II, S. 208).

Erst bei den kiefertragenden Craniota (Gnathostomata) wurde der Kiemendarm vorwiegend zum Atmungsorgan, und mithilfe der neu entwickelten Kiefer konnten diese daher zu räuberischer Ernährung übergehen (Bd. II, S. 211).

Große Veränderungen erfährt der Kiemendarm beim Übergang zum Landleben, da die Atmung jetzt in den Lungen erfolgt, die als Aussackungen des Darms unmittelbar hinter dem Kiemendarm entstanden sind. Trotzdem werden in der Embryonalentwicklung von Cranioten mit Lungen alle wesentlichen Strukturen des Kiemendarms wie Darmtaschen, Gefäße, Nerven, Skelettelemente und Muskulatur angelegt und im weiteren Verlauf gemäß ihrer späteren Funktion umkonstruiert. Die Analyse der Pharyngealregion der Craniota ist ein klassisches Feld der Homologienforschung. So kann der Endostyl

---

Alfred Goldschmid, Salzburg

der Acranier und Tunicaten (Abb. 1159) in bestimmten Zellen bereits Jod binden und Thyroxin synthetisieren. Diese Fähigkeit wird bei Vertebraten in der inkretorischen Schilddrüse ausgebaut, die das Homologon des Endostyls ist.

(4) Das **Herz** oder eine vergleichbare Region im Gefäßsystem liegt bei Chordaten stets **ventral** im Anschluss an den Kiemendarm. Grundsätzlich wird Blut vom Herzen ventral nach vorne in den Kiemendarm gepumpt, wo der Gasaustausch vor sich geht, und dorsal im Körper verteilt (z. B. Abb. 1177).

(5) Chordaten entwickeln einen postanalen **Ruderschwanz** hinter der Afteröffnung bzw. hinter der Kopf-Rumpfregion (bei Ascidienlarven, deren Afteröffnung erst in der Metamorphose entsteht) (Abb. 1158D).

Bei primär wasserlebenden Craniota wie Haie oder Knochenfische geht der Kopf ohne Grenze in den Rumpf über und erfüllt beim Schwimmen die wichtige Funktion eines Bugapparates. Die uns so vertraute Gliederung in Kopf, Hals und erst dahinter die Extremitäten tragende Rumpfregion ist nur für die Amniota (Sauropsida, Mammalia) zutreffend und eigentlich auch bei den Amphibia noch nicht realisiert.

Dieser postanale Ruderschwanz enthält neben quer gestreifter Muskulatur, die parallel zur Körperlängsachse verläuft, die Chorda und das Neuralrohr. In der Embryonalentwicklung einiger Craniota und der Ascidien gibt es Hinweise, dass der Darm oder zumindest Entodermmaterial ventral zur Chorda ursprünglich vorhanden war; dafür sprechen auch die „Subchordalzellen" (s. u.) der Appendicularien (Tunicata). Der Darm und mit ihm der After haben sich wahrscheinlich aus dem Schwanz nach vorne verlagert.

(6) Die Mesodermbildung geht stets rechts und links des prospektiven Chordamaterials aus. Zumindest bei Acraniern und Vertebraten tritt eine deutliche **enterocoele Mesodermbildung** auf, bei der segmentale Coelomsäckchen links und rechts vom Darm angeordnet werden. Bei Tunicaten kommt es zu einer massiven Mesodermauswanderung aus den dorsolateralen Winkeln des Urdarms ohne erkennbare Coelombildung – möglicherweise bedingt durch die geringe Größe der Tunicaten-Embryonen.

(7) Bei holoblastisch furchenden Chordaten steht am Beginn der Entwicklung stets eine **Radiärfurchung**, die allerdings sehr rasch zu einem bilateralsymmetrischen Keim führt. Stark abgewandelt sind die frühen Entwicklungsvorgänge bei den sich mehrheitlich meroblastisch furchenden „Fischen" und bei den Amnioten, bei denen die Dottermasse nicht mehr mitgefurcht wird und so eine Keimscheibe entsteht.

Systematik

Wegen der deutlichen Segmentierung (Metamerie) bei den Acraniern und – in der Anlage – auch bei den Cranioten wurde wiederholt versucht, die Chordaten von Arthropoden und Anneliden herzuleiten. Morphologisch hoch bewertete Merkmale wie Furchungstyp und Wege der Mesoderm- und Coelombildung wurden dabei allerdings nicht beachtet.

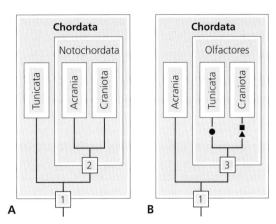

Abb. 1147 Konkurrierende Hypothesen zur Phylogenie der Chordata. **A** Notochordata-Hypothese. [1] Autapomorphien der Chordata (Auswahl): Chorda dorsalis; Bildung der Chorda aus dem Dach des Archenterons; Neuralrohr über der Chorda; Neurulation; Endostyl; Reissnerscher Faden im Zentralkanal des Neuralrohrs. [2] Autapomorphien der Notochordata (Auswahl): Segmentiertes, paraxiales Mesoderm, aus dem dorsal die segmentierte Rumpfmuskulatur, ventral die einheitliche Leibeshöhle hervorgehen; Chorda dorsalis durchzieht den gesamten Körper; Hauptbahnen und Strömungsrichtung des Blutgefäßsystems; Leberblindsack; Kreatinphosphat als ausschließliches Phosphagen. **B** Olfactores-Hypothese. [1] siehe A [3] Autapomorphien der Olfactores : *tight junctions*; Pigmentzellen aus migratorischen Zellen des Neuroektoderms; epidermale Placoden, die bei Chordaten auch Neuromasten bilden; Krönchenzellen. ● Verlust von Genen bei Tunicata. ■ Verlust von Genen und ▲ Genomduplikation bei Craniota. Nach Holland (2006), Stach (2008) und anderen Autoren.

Diese auf E. Geoffroy St. Hilaire (1822!) zurückgehende Vorstellung hat durch die molekulare Unterstützung der Dorsoventralumkehr-Hypothese (S. 715) Auftrieb erhalten. So scheint die genetische Steuerung dorsoventraler Muster für Insekten und Cranioten gleich zu sein; Nervensystem und Mesodermstrukturen werden entweder dorsal (Craniota) oder ventral (Insecta) exprimiert. Die Entwicklung eines dorsalen oder ventralen Nervensystems in Bezug zur Differenzierung des Blastoporus verlagert dieses Problem sogar an die Basis der Bilateria, an die Auftrennung in protostome und deuterostome Gruppen. Häufig wird diese Umorientierung von ventral zu dorsal jedoch nur für die Chordaten allein diskutiert. Ähnlich wie die Differenzierung von dorsal und ventral kann Segmentierung jedoch auf sehr früh konservierten gleichartigen molekularen Mechanismen innerhalb der Bilateria beruhen, die sich aber nur in Kombination mit anderen Gengruppen auch strukturell manifestieren. Sollten weitere Forschungen dies bestätigen, könnten sich Diskussionen über Reduktion oder mehrfaches Entstehen von Metamerie erübrigen.

Hemichordata, Echinodermata und Chordata werden heute als Monophylum betrachtet, auch wenn die Schwestergruppenverhältnisse noch diskutiert werden. Innerhalb der Chordaten selbst wird die Phylogenie unterschiedlich gesehen (Abb. 1147).

Nach morphologischen Kriterien bilden Acrania und Craniota zusammen das Taxon **Notochordata**, dem die Tunicata als Schwestergruppe gegenüber stehen. Für die beiden Gruppen sind eine Reihe komplexer synapomorpher Merkmale kennzeichnend, die bei Tunicata nicht in dieser Form auftreten. Deren wichtigste sind: (1) Die Chorda dorsalis bildet, zumindest in der Entwicklungsphase, die zentrale dorsale Achse, die den gesamten Körper durchzieht. Bei Cephalochordaten reicht sie bis in die Körperspitze, bei Cranioten in der Schädelbasis bis zum Hypophysenfenster. Die Tunicata (Urochordata) als Schwestertaxon der Notochordata besitzen nur als Larven die Chorda in einem Ruderschwanz (Ausnahme: das pelagische Taxon Appendicularia). (2) Das paraxiale Mesoderm ist segmentiert; aus dorsalen Anteilen entsteht die durch Myosepten segmentierte Rumpfmuskulatur, deren Fasern parallel zur Körperachse ziehen und primär ein Schlängelschwimmen ermöglichen. (3) Die ventralen Anteile des paraxialen Mesoderms verschmelzen zur einheitlichen Leibeshöhle. (4) Der Darm bildet auf der rechten Körperseite einen Blindsack (bei Acrania) oder eine große Drüse (Leber). (5) Die Hauptbahnen des Blutgefäßsystems stimmen überein.

Eine ständig wachsende Zahl von Multigenanalysen und Analysen vollständiger Genome der drei Taxa unterstützt eine alternative phylogenetische Gruppierung. Sie sieht die Acrania als ursprünglichste rezente Chordaten, da sie die größte und wahrscheinlich vollständigste Ausstattung mit Homeobox-Genen besitzen und damit wohl der Stammart der Chordata am nächsten stehen. Bei den Cranioten scheinen von diesen Genen 7, bei den Tunicaten sogar 25 verloren gegangen zu sein. Danach sind die Acrania die Schwestergruppe der Tunicata und Craniota, die zusammen das Taxon **Olfactores** bilden (Abb. 1147B).

Für die Stammart der Olfactores wird ein spezielles rostrales Riechsinnesorgan postuliert, das aus Placoden hervorgeht. Es wird argumentiert, dass die Mehrzahl der Bauplanmerkmale der Notochordata plesiomorphen Charakter hätten und bei den Tunicata wegen der speziellen Lebensweise verloren gegangen seien. Dementsprechend sind Synapomorphien für ein Monophylum Olfactores schwierig zu benennen. Als belegbar können gelten: (1) beim Verschluss des Neuralrohres setzen sich migratorische Zellen ab, die jedenfalls bei Ascidien (Tunicata) zu Pigmentzellen werden, bei Cranioten ausserdem zum komplexen System der Neuralleiste. (2) Epidermale Placoden werden ausgebildet, sie bilden bei Cranioten auch Neuromasten. (3) Krönchenzellen sitzen an definierten Stellen der Ventrikelauskleidung des Gehirns. Weitere Synapomorphien (z. B Differenzierung der Chorda, unterschiedliche Blutzellen, multiciliäre Epithelzellen) können nicht eindeutig begründet werden.

Zur Zeit bleibt also offen, ob Acrania oder Tunicata als nächste Verwandte der Craniota anzusehen sind. Hier werden weder Notochordata noch Olfactores als Taxa eingeführt, und die drei Gruppen der Chordata in der traditionellen Abfolge dargestellt.

Zwei der vielen Hypothesen zur Enstehung der Chordata sollen hier erwähnt werden – die eine, da sie weit akzeptiert ist, die andere, da sie viel Widerspruch hervorgerufen hat. Nach der im Grundkonzept fast 100 Jahre alten Auricularia-Hypothese von W. Garstang sind die Kiemenspalten in einem gemeinsamen Vorfahren von Hemichordaten und Echinodermen entstanden. (Tatsächlich wird der Kiemendarm bei Enteropneusten und Chordaten von gleichen Gengruppen differenziert.) Das Neuralrohr aber entwickelte sich in der zugehörigen Dipleurula oder in einer Auricularia-artigen Larve. Durch Längsstreckung der Larve und mediale Annäherung der beiden Schleifen des dorsalen Wimpernbandes hätten sich diese beiden bewimperten Epidermalwülste (vgl. Neuralwülste) zu einem Rohr am Rücken der Larve abgesenkt. Aus dem Darmdach bildete sich unter dem Neuralrohr die Chorda und wurde zum Achsenskelett, das ein Verkürzen durch die achsenparallele Längsmuskulatur verhinderte und Schlängelschwimmen ermöglichte. Ein adorales Wimpernband setzte sich als Wimpern-Drüsenrinne, also als Endostyl, im Vorderdarm fort, der nach außen Kiemenspalten bildete. Diese hypothetische Schwimmlarve sollte der kaulquappenartigen Schwimmlarve der Ascidien ähneln. Nimmt man für diese Protochordatenlarve noch Progenesis (Ausbildung von Geschlechtszellen auf larvaler Stufe) an, ist der Weg zu den übrigen Chordaten offen.

In der Calcichordaten-Hypothese von R.P.S. Jefferies soll die Evolution zu den Chordaten nicht über ein geschlechtsreif gewordenes Larvenstadium gelaufen sein, sondern über benthische Weichbodenbewohner der Meere des Kambriums und des Ordoviziums. Die Überlegungen stützen sich auf verschiedene Formen der fossilen Echinodermengruppe †**Heterostelea**, die eigenartig asymmetrisch gebaut sind und keinerlei Pentamerie zeigen (S. 746, Abb. 1106B). In klassischer paläontologischer Auffassung werden diese Gruppen jedoch völlig anders rekonstruiert und funktionell gedeutet.

Argumente gegen die Calcichordata-Hypothese sind: Das Echinodermenskelett ist eine intrazelluläre Bildung von Calciumcarbonat-(Kalzit-)kristallen in Vakuolen, das Wirbeltierskelett eine extrazelluläre Abscheidung der Bindegewebszellen vorwiegend von Calciumphosphat. Nach der Calcichordata-Hypothese wären die drei großen Subtaxa der Chordaten in getrennten Linien entstanden und hätten unabhängig voneinander das Kalkskelett verloren.

Aus der Chengjiang-Formation Chinas (Unteres Kambrium, 530–540 Mio. Jahre) sind in den letzten Jahren schwer zu interpretierende Fossilien entdeckt worden: Für †*Didazoon haoae* und †*Xidazoon stephanus* wurde sogar ein eigenes höheres Taxon †*Vetulicolia* errichtet. Diese ca. 5 cm großen Tiere sind in einen Vorderkörper mit vermutlichen Kiemenspalten und einen davon abgesetzten Hinterkörper, möglicherweise ein Schwanz, gegliedert. Sie werden an die Basis der Tunicata oder sogar an die Basis der Deuterostomia gestellt. Aus der gleichen Formation stammen auch an die 300 Exemplare von †*Yunnanozoon lividum* (4 cm), das gleich drei Zuordnungen erfahren hat – zuerst zu den Acraniern, bald darauf zu den Enteropneusten und zuletzt zu frühen Cranioten. Diese Funde belegen zumindestens, dass schon im Unterkambrium eine Vielfalt von Chordatenorganisationen existierte.

1 Tunicata (Urochordata), Manteltiere

Traditionell werden in diesem rein marinen Taxon 3 Subtaxa unterschieden: die s e s s i l e n **Ascidiacea** (Seescheiden, 2 000 Arten), die p e l a g i s c h e n **Thaliacea** (50 Arten) mit den Feuerwalzen (Pyrosomida), Salpen und Doliolen, sowie die ebenfalls p e l a g i s c h e n **Appendicularia** (70 Arten). Nur die letzteren besitzen auch als Adulttiere einen Schwanz mit Chorda und Neuralrohr, der bei den anderen beiden nur bei Embryonen und Larven auftritt, worauf sich der Name des Taxons „Urochordata" bezieht. Nach molekularen Analysen bilden die Ascidien kein Monophylum (Abb. 1154).

Alle Tunicaten sind mikrophage Filtrierer. Namengebend ist die T u n i c a (Mantel), die besonders bei den Ascidien eine äußere Stütz- und Schutzhülle um das Tier bildet und die ein Leben als benthisch sessile Filtrierer mit einem ausgedehnten sackförmigen Kiemendarm erst möglich macht. Einzigartig im Tierreich ist, dass dieser zunächst von der Epidermis gebildete Mantel neben Wasser und Proteinen besonders Zellulosefasern (T u n i c i n) enthält. Die Fähigkeit zur Zellulosesynthese ist wahrscheinlich durch horizontalen Gentransfer von einem Symbionten übernommen worden. Daneben treten im Mantel – wie in einem Bindegewebe – mesodermale

Zellen auf (Blut-, Pigment- und Kollagenfaser bildende Zellen) und oft ein mächtig entwickeltes Gefäßsystem.

Bei den pelagischen Formen ist der Mantel meist gering entwickelt sowie zellfrei und enthält wenig oder keine Zellulose. So scheidet die Epidermis der Appendicularien nur gallertige, schleimige Mucopolysaccharide ab, die einen komplexen Filterapparat bilden (Abb. 1164, 1165), in dessen Zentrum sich das Tier befindet.

Salpen, Doliolen und Appendicularien werden wegen der Tunica und des Filtergehäuses in der ökologischen Literatur oft zum *gelatinous plankton* gerechnet. Sie kommen in warmen Meeren gemeinsam vor und tragen nach dem Absterben und Zerfall entscheidend zu einem als *marine snow* beschriebenen Trübephänomen bei, an dem auch Diatomeen und Cyanobacterien beteiligt sind.

Bau und Leistung der Organe

Bedingt durch die großen inneren Hohlräume (Kiemendarm, Peribranchialräume) ist der eigentliche Körper auf dünne Schichten beschränkt. Ein meist weniger als 1μm dünnes Plattenepithel aus polygonalen Zellen bildet die **Epidermis**. Sie zeigt hohe sekretorische Leistung und bildet Teile des Mantels und den äußeren Filterapparat der Appendicularien. Die Mantelbildung bedingt wohl auch die geringe Ausstattung der Epidermis mit Rezeptorzellen. Hingegen ist die

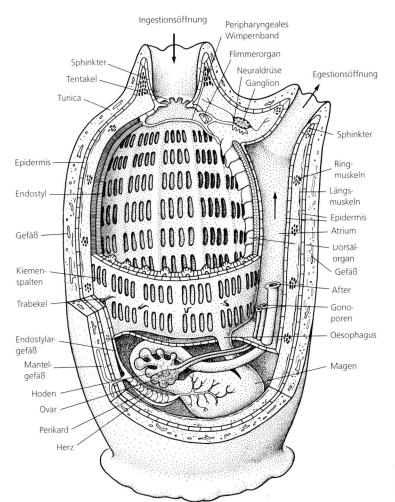

Abb. 1148 Tunicata. Organisationsschema einer Ascidie. Eine Hälfte der Tunica und ein Teil des Kiemendarms entfernt. Original: A. Goldschmid, Salzburg, nach verschiedenen Autoren.

Fähigkeit zur Erregungsleitung über *gap junctions* einzigartig hoch entwickelt. Unter der einschichtigen Epidermis ist nur wenig Bindegewebe entwickelt, mit einer flüssigkeitsreichen Grundsubstanz mit vielen Formen freier Zellen und offenen Blutbahnen (oft nicht ganz korrekt als „Hämocoel" bezeichnet).

Eine geschlossene **Körpermuskulatur** fehlt. Einzelne Faserbündel sind unmittelbar unter der Epidermis meist nur dort vorhanden, wo Bewegung bedeutend ist, etwa die glatte Muskulatur in den Sphinkterbildungen um die Ein- und Ausstromöffnungen der Ascidien und Feuerwalzen (Abb. 1148). Die Doliolen und Salpen der pelagischen Thaliaceen können durch Kontraktion ihrer Muskelbänder in der Körperwand aktiv schwimmen. Die zu Gruppen zusammengefassten ventral meist offenen Muskelbänder der Salpen bestehen aus vielkernigen, quer gestreiften Fasern; die geschlossenen 8–9 Muskelringe der Doliolen sind schräg gestreift, ohne sarkoplasmatisches Reticulum oder T-System.

Solitäre Salpen erreichen bei 1–2 Kontraktionen pro Sekunde Geschwindigkeiten von 6 cm s^{-1} (*Salpa maxima*, 4–10 cm lang); Ketten von *Salpa cylindrica* (Einzeltiere ca. 1 cm lang) schwimmen sogar, bedingt durch Anordnung und koordinierte Aktion, bis zu 9 cm s^{-1}. Die Schwimmrichtung kann rasch gewechselt werden, der Rücken mit den dorsal am Ganglion liegenden Augen bleibt nach oben gerichtet. Langsamere Muskelkontraktionen pumpen nur Wasser durch den Körper zum Filtrieren. Selbst die nur wenige Millimeter großen Doliolen erreichen mit gleicher Technik bei Fluchtreaktion Geschwindigkeiten von 10–22 cm s^{-1} (etwa die 50-fache Körperlänge in der Sekunde). Antagonistisch zu den Muskelkontraktionen der Thaliacea wirken Blutlakunen um die Muskeln als eine Art Hydroskelett und die Tunica.

Kontraktile Zellen außerhalb des eigentlichen Körpers treten im gemeinsamen Mantel von Synascidienkolonien (z.B. Didemniden) und Pyrosomiden auf. Bei den ersteren bilden reichverzweigte „Myocyten" ein Netzwerk von Zellfortsätzen mit Actin-Filamenten. Bei Berührung der Tunica kontrahieren sie sich langsam, und Wasser tritt aus den Kloakenräumen aus. Bei den Pyrosomiden bilden ähnlich gebaute „Spindelzellen" ein Längsband, das die Sphinktermuskeln der Egestionssiphone verbindet. Die Erregung wird offenbar in den Myocyten und Spindelzellen selber weitergeleitet, eine Innervation fehlt.

Obwohl das **Nervensystem** in der Embryonalentwicklung immer als Neuralrohr (Abb. 1158B, C) angelegt wird – auch bei Bildung vegetativer Individuen aus Knospen – ist das Gehirn der Adulten stets ein kompaktes, kleines Ganglion mit peripheren Neuronen und zentraler Fasermasse. Das Ganglion liegt auf der morphologischen Dorsalseite nahe der Einstromöffnung. Wenige Nerven verbinden Rezeptor- und Erfolgsgebiete mit dem Ganglion; bei Ascidien und Thaliaceen ziehen Nerven von und zu den Ein- und Ausstromöffnungen.

Eng am Ganglion liegt die Neuraldrüse (Abb. 1150), die ein epithelialer Gang mit dem Eingang des Kiemendarms verbindet. Der Gang geht aus dem vorderen Neuroporus hervor; die Öffnung in den Kiemendarm ist kräftig bewimpert und kann ein polsterartiges Flimmerorgan oder eine Flimmergrube mit oft komplex in Schleifen liegendem Eingangsspalt bilden (Abb. 1150). Die Neuraldrüse wird wegen ihrer Verbindung zu Vorderdarm und Gehirn und möglicher hormoneller Wirkung auf Gonadenreifung und -ausschüttung manchmal als Homologon der Hypophyse der

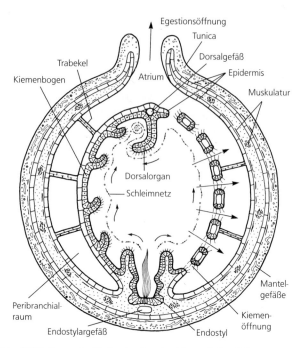

Abb. 1149 Querschnitt durch eine Ascidie auf der Höhe der Egestionsöffnung. Gerade Pfeile: Wasserstrom; geschwungene Pfeile: Transportweg des Schleimnetzes. Original: A. Goldschmid, Salzburg.

Cranioten betrachtet, trotz teils widersprüchlicher experimenteller und struktureller Befunde.

Nach anderen Vorstellungen soll eingeflimmertes Seewasser in der Neuraldrüse in Kiemengefäße übertreten und so das Flüssigkeitsvolumen des Blutes aufrechterhalten, funktionell vergleichbar mit dem Komplex der Madreporenplatte, Steinkanal und Tiedemannsche Körperchen einiger Echinodermen (S. 752, 817).

Auch ein viscerales Nervensystem geht vom Ganglion aus; bei großen Salpen steuert es Aktivitäten des Darmtrakts. Erstaunlicherweise kann der gesamte Ganglion- und Neuraldrüsenkomplex – zumindest bei Ascidien – regeneriert werden.

Epidermale Rezeptorzellen, mit Cilien oder Ciliengruppen treten gehäuft an Stellen mit intensiverem Umweltkontakt auf, z.B. an den Ein- und Ausstromsiphonen sessiler Ascidien. Es sind primäre Sinneszellen; die eingesenkten Cilien haben einen Mikrovilli-Kragen und ragen in die Tunica.

Ascidienlarven besitzen solche Rezeptorzellen am Vorderende in den Haftpapillen und im Schwanz; ähnliche Sinneszellen finden sich, meist begleitet von einer Stützzelle, in der Epidermis von Doliolen, gehäuft an der Basis des Tragstolos der Ammentiere. Je nach Position sollen diese monociliären Zellen Mechano- oder Chemorezeptoren sein. Die Kuppelorgane im Atrialraum von Ascidien sind Gruppen von Rezeptorzellen, bei denen lange, starre Cilien in einem Sekretpfropfen stecken. Sie werden neuerdings als Vorläufer der Neuromasten der Craniota gesehen (vgl. Bd. II, S. 94).

Sekundäre Sinneszellen (monociliär oder mit Ciliengruppen) sind bisher nur von Appendicularien bekannt, z.B. die „Langerhans-Rezeptoren", die lateral am Rumpf von *Oikopleura* stehen und an der Steuerung des Schwanzschlages beteiligt sind.

Im Gehirnbläschen von Ascidienlarven liegen Ocellen mit Linse und Pigmentbecher (Abb. 1159). Ihre Rezeptorzellen

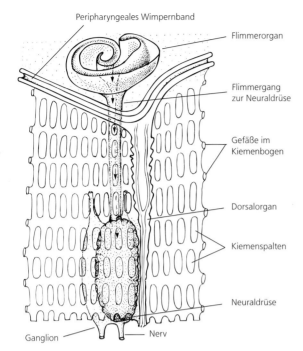

Peripharyngeales Wimpernband

Flimmerorgan

Flimmergang zur Neuraldrüse

Gefäße im Kiemenbogen

Dorsalorgan

Kiemenspalten

Neuraldrüse

Ganglion

Nerv

Abb. 1150 Flimmerorgan (Ascidiacea). Ganglion-Neuraldrüsen-Komplex dorsal am Eingang des Kiemendarms. Pfeile geben den Wasserstrom an. Nach Ruppert und Balser (1990).

besitzen modifizierte Cilien. Der äußere Teil des Ciliums bildet – ähnlich wie bei Wirbeltieren – einen dichten Membranstapel; die Lamellen liegen jedoch parallel zur Rezeptorlängsachse. Salpen und Pyrosomiden haben gut entwickelte Lichtsinnesorgane direkt am Gehirn. Der hufeisenförmige Ocellus der solitären Salpen liegt dorsal am Ganglion, mit äußerer Pigmentschicht und gegen den Pigmentbecher gerichteten Rezeptoren (inverser Augentyp). Kettensalpen (Kolonien der Geschlechtstiere) tragen einen in mehrere Teile getrennten Ocellus (Abb. 1165). Aus dieser räumlichen Anordnung kann auf ein minimales Richtungssehen geschlossen werden.

Ein- und Ausstromsiphone der Ascidien reagieren oft deutlich auf Lichtveränderungen, Photorezeptoren sind hier jedoch nicht eindeutig nachgewiesen. Bei den sog. „Ocellen" von *Ciona* liegen rote Pigmentflecken unter bewimperten Epidermiszellen, doch fehlen Innervation und eindeutige Reaktionen.

Eine aus der Epidermis abgesenkte Statocyste in der linken vorderen Körperwand besitzt die Amme (Oozooid) der Doliolen (Abb. 1164). Einzellige Statocyten mit intrazellulärem Statolithen (Melaninkugel, Auftriebskörper?) liegen bei vielen Ascidienlarven im Boden des Gehirnbläschens (Abb. 1159). Bei Larven der Styelidae (Ascidien) sind eine melaninhaltige Statocyte und Photorezeptorzellen zu einem „Photolithen" vereint. Der kalkige Statolith im Ganglion der Appendicularien liegt ebenfalls intrazellulär (Abb. 1169).

Primäre, cilientragende Rezeptoren sind von besonderer Bedeutung bei der Erregungsleitung in Salpenketten, deren Individuen an wenigen Kontaktpunkten mit sehr dünner Tunica zusammenhängen. Diese Stellen sind von einem Tier her innerviert, vom anderen liegt dort ein Cilienrezeptor. So können unter Einbeziehung des Gehirns definierte Richtungen der Erregungsleitung besonders beim Schwimmen aufrechterhalten werden.

Der **Darmtrakt** beginnt mit einer großen Mundöffnung am Eingang zum Kiemendarm (Abb. 1148). Bei Ascidien ist sie meist rund und wird von einfachen bis reich gefiederten, durch Blutdruck steifen Tentakeln umstanden. Der Mantel über der Mundöffnung ist häufig zu einem Einstromsipho verlängert. Tentakel und Siphonalinnenseite reagieren auf verschiedenste Reize mit rascher Kontraktion der Sphinktermuskeln. Appendicularien besitzen eine schnabelartige „Unterlippe", die mit der zentralen Sammelrinne des Nahrungsfilters verbunden ist (Abb. 1168). Um den Mund der Doliolen stehen „Lippen" mit Sinneszellen.

Um den Eingang zum Kiemendarm liegt ein peripharyngeales Wimpernband, das vom Endostyl ausgeht und bis hinter die Flimmergrube zum Dorsalorgan zieht. Bei Ascidien und Pyrosomen ist der Kiemendarm ein großer Sack. Seitlich wird er von einem Peribranchialraum umgeben, ein in den Körper eingesenkter Außenraum (Abb. 1148, 1149). Er bildet sich bei der Larve durch paarige Einsenkungen der Epidermis hinter dem Gehirnbläschen. Die Kiemenspalten brechen dann durch die innere Epidermisschicht nach „außen" in den Peribranchialraum durch.

Die winzigen (unter 1mm) festgehefteten Jungtiere ursprünglicher Ascidien (*Ciona, Corella, Diazona*) besitzen zunächst nur jederseits 2 Kiemenspalten; die Peribranchialräume münden noch weit getrennt auf der morphologischen Dorsalseite aus (Abb. 1159C). Erst später verwachsen die Ausstromöffnungen zu einem unpaaren Atrialraum (Abb. 1148), an dem sich der Mantel zu einem Ausstromsipho verlängert. In den Atrialraum münden dann auch Enddarm und Gonodukte.

Bei vielen Synascidien bildet sich der Peribranchialraum aus einer unpaaren dorsalen Einsenkung, die zum Atrialraum wird (Abb. 1159C).
Im Vergleich zum geräumigen Kiemendarm ist der Peribranchialraum eng, und die Geschwindigkeit des abströmenden Wassers ist hier daher bedeutend höher. Er wird besonders bei großen Formen von vielen Trabekeln überbrückt, die Kiemendarm und Körperwand verbinden (Abb. 1148, 1149). Dadurch wird ein Kollabieren des Kiemendarms verhindert.

Der Gasaustausch geht im Kiemendarm vor sich, der besonders bei den Ascidien ein entsprechend hoch entwickeltes Gefäßsystem zeigt. Die Zahl der Kiemenspalten (Stigmata) ist abhängig von der Körpergröße: einige wenige bei millimetergroßen Einzeltieren von Synascidien (*Didemnum, Diplosoma*), viele tausend bei großen Solitärascidien; die Weite und Größe der Spalten ist hingegen weitgehend gleich (Abb. 1153) und wird von der Länge der an den Spalträndern sitzenden Cilien (Abb. 1152) bestimmt. Deren Schlag treibt Wasser in den Peribranchialraum, wodurch Wasser mit Nahrungspartikeln durch die Mundöffnung angesaugt wird. Der Cilienschlag ist zentralnervös steuerbar und kann plötzlich angehalten werden.

Die eigentliche **Filterung** geschieht in einem Schleimnetz aus Mucoproteinen und Mucopolysacchariden (Abb. 1149). Die rechteckigen Maschen dieses Netzes sind verschieden groß (600 × 410 nm im einfach gebauten Kiemenkorb von *Ciona intestinalis*, 1 800 × 500 nm bei *Styela*

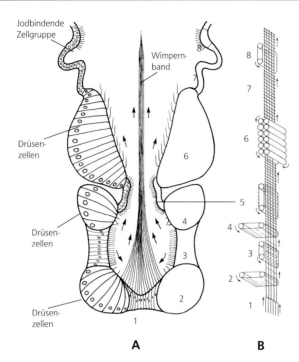

Abb. 1151 Bau des Endostyls (**A**) und Bildung des Filternetzes (**B**) einer Ascidie. In den Zonen 1, 2 und 4 werden Längs- und Querfilamente des Netzes gebaut, Cilien der Zonen 3 und 5 treiben das Netz zur Zone 6, wo klebriges Sekret zugefügt wird, weitere Sekretzufuhr in Zone 7, von Zone 8 gelangt das fertige Netz in den Kiemendarm. Nach Holley (1986).

Abb. 1152 Phlebobranchiata. Innenansicht des Kiemendarms von *Ciona intestinalis*. Cilien der Papillen transportieren das Schleimnetz zum Dorsalorgan. REM-Foto. Maßstab: 1 mm. Original: A. Fiala, Banyuls-sur-Mer.

plicata), die längere Kante steht parallel zum vertikal orientierten Endostyl. Die Vertikalfäden sind etwa doppelt so dick (25 nm) wie die Horizontalfäden; es werden daher Nano- und Ultraplankton, also winzige Algen, Bakterien und organische Partikel von sogar unter 1 µm Größe ausgefiltert.

Gebildet wird dieses Filternetz permanent vom **Endostyl**, einer tiefen Rinne entlang der morphologischen Ventralseite des Kiemendarms. Drüsen- und Cilienzellen liegen in charakteristischer Abfolge in den Seiten dieser Rinne; median befindet sich ein Zellstreifen mit sehr langen Cilien, die offenbar das Schleimnetz heraustreiben. Die räumliche Anordnung der Drüsenzellen im Endostyl und die Sekretionsabfolge bestimmen die Maschenweite und die Faserstärke des Filternetzes (Abb. 1151). Auf der Innenseite des Kiemendarms befördern Transportcilien das Schleimnetz zum **Dorsalorgan**, einem bewimperten Wulst oder einer eingerollten Falte auf der morphologischen Dorsalseite des Kiemendarms. Dort wird das Filternetz samt Nahrungspartikeln verdrillt und in den engen Oesophaguseingang geflimmert. Bei den sessilen Ascidien stehen Endostyl und das Dorsalorgan vertikal.

Die Pump- und Filterleistungen sind enorm und mit der Komplexität des Kiemendarms korreliert. So pumpt die ca. 12 cm hohe Solitärascidie *Phallusia mammilata* bis zu 8,4 l Wasser pro Stunde durch ihren Körper, für *Styela plicata* sind 260 l g^{-1} d^{-1} errechnet worden. Die Filtereffizienz liegt zwischen 70–100 %, d. h. es wird fast das gesamte Partikelmaterial des eingestrudelten Wassers genutzt. Beim Eindringen unerwünschten Materials oder größerer Organismen kontrahieren sich Ascidien heftig und stoßen den Pharynxinhalt durch den

Einstromsipho wieder aus (*sea squirts*). Durch Bündelung des abströmenden Wassers im Atrialraum wird dieses vom Tier abgeleitet, während der Einstrom langsam aus unmittelbarer Nähe erfolgt.

In ganz ähnlicher Weise funktioniert der Kiemendarm der Feuerwalzen. Bei den Doliolen und Salpen hingegen gibt es keinen Peribranchialraum mehr. Die Aus- und Einströmöffnungen liegen einander gegenüber. Bei den Doliolen liegt in der Hinterwand des Kiemendarms eine Doppelreihe von bis zu 200 ovalen, quergestellten Spalten, die direkt in den Egestionsraum führen (Abb. 1164). Bei den Salpen bleibt vom Kiemendarm überhaupt nur der Endostyl und das rostrale, peripharyngeale Wimpernband erhalten, von dem das Dorsalorgan („Kiemenbalken") (Abb. 1165), schräg caudal zum ventral gelegenen Oesophaguseingang absteigt. Zwei große Öffnungen beiderseits des Kiemenbalkens führen in den Atrialraum.

Bei Salpen und Doliolen bildet der Endostyl ebenfalls ein Filternetz. Die Filterleistung der Salpen ist erstaunlich hoch, zwischen 0,5 (*Cyclosalpa affinis*, Kettenform) und 5 l pro Stunde (*Salpa cylindrica*, Solitärform, 2 cm). Salpen erzeugen den Filterstrom durch langsame Muskelbewegungen. Der Filternetztrichter (Abb. 1165) wird in Abständen von 10–30 min aufgebaut und rasch aufgenommen, sobald er gefüllt ist.

Bei den Appendicularien ist ein einfacher pharyngealer Filter mit etwas weiteren Maschen (6,3 × 3,3 µm) bisher nur von Oikopleuriden bekannt. Der Oesophaguseingang liegt hier dorsal im Dach des Kiemendarms, und nur 2 große kreisförmige bis ovale Kiemenöffnungen im Boden des Kiemendarms leiten das Wasser ab (Abb. 1169). Der pharyngeale Filter ist klein und bündelt nur mehr die bereits vom Gehäuse ausgefilterte Nahrung. Der Endostyl ist entweder klein und einfach (Oikopleuriden) oder taschenförmig mit einer medi-

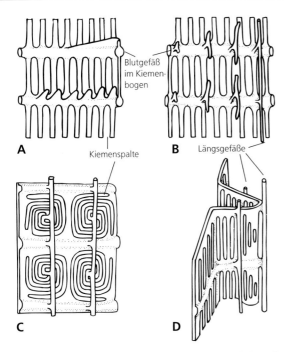

Abb. 1153 Ausschnitte des Kiemenkorbs von Ascidien. Innenansichten. **A** Einfache Kiemenöffnungen, nur innere Papillen und Leisten an den Kiemenbögen (Aplousobranchiata). **B** Einfache Kiemenöffnungen, unterschiedlich differenzierte innere Längsgefäße (Phlebobranchiata). **C** Spiralige Kiemenöffnungen mit regelmäßigen inneren Längsgefäßen. **D** Einfache Kiemenöffnungen unterschiedlicher Größe. Kiemendarmwand nach innen gefaltet, mit inneren Längsgefäßen (Stolidobranchiata). Nach Monniot und Monniot (1978).

anen Öffnung zum Pharynx (Fritillariiden). Die Kowalevskaiden besitzen keinen Endostyl, dafür aber 4 Zellreihen mit dicht bewimperten, fingerförmigen Reusenfortsätzen.

Die eigentliche Filtration erfolgt bei *Oikopleura* in einem komplex gebauten, gallertigen **Gehäuse** um den Organismus, das von spezialisierten Epidermiszellen (Oikoblasten, Gehäusebildner) abgeschieden wird (Abb. 1168). Das Tier befindet sich im Zentrum des Gehäuses und erzeugt einen Wasserstrom mit dem muskulösen Schwanz. Ein gröberes, paariges Einstromgitter mit rechteckigen Poren (ca. $1 \times 0{,}2 \, \mu m$) hält größere Partikel ab. Das ausgefilterte Wasser strömt an der Spitze der Gehäuse durch Klappen reguliert ab und treibt das Gehäuse rückwärts.

Der Filterapparat (Abb. 1168) formt zwei nach unten offene Halbtrichter. Den Filter bildet eine konvexe obere und eine konkave untere Wand; in der Medianen stoßen die beiden Trichterhälften aneinander, und der untere Filter ist zu einer Sammelrinne verwachsen, die zum Mund führt.

Die beiden feinen Filter werden durch ein gröberes Zwischenfilter unterteilt: Wasser mit Partikeln tritt zunächst in das untere Stockwerk ein, durchströmt den aufgewölbten Filter und tritt dorsal an der Innenseite des Gehäuses wieder aus. Nahrungspartikeln werden ventral konzentriert. Bei *Oikopleura labradoriensis* und *O. vanhöffeni* kommt es dabei zu einer etwa 1 000-fachen Konzentration von Partikeln bei einer Stromgeschwindigkeit durch den Filter von ca. 0,15 mm min⁻¹. In Planktonproben findet man die Tiere fast immer ohne Gehäuse.

Der kurze U-förmige, postpharyngeale **Darm** ist in Oesophagus, Magen und Enddarm gegliedert; der Enddarm mündet im Atrialraum. Drüsenanhänge (Pylorusdrüsen) besit-

zen viele Ascidien, z. T. auch die Salpen, an der Magenregion. Die als schwimmfähige Filterkörper gebauten Thaliaceen haben einen klumpenförmigen, oft leuchtenden postpharyngealen Darm ("Eingeweidenucleus"). Das Darmrohr wird von einem einschichtigen Flimmerepithel mit Drüsenzellen gebildet; Darmmuskulatur fehlt.

Im **Gefäßsystem** liegt das Herz am ventralen Ende des Kiemendarms. Bei Ascidien (Abb. 1148) und Pyrosomen ist es schlauchförmig, zwischen dem Endostylargefäß und dem Eingeweidegefäß, umgeben von einem geräumigen Perikard. Der Herzschlauch entsteht in der Ontogenese durch Verschluss einer Längsfalte, des Perikards. Die Epithelzellen der gegen das Lumen vorgewölbten, inneren Wand entwickeln quer gestreifte Muskelfasern. Erregungszentren an beiden Enden des Herzens steuern die Kontraktionswellen und das Blut wird entweder über das Endostylargefäß „abvisceral" in den Kiemendarm oder nach Schlagumkehr „advisceral" zum postpharyngealen Darm gepumpt. Die Gefäße sind in den Endaufzweigungen offen und besitzen kein Endothel.

Das Grundmuster des Chordatenkreislaufs ist im abvisceralen Pumprhythmus deutlich erkennbar: vom Herzen über das ventrale Endostylargefäß („Ventralaorta") in den Kiemendarm, über dorsad ziehende Kiemengefäße (Abb. 1148, 1149) zum Gefäß unter dem Dorsalorgan („Dorsalaorta"), und von diesem nach vorn in Richtung Gehirn, Mundregion und ventrad zum postpharyngealen Darm, von wo das Blut zum Herzen rückgeführt wird.

Trabekulargefäße verbinden Kiemengefäße direkt mit der Körperwand. Besonders gebaut sind die Mantelgefäße der Solitärascidien und mancher Synascidien (Botryllidae). Sie dringen vom Herzen in den Mantel vor und enden bei Synascidien in kontraktilen Ampullen am Kolonierand. Alle Individuen in der Kolonie sind über die Mantelgefäße (Abb. 1156C) verbunden, in denen auch die epitheliale Erregungsleitung zu koordinierten Reaktionen führt. Die Mantelgefäße sind durch ein Septum getrennt, das am blinden Ende des Gefäßes offen ist, so dass in den äußerlich einheitlichen Gefäßen ein Zu- und Abstrom erfolgen kann mit einer terminalen Verbindung beider Bahnen.

Bei den Pyrosomiden zweigt das Mantelgefäß vom Hinterende des Dorsalgefäßes ab, da unmittelbar am ventralen Herzen die Knospungszone liegt. In das Dorsalgefäß ist hier auch eine Bildungszone von Blutzellen eingeschaltet.

Gefäße und Herzen der Salpen und Doliolen sind grundsätzlich wie bei den Ascidien gebaut. Bei den Appendicularien mit ihrer geringen Rumpfgröße haben nur Oikopleuriden und Fritillariiden ein Herz in Form einer Muskelplatte im Perikardialbläschen.

Vor allem Ascidien besitzen vielerlei **Blutzellen** (Lymphocyten, Pigmentzellen, Morulazellen, Phagocyten, Nephrocyten, Vanadocyten). Letztere können **Vanadium** zwischen 10^5–10^6 mal höher als im umgebenden Seewasser als unlöslichen Vd-Protein-Sulfat-Komplex konzentrieren.

Die oft berichtete hohe Acidität (pH 2,4) des Ascidienplasmas ist offenbar das Ergebnis rascher Hydrolyse der Vanadium-Schwefelkomplexe nach Zerstörung der V-Zellen und nach Sauerstoffeinwirkung. Vanadocyten und Ferrocyten (eisenhaltig) sammeln sich oft in der äußeren faserreichen Lage des Mantels an, wo die reduzierende Wirkung der Metallionen bei der Polymerisation von Tunicin hilft. Die Toxizität der Ionen und die Ungenießbarkeit der Schwefelverbindungen könnten auch einen Fraß- und Aufwuchsschutz darstellen. Auch Eisen, Chrom, Niobium, Tantal, Titan und Mangan treten gebunden an Blutzellen in beachtlichen Konzentrationen auf. Durch Oxidation der Metallionen verfärben sich Ascidien schon beim Anschneiden des Mantels oft dunkel bis schwarz.

Tunicaten besitzen keine eigentlichen **Exkretionsorgane**.

Exkrete werden z. T. in Form von Ammoniak abgegeben oder in Nephrocyten gebunden, die sich entlang des Endostyls und des Dorsalorgans gruppieren (Speicherniere). Auskristallisierte Harnsäure und Oxalate werden z. T. auch in der Pericardialhöhle (Ascidien) zusammen mit einem Pilz (*Nephromyces* sp.) oder in den Epikardialschläuchen deponiert. Die stolidobranchiate *Molgula citrina* besitzt einen blind geschlossenen Nierensack über dem Herzen, voll mit Exkretstoffen und *Nephromyces*. Opalkonkremente treten in Testazellen der Eihüllen bei vielen Ascidienarten auf, die Gründe dafür sind ungeklärt.

Ein **Coelomraum** ist nur das Perikard, wahrscheinlich jedoch nicht die eigenartigen Epikardialräume, paarige epitheliale Aussackungen des Kiemendarmbodens, die sich nach Differenzierung von Perikard und Herz bilden. Daraus können paarige Perivisceralhöhlen um Eingeweide und Herz mit nur spaltförmiger Verbindung zum Pharynx sowie ein Darmgefäßsystem entstehen.

Bei Diazonidea und der Mehrzahl der Clavellinidae und Polyclinidae verschmelzen die Epikardialräume, verlagern sich oft auf eine Seite des Darms und verlieren die Verbindung zum Pharynx. Die oft lange Darmschlinge im gestielten Hinterkörper dieser Formen wird durch den flüssigkeitsgefüllten Schlauch gestützt („Hydroskelett"). Bei der sehr kleinen koloniebildenden Didemniden bildet das Epikard abgesonderte Räume neben dem Herzen, die bei der Knospenbildung wichtig werden. Auch der Nierensack der Molguliden soll auf einen der beiden Perikardialsäcke zurückgehen.

Fortpflanzung und Entwicklung

Tunicaten sind Zwitter; nur bei den Appendicularien ist eine getrenntgeschlechtliche Art, *Oikopleura dioica*, bekannt. Ascidien und Thaliaceen zeigen eine Vielfalt **ungeschlechtlicher** Vermehrungswege. Thaliaceen haben sogar einen ausgeprägten metagenetischen Generationswechsel, bei dem die geschlechtlich entstandene Oozooid-Generation steril bleibt und nur die vegetativ durch Knospung entstandenen Blastozooide Gonaden bilden können. Ein solcher Generationswechsel ist meist mit einem deutlichen (Salpen) (Abb. 1166) bis extremen Polymorphismus (Doliolen) (Abb. 1164) verbunden. Die verschiedenen Lebenszyklen werden bei der Besprechung der Taxa getrennt dargestellt.

Systematik

Die phylogenetischen Beziehungen innerhalb der Tunicaten sind nicht geklärt. Meist werden die Appendicularien den übrigen Tunicaten gegenübergestellt. Ihr extrem kleines und kompaktes Genom (65 m Basen) hat offenbar wiederholt Verluste und Wiedergewinn von Introns und intensive Umorientierung erfahren, wodurch ihre molekulargenetischen Analysen schwer vergleichbar sind. Neuerdings wurden sie in engere Beziehung zu den artenreichen, wahrscheinlich basalen Aplousobranchiata (Subtaxon der Ascidien) gestellt, was mit morphologischen Vorstellungen insofern gut korreliert als sie mit deren hochdifferenzierten Larven mehrere Übereinstimmungen zeigen (Statocyste, Schwanz um 90° gekippt). Danach könnte man sie als neotene Formen derartiger Larven verstehen.

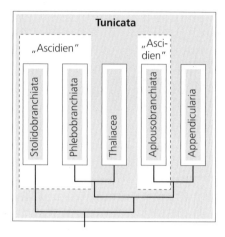

Abb. 1154 Hypothetisches Verwandtschaftsdiagramm der Tunicata nach 18S rDNA-Sequenzanalysen. Nach Stach und Turbeville (2002).

Die pelagischen, stockbildenden Thaliacea sind nach molekularen Analysen die Schwestergruppe der Phlebobranchiata (Subtaxon der Ascidien). Die Stolidobranchiata (Subtaxon der Ascidien) wären demnach die Schwestergruppe eines noch nicht benannten Taxons, aus dem alle übrigen Tunicaten hervorgegangen wären (Abb. 1154). Folgt man diesen Überlegungen, müssten die bisher eigenständigen Thaliacea und Appendicularia jeweils mit bisherigen Subtaxa der Ascidien vereinigt und zu neuen noch nicht benannten systematischen Einheiten erhoben werden. In der vorliegenden Darstellung sind die drei alteingeführten systematischen Gruppen noch beibehalten worden, zumal da sie in Bau, Lebensweise und Entwicklung deutliche Unterschiede zeigen.

1.1 Ascidiacea, Seescheiden

Nach der Wuchsform – nicht taxonomisch – unterscheidet man bei den über 2 000 Arten (1) Solitärascidien, die immer ein Oozooid repräsentieren (Abb. 1161), (2) soziale Ascidien, meist mit Stolonen verbunden (Abb. 1155) und (3) stockbildende („koloniale"), sog. Synascidien (Abb. 1156, 1162) mit gemeinsamem Mantel und Gefäßsystem sowie oft zu Gruppen zusammengefassten Ausstromsiphonen in einem Kloakalraum des Mantels; die Einzeltiere sind in vielfältigster Weise angeordnet.

Entsprechend vielgestaltig ist die äußere Erscheinung: Arten in Millimeter-Größe, die sogar in das Sandlückensystem (Mesopsammal) vordringen konnten (*Psammostyela delamarei*, *Diplosoma migrans*); Solitärascidien von über 30 cm (*Molgula gigantea*, subantarktisch) oder 80 cm lange gestielte Tiefseeformen (*Culeolus murrayi*), bei denen der eigentliche Körper nur ca. 8 cm misst; massige, schwere Tierstöcke (*Aplidium conicum*, 50 cm hoch) (Abb. 1162); dünne bandförmige Stöcke von 4–43 m Länge (!).

Die Möglichkeit, über eine sensorisch gut ausgestattete Schwimmlarve selektiv zu siedeln und bei günstigen Verhältnissen sehr rasch zu wachsen, machte die Ascidien erfolgreich gegenüber anderen sessilen Organismen. Massenentwicklungen in definierten Tiefen und Zonen sind keine

Seltenheit: *Ciona intestinalis* erreicht in geschützten Habitaten Biomassen von mehreren kg m^{-2} und Individuendichten von 1 500– 5 000 m^{-2}.

Berühmt sind die Massenbestände verschiedener *Pyura*-Arten in der Gezeitenzone des Felslittorals, die sich in einem 1 m breiten Streifen über hunderte bis tausende von Kilometern erstrecken können (*Pyura praeputialis* in Australien, *P. stolonifera* in Südafrika, *P. chilensis* an der Südamerikanischen Pazifikküste). Auf den Corallinaceenböden des Mittelmeeres stellen Ascidien, vor allem die *Microcosmus*-Arten, oft mehr als die Hälfte aller Sedentaria.

Etwa 100 Arten bilden neben Schwämmen und Echinodermen einen wichtigen Teil des Makrobenthos der Tiefseeböden: bis 4 500 m dringen 71 Arten vor, die tiefste bekannte Art ist *Situla pelliculosa* aus dem Kurilen-Kamtschatka-Graben. In diesen nahrungsarmen Tiefen sind die Tiere oft klein (*Minipera pedunculata*, mit Stiel ca. 1 mm) oder haben einen weit gegen die Strömung gespannten, modifizierten Kiemendarm (*Culeolus*-Arten). Andere fangen offenbar aktiv benthische Crustaceen und Polychaeten.

Viele koloniale Arten auch Solitärascidien leben epizoisch auf Algen, Seegräsern oder sessilen größeren Tieren. Gut 100 Ascidienarten treten im Aufwuchs von Schiffsrümpfen auf. *Ciona intestinalis* und die Synascidie *Diplosoma listerianum* kommen heute weltweit in allen Häfen vor.

Faunenfremde *Didemnum*- und *Styela*-Arten haben sich weltweit zu einem ökologischen und auch wirtschaftlichen Problem entwickelt, da sie heimische sessile Benthosorganismen und Muschelzuchten mit ihren sehr rasch wachsenden Kolonien überziehen und zum Absterben bringen; (*Pyura*- (Chile), *Microcosmus*- (Mittelmeer) und *Halocynthia*-Arten (Japan, Korea) werden auch gegessen. In Korea und Japan wird *Halocynthia roretzi* in großem Maßstab gezüchtet. Ascidien sind auch zu einem beliebten Objekt molekulargenetischer Forschung geworden.

Der Mantel ist oft leuchtend rot pigmentiert (*Halocynthia papillosa*), durchscheinend (*Ciona intestinalis*) (Abb. 1161) oder knorpelig glatt (*Phallusia mammilata*), filzig (*Boltenia*-Arten) oder bei zarten flächigen Synascidienkolonien dicht bepackt mit morgensternartigen Kalkspikeln (Didemnidae) (Abb. 1157). Der Mantel ermöglichte das Siedeln auf Hartböden und mit Verankerungsfäden auch auf Weichböden (Molgulidae).

Ascidien sind simultane Hermaphroditen. Die Lage und Organisation der **Gonaden** ist sehr unterschiedlich und wird auch taxonomisch verwertet. Hoden und Ovarien liegen bei den „Enterogona" innerhalb der Darmschlinge und münden neben dem Enddarm in den Atrialraum (Abb. 1148). Bei den „Pleurogona" bilden sich die Gonaden in der Außenwand des Peribranchialraumes, also in der vorderen Körperwand, und münden auch in diesen. Anzahl und Anordnung der pleurogonen Gonadeneinheiten ist sehr vielfältig. Im Ovar differenzieren sich die Eier in Follikeln.

Der Primärfollikel wird zweischichtig, und das äußere Follikelepithel bleibt im Ovar zurück. Die inneren Follikelzellen (Abb. 1158) differenzieren sich bei oviparen Arten meist sehr charakteristisch zu Schwebeeinrichtungen des Eies (z. B. langzipfelig mit Öltropfen bei *Ciona*, mit großen ammoniumhaltigen Vakuolen bei *Corella*). Wahrscheinlich bilden Follikelzellen auch das Chorion (Vitellinhülle) aus, eine feste faserige zellfreie Eihülle.

Die **Furchung** läuft holoblastisch und nur in den ersten Schritten einfach radiär ab. Sehr früh, bei Solitärascidien schon im 16-Zell-Stadium, ist der Embryo bilateralsymmetrisch; ein *cell lineage* ist klar nachweisbar. Die Gastrulation setzt im 7. Furchungsschritt ein und ist im 10. bereits beendet. Im 32-Zell-Stadium (5. Furchungsschritt) ist die praesumptive Zuordnung der Blastomeren weitgehend abgeschlossen.

Bei kolonialen Synascidien setzt früh eine inaequale Differenzierung ein, die oft schon im ersten Furchungsschritt eine kleinere rechte Blastomere ergibt. Später dreht sich der Großteil des dorsalen Embryonalkörpers um 90° nach links und bewirkt den horizontal stehenden Ruderschwanz bei der Mehrzahl der Larven kolonialer Ascidien und Synascidien.

Die Embryonalentwicklung bis zum Schlüpfen der Larve geht im Chorion (Eihülle) vor sich. Allgemein wird das Freisetzen fertiger Schwimmlarven als Viviparie bezeichnet. Meist ist es nur eine Ovoviviparie, d. h. das Ei wird in Bruträumen bis zum Schlüpfen der Larve zurückgehalten.

Bei größeren Arten fungiert der Peribranchialraum als Brutraum, bei Synascidien mit winzigen Einzeltieren liegen Bruträume oft im

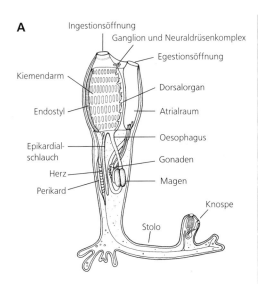

Abb. 1155 Stoloniale Ascidien. **A** Organisation mit Stolo und Knospen. **B** *Clavelina* sp., 3 cm; stolonialer Tierstock. In- und Egestionsöffnung als enge, weiße Ringe durch Exkretspeicherzellen erkennbar, ebenso der größere Ring des Peripharyngealbandes und das lang gestreckte Endostyl. A Original: A. Goldschmid, Salzburg; B Original: R. Patzner, Salzburg.

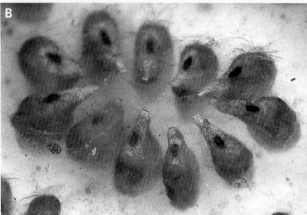

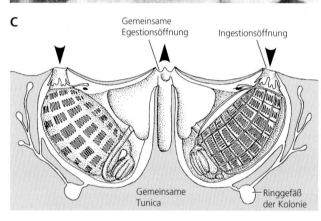

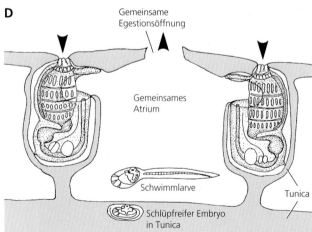

◀ **Abb. 1156** Synascidien. Gemeinsamer Mantel und gemeinsamer zentraler Egestionsraum innerhalb der kranzförmig angeordneten Einzeltiere. **A–C** *Botryllus schlosseri*. **A** Flächiger Stock auf Algenthallus, mit randlichen Knospen. **B** Einzelgruppe. **C** Vertikalschnitt durch Stock. Pfeile geben Wasserstrom an. **D** Vertikalschnitt durch *Didemnum*-Stock. A, B Originale: W. Westheide, Osnabrück; C, D aus Hayward und Ryland (1990), nach Délage und Hérouard (1898).

gemeinsamen Mantel (Abb. 1146D). Echte Viviparie, bei welcher der Embryo durch mütterliche Organe ernährt wird, ist selten. Bruträume entstehen dann in den Endabschnitten des Ovidukts, die in den Mantel verlagert sind (*Botrylloides, Hypsistozoa*).

Die Larve der Ascidien ist eine Schwimmlarve mit Sinnesorganen und einem Ruderschwanz mit Neuralrohr und Chorda (Abb. 1158, 1159) und einem breiten Flossensaum, gebildet von der larvalen Primärtunica.

Die etwa 1,2 mm langen Larven der großen oviparen Solitärascidien schlüpfen mit geringer innerer Differenzierung und einfachen rostralen Haftorganen. Mit 20–35 Ruderschlägen pro Sekunde schwimmt eine solche Larve 8–24 Stunden, selten einige Tage. Die 2–4 mm langen Larven von viviparen kolonialen Sozial- und Synascidien schlüpfen aus den Bruträumen mit fortgeschrittener innerer Differenzierung: Ein Peribranchialraum und mehrere Reihen von Kiemenspalten sind schon vorhanden, ebenso wie ein komplizierter rostraler Haftapparat mit drei sensorischen, vorstülpbaren, becherförmigen Papillen und durch Blut ausgesteiften epidermalen Ampullen; der horizontale Schwanz besitzt oft sehr viele Muskelzellen (180–1 600), schlägt aber nur 8–20 mal pro Sekunde, die Tiere schwimmen wenige Minuten bis 4 Stunden.

Zwei Vorgänge kennzeichnen die Metamorphose der Ascidienlarve, einmal der koordinierte Ab- und Umbau der transitorischen Organe (Ruderschwanz, larvale Tunica, Gehirnbläschen mit Sinnesorganen, larvales Visceralganglion zur Schwimmkoordinierung), zum anderen der rasche Ausbau der Organanlagen des prospektiven Jungtieres. Nach dem Festheften dreht sich der Vorderkörper um 90° in der Sagittalebene nach oben, wodurch Mund- und Einstromöffnung senkrecht orientiert werden und die ursprünglich dorsalen Peribranchialraumöffnungen oder der unpaare Atrialporus seitlich ausmünden (Abb. 1160). Der Schwanzkomplex wird durch Kontraktion der Epidermis und der Chorda in den Körper verlagert und phagocytiert. Die Chorda wird entweder unter Verdrillung als ganzes eingezogen oder platzt an ihrem Vorderende, und die Zellen „ergießen" sich in den Juvenilkörper.

Einige Arten der Moguliden-Solitärascidien auf Weichböden zeigen eine direkte, „anurale" (schwanzlose) Entwicklung ohne Schwimmlarve, ein weiterer Hinweis, wie sehr die Ontogenie der Ascidien auf die Lebensweise des Adultus hin ausgerichtet ist. Alle reproduktiven Vorgänge sind eng an die jeweilige ökologische Situation angepasst und nicht an taxonomische Gruppen gebunden.

Bei Ascidien ist **ungeschlechtliche Vermehrung** durch Knospenbildung weit verbreitet und sehr vielfältig (Abb. 1155). Sie dient vor allem der Ausbreitung und dem Überdauern (Überwinterung oder Übersommerung). Meist setzt sie nach einer sexuellen Reproduktionsphase ein und ist kombiniert mit Auflösungsvorgängen der Ausgangsindividuen und dem Auftreten von phagocytären Trophocyten, die zusammen mit den gebildeten Knospen den Tier-

Abb. 1157 Kalksklerite im Mantel eines krustenförmigen Didemniden (Synascidia). REM. Maßstab: 10 μm. Original: H. Lowenstam, Pasadena.

stock wieder aufbauen. Ort der Knospenbildung sind vor allem das Epikard, die Wand des Peribranchialraums, undifferenzierte Mesodermzellen und Lymphocyten, auch Gefäße und Stolonen.

Schließlich sind auch Bildungstyp und Zeitpunkt der Knospung sehr unterschiedlich: So bilden viele Synascidien noch in der Larve die ersten Knospen aus, entweder nach Teilung der Darmanlage (Didemniden) oder auch durch Vorknospen an Epikardanlagen (bei *Distaplia rosea* und *Hypsistozoa fasmeriana* sind bei der Festheftung der Larve 9–13 hoch entwickelte Blastozooide neben dem Oozooid vorhanden und bilden sofort einen jungen Tierstock).

Bei Ascidien mit einer langen Darmschlinge wächst das Epikard entlang dieser aus und teilt sich mehrfach quer. Dieser als „Strobilation" bezeichnete Vorgang ist mit einigen Modifikationen bei sozialen Ascidien und Synascidien weit verbreitet und auch für die Bildung von Rückzugsknospen typisch.

Die Synascidie *Botryllus schlosseri* (Abb. 1156A–C) zeigt eine erstaunliche Abstimmung der verschiedenen reproduktiven Vorgänge. Knospen werden in der Peribranchialraumwand synchron in Generationen gebildet und bleiben über Gefäße in Verbindung. Die Knospengröße bestimmt für die gesamte Kolonie, ob und wann Ovarien bzw. Hoden reifen. Wenn die Larven einer Elterngeneration

gerade schlüpfen, werden die Knospen der gleichen Eltern innerhalb eines Tages funktionsfähig; diese werden dabei allerdings resorbiert. Schließlich können sogar aus der Körperwand abgeschnürte Knospen verdriftet (*Polyzoa*) und so zu mobilen Verbreitungseinheiten werden.

Ascidien sind seit dem Unterkambrium Chinas bekannt (†*Cheungkongella ancestralis,* 25 mm, ähnlich dem rezenten Genus *Styela*). In der Antike nennt man Ascidien „Thethyen". Lange Zeit wurden sie zu den Mollusken gestellt, bis A.O. KOWALEVSKI (1866) mit seiner klassischen Untersuchung der Embryonal- und Larvalentwicklung von *Ciona intestinalis* und *Phallusia mammilata* die Gemeinsamkeiten mit Acraniern und Cranioten erkannte.

Man unterscheidet 3 Subtaxa nach dem Bau des Kiemendarms (Abb. 1153). Weitere Kriterien sind Lage und Bau der Gonade, der Neuraldrüse sowie Entwicklungsvorgänge.

1.1.1 Phlebobranchiata

Kiemendarm mit inneren Längsgefäßen. Meist freie Entwicklung und einfache Larven, enterogon. Viele häufige Seichtwasserarten. Ungeschlechtliche Fortpflanzung und Tierstockbildung nur bei den Diazonidae und Perophoridae. Meist große Solitärascidien. Kiemendarm wächst rechts an der Darmschlinge vorbei, bis in den Boden des Mantels, so dass diese mit den Gonaden seitlich links zu liegen kommt; Corellidae mit rechtsseitigem Darm. Hierher auch die carnivoren Tiefseebewohner der Octacnemiden.

*Ciona intestinalis (Cionidae), bis 10 cm (Abb. 1161A). Mantel fast durchsichtig; Eingeweidenucleus zinnoberrot. Arktisch-circumpolar; Nordsee und westliche Ostsee; Mittelmeer, weltweit in vielen Häfen. – **Ascidiella aspersa, *A. scabra* (Ascidiae), 7 cm. Atlantik, Nordsee, Mittelmeer. – *Phallusia mammilata* (Ascidiidae), bis 15 cm (Abb. 1161B), weißliche, knorpelig harte Tunica; Mittelmeer, europäische Atlantikküste.

1.1.2 Aplousobranchiata

Einfacher Kiemendarm ohne innere Differenzierungen, enterogon, stockbildend. Durch komplexe Knospung und Brutpflege hoch entwickelte Larven.

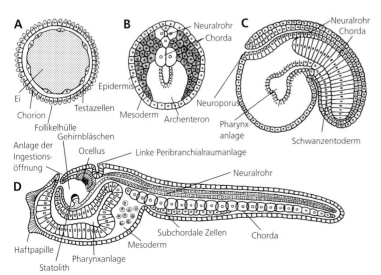

Abb. 1158 Entwicklung von Ascidiacea. **A** Eizelle von *Styela plicata* in Follikelhülle. **B** Querschnitt einer Neurula von *Clavelina lepadiformis*. **C** Sagittalschnitt durch späten Embryo von *Clavelina lepadiformis*. **D** Schwimmlarve von *Ascidia mentula*. A Nach Tucker (1942); B, C nach Van Beneden und Julin (1884); D nach Kowalevski (1867).

Didemnum helgolandicum (Didemnidae). Krustenförmige und lederartige Tierstöcke (2 mm dick) auf festen Substraten, mit Kalkspikeln (Abb. 1157); Einzeltiere 1,3 mm (Abb. 1156D). Nordsee (Helgoland). – *Clavelina lepadiformis* (Polycitoridae), solitär (14 mm) oder in sozialen Tierstöcken, mit Stolonen verbunden; durchsichtig (Abb. 1155); Atlantik, Nordsee (Helgoland), Mittelmeer.

1.1.3 Stolidobranchiata

Pleurogone Ascidien, Kiemendarm mit inneren Längsgefäßen und durchlaufenden Längsfalten. Meist solitär und relativ groß; Tierstöcke bei den Styelidae.

Dendrodoa grossularia (Styelidae), 13 mm Durchmesser, meist intensiv rot; mit breiter Grundfläche angewachsen; solitär, aber häufig in Aggregaten. Arktis-circumpolar, Nordsee, westliche Ostsee. – *Botryllus schlosseri* und *Botrylloides leachi* (Styelidae). Zentimetergroße, gallertige, farbige Tierstöcke mit gemeinsamem Atrium (Synascidien); Einzeltiere ca. 2 mm; bilden Überzüge auf festen Substraten (Abb. 1156A–C). Atlantik, Nordsee (Helgoland), Mittelmeer, Schwarzes Meer. – *Molgula citrina* (Molgulidae), 10 mm Durchmesser, kugelig, grünlich. Weißes Meer, Atlantik, Nordsee, westliche Ostsee. – Häufig: *Pyura*- und *Microcosmus*-Arten (Pyuridae) (s. o.).

1.2 Thaliacea

Pelagische Tunicaten mit ausgeprägter Fähigkeit viele Blastozoide vegetativ zu bilden. Bei den Pyrosomiden bleiben diese in großen bis riesigen Tierstöcken mit dem rudimentären Oozoid vereinigt; bei den Salpen unterscheiden sie sich morphologisch vom Oozoid, von dem sie sich in einem Generationswechsel als zyklische oder lineare Ketten ablösen. Doliolen entwickeln 3 morphologisch unterschiedliche vegetative Blastozoidgenerationen, von denen zwei frei leben.

1.2.1 Pyrosomatida, Feuerwalzen

Die Blastozooide der wenigen (8) Arten bilden röhrenförmige, von einem gemeinsamen Mantel umhüllte Tierstöcke. Die Einstromöffnungen der Einzelindividuen liegen auf der Außenseite, die Ausströmöffnungen führen in einen Zentralraum, der nur an einem Ende der Kolonie offen ist (Abb. 1163). Die Einzeltiere („Ascidioide") gleichen Ascidien mit einfachem Kiemendarm. Die Größe der Stöcke reicht von wenigen Zentimetern (*Pyrosoma aherniosum*) bis zu 20 m (!) bei *Pyrostremma spinosum* (um Neuseeland) exklusive eines langen peitschenförmigen Mantelanhanges am Hinterende; Durchmesser der Stocköffnung 2 m. Diese Bewohner warmer Meere haben ein ausgeprägtes Leuchtvermögen durch paarige Leuchtorgane (mit Leuchtbakterien) am Kiemendarmeingang. Die Mantelaußenfläche mit Warzen und Fortsätzen leuchtet gelbgrün und beim Absterben rötlich.

In alten Expeditionsberichten des 18. Jahrhunderts wird berichtet, dass die Segel der Schiffe hell erleuchtet waren durch Massenansammlungen dieser Tiere an der Meeresoberfläche.

Kleine Arten mit rasch wachsenden Kolonien sind meist protogyn, Arten mit großen Kolonien protandrisch. Jedes Blastozooid bildet zeitlebens nur 1 dotterreiches Ei. Die Furchung ist diskoidal.

Nach dem 8-Zellstadium sondern sich von den Embryonalzellen die Merocyten ab, die den Dotter abbauen. Die Testazellen (Kalymmocyten) übertragen die Leuchtbakterien für die Zellen der paarigen Leuchtorgane. Im weiteren liefern die Organanlagen nur Material für eine rasch wachsende Knospungszone. Das embryonale Oozooid (Cyathoid) wird nicht ausdifferenziert, sondern bildet 4 ringförmig angeordnete, ascidienartige Blastozooide aus. Sie sind der Anfang der Pyrosomidenkolonie, ihre Ingestionsöffnungen durchbrechen schließlich die Tunica. Die gegenüberliegen-

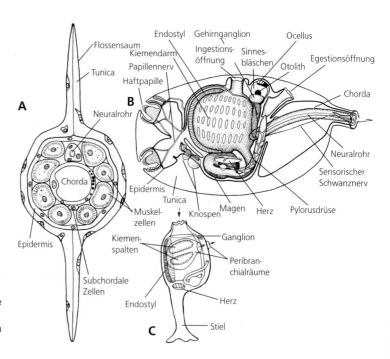

Abb. 1159 Entwicklung der Ascidiacea. **A** Querschnitt durch den Schwanz von *Amaroncium constellatum*, im Leben um 90° nach links verdreht. **B** Larve von *Distaplia occidentalis* (Synascidie) mit weitgehender innerer Differenzierung und ersten Knospen. **C** *Ciona intestinalis*, linke Seitenansicht einer funktionsfähigen postmetamorphen Ascidie mit noch getrennten Peribranchialsäcken. A Nach Grave (1921); B nach Cloney (1982); C nach Berill (1950).

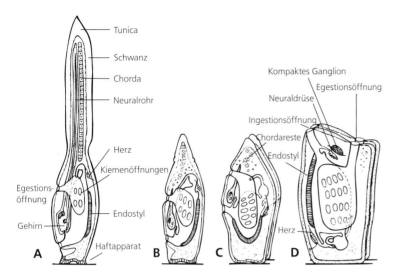

Abb. 1160 Festsetzen der Ascidienlarve und Metamorphose zum Adultus. **A** Larve, soeben festgesetzt. **B** Abbau des larvalen Schwanzes. **C** Beginnende Drehung der In- und Egestionsöffnung nach oben. **D** Junge Ascidie. Originale: A. Goldschmid, Salzburg, nach verschiedenen Autoren.

den Egestionsöffnungen münden in den Atrialraum des Cyathoids. Die Atrialöffnung des Cyathoids wird zur Öffnung des Stockes. In der Folge differenzieren die Blastozooide in der Herzgegend eine Knospungszone mit Zellmaterial für alle wesentlichen Organsysteme.

Die Knospen werden entweder vom Bildungsort ventral weitergeschoben und bleiben mit einem Zellstrang („Stolo") miteinander verbunden, so dass viele unterschiedlich alte Knospen in einer Kette liegen, die älteste (größte) Knospe an der Spitze. Knospen können aber auch abgeschnürt und durch mesodermale Wanderzellen des Mantels verfrachtet werden. Sie ordnen sich immer näher dem Kolonieende an, die ältesten Tiere stehen entlang der Kolonieöffnung.

Pyrosoma atlanticum, Stock bis 60 cm lang, ab 12 cm geschlechtsreif, u. a. im Mittelmeer; in größeren Tiefen, nur nach Stürmen an der Oberfläche.

1.2.2 Doliolida (Cyclomyaria)

Die 21 Arten dieser durchsichtigen tonnenförmigen Bewohner der euphotischen Zone des Pelagials vorwiegend wärmerer Meere (bisher nur eine Art aus 400 und 1 000 m Tiefe gefun-

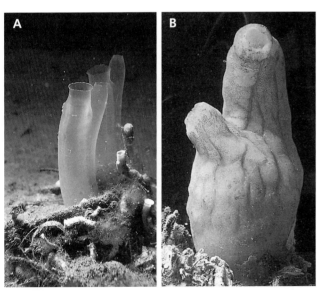

Abb. 1161 Habitusformen von Ascidien (Phlebobranchiata). **A** *Ciona intestinalis*. An europäischen Küsten weit verbreitet, weiche durchsichtige Tunica, zwei Tiere hintereinander. In- und Egestionsöffnungen weit offen, 10 cm. **B** *Phallusia mamillata*. An europäischen Küsten weit verbreitet, weißlicher Mantel von knorpeliger Konsistenz. Höhe: 15 cm. Originale: A H. Moosleitner, Salzburg; B A. Goldschmid, Salzburg.

Abb. 1162 *Aplidium conicum* (Aplousobranchiata). Große Synascidienkolonie. Mittelmeer. Original: A. Goldschmid, Salzburg.

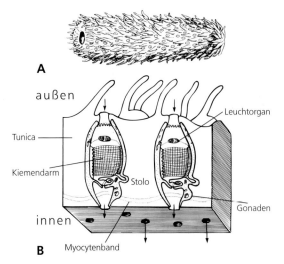

Abb. 1163 Pyrosomatida. **A** Feuerwalzen-Kolonie *Pyrosoma giganteum*. **B** Ausschnitt aus der Wand einer Kolonie. Pfeile geben Richtung des Wasserstroms an. A Nach Martin aus Hesse und Doflein (1935); B nach Délage und Hérouard (1898).

den) werden kaum größer als 1 mm; nur alte Oozoide (Ammen) bis 50 mm. Der Körper mit 8–9 Muskelbändern gleicht einem vorne und hinten offenen Fäßchen (Name!). Charakteristisch ist der mehrteilige Generationswechsel mit morphologisch und funktionell unterschiedlichen Blastozooiden.

Keimzellen und Frühentwicklung ähneln denen der Ascidien. Meist entsteht eine aktiv schwimmende S c h w a n z l a r v e (Abb. 1164H) ohne Neuralrohr in einer durchsichtigen lanzettförmigen und kompressen Gallerthülle, die sich zum Oozooid („A m m e") differenziert. Dieses ernährt sich nur kurze Zeit selbst, reduziert dann seinen Darmtrakt und wird unter Verbreiterung der Muskelbänder zu einem S c h w i m m k ö r p e r. Bei der **asexuellen Vermehrung** werden von einem ventralen Stolo prolifer des Oozooids in der Nähe des Herzens und am caudalen Ende des Endostyls Knospen nach außen abgeschnürt (Abb. 1164A). Am Hinterende entwickelt das Oozooid einen d o r s a l e n T r a g f o r t s a t z (bis 20 cm lang), auf den amöboid bewegliche Epidermiszellen (P h o r o c y t e n) (Abb. 1164B) die vom ventralen Stolo prolifer abgeschnürten Knospen transportieren. Für

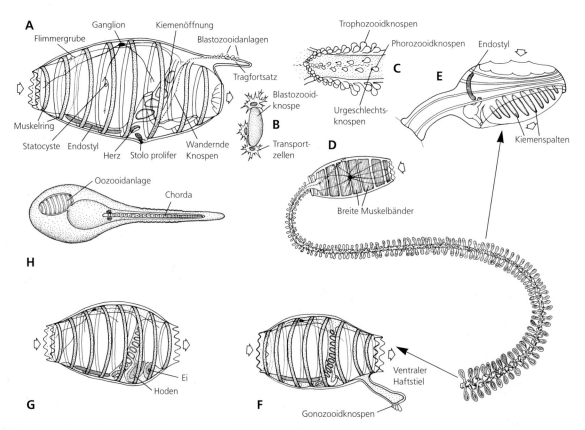

Abb. 1164 Generationswechsel bei Thaliacea (Cyclomyaria). **A** Junges Oozooid („Amme"). Blastozooidknospen werden vom ventralen Stolo prolifer abgeschnürt und von amöboiden Transportzellen auf den dorsalen Tragfortsatz gebracht. **B** Blastozooidknospe mit drei amöboiden Transportzellen. **C** Aufsicht auf den dorsalen Tragfortsatz des Oozooids: lateral ordnen sich die Knospen der Trophozooide an, median die Knospen der Phorozooide mit den Urgeschlechtsknospen. **D** Polymorphe Kolonie, das Oozooid mit breiten Muskelringen fungiert nur mehr als Schwimmkörper. **E** Trophozooid (= Blastozooid als Nährtier). **F** Phorozooid (= Blastozooid als Tragtier) löst sich spät von Kolonie ab und trägt am ventralen Haftstiel die Knospen der Gonozooide. **G** Gonozooid (= Blastozooid als Geschlechtstier), hat sich vom Haftstiel des Phorozooids abgelöst und entwickelt als einzige Generation (= 3. Generation) Geschlechtszellen. **H** Sexuell entstandene Larve. Nach Grobben (1882), Neumann (1906) und Aldredge und Madin (1982).

die weitere Differenzierung der Knospen sind Zeitpunkt und Ort des Eintreffens auf dem Dorsalfortsatz entscheidend: (1) Die ersten Knospen werden an den Seitenrändern des dorsalen Tragfortsatzes in je einer Reihe angeordnet. Sie bleiben zeitlebens auf der Amme als 1–2 mm große, löffelförmige Filtertiere (Trophozooide, Nährtiere) zur Versorgung der Amme und anderer Knospen (Abb. 1164E). (2) In der Mittellinie kommen Knospen mit einem ventralen Haftstiel zu liegen, die sich nach Heranwachsen ablösen und frei leben. Diese Tiere der 2. Blastozooidgeneration tragen auf ihrem Haftstiel die sich differenzierenden Knospen der 3. Blastozooidgeneration, die Gonozooide, und werden deshalb Tragtiere (Phorozooide) genannt (Abb. 1164F). (3) Nur diese Gonozooide entwickeln Gonaden – aber erst nachdem sie sich abgelöst haben und allein schwimmen.

Dolioletta gegenbaueri, auch in kälteren Meeren. – *Doliolum denticulatum*, mediterran. – *D. nationalis* weltweit; im Mittelmeer oft Massenentwicklung der Phorozooide.

1.2.3 Salpida (Desmomyaria)

Die etwa 40 Salpen-Arten sind ausgesprochen stenohaline, pelagische Hochseeformen warmer Meere, die meist an die

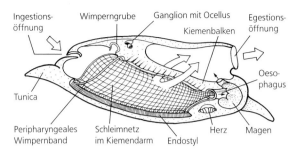

Abb. 1165 Organisationsschema einer Salpe. Pfeile geben Wasserströmung an. Original: A. Goldschmid, Salzburg.

15°-Isotherme gebunden sind; *Salpa thompsoni* ist eine kalt adaptierte Art der Antarktis.

Ihr prismenförmiger Körper wird von Muskelbändern umfasst, die – anders als bei den Doliolida (s. o.) – auf der Ventralseite meist offen und zu Gruppen zusammengefaßt sind (Abb. 1166). Die völlig durchsichtige Tunica trägt oft seitliche Leisten und z. T. bizarre Fortsätze. Der Eingeweidenucleus leuchtet intensiv; *Cyclosalpa*-Arten besitzen an jeder Seite 5 Leuchtorgane.

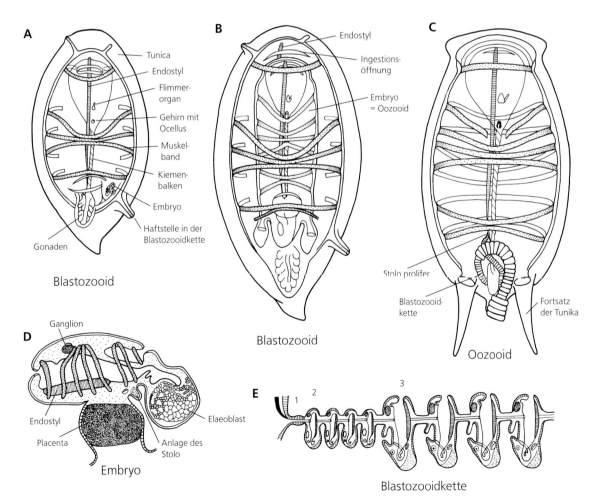

Abb. 1166 Generationswechsel bei Thaliacea (Desmomyaria). **A** Blastozooid. **B** Blastozooid mit Embryo, der den Innenraum fast ausfüllt. **C** Freies Oozooid („Amme") mit Stolo prolifer und Blastozooid-Kette. **D** Embryo auf Placenta. **E** Blastozooidenkette. Längsschnitt mit 3 Knospengenerationen (1–3). Verändert nach verschiedenen Autoren.

Bei günstigen Ernährungsverhältnissen können sie in riesigen Schwärmen auftreten; Dichten von 7 000 Tieren m^{-3} in Schwärmen von über 100 km Länge sind nicht selten. Wegen ihrer Größe (bis 10 cm) und der Transparenz sind sie relativ sicher vor Fressfeinden.

Salpen filtern Partikel zwischen 1–1 000 µm mit viel geringerem Energieaufwand als andere Planktonorganismen, z. B. filtert eine 5 cm große Salpe etwa so viel wie 450 calanoide Copepoden.

Salpen haben die schnellsten Wachstumsraten aller Metazoen. In einer Stunde kann der Körper um 10 % länger werden, in 24 h kann sich das Gewicht verdoppeln. Die Generationslänge reicht bei *Salpa democratica* je nach Energiegewinn von 50 Stunden bis 14 Tage.

Die direkte Entwicklung verkürzt die Generationszeit. Über den Generationswechsel und die Knospenbildung können sie flexibel und rasch auf Nahrungsangebote (z. B. fleckenartig verteilte hohe Dichten von Phytoplankton) reagieren, die schnell genutzt werden müssen, da Salpen keinerlei Speicherorgane wie andere Plankter besitzen.

Kiemendarm und Atrialraum bieten Möglichkeiten für den Aufenthalt von Crustaceen; z. B. leben weibliche Sapphirinen (Copepoden) und hyperiide Amphipoden (*Phronima sedentaria*) regelmäßig in Salpen; letztere fressen den Salpenkörper aus und nutzen die Tunica als Schutzraum für sich und ihr Gelege.

In dem aus 2 Generationen bestehenden, metagenetischen Generationswechsel treten solitäre, symmetrisch gebaute Oozooide und zyklische oder lineare Ketten von Blastozooiden auf, deren Tunica äußerlich assymmetrisch ist (Abb. 1166). Oozooide und Blastozooide derselben Art gleichen einander oft morphologisch so wenig, dass sie vielfach als getrennte Arten beschrieben wurden.

Der Generationswechsel wurde bereits 1819 vom Dichter und Naturforscher A. von Chamisso beschrieben. Nur die protogynen, kettenbildenden Blastozooide differenzieren Gonaden. Im Ovar reift zeitlebens nur 1 einziges Ei heran, das auch hier befruchtet wird. Die **Embryonalentwicklung** ist aberrant: Testazellen (Kalymmocyten) dringen zwischen die ersten Blastomeren und separieren sie entsprechend ihrer prospektiven Lage und Funktion. In der Folge bildet das aufgetrennte Blastomerenmaterial die Organe des Salpenkörpers in einem „Embryosack" unter Bildung einer Placenta, die in den mütterlichen Blutraum hineinragt. Während die Amme selbst ihre Größe verdoppelt, wird in ihr der Embryo so groß, dass er den Innenraum der Amme ausfüllt, bevor er schlüpft. Er besitzt dann einen langen, ventralen Stolo prolifer, der schon sehr früh angelegt worden ist und sich in Knospen aufzutrennen beginnt (Abb. 1166).

Der Stolo des Oozooids enthält wie bei den Dolioliden Gewebestränge vom Endostyl, Nervengewebe, Muskeln, Peribranchialraumwand und Mesodermstränge, in denen die Geschlechtszellen eingebettet sind. Er wächst entweder gestreckt ventral aus dem Oozooid oder in einer Windung um den Eingeweidetrakt weiter nach hinten heraus. Das Wachstum erfolgt in Schüben, so dass längere Gruppen unterschiedlicher Größe von gleich alten Knospen entstehen. Im Inneren liegen Blutgefäße zur Ernährung der sich differenzierenden Knospen. Auf diese Weise können sich Ketten von mehreren hundert Geschlechtstieren der Blastozooidgeneration bilden.

Thalia (syn. *Salpa*) *democratica*, Oozoid, 1,5 cm. Häufig in großen Schwärmen im Mittelmeer. – *Salpa maxima*, Oozoid, 10 cm. Ketten der Blastozooide über 25 m (!) lang. Häufig im Mittelmeer.

1.3 Appendicularia (Larvacea)

Diese kleinen pelagischen Einzeltiere bauen den wohl komplexesten äußeren Filterapparat im Tierreich. Er wird von der Epidermis gebildet (S. 785). Den Filterstrom erzeugt ein muskulöser Ruderschwanz mit Chorda, der um 90° gegen die Mediansagittale gedreht und nach vorn gerichtet ist, so dass das dorsale Nervensystem links liegt. Es gibt etwa 70, z. T. kosmopolitische Arten.

Der Name „Larvacea" ebenso wie die alten Bezeichnungen „Copelata" oder „Perennichordata" weisen darauf hin, dass diese Tunicaten auch als Adulttiere ihren Ruderschwanz bzw. die Chorda im Ruderschwanz beibehalten.

Bei *Oikopleura dioica* (getrenntgeschlechtlich, s. o.) (Abb. 1169) liegen die Gonaden im hinteren Rumpfbereich in wechselnder Anordnung. Die kleinen Eier (80–130 µm) werden durch Platzen der Körperwand freigesetzt; die Hoden bilden kurze Ausfuhrgänge. Befruchtung und Entwicklung erfolgen im freien Wasser, letztere läuft temperaturabhängig

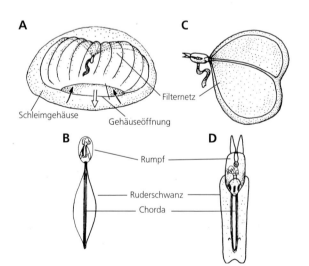

Abb. 1167 Appendicularia. Gehäusetypen. Fallschirmartiges Gehäuse, Tier im Zentrum (Kowalevskiidae) (**A**) und Einzeltier (**B**). Nur Filternetz aufgespannt vor dem Mund dargestellt; das eigentliche Gehäuse fehlt in der Darstellung (Fritillariidae) (**C**) und Einzeltier (**D**). Nach Aldredge (1976).

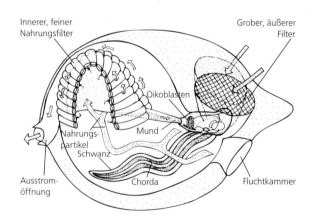

Abb. 1168 *Oikopleura* sp. (Oikopleuridae). Tier im Zentrum des Filtergehäuses, 5 mm. Linke Außenwand weggeschnitten, Pfeil mit Punkten entspricht Wasserstrom mit Plankton; leere Pfeile: abströmendes, ausgefiltertes Wasser; Einzelheiten s. S. 785. Verändert nach Flood und Fenaux (1986).

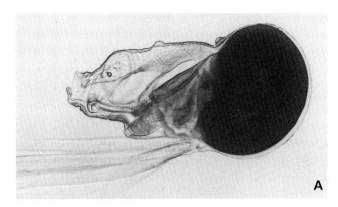

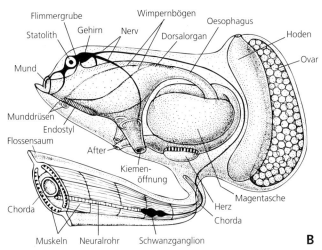

Abb. 1169 A *Oikopleura dioica*. Männchen, ca. 2 mm lang, linke Seitenansicht. **B** Organisation einer zwittrigen Oikopleuride. A Original: W. Westheide, Osnabrück; B verändert nach Strenger (1962) und Holmberg (1982).

ungemein schnell ab. Nach ersten radiären Schritten wird die **Furchung** bilateral. Es kommt früh zu einer determinierten Mosaikentwicklung mit einer Placula am Beginn der epibolischen Gastrulation.

Bei 22 °C schlüpft bereits nach 3 Stunden (!) eine nur 250 μm kleine Larve, gegliedert in Vorderkörper und mit um 90° gekipptem Schwanz. Beim Schlüpfen ist die endgültige Zahl der Körperzellen erreicht (Eutelie); im weiteren Wachstum werden die Zellen nur mehr größer. Nach 7 Stunden beginnt der kräftig rudernde Schwanz sich nach vorne zu drehen. Nach 8 Stunden ist die Metamorphose beendet, das erste Filtergehäuse gebildet und der Ruderschwanz in typischer Lage.

Unterschiede in der relativen Lage der Tiere zum Filtergehäuse sowie die Art seines Auf- und Abbaus lassen drei Subtaxa unterscheiden.

Oikopleuridae. – 35 Arten; die gallertigen Filtergehäuse von 2–5 cm Größe werden regelmäßig abgeworfen. Größere, tiefer lebende Arten (*Bathochordeus stygius, Mesochordeus* spp.) mit 25–50 mm Rumpf und 70 mm Schwanzlänge produzieren Gehäuse von ca. 100 cm (im Extrem 200 cm) Durchmesser.

Oikopleuriden als typische Phytoplanktonkonsumenten leben in der Mehrzahl in oberen Wasserschichten, wo sie – wie die Salpen – riesige Schwärme bilden können, was durch ihre extrem kurzen Lebenszyklen möglich wird. Dichten von über 25 000 Tieren m^{-3} werden bei guten Ernährungsverhältnissen regelmäßig erreicht. – *Oikopleura dioica*, 3 mm (Abb. 1169). Getrenntgeschlechtlich. Kosmopoli-

tisch, oft küstennah verbreitet, häufig auch in der Nordsee. Können mit raschen Schwanzschlägen durch eine dünne hintere Wandstelle das Gehäuse verlassen, etwa wenn dieses durch Nahrungspartikel oder Faeces verstopft ist oder bei Störungen wie Fangen und Konzentrieren im Planktonnetz. Ein bereits vorgebildetes Gehäuse wird durch heftiges Schwanzschlagen in ca. 1 min. entfaltet. Bei einer Lebensdauer von nur 89 Stunden (bei 20 °C) werden ca. 44 Gehäuse gebaut. Mit Gonadenreife erlischt diese Fähigkeit, Oikoblasten und Teile des Darmes werden aufgelöst und offenbar zum Aufbau der Gonaden mit verwendet. Manche Arten leuchten kräftig beim Abstoßen des Gehäuses (Gehäusebau, S. 785). Es enthält dann noch durchschnittlich 50 000 lebende Nanoplanktonzellen im Filternetz.

Fritillariidae. – 26 Arten. Lange Zeit dachte man, dass in diesem Taxon nur ein Filternetz vergleichbar dem inneren Nahrungsfilter der Oikopleuriden vor dem Mund entfaltet wird. Nach neueren Befunden ragt aber der hintere Rumpf mit den Gonaden aus einem Gehäuse. Wasser mit Partikeln strömt von hinten unter dem Tier ein und wird mit Schwanzschlängeln durch einen inneren Grobfilter in das Filternetz vor dem Mund getrieben; bei Stillstand des Schwanzes kollabiert das gesamte hintere Gehäuse und legt sich an das vordere Feinfilter an, wodurch die älteren Darstellungen mit nur einem Filter vor dem Mund entstanden sind (Abb. 1167C, D). – *Fritillaria borealis*, 3 mm. Im Mittelmeer häufig.

Kowalevskiidae. – Nur 2 Arten; ohne Endostyl und Herz, mit schirmartigem Filterapparat (Abb. 1167A, B). – *Kowalevskia tenuis*, 9 mm. Mittelmeer.

2 Acrania (Cephalochordata), Lanzettfischchen

Acranier sind kompress gebaute, lanzettliche, etwa 60 mm lange marine Chordaten (Abb. 1170). Die 29 Arten leben bevorzugt in gut durchströmten Grobsanden („*Amphioxus*-Sande") wärmerer bis gemäßigt warmer Meere, in 3–8 m Tiefe. Einige Populationen dringen bis in den unteren Gezeitenbereich vor, andere in Tiefen bis 80 m. In dichteren Sedimenten liegen die Tiere oft nur seitlich auf der Oberfläche; je höher der Grobkornanteil, desto tiefer graben sich die Tiere schräg in das Sediment ein, stets mit der Mundöffnung nach oben (Abb. 1173). Die größten Dichten werden in Sanden mit hoher kapillarer Permeabilität erreicht, wo 5 000–8 000 Individuen m^{-2} auftreten können. Die Bezeichnung Acrania (Schädellose) stellt sie den Craniota (Schädeltiere, Wirbeltiere) gegenüber, mit denen sie in der Segmentierung der Muskulatur, Gefäßsystem und Lage eines Darmblindsacks (Leber) enge Gemeinsamkeiten zeigen. Ihre Chorda durchzieht den gesamten Körper von der Rostral- bis zur Schwanzflosse (daher auch „Cephalochordata" oder „Kopfchordatiere"). Der Kiemendarm dieser mikrophagen Filtrierer nimmt mehr als ein Drittel des Körpers ein. Er ist umgeben von einem Peribranchialraum, der am Beginn des letzten Körperdrittels über den Atrioporus nach außen mündet (nicht homolog dem Peribranchialraum der Tunicaten). Der After liegt links vom Vorderrand der Schwanzflosse. Ein echtes Herz fehlt, aber verschiedene Gefäßabschnitte sind kontraktil. Acrania sind getrenntgeschlechtlich; nach einer freien Larvenentwicklung folgt eine komplexe Metamorphose.

Bau und Leistung der Organe

Im Gegensatz zu den Cranioten ist die **Epidermis** ein ein-schichtiges Epithel aus kubischen Zellen mit Mikrovilli, die mit einer Schicht saurer Mucopolysaccharide bedeckt sind. Dies gibt den unpigmentierten, leicht durchscheinenden Tieren einen irisierenden Glanz. Unter der basalen Matrix der Epidermis folgen 16–45 Lagen rechtwinklig gekreuzter Kollagenfasern in etwa 45° Neigung zur Körperlängsachse. Darunter liegt schließlich gallertige Bindegewebsmatrix mit Nerven, epithelialen Coelomschläuchen und Gefäßen ohne Endothelauskleidung.

Die **Rumpfmuskulatur** ist in ca. 60 Muskelsegmente (Myomere, Myotome) gegliedert, getrennt durch bindegewebige Myosepten (Myocomata), die v-förmig nach vorne geknickt sind (Abb. 1171).Die quer gestreiften Myofibrillen liegen parallel zur Körperlängsachse in Muskelplatten, die an den Myosepten ansetzen. Plasmatische Fortsätze der Muskeln jedes Segmentes (die „motorischen Nerven" älterer Darstellungen) ziehen direkt an das Neuralrohr und erhalten dort ihre Information (Abb. 1175, 1176).

Der Großteil der Muskulatur besteht aus sarcoplasmaarmen Platten, die den weißen Muskelfasern der Wirbeltiere ähneln. Sie differenzieren sich aus der medialen Wand der embryonalen Somiten (Mesodermsegmente, „Ursegmente"); die laterale Wand bleibt als dünnes, bewimpertes Mesothel erhalten und begrenzt von außen das extrem schmale Myocoel.

Die Myosepten stehen mit dem Bindegewebe der Körperdecke und mit dem axialen Bindegewebe um Chorda und Neuralrohr in Verbindung. Diese Anordnung ermöglicht den Tieren rasches Schlängelschwimmen vor- und rückwärts sowie Graben im Sediment. Ein unpaarer medianer Flossensaum zieht von der Chordaspitze dorsal über die Schwanzspitze bis zum ventralen Atrioporus. Außer in der Rostral- und postanalen Schwanzflosse ist er in 3–5 Flossenkammern pro Segment gegliedert. Sie sind Derivate der Muskelsegmente, ausgekleidet von einem Mesothel mit glatten Muskelfasern und werden von einem „Flossenstrahl" aus Mucopolysacchariden gestützt, (Abb. 1171, 1172). Flossen-

strahlen scheinen auch als Reserveorgane zu dienen, sie verändern sich mit der Gonadenreifung. Oft werden die Ränder der Metapleuralfalten, die den Peribranchialraum seitlich begleiten, als paarige „Flossen" bezeichnet.

Die **Chorda** besteht aus geldrollenartig hintereinander liegenden scheibenförmigen Zellen. Sie ist umgeben von einer festen zellfreien faserigen Chordascheide, reich an Kollagenfaser ähnlich dem Bindegewebe unter der Epidermis. Die Chordazellen sind spezialisierte Epithelmuskelzellen getrennt durch gelgefüllte schmale Interzellularräume. Die Myofibrillen enthalten Paramyosin, sind quergestreift, ziehen horizontal von links nach rechts und inserieren mittels Hemidesmosomen an der innersten Schicht der Chordascheide („elastica interna"). Kurze Fortsätze der Chordazellen treten an dünnen Stellen der Chordascheide in den „Chordahörnern" (Abb. 1175) direkt an das darüberliegende Neuralrohr heran. Je nach Kontraktionszustand erscheint die Chorda im Querschnitt daher rund (Ruhe) oder hochoval (kontrahiert). Regionale Versteifung der Chorda durch Kontraktion der Chordazellen unterstützt das Schlängelschwimmen und Graben im Sand. Zur visceralen **Muskulatur** (aus Coelothelien ventrolateraler Coelomräume hervorgegangen) gehören vor allem ein ventraler Muskelgurt (Transversalmuskel) unter dem Peribranchialraum (mit Fasern quer zur Längsachse) (Abb. 1172), der sphinkterartige Velarmuskel am Kiemendarmeingang und die Muskeln in den Mundrändern zur Bewegung der Mundcirren. Diese Muskulatur wird über die Spinalnerven innerviert, anders als die Muskelsegmente, wo Fortsätze der Muskelplatten in direktem Kontakt mit dem Neuralrohr stehen (s. o.).

Über der Chorda durchzieht das Neuralrohr, als Zentrum des **Nervensystems**, den gesamten Körper. Ein Neuroporus führt nach außen in die linksseitige bewimperte Köllikersche Grube am Hinterende der Rostralflosse (Abb. 1167).

Neue Untersuchungen der Expressionsdomänen von *Otx*- *FoxB*- und mehreren *Hox*-Genen im Lauf der Entwicklung erlauben einen Vergleich des Neuralrohrs von *Branchiostoma* mit dem Gehirn der Craniota: Der Bereich nahe der Wurzel des 3. Dorsalnerven entspräche

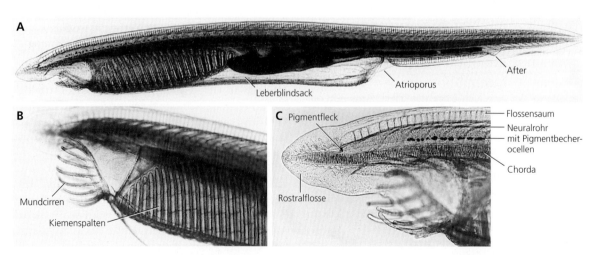

Abb. 1170 *Branchiostoma lanceolatum.* **A** Junges Tier. **B** Vorderende. Fokussierung auf Kiemendarm. **C** Vorderende. Fokussierung auf Neuralrohr und Chorda. Originale: W. Westheide, Osnabrück.

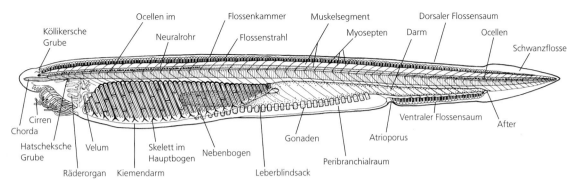

Abb. 1171 *Branchiostoma lanceolatum*. Schema der Seitenansicht zur Demonstration der Muskelsegmente (Myomere). Nach verschiedenen Autoren.

demnach der Grenze zwischen Vorderhirn/Mittelhirn und Hinterhirn der Craniota, jener hinter der 1. Rhode-Zelle (Abb. 1174) der Grenze zwischen Hinterhirn und Rückenmark. Als weitgehend gesichert gilt, dass die Region der dorsalen Lamellenzellen und des Infundibularorgans dem Zwischenhirn der Craniota äquivalent ist. Bemerkenswerter Weise reicht das Neuralrohr der Neurula von *Branchiostoma* bis zum 8. Somiten, weshalb einige Autoren die Neurula mit der Kopfregion der Cranioata gleichsetzen.

Das Vorderende des Neuralrohrs bleibt einschichtig und wird als „Hirn"- oder Stirnbläschen bezeichnet. In seiner Vorderwand liegt ein frontaler Ocellus aus mehreren nach dorsal offenen Pigmentzellen und anschließenden monociliären Rezeptorzellen mit Neuronen, die amakrinen und bipolaren Zellen der Chranioten-Retina gleichen (Fron-

taler Ocellus, Abb. 1174). Im Boden des Stirnbläschens liegen sekretorische Zellen (Infundibularorgan). Sie bilden den Reissnerschen Faden, der im Zentralkanal bis an das Hinterende des Neuralrohrs zieht. Die so genannte Intercalar-Region des Neuralrohrs reicht bis an den Hinterrand des 4. Somiten. Hier liegen 2 Typen vermutlicher Photorezeptoren: (1) Lamellenzellen mit einem von Lamellen begleiteten Cilium, das in den Ventrikelraum ragt, (2) rhabdomerische, so genannte Josephsche Zellen, die Mikrovilli tragen. Lamellenzellen gleichen den Rezeptoren im Pinealorgan von Petromyzonten (Bd. II, S. 202). Außerdem finden sich in diesem Bereich Gruppen migratorischer Zellen, die ähnlich wie bei Cranioten aus der Ventrikelwand in das umgebende Neuropil eingewandert sind

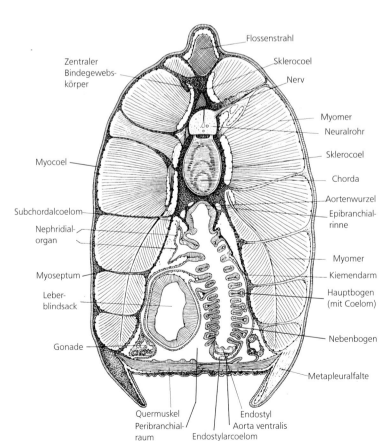

Abb. 1172 *Branchiostoma lanceolatum*. Querschnitt durch die Region des Kiemendarms und des Leberblindsacks. Nach Franz (1927) aus Starck (1978).

Charakteristisch im Neuralrohr sind segmental angeordnete dorsale Nervenwurzeln zwischen den Myomeren, die den dorsalen Wurzeln der Spinalnerven bei den Vertebraten entsprechen (Abb. 1176). Sie enthalten afferente Fasern der Körperdecke und propriozeptive der Muskulatur. Äußere sensorische segmentale Spinalganglien wie bei den Wirbeltieren sind jedoch nicht ausgebildet. Im vorderen Körper verlaufen in diesen Nerven auch visceromotorische Fasern zu den Visceralmuskeln.

Entsprechend der asymmetrischen Lage der Myomere beider Körperseiten (s. o.) liegen sich die dorsalen Nervenwurzeln nicht gegenüber: die der rechten Seite sind gegen die der linken etwas nach hinten versetzt (Abb. 1176). Vom Dach des Neuralrohres bis zum Zentralkanal zieht ein Streifen von gegeneinander gestellten Ependymzellen („Raphe"), die den Verschluss der Neuralrinne anzeigen. Ihre langen Zellausläufer ziehen wie bei den Tanycyten der Vertebraten bis an die Außenwand des Rohres. Kleine bipolare Ganglienzellen sind häufig, sie erhalten sensorische Informationen der Peripherie; größere multipolare Kommissuralzellen verbinden beide Seiten. Dorsal in der Nähe der abgehenden Segmentalnerven liegen sehr große multipolare Zwischenneurone (Rhode-Zellen, Kolossalzellen). Im Vorderkörper finden sich 12–16 dieser Zellen, ab dem 39. Myomer 16–18. Die lateralen Axonbündel der vorderen Kolossalzellen sind absteigend, die der hinteren aufsteigend, es wird hier daher eine Schaltfunktion zwischen sensorischen Fasern und der Somatomotorik vermutet. Die vorderste, größte Rhode-Zelle (Abb. 1174) bildet ein Riesenaxon (30 μm Dicke), das unter dem Zentralkanal bis zum letzten Myomer zieht. Das Neuralrohr endet als epithelialer Schlauch (Terminalfilum) und mit einer Erweiterung über dem Hinterende der Chorda, wo der Reissnersche Faden phagocytiert wird.

Als **Sinneszellen** finden sich epidermale, cilientragende Rezeptoren (primäre Sinneszellen) mit unbekannter Sinnesqualität am gesamten Körper. Mögliche Mechanorezeptoren sind die „Quatrefageschen Körperchen" an Nervenaufzweigungen im rostralen Bindegewebe. Hier ragen von einer oder wenigen Hauptzellen 2 Cilien in einen Interzellularraum, der von einer Kapsel dünner Hüllzellen umgeben ist.

Etwa 1 500 Pigmentbecherocellen liegen im Neuralrohr der Kiemendarm- und Schwanzregion, seitlich und ventral des Zentralkanals (Abb. 1171, 1175). Sie bestehen nur aus 1 Pigmentbecherzelle und 1 primären Sinneszelle mit Mikrovillisaum in inverser Lage (Hessesche Zellen, Abb. 1174).

Im Vorderkörper ist die „Blickrichtung" der rechten Ocellen nach ventral, die der linksseitigen nach dorsal und im Schwanz umgekehrt. Die Tiere zeigen einen Lichtrückenreflex: Stets versuchen sie, die Bauchseite nach oben zu halten, beim Vorwärtsschwimmen rotieren sie meist nach rechts. Beim Filtern ist die Mundöffnung schräg nach oben gerichtet und ragt über die Sedimentoberfläche hinaus (Abb. 1173).

Der weite Mundraum wird seitlich von der Körperwand begrenzt („Wangen"), wo bewegliche Mundcirren korbartig nach innen gebogen stehen und das Eindringen gröberer Partikel verhindern (Abb. 1170B). Hochprismatische, bewimperte Epidermiszellen formen auf der Innenseite der Wangen die Schleifen des Räderorgans. Im Dach des Mundraums bildet es eine tiefe Grube (Hatscheksche Grube, Geißelorgan), die das angesaugte Wasser mit einem Wirbel durch das Velum in den Kiemendarm befördert (Abb. 1171). Im Epithel der Hatschekschen Grube wurden endokrine Zellen nachgewiesen, die ähnlich der Adenohypophyse der Cranioten Hormone ins Blut abgeben.

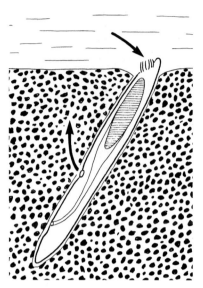

Abb. 1173 *Branchiostoma lanceolatum.* Natürliche Lage im Substrat (Sand mittlerer Korngröße) beim Filtern. Pfeile geben Richtung der Wasserströmung an, die über den Mund in den Kiemendarm hineinzieht und den Körper über den Atrioporus verlässt. Nach Webb und Hill (1958).

Das verschließbare Velum mit sensorischen Velartentakeln schirmt nochmals den Eingang in den eigentlichen **Darmtrakt** ab. Der lange, kompresse Kiemendarm wird von ca. 180 eng stehenden primären und sekundären Kiemenbögen gebildet, deren Zahl linear mit der Körpergröße zunimmt. Sie beginnen ventral am Endostyl und ziehen schräg rostrad zur dorsalen Epibranchialrinne im Dach des Pharynx unmittelbar unter der Chorda (Abb. 1171).

Die primären oder Hauptbögen (auch Septalbögen) gehen aus der Körperwand im Raum zwischen den Kiemenspalten hervor und enthalten daher einen schmalen Coelomschlauch, der das Coelom unter dem Endostyl (Rest der ventralen Leibeshöhle) mit dem Subchordalcoelom verbindet (Abb. 1172). Die Sekundär- oder Nebenbögen (auch Zungenbögen) wachsen später vom Dorsalrand der zunächst weiten Kiemenspalten ventral und teilen diese (Abb. 1180). Sie enthalten kein Coelom, hier grenzen Darmepithel und Epidermis des Peribranchialraumes aneinander (Unterschied zu Enteropneusten (Abb. 1063), bei denen die Zungenbögen, die sich ähnlich wie jene der Acrania entwickeln, ein Coelom besitzen).

Zwischen den Epithelien der Bögen entstehen Skelettstäbe aus Mucopolysacchariden mit Kollagenauflagen (vgl. Enteropneusten, S. 719). In den Hauptbögen liegt jeweils ein Paar, in den Zungenbögen ein einzelner Stab mit einem eingeschlossenen Gefäß. Die epithelialen Gewebsstränge (Synaptikel), die die schmalen Kiemenspalten überbrücken, enthalten ebenfalls Skelettmaterial, so dass ein skelettgestützter Kiemenkorb entsteht. Dorsal sind die Bögen auf jeder Seite miteinander verbunden (Abb. 1171).

Blutbahnen liegen zuinnerst unter der Kiemendarmoberfläche, in den Skelettstäben und bei den Hauptbögen zwischen der Epidermis des Peribranchialraumes und dem Coelothel. Abgesehen von der epidermalen Außenfläche der Kiemenbögen sind alle entodermalen Epithelien monociliäre Wimperepithelien. In den nur 41–45 μm breiten Kiemenspalten treiben die 22–27 μm langen Cilien der lateralen Cilienzellen das Wasser durch die Spalten. Die kürzeren Cilien (11 μm) der Pharyngealzellen auf der Innenseite der Bögen transportieren die eingeschleimten Nahrungspartikel vom ventralen Endostyl zur Epibranchialrinne. Alle Cilien der verschiedenen Zelltypen sind basal von einem Kranz von Mikrovilli umgeben.

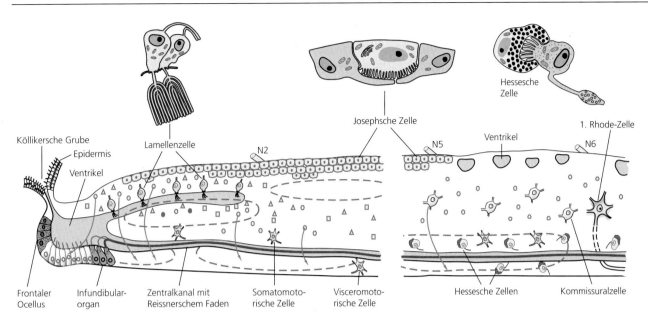

Abb. 1174 *Branchiostoma lanceolatum*, Vorderer Teil des Neuralrohrs. Schematischer Mediansagittalschnitt und Mediansagittalprojektion, Unterbrechung der Zeichnung zwischen 2. und 5. Nervenwurzel. Ventrikelraum in grau. Nur der ventrale Zentralkanal ist zeitlebens vollständig ausgebildet; unterschiedlich große dorsale Ventrikelresträume stehen nur während der Embryonalentwicklung mit dem Zentralkanal in Verbindung. Die Köllikersche Grube liegt links, mit einem Rest des Neuroporus öffnet sich hier der Ventrikelraum nach außen. N2, N5, N6: Dorsale Nervenwurzeln. Dreiecke, Quadrate, und Kreise: Gabaerge, serotonerge und catecholaminerge Neurone. Pfeile zeigen Projektionen an. Umgrenzte Bereiche: Areale mit weitgehend gleichartigen Neuronen werden als „Kerne" bezeichnet; ähnlich wie bei Cranioten wandern diese Neurone teilweise aus der Ventrikelwand hierhin ein. Verändert nach Lacalli (2004) und Wicht und Lacalli (2005).

Das Wasser gelangt durch die Kiemenspalten in den Peribranchialraum (Atrium), der den Kiemendarm seitlich und ventral umgibt. Wie bei den Tunicaten stellt er eine „eingeschlossene" Außenwelt dar, doch entwickelt er sich bei den Acraniern anders und ist wahrscheinlich unabhängig entstanden.

In der tiefen Epibranchialrinne im Dach des Kiemendarms wird die ausgefilterte Nahrung mit Cilien nach hinten in den Oesophagus befördert. Zellen der Epibranchialrinne produzieren Enzyme.

In der Metamorphose bildet sich hinter den jüngsten Kiemenspalten – diese differenzieren sich von vorne nach hinten – in der ventrolateralen Körperwand die „Metapleuralfalte" (Abb. 1179). Sie schließt sich und wächst nach vorne zum Mund, wo sich ihr freier Vorderrand mit den Mundrändern verbindet. Über die Atrialöffnung bleibt der so entstandene Peribranchialraum caudal offen. Wasser, das über die Mundöffnung mit Nahrungspartikeln herbeigeflimmert wird, kann nach dem Ausfiltern nur durch die Kiemenspalten in den Peribranchialraum übertreten und gelangt über die caudale Atrialöffnung wieder nach außen.

Der Peribranchialraum wird fast doppelt so lang wie der Kiemendarm; in seiner Wand differenzieren sich auch die Gonaden. Durch Kontraktion des Quer-(Transversal-)muskels kann er entleert werden. Im Boden des hinteren Peribranchialraumes liegen Leisten hochprismatischer Drüsenzellen, die aus dem sonst flachen Epithel aufragen; ohne strukturellen oder funktionellen Nachweis wurden sie als „Nierenwülste" beschrieben.

Aus der Epibranchialrinne, deren Zellen bereits Enzyme produzieren, führt ein kurzer dorsaler Oesophagus in den resorbierenden Mitteldarm, der sich geradlinig in den

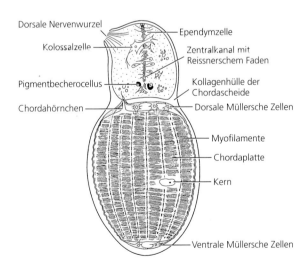

Abb. 1175 *Branchiostoma lanceolatum*. Neuralrohr (Rückenmark) und Chorda. Neuralrohr in Höhe einer dorsalen Nervenwurzel. Kombiniert nach Franz (1927), Flood (1970) und Skizzen von U. Welsch, München und A. Goldschmid, Salzburg.

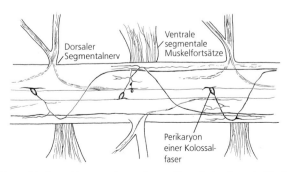

Abb. 1176 *Branchiostoma lanceolatum*. Neuralrohr, Ausschnitt. Dorsalansicht. Nach Retzius (1891).

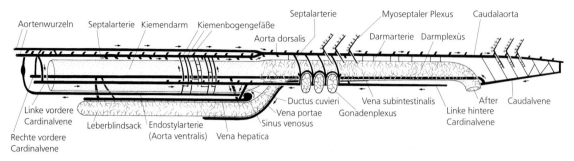

Abb. 1177 Acrania. Schema des Blutgefäßsystems. Blick auf die linke Körperseite; Gefäße der rechten Seite nur teilweise gezeichnet. Pfeile geben Richtung des Blutstroms an. Verändert nach Rähr (1979).

Enddarm bis zum linksseitigen After fortsetzt. Am Beginn des Mitteldarms zweigt ein Blinddarm (Leberblindsack) ab und zieht weit nach vorne rechts neben dem Kiemendarm in den Peribranchialraum. In seinem Epithel wurden Fette nachgewiesen. Der gesamte Darmtrakt ist ein hochprismatisches, sezernierendes und resorbierendes Wimpernepithel. Der Transport des Darminhalts erfolgt ausschließlich durch Cilienschlag.

Die **Blutgefäße** haben keine Endothelialauskleidung. Das Blut ist farblos und enthält auffällig wenig freie Zellen. Ein echtes Herz in einem Perikard fehlt. In verschiedenen Abschnitten werden jedoch von umhüllenden Mesothelien Muskelzellen differenziert, so dass diese Bereiche langsam pulsieren können. Der Verlauf der Blutbahnen (Abb. 1177) gleicht in großen Zügen dem Grundmuster der Craniota (Bd. II, S. 104), daher kann man auch die Bezeichnungen Venen und Arterien verwenden, wenn damit Lagebeziehungen und Strömungsrichtungen verstanden werden.

Aus dem Schwanz gelangt das Blut in der Subintestinalvene, die auch das rückführende Darmnetz aufnimmt, nach vorne. An der Innenseite der Muskelsegmente ziehen eine linke und rechte hintere Cardinalvene nach vorne. Sie vereinigen sich mit den vorderen Cardinalvenen (beide führen auch das Blut aus den Gonaden ab) beiderseits zum Ductus Cuvieri, der in den Sinus venosus mündet.

Der Sinus venosus, in den alles rückgeführte Blut zusammenströmt, liegt etwa an gleicher Stelle wie das Herz der Craniota. Von vorne mündet hier noch das rückführende Lebergefäß (Vena hepatica) vom Leberblindsack. Versorgt wird der Darmblindsack aus einem vom Darm her sammelnden Gefäß (Vena portae), das auf dem Blindsack kapillar aufspaltet. *Branchiostoma* hat also wie die Vertebraten ein Leberpfortadersystem (Abb. 1177).

Aus dem Sinus venosus gelangt das Blut über eine Endostylarterie (Ventralaorta) in den Kiemendarm, von wo es über die Kiemenbogengefäße nach dorsal in die paarigen Aortenwurzeln gelangt. Der vorderste Teil des Subintestinalgefäßes im Übergang zur Leberpfortader und die Ventralaorta sind kontraktil, ebenso die gemeinsamen Basen (Bulbilli) der drei Hauptbogengefäße an der Abzweigung von der Endostylarterie. In den Nebenbögen steigen nur zwei Gefäße hoch; das Coelomgefäß an der Außenseite des Hauptbogens vereinigt sich mit dem caudal folgenden Nebenbogengefäß unter Einschaltung einer als Glomus (Glomerulus) bezeichneten Erweiterung, die mit dem Exkretionssystem in Beziehung steht (s. u.).

Die paarigen Aortenwurzeln ventrolateral der Chorda und seitlich des Kiemendarmdachs vereinigen sich an seinem Ende zu einer unpaaren Dorsalaorta, die bis in den Schwanz zieht (Abb. 1177). Von den Aortenwurzeln und der Dorsalaorta zweigen Segmentalgefäße ab, die in den Myosepten aufspalten und als Myoseptalplexus zu den Cardinalvenen rückgesammelt werden.

Lange Zeit wurden die **Exkretionsorgane** der Acranier als Protonephridien angesehen, bis elektronenoptisch geklärt wurde, dass hier modifizierte Coelothelzellen des Subchordalcoeloms besondere Reusengeißelzellen, so genannte Cyrtopodocyten, bilden (Abb. 1178). Mit einem viele Zell-

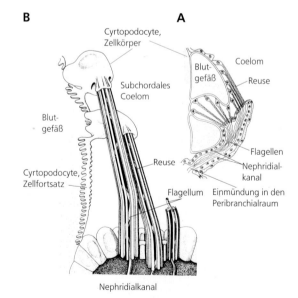

Abb. 1178 *Branchiostoma lanceolatum.* Nephridialorgan mit Cyrtopodocyten. **A** Schema. **B** Rekonstruktion der Cyrtopodocyten; ihr Zellkörper und ihre flachen fingerförmigen Zellfortsätze liegen dem Glomus auf, einer Ausbuchtung des Blutgefäßes in der Wand des Subchordalcoeloms. Die Matrix zwischen den Cyrtopodocyten ist die Filtrationsbarriere, über die der Primärharn in den Raum des subchordalen Coeloms gelangt und durch die Bewegung der Flagellen über die Reusen in den Nephridialkanal transportiert wird. A Nach Goodrich (1945) und Starck (1978); B nach Brandenburg und Kümmel (1961) aus Welsch und Storch (1973) und Starck (1978).

ausläufer tragenden Fußteil liegen sie auf der basalen Matrix des Glomus; letzterer ist eine dorsale Erweiterung des Coelomblutgefäßes des Hauptbogens in der Wand des Subchordalcoeloms. Der Reusenteil der Cyrtopodocyte mit einem zentralen Cilium zieht frei durch das Subchordalcoelom in eine ausleitende, sammelnde Epithelröhre. Die Cilien reichen meist noch weit in den Ausleitungskanal, der dorsal in den Peribranchialraum mündet.

Im Dach des Peribranchialraumes liegen also jederseits so viele Exkretionsporen als entsprechend der Körpergröße Hauptbögen vorhanden sind.

Die Cyrtopodocyte stellt eigentlich eine Kombination von Podocyten und einem protonephridialen Reusenteil (Cyrtocyte) (S. 175) dar. Funktionell ist ein zweifacher Ultrafiltrationsvorgang zu vermuten: vom Glomerulus über den Podocytenteil der Cyrtopodocyten in das Subchordalcoelom und von dort durch den Reusenteil in das Sammelkanälchen.

Außerdem gibt es im Rostralbereich noch das Hatscheksche Nephridium. Es bildet sich nur auf der linken Seite aus einem abgetrennten Coelomschlauch vorderster Segmente und begleitet die linke vordere Aortenwurzel, an deren basaler Matrix die Cyrtopodocyten angelagert sind. Es öffnet sich eigenartigerweise mit nur einem Porus im Dach des Kiemendarmes unmittelbar hinter dem Velum.

Folgende **Coelomräume** treten bei den Acraniern auf: Das Mesoderm differenziert sich enterocoel und segmental aus dem dorsolateralen Bereich des Urdarms. Nur die dorsalen Teile der Mesodermsäckchen (Somiten) bleiben segmental. Sobald die dorsale Innenwand der Somiten sich zur Muskulatur differenziert, verschmelzen die ventral ausgewachsenen Coelomanteile und bilden rechts und links vom Darm die einheitliche Höhle des Seitenplattencoeloms. Die Myocoele verlieren ihre Verbindung zum Seitenplattencoelom und werden bis auf einen Spalt eingeengt.

Diese Vorgänge sind jenen in der Craniotenentwicklung vergleichbar (Bd. II, S. 10). Die Ausbildung des Kiemendarms und besonders des Peribranchialraumes bei Acraniern verändert jedoch die Peritonealhöhle. Das Coelom wird dort auf einen ventralen Schlauch unter dem Endostyl und auf paarige kleine Räume (Subchordalcoelom) seitlich des Kiemendarmdachs eingeengt, die über die Coelomschläuche der Hauptbögen verbunden sind (Abb. 1168). Durch die Peribranchialraumbildung werden ventrolaterale Coelomräume

in die Metapleuralfalten abgedrängt („Metapleuralhöhlen"). Auch hinter dem Kiemendarm ist das Coelom auf einen Spaltraum um den von den Splanchnopleuren umhüllten Darm eingeengt.

Acranier sind getrenntgeschlechtlich. Die **Gonaden** differenzieren sich in ventral abgetrennten Räumen der Myocoele und sind daher segmental entlang der Außenwand des Peribranchialraums angeordnet (Abb. 1171, 1172). Auf jeder Seite differenzieren sich zwischen 27 und 38 Säckchen schon in der metamorphosierenden Larve. Reife Gonaden grenzen dicht aneinander und wölben sich weit in den Peribranchialraum vor. Die Geschlechtszellen werden dann durch Platzen der Wände über den Gonaden frei und über den Atrioporus ausgeschwemmt.

Die Spermien gehören zum ursprünglichen Typ. Die dotterarmen Eizellen sind im Ovar von einem einfachen Follikelepithel umgeben.

Fortpflanzung und Entwicklung

Je nach Umgebungstemperatur reifen die Gonaden in einem Zeitraum von 3 Wochen bis 4 Monaten. Das Ablaichen geht oft abends oder in der Nacht vor sich. Manche Arten haben zwei Fortpflanzungsphasen im Jahr (*Branchiostoma belcheri*) oder lange dauernde Laichzeiten (*B. caribaeum*: August–Dezember).

Die **Entwicklung** beginnt mit einer typischen Radiärfurchung, die leicht inäqual etwas kleinere animale Mikromeren und vegetative Makromeren bildet. Mit dem 8. Furchungsschritt (256 Zellen) ist eine Coeloblastula vollendet. In der Folge differenziert sich eine typische Invaginationsgastrula, die rasch von einer Neurula abgelöst wird, bei der auch ein Canalis neurentericus entsteht und die sich in der späteren Hauptachse streckt. Die Epidermis schließt sich über der Neuralplatte noch vor der Neuralrinnenbildung. Im Urdarm differenzieren sich Chorda und Mesoderm, das in die Somiten (Ursegmente) aufgeteilt wird. Etwa 8 Stunden nach der Befruchtung schlüpft die Neurula.

Diese winzigen bewimperten **Larven** schwimmen rotierend meist rechtsherum. Sobald auf der linken Seite der Mund durchbricht, wird die Cilienbewegung durch Muskelkontraktionen abgelöst.

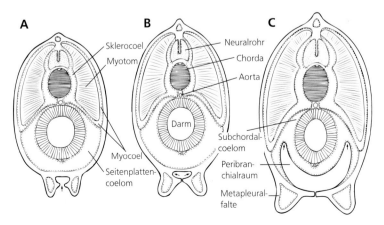

A B C

Sklerocoel
Myotom
Neuralrohr
Chorda
Aorta
Darm
Myocoel
Seitenplatten-
coelom
Subchordal-
coelom
Peribran-
chialraum
Metapleural-
falte

Abb. 1179 Acrania. Entwicklung des Peribranchialraumes in den larvalen Stadien durch Auswachsen (Pfeile! in **C**) zweier lateraler epidermaler Falten; er umgibt die Kiemendarmregion mantelartig von lateral und ventral und verdrängt hier weitgehend das Seitenplattencoelom. Verändert nach Lankester und Willey (1890) und anderen Autoren.

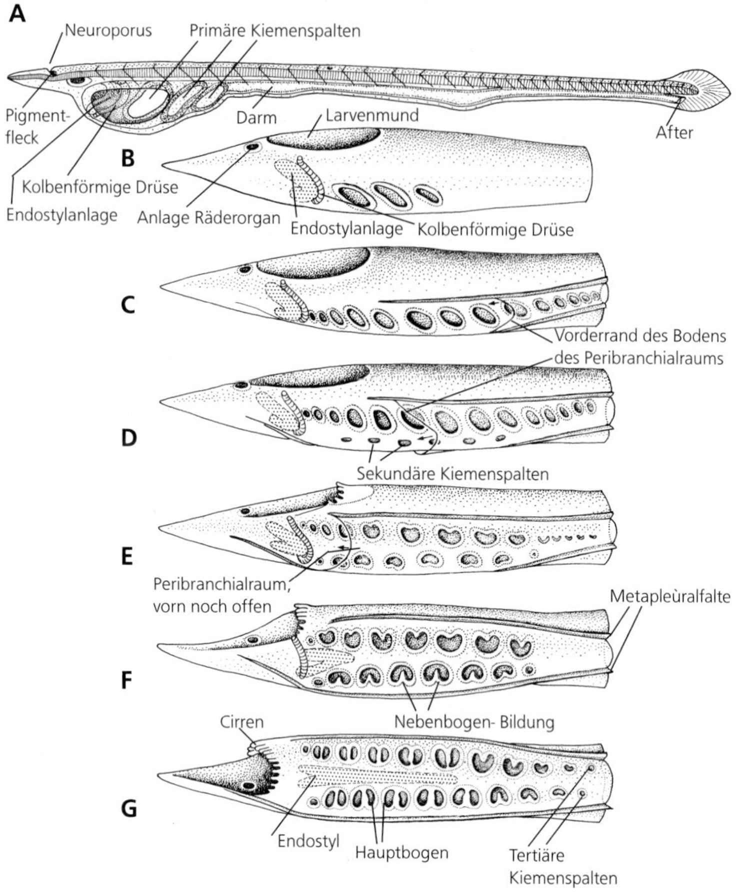

Abb. 1180 *Branchiostoma lanceolatum*. Larvalentwicklung. **A** Stadium am Beginn der larvalen Wachstums-
periode (Seitenansicht), entspricht B; schwimmt mit
epidermalem Wimpernkleid. Länge: etwa 1 mm.
B–G Vordere Körperhälfte. Blick von unten. Anlage der
ersten Kiemenspalten auf der rechten Seite nahe der
ventralen Mittellinie; links der Larvenmund. Ausbildung
der Endostylarplatte und der Kolbenförmigen Drüse am
vorderen Darmabschnitt, ein Larvalorgan, das funktionell
den Endostyl ersetzt. **C** Kiemenspalten vermehren sich
auf 13–15; Vergrößerung der Mundspalte. Entstehung der
beiden Metapleuralfalten auf der rechten Seite, dazwischen bildet sich der Boden der Peribranchialraums, so
dass die Kiemenspalten zunehmend nicht mehr nach
außen münden. **D** Peribranchialraum vergrößert sich
und schließt sich zunehmend von hinten nach vorn;
Metapleuralfalten weichen auseinander. Dorsal davon,
also rechts, Ausbildung einer zweiten Reihe von Kiemenspalten. **E–G** Sog. Metamorphose. Mund verkleinert
sich und gelangt aus seiner primären Lage auf der linken
Seite in eine symmetrische mittlere Lage. Primäre Kie-
menspaltenreihe rückt auf die linke Seite; ihre vordersten
und hintersten Öffnungen veröden; schließlich liegen sich
8 Kiemenspalten auf beiden Seiten gegenüber (**F**). Vom
dorsalen Rand der Kiemenspalten wachsen die Nebenbögen (= Zungenbögen) aus. Peribranchialraum vorne
geschlossen. Rückbildung der Kolbenförmigen Drüse (**G**).
Kielförmiges Rostrum liegt etwas zur rechten Seite hin
verschoben. Enstehung der Mundhöhle des Adultus. Kiemenspalten 2–6 durch Nebenbögen geteilt. Nach Délage
und Hérouard (1898).

Die fressfähige Larve wird nach 40 Stunden bei nur 2 mm Länge zunächst benthisch, mit etwa 5 mm Länge, einer weiten ovalen links-seitigen Mundöffnung und 6 großen rechtsseitigen Kiemenspalten dann wieder pelagisch. Sie schwimmt dabei mit dem Mund nach unten, also mit der rechten Seite nach oben und frisst neben Phyto-plankton auch relativ große tierische Plankter (Copepodenlarven).

Während der bemerkenswert a s y m m e t r i s c h ablaufenden M e t a m o r p h o s e (Abb. 1180) verlagert der Mund sich rost-rad und mediad und damit auch die vorher linksseitige Räderorgananlage in das Mundraumdach. Dorsal der großen funktionellen primären Kiemenspalten bilden sich auf der rechten Körperseite eine Reihe sekundärer Spalten. Tertiäre Kiemenspalten werden hierauf von vorne nach hinten bereits beiderseits angelegt unter der nach vorne wachsenden Falte des Peribranchialraumes. Die primären Kiemenspalten wan-dern auf die linke Körperseite, die dorsal zu ihnen entstande-nen sekundären Kiemenspalten bleiben rechts und differen-zieren sich aus (Abb. 1180). Früh bildet sich auf der Innenseite des larvalen Vorderdarms hinter der noch linksseitigen Mundöffnung eine vertikale Falte, die sich zu einem Rohr schließt, das sich links am „Lippenrand" außen und rechts oben im Dach des Mundraumes öffnet. Bewimperte Drüsen-zellen kleiden das Lumen dieser „kolbenförmigen Drüse" aus, deren Sekret in das Dach des Vorderdarmes gelangt und funktionell den noch undifferenzierten E n d o s t y l vertritt.

Dessen Anlage liegt zuerst in der rechten vorderen „Mundhöhlen-wand". Später gelangt der Endostyl zusammen mit den Verschiebun-gen des Mundes in die Ventromediane und nach hinten in den Kie-

mendarm. Auch die bis zur späten Neurula noch symmetrisch angelegten Mesodermsäckchen (Somiten) beginnen sich rasch asym-metrisch zu verlagern, die rechte Reihe verschiebt sich etwas nach vorne. Aus dem kleiner bleibenden, vordersten linken Säckchen wird die Anlage des Räderorganes, die sogar einige Zeit einen Porus nach außen bildet. Das rechte Säckchen wird größer, entwickelt früh ein dünnes Coelothel und verlagert sich rostroventral. Es bildet die Ros-tralhöhle, die vor allem in der Rostralflosse gut entwickelt ist und diese durch Coelothelschläuche aussteift.

Trotz der am Ende erreichten äußerlichen Symmetrie bleiben die Muskelsegmente aber etwa um eine halbe Segmentbreite links-rechts gegeneinander versetzt. Dementsprechend asymmetrisch liegen auch die Gonaden, die bei *Asymmetron lucayanum* nur auf der rechten Seite differenziert sind.

Auffällig ist das äußerst geringe Regenerationsvermögen der Acrania im Unterschied etwa zur extremen Regenerationsfähigkeit der Tuni-caten.

Systematik

Innerhalb der Chordata werden die Acrania heute entweder als Schwestergruppe der Craniota (**Notochordata**-Hypo-these), oder aber als ursprünglichstes Taxon in dieser Grup-pierung (**Olfactores**-Hypothese) gesehen (siehe Diskussion S. 779, 780).

Branchiostoma (syn. Amphioxus) lanceolatum (Branchiostomidae) (Abb. 1170), 6 cm; mit geringer äußerer Asymmetrie, Gonaden beider-seits im Peribranchialraum. Weit verbreitet von Bergen (Norwegen) über Nordsee, Mittelmeer bis O-Afrika; die Art mit der weitesten Temperatur- (von 10–25 °C) und der größten Salinitätstoleranz. Alter 6–8 Jahre. Kaltadaptierte Populationen mit größeren Individuen. – *B. caribaeum* aus der Karibik zwischen 40° Nord und 40° Süd mit ähnlichem Temperaturlimit wie vorhergehende Art. – *B. belcheri*, von China, Japan bis Ostafrika und N.Australien; wird in der Straße von Formosa auch fischereilich genutzt. – *Asymmetron lucayanum* (Asymmetronidae), 7 cm, Indischer Ozean, 14 mm große Amphioxides-Larve, mit langer pelagischer Phase, in der 25–34 Kiemenspalten entwickelt und schon Gonaden anlegt werden. Gonaden nur rechts, direkte Fortsetzung der rechten Metapleuralfalte in die unpaare gekammerte Ventralflosse.

METAZOA incertae sedis, VIELZELLER UNSICHERER POSITION IM SYSTEM

„Mesozoa"

Als „Mesozoa" werden heute zwei Gruppen mehrzelliger endosymbiontischer bzw. endoparasitischer Organismen zusammengefasst: die **Rhombozoa** (Dicyemidae und Heterocyemidae) und die **Orthonectida**. Lange Zeit wurden ihnen weitere einfach gebaute Vielzeller bzw. multizelluläre Protisten zugeordnet, wobei letztere (z. B. *Haplozoon, Amoebophrya, Neresheimeria*) heute meist als Dinoflagellata (S. 22) erkannt wurden.

Gemeinsam haben Rhombozoa und Orthonectida nur eine geringe Körpergröße (max. 1–2 mm) und eine außerordentlich einfache Organisation. Bei beiden Gruppen ist die Körperoberfläche vielzellig; echte Gürteldesmosomen sind ausgeprägt. Demgegenüber ist ihr Lebenszyklus verschieden und sehr komplex und verläuft in Form einer Metagenese (geschlechtliche und ungeschlechtliche Generationen).

Früher wurde den Mesozoen eine Stellung zwischen Einzellern und Metazoen zugeschrieben (Name!), molekulare Daten erweisen sie aber als (parallel) degenerierte echte Bilateria, was auf ihre endosymbiontische Lebensweise zurückgeführt wird. Die Spermien mit Akrosom, die quer gestreiften Cilienwurzeln, die Gürteldesmosomen der Epithelzellen sowie die Existenz einer geringen extrazellulären Matrix weisen beide Gruppen klar als Eumetazoa aus, d. h. sie stehen über dem Organisationsniveau der Porifera (S. 80). Bei den Rhombozoa deuten die bilaterale Larve, die Ausprägung des Cilienwurzelsystems, die spiralartige Furchung und erste Ergebnisse der *Hox*-Gen-Charakteristik, der innexin-Proteine und der *pax 6*-Gene auf Beziehungen zu den Spiraliern (Lophotrochozoa) hin. Dem stehen jedoch die spezifischen Strukturen des Cilienhalses, tubuläre Mitochondrien, intrazelluläre Matrixkomponenten sowie einige molekulare Daten gegenüber, die einige Autoren dazu veranlassen, lateralen Gentransfer anzunehmen. Eine echte Cuticula mit Mikrovilli sowie Muskel- und Sinneszellen stellen die Orthonectida

Gerhard Haszprunar, München

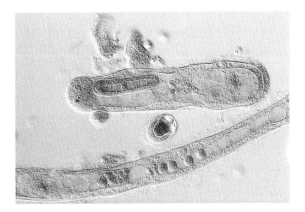

Abb. 1181 *Dicyema* sp. (Rhombozoa). Aus *Sepia officinalis* oder *Octopus vulgaris*. Oben: Nematogen mit Jungtieren; unten: Rhombogen; dazwischen: Infusiforme Larve. Original: G. Haszprunar, München.

ebenfalls in die Nähe höherer Trochozoa. Die wenigen molekularen Daten belegen eine Einordnung als Lophotrochozoa, konnten aber bisher Monophylie bzw. Diphylie der Mesozoa nicht eindeutig klären. Beide Taxa der „Mesozoa" haben jedenfalls eine lange und weitgehend eigenständige Entwicklung durchgemacht und sind auch in Bezug auf die molekulare Evolution stark modifizierte Formen.

1 Rhombozoa

1.1 Dicyemidae

Die etwa 75 Arten der Dicyemidae leben als Adulte in sehr großer Individuendichte ausschließlich in den Exkretionsorganen benthischer Cephalopoden (siehe S. 345, 351). Häufig sind 100 % der Wirte in einer Population befallen. Dicyemidae fördern durch Ansäuerung des Milieus die Exkretion von Ammonium beim Wirt, sie sind daher als Symbionten und nicht als Parasiten anzusehen.

Bau und Leistung der Organe

Die bis zu 2 mm langen vermiformen Stadien (Nematogene) (Abb. 1181, 1183) besitzen eine einschichtige, multiciliäre **Epidermis**, die an der Basis zwar einige entsprechende Moleküle (Fibronektin, Laminin, Kollagen), aber keine echte basale Matrix besitzt. Die Epithelzellen sind durch Banddesmosomen (Zonulae adhaerentes) verbunden und tragen mäanderförmige Fortsätze sowie wenige Cilien mit 2 quer gestreiften Wurzeln. Die Cilienbasis zeigt im Gegensatz zu allen anderen Metazoen nur zwei Membranpartikel-Ringe. Im Inneren befindet sich eine Axialzelle, in der in Einsenkungen ein oder viele sog. Axoblasten, Gonaden, Jungtiere oder Larven liegen. Letztere bilden die Folgegeneration. Der Kopf („Kalotte") zeigt meist eine biradialsymmetrische Anordnung von Polzellen, die gattungs- und artspezifisch ist. Molekularbiologisch bemerkenswert ist die Tatsache, dass das Kerngenom nur 23 % GC-Anteil aufweist und das adulte mitochondriale Genom in mehrere *minicircles* aufgespalten ist.

Fortpflanzung und Entwicklung

Die asexuelle Vermehrung im Nematogen findet durch Axoblasten statt, die aus der Axialzelle entstehen (Abb. 1181–1183, 1185) (daher der Name: *di* (griech.) = zwei, *cyema* (griech.) = Keim; wörtlich: „die mit den zwei Keimen"). Das Jungtier verlässt das Muttertier durch Ruptur der Körperwand. Überhöhte Populationsdichte (ein unbekannter chemischer Faktor) in den Exkretionsorganen des Wirtes löst bei

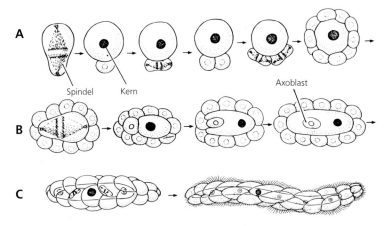

Abb. 1182 Dicyemidae. Asexuelle Fortpflanzung (Nematogen): **A** Axoblast teilt sich inäqual, die kleinere Zelle teilt sich weiter und formt eine Hülle. **B** Axoblast teilt sich wieder inäqual, die kleinere Zelle dringt in den Axoblast (jetzt Axialzelle) ein und ist der zukünftige Axoblast. **C** Neuer Axoblast teilt sich mehrfach, der Kreislauf beginnt von neuem im Inneren der Axialzelle. Verändert nach Lapan und Morowitz (1972).

Individuen in der Nematogen-Phase innerhalb weniger Stunden die Bildung von Rhombogenen (Abb. 1182) mit Zwittergonaden aus, in denen die Befruchtung stattfindet. Dabei zeigt die Spermiogenese sehr ursprünglich Züge und erinnert an basale Metazoa. Aus den Zygoten entwickeln sich über eine spiralartige Furchung Infusoriform-Larven (Abb. 1184); sie sind bilateralsymmetrisch, bestehen aus 37 (teilweise 39) Zellen und sind komplexer als das Muttertier gebaut. Neben 2 großen, stark lichtbrechenden Speicherzellen mit Inositol-6-Phosphat zeigen sich im Inneren sogenannte Urnenzellen sowie ein bewimperter Hohlraum mit medianem Porus. Die Larven verlassen den Cephalopoden-Wirt über die Exkretionsöffnungen und den Mantelraum.

Eine Neuinfektion erfolgt direkt durch die infusiformen Larven (Abb. 1185). Diese finden sich im Wirt zunächst im Mantelraum an den Kiemenanhängen, dann in der Mitteldarmdrüse. Später treten in den Exkretionsorganen kleine Stamm-Nematogene mit 3 Axialzellen auf.

Dicyema typus, D. clausilianum, in den Nieren der Cephalopoden *Octopus vulgaris, Eledone moschata* und *Sepia officinalis.* – *Kantharella antarctica,* in den Nieren von *Paraeledone turqueti,* wird von einer Microspora-Art parasitiert. Mit artspezifischer Zahl somatischer Zellen und unterschiedlichen Gameten.

1.2 Heterocyemidae

Das Taxon basiert auf nur 2 Arten (*Conocyema polymorpha* und *Microcyema vespa*). Sie leben ebenfalls (selten) in den Exkretionsorganen von coleoiden Cephalopoden (*Sepia, Octopus*). Verglichen mit den Dicyemiden zeigen sich einige markante Unterschiede (daher der Name: *conos* (griech.) = Kegel, *heteros* (griech.) = unterschiedlich, anders; *cyema* (griech.) = Keim; wörtlich: „die mit den konischen bzw. anderen Keimen"). Die Nematogene und Rhombogene sind unbewimpert, das Außenepithel ist sehr flach und mögli-

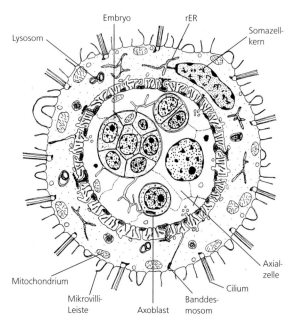

Abb. 1183 Dicyemidae. Halbschematischer Querschnitt eines Nematogens. Nach Storch und Welsch (1990), verändert nach mehreren Autoren.

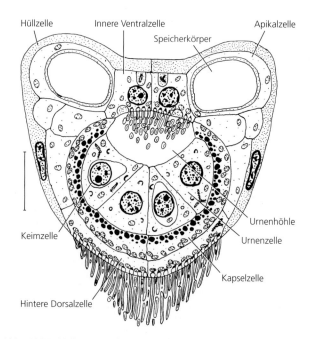

Abb. 1884 Halbschematische Darstellungen der infusoriformen Larve (Dicyemidae). Horizontalschnitt von *Dicyemenella californica.* Maßstab: 10 μm. Verändert nach Matsubara und Dudley (1976).

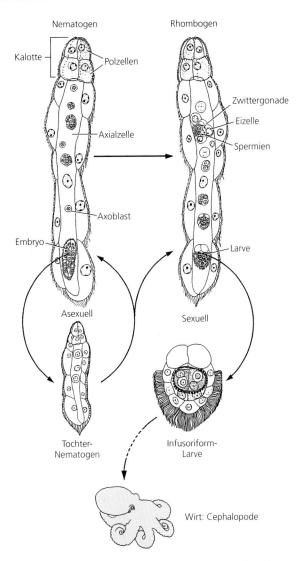

Abb. 1185 Lebenszyklus der Dicyemida. Aus Furuga, Hochberg und Tsuneki (2003).

cherweise syncytial. *C. polymorpha* bildet Wimpernlarven, die sich direkt in neue Individuen umwandeln. *M. vespa* vermehrt sich asexuell über zellige Embryonen oder über frei werdende Larven, deren Metamorphose unbekannt ist. Die infusoriformen Larven gleichen denen der Dicyemiden, das Stamm-Nematogen besitzt ebenfalls 3 Axialzellen.

2 Orthonectida

Die etwa 30 Arten der Orthonectiden parasitieren in den Körperhöhlen der verschiedendsten Evertebraten (z. B. Turbellaria, Nemertini, Mollusca, Annelida, Echinodermata), wo sie teilweise beträchtlichen Schaden verursachen (z. B. Gonadenzerstörung). Sie sind von außerordentlich geringer Größe, z. B. sind die Weibchen von *Intoshia variabili* nur

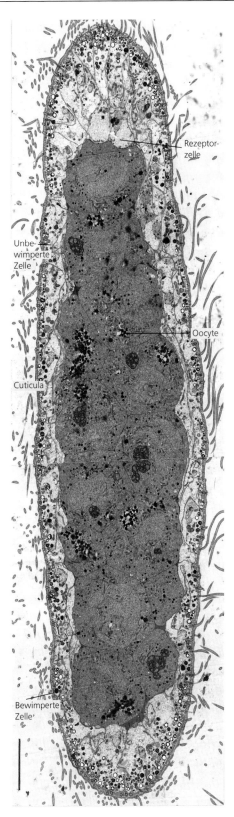

Abb. 1186 *Intoshia variabili* (Orthonectida); aus dem Turbellar *Macrorhynchus crocae* (Kalyptorhynchia) vom Weißen Meer. Längsschnitt durch ein Weibchen. Maßstab: 5 µm. Original: G.S. Slyusarev, St. Petersburg.

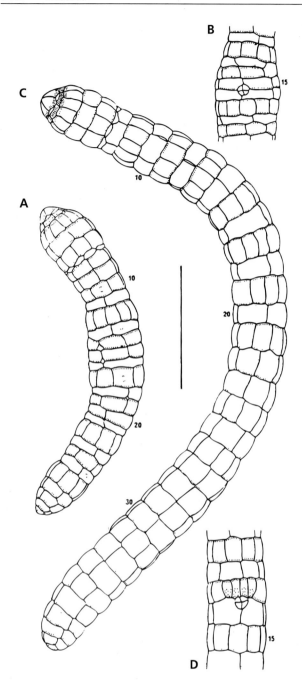

Abb. 1187 *Ciliocincta sabellariae* (Orthonectida). Cilien weggelassen, nur Cilienbasen als Punktreihen sichtbar; Ziffern bezeichnen Zellreihen. **A** Männchen. **B** Region des männlichen Genitalporus. **C** Weibchen. **D** Region des weiblichen Genitalporus. Maßstab: 50 µm. Nach Kozloff (1971).

75 µm lang, 20 µm breit und bestehen aus 240–260 Zellen. Die dominierende Erscheinungsform der Orthonectiden ist ein Plasmodium, das sich durch Fragmentierung vermehrt und nach neuesten Untersuchungen doch ein Stadium des Parasiten und nicht (wie oft angenommen) hypertrophierte Wirtzellen darstellt. Innerhalb des Plasmodiums akkumulieren einige Kerne (sog. Agamonten) des Parasiten und bilden über Teilungsstadien die zellulären, sexuellen Individuen. Je nach Art kann ein Plasmodium entweder Männchen oder Weibchen oder aber beide Geschlechter hervorbringen.

Bau und Leistung der Organe

Männchen wie Weibchen (Zwitter sind selten) haben eine äußere Hülle, welche die Gameten umschließt. Sie besteht aus ringförmig angeordneten multiciliären und nichtciliären Zellen, die sehr unterschiedlich groß sein können. Die Anordnung der Ringe ist artspezifisch (Abb. 1187), Mikrovilli und Cilien durchdringen eine dünne (0,35 µm) mehrschichtige Cuticula. Die Hüllzellen sind durch Desmosomen und Fibrillenringe verbunden. Ein schwach ausgeprägter Hautmuskelschlauch aus Ring- und Längsmuskeln liegt zwischen Epidermis und den Gameten (Abb. 1188). Bei *Intoshia variabili* bilden „vorne" zwischen Hülle und erster Oocyte 3 bewimperte Sinneszellen ein becherförmiges Organ mit darunter gelegenem Ganglion. Die Sexualstadien verlassen das Plasmodium und den Wirt und gelangen ins freie Wasser, wo sie sich mittels ihrer Wimpern fortbewegen (daher der Name: *orthos* (griech.) = gerade, *nécterin* (griech.) = schwimmen; wörtlich: „die gerade Schwimmenden"); tatsächlich schwimmen sie in schraubenförmigen Bahnen.

Fortpflanzung und Entwicklung

Das Männchen hängt sich an das wesentlich größere Weibchen, und seine sehr kleinen Spermien gelangen über eine Genitalpore in deren Inneres. Manchmal dringt das gesamte Männchen zur Befruchtung in das Weibchen ein.

Die Zygote entwickelt sich zu einer bewimperten Schwärmerlarve, die wiederum eine multiciliäre Außenhülle und freie Innenzellen besitzt. Die Larve verlässt das Weibchen durch Ruptur und befällt erneut einen Wirt. Dort verliert die Larve ihre Außenhülle, und jede Innenzelle induziert ein Plasmodium.

Intoshia variabili, 75 µm; in *Macrorhynchus crocea* (Plathelminthes, Kalyptorhynchia), bis zu 30 in einem Wirtstier (Abb. 1186, 1187). – *Rhopalura ophiocomae*, in der Leibeshöhle des Schlangensterns *Amphipholis squamata* (subtropischer Ostatlantik); vivipar. – *R. granulosa*, in der Gonade der Sattelauster *Heteranomia squamula* (Westatlantik).

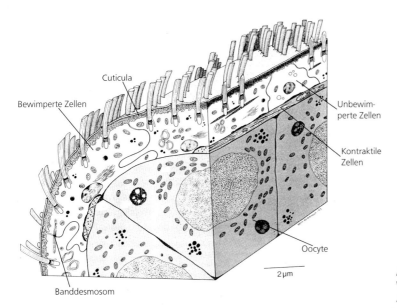

Cuticula

Bewimperte Zellen

Unbewim-
perte Zellen

Kontraktile
Zellen

Oocyte

Banddesmosom

2 µm

Abb. 1188 *Intoshia variabili* (Orthonectida),
Weibchen. Blockdiagramm aus dem Mittelkörper.
Aus Slyusarev (1994).

Chaetognatha, Pfeilwürmer

Chaetognathen sind ausschließlich marine Tiere, die in allen Regionen des Meeres vorkommen. Die meisten leben holoplanktisch, wenige benthisch. Obwohl der Artenzahl nach – ca. 150 – nur eine kleine Tiergruppe, sind sie als räuberische Konsumenten und aufgrund ihrer hohen Individuenzahlen eine wichtige Komponente im marinen Pelagial; durchschnittlich 5–10 % der Biomasse des Planktons bestehen aus Chaetognathen. Sie ernähren sich hauptsächlich von Copepoden und anderen Planktonorganismen derselben Größenklasse. Sie selbst werden von Fischen, Medusen und auch größeren Arten ihrer Gruppe gefressen. Die Entwicklung der Chaetognathen ist direkt und durch eine einzigartige Coelombildung charakterisiert. Bis heute ist es nicht gelungen, ihre nähere Verwandtschaft zu irgendeinem der anderen Bilateria-Taxa zu belegen. Wahrscheinlich liegt ihr phylogenetischer Ursprung im Bereich der frühen Bilateria.

Bau und Leistung der Organe

Pfeilwürmer sind lang gestreckte, bilateralsymmetrische Tiere mit rundem bis ovalem Querschnitt. Ihre Länge reicht von 1,3 bis 120 mm. Ihr Körper ist deutlich in Kopf und Rumpf gegliedert (Abb. 1189). Der Rumpf ist durch ein Querseptum (Transversalseptum, Rumpf-Schwanz-Septum) in einen vorderen Teil mit Darm und weiblichen Geschlechtsorganen und einen hinteren Teil mit männlichen Geschlechtsorganen unterteilt; letzterer wird als Schwanz bezeichnet. Die äußeren Konturen der durchsichtigen Tiere werden im Wesentlichen von einem oder zwei Paar Seitenflossen und der Schwanzflosse bestimmt.

Der Name „Pfeilwürmer" erklärt sich sowohl aus ihrer pfeilähnlichen Gestalt als auch aus ihrer charakteristischen abrupten Fluchtbewegung. Weitere typische Bewegungsweisen sind ein langsames Absinken, meist in Schräglage, mit anschließender oszillierender Aufwärtsbewegung oder das Verharren auf einer Position in beliebiger, im Extremfall senkrechter Lage. Der Name Chaetognatha bezieht sich auf die Greifhaken am Kopf (*chaete* = Borste, *gnathos* = Kiefer).

Die **Epidermis** ist generell mehrschichtig (Abb. 1192, 1196) – einzigartig innerhalb der Wirbellosen Tiere. Nur ventral am Kopf und auf der Innenseite der Kopfkappe bleibt sie einschichtig und nur an der Kopfunterseite ist sie mit einer Cuticula bedeckt, was wohl Verletzungen durch hartschalige Beutetiere verhindert.

Die Epidermis der Chaetognatha wird von zwei Zelltypen gebildet, den distalen und proximalen Epidermiszellen. Die polygonalen, ineinander verzahnten distalen Epidermiszellen bilden bis auf wenige Bereiche (z. B. Blasengewebe, „Collarette") ein einschichtiges Epithel. Sie sezernieren Sekrete, die einen Schutz- und Gleitfilm auf der Körperoberfläche bilden. Darunter liegen mehrere Horizontalschichten der proximalen Epidermiszellen mit zumeist konzentrisch angeordneten Tonofilamenten. Ihre lückenlos ineinander greifenden Fort-

Helga Kapp, Hamburg, Carsten H. G. Müller und Steffen Harzsch, Greifswald

sätze gewährleisten Zusammenhalt bei hoher Flexibilität und wirken zusammen mit dem Stratum fibrosum (s. u.) als Antagonist zum Coelominnendruck. Flaschenförmige Drüsenzellen treten z. B. bei *Spadella*-Arten in den Haftpapillen der ventralen Rumpfepidermis oder in handförmigen Haftorganen unterhalb der Seitenflossen auf.

Das Stratum fibrosum ist eine durch 10–20 Lagen von Kollagenfasern verstärkte extrazelluläre Matrix zwischen Epidermis und Längsmuskulatur bzw. Lateralfeldern (Abb. 1192, 1196), die dem Körper Formstabilität gibt.

Häufig bedeckt ein epidermales Blasengewebe den Halsbereich („Collarette"), ist aber auch stellenweise an Rumpf und Schwanz zu finden oder kann bei Jungtieren bestimmter Chaetognathengruppen den gesamten Körper einhüllen. Seine Zellen sind Abkömmlinge der proximalen Epidermiszellen und enthalten je eine große Flüssigkeitsvakuole. Dem Blasengewebe werden so unterschiedliche Funktionen wie Auftrieb und mechanischer Schutz zugeschrieben.

Beiderseits des Kopfes setzt je eine Serie von sehr beweglichen Greifhaken an, die die Beutetiere packen und in den Mund befördern. Zur Kopfspitze hin begrenzen 1 oder 2 Paar Zahnreihen das Mundfeld (Abb. 1190).

Zähne und Haken haben eine ähnliche Grundstruktur aus zwei konzentrischen, sich verjüngenden Röhren aus vermutlich α-Chitin. Fortsätze basaler Zellen füllen ihre „Pulpa"-Höhlen. Sie sind in Cuticulartaschen verankert und über Bindegewebszellen mit der Muskulatur verbunden. Anzahl und Form der Haken und Zähne sowie ihre Oberflächenstrukturen sind artspezifisch. Ihre Zahl nimmt durch sukzessive Neubildungen bis zur Geschlechtsreife zu und kann sich bei älteren Tieren durch Ausfallen wieder verringern. Die Haken der Juvenilen von *Eukrohnia*- und *Heterokrohnia*-Arten sind gefiedert.

Rund um das Mundfeld (Vestibulum) befinden sich mehrere paarige Drüsen- und Sinnesorgane (Abb. 1190). Die Vestibularorgane unterhalb der Zähne bestehen entweder aus einer Reihe Papillen mit Poren oder aus einem Wulst mit oder ohne Papillen, aber immer mit Poren. Sie produzieren Sekrete; außerdem wird ihnen, da aus manchen Poren Cilien ragen, auch eine sensorische Funktion zugeschrieben. Unterhalb der Vestibularorgane liegen die Öffnungen kleiner sekretorischer Organe, der Vestibulargruben. Noch weiter darunter befinden sich die Felder der winzigen Transvestibularporen, mit oder ohne Cilien (Chemo- und Mechanorezeptoren?).

Man nimmt an, dass die Zähne ein Entkommen der Beute verhindern und Haut oder Exoskelett von Nahrungsorganismen durchstechen, damit Oesophagus- und/oder Vestibular-Sekrete in die von Haken gepackten Beutetiere eindringen können. Diese werden in kurzer Zeit durch das starke Nervengift Tetrodotoxin gelähmt (bis zu 3 Copepoden direkt nacheinander), dessen Herkunft noch nicht bekannt ist.

Die Lateral- und Ventralspangen sind chitinöse Skelettelemente der Epidermis. Sie erhalten die Kopfstruktur, wenn die Tiere beim Beutefang den Kopf extrem dehnen; die Lateralspangen bilden außerdem das Widerlager zu Haken und Zähnen. Einzigartig im Tierreich ist die aus einer Hautfalte gebildete Kopfkappe (Praeputium) (Abb. 1190). Sie ist mit Protraktor- und Retraktormuskeln versehen und kann so weit über den Kopf gezogen werden, dass Haken und Zähne vollständig eingehüllt sind und die nun glatte Oberfläche wenig Widerstand bietet, wenn sich die Tiere im Wasser bewegen. Die Kopfkappe kann sehr schnell zurückgezogen werden, um die Greifhaken zum Beutefang freizulegen.

Die Flossen bestehen aus Epidermis und extrazellulärer Substanz; sie werden durch eine obere und untere Reihe von „Flossenstrahlen" versteift.

Am Körperansatz ist die extrazelluläre Substanz etwas dichter und z. T. dicker als im übrigen Bereich der Flossen. Bei manchen Arten entwickelt sich hier mit zunehmender Geschlechtsreife eine mehr oder weniger voluminöse Gallerte, die, da sie von geringerer Dichte als Seewasser ist, als Schwebeanpassung zur Kompensation des zunehmenden Gonadengewichts gedeutet wird.

Das **Nervensystem** verfügt neben einem charakteristischen peripheren Plexus (Nervennetz; s. u.) über zwei zentralisierte Bereiche: dorsal im Kopf das Cerebralganglion (Gehirn) und auf der Ventralseite des Rumpfes das Ventralganglion (ventrales Nervenzentrum). Diese Zentren sind über Konnektive (Längsstränge von Axonen) miteinander verbunden. Ebenso besteht eine Verbindung vom Cerebralganglion zur tief subepidermal versenkten Kopfganglienkette, die den Oesophagus umgreift. Bestandteile dieser Kette sind je 1 Paar Vestibular- und Oesophagealganglien sowie das kleine, unpaare Suboesophagealganglion (Abb. 1193). Letzteres entsendet einen Nerv, der den Darm innerviert. Die in den Vestibular- und Oesophagealganglien sowie dem vorderen Bereich des Cerebralganglions lokalisierten Neurone kontrollieren u. a. die sehr komplexe Kopfmuskulatur und den Oesophagus. Das Cerebralganglion innerviert mit seinem hinteren Anteil außerdem die Augen und die Corona ciliata (Wimpernschlinge). Dieser hintere sensorische Anteil umschließt das paarige Retrocerebralorgan mit großen Zellen und einem unpaarem Ausgang von bisher unbekannter Funktion.

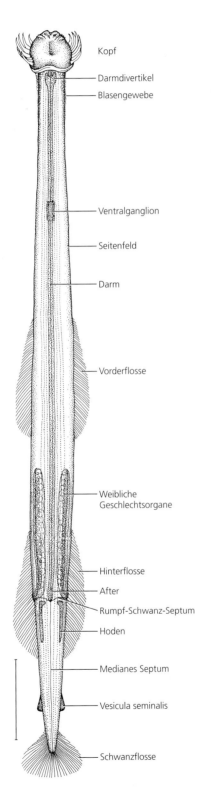

Kopf
Darmdivertikel
Blasengewebe
Ventralganglion
Seitenfeld
Darm
Vorderflosse
Weibliche Geschlechtsorgane
Hinterflosse
After
Rumpf-Schwanz-Septum
Hoden
Medianes Septum
Vesicula seminalis
Schwanzflosse

Abb. 1189 *Sagitta elegans* (Chaetognatha). Habitus. Maßstab: 2 mm. Original: H. Kapp, Hamburg.

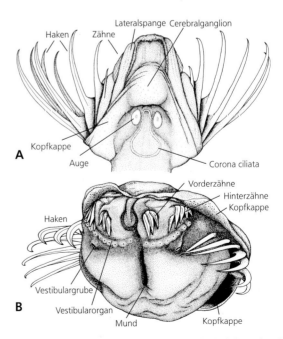

Haken
Zähne
Lateralspange
Cerebralganglion
Kopfkappe
Auge
Corona ciliata
A

Vorderzähne
Hinterzähne
Kopfkappe
Haken
Vestibulargrube
Vestibularorgan
Mund
Kopfkappe
B

Abb. 1190 Chaetognatha. Kopf. **A** *Eukrohnia fowleri*. Dorsalansicht. Breite: ca. 2 mm. **B** *Sagitta setosa*. Ventralansicht, schräg von oben. Breite: 0,8 mm. Originale: H. Kapp, Hamburg.

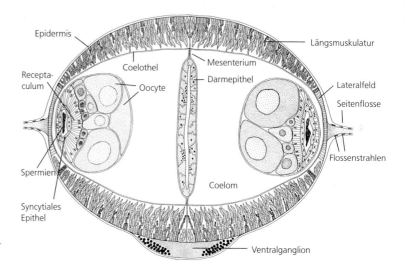

Epidermis · Längsmuskulatur · Coelothel · Mesenterium · Receptaculum · Darmepithel · Oocyte · Lateralfeld · Seitenflosse · Flossenstrahlen · Spermien · Coelom · Syncytiales Epithel · Ventralganglion

Abb. 1191 Chaetognatha. Rumpfquerschnitt mit weiblichen Geschlechtsorganen; schematisiert. Wenige Millimeter breit. Original: H. Kapp, Hamburg.

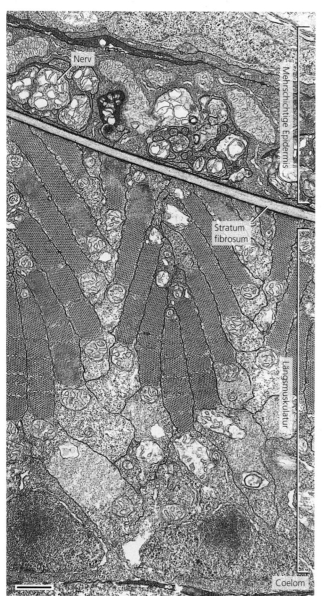

Nerv · Mehrschichtige Epidermis · Stratum fibrosum · Längsmuskulatur · Coelom

Abb. 1192 Chaetognatha. Ultrastrukturbild von Epidermis und Längsmuskulatur; Körperquerschnitt. Maßstab: 2 µm. Original: M. Duvert, Bordeaux.

Ontogenetisch entwickelt sich zuerst der hintere Bereich des Cerebralganglions, der mit dem Ventralganglion und Sinnesorganen verbunden ist und erst etwas später der vordere, der mit den Kopfganglien das Mundfeld, die Kopfmuskeln und den Oesophagus innerviert. Immunhistochemisch konnten im Gehirn bisher Serotonin und RFamid-verwandte Neuropetide nachgewiesen werden, die auch von vielen anderen Bilateria bekannt sind.

Vom Ventralganglion gehen in unregelmäßiger Folge beidseitig zahlreiche Lateral- sowie auch ein Paar Caudalnerven aus, die sich zu einem feinen Plexus aufteilen, der sich über den gesamten Körper erstreckt. Seit kurzem ist bekannt, dass das Ventralganglion seriell angeordnete Neurone mit RFamid-verwandten Neuropeptiden aufweist. Der Plexus ist an der Basis der Epidermis und in der Grenzschicht zwischen den distalen und proximalen Epidermiszellen stark verdichtet und durch Neuriten zwischen den proximalen Epidermiszellen verbunden. Bemerkenswert ist, dass die motorischen Nervenendigungen keinen direkten Kontakt zur Muskulatur haben, sondern dem Stratum fibrosum aufliegen. Eine Reizimpulsübertragung vom Plexus auf die Muskulatur muss also auf einem sehr ungewöhnlichen Wege, nämlich per Diffusion der Neurotransmitter durch das Stratum fibrosum, erfolgen.

Auf dem gesamten Körper sind zahlreiche ciliäre Rezeptoren in Längs- und Querreihen angeordnet. Der einzelne Rezeptor besteht aus Zellgruppen, in deren Mitte sich je eine Reihe sekundärer Sinneszellen mit bis zu ca. 100 µm langen Cilien befindet. Die Zellgruppen sind der Epidermis entweder aufgelagert oder in sie eingesenkt. Die Rezeptoren nehmen Bewegungen des Wassers wahr und funktionieren wahrscheinlich ähnlich wie die Neuromasten in den Seitenliniensystemen primär wasserlebender Craniota, z. B. den Knochenfischen (Bd. II, S. 94).

Nach bisherigen Beobachtungen können Chaetognathen nur sich bewegende Beutetiere auf geringe Entfernung – einige Millimeter – orten. Diese Leistung wird vermutlich durch die ciliären Rezeptoren auf der Körperoberfläche vermittelt. Fundierte Befunde zur Chemosensorik fehlen.

Eine sensorische und sekretorische Funktion wird auch für die Corona ciliata vermutet. Sie ist ein mehr oder weniger lang gestrecktes Organ auf der Dorsalseite des Kopfes, teil-

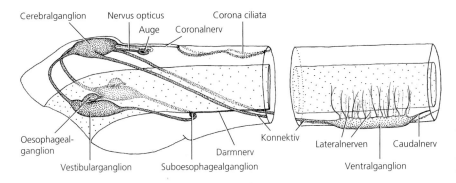

Cerebralganglion Nervus opticus Corona ciliata
Auge Coronalnerv

Oesophageal-
ganglion

Vestibularganglion Suboesophagealganglion

Konnektiv Lateralnerven Caudalnerv
Darmnerv

Ventralganglion

Abb. 1193 Chaetognatha. Nervensystem. Seitenansicht; Nervenstränge zum Ventralganglion unterbrochen. Nach verschiedenen Autoren.

weise auch auf dem Vorderrumpf, mit einer Doppelreihe modifizierter Epidermiszellen. Die äußere Reihe bildet zahlreiche lange Cilien aus. Die innere Reihe kann auch aus sekretorischen Zellen bestehen, z. B. bei *Spadella*-Arten, deren meist ovale Corona ciliata quer auf der Halsregion liegt (Abb. 1197).

Die Sekrete übernehmen vielleicht eine Funktion im Zusammenhang mit der Fortpflanzung, denn sie verteilen sich dorsal entlang der Mitte der Körperoberfläche und dann seitlich zu den Gonoporen. Genau diesen Weg nehmen die Spermien nach der Samenübertragung, wie an *Spadella*-Individuen beobachtet wurde.

In den Innenzonen der paarigen Augen (Abb. 1190A) – dorsal am Kopf in Kapseln des Stratum fibrosum – befindet sich je eine große Pigmentzelle, die so gestaltet ist, dass außer der Intensität auch die Richtung des Lichteinfalls wahrgenommen wird. Somit könnten die Augen zur räumlichen Orientierung dienen. Die Anzahl der Photorezeptorzellen (ganz überwiegend vom ciliären Typ), deren Körper zur Peripherie hin angeordnet sind (inverse Augen), ist artspezifisch – weniger als 100 bis zu über 400 *Eukrohnia*-Augen sind z. T. pigmentfrei und facettenartig strukturiert; den Tiefseearten fehlen Augen.

Der **Verdauungstrakt** ist ein durchgehender, aber histologisch und funktionell gegliederter Schlauch. Der bulbusförmige Oesophagus weist verschiedene sekretproduzierende Zelltypen auf. Im vorderen Teil des Darms liegen ebenfalls sekretorische, im hinteren absorbierende Zellen. Nahrungsorganismen werden in einer peritrophischen Membran eingeschlossen. Der Darm wird dorsal und ventral von Mesenterien gehalten und besteht aus einem dünnen Myoepithel (Abb. 1191).

Bei manchen *Sagitta*-Arten vergrößern sich die lateralen Darmepithelzellen durch Vakuolenbildung, bei ausgewachsenen *Sagitta elegans*, z. B., füllen sie die Körperhöhle fast vollständig aus. Diese Zellen besitzen keine Verdauungsfunktion mehr, sondern tragen durch die Speicherung von Ammonium-Ionen (NH_4^+), die leichter als Natrium-Ionen (Na^+) sind, in der Vakuolenflüssigkeit zur Verringerung der Dichte bei (Schwebeanpassung).

Die weitlumigen, von einem sehr dünnen Epithel ausgekleideten **Leibeshöhlen** im Rumpf- und Schwanzabschnitt sind echte Coelomräume (siehe Entwicklung). Sie werden durch die Darmmesenterien, das Querseptum und in einigen Gattungen auch durch die Transversalmuskulatur (s. u.) unterteilt.

Die **Längsmuskulatur** (Abb. 1191, 1192) erstreckt sich in 2 Paar mehr oder weniger kräftig ausgebildeten, durchgehenden Strängen dorsal und ventral vom Hals bis zur Schwanzspitze. Zwischen den Muskelsträngen liegt auf jeder Körper-

seite ein Lateralfeld, ein einschichtiges Epithel, dessen Zellen entweder Cilien tragen oder basal Myofilamente und apikal Sekretvakuolen enthalten (Abb. 1191). Bei *Heterokrohnia*-, *Eukrohnia*- und *Spadella*-Arten spannt sich außerdem Transversalmuskulatur von der Ventralseite zu den Körperflanken. Der Kopf enthält viele unterschiedliche Muskeln.

Bei Chaetognathen lassen sich ultrastrukturell zwei Muskelzelltypen unterscheiden. Der primäre Typ dominiert in der Längs- und Kopfmuskulatur, er gehört zum konventionellen gestreiften Typ. Die sekundären Muskelzellen sind in wesentlich geringerer Zahl vorhanden. Sie haben eine besondere Sarcomer-Struktur: Normale Sarcomerbänder alternieren mit so genannten s2-Sarcomeren, die weder Myosinfilamente, Zisternen des sarcoplasmatischen Reticulums oder H-Bänder aufweisen. Man vermutet für diese Zellen einen anderen Kontraktionsmechanismus. Auch die primären Muskelzellen zeigen Besonderheiten, z. B. in ihren Zell-Zell-Verbindungen.

Chaetognathen sind protandrische Zwitter. Die **Hoden** liegen im Schwanz (Abb. 1189) und geben Gruppen von Spermatocyten ab, die in der Leibeshöhle des Schwanzabschnittes frei flottieren und sich zu Spermien entwickeln. Bei mancher lebenden *Sagitta* lässt sich beobachten, wie die Spermatocyten mit der Körperflüssigkeit an der Körperwand nach vorn und am medianen Schwanzlängsseptum nach hinten strömen. Die reifen Spermien vom filiformen Typ werden durch Vasa deferentia (Samengänge) in die Vesiculae seminales (Samenblasen) transportiert. Ein dünnes Drüsenepithel innerhalb der Vesiculae produziert ein Sekret, das die freigesetzten Spermien einige Zeit zusammenhält und ihnen dabei Beweglichkeit ermöglicht, bis sie in ein Receptaculum seminis (s. u.) gelangen.

Die paarigen **weiblichen Geschlechtsorgane** (Abb. 1189, 1191, 1194, 1196) liegen vor dem Querseptum im Rumpf. Ihre Größe ist artspezifisch, manche sind nur kurz, andere können bis in die Halsregion reichen. Auf der dem Darm zugewandten Seite enthalten sie Eizellen verschiedener Entwicklungsstadien, auf der Seite zur Körperwand ein Receptaculum seminis, das die Spermien vor der Befruchtung aufnimmt, speichert und später als Ovidukt dient (s. u.). Die Receptacula sind doppelwandig; die innere Wand ist syncytial (Abb. 1194). Vor dem Rumpf-Schwanz-Septum mündet jedes Receptaculum mit einer dorsolateralen Papille nach außen.

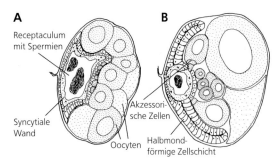

Abb. 1194 Chaetognatha. Weibliche Geschlechtsorgane. Querschnitte. **A** *Sagitta planctonis.* **B** *S. bipunctata.* Originale: H. Kapp, Hamburg, nach Fotos von A. Pierrot-Bults und E. Ghirardelli.

Fortpflanzung und Entwicklung

Für *Spadella*-Arten wird generell Fremdbefruchtung angenommen, da Paarungsrituale beobachtet wurden, in deren Verlauf die Partner sich gegenseitig oder einseitig Spermienballen übertrugen. In Laborkulturen pelagischer Arten sind Fremd- und Selbstbefruchtung beobachtet worden. Nach der Übertragung bewegen sich die Spermien als zusammenhängende Masse auf der Körperoberfläche zu den Gonoporen und in die Receptacula hinein. Sie müssen das Syncytium und zwei akzessorische Zellen passieren, um eine Eizelle zu erreichen. Die befruchteten Eier werden durch die Receptacula, die dann als Ovidukte fungieren, oder durch temporäre Ovidukte zwischen äußerer Zellschicht und Syncytium in das freie Wasser entlassen (*Sagitta* spp.), an Steine oder Pflanzen angeheftet (*Spadella* spp.) oder in Brutsäckchen bis zum Schlupf der Jungen getragen (Brutpflege bei *Eukrohnia* spp.). Manche Arten können mehrmals laichen. Die Eier vieler pelagischer Arten schweben aufgrund ihrer dem Seewasser ähnlichen Dichte. Aus den Brutsäckchen der *Eukrohnia*-Arten werden relativ große Jungtiere (2–2,5 mm) entlassen; Jungtiere der Arten mit freier Eiablage sind kleiner (*Sagitta* spp. 0,5–1,3 mm).

Chaetognathen durchlaufen eine direkte Entwicklung ohne Larvenstadium. Ihre einzigartige Embryonalentwicklung beginnt mit einer totalen, äqualen, radiären Furchung, einer Blastula mit kleinem Blastocoel und einer typischen Invaginationsgastrula (Abb. 1195). Falten des Entoderms wachsen auf den Blastoporus zu; aus ihnen entstehen die Darmanlage (innere Faltenwände), die visceralen Coelomwände (äußere Faltenwände) sowie das Schwanzlängssep-

tum. Der andere Teil des Entoderms, der dem Ektoderm direkt anliegt, wird zur somatischen Coelomwand. Gegenüber dem sich schließenden Blastoporus senkt sich ein ektodermales Stomodaeum ein (Abb. 1195B). Daneben werden durch Einschnürung der Coelomepithelien 1 Paar Kopfcoelomsäckchen gebildet (Abb. 1195C). Damit ist die innere Gliederung des Chaetognathen-Embryos abgeschlossen: Sie besteht aus den jeweils paarigen Coelomhöhlen des Kopfes und des Rumpfes.

Während sich der Embryo in die Länge streckt, werden die Hohlräume von Darm und Coelom verdrängt; aber sämtliche Bildungsgewebe bleiben in ihrer Struktur erhalten und alle Lumina treten später wieder in Erscheinung.

In der Gastrula lassen sich die Urkeimzellen bereits deutlich erkennen; sie können bis in die ersten Furchungsstadien zurückverfolgt werden. Nach der Faltenbildung liegen jeweils zwei von ihnen beiderseits der visceralen Coelothelien des zukünftigen Rumpfcoeloms. Sie werden in der späten Embryonalentwicklung von Coelothelzellen – visceralen und somatischen – umwachsen. Aus den beiden vorderen Urgeschlechtszellen entwickeln sich so die weiblichen Organe, aus den beiden hinteren die Hoden. Aus jenen Coelothelzellen, die die „männlichen" von den „weiblichen" Urgeschlechtszellen trennen, bildet sich das Querseptum (Abb. 1196), das den hinteren Rumpfteil (Schwanz), in dem bei geschlechtsreifen Tieren die Spermatocyten flottieren, gegen den übrigen Körperinnenraum abschließt. Damit hat das Rumpf-Schwanz-Septum eine andere Bildung und auch eine andere Bedeutung als das Kopf-Rumpf-Septum, das die Coelomräume des Kopfes von denen des Rumpfes trennt.

Systematik

Die Monophylie der Chaetognatha wird mit einer Fülle auffallender Autapomorphien nachgewiesen: Mehrschichtige Epidermis aus 2 Zelltypen mit einem Nervennetz, Muskelzellen mit alternierenden s2-Sarcomeren ohne Myosinfilamente, besondere neuromuskuläre Innervierung mittels Transmitterdiffusion durch das Stratum fibrosum (ECM), besondere Coelombildung, großes Ventralganglion, Greifhaken und Kopfkappe. Synapomorphe Merkmale dagegen, die eine Verwandtschaft mit einem anderen höheren Taxon eindeutig belegen könnten, gibt es nicht. Einzig die Embryogenese bis hin zum Gastrulastadium läßt sich mit der Entwicklung anderer bilateraler Taxa homologisieren und damit eine Zugehörigkeit zu den Bilateria belegen.

Abb. 1195 Chaetognatha. Stadien der Embryogenese. **A** Durch Invagination entstandene Gastrula. **B** Faltenbildung vom Urdarmdach, aus der sich der definitive Mitteldarm, das Schwanzlängsseptum und 2 seitliche Höhlen entwickeln; aus den Höhlen geht das paarige Kopf- und Rumpfcoelom hervor (**C**). Nach Hertwig (1880) und anderen Autoren.

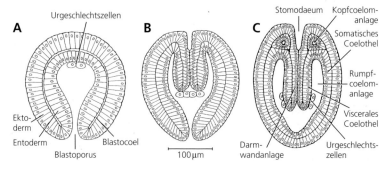

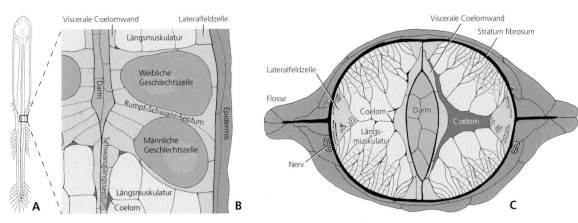

Abb. 1196 Chaetognatha. *Sagitta hispida.* Entwicklung mesodermaler Strukturen. **A** Juveniler Habitus. **B** Horizontalschnitt aus dem Bereich des Querseptums, das sich aus visceralen und somatischen Coelothelzellen entwickelt; Muskel- und Lateralfeldzellen aus somatischen bereits differenziert. **C** Querschnitt. Coelom im größten Teil des Rumpfes und im vorderen Teil des Schwanzes (linke Seite) fast verdrängt, an den Rumpfenden und hinterem Schwanzbereich (rechte Seite) dagegen deutlich. Originale: H. Kapp, Hamburg.

Ältere Verwandtschaftsanalysen deuteten das totale, äquale Furchungsmuster und die Bildung der sekundären Mundöffnung gegenüber dem Blastoporus als den Deuterostomiern ähnlich, was dazu führte, dass sie eine Zeit lang dort im System untergebracht wurden. Expressionsstudien des *brachyury*-Gens weisen im Blastoporusbereich zwar Ähnlichkeiten zum Muster der Hemichordaten und Echinodermen auf, sind jedoch in der Region der sekundär durchbrechenden Mundöffnung nicht mit denen anderer Bilateria vergleichbar. Neuroanatomische Befunde sprechen dagegen eher für eine basale Beziehung zu Protostomia. Frühere Hypothesen über Verwandtschaftsbeziehungen zu Nematoda, Mollusca oder Annelida konnten jedoch niemals konkretisiert werden.

Hinweise aus dem Fossilbericht (z. B. †Protoconodonta, Bd. II, S. 187) auf ein besonders hohes erdgeschichtliches Alter der Gruppe schon aus dem frühen Kambrium kommen über Spekulationen nicht hinaus und können die Stammesgeschichte der Chaetognatha bisher nicht erhellen. Auch alle molekularen Analysen haben bisher das Problem nicht lösen können. Allerdings mehren sich Ergebnisse derartiger Untersuchungen, die in den Chaetognatha die Schwestergruppe der Protostomia oder ihre sehr basale Innengruppe erkennen wollen bzw. sie als sehr basale Gruppierung am Ursprung der Bilateria diskutieren. Für eine derartige basale Position sprechen wohl auch die Sequenzen der 6 bisher isolierten Hox-Gene und die geringe Zahl mitochondrialer Gene. Bei einer außergewöhnlich langen Kladogenese wäre es jedenfalls nicht verwunderlich, dass die Chaetognathen zahlreiche apomorphe Merkmale evolvierten, die sie außerhalb der übrigen Bilateria stellen und ihre Zuordnung erschweren (Abb. 276).

Sagitta setosa, 15 mm, pelagisch in vielen europäischen Küstengewässern. – *S. elegans*, 25–45 mm, verbreitet in allen borealen und arktischen Gewässern; 2 Paar Seitenflossen und 2 Paar Zahnreihen (Abb. 1189). – *Eukrohnia hamata*, 45 mm, kosmopolitisch, pelagisch bis in größere Tiefen; 1 Paar Seitenflossen, 1 Paar Zahnreihen; Brutsäckchen. – *Spadella cephaloptera*, 10 mm, europäische Küsten, auf Steinen und Pflanzen, an denen sich die Tiere mit Haftpapillen festhalten; 1 Paar kurze Seitenflossen, der Schwanz nimmt etwa die

Hälfte der Gesamtlänge ein (Abb. 1197). Zur Samenübertragung legen sich zwei Tiere in entgegen gesetzter Richtung aneinander und übertragen sich wechselseitig Spermienballen. – *S. interstitialis*, 1,8 mm, im Lückensystem von sublitoralen Sedimenten, Mittelmeer. – *Heterokrohnia mirabilis*, 35 mm, pelagisch in der Tiefsee, weit verbreitet; 1 Paar Seitenflossen, 2 Paar Zahnreihen.

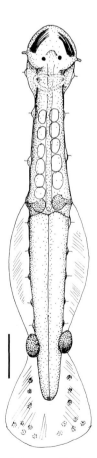

Abb. 1197 *Spadella cephaloptera.* Habitus. Maßstab: 1 mm; benthisch lebend. Original: H. Kapp, Hamburg, nach verschiedenen Autoren.

Xenacoelomorpha

Die Xenacoelomorpha sind vorwiegend kleine wurmförmige Organismen mit einer Länge von weniger als einem halben Millimeter und bis zu 30 mm, die fast ausschließlich in marinen Habitaten vorkommen. Das relativ neue Taxon setzt sich aus den Xenoturbellida mit nur einer gesicherten Art und den Acoelomorpha (Nemertodermatida + Acoela) mit etwa 360 Arten zusammen. Morphologische Gemeinsamkeiten sind der acoelomate Körperbau, eine häufig dorsoventrale Abflachung und die multiciliäre Epidermis für ciliäres Gleiten. Es fehlen Protonephridien, ein Kreislaufsystem, der After und ein spezielles Atmungsorgan. Aufgrund vieler Ähnlichkeiten des Körperbaus mit Plattwürmern (siehe Kapitel Plathelminthes, S. 186) wurden traditionell besonders die Acoelomorpha, aber auch *Xenoturbella,* den Plathelminthen zugerechnet; heute werden sie entweder als Schwestergruppe der übrigen Bilaterier oder als Teilgruppe der Deuterostomier gesehen (Abb. 1198) und deshalb hier als incertae sedis geführt.

In der multiciliären einschichtigen **Epidermis** haben die Cilien eigentümliche, stufenförmig abgesetzte Spitzen mit einer Stufenhöhe von 0,5 µm (Nemertodermatida), 1 µm (Acoela) oder bis zu 1,5 µm (*Xenoturbella*). In der Spitze fehlen 4 Mikrotubuli-Paare des Axonems (Abb. 1199A, D). Die Cilien weisen außerdem ein komplexes Wurzelsystem mit zweigeteilter Haupt- und diese Teile verbindender Nebenwurzel auf (Abb. 1199B, C). Die Spitze der nach vorne zeigenden Hauptwurzel trifft auf je eine Nebenwurzel der Nachbarzellen. Durch die Verflechtung der Cilienwurzeln in hexagonalem Muster scheinen die Cilien oft in Reihen geordnet aufzutreten. Spitze und Wurzelsystem der Cilien gelten als Autapomorphie der Xenacoelomorpha.

Das **Nervensystem** besteht bei ursprünglichen Formen der Acoelomorpha sowie bei *Xenoturbella* aus einem basiepithelialen Nervennetz (Plexus), das an der Vorderseite kalottenförmig verdickt ist und auch längsverlaufende Verdichtungen aufweisen kann. Viele Arten der Acoelomorpha haben jedoch ein mehr oder weniger deutlich unter den Hautmuskelschlauch versenktes Nervensystem, dessen Verdichtung hinter dem Vorderende bei Acoelen als *commissural brain* bezeichnet wird (siehe Abb. 261).

Das **Parenchym** ist generell schwach ausgebildet und durch Drüsenzellen und **Muskulatur** geprägt. **Protonephridien** als Ausscheidungsorgane fehlen allen Vertretern der Xenacoelomorpha. Modifizierte Drüsenzellen („Dermonephridien") in *Paratomella rubra* (Acoela) sind möglicherweise ein neuer Typ eines Osmoregulations- bzw. Exkretionsorgans. Das gleiche gilt für die *pulsatile bodies,* die sowohl in *Xenoturbella* als auch in Acoelomorpha gefunden wurden. Diese Zellen, in denen sich oft noch bewegende (Name!) Cilien in Vakuolen eingeschlossen sind, wurden auch als Epidermisersatz- bzw. als degenerierte Epidermiszellen angesehen. Ihre genaue Funktion ist nicht experimentell überprüft; ihr Vorkommen ausschließlich in Vertretern der Xenacoelomorpha ist eine weitere Autapomorphie dieses Taxons.

Die Mundöffnung ohne Pharynxbildung ist wohl ursprünglich; selten tritt ein Pharynx simplex auf. Das **Darmepithel** in *Xenoturbella* und den Nemertodermatida ist einschichtig, zellulär und normalerweise sackförmig (Abb. 1201A); bei den Acoela ist dagegen ein aciliäres syncytiales Verdauungsparenchym ausgebildet (Abb. 1201B).

Bernhard Egger, Innsbruck

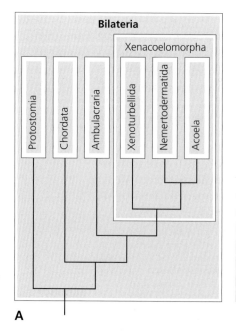
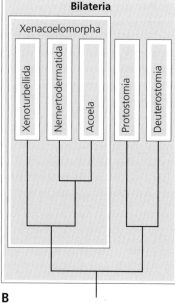

Abb. 1198 Alternative Hypothesen zur phylogenetischen Stellung der Xenacoelomorpha. **A** Als Schwestergruppe der Ambulacraria innerhalb der Deuterostomia. **B** Als basale Gruppierung der Bilateria. A Nach Philippe et al. (2011); B nach Hejnol et al. (2009).

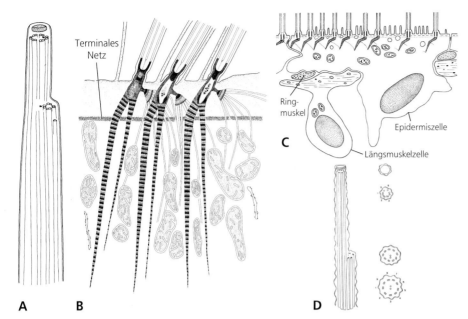

Abb. 1199 Cilienspitzen und -wurzeln der Xenacoelomorpha **A, B** *Xenoturbella,* **C, D** Acoela. **A, D** Cilienspitze mit abgesetztem Schaft. Bei Acoela sind die Mikrotubuli des Axonems herausgezeichnet. **B, C** Cilienbasis mit seitlichen und posterioren Cilienwurzeln. **C** Organisationsschema der Epidermis; eine basale Matrix fehlt völlig. A, B aus Franzén und Afzelius (1987); C nach Tyler aus Rieger et al. (1991); D nach Tyler (1979)

Xenacoelomorpha sind **hermaphroditisch**, die **Keimzellen** entwickeln sich bei *Xenoturbella* und Nemertodermatiden an der Basis der Gastrodermis, während sie bei Acoelen im peripheren Parenchym liegen. Männliche und weibliche Gonaden sind getrennt oder gemischt und meist nicht sackförmig abgeschlossen, sondern liegen frei und sind oft nur von akzessorischen Zellen umgeben. Die Entwicklung ist direkt (ohne Larvenstadien) und – außer bei Acoelen (Abb. 1204) – noch wenig erforscht. Nur bei den Acoela tritt auch asexuelle Vermehrung auf (Abb. 1203).

Einmalig für Bilateria ist das fast völlige Fehlen einer extrazellulären Matrix sowie – in Ausnahmefällen – das Auftreten von Pigmentbecherocellen ohne ciliäre oder rhabdomere Rezeptorstrukturen.

Der Lebensraum ist, wiederum ähnlich wie bei frei lebenden Plattwürmern, vorwiegend das marine Sandlückensystem; größere Formen sind im Schlamm, auf Korallen oder aus Aquarien bekannt. Eine Art der Nemertodermatida lebt kommensalisch in Holothurien. Großteils sind die Arten räuberisch, teils auch algivor.

1 Acoelomorpha

Die beiden monophyletischen Gruppen **Acoela** mit etwa 350 und **Nemertodermatida** mit nur 10 Arten weisen größtenteils Längen im niedrigen Millimeterbereich auf. Sie wurden bis zur Jahrtausendwende zu den Plathelminthes gezählt. Die verblüffende morphologische Ähnlichkeit mit frei lebenden Plathelminthen (Abb. 1200) wird nunmehr jedoch als Konvergenz betrachtet (siehe Plathelminthes, S. 186).

A    **B**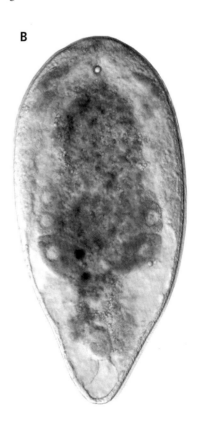

Abb. 1200 Habitusbilder von Acoelen. **A** Langgestreckte Wurmform ▶ von *Paratomella rubra.* **B** Abgeflachte Tropfenform von *Isodiametra pulchra.* Besonders drüsenreiche Epidermis bei *P. rubra.* Ringförmige Statocyste im Vorderende. Verdauungsparenchym erstreckt sich bis fast an die Statocyste und in den hinteren Teil. Hirnbereich um die Statocyste von *P. rubra* als weiße Struktur, die einer „8" entspricht, sichtbar, das Hinterende ist als Schwanzplatte mit speziellen Haftcilien ausgebildet. In *I. pulchra* entwickelnde Eireihen zu beiden Seiten des Mundes bis ins Hinterende, abgelöst durch große, helle Chordoidvakuolen bis in die Schwanzspitze, davor kugelig der Genitalapparat. Originale: B. Egger, Innsbruck.

Bau und Leistung der Organe

Lichtmikroskopisch sind viele Arten durch die tröpfchenförmige Gestalt und die knapp hinter dem Vorderende gelegene Statocyste zu erkennen (Abb. 1201). Teils mehrere Millimeter lange, wurmartige Formen (z. B. *Symsagittifera roscoffensis*, *Nemertinoides elongatus*, *Paratomella*-Arten) kommen ebenso vor wie stark dorsoventral abgeflachte scheibenförmige Tiere (*Haplodiscus* spp., *Waminoa* spp., *Polychoerus* spp.). Der Durchmesser von Kleinstformen kann bei nur 50 μm liegen.

Kleine Formen sind sehr gute Ciliengleiter. Sie können wie rhabditophore Plattwürmer nicht rückwärts schwimmen, aber ihre Fortbewegungsrichtung durch seitliches Abbiegen des Vorderkörpers schlagartig um 180° ändern (Kehrtwende) und den vorher zurückgelegten Weg sehr genau zurückverfolgen.

Cuticularbildungen kommen nicht vor, aber eine ausgeprägte epidermale Glykokalyx tritt bei einigen Acoelen und Nemertodermatiden auf. Das terminale Netz ist reich an Mitochondrien und speziell bei Nemertodermatiden zweilagig ausgebildet. Bei Acoela liegen die Zellkerne der Epidermiszellen häufig unter dem sehr engmaschigen Netz aus **Ring-, Diagonal-** und **Längsmuskelfasern** versenkt (Abb. 1199C). Die Anordnung der mesenchymalen Muskellagen (Abb. 1202) kann besonders bei den Acoela abgewandelt sein, und wie bei *Childia* kann die Längsmuskulatur ganz außen liegen. Wahrscheinlich übernehmen retikuläres Cilienwurzelsystem und Hautmuskelschlauch die Funktion der fehlenden extrazellulären Matrix bei den Acoelen.

Verschiedene Drüsenzellen sind mit ihren Ausläufern zwischen die Epidermiszellen eingelagert, der größte Teil der Zellkörper liegt oft im Parenchym. Ihre Sekrete dienen der Erhöhung der Gleitfähigkeit, der Anhaftung bzw. dem Loslösen, der Abwehr von Bakterien und Pilzen und vielleicht auch der Verteidigung. Stäbchenförmige Drüsen, sog. Rhabdoide, sind häufig, aber ultrastrukturell anders aufgebaut als die Rhabditen der rhabditophoren Plattwürmer (S. 200). Sagittocyten, die bei einigen Vertretern der acoelen Convolutidae vorkommen, sind besondere Drüsenzellen, die am distalen Ende von einem Muskelmantel umschlossen sind und bei Kontrahierung die nadelförmigen Sagittocysten ausschleudern. Zur Anheftung haben Paratomellidae statt Haftdrüsen Cilien zu Haptocilien umgeformt.

Typischerweise sind 5 (1–6) paarige Längsnervenstränge ausgebildet; sie durchziehen den Körper jedoch meist nicht bis an das Hinterende (Abb. 261). Häufig treten schwache Querverbindungen auf, was als „Orthogon" (S. 167) gedeutet werden kann. Generell ist die Ausprägung des Nervensystems auch innerhalb der Acoela und Nemertodermatida sehr variabel.

Kennzeichnend ist für diese Tiere (Ausnahme: Paratomellidae) das Frontalorgan, ein in einem Porus an der Vorderspitze ausmündendes Drüsen- und Sinnesorgan. Es ist möglicherweise eine weitere Autapomorphie dieser Gruppe (Abb. 1201). Mindestens 2 Drüsentypen treten im Frontalorgan auf; sie können posteriad durch das Gehirn führen und nahezu das gesamte vordere Drittel der Tiere ausfüllen.

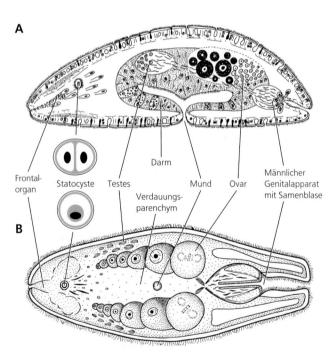

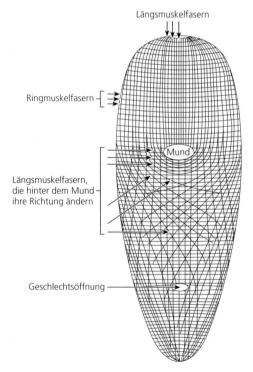

Abb. 1201 Habitus Acoelomorpha. **A** Sagittalschnitt von *Nemertoderma westbladi* (Nemertodermatida). Darmepithel vorhanden. Länge 0,6 mm. Statocyste mit zwei Statolithen. **B** Dorsalansicht von *Pseudaphanostoma brevicaudatum* (Acoela), statt Darmepithel ein Verdauungsparenchym ausgebildet. 0,6–0,9 mm lang. Statocyste mit einem Statolith. A Aus Ax (1995) nach Westblad (1937); B nach Dörjes (1968).

Abb. 1202 Muskelsystem eines Vertreters der Acoela. Besonderes Charakteristikum des Faserverlaufs im Hautmuskelschlauch ist die Wendung der rostralen Längsmuskelfasern hinter dem Mund quer oder schräg zur Hauptkörperachse. Nach Fluoreszenzfärbung von F-Actin mit Phalloidin (Rhodamin). Nach Hooge (2001).

Ciliäre Sinneszellen sind vorwiegend monociliär gebaut. Bis zu 9 verschiedene Sinneszellentypen wurden bei einzelnen Arten entdeckt, was auf eine überraschend detaillierte Wahrnehmung der Umwelt hindeutet.

Selten sind multiciliäre Rezeptoren mit 2–4 Cilien ausgebildet.

Bei dem Acoelen *Hesiolicium* (Paratomellidae) ist auch caudal ein Drüsen- und Sinneskomplex beschrieben worden.

Die Statocyste (Abb. 1201), umgeben von einer fibrösen extracellulären Matrix (ECM) und bei Acoelen oft eingebettet im kommissuralen Gehirn, sorgt bei Acoelen für das einzige Auftreten einer ECM im gesamten Körper. Fast alle Acoelomorpha sind augenlos, aber einige wenig Acoele wie *Convolutriloba longifissura* besitzen zwei pigmentierte Augen, die eigenartigerweise weder ciliäre, noch rhabdomere Photorezeptoren aufweisen.

In charakteristischer Weise wird bei Acoelen der epitheliale Darm durch ein **zentrales, verdauendes Parenchym** (Abb. 1201) vertreten, in dem die Zellgrenzen meist fehlen: Ein vielkerniges Gewebe, das durch Verschmelzung einzelner Zellen entsteht (echtes Syncytium), füllt hier die Körpermitte. Einzellige Algen oder kleine Copepoden werden von diesem Syncytium zur Gänze phagocytiert. Bei den Nemertodermatida findet sich ein epithelialer, spärlich ciliierter Darm mit sehr schmalem Lumen. Zwischen Hautmuskelschlauch und Verdauungsparenchym bzw. Darm findet sich das acoelomate periphere Parenchym, zu dem neben Stammzellen (Neoblasten) und echten Parenchymzellen auch eingesunkene Epidermiszellkerne gezählt werden. Bei einigen Acoelen können echte Parenchymzellen fehlen, und bei Nemertodermatiden kann es vorkommen, dass sich Darmepithel und Hautmuskelschlauch berühren. Zu den echten Parenchymzellen zählen so genannte Chordoidzellen, die mit sehr großen, lichtmikroskopisch erkennbaren Vakuolen gefüllt sind. Neoblasten kommen bei Acoelen wie bei rhabditophoren Plattwürmern nicht in der Epidermis vor, sind aber möglicherweise ähnlich wie bei Plattwürmern pluri- oder totipotent.

Einige Arten der Acoelen beherbergen Symbionten im peripheren Parenchym (einzellige Grünalgen, Dinoflagellaten, Diatomeen, S. 226). Häufig tritt bei diesen Arten ungeschlechtliche Fortpflanzung auf, so dass es keines speziellen Mechanismus zur Übertragung der Symbionten bedarf. Bei geschlechtlicher Fortpflanzung findet horizontaler Symbiontentransfer statt.

Wie eingangs geschildert findet man bei den Acoelomorpha modifizierte Drüsenzellen und die *pulsatile bodies*. Beiden wird eine mögliche Funktion als Osmoregulations- und Exkretionsorgan zugeschrieben, da Protonephridien fehlen.

Eine oder auch zwei männliche, meist am Hinterende liegende Genitalöffnungen und Kopulationsorgane sind fast durchwegs vorhanden (Abb. 1201B). Eine separate weibliche Genitalöffnung kann fehlen. Ovidukt oder Samenleiter fehlen, aber Bursalorgane zur Lagerung, Sortierung oder Resorption von Fremdspermien sind die Regel. Bei den Acoelen treten biflagelläre, bei den Nemertodermatiden monoflagelläre Spermien auf.

Fortpflanzung und Entwicklung

Spermaübertragung erfolgt durch Kopulation, hypodermale Injektion oder Spermatophoren, die auf die Epidermis aufgesetzt werden. **Eier** sind entolecithal und werden durch Ruptur der Körperwand oder teilweise durch den Mund abgegeben. Sie furchen sich bei den Acoela nach dem einzigartigen Spiral-Duett-Muster (Abb. 1204B) mit anschließender epibolischer Gastrulation. Über die Embryonalentwicklung der Nemertodermatida ist wenig bekannt, sie soll aber Anklänge an Radiärfurchung zeigen. Larvenstadien kommen nicht vor.

Nur bei wenigen Vertretern der Acoelen gibt es **asexuelle** Vermehrung. Es treten jedoch alle 3 Haupttypen der asexuellen Vermehrung der Bilateria auf: Architomie, Paratomie und Knospung (Abb. 1203). Bei der Knospung kann sich die Körperachse des Tochterindividuums entgegengesetzt zum Elterntier entwickeln. Asexuelle Vermehrung geht üblicherweise mit guter Regenerationsfähigkeit einher, aber auch einige obligatorisch sexuelle Arten können zumindest das Hinterende regenerieren.

Systematik

Die deutlich häufigeren Acoela unterscheiden sich von den Nemertodermatida im wesentlichen durch den Besitz einer Statocyste mit einem statt zwei oder mehreren Statolithen und das Auftreten eines meist syncytialen Verdauungsparenchyms anstatt eines echten Darmepithels (Abb. 1201). Das Schwesterngruppenverhältnis von Nemertodermatida und Acoela kann als gesichert betrachtet werden, jenes von Acoelomorpha und *Xenoturbella* gilt aufgrund molekularer und morphologischer Daten als wahrscheinlich (Abb. 1198).

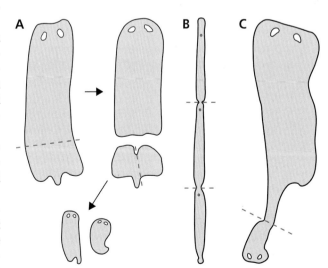

Abb. 1203 Asexuelle Vermehrung bei Acoela. **A** Architomie bei *Convolutriloba longifissura*. **B** Paratomie bei *Paratomella unichaeta*. **C** Knospung (*budding*) bei *Convolutriloba retrogemma*. A Nach Åkesson et al. (2001); B nach Dörjes (1966); C nach Hendelberg und Åkesson (1991).

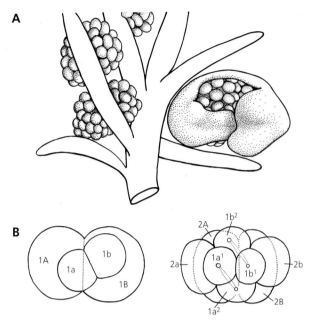

Abb. 1204 Eiablage und Embryonalentwicklung bei Acoela. **A** Eiablage von *Archaphanostoma agile*. **B** Frühe Furchungsstadien der so genannten Spiral-Duett-Furchung, Ansicht vom aboralen Pol. Nomenklatur zur Beschriftung der Blastomeren siehe Abb. 302. A nach Apelt (1969); B nach Bresslau (1909) aus Korschelt und Heider (1936).

1.1 Nemertodermatida

Etwa 10 marine Arten in 6 Gattungen. Wegen der monoflagellären, lang gestreckten Spermien (teils mit Akrosom), dem epithelialen Darm mit spärlicher Bewimperung und der in Resten vorhandenen ECM gelten sie morphologisch als die ursprünglichste Gruppe der Acoelomorpha. Lumen des unmuskulösen Darms stark reduziert; ebenso wie Acoela ohne protonephridiales Exkretionssystem. Bei einigen Arten fehlt wahrscheinlich die Mundöffnung. Bei *Nemertoderma bathycola* treten Drüsenzellen in so großer Dichte auf, dass der Eindruck eines mehrreihigen Epithels entstehen kann. Die zwei (oder mehr) Statolithen in der Statocyste sind eine Autapomorphie (Abb. 1201A). Ein gut entwickeltes Parenchymgewebe fehlt meist, die Gastrodermis stößt dann direkt an den Hautmuskelschlauch. Darm normalerweise unverzweigt, eine Ausnahme stellt die relativ große und flache Art *Meara stichopi* dar. Hypodermale Injektion bei Arten ohne weiblichen Vagina/Bursalorgankomplex ursprünglich. Furchungsverlauf wird im 4-Zell-Stadium als radiär beschrieben und erinnert in weiterer Folge an die Duett-Furchung der Acoela, wobei im 8-Zell Stadium die Anordnung der Blastomeren (aber nicht deren Entstehung) jener der Spiral-Quartett-Furchung (Abb. 278) ähnelt.

Nemertoderma bathycola und *N. westbladi* (Nemertodermatidae), um 0,5 mm, auf tiefen Schlammböden (200–1 000 m), Nordatlantik, Adria. – *Sterreria psammicola* (Nemertodermatidae), fadenförmig, 1 mm. Vereinzelt in sublitoralen Sanden, weltweit. – *Flagellophora apelti* (Ascopariidae), 0,5–1 mm lang, in sublitoralen Sandböden; Nordatlantik, Adria. Auffallendes drüsiges, ausstülpbares Rüsselor-

gan, unterhalb des Porus des Frontalorgans ausmündend. – *Meara stichopi* (Nemertodermatidae), mehrere Millimeter, im Vorderdarm von Holothurien; skandinavische Westküste.

1.2 Acoela

Etwa 350 Arten, traditionell in 21 Familien, die aufgrund neuerer molekular-phylogenetischer Daten zu 11 Familien zusammengefasst werden können. In vielen morphologischen Merkmalen abgeleitete Schwestergruppe der Nemertodermatida; durch Statocyste mit nur 1 Statolithen sehr gut gekennzeichnet (Abb. 1201B). Bis auf wenige, ursprüngliche Taxa mit syncytialem, unbewimpertem Verdauungsparenchym, das mit peripheren Parenchymzellen verschmilzt und von speziellen einhüllenden Zellen umgeben ist. Interessanterweise scheint die Verschmelzung von zentralen Parenchymzellen zu einem Syncytium je nach Verfügbarkeit von Nahrung bei vielen Arten (außer Diatomeenfressern) umkehrbar zu sein. Verdauung erfolgt über Einschluß in Vakuolen. Ohne protonephridiales Exkretionssystem (siehe aber S. 818). Weiblicher Vagina/Bursalorgankomplex fehlt oft, wenn vorhanden meist vor dem männlichen Kopulationsorgan gelegen. Biflagelläre Spermien mit dem bei Bilateriern weit verbreiteten $9 \times 2 + 2$-Muster, es treten aber auch $9 \times 2 + 1$- oder $9 \times 2 + 0$-Muster (also ohne zentrale Mikrotubuli) im Axonem auf. Meist nur millimetergroß; bis auf *Oligochoerus limnophilus* und *Limnoposthia polonica* marin, benthisch, vereinzelt pelagisch.

Bei solenofilomorphiden Acoelen fehlt die Diagonal- und die Dorsoventralmuskulatur. Gerade dieses Taxon zeigt den Modus des postembryonalen Wachstums und der Erneuerung der Epidermis aus mesodermal gelegenen, in der Epidermis fehlenden Stammzellen (Neoblasten) wie viele frei lebende und parasitische Taxa der Rhabditophora (Plathelminthes, S. 200).

Paratomella rubra (Paratomellidae) (Abb. 1200A), Art mit sehr ursprünglichen Merkmalen, 1 mm, asexuelle Vermehrung durch Paratomie. Häufig im Eulitoral/Sublitoral des nördlichen Atlantiks und des Mittelmeeres. Artname wegen roter Färbung durch Häm-Verbindung (häufig bei meiobenthischen Tieren (auch Nematoden, Gastrotrichen) aus sulfidreichen Sanden). – *Diopisthoporus longitubus* (Diopisthoporidae), in marinem Schlamm oder Sand; nördlicher Atlantik. Mit Pharynx simplex an der Hinterspitze; Organisation oft mit der Planula der Cnidaria verglichen. – *Hofstenia atroviridis* (Hofsteniidae), bis 1 cm gross. Hofsteniidae umfassen wahrscheinlich sehr basale Vertreter der Acoela. – *Haplogonaria syltensis* (Haplogonariidae), 1 mm, ganzjährig geschlechtsreif; im Quellhorizont von Sandstränden, oft in großer Dichte (1 000 Individuen 10 cm^{-3}). – *Convoluta convoluta* (Convolutidae), bis über 5 mm, weit verbreitet, Nordsee u. Atlanik. – *Symsagittifera* (syn. *Convoluta*) *roscoffensis* (Convolutidae), 4 mm, mit einzelligen Grünalgensymbionten (*Tetraselmis convolutae*), Tiere deshalb bei Niedrigwasser in den obersten Sandschichten; erzeugen damit am Strand grünlich gefärbte Flächen, die bei Erschütterungen durch Abwandern der Tiere in die Tiefe wieder schlagartig verschwinden. – *Otocelis rubropunctata* (Otocelidae), Vagina/Bursalorgankomplex liegt anders als bei allen anderen Acoelen hinter dem männlichen Kopulationsorgan. – *Convolutriloba retrogemma* (Convolutidae), 4–5 mm, benthisch, mit autotrophen einzelligen Symbionten, in Meeresaquarien oft massenhaft. Ähnliche Symbiosen aber auch bei planktonischen Formen häufig. – *Isodiametra pulchra* (Isodiametridae) (Abb. 1200B), 700 μm. Modellorganismus für Stammzellforschung.

2 Xenoturbellida

Die seltene, 5–30 mm lange *Xenoturbella bocki* ist der bisher einzige sichere Vertreter dieses Taxons. An der Validität einer zweiten Art, *Xenoturbella westbladi*, aus demselben Habitat in derselben Lokalität, bestehen berechtigte Zweifel.

Xenoturbella bocki wurde bisher vor der schwedischen, vereinzelt auch vor der norwegischen und der schottischen Atlantikküste gefunden. Die ersten Tiere wurden bereits 1915 aus einem marinen Schlammboden vor Schweden (Skagerrak) in 100 m Tiefe bekannt und histologisch untersucht, jedoch erst 1949 mit Vorbehalt den Plattwürmern (Name! – „fremdartiger Strudelwurm") zugerechnet. Weitere Arbeiten legten schon 1960 eine nähere Verwandtschaft mit Deuterostomiern, später auch mit Mollusken nahe. Heute wird nur noch eine Zugehörigkeit entweder zu Ambulacrariern oder basalen Bilateriern unterstützt (Abb. 1198).

Die Tiere bewegen sich langsam und reagieren träge auf Störungen. Als Nahrung dienen wahrscheinlich Eier von Mollusken und verwesende Tiere.

Im Integument wechseln sich multiciliäre Epidermiszellen mit monociliären Drüsenzellen ab. Die Zellen sind – anders als bei den Acoelomorphen und ähnlich den Enteropneusten – auffallend hoch und schmal geformt (Abb. 1199B, 1206), die Zellkörper reichen dabei nicht durch die basale Matrix, die – ebenso im Gegensatz zu den Acoelomorphen – gut ausgeprägt und bis zu 5 μm stark ist.

Eine weitere Besonderheit stellt die epidermale Statocyste am Vorderende mit ciliären statolithentragenden Zellen dar (Abb. 1205B, 1206A). Einzigartig sind laterale Sinnesfurchen und eine postorale Wimpernfurche (Abb. 1205A, C).

Unterhalb der basalen Matrix liegt wie bei den meisten Bilateriern außen die Ring- und innen die Längsmuskulatur. Von der Ringmuskulatur ziehen Radiärmuskeln nach innen. Die zelluläre Gastrodermis ist unciliiert (Abb. 1206B).

Bisher liegen keine Daten zur Embryonal- und Postembryonalentwicklung vor, fehlende Kopulationsorgane, fehlende Genitalporen und Spermien vom primitiven Typ legen aber im Unterschied zu den Acoelomorphen eine äußere Befruchtung nahe. Die Eier werden wahrscheinlich durch den Mund abgelegt.

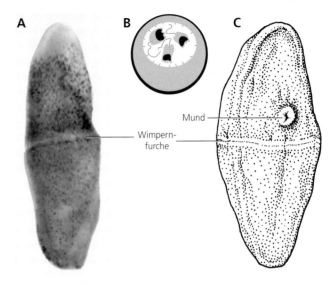

Abb. 1205 Habitus *Xenoturbella bocki*. **A** Lichtoptische Dorsalaufnahme, Länge etwa 1 cm. **B** Statocyste, lokalisiert im anterioren dorsalen Bereich des Tieres. Kapsel schwarz, Wandzellen in grau mit Cilien, Kapselhöhle in Weiß. Statolithen liegen in monocilierten Zellen, die sich frei in der Kapselhöhle bewegen. **C** Ventralansicht. A Original M. Telford, London; B vereinfacht nach Ehlers (1991); C nach Westblad (1949).

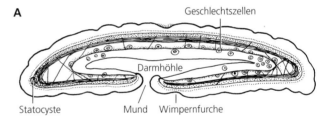

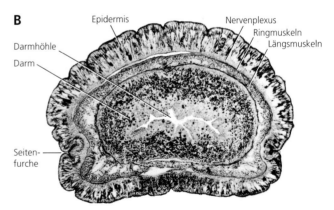

Abb. 1206 *Xenoturbella bocki*. **A** Sagittalschnitt. **B** Histologischer Querschnitt. A nach Westblad (1949), B aus Westblad (1949).

Literatur

Begriffe der phylogenetischen Systematik

Ax, P. (1984): Das phylogenetische System. Systematisierung der lebenden Natur aufgrund ihrer Phylogenese. Gustav Fischer, Stuttgart

Knoop, V., Müller, K. (2006): Gene und Stammbäume – Ein Handbuch zur molekularen Phylogenetik. Spektrum Akademischer Verlag, Heidelberg

Mayr, E. (1974): Grundlagen der Zoologischen Systematik. Paul Parey, Hamburg

Sudhaus, W., Rehfeld, K. (1992): Einführung in die Phylogenetik und Systematik. Gustav Fischer, Stuttgart

Wägele, J.-W. (2005): Foundations of Phylogenetic Systematics. Dr. Friedrich Pfeil, München

Wiesemüller, B., Rothe, H., Henke, W. (2003): Phylogenetische Systematik. Eine Einführung. Springer, Heidelberg, Berlin

Zrzavý, J., Storch, D., Mihulka, S. (2009): Evolution. Ein Lese-Lehrbuch. Deutsche Ausgabe. Burda, H., Begall, S. (Hrsg.). Spektrum Akademischer Verlag, Heidelberg

Einzellige Eukaryota

Allgemeine Lehr- und Handbücher

Anderson, O. R. (1987): Comparative Protozoology. Ecology, Physiology, Life History. Springer, Heidelberg, New York

Anderson, O. R., Druger, M. (Hrsg.) (1997): Explore the World using Protozoa. National Science Teachers Associations, Arlington

Bütschli, O. (1880–1889): Protozoa. In: Bronn, H. G. (Hrsg.): Klassen und Ordnungen des Tierreichs. Winter, Heidelberg

Chen, T. T. (Hrsg.) (1967–1972): Research in Protozoology. Bd I–IV. Pergamon Press, Oxford

Doflein, F., Reichenow, E. (1949–1953): Lehrbuch der Protozoenkunde. 6. Aufl. Gustav Fischer, Jena

Dogiel, V. A. (1965): General Protozoology. 2. Aufl. Oxford University Press, London

Grassé, P.-P. (1952/53, 1984, 1994): Protozoaires. In: Traité de Zoologie. Bd. I, 1+2, II, 1+2. Masson, Paris

Grell, K. G. (1973): Protozoology. 3. Aufl. Springer, Heidelberg

Harrison, F. W., Corliss, J. O. (Hrsg.) (1991): Protozoa. In: Harrison, F. W. (Hrsg.): Microscopic Anatomy of Invertebrates. Bd. 1. Wiley-Liss, New York

Hausmann, K., Hülsmann, N., Radek, R. (2003): Protistology. 3. Aufl. Schweizerbart'sche Verlagsbuchhandlung, Stuttgart

Kudo, P. R. (1971): Protozoology. 6. Aufl. Thomas, Springfield

Lee, J. J., Leedale, G. F., Bradbury, P. C. (Hrsg.) (2001): The Illustrated Guide to the Protozoa. 2. Aufl. Bd. I, II. Allen Press, Lawrence

Levandowsky, M., Hutner, S. H. (1979–1981): Biochemistry and Physiology of Protozoa. Bd. I-IV. Acad. Press, London

Mackinnon, D., Hawes, R. S. J. (1961): An Introduction to the Study of Protozoa. Oxford University Press, London

Margulis, L., Corliss, J. O., Melkonian, M., Chapman, D. J. (Hrsg.) (1990): Handbook of Protoctista. Jones and Bartlett, Boston

Margulis, L., McKhann, H. I., Olendzenski, L. (Hrsg.) (1993): Illustrated Glossary of Protoctista. Jones and Bartlett, Boston

Puytorac, P. de, Grain, J., Mignot, J.-P. (1987): Précis de Protistologie. Boubée, Paris

Röttger, R. (Hrsg.) (1995): Praktikum der Protozoologie. Gustav Fischer, Stuttgart

Sleigh, M. (1989): Protozoa and Other Protists. 2. Aufl. Arnold, London

Schaechter, M. (Hrsg.) (2009): Eukaryotic Microbes. Academic Press, Elsevier, Amsterdam

Monographien über einzelne Taxa, Organisations- und Lebensformtypen

Aikawa, M., Sterling, C. R. (1974): Intracellular Parasitic Protozoa. Acad. Press, London

Anderson, O. R. (1983): Radiolaria. Springer, Berlin

Asai, D. J., Forney, J. D. (Hrsg.) (2000): *Tetrahymena thermophila*. Acad. Press, London

Berger, H. (2011): Monograph of the Gonostomatidae and Kahliellidae (Ciliophora, Hypotricha). Springer, Dordrecht

Berger, H., Foissner, W. (2003): Illustrated Guide and Ecological Notes to Ciliate Indicator Species (Protozoa, Ciliophora) in Running Waters, Lakes and Sewage Plants. In: Steinberg, C., Calmano, W., Klapper, H., Wilken, R. D. (Hrsg.): Handbuch Angewandte Limnologie 17. Ergänzungslieferung 10/03. Ecomed, Landsberg

Black, S. J., Seed, J. R. (Hrsg.) (2001): The African Trypanosomes. Kluwer Acad. Publ., Boston

Buetow, D. E. (1968–1989): The Biology of *Euglena*. Bd. I–IV. Acad. Press, London

Bulla, L. A., Cheng, T. C. (1976, 1977): Comparative Pathobiology. Bd. I: Biology of the Microsporidia; Bd. II: Systematics of the Microsporidia. Plenum Press, London

Canning, E. U., Lom, J. (1986): The Microsporidia of Vertebrates. Acad. Press, London

Canter-Lund, H., Lund, J. W. G. (1995): Freshwater Algae – Their Microscopic World Explored. Biopress, Bristol

Capriulo, G. M. (Hrsg.) (1990): Ecology of Marine Protozoa. Oxford Univ. Press, New York

Carey, P. G. (1992): Marine Interstitial Ciliates – An Illustrated Key. Chapman & Hall, London

Ciugulea, I., Triemer, R. E. (2010): A Color Atlas of Photosynthetic Euglenoids. Michigan State University Press, East Lansing

Clark, C. G., Johnson, P. J., Adam R. D. (Hrsg.) (2010): Anaerobic Parasitic Protozoa – Genomics and Molecular Biology. Caister Academic Press, Norfolk

Corliss, J. O. (1979): The Ciliated Protozoa. Characterization, Classification and Guide to the Literature. 2. Aufl. Pergamon, Oxford

Curds, C. R. (1992): Protozoa in Water Industry. Cambridge Univ. Press, Cambridge

Darbyshire, J. E. (Hrsg.) (1994): Soil Protozoa. CAB International, Wallingford

Dubey, J. P., Beattie, C. P. (1988): Toxoplasmosis of Animals and Man. CRC Press, Boca Raton

Dubey, J. P., Speer, C. A., Fayer, R. (1990): Cryptosporidiosis of Man and Animals. CRC Press, Boca Raton

Elliott, A. (1973): The Biology of *Tetrahymena*. Dowden, Hutchinson and Ross, Stroudsburg

Englund, P. T., Haijuk, S. L., Marini, J. C. (1982): The molecular biology of trypanosomes. Ann. Rev. Biochem. 51: 695

Ettl, H., Gerloff, J., Heynig, H., Mollenhauer, D. (Hrsg.) (1978): Süßwasserflora von Mitteleuropa. 20 Bände. Gustav Fischer, Stuttgart

Fayer, D. (Hrsg.) (1997): *Cryptosporidium* and Cryptosporidioses. CRC Press, Boca Raton

Fenchel, T. (1987): Ecology of Protozoa: The Biology of Free-Living Phagotrophic Protists. Springer, Berlin

Fenchel, T., Finlay, B. J. (1995): Ecology and Evolution in Anoxic Worlds. In: May, R. M., Harvey, P. (Hrsg.): Oxford Series in Ecology and Evolution. Oxford Univ. Press, Oxford

Foissner, W. (1993): Class Colpodea (Ciliophora). In: Matthes, D. (Hrsg.): Protozoenfauna. Bd. 4/1. Gustav Fischer, Stuttgart

Foissner, W., Agatha, S., Berger, H. (2002): Soil Ciliates (Protozoa, Ciliophora) from Namibia (Soutwest Africa), with Emphasis on Two Contrasting Environments, the Etosha Region and the Namib Desert. Denisia 5, 1–14590

Foissner, W., Berger, H., Schaumburg J. (1999): Identification and Ecology of Limnetic Plankton Ciliates. Informationsberichte des Bayerischen Landesamtes für Wasserwirtschaft, München, Heft 3, 1–793

Foissner, W., Blatterer, H., Berger, H., Kohmann, F. (1991–1995): Taxonomische und ökologische Revision der Ciliaten des Saprobiensystems. Bd. 1: Cyrtophorida, Oligotrichida, Hypotrichida, Colpodea. Bd. 2: Peritrichia, Heterotrichida, Odontostomatida. Bd. 3: Hymenostomata, Prostomatida, Nassulida. Bd. 4: Gymnostomatea, *Loxodes*, Suctoria. Informationsberichte des Bayerischen Landesamtes für Wasserwirtschaft, München

Goertz, H.-D. (1988): *Paramecium*. Springer, Berlin

Green, J. C., Leadbeater, B. S. C. (Hrsg.) (1994): The Haptophyte Algae. Clarendon Press, Oxford

Green, J. C., Leadbeater, B. S. C., Diver, W. L. (Hrsg.) (1989): The Chromophyte Algae: Problems and Perspectives. Clarendon Press, Oxford

Gupta, B. K. S. (Hrsg.) (2002): Modern Foraminifera. Kluwer Acad. Publ. Dordrecht

Hammond, D. M., Long, P. L. (1973): The Coccidia. University Park, Baltimore

Hausmann, K., Bradbury, P. C. (Hrsg.) (1996): Ciliates: Cells as Organisms. Gustav Fischer, Stuttgart

Harris, E. H. (1989): The *Chlamydomonas* Sourcebook – A Comprehensive Guide to Biology and Laboratory Use. Acad. Press, London

Hemleben, C. H., Spindler, M., Anderson, O. R. (1989): Modern Planktonic Foraminifera. Springer-Berlin

Hill, D. L. (1972): The Biochemistry and Physiology of *Tetrahymena*. Academic Press, New York

Hoek, C. van den, Mann, D. H., Jahns, H. M. (1995): Algae. Cambridge Univ. Press, Cambridge

Hopkin, J. M. (1991): *Pneumocystis carinii*. Oxford Univ. Press, Oxford

Hoppenrath, M., Elbrächter, M., Drebes, G. (2009): Marine Phytoplankton – Selected Microphytoplankton Species from the North Sea around Helgoland and Sylt. Schweizerbart'sche Verlagsbuchhandlung, Stuttgart

Jeon, K. W. (1973): The Biology of *Amoeba*. Acad. Press, London

Kahl, A. (1930–1935): Urtiere oder Protozoa. I. Wimpertiere oder Ciliata (Infusoria). In: Dahl, F. (Hrsg.): Die Tierwelt Deutschlands. Gustav Fischer, Jena

Kessin, R. H. (2001): *Dictyostelium* – Evolution, Cell Biology, and the Development of Multicellularity. Cambridge Univ. Press, Cambridge

Kreier, J. P. (1980): Malaria. Bd. I–III. Acad. Press, London

Kreier, J. P. (Hrsg.) (1991–1994): Parasitic Protozoa, 8 Bd., 2. Aufl. Acad. Press, London

Kreutz, M., Foissner, W. (2006): The Sphagnum Ponds of Simmelried in Germany: A Biodiversity Hot-Spot for Microscopic Organisms. Protozoological Monographs, 3: 1–267

Leadbeater, B. S. C., Green, J. C. (Hrsg.) (2000): The Flagellates – Unity, Diversity and Evolution. Taylor & Francis, London

Lee, J. J., Anderson, O. R. (1991): Biology of Foraminifera, Acad. Press, London

Levine, N. D. (1988): The Protozoan Phylum Apicomplexa, Vol. I+II. CRC Press, Boca Raton

Lom, J., Dykova, I. (1992): Protozoan Parasites of Fishes. Elsevier Sci. Publ., Amsterdam

Long, P. L. (1982): The Biology of Coccidia. Arnold, London

Lumsden, W. H. R., Evans, D. A. (1976, 1979): Biology of the Kinetoplastida. Bd. I, II. Acad. Press, London

Lynn, D. H. (2007): The Ciliated Protozoa – Characterization, Classification, and Guide to the Literature. 3. Aufl. Springer, Dordrecht

Matthes, D., Guhl, W., Haider, G. (1988): Suctoria und Urceolariidae (Peritricha). In: Matthes, D. (Hrsg.): Protozoenfauna. Bd. 7, 1. Gustav Fischer, Stuttgart

Mehlhorn, H. (Hrsg.) (2001): Encyclopedic Reference of Parasitology. Bd. 1: Biology, Structure, Function; Bd. 2: Diseases, Treatment, Therapy (vormals Parasitology in Focus), 2. Aufl. Springer Verlag, Heidelberg

Olson, B. E., Olson, M. E. (Hrsg.) (2002): *Giardia*: The Cosmopolitan Parasite. CABI Publishing, Wallingford

Page, F (1988): A New Key to Freshwater and Soil Gymnamoebae with Instructions for Culture. Freshwater Biological Association, Ambleside

Page, F. C., Siemensma, F.J. (1991): Nackte Rhizopoden und Heliozoea. In: Matthes, D. (Hrsg.): Protozoenfauna. Bd. 2. Gustav Fischer, Stuttgart

Patterson, D. J., Larsen, J. (1991): The Biology of Free-Living Heterotrophic Flagellates. Clarendon Press, Oxford

Pickett-Heaps, J. D. (1975): Green Algae – Structure, Reproduction and Evolution in Selected Genera. Sinauer, Sunderland

Raper, K. B. (1984): The Dictyostelids. Princeton Univ. Press, Princeton

Rondanelli, E. G., Scaglia, M. (1993): Atlas of Human Protozoa. Masson, Milano

Sandgren, C. D., Smol, J. P., Kristiansen, J. (Hrsg.) (1996): Chrysophyte Algae – Ecology, Phylogeny and Development. Cambridge University Press, Cambridge

Scott, F. J., Marchant, H. J. (Hrsg.) (2005): Antarctic Marine Protists. Australian Biological Reseources Study, Canberra, and Australian Antarctic Division, Hobart

Seenivasan, R., Sausen, N., Medlin, L. K., Melkonian, M. (2013): *Picomonas judraskeda* gen. et sp. nov.: The first identified member of the Picozoa phylum nov., a widespread group of picoeukaryotes, formerly known as 'Picobiliphytes'. PLoS ONE 8(3): e59565. doi:10.1371/journal.pone.0059565

Siver, P. A. (1991): The Biology of *Mallomonas* – Morphology, Taxonomy and Ecology. Kluwer Acad. Publ., Dordrecht

Spector, D. L. (1984): Dinoflagellates. Acad. Press, New York

Streble, H., Krauter, D. (2011): Das Leben im Wassertropfen. Mikroflora und Mikrofauna des Süßwassers. 16. Aufl. Franckh'sche Verlagsbuchhandlung, Stuttgart

Tartar, V. (1961): The Biology of *Stentor*. Pergamon Press, Oxford

Taylor, F. J. R. (Hrsg.) (1987): The Biology of Dinoflagellates. Blackwell Sci. Publ., Oxford

Thompson, R. C. A., Reynoldson, J. A., Lymbery, A. J. (Hrsg.) (1994): *Giardia*: from Molecules to Diseases. CAB International, Oxon

Vdacny, P.; Foissner, W. (2012): Monograph of the Dileptids (Protista, Ciliophora, Rhynchostomatia). Denisia 31, 1–529

Wichterman, R (1986): The Biology of *Paramecium*. 2. Aufl. Plenum, New York

Williams, A. G., Coleman, G. S. (1992): The Rumen Protozoa. Springer, Berlin

Winter, A., Siesser, W. G. (Hrsg.) (1994): Coccolithophores. Cambridge Univ. Press, Cambridge

Wołowski, K., Hindák, F. (2003): Atlas of Euglenophytes. VEDA, Publishing House of the Slovak Academy of Sciences, Bratislava

Systematik und Evolution

Adl, S. M., Simpson, A. G. B., Lane, C. E., Lukeš, J., Bass, D., Bowser, S. S., Matthew W. Brown, M. W., Burki, F., Dunthorn, M., Hampl, V., Heiss, A., Hoppenrath, M., Lara, E., le Gall, L., Lynn, D. H., McManus, H., Mitchell, E. A. D., Mozley-Stanridge, S. E., Parfrey, L. W., Pawlowski, J., Rueckert, S., Shadwick, L., Schoch, C. L., Smirnov, A., Spiegel, F. W. (2012): The Revised Classification of Eukaryotes. J. Eukaryot. Microbiol. 59: 429–514

Baldauf, S. L. (2003): The deep roots of eukaryots. Science 300: 1703–1706

Baldauf, S. L. (2008): An overview of the phylogeny and diversity of eukaryotes. J. Syst. Evol. 46: 263–273

Cavalier-Smith, T. (2003): Protist phylogeny and the high-level classification of Protozoa. Eur. J. Protistol. 39: 338–348

Hirt, R. P., Horner, D. S. (Hrsg.) (2004): Organelles, Genomes and Eukaryote Phylogeny – An Evolutionary Synthesis in the Age of Genomics. CRC Press, Boca Raton

Levine, N. D., Corliss, J. O., Cox, F. E. G., Deroux, G., Grain, J., Honigberg, B. M., Leedale, G. G. F., Loeblich III, A. R., Lom, J., Lynn, D., Merinfeld, E. G., Page, F. C., Poljanski, G., Sprague, V., Vavra, J., Wallace, F. G. (1980): A newly revised classification of the Protozoa. J. Protozool. 27: 37–58

Stroebe, B., Maier, U.-G. (2002): One, two, three: Nature's tool box for building plastids. Protoplasma 219: 123–130

Morphologie, Physiologie und Fortpflanzung

Allen, R. D., Fok, A. K. (2000): Membrane trafficking and processing in *Paramecium*. Int. Rev. Cytol. 198: 277–318

Allen, R. D., Naithoh, Y. (2002): Osmoregulation and contractile vacuoles of Protozoa. Int. Rev. Cytol. 215: 351–394

Bell, G. (1989): Sex and Death in Protozoa. The History of an Obsession. Cambridge Univ. Press, Cambridge

Carlile, M. J. (1975): Primitive Sensory and Communication Systems. The Taxes and Tropisms of Micro-Organisms and Cells. Acad. Press, London

Chapman-Andresen, C. (1962): Studies on pinocytosis in Amoebae. C. R. Lab. Carlsberg 33: 73–264

Dini, F., Corliss, J. O. (2001): Protozoan Sexuality. In: The Encyclopedia of Life Sciences. Nature Publishing Group, London

Gleeson, M. T. (2000): The plastid in *Apicomplexa*: What use is it? Int. J. Parasitol. 30: 1053–1070

Grain, J. (1986): The cytoskeleton in protists: nature, structure, and functions. Int. Rev. Cytol. 104: 153–250

Grebecki, A. (1994): Cortical flow in free-living Amoebae. Int. Rev. Cytol. 148: 37–80

Hackstein, J. H. P., Akhmanova, A., Voncken, F., Van Hoek, A., Van Alen, T., Boxma, B., Moon-van der Staay, S. Y., Van der Staay, G., Leunissen, J., Huynen, M., Rosenberg, J., Veenhuis, M. (2001): Hydrogenosomes: Convergent adaptations of mitochondria to anaerobic environments. Zoology 104: 290–302

Hannert, V., Michels, P. A. M. (1994): Structure, function and biogenesis of glycosomes in Kinetoplastida. J. Bioenerg. Biomembr. 268: 205–212

Hausmann, K. (1978): Extrusive organelles in protists. Int. Rev. Cytol. 52: 197–276

Hausmann, K. (2002): Food acquisition, foot ingestion and food digestion by protists. Jpn. J. Protozool. 35: 85–95

Hegemann, P., Fuhrmann, M., Kateriya, S. (2001): Algal sensory photoreceptors. J. Phycol. 37: 668–676

Hülsmann, N., Galil, B. (2002): Protists – A dominant component of the ballast-transported biota. In: Leppäkoski, E., Gollasch, S., Olenin, S. (Hrsg.): Invasive Aquatic Species in Europe – Distribution, Impact and Management. Kluwer Acad. Publ., Dordrecht

Jurand, A., Selman, G. G. (1969): The Anatomy of *Paramecium aurelia*. Macmillan St. Marin's Press, New York

Machemer, H. (2001): The swimming cell and its world: structures and mechanisms of orientation in protists. Eur. J. Protistol. 37: 3–14

Melkonian, M. (Hrsg.) (1992): Algal Cell Motility. Current Phycology. Bd. III. Chapman and Hall, New York

Menzel, D. (Hrsg.) (1992): Cytoskeleton of Algae. CRC Press, Boca Raton

Miyake, A. (1978): Cell communication, cell union, and initiation of meiosis in ciliate conjugation. Curr. Top. Dev. Biol. 12: 37–82

Mulisch, M. (1993): Chitin in protistan organisms. Distribution, synthesis, and deposition. Eur. J. Protistol. 29: 1–18

Nisbet, B. (1984): Nutrition and Feeding Strategies in Protozoa. Croom Helm, London

Patterson, D. J. (1980): Contractile vacuoles and associated structures: their organisation and function. Biol. Rev. 55: 1–46

Plattner, H., Klauke, N. (2001): Calcium in ciliated Protozoa: Sources, regulation, and Calcium-regulated cell functions. Int. Rev. Cytol. 201: 115–208

Radek, R., Hausmann, K. (1994): Endocytosis, digestion, and defecation in flagellates. Acta Protozool. 33: 127–147

Raikov, I. B. (1982): The Protozoan Nucleus. Morphology and Evolution. Springer, Wien

Ricci, N., Erra, F. (2000): The ethology of the ciliated Protozoa and their adaptive biology: a reappraisal of the evolution of locomotion. Protozool. Monogr. 1: 102–143

Rosati, G., Medeo, L. (2003): Extrusomes in ciliates: diversification, distribution, and phylogenetic implications. J. Eukaryot. Microbiol. 50: 383–402

Schnepf, E., Elbrächter, M. (1992): Nutritional strategies in dinoflagellates. A review with emphasis on cell biological aspects. Eur. J. Protistol. 28: 3–24

Scholtyseck, E. (1979): Fine Structure of Parasitic Protozoa. Springer, Berlin

Sleigh, M. A. (1974): Cilia and Flagella. Acad. Press, London

Tarin, J. J., Cano, A. (2000): Fertilization in Protozoa and Metazoan Animals – Cellular and Molecular Aspects. Springer, Berlin

Metazoa

Abouheif, E., Zardoya, R., Meyer, A. (1998): Limitations of metazoan 18S rRNA sequence data: Implications for reconstructing a phylogeny for the animal kingdom, and inferring the existence of the Cambrian explosion. J. Mol. Evol. 47: 394–405

Ax, P. (1995, 1999, 2001): Das System der Metazoa I, II, III. Gustav Fischer, Stuttgart

Beklemischev, V. N. (1969): Principles of Comparative Anatomy of Invertebrates. 2 Bd. Univ. Chicago Press, Chicago

Bengtson, S. (Hrsg.) (1994): Early Life on Earth. Columbia Univ. Press, New York

Benton, M. J., Ayala, F. J. (2003): Dating the tree of life. Science 300: 1698–1700

Bonner, J.-T. (1993): Life Cycles. Princeton Univ. Press, Princeton, N. J.

Brusca, C., Brusca, A. (2002): Invertebrates. 2. Aufl. Sinauer, Sunderland, MA

Buss, L. (1987): Evolution of Individuality. Princeton Univ. Press, Princeton

Carrol, S. B., Grenier, J. K., Weatherbee, S. D. (2005) From DNA to diversity. 2. Auflg.. Blackwell Publishing Ltd., Oxford

Clark, R. B. (1964): Dynamics in Metazoan Evolution. The Origin of the Coelom and Segments. Clarendon Press, Oxford

Conway Morris, S., George, J. D., Gibson, R., Platt, H. M. (Hrsg.) (1985): The Origins and Relationships of Lower Invertebrates. Clarendon Press, Oxford

Cracraft, J., Donoghue, M. J. (2004): Assembly of the Tree of Life. Oxford Univ. Press, Oxford

Davidson, E. H. (2001): The Regulatory Genome. Acad. Press, San Diego

Degnan, B. M., Vervoort, M., Larroux, C., Richards, G. S. (2009): Early evolution of metazoan transcription factors. Curr. Opin. Genet. Dev. 19: 591–599

Dewel, R. A., Connell, M. U., Dewel, W. C. (2003): Bridging morphological transition to the Metazoa. Integr. Comp. Biol. 43: 28–46

Dunn, C. W., Hejnol, A., Matus, D. Q., Pang, K., Browne W. E., Smith, S. A., Seaver, E., Rouse, G. W., Obst, M., Edgecombe, G. D., Sørensen, M. V., Haddock, S. H. D., Schmidt-Rhaesa, A., Okusu, A., Kristensen, R. M., Wheeler, W. C., Martindale, M., Gonzalo Giribet (2008): Broad phylogenomic sampling improves resolution of the animal tree of life. Nature 452: 745–749

Fahey, B., Degnan, B. M. (2010): Origin of animal epithelia: insights from the sponge genome. Evol. Dev. 12: 601–617

Flindt, R (2003): Biologie in Zahlen. 6. Aufl. Elsevier, Heidelberg

Gilbert, S. F. (2013): Developmental Biology.10. Aufl. Sinauer, Sunderland, MA

Gould, S. J. (1977): Ontogeny and Phylogeny. Harvard Univ. Press, Cambridge

Gruner, H.-E. (Hrsg.) (1993): Einführung, Protozoa, Placozoa, Porifera. In: Lehrbuch der Speziellen Zoologie. Begr. von A. Kaestner, 5. Aufl. Bd. I. Teil 1. Gustav Fischer, Jena, Stuttgart

Halanych, K. M. (2004): The new view of animal phylogeny. Annu. Rev. Ecol. Evol. Syst. 35: 229–256

Higgins, R. P., Thiel, H. (Hrsg.) (1988): Introduction to the Study of Meiofauna. Smithsonian Institution Press, Washington

Holland, N. D. (2003): Early nervous system evolution: An era of skin brains? Nature Rev. Neurosci. 4: 1–11

Jackson, J. B. C., Buss, L. W., Cook, R. E. (1985): Population Biology and Evolution of Clonal Organisms. Yale Univ. Press, London

Jacobs, D. K., Gates, R. D. (2003): Developmental genes and the reconstruction of metazoan evolution – Implications of evolutionary loss, limits on inference of ancestry and type 2-errors. Integr. Comp. Biol. 43: 11–18

Jägersten, G. (1972): Evolution of the Metazoan Life Cycle. Acad. Press, London

Jenner, R. A. (2004): Accepting partnerships by submission? Morphological phylogenetics in a molecular millennium. Syst. Biol. 53: 333–342

King N, Westbrook, M. J., Young, S. L., Kuo, A, Abedin, M., Chapman, J., Fairclough, S., Hellsten, U., Isogai, Y., Letunic, I., Marr, M., Pincus, D., Putnam, N., Rokas, A., Wright, K, J., Zuzow, R., Dirks, W., Good, M., Goodstein, D., Lemons, D., Li, W., Lyons, J. B., Morris, A., Nichols, S., Richter, D. J., Salamov, A., Sequencing J. G., Bork, P., Lim, W. A., Manning, G., Miller, W. T., McGinnis, W., Shapiro, H., Tjian, R., Grigoriev, I. V., Rokhsar, D. (2008): The genome of the choanoflagellate *Monosiga brevicollis* and the origin of metazoans. Nature 451: 783–788

Knoll, A. H., Corrol, S. B. (1999): Early animal evolution: Emerging views from comparative biology and geology. Science 284: 2128–2137

Legakis, A., Sfenthourakis, S., Polymeni, R., Thessalou-Legaki, M. (Hrsg.) (2003): The New Panorama of Animal Evolution. Proc XVIII Int. Con. Zool. Athens, Greece, 2000. Pensoft, Sofia, Moskau

Maynard Smith, J., Szathmáry, E. (1999): The Origins of Life. Oxford Univ. Press, New York

Medina, M., Collins, A. G., Silbermann, J. D., Sogin, M. L. (2001): Evaluating hypothesis of basal animal phylogeny using sequences of large and small subunit rRNA. Proc. Nat. Acad. Sci. 98: 9707–9712

Minelli, A. (2003): The Development of Animal Form. Cambridge University Press, Cambridge

Morris, P. J. (1993): The developmental role of the extracellular matrix suggests a monophyletic origin of the kingdom Animalia. Evolution 47: 152–165

Müller, W. E. G. (Hrsg.) (1998): Molecular Evolution: Towards the Origin of Metazoa. In: Progress in Molecular and Subcellular Biology (PMSB). Springer, Berlin, Heidelberg

Nielsen, C. (2012): Animal Evolution: Interrelationships of the Living Phyla. 3. Auflg. Oxford Univ. Press, Oxford

Nielsen, C. (2003): Defining phyla: Morphological and molecular clues to metazoan evolution. Evol. Dev. 5: 386–393

Nielsen, C., Martinez, P. (2003): Patterns of gene expression: Homology or homocrazy? Dev. Genes Evol. 213: 149–154

Nielsen, C. (2008): Six major steps in animal evolution – are we derived sponge larvae? Evol. Dev. 10: 241–257

Parker, S. P. (Hrsg.) (1982): Synopsis and Classification of Living Organisms. 2 Bde. McGraw-Hill, New York

Pedersen, K. J. (1991): Structure and composition of basement membranes and other basal matrix systems in selected invertebrates. Act. Zool. 72: 181–201

Richards, G. S., Degnan, B. M. (2009): The dawn of developmental signaling in the Metazoa. Cold Spring Harbor Symp. Quant. Biol. 74: 1–10

Riedl, R. (1978): Order in Living Organisms: A Systems Analysis of Evolution. John Wiley and Sons, Chichester

Riedl, R. (2011): Fauna und Flora des Mittelmeeres. Neuaufl. Riedl, S., Schweder, B. (Hrsg.). Seifert-Verlag, Wien

Rieger, R. M. (1994): The biphasic life cycle – a central theme in metazoan evolution. Am. Zool. 34 (4): 484–491

Rieppel, O. C. (1988): Fundamentals of Comparative Biology. Birkhäuser, Basel

Rokas, A. (2008): The origin of multicellularity and the early history of the genetic toolkit for animal development. Ann. Rev. Genet. 42: 235–251

Ruppert, E. E., Fox, R. S., Barnes, R. D. (2004): Invertebrate Zoology. 7. Aufl. Brooks/Cole, Thomson Learning, Belmont, CA

Schmidt-Rhaesa, A. (2003): Old trees, new trees – is there any progress? Zoology 106: 291–301

Schmidt-Rhaesa, A. (2007): The Evolution of Organ Systems. Oxford Univ. Press, Oxford

Siewing, R. (Hrsg.) (1985): Lehrbuch der Zoologie Bd. 2. Systematik. Gustav Fischer, Stuttgart

Simonetta, A. M., Conway Morris, S. (Hrsg.) (1991): The Early Evolution of Metazoa and the Significance of Problematic Taxa. Cambridge Univ. Press, Cambridge

Slack, J. M. W., Holland, P. W. H., Graham, C. F. (1993): The zootype and the phylotypic stage. Nature 361: 491–492

Stachowitsch, M. (1992): The Invertebrates, an Illustrated Glossary. Wiley-Liss, New York

Steininger, F. (Hrsg.) (1996): Agenda Systematik 2000 – Erschließung der Biosphäre. Kleine Senckenberg-Reihe 22: 1–55

Sterrer, W. E. (1986): Fauna and Flora of Bermuda. John Wiley & Sons, New York

Sterrer, W., Ax, P. (Hrsg.) (1977): The meiofauna species in time and space. Mikrofauna Meeresboden 61

Storch, V., Welsch, U. (2003): Systematische Zoologie. 6. Aufl. Spektrum Akademischer Verlag, Heidelberg

Storch, V., Welsch, U. Wink, M. (2007): Evolutionsbiologie. 2. Aufl. Springer-Verlag Berlin

Telford, M. J., Littlewood, D. T. J. (Hrsg.) (2009): Animal Evolution. Genomes, Fossils, and Trees. Oxford Univ. Press, Oxford

Valentine, J. W. (2004): On the Origin of Phyla. Chicago Univ. Press, Chicago

Vogel, S. (1988): Life's Devices. Princeton Univ. Press, Princeton, N. J.

Wainwright, S. A. (1988): Axis and Circumference. Harvard Univ. Press, Cambridge

Welsch, U., Storch, V. (1976): Comparative Animal Cytology and Histology. Univ. Washington Press, Seattle

Willmer, P. (1994): Invertebrate Relationships. Cambridge Univ. Press, Cambridge

Wilson, E. O. (1992): The Diversity of Life. Norton & Company, New York, London

Wray, G. A., Levinton, J. S., Shapiro, L. H. (1996): Molecular evidence for deep Precambrian divergences among metazoan phyla. Science 274: 568–73

Parazoa/Porifera

Ax, P. (1995): Das System der Metazoa I, Gustav Fischer Verlag, Stuttgart

Becerro, M. A., Uriz, M. J., Maldonado, M., Turon, X. (Hrsg.) (2012): Advances in Sponge Science: Phylogeny, Systematics, Ecology. Adv. Mar. Biol. 61: 2–432

Becerro, M. A., Uriz, M. J., Maldonado, M., Turon, X. (Hrsg.) (2012): Advances in Sponge Science: Physiology, Chemical and Microbial Diversity, Biotechnology. Adv. Mar. Biol. 62: 1–356

Bergquist, P. R. (1978): Sponges. Hutchinson University Library, London

Boury-Esnault, N., Rützler, K. (Hrsg.) (1997): Thesaurus of Sponge Morphology. Smithonian Institution Press, Washington, London

Brümmer, F., Nickel, M., Sidri, M. (2003): Porifera (Schwämme). In: Hofrichter, R. (Hrsg.) Das Mittelmeer. Band II/1 Bestimmungsführer. Spektrum Akademischer Verlag, Heidelberg, 302–381

De Vos, L., Rützler, K., Boury-Esnault, N., Donadey, C., Vacelet J. (1991): Atlas of Sponge Morphology. Smithsonian Institution Press, Washington, London

Ereskovsky, A. V., Dondua, A. K. (2006): The problem of germ layers in sponges (Porifera) and some issues concerning early metazoan evolution. Zool. Anz. 245: 65–76

Ereskovsky, A. V. (2010): The Comparative Embryology of Sponges. Springer, New York, Berlin

Erpenbeck, D., Wörheide, G. (2007): On the molecular phylogeny of sponges (Porifera). Zootaxa 1668: 107–126

Grassé, P. P. (Hrsg.) (1973): Traité de Zoologie, 3. Spongiaires. Masson & Fils, Paris

Grasshoff, M. (1992): Die Evolution der Schwämme. 2. Bautypen und Vereinfachungen. Natur und Museum, 122 (8): 237–247

Harrison, F. W., Westfall, J. A. (Hrsg.) (1991): Placozoa, Porifera, Cnidaria and Ctenophora. Microscopic Anatomy of Invertebrates. Bd. 2. Wiley-Liss, New York

Hartman, W. D. (1982): Porifera. In: Parker, S.P. (Hrsg.). Synopsis and Classification of Living Organisms 1. McGraw Hill, New York

Hooper, J. N. A., van Soest, R. W. M. (Hrsg.) (2002): Systema Porifera, a Guide to the Classification of Sponges. Kluwer Acad./Plenum Publ., New York

Imsiecke, G (1993): Ingestion, digestion, and egestion in "*Spongilla lacustris*" (Porifera, Spongillidae) after pulse feeding with *Chlamydomonas reinhartii* (Volvocales). Zoomorphology 113: 233–244

Jones, W. C. (Hrsg.) (1987): European Contributions to the Taxonomy of Sponges. Publ. Sherkin Island Marine Station, Cork

Kilian, E. F. (1993): Stamm Porifera. In: Gruner H.-E. (Hrsg.) Lehrbuch der speziellen Zoologie: Band I: Wirbellose Tiere. Teil 1: Einführung, Protozoa, Placozoa, Porifera. 5. Auflg. Gustav Fischer Verlag, Jena

Lévi, C., Boury-Esnault, N. (Hrsg.) (1979): Biologie des spongiaires. Sponge Biology. Editions du CNRS, Paris, 291

Leys, S.P., Mackie G.O., Reiswig H.M. (2007): The Biology of Glass Sponges. Adv. Mar. Biol. 52, 1–145.

Mackie, G. O. (1990): The elementary nervous system revisited. Am. Zool. 30: 907–920

Maldonado, M. (2004): Choanoflagellates, choanocytes, and animal multicellularity. Invertebr. Biol. 123: 1–22

Maldonado, M., Bergquist, P. R. (2002): Phylum Porifera. In: Young, C.M: (Hrgs.) Atlas of Marine Invertebrate Larvae. Acad. Press, San Diego

Möhn, E. (1984): System und Phylogenie der Lebewesen. Bd.1: Physikalische, chemische und biologische Evolution. Prokaryonta, Eukaryonta (bis Ctenophora). Schweizerbart'sche Verlagsbuchhandlung, Stuttgart

Nickel, M. (2004): Kinetics and rhythm of body contractions in the sponge *Tethya wilhelma*. J. Exp. Biol. 207, 4515–4524

Nickel, M. (2010) Evolutionary emergence of synaptic nervous systems: what can we learn from the non-synaptic, nerveless Porifera? Inv. Biol. 129, 1–16

Nickel, M., Scheer, C., Hammel, J. U., Herzen, J., Beckmann, F. (2011) The contractile sponge epithelium *sensu lato* – body contraction of the demosponge *Tethya wilhelma* is mediated by the pinacoderm. J. Exp. Biol. 214: 1692–1698

Philippe, H., Derelle, R., Lopez, P., Pick, K., Borchiellini, C., Boury-Esnault, N., Vacelet, J., Renard, E., Houliston, E., Quéinnec, E., Da Silva, C., Wincker, P., Le Guyader, H., Leys, S., Jackson, D. J., Schreiber, F., Erpenbeck, D., Morgenstern, B., Wörheide, G., Manuel, M. (2009): Phylogenomics revives traditional views on deep animal relationships. Curr. Biol. 19, 706–712

Reiswig, H. M., Mackie, G. O. (1983): Studies on hexactinellid sponges. III. The taxonomic status of Hexactinellida within the Porifera. Phil. Trans. Roy. Soc. London. Biol. Sci. 301: 419–429

Reitner, J., Keupp, H (Hrsg.) (1991): Fossil and Recent Sponges. Springer, Berlin

Rützler, K. (Hrsg.) (1990): New Perspectives in Sponge Biology. Smithsonian Institution Press, Washington, London

Simpson, T. L. (1991): The Cell Biology of Sponges. Springer, New York

Soest, R. W. M. van, Kempen, Th. M. G. van, Braekman, J. C. (Hrsg.) (1994): Sponges in Time and Space. Balkema, Rotterdam

Srivastava, M., Simakov, O., Chapman J, Fahey, B., Gauthier, M., E., Mitros, T., Richards, G. S., Conaco, C., Dacre, M., Hellsten, U., Larroux, C., Putnam, N. H., Stanke, M., Adamska, M., Darling, A., Degnan, S. M., Oakley, T. H., Plachetzki, D. C., Zhai, Y., Adamski, M., Calcino, A., Cummins, S. F., Goodstein, D. M., Harris, C., Jackson, D. J., Leys, S. P., Shu, S., Woodcroft, B. J., Vervoort, M., Kosik, K. S., Manning, G., Degnan, B. M., Rokhsar, D. S. (2010): The *Amphimedon queenslandica* genome and the evolution of animal complexity. Nature 466: 720–727

Syed, T., Schierwater, B. (2002): The evolution of the Parazoa. Senckenbergiana lethaea 82: 315–324

Vacelet, J., Duport, E. (2004): Prey capture and digestion in the carnivorous sponge *Asbestobluma hypogea* (Porifera: Demospongiae). Zoomorphology 123: 179–190

Van Soest, R. W. M., Boury-Esnault, N., Vacelet, J., Dohrmann, M., Erpenbeck, D., De Voogd, N., Santodomingo, N., Vanhoorne, B., Kelly, M., Hooper, J. N. A (2012): Global diversity of sponges (Porifera). PLoS ONE 7(4): e35105

Weissenfeld, N. (1989): Biologie und mikroskopische Anatomie der Süßwasserschwämme (Spongillidae). Gustav Fischer, Stuttgart

Wiedenmayer, F. (1977): Shallow-Water Sponges of the Western Bahamas. Birkhäuser Verlag, Basel, Stuttgart.

Wiedenmayer, F. (1994): Contributions to the knowledge of post-palaeozoic neritic and archibenthal sponges (Porifera). Schweiz. Paläont. Abh. 116: 1–147

Eumetazoa

Arendt, D., Hausen, H., Purschke, G. (2009): The ‚division of labour' model of eye evolution. Phil. Trans. R. Soc. London B Biol Sci. 364: 2809–2817

Bereiter-Hahn, J., Matoltsy, A. G., Richards, K. S. (1984): Biology of the Integument Bd. 1, Invertebrates. Springer, Berlin

Bloom, W., Fawcett, D. W. (1994): A Textbook of Histology. Chapman and Hall, London

Breidbach, O., Kutsch, W. (1995): The Nervous Systems of Invertebrates: An Evolutionary and Comparative Approach. Birkhäuser, Basel

Chapman, J. A., Kirkness, E. F., Simakov, O. et al. (2010): The dynamic genome of Hydra. Nature 464: 592–596

Dewel, R. A. (2000): Colonial origin of Eumetazoa: Major morphological transitions and the origin of bilaterian complexity. J. Morph. 243: 35–74

Goldstein, B., Freeman, G. (1997): Axis specification in animal development. BioEssays 19: 105–116

Haeckel, E. (1874): Die Gastraea-Theorie, die phylogenetische Classification des Thierreichs und die Homologie der Keimblätter. Jena. Z. Naturw. 8: 1–55.

Harrison, F. W. (Hrsg.) (1991–1999): Microscopic Anatomy of Invertebrates, 15 Bd., Wiley-Liss, New York

Harrison, F. W., Westfall, J. A. (Hrsg.) (1991): Placozoa, Porifera, Cnidaria, and Ctenophora. Microscopic Anatomy of Invertebrates. Bd. 2. Wiley-Liss, New York

Mackie, G. O. (1990): The elementary nervous system revisited. Am. Zool. 30: 907–920

McMahon, T. A. (1984): Muscles, Reflexes, and Locomotion. Princeton Univ. Press, London

Neville, A. C. (1993): Biology of Fibrous Composites. Cambridge Univ. Press, Cambridge

Nielsen, C. (2012): Animal Evolution: Interrelationships of the Living Phyla. 3. Auflg. Oxford Univ. Press, Oxford

Pearse, V., Pearse, J, Buchsbaum, M., Buchsbaum, R. (1987): Living Invertebrates. Blackwell Sci. Publ., Palo Alto, USA

Putnam, N. H., Srivastava, M., Hellsten, U., Dirks, B., Chapman, J., Salamov, A., Terry, A., Shapiro, H., Lindquist, E., Kapitonov, V., Jurka, J., Genikhovich, G., Grigoriev, I., Lucas, S., Steele, R., Finnerty, J., Technau, U., Martindale, M., Rokhasr, D. (2007): Sea anemone genome reveals ancestral eumetazoan gene repertoire and genomic organization. Science 317: 86–94

Richter, S., Sudhaus, W. (Hrsg.) (2004): Kontroversen in der Phylogenetischen Systematik der Metazoa. Sber. Ges. Naturf. Freunde Berlin 43: 1–221

Rieger, R. M. (1984): Evolution of the cuticle in the lower Eumetazoa. In: Bereiter-Hahn, J., Matoltsy, A. G., Richards, K. S. (Hrsg.): Biology of the Integument. Bd. 1, Invertebrates. Springer Verlag, Berlin. 389–399

Tyler, S. (2003): Epithelium – the primary building block for metazoan complexity. Integr. Comp. Biol. 43: 55–63

Umbriaco, D., Anctil, M., Descarries, L. (1990): Serotonine-immunoreactive neurons in *Renilla koellikeri* J. Comp. Neurol. 291: 167–178

Placozoa

Dellaporta, S. L., Xu, A., Sagasser, S., Jakob, W., Moreno, M. A., Buss, L. W. & Schierwater, B. (2006): Mitochondrial genome of *Trichoplax adhaerens* supports Placozoa as the basal lower metazoan phylum. Proc. Nat. Acad. Sci. 103: 8751–8756

Eitel, M., Guidi, L., Hadrys, H., Balsamo, M., Schierwater, B. (2011): New insights into placozoan sexual reproduction and development. PLoS ONE, 6, e19639

Eitel, M., Osigus, H. J., Desalle, R., Schierwater, B. (2013): Global diversity of the placozoa. PloS ONE, 8, e57131

Enders, A., Schierwater, B. (2003): Placozoa are not derived Cnidaria: evidence from molecular morphology. Mol. Biol. Evol. 20: 130–134

Grell, K. G., Ruthmann, A. (1991): Placozoa. In: Harrison, F. W. (Hrsg.): Microscopic Anatomy of Invertebrates. Bd. 2. Wiley-Liss, New York. 13–27

Guidi, L., Eitel, M., Cesarini, E., Schierwater, B., Balsamo, M. (2011): Ultrastructural analyses support different morphological lineages in the phylum Placozoa Grell, 1971. J Morph. 272: 371–378

Jakob, W., Sagasser, S., Dellaporta, S., Holland, P., Kuhn, K., Schierwater, B. (2004): The *Trox-2 Hox/ParaHox* gene of *Trichoplax* (Placozoa) marks an epithelial boundary. Dev. Genes Evol. 214: 170–175

Ruthmann, A. (1977): Cell differentiation, DNA content and chromosomes of *Trichoplax adhaerens* F. E. Schulze. Cytobiol. 15: 58–64

Schierwater, B. (2005): My favorite animal, *Trichoplax adhaerens*. BioEssays, 27: 1294–1302

Schierwater, B., Eitel, M., Jakob, W., Osigus H.-J., Hadrys, H., Dellaporta, S.L., Kolokotronis S.-O., DeSalle, R. (2009): Concatenated analysis sheds light on early metazoan evolution and fuels a modern "Urmetazoon" hypothesis. PloS Biology 7: 36–44

Srivasta, M., Begovic, E., Chapman, J., Putnam, N. H., Hellsten, U., Kawashima, T., Kuo, A., Mitros, T., Salamov, A., Carpenter, M. L., Signorovitch, A. Y., Moreno, M. A., Kamm, K., Grimwood, J., Schmutz, J., Shapiro, H., Grigoriev, I. V., Buss, L. W., Schierwater, B., Dellaporta, S. L., Rokhsar, D. S. (2008): The *Trichoplax* genome and the nature of placozoans. Nature 454, 955–960

Thiemann, M., Ruthmann, A. (1991): Alternative modes of asexual reproduction in *Trichoplax adhaerens* (Placozoa). Zoomorphology 110: 165–174

Cnidaria, Myxozoa und Ctenophora

Arai, M. N. (1997): A functional biology of Scyphozoa. Chapman & Hall, London

Appeltans et al. (2011): World Register of Marine Species [WoRMS], accessed at http://www.marinespecies.org on 2012-03-02

Bayer, F. M., Owre, H. B. (1968): The Free-Living Lower Invertebrates. Macmillan, New York

Collins, A. G. (2002): Phylogeny of Medusozoa and the evolution of cnidarian life cycles. J. Evol. Bio. 15: 418–432

Collins, A. G. (2009): Recent insights into cnidarian phylogeny. Smithsonian Contr. Zool. 38: 139–149

Collins, A. G., Schuchert, P., Marques, A. C., Jankowski, T., Medina, M., Schierwater, B. (2006): Medusozoan phylogeny and character evolution clarified by new large and small subunit rDNA data and an assessment of the utility of phylogenetic mixture models. Syst. Biol. 55: 97–115

Collins, A. G., Bentlage, B., Lindner, A., Lindsay, D., Haddock, S. H. D., Jarms, G., Norenburg, J. L., Jankowski, T., Cartwright, P. (2008): Phylogenetics of Trachylina (Cnidaria: Hydrozoa) with new insights on the evolution of some problematical taxa. J. Mar. Biol. Ass. U. K. 88: 1673–1685

Cornelius, P. F. S. (1995a): North-west European thecate hydroids and their medusae. Part 1. Introduction, Laodiceidae to Haleciidae. *Synopses of the British Fauna New Series* 50: 1–347

Cornelius, P. F. S. (1995b): North-west European thecate hydroids and their medusae. Part 2. Sertulariidae to Campanulariidae. *Synopses of the British Fauna New Series* 50: 1–386

Daly, M., Fautin, D. G., Cappola, V. A. (2003): Systematics of the Hexacorallia (Cnidaria: Anthozoa). Zool. J. Linn. Soc. 139: 419–437

David, C. N., Özbek, S., Adamczyk, P., Meier, S., Pauly, B., Chapman, J., Hwang, J. S., Gojobori, T., Holstein, T. W. (2008): Evolution of complex structures: minicollagens shape the cnidarian nematocyst. Trends Genetics 24: 431–438

Dunn, C. W., Pugh, P. R., Haddock, S. H. D. (2005): Molecular phylogenetics of the Siphonophora (Cnidaria), with implications for the evolution of functional specialization. Syst. Biol. 54: 916–935

Dunn, C. W., Wagner, G. P. (2006): The evolution of colony-level development in the Siphonophora (Cnidaria: Hydrozoa). Dev. Gen. Evol. 216: 743–754

Dunn, C. W., Hejnol, A., Matus, D. Q., Pang, K., Browne, W. E., Smith, S. A., Seaver, E., Rouse, G. W., Obst, M., Edgecombe, G. D., Sorensen, M. V., Haddock, S. H. D., Schmidt-Rhaesa, A., Okusu, A., Kristensen, R. M., Wheeler, W. C., Martindale, M. Q., Giribet, G. (2008): Broad phylogenomic sampling improves resolution of the animal tree of life. Nature 452: 745–749.

Evans, N. M., Holder, M. T., Barbeitos, M. S., Okamura, B., Cartwright, P. (2010): The phylogenetic position of Myxozoa: Exploring conflicting signals in phylogenomic and ribosomal data sets. Mol. Biol. Evol. 27: 2733–2746

Fautin, D. (2002): Reproduction of Cnidaria. Can. J. Zool. 80: 1735–1754

Fautin, D. G., Mariscal, R. N. (1991): Cnidaria: Anthozoa. In: Harrison, F. W. (Hrsg.): Micr. Anat. Invert. Bd. 2. Wiley-Liss, New York

Heeger, T. (2004): Quallen – Gefährliche Schönheiten. S. Hirzel Verlag, Stuttgart

Hernandez-Nicaise, M. L. (1991): Ctenophora. In: Harrison, F. W. (Hrsg.): Micr. Anat. Invert. Bd. 2. Wiley-Liss, New York

Hofrichter, R. (2003):. Das Mittelmeer. Bd.2/1 Bestimmungsführer Prokaryota, Protista, Fungi, Algae, Plantae, Animalia (bis Nemertea). Spektrum Akademischer Verlag

Holstein, T. (1981): The morphogenesis of nematocysts in *Hydra* and *Forskalia*: an ultrastructual study. J. Ultrastruct. Res. 75: 276–290

Holstein, T. (1995): Cnidaria: Hydrozoa. pp. 1–142. In: J. Schwoerbel and P. Zwick (ed). Süsswasserfauna von Mitteleuropa, Cnidaria: Hydrozoa/Kamptozoa, Vol. 1, Gustav Fischer Verlag, Stuttgart, 1–142 pp

Hyman, L. H. (1940): The Invertebrates. Bd. 1: Protozoa through Ctenophora. McGraw-Hill, New York

Jiménez-Guri et al. (2007): *Buddenbrockia* is a cnidarian worm. Science 317: 116–118

Kent, M. L. et al (2001): Recent advances in our knowledge of the Myxozoa. J. Eukaryot. Microbiol. 48: 395–413

Kirkpatrick, P. A., Pugh, P. R. (1984): Siphonophores and velellids. Synopses of the British Fauna (New Series) 29: 1–154

Leclère, L., Schuchert, P., Cruaud, C., Couloux, A., Manuel, M. (2009): Molecular phylogenetics of Thecata (Hydrozoa, Cnidaria) reveals long-term maintenance of life history traits despite high frequency of recent character changes. Syst. Biol. 58: 509–526

Lesh-Laurie, G. E., Suchy, P. E. (1991): Cnidaria: Scyphozoa and Cubozoa. In: Harrison, F. W. (Hrsg.): Micr. Anat. Invert. Bd. 2. Wiley-Liss, New York

Lom, J., Dyková, I. (2006) : Myxozoan genera: definition and notes on taxonomy, life-cycle terminology and pathogenic species. Fol. Parasit. 53: 1–36

Mackie, G. O., Pugh, P. R., Purcell, J. E. (1987): Siphonophore biology. Adv. Mar. Biol. 24: 97–262

McFadden, C. S., Sánchez, J. A., France, S. C. (2010): Molecular phylogenetic insights into the evolution of Octocorallia: a review. Integr. Comp. Biol. 50: 389–410

Mills, C.E. (1998-present) : Phylum Ctenophora: list of all valid species names. Available at http://faculty.washington.edu/cemills/Ctenolist.html. Published by author, web page: established March 1998, last update: May 15, 2012

Özbek, S., Balasubramanian, P. G., Holstein, T. W. (2009): Cnidocyst structure and the biomechanics of discharge. Toxicon 54: 1038–1045

Philippe, H., Derelle, R., Lopez, P., Pick, K., Borchiellini, C., Boury-Esnault, N., Vacelet, J., Renard, E., Houliston, E., Quéinnec, E., Da Silva, C., Wincker, P., Le Guyader, H., Leys, S., Jackson, D. J., Schreiber, F., Erpenbeck, D., Morgenstern, B., Wörheide, G., Manuel, M. (2009): Phylogenomics revives traditional views on deep animal relationships. Curr. Biol. 19, 706–712

Podar et al. (2001): A molecular phylogenetic framework for the phylum Ctenophora using 18S rRNA genes. Mol. Phyl. Evol. 21: 218–230

Russell, F. S. (1953): The Medusae of the British Isles I: Anthomedusae, Leptomedusae, Limnomedusae, Trachymedusae and Narcomedusae. Cambridge Univ. Press, Cambridge

Russell, F. S. (1970): The Medusae of the British Isles II: Pelagic Scyphozoa with a Supplement of the First Volume on Hydromedusae. Cambridge Univ. Press, Cambridge

Schuchert, P. (2010): The European athecate hydroids and their medusae (Hydrozoa, Cnidaria): Capitata part 2. Rev. suis. Zool. 117: 337–555 (mit Referenzen zu vorangehenden Teilen der Serie)

Straehler-Pohl, I., Jarms, G. (2005): Life cycle of *Carybdea marsupialis* Linnaeus, 1758 (Cubozoa, Carybdeidae) reveals metamorphosis to be a modified strobilation. Mar. Biol. 147: 1271–1277

Tardent, P. (1978): Coelenterata, Cnidaria. In: Seidel, F. (Hrsg.): Morphogenese der Tiere 1/A-1: 69–415. Gustav Fischer, Jena

Tardent, P. (1995): The cnidaria cnidocyte, a high-tech cellular weaponry. BioEssays 17: 351–362

Thiel, M. E. (1970): Über den zweifachen stammesgeschichtlichen („biphyletischen") Ursprung der Rhizostomae (Scyphomedusae) und ihre Aufteilung in die zwei neuen Ordnungen Cepheidae und Rhizostomida. Abh. Verh. naturw. Ver. Hamburg. N. F. 14: 145–168

Thomas, M. B., Edwards, N. C. (1991): Cnidaria: Hydrozoa. In: Harrison, F. W. (Hrsg.): Micr. Anat. Invert. Bd. 2. Wiley-Liss, New York

Werner, B. (1965): Die Nesselkapseln der Cnidaria, mit besonderer Berücksichtigung der Hydroida. 1. Klassifikation und Bedeutung für die Systematik und Evolution. Helgol. wiss. Meeresunters. 12: 1–39

Werner, B. (1984): 4. Stamm Cnidaria. In: Lehrbuch der Speziellen Zoologie. Begr. v. Kaestner, A., (Hrsg.) v. Gruner, H.-E: Bd. 1, Gustav Fischer, Jena, Stuttgart

Bilateria

Alexander, R. McN. (1983): Animal Mechanics. Blackwell Sci, Publ., Oxford

Bagunà, J., Riutort, M. (2004): The dawn of bilaterian animals: the case of acoelomate flatworms. BioEssays 26: 1046–1057

Baurain, D., Brinkmann, H., Philippe, H. (2007): Lack of resolution in the animal phylogeny: Closely spaced cladogeneses or undetected systematic errors? Mol. Biol. Evol. 24: 6–9

Benton, M. J., Donoghue, P. C. J. (2007): Paleontological evidence to date the Tree of Life. Mol. Biol. Evol. 24:26–53

Boyer, B. C., Henry, J. J., Martindale, M. Q. (1998): The cell lineage of a polyclad turbellarian embryo reveals close similarity to coelomate spiralians. Dev. Biol. 204: 111–123

Calder, W. A. (1984): Size, Function, and Life History. Harvard Univ. Press, Cambridge, MA

Chen, J.-Y., Bottjer, D. J., Oliveri, P., Dornbos, S. Q., Gao, F., Ruffins, S., Chi, H., Li, C.-W., Davidson, E. H. (2004): Small bilaterian fossils from 40 to 50 million years before the Cambrian. Science 305: 218–222

Clark, R. B. (1964): Dynamics in Metazoan Evolution. Clarendon Press, Oxford

Cook, C. E., Jiménez, E., Akam, M., Saló, E. (2004): The *Hox* gene complement of acoel flatworms, a basal bilaterian clade. Evol. Dev. 6: 154–163

Dickinson, D. J., Nelson, W. J., Weis, W. I. (2012): Rethinking the origin of multicellularity: Where do epithelia come from? BioEssays 34: 833–840

Edgecombe, G. D., Giribet, G., Dunn, C. W., Hejnol, A., Kristensen, R. M., Neves, R. C., Rouse, G.W., Worsaae, K., Sørensen, M. V. (2011): Higher-level metazoan relationships: recent progress and remaining questions. Org. Div. Evol. 11: 151–172

Fitch, D. H. A., Sudhaus, W. (2002). One small step for worms, one giant leap for Bauplan? Evol. Dev. 4: 243–246

Giere, O. (2009): Meiobenthology, The Microscopic Motile Fauna of Aquatic Sediments.(2nd ed). Springer, Berlin

Giribet, G. (2010): A new dimension in combining data? The use of morphology and phylogenomic data in metazoan systematics. Acta Zool. (Stockh.) 91: 11–19

Gould, S. J. (1989): Wonderful Life. The Burgess Shale and the Nature of History. W. W. Norton Company, New York

Hall, B. K., Wake, M. H. (1999): The Origin and Evolution of Larval Forms. Acad. Press, San Diego, 425 pp

Henry, J. J., Martindale, M. Q., Boyer, B. C. (2000): The unique developmental program of the acoel flatworm, *Neochildia fusca*. Dev. Biol. 220: 285–295

Hertwig, O., Hertwig, R. (1882): Die Coelomtheorie. Jenaische Z. Naturwiss. 15, 1–150

Holland, N. D. (2003): Early central nervous system evolution. An era of skin brains? Nat. Rev. Neurosci. 4: 1–11

Hoton, T. A., Pisani, D. (2010): Deep genomic-scale analyses of the Metazoa reject Coelomata: evidence from single- and multigene families analyzed under a supertree and supermatrix paradigm. Genome Biol. Evol. 2: 310–324

Hou, X.-G., Aldridge, R. J., Bergström, J., Siveter, Da. J., Siveter, De. J., Feng, X.-H. (2004): The Cambrian fossils of Chengjiang, China: The Flowering of Early Animal Life. Blackwell Sci. Publ., Oxford

Hyman, L. H. (1951): The Invertebrates – Platyhelminthes and Rhynchocoela. Bd. 2. McGraw-Hill Book Comp., New York

Hyman, L. H. (1959): The Invertebrates – Smaller Coelomate Groups. Bd. 5. McGraw-Hill Book Comp., New York

Jenner, R. A. (2004): Towards a phylogeny of the Metazoa: Evaluating alternative phylogenetic positions of Platyhelminthes, Nemertea, and Gnathostomulida, with a critical reappraisal of cladistic characters. Contrib. Zool. 73: 3–163

Junqueira, L. C., Carneiro, J. (2004): Histologie. 6. Aufl. (Gratzl, M., Hrsg.) Springer Medizin Verlag, Heidelberg

Larink, O., Westheide, W. (2011): Coastal Plankton. Photo Guide for European Seas. 2nd ed. Dr. Friedrich Pfeil, München

Lowe, C.J., Pani, A.M. (2011): Animal evolution: a soap opera of unremarkable worms. Curr. Biol. 21: R151–R153

Lowe, C. J., Terasaki, M., Wu, M., Freeman, R. M., Runft, L., Kwan, K., Haigo, S., Aronowicz, J., Lander, E., Gruber, C., Smith, M., Kirschner, M., Gerhart, J. (2006): Dorsoventral patterning in hemichordates: insights into early chordate evolution. PloS Biol 4(9): 1603–1619

Mallatt, J., Craig, C.W., Yoder, M. J. (2012): Nearly complete rRNA genes from 371 Animalia: Updated structure-based alignment and detailed phylogenetic analysis. Mol. Phyl. Evol. 64: 603–617

Martindale, M. Q., Hejnol, A. (2009): A developmental perspective: changes in the position of the blastopore during bilaterian evolution. Dev. Cell 17: 162–174

Meinhardt, H. (2004): Different strategies for midline formation in bilaterians. Nature Rev. Neurosci. 5: 502–510

Minelli, A. (2009): Perspectives in Animal Phylogeny and Evolution. Oxford Univ Press 360 pp

Nielsen, C. (2012): Animal Evolution. Interrelationships of the Living Phyla. 3rd ed. Oxford Univ. Press

Northcutt, R. G. (2012): Evolution of centralized nervous systems: Two schools of evolutionary thought. Proc. Nat. Acad. Sci. 109 (S1): 10626–10633

Nosenko, T., Schreiber, F., Adamska, M., Adamski, M., Eitel, M., Hammel, J., Moldanado, M, Müller, W. E. G., Nickel, N., Schierwater, B., Vacelet, J., Wiens, M., Wörheide, G. (2013): Deep metazoan phylogeny: When different genes tell different stories. Mol. Phyl. Evol. 67: 223–233

Philippe, H., Brinkmann, H., Lavrov, D. V., Littlewood, D. T. J., Manuel, M., Wörheide, G., Baurain, D. (2011): Resolving difficult phylogenetic questions: Why more sequences are not enough. PLoS Biol 9(3): 31000602 10 pp.

Richter, S., Loesel, R., Purschke, G., Schmidt-Rhaese, A., Scholtz, G., Stach, T., Vogt, L., Wanninger, A., Brenneis, G., Döring, C., Faller, S., Fritsch, M., Grobe, P., Heuer, C. M., Kaul, S., Møller, O. S., Müller, C. H.G., Rieger, V., Rothe, B. H., Stegner, M. E. J., Harzsch, S. (2010): Invertebrate neurophylogeny – suggestions for terms and definitions for a neuroanatomical glossary. Front. Zool. 7: 29: 1–49

Rieger, R. M., Ladurner, P. (2001): Searching for the stem species of the Bilateria. Belg. J. Zool. 131: 27–34

Ruppert, E. E. (1992): Introduction to the aschelminth phyla: A consideration of mesoderm, body cavities and cuticles. In: Harrison, F. W., Ruppert, E. E. (Hrsg.): Microscopic Anatomy of Invertebrates. Bd. 4. Wiley-Liss, New York. 1–17

Ruppert, E. E., Smith, P.R. (1988): The functional organization of filtration nephridia. Biol. Bull. 63: 231–328

Schierwater, B., DeSalle, R. (eds.) (2011): Key Transitions in Animal Evolution. CRC Press, Bota Racon xii + 434 pp.

Strathmann, M. F. (1987): Reproduction and Development of Marine Invertebrates of the Northern Pacific Coast. Univ. Washington Press, Seattle

Telford, M. J. (2013): The animal Tree of Life. Science 339: 764–766

Telford, M. J., Littlewood, D. T. J. (eds.) (2008): Evolution of the Animals – a Linnean Terceniary Celebration. Phil. Trans. R. Soc. London B363 (1496)

Telford, M. J., Littlewood, D. T. J. (eds.) (2009): Animal evolution: genes, genomes, fossils and trees. Oxford Univ. Press, Oxford UK

Westheide, W. (1987): Progenesis as a principle in meiofauna evolution. J. Nat. Hist. 21: 843–854

Wörheide, G. (ed.) (2011): Deep Metazoan Phylogeny. New Data, New Challenges. Zitteliana 30: 78 pp

Xylander, W. E. R., Bartolomaeus, T. (1995): Protonephridien – neue Erkenntnisse über Funktion und Evolution. BIUZ 25: 107–114

Young, C. M., Sewell, M. A., Rice, M. E. (Hrsg.) (2001): Atlas of Marine Invertebrate Larvae. Acad. Press, New York, 1–630

Spiralia

Costello, D. P., Henley, C. (1976): Spiralian development: A perspective. Am. Zool. 16: 277–291

Damen, P., Dictus, W. J. A. G. (1994): Cell lineage of the prototroch of *Patella vulgata* (Gastropoda, Mollusca). Dev. Biol. 162: 364–383

Dorresteijn, A. W. C. (1990): Quantitative analysis of cellular differentiation during early embryogenesis of *Platynereis dumerilii*. Roux's Arch. Dev. Biol. 199: 14–30

Giribet, G. (2008): Assembling the lophotrochozoan (= spiralian) tree of life. Phil. Trans. R. Soc. London B 363: 1513–1522

Hejnol, A. (2010): A twist in time – the evolution of spiral cleavage in the light of animal phylogeny. Integr. Comp. Biol. 50 (5): 695 – 706

Lambert, J. D. (2010): Developmental patterns in spiralian embryos. Curr. Biol. 20(2): R72–R77

Pennerstorfer, M., Scholtz, G. (2012): Early cleavage in *Phoronis muelleri* (Phoronida) displays spiral features. Evol. Dev. 14 (6): 484–500

Plathelminthes

Ax, P., Ehlers, U., Sopott-Ehlers, B. (1988): Free-living and symbiotic Plathelminthes. Fortschritte der Zoologie 36

Baguñà, J., Riutort, M. (2004): Molecular phylogeny of the Platyhelminthes. Can. J. Zool. 82: 168–193

Cannon, L. R. G. (1986): Turbellaria of the World. A Guide to Families and Genera. Queensland Museum, Queensland Cultural Center

Coil, W. H. (1991): Plathelminthes: Cestoidea. In: Harrison, F. W., Bogitsh, B. J. (Hrsg.): Microscopic Anatomy of Invertebrates. Bd. 3. Wiley-Liss, New York

Dönges, J. (1988): Parasitologie. Mit besonderer Berücksichtigung humanpathogener Formen. Thieme, Stuttgart

Egger, B., Gschwentner, R., Rieger, R. (2007) Free-living flatworms under the knife: past and present. Dev. Genes Evol. 217: 89–104

Ehlers, U. (1985): Das Phylogenetische System der Plathelminthes. Gustav Fischer, Stuttgart

Justine, J.-L. (1991): Review: Phylogeny of parasitic Plathelminthes: A critical study of synapomorphies proposed on the basis of the ultrastructure of spermiogenesis and spermatozoa. Can. J. Zool. 69: 1421–1440

Karling, T. G. (1974): On the anatomy and affinities of the turbellarian orders. In: Riser, N. W., Morse, M. P. (Hrsg.): Biology of the Turbellaria, L. H. Hyman Memorial Volume. McGraw-Hill, New York 1–16

Koziol, U., Domínguez, M. F., Marín, M., Kun, A., Castillo, E. (2010): Stem cell proliferation during in vitro development of the model cestode Mesocestoides corti from larva to adult worm. Front. Zool. 7: 22

Ladurner, P., Egger, B., De Mulder, K., Pfister, D., Kuales, G., Salvenmoser, W., Schärer, L. (2008): The stem cell system of the basal flatworm Macrostomum lignano. In: T. C. G. Bosch (Hrsg): Stem Cells: from Hydra to Man. Springer, Berlin

Littlewood, D. T. J., Bray, R. A. (Hrsg.) (2001): Interrelationships of the Platyhelminthes. Syst. Ass. Spec. Vol. Ser. 60. Taylor & Francis, London, New York

Lockyer, A. E., Olson, P. D., Littlewood, D. T. J. (2003): Utility of complete large and small subunit rRNA genes in resolving the phylogeny of the Neodermata (Platyhelminthes): implications and a review of the cercomer theory. Biol. J. Linn. Soc. 78: 155–171

Lumsden, R. D., Hildreth, M. B. (1983): The fine structure of adult tapeworms. In: Arme, C., Pappas, P. W. (Hrsg.): Biology of the Eucestoda. Bd. 1. Acad. Press, London, New York 177–233

Mamkaev, Y. V. (Hrsg.) (1991). Morphological principles of Platyhelminthes phylogenetics. Proc. Zool. Inst., Sankt-Petersburg, Bd. 241

Martín-Durán, J. M., Egger, B. (2012): Developmental diversity in free-living flatworms. EvoDevo 3: 7

Mehlhorn, H. (2012a): Die Parasiten des Menschen. 7. Aufl. Springer-Spektrum

Mehlhorn, H. (2012b): Die Parasiten der Tiere. 7. Aufl. Springer-Spektrum

Odening, K. (1984): 7. Stamm Plathelminthes. In: Lehrbuch der Speziellen Zoologie. Begr. v. Kaestner, A., Hrsg. v. Gruner, H.-E. Bd. 1, Teil 2. Gustav Fischer, Stuttgart

Pappas, P. W. (Hrsg.) (1983): Biology of the Eucestoda. Bd. 1. Acad. Press, London, New York 177–233

Park, J.-K., Kim, K.-H., Kang, S., Kim, W., Eom, K. S., Littlewood, D. T. J. (2007): A common origin of complex life cycles in parasitic flatworms: evidence from the complete mitochondrial genome of Microcotyle sebastis (Monogenea: Platyhelminthes). BMC Evol. Biol. 7: 11

Rieger, R. M., Tyler, S., Smith III, J. P. S., Rieger, G. E. (1991): Platyhelminthes: Turbellaria. In: Harrison, F. W., Boitsh, B. J. (Hrsg.): Microscopic Anatomy of Invertebrates. Bd. 3. Wiley-Liss, New York

Rohde, K. (1994): The minor groups of parasitic Platyhelminthes. Adv. Parasitol. 33: 145–234

Schockaert, E., Watson, N., Justine, J.-L. (Hrsg.) (1998): Biology of the Turbellaria. Hydrobiologia Bd. 383. Kluwer Acad. Publ., Dordrecht, Boston, London

Schockaert, E. R., Hooge, M., Sluys, R., Schilling, S., Tyler, S., Artois, T. (2008): Global diversity of free living flatworms (Platyhelminthes, „Turbellaria") in freshwater. Hydrobiologia 595: 41–48

Świderski, Z., Poddubnaya, L. G., Gibson, D. I., Levron, C., Młocicki, D. (2011): Egg formation and the early embryonic development of Aspidogaster limacoides Diesing, 1835 (Aspidogastrea: Aspidogastridae), with comments on their phylogenetic significance. Parasit. Inter. 60: 371–380

Toledo, A., Cruz, C., Fragoso, G., Laclette, J. P., Merchant, M. T., Hernandez, M., Sciutto, E. (1997): In vitro culture of Taenia crassiceps larval cells and cyst regeneration after injection into mice. J. Parasitol. 83: 189–193

Tyler, S. (Hrsg.) (1991): Turbellarian Biology. Kluwer Acad. Publ., Dordrecht, Boston, London

Tyler, S., Hooge, M. (2004): Comparative morphology of the body wall in flatworms (Platyhelminthes). Can. J. Zool. 82: 194–210

Tyler, S. Schilling, S., Hooge, M., Bush, L. F. (2006–2012): Turbellarian taxonomic database. Version 1.7. Available via http://turbellaria.umaine.edu/

Xylander, W. E. R. (1987): Ultrastructure of the lycophora larva of Gyrocotyle urna (Cestoda, Gyrocotylidea). I. Epidermis neodermis anlage and body musculature. Zoomorphology 106: 352–360

Xylander, W. E. R., Rohde, K., Watson, N. A. (1997): Ultrastructural investigations of the sensory receptors of Macrostomum cf. bulbostylum (Plathelminthes, Macrostomida). Zool. Anz. 236: 1–12

Lophophorata

Phoronida

Bartolomaeus, T. (1989): Ultrastructure and relationship between Protonephridia and Metanephridia in Phoronis muelleri (Phoronida). Zoomorphology 109: 113–122

Bartolomaeus, T. (2001): Ultrastructure and formation of the body cavity lining in *Phoronis muelleri* (Phoronida). Zoomorphology 120: l35–148

Emig, C. C. (1977): The embryology of Phoronida. Am. Zool. 17: 21–38

Emig, C. C. (1982): The biology of Phoronida. Adv. Mar. Biol. 19: 1–89

Emig, C. C. (1984): On the origin of the Lophophorata. Z. Zool. Syst. Evol. 22: 91–94

Freemann, G., Martindale, M.Q. (2002): The origin of the mesoderm in phoronids. Dev. Biol. 252: 301–311

Grobe, P. (2007): Larval development, the origin of the coelom and the phylogenetic relationships of the Phoronida. Dissertation Freie Universität, Berlin

Halanych, K. J. Aguinaldo, A. B., Liva, S., Hillis, D., Lake, J. (1995): Evidence from 18S ribosomal DNA that the lophophorates are protostome animals. Science 267: 1641–1643

Hausdorf, B., Helmkampf, M., Nesnidal, M. P., Bruchhaus, I. (2010) Phylogenetic relationships within the lophophorate lineages (Entoprocta, Brachiopoda and Phoronida). Mol. Phyl. Evol. 55: 1121–1127

Herrmann, K. (1976): Untersuchungen über Morphologie, Physiologie und Ökologie der Metamorphose von *Phoronis muelleri* (Phoronida). Zool. Jb. Anat. Ont. 95: 354–426

Herrmann, K. (1979): Larvalentwicklung und Metamorphose von *Phoronis psammophila* (Phoronida, Tentaculata). Helgoländer wissenschaftliche Meeresuntersuchungen 32: 550–581

Herrmann, K. (1997): Phoronida. In: Harrison, F. W., Woolacott, R. M. (Hrsg.): Microscopic Anatomy of Invertebrates: Lophophorata, Entoprocta and Cycliophora., Bd. 13, Wiley-Liss, New York, 207–235

Lüter, C. (2004): Die Tentakulata im phylogenetischen System der Bilateria – gehören sie zu den Radialia oder den Lophotrochozoa? Sitzungsber. Ges. Naturforsch. Freunde Berlin 43: 1–122

Malakhov, V. V., Temereva, E. N. (1999): Embryonic development of the phoronid *Phoronis ijimai* (Lophophorata, Phoronida): Two sources of the coelomic mesoderm. Dokl. Biol. Sci. 365: 166–168

Temereva, E. N., Malakhov, V. V. (2006) Development of Excretory Organs in *Phoronopsis harmeri* (Phoronida): From Protonephridium to Nephromixium. Entomol. Rev. 86, Suppl. 2: 201–209

Temereva, E. N., Malakhov, V. V. (2009) Microscopic anatomy and ultrastructure of the nervous System of *Phoronopsis harmeri* Pixell, 1912 (Lophophorata: Phoronida). Russian J. Mar. Biol. 35: 388–404

Temereva, E. N., Malakhov, V. V. (2011) Organization of the epistome in *Phoronopsis harmeri* (Phoronida) and consideration of the coelomic organization in Phoronida. Zoomorphology 130: 121–134

Temereva, E. N., Malakhov, V. V. (2011) The evidence of metamery in adult brachiopods and phoronids. Invert. Zool. 8: 87–101

Zimmer, R. L. (1980): Mesoderm proliferation and formation of the protocoel and metacoel in early embryos of *Phoronis vancouverensis*. Zool. Jb Anat. Ont. 103: 219–233

Zimmer, R. L. (1991): Phoronida. In: Giese, A. C., Pearse, J. S., Pearse, V B. (Hrsg.): Reproduction of Marine Invertebrates, Bd. VI. Lophophorates and Echinoderms. Boxwood Press, Pacific Grove, CA. 1–35

Zimmer, R. L. (1997): Phoronids, Brachiopods, and bryozoans, the lophophorates. In: Gilbert, S. P., Raunio, A. M. (Hrsg.): Embryology, Constructing the Organism. Sinauer Ass, Sunderland. 279–305

Bryozoa

Carter, M., Lidgard, S. (2011): Functional innovation through vestigialization in a modular marine invertebrate. Biol. J. Linn. Soc. 104:63–74

De Blauwe, H. (2009): Mosdiertjes van de Zuidelijke bocht van de Noordzee: Determinatiewerk voor België en Nederland. Vlaams Instituut voor de Zee (VLIZ), Oostende, 445 Seiten

Fuchs, J., Obst, M., Sundberg, P. (2009): The first comprehensive molecular phylogeny of Bryozoa (Ectoprocta) based on combined analyses of nuclear and mitochondrial genes. Mol. Phyl. Evol. 52: 225–233

Fuchs, J., Martindale, M. Q., Hejnol, A. (2011): Gene expression in bryozoan larvae suggest a fundamental importance of pre-patterned blastemic cells in the bryozoan lifecycle. EvoDevo 2(1): 13

Gruhl, A. (2009): Serotonergic and FMRFamidergic nervous systems in gymnolaemate bryozoan larvae. Zoomorphology 128: 135–156

Gruhl, A. (2010): Ultrastructure of mesoderm formation and development in *Membranipora membranacea* (Bryozoa: Cheilostomata). Zoomorphology 129: 45–60

Gruhl, A., Wegener, I., Bartolomaeus, T. (2009): Ultrastructure of the body cavities in Phylactolaemata (Bryozoa). J. Morph. 270: 306–318

Hageman, S. J., Key, M. M., Winston, J. E. (Hrsg.) (2008): Bryozoan studies 2007. Virginia Museum of Natural History Special Publication 15. Virginia Museum of Natural History, Martinsville. 363 pp.

Hayward, J. (1985): Ctenostome Bryozoans. E. J. Brill/Dr. W. Backhuys, London

Hayward, J., Ryland, J. S. (1998): Cheilostomatous Bryozoa. Part 1. Aeteoidea–Cribrilinoidea. Notes for the identification of British species. 2. Aufl. Synopses of the British fauna (New Series), Bd. 10. Field Studies Council, Shrewsbury, UK, 366 pp.

Lidgard, S. (2008): Predation on marine bryozoan colonies: taxa, traits and trophic groups. Mar. Ecol. Progr. Ser. 359: 117–131

Lombardi, C., Gambi, M. C., Vasapollo, C., Taylor, P., Cocito, S. (2011): Skeletal alterations and polymorphism in a Mediterranean bryozoan at natural CO_2 vents. Zoomorphology 130: 135–145

Massard, J.A., Geimer, G. (2008): Global diversity of bryozoans (Bryozoa or Ectoprocta) in freshwater. Hydrobiologia 595: 93–99

Mukai, H., Terakado, K.., Reed, C G. (1997): Bryozoa. In: Harrison, F. W., Woollacott, R. M. (Hrsg.). Microscopic anatomy of invertebrates, Vol. 13: Lophophorates, Entoprocta and Cycliophora. Wiley-Liss, New York, 45–206

Nielsen, C. (1971): Entoproct life-cycles and the entoproct/ectoproct relationship. Ophelia, 9: 209–341

Reed, C. G. (1991): Bryozoa. In: Giese, A. C. Pearse, J. S., Pearse, V. B. (Hrsg.), Reproduction of marine invertebrates, Vol. VI. Echinoderms and lophophorates. Boxwood Press, Pacific Grove, California

Riisgård, H. U., Okamura, B., Funch, P. (2010): Particle capture in ciliary filter-feeding gymnolaemate and phylactolaemate bryozoans – a comparative study. Acta Zoologica, 91(4): 416–425

Schwaha, T., Wanninger, A. (2012): Myoanatomy and serotonergic nervous system of plumatellid and fredericellid phylactolaemata (lophotrochozoa, ectoprocta). J. Morph. 273: 57–67

Schwaha, T., Wood, T. S., Wanninger, A. (2011): Myoanatomy and serotonergic nervous system of the ctenostome *Hislopia malayensis*: evolutionary trends in bodyplan patterning of Ectoprocta. Front. Zool. 8(1): 11

Strathmann, R.R. (2006): Versatile ciliary behaviour in capture of particles by the bryozoan cyphonautes larva. Acta Zoologica 87(1): 83–89

Stricker, S.A. (1988): Metamorphosis of the-marine bryozoan *Membranipora membranacea*: an ultrastructural study of rapid morphogenetic movements. J. Morph. 196(1): 53–72.

Taylor, D., Vinn, O., Wilson, M. A. (2010): Evolution of biomineralization in "lophophorates." Special Papers in Palaeontology 84: 317–333.

Temkin, M. H. (1996): Comparative fertilization biology of gymnolaemate bryozoans. Mar. Biol. 127: 329–339

Temkin, M. H., Zimmer, R. L. (2002): Phylum Bryozoa. In: Young, C. M. (Hrsg.), Atlas of Marine Invertebrate Larvae. Academic Press, San Diego, 412–427

Waeschenbach, A., Cox, C. J., Littlewood, D. T. J, Porter, J. S., Taylor, P. D. (2009): First molecular estimate of cyclostome bryozoan phylogeny confirms extensive homoplasy among skeletal characters used in traditional taxonomy. Mol. Phyl. Evol. 52(1): 241–251

Wood, T. S. (2008): Development and metamorphosis of cyphonautes larvae in the freshwater ctenostome bryozoan, *Hislopia malayensis* Annandale, 1916. In: Hageman, G. S., Key, M. M. J., Winston, J. E. (Hrsg.), Bryozoan studies 2007. Virginia Museum of Natural History, Martinsville Special Publication 15: 329–338

Wood, T. S., Okamura, B. (2005): A new key to the freshwater bryozoans of Britain, Ireland and continental Europe, with notes on their ecology. Freshwater biological Association Scientific Publication 63: 1–113

Woollacott, R. M., Zimmer, R. L. (1977): Biology of bryozoans. Academic Press, New York

Wöss, E. R. (2005): Moostiere (Bryozoa). Denisia 16

Brachiopoda

Blochmann, F. (1892): Untersuchungen über den Bau der Brachiopoden I: Die Anatomie von *Crania anomala* O.F.M. Gustav Fischer Verlag, Jena, 1–68

Carlson, S. J. (1995): Phylogenetic relationships among extant brachiopods. Cladistics 11: 131–197

Chuang, S. H. (1990): Brachiopoda. In: Adiyodi, K. G., Adiyodi, R. G. (Hrsg.), Reproductive biology of invertebrates IV (B): Fertilization, development and parental care. Oxford IBH Publishing, New Delhi, 211–254

Cohen B. L., Gawthrop A. B., Cavalier-Smith T. (1998): Molecular phylogeny of brachiopods and phoronids based on nuclear encoded small subunit ribosomal RNA gene sequences. Phil. Trans. Roy. Soc. London B 353: 2039–2061

Cohen, B. L., Weydmann, A. (2005): Molecular evidence that phoronids are a subtaxon of brachiopods (Brachiopoda: Phoronata) and that genetic divergence of metazoan phyla began long before the early Cambrian. Org. Div. Evol. 5: 253–273

Emig, C. C. (1997): Ecology of inarticulated brachiopods. In: Kaesler, R. L. (Hrsg.), Treatise on Invertebrate Paleontology, Part H, Brachiopoda (Revised), Vol. I. The Geological Society of America and University of Kansas, Boulder and Lawrence, 473–495

Freeman, G. (2001): The developmental biology of brachiopods. Paleontological Society Papers 7: 69–88

Grobe, P., Lüter, C. (1999): Reproductive cycles and larval morphology of three recent species of *Argyrotheca* (Terebratellacea: Brachiopoda) from Mediterranean submarine caves. Mar. Biol. 134: 595–600

James, M. A. (1997): Brachiopoda: Internal anatomy, embryology, and development. In: Harrison, F. W., Woollacott, R. M. (Hrsg.), Microscopic Anatomy of Invertebrates, vol. 13: Lophophorata, Entoprocta, and Cycliophora. Wiley-Liss. New York, 297–407

James, M. A., Ansell, A. D., Collins, M. J., Curry, G. B., Peck, L. S., Rhodes, M. C. (1992): Biology of living brachiopods. Adv. Mar. Biol. 28: 175–387

Kuzmina, T. V., Malakhov, V. V. (2011): The periesophageal coelom of the articulate brachiopod *Hemithiris psittacea* (Rhynchonelliformea, Brachiopoda). J. Morph. 272: 180–190

Lacaze-Duthiers, H. (1861): Histoire naturelle des Brachiopodes vivants de la Méditerranée. Annal. Sciences Naturelles, 4ième série 15: 260–330

Long, J. A., Stricker, S. A. (1991): Brachiopoda. In: Giese, A. C., Pearse, J. S., Pearse, V. B. (Hrsg.), Reproduction of Marine Invertebrates, Vol. VI: Echinoderms and Lophophorates. Boxwood Press. Pacific Grove

Lüter, C. (2000a): The origin of the coelom in Brachiopoda and its phylogenetic significance. Zoomorphology 120: 15–28

Lüter, C. (2000b): Ultrastructure of larval and adult setae of Brachiopoda. Zool. Anz. 239: 75–9.

Lüter, C. (2007): Anatomy. In: Selden: A. (Hrsg.), Treatise on Invertebrate Paleontology, part H: Brachiopoda, revised, Vol. 6. The Geological Society of America and University of Kansas, Boulder and Lawrence, 2321–2355

Nielsen, C. (1991): The development of the brachiopod *Crania* (*Neocrania*) *anomala* (O.F. Müller) and its phylogenetic significance. Acta Zool. (Stockholm) 72: 7–28

Passamaneck, Y., Furchheim, N., Hejnol, A., Martindale, M. Q., Lüter, C. (2011): Ciliary photoreceptors in the cerebral eyes of a protostome larva. EvoDevo 2: 6

Rudwick, M. J. S. 1970. Living and fossil brachiopods. Hutchinson University Library. London

Santagata, S., Cohen, B. L. (2009): Phoronid phylogenetics (Brachiopoda; Phoronata): evidence from morphological cladistics, small and large rDNA sequences, and mitochondrial *cox1*. Zool. J. Linn. Soc. 157: 34–50

Sperling, E. A., Pisani, D., Peterson, K. J. (2011): Molecular paleobiological insights into the origin of the Brachiopoda. Evol. Dev. 13: 290–303

Williams, A., Carlson, S. J., Brunton, C. H. C. (2000): Brachiopod classification. In: Kaesler, R. L. (Hrsg.): Treatise on Invertebrate Paleontology, Part H, Brachiopoda (Revised), Vol. II. The Geological Society of America and University of Kansas, Boulder and Lawrence, 1–27

Williams, A., James, M. A., Emig, C. C., MacKay, S., Rhodes, M. C. (1997): Anatomy. In: Kaesler, R. L. (Hrsg.): Treatise on Invertebrate Paleontology, Part H, Brachiopoda (Revised), Vol. I. The Geological Society of America and University of Kansas, Boulder and Lawrence, 7–188

Cycliophora

Baker, J.M., Giribet, G. (2007): A molecular phylogenetic approach to the phylum Cycliophora provides further evidence for cryptic speciation in *Symbion americanus*. Zool. Scripta 36, 353–359

Funch, P., Kristensen, R. M. (1997): Cycliophora. In: Harrison, F. W., Woollacott, R. M. (Hrsg.): Microscopic Anatomy of Invertebrates. Bd. 13: Lophophorates, Entoprocta and Cycliophora. Wiley-Liss, New York

Kristensen, R. M., Funch, P. (2002): Phylum Cycliophora. In: Young, C. M. (Hrsg.): Atlas of Marine Invertebrate Larvae. Acad. Press, San Diego

Neves, R. C., Cunha, M. R., Funch, M., Kristensen, R. M., Wanninger, A. (2010): Comparative myoanatomy of cycliophoran life cycle stages. J. Morph. 271: 596–611

Obst, M., Funch, P. (2003): Dwarfmale in *Symbion pandora* (Cycliophora). J. Morph. 255: 261–278

Obst, M., Funch, P., Kristensen, R.M. (2006): A new species of Cycliophora from the mouthparts of the American lobster, *Homarus americanus* (Nephropidae, Decapoda). Org. Div. Evol. 6, 83–97

Gnathifera

Ahlrichs, W. H. (1995): Ultrastruktur und Phylogenie von *Seison nebaliae* (Grube, 1859) und *Seison annulatus* (Claus, 1876) – Hypothesen zu Phylogenetischen Verwandtschaftsverhältnissen innerhalb der Bilateria. Cuvillier, Göttingen

Ax, P. (1985): The position of the Gnathostomulida and Plathelminthes in the phylogenetic system of the Bilateria. In: Conway-Morris, S., George, J. D., Gibson R., Platt, H. M. (Hrsg.): The Origins and Relationships of Lower Invertebrates. The Systematics Association Special Volume Nor. 28: 168–180

Birky, C. W., Gilbert, J. J. (1971): Parthenogenesis in rotifers: the control of sexual and asexual reproduction. Am. Zool. 11: 245–266

Crompton, D. W. T., Nickol, B. B. (1985): Biology of the Acanthocephala. Cambridge Univ. Press, Cambridge

De Smet, W. (2002): A new record of *Limnognathia maerski* Kristensen & Funch, 2000 (Micrognathozoa) from the subantarctic Crozet Islands, with redescription of the trophy. J. Zool. London 258: 381–393

Donner, H. (1965): Ordnung Bdelloidea (Rotatoria, Rädertiere). In: Bestimmungsbücher zur Bodenfauna Europas 6. Akademie-Verlag, Berlin

Fontaneto, D., De Smet, W. H., Melone, G. (2008): Identification key to the genera of marine rotifers worldwide. Meiofauna Marina 16: 75–99

Gilbert, J. J., Lubzens, E., Miracle, M. R. (Hrsg.) (1993): Proceedings of the 6th International Rotifer Symposium, held in Banyoles, Spain, June 3–8, 1991. Hydrobiologia 255/256: 1–572

Haffner, K. von (1950): Organisation und systematische Stellung der Acanthocephalen. Zool. Anz., Suppl. Zu 145 (Klatt-Festschr.): 243–274

Harrison, F. W., Ruppert, E. E. (Hrsg.) (1991): Aschelminthes. In: F. W. Harrison (Hrsg.): Microscopic Anatomy of Invertebrates. Bd. 4. Wiley-Liss, New York

Koste, W. (1978): Rotatoria. Die Rädertiere Mitteleuropas. Ein Bestimmungswerk, begründet von M. Voigt. Überordnung Monogononta. Gebr. Bornträger, Berlin, Stuttgart

Kristensen, R. M., Funch, P. (2000): Micrognathozoa: A new class with complicated jaws like those of Rotifera and Gnathostomulida. J. Morph. 246: 1–49

Lammert, V. (1991): Gnathostomulida. In: Harrison, F. W., Ruppert, E. E. (Hrsg.): Microscopic Anatomy of Invertebrates. Bd. 4. Wiley-Liss, New York

Nogrady, T. (Hrsg.) (1993): Rotifera. Bd. 1: Biology, Ecology and Systematics. Guides to the Identification of the Microinvertebrates of the Continental Waters of the World. 4. SPB Acad. Publishing. Den Haag

Remane, A. (1932): Rotatoria. In: Bronns Klassen und Ordnungen des Tierreichs. 4. Akademische Verlagsgesellschaft, Leipzig

Sørensen, M. V., Funch, P., Willerslev, E., Hansen, A. J., Olesen, J. (2000): On the phylogeny of the Metazoa in the light of Cycliophora and Micrognathozoa. Zool. Anz. 239: 297–318

Sterrer, W. (1972): Systematics and evolution within the Gnasthostomulida. Syst. Zool. 21: 151–173

Sterrer, W., Mainitz, M., Rieger, R. (1985): Gnathostomulida: Enigmatic as ever. In: Conway-Morris, S., George, J. D., Gibson, R., Platt, H. M. (Hrsg.): The Origins and Relationships of Lower Invertebrates. The Systematics Association, Special Volume Nr. 28: 181–199

Taraschewski, H. (2000): Host-parasite interactions in Acanthocephala: A morphological approach. Adv. Parasitol. 46: 1–170

Whitfield, P. J. (1971): Phylogenetic affinities of Acanthocephala: An assessment of ultrastructural evidence. Parasitol. 62: 35–47; 63: 49–58

Kamptozoa

Brien, P., Papyn, L. (1954): Les Endoproctes et la classe des Bryozoaires. Ann. Soc. Roy. Zool. Belg. 85: 59–87

Emschermann, P. (1972): *Loxokalypus socialis* gen. et spec. nov (Kamptozoa, Loxokalypodidae fam.nov.), ein neuer Kampotozoentyp aus dem nördlichen Pazifischen Ozean. Ein Vorschlag zur Neufassung der Kamptozoensystematik. Mar. Biol. 12: 237–254

Emschermann, P. (1982): Les Kamptozoaires, état actuel des nos connaissances sur leur anatomie, leur développement, leur biologie et leur position phylogénétique. Bull. Soc. Zool. France 107: 317–344

Emschermann, P. (1995): Kamptozoa. In: Holstein, T., Emschermann, P.: Cnidaria. Hydrozoa. Kamptozoa. Süßwasserfauna von Mitteleuropa. Begr. von Brauer. A. Hrsg. von Schwoerbel, J., Zwick, P. Bd. 1/2+3. Gustav Fischer, Stuttgart

Fuchs J., Bright M., Funch P., Wanninger A. (2006): Immunocytochemistry of the neuromuscular systems of *Loxosomella vivipara* and *L. parguerensis* (Entoprocta: Loxosomatidae). J. Morph. 267: 866–883

Fuchs, J., Wanninger, A. (2008): Reconstruction of the neuromuscular system of the swimming-type larva of *Loxosomella atkinsae* (Entoprocta) as inferred by fluorescence labelling and confocal microscopy. Org. Div. Evol. 8: 325–335

Fuchs, J., Iseto, T., Hirose, M., Sundberg, P., Obst, M. (2010): The first internal molecular phylogeny of the animal phylum Entoprocta (Kamptozoa). Mol. Phyl. Evol. 56: 370–379

Haszprunar, G., Wanninger A. (2008): On the fine structure of the creeping larva of *Loxosomella murmanica*: additional evidence for a clade of Kamptozoa (Entoprocta) and Mollusca. Acta Zool. (Stockholm) 89: 137–148

Hyman, L. H. (1951): The Invertebrates. Bd. 3. Acanthocephala, Aschelminthes and Entoprocta: The Pseudocoelomate Bilateria. McGraw-Hill, New York

Mackey,L.Y., Winnepenninckx, B., de Wachter, R., Backeljau, T., Emschermann, P., Garey, J.R. (1995): 18S rRNA suggests that Entoprocta are protostomes, unrelated to Ectoprocta. J. Mol. Evol. 42: 552–559

Schwaha T., Wood T. S, Wanninger A. (2010):Trapped in freshwater: the internal anatomy of the entoproct *Loxosomatoides sirindhornae*. Front. Zool. 7: 7 (15 Seiten)

Wanninger, A. (2004): Myo-anatomy of juvenile and adult loxosomatid Entoprocta and the use of muscular bodyplans for phylogenetic inferences. J. Morph. 261: 249–257

Wanninger, A. (2009): Shaping the things to come: ontogeny of lophotrochozoan neuromuscular systems and the Tetraneuralia concept. Biol. Bull. 216: 293–306

Wasson, K. (1997): Sexual modes in the colonial kamptozoan genus *Barentsia*. Biol.Bull. 193: 163–170

Nemertini

Andrade, S. C. S., Strand, M., Schwartz, M., Chen, H., Kajihara, H., von Döhren, J., Thiel, M., Norenburg, J. L., Turbeville, J. M., Giribet, G., Sundberg, P. (2011) Disentangling ribbon worm relationships: multi-locus analysis supports traditional calssification of the phylum Nemertea. Cladistics 27: 1–19

Bürger, O. (1897–1907): Nemertini (Schnurwürmer). In: Bronn, H. G.: Dr. H. G. Bronns Klassen und Ordnungen des Tierreichs. Bd. 4 (Suppl.). Akademischer Verlagsgesellschaft, Leipzig

Döhren, J. v. (2011) The fate of the larval epidermis in Desorlarva of *Lineus viridis* (Pilidiopjhora, Nemertea) displays a historically constrained functional shift from lecithotrophy to planktotrophy. Zoomophology 130:189–196

Döhren, J. v., Beckers, P., Bartolomaeus, T. (2012) Life history of *Lineus viridis* (Müller, 1774) (Heteronemerta, Nemertea). Helgol. Mar. Res. 66: 243–252

Friedrich, H. (1979): Nemertini. In: Seidel, F. (Hrsg.): Morphogenese der Tiere. Lieferung 3. Gustav Fischer, Jena

Gibson, R. (1995): Nemertean genera and species of the world: An annotated checklist of original names and descriptions, synonyms, current taxonomic status, habitats and recorded zoogeographic distribution. J. Nat. Hist. 29: 271–562

Henry, J. Q., Martindale, M. Q. (1998): Conservation of the spiralian developmental program: cell lineage of the nemertean *Cerebratulus lacteus*. Dev. Biol. 201: 253–269

Maslakova, S. (2010): Development and metamorphosis of the nemertean pilidium larva. Front. Zool. 7: 30

Maslakova, S. A., Martindale, M. Q., Norenburg, J. L. (2004): Vestigial prototroch in a basal nemertean, *Carinoma tremaphoros* (Nemertea: Palaeonemertea). Evol. Dev. 6: 219–226

Maslakova, S., Döhren, J. v. (2009): Larval development with transitory epidermis in *Paranemertes peregrina* and other hoplonemerteans. Biol. Bull. 216:273–292

Norenburg, J. L., Stricker, S. A. (2002): Phylum Nemertea. In: Young, C. (Hrsg.): Atlas of Marine Invertebrate Larvae. Acad. Press, San Diego

Okazaki, R., K., Turbeville, J. M. (2006): 6th International Conference on Nemertean Biology. J. Nat. Hist. 40: 867–1046

Schwartz, M. L., Maslakova, S. A. (2010): 7th International Conference on Nemertean Biology. J. Nat. Hist. 44: 2249–2451

Turbeville, J. M. (1991): Nemertinea. In: Harrison, F. W., Bogitsh, B. J. (Hrsg.): Microscopic Anatomy of Invertebrates. Bd. 3: Platyhelminthes and Nemertines. Wiley-Liss, New York

Turbeville, J. M. (2002): Progress in nemertean biology: Development and phylogeny. Integr. Comp. Biol. 42: 692–703

Mollusca

Abbott, R. T. (1989): Compendium of Landshells: A Color Guide to more than 2000 of the World's Terrestrial Snails. Am. Malacol., Melbourne, Florida

Bank, R. A., Bouchet, P., Falkner, G., Gittenberger, E., Hausdorf, B., Proschwitz, T. von, Ripken, T. E. J. (2001): Supraspecific classification of European non-marine mollusca. Heldia, 4: 77–128

Barker, G. M. (Hrsg.) (2001): The Biology of Terrestrial Molluscs. CABI Publ., New York

Beesley, P. L., Ross, G. J. B., Wells, A. (Hrsg.) (1998): Mollusca: The Southern Synthesis. Fauna of Australia. Bd. 5A, 5B. CSIRO Publishing, Melbourne

Boletzky, S. v. (2003): Biology of early life stages in cephalopod molluscs. Adv. Mar. Biol. 44: 143–203

Boss, K. J. (1971): Critical estimate of the number of recent Mollusca. Occ. Pap. Molluscs, Mus. Comp. Zool. Harvard Univ. 3: 81–135

Bouchet, P., Rocroi, J.-P., Bieler, R., Carter, J.G., Coan, E.V. (2010): Nomenclator of bivalve families with a classification of bivalve families by R. Bieler, J. G. Carter & E. V. Coan. Malacologia 52: 1–184

Bouchet, P., Rocroi, J.-P., Fryda, J., Hausdorf, B., Ponder, W.F., Valdes, A., Warén, A. (2005): Classification and nomenclator of gastropod families. Malacologia 47: 1–397

Budelmann, B. U. (1996): Active marine predators: The sensory world of cephalopods. Mar. Fresh. Behav. Physiol. 27: 59–75

Cattaneo-Vietti, R., Chemello, R., Giannuzzi, R. (1990): Atlas of Mediterranean Nudibranchs. La Conchiglia, Rom

Clarke, M. R., Trueman, E. R. (Hrsg.) (1988): The Mollusca Bd. 12: Paleontology and Neontology of Cephalopods. Academic Press, London

CLEMAM (2001) Check List of the European Marine Molluscs: www.mnhn.fr/base/malaco.html

Dillon, R. T. jr. (2000): The Ecology of Freshwater Molluscs. Cambridge Univ. Press, Cambridge

Emerson, K., Jacobson, M. K. (1976): The American Museum of Natural History Guide to Shells. Knopf, New York

Fechter, R., Falkner, G. (1990): Weichtiere. Meeres- und Binnenmollusken Europas. (Steinbachs Naturführer). Mosaik Verlag, München

Fioroni, P. (1977): Die Entwicklungstypen der Tintenfische. Zool. Jb. Anat. 98: 441–475

Fretter, V., Graham, A. (1994). British Prosobranch Molluscs. Their Functional Anatomy and Ecology. 2. Aufl. Ray Soc., London

Fretter, V., Graham, A. (ab 1976): The Prosobranch Molluscs of Britain and Denmark. Suppl. J. Moll. Stud., London

Fretter, V., Peake, J. (1975, 1978): Pulmonates. 2 Bd. Acad. Press, London

Gianuzzi-Savelli, R., Pusateri, F., Palmeri, A., Ebreo, C. (ab 1997): Atlante delle Conchiglie Marine del Mediterraneo. (12 Bd. geplant, 8 erschienen). La Conchiglie, Rom

Glöer, P. (2002): Mollusca I. Süßwassergastropoden Nord- und Mitteleuropas. Bestimmungsschlüssel, Lebensweise, Verbreitung. Conchbooks, Hackenheim

Glöer, P., Meier-Brook, C. (2003): Süßwassermollusken. Ein Bestimmungsschlüssel für die Bundesrepublik Deutschland. 13. erweiterte Aufl. Deutscher Jugendbund für Naturbeobachtung, Hamburg

Götting, K. J. (1974): Malakozoologie. Gustav Fischer, Stuttgart

Graham, A. (1988): Molluscs: Prosobranch and Pyramidellid Gastropods. Syn. Brit. Fauna (London), N.S. 2

Hanlon, R. T., Messenger, J. B. (1996): Cephalopod behaviour. Cambridge Univ. Press, Cambridge

Harper, E. M., Tylor, J. D., Crame, J. A. (Hrsg.) (2000): The Evolutionary History of the Bivalvia. Geol. Soc. Lond. Spec. Publ. 177

Harrison, F. W., Kohn, A. J. (Hrsg.) (1994, 1997a, b): Microscopic Anatomy of Invertebrates. Mollusca Bd. 5: Aplacophora, Polyplacophora, and Gastropoda. Bd. 6A: Bivalvia, Cephalopoda. Bd 6B: Gastropoda-Pulmonata, Monoplacophora, Scaphopoda, Wiley-Liss, New York.

Haszprunar, G. (1988): On the origin and evolution of major gastropod groups, with special reference to the Streptoneura. J. Moll. Stud. 54: 367–441

Haszprunar, G. (2000): Is the Aplacophora monophyletic? A cladistic point of view. Am. Malac. Bull. 15: 115–130

Haszprunar, G., Salvini-Plawen L.v., Rieger, R.M. (1995): Larval planktotrophy – a primitive trait in the Bilateria ? Acta Zool. (Stockholm) 76: 141–154

Haszprunar, G., Schaefer, K. (1997): Anatomy and phylogenetic significance of *Micropilina arntzi* (Mollusca, Monoplacophora, Micropilinidae fam.nov.). Acta Zool. 77: 315–334

Hyman, L. H. (1967): The Invertebrates. Vol. 6: Mollusca I. McGraw-Hill, New York

Iijima, M., Akiba, N., Sarashina, I., Kuratani, S., Endo, K. (2006): Evolution of Hox genes in molluscs: a comparison among seven morphologically diverse classes. J. Moll. Stud. 72: 259–266

Johnston, P. A., Gaggard, J. W. (Hrsg.) (1998): Bivalves: An Eon of Evolution. Calgary Univ. Press, Calgary

Jones, A. M., Baxter, J. M. (1987): Molluscs: Caudofoveata, Solenogastres, Polyplacophora and Scaphopoda. Syn. Brit. Fauna London, N.S. 37

Kaas, P., van Belle, R. A. (ab 1985):Monograph of Living Chitons. 5. Bd. Brill & Backhuys, Leiden

Kano, Y., Kimura, S., Kimura, T., Warén, A. (2012): Living Monoplacophora: morphological conservatism or recent diversification? Zool. Scripta 41: 471–488

Kerney, M. P., Cameron, R. A: D., Jungbluth, J. H. (1983): Die Landschnecken Nord- und Mitteleuropas. Paul Parey, Hamburg

Kilias, R. (1982): Stamm Mollusca, Weichtiere. In: Lehrbuch der Speziellen Zoologie (A. Kaestner, 4. Aufl.) I (3). G. Fischer Stuttgart

Kilias, R. (1993): Stamm Mollusca Weichtiere. In: Urania-Tierreich. Wirbellose. J. H. Deutsch, Frankfurt.

Killeen, I. J., Seddon, M. A., Holmes, A. M. (Hrsg.) (1998): Molluscan conservation: a strategy for the 21st century. J. Conchol. Spec. Publ. 2

Kocot, K. M. (2013): Recent advances and unanswered questions in deep molluscan phylogenetics. Amer. Malac. Bull. 31: 195–208

Kocot, K. M., Cannon, J. T., Todt, Ch., Citarella, M. R., Kohn, A. B., Meyer, A., Santos, S. R., Schander, Ch., Moroz.L. L., Lieb, B., Halanych, K.M. (2011): Phylogenomicss reveals deep molluscan relationships. Nature 477: 452–456

Kröger, B., Vinther, J., Fuchs, D. (2011): Cephalopod origin and evolution: A congruent picture emerging from fossils, development and molecules. BioEssays 33: 602–613

Lemche, H., Wingstrand, K. G. (1959): The anatomy of *Neopilina galatheae* Lemche, 1957. Galathea Rep. 3: 9–71

Lindgren, A. R., Pankey, M. S., Hochberg, F. G., Oakley, T. H. (2012): A multi-gene phylogeny of Cephalopoda supports convergent morphological evolution in association with multiple habitat shifts in the marine environment. BMC Evol. Biol. 12 (129): 15 pp.

Meinhardt, H. (1997): Wie Schnecken sich in Schale werfen. Muster tropischer Meeresschnecken als dynamische Systeme. Springer, Berlin

Mizzaro-Wimmer, M., Salvini-Plawen, L.v. (2001): Praktische Malakologie. Springer Verlag Wien-NewYork

Morton, B. (2002): The evolution of eyes in the Bivalvia. Oceanogr. Mar. Biol. 39: 165–205

Nesis, K. N. (1987): Cephalopods of the World. T.F.H. Publ., Neptune City, NJ

Nielsen, C., Haszprunar, G., Ruthensteiner, B., Wanninger, A. (2007): Early development of the aplacophoran mollusc *Chaetoderma*. Acta Zool. (Stockholm) 88: 231–247

Norman, M. (2000): Tintenfischführer – weltweit. Kraken, Argonauten, Sepien, Kalmare, Nautiliden. Conchbooks Publ., Hackenheim

Okusu, A (2002): Embryogenesis and development of *Epimenia babai* (Mollusca, Aplacophora). Biol. Bull. 203: 87–103

Parkinson, B., Hemmen, J., Groh, K. (1987): Tropical Landshells of the World. Hemmen, Wiesbaden

Ponder WF, Lindberg DR (Hrsg.) (2008): Phylogeny and Evolution of the Mollusca. Univ. Calif. Press, Berkeley

Purchon, R. D. (1977): The Biology of the Mollusca. Pergamon, New York

Poppe, G. T., Goto Y. (1991, 1993): European Seashells. Bd. 2. Hemmen, Wiesbaden

Raven, Ch. (1958) Morphogenesis: The analysis of molluscan development. Int. Ser. Monogr. Pure & Applied Biology, Zoology 2, Pergamon Press, London

Reynolds, P. D. (2002): The Scaphopoda. Adv. Mar. Biol. 42: 137–236

Richardson, C. A. (2001): Molluscs as archives of environmental change. Oceanogr. Mar. Biol. 39: 103–164

Rocha, F., Guerra, A., González, A. F. (2001): A review of reproductive strategies in cephalopods. Biol. Rev. 76: 291–304

Roper, C. F. E., Boss, K. J. (1982): The giant squid. Sci. Am. 246: 96–104

Salvini-Plawen, L.v. (1971): Schild-und Furchenfüsser (Caudofoveata und Solenogastres) Die Neue Brehm-Bücherei 441: 1–95

Salvini-Plawen, L. v. (1985): Early evolution and the primitive groups. The Mollusca 10 (Evolution): 59–150

Salvini-Plawen, L.v. (1988): The structure and function of molluscan digestive systems. The Mollusca 11 (Form and Function): 301–379

Salvini-Plawen, L. v. (2008): Photoreception and the polyphyletic evolution of photoreceptors (with special reference to Mollusca). Amer. Malac. Bull. 26: 83–100

Salvini-Plawen, L. v., Steiner, G. (1996): Synapomorphies and plesiomorphies in higher classification of Mollusca. In: Origin and evolutionary radiation of the Mollusca. J. Taylor (Hrsg). Oxford Univ. Press: 29–51

Saunders, W. B., Landman, N. H. (Hrsg.) (2010): *Nautilus*: The Biology and Paleobiology of a Living Fossil. 2. Aufl. Topics in Geobiology 6. Plenum Publ., New York

Schaefer, K., Haszprunar, G. (1997): Anatomy of *Laevipilina antarctica*, a monoplacophoran limpet (Mollusca) from Antarctic waters. Acta Zool. 77: 295–314

Scheltema, A. H. (1981): Comparative morphology of the radulae and the alimentary tracts in the Aplacophora. Malacologia 20: 361–383

Schrödl, M., Jörger, K., Klussmann-Kolb, A., Wilson, N. G. (2011): Bye bye "Opisthobranchia"! A review on the contribution of mesopsammic sea slugs to euthyneuran systematics. Thalassas 27: 101–112

Serb, J. M., Eernisse, D. J. (2008): Charting evolution's trajectory: Using molluscan eye diversity to understand parallel and convergent evolution. Evol. Educ. Outreach 1: 439–447

Sharma, P. P., González, V. L., Kawauchi, G. Y., Andrale, S. C. S., Guzman, A., Collins, T. M., Glover, E. A., Harper, E. M., Healy, J. M.,Mikkelsen, P. M., Taylor, J. D., Bieler, R., Giribet, G. (2012): Phylogenetic analysis of four nuclear protein-encoding genes largely corroborates the traditional classification of Bivalvia (Mollusca). Mol. Phyl. Evol. 65: 64–74

Shirai, S. (1970): The Story of Pearls. Japan Publ., Tokyo

Sirenko, B. (2006): New outlook on the system of Chitons (Mollusca: Polyplacophora). Venus 65: 27–49

Smith, S. A., Wilson, N. G., Goetz, F. E., Feehery, C., Andrade, S. C. S., Rouse, G. W., Giribet, G., Dunn, C. W. (2011): Resolving the evolutionary relationships of molluscs with phylogenomis tools. Nature 480: 364–367

South, A. (1992): Terrestrial Slugs. Biology, Ecology and Control. Chapman and Hall, London

Steiner, G,. Kabat, A. R. (2001): Catalogue of supraspecific taxa of Scaphopoda (Mollusca). Zoosystema 23: 433–460

Strong, E. E. (2003): Refining molluscan characters: morphology, character, coding and a phylogeny of the Caenogastropoda. Zool. J. Linn. Soc. 137: 447–554

Solem, A. (1974): The Shell Makers. J. Wiley, New York

Thompson, T. E. (1988): Molluscs: Benthic Opisthobranchs. Synopses Brit. Fauna (London), N.S., 8

Todt, Ch., Wanninger, A. (2010): Of tests, trochs, shells, and spicules: Development of the basal mollusc *Wirenia argentea* (Solenogastres) and its bearing on the evolution of trochozoan larval key features. Front. Zool. 7(6): 17 pp.

Vendrasco, M. J., Checa, A. G., Kouchinsky, A. V. (2011): Shell microstructure of the early bivalve *Pojetaia* and the independent origin of nacre within the Mollusca. Palaeontology 54: 825–850

Voss, N. A., Vecchione, M., Toll, R. B., Sweeney, M. J. (1998): Systematics and biogeography of cephalopods. Smiths. Contr. Zool. 586: 599 pp

Wade, C. M., Mordan, P. B., Naggs, F. (2006): Evolutionary relationships among the pulmonate land snails and slugs (Pulmonata, Stylommatophora). Biol. J. Linn. Soc. 87: 593–610

Wanninger, A., Haszprunar, G. (2003): The development of the serotonergic and FMRF-amidergic nervous system in *Antalis entalis* (Mollusca, Scaphopoda). Zoomorphology 122: 77–85

Wilbur, K. M. (Hrsg.) (Hrsg.) (ab. 1983): The Mollusca. Acad. Press, New York

Wingstrand, K. G. (1985): On the anatomy and relationships of recent Monoplacophora. Galathea Rep. 16: 7–94

Winnepenninckx, B, Backeljau, T., de Wachter, R. (1996): Investigation of molluscan phylogeny on the basis of 18S rRNA sequences. Mol. Biol. Evol. 13: 1306–1317

Yonge, M. (1947): The pallial organs in the aspidobranch Gastropoda and their evolution throughout the Mollusca. Phil. Trans. Roy. Soc. London 232 B: 443–517

Zardus, J. D. (2002): Protobranch bivalves. Adv. Mar. Biol. 42: 1–65

Zardus, J. D., Martel, A. L. (2002): Phylum Mollusca: Bivalvia. In: Young, C. M., Sewell, M. A., Rice, M. E. (Hrsg.): Atlas of Marine Invertebrate Larvae. Acad. Press, San Diego

Zardus, J. D., Morse, M. P. (1998): Embryogenesis, morphology and ultrastructure of the pericalymma larva of *Acila castrensis* (Bivalvia: Protobranchia: Nuculoida). Invert. Biol. 117: 221–244

Annelida (inkl. Sipuncula und Echiura)

Ackermann, C., Dorresteijn, A., Fischer, A. (2005): Cloud domains in postlarval *Platynereis dumerilii* (Annelida. Polychaeta). J. Morph. 266: 258–280

Baltzer, F. (1931): Echiurida. In: Kükenthal, W., Krumbach, T. (Hrsg.): Handbuch der Zoologie. Bd. II., 2. W. de Gruyter, Berlin

Bartolomaeus, T., Purschke, G. (Hrsg.) (2005): Morphology, Molecules, Evolution and Phylogeny in Polychaeta and Related Taxa. Developments in Hydrobiology 179, Springer, Dordrecht

Beesley, P. L., Ross, G. J. B., Glasby, C. J. (Hrsg.) (2000): Polychaetes & Allies. The Southern Synthesis. Fauna of Australia. Bd. 4A: Polychaeta, Myzostomida, Pogonophora, Echiura, Sipuncula. CSIRO Publishing. Melbourne

Bright, M., Sorgo, A. (2003): Ultrastructural reinvestigation of the trophosome in adults of *Riftia pachyptila* (Annelida, Siboglinidae). Invertebr. Biol. 122: 345–366

Bright, M., Lallier, F. H. (2010): The biology of vestimentiferan tubeworms. Oceanogr. Mar. Biol. Ann. Rev. 48: 213–266

Brinkhurst, R. O., Jamieson, G. B. M. (1971): Aquatic Oligochaeta of the World. Oliver & Boyd, Edinburgh

Bullock, T. H., Horridge, G. A. (1965): Structure and function in the nervous system of invertebrates. Freeman, San Francisco.

Cutler, E. B. (1994): The Sipuncula. Cornell Univ. Press, Ithaca, New York

Dordel, J., Fisse, F., Purschke, G., Struck, T. H. (2010): Phylogenetic position of Sipuncula derived from multi-gene and phylogenomic data and its implication for the evolution of segmentation. J. zool. Syst. Res. 48: 197–207

Dorresteijn, A. W. C., Westheide, W. (Hrsg.) (1999). Reproductive Strategies and Developmental Patterns in Annelids. Developments in Hydrobiology 142. Kluwer Acad. Publ., Dordrecht, Boston, London

Edwards, C. H. (Hrsg.) (1998): Earthworm Ecology. St. Lucie Press, Boca Raton (CRC Press LLC)

Fauchald, K., Jumars, P. A. (1979): The diet of worms: A study of polychaete feeding guilds. Oceanogr. Mar. Biol. Ann. Rev. 17: 193–284

Fauchald, K., Rouse, G. W. (1997): Polychaete systematics. Past and present. Zool. Scripta 26: 71–138

Fischer, A. H. L., Henrich, T., Arendt, D. (2010): The normal development of *Platynereis dumerilii*. (Nereididae, Annelida). Front. Zool. 7: 31–39

Fischer, A., Pfannenstiel, H. D. (Hrsg.) (1984): Polychaete Reproduction. Fortschr. Zool. 29

Fisher, C. R., Childress, J. J., Minnich, E. (1989): Autotrophic carbon fixation by the chemoautotrophic symbionts of *Riftia pachyptila*. Biol. Bull. (Woods Hole) 177: 372–385

Gould-Somero, M. C. (1975): Echiura. In: Giese, A. C., Pearse, J. S. (Hrsg.): Reproduction of Marine Invertebrates. Bd. 3. Acad. Press, New York, London

Grassé, P.-P. (Hrsg.) (1959): Annélides, Myzostomides, Sipunciliens, Echiuriens, Priapuliens, Endoproctes, Phoronidiens. Traité de Zoologie V, 1, Masson, Paris

Grassle, J. F. (1987): The ecology of deep-sea hydrothermal vent communities. Adv. Mar. Biol. 23: 301–362

Halanych, K. M. (2005): Molecular phylogeny of siboglinid Annelida (a.k.a. pogonophorans): a review. Hydrobiologia 535/536: 295–305

Harrison, F. W., Gardiner, S. C. (1992): Annelida. In: Harrison, F. W. (Hrsg.): Microscopic Anatomy of Invertebrates. Bd. 7. Wiley-Liss, New York

Hartmann-Schröder, G. (1996): Annelida, Borstenwürmer, Polychaeta. In: Dahl, M., Peus, F. (Hrsg.): Tierwelt Deutschlands 58. (2. Aufl.) Gustav Fischer, Jena

Hauenschild, C., Fischer, A. (1969): *Platynereis dumerilii*. In: Siewing, R (Hrsg.): Gr. Zool. Prakt. 10b: 1–55

Hessling, R., Westheide, W. (2002): Are Echiura derived from a segmented ancestor? Immunohistochemical analysis of the nervous system in developmental stages of *Bonellia viridis*. J. Morph. 252: 100–113

Hyman, L. (1959): The Invertebrates. V. Smaller Coelomate Groups. McGraw-Hill, New York, London

Ivanov, A. V. (1963): Pogonophora. Acad. Press, London

Jaccarini, V., Agius, L., Schembri, P. J., Rizzo, M. (1983): Sex determination and larval sexual interaction in *Bonellia viridis* (Echiura, Bonelliidae). J. Exp. Mar. Biol. Ecol. 66: 25–40

Jamieson, B. G. M. (1981). The Ultrastructure of the Oligochaeta. Acad. Press, London, New York

Jones, M. L. (1988): The Vestimentifera, their biology, systematic and evolutionary patterns. Oceanol. Acta Spec. 8: 69–82

Korn, H. (1982): Annelida. In: Seidel, F. (Hrsg.): Morphogenese der Tiere 5. Gustav Fischer, Stuttgart

Kükenthal, W., Krumbach, T. (Hrsg.) (1928–1934): Vermes Polymera. Handbuch der Zoologie. Bd. II. W. de Gruyter, Berlin

Peters, W., Walldorf, V. (1986): Der Regenwurm *Lumbricus terrestris* L. Quelle und Meyer, Heidelberg, Wiesbaden

Purschke, G. (2002): On the ground pattern of Annelida. Org. Div. Evol. 2: 181–196

Purschke, G., Tzetlin, A. B. (1996): Dorsolateral ciliary folds in the polychaete foregut: Structure, prevalence and phylogenetic significance. Acta Zool. 77: 33–49

Rice, M. E. (1975): Sipuncula. In: Giese, A. C., Pearse, J. S. (Hrsg.): Reproduction of Marine Invertebrates. Bd. II. Acad. Press, New York

Rice, M. E. (1989): Comparative observations of gametes, fertilization and maturation in sipunculans. In: Ryland, J. S., Tyler, P. A. (Hrsg.): Reproduction, Genetics and Distribution of Marine Organisms. Olsen & Olsen, Fredensborg

Rouse, G. W., Fauchald, K. (1997): Cladistics and polychaetes. Zool. Scripta 26: 139–204

Rouse, G. W., Pleijel, F. (2001): Polychaetes. Oxford Univ. Press, Oxford

Rouse, G. W., Pleijel, F. (Hrsg.) (2006): Reproductive Biology and Phylogeny of Annelida. In: Jamieson, B. G. M. (Hrsg.): Reproductive Biology and Phylogeny 4. Science Publishers, Enfield, NH.

Satchell, J. E. (Hrsg.) (1983): Earthworm Ecology. From Darwin to Vermiculture. Chapman and Hall, London, New York

Sawyer, R. T. (1986): Leech Biology and Behaviour. 3 Bd. Clarendon Press, Oxford

Schroeder, P. C., Hermans, C. O. (1975): Annelida: Polychaeta. In: Giese, A. C., Pearse, J. S. (Hrsg.): Reproduction of Marine Invertebrates III, Annelids and Echiurids. Acad. Press, New York

Schulze, A. (2003): Phylogeny of Vestimentifera (Siboglinidae, Annelida) inferred from morphology. Zool. Scripta 32: 321–342

Schulze, A., Cutler, E. B., Giribet, G. (2007): Phylogeny of sipunculan worms: A combined analysis of four gene regions and morphology. Mol. Phyl. Evol. 42: 171–192

Sims, R. W., Gerard, B. M. (1985): Earthworms. Synopses of the British Fauna (N.S.) 31, E. J. Brill/Dr. W. Backhuys, London, Leiden

Southward, E. C. (1988): Development of the gut and segmentation of newly settled stages of *Ridgeia* (Vestimentifera): Implications for relationship between Vestimentifera and Pogonophora. J. Mar. Biol. Ass. U.K. 68: 465–487

Southward, E. C. (1993): Pogonophora. In: Harrison, F. W., Rice, M. E. (Hrsg.): Microscopic anatomy of Invertebrates 12, Onychophora, Chilopoda, and Lesser Protostomata. Wiley-Liss, New York 327–369

Stephen, A. C., Edmonds, S. J. (1972): The phyla Sipuncula and Echiura. British Museum (Natural History), London

Struck, T. H. (2011): Direction of evolution within Annelida and the definition of Pleistoannelida. J. zool. Syst. Evol. Res. 49: 340–345

Struck, T. H., Paul, C., Hill, N., Hartmann, S., Hösel, C., Kube, M., Lieb, B., Meyer, A., Tiedemann, R., Purschke, G., Bleidorn, C. (2011): Phylogenomic analyses unravel annelid evolution. Nature, 471: 95–98

Tetry, A. (1959): Classe des Sipunculiens. In: Grassé, P.-P. (Hrsg.) : Traité de Zoologie. Bd. V. Masson et Cie, Paris

Westheide, W. (2008): Polychaeta. Interstitial Families. Synopses of the British Fauna (N. S.) 44. Sec. Edit. The Linnean Society of London. Field Studies Council.

Westheide, W., Hermans, C. O. (Hrsg.) (1988): The Ultrastructure of Polychaeta. Microfauna Marina 4. Gustav Fischer, Stuttgart

Ecdysozoa

Aguinaldo, A. M. A., Turbeville, J. M., Linford, L. S., Rivera, M. C., Garey, J. R., Raff, R. A., Lake, J. A. (1997): Evidence for a clade of nematodes, arthropods and other moulting animals. Nature 387: 489–493

Garey, J. R. (2001): Ecdysozoa: the relationship between Cycloneuralia and Panarthropoda. Zool. Anz. 240: 321–330

Giribet, G. (2003): Molecules, development and fossils in the study of metazoan evolution; Articulata versus Ecdysozoa revisited. Zoology 106: 303–326

Pilata, G., Binda, M. G., Biondi, O., D'Urso, V., Lisi, O., Marletta, A., Maugeri, S., Nobile, V., Rappazzo, G., Sabella, G., Sammartano, F., Turrisi, G., Viglianisi, F. (2005): The clade Ecdysozoa, perplexities and questions. Zool. Anz. 243: 43–50

Schmidt-Rhaesa, A. (2004): Ecdysozoa versus Articulata. In: Richter, S., Sudhaus, W. (Hrsg): Kontroversen in der Phylogenetischen Systematik der Metazoa. Sonderheft Sitzungsber. Ges. Naturf. Freunde Berlin (N.F.) 43: 35–49

Schmidt-Rhaesa, A. (2006): Perplexities concerning the Ecdysozoa: a reply to Pilato et al.. Zool. Anz. 244: 205–208

Schmidt-Rhaesa, A., Bartolomaeus, T., Lemburg, C., Ehlers, U., Garey, J. R. (1998): The position of the Arthropoda in the phylogenetic system. J. Morph. 238: 263–285

Scholtz, G. (2003): Ist he taxon Articulata obsolete? Arguments in favour of a close relatioship between annelids and arthropods. Proc. 18th Int. Congr. Zool.: 489–501

Telford, M. J., Biulat, S. J., Economou, A., Papillon, D., Rota-Stabelli, O. (2008): The evolution of the Ecdysozoa. Phil. Trans. R. Soc London B 363: 1529–1537

Nemathelminthes i. e. S. (Gastrotricha, Nematoda, Nematomorpha, Acanthocephala, Priapulida, Loricifera, Kinorhyncha)

Adrianov, A. V., Malakhov, V. V. (1996): Priapilida (Priapulida): structure, development, phylogeny, and classification. KMK Scientific Press, Moskau (russisch, mit englischer Zusammenfassung)

Adrianov, A. V., Malakhov, V. V. (1999): Cephalorhyncha of the world ocean. KMK Scientific Press, Moskau (russisch, mit englischer Zusammenfassung)

Anderson, R. C. (1994): Nematode Parasites of Vertebrates: their Development and Transmissions. CAB International, Wallingford

Blair, J. E., Ikeo, K., Gojobori, T., Hedges, S. B. (2002): The evolutionary position of nematodes. BMC Evol. Biol. 2: 7–13

Chitwood, B. G., Chitwood, M. B. (1950): Introduction to Nematology. Univ. Park Press, Baltimore. Nachdruck 1974

Crofton, H. D. (1966): Nematodes. Hutchinson, London

Dannovaro, R., Dell´Anno, A., Pusceddu, A., Gambi, C., Heiner, I., Kristensen, R. M. (2010): The first Metazoa living in permanently anoxic conditions. BMC Biology 8: 30

Decker, H. (1969): Phytonematologie. Biologie und Bekämpfung pflanzenparasitischer Nematoden. VEB Deutscher Landwirtschaftsverlag, Berlin

De Ley, P., Blaxter, M. (2002): Systematic position and phylogeny. In: Lee, D. L. (Hrsg.): The Biology of Nematodes. Taylor & Francis, London, New York

Gad, G. (2005): Die Loricifera (Korsettträgerchen) – Winzlinge aus den Sandböden der Ozeane. I: Die Nanaloricidae. Mikrokosmos 94: 49–60; II: Die Pliciloricidae. Mikrokosmos 94: 104–116

Gad, G. (2005): Giant Higgins-larvae with paedogenetic reproduction from the deep sea of the Angola Basin – Evidence for a new life cycle and for abyssal gigantism in Loricifera? Org. Divers. Evol. 5: 59–75

Gaugler, R., Kaya, H. K. (Hrsg.) (1990): Entomopathogenic Nematodes in Biological Control. CRC Press, Boca Raton, Ann. Arbor, Boston

Gerlach, S. A. (1953): Die biozönotische Gliederung der Nematodenfauna an den deutschen Küsten. Z. Morph. Ökol. Tiere 41: 411–512

Gerlach, S. A., Riemann, F. (1973/74): The Bremerhaven checklist of aquatic nematodes. A catalogue of Nematoda Adenophorea excluding the Dorylaimida. Veröfftl. Inst. Meeresforsch. Bremerhaven, Suppl. 4: 1–736

Hanelt, B., Thomas, F., Schmidt-Rhaesa, A. (2005): Biology of the Phylum Nematomorpha. Adv. Parasitol. 59: 243–305

Harrison, F. W., Ruppert, E. E. (Hrsg.) (1991): Aschelminthes. In: Harrison, F, W. (Hrsg.): Microscopic Anatomy of Invertebrates. Bd. 4. Wiley-Liss, New York

Heiner, I., Kristensen, R. M. (2009): Urnaloricus gadi nov. gen. et nov. sp. (Loricifera, Urnaloricidae nov. Fam.), an aberrant Loricifera with a viviparous pedogenetic life cycle. J. Morph. 270: 129–153

Kristensen, R. M. (1991): Loricifera – A general biological and phylogenetic overview. Verh. Dtsch. Zool. Ges. 84: 231–246

Kristensen, R. M (1991): Loricifera. In: Harrison, F. W. (Hrsg.): Microscopic Anatomy of Invertebrates. Bd. 4: Aschelminthes. Wiley-Liss, New York

Kristensen, R. M. (2002): An introduction to Loricifera, Cycliophora, and Micrognathozoa. Integr. Comp. Biol. 42: 641–651

Lee, D. L. (2002): The Biology of Nematodes. CRC Press, Boca Raton

Lee, D. L., Atkinson, H. J. (1976): Physiology of Nematodes. Mac Millan Press, London

Lorenzen, S. (1985): Phylogenetic aspects of pseudocoelomate evolution. In: Conway-Morris, S., George, J. D., Gibson, R., Platt, H. M. (Hrsg.): The Origins and Relationships of Lower Invertebrates. The Systematics Association, Spec. Bd. 28, Clarendon Press, Oxford

Maggenti, A. (1981): General Nematology. Springer, New York, Heidelberg

Neuhaus, B. (1994): Ulrastructure of alimentary canal and body cavity, ground pattern, and phylogenetic relationships of Kinorhyncha. Microfauna Marina 9: 61–156

Osche, G. (1962): Das Praeadaptationsphänomen und seine Bedeutung für die Evolution. Zool. Anz. 169: 14–49

Osche, G. (1966): Ursprung, Alter, Form und Verbreitung des Parasitismus bei Nematoden. Mitt. Biol. Bundesanst. Land-Forstwirtsch. Berlin-Dahlem, 118: 6–24

Poinar, G. (1978): Entomogenous Nematodes. A Manual and Host List of Insect-Nematode Association. Brill, Leiden

Remane, A. (1936): Gastrotricha und Kinorhyncha. In: Bronns Klassen und Ordnungen des Tierreichs 4. Akademische Verlagsgesellschaft, Leipzig

Rieger, R. M. (1978): Monociliated epidermal cells in Gastrotricha: Significance for concepts of early metazoan evolution. Z. Zool. Syst. Evolut.-forsch. 14: 198–226

Rothe, B. H., Schmidt-Rhaesa, A. (2009): Architecture of the nervous system in two Dactylopodola species (Gastrotricha, Macrodasyida). Zoomorphology 128: 227–246

Rothe, B. H., Schmidt-Rhaesa, A. (2010): Structure of the nervous system in Tubiluchus troglodytes (Priapulida). Invertebr. Biol. 129: 39–58

Rothe, B. H., Schmidt-Rhaesa, A., Kieneke, A. (2011): The nervous system of Neodasys chaetonotoideus (Gastrotricha: Neodasys) revealed by combining confocal laser scanning and transmission electron microscopy – evolutionary comparison of neuroanatomy within the Gastrotricha and basal Protostomia. Zoomorphology 130: 51–84

Ruppert, E. E. (1978): The reproductive system of gastrotrichs. Insemination in Macrodasys: A unique mode of sperm transfer in Metazoa. Zoomorphology 89: 207–228

Schierenberg, E. (1987): Vom Ei zum Organismus. Die Embryonalentwicklung des Nematoden Caenorhabditis elegans. BIUZ 17: 97–106

Schmidt-Rhaesa, A. (2005): Morphogenesis of *Paragordius varius* (Nematomorpha) during the parasitic phase. Zoomorphology 124: 33–46

Schmidt-Rhaesa, A., Rothe, B. H. (2006): Postembryonic development of longitudinal musculature in *Pycnophyes kielensis* (Kinorhyncha, Homalorhagida). Integr. Comp. Biol. 46: 144–150

Sørensen, M. V., Pardos, F. (2008): Kinorhynch systematics and biology – an introduction to the study of kinorhynchs, inclusive identification keys to the genera. Meiofauna Marina 16: 21–73

Teuchert, G. (1968): Zur Fortpflanzung und Entwicklung der Macrodasyoidea (Gastrotricha). Z. Morph. Tiere 63: 343–418

Teuchert, G. (1977): The ultrastructure of the marine gastrotrich *Turbanella cornuta* Remane and its functional and phylogenetical importance. Zoomorphology 88: 189–246

Thomas, F., Schmidt-Rhaesa, A., Martin, G., Manu, C., Durand, P., Renaud, F. (2002): Do hairworms (Nematomorpha) manipulate the water-seeking behaviour of their terrestrial hosts? J. Evol. Biol. 15: 356–361

Todaro, M. A., Hummon, W. D. (2008): An overview and a dichotomous key to genera of the phylum Gastrotricha. Meiofauna Marina 16: 3–20

Triantaphyllou, A. C., Moncol, D. J. (1977): Cytology, reproduction, and sex determination of *Strongyloides ransomi* and *S. papillosus*. J. Parasitol. 63: 961–973

Van der Land, J. (1970): Systematics, zoogeography, and ecology of Priapulida. Zool. Verhandelingen 112: 1–118

Ward, S., Thomson, N., White, J., Brenner, S. (1975): Electron microscopical reconstruction of the anterior sensory anatomy of the nematode *Caenorhabditis elegans*. J. Comp. Neur. 160: 313–338

Wennberg, S. A., Janssen, R., Budd, G. E. (2009): Hatching and earliest larval stages of the priapulid worm *Priapulus caudatus*. Invert. Biol. 128: 157–171

Wood, W. B. (Hrsg.) (1988): The Nematode *Caenorhabditis elegans*. Cold Spring Harbor Lab

Zrzavý, J. (2003): Gastrotricha and metazoan phylogeny. Zool. Scripta 32: 61–81

Panarthropoda, Arthropoda, Mandibulata

Angelini, D. R., Kaufman, T. C. (2005): Comparative developmental genetics and the evolution of arthropod body plans. Ann. Rev. Genetics 39: 95–119

Averof, M., Akam, M. (1995): Hox genes and the diversification of insect and crustacean body plans. Nature 376: 420–423

Boudreaux, H. B. (1979): Arthropod Phylogeny with Special Reference to Insects. John Wiley, New York

Brenneis, G., Ungerer, P., Scholtz, G. (2008) The chelifores of sea spiders (Arthropoda, Pycnogonida) are the appendages of the deutocerebral segment. Evol Dev 10: 717–724

Budd G., E. (2002): A palaeontological solution of the arthropod head problem. Nature 417: 271–275

Campbell, L. I., Rota-Stabelli, O., Edgecombe, G. D., Marchioro, T., Longhorn, S. J., Telford, M. J., Philippe, H., Rebecchi, L., Peterson, K. J., Pisani D. (2011) MicroRNAs and phylogenomics resolve the relationships of Tardigrada and suggest that velvet worms are the sister group of Arthropoda. Proc. Nat. Acad. Sci. 108: 15920–15924

Dohle, W. (2001): Are the insects terrestrial crustaceans? A discussion of some new facts and arguments and the proposal of the proper name "Tetraconata" for the monophyletic unit Crustacea + Hexapoda. Ann. Soc. Entomol. France 37: 85–103

Dohle, W., Scholtz, G. (1995): Segmentbildung im Keimstreif der Krebse. BIUZ 25: 80–100

Dunn, C. W., Hejnol, A., Matus, D. Q., Pang, K., Browne, W. E., Smith, S. A., Seaver, E., Rouse, G. W., Obst, M., Edgecombe, G. D., Sorensen, M. V., Haddock, S. H. D., Schmidt-Rhaesa, A., Okusu, A., Kristensen, R. M., Wheeler, W. C., Martindale, M. Q., Giribet, G. (2008): Broad phylogenomic sampling improves resolution of the animal tree of life. Nature 452: 745–749

Edgecombe, G. D., Richter, S.; Wilson, G. D. F. (2003): The mandibular gnathal edges: homologous structures throughout Mandibulata? African Invertebrates 44: 115–135

Edgecombe, G. D. (2010): Arthropod phylogeny: an overview from the perspectives of morphology, molecular data and the fossil record. Arthropod Struct Dev 39: 74–87

Eriksson, B. J., Tait, N. N., Budd, G. E., Janssen, R., Akam, M. (2010): Head patterning and *Hox* gene expression in an onychophoran and its implications for the arthropod head problem. Dev. Genes Evol. 220:117–122

Giribet, G., Edgecombe, G. D. (2012): Reevaluating the arthropod tree of life. Ann. Rev. Entomol. 1607 57:167–186

Giribet, G., Richter, S., Edgecombe, G. D., Wheeler, W. C. (2005): The position of Crustacea within Arthropoda: evidence from nine molecular loci and morphology. Crustacean Issues 16: 307–352

Gupta, A. P. (Hrsg.) (1979): Arthropod Phylogeny. Van Nostrand Reinhold Comp., New York

Hansen, H.-J. (1925): Studies on Arthropoda II: On the Comparative Morphology of the Appendages in the Arthropoda. Gyldendalske Boghandel, Kopenhagen, London, Berlin

Haug, J. T, Waloßek, D., Haug, C., Maas, A. (2010): High-level phylogenetic analysis using developmental sequences: the Cambrian *Martinssonia elongata*, *Musacaris gerdgeyeri* gen. et sp. nov. and their position in early crustacean evolution. Arthropod Struct. Dev. 39: 154–73

Kraus, O. (Hrsg.) (1980): Arthropodenphylogenie. Abh. Naturwiss. Ver. Hamburg (N.F.) 23

Kraus, O., Kraus, M. (1994): Phylogenetic system of the Tracheata (Mandibulata): On „Myriapoda" – Insecta – interrelationships, phylogenetic age and primary ecological niches. Verh. Naturwiss. Ver. Hamburg (N.F.) 34: 5–31

Lauterbach, K. E. (1973): Schlüsselereignisse in der Evolution der Stammgruppe der Euarthropoda. Zool. Beitr. N. F. 19: 251–299

Manton, S. M. (1974): Mandibular mechanisms and the evolution of arthropods. Phil. Trans. Roy. Soc. B247: 1–183

Manton, S. M. (1977): The Arthropoda. Clarendon Press, Oxford

Mayer, G. (2006): Structure and development of onychophoran eyes: What is the ancestral visual organ in arthropods? Arthr. Struct. Dev. 35: 231–245

Mayer, G., Whitington, P. M., Sunnucks, P., Pflüger, H-J. (2010): A revision of brain composition in Onychophora (velvet worms) suggests that the tritocerebrum evolved in arthropods. BMC Evol Biol 10:255; doi:10.1186/1471-2148-10-255

Müller, C., Rosenberg, J., Richter, S., Meyer-Rochow, V-B. (2003): The compound eye of *Scutigera coleoptrata* (Linnaeus, 1758) (Chilopoda: Notostigmophora): an ultrastructural re-investigation that adds support to the Mandibulata-concept. Zoomorphology 122: 191–209

Paulus, H. F. (2000): Phylogeny of the Myriapoda – Crustacea – Insecta: A new attempt using photoreceptor structures. J. zool. Syst. Evol. Res. 38: 189–208

Regier, J. C., Shultz, J. W., Zwick, A., Hussey, A., Ball, B., Wetzer, R., Martin, J. W., Cunningham, C. W. (2010): Arthropod relationships revealed by phylogenomic analysis of nuclear protein-coding sequences. Nature 463: 1079–1083

Richter, S. (2002): The Tetraconata concept: hexapod – crustacean relationships and the phylogeny of Crustacea. Org. Div. Evol. 2: 217–237

Richter, S., Wirkner, C. S. (2004): Kontroversen in der phylogenetische Systematik der Euarthropoda. In: Kontroversen der phylogenetischen Systematik der Metazoa (S. Richter; W. Sudhaus, Hrsg.). Sitzber. Ges. Naturforsch. Freunde Berlin 43: 73–102.

Scholtz, G., Mittmann, B., Gerberding, M. (1998): The patterns of *Distal-less* expression in the mouthparts of crustaceans, myriapods and insects: New evidence for a gnathobasic mandible and the common origin of Mandibulata. Int. J. Dev. Biol. 42: 801–810

Scholtz, G., Edgecombe, G. D. (2006): The evolution of arthropod heads: reconciling morphological, developmental and palaeontological evidence. Dev. Genes Evol. 216: 395–415

Sombke, A., Lipke, E., Kenning, M., Müller, C., Hansson, B. S., Harzsch, S. (2012): Comparative analysis of deutocerebral neuropils in Chilopoda (Myriapoda): Implications for the evolution of the arthropod olfactory system and support for the Mandibulata concept. BMC Neuroscience 13:1; doi:10.1186/1471-2202-13-1

von Reumont, B. M., Jenner, R. A., Wills, M. A., Dell'Ampio, E., Pass, G., Ebersberger, I., Meyer, B., Koenemann, S., Iliffe, T. M., Stamatakis, A., Niehuis, O., Meusemann, K., Misof, B. (2012): Pancrustacean phylogeny in the light of new phylogenomic data: support for Remipedia as the possible sister group of Hexapoda. Mol. Biol. Evol. 29(3): 1031–1045

Waloßek, D., Chen, J., Maas, A., Wang, X. (2005): Early Cambrian arthropods – new insights into arthropod head and structural evolution. Arthropod Struct. Dev. 34:189–205

Weber, H. (1952): Morphologie, Histologie und Entwicklungsgeschichte der Articulaten. II. Die Kopfsegmentierung und die Morphologie des Kopfes überhaupt. Fortsch. Zool. 9: 18–231

Onychophora

Baer, A., Mayer, G. (2012): Comparative anatomy of slime glands in Onychophora (velvet worms). J. Morph. 273: 1079–1088

Hou, X.-G., Aldridge, R. J., Bergström, J., Siveter, D. J., Siveter, D. J., Feng, X.-H. (2004): The Cambrian Fossils of Chengjiang, China. The Flowering of Early Animal Life. Blackwell Publishing, Oxford

Manton, S. M., Heatley, N. G. (1937): Studies on the Onychophora. II. The feeding, digestion, excretion, and food storage of *Peripatopsis* with biochemical estimations and analyses. Phil. Trans. R. Soc. London B: 227: 411–464

Mayer, G. (2006): Origin and differentiation of nephridia in the Onychophora provide no support for the Articulata. Zoomorphology 125: 1–12

Mayer, G. (2006): Structure and development of onychophoran eyes – What is the ancestral visual organ in arthropods? Arthropod Struct. Dev. 35: 231–245

Mayer, G., Tait, N. N. (2009): Position and development of oocytes in velvet worms shed light on the evolution of the ovary in Onychophora and Arthropoda. Zool. J. Linn. Soc. 157: 17–33

Mayer, G., Ruhberg, H., Bartolomaeus, T. (2004): When an epithelium ceases to exist – An ultrastructural study on the fate of the embryonic coelom in *Epiperipatus biolleyi* (Onychophora, Peripatidae). Acta Zool. 85: 163–170

Mayer, G., Whitington, P. M., Sunnucks, P., Pflüger, H.-J. (2010): A revision of brain composition in Onychophora (velvet worms) suggests that the tritocerebrum evolved in arthropods. BMC Evol. Biol. 10: 255

Oliveira, I. S., Franke, F. A., Hering, L., Schaffer, S., Rowell, D. M., Weck-Heimann, A., Monge-Nájera, J., Morera-Brenes, B., Mayer, G. (2012): Unexplored character diversity in Onychophora (velvet worms): a comparative study of three peripatid species. PLoS ONE 7(12): e51220

Oliveira, I. S., Read, V. M. St. J., Mayer, G. (2012): A world checklist of Onychophora (velvet worms), with notes on nomenclature and status of names. ZooKeys 211: 1–70

Ou, Q., Shu, D., Mayer, G. (2012): Cambrian lobopodians and extant onychophorans provide new insights into early cephalization in Panarthropoda. Nat.Commun. 3: 1261

Reid, A. L. (1996): Review of the Peripatopsidae (Onychophora) in Australia, with comments on peripatopsid relationships. Invertebr. Taxon. 10: 663–936

Ruhberg, H. (1985): Die Peripatopsidae (Onychophora). Systematik, Ökologie, Chorologie und phylogenetische Aspekte. Zoologica, Heft 137. E. Schweizerbart'sche Verlagsbuchhandlung, Stuttgart

Ruhberg, H., Daniels, S.R. (2013): Morphological assessment supports the recognition of four novel species in the widely distributed velvet worm *Peripatopsis moseley senso lato* (Onychophora, Peripatopsidae). Inv. Syst. 27: 131–145

Storch, V., Ruhberg, H. (1993): Onychophora. In: Harrison, F. W. (Hrsg.): Microscopic Anatomy of Invertebrates. Bd. 12. Wiley-Liss, New York

Whitington, P. M., Mayer, G. (2011): The origins of the arthropod nervous system: Insights from the Onychophora. Arthr. Struct. Dev. 40: 193–209

Tardigrada

Bertolani, R. (Hrsg.) (1987): Biology of Tardigrades. Proc. 4th Int. Symp. Tardigrada, Modena 1985. Mucchi, Modena

Campbell, L. I., Rota-Stabelli, O., Edgecombe, G. D., Marchioro, T., Longhorn, S. J., Telford, M. J., Philippe, H., Rebecchi, L., Kevin J., Peterson, K. J., Pisani, D. (2011): MicroRNAs and phylogenomics resolve the relationships of Tardigrada and suggest that velvet worms are the sister group of Arthropoda. Proc. Nat. Acad. Sci. 108 (38): 15920–15924

Dewel, R.A., Nelson, D.R., Dewel, W.C. (1993): Tardigrada. In: Harrison, F. W., Rice, M. E. (Hrsg.): Microscopic Anatomy of Invertebrates. Bd. 12: Onychophora, Chilopoda, and Lesser Protostomata. Wiley-Liss, New York

Gabriel, W. N., McNuff, R., Patel, S. K., Gregory, T. R., Jeck, W. R., Jones, C. D., Goldstein, B.(2007): The tardigrade *Hypsibius dujardini*, a new model for studying the evolution of development. Dev. Biol. 312: 545–559

Garey, J. R, Nelson, D. R., Nichols, P. B. (Hrsg.) (2006): The Biology of Tardigrades. Selected papers from the 9th International Symposium on Tardigrada, Tampa 2003. Hydrobiologia 558: 1–150

Glime, Janice M. (2010). *Bryophyte Ecology.* Volume 2. Bryological Interactions. Chapter 5 Tardigrades. Michigan Technological University and International Association of Bryologists. <http://www.bryoecol.mtu.edu/>

Greven, H. (Hrsg.) (1999): Special issue on Tardigrada. 7th Int. Symp. Tardigrada, Düsseldorf 1977. Zool. Anz. 238: 133–346

Guil, N., Giribet, G. (2012): A comprehensive molecular phylogeny of tardigrades – adding genes and taxa to a poorly resolved phylum-level phylogeny. Cladistics 28: 21–49

Kristensen, R. M. (Hrsg.) (2001): Special issue on Tardigrada. 8th Int. Symp. Tardigrada, Kopenhagen 2000. Zool. Anz. 240: 213–582

Møbjerg, N, Halberg, K. A., Jørgensen, A., Persson, D., Bjørn, M., Ramløv, H., Kristensen; R. M. (2011): Survival in extreme environments – on the current knowledge of adaptations in tardigrades. Acta Physiol 202: 409–420

Marcus, E. (1929): Tardigrada. In: Bronn H.G. (Hrsg.): Klassen und Ordnungen des Tierreichs. Bd. 5, IV, 3. Akademische Verlagsgesellschaft, Leipzig

Pilato, G., Binda G. (2005): Definition of families, subfamilies, genera and subgenera of the Eutardigrada, and keys to their identification. Zootaxa 845: 1–46

Pilato, G., Rebecchi, L. (Hrsg.) (2007:) Proceedings of the Tenth International Symposium on Tardigrada. J. Limnol. 66 (Suppl. 1): 1–170

Schill, R.O., Hohberg, K., Greven, H. (Hrsg.) (2011): Water Bears Today. Proceedings of the 11th Symposium of Tardigrada, Tübingen 2009. J. zool. Syst. Evol. Res. 49 (Suppl. 1): 1–132

Trilobita und andere fossile Arthropoda

Bergström, J. (1973): Organization, life, and systematics of trilobites. Fossils and Strata 2: 1–69

Chen, J.-Y., Waloßek, D., Maas, A. (2004): A new 'great-appendage' arthropod from the Lower Cambrian of China and homology of chelicerate chelicerae and raptorial antero-ventral appendages. Lethaia 37: 3–20.

Clarkson, E. N. K. (1993): Invertebrate Palaeontology and Evolution. 3. Aufl. Chapman & Hall, London

Edgecombe, G. D. (Hrsg.) (1998): Arthropod Fossils and Phylogeny. Columbia Univ. Press, New York

Edgecombe, G. D., Ramsköld, L. (1999): Relationships of Cambrian Arachnata and the systematic position of Trilobita. Paleontol. 73: 263–287

Fortey, R. A. (2001): Trilobite systematics: the last 75 years. J. Paleontol. 75: 1141–1151

Fortey, R. A., Owens, R. M. (1999): Feeding habits in trilobites. Palaeontology 42: 429–465

Hou, X.-G., Bergström, J. (1997): Arthropods of the Lower Cambrian Chengjiang Fauna, Southwest China. Fossils and Strata 45: 1–116

Hughes, N. C. (2003): Trilobite tagmosis and body patterning from morphological and developmental perspectives. Integr. Comp. Biol. 43: 185–206

Hughes, N. C., Haug, J. T., Waloßek, D. (2008): Basal euarthropod development: a fossil-based perspective. In: Minelli, A., Fusco, G. (Hrsg.): Evolving Pathways: Key Themes in Evolutionary Developmental Biology. Cambridge University Press.

Lieberman, B. (2002): Phylogenetic analysis of some basal early Cambrian trilobites, the biogeographic origins of the Eutrilobita, and the timing of the Cambrian radiation. Paleontol. 76: 692–708

Müller, K. J., Waloßek, D. (1987): Morphology, ontogeny, and life habit of *Agnostus pisiformis* from the Upper Cambrian of Sweden. Fossils and Strata 19: 1–124

Paterson, J. R., Edgecombe, G. D., García-Bellido, D. C., Jago, J. B., Gehling, James, G. (2010): Nektaspid arthropods from the Lower Cambrian Emu Bay Shale Lagerstätte, South Australia, with a reassessment of lamellipedian relationships. Palaeontology 53: 377–402.

Ramsköld, L., Edgecombe, G. D. (1991): Trilobite monophyly revisited. Hist. Biol. 4: 267–283

Scholtz, G., Edgecombe, G. D. (2005): Heads, *Hox* and the phylogenetic position of trilobites. In: Koenemann S., Jenner, R. (Hrsg.) Crustacea and arthropod relationships. CRC, Boca Raton.

Stein, M., Selden, P. A. (2011): A restudy of the Burgess Shale (Cambrian) arthropod *Emeraldella brocki* and reassessment of its affinities. J. Syst. Palaeont. doi: 10.1080/14772019.2011.566634.

Waloßek, D., Chen, J.-Y., Maas, A., Wang, X.-Q. (2005): Early Cambrian arthropods: new insights into arthropod head and structural evolution. Arthropod Structure & Dev. 34: 189–205

Whittington, H. B. (1980): Exoskeleton, moult stage, appendage morphology, and habits of the Middle Cambrian trilobite *Olenoides serratus*. Palaeontology 23: 171–204

Whittington, H. B., Almond, J. R. (1987): Appendages and habits of the Upper Ordovician trilobite *Triarthrus eatoni*. Phil. Trans. Roy. Soc. London, Series B 317: 1–49

Whittington, H. B. et al. (1997): Treatise on Invertebrate paleontology, Pt. O (Trilobita) revised. Geol. Soc. Am. and Kansas Univ. Press, Lawrence

Chelicerata

Alberti, G. (2000): Chelicerata. In: Jamieson, B. G. M. (Hrsg.): Progress in Male Gamete Ultrastructure and Phylogeny. In: Adiyodi, K. G., Adiyodi, R. G. (Hrsg.): Reproductive Biology of the Invertebrates. Bd. 9. New Delhi, Oxford, IBH Publishing, Wiley, New York 311–388

Alberti, G. (2006): On some fundamental characteristics in acarine morphology. Atti della Accademia Nazionale Italiana di Entomologia. R. A. LIII - 2005: 315–360

Alberti, G., Peretti, A. (2002): Fine structure of male genital system and sperm in Solifugae does not support a sister-group relationship with Pseudoscorpiones (Arachnida). J. Arachnology 30: 268–274

Alberti, G., Coineau, Y., Fernandez, N. A., Théron, P. D. (2010): Fine structure of the male genital systems, spermatophores and unusual sperm cells of Saxidromidae (Acari, Actinotrichida). Acarologia 50: 243–256

Alberti, G., Lipke, E., Giribet, G. (2008): On the ultrastructure and identity of the eyes of Cyphophthalmi based on a study of *Stylocellus* sp. (Opiliones, Stylocellidae). J. Arachnology 36: 379–387

Alberti, G., Heethoff, M., Norton, R. A., Schmelzle, S., Seniczak, A., Seniczak, St. (2011): Fine structure of the gnathosoma of Archegozetes longisetosus Aoki (Acari: Oribatida, Trhypochthoniidae). J. Morph. 272: 1025–1079

Barth, F. G. (2001): Spinne und Verhalten: Aus dem Leben einer Spinne. Springer, Berlin

Barth, F. G. (Hrsg.) (1985): Neurobiology of Arachnids. Springer, Berlin, New York

Blick T., Harvey, M. (2011): Worldwide catalogues and species numbers of the arachnid orders (Arachnida). – Arachnol. Mitt. 41: 41–43

Boyer, S. L., Clouse, R. M., Benavides, L. R., Sharma, P., Schwendinger, P. J., Karunarathna, I., Giribet, G. (2007): Biogeography of the world: a case study from cyphophthalmid Opiliones, a globally distributed group of arachnids. J. Biogeography 34: 2010–2085

Coddington, J. A., Levi, H. W. (1991): Systematics and evolution of spiders (Araneae). Ann. Rev. Ecol. Syst. 22: 565–592

Dabert, M., Witalinski, W., Kazmierski, A., Olszanowski, Z., Dabert, J. (2010): Molecular phylogeny of acariform mites (Acari, Arachnida): strong conflict between phylogenetic signal and long-branch attraction artifacts. Mol. Phyl. Evol. 56: 222–241

Di Palma, A., Alberti, G. (2002): Fine structure of the female genital system in phytoseiid mites with remarks on egg nutrimentary development, sperm-access system, sperm transfer, and capacitation (Acari, Gamasida, Phytoseiidae). Exp. Appl. Acarol. 25: 525–591

Dunlop, J. A., Arango, C. P. (2005): Pycnogonid affinities: A review. J. zool. Syst. Evol. Res. 43: 8–21

Dunlop, J. A., Alberti, G. (2008): The affinities of mites and ticks: a review. J. zool. Syst. Evol. Res. 46: 1–18

Evans, G. O. (1992): Principles of Acarology. C.A.B. International, Wallingford, Oxford

Fet, V., Sissom, W. D., Lowe, G., Braunwalder, M. E. (2000): Catalogue of the Scorpions of the World (1758–1998). New York Entomological Soc., New York

Foelix, R. F. (2011): Biology of Spiders. 3. Aufl. University Press, Oxford

Giribet, G., Vogt, L., González, A. B., Sharma, P., Kury, A. (2009): A multilocus approach to harvestman (Arachnida: Opiliones) phylogeny with emphasis on biogeography and the systematics of Laniatores. Cladistics: 1–30

Gutjahr, M., Schuster, R., Alberti, G. (2006): Ultrastructure of dermal and defence glands in *Cyphophthalmus duricorius* Joseph, 1868 (Opiliones: Sironidae). In: Deltshev, C. & Stoev, P. (Hrsg.). Acta zoologica bulgarica, Suppl. No. 1: 41–48

Harrison, R. A., Foelix, R. F. (Hrsg.) (1999): Chelicerate Arthropoda. In: Harrison, F. W. (Hrsg.): Microscopic Anatomy of Invertebrates. Bd. 8 A-C. Wiley-Liss, New York

Harvey, M. S. (2003): Catalogue of the smaller arachnid orders of the world: Amblypygi, Uropygi, Schizomida, Palpigradi, Ricinulei and Solifugae. Csiro Publ., Collingwood

Haupt, J. (2003): The Mesothelae – a monograph of an exceptional group of spiders (Araneae: Mesothelae). Zoologica 154: 1–102

Helle, W., Sabelis, M. W. (Hrsg.) (1985): Spider Mites. Their Biology, Natural Enemies and Control. World Crop Pests. Bd. 1A-B. Elsevier Sci. Publ. Amsterdam

Kamenz, C., Staude, A., Dunlop, J. A. (2011): Sperm carriers in Silurian sea scorpions. Naturwissenschaften. doi 10.1007/s00114-011-0841-9

Karg, W. (1989): Acari (Acarina), Milben – Unterordnung Parasitiformes (Anactinochaeta) Uropodina Kramer, Schildkrötenmilben. Die Tierwelt Deutschlands. 67. Gustav Fischer, Jena

Karg, W. (1993): Acari (Acarina), Milben – Parasitiformes (Anactinochaeta) Cohors Gamasina Leach – Raubmilben. 2. Aufl. Die Tierwelt Deutschlands. 59. Gustav Fischer Verlag, Jena

Klann, A.E., Gromov, A. V., Cushing, P. E., Peretti, A. V., Alberti, G. (2008): The anatomy and ultrastructure of the suctorial organ of Solifugae (Arachnida). Arthropod Struct. Development 37: 3–12

Klann, A. E., Alberti, G. (2010): Histological and ultrastructural characterization of the alimentary system of solifuges (Arachnida, Solifugae). J. Morph. 271: 225–241

Knoflach, B., van Harten, A. (2001): *Tidarren argo* sp. nov. (Araneae, Theridiide) and its exceptional copulatory behaviour: emasculation, male palpal organ as a mating plug and sexual cannibalism. J. Zool. 254: 449–459

Knoflach, B., Horak, P. (2010): Giftspinnen im Überblick. In: Aspöck, H. (Hrsg.): Krank durch Arthropoden. Denisia 30: 319–350.

Krantz, G. W., Walter, D. E. (Hrsg.) (2009): A Manual of Acarology. 3rd ed. Texas Tech University Press, Lubbock

Kropf, Ch., Horak, P. (Hrsg.) (2009) Towards a Natural History of Arthropods and Other Organisms. In memoriam Konrad Thaler. Fasc.1-3. Contributions to Natural History. No. 12. Naturhistorisches Museum Bern

Lindquist, E. E., Sabelis, M. W., Bruin, J. (Hrsg.) (1996): Eriophyoid Mites – Their Biology, Natural Enemies and Control. World Crop Pests. Bd. 6. Elsevier Sci. Publ., Amsterdam

Martens, J. (1986): Die Großgliederung der Opiliones und die Evolution der Ordnung (Arachnida). Proc. 10th Congr. Int. Arachnol. Jaca/España 1986, 1: 289–310

Michalik, P., Dallai, R., Giusti, F., Alberti, G. (2004): The ultrastructure of the peculiar synspermia of some Dysderidae (Araneae, Arachnida). Tissue Cell 36: 447–460

Moritz, M. (1993): Unterstamm Arachnata. In: Lehrbuch der Speziellen Zoologie. Begr. v. Kaestner, A., Gruner, H.-E., Starck, D. (Hrsg.) Bd. 1, Teil 4. Gustav Fischer, Jena

Murienne J., Harvey, M., Giribet, G. (2008): first molecular phylogeny of the major clades of Pseudoscorpiones (Arthropoda: Chelcierata). Mol. Phyl. Evol. 49: 170–184

Nentwig, W., Blick, T., Gloor, D., Hänggi, A., Kropf, C. (2011): Araneae – Spinnen Europas – Spiders of Europe. Version 6. 2011. Internet: http://www.araneae.unibe.ch/

Pepato, A. R., da Rocha, C. E. F., Dunlop, J. A. (2010): Phylogenetic position of the acariform mites: sensitivity to homology assessment under total evidence. Evolutionary Biology 10: 235 (1-23)

Platnick N. I. (2011): The world spider catalogue, Version 12.0, American Museum of Natural History. – online: http://research.amnh.org/entomology/spiders/catalog/INTRO1.html.

Polis, G. A. (Hrsg.) (1990): The Biology of Scorpions. Stanford Univ. Press, Stanford

Sabelis, M., Bruin, J. (Hrsg.) (2010): Trends in Acarology. Springer, Dordrecht, Heidelberg, New York

Schatz, H. (1994): Lohmanniidae (Acari: Oribatida) from the Galapagos Islands, the Cocos Islands, and Central America. Acarologia 35: 267–287

Schuster, R., Murphy, P. W. (1991): Acari – Reproduction, Development and Life History Strategies. Chapman & Hall, London

Sekiguchi, E. (Hrsg.) (1988): Biology of Horseshoe Crabs. Science House Co., Tokyo

Shultz, J. W. (1989): Morphology of locomotor appendages in Arachnida: Evolutionary trends and phylogenetic implications. Zool. J. Linn. Soc. 97: 1–56

Sonenshine, D. E. (1991, 1993): Biology of Ticks. Bd. I und II. Oxford Univ. Press, Oxford

Talarico, G., Palacios-Vargas, J. G., Fuentes Silva, M., Alberti, G. 2006: Ultrastructure of tarsal sensilla and other integument structures of two *Pseudocellus* species (Ricinulei, Arachnida). J. Morph. 267: 441–463

Thaler, K. (Hrsg.) (2004): Diversität und Biologie von Webspinnen, Skorpionen und anderen Spinnentieren. Denisia 12, Linz

Uhl, G., Nessler, St. H., Schneider, J. M. (2010): Securing paternity in spiders? A review on occurrence and effects of mating plugs and male genital mutilation. Genetica 138: 75–104

Vachon, M. (1953): Die Biologie der Skorpione. Endeavour 12: 890–89

Walter, D., Proctor, H. (1999): Mites, Ecology, Evolution and Behaviour. CABI publ., Wallingford, Oxon

Weigmann, G. (2006): Hornmilben (Oribatida). Die Tierwelt Deutschlands. 76. Goecke & Evers, Keltern

Weigmann, G., Alberti, G., Wohltmann, A., Ragusa, S. (Hrsg.) (2004): Acarine Biodiversity in the Natural and Human Sphere. Phytophaga 14, Palermo

Weygoldt, P. (1969): The Biology of Pseudoscorpions. Harvard Univ. Press, Cambridge

Weygoldt, P. (2000): Whip Spiders (Chelicerata: Amblypygi). Their Biology, Morphology and Systematics. Apollo Books, Stenstrup

Wheeler, W. C., Hayashi, C. Y. (1998): The phylogeny of the extant chelicerate orders. Cladistics 14: 173–192

Myriapoda

Blower, J. G. (1985): Millipedes. Keys and notes for the identification of the species. Synopses of the British Fauna (N. S.) 35. E. J. Brill/ Dr. W. Backhuys; London

Dunger, W. (1993): Überklassse Antennata (syn. Tracheata, Atelocerata). In: Gruner, H.-E. (Hrsg.). Lehrbuch der Speziellen Zoologie, Bd. 1, Teil 4: 1031–1160. Gustav Fischer; Jena, Stuttgart.

Edgecombe, G. D. (2004): Morphological data, extant Myriapoda, and the myriapod stem-group. Contrib. Zool. 73: 207–252

Edgecombe, G. D., Giribet, G. (2007): Evolutionary biology of centipedes (Myriapoda: Chilopoda). Annu. Rev. Entomol. 52: 151–170

Enghoff, H., Dohle, W., Blower, J. G. (1993): Anamorphosis in millipedes (Diplopoda) – the present state of knowledge with some developmental and phylogenetic considerations. Zool. J. Linn. Soc. 109: 103–234

Hopkin, S. P., Read, H. J. (1992): The Biology of Millipedes. Oxford University Press; Oxford

Janssen, R., Prpic, N.-M., Damen, W. G. M. (2006): A review of the correlation of tergites, sternites, and leg pairs in diplopods. Front. Zool. 3: 2. doi: 10.1186/1742-9994-3-2

Lewis, J. G. E. (1981): The Biology of Centipedes. Cambridge University Press; Cambridge

Minelli, A. (Hrsg.) (2011): The Myriapoda Vol. 1. Treatise on Zoology – Anatomy, Taxonomy, Biology. Brill; Leiden, Boston

Rosenberg, J. (2009): Die Hundertfüßer Chilopoda. Die Neue Brehm-Bücherei Bd. 285. Westharp Wissenschaften; Hohenwarseleben

Tiegs, O. W. (1947): The development and affinities of the Pauropoda, based on a study of *Pauropus silvaticus*. Quart. J. microsc. Sci. 88: 165–267, 275–336

Crustacea

Balian, E. V., Lévêque, C., Segers, H., Martens, K. (Hrsg.) (2008): Freshwater animal diversity assessment. Developments in Hydrobiology. Bd. 198: 640

Bliss, D. E. (Hrsg.) (1982–1985): The Biology of Crustacea. Bd. 1–10. Acad. Press, New York

Boxshall, G. A., Halsey, S. H. (2004): An introduction to copepod diversity. Bd. 166, Teil I und II. The Ray Society, London, 966

Boxshall, G. A., Strömberg, J.-O., Dahl, E. (Hrsg.) (1992): The Crustacea: Origin and evolution. Acta Zool. 73: 271–392

Calman, W. T. (1909): Crustacea. In: Lankester, R. (Hrsg.): A Treatise on Zoology. 7: 1–346. Adam & Charles Black, London

Forest, J. (Hrsg.): Crustacés. In: Grassé, P. P. (Hrsg.): Traité de Zoologie.(1994) Bd. 7 (1). Morphologie, Physiologie, Reproduction, Embryologie. Masson, Paris; (1996) Bd. 7 (2). Généralités (suite) et Systématique (Cephalocarides à Syncarides). Masson, Paris; (1999) Bd. 7 (3A). Péracarides. Mém. Inst. Océanogr. Monaco 19, Monaco

Forest, J., von Vaupel Klein, J. C., Schram, F. (Hrsg.) (2004): The Crustacea revised and updated from the Traité de Zoologie. Treatise on Zoology – Anatomy, Taxonomy, Biology, Bd. 1. Brill, Leiden, 446

Forest, J., von Vaupel Klein, J. C., Schram, F. (Hrsg.) (2006): The Crustacea revised and updated from the Traité de Zoologie. Treatise on Zoology – Anatomy, Taxonomy, Biology, Bd. 2. Brill, Leiden, 522

Forest, J., von Vaupel Klein, J. C., Schram, F., Charmantier-Daures, M. (Hrsg.) (2012): The Crustacea complementary to the volumes of the Traité de Zoologie. Treatise in Zoology – Anatomy, Taxonomy, Biology, Bd. 3. Brill. Leiden, 508

Fretter, V., Graham, A. (1976): A Functional Anatomy of Invertebrates. Acad. Press, London

Fryer, G. (1983): Functional ontogenetic changes in *Branchinecta ferox* (Milne-Edwards) (Crustacea: Anostraca). Phil. Trans. R. Soc. London (B) 303: 229–343

Fryer, G. (1988): Studies on the functional morphology and biology of the Notostraca (Crustacea: Branchipoda). Phil. Trans. R. Soc. London (B) 321: 27–124

Gruner, H.-E. (1993): Crustacea. In: Lehrbuch der Speziellen Zoologie. Begr. v. Kaestner, A. Hrsg. v. Gruner, H.-E., Starck D. Bd. 1, Teil 4. Gustav Fischer, Jena, 448–1030

Harrison, F. W., Humes, A. G. (Hrsg.) (1992): Crustacea. In: Harrison, F. W. (Hrsg.): Microscopic Anatomy of Invertebrates. Bd. 9. Wiley-Liss, New York, 1–652

Harrison, F. W., Humes, A. G. (Hrsg.) (1992): Decapod Crustacea. In: Harrison, F. W. (Hrsg.): Microscopic Anatomy of Invertebrates. Bd. 10. Wiley-Liss, New York, 1–459

Hartmann, G. (1966–1989): Ostracoda. In: Bronn, H. G.: Dr. H. G. Bronns Klassen und Ordnungen des Tierreichs 5 (1), 2 (4). Gustav Fischer, Jena, 1–1067

Høeg, J. T. (1991): Functional and evolutionary aspects of the sexual system in the Rhizocephala (Thecostraca: Cirripedia). In: Bauer, R. T., Martin, J. M. (Hrsg.): Crustacean Sexual Biology. Columbia Univ. Press, New York, 208–227

Huys, R., Boxshall, G. A. (1991): Copepod Evolution. The Ray Society, London, Bd. 159: 1–468

Kabata, Z. (1979): Parasitic Copepoda of British Fishes. The Ray Society, London, Bd. 152: 1–2017

Lavrov, D. V., Brown, W. M., Boore, J. L. (2004): Phylogenetic position of the Pentastomida and (pan)crustacean relationships. Proc. R. Soc. London (B) 271: 537–544

Lauterbach, K.-E. (1986): Zum Grundplan der Crustacea. Verh. Naturwiss. Ver. Hamburg (NF) 28: 27–63

Lincoln, R. J. (1979): British Marine Amphipoda: Gammaridea. British Museum (Nat. Hist.): 1–658

Martin, J. W., Davis, G. E. (2001): An updated classification of the recent Crustacea. Natural History Museum of Los Angeles County, Science Series 39: I–VIII, 1–224

McLaughlin, P. A. (1980): Comparative Morphology of Recent Crustacea. Freeman & Co, San Francisco

Müller, K. J., Waloßek, D. (1991): Ein Blick durch das „Orsten" Fenster in die Arthropodenwelt vor 500 Millionen Jahren. Verh. Dtsch. Zool. Ges. 84: 281–294

Raibaut, A. (1985): Les cycles évolutifs des copépodes parasites et les modalités de l'infestation. Ann. Biol. 24: 233–274

Richter, S., Scholtz, G. (2001): Phylogenetic analysis of the Malacostraca (Crustacea). J. zool. Syst. Evol. Res. 39: 113–136

Riley, J. (1986): The biology of pentastomids. Adv. Parasitol. 25: 45–128

Sanders, H. L. (1963): The Cephalocarida. Functional morphology, larval development, comparative external anatomy. Mem. Connecticut Acad. Arts & Sciences 15: 1–80

Schminke, H. K. (1981): Adaptation of Bathynellacea (Crustacea, Syncarida) to life in the interstitial (Zoëa theory). Int. Rev. Ges. Hydrobiol. 66: 575–637

Scholtz, G. (Hrsg.) (2003): Evolutionary Developmental Biology of Crustacea. CRC Press, Boca Raton, London

Schram, F. R. (1986): Crustacea. Oxford Univ. Press, New York

Schram, F. R., von Vaupel Klein, J. C., Forest, J., Charmantier-Daures, M. (Hrsg.) (2010): The Curstacea complementary to the volumes of the Traité de Zoologie. Treatise on Zoology – Anatomy, Taxonomy, Biology, Bd. 9A. Brill, Leiden, 560

Schram, F. R., von Vaupel Klein, J. C., Charmantier-Daures, M., Forest, J. (Hrsg.) (2012): The Crustacea complementary to the volumes of the Traité de Zoologie. Treatise on Zoology – Anatomy, Taxonomy, Biology, Bd. 9B. Brill, Leiden, 359

Southward, A. J. (Hrsg.) (1987): Barnacle biology. Crustacean Issues 5: 1–443

Storch, V. (1993): Pentastomida. In: Harrison, F.W. (Hrsg.): Microscopic Anatomy of Invertebrates, Bd. 12. Wiley-Liss, New York, 115–142

Strickler, J. R. (1984): Sticky Water: A selective force in copepod evolution. In: Meyers, D. G., Strickler, J. R. (Hrsg.): Trophic Interactions within Aquatic Ecosystems. AAS Selected Symposium, Bd. 85. Westview Press, 187–239

Trager, G. C., Hwang, J.-S., Strickler, J. R. (1990): Barnacle suspension-feeding in variable flow. Mar. Biol. 105: 117–127

Wägele, J.-W. (1989): Evolution und Phylogenetisches System der Isopoda. Zoologica 140: 1–262

Waloßek, D. (1993): The Upper Cambrian *Rehbachiella* and the phylogeny of Branchiopoda and Crustacea. Fossils & Strata 32: 1–202

Yager, J. (1991): The Remipedia (Crustacea): Recent investigations of their biology and phylogeny. Verh. Dtsch. Zool. Ges. 84: 261–269

Insecta (Hexapoda)

Allgemeine Werke und aktuelle Review-Artikel

Beutel, R. G., Gorb, S. (2001): Ultrastructure of attachment specializations of hexapods (Arthropoda): Evolutionary patterns inferred from a revised ordinal phylogeny. J. zool. Syst. Evol. Res. 39: 177–207

Beutel, R. G., Friedrich, F., Hörnschemeyer, T., Pohl, H., Hünefeld, F., Beckmann, F., Meier, R., Misof, B., Whiting, M. F., Vilhemsen, L. (2010): Morphological and molecular evidence converging upon a robust phylogeny of the megadiverse Holometabola. Cladistics 26: 1–15

Beutel, R. G., Kristensen, N. P., Pohl, H. (2009): Resolving insect phylogeny: The significance of cephalic structures of the Nannomecoptera in understanding endopterygote relationships. Arthr. Str. Dev. 38: 427–460

Brohmer, P., Ehrmann, P., Ulmer, G. (1935–1978): Die Tierwelt Mitteleuropas. Quelle & Meyer, Leipzig (zahlreiche Bände über verschiedene Insektenordnungen)

Capinera, J. L. (Hrsg.) (2004): Encyclopedia of Entomology. 3 Bd. Springer, Berlin

Chapman, R. F. (1998): The Insects, Structure and Function. 4. Aufl. Cambridge Univ. Press, Cambridge

Dathe, H. H. (Hrsg.) (2003): Lehrbuch der Speziellen Zoologie. Bd. I: Wirbellose Tiere, 5. Teil: Insecta. 2. Aufl. Spektrum Akademischer Verlag, Heidelberg

Dettner, K., Peters, W. (2003): Lehrbuch der Entomologie. 2. Aufl. Spektrum Akademischer Verlag, Heidelberg

Eisenbeis, G., Wichard, W. (1985): Atlas zur Biologie der Bodenarthropoden. Gustav Fischer, Stuttgart

Engels, W. (1990): Social Insects. Springer, Berlin

Gewecke, M. (Hrsg.) (1995): Physiologie der Insekten. Gustav Fischer, Stuttgart

Grassé, P. P. (1948–1951): Traité de Zoologie. B10. Masson & Cie, Paris

Grimaldi, D., Engel, M. S. (2005): Evolution of the Insects. Cambridge Univ. Press, Cambridge

Gullan, P. J., Cranston, P. S. (1994): The Insects: An Outline of Entomology. Chapman and Hall, London

Hennig, W. (1969): Die Stammesgeschichte der Insekten. Kramer, Frankfurt/Main

Hoffmann, K. H. (Hrsg.) (1985): Environmental Physiology and Biochemistry of Insects. Springer, Berlin

Illies, J. (1978): Limnofauna Europaea. Gustav Fischer, Stuttgart

Imms, A. D., Richards, O. W., Davies, R. G. (1964): A General Textbook of Entomology. 9. Aufl. London, New York

Jacobs, W., Renner, M. (1988): Biologie und Ökologie der Insekten. 2. Aufl. Gustav Fischer, Stuttgart

Kéler, S. V. (1963): Entomologisches Wörterbuch. 3. Aufl. Akademie Verlag, Berlin

Kerkert, G. D., Gilbert, L. J. (Hrsg.) (1985): Comparative Insect Physiology, Biochemistry and Pharmacology. Bd. 1–87. Pergamon Press, Oxford

Klass, K.-D. (Hrsg.) (2003): Proc. 1st Dresden Meeting on Insect Phylogeny: "Phylogenetic Relationships within the Insect Orders". Dresden. Entomol. Abhdlg. 61: 119–172

Klass, K.-D. (2007): Die Stammesgeschichte der Hexapoden: eine kritische Diskussion neuerer Daten und Hypothesen. Denisia 20: 413–450

Klass, K.-D. (2009): A critical review of current data and hypotheses on hexapod phylogeny. Proc. Arthropod. Soc. Jpn. 43: 3–22

Kristensen, N. P. (1975): The phylogeny of hexapod „orders". A critical review of recent accounts. J. zool. Syst. Evol. Res. 13: 1–44

Kristensen, N. P. (1981): Phylogeny of insect orders. Ann. Rev. Entomol. 26: 135–157

Kristensen, N. P. (1999): Phylogeny of endopterygote insects, the most successful lineage of living organisms. Euro. J. Entomol. 96: 237–253

Naumann, I. D. (Hrsg.) (1991): The Insects of Australia. 2. Aufl. Melbourne Univ. Press, Carlton

Rasnitsyn, A. P., Quicke, D. (2002): History of Insects. Springer, Berlin

Schwenke, W. (1972–1986): Die Forstschädlinge Mitteleuropas. Paul Parey, Hamburg

Schwoerbel, J., Zwick, P (Hrsg.) Süßwasserfauna von Mitteleuropa. Begr. von A. Brauer. (Zahlreiche Insektenbände) Gustav Fischer, Stuttgart

Seifert, G. (1994): Entomologisches Praktikum. 3. Aufl. Thieme, Stuttgart

Snodgrass, R. E. (1935): Principles of Insect Morphology. McGraw-Hill, New York, London

Stehr, F. W. (1987/1991): Immature Insects. 2 Bd. Kendall, Iowa

Trautwein, M. D., Wiegmann, B. M., Beutel, R., Kjer, K., Yeates, D. K. (2011): Advances in insect phylogeny at the dawn of the postgenomic era. Ann. Rev. Entomol. 57: 449–468

Weber, H., Weidner, H. (1974): Grundriß der Insektenkunde. 5. Aufl. Gustav Fischer, Stuttgart

Weidner, H., Sellenschlo, U. (2003): Bestimmungstabellen der Vorratsschädlinge und des Hausungeziefers Mitteleuropas. 6. Aufl. Spektrum Akademischer Verlag, Heidelberg

Wichard, W., Arens, W., Eisenbeis, G. (1995): Atlas zur Biologie der Wasserinsekten. Gustav Fischer, Stuttgart

Wiegmann, B. M., Trautwein, M. D., Kim, J.-W., Cassel, B. K., Bertone, M. A., Winterton, S. L., Yeates, D. K. (2009): Single-copy nuclear genes resolve the phylogeny of the holometabolous insects. BMC Biol. 7: 34

Teilgruppen der Insekten

Ando, H. (1982): Biology of the Notoptera. Nagano, Kashiyo-Insatsu

Askew, R. R. (1988): The Dragonflies of Europe. Harley Books, Essex

Aspöck, H., Aspöck, U., Hölzel, H. (1980): Die Neuropteren Europas. 2 Bd. Goecke & Evers, Krefeld

Aspöck, H., Aspöck, U., Rausch, H. (1991): Die Raphidopteren den Welt. 2 Bd. Goecke & Evers, Krefeld

Aspöck, U., Aspöck, H. (2007): Verbliebene Vielfalt vergangener Blüte. Zur Evolution, Phylogenie und Biodiversität der Neuropterida (Insecta: Endopterygota). Denisia 20: 451–516

Baccetti, B. (Hrsg.) (1987): Evolutionary Biology of Orthopteroid Insects. Ellis Horwood Ltd., Chichester

Bauernfeind, E., Humpesch, U. H. (2001): Die Eintagsfliegen Zentraleuropas (Insecta: Ephemeroptera): Bestimmung und Ökologie. Verl. Naturhist. Mus. Wien

Beier, M. (1968): 12. Mantodea (Fangheuschrecken). In: Helmcke, J. G., Starck, D., Wermuth, H. (Hrsg.): Handbuch der Zoologie. IV. Bd.: Arthropoda: Insecta. 2. Teil: Spezielles. Walter de Gruyter, Berlin

Beier, M. (1968): Phasmida (Stab- und Gespenstheuschrecken). In: Helmcke, J. G., Starck, D., Wermuth, H. (Hrsg.): Handbuch der Zoologie. IV. Bd.: Arthropoda: Insecta. 2. Teil: Spezielles. Walter de Gruyter, Berlin

Beier, M. (1972): 9. Saltatoria (Grillen und Heuschrecken). In: Helmcke, J. G., Starck, D., Wermuth, H. (Hrsg.): Handbuch der Zoologie. IV. Bd.: Arthropoda: Insecta. 2. Teil: Spezielles. Walter de Gruyter, Berlin

Beier, M. (1974): 13. Blattariae (Schaben). In: Helmcke, J. G., Starck, D., Wermuth, H. (Hrsg.): Handbuch der Zoologie. IV. Bd.: Arthropoda: Insecta. 2. Teil: Spezielles. Walter de Gruyter, Berlin

Bell, W. J., Roth L. M. Nalepa, C. A. Wilson E. O. (2007): Cockroaches: Ecology, Behavior, and Natural History. The Johns Hopkins University Press, Baltimore

Beutel, R. (1997): Über Phylogenese und Evolution der Coleoptera (Insecta), insbesondere der Adephaga. Abh. Naturwiss, Ver. Hamburg (NF) 31: 3–164

Beutel, R. G., Leschen, R. A. B., Friedrich, F. (2009): Darwin, beetles and phylogenetics. Naturwiss. 96: 1293–1312

Beutel, R. G., Leschen, R. A. B. (Hrsg.) (2005): Coleoptera, Beetles. Bd. 1: Morphology and Systematics (Archostemata, Adephaga, Myxophaga, Polyphaga partim). In: Kristensen, N.-P., Beutel, R.G. (Hrsg.): Handbook of Zoology. 4: Arthropoda: Insecta, Part 38. W. de Gruyter, Berlin, New York

Beutel, R. G., Leschen, R. A. B., Lawrence, J. F. (Hrsg.) (2010): Coleoptera, Beetles. Bd. 2: Morphology and Systematics (Elateroidea, Bostrichiformia, Cucujiformia partim). In: Kristensen, N.-P., Beutel, R. G. (Hrsg.): Handbook of Zoology. 4: Arthropoda: Insecta. W. de Gruyter, Berlin, New York

Bourgoin, T., Campbell, B. C. (2002): Inferring a phylogeny for Hemiptera: falling into the "autapomorphic trap." Denisia 4: 67–82

Chapman, R. F., Joern, A. (1990): Biology of Grasshoppers. Wiley & Sons, New York

Corbet, P. S. (1999): Dragonflies: Behaviour and Ecology of Odonata. Harley Books, Colchester

Cornwell, P. B. (1968): The Cockroach. Hutchinson & Co Ltd., London

Crowson, R. A. (1981): The Biology of the Coleoptera. Acad. Press, London

Cryan, J. R., Urban, J. M. (2012): Higher level phylogeny of the insect order Hemiptera: is Auchenorrhyncha really paraphyletic? System. Entomol. 37 (1): 7–21

Dressler, C., Beutel, R. G. (2010): The morphology and evolution of the adult head of Adephaga (Insecta, Coleoptera). Arthr. Syst. Phyl. 68: 239–287

Dunger, W. (Hrsg.) (1983): Tiere im Boden. Neue Brehm-Bücherei 327, Ziemsen Verl. Wittenberg Lutherstadt

Freude, H., Harde, K. W., Lohse, G. A. (1964–2006): Die Käfer Mitteleuropas. Bände 1–11. Spektrum Akademischer Verlag, Heidelberg

Friedrich, F., Beutel, R. G. (2008): The thorax of *Zorotypus* (Hexapoda, Zoraptera) and a new nomenclature for the musculature of Neoptera. Arthr. Str. Dev. 37: 29–54

Gullan, P. J., Cook, L. G. (2007): Phylogeny and higher classification of the scale insects (Hemiptera : Sternorrhyncha : Coccoidea). Zootaxa: 413–425

Guthrie, D. M. Tindall, A. R. (1968): The Biology of the Cockroach. E. Arnold, London, H. (Hrsg.). Handbuch der Zoologie. IV. Bd.: Arthropoda: Insecta. 2. Teil: Spezielles. Walter de Gruyter, Berlin

Harz, K. (1969/75): Die Orthopteren Europas. Band I und II. W. Junk, The Hague

Harz, K., Kaltenbach, A. (1976): Die Orthopteren Europas. Band III. W. Junk, Den Haag

Hennig, W. (1948/1952): Die Larvenformen der Dipteren. Teil 1–3. Akademie Verlag, Berlin

Hennig, W. (1972): Diptera (Zweiflügler). In: Helmcke, J. G., Starck, D., Wermuth, H. (Hrsg.): Handbuch der Zoologie, IV. Bd.: Arthropoda, 2. Hälfte: Insecta, 2. Teil: Spezielles. W. de Gruyter, Berlin

Hölldobler, B., Wilson, E. O. (1990): The Ants. Springer, Berlin

Holzinger, W. E., Kammerlander, J., Nickel, H. (2003): Die Zikaden Mitteleuropas. Bd. 1: Fulgoromorpha, Cicadomorpha excl. Cicadellidae. Brill, Leiden

Hopkin, S. P. (1997): Biology of the Springtails (Insecta: Collembola). Oxford Univ. Press, Oxford, Tokyo

Hüsing, J. O., Nitschmann, J. (1987): Lexikon der Bienenkunde. Verlag Ehrenwirth, München

Janetschek, H. (1970): Protura (Beintastler). In: Helmcke, J.-G., Starke, D., Wermuth, H. (Hrsg.): Handbuch der Zoologie, 4(2): 2/3. W. de Gruyter, Berlin

Jordan, K. H. C. (1972): Heteroptera (Wanzen). Handbuch der Zoologie. 4: 2/20: 1–133. W. de Gruyter, Berlin

Kéler, S. v. (1963): Mallophaga, Anoplura. In: Brohmer, P., Ehrmann, P., Ulmer, G. (Hrsg.): Die Tierwelt Mitteleuropas. IV, 2. Quelle & Meyer, Leipzig

Kinzelbach, R. (1971): Strepsiptera (Fächerflügler). Handbuch der Zoologie. Inst. 24. Walter de Gruyter, Berlin

Klass, K.-D., Zompro, O., Kristensen, N. P., Adis, J. U. (2002): Mantophasmatodea: A new insect order with extant members in the Afrotropics. Science 296: 1456–1459

Klausnitzer, B. (1991–2001): Die Larven der Käfer Mitteleuropas. 1. Bd. Adephaga. 2.–6. Bd. Myxophaga, Polyphaga Teil I–V. Goecke & Evers, Krefeld; Gustav Fischer, Jena; Spektrum Akademischer Verlag, Heidelberg

Krishna, K., Weesner, F. M. (1969/70): Biology of Termites. 2 Bd. Acad. Press, New York, London

Kristensen, N. P. (Hrsg.) (1999/2003): Lepidoptera, Moths and Butterflies. Bd. 1: Evolution, Systematics, and Biogeography. Bd. 2: Morphology, Physiology, and Development. In: Fischer, M. (Hrsg.): Handbuch der Zoologie. 4: Arthropoda: Insecta, Teil 35/36. W. de Gruyter, Berlin, New York

Lawrence, J. F., Newton, A. F. jr. (1995): Families and subfamilies of Coleoptera. In: Pakaluk, J., Ślipiński (Hrsg.): Biology, Phylogeny, and Classification of Coleoptera. Papers Celebrating the 80th Birthday of Roy A. Crowson. Muzeum i Instytut Zoologii PAN, Warszawa 775–1006

Lewis, T. (1973): Thrips: Their Biology, Ecology und Economic Importance. Acad. Press, London, New York

Malicky, H. (1973): Trichoptera (Köcherfliegen). Handbuch der Zoologie IV, Insecta. Inst. 29. Walter de Gruyter, Berlin

Michener, C. D. (2000): The Bees of the World. Johns Hopkins Univ. Press, Baltimore

Mickoleit, G. (1973): Über den Ovipositor der Neuropteroidea und Coleoptera und seine phylogenetische Bedeutung (Insecta, Holometabola). Z. Morph. Tiere 74, 37–64

Miller, N. C. E. (1971): The Biology of Heteroptera. E. W. Classey, Hampton

Moritz, G, Morris, D., Mound, L. (2001): ThripsID. Pest Thrips of the World. Windows CD-ROM, ACIAR, CSIRO Publ.

New, T., Theischinger, G. (1993): Megaloptera (Alderflies, Dobsonflies). Handbuch der Zoologie. Inst. 33. Walter de Gruyter, Berlin

Pohl, H. (2000): Die Primärlarven der Fächerflügler – evolutionäre Trends (Insecta, Strepsiptera). Kaupia, Darmstädter Beiträge zur Naturgeschichte 10: 1–144

Pohl, H., Beutel, R. G. (2005): The phylogeny of Strepsiptera (Hexapoda). Cladistics 21: 1–47

Pohl, H., Beutel, R. G. (2008): The evolution of Strepsiptera. Zoology 111: 318–338

Pohl, H., Wipfler, B., Grimaldi, D., Beckmann, F., Beutel, R. G. (2010): Reconstructing the anatomy of the 42 million-year-old fossil †Mengea tertiara (Insecta, Strepsiptera). Naturwiss. 97: 855–859

Preston-Mafham, K. (1990): Grasshoppers and Mantids of the World. Blandford, London

Schaller, F. (1970): Collembola (Springschwänze). In: Helmcke, J.-G., Starke, D., Wermuth, H. (Hrsg.): Handbuch der Zoologie. 4(2): 2/1. W. de Gruyter, Berlin

Sedlag, E. (1985): Bestimmungsschlüssel für mitteleuropäische Köcherfliegenlarven. Wasser und Abwasser 15: 1–146

Seifert, B. (1996): Ameisen: Beobachten, bestimmen. Naturbuch Verlag, Augsburg

Sharkey, M. J., Carpenter, J. M., Vilhelmsen, L., Heraty, J., Liljeblad, J., Dowling, A. P. G., Schulmeister, S., Murray, D., Deans, A. R., Ronquist, F., Krogmann, L., Wheeler, W. C. (2011): Phylogenetic relationships among superfamilies of Hymenoptera. Cladistics 28: 80–112

Smit, F. G. A. M. (1957): Siphonaptera. Handbooks for the Identification of British Insects. Bd. 1, Teil 16. Roy. Ent. Soc., London

Sturm, H., Machida, R. (2001): Archaeognatha. Handbuch der Zoologie. Inst. 37. Walter de Gruyter, Berlin

Weidner, H. (1955): Körperbau, Systematik und Verbreitung der Termiten. In: Schmidt, H. (Hrsg.): Die Termiten. Geest und Portig, Leipzig

Weidner, H. (1970): 15. Ordnung Zoraptera (Bodenläuse). In: Helmcke, J. G., Starck, D., Wermuth (Hrsg.) Handbuch der Zoologie 4: 2/13 W. de Gruyter, Berlin

Weirauch, C., Schuh, R. T. (2011): Systematics and Evolution of Heteroptera: 25 Years of Progress. Ann. Rev. Entomol. 56: 487–510

Wiegmann, B. M., Trautwein, M. D., Winkler, I. S., Barr, N.B., Kim, J. W., Blagoderov, V. (2011): Episodic radiations in the fly tree of life. Proc. Nat. Acad. Sci. 108: 5690–5695

Willmann, R. (1989): Evolution und phylogenetisches System der Mecoptera. Abh. Senckenberg. naturforsch. Ges. 544: 1–153

Wipfler, B., Machida, R., Müller, B., Beutel, R.G. (2011): On the head morphology of Grylloblattodea (Insecta) and the systematic position of the order – with a new nomenclature for the head muscles of Neoptera. Syst. Entomol. 36: 241–266

Yeates, D.K., Wiegmann, B.M. (2005): The Evolutionary Biology of Flies. Columbia University Press. New York

Zwick, P. (1973): Insecta. Plecoptera. Phylogenetisches System und Katalog. In: Mertens, R., Hennig, W., Wermuth, H. (Hrsg.): Das Tierreich 94: 1–465, W. de Gruyter, Berlin

Zwick, P. (2009): The Plecoptera – who are they? The problematic placement of stoneflies in the phylogenetic system of insects. Aquatic Insects 31: 181–194

Deuterostomia und Chordata

Abitua, P. B., Wagner , E., Navarrete, I. A., Levine, M. (2012): Identification of rudimentary neural crest in a non-vertebrate chordate. Nature 492: 104–108

Arendt, D., Nübler-Jung, K. (1997): Dorsal or ventral: Similarities in fate maps and gastrulation patterns in annelids, arthropods and chordates. Mech. Dev. 61: 7–21

Bateson, W. (1886): The ancestry of the Chordata. Quart. J. Micr. Sci. 26: 535–572

Benito-Gutiérrez, È, Arendt, D (2009): CNS evolution: new insights from the mud. Curr. Biol. 19(15): 1264–1269

Berrill, N. J. (1955): The Origin of Vertebrates. Clarendon, Oxford

Berrill, N. J. (1987a): Early chordate evolution 1. *Amphioxus*, the riddle of the sands. Int. J. Inv. Repr. Dev. 11: 1–14

Berrill, N. J. (1987b): Early Chordata evolution 2. *Amphioxus* and ascidians to settle or not to settle. Int. J. Inv. Repr. Dev. 11: 15–28

Brown, F. D., Prendergast, A., Swalla, B.J. (2008): Man is but a worm. Chordate origins. Genesis 46: 605–613

Burke, R. D. (2011): Deuterostome neuroanatomy and the body plan paradox. Evol. Dev. 13(1): 110–115

Caron, J-B., Morris, S. C., Shu, D. (2010): Tentaculate fossils from the Cambrian of Canada (British Columbia) and China (Yunnan) interpreted as primitive deuterostomes. PLoS ONE 5(3): 1–13

Christiaen, L., Jaszczyszyn, Y., Kerfant, M., Kano, S., Thermes, V., Joly, J-S. (2007): Evolutionary modification of mouth position in deuterostomes. Sem. Cell Dev. Biol. 18: 502–511

Delsuc, F., Brinkmann, H., Chourrout, D., Philippe, H. (2006): Tunicates and not cephalochordates are the closest living relatives of vertebrates. Nature 439: 965–968

De Robertis, E. M., Sasai, Y. (1996): A common plan for dorso-ventral patterning in Bilateria. Nature 380: 37–40

Duboc, V., Lepage, T. (2008): A conserved role for the nodal signalling pathway in the establishment of dorso-ventral and left-right axes in deuterostomes. J. Exp. Zool. (Mol. Dev. Evol.) 310B: 41–53

Garcia-Fernandez, J., Holland, P. W. H. (1994): Archetypal organization of the *Amphioxus Hox* gene cluster. Nature 370: 563–566

Garcia-Fernandez, J., Benito-Gutierrez, E. (2009): It's a long way from *Amphioxus*: descendants of the earliest chordate. BioEssays 31: 665–675

Garstang, W. (1928): The morphology of the Tunicata, and its bearings on the phylogeny of the Chordata. Quart. J. Micr. Sci. 72: 51–187

Gerhart, J. (2000): Inversion of the chordate body axis: Are there alternatives? Proc. Nat. Acad. Sci. 97: 4445–4448

Gillis, J. A., Fritzenwanker, J. H., Lowe, C. J. (2012): A stem-deuterostome origin of the vertebrate pharyngeal transcriptional network. Proc. R. Soc. B 279: 237–246

Grobben, K. (1923): Theoretische Erörterungen betreffend die phylogenetische Ableitung der Echinodermen. Sitzber. österr. Akad. Wiss. math.-natw. Kl. Abt. 1, 132: 263–290

Holland, L. Z. (2009): Chordate roots of the vertebrate nervous system: expanding the molecular toolkit. Nature Reviews Neuroscience 10: 736–764

Jefferies, R. P. S. (1980): Zur Fossilgeschichte des Ursprungs der Chordaten und der Echinodermen. Zool. Jb. Anat. 103: 285–353

Kozmikova, I., Smolikova, J., Vlcek, C., Kozmik, Z. (2011): Conservation and diversification of an ancestral chordate gene regulatory network for dorsoventral patterning. PloS ONE 6(2): 1–23

Lacalli, T. C., West, J. E. (1993): A distinctive nerve cell type common to diverse deuterostome larvae: Comparative data from echinoderms, hemichordates and *Amphioxus*. Acta Zool. 74: 1–8

Lacalli, T. C. (2010): The emergence of the chordate body plan: some puzzles and problems. Acta Zool. 91: 4–10

Lambert, G. (2005): Ecology and natural history of the protochordates. Can. J. Zool. 83: 34–50

Lapraz. F., Besnardeau, L., Lepage, T. (2009): Patterning of the dorso-ventral axis in echinoderms: insights into the evolution of the BMP-chordin signaling network. PloS Biol 7(11): 1–26

Lichtneckert, R., Reichert, H. (2005): Insights into the urbilaterian brain: conserved genetic patterning mechanisms in insect and vertebrate brain development. Heredity 94: 465–477

Lowe, C. J. (2008): Molecular genetic insights into deuterostome evolution from the direct-developing hemichordate *Saccoglossus kowalevskii*. Phil. Trans. R. Soc. B 363: 1569–1578

Lowe, C. J., Terasaki, M., Wu, M., Freeman, R. M., Runft, L., Kwan, K., Haigo, S., Aronowicz, J., Lander, E., Gruber, C., Smith, M., Kirschner, M., Gerhart, J. (2006): Dorsoventral patterning in hemichordates: insights into early chordate evolution. PloS Biol 4(9): 1603–1619

Morris, S. C., Caron, J-B. (2012): *Pikaia gracilens* Walcott, a stem-group chordate from the middle Cambrian of British Columbia. Biol. Rev. 87(2): 480–512

Nomaksteinsky, M., Röttinger, E., Dufour, H. D., Chettouh, Z., Lowe, C. J., Martindale M. Q., Brunet, J-F. (2009): Centralizazion of the deuterostome nervous system predates chordates. Curr. Biol. 19: 1264–1269

Nübler-Jung, K., Arendt, D. (1999): Dorsoventral axis inversion: Enteropneust anatomy links invertebrates to chordates turned upside down. J. zool. Syst. Evol. Res. 37: 93–100

Pani, A. M., Mullarkey, E. E., Aronowicz, J., Assimacopoulos, S., Grove, E. A., Lowe, C. J. (2012): Ancient deuterostome origins of vertebrate brain signalling centres. Nature 483: 289–295

Ruppert, E. E. (2005): Key characters uniting hemichordates and chordates: Homologies or homoplasies? Can. J. Zool. 83: 8–23

Sato, N., Tagawer, K., Takahashi, H. (2012): How was the notochord born ? Evol. Dev. 14: 56–75

Schaeffer, B. (1987): Deuterostome monophyly and phylogeny. Evol. Biol. 21: 179–235

Schlosser, G. (2005): Evolutionary origins of vertebrate placodes: insights from developmental studies and from comparison with other deuterostomes. J. Exp. Zool. (Mol. Dev. Evol.) 304B: 347–399

Stach, T. (2008): Chordate phylogeny and evolution: a not so simple three-taxon problem. J. Zool. 276: 117–141

Willey, A. (1894): *Amphioxus* and the Ancestry of the Vertebrates. Macmillan, New York, London

Hatschek, B. (1882): Studien über die Entwicklung des *Amphioxus*. Arb. Zool. Inst. Univ. Wien 4: 1–88

Kaltenbach, S. L., Yu, J.-K., Holland, N. D. (2009): The origin and migration of the earliest-developing sensory neurons in the peripheral nervous system of *Amphioxus*. Evol. Dev. 11: 142–151

Lacalli, T. C. (2004): Sensory systems in *Amphioxus*: a window on the ancestral chordate condition. Brain. Behav. Evol. 64: 148–162

Lacalli, T. C. (2005): Protochordate body plan and the evolutionary role of larvae: Old controversies resolved. Can. J. Zool. 83: 216–224

Rähr, H. (1981): The ultrastructure of the blood vessels of *Branchiostoma lanceolatum* (Pallas) (Cephalochordata). I. Relations between blood vessels, epithelia, basal laminae, and "connective tissue". Zoomorphology 97: 53–74

Ruppert, E. E. (1997): Cephalochordata (Acrania). In: Harrison, F. W., Ruppert, E. E. (Hrsg.): Microscopic Anatomy of Invertebrates. 15: 349–504

Sato, G. (2006): Exploring developmental, functional, and evolutionary aspects of amphioxus sensory cells. Int. J. Biol. Sci. 2(3): 142–148

Shimed, S. M., Holland, N. D. (2005): *Amphioxus* molecular biology: Insights into vertebrate evolution and development. Can. J. Zool. 83: 90–100

Welsch, U. (1975): The fine structure of the pharynx, cyrtopodocytes and digestive caecum of *Amphioxus (Branchiostoma lanceolatum)*. Symp. Zool. Soc. London 36: 17–41

Wicht, H., Lacalli, T. C. (2005): The nervous system of *Amphioxus*: structure, development, and evolutionary significance. Can. J. Zool. 38: 122–150

Hemichordata

Benito, J., Pardos, F. (1997): Hemichordata. In: Harrison, F. W., Ruppert, E. E. (Hrsg.): Microscopic Anatomy of Invertebrates. Bd. 15. Wiley-Liss, New York, 15–101

Cameron, C. B. (2005): A phylogeny of the hemichordates based on morphological characters. Can. J. Zool. 83: 196–215

Cannon, J. T., Rychel, A. L., Eccleston, H., Halanych K. M., Swalla, B. J. (2009): Molecular phylogeny of hemichordata, with updated status of deep-sea enteropneusts. Mol. Phyl. Evol. 52: 17–24

Deland, C., Cameron, C. B., Rao, K. P., Ritter, W. E., Bullock, T. H. (2010): A taxonomic revision of the family Harrimaniidae (Hemichordata: Enteropneusta) with description of seven species from the Eastern Pacific. Zootaxa 2408: 1–30

Dilly, P. N. (2013): *Cephalodiscus* reproductive biology (Pterobranchia, Hemichordata). Acta Zool. doi:10.1111/azo.12015. 1–14

Hadfield, M. G. (1975): Hemichordata. In: Giese, A. C., Pearse, J. S. (Hrsg.): Reproduction of Marine Invertebrates. 2. Bd., Acad. Press, New York, London, 185–240

Holland, N. D., Clague, D. A., Gordon, D. P., Gebruck, A., Pawson, D. L., Vecchione, M. (2005): „Lophenteropneust" hypothesis refuted by collection and photos of new deep-sea hemichordates. Nature 434: 374–376

Holland, N. D., Jones, W. J., Ellena, J., Ruhl, H. A., Smith Jr., K. L. (2009): A new deep-sea-species of epibenthic acorn worm (Hemichordata, Enteropneusta). Zoosystema 31(2): 333–346

Hyman, L. H. (1959): The enterocoelous coelomates-phylum Hemichordata. In: The Invertebrates: Smaller Coelomate Groups. Bd. 5. McGraw Hill, London, New York, Toronto, 72–207

Lowe, C. J., Wu, M., Salic, A., Evans, L., Lander, E., Stange-Thomann, N., Gruper, C. E., Gerhart, J., Kirschner, M. (2003): Anteroposterior patterning in hemichordates and the origins of the chordate nervous system. Cell 113: 853–865

Mitchell, C. E., Melchin, M. J., Cameron, C. B., Maletz, J. (2013): Phylogenetic analysis reveals that *Rhabdopleura* is an extant graptolite. Letheia 46(1): 34–56

Miyamoto, N., Saito, Y. (2010): Morphological characterization of the asexual reproduction of the acorn worm *Balanoglossus simodensis*. Develop. Growth Differ. 52: 615–627

Osborn, K. J., Kuhnz, L. A., Priede, I. G., Urata, M., Gebruk, A. V., Holland, N. D. (2012): Diversification of acorn worms (Hemichordata, Enteropneusta) revealed in the deep sea. Proc. R. Soc. B 279: 1646–1654

Rickards, R. B. (1975): Palaeobiology of the Graptolitina, an extinct class of the phylum Hemichordata. Biol. Rev. 50: 397–436

Sato, A., Bishop, J. D. D., Holland, P. W. H. (2008): Developmental biology of pterobranch hemichordates: history and perspectives. Genesis 46: 587–591

Stach, T., Kaul, S. (2011): The postanal tail of the enteropneust *Saccoglossus kowalevskii* is a ciliary creeping organ without distinct similarities to the chordate tail. Acta Zool. 92: 150–160

Tagawa, K., Satoh, N., Humphreys, T. (2001): Molecular studies of hemichordate development: A key to understanding the evolution of bilateral animals and chordates. Evol. Dev. 3: 443–454

Worsaae, K., Sterrer, W., Kaul-Strehlow. S., Hay-Schmidt, A., Giribert G. (2012): An anatomical description of a miniaturized acorn worm (Hemichordata, Enteropneusta) with asexual reproduction by paratomy. PLoS ONE 7(11): 1–19

Echinodermata

Burke, R. D., Mladenov, P. V., Lambert, P., Parsley, R. L. (Hrsg.) (1988): Echinoderm Biology. Balkema, Rotterdam, Brookfield

Byrne, M. (1994): Ophiuroidea. In: Harrison, F. W., Chia, F. S. (Hrsg.): Microscopic Anatomy of Invertebrates. Bd. 14. Wiley-Liss, New York. 247–343

Cavey, M. J., Märkel, K. (1994): Echinoidea. In: Harrison, F. W., Chia, F. S. (Hrsg.): Microscopic Anatomy of Invertebrates. Bd. 14. Wiley-Liss, New York, 345–400

Chia, F. S., Walker, C. W. (1991): Echinodermata: Asteroidea. In: Giese, A. C., Pearse, J. S., Pearse, V. B. (Hrsg.): Reproduction of Marine Invertebrates. 4. Echinoderms and Lophophorates. Boxwood Press, Pacific Grove, 301–353

Chia, F. S., Koss, R. (1994): Asteroidea. In: Harrison, F. W., Chia, F. S. (Hrsg.): Microscopic Anatomy of Invertebrates. Bd. 14. Wiley, New York, 169–245

Coppard, S. E., Kroh, A., Smith, A. B. (2012): The evolution of pedicellaria in echinoids: an arms race against pests and parasites. Acta Zool. 93(2): 125–148

Dubois, P., Chen, C.-P. (1989): Calcification in echinoderms. Ech. Stud. 3: 109–178

Emlet, R. B. (2010): Morphological evolution of newly hatched metamorphosed sea urchins – a phylogenetic and functional analysis. Integr. Comp. Biol. 50: 571–588

FAO (2007): Sea cucumbers. A global review of fisheries and trade. Fisheries and Aquaculture technical papers 516: 1–255

Heinzeller, T., Nebelsick, J. H. (Hrsg.) (2004): Echinoderms: München. Balkema, Leiden

Heinzeller, T., Welsch, U. (2001): The echinoderm nervous system and its phylogenetic interpretation. In: Roth, G., Wullimann, M. F. (Hrsg.): Brain Evolution and Cognition. Wiley, New York, 41–75

Heinzeller, T., Welsch, U. (1994): Crinoidea. In: Harrison, F. W., Chia, F. S. (Hrsg.): Microscopic Anatomy of Invertebrates. Bd. 14. Wiley, New York. 9–148

Hendler, G. (1991): Echinodermata: Ophiuroidea. In: Giese, A. C., Pearse, J. S., Pearse, V. B. (Hrsg.): Reproduction of Marine Invertebrates. 4. Echinoderms and Lophophorates. Boxwood Press, Pacific Grove, 356–511

Holland, N. D. (1991): Echinodermata: Crinoidea. In: Giese, A. C., Pearse, J. S., Pearse, V. B. (Hrsg.): Reproduction of Marine Invertebrates. 4. Echinoderms and Lophophorates. Boxwood Press, Pacific Grove, 247–299

Hyman, L. H. (1955): The Invertebrates: 5. Echinodermata. Bd. 4. McGraw-Hill, New York

Jangoux, M. (1980): Echinoderms: Present and Past. Balkema, Rotterdam

Jangoux, M., Lawrence, J. M. (Hrsg.) (1982): Echinoderm Nutrition. Balkema, Rotterdam

Janies, D. (2001): Phylogenetic relationship of extant echinoderm classes. Can. J. Zool. 79: 1232–1250

Keegan, B. F., O'Connor, B. D. S. (Hrsg.) (1986): Echinodermata. Balkema, Rotterdam

Kroh, A., Smith, A. B. (2010): The phylogeny and classification of post-palaeozoic echinoids. J. syst. Paleontol. 8(2): 147–212

Lacalli, T. C. (1993): Ciliary bands in echinoderm larvae: evidence for structural homologies and a common plan. Acta Zool. 74: 127–133

Lapraz, F., Besnardeau, L., Lepage, T. (2009): Patterning of the dorsal-ventral axis in echinoderms: insight into the evolution of the bmp-chordin signalling network. PLoS Biol 7(11): 1–26

Lawrence, J. (1987): A Functional Biology of Echinoderms. Croom Helm, London, Sydney

Nakano, H., Hibino, T., Oji, T., Hara, Y., Amemiya, S. (2003): Larval stages of a living sea lily (Stalked crinoid echinoderm). Nature 421: 158–160

Nichols, D. (1969): Echinoderms. Hutchinson, London

Paul, C. R. C., Smith, A. B. (1984): The early radiation and phylogeny of echinoderms. Biol. Rev. 59: 443–481

Paul, C. R. C., Smith, A. B. (Hrsg.) (1988): Echinoderm Phylogeny and Evolutionary Biology. Clarendon, Oxford

Pawson, D. L. (2007): Phylum Echinodermata. Zootaxa 1668: 749–764

Pearse, J. S., Cameron, R. A. (1991): Echinodermata: Echinoidea. In: Giese, A. C., Pearse, J. S., Pearse, V. B. (Hrsg.): Reproduction of Marine Invertebrates. 4. Echinoderms and Lophophorates. Boxwood Press, Pacific Grove, 513–662

Rowe, F. W. E., Anderson, D. T., Helay, J. M. (1991): Echinodermata: Crinoidea. In: Giese, A. C., Pearse, J. S., Pearse, V. B. (Hrsg.): Reproduction of Marine Invertebrates. 4. Echinoderms and Lophophorates. Boxwood Press, Pacific Grove, 247–299

Smiley, S. (1994): Holothuroidea. In: Harrison, F. W., Chia, F. S. (Hrsg.): Microscopic Anatomy of Invertebrates. Bd. 14. Wiley, New York, 401–471

Smiley, S., McEuen, F. S., Chaffee, C., Krishnan, S. (1991): Echinodermata: Holothuroidea. In: Giese, A. C., Pearse, J. S., Pearse, V. B. (Hrsg.): Reproduction of Marine Invertebrates. 4. Echinoderms and Lophophorates. Boxwood Press, Pacific Grove, 664–750

Smith, A. B. (1984): Classification of the Echinodermata. Palaeontol. 27: 431–459

Smith, A. B. (2005): The pre-radial history of echinoderms. Geol. J. 40: 255–280

Strenger, A. (1973): *Sphaerechinus granularis*. Violetter Seeigel. In: Siewing, R. (Hrsg.): Großes Zoologisches Praktikum, Bd. 18e. Gustav Fischer, Stuttgart

Sumrall, C. D., Wray, G.A. (2007): Ontogeny in the fossil record: diversification of body plans and the evolution of "aberrant" symmetry in paleozoic echinoderms. Plaeobiol. 33(1): 149–163

Yanagisawa, T., Yasumasu, I., Oguro, C., Suzuki, N., Motokawa, T. (Hrsg.) (1991): Biology of Echinodermata. Balkema, Rotterdam

Yokota, Y., Matranga, V., Smolenicka, Z. (Hrsg.) (2002): The Sea Urchin: From Basic Biology to Aquaculture. Balkema, Lisse

Ziegler, A., Faber, C., Bartolomaeus T. (2009): Comparative morphology of the axial complex and interdependence of internal organ systems in sea urchins (Echinodermata: Echinoidea). Front. Zool. 6: 10 (31pp)

Tunicata

Alldredge, A. L. (1976): Appendicularians. Sci. Am. 235: 94–102

Alldredge, A. L., Madin, P. M. (1982): Pelagic tunicates: Unique herbivores in the marine plankton. Bio. Science 32: 655–663

Ballarin, L., Del Favero, M., Manni, L. (2011): Relationships among hemocytes, tunic cells, germ cells, and accessory cells in the colonial ascidian *Botryllus schlosseri*. J. Exp. Zool. (Mol. Dev. Evol.) 316B: 284–295

Berill, N. J. (1950): The Tunicata with an Account of the British Species. Quaritch., London

Berill, N. J. (1975): Chordata: Tunicata. In: Giese, A. C., Pearse, J. S. (Hrsg.): Reproduction of Marine Invertebrates. 2. Entoprocts and Lesser Coelomates. Acad. Press, New York, 241–282

Bone, Q. (Hrsg.) (1998): The Biology of Pelagic Tunicates. Oxford Univ. Press, Oxford, 340 pp

Burighel, P., Cloney, R. A. (1997): Urochordata: Ascidiacea. In: Harrison, F. W., Ruppert, E. E. (Hrsg.): Microscopic Anatomy of Invertebrates. Bd. 15. Wiley-Liss, New York

Canestro, C., Bassham, S., Postlethwait, J. (2005): Development of the central nervous system in the larvacean *Oikopleura dioica* and the evolution of the chordate brain. Dev. Biol. 285: 289–315

Cloney, R. A. (1990): Urochordata – Ascidiacea. In: Adiyodi, K. G., Adiyodi, R. G. (Hrsg.): Reproductive Biology of Invertebrates. Bd. 4/B: Fertilization, Development and Parental Care. Wiley, New York, 391–451

Flood, P. R. (2003): House formation and feeding behaviour of *Fritillaria borealis* (Appendicularia: Tunicata). Mar. Biol. 143: 467–475

Galt, C. P., Fenaux, R. (1990): Urochordata – Larvacea. In: Adiyodi, K. G., Adiyodi, R. G. (Hrsg.): Reproductive Biology of Invertebrates. Bd. 4/B: Fertilization, Development and Parental Care. Wiley, New York, 471–500

Godeaux, J. E. A. (1990): Urochordata – Thaliacea. In: Adiyodi, K. G., Adiyodi, R. G. (Hrsg.): Reproductive Biology of Invertebrates. Bd. 4/B: Fertilization, Development and Parental Care. Wiley, New York, 453–469

Goodbody, I. (1974): The physiology of ascidians. Adv. Mar. Biol. 12: 1–149

Hirose, E. (2009): Ascidian tunic cells: morphology and functional diversity of free cells outside the epidermis. Invert. Biol. 128(1): 83–96

Horie, T., Nakagawa, M., Sasakura, Y., Kusakabe, T. G. (2009): Cell type and function of neurons in the ascidian nervous system. Develop. Growth Differ. 51: 207–220

Jeffery, W. R. (2007): Chordate ancestry of the neural crest: new insights from ascidians. Sem. Cell Dev. Biol. 18: 481–491

Kusakabe, T., Tsuda, M. (2007): Photoreceptive systems in ascidians. Photochem. Photobiol. 83: 248–252

Lacalli, T. C., Holland, L. Z. (1998): The developing dorsal ganglion of the salp *Thalia democratica*, and the nature of the ancestral chordate brain. Phil. Trans. R. Soc. London B 353: 1943–1967

Lemaire, P., Smith, W. C., Nishida, H. (2008): Ascidians and the plasticity of the chordate developmental program. Curr. Biol. 18: R620–R631

McHenry, M. J. (2005): The morphology, behaviour, and biomechanics of swimming in ascidian larvae. Can. J. Zool. 83: 62–74

Meinertzhagen, I. A., Lemaire, P., Okamura, Y. (2004): The neurobiology of the ascidian tadpole larva: recent developments in an ancient chordate. Annu. Rev. Neurosci. 27: 453–485

Millar, R. H. (1971): The biology of ascidians. Adv. Mar. Biol. 9: 1–100

Monniot, C., Monniot, F. (1972): Clé mondiale des genres d'ascidies. Arch. Zool. exp. gén. 113: 311–367

Satoh, N. (1994): Developmental Biology of Ascidians. Cambridge Univ. Press, Cambridge, 234 pp

Sawada, H., Yokosawa, H., Lambert, C. C. (Hrsg.) (2001): The Biology of Ascidians. Springer, Tokyo, Berlin

Stach, T. (2009): Anatomy of the trunk mesoderm in tunicates: homology considerations and phylogenetic interpretation. Zoomorphology 128/1: 97–109

Stach, T., Turbeville, J. M. (2002): Phylogeny of Tunicata inferred from molecular and morphological characters. Mol. Phyl. Evol. 25: 408–428

Stach, T., Winter, J., Bouquet, J-M., Chourrout, D., Schnabel, R. (2008): Embryology of a planktonic tunicate reveals traces of sessility. Proc. Nat. Acad. Sci. 105(20): 7229–7234

Veeman, M. T., Newman-Smith, E., El-Nachef, D., Smith, W. C. (2010): The ascidian mouth opening is derived from the anterior neuropore: reassessing the mouth/neural tube relationship in chordate evolution. Dev.Biol. 344: 138–149

Acrania

Bone, Q. (1960): The central nervous system of *Amphioxus*. J. comp. Neurol. 115: 27–62

Castro, A., Becerra, M., Manso, M. J., Sherood, N. M, Anadon, R. (2006): Anatomy of the Hesse photoreceptor cell axonal system in the central nervous system of *Amphioxus*. J.comp. Neurol. 494: 54–62

Conklin, E. C. (1932): The embryology of *Amphioxus*. J. Morph. 54: 69–119

Flood, P. R. (1975): Fine structure of the notochord of *Amphioxus*. Symp. Zool. Soc. London 36: 81–104

Franz, V. (1927): Morphologie der Akranier. Erg. Anat. Entwicklungsgesch. 27: 396–692

Hatschek, B. (1882): Studien über die Entwicklung des *Amphioxus* Arb. Zool. Inst. Univ. Wien 4: 1–88

Kaltenbach, S. L., Yu, J.-K., Holland, N. D. (2009): The origin and migration of the earliest-developing sensory neurons in the peripheral nervous system of *Amphioxus*. Evol. Dev. 11: 142–151

Lacalli, T. C. (2004): Sensory systems in *Amphioxus*: a window on the ancestral chordate condition. Brain. Behav. Evol. 64: 148–162

Lacalli, T. C. (2005): Protochordate body plan and the evolutionary role of larvae: Old controversies resolved. Can. J. Zool. 83: 216–224

Rähr, H. (1981): The ultrastructure of the blood vessels of *Branchiostoma lanceolatum* (Pallas) (Cephalochordata). I. Relations between blood vessels, epithelia, basal laminae, and "connective tissue". Zoomorphology 97: 53–74

Ruppert, E. E. (1997): Cephalochordata (Acrania). In: Harrison, F. W., Ruppert, E. E. (Hrsg.): Microscopic Anatomy of Invertebrates. 15: 349–504

Sato, G. (2006): Exploring developmental, functional, and evolutionary aspects of amphioxus sensory cells. Int. J. Biol. Sci. 2(3): 142–148

Shimed, S. M., Holland, N. D. (2005): *Amphioxus* molecular biology: Insights into vertebrate evolution and development. Can. J. Zool. 83: 90–100

Welsch, U. (1975): The fine structure of the pharynx, cyrtopodocytes and digestive caecum of *Amphioxus (Branchiostoma lanceolatum)*. Symp. Zool. Soc. London 36: 17–41

Wicht, H., Lacalli, T. C. (2005): The nervous system of *Amphioxus*: structure, development, and evolutionary significance. Can. J. Zool. 38: 122–150

Mesozoa

Aruga, J., Odaka, Y.S., Kaiya, A., Furuya, H. (2007): *Dicyema Pax6* and *Zic*: tool-kit genes in a highly simplified bilaterian. BMC Evol. Biol. 7(201): 16 pp.

Awata, H., Noto, T., Endoh, H. (2005): Differentiation of somatic mitochondria and the structural changes in mtDNA during development of the dicyemid *Dicyema japonicum* (Mesozoa). Molec. Genetics & Genomics 273: 441–449

Awata, H., Noto, T., Endoh, H. (2006): Peculiar behavior of distinct chromosomal DNA elements during and after development in dicyemid mesozoan *Dicyema japonicum*. Chromosome Res. 14: 817–830

Czaker, R. (2000): Extracellular matrix (ECM) components in a very primitve multicellular animal, the dicyemid mesozoan *Kantharella antarctica*. Anat. Rev. 259: 52–59

Czaker, R. (2006): Serotonin immunoreactivity in a highly enigmatic metazoan phylum, the pre-nervous Dicyemida. Cell Tissue Res. 326: 843–850

Czaker, R. (2011): Dicyemid's dilemma: structure versus genes. The unorthodox structure of dicyemid reproduction. Cell Tissue Res, 343: 649–658

Furuya, H., Hochberg, F. G., Tsuneki, K. (2007): Cell number and cellular composition in vermiform larvae of dicyemid mesozoans. J. Zool. (London) 272: 284–298

Furuya, H., Tsuneki, K. (2003): Biology of dicyemid mesozoans. Zool. Scripta 20: 519–532

Furuya, H., Tsuneki, K., Koshida, Y. (1994): The development of the vermiform embryos of two mesozoans, *Dicyema acuticephalum* and *Dicyema japonicum*. Zool. Scripta 11: 235–246

Furuya, H., Hochberg, F. G., Tsuneki, K. (2003): Reproductive traits in dicyemids. Mar. Biol. 142: 693–706

Kozloff, E. N. (1969): Morphology of the orthonectid *Rhopalura ophiocomae*. J. Parasitol. 55: 171–195

Kozloff, E. N. (1992): The genera of the phylum Orthonectida. Cah. Biol. Mar. 33: 377–406

Matsubara, J. A., Dudley, P. L. (1976): Fine structure studies of the dicyemid mesozoan *Dicyemmenea californica* McConnaughey. II. The young vermiform stage and the infusiform larva. J. Parasitol. 62: 390–409

Noto, T., Endoh, H. (2004): A "chimera" theory on the origin of dicyemid mesozoans: Evolution driven by frequent lateral gene transfer from host to parasite. BioSystems 73: 73–83

Ogino, K., Tsuneki, K., Furuya, H. (2011): Distinction of cell types in *Dicyema japonicum* (Phylum Dicyemida) by expression patterns of 16 genes. J. Parasitol. 97: 596–601

Petrov, N. B., Aleshin, V. V., Pegova, A. N., Ofitserov, M. V., Slyusarev, G.S. (2010): New insight into the phylogeny of Mesozoa: Evidence from the 18S and 28S rRNA genes. Moscow Univ. Biol. Sci. Bull. 65: 167–169

Ridley, R. K. (1968): Electron microscopic studies of dicyemid Mesozoa. 2. Infusorigen and infusoriform stages. J. Parasitol. 55: 779–793

Slyusarev, G. S., Cherkasov, A. S. (2008): Structure and supposed feeding mechanisms of the plasmodium of *Intoshia linei* (Orthonectida). Invertebr. Zool. 5: 47–51

Slyusarev, G. S. (1994): Fine structure of the female *Intoshia variabili* (Alexandrov & Slyusarev) (Mesozoa: Orthonectida). Acta Zool. 75: 311–321

Slyusarev, G. S., Kristensen, R. M. (2003): Fine structure of the ciliated cells and ciliary rootlets of *Intoshia variabili* (Orthonectida). Zoomorphology 122: 33–39

Chaetognatha

Alvariño, A. (1969): Los Quetognatos del Atlántico. Distribución y notas esenciales de sistemática. Trabajos del Instituto Español de Oceanografía. 37: 1–290

Bone, Q., Kapp, H., Pierrot-Bults, A. C. (Hrsg.) (1991): The biology of chaetognaths. Oxford Univ. Press, Oxford

Goto, T., Yoshida, M. (1997): Growth and reproduction of the benthic arrowworm *Paraspadella gotoi* (Chaetognatha) in laboratory culture. Invert. Reprod. Dev. 32: 210–207.

Goto, T., Yoshida, M. (1984): Photoreception in Chaetognatha. In Photoreception and vision in invertebrates (Ed. M.A. Ali), pp. 727–742. Plenum Publishing Corporation, New York

Harzsch, S., Müller, C. H. G. (2007): A new look at the ventral nerve centre of *Sagitta*: implications for the phylogenetic position of Chaetognatha (arrow worms) and the evolution of the bilaterian nervous system. Front. Zool. 4: 14

Harzsch S., Wanninger, A. (2010): Evolution of invertebrate nervous systems: the Chaetognatha as a case study. Acta Zool. 91: 35–41

Helfenbein, K. G., Fourcade, H. M., Vanjani, R. G., Boore, J. L. (2004): The mitochondrial genome of *Paraspadella gotoi* is highly reduced and reveals that chaetognaths are a sister group to prostostomes. Proc. Nat. Acad. Sci. 101: 10639–10643

Hu, S., Steiner, M., Zhu, M., Erdtmann, B.-D., Luo, H., Chen, L., Weber, B. (2007): Diverse pelagic predators from the Chengjiang Lagerstätte and the establishment of modern-style pelagic ecosystems in the early Cambrian. Palaeogeography, Palaeoclimatology, Palaeoecology 254: 307–316

Kapp, H. (2000): The unique embryology of Chaetognatha. Zool. Anz. 239: 263–266

Kuhl, W. (1938): Chaetognatha. In: Bronns Klassen und Ordnungen des Tierreichs 4. Bd. Akad. Verlagsges., Leipzig, 1–226

Marlétaz, F., Gilles, A., Caubit, X., Perez, Y., Dossat, C., Samain, S., Gyapay, G., Wincker, P., Le Parco, Y. (2008): Chaetognath transcriptome reveals ancestral and unique features among bilaterians. Gen. Biol. 9: R94

Marlétaz, F., Martin, E., Perez, Y., Papillon, D., Caubit, X., Lowe, C. J., Freeman, B., Fasano, L., Dossat, C., Wincker, P., Weissenbach, J., Le Parco, Y. (2006): Chaetognath phylogenomics: a protostome with deuterostome-like development. Cur. Biol. 16: R577–R578

Matus, D. Q., Copley, R. R., Dunn, C. W., Hejnol, A., Eccleston, H., Halanych, K. M., Martindale, M. Q., Telford, M. J. (2006): Broad taxon and gene sampling indicate that chaetognaths are protostomes. Curr. Biol. 16: R575–576

Rieger, V., Perez, Y., Müller, C. H. G., Lacalli, T., Hansson, B. S., Harzsch, S. (2011): Development of the nervous system in hatchlings of Spadella cephaloptera (Chaetognatha), and implications for nervous system evolution in Bilateria. Dev. Growth Diff. 53: 740–759

Rieger, V., Perez, Y., Müller, C. H. G., Lipke, E., Sombke, A., Hansson, B. S., Harzsch, S. (2010): Immunohistochemical analysis and 3D reconstruction of the cephalic nervous system in Chaetognatha: insights into an early bilaterian brain? Invert. Biol. 129: 77–104

Shimotori, T., Goto, T. (2001): Developmental fates of the first four blastomeres of the chaetognath Paraspadella gotoi: Relationship to protostomes. Dev. Growth Diff. 43: 371–382

Shinn, G. L. (1997): Chapter 3: Chaetognatha. In: Microscopic Anatomy of Invertebrates. Hemichordata, Chaetognatha, and the Invertebrate Chordates, Vol. 15 (Hrgs. Harrison, F. W., Ruppert, E. E.), Wiley-Liss, New York

Vannier, J., Steiner, M., Renvoise, E., Hu, S.-X., Casanova, J.-P. (2007): Early Cambrian origin of modern food webs: evidence from predator arrow worms. Proc. R. Soc. London B 274: 627–633

Xenacoelomorpha

Achatz, J. G., Chiodin, M., Salvenmoser, W., Tyler, S., Martinez, P. (2012) The Acoela: on their kind and kinships, especially with nemertodermatids and xenoturbellids (Bilateria incertae sedis). Org. Divers. Evol., doi 10.1007/s13127-012-0112-4

Bourlat, S. J., Nielsen, C., Lockyer, A. E., Littlewood, D. T. J., Telford, M. J. (2003): Xenoturbella is a deuterostome that eats molluscs. Nature 424: 925–928

Dörjes, J. (1968) Die Acoela (Turbellaria) der Deutschen Nordseeküste und ein neues System der Ordnung. Z. zool. Syst. Evol.-forsch. 6, 56–452

Egger, B., Steinke, D., Tarui, H., De Mulder, K., Arendt, D., Borgonie, G., Funayama, N., Gschwentner, R., Hartenstein, V., Hobmayer, B., Hooge, M., Hrouda, M., Ishida, S., Kobayashi, C., Kuales, G., Nishimura, O., Pfister, D., Rieger, R., Salvenmoser, W., Smith III, J., Technau, U., Tyler, S., Agata, K., Salzburger, W., Ladurner, P. (2009) To be or not to be a flatworm: The acoel controversy. PLoS ONE 4(5), e5502

Ehlers, U., Sopott-Ehlers, B. (1997): Ultrastructure of the subepidermal musculature of Xenoturbella bocki, the adelphotaxon of the Bilateria. Zoomorphology 117: 71–79

Hejnol, A., Obst, M., Stamatakis, A., Ott, M., Rouse, G. W., Edgecombe, G. D., Martinez, P., Baguñà, J., Bailly, X., Jondelius, U., Wiens, M., Müller, W. E. G., Seaver, E., Wheeler, W. C., Martindale, M. Q., Giribet, G., Dunn, C. W. (2009) Assessing the root of bilaterian animals with scalable phylogenomic methods. Proc. R. Soc. B 276: 4261–4270

Lundin, K. (1998): The epidermal ciliary rootlets of Xenoturbella bocki (Xenoturbellida) revisited: new support for a possible kinship with Acoelomorpha (Platyhelminthes). Zool. Scripta 27: 263–270

Philippe, H., Brinkmann, H., Copley, R. R., Moroz, L. L., Nakano, H., Poustka, A. J., Wallberg, A., Peterson, K. J., Telford, M. J. (2011) Acoels are deuterostomes related to Xenoturbella. Nature 470: 255–258

Stach, T., Dupont, S., Israelson, O., Fanville, B., Nakano, H., Kånneby, T., Thorndyke, M. (2005): Nerve cells of Xenoturbella bocki (phylum uncertain) and Harrimania kupfferi (Enteropneusta) are positively immunoreactive to antibodies raised against echinoderm neuropeptides. J. Mar. Biol. Ass. U.K. 85: 1519–1524

Register

Fettgedruckte Seitenzahlen verweisen auf Stellen mit vertiefter Darstellung.

Printing and Binding: Stürtz GmbH, Würzburg